TASCHENBUCH ELEKTROTECHNIK

TASCHENBUCH ELEKTROTECHNIK

in sechs Bänden

Herausgegeben von Prof. Dr. sc. techn. Eugen Philippow

Band 1 Allgemeine Grundlagen

Band 2 Grundlagen der Informationstechnik

Band 3 Bauelemente und Funktionseinheiten der Informationstechnik

Band 4 Systeme der Informationstechnik

Band 5 Elemente und Baugruppen der Elektroenergietechnik

Band 6 Systeme der Elektroenergietechnik. Isoliertechnik. Energiewandlung

Carl Hanser Verlag München Wien

TASCHENBUCH ELEKTROTECHNIK

in sechs Bänden

Herausgegeben von Prof. Dr. sc. techn. Eugen Philippow

Band 1
Allgemeine Grundlagen

Carl Hanser Verlag München Wien 1976

CIP-Kurztitelaufnahme der Deutschen Bibliothek

Taschenbuch Elektrotechnik: in 6 Bd. /hrsg. von Eugen Philippow.
NE: Philippow, Eugen [Hrsg.]
Bd. 1. Allgemeine Grundlagen.
ISBN 3-446-12157-9

Ausgabe des Carl Hanser Verlages, München Wien

Printed in the German Democratic Republic
Satz und Druck: Offizin Andersen Nexö, Leipzig

Autoren

Bräuning, Günter, Prof. Dr. rer. nat. habil., Technische Hochschule Ilmenau (Abschn. 2.1 bis 2.11)

Dummer, Karl-Friedrich, Dr.-Ing., Technische Hochschule Ilmenau (Abschn. 6.3)

Hermsdorf, Lutz, Doz. Dr.-Ing., VEB Kombinat Robotron, Karl-Marx-Stadt (Abschn. 6.2, 6.4)

Hoch, Günter, Dr.-Ing., VEB Rechenelektronik, Zella-Mehlis (Abschn. 6.2)

Kallenbach, Eberhard, Doz. Dr.-Ing., Technische Hochschule Ilmenau (Abschn. 6.1)

Krämer, Dieter, Dr.-Ing., Institut für Regelungstechnik, Berlin (Abschn. 6.2)

Kuschel, Horst, Dr.-Ing., VEB GRW Teltow (Abschn. 6.1)

Linnemann, Gerhard, Prof. Dr.-Ing., Technische Hochschule Ilmenau (Abschn. 6.1)

Mau, Volkert-Friedrich, Dr.-Ing., Technische Hochschule Ilmenau (Abschn 6.1.10)

Meinhardt, Jürgen, Doz. Dr. sc. techn., Ingenieurhochschule Dresden (Abschn. 2.12, 5.6, 5.7)

Mierdel, Georg, Prof. em. Dr. phil. habil., Dresden (Abschn. 3)

Oberdorfer, Günther, Prof. em. Dr. techn. Dr.-Ing. E. h., Technische Universität Graz (Abschnitt 4.1.1.–4.1.6)

Padelt, Erna, Dr. phil.†, Berlin (Abschn. 4.1.7.–4.4)

Philippow, Eugen, Prof. Dr. sc. techn., Technische Hochschule Ilmenau (Abschn. 1)

Reibetanz, Werner, Dr. rer. nat., Technische Hochschule Ilmenau (Abschn. 6.2)

Stanek, Josef, Prof. em. Dipl.-Ing., Berlin (Abschn. 5.2.–5.5)

Woschni, Eugen-Georg, Prof. Dr.-Ing. habil., Technische Hochschule Karl-Marx-Stadt (Abschnitt 5.1)

Fachberatung für die Ausgabe des Carl Hanser Verlages: Dr.-Ing. *Adolf Paul*, Braunschweig

Vorwort

Das Taschenbuch Elektrotechnik ist seit dem Erscheinen des ersten Bandes im Jahre 1963 für viele Wissenschaftler, Ingenieure und Studenten zu einem unentbehrlichen Nachschlagewerk geworden und erfreut sich im In- und Ausland großer Beliebtheit. Davon zeugen die zahlreichen Auflagen, die es erlebt hat, und viele Rezensionen und Zuschriften. Wenn nun mit diesem ersten Band eine neue, völlig überarbeitete Ausgabe vorgelegt wird, so hat das mehrere Gründe: In der Entwicklung der Elektrotechnik vollzieht sich – wie auch in anderen Wissenschaften – im Zuge der Spezialisierung ein Differenzierungsvorgang, bei dem neue Wissensgebiete entstehen und neue Zweige der Technik ausgebaut werden. Man denke beispielsweise an die Lasertechnik und die Optoelektronik. Die Verselbständigung dieser Gebiete betrifft nicht nur den Gegenstand, sondern auch die verwendeten Methoden und Verfahren.
Zugleich findet aber auch ein gegenläufiger Prozeß statt, die Integration unabhängig voneinander entstandener Wissensgebiete unter einem gemeinsamen, übergeordneten Gesichtspunkt. Als Beispiel sei die Zusammenfassung von Nachrichtentechnik und Regelungstechnik unter dem Aspekt der Informationsverarbeitung genannt.
Ein weiteres Merkmal in der Entwicklung der Elektrotechnik ist ihre starke theoretische Durchdringung und Mathematisierung. Sie erstreckt sich sowohl auf den Ausbau der Grundlagen der Elektrotechnik und ihrer Spezialdisziplinen als auch auf den Entwurfsvorgang mit dem Ziel einer optimalen Dimensionierung von Elementen, Geräten und Systemen sowie einer optimalen Gestaltung von Produktionsvorgängen. Eine besondere Rolle spielt hierbei der Elektronenrechner, dessen breite Anwendung die Tätigkeit der Entwickler und Konstrukteure erheblich verändert hat. Ihre Arbeit hat sich zum Teil vom Labor in das Rechenzentrum verlagert; Modellierung und Simulation haben ständig an Bedeutung zugenommen.
Auf Grenzgebieten zur Physik hat man sich verstärkt der Festkörperphysik und dem Studium von Effekten bei Stoffen unter extremen Bedingungen zugewandt.
Bei der Neubearbeitung des Taschenbuches ist der gesamte Inhalt auf den neuesten Stand gebracht worden. Die Gliederung wurde so angelegt, daß sie auch den künftig zu erwartenden Schwerpunkten Rechnung trägt. Bei der unmittelbaren praktischen Arbeit mit dem Taschenbuch hatte sich gezeigt, daß die drei Bände der bisherigen Ausgabe recht unhandlich waren. Deshalb haben sich Verlag und Herausgeber entschlossen, die Neubearbeitung des Taschenbuches mit einer Aufteilung des Stoffes (bei etwa gleichem Gesamtumfang) auf sechs Bände zu verbinden. Das „Taschenbuch Elektrotechnik in sechs Bänden" wird folgende Bände umfassen, die im Abstand von jeweils etwa einem Jahr erscheinen sollen:

Band 1 – Allgemeine Grundlagen
Band 2 – Grundlagen der Informationstechnik
Band 3 – Bauelemente und Funktionseinheiten der Informationstechnik
Band 4 – Systeme der Informationstechnik
Band 5 – Elemente und Baugruppen der Elektroenergietechnik
Band 6 – Systeme der Elektroenergietechnik. Isoliertechnik. Energiewandlung

Ich hoffe sehr, daß auch die sechsbändige Ausgabe eine gute Aufnahme beim Benutzer finden wird. Für Anregungen und kritische Hinweise, die der weiteren Verbesserung des Buches dienen können, bin ich jederzeit dankbar.
Zum Schluß möchte ich die Gelegenheit nutzen, allen Autoren, die an dem Buch Anteil haben, meinen herzlichen Dank auszusprechen. Auch dem Verlag danke ich für die gute Zusammenarbeit.

Eugen Philippow

Hinweise für den Benutzer

Eine ausführliche Inhaltsübersicht über das gesamte Buch befindet sich auf den folgenden Seiten.
Jeder Hauptabschnitt beginnt mit einem detaillierten Inhaltsverzeichnis und einer Zusammenstellung der im Abschnitt verwendeten Formelzeichen.
Literaturverzeichnisse befinden sich am Ende jedes Hauptabschnitts. Dabei kennzeichnen eckige Klammern Literaturnachweise; Literaturhinweise und -empfehlungen sind alphabetisch geordnet.
Das umfangreiche Sachwörterverzeichnis am Schluß des Buches ermöglicht einen schnellen Zugriff zum Stoff.
Vektoren sind durch Fettdruck, komplexe Größen durch Unterstreichung kenntlich gemacht.
Im Buch werden konsequent SI-Einheiten verwendet. Umrechnungstafeln von SI-Einheiten in andere gesetzliche oder ausländische Einheiten befinden sich im Abschnitt 4.
Grundsätzlich ist immer die neueste Ausgabe von Standards verbindlich, unabhängig davon, ob sie im Taschenbuch zitiert ist oder nicht.

Inhaltsübersicht

1. Theoretische Grundlagen der Elektrotechnik

von Eugen Philippow

Inhalt

Formelzeichen

$\mathbf{A}$	Vektor der ebenen Fläche ($d\mathbf{A}$ Vektor des Flächenelementes)
A	Fläche
$\underline{A}$	komplexer Zeiger; Vierpolkoeffizient
a	Abstand
$\underline{a}$	Dreiphasenoperator
$\underline{a}_m$	Operator eines Mehrphasensystems
$\mathbf{B}$	Induktion
B	Blindleitwert; Betrag der Induktion
$\underline{B}$	komplexer Zeiger
b	Abstand
C	Kapazität
$\underline{C}$	komplexer Zeiger
c	Abstand
$\mathbf{D}$	Verschiebung
D	Betrag der elektrischen Verschiebungsdichte (Verschiebung); Durchmesser
$\underline{D}$	komplexer Zeiger
d	Abstand; Durchmesser; Dämpfung
$\mathbf{E}$	elektrische Feldstärke
E	EMK; Betrag der elektrischen Feldstärke
E^*	Elastizitätsmodul
e	Augenblickswert der EMK; Elementarladung
$\mathbf{F}$	Kraft
F	Betrag der Kraft
f	Frequenz; Kraft je Volumen
$\mathbf{G}$	Stromdichte
G	Betrag der Stromdichte; Wirkleitwert
$\underline{g}$	Übertragungsmaß
$\mathbf{H}$	magnetische Feldstärke
H	Betrag der magnetischen Feldstärke
$\underline{H}$	Vierpolkoeffizient
H_C	Koerzitivkraft
h	Höhe; Abstand
I	Stromstärke
$\underline{I}$	komplexer Strom
$\mathbf{I}_v$	Verschiebungsstrom
$I_\varkappa$	Leitungsstrom
i	Augenblickswert der Stromstärke
$\mathbf{J}$	magnetische Polarisation
K, k	Konstanten
L	Induktivität
l	Länge, Abstand
$\mathbf{M}$	Magnetisierung
$\mathbf{M}_d$, M_d	Drehmoment
$\mathbf{M}_e$	elektrisches Moment (Dipolmoment)
$\mathbf{M}_m$	magnetisches Moment
M	Gegeninduktivität
m	Zahl
N	Blindleistung
n	Zahl
$\underline{n}$	Reflexionsfaktor
$\mathbf{P}$	elektrische Polarisation
P	Wirkleistung
p	Parameter
Q	Ladung; Güte
q	Augenblickswert der Ladung
R	ohmscher Widerstand
r	Radius
$\mathbf{S}$	Poyntingscher Vektor
S	Scheinleistung; Inversionsgrad bei Ortskurven
$\underline{S}$	komplexe Scheinleistung
s	Abstand
T	Periodendauer

t	Zeit
U	elektrische Spannung
$\underline{U}$	komplexe Spannung
U_M	magnetische Spannung
u	Augenblickswert der elektrischen Spannung
V	Volumen
$\underline{V}$, $\underline{v}$	komplexe Zeiger
v	Geschwindigkeit
$\boldsymbol{W}$	magnetisches Vektorpotential
W	Energie, Arbeit
w	Windungszahl
X	Blindwiderstand
Y	Leitwert
$\underline{Y}$	komplexer Leitwert
Z	Scheinwiderstand
$\underline{Z}$	komplexer Widerstand
α	Winkel; Dämpfungskonstante; Temperaturbeiwert
β	Winkel; Phasenkonstante
γ	Winkel; Übertragungskonstante
Δ	Laplace-Operator
δ	Winkel; Luftspaltbreite; mittlere Ladungsdichte; Eindringtiefe
ε	Dielektrizitätskonstante
ε_0	Influenzkonstante
η	Wirkungsgrad
Θ	Durchflutung
ϑ	Winkel; Temperatur
$\varkappa$	spezifische Leitfähigkeit
λ	Wellenlänge
μ	Permeabilität
μ_0	Induktionskonstante
ϱ	Raumladungsdichte; spezifischer Widerstand; Resonanzschärfe
ϱ^*	Dichte
σ	Flächenladungsdichte; Streufaktor
τ	Linienladungsdichte; Zeitkonstante
Φ	Induktionsfluß
φ	Potential; Phasenwinkel
χ_e	dielektrische Suszeptibilität
χ_m	magnetische Suszeptibilität
Ψ	verketteter Fluß
ψ	magnetisches Potential; Phasenwinkel
Ω	Raumwinkel
ω	Winkelgeschwindigkeit
∇	Hamiltonscher Operator

1.1. Hauptgleichungen und Hilfssätze des elektromagnetischen Feldes

1.1.1. Maxwellsche Gleichungen

Das elektromagnetische Feld wird durch 5 Feldvektoren beschrieben: die elektrische Feldstärke $\boldsymbol{E}$, die magnetische Feldstärke $\boldsymbol{H}$, die Dichte des elektrischen Verschiebungsflusses (Verschiebung) $\boldsymbol{D}$, die Dichte des magnetischen Induktionsflusses (Induktion) $\boldsymbol{B}$ und die Stromdichte $\boldsymbol{G}$. Alle Erfahrungen berechtigen zu der Aussage, daß die makroskopischen elektromagnetischen Erscheinungen durch die 4 Maxwellschen Gleichungen erfaßt werden:

$$\operatorname{rot} \boldsymbol{H} = \boldsymbol{G}_\varkappa + \frac{\partial \boldsymbol{D}}{\partial t} \quad (1.1) \qquad \operatorname{rot} \boldsymbol{E} = -\frac{\partial \boldsymbol{B}}{\partial t} \quad (1.2)$$

$$\operatorname{div} \boldsymbol{B} = 0, \quad (1.3) \qquad \operatorname{div} \boldsymbol{D} = \varrho; \quad (1.4)$$

$\boldsymbol{G}_\varkappa$ Dichte des Leitungsstromes,
ϱ Raumladungsdichte,
t Zeit.

Die Maxwellschen Gleichungen beruhen auf empirischen Erkenntnissen (Axiome der klassischen Elektrodynamik). Auf sie gegründet, kann die Elektrodynamik deduktiv behandelt werden.

Die Feldvektoren $\boldsymbol{E}$, $\boldsymbol{D}$ und $\boldsymbol{G}$ beschreiben das elektrische Feld, $\boldsymbol{B}$ und $\boldsymbol{H}$ (selbst elektrische Größen) das magnetische Feld.

Die 1. Maxwellsche Gleichung stellt die Differentialform des Durchflutungsgesetzes, die 2. die Differentialform des Induktionsgesetzes dar, die 3. Gleichung enthält den Satz von der Quellenfreiheit des magnetischen Induktionsflusses und die 4. den Gaußschen Satz in Differentialform.

1.1.2. Ladung. Ladungsdichte

Das Atom wird modellmäßig durch einen Kern mit Überschuß an positiv geladenen Partikeln (Protonen) dargestellt, um den ebenso viele, jedoch negativ geladene Partikeln (Elektronen) kreisen. Unter Umständen kann eine Trennung derartiger Elementarladungen stattfinden. Je nach dem Vorzeichen der in dem betrachteten Raum überwiegenden Teilchenart spricht man von positiver (+) oder negativer (−) Ladung. In vielen Fällen (makroskopische Betrachtungsweise) wird vom korpuskularen Aufbau der Ladungen abgesehen und mit der Vorstellung von Ladungen gearbeitet, die über geladene Bereiche kontinuierlich verteilt sind (analog der Betrachtung der Masse in der Mechanik).

Mittlere Ladungsdichte. Unter der mittleren Ladungsdichte versteht man den Quotienten

$$\delta = \frac{\Delta Q}{\Delta V}; \tag{1.5}$$

ΔV Volumen des Raumes, in dem die Ladung ΔQ verteilt ist.

Raumladungsdichte. Unter Raumladungsdichte versteht man den Ausdruck

$$\varrho = \lim_{\Delta V \to 0} \frac{\Delta Q}{\Delta V}. \tag{1.6}$$

Der Übergang $\Delta V \to 0$ ist so zu verstehen, das ΔV zwar sehr klein wird, aber immer noch so groß bleibt, daß man die Ladungsverteilung als kontinuierlich ansehen kann. Die Raumladungsdichte ϱ wird als Funktion der Koordinaten x, y, z, d.h. $\varrho\,(x, y\, z)$ dargestellt.

Flächenladungsdichte. Wenn Ladungen untersucht werden, die über äußerst dünne Schichten verteilt sind, ist es zweckmäßig, die Flächendichte der Ladung einzuführen:

$$\sigma = \lim_{\Delta A \to 0} \frac{\Delta Q}{\Delta A}; \tag{1.7}$$

ΔA Fläche, auf der die Ladung ΔQ verteilt ist.

Linienladungsdichte. Wenn die Ladungen über Bereiche verteilt sind, deren Querabmessungen vernachlässigbar klein im Vergleich zu den Längsabmessungen sind, ist es zweckmäßig, die Linienladungsdichte einzuführen:

$$\tau = \lim_{\Delta l \to 0} \frac{\Delta Q}{\Delta l}; \tag{1.8}$$

Δl Länge, auf der die Ladung ΔQ verteilt ist.

Punktladung. Unter einer Punktladung versteht man einen geladenen Körper, dessen Abmessungen klein im Vergleich zu einer bestimmten vorgegebenen Größe (meist die Entfernung des geladenen Körpers von einem Bezugspunkt) sind.

Gesamtladung. Unter Gesamtladung (kurze Ladung) versteht man, je nach dem Verteilungscharakter, die Ausdrücke

$$Q = \int_V \varrho \, \mathrm{d}V, \tag{1.9}$$

$$Q = \int_A \sigma \, \mathrm{d}A, \tag{1.10}$$

$$Q = \int_l \tau \, \mathrm{d}l. \tag{1.11}$$

1.1.3. Elektrischer Strom. Stromdichte. Stromstärke

Elektrischer Strom. Unter elektrischem Strom versteht man im engeren Sinne (vgl. den verallgemeinerten Strombegriff, S. 23) eine gerichtete Bewegung elektrischer Ladungen.
Leitungsstromdichte. Ein Maß für die gerichtete Bewegung elektrischer Ladungen in einem Punkt des Feldes ist die Leitungsstromdichte

$$\boldsymbol{G}_\varkappa = \varrho \boldsymbol{v}; \tag{1.12}$$

$\boldsymbol{v}$ Geschwindigkeit der Ladungen, deren Dichte an der betreffenden Stelle ϱ beträgt.

Stromstärke. Der Fluß I des Vektors $\boldsymbol{G}_\varkappa$, der die Fläche A durchsetzt,

$$I = \int_A \boldsymbol{G}_\varkappa \, \mathrm{d}\boldsymbol{A}, \tag{1.13}$$

wird Stromstärke (kurz Strom) genannt. Die Stromstärke gibt die Elektrizitätsmenge an, die je Zeit die Fläche A durchsetzt:

$$I = \frac{\mathrm{d}Q}{\mathrm{d}t}. \tag{1.14}$$

1.1.4. Satz von der Erhaltung der Elektrizitätsmenge

Bildet man auf beiden Seiten von Gl. (1.1) die Divergenz, so erhält man mit Gl. (1.4) den Satz von der Erhaltung der Elektrizitätsmenge:

$$\operatorname{div} \boldsymbol{G}_\varkappa = -\frac{\partial \varrho}{\partial t}. \tag{1.15}$$

1.1.5. Stoffe im elektromagnetischen Feld

Zwischen den 5 Feldvektoren $\boldsymbol{E}$, $\boldsymbol{D}$, $\boldsymbol{G}$, $\boldsymbol{B}$ und $\boldsymbol{H}$ bestehen nur 2 unabhängige Gleichungen [Gln. (1.1) und (1.2)]. Das Gleichungssystem wird durch Beziehungen zwischen $\boldsymbol{E}$ und $\boldsymbol{D}$, $\boldsymbol{E}$ und $\boldsymbol{G}$ und $\boldsymbol{B}$ und $\boldsymbol{H}$, die von den Eigenschaften der Materie abhängen, in der sich das elektromagnetische Feld ausbildet, vollständig.

1.1.5.1. Isotrope und anisotrope Stoffe

In isotropen Stoffen sind die Eigenschaften richtungsunabhängig. Die Feldvektoren $\boldsymbol{E}$ und $\boldsymbol{D}$ bzw. $\boldsymbol{B}$ und $\boldsymbol{H}$ sind jeweils parallel.
Anisotrop heißen Stoffe, deren Eigenschaften richtungsabhängig sind.

1.1.5.2. Homogene und nichthomogene Stoffe

Stoffe sind homogen, wenn ihre Eigenschaften an allen Stellen gleich sind. In nichthomogenen Stoffen sind die Eigenschaften von Punkt zu Punkt verschieden.

1.1.5.3. Stoffparameter

In vielen Fällen kann man zwischen den Feldvektoren $\boldsymbol{D}$ und $\boldsymbol{E}$, $\boldsymbol{G}$ und $\boldsymbol{E}$ bzw. $\boldsymbol{B}$ und $\boldsymbol{H}$ lineare Beziehungen annehmen:

$$\boldsymbol{D} = \varepsilon \boldsymbol{E}, \quad (1.16) \qquad \boldsymbol{G} = \varkappa \boldsymbol{E}, \quad (1.17) \qquad \boldsymbol{B} = \mu \boldsymbol{H}; \quad (1.18)$$

ε Dielektrizitätskonstante,
μ Permeabilität,
$\varkappa$ Leitfähigkeit des Mediums.

Im Vakuum ist $\varepsilon = \varepsilon_0$, $\mu = \mu_0$ und $\varkappa = 0$. ε_0 heißt *Influenzkonstante*, μ_0 *Induktionskonstante*.
In vielen Fällen ist es zweckmäßig, die Dielektrizitätskonstante und die Permeabilität als

Vielfaches der Influenzkonstante bzw. der Induktionskonstante darzustellen:

$$\varepsilon = \varepsilon_r \varepsilon_0 \qquad (\varepsilon_0 = 8{,}855 \cdot 10^{-12}\ \mathrm{F \cdot m^{-1}}), \tag{1.19}$$

$$\mu = \mu_r \mu_0 \qquad (\mu_0 = 1{,}2566 \cdot 10^{-6}\ \mathrm{H \cdot m^{-1}}). \tag{1.20}$$

Häufig spielt die Abhängigkeit der physikalischen Eigenschaften der Materie von ihrer atomaren Struktur eine wesentliche Rolle. Diese Beziehungen werden von den mikroskopischen (atomistischen) Theorien behandelt. Sie beschreiben die Deformation des Atoms bzw. den Bewegungsvorgang freier Ladungen unter der Wirkung des örtlichen Feldes und versuchen, die Materialparameter hieraus zu erklären. Andererseits sind oft nur die Zusammenhänge zwischen den Feldgrößen von Interesse. Damit beschäftigen sich die makroskopischen (phänomenologischen) Theorien, die das Feld beschreiben, ohne auf die innere Struktur der Materie einzugehen.

1.1.5.4. Elektrische und magnetische Polarisation

Unter Umständen ist es zweckmäßig, den Einfluß der Materie durch den Vektor der elektrischen Polarisation

$$\boldsymbol{P} = \boldsymbol{D} - \varepsilon_0 \boldsymbol{E} \tag{1.21}$$

bzw. durch den Vektor der magnetischen Polarisation

$$\boldsymbol{J} = \boldsymbol{B} - \mu_0 \boldsymbol{H} \tag{1.22}$$

zu beschreiben. Die Größe

$$\boldsymbol{M} = \frac{\boldsymbol{J}}{\mu_0} = \frac{\boldsymbol{B}}{\mu_0} - \boldsymbol{H} \tag{1.23}$$

heißt *Magnetisierung*. Die Maxwellschen Gleichungen gehen mit der Einführung der Polarisationsvektoren in folgende Form über:

$$\frac{1}{\mu_0} \operatorname{rot} \boldsymbol{B} = \boldsymbol{G}_\varkappa + \varepsilon_0 \frac{\partial \boldsymbol{E}}{\partial t} + \frac{\partial \boldsymbol{P}}{\partial t} + \frac{1}{\mu_0} \operatorname{rot} \boldsymbol{J}, \tag{1.24}$$

$$\operatorname{rot} \boldsymbol{E} = -\frac{\partial \boldsymbol{B}}{\partial t}, \quad (1.25) \qquad \operatorname{div} \boldsymbol{B} = 0, \tag{1.26}$$

$$\varepsilon_0 \operatorname{div} \boldsymbol{E} = \varrho - \operatorname{div} \boldsymbol{P}. \tag{1.27}$$

Der Einfluß der Materie auf die Ausbildung des Feldes gegenüber dem Feld im Vakuum kann durch eine äquivalente Verteilung von Ladungen mit der Raumladungsdichte $-\operatorname{div} \boldsymbol{P}$ und die äquivalente Verteilung von Strömen mit der Stromdichte $\partial \boldsymbol{P}/\partial t + 1/\mu_0 \operatorname{rot} \boldsymbol{J}$ berücksichtigt werden.

1.1.5.5. Suszeptibilität

Dielektrische Suszeptibilität. Die dielektrische Polarisation kann als Vielfaches der Verschiebung im Vakuum angegeben werden:

$$\boldsymbol{P} = \boldsymbol{D} - \varepsilon_0 \boldsymbol{E} = \varepsilon_0 (\varepsilon_r - 1) \boldsymbol{E} = \chi_e \varepsilon_0 \boldsymbol{E}. \tag{1.28}$$

Die Größe

$$\chi_e = \varepsilon_r - 1 = \frac{\varepsilon - \varepsilon_0}{\varepsilon_0} \tag{1.29}$$

heißt dielektrische Suszeptibilität.

Magnetische Suszeptibilität. Die magnetische Polarisation kann als Vielfaches der Induktion im Vakuum angegeben werden:

$$\boldsymbol{J} = \boldsymbol{B} - \mu_0 \boldsymbol{H} = \mu_0 (\mu_r - 1) \boldsymbol{H} = \chi_m \mu_0 \boldsymbol{H}. \tag{1.30}$$

Die Größe

$$\chi_m = \mu_r - 1 = \frac{\mu - \mu_0}{\mu_0} \tag{1.31}$$

heißt magnetische Suszeptibilität.

1.1.6. Kräfte und Energien im elektromagnetischen Feld

1.1.6.1. Kräfte im elektromagnetischen Feld

Kraft im elektrischen Feld. Die Kraft je Volumen im elektrischen Feld ist

$$\boldsymbol{f}_e = \varrho \boldsymbol{E} - \frac{1}{2} E^2 \operatorname{grad} \varepsilon + \frac{1}{2} \operatorname{grad} \left(E^2 \varrho^* \frac{\partial \varepsilon}{\partial \varrho^*} \right). \tag{1.32}$$

Das erste Glied beschreibt die Kraftwirkung auf die elektrischen Ladungen. Das zweite Glied tritt auf, wenn sich an einer Stelle im elektrischen Feld die Dielektrizitätskonstante ändert. Das dritte Glied erscheint dann, wenn die Dielektrizitätskonstante von der Stoffdichte ϱ^* abhängt.

Kraft im magnetischen Feld. Die Kraft je Volumen im magnetischen Feld ist

$$\boldsymbol{f}_m = \boldsymbol{G} \times \boldsymbol{B} - \frac{1}{2} H^2 \operatorname{grad} \mu + \frac{1}{2} \operatorname{grad} \left(H^2 \varrho^* \frac{\partial \mu}{\partial \varrho^*} \right). \tag{1.33}$$

Das erste Glied beschreibt die Kraft, die auf ein stromdurchflossenes Volumenelement wirkt, das zweite die Kraft, die dort erscheint, wo eine Änderung der Permeabilität auftritt, und das dritte die Kraft, die auftritt, wenn eine Abhängigkeit der Permeabilität von der Stoffdichte ϱ^* vorliegt.

1.1.6.2. Energien

Der *Poyntingsche Vektor*

$$\boldsymbol{S} = \boldsymbol{E} \times \boldsymbol{H} \tag{1.34}$$

beschreibt die Leistungsstromdichte im elektromagnetischen Feld. Der Fluß des Vektors **S**, der durch die Hüllfläche A in ein Volumenelement V eintritt, ist

$$-\oint_A \boldsymbol{S}\, \mathrm{d}\boldsymbol{A} = -\oint_A (\boldsymbol{E} \times \boldsymbol{H})\, \mathrm{d}\boldsymbol{A} = \int_V \boldsymbol{E}\boldsymbol{G}_\varkappa\, \mathrm{d}V + \int_V \boldsymbol{E} \frac{\partial \boldsymbol{D}}{\partial t}\, \mathrm{d}V + \int_V \boldsymbol{H} \frac{\partial \boldsymbol{B}}{\partial t}\, \mathrm{d}V. \tag{1.35}$$

Der Ausdruck

$$P_w = \boldsymbol{E}\boldsymbol{G}_\varkappa \tag{1.36}$$

stellt die Leistung dar, die je Volumen in Wärme umgesetzt wird.

$$P_e = \boldsymbol{E} \frac{\partial \boldsymbol{D}}{\partial t} = \varepsilon \boldsymbol{E} \frac{\partial \boldsymbol{E}}{\partial t} = \frac{\partial w_e}{\partial t} \tag{1.37}$$

stellt die Leistung dar, die zur Erhöhung der Energie des elektrischen Feldes aufgewendet wird. Der Term

$$P_{\mathrm{m}} = \boldsymbol{H}\frac{\partial \boldsymbol{B}}{\partial t} = \mu \boldsymbol{H}\frac{\partial \boldsymbol{H}}{\partial t} = \frac{\partial w_{\mathrm{m}}}{\partial t} \tag{1.38}$$

beschreibt die Leistung, die zur Erhöhung der Energie des magnetischen Feldes aufgewendet wird.

1.1.7. Integralformen der Feldgleichungen

1.1.7.1. Kraftwirkungen

Kraftwirkungen auf Ladungen im elektrischen Feld. Aus Gl. (1.32) folgt für die Kraftwirkung auf die Punktladung Q an einer Stelle des Feldes mit der Feldstärke $\boldsymbol{E}$

$$\boldsymbol{F}_{\mathrm{e}} = Q\boldsymbol{E}. \tag{1.39}$$

Die Feldstärke an einer Stelle des elektrischen Feldes ist durch die Kraft auf die Ladungseinheit (Punktladung) bestimmt (Definition der elektrischen Feldstärke). Ist die Ladung Q positiv, so haben $\boldsymbol{E}$ und $\boldsymbol{F}$ gleiche Richtung, andernfalls sind ihre Richtungen entgegengesetzt.

Kraftwirkung auf ein stromdurchflossenes Leiterelement im magnetischen Feld. Aus Gl. (1.33) folgt für die Kraft auf ein stromdurchflossenes Element von der Länge $\mathrm{d}\boldsymbol{l}$

$$\boldsymbol{F}_{\mathrm{m}} = I\,(\mathrm{d}\boldsymbol{l} \times \boldsymbol{B}). \tag{1.40}$$

Die Induktion $\boldsymbol{B}$ an einer Stelle des magnetischen Feldes wird durch die Kraft bestimmt, die auf ein Längenelement der Länge $\mathrm{d}\boldsymbol{l}$ wirkt, das von einem Strom der Stärke I durchflossen wird, wobei $\mathrm{d}\boldsymbol{l}$ und $\boldsymbol{B}$ einen Winkel von $\pi/2$ einschließen.

Kraftwirkung auf eine bewegte Ladung im elektromagnetischen Feld. Auf eine Ladung Q, die in einem elektromagnetischen Feld mit der Geschwindigkeit $\boldsymbol{v}$ bewegt wird, wird an einer Stelle des elektromagnetischen Feldes $(\boldsymbol{E}, \boldsymbol{B})$ die Kraft

$$\boldsymbol{F} = Q\boldsymbol{E} + Q\,(\boldsymbol{v} \times \boldsymbol{B}) = Q\,(\boldsymbol{E} + \boldsymbol{v} \times \boldsymbol{B}) \tag{1.41}$$

ausgeübt.

1.1.7.2. Durchflutungsgesetz

Bildet man auf beiden Seiten der 1. Maxwellschen Gleichung das Integral über eine Fläche A mit dem Umriß l, dann erhält man unter Anwendung des Stokesschen Satzes

$$\oint_l \boldsymbol{H}\,\mathrm{d}\boldsymbol{l} = \int_A \operatorname{rot} \boldsymbol{H}\,\mathrm{d}\boldsymbol{A} = \int_A \left(\boldsymbol{G}_{\varkappa} + \frac{\partial \boldsymbol{D}}{\partial t}\right) \mathrm{d}\boldsymbol{A} = I_{\varkappa} + I_{\mathrm{v}} = I. \tag{1.42}$$

Das ist das sog. Durchflutungsgesetz.

1.1.7.3. Verschiebungsstrom

Hinsichtlich der Ausbildung des magnetischen Feldes [Gl. (1.42)] sind beide Anteile $I_{\varkappa}$ und I_{v} gleichwertig. Die Größe

$$I_{\mathrm{v}} = \frac{\partial}{\partial t} \int_A \boldsymbol{D}\,\mathrm{d}\boldsymbol{A} \tag{1.43}$$

heißt Verschiebungsstrom.

1.1.7.4. Gesamtstrom

Den Ausdruck

$$I = \int_A G_\varkappa \, dA + \frac{\partial}{\partial t} \int_A G \, dA, \tag{1.44}$$

der für die Ausbildung des magnetischen Feldes verantwortlich ist, rechte Seite von Gl. (1.42), nennt man Gesamtstrom. Er wird aus dem Leitungsstrom $I_\varkappa$ und dem Verschiebungsstrom I_v gebildet.

1.1.7.5. Verallgemeinerter Strombegriff

Der Gesamtstrom hat 3 Anteile:

$$I = \int_A G_\varkappa \, dA + \frac{\partial}{\partial t} \int_A D \, dA = \int_A \varkappa E \, dA + \frac{\partial}{\partial t} \int_A \varepsilon_0 (\varepsilon_r - 1) E \, dA + \int_A \varepsilon_0 \frac{\partial E}{\partial t} \, dA. \tag{1.45}$$

Seine Dichte beträgt

$$G = \varkappa E + \varepsilon_0 (\varepsilon_r - 1) \frac{\partial E}{\partial t} + \varepsilon_0 \frac{\partial E}{\partial t}. \tag{1.46}$$

Das erste Glied stellt die Dichte des Leitungsstromes dar, das zweite den Anteil infolge des Dielektrikums (Verschiebung gebundener Ladungen), das dritte den Anteil, bei dem keine Bewegung von Ladungen stattfindet. Hinsichtlich der Ausbildung eines magnetischen Feldes verhält sich die zeitliche Änderung der elektrischen Feldstärke (Verschiebung) im Vakuum wie eine Stromdichte (erweiterter Strombegriff).

1.1.7.6. Induktionsgesetz

Bildet man auf beiden Seiten der 2. Maxwellschen Gleichung das Integral über die Fläche A mit dem Umriß l, dann erhält man unter Anwendung des Stokesschen Satzes das Induktionsgesetz

$$\oint_l E \, dl = \int_A \operatorname{rot} E \, dA = -\frac{\partial}{\partial t} \int_A B \, dA = -\frac{\partial \Phi}{\partial t}. \tag{1.47}$$

Darin ist

$$\Phi = \int_A B \, dA \tag{1.48}$$

der magnetische Induktionsfluß, der die Fläche A durchsetzt. Die Umlaufrichtung des Integrationsweges und die Flußrichtung bilden ein Rechtssystem. Das Induktionsgesetz [Gl. (1.47)] gilt unabhängig von der Ursache der Flußänderung.

Eine Spannung wird in einer geschlossenen Umrandungslinie l induziert,

1. wenn sich Teile der Umrandung im magnetischen Feld bewegen:

$$e = \oint_l E \, dl = \oint_l (v \times B) \, dl; \tag{1.49}$$

2. wenn Flächenelemente der umfaßten Fläche von einer zeitlich veränderlichen magnetischen Induktion durchsetzt werden:

$$e = \oint_l E \, dl = -\int_A \frac{\partial B}{\partial t} \, dA; \tag{1.50}$$

3. wenn beide Vorgänge gleichzeitig stattfinden. In diesem Fall bedeutet die Differentiation von Φ nach der Zeit die Änderung des Gesamtflusses:

$$e = \oint_l \boldsymbol{E}\,\mathrm{d}\boldsymbol{l} = -\int_A \frac{\partial \boldsymbol{B}}{\partial t}\,\mathrm{d}\boldsymbol{A} + \oint_l (\boldsymbol{v} \times \boldsymbol{B})\,\mathrm{d}\boldsymbol{l}. \tag{1.51}$$

1.1.7.7. Satz von der Quellenfreiheit des Induktionsflusses

Unter Anwendung des Gaußschen Satzes auf Gl. (1.3) erhält man

$$\oint_A \boldsymbol{B}\,\mathrm{d}\boldsymbol{A} = \int_V \operatorname{div} \boldsymbol{B}\,\mathrm{d}V = 0. \tag{1.52}$$

Der Fluß des Vektors $\boldsymbol{B}$, der eine geschlossene Hüllfläche durchsetzt, ist gleich Null.

1.1.7.8. Integralform der 4. Maxwellschen Gleichung

Unter Anwendung des Gaußschen Satzes erhält man aus den Gln. (1.4) und (1.9)

$$\oint_A \boldsymbol{D}\,\mathrm{d}\boldsymbol{A} = \int_V \operatorname{div} \boldsymbol{D}\,\mathrm{d}V = \int_V \varrho\,\mathrm{d}V = Q; \tag{1.53}$$

V Integrationsvolumen, das von der Hüllfläche A umschlossen ist.

Der Fluß des Vektors $\boldsymbol{D}$, der eine geschlossene Hüllfläche durchsetzt, ist gleich der Ladung, die von dieser Hüllfläche umschlossen wird.

1.1.7.9. Integralform des Satzes von der Erhaltung der Elektrizitätsmenge

Unter Anwendung des Gaußschen Satzes auf Gl. (1.15) erhält man

$$\oint_A \boldsymbol{G}_{\varkappa}\,\mathrm{d}\boldsymbol{A} = \int_V \operatorname{div} \boldsymbol{G}_{\varkappa}\,\mathrm{d}V = -\frac{\partial}{\partial t}\int_V \varrho\,\mathrm{d}V = -\frac{\partial Q}{\partial t}. \tag{1.54}$$

Der Strom, der eine geschlossene Hüllfläche durchsetzt, ist gleich der Abnahmegeschwindigkeit der in der Hüllfläche enthaltenen Ladung.

1.1.8. Koordinatensysteme

Die Maxwellschen Gleichungen gelten in ihrer allgemeinen Form [Gln. (1.1) bis (1.4)] unabhängig von der Wahl des Koordinatensystems. Zu ihrer Lösung in konkreten Fällen ist es jedoch zweckmäßig, sie in einem geeigneten orthogonalen Koordinatensystem auszudrücken, das den Bedingungen der Aufgabe am besten entspricht. Durch günstige Wahl des Koordinatensystems kann der Lösungsaufwand oft beträchtlich reduziert werden.
Die am meisten verwendeten orthogonalen Koordinatensysteme sind

das *kartesische Koordinatensystem* x, y, z,

das *zylindrische Koordinatensystem*

$$r, \alpha, z \text{ mit } x = r\cos\alpha,\ y = r\sin\alpha,\ z = z \tag{1.55}$$

und das *sphärische Koordinatensystem* r, α, ϑ mit

$$\begin{aligned} x &= \varrho\cos\alpha = r\sin\vartheta\cos\alpha \\ y &= \varrho\sin\alpha = r\sin\vartheta\sin\alpha \\ z &= r\cos\vartheta. \end{aligned} \tag{1.56}$$

Tafel 1.1. Differentialoperationen in verschiedenen Koordinatensystemen

Operation	Kartesische Koordinaten	Zylindrische Koordinaten	Sphärische Koordinaten
Einheitsvektoren	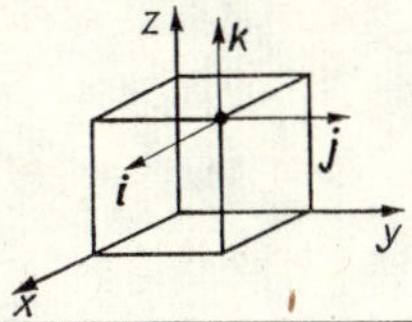	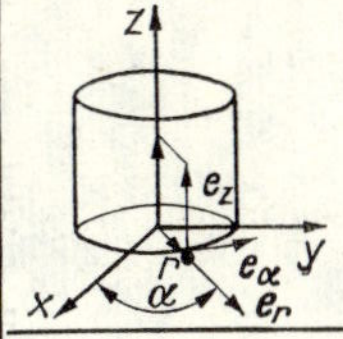	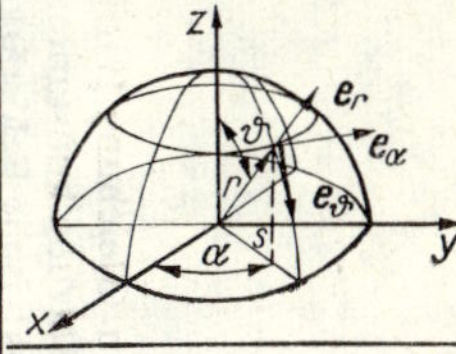
grad $\varphi = \nabla\varphi$	$\nabla\varphi = \boldsymbol{i}\frac{\partial\varphi}{\partial x} + \boldsymbol{j}\frac{\partial\varphi}{\partial y} + \boldsymbol{k}\frac{\partial\varphi}{\partial z}$	$\nabla\varphi = \frac{\partial\varphi}{\partial r}\boldsymbol{e}_r + \frac{1}{r}\frac{\partial\varphi}{\partial\alpha}\boldsymbol{e}_\alpha + \frac{\partial\varphi}{\partial z}\boldsymbol{e}_z$	$\nabla\varphi = \frac{\partial\varphi}{\partial r}\boldsymbol{e}_r + \frac{1}{r\sin\vartheta}\frac{\partial\varphi}{\partial\alpha}\boldsymbol{e}_\alpha + \frac{1}{r}\frac{\partial\varphi}{\partial\vartheta}\boldsymbol{e}_\vartheta$
div $\boldsymbol{v} = \nabla\boldsymbol{v}$	$\nabla\boldsymbol{v} = \frac{\partial V_x}{\partial x} + \frac{\partial V_y}{\partial y} + \frac{\partial V_z}{\partial z}$	$\nabla\boldsymbol{v} = \frac{1}{r}\frac{\partial(rV_r)}{\partial r} + \frac{1}{r}\frac{\partial V_\alpha}{\partial\alpha} + \frac{\partial V_z}{\partial z}$	$\nabla\boldsymbol{v} = \frac{1}{r^2}\frac{\partial(r^2V_r)}{\partial r} + \frac{1}{r\sin\vartheta}\frac{\partial V_\alpha}{\partial\alpha} + \frac{1}{r\sin\vartheta}\frac{\partial(V_\vartheta\sin\vartheta)}{\partial\vartheta}$
div grad $\varphi = \nabla^2\varphi$	$\nabla^2\varphi = \frac{\partial^2\varphi}{\partial x^2} + \frac{\partial^2\varphi}{\partial y^2} + \frac{\partial^2\varphi}{\partial z^2}$	$\nabla^2\varphi = \frac{1}{r}\frac{\partial\left(r\frac{\partial\varphi}{\partial r}\right)}{\partial r} + \frac{1}{r^2}\frac{\partial^2\varphi}{\partial\alpha^2} + \frac{\partial^2\varphi}{\partial z^2}$	$\nabla^2\varphi = \frac{1}{r^2}\frac{\partial\left(r^2\frac{\partial\varphi}{\partial r}\right)}{\partial r} + \frac{1}{r^2\sin\vartheta} \times \frac{\partial\left(\frac{\partial\varphi}{\partial\vartheta}\sin\vartheta\right)}{\partial\vartheta} + \frac{1}{r^2\sin 2\vartheta}\frac{\partial^2\varphi}{\partial\alpha^2}$
rot $\boldsymbol{v} = \nabla\times\boldsymbol{v}$	$\nabla\times\boldsymbol{v} = \boldsymbol{i}\left(\frac{\partial V_z}{\partial y} - \frac{\partial V_y}{\partial z}\right) + \boldsymbol{j}\left(\frac{\partial V_x}{\partial z} - \frac{\partial V_z}{\partial x}\right) + \boldsymbol{k}\left(\frac{\partial V}{\partial x} - \frac{\partial V_x}{\partial y}\right)$	$\nabla\times\boldsymbol{v} = \left(\frac{1}{r}\frac{\partial V_z}{\partial\alpha} - \frac{\partial V_\alpha}{\partial z}\right)\boldsymbol{e}_r + \left(\frac{\partial V_r}{\partial z} - \frac{\partial V_z}{\partial r}\right)\boldsymbol{e}_\alpha + \left(\frac{1}{r}\frac{\partial(rV_\alpha)}{\partial r} - \frac{1}{r}\frac{\partial V_r}{\partial\alpha}\right)\boldsymbol{e}_z$	$\nabla\times\boldsymbol{v} = \frac{1}{r\sin\vartheta}\left\{\frac{\partial(V_\alpha\sin\vartheta)}{\partial\vartheta} - \frac{\partial V_\vartheta}{\partial\alpha}\right\}\boldsymbol{e}_r + \left\{\frac{1}{r\sin\vartheta}\frac{\partial V_r}{\partial\alpha} - \frac{1}{r}\frac{\partial(rV_\alpha)}{\partial r}\right\}\boldsymbol{e}_\vartheta + \frac{1}{r}\left\{\frac{\partial(rV_\vartheta)}{\partial r} - \frac{\partial V_r}{\partial\vartheta}\right\}\boldsymbol{e}_\alpha$
	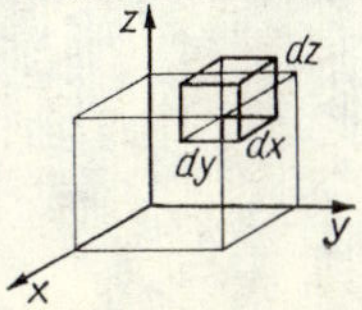 $dV = dx\,dy\,dz$	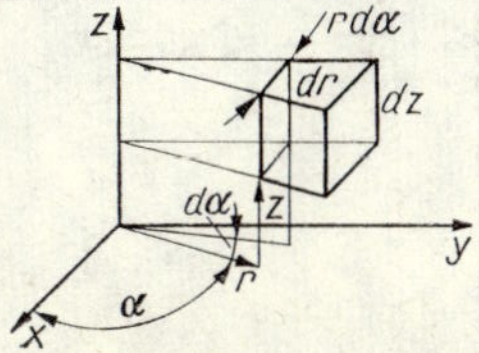 $dV = r\,dr\,d\alpha\,dz$	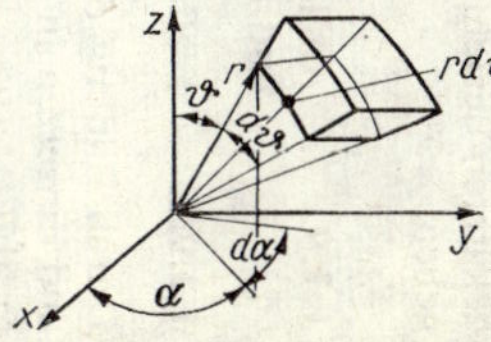 $dV = r^2\sin\vartheta\,dr\,d\vartheta\,d\alpha$

Die Lage der Einheitsvektoren und die Differentialoperationen grad, div, grad div und rot in diesen Koordinatensystemen sind in Tafel 1.1 zusammengestellt. In der Tafel sind ferner die Ausdrücke für das Volumenelement in den Koordinatensystemen angegeben, die für die Herleitung der Integralformen der Feldgleichungen häufig benötigt werden.
Mit Hilfe von Tafel 1.1 lassen sich die Maxwellschen Gleichungen und alle daraus abgeleiteten Beziehungen in den wichtigsten orthogonalen Koordinatensystemen sehr leicht angeben.

1.1.9. Auflösung der Maxwellschen Gleichungen und Einteilung der Elektrodynamik

1.1.9.1. Wellengleichungen für die Feldstärken

Durch Bildung der Rotation auf beiden Seiten der 2. Maxwellschen Gleichung [Gl. (1.2)] und Einsetzen in die 1. Gleichung [Gl. (1.1)] ergibt sich unter Voraussetzung konstanter Permeabilität (μ = konst.) in nichtleitenden Medien ($\varkappa = 0$) für die elektrische Feldstärke die Beziehung

$$\nabla^2 \boldsymbol{E} - \varepsilon\mu \frac{\partial^2 \boldsymbol{E}}{\partial t^2} = \frac{1}{\varepsilon} \operatorname{grad} \varrho \tag{1.57}$$

und für ihre Komponenten in kartesischen Koordinaten

$$\left.\begin{aligned} \nabla^2 E_x - \varepsilon\mu \frac{\partial^2 E_x}{\partial t^2} &= \frac{1}{\varepsilon} \operatorname{grad}_x \varrho, \\ \nabla^2 E_y - \varepsilon\mu \frac{\partial^2 E_y}{\partial t^2} &= \frac{1}{\varepsilon} \operatorname{grad}_y \varrho, \\ \nabla^2 E_z - \varepsilon\mu \frac{\partial^2 E_z}{\partial t^2} &= \frac{1}{\varepsilon} \operatorname{grad}_z \varrho. \end{aligned}\right\} \tag{1.58}$$

Die Gln. (1.57) und (1.58) sind inhomogene oder d'Alembertsche Wellengleichungen.
Für $\varrho = 0$, d.h. für raumladungsfreie Gebiete, geht Gl. (1.57) über in

$$\nabla^2 \boldsymbol{E} - \varepsilon\mu \frac{\partial^2 \boldsymbol{E}}{\partial t^2} = 0. \tag{1.59}$$

Für ihre Komponenten in kartesischen Koordinaten gilt dann

$$\begin{aligned} \nabla^2 E_x - \varepsilon\mu \frac{\partial^2 E_x}{\partial t^2} &= 0, \\ \nabla^2 E_y - \varepsilon\mu \frac{\partial^2 E_y}{\partial t^2} &= 0, \\ \nabla^2 E_z - \varepsilon\mu \frac{\partial^2 E_z}{\partial t^2} &= 0. \end{aligned} \tag{1.60}$$

Die Gln. (1.59) und (1.60) sind homogene Wellengleichungen.
Auf ähnliche Weise läßt sich aus den beiden Maxwellschen Gleichungen [Gln. (1.1) und (1.2)] eine Beziehung für die magnetische Feldstärke herleiten. Wenn in Gl. (1.1) auf beiden Seiten die Rotation gebildet und in diese Beziehung die nach t differenzierte Gl. (1.2) eingesetzt wird, erhält man unter Voraussetzung μ = konst. für die magnetische Feldstärke

$$\nabla^2 \boldsymbol{H} - \varepsilon\mu \frac{\partial^2 \boldsymbol{H}}{\partial t^2} = -\operatorname{rot} \boldsymbol{G}_\varkappa \tag{1.61}$$

und für ihre Komponenten in kartesischen Koordinaten

$$\left.\begin{aligned} \nabla^2 H_x - \varepsilon\mu \frac{\partial^2 H_x}{\partial t^2} &= -\operatorname{rot}_x \boldsymbol{G}_\varkappa , \\ \nabla^2 H_y - \varepsilon\mu \frac{\partial^2 H_y}{\partial t^2} &= -\operatorname{rot}_y \boldsymbol{G}_\varkappa , \\ \nabla^2 H_z - \varepsilon\mu \frac{\partial^2 H_z}{\partial t^2} &= -\operatorname{rot}_z \boldsymbol{G}_\varkappa \end{aligned}\right\} \tag{1.62}$$

Die magnetische Feldstärke [Gl. (1.61)] und ihre Komponenten genügen der inhomogenen Wellengleichung oder d'Alembertschen Gleichung, die ähnlich aufgebaut ist wie Gl. (1.57). Für den Fall $\varkappa = 0$ bzw. $\boldsymbol{G}_\varkappa = 0$ gilt

$$\nabla^2 \boldsymbol{H} - \varepsilon\mu \frac{\partial^2 \boldsymbol{H}}{\partial t^2} = 0 \tag{1.63}$$

bzw.

$$\left.\begin{aligned} \nabla^2 H_x - \varepsilon\mu \frac{\partial^2 H_x}{\partial t^2} &= 0 , \\ \nabla^2 H_y - \varepsilon\mu \frac{\partial^2 H_y}{\partial t^2} &= 0 , \\ \nabla^2 H_z - \varepsilon\mu \frac{\partial^2 H_z}{\partial t^2} &= 0 . \end{aligned}\right\} \tag{1.64}$$

Die Gln. (1.63) und (1.64) sind, wie Gln. (1.59) und (1.60), homogene Wellengleichungen. Indem man die Lösungen der Wellengleichungen für $\boldsymbol{E}$ und $\boldsymbol{H}$ bestimmt, die gleichzeitig den Randbedingungen und den Maxwellschen Gleichungen genügen, kann man deren Lösung ermitteln. Diese Aufgabe kann jedoch in praktischen Fällen sehr schwer lösbar sein.
Die einfachste Lösung der homogenen Wellengleichungen erhält man für den Fall, daß die Vektoren $\boldsymbol{E}$ und $\boldsymbol{H}$ nur von einer Ortskoordinate x abhängen (ebene Wellen). Dafür lauten die Wellengleichungen

$$\frac{\partial^2 \boldsymbol{E}}{\partial x^2} - \varepsilon\mu \frac{\partial^2 \boldsymbol{E}}{\partial t^2} = 0, \tag{1.65}$$

$$\frac{\partial^2 \boldsymbol{H}}{\partial x^2} - \varepsilon\mu \frac{\partial^2 \boldsymbol{H}}{\partial t^2} = 0. \tag{1.66}$$

Diese Gleichungen sind von der Form

$$\frac{\partial^2 f(x,t)}{\partial x^2} - \frac{1}{v^2} \frac{\partial^2 f(x,t)}{\partial t^2} = 0 \tag{1.67}$$

mit der allgemeinen Lösung

$$f(x,t) = f_1\left(t - \frac{x}{v}\right) + f_2\left(t + \frac{x}{v}\right). \tag{1.68}$$

Die Wellenfunktionen $f_1\,(t - x/v)$ und $f_2\,(t + x/v)$ beschreiben eine Welle, die sich mit der Geschwindigkeit v in x-Richtung (einfallende Welle) bzw. in entgegengesetzer Richtung (reflektierte Welle) ausbreitet. Der Vergleich von Gl. (1.67) mit den Gln. (1.65) und (1.66) ergibt, daß sich die Wellen für $\boldsymbol{E}$ und $\boldsymbol{H}$ (elektromagnetische Wellen) mit der Geschwindigkeit

$$v = \frac{1}{\sqrt{\varepsilon\mu}} = \frac{1}{\sqrt{\varepsilon_r\mu_r}} \frac{1}{\sqrt{\varepsilon_0\mu_0}} = \frac{1}{\sqrt{\varepsilon_r\mu_r}}\, c \tag{1.69}$$

ausbreiten. Darin ist $c = 1/\sqrt{\varepsilon_0\mu_0}$ die Lichtgeschwindigkeit.

1.1.9.2. Elektrodynamische Potentiale

Vektorpotential und skalares Potential. Die Quellenfreiheit der magnetischen Induktion ermöglicht die Darstellung der magnetischen Induktion durch

$$\boldsymbol{B} = \operatorname{rot} \boldsymbol{W}. \tag{1.70}$$

$\boldsymbol{W}$ ist das Vektorpotential. Setzt man Gl. (1.70) in die 2. Maxwellsche Gleichung ein, dann erhält man

$$\operatorname{rot} \boldsymbol{E} + - \operatorname{rot} \frac{\partial \boldsymbol{W}}{\partial t}, \quad (1.71) \qquad \operatorname{rot}\left(\boldsymbol{E} + \frac{\partial \boldsymbol{W}}{\partial t}\right) = 0. \tag{1.72}$$

Die Wirbelfreiheit des Vektors in der Klammer erlaubt es, ihn als negativen Gradienten einer skalaren Größe φ darzustellen:

$$\boldsymbol{E} + \frac{\partial \boldsymbol{W}}{\partial t} = - \operatorname{grad} \varphi, \quad (1.73) \qquad \boldsymbol{E} = - \frac{\partial \boldsymbol{W}}{\partial t} - \operatorname{grad} \varphi. \tag{1.74}$$

Die Größe φ ist das skalare elektrische Potential. Die elektrische Feldstärke [Gl. (1.74)] enthält 2 Anteile. Der erste stammt von der zeitlichen Ableitung des Vektorpotentials, der zweite vom Gradienten des skalaren elektrischen Potentials.

Gleichungen für die dynamischen Potentiale. Für μ = konst. geht die 1. Maxwellsche Gleichung in

$$\operatorname{rot} \boldsymbol{B} = \mu \boldsymbol{G}_\varkappa + \varepsilon\mu \frac{\partial \boldsymbol{E}}{\partial t} \tag{1.75}$$

über. Setzt man in diese Beziehung Gl. (1.70) ein, dann erhält man

$$\operatorname{rot} \operatorname{rot} \boldsymbol{W} = \operatorname{grad} \operatorname{div} \boldsymbol{W} - \nabla^2 \boldsymbol{W} = \mu \boldsymbol{G}_\varkappa + \varepsilon\mu \frac{\partial \boldsymbol{E}}{\partial t}. \tag{1.76}$$

Differenziert man Gl. (1.74) nach der Zeit und setzt sie in Gl. (1.76) ein, dann erhält man

$$\operatorname{grad}\left(\operatorname{div} \boldsymbol{W} + \varepsilon\mu \frac{\partial \varphi}{\partial t}\right) - \nabla^2 \boldsymbol{W} + \varepsilon\mu \frac{\partial^2 \boldsymbol{W}}{\partial t^2} = \mu \boldsymbol{G}_\varkappa. \tag{1.77}$$

Wird die Bedingung

$$\operatorname{div} \boldsymbol{W} = - \varepsilon\mu \frac{\partial \varphi}{\partial t} \tag{1.78}$$

gestellt, so werden Vektorpotential und Skalarpotential miteinander verknüpft. Dann folgt für das Vektorpotential die inhomogene Wellengleichung

$$\nabla^2 \boldsymbol{W} - \varepsilon\mu \frac{\partial^2 \boldsymbol{W}}{\partial t^2} = -\mu \boldsymbol{G}\ . \tag{1.79}$$

Aus der 4. Maxwellschen Gleichung und Gl. (1.74) folgt für ε = konst.

$$\operatorname{div} \boldsymbol{E} = \operatorname{div}\left(- \frac{\partial \boldsymbol{W}}{\partial t} - \operatorname{grad} \varphi\right) = \frac{\varrho}{\varepsilon}, \tag{1.80}$$

$$- \frac{\partial}{\partial t} \operatorname{div} \boldsymbol{W} - \operatorname{div} \operatorname{grad} \varphi = - \nabla^2 \varphi - \frac{\partial}{\partial t} \operatorname{div} \boldsymbol{W} = \frac{\varrho}{\varepsilon} \tag{1.81}$$

oder mit Gl. (1.78)

$$\nabla^2 \varphi - \varepsilon\mu \frac{\partial^2 \varphi}{\partial t^2} = - \frac{\varrho}{\varepsilon}. \tag{1.82}$$

Unter Einführung des vierdimensionalen Laplaceschen Operators

$$\Box^2 = \nabla^2 - \varepsilon\mu \frac{\partial^2}{\partial t^2} \tag{1.83}$$

erhält man mit den Gln. (1.79) und (1.82) für die dynamischen Potentiale

$$\Box^2 \boldsymbol{W} = -\mu \boldsymbol{G}_\varkappa, \quad (1.84) \qquad\qquad \Box^2 \varphi = -\varrho/\varepsilon. \quad (1.85)$$

Vektorpotential und skalares Potential genügen der d'Alembertschen inhomogenen Wellengleichung.

Polarisationspotential. Die Verknüpfung des Vektorpotentials und des skalaren Potentials durch Gl. (1.78) ermöglicht es, beide durch eine Größe, das Polarisationspotential $\boldsymbol{Z}$, darzustellen, wobei gilt

$$\boldsymbol{W} = \mu \frac{\partial \boldsymbol{Z}}{\partial t}, \quad (1.86) \qquad\qquad \varphi = -\frac{1}{\varepsilon} \operatorname{div} \boldsymbol{Z}. \quad (1.87)$$

Setzt man diese zwei Gleichungen in Gl. (1.78) ein, so führt man sie zur Identität. Wird Gl. (1.86) in Gl. (1.79) eingesetzt, dann ergibt sich für $\mu = \text{konst.}$

$$\mu \frac{\partial}{\partial t} \left(\nabla^2 \boldsymbol{Z} - \varepsilon\mu \frac{\partial^2 \boldsymbol{Z}}{\partial t^2} \right) = -\mu \boldsymbol{G}_\varkappa, \tag{1.88}$$

$$\nabla^2 \boldsymbol{Z} = -\varepsilon\mu \frac{\partial^2 \boldsymbol{Z}}{\partial t^2} = \boldsymbol{P} \tag{1.89}$$

mit

$$\boldsymbol{G}_\varkappa = \frac{\partial \boldsymbol{P}}{\partial t}. \tag{1.90}$$

Für $\varkappa = 0$, $\boldsymbol{G}_\varkappa = 0$ und verschwindende Integrationskonstante erhält man

$$\nabla^2 \boldsymbol{Z} - \varepsilon\mu \frac{\partial^2 \boldsymbol{Z}}{\partial t^2} = 0. \tag{1.91}$$

Durch die Einführung des Polarisationspotentials $\boldsymbol{Z}$ ist es möglich geworden, das System der Maxwellschen Gleichungen auf eine Wellengleichung zu reduzieren. Vorher war es nötig, zwei unabhängige Wellengleichungen für $\boldsymbol{E}$ und $\boldsymbol{H}$ bzw. φ und $\boldsymbol{W}$ zu lösen. Aus der Lösung $\boldsymbol{Z}$ von Gl. (1.91) lassen sich die Feldstärken bestimmen. Aus den Gln. (1.74), (1.86) und (1.87) folgt

$$\boldsymbol{E} = -\frac{\partial \boldsymbol{W}}{\partial t} - \operatorname{grad} \varphi = -\mu \frac{\partial^2 \boldsymbol{Z}}{\partial t^2} - \frac{1}{\varepsilon} \operatorname{grad} \operatorname{div} \boldsymbol{Z}, \tag{1.92}$$

$$\begin{aligned} \boldsymbol{E} &= -\mu \frac{\partial^2 \boldsymbol{Z}}{\partial t^2} + \frac{1}{\varepsilon} (\operatorname{rot} \operatorname{rot} \boldsymbol{Z} + \nabla^2 \boldsymbol{Z}) \\ &= \frac{1}{\varepsilon} \left[\operatorname{rot} \operatorname{rot} \boldsymbol{Z} + \nabla^2 \boldsymbol{Z} - \varepsilon\mu \frac{\partial^2 \boldsymbol{Z}}{\partial t^2} \right] \end{aligned} \tag{1.93}$$

oder mit Gl. (1.91)

$$\boldsymbol{E} = \frac{1}{\varepsilon} \operatorname{rot} \operatorname{rot} \boldsymbol{Z}. \tag{1.94}$$

Aus den Gln. (1.70) und (1.86) ergibt sich

$$\boldsymbol{B} = \operatorname{rot} \boldsymbol{W} = \mu \frac{\partial}{\partial t} \operatorname{rot} \boldsymbol{Z}, \quad (1.95) \qquad\qquad \boldsymbol{H} = \frac{\partial}{\partial t} \operatorname{rot} \boldsymbol{Z}. \quad (1.96)$$

Allgemeine Lösung der Wellengleichung für die Potentiale. Die allgemeinen Lösungen der inhomogenen Wellengleichungen für die Potentiale [Gl.(1.84) bzw. Gl.(1.85)] haben bei fehlenden Randbedingungen [$W \to 0$ bzw. $\varphi \to 0$ für $r \to \infty$) die Form

$$W(r, t) = \frac{\mu}{4\pi} \int_V \frac{G_\varkappa \left(t - \dfrac{r}{v}\right)}{r} \, dV \tag{1.97}$$

bzw.

$$\varphi(r, t) = \frac{1}{4\pi\varepsilon} \int_V \frac{\varrho \left(t - \dfrac{r}{v}\right)}{r} \, dV. \tag{1.98}$$

Sie werden als *retardierte Potentiale* bezeichnet, da die Potentialänderungen gegenüber den zeitlichen Änderungen der Ursache ($G_\varkappa$ bzw. ϱ) um einen Anteil r/v verzögert sind. Dabei ist v die Ausbreitungsgeschwindigkeit nach Gl.(1.69).

1.1.9.3. Maxwellsche Gleichungen in komplexer Form

Bei der Behandlung von elektromagnetischen Feldern, in denen die zeitliche Änderung aller Größen sinusförmig erfolgt, ist es mitunter zweckmäßig, auch für die Vektoren die komplexe Beschreibung der Zeitabhängigkeit anzuwenden. Wenn man berücksichtigt, daß hierbei die zeitliche Ableitung in eine Multiplikation mit $j\omega$ übergeht, lauten die Maxwellschen Gleichungen in der komplexen Schreibweise wie folgt:

$$\text{rot } \underline{H} = \underline{G}_\varkappa + j\omega\varepsilon\underline{E}, \tag{1.99}$$
$$\text{rot } \underline{E} = -j\omega\underline{B}, \tag{1.100}$$
$$\text{div } \underline{D} = \varrho, \tag{1.101}$$
$$\text{div } \underline{B} = 0. \tag{1.102}$$

Tafel 1.2. Verknüpfung der elektromagnetischen Größen durch die Maxwellschen Gleichungen

Spannung — *Stromstärke*

U [V] $\longrightarrow R = \dfrac{U}{I} \left[\dfrac{\text{V}}{\text{A}} = \Omega\right] \longleftarrow I$ [A]

$C = \dfrac{Q}{U} \left[\dfrac{\text{As}}{\text{V}} = \dfrac{\text{s}}{\Omega} = \text{F}\right]$

$U = \varphi_1 - \varphi_2$

$Q = \int I \, dt$ [As] ; $|G_\varkappa| = \dfrac{dI}{dA} \left[\dfrac{\text{A}}{\text{m}^2}\right]$

$|D| = \dfrac{dQ}{dA} \left[\dfrac{\text{As}}{\text{m}^2}\right]$

φ

$\varepsilon = \dfrac{|D|}{|E|} \left[\dfrac{\text{As}}{\text{m}^2} \dfrac{\text{m}}{\text{V}} = \dfrac{\text{F}}{\text{m}}\right]$

$E = -\text{grad } \varphi \left[\dfrac{\text{V}}{\text{m}}\right]$

$\text{rot } E = -\dfrac{\partial B}{\partial t}$; $\text{rot } H = G_\varkappa + \dfrac{\partial D}{\partial t}$

$B \left[\dfrac{\text{Vs}}{\text{m}^2}\right]$; $H \left[\dfrac{\text{A}}{\text{m}}\right]$

$\mu = \dfrac{|B|}{|H|} \left[\dfrac{\text{Vs m}}{\text{m}^2 \text{A}} = \dfrac{\Omega\text{s}}{\text{m}} = \dfrac{\text{H}}{\text{m}}\right]$

$\Phi = \int_A B \, dA$ [Vs]

$L = \dfrac{\Phi}{I}$ [Ωs = H]

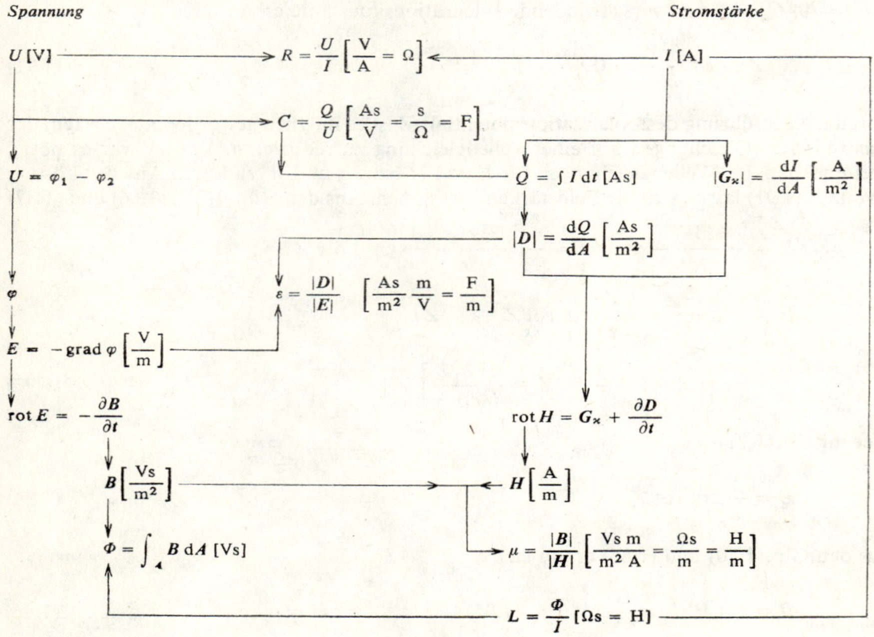

1.1.9.4. Einteilung der Elektrodynamik

Hinsichtlich der zeitlichen Abhängigkeit der Feldgrößen läßt sich die Elektrodynamik auf Grund der Maxwellschen Gleichungen folgendermaßen einteilen:

Statische Felder. Die Feldgrößen sind zeitlich konstant, und es fließen keine Ströme.

Stationäre Strömungsfelder. Die Feldgrößen sind zeitlich konstant, und es fließen zeitlich konstante Ströme.

Quasistationäre Felder. Die Feldgrößen sind zeitlich veränderlich, die magnetische Wirkung der Verschiebungsströme kann jedoch vernachlässigt werden. Dagegen muß die infolge der Änderung des magnetischen Feldes induzierte elektrische Feldstärke bereits berücksichtigt werden.

Schnellveränderliche Felder. In diesem Fall sind alle Anteile der Maxwellschen Gleichungen zu berücksichtigen. Das führt auf die zuvor behandelten elektromagnetischen Wellenfelder.

1.1.10. Verknüpfung der elektromagnetischen Größen

Die Verknüpfung der elektromagnetischen Größen durch die Maxwellschen Gleichungen und die anderen grundlegenden Beziehungen zeigt Tafel 1.2. In der Tafel sind auch die SI-Einheiten der Größen eingetragen. Definitionen der Einheiten s. Abschn. 4.

1.2. Statische Felder

1.2.1. Grundgleichungen des elektrostatischen Feldes

Die Grundgleichungen des elektrostatischen Feldes ergeben sich aus den Maxwellschen Gleichungen, wenn die Feldgrößen als zeitlich konstant und die Ladungen als ruhend angenommen werden.

Die Differentialform der Grundgleichungen lautet

$$\operatorname{rot} \boldsymbol{E} = 0, \quad (1.103) \qquad \operatorname{div} \boldsymbol{D} = \varrho. \quad (1.104)$$

Die Integralform lautet

$$\oint_l \boldsymbol{E}\, \mathrm{d}\boldsymbol{l} = 0, \quad (1.105) \qquad \oint_A \boldsymbol{D}\, \mathrm{d}\boldsymbol{A} = Q. \quad (1.106)$$

Zwischen Feldstärke und Verschiebung besteht in den meisten Fällen die lineare Beziehung

$$\boldsymbol{D} = \varepsilon \boldsymbol{E}. \quad (1.107)$$

In homogenen Medien ist

$$\operatorname{div} \boldsymbol{E} = \varrho/\varepsilon. \quad (1.108)$$

Die Aufgabe der Elektrostatik besteht in der Ermittlung wirbelfreier Felder, deren Divergenz bekannt ist.

Im elektrostatischen Feld wird an einer Stelle, an der die elektrische Feldstärke $\boldsymbol{E}$ herrscht, auf eine Punktladung Q die Kraft

$$\boldsymbol{F} = Q\boldsymbol{E} \quad (1.109)$$

ausgeübt [s. Gl. (1.39)].

1.2.2. Potentialfeld

1.2.2.1. Potential und Feldstärke

Die elektrische Feldstärke (wirbelfreies Feld) kann durch den negativen Gradienten einer skalaren Funktion φ dargestellt werden:

$$\boldsymbol{E} = -\operatorname{grad} \varphi = -\nabla\varphi. \quad (1.110)$$

Die skalare Funktion $\varphi\,(x, y, z)$ heißt Potential des elektrischen Feldes. Gl. (1.110) stellt einen Spezialfall von Gl. (1.74) für $\partial/\partial t \equiv 0$ dar. Die Formen von Gl. (1.110) in verschiedenen Koordinatensystemen sind Tafel 1.1 zu entnehmen.
In kartesischen Koordinaten gilt beispieslweise

$$\boldsymbol{E} = -\operatorname{grad}\varphi = -\left(\frac{\partial\varphi}{\partial x}\boldsymbol{i} + \frac{\partial\varphi}{\partial y}\boldsymbol{j} + \frac{\partial\varphi}{\partial z}\boldsymbol{k}\right). \tag{1.111}$$

1.2.2.2. Spannung

Das Linienintegral der Feldstärke zwischen zwei Punkten *1* und *2* eines elektrischen Feldes [Gl. (1.105)] ist – unabhängig von dem Integrationsweg – gleich der Differenz der Potentiale φ_2 (im Punkt *2*) und φ_1 (im Punkt *1*):

$$U = \int_1^2 \boldsymbol{E}\,\mathrm{d}\boldsymbol{l} = \varphi_1 - \varphi_2. \tag{1.112}$$

U bezeichnet man als Spannung zwischen den Punkten *1* und *2*.
Wird in einem elektrostatischen Feld die Ladung Q von dem Punkt *1* zu dem Punkt *2* bewegt, dann wird die Arbeit

$$W = \int_1^2 \boldsymbol{F}\,\mathrm{d}\boldsymbol{l} = Q\int_1^2 \boldsymbol{E}\,\mathrm{d}\boldsymbol{l} = Q\,(\varphi_1 - \varphi_2) = QU \tag{1.113}$$

gegen die Feldkräfte ausgeführt. Wählt man den Ausgangspunkt als Bezugspunkt, dem man das Potential $\varphi = 0$ zuordnet, dann kann man das Potential als die Energie definieren, die man aufwenden muß, um die Ladungseinheit von dem Bezugspunkt $\boldsymbol{r}_b$ $(\varphi = 0)$ bis zu dem betrachteten Punkt $\boldsymbol{r}$ $(\varphi = \varphi)$ zu bringen:

$$\varphi = \int_{r_b}^{r} \boldsymbol{E}\,\mathrm{d}\boldsymbol{l}. \tag{1.114}$$

Diese Gleichung stellt die Umkehrung von Gl. (1.110) dar.

1.2.2.3. Gleichungen von Poisson und Laplace

Aus den Gln. (1.108) und (1.110) folgt die Gleichung von Poisson:

$$\Delta\varphi \equiv \operatorname{div}\operatorname{grad}\varphi = -\varrho/\varepsilon. \tag{1.115}$$

In einem raumladungsfreien Gebiet $(\varrho = 0)$ geht sie in die Laplacesche Gleichung

$$\Delta\varphi \equiv \operatorname{div}\operatorname{grad}\varphi = 0 \tag{1.116}$$

über. Δ ist der Laplacesche Operator, den man aus Tafel 1.1 für verschiedene Koordinatensysteme entnehmen kann. Die Poissonsche Gleichung lautet damit in kartesischen Koordinaten (x, y, z)

$$\frac{\partial^2\varphi}{\partial x^2} + \frac{\partial^2\varphi}{\partial y^2} + \frac{\partial^2\varphi}{\partial z^2} = -\frac{\varrho}{\varepsilon}, \tag{1.117}$$

in zylindrischen Koordinaten (r, α, z)

$$\frac{1}{r}\frac{\partial}{\partial r}\left(r\frac{\partial\varphi}{\partial r}\right) + \frac{1}{r^2}\frac{\partial^2\varphi}{\partial\alpha^2} + \frac{\partial^2\varphi}{\partial z^2} = -\frac{\varrho}{\varepsilon}, \tag{1.118}$$

in sphärischen Koordinaten (r, α, ϑ)

$$\frac{\partial^2\varphi}{\partial r^2} + \frac{2}{r}\frac{\partial\varphi}{\partial r} + \frac{1}{r^2\sin\vartheta}\frac{\partial}{\partial\vartheta}\left(\sin\vartheta\frac{\partial\varphi}{\partial\vartheta}\right) + \frac{1}{r^2\sin^2\vartheta}\frac{\partial^2\varphi}{\partial\alpha^2} = -\frac{\varrho}{\varepsilon}. \tag{1.119}$$

1.2.2.4. Eindeutigkeit der Lösung der Randwertaufgaben

Eine Lösung der Laplaceschen Gleichung, die die Grenzbedingungen erfüllt, ist die einzige Lösung für den betrachteten Fall (Rechtfertigung des Prinzips des Spiegelbildes).

1.2.3. Bildhafte Darstellung des elektrostatischen Feldes

1.2.3.1. Äquipotential- oder Niveauflächen

In dem elektrischen Potentialfeld sind durch die Gleichung

$$\varphi(x, y, z) = \text{konst.} \tag{1.120}$$

Flächen angegeben, auf denen überall das gleiche Potential herrscht. Sie werden Äquipotential- oder Niveauflächen genannt.

1.2.3.2. Äquipotential- oder Niveaulinien

Die Spuren der Äquipotentialflächen auf einer Schnittebene sind Linien, die Punkte gleichen Potentials verbinden. Sie geben ein wertvolles Mittel zur bildhaften Darstellung des Feldes, besonders dann, wenn man zwischen ihnen gleiche Potentialdifferenzen annimmt. In diesem Fall kann man aus der Verdichtung oder Verdünnung der Niveaulinien [Gl. (1.120)] die Stellen großer bzw. kleiner Feldstärken erkennen [Gl. (1.110)]. Stellt $\varphi(x, y)$ den Potentialverlauf in der x,y-Ebene dar, dann ist

$$\varphi(x, y) = K \tag{1.121}$$

die Gleichung der Äquipotentiallinie mit dem Potential K.

1.2.3.3. Feldlinien

Die Feldlinien in einem elektrischen Feld sind die Linien, an die überall der Vektor der elektrischen Feldstärke $\boldsymbol{E}$ tangiert. Sie stehen an jeder Stelle orthogonal auf den Äquipotentiallinien [Gl. (1.110)]. Ihe Einführung vervollständigt die bildhafte Darstellung des Feldes. Der Verlauf der Feldlinien ist durch die Gleichung

$$\boldsymbol{E} \times \mathrm{d}\boldsymbol{l} = 0, \tag{1.122}$$

d.h., $\boldsymbol{E} \parallel \mathrm{d}\boldsymbol{l}$, gegeben;

$\mathrm{d}\boldsymbol{l}$ Längenelement der Feldlinien.

Bild 1.1 zeigt einen Feldabschnitt, dargestellt durch Feldlinien und Äquipotentiallinien. Die Feldlinien wurden mit einem Pfeil versehen, der in Richtung des Potentialabfalls zeigt.

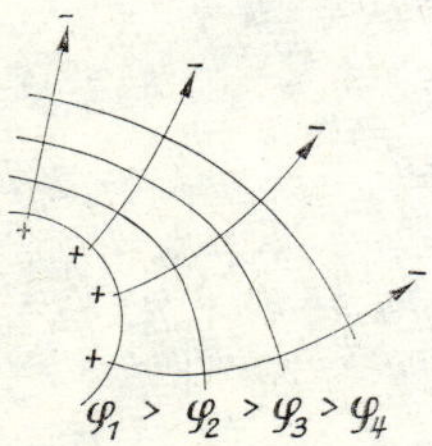

Bild 1.1
Feld und Äquipotentiallinien eines Feldausschnitts

1.2.3.4. Verschiebungslinien

Die Verschiebungslinien stellen Linien dar, an die überall im Feld der Vektor der Verschiebung $\boldsymbol{D}$ tangiert. In einem isotropen Medium fallen Feld- und Verschiebungslinien zusammen. Die elektrischen Ladungen stellen die Quellen des Verschiebungsflusses dar [Gl. (1.104)]. Das Feldbild wird noch vollkommener, wenn man jeder Ladungseinheit eine Verschiebungslinie zuordnet.

1.2.4. Stoffe im elektrostatischen Feld

1.2.4.1. Grenzbedingungen

Die Gln. (1.105) und (1.106) bestimmen den Feldverlauf an einer Grenzfläche, die zwei Stoffe mit den Dielektrizitätskonstanten ε_1 und ε_2 trennt. Die Anwendung von Gl. (1.105) längs eines Integrationsweges, der zuerst unmittelbar an der Grenzfläche auf der einen Seite (ε_1) verläuft, dann auf die andere Seite (ε_2) übergeht und unmittelbar an der Grenzfläche zu dem Ausgangspunkt zurückführt, ergibt

$$E_{t1} = E_{t2}\,; \tag{1.123}$$

E_{t1}, E_{t2} Tangentialkomponenten der Feldstärke auf beiden Seiten der Grenzfläche an der betreffenden Stelle.

Mit Gl. (1.107) folgt

$$\frac{D_{t1}}{D_{t2}} = \frac{\varepsilon_1}{\varepsilon_2}\,; \tag{1.124}$$

D_{t1}, D_{t2} Tangenialkomponenten der Verschiebung auf beiden Seiten der Grenzfläche.

Wenn an der Grenzfläche keine Ladungen vorhanden sind, dann fordert Gl. (1.106) für die Normalkomponenten der Verschiebung D_{n1} und D_{n2} an der Grenzfläche

$$D_{n1} = D_{n2}\,. \tag{1.125}$$

Gl. (1.107) liefert für die Normalkomponenten der Feldstärke E_1 und E_2 an der Grenzfläche daraus

$$\frac{E_{n1}}{E_{n2}} = \frac{\varepsilon_2}{\varepsilon_1}\,. \tag{1.126}$$

Die Feldlinien erfahren an der Grenzfläche i. allg. eine Brechung, die nach dem Brechungsgesetz erfolgt:

$$\frac{\tan\alpha_1}{\tan\alpha_2} = \frac{D_{t1}}{D_{t2}} = \frac{E_{n2}}{E_{n1}} = \frac{\varepsilon_1}{\varepsilon_2}\,; \tag{1.127}$$

α_1, α_2 Winkel, die E_1 und E_2 mit der Grenzflächennormalen einschließen.

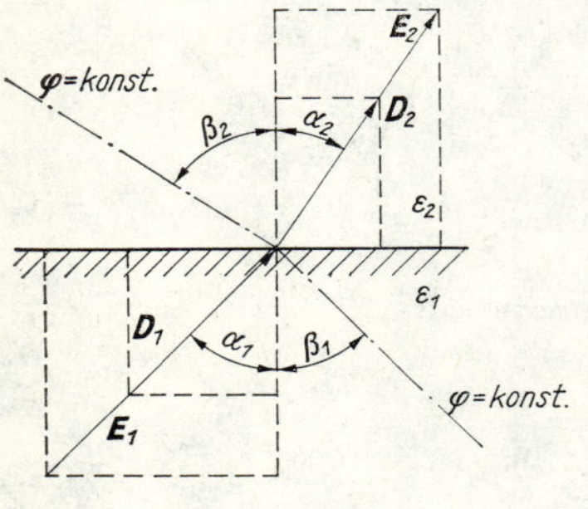

Bild 1.2
Brechung der elektrischen Feldlinien an einer Grenzfläche

Befindet sich an der Grenzfläche eine Ladung mit der Flächendichte σ, dann liefert Gl. (1.104)
$$D_{n2} = D_{n1} = \sigma. \tag{1.128}$$
Beim Übergang von einem Stoff mit einer größeren Dielektrizitätskonstanten in einen Stoff mit einer kleineren Dielektrizitätskonstanten werden die Feldvektoren E und D zum Lot hin gebrochen.
Sind β_1 und β_2 die Winkel, die die Äquipotentiallinien mit der Grenzflächennormalen auf beiden Seiten einschließen, dann ist
$$\frac{\tan \beta_1}{\tan \beta_2} = \frac{\tan \alpha_2}{\tan \alpha_1} = \frac{\varepsilon_2}{\varepsilon_1}. \tag{1.129}$$
Bild 1.2 zeigt die Brechung der Feld- und der Äquipotentiallinien.
Bezüglich des Verhaltens der verschiedenen Stoffe im elektrischen Feld s. Abschn. 3.6., S. 558.

1.2.5. Berechnung elektrostatischer Felder

Die Berechnung des Feldes läuft auf die Ermittlung von E, D oder φ als Funktion der Koordinaten hinaus. Die allgemeine Methode zur Berechnung elektrostatischer Felder beruht auf der Lösung der Laplace-Poissonschen Gleichung [Gln. (1.115) und (1.116)]. In vielen symmetrischen Fällen führt die Anwendung der 4. Maxwellschen Gleichung [Gl. (1.106)] leichter zum Ziel. Ein wertvolles Hilfsmittel ist das Verfahren des Spiegelbildes. Eine Zusammenfassung der Feldgleichungen und der meist angewandten Behandlungsmethoden ist in Tafel 1.3 gezeigt.

Tafel 1.3. Methoden zur Berechnung elektrostatischer Felder

Stufe	Inhalt
Ausgangsgleichungen	$\operatorname{rot} E = 0$; $\operatorname{div} D = \varrho$; $D = \varepsilon E$
Ansatz	$E = -\operatorname{grad} \varphi$
Potentialgleichungen	$\Delta \varphi = -\dfrac{\varrho}{\varepsilon}$ (Poisson) ; $\Delta \varphi = 0$ (Laplace)
Lösungsmethoden des Randwertproblems	Ausnutzung der Symmetrie in einfachen Fällen mittels $\oint D \, dA = \int_V \varrho \, dV$; Lösung der Differentialgleichung unter den vorgeschriebenen Randbedingungen durch angepaßte Koordinaten und spezielle Funktionen (Trennung der Veränderlichen usw.) ; Anwendung des Superpositionsprinzips ; numerische Näherungsverfahren (Differenzenverfahren usw.) ; Lösung durch $\varphi = \dfrac{1}{4\pi\varepsilon} \int_V \dfrac{\varrho}{r} dV$ bei fehlenden Randbedingungen im Endlichen ; grafische Näherungsverfahren ; Verfahren des Spiegelbildes (Spiegelladung), wenn Symmetrielinien bzw. -flächen vorhanden sind ; konforme Abbildung im zweidimensionalen Fall

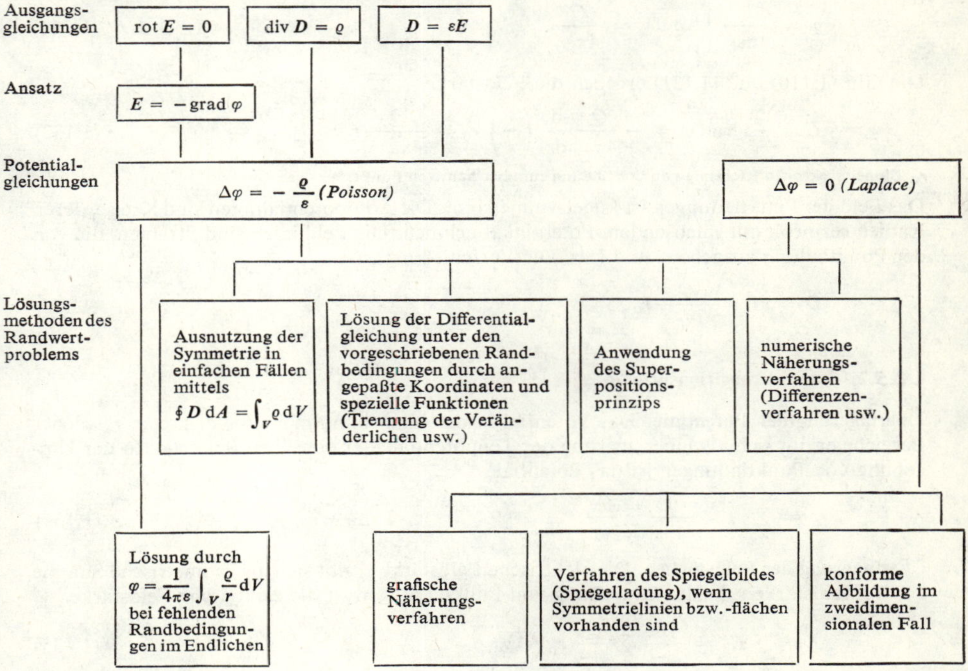

1.2.5.1. Lösung der Poissonschen Gleichung

Die Lösung der Poissonschen Gleichung (Randbedingung $\varphi \to 0$ bei $r \to \infty$) lautet

$$\varphi = \frac{1}{4\pi\varepsilon} \int_V \frac{\varrho}{r} \, dV. \tag{1.130}$$

Dieser Ausdruck ist ein Spezialfall von Gl. (1.97) unter der Bedingung, daß die zeitliche Ableitung in Gl. (1.82) Null ist. Gl. (1.130) ermöglicht die Potentialbestimmung, wenn die Raumladungsverteilung $\varrho(r)$ über das Volumen V bekannt ist (Bild 1.3). $\varrho\, dV$ ist die Ladung in dem Volumen dV, das sich in einer Entfernung r von dem Punkt P befindet, dessen Potential bestimmt werden soll.

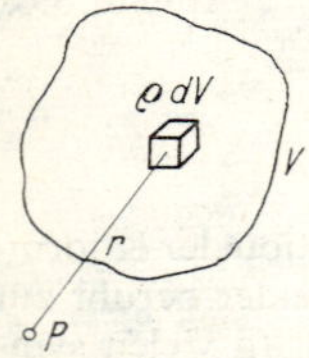

Bild 1.3. Zur Potentialbestimmung aus der Raumladungsverteilung

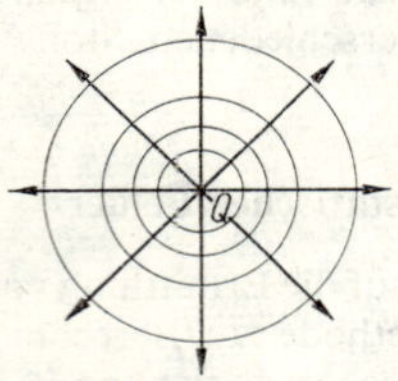

Bild 1.4. Verschiebungs- und Äquipotentiallinien einer positiven Punktladung Q

Feld der Punktladung. Ist die Ausdehnung des von den Ladungen eingenommenen Raumes V klein gegenüber der Entfernung des betrachteten Punktes (Punktladung), dann kann für alle Volumenelemente dV die gleiche Entfernung r angenommen werden. Das Potential ist dann

$$\varphi = \frac{1}{4\pi\varepsilon r} \int_V \varrho \, dV = \frac{Q}{4\pi\varepsilon r}. \tag{1.131}$$

Die Gln. (1.110) und (1.131) ergeben die Feldstärke

$$\boldsymbol{E} = -\operatorname{grad} \varphi = -\frac{Q}{4\pi\varepsilon} \frac{d}{dr} \left(\frac{1}{r} \right) \boldsymbol{r}_0 = \frac{Q}{4\pi\varepsilon r^2} \boldsymbol{r}_0; \tag{1.132}$$

$\boldsymbol{r}_0$ Einheitsvektor in Richtung von der Ladung zum betrachteten Punkt.

Das Feld der Punktladungen ist kugelsymmetrisch. Die Äquipotentiallinien sind Kreise, deren Radien reziprok mit wachsendem Potential abnehmen. Die Feldlinien sind Strahlen, die von der Punktladung ausgehen (Bild 1.4). Die Verschiebung ist

$$\boldsymbol{D} = \varepsilon \boldsymbol{E} = \frac{Q}{4\pi r^2} \boldsymbol{r}_0. \tag{1.133}$$

1.2.5.2. Superpositionsprinzip

Überlagerung der Potentiale. Das Potential in der Umgebung mehrerer diskreter geladener Bereiche ergibt sich als Überlagerung der Teilpotentiale der einzelnen Bereiche. In der Umgebung von Punktladungen ist das Potential

$$\varphi = \sum_\lambda \varphi_\lambda = \frac{1}{4\pi\varepsilon} \sum_\lambda \frac{Q_\lambda}{r_\lambda}. \tag{1.134}$$

Überlagerung der Feldstärken. Die elektrische Feldstärke ergibt sich als geometrische Summe der Teilfeldstärken. In der Umgebung von Punktladungen ist die elektrische Feldstärke

$$\boldsymbol{E} = \sum_\lambda \boldsymbol{E}_\lambda = \frac{1}{4\pi\varepsilon} \sum_\lambda \frac{Q_\lambda}{r_\lambda^2} \boldsymbol{r}_{0\lambda}. \tag{1.135}$$

Durch sinnvolle Unterteilung geladener Bereiche in Ladungselemente ($dQ_\lambda = \varrho_\lambda \, dV_\lambda$), die man als Punktladungen betrachten kann, lassen sich das Potential und die Feldstärke nach den Gln. (1.134) und (1.135) berechnen.

Linienladung. Eine Linienladung kann man als sehr dicht aneinandergereihte, sehr kleine Linienladungselemente (Punktladungen) $\tau \, d\lambda$ auffassen. Bei dem geradlinigen Leiter (Bild 1.5) ist das Potential in $P(x, y)$

$$\varphi = \frac{1}{4\pi\varepsilon} \int_l \frac{\tau \, d\lambda}{r} = \frac{Q}{4\pi\varepsilon l} \int_{-l/2}^{+l/2} \frac{d\lambda}{\sqrt{y^2 + (x - \lambda)^2}}$$

$$= \frac{Q}{4\pi\varepsilon l} \ln \frac{x + l/2 + \sqrt{y^2 + (x + l/2)^2}}{x - l/2 + \sqrt{y^2 + (x - l/2)^2}}. \tag{1.136}$$

Die Äquipotentiallinien sind Ellipsen, die Feldlinien Hyperbeln.

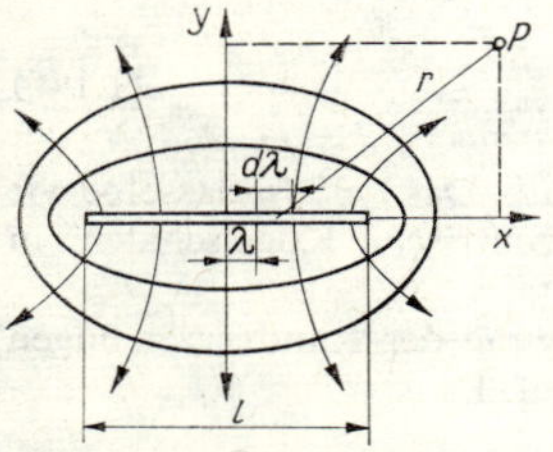

Bild 1.5. Feld einer Linienladung

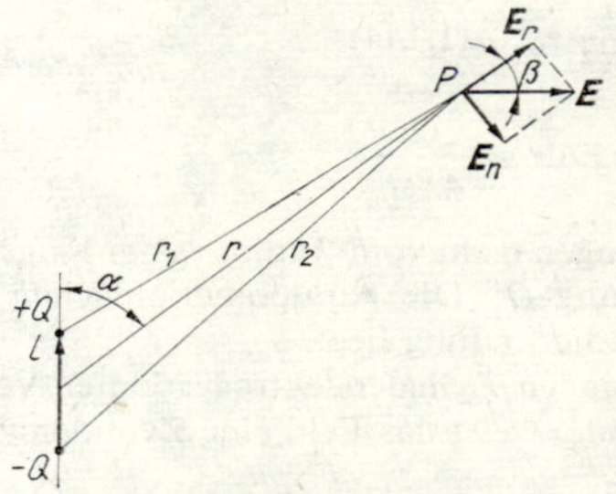

Bild 1.6. Doppelladung (Dipol)

Dipol (Doppelladung). Zwei gleich große, ungleichnamige Ladungen ($+Q$ und $-Q$), die sich in einer Entfernung l voneinander befinden (Bild 1.6), bilden einen Dipol (Doppelladung). Das Potential beträgt

$$\varphi = \frac{Ql}{4\pi\varepsilon} \left(\frac{1}{r_1} - \frac{1}{r_2} \right) = \frac{Ql\,(r_2 - r_1)}{4\pi\varepsilon r_1 r_2}. \tag{1.137}$$

In großer Entfernung vom Dipol ist

$$\varphi = \frac{1}{4\pi\varepsilon r^3} \boldsymbol{M}_e \boldsymbol{r}. \tag{1.138}$$

Darin ist

$$|\boldsymbol{M}_e| = Ql \tag{1.139}$$

das Dipolmoment. $\boldsymbol{M}_e$ zeigt in Richtung von $-Q$ nach $+Q$. Der Betrag der Feldstärke ist

$$|\boldsymbol{E}| = \frac{|\boldsymbol{M}_e|}{4\pi\varepsilon r^3} \sqrt{3 \cos^2 \alpha + 1}; \tag{1.140}$$

α Winkel zwischen der Dipolachse l und dem Radiusvektor $\boldsymbol{r}$.

Der Winkel β, den die Feldstärke $\boldsymbol{E}$ mit dem Radiusvektor einschließt, berechnet sich aus

$$\tan \beta = \tfrac{1}{2} \tan \alpha. \tag{1.141}$$

In einem elektrischen Feld erfährt ein Dipol an einer Stelle mit der Feldstärkekomponente $\boldsymbol{E}_r$ das Drehmoment

$$M_d = F l_n = Q\,|\boldsymbol{E}|\, l \sin \alpha = |\boldsymbol{M}_e|\, |\boldsymbol{E}| \sin \alpha. \tag{1.142}$$

In vektorieller Form ist

$$M_d = M_e \times E. \tag{1.143}$$

1.2.5.3. Feldbestimmung durch Anwendung der 4. Maxwellschen Gleichung

Bei Symmetrie der Anordnung kann die Anwendung der 4. Maxwellschen Gleichung einfacher zur Bestimmung des Feldes führen (mittelbare Integration der Poissonschen Gleichung).

Feld der Kugelelektrode. Auf einer Kugelelektrode mit dem Radius r_0 ist die Ladung Q gleichmäßig auf die Oberfläche verteilt. In einem unendlich ausgedehnten homogenen isotropen Medium ist das Feld kugelsymmetrisch. Die Verschiebungslinien sind Strahlen, die von der Oberfläche der Elektrode radial ausgehen. In einer Entfernung r vom Kugelmittelpunkt ist die Verschiebungsdichte wegen der Kugelsymmetrie

$$\boldsymbol{D} = \frac{Q}{4\pi r^2}\boldsymbol{r}_0, \quad (1.144) \qquad \boldsymbol{E} = \frac{Q}{4\pi\varepsilon r^2}\boldsymbol{r}_0, \tag{1.145}$$

$$\varphi = \int_{\infty}^{r} \boldsymbol{E}\,\mathrm{d}\boldsymbol{r} = \frac{Q}{4\pi\varepsilon r}. \tag{1.146}$$

Die Feldgrößen hängen nicht vom Radius r_0 der Kugelelektrode ab. Das Feld ist dasselbe wie das der Punktladung Q. Die Äquipotentialflächen sind konzentrische Kugelschalen, in deren Mittelpunkt die Ladung liegt.

Feld der langen geraden Zylinderelektrode. Unter Vernachlässigung der Randverzerrungen (sehr lange Elektrode) weist das Feld eine Zylindersymmetrie auf. Es ist

$$\boldsymbol{D} = \frac{Q}{2\pi r l}\boldsymbol{r}_0, \quad (1.147) \qquad \boldsymbol{E} = \frac{Q}{2\pi\varepsilon r l}\boldsymbol{r}_0, \tag{1.148}$$

$$\varphi = \int_{r_b}^{r} \boldsymbol{E}\,\mathrm{d}\boldsymbol{r} = \frac{Q}{2\pi\varepsilon l}\ln r - K; \tag{1.149}$$

r_b Entfernung des Bezugspunktes ($\varphi = 0$) vom betrachteten Punkt.

Die Äquipotentialflächen sind konzentrische Zylindermantelflächen. Der Feldverlauf hängt nicht vom Radius r_0 der Zylinderelektroden ab.

1.2.5.4. Verfahren der Spiegelbilder

Es ist durch den Satz von der Eindeutigkeit der Randwertaufgabe (vgl. Abschn. 1.2.2.4., S. 33) gerechtfertigt. Seine Anwendung erfolgt zweckmäßig bei der Bestimmung des Feldes von Ladungen, die sich in der Umgebung von Grenzflächen befinden, die zwei Gebiete verschiedener Eigenschaften (ε) trennen.

Spiegelung an einer Ebene

a) *Grenzebene zwischen zwei Nichtleitern*

Um die Grenzbedingungen zu erfüllen, werden zusätzliche Hilfsladungen (Bild- oder Spiegelladungen) eingeführt. Damit die Poissonsche Gleichung nicht gestört wird, dürfen diese jedoch nur in dem Bereich zur Grenzfläche angebracht werden, in dem das Feld nicht bestimmt werden soll. Als Beispiel ist das Feld der Ladung Q zu bestimmen, die sich im Medium mit der Dielektrizitätskonstanten ε_1 in einer Entfernung h von der Grenzebene zum Medium mit der Dielektrizitätskonstanten ε_2 (Bild 1.17) befindet.

Die Feldbestimmung im ersten Bereich erfolgt unter der Annahme, daß sich außer der gegebenen Ladung Q noch ihre Bildladung $Q' = n'Q$ im Abstand h auf der anderen Seite der Grenzfläche befindet, wobei die Dielektrizitätskonstante im gesamten Raum ε_1 beträgt.

Die Feldbestimmung im zweiten Bereich wird unter der Annahme vorgenommen (Analogie zur Optik), daß das Feld von der Ladung $Q'' = n''Q$, die sich an der Stelle der vorgegebenen Ladung befindet, entsteht, wobei die Dielektrizitätskonstante über den ganzen Raum ε_2 beträgt. An der Trennebene müssen die Grenzbedingungen Gln. (1.123) und (1.125) erfüllt sein. Für die Faktoren n' und n'' ergibt sich

$$n' = \frac{\varepsilon_1 - \varepsilon_2}{\varepsilon_1 + \varepsilon_2}, \quad (1.150) \qquad n'' = \frac{2\varepsilon_2}{\varepsilon_1 + \varepsilon_2}. \quad (1.151)$$

Daraus ergibt sich die Bildladung Q' bzw. Q'' nach Größe und Vorzeichen. Der Fall des homogenen Mediums mit $\varepsilon_1 = \varepsilon_2$, d.h., $n' = 0$ und $n'' = 1$ bzw. $Q' = 0$ und $Q'' = Q$, ist in der Lösung mit enthalten.

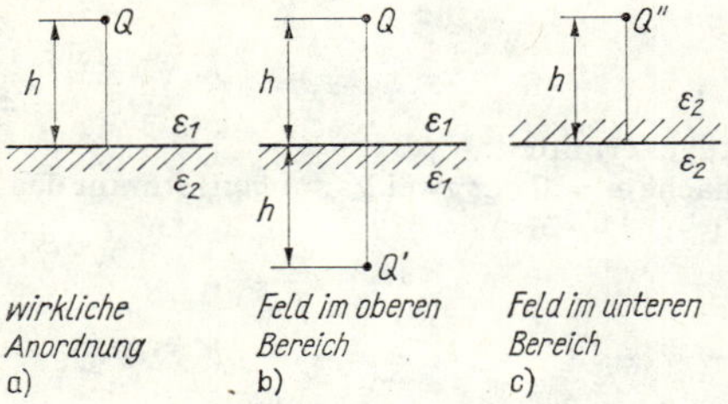

Bild 1.7
Feldbestimmung einer Ladung durch Spiegelung an einer Ebene

b) *Grenzebene zwischen einem Leiter und einem Nichtleiter*

Die Grenzbedingung, daß in einem elektrostatischen Feld die Feldlinien senkrecht auf die Metalloberfläche einfallen ($\alpha_1 = 0$), ergibt laut Brechungsgesetz [Gl. (1.127)] für das Metall $\varepsilon_2 = \infty$ (phänomenologisch); hiermit wird [Gl. (1.150)]

$$n' = -1. \tag{1.152}$$

Ladung und Bildladung sind gleich groß, aber mit entgegengesetztem Vorzeichen versehen. Das Feld in dem ersten Bereich ist dasselbe wie bei zwei gleich großen entgegensetzten Ladungen, die sich in der Entfernung *2h* voneinander befinden. Die Grenzebene fällt mit der Mittelebene zusammen, die senkrecht auf der Verbindungslinie der Ladung $\overline{QQ'}$ steht.

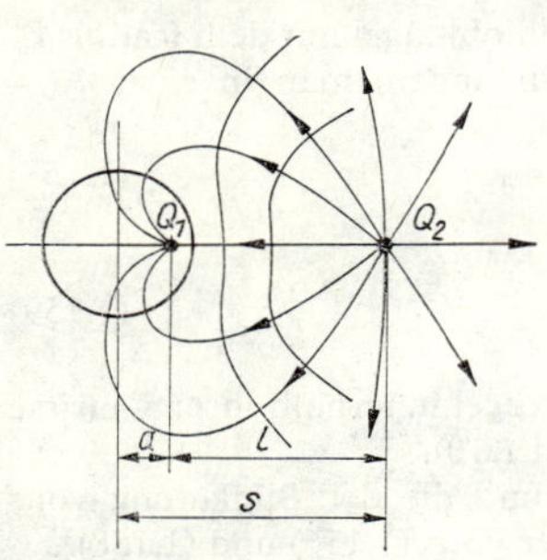

Bild 1.8
Feldbestimmung zweier Ladungen durch Spiegelung an einer metallischen Kugel

Spiegelung an einer metallischen Kugel. In der Umgebung zweier ungleichnamiger Punktladungen Q_1 und Q_2 stellt die Äquipotentialfläche $\varphi = 0$ eine Kugel dar, die die kleinere Ladung umschließt. Ihr Mittelpunkt liegt auf der Verbindungslinie $\overline{Q_1Q_2}$ in einer Entfernung

$$a = \frac{lm^2}{1 - m^2} \tag{1.153}$$

jenseits der kleineren Ladung (Bild 1.8). Dabei ist

$$m = Q_1/Q_2 . \tag{1.154}$$

Der Radius der Kugel beträgt

$$r_0 = \frac{lm}{1 - m^2} . \tag{1.155}$$

Das Feld einer Punktladung Q_2, die sich in einer Entfernung s von einer Metallkugel ($\varphi = 0$) mit dem Radius r_0 befindet, bestimmt man, indem man in einer Entfernung

$$a = r_0^2/s \tag{1.156}$$

vom Kugelmittelpunkt die Spiegelladung

$$Q_1 = -\frac{r_0}{s} Q_2 \tag{1.157}$$

anbringt und das Feld unter Wegfall der Metallkugel ermittelt.
Außerhalb der Umrisse der Kugel (Äquipotentialfläche $\varphi = 0$ der zwei Ladungen) stimmt das ermittelte Feld mit dem gesuchten überein (Bild 1.9).

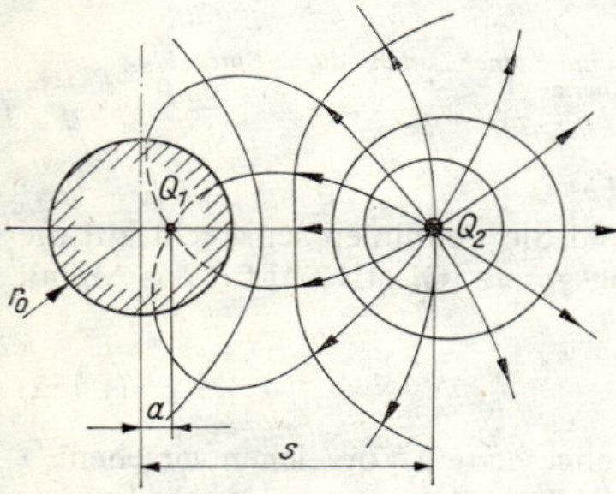

Bild 1.9. Bestimmung des Feldes einer Punktladung Q_2 in der Umgebung einer Metallkugel

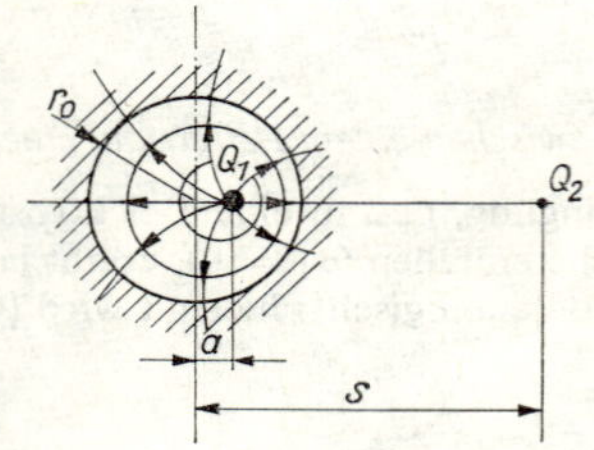

Bild 1.10. Bestimmung des Feldes einer Punktladung Q_1 im Inneren einer metallischen Hohlkugel

Das Feld einer Punktladung Q_1, die sich innerhalb einer Metallhohlkugel mit dem Radius r_0 in einer Entfernung a vom Zentrum befindet, bestimmt man, indem man in einer Entfernung

$$s = r_0^2/a \tag{1.158}$$

die Bildladung

$$Q_2 = -\frac{s}{r_0} Q_1 \tag{1.159}$$

anbringt und das resultierende Feld unter Wegfall der Metallkugel innerhalb ihrer Umrisse (Äquipotentialfläche $\varphi = 0$ der zwei Ladungen) ermittelt (Bild 1.10).
Gesetz der reziproken Radien. Die Entfernung der Ladung und die der Bildladung vom Zentrum der Kugel stehen im reziproken Verhältnis zueinander [Gln. (1.156) und (1.158)].

1.2.5.5. Lösung der Laplace-Poissonschen Gleichung unter den vorgeschriebenen Randbedingungen

Die Bestimmung des Feldes durch unmittelbare Integration der Laplace-Poissonschen Gleichung besteht in der Aufstellung einer Lösung, bei der bestimmte vorgegebene Randbedingungen erfüllt sind. Die Randbedingungen erfassen die Angabe der Elektrodenkonfiguration und ihrer Potentiale. Jede Lösung, die die Feldgleichungen und die Randbedingungen erfüllt, ist auch die einzige Lösung für die betreffende Einrichtung (vgl. Abschn. 1.2.2.4., S. 33).

Eindimensionales Feld. Die Feldgrößen ändern sich nur in einer Richtung (Feld zwischen zwei unendlich weit ausgedehnten parallelen ebenen Elektroden). Die Poissonsche Gleichung lautet in diesem Fall

$$\frac{d^2\varphi}{dx^2} = -\frac{\varrho}{\varepsilon}. \tag{1.160}$$

Bei ϱ = konst. lautet die Lösung unter Berücksichtigung der Randbedingungen ($\varphi = 0$ bei $x = 0$ und $\varphi = U$ bei $x = d$)

$$\varphi = \left[\frac{U}{d} + \frac{\varrho}{2\varepsilon} d\right] x - \frac{\varrho}{2\varepsilon} x^2. \tag{1.161}$$

Der Potentialverlauf ist im Bild 1.11 dargestellt. Die Feldstärke ist

$$|E| = -\left[\frac{U}{d} + \frac{\varrho}{2\varepsilon} d - \frac{\varrho}{\varepsilon} x\right]. \tag{1.162}$$

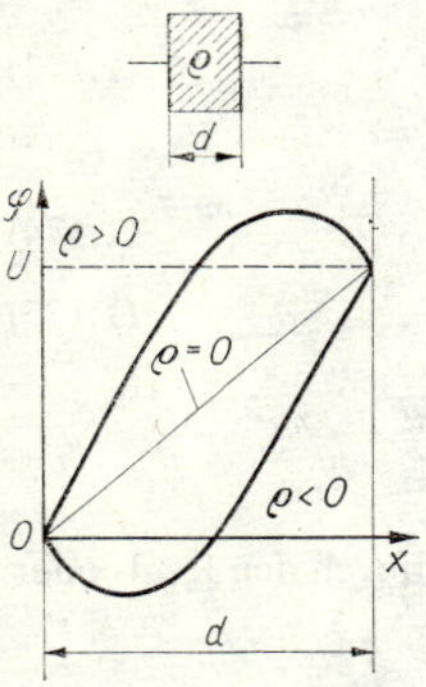

Bild 1.11
Potentialverlauf im eindimensionalen Feld

Bei $\varrho = 0$ ist

$$\varphi = \frac{U}{d} x, \tag{1.163}$$ $$|E| = U/d. \tag{1.164}$$

Bei $\varrho \neq 0$ stellt sich ein quadratischer Potentialverlauf (Feldverzerrung durch Raumladungen) ein. Die Feldstärke steigt linear von der Elektrode an, die das umgekehrte Vorzeichen der Raumladung trägt (Bild 1.11).

1.2.5.6. Lösung der Laplaceschen Gleichung durch Trennung der Variablen

Die Methode der Trennung der Variablen besteht in der Darstellung der gesuchten Potentialfunktion durch ein Produkt von Funktionen bzw. durch Summen solcher Produkte, wobei jede dieser Funktionen nur von einer der Koordinaten abhängt. Im Fall des zweidimensionalen Feldes $\varphi(x, y)$ ist

$$\varphi_\lambda = X_\lambda Y_\lambda \tag{1.165}$$

mit

$$X_\lambda = X_\lambda(x), \tag{1.166}$$ $$Y_\lambda = Y_\lambda(y) \tag{1.167}$$

ist. Für jedes λ stellt Gl. (1.165) eine Lösung der Laplaceschen Gleichung dar, wobei die Randbedingungen für einen vorgegebenen Fall nicht erfüllt zu sein brauchen. Die Randbedingungen werden von den Summen

$$\varphi = \sum_{\lambda} K_\lambda X_\lambda Y_\lambda \tag{1.168}$$

erfüllt, wobei die Koeffizienten K_λ zu bestimmen sind. Diese Lösung, die sowohl die Differentialgleichung als auch die Randbedingungen befriedigt, ist die einzige Lösung. Die Anwendung der Methode der Trennung der Variablen in einem für den betreffenden Fall passenden Koordinatensystem führt das Problem auf die Lösung gewöhnlicher Differentialgleichungen zurück.
In dem zweidimensionalen Feld liefert der Ansatz Gl. (1.165)

$$\frac{X''_\lambda}{X_\lambda} + \frac{Y''_\lambda}{Y_\lambda} = 0, \tag{1.169}$$

$$\frac{X''_\lambda}{X_\lambda} = \alpha_\lambda^2, \tag{1.170}$$

$$\frac{Y''_\lambda}{Y_\lambda} = -\alpha_\lambda^2. \tag{1.171}$$

Ist $\alpha_\lambda^2 > 0$, dann ist die Lösung

$$X_\lambda = A_\lambda \cosh \alpha_\lambda x + B_\lambda \sinh \alpha_\lambda x, \tag{1.172}$$

$$Y_\lambda = C_\lambda \cos \alpha_\lambda y + D_\lambda \sin \alpha_\lambda y. \tag{1.173}$$

Wenn $\alpha_\lambda^2 < 0$, dann ist die Lösung

$$X_\lambda = A_\lambda \cos \alpha_\lambda x + B_\lambda \sin \alpha_\lambda x, \tag{1.174}$$

$$Y_\lambda = C_\lambda \cosh \alpha_\lambda y + D_\lambda \sinh \alpha_\lambda y. \tag{1.175}$$

1.2.5.7. Konforme Abbildungen (vgl. Abschnitte 2.10.3., S. 318, und 2.12.8., S. 394)

Das Potential eines zweidimensionalen raumladungsfreien Feldes kann durch den Real- oder Imaginärteil einer komplexen analytischen Funktion

$$w = f(z) = f(x + \mathrm{j}y) = u(x, y) + \mathrm{j}v(x, y) \tag{1.176}$$

beschrieben werden (bei Erfüllung der Cauchy-Riemannschen Bedingung). Ist

$$u(x, y) = \text{konst.} \tag{1.177}$$

die Gleichung der Äquipotentiallinien, dann ist

$$v(x, y) = \text{konst.} \tag{1.178}$$

die Gleichung der Feldlinien. Die Feldstärke ergibt sich zu

$$\boldsymbol{E} = -\operatorname{grad} u = -\left(\frac{\partial u}{\partial x} - \mathrm{j}\frac{\partial v}{\partial x}\right) = -\frac{\mathrm{d}w^*}{\mathrm{d}z}. \tag{1.179}$$

w^* ist die konjugiert komplexe Abbildungsfunktion. Es gilt

$$|E| = |\operatorname{grad} u| = |\operatorname{grad} v| = \frac{\partial v}{\partial s}. \tag{1.180}$$

$\partial v/\partial s$ ist die Ableitung von v in Richtung der Äquipotentiallinien. Der Verschiebungsfluß zwischen den Verschiebungslinien v_1 und v_2 ist

$$Q = \int_{v_1}^{v_2} |D|\,\mathrm{d}A = \varepsilon l \int_{v_1}^{v_2} |E|\,\mathrm{d}s = \varepsilon l \int_{v_1}^{v_2} \frac{\partial v}{\partial s}\,\mathrm{d}s = \varepsilon l\,(v_2 - v_1). \tag{1.181}$$

Die Bestimmung der Funktion $w(z)$, die eine vorgegebene Randbedingung erfüllt, ist i. allg. schwierig und nur in besonderen Fällen möglich. Der umgekehrte Weg, vorgegebene Funktionen zu untersuchen und die von ihnen beschriebenen Felder zu ermitteln, ist verhältnismäßig leicht. Die ermittelten Felder sind oft von praktischem Interesse.

1.2.5.8. Grafische Feldermittlung

Die grafische Ermittlung des Feldes wird mit Vorteil bei der Behandlung zweidimensionaler bzw. rotationssymmetrischer dreidimensionaler Felder angewandt.
Die bekannte Potentialdifferenz zwischen den Elektroden, die die Begrenzung bilden, wird in kleinere Potentialstufen aufgeteilt. Äquipotential- und Feldlinien werden zunächst gefühlsmäßig eingezeichnet, dann unter Beachtung folgender Eigenschaften des Feldes korrigiert:

1. Äquipotentiallinien und Feldlinien stehen orthogonal zueinander.
2. Wenn der Potentialunterschied zwischen benachbarten Äquipotentiallinien und die elektrische Verschiebung zwischen benachbarten Feldlinien konstant sind, müssen die Seitenverhältnisse der krummlinigen Rechtecke gleich sein (Bild 1.12):

$$\Delta Q = \varepsilon |\boldsymbol{E}| \, \Delta A = \frac{\varepsilon \, \Delta\varphi \, l \, \Delta a}{\Delta n}, \tag{1.182}$$

$$\frac{\Delta a}{\Delta n} = \frac{\Delta Q}{\varepsilon l \Delta\varphi} = \text{konst.}; \tag{1.183}$$

l Länge der Elektroden.

Man geht zweckmäßig von homogenen Feldbereichen aus, in denen man Feld- und Äquipotentiallinien (günstiges Seitenverhältnis $\Delta a/\Delta n = 1$) leicht zeichnen kann. Die Äquipotentiallinien führt man in inhomogene Bereiche weiter, wobei zu beachten ist, daß sie sich an die Kanten der Elektroden enger anschmiegen. Unter Beachtung der Orthogonalität zeichnet man dann die Feldlinien ein. Der Verlauf wird so korrigiert, daß sich das vorgegebene Seitenverhältnis ergibt. Größere Bereiche kontrolliert man durch weitere Unterteilung (Bild 1.13).

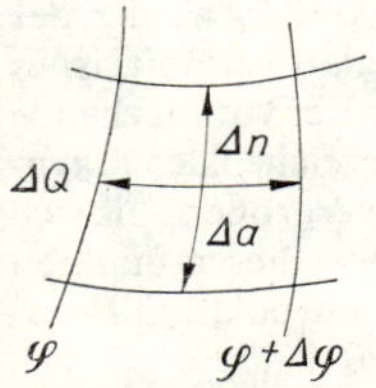

Bild 1.12. Grafische Feldermittlung

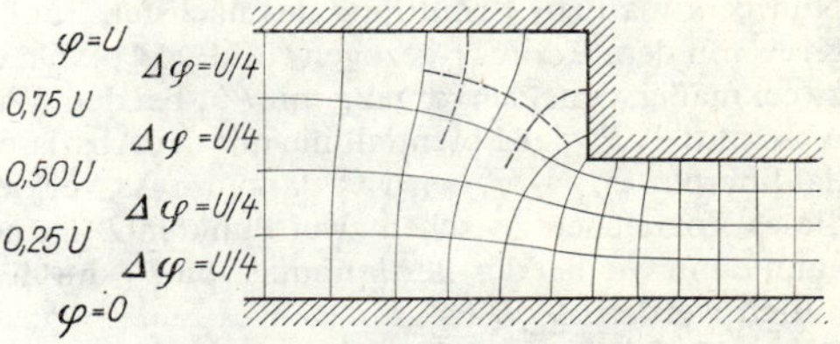

Bild 1.13. Beispiel einer grafischen Feldbestimmung

Die grafische Methode liefert Betrag und Richtung der Feldstärke

$$|\boldsymbol{E}| = \Delta\varphi/\Delta n; \tag{1.184}$$

$\Delta\varphi$ Potentialunterschied zwischen zwei Äquipotentiallinien, Δn ihr Abstand an der betreffenden Stelle.

1.2.5.9. Numerische Berechnung der Äquipotential- und Feldlinien

Mitunter besteht die Aufgabe, für eine vorgegebene Ladungsverteilung, aus der die Potentialfunktion $\varphi = \varphi\,(x, y)$ in analytischer Form vorliegt, das Bild der Äquipotential- und Feldlinien zu zeichnen. Dafür wird im folgenden eines der möglichen Verfahren beschrieben, das sich gut für die Anwendung des Digitalrechners eignet. Es ist besonders bei solchen Aufgaben vorteilhaft zu verwenden, bei denen sich das Potential mit Hilfe der Superposition schnell berechnen läßt (z.B. mehrere Punktladungen im Raum, Linienladungsgebilde, geladene Kugelelektroden usw.).

Bestimmung der Äquipotentiallinien. Das Verfahren ist im Bild 1.14 erläutert. Um den Ausgangspunkt P_0, der das vorgegebene Potential $\varphi = \varphi_L$ der gesuchten Äquipotentiallinie hat, wird ein Kreis mit dem Radius r geschlagen (Bild 1.14a). Um den Punkt P_1 auf diesem Kreis zu finden, der das gleiche Potential φ_L hat, wird nacheinander mit bestimmtem Winkelzuwachs $\Delta\alpha$ in den Punkten P'_{11}, P'_{12}, P'_{13}, ... die Potentialdifferenz $\varphi'_{11} - \varphi_L$, $\varphi'_{12} - \varphi_L$, $\varphi'_{13} - \varphi_L$ usw. berechnet. Zwischen den Punkten $P'_{1\nu}$ und $P'_{1\nu+1}$, zwischen denen diese Differenz ihr Vorzeichen ändert, liegt der Punkt P_1 der Äquipotentiallinie. Um ihn genauer zu bestimmen, kann man zwischen $P'_{1\nu}$ und $P'_{1\nu+1}$ interpolieren oder ein verfeinertes Suchverfahren mit immer kleinerem $\Delta\alpha$ ansetzen, bis eine vorgegebene Genauigkeitsschranke erreicht wird.

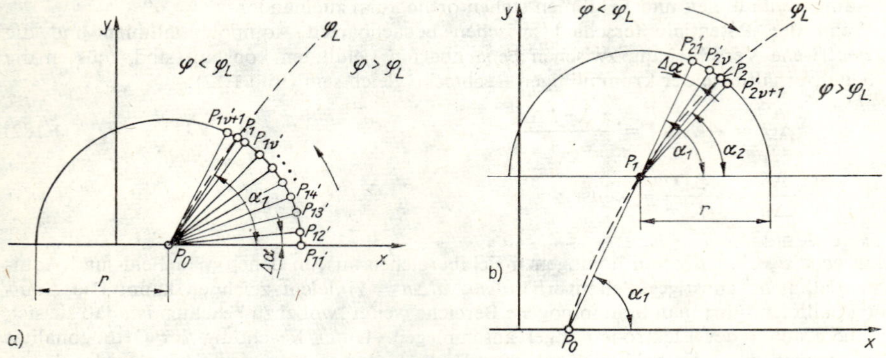

Bild 1.14. Berechnung der Äquipotentiallinien bei gegebener Potentialfunktion
φ_L Äquipotentiallinien

Nun geht man zur Ermittlung des nächsten Punktes P_2 über. Dazu wird um P_1 wieder der Kreis mit dem Radius r gezogen (Bild 1.14b). Da die Potentiallinie i. allg. glatt verläuft, ist es zweckmäßig, den Suchvorgang mit P'_{21} bei dem Winkel α_1 zu beginnen, den der vorangehende Abschnitt P_0P_1 der Potentiallinie mit der Abszisse einschließt. Je nach Vorzeichen der Potentialdifferenz $\varphi'_{21} - \varphi_L$ wird α_1 dann um $\Delta\alpha$ verkleinert (Bild 1.14b) oder vergrößert, bis sich dieses Vorzeichen zwischen zwei Punkten $P'_{2\nu}$ und $P'_{2\nu+1}$ ändert. Zwischen diesen Punkten kann dann wie bei der Bestimmung von P_1 durch verfeinerte Suche oder Interpolation P_2 ermittelt werden.

Dieses Verfahren wird fortgesetzt, bis man zu einem vorgegebenen Rand gelangt. Damit erhält man punktweise und mit gleichem Abstand der Punkte die gesuchte Äquipotentiallinie. Bei der Programmierung dieses Verfahrens ist folgendes zu berücksichtigen:

1. Unter Umständen sind besondere Algorithmen zur Auffindung der Anfangspunkte der Potentiallinien mit vorgegebenem Potential vorzusehen.
2. An evtl. vorhandenen Kreuzungsstellen von Potentiallinien kann das Programm zu Fehlern führen, falls keine besonderen logischen Entscheidungen zur Erfassung dieser Fälle vorgesehen sind.
3. Die Begrenzungen des zu bestimmenden Feldbildes müssen in geeigneter Form eingegeben werden, damit die Maschine beim Schnitt der Potentiallinie mit der Begrenzung zur nächsten Potentiallinie übergehen kann.
4. An Elektrodenoberflächen muß durch höhere Genauigkeit (r und $\Delta\alpha$ klein) vermieden werden, daß Äquipotentiallinien durch Ungenauigkeiten des Verfahrens in die Elektroden eindringen.

Suchverfahren zur Bestimmung der Feldlinien. Die Methode zur Suche der Feldlinien beruht darauf, daß die Feldlinien die Potentiallinien senkrecht schneiden. Zunächst wird wieder um den Anfangspunkt P_0 ein Kreis mit dem Radius r geschlagen (Bild 1.15). Damit der Radiusvektor P_0P_1 Teil der Feldlinie ist, muß das Kreisbogenstück im Punkt P_1 Teil einer Äquipotentiallinie sein, d.h., hier muß $\partial\varphi/\partial\alpha = 0$ sein. In Abhängigkeit von α hat also das Potential auf dem Kreisbogen ein Minimum oder Maximum, durch das der Punkt P_1 festgelegt ist.

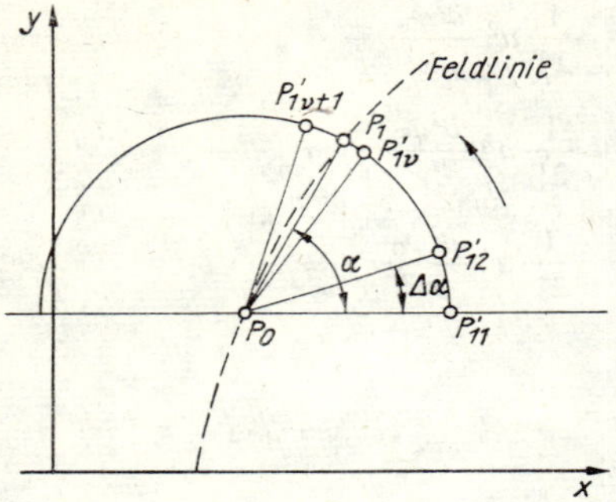

Bild 1.15
Berechnung der Feldlinien bei gegebener Potentialfunktion

Um P_1 zu finden, wird nacheinander das Potential in den Punkten P'_{11}, P'_{12} usw. berechnet. Solange sich das Potential dabei verkleinert (bzw. vergrößert), ist P_1 noch nicht erreicht. Nimmt das Potential zwischen $P'_{1\nu}$ und $P'_{1\nu+1}$ erstmalig zu (bzw. ab), dann liegt zwischen diesen Punkten das Extremum des Potentials. Man kann nun zwischen diesen Punkten interpolieren bzw. mit feinerer Schrittweise $\Delta\alpha$ suchen und erhält so den gesuchten Feldlinienpunkt P_1.

Bei der Konstruktion der weiteren Feldlinienpunkte geht man ähnlich wie bei den Potentiallinien vor. Da die Feldlinien ebenfalls relativ glatt verlaufen, wählt man für den folgenden Anfangspunkt den Punkt auf dem Kreisbogen, dessen Winkel gegen die Abszisse mit dem Anstieg α_1 des vorangegangenen Feldlinienstücks übereinstimmt. Davon ausgehend, wird wieder das Minimum (bzw. Maximum) des Potentials gesucht und der Vorgang wiederholt.

Die Programmierung dieses Verfahrens für den Digitalrechner bereitet keine wesentlichen Schwierigkeiten, wenn entsprechende Hinweise wie bei den Äquipotentiallinien berücksichtigt werden. Bei rotationssymmetrischen Feldbildern darf außerdem der Anfangspunkt nicht im Zentrum liegen, da sich in diesem Fall auf der Suchkreisperipherie kein Extremum finden läßt.

Einschätzung der Verfahren. Die beschriebenen Verfahren zur Berechnung der Äquipotential- und Feldlinien mit dem Digitalrechner sind gegenüber anderen Verfahren, z.B. Ermittlung der Potentiallinien durch Näherungslösungen der Gleichung

$$f(y) = \varphi\,(x, y)\,|_{x=\text{konst.}} - \varphi_L = 0 \tag{1.185}$$

für schrittweise vorgegebene x-Werte, wirtschaftlich, wenn keine zu hohen Genauigkeiten gefordert werden.

1.2.5.10. Numerische Feldberechnung nach dem Differenzenverfahren

Anwendungsbereich. Wegen der endlichen Speicherkapazität und Rechengeschwindigkeit der Rechenanlagen ist i.allg. die Berechnung höchstens zweidimensionaler Felder möglich.

Das Lösungsgebiet der partiellen Differentialgleichung muß im Endlichen geschlossen sein.

Die Benutzung eines Differenzenverfahrens ist sinnvoll, wenn keine analytische Lösung möglich oder die analytische Lösung schwer auswertbar ist.

Diskretisierung der partiellen Differentialgleichung. Über das Lösungsgebiet einer partiellen Differentialgleichung wird ein äquidistantes, quadratisches Gitternetz der Maschenweite a gelegt (Bild 1.16). Das Potential im Punkt $P_0\,(x_0, y_0)$ sei φ_0. Das Potential der 4 Nachbarpunkte errechnet sich nach der zweidimensionalen Taylor-Reihe:

$$\begin{aligned}
\varphi_1 &= \varphi\,(x_0 + a, y_0) = \varphi_0 + \frac{1}{1!}\,a\,\frac{\partial\varphi_0}{\partial x} + \frac{1}{2!}\,a^2\,\frac{\partial^2\varphi_0}{\partial x^2} + \cdots,\\
\varphi_2 &= \varphi\,(x_0 - a, y_0) = \varphi_0 - \frac{1}{1!}\,a\,\frac{\partial\varphi_0}{\partial x} + \frac{1}{2!}\,a^2\,\frac{\partial^2\varphi_0}{\partial x^2} + \cdots,\\
\varphi_3 &= \varphi\,(x_0, y_0 + a) = \varphi_0 + \frac{1}{1!}\,a\,\frac{\partial\varphi_0}{\partial y} + \frac{1}{2!}\,a^2\,\frac{\partial^2\varphi_0}{\partial y^2} + \cdots,\\
\varphi_4 &= \varphi\,(x_0, y_0 - a) = \varphi_0 - \frac{1}{1!}\,a\,\frac{\partial\varphi_0}{\partial y} + \frac{1}{2!}\,a^2\,\frac{\partial^2\varphi_0}{\partial y^2} - + \cdots
\end{aligned} \tag{1.186}$$

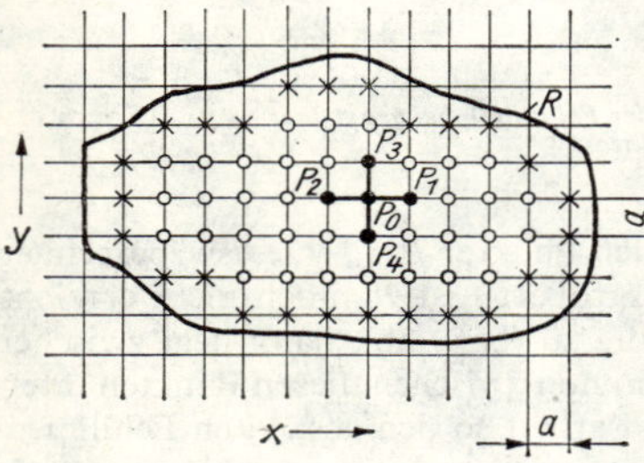

Bild 1.16
Quadratisches Gitternetz zur numerischen Feldberechnung
○ innere Punkte; × Randpunkte; *R* Rand des Lösungsgebietes mit gegebenem Potential

Werden die Taylor-Reihen nach den Gliedern 2. Ordnung abgebrochen und die rechte und linke Seite des Gleichungssystems addiert, dann entsteht

$$\varphi_1 + \varphi_2 + \varphi_3 + \varphi_4 = 4\varphi_0 + a^2\left(\frac{\partial^2\varphi_0}{\partial x^2} + \frac{\partial^2\varphi_0}{\partial y^2}\right). \tag{1.187}$$

Im Fall der Laplaceschen Gleichung folgt daraus

$$\varphi_0 = \tfrac{1}{4}\,[\varphi_1 + \varphi_2 + \varphi_3 + \varphi_4]. \tag{1.188}$$

Diese Gleichung hat Gültigkeit für alle inneren Punkte (Bild 1.16). Für randnahe Punkte läßt sich entsprechend den Gln. (1.186) bis (1.188) die Beziehung

$$\varphi_0 = \frac{\dfrac{1}{a_1 + a_3}\left(\dfrac{\varphi_1}{a_1} + \dfrac{\varphi_3}{a_3}\right) + \dfrac{1}{a_2 + a_4}\left(\dfrac{\varphi_2}{a_2} + \dfrac{\varphi_4}{a_4}\right)}{\dfrac{1}{a_1 a_3} + \dfrac{1}{a_2 a_4}} \tag{1.189}$$

herleiten (vgl. Bild 1.17).

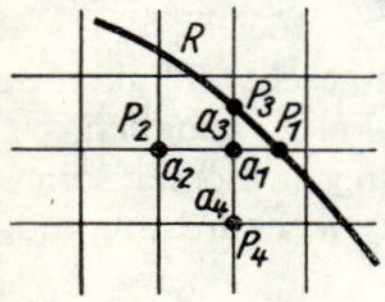

Bild 1.17
Bestimmung des Potentials in randnahen Punkten
***R* Rand des Lösungsgebietes**

Für jeden inneren und randnahen Punkt läßt sich eine Gleichung entsprechend Gl. (1.189) oder Gl. (1.190) angeben. Unter der Voraussetzung, daß das Potential entlang dem Rande bekannt ist (Dirichletsche Randwertaufgabe), erhält man ein Gleichungssystem mit n Gleichungen und n Unbekannten.

Im Fall der Poissonschen Differentialgleichung gilt

$$\frac{\partial^2 \varphi_0}{\partial x^2} + \frac{\partial^2 \varphi_0}{\partial y^2} + - \frac{\varrho}{\varepsilon} = f(x_0, y_0), \tag{1.190}$$

so daß das Potential im Punkt P_0 statt nach Gl. (1.188) nach folgender Gleichung berechnet werden kann [Gl. (1.190) in Gl. (1.187)].

$$\varphi_0 = \tfrac{1}{4}\,[\varphi_1 + \varphi_2 + \varphi_3 + \varphi_4 - a^2 f(x_0, y_0)]. \tag{1.191}$$

Der Fehler, der bei diesem Vorgehen gemacht wird, besteht aus

1. dem Fehler der Auflösung des Gleichungssystems,
2. dem Fehler des Abbruchs der Taylor-Reihe,
3. dem Fehler, der durch die endliche Größe der Maschenweite entsteht (für $a \to 0$ erhält man exakte Lösung, Auflösung des Gleichungssystems aber nicht mehr möglich).

Um den Abbruchfehler gering zu halten, werden Glieder höherer Ordnung der Taylor-Reihe berücksichtigt, was die Einbeziehung von mehr als 4 Punkten oder/und nichtquadratische Netze erforderlich macht (Bild 1.18). Im allgemeinen werden jedoch quadratische Netze bevorzugt.

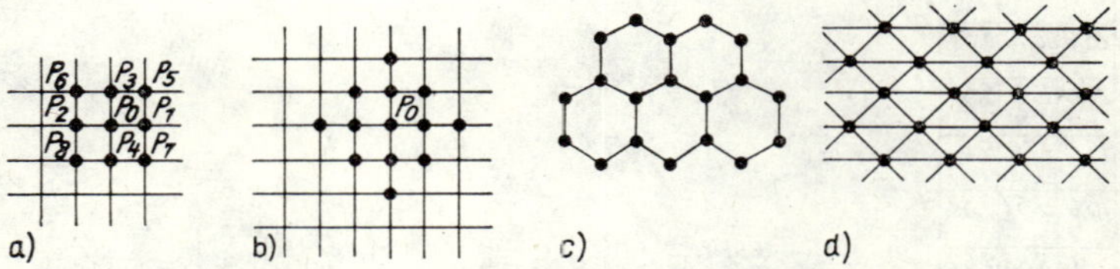

Bild 1.18. Gitternetze für die numerische Feldberechnung
a), b) quadratische Netze mit mehr als 4 Ausgangspunkten; c) hexagonales Netz; d) Dreiecknetz

Auflösung des Gleichungssystems. Es kommen grundsätzlich 3 Methoden in Frage:

- direkte Auflösung (Eliminationsverfahren),
- Relaxationsverfahren,
- Iterationsverfahren.

Die direkte Auflösung ist nur für kleine Gleichungssysteme geeignet; Relaxationsverfahren eignen sich, bedingt durch einen relativ großen intuitiven Anteil, vorzugsweise für die Handrechnung. Für die Verwendung von Rechenmaschinen sind besonders die Iterationsverfahren geeignet. In dieser Gruppe hat das *Gauß-Seidel-Verfahren* eine große Verbreitung gefunden.

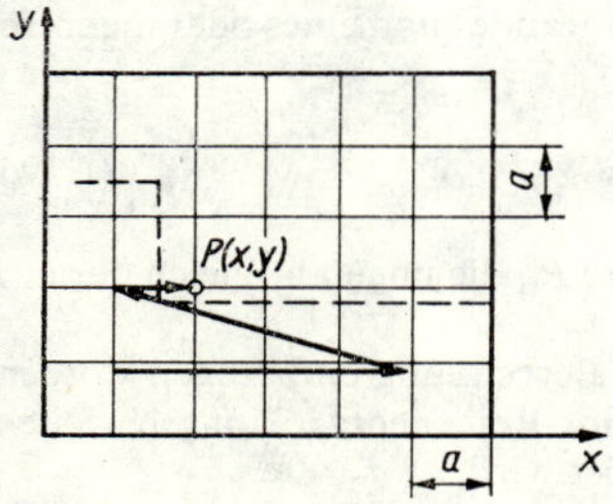

Bild 1.19
Ablauf der Berechnung nach dem Iterationsverfahren
--- Grenze zwischen Punkten mit neu berechneten und Punkten mit alten Potentialen

Den Punkten innerhalb des Lösungsgebietes werden dabei zunächst willkürliche Werte des Potentials zugeordnet. Dann wird Punkt für Punkt, Zeile für Zeile die dem gewählten Differenzenstern entsprechende Berechnungsformel angewendet (Bild 1.19). Im Fall des 5-Punkt-Differenzensterns [Gl. (1.188)] (raumladungsfreies Feld) gilt

$$\varphi^{(n+1)}(x, y) = \tfrac{1}{4}\,[\varphi^{(n)}(x + a, y) + \varphi^{(n+1)}(x - a, y) + \varphi^{(n)}(x, y + a) + \varphi^{(n+1)}(x, y - a)]. \tag{1.192}$$

Dabei bedeutet $\varphi^{(n)}_{(x,y)}$ das Potential im Punkt $P(x, y)$ nach der n-ten Iteration. Durch die Verwendung der gerade neu berechneten Potentialwerte ist bei diesem Verfahren gegenüber anderen eine Verbesserung der Konvergenz bedingt.
Eine weitere Erhöhung der Konvergenz wird durch Einfügen eines Relaxationsfaktors ω möglich. Gl. (1.192) lautet damit

$$\varphi^{(n+1)}(x, y) = \varphi^{(n)}(x, y) + \omega\,[\varphi^{(n)}(x + a, y) + \varphi^{(n+1)}(x - a, y) + \varphi^{(n)}(x, y + a) + \varphi^{(n+1)}(x, y - a) - 4\varphi^{(n)}(x, y)]. \tag{1.193}$$

Die Konvergenz des Verfahrens ist für Relaxationsfaktoren im Bereich $1 \leqq \omega < 2$ gewährleistet. Der Faktor hat für jede Aufgabe ein Optimum, das aber nur mit Schwierigkeiten ermittelt werden kann. Für praktische Aufgaben genügt in den meisten Fällen die Annahme $\omega = 1{,}5$.

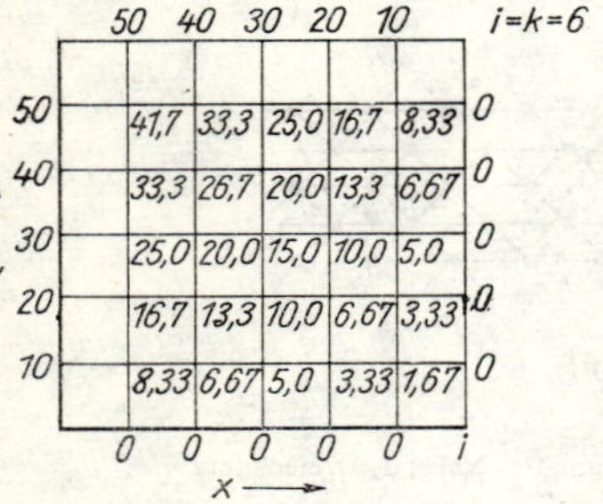

Bild 1.20
Einfaches Beispiel eines berechneten Potentialfeldes (φ auf dem Rand gegeben)

Im Bild 1.20 ist ein durchgerechnetes einfaches Beispiel mit 25 inneren Gitterpunkten und der berechneten Lösung angegeben. Das Flußbild für die Berechnung zeigt Bild 1.21. Für die Auflösung des Gleichungssystems war im Beispiel die Genauigkeitsschranke $\varepsilon = 10^{-8}$ vorgegeben. Im Bild 1.22 ist die Anzahl der dazu nötigen Iterationen in Abhängigkeit vom Relaxationsfaktor ω dargestellt.

Ermittlung der Feldstärke. In einem beliebigen Punkt $P_0(x_0, y_0)$ (Bild 1.16) gilt

$$\boldsymbol{E} = \frac{\varphi_2 - \varphi_1}{2a}\,\boldsymbol{i} + \frac{\varphi_4 - \varphi_3}{2a}\,\boldsymbol{j}. \tag{1.194}$$

Die Ermittlung der Feldstärke ist besonders an den Rändern des Lösungsgebietes interessant (z.B. Ermittlung der Maximalfeldstärke an Elektrodenoberflächen). In diesem Fall kann man die Feldstärke durch Benutzung des Potentials des Randes und eines oder mehrerer Punkte in Randnähe (Bild 1.23) ermitteln:

$$|E| = \frac{\varphi_P - \varphi_P}{h}. \tag{1.195}$$

Damit erhält man die Feldstärke in der Mitte zwischen P und P', die ungefähr gleich der in P gesetzt werden kann (kleine Maschenweite).
Für größere Genauigkeiten müssen mehrere Punkte in die Berechnung einbezogen werden. Die entsprechenden Gleichungen lassen sich aus der Taylor-Reihenentwicklung herleiten, indem das Gleichungssystem nach $\partial\varphi/\partial x$ und $\partial\varphi/\partial y$ aufgelöst wird.

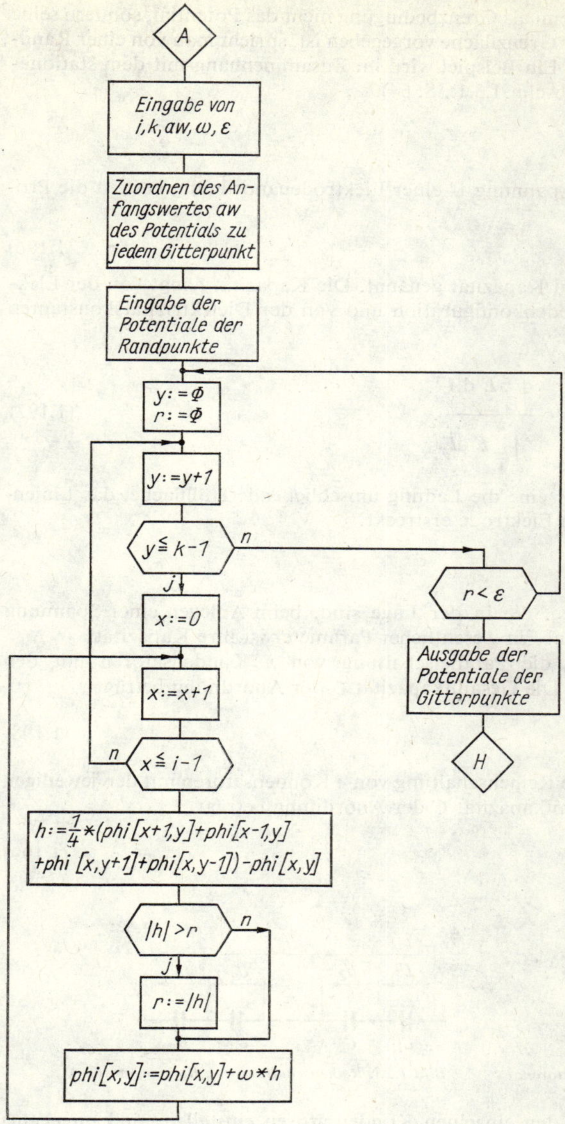

Bild 1.21
Flußbild zur numerischen Feldberechnung mit Digitalrechner

aw willkürlich gewählter Anfangswert der Potentiale der Gitterpunkte; *i* um 1 verminderte Anzahl der Gitterlinien in *x*-Richtung; *k* um 1 verminderte Anzahl der Gitterlinien in *y*-Richtung; phi [*x*, *y*] Potential im Punkt *P* (*x*, *y*); *ω* Relaxationsfaktor; *ε* Genauigkeitsschranke; *r* größte Differenz zwischen dem neu berechneten Potentialwert und dem vorhergehenden Wert; *h* Hilfsgröße

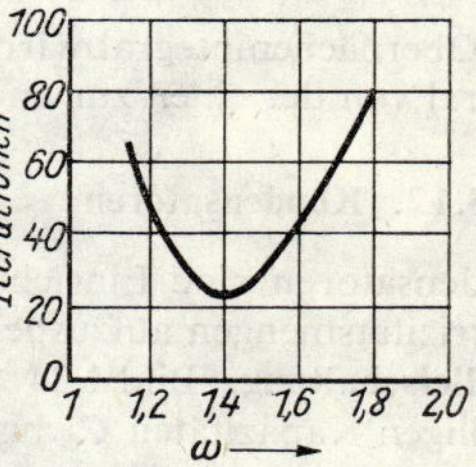

Bild 1.22
Notwendige Iterationen in Abhängigkeit vom Relaxationsfaktor (z.B. von Bild 1.20)

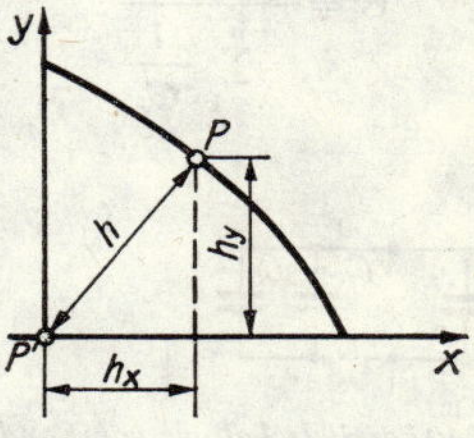

Bild 1.23
Bestimmung der Feldstärke an der Elektrodenoberfläche

Neumannsche Randwertaufgabe. Wenn als Grenzbedingung nicht das Potential, sondern seine Ableitung in Normalenrichtung zur Grenzfläche vorgegeben ist, spricht man von einer Randwertaufgabe Neumannschen Typs. Ein Beispiel wird im Zusammenhang mit dem stationären Strömungsfeld behandelt (s. Abschn. 1.3.1., S. 64).

1.2.5.11. Kapazität

Zwischen der Ladung Q und der Spannung U einer Elektrodenanordnung besteht die Proportionalität

$$Q = CU. \tag{1.196}$$

Der Proportionalitätsfaktor C wird Kapazität genannt. Die Kapazität hängt von der Elektrodenabmessung, von der Elektrodenkonfiguration und von der Dielektrizitätskonstanten des Mediums ab. Es gilt

$$C = \frac{Q}{U} = \frac{\oint_A \boldsymbol{D}\,\mathrm{d}\boldsymbol{A}}{\int_1^2 \boldsymbol{E}\,\mathrm{d}\boldsymbol{l}} = \varepsilon \frac{\oint_A \boldsymbol{E}\,\mathrm{d}\boldsymbol{A}}{\int_1^2 \boldsymbol{E}\,\mathrm{d}\boldsymbol{l}}. \tag{1.197}$$

Das Oberflächenintegral wird über eine die Ladung umschließende Hüllfläche, das Linienintegral von der einen zur anderen Elektrode erstreckt.

1.2.5.12. Kondensatoren

Kondensatoren sind Einrichtungen, die in der Lage sind, beim Anlegen einer Spannung Elektrizitätsmengen aufzuspeichern. Ein wesentlicher Parameter ist ihre Kapazität.

Parallelschaltung. Bild 1.24 zeigt die Parallelschaltung von n Kondensatoren mit den jeweiligen Kapazitäten C_1 bis C_n. Die Gesamtkapazität C der Anordnung beträgt

$$C = \sum_{\lambda=1}^{n} C_\lambda. \tag{1.198}$$

Reihenschaltung. Bild 1.25 zeigt die Reihenschaltung von n Kondensatoren mit den jeweiligen Kapazitäten C_1 bis C_n. Die Gesamtkapazität C der Anordnung beträgt

$$C = \frac{1}{\sum_{\lambda=1}^{n} \frac{1}{C_\lambda}}. \tag{1.199}$$

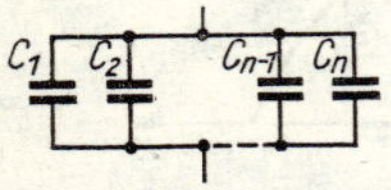

Bild 1.24. Parallelschaltung von Kondensatoren

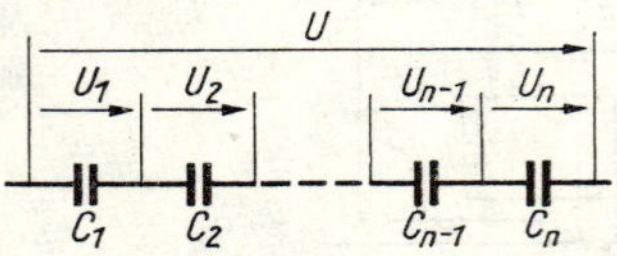

Bild 1.25. Reihenschaltung von Kondensatoren

Die Teilspannungen, die sich an den einzelnen Kondensatoren einstellen, sind ungekehrt proportional ihren Kapazitäten. Die Teilspannung U_λ an dem Kondensator C_λ ist

$$U_\lambda = U \frac{C}{C_\lambda}. \tag{1.200}$$

Tafel 1.4 gibt die Ausdrücke für das Potential φ, die Feldstärke $\boldsymbol{E}$ und die maximale Feldstärke E_m auf der Mittellinie bzw. auf dem Radius und die Kapazität bei einigen häufig angewandten Elektrodenanordnungen an.

Tafel 1.4 Feldgrößen und Kapazität bei einigen typischen Elektrodenanordnungen

Anordnung	Potential φ auf Mittellinie bzw. Radius
Kugelelektrode 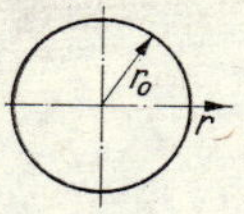	$\varphi = \frac{Q}{4\pi\varepsilon r} = U\frac{r_0}{r}$
Kugelelektroden in großem Abstand 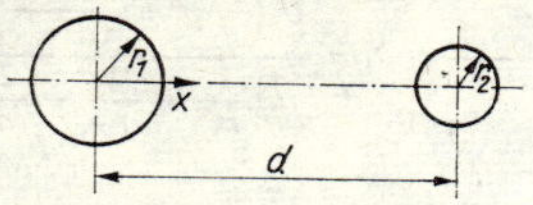	$\varphi \approx \frac{Q}{4\pi\varepsilon}\left(\frac{1}{x} - \frac{1}{d-x}\right) = \frac{U\left(\frac{1}{x} - \frac{1}{d-x}\right)}{\frac{1}{r_1} + \frac{1}{r_2} - \frac{2}{d}}$
Plattenkondensator 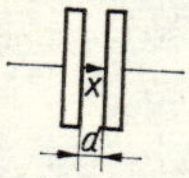	$\varphi = \frac{Q}{\varepsilon A}x = \frac{U}{d}x$
Langer koaxialer Zylinderkondensator 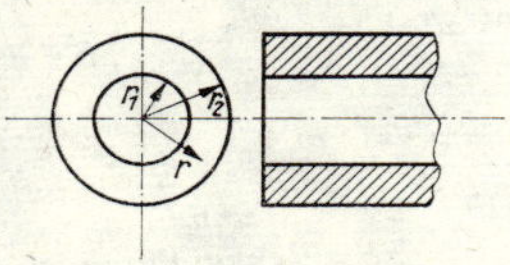	$\varphi = \frac{Q}{2\pi\varepsilon l}\ln\frac{r_2}{r} = U\frac{\ln\frac{r_2}{r}}{\ln\frac{r_2}{r_1}}$
Langer nichtkoaxialer Zylinderkondensator 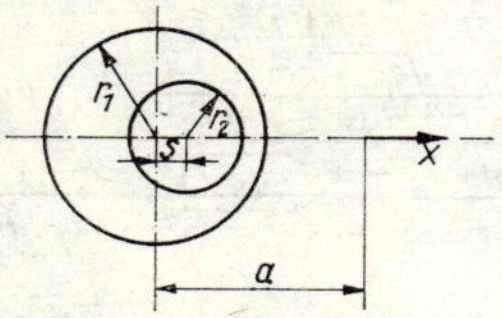	$\varphi = \frac{Q}{2\pi\varepsilon l}\ln\frac{x + \sqrt{a^2 - r_1^2}}{-x + \sqrt{a^2 - r_1^2}}$ $= \frac{U\ln\frac{x + \sqrt{a^2 - r_1^2}}{-x + \sqrt{a^2 + r_1^2}}}{\ln\left[\frac{\sqrt{a^2 - r_1^2} + s + r_2 - a}{\sqrt{a^2 - r_1^2} - (s + r_2 - a)}\,\frac{\sqrt{a^2 - r_1^2} + a - r_1}{\sqrt{a^2 - r_1^2} - (a - r_1)}\right]}$
Langer Zylinderkondensator mit geschichtetem Medium 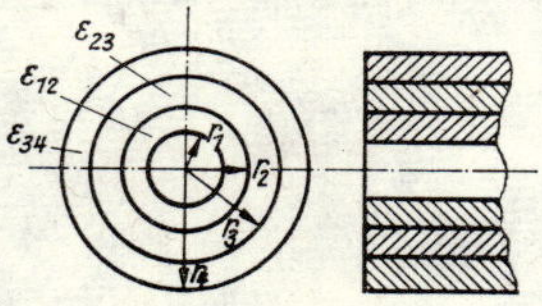	$\varphi = \frac{Q}{2\pi l}\ln\left[\left(\frac{r_2}{r}\right)^{1/\varepsilon_{12}}\left(\frac{r_3}{r_2}\right)^{1/\varepsilon_{23}}\left(\frac{r_4}{r_3}\right)^{1/\varepsilon_{34}}\right]$ $= U\frac{\ln\left[\left(\frac{r_2}{r}\right)^{1/\varepsilon_{12}}\left(\frac{r_3}{r_2}\right)^{1/\varepsilon_{23}}\left(\frac{r_4}{r_3}\right)^{1/\varepsilon_{34}}\right]}{\ln\left[\left(\frac{r_2}{r_1}\right)^{1/\varepsilon_{12}}\left(\frac{r_3}{r_2}\right)^{1/\varepsilon_{23}}\left(\frac{r_4}{r_3}\right)^{1/\varepsilon_{34}}\right]}$
Kugelkondensator 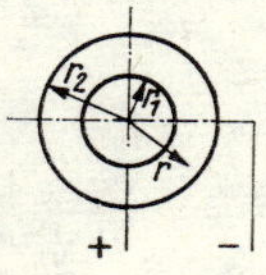	$\varphi = \frac{Q}{4\pi\varepsilon}\left(\frac{1}{r} - \frac{1}{r_2}\right) = \frac{Ur_1(r_2 - r)}{r(r_2 - r_1)}$

Tafel 1.4 (Fortsetzung)

Feldstärke E auf Mittellinie bzw. Radius	Maximale Feldstärke E_m auf Mittellinie bzw. Radius
$\lvert E\rvert = \frac{Q}{4\pi\varepsilon r^2} = U\frac{r_0}{r^2}$	$\lvert E_m\rvert = \frac{Q}{4\pi\varepsilon {r_0}^2} = \frac{U}{r_0}$
$\lvert E\rvert \approx \frac{Q}{4\pi\varepsilon}\left(\frac{1}{x^2} + \frac{1}{(d-x)^2}\right) = \frac{U\left(\frac{1}{x^2} + \frac{1}{(d-x)^2}\right)}{\frac{1}{r_1} + \frac{1}{r_2} - \frac{2}{d}}$	$\lvert E_m\rvert \approx \frac{Q}{4\pi\varepsilon}\left(\frac{1}{{r_2}^2} + \frac{1}{(d-{r_2}^2)}\right) = \frac{U\left(\frac{1}{{r_2}^2} + \frac{1}{(d-r_2)^2}\right)}{\frac{1}{r_1} + \frac{1}{r_2} - \frac{2}{d}}$
$\lvert E\rvert = \frac{Q}{\varepsilon A} = \frac{U}{d}$	$\lvert E_m\rvert = \frac{U}{d}$
$\lvert E\rvert = \frac{Q}{2\pi\varepsilon l r} = \frac{U}{r\ln(r_2/r_1)}$	$\lvert E_m\rvert = \frac{Q}{2\pi\varepsilon l r_1} = \frac{U}{r_1\ln(r_2/r_1)}$
$\lvert E\rvert = \frac{Q}{\pi\varepsilon l}\,\frac{\sqrt{a^2+{r_1}^2}}{a^2+{r_1}^2-x^2}$ $= \frac{2U\frac{\sqrt{a^2+{r_1}^2}}{a^2+{r_1}^2-x^2}}{\ln\left[\frac{\sqrt{a^2-{r_1}^2}+s+r_2-a}{\sqrt{a^2-{r_1}^2}-(s+r_2-a)}\,\frac{\sqrt{a^2-{r_1}^2}+a-r_1}{\sqrt{a^2-{r_1}^2}-(a-r_1)}\right]}$	$\lvert E_m\rvert = \frac{Q}{\pi\varepsilon l}\,\frac{\sqrt{a^2+{r_1}^2}}{a^2+{r_1}^2-(a-s-r_2)^2}$ $= \frac{2U\frac{\sqrt{a^2+{r_1}^2}}{a^2+{r_1}^2-(a-s-r_2)^2}}{\ln\left[\frac{\sqrt{a^2-{r_1}^2}+s+r_2-a}{\sqrt{a^2-{r_1}^2}-(s+r_2-a)}\,\frac{\sqrt{a^2-{r_1}^2}+a-r_1}{\sqrt{a^2-{r_1}^2}-(a-r_1)}\right]}$
$\lvert E\rvert = \frac{Q}{2\pi l\varepsilon_{12}r}$ $= \frac{U}{\varepsilon_{12}r\ln\left[\left(\frac{r_2}{r_1}\right)^{1/\varepsilon_{12}}\left(\frac{r_3}{r_2}\right)^{1/\varepsilon_{23}}\left(\frac{r_4}{r_3}\right)^{1/\varepsilon_{34}}\right]}$	bei Minimalwert von εr
$\lvert E\rvert = \frac{Q}{4\pi\varepsilon r^2} = \frac{U r_1 r_2}{r^2(r_2-r_1)}$	$\lvert E_m\rvert = \frac{Q}{4\pi\varepsilon {r_1}^2} = \frac{U r_2}{r_1(r_2-r_1)}$

Tafel 1.4 (Fortsetzung)

Kapazität C	Bemerkungen
$C = 4\pi\varepsilon r_0$	–
$C \approx \dfrac{4\pi\varepsilon}{\dfrac{1}{r_1} + \dfrac{1}{r_2} - \dfrac{2}{d}}$	$r_1, r_2 \ll d$; $r_2 < r_1$ (bei im Vergleich zu d größerem r_1, r_2 Behandlung mit der Methode der elektrischen Abbildung)
$C = \dfrac{\varepsilon A}{d}$	Vernachlässigung der Randstörungen ($d \ll$ Plattenabmessungen)
$C = \dfrac{2\pi\varepsilon l}{\ln(r_2/r_1)}$	Vernachlässigung der Randstörungen ($l \gg r_2$). Minimum von E_m (r_1 variabel, r_2 konstant) bei $r_1 = r_2/\mathrm{e}$; $\mathrm{e} = 2{,}718\ldots$
$C = \dfrac{2\pi\varepsilon l}{\ln\left[\dfrac{\sqrt{a^2 - r_1^2} + s + r_2 - a}{\sqrt{a^2 - r_1^2} - (s + r_2 - a)} \dfrac{\sqrt{a^2 - r_1^2} + a - r_1}{\sqrt{a^2 - r_1^2} - (a - r_1)}\right]}$	$a = \dfrac{s^2 + r_1^2 - r_2^2}{2s}$; $-(a - s - r_2) \leqq x \leqq -(a - r_1)$. Vernachlässigung der Randstörungen ($l \gg r_1$)
$C = \dfrac{2\pi l}{\ln\left[\left(\dfrac{r_2}{r_1}\right)^{1/\varepsilon_{12}} \left(\dfrac{r_3}{r_2}\right)^{1/\varepsilon_{23}} \left(\dfrac{r_4}{r_3}\right)^{1/\varepsilon_{34}}\right]}$	Vernachlässigung der Randstörungen ($l \gg r_4$). Die angeführten Gleichungen gelten für den Fall $r_1 \leqq r \leqq r_2$. Für $r_n \leqq r \leqq r_{n+1}$ sind beim Potential im Zähler r_n durch r zu ersetzen und alle Faktoren, die $r_2 < r_n$ enthalten, zu streichen. Bei der Feldstärke ist dann ε_{12} durch $\varepsilon_{n,\,n+1}$ zu ersetzen
$C = \dfrac{4\pi\varepsilon r_1 r_2}{r_2 - r_1}$	Minimum von E_m (r_1 variabel, r_2 konstant) bei $r_1 = \dfrac{1}{2} r_2$

Tafel 1.4. Fortsetzung

<table>
<tr><th>Anordnung</th><th>Potential φ auf Mittellinie bzw. Radius</th></tr>
<tr><td>

Langer Einzelleiter über Erde

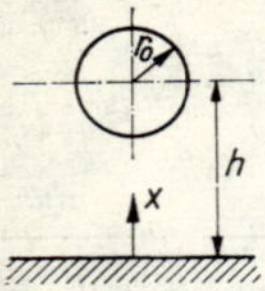

</td><td>

$$\varphi = \frac{Q}{2\pi\varepsilon l} \ln \frac{x + \sqrt{h^2 - r_0^2}}{-x + \sqrt{h^2 - r_0^2}} = U \frac{\ln \dfrac{x + \sqrt{h^2 - r_0^2}}{-x + \sqrt{h^2 - r_0^2}}}{\ln \dfrac{h - r_0 + \sqrt{h^2 - r_0^2}}{-h + r_0 + \sqrt{h^2 - r_0^2}}}$$

</td></tr>
<tr><td>

Lange Paralleldrahtleitung (gleiche Radien)

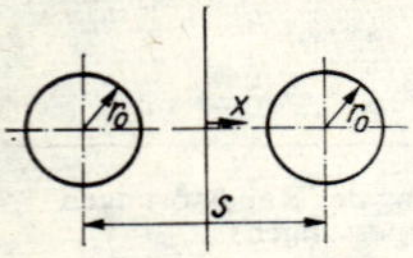

</td><td>

$$\varphi = \frac{Q}{2\pi\varepsilon l} \ln \frac{x + \sqrt{\left(\frac{s}{2}\right)^2 - r_0^2}}{-x + \sqrt{\left(\frac{s}{2}\right)^2 - r_0^2}}$$

$$= \frac{U}{2} \frac{\ln \dfrac{x + \sqrt{\left(\frac{s}{2}\right)^2 - r_0^2}}{-x + \sqrt{\left(\frac{s}{2}\right)^2 - r_0^2}}}{\ln \dfrac{\frac{s}{2} - r_0 + \sqrt{\left(\frac{s}{2}\right)^2 - r_0^2}}{-\frac{s}{2} + r_0 + \sqrt{\left(\frac{s}{2}\right)^2 - r_0^2}}}$$

</td></tr>
<tr><td>

Lange Paralleldrahtleitung (ungleiche Radien)

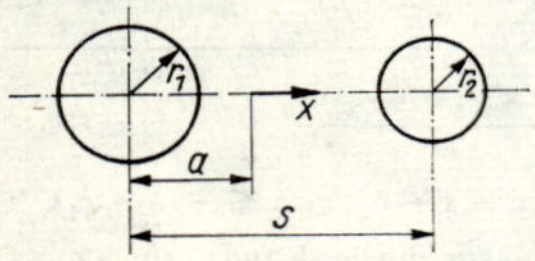

</td><td>

$$\varphi = \frac{Q}{2\pi\varepsilon l} \ln \frac{\sqrt{a^2 - r_1^2} - x}{\sqrt{a^2 - r_1^2} + x}$$

$$= \frac{U \ln \dfrac{\sqrt{a^2 - r_1^2} - x}{\sqrt{a^2 - r_1^2} + x}}{\ln \left[\dfrac{\sqrt{a^2 - r_1^2} + (a - r_1)}{\sqrt{a^2 - r_1^2} - (a - r_1)} \dfrac{\sqrt{a^2 - r_1^2} + (s - a - r_2)}{\sqrt{a^2 - r_1^2} - (s - a - r_2)} \right]}$$

</td></tr>
<tr><td>

Vertikalantenne

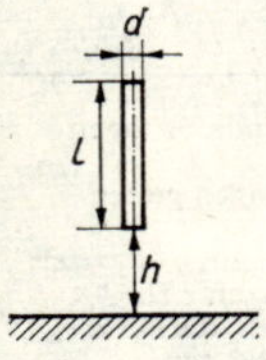

</td><td>

–

</td></tr>
<tr><td>

Horizontalantenne

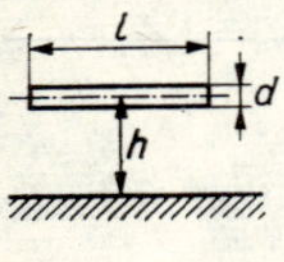

</td><td>

–

</td></tr>
</table>

Tafel 1.4. Fortsetzung

Feldstärke E auf Mittellinie bzw. Radius	Maximale Feldstärke E_m auf Mittellinie bzw. Radius
$\lvert \boldsymbol{E} \rvert = \frac{Q}{\pi \varepsilon l} \frac{\sqrt{h^2 - r_0^2}}{h^2 - r_0^2 - x^2} = \frac{2U \frac{\sqrt{h^2 - r_0^2}}{h^2 - r_0^2 - x^2}}{\ln \frac{h - r_0 + \sqrt{h^2 - r_0^2}}{-h + r_0 + \sqrt{h^2 - r_0^2}}}$	$\lvert \boldsymbol{E}_m \rvert = \frac{Q}{\pi \varepsilon l} \frac{\sqrt{h^2 - r_0^2}}{2r_0 (h - r_0)} = \frac{2U \sqrt{h^2 - r_0^2}}{2r_0 (h - r_0) \ln \frac{h - r_0 + \sqrt{h^2 - r_0^2}}{-h + r_0 + \sqrt{h^2 - r_0^2}}}$
$\lvert \boldsymbol{E} \rvert = \frac{Q}{\pi \varepsilon l} \frac{\sqrt{\left(\frac{s}{2}\right)^2 - r_0^2}}{\left(\frac{s}{2}\right)^2 - r_0^2 - x^2} = \frac{U \frac{\sqrt{\left(\frac{s}{2}\right)^2 - r_0^2}}{\left(\frac{s}{2}\right)^2 - r_0^2 - x^2}}{\ln \frac{\frac{s}{2} - r_0 + \sqrt{\left(\frac{s}{2}\right)^2 - r_0^2}}{-\frac{s}{2} + r_0 + \sqrt{\left(\frac{s}{2}\right)^2 - r_0^2}}}$	$\lvert \boldsymbol{E}_m \rvert = \frac{Q}{\pi \varepsilon l} \frac{\sqrt{\left(\frac{s}{2}\right)^2 - r_0^2}}{(s r_0 - 2r_0^2)} = \frac{U \sqrt{\left(\frac{s}{2}\right)^2 - r_0^2}}{(s r_0 - 2r_0^2) \ln \frac{\frac{s}{2} - r_0 + \sqrt{\left(\frac{s}{2}\right)^2 - r_0^2}}{-\frac{s}{2} + r_0 + \sqrt{\left(\frac{s}{2}\right)^2 - r_0^2}}}$
$\lvert \boldsymbol{E} \rvert = \frac{Q}{\pi \varepsilon l} \frac{\sqrt{a^2 - r_1^2}}{a^2 - r_1^2 - x^2} = \frac{U \frac{2\sqrt{a^2 - r_1^2}}{a^2 - r_1^2 - x^2}}{\ln \left[\frac{\sqrt{a^2 - r_1^2} + (a - r_1)}{\sqrt{a^2 - r_1^2} - (a - r_1)} \frac{\sqrt{a^2 - r_1^2} + (s - a - r_2)}{\sqrt{a^2 - r_1^2} - (s - a - r_2)}\right]}$	$\lvert \boldsymbol{E}_m \rvert = \frac{Q}{\pi \varepsilon l} \frac{\sqrt{a^2 - r_1^2}}{a^2 - r_1^2 - (s - a - r_2)^2} = \frac{2U \sqrt{a^2 - r_1^2}}{[a^2 - r_1^2 - (s - a - r_2)^2] \times \ln \left[\frac{\sqrt{a^2 - r_1^2} + (a - r_1)}{\sqrt{a^2 - r_1^2} - (a - r_1)} \frac{\sqrt{a^2 - r_1^2} + (s - a - r_2)}{\sqrt{a^2 - r_1^2} - (s - a - r_2)}\right]}$
–	–
–	–

Tafel 1.4 (Fortsetzung)

Kapazität C	Bemerkungen
$C = \frac{2\pi\varepsilon l}{\ln\left(\frac{h}{r_0} + \sqrt{\left(\frac{h}{r_0}\right)^2 - 1}\right)} \approx \frac{2\pi\varepsilon l}{\ln\frac{2h}{r_0}} \quad (h \gg r_0)$	*Drahtlänge* $l \gg h$. Minimale Feldstärke bei $x = 0$
$C = \frac{\pi\varepsilon l}{\ln\left(\frac{s}{2r_0} + \sqrt{\left(\frac{s}{2r_0}\right)^2 - 1}\right)} \approx \frac{\pi\varepsilon l}{\ln\frac{s}{r_0}} \quad (s \gg r_0)$	Drahtlänge $l \gg s, r_0$. Minimale Feldstärke bei $x = 0$
$C = \frac{2\pi\varepsilon l}{\ln\left[\frac{\left(\sqrt{a^2 - r_1^2} + (a - r_1)\right)\left(\sqrt{(s-a)^2 - r_2^2} + (s - a - r_2)\right)}{\left(\sqrt{a^2 - r_1^2} - (a - r_1)\right)\left(\sqrt{(s-a)^2 - r_2^2} - (s - a - r_2)\right)}\right]}$	$a = \frac{s^2 + r_1^2 - r_2^2}{2s}$ $-(a - r_1) \leqq x \leqq s - a - r_2;$ $r_2 < r_1$
$C \approx \frac{4\pi\varepsilon l}{\ln\frac{\left[l + \sqrt{d^2 + l^2}\right]\left[l + 4h + \sqrt{d^2 + (4h + l)^2}\right]}{\left[-l + \sqrt{d^2 + l^2}\right]\left[3l + 4h + \sqrt{d^2 + (4h + 3l)^2}\right]}}$ Für $d \ll l$: $C \approx \frac{4\pi\varepsilon l}{\ln\frac{4l^2\left(1 + \frac{1}{4}\frac{d^2}{l^2}\right)(l + 4h)\left(1 + \frac{1}{4}\frac{d^2}{(4h + l)^2}\right)}{d^2\left(1 - \frac{1}{4}\frac{d^2}{l^2}\right)(3l + 4h)\left(1 + \frac{1}{4}\frac{d^2}{(4h + 3l)^2}\right)}}$	vertikaler Draht durch Rotationsellipsoid angenähert. Kapazität gilt exakt für dieses
$C \approx \frac{4\pi\varepsilon l}{\ln\frac{\left[l + \sqrt{d^2 + l^2}\right]\left[-l + \sqrt{(4h - d)^2 + l^2}\right]}{\left[-l + \sqrt{d^2 + l^2}\right]\left[l + \sqrt{(4h - d)^2 + l^2}\right]}}$ Für $d \ll l$: $C \approx \frac{4\pi\varepsilon l}{\ln\frac{4l^2\left(1 + \frac{1}{4}\frac{d^2}{l^2}\right)\left[-l + \sqrt{l^2 + 16h^2}\left(1 - \frac{4hd}{l^2 + 16h^2}\right)\right]}{d^2\left(1 - \frac{1}{4}\frac{d^2}{l^2}\right)\left[+l + \sqrt{l^2 + 16h^2}\left(1 - \frac{4hd}{l^2 + 16h^2}\right)\right]}}$	horizontaler Draht durch Rotationsellipsoid angenähert. Kapazität gilt exakt für dieses

1.2.6. Mehrleitersysteme

Mehrleitersysteme enthalten Leiter, die auf verschiedenen Potentialen liegen und verschiedene Ladungen tragen. In vielen Fällen wird nicht der Feldverlauf im Zwischenraum, sondern werden die Ladungen bei vorgegebenen Potentialen gesucht oder umgekehrt.

1.2.6.1. Potentialkoeffizienten

Auf Grund des Superpositionsprinzips kann man für die Potentiale eines *n*-Leiter-Systems schreiben:

$$\begin{aligned}\varphi_1 &= \alpha_{11} Q_1 + \alpha_{12} Q_2 + \cdots + \alpha_{1n} Q_n \\ \varphi_2 &= \alpha_{21} Q_1 + \alpha_{22} Q_2 + \cdots + \alpha_{2n} Q_n \\ &\vdots \\ \varphi_n &= \alpha_{n1} Q_1 + \alpha_{n2} Q_2 + \cdots + \alpha_{nn} Q_n;\end{aligned} \tag{1.201}$$

φ_λ Potential des Leiters λ, Q_λ Ladung des Leiters λ.

Die Koeffizienten $\alpha_{\lambda\nu}$ dieses Gleichungssystems nennt man Potentialkoeffizienten.

1.2.6.2. Kapazitätskoeffizienten

Gl. (1.201) ergibt, nach den Ladungen aufgelöst,

$$\begin{aligned}Q_1 &= \beta_{11} \varphi_1 + \beta_{12} \varphi_2 + \cdots + \beta_{1n} \varphi_n \\ Q_2 &= \beta_{21} \varphi_1 + \beta_{22} \varphi_2 + \cdots + \beta_{2n} \varphi_n \\ &\vdots \\ Q_n &= \beta_{n1} \varphi_1 + \beta_{n2} \varphi_2 + \cdots + \beta_{nn} \varphi_n.\end{aligned} \tag{1.202}$$

Die Koeffizienten $\beta_{\lambda\nu}$ nennt man Kapazitätskoeffizienten.

1.2.6.3. Teilkapazitäten

Gl. (1.202) wird zweckmäßigerweise folgendermaßen umgeschrieben:

$$\begin{aligned}Q_1 &= (\varphi_1 - 0)\, C_{11} + (\varphi_1 - \varphi_2)\, C_{12} + \cdots + (\varphi_1 - \varphi_n)\, C_{1n} \\ Q_2 &= (\varphi_2 - \varphi_1)\, C_{21} + (\varphi_2 - 0)\, C_{22} + \cdots + (\varphi_2 - \varphi_n)\, C_{2n} \\ &\vdots \\ Q_n &= (\varphi_n - \varphi_1)\, C_{n1} + (\varphi_n - \varphi_2)\, C_{n2} + \cdots + (\varphi_n - 0)\, C_{nn}.\end{aligned} \tag{1.203}$$

Die Ladung jeder Elektrode läßt sich in Teilladungen aufspalten, die den jeweiligen Potentialunterschieden proportional sind. Die Koeffizienten $C_{\lambda\nu}$ nennt man Teilkapazitäten der Anordnung. Diese Darstellungsweise gestattet die Berechnung der Ladung einer Elektrode

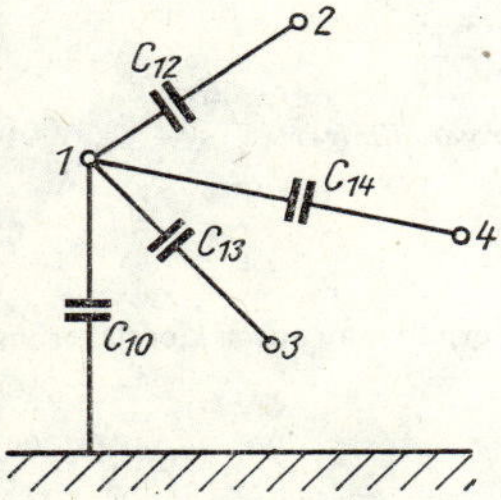

Bild 1.26
Teilkapazitäten bei Mehrleitersystemen

durch ein Ersatzschaltbild, das die Teilkapazitäten der betreffenden Elektrode zu den übrigen Elektroden des Mehrleitersystems enthält (Bild 1.26). Diese Zerlegung hat formal mathematischen Charakter; die wirkliche Verteilung der Flüsse braucht nicht der nach den Teilkapazitäten errechneten zu entsprechen.

1.2.6.4. Beziehungen zwischen Potentialkoeffizienten, Kapazitätskoeffizienten und Teilkapazitäten

Die Bestimmung der Kapazitätskoeffizienten aus dem Gleichungssystem [Gl. (1.201)] erfolgt nach dem Ausdruck

$$\beta_{\lambda\nu} = \frac{\Delta_{\lambda\nu}}{|\alpha|}; \tag{1.204}$$

$|\alpha|$ Koeffizientendeterminante, $\Delta_{\lambda\nu}$ ihre Unterdeterminante (vgl. S. 195).

Es gilt

$$\Delta_{\lambda\nu} = \Delta_{\nu\lambda}, \quad (1.205) \qquad \beta_{\lambda\nu} = \beta_{\nu\lambda}. \tag{1.206}$$

Die Teilkapazitäten errechnen sich aus den Kapazitätskoeffizienten durch folgende Beziehung:

$$C_{\lambda 0} = \sum_{\nu=1}^{n} \beta_{\lambda\nu}. \tag{1.207}$$

Bei $\lambda \neq \nu$ ist

$$C_{\lambda\nu} = C_{\nu\lambda} = -\beta_{\lambda\nu} = -\beta_{\nu\lambda}. \tag{1.208}$$

In Tafel 1.5 sind die Potentialkoeffizienten und die Teilkapazitäten einiger wichtiger Elektrodenanordnungen zusammengestellt.

1.2.6.5. Methode der mittleren Potentiale bei Leitern endlicher Länge

Bei Leitern endlicher Länge ist die Ladungsverteilung über die Leiterlänge, d.h. die Linienladungsdichte τ, nicht konstant. Dadurch kompliziert sich die Berechnung der Potentiale bzw. der Kapazitäten. In diesen Fällen kann die Methode der mittleren Potentiale angewendet werden.

Beispiel. Kapazität zweier gerader paralleler zylindrischer Leiter endlicher Länge (Bild 1.27). Die Oberflächen der Leiter sind Äquipotentialflächen. Zur Bestimmung der Potentiale der Leiter wird angenommen, daß die Ladung gleichmäßig über die Leiterlänge verteilt ist. Diese Näherung ist um so brauchbarer, je größer die Leiterlänge gegenüber dem Leiterabstand ist, da die ungleichmäßige Verteilung vorwiegend an den Randbereichen der Leiter auftritt.

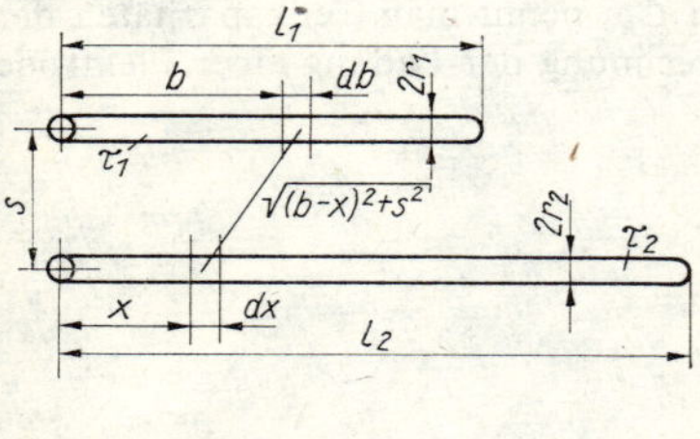

Bild 1.27
Anordnung zweier endlich langer geradliniger zylindrischer Leiter
τ_2 Liniendichte der Ladung

Das Potential des Leiters *1*, das von der Ladung auf dem Leiter *2* verursacht wird, erhält man durch Überlagerung der Potentialbeiträge

$$\mathrm{d}\varphi_1 = \frac{\tau_2 \, \mathrm{d}x}{4\pi\varepsilon \sqrt{(b-x)^2 + s^2}} \tag{1.209}$$

von den Punktladungen $\tau_2\,dx$. Das volle Potential bei der Leiterlänge b von dem unteren Leiter beträgt

$$\varphi_1 = \frac{\tau_2}{4\pi\varepsilon}\int_0^{l_2}\frac{dx}{\sqrt{(b-x)^2+s^2}} = \frac{\tau_2}{4\pi\varepsilon}\left(\operatorname{arsinh}\frac{b}{s} + \operatorname{arsinh}\frac{l_2-b}{s}\right). \tag{1.210}$$

Dieses Potential ist längs des oberen Leiters nicht konstant, sondern von b abhängig. Das mittlere Potential ist

$$\begin{aligned}\varphi_{1\,\text{mitt}} &= \frac{1}{l_1}\int_0^{l_1}\varphi_1(b)\,db \\ &= \frac{\tau_2}{4\pi\varepsilon}\left[\operatorname{arsinh}\frac{l_1}{s} + \frac{l_2}{l_1}\operatorname{arsinh}\frac{l_2}{s} - \left(\frac{l_2}{l_1}-1\right)\operatorname{arsinh}\frac{l_2-l_1}{s}\right. \\ &\quad \left. + \frac{s}{l_1} + \sqrt{\left(\frac{l_2}{l_1}-1\right)^2+\left(\frac{s}{l_1}\right)^2} - \sqrt{1+\left(\frac{s}{l_1}\right)^2} - \sqrt{\left(\frac{l_2}{l_1}\right)^2+\left(\frac{s}{l_1}\right)^2}\right] \\ &= \frac{\tau_2}{4\pi\varepsilon}N.\end{aligned} \tag{1.211}$$

Damit beträgt der Potentialkoeffizient

$$\alpha_{12} = \frac{\varphi_{1\,\text{mitt}}}{\tau_2 l_2} = \frac{N}{4\pi\varepsilon l_2}. \tag{1.212}$$

Der Koeffizient α_{22} beschreibt die Beziehung zwischen dem Potential des unteren Leiters und seiner Ladung. Man berechnet ihn, indem man die Ladung als längs der Leiterachse gleichmäßig verteilt annimmt und das mittlere Potential der Oberfläche bestimmt. Dies erfolgt analog zu den Gln. (1.210) und (1.211), wobei l_1 und s durch l_2 und r_2 zu ersetzen sind:

$$\alpha_{22} = \frac{1}{2\pi\varepsilon l_2}\left[\operatorname{arsinh}\frac{l_2}{r_2} + \frac{r_2}{l_2} - \sqrt{1-\left(\frac{r_2}{l_2}\right)^2}\right]. \tag{1.213}$$

Die übrigen Potentialkoeffizienten kann man analog bestimmen und erhält

$$\varphi_1 = \alpha_{11}\tau_1 l_1 + \alpha_{12}\tau_2 l_2, \tag{1.214}$$

$$\varphi_2 = \alpha_{12}\tau_1 l_1 + \alpha_{22}\tau_2 l_2. \tag{1.215}$$

Die Kapazität der Anordnung beträgt mit $\tau_1 l_1 = -\tau_2 l_2$

$$C = \frac{Q}{\varphi_1-\varphi_2} = \frac{\tau_1 l_1}{\varphi_1-\varphi_2} = \frac{\tau_2 l_2}{\varphi_2-\varphi_1} = \frac{1}{\alpha_{11}+\alpha_{22}-2\alpha_{12}}. \tag{1.216}$$

Für den Spezialfall $r_1 = r_2 = r_0$, $l_1 = l_2 = l$, wobei $l \gg r$, $l \gg s$ ist, gilt

$$\operatorname{arsinh}\frac{l}{s} = \ln\left[\frac{l}{s} + \sqrt{\left(\frac{l}{s}\right)^2+1}\right] \approx \ln\frac{2l}{s} \tag{1.217}$$

und damit

$$\alpha_{12} \approx \frac{1}{2\pi\varepsilon l}\left[\ln\frac{2l}{s} - 1\right], \tag{1.218}$$

$$\alpha_{11} = \alpha_{22} \approx \frac{1}{2\pi\varepsilon l}\left[\ln\frac{2l}{r_0} - 1\right]. \tag{1.219}$$

Damit wird

$$C \approx \frac{\pi\varepsilon l}{\ln\frac{2l}{r_0} - \ln\frac{2l}{s}} = \frac{\pi\varepsilon l}{\ln\frac{s}{r_0}}. \tag{1.220}$$

Dieses Ergebnis entspricht der in Tafel 1.4, Zeile 9, angegebenen Näherungsformel für lange Leiter.

1.2.7. Energie des elektrostatischen Feldes

Das elektrostatische Feld hat eine Energie (elektrische Energie), die u. U. in andere Energieformen umgewandelt werden kann.

1.2.7.1. Energiedichte

Die Integration von Gl. (1.37) ergibt für die Energie je Volumen an einer Stelle des Feldes, an der die Feldstärke $\boldsymbol{E}$ herrscht, den Ausdruck

$$w_e' = \frac{1}{2}\varepsilon \boldsymbol{E}^2 = \frac{\boldsymbol{E}\boldsymbol{D}}{2} = \frac{1}{2\varepsilon}\boldsymbol{D}^2. \tag{1.221}$$

Tafel 1.5. Potentialkoeffizienten und Teilkapazitäten bei einigen typischen Mehrleitersystemen

Typ	Potentialkoeffizienten
Doppelleiter – Erde Elektrodenanordnung 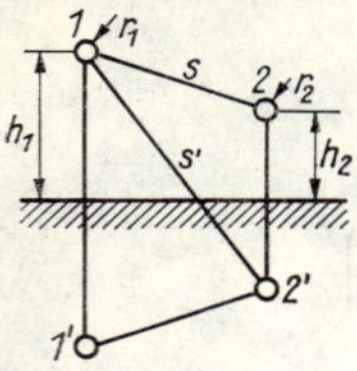	$\alpha_{11} = \frac{1}{2\pi\varepsilon l} \ln \frac{2h_1}{r_1}$ $\alpha_{22} = \frac{1}{2\pi\varepsilon l} \ln \frac{2h_2}{r_2}$ $\alpha_{12} = \alpha_{21} = \frac{1}{2\pi\varepsilon l} \ln \frac{s'}{s}$ $= \frac{1}{2\pi\varepsilon l} \ln \sqrt{1 + \frac{4h_1h_2}{s^2}}$
Ersatzschaltbild 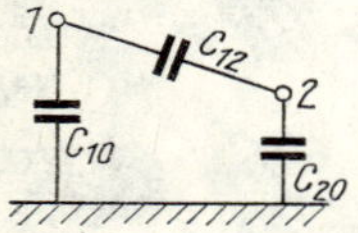	für $h_1 = h_2 = h$ und $r_1 = r_2 = r$ erhält man $\alpha_{11} = \alpha_{22} = \frac{1}{2\pi\varepsilon l} \ln \frac{2h}{r}$ $\alpha_{12} = \alpha_{21} = \frac{1}{2\pi\varepsilon l} \ln \sqrt{1 + \frac{4h^2}{s^2}}$
Dreileiterkabel Elektrodenanordnung 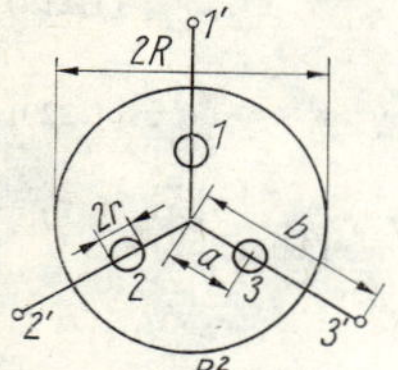 Ersatzschaltbild 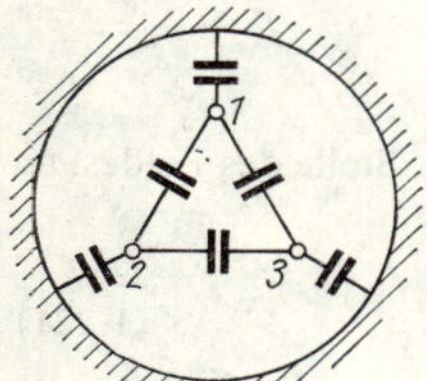	$\alpha_{11} = \alpha_{22} = \alpha_{33} = \frac{1}{2\pi\varepsilon l} \ln \frac{b-a}{r}$ $= \frac{1}{2\pi\varepsilon l} \ln \frac{R^2 - a^2}{ar}$ $\alpha_{12} = \alpha_{23} = \alpha_{13} = \frac{1}{2\pi\varepsilon l} \ln \frac{\sqrt{a^2 + b^2 + ab}}{a\sqrt{3}}$

Teilkapazitäten	Bemerkungen
$C_{10} = 2\pi\varepsilon l \dfrac{\ln\dfrac{2h_2}{r_2} - \ln\sqrt{1+\dfrac{4h_1h_2}{s^2}}}{\ln\dfrac{2h_1}{r_1}\ln\dfrac{2h_2}{r_2} - \ln^2\sqrt{1+\dfrac{4h_1h_2}{s^2}}}$ $C_{20} = 2\pi\varepsilon l \dfrac{\ln\dfrac{2h_1}{r_1} - \ln\sqrt{1+\dfrac{4h_1h_2}{s^2}}}{\ln\dfrac{2h_1}{r_1}\ln\dfrac{2h_2}{r_2} - \ln^2\sqrt{1+\dfrac{h4_1h_2}{s^2}}}$ $C_{12} = 2\pi\varepsilon l \dfrac{\ln\sqrt{1+\dfrac{4h_1h_2}{s_2}}}{\ln\dfrac{2h_1}{r_1}\ln\dfrac{2h_2}{r_2} - \ln^2\sqrt{1+\dfrac{4h_1h_2}{s^2}}}$ Betriebskapazität: $C_b = C_{12} + \dfrac{C_{10}C_{20}}{C_{10}+C_{20}} = \dfrac{1}{\alpha_{11}+\alpha_{22}-2\alpha_{12}} = \dfrac{2\pi\varepsilon l}{\ln\left(\dfrac{4h_1h_2}{r_1r_2}\,\dfrac{1}{1+4h_1h_2/s^2}\right)}$	in α_{11} und α_{22} ist r_1 bzw. r_2 gegenüber $2h_1$ bzw. $2h_2$ vernachlässigt
$C_{10} = C_{20} = \dfrac{1}{\alpha_{11}+\alpha_{12}} = \dfrac{2\pi\varepsilon l}{\ln\left(\dfrac{2h}{r}\sqrt{1+\dfrac{4h^2}{s^2}}\right)}$ $C_{12} = \dfrac{\alpha_{12}}{\alpha_{11}{}^2-\alpha_{12}{}^2} = 2\pi\varepsilon l \dfrac{\ln\sqrt{1+\dfrac{4h^2}{s^2}}}{\ln^2\dfrac{2h}{r} - \ln^2\sqrt{1+\dfrac{4h^2}{s^2}}} = 2\pi\varepsilon l \dfrac{\ln\sqrt{1+\dfrac{4h^2}{s^2}}}{\ln\dfrac{2h}{r}\sqrt{1+\dfrac{4h^2}{s^2}}\,\ln\dfrac{2h}{r\sqrt{1+\dfrac{4h^2}{s^2}}}}$ $C_b = \dfrac{1}{2}\,\dfrac{1}{\alpha_{11}-\alpha_{22}} = \dfrac{\pi\varepsilon l}{\ln\dfrac{2h}{r\sqrt{1+\dfrac{4h^2}{s^2}}}} = \dfrac{\pi\varepsilon l}{\ln\dfrac{s}{r\sqrt{1+\dfrac{s^2}{4h^2}}}}$	
$C_{10} = C_{20} = C_{30} = \dfrac{1}{\alpha_{11}+2\alpha_{12}} = \dfrac{2\pi\varepsilon l}{\ln\dfrac{(R^2-a^2)(a^2+b^2+ab)}{3a^3r}}$ $C_{12} = C_{13} = C_{23} = \dfrac{\alpha_{12}}{(\alpha_{11}+2\alpha_{12})(\alpha_{11}-\alpha_{12})}$ $= \pi\varepsilon l \dfrac{\ln\dfrac{a^2+b^2+ab}{3a^2}}{\ln\dfrac{(R^2-a^2)(a^2+b^2+ab)}{3a^3r}\,\ln\dfrac{\sqrt{3}\,(R^2-a^2)}{r\sqrt{a^2+b^2+ab}}}$ $C_b = C_{10} + 3C_{12} = \dfrac{1}{\alpha_{11}-\alpha_{12}}\quad\dfrac{2\pi\varepsilon l}{\ln\dfrac{\sqrt{3}\,(R^2-a^2)}{r\sqrt{a^2+b^2+ab}}}$	wie bei Doppelleiter – Erde C_b gilt nur für symmetrisches Drehstromsystem

Tafel 1.5. Fortsetzung

<table>
<tr><th>Typ</th><th>Potentialkoeffizienten</th></tr>
<tr><td>

Dreiphasensystem – Erde

Elektrodenanordnung

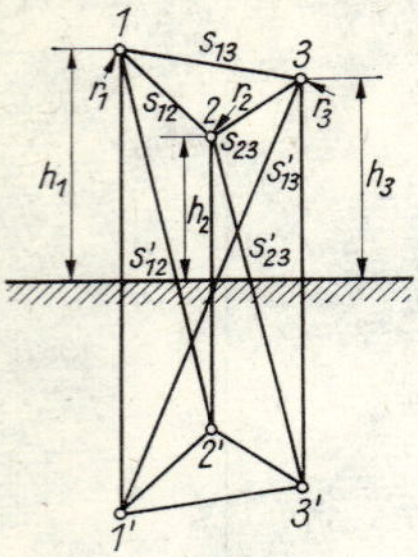

Ersatzschaltbild

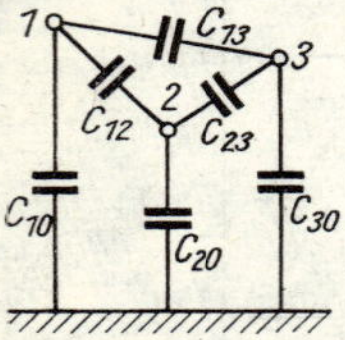

</td><td>

$$\alpha_{ii} = \frac{1}{2\pi\varepsilon l} \ln \frac{2h_i}{r_i}$$

$$\alpha_{ik} = \alpha_{ki} = \frac{1}{2\pi\varepsilon l} \ln \sqrt{1 + \frac{4h_i h_k}{s_i{}^2{}_k}}$$

</td></tr>
<tr><td>

Elektrodenanordnung

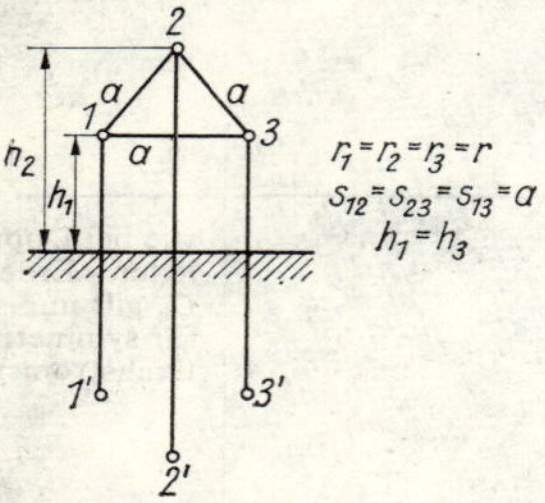

Ersatzschaltbild

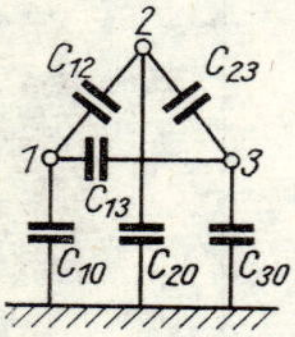

</td><td>

$$\alpha_{11} = \alpha_{33} = \frac{1}{2\pi\varepsilon l} \ln \frac{2h_1}{r}$$

$$\alpha_{22} = \frac{1}{2\pi\varepsilon l} \ln \frac{2h_2}{r}$$

$$\alpha_{12} = \alpha_{21} = \alpha_{23} = \alpha_{32} = \frac{1}{2\pi\varepsilon l} \ln \sqrt{1 + \frac{4h_1 h_2}{a^2}}$$

$$\alpha_{13} = \alpha_{31} = \frac{1}{2\pi\varepsilon l} \ln \sqrt{1 + \frac{4h_1{}^2}{a^2}}$$

</td></tr>
</table>

Teilkapazitäten	Bemerkungen
$C_{12} = \frac{\alpha_{12}\alpha_{33} - \alpha_{13}\alpha_{23}}{D}, \quad C_{23} = \frac{\alpha_{11}\alpha_{23} - \alpha_{13}\alpha_{12}}{D}, \quad C_{10} = \frac{\alpha_{13}\alpha_{22} - \alpha_{12}\alpha_{23}}{D}$ $C_{10} = \frac{\alpha_{22}\alpha_{33} - \alpha_{23}^2 + \alpha_{13}(\alpha_{23} - \alpha_{22}) + \alpha_{12}(\alpha_{23} - \alpha_{33})}{D}$ $C_{20} = \frac{\alpha_{11}\alpha_{33} - \alpha_{13}^2 + \alpha_{13}(\alpha_{23} - \alpha_{22}) + \alpha_{12}(\alpha_{23} - \alpha_{33})}{D}$ $C_{30} = \frac{\alpha_{11}\alpha_{22} - \alpha_{12}^2 + \alpha_{13}(\alpha_{12} - \alpha_{22}) + \alpha_{23}(\alpha_{12} - \alpha_{11})}{D}$ $D = \alpha_{11}\alpha_{22}\alpha_{33} + 2\alpha_{12}\alpha_{23}\alpha_{13} - \alpha_{11}\alpha_{23}^2 - \alpha_{22}\alpha_{13}^2 - \alpha_{33}\alpha_{12}^2$	wie bei Doppelleiter – Erde
$C_{12} = C_{23} = \frac{\alpha_{12}}{\alpha_{22}(\alpha_{11} + \alpha_{13}) - 2\alpha_{12}^2} = 2\pi\varepsilon l \frac{\ln \sqrt{1 + \frac{4h_1h_2}{a^2}}}{\ln \frac{2h_2}{r} \ln \left(\frac{2h_1}{r} \sqrt{1 + \frac{4h_1^2}{a^2}}\right) - 2 \ln^2 \sqrt{1 + \frac{4h_1h_2}{a^2}}}$ $C_{13} = \frac{\alpha_{13}\alpha_{22} - \alpha_{12}^2}{(\alpha_{11} - \alpha_{13})[\alpha_{22}(\alpha_{11} + \alpha_{13}) - 2\alpha_{12}^2]}$ $C_{13} = 2\pi\varepsilon l \frac{\ln \sqrt{1 + \frac{4h_1^2}{a^2}} \ln \frac{2h_2}{r} - \ln^2 \sqrt{1 + \frac{4h_1h_2}{a^2}}}{\ln \frac{2h_1}{r\sqrt{1 + 4h_1^2/a^2}} \left[\ln \frac{2h_2}{r} \ln \left(\frac{2h_1}{r} \sqrt{1 + \frac{4h_1^2}{a^2}}\right) - 2 \ln^2 \sqrt{1 + \frac{4h_1h_2}{a^2}}\right]}$ $C_{10} = C_{30} = \frac{\alpha_{22} - \alpha_{12}}{\alpha_{22}(\alpha_{11} + \alpha_{13}) - 2\alpha_{12}^2} = 2\pi\varepsilon l \frac{\ln \frac{2h_2}{r\sqrt{1 + 4h_1h_2/a^2}}}{\ln \frac{2h_2}{r} \ln \left(\frac{2h_1}{r} \sqrt{1 + \frac{4h_1^2}{a^2}}\right) - 2 \ln^2 \sqrt{1 + \frac{4h_1h_2}{a^2}}}$ $C_{20} = \frac{\alpha_{11}^2 - \alpha_{13}^2 + \alpha_{13}(\alpha_{12} - \alpha_{22}) + \alpha_{12}(\alpha_{12} - \alpha_{11})}{(\alpha_{11} - \alpha_{13})[\alpha_{22}(\alpha_{11} + \alpha_{13}) - 2\alpha_{12}^2]}$ $C_{20} = 2\pi\varepsilon l \frac{\ln^2 \frac{2h_1}{r} - \ln^2 \sqrt{1 + \frac{4h_1^2}{a^2}} + \ln \sqrt{1 + \frac{4h_1^2}{a^2}} \ln \frac{r\sqrt{1 + 4h_1h_2/a^2}}{2h_2} + \ln \sqrt{1 + \frac{4h_1h_2}{a^2}} \ln \left(\frac{r}{2h_1} \sqrt{1 + \frac{4h_1h_2}{a^2}}\right)}{\ln \frac{2h_1}{r\sqrt{1 + 4h_1^2/a^2}} \left[\ln \frac{2h_2}{r} \ln \left(\frac{2h_1}{r} \sqrt{1 + \frac{4h_1^2}{a^2}}\right) - 2 \ln^2 \sqrt{1 + \frac{4h_1h_2}{a^2}}\right]}$	wie bei Doppelleiter – Erde

Tafel 1.5. Fortsetzung

Typ	Potentialkoeffizienten
Dreiphasensystem – Erde Elektrodenanordnung 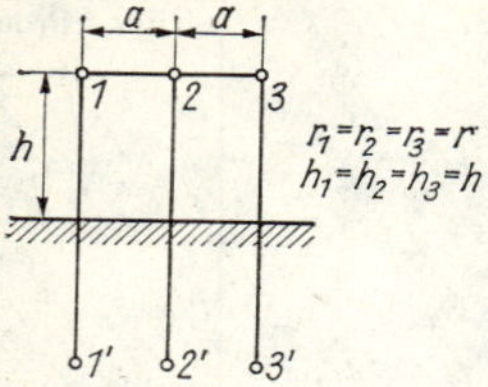 **Ersatzschaltbild** 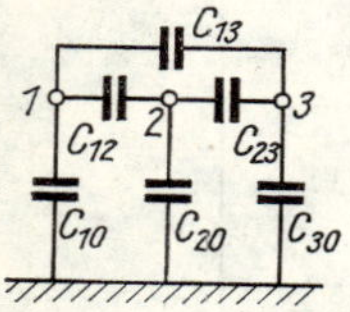 	$\alpha_{11} = \alpha_{22} = \alpha_{33} = \frac{1}{2\pi\varepsilon l} \ln \frac{2h}{r}$ $\alpha_{12} = \alpha_{21} = \alpha_{23} = \alpha_{32} = \frac{1}{2\pi\varepsilon l} \ln \sqrt{1 + \frac{4h^2}{a^2}}$ $\alpha_{13} = \alpha_{31} = \frac{1}{2\pi\varepsilon l} \ln \sqrt{1 + \frac{h^2}{a^2}}$
Dreiphasensystem, verdrillt Elektrodenanordnung und Ersatzschaltbild s.S. 62, Bilder 1 und 2 von oben 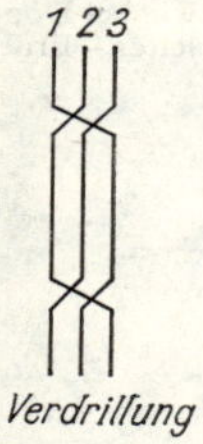 	$\bar{\alpha}_{11} = \frac{1}{3}(\alpha_{11} + \alpha_{22} + \alpha_{33})$ $= \frac{1}{2\pi\varepsilon l} \frac{1}{3}\left(\ln \frac{2h_1}{r_1} + \ln \frac{2h_2}{r_2} + \ln \frac{2h_3}{r_3}\right)$ mit $r_1 = r_2 = r_3 = r$ erhält man $\bar{\alpha}_{11} = \frac{1}{2\pi\varepsilon l} \ln \frac{2\sqrt[3]{h_1 h_2 h_3}}{r} = \frac{1}{2\pi\varepsilon l} \ln \frac{2h}{r}$ $\bar{\alpha}_{12} = \frac{1}{2\pi\varepsilon l} \ln \sqrt{1 + \frac{4h^2}{\bar{s}_{12}^2}}$ $\bar{s}_{12} = \sqrt[3]{s_{12} s_{13} s_{23}}, \; h = \sqrt[3]{h_1 h_2 h_3}$
Dreiphasensystem mit Erdseil, verdrillt Elektrodenanordnung 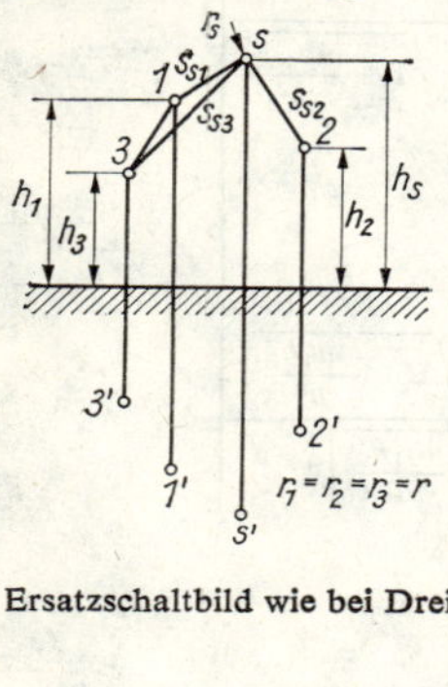 **Ersatzschaltbild wie bei Dreiphasensystem – Erde**	$\alpha_s = \frac{\alpha_{1s}^2}{\alpha_{ss}}$ $\alpha_{1s} = \frac{1}{2\pi\varepsilon l} \ln \sqrt{1 + \frac{4h^2}{s_{1s}^2}}$ $\bar{s}_{1s} = \sqrt[3]{s_{s1} s_{s2} s_{s3}}, \; h = \sqrt[3]{h_1 h_2 h_3}$ $\alpha_{ss} = \frac{1}{2\pi\varepsilon l} \ln \frac{2h_s}{r_s}, \; \bar{\alpha}_{11} = \frac{1}{2\pi\varepsilon l} \ln \frac{2h}{r}$ $A_{11} = \bar{\alpha}_{11} - \alpha_s, \; \bar{\alpha}_{12} = \frac{1}{2\pi\varepsilon l} \ln \sqrt{1 + \frac{4h^2}{\bar{s}_{12}^2}}$ $A_{12} = \bar{\alpha}_{12} - \bar{\alpha}_s, \; \bar{s}_{12} = \sqrt[3]{s_{12} s_{13} s_{23}}$

Teilkapazitäten	Bemerkungen
$C_{12} = C_{23} = \frac{\alpha_{12}}{\alpha_{11}(\alpha_{11}+\alpha_{13}) - 2\alpha_{12}^2} = 2\pi\varepsilon l \frac{\ln\sqrt{1+\frac{4h^2}{a^2}}}{\ln\frac{2h}{r}\ln\left(\frac{2h}{r}\sqrt{1+\frac{h^2}{a^2}}\right) - 2\ln^2\sqrt{1+\frac{4h^2}{a^2}}}$ $C_{13} = \frac{\alpha_{13}\alpha_{11}-\alpha_{12}^2}{(\alpha_{11}-\alpha_{13})[\alpha_{11}(\alpha_{11}+\alpha_{13})-2\alpha_{12}^2]}$ $= 2\pi\varepsilon l \frac{\ln\sqrt{1+\frac{h^2}{a^2}}\ln\frac{2h}{r} - \ln^2\sqrt{1+\frac{4h^2}{a^2}}}{\ln\frac{2h}{r\sqrt{1+h^2/a^2}}\left[\ln\frac{2h}{r}\ln\left(\frac{2h}{r}\sqrt{1+\frac{h^2}{a^2}}\right)-2\ln^2\sqrt{1+\frac{4h^2}{a^2}}\right]}$ $C_{10} = C_{30} = \frac{\alpha_{11}-\alpha_{12}}{\alpha_{11}(\alpha_{11}+\alpha_{12})-2\alpha_{12}^2} = 2\pi\varepsilon l\frac{\ln\frac{2h}{r\sqrt{1+4h^2/a^2}}}{\ln\frac{2h}{r}\ln\left(\frac{2h}{r}\sqrt{1+\frac{h^2}{a^2}}\right)-2\ln^2\sqrt{1+\frac{4h^2}{a^2}}}$ $C_{20} = \frac{\alpha_{11}^2-\alpha_{13}^2+(\alpha_{12}-\alpha_{11})(\alpha_{13}+\alpha_{12})}{(\alpha_{11}-\alpha_{13})[\alpha_{11}(\alpha_{11}+\alpha_{13})-2\alpha_{12}^2]}$ $= 2\pi\varepsilon l \frac{\ln^2\frac{2h}{r} - \ln^2\sqrt{1+\frac{h^2}{a^2}} + \ln\left(\frac{r}{2h}\sqrt{1+\frac{4h^2}{a^2}}\right)\ln\sqrt{\left(1+\frac{4h^2}{a^2}\right)\left(1+\frac{h^2}{a^2}\right)}}{\ln\frac{2h}{r\sqrt{1+h^2/a^2}}\left[\ln\frac{2h}{r}\ln\left(\frac{2h}{r}\sqrt{1+\frac{h^2}{a^2}}\right)-2\ln^2\sqrt{1+\frac{4h^2}{a^2}}\right]}$	wie bei Doppelleiter – Erde
$C_{10} = C_{20} = C_{30} = \frac{1}{\bar\alpha_{11}+2\bar\alpha_{12}} = \frac{2\pi\varepsilon l}{\ln\left[\frac{2h}{r}\left(1+\frac{4h^2}{\bar s_{12}^2}\right)\right]}$ $C_{12} = C_{23} = C_{13} = \frac{\bar\alpha_{12}}{(\bar\alpha_{11}-\bar\alpha_{12})(\bar\alpha_{11}+2\bar\alpha_{12})} = \pi\varepsilon l \frac{\ln\left(1+\frac{4h^2}{\bar s_{12}^2}\right)}{\ln\frac{2h}{r\sqrt{1+4h^2/\bar s_{12}^2}}\ln\left[\frac{2h}{r}\left(1+\frac{4h^2}{\bar s_{12}^2}\right)\right]}$ $C_b = \frac{1}{\bar\alpha_{11}-\bar\alpha_{12}} = \frac{2\pi\varepsilon l}{\ln\frac{2h}{r\sqrt{1+4h^2/\bar s_{12}^2}}}$	wegen Verdrillung mittlerer Abstand der Phasen gegen Erde und mittlere Leiterabstände aller Phasen gleich für Freileitungen $h \approx H - 0{,}7f$; H Höhe des Aufhängepunktes über Erde, f Durchhang des Seiles. Betriebskapazität C_b gilt für symmetrisches Dreiphasensystem wie bei Doppelleiter – Erde
$C_{10} = C_{20} = C_{30} = \frac{1}{A_{11}+2A_{12}} = \frac{1}{\bar\alpha_{11}+2\bar\alpha_{12}-3\alpha_s}$ $= \frac{\alpha_{ss}}{\alpha_{ss}(\bar\alpha_{11}+2\bar\alpha_{12})-3\alpha_{1s}^2} = 2\pi\varepsilon l\frac{\ln\frac{2h_s}{r_s}}{\ln\frac{2h_s}{r_s}\ln\left[\frac{2h}{r}\left(1+\frac{4h^2}{\bar s_{12}^2}\right)\right]-3\ln^2\sqrt{1+\frac{4h^2}{\bar s_{1s}^2}}}$ $C_{12} = C_{23} = C_{13} = \frac{A_{12}}{(A_{11}-A_{12})(A_{11}+2A_{12})} = \frac{\alpha_{12}\alpha_{ss}-\alpha_{1s}^2}{(\bar\alpha_{11}-\bar\alpha_{12})(\bar\alpha_{11}\bar\alpha_{ss}+2\bar\alpha_{12}\bar\alpha_{ss}-3\bar\alpha_{1s}^2}$ $= 2\pi\varepsilon l \frac{\ln\frac{2h_s}{r_s}\ln\sqrt{1+\frac{4h^2}{\bar s_{12}^2}}-\ln^2\sqrt{1+\frac{4h^2}{\bar s_{1s}^2}}}{\ln\frac{2h}{r\sqrt{1+4h^2/\bar s_{12}^2}}\left\{\ln\frac{2h_s}{r_s}\ln\left[\frac{2h}{r}\left(1+\frac{4h^2}{\bar s_{12}^2}\right)\right]-3\ln^2\sqrt{1+\frac{4h^2}{\bar s_{1s}^2}}\right\}}$ $C_b = \frac{1}{A_{11}-A_{12}} = \frac{1}{\bar\alpha_{11}-\bar\alpha_{12}} = \frac{2\pi\varepsilon l}{\ln\frac{2h}{r\sqrt{1+4h^2/\bar s_{12}^2}}}$	wie bei Doppelleiter – Erde wie bei Dreiphasensystem, verdrillt

Tafel 1.5. Fortsetzung

Typ	Potentialkoeffizienten
Dreiphasendoppelleitung, verdrillt Elektrodenanordnung 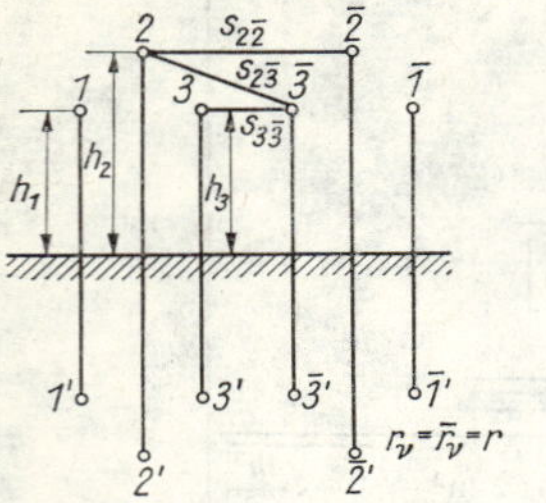 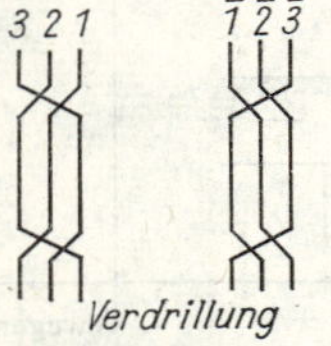 Ersatzschaltbild wie bei Dreiphasensystem – Erde	$A_{11} = \bar\alpha_{11} + \bar\alpha_{1\bar1}$, $\bar\alpha_{11}, \bar\alpha_{12}$ siehe oben $A_{12} = \bar\alpha_{12} + \bar\alpha_{1\bar2}$ $\bar\alpha_{1\bar1} = \frac{1}{2\pi\varepsilon l} \ln \sqrt{1 + \frac{4h^2}{\bar s_{1\bar1}^2}}$ $\bar\alpha_{1\bar2} = \frac{1}{2\pi\varepsilon l} \ln \sqrt{1 + \frac{4h^2}{\bar s_{1\bar2}^2}}$ $h = \sqrt[3]{h_1 h_2 h_3}$ $\bar s_{1\bar1} = \sqrt[3]{s_{1\bar1} s_{2\bar2} s_{3\bar3}}$ $\bar s_{1\bar2} = \sqrt[3]{s_{1\bar2} s_{1\bar3} s_{2\bar3}}$
Dreiphasendoppelleitung mit Erdseil, verdrillt **Dreiphasendoppelleitung mit mehreren Erdseilen, verdrillt** Elektrodenanordnung 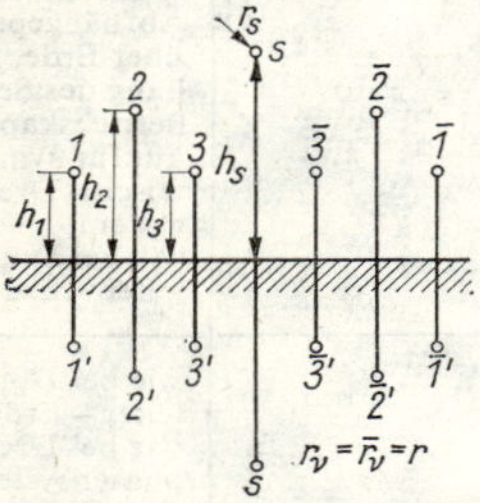 Ersatzschaltbild wie bei Dreiphasensystem – Erde	$A_{11} = \bar\alpha_{11} + \bar\alpha_{1\bar1} - 2\alpha_s$ Berechnung der Koeffizienten s. S. 57 $A_{12} = \bar\alpha_{12} + \bar\alpha_{1\bar2} - 2\alpha_s$ $\alpha_s = \frac{\alpha_{1s}^2}{\alpha_{ss}}$ Für mehrere Erdseile wird $\alpha_s = \frac{z\alpha_{1s}^2}{\alpha_{ss} + (z-1)\,\alpha_{ss}}$ $\alpha_{ss} = \frac{1}{2\pi\varepsilon l} \ln \sqrt{1 + \frac{4h_s^2}{\bar s_s^2}}$ h_s geometrischer Mittelwert der Erdseilhöhen $\bar s_s$ geometrischer Mittelwert der gegenseitigen Abstände der Erdseile z Anzahl der Erdseile

1.2.7.2. Gesamtenergie im Zweielektrodensystem

Die Gesamtenergie des Feldes zweier Elektroden (Energie des aufgeladenen Kondensators) erhält man durch Integration der Energiedichte über das Volumen

$$W_e = \int_V w_e' \, dV = \int_V \frac{ED}{2} \, dV = \frac{1}{2} \int_A \int_l D \, dA \, E \, dl = \frac{1}{2} Q (\varphi_1 - \varphi_2)$$

$$= \frac{1}{2} QU = \frac{1}{2} CU^2 = \frac{Q^2}{2C}; \tag{1.222}$$

A Hüllfläche, die die eine Elektrode umschließt,
l Integrationsweg von der einen zu der anderen Elektrode.

Teilkapazitäten	Bemerkungen
$C_{10} = C_{20} = C_{30} = \frac{1}{A_{11} + 2A_{12}} = \frac{1}{\bar{\alpha}_{11} + \bar{\alpha}_{1\bar{1}} + 2(\bar{\alpha}_{12} + \bar{\alpha}_{1\bar{2}})}$ $= \frac{2\pi\varepsilon l}{\ln\left[\frac{2h}{r}\sqrt{1+\frac{4h^2}{\bar{s}_{1\bar{2}}^2}}\left(1+\frac{4h^2}{\bar{s}_{12}^2}\right)\left(1+\frac{4h^2}{\bar{s}_{1\bar{2}}^2}\right)\right]}$ $C_{12} = C_{23} = C_{13} = \frac{A_{12}}{(A_{11} - A_{12})(A_{11} + 2A_{12})}$ $= \frac{\bar{\alpha}_{12} + \bar{\alpha}_{1\bar{2}}}{(\bar{\alpha}_{11} + \bar{\alpha}_{1\bar{1}} - \bar{\alpha}_{12} - \bar{\alpha}_{1\bar{2}})(\bar{\alpha}_{11} + \bar{\alpha}_{1\bar{1}} + 2\bar{\alpha}_{12} + 2\bar{\alpha}_{1\bar{2}})}$ $= \pi\varepsilon l \frac{\ln\left[\left(1+\frac{4h^2}{\bar{s}_{12}^2}\right)\left(1+\frac{4h^2}{\bar{s}_{1\bar{2}}^2}\right)\right]}{\ln\frac{2h}{r}\sqrt{1+\frac{4h^2}{\bar{s}_{1\bar{1}}^2}}\left[\frac{1}{\sqrt{\left(1+\frac{4h^2}{\bar{s}_{12}^2}\right)\left(1+\frac{4h^2}{\bar{s}_{1\bar{2}}^2}\right)}}\right] \times \ln\left[\frac{2h}{r}\sqrt{1+\frac{4h^2}{\bar{s}_{1\bar{1}}^2}}\left(1+\frac{4h^2}{\bar{s}_{12}^2}\right)\left(1+\frac{4h^2}{\bar{s}_{1\bar{2}}^2}\right)\right]}$ $C_b = \frac{1}{A_{11} - A_{12}} = \frac{1}{\bar{\alpha}_{11} + \bar{\alpha}_{1\bar{1}} - \bar{\alpha}_{12} - \bar{\alpha}_{1\bar{2}}} = \frac{2\pi\varepsilon l}{\ln\left[\frac{2h}{r}\sqrt{1+\frac{4h^2}{\bar{s}_{11}^2}}\frac{1}{\sqrt{\left(1+\frac{4h^2}{\bar{s}_{12}^2}\right)\left(1+\frac{4h^2}{\bar{s}_{1\bar{2}}^2}\right)}}\right]}$	wie bei Doppelleiter – Erde wie bei Dreiphasensystem, verdrillt Voraussetzung für die Berechnung, daß in beiden Systemen gleichphasige Leitungen gleiches Potential und gleiche Ladung haben
$C_{10} = C_{20} = C_{30} = \frac{1}{A_{11} + 2A_{12}}$ $C_{12} = C_{23} = C_{13} = \frac{A_{12}}{(A_{11} - A_{12})(A_{11} + 2A_{12})}$ $C_b = \frac{1}{A_{11} - A_{12}}$	wie bei Doppelleiter – Erde wie bei Dreiphasensystem, verdrillt wie bei Dreiphasendoppelleitung, verdrillt

Eine andere Darstellungsweise ist ($Q_1 = -Q_2 = Q$)

$$W_e = \tfrac{1}{2} Q_1\varphi_1 + \tfrac{1}{2} Q_2\varphi_2. \qquad (1.223)$$

1.2.7.3. Gesamtenergie im Mehrelektrodensystem

In einem System von n geladenen Körpern mit den jeweiligen Ladungen Q_λ und den Potentialen φ_λ ist die Gesamtenergie

$$W = \tfrac{1}{2} \sum_{\lambda=1}^{n} Q_\lambda\varphi_\lambda. \qquad (1.224)$$

1.2.8. Kräfte im elektrostatischen Feld

1.2.8.1. Ponderomotorische Kräfte

Die Wechselwirkung zwischen elektrischem Feld und freien oder gebundenen (Polarisation) elektrischen Ladungen äußert sich im Auftreten mechanischer Kräfte. Sie werden auf die Körper, auf denen sich die Ladungen befinden, übertragen und versuchen, sie entweder zu bewegen oder zu deformieren. Derartige Kräfte elektrischer Natur werden ponderomotorische Kräfte genannt.

1.2.8.2. Kraftwirkung auf eine Punktladung

Gl. (1.39) gibt die Kraft an, die auf eine Punktladung Q an einer Stelle eines elektrischen Feldes wirkt, an der die Feldstärke $\boldsymbol{E}$ herrscht (Definitionsgleichung der elektrischen Feldstärke).

1.2.8.3. Kraft auf geladene Körper mit endlichen Abmessungen

Die Gesamtkraft auf einen geladenen Körper mit endlichen Abmessungen ist

$$\boldsymbol{F} = \int_Q \boldsymbol{E}\,\mathrm{d}Q\,. \tag{1.225}$$

Im Fall vorgegebener Raumladungsverteilung ist

$$\boldsymbol{F} = \int_V \varrho \boldsymbol{E}\,\mathrm{d}V. \tag{1.226}$$

Im Fall vorgegebener Flächenladungsdichte ist

$$\boldsymbol{F} = \int_A \sigma \boldsymbol{E}\,\mathrm{d}A\,. \tag{1.227}$$

1.2.8.4. Coulombsches Gesetz

Aus den Gln. (1.39) und (1.132) folgt die Kraft, die auf die Punktladung Q_2 in dem Feld der Punktladung Q_1 ausgeübt wird:

$$\boldsymbol{F} = \boldsymbol{E}_1 Q_2 = \frac{Q_1 Q_2}{4\pi\varepsilon r^2}\,\boldsymbol{r}_0\,; \tag{1.228}$$

r Entfernung von Q_1 bis Q_2,
$\boldsymbol{r}_0$ Einheitsradiusvektor in Richtung von Q_1 nach Q_2.

Gl. (1.228) stellt das Coulombsche Gesetz dar, das in der Anfangszeit der Elektrizitätslehre eine entscheidende Rolle spielte (erste meßtechnische Erfassung elektrischer Erscheinungen). Haben Q_1 und Q_2 gleiche Vorzeichen, so wirkt die Kraft auf Q_2 in Richtung $\boldsymbol{r}_0$ (Abstoßung), haben sie verschiedene Vorzeichen, dann wirkt die Kraft auf Q_2 entgegengesetzt zu $\boldsymbol{r}_0$ (Anziehung).

1.2.8.5. Kräftebestimmung aus der Energiebilanz

Unter der Wirkung der Feldkräfte kann sich eine Elektrode eines aufgeladenen und von der Spannungsquelle abgetrennten Elektrodensystems bewegen und dabei eine mechanische Arbeit

$$\mathrm{d}W_\mathrm{m} = F\,\mathrm{d}l \tag{1.229}$$

bei Längsbewegung oder

$$\mathrm{d}W_\mathrm{m} = M_\mathrm{d}\,\mathrm{d}\alpha \tag{1.230}$$

bei Drehbewegung auf Kosten einer Abnahme $\mathrm{d}W_\mathrm{e}$ der Feldenergie verrichten. Hieraus kann man die Kraft F bzw. das Drehmoment M_d bestimmen:

$$F = -\frac{\mathrm{d}W_\mathrm{e}}{\mathrm{d}l} = -\frac{\mathrm{d}W_\mathrm{e}}{\mathrm{d}C}\frac{\mathrm{d}C}{\mathrm{d}l} = \frac{Q^2}{2C^2}\frac{\mathrm{d}C}{\mathrm{d}l}, \tag{1.231}$$

$$M_\mathrm{d} = -\frac{\mathrm{d}W_\mathrm{e}}{\mathrm{d}\alpha} = -\frac{\mathrm{d}W_\mathrm{e}}{\mathrm{d}C}\frac{\mathrm{d}C}{\mathrm{d}\alpha} = \frac{Q^2}{2C^2}\frac{\mathrm{d}C}{\mathrm{d}\alpha}. \tag{1.232}$$

Liegen die Elektroden während des Bewegungsvorganges an einer konstanten Spannung U, dann erfolgt bei einer Änderung der Kapazität C um $\mathrm{d}C$ eine Änderung der Feldenergie um $\mathrm{d}W$, wobei noch die mechanische Arbeit $\mathrm{d}W_\mathrm{m}$ verrichtet wird. Nach der Energiebilanz erscheint die mechanische Arbeit als Differenz aus von der Quelle nachgelieferten Energie und dem Zuwachs der Feldenergie:

$$\mathrm{d}W_\mathrm{m} = \mathrm{d}W - \mathrm{d}W_\mathrm{e} = U\,\mathrm{d}Q - \tfrac{1}{2}U^2\,\mathrm{d}C = U\,\mathrm{d}(CU) - \tfrac{1}{2}U^2\,\mathrm{d}C = \tfrac{1}{2}U^2\,\mathrm{d}C\,. \tag{1.233}$$

Hieraus kann man die Kraft bzw. das Drehmoment bestimmen:

$$F = \frac{1}{2}U^2\frac{\mathrm{d}C}{\mathrm{d}l}, \quad (1.234) \qquad M_\mathrm{d} = \frac{1}{2}U^2\frac{\mathrm{d}C}{\mathrm{d}\alpha}. \quad (1.235)$$

1.2.8.6. Kräfte an Grenzflächen

An der Grenzfläche zweier Stoffe mit den Dielektrizitätskonstanten ε_1 und ε_2 im elektrischen Feld wirken Kräfte (Bild 1.28).

1. Sonderfall: Die Feldstärke steht senkrecht zur Grenzfläche (Bild 1.28a). Die Kraft je Fläche beträgt

$$F_1' = \tfrac{1}{2}\left(\varepsilon_1 E_{\mathrm{n}1}^2 - \varepsilon_2 E_{\mathrm{n}2}^2\right). \tag{1.236}$$

2. Sonderfall: Die Feldstärke verläuft parallel zur Grenzfläche (Bild 1.28b). Die Kraft je Fläche beträgt dann

$$F_2' = \frac{E_\mathrm{t}^2}{2}\left(\varepsilon_2 - \varepsilon_1\right). \tag{1.237}$$

Allgemeiner Fall: Die Feldstärke trifft unter einem beliebigen Winkel auf die Grenzfläche (Bild 1.28c). In diesem Fall zerlegt man sie in die Komponenten E_n (senkrecht zur Grenzfläche) und E_t (parallel zur Grenzfläche). Mit E_n errechnet man nach Gl. (1.236) den elektro-

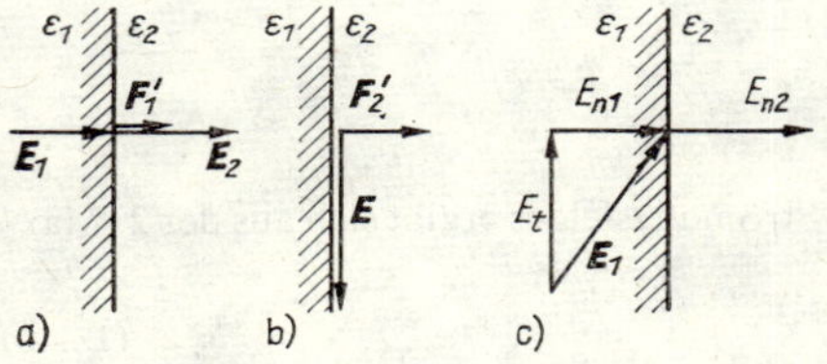

Bild 1.28
Kräfte an Grenzflächen im elektrischen Feld

statischen Teilzug F'_1, mit E_t nach Gl. (1.237) den elektrostatischen Teilzug F'_2. Die Gesamtkraft je Fläche ist dann

$$F' = F'_1 + F'_2$$
$$= \frac{1}{2} [\varepsilon_1 E_{n1}^2 - \varepsilon_2 E_{n2}^2 + E_t^2 (\varepsilon_2 - \varepsilon_1)]$$
$$= \frac{\varepsilon_2 - \varepsilon_1}{2} \left[E_t^2 + \frac{\varepsilon_1}{\varepsilon_2} E_{n1}^2 \right]. \tag{1.238}$$

In allen Fällen wirkt die Kraft vom Körper größerer Dielektizitätskonstante zum Körper kleinerer Dielektrizitätskonstante.

1.2.9. Magnetostatik

Das magnetische Feld ist ein elektrokinetisches Feld. Die hier erwähnte Magnetostatik stellt nur eine in manchen Fällen bequeme Betrachtungsmethode dar (geschichtliche Rolle).

1.2.9.1. Grundgleichungen der Magnetostatik

Bei Abwesenheit von Strömen liefern die Feldgleichungen

$$\operatorname{rot} \boldsymbol{H} = 0, \quad (1.239) \qquad \operatorname{div} \boldsymbol{B} = 0, \quad (1.26)$$
$$\boldsymbol{B} = \mu \boldsymbol{H} = \mu_0 \boldsymbol{H} + \boldsymbol{J}. \quad (1.18) \text{ und } (1.22)$$

Diese Gleichungen stimmen formal völlig mit den Gleichungen des elektrostatischen Feldes in Nichtleitern ($\varrho = 0$) überein. Aus ihnen ergeben sich auch formal übereinstimmende Grenzbedingungen an Grenzflächen, die zwei Stoffe mit verschiedenen Eigenschaften trennen.

1.2.9.2. Analogie zwischen Elektrostatik und Magnetostatik

Bei einer Gegenüberstellung erscheinen als analoge Größen die Feldgrößen $\boldsymbol{B}$ und $\boldsymbol{D}$, $\boldsymbol{H}$ und $\boldsymbol{E}$, $\boldsymbol{J}$ und $\boldsymbol{P}$ bzw. die Materialkonstanten μ und ε. Die Analogie hat mehr formal mathematischen Charakter. (Dem Wesen nach sind nämlich die Größen $\boldsymbol{B}$ und $\boldsymbol{E}$ bzw. $\boldsymbol{H}$ und $\boldsymbol{D}$ analog.) Diese Analogie ist u. U. sehr nützlich, da sie die mathematische Behandlungsweise vieler Fälle, die aus der Elektrostatik bekannt sind, auf das wirbelfreie magnetische Feld zu übertragen gestattet.

1.3. Stationäres elektromagnetisches Feld

Im stationären elektromagnetischen Feld sind die Feldgrößen zeitlich konstant, und es fließen zeitlich konstante Ströme. Die Verbindung zwischen dem elektrischen und dem magnetischen Feld ist durch die 1. Maxwellsche Gleichung gegeben.

1.3.1. Stationäres elektrisches Strömungsfeld

1.3.1.1. Grundgleichungen

Die Grundgleichung des stationären elektrischen Strömungsfeldes ergibt sich aus der 2. Maxwellschen Gleichung [Gl. (1.2)]:

$$\operatorname{rot} \boldsymbol{E} = 0 \tag{1.240}$$

oder in Integralform

$$\oint_l \boldsymbol{E}\,\mathrm{d}\boldsymbol{l} = 0. \tag{1.241}$$

Die 4. Maxwellsche Gleichung [Gl. (1.4)] liefert

$$\operatorname{div} \boldsymbol{E} = \varrho/\varepsilon. \tag{1.242}$$

Potential. Das stationäre elektrische Strömungsfeld (wirbelfrei) kann durch das skalare Potential $\varphi\,(x, y, z)$ beschrieben werden. Die Feldstärke leitet sich aus dem Potential durch die Beziehung ab

$$\boldsymbol{E} = -\operatorname{grad} \varphi. \tag{1.110}$$

Ohmsches Gesetz. Die Beziehung zwischen Feldstärke $\boldsymbol{E}$ und Stromdichte $\boldsymbol{G}$ wird durch die Eigenschaften des Mediums, in dem sich das Strömungsfeld ausbildet, bestimmt. In den meisten Fällen kann zwischen $\boldsymbol{E}$ und $\boldsymbol{G}$ ein linearer Zusammenhang angenommen werden:

$$\boldsymbol{G}_\varkappa = \varkappa \boldsymbol{E}. \tag{1.17}$$

Die Proportionalitätskonstante $\varkappa$ ist die *spezifische Leitfähigkeit* des Mediums. Ihr reziproker Wert ϱ wird *spezifischer Widerstand* genannt.

Die Proportionalität Gl. (1.17) stellt die Differentialform des Ohmschen Gesetzes dar. Im stationären elektrischen Strömungsfeld werden ständig an jeder Stelle des Raumes Ladungen durch andere ersetzt; dabei bleibt aber die Raumladungsdichte unverändert. Andernfalls müßten sich $\boldsymbol{E}$ [Gl. (1.242)] und $\boldsymbol{G}$ [Gl. (1.17)] verändern, was aber der Voraussetzung eines stationären Feldes widerspricht.

1.3.1.2. Grafische Darstellung des stationären Strömungsfeldes

Zur grafischen Darstellung des stationären elektrischen Strömungsfeldes bedient man sich derselben Mittel wie in der Elektrostatik.

Äquipotential- oder *Niveauflächen* [Gl. (1.120)] eignen sich für räumliche Betrachtungen;
Äquipotential- oder *Niveaulinien* [Gl. (1.121)] eignen sich für Darstellungen des Feldes auf einer Ebene (Schnittebene durch das Feld);
Feldlinien [Gl. (1.122)];
Stromlinien sind Linien, an die in jedem Punkt der Vektor der Stromdichte tangiert. Im isotropen Medium fallen Feldlinien und Stromlinien zusammen. Die Stromlinien stehen dann senkrecht auf den Äquipotentialflächen. Sie werden mit einem Pfeil vom höheren zum tieferen Potential versehen.

1.3.1.3. Spezielle Beziehungen

1. Kirchhoffscher Satz. Bildet man auf beiden Seiten der 1. Maxwellschen Gleichung im stationären Strömungsfeld die Divergenz, dann erhält man die Differentialform des 1. Kirchhoffschen Satzes:

$$\operatorname{div} \boldsymbol{G}_\varkappa = 0. \tag{1.243}$$

Die Integralform lautet

$$\oint_A \boldsymbol{G}\,\mathrm{d}\boldsymbol{A} = 0. \tag{1.244}$$

Potentialgleichung. Im stationären Strömungsfeld gilt die Laplacesche Differentialgleichung

$$\Delta\varphi = \operatorname{div} \operatorname{grad} \varphi = 0. \tag{1.245}$$

Joulesches Gesetz. Unter der Wirkung der Feldkräfte [Gl. (1.39)] bewegen sich die freien Ladungsträger (vgl. Abschn. 3.6., S. 558) im Leiter. In Leitern, die das Ohmsche Gesetz befolgen, ist die Bewegung der Ladungen wegen der Wechselwirkung zwischen den freien Ladungsträgern und den im Kristall gebundenen Ladungen gehemmt, so daß im homogenen Feld die Geschwindigkeit konstant bleibt. Bei der Wechselwirkung wird die den bewegten Ladungen vom elektrischen Feld erteilte Energie dem Kristallgitter übertragen (Wärmebewegung). Die je Volumen in Wärme umgesetzte Leistung beträgt

$$P' = \boldsymbol{E} \cdot \boldsymbol{G}_\varkappa = \varkappa E^2 = \frac{1}{\varkappa} G_\varkappa^2. \tag{1.246}$$

1.3.1.4. Elektrische Energiequellen

Das stationäre Strömungsfeld ist mit ständiger Umwandlung elektrischer Energie in Wärme verknüpft [Gl. (1.246)]. Voraussetzung für das Bestehen eines stationären Strömungsfeldes ist das Vorhandensein elektromotorischer Kräfte nichtelektrischer Natur (eingeprägte Kräfte). Wenn alle Feldkräfte Coulombscher Natur wären, dann würde infolge der Ladungsbewegung ein Potentialausgleich eintreten, und der Strom würde aufhören zu fließen. Die Wirkung der Kräfte nichtelektrischer Natur kann durch eine eingeprägte Feldstärke $\boldsymbol{E}_e$ beschrieben werden. Die Stromdichte ergibt sich dann als Folge der Feldstärke Coulombscher Natur $\boldsymbol{E}$ und der Feldstärke nichtelektrischer Natur $\boldsymbol{E}_e$:

$$\boldsymbol{G}_\varkappa = \varkappa (\boldsymbol{E} + \boldsymbol{E}_e). \tag{1.247}$$

1.3.1.5. Grenzbedingungen

Die Gln. (1.241) und (1.244) bestimmen den Feldverlauf an der Grenzfläche zweier Stoffe mit den Leitfähigkeiten $\varkappa_1$ und $\varkappa_2$. Es bestehen folgende Beziehungen: Die Tangentialkomponenten der elektrischen Feldstärke auf beiden Seiten der Grenzfläche sind gleich:

$$E_{t1} = E_{t2}. \tag{1.248}$$

Die Normalkomponenten der Stromdichte auf beiden Seiten der Grenzfläche sind gleich:

$$G_{n1} = G_{n2}. \tag{1.249}$$

Mit Gl. (1.17) erhält man für die Normalkomponenten der elektrischen Feldstärken

$$E_{n1}/E_{n2} = \varkappa_2/\varkappa_1 \tag{1.250}$$

und für die Tangentialkomponenten der Stromdichten

$$G_{t1}/G_{t2} = \varkappa_1/\varkappa_2. \tag{1.251}$$

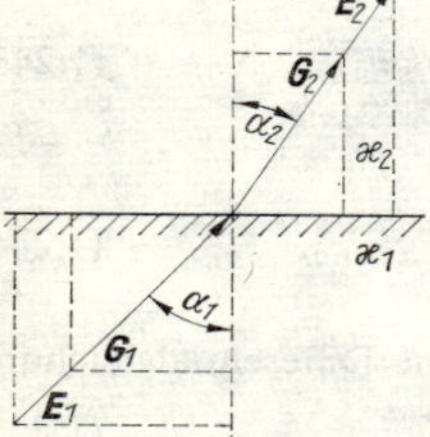

Bild 1.29
Brechung der Stromlinien an einer Grenzfläche

Für die Einfallswinkel α_1 und α_2 (Bild 1.29), die die Feldvektoren auf beiden Seiten der Grenzfläche mit dem Lot einschließt, ergibt sich

$$\tan \alpha_1 / \tan \alpha_2 = \varkappa_1 / \varkappa_2 . \qquad (1.252)$$

Beim Übergang von einem Stoff mit der größeren Leitfähigkeit $\varkappa_1$ in einen Stoff mit der kleineren Leitfähigkeit $\varkappa_2$ werden die Feldvektoren zum Lot hin gebrochen. Die Strömung an Grenzflächen ist im Bild 1.29 dargestellt.

1.3.1.6. Integralparameter im stationären elektrischen Strömungsfeld

Spannung. Zwischen zwei Elektroden (*1* und *2*), die den Strom in ein räumliches stationäres Strömungsfeld einführen, beträgt die Spannung

$$U = \varphi_1 - \varphi_2 = \int_1^2 \boldsymbol{E} \, d\boldsymbol{l} . \qquad (1.112)$$

Stromstärke. Der von der einen Elektrode zur anderen fließende Strom ist

$$I = \int_A \boldsymbol{G}_\varkappa \, d\boldsymbol{A} . \qquad (1.13)$$

Hierbei erstreckt sich das Integral über eine Fläche, die die Elektrode umgibt.

Stromrichtung. Der Strom fließt (willkürliche Festsetzung) von Punkten höheren Potentials zu Punkten niedrigen Potentials (Bewegungsrichtung der positiven Ladung).

Widerstand und Leitwert. Zwischen Strom und Spannung besteht die Proportionalität

$$U = RI. \qquad (1.253)$$

Der Proportionalitätsfaktor

$$R = \frac{U}{I} = \frac{\int_1^2 \boldsymbol{E} \, d\boldsymbol{l}}{\varkappa \oint_A \boldsymbol{E} \, d\boldsymbol{A}} \qquad (1.254)$$

hängt ab von der Konfiguration der Elektroden, von ihren Abmessungen und von den Eigenschaften des Mediums, in dem sich das Feld ausbildet. Er wird *Widerstand* genannt. Sein reziproker Wert

$$G = 1/R \qquad (1.255)$$

wird *Leitwert* der Anordnung genannt.

1.3.1.7. Berechnung stationärer elektrischer Strömungsfelder

Folgerungen aus Analogien. Der analoge Aufbau der Feldgleichungen und der Grenzbedingungen im elektrostatischen und im stationären Strömungsfeld ermöglicht die Übertragung der in der Elektrostatik üblichen Methoden zur Behandlung stationärer elektrischer Strömungsfelder. Analoge Größen sind die Feldgrößen $\boldsymbol{G}$ und $\boldsymbol{D}$, die Integralparameter I und Q und die Materialkonstanten $\varkappa$ und ε.

Tafel 1.6 zeigt eine Zusammenfassung der Grundgleichungen und der Berechnungsmethoden von quellenfreien Strömungsfeldern.

Allgemeine Methode der Feldberechnung. Sie besteht in der Integration der Differentialgleichung des Feldes unter Berücksichtigung der Randbedingungen.

Berechnung des Feldes mit Hilfe des 1. Kirchhoffschen Satzes (S. 71). Analog der Benutzung der 4. Maxwellschen Gleichung in der Elektrostatik (vgl. S. 17) wendet man in Fällen genügender Symmetrie des Feldes den 1. Kirchhoffschen Satz an. Kennt man (Symmetriebedingungen) die Lage einer Niveaufläche, auf der der Strom gleichmäßig verteilt ist, dann kann man aus den Gln. (1.13), (1.17) und (1.114) Stromdichte, Feldstärke und Potential bestimmen.

Grafische Verfahren analog Abschn. 1.2.5., S. 35.

Numerische Lösung der Differentialgleichung mit dem Differenzenverfahren. Da das stationäre elektrische Strömungsfeld ebenfalls durch die Laplacesche Differentialgleichung beschrieben wird, kann das im Abschn. 1.2.5. beschriebene Differenzenverfahren in gleicher Weise benutzt werden.

Tafel 1.6. Methoden zur Berechnung von quellenfreien Strömungsfeldern

Ausgangsgleichungen (für ladungsfreie Gebiete)	$\operatorname{rot} E = 0$	$\operatorname{div} G = 0$	$G = \varkappa E$
Ansatz	$E = -\operatorname{grad} \varphi$		
Potentialgleichung		$\Delta \varphi = 0$	

Lösungsmethoden:

- Lösung der Differentialgleichung unter den vorgeschriebenen Randbedingungen durch angepaßte Koordinaten und spezielle Funktionen (Trennung der Veränderlichen usw.)
- Anwendung des Superpositionsprinzips
- konforme Abbildung im zweidimensionalen Fall
- numerische Näherungsverfahren (Differenzenverfahren usw.)
- Ausnutzung der Symmetrie in einfachen Fällen mittels $\int_A G \, dA = I$, $G = \varkappa E = -\varkappa \operatorname{grad} \varphi$
- Verfahren des Spiegelbildes (Spiegelquelle), wenn Symmetrielinien bzw. -flächen vorhanden sind
- grafische Näherungsverfahren

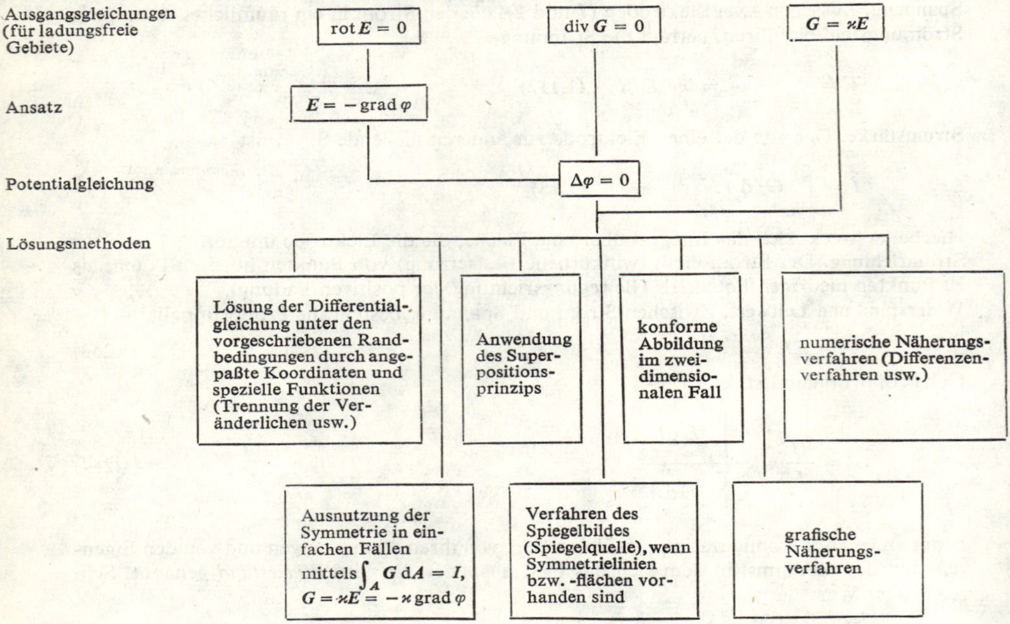

Als Beispiel betrachten wir einen Fall, bei dem auf dem Rand nicht das Potential, sondern seine Ableitung im Normalenrichtung gegeben ist (Neumannsche Randwertaufgabe). Der Leiter längs AA' (Bild 1.30) liege auf dem Potential 0 und der Leiter längs BB' auf dem Potential U. Das Medium außerhalb ACB bzw. $A'C'B'$ sei nichtleitend. Dann fließt durch die zuletzt genannten Randlinien kein Strom, d. h., die Ableitung des Potentials in Richtung der Normalen zu AC, CB, $A'C'$ und $C'B'$ muß deswegen Null sein.

Die Berechnung erfolgt mit Hilfe von gedachten Punkten in dem angrenzenden Medium, die auf gleichem Potential gehalten werden wie der nächstliegende Punkt auf der Grenzlinie. Damit kann die Berechnung wie im Beispiel des Abschnitts 1.2.5.10. durchgeführt werden, wobei jedoch nicht nur die Potentiale der inneren Punkte des Bereiches, sondern auch die Potentiale auf der Grenzlinie berechnet werden.

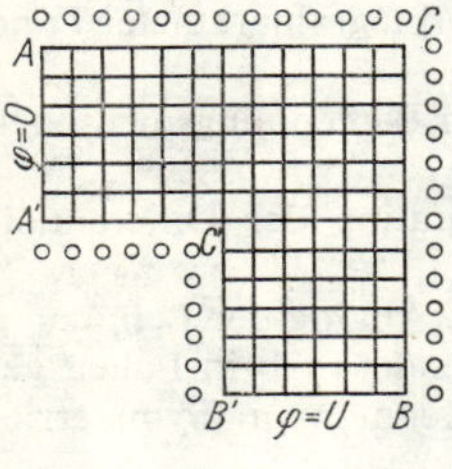

Bild 1.30
Beispiel zur Erläuterung des Differenzenverfahrens bei der Neumannschen Randwertaufgabe
○ Hilfspunkte

Tafel 1.7. Feldgrößen und Übergangswiderstand bei einigen typischen Elektrodenanordnungen

Elektrodenanordnung	Feldgrößen	Widerstand R und Übergangswiderstand $R_{ü}$
Kugelquelle 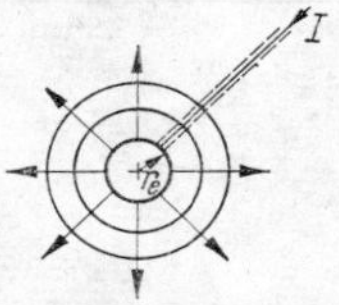 Strom wird einer Kugelelektrode, die im unendlich ausgedehnten Medium mit der Leitfähigkeit $\varkappa$ eingebettet ist, zugeführt und durch eine unendlich weite Gegenelektrode abgeführt. Es herrscht Kugelsymmetrie. Feldgrößen hängen nicht vom Radius r_e der Kugelelektrode ab	$G = \frac{I}{4\pi r^2}\, r_0$ $E = \frac{I}{4\pi\varkappa r^2}\, r_0$ $\varphi = \frac{I}{4\pi\varkappa r}$	$R_{ü} = \frac{1}{4\pi\varkappa r_e}$
Konzentrische Kugelelektroden 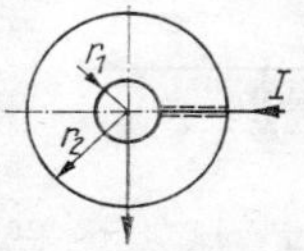	$G = \frac{I}{4\pi r^2}\, r_0$ $E = \frac{I}{4\pi\varkappa r^2}\, r_0$	$R = \frac{1}{4\pi\varkappa}\,\frac{r_2 - r_1}{r_2 r_1}$
Koaxialzylindrische Anordnung 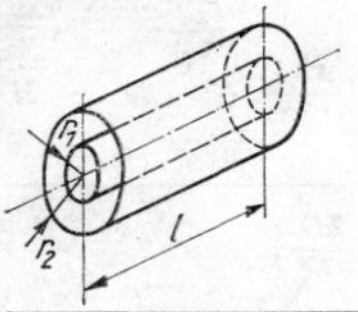	$G = \frac{I}{2\pi r l}\, r_0$ $E = \frac{I}{2\pi\varkappa r l}\, r_0$ $\varphi = \frac{I}{2\pi\varkappa l} \ln r + K$	$R = \frac{1}{2\pi\varkappa l} \ln \frac{r_2}{r_1}$
Oberflächenerder 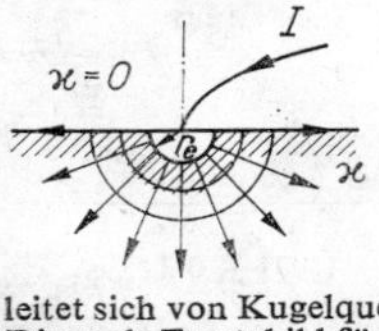 leitet sich von Kugelquelle ab. Dient als Ersatzbild für Oberflächenerder. Schrittspannung am größten in unmittelbarer Nähe des Erders	$G = \frac{I}{2\pi r^2}\, r_0$ $E = \frac{I}{2\pi\varkappa r^2}\, r_0$ $\varphi = \frac{I}{2\pi\varkappa r}$	$R_{ü} = \frac{1}{2\pi\varkappa r_e}$
Tiefenerder 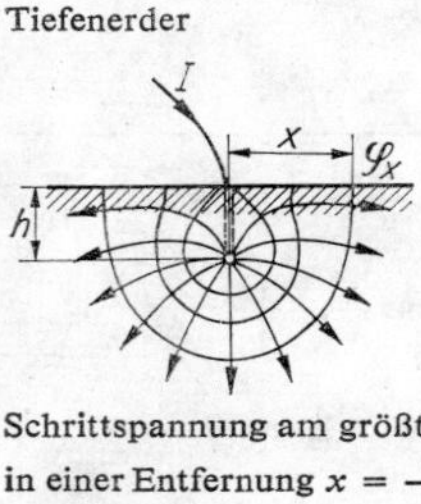 Schrittspannung am größten in einer Entfernung $x = \frac{h}{\sqrt{2}}$ vom Erderfußpunkt r_e Radius des Tiefenerders	$\varphi = \frac{I}{2\pi\varkappa h \sqrt{1 + \frac{x^2}{h^2}}}$	$R_{ü} = \frac{1}{4\pi\varkappa r_e}\left(1 + \frac{r_e}{2h}\right)$

Tafel 1.7. Fortsetzung

Elektrodenanordnung	Feldgrößen	Widerstand R und Übergangswiderstand $R_ü$
Stangenerder mit quadratischem Qnerschnitt 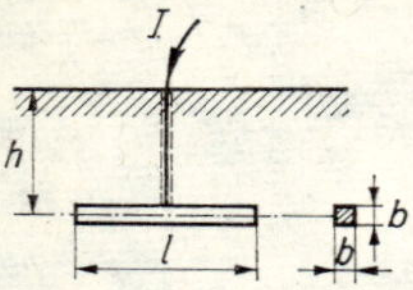		$R_ü = \frac{1}{2\pi\varkappa l} \ln \frac{2l^2}{bh}$
Stangenerder mit Kreisquerschnitt 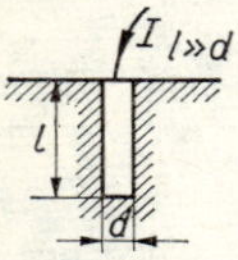		$R_ü = \frac{1}{2\pi\varkappa l} \ln \frac{4l}{d}$
Zwei parallele Stangenerder mit Kreisquerschnitt 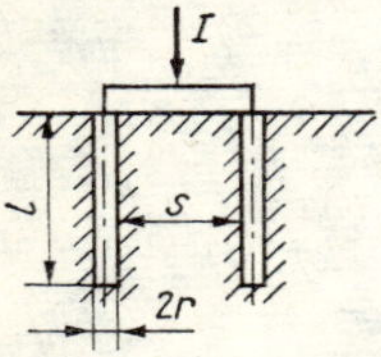		$R_ü = \frac{1}{4\pi\varkappa l}\left(\ln\frac{4l}{d} - 1\right) + \frac{1}{4\pi\varkappa s}\left(1 - \frac{l^2}{3s^2} + \frac{2}{5}\frac{l^4}{s^4}\cdots\right)$ für $s > 2l$ $R_ü = \frac{1}{4\pi\varkappa l}\left(\ln\frac{4l}{d} + \ln\frac{4l}{s} - 2 + \frac{s}{2l} - \frac{s^2}{16l^2} + \frac{s^4}{512l^4}\cdots\right)$ für $s < 2l$
Horizontaler Drahtring 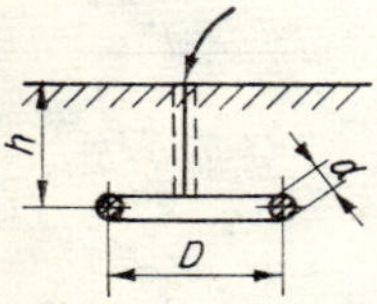		$R_ü = \frac{1}{2\pi^2 D}\left(\ln\frac{8D}{d} + \ln\frac{2D}{h}\right)$
Horizontaler Dreisternerder aus Rundmaterial 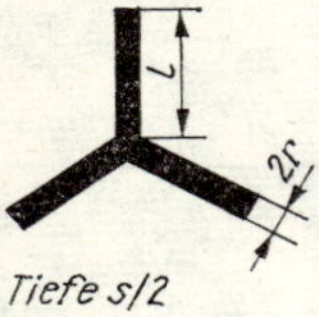 Tiefe s/2		$R_ü = \frac{1}{6\pi\varkappa l}\left(\ln\frac{2l}{r} + \ln\frac{2l}{s} + 1{,}071 - 0{,}209\frac{s}{l} + 0{,}238\frac{s^2}{l^2} - 0{,}054\frac{s^4}{l^4}\cdots\right)$
Horizontaler Viersternerder aus Rundmaterial 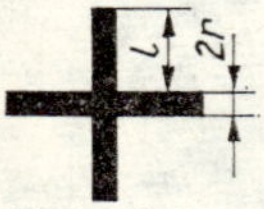 Tiefe s/2		$R_ü = \frac{1}{8\pi\varkappa l}\left(\ln\frac{2l}{r} + \ln\frac{2l}{s} + 2{,}912 - 1{,}071\frac{s}{l} + 0{,}645\frac{s^2}{l^2} - 0{,}145\frac{s^4}{l^4}\cdots\right)$

Tafel 1.7. Fortsetzung

Elektrodenanordnung	Feldgrößen	Widerstand R und Übergangswiderstand $R_ü$
Horizontaler Sechssternerder aus Rundmaterial 		$R_ü = \frac{1}{12\pi\varkappa l}\left(\ln\frac{2l}{r} + \ln\frac{2l}{s} + 6{,}851 - 3{,}128\,\frac{s}{l} + 1{,}758\,\frac{s^2}{l^2} - 0{,}490\,\frac{s^4}{l^4}\cdots\right)$
Horizontaler Banderder mit Rechteckquerschnitt 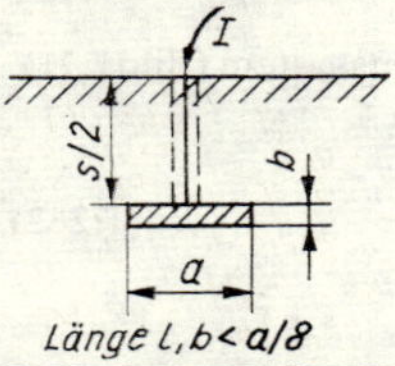		$R_ü = \frac{1}{4\pi\varkappa l}\left(\ln\frac{2l}{a} + \frac{a^2 - \pi ab}{2\,(a+b)^2} + \ln\frac{2l}{s} - 1 + \frac{s}{l} - \frac{s^2}{4l^2} + \frac{s^4}{32l^4}\cdots\right)$
Horizontale runde Erderplatte 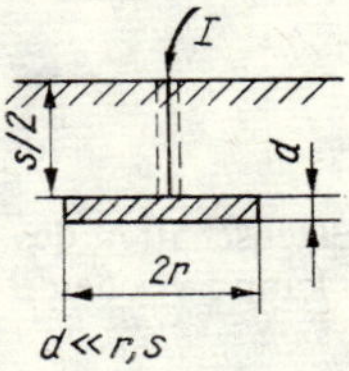		$R_ü = \frac{1}{8\varkappa r} + \frac{1}{4\pi\varkappa s}\left(1 - \frac{7}{12}\,\frac{r^2}{s^2} + \frac{33}{40}\,\frac{r^4}{s^4}\cdots\right)$

Hilfsmittel zur Berechnung stationärer elektrischer Strömungsfelder. Wertvolle Hilfsmittel zur Berechnung des stationären elektrischen Strömungsfeldes stellen dar

- das Superpositionsprinzip (s. Abschn. 1.2.5.2., S. 36),
- das Prinzip des Spiegelbildes (s. Abschn. 1.2.5.4., S. 38). *Konforme Abbildungen* analog Abschn. 1.2.5.7., S. 42).

Beziehungen zwischen Widerstand und Kapazität gleicher Elektrodenkonfiguration. Bei gleicher Elektrodenkonfiguration ergibt sich für das Produkt aus Widerstand [(Gl. (1.254)] und Kapazität [Gl. (1.197)]

$$RC = \varepsilon/\varkappa. \tag{1.256}$$

Die Beziehung ermöglicht die Berechnung der Kapazität, wenn der Widerstand bekannt ist, und umgekehrt.

Übergangswiderstand. Der Übergangswiderstand eines Erders ist das Verhältnis der Potentialdifferenz zwischen Elektrode (Erder) und Bezugspunkt ($r_b = \infty$, $\varphi_b = 0$) zum Erderstrom:

$$R_ü = \frac{\varphi_E - \varphi_b}{I} = \frac{\varphi_E}{I}. \tag{1.257}$$

Tafel 1.7 gibt Stromdichte, Feldstärke, Potential bzw. Übergangswiderstand bei einigen wichtigen Elektrodenanordnungen an.

1.3.2. Stationäres magnetisches Feld

1.3.2.1. Grundgleichungen

Die Grundgleichungen des stationären magnetischen Feldes (s. Maxwellsche Gleichungen, S. 17) lauten

$$\operatorname{rot} \boldsymbol{H} = \boldsymbol{G}_\varkappa, \quad (1.258) \qquad \operatorname{div} \boldsymbol{B} = 0 \qquad (1.259)$$

bzw.

$$\oint_l \boldsymbol{H}\,\mathrm{d}\boldsymbol{l} = I, \quad (1.260) \qquad \oint_A \boldsymbol{B}\,\mathrm{d}\boldsymbol{A} = 0; \qquad (1.261)$$

I Gesamtstrom, der mit dem Integrationsweg verkettet ist ($I = \sum_\lambda I_\lambda$).

Stromrichtung und Umlaufrichtung des Integrationsweges bilden ein Rechtssystem (Bild 1.31). In stromfreien Gebieten ist

$$\oint_l \boldsymbol{H}\,\mathrm{d}\boldsymbol{l} = 0. \qquad (1.262)$$

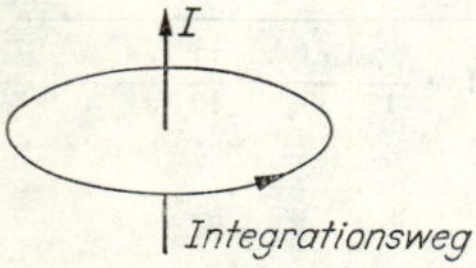

Bild 1.31
Zum Durchflutungsgesetz, Gl. (1.260)

Zwischen Induktion und Feldstärke besteht eine Beziehung, die von den Eigenschaften des Mediums, in dem sich das Feld ausbildet, bestimmt wird. In vielen Fällen kann zwischen $\boldsymbol{B}$ und $\boldsymbol{H}$ Proportionalität angenommen werden:

$$\boldsymbol{B} = \mu \boldsymbol{H}. \qquad (1.18)$$

Die Aufgabe bei stationären magnetischen Feldern besteht allgemein darin, ein quellenloses Wirbelfeld aus seinen Wirbeln zu ermitteln.

Magnetisches Potential. In stromlosen Gebieten [Gl. (1.262)] kann man das magnetische Feld durch ein (skalares) magnetisches Potential ψ beschreiben, aus dem sich die Feldstärke ableitet:

$$\boldsymbol{H} = -\operatorname{grad} \psi. \qquad (1.263)$$

Magnetische Spannung. Der Ausdruck

$$U_\mathrm{M} = \int_a^b \boldsymbol{H}\,\mathrm{d}\boldsymbol{l} \qquad (1.264)$$

wird in Analogie zur elektrischen Spannung magnetische Spannung genannt.

Vektorpotential. Gl. (1.259) ermöglicht, die Induktion aus einem Vektorpotential [Gl. (1.70)] zu ermitteln:

$$\boldsymbol{B} = \operatorname{rot} \boldsymbol{W}. \qquad (1.265)$$

Unter den Zusatzbedingungen $\operatorname{div} \boldsymbol{W} = 0$ und $\mu =$ konst. ergibt sich für das Vektorpotential [vgl. Gl. (1.79) unter der Bedingung zeitlicher Konstanz]

$$\Delta \boldsymbol{W} = -\mu \boldsymbol{G}_\varkappa \qquad (1.266)$$

mit der Lösung [Gl. (1.96)]

$$W = \frac{\mu}{4\pi} \int_V \frac{G_\varkappa}{r} \, dV. \tag{1.267}$$

Darstellung des Induktionsflusses durch das Vektorpotential. Aus den Gln. (1.48) und (1.265) folgt für den magnetischen Induktionsfluß, der eine Fläche A mit dem Umriß l durchsetzt,

$$\Phi = \int_A \boldsymbol{B} \, d\boldsymbol{A} = \int_A \operatorname{rot} \boldsymbol{W} \, d\boldsymbol{A} = \oint_l \boldsymbol{W} \, d\boldsymbol{l}. \tag{1.268}$$

Gesetz von Biot-Savart. Aus den Gln. (1.18), (1.265) und (1.267) folgt das Biot-Savartsche Gesetz

$$\boldsymbol{H} = \frac{\boldsymbol{B}}{\mu} = \frac{1}{4\pi} \int \operatorname{rot} \left(\frac{\boldsymbol{G}_\varkappa}{r} \, dV \right). \tag{1.269}$$

Seine Differentialform lautet

$$d\boldsymbol{H} = \frac{1}{4\pi} \operatorname{rot} \left(\frac{\boldsymbol{G}_\varkappa}{r} \, dV \right). \tag{1.270}$$

Auf einen linienhaften Strom angewendet, ergibt sich

$$d\boldsymbol{H} = \frac{I}{4\pi} \frac{d\boldsymbol{l} \times \boldsymbol{r}}{r^3}. \tag{1.271}$$

Gl. (1.271) liefert den Beitrag eines vom Strom I durchflossenen Linienelements $d\boldsymbol{l}$ zu der Feldstärke in einem Punkt P, der sich in einer Entfernung r vom Linienelement befindet (Bild 1.32).

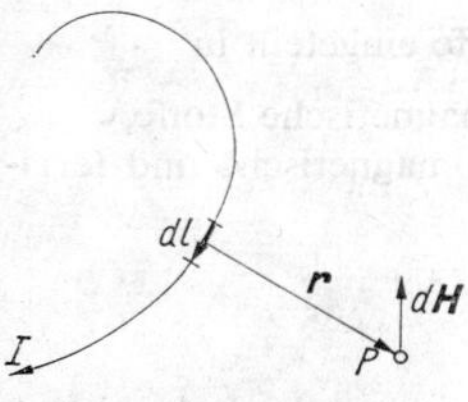

Bild 1.32. Zum Gesetz von Biot-Savart

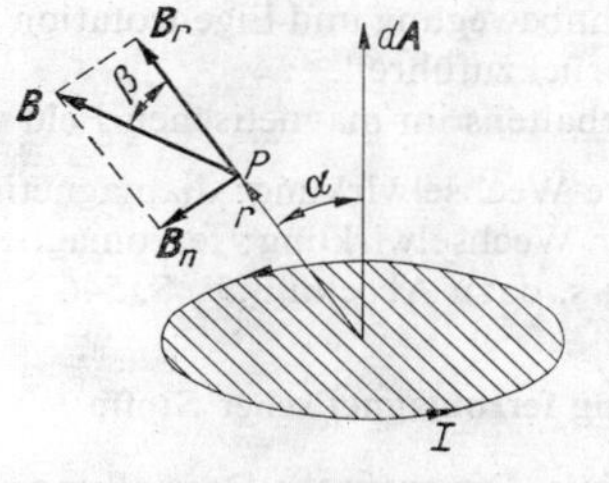

Bild 1.33. Zum magnetischen Moment

Magnetisches Moment. Der Betrag der magnetischen Induktion in einem Punkt P in der Umgebung eines in einer Ebene verlaufenden Stromkreises, dessen lineare Abmessungen klein im Vergleich zur Entfernung r des betrachteten Punktes sind (Bild 1.33), ist

$$|\boldsymbol{B}| = \frac{\mu I A}{4\pi r^3} \sqrt{3 \cos^2 \alpha + 1}. \tag{1.272}$$

Der Winkel, den der Vektor der Induktion mit dem Radiusvektor einschließt, errechnet sich zu

$$\tan \beta = \tfrac{1}{2} \tan \alpha. \tag{1.273}$$

Die Ähnlichkeit der Gln. (1.262) und (1.140) (Dipol) berechtigt zur Einführung der Größe

$$\boldsymbol{M}_m = I \, d\boldsymbol{A}, \tag{1.274}$$

die man magnetisches Moment nennt. $\boldsymbol{M}_m$ stellt einen Vektor dar, der mit dem Strom ein Rechtssystem bildet. $|d\boldsymbol{A}| = dA$ ist die vom Strom eingeschlossene Fläche.

1.3.2.2. Grafische Darstellung des magnetischen Feldes

Zur grafischen Darstellung des magnetischen Feldes bedient man sich der *magnetischen Feldlinien.* Sie stellen Linien dar, an die an jeder Stelle des Feldes der Vektor der magnetischen Induktion tangiert. Den magnetischen Feldlinien schreibt man eine Richtung so zu, daß sie mit der Richtung des sie erzeugenden Stromes ein Rechtssystem bilden (Bild 1.31). Die magnetischen Linien [Gl. (1.26)] sind entweder in sich geschlossen oder verlaufen vom Unendlichen ins Unendliche (Bild 1.34). Bei zusammengesetzten Stromkreisen können auch

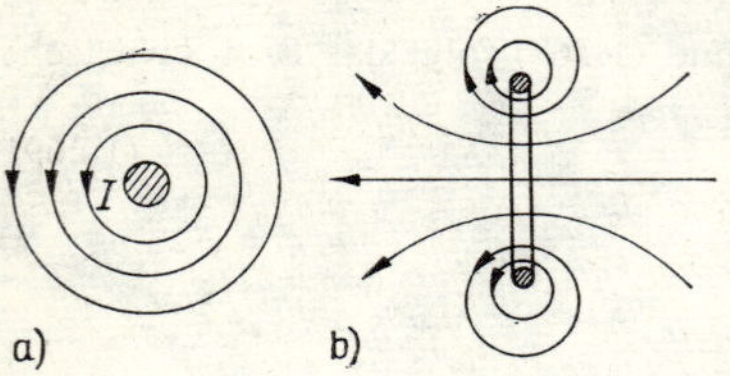

Bild 1.34
Beispiele magnetischer Felder

andere Formen auftreten, bei denen aber stets die Bedingung, daß sie ohne Anfang und Ende sind, erfüllt ist. Eine Vervollkommnung der Darstellung, aus der man auch quantitative Schlüsse ziehen kann, erhält man durch die Festsetzung, daß die Dichte der Feldlinien an einer Stelle im Raum proportional der dort herrschenden Induktion ist.

1.3.2.3. Stoffe im magnetischen Feld

Die Beeinflussung des magnetischen Feldes durch darin befindliche Stoffe ist auf die inneratomaren Ströme [Bahnbewegung und Eigenrotation (Spin) der Elektronen] und ihre magnetische Auswirkung zurückzuführen.
Hinsichtlich ihres Verhaltens im magnetischen Feld werden die Stoffe eingeteilt in

- Stoffe ohne atomare Wechselwirkung: diamagnetische und paramagnetische Stoffe,
- Stoffe mit atomarer Wechselwirkung: ferromagnetische, antiferromagnetische und ferrimagnetische Stoffe; s. dazu Abschn. 3.5., S. 546.

1.3.2.4. Beschreibung ferromagnetischer Stoffe

Magnetisierungskennlinie. Die grafische Darstellung der Beziehung zwischen der Induktion B und der Feldstärke H heißt Magnetisierungskennlinie. Bei ferromagnetischen Stoffen ist die Magnetisierungskennlinie i. allg. weder linear noch eindeutig. Ihr Verlauf kann sehr mannigfaltig ausfallen. Die typische Charakteristik ist im Bild 1.35 gezeigt.
Neukurve. Die Neukurve $0PP_1$ (P_2) tritt bei erstmaliger Magnetisierung (oder nach voller Entmagnetisierung) der Probe auf. Im Bereich $0P$ finden vorwiegend Wandverschiebungen, in geringem Maße auch Drehvorgänge statt. Im Bereich PP_1 verlaufen vorwiegend Dreh-

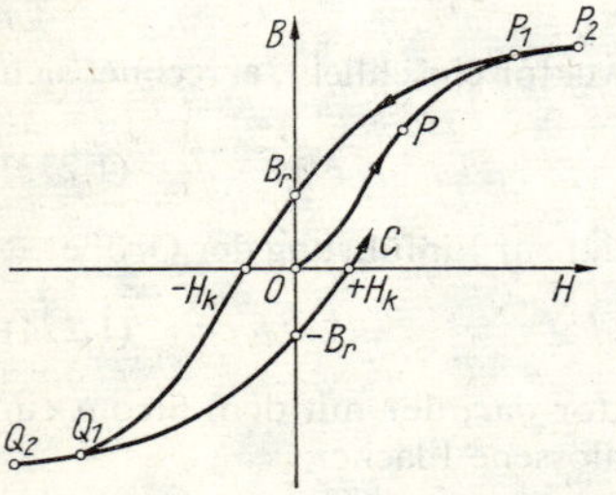

Bild 1.35
Magnetisierungskennlinie (Hysteresisschleife)

vorgänge, in geringem Maße auch Wandverschiebungen. Im Bereich P_1P_2 finden Paraprozesse statt (linearer Anstieg).

Hysteresisschleife. Beim Rückgang der Feldstärke hinkt (irreversible Vorgänge) die Induktion der Feldstärke nach (Hysteresis), die Induktion durchläuft den Ast $P_2P_1B_r\,(-H_k)\,Q_1Q_2$. Wird nun die Feldstärke erneut erhöht, dann wird der Ast $Q_2Q_1\,(-B_r)\,H_kC$ durchlaufen. Nach mehrmaliger Wiederholung des Zyklus bildet sich eine geschlossene Schleife (Hysteresisschleife) aus. Je nach der Vorgeschichte des Magnetisierungsvorganges können also einem Wert der Feldstärke mehrere Werte der Induktion entsprechen.

Remanenz oder Restinduktion. Infolge der Hysteresis ist beim Verschwinden der äußeren Feldstärke im Ferromagnetikum eine Induktion vorhanden. Diese Induktion B_r wird Restinduktion oder Remanenz genannt.

Koerzitivkraft. Um die Remanenz zum Verschwinden zu bringen, ist es notwendig, eine Feldstärke in entgegengesetzter Richtung anzuwenden. Diese Feldstärke H_k wird Koerzitivkraft genannt.

Grenzkurve. Wird während des Magnetisierungsvorganges der hysteresislose Teil (oberhalb P_1) erreicht, so erhält man die Hysteresisschleife mit dem größten Flächeninhalt. Diese Hysteresisschleife heißt Grenzkurve. Es können keine Induktionswerte erreicht werden, die außerhalb der Grenzkurve liegen.

Partielle Hysteresisschleifen. Wird während des Magnetisierungsvorganges der hysteresislose Teil (P_1 bzw. Q_1) nicht erreicht, dann werden sog. partielle Hysteresisschleifen beschrieben. Sie können symmetrisch sein (Bild 1.36a), wenn gleiche Aussteuerungen in positiver und negativer Richtung erfolgen, oder unsymmetrisch (Bild 1.36b), wenn ungleiche Aussteuerungen in positiver und negativer Richtung bzw. einseitige Aussteuerungen erfolgen.

Kommutierungskurve. Die Verbindungslinie der Umkehrpunkte aller symmetrischen Hysteresisschleifen wird Kommutierungskurve genannt. Sie wird zweckmäßig zur eindeutigen Zuordnung von B und H angewendet (Bemessungsgrundlage ferromagnetischer Kreise).

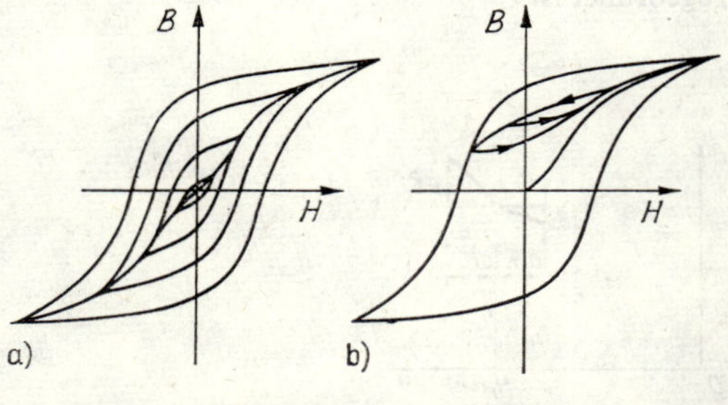

Bild 1.36
Partielle Hysteresisschleifen

Permeabilität ferromagnetischer Stoffe. Bei ferromagnetischen Materialien ist die $B(H)$-Beziehung nichtlinear. In diesem Fall ist es sinnlos, von einer Permeabilität als Materialkonstante zu sprechen.

Normale Permeabilität. Unter Umständen ist es zweckmäßig, ausgehend von der Kommutierungskurve, die Beziehung zwischen Induktion und Feldstärke in der Form

$$B = \mu(H)\,H \tag{1.275}$$

darzustellen. Die Größe

$$\mu(H) = B/H \tag{1.276}$$

heißt normale Permeabilität oder schlechthin Permeabilität des ferromagnetischen Stoffes. Bild 1.37 zeigt den Verlauf von $B(H)$ und den sich daraus ableitenden Verlauf $\mu(H)$. $\mu(H)$ hat ein Maximum an der Stelle, an der eine Gerade durch den Nullpunkt die $B(H)$-Kennlinie tangiert. Die Permeabilität μ_a bei $H = 0$ nennt man *Anfangspermeabilität.*

Differentialpermeabilität (differentielle Permeabilität). Darunter versteht man den Ausdruck

$$\mu_{\mathrm{d}} = \mathrm{d}B/\mathrm{d}H. \tag{1.277}$$

Ausgehend von einem Punkt P innerhalb der Hyssteresisschleife, werden bei positiver und bei negativer Feldstärkeänderung zwei verschiedene partielle Hysteresisschleifen durchlaufen (Bild 1.38). Dementsprechend erhält man jeweils 2 Werte der Differentialpermeabilität:

$$\mu_{\mathrm{d}+} = \frac{\mathrm{d}B_+}{\mathrm{d}H_+}, \quad (1.278) \qquad \mu_{\mathrm{d}-} = \frac{\mathrm{d}B_-}{\mathrm{d}H_-}. \tag{1.279}$$

Unter Zugrundelegen der Kommutierungskennlinie ergibt sich

$$\mu_{\mathrm{d}} = \frac{\mathrm{d}B}{\mathrm{d}H} = \frac{\mathrm{d}\,(\mu H)}{\mathrm{d}H} = \mu + H\frac{\mathrm{d}\mu}{\mathrm{d}H}. \tag{1.280}$$

Umkehrbare (reversible) Permeabilität. Wenn die Feldstärke, ausgehend von einem Punkt P (Bild 1.39), um ΔH erhöht, dann um $2\Delta H$ gesenkt wird, wobei ΔH sehr klein ist, verläuft der Vorgang reversibel zwischen den Punkten P' und P''. Die Größe

$$\mu_{\mathrm{u}} = \lim_{\Delta H \to 0} \frac{\Delta B}{2\Delta H} \tag{1.281}$$

heißt reversible oder umkehrbare Permeabilität. Sie hängt nicht von der Feldstärke, sondern von der Induktion ab und ist am größten bei $H = 0$. Hier beträgt ihr Wert $\mu_{\mathrm{u}} = \mu_{\mathrm{a}}$. Im Wesen ist sie einer differentiellen Permeabilität bei negativer Feldstärkeänderung gleich.

Gegenüberstellung der normalen, der differentiellen und der reversiblen Permeabilität. Bild 1.40 zeigt μ, μ_{d}, μ_{u} als Funktionen der Feldstärke. Bei der reversiblen Permeabilität (unabhängig von der Magnetfeldstärke) ist diejenige Feldstärke angegeben, die der jeweiligen Induktion entsprechend der Kommutierungskurve zugeordnet ist.

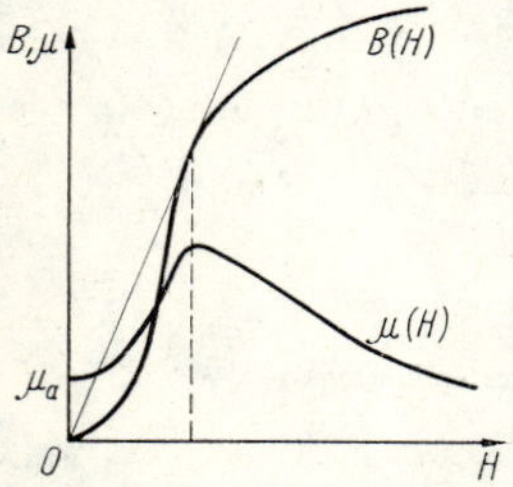

Bild 1.37. *Magnetisierungskennlinie und Permeabilitätsverlauf*

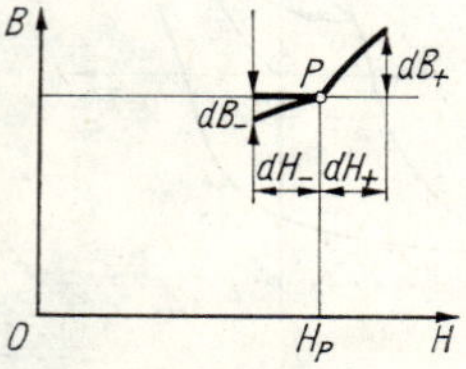

Bild 1.38. *Zur Differentialpermeabilität*

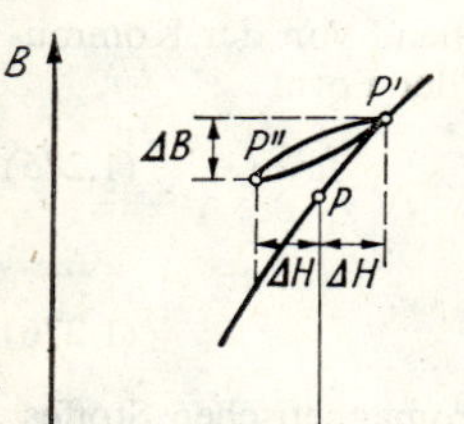

Bild 1.39. *Zur reversiblen Permeabilität*

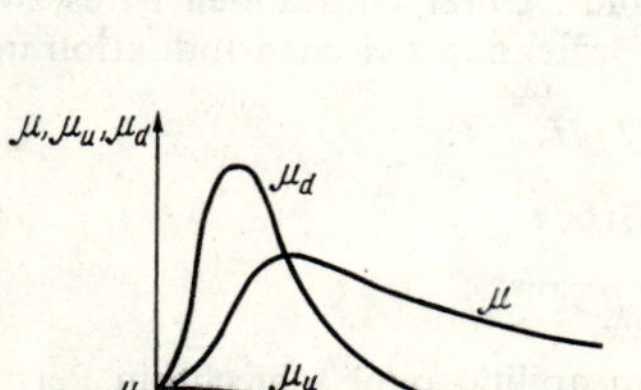

Bild 1.40. *Verlauf von normaler, differentieller und reversibler Permeabilität*

1.3.2.5. Grenzbedingungen im magnetischen Feld

Die Gln. (1.261) und (1.262) bestimmen den Feldverlauf in stromfreien Gebieten an einer Grenzfläche, die zwei Stoffe mit den Permeabilitäten μ_1 und μ_2 trennt. Die Anwendung von Gl. (1.262) ergibt für die Tangentialkomponenten der Feldstärke die Bedingung

$$H_{t1} = H_{t2}. \tag{1.282}$$

Hieraus leitet sich mit Gl. (1.18) für die Tangentialkomponenten der Induktion die Bedingung ab

$$B_{t1}/B_{t2} = \mu_1/\mu_2. \tag{1.283}$$

Die Anwendung von Gl. (1.261) ergibt für die Normalkomponenten der Induktion an der Grenzfläche die Beziehung

$$B_{n1} = B_{n2}. \tag{1.284}$$

Hieraus leitet sich mit Gl. (1.18) die Beziehung zwischen den Normalkomponenten der Feldstärke ab:

$$H_{n1}/H_{n2} = \mu_2/\mu_1. \tag{1.285}$$

Die Feldlinien erfahren an der Grenzfläche i. allg. eine Brechung, die nach dem Brechungsgesetz erfolgt (Bild 1.41):

$$\tan \alpha_1/\tan \alpha_2 = \mu_1/\mu_2; \tag{1.286}$$

α_1 und α_2 Winkel, die $\boldsymbol{H}_1$ und $\boldsymbol{H}_2$ mit der Grenzflächennormalen einschließen.

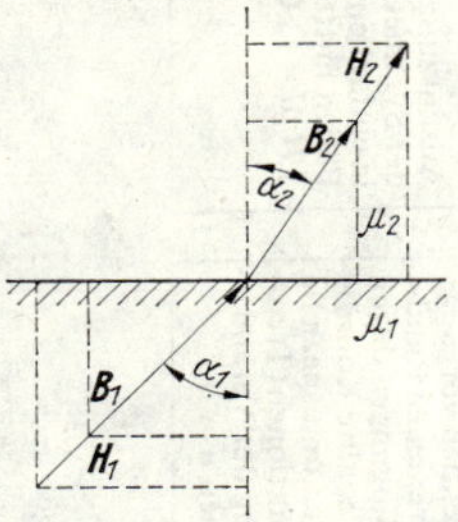

Bild 1.41
Brechung der magnetischen Feldlinien an einer Grenzfläche

Aus Stoffen mit großer Permeabilität (ferromagnetische Stoffe) treten die Feldlinien praktisch senkrecht in die Luft (auch dann, wenn sie im Eisen sehr schräg in bezug auf die Grenzfläche verlaufen). Ist die Grenzfläche mit einem Strom belegt, dann erfährt die Tangentialkomponente der Feldstärke beim Übergang einen Sprung, dessen Größe gleich dem Strombelag (Stromstärke je Länge) ist.

1.3.2.6. Berechnung stationärer magnetischer Felder

Das skalare magnetische Potential ψ genügt der Laplaceschen, das Vektorpotential $\boldsymbol{W}$ der Laplace-Poissonschen Gleichung (s. S. 28). Demzufolge lassen sich Methoden zur Berechnung elektrostatischer Felder sinngemäß auch auf die Berechnung magnetischer Felder ausdehnen. Hervorzuheben sind:

Anwendung des Durchflutungsgesetzes. Analog der Benutzung der 4. Maxwellschen Gleichung in der Elektrostatik kann man in symmetrischen Fällen (z. B. gerader zylindrischer Leiter, Koaxialkabel) zur Bestimmung der magnetischen Feldstärke das Durchflutungsgesetz [Gl. (1.260)] benutzen.

Tafel 1.8. Methoden zur Berechnung stationärer Magnetfelder

Ausgangsgleichungen:
- $\operatorname{rot} H = G$
- $\operatorname{div} B = 0$
- $B = \mu H$

Ansätze:
- $H = -\operatorname{grad} \psi$
- $B = \operatorname{rot} W$

Potentialgleichungen (für skalares und vektorielles Potential):
- $\Delta \psi = 0$
- $\Delta W = -\mu G$

Lösungsmethoden des Randwertproblems:

- Lösung durch
$$W = \frac{\mu}{4\pi} \int_V \frac{G_x}{r} \, dV$$
bei fehlenden Randbedingungen im Endlichen. Gesetz von *Biot-Savart*:
$$H = \frac{1}{4\pi} \int_V \operatorname{rot}\left(\frac{G_x}{r} \, dV\right)$$

- Lösung der Differentialgleichung unter den vorgeschriebenen Randbedingungen durch angepaßte Koordinaten und spezielle Funktionen (Trennung der Veränderlichen usw.)

- Ausnutzung der Symmetrie in einfachen Fällen mittels $\oint H \, dl = \int_A G \, dA$

- Näherungsverfahren (grafische Methoden, Differenzenverfahren, Reihenentwicklungen usw.)

- Verfahren des Spiegelbildes (Spiegelstrom, wenn Symmetrielinien bzw. -flächen vorhanden sind)

- konforme Abbildung im zweidimensionalen Fall

- Anwendung des Superpositionsprinzips

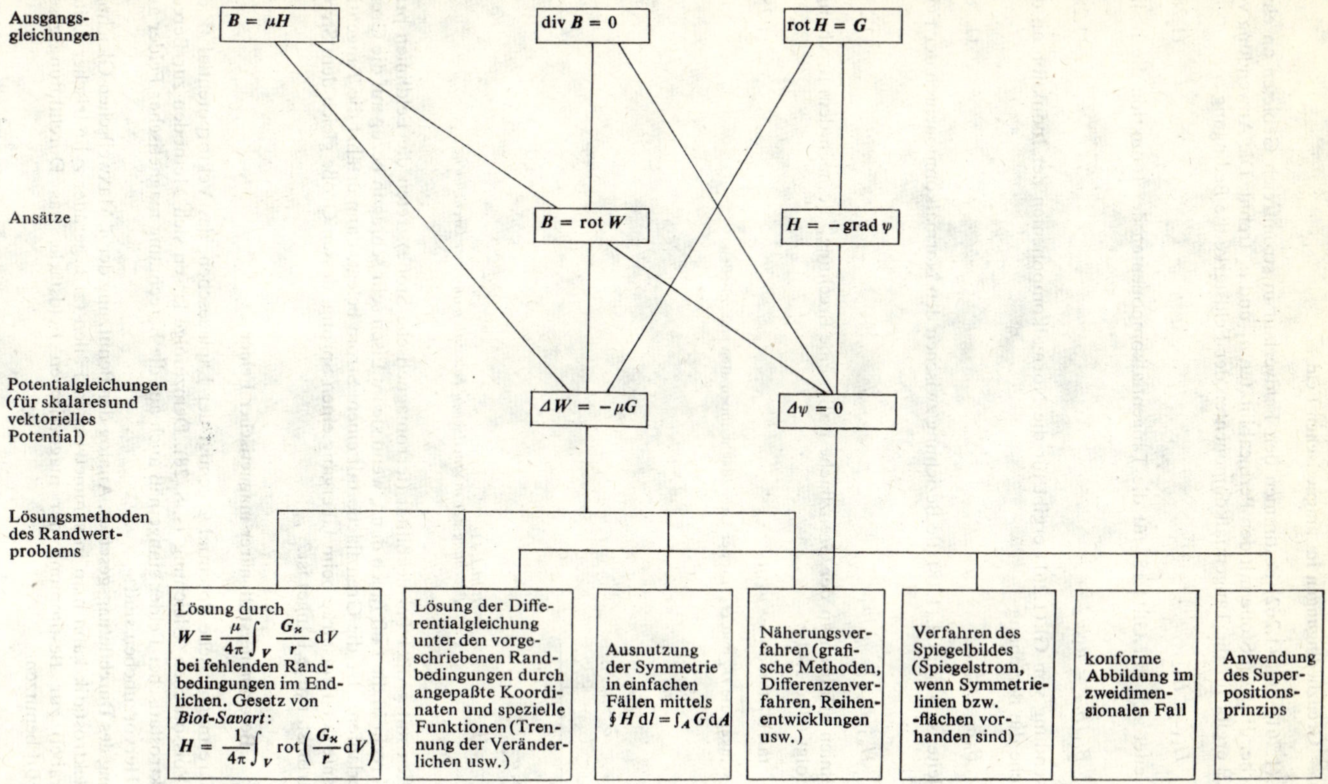

Anwendung des Biot-Savartschen Gesetzes. Für Stromkreise komplizierter Form ist die Anwendung des Biot-Savartschen Gesetzes [Gl. (1.271)] geeignet. Zu diesem Zweck unterteilt man den Stromkreis in Abschnitte einfacher geometrischer Formen (geradlinige Abschnitte oder Kreise), über deren Längen man die Integration erstreckt.
Tafel 1.8 enthält eine Zusammenstellung der Grundgleichungen und der Methoden zur Berechnung stationärer magnetischer Felder.

1.3.2.7. Technischer magnetischer Kreis

Ein technischer magnetischer Kreis ist eine Einrichtung, in der ein magnetischer Induktionsfluß Φ auf einem vorgeschriebenen Weg mit einem bestimmten Ziel geführt wird. In einem solchen Kreis verläuft der Induktionsfluß i. allg. durch Abschnitte mit verschiedenen geometrischen Abmessungen (Querschnitte, Längen) und mit verschiedenen magnetischen Eigenschaften. Die magnetischen Eigenschaften gelten als bekannt, wenn die Magnetisierungskennlinie des Stoffes, aus dem der Abschnitt besteht, vorgegeben ist. Bei dia- und paramagnetischen Abschnitten kann man in den meisten Fällen mit $\mu = \mu_0$ arbeiten.
Nutzfluß. Streufluß. Streufaktor. Wegen der endlichen Permeabilität der Umgebung des magnetischen Kreises befolgt nicht der ganze Induktionsfluß den vorgeschriebenen Verlauf. Ein Teil schließt sich auf mehr oder weniger abweichenden Nebenwegen. Zur Ausführung der gestellten Aufgabe steht also nicht der gesamte Induktionsfluß zur Verfügung. Der Teil des Induktionsflusses Φ_n, der an der gestellten Aufgabe teilnimmt, stellt den Nutzfluß, der andere Φ_σ den Streufluß dar. Ein Teil des Induktionsflusses, der nicht den vorgeschriebenen Weg befolgt, kann u. U. trotzdem zur Ausführung der gestellten Aufgabe beitragen; er wird, wenn auch nicht vollwertig, zum Nutzfluß gerechnet. Es gilt

$$\Phi = \Phi_n + \Phi \ . \tag{1.287}$$

Das Verhältnis

$$\sigma = \Phi_n/\Phi \tag{1.288}$$

wird Streufaktor genannt.
Berechnung magnetischer Kreise. Man unterscheidet 2 Aufgabenstellungen.
Direkte Aufgabenstellung. Es ist die erforderliche Durchflutung zu bestimmen, damit sich in dem magnetischen Kreis ein vorgegebener Induktionsfluß einstellt. Die Induktion B_λ im Abschnitt λ mit dem Querschnitt A_λ ist

$$B_\lambda = \Phi/A_\lambda. \tag{1.289}$$

Mit B_λ kann man aus der entsprechenden Magnetisierungskennlinie H_λ entnehmen. Hat der Kreis n Abschnitte, dann ist

$$\Theta = Iw = \oint \boldsymbol{H}\, \mathrm{d}\boldsymbol{l} \approx \sum_{\lambda=1}^{n} H_\lambda l_\lambda. \tag{1.290}$$

Indirekte Aufgabenstellung. Es ist nach dem magnetischen Induktionsfluß Φ gefragt, der sich in dem Kreis einstellt, wenn er mit der Durchflutung $\Theta = IW$ erregt wird. Die Aufgabe ist wegen der nichtlinearen $B(H)$-Kennlinie i. allg. nicht lösbar. Sie wird indirekt gelöst, indem man durch mehrfache Vorgabe von verschiedenen Flüssen (direkte Aufgabenstellung) die entsprechenden Werte der Durchflutung ermittelt und die magnetische Kennlinie $\Phi = f(\Theta)$ des Kreises aufstellt, aus der sich dann die Werte von Φ ablesen lassen, wenn Θ vorgegeben ist.
Hopkinsonsches Gesetz. Wenn konstante Induktion über dem Querschnitt und konstante Feldstärke über der Länge der jeweiligen Abschnitte angenommen werden können, gilt

$$\Theta = \Phi \sum_{\lambda=1}^{n} \frac{1}{\mu_\lambda} \frac{l_\lambda}{A_\lambda} = \Phi \sum_{\lambda=1}^{n} R_{M\lambda} = \Phi R_M. \tag{1.291}$$

Diese Gleichung stellt das Hopkinsonsche Gesetz (Ohmsches Gesetz für magnetische Kreise) dar. Der *magnetische Widerstand* eines Abschnitts λ beträgt

$$R_{M\lambda} = \frac{1}{\mu_\lambda} \frac{l_\lambda}{A_\lambda}. \tag{1.292}$$

Der reziproke Wert $G_{M\lambda}$ des magnetischen Widerstandes heißt *magnetischer Leitwert:*

$$G_{M\lambda} = \mu_\lambda \frac{A_\lambda}{l_\lambda}. \tag{1.293}$$

Magnetischer Leitwert von Luftspalten. In der Umgebung von Luftspalten weicht der magnetische Induktionsfluß vom vorgeschriebenen Wege ab. Der Einfluß der parallelgeschalteten Wege (Streuwege) steigt, der Leitwert des Übergangs wird größer. Die Berechnung führt man angenähert durch Annahme beherrschbarer geometrischer Formen für die Streuwege aus. Hierbei teilt man den Raum, in dem man die Flußausbildung erwartet, in geometrisch beherrschbare Volumina ein, deren Leitwerte sich berechnen lassen.

Beispiel. Es ist die magnetische Leitfähigkeit des offenen Endes eines Mantelelektromagneten zu berechnen (Bild 1.42). Der magnetische Leitwert des Bereiches *1* (Zylindermantel) ist

$$G_{M1} = \frac{2\pi\mu_0 l}{\ln \frac{r_1}{r_0}}.$$

Den magnetischen Leitwert des Bereiches *2* (Ring mit halbkreisförmigem Querschnitt) errechnet man aus

$$G_{M2} = \mu_0 \frac{A_m}{l_m} = \mu_0 \frac{V}{l_m^2} = 0{,}83\, \mu_0 (r_1 + r_2);$$

A_m mittlerer Querschnitt,
l_m mittlere Länge der Feldlinie,
V Volumen des Raumes.

Durch Ellipsenbogennäherung erhält man $l_m \approx 1{,}22\,(r_1 - r_0)$. Der magnetische Leitwert des Bereiches *3* (Ring mit halbringförmigem Querschnitt) ist

$$G_{M3} = \frac{1}{\frac{1}{2\pi\mu_0} \int_0^\pi \frac{d\alpha}{r_m l_n \frac{r_2}{r_1} - (r_2 - r_1)\cos\alpha}} = 2\mu_0 \sqrt{r_m^2 \ln^2 \frac{r_2}{r_1} - (r_2 - r_1)^2}.$$

Der Gesamtleitwert des Luftspalts ist

$$G_M = G_{M1} + G_{M2} + G_{M3}.$$

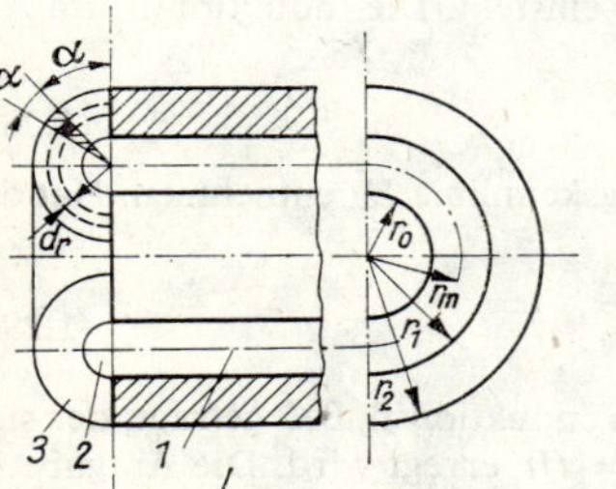

Bild 1.42. Zur magnetischen Leitfähigkeit

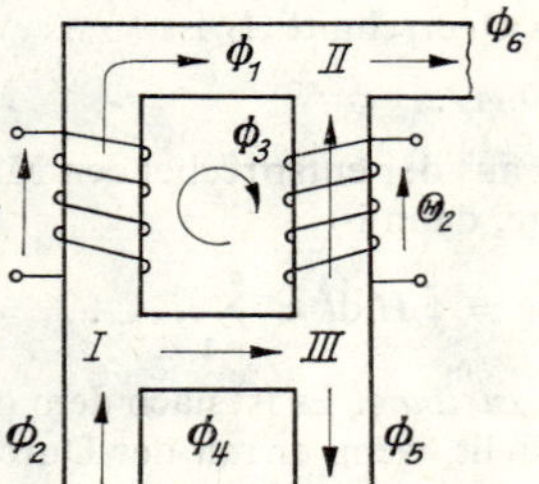

Bild 1.43. Verzweigter magnetischer Kreis

Die Leitwerte einiger typischer Luftspaltenformen sind in Tafel 1.9 zusammengestellt. Tafel 1.10 enthält die magnetischen Leitwerte von Bereichen mit einfachen geometrischen Formen.

Verzweigte magnetische Kreise. In einem Verzweigungspunkt (Knotenpunkt) eines verzweigten magnetischen Kreises (Bild 1.43, Punkt *I*, *II* oder *III*) gilt der *Knotenpunktsatz*

$$\sum_\nu \Phi_\nu = 0. \tag{1.294}$$

Die Summe der Flüsse in einem magnetischen Knotenpunkt ist gleich Null (analog zum 1. Kirchhoffschen Satz).

Auf einem geschlossenen Weg (Masche) eines verzweigten magnetischen Kreises gilt der *Maschensatz*

$$\sum_{\lambda} \Theta_{\lambda} = \sum_{\nu} H_{\nu} l_{\nu} = \sum_{\nu} \Phi_{\nu} R_{M\nu} . \tag{1.295}$$

Tafel 1.9. Magnetischer Leitwert einiger typischer Luftspaltformen

Polform	Leitwert	Bemerkungen
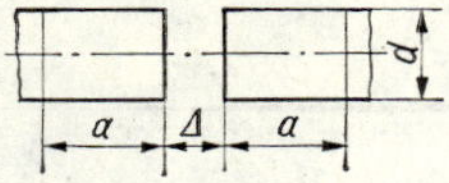	$G_M = \mu_0 \dfrac{\pi d^2}{4\Delta}$ $G_M = \mu_0 d \left[\dfrac{\pi d}{4\Delta} + \dfrac{0{,}36d}{2{,}4d + \Delta} + 0{,}48 \right]$ $G_M = \mu_0 \dfrac{ad}{0{,}22\Delta + 0{,}4a}$	für $\Delta < 0{,}2d$ } gültig für für $\Delta > 0{,}2d$ } Stirnfläche für Seitenflächen mit der Breite a
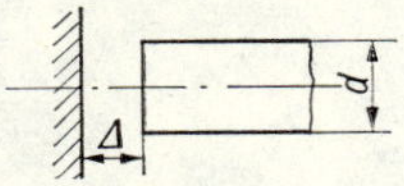	$G_M = 2\mu_0 d \left[\dfrac{\pi d}{2\Delta} + \dfrac{0{,}36d}{2{,}4d + \Delta/2} + 0{,}48 \right]$	
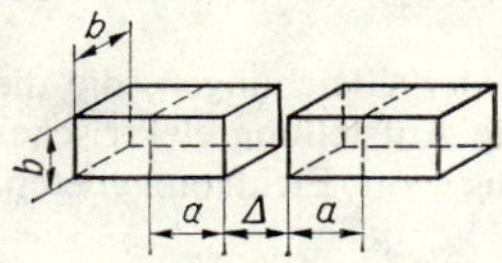	$G_M = \mu_0 \dfrac{b^2}{\Delta}$ $G_M = \mu_0 b \left[\dfrac{b}{\Delta} + \dfrac{0{,}36b}{2{,}4b + \Delta} + \dfrac{0{,}14}{\ln(1{,}05 + \Delta/b)} + 0{,}48 \right]$ $G_M = \mu_0 \dfrac{ab}{0{,}17\Delta + 0{,}4a}$	$\Delta/b < 0{,}1$ $0{,}1 < \Delta/b < 1{,}3$ für Seitenflächen mit der Breite a
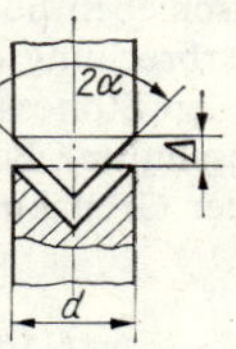	$G_M = \mu_0 d \left(\dfrac{\pi d}{4\Delta \sin^2\alpha} - \dfrac{0{,}157}{\sin^2\alpha} + 0{,}75 \right)$	Kegelfläche
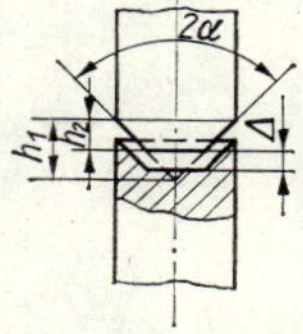	$G_M = \mu_0 d \Bigg\{ \dfrac{\pi d}{4\Delta \sin^2\alpha} - \dfrac{0{,}157}{\sin 2\alpha} - \dfrac{1{,}97}{\sin\alpha}$ $\times (1 - \xi) \left[\dfrac{0{,}6 - \xi}{\ln\left(1 + \dfrac{\Delta}{d}\sin^2\alpha\right)} + \dfrac{1 + \xi}{\ln\left(1 + 5\dfrac{\Delta}{d}\sin 2\alpha\right)} \right] + 0{,}75 \Bigg\}$	Bei $\dfrac{\Delta}{d} < \dfrac{h_2/h_1}{\sin 2\alpha}$ ist $\xi = \dfrac{h_2}{h_1} + 0{,}29 \tan\left(1 + \dfrac{h_2}{h_1}\right)$ Bei $\dfrac{\Delta}{d} \geqq \dfrac{h_2/h_1}{\sin 2\alpha}$ ist $\xi = \dfrac{\Delta}{d} \sin 2\alpha$ Bei $\dfrac{\Delta}{d} > \dfrac{1}{2\tan\alpha}$ ist $\xi = 1{,}0$
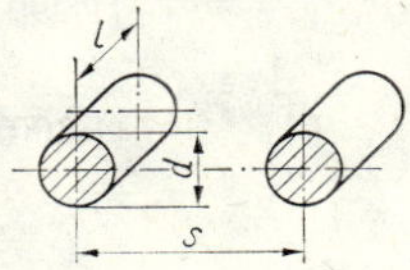	$G_M' = \dfrac{\pi\mu_0}{\ln \dfrac{s + \sqrt{s^2 - d^2}}{d}}$	$G_M' = \dfrac{G_M}{l}$ für $l > s$

Tafel 1.9. Fortsetzung

Polform	Leitwert	Bemerkungen
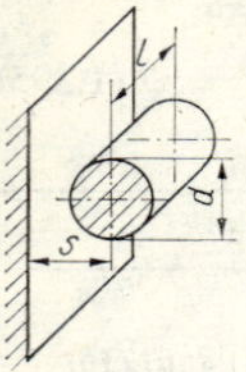	$G_M' = \dfrac{2\pi\mu_0}{\ln \dfrac{2s + \sqrt{(2s)^2 - d^2}}{d}}$	$G_M' = \dfrac{G_M}{l}$ für $l > s$
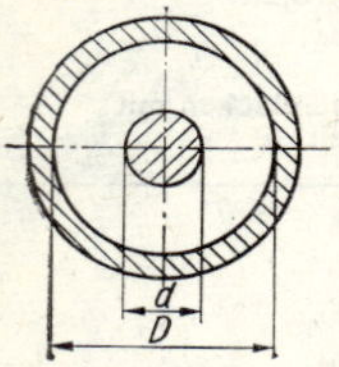	$G_M' = \dfrac{2\pi\mu_0}{\ln \dfrac{D}{d}}$	$G_M' = \dfrac{G_M}{l}$

Die Summe der Durchflutungen eines geschlossenen Umlaufweges ist gleich der Summe der magnetischen Spannungen.

Elektrische Ersatzschaltbilder magnetischer Kreise. Die Analogie der Gleichungen, die die elektrischen und magnetischen Kreise beschreiben, ermöglicht die Aufstellung elektrischer Ersatzschaltbilder für magnetische Kreise (s. Zusammenstellung von Elektromagneten, Tafel 1.11, S. 90).

Dauermagnetkreis. Der Dauermagnetkreis enthält einen Abschnitt aus hartmagnetischem Material (Aufrechterhaltung des Flusses), Abschnitte aus hochpermeablen weichmagnetischen Stoffen (Leitung des Flusses) und einen Luftspalt (Nutzung des Flusses). Bei der Herstellung wird der Kreis bei magnetischer Überbrückung des Luftspalts (Einschieben hochpermeabler Zwischenstücke) bis zur Sättigung aufmagnetisiert. Nach Unterbrechung der Erregung stellt sich praktisch die Remanenzinduktion B_r des hartmagnetischen Stoffes ein (Vernachlässigung des magnetischen Widerstandes der weichmagnetischen Abschnitte). Beim Öffnen des Luftspalts stellt sich der Arbeitspunkt P auf dem Schnittpunkt der Grenzkurve (2. Quadrant der Hysteresisschleife) mit der Geraden

$$B = -\frac{\mu_0}{N} H \tag{1.296}$$

ein. Als *Entmagnetisierungsfaktor* bezeichnet man die Größe

$$N = \sigma \frac{l_1}{l_e} \frac{A_e}{A_1}; \tag{1.297}$$

σ Streufaktor (aus Erfahrung geschätzt),
l_1 Länge des Luftspalts,
A_1 Querschnitt des Luftspalts,
l_e Länge des hartmagnetischen Abschnitts,
A_e Querschnitt des hartmagnetischen Abschnitts.

Bei vorgegebener Luftspaltinduktion ergeben sich Länge, Querschnitt und Volumen des hartmagnetischen Abschnitts zu

$$l_e = \frac{B_1 l_1}{\mu_0 H} \quad (1.298) \qquad A_e = \frac{B_1 A_1}{\sigma B} \quad (1.299)$$

$$V_e = \frac{B_1^2 V_1}{\sigma \mu_0 B H} \tag{1.300}$$

B Induktion im Arbeitspunkt P,
H Feldstärke im Arbeitspunkt P.

Tafel 1.10. Magnetischer Leitwert idealisierter Luftwege mit einfachen geometrischen Formen

Form des Luftweges	Leitwert idealisierter Luftwege an einfachen Polen	Bemerkungen
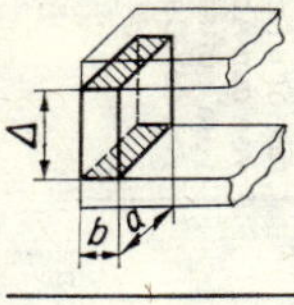	$G_M = \mu_0 \frac{ab}{\Delta}$	Leitwert auf einer Länge b
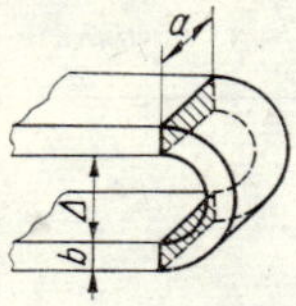	$G_M = \mu_0 \frac{2ab}{\pi(\Delta + b)}$ $G_M = \mu_0 \frac{a}{\pi} \ln\left(1 + \frac{2b}{\Delta}\right)$	für $\Delta \geqq 3b$ für $\Delta < 3b$
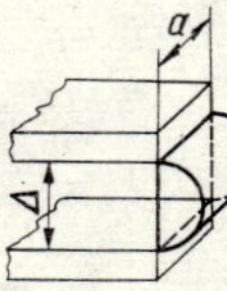	$G_M = \mu_0 \cdot 0{,}26a$	Berechnung mit der mittleren Länge $l_m = 1{,}22\Delta$ und dem Volumen $V = \frac{\pi\Delta^2 a}{8}$
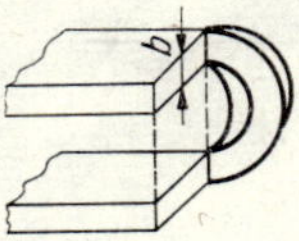	$G_M = \mu_0 \frac{b}{4}$	Berechnung mit der mittleren Länge $l_m = \frac{\pi}{2}(\Delta + b)$ und dem Volumen $V = \frac{1}{24}\pi[(\Delta + 2b)^3 - \Delta^3]$
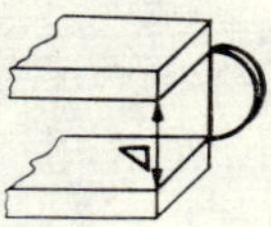	$G_M = \mu_0 \cdot 0{,}077\Delta$	Berechnung mit der mittleren Länge $l_m = 1{,}22\Delta$ und dem Volumen $V = \frac{\pi\Delta^3}{24}$
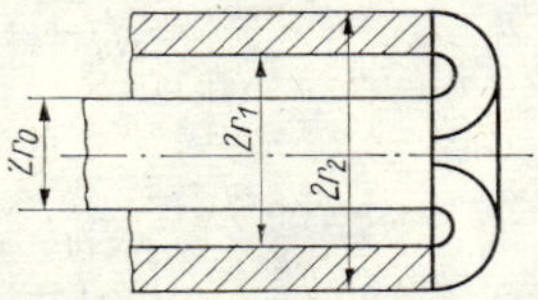	$G_M = 2\mu_0 \sqrt{\left(\frac{r_1 + r_0}{2}\right)^2 \ln^2 \frac{r_2}{r_1} - (r_2 - r_1)^2}$	Berechnung s. S. 86
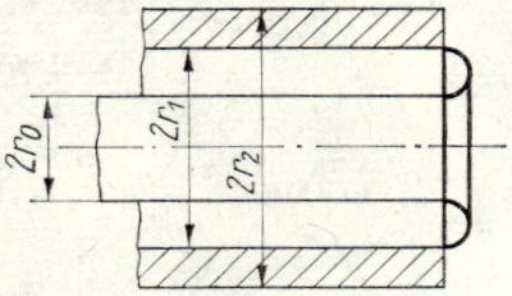	$G_M = 0{,}83\mu_0(r_1 + r_2)$	Berechnung s. S. 86

Tafel 1.11. Ersatzschaltbilder einiger einfacher magnetischer Kreise

Gestalt des Kreises	Ersatzschaltbild	Berechnung des Flusses	Berechnung der Kraft	Bemerkungen
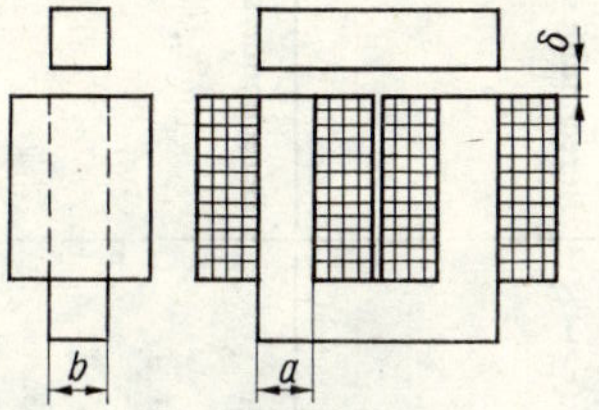	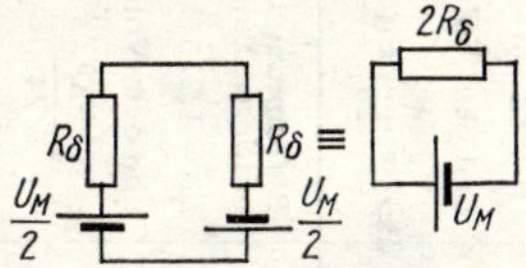	$U_M = Iw \quad R_\delta = \frac{\delta}{\mu_0 ab}$ $\Phi_\delta = \frac{U_M}{R_M} = \frac{U_M \mu_0 ab}{2\delta}$	$F = \frac{B^2 A}{\mu_0}$ $F = \frac{\Phi^2 \delta}{\mu_0 ab}$	gültig für $\mu_{rFe} = \infty$, Vernachlässigung der Streuung
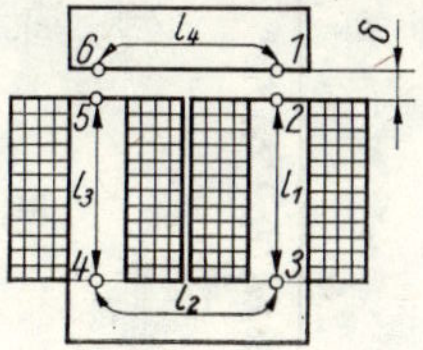	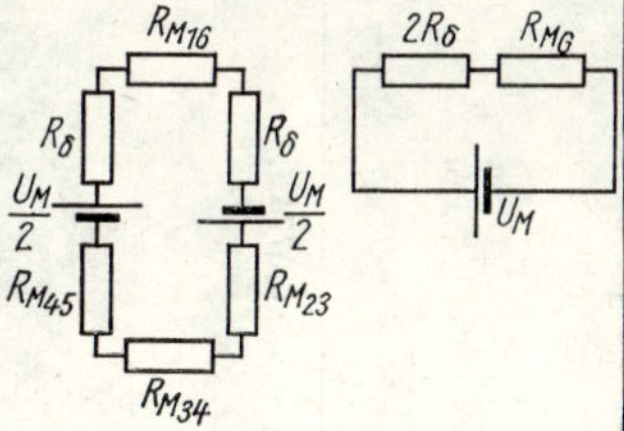	$U_M = Iw \quad R_\delta = \frac{\delta}{\mu_0 ab}$ $R_{M16} = \frac{l_{16}}{\mu A_{16}}$ $R_{MG} = \frac{l_1}{\mu A_{23}} + \frac{l_2}{\mu A_{34}} + \frac{l_3}{\mu A_{45}} + \frac{l_4}{\mu A_{16}}$ **Für gleichen Eisenquerschnitt gilt** $R_{MG} = \frac{1}{\mu A} \sum_{i=1}^{n} l_i$ $\Phi_\delta = \frac{U_M}{2R_\delta + R_{MG}}$	$F = \frac{\Phi^2 \delta}{\mu_0 A}$	gültig für μ_r = konst., Vernachlässigung der Streuung
		$\Phi_N = \sigma \Phi_\delta$	$F = \frac{\Phi^2 N}{\mu_0 ab}$	gültig für μ_r = konst. und bekannten Streufaktor σ (σ abhängig von den Abmessungen, vom Luftspalt und von der Durchflutung)

Tafel 1.11. Fortsetzung

Gestalt des Kreises	Ersatzschaltbild	Berechnung des Flusses	Berechnung der Kraft	Bemerkungen
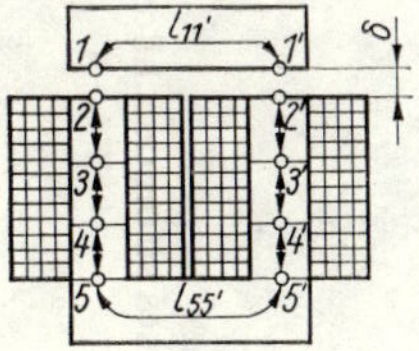	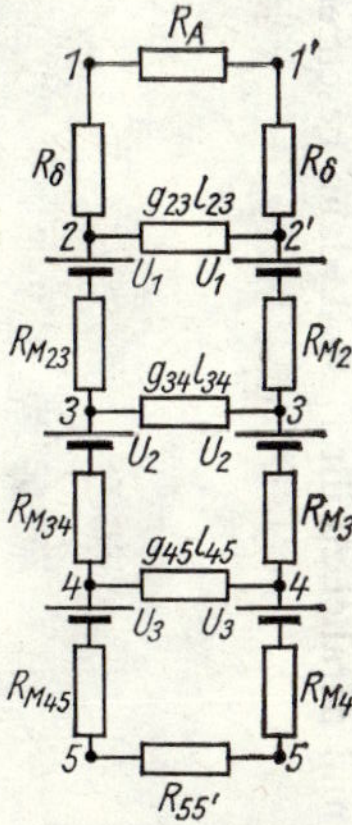 g_{23}, g_{34}, g_{45} magnetische Leitfähigkeiten zwischen den Schenkeln (s. Tafel 1.10)	gewählt Φ_δ $\frac{\Phi_\delta}{A_A} = B_A \quad B_A \rightarrow H_A$ aus Magnetisierungskennlinie $H_A l_{11} = U_{11}'$ $\Phi_\delta \cdot 2R_\delta = U_\delta$ $U_{11} + U_\delta = U_{22}'$ $U_{22} g_{23} l_{23} = \Phi_{\sigma 23}'$ $\Phi_\delta + \Phi_{\sigma 23} = \Phi_{23}$ $\frac{\Phi_{23}}{A_{23}} = B_{23}, \quad B_{23} \rightarrow H_{23}$ aus Magnetisierungskennlinie $H_{23} l_{23} = U_{23}$ $U_1 = \frac{Iwl_{23}}{2l_{25}}$ $U_2 = \frac{Iwl_{23}}{2l_{25}}, \quad 2U_1 - 2U_{23} = U_{33}'$ $U_3 = \frac{Iwl_{45}}{2l_{25}}, \quad U_{33}' g_{34} l_{34} = \Phi \sigma_{34}$ usw. Ist der ganze Kreis durchgerechnet und Φ_δ richtig gewählt, so gilt $\Sigma H_{ik} l_{ik} = \Theta$ Ist $\Sigma H_{ik} l_{ik} < \Theta$, muß Φ_δ größer gewählt werden Ist $\Sigma H_{ik} l_{ik} > \Theta$, muß Φ_δ kleiner gewählt werden, bis Gleichheit herrscht	Durch Berechnung von $\Psi = f(I)$ für verschiedene Luftspalte δ_i erhält man die vom Magneten aufgebrachte mechanische Energie 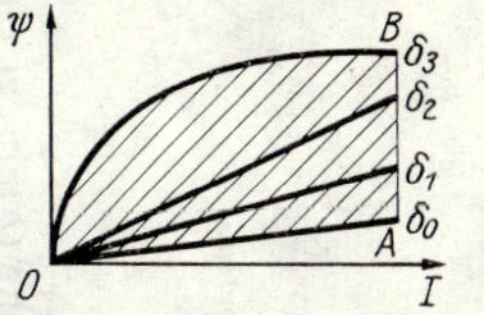 $\Delta x = \delta_i - \delta_k$ mittlere Kraft längs des Weges $F = \frac{\Delta W}{\Delta x}$ Die gesamte mechanische Energie, die während der Verrückung des Ankers von δ_0 bis δ_3 frei wird, entspricht der schraffierten Fläche OAB	vorgegeben: Magnetisierungskennlinie, spezifische Leitfähigkeit zwischen den Schenkeln Berechnung gilt nur für das erste Beispiel
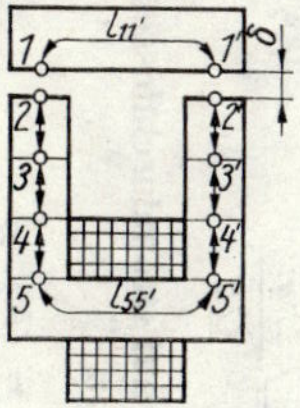	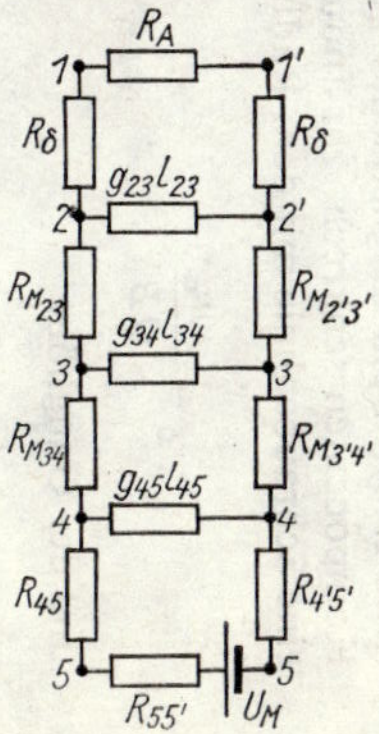			Lage der magnetischen Spannungsquelle im Ersatzschaltbild ist abhängig von der Lage der Erregerspule

Beurteilung hartmagnetischer Werkstoffe. Das Volumen des Dauermagneten (Preis!) wird am kleinsten, wenn im Arbeitspunkt das Produkt BH am größten ist.
$BH = f(B)$ ist im Bild 1.44 gezeigt. Der Maximalwert $(BH)_{max}$ stellt sich angenähert an der Stelle ein, an der die Diagonale $0P$ im Rechteck $0H_kPB_r$ die $B(H)$-Kennlinie schneidet (Arbeitspunkt). Das Produkt $(BH)_{max}$, das eine Energie je Volumen darstellt, wird zur Beurteilung von hartmagnetischen Stoffen benutzt.

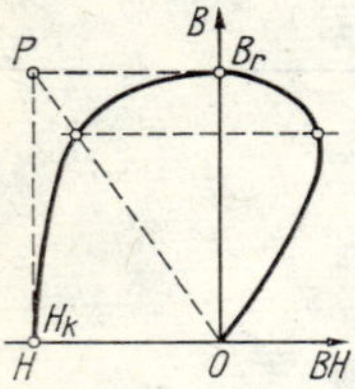

Bild 1.44
Bestimmung des Arbeitspunktes von Dauermagneten

1.3.2.8. Kräfte im magnetischen Feld

Kraftwirkung auf bewegte Ladungen. Bewegt sich eine Ladung Q mit der Geschwindigkeit $\boldsymbol{v}$ in einem magnetischen Feld, dann wird auf sie an einer Stelle, an der die Induktion $\boldsymbol{B}$ herrscht, die Kraft

$$\boldsymbol{F} = Q\,(\boldsymbol{v} \times \boldsymbol{B}) \tag{1.301}$$

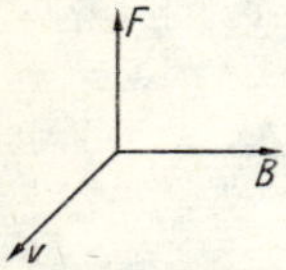

Bild 1.45. Zur Kraftwirkung auf bewegte elektrische Ladungen im Magnetfeld

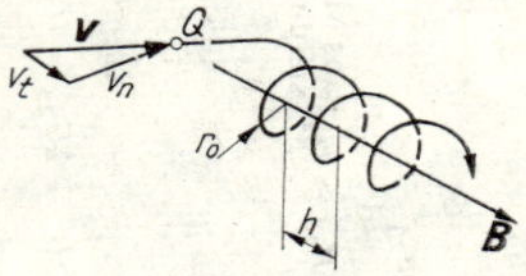

Bild 1.46. Bahn einer bewegten Ladung im Magnetfeld

ausgeübt. Geschwindigkeit $\boldsymbol{v}$, Induktion $\boldsymbol{B}$ und Kraft $\boldsymbol{F}$ bilden ein Rechtssystem (Bild 1.45).
Bahn einer bewegten Ladung im magnetischen Feld. Fliegt eine Ladung Q mit der Masse m (Bild 1.46) in ein magnetisches Feld (Induktion $\boldsymbol{B}$) mit der Geschwindigkeit $\boldsymbol{v}$ ein, deren Komponenten senkrecht zur Induktion v_n und parallel zu ihr v_t sind, dann beschreibt sie eine Schraubenlinie mit dem Radius

$$r_0 = \frac{mv_n}{QB} \tag{1.302}$$

und der Ganghöhe

$$h = \frac{2\pi m}{QB} v_t\,. \tag{1.303}$$

Die Dauer eines Umlaufs beträgt

$$T = \frac{2\pi m}{QB}. \tag{1.304}$$

Kraftwirkung auf stromdurchflossene Leiter. Die Kraft je Volumen eines stromdurchflossenen Leiters beträgt

$$\boldsymbol{F}' = \boldsymbol{G} \times \boldsymbol{B}\,. \tag{1.305}$$

Die Kraft auf das Längenelement eines linienhaften stromdurchflossenen Leiters beträgt

$$\mathrm{d}\boldsymbol{F} = I\,(\mathrm{d}\boldsymbol{l} \times \boldsymbol{B}). \tag{1.306}$$

Leiterelement d$\boldsymbol{l}$, Induktion $\boldsymbol{B}$ und Kraft d$\boldsymbol{F}$ bilden ein Rechtssystem (Bild 1.47). Auf einen geradlinigen stromdurchflossenen Leiter, der in einem homogenen magnetischen Feld mit der Induktion $\boldsymbol{B}$ den Winkel α einschließt, wirkt die Kraft

$$F = BIl \sin\alpha; \tag{1.307}$$

sie steht senkrecht auf der Induktion und auf dem Leiter.

Kraftwirkung zwischen parallelen stromdurchflossenen Leitern. Die Kraft zwischen zwei parallelen stromdurchflossenen Leitern (Bild 1.48) beträgt

$$F = \frac{\mu l}{2\pi r} I_1 I_2. \tag{1.308}$$

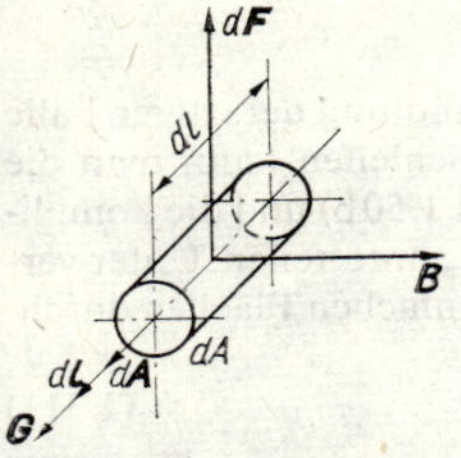

Bild 1.47. Zur Kraftwirkung auf stromdurchflossene Leiter

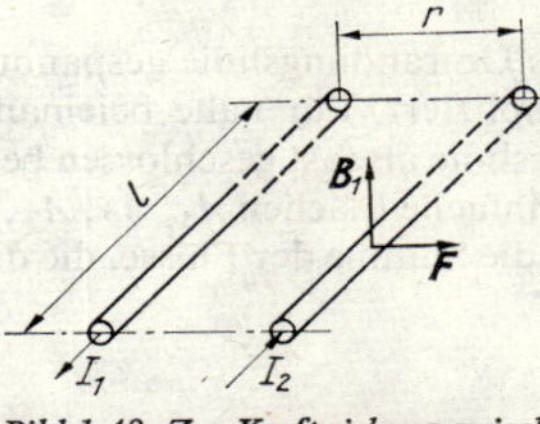

Bild 1.48. Zur Kraftwirkung zwischen parallelen stromdurchflossenen Leitern

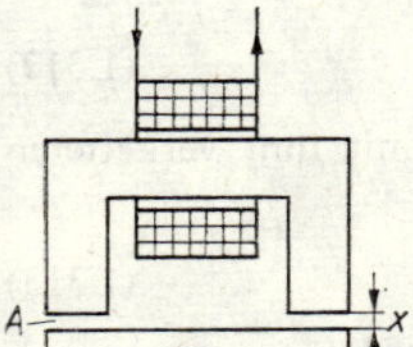

Bild 1.49 Zur Anzugskraft eines Elektromagneten

Die Leiter ziehen sich an, wenn die Ströme in gleicher Richtung fließen, und stoßen sich ab, wenn sie in entgegengesetzter Richtung fließen. Sind die Ströme gleich groß ($I_1 = I_2 = I$), dann ist

$$F = \frac{\mu l}{2\pi r} I^2. \tag{1.309}$$

Gl. (1.309) ist die Definitionsgleichung für die Einheit der Stromstärke (vgl. Abschn. 4.1.8.).

Anzugskraft eines Elektromagneten. Die Anzugskraft eines Elektromagneten (Bild 1.49) beträgt

$$F = \frac{B^2 A}{\mu_0}; \tag{1.310}$$

A Polquerschnitt,
B Luftspaltinduktion.

Wenn das Feld nicht homogen ist, teilt man den Luftspalt in Bereiche auf, in denen es als homogen angesehen werden kann. Die Gesamtkraft ist gleich der Summe der Kräfte, die sich in diesen Bereichen entsprechend Gl. (1.310) ergeben. Tafel 1.11 enthält eine Zusammenstellung einiger typischer Elektromagneten mit ihren Ersatzschaltbildern (Gesetz von Hopkinson).

1.3.2.9. Integralparameter des magnetischen Feldes

Verketteter Fluß. Der magnetische Induktionsfluß, der eine Fläche A beliebiger Umrandung durchsetzt, ist (unabhängig von ihrer Form) gleich dem Flächenintegral der magnetischen Induktion [Gl. (1.48)]. Bei komplizierten Umrandungslinien kann es vorkommen, daß die Fläche von einigen Feldlinien mehrfach durchsetzt wird. Bild 1.50a zeigt eine Fläche, die

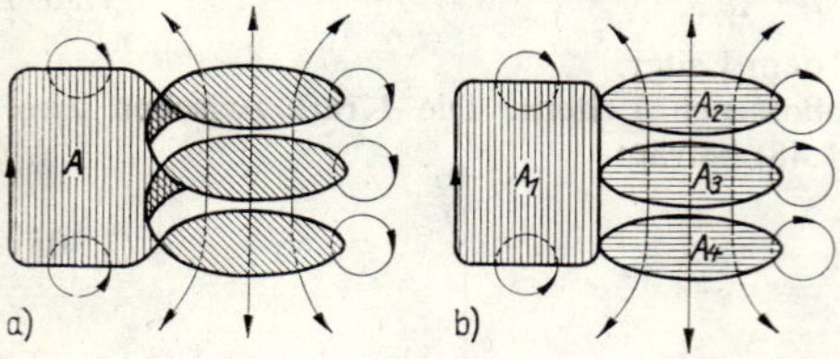

Bild 1.50
Verketteter Fluß

über eine Schraubenlinie als Umrandungslinie gespannt ist. Die Behandlung derartiger Fälle ist normalerweise sehr kompliziert. Für nahe beieinanderliegende Schleifen kann man die Windungen der Umrandungslinie als fast geschlossen betrachten (Bild 1.50b) und die komplizierte Fläche A in einzelne einfache Flächen A_1, A_2, A_3, A_4 usw. bis A_n unterteilen. Unter verkettetem Fluß versteht man die Summe der Flüsse, die die einzelnen einfachen Flächen durchsetzen:

$$\Psi = \sum_n \Phi_n. \tag{1.311}$$

Falls der Induktionsfluß Φ alle w Windungen einer spiralförmigen Umrandungslinie durchsetzt, beträgt der verkettete Fluß unter Vernachlässigung der von den Zuleitungen gebildeten Schleife

$$\Psi = w\Phi. \tag{1.312}$$

Induktivität. Zwischen dem Strom I eines Stromkreises und dem mit ihm verketteten magnetischen Fluß ψ besteht Proportionalität (wenn μ = konst.):

$$\Psi = LI. \tag{1.313}$$

Der Proportionalitätsfaktor L heißt Induktionskoeffizient oder kurz Induktivität. Die Induktivität hängt von der geometrischen Form, den Abmessungen des Stromkreises und von der Permeabilität des Stoffes ab, in dem sich der magnetische Fluß ausbildet. Der allgemeine Ausdruck für die Induktivität eines Stromkreises lautet

$$L = \frac{\mu}{4\pi} \oint\oint \frac{\mathrm{d}l_p \mathrm{d}l_q}{r_{pq}}. \tag{1.314}$$

Für ein bestimmtes Längenelement $\mathrm{d}l_p$ des Leiters wird die Integration über alle Leiterelemente $\mathrm{d}l_q$ ausgeführt. Darauf wird dasselbe der Reihe nach auch für alle anderen Elemente $\mathrm{d}l_p$ durchgeführt und die Summation vorgenommen. Wenn der magnetische Widerstand eines magnetischen Kreises, der von einem Stromkreis mit w Windungen erregt wird, bekannt ist, errechnet sich die Induktivität

$$L = w^2/R_\mathrm{M}. \tag{1.315}$$

Innere und äußere Induktivität. Die Stromleiter haben endliche Querabmessungen. Ein Teil der Induktionslinien verläuft ganz außerhalb des Leiters, ein anderer Teil ganz innerhalb des Leiters, ein dritter (Ausnahme nur unendlich langer geradliniger zylindrischer Leiter) aber durchquert sowohl den Leiter als auch angrenzende stromlose Teile. Wenn die Querabmessungen des Leiters klein sind im Vergleich zu dem Krümmungsradius des Kreises,

Tafel 1.12. Induktivitäten häufig vorkommender Anordnungen

Anordnung		Induktivität	Bemerkungen
Parallele zylindrische lange Leiter	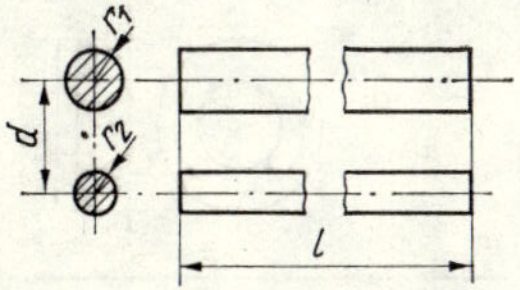	$L = \frac{\mu}{\pi} l \left(\ln \frac{d}{\sqrt{r_1 r_2}} + \frac{1}{4}\right)$	zweiter Klammerausdruck = innere Induktivität. Normalerweise L_i nur 2 bis 3% von L_a. Bei Eisenleiter kann leicht L_i größer als L_a werden
Parallele rechteckige naheliegende lange Leiter	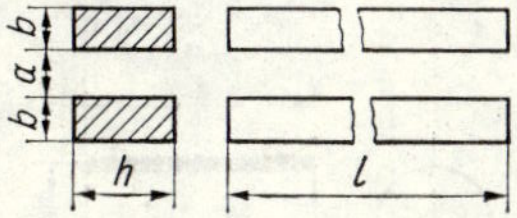	$L = \frac{2\mu}{\pi} l \ln \left(1 + \frac{b}{b + h}\right)$ $L = \frac{\mu}{\pi} l \frac{2b}{h + b}$	gültig bei $a \ll b$, $a \ll h$ (dicht aneinanderliegende Schienen) wenn außerdem $b \ll h$ (dicht aneinanderliegende Bleche)
lange koaxiale Leiter	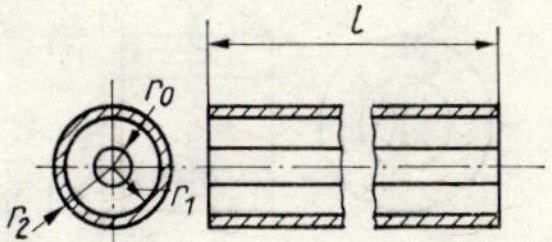	$L = \frac{\mu_1}{8\pi} l + \frac{\mu_2}{2\pi} l \ln \frac{r_1}{r_0} + \frac{\mu_3 l r_2^4}{2\pi (r_2^2 - r_1^2)^2} \times \left[\ln \frac{r_2}{r_1} - \frac{(3r_2^2 - r_1^2)(r_2^2 - r_1^2)}{4r_2^4}\right]$ $L = \frac{\mu_0}{4\pi} l \left[2 \ln \frac{r_1}{r_0} + 2 \left(\frac{r_2^2}{r_2^2 - r_1^2}\right)^2 \ln \frac{r_2}{r_1} - \frac{r_2^2}{r_2^2 - r_1^2}\right]$ $L = \frac{\mu_0}{4\pi} l \left[2 \ln \frac{r_1}{r_0} + 2 \left(\frac{r_2}{r_0}\right)^4 \ln \frac{r_2}{r_0} - \left(\frac{r_2}{r_0}\right)^2\right]$	erstes Glied: Induktivität des Innenleiters zweites Glied: Induktivität des Zwischenraumes drittes Glied: Induktivität des Außenleiters wenn $\mu_1 = \mu_2 = \mu_3 = \mu_0$ wenn Querschnitt von Innen- und Außenleiter gleich: $r_2^2 - r_1^2 = r_0^2$
Ring mit kreisförmigem Leiterquerschnitt	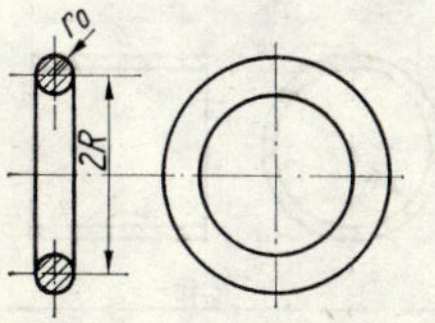	$L = \mu_0 R \left(\ln \frac{8R}{r_0} - 2 + \frac{\mu_r}{4}\right)$ $L = \mu_0 R \left(\ln \frac{R}{r_0} + \frac{1}{4}\right)$	eine Windung μ_r relative Permeabilität des Drahtes wenn $\mu_r = 1$

Tafel 1.12. Fortsetzung

Anordnung		Induktivität	Bemerkungen
Ring mit streifenförmigem Leiterquerschnitt	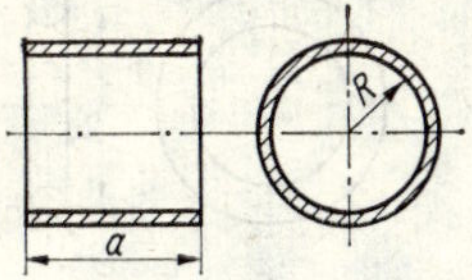	$L = \mu_0 R \left[\ln \frac{R}{a} \left(1 + \frac{a^2}{32R^2}\right) + \left(\frac{a}{4R}\right)^2 + \frac{1}{128} \frac{a^2}{R^2} + 1{,}5\right]$ $L = \mu_0 R \left(\ln \frac{R}{a} + 1{,}5\right)$	eine Windung $a < R$
Mehrlagige Spule mit rundem Querschnitt	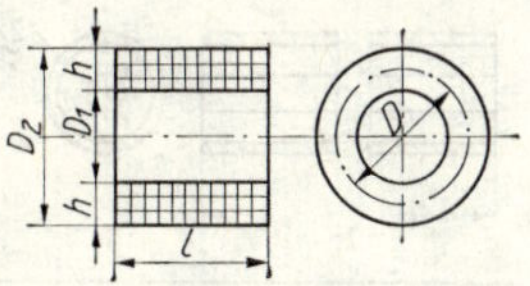	$L = \mu_0 \frac{\pi}{24} \frac{w^2}{l} \frac{D_2^4 - 4D_2D_1^3 + 3D_1^4}{(D_2 - D_1)^2}$ $L = \mu_0 \frac{w^2}{4\pi} DK(\lambda, \varrho)$	$l \gg D$ $\lambda = l/D$ $\varrho = h/D$ $h = \frac{D_2 - D_1}{2}$ (für λ, ϱ, h:) $K = f(\lambda, \varrho)$ ist aus Bild 1.52 zu entnehmen
Einlagige lange Spule mit rundem Querschnitt	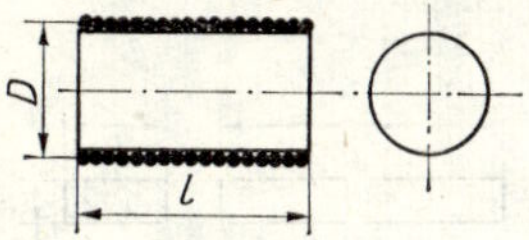	$L = \mu_0 w^2 \frac{\pi D^2}{4l}$ $L = \mu_0 w^2 \frac{\pi D^2}{4\sqrt{l^2 + D^2}}$ $L = \mu_0 \frac{w^2}{4\pi} DK(\lambda, \varrho)$	$l \gg D$ $5D < l < 10D$ Sonderfall von mehrlagigen Spulen mit rundem Querschnitt bei Spulendurchmesser sehr viel größer als Leiterdurchmesser. Bild 1.52 mit $\varrho = 0$ benutzen
Einlagige flache Spule mit rundem Querschnitt	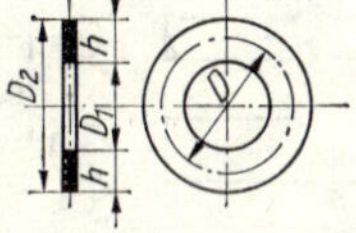	$L = \mu_0 \frac{w^2}{4\pi} DK(\lambda, \varrho)$	Sonderfall von mehrlagigen Spulen mit rundem Querschnitt, wenn Leiterdurchmesser vernachlässigbar gegen Spulendurchmesser. Bild 1.52 mit $\lambda = 0$ benutzen

Tafel 1.12. Fortsetzung

Anordnung	Induktivität	Bemerkungen
Rechteckiger Rahmen mit rundem Leiterquerschnitt 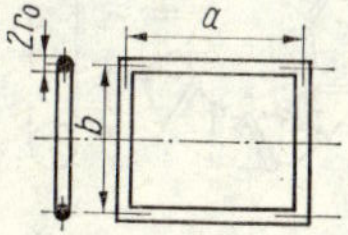	$L = \frac{\mu_0}{\pi}\left[a \ln \frac{2ab}{g\sqrt{a^2+b^2}+a} + b \ln \frac{2ab}{g\sqrt{a^2+b^2}+b} + 2\sqrt{a^2+b^2} - 2a - 2b + 2g\right]$	$g = 0{,}7788 r_0$
Rechteckiger Rahmen mit rechteckigem Leiterquerschnitt 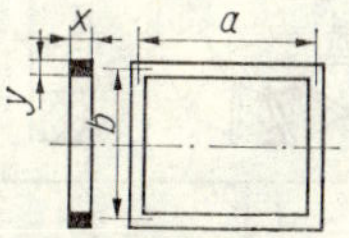	$L = \frac{\mu_0}{\pi}\left[a \ln \frac{2ab}{g\sqrt{a^2+b^2}+a} + b \ln \frac{2ab}{g\sqrt{a^2+b^2}+b} + 2\sqrt{a^2+b^2} - 2a - 2b + 2g\right]$	$g = 0{,}2235\,(x + y)$, wenn $x/y = 1 \cdots 20$
Rechteckige Spule mit quadratischem Querschnitt 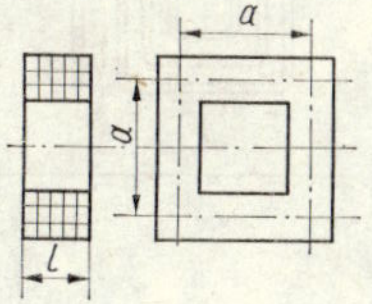	$L = \frac{\mu_0}{4\pi}\, a w^2 K_1(\lambda)$	$\lambda = a/l$ $K_1 = f_1(\lambda)$ ist aus Bild 1.53 zu entnehmen
Quadratische Flachspule 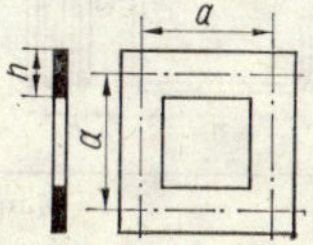	$L = \frac{\mu_0}{4\pi}\,(a + h)\, w^2 K_2(\xi)$	$\xi = \frac{h}{a + h}$ $K_2 = f_2(\xi)$ ist aus Bild 1.54 zu entnehmen

Tafel 1.12. Fortsetzung

Anordnung	Induktivität	Bemerkungen
Lange Rahmenspule mit quadratischem Querschnitt 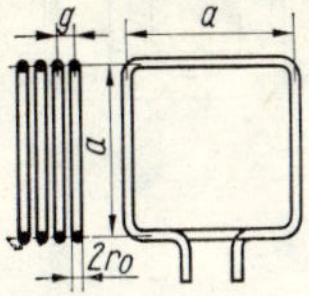	$L = \frac{\mu_0}{4\pi} 8aw \left[S_1\left(\frac{a}{r_0}\right) + S_2\left(\frac{g}{a}, w\right) \right]$	Lange Rahmenspulen sind einlagige Spulen mit nicht dicht nebeneinander angebrachten Windungen g Ganghöhe $S_1(a/r_0)$ ist aus Bild 1.55 zu entnehmen $S_2(g/a, w)$ ist aus Bild 1.56 zu entnehmen
Flache Rahmenspule mit quadratischem Querschnitt 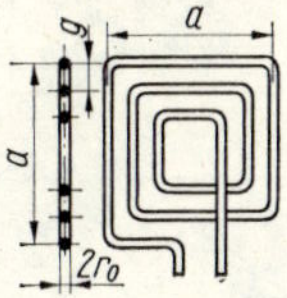	$L = \frac{\mu_0}{4\pi} 8aw \left[S_1\left(\frac{a}{r_0}\right) + S_2\left(\frac{g}{a}, w\right) \right]$	Flache Rahmenspulen sind einlagige Spulen mit nicht dicht übereinander angeordneten Windungen $S_1(a/r_0)$ ist aus Bild 1.55 zu entnehmen $S_2(g/a, w)$ ist aus Bild 1.56 zu entnehmen
Ringspule mit rechteckigem Querschnitt 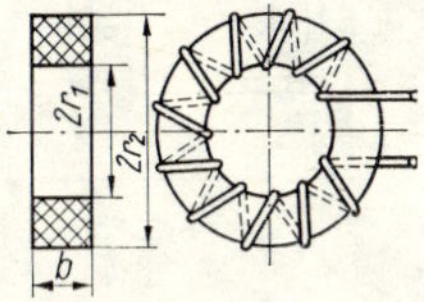	$L = \frac{\mu_0 b w^2}{2\pi} \ln \frac{r_2}{r_1}$ $L = \frac{\mu_0 w^2 b (r_2 - r_1)}{\pi (r_2 + r_1)}$	wenn $\frac{r_1 + r_2}{2} \gg r_2 - r_1$
Ringspule mit kreisförmigem Querschnitt 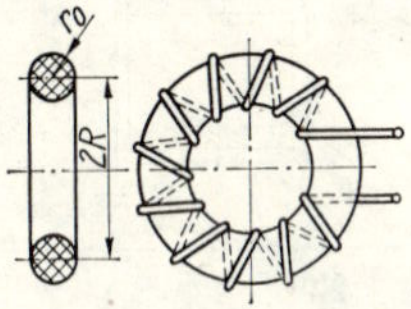	$L = \mu_0 w^2 \left(R - \sqrt{R^2 - r_0^2}\right)$ $L = \frac{\mu_0 w^2 r_0^2}{2R}$	bei $r_0 \ll R$

kann man den dritten Teil vernachlässigen und den verketteten Fluß in inneren (ψ_i) und äußeren (ψ_a) aufteilen:

$$\psi = \psi_i + \psi_a. \tag{1.316}$$

Dementsprechend lassen sich eine innere (L_i) und eine äußere (L_a) Induktivität angeben:

$$L = \psi/I = \psi_i/I + \psi_a/I = L_i + L_a. \tag{1.317}$$

Tafel 1.12 enthält die Zusammenstellung der Induktivitäten einiger rechnerisch wichtiger Anordnungen. Die Diagramme in den Bildern 1.51 bis 1.55 stellen die Hilfsfunktionen zur Ermittlung einiger Induktivitäten in Tafel 1.12 dar.

Gegeninduktivität. Bei zwei benachbarten Stromkreisen ist normalerweise ein Teil des magnetischen Flusses des einen Kreises mit dem des anderen Kreises verkettet. Zwischen dem

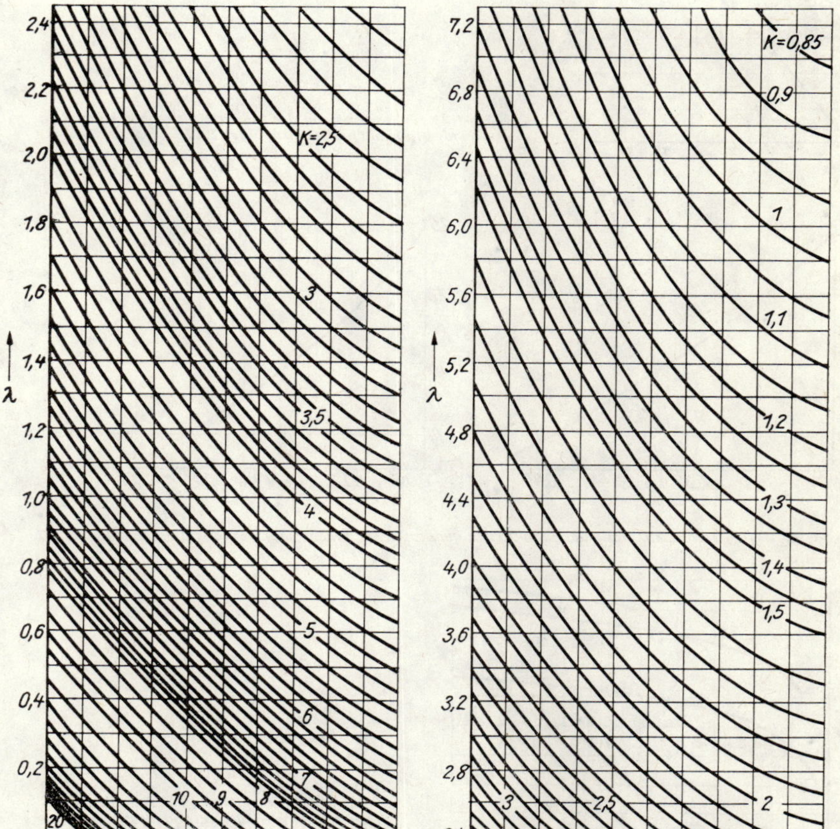

Bild 1.51. $K = f(\lambda, \varrho)$ zur Berechnung der Induktivität mehrlagiger Spulen mit rundem Querschnitt
Tafel 1.12 nach der Gleichung $L = \mu_0\,(\omega^2/4\pi)\,DK(\lambda, \varrho)$

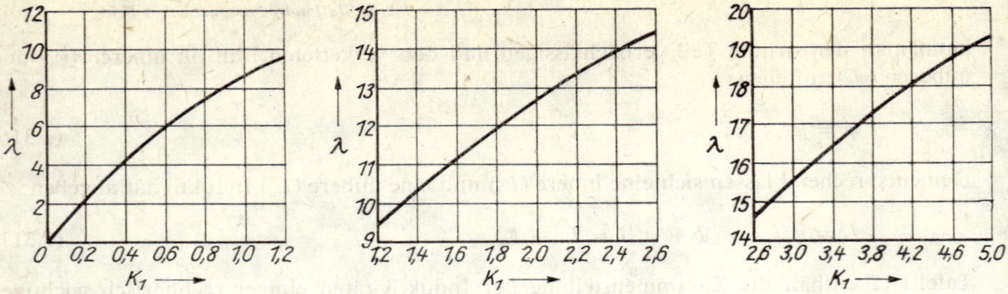

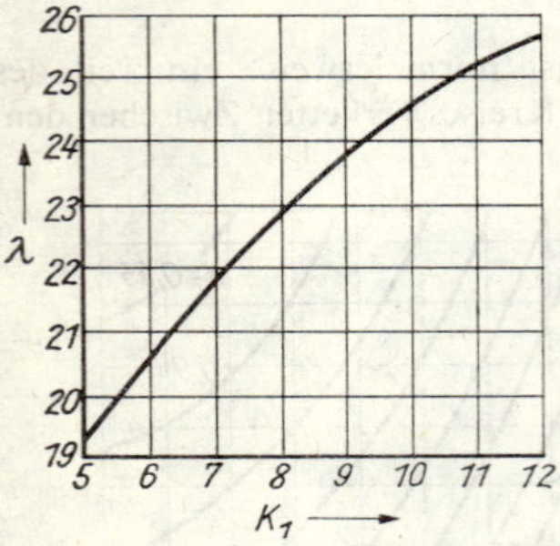

Bild 1.52
$K_1 = f(\lambda)$ zur Bestimmung der Induktivität rechteckiger Spulen mit quadratischem Querschnitt (Tafel 1.12)

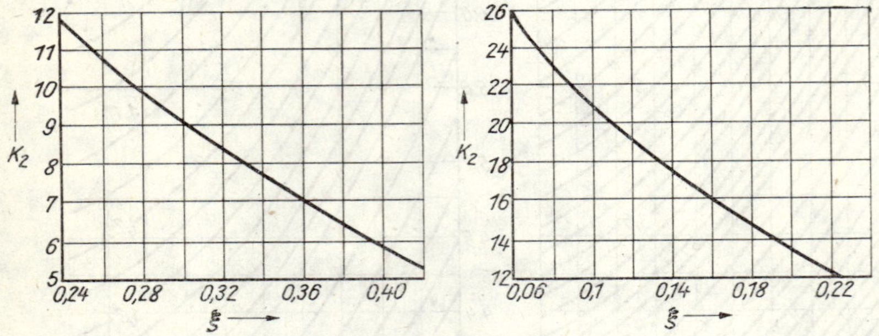

Bild 1.53. $K_2 = f(\xi)$ zur Bestimmung der Induktivität quadratischer Flachspulen (Tafel 1.12)

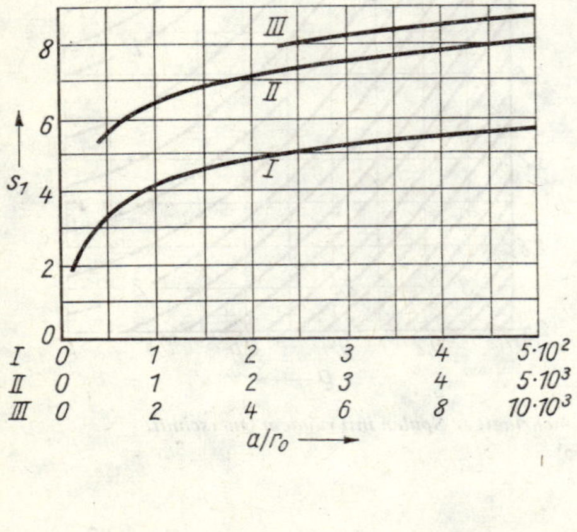

Bild 1.54
$S_1(a/r_0)$ zur Bestimmung der Induktivität flacher Rahmenspulen mit quadratischem Querschnitt (Tafel 1.12)

Strom I_1, der in dem einen Kreis fließt, und dem von ihm verursachten und mit dem zweiten Kreis verketteten Fluß ψ_{12} besteht die Proportionalität

$$\psi_{12} = M_{12} I_1, \tag{1.318}$$

und zwischen dem Strom I_2 in dem zweiten Kreis und dem von ihm verursachten und mit dem ersten Stromkreis verketteten Fluß ψ_{21} besteht die Proportionalität

$$\psi_{21} = M_{21} I_2. \tag{1.319}$$

Die Proportionalitätskonstanten sind gleich:

$$M_{12} = M_{21} = M. \tag{1.320}$$

M stellt die Gegeninduktivität der Anordnung dar. Sie hängt ab von der geometrischen Konfiguration, von den Abmessungen der Anordnung und von der Permeabilität des Stoffes, in dem sich das magnetische Feld ausbildet.
Tafel 1.13 gibt eine Zusammenstellung der Gegeninduktivität einiger technisch wichtiger Einrichtungen. Bild 1.56 zeigt die Hilfsfunktion $f(K)$, die in Tafel 1.13 vorkommt.

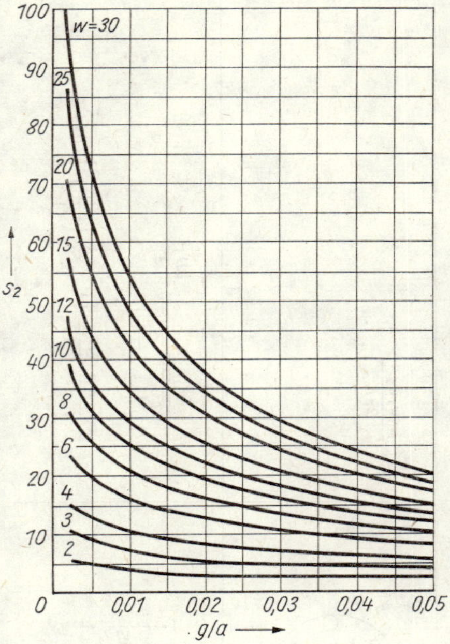

Bild 1.55
$S_2\,(g/a,\,\omega)$ zur Bestimmung der Induktivität flacher Rahmenspulen mit quadratischem Querschnitt (Tafel 1.12)

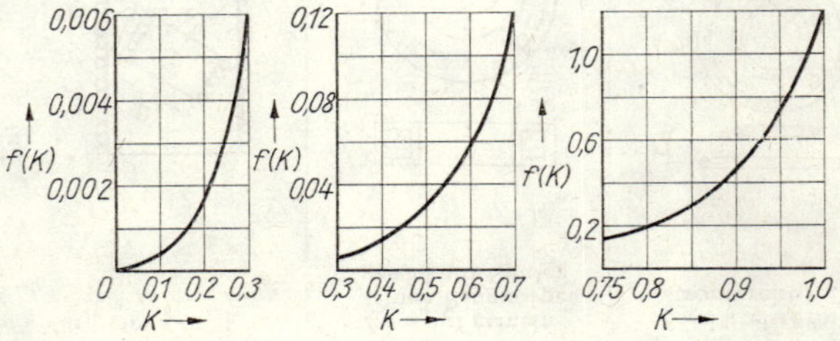

Bild 1.56
Hilfsfunktion $f(K)$ zu Tafel 1.13

Tafel 1.13. Gegeninduktivität häufig vorkommender Anordnungen

Anordnung		Gegeninduktivität	Bemerkungen
Parallele geradlinige Doppelleitungen	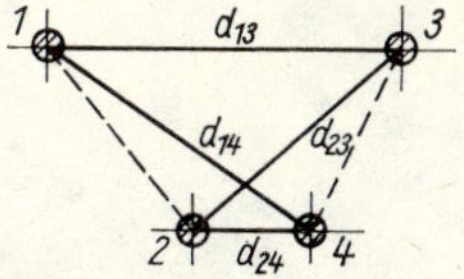	$M = \frac{\mu_0 l}{2\pi} \ln \frac{d_{14} d_{23}}{d_{13} d_{24}}$	gültig, wenn Leiterradien klein gegenüber Leiterabstand; l Länge der Leiter
Zwei kreisförmige Stromkreise	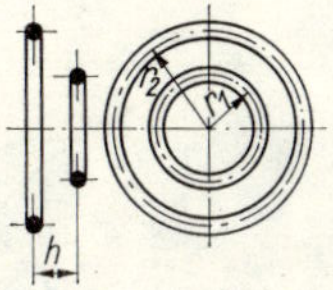	$M = \mu_0 \sqrt{r_1 r_2} f(K)$	$K = 2\sqrt{\frac{r_1 r_2}{h^2 + (r_1 + r_2)^2}}$ $f(K) = \left(\frac{2}{K} - K\right) F - \frac{2}{K} E$ F bzw. E sind elliptische Integrale 1. bzw. 2. Gattung. $f(K)$ ist aus Bild 1.57 abzulesen
Zwei auf gemeinsamen Ringkörper gewickelte Spulen	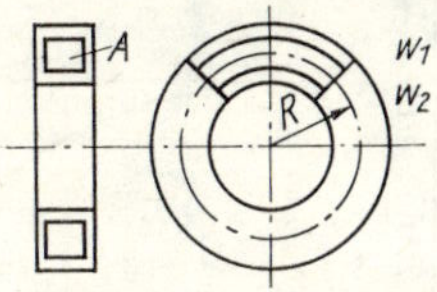	$M = \frac{\mu_0 w_1 w_2 A}{2\pi R}$	Ausdruck gilt auch für kreisförmigen Spulenquerschnitt
Variometer	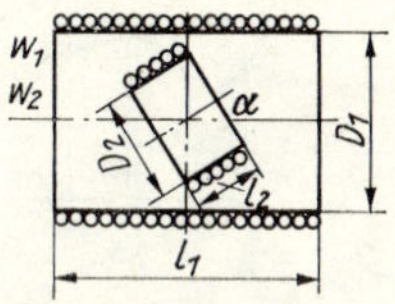	$M = \frac{\mu_0 w_1 w_2}{l_1 \sqrt{1 + \left(\frac{D_1}{l_1}\right)}} \frac{\pi D_2^2}{4} \cos\alpha$ $M = \frac{\mu_0 w_1 w_2}{l_1} \frac{\pi D_2^2}{4} \left[1 - \frac{1}{2}\left(\frac{D_1}{l_1}\right)^2\right] \cos\alpha$	unter Annahme eines homogenen Feldes im Inneren der Spule $l_2 \ll l_1$ wenn $D_1 \ll l_1$

Tafel 1.13. Fortsetzung

Anordnung	Gegeninduktivität	Bemerkungen
Koaxiale einlagige Zylinderspulen gleicher Länge 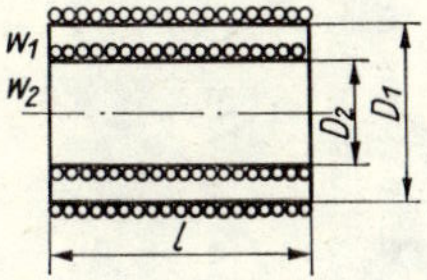	$M = \frac{\mu_0 w_1 w_2}{l} \frac{\pi D_2^2}{4} \left[1 - \frac{D_1}{2l}\left(1 - \frac{D_2}{8D_1}\right)\right]$	$D_1 \ll l$
Koaxiale einlagige Zylinderspulen verschiedener Länge 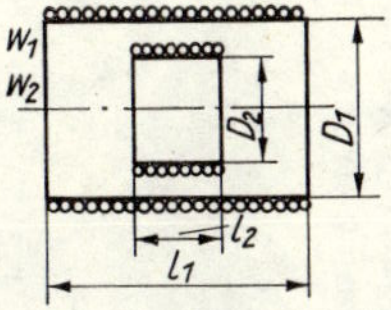	$M = \frac{\mu_0 w_1 w_2 \pi D_2^2}{4\sqrt{D_1^2 + l_1^2}} \left[\frac{D_1^2 D_2^2 [3 - (2l_2/D_2)^2]}{64\sqrt{D_1^2 + l_1^2}} + 1\right]$	äußere Spule länger
Koaxiale einlagige Zylinderspulen verschiedener Länge 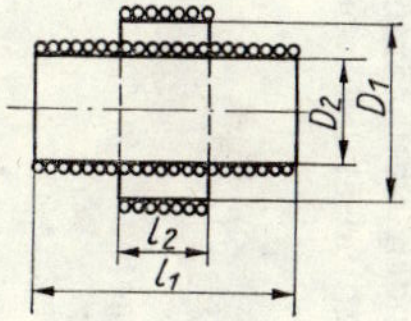	$M = \frac{\mu_0 w_1 w_2 \pi D_2^2}{4\sqrt{D_1^2 + l_2^2}} \left[\frac{D_1^2 D_2^2 [3 - (2l_1/D_2)^2]}{64\sqrt{D_1^2 + l_2^2}} + 1\right]$	innere Spule länger

Der allgemeine Ausdruck für die Berechnung der Gegeninduktivität zweier Stromkreise (Neumannsche Gleichung) lautet

$$M = \frac{\mu}{4\pi} \oint_{l_1} \oint_{l_2} \frac{\mathrm{d}l_1\, \mathrm{d}l_2}{r_{12}}; \tag{1.321}$$

$\mathrm{d}l_1$ Längenelement des Stromkreises *1*,
$\mathrm{d}l_2$ Längenelement des Stromkreises *2*,
r_{12} Abstand der betrachteten Längenelemente.

Die Integration ist über die gesamte Länge l_1 bzw. l_2 beider Stromkreise zu erstrecken, wobei die Integrationswege in die Leiterachse gelegt werden können.

1.4. Quasistationäres elektromagnetisches Feld Grundlagen der Wechselstromtechnik

Bei jedem veränderlichen elektromagnetischen Feld gelten, strenggenommen, die vollständigen Maxwellschen Gleichungen. Unter Umständen (langsam veränderliche Felder) kann man den Beitrag der Verschiebungsströme zur Ausbildung des magnetischen Feldes vernachlässigen ($\partial \boldsymbol{D}/\partial t \ll \boldsymbol{G}_\varkappa$) und den Strom im Sinne eines Gleichstromes als geschlossen betrachten, wobei über nichtverzweigte Abschnitte des Stromkreises die Stromstärke überall als gleich angenommen wird. Das magnetische Feld der langsam veränderlichen Ströme (und ebenfalls der Größen, die sich daraus ableiten, z. B. Kräfte auf stromdurchflossene Leiter usw.) wird in jedem Zeitpunkt gleich dem magnetischen Feld eines stationären Stromes angenommen, dessen Größe gleich dem jeweiligen Augenblickswert des veränderlichen Stromes ist. Wenn derartige Vereinfachungen möglich sind, spricht man vom quasistationären Fall. Wegen der endlichen Fortpflanzungsgeschwindigkeit des elektromagnetischen Zustands lassen sich Ströme nur hinsichtlich der in ihrer unmittelbaren Umgebung liegenden Feldbereiche als quasistationär betrachten. Die Änderung der Ströme und Ladungen muß so langsam erfolgen (langsam veränderliche Felder), daß in der Zeit der Ausbreitung des elektromagnetischen Zustands von jedem Punkt des Stromkreises bis zu dem entferntesten Punkt des betrachteten Feldbereiches Ströme und Ladungsverteilung als konstant betrachtet werden können.

1.4.1. Grundgleichungen

Die Grundgleichungen im quasistationären Feld lauten

$$\operatorname{rot} \boldsymbol{H} = \boldsymbol{G}_\varkappa, \quad (1.258) \qquad \operatorname{rot} \boldsymbol{E} = -\frac{\partial \boldsymbol{B}}{\partial t}, \quad (1.2)$$

$$\operatorname{div} \boldsymbol{B} = 0, \quad (1.2) \qquad \operatorname{div} \boldsymbol{D} = \varrho. \quad (1.4)$$

Das magnetische Feld (sowohl innerhalb als auch außerhalb des Leiters) wird in diesem Fall dem Feld des entsprechenden stationären Stromes gleichgesetzt. Das elektrische Feld dagegen unterscheidet sich grundsätzlich von dem elektrischen Feld stationärer Ströme (Wirbelfeld). Weiterhin gilt

$$\boldsymbol{G}_\varkappa = \varkappa\,(\boldsymbol{E} + \boldsymbol{E}_\mathrm{e}), \quad (1.247) \qquad \boldsymbol{D} = \varepsilon \boldsymbol{E}, \quad (1.16) \qquad \boldsymbol{B} = \mu \boldsymbol{H}. \quad (1.17)$$

1.4.2. Wechselstromnetze

1.4.2.1. Allgemeines

Wechselgröße. Eine Wechselgröße ist eine veränderliche elektrische oder magnetische Größe (elektrische oder magnetische Feldstärke, Stromdichte, Verschiebung, Induktion bzw. Strom, Spannung, elektromotorische Kraft, magnetischer Fluß usw.), die mit der Zeit nicht nur ihren Betrag, sondern auch ihr Vorzeichen ändert.

Periodische Wechselgröße. Ist bei der Wechselgröße $v(t)$ die Bedingung

$$v(t_0) = v\,(t_0 + kT) \tag{1.331}$$

erfüllt, wobei k jede beliebige ganze Zahl und T eine konstante Zeit bedeuten, dann wird die Wechselgröße als periodisch bezeichnet. Die konstante Zeit T, die die kürzeste Zeit zwischen zwei Wiederholungen des Vorgangs darstellt, heißt *Periode* der Wechselgröße. Der reziproke Wert der Periode,

$$f = 1/T, \tag{1.332}$$

der die Anzahl der Perioden der Wechselgröße in der Zeit angibt, ist die *Frequenz* der Wechselgröße. Im engeren Sinne spricht man dann von einer periodischen Wechselgröße, wenn die zusätzliche Bedingung

$$\int_0^T v\,\mathrm{d}t = 0 \tag{1.333}$$

erfüllt ist.

Mittelwerte. Zur summarischen Beurteilung einer Wechselgröße benutzt man den arithmetischen oder den geometrischen Mittelwert.

Arithmetischer Mittelwert. Der arithmetische Mittelwert über eine halbe Periode lautet

$$\overline{V} = \frac{2}{T} \int_0^{T/2} v\,\mathrm{d}t\,. \tag{1.334}$$

Ist die Wechselgröße ein Strom, so entspricht der arithmetische Mittelwert einem Gleichstrom, der dieselbe elektrolytische Wirkung hat wie eine Halbwelle des betrachteten Wechselstromes (Gleichrichtertechnik).

Quadratischer Mittelwert. Der quadratische Mittelwert *(Effektivwert)* über eine Periode beträgt

$$V = \sqrt{\frac{1}{T} \int_0^T v^2\,\mathrm{d}t}\,. \tag{1.335}$$

Ist die Wechselgröße ein Strom, dann ist sein Effektivwert zahlenmäßig einem Gleichstrom gleich, der in einer Periode dieselbe Wärmemenge entwickelt wie der betrachtete Wechselstrom (Wärmewirkung, Kraftwirkung usw.).

Harmonische Wechselgröße. Wenn der zeitliche Verlauf sinusförmig ist, liegt eine harmonische Wechselgröße vor:

$$v = \hat{V} \sin\,(\omega t + \varphi). \tag{1.336}$$

$\hat{V}$ ist die *Amplitude*, d.h. der größte Wert, den die Wechselgröße innerhalb einer Periode annehmen kann. Die Größe

$$\omega = 2\pi f = 2\pi/T \tag{1.337}$$

ist die *Kreisfrequenz (Winkelfrequenz)* des Wechselvorgangs. Der Winkel φ heißt Anfangsphase. Er hängt von der Wahl der Zeitrechnung ab. Zwei Wechselgrößen (Bild 1.57) gleicher Frequenz mit den Anfangsphasen φ_1 und φ_2 sind durch den *Phasenwinkel*

$$\varphi = \varphi_2 - \varphi_1 \tag{1.338}$$

gegeneinander phasenverschoben. φ bestimmt die gegenseitige Phasenlage. Phasengleich (synchron) sind zwei Wechselgrößen, wenn $\varphi = 0$; gegenphasig heißen sie, wenn $\varphi = \pi$ ist. Der arithmetische Mittelwert einer sinusförmigen Wechselgröße beträgt

$$\overline{V} = \frac{1}{\pi} \int_{-\varphi}^{\pi-\varphi} \hat{V} \sin\,(\omega t + \varphi)\,\mathrm{d}\omega t = \frac{2}{\pi}\,\hat{V}. \tag{1.339}$$

Der Effektivwert beträgt

$$V = \sqrt{\frac{1}{2\pi}\int_0^{2\pi} \hat{V}^2 \sin^2(\omega t + \varphi)\,\mathrm{d}\omega t} = \frac{\hat{V}}{\sqrt{2}}. \tag{1.340}$$

Zeigerdiagramm. Der Augenblickswert v einer sinusförmigen Wechselgröße kann durch die Projektion eines mit der Winkelgeschwindigkeit ω in mathematisch positivem Sinne rotierenden Zeigers $\underline{\hat{V}}$ auf die imaginäre Achse der komplexen Zahlenebene dargestellt werden (Bild 1.58a). Man kann aber auch (Bild 1.58b) den Zeiger $\underline{V}$ festhalten und ihn auf einen Strahl OS (Zeitlinie), der mit der Winkelgeschwindigkeit ω um den Nullpunkt im Uhrzeigersinn rotiert und im Zeitpunkt $t = 0$ mit der imaginären Achse zusammenfällt, projizieren. Die Projektion gibt den zeitlichen Verlauf der betrachteten Wechselgröße an. Für die Darstellung der gegenseitigen Verhältnisse zweier oder mehrerer Zeiger sind weder die Zeitlinie noch die Achsen der Zahlenebene nötig. Aus ihrer Länge und dem eingeschlossenen Winkel kann man jeweils Amplitude und Phasenlage ablesen. Oft ist es zweckmäßig, statt der Amplitude (Länge des Zeigers) den Effektivwert einzutragen. So erhält man das Zeigerdiagramm der Effektivwerte (Bild 1.58c).

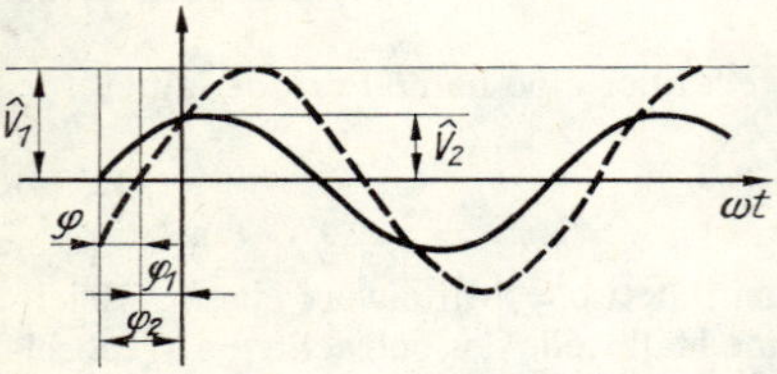

Bild 1.57
Phasenverschiebung zweier Wechselgrößen gleicher Frequenz

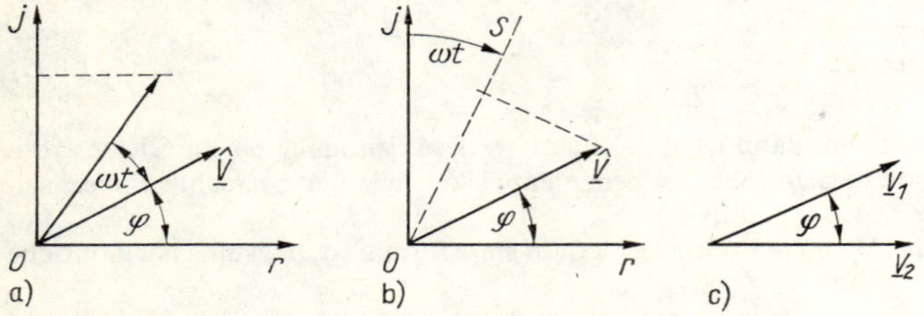

Bild 1.58. Zeigerdarstellung sinusförmiger Wechselgrößen

Symbolische Methode. Die eindeutige Zuordnung von komplexer Zahl und Zeiger ermöglicht die Angabe des rotierenden Zeigers, der die Wechselgröße darstellt, durch die komplexe Zahl

$$\underline{v} = \hat{V} e^{j(\omega t + \varphi)} = \hat{V} e^{j\varphi} e^{j\omega t} = \underline{\hat{V}} e^{j\omega t} = \hat{V}[\cos(\omega t + \varphi) + j\sin(\omega t + \varphi)]. \tag{1.341}$$

$\underline{v}$ ist der komplexe Augenblickswert der Wechselgröße. Die Größe

$$\underline{\hat{V}} = \hat{V} e^{j\varphi}, \tag{1.342}$$

die den Zeiger bei $t = 0$ (ruhender Zeiger bei rotierender Zeitlinie) darstellt, heißt *komplexe Amplitude*.

Die Größe

$$\underline{V} = \frac{\underline{\hat{V}}}{\sqrt{2}} = V e^{j\varphi} \tag{1.343}$$

heißt *komplexer Effektivwert*. Der Augenblickswert der Wechselgröße wird durch den Imaginärteil des komplexen Augenblickswertes

$$v = \mathrm{Im}\,\underline{v} = \mathrm{Im}\,[\hat{V}\,\mathrm{e}^{\mathrm{j}(\omega t + \varphi)}] = \hat{V}\sin(\omega t + \varphi) \qquad (1.344)$$

gegeben.

1.4.2.2. Passive lineare Netzelemente

Als passive Netzelemente eines Wechselstromnetzes bezeichnet man die Widerstände, Induktivitäten und Kapazitäten, die in dem Netz enthalten sind.

Wirkelement. Fließt durch einen ohmschen Widerstand ein sinusförmiger Strom mit dem Augenblickswert

$$i = \hat{I}\sin(\omega t + \varphi), \qquad (1.345)$$

dann ist die Spannung, die sich an seinen Klemmen einstellt, ebenfalls sinusförmig:

$$u = Ri = R\hat{I}\sin(\omega t + \varphi) = \hat{U}\sin(\omega t + \varphi). \qquad (1.346)$$

Strom und Spannung sind in Phase. Elemente, bei denen diese Bedingung erfüllt ist, heißen *Wirkwiderstände*. Der reziproke Wert des Wirkwiderstandes ist der *Wirkleitwert*:

$$G = 1/R. \qquad (1.347)$$

Zwischen den Augenblickswerten von Strom und Spannungen besteht Proportionalität.

Blindelemente. Blindelemente sind solche Netzelemente, bei denen zwischen Strom und Spannung eine Phasenverschiebung von $\pi/2$ besteht. Hierzu gehören reine Induktivitäten und reine Kapazitäten.

Induktives Blindelement. Fließt durch einen verlustlosen Stromkreis mit der Induktivität L ein sinusförmiger Strom [Gl. (1.345)], dann ist die Spannung an seinen Klemmen

$$u_L = -e_L = L\frac{\mathrm{d}i}{\mathrm{d}t} = \omega L\hat{I}_L\cos(\omega t + \varphi) = \hat{U}_L\cos(\omega t + \varphi). \qquad (1.348)$$

Die Größe

$$X_L = \omega L \qquad (1.349)$$

heißt *induktiver Blindwiderstand*, die Größe

$$B_L = 1/\omega L \qquad (1.350)$$

induktiver Blindleitwert. Der Strom i_L eilt der Spannung u_L um $\pi/2$ nach. Zwischen den Maximalwerten bzw. den Effektivwerten besteht Proportionalität:

$$\hat{U}_L = \omega L\hat{I}_L = X_L\hat{I}_L, \qquad (1.351)$$

$$U_L = \omega L I_L = X_L I_L. \qquad (1.352)$$

Zwischen den Augenblickswerten besteht dagegen keine Proportionalität.

Kapazitives Blindelement. Liegt an einer verlustlosen Kapazität C eine sinusförmige Wechselspannung

$$u_C = \hat{U}_C\sin(\omega t + \varphi), \qquad (1.353)$$

dann fließt der Strom

$$i_C = \frac{\mathrm{d}q}{\mathrm{d}t} = C\frac{\mathrm{d}u_C}{\mathrm{d}t} = \omega C\hat{U}_C\cos(\omega t + \varphi) = \hat{I}_C\cos(\omega t + \varphi). \qquad (1.354)$$

Tafel 1.14. Darstellungsformen von Widerstand, Induktivität und Kapazität

Netzelement	Zeitfunktionen	Beziehungen	Zeigerdiagramm	Komplexe Darstellung	Bemerkungen
Widerstand 	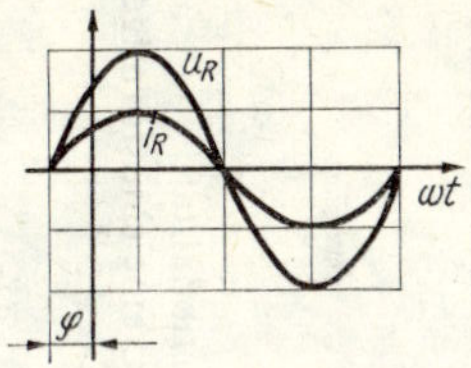	$i_R = \hat{I} \sin(\omega t + \varphi)$ $u_R = R\hat{I} \sin(\omega t + \varphi)$ $= \hat{U} \sin(\omega t + \varphi)$ $R = \frac{\hat{U}}{\hat{I}} = \frac{U}{I} = \frac{u}{i}$ $G = \frac{\hat{I}}{\hat{U}} = \frac{I}{U} = \frac{i}{u}$	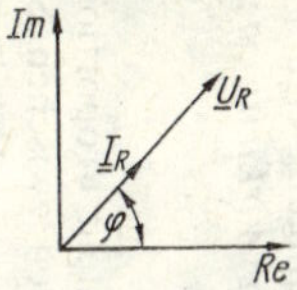	$\underline{U}_R = R\underline{I}_R$ $\underline{I}_R = G\underline{U}_R$	Widerstand (Leitwert) ist Proportionalitätsfaktor zwischen Augenblickswerten von Strom und Spannung
Induktivität 	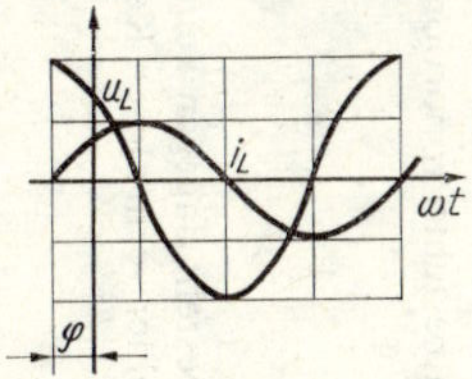	$i_L = \hat{I} \sin(\omega t + \varphi)$ $u_L = \omega L\hat{I} \sin(\omega t + \varphi + \pi/2)$ $= \hat{U} \sin(\omega t + \varphi + \pi/2)$ $X_L = \omega L = \frac{\hat{U}}{\hat{I}} = \frac{U}{I}$ $B_L = \frac{1}{\omega L} = \frac{\hat{I}}{\hat{U}} = \frac{I}{U}$	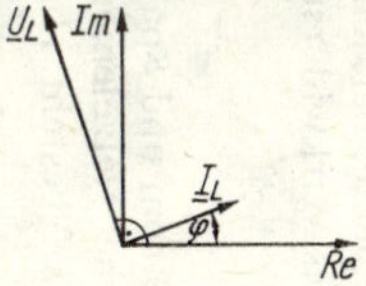	$\underline{U}_L = \underline{Z}_L\underline{I}_L = \mathrm{j}\omega L\underline{I}_L$ $\underline{I}_L = \underline{Y}_L\underline{U}_L = \frac{\underline{U}_L}{\mathrm{j}\omega L}$	Komplexer Widerstand (Leitwert) ist kein Proportionalitätsfaktor, sondern Operator, mit dem man aus dem komplexen Strom die komplexe Spannung bzw. aus der komplexen Spannung den komplexen Strom erhalten kann
Kapazität 	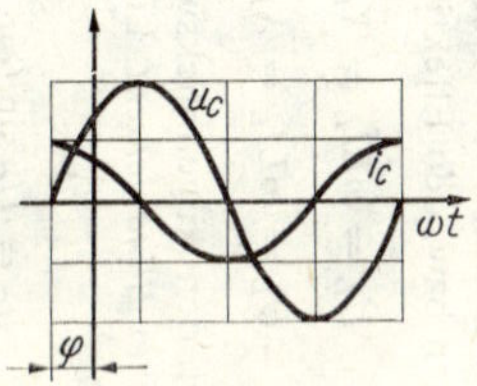	$i_C = \hat{I} \sin(\omega t + \varphi)$ $u_C = \frac{I}{\omega C} \sin(\omega t + \varphi - \pi/2)$ $= \hat{U} \sin(\omega t + \varphi - \pi/2)$ $X_C = \frac{1}{\omega C} = \frac{\hat{U}}{\hat{I}} = \frac{U}{I}$ $B_C = \omega C = \frac{\hat{I}}{\hat{U}} = \frac{I}{U}$	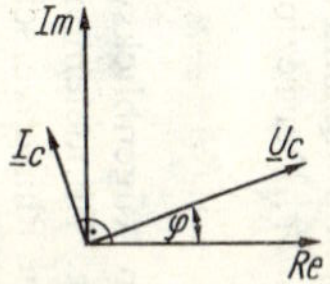	$\underline{U}_C = \underline{Z}_C\underline{I}_C = \frac{1}{\mathrm{j}\omega C}\underline{I}_C$ $\underline{I}_C = \underline{Y}_C\underline{U}_C = \mathrm{j}\omega C\underline{U}_C$	

Die Größe

$$X_C = 1/\omega C \tag{1.355}$$

heißt *kapazitiver Blindwiderstand*, die Größe

$$B_C = \omega C \tag{1.356}$$

kapazitiver Leitwert. Der Strom i_C eilt der Spannung u_C um $\pi/2$ voraus. Zwischen den Maximalwerten bzw. den Effektivwerten besteht Proportionalität:

$$\hat{U}_C = \frac{1}{\omega C}\hat{I}_C = X_C\hat{I}_C, \tag{1.357}$$

$$U_C = \frac{1}{\omega C} I_C = X_C I_C. \tag{1.358}$$

Zwischen den Augenblickswerten besteht dagegen keine Proportionalität.
Der zeitliche Verlauf von *i* und *u*, das Zeigerdiagramm und die komplexe Darstellung für alle drei passiven Elemente sind in Tafel 1.14 zusammengestellt.

1.4.2.3. Reihen- und Parallelschaltung passiver Netzelemente

Reihenschaltung. In einer Reihenschaltung eines Wirkwiderstands, einer Induktivität und einer Kapazität (Bild 1.59a) sind bei sinusförmigem Strom die Teilspannungen und somit auch die Gesamtspannung ebenfalls sinusförmig.
Das Zeigerdiagramm für diesen Fall ist im Bild 1.59b gezeigt. Es gilt

$$\underline{U} = \underline{U}_R + \underline{U}_L + \underline{U}_C = \underline{I}R + \mathrm{j}\omega L\underline{I} + \frac{1}{\mathrm{j}\omega C}\underline{I}, \tag{1.359}$$

$$\underline{U} = \underline{Z}\underline{I}, \tag{1.360}$$

$$\underline{Z} = R + \mathrm{j}\,(\omega L - 1/\omega C) = R + \mathrm{j}X = Z\,\mathrm{e}^{\mathrm{j}\varphi_z}, \tag{1.361}$$

$$Z = \sqrt{R^2 + (\omega L - 1/\omega C)^2} = \sqrt{R^2 + X^2}, \tag{1.362}$$

$$\varphi_z = \arctan\frac{\omega L - 1/\omega C}{R} = \arctan X/R. \tag{1.363}$$

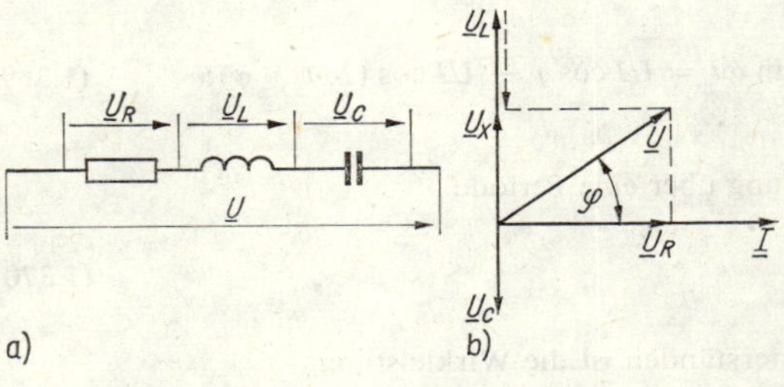

Bild 1.59
Reihenschaltung von Widerstand, Induktivität und Kapazität

Die Größe $\underline{Z}$ heißt *komplexer Widerstand*, der Betrag *Z Scheinwiderstand*. Der Blindleitwert *X* ist induktiv (Spannung eilt dem Strom vor), wenn $\varphi_z > 0$, d.h. wenn $\omega L > 1/\omega C$; er ist kapazitiv (Spannung eilt dem Strom nach), wenn $\varphi_z < 0$, d.h., wenn $\omega L < 1/\omega C$ ist.
Parallelschaltung. In einer Parallelschaltung eines Wirkwiderstandes, einer Induktivität und einer Kapazität (Bild 1.60a) sind bei sinusförmiger Spannung alle Ströme und damit auch

der Gesamtstrom sinusförmig. Das Zeigerdiagramm (Bild 1.60b) ergibt

$$\underline{I} = \underline{I}_R + \underline{I}_L + \underline{I}_C = \frac{\underline{U}}{R} + \underline{U}/\mathrm{j}\omega L + \mathrm{j}\omega C\underline{U}, \tag{1.364}$$

$$\underline{I} = \underline{Y}\underline{U}, \tag{1.365}$$

$$\underline{Y} = \frac{1}{R} - \mathrm{j}\left(\frac{1}{\omega L} - \omega C\right) = G - \mathrm{j}B = Y\,\mathrm{e}^{-\mathrm{j}\varphi_y}, \tag{1.366}$$

$$Y = \sqrt{(1/R)^2 + \left(\frac{1}{\omega L} - \omega C\right)^2} = \sqrt{G^2 + B^2}, \tag{1.367}$$

$$\varphi_y = \arctan\frac{\frac{1}{\omega L} - \omega C}{1/R} = \arctan B/G. \tag{1.368}$$

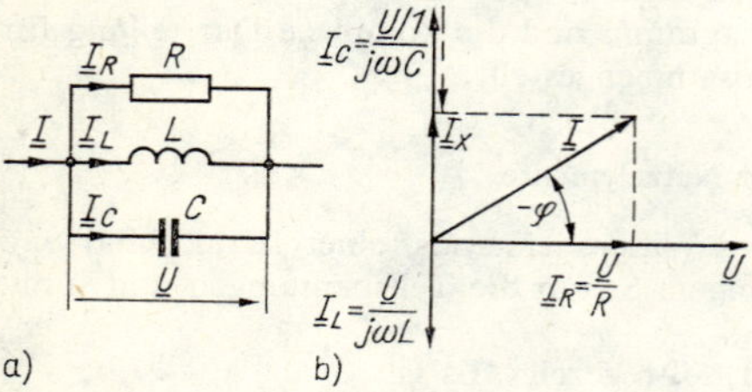

Bild 1.60
Parallelschaltung von Widerstand, Induktivität und Kapazität

Die Größe $\underline{Y}$ wird als *komplexer Leitwert*, der Betrag Y als *Scheinleitwert* bezeichnet. Der Blindleitwert B zeigt ein induktives Verhalten, wenn $\varphi_y > 0$, d.h., wenn $1/\omega L > \omega C$; dann eilt die Spannung dem Strom voraus. Er weist ein kapazitives Verhalten auf, wenn $\varphi_y < 0$, d.h., wenn $1/\omega L < \omega C$; dann eilt der Strom der Spannung voraus. Tafel 1.15 gibt die komplexen Widerstände und Leitwerte von einigen häufig auftretenden Schaltungen an.

1.4.2.4. Leistung in Wechselstromkreisen

Augenblickswert der Leistung. Der Augenblickswert der Leistung in einem Abschnitt eines Wechselstromkreises, durch den der Strom $i = \hat{I}\sin\omega t$ fließt und an dessen Klemmen die Spannung $u = \hat{U}\sin(\omega t + \varphi)$ liegt, ist

$$p = ui = \hat{U}\sin(\omega t + \varphi)\,\hat{I}\sin\omega t = UI\cos\varphi - UI\cos(2\omega t + \varphi); \tag{1.369}$$

U, I Effektivwerte.

Wirkleistung. Der Mittelwert der Leistung über eine Periode

$$P = \frac{1}{T}\int_0^T p\,\mathrm{d}t = UI\cos\varphi \tag{1.370}$$

wird Wirkleistung genannt. In Wirkwiderständen ist die Wirkleistung

$$P = \frac{1}{T}\int_0^T i^2 R\,\mathrm{d}t = I^2 R. \tag{1.371}$$

Blindleistung. Unter Blindleistung versteht man den Ausdruck

$$N = UI\sin\varphi. \tag{1.372}$$

Tafel 1.15. Komplexe Widerstände und Leitwerte einfacher Schaltungen

Schaltbild	$\underline{Z}$	$\underline{Y}$	$\tan\varphi$	$Z = 1/Y$
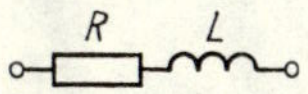	$R + j\omega L$	$\frac{R}{R^2 + \omega^2 L^2} - \mathrm{j}\,\frac{\omega L}{R^2 + \omega^2 L^2}$	$\frac{\omega L}{R}$	$\sqrt{R^2 + \omega^2 L^2}$
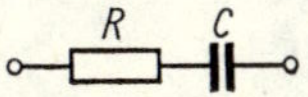	$R - \mathrm{j}\,\frac{1}{\omega C}$	$\frac{\omega^2 C^2 R}{1 + \omega^2 R^2 C^2} + \mathrm{j}\,\frac{\omega C}{1 + \omega^2 C^2 R^2}$	$-\,\frac{1}{\omega C R}$	$\frac{\sqrt{1 + \omega^2 C^2 R^2}}{\omega C}$
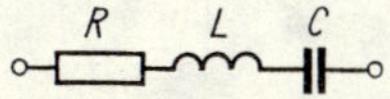	$R - \mathrm{j}\,\frac{1 - \omega^2 LC}{\omega C}$	$\frac{\omega^2 C^2 R}{(1 - \omega^2 LC)^2 + \omega^2 C^2 R^2} + \mathrm{j}\,\frac{\omega C\,(1 - \omega^2 LC)}{(1 - \omega^2 LC)^2 + \omega^2 C^2 R^2}$	$-\,\frac{1 - \omega^2 LC}{\omega RC}$	$\frac{\sqrt{(1 - \omega^2 LC)^2 + \omega^2 C^2 R^2}}{\omega C}$
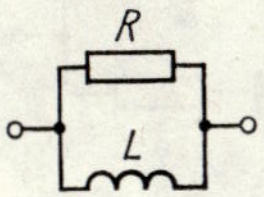	$\frac{R\omega^2 L^2}{R^2 + \omega^2 L^2} + \mathrm{j}\,\frac{R^2 \omega L}{R^2 + \omega^2 L^2}$	$\frac{1}{R} - \mathrm{j}\,\frac{1}{\omega L}$	$\frac{R}{\omega L}$	$\frac{R\omega L}{\sqrt{R^2 + \omega^2 L^2}}$
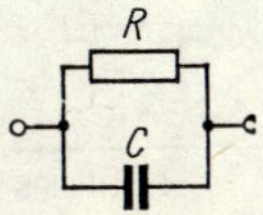	$\frac{R}{1 + \omega^2 C^2 R^2} - \mathrm{j}\,\frac{\omega C R^2}{1 + \omega C^2 R^2}$	$\frac{1}{R} + \mathrm{j}\omega C$	$-R\omega C$	$\frac{R}{\sqrt{1 + \omega^2 C^2 R^2}}$

Tafel 1.15. Fortsetzung

Schaltbild	Z	Y	$\tan\varphi$	$Z = 1/Y$
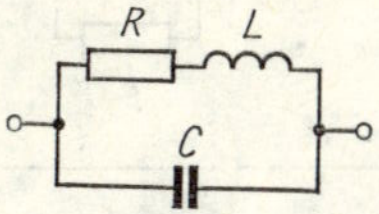	$\frac{R}{(1-\omega^2LC)^2+\omega^2C^2R^2} + \mathrm{j}\,\frac{\omega L-\omega C(R^2+\omega^2L^2)}{(1-\omega^2LC)^2+\omega^2C^2R^2}$	$\frac{R}{R^2+\omega^2L^2} - \mathrm{j}\,\frac{\omega L-\omega C(R^2+\omega^2L^2)}{R^2+\omega^2L^2}$	$\frac{1-\omega^2LC+\omega^2C^2R^2}{R\omega L\omega^2C^2}$	$\frac{\sqrt{R^2+\omega^2L^2}}{\sqrt{(1-\omega^2LC)^2+\omega^2C^2R^2}}$
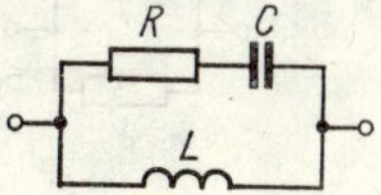	$\frac{R\omega^2L^2\omega^2C^2}{(1-\omega^2LC)^2\,\omega^2C^2R^2} + \mathrm{j}\,\frac{\omega L(1-\omega^2LC)+R^2\omega^2C^2}{(1-\omega^2LC)^2+\omega^2C^2R^2}$	$\frac{R\omega^2C^2}{1+\omega^2C^2R^2} - \mathrm{j}\,\frac{1-\omega^2LC+\omega^2C^2R^2}{1+\omega^2C^2R^2}$	$\frac{1-\omega^2LC+\omega^2C^2R^2}{R\omega L\omega^2C^2}$	$\frac{\omega L\sqrt{1+\omega^2C^2R^2}}{\sqrt{(1-\omega^2LC)^2+\omega^2C^2R^2}}$
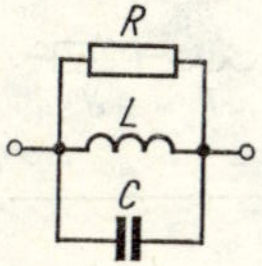	$\frac{R\omega^2L^2}{R^2(1-\omega^2LC)^2+\omega^2L^2} + \mathrm{j}\,\frac{R^2\omega L(1-\omega^2LC)}{R^2(1-\omega^2LC)^2+\omega^2L^2}$	$\frac{1}{R} - \mathrm{j}\,\frac{1-\omega^2LC}{\omega L}$	$\frac{R(1-\omega^2LC)}{\omega L}$	$\frac{R\omega L}{\sqrt{R^2(1-\omega^2LC)^2+\omega^2L^2}}$

Scheinleistung. Als Scheinleistung wird das Produkt aus dem Effektivwert der Spannung und dem Effektivwert des Stromes bezeichnet:

$$S = UI = \sqrt{P^2 + N^2}. \tag{1.373}$$

Leistungsfaktor. Der Leistungsfaktor ist das Verhältnis zwischen Wirkleistung und Scheinleistung:

$$P/S = \cos\varphi. \tag{1.374}$$

Der Leistungsfaktor erreicht sein Maximum ($\cos\varphi = 1$), wenn Strom und Spannung in Phase sind. Er wird gleich Null, wenn zwischen Strom und Spannung eine Phasenverschiebung von $\pi/2$ besteht.

Komplexe Leistung. Unter der komplexen Leistung $\underline{S}$ versteht man das Produkt aus der komplexen Spannung und dem konjugierten Wert des komplexen Stromes:

$$\begin{aligned}\underline{S} &= \underline{U}\underline{I}^* = U\,\mathrm{e}^{\mathrm{j}\varphi_u}\,I\,\mathrm{e}^{-\mathrm{j}\varphi_i} = UI\,\mathrm{e}^{\mathrm{j}(\varphi_u-\varphi_i)}\\ &= UI\,\mathrm{e}^{\mathrm{j}\varphi} = UI\cos\varphi + \mathrm{j}UI\sin\varphi = P + \mathrm{j}N.\end{aligned} \tag{1.375}$$

Es gilt

$$S = UI = |\underline{S}|, \tag{1.376}$$

$$P = UI\cos\varphi = \mathrm{Re}\,\underline{S}, \tag{1.377}$$

$$N = UI\sin\varphi = \mathrm{Im}\,\underline{S}. \tag{1.378}$$

Als komplexe Leistung kann u. U. auch das Produkt aus der konjugiert komplexen Spannung $\underline{U}$ und dem komplexen Strom definiert werden; dann ist

$$\underline{S} = \underline{U}^*\underline{I} = UI\cos\varphi - \mathrm{j}UI\sin\varphi = P - \mathrm{j}N. \tag{1.379}$$

Leistungsanteile im komplexen Verbraucher. In einem komplexen Verbraucher ($\underline{Z} = R + \mathrm{j}X$ bzw. ($\underline{Y} = G - \mathrm{j}B$) gilt

$$S = UI = ZI^2 = YU^2, \tag{1.380}$$

$$P = UI\cos\varphi = U_R I = UI_R = RI^2 = GU^2, \tag{1.381}$$

$$N = UI\sin\varphi = U_X I = UI_X = XI^2 = BU^2. \tag{1.382}$$

Anpassung. Die Wirkleistung in einem komplexen Widerstand $\underline{Z}_a = R_a + \mathrm{j}X_a$, der an eine Spannungsquelle mit der EMK $\underline{E}_i$ und dem Innenwiderstand $\underline{Z}_i = R_i + \mathrm{j}X_i$ angeschlossen ist, beträgt

$$P = I^2 R_a = \frac{E_i^2 R_a}{|\underline{Z}_i + \underline{Z}_a|^2} = \frac{E_i^2 R_a}{(R_i + R_a)^2 + (X_i + X_a)^2}. \tag{1.383}$$

Bei jedem Wert von R_a wird die Wirkleistung am größten, wenn $X_i = -X_a$ ist.
Das Maximum der Wirkleistung ($\mathrm{d}P/\mathrm{d}R_a = 0$) ergibt sich dann für

$$R_a = R_i. \tag{1.384}$$

Die Bedingung für die Abgabe der maximalen Wirkleistung lautet

$$\underline{Z}_a = \underline{Z}_i^*. \tag{1.385}$$

Der optimale Abschlußwiderstand ist der konjugiert komplexe Innenwiderstand $\underline{Z}_i$ der Quelle. Die maximale Wirkleistung ($R_a = R_i$) beträgt

$$P_{a\,\max} = U^2/4R_i^2. \tag{1.386}$$

Die Forderung der Übertragung einer möglichst großen Scheinleistung ($\mathrm{d}S/\mathrm{d}Z_a = 0$)

$$S = I^2 Z_a = \frac{U^2 Z_a}{|\underline{Z}_i + \underline{Z}_a|^2} \tag{1.387}$$

liefert die Bedingung

$$\underline{Z}_a = \underline{Z}_i . \tag{1.388}$$

Die größte Scheinleistung ist dann

$$S_{max} = \frac{U^2}{2Z_i\,[1 + \cos(\varphi_a - \varphi_i)]} . \tag{1.389}$$

Die übertragene Scheinleistung ist dann am größten, wenn sich die Winkel des Außen- und des Innenwiderstandes möglichst stark unterscheiden.

Leistungsbilanz. Aus dem Satz der Erhaltung der Energie folgt, daß in jedem elektrischen Netz die Summe sowohl der Wirkleistungen als auch der Blindleistungen verschwindet. Es ist

$$\sum P_q = \sum P_a , \tag{1.390}$$

d.h., die Summe der Wirkleistungen, die von allen Spannungsquellen geliefert werden, ist gleich der Summe aller Wirkleistungen, die in den Verbrauchern umgesetzt werden. Weiterhin gilt

$$\sum N_q = \sum N_a , \tag{1.391}$$

d.h., die Summe der Blindleistungen, die jeweils abgegeben werden, ist gleich der Summe der Blindleistungen, die aufgenommen werden.

1.4.2.5. Hilfsmittel zur Berechnung von Wechselstromnetzen. Netztransfigurationen

Umwandlung einer Reihenschaltung in eine Parallelschaltung und umgekehrt. Jede Reihenschaltung eines Wirk- und eines Blindelements läßt sich in eine äquivalente Parallelschaltung eines Wirk- und eines Blindelements umformen. Die Schaltungen (Bild 1.61 a) sind äquivalent, wenn

$$G = \frac{R}{R^2 + X^2} = \frac{R}{Z^2} , \tag{1.392}$$

$$B = \frac{X}{R^2 + X^2} = \frac{X}{Z^2} , \tag{1.393}$$

$$R = \frac{G}{G^2 + B^2} = \frac{G}{Y^2} , \tag{1.394}$$

$$X = \frac{B}{G^2 + B^2} = \frac{B}{Y^2} . \tag{1.395}$$

Das Zeigerdiagramm der Ströme und der Spannungen ist im Bild 1.61 b gezeigt:

$$\underline{I} = \underline{I}_R = \underline{I}_X = \underline{I}_G + \underline{I}_B , \tag{1.396}$$

$$\underline{U} = \underline{U}_G = \underline{U}_B = \underline{U}_R + \underline{U}_X . \tag{1.397}$$

Umwandlung eines *n*-Sterns in ein *n*-Eck. Eine beachtliche Vereinfachung der Behandlung linearer Netze kann durch die Umwandlung eines *n*-Sterns, der zu *n* Knotenpunkten eines Netzes führt, in ein *n*-Eck erzielt werden, wobei durch die Umwandlung keine Änderungen in dem unbetroffenen Teil des Netzes hervorgerufen werden. Bild 1.62 zeigt als Beispiel die Umwandlung eines fünfstrahligen Sterns in ein Fünfeck.

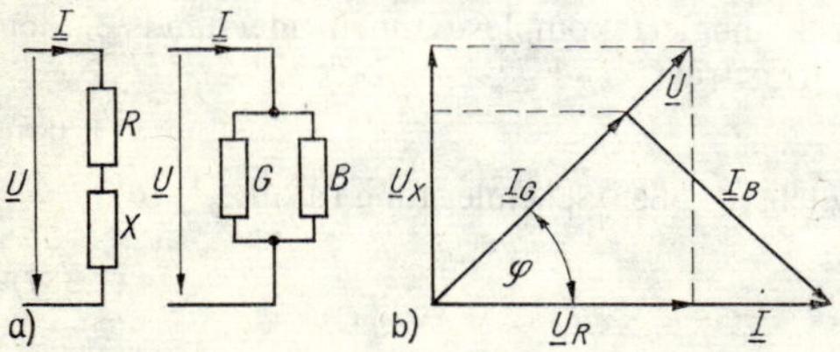

Bild 1.61
Äquivalenz von Reihen- und Parallelschaltung

Die allgemeine Bedingung für die Umwandlung eines n-strahligen Sterns in ein n-Eck lautet

$$\underline{Y}_{\lambda\nu} = \frac{\underline{Y}_\lambda \underline{Y}_\nu}{\sum\limits_{k=1}^{n} \underline{Y}_k}. \qquad (1.398)$$

Bis $n = 3$ ist die beiderseitige Umwandlung möglich. Zur Umwandlung des Dreiecks in den äquivalenten Dreistern (Bild 1.63) ergeben sich die Bedingungen

$$\underline{Z}_1 = \frac{\underline{Z}_{12}\underline{Z}_{31}}{\underline{Z}_{12} + \underline{Z}_{23} + \underline{Z}_{31}}, \quad (1.399) \qquad \underline{Z}_2 = \frac{\underline{Z}_{12}\underline{Z}_{23}}{\underline{Z}_{12} + \underline{Z}_{23} + \underline{Z}_{31}}, \quad (1.400)$$

$$\underline{Z}_3 = \frac{\underline{Z}_{31}\underline{Z}_{23}}{\underline{Z}_{12} + \underline{Z}_{23} + \underline{Z}_{31}}. \qquad (1.401)$$

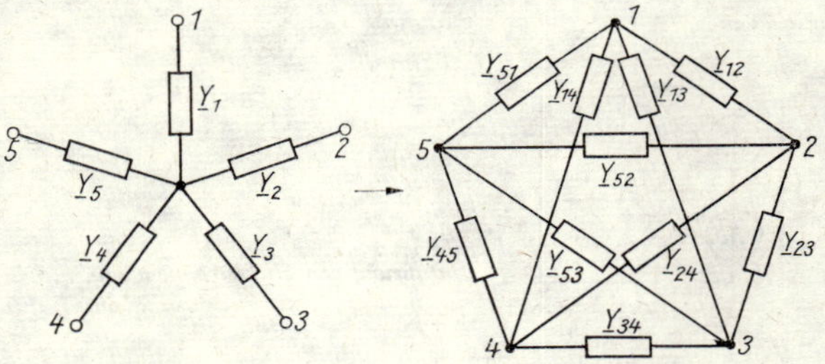

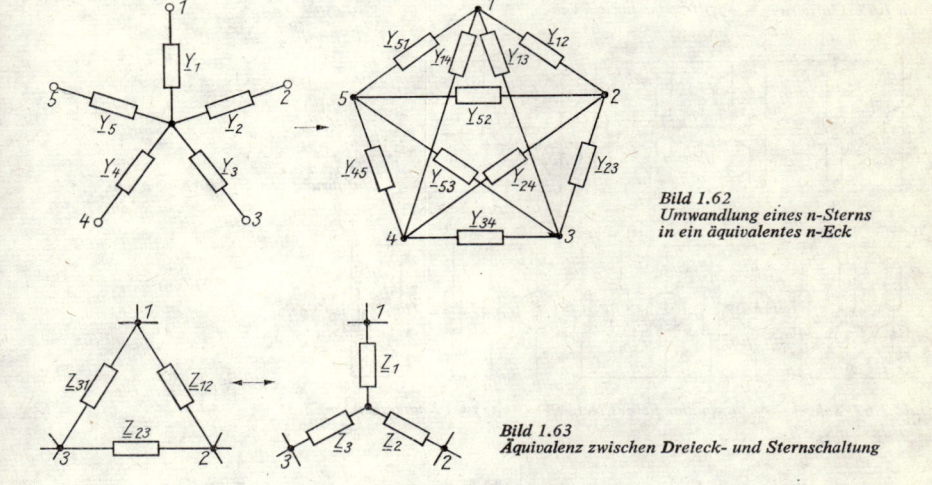

Bild 1.62
Umwandlung eines n-Sterns in ein äquivalentes n-Eck

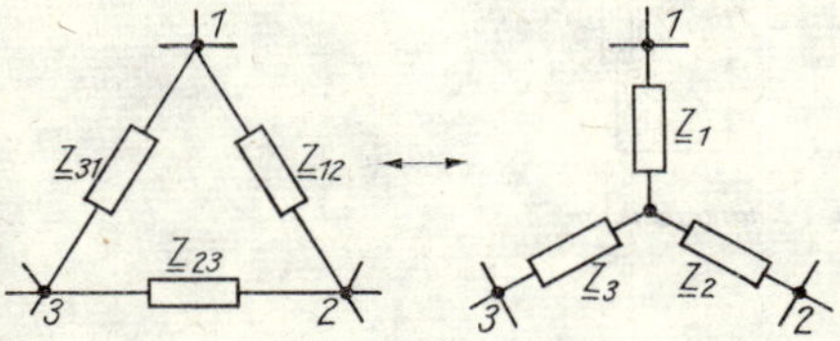

Bild 1.63
Äquivalenz zwischen Dreieck- und Sternschaltung

Umwandlung einer Stromquelle in eine Spannungsquelle und umgekehrt. Eine Strom- und eine Spannungsquelle (Bild 1.64) sind gleichwertig, wenn bei gegenseitigem Austausch keine Änderung im angeschlossenen Netz auftritt. Die Bedingung für die Gleichwertigkeit lautet

$$\underline{E}_\mathrm{i} = \underline{Z}_\mathrm{i}\underline{I}_\mathrm{e}; \qquad (1.402)$$

$\underline{E}_\mathrm{i}$ EMK der Quelle,
$\underline{I}_\mathrm{e}$ Ergiebigkeit der Quelle,
$\underline{Z}_\mathrm{i}$ innerer Widerstand der Quelle.

Die Gleichwertigkeit der Quellen bezieht sich nur auf das angeschlossene Netz (verschiedener Eigenverbrauch).

Bei Spannungsquellen ohne inneren Widerstand ($\underline{Z}_\mathrm{i} = 0$) ist die Umwandlung nicht möglich. In diesem Fall betrachtet man in Reihe liegende Widerstände des äußeren Netzes als Innenwiderstände der Spannungsquellen, um nach Gl. (1.402) den Strom $\underline{I}_\mathrm{e}$ zu bestimmen. Wenn der Zweig nur eine EMK und keine weiteren Widerstände enthält, ist eine direkte Umwandlung ebenfalls nicht möglich. Man hilft sich dann durch Einführen von Hilfsspannungsquellen (Bild 1.65), wobei man Zweige aufspalten kann, in denen Quellen in Reihe mit Widerständen erscheinen.

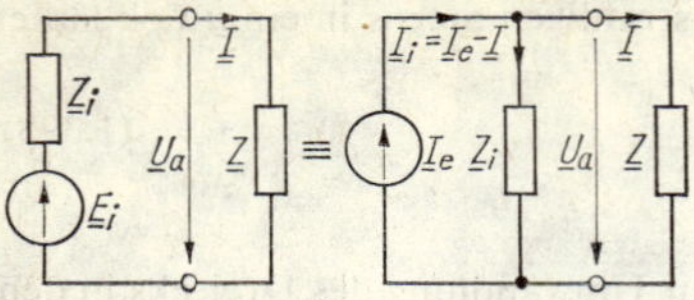

Bild 1.64
Gleichwertigkeit von Strom- und Spannungsquelle

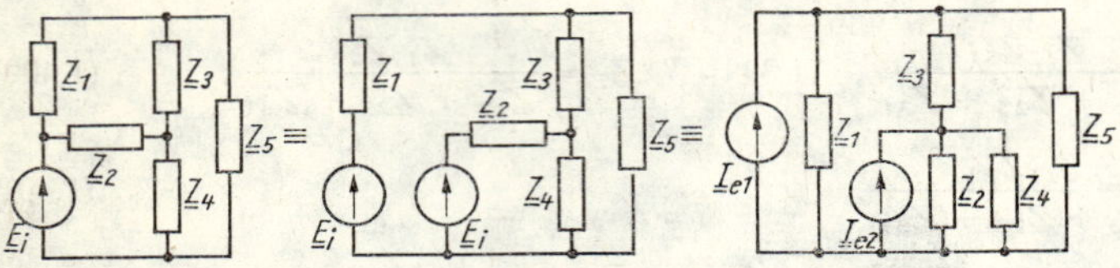

Bild 1.65. Einführung von Hilfsspannungsquellen

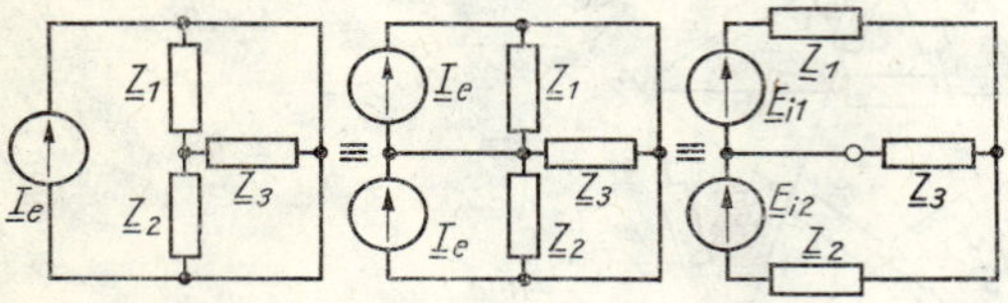

Bild 1.66
Einführung von Hilfsstromquellen

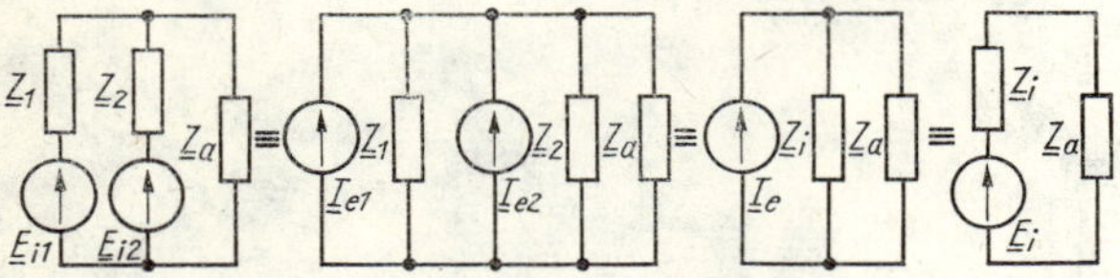

Bild 1.67. Sukzessive Umwandlung eines Netzwerkes mit zwei Knotenpunkten

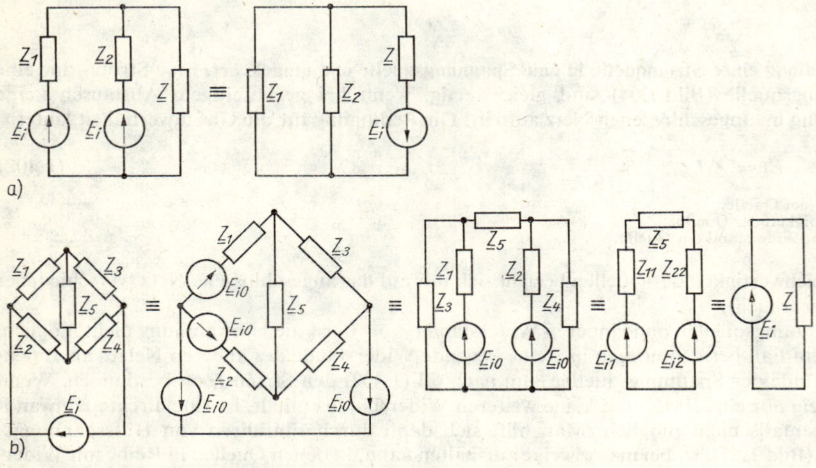

Bild 1.68. Netzumwandlungen durch Versetzen der Spannungsquellen

Bei Stromquellen mit unendlich großen Innenleitwerten (keine Parallelwiderstände zur Stromquelle) führt man gleich große Hilfsstromquellen so ein, daß man durch stromlose Zweige die Stromquelle parallel zu Widerständen erscheinen läßt, die in die Stromquelle zur Durchführung der Umwandlung einbezogen werden (Bild 1.66).

Umwandlung von Netzwerken mit nur zwei Knotenpunkten. Bild 1.67 zeigt, wie man durch sukzessive Umwandlung einer Spannungsquelle in eine Stromquelle (und umgekehrt) zu einer Vereinfachung des zu berechnenden Netzes, das zwischen zwei Knotenpunkten liegt, gelangt. Die allgemeinen Ausdrücke lauten

$$\underline{I}_e = \sum_\lambda \underline{I}_{e\lambda} = \sum_\lambda \frac{\underline{E}_{i\lambda}}{\underline{Z}_\lambda}, \quad (1.403) \qquad \underline{Z}_i = \frac{1}{\sum_\lambda 1/\underline{Z}_\lambda}, \quad (1.404)$$

$$\underline{E}_i = \underline{I}_e \underline{Z}_i = \frac{\sum_\lambda \underline{E}_{i\lambda}/\underline{Z}_\lambda}{\sum_\lambda 1/\underline{Z}_\lambda}. \quad (1.405)$$

Netzumwandlung durch Versetzen der Quelle. Man kann (dem 2. Kirchhoffschen Satz entsprechend) die elektromotorischen Kräfte innerhalb der Masche versetzen, ohne die Ströme zu verändern, wenn dabei die Summe der EMK in allen einzelnen Maschen unverändert bleibt. Durch diese Versetzung können wesentliche Vereinfachungen der Netze erzielt werden (Bild 1.68).

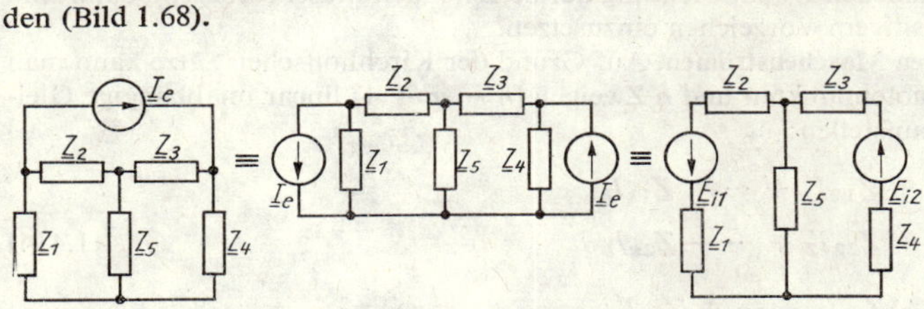

Bild 1.69. Netzumwandlungen durch Versetzen der Stromquellen

Man kann (dem 1. Kirchhoffschen Satz entsprechend) eine Stromquelle versetzen, ohne die Verhältnisse im Netz zu verändern, wenn dabei die Summe der Ströme in allen Knotenpunkten gleichbleibt. Dabei können ebenfalls wesentliche Vereinfachungen in dem zu behandelnden Netz eintreten (Bild 1.69).

1.4.2.6. Berechnung linearer Wechselstromnetze ohne Gegeninduktivität

Ohmsches Gesetz. Das Ohmsche Gesetz in komplexer Schreibweise,

$$\underline{U} = \underline{Z}\underline{I}, \quad (1.406) \qquad \underline{I} = \underline{Y}\underline{U}, \quad (1.407)$$

enthält die Vorschrift zur Ermittlung der komplexen Spannung bei gegebenem komplexem Strom in einem Netzabschnitt mit dem komplexen Widerstand $\underline{Z}$ bzw. dem Leitwert $\underline{Y}$ und umgekehrt. Im Zeigerdiagramm entspricht es einer Drehstreckung des Strom- oder Spannungszeigers. In dem Fall eines Zweiges (Bild 1.70) gilt

$$\underline{U} = \underline{E} - \underline{Z}\underline{I}. \quad (1.408)$$

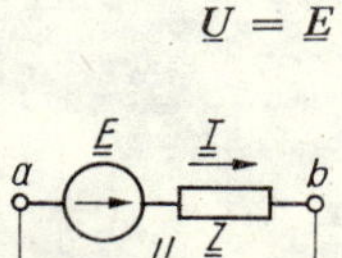

Bild 1.70. Stromzweig

Im allgemeinen sind in dem Zweig mehrere elektromotorische Kräfte bzw. mehrere in Reihe geschaltete ohmsche Widerstände, Induktivitäten und Kapazitäten enthalten, so daß gilt

$$\underline{E} = \sum_{\lambda} \underline{E}_{\lambda}, \tag{1.409}$$

$$\underline{Z} = \sum_{n} R_n + \sum_{n} \mathrm{j}\omega L_n + \sum_{n} \frac{1}{\mathrm{j}\omega C_n}. \tag{1.410}$$

Kirchhoffsche Sätze. Die komplexe Darstellung des 1. Kirchhoffschen Satzes in einem Knotenpunkt eines Wechselstromnetzes lautet

$$\sum_{p} \underline{I}_p = 0. \tag{1.411}$$

Die Summe der komplexen Zweigströme, die in dem betrachteten Knotenpunkt zusammentreffen, ist gleich Null.
Die komplexe Darstellung des 2. Kirchhoffschen Satzes, angewandt auf eine Masche eines Wechselstromnetzes, lautet

$$\sum_{n} \underline{U}_n = 0 \quad (1.412) \qquad \text{oder} \qquad \sum_{\lambda} \underline{E}_{\lambda} = \sum_{\nu} \underline{I}_{\nu} \underline{Z}_{\nu}. \tag{1.413}$$

Stimmen die als positiv angenommenen Richtungen der komplexen EMK und der komplexen Ströme mit der angenommenen Umlaufrichtung der betreffenden Masche überein, dann sind sie in Gl. (1.413) mit positivem Vorzeichen einzusetzen.
Satz von den selbständigen Maschenströmen. Auf Grund der Kirchhoffschen Sätze kann man in einem Netz mit m Knotenpunkten und n Zweigen $(n - m + 1)$ linear unabhängige Gleichungen folgender Art aufstellen:

$$\begin{aligned} \underline{E}_{S1} &= \underline{Z}_{11}\underline{I}_1 + \underline{Z}_{12}\underline{I}_2 + \cdots + \underline{Z}_{1k}\underline{I}_k \\ \underline{E}_{S2} &= \underline{Z}_{21}\underline{I}_1 + \underline{Z}_{22}\underline{I}_2 + \cdots + \underline{Z}_{2k}\underline{I}_k \\ &\vdots \\ \underline{E}_{Sk} &= \underline{Z}_{k1}\underline{I}_1 + \underline{Z}_{k2}\underline{I}_2 + \cdots + \underline{Z}_{kk}\underline{I}_k; \end{aligned} \tag{1.414}$$

$\underline{I}_{\lambda}$ Strom im selbständigen Zweig λ (selbständiger Maschenstrom),
$\underline{Z}_{\lambda\lambda}$ gesamter Widerstand der selbständigen Masche λ,
$\underline{Z}_{\lambda\nu}$ gemeinsamer Widerstand der Maschen λ und ν,
$\underline{E}_{S\lambda}$ gesamte, in der Masche λ wirkende elektromotorische Kraft.

Die positive Richtung des selbständigen Maschenstromes $\underline{I}_{\lambda}$ wird willkürlich festgelegt. Falls der Umlaufsinn der selbständigen Masche mit der Richtung des entsprechenden Maschenstromes übereinstimmt, so ist der Spannungsabfall $\underline{Z}_{\lambda\nu}\underline{I}_{\nu}$ dann positiv, wenn $\underline{I}_{\lambda}$ und $\underline{I}_{\nu}$ den Widerstand $\underline{Z}_{\lambda\nu}$ in gleicher Richtung durchfließen; andernfalls ist er negativ. Man hat somit $(n - m + 1)$ Gleichungen für die $(n - m + 1)$ unbekannten Ströme in den selbständigen Zweigen zu lösen. Mit den selbständigen Strömen berechnet man dann unter Anwendung des 1. Kirchhoffschen Satzes die Ströme in den einzelnen Zweigen. In einem Netz mit k selbständigen Zweigen ist der selbständige Strom

$$\underline{I}_{\lambda} = \frac{1}{\Delta} \sum_{\nu=1}^{k} \underline{E}_{S\nu} (-1)^{\lambda+\nu} \Delta_{\lambda\nu}; \tag{1.415}$$

Δ Determinante des Gleichungssystems (1.414),
$\Delta_{\lambda\nu}$ Unterdeterminante zu dem Element der Spalte λ und der Zeile ν.

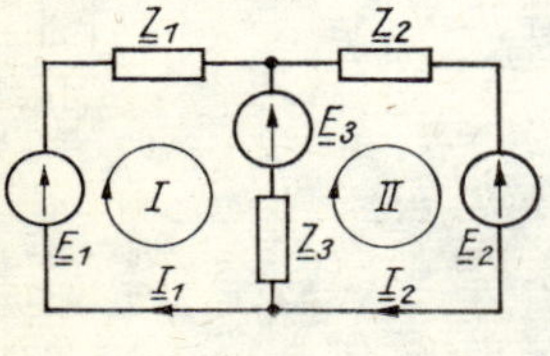

Bild 1.71
Beispiel einer Schaltung zur Berechnung der selbständigen Maschenströme

Beispiel. Es ist das Gleichungssystem für die selbständigen Maschenströme der im Bild 1.71 dargestellten Schaltung anzugeben. Das Netzwerk enthält 3 Zweige ($n = 3$) und 2 Knotenpunkte ($m = 2$). Die Anzahl der selbständigen Maschen ist somit $(n - m + 1) = 2$. Die Gleichungen lauten

$$\underline{E}_{S1} = \underline{E}_1 - \underline{E}_3 = \underline{Z}_{11}\underline{I}_1 + \underline{Z}_{12}\underline{I}_2 = (\underline{Z}_1 + \underline{Z}_3)\underline{I}_1 - \underline{Z}_3\underline{I}_2,$$
$$\underline{E}_{S2} = \underline{E}_3 - \underline{E}_2 = \underline{Z}_{12}\underline{I}_1 + \underline{Z}_{22}\underline{I}_3 = -\underline{Z}_3\underline{I}_1 + (\underline{Z}_2 + \underline{Z}_3)\underline{I}_2.$$

Methode der Knotenspannungen. In einem Netzwerk mit m Knotenpunkten wählt man einen als Vergleichsknotenpunkt (Basisknotenpunkt $\varphi = 0$) aus. $\underline{U}_1$ bis $\underline{U}_{m-1}$ sollen die Spannungen zwischen den $m - 1$ restlichen Knotenpunkten und dem Basispunkt sein. Sind in dem Netz nur Stromquellen enthalten, dann kann man nach dem 1. Kirchhoffschen Satz folgendes Gleichungssystem aufstellen:

$$\begin{aligned} \underline{I}_{S1} &= \underline{Y}_{11}\underline{U}_1 + \underline{Y}_{12}\underline{U}_2 + \cdots + \underline{Y}_{1(m-1)}\,\underline{U}_{m-1} \\ \underline{I}_{S2} &= \underline{Y}_{21}\underline{U}_1 + \underline{Y}_{22}\underline{U}_2 + \cdots + \underline{Y}_{2(m-1)}\,\underline{U}_{m-1} \\ &\vdots \\ \underline{I}_{S(m-1)} &= \underline{Y}_{(m-1)1}\underline{U}_1 + \underline{Y}_{(m-1)2}\underline{U}_2 + \cdots + \underline{Y}_{(m-1)\,(m-1)}\underline{U}_{m-1}. \end{aligned} \tag{1.416}$$

$\underline{I}_{S\lambda}$ ist die Summe der Ergiebigkeiten der Stromquellen, die in dem Knotenpunkt λ zusammenfließen. Ströme, die zum Knoten fließen, sind mit Pluszeichen, die vom Knoten wegfließen, mit Minuszeichen zu versehen. $\underline{Y}_{\lambda\lambda}$ ist die Leitfähigkeit aller Zweige, die in dem Knotenpunkt λ zusammentreffen. $\underline{Y}_{\lambda\nu}$ ist die Leitfähigkeit zwischen dem Knotenpunkt λ und dem Knotenpunkt ν. Der Teilstrom $\underline{Y}_{\lambda\nu}\underline{U}_\nu$ wird negativ eingesetzt, wenn die Knotenspannung $\underline{U}_\nu$ von ν nach 0 zeigt. Die Knotenspannung $\underline{U}_\lambda$ beträgt

$$\underline{U}_\lambda = \frac{1}{\Delta}\sum_{\nu=1}^{m-1} \underline{I}_{S\nu}\,(-1)^{\lambda+\nu}\,\Delta_{\lambda\nu}; \tag{1.417}$$

Δ Hauptdeterminante des Gleichungssystems (1.416),
$\Delta_{\lambda\nu}$ Unterdeterminante zu dem Element der Spalte λ und der Zeile ν.

Wenn in dem Netz auch Spannungsquellen enthalten sind, ist es zweckmäßig, sie vorher in Stromquellen umzuwandeln. Enthält ein Zweig nur eine EMK ($\underline{Z}_i = 0$), so ist die Spannung zwischen den anliegenden Knotenpunkten bekannt. In solchen Fällen ist es vorteilhaft, einen dieser Knotenpunkte als Basispunkt (*0*) zu wählen. Dadurch verringert sich die Anzahl der unbekannten Knotenspannungen und somit auch die Anzahl der zu lösenden Gleichungen. Sind die Knotenspannungen bekannt, dann lassen sich die Ströme berechnen. Der Strom in dem Zweig $\lambda\nu$ beträgt

$$\underline{I}_{\lambda\nu} = (\underline{U}_\lambda - \underline{U}_\nu)\,\underline{Y}_{\lambda\nu}. \tag{1.418}$$

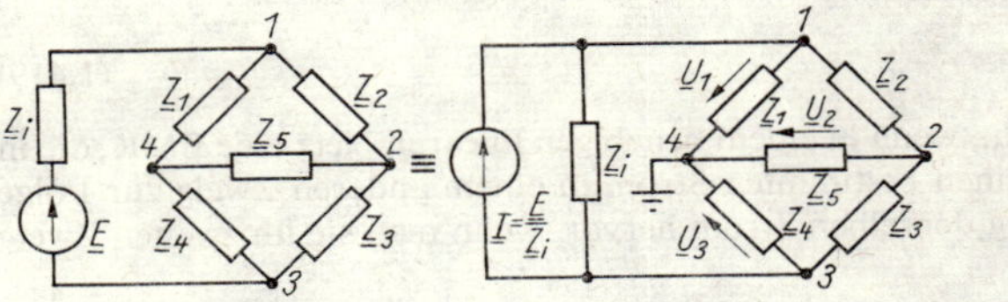

Bild 1.72
Beispiel einer Schaltung zur Berechnung der Knotenspannungen

Beispiel. Es ist das Gleichungssystem für die Knotenspannungen der im Bild 1.72 dargestellten Schaltung aufzustellen. Die Anzahl der Knotenpunkte ist 4. Die Gleichungen für die Knotenpotentiale lauten

$$\underline{I}_1 = \underline{I} = Y_i\underline{E} = (Y_1 + Y_2 + Y_i)\,\underline{U}_1,$$
$$\underline{I}_2 = 0 = -Y_2\underline{U}_1 + (Y_2 + Y_3 + Y_5)\,\underline{U}_2 - Y_3\underline{U}_3,$$
$$\underline{I}_3 = -\underline{I} = -Y_i\underline{E} = -Y_i\underline{U}_1 - Y_3\underline{U}_2 + (Y_3 + Y_4 + Y_i)\,\underline{U}_3.$$

Aus diesen drei Gleichungen kann man mit Gl. (1.417) die jeweiligen Spannungen $\underline{U}_1$, $\underline{U}_2$, $\underline{U}_3$ bestimmen und mit Gl. (1.418) alle Zweigströme ermitteln.

Superpositionsprinzip. In linearen elektrischen Netzwerken, die Spannungsquellen enthalten, sind die selbständigen Ströme und damit auch alle Zweigströme lineare Funktionen der elektromotorischen Kräfte [Gl. (1.415)]. Der Strom in jedem Zweig eines linearen elektrischen Netzes stellt die algebraische Summe der Teilströme dar, die in diesem Zweig von jeder einzelnen elektromotorischen Kraft hervorgerufen werden (Superpositition der Ströme). Die Spannung an einem Zweig ist proportional dem Strom (Summe der Teilströme), d.h., die Spannung an einem Zweig ist gleich der Summe der Teilspannungen, die sich infolge der einzelnen elektromotorischen Kräfte einstellen (Superposition der Spannungen). Bei der Berechnung des Teilstromes $\underline{I}_\lambda$, der im Zweig λ von der EMK $\underline{E}_\nu$ hervorgerufen wird, müssen die übrigen EMK kurzgeschlossen gedacht werden, wobei jedoch ihre inneren Widerstände in den entsprechenden Zweigen verbleiben (Bild 1.73).

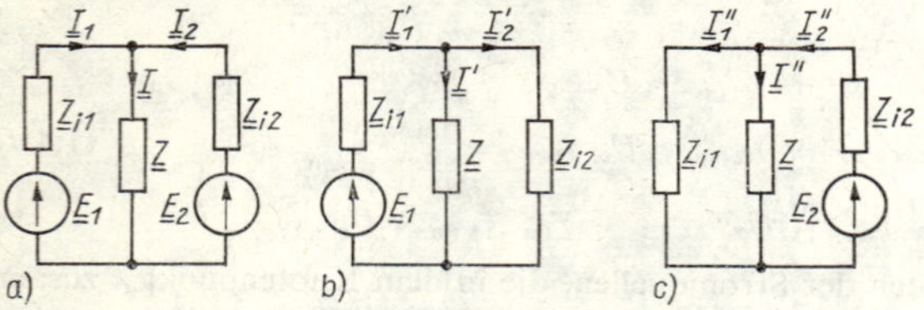

Bild 1.73
Zum Superpositionsprinzip

In einem linearen elektrischen Netz, das Stromquellen enthält, sind die Knotenspannungen und damit auch die Spannungen an allen Zweigen lineare Funktionen der Ergiebigkeiten der Stromquellen [Gl. (1.417)]. Die Knotenspannung eines beliebigen Knotenpunktes und damit die Spannung eines beliebigen Zweiges kann man als Summe der Teilspannungen darstellen, die in diesem Knotenpunkt von den Strömen der einzelnen Stromquellen hervorgerufen werden. Bei der Bestimmung der Teilspannungen, die eine Knotenspannung bilden, kann man schrittweise vorgehen und alle Stromquellen bis auf die, deren Spannungsbeitrag ermittelt werden soll, abschalten, wobei jedoch ihre inneren Leitwerte an den entsprechenden Stellen beibehalten werden. Wenn in einem linearen Netz sowohl Strom- als auch Spannungsquellen auftreten, kann man das Superpositionsprinzip getrennt anwenden. Der Strom in einem beliebigen Zweig ist gleich der algebraischen Summe der Ströme, die in diesem Zweig unter der getrennten Wirkung der einzelnen Strom- und Spannungsquellen fließen. Die nicht wirkenden Spannungsquellen werden durch ihre inneren Widerstände, die nicht wirkenden Stromquellen durch ihre inneren Leitwerte berücksichtigt.

Austauschprinzip. In einem beliebigen linearen Netz sei nur eine einzige EMK $\underline{E}_\lambda$ im Zweig λ enthalten, die im Zweig ν den Strom $\underline{I}_\nu$ antreibt. Schließt man $\underline{E}_\lambda$ kurz und läßt eine einzige EMK $\underline{E}_\nu$ im Zweig ν wirken, derzufolge in dem Zweig λ der Strom $\underline{I}_\lambda$ fließt, dann besteht zwischen den Strömen $\underline{I}_\lambda$ und $\underline{I}_\nu$ die Beziehung

$$\underline{I}_\nu/\underline{I}_\lambda = \underline{E}_\lambda/\underline{E}_\nu. \tag{1.419}$$

Ist $\underline{E}_\lambda = \underline{E}_\nu$, dann ist $\underline{I}_\lambda = \underline{I}_\nu$, d.h., wenn in einem beliebigen linearen Netz eine EMK, die in einem Zweig angeschlossen ist, einen bestimmten Strom in einem anderen Zweig zur Folge hat, dann ruft sie im ersten Zweig denselben Strom hervor, wenn man sie im zweiten Zweig wirken läßt (Bild 1.74).

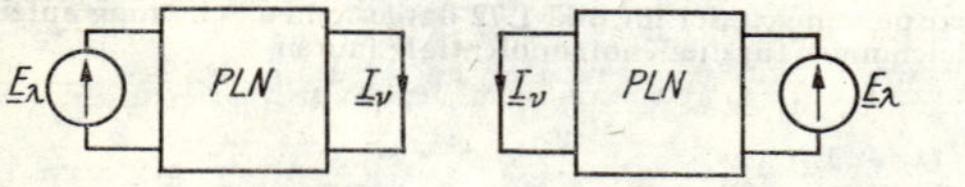

Bild 1.74
Zum Austauschprinzip für Spannungsquellen
PLN passives lineares Netzwerk

Eine einzige Stromquelle mit der Ergiebigkeit $\underline{I}_\lambda$ sei zwischen dem Basispunkt *0* und dem Knotenpunkt λ angeschlossen und habe zwischen zwei anderen Knotenpunkten ζ und ξ die Spannung $\underline{U}_{\zeta\xi}$ zur Folge. Nun werde die Stromquelle unterbrochen und eine andere Stromquelle mit der Ergiebigkeit $\underline{I}_\nu$ zwischen den Knotenpunkten ζ und ξ angeschlossen, die in dem Knotenpunkt λ die Knotenspannung $\underline{U}_\lambda$ erzeuge. Zwischen den Spannungen $\underline{U}_\lambda$ und $\underline{U}_{\zeta\xi}$ besteht die Beziehung

$$\underline{U}_{\zeta\xi}/\underline{U}_{\lambda} = \underline{I}_{\lambda}/\underline{I}_{\nu}. \tag{1.420}$$

Ist $\underline{I}_{\nu} = \underline{I}_{\lambda}$, dann ist $\underline{U}_{\zeta\xi} = \underline{U}_{\lambda}$, d.h., wenn eine Stromquelle zwischen dem Basispunkt *0* und einem Knotenpunkt λ angeschlossen ist und ihr zufolge zwischen zwei anderen Knotenpunkten eine bestimmte Spannung auftritt, dann bedingt dieselbe Stromquelle, wenn sie zwischen den beiden betrachteten Knotenpunkten angeschlossen ist, im ersten Knotenpunkt eine Knotenspannung von derselben Größe (Bild 1.75).

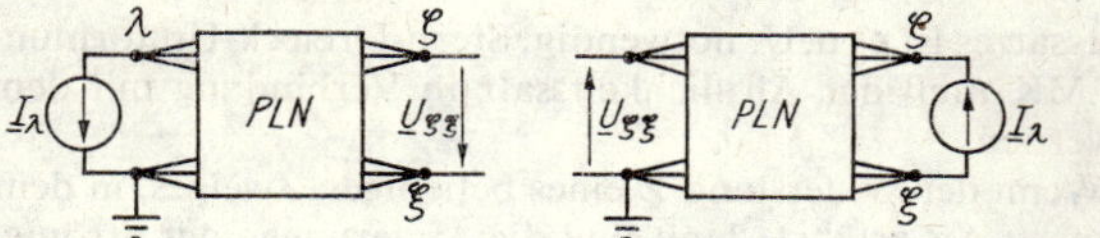

Bild 1.75
Zum Austauschprinzip für Stromquellen
PLN passives lineares Netzwerk

Satz von der Kompensation. Die Ströme in einem elektrischen Netz erleiden keine Änderung, wenn ein Widerstand in einem beliebigen Zweig durch eine EMK ersetzt wird, die gleich dem Spannungsabfall an dem betrachteten Widerstand und deren Richtung entgegengesetzt der Stromrichtung durch den betrachteten Widerstand ist (Bild 1.76). Die Spannungsquelle kann ihrerseits durch eine Stromquelle ersetzt werden (Bild 1.77).

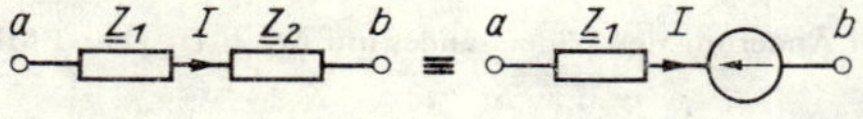

Bild 1.76
Zum Kompensationssatz
(Ersatz eines Widerstandes durch eine EMK)

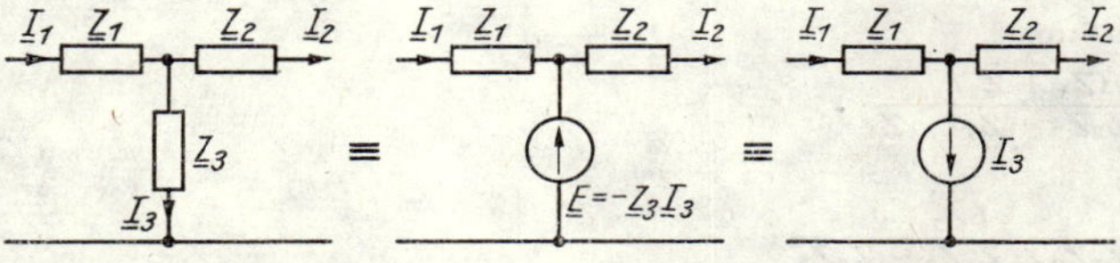

Bild 1.77. Zum Kompensationssatz (Ersatz eines Widerstandes durch eine Stromquelle)

Die EMK $\underline{E}_i$ ist die Ergiebigkeit $\underline{I}_e = \underline{E}_i/\underline{Z}_1$, die einen Widerstand ersetzen, hängen von dem Strom durch den ersetzten Widerstand ab. Bei Netzänderungen in dem unbetroffenen Netzteil ändert sich der Strom durch den ersetzten Widerstand, d.h., es ändern sich die Kompensations-EMK und die Kompensationsergiebigkeit (abhängige Quellen).

Ähnlichkeitssatz. Wenn das Netzwerk eine einzige EMK $\underline{E}$ enthält, kann man die Ströme ohne Aufstellung des gesamten Gleichungssystems berechnen. Zu diesem Zweck nimmt man einen Strom in einem der Zweige als bekannt an und teilt ihm einen bestimmten Wert $\underline{I}'$ (zweckmäßigerweise 1 A) zu. Mit diesem Wert kann man schrittweise alle Ströme $\underline{I}'_{\lambda}$, alle Knotenspannungen $\underline{U}_{\lambda\nu}$ und zuletzt die EMK $\underline{E}'$ ermitteln, die angeschlossen sein müßte, damit der angenommene Strom fließen würde. Die Ströme $\underline{I}_{\lambda}$, die sich bei der tatsächlichen EMK $\underline{E}$ einstellen, lassen sich dann aus der Beziehung

$$\underline{I}_{\lambda}/\underline{I}'_{\lambda} = \underline{E}/\underline{E}' \tag{1.421}$$

ermitteln.

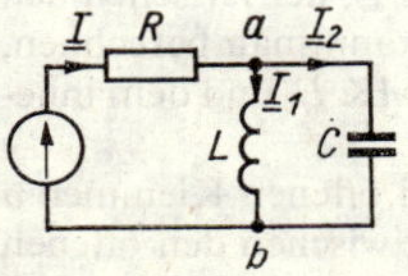

Bild 1.78
Zur Berechnung der Ströme nach dem Ähnlichkeitssatz

Beispiel. Es sind die Ströme in dem Netz nach Bild 1.78 zu bestimmen. Angenommen, I_1 sei $I_1' = 1$ A, dann ist

$$\underline{U}_{ab}' = j\omega L I_1',$$
$$I_2' = j\omega C \underline{U}_{ab}' = -\omega^2 LC I_1',$$
$$I' = I_1' + I_2' = I_1'(1 - \omega^2 LC),$$
$$U_R' = RI' = I_1'(1 - \omega^2 LC)\,R,$$
$$E' = U_R' + \underline{U}_{ab}' = I_1'\,[(1 - \omega^2 LC)\,R + j\omega L].$$

Ist nun $|E|/|E'| = k$, dann ergibt sich

$$I_1 = kI_1', \quad I_2 = kI_2', \quad I = kI' = I_1 + I_2.$$

Für die Anwendung des Ähnlichkeitssatzes ist es u. U. notwendig, Stern-Dreieck-Umformungen vorzunehmen. Bei mehreren EMK muß der Ähnlichkeitssatz in Verbindung mit dem Superpositionsprinzip angewandt werden.

Satz von der Widerstandsänderung. Wenn der Widerstand $\underline{Z}$ eines beliebigen Zweiges, in dem der Strom $\underline{I}$ fließt, eine Änderung um $\pm\,\Delta\underline{Z}$ erfährt, dann sind die Änderungen der Ströme, die infolgedessen in dem Netz auftreten, dieselben, die eine EMK $\underline{E} \pm \Delta\underline{Z}\underline{I}$ hervorrufen würde, die entgegen dem Strom in dem betrachteten Zweig wirkt.

Die Anwendung dieses Satzes führt u. U. zu wesentlichen Vereinfachungen der Behandlung des Netzes, wenn die Ströme vor der Widerstandsänderung bekannt sind.

Beispiel. Es ist der Strom I_3 in dem Netz nach Bild 1.79a zu bestimmen. Zuerst wird der Zustand bei kurzgeschlossenen Klemmen *a* und *b* ($\underline{Z}_3' = 0$) ermittelt; dann ist

$$I_3' = I_1' = E/\underline{Z}_1.$$

Nun wird der Kurzschluß beseitigt. Dies entspricht einer Änderung des Widerstandes um $\Delta\underline{U} = \underline{U}_3$. Die EMK (Bild 1.79b)

$$\Delta E = I_3'\,\Delta\underline{Z} = E\,\frac{\underline{Z}_3}{\underline{Z}_1}$$

bedingt in dem eigenen Zweig den Strom

$$I_3'' = -\frac{E\underline{Z}_3(\underline{Z}_1 + \underline{Z}_2)}{(\underline{Z}_1\underline{Z}_3 + \underline{Z}_2\underline{Z}_3 + \underline{Z}_1\underline{Z}_2)\,\underline{Z}_1}.$$

Der Strom durch $\underline{Z}_3$ ist dann

$$I_3 = I_3' - I_3'' = \frac{E\underline{Z}_2}{\underline{Z}_1\underline{Z}_2 + \underline{Z}_1\underline{Z}_3 + \underline{Z}_2\underline{Z}_3}.$$

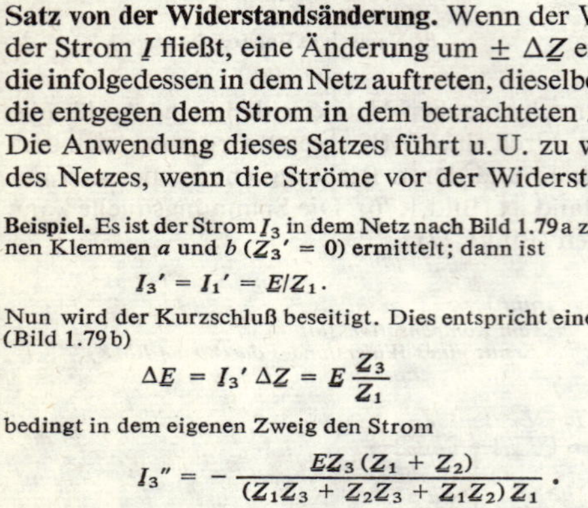

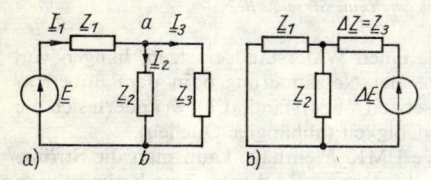

Bild 1.79
Zur Berechnung des Stromes I_3 nach dem Satz von der Widerstandsänderung

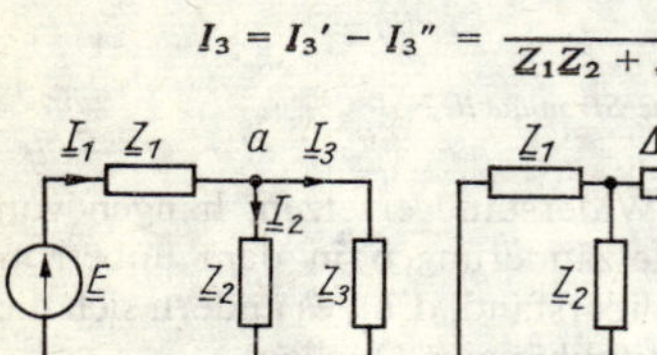

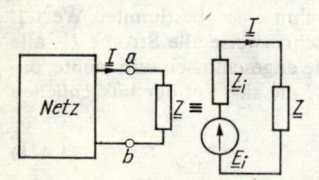

Bild 1.80
Umwandlung eines Netzes in eine Ersatzspannungsquelle

Satz von der Ersatzspannungsquelle. Den Strom durch einen Widerstand $\underline{Z}$, der zwischen den Punkten *a* und *b* eines linearen elektrischen Netzes angeschlossen ist, kann man berechnen, wenn man das ganze übrige Netz durch eine Spannungsquelle mit der EMK $\underline{E}_i$ und dem inneren Widerstand $\underline{Z}_i$ ersetzt (Bild 1.80).

Hierbei ist die EMK $\underline{E}_i$ gleich der Leerlaufspannung, die zwischen den offenen Klemmen *a* und *b* erscheint. Der innere Widerstand $\underline{Z}_i$ ist gleich dem Widerstand zwischen den offenen

Klemmen *a* und *b*, wenn man die elektromotorischen Kräfte in dem ganzen Netz kurzschließen würde, wobei ihr innerer Widerstand jeweils in den entsprechenden Zweig aufgenommen wird. Der Strom durch den Widerstand $\underline{Z}$ ist dann

$$\underline{I} = \frac{\underline{E}_i}{\underline{Z} + \underline{Z}_i}. \tag{1.422}$$

Beispiel. Es ist der Strom im Widerstand $\underline{Z}_3$ (Bild 1.79) zu bestimmen. Die Spannung zwischen den offenen Klemmen *a* und *b* ist

$$\underline{U}_{abo} = \frac{\underline{E}\underline{Z}_2}{\underline{Z}_1 + \underline{Z}_2} = \underline{E}_i.$$

Der Widerstand zwischen den offenen Klemmen *a* und *b* (alle EMK kurzgeschlossen) beträgt

$$\underline{Z}_{abo} = \frac{\underline{Z}_1\underline{Z}_2}{\underline{Z}_1 + \underline{Z}_2} = \underline{Z}_i.$$

Der Strom durch $\underline{Z}_3$ ist

$$\underline{I}_3 = \frac{\underline{E}_i}{\underline{Z}_i + \underline{Z}_3} = \frac{\underline{E}\underline{Z}_2}{\underline{Z}_1\underline{Z}_2 + \underline{Z}_1\underline{Z}_3 + \underline{Z}_2\underline{Z}_3}.$$

Satz von der Ersatzstromquelle. Der Strom in einem beliebigen Widerstand $\underline{Z}$, der zwischen den Punkten *a* und *b* eines linearen elektrischen Netzes angeschlossen ist, bleibt unverändert, wenn man das ganze Netz durch eine Stromquelle mit der Ergiebigkeit $\underline{I}_e$ und dem inneren Leitwert $\underline{Y}_i$ (Bild 1.81) ersetzt. Hierbei ist die Ergiebigkeit der Stromquelle gleich dem Strom,

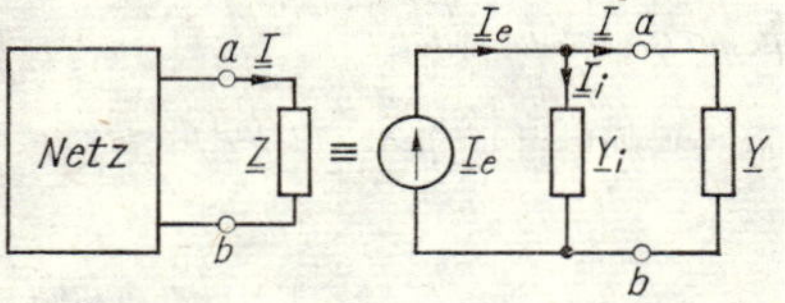

Bild 1.81
Umwandlung eines Netzes in eine Ersatzstromquelle

der durch einen die Klemmen *a* und *b* kurzschließenden Leiter fließen würde. Der innere Leitwert ist gleich dem Leitwert des Netzwerkes, den man zwischen den offenen Klemmen *a* und *b* bei kurzgeschlossenen Spannungsquellen innerhalb des Netzwerkes (innere Widerstände der Spannungsquellen sind zu berücksichtigen) messen würde.

Beispiel. Es ist der Strom im Widerstand $\underline{Z}_3$ (Bild 1.79) mit Hilfe des Satzes von der Ersatzstromquelle zu berechnen. Der Strom durch den Leiter, der die Klemmen *a* und *b* kurzschließt, ist

$$\underline{I}_{abk} = \frac{\underline{E}}{\underline{Z}_1} = \underline{I}_e.$$

Der Leitwert zwischen den offenen Klemmen *a* und *b* ist

$$\underline{Y}_{io} = \frac{1}{\underline{Z}_1} + \frac{1}{\underline{Z}_2} = \frac{\underline{Z}_1 + \underline{Z}_2}{\underline{Z}_1\underline{Z}_2}.$$

Der gesuchte Strom beträgt dann

$$\underline{I}_3 = \frac{\underline{I}_e\underline{Y}_3}{\underline{Y}_i + \underline{Y}_3} = \frac{\underline{E}}{\underline{Z}_1}\,\frac{1}{\underline{Z}_3\left(\frac{1}{\underline{Z}_3} + \frac{\underline{Z}_1 + \underline{Z}_2}{\underline{Z}_1\underline{Z}_2}\right)} = \frac{\underline{E}\underline{Z}_2}{\underline{Z}_1\underline{Z}_2 + \underline{Z}_1\underline{Z}_3 + \underline{Z}_2\underline{Z}_3}.$$

1.4.2.7. Lineare elektrische Netze mit Gegeninduktivität

Zwischen einer Spule λ mit der Induktivität L_λ und einer Spule ν mit der Induktivität L_ν besteht die Gegeninduktivität M. Je eine Klemme der Spule wird mit (·) gekennzeichnet (Bild 1.82), und zwar so, daß sich die Flüsse infolge der Induktivität und der Gegeninduktivität addieren, wenn beide Ströme gleichsinnig zu den gekennzeichneten Klemmen (·) fließen (gleichsinnige Schaltung), andernfalls subtrahieren (gegensinnige Schaltung). Die Spannungen an den Klemmen der Spule betragen

$$\underline{U}_\lambda = j\omega L_\lambda \underline{I}_\lambda \pm j\omega M \underline{I}_\nu, \tag{1.423}$$

$$\underline{U}_\nu = j\omega L_\nu \underline{I}_\nu \pm j\omega M \underline{I}_\lambda. \tag{1.424}$$

Das Pluszeichen gilt bei gleichsinniger, das Minuszeichen bei gegensinniger Schaltung.
Der 2. Kirchhoffsche Satz lautet in Netzwerken mit Gegeninduktivität

$$\sum_{\nu=1}^{n} \underline{E}_\nu = \sum_{p=1}^{q} R_p \underline{I}_p + \sum_{p=1}^{q} \mathrm{j}\omega L_p \underline{I}_p \pm \sum_{p=1}^{q} \mathrm{j}\omega M_p \underline{I}_p + \sum_{p=1}^{q} \frac{1}{\mathrm{j}\omega C_p} \underline{I}_p . \tag{1.425}$$

Der Spannungsabfall infolge der Gegeninduktivität hat dasselbe Vorzeichen wie der Spannungsabfall infolge der Induktivität bei gleichsinniger Schaltung der Spulen und entgegengesetztes Vorzeichen bei gegensinniger Schaltung der Spulen.

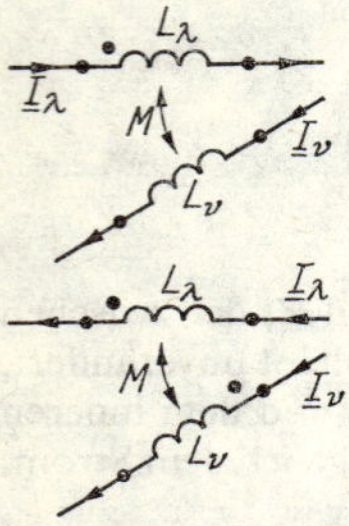

Bild 1.82. Zur Gegeninduktivität

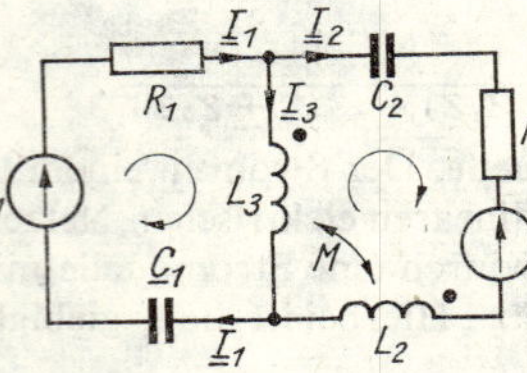

Bild 1.83. Netzwerk mit Gegeninduktivität

Beispiel. Es sind die Gleichungen für das im Bild 1.83 dargestellte Netzwerk aufzustellen:

$$\underline{I}_1 = \underline{I}_2 + \underline{I}_3,$$

$$\underline{E}_1 = \underline{I}_1 \underline{R}_1 + \mathrm{j}\omega L_3 \underline{I}_3 + \frac{1}{\mathrm{j}\omega C_1} \underline{I}_1 + \mathrm{j}\omega M \underline{I}_2,$$

$$-\underline{E}_2 = \underline{I}_2 \frac{1}{\mathrm{j}\omega C_2} + \underline{I}_2 \underline{R}_2 + \mathrm{j}\omega L_2 \underline{I}_2 - \mathrm{j}\omega L_3 \underline{I}_3 + \mathrm{j}\omega M \underline{I}_3 - \mathrm{j}\omega M \underline{I}_2 .$$

Beseitigung der Gegeninduktivität aus der Schaltung. Eine Schaltung, die zwei Zweige mit den Widerständen $\underline{Z}_1$ und $\underline{Z}_2$ enthält, die einen gemeinsamen Knotenpunkt haben und zwischen denen die Gegeninduktivität M herrscht (Bild 1.84a), kann in eine Schaltung ohne Gegen-

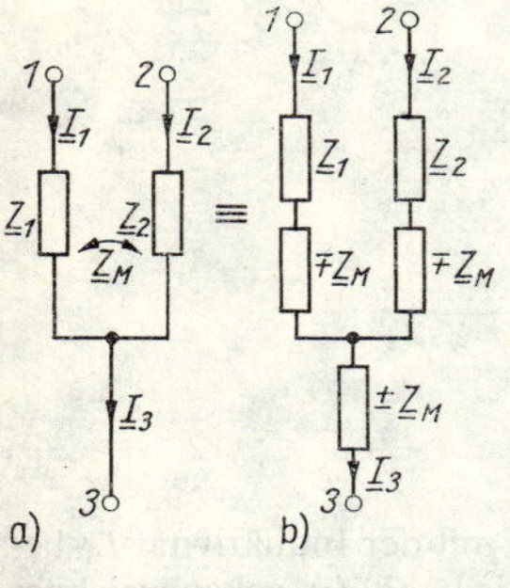

Bild 1.84
Ersatz einer Gegeninduktivität durch Widerstände

induktivität (Bild 1.84b) umgewandelt werden. Es bedeutet $\underline{Z}_M = \mathrm{j}\omega M$. Die oberen Vorzeichen des Widerstandes $\underline{Z}_M$ gelten dann, wenn am Knotenpunkt gleich bezeichnete (·) Spulenenden, die unteren Vorzeichen, wenn verschieden bezeichnete (·) Spulenenden zusammentreffen.

1.4.2.8. Resonanz

Grundlagen. Ein beliebiger passiver Zweipol kann durch die Reihenschaltung eines Wirkwiderstandes R und eines Blindwiderstandes X oder durch die Parallelschaltung eines Wirkleitwerts G und eines Blindleitwerts B dargestellt werden (Bild 1.85). Der komplexe Widerstand des Zweipols ist

$$\underline{Z} = \underline{U}/\underline{I} = R + \mathrm{j}X, \tag{1.426}$$

der komplexe Leitwert

$$\underline{Y} = \underline{I}/\underline{U} = G - \mathrm{j}B. \tag{1.427}$$

Bild 1.86 zeigt die Ersatzschaltbilder, die sich ergeben, wenn der Zweipol nur drei Elemente verschiedener Natur enthält. In diesem Fall ist

$$\underline{Z} = \underline{U}/\underline{I} = R + \mathrm{j}X = R + \mathrm{j}\,(\omega L - 1/\omega C) = Z\,\mathrm{e}^{\mathrm{j}\varphi_z}, \tag{1.428}$$

$$\underline{Y} = \underline{I}/\underline{U} = G - \mathrm{j}B = G - \mathrm{j}\,(1/\omega L - \omega C) = Y\,\mathrm{e}^{\mathrm{j}\varphi_y}, \tag{1.429}$$

$$Z = \sqrt{R^2 + (\omega L - 1/\omega C)^2}, \quad \varphi_z = \arctan\frac{\omega L - 1/\omega C}{R}, \tag{1.430}$$

$$Y = \sqrt{G^2 + [(1/\omega L) - \omega C]^2}, \quad \varphi_y = -\arctan\frac{(1/\omega L) - \omega C}{G}. \tag{1.431}$$

Bild 1.87 zeigt die einfachste Schaltung zweier verlustbehafteter Blindelemente, die Reihenschaltung. Für diesen Fall ist

$$\underline{Z} = (R_1 + R_2) + \mathrm{j}\,(\omega L - 1/\omega C) = Z\,\mathrm{e}^{\mathrm{j}\varphi_z}. \tag{1.432}$$

Für die Parallelschaltung einer verlustbehafteten Induktivität und eines verlustbehafteten Kondensators (Bild 1.88) ergibt sich

$$\underline{Y} = \left(\frac{R_1}{R_1^2 + \omega^2 L^2} + \frac{R_2}{R_2^2 + 1/\omega^2 C^2}\right) - \mathrm{j}\left(\frac{\omega L}{R_1^2 + \omega^2 L^2} - \frac{1/\omega C}{R_2^2 + 1/\omega^2 C^2}\right)$$
$$= Y\,\mathrm{e}^{\mathrm{j}\varphi_y}. \tag{1.433}$$

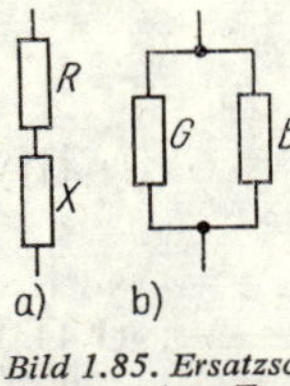

Bild 1.85. Ersatzschaltbild eines passiven Zweipols

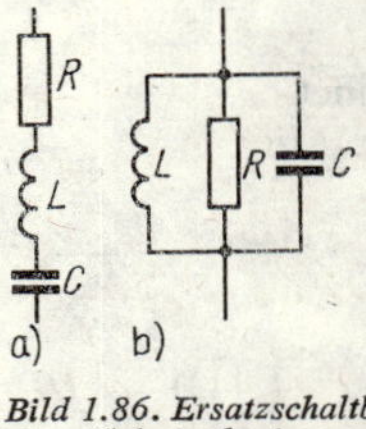

Bild 1.86. Ersatzschaltbild eines Schwingkreises

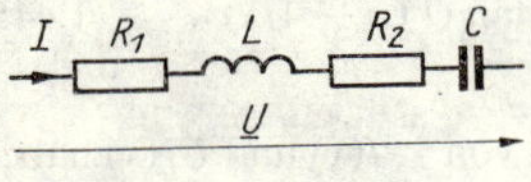

Bild 1.87
Reihenschwingkreis mit verlustbehafteten Elementen

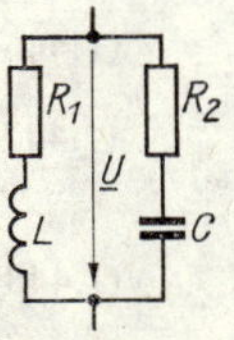

Bild 1.88
Parallelschwingkreis mit verlustbehafteten Elementen

Im allgemeinen sind $\underline{Z}$, Z, φ_z, R, X und $\underline{Y}$, Y, φ_y, G, B in mehr oder weniger komplizierter Weise von den Bauelementen des Zweipols und von der Frequenz abhängig.

Resonanzbedingungen. Resonanz tritt ein, wenn die Blindkomponente des komplexen Widerstandes bzw. die Blindkomponente des Leitwerts Null wird.

Resonanzkurven. Die Resonanzkurven geben den Strom im Stromkreis, die Spannung am ohmschen Widerstand, an der Induktivität und an der Kapazität und den Phasenwinkel zwischen Spannung und Strom in Abhängigkeit von der Frequenz an.

Spannungsresonanz. Sie liegt vor, wenn der komplexe Widerstand des Zweipols reell wird ($X = 0$). Für den Fall im Bild 1.87 wird

$$X = \omega L - 1/\omega C = 0 \tag{1.434}$$

bei

$$\omega = \omega_0 = 1/\sqrt{LC}. \tag{1.435}$$

Im Resonanzfall ist der Widerstand der Induktivität gleich dem Widerstand der Kapazität:

$$\omega_0 L = 1/\omega_0 C = \sqrt{L/C} = \varrho. \tag{1.436}$$

Strom und Spannung sind in Phase ($\varphi_z = 0$):

$$\underline{U} = \underline{I}R. \tag{1.437}$$

Der Betrag der Spannung an der Induktivität ist gleich dem Betrag der Spannung an der Kapazität:

$$U_L = U_C = I\varrho = U\varrho/R. \tag{1.438}$$

Güte und Dämpfung des Resonanzkreises. Es ist

$$U_L/U = U_C/U = \varrho/R = Q. \tag{1.439}$$

Q heißt *Güte* des Kreises; ihr reziproker Wert

$$d = 1/Q \tag{1.440}$$

wird als *Dämpfung* des Kreises bezeichnet.

Resonanzkurven bei Spannungsresonanz. Mit

$$x = \omega/\omega_0 \tag{1.441}$$

erhält man

$$I = \frac{U}{\varrho\sqrt{1/Q^2 + (x - 1/x)^2}}, \tag{1.442}$$

$$U_C = \frac{U}{x\sqrt{1/Q^2 + (x - 1/x)^2}}, \tag{1.443}$$

$$U_L = \frac{xU}{\sqrt{1/Q^2 + (x - 1/x)^2}}, \tag{1.444}$$

$$\varphi = \arctan Q\,(x - 1/x)^2. \tag{1.445}$$

Bild 1.89 zeigt den Verlauf von I, U_C, U_L und φ in Abhängigkeit von x. $I(x)$ und $U_L(x)$ haben Extremwerte:

$$I = I_{\max} \quad \text{für} \quad x = 1, \tag{1.446}$$

$$U_C = U_{C\max} \quad \text{für} \quad x_C = \sqrt{\frac{2Q^2 - 1}{2Q^2}}, \tag{1.447}$$

$$U_L = U_{L\max} \quad \text{für} \quad x_L = \sqrt{\frac{2Q^2}{2Q^2 - 1}}. \tag{1.448}$$

Es ist

$$x_C x_L = 1. \tag{1.449}$$

Die Extremwerte sind

$$I_{\max} = U/R, \tag{1.450}$$

$$U_{C\max} = U_{L\max} = \frac{2Q}{\sqrt{4 - 1/Q}} U. \tag{1.451}$$

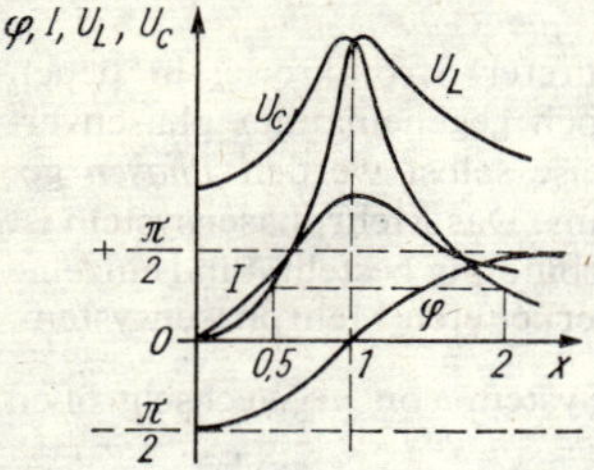

Bild 1.89
I, U_C, U_L und φ in Abhängigkeit von x

Je größer Q wird, desto größer ist $U_{C\max}/U$ bzw. $U_{L\max}/U$, und desto näher rücken die Extremwerte aneinander.

Stromresonanz. Sie liegt vor, wenn der komplexe Leitwert des Zweipols reell wird ($B = 0$). Für Bild 1.88 ist das der Fall, wenn gilt

$$B = \frac{\omega_0 L}{R_1^2 + \omega_0^2 L^2} - \frac{1/\omega_0 C}{R_2^2 + 1/\omega_0^2 C^2} = 0, \tag{1.452}$$

$$\omega_0 = \frac{1}{\sqrt{CL}} \sqrt{\frac{R_1^2 - L/C}{R_2^2 - L/C}}. \tag{1.453}$$

Für $R_1 = R_2 \neq L/C$ liegt Resonanz vor bei

$$\omega_0 + 1/\sqrt{LC}. \tag{1.454}$$

Bei $R_1 \neq R_2$ ist Resonanz nur dann möglich, wenn entweder gleichzeitig

$$R_1^2 > L/C \quad \text{und} \quad R_2^2 > L/C \tag{1.455}$$

oder gleichzeitig

$$R_1^2 < L/C \quad \text{und} \quad R_2^2 < L/C \tag{1.456}$$

sind. Wenn

$$R_1^2 > L/C \quad \text{und} \quad R_2^2 < L/C \tag{1.457}$$

oder

$$R_1^2 < L/C \quad \text{und} \quad R_2^2 > L/C \tag{1.458}$$

ist, dann wird ω_0 imaginär, d.h., in einem solchen Kreis tritt bei keiner Frequenz Resonanz ein. Wenn

$$R_1 = R_2 = \sqrt{L/C} = R, \tag{1.459}$$

dann ist

$$\omega_0 = 0/0. \tag{1.460}$$

In diesem Fall ist Y bei jeder Frequenz reell, d. h., es herrscht Resonanz („ewige Resonanz").
Resonanzkurve. Der Strom in Abhängigkeit von der normierten Frequenz x ist für $R_1 = R_2 = 0$

$$I = \frac{U}{\varrho}(x - 1/x)\,. \tag{1.461}$$

1.4.3. Mehrphasensysteme

1.4.3.1. Grundlagen

Eigenschaften der Mehrphasensysteme. Die Gesamtheit mehrerer Stromkreise, in denen elektromotorische Kräfte gleicher Frequenz wirken, die jedoch gegeneinander phasenverschoben sind, nennt man Mehrphasensystem. Die Stromkreise selbst werden *Phasen* genannt, ihre Anzahl bestimmt die Anzahl des Mehrphasensystems. Das Mehrphasensystem ist unverkettet, wenn unter den Stromkreisen keine elektrische Verbindung besteht. Sind einzelne Phasen miteinander verbunden, dann spricht man von einem verketteten Mehrphasensystem.

Symmetrische und unsymmetrische Mehrphasensysteme. Ein System von m Wechselgrößen (EMK, Ströme, Spannungen usw.) der Art

$$\underline{V}_\lambda = V_\lambda\, e^{j\varphi_\lambda} \tag{1.462}$$

heißt symmetrisch, wenn

$$V_1 = V_2 = V_3 = \cdots = V_\lambda = \cdots = V_m, \tag{1.463}$$
$$\varphi_1 - \varphi_2 = \varphi_2 - \varphi_3 = \varphi_3 - \varphi_4 = \cdots = \varphi_m - \varphi_1 = \alpha.$$

Ist eine der beiden Bedingungen nicht erfüllt, dann spricht man von einem unsymmetrischen System. Bei m Phasen kann man n verschiedene symmetrische Systeme in Abhängigkeit von der Phasendifferenz

$$\alpha = n\frac{2\pi}{m} \tag{1.464}$$

erhalten ($n = 1, 2, \ldots, m$).
Bild 1.90 zeigt den Fall für $m = 5$. Bei dem symmetrischen System mit $n = 1$ sind die Zeiger im Uhrzeigersinn in der Reihenfolge ihrer Bezifferung angeordnet. Derartige Systeme werden *Mitsysteme* genannt. Bei einem symmetrischen System mit $n = m - 1$ sind die Zeiger in entgegengesetzter Reihenfolge ihrer Bezifferung angeordnet. Derartige Systeme heißen *Gegensysteme*. Bei $n = m$ oder $n = 0$ fallen alle Zeiger aufeinander. Ein derartiges System wird *Nullsystem* genannt. Bei den übrigen Werten von n erhält man gemischtsymmetrische Systeme.

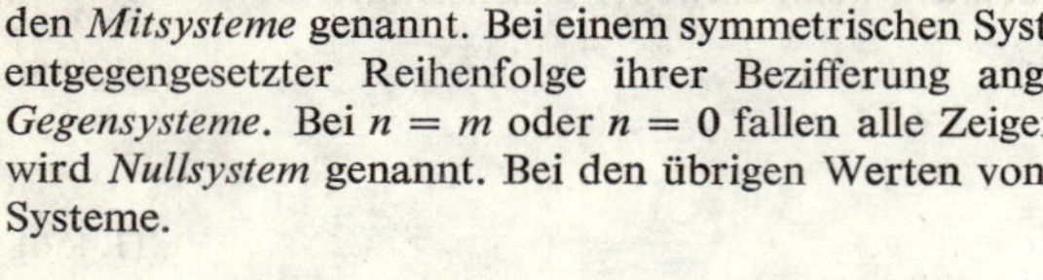

Bild 1.90
Mehrphasensystem
m Anzahl der Phasen (Anzahl der Wechselgrößen); n Anzahl der Systeme

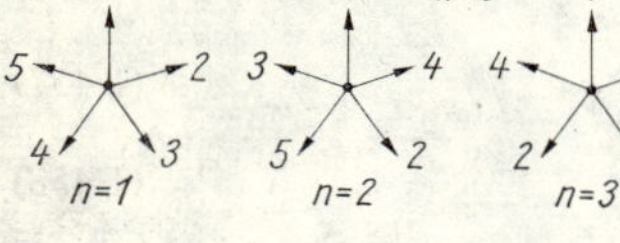

Bild 1.91
Dreiphasensystem
m Anzahl der Phasen; n Anzahl der Systeme

Bei dem wichtigsten technischen Fall, dem Dreiphasensystem, sind nur 3 symmetrische Systeme möglich, und zwar das Mit-, das Gegen- und das Nullsystem (Bild 1.91). Bei allen symmetrischen Systemen, mit Ausnahme des Nullsystems, ist die Summe aller Systemzeiger Null. Beim Nullsystem ist die Summe der Zeiger gleich dem m-fachen Wert des Einzelzeigers.
Die Stromkreise, die die einzelnen Phasen bilden, nennt man symmetrisch, wenn ihre komplexen Widerstände gleich sind, andernfalls werden sie unsymmetrisch genannt.
Operator des m-Phasen-Systems. Die komplexe Zahl

$$a_m = \exp\left[\mathrm{j}\frac{2\pi}{m}\right] = \cos\frac{2\pi}{m} + \mathrm{j}\sin\frac{2\pi}{m} \tag{1.465}$$

nennt man Operator des m-Phasen-Systems. Wenn man einen der Zeiger des m-Phasen-Systems herausgreift und ihn der Reihe nach mit a_m^{-n}, a_m^{-2n}, a_m^{-3n} usw. multipliziert, dann erhält man den n-ten Fall der möglichen 1 bis m symmetrischen Systeme (Bild 1.94).
Balancierte Systeme. Die Gesamtleistung eines Mehrphasensystems ist gleich der Summe der Leistungen der einzelnen Phasen. Ein Mehrphasensystem ist balanciert, wenn der Augenblickswert der Leistung zeitunabhängig ist:

$$p = \sum_{\lambda=1}^{m} u_\lambda i_\lambda = \text{konst.} \tag{1.466}$$

Bei Symmetrie der Ströme und der Spannungen (Nullsystem ausgeschlossen) ist das System für $m > 2$ balanciert:

$$p = mUI\cos\varphi = \text{konst.} \tag{1.467}$$

Die Unsymmetrie bedeutet jedoch noch nicht, daß das System unbalanciert ist.
Verkettung von Mehrphasensystemen. Die Wicklungen, in denen die EMK induziert werden (Generator- der Transformatorwicklungen), bzw. die Widerstände des Verbrauchers können grundsätzlich in Stern- oder in Polygonschaltung verkettet werden. Dabei kann sich die Schaltung des Generators (Transformators) von der Schaltung des Verbrauchers unterscheiden.
Man bezeichnet die Klemmen der m Generator- bzw. Transformatorwicklungen am Anfang mit *0* und am Ende mit jeweils *1* bis m, so daß die induzierten EMK $\underline{E}_1$ bis $\underline{E}_m$, die das betreffende System der Spannungen bilden, in allen Wicklungen in Richtung von der Anfangsklemme *0* zu der jeweiligen Endklemme $\lambda = 1$ bis $\lambda = m$ wirken.
Sternschaltung. Alle Anfangsklemmen (*0*) werden kurzgeschlossen. Der Nullpunkt kann als Nulleiter (*0*) herausgeführt werden. Alle freien Klemmen (*1* bis m) werden mit den Hauptleitern *1* bis m verbunden. Bild 1.92 zeigt die Sternschaltung beim Dreiphasengenerator.

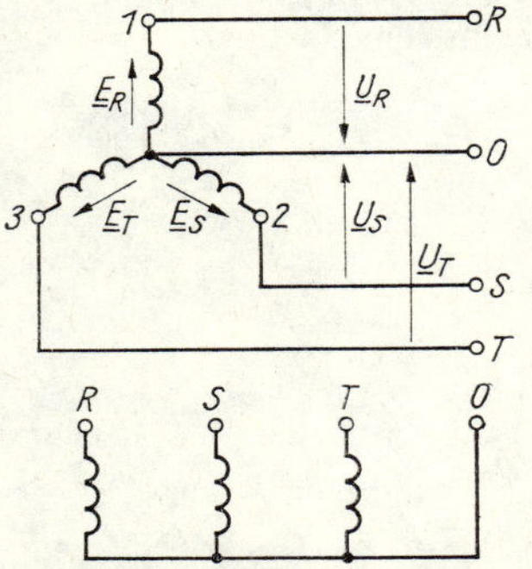

Bild 1.92. Dreiphasengenerator in Sternschaltung

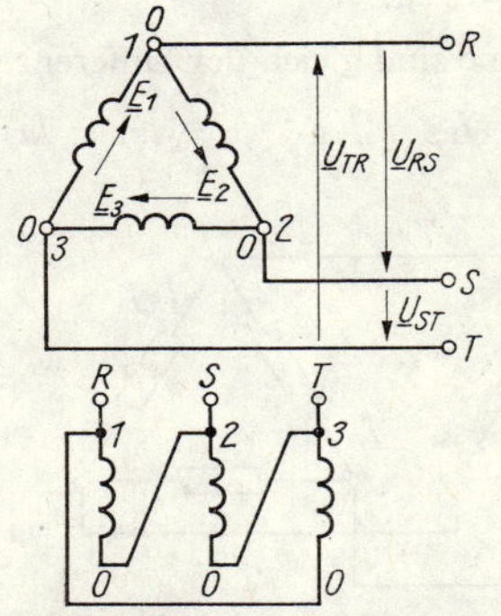

Bild 1.93. Dreiphasengenerator in Dreieckschaltung

Polygonschaltung. Jeweils die Anfangsklemme (*0*) der einen Wicklung wird mit der Endklemme (λ) der folgenden Wicklung verbunden. Die Verbindungspunkte werden zu den Hauptleitern des Systems geführt. Bild 1.93 zeigt die Polygonschaltung (Dreieckschaltung) beim Dreiphasengenerator.

1.4.3.2. Symmetrisches Dreiphasensystem

Symmetrische Sternschaltung. Bild 1.94 zeigt das symmetrische Dreiphasensystem in Sternschaltung und das zugehörige Zeigerdiagramm der Ströme und der Spannungen für den Fall einer induktiven Belastung ($\varphi > 0$). Die Ströme in den Hauptleitern (Leiterströme) sind gleich den Phasenströmen:

$$\underline{I}_{l} = \underline{I}_{ph}. \tag{1.468}$$

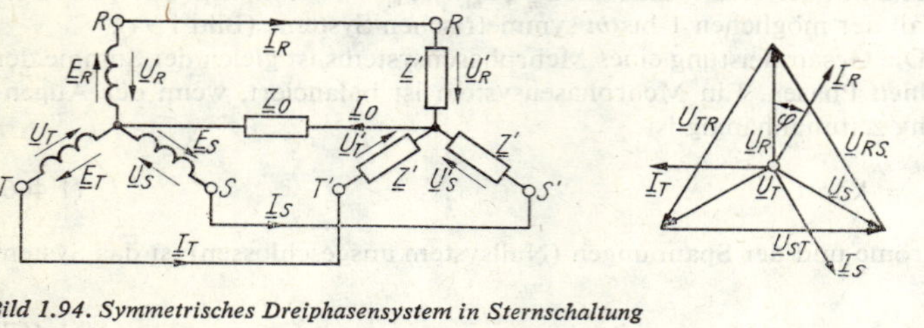

Bild 1.94. Symmetrisches Dreiphasensystem in Sternschaltung

Für die Sternpunkte *0* und *0′* gilt

$$\underline{I}_0 = \underline{I}_R + \underline{I}_S + \underline{I}_T = 0. \tag{1.469}$$

In symmetrischen Systemen ist somit kein Nulleiter notwendig. Die Leiterspannungen sind gleich der Differenz der jeweiligen Phasenspannungen:

$$\underline{U}_{RS} = \underline{U}_R - \underline{U}_S, \quad \underline{U}_{ST} = \underline{U}_S - \underline{U}_T, \quad \underline{U}_{TR} = \underline{U}_T - \underline{U}_R. \tag{1.470}$$

Allgemein ist

$$U_l = \sqrt{3} U_{ph}. \tag{1.471}$$

Symmetrische Dreieckschaltung. Bild 1.95 zeigt das symmetrische Dreiphasensystem in Dreieckschaltung und das zugehörige Zeigerdiagramm der Ströme und der Spannungen bei einer induktiven Belastung ($\varphi > 0$). Die Leiterspannungen sind gleich den Phasenspannungen:

$$\underline{U}_l = \underline{U}_{ph}. \tag{1.472}$$

Die Leiterströme sind gleich der Differenz der jeweiligen Phasenströme:

$$\underline{I}_R = \underline{I}_{RS} - \underline{I}_{TR}, \quad \underline{I}_S = \underline{I}_{ST} - \underline{I}_{RS}, \quad \underline{I}_T = \underline{I}_{TR} - \underline{I}_{ST}. \tag{1.473}$$

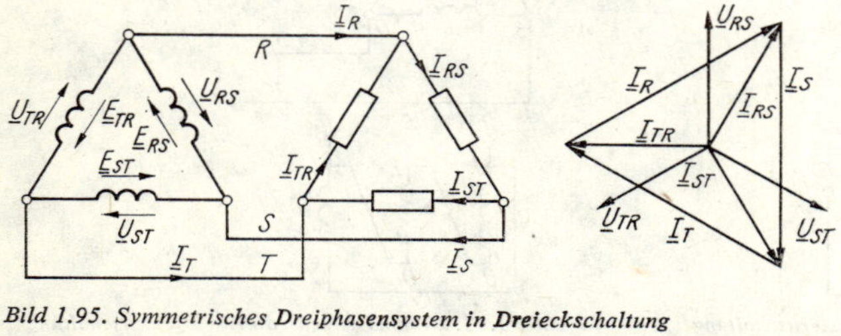

Bild 1.95. Symmetrisches Dreiphasensystem in Dreieckschaltung

Allgemein ist

$$I_1 = \sqrt{3I_{ph}}. \tag{1.474}$$

Leistung im symmetrischen Dreiphasensystem. Die Wirkleistung ist

$$P = 3U_{ph}I_{ph}\cos\varphi = \sqrt{3}\,U_1I_1\cos\varphi, \tag{1.475}$$

die Blindleistung

$$N = 3U_{ph}I_{ph}\sin\varphi = \sqrt{3}\,U_1I_1\sin\varphi \tag{1.476}$$

und die Scheinleistung

$$S = 3U_{ph}I_{ph} = \sqrt{3}\,U_1I_1. \tag{1.477}$$

Berechnung symmetrischer Dreiphasensysteme. Bild 1.96 zeigt einen allgemeinen Fall der gemischten Belastung eines symmetrischen Dreiphasensystems. Bei der Berechnung wandelt man den in Dreieck geschalteten Verbraucher in einen in Stern geschalteten Verbraucher um. Wenn man zu den Phasenspannungen des Generators übergeht und berücksichtigt, daß der

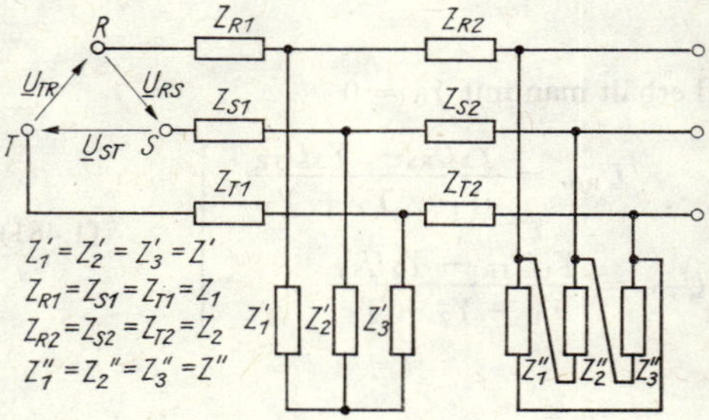

Bild 1.96
Gemischte Belastung eines symmetrischen Dreiphasensystems

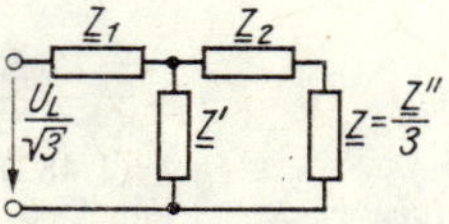

Bild 1.97
Vereinfachtes Schaltbild zu Bild 1.100

Sternpunkt des Generators und die Sternpunkte der Verbraucher auf gleichem Potential liegen (Verbindung durch einen Leiter), erhält man für jede Phase das vereinfachte Schaltbild nach Bild 1.97, das man der Stromberechnung zugrunde legt.

1.4.3.3. Unsymmetrisches Dreiphasensystem

Die folgenden Berechnungen gelten unter der Bedingung einer statischen Belastung (keine Motoren als Verbraucher) und bei Vernachlässigung des Spannungsabfalls im Generator.
Sternschaltung mit Nulleiter. Das unsymmetrische Spannungssystem $\underline{U}_R$, $\underline{U}_S$ und $\underline{U}_T$ liegt an einem unsymmetrischen Verbraucher $\underline{Z}_R'$, $\underline{Z}_S'$ und $\underline{Z}_T'$ (Bild 1.98). Mit

$$\left.\begin{aligned} \underline{Y}_1 &= \frac{1}{\underline{Z}_1 + \underline{Z}_R'}, & \underline{Y}_2 &= \frac{1}{\underline{Z}_1 + \underline{Z}_S'}, \\ \underline{Y}_3 &= \frac{1}{\underline{Z}_1 + \underline{Z}_T'}, & \underline{Y}_0 &= \frac{1}{\underline{Z}_0}, \end{aligned}\right\} \tag{1.478}$$

erhält man für die Spannung zwischen den Sternpunkten *0* und *0'*

$$\underline{U}_0 = \frac{\underline{Y}_1\underline{U}_R + \underline{U}_2\underline{U}_S + \underline{Y}_3\underline{U}_T}{\underline{Y}_1 + \underline{Y}_2 + \underline{Y}_3 + \underline{Y}_0}. \tag{1.479}$$

Die Leiterströme sind

$$\left.\begin{aligned} &\underline{I}_R = (\underline{U}_R - \underline{U}_0)\,\underline{Y}_1, \quad \underline{I}_S = (\underline{U}_S - \underline{U}_0)\,\underline{Y}_2, \\ &\underline{I}_T = (\underline{U}_T - \underline{U}_0)\,\underline{Y}_3, \quad \underline{I}_0 = \underline{Y}_0\underline{U}_0 = \underline{I}_R + \underline{I}_S + \underline{I}_T. \end{aligned}\right\} \tag{1.480}$$

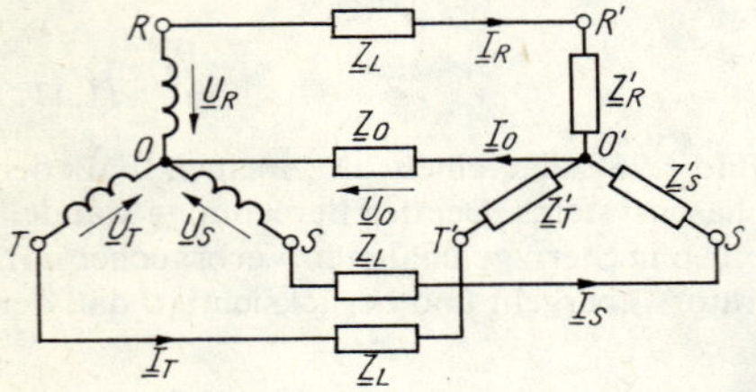

Bild 1.98
Unsymmetrisches Spannungssystem und unsymmetrischer Verbraucher in Sternschaltung

Sternschaltung ohne Nulleiter. In diesem Fall erhält man mit $\underline{Y}_0 = 0$

$$\left.\begin{aligned} &\underline{U}_0 = \frac{\underline{Y}_1\underline{U}_R + \underline{Y}_2\underline{U}_S + \underline{Y}_3\underline{U}_T}{\underline{Y}_1 + \underline{Y}_2 + \underline{Y}_3}, \qquad \underline{U}_{R0'} = \frac{\underline{Y}_2\underline{U}_{RS} - \underline{Y}_3\underline{U}_{TR}}{\underline{Y}_1 + \underline{Y}_2 + \underline{Y}_3}, \\ &\underline{U}_{S0'} = \frac{\underline{Y}_3\underline{U}_{ST} - \underline{Y}_1\underline{U}_{RS}}{\underline{Y}_1 + \underline{Y}_2 + \underline{Y}_3}, \qquad \underline{U}_{T0'} = \frac{\underline{Y}_1\underline{U}_{TR} - \underline{Y}_2\underline{U}_{ST}}{\underline{Y}_1 + \underline{Y}_2 + \underline{Y}_3}. \end{aligned}\right\} \tag{1.481}$$

Die Leiterströme sind

$$\left.\begin{aligned} &\underline{I}_R = \underline{U}_{R0'}\underline{Y}_1 = \frac{\underline{Y}_2\underline{U}_{RS} - \underline{Y}_3\underline{U}_{TR}}{\underline{Y}_1 + \underline{Y}_2 + \underline{Y}_3}\,\underline{Y}_1, \\ &\underline{I}_S = \underline{U}_{S0'}\underline{Y}_2 = \frac{\underline{Y}_3\underline{U}_{ST} - \underline{Y}_1\underline{U}_{RS}}{\underline{Y}_1 + \underline{Y}_2 + \underline{Y}_3}\,\underline{Y}_2, \\ &\underline{I}_T = \underline{U}_{T0'}\underline{Y}_3 = \frac{\underline{Y}_1\underline{U}_{TR} - \underline{Y}_2\underline{U}_{ST}}{\underline{Y}_1 + \underline{Y}_2 + \underline{Y}_3}\,\underline{Y}_3. \end{aligned}\right\} \tag{1.482}$$

Dreieckschaltung. Bei der Dreieckschaltung des Verbrauchers (Bild 1.99) gilt

$$\underline{I}'_{RS} = \underline{U}'_{RS}/\underline{Z}'_{RS}, \quad \underline{I}'_{ST} = \underline{U}'_{ST}/\underline{Z}'_{ST}, \quad \underline{I}'_{TR} = \underline{U}'_{TR}/\underline{Z}'_{TR}. \tag{1.483}$$

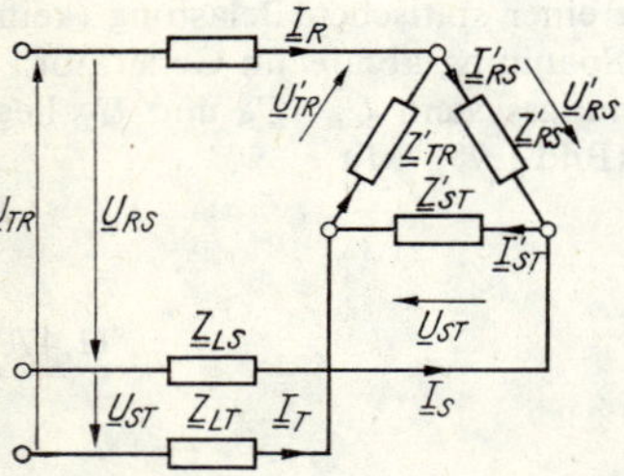

Bild 1.99
Unsymmetrisches Spannungssystem und unsymmetrischer Verbraucher in Dreieckschaltung

Wenn die Leiterwiderstände $\underline{Z}_{LR}$, $\underline{Z}_{LS}$ und $\underline{Z}_{LT}$ vernachlässigt werden können, ist $\underline{U}'_{RS} = \underline{U}_{RS}$, $\underline{U}'_{ST} = \underline{U}_{ST}$ und $\underline{U}'_{TR} = \underline{U}_{TR}$, und die Ströme können ohne weiteres angegeben werden. Wenn dagegen die Widerstände nicht vernachlässigbar sind, ist es zweckmäßig, das Dreieck in einen Stern umzuwandeln und so den Fall auf die Sternschaltung ohne Nulleiter zurückzuführen, $\underline{I}_R$, $\underline{I}_S$ und $\underline{I}_T$ zu bestimmen und die Spannungsabfälle an $\underline{Z}_{LR}$, $\underline{Z}_{LS}$ und $\underline{Z}_{LT}$ zu ermitteln.

Gemischte Schaltungen. Bei der Parallelschaltung mehrerer Verbraucher, die teilweise in Stern und teilweise in Dreieck geschaltet sind (Bild 1.100), wandelt man zweckmäßig zuerst die Sternschaltungen um, faßt die parallelliegenden Widerstände aller Dreieckschaltungen zusammen und führt den Fall auf die Dreieckschaltung zurück.

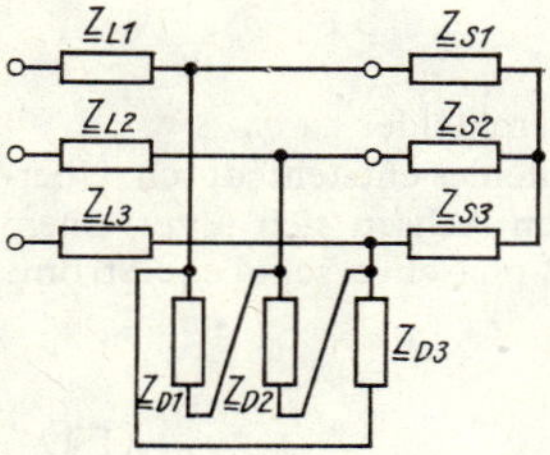

Bild 1.100
Parallelschaltung von zwei Verbrauchern in Stern- und Dreieckschaltung

Dreieckschaltung oder Sternschaltung mit Gegeninduktivitäten. Die Schaltung wird zuerst in eine äquivalente Schaltung ohne Gegeninduktivitäten umgewandelt (vgl. S. 124) und dann in bekannter Weise behandelt.

1.4.3.4. Methode der symmetrischen Komponenten

Diese Methode führt ein unsymmetrisches Dreiphasensystem in drei symmetrische über. Die Zeiger des unsymmetrischen Systems $\underline{V}_R$, $\underline{V}_S$ und $\underline{V}_T$ werden jeweils als Summe dreier Zeiger in der Art

$$\underline{V}_R = \underline{V}_0 + \underline{V}_1 + \underline{V}_2, \quad (1.484) \qquad \underline{V}_S = \underline{V}_0 + \underline{a}^2\underline{V}_1 + \underline{a}\underline{V}_2, \quad (1.485)$$

$$\underline{V}_T = \underline{V}_0 + \underline{a}\underline{V}_1 + \underline{a}^2\underline{V}_2 \quad (1.486)$$

dargestellt. $\underline{V}_0$ ist der Grundzeiger eines symmetrischen Nullsystems, $\underline{V}_1$ der Grundzeiger eines symmetrischen Mitsystems und $\underline{V}_2$ der Grundzeiger eines symmetrischen Gegensystems:

$$\underline{V}_0 = \tfrac{1}{3}(\underline{V}_R + \underline{V}_S + \underline{V}_T), \quad (1.487) \qquad \underline{V}_1 = \tfrac{1}{3}(\underline{V}_R + \underline{a}\underline{V}_S + \underline{a}^2\underline{V}_T), \quad (1.488)$$

$$\underline{V}_2 = \tfrac{1}{3}(\underline{V}_R + \underline{a}^2\underline{V}_S + \underline{a}\underline{V}_T). \quad (1.489)$$

Der in den beiden letzten Gleichungssystemen auftretende Faktor

$$\underline{a} = e^{j(2\pi/3)} = -\tfrac{1}{2} + j\sqrt{3}/2 \quad (1.490)$$

heißt *Dreiphasenoperator* [s. Gl. (1.465)]. Für ihn gelten die folgenden, häufig angewandten Beziehungen:

$$\underline{a}^2 = -\tfrac{1}{2} - j\sqrt{3}/2, \quad \underline{a}^3 = 1, \quad \underline{a}^4 = \underline{a}, \quad \underline{a}^5 = \underline{a}^2, \quad 1 + \underline{a} + \underline{a}^2 = 0. \quad (1.491)$$

Die symmetrischen Komponenten können auch grafisch durch geometrische Konstruktionen, die den Gln. (1.484) bis (1.489) entsprechen, ermittelt werden.

Nach der Zerlegung in symmetrische Komponenten wird das Netzwerk getrennt für das Null- und das Gegensystem durchgerechnet, und die Ergebnisse werden überlagert (lineare Netze).

Leistungen. Die Wirkleistung eines unsymmetrischen Systems ist

$$P = 3U_0I_0 \cos\varphi_0 + 3U_1I_1 \cos\varphi_1 + 3U_2I_2 \cos\varphi_2; \tag{1.492}$$

U_0, U_1, U_2 bzw. I_0, I_1, I_2 Spannungen und Ströme des Null-, Mit- und Gegensystems,
φ_0 Winkel zwischen Spannung und Strom des Nullsystems,
φ_1 Winkel zwischen Spannung und Strom des Mitsystems,
φ_2 Winkel zwischen Spannung und Strom des Gegensystems.

Die Blindleistung des Systems ist

$$N = 3U_0I_0 \sin\varphi_0 + 3U_1I_1 \sin\varphi_1 + 3U_2I_2 \sin\varphi_2. \tag{1.493}$$

1.4.3.5. Drehfeld

Mehrphasensysteme ermöglichen die Erzeugung magnetischer Drehfelder.
Zweiphasendrehfeld. Der einfachste Fall eines magnetischen Drehfeldes entsteht durch Überlagerung der magnetischen Felder zweier gleicher Spulen, deren Achsen sich unter einem rechten Winkel schneiden (Bild 1.101) und in die zwei unter $\pi/2$ phasenverschobene Ströme fließen:

$$\left.\begin{aligned} i_1 &= \hat{I} \sin \omega t; \\ i_2 &= \hat{I} \sin\left(\omega t - \frac{\pi}{2}\right) = -\hat{I} \cos \omega t. \end{aligned}\right\} \tag{1.494}$$

Die y-Achse eines Koordinatensystems fällt mit der Achse der ersten Spule, die x-Achse mit der Achse der zweiten Spule zusammen. Unter der Annahme, daß die Induktionen längs der Achse der Spulen proportional den Strömen durch die Spulen sind, gilt

$$B_1 = \hat{B} \sin \omega t; \qquad B_2 = -\hat{B} \cos \omega t. \tag{1.495}$$

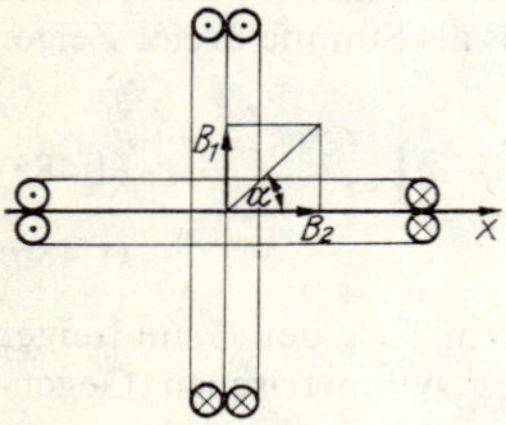

Bild 1.101
Spulenanordnung zur Erzeugung eines Zweiphasendrehfeldes

Die Komponenten der resultierenden Induktion in x- und y-Richtung sind

$$B_x = B_2 = -\hat{B} \cos \omega t; \qquad B_y = B_1 = \hat{B} \sin \omega t. \tag{1.496}$$

Der Augenblickswert der resultierenden Induktion ist

$$B = \sqrt{B_x^2 + B_y^2} = \hat{B}\sqrt{\cos^2 \omega t + \sin^2 \omega t} = \hat{B} = \text{konst.} \tag{1.497}$$

Der Winkel α beträgt

$$\tan\alpha = \frac{B_y}{B_x} = -\frac{\hat{B}\sin\omega t}{\hat{B}\cos\omega t} = -\tan\omega t; \qquad \alpha = -\omega t. \tag{1.498}$$

Die resultierende Induktion hat einen zeitlich konstanten Betrag. Der Winkel α, den die resultierende Induktion mit der x-Achse bildet, wächst proportional mit der Zeit. Der Vektor der resultierenden mangetischen Induktion im Punkt *P (0, 0)* hat einen konstanten Betrag und dreht sich im Uhrzeigersinn mit der konstanten Winkelgeschwindigkeit ω.

Dreiphasendrehfeld. Bild 1.102 zeigt drei gleiche Spulen, deren Achsen räumlich um $2\pi/3$ gegeneinander versetzt sind. Sie werden von den Strömen

$$i_1 = \hat{I}\sin\omega t, \quad i_2 = \hat{I}\sin\left(\omega t - \frac{2\pi}{3}\right), \quad i_3 = \hat{I}\sin\left(\omega t - \frac{4\pi}{3}\right) \tag{1.499}$$

durchflossen. Unter der Annahme, daß die Induktionen proportional den Strömen sind, gilt

$$B_1 = \hat{B}\sin\omega t, \quad B_2 = \hat{B}\sin\left(\omega t - \frac{2\pi}{3}\right), \quad B_3 = \hat{B}\sin\left(\omega t - \frac{4\pi}{3}\right). \tag{1.500}$$

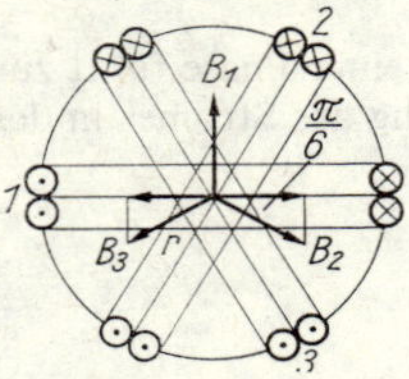

Bild 1.102
Spulenanordnung zur Erzeugung eines Dreiphasendrehfeldes

Ein Koordinatensystem wird so gelegt, daß die y-Achse mit der Achse der ersten Spule zusammenfällt; die x-Achse liegt in der Zeichenebene. Dann sind die Komponenten der Induktion in x- und y-Richtung

$$\left.\begin{aligned} B_{1x} &= 0, \quad B_{2x} = \hat{B}\sin\left(\omega t - \frac{2\pi}{3}\right)\cos\frac{\pi}{6}, \\ B_{3x} &= -\hat{B}\sin\left(\omega t - \frac{4\pi}{3}\right)\cos\frac{\pi}{6}; \end{aligned}\right\} \tag{1.501}$$

$$\left.\begin{aligned} B_{1y} &= \hat{B}\sin(\omega t), \quad B_{2y} = -\hat{B}\sin\left(\omega t - \frac{2\pi}{3}\right)\sin\frac{\pi}{6} \\ B_{3y} &= -\hat{B}\sin\left(\omega t - \frac{4\pi}{3}\right)\sin\frac{\pi}{6}. \end{aligned}\right\} \tag{1.502}$$

$$\begin{aligned} B_x &= B_{1x} + B_{2x} + B_{3x} = \hat{B}\left[\sin\left(\omega t - \frac{2\pi}{3}\right) - \sin\left(\omega t - \frac{4\pi}{3}\right)\right]\cos\frac{\pi}{6} \\ &= -\frac{3}{2}\hat{B}\cos\omega t, \end{aligned} \tag{1.503}$$

$$\begin{aligned} B_y &= B_{1y} + B_{2y} + B_{3y} = \hat{B}\sin\omega t - \hat{B}\left[\sin\left(\omega t - \frac{2\pi}{3}\right)\right. \\ &\quad \left. + \sin\left(\omega t - \frac{4\pi}{3}\right)\right]\sin\frac{\pi}{6} = \frac{3}{2}\hat{B}\sin\omega t. \end{aligned} \tag{1.504}$$

Die resultierende Induktion ist

$$B_r = \sqrt{B_x^2 + B_y^2} = \tfrac{3}{2}\hat{B}. \tag{1.505}$$

Der Winkel, den die resultierende Induktion mit der x-Achse einschließt, ist

$$\tan\alpha = \frac{B_y}{B_x} = -\frac{\sin\omega t}{\cos\omega t} = -\tan\omega t; \tag{1.506}$$

$$\alpha = -\omega t. \tag{1.507}$$

Die resultierende Induktion hat einen konstanten Betrag. Ihre Richtung ändert sich proportional mit der Zeit, indem sie sich mit der konstanten Winkelgeschwindigkeit ω im Uhrzeigersinn dreht.

Änderung der Drehrichtung. Ändert man den Strom in allen drei Richtungen gleichzeitig, dann ändert sich die Drehrichtung nicht. Vertauscht man dagegen die Ströme in zwei Phasen, so daß z.B.

$$i_1 = \hat{I} \sin \omega t, \quad -i_2 = \hat{I} \sin\left(\omega t - \frac{4\pi}{3}\right), \quad i_3 = \hat{I} \sin\left(\omega t - \frac{2\pi}{3}\right), \tag{1.508}$$

dann dreht sich das magnetische Feld mit konstantem Betrag der Induktion entgegengesetzt dem Uhrzeigersinn.

Elliptisches Drehfeld. Die Änderung der Richtung des Stromes in nur einer Phase führt zur Entstehung eines elliptischen Drehfeldes. Ändert man z.B. die Richtung des Stromes in der dritten Spule, dann ist $(i \sim B)$

$$B_x = \hat{B}\left[\sin\left(\omega t - \frac{2\pi}{3}\right) + \sin\left(\omega t - \frac{4\pi}{3}\right)\right] \cos\frac{\pi}{6}$$

$$= \hat{B}\, 2 \sin \omega t \cos\frac{2\pi}{3} \cos\frac{\pi}{6} = -\frac{\sqrt{3}}{2} \hat{B} \sin \omega t, \tag{1.509}$$

$$B_y = \hat{B} \sin \omega t - \hat{B}\left[\sin\left(\omega t - \frac{2\pi}{3}\right) - \sin\left(\omega t - \frac{4\pi}{3}\right)\right] \cos\frac{\pi}{6}$$

$$= \hat{B} \sin \omega t + \frac{\sqrt{3}}{2} \hat{B} \cos \omega t; \tag{1.510}$$

$$B_r = \sqrt{B_x^2 + B_y^2}$$

$$= \hat{B} \sqrt{\frac{3}{4} \sin^2 \omega t + \sin^2 \omega t + \sqrt{3} \sin \omega t \cos \omega t + \frac{3}{4} \cos^2 \omega t}$$

$$= \hat{B} \sqrt{\frac{5}{4} + \sin\left(2\omega t - \frac{\pi}{6}\right)}, \tag{1.511}$$

$$B_{max} = \hat{B} \sqrt{\frac{5}{4} + 1} = \frac{3}{2} \hat{B}, \quad (1.512) \qquad B_{min} = \hat{B} \sqrt{\frac{5}{4} - 1} = \frac{1}{2} \hat{B}. \quad (1.513)$$

Bild 1.103 zeigt die Ortskurve der Spitze der Induktion mit der Zeit als Parameter. Hierbei ändert sich die Winkelgeschwindigkeit des Drehfeldes periodisch innerhalb jedes Umlaufs. Elliptische Felder entstehen normalerweise

- bei Unterbrechung des Stromes in einer der Wicklungen,
- bei ungleichen Amplituden der Ströme in den drei Wicklungen,
- bei Phasenverschiebungen der Ströme gegeneinander ungleich 120°.

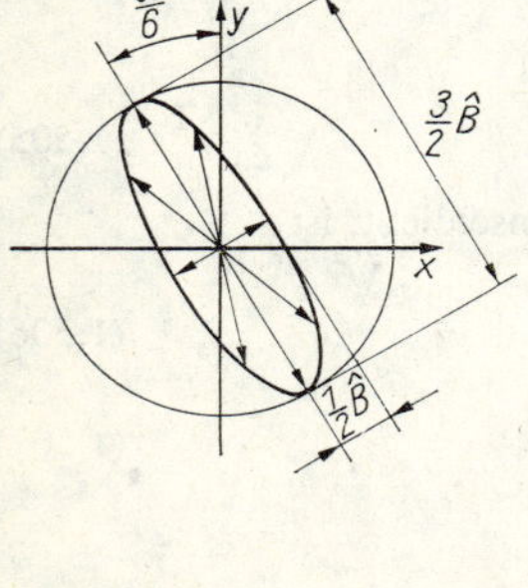

Bild 1.103
Ortskurve der Induktion beim elliptischen Drehfeld

1.4.4. Ortskurven

Die Ortskurve der Wechselstromtechnik ist der geometrische Ort der Spitzen des Zeigers einer zu untersuchenden elektrischen Größe (Strom, Spannung, Widerstand, Übertragungsmaß usw.), wenn nicht ein bestimmter Zustand des Netzes, sondern das Gesamtverhalten der zu untersuchenden Größe bei Änderung eines Parameters p ermittelt werden soll.

1.4.4.1. Inversion

Inversion eines Punktes. Zwei Punkte P_1 und P_2 in der komplexen Zahlenebene, die den Zeigern $\underline{A}_1 = A_1\,\mathrm{e}^{\mathrm{j}\alpha_1}$ und $\underline{A}_2 = A_2\,\mathrm{e}^{\mathrm{j}\alpha_2}$ entsprechen, sind invers (Inversionszentrum im Nullpunkt), wenn

$$\underline{A}_1\underline{A}_2 = R^2 = S \tag{1.514}$$

ist. $S = R^2$ heißt *Grad der Inversion*. Es gilt

$$A_2 = S/A_1 = R^2/A_1, \quad (1.515) \qquad \alpha_1 = -\alpha_2. \tag{1.516}$$

Der Punkt P_2 liegt auf dem Spiegelbild der Geraden $\overline{0P_1}$ an der reellen Achse [Gl. (1.516)]. Gl. (1.515) stellt die Inversionsvorschrift in bezug auf den Kreis mit dem Radius R dar. Die Konstruktion der Inversion ist im Bild 1.104 gezeigt. Von dem Spiegelbild P_1' des Punktes P_1 an der reellen Achse zieht man die Tangenten $\overline{P_1'Q_1'}$ und $\overline{P_1'Q_1}$ an den Kreis mit dem Radius R, dessen Zentrum im Nullpunkt liegt. Die Verbindungslinie $\overline{Q_1Q_1'}$ schneidet $\overline{0P_1'}$ in P_2. Es gilt

$$\overline{0P_1'} \cdot \overline{0P_2} = R^2 = S. \tag{1.517}$$

Spiegelung und Inversion können ihre Reihenfolge vertauschen.

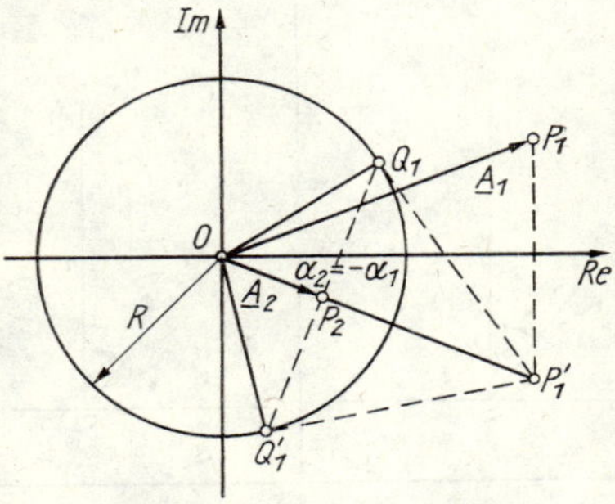

Bild 1.104. Inversion eines Punktes

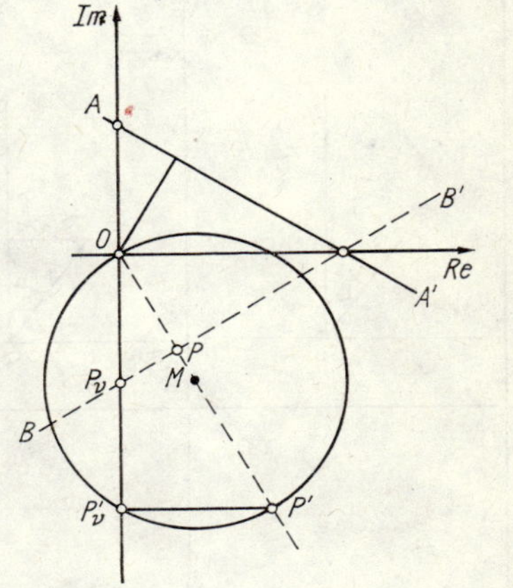

Bild 1.105. Inversion einer Geraden

Inversion einer Kurve. Die Inversion einer Kurve in der komplexen Ebene führt man aus, indem man Punkt für Punkt der Kurve nach den angegebenen Regeln invertiert und die Inversionspunkte miteinander verbindet.

Inversion einer Geraden. Die Inversion einer Geraden in allgemeiner Lage in der komplexen Zahlenebene ist im Bild 1.105 gezeigt. Die Gerade $\overline{AA'}$ wird gespiegelt. Die Spiegelgerade $\overline{BB'}$ wird in kartesischer Art punktweise invertiert. Die Inversion ergibt einen Kreis durch das Inversionszentrum (Nullpunkt) mit dem Durchmesser

$$\overline{0P'} = S/\overline{0P}. \tag{1.518}$$

Tafel 1.16. Ortskurven der Widerstände und Leitwerte einfacher Zweipole

Schaltbild	Ortskurve für $\underline{Z}$	Ortskurve für $\underline{Y}$	Bemerkungen
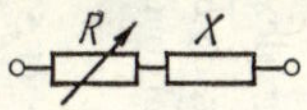 R = var. > 0 X = konst.	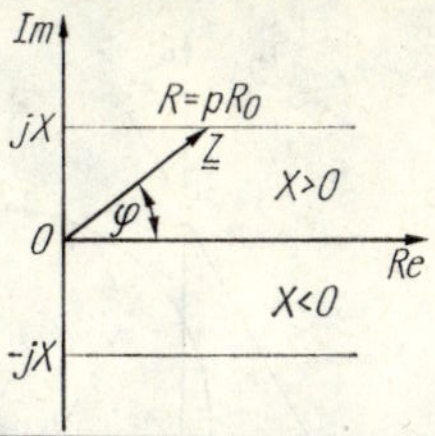	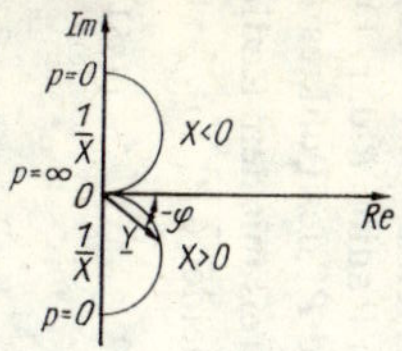	Parameter $0 < p < \infty$ $\underline{Z} = pR_0 + jX$ $\underline{Y} = \frac{1}{\underline{Z}} = \frac{1}{pR_0 + jX}$
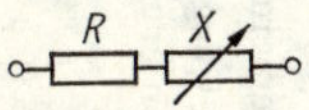 R = konst. X = var. = pX_0	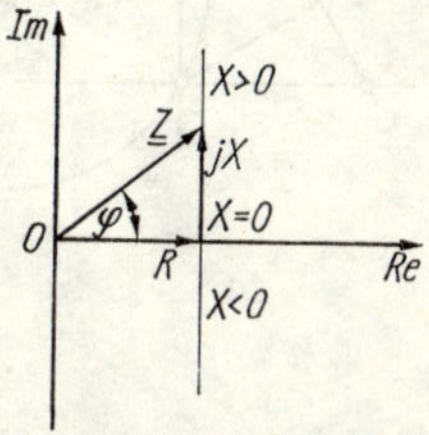	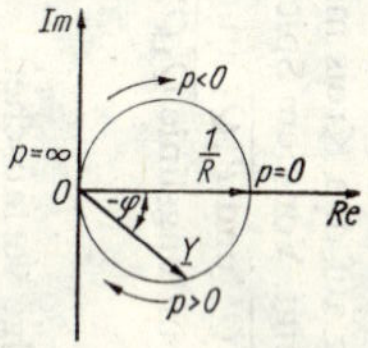	Parameter $-\infty < p < \infty$ $\underline{Z} = R + jpX_0$ $\underline{Y} = \frac{1}{\underline{Z}} = \frac{1}{R + jpX_0}$
 R = konst. C = konst. L = konst. ω = var. = $p\omega_0$	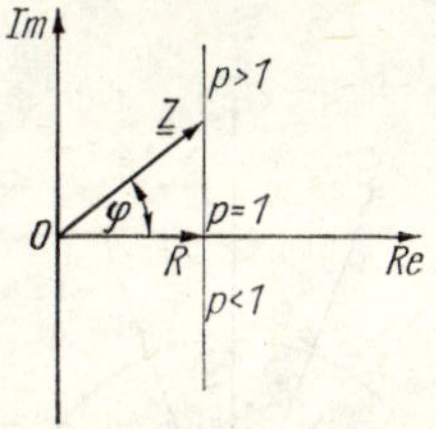	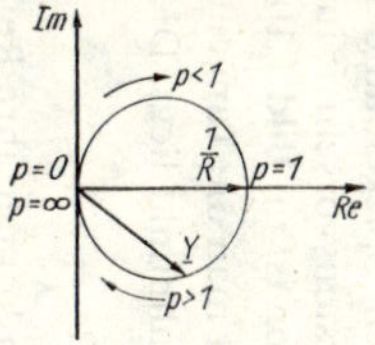	Parameter $0 < p < \infty$ $\underline{Z} = R + j\left(p\omega_0 L - \frac{1}{p\omega_0 C}\right)$ $\omega_0 = \frac{1}{\sqrt{LC}}$ $\underline{Y} = \frac{1}{R + j\left(p\omega_0 L - \frac{1}{p\omega_0 C}\right)}$
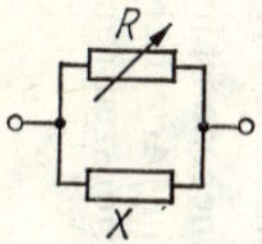 X = konst. R = var. = pR_0	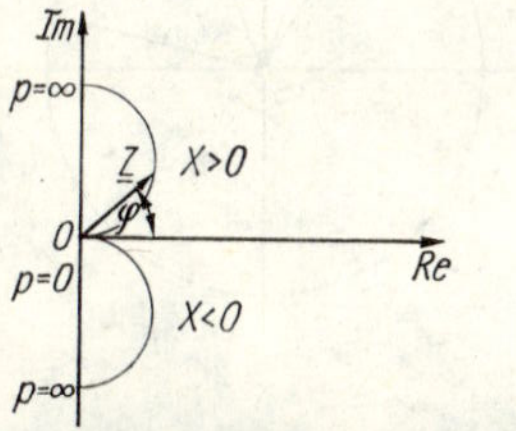	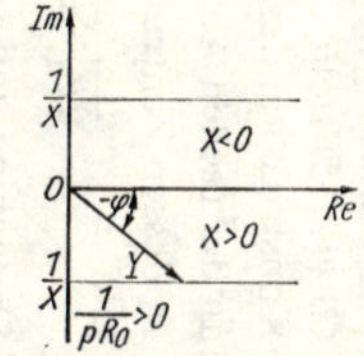	Parameter $0 < p < \infty$ $\underline{Y} = \frac{1}{pR_0} - j\frac{1}{X}$ $\underline{Z} = \frac{1}{\frac{1}{pR_0} - j\frac{1}{X}}$

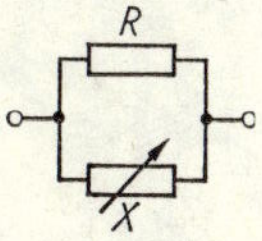 R = konst. X = var. = pX_0	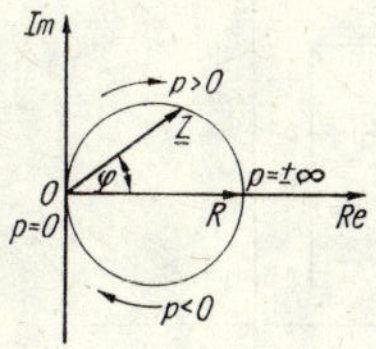	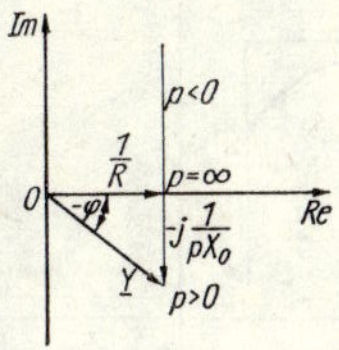	Parameter $-\infty < p < +\infty$ $Y = \frac{1}{R} - \mathrm{j}\frac{1}{pX_0}$ $Z = \frac{1}{\frac{1}{R} - \mathrm{j}\frac{1}{pX_0}}$
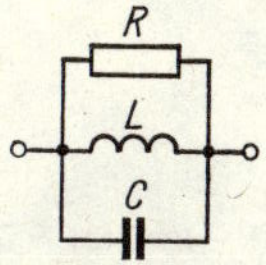 R = konst. C = konst. L = konst. $\omega = p\omega_0$ = var.	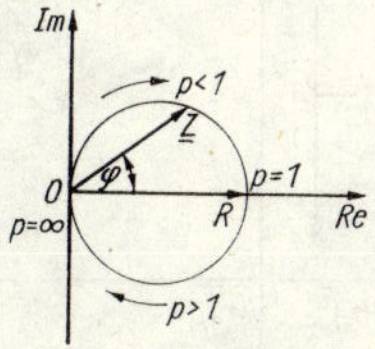	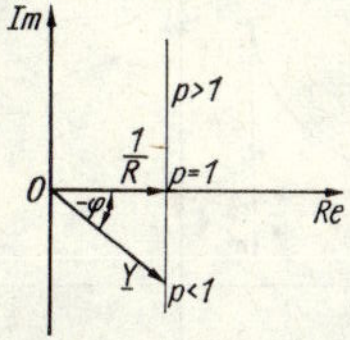	Parameter $0 < p < \infty$ $Y = \frac{1}{R} - \mathrm{j}\left(\frac{1}{p\omega_0 L} - p\omega_0 C\right)$ $Z = \frac{1}{\frac{1}{R} - \mathrm{j}\left(\frac{1}{p\omega_0 L} - p\omega_0 C\right)}$
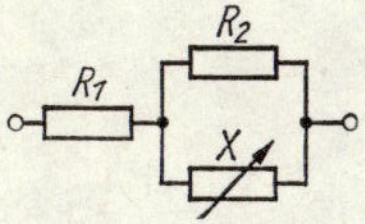 R_1 = konst. R_2 = konst. $X = pX_0$ = var.	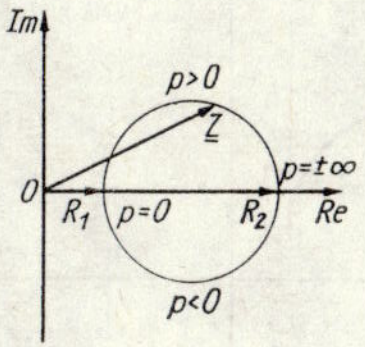	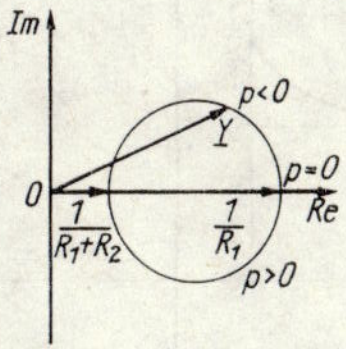	Parameter (L_0 = konst., C_0 = konst.) $p = \frac{\omega}{\omega_0}$ (ω = konst., L_0 = konst.) $p = \frac{C}{C_0}$ (ω = konst., C_0 = konst.) $p = \frac{L}{L_0}$
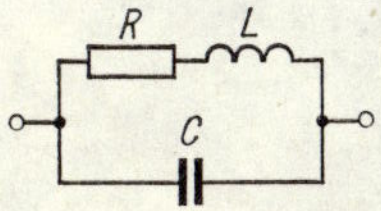 R = konst. ω = konst. L = konst. $C = pC_0$	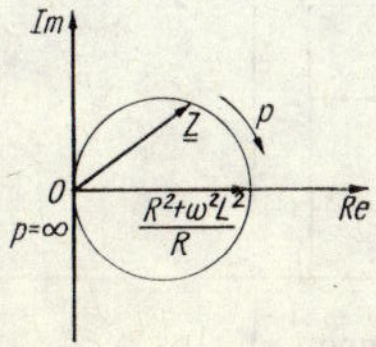	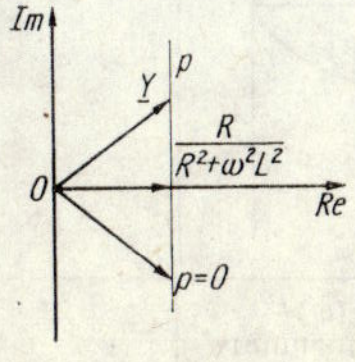	$Y = \frac{R - \mathrm{j}\omega L}{R^2 - \omega^2 L^2} + \mathrm{j}\omega p C_0$ Parameter $0 < p < \infty$

Tafel 1.17. Beispiele von komplexen Funktionen, Ortskurven und Frequenzcharakteristiken

<table>
<tr><th>Komplexe Funktion
$\underline{v} = V e^{j\varphi}$</th><th>Ortskurve</th><th>Modul
$V = f(\omega)$</th><th>Argument
$\varphi = \varphi(\omega)$</th><th>Grenzwerte für $\omega = 0$</th></tr>
<tr><td>$\underline{v} = 1 + j\omega A$</td><td>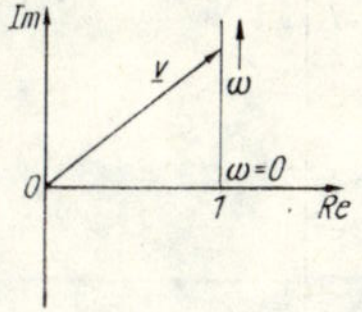
</td><td>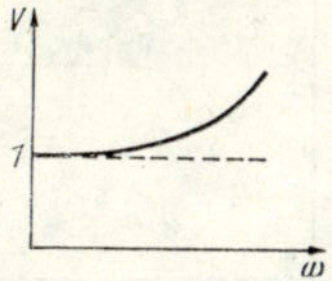
</td><td>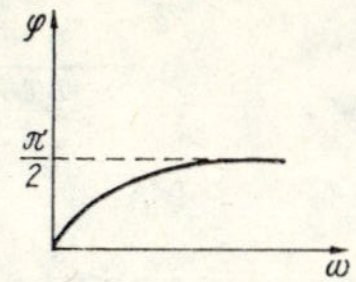
</td><td>$V'(\omega) = 0$
$V(\omega) = 1$
$\varphi'(\omega) = A$</td></tr>
<tr><td>$\underline{v} = 1 + \frac{1}{j\omega A}$</td><td>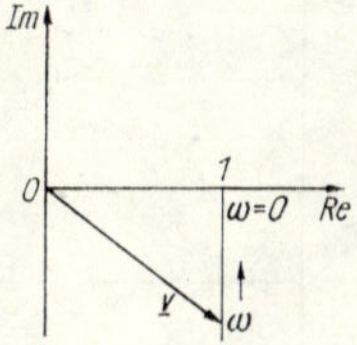
</td><td>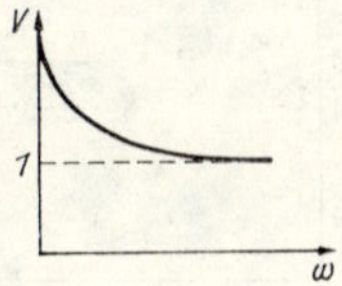
</td><td>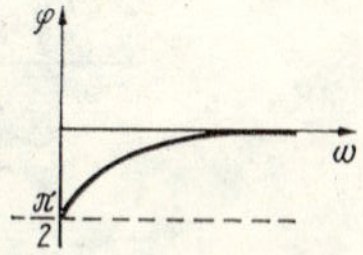
</td><td>$V'(\omega) = -\pi/2$
$\varphi'(\omega) = A$</td></tr>
<tr><td>$\underline{v} = 1 + j\omega A + (j\omega)^2$</td><td>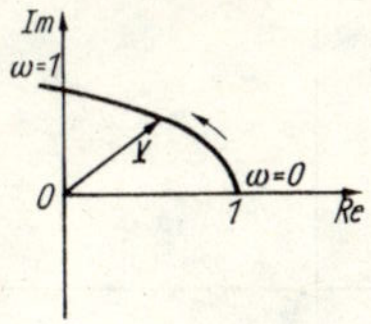
</td><td>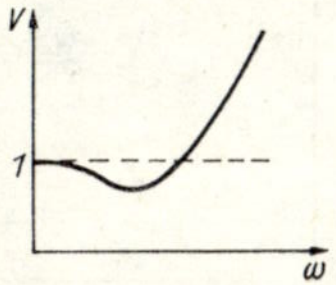
</td><td>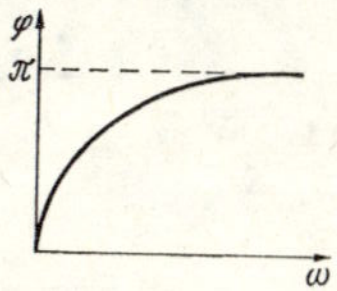
</td><td>$V'(\omega) = 0$
$\varphi'(\omega) = A$</td></tr>
<tr><td>$\underline{v} = \frac{j\omega A}{1 + j\omega A}$</td><td>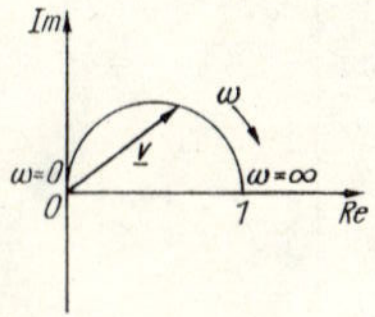
</td><td>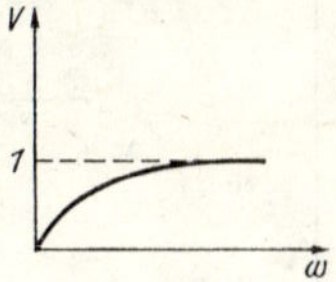
</td><td>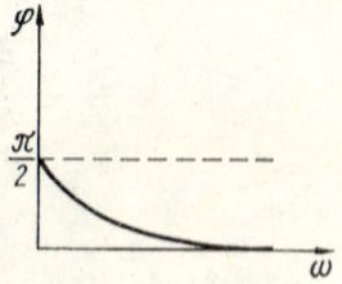
</td><td>$V'(\omega) = A$
$\varphi'(\omega) = -A$</td></tr>
</table>

$\underline{v} = \dfrac{1}{1 + j\omega A}$	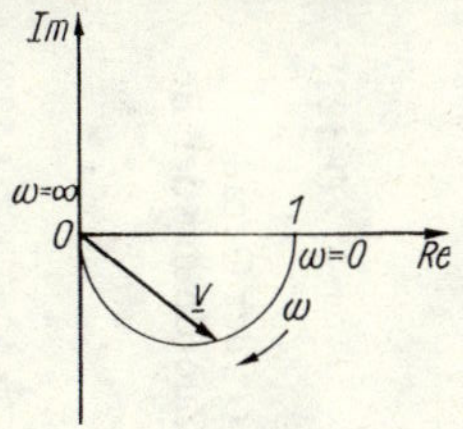	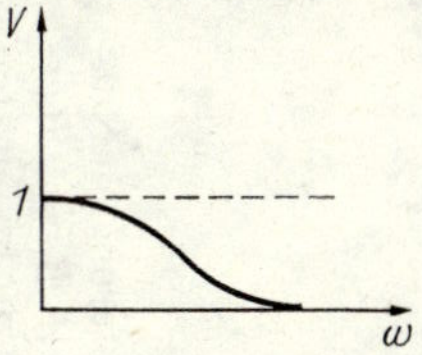	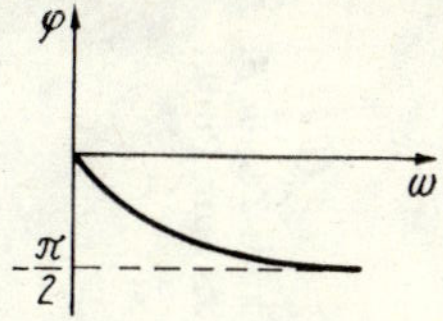	$V'(\omega) = A$ $\varphi'(\omega) = -A$
$\underline{v} = \dfrac{1}{1 + j\omega A + (j\omega)^2}$	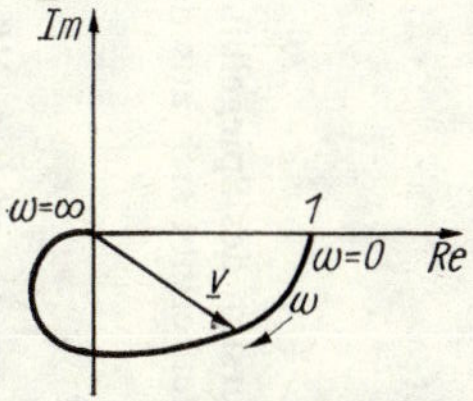	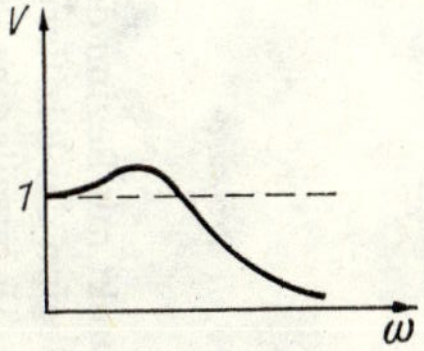	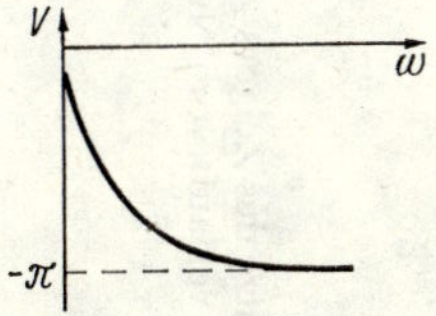	$V'(\omega) = 0$ $\varphi'(\omega) = -A$
$\underline{v} = \dfrac{1}{(1 + j\omega A)\, j\omega}$	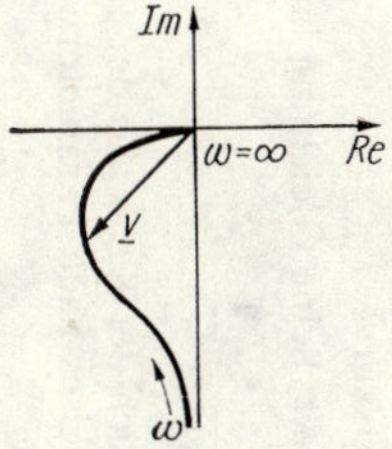	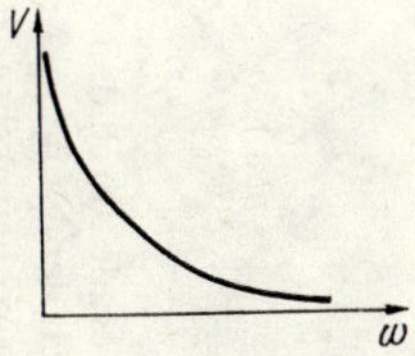	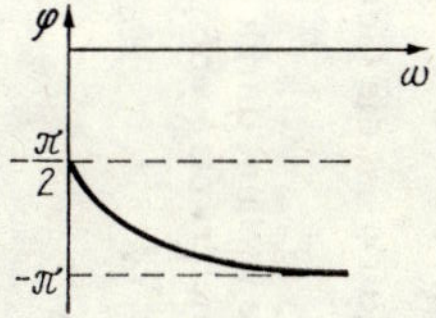	$V'(\omega) = -\pi/2$ $\varphi'(\omega) = -A$
$\underline{v} = \dfrac{1}{(1 + j\omega A)(j\omega)^2}$	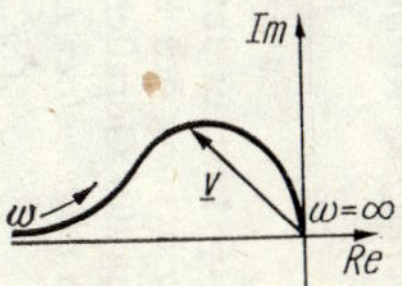	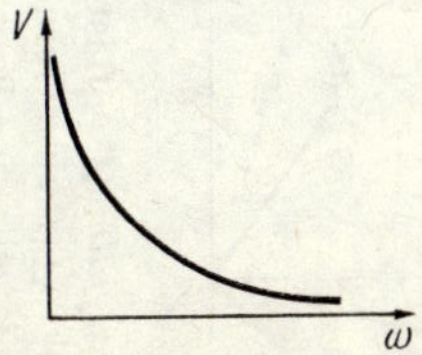	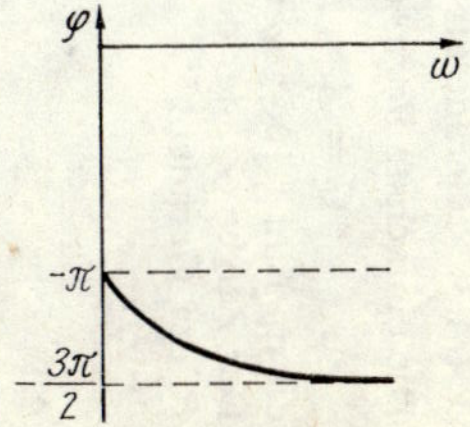	$V'(\omega) = -\pi/2$ $\varphi'(\omega) = -A$

$\overline{0P}$ ist das Lot vom Nullpunkt auf die Spiegelgerade $\overline{BB'}$. Aus der Ähnlichkeit der Dreiecke $0PP_\nu$ und $0P'_\nu P'$ ergibt sich, daß für jeden Punkt des Kreises

$$\overline{0P_\nu} \cdot \overline{0P'_\nu} = \overline{0P} \cdot \overline{0P'} = S \tag{1.519}$$

gilt. Dem Punkt P_ν der Geraden entspricht der Punkt P'_ν des Kreises, der auf der Verlängerung von $0P_\nu$ liegt.

1.4.4.2. Allgemeine Form der Ortskurve

Die allgemeine Form der Ortskurve mit dem Parameter p ist

$$\underline{V} = \frac{\underline{A} + p\underline{B} + p^2\underline{C} + \cdots}{\underline{A}' + p\underline{B}' + p^2\underline{C}' + \cdots}. \tag{1.520}$$

1.4.4.3. Gerade als Ortskurve

Die einfachste Form der Ortskurve ist die Gerade

$$\underline{G} = \underline{A} = p\underline{B}, \tag{1.521}$$

die im Bild 1.106 gezeigt ist. Sie verläuft durch die Spitze des Zeigers $\underline{A}$ parallel zum Zeiger $\underline{B}$. Der Zeiger $\underline{G}_\nu$, der dem Parameterwert ν entspricht, verläuft vom Nullpunkt bis zum Punkt P_ν der Geraden.

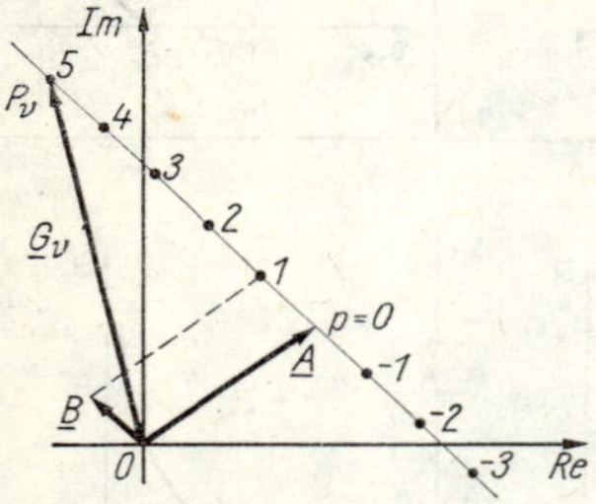

Bild 1.106
Gerade $\mathbf{G} = \mathbf{A} + p\mathbf{B}$ als Ortskurve

Sonderfälle. $\underline{A} = 0$ ist eine Gerade durch den Nullpunkt mit Beginn der Bezifferung im Nullpunkt, $\underline{A} \| \underline{B}$ eine Gerade durch den Nullpunkt mit Beginn der Bezifferung bei $\underline{A}$. $\underline{B} = \pm B$ ergibt jeweils eine Parallele zur reellen Achse, $\underline{B} = \pm jB$ jeweils eine Parallele zur imaginären Achse.

1.4.4.4. Kreis als Ortskurve

Kreis durch den Nullpunkt. Seine Gleichung lautet

$$\underline{K}_0 = \frac{1}{\underline{A} + p\underline{B}} = \frac{1}{\underline{G}}. \tag{1.522}$$

Da $\underline{G}\underline{K} = 1$ ist, ergibt sich der Kreis aus der Inversion des Spiegelbildes $\underline{G}^*$ der Geraden $\underline{G}$. Die Bezifferung des Kreises nach Parameterwerten ergibt sich aus der Zuordnung der Bezifferung der Geraden $\underline{G}^*$.

Kreis in allgemeiner Lage. Seine Gleichung lautet

$$\underline{K} = \frac{\underline{A} + p\underline{B}}{\underline{C} + p\underline{D}} = \frac{\underline{B}}{\underline{D}} + \left(\underline{A} - \frac{\underline{B}\underline{C}}{\underline{D}}\right) \frac{1}{\underline{C} + p\underline{D}} = \underline{L} + \underline{N}\underline{K}_0. \tag{1.523}$$

$\underline{K}_0$ ist der Kreis durch den Nullpunkt, der sich durch die Inversion der Geraden $\underline{G} = \underline{C} + p\underline{D}$ ergibt. $\underline{N}\underline{K}_0$ entspricht einer Drehstreckung des Kreises $\underline{K}_0$. Die Addition des Zeigers $\underline{L}$ entspricht einer Verschiebung des Koordinatenursprungs um $-\underline{L}$.

Tafel 1.16 zeigt die Ortskurven der Widerstände und der Leitwerte einfacher Zweipole, Tafel 1.17 einige Beispiele komplexer Funktionen, Ortskurven und entsprechender Frequenzcharakteristiken und Tafel 1.18 die Ortskurven der Spannungsverhältnisse bei einfachen Stromkreisen.

Schaltbild	Gleichung	Zeigerdiagramm	Betrag $M = f_1(\omega)$ Argument $\varphi = f_2(\omega)$
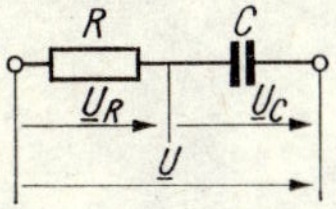	$\frac{\underline{U}_R}{\underline{U}} = \frac{U_R}{U} \exp j\varphi_R = \frac{R}{R + 1/j\omega C} = \frac{j\omega}{1/RC + j\omega}$ $\frac{\underline{U}_C}{\underline{U}} = \frac{U_C}{U} \exp j\varphi_R = \frac{1}{1 + j\omega RC}$	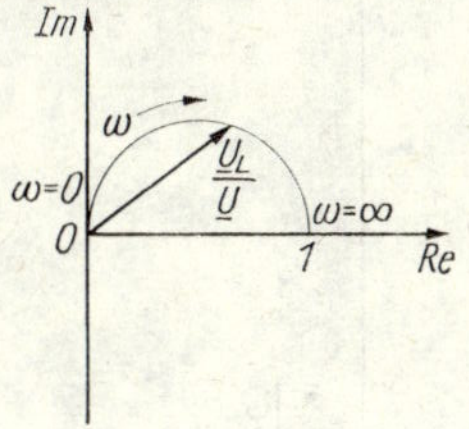	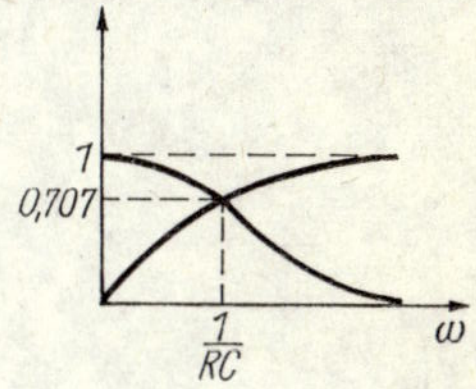
		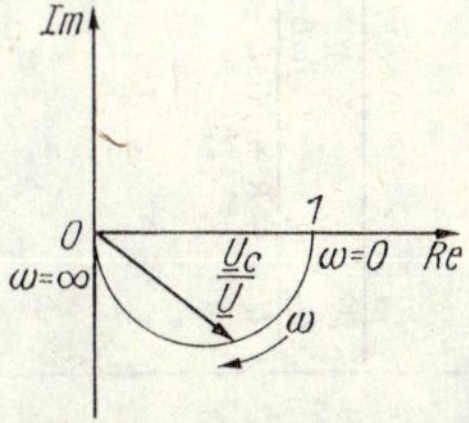	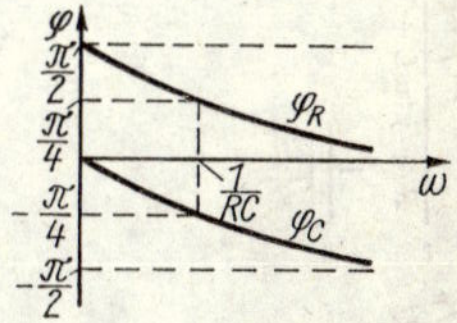
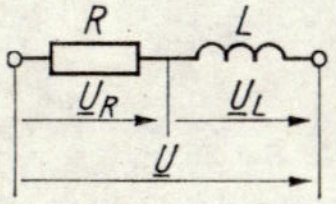	$\frac{\underline{U}_R}{\underline{U}} = \frac{U_R}{U} \exp j\varphi_R = \frac{R}{R + j\omega L} = \frac{1}{1 + j\omega L/R}$ $\frac{\underline{U}_L}{\underline{U}} = \frac{U_L}{U} \exp j\varphi_L = \frac{j\omega L}{R + j\omega L} = \frac{j\omega L}{\frac{1}{L/R} + j\omega}$	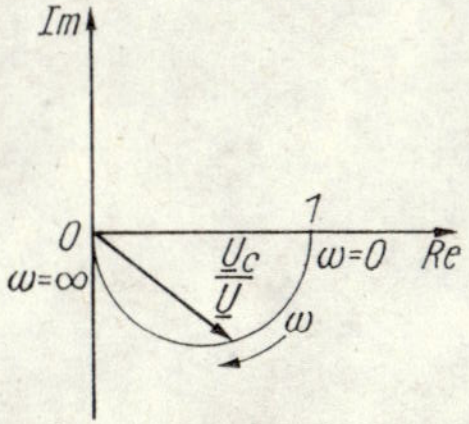	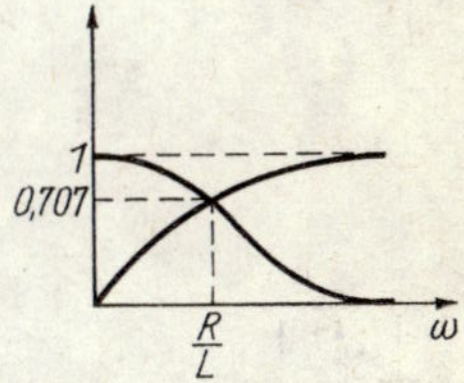
		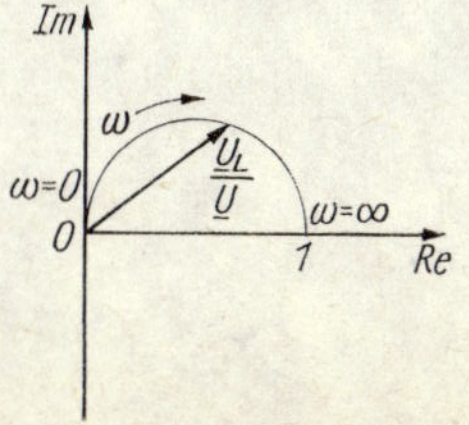	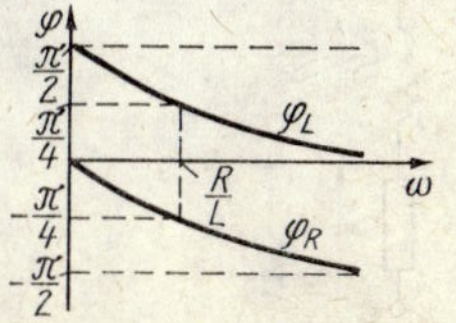

Tafel 1.18. Fortsetzung

Schaltbild	Gleichung
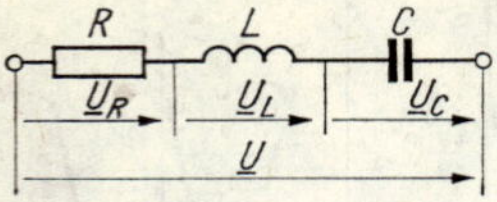	$\frac{\underline{U}_R}{\underline{U}} = \frac{R}{R + \mathrm{j}\,(\omega L - 1/\omega C)}$ $\omega_0 = \frac{1}{\sqrt{LC}}$
	$\frac{\underline{U}_L}{\underline{U}} = \frac{\mathrm{j}\omega L}{R + \mathrm{j}\,(\omega L - 1/\omega C)}$
	$\frac{\underline{U}_C}{\underline{U}} \; \frac{1/\mathrm{j}\omega C}{R + \mathrm{j}\,(\omega L - 1/\omega C)}$

Zeigerdiagramm	**Betrag $M = f_1(\omega)$ Argument $\varphi = f_2(\omega)$**
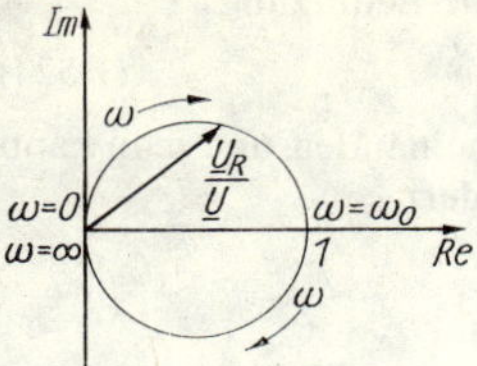	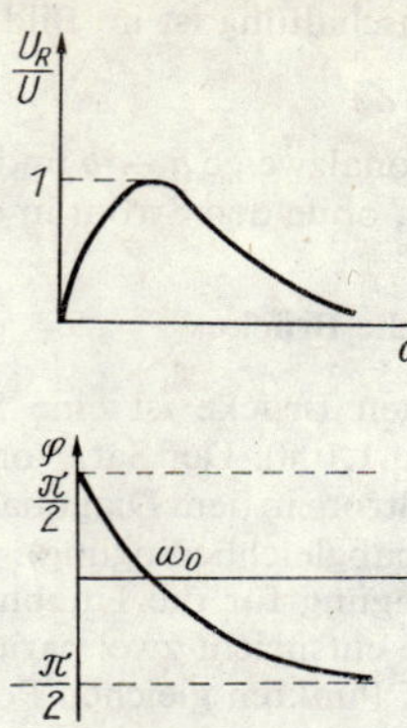
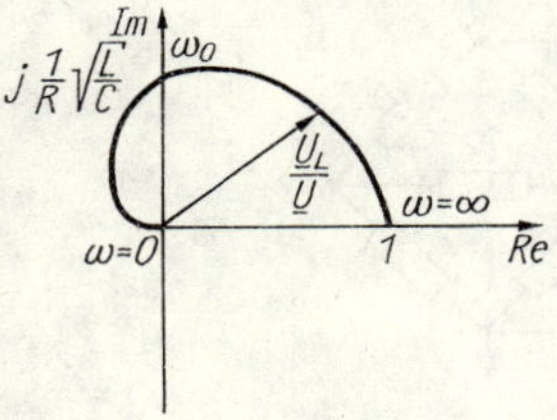	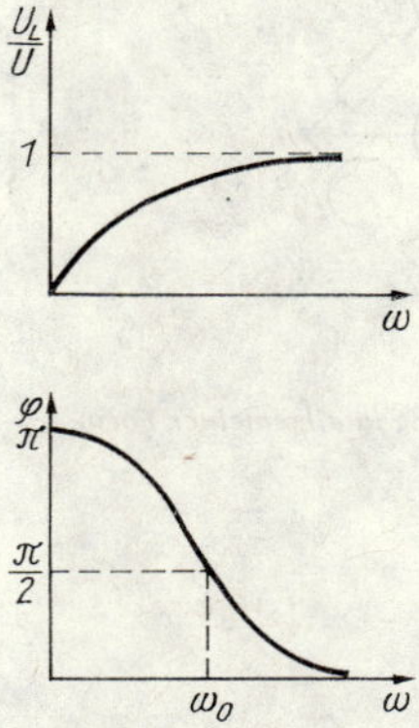
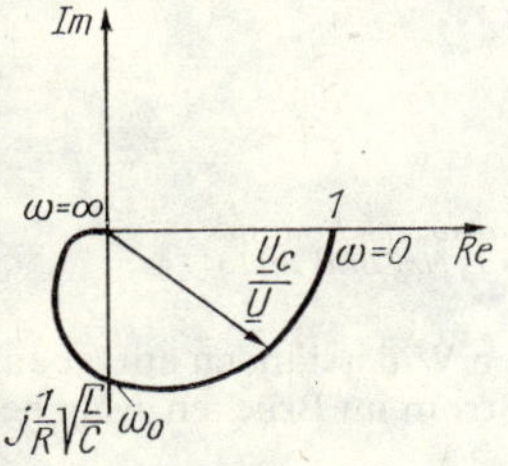	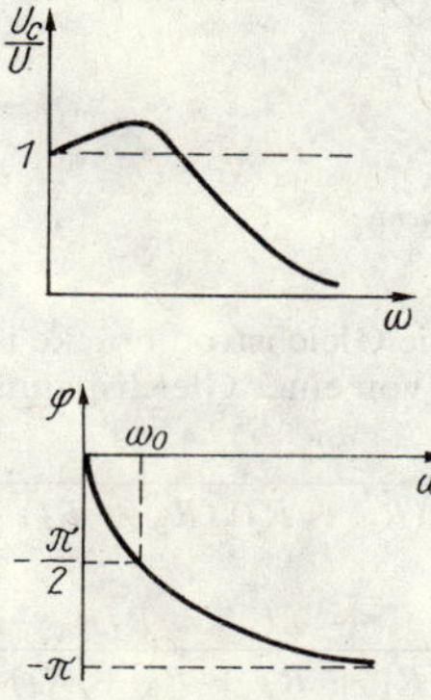

1.4.5. Brückenschaltungen

1.4.5.1. Satz von der Unabhängigkeit der Diagonalzweige

Die allgemeine Brückenschaltung ist im Bild 1.107 gezeigt. Wenn die Bedingung

$$\underline{Z}_1/\underline{Z}_2 = \underline{Z}_3/\underline{Z}_4 \tag{1.524}$$

erfüllt ist, sind die Diagonalzweige $a - b$ und $c - d$ unabhängig voneinander, und man kann den einen unterbrechen, ohne den Strom in dem anderen zu verändern.

1.4.5.2. Wheatstonesche Brücke

Bei der Wheatstoneschen Brücke ist eine Spannungsquelle nur in einem Diagonalzweig ($a - b$) vorhanden (Bild 1.108). Der Satz von der Unabhängigkeit der Brückenzweige ergibt in diesem Fall, daß der Strom in dem Diagonalzweig $c - d$ bei Erfüllung der Bedingung (1.524) Null sein muß (Brückenabgleichbedingung). Die Abgleichbedingung der Brücke ($\underline{I}_5 = 0$) ist identisch mit der Bedingung für die Unabhängigkeit der Brückenzweige (Spezialfall). Die Wheatstonesche Brücke entspricht zwei parallelgeschalteten Potentiometern, deren Abgriffe beim Gleichgewicht auf Punkten gleichen Potentials stehen.

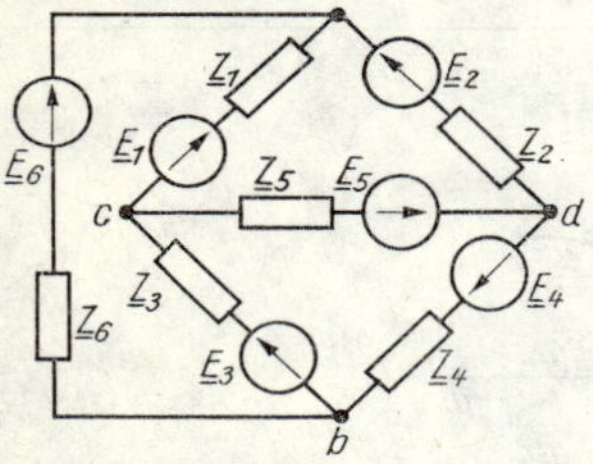

Bild 1.107. Brückenschaltung in allgemeiner Form

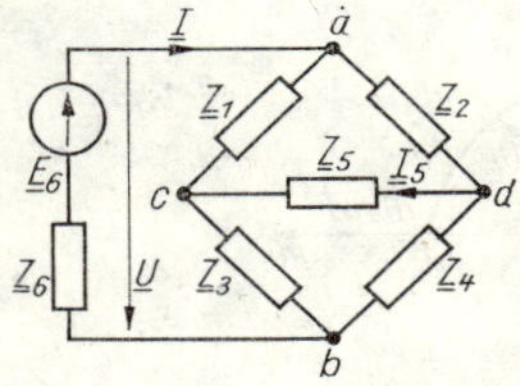

Bild 1.108. Wheatstonesche Brücke

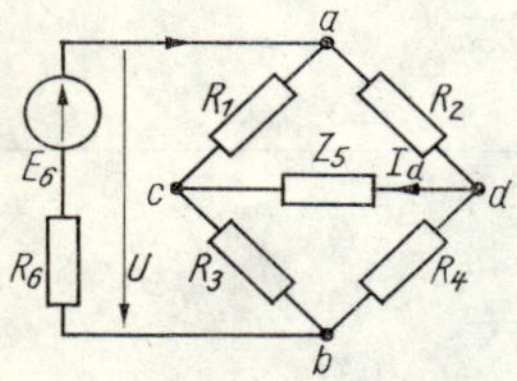

Bild 1.109. Gleichstrombrücke

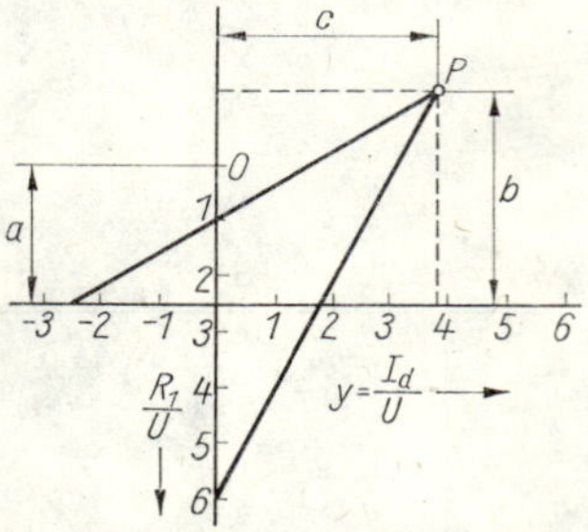

Bild 1.110. Nomogramm zur Ermittlung des Brückenstromes I_d (im Bild 1.113)

Gleichstrombrücke. Die Gleichstrombrücke ist aus reinen ohmschen Widerständen aufgebaut (Bild 1.109) und wird von einer Gleichspannung U gespeist. Der Strom im Brückenzweig beträgt

$$I_d = U \frac{R_1R_4 - R_2R_3}{R_d(R_1 + R_2)(R_3 + R_4) + R_1R_2R_3 + R_2R_3R_4 + R_3R_4R_1 + R_4R_1R_2}, \tag{1.525}$$

$$I_d = I \frac{R_1R_4 - R_2R_3}{R_d(R_1 + R_2 + R_3 + R_4) + (R_1 + R_3)(R_2 + R_4)}. \tag{1.526}$$

Das Nomogramm Bild 1.110 ermöglicht die Ermittlung des auf die Spannung U bezogenen Brückenstromes $y = I_d/U$ bei konstanten Widerständen R_2, R_3 und R_4 und veränderlichem Widerstand R_1. Hierbei bedeuten

$$a = \frac{R_2 R_4}{R_3},$$

$$b = \frac{R_2 (R_4 R_d + R_3 R_d)}{R_4 R_d + R_3 R_d + R_2 R_4 + R_3 R_4 + R_2 R_3} + \frac{R_2 R_4}{R_3}, \quad (1.527)$$

$$c = \frac{R_4}{R_4 R_d + R_3 R_d + R_2 R_4 + R_3 R_4 + R_2 R_3}.$$

1.4.5.3. Thomsonsche Brücke

Die Thomsonsche Brücke stellt die Vereinigung einer Brückenschaltung mit einer Kompensationsschaltung dar (Bild 1.111). Damit ist es möglich, den Einfluß der Anschlußleitungen zu eliminieren und somit sehr kleine Widerstände genau zu messen. Mit Doppelkurbelwiderständen kann man die Brücke unter ständiger Beibehaltung des Verhältnisses

$$R_1/R_4 = R_2/R_3 \quad (1.528)$$

abgleichen. Dann gilt

$$R_x/R_N = R_4/R_1. \quad (1.529)$$

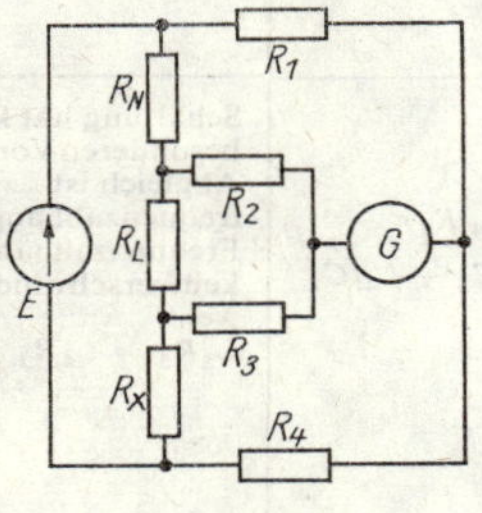

Bild 1.111
Thomsonsche Brücke

1.4.5.4. Wechselstrombrücken

Die allgemeine Abgleichbedingung der einfachen Wechselstrombrücke [Gl. (1.524)] zerfällt in 2 Bedingungen:

$$Z_1 Z_4 = Z_2 Z_3, \quad (1.530) \qquad \varphi_1 + \varphi_4 = \varphi_2 + \varphi_3. \quad (1.531)$$

Die Produkte der gegenüberliegenden Widerstände und die Summen ihrer Phasenwinkel sind gleich. Wenn zwei Zweige der Brücke aus reinen Wirkwiderständen, die beiden anderen dagegen aus Scheinwiderständen bestehen, kann bei gleichem Charakter der Scheinwiderstände (entweder zwei induktive oder zwei kapazitive Widerstände) ein Abgleich nur dann ermittelt werden, wenn sie in der Brücke nebeneinanderliegen.
Tafel 1.19 gibt eine Zusammenstellung bekannter Brückenschaltungen mit ihren Abgleichbedingungen und Eigenschaften.

Tafel 1.19. Brücken und ihre Abgleichbedingungen

Brücken		Abgleichbedingungen	Bemerkungen
Brücken mit Induktivitäten und Gegeninduktivitäten Maxwell-Brücke zum Vergleich von Gegeninduktivitäten	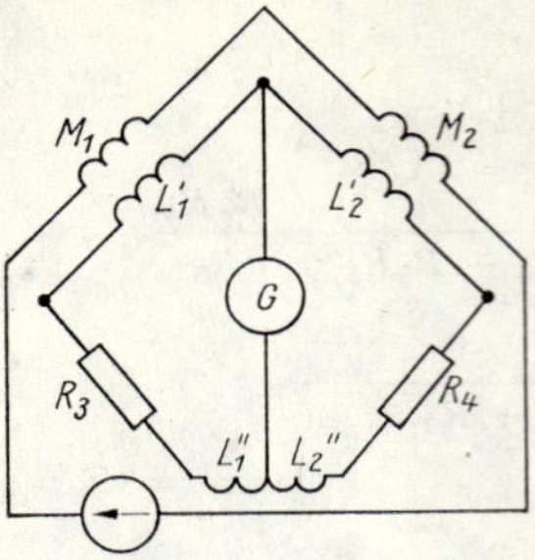	$\frac{M_1}{M_2} = \frac{L_1}{L_2} = \frac{R_3}{R_4}$	$L_1 = L_1' + L_1''$ $L_2 = L_2' + L_2''$ Abgleich durch Änderung von R_3/R_4. L_2 verändert man durch den Schleifer S, bis die Abgleichung erfüllt ist
Gegeninduktivität und Kapazität Brücke zum Vergleich von M mit C	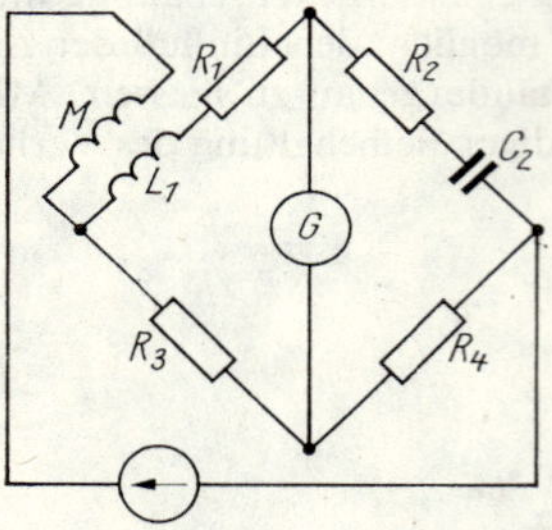	$R_2R_3 - R_1R_4 = M/C_2$ $(L_1 + M)\,R_4 = -R_2M - \frac{R_3}{\omega^2 C_2}$	für $R_3 \neq 0$ ist der Abgleich frequenzabhängig
		$R_3 = 0 \quad R_1R_4 = -M/C_2$ $(L_1 + M)\,R_4 = -R_2M$	für $R_3 = 0$ ist der Abgleich frequenzunabhängig
***RLC*-Brücken** 1. Form	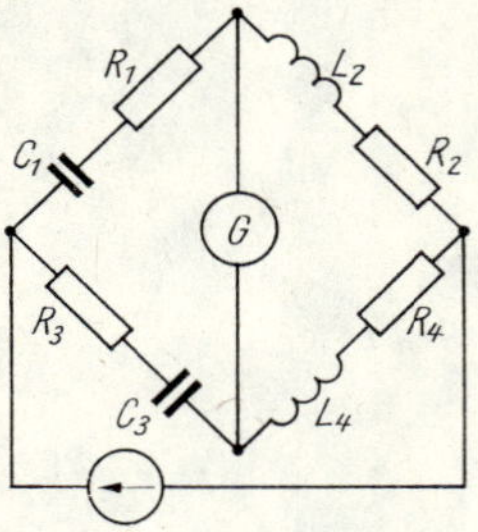	$\frac{C_1}{C_3} = \frac{R_4}{R_2} + \frac{\omega^2 C_1}{R_2} \times (L_2R_3 - L_4R_1)$ $R_4R_1 - R_2R_3 = L_2/C_3 - L_4/C_1$	Schaltung hat keine besonderen Vorteile. Abgleich ist frequenzabhängig. Frequenzabhängigkeit verschwindet, wenn $L_2R_3 = L_4R_1$
2. Form	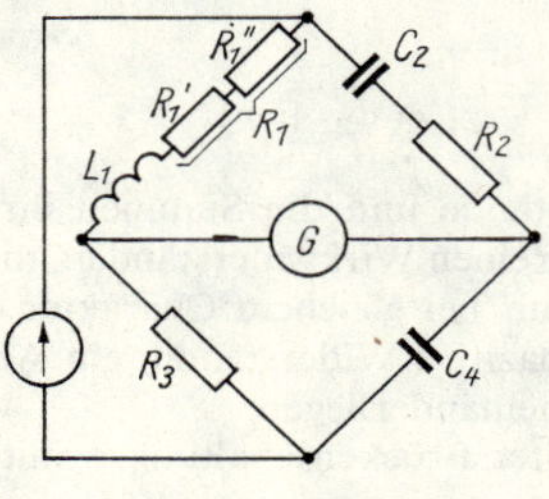	$L_1/C_4 = R_2R_3$ $\frac{C_2}{C_4} = \frac{R_3}{R_1}$	R_1' Widerstand der Induktivität. R_1'' Zusatzwiderstand. C_2, C_4 und R_3 sind gewöhnlich konstant. R_2 und R_1 (über R_1'') veränderlich. Verbreitetste Schaltung zur Messung der Induktivität

Tafel 1.19. Fortsetzung

Brücken		Abgleichbedingungen	Bemerkungen
3. Form	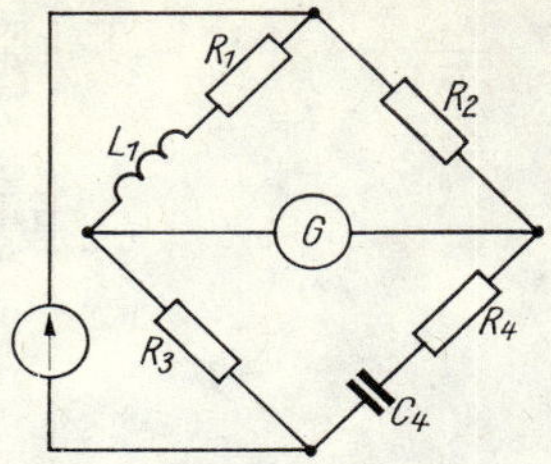	$L_1 = R_2 R_3 \dfrac{C_4}{1 + \omega^2 C_4^2 R_4^2}$ $R_1 = \dfrac{R_2 R_3}{R_4} \dfrac{\omega^2 C_4^2 R_4^2}{1 + \omega^2 C_4^2 R_4^2}$	Abgleich ist frequenzabhängig. Geeignet zur Messung großer Induktivitäten
Maxwell-Wien-Brücke	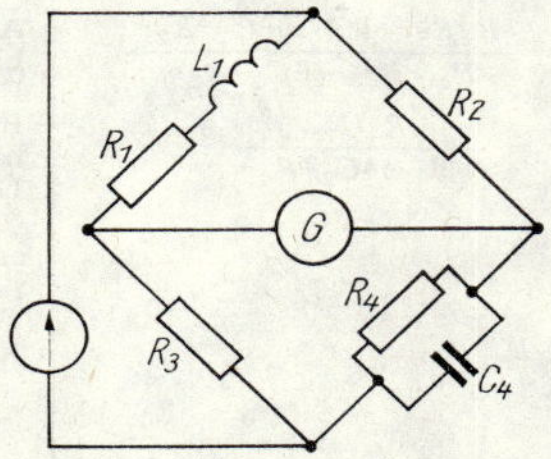	$R_1 R_4 = R_2 R_3 = L_3 / C_4$	Abgleich ist frequenzunabhängig. Geeignet für kleinere und mittlere Induktivitäten
Resonanzbrücke	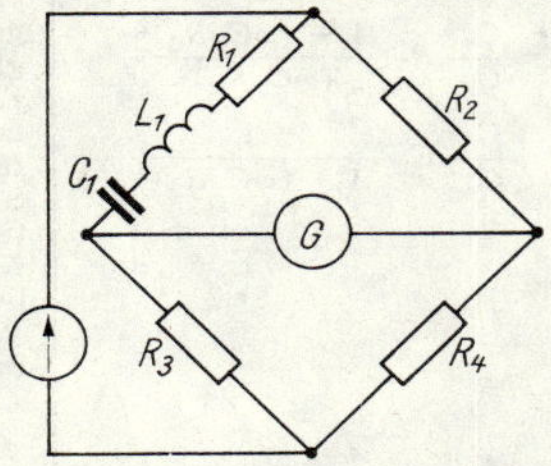	$\omega L = 1/\omega C$ $\dfrac{R_1}{R_2} = \dfrac{R_3}{R_4}$	Anwendung für Kurvenformanalyse usw.
Brücken mit Widerständen und Kapazitäten Brücken mit frequenzunabhängigem Abgleich	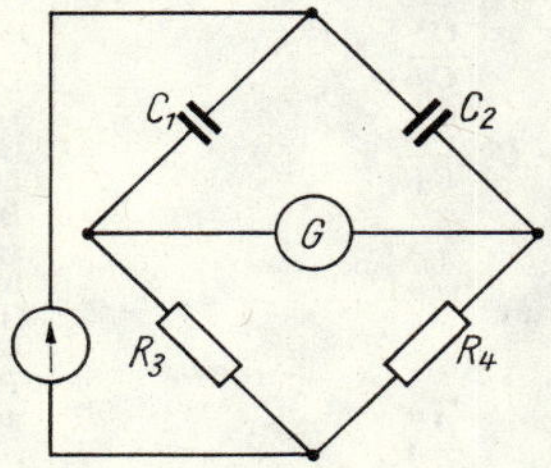	$\dfrac{C_1}{C_2} = \dfrac{R_4}{R_3}$	Vergleich von verlustlosen Kondensatoren. Geeignet für Kondensatoren kleiner und mittlerer Größen mit geringen Verlusten
	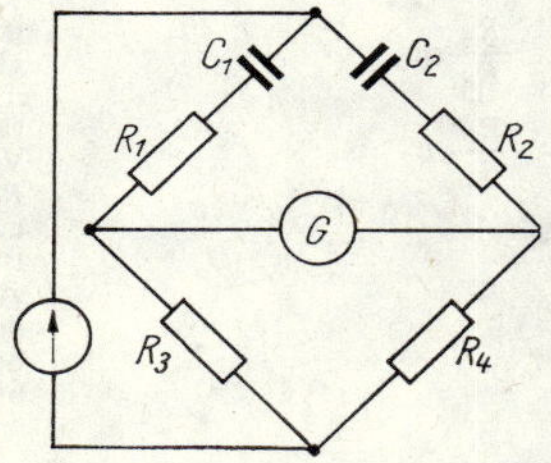	$\dfrac{R_1}{R_2} = \dfrac{R_3}{R_4}$ $\dfrac{C_1}{C_2} = \dfrac{R_4}{R_3}$	geeignet zum Vergleich von Kondensatoren mit kleinen Verlusten $\dfrac{\tan \delta_1}{\tan \delta_2} = \dfrac{\omega C_1 R_1}{\omega C_2 R_2} = 1$

Tafel 1.19. Fortsetzung

Brücken		Abgleichbedingungen	Bemerkungen
Brücken mit frequenzunabhängigem Abgleich	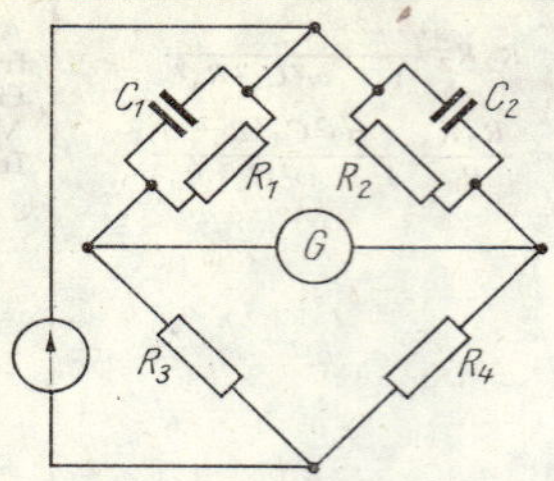	$\frac{R_1}{R_2} = \frac{R_3}{R_4}$ $\frac{C_1}{C_2} = \frac{R_4}{R_3}$	geeignet zum Vergleich von Kondensatoren mit großen Verlusten $\frac{\tan\delta_1}{\tan\delta_2} = \frac{\omega C_2 R_2}{\omega C_1 R_1} = 1$
Brücken mit frequenzabhängigem Abgleich	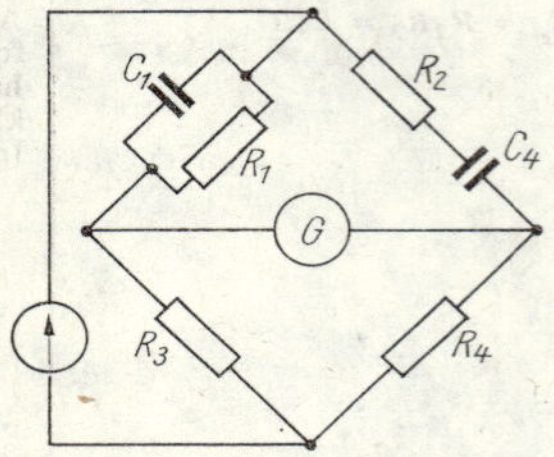	$R_1 = \frac{R_2 R_3}{R_4} \frac{1 + \omega^2 C_2{}^2 R_2{}^2}{\omega^2 C_2{}^2 R_2{}^2}$ $\frac{C_1}{C_2} = \frac{R_4/R_3}{1 + \omega^2 C_2{}^2 R_2{}^2}$	Abgleichbedingung hängt von der Frequenz ab. Bei verzerrter Spannungsform sind im Diagonalzweig beim Abgleich Oberwellen enthalten (Kurvenformanalyse). Geeignet zur Frequenzmessung
Brücke mit frequenzabhängigem Abgleich	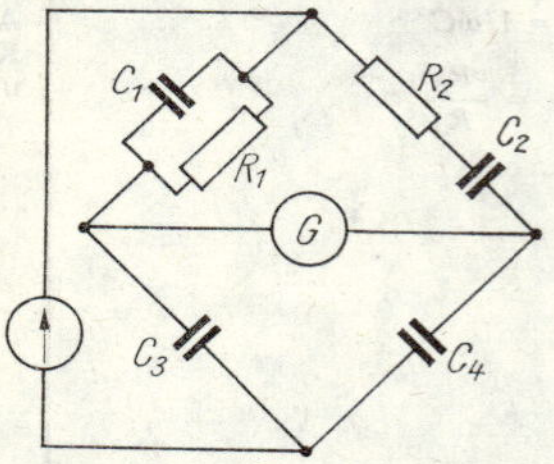	$R_1 = \frac{C_4}{C_3} R_2 \frac{1 + (\omega C_2 R_2)^2}{(\omega C_2 R_2)^2}$ $C_1 = \frac{C_3}{C_4} C_2 \frac{1}{1 + (\omega C_2 R_2)^2}$	geeignet zum Vergleich kleiner Kapazitäten, bei denen in den Schaltungen 4 und 5 auf S. 149 und in Schaltung 1 auf S. 150 R_3 und R_4 (Empfindlichkeit) sehr große Werte annehmen müßten
Schering-Brücke	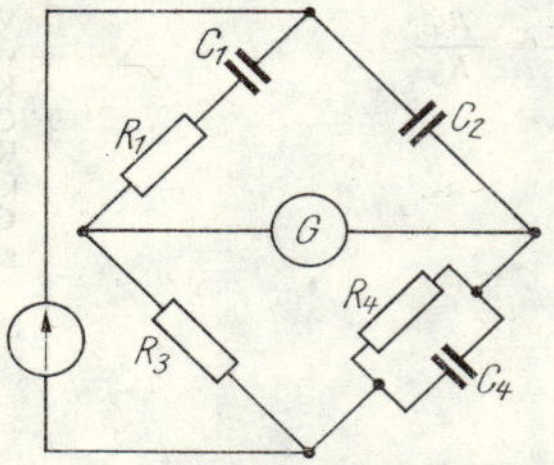	$R_1 = R_3 \frac{C^4}{C_2}$ $C_1 = C_2 \frac{R_4}{R_3}$	$\tan\delta_1 = \omega C_4 R_4$ C_1 ist unabhängig von C_4, $\tan\delta_1$ ist unabhängig von R_3. Brücke für Hochspannungsmessungen geeignet (Einstellelemente C_4 für $\tan\delta_1$ und R_3 für C_1 sind geerdet)
Brücken mit Induktivitäten und Gegeninduktivitäten **Maxwell-Brücke mit Induktivitätsabgleich**	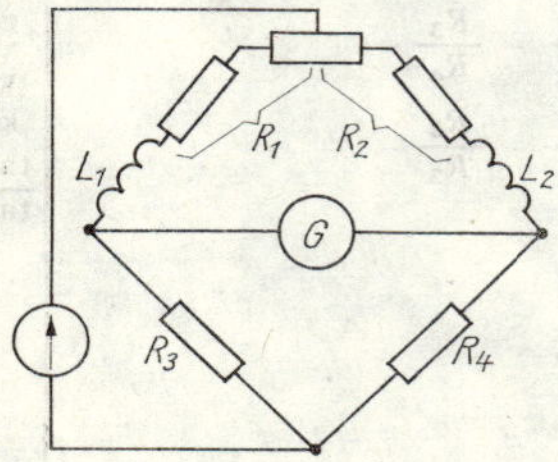	$R_1 = \frac{R_3}{R_4} R_2$ $L_1 = \frac{R_3}{R_4} L_2$	geeignet zum Vergleich kleiner und mittlerer Induktivitäten. Veränderlich sind R_2 und C_2. Mit R_3 und R_4 kann die Brücke nicht abgeglichen werden, denn R_3/R_4 tritt in beiden Abgleichbedingungen auf

1.4.6. Vierpole

1.4.6.1. Allgemeines

Vierpole sind Netzwerke mit 2 Eingangsklemmen (*1* und *2*) und 2 Ausgangsklemmen (*3* und *4*), über die sie an andere Netzwerke angeschlossen sind (Bild 1.112). Sie heißen aktiv, wenn sie unkompensierte Strom- oder Spannungsquellen, und passiv, wenn sie entweder keine oder nur kompensierte Strom- oder Spannungsquellen enthalten. Vierpole heißen linear, wenn sie aus linearen Elementen aufgebaut sind. Vierpole sind symmetrisch, wenn das Vertauschen der Eingangs- oder Ausgangsklemmen keine Änderung der Ströme bzw. der Spannungen in dem angeschlossenen Netz verursacht, andernfalls sind sie unsymmetrisch.

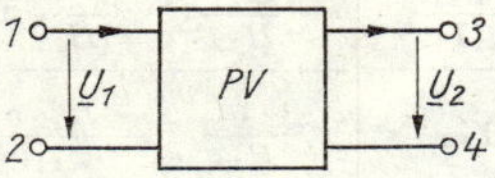

Bild 1.112
Darstellung eines passiven Vierpols (PV)

Die Anwendung des Austauschprinzips (lineare Vierpole) auf Eingangs- und Ausgangskreis ergibt, daß das Verhältnis der Spannung am Eingang zum Strom am Ausgang unabhängig von der Vertauschung der Eingangs- und Ausgangsklemmenpaare ist.

1.4.6.2. Gleichungen des passiven Vierpols

Die Beziehungen zwischen den Größen $\underline{U}_1$, $\underline{U}_2$, $\underline{I}_1$ und $\underline{I}_2$ (Bild 1.116) werden durch die Vierpolgleichungen beschrieben.

A-Form (Kettenform)

$$\underline{U}_1 = \underline{A}_{11}\underline{U}_2 + \underline{A}_{12}\underline{I}_2, \quad (1.532) \qquad \underline{I}_1 = \underline{A}_{21}\underline{U}_2 + \underline{A}_{22}\underline{I}_2. \quad (1.533)$$

Die Koeffizienten $\underline{A}_{11}$, $\underline{A}_{12}$, $\underline{A}_{21}$ und $\underline{A}_{22}$ sind i. allg. komplex und frequenzabhängig. $\underline{A}_{11}$ und $\underline{A}_{22}$ sind dimensionslos, $\underline{A}_{12}$ hat die Dimension eines Widerstandes und $\underline{A}_{21}$ die eines Leitwerts. Anwendung: Kettenschaltung von Vierpolen.

Y-Form (Leitwertform)

$$\underline{I}_1 = \underline{Y}_{11}\underline{U}_1 + \underline{Y}_{12}\underline{U}_2, \quad (1.534) \qquad \underline{I}_2 = \underline{Y}_{21}\underline{U}_1 + \underline{Y}_{22}\underline{U}_2. \quad (1.535)$$

Die Koeffizienten $\underline{Y}_{11}$, $\underline{Y}_{12}$, $\underline{Y}_{21}$ und $\underline{Y}_{22}$ sind i. allg. komplex und frequenzabhängig. Sie haben die Dimension eines Leitwerts. Anwendung: Parallelschaltung von Vierpolen, Transistortechnik (HF- und Rauschverhalten).

Z-Form (Widerstandsform)

$$\underline{U}_1 = \underline{Z}_{11}\underline{I}_1 + \underline{Z}_{12}\underline{I}_2, \quad (1.536) \qquad \underline{U}_2 = \underline{Z}_{21}\underline{I}_1 + \underline{Z}_{22}\underline{I}_2. \quad (1.537)$$

Die Koeffizienten $\underline{Z}_{11}$, $\underline{Z}_{12}$, $\underline{Z}_{21}$ und $\underline{Z}_{22}$ sind i. allg. komplex und frequenzabhängig. Sie haben die Dimension eines Widerstandes. Anwendung: Reihenschaltung von Vierpolen.

H-Form (Hybridform I)

$$\underline{U}_1 = \underline{H}_{11}\underline{I}_1 + \underline{H}_{12}\underline{U}_2, \quad (1.538) \qquad \underline{I}_2 = \underline{H}_{21}\underline{I}_1 + \underline{H}_{22}\underline{U}_2. \quad (1.539)$$

Die Koeffizienten $\underline{H}_{11}$, $\underline{H}_{12}$, $\underline{H}_{21}$ und $\underline{H}_{22}$ sind i. allg. komplex und frequenzabhängig. $\underline{H}_{11}$ hat die Dimension eines Widerstandes, $\underline{H}_{22}$ die eines Leitwerts, $\underline{H}_{12}$ und $\underline{H}_{21}$ sind dimensionslos.

Zwei weitere Formen der Vierpolgleichungen entstehen durch Auflösung der *A*-Form nach $\underline{U}_2$ und $\underline{I}_2$ bzw. durch Auflösung der *H*-Formel nach $\underline{I}_1$ und $\underline{U}_2$. Anwendung: Reihen-Parallel-Schaltung von Vierpolen, Transistortechnik (NF-Verhalten).

Tafel 1.20. Beziehungen zwischen den Vierpolkonstanten der verschiedenen Formen von Vierpolgleichungen (Die Elemente auf den entsprechenden Plätzen einer Zeile sind identisch)

Form	A		Z		Y		H	
A	A_{11}	A_{12}	$\frac{Z_{11}}{Z_{21}}$	$\frac{-\lvert Z\rvert}{Z_{21}}$	$-\frac{Y_{22}}{Y_{21}}$	$\frac{1}{Y_{21}}$	$-\frac{\lvert H\rvert}{H_{21}}$	$\frac{H_{11}}{H_{21}}$
	A_{21}	A_{22}	$\frac{1}{Z_{21}}$	$-\frac{Z_{22}}{Z_{21}}$	$-\frac{\lvert Y\rvert}{Y_{21}}$	$\frac{Y_{11}}{Y_{21}}$	$-\frac{H_{22}}{H_{21}}$	$\frac{1}{H_{21}}$
Z	$\frac{A_{11}}{A_{21}}$	$-\frac{\lvert A\rvert}{A_{21}}$	Z_{11}	Z_{12}	$\frac{Y_{22}}{\lvert Y\rvert}$	$-\frac{Y_{12}}{\lvert Y\rvert}$	$\frac{\lvert H\rvert}{H_{22}}$	$\frac{H_{12}}{H_{22}}$
	$\frac{1}{A_{21}}$	$-\frac{A_{22}}{A_{21}}$	Z_{21}	Z_{22}	$-\frac{Y_{21}}{\lvert Y\rvert}$	$\frac{Y_{21}}{\lvert Y\rvert}$	$-\frac{H_{21}}{H_{22}}$	$\frac{1}{H_{22}}$
Y	$\frac{A_{22}}{A_{12}}$	$-\frac{\lvert A\rvert}{A_{12}}$	$\frac{Z_{22}}{\lvert Z\rvert}$	$-\frac{Z_{12}}{\lvert Z\rvert}$	Y_{11}	Y_{12}	$\frac{1}{H_{11}}$	$-\frac{H_{12}}{H_{11}}$
	$\frac{1}{A_{12}}$	$-\frac{A_{11}}{A_{12}}$	$-\frac{Z_{21}}{\lvert Z\rvert}$	$\frac{Z_{11}}{\lvert Z\rvert}$	Y_{21}	Y_{22}	$\frac{H_{21}}{H_{11}}$	$\frac{\lvert H\rvert}{H_{11}}$
H	$\frac{A_{12}}{A_{22}}$	$\frac{\lvert A\rvert}{A_{22}}$	$\frac{\lvert Z\rvert}{Z_{22}}$	$\frac{Z_{12}}{Z_{22}}$	$\frac{1}{Y_{11}}$	$-\frac{Y_{12}}{Y_{11}}$	H_{11}	H_{12}
	$\frac{1}{A_{22}}$	$-\frac{A_{21}}{A_{22}}$	$-\frac{Z_{21}}{Z_{22}}$	$\frac{1}{Z_{22}}$	$\frac{Y_{21}}{Y_{11}}$	$\frac{\lvert Y\rvert}{Y_{11}}$	H_{21}	H_{22}
A^{-1}	$\frac{A_{22}}{\lvert A\rvert}$	$-\frac{A_{12}}{\lvert A\rvert}$	$\frac{Z_{22}}{Z_{12}}$	$-\frac{\lvert Z\rvert}{Z_{12}}$	$-\frac{Y_{11}}{Y_{12}}$	$\frac{1}{Y_{12}}$	$\frac{1}{H_{12}}$	$-\frac{H_{11}}{H_{12}}$
	$-\frac{A_{21}}{\lvert A\rvert}$	$\frac{A_{11}}{\lvert A\rvert}$	$\frac{1}{Z_{12}}$	$-\frac{Z_{11}}{Z_{12}}$	$-\frac{\lvert Y\rvert}{Y_{12}}$	$\frac{Y_{22}}{Y_{12}}$	$\frac{H_{22}}{H_{12}}$	$-\frac{\lvert H\rvert}{H_{12}}$
H^{-1}	$\frac{A_{21}}{A_{11}}$	$\frac{\lvert A\rvert}{A_{11}}$	$\frac{1}{Z_{11}}$	$-\frac{Z_{12}}{Z_{11}}$	$\frac{\lvert Y\rvert}{Y_{22}}$	$\frac{Y_{12}}{Y_{22}}$	$\frac{H_{22}}{\lvert H\rvert}$	$-\frac{H_{12}}{\lvert H\rvert}$
	$\frac{1}{A_{11}}$	$-\frac{A_{12}}{A_{11}}$	$\frac{Z_{21}}{Z_{11}}$	$\frac{\lvert Z\rvert}{Z_{11}}$	$-\frac{Y_{21}}{Y_{22}}$	$\frac{1}{Y_{22}}$	$-\frac{H_{21}}{\lvert H\rvert}$	$\frac{H_{11}}{\lvert H\rvert}$

Tafel 1.21. Beziehungen zwischen den Vierpolkoeffizienten und den Vierpoldeterminanten

Koeffizient / Determinante	A	Z	Y	H
$\lvert A\rvert$	$A_{11}A_{22}-A_{12}A_{21}$	$-\frac{Z_{12}}{Z_{21}}$	$-\frac{Y_{12}}{Y_{21}}$	$\frac{H_{12}}{H_{21}}$
$\lvert Z\rvert$	$-\frac{A_{12}}{A_{21}}$	$Z_{11}Z_{22}-Z_{12}Z_{21}$	$\frac{1}{\lvert Y\rvert}$	$\frac{H_{11}}{H_{22}}$
$\lvert Y\rvert$	$-\frac{A_{21}}{A_{12}}$	$\frac{1}{\lvert Z\rvert}$	$Y_{11}Y_{22}-Y_{12}Y_{21}$	$\frac{H_{22}}{H_{11}}$
$\lvert H\rvert$	$-\frac{A_{11}}{A_{22}}$	$\frac{Z_{11}}{Z_{22}}$	$\frac{Y_{22}}{Y_{11}}$	$H_{11}H_{22}-H_{12}H_{21}$

A^{-1}-Form (Kettenform rückwärts)

$$\underline{U}_2 = \frac{\underline{A}_{22}}{|\underline{A}|}\underline{U}_1 + \frac{\underline{A}_{12}}{|\underline{A}|}\underline{I}_1\,, \quad (1.540) \qquad \underline{I}_2 = \frac{\underline{A}_{21}}{|\underline{A}|}\underline{U}_1 + \frac{\underline{A}_{11}}{|\underline{A}|}\underline{I}_1\,. \quad (1.541)$$

$|\underline{A}|$ ist die Determinante der $\underline{A}$-Koeffizienten [Gln. (1.532) und (1.533)].

H^{-1}- oder D-Form (Hybridform II)

$$\underline{I}_1 = \frac{\underline{H}_{22}}{|\underline{H}|}\underline{U}_1 - \frac{\underline{H}_{12}}{|\underline{H}|}\underline{I}_2\,, \quad (1.542) \qquad \underline{U}_2 = -\frac{\underline{H}_{21}}{|\underline{H}|}\underline{U}_1 + \frac{\underline{H}_{11}}{|\underline{H}|}\underline{I}_2\,. \quad (1.543)$$

$|\underline{H}|$ ist die Determinante der $\underline{H}$-Koeffizienten. Anwendung: Parallel-Reihen-Schaltung von Vierpolen.

Die Beziehungen zwischen den Koeffizienten der einzelnen Gleichungsformen sind in Tafel 1.20 dargestellt. Tafel 1.21 enthält die Darstellung der Koeffizientendeterminanten $|\underline{A}|$. $|\underline{H}|$ usw. durch die Koeffizienten anderer Art. Über die Matrizenschreibweise der Vierpolgleichungen s. S. 151.

1.4.6.3. Wellenwiderstand

Charakteristisch für lineare Vierpole sind die beiden Widerstände $\underline{Z}_{w1}$ und $\underline{Z}_{w2}$, die so beschaffen sind, daß bei Belastung der Klemmen *3* und *4* (Bild 1.112) mit dem Widerstand $\underline{Z}_{w2}$ der Widerstand zwischen den Klemmen *1* und *2* $\underline{Z}_{w1}$ beträgt und umgekehrt bei Belastung der Klemmen *1* und *2* mit dem Widerstand $\underline{Z}_{w1}$ der Widerstand zwischen den Klemmen *3* und *4* $\underline{Z}_{w2}$ beträgt. Es ist

$$\underline{Z}_{w1} = \frac{\underline{A}_{11}\underline{Z}_{w2} + \underline{A}_{12}}{\underline{A}_{21}\underline{Z}_{w2} + \underline{A}_{22}}\,, \quad (1.544) \qquad \underline{Z}_{w2} = \frac{\underline{A}_{22}\underline{Z}_{w1} + \underline{A}_{12}}{\underline{A}_{21}\underline{Z}_{w1} + \underline{A}_{11}}\,. \quad (1.545)$$

Damit diese Gleichungen erfüllt werden, muß gelten

$$\underline{Z}_{w1} = \sqrt{\frac{\underline{A}_{11}\underline{A}_{12}}{\underline{A}_{21}\underline{A}_{22}}}\,, \quad (1.546) \qquad \underline{Z}_{w2} = \sqrt{\frac{\underline{A}_{22}\underline{A}_{12}}{\underline{A}_{21}\underline{A}_{11}}}\,, \quad (1.547)$$

$$\underline{Z}_{w1}/\underline{Z}_{w2} = \underline{A}_{11}/\underline{A}_{22}\,, \quad (1.548) \qquad \underline{Z}_{w1}\underline{Z}_{w2} = \underline{A}_{12}/\underline{A}_{21}\,. \quad (1.549)$$

Bei einem symmetrischen Vierpol ($\underline{A}_{11} = \underline{A}_{22}$) ist

$$\underline{Z}_{w1} = \underline{Z}_{w2} = \underline{Z}_{w} = \sqrt{\underline{A}_{12}/\underline{A}_{21}}\,. \quad (1.550)$$

$\underline{Z}_w$ heißt Wellenwiderstand des Vierpols. Der Eingangswiderstand $\underline{Z}_{1e}$ eines symmetrischen Vierpols, der mit dem Wellenwiderstand abgeschlossen ist, ist ebenfalls gleich dem Wellenwiderstand.

1.4.6.4. Übertragungsmaß. Dämpfungsmaß. Phasenmaß

Das Übertragungsmaß

$$\underline{g} = \alpha + \mathrm{j}\beta \quad (1.151)$$

ist eine i. allg. komplexe, frequenzabhängige Größe, deren Realteil α Dämpfungsmaß und deren Imaginärteil β Phasenmaß genannt wird. Die Beziehungen zwischen dem Übertragungsmaß und den Vierpolkonstanten lauten

$$\cosh \underline{g} = \sqrt{\underline{A}_{11}\underline{A}_{22}}\,, \quad (1.552) \qquad \sinh \underline{g} = \sqrt{\underline{A}_{12}\underline{A}_{21}}\,, \quad (1.553)$$

$$\underline{g} = \ln(\sqrt{\underline{A}_{11}\underline{A}_{22}} + \sqrt{\underline{A}_{12}\underline{A}_{21}}\,. \quad (1.554)$$

1.4.6.5. Vierpolbeziehungen

Beziehungen zwischen Vierpolkoeffizienten, Übertragungsmaß und Wellenwiderstand. Die Vierpolkoeffizienten lassen sich durch das Übertragungsmaß und die Wellenwiderstände darstellen:

$$\underline{A}_{11} = \sqrt{\underline{Z}_{w1}/\underline{Z}_{w2}} \cosh \underline{g}, \quad (1.555) \qquad \underline{A}_{12} = \sqrt{\underline{Z}_{w1}\underline{Z}_{w2}} \sinh \underline{g}, \quad (1.556)$$

$$\underline{A}_{21} = \frac{1}{\sqrt{\underline{Z}_{w1}\underline{Z}_{w2}}} \sinh \underline{g}, \quad (1.557) \qquad \underline{A}_{22} = \sqrt{\underline{Z}_{w2}/\underline{Z}_{w1}} \cosh \underline{g}. \quad (1.558)$$

Vierpolgleichungen unter Verwendung von Übertragungsmaß und Wellenwiderstand. Stellt man die Vierpolkoeffizienten durch das Übertragungsmaß und den Wellenwiderstand dar, dann gehen die Vierpolgleichungen der Kettenform [Gln. (1.532) und (1.533)] über in

$$\underline{U}_1 = \sqrt{\underline{Z}_{w1}/\underline{Z}_{w2}}\, [\underline{U}_2 \cosh \underline{g} + \underline{Z}_{w2}\underline{I}_2 \sinh \underline{g}], \quad (1.559)$$

$$\underline{I}_1 = \sqrt{\underline{Z}_{w2}/\underline{Z}_{w1}} \left[\underline{I}_2 \cosh \underline{g} + \frac{1}{\underline{Z}_{w2}} \underline{U}_2 \sinh \underline{g}\right]. \quad (1.560)$$

Im sekundären Anpassungsfall $\underline{Z}_2 = \underline{Z}_{w2}$ ist

$$\underline{U}_1 = \sqrt{\underline{Z}_{w1}/\underline{Z}_{w2}}\, \underline{U}_2 [\cosh \underline{g} + \sinh \underline{g}] = \sqrt{\underline{Z}_{w1}/\underline{Z}_{w2}}\, \underline{U}_2\, e^{\underline{g}}, \quad (1.561)$$

$$\underline{I}_1 = \sqrt{\underline{Z}_{w2}/\underline{Z}_{w1}}\, \underline{I}_2 [\cosh \underline{g} + \sinh \underline{g}] = \sqrt{\underline{Z}_{w2}/\underline{Z}_{w1}}\, \underline{I}_2\, e^{\underline{g}}; \quad (1.562)$$

$e^{\underline{g}}$ ist der *Übertragungsfaktor*.
Beim *symmetrischen Vierpol* ($\underline{A}_{11} = \underline{A}_{22}$) ist

$$\underline{Z}_{w1} = \underline{Z}_{w2} = \underline{Z}_w, \quad (1.563) \qquad \underline{Z}_{1k} = \underline{Z}_{2k}, \quad (1.564)$$

$$\underline{Z}_{10} = \underline{Z}_{20}. \quad (1.565)$$

$\underline{Z}_{1k}$ ($\underline{Z}_{2k}$) und $\underline{Z}_{10}$ ($\underline{Z}_{20}$) sind die eingangsseitig (ausgangsseitig) gemessenen Widerstände des Vierpols bei Kurzschluß bzw. Leerlauf der Ausgangsseite (Eingangsseite). Die Vierpolgleichungen lauten

$$\underline{U}_1 = \underline{U}_2 \cosh \underline{g} + \underline{I}_2\underline{Z}_w \sinh \underline{g}, \quad (1.566)$$

$$\underline{I}_1 = \underline{I}_2 \cosh \underline{g} + \frac{\underline{U}_2}{\underline{Z}_w} \sinh \underline{g}. \quad (1.567)$$

1.4.6.6. Experimentelle Bestimmung der Kenngrößen

Bestimmung des Übertragungsmaßes. Das Übertragungsmaß bestimmt man aus der Messung der Spannungen und Ströme am Eingang bzw. Ausgang des Vierpols:

$$e^{\underline{g}} = \sqrt{\frac{\underline{Z}_{w2}}{\underline{Z}_{w1}} \frac{\underline{U}_1}{\underline{U}_2}} = \sqrt{\frac{\underline{Z}_{w1}}{\underline{Z}_{w2}} \frac{\underline{I}_1}{\underline{I}_2}}. \quad (1.568)$$

Bestimmung der Vierpolkoeffizienten. Die Vierpolkoeffizienten können aus dem Leerlauf- und dem Kurzschlußversuch experimentell ermittelt werden. Mit $\underline{Z}_{10}$, $\underline{Z}_{1k}$, $\underline{Z}_{20}$ und $\underline{Z}_{2k}$ erhält man für die Vierpolkoeffizienten

$$\underline{A}_{11} = \sqrt{\frac{\underline{Z}_{1k}\underline{Z}_{10}}{\underline{Z}_{2k}(\underline{Z}_{10} - \underline{Z}_{1k})}}, \quad (1.569) \qquad \underline{A}_{12} = \sqrt{\frac{\underline{Z}_{1k}\underline{Z}_{10}\underline{Z}_{2k}}{\underline{Z}_{10} - \underline{Z}_{1k}}}, \quad (1.570)$$

$$\underline{A}_{21} = \sqrt{\frac{1}{\underline{Z}_{20}(\underline{Z}_{10} - \underline{Z}_{1k})}}, \quad (1.571) \qquad \underline{A}_{22} = \sqrt{\frac{\underline{Z}_{20}}{\underline{Z}_{10} - \underline{Z}_{1k}}}. \quad (1.572)$$

Für die Wellenwiderstände gilt

$$\underline{Z}_{w1} = \sqrt{\underline{Z}_{1k}\underline{Z}_{10}}, \quad (1.573) \qquad \underline{Z}_{w2} = \sqrt{\underline{Z}_{2k}\underline{Z}_{20}}. \quad (1.574)$$

1.4.6.7. Ersatzschaltbilder

Jeder passive Vierpol kann durch ein T- bzw. Π-Ersatzschaltbild dargestellt werden, das jeweils aus drei Widerständen besteht.

T-Ersatzschaltbild (Bild 1.113). Die Beziehungen zwischen den Widerständen des Ersatzschaltbildes und den Vierpolkonstanten lauten

$$\underline{A}_{11} = 1 + \underline{Z}_1'/\underline{Z}_0', \quad (1.575) \qquad \underline{A}_{12} = \underline{Z}_1' + \underline{Z}_2' + \underline{Z}_1'\underline{Z}_2'/\underline{Z}_0', \quad (1.576)$$

$$\underline{A}_{21} = 1/\underline{Z}_0', \quad (1.577) \qquad \underline{A}_{22} = 1 + \underline{Z}_2'/\underline{Z}_0'. \quad (1.578)$$

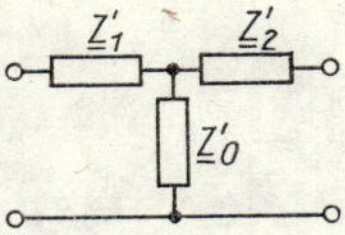

Bild 1.113
T-Ersatzschaltbild eines Vierpols

Die Ermittlung der Widerstände des Ersatzschaltbildes aus den Vierpolkonstanten erfolgt nach den Ausdrücken

$$\underline{Z}_0' = 1/\underline{A}_{21}, \quad (1.579) \qquad \underline{Z}_1' = (\underline{A}_{11} - 1)/\underline{A}_{21}, \quad (1.580)$$

$$\underline{Z}_2' = (\underline{A}_{22} - 1)/\underline{A}_{21}. \quad (1.581)$$

Beim symmetrischen Vierpol ist

$$\underline{Z}_1' = \underline{Z}_2'. \quad (1.582)$$

Π-Ersatzschaltbild (Bild 1.114). Die Beziehungen zwischen den Widerständen des Ersatzschaltbildes und den Vierpolkonstanten lauten

$$\underline{A}_{11} = 1 + \underline{Z}_0''/\underline{Z}_2'', \quad (1.583) \qquad \underline{A}_{12} + \underline{Z}_0'', \quad (1.584)$$

$$\underline{A}_{21} = 1/\underline{Z}_1'' + 1/\underline{Z}_2'' + \underline{Z}_0''/(\underline{Z}_1''\underline{Z}_2''), \quad (1.585) \qquad \underline{A}_{22} + 1 = \underline{Z}_0''/\underline{Z}_1''. \quad (1.586)$$

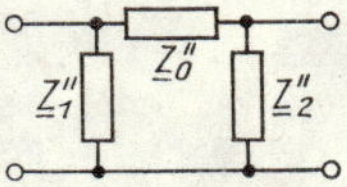

Bild 1.114. Π-Ersatzschaltbild eines Vierpols

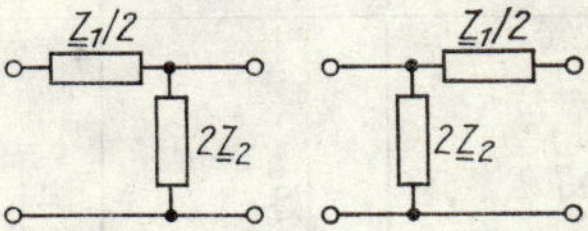

Bild 1.115. Γ-Vierpole

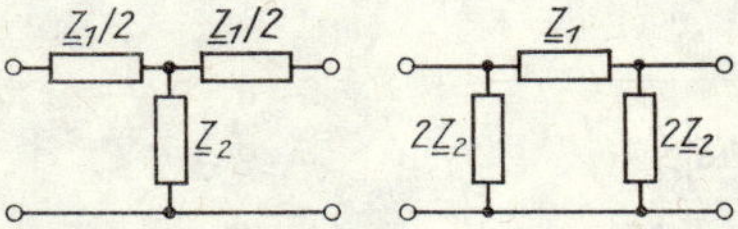

Bild 1.116. Symmetrischer T- bzw. Π-Vierpol als Kettenschaltung zweier Γ-Vierpole nach Bild 1.116

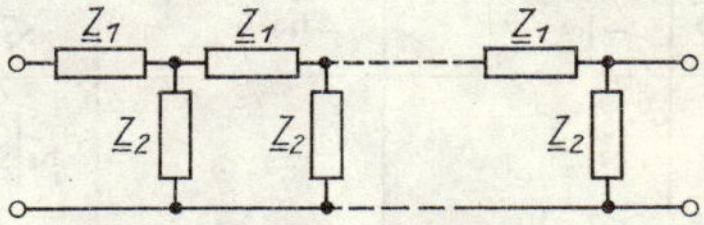

Bild 1.117. Symmetrische Vierpolkette

Beim symmetrischen Vierpol ist

$$\underline{Z}_1'' = \underline{Z}_2''. \quad (1.587)$$

Γ-Vierpol, T-Vierpol, Π-Vierpol und Vierpolkette. Schaltet man zwei Γ-Vierpole (Bild 1.115) entsprechend hintereinander, so erhält man einen symmetrischen T- oder Π-Vierpol (Bild

Tafel 1.22. Vierpolkonstanten, Wellenwiderstand und Übertragungsmaß einfacher Vierpole

Vierpolart	A_{11}	A_{12}	A_{21}	A_{22}	Z_w	g
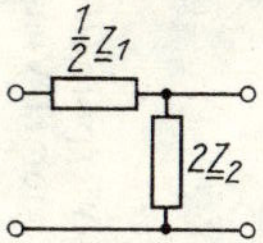	$1 + \frac{Z_1}{4Z_2}$	$\frac{1}{2} Z1$	$\frac{1}{2Z_2}$	1	$Z_{w1} = \sqrt{Z_1 Z_2 \left(1 + \frac{Z_1}{4Z_2}\right)}$ $Z_{w2} = \sqrt{\frac{Z_1 Z_2}{(1 + Z_1/4Z_2)}}$	$\ln\left(\sqrt{1 + \frac{Z_1}{4Z_2}} + \sqrt{\frac{Z_1}{4Z_2}}\right)$
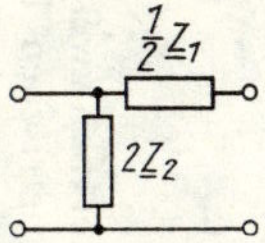	1	$\frac{1}{2} Z_1$	$\frac{1}{2Z_2}$	$1 + \frac{Z_1}{4Z_2}$	$Z_{w1} = \sqrt{\frac{Z_1 Z_2}{1 + Z_1/4Z_2}}$ $Z_{W2} = \sqrt{Z_1 Z_2 = \left(1 + \frac{Z_1}{4Z_2}\right)}$	$\ln\left(\sqrt{1 + \frac{Z_1}{4Z_2}} + \sqrt{\frac{Z_1}{4Z_2}}\right)$
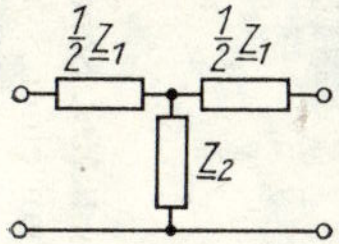	$1 + \frac{Z_1}{2Z_2}$	$Z_1 + \frac{Z_1^2}{4Z_2}$	$\frac{1}{Z_2}$	$1 + \frac{Z_1}{2Z_2}$	$\sqrt{Z_1 Z_2 \left(1 + \frac{Z_1}{4Z_2}\right)}$	$2\ln\left(\sqrt{1 + \frac{Z_1}{4Z_2}} + \sqrt{\frac{Z_1}{4Z_2}}\right)$
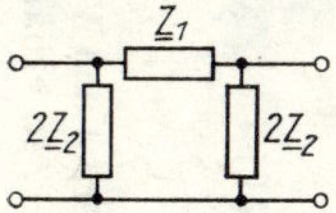	$1 + \frac{Z_1}{2Z_2}$	Z_1	$\frac{1}{Z_2} + \frac{Z_1}{4Z_2^2}$	$1 + \frac{Z_1}{2Z_2}$	$\sqrt{\frac{Z_1 Z_2}{1 + Z_1/4Z_2}}$	$2\ln\left(\sqrt{1 + \frac{Z_1}{4Z_2}} + \sqrt{\frac{Z_1}{4Z_2}}\right)$

1.116). Schaltet man mehrere T- bzw. Π-Vierpole dieser Art hintereinander, so erhält man eine homogene symmetrische Vierpolkette (Bild 1.117). Beim T-Vierpol ist

$$\underline{Z}_{1/2} = \underline{Z}_1', \quad (1.588) \qquad \underline{Z}_2 = \underline{Z}_0' \quad (1.589)$$

und beim Π-Vierpol

$$\underline{Z}_1 = \underline{Z}_0'', \quad (1.590) \qquad 2\underline{Z}_2 = \underline{Z}_1''. \quad (1.591)$$

Gegenüberstellung der Eigenschaften von Γ-, T- und Π-Elementarvierpolen. Tafel 1.22 gibt die Kenngrößen der elementaren Γ-, T- und Π-Vierpolformen an.
Γ-Vierpole haben ein Übertragungsmaß, das halb so groß ist wie das der entsprechenden T- und Π-Vierpole, und somit auch nur ein halb so großes Dämpfungs- und Phasenmaß.

1.4.6.8. Elektrische Filter oder Siebe

Elektrische Filter oder Siebe sind passive Vierpole aus reinen Blindschaltelementen, deren Dämpfung α in bestimmten Frequenzbereichen verschwindet (Durchlaßbereich), während sie im übrigen (Sperrbereich) beträchtliche Werte annimmt. Hinsichtlich des Durchlaßbereiches werden die elektrischen Filter in Hochpässe, Tiefpässe, Bandpässe und Bandsperren eingeteilt. In bezug auf ihren schematischen Aufbau werden sie in Γ-, T-, Π- oder Brückenvierpole unterschieden. Hinsichtlich der Anzahl ihrer Elemente werden sie in eingliedrige und mehrgliedrige (Filterketten) eingeteilt.
Durchlaßbereich. Die Filtereigenschaften errechnen sich aus Gl. (1.555), $\underline{Z}_{w1} = \underline{Z}_{w2}$:

$$\cosh \underline{g} = \cosh(\alpha + j\beta) = \cos\alpha \cos\beta + j \sinh\alpha \sin\beta = \underline{A}_{11}. \quad (1.592)$$

Wenn $\alpha = 0$ sein soll, dann muß $\underline{A}_{11} = A_{11}$, d. h. reell sein. Es gilt

$$\alpha = 0, \quad \cos\beta = A_{11}. \quad (1.593)$$

$\underline{A}_{11}$ ist aber auch dann reell, wenn $\beta = \pm\pi$ ist, d. h.,

$$\beta = \pm\pi, \quad \pm\cosh\alpha = A_{11}. \quad (1.594)$$

Das erste Gleichungspaar bestimmt den Durchlaßbereich [Gl. (1.593)], das zweite den Sperrbereich (Gl. (1.594)]. Da $-1 \leqq \cos\beta \leqq 1$, wird der Durchlaßbereich durch die Bedingung

$$-1 \leqq A_{11} \leqq 1 \quad (1.595)$$

festgelegt. Für die symmetrischen T- und Π-Schaltungen gilt als Durchlaßbedingung

$$-1 \leqq \underline{Z}_1/4\underline{Z}_2 \leqq 0. \quad (1.596)$$

Im Sperrbereich bestimmt man die Dämpfung nach Gl. (1.594). Beim Γ-Vierpol ist sie halb so groß.
Zur Ermittlung der Grenzfrequenzen spaltet man die Durchlaßbedingungen auf in

$$\underline{Z}_1 = 0 \quad \text{und} \quad \underline{Z}_1 = -4\underline{Z}_2. \quad (1.597)$$

Grafische Ermittlung des Durchlaß- und des Sperrbereiches. Zeichnet man die Funktionen

$$\underline{Z}_1 = f_1(\omega), \quad (1.598) \qquad -4\underline{Z}_2 = f_2(\omega) \quad (1.599)$$

auf, dann kann man die Grenzfrequenzen (ω_1 und ω_2) aus dem Schnittpunkt der Kurve $f_1(\omega)$ mit der Abszisse und aus dem Schnittpunkt der Kurven $f_1(\omega)$ und $f_2(\omega)$ ermitteln. Die Konstruktion ist im Bild 1.118 gezeigt.

Ermittlung des Durchlaßbereiches aus dem Wellenwiderstand. Der Wellenwiderstand des T- und Π-Filters ist im Durchlaßbereich reell und im Sperrbereich imaginär. Die Grenzfrequenzen, bei denen der Wellenwiderstand reell wird, entsprechen den Grenzfrequenzen des Durchlaßbereiches.

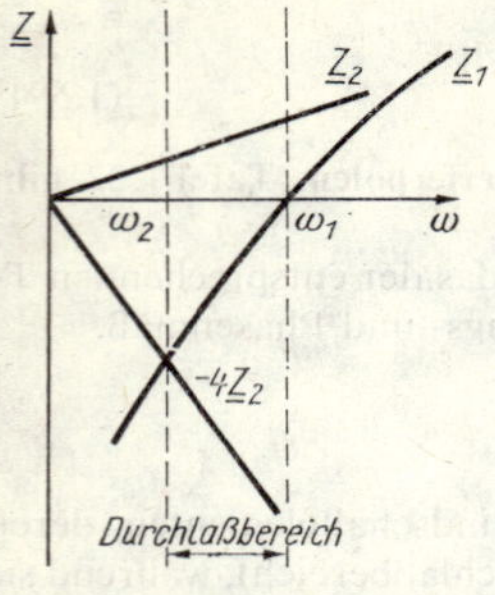

Bild 1.118. Grafische Ermittlung des Durchlaß- und Sperrbereiches

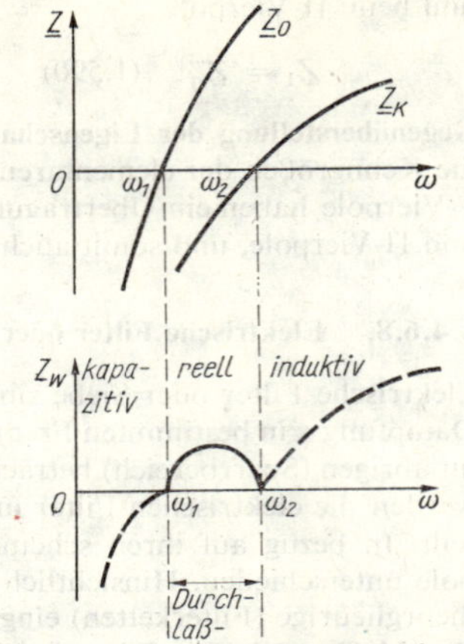

Bild 1.119. Wellenwiderstand in Abhängigkeit von der Frequenz

Der Wellenwiderstand [Gl. (1.553)] ist reell, wenn Leerlauf- und Kurzschlußwiderstand verschiedene Vorzeichen haben. Aus der grafischen Darstellung des Leerlauf- und Kurzschlußwiderstandes ergibt sich der Durchlaßbereich (Bild 1.119).

1.5. Leitungen

1.5.1. Grundgleichung

Leitungsparameter. Die Leitungsparameter sind die auf die Länge bezogenen Größen Widerstand R', Induktivität L', Kapazität C' und Leitwert G'.

Telegrafengleichung. Unter Anwendung des Ersatzschaltbildes des Leitungselements mit der Länge dx (Bild 1.120) erhält man die Telegrafengleichung:

$$\frac{\partial^2 u}{\partial x^2} = R'G'u + (R'C' + L'G')\frac{\partial u}{\partial t} + L'C'\frac{\partial^2 u}{\partial t^2}. \qquad (1.600)$$

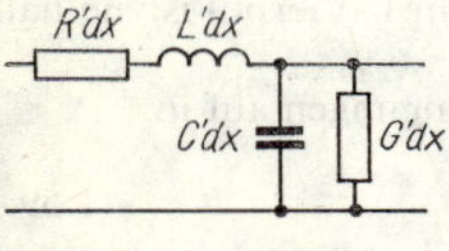

Bild 1.120 Ersatzschaltbild eines Leitungselements

1.5.2. Betrieb bei sinusförmigen Strömen und Spannungen

1.5.2.1. Leitungsgleichungen

Wenn die Ströme und Spannungen sinusförmige Zeitfunktionen sind, dann bestehen zwischen den komplexen Strömen $\underline{I}_1$ und Spannungen $\underline{U}_1$ am Eingang der homogenen Leitung und den komplexen Strömen und Spannungen an einer Stelle in der Entfernung y vom Anfang der

Leitung folgende Beziehungen:

$$\underline{U}_y = \underline{U}_1 \cosh \gamma y - \underline{Z}_w \underline{I}_1 \sinh \gamma y, \tag{1.601}$$

$$\underline{I}_y = \underline{I}_1 \cosh \gamma y - \frac{\underline{U}_1}{\underline{Z}_w} \sinh \gamma y. \tag{1.602}$$

Wenn der Strom $\underline{I}_2$ und die Spannung $\underline{U}_2$ am Ende der Leitung vorgegeben sind und der Strom $\underline{I}_x$ oder die Spannung $\underline{U}_x$ an einer Stelle in der Entfernung x vom Ende der Leitung gesucht wird, bedient man sich der Gleichungen

$$\underline{U}_x = \underline{U}_2 \cosh \gamma x + \underline{Z}_w \underline{I}_2 \sinh \gamma x, \tag{1.603}$$

$$\underline{I}_x = \underline{I}_2 \cosh \gamma x + \frac{\underline{U}_2}{\underline{Z}_w} \sinh \gamma x. \tag{1.604}$$

1.5.2.2. Sekundäre Leitungsparameter

Fortpflanzungskonstante. Die Größe

$$\gamma = \sqrt{(R' + \mathrm{j}\omega L')(G' + \mathrm{j}\omega C')} = \sqrt{\underline{Z}'\underline{Y}'} = \alpha + \mathrm{j}\beta \tag{1.605}$$

heißt Fortpflanzungskonstante. Hierbei ist

$$\underline{Z}' = (R' + \mathrm{j}\omega L'), \quad (1.606) \qquad \underline{Y}' = (G' + \mathrm{j}\omega C'). \tag{1.607}$$

Dämpfungskonstante und Phasenkonstante. Die Fortpflanzungskonstante ist i. allg. eine komplexe Zahl, deren Realteil

$$\alpha = \sqrt{\tfrac{1}{2}(R'G' - \omega^2 L'C') + \tfrac{1}{2}\sqrt{(R'^2 + \omega^2 L'^2)(G'^2 + \omega^2 C'^2)}} \tag{1.608}$$

als Dämpfungskonstante und deren Imaginärteil

$$\beta = \sqrt{\tfrac{1}{2}(\omega^2 L'C' - R'G') + \tfrac{1}{2}\sqrt{(R'^2 + \omega^2 L'^2)(G'^2 + \omega^2 C'^2)}} \tag{1.609}$$

als Phasenkonstante bezeichnet wird. Die komplexe Größe

$$\underline{Z}_w = \sqrt{\frac{R' + \mathrm{j}\omega L'}{G' + \mathrm{j}\omega C'}} = \sqrt{\frac{\underline{Z}'}{\underline{Y}'}} = Z_w\, \mathrm{e}^{\mathrm{j}\vartheta} \tag{1.610}$$

mit dem Betrag

$$Z_w = \sqrt[4]{\frac{R'^2 + (\omega L')^2}{G'^2 + (\omega C')^2}} \tag{1.611}$$

und dem Phasenwinkel

$$\vartheta = \frac{1}{2} \arctan \frac{\omega(G'L' - R'C')}{R'G' + \omega^2 L'C'} \tag{1.612}$$

ist der *Wellenwiderstand* der Leitung.

1.5.2.3. Reflexion

Die Einführung von Exponentialfunktionen anstelle der hyperbolischen Funktionen in den Leitungsgleichungen ermöglicht die Darstellung der Spannung und des Stromes als Summe einer einfallenden und einer reflektierten Welle. Es gilt

$$\underline{U}_x = \underline{U}_2 \frac{1}{2} \mathrm{e}^{\gamma x} \left(1 + \frac{\underline{Z}_w}{\underline{Z}_2}\right) + \underline{U}_2 \frac{1}{2} \mathrm{e}^{\gamma x} \left(1 - \frac{\underline{Z}_w}{\underline{Z}_2}\right) = \underline{U}_{1x} + \underline{U}_{2x}, \tag{1.613}$$

$$\underline{I}_x = \frac{\underline{U}_2}{\underline{Z}_w} \frac{1}{2} \mathrm{e}^{-\gamma x} \left(1 + \frac{\underline{Z}_w}{\underline{Z}_2}\right) - \frac{\underline{U}_2}{\underline{Z}_w} \frac{1}{2} \mathrm{e}^{-\gamma x} \left(1 - \frac{\underline{Z}_w}{\underline{Z}_2}\right) + \underline{I}_{1x} - \underline{I}_{2x}. \tag{1.614}$$

Unter ***Reflexionsfaktor*** versteht man den Quotienten aus der reflektierten Welle $\underline{U}_{2x}$ und der einfallenden Welle $\underline{U}_{1x}$ bzw. aus $\underline{I}_{2x}$ und $\underline{I}_{1x}$ am Ende der Leitung ($x = 0$):

$$\underline{n} = \frac{1 - \underline{Z}_\mathrm{w}/\underline{Z}_2}{1 + \underline{Z}_\mathrm{w}/\underline{Z}_2} = \frac{\underline{Z}_2 - \underline{Z}_\mathrm{w}}{\underline{Z}_2 + \underline{Z}_\mathrm{w}}. \tag{1.615}$$

Hierbei ist der Abschlußwiderstand der Leitung $\underline{Z}_2 = \underline{U}_2/\underline{I}_2$.

1.5.2.4. Phasengeschwindigkeit und Wellenlänge

Die *Phasengeschwindigkeit* der elektromagnetischen Welle auf einer Leitung beträgt

$$v = \omega/\beta. \tag{1.616}$$

Die *Wellenlänge* ist die Entfernung, die die Welle während einer Periode zurücklegt:

$$\lambda = vT = 2\pi/\beta. \tag{1.617}$$

1.5.2.5. Eingangswiderstand der Leitung

Der Eingangswiderstand der Leitung beträgt

$$\underline{Z}_1 = \frac{\underline{U}_1}{\underline{I}_1} = \frac{\underline{Z}_2 + \underline{Z}_\mathrm{w} \tanh \gamma l}{1 + (\underline{Z}_2/\underline{Z}_\mathrm{w}) \tanh \gamma l}. \tag{1.618}$$

Wenn die Leitung aus zwei Abschnitten mit verschiedenen Wellenwiderständen besteht, bestimmt man zuerst den Eingangswiderstand des zweiten Abschnitts und betrachtet ihn als Abschlußwiderstand des ersten Abschnitts, mit dem man nach Gl.(1.618) den Eingangswiderstand der ganzen Leitung ermittelt.

1.5.2.6. Anpassung

Eine Anpassung der Leitung liegt vor, wenn sie mit einem Widerstand, der gleich ihrem Wellenwiderstand ist, abgeschlossen wird ($\underline{Z}_2 = \underline{Z}_\mathrm{w}$). Dann ist

$$\underline{U}_x = \underline{U}_2 (\cosh \gamma x + \sinh \gamma x) = \underline{U}_2 \, \mathrm{e}^{\gamma x}, \tag{1.619}$$

$$\underline{I}_x = \underline{I}_2 (\cosh \gamma x + \sinh \gamma x) = \underline{I}_2 \, \mathrm{e}^{\gamma x}. \tag{1.620}$$

Im Anpassungsfall bilden sich keine Reflexionswellen aus.

1.5.2.7. Spezielle Fälle

Verlustlose Leitung. Wenn man R' und G' vernachlässigen kann, gilt

$$\left.\begin{aligned} &\alpha = 0 \quad \beta = \omega\sqrt{L'C'}, \quad \gamma = \mathrm{j}\beta = \mathrm{j}\omega\sqrt{L'C'}, \\ &\underline{Z}_\mathrm{w} = Z_\mathrm{w} = \sqrt{L'/C'}, \quad v = \omega/\beta = 1/\sqrt{L'C'}. \end{aligned}\right\} \tag{1.621}$$

Die Gleichungen der verlustlosen Leitung lauten

$$\underline{U}_x = \underline{U}_2 \cos \beta x + \mathrm{j}\underline{I}_2 \underline{Z}_\mathrm{w} \sin \beta x, \tag{1.622}$$

$$\underline{I}_x = \underline{I}_2 \cos \beta x + \mathrm{j}\frac{\underline{U}_2}{\underline{Z}_\mathrm{w}} \sin \beta x. \tag{1.623}$$

Ihr Eingangswiderstand beträgt

$$\underline{Z}_1 = Z_\mathrm{w} \frac{(\underline{Z}_2/Z_\mathrm{w}) \cos \beta l + \mathrm{j} \sin \beta l}{\cos \beta l + \mathrm{j}(\underline{Z}_2/Z_\mathrm{w}) \sin \beta l}. \tag{1.624}$$

Verzerrungsfreie Leitung. Für eine verzerrungsfreie Leitung sind

$$\alpha(\omega) = \text{konst.} \quad \text{und} \quad v(\omega) = \text{konst.}$$

Diese Bedingung ist erfüllt, wenn

$$R'/L' = G'/C'; \tag{1.625}$$

dann ist

$$\left.\begin{aligned} \alpha &= G'\sqrt{L'/C'}, \quad \beta = \omega\sqrt{L'C'}, \\ V &= 1/\sqrt{L'C'} \quad \underline{Z}_w = \sqrt{L'/C'}. \end{aligned}\right\} \tag{1.626}$$

Sehr lange Leitung. Für eine sehr lange Leitung nimmt l so große Werte an, daß man die Näherung

$$\sinh \gamma l \approx \cosh \gamma l \approx 0{,}5\, e^{\gamma l} \tag{1.627}$$

anwenden kann. Die Leitungsgleichungen gehen dann über in

$$\underline{U}_1 = \tfrac{1}{2}(\underline{U}_2 + \underline{I}_2\underline{Z}_w)\, e^{\gamma l}, \tag{1.628}$$

$$\underline{I}_1 = \frac{1}{2\underline{Z}_w}(\underline{U}_2 + \underline{I}_2\underline{Z}_w)\, e^{\gamma l}. \tag{1.629}$$

Der Eingangswiderstand der Leitung ist $\underline{Z}_1 = \underline{U}_1/\underline{I}_1 = \underline{Z}_w$.

Näherungsgleichungen zur Berechnung von Leitungen erhält man durch Entwicklung der hyperbolischen Funktionen in Reihen, die man auf ihre zwei ersten Glieder beschränkt. Die Leitungsgleichungen gehen dann über in

$$\underline{U}_1 = \underline{U}_2\left(1 + \frac{\underline{Y}'l\underline{Z}'l}{2}\right) + \underline{I}_2\underline{Z}'l\left(1 + \frac{\underline{Z}'l\underline{Y}'l}{6}\right), \tag{1.630}$$

$$\underline{I}_1 = \underline{U}_2\underline{Y}'l\left(1 + \frac{\underline{Z}'l\underline{Y}'l}{6}\right) + \underline{I}_2\left(1 + \frac{\underline{Z}'l\underline{Y}'l}{2}\right). \tag{1.631}$$

1.5.2.8. Bestimmung der Parameter aus Leerlauf und Kurzschluß der Leitung

Der Leerlaufeingangswiderstand ist

$$\underline{Z}_{10} = \underline{U}_{10}/\underline{I}_{10}. \tag{1.632}$$

Der Kurzschlußeingangswiderstand ist

$$\underline{Z}_{1k} = \underline{U}_{1k}/\underline{I}_{1k}. \tag{1.633}$$

Der Wellenwiderstand ergibt sich dann zu

$$\underline{Z}_w = \sqrt{\underline{Z}_{10}\underline{Z}_{1k}}. \tag{1.634}$$

Die Übertragungskonstante γ ermittelt man aus

$$\tanh \gamma l = \sqrt{\underline{Z}_{1k}/\underline{Z}_{10}}. \tag{1.635}$$

1.5.2.9. Stehende Wellen

Reine stehende Wellen bilden sich bei Leerlauf oder Kurzschluß von verlustlosen Leitungen aus. Bei Leerlauf ($\underline{Z}_2 = \infty$) ist

$$u_x = \underline{U}_{2m} \cos \beta x \sin \omega t, \tag{1.636}$$

$$i_x = \underline{I}_{2m} \cos \beta x \sin \omega t. \tag{1.637}$$

S pannungsbäuche und Stromknoten liegen bei

$$x = (2n + 1)(\lambda/4), \tag{1.638}$$

Spannungsknoten und Strombäuche bei

$$x = n(\lambda/2). \tag{1.639}$$

1.6. Ausgleichvorgänge

Unter einem Ausgleichvorgang versteht man den zeitlichen Ablauf einer Größe (Stromstärke, Spannung, EMK, Ladung usw.) in einem Netzwerk unmittelbar nach einem Schaltvorgang. Der Ausgleichvorgang dauert theoretisch unendlich lange; praktisch kann man ihn jedoch normalerweise schon kurze Zeit nach dem Schaltvorgang als abgeschlossen betrachten. Der Ausgleichvorgang ist somit der Übergang von einem eingeschwungenen Zustand in einen anderen eingeschwungenen Zustand.
Während des Ausgleichvorgangs gelten für die Augenblickswerte der Ströme, Spannungen und elektromotorischen Kräfte die Kirchhoffschen Sätze.

1.6.1. Schaltgesetze

Von großer Bedeutung für die Behandlung von Ausgleichvorgängen sind die beiden Schaltgesetze:

- An einer Kapazität kann sich die Spannung nicht sprungartig ändern.
- In einer Induktivität kann sich der Strom nicht sprungartig ändern.

Die Schaltgesetze folgen daraus, daß sich die im elektrischen bzw. magnetischen Feld aufgespeicherte Energie nicht sprungartig ändern kann.

1.6.2. Klassisches Berechnungsverfahren

1.6.2.1. Aufstellen und Lösen der Differentialgleichung

Das klassische Verfahren zur Behandlung von Ausgleichvorgängen besteht in der Integration der Differentialgleichungen, die die Ströme und Spannungen während des Ausgleichvorgangs verknüpfen. Die dabei auftretenden Integrationskonstanten werden aus den Anfangsbedingungen (Schaltgesetze) bestimmt.
Man bestimmt für das Netzwerk nach dem Schaltvorgang mit Hilfe der Kirchhoffschen Sätze oder irgendeines der Hilfssätze (Methode der selbständigen Maschen usw.) die Gleichungen für die Augenblickswerte der Ströme und der EMK und löst sie nach dem gesuchten Strom auf. Das Ergebnis erscheint in der Form einer inhomogenen linearen Differentialgleichung n-ter Ordnung

$$i^{(n)} + k_1 i^{(n-1)} + \cdots + k_{n-1} i^{(1)} + k_n i = f(t) \tag{1.640}$$

mit den konstanten Koeffizienten $k_1, k_2, \ldots, k_n$. $f(t)$ ist eine bekannte Funktion. Die Lösung kann man in der Form

$$i(t) = i_e(t) + i_f(t) \tag{1.641}$$

angeben, wobei $i_e(t)$ eine partikuläre Lösung der inhomogenen linearen Differentialgleichung (1.640) ist und $if(t)$ die Lösung der homogenen Differentialgleichung

$$i^{(n)} + k_1 i^{(n-1)} + \cdots + k_{n-1} i^{(1)} + k_n i = 0; \tag{1.642}$$

$i_f(t)$ ist die sog. flüchtige Komponente.
Sind die EMK, die in dem Netz wirken, konstant oder harmonisch, dann kann man als partikuläre Lösung den eingeschwungenen Strom nach dem Schaltvorgang verwenden. Er kann mit den üblichen Berechnungsmethoden für Gleich- bzw. Wechselstromnetze (symbolische Methode, Zeigerdiagramm usw.) ermittelt werden.
Die Lösung der homogenen Differentialgleichung erhält man in der Form

$$i_f = A_1 e^{p_1 t} + A_2 e^{p_2 t} + \cdots + A_n e^{p_n t}. \tag{1.643}$$

Tafel 1.23. Ausgleichvorgänge in einfachen Stromkreisen

Schaltung	Ausgleichvorgang (analytisch)	Zeitkonstante	Ausgleichvorgang (grafisch)
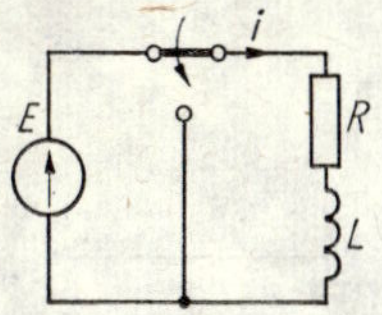	$i = \frac{E}{R} \exp(-t/\tau)$ $u_L = -u_R = -E \exp(-t/\tau)$	$\tau = L/R$	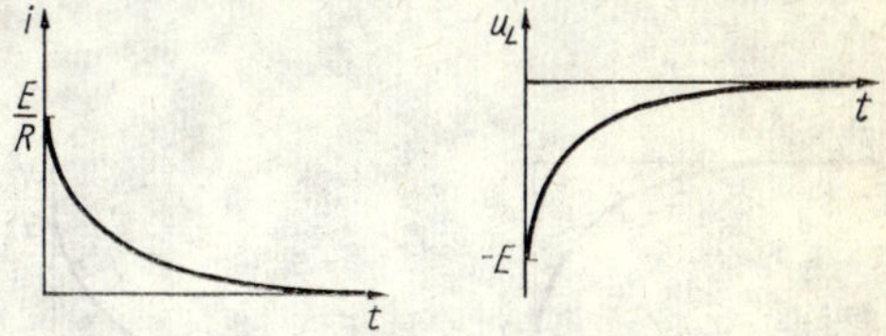
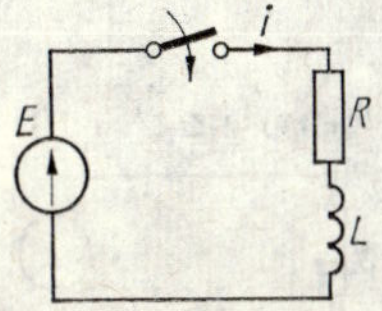	$i = \frac{E}{R}(1 - \exp(-t/\tau))$ $u_L = E - u_R = E \exp(-t/\tau)$		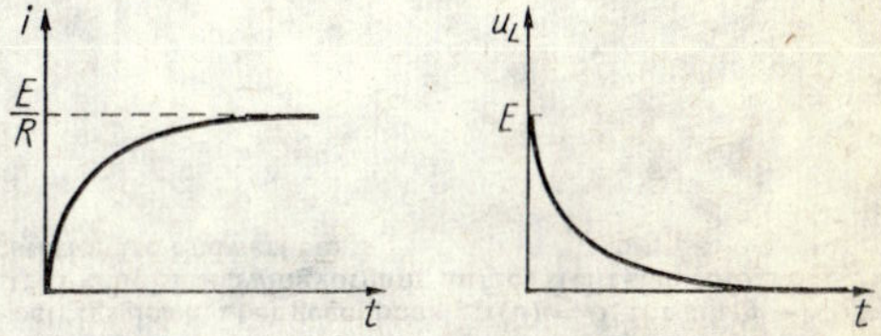
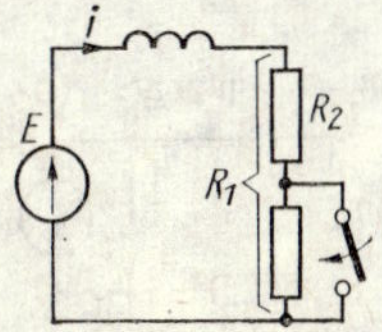	$i = \frac{E}{R_2} + E \frac{R_2 - R_1}{R_1 - R_2} \exp(-t/\tau)$ $u_L = E \frac{R_1 - R_2}{R_1} \exp(-t/\tau)$	$\tau = L/R_2$	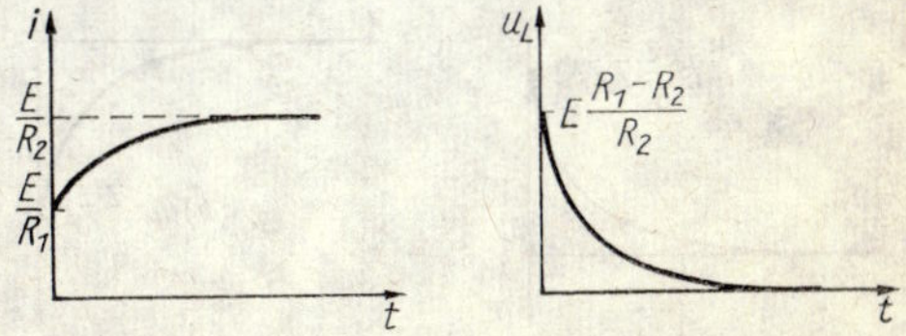

Tafel 1.23. Fortsetzung.

Schaltung	Ausgleichvorgang (analytisch)	Zeitkonstante	Ausgleichvorgang (grafisch)
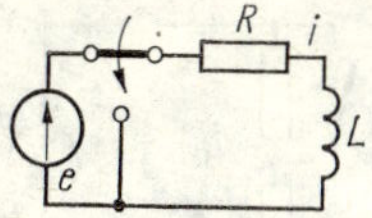 $e(t) = \sqrt{2}E \sin(\omega t + \varphi)$	$i = \frac{\sqrt{2}E}{Z} \exp(-t/\tau) \sin(\varphi - \Phi)$ $u_L = -\sqrt{2}E \frac{R}{Z} \exp(-t/\tau) \sin(\varphi - \Phi)$	$Z = \sqrt{R^2 + (\omega L)^2}$ $\Phi = \arctan \frac{\omega L}{R}$ $= \arctan \omega\tau$ $\tau = L/R$	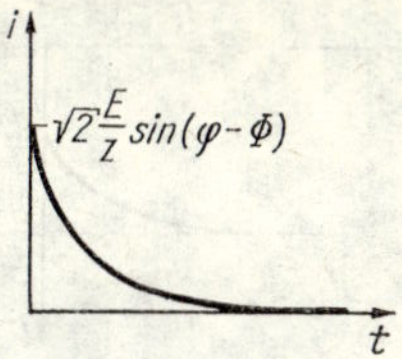 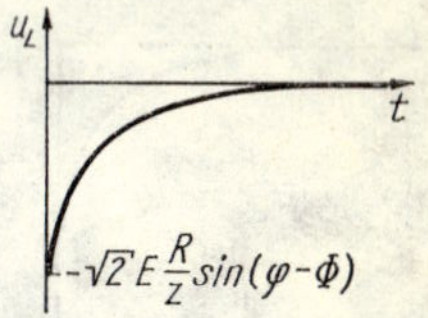
 $e(t) = \sqrt{2}E \sin(\omega t + \varphi)$	$i = \frac{\sqrt{2}E}{Z} [\sin(\omega t + \varphi - \Phi)$ $- \exp(-t/\tau) \sin(\varphi - \Phi)]$ $u_L = \frac{\sqrt{2}E}{Z} [\omega L \cos(\omega t + \varphi - \Phi)$ $+ R \exp(-t/\tau) \sin(\varphi - \Phi)]$		Stationärer und flüchtiger Strom sind im Einschaltmoment betragsgleich, aber gegenphasig: $i(0) = 0$; für $\sin(\varphi - \Phi) = 0$ tritt kein Einschwingvorgang auf, es stellt sich sofort der stationäre Endwert ein
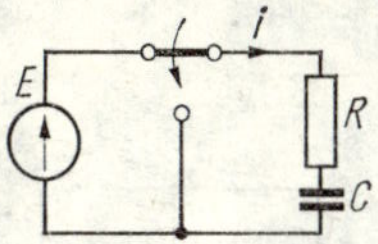	$i = -\frac{E}{R} \exp(-t/\tau)$ $u_C = E \exp(-t/\tau)$	$\tau = RC$	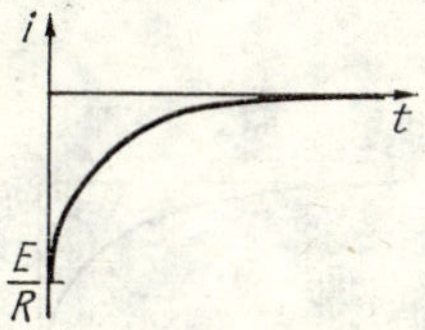 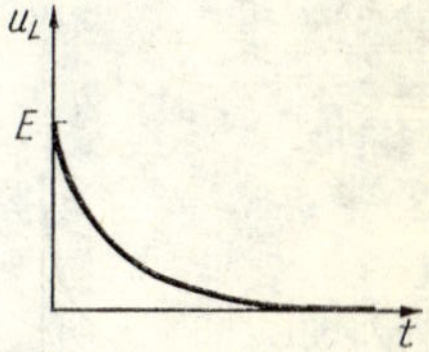

Tafel 1.23. Fortsetzung

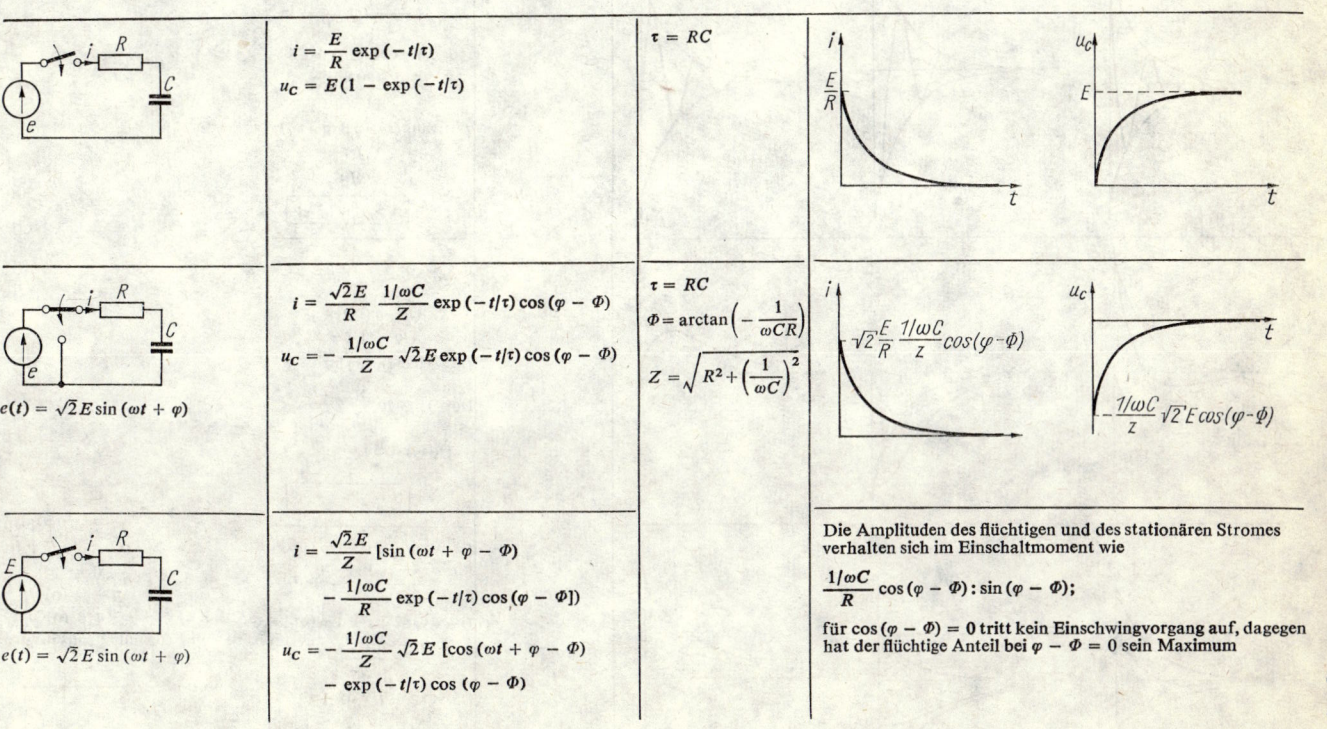

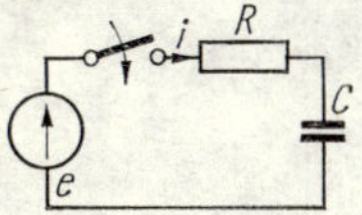	$i = \frac{E}{R} \exp(-t/\tau)$ $u_C = E(1 - \exp(-t/\tau))$	$\tau = RC$	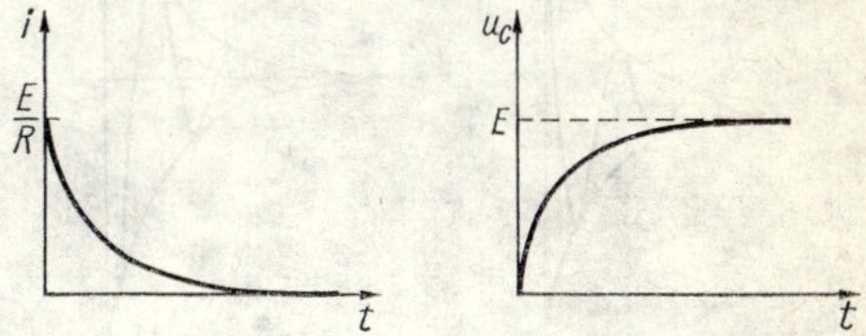
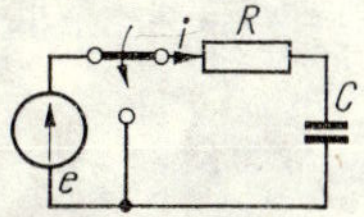 $e(t) = \sqrt{2} E \sin(\omega t + \varphi)$	$i = \frac{\sqrt{2} E}{R} \frac{1/\omega C}{Z} \exp(-t/\tau) \cos(\varphi - \Phi)$ $u_C = -\frac{1/\omega C}{Z} \sqrt{2} E \exp(-t/\tau) \cos(\varphi - \Phi)$	$\tau = RC$ $\Phi = \arctan\left(-\frac{1}{\omega CR}\right)$ $Z = \sqrt{R^2 + \left(\frac{1}{\omega C}\right)^2}$	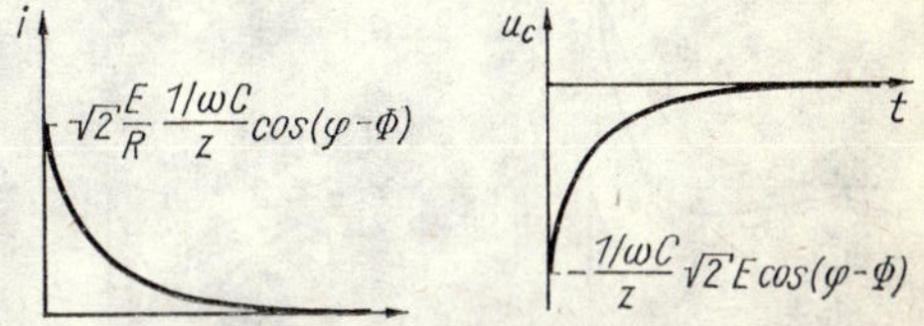
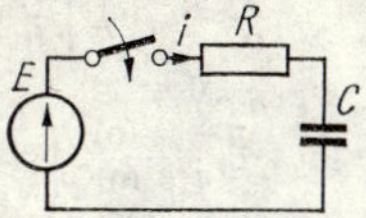 $e(t) = \sqrt{2} E \sin(\omega t + \varphi)$	$i = \frac{\sqrt{2} E}{Z} [\sin(\omega t + \varphi - \Phi)$ $- \frac{1/\omega C}{R} \exp(-t/\tau) \cos(\varphi - \Phi]$) $u_C = -\frac{1/\omega C}{Z} \sqrt{2} E [\cos(\omega t + \varphi - \Phi)$ $- \exp(-t/\tau) \cos(\varphi - \Phi)$		Die Amplituden des flüchtigen und des stationären Stromes verhalten sich im Einschaltmoment wie $\frac{1/\omega C}{R} \cos(\varphi - \Phi) : \sin(\varphi - \Phi)$; für $\cos(\varphi - \Phi) = 0$ tritt kein Einschwingvorgang auf, dagegen hat der flüchtige Anteil bei $\varphi - \Phi = 0$ sein Maximum

Tafel 1.23. Fortsetzung

Schaltung	Ausgleichvorgang (analytisch)	Bemerkungen	Ausgleichvorgang (grafisch)
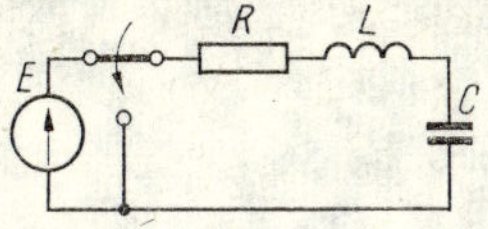 Anfangsbedingungen: $u_C(0) = E$; $U_L(0) = -E$; $i(0) = 0$; $\left.\frac{di}{dt}\right\vert_{t=0} = -\frac{E}{L}$	$\boxed{\delta^2 - \omega_0^2 > 0}$ $i = -\frac{E}{L}\frac{1}{\alpha_1 - \alpha_2} \times [\exp\alpha_1 t - \exp\alpha_2 t]$ $u_C = \frac{E}{\alpha_1 - \alpha_2} \times [\alpha_1 \exp\alpha_2 t - \alpha_2 \exp\alpha_1 t]$ $u_L = -\frac{E}{\alpha_1 - \alpha_2} \times [\alpha_1 \exp\alpha_1 t - \alpha_2 \exp\alpha_2 t]$	Erläuterungen auf Seite 167	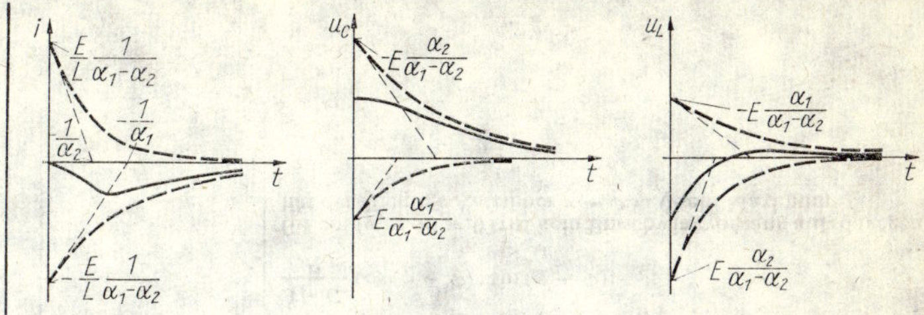
	$\boxed{\delta^2 - \omega_0^2 = 0}$ $i = -\frac{E}{L} t \exp(-\delta t)$ $= -2\frac{E}{R}\delta t \exp(-\delta t)$ $u_C = E[1 + \delta t]\exp(-\delta t)$ $u_L = -E[1 - \delta t] \times \exp(-\delta t)$		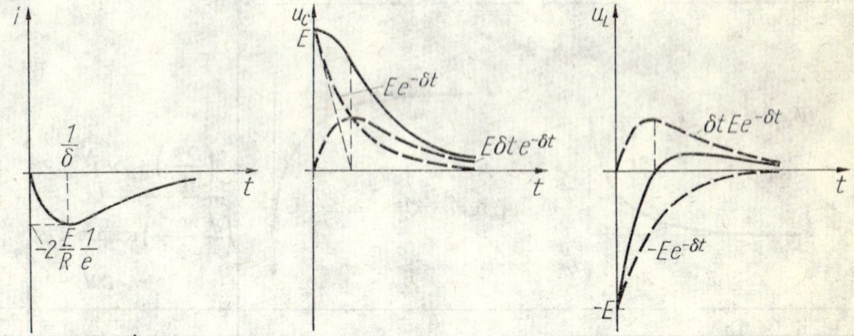
	$\boxed{\delta^2 - \omega_0^2 < 0}$ $i = -\frac{E}{\Omega L} \times \exp(-\delta t)\sin\Omega t$ $u_C = E\frac{1}{\cos\xi} \times \exp(-\delta t)\cos(\Omega t - \xi)$ $u_L = -E\frac{1}{\cos\xi} \times \exp(-\delta t)\cos(\Omega t + \xi)$		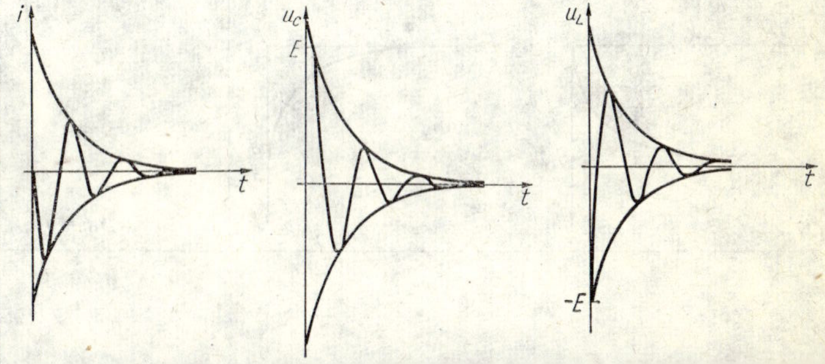

Tafel 1.23. Fortsetzung

Schaltung	Ausgleichvorgang (analytisch)	Bemerkungen	Ausgleichvorgang (grafisch)
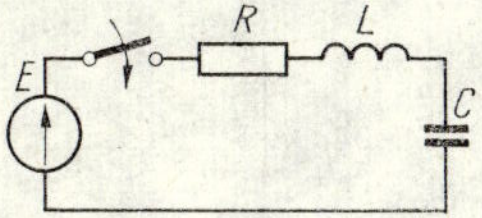 Anfangsbedingungen $u_C(0) = 0$ $u_L(0) = E$ $i(0) = 0$ $\left.\frac{\mathrm{d}i}{\mathrm{d}t}\right\|_{t=0} = \frac{E}{L}$	$\boxed{\delta^2 - \omega_0{}^2 > 0}$ $i = \frac{E}{L}\frac{1}{\alpha_1 - \alpha_2}(\exp\alpha_1 t - \exp\alpha_2 t)$ $u_C = E + \frac{E}{\alpha_1 - \alpha_2}(\alpha_2\exp\alpha_1 t - \alpha_1\exp\alpha_2 t)$ $u_L = \frac{E}{\alpha_1 - \alpha_2}[\alpha_1\exp\alpha_1 t - \alpha_2\exp\alpha_2 t]$	charakteristische Gleichung $\alpha^2 + 2\delta\alpha + \omega_0{}^2 = 0$ Lösungen $\alpha_{1,2} = -\delta \pm \sqrt{\delta^2 - \omega_0{}^2}$ $\alpha_1 - \alpha_2 = 2\sqrt{\delta^2 - \omega_0{}^2}$ $\alpha_1\alpha_2 = \omega_0{}^2$ Abkürzungen $\delta = \frac{1}{2}\frac{R}{L}$ $\omega_0{}^2 = 1/LC$ $\Omega = \omega_0\sqrt{1 - (\delta/\omega_0)^2}$ $\xi = \arctan\delta/\Omega$	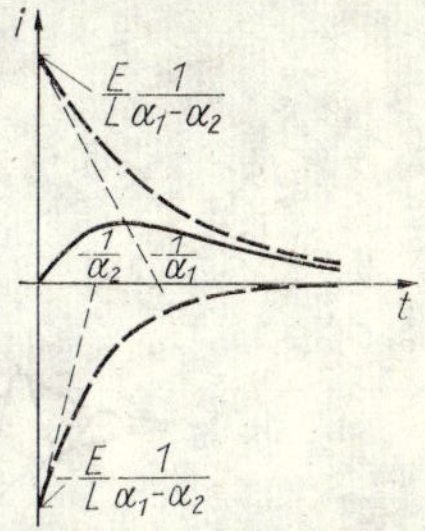 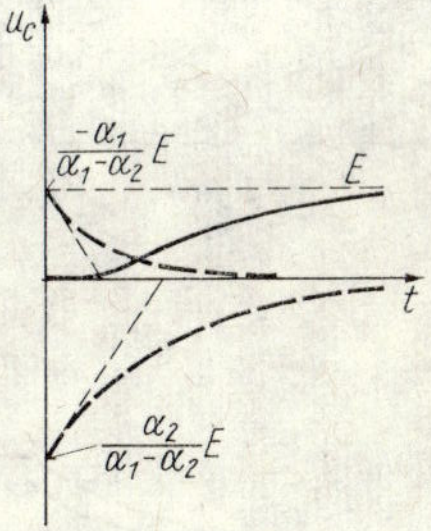 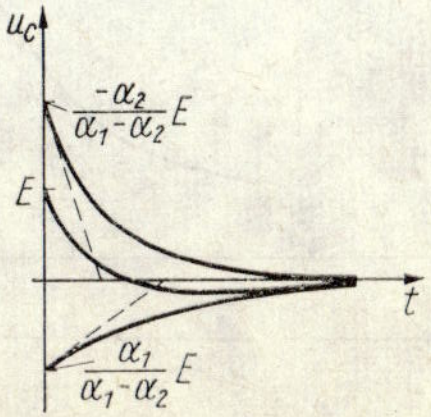

Tafel 1.23. Fortsetzung

Schaltung	Ausgleichvorgang (analytisch)	Bemerkungen	Ausgleichvorgang (grafisch)
Bild wie S. 167 Anfangs-bedingungen wie S. 167	$\boxed{\delta^2 - \omega_0{}^2 = 0}$ $i = \frac{E}{L} t \exp(-\delta t)$ $= 2\frac{E}{R} \delta t \exp(-\delta t)$ $u_C = E - E(1 + \delta t) \exp(-\delta t)$ $u_L = E(1 - \delta t) \exp(-\delta t)$	Abkürzungen wie S. 167	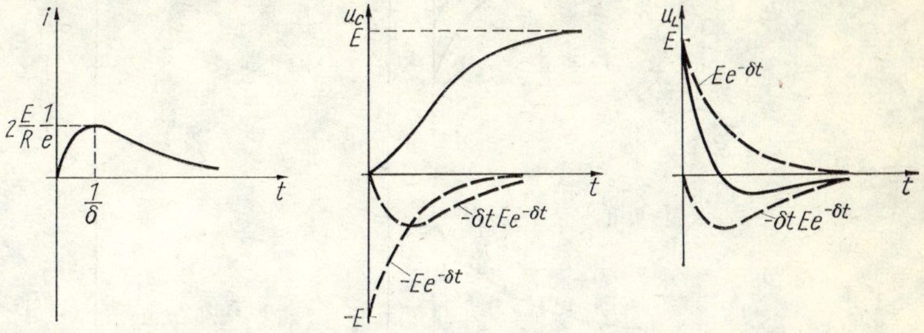
	$\boxed{\delta^2 - \omega_0{}^2 < 0}$ $i = \frac{E}{\Omega L} \exp(-\delta t) \sin \Omega t$ $u_C = E\left[1 - \frac{1}{\cos \xi} \exp(-\delta t) \times \cos(\Omega t - \xi)\right]$ $u_L = E \frac{1}{\cos \xi} \exp(-\delta t) \times \cos(\Omega t + \xi)$		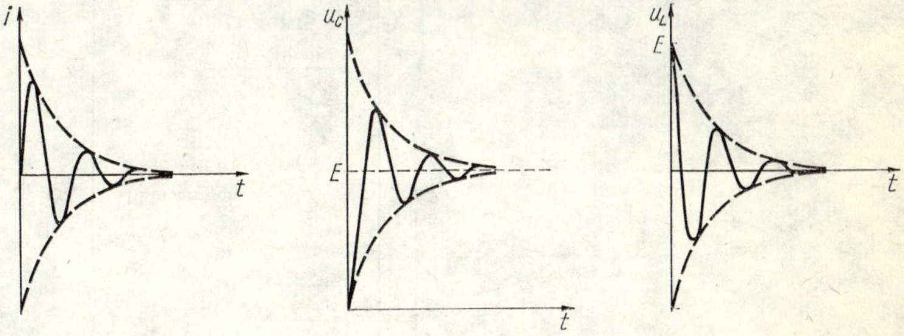

Tafel 1.23. Fortsetzung

Schaltung	Ausgleichvorgang (analytisch)	Verwendete Abkürzungen	Spezielle Lösungen	Bemerkungen
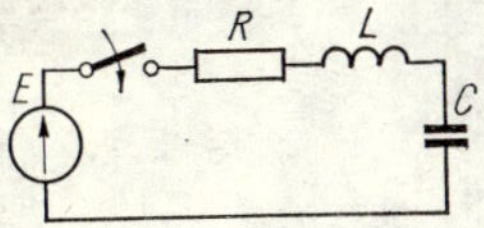 $e(t) = \sqrt{2}E \sin(\omega t + \varphi)$ Anfangsbedingungen $e(0) = \sqrt{2}E \sin\varphi$ $u_C(0) = 0$ $u_L(0) = e(0)$ $u_R(0) = 0$ $i(0) = 0$ $\left.\frac{di}{dt}\right\|_{t=0} = \frac{\sqrt{2}E\sin\varphi}{L}$	$\boxed{\delta^2 - \omega_0^2 > 0}$ $i = \frac{\sqrt{2}E}{Z}\sin(\omega t + \varphi - \Phi) + \frac{\sqrt{2}E}{L}\frac{1}{\alpha_1 - \alpha_2}\left[\frac{\omega\cos\varphi + \alpha_1\sin\varphi}{\alpha_1^2 + \omega^2}\alpha_1 \times \exp\alpha_1 t - \frac{\omega\cos\varphi + \alpha_2\sin\varphi}{\alpha_2^2 + \omega^2}\alpha_2\exp\alpha_2 t\right]$ $u_C = (-1)\sqrt{2}E\frac{1/\omega C}{Z}\cos(\omega t + \varphi - \Phi) + \sqrt{2}E\frac{\omega_0^2}{\alpha_1 - \alpha_2}\left[\frac{\omega\cos\varphi + \alpha_1\sin\varphi}{\alpha_1^2 + \omega^2} \times \exp\alpha_1 t - \frac{\omega\cos\varphi + \alpha_2\sin\varphi}{\alpha_2^2 + \omega^2}\exp\alpha_2 t\right]$ $u_L = \sqrt{2}E\frac{\omega L}{Z}\cos(\omega t + \varphi - \Phi) + \sqrt{2}E\frac{1}{\alpha_1 - \alpha_2}\left[\frac{\omega\cos\varphi + \alpha_1\sin\varphi}{\alpha_1^2 + \omega^2} \times \alpha_1^2\exp\alpha_1 t - \frac{\omega\cos\varphi + \alpha_2\sin\varphi}{\alpha_2^2 + \omega^2} \times \alpha_2^2\exp\alpha_2 t\right]$ $\boxed{\delta^2 - \omega_0^2 = 0}$ $i = \frac{\sqrt{2}E}{Z}\sin(\omega t + \varphi - \Phi) - \frac{\sqrt{2}E}{\omega L} \times k_1\exp(-\omega_0 t) - \frac{\sqrt{2}E}{\omega L}k_2[1 - \omega_0 t] \times \exp(-\omega_0 t)$ $u_C = (-1)\sqrt{2}E\frac{1/\omega C}{Z}\cos(\omega t + \varphi - \Phi) + \sqrt{2}E\frac{\omega_0}{\omega}(k_1 - k_2\omega_0 t)\exp(-\omega_0 t)$ $u_L = \sqrt{2}E\frac{\omega L}{Z}\cos(\omega t + \varphi - \Phi) + \frac{\omega_0}{\omega}\sqrt{2}E[k_1 + k_2(2 - \omega_0 t)]\exp(-\omega_0 t)$	$Z = \sqrt{R^2 + (\omega L - 1/\omega C)^2}$ $\Phi = \arctan\frac{\omega L - 1/\omega C}{R}$ $k_1 = \frac{\left[\left(\frac{\omega}{\omega_0} - \frac{\omega_0}{\omega}\right)\sin\varphi + 2\cos\varphi\right]}{\left(\frac{\omega}{\omega_0} + \frac{\omega_0}{\omega}\right)^2}$ $k_2 = \left[\sin\varphi - \frac{\omega}{\omega_0}\cos\varphi\right] \times \frac{1}{\left(\frac{\omega_0}{\omega} + \frac{\omega}{\omega_0}\right)}$	1. $\varphi - \Phi = 0$ Nulldurchgang des stationären Stromes $i_{\varphi=\Phi} = \frac{\sqrt{2}E}{Z} \times \left(\sin\omega t - \frac{\omega_0^2}{\Omega\omega}\exp\alpha_1 t\sin\Omega t\right)$ $u_{C\varphi=\Phi} = -\sqrt{2}E\frac{1/\omega C}{Z} \times \left[\cos\omega t - \frac{1}{\cos\xi} \times \exp(-\delta t)\cos(\Omega t - \xi)\right]$ $u_{L\varphi=\Phi} = \sqrt{2}E\frac{\omega L}{Z}\left[\cos\omega t - \left(\frac{\omega_0}{\omega}\right)^2\frac{1}{\cos\xi}\exp(-\delta t) \times \cos(\Omega t + \xi)\right]$ 2. $\varphi - \Phi = \pi/2$ Maximalwert des stationären Stromes $i_{\varphi-\Phi=\pi/2} = \frac{\sqrt{2}E}{Z} \times \left[\cos\omega t - \frac{1}{\cos\xi}\exp(-\delta t) \times \cos(\Omega t + \xi)\right]$ $u_{C\varphi-\Phi=\pi/2} = \sqrt{2}E\frac{1/\omega C}{Z} \times \left[\sin\omega t - \frac{\omega}{\Omega}\exp(-\delta t)\sin\Omega t\right]$ $u_{L\varphi-\Phi=2/\pi} = \sqrt{2}E\frac{\omega L}{Z} \times \left[-\sin\omega t + \frac{\omega_0^2}{\Omega\omega}\exp(-\delta t) \times \sin(\Omega t + 2\xi)\right]$	starke Spannungsüberhöhung an L, falls die Betriebsfrequenz kleiner als die Eigenfrequenz ist. Dabei ist das Verhältnis zwischen flüchtigem und stationärem Anteil der induktiven Spannung im Einschaltmoment gleich dem Amplitudenverhältnis der stationären Schwingungen an den Blindelementen: $\frac{U_{Lf1}}{U_{Lst}} = \frac{U_{Cst}}{U_{Lst}} = \left(\frac{\omega_0}{\omega}\right)^2$ Spannungsüberhöhung tritt an den Blindschaltelementen im Einschaltmoment auf, falls Betriebsfrequenz > Eigenfrequenz: $\frac{U_{Cf1}(0)}{U_{Cst}} \approx \frac{\omega}{\omega_0}$ Betriebsfrequenz > Eigenfrequenz: $\frac{U_{Lf1}(0)}{U_{Lst}} \approx \frac{\omega_0}{\omega}$

Tafel 1.23. Fortsetzung

Schaltung	Ausgleichvorgang (analytisch)	Verwendete Abkürzungen	Spezielle Lösungen	Bemerkungen
	$\boxed{\delta^2 - \omega_0{}^2 < 0}$ $i = A \exp(-\delta t) \sin(\Omega t + \psi) + \frac{\sqrt{2}E}{Z}$ $\times \sin(\omega t + \varphi - \Phi) = i_{st} - \frac{\sqrt{2}E}{Z} \exp(-\delta t)$ $\times \left\{\left[\cos \Omega t + \frac{\delta}{\Omega} \sin \Omega t\right] \sin(\varphi - \Phi)\right.$ $\left. + \left[\frac{\omega}{\Omega} \cos(\varphi - \Phi) - \frac{Z}{\Omega L} \sin \varphi\right] \sin \Omega t\right\}$ $u_C = B \exp(-\delta t) \sin(\Omega t + \vartheta) - \sqrt{2}E \frac{1/\omega C}{Z}$ $\times \cos(\omega t + \varphi - \Phi = u_{Cst} + \sqrt{2}E \frac{1/\omega C}{Z}$ $\times \exp(-\delta t) \left\{\left[\cos \Omega t + \frac{\delta}{\Omega} \sin \Omega t\right]\right.$ $\left. \times \cos(\varphi - \Phi) - \left(\frac{\omega}{\Omega} \sin(\varphi - \Phi)\right) \sin \Omega t\right\}$ $u_L = C \exp(-\delta t) \cos(\Omega t + \gamma) + \sqrt{2}E \frac{\omega L}{Z}$ $\times \cos(\omega t + \varphi - \Phi) = u_{Lst} - \sqrt{2}E \frac{\Omega L}{Z} \frac{1}{\cos \xi}$ $\times \exp(-\delta t) \left\{\left[\frac{\delta}{\Omega} \cos(\Omega t + \xi) - \sin(\Omega t + \xi)\right]\right.$ $\times \sin(\varphi - \Phi) + \left[\frac{\omega}{\Omega} \cos(\varphi - \Phi) - \frac{Z}{\Omega L}\right.$ $\left.\left. \times \sin \varphi\right] \cos(\Omega t + \xi)\right\}$	$\xi = \arctan \frac{\delta}{\Omega}$ $A = -\frac{\sqrt{2}E}{Z} \frac{\sin(\varphi - \Phi)}{\sin \psi}$ $\cot \psi = \delta/\Omega + \frac{\omega}{\Omega}$ $\times \cot(\varphi - \Phi)$ $-\frac{Z}{\Omega L} \frac{\sin \varphi}{\sin(\varphi - \Phi)}$ $B = \sqrt{2}E \frac{1/\omega C}{Z}$ $\times \frac{\cos(\varphi - \Phi)}{\sin \vartheta}$ $\cot \vartheta = \frac{\delta}{\Omega} - \frac{\omega}{\Omega}$ $\times \tan(\varphi - \Phi)$ $C = A \Omega L \frac{1}{\cos \xi}$ $= -\sqrt{2}E \frac{\Omega L}{Z} \frac{1}{\cos \xi}$ $\times \frac{\sin(\varphi - \Phi)}{\sin \psi}$ $\gamma = \psi + \xi$	3. $\Phi = 0$ Phasenresonanz $\omega_0 = \omega = 1/\sqrt{LC}$ $i_{\Phi=0} = \frac{\sqrt{2}E}{R} \left\{\sin(\omega_0 t + \varphi)\right.$ $- \exp(-\delta t) \left[\sin \varphi \left(\cos \Omega t + \frac{\delta}{\Omega}\right.\right.$ $\left.\left.\left. \times \sin \Omega t\right) + \frac{\omega_0}{\Omega} \cos \varphi \sin \Omega t\right]\right\}$ $\approx \frac{\sqrt{2}E}{R} [1 - \exp(-\delta t)] \sin(\omega t_0 + \varphi)$, falls $(\delta/\omega_0) \ll 1$, $\omega_0 \approx \Omega$ $u_{C\Phi=0} = \sqrt{2}E \frac{\sqrt{L/C}}{R} \left\{-\cos(\omega_0 t + \varphi)\right.$ $+ \exp(-\delta t) \left[\cos \varphi \left(\cos \Omega t + \frac{\delta}{\Omega}\right.\right.$ $\left.\left.\left. \times \sin \Omega t\right) - \frac{\omega_0}{\Omega} \sin \varphi \sin \Omega t\right]\right\}$ $\approx -\sqrt{2}E \frac{\sqrt{L/C}}{R} [1 - \exp(-\delta t)]$ $\times \cos(\omega_0 t + \varphi)$ $u_{L\Phi=0} = \sqrt{2}E \frac{\sqrt{L/C}}{R} \left\{\cos \omega_0 t + \varphi)\right.$ $- \exp(-\delta t) \frac{\sqrt{1 - (\delta/\omega_0)^2}}{\cos \xi}$ $\times \left(\sin \varphi \left[\frac{\delta}{\Omega} \cos(\Omega t + \xi)\right.\right.$ $\left. - \sin(\Omega t + \xi)\right] + \frac{\omega_0}{\Omega} \cos \varphi$ $\left.\left. \times \cos(\Omega t + \xi)\right)\right\} \approx \sqrt{2}E \frac{\sqrt{L/C}}{R}$ $\times [1 - \exp(-\delta t)] \cos(\omega_0 t + \varphi)$	Falls $\omega = \omega_0 = \Omega$, erfolgt ein direktes Anschwingen auf den stationären Wert, wie in den Näherungen angegeben. Ist jedoch $\omega \neq \omega_0$, aber $\omega \approx \omega_0$, dann verläuft das Einschwingen für Zeiten $t > 1/\delta$ in Form einer Schwebung ($f_s = \omega - \Omega$), z.B. $u_C \approx 2 \frac{1/\omega C}{Z} \sin\left[\frac{\omega + \Omega}{2} t + \varphi\right] \sin \frac{\omega - \Omega}{2} t$ gültig für $t < 1/\delta$

A_1 bis A_n sind Integrationskonstanten, p_1 bis p_n die Wurzeln der charakteristischen Gleichung n-ten Grades.

$$p^n + k_1 p^{n-1} + \cdots + k_{n-1} p + k_n = 0. \tag{1.644}$$

Gl. (1.643) gilt unter der Annahme, daß Gl. (1.644) nur einfache Wurzeln hat. Liegt eine m-fache Wurzel der Form

$$p_\nu = p_{\nu+1} = p_{\nu+2} = \cdots = p_{\nu+m-1} \tag{1.645}$$

vor, dann ist der Faktor A_ν bei der Exponentialfunktion $\exp p_\nu t$ in Gl. (1.643) durch ein Polynom $(m-1)$-ten Grades in t zu ersetzen. Gl. (1.643) erhält dann die Form

$$\begin{aligned} i_f = {} & A_1 e^{p_1 t} + A_2 e^{p_2 t} + \cdots + A_{\nu-1} e^{p_{\nu-1} t} \\ & + (A_\nu + A_{\nu+1} t + A_{\nu+2} t^2 + \cdots + A_{\nu+m-1} t^{m-1}) e^{p_\nu t} \\ & + A_{\nu+m} e^{p_{\nu+m} t} + \cdots + A_n e^{p_n t}. \end{aligned} \tag{1.646}$$

Bei mehreren mehrfachen Wurzeln ist jeweils entsprechend zu verfahren.

1.6.2.2. Ermittlung der Integrationskonstanten

Man ermittelt die Ströme in den Induktivitäten und die Spannungen an den Kapazitäten unmittelbar vor dem Schaltvorgang. Nach den Schaltgesetzen können sie sich nicht sprungartig ändern. Damit kann man aus den Gleichungen, die nach den Kirchhoffschen Sätzen aufgestellt wurden, die Werte des Stromes und seiner Ableitungen im Zeitpunkt $t = 0$ ermitteln. Außerdem kennt man den Wert des eingeschwungenen Stromes und seiner Ableitungen bei $t = 0$. Die Integrationskonstanten A_1 bis A_n ermittelt man dann aus dem Gleichungssystem

$$\begin{aligned} & i(0) - i_e(0) = A_1 + A_2 + \cdots + A_n \\ & i^{(1)}(0) - i_e^{(1)}(0) = p_1 A_1 + p_2 A_2 + \cdots + p_n A_n \\ & \vdots \\ & i^{(n-1)}(0) - i_e^{(n-1)}(0) = p_1^{n-1} A_1 + p_2^{n-1} A_2 + \cdots + p_n^{n-1} A_n. \end{aligned} \tag{1.647}$$

Tafel 1.23 zeigt die Ausgleichvorgänge einiger typischer Fälle (s. auch S. 162ff.).

1.7. Stromverdrängung

1.7.1. Grundlagen

In einem von einem veränderlichen magnetischen Fluß durchsetzten Leiter werden nach der 2. Maxwellschen Gleichung $\operatorname{rot} \boldsymbol{G} = -\varkappa \partial \boldsymbol{B} / \partial t$ [Gl. (1.2), S. 17)] Ströme (Wirbelströme, Foucault-Ströme) induziert. Die Ursache der Flußänderung ist dabei belanglos (Änderungen des Stromes, der den Fluß verursacht, Bewegung des Leiters gegenüber dem Fluß usw.). Mit dieser Erscheinung ist eine Reihe von Effekten verbunden.

Die von den Wirbelströmen entwickelte Joulesche Wärme bezeichnet man als *Wirbelstromverluste*.

Die Wechselwirkung zwischen Magnetfeld und Strom bzw. die Überlagerung der Wirbelströme mit den im Leiter anfänglich fließenden Strömen führt zu einer ungleichmäßigen Stromverteilung über den Leiterquerschnitt. Dieser Effekt wird als *Stromverdrängung* oder als *Haupt-* bzw. *Skineffekt* bezeichnet.

Infolge der Stromverdrängung nimmt nicht der gesamte Leiterquerschnitt an der Stromleitung teil. Das äußert sich als eine *Widerstandserhöhung* des Leiters.

Die Überlagerung der magnetischen Felder der Wirbelströme mit dem ursprünglichen magnetischen Feld ergibt eine ungleichmäßige Verteilung des magnetischen Flusses, die als *Flußverdrängung* bezeichnet wird.

1.7.2. Beispiele der Stromverdrängung

1.7.2.1. Stromverdrängung im zylindrischen Leiter

Die Feldverteilung in einem geradlinigen zylindrischen Leiter, der von einem Wechselstrom durchflossen wird, kann durch die Maxwellschen Gleichungen in komplexer Form

$$\operatorname{rot} \underline{\boldsymbol{H}} = \underline{\boldsymbol{G}}, \quad (1.648) \qquad \operatorname{rot} \underline{\boldsymbol{E}} = -\mathrm{j}\omega\mu\underline{\boldsymbol{H}} \quad (1.649)$$

beschrieben werden (vgl. Abschn. 1.1.9.). Wenn der Verschiebungsstrom vernachlässigt werden kann, gilt

$$\underline{\boldsymbol{E}} = \frac{1}{\varkappa}\underline{\boldsymbol{G}} \quad (1.650) \quad \text{und} \quad \operatorname{div} \underline{\boldsymbol{G}} = 0. \quad (1.651)$$

Damit ergibt Gl. (1.649) nach nochmaliger Bildung der Rotation auf beiden Seiten und Einsetzen von Gl. (1.650)

$$\frac{1}{\varkappa}\operatorname{rot}\operatorname{rot}\underline{\boldsymbol{G}} = \frac{1}{\varkappa}(\operatorname{grad}\operatorname{div}\underline{\boldsymbol{G}} - \Delta\underline{\boldsymbol{G}}) = -\mathrm{j}\omega\mu\operatorname{rot}\underline{\boldsymbol{H}} = -\mathrm{j}\omega\mu\underline{\boldsymbol{G}} \quad (1.652)$$

oder

$$\Delta\underline{\boldsymbol{G}} = \mathrm{j}\omega\varkappa\mu\underline{\boldsymbol{G}}. \quad (1.653)$$

Der Stromdichtevektor ist in Richtung der Achse des Leiters gerichtet. Er hat in zylindrischen Koordinaten nur eine Komponente $\underline{G}_z = \underline{G}$, die aus Symmetriegründen nur von r abhängt (Bild 1.121). Damit gilt

$$\Delta\underline{G} = \mathrm{j}\omega\varkappa\mu\underline{G}. \quad (1.654)$$

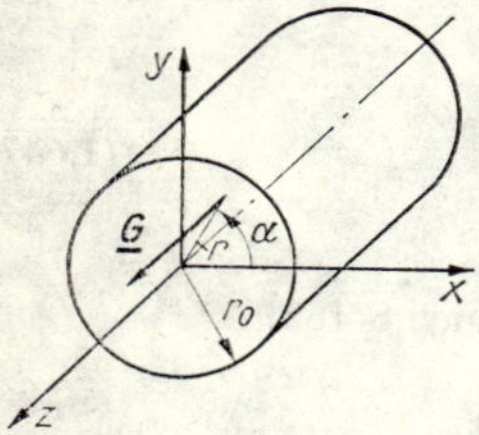

Bild 1.121
Leiterelement des zylindrischen geradlinigen Leiters

Nach Tafel 1.1, S. 25, gilt in Zylinderkoordinaten

$$\Delta\underline{G} = \frac{1}{r}\frac{\partial}{\partial r}\left(r\frac{\partial\underline{G}}{\partial r}\right) + \frac{1}{r^2}\frac{\partial^2\underline{G}}{\partial\alpha^2} + \frac{\partial^2\underline{G}}{\partial z^2} = \mathrm{j}\omega\varkappa\mu\underline{G}. \quad (1.655)$$

Im Fall des zylindrischen Leiters gilt mit $\partial/\partial\alpha \equiv 0$, $\partial/\partial z \equiv 0$

$$\frac{\mathrm{d}^2\underline{G}}{\mathrm{d}r^2} + \frac{1}{r}\frac{\mathrm{d}\underline{G}}{\mathrm{d}r} = \mathrm{j}\omega\varkappa\mu\underline{G}. \quad (1.656)$$

Diese Gleichung geht nach Einführung der neuen Veränderlichen

$$x = kr\sqrt{\mathrm{j}} \quad (1.657) \quad \text{mit} \quad k = \sqrt{-\omega\varkappa\mu} \quad (1.658)$$

über in

$$\frac{\mathrm{d}^2\underline{G}}{\mathrm{d}x^2} + \frac{1}{x}\frac{\mathrm{d}\underline{G}}{\mathrm{d}x} + \underline{G} = 0. \quad (1.659)$$

Sie ist ein Spezialfall der Besselschen Differentialgleichung

$$\frac{\mathrm{d}^2 y}{\mathrm{d}x^2} + \frac{1}{x}\frac{\mathrm{d}y}{\mathrm{d}x} + \left(1 + \frac{n^2}{x^2}\right)y = 0 \quad (1.660)$$

mit $n = 0$ (0. Ordnung). Die allgemeine Lösung von Gl. (1.659) ist daher

$$\underline{G} = AJ_0(x) + BY_0(x), \tag{1.661}$$

worin $J_0(x)$ und $Y_0(x)$ die Bessel-Funktionen 1. bzw. 2. Gattung und 0. Ordnung sind. A und B sind Integrationskonstanten.
Bei $x = 0$, d.h., $r = 0$, ist

$$J_0(0) = 1, \quad Y_0(0) = -\infty. \tag{1.662}$$

Da $\underline{G}$ bei $x = 0$ einen endlichen Wert haben muß, folgen $B = 0$ und

$$\underline{G} = AJ_0(x) = AJ_0\left(kr\sqrt{\mathrm{j}}\right). \tag{1.663}$$

Die Bessel-Funktion von komplexen Argumenten ist ebenfalls komplex. In exponentieller Schreibweise ist daher

$$\underline{G} = Ab_0 \mathrm{e}^{\mathrm{j}\beta_0}. \tag{1.664}$$

Den Betrag b_0 und die Phase β_0 der Bessel-Funktion $J_0(kr\sqrt{\mathrm{j}})$ zeigt Bild 1.122 als Funktionen des reellen Arguments $(r\sqrt{\omega\varkappa\mu})$. Weil $\omega, \varkappa, \mu$ konstant sind, hängen b_0 und β_0 stark vom Radius r ab. Da sich die Phase von 0 bis 180° ändert, können im Leiter Bereiche existieren, in denen die Ströme entgegengesetzt gerichtet sind. Bei $r = 0$ ist $b_0 = 1$, $\beta_0 = 0$, d.h.,

$$\underline{G}_0 = A, \quad b_0 = \left|\frac{\underline{G}}{\underline{G}_0}\right|. \tag{1.665}$$

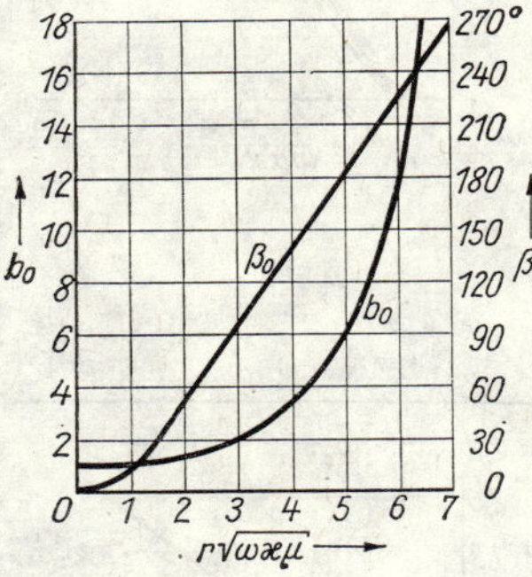

Bild 1.122
Betrag und Phase
der Bessel-Funktion $J_0(r\sqrt{\omega\varkappa\mu}\sqrt{-j})$

Die Integrationskonstante $A = \underline{G}_0$ kann aus der Gesamtstromstärke I ermittelt werden. Es gilt

$$I = \int_A \underline{G}\,\mathrm{d}A = \int_0^{2\pi} \mathrm{d}\alpha \int_0^{r_0} \underline{G}r\,\mathrm{d}r = 2\pi\underline{G}_0 \int_0^{r_0} J_0\left(r\sqrt{-\mathrm{j}\omega\varkappa\mu}\right) r\,\mathrm{d}r. \tag{1.666}$$

Die Umformung des Integrals ergibt

$$I = \frac{2\pi\underline{G}_0}{-\mathrm{j}\omega\varkappa\mu} \int_0^{x_{r0}} J_0(x)\,\mathrm{d}x \tag{1.667}$$

mit

$$x_{r0} = r_0\sqrt{-\mathrm{j}\omega\varkappa\mu}. \tag{1.668}$$

Mit der Beziehung

$$\int J_0(x)\,x\,\mathrm{d}x = xJ_1(x) \tag{1.669}$$

wird

$$I = \frac{2\pi\underline{G}_0}{-\mathrm{j}\omega\varkappa\mu}\, x_{r0} J_1(x_{r0}) = \frac{2\pi\underline{G}_0 r_0}{\sqrt{-\mathrm{j}\omega\varkappa\mu}} J_1\left(r_0 k\sqrt{\mathrm{j}}\right). \tag{1.670}$$

Tafel 1.24. Auswirkung der Stromverdrängung bei einigen gebräuchlichen Leiterquerschnitten

Leiterquerschnitt	$\frac{R}{R_0} = f(\eta),\ \frac{\omega L}{R_0} = g(\eta)$ analytisch	grafisch
Kreiszylindrischer Leiter 	für $\eta = \frac{r_0}{2\sqrt{2}}\sqrt{\omega\mu\varkappa} < 1$: $\frac{R}{R_0} = 1 + \frac{1}{3}\eta^4 \quad \frac{\omega L}{R_0} = \eta^2\left(1 - \frac{1}{6}\eta^4\right)$ für $\eta > 1$: $\frac{R}{R_0} = \eta + \frac{1}{4} \quad \frac{\omega L}{R_0} = \eta$ $R = \frac{l}{2\pi r_0 \varkappa\delta} \quad \omega L = \frac{l}{2\pi r_0\varkappa\delta}$	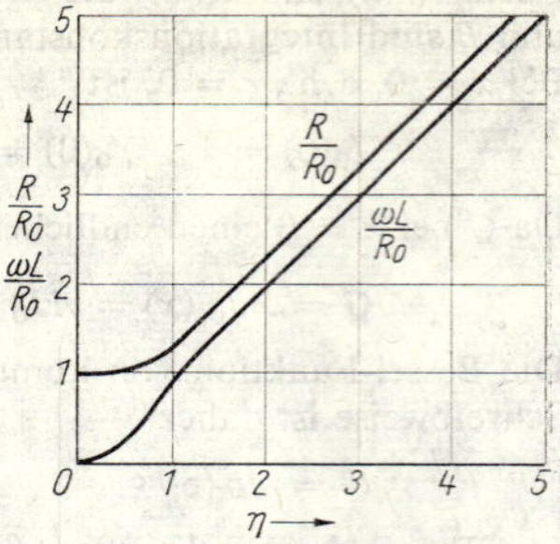
Homogenes Rohr 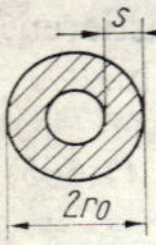	für $s \leqq r_0/2$; $\delta = \sqrt{\frac{2}{\omega\mu\varkappa}} \geqq s$: $\frac{R}{R_0} = 1 + \frac{4}{45}\left(s\sqrt{\frac{\omega\mu\varkappa}{2}}\right)^4 \times \left[1 - \frac{s}{2r_0} - \frac{3}{14}\left(\frac{s}{r_0}\right)^2\right]$ (δ Eindringtiefe)	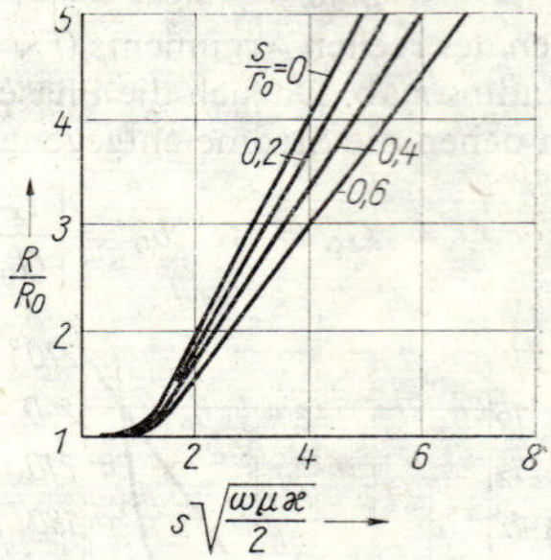
Homogenes Rohr mit innerer konzentrischer Rückleitung 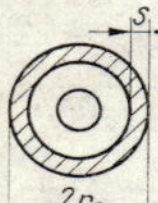	für $s \leqq r_0/2$; $\delta \geqq s$: $\frac{R}{R_0} = 1 + \frac{4}{45}\left(s\sqrt{\frac{\omega\varkappa\varkappa}{2}}\right)^4 \times \left[1 + \frac{s}{2r_0} + \frac{2}{7}\left(\frac{s}{r_0}\right)^2\right]$	
Rechteckiger Leiter 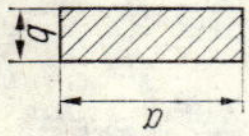	für $\delta = \sqrt{\frac{2}{\omega\mu\varkappa}} \ll b$ (Hochfrequenz) gilt näherungsweise $\frac{R}{R_0} = C\frac{ab}{2\sqrt{2ab}}\sqrt{\omega\mu\varkappa}$. **Durch den Faktor C wird die ungleichmäßige Verteilung der Oberflächenstromdichte berücksichtigt. Er kann aus nebenstehendem Bild ermittelt werden**	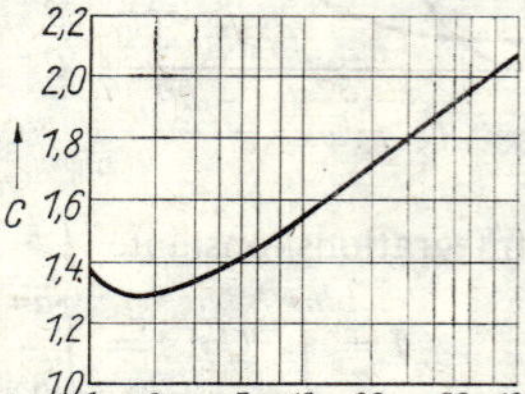
	Für Niederfrequenz kann das Widerstandsverhältnis aus nebenstehendem Bild entnommen werden	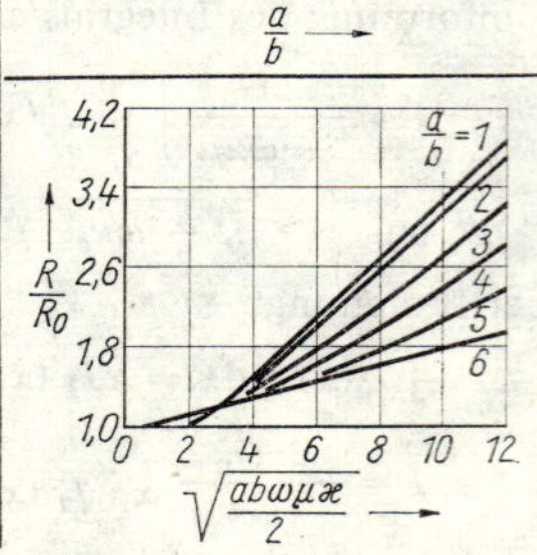

Daraus folgt

$$\underline{G}_0 = \frac{Ik\sqrt{\mathrm{j}}}{2\pi r_0 J_1\left((r_0 k\sqrt{\mathrm{j}}\right)} = \frac{I\sqrt{\omega\varkappa\mu}}{2\pi r_0}\frac{1}{b_{1r0}}\,\mathrm{e}^{-\mathrm{j}(\beta_{1r0}+\pi/4)}. \tag{1.671}$$

b_{1r0} und β_{1r0} sind Betrag und Argument der Bessel-Funktion 1. Ordnung und 1. Gattung an der Stelle $r_0 k\sqrt{\mathrm{j}}$.
Für die Stromdichte im Abstand r von der Leiterachse gilt somit

$$\underline{G} = \frac{Ik\sqrt{\mathrm{j}}}{2\pi r_0}\frac{J_0\left(kr\sqrt{\mathrm{j}}\right)}{J_1\left(kr_0\sqrt{\mathrm{j}}\right)} = I\frac{\sqrt{\omega\varkappa\mu}}{2\pi r_0}\frac{b_0}{b_1 r_0}\,\mathrm{e}^{\mathrm{j}(\beta_0-\beta_{1r0}-\pi/4)}. \tag{1.672}$$

Bei großem Argument $\left(k\sqrt{\mathrm{j}}r\right)$ ist

$$\underline{G} = \frac{I}{2\pi r_0}\sqrt{\omega\varkappa\mu}\sqrt{\frac{r_0}{r}}\,\mathrm{e}^{-\sqrt{\omega\varkappa\mu/2}\,(r_0-r)}. \tag{1.673}$$

Widerstand. Der auf den Gleichstromwiderstand $R_0 = 1/\varkappa\pi r_0^2$ bezogene Widerstand ist

$$\frac{\underline{Z}}{R_0} = \frac{R+\mathrm{j}\omega L}{R_0} = \frac{k\sqrt{\mathrm{j}}\,r_0 J_0\left(k\sqrt{\mathrm{j}}\,r_0\right)}{2J_1\left(k\sqrt{\mathrm{j}}\,r_0\right)}. \tag{1.674}$$

Die Reihenentwicklung ergibt

$$\frac{\underline{Z}}{R_0} = 1 + \mathrm{j}\frac{1}{2}\left(\frac{r_0}{2}\sqrt{\omega\varkappa\mu}\right)^2 + \frac{1}{12}\left(\frac{r_0}{2}\sqrt{\omega\varkappa\mu}\right)^4 - \mathrm{j}\frac{1}{48}\left(\frac{r_0}{2}\sqrt{\omega\varkappa\mu}\right)^6 - \cdots \tag{1.675}$$

Daraus leiten sich Näherungsausdrücke für R/R_0 bzw. $\omega L/R_0$ für kleine Argumente ab. Für große Argumente ergeben sich die Näherungswerte aus

$$J_0\left(k\sqrt{\mathrm{j}}\,r_0\right) \approx jJ_1\left(k\sqrt{\mathrm{j}}\,r_0\right). \tag{1.676}$$

Die Näherungsausdrücke sind in Tafel 1.24 angeführt.

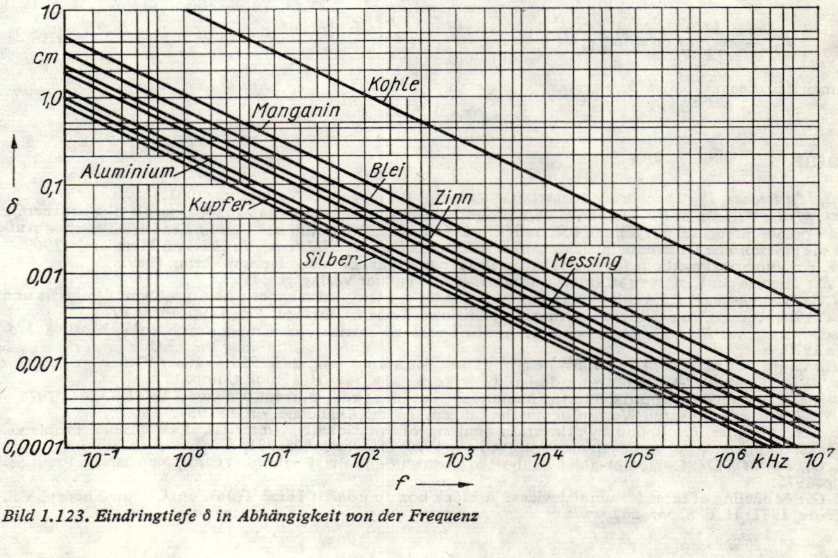

Bild 1.123. Eindringtiefe δ in Abhängigkeit von der Frequenz

Eindringtiefe. Infolge der Stromverdrängung nimmt praktisch nur der oberflächennahe Teil des Leiterquerschnitts an der Stromleitung teil. Dies führt zur Erhöhung des Wirkwiderstandes des Leiters. Man nimmt an, daß die Stromverteilung konstant ist, der Strom aber nur in eine Tiefe δ von der Oberfläche aus eindringt (Einführung eines äquivalenten hohlen zylindrischen Leiters aus demselben Material und mit einer Wanddicke δ bei gleichmäßiger Stromverteilung).
Die Eindringtiefe beträgt dann

$$\delta = \sqrt{2/\omega\varkappa\mu}. \tag{1.677}$$

δ für verschiedene Materialien s. Bild 1.123.

1.7.2.2. Stromverteilung über den Querschnitt dünner Bleche

Bei Leitern, deren Dicke d klein im Vergleich zur Höhe h ist, ist die Stromdichte über den Querschnitt

$$\underline{G} = |\underline{G}_0| \cosh \alpha z = \frac{|\underline{G}_n|}{\cosh(\alpha d/2)} \cosh \alpha z = |\underline{G}_0|\, |\cosh \alpha z|\, e^{j\alpha_z}; \tag{1.678}$$

$\underline{G}_0$ Stromdichte längs der Mittellinie,
$\underline{G}_n$ Stromdichte an der Oberfläche,
z Abszisse des laufenden Punktes;

$$\alpha = \sqrt{\omega\varkappa\mu/2} + j\sqrt{\omega\varkappa\mu/2}. \tag{1.679}$$

1.7.2.3. Wirbelstromverluste

Die mittleren Wärmeverluste infolge der Wirbelströme eines vom Wechselfluß durchsetzten Bleches der Dicke d betragen

$$P'_\mathrm{w} = \frac{B^2_\mathrm{max} a^4 d^2}{6\varkappa\mu^2} \frac{3}{ad} \frac{\sinh ad - \sin ad}{\cosh ad - \cos ad}; \tag{1.680}$$

$$a = \sqrt{\omega\varkappa\mu/2}. \tag{1.681}$$

Bei kleinen Werten von ad betragen die Gesamtverluste

$$P_\mathrm{w} = \frac{1}{24} \omega^2 \varkappa^2 d^2 b^2_\mathrm{max} V; \tag{1.682}$$

V Volumen des Bleches.

Literatur

Abraham, M.; Becker, R.: Theorie der Elektrizität. Leipzig: B.G.Teubner Verlagsges. 1953.
Aleksidze, M.A.; Pertaja, K.V.: Universal'naja programma raznostogo rešenija zadači Dirichle dlja uravnenija Puasona s pomoščju formul povyšennoj točnosti (Ein universelles Programm zur Lösung der Dirichletschen Aufgabe für die Poissonsche Differentialgleichung mit Hilfe des Differenzverfahrens). Tbilisi: Izd. Mecniereba 1969.
Ames, W.F.: Numerical methods for partial differential equations. London: Nelson-Verlag 1969.
Becker, R.: Theorie der Elektrizität. Bd. 1. Stuttgart: B.G.Teubner Verlagsges. 1957.
Binns, K.J.; Lawrenson, P.J.: Analysis and computation of electric and magnetic field problems (Analysis und numerische Berechnung von elektrischen und magnetischen Feldern). Oxford: Pergamon Press 1973.
Sowjetische Ausgabe: *Bins, K.; Laurenson, P.:* Analiz i rasčet ėlektričeskich i magnitnych polej. Moskva: Izd. Energija 1970.
Bodea, E.: Giorgis rationales MKS-Maßsystem mit Dimensionskohärenz. Basel: Birkhäuser 1949.
Calahan, D.A.: Computer-aided network design. New York: McGraw-Hill Book Comp. 1972.
Carpenter, C.J.: A network approach to the numerical solution of eddy-current problems. INTERMAG 1975.
Cauer, W.: Theorie der linearen Wechselstromschaltungen. Berlin: Akademie-Verlag 1954.
Cermak, I.A.; Silvester, P.: Boundary-relaxation analysis of rotationally symmetric electric field problems. IEEE Trans. on Power App. and Systems, Vol. PAS-89 (1970) H. 5/6, S. 925–931.
Chua, L.O.; Pen-Min Lin: Computer-aided analysis of electronic circuits. Englewood Cliffs, New Jersey: Prentice-Hall, Inc. 1975.
Chua, L.O.: Modeling of three terminal devices: A black box approach. IEEE Trans. on Circuit Theory, Vol. CT 19 (Nov. 1972) H. 6, S. 555–562.

Cohn, E.: Das elektromagnetische Feld. Berlin: Springer-Verlag 1927.
Collatz, L.: Numerische Behandlung von Differentialgleichungen. Mathematische Wissenschaften. Bd. LX. Berlin, Göttingen, Heidelberg: Springer-Verlag 1955.
Collatz, L.: Eigenwertaufgaben mit technischen Anwendungen. Mathematik und ihre Anwendungen in Physik und Technik. Reihe A, Bd. 19. Leipzig: Akadem. Verlagsges. Geest & Portig 1949.
Dennis, J. B.: Mathematical programming and electrical networks. New York: John Wiley & Sons 1959.
Desoer, C. A.: The measure of a matrix as a tool to analyze computer algorithms for circuit analysis. IEEE Trans. on Circuit Theory, Vol. 19 (Sept. 1972) H. 5, S. 480–486.
Flegler, E.: Grundgebiete der Elektrotechnik. Heidelberg: Winter 1948.
Kalantarow, P. L.; Neumann, L. R.: Theoretische Grundlagen der Elektrotechnik. 2 Bde. Berlin: VEB Verlag Technik 1959.
Konorski, B.; Krysicki, W.: Nomografia. Warszawa: Panstwowe Wydawnistwa Techniczne 1956.
Kreiss, H. O.: Über die Lösung von Anfangsrandwertaufgaben für partielle Differentialgleichungen mit Hilfe von Differenzengleichungen (deutsch). Upsala: Almquist & Wiksells 1960.
Kuo, F. F.; Magnuson, W. G.: Computer oriented circuit design. Englewood Cliffs, New York: Prentice-Hall, Inc. 1969.
Küpfmüller, K.: Einführung in die theoretische Elektrotechnik. 10. Aufl. Berlin, Heidelberg, New York: Springer-Verlag 1973.
Laurent, T.: Vierpoltheorie und Frequenztransformation. Berlin: Springer-Verlag 1956.
Lunze, K.: Einführung in die Elektrotechnik. 4. Aufl. Berlin: VEB Verlag Technik; Heidelberg: Dr. Alfred Hüthig Verlag 1973.
Lunze, K.: Berechnung elektrischer Stromkreise. 8. Aufl. Berlin: VEB Verlag Technik; Heidelberg: Dr. Alfred Hüthig Verlag 1973.
Lunze, K.; Wagner, E.: Einführung in die Elektrotechnik – Leitfaden und Aufgaben. Teil I, 5. Aufl. Berlin: VEB Verlag Technik; Heidelberg: Dr. Alfred Hüthig Verlag 1967.
Lunze, K.; Wagner, E.: Einführung in die Elektrotechnik – Leitfaden und Aufgaben. Teil II, 4. Aufl. Berlin: VEB Verlag Technik; Heidelberg: Dr. Alfred Hüthig Verlag 1971.
Michlin, S. G.; Smolizki, C. L.: Näherungsmethoden zur Lösung von Differential- und Integralgleichungen. Leipzig: B. G. Teubner Verlagsges. 1962.
Michlin, S. G.: Numerische Realisierung von Variationsmethoden. Berlin: Akademie-Verlag 1969.
Mierdel, G.; Wagner, S.: Aufgaben der theoretischen Elektrotechnik. 4. Aufl. Berlin: VEB Verlag Technik; Heidelberg: Dr. Alfred Hüthig Verlag 1973.
Oberdorfer, G.: Die Maßsysteme in Physik und Technik. Wien: Springer-Verlag 1956.
Oberdorfer, G.: Kurzes Lehrbuch der Elektrotechnik. Wien: Springer-Verlag 1952.
Oberdorfer, G.: Lehrbuch der Elektrotechnik. 2 Bde. München: Leibniz-Verlag 1949.
Ollendorf, F.: Berechnung der magnetischen Felder. Wien: Springer-Verlag 1952.
Ollendorf, F.: Elektronik des Einzelelektrons. Wien: Springer-Verlag 1955.
Ollendorf, F.: Elektronik freier Raumladungen. Wien: Springer-Verlag 1957.
Panow, D. I.: Formelsammlung zur numerischen Behandlung partieller Differentialgleichungen nach dem Differenzenverfahren. Berlin: Akademie-Verlag 1955.
Philippow, E.: Grundlagen der Elektrotechnik. 4. Aufl. Leipzig: Akadem. Verlagsges. Geest & Portig 1975.
Philippow, E.: Nichtlineare Elektrotechnik. 2. Aufl. Leipzig: Akadem. Verlagsges. Geest & Portig 1971.
Poloshi, G. N.: Numerische Lösung von Randwertproblemen der mathematischen Physik und Funktionen diskreten Arguments. Leipzig: B. G. Teubner Verlagsges. 1966.
Poloshi, G. N.; Schalenko, P. I.: Über die Berechnungsformel zur Lösung der Randwertaufgaben für die Helmholtzsche und Poissonsche Gleichung mit der Methode der Summendarstellung. Rechentechnik und angewandte Mathematik (Kiew 1969) H. 8 (russ.).
Ralston, A.; Wilf, H. S.: Mathematische Methoden für Digitalrechner. München, Wien: R. Oldenbourg Verlag 1967.
Recknagel, A.: Physik – Elektrizität und Magnetismus. 3. Aufl. Berlin: VEB Verlag Technik 1962.
Rüdenberg, R.: Elektrische Schaltvorgänge. Berlin, Göttingen, Heidelberg: Springer-Verlag 1953.
Schönholzer, E.: Mathématique et technique des courants alternatifs. Paris: Dunod 1953.
Schwarz, H. R.; Rutishausen, H.; Stiefer, E.: Numerik symmetrischer Matrizen. Leipzig: B. G. Teubner Verlagsges. 1969.
Sebestyen, I.: Programmsystem POT 123 für die numerische Feldberechnung. Siemens-Z. 48 (1974) H. 10, S. 766–772.
Seshu, S.; Reed, M. B.: Linear graphs and electrical networks. Reading (Mass). London: Addison Wesley Publ. Comp. Inc. 1961. Sowjetische Ausgabe: *Sešu, S.; Rid, M. B.:* Linejnye grafy i ėlektričeskie cepi. Moskva: Izd. Vysšaja škola 1971.
Simony, K.: Theoretische Elektrotechnik. 5. Aufl. Berlin: VEB Deutscher Verlag der Wissenschaften 1975.
Smith, G. D.: Numerische Lösung von partiellen Differentialgleichungen. Berlin: Akademie-Verlag 1971.
Sommerfeld, A.: Vorlesungen über theoretische Physik. 4 Bde. Leipzig: Akadem. Verlagsges. Geest & Portig 1955/1957.
Temes, G. C.; Calahan, D. A.: Computer-aided network optimisation (The state of the art). Proc. IEEE (1967) H. 11, S. 1832–1863.
Tozoni, B. V.: Matematičeskie modeli dlja rasčeta ėlektričeskich i magnitnych polej (Berechnung elektrischer und magnetischer Felder mit Rechenmaschinen). Kiew: Naukova dumka 1967.
Ugodčikov, A. G.; Dlugač, M. I.; Stepanov, A. E.: Rešenie kraevych zadač ploskoj teorii uprugosti na cifrovych i analogovych mašinach (Die Lösung von Randwertaufgaben der ebenen Elastizitätstheorie auf Digital- und Analogrechnern). Moskva: Izd. Vysšaja škola 1970.
Wachendorf, H.: Induktivitäten ohne Eisen. ATM (Juli 1951).
Waren, A. D.; Lasdon, I. A.; Suchman, D. F.: Optimisation in engineering design. Proc. IEEE (1967) H. 11, S. 1885–1897.
Weseler, A.: Computation of electromagnetic fields. IEEE Trans. on Microwave Theory and Techniques, Vol. MTT-17 (1969) H. 8, S. 416–439.
Wilde, D. J.; Beightler, C. S.: Foundations of optimisation. Englewood Cliffs, New York: Prentice-Hall 1967.
Wolfendale, E.: Computer-aided design of electronic circuits. London: Iliffe Books Ltd. 1968.
Wonsowski, S. W.: Moderne Lehre vom Magnetismus. Berlin: VEB Deutscher Verlag der Wissenschaften 1956.
Zobrist, G. W.: Network computer analysis. Cambridge, Massachusetts: Boston Technical Publishers 1968.

2. Mathematik und spezielle Rechenverfahren der Elektrotechnik

Inhalt

2.1. Vektoren. Matrizen. Determinanten 186
von Günter Bräuning

2.1.1. Vektoralgebra 186
2.1.1.1. Definition 186
2.1.1.2. Addition 187
Summe – Differenz – Nullvektor
2.1.1.3. Lineare Abhängigkeit. Komponenten 188
Multiplikation mit einer reellen Zahl – Einheitsvektor – Lineare Abhängigkeit – Komponenten – Koordinaten
2.1.1.4. Produkte 189
Skalares Produkt – Vektorielles Produkt – Spatprodukt

2.1.2. Matrizen 191
2.1.2.1. Definition 191
2.1.2.2. Eigenschaften. Begriffe 191
Gleichheit – Addition (Subtraktion) – Multiplikation mit einem Skalar – Spaltenvektor. Zeilenvektor – Multiplikation von Matrizen – Multiplikation einer Matrix mit einem Vektor – Spezielle Matrizen – Besondere Eigenschaften von Matrizen – Rechenregeln

2.1.3. Determinanten 195
2.1.3.1. Definition 195
2.1.3.2. Rechenregeln 196

2.1.4. Lineare Gleichungssysteme. Matrixinversion 197
2.1.4.1. Definition. Cramersche Regel 197
2.1.4.2. Eliminationsverfahren von Gauß 198
2.1.4.3. Determinantenberechnung 200
2.1.4.4. Berechnung der inversen Matrix 201

2.2. Funktion. Stetigkeit. Differenzierbarkeit 201
von Günter Bräuning

2.2.1. Funktionsbegriff 201

2.2.2. Stetigkeit 202
2.2.2.1. Definition 202
2.2.2.2. Unstetigkeiten 203
2.2.2.3. Regeln von Bernoulli-l'Hospisal 203

2.2.3. Differenzierbarkeit 204
2.2.3.1. Definition der Ableitung 204
Partielle Ableitungen – Höhere Ableitungen

2.2.3.2. Differential 205
2.2.3.3. Allgemeine Ableitungsregeln 206
Funktionen einer Veränderlichen – Funktionen in Parameterdarstellung – Kettenregel für Funktionen mehrerer Veränderlicher – Implizite Funktionen

2.2.4. Nullstellen 207
2.2.4.1. Definition 207
2.2.4.2. Allgemeines Iterationsverfahren 207
2.2.4.3. Newtonsches Näherungsverfahren 208
2.2.4.4. Verfahren der sukzessiven Halbierung 209
2.2.4.5. Verfahren zur Lösung von Gleichungssystemen 209

2.2.5. Extrema. Wendepunkte 211
2.2.5.1. Definition 211
2.2.5.2. Relative Extrema 211

2.3. Polynome 212
von Günter Bräuning

2.3.1. Definition. Nullstellen 212
Polynome 1. Grades – Polynome 2. Grades

2.3.2. Horner-Schema 214

2.3.3. Interpolation 215
2.3.3.1. Allgemeines. Newtonsche Interpolationsformel 215
2.3.3.2. Interpolation in Tafeln 217

2.3.4. Ausgleich durch Polynome (Gaußsche Fehlerquadratmethode) 218

2.3.5. Gebrochen rationale Funktionen 219

2.4. Elementare transzendente Funktionen 220

2.4.1. Exponentialfunktion 220

2.4.2. Logarithmusfunktion 221

2.4.3. Trigonometrische Funktionen 221
Ableitungen – Additionstheoreme – Summen – Produkte – Potenzen

2.4.4. Zyklometrische Funktionen (Arcusfunktionen) 225
Ableitungen – Beziehungen zwischen den Hauptwerten

2.4.5. Hyperbelfunktionen 227
Ableitungen – Additionstheoreme – Summen – Potenzen

2.4.6. Areafunktionen 229
Ableitungen – Beziehungen zwischen den Areafunktionen

2.4.7. Beziehungen zwischen den elementaren transzendenten Funktionen bei komplexem Argument 230

2.5. Bestimmtes und unbestimmtes Integral 231
von Günter Bräuning

2.5.1. Definition des bestimmten Integrals 231

2.5.2. Zusammenhang zwischen bestimmtem und unbestimmtem Integral 231

2.5.3. Integrationsformeln 233
2.5.3.1. Grundregeln 233
2.5.3.2. Grundintegrale. Integrale spezieller Funktionen 233
Integrale über elementare Funktionen – Integrale über transzendente Funktionen – Integrale über spezielle rationale Funktionen

2.5.4. Integration rationaler Funktionen. Hinweise zur Integration einiger irrationaler und transzendenter Funktionen 237
2.5.4.1. Rationale Funktionen 237
2.5.4.2. Einige irrationale und transzendente Funktionen 237

2.5.5. Uneigentliche Integrale 238
Integrale über unendliche Intervalle – Integrale von nicht beschränkten Funktionen

2.5.6. Integrale, die von einem Parameter abhängen 239

2.5.7. Numerische Integration 240
2.5.7.1. Rechteckformel 240
2.5.7.2. Trapezformel 240
2.5.7.3. Simpsonsche Formel 241
2.5.7.4. Hermitesche Trapezformel 241
2.5.7.5. Allgemeine Quadraturformel 241

2.5.8. Mehrfache Integrale und Linienintegrale 242
2.5.8.1. Allgemeine (krummlinige) Koordinaten 242
2.5.8.2. Spezielle orthogonale Koordinaten 243
Kartesische Koordinaten – Zylinderkoordinaten – Kugelkoordinaten
2.5.8.3. Flächen 245
2.5.8.4. Flächen- und Raumintegrale. Mehrfache Integrale 245
Flächen- oder Oberflächenintegrale – Volumenintegrale
2.5.8.5. Linienintegrale 249
2.5.8.6. Einige Anwendungen 251
Guldinsche Regeln

2.6. Unendliche Reihen 252

von Günter Bräuning

2.6.1. Allgemeines zur Konvergenz 252
Majoranten- und Minorantenkriterium – Quotienten- und Wurzelkriterium

2.6.2. Potenzreihen (Taylor-Reihen) 253
2.6.2.1. Konvergenzkreis. Konvergenzradius 253
2.6.2.2. Rechnen mit Potenzreihen 254
2.6.2.3. Taylor-Entwicklung 254

2.6.3. Fourier-Reihen 255
2.6.3.1. Trigonometrische Fourier-Reihen 255
2.6.3.2. Harmonische Analyse (Runge-Verfahren) 260
2.6.3.3. Sinusförmige Aussteuerung von Kennlinien 262
2.6.3.4. Allgemeine Fourier-Reihen 263
Reihen nach Bessel-Funktionen – Reihen nach Legendre-Polynomen

2.7. Differentialgleichungen 264

von Günter Bräuning

2.7.1. Definitionen 264

2.7.2. Gewöhnliche Differentialgleichungen 1. Ordnung 265
Existenz- und Eindeutigkeitssatz
2.7.2.1. Differentialgleichungen mit getrennten Veränderlichen 266
2.7.2.2. Ähnlichkeitsdifferentialgleichungen 267
2.7.2.3. Lineare Differentialgleichungen 1. Ordnung 267

2.7.3. Gewöhnliche Differentialgleichungen höherer Ordnung 268
2.7.3.1. Elementar integrierbare Fälle bei Differentialgleichungen 2. Ordnung 268
2.7.3.2. Lineare Differentialgleichungen *n*-ter Ordnung 269
2.7.3.3. Homogene lineare Differentialgleichungen *n*-ter Ordnung mit konstanten Koeffizienten 271
2.7.3.4. Inhomogene lineare Differentialgleichungen *n*-ter Ordnung mit konstanten Koeffizienten 272
2.7.3.5. Eulersche Differentialgleichungen 273

2.7.4. Systeme von gewöhnlichen Differentialgleichungen 1. Ordnung 274
2.7.4.1. Überführen in eine Differentialgleichung und umgekehrt 274
2.7.4.2. Lineare Differentialgleichungssysteme mit konstanten Koeffizienten 275

2.7.5. Näherungsverfahren 278
2.7.5.1. Verfahren der sukzessiven Approximation 278
2.7.5.2. Potenzreihenansatz 280
2.7.5.3. Runge-Kutta-Verfahren 281

2.7.6. Lineare Randwert- und Eigenwertaufgaben 283
2.7.6.1. Finite Ausdrücke 284
2.7.6.2. Randwertaufgaben 284
2.7.6.3. Eigenwertaufgaben 284
2.7.6.4. Lineare Ansatzverfahren für Randwertaufgaben 285
Kollokationsmethode – Fehlerquadratmethode

2.7.7. Lineare partielle Differentialgleichungen 2. Ordnung 286
2.7.7.1. Klassifikation bei zwei unabhängigen Veränderlichen 286
Hyperbolischer Typ – Elliptischer Typ – Parabolischer Typ
2.7.7.2. Spezielle Differentialgleichungen 287
Differentialgleichung der schwingenden Saite – Telegrafengleichung – Laplacesche Differentialgleichung – Wärmeleitungsgleichung
2.7.7.3. Trennung der Veränderlichen (Separation) 288
2.7.7.4. Finite Ausdrücke. Finite Gleichungen 290

2.8. Spezielle Funktionen 291
von Günter Bräuning

2.8.1. Integralsinus. Integralkosinus. Integralexponentialfunktion 292

2.8.2. Gaußsches Fehlerintegral. Fehlerfunktion 293

2.8.3. Gammafunktion 295

2.8.4. Elliptische Integrale 296

2.8.5. Zylinderfunktionen 297
2.8.5.1. Besselsche Funktionen 1. und 2. Art 297
2.8.5.2. Modifizierte Besselsche Funktionen 300

2.8.6. Orthogonale Polynome 300
2.8.6.1. Tschebyscheffsche Polynome 300
2.8.6.2. Legendresche Polynome 303
2.8.6.3. Laguerresche Polynome 304
2.8.6.4. Hermitesche Polynome 304

2.9. Vektoranalysis 305
von Günter Bräuning

2.9.1. Vektorfunktionen. Felder 305
2.9.1.1. Parameterabhängige Vektoren 305
2.9.1.2. Felder 306

2.9.2. Gradient. Divergenz. Rotation. Laplacescher Operator 306

2.9.3. Integralsätze 311
Integralformel von Gauß – Integralsatz von Stokes – Integralsatz von Gauß

2.9.4. Berechnung von Feldern 311

2.10. Funktionentheorie 312
von Günter Bräuning

2.10.1. Komplexe Zahlen 312
2.10.1.1. Imaginäre und komplexe Zahlen 312
2.10.1.2. Geometrische Veranschaulichung der komplexen Zahlen 313
2.10.1.3. Rechnen mit komplexen Zahlen 314
Gleichheit – Addition und Subtraktion – Multiplikation – Division – Exponentialfunktion und Logarithmus – Spezialfälle der allgemeinen Potenz

2.10.2. Analytische Funktionen einer komplexen Veränderlichen 316
2.10.2.1. Stetigkeit 316
2.10.2.2. Differenzierbarkeit 317
2.10.2.3. Analytische Funktionen 317
2.10.2.4. Potenzreihenentwicklung 317

2.10.3. Konforme Abbildung 318
2.10.3.1. Ganze lineare Funktionen $w = az + b$ 318
2.10.3.2. Inversion $w = 1/z$ 319
2.10.3.3. Gebrochen lineare Funktion $w = (az + b)/(cz + d)$, $(ad - bc \neq 0)$ 319
2.10.3.4. Quadratische Funktion $w = z^2$ 320
2.10.3.5. Wurzelfunktion $w = \sqrt{z}$ 320
2.10.3.6. Abbildung durch $w = \frac{1}{2}(z + 1/z)$ 321
2.10.3.7. Exponentialfunktion $w = e^z$ 321
2.10.3.8. Logarithmusfunktion $w = \log z$ 321
2.10.3.9. Schwarz-Christoffelsche Formel 322
2.10.3.10. Schwarzsches Spiegelungsprinzip 323
2.10.3.11. Komplexes Potential 323

2.10.4. Integration im Komplexen 326
2.10.4.1. Bestimmtes komplexes Integral 326
2.10.4.2. Satz von Cauchy 327
2.10.4.3. Integralformel von Cauchy 328
2.10.4.4. Laurent-Entwicklung 329
2.10.4.5. Singuläre Stellen. Residuum. Residuensatz 329

2.11. Laplace-Transformation 330
von Günter Bräuning
2.11.1. Laplace-Transformierte 330
2.11.2. Rechenregeln 331
2.11.3. Bildfunktionen spezieller Funktionen. Korrespondenzen 332
Einheitssprung – Rechteckimpuls – Periodische Funktionen
2.11.4. Lineare gewöhnliche Differentialgleichungen mit konstanten Koeffizienten 338
2.11.5. Andere Typen von Differentialgleichungen 339

2.12. Spezielle anwendungsorientierte Rechenverfahren der Elektrotechnik 339
von Jürgen Meinhardt

2.12.1. Berechnen der Zweigströme in einem allgemeinen linearen Netzwerk mit Matrizen 339
2.12.2. Berechnen der symmetrischen Komponenten in Dreiphasensystemen mit Matrizen 342
2.12.2.1. Systeme mit Nulleiter 342
2.12.2.2. Systeme ohne Nulleiter 345
2.12.3. Berechnen von Vierpolen mit Matrizen 345
2.12.3.1. Definition der Vierpolmatrizen 346
2.12.3.2. Umrechnen der Matrizenelemente 346
2.12.3.3. Aufstellen der Vierpolmatrizen 347
Anwenden der Kirchhoffschen Gleichungen – Ermitteln der Matrizenelemente aus ihren physikalischen Definitionsgleichungen
2.12.3.4. Matrizen wichtiger Schaltungen 348
2.12.3.5. Zusammenschalten von Vierpolen 355
2.12.3.6. Berechnen von Übertragungs- und Verstärkungseigenschaften aus den Matrizenelementen 359
2.12.4. Ausgleichvorgänge in Kreisen mit linearen konzentrierten Schaltelementen 359
2.12.4.1. Begriffe 359
2.12.4.2. Schaltelemente und ihre Eigenschaften 362
2.12.4.3. Einheitssprung 362
2.12.4.4. Aufstellen der Differentialgleichungen 362
2.12.4.5. Anfangsbedingungen 363
2.12.4.6. Überblick über mögliche Lösungsverfahren 364
2.12.4.7. Lösen mit Exponentialansatz 364
Vollständiges Abschalten in einfachen Kreisen – Einschalten und teilweises Abschalten in einfachen Kreisen
2.12.4.8. Lösen mit Laplace-Transformation 370
Rechenschema
2.12.4.9. Lösen mit dem Duhamelschen Integralsatz 372
2.12.4.10. Methode der Zustandsvariablen 373
Gleichungssystem der Zustandsvariablen – Allgemeine Lösung des Gleichungssystems der Zustandsvariablen – Übergang zu anderen Variablen
2.12.5. Ausgleichvorgänge auf linearen elektrischen Leitungen 375
2.12.5.1. Differentialgleichungen der elektrischen Leitung 375
2.12.5.2. Anfangs- und Randbedingungen 376
2.12.5.3. Lösen der Differentialgleichungen 376
Anschalten von Spannungsquellen an energielose Leitungen – Entladen von energiebehafteten Leitungen

2.12.5.4. Wanderwellen auf Leitungen 380

Wellenlösung der Leitungsgleichungen – Wellenformen – Reflexionen – Verlustbehaftete Leitungen – Mehrfachreflexionen

2.12.6. Ausgleichvorgänge in Kreisen mit nichtlinearen konzentrierten Schaltelementen . 384

2.12.6.1. Stückweise lineare Approximation der nichtlinearen Kennlinie 385

2.12.6.2. Korrektur von Näherungslösungen 386

2.12.6.3. Grafisches Lösen der Differentialgleichung 387

2.12.7. Spektraltheorie (Fourier-Transformation) 388

2.12.7.1. Ermitteln der Spektren von Zeitfunktionen 388

Komponentenform – Komplexe Form

2.12.7.2. Ermitteln der Zeitfunktion aus den Spektralfunktionen 392

2.12.7.3. Komplexes Übertragungsmaß 392

2.12.7.4. Übergangsfunktion 393

Typische Übergangsfunktionen

2.12.8. Konforme Abbildungen in der Theorie elektrischer und magnetischer zweidimensionaler Potentialfelder 394

2.12.8.1. Anwendungsbereiche 394

2.12.8.2. Grundlagen 395

2.12.8.3. Ermitteln von konformen Abbildungen 396

Abbildungsfunktion vorgegeben, Anordnung gesucht – Anordnung vorgegeben, Abbildungsfunktion gesucht – Mehrfachabbildung

2.12.8.4. Auswerten der konformen Abbildungen 400

Potential- und Feldstärkelinien – Ermitteln des Abbildungsgebietes in der *w*-Ebene – Ermitteln der speziellen Potentialfunktion – Ermitteln von Feldstärke und Flußdichte – Ermitteln der Elektrodenladung – Ermitteln der Kapazität zwischen zwei Elektroden

2.12.9. Anwendungen der Zylinderfunktionen auf rotationssymmetrische elektrische und magnetische Potentialfelder 403

2.12.9.1. Anwendungsbereiche 403

2.12.9.2. Lösungen der Potentialgleichung für den rotationssymmetrischen Fall 403

2.12.9.3. Verwerten der Randbedingungen 404

2.12.9.4. Entwickeln von Funktionen in Besselsche Reihen 406

Literatur 407

Formelzeichen zu Abschnitt 2.1.2

A	Konstante; Fläche
$A_{\mu\nu}$	Parameter der Kettenmatrix
$\underline{a} = e^{j120°}$	Drehoperator
$a(\omega)$	Amplitudendichte der Kosinusschwingungen
B	Konstante; Induktion
b	Konstante
$b(\omega)$	Amplitudendichte der Sinusschwingungen
C	Konstante; Kapazität
$\underline{C}$	komplexe Konstante
C'	Kapazitätsbelag
c	Konstante
$\underline{c}(\omega)$	komplexe Amplitudendichte
$\underline{D}$	Vektor der Verschiebungsflußdichte
D	Durchgriff
$D_{\mu\nu}$	Parameter der H-Matrix
E	elektrische Feldstärke
E	EMK (Effektivwert); Komponente der elektrischen Feldstärke
$\underline{E}$	EMK (komplexe Amplitude)
$E(p)$	Unterfunktion zu $e(t)$
e	EMK (allgemein)
$e(t)$	EMK (Zeitfunktion)
$F(p)$	Unterfunktion zu $f(t)$
f	Funktion (allgemein)

$f(t)$	Zeitfunktion
G	Verstärkung
G'	Ableitungsbelag
g	Funktion (allgemein)
$g(\omega)$	Gesamtamplitudendichte
H	magnetische Feldstärke
$H_{\mu\nu}$	Parameter der Hybridmatrix I
I	Strom (Effektivwert)
$\underline{I}$	Strom (komplexe Amplitude)
$I(p)$	Unterfunktion zu $i(t)$
$I_n(x)$	modifizierte Besselfunktion n-ter Ordnung
i	Strom (allgemein)
$i(t)$	Strom (Zeitfunktion)
$J_n(x)$	Besselfunktion n-ter Ordnung
K	Konstante
$K_n(x)$	MacDonaldsche Funktion n-ter Ordnung
k	Eigenwert; magnetischer Kopplungsfaktor
L	Induktivität
L'	Induktivitätsbelag
l	Länge
M	Gegeninduktivität
N	Zahl (Schranke)
$N_n(x)$	Neumannsche Funktion n-ter Ordnung
p	Operator der Laplace-Transformation; Variable
Q	elektrische Ladung
q	Variable
R	ohmscher Widerstand
R'	Widerstandsbelag
r	Reflexionsfaktor; Radius; Betrag des Ortsvektors
S	Steilheit
s	komplexe Variable
$s_0(t)$	Erregungsgröße
T	Zeitdauer
t	Zeit
U	Spannung (Effektivwert)
$\underline{U}$	Spannung (komplexe Amplitude)
$U(p)$	Unterfunktion zu $u(t)$
u	Spannung (allgemein); Variable
$u(t)$	Spannung (Zeitfunktion)
v	Fortpflanzungsgeschwindigkeit; Variable
$v_\mu(t)$	Ausgangsgröße
W	Betrag des komplexen Übertragungsmaßes
$\underline{W}$	komplexes Übertragungsmaß
w	Windungszahl; komplexe Variable
x	Variable; Ortskoordinate
$x_\nu(t)$	Zustandsvariable
$Y_{\mu\nu}$	Parameter der Leitwertsmatrix
y	Variable
$y(t)$	eingeprägter Strom (Zeitfunktion)
Z	Widerstand (allgemein); Wellenwiderstand
$Z(p)$	Operatorimpedanz der Laplace-Transformation
$Z_{\mu\nu}$	Parameter der Widerstandsmatrix
z	Variable
α	Dämpfungsmaß; Konstante; Winkel des Ortsvektors
α_ν	Nullstelle der Besselfunktion
β	Winkelmaß; Konstante
γ	Übertragungsmaß
δ	Abklingkonstante
ε	Dielektrizitätskonstante
Θ	Durchflutung
$\varkappa$	Eigenwert
λ	Eigenwert
ξ	Winkel des komplexen Übertragungsmaßes
τ	Zeitkonstante; Einschwingzeit
φ	Phasenwinkel; elektrisches Potential
Ω, ω	Kreisfrequenz

2.1. Vektoren. Matrizen. Determinanten

2.1.1. Vektoralgebra

2.1.1.1. Definition

Es gibt physikalische Größen, die allein durch Zahlenwert und Einheit festgelegt sind, z.B. Masse, Zeit, Potential eines Feldes. Solche Größen heißen *skalare Größen* oder kurz *Skalare*. Andere physikalische Größen benötigen zu ihrer Charakterisierung zusätzlich die Angabe

einer Richtung, in der die Größe wirkt, z.B. Kraft, Geschwindigkeit, Feldstärke. Solche Größen heißen *vektorielle Größen* oder *Vektoren*. Ein Vektor $\boldsymbol{a}$ läßt sich in der Ebene oder im dreidimensionalen Raum durch eine *gerichtete Strecke* (Pfeil) veranschaulichen. Der Vektor $\boldsymbol{a}$ hat damit einen durch Maßzahl und Maßeinheit festgelegten (nicht negativen) *Betrag* ($|\boldsymbol{a}| \geqq 0$) und eine *Richtung*. Der Begriff des Vektors wird analog auf den n-dimensionalen Raum erweitert.
Zwei Vektoren $\boldsymbol{a}$ und $\boldsymbol{b}$ heißen *gleich*, wenn sie in Betrag und Richtung übereinstimmen:

$$|\boldsymbol{a}| = |\boldsymbol{b}| \quad \text{und } \boldsymbol{a} \uparrow\uparrow \boldsymbol{b}.$$

Gleiche Vektoren können durch Parallelverschiebung ineinander übergeführt werden *(freie Vektoren)*.
In vielen physikalischen Anwendungen beschränkt man diese Gleichheit jedoch auf Vektoren, die auf einer Geraden liegen *(linienflüchtige Vektoren)*. Vektoren, die an einen festen Anfangspunkt gebunden sind, heißen *Ortsvektoren*.

2.1.1.2. Addition

Summe. Unter der Summe zweier Vektoren $\boldsymbol{a}$ und $\boldsymbol{b}$ versteht man den Vektor

$$\boldsymbol{c} = \boldsymbol{a} + \boldsymbol{b}, \tag{2.1}$$

der durch Aneinanderlegen von $\boldsymbol{a}$ und $\boldsymbol{b}$ entsteht (Bild 2.1). Es gilt

$$\boldsymbol{a} + \boldsymbol{b} = \boldsymbol{b} + \boldsymbol{a} \qquad \textit{(kommutatives Gesetz)}, \tag{2.2}$$

$$\boldsymbol{a} + (\boldsymbol{b} + \boldsymbol{c}) = (\boldsymbol{a} + \boldsymbol{b}) + \boldsymbol{c} = \boldsymbol{a} + \boldsymbol{b} + \boldsymbol{c} \qquad \textit{(assoziatives Gesetz)}.$$

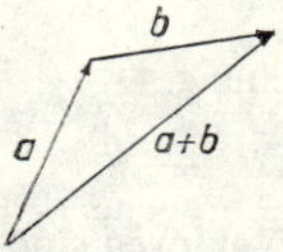

Bild 2.1. Summe zweier Vektoren

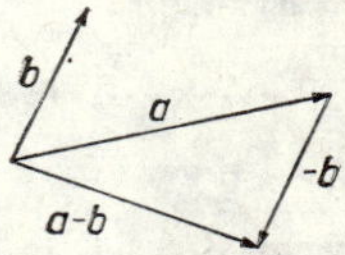

Bild 2.2. Differenz zweier Vektoren

Differenz. $-\boldsymbol{a}$ ist der zu $\boldsymbol{a}$ entgegengesetzte Vektor mit

$$|-\boldsymbol{a}| = |\boldsymbol{a}| \quad \text{und} \quad -\boldsymbol{a} \uparrow\downarrow \boldsymbol{a}.$$

Die Differenz zweier Vektoren ist definiert durch (Bild 2.2)

$$\boldsymbol{a} - \boldsymbol{b} = \boldsymbol{a} + (-\boldsymbol{b}). \tag{2.3}$$

Nullvektor. Subtrahiert man einen beliebigen Vektor $\boldsymbol{a}$ von sich selbst, so erhält man den Nullvektor:

$$\boldsymbol{o} = \boldsymbol{a} - \boldsymbol{a}.$$

Sein Betrag ist Null: $|\boldsymbol{o}| = 0$; seine Richtung ist unbestimmt. Wenn die Summe von k Vektoren $\boldsymbol{a}_i$ den Nullvektor ergibt,

$$\sum \boldsymbol{a}_i = \boldsymbol{o}, \tag{2.4}$$

bilden die Vektoren $\boldsymbol{a}_i$ einen geschlossenen Polygonzug und umgekehrt.
Dreieckungleichung: Hinsichtlich zweier Vektoren $\boldsymbol{a}$ und $\boldsymbol{b}$ gilt

$$|\boldsymbol{a} + \boldsymbol{b}| \leqq |\boldsymbol{a}| + |\boldsymbol{b}|, \quad |\boldsymbol{a} - \boldsymbol{b}| \geqq ||\boldsymbol{a}| - |\boldsymbol{b}||. \tag{2.5}$$

2.1.1.3. Lineare Abhängigkeit. Komponenten

Multiplikation mit einer reellen Zahl. Der Vektor $\lambda\boldsymbol{a}$ entsteht aus $\boldsymbol{a}$ durch Multiplikation mit der reellen Zahl λ. Es gilt

$$|\lambda\boldsymbol{a}| = |\lambda| \cdot |\boldsymbol{a}|, \quad \begin{array}{ll} \lambda\boldsymbol{a} \uparrow\uparrow \boldsymbol{a}, & \text{falls} \quad \lambda > 0, \\ \lambda\boldsymbol{a} \uparrow\downarrow \boldsymbol{a}, & \text{falls} \quad \lambda < 0, \\ \lambda\boldsymbol{a} = \boldsymbol{o}, & \text{falls} \quad \lambda = 0. \end{array} \tag{2.6}$$

Einheitsvektor. Der Vektor

$$\boldsymbol{e}_a = \frac{1}{|\boldsymbol{a}|}\,\boldsymbol{a} = \frac{\boldsymbol{a}}{|\boldsymbol{a}|}$$

mit dem Betrag 1 und der gleichen Richtung wie $\boldsymbol{a}$,

$$|\boldsymbol{e}_a| = 1, \quad \boldsymbol{e}_a \uparrow\uparrow \boldsymbol{a}, \tag{2.7}$$

ist der zur Richtung von $\boldsymbol{a}$ gehörende Einheitsvektor. Jeder Vektor $\boldsymbol{a} \neq \boldsymbol{o}$ kann in Betrags- und Richtungsfaktor gemäß

$$\boldsymbol{a} = |\boldsymbol{a}|\,\boldsymbol{e}_a \tag{2.8}$$

zerlegt werden.

Lineare Abhängigkeit. n Vektoren $\boldsymbol{a}_1, \boldsymbol{a}_2, \ldots, \boldsymbol{a}_n$ heißen *linear abhängig*, wenn es n reelle Zahlen $\alpha_1, \alpha_2, \ldots, \alpha_n$ gibt, die nicht alle gleich 0 sind, so daß

$$\alpha_1\boldsymbol{a}_1 + \alpha_2\boldsymbol{a}_2 + \cdots + \alpha_n\boldsymbol{a}_n = \boldsymbol{o} \tag{2.9}$$

gilt. Andernfalls sind die Vektoren $\boldsymbol{a}_1, \boldsymbol{a}_2, \ldots, \boldsymbol{a}_n$ *linear unabhängig*. Die Beziehung

$$\beta_1\boldsymbol{a}_1 + \beta_2\boldsymbol{a}_2 + \cdots + \beta_n\boldsymbol{a}_n = \boldsymbol{o}$$

ist in diesem Fall nur möglich, wenn $\beta_1 = \beta_2 = \cdots = \beta_n = 0$ gilt. Parallele Vektoren sind stets linear abhängig *(kollinear)*. Drei und mehr Vektoren, die in einer Ebene liegen (bzw. die zu einer Ebene parallel sind), sind stets linear abhängig *(komplanar)*. Vier und mehr Vektoren im (dreidimensionalen) Raum sind stets linear abhängig.

Komponenten. $\boldsymbol{a}_1, \boldsymbol{a}_2, \ldots, \boldsymbol{a}_n$ seien linear unabhängige Vektoren des n-dimensionalen Raumes. Dann läßt sich jeder Vektor $\boldsymbol{a}$ dieses Raumes auf genau eine Weise in der Form

$$\boldsymbol{a} = \lambda_1\boldsymbol{a}_1 + \lambda_2\boldsymbol{a}_2 + \cdots + \lambda_n\boldsymbol{a}_n \tag{2.10}$$

darstellen. Jeder solche Vektor ist bezüglich der Basis $\boldsymbol{a}_1, \boldsymbol{a}_2, \ldots, \boldsymbol{a}_n$ eindeutig durch das Zahlen-n-Tupel $(\lambda_1, \lambda_2, \ldots, \lambda_n)$ gekennzeichnet. Die Größen $\lambda_i\boldsymbol{a}_i$ heißen *vektorielle Komponenten*, die λ_i *(skalare) Komponenten* des Vektors $\boldsymbol{a}$ bezüglich der Basis $\{\boldsymbol{a}_i\}$.

Koordinaten. Im dreidimensionalen Raum verwendet man meist eine spezielle Basis, die durch die drei Einheitsvektoren

$$\boldsymbol{e}_x = \boldsymbol{i}, \quad \boldsymbol{e}_y = \boldsymbol{j}, \quad \boldsymbol{e}_z = \boldsymbol{k} \tag{2.11}$$

in Richtung der Koordinatenachse eines x, y, z-Koordinatensystems gegeben ist. Man spricht dann von den *Koordinaten* a_x, a_y, a_z des Vektors $\boldsymbol{a}$:

$$\boldsymbol{a} = a_x\boldsymbol{i} + a_y\boldsymbol{j} + a_z\boldsymbol{k} = \begin{pmatrix} a_x \\ a_y \\ a_z \end{pmatrix}. \tag{2.12}$$

Es gilt

$$\boldsymbol{a} \pm \boldsymbol{b} = (a_x \pm b_x)\,\boldsymbol{i} + (a_y \pm b_y)\,\boldsymbol{j} + (a_z \pm b_z)\,\boldsymbol{k},$$

$$\lambda\boldsymbol{a} = (\lambda a_x)\,\boldsymbol{i} + (\lambda a_y)\,\boldsymbol{j} + (\lambda a_z)\,\boldsymbol{k}, \quad |\boldsymbol{a}| = \sqrt{a_x^2 + a_y^2 + a_z^2}, \tag{2.13}$$

$$\boldsymbol{e_a} = \frac{\boldsymbol{a}}{|\boldsymbol{a}|} = \frac{a_x}{\sqrt{a_x^2 + a_y^2 + a_z^2}}\,\boldsymbol{i} + \frac{a_y}{\sqrt{a_x^2 + a_y^2 + a_z^2}}\,\boldsymbol{j} + \frac{a_z}{\sqrt{a_x^2 + a_y^2 + a_z^2}}\,\boldsymbol{k}$$

$$= \boldsymbol{i}\cos\alpha + \boldsymbol{j}\cos\beta + \boldsymbol{k}\cos\gamma$$

(α, β, γ Winkel der Richtung von $\boldsymbol{a}$ gegen die Achsen). Die Komponenten (Koordinaten) $\cos\alpha$, $\cos\beta$, $\cos\gamma$ von $\boldsymbol{e_a}$ heißen *Richtungskosinus*.
Der an den Koordinatenursprungspunkt gebundene *Ortsvektor* $\boldsymbol{r}$ des Punktes $P(x, y, z)$ hat die Koordinaten $r_x = x$, $r_y = y$, $r_z = z$, so daß gilt

$$\boldsymbol{r} = x\boldsymbol{i} + y\boldsymbol{j} + z\boldsymbol{k} = \begin{pmatrix} x \\ y \\ z \end{pmatrix}. \tag{2.14}$$

2.1.1.4. Produkte

Skalares Produkt. Unter dem *skalaren* oder *inneren Produkt* zweier Vektoren $\boldsymbol{a}$ und $\boldsymbol{b}$ versteht man den Skalar

$$\boldsymbol{ab} = |\boldsymbol{a}|\,|\boldsymbol{b}|\cos\varphi, \quad (0 \leqq \varphi \leqq \pi), \tag{2.15}$$

wobei φ den von den Vektoren $\boldsymbol{a}$ und $\boldsymbol{b}$ eingeschlossenen Winkel bedeutet (Bild 2.3).
Rechenregeln

$$\boldsymbol{a}^2 = |\boldsymbol{a}|^2, \quad |\boldsymbol{a}| = \sqrt{\boldsymbol{a}^2} \quad (\boldsymbol{a}^2 = \boldsymbol{a}\cdot\boldsymbol{a}),$$

$$\boldsymbol{a}\cdot\boldsymbol{b} = \boldsymbol{b}\cdot\boldsymbol{a},\ (\boldsymbol{a}+\boldsymbol{b})\cdot\boldsymbol{c} = \boldsymbol{a}\cdot\boldsymbol{c} + \boldsymbol{b}\cdot\boldsymbol{c},\ (\lambda\boldsymbol{a})\cdot\boldsymbol{b} = \boldsymbol{a}\cdot(\lambda\boldsymbol{b}) = \lambda(\boldsymbol{a}\cdot\boldsymbol{b}), \tag{2.16}$$

$$(\boldsymbol{a}+\boldsymbol{b})^2 = \boldsymbol{a}^2 + 2\boldsymbol{a}\cdot\boldsymbol{b} + \boldsymbol{b}^2$$

(Kosinussatz, verallgemeinerter *Satz des Pythagoras*).

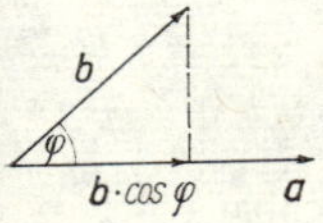

Bild 2.3
Zum Skalarprodukt

Im kartesischen Koordinatensystem gilt

$$\boldsymbol{ab} = a_x b_x + a_y b_y + a_z b_z \quad \text{(im dreidimensionalen Raum)} \tag{2.17}$$

bzw. in n Dimensionen

$$\boldsymbol{ab} = \sum_{i=1}^{n} a_i b_i. \tag{2.18}$$

Aus $\boldsymbol{ab} = 0$, $\boldsymbol{a} \neq \boldsymbol{o}$, $\boldsymbol{b} \neq \boldsymbol{o}$ folgt $\cos\varphi = 0$, d.h., $\boldsymbol{a}$ und $\boldsymbol{b}$ stehen senkrecht aufeinander: $\boldsymbol{a} \perp \boldsymbol{b}$.
Vektorielles Produkt. Unter dem *vektoriellen* oder *äußeren Produkt* zweier Vektoren $\boldsymbol{a}$ und $\boldsymbol{b}$ im dreidimensionalen Raum versteht man den Vektor $\boldsymbol{c} = \boldsymbol{a} \times \boldsymbol{b}$ mit dem Betrag $|\boldsymbol{a} \times \boldsymbol{b}| = |\boldsymbol{a}|\,|\boldsymbol{b}|\sin\varphi$, der senkrecht auf $\boldsymbol{a}$ und $\boldsymbol{b}$ steht und der so orientiert ist, daß die kürzestmög-

liche Drehung des Vektors $\boldsymbol{a}$ nach $\boldsymbol{b}$ mit der Richtung von $\boldsymbol{c}$ als Fortschreitungsrichtung eine *Rechtsschraubung* ergibt (Bild 2.4). Es ist $|\boldsymbol{a} \times \boldsymbol{b}|$ gleich dem Flächeninhalt des durch $\boldsymbol{a}$ und $\boldsymbol{b}$ aufgespannten Parallelogramms.

Rechenregeln

$$\boldsymbol{a} \times \boldsymbol{a} = \boldsymbol{o}, \quad \boldsymbol{a} \times \boldsymbol{b} = -(\boldsymbol{b} \times \boldsymbol{a}), \quad \boldsymbol{a} \times (\boldsymbol{b} + \boldsymbol{c}) = (\boldsymbol{a} \times \boldsymbol{b}) + (\boldsymbol{a} \times \boldsymbol{c}), \\ (\lambda \boldsymbol{a}) \times \boldsymbol{b} = \boldsymbol{a} \times (\lambda \boldsymbol{b}) = \lambda (\boldsymbol{a} \times \boldsymbol{b}). \tag{2.19}$$

Im kartesischen Koordinatensystem gilt

$$\boldsymbol{a} \times \boldsymbol{b} = (a_y b_z - a_z b_y)\, \boldsymbol{i} + (a_z b_x - a_x b_z)\, \boldsymbol{j} + (a_x b_y - a_y b_x)\, \boldsymbol{k} = \begin{vmatrix} \boldsymbol{i} & \boldsymbol{j} & \boldsymbol{k} \\ a_x & a_y & a_z \\ b_x & b_y & b_z \end{vmatrix}. \tag{2.20}$$

Aus $\boldsymbol{a} \times \boldsymbol{b} = \boldsymbol{o}$, $\boldsymbol{a} \neq \boldsymbol{o}$, $\boldsymbol{b} \neq \boldsymbol{o}$ folgt $\sin \varphi = 0$, d.h., $\boldsymbol{a}$ und $\boldsymbol{b}$ sind kollinear.

Spatprodukt. Unter dem Spatprodukt der drei Vektoren $\boldsymbol{a}$, $\boldsymbol{b}$ und $\boldsymbol{c}$ versteht man den Skalar

$$(\boldsymbol{abc}) = \boldsymbol{a} \cdot (\boldsymbol{b} \times \boldsymbol{c}). \tag{2.21}$$

Der Betrag des Spatprodukts ist gleich dem Volumen des durch $\boldsymbol{a}$, $\boldsymbol{b}$ und $\boldsymbol{c}$ aufgespannten Parallelflachs (Spats) (Bild 2.5).

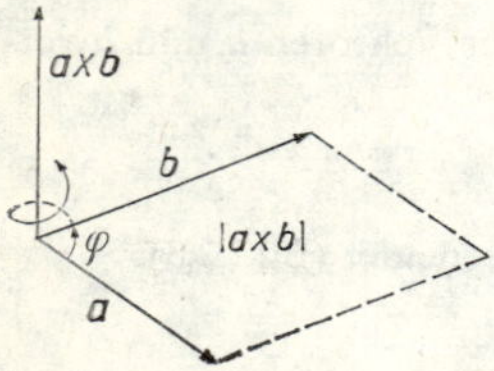

Bild 2.4. Zum Vektorprodukt

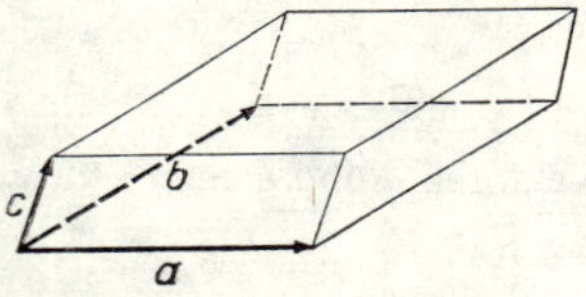

Bild 2.5. Zum Spatprodukt

Rechenregeln

$$\begin{aligned} &(\boldsymbol{aaa}) = 0, \quad (\boldsymbol{aab}) = (\boldsymbol{aba}) = (\boldsymbol{baa}) = 0, \\ &(\boldsymbol{abc}) = (\boldsymbol{bca}) = (\boldsymbol{cab}) \quad \textit{(zyklische Vertauschbarkeit)}, \\ &(\boldsymbol{abc}) = -(\boldsymbol{bac}) = -(\boldsymbol{cba}) = -(\boldsymbol{acb}), \\ &(\boldsymbol{abc}) = \boldsymbol{a} \cdot (\boldsymbol{b} \times \boldsymbol{c}) = (\boldsymbol{a} \times \boldsymbol{b}) \cdot \boldsymbol{c} \end{aligned} \tag{2.22}$$

(d.h., im Spatprodukt sind skalare und vektorielle Multiplikationen vertauschbar),

$$\begin{aligned} &((\boldsymbol{a}_1 + \boldsymbol{a}_2)\, \boldsymbol{bc}) = (\boldsymbol{a}_1 \boldsymbol{bc}) + (\boldsymbol{a}_2 \boldsymbol{bc}), \\ &(\lambda \boldsymbol{abc}) = \lambda (\boldsymbol{abc}), \\ &((\alpha \boldsymbol{a} + \beta \boldsymbol{b} + \gamma \boldsymbol{c})\, \boldsymbol{bc}) = \alpha (\boldsymbol{abc}) \quad (\alpha, \beta, \gamma, \lambda \text{ reelle Zahlen}). \end{aligned}$$

Im kartesischen Koordinatensystem gilt

$$(\boldsymbol{abc}) = \begin{vmatrix} a_x & a_y & a_z \\ b_x & b_y & b_z \\ c_x & c_y & c_z \end{vmatrix}. \tag{2.23}$$

Aus $(\boldsymbol{abc}) = 0$ folgt die lineare Abhängigkeit (Komplanarität) der Vektoren $\boldsymbol{a}$, $\boldsymbol{b}$ und $\boldsymbol{c}$.

Zwischen skalarem, vektoriellem und Spatprodukt bestehen folgende Verknüpfungen:

$$\boldsymbol{a} \times (\boldsymbol{b} \times \boldsymbol{c}) = (\boldsymbol{a} \cdot \boldsymbol{c})\, \boldsymbol{b} - (\boldsymbol{a} \cdot \boldsymbol{b})\, \boldsymbol{c} \quad \text{(Entwicklungssatz)},$$

$$\boldsymbol{a} \times (\boldsymbol{b} \times \boldsymbol{c}) + \boldsymbol{b} \times (\boldsymbol{c} \times \boldsymbol{a}) + \boldsymbol{c} \times (\boldsymbol{a} \times \boldsymbol{b}) = \boldsymbol{o} \quad \text{(Jacobische Identität)},$$

$$(\boldsymbol{a} \times \boldsymbol{b}) \cdot (\boldsymbol{c} \times \boldsymbol{d}) = (\boldsymbol{a} \cdot \boldsymbol{c})\, (\boldsymbol{b} \cdot \boldsymbol{d}) - (\boldsymbol{a} \cdot \boldsymbol{d})\, (\boldsymbol{b} \cdot \boldsymbol{c}) \quad \text{(Lagrangesche Identität)},$$

$$(\boldsymbol{a} \times \boldsymbol{b}) \times (\boldsymbol{c} \times \boldsymbol{d}) = (\boldsymbol{abd})\, \boldsymbol{c} - (\boldsymbol{abc})\, \boldsymbol{d} = (\boldsymbol{acd})\, \boldsymbol{b} - (\boldsymbol{bcd})\, \boldsymbol{a}, \qquad (2.24)$$

$$(\boldsymbol{abc})\, (\boldsymbol{uvw}) = \begin{vmatrix} \boldsymbol{a} \cdot \boldsymbol{u} & \boldsymbol{a} \cdot \boldsymbol{v} & \boldsymbol{a} \cdot \boldsymbol{w} \\ \boldsymbol{b} \cdot \boldsymbol{u} & \boldsymbol{b} \cdot \boldsymbol{v} & \boldsymbol{b} \cdot \boldsymbol{w} \\ \boldsymbol{c} \cdot \boldsymbol{u} & \boldsymbol{c} \cdot \boldsymbol{v} & \boldsymbol{c} \cdot \boldsymbol{w} \end{vmatrix},$$

$$((\boldsymbol{a} \times \boldsymbol{u})\, (\boldsymbol{b} \times \boldsymbol{v})\, (\boldsymbol{c} \times \boldsymbol{w})) = (\boldsymbol{auv})\, (\boldsymbol{bcw}) - (\boldsymbol{abu})\, (\boldsymbol{cvw}).$$

2.1.2. Matrizen

2.1.2.1. Definition

Ein System von m *mal* n Elementen (z.B. Zahlen, Funktionen), die in m Zeilen und n Spalten angeordnet sind, heißt Matrix vom Typ (m, n):

$$\boldsymbol{A} = (a_{ij}) = \begin{bmatrix} a_{11}a_{12} \cdots a_{1j} \cdots a_{1n} \\ a_{21}a_{22} \cdots a_{2j} \cdots a_{2n} \\ \cdots \cdots \cdots \cdots \cdots \cdots \\ a_{i1}a_{i2} \cdots a_{ij} \cdots a_{in} \\ \cdots \cdots \cdots \cdots \cdots \cdots \\ a_{m1}a_{m2} \cdots a_{mj} \cdots a_{mn} \end{bmatrix} \begin{matrix} \\ \\ \\ \leftarrow i\text{-te Zeile.} \\ \\ \\ \end{matrix} \qquad (2.25)$$

$\uparrow$ j-te Spalte

2.1.2.2. Eigenschaften, Begriffe

Gleichheit. Zwei Matrizen $\boldsymbol{A}$ und $\boldsymbol{B}$ heißen gleich, wenn sie vom gleichen Typ sind und gleichgestellte Elemente einander gleich sind:

$$a_{ij} = b_{ij}, \quad i = 1, 2, \dots, m; \quad j = 1, 2, \dots, n. \qquad (2.26)$$

Addition (Subtraktion). Matrizen gleichen Typs können addiert (subtrahiert) werden, indem die gleichgestellten Elemente beider Matrizen jeweils addiert (subtrahiert) werden:

$$\boldsymbol{C} = \boldsymbol{A} \pm \boldsymbol{B}, \qquad (2.27)$$

d.h., $c_{ij} = a_{ij} \pm b_{ij}$, $i = 1, 2, \dots, m$; $j = 1, 2, \dots, n$.

Beispiel

$$\begin{pmatrix} 1 & 3 & 2 \\ -1 & 1 & 3 \\ 2 & 0 & -1 \end{pmatrix} + \begin{pmatrix} 1 & 1 & 2 \\ 3 & 0 & -4 \\ -2 & 1 & 1 \end{pmatrix} = \begin{pmatrix} 2 & 4 & 4 \\ 2 & 1 & -1 \\ 0 & 1 & 0 \end{pmatrix}.$$

Multiplikation mit einem Skalar. Eine Matrix $\boldsymbol{A}$ wird mit einem Skalar c multipliziert, indem jedes Element von $\boldsymbol{A}$ mit c multipliziert wird:

$$\boldsymbol{B} = c\boldsymbol{A}, \qquad (2.28)$$

d.h., $b_{ij} = ca_{ij}$, $i = 1, 2, \dots, m$; $j = 1, 2, \dots, n$.

Beispiel

$$3 \cdot \begin{pmatrix} 1 & 1 & 2 \\ 1 & 3 & 0 \\ 0 & -1 & 2 \end{pmatrix} = \begin{pmatrix} 3 & 3 & 6 \\ 3 & 9 & 0 \\ 0 & -3 & 6 \end{pmatrix}.$$

Spaltenvektor. Zeilenvektor. Die Elemente einer Zeile oder die Elemente einer Spalte einer Matrix können als Komponenten eines Vektors aufgefaßt werden:

$$\text{Zeilenvektor: } \boldsymbol{a}' = (a_{i1}, a_{i2}, \ldots, a_{in}), \tag{2.29}$$

$$\text{Spaltenvektor: } \boldsymbol{b} = \begin{pmatrix} a_{1j} \\ a_{2j} \\ \ldots \\ a_{mj} \end{pmatrix}. \tag{2.30}$$

Andererseits kann ein Zeilenvektor mit n Komponenten als $(1, n)$-Matrix, ein Spaltenvektor mit m Komponenten als $(m, 1)$-Matrix gedeutet werden.

Multiplikation von Matrizen. Wenn die Spaltenanzahl einer Matrix $\boldsymbol{A}$ gleich der Zeilenanzahl einer Matrix $\boldsymbol{B}$ ist, läßt sich ein *Produkt* der beiden Matrizen $\boldsymbol{A}$ und $\boldsymbol{B}$ bilden: $\boldsymbol{C} = \boldsymbol{AB}$. Ist $\boldsymbol{A}$ vom Typ (m, p), $\boldsymbol{B}$ vom Typ (p, n), so ist $\boldsymbol{C}$ vom Typ (m, n). Die Elemente c_{ik} von $\boldsymbol{C}$ sind gleich dem Skalarprodukt der i-ten Zeile von $\boldsymbol{A}$ und der k-ten Spalte von $\boldsymbol{B}$:

$$c_{ik} = \sum_{j=1}^{p} a_{ij} \cdot b_{jk}, \quad i = 1, 2, \ldots, m; \quad k = 1, 2, \ldots, n. \tag{2.31}$$

Ist $m = n$, dann läßt sich neben dem Produkt $\boldsymbol{C} = \boldsymbol{AB}$ auch das Produkt $\boldsymbol{D} = \boldsymbol{BA}$ bilden. Gilt dann $\boldsymbol{AB} = \boldsymbol{BA}$, so heißen die Matrizen $\boldsymbol{A}$ und $\boldsymbol{B}$ *vertauschbar*; meist ist jedoch $\boldsymbol{AB}$ von $\boldsymbol{BA}$ verschieden.

Beispiele

$$\begin{pmatrix} 1 & 2 & 4 \\ -1 & 0 & 3 \end{pmatrix} \begin{pmatrix} 2 & 1 \\ 0 & 3 \\ -1 & 2 \end{pmatrix} = \begin{pmatrix} -2 & 15 \\ -5 & 5 \end{pmatrix} \qquad \begin{pmatrix} 1 & 2 \\ 2 & 5 \end{pmatrix} \begin{pmatrix} 3 & 1 \\ -1 & 2 \end{pmatrix} = \begin{pmatrix} 1 & 5 \\ 1 & 12 \end{pmatrix}$$

$$\begin{pmatrix} 2 & 1 \\ 0 & 3 \\ -1 & 2 \end{pmatrix} \begin{pmatrix} 1 & 2 & 4 \\ -1 & 0 & 3 \end{pmatrix} = \begin{pmatrix} 1 & 4 & 11 \\ -3 & 0 & 9 \\ -3 & -2 & 2 \end{pmatrix} \qquad \begin{pmatrix} 3 & 1 \\ -1 & 2 \end{pmatrix} \begin{pmatrix} 1 & 2 \\ 2 & 5 \end{pmatrix} = \begin{pmatrix} 5 & 11 \\ 3 & 8 \end{pmatrix}.$$

Die praktische Berechnung der Produktmatrix erfolgt mit Vorteil über das *Falksche Schema.* Zur Matrix $\boldsymbol{B}$ wird eine zusätzliche Spalte, die negative Zeilensumme z, hinzugefügt und damit als zweiter Faktor die erweiterte Matrix $(\boldsymbol{B}|\boldsymbol{z})$ erhalten. Man erstreckt dann die Multiplikation auch über diese zusätzliche Spalte und erhält das Produkt $\boldsymbol{A}\,(\boldsymbol{B} \mid \boldsymbol{z})$. Wenn kein Rechenfehler aufgetreten ist, muß die Summe der Elemente jeder Zeile von $\boldsymbol{A}\,(\boldsymbol{B} \mid \boldsymbol{z})$ Null ergeben. Die Multiplikation wird unter Verwendung eines Rechenschemas (Bild 2.6) durchgeführt.

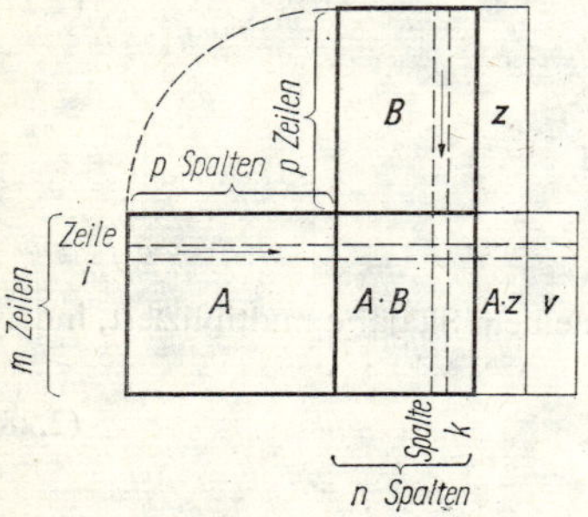

Bild 2.6
Falksches Schema

Beispiel

$$\begin{array}{rrrr|rrrrr|r|r}
 & & & & 0 & -3 & 7 & 1 & 0 & -5 & \\
 & & & & 2 & 0 & 0 & -8 & 3 & 3 & \\
 & & & & 1 & 4 & 1 & 0 & -4 & -2 & \\
 & & & & -1 & 2 & -2 & -4 & 5 & 0 & \\
\hline
1 & 2 & 4 & 7 & 1 & 27 & -3 & -43 & 25 & -7 & 0 \\
-1 & 2 & 3 & 0 & 7 & 15 & -4 & -17 & -6 & 5 & 0 \\
1 & 4 & 2 & 6 & 4 & 17 & -3 & -55 & 34 & 3 & 0
\end{array}$$

Multiplikation einer Matrix mit einem Vektor. Wenn die Spaltenanzahl einer Matrix $\boldsymbol{A}$ mit der Anzahl der Komponenten eines Spaltenvektors $\boldsymbol{b}$ übereinstimmt, läßt sich das Produkt $\boldsymbol{c} = \boldsymbol{A}\boldsymbol{b}$ bilden. Man erhält einen Spaltenvektor $\boldsymbol{c}$, dessen Komponentenanzahl mit der Anzahl der Zeilen der Matrix $\boldsymbol{A}$ übereinstimmt. Es gilt

$$c_i = \sum_{j=1}^{n} a_{ij} b_j, \quad i = 1, 2, \ldots, m; \tag{2.32}$$

analog liefert die Multiplikation eines Zeilenvektors $\boldsymbol{a}'$ mit n Komponenten mit einer Matrix $\boldsymbol{B}$ mit m Zeilen wieder einen Zeilenvektor mit so viel Komponenten, wie die Matrix $\boldsymbol{B}$ Spalten hat:

$$\boldsymbol{D}' = \boldsymbol{a}'\boldsymbol{B} \quad \text{mit} \quad d_j = \sum_{i=1}^{m} a_i' b_{ij}, \quad j = 1, 2, \ldots, n. \tag{2.33}$$

Beispiel

$$\begin{pmatrix} 1 & 2 & 1 \\ 3 & 0 & -1 \end{pmatrix} \begin{pmatrix} 1 \\ 2 \\ -3 \end{pmatrix} = \begin{pmatrix} 2 \\ 6 \end{pmatrix}, \quad (1 \;\; 2 \;\; -3) \begin{pmatrix} 3 & 7 & 1 & -2 \\ 2 & 3 & 1 & 0 \\ 1 & 0 & -2 & 1 \end{pmatrix} = (4 \;\; 13 \;\; -3 \;\; -5).$$

Spezielle Matrizen. Eine Matrix mit gleich vielen Zeilen und Spalten, $m = n$, heißt *quadratisch*. Die Elemente a_{ii}, $i = 1, 2, \ldots, n$, heißen Elemente der *Hauptdiagonalen* der quadratischen Matrix. Einer Matrix kann ein Zahlenwert, der Wert ihrer *Determinanten*, zugeordnet werden (s. Abschn. 2.1.3.).

Die Matrix $\boldsymbol{A}' = (a'_{ij})$ heißt die zur Matrix $\boldsymbol{A} = (a_{ij})$ *transponierte Matrix*, wenn gilt

$$a'_{ij} = a_{ji}, \quad i = 1, 2, \ldots, m; \quad j = 1, 2, \ldots, n.$$

Beispiel

$$\boldsymbol{A} = \begin{pmatrix} 2 & 4 & 6 \\ 1 & 0 & -2 \end{pmatrix}, \quad \boldsymbol{A}' = \begin{pmatrix} 2 & 1 \\ 4 & 0 \\ 6 & -2 \end{pmatrix}.$$

Gilt bei einer quadratischen Matrix $\boldsymbol{A}' = \boldsymbol{A}$, so heißt $\boldsymbol{A}$ *symmetrisch*; Elemente, die bei einer symmetrischen Matrix spiegelbildlich zur Hauptdiagonalen liegen, sind einander gleich: $a_{ij} = a_{ji}$. Gilt bei einer quadratischen Matrix $\boldsymbol{A}' = -\boldsymbol{A}$, so heißt $\boldsymbol{A}$ *schiefsymmetrisch*; Elemente, die bei einer schiefsymmetrischen Matrix spiegelbildlich zur Hauptdiagonalen liegen, sind betragsgleich und vorzeichenverschieden, die Elemente der Hauptdiagonalen sind Null: $a_{ij} = -a_{ji}$, $a_{ii} = 0$. Geht bei der Spiegelung einer Matrix $\boldsymbol{A}$ mit komplexen Elementen die Transponierte in die Matrix $\boldsymbol{A}^*$ mit den konjugiert komplexen Elementen der Ausgangsmatrix $\boldsymbol{A}$ über,

$$\boldsymbol{A}' = \boldsymbol{A}^*$$

($\boldsymbol{A}^*$ heißt *konjugierte Matrix*), so bezeichnet man $\boldsymbol{A}$ als *hermitesch*.

Beispiele

Symmetrisch — Schiefsymmetrisch — Hermitesch

$$\begin{pmatrix} 1 & 2 & 0 \\ 2 & 3 & 1 \\ 0 & 1 & 2 \end{pmatrix} \qquad \begin{pmatrix} 0 & 2 & 1 \\ -2 & 0 & -3 \\ -1 & 3 & 0 \end{pmatrix} \qquad \begin{pmatrix} 1 & 1 + \mathrm{j} & 2 + 3\mathrm{j} \\ 1 - \mathrm{j} & 2 & 3 - 2\mathrm{j} \\ 2 - 3\mathrm{j} & 3 + 2\mathrm{j} & 0 \end{pmatrix}.$$

Die Determinante einer hermiteschen Matrix ist reell. Eine quadratische Matrix D, deren Elemente außerhalb der Hauptdiagonalen Null sind, heißt *Diagonalmatrix* ($a_{ij} = 0$ für $i \neq j$, a_{ii} beliebig). Eine Diagonalmatrix, deren Elemente in der Hauptdiagonalen alle 1 sind, heißt *Einheitsmatrix*:

$$E = \begin{pmatrix} 1 & 0 & \cdots & 0 & 0 \\ 0 & 1 & \cdots & 0 & 0 \\ \cdot & \cdot & \cdots & \cdot & \cdot \\ 0 & 0 & \cdots & 1 & 0 \\ 0 & 0 & \cdots & 0 & 1 \end{pmatrix}.$$

Sind sämtliche Elemente einer Matrix Null, so heißt diese Matrix *Nullmatrix*.

Besondere Eigenschaften von Matrizen. Die Spaltenvektoren (Zeilenvektoren) einer (m, n)-Matrix können linear abhängig sein. In einer Matrix ist die größte Anzahl linear unabhängiger Zeilenvektoren gleich der größten Anzahl linear unabhängiger Spaltenvektoren. Diese Zahl r heißt *Rang der Matrix*. Es gilt $r \leqq \min(m, n)$.

Eine quadratische Matrix mit n Zeilen und Spalten heißt *regulär*, wenn ihr Rang gleich n ist. Ist ihr Rang kleiner als n, heißt die Matrix *singulär*. Eine reguläre Matrix A hat eine *inverse Matrix* A^{-1} mit

$$AA^{-1} = A^{-1}A = E. \tag{2.34}$$

Zur Berechnung der Inversen s. Abschn. 2.1.4.4. Ist die Inverse A^{-1} einer Matrix A gleich ihrer Transponierten A',

$$A^{-1} = A', \quad \text{d.h.,} \quad AA' = A'A = E, \tag{2.35}$$

so heißt A *orthogonal*. Mit A sind dann auch A^{-1} und A' orthogonal. Gilt für eine Matrix A mit komplexen Elementen

$$(A^*)' = A^{-1}, \quad \text{d.h.,} \quad A\,(A^*)' = (A^*)'\,A = E, \tag{2.36}$$

so heißt A *unitär*.

Rechenregeln

$$AE = EA = A, \quad A + B = B + A, \quad (A + B) + C = A + (B + C),$$
$$(AB)\,C = A\,(BC), \quad (A + B)\,C = AC + BC, \quad C\,(A + B) = CA + CB,$$
$$(A + B)' = A' + B', \quad (AB)' = B'A', \quad (A')' = A. \tag{2.37}$$

Für quadratische Matrizen gilt außerdem

$$(AB)^{-1} = B^{-1}A^{-1}, \quad (A')^{-1} = (A^{-1})'. \tag{2.38}$$

Potenzgesetze (p, q ganz, A quadratisch):

$$\begin{aligned} &A^p = A \cdot A \cdot \cdots \cdot A, && p \text{ Faktoren}, p > 0, \\ &A^0 = E, && A \text{ regulär}, \\ &A^{-p} = (A^{-1})^p = (A^p)^{-1}, && p > 0, \quad A \text{ regulär}, \\ &A^{p+q} = A^pA^q. \end{aligned} \tag{2.39}$$

2.1.3. Determinanten

2.1.3.1. Definition

Einer quadratischen Matrix A kann eine Zahl, der Wert ihrer *Determinanten* Det A, zugeordnet werden. Die Determinante n-ter Ordnung

$$\text{Det}\, A = \begin{vmatrix} a_{11}a_{12} \cdots a_{1n} \\ a_{21}a_{22} \cdots a_{2n} \\ \cdots\cdots\cdots\cdots \\ a_{n1}a_{n2} \cdots a_{nn} \end{vmatrix} \tag{2.40}$$

wird mit Hilfe des *Entwicklungssatzes* rekursiv definiert:

1. Entwicklung nach den Elementen der i-ten Zeile:

$$\text{Det}\, A = \sum_{\nu=1}^{n} a_{i\nu} A_{i\nu}, \quad i \text{ fest;} \tag{2.41}$$

2. Entwicklung nach den Elementen der k-ten Spalte:

$$\text{Det}\, A = \sum_{\mu=1}^{n} a_{\mu k} A_{\mu k}, \quad k \text{ fest.} \tag{2.42}$$

Hierbei bedeutet A_{ik} die zum Element a_{ik} gehörende *Adjunkte*, d.h. die mit dem Faktor $(-1)^{i+k}$ multiplizierte *Unterdeterminante* des Elements a_{ik}. Die Unterdeterminante des Elements a_{ik} erhält man aus der Determinanten n-ter Ordnung durch Streichen der Elemente der i-ten Zeile und k-ten Spalte; sie hat die Ordnung $n - 1$. Besteht die Matrix nur aus einem Element, $A = (a)$, so gilt

$$\text{Det}\, A = a.$$

Beispiel

Entwicklung einer Determinanten 4. Ordnung nach den Elementen der 3. Zeile:

$$\begin{vmatrix} a_{11} & a_{12} & a_{13} & a_{14} \\ a_{21} & a_{22} & a_{23} & a_{24} \\ a_{31} & a_{32} & a_{33} & a_{34} \\ a_{41} & a_{42} & a_{43} & a_{44} \end{vmatrix} = a_{31} \begin{vmatrix} a_{12} & a_{13} & a_{14} \\ a_{22} & a_{23} & a_{24} \\ a_{42} & a_{43} & a_{44} \end{vmatrix} - a_{32} \begin{vmatrix} a_{11} & a_{13} & a_{14} \\ a_{21} & a_{23} & a_{24} \\ a_{41} & a_{43} & a_{44} \end{vmatrix} + a_{33} \begin{vmatrix} a_{11} & a_{12} & a_{14} \\ a_{21} & a_{22} & a_{24} \\ a_{41} & a_{42} & q_{44} \end{vmatrix}$$

$$- a_{34} \begin{vmatrix} a_{11} & a_{12} & a_{13} \\ a_{21} & a_{22} & a_{23} \\ a_{41} & a_{42} & a_{43} \end{vmatrix}. \tag{2.43}$$

Der Wert einer Determinanten ist unabhängig von der Auswahl der Zeile oder Spalte, nach der die Entwicklung vorgenommen wird. Speziell gilt für zweireihige Determinanten

$$\text{Det}\, A = \begin{vmatrix} a_{11} & a_{12} \\ a_{21} & a_{22} \end{vmatrix} = a_{11}a_{22} - a_{12}a_{21}. \tag{2.44}$$

Für dreireihige Determinanten gilt die *Regel von Sarrus*: Die ersten beiden Spalten der Determinanten werden rechts von ihr noch einmal hingeschrieben; dann bildet man die Summe der Produkte der auf den ausgezogenen Schräglinien stehenden Elemente und subtrahiert davon die Summe der Produkte der auf den gestrichelten Schräglinien stehenden Elemente:

$$\text{Det}\, A = \begin{vmatrix} a_{11} & a_{12} & a_{13} \\ a_{21} & a_{22} & a_{23} \\ a_{31} & a_{32} & a_{33} \end{vmatrix} \begin{matrix} a_{11} & a_{12} \\ a_{21} & a_{22} \\ a_{31} & a_{32} \end{matrix} \begin{matrix} = a_{11}a_{22}a_{33} + a_{12}a_{23}a_{31} + a_{13}a_{21}a_{32} \\ - (a_{31}a_{22}a_{13} + a_{32}a_{23}a_{11} + a_{33}a_{21}a_{12}). \end{matrix} \tag{2.45}$$

Solche einfachen Berechnungsvorschriften gelten für $n \geqq 4$ nicht mehr!

2.1.3.2. Rechenregeln

Eine Determinante hat den Wert Null, wenn
- eine Zeile (Spalte) nur Nullen enthält oder
- zwei Zeilen (Spalten) einander gleich oder proportional sind oder
- eine Zeile (Spalte) eine Linearkombination anderer Zeilen (Spalten) ist.

Beispiele. Die Elemente der 2. Zeile sind sämtlich Nullen:

$$\begin{vmatrix} 1 & 2 & 0 \\ 0 & 0 & 0 \\ 4 & 7 & -1 \end{vmatrix} = 0.$$

Die Elemente der 1. und 2. Zeile sind einander gleich:

$$\begin{vmatrix} 1 & 2 & 0 \\ 1 & 2 & 0 \\ 4 & 7 & -1 \end{vmatrix} = 0.$$

Die Elemente der 2. Spalte sind das Zweifache der Elemente der 1. Spalte:

$$\begin{vmatrix} 1 & 2 & 0 \\ 2 & 4 & 8 \\ -3 & -6 & 2 \end{vmatrix} = 0.$$

Die Elemente der 3. Spalte ergeben sich als das Doppelte der Elemente der 1. Spalte plus den Elementen der 2. Spalte:

$$\begin{vmatrix} 1 & 3 & 5 \\ 2 & -2 & 2 \\ 4 & 1 & 9 \end{vmatrix} = 0.$$

Eine Determinante behält ihren Wert, wenn
- bei ihr Zeilen und Spalten vertauscht werden, Det A = Det A',
- oder zu irgendeiner Zeile (Spalte) eine andere Zeile (Spalte) oder ein Vielfaches einer anderen Zeile (Spalte) oder eine Linearkombination anderer Zeilen (Spalten) addiert oder subtrahiert wird.

Beispiele. Vertauschung von Zeilen und Spalten:

$$\begin{vmatrix} 1 & 2 & 4 \\ 3 & 7 & -2 \\ 1 & 0 & 3 \end{vmatrix} = \begin{vmatrix} 1 & 3 & 1 \\ 2 & 7 & 0 \\ 4 & -2 & 3 \end{vmatrix}.$$

Die Elemente der 3. Zeile der rechten Determinanten sind die Summe der Elemente der Spalten der linken Determinanten:

$$\begin{vmatrix} 1 & 2 & 4 \\ 3 & 7 & -2 \\ 1 & 0 & 3 \end{vmatrix} = \begin{vmatrix} 1 & 2 & 4 \\ 3 & 7 & -2 \\ 5 & 9 & 5 \end{vmatrix}.$$

Bei Vertauschung zweier Zeilen (Spalten) ändert sich das Vorzeichen einer Determinanten.

Beispiel. Vertauschung der 1. und 2. Zeile:

$$\begin{vmatrix} 1 & 2 & 4 \\ 3 & 7 & -2 \\ 1 & 0 & 3 \end{vmatrix} = -\begin{vmatrix} 3 & 7 & -2 \\ 1 & 2 & 4 \\ 1 & 0 & 3 \end{vmatrix}.$$

Eine Determinante wird mit einer Zahl c multipliziert, indem die Elemente *einer* Zeile (Spalte) mit dieser Zahl multipliziert werden. Man beachte den Unterschied zur Matrizenmultiplikation:

$$\text{Det}\,(cA) = c^n\,\text{Det}\,A, \tag{2.46}$$

wenn A eine (n, n)-Matrix ist.

Beispiel

$$\begin{vmatrix} 1 & 2 & 4 \\ 3 & 15 & 6 \\ -1 & 2 & 4 \end{vmatrix} = 3 \cdot \begin{vmatrix} 1 & 2 & 4 \\ 1 & 5 & 2 \\ -1 & 2 & 4 \end{vmatrix} = 3 \cdot 2 \cdot \begin{vmatrix} 1 & 2 & 2 \\ 1 & 5 & 1 \\ -1 & 2 & 2 \end{vmatrix}.$$

Multiplikationen zweier Determinanten:

$$(\text{Det } A)\,(\text{Det } B) = \text{Det }(AB) = \text{Det }(BA). \tag{2.47}$$

Beispiel

$A = \begin{pmatrix} 1 & 2 \\ 2 & 5 \end{pmatrix}$ Det $A = 1$

Det A Det $B = 7$

$B = \begin{pmatrix} 3 & 1 \\ -1 & 2 \end{pmatrix}$ Det $B = 7$

$AB = \begin{pmatrix} 1 & 5 \\ 1 & 12 \end{pmatrix}$ Det $(AB) = 7$

$BA = \begin{pmatrix} 5 & 11 \\ 3 & 8 \end{pmatrix}$ Det $(BA) = 7$.

2.1.4. Lineare Gleichungssysteme. Matrixinversion

2.1.4.1. Definition. Cramersche Regel

Die m linearen Gleichungen

$$\begin{aligned} a_{11}x_1 + a_{12}x_2 + \cdots + a_{1n}x_n &= a_1 \\ a_{21}x_1 + a_{22}x_2 + \cdots + a_{2n}x_n &= a_2 \\ \cdots\cdots\cdots\cdots\cdots\cdots & \qquad \text{bzw.} \quad \boldsymbol{Ax} = \boldsymbol{a} \\ a_{m1}x_1 + a_{m2}x_2 + \cdots + a_{mn}x_n &= a_m \end{aligned} \tag{2.48}$$

bilden ein *lineares Gleichungssystem* für die n Unbekannten $x_1, x_2, \ldots, x_n$. Die (m, n)-Matrix (a_{ik}) heißt *Koeffizientenmatrix*, die beiden Vektoren

$$\boldsymbol{a} = \begin{pmatrix} a_1 \\ a_2 \\ \cdots \\ a_m \end{pmatrix} \quad \text{und} \quad \boldsymbol{x} = \begin{pmatrix} x_1 \\ x_2 \\ \cdots \\ x_m \end{pmatrix}$$

heißen *Vektor der rechten Seite* und *Vektor der Unbekannten (Lösungsvektor)*.
Über die Lösbarkeit eines linearen Gleichungssystems entscheiden der Rang $r(A)$ der Koeffizientenmatrix und der Rang $r\,(A \mid a)$ der um die rechte Seite erweiterten Matrix. Es gilt

1. $r(A) = r\,(A \mid a)$: Das Gleichungssystem ist lösbar. Falls $r(A) < n$ ist, hängt die Lösung von $(n - r\,(A))$ freien Parametern ab. Falls $r(A) < m$ ist, sind $(m - r\,(A))$ Gleichungen von den übrigen Gleichungen linear abhängig; auf diese Gleichungen kann dann verzichtet werden.
2. $r(A) \neq r\,(A \mid a)$: Das Gleichungssystem enthält Widersprüche und hat damit keine Lösung.

Beispiel

$$\begin{aligned} 6x_1 - x_2 + 2x_3 &= 0 \\ 2x_1 + 2x_2 - 3x_3 &= 12 \\ x_1 - 3x_2 - x_3 &= -3 \\ 8x_1 + x_2 - x_3 &= 12 \end{aligned} \qquad \begin{aligned} 5x_1 + 2x_2 + 3x_3 &= 3 \\ 9x_1 - 2x_2 - 2x_3 &= 9 \\ x_1 + 5x_2 - 2x_3 &= 15 \end{aligned}$$

Es gilt $r(A) = r\,(A|a) = 3$. Es sind also 4 Gleichungen von dreien linear abhängig. Statt der 7 Gleichungen brauchen nur 3 gelöst zu werden, z.B. die 3 ersten oder 3 andere, für die allein die Beziehung $r(A) = r\,(A|a) = 3$ erfüllt ist. Es ergibt sich $x_1 = 1, x_2 = 2, x_3 = -2$.

$$\begin{aligned} x_1 - 2x_2 + x_3 - 3x_4 - x_5 &= 7 \\ 3x_1 - 5x_2 + x_3 + 2x_4 - 5x_5 &= 3 \end{aligned}$$

Es gilt $r(A) = r(A|a) = 2$; also hängt die Lösung von 3 Parametern ab. Indem man das Gleichungssystem so umstellt, daß auf der linken Seite nur 2 Unbekannte verbleiben und die 3 restlichen dann auf der rechten Seite stehen, erhält man als Lösung z.B.

$$x_1 = -29 + 3x_3 - 19x_4 + 5x_5, \quad x_2 = -18 + 2x_3 - 11x_4 + 2x_5$$

oder bei anderer Auflösung z.B.

$$x_3 = \frac{1}{5}(23 - 11x_1 + 19x_2 + 17x_5), \quad x_4 = \frac{1}{5}(-4 - 2x_1 + 3x_2 + 4x_5).$$

$$\begin{aligned} x_1 + 2x_2 + x_3 &= 3 \\ 2x_1 + 5x_2 + 3x_3 &= -2 \\ 3x_1 + 7x_2 + 4x_3 &= 1 \end{aligned}$$

Es gilt $r(A) = r(A|a) = 2$; also ist eine Gleichung von den beiden anderen linear abhängig. Da weiterhin 3 Unbekannte vorhanden sind, hängt die Lösung von einem Parameter ab. Es ergibt sich je nach Auflösung

$$x_1 = 19 + x_3, \quad x_2 = -8 - x_3$$

oder $$x_2 = 11 - x_1, \quad x_3 = -19 + x_1$$

oder $$x_1 = 11 - x_2, \quad x_3 = -8 - x_2.$$

Von besonderer Bedeutung ist $m = n$ (quadratische Koeffizientenmatrix), also der Fall, daß die Anzahl der Gleichungen mit der Anzahl der Unbekannten übereinstimmt. Hier gilt: Falls der Rang $r(A) = n$ ist (reguläre Koeffizientenmatrix), hat das lineare Gleichungssystem eine eindeutig bestimmte Lösung.

Cramersche Regel. Die Lösung eines linearen Gleichungssystems $\boldsymbol{Ax} = \boldsymbol{a}$ mit quadratischer Koeffizientenmatrix $\boldsymbol{A}$, $\boldsymbol{A}$ regulär, kann mit der Cramerschen Regel erfolgen. Es seien

$$D = \operatorname{Det} A = \begin{vmatrix} a_{11} & a_{12} & \cdots & a_{1n} \\ a_{21} & a_{22} & \cdots & a_{2n} \\ \cdot & \cdot & \cdots & \cdot \\ a_{n1} & a_{n2} & \cdots & a_{nn} \end{vmatrix} \tag{2.49}$$

die *Koeffizientendeterminante* (Determinante der Koeffizientenmatrix) und

$$D_i = \begin{vmatrix} a_{11} & \cdots & a_{1,i-1} & a_1 & a_{1,i+1} & \cdots & a_{1n} \\ a_{21} & \cdots & a_{2,i-1} & a_2 & a_{2,i+1} & \cdots & a_{2n} \\ \cdot & \cdots & \cdot & \cdot & \cdot & \cdots & \cdot \\ a_{n1} & \cdots & a_{n,i-1} & a_n & a_{n,i+1} & \cdots & a_{nn} \end{vmatrix} \tag{2.50}$$

die Determinante derjenigen Matrix, die aus der Koeffizientenmatrix dadurch entsteht, daß die i-te Spalte durch die rechte Seite des Gleichungssystems ersetzt wird. Dann können die Komponenten des Lösungsvektors $\boldsymbol{x}$ gemäß

$$x_i = D_i / D \tag{2.51}$$

erhalten werden.

Die Cramersche **Regel** hat für die numerische Lösung von Gleichungssystemen bis zu 3 Unbekannten Bedeutung; für größere Gleichungssysteme wird sie nur dann angewendet, wenn die Koeffizientenmatrix sehr viele Nullen enthält.

Für große Gleichungssysteme benutzt man Iterationsverfahren (s. Abschn. 2.2.4.5.) bzw. Eliminationsverfahren.

2.1.4.2. Eliminationsverfahren von Gauß

Lineare Gleichungssysteme werden in der Regel durch sukzessive Elimination der Unbekannten gelöst.

Beispiel. Es werden nur die Koeffizienten und die rechte Seite des Gleichungssystems geschrieben:

$$\begin{array}{rrrr|r} -1 & -2 & -3 & 1 & 3 \\ 2 & 7 & 3 & -2 & 9 \\ 3 & 0 & 5 & 0 & -7 \\ 4 & 2 & 8 & 1 & -2 \end{array} \quad |\cdot 2, \cdot 3, \cdot 4.$$

1. Schritt: Das Zwei-, Drei- bzw. Vierfache der 1. Zeile wird zur 2., 3. bzw. 4. Zeile addiert: Elimination der 1. Spalte.

$$\begin{array}{rrrr|rl}
-1 & -2 & -3 & 1 & 3 & \\
0 & 3 & -3 & 0 & 15 & |\cdot 2, \cdot 2. \\
0 & -6 & -4 & 3 & 2 & \\
0 & -6 & -4 & 5 & 10 &
\end{array}$$

2. Schritt: Das Zweifache der 2. Zeile wird zur 3. und zur 4. Zeile addiert: Elimination der 2. Spalte.

$$\begin{array}{rrrr|rl}
-1 & -2 & -3 & 1 & 3 & \\
0 & 3 & -3 & 0 & 15 & \\
0 & 0 & -10 & 3 & 32 & |\cdot(-1). \\
0 & 0 & -10 & 5 & 40 &
\end{array}$$

3. Schritt: Das (-1)fache der 3. Zeile wird zur 4. Zeile addiert: Elimination der 3 Spalte.

$$\begin{array}{rrrr|r}
-1 & -2 & -3 & 1 & 3 \\
0 & 3 & -3 & 0 & 15 \\
0 & 0 & -10 & 3 & 32 \\
0 & 0 & 0 & 2 & 8.
\end{array}$$

Im Ergebnis der Elimination ist das Gleichungssystem $\boldsymbol{Ax} = \boldsymbol{a}$ in ein Gleichungssystem $\boldsymbol{Bx} = \boldsymbol{b}$ mit einer *oberen Dreieckmatrix*

$$\boldsymbol{B} = \begin{pmatrix} b_{11} & b_{12} & \cdots & b_{1n} \\ 0 & b_{22} & \cdots & b_{2n} \\ \cdots & \cdots & \cdots & \cdots \\ 0 & 0 & \cdots & b_{nn} \end{pmatrix}$$

als Koeffizientenmatrix übergegangen. Das Gleichungssystem ist nun einfach von unten nach oben auflösbar.

Das Beispiel liefert

$$x_1 = 4, \quad x_2 = -2, \quad x_3 = 3, \quad x_4 = 1.$$

Der Eliminationsprozeß kann mit der Einführung der Eliminationsmatrix

$$\boldsymbol{C} = \begin{pmatrix} -1 & 0 & \cdots & 0 & 0 \\ c_{21} & -1 & \cdots & 0 & 0 \\ \cdots & \cdots & \cdots & \cdots & \cdots \\ c_{n1} & c_{n2} & \cdots & c_{n,n-1} & -1 \end{pmatrix}$$

formalisiert und für die Rechnung vereinfacht werden (*Verfahren von Gauß-Banachiewicz*). Aus

$$\boldsymbol{A} + \boldsymbol{CB} = \boldsymbol{O} \quad \text{und} \quad \boldsymbol{a} + \boldsymbol{Cb} = \boldsymbol{o} \tag{2.52}$$

folgt über

$$a_{ik} + \sum_j c_{ij} b_{jk} = 0 \quad \text{und} \quad a_i + \sum_j c_{ik} b_j = 0$$

für $i \leqq k$

$$b_{ik} = c_{i1} b_{1k} + \cdots + c_{i,i-1} b_{i-1,k} + a_{ik}$$

und für $i > k$

$$c_{ik} = (c_{i1} b_{1k} + \cdots + c_{i,k-1} b_{k-1,k} + a_{ik}) : (-b_{kk}).$$

Die Berechnung der Elemente von $\boldsymbol{B}$ und $\boldsymbol{C}$ erfolgt in einem Rechenschema. (Rechts neben dem formalen Schema ist die Rechnung für das obige Beispiel angeführt.)

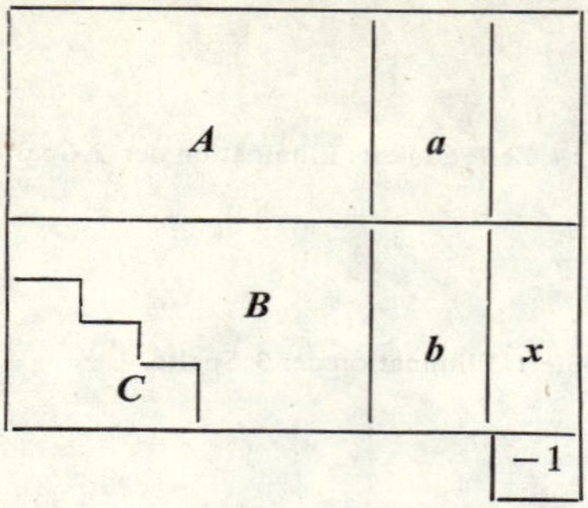

−1	−2	−3	1	3	
2	7	3	−2	9	
3	0	5	0	−7	
4	2	8	1	−2	
−1	−2	−3	1	3	1
2	3	−3	0	15	3
3	2	−10	3	3	−2
4	2	−1	2	8	4
					−1

Berechnungsvorschrift für die Elemente der Matrix $\boldsymbol{B}$ *in und oberhalb der Hauptdiagonalen:* Skalarprodukt aus der vom zu bestimmenden Element b_{ik} links stehenden Zahlenreihe (c-Elemente) und der darüberstehenden Zahlenreihe (b-Elemente), jeweils vom linken bzw. oberen Rand beginnend bis zum zu bestimmenden Element, und Addition des entsprechenden Elements der Ausgangsmatrix.

Berechnungsvorschrift für die Elemente der Matrix $\boldsymbol{C}$ *unterhalb der Hauptdiagonalen:* Skalarprodukt aus der vom zu bestimmenden Element c_{ik} links stehenden Zahlenreihe (c-Elemente) und der darüberstehenden Zahlenreihe (b-Elemente), jeweils vom linken bzw. oberen Rand beginnend bis zum zu bestimmenden Element, und Addition des entsprechenden Elements der Ausgangsmatrix, dann Division durch das negative Hauptdiagonalenelement der jeweiligen Spalte.

Die Berechnung der Elemente erfolgt abwechselnd: 1. Zeile $\boldsymbol{B}$-Matrix, 1. Spalte $\boldsymbol{C}$-Matrix, 2. Zeile $\boldsymbol{B}$-Matrix, 2. Spalte $\boldsymbol{C}$-Matrix usw.

Berechnungsvorschrift für die Komponenten des Lösungsvektors (Auflösung des Gleichungssystems $\boldsymbol{Bx} = \boldsymbol{b}$): Skalarprodukt aus der unter der zu bestimmenden Unbekannten x_k stehenden Zahlenreihe (von unten nach oben bis zur zu bestimmenden Komponente) und der links davon stehenden Zahlenreihe (von rechts nach links), dann Division durch das negative Hauptdiagonalenelement. Man beachte dabei die im Schema zusätzlich enthaltene -1.

Die Berechnung der Komponenten erfolgt von x_n nach x_1. Das Rechenschema kann zur Fehlerkontrolle durch Zusatzzeilen und -spalten (Zeilen- und Spaltensummen) erweitert werden. Die Rechnung stößt auf Schwierigkeiten, wenn ein Hauptdiagonalenelement der Matrix $\boldsymbol{B}$ Null wird. Dieser Fall kann aber stets, wenn die Koeffizientendeterminante nicht singulär ist, durch Zeilenvertauschung vermieden werden. Läßt sich trotz Zeilenvertauschungen kein von Null verschiedenes Hauptdiagonalenelement erreichen, so ist das ein Kriterium dafür, daß die Koeffizientenmatrix singulär und das Gleichungssystem damit nicht lösbar ist.

2.1.4.3. Determinantenberechnung

Das Verfahren von Gauß-Banachiewicz (ohne rechte Seite) gestattet die Berechnung der Determinanten der Matrix $\boldsymbol{A}$:

$$\operatorname{Det} \boldsymbol{A} = (-1)^m \operatorname{Det} \boldsymbol{B} = (-1)^m \prod_{i=1}^{n} b_{ii}, \qquad (2.53)$$

wobei m die Anzahl der ggf. erforderlichen Zeilenvertauschungen ist.

2.1.4.4. Berechnung der inversen Matrix

Aus $Ax = y$ folgt $x = A^{-1}y$, d.h., mit $A^{-1} = (\alpha_{ik})$ folgt

$$\begin{aligned} x_1 &= \alpha_{11}y_1 + \alpha_{12}y_2 + \cdots + \alpha_{1n}y_n \\ x_2 &= \alpha_{21}y_1 + \alpha_{22}y_2 + \cdots + \alpha_{2n}y_n \\ &\cdots\cdots\cdots\cdots\cdots\cdots\cdots\cdots \\ x_n &= \alpha_{n1}y_1 + \alpha_{n2}y_2 + \cdots + \alpha_{nn}y_n. \end{aligned}$$

Durch Einsetzen von $y_k = 1$, $y_j = 0\ (j \neq k)$ folgt unmittelbar $x_i = \alpha_{ik}$, d.h., die k-te Spalte der inversen Matrix ergibt sich als Lösung eines linearen Gleichungssystems $Ax = y$ mit y als die k-te Spalte einer Einheitsmatrix. Daraus ergeben sich in Erweiterung des Verfahrens von Gauß-Banachiewicz auf n spezielle rechte Seiten das folgende Schema und das Beispiel:

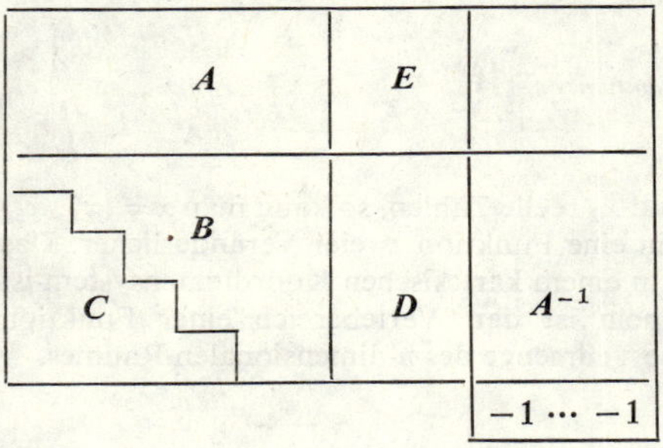

1	2	2	1	0	0			
3	5	1	0	1	0			
2	4	5	0	0	1			
1	2	2	1	0	0	−21	2	8
−3	−1	−5	−3	1	0	13	−1	−5
−2	0	1	−2	0	1	−2	0	1
						−1	−1	−1

2.2. Funktion. Stetigkeit. Differenzierbarkeit

2.2.1. Funktionsbegriff

X und Y seien zwei Mengen, x und y seien Elemente der jeweiligen Mengen: $x \in X$, $y \in Y$. Wenn jedem Element x ein Element y zugeordnet werden kann,

$$y = f(x),$$

so heißt f eine *Abbildung* von X in Y. X heißt *Definitionsbereich*. Die Menge der Elemente y, auf die die Elemente $x \in X$ mittels $y = f(x)$ abgebildet werden, heißt *Wertebereich* F der Abbildung f. Es gilt $F \subset Y$ (Bild 2.7). $y = f(x)$ nennt man auch Funktion der *Veränderlichen* x.

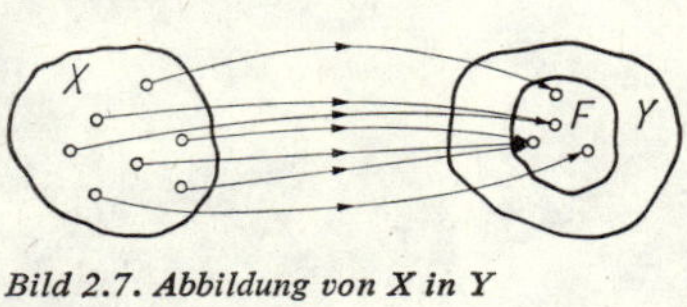

Bild 2.7. Abbildung von X in Y

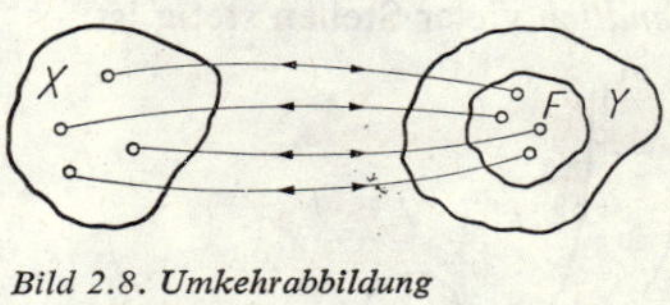

Bild 2.8. Umkehrabbildung

Umkehrbar eindeutig heißt die Abbildung f, wenn jedem Wert $x \in X$ ein Wert $y \in F$ und umgekehrt jedem dieser Werte $y \in F$ genau *ein* Wert $x \in X$ entspricht. Dann existiert die Umkehrfunktion f^{-1} zu f (*inverse Abbildung*, Bild 2.8):

$$x = f^{-1}(y). \tag{2.54}$$

Vermittelt die Funktion $y = f(x)$ eine umkehrbar eindeutige Abbildung, dann ist

$$y = f^{-1}(x) \tag{2.55}$$

die Umkehrfunktion zu $y = f(x)$.

Sind Definitionsbereich und Wertebereich Mengen reeller Zahlen (in den Anwendungsfällen meist Intervalle), dann heißt $y = f(x)$ eine reelle Funktion einer *reellen Veränderlichen.* Solche Funktionen werden häufig in einem rechtwinkligen kartesischen Koordinatensystem veranschaulicht. Hat die Funktion $y = f(x)$ eine Umkehrfunktion, so entsteht deren Bild durch Spiegelung des Bildes von $f(x)$ an der Geraden $y = x$ (Winkelhalbierende des 1. und 3. Quadranten, Bild 2.9).

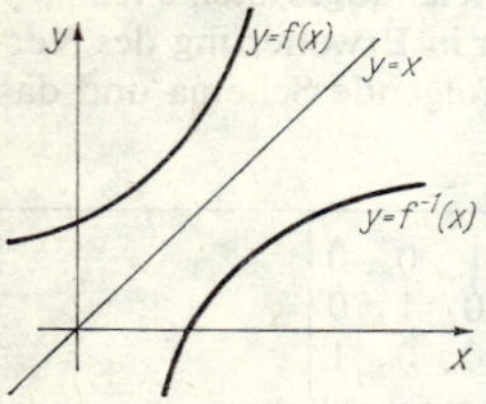

Bild 2.9
Funktion und Umkehrfunktion

Funktionen mehrerer Veränderlicher. Seien x_1 und x_2 reelle Zahlen, so kann man $x = (x_1, x_2)$ als einen Vektor deuten; $y = f(x_1, x_2)$ ist dann eine Funktion zweier Veränderlicher. Das geometrische Bild der Funktion $y = f(x_1, x_2)$ in einem kartesischen Koordinatensystem ist eine Fläche über der (x_1, x_2)-Ebene. Allgemein ist der Wertebereich einer Funktion $y = f(x_1, x_2, \ldots, x_n)$ von n Veränderlichen eine Teilmenge des n-dimensionalen Raumes.

2.2.2. Stetigkeit

2.2.2.1. Definition

Eine Funktion $y = f(x)$ heißt *stetig an der Stelle a*, wenn der Wert $f(a)$ definiert ist und es zu jedem $\varepsilon > 0$ eine Zahl $\delta = \delta(\varepsilon) > 0$ gibt, so daß $|f(x) - f(a)| < \varepsilon$ für alle x mit $|x - a| < \delta$ gilt. Das bedeutet, daß es eine δ-Umgebung $U(a)$ geben muß, in der $f(x)$ überall definiert ist und sich von $f(a)$ um weniger als ε unterscheidet.

Man spricht bei Funktionen einer reellen Veränderlichen von *einseitiger Stetigkeit*, wenn die Definition der Stetigkeit nur in einer einseitigen Umgebung von a gilt, entweder für $0 \leqq x - a < \delta$ (rechtsseitige) oder für $-\delta < x - a \leqq 0$ (linksseitige Stetigkeit).

Eine Funktion heißt *in einem Intervall I stetig*, wenn sie in jedem Punkt $x \in I$ stetig ist. Dann ist meist die Zahl δ außer von ε auch von der Stelle x abhängig. Wenn es jedoch im gesamten Intervall I ein von x unabhängiges δ gibt, heißt $f(x)$ *auf I gleichmäßig stetig.*

Eine Funktion heißt *in einem Intervall I stückweise stetig*, wenn sie in diesem Intervall mit Ausnahme *endlich* vieler Stellen stetig ist.

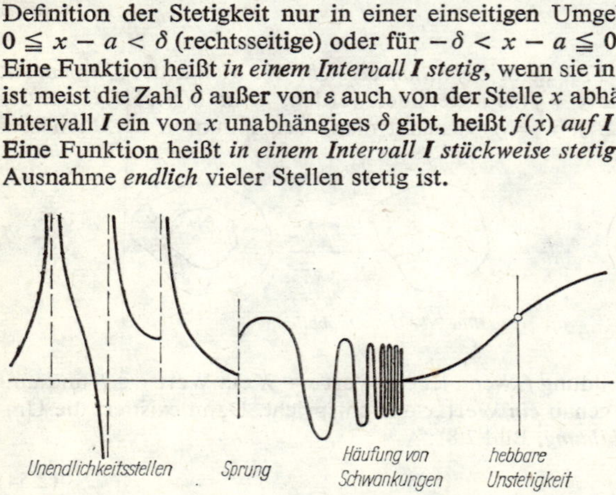

Bild 2.10
Unstetigkeiten

2.2.2.2. Unstetigkeiten

Unendlichkeitsstellen. Die Funktion $f(x)$ ist in der Umgebung nicht beschränkt.
Sprungstellen. Die Annäherung an $x = a$ von rechts und von links führt zu verschiedenen (endlichen) Grenzwerten $f(a+0)$ und $f(a-0)$. $(f(a+0) - f(a-0))$ heißt *Größe des Sprunges* der Funktion $f(x)$ an der Stelle $x = a$.
Häufung von Schwankungen. An der Stelle $x = a$ häufen sich Schwankungen der Funktion $f(x)$ mit endlicher Amplitude, d.h., in jeder Umgebung von a hat $f(x)$ unendlich viele Maxima und Minima.
Hebbare Unstetigkeiten. Die Funktion $f(x)$ ist für $x = a$ nicht definiert, die Grenzwerte $f(a+0)$ und $f(a-0)$ existieren jedoch und sind einander gleich. Die Unstetigkeit kann behoben werden, wenn man der Funktion $f(x)$ an der Stelle $x = a$ den Wert $\lim f(x)$ zuordnet (Bild 2.10).

2.2.2.3. Regeln von Bernoulli-l'Hospital

Bei Funktionsuntersuchungen wird man häufig auf Ausdrücke der Gestalt $0/0$, ∞/∞, $0 \cdot \infty$, $\infty - \infty$, 0^0, ∞^0, 1^∞ geführt, die bei einer Untersuchung des Verhaltens der Funktion bei Annäherung an die betreffende Argumentstelle auf Unendlichkeitsstellen oder hebbare Unstetigkeitsstellen führen; derartige Ausdrücke erhält man auch bei der Untersuchung des Verhaltens einer Funktion im Unendlichen. Eine Entscheidung über den Grenzwert gestatten häufig die Regeln von Bernoulli-l'Hospital.

1. Typ $0/0$ oder ∞/∞:
Es gilt

$$\lim_{x\to a} \frac{f(x)}{g(x)}\Bigg|_{\substack{f(a)=g(a)=0 \\ \text{bzw. } f(a)=\pm\infty \\ g(a)=\pm\infty}} = \lim_{x\to a} \frac{f'(x)}{g'(x)}. \tag{2.56}$$

Beispiele

$$\lim_{x\to 0} \frac{x^2}{1-\cos x} = \lim_{x\to 0} \frac{2x}{\sin x} = 2 \lim_{x\to 0} \frac{1}{\cos x} = 2.$$
$$\to \frac{0}{0} \qquad \to \frac{0}{0}$$

$$\lim_{x\to\infty} \frac{x^2}{e^x} = \lim_{x\to\infty} \frac{2x}{e^x} = \lim_{x\to\infty} \frac{2}{e^x} = 0.$$
$$\to \frac{\infty}{\infty} \qquad \to \frac{\infty}{\infty}$$

2. Typ $0 \cdot \infty$: Eine Umformung des Produkts in einen Quotienten führt auf Fall 1 zurück:

$$\lim_{x\to a} f(x)\,g(x)\Bigg|_{\substack{f(a)=0 \\ g(a)=\pm\infty}} = \lim_{x\to a} \frac{f(x)}{\dfrac{1}{g(x)}}\Bigg|_{f(a)=\frac{1}{g(a)}=0} \tag{2.57}$$

$$\text{bzw.} \qquad = \lim_{x\to a} \frac{g(x)}{\dfrac{1}{f(x)}}\Bigg|_{\substack{g(a)=\pm\infty \\ \frac{1}{f(a)}=\pm\infty}}.$$

Beispiel

$$\lim_{x\to 0} x \ln x = \lim_{x\to 0} \frac{\ln x}{1/x} = \lim_{x\to 0} \frac{1/x}{-1/x^2} = \lim_{x\to 0} (-x) = 0$$
$$\to 0(-\infty) \qquad \to \frac{-\infty}{\infty} \qquad \to \frac{\infty}{-\infty}.$$

3. Typ $\infty - \infty$:

$$\lim_{x \to a} (f(x) - g(x))\Big|_{\substack{f(a) = +\infty \\ g(a) = +\infty}} = \lim_{x \to a} \frac{\dfrac{1}{g(x)} - \dfrac{1}{f(x)}}{\dfrac{1}{f(x)\, g(x)}} = \frac{0}{0}. \tag{2.58}$$

Beispiel

$$\lim_{x \to 0} \left(\frac{1}{x} - \frac{1}{\sin x}\right) = \lim_{x \to 0} \frac{\sin x - x}{x \sin x} = \lim_{x \to 0} \frac{\cos x - 1}{\sin x + x \cos x} = \lim_{x \to 0} \frac{-\sin x}{2 \cos x - x \sin x} = 0.$$

$$\to \infty - \infty \qquad \to \frac{0}{0} \qquad \to \frac{0}{0}$$

4. Typ 0^0, ∞^0, 1^∞: Wegen

$$\lim_{x \to a} f(x)^{g(x)} = \lim_{x \to a} \exp\,[g(x) \cdot \ln(f(x))] \tag{2.59}$$

$$= \exp \lim_{x \to a} [g(x) \cdot \ln(f(x))]$$

gehen die Typen 0^0, ∞^0, 1^∞ über in

$$\exp\,[0 \cdot (-\infty)],\ \exp\,[0 \cdot \infty],\ \exp\,[\infty \cdot 0]$$

und werden damit auf Fall 2 zurückgeführt.

Beispiel

$$\lim_{x \to 1} x^{1/(x-1)} = \exp \lim_{x \to 1} \frac{\ln x}{x - 1} = \exp \lim_{x \to 1} \frac{1/x}{1} = \mathrm{e}.$$

$$\to 1^\infty \qquad \to \exp \frac{0}{0}$$

2.2.3. Differenzierbarkeit

2.2.3.1. Definition der Ableitung

Eine Funktion $y = f(x)$ einer Veränderlichen heißt *differenzierbar* an der Stelle x, wenn der Grenzwert des Quotienten aus dem Zuwachs Δy der Funktion y und dem zugehörigen Argumentzuwachs Δx für $\Delta x \to 0$ existiert. Dieser Grenzwert wird *Ableitung* oder *Differentialquotient* der Funktion $f(x)$ genannt und mit y', $\mathrm{d}y/\mathrm{d}x$, $f'(x)$ oder $\mathrm{d}f(x)/\mathrm{d}x$ bezeichnet:

$$y' = \frac{\mathrm{d}y}{\mathrm{d}x} = f'(x) = \frac{\mathrm{d}f(x)}{\mathrm{d}x} = \lim_{x \to 0} \frac{f(x + \Delta x) - f(x)}{\Delta x} = \lim_{h \to 0} \frac{f(x + h) - f(x)}{h}$$

$$= \lim_{x_0 \to x} \frac{f(x_0) - f(x)}{x_0 - x}. \tag{2.60}$$

Ist die Funktion $f(x)$ durch ihre Kurve in einem kartesischen Koordinatensystem dargestellt, so ist die Ableitung y' der Anstieg $\tan \alpha$ der Tangente an die Kurve im Punkt $P(x, y)$ (Bild 2.11). Damit eine Funktion an einer Stelle x differenzierbar ist, muß sie dort stetig sein.

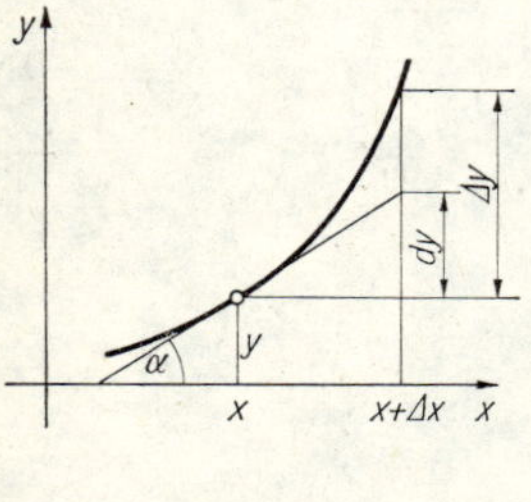

Bild 2.11
Zur Ableitung

Eine Funktion, die in einem Intervall I überall eine stetige Ableitung hat, heißt *im Intervall I glatt*. Gilt dies in endlich vielen Stellen $x \in I$ nicht, so heißt die Funktion *im Intervall I stückweise glatt*.

Partielle Ableitungen. Wenn bei einer Funktion $y = f(x_1, x_2, \ldots, x_n)$ von n Veränderlichen außer der Veränderlichen x_k alle anderen festgehalten werden und die damit entstehende Funktion der einen Veränderlichen x_k nach dieser differenzierbar ist, dann heißt der Grenzwert

$$\lim_{h \to 0} \frac{f(x_1, \ldots, x_{k-1}, x_k + h, x_{k+1}, \ldots, x_n) - f(x_1, \ldots, x_{k-1}, x_k, x_{k+1}, \ldots, x_n)}{h} \tag{2.61}$$

partielle Ableitung 1. Ordnung von $f(x_1, x_2, \ldots, x_n)$ nach x_k; man schreibt dafür

$$\frac{\partial y}{\partial x_k}, \quad \frac{\partial f}{\partial x_k} \quad \text{oder} \quad f_{x_k}. \tag{2.62}$$

Eine stetige Funktion mehrerer Veränderlicher ist *differenzierbar*, wenn sie stetige partielle Ableitungen nach jeder Veränderlichen hat.

Höhere Ableitungen. Die Ableitung y' eine Funktion einer Veränderlichen bzw. die partiellen Ableitungen $\partial f/\partial x_k$ einer Funktion mehrerer Veränderlicher sind wieder Funktionen von x bzw. $(x_1, \ldots, x_n)$:

$$y' = y'(x), \quad \frac{\partial f}{\partial x_k} = f_{x_k} = f_{x_k}(x_1, \ldots, x_n).$$

Sind diese wieder differenzierbar, so erhält man Ableitungen 2. Ordnung und bei weiterer Differentiation Ableitungen höherer Ordnung. Man schreibt für die höheren Ableitungen einer Funktion einer Veränderlichen

$$y'', \frac{d^2 y}{dx^2} \quad \text{bzw. allgemein} \quad y^{(k)}, \frac{d^k y}{dx^k}. \tag{2.63}$$

Für die partielle Ableitung 2. Ordnung schreibt man

$$\frac{\partial^2 f}{\partial x_i^2}, \quad \frac{\partial^2 f}{\partial x_i \, \partial x_k} \quad \text{bzw.} \quad f_{x_i x_i}, f_{x_i x_k}; \tag{2.64}$$

eine analoge Schreibweise gilt für höhere Ableitungen. Sind die partiellen Ableitungen stetig, so ist die Reihenfolge der Differentiationen vertauschbar, z. B.

$$f_{x_i x_k} = f_{x_k x_i}, \quad f_{x_i x_j x_k} = f_{x_k x_i x_j} \quad \text{usw.} \tag{2.65}$$

2.2.3.2. Differential

Zwischen dem *Differential* $dy = f'(x)\,dx$ einer differenzierbaren Funktion $y = f(x)$ und der Änderung des Funktionswertes $\Delta y = f(x + \Delta x) - f(x)$, die der Funktionswert bei der Argumentänderung von x nach $x + \Delta x$ erfährt, besteht die Beziehung

$$\Delta y = f'(x)\,\Delta x + \eta\,(x, \Delta x)\,\Delta x, \tag{2.66}$$

wobei $\eta\,(x, \Delta x)$ mit $\Delta x \to 0$ für sich allein nach Null strebt. Das Differential dy ist also der in Δx lineare Anteil der Änderung Δy und stellt eine 1. Näherung für Δy dar:

$$\Delta y = dy + \eta\,(x, \Delta x)\,\Delta x. \tag{2.67}$$

Das Differential der unabhängigen Veränderlichen x ist mit der endlichen Größe Δx identisch. Aus $y = x$ folgt speziell $dy = 1\,dx$, wobei hier die Größe η verschwindet. Als *vollständiges* oder *totales Differential* einer Funktion $y = f(x_1, \ldots, x_n)$ bezeichnet man analog den Ausdruck

$$dy = \frac{\partial f}{\partial x_1} dx_1 + \frac{\partial f}{\partial x_2} dx_2 + \cdots + \frac{\partial f}{\partial x_n} dx_n. \tag{2.68}$$

Wenn die durch das Differential bei einer Funktion einer Veränderlichen erhaltene 1. Näherung geometrisch durch die Tangente an die Kurve $y = f(x)$ verdeutlicht wird, so wird das vollständige Differential einer Funktion mehrerer Veränderlicher entsprechend durch die Tangentialhyperebene verdeutlicht.

Das Differential dient zur *Fehlerabschätzung:* Die Veränderlichen $x_1, \ldots, x_n$ seien mit Fehlern $\Delta x_1, \ldots, \Delta x_n$ behaftet und damit nur näherungsweise bekannt. Als Einfluß dieser Fehler auf den Funktionswert ergibt sich

$$\Delta f \approx \left|\frac{\partial f}{\partial x_1}(x_1, \ldots, x_n)\right| |\Delta x_1| + \left|\frac{\partial f}{\partial x_2}(x_1, \ldots, x_n)\right| |\Delta x_2| + \cdots + \left|\frac{\partial f}{\partial x_n}(x_1, \ldots, x_n)\right| |\Delta x_n|. \tag{2.69}$$

2.2.3.3. Allgemeine Ableitungsregeln

Funktionen einer Veränderlichen

Summenregel

$$y = f(x) \pm g(x) \qquad y' = f'(x) \pm g'(x). \tag{2.70}$$

Produktregel

$$y = f(x) \cdot g(x) \qquad y' = f'(x) \cdot g(x) + g'(x) \cdot f(x). \tag{2.71}$$

Quotientenregel

$$y = \frac{f(x)}{g(x)} \qquad y' = \frac{g(x) \cdot f'(x) - f(x) \cdot g'(x)}{(g(x))^2}. \tag{2.72}$$

Kettenregel

$$y = f(g(x)) \qquad y' = \frac{\mathrm{d}f}{\mathrm{d}g} g'(x). \tag{2.73}$$

Allgemeine Potenzregel

$$y = f(x)^{g(x)} \qquad y' = f(x)^{g(x)} \cdot \left(\frac{g(x)}{f(x)} f'(x) + g'(x) \ln f(x)\right). \tag{2.74}$$

Funktionen in Parameterdarstellung. Gegeben sei eine Funktion $y(x)$ in der *Parameterdarstellung* $x(t)$, $y(t)$ mit $\dot{x}(t) \neq 0$ (durch einen Punkt wird die Ableitung nach dem Parameter t bezeichnet). Dann gilt

$$\frac{\mathrm{d}y}{\mathrm{d}x} = \frac{\dot{y}}{\dot{x}},$$

$$\frac{\mathrm{d}^2y}{\mathrm{d}x^2} = \frac{\dot{x}\ddot{y} - \dot{y}\ddot{x}}{\dot{x}^3}, \tag{2.75}$$

$$\frac{\mathrm{d}^3y}{\mathrm{d}x^3} = \frac{\dot{x}^2\dddot{y} - 3\dot{x}\ddot{x}\ddot{y} + 3\dot{y}\ddot{x}^2 - \dot{x}\dot{y}\dddot{x}}{\dot{x}^5}$$

...

Kettenregel für Funktionen mehrerer Veränderlicher. Wenn in der Funktion $z = f(x_1, \ldots, x_n)$ die Veränderlichen $x_1, \ldots, x_n$ selbst wieder Funktionen eines Parameters t sind,

$$z(t) = f(x_1(t), \ldots, x_n(t)),$$

dann lautet die Ableitung

$$\frac{\mathrm{d}z}{\mathrm{d}t} = \frac{\partial f}{\partial x_1}\frac{\mathrm{d}x_1}{\mathrm{d}t} + \cdots + \frac{\partial f}{\partial x_n}\frac{\mathrm{d}x_n}{\mathrm{d}t}. \tag{2.76}$$

Sind die Veränderlichen $x_1, \ldots, x_n$ Funktionen mehrerer Parameter $t_1, t_2, \ldots,$

$$z(t_1, t_2, \ldots) = f(x_1(t_1, t_2, \ldots), \ldots, x_n(t_1, t_2, \ldots)),$$

dann lauten die partiellen Ableitungen

$$\frac{\partial z}{\partial t_i} = \frac{\partial f}{\partial x_1}\frac{\partial x_1}{\partial t_i} + \cdots + \frac{\partial f}{\partial x_n}\frac{\partial x_n}{\partial t_i}, \quad i = 1, 2, \ldots \tag{2.77}$$

Implizite Funktionen. Eine Funktion $y(x)$ sei durch die Beziehung $F(x, y) = 0$ implizit erklärt. Dann sind die Ableitungen $y'(x), y''(x), \ldots$ bildbar, sofern $F_y \neq 0$ ist. Es gilt

$$y' = -\frac{F_x}{F_y},$$

$$y'' = \frac{2F_xF_yF_{xy} - F_y^2F_{xx} - F_x^2F_{yy}}{F_y^3} \tag{2.78}$$

$$\ldots$$

2.2.4. Nullstellen

2.2.4.1. Definition

Eine Funktion $f(x)$ hat an der Stelle x_0 eine *Nullstelle*, wenn $f(x_0)$ erklärt ist und den Wert Null hat. Die Berechnung des Argumentwertes einer reellen Nullstelle führt auf die Lösung der Gleichung (mit einer Unbekannten)

$$f(x) = 0, \quad x \text{ reell.}$$

Wenn eine explizite Berechnung der Nullstelle, d.h. die explizite Auflösung der Gleichung $f(x) = 0$ nach x, nicht möglich ist, muß die Aufgabe mit einem numerischen Lösungsverfahren näherungsweise gelöst werden. Da die Gleichung $f(x) = 0$ sowohl mehrere, ggf. unendlich viele Lösungen (z.B. $\sin x = 0$) als auch ggf. gar keine Lösung haben kann (z.B. $e^x = 0$), ist eine Voruntersuchung nötig, indem man nach Aufstellen einer Wertetafel eine Skizze des ungefähren Funktionsverlaufs anfertigt und hieraus einen Näherungswert für die gesuchte Nullstelle gewinnt. Hieran schließen sich dann verschiedene Möglichkeiten zur Verbesserung dieses Näherungswertes (Lösungsverfahrens).

2.2.4.2. Allgemeines Iterationsverfahren

Die zu lösende Gleichung $f(x) = 0$ liege in der Form $x = \varphi(x)$ vor. Die Lösung erhält man geometrisch als Schnittpunkt der beiden Kurven $y_1 = x$ (Winkelhalbierende des 1. und 3. Quadranten) und $y_2 = \varphi(x)$ (Bild 2.12). Das Iterationsverfahren

$$x_{n+1} = \varphi(x_n), \quad n = 0, 1, 2, \ldots \tag{2.79}$$

(x_0 gegebener Ausgangsnäherungswert), konvergiert gegen eine Lösung x^*, wenn in der Umgebung von x^* für den Differenzenquotienten

$$\left|\frac{\varphi(x) - \varphi(x^*)}{x - x}\right| \leqq q < 1 \tag{2.80}$$

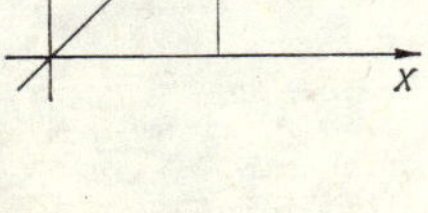

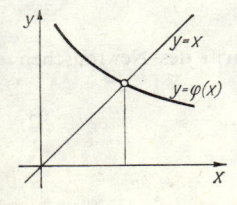

Bild 2.12
Zum allgemeinen Iterationsverfahren

bzw. bei vorhandener Differenzierbarkeit von $\varphi(x)$ für die Ableitung gilt

$$|\varphi'(x)| \leqq q < 1. \tag{2.81}$$

Je kleiner q ist, d.h., je flacher $\varphi(x)$ in der Nähe der Nullstelle x^* verläuft, um so besser ist die Konvergenz. Die Annäherung an die Nullstelle (bei Konvergenz) bzw. die Entfernung von der Nullstelle (bei Divergenz) bei verschiedenem Verlauf von $\varphi(x)$ zeigt Bild 2.13.

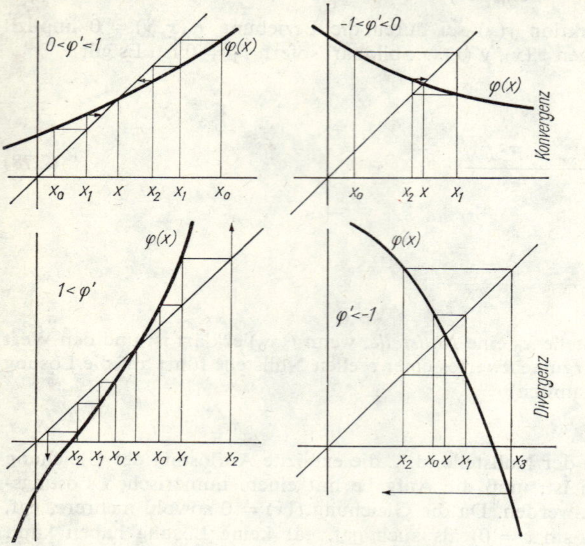

Bild 2.13
Konvergenz und Divergenz beim allgemeinen Iterationsverfahren

Die Umwandlung einer in der Form $f(x) = 0$ vorliegenden Gleichung in die Gestalt $x = \varphi(x)$ ist i. allg. auf verschiedene Weise möglich, wobei jedoch nicht immer eine solche Form erreicht wird, in der sich Konvergenz ergibt.

Beispiel. $1 + \cosh x \cdot \cos x = 0$; eine Lösung liegt in der Nähe von $x_0 = 1,9$.

$$x = \operatorname{arcosh}\left(-\frac{1}{\cos x}\right), \quad \varphi'(x) = \frac{-1}{\cos x}, \quad |\varphi'(x_0)| \approx 6 \text{ Divergenz;}$$

$$x = \arccos\left(-\frac{1}{\cosh x}\right), \quad \varphi'(x) = \frac{1}{\cosh x}, \quad |\varphi'(x_0)| \approx 0{,}3 \text{ Konvergenz.}$$

Stets ist jedoch folgende Umwandlung möglich:

$$f(x) = 0 \to x = x + c \cdot f(x) \quad \text{mit} \quad c \approx \frac{-1}{f'(x_0)}.$$

Beispiel. $1 + \cosh x \cdot \cos x = 0.$

$$x = x + c\,(1 + \cosh x \cdot \cos x),$$

$$c = \frac{-1}{\cos x_0 \sinh x_0 - \sin x_0 \cosh x_0} \approx \frac{1}{4}.$$

2.2.4.3. Newtonsches Näherungsverfahren

Ausgehend von der Gleichung $f(x) = 0$, lautet die Iterationsvorschrift des Newtonschen Näherungsverfahrens

$$x_{n+1} = x_n - \frac{f(x_n)}{f'(x_n)}, \quad n = 0, 1, 2, \ldots \tag{2.82}$$

(x_0 gegebener Ausgangsnäherungswert).

Die geometrische Interpretation zeigt Bild 2.14. Notwendig für die Konvergenz des Verfahrens ist $|f'| \neq 0$; aus dem Konvergenzkriterium des allgemeinen Iterationsverfahrens folgt, daß die Konvergenz des Newtonschen Näherungsverfahrens um so besser ist, je kleiner der Ausdruck ff''/f'^2 ist. Mit wachsender Annäherung an die Nullstelle verbessert sich also die Konvergenz.

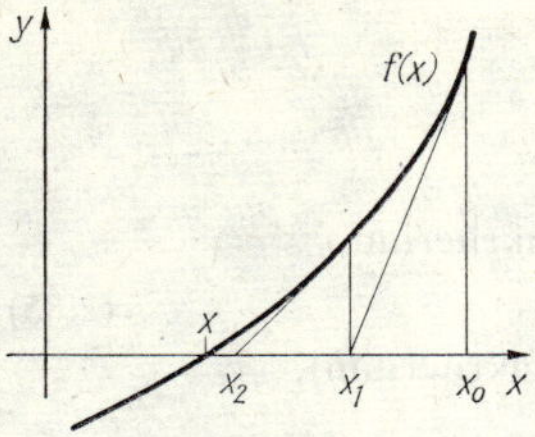

Bild 2.14
Zum Newtonschen Näherungsverfahren

2.2.4.4. Verfahren der sukzessiven Halbierung

Ausgehend von zwei Näherungswerten a und b mit $f(a) < 0$ und $f(b) > 0$, zwischen denen eine stetige Funktion $f(x)$ mindestens eine Nullstelle hat, wird das Intervall sukzessiv gemäß folgender Vorschrift halbiert (das Zeichen $:=$ hat die Bedeutung von „wird definiert als"

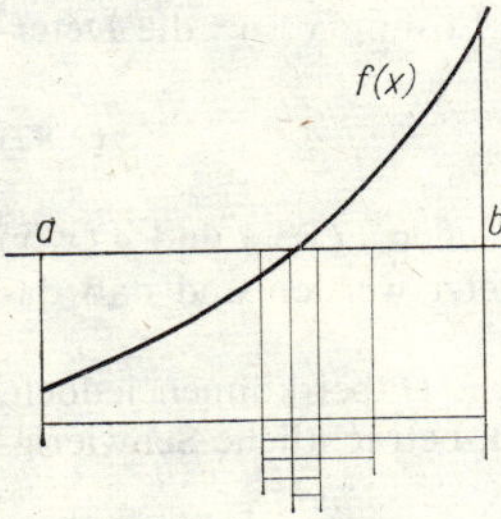

Bild 2.15
Zum Halbierungsverfahren

oder „ergibt sich aus", z.B. im folgenden: c erhält den Wert, der sich als Ergebnis von $a + b)/2$ ergibt; a erhält den Wert, den bisher c hatte):

$$\begin{aligned} & c := (a + b)/2, \\ & \text{falls } f(c) < 0, \quad \text{dann} \quad a := c, \\ & \text{falls } f(c) > 0, \quad \text{dann} \quad b := c, \\ & \text{falls } f(c) = 0, \quad \text{dann ist } c \text{ Nullstelle.} \end{aligned} \tag{2.83}$$

Die Rechnung ist beendet, wenn entweder ein c erhalten wird, für das $|f(c)|$ hinreichend klein wurde, oder wenn das Intervall (a, b) hinreichend zusammengeschrumpft ist (Bild 2.15).

2.2.4.5. Verfahren zur Lösung von Gleichungssystemen

Für 2 Gleichungen mit 2 Unbekannten

$$\begin{aligned} x &= \varphi(x, y) \\ y &= \psi(x, y) \end{aligned} \quad \text{bzw.} \quad \begin{aligned} f(x, y) &= 0 \\ g(x, y) &= 0 \end{aligned}$$

folgt analog zum allgemeinen Iterationsverfahren bzw. zum Newtonschen Näherungsverfahren:

Iteration in Gesamtschritten

$$x_{n+1} = \varphi(x_n, y_n), \quad y_{n+1} = \psi(x_n, y_n); \tag{2.84}$$

Iteration in Einzelschritten

$$x_{n+1} = \varphi(x_n, y_n), \quad y_{n+1} = \psi(x_{n+1}, y_n)$$

mit den Konvergenzkriterien

$$\begin{gathered} \left|\frac{\partial\varphi}{\partial x}\right| + \left|\frac{\partial\varphi}{\partial y}\right| < 1, \quad \left|\frac{\partial\psi}{\partial x}\right| + \left|\frac{\partial\psi}{\partial y}\right| < 1 \text{ (Zeilensummenkriterium)} \\ \text{oder} \\ \left|\frac{\partial\varphi}{\partial x}\right| + \left|\frac{\partial\psi}{\partial y}\right| < 1, \quad \left|\frac{\partial\psi}{\partial y}\right| + \left|\frac{\partial\varphi}{\partial y}\right| < 1 \text{ (Spaltensummenkriterium)}; \end{gathered} \tag{2.85}$$

Newtonsches Näherungsverfahren

$$\left.\begin{aligned} &x_{n+1} = x_n - h_n, \quad y_{n+1} = y_n - k_n \\ &\text{mit (alle Funktionen mit den Argumenten } x_n, y_n) \end{aligned}\right\} \tag{2.86}$$

$$h_n = \frac{fg_y - gf_y}{f_x g_y - f_y g_x}, \quad k_n = \frac{gf_x - fg_x}{f_x g_y - f_y g_x}$$

mit der notwendigen Voraussetzung, daß in einer Umgebung der Lösung x^*, y^* die Determinante

$$\begin{vmatrix} f_x & f_y \\ g_x & g_y \end{vmatrix} \neq 0 \tag{2.87}$$

ist. Das Newtonsche Verfahren beruht darauf, daß die beiden Flächen $f(x, y)$ und $g(x, y)$ in x_n, y_n durch ihre Tangentialebenen $Tf(x, y)$ und $Tg(x, y)$ ersetzt werden und daß das System $Tf = 0$, $Tg = 0$ gelöst wird.

Die Verfahren lassen sich auf mehr als 2 Veränderliche erweitern. Dabei können jedoch, wenn der Ausgangspunkt für die Iteration ungünstig gewählt wird, beträchtliche Schwierigkeiten für die Konvergenz auftreten.

Um komplexe Lösungen einer Gleichung $f(z) = 0$ bzw. $z = \varphi(z)$ zu bestimmen, kann man $z = x + jy$ durch Aufspalten in Real- und Imaginärteil in ein System von 2 Gleichungen mit 2 Unbekannten überführen:

$$\begin{aligned} \operatorname{Re} f(x + jy) &= 0 \\ \operatorname{Im} f(x + jy) &= 0 \end{aligned} \quad \text{bzw.} \quad \begin{aligned} x &= \operatorname{Re} \varphi(x + jy) \\ y &= \operatorname{Im} \varphi(x + jy). \end{aligned}$$

Das Iterationsverfahren kann leicht auf lineare Gleichungssysteme angewendet werden:

$$\begin{aligned} &a_{11}x_1 + a_{12}x_2 + \cdots + a_{nn}x_n = a_1 \\ &\dots\dots\dots\dots\dots\dots\dots \\ &a_{n1}x_1 + a_{n2}x_2 + \cdots + a_{nn}x_n = a_n. \end{aligned}$$

Die formale Auflösung nach den einzelnen Unbekannten liefert

$$\begin{aligned} x_1 &= \frac{1}{a_{11}}(a_1 \qquad\qquad - a_{12}x_2 - a_{13}x_3 - \cdots - a_{1n}x_n) \\ x_2 &= \frac{1}{a_{22}}(a_2 - a_{21}x_1 \qquad\qquad - a_{23}x_3 - \cdots - a_{2n}x_n) \\ &\dots\dots\dots\dots\dots\dots\dots\dots\dots \\ x_n &= \frac{1}{a_{nn}}(a_n - a_{n1}x_1 - a_{n2}x_2 - a_{n3}x_3 - \cdots). \end{aligned} \tag{2.88}$$

Auf diese Form des linearen Gleichungssystems wird das Iterationsverfahren angewendet (*Verfahren von Gauß-Seidel*). Das Verfahren konvergiert (Anwendung des Zeilen- und Spaltensummenkriteriums), wenn die Betragssumme der Elemente jeder Zeile (Spalte) der Koeffizientendeterminanten ohne das Hauptdiagonalenelement kleiner als der Betrag des Hauptdiagonalenelements ist, d.h., wenn die Hauptdiagonalenelemente alle übrigen Koeffizienten dem Betrag nach wesentlich übersteigen.

Beispiel

$$\begin{aligned} 10x_1 + 2x_2 - 3x_3 &= 4 & & & x_1 &= \frac{1}{10}(4 \qquad\quad - 2x_2 + 3x_3) \\ 3x_1 - 10x_2 + x_3 &= 2 & &\longrightarrow & x_2 &= \frac{1}{10}(-2 + 3x_1 \qquad + x_3) \\ x_1 + 3x_2 + 20x_3 &= 1 & & & x_3 &= \frac{1}{10}(1 - x_1 - 3x_2 \qquad\quad). \end{aligned}$$

Die Iteration wird mit dem Nullvektor als Ausgangsvektor begonnen und nach dem Einzelschrittverfahren durchgeführt:

x_1	x_2	x_3
0	0	0
0,4	−0,08	0,042
0,4286	−0,06722	0,03865
0,42504	−0,06862	0,03904
0,42544	−0,06846	0,03900
0,42539	−0,06848	0,03900
0,42540	−0,06848	0,03900

2.2.5. Extrema. Wendepunkte

2.2.5.1. Definition

Eine Funktion f von einer oder von mehreren Veränderlichen hat in einem Punkt P_0 einen *lokalen* oder *relativen Extremwert* (*Maximum* oder *Minimum*), wenn folgendes gilt:
Für alle hinreichend nahe bei P_0 gelegenen Punkte P, d.h. für alle P mit $\overline{PP_0} < \varepsilon$, $P \neq P_0$, $\varepsilon > 0$ beliebig klein, gilt entweder

$$f(P_0) > f(P) \rightarrow \text{relatives Maximum}$$

oder (2.89)

$$f(P_0) < f(P) \rightarrow \text{relatives Minimum.}$$

Eine Funktion f von einer oder von mehreren Veränderlichen hat in einem Punkt Q_0 einen *globalen Extremwert*, wenn folgendes gilt:
Für alle Punkte $Q \neq Q_0$ eines vorgegebenen Bereiches $\boldsymbol{B}$ gilt entweder

$$f(Q_0) > f(Q) \rightarrow \text{globales Maximum}$$

oder (2.90)

$$f(Q_0) < f(Q) \rightarrow \text{globales Minimum.}$$

2.2.5.2. Relative Extrema

Differenzierbare Funktionen einer Veränderlichen.
Notwendige Bedingung

$$f'(x) = 0 \text{ (horizontale Tangente).}$$

Hinreichende Bedingung

$$\begin{aligned} f''(x) &< 0: \text{ relatives Maximum,} \\ f''(x) &> 0: \text{ relatives Minimum.} \end{aligned} \qquad (2.91)$$

Falls neben $f'(x) = 0$ auch $f''(x) = 0$ gilt, lauten die hinreichenden Bedingungen:
Ein Extremum liegt dann vor, wenn die erste nicht verschwindende Ableitung $f^{(n)}(x)$ von gerader Ordnung ist; ist dann $f^{(n)}(x) < 0$, so liegt ein Maximum, ist $f^{(n)}(x) > 0$, so liegt ein Minimum vor.

Ist $f''(x) = 0$ und $f'(x) \neq 0$, oder ist die erste von Null verschiedene Ableitung $f^{(n)}(x)$ von ungerader Ordnung, $n > 1$, so liegt ein *Wendepunkt* vor, im letzten Fall ein Wendepunkt mit horizontaler Tangente *(Stufenpunkt)*.

Differenzierbare Funktionen zweier Veränderlicher.
Notwendige Bedingung

$$f_x = 0, \quad f_y = 0 \to x = x_0, \quad y = y_0.$$

Bildet man jetzt

$$\Delta\,(x_0, y_0) = \begin{vmatrix} f_{xx} & f_{xy} \\ f_{yx} & f_{yy} \end{vmatrix}, \tag{2.92}$$

so lautet eine hinreichende Bedingung:
Gilt $\Delta\,(x_0, y_0) > 0$, so liegt ein Extremum vor, und zwar bei $f_{xx} < 0$ ein Maximum, bei $f_{xx} > 0$ ein Minimum. Gilt $\Delta\,(x_0, y_0) < 0$, so liegt ein *Sattelpunkt* vor. Höhenlinienbilder mit der Angabe der Richtungen des steilsten Anstiegs für Extrema und Sattelpunkt zeigt Bild 2.16.

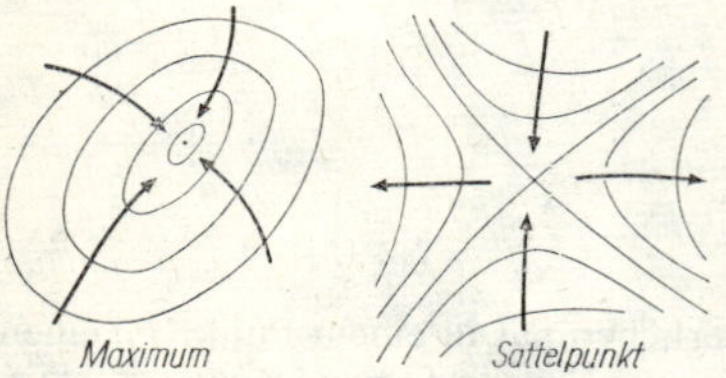

Bild 2.16
Extremum und Sattelpunkt

Differenzierbare Funktionen mehrerer Veränderlicher ($n > 2$). Notwendige Bedingung für Extrema ist das Verschwinden aller partiellen Ableitungen 1. Ordnung

$$f_{x_i} = 0, \quad i = 1, 2, \ldots, n. \tag{2.93}$$

Die Untersuchung hinreichender Bedingungen ist kompliziert (s. hierzu die entsprechenden Abschnitte in [2.1] bis [2.21]).

2.3. Polynome

2.3.1. Definition. Nullstellen

Funktionen der Form

$$p_n(x) = a_n x^n + a_{n-1} x^{n-1} + \cdots + a_1 x + a_0 = \sum_{k=0}^{n} a_k x^k, \quad a_n \neq 0 \tag{2.94}$$

bezeichnet man als *Polynome* oder *ganze rationale Funktionen n-ten Grades*. $p_n(x)$ ist für alle endlichen x erklärt. Für reelle a_k und reelle x erhält man reelle, für komplexe x i. allg. komplexe Funktionswerte.

Fundamentalsatz der Algebra. Ein Polynom n-ten Grades mit reellen Koeffizienten hat genau n *Nullstellen* $x_1, x_2, \ldots, x_n$, wenn die Nullstellen insgesamt entsprechend ihrer Vielfachheit gezählt werden. Unter den Nullstellen befinden sich ggf. eine gerade Anzahl komplexer Nullstellen, die in konjugiert komplexen Paaren auftreten.

Mit den Nullstellen x_k folgt die Produktdarstellung des Polynoms

$$p_n(x) = a_n\,(x - x_1)\,(x - x_2) \cdots (x - x_n). \tag{2.95}$$

Durch Multiplizieren ergibt sich der Zusammenhang zwischen den Nullstellen und den Koeffizienten eines Polynoms *(Vietascher Wurzelsatz)*,

$$\begin{aligned} x_1 + x_2 + x_3 + \cdots + x_n &= -a_{n-1}/a_n \\ x_1x_2 + x_1x_3 + \cdots + x_2x_3 + x_2x_4 + \cdots + x_{n-1}x_n &= a_{n-2}/a_n \\ x_1x_2x_3 + x_1x_2x_4 + \cdots + x_{n-2}x_{n-1}x_n &= -a_{n-3}/a_n \\ \cdots\cdots\cdots\cdots\cdots \\ x_1x_2x_3 \cdots x_n &= (-1)^n\, a_0/a_n, \end{aligned} \tag{2.96}$$

wovon besonders die erste und die letzte Gleichung praktische Bedeutung haben:

- Die Summe der Nullstellen ist gleich dem negativen Koeffizienten von x^{n-1}, dividiert durch den Hauptkoeffizienten a_n.
- Das Produkt aller Nullstellen ist gleich dem $(-1)^n$-fachen Absolutglied, dividiert durch den Hauptkoeffizienten a_n.

Polynome 1. Grades (lineare Funktionen) $p_1(x) = a_1x + a_0$.
Geometrisches Bild: Gerade, Anstieg $\tan\alpha = a_1$ (Bild 2.17),

$$\text{Nullstelle } x_0 = -\frac{a_0}{a_1}. \tag{2.97}$$

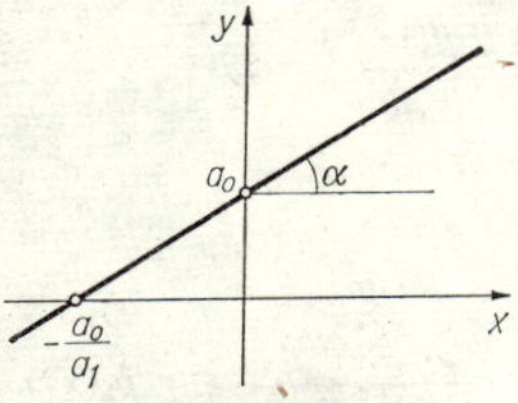

Bild 2.17. Lineare Funktion

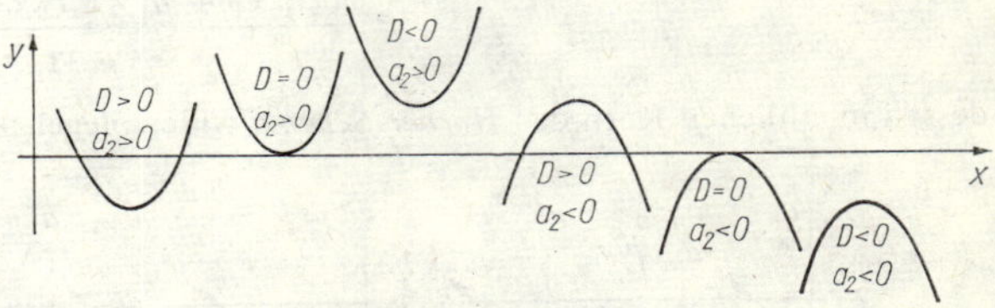

Bild 2.18. Quadratische Parabel

Polynome 2. Grades (quadratische Parabel) $p_2(x) = a_2x^2 + a_1x + a_0$.
Geometrisches Bild: Parabel 2. Ordnung,
Nullstellen

$$\begin{aligned} x_{1,2} &= \frac{-a_1 \pm \sqrt{a_1^2 - 4a_0a_2}}{2a_2} \\ &= -\frac{p}{2} \pm \sqrt{\frac{p^2}{4} - q}, \quad \left(p = \frac{a_1}{a_2}, \quad q = \frac{a_0}{a_2}\right). \end{aligned} \tag{2.98}$$

Ob die Nullstellen reell oder komplex sind, entscheidet die *Diskriminante* (Bild 2.18)

$$D = a_1^2 - 4a_0a_2 \quad \text{bzw.} \quad D = \frac{p^2}{4} - q; \tag{2.99}$$

es gibt für

$$D = \begin{cases} > 0 & \text{zwei reelle verschiedene Nullstellen,} \\ = 0 & \text{eine zweifache reelle Nullstelle,} \\ < 0 & \text{ein Paar konjugiert komplexe Nullstellen.} \end{cases}$$

Das Extremum der Parabel liegt bei

$$x_e = -\frac{a_1}{2a_2} \quad \text{mit} \quad p_2(x_e) = a_0 - \frac{a_1^2}{4a_1}, \quad \begin{matrix} a_2 > 0\text{: Minimum,} \\ a_2 < 0\text{: Maximum.} \end{matrix} \tag{2.100}$$

Für die Bestimmung der Nullstellen von Polynomen 3. und 4. Grades existieren geschlossene Formeln, die aber kaum benutzt werden; Polynome ab 5. Grades sind allgemein nicht mehr in geschlossener Form lösbar. Hier benutzt man, wie meist auch bei Polynomen 3. und 4. Grades, *Näherungsverfahren*.

2.3.2. Horner-Schema

Die Aufgabe, von einem Polynom $p_n(x)$ einen Linearfaktor $(x - x_1)$ abzuspalten, führt auf das Divisionsschema

$$
\begin{array}{ll}
(a_n x^n + a_{n-1} x^{n-1} + a_{n-2} x^{n-2} + \cdots + a_1 x + a_0) : (x - x_1) & = a_n x^{n-1} \\
\underline{a_n x^n - a_n x_1 x^{n-1}} & \\
(a_n x_1 + a_{n-1})\, x^{n-1} & + (a_n x_1 + a_{n-1})\, x^{n-2} \\
 & + [(\cdot)\, x_1 + a_{n-2}]\, x^{n-3} \\
\underline{(a_n x_1 + a_{n-1})\, x^{n-1} - (\cdot)\, x_1 x^{n-2}} & \cdots\cdots \\
\quad [(\cdot)\, x_1 + a_{n-2}]\, x^{n-2} & + \langle \{\cdot\}\, x_1 + a_1 \rangle \\
\qquad \cdots\cdots & \\
\qquad \langle \{\cdot\}\, x_1 + a_1 \rangle\, x & \\
\qquad \underline{\langle \{\cdot\}\, x_1 + a_1 \rangle\, x - \langle \{\cdot\}\, x_1 + a_1 \rangle\, x_1} & \\
\qquad\qquad \langle \cdot \rangle\, x_1 + a_0 &
\end{array},
$$

dessen inhaltlichen Kern das *Horner-Schema* widerspiegelt:

$$
\begin{array}{c|cccccc|c}
 & a_n & a_{n-1} & a_{n-2} & \cdots & a_1 & a_0 & \\
x_1 & & a_n x_1 & (\cdot)\, x_1 & \cdots & \{\cdot\}\, x_1 & \langle \cdot \rangle\, x_1 & \\
\hline
 & a_n & (a_n x_1 + a_{n-1}) & [(\cdot)\, x_1 + a_{n-2}] & \cdots & \langle \{\cdot\}\, x_1 + a_1 \rangle & \langle \cdot \rangle\, x_1 + a_0 & = p_n(x_1).
\end{array}
\tag{2.101}
$$

Es gilt

$$p_n(x) = p_{n-1}(x)\,(x - x_1) + p_n(x_1). \tag{2.102}$$

Der Divisionsalgorithmus kann auf das Polynom $p_{n-1}(x)$ usw. fortgesetzt werden. Hieraus folgt das *vollständige Horner-Schema* mit den eingetragenen Beziehungen zu den Ableitungen des Polynoms:

$$
\begin{array}{c|cccccc}
 & a_n & a_{n-1} & a_{n-2} & \cdots\, a_2 & a_1 & a_0 \\
x_1 & & a'_{n-1} x_1 & a'_{n-2} x_1 & \cdots\, a'_2 x_1 & a'_1 x_1 & a'_0 x_1 \\
\hline
 & a'_{n-1} & a'_{n-2} & a'_{n-3} & \cdots\, a'_1 & a'_0 & \big|\; p_n(x_1) \\
 & & a''_{n-2} x_1 & a''_{n-3} x_1 & \cdots\, a''_1 x_1 & a''_0 x_1 & \\
x_1 & & & & & & \\
\hline
 & a''_{n-2} & a''_{n-3} & a''_{n-4} & \cdots\, a''_0 & \big|\; p_{n-1}(x_1) = \frac{1}{1!}\, p'(x_1), & \\
 & & a'''_{n-3} x_1 & a'''_{n-4} x_1 & \cdots\, a'''_0 x_1 & & \\
x_1 & & & & & & \\
\hline
 & a'''_{n-3} & a'''_{n-4} & a'''_{n-5} & \cdots & \big|\; p_{n-2}(x_1) = \frac{1}{2!}\, p''(x_1) & \\
\end{array}
\tag{2.103}
$$

....

Mit dem Horner-Schema kann man also auf einfache Weise den Wert eines Polynoms und die Werte seiner Ableitung an einer Stelle x_1 berechnen. Speziell empfiehlt sich wegen dieser einfachen Berechnung des Funktionswertes und des Wertes der 1. Ableitung zur Nullstellenbestimmung das Newtonsche Näherungsverfahren.

Beispiel. $p_5(x) = x^5 - x^4 - x^3 - 2x^2 + x + 3 = 0$.
Anhand einer Funktionstabellierung ist erkennbar, daß zwischen $x = 1$ und $x = 1{,}5$ eine Nullstelle liegt. Man beginnt die Nullstellenbestimmung deshalb mit einem Ausgangswert $x_0 = 1{,}2$.

x	$p_5(x)$
−2	−47
−1	−1
−0,5	2,0 ...
0	3
0,5	2,9 ...
1	1
1,5	−0,8
2	5

	1	−1	−1	−2	1	3
1,2		1,2	0,24	−0,912	−3,4944	−2,99328
	1	0,2	−0,76	−2,912	−2,4944	0,00672
1,2		1,2	1,68	1,10	−2,17	
	1	1,4	0,92	−1,81	−4,66	

$$x_1 = 1{,}2 - \frac{0{,}00672}{-4{,}66} \approx 1{,}201442,$$

	1	−1	−1	−2	1	3
1,201442		1,201442	0,242021	0,910668	−3,496999	−2,999999
	1	0,201442	−0,757979	−2,910688	−2,496999	0,000001

Der Funktionswert an der Stelle $x_1 = 1{,}201442$ ist bereits so klein geworden, daß dieser Argumentwert dem der Nullstelle bereits bis auf 6 Stellen nach dem Komma entspricht. Will man weitere Nullstellen bestimmen, besteht die Möglichkeit, statt $p_n(x)$ das im Grad um 1 reduzierte Polynom $p_{n-1}(x)$ zugrunde zu legen, hier also

$$p_4(x) = x^4 = 0{,}201442x^3 - 0{,}757979x^2 - 2{,}910668x - 2{,}496999\,.$$

Sind dann alle n Nullstellen näherungsweise bestimmt, besteht die Möglichkeit, durch Einsatz in die erste und letzte Gleichung des Vietaschen Wurzelsatzes eine Probe durchzuführen und dabei auch ggf. eingetretene Rundungsfehler festzustellen.

Die Nullstellenbestimmung nach dem Newtonschen Näherungsverfahren läßt sich auch auf komplexe Nullstellen ausdehnen. Hierbei benutzt man ein auf der Abspaltung eines Polynoms 2. Grades beruhendes abgewandeltes Horner-Schema (z. B. [2.41] [2.42]).

2.3.3. Interpolation

2.3.3.1. Allgemeines. Newtonsches Interpolationsverfahren

Durch $(n + 1)$ Punkte (x_i, y_i), $i = 0, 1, \ldots, n$, soll eine Kurve hindurchgelegt werden. Analytisch geschieht dies, indem man eine Funktion $f(x)$ dergestalt bestimmt, daß sie an den *Stützstellen* x_i die gegebenen Werte y_i annimmt (Problem der *Interpolation*):

$$f(x_i) = y_i\,. \tag{2.104}$$

Werden als Interpolationsfunktionen $f(x)$ Polynome zugrunde gelegt, so spricht man von *Interpolation durch Polynome*. Bei $(n + 1)$ Stützstellen ist das Interpolationspolynom höchstens von n-tem Grade. Die Berechnung der Koeffizienten des Interpolationspolynoms erfolgt zweckmäßig durch ein *Differenzenschema* (Newtonsches Interpolationsverfahren).

1. Fall: Die Stützstellen x_i haben untereinander gleiche Abstände (sie sind *äquidistant*), h sei die *Schrittweite*:

$$x_i = x_0 + ih.$$

Differenzenschema:

$$
\begin{array}{l|lllll}
x_0 & y_0 & & & & \\
 & & \Delta y_0 = y_1 - y_0 & & & \\
 & & & \Delta^2 y_0 = \Delta y_1 - \Delta y_0 & & \\
x_0 + h & y_1 & & & \Delta^3 y_0 = \Delta^2 y_1 - \Delta^2 y_0 & \\
 & & \Delta y_1 = y_2 - y_1 & & & \\
 & & & \Delta^2 y_1 = \Delta y_2 - \Delta y_1 & \ldots\ldots\ldots\ldots\ldots & \\
x_0 + 2h & y_2 & & & & \\
 & & \Delta y_2 = y_3 - y_2 & \ldots\ldots\ldots\ldots\ldots & & \\
x_0 + 3h & y_3 & \ldots\ldots\ldots & & & \\
\cdots & \cdots & & & &
\end{array}
\tag{2.105}
$$

Beispiel

$$
\begin{array}{c|cccccc}
0 & 1 & & & & \\
 & & 1 & & & \\
1 & 2 & & 2 & & \\
 & & 3 & & -12 & \\
2 & 5 & & -10 & & 24 \\
 & & -7 & & 12 & \\
3 & -2 & & 2 & & \\
 & & -5 & & & \\
4 & -7 & & & &
\end{array}
$$

Dann gilt allgemein

$$
y(x) = y_0 + \frac{\Delta y_0}{1!\,h}(x - x_0) + \frac{\Delta^2 y_0}{2!\,h^2}(x - x_0)(x - x_1)
$$

$$
+ \cdots + \frac{\Delta^n y_0}{n!\,h^n}(x - x_0)(x - x_1)\cdots(x - x_{n-1}) \tag{2.106}
$$

und speziell für das Beispiel

$$
y(x) = 1 + x + x(x-1) - 2x(x-1)(x-2) + x(x-1)(x-2)(x-3)
$$

$$
= x^4 - 8x^3 + 18x^2 - 10x + 1.
$$

2. Fall: Die Stützstellen sind nicht äquidistant.
Differenzenschema:

$$
\begin{array}{ccc|cccc}
 & & x_0 & y_0 = c_0 & & & \\
 & \delta'_0 = x_1 - x_0 & & & \Delta'_0 = \dfrac{y_1 - y_0}{\delta'_0} = c_1 & & \\
 & \delta''_0 = x_2 - x_0 & x_1 & y_1 & & \Delta''_0 = \dfrac{\Delta'_1 - \Delta'_0}{\delta''_0} = c_2 & \\
\delta'''_0 = x_3 - x_0 & \delta'_1 = x_2 - x_1 & & & \Delta'_1 = \dfrac{y_2 - y_1}{\delta'_1} & & \Delta'''_0 = \dfrac{\Delta''_1 - \Delta''_0}{\delta'''_0} = c_3 \\
 & \delta''_1 = x_3 - x_1 & x_2 & y_2 & & \Delta''_1 = \dfrac{\Delta'_2 - \Delta'_1}{\delta''_1} & \\
\cdots & \delta'_2 = x_3 - x_2 & & & \Delta'_2 = \dfrac{y_3 - y_2}{\delta'_2} & & \cdots \\
 & \cdots & x_3 & y_3 & & \cdots & \\
 & \cdots & & & \cdots & & \\
 & & \cdots & \cdots & & &
\end{array}
\tag{2.107}
$$

Beispiel

				0	1				
			2			2			
		3		2	5		−3		
	1		1			−7		−2	
4		−1		3	−2		−5		1
	2		−2			−2		2	
		1		1	2		−1		
			3			−3			
				4	−7				

Dann gilt allgemein

$$y(x) = c_0 + c_1 (x - x_0) + c_2 (x - x_0)(x - x_1) + \cdots$$
$$+ c_n (x - x_0)(x - x_1) \cdots (x - x_{n-1}) \qquad (2.108)$$

und speziell für das Beispiel

$$y(x) = 1 + 2x - 3x(x-2) - 2x(x-2)(x-3) - x(x-2)(x-3)(x-1)$$
$$= x^4 - 8x^3 + 18x^2 - 10x + 1.$$

2.3.3.2. Interpolation in Tafeln

In einer Funktionentafel liegt eine Funktion $f(x)$ an äquidistanten Stellen x_i tabelliert vor. Es soll der Funktionswert aus der Tafel an einer Zwischenstelle ξ mit

$$x_0 < \xi < x_1 < x_2, \quad x_1 = x_0 + h, \quad x_2 = x_0 + 2h$$

bestimmt werden. Aus dem Newtonschen Differenzenschema folgt:

lineare Interpolation

$$f(x) = f(x_0) + \frac{f(x_1) - f(x_0)}{h}(x - x_0), \qquad (2.109)$$

quadratische Interpolation

$$f(x) = f(x_0) + \frac{f(x_1) - f(x_0)}{h}(x - x_0) + \frac{\Delta_1 - \Delta_0}{2h^2}(x - x_0)(x - x_1). \qquad (2.110)$$

Lineare Interpolation ist dann erlaubt, wenn der bei der quadratischen Interpolation hinzukommende Summand auf das Ergebnis keinen Einfluß hat, d.h., wenn sich dessen größter Wert

$$\tfrac{1}{8}|(\Delta_1 - \Delta_0)| \qquad (2.111)$$

nicht mehr auf die letzte mitgeführte Stelle auswirkt.

Beispiel. $e^{0,8504}$.
Tafelauszug

x	$f(x)$		
0,8500	2,3396469		
		0,0011701	
0,8505	2,3408170		0,0000002
		0,0011703	
0,8510	2,3419877		

Die Entscheidungsgröße (1/8) · 0,0000002 wirkt sich erst in der 8. Stelle nach dem Komma aus, so daß lineare Interpolation erlaubt ist:

$$f(x) = 2{,}3396469 + \frac{0{,}0011701}{0{,}0005}\,0{,}0004 = 2{,}3405830.$$

Gleiche Aufgabe mit gröberer Tafel:
Tafelauszug

x	$f(x)$		
0,850	2,3396469		
		0,0046839	
0,852	2,3443308		0,0000095
		0,0046934	
0,854	2,3490242		

Diesmal ist quadratische Interpolation erforderlich:

$$f(x) = 2{,}3396469 + \frac{0{,}0046839}{0{,}002}\,0{,}0004 + \frac{0{,}0000095}{0{,}000008}\,0{,}0004\,(-0{,}0016)$$
$$= 2{,}3396469 + 0{,}0009368 - 0{,}0000006$$
$$= 2{,}3405831.$$

Mit einer Abweichung um eine Einheit der letzten mitgeführten Dezimalstelle muß auf Grund der Rundung der gegebenen Funktionswerte in jedem Fall gerechnet werden.

Häufig wird die Interpolation in Tafeln durch beigefügte Interpolationsanweisungen erleichtert.

2.3.4. Ausgleich durch Polynome (Gaußsche Fehlerquadratmethode)

Eine Interpolation mit vielen Stützstellen ist nicht zu empfehlen, da die Funktionswerte y_i häufig fehlerbehaftet sind und es damit zu Fehlern bei der Berechnung der Polynomkoeffizienten kommt; überhaupt enthält die Interpolation hinsichtlich der Fehlerfortpflanzung unangenehme Eigenschaften. Deshalb lautet die Aufgabenstellung vielfach:
Es ist eine solche – möglichst einfache – Funktion $g(x)$ zu finden, daß bei vorgegebenen Wertepaaren (x_i, y_i), $i = 1, 2, \ldots, N$, der Ausdruck

$$Q = \sum_{i=1}^{N} [g(x_i) - y_i]^2 \tag{2.112}$$

zum Minimum wird (*Ausgleich von Meßwerten* nach der Gaußschen Fehlerquadratmethode).
Wählt man die Funktion $g(x)$ als Polynom, so spricht man vom *Ausgleich durch Polynome*.
Soll der Ausgleich durch das Polynom

$$g_n(x) = a_n x^n + a_{n-1}x^{n-1} + \cdots + a_1 x + a_0$$

erfolgen, wobei n in der Regel eine kleine ganze positive Zahl ist, so ergeben sich die Koeffizienten aus dem linearen Gleichungssystem

$$\begin{aligned}
&a_0 N + a_1 \sum x_i + a_2 \sum x_i^2 + \cdots + a_n \sum x_i^n = \sum y_i\\
&a_0 \sum x_i + a_1 \sum x_i^2 + a_2 \sum x_i^3 + \cdots + a_n \sum x_i^{n+1} = \sum x_i y_i\\
&\ldots\ldots\ldots\ldots\ldots\ldots\ldots\ldots\ldots\ldots\\
&a_0 \sum x_i^n + a_1 \sum x_i^{n+1} + a_2 \sum x_i^{n+2} + \cdots + a_n \sum x_i^{2n} = \sum x_i^n y_i.
\end{aligned} \tag{2.113}$$

Beispiel ($N = 10$)

x	y	x^2	xy	x^3	x^4	x^2y
0	1,9	0	0	0	0	0
1,2	2,2	1,44	2,64	1,728	2,0736	3,168
1,8	2,5	3,24	4,50	5,832	10,4976	8,100
2,1	2,7	4,41	5,67	9,261	19,4484	11,907
2,6	2,8	6,76	7,28	17,576	45,6976	18,928
3,1	3,1	9,61	9,61	29,791	92,3521	29,791
4,0	3,4	16,00	13,60	64,000	256,0000	54,400
4,8	3,9	23,04	18,72	110,592	530,8416	89,856
6,4	4,9	40,96	31,36	262,144	1677,7216	200,704
6,8	5,2	46,24	35,36	314,432	2138,1376	240,448
Summen: 32,8	32,6	151,70	128,74	815,356	4772,7701	657,302

Ausgleich durch Polynom 1. Grades:

$$\left.\begin{aligned} 10a_0 + 32{,}8a_1 &= 32{,}6\\ 32{,}8a_0 + 151{,}7a_1 &= 128{,}74 \end{aligned}\right\} \to g_1(x) = 0{,}494x + 1{,}64.$$

Ausgleich durch Polynom 2. Grades:

$$10a_0 + 32{,}8a_1 + 151{,}7a_2 = 32{,}6$$
$$32{,}8a_0 + 151{,}7a_1 + 815{,}356a_2 = 128{,}74$$
$$151{,}7a_0 + 815{,}356a_1 + 4772{,}7001a_2 = 657{,}302$$
$$\rightarrow g_2(x) = 0{,}0309x^2 + 0{,}272x + 1{,}900\,.$$

2.3.5. Gebrochen rationale Funktionen

Funktionen, die Quotienten zweier ganzer rationaler Funktionen sind,

$$f(x) = \frac{p_n(x)}{q_m(x)} = \frac{a_nx^n + a_{n-1}x^{n-1} + \cdots + a_1x + a_0}{b_mx^m + b_{m-1}x^{m-1} + \cdots + b_1x + b_0}, \quad a_ib_i \text{ reell}, \qquad (2.114)$$

heißen *gebrochen rational*. Ist der Grad n des Zählers kleiner als der Grad m des Nenners ($n < m$), so heißt $f(x)$ *echt gebrochen*, andernfalls ($n \geqq m$) *unecht gebrochen*.
Durch Division des Zählerpolynoms durch das Nennerpolynom läßt sich jede unecht gebrochene rationale Funktion eindeutig in die Summe einer ganzen rationalen Funktion und einer echt gebrochenen rationalen Funktion zerlegen.

Beispiel

$$\frac{15x^5 - 4x^4 + 2x^2 + 6}{x^3 + x + 1}$$
$$= (15x^5 - 4x^4 + 2x^2 + 6):(x^3 + x + 1)$$
$$= 15x^2 - 4x - 15 + \frac{-9x^2 + 11x + 21}{x^3 + x + 1}\,.$$

Jede echt gebrochene rationale Funktion, in der Zähler- und Nennerpolynom teilerfremd sind, läßt sich eindeutig in *Partialbrüche* zerlegen. Seien x_i die reellen Nullstellen und z_j und $\bar{z}_j$ die Paare konjugiert komplexer Nullstellen des Nennerpolynoms, so läßt sich das Nennerpolynom in Faktoren der Gestalt

$$(x - x_i)^{r_i} \qquad (2.115)$$

bzw.

$$(x - z_j)^{s_j}(x - \bar{z}_j)^{s_j} = (x^2 + p_jx + q_j)^{s_j}, \quad p_j \text{ und } q_j \text{ reell},$$

zerlegen, wobei r_i bzw. s_j die Vielfachheit der jeweiligen Nullstelle bedeutet. Die Partialbrüche haben dann die Gestalt

$$\frac{A_k}{(x - x_i)^k} \quad \text{bzw.} \quad \frac{B_lx + C_l}{(x^2 + p_jx + q_j)^l} \quad \text{mit} \quad \begin{matrix} 1 \leqq k \leqq r_i, \\ 1 \leqq l \leqq s_j, \end{matrix} \quad \text{ganz.} \qquad (2.116)$$

Beispiel

$$\frac{p_6(x)}{q_7(x)} = \frac{8x^6 - x^5 + x^4 - 23x^3 + 10x^2 - 10x + 3}{(x - 1)^3(x^2 + x + 1)^2}$$
$$= \frac{A_1}{(x-1)} + \frac{A_2}{(x-1)^2} + \frac{A_3}{(x-1)^3} + \frac{B_1x + C_1}{(x^2 + x + 1)} + \frac{B_2x + C_2}{(x^2 + x + 1)^2}$$
$$= \frac{6}{(x-1)} + \frac{2}{(x-1)^2} + \frac{-1}{(x-1)^3} + \frac{2x + 1}{(x^2 + x + 1)} + \frac{3x - 1}{(x^2 + x + 1)^2}\,.$$

Um die Konstanten A_i, B_j und C_j zu bestimmen, multipliziert man die gebrochen rationale Funktion und den Ansatz für die Partialbruchzerlegung mit dem Nenner $q_m(x)$; man erhält dann eine Beziehung $p_n(x) = y(x)$, wobei die Koeffizienten von $y(x)$ lineare Ausdrücke in den A_i, B_j und C_j sind.
Einsetzungsmethode. Die Anzahl der zu bestimmenden Konstanten A_i, B_j, C_j stimmt mit dem Grad m des Nennerpolynoms überein. Man setzt also in die Gleichung $p_n(x) = y(x)$ für x insgesamt m verschiedene reelle Zahlen, insbesondere zur Vereinfachung der Rechnung,

soweit vorhanden, die reellen Nullstellen x_i, ein und erhält ein lineares Gleichungssystem für die m Zahlen A_i, B_j, C_j.

Koeffizientenvergleich. Man ordnet das Polynom $y(x)$ nach Potenzen von x und setzt die erhaltenen, von A_i, B_j und C_j abhängenden Koeffizienten den entsprechenden Koeffizienten von $p_n(x)$ gleich. Auch hier ergibt sich für die gesuchten Größen ein lineares Gleichungssystem.

Beide Verfahren können auch miteinander kombiniert werden. Hat der Nenner nur einfache reelle Nullstellen, so führt das erste Verfahren einfacher zum Ziel.

Die gebrochen rationale Funktion $p_n(x)/q_m(x)$ ist an all den Stellen des Nenners, an denen $q_m(x)$ verschwindet, nicht erklärt (Unstetigkeitsstelle). Wenn an einer Nullstelle x des Nenners das Zählerpolynom nicht gleichzeitig verschwindet, liegt bei x eine *Unendlichkeitsstelle*, ein *Pol*, mit einer Ordnung vor, die der Vielfachheit der Nullstelle des Nenners entspricht. In dem Fall, daß an einer Stelle x Zähler und Nenner gleichzeitig verschwinden, kann durch Kürzen oder unter Verwendung der l'Hospitalschen Regel entschieden werden, ob ein Pol (Grenzwert ∞) oder eine *Lücke*, eine *hebbare Unstetigkeitsstelle* (endlicher Grenzwert), vorliegt.

Für $x \to +\infty$ oder $x \to -\infty$ nähern sich die Kurven der gebrochen rationalen Funktion asymptotisch der Kurve ihrer ganzen rationalen Anteile.

2.4. Elementare transzendente Funktionen

2.4.1. Exponentialfunktion

Exponentialfunktionen sind Funktionen der Form $y = a^x$, a reell, >0, $\neq 1$; a *Basis* der Exponentialfunktion.

Definitionsbereich:

$$-\infty < x < +\infty, \tag{2.117}$$

Wertebereich:

$$0 < y < +\infty,$$

Ableitung:

$$y' = (a^x)' = a^x \ln a. \tag{2.118}$$

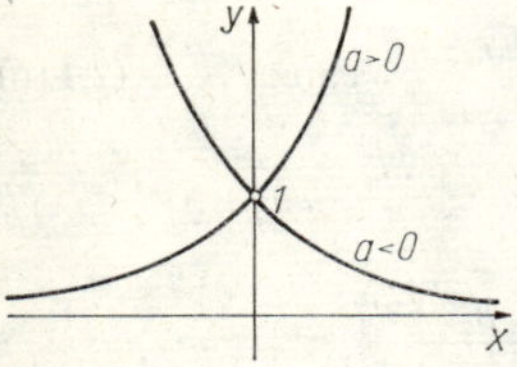

Bild 2.19
Exponentialfunktion

Von besonderer Wichtigkeit ist die *natürliche Exponentialfunktion*

$$y = \mathrm{e}^x = \exp x \quad (\mathrm{e} = 2{,}718281828\ldots), \tag{2.119}$$

deren Ableitung

$$y' = (\mathrm{e}^x)' = \mathrm{e}^x \tag{2.120}$$

lautet.

Den grafischen Verlauf der Funktion für positive und negative Basis zeigt Bild 2.19; es gilt $a^0 = 1$ für jedes $a > 0$.

2.4.2. Logarithmusfunktion

Logarithmusfunktionen sind Funktionen der Form

$$y = \log_a x, \quad a \text{ reell}, > 0, \neq 1; \quad a \textit{ Basis} \text{ der Logarithmusfunktion.} \tag{2.121}$$

Definitionsbereich:

$$0 < x < +\infty,$$

Wertebereich:

$$-\infty < y < +\infty,$$

Ableitung:

$$y' = (\log_a x)' = \frac{1}{x \ln a}. \tag{2.122}$$

Von besonderer Wichtigkeit ist die *natürliche Logarithmusfunktion*

$$y = \log_e x = \ln x. \tag{2.123}$$

Ihre Ableitung lautet

$$y' = (\ln x)' = \frac{1}{x}. \tag{2.124}$$

Die Logarithmusfunktion zur Basis 10 und die zur Basis 2 haben besondere Bezeichnungen:

$$\log_{10} x = \lg x, \quad \log_2 x = \text{lb}\, x. \tag{2.125}$$

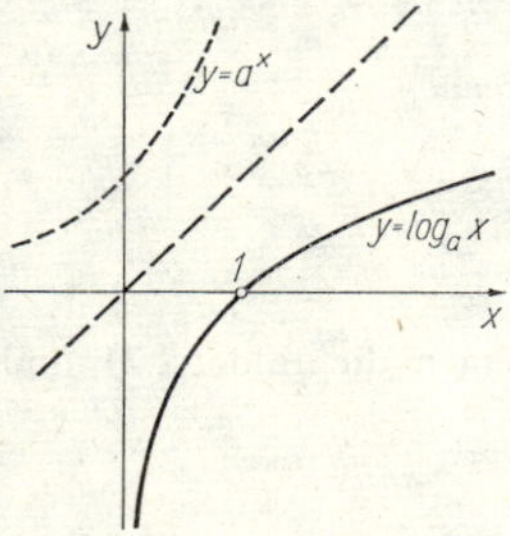

Bild 2.20
Logarithmusfunktion

Eine Logarithmusfunktion zu einer beliebigen Basis $a > 0, \neq 1$ läßt sich auf den natürlichen Logarithmus umschreiben:

$$\log_a x = \frac{\ln x}{\ln a}, \quad \ln x = \ln a \quad \log_a x. \tag{2.126}$$

Den grafischen Verlauf der Logarithmusfunktion zeigt Bild 2.20; für jedes zulässige a gilt $\log_a 1 = 0$.

2.4.3. Trigonometrische Funktionen

Als trigonometrische Funktionen bezeichnet man die Funktionen

$$y = \sin x \text{ (Sinusfunktion)}, \quad y = \cos x \text{ (Kosinusfunktion)}, \tag{2.127}$$
$$y = \tan x \text{ (Tangensfunktion)}, \quad y = \cot x \text{ (Kotangensfunktion)};$$

weniger gebräuchlich sind

$$y = \sec x = \frac{1}{\cos x} \text{ (Sekansfunktion)},$$

$$y = \operatorname{cosec} x = \frac{1}{\sin x} \text{ (Kosekansfunktion)}.$$

Tafel 2.1. Definitionsbereiche und Wertebereiche

Funktion	Definitionsbereich	Wertebereich
$\sin x$	$-\infty < x < +\infty$	$-1 \leqq y \leqq +1$
$\cos x$	$-\infty < x < +\infty$	$-1 \leqq y \leqq +1$
$\tan x$	$-\infty < x < +\infty$, $x \neq \frac{\pi}{2} + k\pi$ k ganzzahlig	$-\infty < y < +\infty$
$\cot x$	$-\infty < x < +\infty$, $x \neq k\pi$ k ganzzahlig	$-\infty < y < +\infty$

Ableitungen der trigonometrischen Funktionen

$$\begin{aligned} y' &= (\sin x)' = \cos x, \\ y' &= (\cos x)' = -\sin x, \\ y' &= (\tan x)' = \frac{1}{\cos^2 x} = 1 + \tan^2 x, \\ y' &= (\cot x)' = \frac{-1}{\sin^2 x} = -(1 + \cot^2 x). \end{aligned} \tag{2.128}$$

Die grafische Darstellung der trigonometrischen Funktionen zeigen die Bilder 2.21 und 2.22.

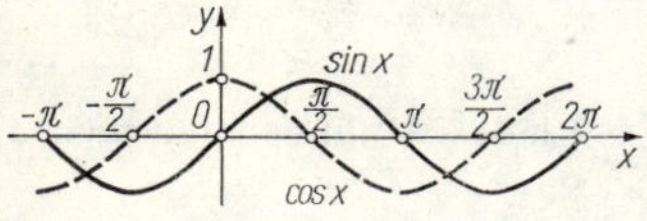

Bild 2.21
Sinus- und Kosinusfunktion

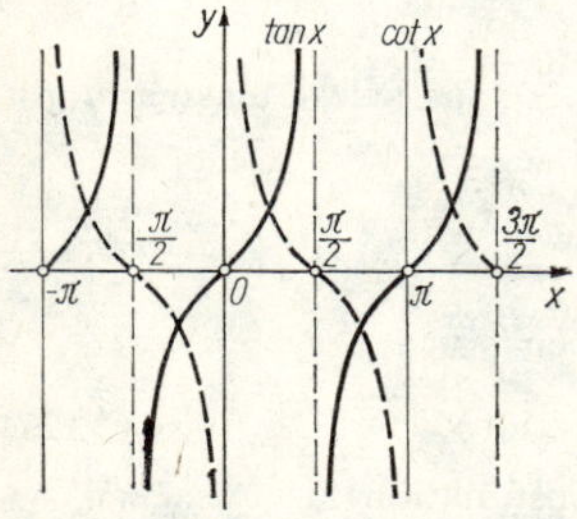

Bild 2.22
Tangens- und Kotangensfunktion

Die trigonometrischen Funktionen sind periodisch. Eine Funktion $f(x)$ heißt *periodisch*, wenn für alle x gilt $f(x + p) = f(x)$; wenn p die kleinste positive Zahl ist, für die diese Beziehung gilt, heißt p *primitive Periode* von $f(x)$; dann ist jedes ganzzahlige Vielfache von p ebenfalls Periode. Für die trigonometrischen Funktionen gilt

$$\begin{aligned} &\sin(x + 2k\pi) = \sin x, \quad \cos(x + 2k\pi) = \cos x, \\ &\tan(x + k\pi) = \tan x, \quad \cot(x + k\pi) = \cot x, \end{aligned} \qquad k \text{ ganzzahlig.} \tag{2.129}$$

Tafel 2.2. Wichtige Funktionswerte

x	0	$\frac{\pi}{6}$ (30°)	$\frac{\pi}{4}$ (45°)	$\frac{\pi}{3}$ (60°)	$\frac{\pi}{2}$ (90°)
$\sin x$	0	$\frac{1}{2}$	$\frac{1}{2}\sqrt{2}$	$\frac{1}{2}\sqrt{3}$	1
$\cos x$	1	$\frac{1}{2}\sqrt{3}$	$\frac{1}{2}\sqrt{2}$	$\frac{1}{2}$	0
$\tan x$	0	$\frac{1}{3}\sqrt{3}$	1	$\sqrt{3}$	∞
$\cot x$	∞	$\sqrt{3}$	1	$\frac{1}{3}\sqrt{3}$	0

Zusammenhänge zwischen den trigonometrischen Funktionen mit gleichem Argument

$$\cos^2 x + \sin^2 x = 1, \quad \tan x = \frac{\sin x}{\cos x}, \quad \cot x = \frac{1}{\tan x} = \frac{\cos x}{\sin x},$$

$$1 + \tan^2 x = \frac{1}{\cos^2 x}, \quad 1 + \cot^2 x = \frac{1}{\sin^2 x}, \tag{2.130}$$

$$\sin^2 x = \frac{\tan^2 x}{1 + \tan^2 x} = \frac{1}{1 + \cot^2 x}, \quad \cos^2 x = \frac{\cot^2 x}{1 + \cot^2 x} = \frac{1}{1 + \tan^2 x}.$$

Tafel 2.3. Gegenseitige Beziehungen trigonometrischer Funktionen im Intervall $0 < x < \pi/2$

	$\sin x$	$\cos x$	$\tan x$	$\cot x$
$\sin x$	–	$\sqrt{1 - \cos^2 x}$	$\frac{\tan x}{\sqrt{1 + \tan^2 x}}$	$\frac{1}{\sqrt{1 + \cot^2 x}}$
$\cos x$	$\sqrt{1 - \sin^2 x}$	–	$\frac{1}{\sqrt{1 + \tan^2 x}}$	$\frac{\cot x}{\sqrt{1 + \cot^2 x}}$
$\tan x$	$\frac{\sin x}{\sqrt{1 - \sin^2 x}}$	$\frac{\sqrt{1 - \cos^2 x}}{\cos x}$	–	$\frac{1}{\cot x}$
$\cot x$	$\frac{\sqrt{1 + \sin^2 x}}{\sin x}$	$\frac{\cos x}{\sqrt{1 + \cos^2 x}}$	$\frac{1}{\tan x}$	–

Additionstheoreme

$$\sin(u \pm v) = \sin u \cos v \pm \cos u \sin v, \quad \cos(u \pm v) = \cos u \cos v \mp \sin u \sin v,$$

$$\tan(u \pm v) = \frac{\tan u \pm \tan v}{1 \mp \tan u \tan v}, \quad \cot(u \pm v) = \frac{\cot u \cot v \mp 1}{\cot u \pm \cot v}. \tag{2.131}$$

Trigonometrische Funktionen von Vielfachen des Arguments

$$\sin 2x = 2 \sin x \cos x, \quad \sin 3x = 3 \sin x - 4 \sin^3 x, \tag{2.132}$$

$$\sin nx = n \sin x \cos^{n-1} x - \binom{n}{3} \sin^3 x \cos^{n-3} x + \binom{n}{5} \sin^5 x \cos^{n-5} x - + \cdots \quad (n = 1, 2, \ldots),$$

$$\cos 2x = \cos^2 x - \sin^2 x, \quad \cos 3x = 4 \cos^3 x - 3 \cos x, \tag{2.133}$$

$$\cos nx = \cos^n x - \binom{n}{2} \cos^{n-2} x \sin x + \binom{n}{4} \cos^{n-4} x \sin^4 x - + \cdots \quad (n = 1, 2, \ldots),$$

$$\tan 2x = \frac{2 \tan x}{1 - \tan^2 x} = \frac{2}{\cot x - \tan x}, \quad \tan 3x = \frac{3 \tan x - \tan^3 x}{1 - 3 \tan^2 x}, \tag{2.134}$$

$$\cot 2x = \frac{\cot^2 x - 1}{2 \cot x} = \frac{1}{2} (\cot x - \tan x), \quad \cot 3x = \frac{\cot^3 x - 3 \cot x}{3 \cot^2 x - 1}.$$

Trigonometrische Funktionen von Teilen des Arguments

$$\sin \frac{x}{2} = \sqrt{\frac{1}{2} (1 - \cos x)} \; (0 \leqq x \leqq 2\pi),$$

$$\cos \frac{x}{2} = \sqrt{\frac{1}{2} (1 + \cos x)} \; (-\pi \leqq x \leqq \pi),$$

$$\tan \frac{x}{2} = \sqrt{\frac{1 - \cos x}{1 + \cos x}} = \frac{1 - \cos x}{\sin x} = \frac{\sin x}{1 + \cos x} = \frac{1}{\cot \frac{x}{2}} \; (0 < x < \pi). \tag{2.135}$$

Summen trigonometrischer Funktionen

$$\sin u + \sin v = 2 \sin \frac{u + v}{2} \cos \frac{u - v}{2},$$

$$\sin u - \sin v = 2 \cos \frac{u + v}{2} \sin \frac{u - v}{2}, \tag{2.136}$$

$$\cos u + \cos v = 2 \cos \frac{u + v}{2} \cos \frac{u - v}{2},$$

$$\cos u - \cos v = -2 \sin \frac{u + v}{2} \sin \frac{u - v}{2},$$

$$\tan u \pm \tan v = \frac{\sin (u \pm v)}{\cos u \cos v}, \quad \cot u \pm v = \pm \frac{\sin (u \pm v)}{\sin u \sin v}.$$

Produkte trigonometrischer Funktionen

$$\sin u \sin v = \tfrac{1}{2}[\cos(u-v) - \cos(u+v)],$$
$$\cos u \cos v = \tfrac{1}{2}[\cos(u-v) + \cos(u+v)], \qquad (2.137)$$
$$\sin u \cos v = \tfrac{1}{2}[\sin(u-v) + \sin(u+v)],$$

$$\tan u \tan v = \frac{\tan u + \tan v}{\cot u + \cot v} = -\frac{\tan u - \tan v}{\cot u - \cot v}, \qquad (2.138)$$

$$\cot u \cot v = \frac{\cot u + \cot v}{\tan u + \tan v} = -\frac{\cot u - \cot v}{\tan u - \tan v},$$

$$\cot u \tan v = \frac{\cot u + \tan v}{\tan u + \cot v} = -\frac{\cot u - \tan v}{\tan u - \cot v}.$$

Potenzen trigonometrischer Funktionen

$$\sin^2 x = \tfrac{1}{2}(1 - \cos 2x), \quad \cos^2 x = \tfrac{1}{2}(1 + \cos 2x),$$
$$\sin^3 x = \tfrac{1}{4}(3\sin x - \sin 3x), \quad \cos^3 x = \tfrac{1}{4}(3\cos x + \cos 3x), \qquad (2.139)$$
$$\sin^4 x = \tfrac{1}{8}(\cos 4x - 4\cos 2x + 3), \quad \cos^4 x = \tfrac{1}{8}(\cos 4x + 4\cos 2x + 3),$$
$$\tan^2 x = \frac{1}{\cos^2 x} - 1 = \frac{1 - \cos 2x}{1 + \cos 2x}, \quad \cot^2 x = \frac{1}{\sin^2 x} - 1 = \frac{1 + \cos 2x}{1 - \cos 2x},$$

$(\cos x \pm \mathrm{j}\sin x)^n = \cos nx \pm \mathrm{j}\sin nx$, n ganzzahlig *(Satz von Moivre)*. (2.140)

2.4.4. Zyklometrische Funktionen (Arkusfunktionen)

Die zyklometrischen Funktionen

$$y = \arcsin x, \quad y = \arccos x, \quad y = \arctan x, \quad y = \operatorname{arccot} x \qquad (2.141)$$

sind die *Umkehrfunktionen* der trigonometrischen Funktionen sin x, cos x, tan x bzw. cot x. Wegen der Periodizität der trigonometrischen Funktionen ergeben sie sich zunächst als unendlich vieldeutige Funktionen. Zur Herstellung der Eindeutigkeit wird in einem Teil der durch die Spiegelung an der Winkelhalbierenden des 1. und 3. Quadranten zunächst erhaltenen Wertebereiche ein *Hauptwert* definiert.

Tafel 2.4. Definitionsbereiche und Wertebereiche

Funktion	Definitionsbereich	Wertebereich
arcsin x	$-1 \leqq x \leqq +1$	$-\frac{\pi}{2} \leqq y \leqq +\frac{\pi}{2}$
arccos x	$-1 \leqq x \leqq +1$	$0 \leqq y \leqq +\pi$
arctan x	$-\infty < x < +\infty$	$-\frac{\pi}{2} < y < +\frac{\pi}{2}$
arccot x	$-\infty < x < +\infty$	$0 < y < +\pi$

Ableitungen der zyklometrischen Funktionen

$$y' = (\arcsin x)' = \frac{1}{\sqrt{1 - x^2}}, \quad y' = (\arccos x)' = \frac{-1}{\sqrt{1 - x^2}},$$
$$\qquad (2.142)$$
$$y' = (\arctan x)' = \frac{1}{1 + x^2}, \quad y' = (\operatorname{arccot} x)' = \frac{-1}{1 + x^2}.$$

Die grafische Darstellung der zyklometrischen Funktionen unter Hervorhebung der Hauptwerte zeigen die Bilder 2.23 und 2.24.

Beziehungen zwischen den Hauptwerten

$$\arcsin x = \frac{\pi}{2} - \arccos x = \arctan \frac{x}{\sqrt{1 - x^2}} = \begin{cases} -\arccos\sqrt{1 - x^2} \; (-1 \leqq x \leqq 0) \\ \arccos\sqrt{1 - x^2} \; (0 \leqq x \leqq 1), \end{cases} \tag{2.143}$$

$$\arccos x = \frac{\pi}{2} - \arcsin x = \operatorname{arccot} \frac{x}{\sqrt{1 - x^2}} = \begin{cases} \pi - \arcsin\sqrt{1 - x^2} \; (-1 \leqq x \leqq 0) \\ \arcsin\sqrt{a - x^2} \; (0 \leqq x \leqq 1), \end{cases}$$

$$\left.\begin{aligned} &\arctan x = \frac{\pi}{2} - \operatorname{arccot} x = \arcsin \frac{x}{\sqrt{1 + x^2}} \\ &\arctan x = \begin{cases} \operatorname{arccot} \frac{1}{x} - \pi \; (x < 0) \\ \operatorname{arccot} \frac{1}{x} \; (x > 0) \end{cases} = \begin{cases} -\arccos \frac{1}{\sqrt{1 + x^2}} \; (x \leqq 0) \\ \arccos \frac{1}{\sqrt{1 + x^2}} \; (x \geqq 0), \end{cases} \end{aligned}\right\} \tag{2.144}$$

$$\left.\begin{aligned} &\operatorname{arccot} x = \frac{\pi}{2} - \arctan x = \arccos \frac{x}{\sqrt{1 + x^2}} \\ &\operatorname{arccot} x = \begin{cases} \arctan \frac{1}{x} + \pi \; (x < 0) \\ \arctan \frac{1}{x} \; (x > 0) \end{cases} = \begin{cases} \pi - \arcsin \frac{1}{\sqrt{1 + x^2}} \; (x \leqq 0) \\ \arcsin \frac{1}{\sqrt{1 + x^2}} \; (x \geqq 0). \end{cases} \end{aligned}\right\} \tag{2.145}$$

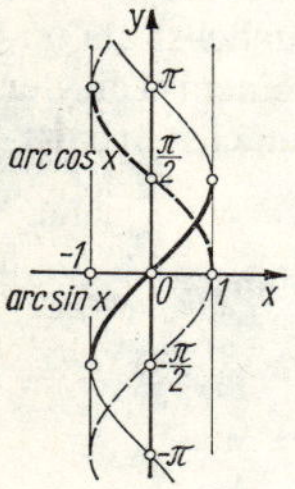

Bild 2.23
Arkussinus- und Arkuskosinusfunktion

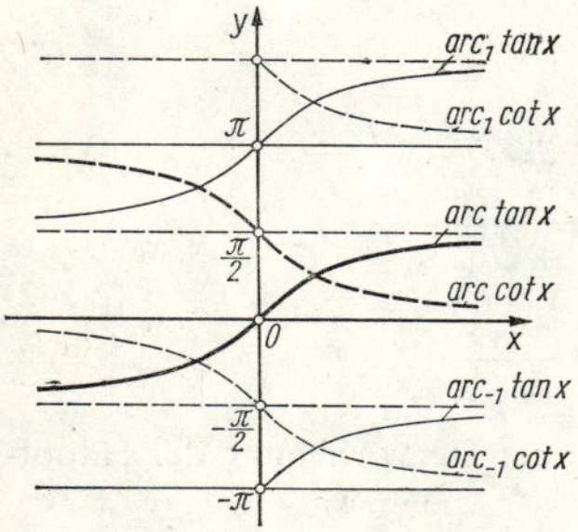

Bild 2.24
Arkustangens- und Arkuskotangensfunktion

2.4.5. Hyperbelfunktionen

Die Hyperbelfunktionen sind mit Hilfe der Exponentialfunktion folgendermaßen definiert:

$$y = \sinh x = \frac{e^x - e^{-x}}{2} \quad \text{Hyperbelsinus (Sinus hyperbolicus),}$$

$$y = \cosh x = \frac{e^x + e^{-x}}{2} \quad \text{Hyperbelkosinus (Cosinus hyperbolicus),} \tag{2.146}$$

$$y = \tanh x = \frac{e^x - e^{-x}}{e^x + e^{-x}} = \frac{e^{2x} - 1}{e^{2x} + 1} = \frac{1 - e^{-2x}}{1 + e^{-2x}} \quad \text{Hyperbeltangens (Tangens hyperbolicus),}$$

$$y = \coth x = \frac{e^x + e^{-x}}{e^x - e^{-x}} = \frac{e^{2x} + 1}{e^{2x} - 1} = \frac{1 + e^{-2x}}{1 - e^{-2x}} \quad \text{Hyperbelkotangens (Cotangens hyperbolicus).}$$

Tafel 2.5. Definitionsbereiche und Wertebereiche

Funktion	Definitionsbereich	Wertebereich
$\sinh x$	$-\infty < x < +\infty$	$-\infty < y < +\infty$
$\cosh x$	$-\infty < x < +\infty$	$1 \leqq x < +\infty$
$\tanh x$	$-\infty < x < +\infty$	$-1 < y < +1$
$\coth x$	$-\infty < x < +\infty, \quad x \neq 0$	$\lvert y \rvert < 1$

Ableitungen der Hyperbelfunktionen

$$y' = (\sinh x)' = \cosh x, \quad y' = (\cosh x)' = \sinh x,$$

$$y' = (\tanh x)' = \frac{1}{\cosh^2 x} = 1 - \tanh^2 x, \tag{2.147}$$

$$y' = (\coth x)' = \frac{-1}{\sinh^2 x} = 1 - \cot^2 x.$$

Die grafische Darstellung der Hyperbelfunktionen zeigen die Bilder 2.25 und 2.26.

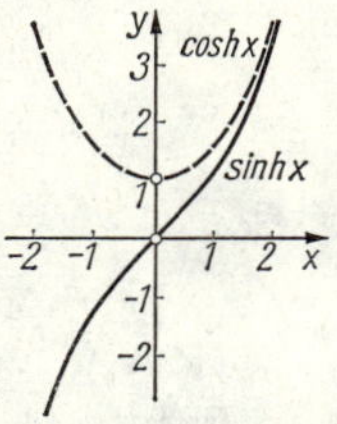

Bild 2.25. Hyperbelsinus- und Hyperbelkosinusfunktion

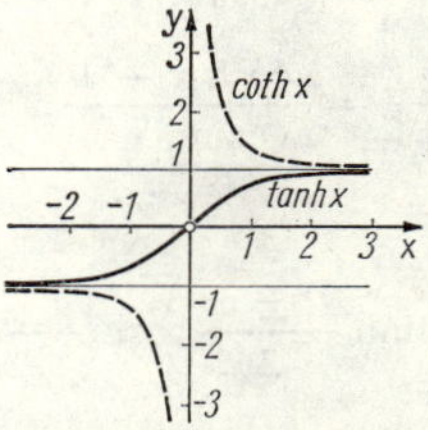

Bild 2.26. Hyperbeltangens- und Hyperbelkotangensfunktion

Zusammenhänge zwischen den Hyperbelfunktionen mit gleichem Argument

$$\cosh^2 x - \sinh^2 x = 1, \quad \tan x = \frac{\sinh x}{\cosh x},$$

$$\coth x = \frac{1}{\tanh x} = \frac{\cosh x}{\sinh x}. \tag{2.148}$$

Tafel 2.6. Gegenseitige Beziehungen der Hyperbelfunktionen für $x > 0$

	$\sinh x$	$\cosh x$	$\tanh x$	$\coth x$
$\sinh x$	–	$\sqrt{\cosh^2 x - 1}$	$\frac{\tanh x}{\sqrt{1 - \tanh^2 x}}$	$\frac{1}{\sqrt{\coth^2 x - 1}}$
$\cosh x$	$\sqrt{\sinh^2 x + 1}$	–	$\frac{1}{\sqrt{1 - \tanh^2 x}}$	$\frac{\coth x}{\sqrt{\coth^2 x - 1}}$
$\tanh x$	$\frac{\sinh x}{\sqrt{\sinh^2 x + 1}}$	$\frac{\sqrt{\cosh^2 x - 1}}{\cosh x}$	–	$\frac{1}{\coth x}$
$\coth x$	$\frac{\sqrt{\sinh^2 x + 1}}{\sinh x}$	$\frac{\cosh x}{\sqrt{\cosh^2 x - 1}}$	$\frac{1}{\tanh x}$	–

Additionstheoreme

$$\sin (u \pm v) = \sinh u \cosh v \pm \cosh u \sinh v,$$

$$\cosh (u \pm v) = \cosh u \cosh v \pm \sinh u \sinh v, \qquad (2.148\,\text{a})$$

$$\tanh (u \pm v) = \frac{\tanh u \pm \tanh v}{1 \pm \tanh u \tanh v}, \quad \coth (u \pm v) = \frac{1 \pm \coth u \coth v}{\tanh u \pm \tanh v}.$$

Hyperbelfunktionen des doppelten Arguments

$$\sinh 2x = 2 \sinh x \cosh x, \quad \cosh 2x = \sinh^2 x + \cosh^2 x,$$

$$\tanh 2x = \frac{2 \tanh x}{1 + \tanh^2 x}, \quad \coth 2x = \frac{1 + \coth^2 x}{2 \coth x}. \qquad (2.149)$$

Hyperbelfunktionen des halben Arguments

$$\sinh \frac{x}{2} = (\operatorname{sgn} x) \sqrt{\frac{1}{2} (\cosh x - 1)}, \quad \cosh \frac{x}{2} = \sqrt{\frac{1}{2} (\cosh x + 1)},$$

$$\tanh \frac{x}{2} = \frac{\cosh x - 1}{\sinh x} = \frac{\sinh x}{\cosh x + 1}, \qquad (2.150)$$

$$\coth \frac{x}{2} = \frac{\sinh x}{\cosh x - 1} = \frac{\cosh x + 1}{\sinh x}.$$

Summen von Hyperbelfunktionen

$$\sinh u \pm \sinh v = 2 \sinh \frac{u \pm v}{2} \cosh \frac{u \mp v}{2},$$

$$\cosh u + \cosh v = 2 \cosh \frac{u + v}{2} \cosh \frac{u - v}{2},$$

$$\cosh u - \cosh v = 2 \sinh \frac{u + v}{2} \sinh \frac{u - v}{2}, \qquad (2.151)$$

$$\tanh u \pm \tanh v = \frac{\sinh (u \pm v)}{\cosh u \cosh v},$$

$$\coth u \pm \coth v = \pm \frac{\sinh (u \pm v)}{\sinh u \sinh v}.$$

Potenzen von Hyperbelfunktionen

$$\sin^2 x = \tfrac{1}{2}(\cosh x - 1), \quad \sinh^3 x = \tfrac{1}{4}(\sinh 3x - 3\sinh x), \tag{2.152}$$

$$\sinh^4 x = \tfrac{1}{8}(\cosh 4x - 4\cosh 2x + 3), \quad \cosh^2 x = \tfrac{1}{2}(\cosh x + 1), \tag{2.153}$$

$$\cosh^3 x = \tfrac{1}{4}(\cosh 3x + 3\cosh x), \quad \cosh^4 x = \tfrac{1}{8}(\cosh 4x + 4\cosh 2x + 3),$$

$$\tan^2 x = \frac{\cosh 2x - 1}{\cosh 2x + 1}, \quad \coth^2 x = \frac{\cosh 2x + 1}{\cosh 2x - 1}, \tag{2.154}$$

$$(\cosh x \pm \sinh x)^n = \cosh nx \pm \sinh nx, \quad n \text{ ganzzahlig},$$

$$\frac{1}{\cosh x \pm \sinh x} = \cosh x \mp \sinh x. \tag{2.155}$$

2.4.6. Areafunktionen

Die Areafunktionen

$$y = \operatorname{arsinh} x, \quad y = \operatorname{arcosh} x, \quad y = \operatorname{artanh} x, \quad y = \operatorname{arcoth} x \tag{2.156}$$

sind die *Umkehrfunktionen* der Hyperbelfunktionen sinh x, cosh x, tanh x bzw. coth x. Wegen der Symmetrie der Funktion cosh x bezüglich der Ordinatenachse ist für arcosh x ein Hauptwert zu definieren.

Funktion	Definitionsbereich	Wertebereich
arsinh x	$-\infty < x < +\infty$	$-\infty < y < +\infty$
arcosh x	$1 \leqq x < +\infty$	$0 \leqq y < +\infty$
artanh x	$-1 < x < +1$	$-\infty < y < +\infty$
arcoth x	$\lvert x\rvert > 1$	$\lvert y\rvert > 0$

Tafel 2.7. Definitionsbereiche und Wertebereiche

Ableitungen

$$y' = (\operatorname{arsinh} x)' = \frac{1}{\sqrt{x^2+1}}, \quad y' = (\operatorname{arcosh} x)' = \frac{1}{\sqrt{x^2-1}},$$

$$y' = (\operatorname{artanh} x)' = \frac{1}{1-x^2}, \quad y' = (\operatorname{arcoth} x)' = \frac{1}{1-x^2}. \tag{2.157}$$

Die grafische Darstellung der Areafunktionen zeigen die Bilder 2.27 und 2.28.

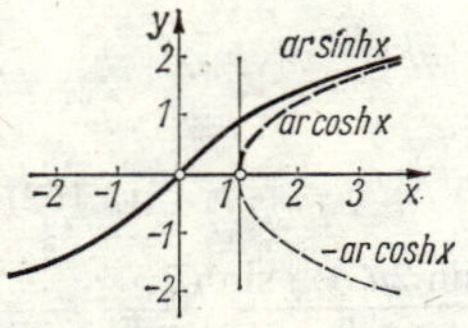

Bild 2.27. arsinh x, arcosh x

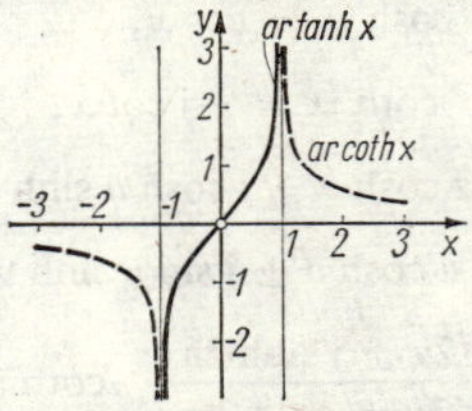

Bild 2.28. artanh x, arcoth x

Darstellung der Areafunktionen durch die natürliche Logarithmusfunktion

$$\operatorname{arsinh} x = \ln\left(x + \sqrt{x^2+1}\right),$$

$$\operatorname{arcosh} x = \ln\left(x + \sqrt{x^2-1}\right) = \ln\left(\frac{1}{x - \sqrt{x^2-1}}\right) (x \geqq 1), \tag{2.158}$$

$$\operatorname{artanh} x = \frac{1}{2}\ln\frac{1+x}{1-x} \; (\lvert x\rvert < 1), \quad \operatorname{arcoth} x = \frac{1}{2}\ln\frac{x+1}{x-1} \; (\lvert x\rvert > 1).$$

Beziehungen zwischen den verschiedenen Areafunktionen

$$\operatorname{arsinh} x = (\operatorname{sgn} x) \operatorname{arcosh} \sqrt{x^2+1} = \operatorname{artanh} \frac{x}{\sqrt{x^2+1}} = \operatorname{arcoth} \frac{\sqrt{x^2+1}}{x},$$

$$\operatorname{arcosh} x = \operatorname{arsinh} \sqrt{x^2-1} = \operatorname{artanh} \frac{\sqrt{x^2-1}}{x} = \operatorname{arcoth} \frac{x}{\sqrt{x^2-1}},$$

(2.159)

$$\operatorname{artanh} x = \operatorname{arsinh} \frac{x}{\sqrt{1-x^2}} = \operatorname{arcoth} \frac{1}{x} = (\operatorname{sgn} x) \operatorname{arcosh} \frac{1}{\sqrt{1-x^2}} \quad (|x| < 1),$$

$$\operatorname{arcoth} x = \operatorname{artanh} \frac{1}{x} = (\operatorname{sgn} x) \operatorname{arsinh} \frac{1}{\sqrt{x^2-1}}$$

$$= (\operatorname{sgn} x) \operatorname{arcosh} \frac{x}{\sqrt{x^2-1}} \quad (|x| > 1).$$

2.4.7. Beziehungen zwischen den elementaren transzendenten Funktionen bei komplexem Argument

Die Verwandtschaft zwischen den elementaren transzendenten Funktionen wird erst bei komplexem Argument deutlich. Die folgenden Formeln dienen der Überführung transzendenter Funktionen mit komplexem Argument auf solche mit reellem Argument.

$$e^{\pm jx} = \cos x \pm j \sin x \quad \text{(Eulersche Formel)}, \quad e^{\pm x} = \cosh x \pm \sinh x,$$

$$\sin x = \frac{e^{jx} - e^{-jx}}{2j}, \quad \cos x = \frac{e^{jx} + e^{-jx}}{2},$$

$$\tan x = -j \frac{e^{jx} - e^{-jx}}{e^{jx} + e^{-jx}}, \quad \cot x = j \frac{e^{jx} + e^{-jx}}{e^{jx} - e^{-jx}}, \tag{2.160}$$

$$\sin jx = j \sinh x, \quad \cos jx = \cosh x,$$

$$\tan jx = j \tanh x, \quad \cot jx = -j \coth x, \tag{2.161}$$

$$\sinh jx = j \sin x, \quad \cosh jx = \cos x,$$

$$\tanh jx = j \tan x, \quad \coth jx = -j \cot x,$$

$$\sin (u \pm jv) = \sin u \cosh v \pm j \cosh u \sinh v,$$

$$\cos (u \pm jv) = \cos u \cosh v \pm j \sin u \sinh v, \tag{2.162}$$

$$\tan (u \pm jv) = \frac{\sin 2u \pm j \sinh 2v}{\cos 2u + \cosh 2v}, \quad \coth (u \pm jv) = -\frac{\sin 2u \pm j \sinh 2v}{\cos 2u - \cosh 2v},$$

$$\arcsin jx = j \ln \left(x \pm \sqrt{x^2+1}\right) = j \operatorname{arsinh} x,$$

$$\arccos x = -j \ln \left(x + \sqrt{x^2-1}\right) = -j \operatorname{arcosh} x, \tag{2.163}$$

$$\arctan jx = \frac{j}{2} \ln \frac{1+x}{1-x} = j \operatorname{artanh} x,$$

$$\operatorname{arccot} jx = -\frac{j}{2} \ln \frac{x+1}{x-1} = -j \operatorname{arcoth} x.$$

2.5. Bestimmtes und unbestimmtes Integral

2.5.1. Definition des bestimmten Integrals

In einem Intervall $[a, b]$ sei eine Funktion $f(x)$ überall erklärt, sie sei dort stückweise stetig und beschränkt. Das Intervall $[a, b]$ wird in n Teilintervalle gemäß

$$a = x_0 < x_1 < x_2 < \cdots < x_{k-1} < x_k < \cdots < x_{n-1} < x_n = b$$

zerlegt. Weiterhin sei ξ_k ein beliebiger Punkt des Teilintervalls $[x_{k-1}, x_k]$,

$$\xi_k \in [x_{k-1}, x_k],$$

und es werde die Summe

$$\sum_{k=1}^{n} f(\xi_k)\,(x_k - x_{k-1}) = \sum_{k=1}^{n} f(\xi_k)\,\Delta x_k$$

gebildet. Dann existiert für eine unbegrenzt wachsende Anzahl der Teilintervalle ($n \to \infty$) und für eine dabei unbegrenzte Verkleinerung der Teilintervalle ($\Delta x_k \to 0$) ein Grenzwert dieser Summe, der *bestimmtes Integral* genannt wird. Man schreibt

$$\int_a^b f(x)\,\mathrm{d}x = \lim_{\substack{\Delta x_k \to 0 \\ n \to \infty}} \sum_{k=1}^{n} f(\xi_k)\,\Delta x_k. \tag{2.164}$$

$f(x)$ ist der *Integrand*, a und b sind die *Integrationsgrenzen*, x ist die *Integrationsvariable*. Die Summe läßt sich als Flächeninhalt der im Bild 2.29 gezeichneten Rechtecke deuten, das Integral als Flächeninhalt unter der Kurve $y = f(x)$. Dabei ist auf das Vorzeichen zu achten: Für Flächenstücke, die links vom Integrationsweg liegen, zählt das Integral positiv, für Flächenstücke rechts vom Integrationsweg negativ (Bild 2.30).

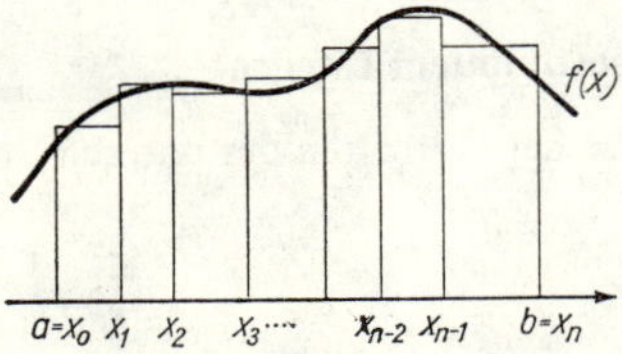

Bild 2.29. Zum bestimmten Integral

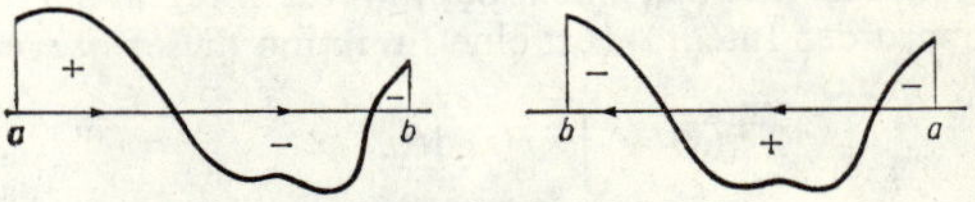

Bild 2.30. Positive und negative Flächenstücke

Die Art, wie sich mit wachsender Anzahl der Teilintervalle deren Längen verkleinern, ist belanglos, wenn ihre Länge nur gegen Null strebt; ebenfalls belanglos ist, welcher Argumentwert im jeweiligen Teilintervall Δx_k zur Bestimmung des Funktionswertes $f(\xi_k)$ gewählt wird. In praktischen Fällen, besonders für numerische Rechnungen (s. Abschn. 2.5.6.), erweisen sich als vorteilhaft eine gleichabständige (äquidistante) Intervallunterteilung

$$\Delta x_k = \frac{b-a}{n} = h \text{ (Schrittweite)}, \quad x_k = x_0 + kh$$

und eine spezielle Wahl des Punktes ξ_k, z. B.

als linken Endpunkt: $\xi_k = x_k$,
als rechten Endpunkt: $\xi_k = x_{k+1} = x_k + h$,
als Mittelpunkt des Teilintervalls: $\xi_k = x_k + \dfrac{h}{2}$.

Bei einem Integral kommt es auf die Bezeichnung der Integrationsvariablen nicht an:

$$\int_a^b f(x)\,\mathrm{d}x = \int_a^b f(u)\,\mathrm{d}u = \cdots = \int_a^b f(t)\,\mathrm{d}t. \tag{2.165}$$

Ebenso gilt hinsichtlich der Integrationsgrenzen

$$\int_a^a f(x)\,\mathrm{d}x = 0, \quad \int_a^b f(x)\,\mathrm{d}x = -\int_b^a f(x)\,\mathrm{d}x,$$
$$\int_a^b f(x)\,\mathrm{d}x = \int_a^c f(x)\,\mathrm{d}x + \int_c^b f(x)\,\mathrm{d}x. \tag{2.166}$$

Die Größe

$$m = \frac{1}{b-a}\int_a^b f(x)\,\mathrm{d}x \tag{2.167}$$

bezeichnet den *Mittelwert* der Funktion $f(x)$ im Intervall $[a, b]$. Wenn $f(x)$ in $[a, b]$ stetig ist, gibt es mindestens eine Zwischenstelle $\xi \in (a, b)$, an der $f(x)$ diesen Mittelwert annimmt:

$$\int_a^b f(x)\,\mathrm{d}x = (b-a)\,f(\xi) \;\textit{(Mittelwertsatz)}. \tag{2.168}$$

Gilt für alle $x \in (a, b)$ die Beziehung $|f(x)| \leqq K$ [K ist dann obere Schranke von $f(x)$], so folgt

$$\int_a^b |f(x)|\,\mathrm{d}x \leqq K\,|b-a|. \tag{2.169}$$

Sind die Funktionen $f(x)$ und $\varphi(x)$ in $[a, b]$ stetig, und ändert $\varphi(x)$ in diesem Intervall sein Vorzeichen nicht, so gilt der *verallgemeinerte Mittelwertsatz*

$$\int_a^b f(x)\,\varphi(x)\,\mathrm{d}x = f(\xi)\int_a^b \varphi(x)\,\mathrm{d}x, \quad a \leqq \xi \leqq b. \tag{2.170}$$

2.5.2. Zusammenhang zwischen bestimmtem und unbestimmtem Integral

Variiert man bei einem bestimmten Integral die obere Grenze bei Festhalten der unteren, so wird der Integralwert eine Funktion dieser oberen Grenze:

$$F(x) = \int_a^x f(t)\,\mathrm{d}t. \tag{2.171}$$

Wenn $f(x)$ stetig ist, ist $F(x)$ differenzierbar, und es gilt

$$F'(x) = \frac{\mathrm{d}}{\mathrm{d}x}\int_a^x f(t)\,\mathrm{d}t = f(x). \tag{2.172}$$

In diesem Sinne ist die Integralrechnung die Umkehrung der Differentialrechnung. Jede Funktion $F(x)$, deren Ableitung mit dem Integranden $f(x)$ übereinstimmt, heißt eine *Stammfunktion* zu $f(x)$. Es gibt zu einem Integranden unendlich viele Stammfunktionen, die sich alle durch eine additive Konstante unterscheiden: $F(x) + C$. Diese Funktionengesamtheit wird *unbestimmtes Integral* genannt:

$$\int f(x)\,\mathrm{d}x = F(x) + C. \tag{2.173}$$

Ist $F(x)$ irgendeine Stammfunktion von $f(x)$, so gilt für die Berechnung des bestimmten Integrals der *Hauptsatz der Integralrechnung*:

$$\int_a^b f(x)\,\mathrm{d}x = [F(x)]_a^b = F(x)\Big|_a^b = F(b) - F(a). \tag{2.174}$$

2.5.3. Integrationsformeln

2.5.3.1. Grundregeln

$$\int c f(x)\,\mathrm{d}x = c \int f(x)\,\mathrm{d}x, \tag{2.175}$$

$$\int [f_1(x) + f_2(x) + \cdots + f_n(x)]\,\mathrm{d}x$$
$$= \int f_1(x)\,\mathrm{d}x + \int f_2(x)\,\mathrm{d}x + \cdots + \int f_n(x)\,\mathrm{d}x \quad \textit{(Summenformel)}, \tag{2.176}$$

$$\int f(x)\,g'(x)\,\mathrm{d}x = f(x)\,g(x) - \int f'(x)\,g(x)\,\mathrm{d}x \tag{2.177}$$

bzw.

$$\int f'\,\mathrm{d}g = fg - \int g\,\mathrm{d}f \qquad \textit{(partielle Integration)},$$

$$\int f[\varphi(x)]\,\varphi'(x)\,\mathrm{d}x = \int f(\varphi)\,\mathrm{d}\varphi \qquad \textit{(Substitutionsmethode)}. \tag{2.178}$$

2.5.3.2. Grundintegrale. Integrale spezieller Funktionen

Integrale über elementare Funktionen

$$\int x^\alpha\,\mathrm{d}x = \frac{x^{\alpha+1}}{\alpha+1}\ (\alpha \neq -1), \qquad \int \frac{\mathrm{d}x}{x} = \ln|x|\ (x \neq 0), \tag{2.179}$$

$$\int \mathrm{e}^x\,\mathrm{d}x = \mathrm{e}^x, \qquad \int a^x\,\mathrm{d}x = \frac{a^x}{\ln a}\ (a > 0,\ a \neq 1), \qquad \int \ln x\,\mathrm{d}x = x(\ln x - 1), \tag{2.180}$$

$$\int \sin ax\,\mathrm{d}x = -\frac{1}{a}\cos ax, \qquad \int \cos ax\,\mathrm{d}x = \frac{1}{a}\sin ax,$$

$$\int \sinh ax\,\mathrm{d}x = \frac{1}{a}\cosh ax, \qquad \int \cosh ax\,\mathrm{d}x = \frac{1}{a}\sinh ax,$$

$$\int \tan ax\,\mathrm{d}x = -\frac{1}{a}\ln|\cos ax|, \qquad \int \cot ax\,\mathrm{d}x = \frac{1}{a}\ln|\sin ax|, \tag{2.181}$$

$$\int \tanh ax\,\mathrm{d}x = \frac{1}{a}\ln(\cosh ax), \qquad \int \coth ax\,\mathrm{d}x = \frac{1}{a}\ln|\sinh ax|,$$

$$\int \arcsin\frac{x}{a}\,\mathrm{d}x = x\arcsin\frac{x}{a} + \sqrt{a^2 - x^2},$$

$$\int \arccos\frac{x}{a}\,\mathrm{d}x = x\arccos\frac{x}{a} - \sqrt{a^2 - x^2},$$

$$\int \arctan\frac{x}{a}\,\mathrm{d}x = x\arctan\frac{x}{a} - \frac{a}{2}\ln(a^2 + x^2),$$

$$\int \operatorname{arccot}\frac{x}{a}\,\mathrm{d}x = x\operatorname{arccot}\frac{x}{a} + \frac{a}{2}\ln(a^2 + x^2),$$

$$\int \operatorname{arsinh}\frac{x}{a}\,\mathrm{d}x = x\operatorname{arsinh}\frac{x}{a}\sqrt{x^2 + a^2}, \tag{2.182}$$

$$\int \operatorname{arcosh}\frac{x}{a}\,\mathrm{d}x = x\operatorname{arcosh}\frac{x}{a} - \sqrt{x^2 - a^2},$$

$$\int \operatorname{artanh}\frac{x}{a}\,\mathrm{d}x = x\operatorname{artanh}\frac{x}{a} + \frac{a}{2}\ln(a^1 - x^2),$$

$$\int \operatorname{arcoth}\frac{x}{a}\,\mathrm{d}x = x\operatorname{arcoth}\frac{x}{a} + \frac{a}{2}\ln|x^2 - a^2|.$$

Integrale über transzendente Funktionen, die aus rationalen, trigonometrischen, hyperbolischen und Exponentialfunktionen zusammengesetzt sind

$$\int \sin ax \sin bx \, \mathrm{d}x = \begin{cases} \dfrac{\sin (a-b) x}{2(a-b)} - \dfrac{\sin (a+b) x}{2(a+b)} & (|a| \neq |b|) \\ \left(\dfrac{x}{2} - \dfrac{1}{4a} \sin 2ax\right) \operatorname{sgn}(a \cdot b) & (|a| = |b|), \end{cases}$$

$$\int \cos ax \cos bx \, \mathrm{d}x = \begin{cases} \dfrac{\sin (a-b) x}{2(a-b)} - \dfrac{\sin (a+b) x}{2(a+b)} & (|a| \neq |b|) \\ \dfrac{x}{2} + \dfrac{1}{4a} \sin 2ax & (|a| = |b|), \end{cases}$$

$$\int \sin ax \cos bx \, \mathrm{d}x = \begin{cases} -\dfrac{\cos (a+b) x}{2(a+b)} - \dfrac{\cos (a-b) x}{2(a-b)} & (|a| \neq |b|) \\ \dfrac{1}{2a} \sin^2 ax & (a = b), \end{cases} \qquad (2.183)$$

$$\int \sinh ax \cosh bx \, \mathrm{d}x = \begin{cases} \dfrac{\sinh (a+b) x}{2(a+b)} - \dfrac{\sinh (a-b) x}{2(a-b)} & (|a| \neq |b|) \\ -\dfrac{x}{2} + \dfrac{1}{4a} \sinh 2\,ax & (|a| = |b|), \end{cases}$$

$$\int \cosh ax \cosh bx \, \mathrm{d}x = \begin{cases} \dfrac{\sinh (a+b) x}{2(a+b)} - \dfrac{\sinh (a-b) x}{2(a-b)} & (|a| \neq |b|) \\ \dfrac{x}{2} + \dfrac{1}{4a} \sinh 2\,ax & (|a| = |b|), \end{cases} \qquad (2.184)$$

$$\int \sinh ax \cosh bx \, \mathrm{d}x = \begin{cases} \dfrac{\cosh (a+b) x}{2(a+b)} - \dfrac{\cosh (a-b) x}{2(a-b)} & (|a| \neq |b|) \\ \dfrac{1}{2a} \sinh^2 ax & (|a| = |b|), \end{cases}$$

$$\int \sinh ax \sin ax \, \mathrm{d}x = \frac{1}{2a} (\cosh ax \sin ax - \sinh ax \cos ax),$$

$$\int \cosh ax \cos ax \, \mathrm{d}x = \frac{1}{2a} (\sinh ax \cos ax + \cosh ax \sin ax),$$

$$\int \sinh ax \cos ax \, \mathrm{d}x = \frac{1}{2a} (\cosh ax \cos ax + \sinh ax \sin ax), \qquad (2.185)$$

$$\int \cosh ax \sin ax \, \mathrm{d}x = \frac{1}{2a} (\sinh ax \sin ax - \cosh ax \cos ax),$$

$$\int \frac{\mathrm{d}x}{\sin ax} = \frac{1}{a} \ln \left| \tan \frac{ax}{2} \right|,$$

$$\int \frac{\mathrm{d}x}{\cos ax} = \frac{1}{a} \ln \left| \tan \left(\frac{ax}{2} + \frac{\pi}{4} \right) \right| = \frac{1}{2a} \ln \frac{1 + \sin ax}{1 - \sin ax},$$

$$\int \frac{\mathrm{d}x}{\sinh ax} = \frac{1}{a} \ln \left| \tan \frac{ax}{2} \right| = -\frac{2}{a} \operatorname{artanh} (\mathrm{e}^{ax}), \qquad (2.186)$$

$$\int \frac{dx}{\cosh ax} = \frac{2}{a} \arctan (e^{ax}) = \frac{1}{a} \arcsin (\tanh ax),$$

$$\int \frac{dx}{\sin^2 ax} = -\frac{1}{a} \cot ax, \qquad \int \frac{dx}{\cos^2 ax} = \frac{1}{a} \tan ax, \tag{2.187}$$

$$\int \frac{dx}{\sinh^2 ax} = -\frac{1}{a} \coth ax, \qquad \int \frac{dx}{\cosh^2 ax} = \frac{1}{a} \tanh ax,$$

$$\int \frac{dx}{\sin ax \cos ax} = \frac{1}{a} \ln |\tan ax|, \qquad \int \frac{dx}{1 + \cos ax} = \frac{1}{a} \tan \frac{ax}{2},$$

$$\int \frac{dx}{1 - \cos ax} = -\frac{1}{a} \cot \frac{ax}{2}, \tag{2.188}$$

$$\int \frac{dx}{\sinh ax \cosh ax} = \frac{1}{a} \ln |\tanh ax|, \tag{2.189}$$

$$\int \frac{dx}{1 + \cosh ax} = \frac{1}{a} \tanh \frac{ax}{2}, \qquad \int \frac{dx}{1 - \cosh ax} = -\frac{1}{a} \coth \frac{ax}{2},$$

$$\int e^{ax} \sin bx \, dx = \frac{e^{ax}}{a^2 + b^2} (a \sin bx - b \cos bx), \tag{2.190}$$

$$\int e^{ax} \cos bx \, dx = \frac{e^{ax}}{a^2 + b^2} (a \cos bx + b \sin bx),$$

$$\int x^n e^{ax} \, dx = \frac{1}{a} x^n e^{ax} - \frac{n}{a} \int x^{n-1} e^{ax} \, dx, \tag{2.191}$$

$$\int \frac{e^{ax}}{x^n} \, dx = \frac{1}{n-1} \left(- \frac{e^{ax}}{x^{n-1}} + a \int \frac{e^{ax}}{x^{n-1}} \, dx \right) \quad (n \neq 1), \tag{2.192}$$

$$\begin{aligned} \int x^n \sin ax \, dx &= -\frac{x^n}{a} \cos ax + \frac{n}{a} \int x^{n-1} \cos ax \, dx \quad (n > 0), \\ \int x^n \cos ax \, dx &= \frac{x^n}{a} \sin ax - \frac{n}{a} \int x^{n-1} \sin ax \, dx \quad (n > 0). \end{aligned} \tag{2.193}$$

Integrale über spezielle rationale Funktionen

$$\int \frac{dx}{(ax + b)^n} = -\frac{-1}{a (n-1) (ax + b)^{n-1}}; \quad (n \neq -1);$$

$$\int \frac{dx}{ax + b} = \frac{1}{a} \ln |ax + b|, \tag{2.194}$$

$$\int \frac{x \, dx}{(ax + b)^n} = -\frac{-x}{a (n-2) (ax + b)^{n-1}} + \frac{b}{a (n-2)} \int \frac{dx}{(ax + b)^n}$$

$$\int \frac{dx}{a^2 + x^2} = \frac{1}{a} \arctan \frac{x}{a} \quad (a \neq 0),$$

$$\left.\begin{aligned}\int \frac{dx}{a^2 - x^2} &= \frac{1}{2a} \ln \left| \frac{a + x}{a - x} \right| \quad (x \neq 0) \\ &= \frac{1}{a} \operatorname{artanh} \frac{x}{a} \quad (|x| < |a|) \\ &= \frac{1}{a} \operatorname{arcoth} \frac{x}{a} \quad (|x| > |a|)\end{aligned}\right\} (a \neq 0), \tag{2.195}$$

$$\int \frac{x\,dx}{a^2 \pm x^2} = \pm \frac{1}{2} \ln |a^2 \pm x^2|,$$

$$\int \frac{x\,dx}{(a^2 \pm x^2)^n} = \mp \frac{1}{2(n-1)(a^2 \pm x^2)^{n-1}} \quad (n \neq 1),$$

$$\int \frac{dx}{ax^2 + bx + c} = \begin{cases} \dfrac{2}{\sqrt{4ac - b^2}} \arctan - \dfrac{2ax + b}{\sqrt{4ac - b^2}} & (4ac > b^2), \\ -\dfrac{2}{\sqrt{b^2 - 4ac}} \operatorname{artanh} \dfrac{2ax + b}{\sqrt{b^2 - 4ac}} & \\ \dfrac{1}{\sqrt{b^2 - 4ac}} \ln \left| \dfrac{2ax + b - \sqrt{b^2 - 4ac}}{2ax + b + \sqrt{b^2 - 4ac}} \right| & \end{cases} (b^2 > 4ac), \tag{2.196}$$

$$\int \frac{dx}{(ax^2 + bx + c)^n} = \frac{2ax + b}{(n-1)(4ac - b^2)(ax^2 + bx + c)^{n-1}} + \frac{(2n-3)\,2a}{(n-1)(4ac - b)^2} \int \frac{dx}{(ax^2 + bx + c)^{n-1}} \quad (n \neq 1),$$

$$\int \frac{x\,dx}{ax^2 + bx + c} = \frac{1}{2a} \ln |ax^2 + bx + c| - \frac{b}{2a} \int \frac{dx}{ax^2 + bx + c}, \tag{2.197}$$

$$\int \frac{x\,dx}{(ax^2 + bx + c)^n} = -\frac{bx + 2c}{(n-1)(4ac - b^2)(ax^2 + bx + c)^{n-1}} - \frac{(2n-3)\,b}{(n-1)(4ac - b^2)} \int \frac{dx}{(ax^2 + bx + c)^{n-1}} \quad (n \neq 1).$$

Integrale der Art $\int (ax^2 + bx + x)^{\pm 1/2}\,dx$, $a \neq 0$

$$\int \frac{dx}{\sqrt{a^2 - x^2}} = \arcsin \frac{x}{a} \quad (a > 0,\ |x| < a),$$

$$\int \frac{dx}{\sqrt{a^2 + x^2}} = \operatorname{arsinh} \frac{x}{a} = \ln \left(x + \sqrt{x^2 + a^2}\right) \quad (a > 0),$$

$$\left.\begin{aligned}\int \frac{dx}{\sqrt{x^2 - a^2}} &= \ln \left|x + \sqrt{x^2 - a^2}\right| \quad (|x| > a) \\ &= \operatorname{arcosh} \frac{x}{a} \quad (x > a) = -\operatorname{arcosh} \left(-\frac{x}{a}\right) \quad (x < -a)\end{aligned}\right\} (a > 0), \tag{2.198}$$

$$\int \sqrt{a^2 - x^2}\, dx = \frac{x}{2}\sqrt{a^2 - x^2} + \frac{a^2}{2} \arcsin \frac{x}{a},$$

$$\int \sqrt{x^2 + a^2}\, dx = \begin{cases} \frac{x}{2}\sqrt{x^2 + a^2} + \frac{a^2}{2} \ln \left(x + \sqrt{x^2 + a^2}\right) + c_1 \\ \frac{x}{2}\sqrt{x^2 + a^2} + \frac{a^2}{2} \operatorname{arsinh} \frac{x}{a} + c_1, \end{cases} \tag{2.199}$$

$$\int \sqrt{x^2 - a^2}\, dx = \begin{cases} \frac{x}{2}\sqrt{x^2 - a^2} - \frac{a^2}{2} \ln \left|x + \sqrt{x^2 - a^2}\right| + c_1 \\ \frac{x}{2}\sqrt{x^2 - a^2} - \frac{a^2}{2} \operatorname{arcosh} \frac{r}{a} + c_2 \quad (x > a, a > 0). \end{cases} \tag{2.200}$$

Der allgemeine Integrand kann durch die Substitution $x = \left(1/\sqrt{|a|}\right) x' - (b/2a)$ in einen der behandelten Fälle übergeführt werden.
Manche der in der Praxis auftretenden Integrale lassen sich durch Anwendung der Formeln des Abschnitts 2.5.3.1. auf die hier behandelten Integrale zurückführen. Für bestimmte Klassen von Integranden erfolgt diese Überführung nach einem übersichtlichen Algorithmus (s. z. B. die beiden folgenden Abschnitte).

2.5.4. Integration rationaler Funktionen. Hinweise zur Integration irrationaler und transzendenter Funktionen

2.5.4.1. Rationale Funktionen

Integrale rationaler Funktionen lassen sich stets auf bekannte Integrale zurückführen, indem gemäß Abschn. 2.3.5. eine *Partialbruchzerlegung* vorgenommen wird. Hierbei ergibt sich eine Summe solcher Integranden aus rationalen Funktionen, die im Abschn. 2.5.3.2. behandelt sind.

Beispiel

$$\int \frac{8x^6 - x^5 + x^4 - 23x^3 + 10x^2 - 10x + 3}{(x-1)^3 (x^2 + x + 1)^2}\, dx$$

$$= 6 \int \frac{dx}{x-1} + 2 \int \frac{dx}{(x-1)^2} - \int \frac{dx}{(x-1)^3} + \int \frac{2x+1}{x^2+x+1}\, dx + \int \frac{3x-1}{(x^2+x+1)}\, dx$$

$$= 6 \ln |x-1| - \frac{2}{x-1} + \frac{2}{(x-1)^2} + \ln |x^2 + x + 1| - \frac{5x+7}{3(x^2+x+1)}$$

$$- \frac{10}{3\sqrt{3}} \arctan \frac{2x+1}{\sqrt{3}} + C.$$

2.5.4.2. Einige irrationale und transzendente Funktionen

Im folgenden werde unter R eine beliebige rationale Funktion der in der folgenden Klammer stehenden Argumente verstanden.

1. $$\int R\left[x, \left(\frac{ax+b}{cx+d}\right)^p, \left(\frac{ax+b}{cx+d}\right)^q, \ldots\right] dx \quad (ad - bc \neq 0, p, q, \ldots \text{ rational}). \tag{2.201}$$

Die Substitution $t^r = (ax+b)/(cx+d)$ (r kleinstes gemeinsames Vielfaches von $p, q, \ldots$) führt auf ein Integral bezüglich t mit rationalem Integranden.

2. $\int R\left(x, \sqrt{\alpha x^2 + \beta x + \gamma}\right) \mathrm{d}x$ kann auf die Form eines der folgenden drei Integrale gebracht werden, die mit der jeweils danebenstehenden Substitution zu Integralen rationaler Funktionen von trigonometrischen oder Hyperbelfunktionen (Exponentialfunktionen) werden.

Integral	Substitution	
$\int R\left(y, \sqrt{a^2 + y^2}\right) \mathrm{d}y$	$y = a \sinh z$	
$\int R\left(y, \sqrt{a^2 - y^2}\right) \mathrm{d}y$	$y = a \sin z$ oder $y = a \cos z$	(2.202)
$\int R\left(y, \sqrt{y^2 - a^2}\right) \mathrm{d}y$	$y = a \cosh z$	

Die entstehenden Integranden können mit der folgenden Methode weiterbehandelt werden.

3. Ist der Integrand ein Ausdruck, der rational von den jeweils angeführten elementaren transzendenten Funktionen abhängt, so führen folgende Substitutionen auf Integrale über rationale Funktionen in den neuen Veränderlichen:

$$\int R(\sin x, \cos x, \tan x, \cot x)\, \mathrm{d}x, \quad \text{Subst.: } t = \tan(x/2), \tag{2.203}$$

$$\mathrm{d}x = \frac{2\mathrm{d}t}{1+t^2}, \quad \sin x = \frac{2t}{1+t^2}, \quad \cos x = \frac{1-t^2}{1+t^2},$$

$$\tan x = \frac{1}{\cot x} = \frac{2t}{1-t^2};$$

$$\int R(\sin^2 x), \cos^2 x\, \mathrm{d}x, \quad \text{Subst.: } t = \tan x, \quad \mathrm{d}x = \frac{\mathrm{d}t}{1+t^2};$$

$$\int R(\sin x) \cos x\, \mathrm{d}x, \quad \text{Subst.: } t = \sin x, \quad \cos x\, \mathrm{d}x = \mathrm{d}t;$$

$$\int R(\cos x) \sin x\, \mathrm{d}x, \quad \text{Subst.: } t = \cos x, \quad \sin x\, \mathrm{d}x = -\mathrm{d}t;$$

$$\int R(\mathrm{e}^x)\, \mathrm{d}x, \quad \text{Subst.: } t = \mathrm{e}^x, \quad \mathrm{d}x = \frac{\mathrm{d}t}{t}.$$

Integranden, die Hyperbelfunktionen enthalten, können auf solche mit Exponentialfunktionen zurückgeführt werden bzw. analog den Integranden mit trigonometrischen Funktionen behandelt werden.
In praktischen Fällen erweist sich bei der Berechnung unbestimmter Integrale die Verwendung von Integraltafeln als nützlich [2.44] [2.45] [2.49]. Aber auch dann wird man feststellen, daß sich zu vielen Integranden keine durch elementare Funktionen zusammensetzbare Stammfunktion bilden läßt.

2.5.5. Uneigentliche Integrale

Im Abschn. 2.5.1. wurde ein bestimmtes Integral über einem endlichen Intervall $[a, b]$ für eine beschränkte Funktion $f(x)$ erklärt. Es ist möglich, die Definition auf unendliche Intervalle und auf nicht beschränkte Funktionen durch Grenzwerte zu erweitern, wenn diese Grenzwerte im jeweiligen Fall existieren.

Integrale über unendliche Intervalle

$$\int_a^{+\infty} f(x)\, \mathrm{d}x = \lim_{b \to \infty} \int_a^b f(x)\, \mathrm{d}x, \quad \int_{-\infty}^b f(x)\, \mathrm{d}x = \lim_{a \to -\infty} \int_a^b f(x)\, \mathrm{d}x,$$

$$\int_{-\infty}^{+\infty} f(x)\, \mathrm{d}x = \lim_{\substack{a \to -\infty \\ b \to +\infty}} \int_a^b f(x)\, \mathrm{d}x. \tag{2.204}$$

Die Existenz ist gesichert, wenn $f(x)$ über jedem endlichen Teilintervall des Integrationsbereiches integrierbar ist und im Unendlichen von höherer als 1. Ordnung Null wird:

$$\lim_{\substack{x \to \infty \\ x \to -\infty}} x^\alpha f(x) = 0 \quad \text{für alle} \quad \alpha > 1.$$

Beispiele

$$\int_0^\infty e^{-x}\,dx = \lim_{b\to\infty} \int_0^b e^{-x}\,dx = \lim_{b\to\infty} (1 - e^{-b}) = 1,$$

$$\int_{-\infty}^{+\infty} e^{-x}\,dx = \lim_{\substack{a\to-\infty \\ b\to+\infty}} \int_a^b e^{-x}\,dx = \lim_{\substack{a\to-\infty \\ b\to+\infty}} (e^{-a} - e^{-b}) = \infty \text{ (divergent).}$$

Integrale von nicht beschränkten Funktionen

$$\int_a^b f(x)\,dx = \lim_{\varepsilon\to+0} \int_{a+\varepsilon}^b f(x)\,dx, \quad \text{falls} \quad \lim_{x\to a} f(x) = \pm\infty;$$

$$\int_a^b f(x)\,dx = \lim_{\substack{\varepsilon\to+0 \\ \varepsilon'\to+0}} \int_{a+\varepsilon}^{b-\varepsilon'} f(x)\,dx, \quad \text{falls} \quad \lim_{x\to a} f(x) = \pm\infty \quad \text{und}$$

$$\lim_{x\to b} f(x) = \pm\infty; \tag{2.205}$$

$$\int_a^b f(x)\,dx = \lim_{\varepsilon\to+0} \int_a^{b-\varepsilon} f(x)\,dx + \lim_{\varepsilon'\to+0} \int_{c+\varepsilon'}^b f(x)\,dx,$$

$$\text{falls} \quad \lim_{x\to c} f(x) = \pm\infty \ (a < c < b).$$

Die Existenz ist gesichert, wenn $f(x)$ über jedem keine Unendlichkeitsstelle enthaltenden Teilintervall des Integrationsbereiches integrierbar ist und $|f(x)|$ bei Annäherung an eine Unendlichkeitsstelle x_0 von niedrigerer als 1. Ordnung unendlich wird:

$$\lim_{x\to x_0} (x - x_0)^\alpha f(x) = 0 \quad \text{für alle} \quad \alpha < \alpha_0 \quad \text{mit} \quad \alpha_0 < 1.$$

Beispiele

1. $$\int_0^1 \frac{dx}{\sqrt{1-x}} = \lim_{\varepsilon\to+0} \int_0^{1-\varepsilon} \frac{dx}{\sqrt{1-x}} \lim_{\varepsilon\to+0} (2 - 2\sqrt{\varepsilon}) = 2, \ (\alpha = 1/2),$$

2. $$\int_{-1}^{+3} \frac{dx}{x^3} = \lim_{\varepsilon\to+0} \int_{-1}^{-\varepsilon} \frac{dx}{x^3} + \lim_{\varepsilon'\to+0} \int_{+\varepsilon'}^{+3} \frac{dx}{x^3} = \lim_{\varepsilon\to+0} \left(\frac{1}{2} - \frac{1}{2\varepsilon^2}\right) + \lim_{\varepsilon'\to+0} \left(\frac{1}{2\varepsilon'^2} - \frac{1}{18}\right).$$

2.5.6. Integrale, die von einem Parameter abhängen

Wenn der Integrand außer von der Integrationsvariablen x noch von einem Parameter y abhängt, ist das bestimmte Integral über diese Funktion $f(x; y)$ eine Funktion von y; hierbei können die Integrationsgrenzen sowohl konstant als auch Funktionen dieses Parameters sein:

$$I(y) = \int_a^b f(x; y)\,dx \quad \text{bzw.} \quad J(y) = \int_{x_1(y)}^{x_2(y)} f(x; y)\,dx. \tag{2.206}$$

Es sei $I(y)$ für $\alpha \leqq y \leqq \beta$ definiert und $f(x; y)$ für $a \leqq x \leqq b, \alpha \leqq y \leqq \beta$ stetig und partiell stetig nach y differenzierbar; dann existiert die Ableitung von $I(y)$ nach y, und es gilt

$$\frac{d}{dy} I(y) = \frac{d}{dy} \int_a^b f(x; y)\,dx = \int_a^b \frac{\partial f(x; y)}{\partial y}\,dx \tag{2.207}$$

(Vertauschung von Integration und Differentiation).

Unter analogen Voraussetzungen läßt sich auch die über die Integration über die variable Grenze $x_1(y)$ und $x_2(y)$ erhaltene Funktion $J(y)$ differenzieren:

$$\frac{d}{dy} J(y) = \frac{d}{dy} \int_{x_1(y)}^{x_2(y)} f(x; y)\,dx = \int_{x_1(y)}^{x_2(y)} \frac{\partial f(x; y)}{\partial y}\,dx$$

$$+ f(x_2(y); y)\frac{dx_2}{dy} - f(x_1(y); y)\frac{dx_1}{dy}. \tag{2.208}$$

2.5.7. Numerische Integration

Da viele der in der Praxis auftretenden bestimmten Integrale nicht auf dem Wege

Bestimmung der Stammfunktion – Einsetzen der Grenzen

gelöst werden können, da eine Stammfunktion in geschlossener Form nicht angebbar ist, ist man auf näherungsweise numerische Integration angewiesen. Das geschieht unter Verwendung von *Quadraturformeln*. Hierbei wird angenommen, daß $f(x)$ im Intervall $[a, b]$ stetig ist. [Hat $f(x)$ an endlich vielen Stellen Sprünge, wird vorher das Intervall $[a, b]$ in Teilintervalle zerlegt, in denen $f(x)$ stetig ist.] Das Intervall $[a, b]$ wird in n gleichabständige (äquidistante) Teilintervalle $[x_{k-1}, x_k]$, $k = 1, 2, \ldots, n$, der Länge $h = (b - a)/n$ (h Schrittweite) und das Gesamtintegral $\int_a^b f(x)\,\mathrm{d}x$ in die Summe von n Teilintegralen

$$\int_{x_{k-1}}^{x_k} f(x)\,\mathrm{d}x \tag{2.209}$$

zerlegt. Die Berechnung dieser Teilintegrale erfolgt mit Kenntnis der Werte des Integranden und ggf. der Ableitungswerte, die dann an den erforderlichen Stellen bekannt sein müssen. Formeln, die nur Funktionswerte benutzen, werden als *Mittelwertformeln* und solche, die auch Ableitungswerte benutzen, als *Hermitesche Quadraturformeln* bezeichnet.
Es besteht die Möglichkeit, den ungefähren Fehler anzugeben, der bei der numerischen Integration erwartet werden muß. Er hängt von der verwendeten Quadraturformel ab. Im folgenden bedeutet M_k eine für den jeweiligen Integrationsbereich gültige obere Schranke für die Ableitung $f^{(k)}(x)$.

2.5.7.1. Rechteckformel (Bild 2.31)

$$\int_{x_k}^{x_k+h} f(x)\,\mathrm{d}x \approx \begin{cases} h\,f(x_k) \\ h\,f(x_k + h) \end{cases} \qquad |f| \leqq \frac{h^2}{2} M_1, \tag{2.210}$$

$$\int_a^b f(x)\,\mathrm{d}x \approx \begin{cases} h\,[f(a) + f(a+h) + \cdots + f(b-h)] \\ h\,[f(a+h) + f(a+2h) + \cdots + f(b)] \end{cases} \qquad |f| \leqq \frac{(b-a)\,h}{2} M_1. \tag{2.211}$$

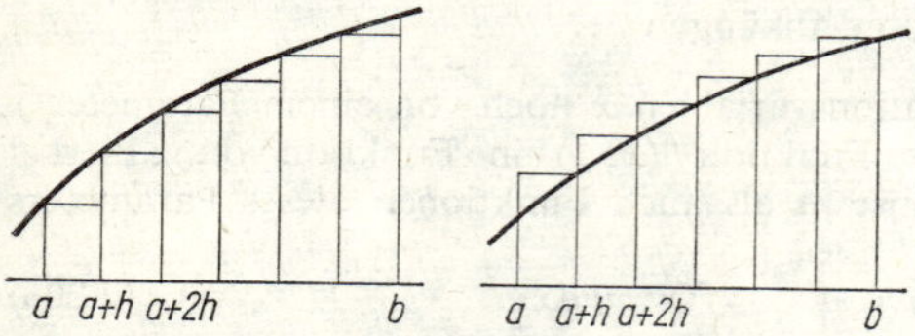

Bild 2.31. Integration mit Rechteckformeln

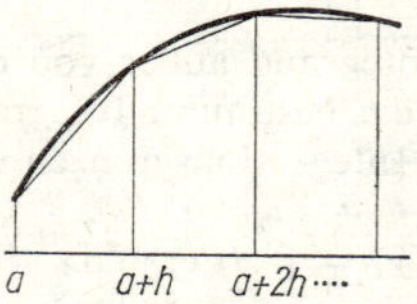

Bild 2.32. Zur Integration mit der Trapezformel

2.5.7.2. Trapezformel (Bild 2.32)

$$\int_x^{x_k+h} f(x)\,\mathrm{d}x \approx h\,\frac{f(x_k) + f(x_k + h)}{2} \qquad |f| \leqq \frac{h^3}{12} M_2, \tag{2.212}$$

$$\int_a^b f(x)\,\mathrm{d}x \approx h\left[\frac{f(a)}{2} + f(a+h) + f(a+2h) + \cdots + f(b-h) + \frac{f(b)}{2}\right] \qquad |f| \leqq \frac{(b-a)\,h^2}{12} M_2. \tag{2.213}$$

Wenn $f(b) = f(a)$ gilt, gehen Trapez- und Rechteckformeln ineinander über (z. B. bei Integration einer periodischen Funktion über eine Periodenlänge).

2.5.7.3. Simpsonsche Formel (Bild 2.33)

$$\int_{x_k}^{x_k+h} f(x)\,\mathrm{d}x \approx h\,\frac{f(x_k) + 4f\left(x_k + \frac{h}{2}\right) + f(x_k + h)}{6} \qquad |f| \leqq \frac{h^5}{2880} M_4, \tag{2.214}$$

$$\int_a^b f(x)\,\mathrm{d}x \approx \frac{h}{6}\left[f(a) + 4f\left(a + \frac{h}{2}\right) + 2f(a+h) + 4f\left(a + \frac{3h}{2}\right)\right.$$
$$\left. + 2f(a+2h) + \cdots + 2f(b-h) + 4f\left(b - \frac{h}{2}\right) + f(b)\right]$$
$$|f| \leqq \frac{(b-a)\,h^4}{2880} M_4. \tag{2.215}$$

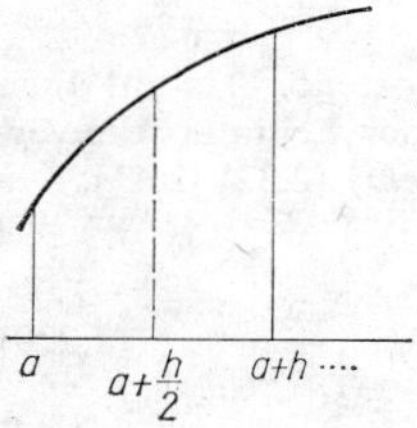

Bild 2.33
Zur Simpsonschen Formel

2.5.7.4. Hermitesche Trapezformel

$$\int_{x_k}^{x_k+h} f(x)\,\mathrm{d}x \approx h\,\frac{f(x_k) + f(x_k+h)}{2} + h^2\,\frac{f'(x_k) - f'(x_k+h)}{12}$$
$$|f| \leqq \frac{h^5}{720} M_4. \tag{2.216}$$

Falls auch $f'(x)$ in $[a, b]$ stetig ist, ergibt sich

$$\int_a^b f(x)\,\mathrm{d}x \approx h\left[\frac{f(a)}{2} + f(a+h) + \cdots + f(b-h) + \frac{f(b)}{2} + \frac{h^2}{12} f'(a) - f'(b)\right]$$
$$|f| \leqq \frac{(b-a)\,h^4}{720} M_4. \tag{2.217}$$

Wenn überdies $f'(a) = f'(b)$ gilt (z.B. bei stetig differenzierbaren periodischen Funktionen bei Integration über die Periodenlänge), geht die Hermitesche Trapezformel in die Rechteckformel über. Die Rechteckformel erreicht dann größenordnungsgemäß die gleiche Genauigkeit wie die Simpsonsche Formel (s. hierzu als eine Anwendung das Runge-Verfahren zur Fourier-Analyse, Abschn. 2.6.3.2.).

2.5.7.5. Allgemeine Quadraturformeln

Neben diesen sind weitere Integrationsformeln bildbar, die eine äquidistante Unterteilung eines Teilintervalls $[x_k, x_k + h]$ in r Teile der Länge h/r zur Grundlage haben:

$$\int_{x_k}^{x_k+h} f(x)\,\mathrm{d}x \approx h\left[A_0 f(x_k) + A_1 f\left(x_k + \frac{h}{r}\right) + \cdots\right.$$
$$\left. + A_{r-1} f\left(x_k + h - \frac{h}{r}\right) + A_r f(x_k + h)\right] \tag{2.218}$$

(*Newton-Cotessche Mittelwertformeln*, $r = 1$: Trapezformel; $r = 2$: *Simpsonsche Formel*) bzw.

$$\int_{x_k}^{x_k+h} f(x)\,\mathrm{d}x \approx h\left[A_0 f(x_k) + A_1 f\left(x_k + \frac{h}{r}\right) + \cdots + A_{r-1} f\left(x_k + h - \frac{h}{r}\right) + A_r f(x_k + h)\right] + h^2\left[B_0 f'(x_k) + B_1 f'\left(x_k + \frac{h}{r}\right) + \cdots + B_{r-1} f'\left(x_k + h - \frac{h}{r}\right) + B_r f'(x_k + h)\right] \quad (2.219)$$

(*Hermitesche Formeln*, $r = 1$: Hermitesche Trapezformel).
Diese Formeln bieten aber in ihrer Gesamtheit keine wesentlichen Vorteile. Das gilt auch für solche Quadraturformeln, die auf eine äquidistante Unterteilung der Teilintervalle verzichten *(Gaußsche Quadraturformeln, Tschebyscheffsche Quadraturformeln)* [2.32] [2.41].
Für eine numerische Behandlung der *unbestimmten Integration*

$$\int_{x_0}^{x} f(t)\,\mathrm{d}t \quad (2.220)$$

wird auf die Behandlung der entsprechenden Anfangswertaufgabe für gewöhnliche Differentialgleichungen

$$y' = f(x), \quad y(x_0) = 0 \quad (2.221)$$

verwiesen (s. Abschn. 2.7.5.3.).

2.5.8. Mehrfache Integrale und Linienintegrale

2.5.8.1. Allgemeine (krummlinige) Koordinaten

In einem dreidimensionalen Raum seien rechtwinklige kartesische Koordinaten zugrunde gelegt. Jeder Punkt des Raumes kann dann durch das Zahlentripel (x, y, z) eindeutig festgelegt werden. Sind die kartesischen Koordinaten von weiteren Größen u, v, w derart abhängig, daß jedem Punkt eines gewissen Teilbereiches $\boldsymbol{B}$ des Raumes eindeutig ein Wertetripel u, v, w zugeordnet werden kann und umgekehrt, so stellen die Größen u, v, w *allgemeine Koordinaten* dar. Zwischen den allgemeinen und den kartesischen Koordinaten mögen die Beziehungen

$$x = x(u, v, w), \quad y = y(u, v, w), \quad z = z(u, v, w) \quad (2.222)$$

bestehen, so daß sich für den Ortsvektor $\boldsymbol{r}$ die Beziehung

$$\boldsymbol{r}(u, v, w) = x(u, v, w)\,\boldsymbol{i} + y(u, v, w)\,\boldsymbol{j} + z(u, v, w)\,\boldsymbol{k} \quad (2.223)$$

ergibt. Die Funktionen x, y und z seien dabei stetige und stetig nach den Veränderlichen differenzierbare Funktionen.
Wenn man, ausgehend von einem Punkt $\boldsymbol{r}_0 = \boldsymbol{r}(u_0, v_0, w_0)$, nur eine der Koordinaten u, v, w ändert und die beiden anderen festhält, erhält man *Koordinatenlinien*, und zwar, je nach der Veränderlichen, eine u-Linie, v-Linie oder w-Linie. Wenn man dagegen eine Veränderliche festhält und die beiden anderen variiert, erhält man eine *Koordinatenfläche*. Auf Grund der Eineindeutigkeit der Zuordnung (und der vorausgesetzten Stetigkeit) gibt es durch jeden Punkt von $\boldsymbol{B}$ genau eine Koordinatenlinie jeder Art und genau eine Koordi-

natenfläche jeder Art. Das bedeutet, daß die *Funktionaldeterminante* für alle Punkte aus $\boldsymbol{B}$ (ggf. bis auf endlich viele isolierte Punkte) ungleich Null ist:

$$\frac{\partial (x, y, z)}{\partial (u, v, w)} = \left(\frac{\partial \boldsymbol{r}}{\partial u}\frac{\partial \boldsymbol{r}}{\partial v}\frac{\partial \boldsymbol{r}}{\partial w}\right) = \begin{vmatrix} \frac{\partial x}{\partial u} & \frac{\partial x}{\partial v} & \frac{\partial x}{\partial w} \\ \frac{\partial y}{\partial u} & \frac{\partial y}{\partial v} & \frac{\partial y}{\partial w} \\ \frac{\partial z}{\partial u} & \frac{\partial z}{\partial v} & \frac{\partial z}{\partial w} \end{vmatrix} \neq 0. \tag{2.224}$$

Stehen die Koordinatenlinien der verschiedenen Arten in jedem Punkt senkrecht aufeinander, d.h., wenn

$$\boldsymbol{r}_u \cdot \boldsymbol{r}_v = \boldsymbol{r}_u \cdot \boldsymbol{r}_w = \boldsymbol{r}_v \cdot \boldsymbol{r}_w = 0 \tag{2.225}$$

gilt (dabei bedeuten

$$\frac{\partial \boldsymbol{r}}{\partial u} = \boldsymbol{r}_u, \quad \frac{\partial \boldsymbol{r}}{\partial v} = \boldsymbol{r}_v, \quad \frac{\partial \boldsymbol{r}}{\partial w} = \boldsymbol{r}_w$$

die Tangentenvektoren in den einzelnen Koordinatenlinien), so heißt das (u, v, w)-Koordinatensystem *orthogonal*. Die Einheitsvektoren in Richtung der Koordinatenlinien sind die Vektoren

$$\boldsymbol{e}_u = \frac{\boldsymbol{r}_u}{|\boldsymbol{r}_u|}, \quad \boldsymbol{e}_v = \frac{\boldsymbol{r}_v}{|\boldsymbol{r}_v|}, \quad \boldsymbol{e}_w = \frac{\boldsymbol{r}_w}{|\boldsymbol{r}_w|}. \tag{2.226}$$

So wie ein eindimensionaler Integrationsbereich in Teilintervalle $\Delta x = h$, die dann abkürzend auch durch $\mathrm{d}x$ bezeichnet werden, aufgeteilt werden kann, kann man sich einen räumlichen Bereich entsprechend in Volumenelemente $\mathrm{d}V = \mathrm{d}x\,\mathrm{d}y\,\mathrm{d}z$ aufgeteilt denken. Diese Volumenelemente werden von je 2 benachbarten Koordinatenflächen jeder Art begrenzt. Für den Rauminhalt eines Volumenelements in den allgemeinen Koordinaten u, v, w gilt

$$\mathrm{d}V = (\boldsymbol{r}_u \boldsymbol{r}_v \boldsymbol{r}_w)\,\mathrm{d}u\,\mathrm{d}v\,\mathrm{d}w = \frac{\partial (x, y, z)}{\partial (u, v, w)}\,\mathrm{d}u\,\mathrm{d}v\,\mathrm{d}w. \tag{2.227}$$

Eine Kurve im Raum kann durch eine Parameterdarstellung

$$x = x(t), \quad y = y(t), \quad z = z(t) \tag{2.228}$$

oder allgemein

$$\boldsymbol{r} = \boldsymbol{r}(t) = \boldsymbol{r}\,(u(t), v(t), w(t)) \tag{2.229}$$

gegeben sein. Der Vektor des Linienelements an eine solche Kurve ergibt sich als

$$\mathrm{d}\boldsymbol{r} = \boldsymbol{r}_u\,\mathrm{d}u + \boldsymbol{r}_v\,\mathrm{d}v + \boldsymbol{r}_w\,\mathrm{d}w, \tag{2.230}$$

und für das *Linienelement* $\mathrm{d}s$ selbst, wobei s die Bogenlänge bedeutet und u, v, w orthogonale Koordinaten seien, folgt

$$\mathrm{d}s = |\mathrm{d}\boldsymbol{r}| = \sqrt{\boldsymbol{r}_u^2\,\mathrm{d}u^2 + \boldsymbol{r}_v^2\,\mathrm{d}v^2 + \boldsymbol{r}_w^2\,\mathrm{d}w^2}. \tag{2.231}$$

2.5.8.2. Spezielle orthogonale Koordinaten

Rechtwinklige kartesische Koordinaten (Bild 2.34)

$$\begin{aligned} &x = u, \quad y = v, \quad z = w; \quad \boldsymbol{r} = x\boldsymbol{i} + y\boldsymbol{j} + z\boldsymbol{k}, \\ &\mathrm{d}V = \mathrm{d}x\,\mathrm{d}y\,\mathrm{d}z; \quad \mathrm{d}s = \sqrt{\mathrm{d}x^2 + \mathrm{d}y^2 + \mathrm{d}z^2}. \end{aligned} \tag{2.232}$$

Zylinderkoordinaten (Bild 2.35)

$$x = \varrho \cos\varphi, \quad y = \varrho \sin\varphi, \quad z = z \quad \text{mit} \quad u = \varrho, \quad v = \varphi, \quad w = z,$$

$$\varrho = \sqrt{x^2 + y^2}, \quad \varphi = \arctan\frac{y}{x} + k\pi \; (0 \leqq \varphi < 2\pi), \tag{2.233}$$

$$\boldsymbol{r} = \varrho \cos\varphi \boldsymbol{i} + \varrho \boldsymbol{j} + z\boldsymbol{k},$$

$$\boldsymbol{e}_\varrho = \cos\varphi \boldsymbol{i} + \sin\varphi \boldsymbol{j}, \quad \boldsymbol{e}_\varphi = -\sin\varphi \boldsymbol{i} + \cos\varphi \boldsymbol{j}, \quad \boldsymbol{e}_z = \boldsymbol{k},$$

$$\mathrm{d}V = \varrho \, \mathrm{d}\varrho \, \mathrm{d}\varphi \, \mathrm{d}z, \quad \mathrm{d}s + \sqrt{\mathrm{d}\varrho^2 + \varrho^2 \, \mathrm{d}\varphi^2 + \mathrm{d}z^2}\,.$$

(Bei *ebenen Polarkoordinaten* entfällt die Abhängigkeit von z.)

Räumliche Polarkoordinaten (Kugelkoordinaten) (Bild 2.36)

$$x = r \sin\vartheta \cos\varphi, \quad y = r \sin\vartheta \sin\varphi, \quad z = r \cos\vartheta \quad \text{mit} \quad u = r, \quad v = \vartheta, \quad w = \varphi,$$

$$r = \sqrt{x^2 + y^2 + z^2}, \quad \vartheta = \arccos\frac{z}{\sqrt{x^2 + y^2 + z^2}} \quad (0 \leqq \vartheta \leqq \pi),$$

$$\varphi = \arctan\frac{y}{x} + k\pi \; (0 \leqq \varphi < 2\pi), \tag{2.234}$$

$$\boldsymbol{r} = r \sin\vartheta \cos\varphi \boldsymbol{i} + r \sin\vartheta \sin\varphi \boldsymbol{j} + r \cos\vartheta \boldsymbol{k},$$

$$\boldsymbol{e}_r = \sin\vartheta \cos\varphi \boldsymbol{i} + \sin\vartheta \sin\varphi \boldsymbol{j} + \cos\vartheta \boldsymbol{k},$$

$$\boldsymbol{e}_\vartheta = \cos\vartheta \cos\varphi \boldsymbol{i} + \cos\vartheta \sin\varphi \boldsymbol{j} - \sin\vartheta \boldsymbol{k}, \quad \boldsymbol{e}_\varphi = -\sin\varphi \boldsymbol{i} + \cos\varphi \boldsymbol{j},$$

$$\mathrm{d}V = r^2 \sin\vartheta \, \mathrm{d}r \, \mathrm{d}\varphi \, \mathrm{d}\vartheta, \quad \mathrm{d}s = \sqrt{\mathrm{d}r^2 + r^2 \sin^2\vartheta \, \mathrm{d}\varphi^2 + r^2 \, \mathrm{d}\vartheta^2}\,.$$

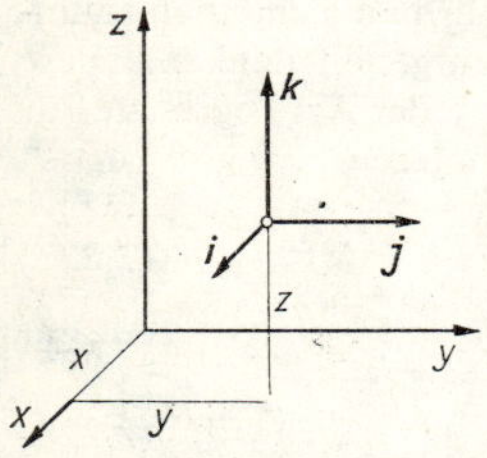

Bild 2.34. Rechtwinklige kartesische Koordinaten

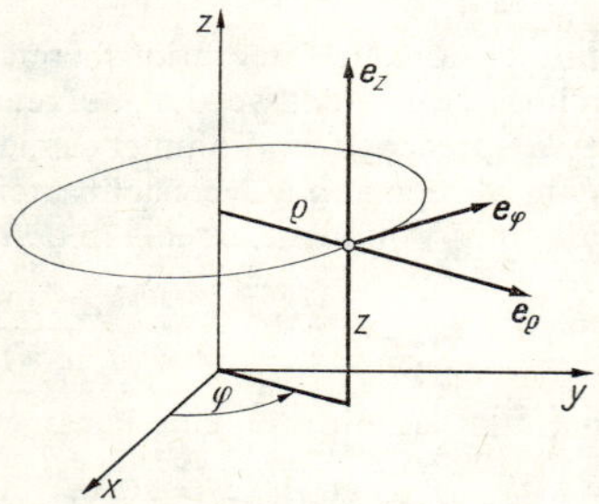

Bild 2.35. Zylinderkoordinaten

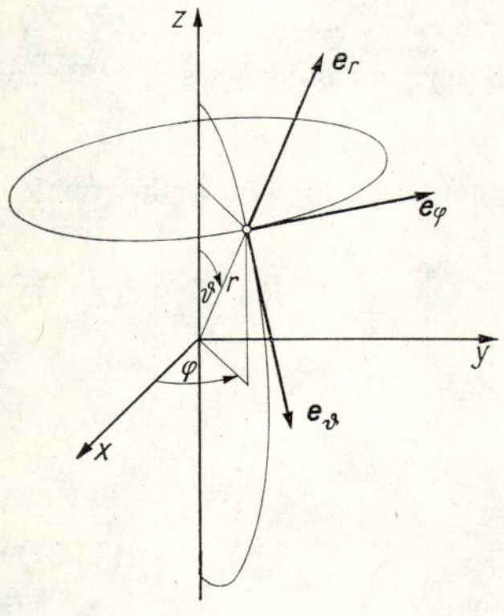

Bild 2.36
Räumliche Polarkoordinaten

2.5.8.3. Flächen

Zur Darstellung einer Fläche im Raum eignen sich verschiedene Möglichkeiten:

implizite Gleichung:

$$G(x, y, z) = 0, \tag{2.235}$$

explizite Gleichung:

$$z = g(x, y), \tag{2.236}$$

Parameterdarstellung:

$$x = x(u, v), \quad y = y(u, v), \quad z = z(u, v). \tag{2.237}$$

Die Parameter der letzten Form sind unabhängige Veränderliche und stellen Koordinaten auf der Fläche dar. $u =$ konst. und $v =$ konst. liefern auf der Fläche die Koordinatenlinien. Ein Punkt auf der Fläche hat den Ortsvektor

$$\boldsymbol{r} = \boldsymbol{r}(u, v) = x(u, v)\,\boldsymbol{i} + y(u, v)\,\boldsymbol{j} + z(u, v)\,\boldsymbol{k}. \tag{2.238}$$

Gilt $\boldsymbol{r}_u \boldsymbol{r}_v = 0$, so stehen die Koordinatenlinien senkrecht aufeinander, und man spricht von orthogonalen Koordinaten.

Flächenelement (Oberflächenelement)

$$\mathrm{d}O = |\boldsymbol{r}_u \times \boldsymbol{r}_v|\,\mathrm{d}u\,\mathrm{d}v = \sqrt{\boldsymbol{r}_u^2 \boldsymbol{r}_v^2 - (\boldsymbol{r}_u \cdot \boldsymbol{r}_v)^2}\,\mathrm{d}u\,\mathrm{d}v. \tag{2.239}$$

Einheitsvektor der Flächennormalen

$$\boldsymbol{n} = \frac{\boldsymbol{r}_u \times \boldsymbol{r}_v}{|\boldsymbol{r}_u \times \boldsymbol{r}_v|}. \tag{2.240}$$

Vektor des Flächenelements

$$\mathrm{d}\boldsymbol{o} = \boldsymbol{n}\,\mathrm{d}O = (\boldsymbol{r}_u \times \boldsymbol{r}_v)\,\mathrm{d}u\,\mathrm{d}v. \tag{2.241}$$

Kurven auf der Fläche. Hängen u und v von einem Parameter t ab, so stellt $\boldsymbol{r} = \boldsymbol{r}(u(t), v(t))$ eine Raumkurve auf der Fläche $\boldsymbol{r} = \boldsymbol{r}(u, v)$ dar.

Linienelement

$$\begin{aligned}\mathrm{d}s = |\mathrm{d}\boldsymbol{r}| &= \sqrt{\boldsymbol{r}_u^2\,\mathrm{d}u^2 + 2\boldsymbol{r}_u \cdot \boldsymbol{r}_v\,\mathrm{d}u\,\mathrm{d}v + \boldsymbol{r}_v^2\,\mathrm{d}v^2} \\ &= \sqrt{\boldsymbol{r}_u^2 \dot{u}^2 + 2\boldsymbol{r}_u \cdot \boldsymbol{r}_v \dot{u}\dot{v} + \boldsymbol{r}_v^2 \dot{v}^2}\,\mathrm{d}t \quad \left(\dot{u} = \frac{\mathrm{d}u}{\mathrm{d}t}, \quad \dot{v} = \frac{\mathrm{d}v}{\mathrm{d}t}\right).\end{aligned} \tag{2.242}$$

Vektor des Linienelements

$$\mathrm{d}\boldsymbol{r} = \boldsymbol{r}_u\,\mathrm{d}u + \boldsymbol{r}_v\,\mathrm{d}v = \boldsymbol{r}_u \dot{u}\,\mathrm{d}t + \boldsymbol{r}_v \dot{v}\,\mathrm{d}t. \tag{2.243}$$

2.5.8.4. Flächen- und Raumintegrale. Mehrfache Integrale

Flächen- oder Oberflächenintegrale. Die Beziehungen

$$x = x(u, v), \quad y = y(u, v), \quad z = z(u, v) \tag{2.244}$$

liefern die Parameterdarstellung eines (nicht notwendig ebenen) zweidimensionalen Bereiches $\boldsymbol{B}$, in dem ein Bereich $\boldsymbol{B}^*$ der (u, v)-Ebene abgebildet wird. Über dem Bereich $\boldsymbol{B}$ sei eine stetige Funktion $f(\boldsymbol{r})$ erklärt. Das über $\boldsymbol{B}$ erstreckte Flächenintegral ist als der folgende Grenzwert erklärt:

$$\int_B f(\boldsymbol{r})\,\mathrm{d}O = \lim_{\substack{n\to\infty \\ \Delta O_k\to 0}} \sum_{k=1}^{n} f(\boldsymbol{r}_k)\ \Delta O_k; \tag{2.245}$$

ΔO_k Flächeninhalte der durch die Koordinatenlinien entstehenden Teilbereiche, in die die Fläche B zerlegt wird und die mit wachsendem n zusammenschrumpfen,
r_k Ortsvektor eines beliebigen Punktes aus dem Teilbereich ΔO_k.

Das Flächenintegral wird über die Formel

$$\int_B f(\boldsymbol{r})\,\mathrm{d}O = \int_B f(\boldsymbol{r})\,|\boldsymbol{r}_u \times \boldsymbol{r}_v|\,\mathrm{d}u\,\mathrm{d}v$$

$$= \int_B f(\boldsymbol{r})\sqrt{\boldsymbol{r}_u^2\boldsymbol{r}_v^2 - (\boldsymbol{r}_u\boldsymbol{r}_v)^2}\,\mathrm{d}u\,\mathrm{d}v \tag{2.246}$$

einer Berechnung zugeführt.

Beispiele

1. B sei eben und durch kartesische Koordinaten beschreibbar; dann gilt

$$\int_B f(\boldsymbol{r})\,\mathrm{d}P = \iint_B f(x, y)\,\mathrm{d}x\,\mathrm{d}y. \tag{2.247}$$

2. B liege auf der gekrümmten Fläche $z = f(x, y)$ über einem Bereich B^* der (x, y)-Ebene; dann gilt

$$\boldsymbol{r} = x\boldsymbol{i} + y\boldsymbol{j} + f(x, y)\,\boldsymbol{k}, \quad \boldsymbol{r}_x = \boldsymbol{i} + f_x\boldsymbol{k}, \quad \boldsymbol{r}_y = \boldsymbol{j} + f_y\boldsymbol{k}$$

und damit

$$\int_B f(\boldsymbol{r})\,\mathrm{d}O = \iint_{B^*} f(x, y)\sqrt{1 + f_x{}^2 + f_y{}^2}\,\mathrm{d}x\,\mathrm{d}y. \tag{2.248}$$

Die Berechnung von Integralen über mehrdimensionale Bereiche erfolgt über die Zurückführung auf einfache Integrale. Hierbei ist darauf zu achten, daß die jeweiligen Integrationsgrenzen richtig festgelegt werden.

Beispiele

1. Der Integrationsbereich B sei ein Rechteck: $a \leqq x \leqq b$, $\alpha \leqq y \leqq \beta$. Dann gilt (Bild 2.37)

$$\iint_B f(x, y)\,\mathrm{d}x\,\mathrm{d}y = \int_a^b \left[\int_\alpha^\beta f(x, y), \mathrm{d}y\right] \mathrm{d}x = \int_\alpha^\beta \left[\int_a^b f(x, y), \mathrm{d}x\right] \mathrm{d}y. \tag{2.249}$$

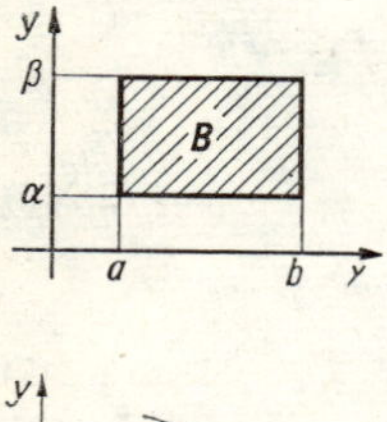

Bild 2.37
Rechteckbereich

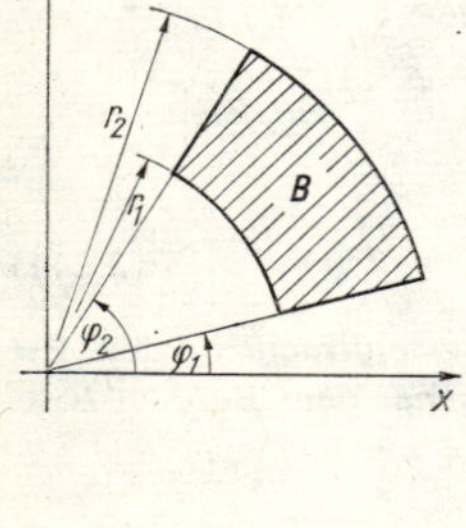

Bild 2.38
Kreisringbereich

Läßt sich darüber hinaus der Integrand in der Form $f(x, y) = g(x)\,h(y)$ schreiben, so gilt noch einfacher

$$\iint_B g(x)\,h(y)\,\mathrm{d}x\,\mathrm{d}y = \int_a^b g(x)\,\mathrm{d}x \cdot \int_\alpha^\beta h(y)\,\mathrm{d}y. \tag{2.250}$$

2. Der Integrationsbereich B habe die Gestalt eines Kreisringsegments: $r_1 \leqq r \leqq r_2$, $\varphi_1 = \varphi = \varphi_2$. Dann gilt unter Verwendung von Polarkoordinaten (Bild 2.38)

$$\iint_B \underbrace{F(r, \varphi)}_{f(r)}\,\underbrace{r\,\mathrm{d}r\,\mathrm{d}\varphi}_{\mathrm{d}O} = \int_{\varphi_1}^{\varphi_2} \left[\int_{r_1}^{r_2} F(r, \varphi)\,r\,\mathrm{d}r\right] \mathrm{d}\varphi = \int_{r_1}^{r_2} \left[\int_{\varphi_1}^{\varphi_2} F(r, \varphi)\,\mathrm{d}\varphi\right] r\,\mathrm{d}r. \tag{2.251}$$

Im allgemeinen Fall erhalten die inneren Integrale variable Grenzen, die über die Gleichungen der Randkurven des Integrationsbereiches als Funktionen der äußeren Integrationsvariablen bestimmt werden können (Bilder 2.39, 2.40):

$$\iint_B f(x, y)\,\mathrm{d}x\,\mathrm{d}y = \int_a^b \left[\int_{y_1(x)}^{y_2(x)} f(x, y)\,\mathrm{d}y\right] \mathrm{d}x = \int_\alpha^\beta \left[\int_{x_1(y)}^{x_2(y)} f(x, y)\,\mathrm{d}x\right] \mathrm{d}y. \tag{2.252}$$

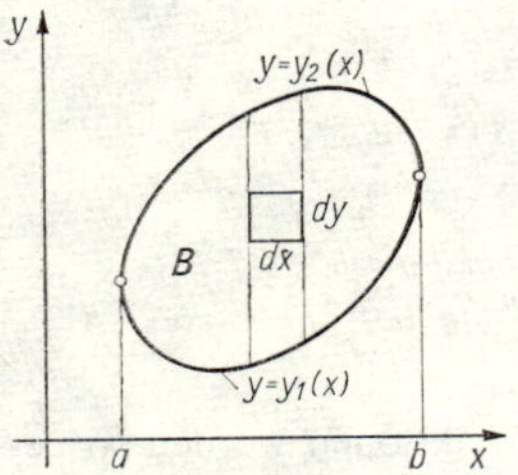

Bild 2.39. Variable Grenzen bezüglich y

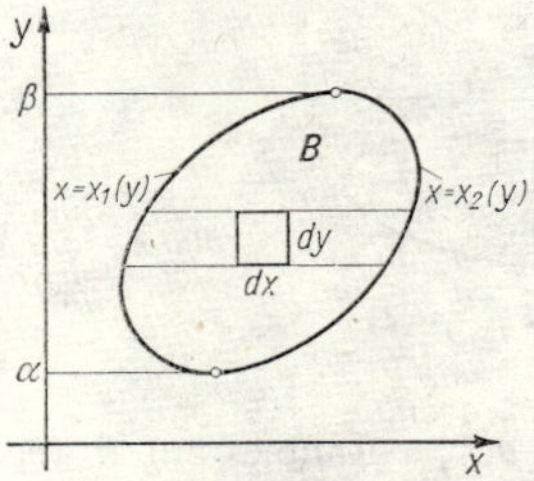

Bild 2.40. Variable Grenzen bezüglich x

Man ist bei der Berechnung mehrdimensionaler Integrale bemüht, durch Einführung geeigneter Koordinaten zu erreichen, daß die Bereiche durch Koordinatenlinien begrenzt werden (s. Beispiel 2, Einführung von Polarkoordinaten bei Kreisringbereichen). Hier gilt allgemein

$$\iint_{B(x,y)} f(x, y)\,\mathrm{d}x\,\mathrm{d}y = \iint_{B(u,v)} f(x(u, v), y(u, v))\,\frac{\partial(x, y)}{\partial(u, v)}\,\mathrm{d}u\,\mathrm{d}v. \tag{2.253}$$

Volumenintegrale. Über einen Bereich $\boldsymbol{R}$ des dreidimensionalen Raumes sei eine stetige Funktion $f(\boldsymbol{r})$ erklärt. Dann wird das über $\boldsymbol{R}$ erstreckte Volumenintegral als folgender Grenzwert definiert:

$$\int_{\boldsymbol{R}} f(\boldsymbol{r})\,\mathrm{d}V = \lim_{\substack{n \to \infty \\ \Delta V_k \to 0}} \sum_{k=1}^{n} f(\boldsymbol{r}_k)\,\Delta V_k; \tag{2.254}$$

ΔV_k Rauminhalte der durch Koordinatenflächen entstehenden Teilbereiche, in die $\boldsymbol{R}$ zerlegt wird und die mit wachsendem n zusammenschrumpfen,
$\boldsymbol{r}_k$ Ortsvektor eines beliebigen Punktes aus dem Teilbereich ΔV_k.

Für kartesische Koordinaten gilt

$$\int_{\boldsymbol{R}} f(\boldsymbol{r})\,\mathrm{d}V = \iiint_{\boldsymbol{R}} (x, y, z)\,\mathrm{d}x\,\mathrm{d}y\,\mathrm{d}z. \tag{2.255}$$

Die Integration wird wieder auf einfache Integrationen zurückgeführt. Bei allgemein begrenztem Bereich $\boldsymbol{R}$ treten variable Integrationsgrenzen auf. Die Reihenfolge der Integrationen ist gleichgültig; man wählt sie gemäß der Form von $\boldsymbol{R}$ zweckmäßig (Bild 2.41). Es gilt z.B.

$$\iiint_{\boldsymbol{R}} f(x, y, z)\,\mathrm{d}x\,\mathrm{d}y\,\mathrm{d}z = \int_a^b \left\{ \int_{y_1(x)}^{y_2(x)} \left[\int_{z_1(x,y)}^{z_2(x,y)} f(x, y, z)\,\mathrm{d}z \right] \mathrm{d}y \right\} \mathrm{d}x. \quad (2.256)$$

Man führt, auch um die Integrationsgrenzen besser erfassen zu können, wieder neue Koordinaten ein. Durch

$$x = x(u, v, w), \quad y = y(u, v, w), \quad z = z(u, v, w) \quad (2.257)$$

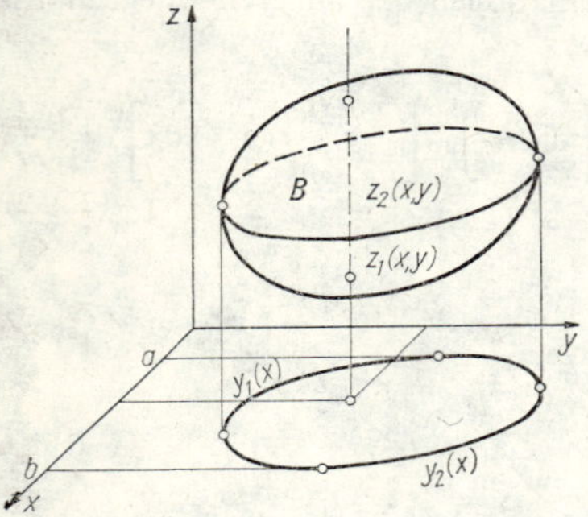

Bild 2.41
Allgemeiner räumlicher Integrationsbereich

wird ein Bereich $\boldsymbol{R}^*$ des u, v, w-Raumes auf $\boldsymbol{R}$ abgebildet. Die Funktionen werden so gewählt, daß der Bereich $\boldsymbol{R}^*$ einfacher begrenzt ist. Dann gilt

$$\iiint_{\boldsymbol{R}(x,y,z)} f(x, y, z)\,\mathrm{d}x\,\mathrm{d}y\,\mathrm{d}z$$
$$= \iiint_{\boldsymbol{R}^*(u,v,w)} f(x(u, v, w), y(u, v, w), z(u, v, w)) \frac{\partial(x, y, z)}{\partial(u, v, w)}\,\mathrm{d}u\,\mathrm{d}v\,\mathrm{d}w. \quad (2.258)$$

Beispiel. Es soll das Volumen einer Kugel mit dem Radius a berechnet werden.

Kartesische Koordinaten:

$$\int_{\text{Kugel}} 1\,\mathrm{d}V = \int_{-a}^{+a} \int_{\sqrt{-a^2-z^2}}^{\sqrt{+a^2-z^2}} \int_{\sqrt{-a^2-y^2-z^2}}^{\sqrt{+a^2-y^2-z^2}} \mathrm{d}x\,\mathrm{d}y\,\mathrm{d}z$$
$$= 8 \int_0^a \left[\int_0^{\sqrt{a^2-z^2}} \left(\int_0^{\sqrt{a^2-z^2-y^2}} \mathrm{d}x \right) \mathrm{d}y \right] \mathrm{d}z$$
$$= 8 \int_0^a \left(\int_0^{\sqrt{a^2-z^2}} \sqrt{a^2 - z^2 - y^2}\,\mathrm{d}y \right) \mathrm{d}z$$
$$= 8 \int_0^a \frac{a^2 - z^2}{2} \arcsin 1\,\mathrm{d}z$$
$$= 2\pi \int_0^a (a^2 - z^2)\,\mathrm{d}z = 2\pi \left(a^2 z - \frac{z^3}{3} \right)\Big|_0^a = \frac{4}{3}\pi a^3;$$

Kugelkoordinaten:

$$\int_{\text{Kugel}} 1\,\mathrm{d}V = \int_0^\pi \int_0^{2\pi} \int_0^a r^2 \sin\vartheta\,\mathrm{d}r\,\mathrm{d}\varphi\,\mathrm{d}\vartheta$$
$$= \int_0^a r^2\,\mathrm{d}r \cdot \int_0^{2\pi} \mathrm{d}\varphi \cdot \int_0^\pi \sin\vartheta\,\mathrm{d}\vartheta$$
$$= \frac{a^3}{3} \cdot 2\pi \cdot (-\cos\vartheta)\Big|_0^\pi = \frac{4}{3}\pi a^3.$$

2.5.8.5. Linienintegrale

Eine Kurve $\boldsymbol{C}$ zwischen den Punkten A und B sei durch die Vektordarstellung

$$\boldsymbol{r}(t) = x(t)\,\boldsymbol{i} + y(t)\,\boldsymbol{j} + z(t)\,\boldsymbol{k} \tag{2.259}$$

gegeben. Weiterhin liege ein Vektorfeld

$$\boldsymbol{v}(r) = v_x(x, y, z)\,\boldsymbol{i} + v_y(x, y, z)\,\boldsymbol{j} + v_z(x, y, z)\,\boldsymbol{k} \tag{2.260}$$

vor. Hier und im folgenden Teil dieses Abschnitts sollen v_x, v_y und v_z die Komponenten eines Vektors und nicht partielle Ableitungen bedeuten.
Das längs $\boldsymbol{C}$ von A nach B erstreckte *Linienintegral* ist definiert durch

$$(\boldsymbol{C})\int_A^B \boldsymbol{v}\cdot \mathrm{d}\boldsymbol{r} = (\boldsymbol{C})\int_A^B (v_x\,\mathrm{d}x + v_y\,\mathrm{d}y + v_z\,\mathrm{d}z). \tag{2.261}$$

Die Berechnung des Linienintegrals kann durch Einsetzen der Parameterdarstellung auf ein gewöhnliches Integral zurückgeführt werden:

$$(\boldsymbol{C})\int_A^B \boldsymbol{v}\cdot \mathrm{d}\boldsymbol{r} = \int_{t_A}^{t_B} \{v_x(r(t), y(t), z(t))\,\dot{x}(t) + v_y(x(t), y(t), z(t))\,\dot{y}(t) + v_z(x(t), y(t), z(t))\,\dot{z}(t)\}\,\mathrm{d}t. \tag{2.262}$$

Der Wert des Integrals ist bei festen Endpunkten A und B i.allg. vom Verlauf des Weges zwischen A und B abhängig. Für die *Wegunabhängigkeit* des Integrals ist das Erfülltsein der *Integrabilitätsbedingungen* notwendig und hinreichend,

$$\frac{\partial v_x}{\partial y} = \frac{\partial v_y}{\partial x}, \quad \frac{\partial v_x}{\partial z} = \frac{\partial v_z}{\partial x}, \quad \frac{\partial v_y}{\partial z} = \frac{\partial v_z}{\partial y} \text{ (d.h., rot } \boldsymbol{v} = \boldsymbol{o}), \tag{2.263}$$

wobei hier alle Ableitungen stetig sein müssen. Sind diese Bedingungen im gesamten Bereich $\boldsymbol{R}$ erfüllt, kann man die Integration von einem festen Punkt A aus zu einem beliebigen Punkt $\boldsymbol{P}(x, y, z)$ aus $\boldsymbol{R}$ erstrecken und erhält den Wert des Integrals als eine Funktion von P. Diese Funktion heißt *Potentialdifferenz* des Vektorfeldes zwischen A und P:

$$u_{\mathrm{A}}(x, y, z) = \int_A^P \boldsymbol{v}\,\mathrm{d}\boldsymbol{r} = u(P) - u(A). \tag{2.264}$$

$\boldsymbol{u}(P)$ selbst heißt *Potential* des Vektorfeldes im Punkt P. Es ist, wie man sieht, nur bis auf eine additive Konstante bestimmt. Die partiellen Ableitungen des Potentials sind den Komponenten des Vektorfeldes gleich:

$$\frac{\partial u}{\partial x} = v_x, \quad \frac{\partial u}{\partial y} = v_y, \quad \frac{\partial u}{\partial z} = v_z. \tag{2.265}$$

Es gilt also $\boldsymbol{v} = \operatorname{grad} u$. Im Fall der Wegunabhängigkeit steht dann unter dem Integralzeichen ein vollständiges Differential, und es folgt

$$\int_A^B \boldsymbol{v}\,\mathrm{d}\boldsymbol{r} = \int_A^B \left(\frac{\partial u}{\partial x}\,\mathrm{d}x + \frac{\partial u}{\partial y}\,\mathrm{d}y + \frac{\partial u}{\partial z}\,\mathrm{d}z\right) = \int_A^B \mathrm{d}u = u(B) - u(A). \tag{2.266}$$

Zur Berechnung eines wegunabhängigen Linienintegrals wählt man den Integrationsweg zweckmäßig so, daß er stückweise parallel zu den Koordinatenachsen verläuft.
Linienintegrale über doppelpunktfreie geschlossene Linien $\boldsymbol{C}$ werden mit

$$\oint_C \boldsymbol{v}\,\mathrm{d}\boldsymbol{r}$$

Tafel 2.8

Größe	Allgemeine Formel	Kartesische Koordinaten
Bogenlänge eines Kurvenstücks	$S = \int_C \mathrm{d}s$	$\int \sqrt{1 + \left(\frac{\mathrm{d}y}{\mathrm{d}x}\right)^2}\, \mathrm{d}x$
Masse eines Kurvenstücks [$\mu(r)$ Belegungsdichte]	$M = \int_C \mu(r)\, \mathrm{d}s$	$\int \mu \sqrt{1 + \left(\frac{\mathrm{d}y}{\mathrm{d}x}\right)^2}\, \mathrm{d}x$
Oberfläche eines Drehkörpers bei der Drehung der Linie		
a) $y = f(x)$ um die x-Achse	$O = 2\pi \int_C f(x)\, \mathrm{d}s$	$2\pi \int y \sqrt{1 + \left(\frac{\mathrm{d}y}{\mathrm{d}x}\right)^2}\, \mathrm{d}x$
b) $x = g(y)$ um die y-Achse	$O = 2\pi \int_C g(y)\, \mathrm{d}s$	$2\pi \int x \sqrt{\left(\frac{\mathrm{d}y}{\mathrm{d}x}\right)^2 + 1}\, \mathrm{d}y$
Volumen eines Drehkörpers bei der Drehung der Linie		
a) $y = f(x)$ um die x-Achse		$\pi \int f^2(x)\, \mathrm{d}x$
b) $x = g(y)$ um die y-Achse		$\pi \int g^2(y)\, \mathrm{d}y$
Schwerpunktkoordinaten eines Kurvenstücks	$\xi = \frac{1}{M} \int_C \mu(r)\, x\, \mathrm{d}s$	$\dfrac{\int \mu x \sqrt{1 + \left(\frac{\mathrm{d}y}{\mathrm{d}x}\right)^2}\, \mathrm{d}x}{\int \mu \sqrt{1 + \left(\frac{\mathrm{d}y}{\mathrm{d}x}\right)^2}\, \mathrm{d}x}$
	$\eta = \frac{1}{M} \int_C \mu(r)\, y\, \mathrm{d}s$	$\dfrac{\int \mu y \sqrt{1 + \left(\frac{\mathrm{d}y}{\mathrm{d}x}\right)^2}\, \mathrm{d}x}{\int \mu \sqrt{1 + \left(\frac{\mathrm{d}y}{\mathrm{d}x}\right)^2}\, \mathrm{d}x}$
Trägheitsmoment eines Kurvenstücks		
a) bezogen auf die x-Achse	$J_x = \int_C \mu(r)\, y^2\, \mathrm{d}s$	$\int \mu y^2 \sqrt{1 + \left(\frac{\mathrm{d}y}{\mathrm{d}x}\right)^2}\, \mathrm{d}x$
b) bezogen auf die y-Achse	$J_y \int_C \mu(r)\, x^2\, \mathrm{d}s$	$\int \mu x^2 \sqrt{1 + \left(\frac{\mathrm{d}y}{\mathrm{d}x}\right)^2}\, \mathrm{d}x$
c) bezogen auf den Ursprung	$J = J_x + J_y = \int_C \mu(r)\, r^2\, \mathrm{d}s$	$\int \mu\, (x^2 + y^2) \sqrt{1 + \left(\frac{\mathrm{d}y}{\mathrm{d}x}\right)^2}\, \mathrm{d}x$
Inhalt eines ebenen Bereiches (Flächeninhalt)	$A = \int_B \mathrm{d}o$	$\int\int \mathrm{d}x\, \mathrm{d}y$ $\frac{1}{2} \oint (x\, \mathrm{d}y - y\, \mathrm{d}x)$
Masse eines ebenen Flächenstücks [$\mu(r)$ Belegungsdichte]	$M = \int_B \mu(r)\, \mathrm{d}o$	$\int\int \mu\, \mathrm{d}x\, \mathrm{d}y$
Inhalt einer krummen Fläche $z\,(x, y)$	$A = \int_B \mathrm{d}o$	$\int\int \sqrt{1 + \left(\frac{\partial z}{\partial x}\right)^2 + \left(\frac{\partial z}{\partial y}\right)^2}$ $\times\, \mathrm{d}x\, \mathrm{d}y$
Schwerpunktkoordinaten einer ebenen Fläche	$\xi = \frac{1}{M} \int_B \mu(r)\, x\, \mathrm{d}o$	$\dfrac{\int\int \mu x\, \mathrm{d}x\, \mathrm{d}y}{\int\int \mu\, \mathrm{d}x\, \mathrm{d}y}$
	$\eta = \frac{1}{M} \int_B \mu(r)\, y\, \mathrm{d}o$	$\dfrac{\int\int \mu y\, \mathrm{d}x\, \mathrm{d}y}{\int\int \mu\, \mathrm{d}x\, \mathrm{d}y}$
Trägheitsmoment einer ebenen Fläche		
a) bezogen auf die x-Achse	$J_x = \int_B \mu(r)\, y^2\, \mathrm{d}o$	$\int\int \mu y^2\, \mathrm{d}x\, \mathrm{d}y$
b) bezogen auf die y-Achse	$J_y = \int_B \mu(r)\, x^2\, \mathrm{d}o$	$\int\int \mu x^2\, \mathrm{d}x\, \mathrm{d}y$
c) bezogen auf den Ursprung	$J = J_x + J_y = \int_B \mu(r)\, r^2\, \mathrm{d}o$	$\int\int \mu\, (x^2 + y^2)\, \mathrm{d}x\, \mathrm{d}y$

Tafel 2.8. Fortsetzung

Größe	Allgemeine Formel	Kartesische Koordinaten
Volumen eines Körpers	$V = \int_R \mathrm{d}V$	$\iiint \mathrm{d}x\,\mathrm{d}y\,\mathrm{d}z$
Masse eines Körpers [$\mu(r)$ Dichte]	$M = \int_R \mu(r)\,\mathrm{d}V$	$\iiint \mu\,\mathrm{d}x\,\mathrm{d}y\,\mathrm{d}z$
Schwerpunktkoordinaten eines Körpers	$\xi = \frac{1}{M}\int_R \mu(r)\,x\,\mathrm{d}V$	$\frac{\iiint \mu x\,\mathrm{d}x\,\mathrm{d}y\,\mathrm{d}z}{\iiint \mu\,\mathrm{d}x\,\mathrm{d}y\,\mathrm{d}z}$
	$\eta = \frac{1}{M}\int_R \mu(r)\,y\,\mathrm{d}V$	$\frac{\iiint \mu y\,\mathrm{d}x\,\mathrm{d}y\,\mathrm{d}z}{\iiint \mu\,\mathrm{d}x\,\mathrm{d}y\,\mathrm{d}z}$
	$\zeta = \frac{1}{M}\int_R \mu(r)\,z\,\mathrm{d}V$	$\frac{\iiint \mu z\,\mathrm{d}x\,\mathrm{d}y\,\mathrm{d}z}{\iiint \mu\,\mathrm{d}x\,\mathrm{d}y\,\mathrm{d}z}$
Trägheitsmoment eines Körpers		
a) bezogen auf die x-Achse	J_x	$\iiint \mu\,(y^2 + z^2)\,\mathrm{d}x\,\mathrm{d}y\,\mathrm{d}z$
b) bezogen auf die y-Achse	J_y	$\iiint \mu\,(x^2 + z^2)\,\mathrm{d}x\,\mathrm{d}y\,\mathrm{d}z$
c) bezogen auf die z-Achse	$J_z = \int_R \mu(r)\,\varrho^2\,\mathrm{d}V$	$\iiint \mu\,(x^2 + y^2)\,\mathrm{d}x\,\mathrm{d}y\,\mathrm{d}z$
d) bezogen auf den Ursprung	$J = \frac{J_x + J_y + J_z}{2} = \int_R \mu(r)\,r^2\,\mathrm{d}V$	$\iiint \mu\,(x^2 + y^2 + z^2)\,\mathrm{d}x\,\mathrm{d}y\,\mathrm{d}z$

bezeichnet. Das Erfülltsein der Integrabilitätsbedingung im gesamten Bereich $\boldsymbol{R}$ führt dann zu seinem Verschwinden. Speziell in der x, y-Ebene folgt

$$\oint_C \boldsymbol{v}\,\mathrm{d}\boldsymbol{r} = 0,$$

wenn in allen Punkten des von $\boldsymbol{C}$ umschlossenen Bereiches die Bedingung

$$\frac{\partial v_x}{\partial y} = \frac{\partial v_y}{\partial x}; \quad \frac{\partial v_x}{\partial y}, \quad \frac{\partial v_y}{\partial x} \quad \text{stetig} \tag{2.267}$$

erfüllt ist.

2.5.8.6. Einige Anwendungen

Guldinsche Regeln

Berechnung der Oberfläche eines Drehkörpers, der durch Drehung einer Linie um eine Achse entsteht:

$$O = 2\pi r \cdot S = \text{Schwerpunktweg} \times \text{Länge der erzeugenden Linie}; \tag{2.268}$$

r Abstand des Schwerpunkts der Linie von der Drehachse.

Berechnung des Rauminhalts eines Drehkörpers, der durch Drehung einer ebenen Fläche um eine Achse entsteht:

$$V = 2\pi r \cdot A = \text{Schwerpunktweg} \times \text{Flächeninhalt der erzeugenden Fläche}; \tag{2.269}$$

r Abstand des Schwerpunkts der Fläche von der Drehachse.

2.6. Unendliche Reihen

2.6.1. Allgemeines zur Konvergenz

Eine unendliche Reihe

$$\sum_{n=1} a_n = a_1 + a_2 + a_3 + \cdots \tag{2.270}$$

heißt *konvergent*, wenn die Folge $\{s_n\}$ ihrer Teilsummen

$$s_n = a_1 + a_2 + \cdots + a_n$$

konvergiert. Ihr Grenzwert

$$s = \lim_{n\to\infty} s_n = \sum_{n=1}^{\infty} a_n \tag{2.271}$$

heißt *Summe*, a_n *allgemeines Glied* der Reihe.
Notwendige Bedingung für die Konvergenz: $\lim\limits_{n\to\infty} a_n = 0$.

Daß diese Bedingung nicht hinreicht, zeigt das Beispiel der divergierenden *harmonischen Reihe*

$$1 + \frac{1}{2} + \frac{1}{3} + \frac{1}{4} + \cdots$$

Für *alternierende Reihen*, d.h. für Reihen mit abwechselnd positiven und negativen Gliedern, gilt: Eine alternierende Reihe ist konvergent, wenn ihre Glieder von einem bestimmten Glied ab dem Betrag nach monoton gegen Null streben; wenn eine alternierende Reihe mit dem

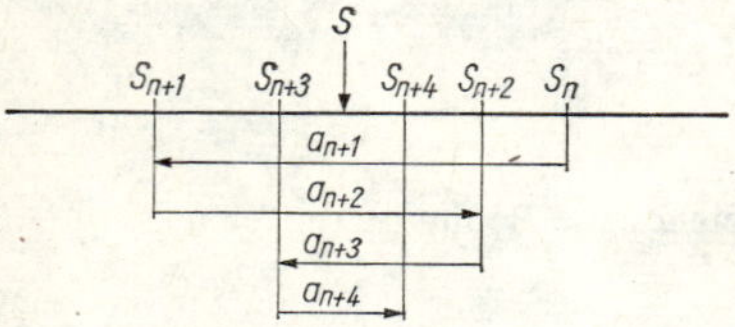

Bild 2.42
Konvergenz alternierender Reihen

Glied a_n abgebrochen wird, ist der Abstand von s_n zum Grenzwert s kleiner als der Betrag dieses letzten berücksichtigten Gliedes (Bild 2.42):

$$|s - s_n| < |a_n|. \tag{2.272}$$

Absolute Konvergenz. Eine Reihe mit Gliedern beliebigen Vorzeichens ist sicher konvergent, wenn die Reihe der absoluten Beträge der Glieder konvergiert.

Majoranten- und Minorantenkriterium für Reihen mit positiven Gliedern. Die Reihe

$$\sum_{n=1} a_n \ (a_n > 0)$$

konvergiert, wenn sich eine konvergente *Majorante*

$$\sum_{n=1} c_n$$

finden läßt, deren Glieder $c_n \geqq a_n$ für alle $n \geqq n_1$ sind. Entsprechend folgt die Divergenz der Reihe

$$\sum_{n=1} a_n$$

aus dem Vorhandensein einer divergenten *Minorante*

$$\sum_{n=1} d_n \quad \text{mit} \quad 0 \leqq d_n \leqq a_n \quad \text{für alle} \quad n \geqq n_1.$$

Quotientenkriterium (d'Alembert) und Wurzelkriterium (Cauchy). Eine Reihe $\sum a_n$ konvergiert, falls von einem bestimmten n_1 ab

$$\left|\frac{a_{n+1}}{a_n}\right| \leqq q < 1 \quad \begin{matrix}\text{und}\\ \text{oder}\end{matrix} \quad \sqrt[n]{|a_n|} \leqq q < 1 \tag{2.273}$$

gilt. Wenn die Folge der Quotienten bzw. Wurzeln einen Grenzwert hat, gilt: Eine Reihe $\sum a_n$ konvergiert, falls

$$\lim_{n\to\infty}\left|\frac{a_{n+1}}{a_n}\right| = p < 1 \quad \begin{matrix}\text{und}\\ \text{oder}\end{matrix} \quad \lim_{n\to\infty}\sqrt[n]{|a_n|} = p < 1. \tag{2.274}$$

Wenn unter den Quotienten oder Wurzeln solche mit Werten >1 für beliebig große Indizes sind, oder wenn die Grenzwerte >1 sind, liegt Divergenz vor. Im Fall der Gleichheit der Grenzwerte mit 1 sind andere Mittel zur Konvergenzuntersuchung heranzuziehen.

Die Glieder einer unendlichen Reihe können Konstanten oder Funktionen sein. Im letzteren Fall nennt man eine solche Reihe $\sum_{n=1} f_n(x)$ eine *Funktionenreihe*. Eine Funktionenreihe konvergiert in einem Intervall $a \leqq x \leqq b$, wenn sie für jeden einzelnen Punkt x dieses Intervalls konvergiert: Für ein vorgegebenes $\varepsilon > 0$ existiert für jedes x eine Zahl $n_0\,(\varepsilon, x)$, so daß für alle $n > n_0\,(\varepsilon, x)$ die Beziehung $|s(x) - s_n(x)| < \varepsilon$ erfüllt ist.

Gilt diese Beziehung für ein n_0 unabhängig von der Stelle x, so liegt *gleichmäßige Konvergenz* vor. Für die Untersuchung der gleichmäßigen Konvergenz einer Funktionenreihe gilt das *Weierstraßsche Konvergenzkriterium*: $\sum_{n=1} f_n(x)$ konvergiert in einem Intervall gleichmäßig und absolut, wenn es eine Majorante mit konstanten Gliedern gibt mit $b_n \geqq |f_n(x)|$ für alle x aus diesem Intervall, so daß $\sum_{n=1} b_n$ konvergiert.

Wenn die Glieder einer gleichmäßig konvergenten Funktionenreihe stetige Funktionen sind, ist auch die Grenzfunktion stetig. Eine gleichmäßig konvergente Reihe darf in ihrem Konvergenzbereich gliedweise integriert werden; ebenso gilt, daß man eine konvergente Reihe gliedweise differenzieren darf, wenn die dadurch entstehende Reihe gleichmäßig konvergent ist:

$$\begin{aligned}&\int_{x_0}^{x}\sum_{n=1}^{\infty} f_n(t)\,\mathrm{d}t = \sum_{n=1}^{\infty}\int_{x_0}^{x} f_n(t)\,\mathrm{d}t, \quad x_0, x \in [a, b];\\ &\left(\sum_{n=1}^{\infty} f_n(x)\right)' = \sum_{n=1}^{\infty} f_n'(x), \quad x \in [a, b].\end{aligned} \tag{2.275}$$

2.6.2. Potenzreihen (Taylor-Reihen)

2.6.2.1. Konvergenzkreis. Konvergenzradius

Wichtige Funktionenreihen sind die Potenzreihen

$$\sum_{n=0}^{\infty} a_n\,(x - x_0)^n = a_0 + a_1\,(x - x_0) + a_2\,(x - x_0)^2 + \cdots \tag{2.276}$$

Die *Koeffizienten* a_n und die *Entwicklungsstelle* x_0 sind konstante Zahlen.

Eine Potenzreihe konvergiert entweder nur für das Entwicklungszentrum oder für alle Werte von x, oder es gibt eine Zahl *(Konvergenzradius)* $r > 0$, so daß die Reihe für $|x - x_0| < r$ absolut konvergiert, für $|x - x_0| > r$ aber divergiert. Es gilt

$$r = \lim_{u\to\infty}\left|\frac{a_n}{a_{n+1}}\right| \quad \text{oder} \quad r = \lim_{n\to\infty}\frac{1}{\sqrt[n]{a_n}}, \tag{2.277}$$

sofern diese Grenzwerte existieren. In jedem abgeschlossenen Teilbereich $|x - x_0| \leqq r_0 < r$ des Konvergenzbereiches ist eine Potenzreihe gleichmäßig konvergent.

2.6.2.2. Rechnen mit Potenzreihen

Konvergente Potenzreihen darf man innerhalb ihres Konvergenzbereiches gliedweise addieren, subtrahieren, multiplizieren und dividieren:

$$\left(\sum_{n=0}^{\infty} a_n x^n\right) \pm \left(\sum_{n=0}^{\infty} b_n x^n\right) = \sum_{n=0}^{\infty} (a_n \pm b_n)\, x^n, \tag{2.278}$$

$$\begin{aligned}\left(\sum_{n=0}^{\infty} a_n x^n\right) \cdot \left(\sum_{n=0}^{\infty} b_n x^n\right) &= a_0 b_0 + (a_0 b_1 + a_1 b_0)\, x + (a_0 b_2 + a_1 b_1 + a_2 b_0)\, x^2 \\ &\quad + (a_0 b_3 + a_1 b_2 + a_2 b_1 + a_3 b_0)\, x^3 + \cdots \end{aligned} \tag{2.279}$$

$$\begin{aligned}\frac{\sum\limits_{n=0}^{\infty} a_n x^n}{\sum\limits_{n=0}^{\infty} b_n x^n} &= \frac{a_0}{b_0}\,\frac{1 + \alpha_1 x + \alpha_2 x^2 + \cdots}{1 + \beta_1 x + \beta_2 x^2 + \cdots} \\ &= \frac{a_0}{b_0}[1 + (\alpha_1 - \beta_1)\, x + (\alpha_2 - a_1\beta_1 + \beta_1^2 - \beta_2)\, x^2 \\ &\quad + (\alpha_3 - \alpha_2\beta_1 - \alpha_1\beta_2 - \beta_3 - \beta_1^3 + \alpha_1\beta_1^2 + 2\beta_1\beta_2)\, x^3 + \cdots]\,. \end{aligned} \tag{2.280}$$

Man wird jedoch in praktischen Fällen von einem Ansatz mit unbestimmten Koeffizienten für das Ergebnis der Division ausgehen

$$\frac{\sum a_n x^n}{\sum b_n x^n} = \sum c_n x^n$$

und nach Umformung in die Produktdarstellung

$$\sum a_n x^n = \sum b_n x^n \cdot \sum c_n x^n \tag{2.281}$$

das rechtsstehende Produkt bilden und die Koeffizienten c_n der Reihe nach durch *Koeffizientenvergleich* bestimmen. Wenn eine Funktion $y(x)$ durch ihre Potenzreihe

$$y = x + bx^2 + cx^3 + dx^4 + ex^5 + \cdots \tag{2.282}$$

gegeben ist, dann lautet die Potenzreihe der Funktion $x(y)$

$$\begin{aligned} x = y - by^2 + (2b^2 - c)\, y^3 - (5b^3 - 5bc + d)\, y^4 \\ + (14b^4 - 21b^2c + 6bd + 3c^2 - e)\, y^5 + \cdots \end{aligned} \tag{2.283}$$

(Umkehrung einer Potenzreihe).
Bei Addition, Subtraktion und Multiplikation ist der Konvergenzbereich gleich dem kleineren der Konvergenzbereiche der Ausgangsreihen. Bei der Division und der Umkehrung ist der Konvergenzbereich in jedem Einzelfall besonders zu untersuchen.

2.6.2.3. Taylor-Entwicklung

Eine Funktion $f(x)$, die in der Umgebung eines Punktes x_0 stetig und hinreichend oft differenzierbar ist, kann durch die *Taylorsche Formel* als Polynom n-ten Grades mit einem *Restglied* dargestellt werden:

$$\begin{aligned} f(x) = f(x_0) + \frac{f'(x_0)}{1!}(x - x_0) + \frac{f''(x_0)}{2!}(x - x_0)^2 \\ + \cdots + \frac{f^{(n)}(x_0)}{n!}(x - x_0)^n + R_{n+1}, \end{aligned} \tag{2.284}$$

wobei z.B. für das Restglied die Darstellung

$$R_{n+1} = \frac{f^{(n+1)}(\varepsilon)}{(n+1)!}(x - x_0)^{n+1} \tag{2.285}$$

gilt und ξ zwischen x_0 und x liegt. Falls das Restglied mit wachsendem n gegen Null strebt (das trifft bei Anwendung i.allg. zu, wenn $f(x)$ beliebig oft differenzierbar ist), gilt die Entwicklung von $f(x)$ in eine *Taylor-Reihe*

$$f(x) = f(x_0) + \frac{f'(x_0)}{1!}(x - x_0) + \frac{f''(x_0)}{2!}(x - x_0)^2 + \cdots + \frac{f^{(n)}(x_0)}{n!}(x - x_0)^n + \cdots \tag{2.286}$$

Die Entwicklung in eine Taylor-Reihe ist auch bei einer Funktion $f(z)$ eines komplexen Arguments z an einer komplexen Entwicklungsstelle z_0 möglich. Die entsprechende Reihe konvergiert in einem Kreis um z_0, in dessen Inneren $f(z)$ regulär ist und auf dessen Rand $f(z)$ eine Singularität hat (*Konvergenzkreis, Konvergenzradius*, s. Abschn. 2.10.2.4.).

Andere Schreibweise für die Taylor-Reihe:

$$f(x + h) = f(x) + \frac{f'(x)}{1!}h + \frac{f''(x)}{2!}h^2 + \cdots + \frac{f^{(n)}(x)}{n!}h^n + \cdots \tag{2.287}$$

Die Taylor-Reihe für Funktionen zweier Veränderlicher lautet entsprechend

$$\begin{aligned} f(x+h, y+k) = {} & f(x,y) + f_x(x,y)\,h + f_y(x,y)\,k \\ & + \frac{1}{2!}[f_{xx}(x,y)\,h^2 + 2\,f_{xy}(x,y)\,hk + f_{yy}(x,y)\,k^2] \\ & + \frac{1}{3!}[f_{xxx}h^3 + 3f_{xxy}h^2k + 3f_{xyy}hk^2 + f_{yyy}k^3] + \cdots \end{aligned} \tag{2.288}$$

Die Art und Weise, wie die Teilsummen einer Taylor-Reihe die erzeugende Funktion approximieren, zeigen für einige Beispiele die Bilder 2.43 bis 2.45:

1. $\sin x$ mit $s_1 = x$, $s_2 = x - \frac{x^3}{6}$,

   $s_3 = x - \frac{x^3}{6} + \frac{x^5}{120}$, $s_4 = x - \frac{x^3}{6} + \frac{x^5}{120} + \frac{x^7}{5040}$;

2. $\sqrt{1+x}$ mit $s_1 = 1 + \frac{x}{2}$, $s_2 = 1 + \frac{x}{2} - \frac{x^2}{8}$,

   $s_3 = 1 + \frac{x}{2} - \frac{x^2}{8} + \frac{x^3}{16}$, $s_4 = 1 + \frac{x}{2} - \frac{x^2}{8} + \frac{x^3}{16} + \frac{5x^4}{128}$;

3. $\arctan x$ mit $s_1 = x$, $s_2 = x - \frac{x^3}{3}$, $s_3 = x - \frac{x^3}{3} + \frac{x^5}{5}$,

   $s_4 = x - \frac{x^3}{3} + \frac{x^5}{5} - \frac{x^7}{7}$, $s_5 = x \frac{x^3}{3} + \frac{x^5}{5} - \frac{x^7}{7} + \frac{x^9}{9}$.

2.6.3. Fourier-Reihen

2.6.3.1. Trigonometrische Fourier-Reihen

Es werden periodische Funktionen $f(x)$ mit der Periode p betrachtet:

$$f(x + p) = f(x). \tag{2.289}$$

Im Fall der Konvergenz der folgenden Reihe läßt sich eine periodische Funktion in eine *trigonometrische Fourier-Reihe* entwickeln ($\omega = 2\pi/p$):

$$f(x) = \frac{a_0}{2} + a_1 \cos \omega x + a_2 \cos 2\omega x + \cdots + b_1 \sin \omega x + b_2 \sin 2\omega x + \cdots \tag{2.290}$$

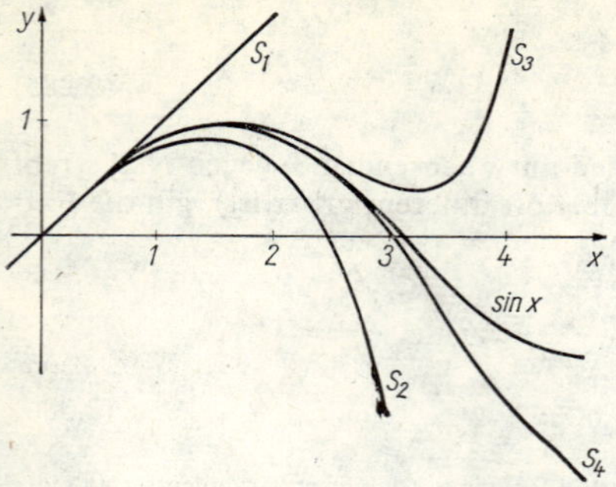

Bild 2.43
Teilsummen der Taylor-Reihe für sin x

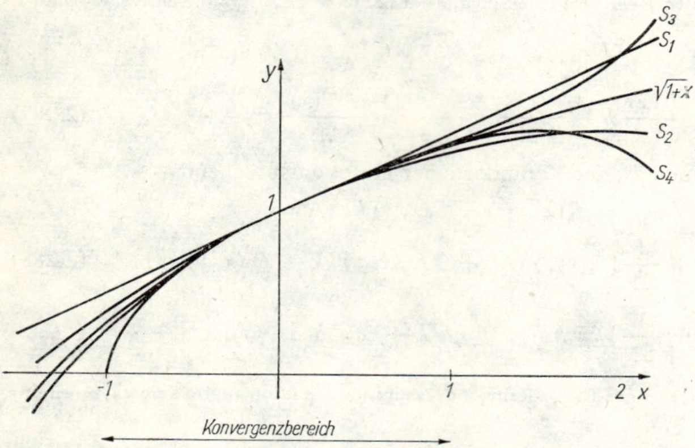

Bild 2.44. Teilsummen der Taylor-Reihe für $\sqrt{1 + x}$

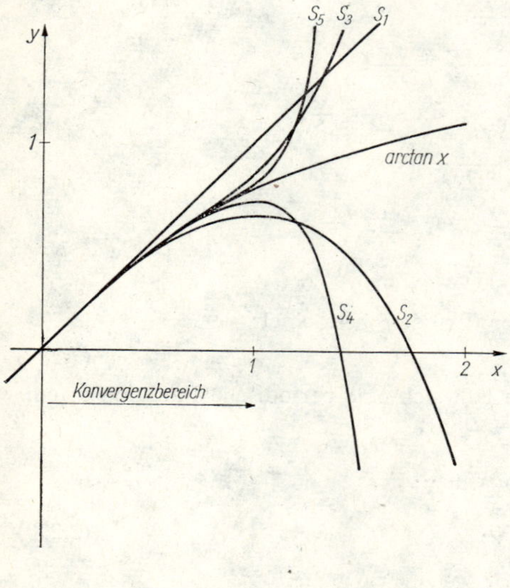

Bild 2.45
Teilsummen der Taylor-Reihe für arctan x

mit den *Fourier-Koeffizienten*

$$a_k = \frac{2}{p}\int_0^p f(x)\cos k\omega x\,\mathrm{d}x,$$

$$b_k = \frac{2}{p}\int_0^p f(x)\sin k\omega x\,\mathrm{d}x, \qquad k = 0, 1, 2\ldots \tag{2.291}$$

Als Integrationsintervall kann auch jedes andere Intervall der Länge p verwendet werden, insbesondere das Intervall $(-p/2, +p/2)$. Speziell für $p = 2\pi$ gilt $\omega = 1$.
Andere Darstellung der Fourier-Reihe:

$$f(x) = \frac{a_0}{2} + \sum_{k=1}^{\infty} A_k \sin(k\omega x + \varphi_k) \tag{2.292}$$

mit

$$A_k = a_k^2 + b_k^2\ (\textit{Amplitude}), \quad \varphi_k = \arctan\frac{b_k}{a_k}\ (\textit{Anfangsphase})$$

bzw.

$$a_k = A_k \sin\varphi_k, \quad b_k = A_k\cos\varphi_k.$$

Komplexe Form der Fourier-Reihe:

$$f(x) = \sum_{k=-\infty}^{\infty} c_k \exp(\mathrm{j}k\omega x) \tag{2.293}$$

mit

$$c_0 = \frac{a_0}{2}, \quad c_k = \frac{1}{2}(a_k - \mathrm{j}b_k), \quad c_{-k} = \frac{1}{2}(a_k + \mathrm{j}b_k), \quad k = 1, 2, \ldots, \tag{2.294}$$

bzw.

$$c_k = \frac{1}{p}\int_0^p f(x)\exp(-\mathrm{j}k\omega x)\,\mathrm{d}x, \quad k = 0, 1, 2, \ldots$$

Für *gerade Funktionen* $(f(-x) = f(x))$ ergibt sich mit

$$a_k = \frac{4}{p}\int_0^{p/2} f(x)\cos k\omega x\,\mathrm{d}x, \quad b_k = 0 \tag{2.295}$$

die reine *Kosinusreihe*

$$f(x) = \frac{a_0}{2} + a_1\cos\omega x + a_2\cos 2\omega x + \cdots; \tag{2.296}$$

für *ungerade Funktionen* $(f(-x) = -f(x))$ ergibt sich mit

$$a_k = 0, \quad b_k = \frac{4}{p}\int_0^{p/2} f(x)\sin k\omega x\,\mathrm{d}x \tag{2.297}$$

die reine *Sinusreihe*

$$f(x) = b_1\sin\omega x + b_2\sin 2\omega x + \cdots \tag{2.298}$$

Hinsichtlich der *Konvergenz der Fourier-Reihen* gilt: Die Fourier-Reihe einer stückweise glatten Funktion $f(x)$ mit der Periode p konvergiert für alle x; ihre Summe ist an allen Stetigkeitsstellen von $f(x)$ gleich $f(x)$ und an jeder Unstetigkeitsstelle gleich

$$\frac{f(x+0) + f(x-0)}{2}, \tag{2.299}$$

Tafel 2.9. Reihenentwicklung einiger Funktionen

Funktion	Reihenentwicklung	Konvergenzbereich
Binomische Reihe $(1+x)^\alpha$, α reell	$1+\binom{\alpha}{1}x+\binom{\alpha}{2}x^2+\cdots+\binom{\alpha}{n}x^n+\ldots$	$\|x\| \leqq 1$ für $\alpha > 0$; $\|x\| < 1$ für $\alpha < 0$
Geometrische Reihe $\frac{1}{1-x}$	$1+x+x^2+\cdots+x^n+\ldots$	$\|x\| < 1$
$\ln(1+x)$	$x-\frac{x^2}{2}+\frac{x^3}{3}-\frac{x^4}{4}+\cdots+(-1)^n\frac{x^{n+1}}{n+1}+\ldots$	$-1 < x \leqq 1$
$\frac{1}{2}\ln\frac{1+x}{1-x}$ $= \operatorname{artanh} x$	$x+\frac{x^3}{3}+\frac{x^5}{5}+\cdots+\frac{x^{2n+1}}{2n+1}+\ldots$	$\|x\| < 1$
$\frac{1}{2}\ln\frac{x+1}{x-1}$ $= \operatorname{arcoth} x$	$\frac{1}{x}+\frac{1}{3x^3}+\frac{1}{3x^5}+\cdots+\frac{1}{(2n+1)x^{2n+1}}+\ldots$	$\|x\| > 1$
$\ln x$	$2\left[\frac{x-1}{x+1}+\frac{1}{3}\left(\frac{x-1}{x+1}\right)^3+\frac{1}{5}\left(\frac{x-1}{x+1}\right)^5+\ldots\right.$ $\left.+\frac{1}{2n+1}\left(\frac{x-1}{x+1}\right)^{2n+1}+\ldots\right]$	$x > 0$
$\ln x$	$\frac{x-1}{x}+\frac{1}{2}\left(\frac{x-1}{x}\right)^2+\frac{1}{3}\left(\frac{x-1}{x}\right)^3+\ldots$ $+\frac{1}{n}\left(\frac{x-1}{x}\right)^n+\ldots$	$x > \frac{1}{2}$
Trigonometrische Funktionen		
$\sin x$	$\frac{x}{1!}-\frac{x^3}{3!}+\frac{x^5}{5!}-\cdots+(-1)^n\frac{x^{2n+1}}{(2n+1)!}+\ldots$	$\|x\| < \infty$
$\cos x$	$1-\frac{x^2}{2!}+\frac{x^4}{4!}-\cdots+(-1)^n\frac{x^{2n}}{(2n)!}+\ldots$	$\|x\| < \infty$
$\tan x$	$x+\frac{1}{3}x^3+\frac{2}{15}x^5+\frac{17}{315}x^7+\frac{62}{2835}x^9+\frac{1382}{155925}x^{11}+\ldots$	$\|x\| < \frac{\pi}{2}$
$\cot x$	$\frac{1}{x}-\left[\frac{1}{3}x+\frac{1}{45}x^3+\frac{2}{945}x^5+\frac{1}{4725}x^7+\frac{2}{93555}x^9\right.$ $\left.+\frac{1382}{638512875}x^{11}+\ldots\right]$	$0 < \|x\| < \pi$
Arkusfunktionen		
$\arcsin x$	$x+\frac{1}{2}\frac{x^3}{3}+\frac{1\cdot 3}{2\cdot 4}\frac{x^5}{5}+\frac{1\cdot 3\cdot 5}{2\cdot 4\cdot 6}\frac{x^7}{7}+\ldots$ $+(-1)^n\binom{-1/2}{n}\frac{x^{2n+1}}{2n+1}+\ldots$	$\|x\| < 1$
$\arctan x$	$x-\frac{x^3}{3}+\frac{x^5}{5}-\frac{x^7}{7}+\cdots+(-1)^n\frac{x^{2n+1}}{2n+1}+\ldots$	$\|x\| \leqq 1$
$\arctan x$	$\frac{\pi}{2}\cdot\operatorname{sign} x-\frac{1}{x}+\frac{1}{3x^3}-\frac{1}{5x^5}+\ldots$ $+(-1)^{n+1}\frac{1}{(2n+1)x^{2n+1}}+\ldots$	$\|x\| \geqq 1$
$\arctan x$	$\frac{\pi}{4}+\frac{x-1}{x+1}-\frac{1}{3}\left(\frac{x-1}{x+1}\right)^3+\frac{1}{5}\left(\frac{x-1}{x+1}\right)^5-\ldots$ $+\frac{(-1)^n}{2n+1}\left(\frac{x-1}{x+1}\right)^{2n+1}+\ldots$	$\|x\| \geqq 0$

Tafel 2.9. Fortsetzung

Funktion	Reihenentwicklung	Konvergenzbereich
Hyperbelfunktionen		
sinh x	$x + \frac{x^3}{3!} + \frac{x^5}{5!} + \frac{x^7}{7!} + \cdots + \frac{x^{2n+1}}{(2n+1)!} + \ldots$	$\lvert x\rvert < \infty$
cosh x	$1 + \frac{x^2}{2!} + \frac{x^4}{4!} + \frac{x^6}{6!} + \cdots + \frac{x^{2n}}{(2n)!} + \ldots$	$\lvert x\rvert < \infty$
tanh x	$x - \frac{1}{3}x^3 + \frac{2}{15}x^5 - \frac{17}{315}x^7 + \frac{62}{2835}x^9 - \frac{1382}{155925}x^{11} + \ldots$	$\lvert x\rvert < \frac{\pi}{2}$
coth x	$\frac{1}{x} + \frac{x}{3} - \frac{x^3}{45} + \frac{2x^5}{945} - \frac{x^7}{4725} + \frac{2x^9}{93555} - \frac{1382x^{11}}{638512875} + \ldots$	$0 < \lvert x\rvert < \pi$
Areafunktionen		
arsinh x	$x - \frac{1}{2}\frac{x^3}{3} + \frac{1\cdot 3}{2\cdot 4}\frac{x^5}{5} - \cdots + \binom{-1/2}{n}\frac{x^{2n+1}}{2n+1} + \ldots$	$\lvert x\rvert < 1$
arcosh x	$\ln(2x) - \frac{1}{2\cdot 2x^2} - \frac{1\cdot 3}{2\cdot 4\cdot 4x^4} - \ldots - (-1)^n\binom{-1/2}{n}\frac{1}{2nx^{2n}} - \ldots$	$x < 1$
Weitere transzendente Funktionen		
ln $\lvert\sin x\rvert$	$\ln\lvert x\rvert - \frac{x^2}{6} - \frac{x^4}{180} - \frac{x^6}{2835} - \ldots$	$0 < \lvert x\rvert < \pi$
ln cos x	$-\frac{x^2}{2} - \frac{x^4}{12} - \frac{x^6}{45} - \frac{17x^8}{2520} - \ldots$	$\lvert x\rvert < \frac{\pi}{2}$
ln $\lvert\tan x\rvert$	$\ln\lvert x\rvert + \frac{1}{3}x^2 + \frac{7}{90}x^4 + \frac{62}{2835}x^6 + \ldots$	$0 < \lvert x\rvert < \frac{\pi}{2}$
sin x sinh x	$\frac{2}{2!}x^2 - \frac{2^3}{6!}x^6 + \frac{2^5}{10!}x^{10} - \ldots$	$\lvert x\rvert < \infty$
sin x cosh x	$x + \frac{2}{3!}x^3 - \frac{2^2}{5!}x^5 - \frac{2^3}{7!}x^7 + \ldots$	$\lvert x\rvert < \infty$
cos x sinh x	$x - \frac{2}{3!}x^3 - \frac{2^2}{5!}x^5 + \frac{2^3}{7!}x^7 + \ldots$	$\lvert x\rvert < \infty$
cos x cosh x	$1 - \frac{2^2}{4!}x^4 + \frac{2^4}{8!}x^8 - \frac{2^6}{12!}x^{12} + \ldots$	$\lvert x\rvert < \infty$

d.h. gleich dem arithmetischen Mittel aus rechtsseitigem und linksseitigem Grenzwert. Ist die stückweise glatte Funktion $f(x)$ überall stetig, so konvergiert die Reihe gleichmäßig und absolut, sonst konvergiert sie nur innerhalb der Stetigkeitsintervalle gleichmäßig und absolut.

Die Güte der Approximation einer Funktion durch eine Fourier-Reihe hängt von den Eigenschaften der Funktion ab. Wenn $f(x)$ überall differenzierbar ist, wird diese Güte größer sein als bei Funktionen, die Ecken oder Sprünge aufweisen. Man beachte hierzu das Kleinwerden der Fourier-Koeffizienten bei den entsprechenden Beispielen der Tafel 2.9. Man erkennt

Funktion mit Sprungstellen:

$$a_k,\ b_k \sim \frac{1}{n},$$

Funktion mit Ecken:

$$a_k,\ b_k \sim \frac{1}{n^2}, \tag{2.300}$$

einmal differenzierbare Funktionen:

$$a_k,\ b_k \sim \frac{1}{n^3}.$$

2.6.3.2. Harmonische Analyse (Runge-Verfahren)

Die exakte Bestimmung der Fourier-Koeffizienten versagt dann, wenn die unbestimmte Integration nicht ausführbar wird bzw. wenn die Funktion nur in diskreten Punkten vorliegt. Hier verwendet man eine numerische Integration.

Wenn eine in eine Fourier-Reihe zu entwickelnde periodische Funktion die Periode 2π hat und sie im Intervall $[0, 2\pi]$ an N äquidistanten Stellen gegeben ist, dann gehen die Formeln zur Berechnung der Fourier-Koeffizienten beim Zugrundelegen der Rechteckformel über in

$$\frac{a_0}{2} = \frac{1}{N} \sum_{i=0}^{N-1} y_i,$$
$$a_k = \frac{2}{N} \sum_{i=0}^{N-1} y_i \cos kx_i, \quad b_k = \frac{1}{N} \sum_{i=1}^{N-1} y_i \sin kx_i. \tag{2.301}$$

Zur Schematisierung des Verfahrens legt man $N = 4q$ zugrunde und arbeitet mit einem Rechenschema, das hier für 12 Ordinaten aufgestellt ist.
Infolge der Symmetrie von Sinus und Kosinus und mit Beachtung des Verschwindens bei 0 bzw. $\pi/2$ gehen die Formeln über in

$$\frac{a_0}{2} = \frac{1}{4q} \sum_{i=0}^{p} \sigma_i,$$
$$a_k = \frac{1}{2q} \sum_{i=0}^{q} \sigma_i \cos kx_i, \quad b_k = \frac{1}{2q} \sum_{i=1}^{q-1} \delta_i' \sin kx_i, \quad k \text{ gerade},$$
$$a_k = \frac{1}{2q} \sum_{i=0}^{q-1} \delta_i \cos kx_i, \quad b_k = \frac{1}{2q} \sum_{i=0}^{q} \sigma_i' \sin kx_i, \quad k \text{ ungerade}.$$

	y_0	y_1	y_2	y_3	y_4	y_5	y_6	
	×	y_{11}	y_{10}	y_9	y_8	y_7	×	
Summen der y-Werte	s_0	s_1	s_2	s_3	s_4	s_5	s_6	
	s_6	s_5	s_4	×	←			
Summen der s-Werte	σ_0	σ_1	σ_2	σ_3				für a_k, k gerade
Differenzen der s-Werte	δ_0	δ_1	δ_2	×				für a_k, k ungerade
Differenzen der y-Werte	×	d_1	d_2	d_3	d_4	d_5	×	
	×	d_5	d_4	×	←			
Summen der d-Werte	×	σ_1'	σ_2'	×				für b_k, k ungerade
Differenzen der d-Werte	×	δ_1'	δ_2'	×				für b_k, k gerade

Tafel 2.10. Fourier-Entwicklung einiger Funktionen

Bild der Funktion	Fourier-Entwicklung
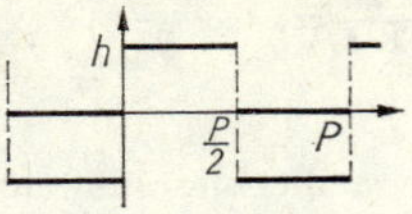	$f(x) = \frac{4h}{\pi}\left(\sin \omega x + \frac{1}{3}\sin 3\omega x + \frac{1}{5}\sin 5\omega x + \dots\right)$
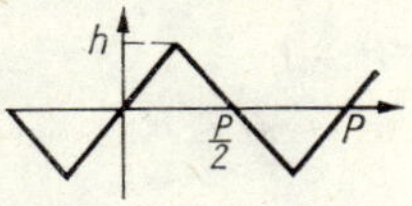	$f(x) = \frac{8h}{\pi^2}\left(\sin \omega x - \frac{1}{3^2}\sin 3\omega x + \frac{1}{5^2}\sin 5\omega x + \dots\right)$
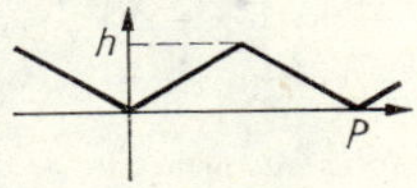	$f(x) = \frac{h}{2} - \frac{4h}{\pi^2}\left(\cos \omega x + \frac{1}{3^2}\cos 3\omega x + \frac{1}{5^2}\cos 5\omega x + \dots\right)$
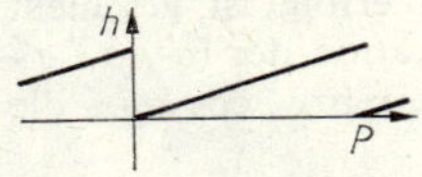	$f(x) = \frac{h}{2} - \frac{h}{\pi}\left(\sin \omega x + \frac{1}{2}\sin 2\omega x + \frac{1}{3}\sin 3\omega x + \dots\right)$
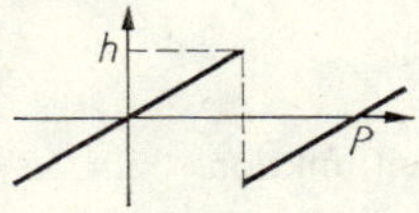	$f(x) = \frac{2h}{\pi}\left(\sin \omega x - \frac{1}{2}\sin 2\omega x + \frac{1}{3}\sin 3\omega x - + \dots\right)$
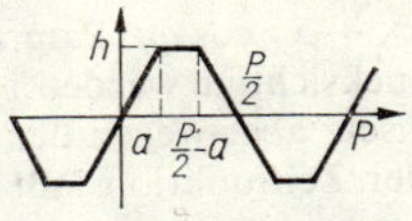	$f(x) = \frac{4h}{a\pi}\left(\sin a \sin \omega x + \frac{1}{3^2}\sin 3a \sin 3\omega x + \frac{1}{5^2}\sin 5a \sin 5\omega x + \dots\right)$
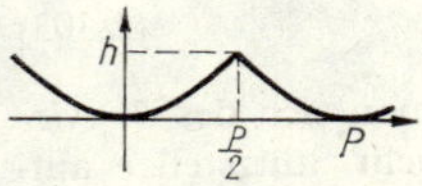 (Parabelbögen)	$f(x) = \frac{h}{3} - \frac{4h}{\pi^2}\left(\cos \omega x - \frac{1}{2^2}\cos 2\omega x + \frac{1}{3^2}\cos 5\omega x - + \dots\right)$
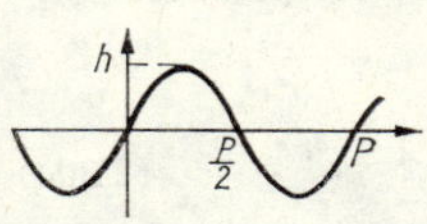 (Parabelbögen)	$f(x) = \frac{32h}{\pi^3}\left(\sin \omega x + \frac{1}{3^3}\sin 3\omega x + \frac{1}{5^3}\sin 5\omega x + \dots\right)$
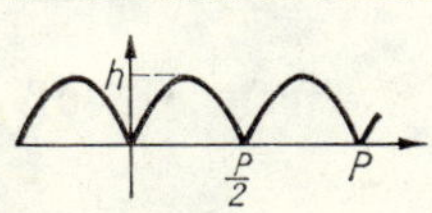 (Sinusbögen)	$f(x) = \frac{4h}{\pi}\left(\frac{1}{2} - \frac{1}{1\cdot 3}\cos 2\omega x - \frac{1}{3\cdot 5}\cos 4\omega x - \dots\right)$

Tafel 2.10. Fortsetzung

Bild der Funktion	Fourier-Entwicklung
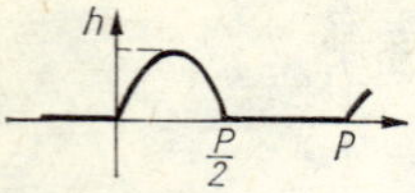 (Sinusbögen)	$f(x) = \frac{h}{\pi} + \frac{h}{\pi} \sin \omega x - \frac{2h}{\pi}\left(\frac{1}{1 \cdot 3} \cos 2\omega x + \frac{1}{3 \cdot 5} \cos 4\omega x + \dots\right)$
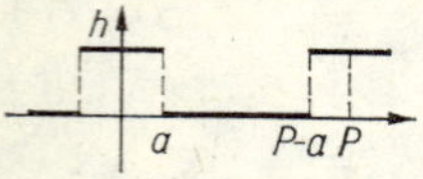	$f(x) = \frac{2h}{\pi}\left(\frac{a}{2} + \frac{\sin a}{1} \sin \omega x + \frac{\sin 2a}{2} \sin 2\omega x + \dots\right)$
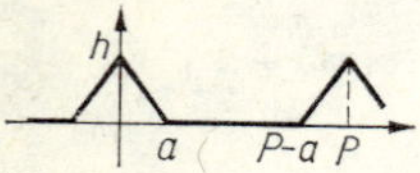	$f(x) = \frac{ah}{2\pi} + \frac{2h}{a\pi}\left(\frac{1 - \cos a}{1^2} \cos \omega x + \frac{1 - \cos 2a}{2^2} \cos 2\omega x + \dots\right)$

Nachdem die Berechnung der Werte σ, δ, σ', δ' nach dem *Runge-Schema* erfolgt ist, geschieht die endgültige Berechnung der Fourier-Koeffizienten durch Multiplikation der (σ-, δ-, σ'- oder δ'-) Vektoren mit entsprechenden Vektoren mit den Werten $\sin k\omega x$ bzw. $\cos k\omega x$, die ebenfalls in einer Tabelle bereitgestellt werden können.
Runge-Schemata sind für $4q = 12$, 24 oder 48 üblich, je nach der geforderten Genauigkeit.

2.6.3.3. Sinusförmige Aussteuerung von Kennlinien

Eine nichtlineare Kennlinie $y = f(x)$ werde durch die sinusförmige Zeitfunktion

$$x(t) = \cos \omega t \tag{2.302}$$

ausgesteuert. (Eine Aussteuerung in der allgemeinen Form $x(t) = x_0 + x_1 \cos \omega t$ kann durch eine Koordinatenverschiebung der nichtlinearen Kennlinie berücksichtigt werden.) Die hierdurch gewonnene Ausgangsfunktion $y(t) = f(\cos \omega t)$ ist periodisch, aber wegen der Nichtlinearität von f nicht mehr sinusförmig. Wegen der Symmetrie der Zeitfunktion läßt sich $y(t)$ in eine Kosinusreihe entwickeln:

$$y(t) = Y_0 + \sum_{m=1} Y_m \cos m\omega t. \tag{2.303}$$

Zur näherungsweisen Berechnung der Amplituden $Y_0, Y_1, \dots$ kann man sich des *3- oder 5-Ordinaten-Verfahrens* bedienen. (Die Verfahren können auch für mehr Stützstellen aufgestellt werden.) Ausgehend von 3 oder 5 äquidistanten Argumentstellen $x \in [-1, +1]$, verschafft man sich durch Interpolation der nichtlinearen Kennlinie ein Interpolationspolynom 2. bzw. 4. Grades in x:

$$\text{3-Ordinaten-Verfahren } y = a_0 + a_1 x + a_2 x^2,$$

$$\text{5-Ordinaten-Verfahren } y = a_0 + a_1 x + a_2 x^2 + a_3 x^3 + a_4 x^4 \tag{2.304}$$

mit dann bekannten Koeffizienten a_i. Das Einsetzen von $x = \cos \omega t$ liefert entsprechend

$$y(t) = Y_0 + Y_1 \cos \omega t + Y_2 \cos 2\omega t$$

bzw.

$$y(t) = Y_0 + Y_1 \cos \omega t + Y_2 \cos 2\omega t + Y_3 \cos 3\omega t + Y_4 \cos 4\omega t. \tag{2.305}$$

Die Rechnung liefert die Werte der Tafel 2.11.

Tafel 2.11. **Koeffizientenwerte des 3- und 5-Ordinaten-Verfahrens**

3-Ordinaten-Verfahren	5-Ordinaten-Verfahren
$Y_0 = \frac{1}{2} y_0 + \frac{1}{4}(y_{+1} + y_{-1})$	$Y_0 = \frac{1}{6}(y_{+1} + y_{-1}) + \frac{1}{3}(y_{+1/2} + y_{-1/2})$
$Y_1 = \frac{1}{2}(y_{+1} - y_{-1})$	$Y_1 = \frac{1}{3}(y_{+1} - y_{-1}) + \frac{1}{3}(y_{+1/2} - y_{-1/2})$
$Y_2 = -\frac{1}{2} y_0 + \frac{1}{4}(y_{+1} + y_{-1})$	$Y_2 = -\frac{1}{2} y_0 + \frac{1}{4}(y_{+1} + y_{-1})$
	$Y_3 = \frac{1}{6}(y_{+1} - y_{-1}) - \frac{1}{3}(y_{+1/2} - y_{-1/2})$
	$Y_4 = \frac{1}{2} y_0 + \frac{1}{12}(y_{+1} + y_{-1}) - \frac{1}{12}(y_{+1/2} + y_{-1/2})$

Der berechnete Anteil der Oberwellen ist durch den Grad des angesetzten Interpolationspolynoms bestimmt. Die Genauigkeit der berechneten Amplitudenwerte ist durch die durch das Interpolationspolynom erreichte Genauigkeit der Approximation der nichtlinearen Kennlinie bestimmt.

Beispiel. Die Kennlinie sei durch $f(x) = \begin{cases} 0 \text{ für } x \leqq 0 \\ x \text{ für } x \geqq 0 \end{cases}$ gegeben. Mit den Stützstellen

3-Ordinaten-Verfahren $y_{-1} = 0, \quad y_0 = 0, \quad y_{+1} = 1;$

5-Ordinaten-Verfahren $y_{-1} = 0, \quad y_{-1/2} = 0, \quad y_0 = 0,$

$$y_{+1/2} = \tfrac{1}{2}, \quad y_{+1} = 1$$

folgt

$$y(t) = 0{,}25 + 0{,}5 \cos t + 0{,}25 \cos 2t$$

bzw.

$$y(t) = 0{,}33 + 0{,}5 \cos t + 0{,}25 \cos 2t + 0{,}083 \cos 4t$$

im Vergleich zu der Fourier-Entwicklung

$$y(t) = 0{,}32 + 0{,}5 \cos t + 0{,}21 \cos 2t + 0{,}042 \cos 4t.$$

2.6.3.4. Allgemeine Fourier-Reihen

Die Entwickelbarkeit einer Funktion in eine Fourier-Reihe beruht auf der Orthogonalität des Funktionensystems

$$\begin{aligned} &\omega_0(x) = 1, \\ &\omega_1(x) = \sin x, \quad \omega_3(x) = \sin 2x, \quad \omega_5(x) = \sin 3x, \ldots, \\ &\omega_2(x) = \cos x, \quad \omega_4(x) = \cos 2x, \quad \omega_6(x) = \cos 3x, \ldots \end{aligned}$$

über dem Intervall $(0, 2\pi)$ dergestalt, daß gilt

$$\int_0^{2\pi} \omega_i(x)\, \omega_j(x)\, \mathrm{d}x = \begin{cases} 0 & \text{für} \quad i \neq j, \\ \pi & \text{für} \quad i = j \neq 0, \\ 2\pi & \text{für} \quad i = j = 0. \end{cases} \tag{2.306}$$

Analog dazu lassen sich Fourier-Entwicklungen nach anderen als trigonometrischen Funktionen bilden, wenn diese Funktionen ein orthogonales Funktionensystem bilden.

Reihen nach Bessel-Funktionen

Die Funktionen $J_p(\lambda_i x)$, λ_i Nullstelle der Funktion $J_p(x)$, bilden über dem Intervall (0, 1) ein orthogonales Funktionensystem mit der *Belegung* x (s. auch Abschn. 2.8.5.1.):

$$\int_0^1 x J_p(\lambda_1 x)\, J_p(\lambda_2 x)\, \mathrm{d}x = \begin{cases} 0 & \text{für} \quad \lambda_1 \neq \lambda_2, \\ \frac{1}{2}[J_p'(\lambda)]^2 & \text{für} \quad \lambda_1 = \lambda_2 = \lambda. \end{cases} \tag{2.307}$$

Dann läßt sich eine Funktion $y = f(x)$ in eine Fourier-Reihe nach Bessel-Funktionen entwickeln:

$$f(x) = a_1 J_p(\lambda_1 x) + a_2 J_p(\lambda_2 x) + \cdots, \tag{2.308}$$

wobei $\lambda_1, \lambda_2, \ldots$ die der Größe nach geordneten Nullstellen von $J_p(x)$ sind ($p > -1$). Hinsichtlich der *Fourier-Bessel-Koeffizienten* gilt

$$a_i = \frac{2}{[J_p'(\lambda_i)]^2} \int_0^1 x\, f(x)\, J_p(\lambda_i)\, \mathrm{d}x. \tag{2.309}$$

Auch die Funktionen $J_p(\mu_i x)$, μ_i Nullstelle der Funktion $J,(x)$ bilden ein Orthogonalsystem ber dem Intervall (0, 1), ebenfalls mit der Belegung x. Es^p gilt dann die Entwicklung

$$f(x) = b_1 J_p(\mu_1 x) + b_2 J_p(\mu_2 x) + \cdots$$

mit

$$b_i = \frac{2\mu_i^2}{(\mu_i^2 - p^2)\,[J_p(\mu_i)]^2} \int_0^1 x\, f(x)\, J_p(\mu_i)\, \mathrm{d}x. \tag{2.310}$$

Reihen nach Legendre-Polynomen

Die Legendre-Polynome (s. Abschn. 2.8.6.2.) bilden ein Orthogonalsystem über dem Intervall $(-1, 1)$ mit der Belegung 1:

$$\int_{-1}^1 P_n(x)\, P_m(x)\, \mathrm{d}x = \begin{cases} 0 & \text{für} \quad m \neq n, \\ \dfrac{2}{2n+1} & \text{für} \quad m = n, \end{cases} \qquad m, n \text{ ganz}, > 0. \tag{2.311}$$

Damit gilt die Entwicklung nach Legendre-Polynomen

$$f(x) = a_0 P_0(x) + a_1 P_1(x) + a_2 P_2(x) + \cdots \tag{2.312}$$

mit den *Fourier-Legendre-Koeffizienten*

$$a_i = \frac{2n+1}{2} \int_{-1}^1 f(x)\, P_n(x)\, \mathrm{d}x. \tag{2.313}$$

Analog lassen sich Fourier-Entwicklungen nach anderen Orthogonalsystemen bilden (s. Abschnitte 2.8.6.1., 2.8.6.3., 2.8.6.4.) [2.64] [2.65] [2.66].

2.7. Differentialgleichungen

2.7.1. Definitionen

Eine Differentialgleichung ist eine Gleichung zur Bestimmung einer Funktion einer oder mehrerer Veränderlicher, in der neben dieser Funktion und ihren Veränderlichen auch noch Ableitungen dieser Funktion nach ihren Veränderlichen auftreten. Hängt die gesuchte Funktion nur von einer Veränderlichen ab, spricht man von einer *gewöhnlichen Differentialgleichung*; hängt die gesuchte Funktion von mehreren Veränderlichen ab (die in der Differentialgleichung auftretenden Ableitungen sind dann partielle Ableitungen), spricht man von einer *partiellen Differentialgleichung*. Die *Ordnung* einer Differentialgleichung ist gleich der Ordnung der höchsten in der Differentialgleichung auftretenden Ableitung.

Eine gewöhnliche Differentialgleichung n-ter Ordnung hat in *impliziter Form* die Darstellung

$$F[x, y(x), y'(x), \ldots, y^{(n)}(x)] = 0. \tag{2.314}$$

Ist die Differentialgleichung nach der höchsten Ableitung aufgelöst,

$$y^{(n)}(x) = f[x, y(x), y'(x), \ldots, y^{(n-1)}(x)], \tag{2.315}$$

so ist die Differentialgleichung in *expliziter Form* gegeben. *Lösung (Integral)* einer Differentialgleichung ist jede Funktion $y(x)$, die, in die Differentialgleichung eingesetzt, diese befriedigt. Hängt die Lösung einer gewöhnlichen Differentialgleichung n-ter Ordnung von n willkürlichen Konstanten $c_1, \ldots, c_n$ ab, so spricht man von der *allgemeinen Lösung (dem allgemeinen Integral)* der Differentialgleichung. Für jede spezielle Wahl der Konstanten erhält man eine *partikuläre Lösung (partikuläres Integral)*. Die Festlegung einer bestimmten partikulären Lösung einer gewöhnlichen Differentialgleichung aus der allgemeinen Lösung erfolgt durch Vorgabe von n Zusatzbedingungen:

1. Wenn an einer Stelle $x = x_0$ der Funktionswert und die Werte der ersten $(n - 1)$ Ableitungen gegeben sind,

$$y(x_0) = y_0, \quad y'(x_0) = y'_0, \ldots, \quad y^{(n-1)}(x_0) = y_0^{(n-1)}, \tag{2.316}$$

so sind die Zusatzbedingungen *Anfangsbedingungen*, und die Aufgabe der Lösung der Differentialgleichung unter Beachtung dieser Anfangsbedingungen ist eine *Anfangswertaufgabe*.
2. Sind n Vorgaben an mehreren, meist an zwei Stellen $x = x_1$ und $x = x_2$ gemacht, spricht man von *Randbedingungen* und entsprechend von der Lösung einer *Randwertaufgabe*.

Ein *System* von n Differentialgleichungen *(Differentialgleichungssystem)* besteht aus n Differentialgleichungen für n zu bestimmende Funktionen einer oder mehrerer Veränderlicher, in denen neben den gesuchten Funktionen und ihren Argumenten auch Ableitungen nach den Veränderlichen auftreten. Man unterscheidet Systeme gewöhnlicher Differentialgleichungen und Systeme partieller Differentialgleichungen.
Lösung eines Systems von n gewöhnlichen Differentialgleichungen ist jedes Funktionensystem $y_1(x), y_2(x), \ldots, y_n(x)$, das, gemeinsam in das Differentialgleichungssystem eingesetzt, dieses befriedigt. Hängen die n Funktionen insgesamt von n willkürlichen Konstanten ab, so spricht man von der allgemeinen Lösung; bei spezieller Wahl der Konstanten erhält man eine partikuläre Lösung. Die Anfangswertaufgabe und die Randwertaufgabe sind für Differentialgleichungssysteme analog wie bei Gleichungen definiert. Ein System von n gewöhnlichen Differentialgleichungen 1. Ordnung in expliziter Form hat die Gestalt

$$\begin{aligned} y'_1 &= f_1(x, y_1, y_2, \ldots, y_n) \\ y'_2 &= f_2(x, y_1, y_2, \ldots, y_n) \\ &\cdots\cdots \\ y'_n &= f_n(x, y_1, y_2, \ldots, y_n). \end{aligned} \tag{2.317}$$

2.7.2. Gewöhnliche Differentialgleichungen 1. Ordnung

Die gewöhnliche Differentialgleichung 1. Ordnung in expliziter Form $y' = f(x, y)$ definiert in einem Bereich $\boldsymbol{B}$ der (x, y)-Ebene ein Richtungsfeld; in jedem Punkt x, y wird durch die Differentialgleichung eine Richtung $y' = \tan \alpha$ festgelegt, die durch ein Linienelement sichtbar gemacht werden kann (Bild 2.46). Eine Lösung der Differentialgleichung erscheint dann als Kurve, die auf das Richtungsfeld „paßt".
Zur Konstruktion des Richtungsfeldes bedient man sich mit Erfolg der *Kurven gleicher Neigung* $f(x, y) =$ konst., der *Isoklinen*, wenn diese einfach zu zeichnen sind, indem die Linienelemente auf diesen Isoklinen alle die gleiche Neigung haben (Bild 2.47, für die Differentialgleichung $y' = x^2 + y^2$).
Existenz- und Eindeutigkeitssatz. Ist die Funktion $f(x, y)$ in dem Bereich $\boldsymbol{B}$ stetig, so geht durch jeden Punkt (x_0, y_0) von $\boldsymbol{B}$ mindestens eine Integralkurve der Differentialgleichung $y' = f(x, y)$; erfüllt $f(x, y)$ außerdem die Voraussetzung

$$|f(x, \bar{y}) - f(x, y)| \leqq M |\bar{y} - y|, \quad M = \text{konst.}, \ (x, y) \in \boldsymbol{B}, (x, \bar{y}) \in \boldsymbol{B} \tag{2.318}$$

(Lipschitz-Bedingung), so geht durch jeden Punkt (x_0, y_0) von $\boldsymbol{B}$ genau eine Integralkurve von $y' = f(x, y)$.

Die Lipschitz-Bedingung ist sicher dann erfüllt, wenn die Funktion $f(x, y)$ in $\boldsymbol{B}$ eine beschränkte partielle Ableitung nach y hat, d.h., wenn überall in $\boldsymbol{B}$ gilt

$$\left|\frac{\partial f(x, y)}{\partial y}\right| \leqq A \quad (A = \text{konst.}). \tag{2.319}$$

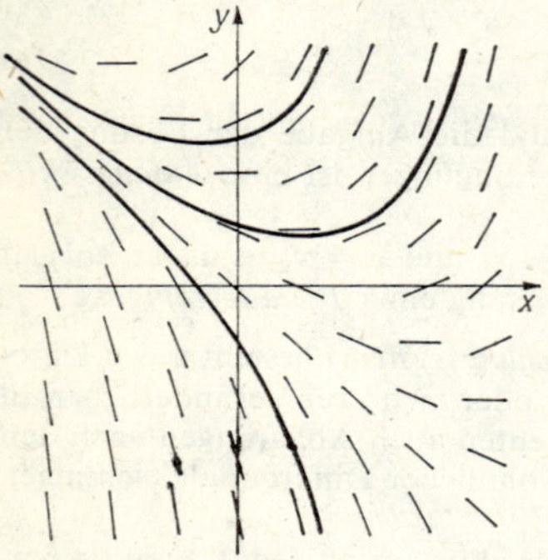

Bild 2.46. Richtungsfeld

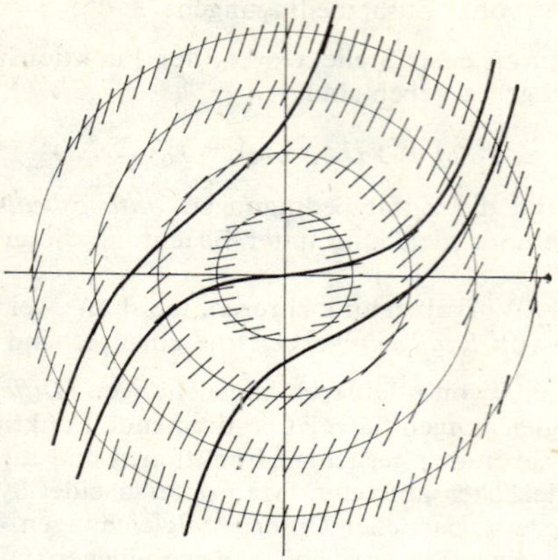

Bild 2.47. Linienelemente und Isoklinen bei der Gleichung $y' = x^2 + y^2$

Für spezielle Typen von Differentialgleichungen 1. Ordnung läßt sich die Lösung durch explizite Berechnung eines unbestimmten Integrals finden (Lösung durch Quadratur). Für einige andere Typen, die in der Praxis seltener auftreten, muß auf die Literatur verwiesen werden [2.72] [2.74] [2.77] [2.81].

2.7.2.1. Differentialgleichungen mit getrennten Veränderlichen

Allgemeine Form der Differentialgleichung

$$y' = f(x)\, g(y) \tag{2.320}$$

[$f(x)$ und $g(x)$ stetig für $a \leqq x \leqq b$, $c \leqq y \leqq d$; $g(y)$ hier von Null verschieden]. Es folgt über

$$\frac{\mathrm{d}y}{g(y)} = f(x)\, \mathrm{d}x \tag{2.321}$$

die allgemeine Lösung

$$\int \frac{\mathrm{d}y}{g(y)} = \int f(x)\, \mathrm{d}x + c \tag{2.322}$$

durch Quadratur. Die durch den Punkt (x_0, y_0) hindurchgehende partikuläre Lösung ergibt sich zu

$$\int_{y_0}^{y} \frac{\mathrm{d}\eta}{g(\eta)} = \int_{x_0}^{x} f(\xi)\, \mathrm{d}\xi\,. \tag{2.323}$$

Beispiel

$$y' = -\frac{y^2}{2x+1} = \frac{1}{2x+1}(-y^2).$$

$$-\frac{\mathrm{d}y}{y^2} = \frac{\mathrm{d}x}{2x+1} \quad (y \neq 0)$$

$$\frac{1}{y} = \frac{1}{2}\ln|2x+1| + c$$

$$y = \frac{1}{c + \frac{1}{2}\ln|2x+1|}.$$

Zusätzlich erweist sich durch Einsetzen in die Differentialgleichung $y = 0$ als Lösung.

2.7.2.2. Ähnlichkeitsdifferentialgleichungen

Allgemeine Form der Ähnlichkeitsdifferentialgleichung *(homogene Differentialgleichung)*

$$y' = f\left(\frac{y}{x}\right). \tag{2.324}$$

Die Lösung erfolgt durch die Substitution $u = y/x$, $y' = u'x + u$, d.h.,

$$u'x = f(u) - u. \tag{2.325}$$

Die Gleichung kann jetzt durch Trennung der Veränderlichen gelöst werden.

Beispiel

$$y' = \frac{2x+y}{x} = 2 + \frac{y}{x}.$$

$$u'x + u = 2 + u$$

$$u' = 2/x$$

$$u = \ln x^2 + \ln c = \ln cx^2 \quad (c > 0)$$

$$y = x \ln cx^2.$$

2.7.2.3. Lineare Differentialgleichung 1. Ordnung

Allgemeine Form der Differentialgleichung

$$y' + p(x)\, y = r(x). \tag{2.326}$$

Die Gleichung heißt *homogen*, wenn $r(x) = 0$ gilt:

$$y'_{\text{hom}} + p(x)\, y_{\text{hom}} = 0; \tag{2.327}$$

ihre Lösung läßt sich durch Trennung der Veränderlichen finden:

$$y_{\text{hom}} = c \exp\left[-\int p(x)\,\mathrm{d}x\right]. \tag{2.328}$$

Die Lösung der *inhomogenen* linearen Differentialgleichung 1. Ordnung erfolgt mit *Variation der Konstanten*, indem in der Lösung der zugehörigen homogenen Gleichung anstelle der willkürlichen Konstanten c eine Funktion $\varphi(x)$ angesetzt und durch Einsetzen in die Differentialgleichung bestimmt wird:

$$y(x) = \varphi(x) \exp\left[-\int p(x)\,\mathrm{d}x\right]. \tag{2.329}$$

$$y'(x) = \varphi'(x) \exp\left[-\int p(x)\,\mathrm{d}x\right] - \varphi(x)\, p(x) \exp\left[-\int p(x)\,\mathrm{d}x\right]$$

führt zu

$$\varphi'(x) \exp\left[-\int p(x)\,\mathrm{d}x\right] = r(x)$$

$$\varphi(x) = c + \int r(x) \exp\left[\int p(x)\,\mathrm{d}x\right] \mathrm{d}x. \tag{2.330}$$

Beispiel

$$y' = \frac{y}{x} + \frac{x-1}{x}.$$

Homogene Gleichung $y'_{\text{hom}} = y_{\text{hom}}/x$ führt zu $y_{\text{hom}} = cx$. Ansatz zur Lösung der inhomogenen Gleichung $y = \varphi(x)\,x$.

$$y' = \varphi'(x)\,x + \varphi(x) = \varphi(x) + \frac{x-1}{x}$$

$$\varphi'(x) = \frac{x-1}{x} = \frac{1}{x} - \frac{1}{x^2}$$

$$\varphi(x) = c + \ln|x| = 1/x$$

$$y = cx + x\ln|x| + 1.$$

2.7.3. Gewöhnliche Differentialgleichungen höherer Ordnung

2.7.3.1. Elementar integrierbare Fälle bei Differentialgleichungen 2. Ordnung

1. $y'' = f(x)$: Die Lösung erfolgt durch zweimalige Integration

$$y' = \int f(x)\,\mathrm{d}x + c_1,$$

$$y = \int\left(\int^x f(\xi)\,\mathrm{d}\xi\right)\mathrm{d}x + c_1x + c_2.$$

Die Methode ist auf Differentialgleichungen n-ter Ordnung $y^{(n)} = f(x)$ übertragbar.

Beispiel

$$y''' = \sin x.$$
$$y'' = -\cos x + c_1,$$
$$y' = -\sin x + c_1x + c_2,$$
$$y = \cos x + c_1/2\,x^2 + c_2x + c_3.$$

2. $y'' = f(x, y')$: Die gesuchte Funktion y tritt explizit nicht auf. Durch die Substitutionen $u = y'$ erfolgt Reduktion auf eine Differentialgleichung 1. Ordnung

$$u' = f(x, u);$$

aus ihrer Lösung $u(x)$ folgt $y(x)$ durch Integration:

$$y(x) = \int u(x)\,\mathrm{d}x + c.$$

Beispiel

$$(x^2 - 1)\,y'' + 2xy' = 0,$$
$$(x^2 - 1)\,u' + 2xu = 0.$$

Trennung der Veränderlichen liefert $u = \dfrac{c}{x^2-1}$. Nochmalige Integration führt zu $y = c_2 + \dfrac{c_1}{2}\ln\left|\dfrac{x-1}{x+1}\right|$.

3. $y'' = f(y, y')$: Die unabhängige Veränderliche tritt explizit nicht auf. Mit

$$y'(x) = \frac{\mathrm{d}y}{\mathrm{d}x} = \frac{1}{\mathrm{d}x/\mathrm{d}y} = \frac{1}{x'(y)}$$

folgt

$$y''(x) = \frac{\mathrm{d}}{\mathrm{d}x}\,y'(x) = \frac{\mathrm{d}}{\mathrm{d}x}\,\frac{1}{x'(y)} = \frac{\mathrm{d}}{\mathrm{d}y}\,\frac{1}{x'(y)}\,\frac{\mathrm{d}}{\mathrm{d}x} = -\frac{x''(y)}{x'^3(y)}$$

und damit

$$-\frac{x''(y)}{x'^3(y)} = f\left(y, \frac{1}{x'(y)}\right) \quad \text{bzw.} \quad x''(y) = g\,(y, x'(y)).$$

Durch die Substitutionen $u(y) = x'(y)$ erfolgt Reduktion auf eine Differentialgleichung 1. Ordnung $u'(y) = g(y, u(y))$, aus deren Lösung $u(y)$, die nirgends im y-Bereich verschwinden darf, gemäß

$$x'(y) = \frac{1}{u(y)}, \quad x(y) = \int \frac{1}{u(y)} \mathrm{d}y + c$$

schließlich $x(y)$ als Funktion von y bestimmt werden kann. Gegebenenfalls läßt sich dies nach y auflösen.

Beispiel

$$y''(y-1) = 2y'^2.$$

$$-\frac{x''}{x'^3}(y-1) = \frac{2}{x'^2}$$

$$\frac{u'}{u}(y-1) = 2$$

$$u = \frac{c_1}{(y-1)^2}$$

$$x = -\frac{c_1}{y-1} + c_2 \quad \text{bzw.} \quad y = 1 - \frac{c_1}{x - c_2}.$$

Hinzu tritt noch eine Lösung $y = \text{konst.}$ mit beliebigen Konstanten.

4. $y'' = f(y)$: Es fehlen explizit unabhängige Veränderliche x und die Ableitung y'. Neben der Behandlung gemäß Fall 3 kann folgender Weg eingeschlagen werden: Man multipliziert mit $2y'$ und erhält

$$2y'y'' = 2y'f(y)$$

$$\frac{\mathrm{d}y'^2}{\mathrm{d}x} = 2f(y)\frac{\mathrm{d}y}{\mathrm{d}x}$$

$$y'^2 = 2\int_{y_0}^{y} f(\eta)\,\mathrm{d}\eta + y_0'^2$$

$$x - x_0 = \int_{y_0}^{y} \frac{\mathrm{d}\xi}{\sqrt{2\int_{y_0}^{\xi} f(\eta)\,\mathrm{d}\eta + y_0'^2}}.$$

Beispiel

$$y'' = -y, \quad y(0) = y_0 = 0, \quad y'(0) = y_0' = 1;$$

$$x = \int_0^y \frac{\mathrm{d}\xi}{\sqrt{2\int_0^{\xi} -\eta\,\mathrm{d}\eta + 1}} = \int_0^y \frac{\mathrm{d}}{\sqrt{-\xi^2+1}} = \arcsin y$$

$$y = \sin x.$$

2.7.3.2. Lineare Differentialgleichungen n-ter Ordnung

Die lineare Differentialgleichung n-ter Ordnung für eine Funktion y hat die Gestalt einer Linearkombination aus y und seinen Ableitungen bis einschließlich der n-ten Ordnung, zu denen noch ein von y und seinen Ableitungen freies Glied treten kann:

$$p_n(x)\,y^{(n)} + p_{n-1}(x)\,y^{(n-1)} + \cdots + p_1(x)\,y' + p_0(x)\,y = r(x). \tag{2.331}$$

Die Koeffizienten $p_i(x)$ sind i. allg. (wenigstens stückweise) stetige Funktionen der unabhängigen Veränderlichen, ebenfalls die *Störungsfunktion* $r(x)$. Um die Ordnung n sicherzustellen, muß $p_n(x) \neq 0$ gelten. Für $r(x) \equiv 0$ heißt die Gleichung *homogen*, andernfalls *inhomogen*. Die lineare Differentialgleichung n-ter Ordnung hat unter den Anfangsbedingungen

$$y(x_0) = y_0, \quad y'(x_0) = y_0', \ldots, \quad y^{(n-1)}(x_0) = y_0^{(n-1)} \tag{2.332}$$

genau eine Lösung.

Zur Abkürzung schreibt man für die linke Seite der Differentialgleichung

$$\sum_{i=0}^{n} p_i(x)\, y^{(i)} \equiv L_n[y] \quad (y^{(0)} \equiv y). \tag{2.333}$$

Von besonderer Bedeutung für die Lösung der linearen Differentialgleichung erweist sich die *Wronskische Determinante* des Funktionensystems $\varphi_i(x)$ $(i = 1, \dots, n)$,

$$W(\varphi_1, \varphi_2, \dots, \varphi_n) = \begin{vmatrix} \varphi_1 & \varphi_2 & \cdots & \varphi_n \\ \varphi_1' & \varphi_2' & \cdots & \varphi_n' \\ \cdots & \cdots & \cdots & \cdots \\ \cdots & \cdots & \cdots & \cdots \\ \cdots & \cdots & \cdots & \cdots \\ \varphi_1^{(n-1)} & \varphi_2^{(n-1)} & \cdots & \varphi_n^{(n-1)} \end{vmatrix}, \tag{2.334}$$

wobei die Funktionen $\varphi_1(x), \varphi_2(x), \dots, \varphi_n(x)$ als $(n-1)$-mal differenzierbar vorausgesetzt werden müssen.

1. Es seien $\varphi_1(x), \dots, \varphi_n(x)$ insgesamt n Lösungen der Differentialgleichung $L_n[y] = 0$. Diese n Lösungen sind genau dann im Intervall (a, b) linear abhängig, wenn bereits an *einer* Stelle $\xi \in [a, b]$

$$W(\varphi_1(\xi), \dots, \varphi_n(\xi)) = 0$$

gilt. (Aus der Stetigkeit der $\varphi_i(x)$ läßt sich dann $W \equiv 0$ folgern.)

2. Sind die n Lösungen $\varphi_1(x), \dots, \varphi_n(x)$ von $L_n[y] = 0$ linear unabhängig, d.h., ist $W(\varphi_1(x), \dots, \varphi_n(x)) \neq 0$, so bilden diese n Funktionen ein *Fundamentalsystem* von Lösungen der Differentialgleichung. Die *allgemeine Lösung* von $L_n[y] = 0$ lautet dann

$$y_{\text{hom}}(x) = c_i \varphi_1(x) + \cdots + c_n \varphi_n(x). \tag{2.335}$$

3. Ist $y_0(x)$ irgendeine partikuläre Lösung der inhomogenen Gleichung $L_n[y] = r(x)$, und ist $y_{\text{hom}}(x)$ die allgemeine Lösung der zugehörigen homogenen Gleichung $L_n[y] = 0$, so bildet

$$y(x) = y_0(x) + y_{\text{hom}}(x) \tag{2.336}$$

die allgemeine Lösung der inhomogenen Gleichung.

Ist keine partikuläre Lösung $y_0(x)$ der inhomogenen Gleichung $L_n[y] = r(x)$ bekannt, und sind $\varphi_1(x), \dots, \varphi_n(x)$ insgesamt n linear unabhängige Lösungen der zugehörigen homogenen Gleichung, so läßt sich eine solche nach der Methode der *Variation der Konstanten* bestimmen:

$$y_{\text{inh}}(x) = u_1(x)\, \varphi_1(x) + \cdots + u_n(x)\, \varphi_n(x). \tag{2.337}$$

Dieser Ansatz wird in die Differentialgleichung eingesetzt. Da zur Bestimmung der n Funktionen $u_i(x)$ n Gleichungen erforderlich sind, aber zunächst nur die eine Differentialgleichung zur Verfügung steht, können $n - 1$ Gleichungen willkürlich gewählt werden. Das geschieht so, daß sich die Berechnung der $u_i(x)$ möglichst einfach gestaltet.

Es werden die Ableitungen berechnet und hierbei solche zusätzlichen Bestimmungsgleichungen festgelegt:

$$y_{\text{inh}}'(x) = u_1\varphi_1' + \cdots + u_n\varphi_n' + \underbrace{u_1'\varphi_1 + \cdots + u_n'\varphi_n}_{=0}$$

$$y_{\text{inh}}''(x) = u_1\varphi_1'' + \cdots + u_n\varphi_n'' + \underbrace{u_1'\varphi_1' + \cdots + u_n'\varphi_n'}_{=0}$$

$$\cdots\cdots\cdots$$

$$y_{\text{inh}}^{(n-1)}(x) = u_1\varphi_1^{(n-1)} + \cdots + u_n\varphi_n^{(n-1)} + \underbrace{u_1'\varphi_1^{(n-2)} + \cdots + u_n'\varphi_n^{(n-2)}}_{=0}$$

$$y_{\text{inh}}^{(n)}(x) = u_1\varphi_1^{(n)} + \cdots + u_n\varphi_n^{(n)} + u_1'\varphi_1^{(n-1)} + \cdots + u_1'\varphi_n^{(n-1)}.$$

Diese Ableitungen werden in die Differentialgleichung eingesetzt. Unter Berücksichtigung, daß die $\varphi_i(x)$ die homogene Gleichung lösen, folgt schließlich als n-te Gleichung zur Bestimmung der $\varphi_i(x)$

$$u_1'\varphi_1^{(n-1)} + \dots + u_n'\varphi_n^{(n-1)} = \frac{r(x)}{p_n(x)}.$$

Insgesamt ergibt sich damit das folgende lineare Gleichungssystem:

$$\begin{aligned} u_1'(x)\,\varphi_1(x) &+ u_2'(x)\,\varphi_2(x) + \dots + u_n'(x)\,\varphi_n(x) = 0 \\ u_1'(x)\,\varphi_1'(x) &+ u_2'(x)\,\varphi_2'(x) + \dots + u_n'(x)\,\varphi_n'(x) = 0 \\ &\dots\dots\dots \\ u_1'(x)\,\varphi_1^{(n-2)}(x) &+ u_2'(x)\,\varphi_2^{(n-2)}(x) + \dots + u_n'(x)\,\varphi_n^{(n-2)}(x) = 0 \\ u_1'(x)\,\varphi_1^{(n-1)}(x) &+ u_2'(x)\,\varphi_2^{(n-1)}(x) + \dots + u_n'(x)\,\varphi_n^{(n-1)}(x) = \frac{r(x)}{p_n(x)}. \end{aligned} \tag{2.338}$$

Es hat eine eindeutig bestimmte Lösung, da die Koeffizientendeterminante gerade die Wronskische Determinante ist; diese ist aber wegen der Stetigkeit und der vorausgesetzten linearen Unabhängigkeit der $\varphi_i(x)$ von Null verschieden.
Die erhaltenen Funktionen $u_i'(x)$ müssen noch einmal integriert werden.

Beispiel

$$y''' + 2y'' - y' + 2y = 4x.$$

Die allgemeine Lösung der homogenen Gleichung lautet (s. Abschn. 2.7.3.3.)

$$y_{\text{hom}} = c_1\,e^x + c_2\,e^{-x} + c_3\,e^{2x}.$$

Das System zur Bestimmung der $u_i(x)$ lautet damit

$$\begin{aligned} &u_1'(x)\,e^x + u_2'(x)\,e^{-x} + u_3'(x)\,e^{2x} = 0\,, \\ &u_1'(x)\,e^x - u_2'(x)\,e^{-x} + 2u_3'(x)\,e^{2x} = 0\,, \\ &u_1'(x)\,e^x + u_2'(x)\,e^{-x} + 4u_3'(x)\,e^{2x} = 4x. \end{aligned}$$

Hieraus folgt

$$u_1'(x) = -2x\,e^{-x}, \quad u_2'(x) = \frac{2}{3}\,x\,e^x, \quad u_3'(x) = \frac{4}{3}\,x\,e^{-2x},$$

d.h.

$$\begin{aligned} u_1(x) &= (2x + 2)\,e^{-x} + c_1, \\ u_2(x) &= \left(\frac{2}{3}\,x - \frac{2}{3}\right)e^x + c_2, \\ u_3(x) &= \left(-\frac{2}{3}\,x - \frac{1}{3}\right)e^{-2x} + c_3, \end{aligned}$$

so daß schließlich für die allgemeine Lösung der gegebenen Gleichung folgt

$$y(x) = c_1\,e^x + c_2\,e^{-x} + c_3\,e^{2x} + 2x + 1.$$

2.7.3.3. Homogene lineare Differentialgleichungen n-ter Ordnung mit konstanten Koeffizienten

Die homogene lineare Differentialgleichung n-ter Ordnung mit konstanten Koeffizienten hat die Gestalt $(a_0 = 1)$

$$y^{(n)} + a_1 y^{(n-1)} + \dots + a_{n-1}y' + a_n y = 0, \quad a_i = \text{konst.} \tag{2.339}$$

Durch den Ansatz

$$y = e^{\lambda x} \tag{2.340}$$

wird man auf die *charakteristische Gleichung*

$$\lambda^n + a_1\lambda^{n-1} + \dots + a_{n-1}\lambda + a_n = 0 \tag{2.341}$$

geführt. Diese algebraische Gleichung n-ten Grades mit reellen Koeffizienten hat genau n-Lösungen, wenn diese entsprechend ihrer Vielfachheit gezählt werden. Die Lösungen können reell oder konjugiert komplex sein. Aus den Nullstellen λ_i ergeben sich dann gemäß der folgenden Tafel linear unabhängige partikuläre Lösungen $e^{\lambda_i x}$, multipliziert mit einem Polynom ϱ-ten Grades in x, wobei $\varrho = k_i - 1$ gilt und k_i die Vielfachheit der Nullstelle λ_i ist. Im Fall komplexer λ_i ist Real- bzw. Imaginärteil von $e^{\lambda_i x}$ selbst Lösung.

Tafel 2.12

	Lösung der charakteristischen Gleichung	Partikuläre Lösung der homogenen Gleichung: komplex	reell
λ einfache Wurzel	λ reell $\lambda = \mu + j\nu$ $\lambda = \mu - j\nu$	– $a\, e^{(\mu + j\nu)x}$ $b\, e^{(\mu - j\nu)x}$	$c\, e^{\lambda x}$ $A\, e^{\mu x} \cos \nu x$ $B\, e^{\mu x} \sin \nu x$
λ k-fache Wurzel	λ reell $\lambda = \mu + j\nu$ $\lambda = \mu - j\nu$	– $(a_1 + a_2 x + \cdots + a_k x^{k-1})\, e^{(\mu + j\nu)x}$ $(b_1 + b_2 x + \cdots + b_k x^{k-1})\, e^{(\mu - j\nu)x}$	$(c_1 + c_2 x + \cdots + c_k x^{k-1})\, e^{\lambda x}$ $(A_1 + A_2 x + \cdots + A_k x^{k-1})\, e^{\mu x} \cos \nu x$ $(B_1 + B_2 x + \cdots + B_k x^{k-1})\, e^{\mu x} \sin \nu x$

Beispiele

1.
$$y''' - 2y'' - y' + 2y = 0$$
$$\lambda^3 - 2\lambda^2 - \lambda + 2 = 0 \rightarrow \lambda = \begin{cases} +1 \\ -1 \\ +2 \end{cases}$$
$$y(x) = c_1\, e^x + c_2\, e^{-x} + c_3\, e^{2x}.$$

2.
$$y^{(8)} - y^{(7)} - 3y^{(6)} - 3y^{(5)} + 10y^{(4)} + 4y''' - 4y'' - 12y' + 8y = 0$$
$$\lambda^8 - \lambda^7 - 3\lambda^6 - 3\lambda^5 + 10\lambda^4 + 4\lambda^3 - 4\lambda^2 - 12\lambda + 8 = 0,$$
$$\rightarrow \lambda = \begin{cases} 1 & \text{(dreifache reelle Nullstelle),} \\ 2 & \text{(einfache reelle Nullstelle),} \\ -1 + j & \\ -1 - j & \text{(zweifache konjugiert komplexe Nullstelle).} \end{cases}$$

Damit lautet die Lösung

$$y(x) = (c_1 + c_2 x + c_3 x^2)\, e^x + c_4\, e^{2x} + e^{-x} [(c_5 + c_6 x) \cos x + (c_7 + c_8 x) \sin x].$$

2.7.3.4. Inhomogene lineare Differentialgleichungen n-ter Ordnung mit konstanten Koeffizienten

Neben dem Verfahren der Variation der Konstanten bestehen bei bestimmten Formen der rechten Seite einer inhomogenen linearen Differentialgleichung mit konstanten Koeffizienten Möglichkeiten des Auffindens einer partikulären Lösung durch einen speziellen Ansatz. Es sind dies folgende Formen der rechten Seite:

$$a\, e^{\mu x} \quad \text{(Exponentialfunktion),} \tag{2.342}$$

$$a \cos \nu x + b \sin \nu x \quad \text{(Kosinus- und Sinusfunktion),} \tag{2.343}$$

$$c_0 x^m + c_1 x^{m-1} + \cdots + c_m \quad \text{(Polynom } m\text{-ten Grades)} \tag{2.344}$$

sowie deren Summen und Produkte. Die erforderlichen Ansätze gibt die folgende Zusammenstellung.
Falls λ bereits k-fache Wurzel der charakteristischen Gleichung ist, sind die verzeichneten Ansätze noch mit der Potenz x^k zu multiplizieren.

Tafel 2.13

Rechte Seite	λ	Ansatz
$a\,e^{\mu x}$	μ	$A\,e^{\mu x}$
$a \cos \nu x$ $b \sin \nu x$ $a \cos \nu x + b \sin \nu x$	$\pm j\nu$	$A \cos \nu x + B \sin \nu x$
$P_m(x)$ (Polynom m-ten Grades)	0	$Q_m(x)$ (Polynom m-ten Grades)
$e^{\mu x}(a \cos \nu x + b \sin \nu x)$	$\mu \pm j\nu$	$e^{\mu x}(A \cos \nu x + B \sin \nu x)$
$e^{\mu x} P_m(x)$	μ	$e^{\mu x} Q_m(x)$
$P_{m1}(x) \cos \nu x + P_{m2}(x) \sin \nu x$	$\pm j\nu$	$Q_m^{(1)}(x) \cos \nu x + Q_m^{(2)}(x) \sin \nu x$
$e^{\mu x}[P_{m1} \cos \nu x + P_{m2} \sin \nu x]$	$\mu \pm j\nu$	$e^{\mu x}[Q_m^{(1)} \cos \nu x + Q_m^{(2)} \sin \nu x]$ $m = \max(m_1, m_2)$

Beispiele

1. $y''' - y'' + y' - y = e^{2x}$

$$y_{\text{hom}}(x) = c_1\,e^x + c_2 \cos x + c_3 \sin x.$$

Ansatz: $y_{\text{inh}}(x) = A\,e^{2x}$

$$8A\,e^{2x} - 4A\,e^{2x} + 2A\,e^{ex} - A\,e^{2x} = e^{2x} \to A = \frac{1}{5}$$

$$y(x) = c_1\,e^x + c_2 \cos x + c_3 \sin x + \frac{1}{5}\,e^{2x}.$$

2. $y'' + 2y' + y = -11 \cos 2x + 2 \sin 2x$

$$y_{\text{hom}}(x) = (c_1 + c_2 x)\,e^{-x}.$$

Ansatz: $y_{\text{inh}}(x) = A \cos 2x + B \sin 2x \to A = 1, B = -2$

$$y(x) = (c_1 + c_2 x)\,e^{-x} + \cos 2x - 2 \sin 2x.$$

3. $y'' + 2y' + y + x\,e^{-x} + 2 \cos x$

$$y_{\text{hom}}(x) = (c_1 + c_2 x)\,e^{-x}.$$

Da $\lambda = -1$ zweifache Wurzel der charakteristischen Gleichung ist, lautet jetzt der Ansatz

$$y_{\text{inh}}(x) = x^2(Ax + B)\,e^{-x} + C \cos x + D \sin x.$$

Durch Einsetzen in die Gleichung folgt

$$A = \frac{1}{6}, \quad B = 0, \quad C = 0, \quad D = 1,$$

so daß die allgemeine Lösung lautet

$$y(x) = \left(c_1 + c_2 x + x\frac{3}{6}\right) e^{-x} + \sin x.$$

2.7.3.5. Eulersche Differentialgleichungen

Die Eulersche Differentialgleichung hat die Gestalt

$$x^n y^{(n)} + a_1 x^{n-1} y^{(n-1)} + \cdots + a_{n-1} x y' + a_n y = r(x). \tag{2.345}$$

Die homogene Gleichung ($r(x) = 0$) wird durch den Ansatz $y = x^\alpha$ gelöst. Man erhält die *charakteristische Gleichung*

$$\begin{aligned} \alpha(\alpha - 1) \cdots (\alpha - n + 1) + a_1 \alpha(\alpha - 1) \cdots (\alpha - n + 2) \\ + \cdots \\ + a_{n-2}\alpha(\alpha - 1) \\ + a_{n-1}\alpha \\ + a_n = 0. \end{aligned} \tag{2.346}$$

Ist α_i eine Wurzel der charakteristischen Gleichung mit der Vielfachheit k_i, so erhält man die linear unabhängigen Lösungen der Eulerschen Gleichung gemäß der folgenden Zusammenstellung.
Für die Lösung der inhomogenen Eulerschen Gleichung wird auf die Variation der Konstanten (Abschn. 2.7.3.2.) verwiesen.

Tafel 2.14

	Wurzel der charakteristischen Gleichung	Partikuläre Lösung
α einfache Nullstelle	α reell	x^α
	$\alpha = \mu + j\nu$	$x^\mu \cos(\nu \ln x)$
	$\alpha = \mu - j\nu$	$x^\mu \sin(\nu \ln x)$
α k-fache Nullstelle	α reell	$\sum_{i=0}^{k-1} c_i (\ln x)^i x^\alpha$
	$\alpha = \mu + j\nu$	$\sum_{i=0}^{k-1} a_i (\ln x)^i x^\mu \cos(\nu \ln x)$
	$\alpha = \mu - j\nu$	$\sum_{i=0}^{k-1} b_i (\ln x)^i x^\mu \sin(\nu \ln x)$

2.7.4. Systeme von gewöhnlichen Differentialgleichungen 1. Ordnung

2.7.4.1. Überführen in eine Differentialgleichung und umgekehrt

Wenn ein System von n Differentialgleichungen 1. Ordnung für die Funktionen $y_1(x)$, $y_2(x), \ldots, y_n(x)$ vorliegt, so erweist es sich in vielen Fällen als möglich, durch einen Eliminationsprozeß aus dem System eine ihm äquivalente Differentialgleichung n-ter Ordnung für nur eine der Funktionen $y_i(x)$ zu bilden. Der Eliminationsprozeß ist dann nicht durchführbar, wenn die Gleichungen des Systems zu kompliziert aufgebaut oder wenn im System auftretende Funktionen nicht genügend oft differenzierbar sind.
Umgekehrt gilt: Jede explizite Differentialgleichung n-ter Ordnung

$$y^{(n)}(x) = f(x, y, y', \ldots, y^{(n-1)}) \tag{2.347}$$

läßt sich in ein System von n Differentialgleichungen 1. Ordnung überführen. Wir setzen hierzu

$$y(x) = y_1(x), \quad y'(x) = y_2(x), \ldots, \quad y^{(n-1)}(x) = y_n(x) \tag{2.348}$$

und erhalten das der Differentialgleichung n-ter Ordnung äquivalente Gleichungssystem

$$\begin{aligned} y_1'(x) &= y_2(x) \\ y_2'(x) &= y_3(x) \\ &\cdots\cdots \\ y_{n-1}'(x) &= y_n(x) \\ y_n'(x) &= f(x, y_1, y_2, \ldots, y_n). \end{aligned} \tag{2.349}$$

Existenz- und Eindeutigkeitssatz für das System:

$$\begin{aligned} y_1' &= f_1(x, y_1, \ldots, y_n) \\ y_2' &= f_2(x, y_1, \ldots, y_n) \\ &\cdots\cdots\cdots \\ y_n' &= f_n(x, y_1, \ldots, y_n). \end{aligned} \tag{2.350}$$

Sind die Funktionen $f_i(x, y_1, \ldots, y_n)$ $(i = 1, 2, \ldots, n)$ stetig in einem Gebiet $\boldsymbol{B}\,(x, y_1, \ldots, y_n)$, so geht durch jeden Punkt von $\boldsymbol{B}$ mindestens eine Lösungskurve des Gleichungssystems; erfüllen die Funktionen $f_i(x, y_1, \ldots, y_n)$ $(i = 1, 2, \ldots, n)$ außerdem je eine Lipschitz-Bedingung

$$|f_i(x, \bar{y}_1, \bar{y}_2, \ldots, \bar{y}_n) - f_i(x, y_1, y_2, \ldots, y_n)| \leqq M \sum_{k=1}^{n} |\bar{y}_k - y_k| \qquad (i = 1, 2, \ldots, n), \tag{2.351}$$

so geht durch jeden Punkt von $\boldsymbol{B}$ genau eine Lösungskurve. Die Lipschitz-Bedingung ist immer dann erfüllt, wenn die Funktionen $f_i(x, y_1, \ldots, y_n)$ $(i = 1, 2, \ldots, n)$ in $\boldsymbol{B}$ beschränkte partielle Ableitungen haben, d.h., wenn überall in $\boldsymbol{B}$ gilt

$$\left|\frac{\partial f_i(x, y_1, y_2, \ldots, y_n)}{\partial y_k}\right| \leqq A \quad (i, k = 1, 2, \ldots, n). \tag{2.352}$$

2.7.4.2. Lineare Differentialgleichungssysteme mit konstanten Koeffizienten

Das Differentialgleichungssystem

$$\begin{aligned} y_1' &= a_{11}y_1 + a_{12}y_2 + \cdots + a_{1n}y_n + r_1(x) \\ y_2' &= a_{21}y_1 + a_{22}y_2 + \cdots + a_{2n}y_n + r_2(x) \\ &\cdots\cdots\cdots\cdots \\ y_n' &= a_{n1}y_1 + a_{n2}y_2 + \cdots + a_{nn}y_n + r_n(x) \quad (a_{ik} \text{ Konstanten}), \end{aligned} \tag{2.353}$$

d.h.,

$$\boldsymbol{y}'(x) = \boldsymbol{A}\boldsymbol{y}\,(x) + \boldsymbol{r}(x),$$

ist ein lineares Differentialgleichungssystem mit konstanten Koeffizienten.
Für das homogene System

$$\boldsymbol{y}_{\text{hom}}'(x) = \boldsymbol{A}\boldsymbol{y}_{\text{hom}}(x) \tag{2.354}$$

findet man ein *Hauptsystem* von Lösungen durch den Ansatz

$$\boldsymbol{y}_{\text{hom}} = \boldsymbol{c}\,\mathrm{e}^{\lambda x} \quad \text{mit} \quad \boldsymbol{c} = \begin{pmatrix} c_1 \\ c_2 \\ \cdots \\ c_n \end{pmatrix} \neq \boldsymbol{0}. \tag{2.355}$$

Der Vektor c ist damit Lösung des homogenen linearen Gleichungssystems

$$(\boldsymbol{A} - \lambda\boldsymbol{E})\,\boldsymbol{c} = \boldsymbol{0}, \tag{2.356}$$

wofür das Verschwinden der Determinanten der Matrix $\boldsymbol{A} - \lambda\boldsymbol{E}$, d.h.,

$$\operatorname{Det}(\boldsymbol{A} - \lambda\boldsymbol{E}) = 0, \tag{2.357}$$

notwendig ist. Die Entwicklung der Determinanten führt auf ein Polynom n-ten Grades

$$p_n(\lambda) = \lambda^n + a_{n-1}\lambda^{n-1} + \cdots + a_1\lambda + a_0 = 0 \tag{2.358}$$

als *charakteristische Gleichung*. Die Nullstellen λ_i sind die *Eigenwerte* der Matrix $\boldsymbol{A}$.

Beispiele

1. $y_1' = y_2 + y_3, \quad y_2' = y_1 + y_3, \quad y_3' = y_1 + y_2.$

Über die Koeffizientenmatrix $\boldsymbol{A} = \begin{pmatrix} 0 & 1 & 1 \\ 1 & 0 & 1 \\ 1 & 1 & 0 \end{pmatrix}$ wird man zur charakteristischen Gleichung

$$\operatorname{Det}(A-\lambda E)=\begin{vmatrix}-\lambda & 1 & 1\\ 1 & -\lambda & 1\\ 1 & 1 & -\lambda\end{vmatrix}=-(\lambda+1)^2(\lambda-2)=0$$

geführt, die $\lambda_1 = 2$ als einfache und $\lambda_{2,3} = -1$ als zweifache Wurzel hat.
Die Lösung des homogenen Gleichungssystems $(A - \lambda_1 E)\,c_1 = o$ führt zu

$$\begin{pmatrix}-2 & 1 & 1\\ 1 & -2 & 1\\ 1 & 1 & -2\end{pmatrix} c_1 = o, \quad \text{d.h.,} \quad \begin{aligned}-2c_1 + c_2 + c_3 &= 0,\\ c_1 - 2c_2 + c_3 &= 0,\\ c_1 + c_2 - 2c_2 &= 0.\end{aligned}$$

Da die Koeffizientenmatrix den Rang 2 hat, kann die letzte Gleichung als von den beiden ersten linear abhängig entfallen. Mit der willkürlichen Festsetzung $c_1 = 1$ folgt $c_2 = c_3 = 1$. Man erhält also als erste Lösung

$$y_1 = \begin{pmatrix}1\\1\\1\end{pmatrix} e^{2x}.$$

Für $\lambda_{2,3} = -1$ wird man zu $\begin{pmatrix}1 & 1 & 1\\ 1 & 1 & 1\\ 1 & 1 & 1\end{pmatrix} c_{2,3} = o$, d.h. zu

der einen Gleichung $c_1 + c_2 + c_3 = 0$ geführt. Die Koeffizientendeterminante hat den Rang 1; man kann also zwei Größen willkürlich festlegen: Aus $c_1 = 0, c_2 = 1$ folgt $c_3 = -1$; aus $c_1 = 1, c_2 = 0$ folgt $c_3 = -1$. Damit ergeben sich die beiden weiteren Lösungen

$$y_2 = \begin{pmatrix}0\\1\\-1\end{pmatrix} e^{-x}, \quad y_3 = \begin{pmatrix}1\\0\\-1\end{pmatrix} e^{-x}$$

und damit die allgemeine Lösung des Differentialgleichungssystems

$$\begin{aligned}y_1 &= c_1\,e^{2x} + c_3\,e^{-x},\\ y_2 &= c_1\,e^{2x} + c_2\,e^{-x},\\ y_3 &= c_1\,e^{2x} - (c_2 + c_3)\,e^{-x}.\end{aligned}$$

2. $y_1' = -8y_2 + 3y_3, \quad y_2' = 6y_3 + y_4, \quad y_3' = y_2, \quad y_4' = y_1.$

Die charakteristische Gleichung lautet

$$\begin{vmatrix}-\lambda & -8 & 3 & 0\\ 0 & -\lambda & 6 & 1\\ 0 & 1 & -\lambda & 0\\ 1 & 0 & 0 & -\lambda\end{vmatrix} = (\lambda+3)(\lambda-1)^3 = 0,$$

so daß sich $\lambda_1 = -3$ als ein ache und $\lambda_{2,3,4} = 1$ als dreifache Wurzel ergibt.
Die Matrix $A - \lambda_1 E$ hat den Rang 3, so daß über das Gleichungssystem

$$\begin{aligned}3c_1 - 8c_2 + 3c_3 &= 0,\\ 3c_2 + 6c_3 + c_4 &= 0,\\ c_2 + 3c_3 &= 0\end{aligned}$$

mit $c_1 = 9$ die Lösung $c_2 = 3$, $c_3 = -1$, $c_4 = -3$ und damit

$$y_1 = \begin{pmatrix}9\\3\\-1\\-3\end{pmatrix} e^{-3x}$$

folgen.
Die Matrix

$$A - \lambda_{2,3,4}E = \begin{pmatrix}1 & -8 & 3 & 0\\ 0 & -1 & 6 & 1\\ 0 & 1 & -1 & 0\\ 1 & 0 & 0 & -1\end{pmatrix} \text{ hat jedoch auch}$$

den Rang 3. Hier besteht also nur die Möglichkeit der willkürlichen Wahl einer Komponente des Lösungsvektors, so daß nur eine linear unabhängige Lösung erhalten werden kann. Analog zum Abschn. 2.7.3.3. macht man einen Ansatz, indem statt des Lösungsvektors c ein Vektor angesetzt wird, dessen Komponenten Polynome eines solchen Grades, hier 2. Grades, sind, daß die nötige Anzahl willkürlicher Parameter erhalten werden kann:

$$y = \begin{pmatrix}p_1x^2 + q_1x + r_1\\ p_2x^2 + q_2x + r_2\\ p_3x^2 + q_3x + r_3\\ p_4x^2 + q_4x + r_4\end{pmatrix} e^x,$$

woraus durch Einsetzen in das Differentialgleichungssystem schließlich

$$y = \begin{pmatrix} -5px^2 + (-6p - 5q)\,x + (6p - 3q - 5r) \\ px^2 + (2p + q)\,x + (q + r) \\ px^2 + qx + r \\ -5px^2 + (4p - 5q)\,x + (2p + 2q - 5r) \end{pmatrix} e^x$$

erhalten wird. Die allgemeine Lösung lautet in Komponentenschreibweise

$$\begin{aligned} y_1 &= 9c\,e^{-3x} + -5px^2 + (-6p - 5q)\,x + (6p - 3q - 5r)\,e^x, \\ y_2 &= 3c\,e^{-3x} + px^2 + (2p + q)\,x + (q + r)\,e^x, \\ y_3 &= -c\,e^{-3x} + px^2 + qx + r\,e^x, \\ y_4 &= -3c\,e^{-3x} + -5px^2 + (4p - 5q)\,x + (2p + 2q - 5r)\,e^x. \end{aligned}$$

3. $y_1' = y_2, \quad y_2' = y_3, \quad y_3' = y_1.$

Man erhält die charakteristische Gleichung

$$\begin{vmatrix} -\lambda & 1 & 0 \\ 0 & -\lambda & 1 \\ 1 & 0 & -\lambda \end{vmatrix} = -\lambda^3 + 1 = 0$$

mit den Lösungen

$$\lambda_1 = 1, \quad \lambda_2 = -\tfrac{1}{2} + \tfrac{1}{2}\mathrm{j}\sqrt{3}, \quad \lambda_3 = -\tfrac{1}{2} - \tfrac{1}{2}\mathrm{j}\sqrt{3}.$$

Über das homogene Gleichungssystem

$$(A - \lambda_1 E)\,c = \begin{pmatrix} -1 & 1 & 0 \\ 0 & -1 & 1 \\ 1 & 0 & -1 \end{pmatrix} c = o$$

(Rang der Koeffizientenmatrix gleich 2) folgt über die beiden Gleichungen $-c_1 + c_2 = 0,\ -c_2 + c_3 = 0$ mit $c_1 = 1$ das Ergebnis $c_2 = c_3 = 1$. Damit ergibt sich

$$y_1 = \begin{pmatrix} 1 \\ 1 \\ 1 \end{pmatrix} e^x.$$

Aus

$$(A - \lambda_2 E)\,c = \begin{pmatrix} \frac{1}{2} - \frac{1}{2}\mathrm{j}\sqrt{3} & 1 & 0 \\ 0 & \frac{1}{2} - \frac{1}{2}\mathrm{j}\sqrt{3} & 1 \\ 1 & 0 & \frac{1}{2} - \frac{1}{2}\mathrm{j}\sqrt{3} \end{pmatrix} c = o$$

folgt (Rang wieder gleich 2) über die Gleichungen

$$(\tfrac{1}{2} - \tfrac{1}{2}\mathrm{j}\sqrt{3})\,c_1 + c_2 = 0, \quad (\tfrac{1}{2} - \tfrac{1}{2}\mathrm{j}\sqrt{3})\,c_2 + c_3 = 0$$

mit $c_1 = 1$ die Lösung

$$c_2 = -\tfrac{1}{2} + \tfrac{1}{2}\mathrm{j}\sqrt{3}, \quad c_3 = c_2{}^2 = -\tfrac{1}{2} - \tfrac{1}{2}\mathrm{j}\sqrt{3}.$$

Ein analoges Ergebnis folgt aus λ_3.

Die Aufspaltung in Real- und Imaginärteil (s. Abschn. 2.7.3.3.) liefert dann die Lösungen

$$y_2 = \operatorname{Re}\begin{pmatrix} 1 \\ e^{\mathrm{j}(2\pi/3)} \\ e^{-\mathrm{j}(2\pi/3)} \end{pmatrix} \exp\left[\left(-\tfrac{1}{2} + \tfrac{1}{2}\mathrm{j}\sqrt{3}\right) x\right], \quad y_3 = \operatorname{Im}\begin{pmatrix} 1 \\ e^{\mathrm{j}(2\pi/3)} \\ e^{-\mathrm{j}(2\pi/3)} \end{pmatrix} \exp\left[\left(-\tfrac{1}{2} + \tfrac{1}{2}\mathrm{j}\sqrt{3}\right) x\right]$$

bzw.

$$y_2 = \begin{bmatrix} \cos\dfrac{\sqrt{3}}{2}x \\ \cos\left(\dfrac{\sqrt{3}}{2}x + \dfrac{2\pi}{3}\right) \\ \cos\left(\dfrac{\sqrt{3}}{2}x - \dfrac{2\pi}{3}\right) \end{bmatrix} e^{-x/2}, \quad y_3 = \begin{bmatrix} \sin\dfrac{\sqrt{3}}{2}x \\ \sin\left(\dfrac{\sqrt{3}}{2}x + \dfrac{2\pi}{3}\right) \\ \sin\left(\dfrac{\sqrt{3}}{2}x - \dfrac{2\pi}{3}\right) \end{bmatrix} e^{-x/2}.$$

Allgemein kommt man zu folgenden Ergebnissen:

1. Die Nullstelle λ der charakteristischen Gleichung sei reell und einfach. Dann ist der Rang von $A - \lambda E$ gleich $n - 1$, und man erhält die Lösung

$$y = c\,e^{\lambda x} \tag{2.359}$$

über das homogene Gleichungssystem $(A - \lambda E)\,c = 0$.

2. Die Nullstelle λ der charakteristischen Gleichung sei reell, sie habe die Vielfachkeit $k > 1$. Wenn der Rang von $\boldsymbol{A} - \lambda \boldsymbol{E}$ gleich $n - k$ ist, stehen für die n Komponenten $c_1, \ldots, c_n$ des Vektors $\boldsymbol{c}$ genau $n - k$ linear unabhängige Gleichungen zur Verfügung, so daß k Komponenten von $\boldsymbol{c}$ willkürlich gewählt werden können. Damit besteht aber die Möglichkeit der Bestimmung von k linear unabhängigen Lösungen des homogenen Gleichungssystems $(\boldsymbol{A} - \lambda \boldsymbol{E})\, \boldsymbol{c} = \boldsymbol{0}$, so daß sich auch k linear unabhängige Lösungen

$$y_i = \lambda_i\, e^{\lambda x}, \quad i = 1, \ldots, k, \tag{2.360}$$

für das lineare Differentialgleichungssystem ergeben.
Ist der Rang von $\boldsymbol{A} - \lambda \boldsymbol{E}$ jedoch größer als $n - k$, so lassen sich nicht k linear unabhängige Lösungen bestimmen. Man macht einen Ansatz

$$\boldsymbol{y} = \boldsymbol{p}(x)\, e^{\lambda x} \tag{2.361}$$

mit geeigneten Polynomen entsprechenden Grades und bestimmt die Koeffizienten durch Einsetzen in das Differentialgleichungssystem.
3. Falls die Nullstellen λ komplex sind, treten sie als Paare konjugiert komplexer Nullstellen auf. Die Rechnungen verlaufen analog, und man erhält die reelle Lösung durch Aufspalten in Real- und Imaginärteil.

2.7.5. Näherungsverfahren

Differentialgleichungen können nur für wenige Typen und nur in besonderen Fällen so gelöst werden, daß ihre Lösung in geschlossener Form bereitsteht, d.h. durch elementare Funktionen (in endlicher Anzahl) dargestellt werden kann. In der Praxis interessiert häufig nur eine auf Grund bestimmter Anfangsbedingungen fixierte partikuläre Lösung, und wenn diese nicht exakt bereitgestellt werden kann, begnügt man sich mit einer Näherungslösung. Eine derartige Näherungslösung kann man erhalten mit Hilfe eines

- analytischen Verfahrens, z.B. mit Funktionenfolgen, die gegen die Lösung konvergieren *(Verfahren der sukzessiven Approximation)*, oder mit unendlichen Reihen *(Potenzreihensatz)*,
- numerischen Verfahrens, z.B. eines *Runge-Kutta-Verfahrens*,
- grafischen Verfahrens,
- maschinellen Verfahrens unter Verwendung von *Analogrechnern.*

Im folgenden werden nur Verfahren der ersten beiden Möglichkeiten behandelt; bezüglich grafischer Verfahren [2.41] und der Verwendung von Analogrechnern [2.67] sei auf die Literatur verwiesen.

2.7.5.1. Verfahren der sukzessiven Approximation

Die Differentialgleichung 1. Ordnung $y' = f(x, y)$, $y(x_0) = y_0$ wird durch formale Integration in die *Integralgleichung*

$$y(x) = y_0 + \int_{x_0}^{x} f(\xi, y(\xi))\, d\xi \tag{2.362}$$

übergeführt, in der bereits die Anfangsbedingungen berücksichtigt sind. Unter den Voraussetzungen des Existenz- und Eindeutigkeitssatzes (Abschn. 2.7.2.) konvergiert das Iterationsverfahren

$$y_{n+1}(x) = y_0 + \int_{x_0}^{x} f(\xi, y_n(\xi))\, d\xi, \quad y_0(x) = y_0 \tag{2.363}$$

gegen die die Anfangsbedingung befriedigende Lösung der Differentialgleichung $y' = f(x, y)$.

Beispiel

$$y' = 2xy, \quad y(0) = 1; \quad y_{n+1} = 1 + \int_0^1 2\xi y_n \, d\xi .$$

Es gilt

$$y_0(x) = 1$$

$$y_1(x) = 1 + \int_0^x 2\xi \, d\xi = 1 + x^2$$

$$y_2(x) = 1 + \int_0^x 2\xi (1 + \xi^2) \, d\xi = 1 + x^2 + \frac{x^4}{2}$$

. . . .

$$y_n(x) = 1 + x^2 + \frac{x^4}{2!} + \frac{x^6}{3!} + \cdots + \frac{x^{2n}}{n!} \to \exp(x^2) .$$

Man kann nachträglich durch Einsetzen in die Differentialgleichung bestätigen, daß $y = \exp(x^2)$ die Differentialgleichung tatsächlich löst.

Das System von 2 Differentialgleichungen 1. Ordnung

$$y' = f(x, y, z), \quad z' = g(x, y, z), \quad y(x_0) = y_0, \quad z(x_0) = z_0$$

wird durch formale Integration in das System von Integralgleichungen

$$y(x) = y_0 + \int_{x_0}^x f(\xi, y(\xi), \quad z(\xi)) \, d\xi ,$$
$$z(x) = z_0 + \int_{x_0}^x g(\xi, y(\xi), z(\xi)) \, d\xi \tag{2.364}$$

übergeführt, in dem die Anfangsbedingungen bereits berücksichtigt sind. Unter den Voraussetzungen des Existenz- und Eindeutigkeitssatzes (Abschn. 2.7.4.1.) konvergiert das Iterationsverfahren

$$y_{n+1}(x) = y_0 + \int_{x_0}^x f(\xi, y_n(\xi), z_n(\xi)) \, d\xi ,$$
$$z_{n+1}(x) = z_0 + \int_{x_0}^x g(\xi, y_{n+1}(\xi), z_n(\xi)) \, d\xi \tag{2.365}$$

gegen die die Anfangsbedingung befriedigende Lösung des Differentialgleichungssystems.

Beispiel

$$y' = 2y - z, \quad z' = 3y - 2z, \quad y(0) = 2, \quad z(0) = 0 .$$

$$y_{n+1}(x) = 2 + \int_0^x (2y_n(\xi) - z_n(\xi)) \, d\xi .$$

$$z_{n+1}(x) = \int_0^x (3y_{n+1}(\xi) - 2z_n(\xi)) \, d\xi .$$

Es gilt

$$y_0(x) = 2 \qquad z_0(x) = 0$$

$$y_1(x) = 2 + \int_0^x 4 \, d\xi = 2 + 4x \qquad z_1(x) = \int_0^x (6 + 12\xi) \, d\xi = 6x + 6x^2$$

$$y_2(x) = 2 + \int_0^x (4 + 2\xi - 6\xi^2) \, d\xi \qquad z_2(x) = \int_0^x (6 - 9\xi^2 - 6\xi^3) \, d\xi$$

$$= 2 + 4x + x^2 - 2x^3 \qquad = 6x - 3x^3 - \frac{3}{2} x^4$$

$$y_3(x) = 2 + \int_0^x \left(4 + 2\xi + 2\xi^2 - \xi^3 + \frac{3}{2} \xi^4\right) d\xi = 2 + 4x + x^2 + \frac{3}{2} x^3 - \frac{1}{4} x^4 + \frac{3}{10} x^5$$

$$z_3(x) = \int_0^x \left(6 + 3\xi^2 + 8\xi^3 - \frac{9}{4} \xi^4 + \frac{9}{10} \xi^5\right) d\xi = 6x + x^3 + 2x^4 - \frac{9}{20} x^5 + \frac{3}{20} x^6$$

. . . .

$$y(x) = 2 + 4x + 2 \frac{x^2}{2!} + 4 \frac{x^3}{3!} + 2 \frac{x^4}{4!} + 4 \frac{x^5}{5!} + \cdots \to 3e^x - e^{-x} ,$$

$$z(x) = 6x + 6 \frac{x^3}{3!} + 6 \frac{x^5}{5!} + \cdots \to 3 e^x - 3 e^{-x} .$$

2.7.5.2. Potenzreihenansatz

Eine Differentialgleichung n-ter Ordnung

$$y^{(n)} = f(x, y, y', \ldots, y^{(n-1)}), \quad y(x_0) = y_0, \ldots, y^{(n-1)}(x_0) = y_0^{(n-1)}, \tag{2.366}$$

in der alle auftretenden Funktionen in der Umgebung von x_0 analytisch sind (x ist als Veränderliche im Bereich der komplexen Zahlen zu interpretieren), kann durch einen Potenzreihenansatz gelöst werden, indem man mit einem Ansatz

$$y(x) = a_0 + a_1(x - x_0) + a_2(x - x_0)^2 + \cdots \tag{2.367}$$

beide Seiten der Differentialgleichung in eine Potenzreihe nach Potenzen von $(x - x_0)$ entwickelt und die zunächst unbestimmten Koeffizienten durch einen Koeffizientenvergleich ermittelt. Die Durchführung der Rechnung erfordert jedoch, daß die vorgelegte Differentialgleichung nicht zu kompliziert gestaltet ist, wenn die Entwicklung von $f(x, y, y', \ldots, y^{(n-1)})$ in eine Potenzreihe erfolgreich durchgeführt werden soll.

Beispiel. $y' = x + \sin y, \quad y(0) = 0.$
Aus der Anfangsbedingung folgt durch Einsetzen in die Differentialgleichung $y'(0) = 0$, so daß folgender vereinfachter Ansatz möglich wird,

$$y = a_2x^2 + a_3x^3 + a_4x^4 + a_5x^5 + a_6x^6 + a_7x^7 + a_8x^8 + a_9x^9 + \cdots,$$

der die Glieder der Reihe bis einschließlich der 9. Potenz von x berücksichtigt. Der entsprechende Potenzreihenansatz für $\sin y$ lautet

$$\sin y = y - \frac{y^3}{6} + \frac{y^5}{120} - + \cdots,$$

so daß die Potenzen von y gebildet werden müssen. Nach einigen Rechnungen folgt (jeweils entwickelt bis einschließlich der Glieder mit x^9)

$$y^3 = a_2^3x^6 + 3a_2^2a_3x^7 + (3a_2a_3^2 + 3a_2^2a_4)\,x^8 + (2a_2^2a_5 + 6a_2a_3a_4 + a_3^3)\,x^9 + \cdots$$
$$+ (y^5 = a_2^5x^{10} + \cdots).$$

Damit ergibt sich nach Einsetzen in die Differentialgleichung

$$\begin{aligned}2a_2x + 3a_3x^2 + 4a_4x^3 + 5a_5x^4 + 6a_6x^5 + 7a_7x^6 + 8a_8x^7 + 9a_9x^8 + 10a_{10}x^9 + \cdots\\ = x + a_2x^2 + a_3x^3 + a_4x^4 + a_5x^5 + \left(a_6 - \frac{a_2^3}{6}\right)x^6 + \left(a_7 - \frac{a_2^2a_3}{2}\right)x^7\\ + \left(a_8 - \frac{a_2a_3^2}{2} - \frac{a_2^2a_4}{2}\right)x^8 + \left(a_9 - \frac{a_2^2a_5}{3} - a_2a_3a_4 - \frac{a_3^3}{6}\right)x^9 + \cdots\end{aligned}$$

Ein Koeffizientenvergleich liefert

$$\begin{aligned}
2a_2 &= 1 && \to a_2 = \frac{1}{2!}\\
3a_3 &= a_2 && \to a_3 = \frac{1}{3!}\\
4a_4 &= a_3 && \to a_4 = \frac{1}{4!}\\
5a_5 &= a_4 && \to a_5 = \frac{1}{5!}\\
6a_6 &= a_5 && \to a_6 = \frac{1}{6!}\\
7a_7 &= a_6 - \frac{a_2^3}{6} && \to a_7 = -\frac{1}{360} = \frac{1}{7!} - \frac{1}{336}\\
8a_8 &= a_7 - \frac{a_2^2a_3}{2} && \to a_8 = -\frac{17}{5760} = \frac{1}{8!} - \frac{1}{336}\\
9a_9 &= a_8 - \frac{a_2a_3^2}{2} - \frac{a_2^2a_4}{2} && \to a_9 = -\frac{29}{17280} = \frac{1}{9!} - \frac{61}{36288}\\
10a_{10} &= a_9 - \frac{a_2^2a_5}{3} - a_2a_3a_4 - \frac{a_3^3}{6} && \to a_{10} = -\frac{343}{518400} = \frac{1}{10!} - \frac{1201}{1814400}
\end{aligned}$$

. . . .

Man erkennt an den Koeffizienten, daß die Lösungsfunktion für kleine x-Werte mit der Funktion $e^x - x - 1$ übereinstimmt:

$$y(x) = e^x - x - 1 - \left(\frac{1}{336}x^7 + \frac{1}{336}x^8 + \frac{61}{36288}x^9 + \frac{1201}{1814400}x^{10} + \cdots\right).$$

Das Verfahren ist besonders angenehm bei linearen Differentialgleichungen

$$y^{(n)} + p_1(x)\,y^{(n-1)} + \cdots + p_{n-1}(x)\,y' + p_n(x) = r(x). \tag{2.368}$$

Wenn alle Koeffizienten $p_i(x)$ und die Störungsfunktion $r(x)$ bei x_0 analytisch sind und der kleinste der Konvergenzradien R ist, dann konvergiert die Potenzreihe für $y(x)$ innerhalb $|x - x_0| < R$.

2.7.5.3. Runge-Kutta-Verfahren

Ausgehend von einem Anfangspunkt $y(x_0) = y_0$, soll der Funktionswert $y(x_1) = y_1$ der Lösung der Differentialgleichung $y' = f(x, y)$ an der Stelle $x_1 = x_0 + h$ näherungsweise ermittelt werden *(h Schrittweite)*. In diesem Sinne fortfahrend, erhält man allgemein aus $y(x_n) = y_n$ den Funktionswert $y(x_{n+1}) = y_{n+1}$ an der Stelle $x_{n+1} = x_n + h$. Der Übergang von x_n zu x_{n+1} erfolgt durch das folgende Formelsystem:

Runge-Kutta-Verfahren für die Differentialgleichung $y' = f(x, y)$

$$\begin{aligned} k_0 &:= hf(x_n, y_n) \\ k_1^* &:= hf\left(x_n + \frac{h}{2},\quad y_n + \frac{k_0}{2}\right) \\ k_1^{**} &:= hf\left(x_n + \frac{h}{2},\quad y_n + \frac{k_1^*}{2}\right) \\ k_2 &:= hf(x_n + h, y_n + k_1^{**}) \\ k &:= \tfrac{1}{6}(k_0 + 2k_1^* + 2k_1^{**} + k_2) \\ x_{n+1} &:= x_n + h \\ y_{n+1} &:= y_n + k. \end{aligned} \tag{2.369}$$

Das Verfahren geht für die Differentialgleichung $y' = f(x)$ (einfache Integrationsaufgabe) in die Simpsonsche Regel über.

Der Fehler des Runge-Kutta-Verfahrens ist wie dort von der Größenordnung h^5. Einen Hinweis für die Wahl einer Schrittweite, die mittleren Genauigkeitsansprüchen genügt, erhält man aus

$$h \approx \frac{0{,}1 \cdots 0{,}2}{|f_y|}, \tag{2.370}$$

wobei f_y aus den Runge-Kutta-Formeln näherungsweise gemäß

$$|f_y| \approx \frac{2}{|h|}\left|\frac{k_1^{**} - k_1^*}{k_1^* - k_0}\right| \tag{2.371}$$

erhalten werden kann.

Einen Hinweis auf die erreichte Genauigkeit kann man erhalten, wenn man, bei x_n beginnend, zwei Runge-Kutta-Schritte mit der Schrittweite h bis zum Punkt $y\,(x_n + h + h) = y_{n+2}$ und dann noch einmal, beginnend bei x_n, einen Runge-Kutta-Schritt mit der doppelten Schrittweite $2h$ bis zum Punkt $y\,(x_n + 2h) = \bar{y}_{n+2}$ durchführt (Feinrechnung und Grobrechnung). Die Größe

$$f = \frac{1}{15}(y_{n+2} - \bar{y}_{n+2}) \tag{2.372}$$

ist der hierbei etwa entstandene Fehler der Feinrechnung, und über

$$y_{n+2} := y_{n+2} + f \tag{2.373}$$

kann man den Ergebniswert der Feinrechnung an der Stelle x_{n+2} verbessern.

Wenn eine Genauigkeitsschranke für die Rechnung vorgegeben ist, besteht durch Vergrößerung bzw. Verkleinerung der Schrittweite die Möglichkeit ihrer Anpassung an diese

Genauigkeitsschranke; bei zu groß gewordenem Fehler f wird die Rechnung mit halber Schrittweite wiederholt, bei einem Fehler f, der die Genauigkeitsschranke beträchtlich unterschreitet, wird man die Rechnung mit doppelter Schrittweite fortsetzen.

Beispiel. $y' = x^2 + y^2, \quad y(0) = 1.$

x	0	0,1	0
y	1	1,1114629	1
h	0,1	0,1	0,2
k_0	0,1	0,1245350	0,2
k_1	0,1105	0,1400143	0,244
k_1	0,1116053	0,1418372	0,2537768
k_2	0,1245666	0,1610761	0,3223913
k	0,1114629	0,1415523	0,2529908
x	0,1	0,2	0,2
y	1,1114629	1,2530152	1,2529908
f		0,0000016	
y_{korr}		1,2530168	

Im Beispiel werden 2 Schritte der Feinrechnung und der zugehörige Schritt der Grobrechnung durchgeführt. Damit ergibt sich die Möglichkeit der Korrektur der Feinrechnung. Das erhaltene Ergebnis stimmt bis zur 7. Dezimalstelle mit dem exakten Wert überein. Um das Ergebnis bei $x = 0{,}2$ durch eine Potenzreihenentwicklung ebenso genau zu erhalten, ist die Berechnung der Reihe bis einschließlich des Gliedes x^{10} erforderlich.

Die Überlegungen zur Schrittweitenanpassung auf Grund des über die Fein- und Grobrechnung erhaltenen Fehlers gelten auch für die übrigen Runge-Kutta-Formeln.

Runge-Kutta-Verfahren für zwei Differentialgleichungen 1. Ordnung

$$y' = f(x, y, z), \quad z' = g(x, y, z)$$

$$k_0 := hf(x_n, y_n, z_n) \qquad l_0 := hg(x_n, y_n, z_n)$$

$$k_1^* := hf\left(x_n + \frac{h}{2}, y_n + \frac{k_0}{2}, z_n + \frac{l_0}{2}\right) \qquad l_1^* := hg\left(x_n + \frac{h}{2}, y_n + \frac{k_0}{2}, z_n + \frac{l_0}{2}\right)$$

$$k_1^{**} := hf\left(x_n + \frac{h}{2}, y_n + \frac{k_1^*}{2}, z_n + \frac{l_1^*}{2}\right) \qquad l_1^{**} := hg\left(x_n + \frac{h}{2}, y_n + \frac{k_1^*}{2}, z_n + \frac{l_1^*}{2}\right)$$

$$k_2 := hf(x_n + h, y_n + k_1^{**}, z_n + l_1^{**}) \qquad l_2 := hg(x_n + h, y_n + k_1^{**}, z_n + l_1^{**})$$

$$k := \tfrac{1}{6}(k_0 + 2k_1^* + 2k_1^{**} + k_2) \qquad l := \tfrac{1}{6}(l_0 + 2l_1^* + 2l_1^{**} + l_2) \tag{2.374}$$

$$x_{n+1} := x_n + h \qquad y_{n+1} := y_n + k$$

$$z_{n+1} := z_n + l.$$

Das Formelsystem kann auf mehr als zwei Gleichungen ausgedehnt werden.

Runge-Kutta-Verfahren für eine Differentialgleichung 2. Ordnung

$$y'' = f(x, y, y') \qquad\qquad y'' = f(x, y)$$

$$k_0 := \frac{h^2}{2} f(x_n, y_n, z_n) \qquad\qquad k_0 := \frac{h^2}{2} f(x_n, y_n)$$

$$k_1^* := \frac{h^2}{2} f\left(x_n + \frac{h}{2}, y_n + \frac{hy'_n}{2} + \frac{k_0}{4}, y'_n + \frac{k_0}{h}\right)$$

$$k_1^{**} := \frac{h^2}{2} f\left(x_n + \frac{h}{2}, y_n + \frac{hy'_n}{2} + \frac{k_0}{4}, y'_n + \frac{k_1^*}{h}\right) \qquad k_1 := \frac{h^2}{2} f\left(x_n + \frac{h}{2}, y_n + \frac{hy'_n}{2} + \frac{k_0}{4}\right)$$

$$k_2 := \frac{h^2}{2} f\left(x_n + h, y_n + hy'_n + k_1^{**}, y_n + \frac{2k_1^{**}}{h}\right) \qquad k_2 := \frac{h^2}{2} f(x_n + h, y_n + hy'_n + k_1)$$

$$k := \tfrac{1}{3}(k_0 + k_1^* + k_1^{**}) \qquad\qquad k := \tfrac{1}{3}(k_0 + 2k_1)$$

$$l := \tfrac{1}{3}(k_0 + 2k_1^* + 2k_1^{**} + k_2) \qquad\qquad l := \tfrac{1}{3}(k_0 + 4k_1 + k_2) \tag{2.375}$$

$$x_{n+1} := x_n + h$$

$$y_{n+1} := y_n + hy'_n + k$$

$$y'_{n+1} := y'_n + \frac{l}{h}.$$

Beispiel $y'' = -\sin y, \quad y(0) = 0, \quad y'(0) = 2.$

	Feinrechnung		Grobrechnung
x	0	0,2	0
y	0	0,39735	0
y'	2	1,96065	2
h	0,2	0,2	0,4
k_0	0	−0,007740	0
k_1	−0,003973	−0,011152	−0,031154
k_2	−0,007715	−0,014042	−0,055625
k	−0,00265	−0,01001	−0,02077
l	−0,03935	−0,11065	−0,15020
x	0,2	0,4	0,4
y	0,39735	0,77947	0,77923
y'	1,96065	1,85000	1,84980

2.7.6. Lineare Randwert- und Eigenwertaufgaben

Eine lineare Differentialgleichung n-ter Ordnung $L_n[y] = r(x)$ mit linearen Randbedingungen

$$U_1[y] = u_1, \ldots, U_n[y] = u_n \tag{2.376}$$

kann dadurch gelöst werden, daß man die allgemeine Lösung $y(x; c_1, c_2, \ldots, c_n)$ bestimmt und die n Parameter c_i durch Einsetzen in die n Randbedingungen $U_j[y] = u_j$ ermittelt. Hat das entstehende lineare Gleichungssystem für die c_i eine eindeutig bestimmte Lösung, so hat auch das Randwertproblem eine eindeutige Lösung; andernfalls ist es nicht lösbar. Für den Fall, daß das Gleichungssystem homogen wird, können nichttriviale Lösungen auftreten.
Wenn die allgemeine Lösung der Differentialgleichung nicht ermittelt werden kann oder (und) die Ordnung der Differentialgleichung zu hoch ist, empfehlen sich Näherungsverfahren.

Tafel 2.15

Ableitung	Finiter Ausdruck ($y(x_i) = Y_i$)	Fehlerordnung
$y'(x_i)$	$\frac{1}{h}(Y_{i+1} - Y_i)$	$0(h)$
	$\frac{1}{2h}(Y_{i+1} - Y_{i-1})$	$0(h^2)$
	$\frac{1}{6h}(-Y_{i+2} + 6Y_{i+1} - 3Y_i - 2Y_{i-1})$	$0(h^3)$
	$\frac{1}{12h}(-Y_{i+2} + 8Y_{i+1} - 8Y_{i-1} + Y_{i-2})$	$0(h^4)$
$y''(x_i)$	$\frac{1}{h^2}(Y_{i+1} - 2Y_i + Y_{i-1})$	$0(h^2)$
	$\frac{1}{12h^2}(-Y_{i+2} + 16Y_{i+1} - 30Y_i + 16Y_{i-1} - Y_{i-2})$	$0(h^4)$
$y'''(x_i)$	$\frac{1}{h^3}(y_{i+2} - 3Y_{i+1} + 3Y_{i-1} - Y_{i-2})$	$0(h)$
	$\frac{1}{2h^3}(Y_{i+2} - 2Y_{i+1} + 2Y_{i-1} - Y_{i-2})$	$0(h^2)$
	$\frac{1}{4h^3}(-Y_{i+3} + 7Y_{i+2} - 14Y_{i+1} + 10Y_i - Y_{i-1} - Y_{i-2})$	$0(h^3)$
	$\frac{1}{8h^4}(-Y_{i+3} + 8Y_{i+2} - 13Y_{i+1} + 13Y_{i-1} - 8Y_{i-2} + Y_{i+3})$	$0(h^4)$
$y''''(x_i)$	$\frac{1}{h^4}(Y_{i+2} - 4Y_{i+1} + 6Y_i - 4Y_{i-1} + Y_{i-2})$	$0(h^2)$
	$\frac{1}{h^6}(-Y_{i+3} + 12Y_{i+2} - 39Y_{i+1} + 56Y_i - 39Y_{i-1} + 12Y_{i-2} - Y_{i-3})$	$0(h^4)$

2.7.6.1. Finite Ausdrücke

Die Randwerte mögen sich auf die Argumentstellen $x = a$ und $x = b$ beziehen. Man teilt dann das Intervall (a, b) mit den Stützstellen $x_i = a + ih$ $(i = 1, 2, \ldots, n - 1;\ x_n = b)$ in n gleichlange Teilintervalle und ersetzt näherungsweise die Ableitungen durch Differenzenquotienten. Je nach den verwendeten Ausdrücken für diese Differenzenquotienten läßt sich unterschiedliche Genauigkeit erreichen. Beispiele für solche Ersetzungen zeigt Tafel 2.15.

2.7.6.2. Randwertaufgaben

Durch Einsetzen der finiten Ausdrücke in die Differentialgleichung und in die Randbedingungen erhält man *finite Gleichungen.* Im Fall linearer Differentialgleichungen und linearer Randbedingungen führt das zu einem linearen Gleichungssystem für die Y_i, dessen Koeffizientenmatrix Bandgestalt hat. Dies vereinfacht die numerische Lösung.

Beispiel. Die Untersuchung der Durchbiegung eines Balkens (der normierten Länge 1) führt auf die Differentialgleichung (Bild 2.48)

$$y'''' = a, \quad y(0) = y''(0) = y(1) = y''(1) = 0, \quad a = \text{konst.}$$

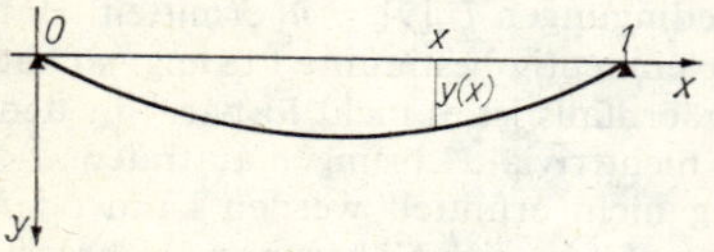

Bild 2.48
Durchbiegung eines Balkens

Es folgt die finite Gleichung

$$Y_{i+2} - 4Y_{i+1} + 6Y_i - 4Y_{i-1} + Y_{i-2} = ah^4$$

mit den finiten Randbedingungen

$$Y_0 = Y_n = 0, \quad Y_{-1} = -Y_1, \quad Y_{n+1} = Y_{n-1}.$$

Daraus ergibt sich das lineare Gleichungssystem

$$\begin{array}{ll}
i = 1: & 5Y_1 - 4Y_2 + Y_3 = ah^4 \\
i = 2: & -4Y_1 + 6Y_2 - 4Y_3 + Y_4 = ah^4 \\
i = 3: & Y_1 = 4Y_2 + 6Y_3 - 4Y_4 + Y_5 = ah^4 \\
i = 4: & Y_2 - 4Y_3 + 6Y_4 - 4Y_5 + Y_6 = ah^4 \\
\ldots & \ldots\ldots\ldots\ldots\ldots\ldots \\
i = n-3: & Y_{n-5} - 4Y_{n-4} + 6Y_{n-3} - 4Y_{n-2} + Y_{n-1} = ah^4 \\
i = n-2: & Y_{n-4} - 4Y_{n-3} + 6Y_{n-2} - 4Y_{n-1} = ah^4 \\
i = n-1: & Y_{n-3} - 4Y_{n-2} + 5Y_{n-1} = ah^4.
\end{array}$$

2.7.6.3. Eigenwertaufgaben

Bei einem senkrecht stehenden, einseitig eingespannten, von oben belasteten Stab, dessen Eigenmasse mit berücksichtigt werden soll (Bild 2.49), interessiert, bei welcher Belastung F die senkrechte Lage nicht mehr stabil ist und eine Auslenkung und damit Knickung eintritt (Bestimmung der Knicklast). Es ergibt sich die Differentialgleichung

$$y''' + axy' = -bFy', \quad y(0) = y'(1) = y''(0) = 0.$$

Gefragt ist nach dem kleinsten F, für das die Differentialgleichung eine von $y \equiv 0$ verschiedene Lösung gestattet (Eigenwertaufgabe).

Mit den finiten Ausdrücken

$$y''' = \frac{1}{2h^3}(Y_{i+2} - 2Y_{i+1} + 2Y_{i-1} - Y_{i-2}),$$

$$y_i = \frac{1}{2h}(Y_{i+1} - Y_{i-1}), \quad x_i = ih$$

folgt die finite Gleichung

$$Y_{i+2} - (2 - aih^3 - bFh^2)\, Y_{i+1} + (2 - aih^3 - bFh^2)\, Y_{i-1} - Y_{i-2} = 0$$

mit den finiten Randbedingungen (Bild 2.50)

$$Y_0 = 0, \quad Y_{n+1} = Y_n, \quad Y_{-1} = -Y_1, \quad Y_{-2} = Y_2 - ah^3 Y_1, \quad h = 2/2n + 1$$

[die letzte Randbedingung aus $y'''(0) = -ay'(0)$].
Daraus folgt das homogene Gleichungssystem

$$\begin{array}{ll}
i = 0: & -(4 + ah^3 - 2bFh^2)\, Y_1 + 2Y_2 = 0 \\
i = 1: & Y_1 - (2 - ah^3 - bFh^2)\, Y_2 + Y_3 = 0 \\
i = 2: & (2 - 2ah^3 - bFh^2)\, Y_1 - (2 - 2ah^3 - bFh^2)\, Y_3 + Y_4 = 0 \\
i = 3: & Y_1 + (2 - 3ah^3 - bFh^2)\, Y_2 - (2 - 3ah^3 - bFh^2)\, Y_4 + Y_5 = 0 \\
\ldots & \ldots\ldots\ldots\ldots\ldots\ldots\ldots\ldots \\
i = n - 2: & -Y_{n-4} + (2 - (n-2)\, ah^3 - bFh^2)\, Y_{n-3} - (2 - (n-2)\, ah^3 - bFh^2)\, Y_{n-1} + Y_n = 0 \\
i = n - 1: & -Y_{n-3} + (2 - (n-1)\, ah^3 - bFh^2)\, Y_{n-2} - (1 - (n-1)\, ah^3 - bFh^2)\, Y_n = 0.
\end{array}$$

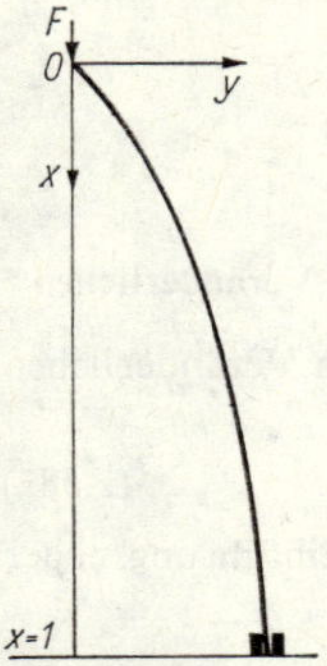

Bild 2.49. Belasteter, senkrecht eingespannter Stab

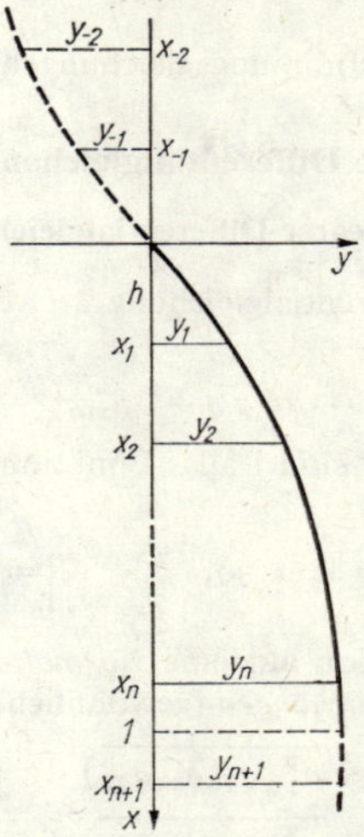

Bild 2.50. Einteilung des Integrationsintervalls

Gesucht ist der kleinste Wert von F, für den die Koeffizientendeterminante des Gleichungssystems verschwindet *(Eigenwert)*.
Die allgemeine Berechnung führt auf ein Polynom n-ten Grades. Will man auf die explizite Berechnung des Polynoms verzichten, was bei großem n kaum anders möglich ist, kann man mit dem Verfahren der sukzessiven Halbierung (s. Abschn. 2.2.4.4.) den gesuchten Eigenwert bestimmen, nachdem für ihn Schranken geschätzt wurden.
Zur Berechnung der Rand- und Eigenwertaufgaben mit finiten Ausdrücken verwendet man zweckmäßig Rechenautomaten.

2.7.6.4. Lineare Ansatzverfahren für Randwertaufgaben

Man wählt geeignete Funktionen $u_i(x)$ aus, die einzeln die Randbedingungen erfüllen, und bildet die Linearkombination

$$y \approx w(x) = \sum_{i=1}^{n} a_i u_i(x). \tag{2.377}$$

Setzt man diesen Ansatz in die Differentialgleichung ein, die in der Gestalt $f(x, y, y', \ldots) = 0$ vorliegen möge, so erhält man in

$$f(x, w, w', \ldots) = \mathrm{d}\,(x; a_1, a_2, \ldots, a_n) \tag{2.378}$$

einen Fehler, der von den Koeffizienten des Ansatzes abhängt.

Kollokationsmethode. Der Fehler soll an n vorgegebenen Stellen x verschwinden. Aus

$$\mathrm{d}\,(x_i;\, a_1, a_2, \ldots, a_n) = 0, \quad i = 1, 2, \ldots, n, \tag{2.379}$$

folgt ein lineares Gleichungssystem zur Bestimmung der a_i.

Fehlerquadratmethode. Es soll das Integral

$$J = \int_a^b \mathrm{d}^2\,(x;\, a_1, a_2, \ldots, a_n)\,\mathrm{d}x \tag{2.380}$$

in Abhängigkeit von den a_i ein Minimum werden. Über die Beziehungen

$$\frac{\partial J}{\partial a_i} = 0, \quad i = 1, 2, \ldots, n, \tag{2.381}$$

erhält man insgesamt n Bestimmungsgleichungen für die a_i.

2.7.7. Lineare partielle Differentialgleichungen 2. Ordnung

2.7.7.1. Klassifikation linearer Differentialgleichungen bei 2 unabhängigen Veränderlichen

Eine lineare partielle Differentialgleichung 2. Ordnung mit 2 unabhängigen Veränderlichen hat die Gestalt

$$a_{11}z_{xx} + 2a_{12}z_{xy} + a_{22}z_{yy} + 2a_{10}z_x + 2a_{20}z_y + a_{00}z + f = 0. \tag{2.382}$$

Die Koeffizienten a_{ij} und f sind i. allg. Funktionen von x und y. Durch Einführung neuer Veränderlicher

$$\xi = \varphi\,(x, y),\ \eta = \psi\,(x, y),\ \begin{vmatrix} \varphi_x & \psi_x \\ \varphi_y & \psi_y \end{vmatrix} \neq 0 \tag{2.383}$$

läßt sich eine Transformation auf eine *Normalform* erreichen. Man betrachtet hierbei die beiden *Charakteristiken-Gleichungen* (gewöhnliche Differentialgleichungen)

$$\begin{aligned} a_{11}\,\mathrm{d}y - \left(a_{12} + \sqrt{a_{12}^2 - a_{11}a_{22}}\right)\mathrm{d}x = 0, \\ a_{11}\,\mathrm{d}y - \left(a_{12} - \sqrt{a_{12}^2 - a_{11}a_{22}}\right)\mathrm{d}x = 0, \end{aligned} \tag{2.384}$$

wobei 3 Fälle zu unterscheiden sind:

$$\begin{aligned} &1. \quad a_{12}^2 - a_{11}a_{22} > 0 \text{ (hyperbolischer Typ)}, \\ &2. \quad a_{12}^2 - a_{11}a_{22} < 0 \text{ (elliptischer Typ)}, \\ &3. \quad a_{12}^2 - a_{11}a_{22} = 0 \text{ (parabolischer Typ)}. \end{aligned} \tag{2.385}$$

Da die Koeffizienten a_{ij} i. allg. Funktionen von x und y sind, können die Charakteristiken-Gleichungen in verschiedenen Gebieten der x, y-Ebene verschiedenen Typs sein.

Hyperbolischer Typ. Die Charakteristiken-Gleichungen sind reell und verschieden. Ihre beiden Lösungen seien

$$\varphi\,(x, y) = C_1 \quad \text{und} \quad \psi\,(x, y) = C_2.$$

Dann geht die allgemeine lineare partielle Differentialgleichung 2. Ordnung mit

$$\xi = \varphi\,(x, y), \quad \eta = \psi\,(x, y), \quad z\,(x, y) = u\,(\xi, \eta) \tag{2.386}$$

über in die Normalform

$$u_{\xi\eta} = b_{10}u_\xi + b_{01}u_\eta + b_{00}u + g \tag{2.387}$$

(Koeffizienten und g i. allg. Funktionen von ξ und η).

Elliptischer Typ. Die beiden Charakteristiken-Gleichungen sind konjugiert komplex. Wenn $\chi(x, y) = C_1$ das i.allg. komplexe Integral der ersten Gleichung ist, ist $\bar{\chi}(x, y) = C_2$ das Integral der zweiten Gleichung. Mit der Transformation

$$\xi = \varphi(x, y) = \frac{\chi(x, y) + \bar{\chi}(x, y)}{2}, \quad \eta = \psi(x, y) = \frac{\chi(x, y) - \bar{\chi}(x, y)}{2j},$$

$$z(x, y) = u(\xi, \eta) \tag{2.388}$$

erhält man die Normalform

$$u_{\xi\xi} + u_{\eta\eta} = b_{10}u_\xi + b_{01}u_\eta + b_{00}u + g. \tag{2.389}$$

Parabolischer Typ. Die Charakteristiken-Gleichungen fallen zusammen: $a_{11}\,\mathrm{d}y - a_{12}\,\mathrm{d}x = 0$. Ihr allgemeines Integral sei $\varphi(x, y) = C$. Mit

$$\xi = \varphi(x, y), \quad \eta = \psi(x, y), \quad z(x, y) = u(\xi, \eta),$$

$$\left(\psi(x, y) \text{ beliebig, aber mit } \begin{vmatrix} \varphi_x & \psi_x \\ \varphi_y & \psi_y \end{vmatrix} \neq 0\right), \tag{2.390}$$

folgt die Normalform

$$u_{\eta\eta} = b_{10}u_\xi + b_{01}u_\eta + b_{00}u + g. \tag{2.391}$$

2.7.7.2. Spezielle Differentialgleichungen

Differentialgleichung der schwingenden Saite (hyperbolischer Typ):

$$\frac{\partial^2 u}{\partial t^2} = a^2 \frac{\partial^2 u}{\partial x^2}. \tag{2.392}$$

Mit $\xi = x - at$, $\eta = x + at$, $u(x, t) = v(\xi, \eta)$ folgt $v_{\xi\eta} = 0$. Die allgemeine Lösung lautet

$$v(\xi, \eta) = g(\xi) + h(\eta) \tag{2.393}$$

mit willkürlichen, partiell differenzierbaren Funktionen g und h, so daß nach Rücktransformation die allgemeine Lösung

$$u(x, t) = g(x - at) + h(x + at) \tag{2.394}$$

folgt. Meist sind Anfangsbedingungen vorgegeben,

$$u(x, 0) = f_1(x), \quad \frac{\partial u}{\partial t}(x, 0) = f_2(x) \tag{2.395}$$

(Form der Welle und Auslenkgeschwindigkeit bei $t = 0$), so daß sich

$$u(x, t) = \frac{f_1(x - at) + f_1(x + at)}{2} + \frac{1}{2a} \int_{x-at}^{x+at} f_2(\xi)\,\mathrm{d}\xi \tag{2.396}$$

ergibt (*d'Alembertsche Lösung I*; s. aber auch Abschn. 2.7.7.3.).

Telegrafengleichung (hyperbolischer Typ, Verallgemeinerung der Schwingungsgleichung):

$$\frac{\partial^2 i(x, t)}{\partial x^2} = CL \frac{\partial^2 i(x, t)}{\partial t^2} + (CR + GL) \frac{\partial i(x, t)}{\partial t} + GRi(x, t). \tag{2.397}$$

Laplacesche Differentialgleichung (elliptischer Typ):

$$u = \frac{\partial^2 u}{\partial x^2} + \frac{\partial^2 u}{\partial y^2} + \frac{\partial^2 u}{\partial z^2} = 0 \quad \text{(räumliches Problem)}, \tag{2.398}$$

$$u = \frac{\partial^2 u}{\partial x^2} + \frac{\partial^2 u}{\partial y^2} = 0 \quad \text{(ebenes Problem)}. \tag{2.399}$$

Funktionen $u(x, y, z)$ bzw. $u(x, y)$, die der Laplaceschen Gleichung genügen, heißen *harmonische Funktionen (Potentialfunktionen)*. Die Untersuchung solcher Funktionen und der mit der Laplaceschen Differentialgleichung zusammenhängenden Randwertaufgaben gehört in die *Potentialtheorie*. Die grundlegenden Randwertaufgaben der Potentialtheorie sind:

1. Randwertaufgabe *(Dirichletsches Problem)*. Gegeben ist ein räumliches oder ebenes Gebiet G mit der Berandung R. Gesucht ist eine im Inneren von G harmonische Funktion $u(x, y, z)$ bzw. $u(x, y)$, die auf dem Rand R vorgegebene Werte annimmt.
2. Randwertaufgabe *(Neumannsches Problem)*. Gegeben ist ein räumliches oder ebenes Gebiet G mit der Berandung R. Gesucht ist eine im Inneren von G harmonische Funktion u, deren Normalableitung $\partial u/\partial n$ auf dem Rand R vorgegebene Werte annimmt.
3. Randwertaufgabe. Gegeben ist ein räumliches oder ebenes Gebiet G mit der Berandung B. Gesucht ist eine im Inneren von G harmonische Funktion u, für die auf dem Rand R die Beziehung $\alpha u + \beta\, \partial u/\partial n$, $\alpha, \beta =$ konst. und $\neq 0$, vorgegebene Werte annimmt.

Im Fall der zweidimensionalen Laplaceschen Differentialgleichung liefert die Funktionentheorie Hilfsmittel, da Real- und Imaginärteil einer beliebigen analytischen Funktion $f(z)$ jeder für sich der Laplaceschen Gleichung genügen. Insbesondere gehören hierzu die Methoden der konformen Abbildung.

Wärmeleitungsgleichung (parabolischer Typ):

Die Differentialgleichung

$$\frac{\partial u}{\partial t} = a^2 \frac{\partial^2 u}{\partial x^2} \tag{2.400}$$

tritt im Zusammenhang mit Problemen der Wärmeleitung und der Diffusion auf.

2.7.7.3. Trennung der Veränderlichen (Separation)

Bei einer linearen partiellen Differentialgleichung 2. Ordnung für die Funktion $u(x, t)$ gelangt man häufig mit einem *Produktansatz*

$$u(x, t) = X(x)\, T(t) \tag{2.401}$$

zum Ziel (Trennung der Veränderlichen, Separation).

Schwingende, beiderseits eingespannte Saite der Länge l. Aus der Differentialgleichung

$$\frac{\partial^2 u}{\partial t^2} = a^2 \frac{\partial^2 u}{\partial x^2}, \quad u(0, t) = u(l, t) = 0 \text{ (Einspannung)},$$

$$u(x, 0) = f_1(x) \quad \text{(Anfangsform)},$$

$$\frac{\partial u}{\partial t}(x, 0) = f_2(x) \quad \text{(Anfangsgeschwindigkeit)}$$

folgt mit $u(x, t) = X(x)\, T(t)$ die Gleichung

$$\frac{T''(t)}{T(t)} = a^2 \frac{X''(x)}{X(x)}.$$

Die linke Seite hängt nur von t, die rechte nur von x ab; das ist nur dann möglich, wenn beide Seiten konstant sind (man wählt als Konstante $-\lambda$). Es folgt

$$T''(t) + \lambda T(t) = 0$$

und

$$X''(x) + \frac{\lambda}{a^2} X(x) = 0, \quad X(0) = X(l) = 0.$$

Die zweite Gleichung führt damit zu einer Eigenwertaufgabe mit den Eigenwerten

$$\lambda = \lambda_n = \frac{n^2 a^2 \pi^2}{l^2}$$

und den Eigenfunktionen

$$X_n(x) = \sin \frac{n\pi}{l} x \quad (n = 1, 2, \ldots).$$

Dann folgt für $T(t)$ die zugehörige Lösung

$$T_n(t) = A_n \cos \frac{n\pi}{l} at + B_n \sin \frac{n\pi}{l} at.$$

Daraus erhält man für $n = 1, 2, \ldots$ die Einzellösungen

$$u_n(x, t) = \left(A_n \cos \frac{n\pi}{l} at + B_n \sin \frac{n\pi}{l} at\right) \sin \frac{n\pi}{l} x$$

und nach Superposition schließlich

$$u(x, t) = \sum_{n=1}^{\infty} u_n(x, t) = \sum_{n=1}^{\infty} \left(A_n \cos \frac{n\pi}{l} at + B_n \sin \frac{n\pi}{l} at\right) \sin \frac{n\pi}{l} x.$$

Aus den Anfangsbedingungen folgt

$$u(x, 0) = \sum_{n=1}^{\infty} A_n \sin \frac{n\pi}{l} x = f_1(x),$$

$$\frac{\partial u}{\partial t}(x, 0) = \sum_{n=1}^{\infty} \frac{n\pi}{l} a B_n \sin \frac{n\pi}{l} x = f_2(x)$$

mit den Fourier-Koeffizienten

$$A_n = \frac{2}{1} \int_0^l f_1(x) \sin \frac{n\pi}{l} x \, dx, \quad B_n = \frac{2}{n\pi a} \int_0^l f_2(x) \sin \frac{n\pi}{l} x \, dx.$$

Die Laplacesche Differentialgleichung $\Delta u = 0$ soll für die Randbedingung $u(0, y) = u(\pi, y) = u(x, 0) = 0$, $u(x, \pi) = 1$ gelöst werden. Mit $u(x, y) = X(x)\, Y(y)$ ergibt sich

$$X''Y + XY'' = 0, \quad \text{d.h.,} \quad \frac{X''}{X} = -\frac{Y''}{Y} = -k^2.$$

Für $X(x)$ erhält man damit $X'' + k^2 X = 0$, d.h., $X(x) = A \sin kt + B \cos kt$. Aus den Randbedingungen folgt

$$X(0) = B = 0, \quad X(\pi) = A \sin k\pi = 0, \quad \text{d.h.,} \quad k = n, n = 0, 1, 2, \ldots$$

Für $Y(y)$ erhält man entsprechend $Y(y) = A_n \sinh ny + B_n \cosh ny$. Insgesamt ergibt sich

$$u(x, y) = (A_n \sinh ny + B_n \cosh ny) \sin nx.$$

Wegen $u_n(x, 0) = 0$ ist $B_n = 0$. Die Teillösungen $u_n(x, y)$ vereinfachen sich also zu

$$u_n(x, y) = A_n \sinh ny \sin nx$$

und werden zu

$$u(x, y) = \sum_{n=0}^{\infty} A_n \sinh ny \sin nx$$

zusammengefaßt. Die noch verbleibende Randbedingung liefert

$$u(x, \pi) = \sum_{n=0}^{\infty} A_n \sinh n\pi \sin nx = 1,$$

woraus schließlich folgt

$$u(x, y) = \frac{4}{\pi} \sum_{m=0}^{\infty} \frac{\sinh(2m+1)\, y}{\sinh(2m+1)\, \pi} \sin(2m+1)\, x.$$

Wärmeleitung in einem Kreiszylinder, isolierte Oberfläche, Radius 1. Die Differentialgleichung lautet

$$\frac{\partial u}{\partial t} = a^2 \Delta u.$$

In Zylinderkoordinaten (s. Abschn. 2.9.2.) gilt also

$$\frac{\partial u}{\partial t} = a^2 \left(\frac{\partial^2 u}{\partial r^2} + \frac{1}{r}\frac{\partial u}{\partial r} + \frac{1}{r^2}\frac{\partial^2 u}{\partial \varphi^2} + \frac{\partial^2 u}{\partial z^2}\right).$$

Annahme: Anfangstemperaturverteilung und Randbedingung hängen nicht von z und φ ab. Dann vereinfacht sich die Differentialgleichung zu

$$\frac{\partial u}{\partial t} = a^2 \left(\frac{\partial^2 u}{\partial r^2} + \frac{1}{r}\frac{\partial u}{\partial r}\right)$$

mit der Randbedingung $\frac{\partial u(1,t)}{\partial r} = 0$ isolierter Rand) und der Anfangstemperaturverteilung $u(r,0) = f(r)$.

Mit dem Ansatz $u(r,t) = R(r)\,T(t)$ folgt

$$RT' = a^2\left(R''T + \frac{1}{r}R'T\right) \quad \text{bzw.} \quad \frac{T'}{a^2 T} = \frac{R'' + \frac{1}{r}R'}{R} = -\lambda^2 = \text{konst.}$$

und daher

$$R'' + \frac{1}{r}R' + \lambda^2 R = 0 \quad \text{und} \quad T' + a^2\lambda^2 T = 0.$$

Die Differentialgleichung für R ist die Besselsche Differentialgleichung zum Index 0 (s. Abschn. 2.8.5.1.), so daß

$$R(r) = c_1 J_0(\lambda r) + c_2 N_0(\lambda r)$$

und wegen der notwendigen Endlichkeit der Lösung bei $r = 0$ schließlich

$$R(r) = cJ_0(\lambda r)$$

folgt. Aus der Randbedingung ergibt sich $J_0'(\lambda) = 0$, so daß die verschiedenen Eigenwerte λ_n aus dieser Gleichung bestimmt werden können. Damit erhält man

$$R_n(r) = J_0(\lambda_n r) \quad \text{und} \quad T_n(t) = A_n \exp\left[-a^2\lambda_n{}^2 t\right]$$

und schließlich

$$u_n(r,t) = A_n J_0(\lambda_n r)\exp\left[-a^2\lambda_n{}^2 t\right].$$

Die Möglichkeit der Superposition der Einzellösungen führt zu der Fourier-Reihe nach Bessel-Funktionen

$$u(r,t) = \sum_{n=1}^{\infty} A_n J_0(\lambda_n t)\exp\left[-a^2\lambda_n{}^2 t\right].$$

Aus der Anfangsbedingung

$$u(r,0) = \sum_{n=1}^{\infty} A_n J_0(\lambda_n r) = f(r)$$

folgen die Fourier-Bessel-Koeffizienten (s. Abschn. 2.6.3.4.)

$$A_n = \frac{2}{J_0(\lambda_n)^2}\int_0^1 r f(r)\, J_0(\lambda_n r)\,\mathrm{d}r.$$

2.7.7.4. Finite Ausdrücke. Finite Gleichungen

Das Integrationsgebiet der partiellen Differentialgleichung wird gitterförmig unterteilt, wodurch (beim Zugrundelegen kartesischer Koordinaten) die Gitterpunkte

$$(x_\mu, y_\nu) = (x_0 + \mu h, y_0 + \nu l) \tag{2.402}$$

Tafel 2.16

Partielle Ableitung	Finiter Ausdruck	Fehlerordnung
$\frac{\partial f}{\partial x}(x_\mu, y_\nu)$	$\frac{1}{h}(f_{\mu+1,\nu} - f_{\mu,\nu}), \quad \frac{1}{2h}(f_{\mu+1,\nu} - f_{\mu-1,\nu})$	$0(h)$, $0(h^2)$
$\frac{\partial f}{\partial y}(x_\mu, y_\nu)$	$\frac{1}{l}(f_{\mu,\nu+1} - f_{\mu,\nu}), \quad \frac{1}{2l}(f_{\mu,\nu+1} - f_{\mu,\nu-1})$	$0(l)$, $0(l^2)$
$\frac{\partial^2 f}{\partial x\,\partial y}(x_\mu, y_\nu)$	$\frac{1}{4hl}(f_{\mu+1,\nu+1} - f_{\mu+1,\nu-1} - f_{\mu-1,\nu+1} + f_{\mu-1,\nu-1})$	$0(hl)$
$\frac{\partial^2 f}{\partial x^2}(x_\mu, y_\nu)$	$\frac{1}{h^2}(f_{\mu+1,\nu} - 2f_{\mu,\nu} + f_{\mu-1,\nu})$	$0(h^2)$
$\frac{\partial^2 f}{\partial y^2}(x_\mu, y_\nu)$	$\frac{1}{l^2}(f_{\mu,\nu+1} - 2f_{\mu,\nu} + f_{\mu,\nu-1})$	$0(l^2)$

entstehen. Die Funktionswerte an diesen Stellen seien $f(x_\mu, y_\nu)$, $f_{\mu\nu}$ die entsprechenden Näherungswerte. Dann gelten analog zu den finiten Ausdrücken bei gewöhnlichen Differentialgleichungen (s. Abschn. 2.7.6.1.) *finite Ausdrücke*, wie sie in der Tafel zusammengestellt sind.
Mit den finiten Ausdrücken kann die partielle Differentialgleichung für jeden Gitterpunkt in eine *finite Gleichung* übergeführt werden.

Beispiel (Bild 2.51)

$$\frac{\partial^2 u}{\partial x^2} + \frac{\partial^2 u}{\partial y^2} = 0, \quad u(0, y) = u(1, y) = u(x, 0) = 0, \quad u(x, 1) = 1.$$

$$\frac{1}{h^2}(f_{\mu+1,\nu} - 2f_{\mu,\nu} + f_{\mu-1,\nu}) + \frac{1}{l^2}(f_{\mu,\nu+1} - 2f_{\mu,\nu} + f_{\mu,\nu-1}) = 0.$$

Wegen $h = k$ gilt dann

$$f_{\mu+1,\nu} + f_{\mu-1,\nu} + f_{\mu,\nu+1} + f_{\mu,\nu-1} - 4f_{\mu,\nu} = 0.$$

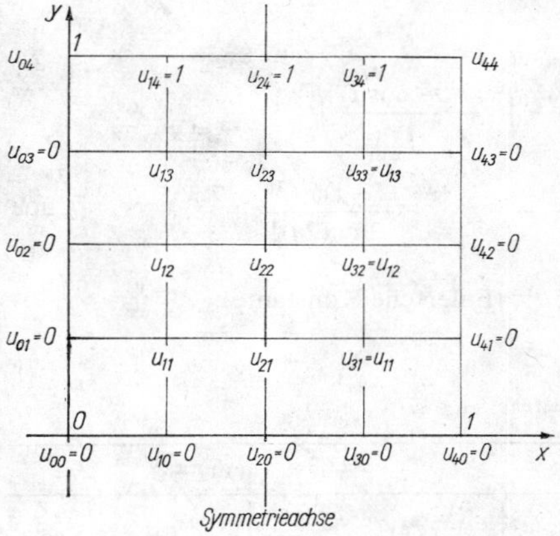

Bild 2.51
Einteilung des Integrationsgebietes durch Gitterpunkte

Es folgen dann wegen der Symmetrie der Figur für die zu betrachtenden 6 Punkte die 6 Gleichungen

$$\begin{aligned}
-4u_{11} + u_{12} \phantom{+ u_{13}} + u_{21} \phantom{+ u_{22} + u_{23}} &= 0 \\
u_{11} - 4u_{12} + u_{13} + u_{22} &= 0 \\
u_{12} - 4u_{13} + u_{23} &= -1 \\
2u_{11} - 4u_{21} + u_{22} &= 0 \\
2u_{12} + u_{21} - 4u_{22} + u_{23} &= 0 \\
2u_{13} + u_{22} - 4u_{23} &= -1,
\end{aligned}$$

woraus

$$\begin{aligned}
u_{13} &= 48/112 \qquad & u_{23} &= 59/112 \\
u_{12} &= 21/112 \qquad & u_{22} &= 28/112 \\
u_{11} &= 8/112 \qquad & u_{21} &= 11/112
\end{aligned}$$

folgt.

2.8. Spezielle Funktionen

Es ist nicht immer möglich, Integrale durch elementare Funktionen auszudrücken, selbst wenn der Integrand eine elementare Funktion ist. Noch häufiger tritt der Fall auf, daß Lösungen von gewöhnlichen Differentialgleichungen, auch wenn die Differentialgleichungen einfach aufgebaut sind, nicht mehr durch elementare Funktionen ausgedrückt werden können. Trotzdem gibt es eine Reihe derartiger Funktionen, die für die Praxis besondere Bedeutung erlangt haben und die durch unbestimmte Integrale oder durch gewöhnliche Differentialgleichungen definiert sind. Einige dieser Funktionen mit ihren wesentlichen Eigenschaften sind im folgenden zusammengestellt.

2.8.1. Integralsinus. Integralkosinus. Integralexponentialfunktion

Integralsinus

$$\mathrm{Si}(x) = \int_0^x \frac{\sin t}{t}\,\mathrm{d}t = \frac{\pi}{2} - \int_x^\infty \frac{\sin t}{t}\,\mathrm{d}t$$

$$= x - \frac{x^3}{3\cdot 3!} + \frac{x^5}{5\cdot 5!} - + \cdots + \frac{(-1)^n\,x^{2n+1}}{(2n+1)\,(2n+1)!} + \ldots \qquad (2.403)$$

Integralkosinus $(0 < x < \infty)$

$$\mathrm{Ci}(x) = -\int_x^\infty \frac{\cos t}{t}\,\mathrm{d}t = C + \ln x - \int_0^x \frac{1-\cos t}{t}\,\mathrm{d}t$$

$$= C + \ln x - \frac{x^2}{2\cdot 2!} + \frac{x^4}{4\cdot 4!} - + \cdots + \frac{(-1)^n\,x^{2n}}{2n\cdot(2n)!} + \ldots \qquad (2.404)$$

$$C = -\int_0^\infty \mathrm{e}^{-t}\ln t\,\mathrm{d}t = 0{,}577\,215\,665\ldots \text{ (Eulersche Konstante).}$$

Tafel 2.17. Integralsinus, Integralkosinus, Integralexponentialfunktion

x	Si (x)	Ci (x)	Ei (x)	Ei $(-x)$
0,00	+0,000000	$-\infty$	$-\infty$	$-\infty$
0,01	+0,010000	−4,0280	−4,0179	−4,0379
0,02	+0,019999	−3,3349	−3,3147	−3,3547
0,03	+0,029998	−2,9296	−2,8991	−2,9591
0,04	+0,039996	−2,6421	−2,6013	−2,6813
0,05	+0,04999	−2,4191	−2,3679	−2,4679
0,1	+0,09994	−1,7279	−1,6228	−1,8229
0,15	+0,14981	−1,3255	−1,1641	−1,4645
0,2	+0,1996	−1,0422	−0,8218	−1,2227
0,25	+0,2491	−0,8247	−0,5425	−1,0443
0,3	+0,2985	−0,6492	−0,3027	−0,9057
0,35	+0,3476	−0,5031	−0,08943	−0,7942
0,4	+0,3965	−0,3788	+0,10477	−0,7024
0,45	+0,4450	−0,2715	+0,2849	−0,6253
0,5	+0,4931	−0,17778	+0,4542	−0,5598
0,6	+0,5881	−0,02227	+0,7699	−0,4544
0,7	+0,6812	+0,10051	+1,0649	−0,3738
0,8	+0,7721	+0,1983	+1,3474	−0,3106
0,9	+0,8605	+0,2761	+1,6228	−0,2602
1,0	+0,9461	+0,3374	+1,8951	−0,2194
1,5	+1,3247	+0,4704	+3,3013	−0,1000
2,0	+1,6054	+0,4230	+4,9542	−0,04890
2,5	+1,7785	+0,2859	+7,0738	−0,02491
3,0	+1,8487	+0,1196	+9,9338	−0,01304
3,5	+1,8331	−0,03213	+13,9254	−0,006970
4,0	+1,7582	−0,1410	+19,6309	−0,003779
4,5	+1,6541	−0,1935	+27,9337	−0,002073
5,0	+1,5499	−0,1900	+40,1853	−0,001148
6,0	+1,4247	−0,06806	+85,9898	−0,0003601
7,0	+1,4546	+0,07670	+191,505	−0,0001155
8,0	+1,5742	+0,1224	+440,380	−0,00003767
9,0	+1,6650	+0,05535	+1037,88	−0,00001245
10,0	+1,6583	−0,04546	+2492,23	−0,000004157

Integralexponentialfunktion

$$\mathrm{Ei}(x) = \begin{cases} -\int_{-x}^{\infty} \frac{\mathrm{e}^{-t}}{t}\,\mathrm{d}t = \int_{-\infty}^{x} \frac{\mathrm{e}^{t}}{t}\,\mathrm{d}t & (x < 0) \\ -\lim\limits_{\varepsilon\to 0} \int_{-x}^{-\varepsilon} \frac{\mathrm{e}^{-t}}{t}\,\mathrm{d}t + \int_{+\varepsilon}^{\infty} \frac{\mathrm{e}^{-t}}{t}\,\mathrm{d}t & (x > 0) \end{cases}$$

$$= C + \ln|x| + x + \frac{x^2}{2\cdot 2!} + \cdots + \frac{x^n}{n\cdot n!} + \ldots \tag{2.405}$$

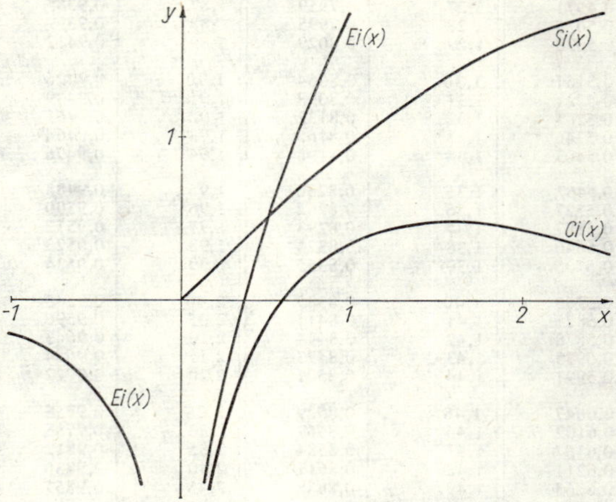

Bild 2.52
Si (x), Ci (x), Ei (x)

Integrallogarithmus (0 < x < 1, für 1 < x < ∞ als Cauchyscher Hauptwert)

$$\mathrm{Li}(x) = \int_0^x \frac{\mathrm{d}t}{\ln t} = C + \ln|\ln x| + \ln x + \frac{(\ln x)^2}{2\cdot 2!} + \cdots + \frac{(\ln x)^n}{n\cdot n!} + \ldots \tag{2.406}$$

Es gilt $\mathrm{Ei}(\ln x) = \mathrm{Li}(x)$, $\mathrm{Ei}(x) = \mathrm{Li}(\mathrm{e}^x)$. Den Funktionsverlauf für diese Funktionen zeigt Bild 2.52.

2.8.2. Gaußsches Fehlerintegral. Fehlerfunktion

$$\operatorname{erf} x = \Phi(\sqrt{2}x) = \frac{2}{\sqrt{\pi}} \int_0^x \exp(-t^2)\,\mathrm{d}t \quad \textit{(error function)} \tag{2.407}$$

$$= \frac{2}{\sqrt{\pi}} \left(x - \frac{x^3}{3\cdot 1!} + \frac{x^5}{5\cdot 3!} - + \cdots + \frac{(-1)^n x^{2n+1}}{(2n+1)\,n!} + \cdots \right)$$

$$\lim_{x\to\infty} \operatorname{erf} x = 1 \tag{2.408}$$

$$\left.\begin{aligned} &\int_0^x \operatorname{erf} t\,\mathrm{d}t = x \operatorname{erf} x + \frac{1}{\sqrt{\pi}}[\exp(-x^2) - 1] \\ &\frac{\mathrm{d}\operatorname{erf} x}{\mathrm{d}x} = \frac{2}{\sqrt{\pi}} \exp(-x^2). \end{aligned}\right\} \tag{2.409}$$

$$\Phi(x) = \frac{2}{\pi} \int_0^x \exp\left(-\frac{1}{2}t^2\right) \mathrm{d}t = \operatorname{erf}\left(\frac{x}{\sqrt{2}}\right). \tag{2.410}$$

Die Funktion $\Phi(x)$ heißt auch *Wahrscheinlichkeitsintegral*.

Tafel 2.18. Wahrscheinlichkeitsintegral $\Phi(x)$

x	$\Phi(x)$	x	$\Phi(x)$	x	$\Phi(x)$	x	$\Phi(x)$
0,00	0,0000	**0,60**	0,4515	**1,20**	0,7699	**1,80**	0,9281
0,01	0,0080	0,61	0,4581	1,21	0,7737	1,81	0,9297
0,02	0,0160	0,62	0,4647	1,22	0,7775	1,82	0,9312
0,03	0,0239	0,63	0,4713	1,23	0,7813	1,83	0,9328
0,04	0,0319	0,64	0,4778	1,24	0,7850	1,84	0,9342
0,05	0,0399	**0,65**	0,4843	**1,25**	0,7887	**1,85**	0,9357
0,06	0,0478	0,66	0,4907	1,26	0,7923	1,86	0,9371
0,07	0,0558	0,67	0,4971	1,27	0,7959	1,87	0,9385
0,08	0,0638	0,68	0,5035	1,28	0,7995	1,88	0,9399
0,09	0,0717	0,69	0,5098	1,29	0,8029	1,89	0,9412
0,10	0,0797	**0,70**	0,5161	**1,30**	0,8064	**1,90**	0,9426
0,11	0,0876	0,71	0,5223	1,31	0,8098	1,91	0,9439
0,12	0,0955	0,72	0,5285	1,32	0,8132	1,92	0,9451
0,13	0,1034	0,73	0,5346	1,33	0,8165	1,93	0,9464
0,14	0,1113	0,74	0,5407	1,34	0,8198	1,94	0,9476
0,15	0,1192	**0,75**	0,5467	**1,35**	0,8230	**1,95**	0,9488
0,16	0,1271	0,76	0,5527	1,36	0,8262	1,96	0,9500
0,17	0,1350	0,77	0,5587	1,37	0,8293	1,97	0,9512
0,18	0,1428	0,78	0,5646	1,38	0,8324	1,98	0,9523
0,19	0,1507	0,79	0,5705	1,39	0,8355	1,99	0,9534
0,20	0,1585	**0,80**	0,5763	**1,40**	0,8385	**2,00**	0,9545
0,21	0,1663	0,81	0,5821	1,41	0,8415	2,05	0,9596
0,22	0,1741	0,82	0,5878	1,42	0,8444	2,10	0,9643
0,23	0,1819	0,83	0,5935	1,43	0,8473	2,15	0,9684
0,24	0,1897	0,84	0,5991	1,44	0,8501	2,20	0,9722
0,25	0,1974	**0,85**	0,6047	**1,45**	0,8529	**2,25**	0,9756
0,26	0,2051	0,86	0,6102	1,46	0,8557	2,30	0,9786
0,27	0,2128	0,87	0,6157	1,47	0,8584	2,35	0,9812
0,28	0,2205	0,88	0,6211	1,48	0,8611	2,40	0,9836
0,29	0,2282	0,89	0,6265	1,49	0,8638	2,45	0,9857
0,30	0,2358	**0,90**	0,6319	**1,50**	0,8664	**2,50**	0,9876
0,31	0,2434	0,91	0,6372	1,51	0,8690	2,55	0,9892
0,32	0,2510	0,92	0,6424	1,52	0,8715	2,60	0,9907
0,33	0,2586	0,93	0,6476	1,53	0,8740	2,65	0,9920
0,34	0,2661	0,94	0,6528	1,54	0,8764	2,70	0,9931
0,35	0,2737	**0,95**	0,6579	**1,55**	0,8789	**2,75**	0,9940
0,36	0,2812	0,96	0,6629	1,56	0,8812	2,80	0,9949
0,37	0,2886	0,97	0,6680	1,57	0,8836	2,85	0,9956
0,38	0,2961	0,98	0,6729	1,58	0,8859	2,90	0,9963
0,39	0,3035	0,99	0,6778	1,59	0,8882	2,95	0,9968
0,40	0,3108	**1,00**	0,6827	**1,60**	0,8904	**3,00**	0,99730
0,41	0,3182	1,01	0,6875	1,61	0,8926	3,10	0,99806
0,42	0,3255	1,02	0,6923	1,62	0,8948	3,20	0,99863
0,43	0,3328	1,03	0,6970	1,63	0,8969	3,30	0,99903
0,44	0,3401	1,04	0,7017	1,64	0,8990	3,40	0,99933
0,45	0,3473	**1,05**	0,7063	**1,65**	0,9011	**3,50**	0,99953
0,46	0,3545	1,06	0,7109	1,66	0,9031	3,60	0,99968
0,47	0,3616	1,07	0,7154	1,67	0,9051	3,70	0,99978
0,48	0,3688	1,08	0,7199	1,68	0,9070	3,80	0,99986
0,49	0,3759	1,09	0,7243	1,69	0,9090	3,90	0,99990
0,50	0,3829	**1,10**	0,7287	**1,70**	0,9109	**4,00**	0,99994
0,51	0,3899	1,11	0,7330	1,71	0,9127		
0,52	0,3969	1,12	0,7373	1,72	0,9146	**4,417**	$1 - 10^{-5}$
0,53	0,4039	1,13	0,7415	1,73	0,9164		
0,54	0,4108	1,14	0,7457	1,74	0,9181	**4,892**	$1 - 10^{-6}$
0,55	0,4177	**1,15**	0,7499	**1,75**	0,9199	**5,327**	$1 - 10^{-7}$
0,56	0,4245	1,16	0,7540	1,76	0,9216		
0,57	0,4313	1,17	0,7580	1,77	0,9233		
0,58	0,4381	1,18	0,7620	1,78	0,9249		
0,59	0,4448	1,19	0,7660	1,79	0,9265		

2.8.3. Gammafunktion

$$\Gamma(x) = \int_x^\infty \exp(-t)\, t^{x-1}\, \mathrm{d}t \quad (x > 0). \tag{2.411}$$

Eigenschaften:

$$\Gamma(x+1) = x\Gamma(x), \quad \Gamma(n+1) = n! \quad (n = 0, 1, \ldots),$$

$$\Gamma(x)\,\Gamma(1-x) = \frac{\pi}{\sin \pi x}\,(x \neq 0, \pm 1, \pm 2, \ldots),$$

$$\Gamma(\tfrac{1}{2}) = 2 \int_0^\infty \exp(-t^2)\, \mathrm{d}t = \sqrt{\pi}, \tag{2.412}$$

$$\Gamma\left(n + \frac{1}{2}\right) = \frac{(2n)!\sqrt{\pi}}{n!\, 2^{2n}} \quad (n = 0, 1, 2, \ldots),$$

$$\Gamma\left(-n + \frac{1}{2}\right) = \frac{(-1)^n\, n!\, 2^{2n} \sqrt{\pi}}{(2n)!}. \qquad (2.412)$$

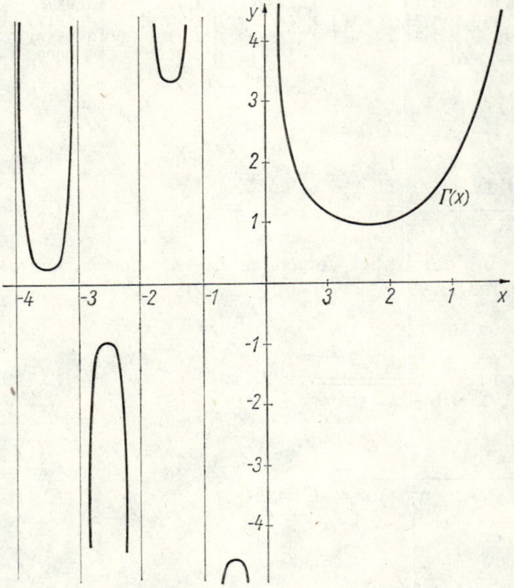

Bild 2.53. Gammafunktion

Den Funktionsverlauf zeigt Bild 2.53; hier ist gemäß

$$\Gamma(x) = \frac{1}{x}\,\Gamma(x+1) \tag{2.413}$$

der Funktionsverlauf auf negative Argumentwerte extrapoliert.

Tafel 2.19. Gammafunktion $\Gamma(x)$

x	$\Gamma(x)$	x	$\Gamma(x)$	x	$\Gamma(x)$	x	$\Gamma(x)$
1,00	1,00000	**1,25**	0,90640	**1,50**	0,88623	**1,75**	0,91906
1,01	0,99433	1,26	0,90440	1,51	0,88659	1,76	0,92137
1,02	0,98884	1,27	0,90250	1,52	0,88704	1,77	0,92376
1,03	0,98355	1,28	0,90072	1,53	0,88757	1,78	0,92623
1,04	0,97844	1,29	0,89904	1,54	0,88818	1,79	0,92877
1,05	0,97350	**1,30**	0,89747	**1,55**	0,88887	**1,80**	0,93138
1,06	0,96874	1,31	0,89600	1,56	0,88964	1,81	0,93408
1,07	0,96415	1,32	0,89464	1,57	0,89049	1,82	0,93685
1,08	0,95973	1,33	0,89338	1,58	0,89142	1,83	0,93969
1,09	0,95546	1,34	0,89222	1,59	0,89243	1,84	0,94261
1,10	0,95135	**1,35**	0,89115	**1,60**	0,89352	**1,85**	0,94561
1,11	0,94740	1,36	0,89018	1,61	0,89468	1,86	0,94869
1,12	0,94359	1,37	0,88931	1,62	0,89592	1,87	0,95184
1,13	0,93993	1,38	0,88854	1,63	0,89724	1,88	0,95507
1,14	0,93642	1,39	0,88785	1,64	0,89864	1,89	0,95838
1,15	0,93304	**1,40**	0,88726	**1,65**	0,90012	**1,90**	0,96177
1,16	0,92980	1,41	0,88676	1,66	0,90167	1,91	0,96523
1,17	0,92670	1,42	0,88636	1,67	0,90330	1,92	0,96877
1,18	0,92373	1,43	0,88604	1,68	0,90500	1,93	0,97240
1,19	0,92089	1,44	0,88581	1,69	0,90678	1,94	0,97610
1,20	0,91817	**1,45**	0,88566	**1,70**	0,90864	**1,95**	0,97988
1,21	0,91558	1,46	0,88560	1,71	0,91057	1,96	0,98374
1,22	0,91311	1,47	0,88563	1,72	0,91258	1,97	0,98768
1,23	0,91075	1,48	0,88575	1,73	0,91467	1,98	0,99171
1,24	0,90852	1,49	0,88595	1,74	0,91683	1,99	0,99581
						2,00	1,00000

2.8.4. Elliptische Integrale

Integrale der Form

$$R\left(x, \sqrt{\alpha x^3 + \beta x^2 + \gamma x + \delta}\right) \mathrm{d}x, \qquad R\left(x, \sqrt{\alpha x^4 + \beta x^3 + \gamma x^2 + \delta x + \varepsilon}\right) \mathrm{d}x \tag{2.414}$$

(R rationale Funktion) lassen sich auf eine der beiden folgenden *Legendreschen Normalformen* eines elliptischen Integrals zurückführen.

Elliptisches Integral 1. Gattung:

$$\int_0^z \frac{\mathrm{d}t}{\sqrt{(1-t^2)(1-k^2t^2)}} = \int_0^\varphi \frac{\mathrm{d}\vartheta}{\sqrt{1-k^2\sin^2\vartheta}} = F(\varphi, k). \tag{2.415}$$

Elliptisches Integral 2. Gattung:

$$\int_0^z \sqrt{\frac{1-k^2t^2}{1-t^2}}\,\mathrm{d}t = \int_0^\varphi \sqrt{1-k^2\sin^2\vartheta}\,\mathrm{d}\vartheta = E(\varphi, k). \tag{2.416}$$

Hierbei gelten die Substitutionen

$$t = \sin\vartheta, \quad z = \sin\varphi, \quad 0 < k < 1, \quad 0 \leqq \varphi = \pi/2.$$

Die Werte von $F(\varphi, k)$ und $E(\varphi, k)$ sind für veränderliche φ und k tabelliert.

Für die spezielle obere Grenze $\varphi = \pi/2$ bzw. $z = 1$ erhält man die *vollständigen elliptischen Integrale*

$$K = F(\pi/2, k) = \int_0^{\pi/2} \frac{\mathrm{d}\vartheta}{\sqrt{1-k^2\sin^2\vartheta}} \quad (k^2 < 1) \tag{2.417}$$

$$= \frac{\pi}{2}\left[1 + \left(\frac{1}{2}\right)^2 k^2 + \left(\frac{1\cdot 3}{2\cdot 4}\right)^2 k^4 + \left(\frac{1\cdot 3\cdot 5}{2\cdot 4\cdot 6}\right)^2 k^6 + \cdots\right]$$

und

$$E = E(\pi/2, k) = \int_0^{\pi/2} \sqrt{1 - k^2 \sin^2 \vartheta}\, \mathrm{d}\vartheta \quad (k^2 < 1) \tag{2.418}$$

$$= \frac{\pi}{2}\left[1 - \left(\frac{1}{2}\right)^2 \frac{k^2}{1} - \left(\frac{1 \cdot 3}{2 \cdot 4}\right)^2 \frac{k^4}{3} - \left(\frac{1 \cdot 3 \cdot 5}{2 \cdot 4 \cdot 6}\right)^2 \frac{k^6}{5} - \dots\right].$$

Tafel 2.20. Elliptische Integrale 1. Gattung $F(\varphi, k)$, $k = \sin\alpha$

φ \ α	0°	10°	20°	30°	40°	50°	60°	70°	80°	90°
0°	0,0000	0,0000	0,0000	0,0000	0,0000	0,0000	0,0000	0,0000	0,0000	0,0000
10	0,1745	0,1746	0,1746	0,1748	0,1749	0,1751	0,1752	0,1753	0,1754	0,1754
20	0,3491	0,3493	0,3499	0,3508	0,3520	0,3533	0,3545	0,3555	0,3561	0,3564
30	0,5236	0,5243	0,5263	0,5294	0,5334	0,5379	0,5422	0,5459	0,5484	0,5493
40	0,6981	0,6997	0,7043	0,7116	0,7213	0,7323	0,7436	0,7535	0,7604	0,7629
50	0,8727	0,8756	0,8842	0,8982	0,9173	0,9401	0,9647	0,9876	1,0044	1,0107
60	1,0472	1,0519	1,0660	1,0896	1,1226	1,1643	1,2126	1,2619	1,3014	1,3170
70	1,2217	1,2286	1,2495	1,2853	1,3372	1,4068	1,4944	1,5959	1,6918	1,7354
80	1,3963	1,4056	1,4344	1,4846	1,5597	1,6660	1,8125	2,0119	2,2653	2,4362
90	1,5708	1,5828	1,6200	1,6858	1,7868	1,9356	2,1565	2,5046	3,1534	∞

Tafel 2.21. Elliptische Integrale 2. Gattung $E(\varphi, k)$, $k = \sin\alpha$

φ \ α	0°	10°	20°	30°	40°	50°	60°	70°	80°	90°
0°	0,0000	0,0000	0,0000	0,0000	0,0000	0,0000	0,0000	0,0000	0,0000	0,0000
10	0,1745	0,1745	0,1744	0,1743	0,1742	0,1740	0,1739	0,1738	0,1737	0,1736
20	0,3491	0,3489	0,3483	0,3473	0,3462	0,3450	0,3438	0,3429	0,3422	0,3420
30	0,5236	0,5229	0,5209	0,5179	0,5141	0,5100	0,5061	0,5029	0,5007	0,5000
40	0,6981	0,6966	0,6921	0,6851	0,6763	0,6667	0,6575	0,6497	0,6446	0,6428
50	0,8727	0,8698	0,8614	0,8483	0,8317	0,8134	0,7954	0,7801	0,7697	0,7660
60	1,0472	1,0426	1,0290	1,0076	0,9801	0,9493	0,9184	0,8914	0,8728	0,8660
70	1,2217	1,2149	1,1949	1,1632	1,1221	1,0750	1,0266	0,9830	0,9514	0,9397
80	1,3963	1,3870	1,3597	1,3161	1,2590	1,1926	1,1225	1,0565	1,0054	0,9848
90	1,5708	1,5589	1,5238	1,4675	1,3931	1,3055	1,2111	1,1184	1,0401	1,0000

2.8.5. Zylinderfunktionen

2.8.5.1. Besselsche Funktionen 1. und 2. Art

Die *Besselsche Differentialgleichung*

$$x^2 y'' + x y' + (x^2 - p^2)\, y = 0 \tag{2.419}$$

hat, sofern p keine ganze Zahl ist, als Fundamentalsystem die beiden Lösungen

$$J_p(x) = \left(\frac{x}{2}\right)^p \sum_{\nu=0}^{\infty} \frac{(-1)^\nu (x/2)^{2\nu}}{\Gamma(\nu+1)\,\Gamma(\nu+p+1)},$$
$$J_{-p}(x) = \left(\frac{x}{2}\right)^{-p} \sum_{\nu=0}^{\infty} \frac{(-1)^\nu (x/2)^{2\nu}}{\Gamma(\nu+1)\,\Gamma(\nu-p+1)}. \tag{2.420}$$

Die Funktion $J_p(x)$ heißt *Besselsche Funktion 1. Art* der Ordnung p. Wenn p eine ganze Zahl ist ($p = n$), dann sind die Funktionen $J_n(x)$ und $J_{-n}(x)$ nicht mehr linear unabhängig, denn es gilt

$$J_{-n}(x) = (-1)^n J_n(x). \tag{2.421}$$

Man verwendet dann als zweite von $J_n(x)$ linear unabhängige Lösung die *Neumannsche Funktion* oder *Besselsche Funktion 2. Art*. Sie ist für nichtganzzahliges p definiert durch

$$N_p(x) = \frac{J_p(x)\cos p\pi - J_{-p}(x)}{\sin p\pi}. \tag{2.422}$$

Tafel 2.22. Vollständige elliptische Integrale, $k = \sin\alpha$

α	K	E	α	K	E	α	K	E
0°	1,5708	1,5708	**30°**	1,6858	1,4675	**60°**	2,1565	1,2111
1	1,5709	1,5707	31	1,6941	1,4608	61	2,1842	1,2015
2	1,5713	1,5703	32	1,7028	1,4539	62	2,2132	1,1920
3	1,5719	1,5697	33	1,7119	1,4469	63	2,2435	1,1826
4	1,5727	1,5689	34	1,7214	1,4397	64	2,2754	1,1732
5	1,5738	1,5678	35	1,7312	1,4323	**65**	2,3088	1,1638
6	1,5751	1,5665	36	1,7415	1,4248	66	2,3439	1,1545
7	1,5767	1,5649	37	1,7522	1,4171	67	2,3809	1,1453
8	1,5785	1,5632	38	1,7633	1,4092	68	2,4198	1,1362
9	1,5805	1,5611	39	1,7748	1,4013	69	2,4610	1,1272
10	1,5828	1,5589	**40**	1,7868	1,3931	**70**	2,5046	1,1184
11	1,5854	1,5564	41	1,7992	1,3849	71	2,5507	1,1096
12	1,5882	1,5537	42	1,8122	1,3765	72	2,5998	1,1011
13	1,5913	1,5507	43	1,8256	1,3680	73	2,6521	1,0927
14	1,5946	1,5476	44	1,8396	1,3594	74	2,7081	1,0844
15	1,5981	1,5442	**45**	1,8541	1,3506	**75**	2,7681	1,0764
16	1,6020	1,5405	46	1,8691	1,3418	76	2,8327	1,0686
17	1,6061	1,5367	47	1,8848	1,3329	77	2,9026	1,0611
18	1,6105	1,5326	48	1,9011	1,3238	78	2,9786	1,0538
19	1,6151	1,5283	49	1,9180	1,3147	79	3,0617	1,0468
20	1,6200	1,5238	**50**	1,9356	1,3055	**80**	3,1534	1,0401
21	1,6252	1,5191	51	1,9539	1,2963	81	3,2553	1,0338
22	1,6307	1,5141	52	1,9729	1,2870	82	3,3699	1,0278
23	1,6365	1,5090	53	1,9927	1,2776	83	3,5004	1,0223
24	1,6426	1,5037	54	2,0133	1,2681	84	3,6519	1,0172
25	1,6490	1,4981	55	2,0347	1,2587	**85**	3,8317	1,0127
26	1,6557	1,4924	56	2,0571	1,2492	86	4,0528	1,0080
27	1,6627	1,4864	57	2,0804	1,2397	87	4,3387	1,0053
28	1,6701	1,4803	58	2,1047	1,2301	88	4,7427	1,0026
29	1,6777	1,4740	59	2,1300	1,2206	89	5,4349	1,0008
						90	∞	1,0000

Für ganzzahliges $p = n$ erhält man durch Grenzübergang

$$N_n(x) = \lim_{p\to n} \frac{J_p(x)\cos p\pi - J_{-p}(x)}{\sin p\pi} = \frac{2}{\pi} J_n(x) \ln \frac{\gamma x}{2}$$
$$- \frac{1}{\pi}\left(\frac{x}{2}\right)^n \sum_{\nu=0}^{\infty} \left[\sum_{\mu=1}^{\nu} \frac{1}{\mu} + \sum_{\mu=1}^{\nu+n} \frac{1}{\mu}\right] \frac{(-1)^\nu (x/2)^{2\nu}}{\nu!\,(\nu+n)!}$$
$$- \frac{1}{\pi}\left(\frac{x}{2}\right)^{-n} \sum_{\nu=0}^{n-1} \frac{(n-\nu-1)!}{\nu!} \left(\frac{x}{2}\right)^{2\nu}; \qquad (2.423)$$

$C = \ln\gamma = 0{,}577\,215\,665\ldots$ *Eulersche Konstante.*

Die Bilder 2.54 und 2.55 zeigen die Funktionen $J_0(x)$ und $J_1(x)$ sowie $N_0(x)$ und $N_1(x)$ für reelles Argument.

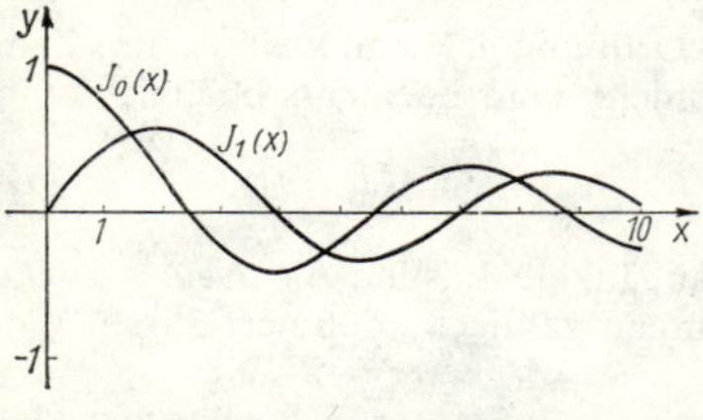

Bild 2.54. Besselsche Funktionen $J_0(x)$ und $J_1(x)$

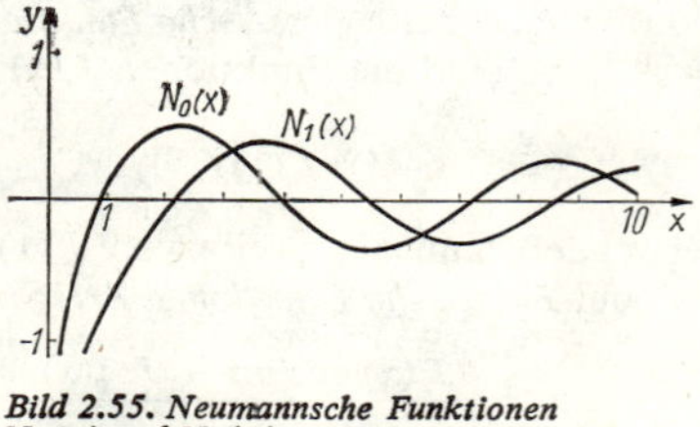

Bild 2.55. Neumannsche Funktionen $N_0(x)$ und $N_1(x)$

Jede Lösung der Besselschen Differentialgleichung ist in der Form

$$Z_p(x) = A_1 J_p(x) + A_2 J_{-p}(x), \quad p \text{ nichtganzzahlig},$$

bzw. (2.424)

$$Z_p(x) = C_1 J_p(x) + C_2 N_p(x), \quad p \text{ beliebig},$$

darstellbar und wird als *Zylinderfunktion p-ter Ordnung* bezeichnet. Die Besselschen Funktionen sind auch für komplexe Argumente durch ihre Reihenentwicklungen definiert. Als *Besselsche Funktion 3. Art* oder *Hankelsche Funktionen* bezeichnet man dann

$$H_p^{(1)}(z) = J_p(z) + jN_p(z)$$

und (2.425)

$$H_p^{(2)}(z) = J_p(z) - jN_p(z).$$

Auch sie bilden stets ein Fundamentalsystem der Besselschen Differentialgleichung:

$$Z_p(z) = C_1 H_p^{(1)}(z) + C_2 H_p^{(2)}(z). \tag{2.426}$$

Rekursionsformel für Funktionen und Ableitungen

$$Z_{p+1}(x) = \frac{2p}{x} Z_p(x) - Z_{p-1}(x), \tag{2.427}$$

$$\begin{aligned} Z_p'(x) &= \tfrac{1}{2} Z_{p-1}(x) - Z_{p+1}(x) \\ &= \frac{p}{x} Z_p(x) - Z_{p+1}(x) \\ &= -\frac{p}{x} Z_p(x) + Z_{p-1}(x). \end{aligned} \tag{2.428}$$

Orthogonalitätsrelationen

Sowohl $J_p(x)$ als auch $J_p'(x)$ haben für reelles $p > -1$ unendlich viele reelle Nullstellen.
1. λ sei Nullstelle von $J_p(x)$: $J_p(\lambda) = 0$. Dann gilt

$$\int_0^1 x J_p(\lambda_1 x) J_p(\lambda_2 x) \, dx = \begin{cases} 0 & \text{für } \lambda_1 \neq \lambda_2, \\ \frac{1}{2} J_p'(\lambda)^2 & \text{für } \lambda_1 = \lambda_2 = \lambda. \end{cases} \tag{2.429}$$

2. μ sei Nullstelle von $J_p'(x)$: $J_p'(\mu) = 0$. Dann gilt

$$\int_0^1 x J_p'(\mu_1 x) J_p'(\mu_2 x) \, dx = \begin{cases} 0 & \text{für } \mu_1 \neq \mu_2, \\ \frac{1}{2}\left(1 - \frac{p^2}{\mu^2}\right) J_p(\mu)^2 & \text{für } \mu_1 = \mu_2 = \mu. \end{cases} \tag{2.430}$$

Elementare Besselsche Funktionen

Die Funktionen $J_{0,5}(x)$ und $J_{-0,5}(x)$ lassen sich durch elementare Funktionen darstellen:

$$J_{0,5}(x) = \sqrt{\frac{2}{\pi x}} \sin x, \quad J_{-0,5}(x) = \sqrt{\frac{2}{\pi x}} \cos x. \tag{2.431}$$

Über die Rekursionsformel kann man auch alle Funktionen $J_{n+1/2}(x)$, n ganz, durch elementare Funktionen zusammensetzen.

Asymptotische Entwicklungen. ($|x| \gg |p|$, $|x| \gg 1$):

$$J_p(x) = \sqrt{\frac{2}{\pi x}} \cos\left(x - \frac{p\pi}{2} - \frac{\pi}{4}\right) + 0\,(|x|^{-1}),$$

$$N_p(x) = \sqrt{\frac{2}{\pi x}} \sin\left[x - \frac{p\pi}{2} - \frac{\pi}{4}\right) + 0\,(|x|^{-1}), \tag{2.432}$$

$$H_p^{(1)}(x) = \sqrt{\frac{2}{\pi x}} \exp\left[\mathrm{j}\left(x - \frac{p\pi}{2} - \frac{\pi}{4}\right)\right][1 + 0\,(|x|^{-1})],$$

$$H_p^{(2)}(x) = \sqrt{\frac{2}{\pi x}} \exp\left[-\mathrm{j}\left(x - \frac{p\pi}{2} - \frac{\pi}{4}\right)\right][1 + 0\,(|x|^{-1})].$$

2.8.5.2. Modifizierte Besselsche Funktionen

Aus der Differentialgleichung

$$x^2y'' + xy' - (x^2 + p^2) = 0 \tag{2.433}$$

folgen die *modifizierten Besselschen Funktionen* (Bild 2.56)

$$I_p(x) = \mathrm{j}^{-p} J_p(\mathrm{j}x), \quad K_p(x) = \frac{\pi}{2}\mathrm{j}^{p+1} H_p^{(1)}(\mathrm{j}x). \tag{2.434}$$

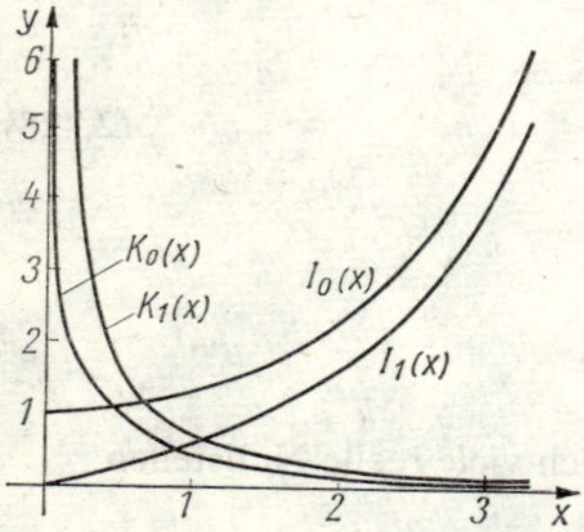

Bild 2.56
Modifizierte Bessel-Funktionen $I_0(x)$, $I_1(x)$, $K_0(x)$ und $K_1(x)$

Aus der Differentialgleichung

$$x^2y'' + xy' + (\sqrt{-\mathrm{j}}x)^2 - p^2 = 0$$

folgt

$$y(x) = C_1 J_p(\sqrt{-\mathrm{j}}x) + C_2 N_p(\sqrt{-\mathrm{j}}x).$$

Die Besselschen Funktionen mit komplexem Argument sind i. allg. komplex. Für Real- und Imaginärteil von $J_p(\sqrt{-\mathrm{j}}x)$ gilt speziell *(Thomsonsche Funktionen)*

$$J_p(\sqrt{-\mathrm{j}}x) = \mathrm{ber}_p(x) + \mathrm{j}\,\mathrm{bei}_p(x). \tag{2.435}$$

Analog gilt

$$K_p(\sqrt{-\mathrm{j}}x) = \mathrm{ker}_p(x) + \mathrm{j}\mathrm{kei}_p(x). \tag{2.436}$$

2.8.6. Orthogonale Polynome

2.8.6.1. Tschebyscheffsche Polynome

Für ganzzahliges $n = 0, 1, 2, \ldots$ hat die *Tschebyscheffsche Differentialgleichung*

$$(1 - x^2)\,y'' - xy' + n^2y = 0 \tag{2.437}$$

Tafel 2.23. Besselsche, Neumannsche, modifizierte Besselsche Funktionen

x	$J_0(x)$	$J_1(x)$	$N_0(x)$	$N_1(x)$	$I_0(x)$	$I_1(x)$	$K_0(x)$	$K_1(x)$
0,0	+1,0000	+0,0000	−∞	−∞	+1,000	0,0000	∞	∞
0,1	0,9975	0,0499	−1,5342	−6,4590	1,003	+0,0501	2,4271	9,8538
0,2	0,9900	0,0995	1,0811	3,3238	1,010	0,1005	1,7527	4,7760
0,3	0,9776	0,1483	0,8073	2,2931	1,023	0,1517	1,3725	3,0560
0,4	0,9604	0,1960	0,6060	1,7809	1,040	0,2040	1,1145	2,1844
0,5	+0,9385	+0,2423	−0,4445	−1,4715	1,063	0,2579	0,9244	1,6564
0,6	0,9120	0,2867	0,3085	1,2604	1,092	0,3137	0,7775	1,3028
0,7	0,8812	0,3290	0,1907	1,1032	1,126	0,3719	0,6605	1,0503
0,8	0,8463	0,3688	−0,0868	0,9781	1,167	0,4329	0,5653	0,8618
0,9	0,8075	0,4059	+0,0056	0,8731	1,213	0,4971	0,4867	0,7165
1,0	+0,7652	+0,4401	+0,0883	−0,7812	1,266	0,5652	0,4210	0,6019
1,1	0,7196	0,4709	0,1622	0,6981	1,326	0,6375	0,3656	0,5098
1,2	0,6711	0,4983	0,2281	0,6211	1,394	0,7147	0,3185	0,4346
1,3	0,6201	0,5220	0,2865	0,5485	1,469	0,7973	0,2782	0,3725
1,4	0,5669	0,5419	0,3379	0,4791	1,553	0,8861	0,2437	0,3208
1,5	+0,5118	+0,5579	+0,3824	−0,4123	1,647	0,9817	0,2138	0,2774
1,6	0,4554	0,5699	0,4204	0,3476	1,750	1,085	0,1880	0,2406
1,7	0,3980	0,5778	0,4520	0,2847	1,864	1,196	0,1655	0,2094
1,8	0,3400	0,5815	0,4774	0,2237	1,990	1,317	0,1459	0,1826
1,9	0,2818	0,5812	0,4968	0,1644	2,128	1,448	0,1288	0,1597
2,0	+0,2239	+0,5767	+0,5104	−0,1070	2,280	1,591	0,1139	0,1399
2,1	0,1666	0,5683	0,5183	−0,0517	2,446	1,745	0,1008	0,1227
2,2	0,1104	0,5560	0,5208	+0,0015	2,629	1,914	0,08927	0,1079
2,3	0,0555	0,5399	0,5181	0,0523	2,830	2,098	0,07914	0,09498
2,4	0,0025	0,5202	0,5104	0,1005	3,049	2,298	0,07022	0,08372
2,5	−0,0484	+0,4971	+0,4981	+0,1459	3,290	2,517	0,06235	0,07389
2,6	0,0968	0,4708	0,4813	0,1884	3,553	2,755	0,05540	0,06528
2,7	0,1424	0,4416	0,4605	0,2276	3,842	3,016	0,04926	0,05774
2,8	0,1850	0,4097	0,4359	0,2635	4,157	3,301	0,04382	0,05111
2,9	0,2243	0,3754	0,4079	0,2959	4,503	3,613	0,03901	0,04529
3,0	−0,2601	+0,3391	+0,3769	+0,3247	4,881	3,953	0,03474	0,04016
3,1	0,2921	0,3009	0,3431	0,3496	5,294	4,326	0,03095	0,03563
3,2	0,3202	0,2613	0,3071	0,3707	5,747	4,734	0,02759	0,03164
3,3	0,3443	0,2207	0,2691	0,3879	6,243	5,181	0,02461	0,02812
3,4	0,3643	0,1792	0,2296	0,4010	6,785	5,670	0,02196	0,02500
3,5	−0,3801	+0,1374	+0,1890	+0,4102	7,378	6,206	0,01960	0,02224
3,6	0,3918	0,0955	0,1477	0,4154	8,028	6,793	0,01750	0,01979
3,7	0,3992	0,0538	0,1061	0,4167	8,739	7,436	0,01563	0,01763
3,8	0,4026	+0,0128	0,0645	0,4141	9,517	8,140	0,01397	0,01571
3,9	0,4018	−0,0272	+0,0234	0,4078	10,37	8,913	0,01248	0,01400
4,0	−0,3971	−0,0660	−0,0169	+0,3979	11,30	9,759	0,01116	0,01248
4,1	0,3887	0,1033	0,0561	0,3846	12,32	10,69	0,009980	0,01114
4,2	0,3766	0,1386	0,0938	0,3680	13,44	11,71	0,008927	0,009938
4,3	0,3610	0,1719	0,1296	0,3484	14,67	12,82	0,007988	0,008872
4,4	0,3423	0,2028	0,1633	0,3260	16,01	14,05	0,007149	0,007923
4,5	−0,3205	−0,2311	−0,1947	+0,3010	17,48	15,39	0,006400	0,007078
4,6	0,2961	0,2566	0,2235	0,2737	19,09	16,86	0,005730	0,006325
4,7	0,2693	0,2791	0,2494	0,2445	20,86	18,48	0,005132	0,005654
4,8	0,2404	0,2985	0,2723	0,2136	22,79	20,25	0,004597	0,005055
4,9	0,2097	0,3147	0,2921	0,1812	24,91	22,20	0,004119	0,004521
							0,00	0,00
5,0	−0,1776	−0,3276	−0,3085	+0,1479	27,24	24,34	369 1	404 5
5,1	0,1443	0,3371	0,3216	0,1137	29,79	26,68	330 8	361 9
5,2	0,1103	0,3432	0,3313	0,0792	32,58	29,25	296 6	323 9
5,3	0,0758	0,3460	0,3374	0,0445	35,65	32,08	265 9	290 0
5,4	0,0412	0,3453	0,3402	+0,0101	39,01	35,18	238 5	259 7
5,5	−0,0068	−0,3414	−0,3395	−0,0238	42,69	38,59	213 9	232 6
5,6	+0,0270	0,3343	0,3354	0,0568	46,74	42,33	191 8	208 3
5,7	0,0599	0,3241	0,3282	0,0887	51,17	46,44	172 1	186 6
5,8	0,0917	0,3110	0,3177	0,1192	56,04	50,95	154 4	167 3
5,9	0,1220	0,2951	0,3044	0,1481	61,38	55,90	138 6	149 9
6,0	+0,1506	−0,2767	−0,2882	−0,1750	67,23	61,34	124 4	134 4
6,1	0,1773	0,2559	0,2694	0,1998	73,66	67,32	111 7	120 5
6,2	0,2017	0,2329	0,2483	0,2223	80,72	73,89	100 3	108 1
6,3	0,2238	0,2081	0,2251	0,2422	88,46	81,10	090 01	096 91
6,4	0,2433	0,1816	0,1999	0,2596	96,96	89,03	080 83	086 93

Tafel 2.23. Fortsetzung

x	$J_0(x)$	$J_1(x)$	$N_0(x)$	$N_1(x)$	$I_0(x)$	$I_1(x)$	$K_0(x)$	$K_1(x)$
6,5	+0,2601	−0,1538	−0,1732	−0,2741	106,3	97,74	072 59	077 99
6,6	0,2740	0,1250	0,1452	0,2857	116,5	107,3	065 20	069 98
6,7	0,2851	0,0953	0,1162	0,2945	127,8	117,8	058 57	062 80
6,8	0,2931	0,0652	0,0864	0,3002	140,1	129,4	052 62	056 36
6,9	0,2981	0,0349	0,0563	0,3029	153,7	142,1	047 28	050 59
7,0	+0,3001	−0,0047	−0,0259	−0,3027	168,6	156,0	042 48	045 42
7,1	0,2991	+0,0252	+0,0042	0,2995	185,0	171,4	038 17	040 78
7,2	0,2951	0,0543	0,0339	0,2934	202,9	188,3	034 31	036 62
7,3	0,2882	0,0826	0,0628	0,2846	222,7	206,8	030 84	032 88
7,4	0,2786	0,1096	0,0907	0,2731	244,3	227,2	027 72	029 53
7,5	+0,2663	+0,1352	+0,1173	−0,2591	268,2	249,6	024 92	026 53
7,6	0,2516	0,1592	0,1424	0,2428	294,3	274,2	022 40	023 83
7,7	0,2346	0,1813	0,1658	0,2243	323,1	301,3	020 14	021 41
7,8	0,2154	0,2014	0,1872	0,2039	354,7	331,1	018 11	019 24
7,9	0,1944	0,2192	0,2065	0,1817	389,4	363,9	016 29	017 29
8,0	+0,1717	+0,2346	+0,2235	−0,1581	427,6	399,9	014 65	015 54
8,1	0,1475	0,2476	0,2381	0,1331	469,5	439,5	013 17	013 96
8,2	0,1222	0,2580	0,2501	0,1072	515,6	483,0	011 85	012 55
8,3	0,0960	0,2657	0,2595	0,0806	566,3	531,0	010 66	011 28
8,4	0,0692	0,2708	0,2662	0,0535	621,9	583,7	009 588	010 14
8,5	+0,0419	+0,2731	+0,2702	−0,0262	683,2	641,6	008 626	009 120
8,6	+0,0146	0,2728	0,2715	+0,0011	750,5	705,4	007 761	008 200
8,7	−0,0125	0,2697	0,2700	0,0280	824,4	775,5	006 983	007 374
8,8	0,0392	0,2641	0,2659	0,0544	905,8	852,7	006 283	006 631
8,9	0,0653	0,2559	0,2592	0,0799	995,2	937,5	005 654	005 964
9,0	−0,0903	+0,2453	+0,2499	+0,1043	1094	1031	005 088	005 364
9,1	0,1142	0,2324	0,2383	0,1275	1202	1134	004 579	004 825
9,2	0,1367	0,2174	0,2245	0,1491	1321	1247	004 121	004 340
9,3	0,1577	0,2004	0,2086	0,1691	1451	1371	003 710	003 904
9,4	0,1768	0,1816	0,1907	0,1871	1595	1508	003 339	003 512
9,5	−0,1939	+0,1613	+0,1712	+0,2032	1753	1658	003 006	003 160
9,6	0,2090	0,1395	0,1502	0,2171	1927	1824	002 706	002 843
9,7	0,2218	0,1166	0,1279	0,2287	2119	2006	002 436	002 559
9,8	0,2323	0,0928	0,1045	0,2379	2329	2207	002 193	002 302
9,9	0,2403	0,0684	0,0804	0,2447	2561	2428	001 975	002 072
10,0	−0,2459	+0,0435	+0,0557	+0,2490	2816	2671	001 778	001 865

als reguläre Lösung das Polynom n-ten Grades:

$$T_n(x) = \cos(n \arccos x). \tag{2.438}$$

Es wird *Tschebyscheffsches Polynom 1. Art* genannt.
Speziell gilt (Verlauf der Polynome Bild 2.57)

$$\begin{aligned} &T_0(x) = 1, \quad T_1(x) = x, \quad T_2(x) = 2x^2 - 1, \quad T_3(x) = 4x^3 - 3x, \\ &T_4(x) = 8x^4 - 8x^2 + 1, \quad T_5(x) = 16x^5 - 20x^3 + 5x, \\ &T_6(x) = 32x^6 - 48x^4 + 18x^2 - 1, \quad T_7(x) = 64x^7 \\ &\qquad -112x^5 + 56x^3 - 7x, \quad T_8(x) = 128x^8 - 256x^6 + 160x^4 \\ &\qquad -32x^2 + 1, \quad T_9(x) = 256x^9 - 576x^7 + 432x^5 - 120x^3 + 9x, \\ &T_{10}(x) = 512x^{10} - 1280x^8 + 1120x^6 - 400x^4 + 50x^2 - 1. \end{aligned} \tag{2.439}$$

Alle n Nullstellen von $T_n(x)$ sind reell und einfach und liegen im Intervall $(-1,1)$. Sie lauten

$$x_k = \cos\frac{(2k-1)\pi}{2n}, \quad k = 1, 2, \ldots, n. \tag{2.440}$$

Die Extrema liegen bei

$$x_j = \cos j\pi/n, \qquad j = 1, 2, \ldots, n-1, \tag{2.441}$$

mit $T_n(x_j) = \pm 1$.

Rekursionsformel

$$T_{n+1}(x) = 2xT_n(x) - T_{n-1}(x). \tag{2.442}$$

Orthogonalitätsrelation

$$\int_{-1}^{+1} \frac{T_n(x)\, T_m(x)}{\sqrt{1-x^2}}\, dx = \begin{cases} 0 & \text{für} \quad m \neq n, \\ \pi & \text{für} \quad m = n = 0, \\ \pi/2 & \text{für} \quad m = n \neq 0. \end{cases} \tag{2.443}$$

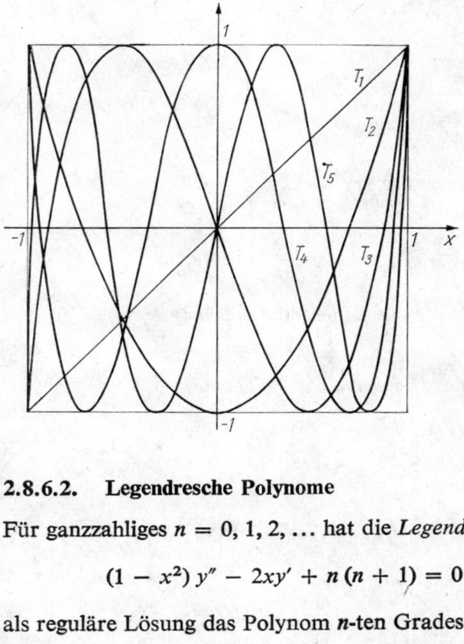

Bild 2.57
Tschebyscheffsche Polynome

2.8.6.2. Legendresche Polynome

Für ganzzahliges $n = 0, 1, 2, \ldots$ hat die *Legendresche Differentialgleichung*

$$(1 - x^2)\, y'' - 2xy' + n(n+1) = 0 \tag{2.444}$$

als reguläre Lösung das Polynom n-ten Grades:

$$P_n(x) = \frac{(2n)!}{2^n (n!)^2} \left[x^n - \frac{n(n-1)}{2(2n-1)} x^{n-2} \right. \tag{2.445}$$

$$\left. + \frac{n(n-1)(n-2)(n-3)}{2 \cdot 4 (2n-1)(2n-3)} x^{n-4} - + \cdots \right] \quad (|x| < \infty).$$

Es wird *Legendresches Polynom* oder *Kugelfunktion 1. Art* genannt. Speziell gilt (Verlauf der Polynome Bild 2.58)

$$P_0(x) = 1, \quad P_1(x) = x, \quad P_2(x) = \tfrac{1}{2}(3x^2 - 1),$$
$$P_3(x) = \tfrac{1}{2}(5x^3 - 3x), \quad P_4(x) = \tfrac{1}{8}(35x^4 - 30x^2 + 3), \ldots \tag{2.446}$$

Alle n Nullstellen von $P_n(x)$ sind reell und einfach und liegen im Intervall $(-1,1)$.

Rekursionsformel

$$(n+1)\,P_{n+1}(x) = (2n+1)\,xP_n(x) - nP_{n-1}(x) \quad (n \geqq 1). \tag{2.447}$$

Orthogonalitätsrelation

$$\int_{-1}^{1} P_n(x)\,P_m(x)\,\mathrm{d}x = \begin{cases} 0 & \text{für} \quad m \neq n, \\ \dfrac{2}{2n+1} & \text{für} \quad m = n. \end{cases} \tag{2.448}$$

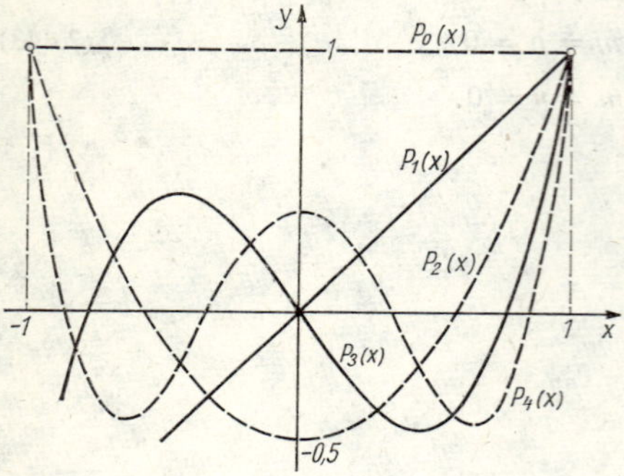

Bild 2.58
Legendresche Polynome

2.8.6.3. Laguerresche Polynome

Für ganzzahliges $n = 0, 1, 2, \ldots$ hat die *Laguerresche Differentialgleichung*

$$xy'' + (\alpha + 1 - x)\,y' + ny = 0 \tag{2.449}$$

als reguläre Lösung das Polynom n-ten Grades *(Laguerresche Polynome)*:

$$L_n^{(\alpha)}(x) = \sum_{k=0}^{n} \binom{n+\alpha}{n-k} \frac{(-x)^k}{k!}. \tag{2.450}$$

Rekursionsformel $(n \geqq 1)$

$$\begin{aligned} &(n+1)\,L_{n+1}^{(\alpha)}(x) = (-x + 2n + \alpha + 1)\,L_n^{(\alpha)}(x) - (n+\alpha)\,L_{n-1}^{(\alpha)}(x); \\ &L_0^{(\alpha)}(x) = 1, \quad L_1^{(\alpha)}(x) = 1 + \alpha - x. \end{aligned} \tag{2.451}$$

Orthogonalitätsrelation $(\alpha > -1)$

$$\int_0^{\infty} \exp(-x)\,x^{(\alpha)} L_m^{(\alpha)}(x)\,L_n^{(\alpha)}(x)\,\mathrm{d}x = \begin{cases} 0 & \text{für} \quad m \neq n, \\ \dbinom{n+\alpha}{n} \Gamma(1+\alpha) & \text{für} \quad m = n, \end{cases} \tag{2.452}$$

2.8.6.4. Hermitesche Polynome

Für ganzzahliges $n = 0, 1, 2, \ldots$ hat die *Hermitesche Differentialgleichung*

$$y'' - xy' + ny = 0 \tag{2.453}$$

als reguläre Lösung das Polynom n-ten Grades *(Hermitesche Polynome)*:

$$H_n(x) = x^n - \binom{n}{2} x^{n-2} + 1 \cdot 3 \binom{n}{4} x^{n-4} - 1 \cdot 3 \cdot 5 \binom{n}{6} x^{n-6} + \cdots \tag{2.454}$$

Rekursionsformel

$$H_{n+1}(x) = xH_n(x) - nH_{n-1}(x), \quad H_0(x) = 1, \quad H_1(x) = 1. \tag{2.455}$$

Orthogonalitätsrelation

$$\int_{-\infty}^{+\infty} \exp(-x^2/2)\, H_m(x)\, H_n(x)\, \mathrm{d}x = \begin{cases} 0 & \text{für} \quad m \neq n, \\ n!\,\sqrt{2\pi} & \text{für} \quad m = n. \end{cases} \tag{2.456}$$

2.9. Vektoranalysis

2.9.1. Vektorfunktionen. Felder

2.9.1.1. Parameterabhängige Vektoren

Ein Vektor $\boldsymbol{v}$ kann von einem Parameter abhängen:

$$\boldsymbol{v} = \boldsymbol{v}(t) = v_x(t)\,\boldsymbol{i} + v_y(t)\,\boldsymbol{j} + v_z(t)\,\boldsymbol{k}. \tag{2.457}$$

Eine solche Vektorfunktion heißt stetig, differenzierbar usw., wenn die gleiche Eigenschaft auf die Komponenten der Vektorfunktion zutrifft. Insbesondere wird die Ableitung einer solchen Vektorfunktion nach der Regel

$$\frac{\mathrm{d}\boldsymbol{v}(t)}{\mathrm{d}t} = \frac{\mathrm{d}v_x(t)}{\mathrm{d}t}\,\boldsymbol{i} + \frac{\mathrm{d}v_y(t)}{\mathrm{d}t}\,\boldsymbol{j} + \frac{\mathrm{d}v_z(t)}{\mathrm{d}t}\,\boldsymbol{k} \tag{2.458}$$

gebildet. Hieraus resultiert, daß sich die *Rechenregeln* für die Differentiation analog den Regeln für skalare Funktionen übertragen:

Multiplikation mit Skalar

$$\frac{\mathrm{d}}{\mathrm{d}t}[f(t)\,\boldsymbol{v}(t)] = \frac{\mathrm{d}f(t)}{\mathrm{d}t}\,\boldsymbol{v}(t) + f(t)\,\frac{\mathrm{d}\boldsymbol{v}(t)}{\mathrm{d}t}; \tag{2.459}$$

Kettenregel

$$\frac{\mathrm{d}}{\mathrm{d}t}\,\boldsymbol{v}[f(t)] = \frac{\mathrm{d}\boldsymbol{v}(f)}{\mathrm{d}f}\,\frac{\mathrm{d}f(t)}{\mathrm{d}t}; \tag{2.460}$$

Summe und Differenz

$$\frac{\mathrm{d}}{\mathrm{d}t}[\boldsymbol{v}_1(t) \pm \boldsymbol{v}_2(t)] = \frac{\mathrm{d}\boldsymbol{v}_1(t)}{\mathrm{d}t} \pm \frac{\mathrm{d}\boldsymbol{v}_2(t)}{\mathrm{d}t}; \tag{2.461}$$

Skalarprodukt

$$\frac{\mathrm{d}}{\mathrm{d}t}[\boldsymbol{v}_1(t)\cdot\boldsymbol{v}_2(t)] = \frac{\mathrm{d}\boldsymbol{v}_1(t)}{\mathrm{d}t}\cdot\boldsymbol{v}_2(t) + \boldsymbol{v}_1(t)\cdot\frac{\mathrm{d}\boldsymbol{v}_2(t)}{\mathrm{d}t}; \tag{2.462}$$

Vektorprodukt

$$\frac{\mathrm{d}}{\mathrm{d}t}[\boldsymbol{v}_1(t)\times\boldsymbol{v}_2(t)] = \frac{\mathrm{d}\boldsymbol{v}_1(t)}{\mathrm{d}t}\times\boldsymbol{v}_2(t) + \boldsymbol{v}_1(t)\times\frac{\mathrm{d}\boldsymbol{v}_2(t)}{\mathrm{d}t} \tag{2.463}$$

$$= \frac{\mathrm{d}\boldsymbol{v}_1(t)}{\mathrm{d}t}\times\boldsymbol{v}_2(t) - \frac{\mathrm{d}\boldsymbol{v}_2(t)}{\mathrm{d}t}\times\boldsymbol{v}_1(t).$$

Ist $|\boldsymbol{v}(t)| =$ konst., d.h., $v^2(t) = \boldsymbol{v}\cdot\boldsymbol{v} =$ konst., so folgt $\boldsymbol{v}\cdot\mathrm{d}\boldsymbol{v}/\mathrm{d}t = 0$, d.h., $\mathrm{d}\boldsymbol{v}/\mathrm{d}t \perp \boldsymbol{v}$.

2.9.1.2. Felder

Wenn in jedem Punkt P eines Gebietes $\boldsymbol{R}$ eine skalare Ortsfunktion

$$u = u(x, y, z) \qquad (2.464)$$

definiert ist, dann stellt das Gebiet $\boldsymbol{R}$ ein *skalares Feld* dar.

Beispiele. Feld eines elektrischen Potentials, Temperaturfeld.

Die Flächen $u(x, y, z) =$ konst. heißen *Schicht-*, *Niveau-* oder *Äquipotentialflächen*.
Eine Skalarfunktion u sei in einem Gebiet $\boldsymbol{R}$ stetig. Es sei ein Punkt $P \in \boldsymbol{R}$ herausgegriffen, von dem in einer beliebigen Richtung l eine Gerade ausgehe; $P' \in \boldsymbol{R}$ seien Punkte dieser Geraden. Wenn dann der Grenzwert

$$\left(\frac{\mathrm{d}u}{\mathrm{d}s}\right)_l = \frac{\partial u}{\partial l} = \lim_{P' \to P} \frac{u(P) - u(P')}{\overline{PP'}} \quad (\mathrm{d}s \text{ Linienelement in } l\text{-Richtung}) \qquad (2.465)$$

existiert, indem P' auf der Geraden gegen P strebt, hat u in P in Richtung der Geraden eine *Richtungsableitung*. Falls die partiellen Ableitungen von u stetig sind, läßt sich die Richtungsableitung durch

$$\frac{\partial u}{\partial l} = \frac{\partial u}{\partial x}\cos(l, x) + \frac{\partial u}{\partial y}\cos(l, y) + \frac{\partial u}{\partial z}\cos(l, z) \qquad (2.466)$$

ausdrücken. Die Größen $\cos(l, x)$, $\cos(l, y)$ und $\cos(l, z)$ heißen Richtungskosinus.
Wenn in jedem Punkt P eines Gebietes $\boldsymbol{R}$ eine vektorielle Ortsfunktion

$$\boldsymbol{v} = \boldsymbol{v}(x, y, z) = v_x(x, y, z)\,\boldsymbol{i} + v_y(x, y, z)\,\boldsymbol{j} + v_z(x, y, z)\,\boldsymbol{k} \qquad (2.467)$$

definiert ist, stellt das Gebiet $\boldsymbol{R}$ ein *Vektorfeld* dar. $\boldsymbol{v}$ heißt *Feldvektor*.
Durch jeden Punkt von $\boldsymbol{R}$ geht ein solcher Feldvektor. Die Kurven $\boldsymbol{r} = \boldsymbol{r}(t)$, die in jedem Punkt $\boldsymbol{R}$ in Richtung des Feldvektors $\boldsymbol{v}$ verlaufen, heißen *Feld-* oder *Stromlinien*. Für sie gilt die Gleichung

$$\boldsymbol{v} \times \frac{\mathrm{d}\boldsymbol{r}}{\mathrm{d}t} = 0. \qquad (2.468)$$

Im Fall $|\boldsymbol{v}| \neq 0$, $\boldsymbol{v}(t)$ und $\mathrm{d}\boldsymbol{v}/\mathrm{d}t$ stetig, d.h. in den sog. regulären Punkten des Feldes, kann durch einen Punkt nicht mehr als eine Feldlinie hindurchgehen. Nichtreguläre Punkte eines Feldes sind z.B. Staupunkte ($|\boldsymbol{v}| = 0$) sowie Quellen und Senken ($|\boldsymbol{v}| = \infty$).

Beispiele für Vektorfelder: elektrisches oder magnetisches Feld, Schwerefeld, Geschwindigkeitsfeld eines strömenden Mediums (Flüssigkeit, Wind).

Innerhalb des Gebietes $\boldsymbol{R}$ liege die Fläche $\boldsymbol{B}$. Das Flächenintegral

$$\iint_{\boldsymbol{B}} \boldsymbol{v} \cdot \mathrm{d}\boldsymbol{v} \qquad (2.469)$$

heißt *Fluß* des Vektors durch die Fläche $\boldsymbol{B}$. Ist $\boldsymbol{B}$ eine geschlossene Fläche, die das Gebiet $\boldsymbol{R}' \subset \boldsymbol{R}$ begrenzt, ist $\boldsymbol{v}$ ein Strömungsfeld, und ist der Vektor der Flächennormalen in jedem Punkt von $\boldsymbol{B}$ nach außen gerichtet, dann gibt der Vektorfluß den auf die Zeit bezogenen Überschuß der austretenden Flüssigkeit gegenüber der eintretenden an.

2.9.2. Gradient. Divergenz. Rotation. Laplacescher Operator

Ein Skalarfeld $u = u(x, y, z)$ besitze in jedem Punkt $P \in \boldsymbol{R}$ stetige partielle Ableitungen 1. Ordnung. Die Flächen $u(x, y, z) =$ konst. bilden die Niveaulinien des Skalarfeldes. Diejenige Vektorfunktion, die so beschaffen ist, daß ihre Feldvektoren überall senkrecht auf den Niveauflächen stehen, heißt *Gradient* des Skalarfeldes u.

grad u ist dem Betrag nach gleich der Richtungsableitung in Richtung des steilsten Anstiegs von $u(x, y, z)$. Eine Komponente von grad u in einer beliebigen Richtung l mit dem Einheitsvektor $\boldsymbol{e}_l$ ist gleich der Richtungsableitung von u in dieser Richtung:

$$\operatorname{grad}_l u = \boldsymbol{e}_l \operatorname{grad} u = \frac{\partial u}{\partial l}. \tag{2.470}$$

Wenn ein Vektorfeld $\boldsymbol{v}$ so beschaffen ist, daß es als (negativer) Gradient einer skalaren Funktion u darstellbar ist,

$$v = -\operatorname{grad} u \tag{2.471}$$

(das negative Vorzeichen erfolgt in Anpassung an die übliche Bezeichnung beim elektrischen Feld $\boldsymbol{E} = -\operatorname{grad} u$), so sagt man, daß das Vektorfeld $\boldsymbol{v}$ ein *Potential* habe. Nicht jedes Vektorfeld hat ein Potential.

Die Darstellung des Gradienten lautet

a) *in kartesischen Koordinaten*

$$\operatorname{grad} u = \frac{\partial u(x, y, z)}{\partial x} \boldsymbol{i} + \frac{\partial u(x, y, z)}{\partial y} \boldsymbol{j} + \frac{\partial u(x, y, z)}{\partial z} \boldsymbol{k}; \tag{2.472}$$

b) *in Zylinderkoordinaten*

$$(x = \varrho \cos\varphi, \quad y = \varrho \sin\varphi, \quad z = z)$$

$$\operatorname{grad} u = \operatorname{grad}_\varrho u \boldsymbol{e}_\varrho + \operatorname{grad}_\varphi u \boldsymbol{e}_\varphi + \operatorname{grad}_z u \boldsymbol{e}_z$$

mit

$$\operatorname{grad}_\varrho u = \frac{\partial u}{\partial \varrho}, \quad \operatorname{grad}_\varphi u = \frac{1}{\varrho}\frac{\partial u}{\partial \varphi}, \quad \operatorname{grad}_z u = \frac{\partial u}{\partial z}; \tag{2.473}$$

c) *in Kugelkoordinaten*

$$(x = r \sin\vartheta \cos\varphi, \quad y = r \sin\vartheta \sin\varphi, \quad z = r \cos\vartheta)$$

$$\operatorname{grad} u = \operatorname{grad}_r u \boldsymbol{e}_r + \operatorname{grad}_\vartheta u \boldsymbol{e}_\vartheta + \operatorname{grad}_\varphi u \boldsymbol{e}_\varphi \tag{2.474}$$

mit

$$\operatorname{grad}_r u = \frac{\partial u}{\partial r}, \quad \operatorname{grad}_\vartheta u = \frac{1}{r}\frac{\partial u}{\partial \vartheta}, \quad \operatorname{grad}_\varphi u = \frac{1}{r \sin\vartheta}\frac{\partial u}{\partial \varphi};$$

d) *in allgemeinen orthogonalen Koordinaten* (ξ, η, ζ)

Mit

$$\boldsymbol{r}(\xi, \eta, \zeta) = x(\xi, \eta, \zeta)\, \boldsymbol{i} + y(\xi, \eta, \zeta)\, \boldsymbol{j} + z(\xi, \eta, \zeta)\, \boldsymbol{k}$$

gilt

$$\operatorname{grad} u = \operatorname{grad}_\xi u \boldsymbol{e}_\xi + \operatorname{grad}_\eta u \boldsymbol{e}_\eta + \operatorname{grad}_\zeta u \boldsymbol{e}_\zeta, \tag{2.475}$$

wobei sich ergibt

$$\operatorname{grad} u = \frac{1}{\left|\frac{\partial \boldsymbol{r}}{\partial \xi}\right|}\frac{\partial u}{\partial \xi}, \quad \operatorname{grad}_\eta u = \frac{1}{\left|\frac{\partial \boldsymbol{r}}{\partial \eta}\right|}\frac{\partial u}{\partial \eta}, \quad \operatorname{grad}_\zeta u = \frac{1}{\left|\frac{\partial \boldsymbol{r}}{\partial \zeta}\right|}\frac{\partial u}{\partial \zeta}.$$

Wenn die Komponenten eines Vektorfeldes $\boldsymbol{v}(x, y, z)$ in jedem Punkt P eines Gebietes R stetige partielle Ableitungen 1. Ordnung haben, läßt sich dem Vektorfeld $\boldsymbol{v}$ ein Skalarfeld div $\boldsymbol{v}$ zuordnen, die *Divergenz* des Vektorfeldes. Wenn $\boldsymbol{v}$ ein Strömungsfeld darstellt, bedeutet div $\boldsymbol{v}$ die spezifische Ergiebigkeit oder *Quellendichte*; sie gibt die Flüssigkeitsmenge an, die in dem betreffenden Punkt je Zeit neu entsteht und von dort her ausströmt (s. Abschn. 2.9.1., Vektorfluß).

Die Divergenz läßt sich durch Differentiation der Komponenten des Vektorfeldes berechnen. Es gilt

a) *in kartesischen Koordinaten*

$$\operatorname{div} \boldsymbol{v} = \frac{\partial v_x}{\partial x} + \frac{\partial v_y}{\partial y} + \frac{\partial v_z}{\partial z} \quad \text{mit} \quad \boldsymbol{v}(x, y, z) = v_x \boldsymbol{i} + v_y \boldsymbol{j} + v_z \boldsymbol{k}; \tag{2.476}$$

b) *in Zylinderkoordinaten*

$$\operatorname{div} \boldsymbol{v} = \frac{1}{\varrho} \frac{\partial (\varrho v_\varrho)}{\partial \varrho} + \frac{1}{\varrho} \frac{\partial v_\varphi}{\partial \varphi} + \frac{\partial v_z}{\partial z} \quad \text{mit} \quad \boldsymbol{v}(\varrho, \varphi, z) = v_\varrho \boldsymbol{e}_\varrho + v_\varphi \boldsymbol{e}_\varphi + v_z \boldsymbol{e}_z; \tag{2.477}$$

c) *in Kugelkoordinaten*

$$\operatorname{div} \boldsymbol{v} = \frac{1}{r^2} \frac{\partial (r^2 v_r)}{\partial r} + \frac{1}{r \sin \vartheta} \frac{\partial (\sin \vartheta v_\vartheta)}{\partial \vartheta} + \frac{1}{r \sin \vartheta} \frac{\partial v_\varphi}{\partial \varphi} \tag{2.478}$$

mit

$$\boldsymbol{v}(r, \vartheta, \varphi) = v_r \boldsymbol{e}_r + v_\vartheta \boldsymbol{e}_\vartheta + v_\varphi \boldsymbol{e}_\varphi;$$

d) *in allgemeinen orthogonalen Koordinaten*

$$\operatorname{div} \boldsymbol{v} = \frac{1}{D} \left\{ \frac{\partial}{\partial \xi} \left(\left| \frac{\partial \boldsymbol{r}}{\partial \eta} \right| \left| \frac{\partial \boldsymbol{r}}{\partial \zeta} \right| v_\xi \right) + \frac{\partial}{\partial \eta} \left(\left| \frac{\partial \boldsymbol{r}}{\partial \zeta} \right| \left| \frac{\partial \boldsymbol{r}}{\partial \xi} \right| v_\eta \right) + \frac{\partial}{\partial \zeta} \left(\left| \frac{\partial \boldsymbol{r}}{\partial \xi} \right| \left| \frac{\partial \boldsymbol{r}}{\partial \eta} \right| v_\zeta \right) \right\} \tag{2.479}$$

mit

$$\boldsymbol{r}(\xi, \eta, \zeta) = x(\xi, \eta, \zeta)\, \boldsymbol{i} + y(\xi, \eta, \zeta)\, \boldsymbol{j} + z(\xi, \eta, \zeta)\, \boldsymbol{k};$$

$$D = \left| \left(\frac{\partial \boldsymbol{r}}{\partial \xi} \frac{\partial \boldsymbol{r}}{\partial \eta} \frac{\partial \boldsymbol{r}}{\partial \zeta} \right) \right| = \left| \frac{\partial \boldsymbol{r}}{\partial \xi} \right| \cdot \left| \frac{\partial \boldsymbol{r}}{\partial \eta} \right| \cdot \left| \frac{\partial \boldsymbol{r}}{\partial \zeta} \right|$$

und

$$\boldsymbol{v}(\xi, \eta, \zeta) = v_\xi \boldsymbol{e}_\xi + v_\eta \boldsymbol{e}_\eta + v_\zeta \boldsymbol{e}_\zeta.$$

In analoger Weise läßt sich einem Vektorfeld $\boldsymbol{v}$, dessen Komponenten stetige partielle Ableitungen 1. Ordnung haben, ein Vektorfeld rot $\boldsymbol{v}$, die *Rotation* des Vektorfeldes $\boldsymbol{v}$, zuordnen. Die Darstellung der Rotation lautet

a) *in kartesischen Koordinaten*

$$\operatorname{rot} \boldsymbol{v} = \boldsymbol{i} \left(\frac{\partial v_z}{\partial y} - \frac{\partial v_y}{\partial z} \right) + \boldsymbol{j} \left(\frac{\partial v_x}{\partial z} - \frac{\partial v_z}{\partial x} \right) + \boldsymbol{k} \left(\frac{\partial v_y}{\partial x} - \frac{\partial v_x}{\partial y} \right) = \begin{vmatrix} \boldsymbol{i} & \boldsymbol{j} & \boldsymbol{k} \\ \frac{\partial}{\partial x} & \frac{\partial}{\partial y} & \frac{\partial}{\partial z} \\ v_x & v_y & v_z \end{vmatrix}; \tag{2.480}$$

b) *in Zylinderkoordinaten*

$$\left. \begin{aligned} &\operatorname{rot}_\varrho \boldsymbol{v} = \frac{1}{\varrho} \frac{\partial v_z}{\partial \varphi} - \frac{\partial v_\varphi}{\partial z}, \quad \operatorname{rot}_\varphi \boldsymbol{v} = \frac{\partial v_\varrho}{\partial z} - \frac{\partial v_z}{\partial \varrho}, \\ &\operatorname{rot}_z \boldsymbol{v} = \frac{1}{\varrho} \left\{ \frac{\partial}{\partial \varrho} (\varrho v_\varphi) - \frac{\partial v_\varrho}{\partial \varphi} \right\}; \end{aligned} \right\} \tag{2.481}$$

c) *in Kugelkoordinaten*

$$\operatorname{rot}_r \boldsymbol{v} = \frac{1}{r \sin \vartheta} \left\{ \frac{\partial}{\partial \vartheta} (\sin \vartheta v_\varphi) - \frac{\partial v_\vartheta}{\partial \varphi} \right\},$$

$$\operatorname{rot}_\vartheta \boldsymbol{v} = \frac{1}{r \sin \vartheta} \frac{\partial v_r}{\partial \varphi} - \frac{1}{r} \frac{\partial}{\partial r} (r v_\varphi), \tag{2.482}$$

$$\operatorname{rot}_\varphi \boldsymbol{v} = \frac{1}{r} \left\{ \frac{\partial}{\partial r} (r v_\vartheta) - \frac{\partial v_r}{\partial \vartheta} \right\};$$

d) *in allgemeinen orthogonalen Koordinaten*

$$\operatorname{rot} \boldsymbol{v} = \operatorname{rot}_\xi \boldsymbol{v} \boldsymbol{e}_\xi + \operatorname{rot}_\eta \boldsymbol{v} \boldsymbol{e}_\eta + \operatorname{rot}_\zeta \boldsymbol{v} \boldsymbol{e}_\zeta$$

mit

$$\operatorname{rot}_\xi \boldsymbol{v} = \frac{1}{D} \left| \frac{\partial \boldsymbol{r}}{\partial \xi} \right| \left[\frac{\partial}{\partial \eta} \left(\left| \frac{\partial \boldsymbol{r}}{\partial \zeta} \right| v_\zeta \right) - \frac{\partial}{\partial \zeta} \left(\left| \frac{\partial \boldsymbol{r}}{\partial \eta} \right| v_\eta \right) \right],$$

$$\operatorname{rot}_\eta \boldsymbol{v} = \frac{1}{D} \left| \frac{\partial \boldsymbol{r}}{\partial \eta} \right| \left[\frac{\partial}{\partial \zeta} \left(\left| \frac{\partial \boldsymbol{r}}{\partial \xi} \right| v_\xi \right) - \frac{\partial}{\partial \xi} \left(\left| \frac{\partial \boldsymbol{r}}{\partial \zeta} \right| v_\xi \right) \right], \tag{2.483}$$

$$\operatorname{rot}_\zeta \boldsymbol{v} = \frac{1}{D} \left| \frac{\partial \boldsymbol{r}}{\partial \zeta} \right| \left[\frac{\partial}{\partial \xi} \left(\left| \frac{\partial \boldsymbol{r}}{\partial \eta} \right| v_\eta \right) - \frac{\partial}{\partial \eta} \left(\left| \frac{\partial \boldsymbol{r}}{\partial \xi} \right| v_\xi \right) \right],$$

$$\boldsymbol{r}(\xi, \eta, \zeta) = x(\xi, \eta, \zeta)\, \boldsymbol{i} + y(\xi, \eta, \zeta)\, \boldsymbol{j} + z(\xi, \eta, \zeta)\, \boldsymbol{k};$$

$$D = \left| \frac{\partial \boldsymbol{r}}{\partial \xi} \right| \cdot \left| \frac{\partial \boldsymbol{r}}{\partial \eta} \right| \cdot \left| \frac{\partial \boldsymbol{r}}{\partial \zeta} \right|.$$

Die drei Differentialoperationen

$$\operatorname{grad} u, \quad \operatorname{div} \boldsymbol{v} \quad \text{und} \quad \operatorname{rot} \boldsymbol{v}$$

lassen sich als Grenzwerte definieren. Sei $\Delta \boldsymbol{R}$ ein den Punkt P umfassender Gebietsteil, der sich auf den Punkt P zusammenzieht, und sei $u(x, y, z)$ bzw. $\boldsymbol{v}(x, y, z)$ die Skalar- oder Vektorfunktion, auf die der Differentialoperator angewandt werden soll; der Gebietsteil $\Delta \boldsymbol{R}$ werde jeweils durch eine geschlossene Oberfläche $\Delta \boldsymbol{B}$ abgeschlossen, $\mathrm{d}\boldsymbol{v}$ sei das nach außen gerichtete Oberflächenelement. Dann gilt

Gradient:

$$\operatorname{grad} u = \lim_{\Delta \boldsymbol{R} \to 0} \frac{\oiint\limits_{\Delta \boldsymbol{B}} u \, \mathrm{d}\boldsymbol{v}}{\Delta R}, \tag{2.484}$$

Divergenz:

$$\operatorname{div} \boldsymbol{v} = \lim_{\Delta \boldsymbol{R} \to 0} \frac{\oiint\limits_{\Delta \boldsymbol{B}} \boldsymbol{v} \, \mathrm{d}\boldsymbol{v}}{\Delta R}, \tag{2.485}$$

Rotation:

$$\operatorname{rot} \boldsymbol{v} = \lim_{\Delta \boldsymbol{R} \to 0} \frac{- \oiint\limits_{\Delta \boldsymbol{B}} \boldsymbol{v} \times \mathrm{d}\boldsymbol{v}}{\Delta \boldsymbol{R}} = \lim_{\Delta \boldsymbol{R} \to 0} \frac{\oiint\limits_{\Delta \boldsymbol{B}} \mathrm{d}\boldsymbol{v} \times \boldsymbol{v}}{\Delta \boldsymbol{R}}. \tag{2.486}$$

Ausgehend von einem Skalarfeld u und seinem Gradienten $\operatorname{grad} u$, kann man hierauf die Divergenzbildung anwenden und erhält

$$\Delta u = \operatorname{div} \operatorname{grad} u \quad (\Delta \textit{ Laplacescher Operator}). \tag{2.487}$$

Wenn u partielle Ableitungen 2. Ordnung hat, gilt

a) *in kartesischen Koordinaten*

$$\Delta u\,(x, y, z) = \frac{\partial^2 u}{\partial x^2} + \frac{\partial^2 u}{\partial y^2} + \frac{\partial^2 u}{\partial z^2}; \tag{2.488}$$

b) *in Zylinderkoordinaten*

$$\Delta u\,(\varrho, \varphi, z) = \frac{1}{\varrho}\frac{\partial}{\partial \varrho}\left(\varrho \frac{\partial u}{\partial \varrho}\right) + \frac{1}{\varrho^2}\frac{\partial^2 u}{\partial \varphi^2} + \frac{\partial^2 u}{\partial z^2}; \tag{2.489}$$

c) *in Kugelkoordinaten*

$$\Delta u\,(r, \vartheta, \varphi) = \frac{1}{r^2}\frac{\partial}{\partial r}\left(r^2 \frac{\partial u}{\partial r}\right) + \frac{1}{r^2 \sin \vartheta}\frac{\partial}{\partial \vartheta}\left(\sin \vartheta \frac{\partial u}{\partial \vartheta}\right) + \frac{1}{r^2 \sin^2 \vartheta}\frac{\partial^2 u}{\partial^2_\varphi}; \tag{2.490}$$

d) *in allgemeinen orthogonalen Koordinaten*

$$\Delta u\,(\xi, \eta, \zeta) = \frac{1}{D}\left[\frac{\partial}{\partial \xi}\left(\frac{D}{\left|\frac{\partial \boldsymbol{r}}{\partial \xi}\right|^2}\frac{\partial u}{\partial \xi}\right) + \frac{\partial}{\partial \eta}\left(\frac{D}{\left|\frac{\partial \boldsymbol{r}}{\partial \eta}\right|^2}\frac{\partial u}{\partial \eta}\right) + \frac{\partial}{\partial \zeta}\left(\frac{D}{\left|\frac{\partial \boldsymbol{r}}{\partial \zeta}\right|^2}\frac{\partial u}{\partial \zeta}\right)\right] \tag{2.491}$$

mit

$$\boldsymbol{r}\,(\xi, \eta, \zeta) = x\,(\xi, \eta, \zeta)\,\boldsymbol{i} + y\,(\xi, \eta, \zeta)\,\boldsymbol{j} + z\,(\xi, \eta, \zeta)\,\boldsymbol{k}$$

und

$$D = \left|\frac{\partial \boldsymbol{r}}{\partial \xi}\right| \cdot \left|\frac{\partial \boldsymbol{r}}{\partial \eta}\right| \cdot \left|\frac{\partial \boldsymbol{r}}{\partial \zeta}\right|.$$

Der Laplacesche Operator wird bisweilen formal auch auf eine Vektorfunktion $\boldsymbol{v}$ angewandt: $\Delta \boldsymbol{v}$. Das Symbol hat dann die Bedeutung

$$\Delta \boldsymbol{v} = \Delta v_x \boldsymbol{i} + \Delta v_y \boldsymbol{j} + \Delta v_z \boldsymbol{k}, \tag{2.492}$$

indem sich der Δ-Operator auf die einzelnen Komponenten von $\boldsymbol{v}$ bezieht.
Für die Differentialoperatoren grad, div, rot und Δ gelten u.a. folgende Rechenregeln:

$$\begin{aligned}
&\operatorname{grad}(u_1 + u_2) = \operatorname{grad} u_1 + \operatorname{grad} u_2 \quad (u, u_1, u_2 \text{ skalare Funktionen}),\\
&\operatorname{grad}(cu) = c \operatorname{grad} u \quad (c \text{ Konstante}),\\
&\operatorname{grad}(u_1 u_2) = u_1 \operatorname{grad} u_2 + u_2 \operatorname{grad} u_1, \quad \operatorname{grad} F(u) = F'(u) \operatorname{grad} u;
\end{aligned} \tag{2.493}$$

$$\begin{aligned}
&\operatorname{div}(\boldsymbol{v}_1 + \boldsymbol{v}_2) = \operatorname{div} \boldsymbol{v}_1 + \operatorname{div} \boldsymbol{v}_2, && \operatorname{rot}(\boldsymbol{v}_1 + \boldsymbol{v}_2) = \operatorname{rot} \boldsymbol{v}_1 + \operatorname{rot} \boldsymbol{v}_2,\\
&\operatorname{div}(c\boldsymbol{v}) = c \operatorname{div} \boldsymbol{v}, && \operatorname{rot}(c\boldsymbol{v}) = c \operatorname{rot} \boldsymbol{v},\\
&\operatorname{div}(u\boldsymbol{v}) = \boldsymbol{v} \cdot \operatorname{grad} u + u \operatorname{div} \boldsymbol{v}; && \operatorname{rot}(u\boldsymbol{v}) = u \operatorname{rot} \boldsymbol{v} - \boldsymbol{v} \times \operatorname{grad} u,
\end{aligned} \tag{2.494}$$

($\boldsymbol{v}, \boldsymbol{v}_1, \boldsymbol{v}_2$ vektorielle Funktionen);

$$\operatorname{div} \operatorname{rot} \boldsymbol{v} \equiv \boldsymbol{o}, \qquad \operatorname{rot} \operatorname{grad} u \equiv \boldsymbol{o} \text{ (Nullvektor)}, \tag{2.495}$$

$$\operatorname{div} \operatorname{grad} u = \Delta u, \qquad \operatorname{rot} \operatorname{rot} \boldsymbol{v} = \operatorname{grad} \operatorname{div} \boldsymbol{v} - \Delta \boldsymbol{v}, \tag{2.496}$$

$$\operatorname{div}(\boldsymbol{v}_1 \times \boldsymbol{v}_2) = \boldsymbol{v}_2 \cdot \operatorname{rot} \boldsymbol{v}_1 - \boldsymbol{v}_1 \cdot \operatorname{rot} \boldsymbol{v}_2.$$

2.9.3. Integralsätze

Integralformel von Gauß. B sei ein ebener Bereich mit dem Rand C; $P(x, y)$ und $Q(x, y)$ seien Funktionen mit stetiger partieller Ableitung 1. Ordnung. Dann gilt die Integralformel von Gauß,

$$\iint_B \left[\frac{\partial Q(x, y)}{\partial x} - \frac{\partial P(x, y)}{\partial y}\right] dx\, dy = \oint_C [P(x, y)\, dx + Q(x, y)\, dy], \tag{2.497}$$

die den Zusammenhang zwischen einem Linienintegral und einem Flächenintegral der x, y-Ebene liefert.
Speziell für $Q = x$, $P = -y$ folgt eine Formel zur Flächenberechnung:

$$F = \iint_B dx\, dy = \tfrac{1}{2} \oint_C [x\, dy - y\, dx]. \tag{2.498}$$

Integralsatz von Stokes. B sei eine (gekrümmte) Fläche im Raum mit der Randlinie C; $\boldsymbol{v}$ habe stetige partielle Ableitungen 1. Ordnung. Dann gilt der Integralsatz von Stokes

$$\iint_B \operatorname{rot} \boldsymbol{v} \cdot d\boldsymbol{o} = \oint_C \boldsymbol{v} \cdot d\boldsymbol{r}, \tag{2.499}$$

wobei die Randkurve C so durchlaufen werde, daß der Umlaufsinn und die Richtung der Flächennormalen ($d\boldsymbol{o}$) eine Rechtsschraube bilden.

Integralsatz von Gauß. R sei ein Raumteil mit der geschlossenen Oberfläche B; $\boldsymbol{v}$ habe stetige partielle Ableitungen 1. Ordnung. Dann gilt der Integralsatz von Gauß,

$$\oint_B \boldsymbol{v} \cdot d\boldsymbol{o} = \iiint_R \operatorname{div} \boldsymbol{v} \cdot dV, \tag{2.500}$$

der den Zusammenhang zwischen einem Volumenintegral und einem Oberflächenintegral liefert.
Im ebenen Fall gehen die Integralsätze von Stokes und von Gauß in die Integralformel von Gauß über. Wenn man den Integralsatz von Gauß auf die Vektorfunktion $\boldsymbol{v} = u_1 \operatorname{grad} u_2$ anwendet, ergeben sich die *Integralsätze von Green*:

$$\iiint_R (u_1\, \Delta u_2 + \operatorname{grad} u_2 \cdot \operatorname{grad} u_1)\, dV = \oiint_B u_1 \operatorname{grad} u_2 \cdot d\boldsymbol{o}, \tag{2.501}$$

$$\iiint_R (u_1\, \Delta u_2 - u_2\, \Delta u_1)\, dV = \oint_B (u_1 \operatorname{grad} u_2 - u_2 \operatorname{grad} u_1) \cdot d\boldsymbol{o},$$

$$\iiint_R \Delta u\, dV = \oiint_B \operatorname{grad} u \cdot d\boldsymbol{o}.$$

2.9.4. Berechnung von Feldern

Bei Vektorfeldern, die ein Potential haben, gilt das *Superpositionsprinzip*: Haben die Vektorfelder $\boldsymbol{v}_i$ die Potentiale u_i, so hat das Vektorfeld $\boldsymbol{v} = \sum \boldsymbol{v}_i$ das Potential $u = \sum u_i$.
Liegen isolierte Quellpunkte mit der Ergiebigkeit e_i vor, so hat jede einzelne Quelle das Potential

$$u_i = \frac{e_i}{|\boldsymbol{r} - \boldsymbol{r}_i|}, \tag{2.502}$$

und das Gesamtfeld wird gemäß $\boldsymbol{v}(\boldsymbol{r}) = -\operatorname{grad} \sum_{i=1}^{n} u_i$ erhalten

Bei stetig verteilten Quellen tritt an die Stelle der Ergiebigkeit e_i die Quellendichte $q(\boldsymbol{r}) = \operatorname{div} \boldsymbol{v}$. Für das Potential eines durch Wirbel erzeugten Feldes gilt ähnliches. Dabei ist die Wirbelflußdichte durch $\boldsymbol{w}(\boldsymbol{r}) = \operatorname{rot} \boldsymbol{v}$ festgelegt. Ein Vektorfeld $\boldsymbol{v}(\boldsymbol{r})$ ist durch die Angabe seiner Quellen und Wirbel im gesamten Raum vollständig und eindeutig bestimmt, falls alle diese Quellen und Wirbel im Endlichen liegen.
Für ein *wirbelfreies Quellenfeld* (reines Quellenfeld) gilt

$$\operatorname{rot} \boldsymbol{v}_1 = \boldsymbol{o}. \tag{2.503}$$

Es ist durch seine Quellendichte bestimmt:

$$\operatorname{div} \boldsymbol{v}_1 = q(\boldsymbol{r}). \tag{2.504}$$

Sein Potential ist u, so daß $\boldsymbol{v}_1 = -\operatorname{grad} u$ gilt. Die Potentialfunktion u genügt der Differentialgleichung

$$\operatorname{div} \operatorname{grad} u = \Delta u = -q(\boldsymbol{r}) \text{ (Poissonsche Differentialgleichung).} \tag{2.505}$$

Für ein *quellenfreies Wirbelfeld* (reines Wirbelfeld) gilt

$$\operatorname{div} \boldsymbol{v}_2 = 0. \tag{2.506}$$

Um $\boldsymbol{v}_2$ zu erhalten, wird mit einem quellenfreien Feld $\boldsymbol{a}$, d.h., $\operatorname{div} \boldsymbol{a} = 0$, der Ansatz

$$\boldsymbol{v}_2 = \operatorname{rot} \boldsymbol{a}(\boldsymbol{r}) \tag{2.507}$$

gemacht. Der Ansatz ist zulässig, da hieraus unmittelbar $\operatorname{div} \boldsymbol{v}_2 = \operatorname{div} \operatorname{rot} \boldsymbol{a}(\boldsymbol{r}) = 0$ folgt. Die Funktion $\boldsymbol{a}(\boldsymbol{r})$ wird nun ermittelt:

$$\begin{aligned} \operatorname{rot} \boldsymbol{v}_2 &= \operatorname{rot} \operatorname{rot} \boldsymbol{a} = \boldsymbol{w}, \\ \operatorname{grad} \operatorname{div} \boldsymbol{a} - \Delta \boldsymbol{a} &= \boldsymbol{w}, \end{aligned} \tag{2.508}$$

also

$$\Delta \boldsymbol{a} = -\boldsymbol{w}. \tag{2.509}$$

$\boldsymbol{a}(\boldsymbol{r})$ genügt damit formal der Poissonschen Differentialgleichung; es hat die Bezeichnung *Vektorpotential.*
Jedes überall stetige Vektorfeld $\boldsymbol{v}$ kann als Überlagerung eines wirbelfreien Quellenfeldes $\boldsymbol{v}_1$ und eines quellenfreien Wirbelfeldes $\boldsymbol{v}_2$ gemäß $\boldsymbol{v} = \boldsymbol{v}_1 + \boldsymbol{v}_2$ aufgefaßt werden.

2.10. Funktionentheorie

2.10.1. Komplexe Zahlen

2.10.1.1. Imaginäre und komplexe Zahlen

Algebraische Gleichungen mit reellen Koeffizienten lassen sich im Bereich der reellen Zahlen nicht immer lösen. Um ihre Lösbarkeit in jedem Fall zu garantieren, wurden die komplexen Zahlen eingeführt. Eine komplexe Zahl hat die Gestalt

$$c = a + \mathrm{j}b \quad (a, b \text{ reell}); \tag{2.510}$$

dabei bedeuten: j *imaginäre Einheit*, definiert durch

$$\mathrm{j}^2 = -1, \tag{2.511}$$

$a = \operatorname{Re} c$ *Realteil*,

$b = \operatorname{Im} c$ *Imaginärteil*.

Eine reelle Zahl kann als komplexe Zahl mit dem Imaginärteil 0 aufgefaßt werden. Ist der Realteil 0, so heißt die komplexe Zahl imaginär. $\bar{c} = a - jb$ heißt die zu c *konjugiert komplexe* Zahl.

2.10.1.2. Geometrische Veranschaulichung der komplexen Zahlen

Die komplexe Zahl $z = x + jy$, x, y beliebig reell, kann als Punkt (x, y) in der Ebene mit einem kartesischen Koordinatensystem veranschaulicht werden. Die Abszisse des Punktes ist der Realteil von z, die Ordinate der Imaginärteil von z. Die reellen Zahlen liegen auf der Abszissenachse, die imaginären Zahlen auf der Ordinatenachse (Bild 2.59).

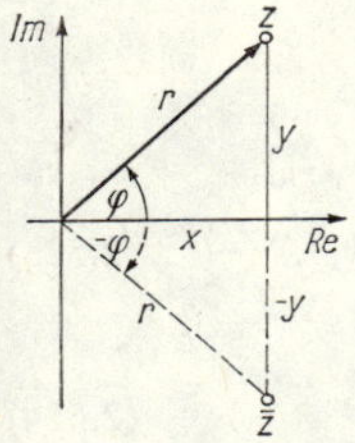

Bild 2.59
Gaußsche Zahlenebene

Betrag (Modul) einer komplexen Zahl:

$$|z| = r = \sqrt{x^2 + y^2}, \quad r \geqq 0. \tag{2.512}$$

Arkus (*Phase* oder *Argument*) einer komplexen Zahl:

$$\operatorname{arc} z = \varphi + 2k\pi, \quad -\pi < \varphi \leqq +\pi. \tag{2.513}$$

Zwischen Real- und Imaginärteil, Betrag und Arkus gelten folgende Beziehungen:

$$x = r\cos\varphi, \quad y = r\sin\varphi, \tag{2.514}$$

$$r = \sqrt{x^2 + y^2}, \tag{2.515}$$

$$\varphi = \begin{cases} \arctan y/x & \text{für} \quad x > 0, \\ \pi/2 & \text{für} \quad x = 0,\ y > 0, \\ -\pi/2 & \text{für} \quad x = 0,\ y < 0, \\ \arctan y/x + \pi & \text{für} \quad x < 0,\ y \geqq 0, \\ \arctan y/x - \pi & \text{für} \quad x < 0,\ y < 0, \\ \text{unbestimmt} & \text{für} \quad x = y = 0; \end{cases} \tag{2.516}$$

$$z = x + jy = r(\cos\varphi + j\sin\varphi) = r\exp(j\varphi), \tag{2.517}$$

$$\bar{z} = x - jy = r(\cos\varphi - j\sin\varphi) = r\exp(-j\varphi),$$

$$z + \bar{z} = 2x, \quad z - \bar{z} = 2jy, \quad z\bar{z} = |z|^2 = x^2 + y^2, \tag{2.518}$$

$$|z_1 z_2| = |z_1|\,|z_2|, \tag{2.519}$$

$$|z_1 + z_2| \leqq |z_1| + |z_2| \quad \text{(Dreiecksungleichung)}. \tag{2.520}$$

2.10.1.3. Rechnen mit komplexen Zahlen

Gleichheit. Zwei komplexe Zahlen z_1 und z_2 sind dann und nur dann gleich, wenn sie in ihren Real- bzw. Imaginärteilen übereinstimmen:

$$z_1 = x_1 + jy_1, \quad z_2 = x_2 + jy_2;$$
$$z_1 = z_2 \leftrightarrow x_1 = x_2, \quad y_1 = y_2. \tag{2.521}$$

Addition und Subtraktion

$$z_1 \pm z_2 = (x_1 + jy_1) \pm (x_2 + jy_2) \tag{2.522}$$
$$= (x_1 \pm x_2) + j(y_1 \pm y_2).$$

Multiplikation (Bild 2.60)

Kartesische Koordinaten:

$$z_1 z_2 = (x_1 + jy_1)(x_2 + jy_2) = (x_1 x_2 - y_1 y_2) + j(x_1 y_2 + x_2 y_1). \tag{2.523}$$

Polarkoordinaten:

$$z_1 z_2 = r_1 r_2 (\cos \varphi_1 + j \sin \varphi_1)(\cos \varphi_2 + j \sin \varphi_2) \tag{2.524}$$
$$= r_1 r_2 [\cos(\varphi_1 + \varphi_2) + j \sin(\varphi_1 + \varphi_2)] = r_1 r_2 \exp[j(\varphi_1 + \varphi_2)].$$

Multiplikation der Beträge gemäß $|z_1 z_2| = |z_1| \, |z_2| = r_1 r_2$, Addition der Arkusse gemäß $\operatorname{arc}(z_1 z_2) = \operatorname{arc} z_1 + \operatorname{arc} z_2 = \varphi_1 + \varphi_2$.
Die Multiplikation bedeutet geometrisch eine *Drehstreckung*: Drehung von z_1 um den Winkel φ_2 und Streckung bzw. Stauchung mit dem Faktor r_2.

Division

Kartesische Koordinaten:

$$\frac{z_1}{z_2} = \frac{x_1 + jy_1}{x_2 + jy_2} = \frac{z_1 \bar{z}_2}{|z_2|^2} = \frac{x_1 x_2 + y_1 y_2}{x_2^2 + y_2^2} + j \frac{x_2 y_1 - x_1 y_2}{x_2^2 + y_2^2}. \tag{2.525}$$

Polarkoordinaten:

$$\frac{z_1}{z_2} = \frac{r_1 (\cos \varphi_1 + j \sin \varphi_1)}{r_2 (\cos \varphi_2 + j \sin \varphi_2)} = \frac{r_1}{r_2} [\cos(\varphi_1 - \varphi_2) + j \sin(\varphi_1 - \varphi_2)]$$
$$= \frac{r_1}{r_2} \exp[j(\varphi_1 - \varphi_2)]. \tag{2.526}$$

Die geometrische Deutung der Division (Bild 2.61) verläuft umgekehrt zur Multiplikation: Drehung von z_1 um den Winkel $-\varphi_2$ und Stauchung bzw. Streckung mit dem Faktor $1/r_2$.

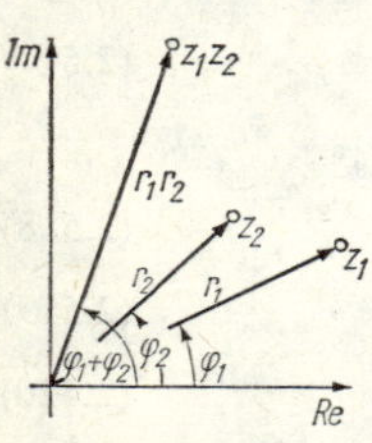

Bild 2.60. Multiplikation komplexer Zahlen

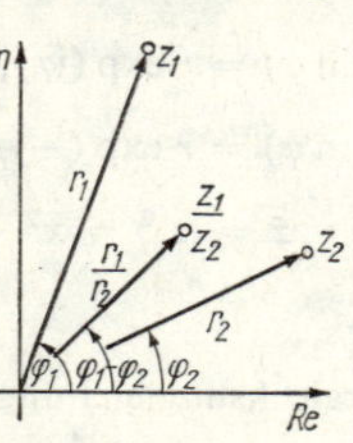

Bild 2.61. Division komplexer Zahlen

Exponentialfunktion und Logarithmus. Die Exponentialfunktion e^z wird wie im Reellen durch die für alle komplexen z-Werte konvergente Potenzreihe

$$e^z = 1 + \frac{z}{1!} + \frac{z^2}{2!} + \cdots + \frac{z^n}{n!} + \cdots \tag{2.527}$$

eindeutig definiert. Es gilt

$$e^{z_1+z_2} = e^{z_1}\, e^{z_2}, \quad e^{j\varphi} = \cos\varphi + j\sin\varphi \; \textit{(Eulersche Formel)}, \tag{2.528}$$

so daß sich wegen $e^{2\pi j} = 1$ aus

$$e^{z+2\pi j} = e^z\, e^{2\pi j} = e^z \tag{2.529}$$

die Periodizität der Exponentialfunktion mit der imaginären Periode $2\pi j$ ergibt.
Der *Logarithmus* der komplexen Zahl z

$$w = \log z \tag{2.530}$$

ist das Symbol für alle komplexen Zahlen w, die der Gleichung $e^w = z$ genügen. Wegen der Periodizität der Exponentialfunktion sind dies die unendlich vielen Werte

$$w_k = \ln|z| + j\,\mathrm{arc}\, z = \ln r + j(\varphi + 2k\pi),\; k = 0, \pm 1, \pm 2, \ldots \tag{2.531}$$

Für $z = 0$ ist der Logarithmus nicht erklärt.
Für $k = 0$ *(Hauptwert)* schreibt man

$$w_0 = \mathrm{Log}\, z = \ln r + j\varphi. \tag{2.532}$$

Beispiele

$$\log j = j(\pi/2 + 2k\pi), \qquad \mathrm{Log}\, j = j(\pi/2),$$
$$\log 1 = j\, 2k\pi, \qquad \mathrm{Log}\, 1 = 0,$$
$$\log(-1) = j(\pi + 2k\pi), \quad \mathrm{Log}(-1) = j\pi.$$

Die *allgemeine Potenz* $w = z^c$ (z, c komplex, $z \neq 0$) ist erklärt gemäß $w = e^{c \log z}$. Wegen der Vieldeutigkeit des Logarithmus sind dies i. allg. unendlich viele Werte. Unter Verwendung des Hauptwertes des Logarithmus erhält man den Hauptwert der allgemeinen Potenz $w_0 = e^{c\,\mathrm{Log}\, z}$.

Beispiele

$$j^j = e^{j\,\mathrm{Log}\, j} = \exp(jj(\pi/2 + 2k\pi)) = \exp(-(\pi/2 + 2k\pi)),$$
$$(j^j)_0 = e^{j\,\mathrm{Log}\, j} = \exp(jj(\pi/2)) = \exp(-\pi/2).$$

Die Potenzgesetze

$$a_1^c a_2^c = (a_1 a_2)^c, \quad a^{c_1} a^{c_2} = a^{c_1+c_2}, \quad (a^{c_1})^{c_2} = a^{c_1 c_2}$$

sind ebenfalls wegen der Vieldeutigkeit im Komplexen Einschränkungen unterworfen und gelten i. allg. nur noch in dem Sinne, daß die Werte auf der einen Seite unter den Werten der anderen Seite vorkommen, aber nicht notwendig auch umgekehrt.

Spezialfälle der allgemeinen Potenz

1. Basis x reell und positiv, c komplex: x^c

$$w = x^c = e^{c \ln x} \quad \text{(eindeutig)}. \tag{2.533}$$

2. Exponent α reell, z komplex: z^α

$$w = z^\alpha = e^{\alpha \log z} = e^{\alpha(\log|z| + j\,\mathrm{arc}\, z)} = r^\alpha \exp[j(\varphi + 2k\pi)]\,\alpha \tag{2.534}$$

(i. allg. unendlich vieldeutig).

$\alpha = n$ (ganz):

$$w = z^n = r^n (\cos n\varphi + \mathrm{j} \sin n\varphi) \quad \text{(eindeutig, } \textit{Moivrescher Satz}\text{)}. \tag{2.535}$$

$\alpha = p/q$ (rational, p, q ganz, teilerfremd, $q > 0$):

$$w = z^{p/q} = \sqrt[q]{z^p} = \sqrt[q]{r^p} \left(\cos \frac{p}{q} (\varphi + 2k\pi) + \mathrm{j} \sin \frac{p}{q} (\varphi + 2k\pi) \right) \tag{2.536}$$

[insgesamt q verschiedene Werte, die auf dem Kreis

$$|z| = \sqrt[q]{r^p}$$

ein reguläres q-Eck bilden, dessen eine Ecke der Hauptwert

$$w_0 = \sqrt[q]{r^p} \left(\cos \frac{p}{q} \varphi + \mathrm{j} \sin \frac{p}{q} \varphi \right)$$

bildet].

Für den Hauptwert der Quadratwurzel gilt speziell

$$(\sqrt{z})_0 = \sqrt{r} \left(\cos \frac{\varphi}{2} + \mathrm{j} \sin \frac{\varphi}{2} \right) \tag{2.537}$$

$$= \begin{cases} \sqrt{\frac{1}{2}(\sqrt{x^2 + y^2} + x)} + \mathrm{j} \sqrt{\frac{1}{2}(\sqrt{x^2 + y^2} - x)} \operatorname{sign} y & \text{für } y \neq 0, \\ \sqrt{x} & \text{für } y = 0,\ x > 0, \\ \sqrt{|x|} & \text{für } y = 0,\ x < 0, \\ 0 & \text{für } x = y = 0. \end{cases}$$

2.10.2. Analytische Funktionen einer komplexen Veränderlichen

Wenn man komplexen Werten $z = x + \mathrm{j}y$ komplexe Werte $w = u + \mathrm{j}v$ zuordnet, wobei u und v reellwertige Funktionen der reellen Veränderlichen x und y sind, $u(x, y)$, $v(x, y)$, so spricht man von einer komplexwertigen Funktion einer komplexen Veränderlichen und schreibt

$$w = f(z) = f(x + \mathrm{j}y) = u(x, y) + \mathrm{j}v(x, y). \tag{2.538}$$

Durch $w = f(z)$ erfolgt eine Abbildung eines Bereiches der komplexen z-Ebene auf einen Bereich der komplexen w-Ebene.

2.10.2.1. Stetigkeit

Eine Funktion $w = f(z)$ heißt an der Stelle z_0 stetig, wenn es zu jeder vorgegebenen beliebig kleinen Umgebung $U_\varepsilon(w_0)$ eines Punktes $w_0 = f(z_0)$ der w-Ebene eine Umgebung $U_\delta(z_0)$ des Punktes z_0 der z-Ebene gibt, deren durch $w = f(z)$ vermittelte Bildpunkte *ganz* in $U_\varepsilon(w_0)$ liegen (Bild 2.62). Dann gilt

$$\lim_{z \to z_0} f(z) = f(z_0) \quad \text{oder} \quad \lim_{h \to 0} f(z_0 + h) = f(z_0).$$

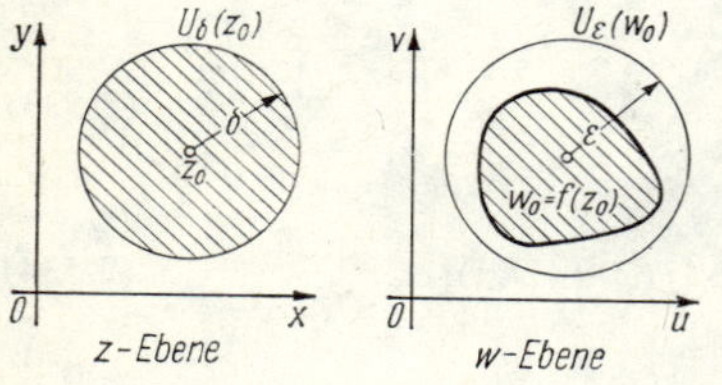

Bild 2.62
Zur Stetigkeit

2.10.2.2. Differenzierbarkeit

Eine Funktion $w = f(z)$ heißt an der Stelle z differenzierbar, wenn der Differenzenquotient $\Delta w / \Delta z$ für $\Delta z \to 0$ einem Grenzwert zustrebt, unabhängig davon, auf welchem Wege die Annäherung $\Delta z \to 0$ erfolgt:

$$f'(z) = \lim_{\Delta z \to 0} \frac{\Delta w}{\Delta z} = \lim_{\Delta z \to 0} \frac{f(z + \Delta z) - f(z)}{\Delta z}. \tag{2.539}$$

Der Grenzwert $f'(z)$ heißt *Ableitung* der Funktion $f(z)$.

2.10.2.3. Analytische Funktionen

Eine Funktion $w = f(z)$ heißt in einem Bereich $\boldsymbol{B}$ *analytisch* oder *regulär*, wenn sie in allen Punkten von $\boldsymbol{B}$ differenzierbar ist. Die Punkte von $\boldsymbol{B}$, in denen $f'(z)$ nicht existiert, heißen *singuläre Punkte*. Eine Funktion $f(z) = u(x, y) + jv(x, y)$ ist genau dann in $\boldsymbol{B}$ differenzierbar, wenn u und v stetige partielle Ableitungen 1. Ordnung nach x und y haben, die in $\boldsymbol{B}$ den *Cauchy-Riemannschen Differentialgleichungen*

$$\frac{\partial u}{\partial x} = \frac{\partial v}{\partial y}, \quad \frac{\partial u}{\partial y} = -\frac{\partial v}{\partial x} \tag{2.540}$$

genügen. Eine analytische Funktion ist dann in diesem Bereich beliebig oft differenzierbar. Das gilt dann auch für Real- und Imaginärteil u und v. Insbesondere gelten für u und v die *Laplaceschen Differentialgleichungen*

$$\Delta u(x, y) = \frac{\partial^2 u}{\partial x^2} + \frac{\partial^2 u}{\partial y^2} = 0 \quad \text{und} \quad \Delta v(x, y) = \frac{\partial^2 v}{\partial x^2} + \frac{\partial^2 v}{\partial y^2} = 0. \tag{2.541}$$

Die elementaren Funktionen sind als Funktionen von z analytisch und können nach den gleichen Formeln wie im Reellen differenziert werden.

2.10.2.4. Potenzreihenentwicklung

Jede analytische Funktion ist an jeder Stelle z_0 im Inneren ihres Regularitätsbereiches in eine Taylor-Reihe

$$\sum_{n=0}^{\infty} \frac{f^{(n)}(z_0)}{n!} (z - z_0)^n \tag{2.542}$$

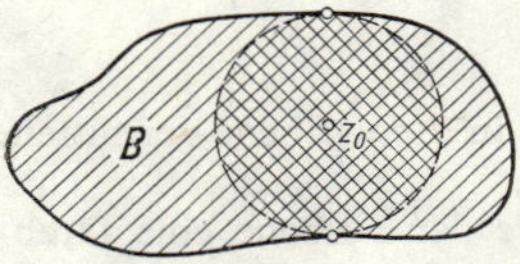

Bild 2.63
Konvergenzkreis

entwickelbar und wird im Inneren des Konvergenzkreises durch diese Reihe dargestellt. Auf dem Rand des Konvergenzkreises liegt (mindestens) eine Singularität von $f(z)$. Der Konvergenzkreis ist damit der größte vollständig im Regularitätsbereich von $f(z)$ liegende Kreis um z_0 (Bild 2.63).

Andererseits definiert im Inneren ihres Konvergenzkreises die unendliche Reihe

$$\sum_{n=0}^{\infty} a_n (z - z_0)^n \tag{2.543}$$

eine reguläre Funktion $f(z)$. Falls die Grenzwerte existieren, erhält man den Konvergenzradius gemäß

$$r = \lim_{n\to\infty} \frac{1}{\sqrt[n]{|a_n|}} \quad \text{bzw.} \quad r = \lim_{n\to\infty} \left| \frac{a_n}{a_{n+1}} \right|. \tag{2.544}$$

Die durch die Reihe definierte Funktion $f(z)$ hat auf dem Rand des Konvergenzkreises (mindestens) eine Singularität. Haben die Konvergenzkreise K_1 und K_2 der beiden Potenzreihen

$$f_1(z) = \sum_{n=0}^{\infty} a_n (z - z_1)^n \quad \text{und} \quad f_2(z) = \sum_{n=0}^{\infty} b_n (z - z_2)^n \tag{2.545}$$

ein gemeinsames Gebiet $B = K_1 \cap K_2$ und stimmen in B beide Funktionen überein,

$$f_1(z) = f_2(z),$$

dann stellen beide Reihen die Taylor-Entwicklungen ein und derselben regulären Funktion dar. $f_2(z)$ ist die *analytische Fortsetzung* von $f(z)$ über den Konvergenzkreis von $f_1(z)$ und umgekehrt.

Beispiel. Die Taylor-Reihe der Funktion

$$\arctan z = z - \frac{z^3}{3!} + \frac{z^5}{5!} - + \cdots$$

konvergiert im Bereich $|z| < 1$, da $\arctan z$ für $u = \pm \mathrm{j}$ Singularitäten hat. Es kann aber $\arctan z$ in jedem beliebigen Punkt im Inneren des Einheitskreises in eine Taylor-Reihe entwickelt werden,

$$\arctan z = \arctan z_0 + \frac{1}{z_0^2 + 1}(z - z_0) - \frac{z_0}{(z_0^2 + 1)^2}(z - z_0)^2$$

$$+ \frac{z_0^2 - \frac{1}{3}}{(z_0^2 + 1)^3}(z - z_0)^3 + \cdots \quad \text{für} \quad |z_0| < 1,$$

und damit z. T. in das Äußere des Einheitskreises fortgesetzt werden (Bild 2.64).

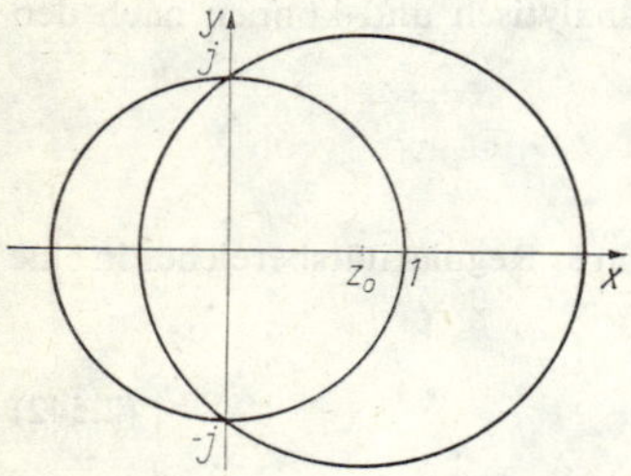

Bild 2.64
Analytische Fortsetzung von arctan z

2.10.3. Konforme Abbildung

Durch eine Funktion $w = f(z)$ wird eine Abbildung der z-Ebene in die w-Ebene vermittelt. Wenn $f(z)$ regulär ist, heißt diese Abbildung *konform*.
Bei einer konformen Abbildung erfahren die Linienelemente $\mathrm{d}z$ der z-Ebene eine Drehstreckung $\mathrm{d}w = f'(z)\,\mathrm{d}z$, d.h., ein Linienelement wird gemäß dem Streckfaktor $|f'(z)|$ gestreckt und um den Winkel $\operatorname{arc} f'(z)$ gedreht. Die Abbildung ist also *winkeltreu* und *im Kleinen ähnlich*. Damit die Drehstreckung durchführbar wird, muß $f'(z) \neq 0$ gelten.

2.10.3.1. Ganze lineare Funktionen $w = az + b$

Die Transformation kann aus einer Drehung $w_1 = \exp(\mathrm{j}\alpha)\, z$ ($\alpha = \operatorname{arc} a$), einer Streckung $w_2 = |a|\, w_1$ und einer Parallelverschiebung $w = w_2 + b$ zusammengesetzt werden *(Ähnlichkeitsabbildung)*.

2.10.3.2. Inversion $w = 1/z$

$z = r \exp(j\varphi)$ geht über in $w = 1/r \exp(-j\varphi)$ (Spiegelung am Einheitskreis und an der reellen Achse, Bild 2.65). Inneres (Äußeres) des Einheitskreises der z-Ebene geht hierbei in Äußeres (Inneres) des Einheitskreises der w-Ebene über. Bei der Abbildung gehen Kreise in Kreise über, wobei Geraden als Kreise mit einem Radius ∞ eingeschlossen sind *(Kreisverwandtschaft)*.

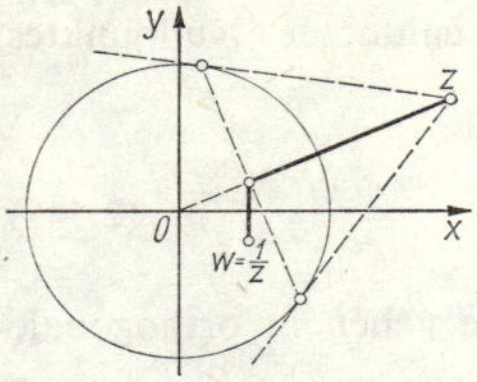

Bild 2.65
Inversion eines Punktes der z-Ebene

2.10.3.3. Gebrochen lineare Funktion $w = (az + b)/(cz + d), \quad ad - bc \neq 0$

Die Abbildung kann zusammengesetzt werden aus einer ganzen linearen Funktion $w_1 = cz + d$, einer Inversion $w_2 = 1/w_1$ und einer ganzen linearen Funktion $w = a/c + (bc - ad/c)\, w_2$ ($c \neq 0$, da gebrochen lineare Funktion vorliegen soll). Die gebrochen lineare Funktion liefert eine Abbildung mit folgenden Eigenschaften:

1. *Kreisverwandtschaft.* Kreise gehen in Kreise über (unter Einschluß der Geraden).
2. *Spiegelinvarianz.* Punkte z_1 und z_2, die spiegelbildlich in bezug auf einen Kreis K_1 der z-Ebene liegen, gehen in Spiegelpunkte w_1 und w_2 des Bildkreises K_2 von K_1 der w-Ebene über.
3. *Doppelverhältnisinvarianz.* Die Punkte z_1, z_2, z_3, z_4 der z-Ebene mögen in die Punkte w_1, w_2, w_3, w_4 der w-Ebene übergehen. Dabei bleibt das Doppelverhältnis zwischen den Punkten und ihren Bildern erhalten:

$$\frac{z_3 - z_1}{z_3 - z_2} : \frac{z_4 - z_1}{z_4 - z_2} = \frac{w_3 - w_1}{w_3 - w_2} : \frac{w_4 - w_1}{w_4 - w_2}. \tag{2.546}$$

Aus den letzteren folgt die Möglichkeit der formelmäßigen Gewinnung der Abbildungsfunktion $w = \frac{az + b}{cz + d}$, wenn bei der Abbildung die Punkte z_1, z_2 und z_3 in die Punkte w_1, w_2 und w_3 übergehen sollen:

$$\frac{z_3 - z_1}{z_3 - z_2} \cdot \frac{z - z_2}{z - z_1} = \frac{w_3 - w_1}{w_3 - w_2} \cdot \frac{w - w_2}{w - w_1}. \tag{2.547}$$

Ein konzentrisches Kreis-Geraden-Büschel wird bei einer linearen Abbildung in ein elliptisch-hyperbolisches Kreisbüschel übergeführt ($0 \to -z_1$, $\infty \to z_1$, Bild 2.66).

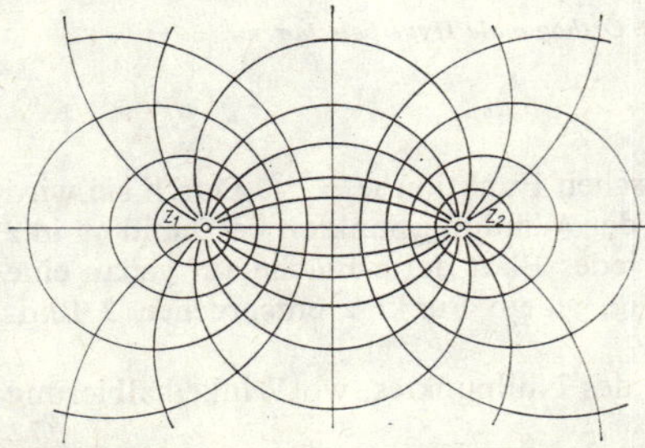

Bild 2.66. Elliptisch-hyperbolisches Kreisbüschel

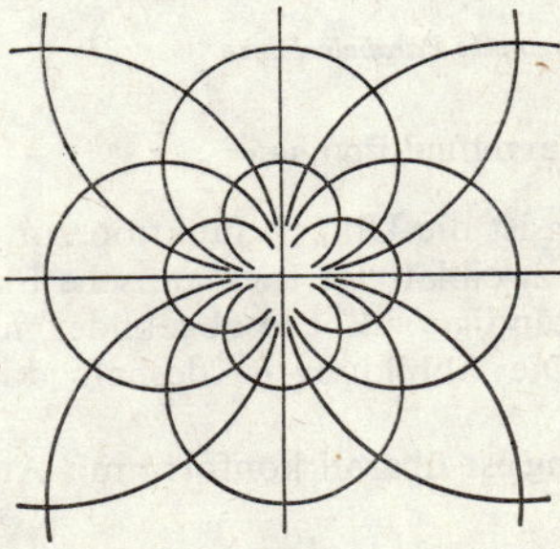

Bild 2.67. Parabolisches Kreisbüschel

Die Linien x = konst. und y = konst. werden bei den Festlegungen $0 \to \infty$, $\infty \to 0$ in ein parabolisches Kreisbüschel übergeführt (Bild 2.67). Die Normierung der Kreisbüschel erfolgt durch Fixierung eines weiteren beliebigen dritten Punktes und seines Bildes.

2.10.3.4. Quadratische Funktion $w = z^2$

Es gilt $w = r^2 \exp(\mathrm{j}2\varphi)$. Die Transformation bewirkt eine Abbildung der gesamten z-Ebene auf eine zweifach überdeckte w-Ebene (zweiblättrige *Riemannsche Fläche* mit *Windungspunkten* bei 0 und ∞, Bild 2.68). Die Abbildung ist überall mit Ausnahme des Nullpunktes konform, wo Winkelverdopplung stattfindet.
Die Darstellung der Transformation in kartesischen Koordinaten

$$w = z^2 = x^2 - y^2 + \mathrm{j}2xy \tag{2.548}$$

zeigt:

1. Die Koordinatenlinien x = konst. und y = konst. der z-Ebene gehen in orthogonale Parabelscharen der w-Ebene über (Bild 2.69).
2. Die Koordinatenlinien u = konst. und v = konst. der w-Ebene gehen aus orthogonalen Hyperbelscharen der z-Ebene hervor (Bild 2.70).

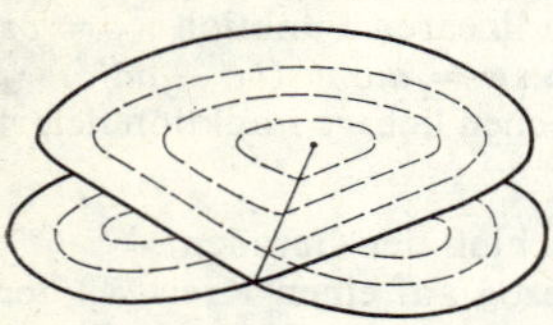

Bild 2.68
Riemannsche Fläche

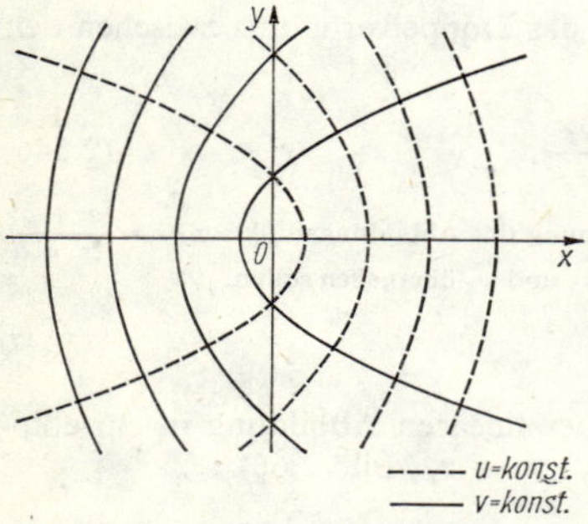

Bild 2.69. Orthogonale Parabelscharen

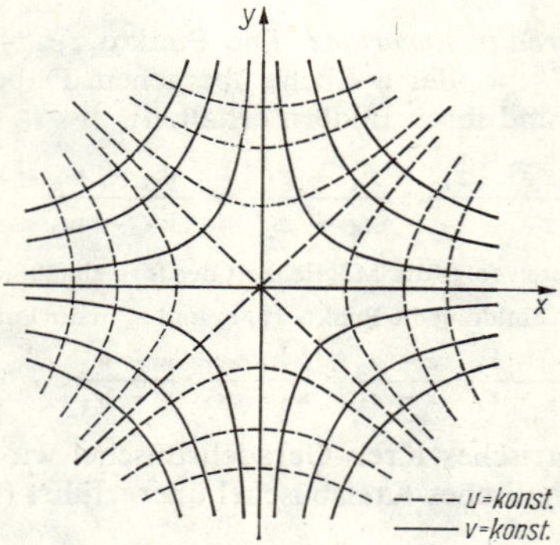

Bild 2.70. Orthogonale Hyperbelscharen

2.10.3.5. Wurzelfunktion $w = \sqrt{z}$

Die Funktion ist die Umkehrfunktion zur quadratischen Funktion $w = z^2$. Durch sie wird demnach die zweiblättrige Riemannsche Fläche mit den Windungspunkten bei 0 und ∞ in z auf die vollständige w-Ebene abgebildet, und zwar jedes Blatt der z-Fläche auf genau eine Halbebene. Die Abbildung ist deshalb doppeldeutig, jedem Punkt z entsprechen 2 Bildpunkte w.
Die Abbildung ist überall konform mit Ausnahme des Nullpunktes, wo Winkelhalbierung stattfindet.

2.10.3.6. Abbildung durch $w = \frac{1}{2}\left(z + \frac{1}{z}\right)$

Es gilt

$$w = \frac{1}{2}\left(r + \frac{1}{r}\right)\cos\varphi + \mathrm{j}\,\frac{1}{2}\left(r - \frac{1}{r}\right)\sin\varphi .$$

Die Kreise $r =$ konst. gehen in die konfokalen Ellipsen

$$\frac{u^2}{a^2} + \frac{v^2}{b^2} = 1 \quad \text{mit} \quad a = \frac{k}{2}\left(r_0 + \frac{1}{r_0}\right), \quad b = \frac{k}{2}\left|r_0 - \frac{1}{r_0}\right| \tag{2.549}$$

über, die Geraden des zu den Kreisen orthogonalen Geradenbüschels gehen in das Büschel konfokaler Hyperbeln

$$\frac{u^2}{\alpha^2} - \frac{v^2}{\beta^2} = 1 \quad \text{mit} \quad \alpha = k\cos\varphi_0, \quad \beta = k\sin\varphi_0 \tag{2.550}$$

über (Bild 2.71). Spiegelpunkte bezüglich des Einheitskreises der z-Ebene haben das gleiche Bild in der w-Ebene; die gesamte z-Ebene wird also auf eine zweiblättrige Riemannsche Fläche mit den Windungspunkten $+1$ und -1 abgebildet. Inneres bzw. Äußeres des Einheitskreises der z-Ebene wird jeweils auf ein volles Blatt der w-Fläche abgebildet. Der Einheitskreis der z-Ebene selbst geht in die doppelt durchlaufene Strecke von -1 bis $+1$ über.

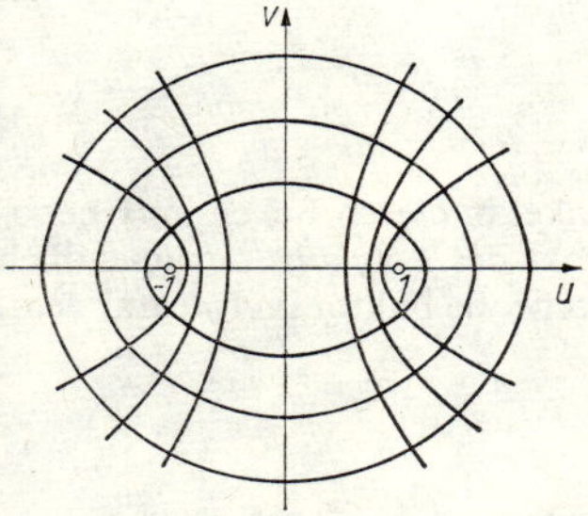

Bild 2.71. Orthogonale konfokale Ellipsen und Hyperbeln

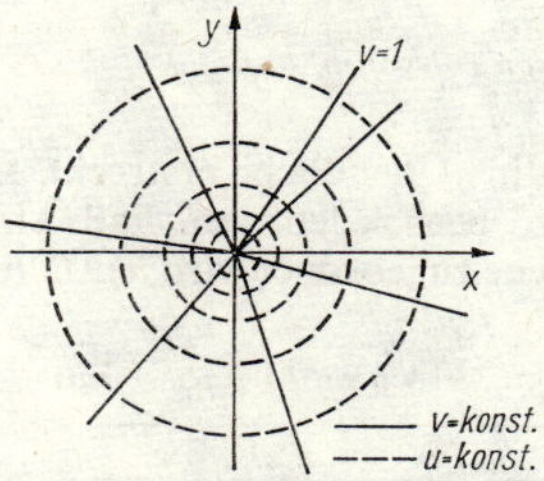

Bild 2.72. Konzentrische Kreise mit Nullpunktstrahlen

2.10.3.7. Exponentialfunktion $w = e^z$

Es gilt $w = e^x e^{jy} = e^x(\cos y + \mathrm{j}\sin y)$. Das Innere eines Parallelstreifens $-\infty < x < +\infty$, $-\pi < y < +\pi$ wird auf die längs der negativ-reellen u-Achse geschlitzte w-Ebene abgebildet, jeder weitere Streifen der Breite $2\pi\mathrm{j}$ auf eine ebensolche Fläche, die insgesamt zu einer unendlich vielblättrigen Riemannschen Fläche mit den Windungspunkten bei 0 und ∞ verbunden werden können. Die Koordinatenlinien $x =$ konst., $y =$ konst. der z-Ebene gehen hierbei in ein konzentrisches Kreis-Geraden-Büschel über (Bild 2.72).

2.10.3.8. Logarithmusfunktion $w = \log z$

Es gilt $w = \log r + \mathrm{j}(\varphi + 2k\pi)$. Die unendlich vielblättrige Riemannsche Fläche mit den Windungspunkten bei 0 und ∞ wird auf eine w-Ebene abgebildet; jedes Blatt auf einen horizontalen Streifen der Breite $2\pi\mathrm{j}$, wobei die unendliche Vieldeutigkeit der Abbildung bereits durch den Parameter k deutlich wird.

2.10.3.9. Schwarz-Christoffelsche Formel

Durch die Formel

$$z = C_1 \int_0^w \frac{\mathrm{d}t}{(t - w_1)^{\alpha_1} (t - w_2)^{\alpha_2} \cdots (t - w_n)^{\alpha_n}} + C_2 \tag{2.551}$$

wird das Innere eines Polygons der z-Ebene mit den Außenwinkeln $\alpha_1\pi, \alpha_2\pi, \ldots, \alpha_n\pi$, wobei $\sum_{\nu=1}^{n} \alpha_\nu = 2$ gilt, auf die obere w-Halbebene abgebildet; der (orientierte) Rand des Polygons geht dabei in die (orientierte) reelle Achse der w-Ebene über (Bild 2.73). C_1 und C_2 sind komplexe Konstanten, die von der Größe und Lage des Polygons in der z-Ebene, aber nicht von seiner Form abhängen. Aus diesem Grunde lassen sich 3 Eckpunkte z_i des Polygons 3 Punkten w_i der reellen Achse willkürlich zuordnen (Orientierung beachten!). Für den Fall,

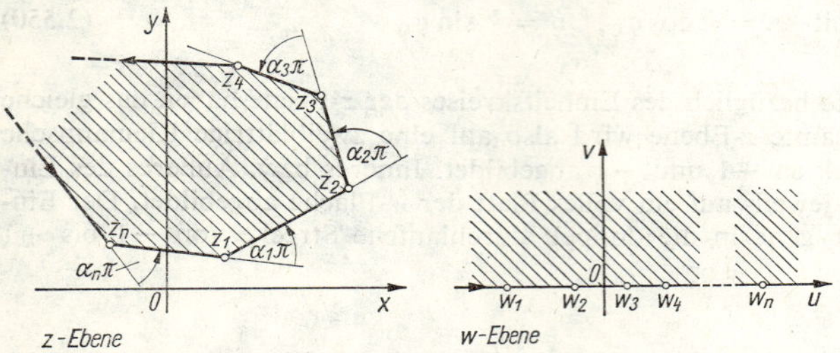

Bild 2.73. Zur Abbildung von Polygonen

daß sich das Polygon ins Unendliche erstreckt, sind die Winkel in diesen Ecken im Unendlichen ebenfalls mit zu berücksichtigen. Falls einem Eckpunkt des Polygons der unendlich ferne Punkt der w-Ebene zugeordnet wird, entfällt der entsprechende Faktor im Integranden.

Beispiel (Bild 2.74). 3 Punkte werden wie folgt festgelegt:

	z	α	w
A	∞	1	-1
B	0	$-\frac{1}{2}$	0
C	∞	$\frac{3}{2}$	∞
		2	

Es gilt dann

$$z = C_1 \int_0^w \frac{\mathrm{d}t}{(t + 1)\, t^{-1/2}} + C_2 = 2C_1 \left(\sqrt{w} - \arctan \sqrt{w}\right) + C_2.$$

Aus $z = 0 \to w = 0$ folgt $C_2 = 0$. $C_1 = \mathrm{j}\,\frac{d}{\pi}$ erfüllt gerade die spezielle Anforderung der Abbildung, die damit

$$z = \mathrm{j}\,\frac{2d}{\pi}\left(\sqrt{w} - \arctan \sqrt{w}\right)$$

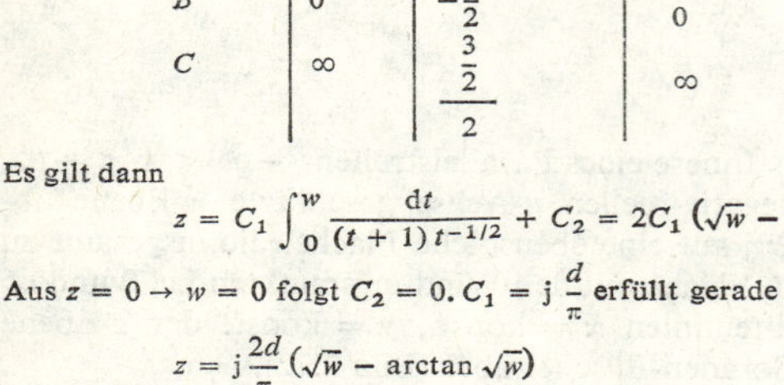

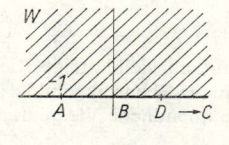

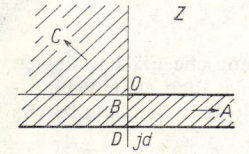

Bild 2.74
Spezielle Polygonabbildung

lautet; denn es gilt über die obigen Festlegungen hinsichtlich der Ecken des Polygons hinaus noch

$$w \text{ reell}, \quad w > 0 \quad \rightarrow z \text{ rein imaginar}, \quad \operatorname{Im} z > 0,$$
$$w \text{ reell}, \quad -1 < w < 0 \rightarrow z \text{ reell}, \quad z > 0,$$
$$w \text{ reell}, \quad w < -1 \quad \rightarrow \operatorname{Im} z = -d.$$

2.10.3.10. Schwarzsches Spiegelungsprinzip

Ein Bereich $\boldsymbol{B}$ innerhalb des Regularitätsbereiches von $f(z)$ werde mittels $w = f(z)$ auf den Bereich $\boldsymbol{B}'$ abgebildet. Dabei bestehe ein Stück des Randes von $\boldsymbol{B}$ aus einem Geradenstück g bzw. einem Kreisbogenstück k. g bzw. k soll bei der Abbildung wieder in ein Geraden- oder Kreisbogenstück des Randes von $\boldsymbol{B}'$ abgebildet werden. Wenn P und $\bar{P}$ bezüglich g oder k spiegelbildlich lagen, so werden sie in 2 Punkte P' und $\overline{P'}$ abgebildet, die bezüglich der Bilder von g oder k wieder spiegelbildlich liegen (Bild 2.75).

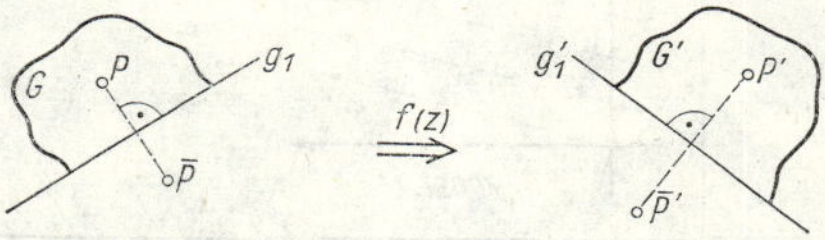

Bild 2.75
Spiegelungsprinzip

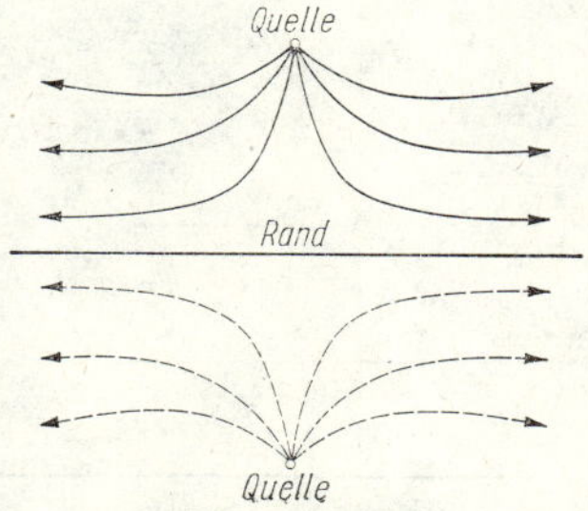

Bild 2.76. Ladung und isolierender Rand

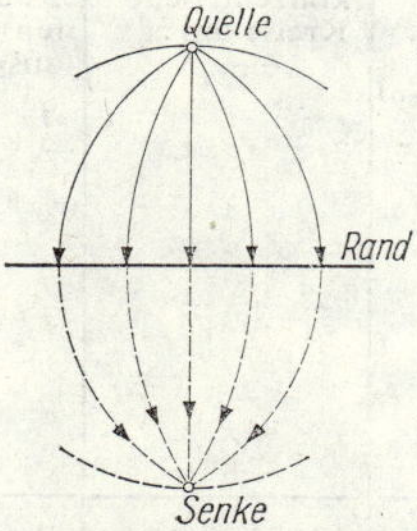

Bild 2.77. Ladung und leitender Rand

Die Anwendung dieses Schwarzschen Spiegelungsprinzips vereinfacht die Berechnung und Darstellung von ebenen Feldern mit geradlinigen oder kreisförmigen Begrenzungen: Ist der gerade oder kreisförmige Rand Stromlinie (isolierender Rand, Bild 2.76), so sind alle Quellen als Quellen, alle Senken als Senken, alle Wirbel als entgegengesetzt drehende Wirbel zu spiegeln; ist er Potentiallinie (stark leitender Rand, Bild 2.77), so sind alle Quellen als Senken, alle Senken als Quellen, alle Wirbel als gleichsinnig drehende Wirbel zu spiegeln.

2.10.3.11. Komplexes Potential

$\boldsymbol{v}(x, y)$ stelle einen Feldvektor in der x, y-Ebene dar; $v_x(x, y)$ und $v_y(x, y)$ seien seine Komponenten, die als stetig differenzierbar vorausgesetzt werden sollen. Ist $\boldsymbol{v}$ quellenfrei, dann gilt $\operatorname{div} \boldsymbol{v} = 0$ oder in kartesischen Koordinaten

$$\frac{\partial v_x}{\partial x} + \frac{\partial v_y}{\partial y} = 0.$$

Unter der Voraussetzung, daß die Komponenten v_x und v_y ihrerseits partielle Ableitungen einer Funktion $\Psi(x, y)$ sind,

$$v_x = \frac{\partial \Psi}{\partial y}, \quad v_y = -\frac{\partial \Psi}{\partial x}, \qquad (2.552)$$

Tafel 2.24. Zusammenstellung komplexer Potentiale

Name	Funktion	Potentiallinien	Feldlinien	Bild
Homogenes Feld	$w = az$, r reell	Parallelen zur y-Achse	Parallelen zur x-Achse	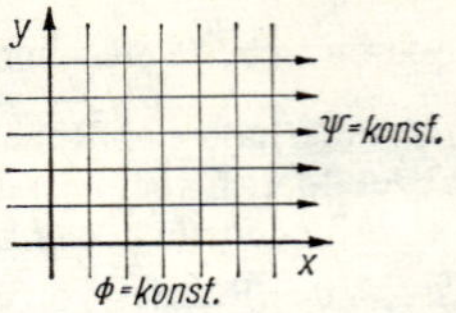
	$w = az$, a komplex	gegenüber reellem a um den Winkel arc a gedreht		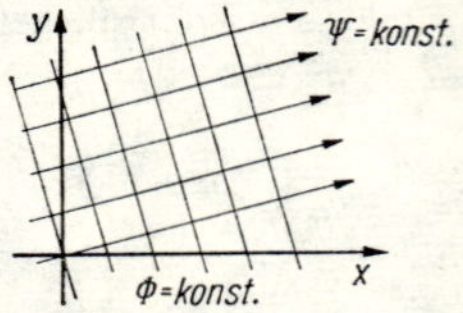
Quelle (Senke) in z_0 (Ergiebigkeit e)	$w = \frac{\pm e}{2\pi} \times \log(z - z_0)$	konzentrische Kreise um z_0	Radialstrahlen von z_0 ausgehend	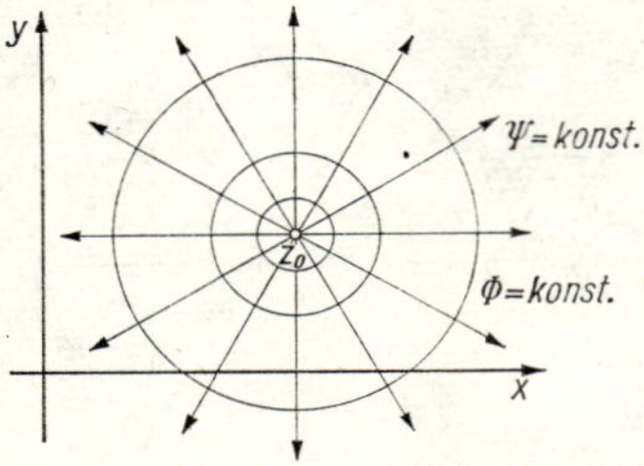
Quellen-Senken-System (Quelle z_1, Senke z_2, Ergiebigkeit e)	$w = \frac{e}{2\pi} \times \log \frac{z - z_1}{z - z_2}$	Kreislinien von z_1 nach z_2 (elliptisches Kreisbüschel)	zugehöriges hyperbolisches Kreisbüschel	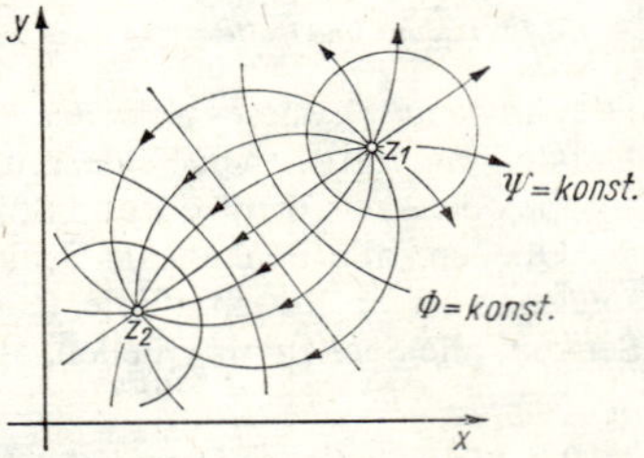
Dipol in z_0, Achse gegenüber der reellen Achse um α gedreht	$w = \frac{M e^{j\alpha}}{2\pi (z - z_0)}$	parabolisches Kreisbüschel	parabolisches Kreisbüschel	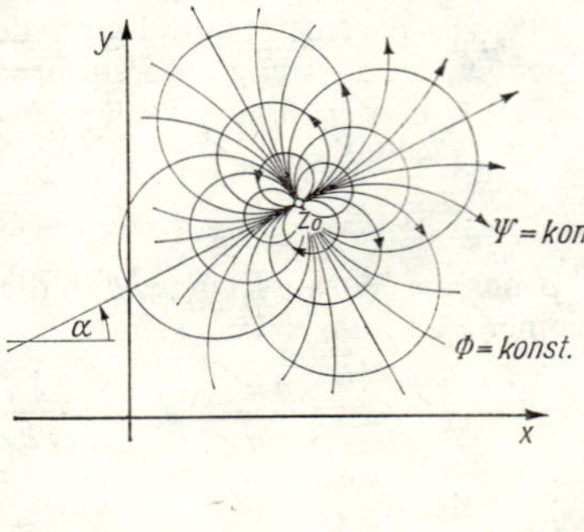

Tafel 2.24. Fortsetzung

Name	Funktion	Potential-linien	Feld-linien	Bild
Wirbel um z_0 (Ergiebigkeit Γ)	$w = \frac{\Gamma}{2\pi j} \times \log(z - z_0)$	Radialstrahlen von z_0 ausgehend	konzentrische Kreise um z_0	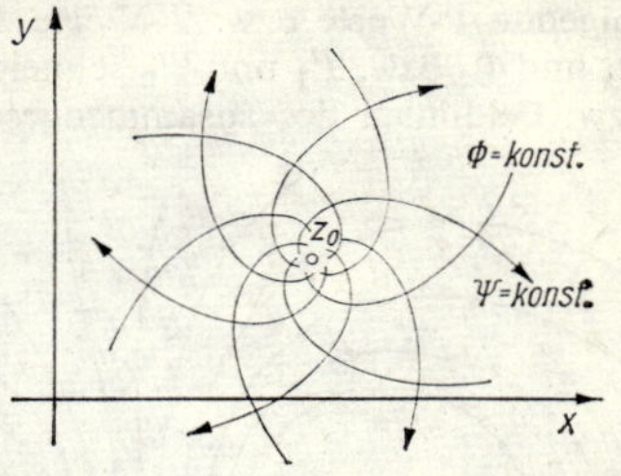
Wirbelquelle um z_0 (Ergiebigkeit Γ)	$w = \frac{\Gamma}{2\pi j} \times \log(z - z_0)$	orthogonale Spiralscharen		

folgt unmittelbar, daß $\Psi(x, y)$ der Laplaceschen Differentialgleichung $\Delta\Psi = 0$ genügt. Hinsichtlich $\Psi =$ konst. gilt weiterhin

$$\mathrm{d}\Psi = \frac{\partial \Psi}{\partial x}\,\mathrm{d}x + \frac{\partial \Psi}{\partial y}\,\mathrm{d}y = -v_y\,\mathrm{d}x + v_x\,\mathrm{d}y = 0. \tag{2.553}$$

$\Psi(x, y)$ heißt *Feld-* oder *Stromfunktion*.

Sind 2 Punkte P_1 und P_2 des Feldes $\boldsymbol{v}$ gegeben, dann ist $\Psi(P_1) - \Psi(P_2)$ ein Maß für den Vektorfluß durch eine Kurve der x, y-Ebene, die die Punkte P_1 und P_2 verbindet und die ganz im Feld $\boldsymbol{v}$ verläuft.

Ist $\boldsymbol{v}$ wirbelfrei, so gilt rot $\boldsymbol{v} = \boldsymbol{o}$ oder in kartesischen Koordinaten

$$\frac{\partial v_y}{\partial x} - \frac{\partial v_x}{\partial y} = 0.$$

Mit

$$v_x = \frac{\partial \Phi}{\partial x}, \quad v_y = \frac{\partial \Phi}{\partial y} \tag{2.554}$$

folgt auch für $\Phi(x, y)$ das Erfülltsein der Laplaceschen Differentialgleichung $\Delta\Phi = 0$. Hinsichtlich $\Phi(x, y) =$ konst. ergibt sich

$$\mathrm{d}\Phi = \frac{\partial \Phi}{\partial x}\,\mathrm{d}x + \frac{\partial \Phi}{\partial y}\,\mathrm{d}y = v_x\,\mathrm{d}x + v_y\,\mathrm{d}y = 0. \tag{2.555}$$

$\Phi(x, y)$ heißt *Potentialfunktion*.

Neben dem Erfülltsein der Laplaceschen Differentialgleichung für Φ und Ψ sieht man, daß Φ und Ψ gemeinsam den Cauchy-Riemannschen Differentialgleichungen

$$\frac{\partial \Phi}{\partial x} = \frac{\partial \Psi}{\partial y}, \quad \frac{\partial \Psi}{\partial x} = -\frac{\partial \Phi}{\partial y} \tag{2.556}$$

genügen; damit kann man Φ als Realteil und Ψ als Imaginärteil einer analytischen Funktion betrachten:

$$w = f(z) = \Phi(x, y) + j\Psi(x, y). \tag{2.557}$$

w heißt *komplexes Potential* des Feldes $\boldsymbol{v}$. Im Sinne der in der Elektrotechnik üblichen Bezeichnungsweise ist dann $-\Phi(x, y)$ das Potential des Feldes $\boldsymbol{v}$. Die Linien $\Phi =$ konst. und $\Psi =$ konst. sind zueinander orthogonal.

Wird ein Feld von mehreren Quellen, Senken oder Wirbeln erzeugt, so ergibt sich das Gesamtfeld durch Überlagerung der Einzelfelder. Gleiches gilt auf Grund der Linearität der

Laplaceschen Differentialgleichung auch für die Potential- und Stromfunktionen. Man konstruiert derartige zusammengesetzte Felder mit dem *Maxwellschen Diagonalverfahren*: Sind 2 Felder mit den Potentialen Φ_1 und Φ_2 und den Stromfunktionen Ψ_1 und Ψ_2 zu überlagern, so zeichnet man ihre Potentiallinien- bzw. Feldlinienbilder derart, daß 2 aufeinanderfolgende Φ-Werte bzw. Ψ-Werte den gleichen Differenzbetrag h haben. Die Liniensysteme Φ_1 und Φ_2 bzw. Ψ_1 und Ψ_2 schneiden sich und bilden i. allg. „Vierecke". Die Potentiallinien bzw. Feldlinien des zusammengesetzten Feldes erhält man durch die Verbindung der Eck-

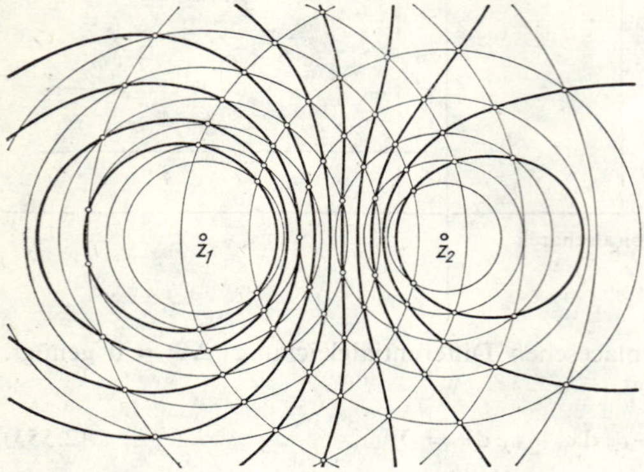

Bild 2.78
Potentiallinien in einem Quellen-Senken-Feld unterschiedlicher Ergiebigkeit

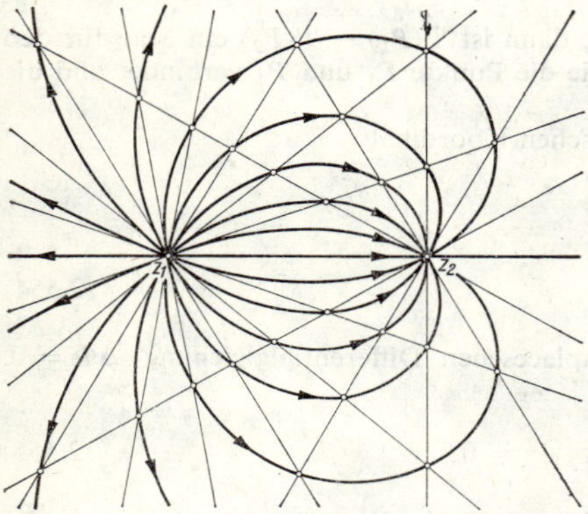

Bild 2.79
Feldlinien in einem Quellen-Senken-Feld unterschiedlicher Ergiebigkeit

punkte gleicher Potential- bzw. Stromfunktionswerte (Verbindung der Diagonalen der Vierecke). Die entstehenden Linien haben wieder gleiche Differenzwerte h.
Die Bilder 2.78 und 2.79 zeigen Potential- und Feldlinien eines Quellen-Senken-Systems mit einer Quellenergiebigkeit e_1 und einer Senkenintensität $-e_2$ mit $e_1 : e_2 = 3 : 2$.

2.10.4. Integration im Komplexen

2.10.4.1. Bestimmtes komplexes Integral

Eine Funktion $f(z)$ sei in einem Bereich B stetig. Ganz in B liege eine Kurve C, die A und B verbindet. C sei durch Teilpunkte z_k in Teilstücke zerlegt (Bild 2.80). Es sei weiterhin ζ_k ein beliebiger Punkt des Teilstücks von z_{k-1} nach z_k. Wenn die Summe

$$\sum_{k=1}^{m} f(\zeta_k)\,\Delta z_k \quad \text{mit} \quad \Delta z_k = z_k - z_{k-1} \tag{2.558}$$

für $n \to \infty$ und $\Delta z_k \to 0$ unabhängig von der Wahl der Zerlegungspunkte z_k und der Zwischenpunkte ζ_k einem Grenzwert zustrebt, so heißt dieser Grenzwert

$$I = (C) \int_A^B f(z)\, \mathrm{d}z \tag{2.559}$$

bestimmtes komplexes Integral von $f(z)$ längs des Integrationsweges C zwischen den Punkten A und B.

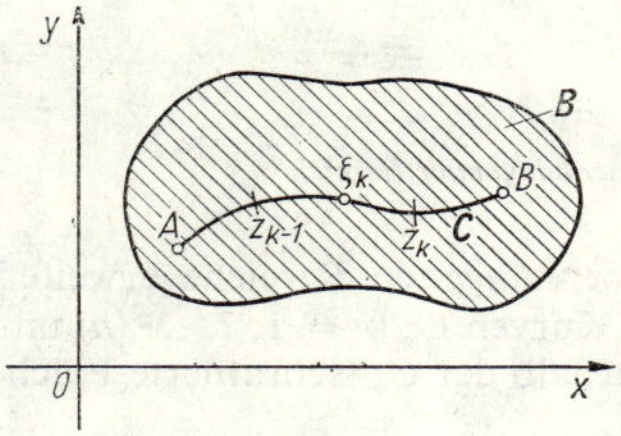

Bild 2.80
Integrationsweg in einem Bereich

Wenn der Integrationsweg C durch eine Parameterdarstellung $z = z(t)$, $t_0 \leqq t \leqq t_1$ gegeben werden kann, wobei $z(t_0)$ dem Punkt A und $z(t_1)$ dem Punkt B entspricht, folgt

$$(C) \int_A^B f(z) = \int_{t_0}^{t_1} f[z(t)]\, z'(t)\, \mathrm{d}t. \tag{2.560}$$

Eine Zerlegung in Real- und Imaginärteil ($f(z) = u\,(x, y) + \mathrm{j}v\,(x, y)$, $z = x + \mathrm{j}y$) liefert schließlich

$$C \int_A^B f(z)\, \mathrm{d}z = \int_{t_0}^{t_1} [u(t)\, x'(t) - v(t)\, y'(t)]\, \mathrm{d}t + \mathrm{j} \int_{t_0}^{t_1} [v(t)\, x'(t) + u(t)\, y'(t)]\, \mathrm{d}t. \tag{2.561}$$

Beispiel. $I = \int_K (z - z_0)^n\, \mathrm{d}z$; n ganz, K Kreis um z_0 mit Radius r_0. Die Parameterdarstellung von K lautet

$$x = x_0 + r_0 \cos t, \quad y = y_0 + r_0 \sin t \quad (0 \leqq t \leqq 2\pi).$$

Es folgt dann mit dem Moivreschen Satz

$$I = r_0^{\,n+1} \int_0^{2\pi} (\cos nt + \mathrm{j} \sin nt)(-\sin t + \mathrm{j} \cos t)\, \mathrm{d}t$$

$$= r_0^{\,n+1} \int_0^{2\pi} [\mathrm{j} \cos (n+1)\, t - \sin (n+1)\, t]\, \mathrm{d}t = \begin{cases} 0 & \text{für } n \neq -1, \\ 2\pi \mathrm{j} & \text{für } n = -1. \end{cases}$$

2.10.4.2. Satz von Cauchy

Wenn die Funktion $f(z)$ in einem einfach zusammenhängenden Bereich $\boldsymbol{B}$ analytisch ist, dann gilt für das über eine in $\boldsymbol{B}$ liegende geschlossene Kurve C erstreckte Integral

$$\oint f(z)\, \mathrm{d}z = 0. \tag{2.562}$$

Das ist gleichbedeutend damit, daß der Wert des Integrals $\int_A^B f(z)\, \mathrm{d}z$ für alle von A nach B in $\boldsymbol{B}$ verlaufenden Wege gleich ist *(Integralsatz von Cauchy)*.
Auf Grund der Wegunabhängigkeit des Integrals bei analytischen Integranden läßt sich für solche Integranden das unbestimmte komplexe Integral bilden,

$$F(z) = \int f(\zeta)\, \mathrm{d}\zeta + C \quad \text{mit} \quad F'(z) = f(z), \tag{2.563}$$

woraus

$$\int_A^B f(z)\,\mathrm{d}z = F(z_\mathrm{B}) - F(z_\mathrm{A}) \tag{2.564}$$

folgt. Unbestimmte Integrale von analytischen Funktionen einer komplexen Veränderlichen lassen sich nach den gleichen Formeln berechnen wie die entsprechenden reellen Integrale.

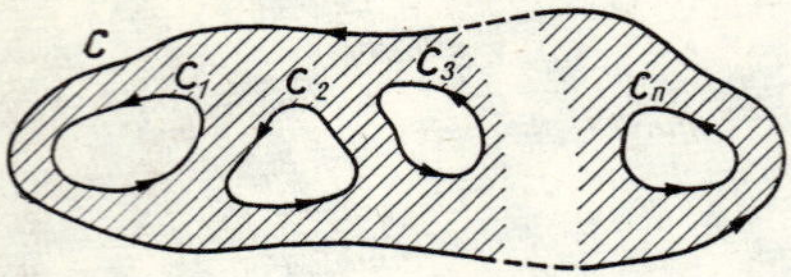

Bild 2.81
Mehrfach zusammenhängender Bereich

Der Cauchysche Integralsatz kann auf mehrfach zusammenhängende Bereiche erweitert werden. Eine Kurve C umschließe einen Bereich, der n von Kurven C_ν ($\nu = 1, 2, \ldots, n$) umschlossene Löcher enthält. Im Gebiet innerhalb C und außerhalb der C_ν (schraffierte Fläche im Bild 2.81) sei $f(z)$ analytisch. Dann gilt

$$\oint_C f(z)\,\mathrm{d}z = \oint_{C_1} f(z)\,\mathrm{d}z + \oint_{C_2} f(z)\,\mathrm{d}z + \cdots + \oint_{C_n} f(z)\,\mathrm{d}z, \tag{2.565}$$

falls die Kurven alle in dem gleichen Umlaufsinn durchlaufen werden.

2.10.4.3. Integralformel von Cauchy

Ein einfach zusammenhängender Bereich $\boldsymbol{B}$ sei durch die geschlossene Kurve C berandet; in $\boldsymbol{B}$ und auf C sei $f(z)$ analytisch. Dann lassen sich die Funktionswerte $f(z)$ im Inneren von $\boldsymbol{B}$ durch die Funktionswerte auf dem Rand ausdrücken, und es gilt

$$f(z) = \frac{1}{2\pi\mathrm{j}} \oint_C \frac{f(\zeta)}{\zeta - z}\,\mathrm{d}\zeta \quad \text{(Cauchysche Integralformel)}, \tag{2.566}$$

wenn ζ die Kurve im Gegenuhrzeigersinn durchläuft.
Die Ableitungen von $f(z)$ im Inneren von $\boldsymbol{B}$ lassen sich gemäß

$$f^{(n)}(z) = \frac{n!}{2\pi\mathrm{j}} \oint_C \frac{f(\zeta)}{(\zeta - z)^{n+1}}\,\mathrm{d}\zeta \tag{2.567}$$

ausdrücken. Eine analytische Funktion ist beliebig oft differenzierbar. Das gilt im Reellen nicht; aus der einmaligen Differenzierbarkeit folgt dort bekanntlich nicht die wiederholte Differenzierbarkeit.
Wenn längs einer geschlossenen Kurve C, die den Bereich $\boldsymbol{B}$ umschließt, die stetige Funktion $\varphi(\zeta)$ gegeben ist, dann definiert das Integral

$$g(z) = \frac{1}{2\pi\mathrm{j}} \int_C \frac{\varphi(\zeta)}{\zeta - z}\,\mathrm{d}\zeta \quad \text{(Integral vom Cauchyschen Typ)} \tag{2.568}$$

sowohl im Inneren als auch im Äußeren von C je eine analytische Funktion, deren Ableitungen durch

$$g^{(n)}(z) = \frac{n!}{2\pi\mathrm{j}} \int_C \frac{\varphi(\zeta)}{(\zeta - z)^{n+1}}\,\mathrm{d}\zeta \quad (n = 1, 2, 3, \ldots) \tag{2.569}$$

gegeben sind. Im allgemeinen nimmt aber die Funktion $g(z)$ auf C nicht die vorgegebenen Werte $\varphi(\zeta)$ an: $\lim\limits_{z \to \zeta} g(z) \neq \varphi(\zeta)$!

2.10.4.4. Laurent-Entwicklung

Ist eine Funktion $f(z)$ im Inneren eines Kreisringes zwischen zwei Kreisen mit dem gemeinsamen Mittelpunkt z_0 und den Radien r_1 und r_2 analytisch, so läßt sie sich in eine *Laurent-Reihe* entwickeln (Bild 2.82):

$$f(z) = \sum_{n=-\infty}^{\infty} a_n (z - z_0)^n = \cdots + \frac{a_{-k}}{(z - z_0)^k} + \frac{a_{-k+1}}{(z - z_0)^{k-1}} + \cdots \tag{2.570}$$

$$+ \frac{a_{-1}}{z - z_0} + a_0 + a_1 (z - z_0) + a_2 (z - z_0)^2 + \cdots + a_k (z - z_0)^k + \cdots$$

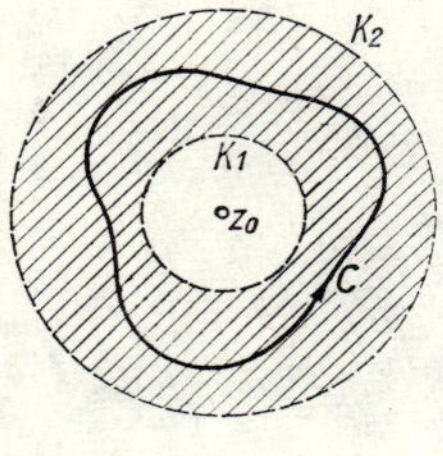

Bild 2.82
Geschlossener Integrationsweg in einem Kreisringgebiet

Ist C ein geschlossener Integrationsweg innerhalb des Kreisringes, der einmal z_0 im Gegenuhrzeigersinn umläuft, so lassen sich die Koeffizienten mit folgender Formel bestimmen:

$$a_n = \frac{1}{2\pi j} \int_C \frac{f(\zeta)}{(\zeta - z_0)^{n+1}} \, d\zeta \quad (n = 0, \pm 1, \pm 2, \ldots). \tag{2.571}$$

Beispiel

$$f(z) = \frac{1}{(z-1)(z-2)} = \frac{-1}{z-1} + \frac{1}{z-2} = -\frac{1}{z(1 - 1/z)} - \frac{1}{2(1 - z/2)}$$

$$= -\underbrace{\sum_{n=1}^{\infty} \frac{1}{z^n}}_{|z| > 1} = \underbrace{\frac{1}{2} \sum_{n=0}^{\infty} \left(\frac{z}{2}\right)^n}_{|z| < 2}.$$

2.10.4.5. Singuläre Stellen. Residuum. Residuensatz

Wenn eine Funktion $f(z)$ in der Umgebung von z_0 analytisch ist, aber im Punkt z_0 selbst nicht, heißt z_0 *isolierte singuläre Stelle* von $f(z)$. Dann ist $f(z)$ in eine Laurent-Reihe entwickelbar:

$$f(z) = \sum_{n=-\infty}^{\infty} a_n (z - z_0)^n. \tag{2.572}$$

Pol. Enthält die Laurent-Reihe nur endlich viele Glieder mit negativen Potenzen von $(z - z_0)$: $a_m \neq 0$, $a_n = 0$ mit $n < m < 0$, dann spricht man von einem Pol m-ter Ordnung der Funktion $f(z)$ in z_0.

Wesentliche Singularität. Enthält die Laurent-Reihe unendlich viele Glieder mit negativen Potenzen von $(z - z_0)$, so heißt z_0 eine wesentliche Singularität.

Bei Annäherung an einen Pol wächst $|f(z)|$ über alle Grenzen. In jeder Umgebung einer wesentlichen Singularität kommt $f(z)$ jeder beliebigen komplexen Zahl c beliebig nahe *(Satz von Casorati-Weierstraß)*.

Der Koeffizient a_{-1} der Laurent-Reihe heißt *Residuum* der Funktion $f(z)$ im singulären Punkt z_0. Speziell für einen Pol 1. Ordnung erhält man

$$a_{-1} = \lim_{z \to z_0} [f(z)(z - z_0)]. \tag{2.573}$$

Mit Hilfe der Residuen kann man den Wert eines Integrals über einen geschlossenen Weg berechnen, der isolierte singuläre Punkte umschließt (Bild 2.83): Eine Kurve C umschließe einen Bereich B, in dessen Inneren $f(z)$ mit Ausnahme der endlich vielen Punkte $z_1, z_2, \ldots, z_n$ eindeutig und analytisch ist; die Punkte z_i seien isolierte Singularitäten. Dann gilt *(Residuensatz)*

$$\int_C f(z)\,\mathrm{d}t = 2\pi\mathrm{j} \sum_{k=0}^{n} \operatorname{Res} f(z)\Big|_{z=z_k}, \tag{2.574}$$

wenn die Kurve im Gegenuhrzeigersinn durchlaufen wird.

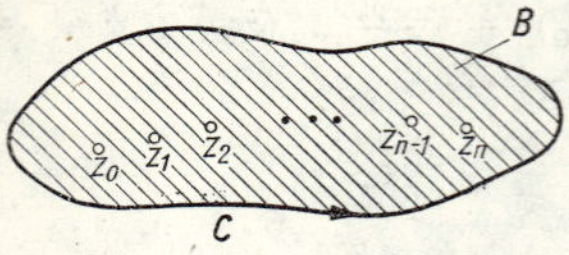

Bild 2.83
Zum Residuensatz

Beispiele

1. $$\oint_C \frac{z-1}{z(z+1)}\,\mathrm{d}z.$$

C sei eine Kurve, die $z_1 = 0$ und $z_2 = -1$ umschließt.

$$\oint_C \left(\frac{2}{z+1} - \frac{1}{z}\right) \mathrm{d}z = \oint_{K_0} \frac{-1}{z}\,\mathrm{d}z + \oint_{K_1} \frac{2}{z+1}\,\mathrm{d}z$$

K_0 und K_1 seien je ein kleiner Kreis um $z_1 = 0$ und $z_2 = -1$.

$$= 2\pi\mathrm{j}\,(-1) + 2\pi\mathrm{j}\,2 = 2\pi\mathrm{j}.$$

2. $$\oint_K \frac{\mathrm{e}^z}{z^2+1}\,\mathrm{d}z.$$

Pole 1. Ordnungen bei $z_1 = \mathrm{j}$ und $z_2 = -\mathrm{j}$; K sei ein Kreis um 0 mit einem Radius $r > 1$.
Es gilt

$$a_{-1}|_{\mathrm{j}} = \lim_{z\to \mathrm{j}} \frac{\mathrm{e}^z}{z^2+1}(z-\mathrm{j}) = \frac{\mathrm{e}^{\mathrm{j}}}{2\mathrm{j}},$$

$$a_{-1}|_{-\mathrm{j}} = \lim_{z\to -\mathrm{j}} \frac{\mathrm{e}^z}{z^2+1}(z+\mathrm{j}) = \frac{\mathrm{e}^{-\mathrm{j}}}{-2\mathrm{j}},$$

also folgt

$$\oint_K \frac{\mathrm{e}^z}{z^2+1}\,\mathrm{d}z = 2\pi\mathrm{j}\,\frac{\mathrm{e}^{\mathrm{j}} - \mathrm{e}^{-\mathrm{j}}}{2\mathrm{j}} = 2\pi\mathrm{j}\sin 1.$$

2.11. Laplace-Transformation

2.11.1. Laplace-Transformierte

Das Auffinden einer partikulären Lösung einer linearen gewöhnlichen Differentialgleichung geschieht in 3 Schritten (s. Abschnitte 2.7.3.2., 2.7.3.4.):

1. Auffinden der allgemeinen Lösung der homogenen Gleichung;
2. Auffinden einer speziellen Lösung der inhomogenen Gleichung durch Variation der Konstanten oder durch einen speziellen Ansatz; Addition dieser Lösung und der allgemeinen Lösung der homogenen Gleichung zur allgemeinen Lösung der inhomogenen Gleichung;
3. spezielle Festlegung der Konstanten der allgemeinen Lösung der inhomogenen Gleichung unter Beachtung der Anfangsbedingungen.

Sowohl die Variation der Konstanten als auch die Berücksichtigung der Anfangsbedingungen machen die Auflösung eines linearen Gleichungssystems erforderlich. Das Verfahren, das zwar bei jeder linearen Differentialgleichung anwendbar ist, ist also sehr zeitraubend, und man möchte, besonders wenn es sich **nicht** um das Aufsuchen der allgemeinen Lösung, sondern einer partikulären, bestimmten Anfangsbedingungen genügenden Lösung handelt, gern einfacher und direkter zum Ziel kommen.

Diesem Ziel dient die Verwendung der Laplace-Transformation

$$\mathrm{L}\,\{f(t)\} = \int_0^\infty \exp\,(-pt)\,f(t)\,\mathrm{d}t = F(p), \tag{2.575}$$

durch die einer *Originalfunktion* $f(t)$ der reellen Veränderlichen t des *Originalbereiches* eine *Bildfunktion* $F(p)$ der komplexen Veränderlichen p im *Bildbereich* zugeordnet wird. Um die Konvergenz des uneigentlichen Integrals sicherzustellen, wird hinsichtlich $f(t)$ vorausgesetzt:

– $f(t)$ ist stückweise glatt.
– $f(t)$ strebt für $t \to \infty$ nicht stärker als eine Exponentialfunktion $\exp\,(\alpha t), \alpha > 0$, gegen ∞.

Der Originalbereich ist gemäß den Integrationsgrenzen auf $t \geqq 0$ beschränkt; für $t < 0$ wird $f(t)$ durchweg Null gesetzt. Das Laplace-Integral $\mathrm{L}\,\{f(t)\}$ konvergiert dann in einer rechten Halbebene $\mathrm{Re}\,p > \alpha$.
Die Laplace-Transformation gestattet eine Umkehrung, mit der die Laplace-Transformierte $F(p)$ in den Originalbereich zurücktransformiert werden kann *(Umkehrformel)*,

$$\mathrm{L}^{-1}\{F(p)\} = \frac{1}{2\pi \mathrm{j}} \int_{c-\mathrm{j}\infty}^{c+\mathrm{j}\infty} \exp\,(pt)\,F(p)\,\mathrm{d}p = \begin{cases} f(t) & \text{für} \quad t > 0, \\ 0 & \text{für} \quad t < 0, \end{cases} \tag{2.576}$$

wobei der Integrationsweg in dem uneigentlichen komplexen Integral die Parallele $\mathrm{Re}\,p = c$ zur imaginären Achse ist. Falls $f(t)$ bei $t = 0$ eine Sprungstelle hat, $\lim\limits_{t \to +0} f(t) \neq 0$, liefert die Umkehrformel bei $t = 0$ den Mittelwert $\frac{1}{2} f(+0)$.

2.11.2. Rechenregeln

Additionssatz

$$\mathrm{L}\,\{\lambda_1 f_1(t) + \lambda_2 f_2(t) + \cdots + \lambda_n f_n(t)\}$$
$$= \lambda_1 F_1\,(p) + \lambda_2 F_2\,(p) + \cdots + \lambda_n F_n\,(p) \quad (\lambda_1, \ldots, \lambda_n \text{ Konstanten}). \tag{2.577}$$

Ähnlichkeitssatz. Aus

$$\mathrm{L}\,\{f(t)\} = F(p)$$

folgt

$$\mathrm{L}\{f(at)\} = \frac{1}{a} F\left(\frac{p}{a}\right) \quad (a > 0, \text{ reell}), \quad F\,(ap) = \frac{1}{a} \mathrm{L} \left\{f\left(\frac{t}{a}\right)\right\}. \tag{2.578}$$

Dämpfungssatz. Aus

$$\mathrm{L}\,\{f(t)\} = F(p)$$

folgt

$$\mathrm{L}\,\{\exp\,(-at)\,f(t)\} = F\,(p + a) \quad (a \text{ beliebig komplex}). \tag{2.579}$$

Verschiebungssatz. Es sei $\mathrm{L}\,\{f(t)\} = F(p)$; hier gilt $f(t) = 0$ für $t < 0$. Verschiebt man die Funktion um den Argumentwert $a > 0$ nach rechts, so daß $f(t)$ in $f(t-a)$ übergeht und diese Funktion jetzt für $t < a$ identisch verschwindet, so folgt

$$\mathrm{L}\,\{f(t-a)\} = \exp\,(-ap)\,F(p). \tag{2.580}$$

Bei Verschiebung nach links gilt

$$\mathrm{L}\,\{f(t+a)\} = \exp\,(ap) \left[F(p) - \int_0^a \exp\,(-pt)\,f(t)\,\mathrm{d}t\right]. \tag{2.581}$$

Differentiationssatz. Es mögen neben $f(t)$ die n Ableitungen $f'(t), f''(t), \ldots, f^{(n)}(t)$ für $t \geqq 0$ existieren, und $f^{(n)}(t)$ möge eine Laplace-Transformierte enthalten. Dann gilt das auch für

$f^{(n-1)}(t), f^{(n-2)}(t)$ bis einschließlich $f(t)$, und es gilt

$$\begin{aligned} L\{f(t)\} &= F(p) \\ L\{f'(t)\} &= pF(p) - f(+0) \\ L\{f''(t)\} &= p^2F(p) - f(+0)\,p - f'(+0) \\ &\cdots\cdots\cdots \\ L\{f^{(n)}(t)\} &= p^nF(p) - f(+0)\,p^{n-1} - f'(+0)\,p^{n-2} - \cdots \\ &\quad - f^{(n-2)}(+0)\,p - f^{(n-1)}(+0), \end{aligned} \tag{2.582}$$

wobei

$$f^{(\nu)}(+0) = \lim_{t\to+0} f^{(\nu)}(t)$$

ist.

Analog gilt hinsichtlich der *Integration*

$$L\left\{\int_0^t f(\tau)\,d\tau\right\} = \frac{1}{p}F(p) \tag{2.583}$$

und Entsprechendes für mehrfache Integrale.

Differentiation und Integration nach einem Parameter

$$L\left\{\frac{\partial f(t,\alpha)}{\partial\alpha}\right\} = \frac{\partial F(p,\alpha)}{\partial\alpha}, \quad L\left\{\int_{\alpha_1}^{\alpha_2} f(t,\alpha)\,d\alpha\right\} = \int_{\alpha_1}^{\alpha_2} F(p,\alpha)\,d\alpha. \tag{2.584}$$

Faltungssatz. Es sei $L\{f_1(t)\} = F_1(p)$ und $L\{f_2(t)\} = F_2(p)$, und es sei die *Faltung* zweier Funktionen $f_1(t)$ und $f_2(t)$ als

$$f_1 * f_2 = \int_0^t f_1(\tau)\,f_2(t-\tau)\,d\tau \tag{2.585}$$

erklärt. Dann gilt

$$L\{f_1 * f_2\} = F_1(p)\,F_2(p). \tag{2.586}$$

2.11.3. Bildfunktionen spezieller Funktionen. Korrespondenzen

Einheitssprung. Aus

$$f(t) = \begin{cases} 1 & \text{für} \quad t > 0, \\ 0 & \text{für} \quad t < 0 \end{cases} \tag{2.587}$$

folgt

$$L\{f(t)\} = \int_0^\infty \exp(-pt)\,dt = \left.\frac{\exp(pt)}{-p}\right|_0^\infty = \frac{1}{p}. \tag{2.588}$$

Entsprechend gilt unter Verwendung des Verschiebungssatzes für den Einheitssprung bei $t = t_0$,

$$f(t) = \begin{cases} 1 & \text{für} \quad t > t_0, \\ 0 & \text{für} \quad t < t_0, \end{cases} \tag{2.589}$$

die Laplace-Transformierte

$$L\{f(t)\} = \exp(-pt_0)\,\frac{1}{p}. \tag{2.590}$$

Rechteckimpuls

$$f(t) = \begin{cases} 0 & \text{für} \quad t < t_0, \\ 1 & \text{für} \quad t_0 < t < t_0 + T, \quad (t_0 > 0), \\ 0 & \text{für} \quad t_0 + T < t. \end{cases} \tag{2.591}$$

Die Funktion ist die Differenz zweier Einheitssprünge: $f(t) = f_1 - f_2$ mit

$$f_1(t) = \begin{cases} 0 & \text{für} \quad t < t_0, \\ 1 & \text{für} \quad t > t_0 \end{cases} \quad \text{und} \quad f_2(t) = \begin{cases} 0 & \text{für} \quad t < t_0 + T, \\ 1 & \text{für} \quad t > t_0 + T, \end{cases}$$

d.h., es gilt

$$\begin{aligned} \mathrm{L}\{f(t)\} &= \frac{1}{p}\exp(-pt_0) - \frac{1}{p}\exp[-p(t_0 + T)] \\ &= \frac{1}{p}\exp[-pt_0](1 - \exp[-pt]). \end{aligned} \tag{2.592}$$

Periodische Funktionen. Eine Funktion $f(t)$ habe die Periode T. Dabei möge die Funktion

$$f_0(t) = \begin{cases} f(t) & \text{für} \quad 0 < t < T, \\ 0 & \text{für} \quad T < t \end{cases} \tag{2.593}$$

die Laplace-Transformierte $\mathrm{L}\{f_0(t)\} = F_0(p)$ haben. Dann gilt

$$\mathrm{L}\{f(t)\} = \left\{\frac{F_0(p)}{1 - \exp(-pT)}\right. . \tag{2.594}$$

Beispiel (Bild 2.84)

$$f_0(t) = \begin{cases} t & \text{für} \quad 0 < t < t_0, \\ 2t_0 - t & \text{für} \quad t_0 < t < 2t_0, \\ 0 & \text{für} \quad 2t_0 < t \end{cases}$$

$$= t|_{0<t} - 2(t - t_0)|_{t_0<t} + (t - 2t_0)|_{2t_0<t}.$$

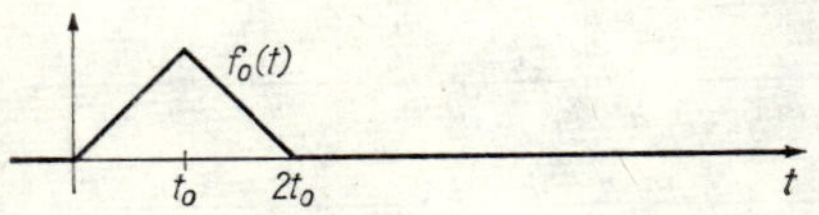

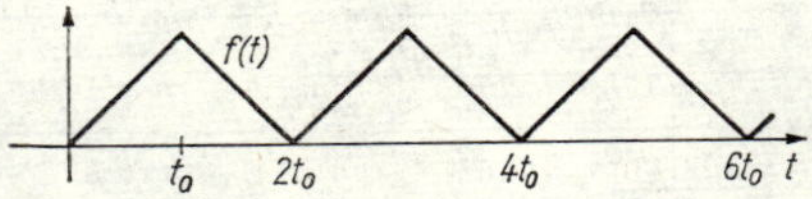

Bild 2.84
Laplace-Transformation einer periodischen Funktion

Es folgt als Laplace-Transformierte unter Verwendung von

$$\mathrm{L}\{(t^n)\} = \int_0^\infty t^n \exp(-pt)\,\mathrm{d}t = \frac{n!}{p^{n+1}}$$

$$\mathrm{L}\{f_0(t)\} = \frac{1}{p^2} - \frac{2}{p^2}\exp(-pt_0) + \frac{1}{p^2}\exp(-2pt_0) = \frac{[1 - \exp(-pt_0)]^2}{p^2}.$$

Dann ergibt sich für die periodische Funktion $f(t)$

$$\mathrm{L}\{f(t)\} = \frac{[1 - \exp(-pt_0)]^2}{p^2[1 - \exp(-2pt_0)]} = \frac{1 - 2^{-pt_0}}{p^2[1 + \exp(-pt_0)]}. \tag{2.595}$$

Original- und Bildfunktionen werden in *Korrespondenztafeln* zusammengestellt (Tafel 2.25).

Tafel 2.25. Korrespondenztafel zur Laplace-Transformation

Nr.	$F(p)$	$f(t)$
1	0	0
2	$\frac{1}{p}$	1
3	$\frac{1}{p^n}$	$\frac{t^{n-1}}{(n-1)!}$
4	$\frac{1}{(p-\alpha)^n}$	$\frac{t^{n-1}}{(n-1)!} e^{\alpha t}$
5	$\frac{1}{(p-\alpha)(p-\beta)}$	$\frac{e^{\beta t} - e^{\alpha t}}{\beta - \alpha}$
6	$\frac{p}{(p-\alpha)(p-\beta)}$	$\frac{\beta e^{\beta t} - \alpha e^{\alpha t}}{\beta - \alpha}$
7	$\frac{1}{p^2 + 2\alpha p + \beta^2}$	$\frac{e^{-\alpha t}}{\sqrt{\beta^2 - \alpha^2}} \sin \sqrt{\beta^2 + \alpha^2}\, t$
8	$\frac{\alpha}{p^2 + \alpha^2}$	$\sin \alpha t$
9	$\frac{\alpha \cos \beta + p \sin \beta}{p^2 + \alpha^2}$	$\sin (\alpha t + \beta)$
10	$\frac{p}{p^2 + 2\alpha p + \beta^2}$	$\left(\cos \sqrt{\beta^2 - \alpha^2}\, t - \frac{\alpha}{\sqrt{\beta^2 - \alpha^2}} \sin \sqrt{\beta^2 - \alpha^2}\, t\right) e^{-\alpha t}$
11	$\frac{p}{p^2 + \alpha^2}$	$\cos \alpha t$
12	$\frac{p \cos \beta - \alpha \sin \beta}{p^2 + \alpha^2}$	$\cos (\alpha t + \beta)$
13	$\frac{\alpha}{p^2 - \alpha^2}$	$\sinh \alpha t$
14	$\frac{p}{p^2 - \alpha^2}$	$\cosh \alpha t$
15	$\frac{1}{(p-\alpha)(p-\beta)(p-\gamma)}$	$-\frac{(\beta - \gamma) e^{\alpha t} + (\gamma - \alpha) e^{\beta t} + (\alpha - \beta) e^{\gamma t}}{(\alpha - \beta)(\beta - \gamma)(\gamma - \alpha)}$
16	$\frac{1}{(p-\alpha)(p-\beta)^2}$	$\frac{e^{\alpha t} - [1 + (\alpha - \beta) t] e^{\beta t}}{(\alpha - \beta)^2}$
17	$\frac{p}{(p-\alpha)(p-\beta)^2}$	$\frac{\alpha e^{\alpha t} - [\alpha - \beta (\alpha - \beta) t] e^{\beta t}}{(\alpha - \beta)^2}$
18	$\frac{p^2}{(p-\alpha)(p-\beta)^2}$	$\frac{\alpha^2 e^{\alpha t} - [2\alpha - \beta + \beta (\alpha - \beta) t] \beta e^{\beta t}}{(\alpha - \beta)^2}$
19	$\frac{1}{(p^2 + \alpha^2)(p^2 + \beta^2)}$	$\frac{\alpha \sin \beta t - \beta \sin \alpha t}{\alpha\beta (\alpha^2 - \beta^2)}$
20	$\frac{p}{(p^2 + \alpha^2)(p^2 + \beta^2)}$	$\frac{\cos \beta t - \cos \alpha t}{\alpha^2 - \beta^2}$
21	$\frac{p^2 + 2\alpha^2}{p(p^2 + 4\alpha^2)}$	$\cos^2 \alpha t$

Tafel 2.25. Fortsetzung

Nr.	$F(p)$	$f(t)$
22	$\frac{2\alpha^2}{p(p^2+4\alpha^2)}$	$\sin^2 \alpha t$
23	$\frac{p^2-2\alpha^2}{p(p^2-4\alpha^2)}$	$\cosh^2 \alpha t$
24	$\frac{2\alpha^2}{p(p^2-4\alpha^2)}$	$\sinh^2 \alpha t$
25	$\frac{2\alpha^2 p}{p^4+4\alpha^4}$	$\sin \alpha t \sinh \alpha t$
26	$\frac{\alpha(p^2+2\alpha^2)}{p^4+4\alpha^4}$	$\sin \alpha t \cosh \alpha t$
27	$\frac{\alpha(p^2-2\alpha^2)}{p^4+4\alpha^4}$	$\cos \alpha t \sinh \alpha t$
28	$\frac{p^3}{p^4+4\alpha^4}$	$\cos \alpha t \cosh \alpha t$
29	$\frac{2\alpha p}{(p^2+\alpha^2)^2}$	$t \sin \alpha t$
30	$\frac{p^2-\alpha^2}{(p^2+\alpha^2)^2}$	$t \cos \alpha t$
31	$\frac{1}{(p^2+\alpha^2)^2}$	$\frac{1}{2\alpha^2 (\sin \alpha t - t \cos \alpha t)}$
32	$\frac{2\alpha p}{(p^2-\alpha^2)^2}$	$t \sinh \alpha t$
33	$\frac{\alpha\beta}{(p^2-\alpha^2)(p^2-\beta^2)}$	$\frac{\beta \sinh \alpha t - \alpha \sinh \beta t}{\alpha^2-\beta^2}$
34	$\frac{p}{(p^2-\alpha^2)(p^2-\beta^2)}$	$\frac{\cosh \alpha t - \cosh \beta t}{\alpha^2-\beta^2}$
35	$\frac{1}{\sqrt{p}}$	$\frac{1}{\sqrt{\pi t}}$
36	$\frac{1}{p\sqrt{p}}$	$2\sqrt{\frac{t}{\pi}}$
37	$\frac{1}{p^n \sqrt{p}}$	$\frac{n!}{(2n)!} \frac{4^n}{\sqrt{\pi}} t^{n-1/2}$ ($n > 0$, ganz)
38	$\frac{1}{\sqrt{p+\alpha}}$	$\frac{1}{\sqrt{\pi t}\, e^{-\alpha t}}$
39	$\sqrt{p+\alpha} - \sqrt{p+\beta}$	$\frac{1}{2t\sqrt{\pi t}} (e^{-\beta t} - e^{-\alpha t})$
40	$\sqrt{\sqrt{p^2+\alpha^2} - p}$	$\frac{\sin \alpha t}{t\sqrt{2\pi t}}$
41	$\sqrt{\frac{\sqrt{p^2+\alpha^2}-p}{p^2+\alpha^2}}$	$\sqrt{\frac{2}{\pi t}} \sin \alpha t$

Tafel 2.25. Fortsetzung

Nr.	$F(p)$	$f(t)$
42	$\sqrt{\dfrac{\sqrt{p^2+\alpha^2}+p}{p^2+\alpha^2}}$	$\sqrt{\dfrac{2}{\pi t}}\cos\alpha t$
43	$\sqrt{\dfrac{\sqrt{p^2-\alpha^2}-p}{p^2-\alpha^2}}$	$\sqrt{\dfrac{2}{\pi t}}\sinh\alpha t$
44	$\sqrt{\dfrac{\sqrt{p^2-\alpha^2}+p}{p^2-\alpha^2}}$	$\sqrt{\dfrac{2}{\pi t}}\cosh\alpha t$
45	$\dfrac{1}{p\sqrt{p+\alpha}}$	$\dfrac{2}{\sqrt{\alpha\pi}}\cdot\int_0^{\sqrt{\alpha t}}e^{-\tau^2}\,d\tau$
46	$\dfrac{1}{(p+\alpha)\sqrt{p+\beta}}$	$\dfrac{2\,e^{-\alpha t}}{\sqrt{\pi(\beta-\alpha)}}\cdot\int_0^{\sqrt{(\beta-\alpha)t}}e^{-\tau^2}\,d\tau$
47	$\dfrac{\sqrt{p+\alpha}}{p}$	$\dfrac{e^{-\alpha t}}{\sqrt{\pi t}}+2\sqrt{\dfrac{\alpha}{\pi}}\int_0^{\sqrt{\alpha t}}e^{-\tau^2}\,d\tau$
48	$\dfrac{1}{\sqrt{p^2+\alpha^2}}$	$J_0(\alpha t)$ (Besselsche Funktion der Ordnung 0)
49	$\dfrac{1}{\sqrt{p^2-\alpha^2}}$	$I_0(\alpha t)$ (modifizierte Besselsche Funktion der Ordnung 0)
50	$\dfrac{1}{\sqrt{(p+\alpha)(p+\beta)}}$	$e^{-[(\alpha+\beta)/2]t}\,I_0\left(\dfrac{\alpha-\beta}{2}\,t\right)$
51	$\dfrac{1}{\sqrt{p^2+2\alpha p+\beta^2}}$	$e^{-\alpha t}\,J_0\left(\sqrt{\alpha^2-\beta^2}\,t\right)$
52	$\dfrac{e^{1/p}}{p\sqrt{p}}$	$\dfrac{\sinh 2\sqrt{t}}{\sqrt{\pi}}$
53	$\arctan\dfrac{\alpha}{p}$	$\dfrac{\sin\alpha t}{t}$
54	$\arctan\dfrac{2\alpha p}{p^2-\alpha^2+\beta^2}$	$\dfrac{2}{t}\sin\alpha t\cdot\cos\beta t$
55	$\arctan\dfrac{p^2+\alpha p+\beta}{\alpha\beta}$	$\dfrac{e^{\alpha t}-1}{t}\sin\beta t$
56	$\dfrac{\log p}{p}$	$-C-\ln t$[1])
57	$\dfrac{\log p}{p^{n+1}}$	$\dfrac{t^n}{n!}[\psi(n)-\ln t]$, $\psi(n)=1+\dfrac{1}{2}+\cdots+\dfrac{1}{n}-C$[1])
58	$\dfrac{(\log p)^2}{p}$	$(\ln t+C)^2-\dfrac{\pi^2}{6}$[1])
59	$\log\dfrac{p-\alpha}{p-\beta}$	$\dfrac{1}{t}(e^{\beta t}-e^{\alpha t})$

[1]) $C = 0{,}577\,216$ Eulersche Konstante

Tafel 2.25. Fortsetzung

Nr.	$F(p)$	$f(t)$
60	$\log \dfrac{p+\alpha}{p-\alpha} = 2 \operatorname{artanh} \dfrac{\alpha}{p}$	$\dfrac{2}{t} \sinh \alpha t$
61	$\log \dfrac{p^2+\alpha^2}{p^2+\beta^2}$	$2 \dfrac{\cos \beta t - \cos \alpha t}{t}$
62	$\log \dfrac{p^2-\alpha^2}{p^2-\beta^2}$	$2 \dfrac{\cosh \beta t - \cosh \alpha}{t}$
63	$e^{-\alpha \sqrt{p}}$, $\operatorname{Re} \alpha > 0$	$\dfrac{\alpha e^{-\alpha^2/4t}}{2 \sqrt{\pi}\, t \sqrt{t}}$
64	$\dfrac{1}{\sqrt{p}} e^{-\alpha \sqrt{p}}$, $\operatorname{Re} \alpha \geqq 0$	$\dfrac{e^{-\alpha^2/4t}}{\sqrt{\pi t}}$
65	$\dfrac{(\sqrt{p^2+\alpha^2}-p)^\nu}{\sqrt{p^2+\alpha^2}}$, $\operatorname{Re} \nu > -1$	$\alpha^\nu J_\nu(\alpha t)$ (s. S. 297)
66	$\dfrac{(p-\sqrt{p^2-\alpha^2})^\nu}{\sqrt{p^2-\alpha^2}}$, $\operatorname{Re} \nu > -1$	$\alpha^\nu I_\nu(\alpha t)$ (s. S. 300)
67	$\dfrac{1}{p} e^{-\beta p}$ ($\beta > 0$, reell)	$\begin{cases} 0 & \text{für } t < \beta \\ 1 & \text{für } t > \beta \end{cases}$
68	$\dfrac{e^{-\beta \sqrt{p^2+\alpha^2}}}{\sqrt{p^2+\alpha^2}}$	$\begin{cases} 0 & \text{für } t < \beta \\ J_0(\alpha \sqrt{t^2-\beta^2}) & \text{für } t > \beta \end{cases}$
69	$\dfrac{e^{-\beta \sqrt{p^2-\alpha^2}}}{\sqrt{p^2-\alpha^2}}$	$\begin{cases} 0 & \text{für } t < \beta \\ I_0(\alpha \sqrt{t^2-\beta^2}) & \text{für } t > \beta \end{cases}$
70	$\dfrac{e^{-\beta \sqrt{(p+\alpha)(p+\beta)}}}{\sqrt{(p+\alpha)(p+\beta)}}$	$\begin{cases} 0 & \text{für } t < \beta \\ e^{-(\alpha+\beta)t/2} I_0\left(\dfrac{\alpha-\beta}{2} \sqrt{t^2-\beta^2}\right) & \text{für } t > \beta \end{cases}$
71	$\dfrac{e^{-\beta \sqrt{p^2+\alpha^2}}}{p^2+\alpha^2} \left(\beta + \dfrac{1}{\sqrt{p^2+\alpha^2}}\right)$	$\begin{cases} 0 & \text{für } t < \beta \\ \dfrac{\sqrt{t^2-\beta^2}}{\alpha} J_1(\alpha \sqrt{t^2-\beta^2}) & \text{für } t > \beta \end{cases}$
72	$\dfrac{e^{-\beta \sqrt{p^2-\alpha^2}}}{p^2-\alpha^2} \left(\beta + \dfrac{1}{\sqrt{p^2-\alpha^2}}\right)$	$\begin{cases} 0 & \text{für } t < \beta \\ \dfrac{\sqrt{t^2-\beta^2}}{\alpha} I_1(\alpha \sqrt{t^2-\beta^2}) & \text{für } t > \beta \end{cases}$
73	$e^{-\beta p} - e^{-\beta \sqrt{p^2+\alpha^2}}$	$\begin{cases} 0 & \text{für } t < \beta \\ \dfrac{\beta \alpha}{\sqrt{t^2-\beta^2}} J_1(\alpha \sqrt{t^2-\beta^2} & \text{für } t > \beta \end{cases}$
74	$e^{-\beta \sqrt{p^2-\alpha^2}} - e^{-\beta p}$	$\begin{cases} 0 & \text{für } t < \beta \\ \dfrac{\beta \alpha}{\sqrt{t^2-\beta^2}} I_1(\alpha \sqrt{t^2-\beta^2}) & \text{für } t > \beta \end{cases}$
75	$\dfrac{1-e^{-\alpha p}}{p}$	$\begin{cases} 0 & \text{für } t > \alpha \\ 1 & \text{für } 0 < t < \alpha \end{cases}$
76	$\dfrac{e^{-\alpha p} - e^{-\beta p}}{p}$	$\begin{cases} 0 & \text{für } 0 < t < \alpha \\ 1 & \text{für } \alpha < t < \beta \\ 0 & \text{für } t > \beta \end{cases}$

2.11.4. Lineare gewöhnliche Differentialgleichungen mit konstanten Koeffizienten

Eine lineare gewöhnliche Differentialgleichung mit konstanten Koeffizienten

$$y^{(n)}(t) + c_{n-1}y^{(n-1)}(t) + \cdots + c_1 y'(t) + c_0 y(t) = f(t) \tag{2.596}$$

mit den Anfangsbedingungen

$$y(+0) = y_0, \quad y'(+0) = y_0', \ldots, y^{(n-1)}(+0) = y_0^{(n-1)} \tag{2.597}$$

geht bei Anwendung der Laplace-Transformation über in die Gleichung im Bildbereich

$$\begin{aligned} &p^n Y(p) - p^{n-1}y_0 - p^{n-2}y_0' - \cdots - py_0^{(n-2)} - y_0^{(n-1)} \\ &\quad + c_{n-1}[p^{n-1}Y(p) - p^{n-2}y_0 - p^{n-3}y_0' - \cdots - y_0^{(n-2)}] \\ &\quad \cdots\cdots\cdots\cdots \\ &\quad + c_1[pY(p) - y_0] \\ &\quad + c_0 Y(p) = F(p) \end{aligned} \tag{2.598}$$

bzw. zusammengefaßt

$$\begin{aligned} &(p^n + c_{n-1}p^{n-1} + \cdots + c_1 p + c_0)\, Y(p) \\ &\quad = F(p) + (a_{n-1}p^{n-1} + a_{n-2}p^{n-2} + \cdots + a_1 p + a_0). \end{aligned} \tag{2.599}$$

Daraus folgt schließlich

$$Y(p) = \frac{F(p) + (a_{n-1}p^{n-1} + \cdots + a_1 p + a_0)}{p^n + c_{n-1}p^{n-1} + \cdots + c_1 p + c_0}. \tag{2.600}$$

Gesucht ist dann diejenige Funktion $y(t)$, deren Laplace-Transformierte gerade $Y(p)$ ist. In den Fällen, in denen $f(t)$ so beschaffen ist, daß $F(p)$ eine rationale Funktion in p ist, erhält man $Y(p)$ insgesamt als rationale Funktion, die nach einer Partialbruchzerlegung unter Verwendung der Korrespondenztafel rücktransformiert werden kann.

Beispiele

1. $$y'' + 2y' + y = -11\cos 2t + 2\sin 2t, \quad y(0) = 1, \quad y'(0) = 0.$$

$$p^2 Y(p) - p + 2pY(p) - 2 + Y(p) = -11\frac{p}{p^2+4} + 2\frac{2}{p^2+4},$$

$$(p^2 + 2p + 1)\, Y(p) = \frac{-11p + 4}{p^2 + 4} + p + 2,$$

$$Y(p) = \frac{p^3 + 2p^2 - 7p + 12}{(p^2+4)(p+1)^2} = \frac{p}{p^2+4} - 2\frac{2}{p^2+4} + 4\frac{1}{(p+1)^2},$$

$$y(t) = \cos 2t - 2\sin 2t + 4t\exp(-t).$$

2. $$y'''' + 2y'' + y = \exp(-t), \quad y(1) = 0, \quad y'(1) = 1, \quad y''(1) = 0, \quad y'''(1) = 0.$$

Da die Anfangsbedingungen nicht auf $t = 0$ bezogen sind, wird zunächst eine Argumentverschiebung durchgeführt: $t = t' + 1$:

$$z'''' + 2z'' + z = \exp(-1)\exp(-t), \quad z(0) = 0, \quad z'(0) = 1, \quad z''(0) = z, \quad z'''(0) = 0.$$

$$\begin{aligned} Z(p) &= \frac{\exp(-1)\dfrac{1}{p+1} + p^2 + 2}{p^4 + 2p^2 + p} = \frac{P^3 + p^2 + 2p + 2 + \exp(-1)}{(p+1)(p^2+1)^2} \\ &= \frac{\exp(-1)}{4}\frac{1}{p+1} + \left(1 + \frac{\exp(-1)}{4}\right)\frac{1}{p^2+1} - \frac{\exp(-1)}{4}\frac{p}{p^2+1} \\ &\quad + \left(1 + \frac{\exp(-1)}{2}\right)\frac{1}{(p^2+1)^2} - \frac{\exp(-1)}{2}\frac{p}{(p^2+1)^2}, \end{aligned}$$

$$\begin{aligned} z(t') &= \frac{\exp[-(t'+1)]}{4} + \frac{3 + \exp(-1)}{2}\sin t' - \frac{\exp(-1)}{4}\cos t' \\ &\quad - \left(\frac{1}{2} + \frac{\exp(-1)}{4}\right)t'\cos t' - \frac{\exp(-1)}{4}t'\sin t', \end{aligned}$$

$$\begin{aligned} y(t) &= \frac{\exp(-1)}{4} + \frac{3 + \exp(-1)}{2}\sin(t-1) - \frac{\exp(-1)}{4}\cos(t-1) \\ &\quad - \left(\frac{1}{2} + \frac{\exp(-1)}{4}\right)(t-1)\cos(t-1) - \frac{\exp(-1)}{4}(t-1)\sin(t-1). \end{aligned}$$

3.
$$y_1 - 2y_2 + y_3 = -2t \qquad y_1(0) = 1,$$
$$-y_1' + 3y_2' - 2y_1 + y_2 = 3 + t \qquad y_2(0) = -1,$$
$$3y_3'' - 5y_1' - 2y_3 = 0 \qquad y_3(0) = -3, \; y_3(0) = 2.$$

Nach Transformation folgt das lineare Gleichungssystem

$$Y_1 \quad -2Y_2 \quad + Y_3 = -\frac{2}{p^2}$$
$$(-p-2)\,Y_1 + (3p+1)\,Y_2 \quad = -4 + \frac{3}{p} + \frac{1}{p^2}$$
$$-5pY_1 \quad + (3p^2 - 2)\,Y_3 = 1 - 9p,$$

aus dem schließlich

$$Y_1 = \frac{1}{p+2} + \frac{2}{p^2+1}, \quad Y_2 = \frac{1}{p^2} + \frac{1}{p^2+1} - \frac{p}{p^2+1}, \quad Y_3 = -\frac{1}{p+2} - \frac{2p}{p^2+1}$$

und damit

$$y_1(t) = \exp(-2t) + 2\sin t,$$
$$y_2(t) = \sin t - \cos t + t,$$
$$y_3(t) = -\exp(-2t) - 2\cos t$$

folgt.

2.11.5. Andere Typen von Differentialgleichungen

Die Laplace-Transformation kann mit Erfolg auf andere Typen von Differentialgleichungen angewendet werden. Bei linearen Differentialgleichungen mit veränderlichen Koeffizienten erhält man eine Differentialgleichung in p, deren Ordnung ggf. niedriger als die Ordnung der Ausgangsgleichung sein kann. Speziell dann, wenn die Koeffizienten Polynome 1. Grades sind, folgt eine Differentialgleichung 1. Ordnung in p, die meist leicht lösbar ist. Hinsichtlich der Rücktransformation bedient man sich der Korrespondenztafeln (s. auch [2.89] [290]), aber auch einer Reihenentwicklung der Bildfunktion und einer anschließenden gliedweisen Rücktransformation oder der Umkehrformel.

Bei Anwendung der Laplace-Transformation auf eine partielle Differentialgleichung wird die Anzahl der Veränderlichen reduziert. Bei 2 Veränderlichen $u(x, t)$ erhält man, wenn man bei der Transformation x als Parameter betrachtet, für die Bildfunktion $u(x, p)$ eine gewöhnliche Differentialgleichung. Für die Rücktransformation der Lösung gilt das gleiche wie oben.

2.12. Spezielle anwendungsorientierte Rechenverfahren der Elektrotechnik

2.12.1. Berechnen der Zweigströme in einem allgemeinen linearen Netzwerk mit Matrizen [2.113] bis [2.117]

Betrachtet werden lineare Netzwerke, die folgende Schaltelemente in beliebiger Zusammenschaltung (z. B. Bild 2.85) enthalten dürfen:

a) ohmsche Widerstände, Kapazitäten, Induktivitäten;
b) Gegeninduktivitäten;
c) aktive Dreipole, d. h. Transistoren oder Elektronenröhren in linearer Ersatzschaltung;
d) sinusförmige Spannungsquellen gleicher Frequenz ω[1]).

Die *Zweige* werden so gewählt, daß in ihnen nur Reihenschaltungen von Zweipolelementen auftreten. *Knoten* sind die Verbindungspunkte, an denen mehr als 2 Elemente anliegen.
Die *komplexen Zweigstromamplituden* lassen sich in diesem Fall mit der Matrizengleichung

$$(\underline{I}) = (\underline{C})\,(\underline{I}_\mathrm{M}) \tag{2.601}$$

[1]) Der Spezialfall $\omega = 0$ (Gleichspannungsquelle) ist eingeschlossen; jedoch dürfen dabei keine aktiven Elemente nach c) auftreten.

bestimmen. Dabei sind

$$(\underline{I}) = \begin{pmatrix} \underline{I}_1 \\ \underline{I}_2 \\ \vdots \\ \underline{I}_n \end{pmatrix} \quad \text{Matrix der Zweigströme,}$$

$(\underline{C})$ Verknüpfungsmatrix (s.u.),

$$(\underline{I}_M) = \begin{pmatrix} \underline{I}_{M1} \\ \underline{I}_{M2} \\ \vdots \\ \underline{I}_{Mm} \end{pmatrix} \quad \text{Matrix der selbständigen Maschenströme.}$$

Die Matrix $(\underline{I}_M)$ berechnet sich aus

$$(\underline{I}_M) = [(\underline{C})' (\underline{Z}) (\underline{C})]^{-1} (\underline{C})' (\underline{E}); \tag{2.602}$$

$(\underline{C})'$ ist die transponierte Matrix von $(\underline{C})$, s. S. 193.

Die hierbei auftretenden Matrizen werden nach dem folgenden Schema aufgestellt:

1. Eintragen der *Zweigströme* $\underline{I}_1, \ldots, \underline{I}_n$ in die Schaltung. Das Durchnumerieren und die Richtungsvorgabe für die Zweigströme können beliebig erfolgen (s. Bild 2.85).
2. Vorgabe der selbständigen *Maschenströme* entsprechend S. 112. Der Umlaufsinn ist willkürlich wählbar (s. Bild 2.85).
3. Aufstellen der *Verknüpfungsmatrix* $(\underline{C})$. Dabei sind die Spalten den Maschen und die Zeilen den Zweigen zugeordnet. Enthält eine Masche μ den Zweig ν, so kommt an die betreffende Kreuzungsstelle $+1$, wenn Umlaufsinn der Masche und Richtung des Zweigstromes übereinstimmen, bzw. -1, wenn Umlaufsinn und Zweigstromrichtung entgegengesetzt sind. Enthält die Masche den Zweig nicht, so kommt an die Kreuzungsstelle eine Null.

Beispiel. Für Bild 2.85 lautet $(\underline{C})$

$$(\underline{C}) = \begin{pmatrix} -1 & 0 & 0 & 0 \\ +1 & 0 & -1 & 0 \\ -1 & +1 & 0 & 0 \\ 0 & +1 & -1 & 0 \\ 0 & +1 & 0 & 0 \\ 0 & 0 & +1 & 0 \\ 0 & 0 & 0 & -1 \end{pmatrix} \begin{matrix} \text{Zweig 1} \\ \text{Zweig 2} \\ \text{Zweig 3} \\ \text{Zweig 4} \\ \text{Zweig 5} \\ \text{Zweig 6} \\ \text{Zweig 7} \end{matrix}$$

Masche 1 Masche 2 Masche 3 Masche 4

4. Aufstellen der *Impedanzmatrix* $(\underline{Z})$. Sie hat die Form

$$(\underline{Z}) = \begin{pmatrix} \underline{Z}_{11} & \underline{Z}_{12} & \underline{Z}_{13} \cdots \underline{Z}_{1n} \\ \underline{Z}_{21} & \underline{Z}_{22} & \underline{Z}_{23} \cdots \underline{Z}_{2n} \\ \vdots & & \vdots \\ \underline{Z}_{n1} & \underline{Z}_{n2} & \underline{Z}_{n3} \cdots \underline{Z}_{nn} \end{pmatrix}, \tag{2.603}$$

wobei sich die Indizes auf die Zweige beziehen. Die Elemente der Hauptdiagonalen $\underline{Z}_{11}, \underline{Z}_{22}, \underline{Z}_{33}, \ldots, \underline{Z}_{nn}$ sind die *Gesamtscheinwiderstände der Zweige* 1, 2, 3, ..., n.

Beispiel. Für Bild 2.85 ist

$$\underline{Z}_{11} = R_1 + \mathrm{j}\omega L_1 + \frac{1}{\mathrm{j}\omega C_1}; \quad \underline{Z}_{22} = \frac{1}{\mathrm{j}\omega C_2}; \quad \underline{Z}_{33} = R_3 + \mathrm{j}\omega L_3 \quad \text{usw.}$$

Die übrigen Matrixelemente (mit verschiedenen Indizes) enthalten die *Koppelglieder* zwischen den Zweigen, die entsprechend den zugelassenen Schaltelementen nur bei Gegeninduktivitäten und aktiven Dreipolen auftreten können. Die Koppelglieder sind Null, wenn zwischen den betreffenden Zweigen keine Kopplung besteht.

Gegeninduktivitäten. Die Koppelglieder zwischen den Zweigen i und j haben die Form

$$\underline{Z}_{ij} = \underline{Z}_{ji} = \pm \mathrm{j}\omega M_{ij}, \tag{2.604}$$

da nur *eine* Gegeninduktivität zwischen zwei Zweigen existieren kann. Als Vorzeichen ist Plus zu nehmen, wenn die verkoppelten Ströme den gemeinsamen Fluß gleichsinnig umfassen, sonst gilt das Minuszeichen (vgl. S. 124).

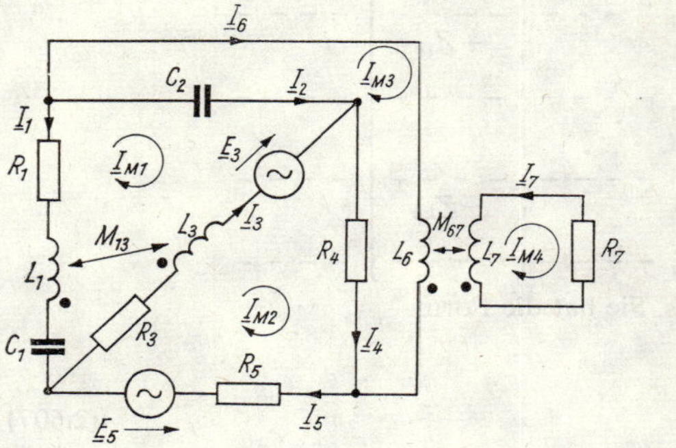

Bild 2.85
Zu berechnendes Netzwerk

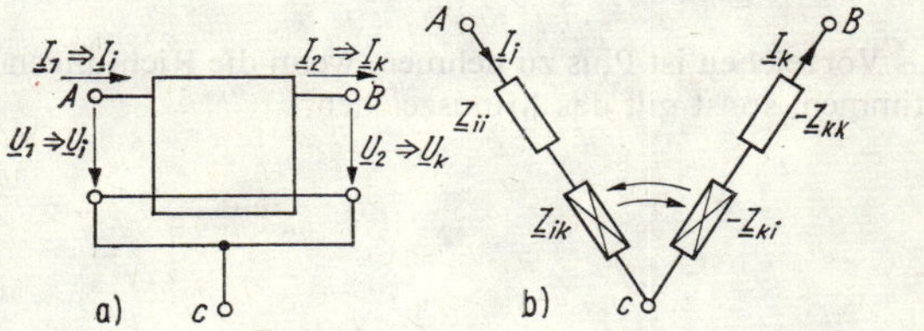

Bild 2.86
Zur Einfügung von aktiven Dreipolen in das allgemeine Netzwerk
a) Vierpoldarstellung; b) Ersatzschaltung im allgemeinen Netzwerk

Beispiel. Die Matrix ($\underline{Z}$) des Netzwerks nach Bild 2.91 lautet somit

$$(\underline{Z}) = \begin{pmatrix} R_1 + \mathrm{j}\omega L_1 + \dfrac{1}{\mathrm{j}\omega C_1} & 0 & \mathrm{j}\omega M_{13} & 0 & 0 & 0 & 0 \\ 0 & \dfrac{1}{\mathrm{j}\omega C_2} & 0 & 0 & 0 & 0 & 0 \\ -\mathrm{j}\omega M_{13} & 0 & R_3 + \mathrm{j}\omega L_3 & 0 & 0 & 0 & 0 \\ 0 & 0 & 0 & R_4 & 0 & 0 & 0 \\ 0 & 0 & 0 & 0 & R_5 & 0 & 0 \\ 0 & 0 & 0 & 0 & 0 & \mathrm{j}\omega L_6 & \mathrm{j}\omega M_{67} \\ 0 & 0 & 0 & 0 & 0 & \mathrm{j}\omega M_{67} & R_7 + \mathrm{j}\omega L_7 \end{pmatrix}.$$

Aktive Dreipole. Sie seien durch die Vierpolparameter in der Widerstandsform (s. S. 151) beschrieben.[1]) Dann gelten für den Dreipol die Klemmenbeziehungen

$$\left.\begin{aligned} \underline{U}_1 &= \underline{Z}_{11}\underline{I}_1 + \underline{Z}_{12}\underline{I}_2, \\ \underline{U}_2 &= \underline{Z}_{21}\underline{I}_1 + \underline{Z}_{22}\underline{I}_2. \end{aligned}\right\} \tag{2.605}$$

Zusätzlich wird eine durchgehende Leitung nach Bild 2.86a vorausgesetzt.

Beim Einfügen in ein elektrisches Netzwerk wird der Punkt C zu einem Knoten, während die Klemmen A und B zwei Zweigen (i und k) zugeordnet werden. Zweckmäßig wird deshalb

[1]) Liegen sie in anderer Form vor, so ist die Umrechnung mit Tafel 1.20, S. 152, leicht möglich.

umindiziert ($1 \to i$, $2 \to k$), wodurch Gl. (2.605) in

$$\left.\begin{aligned} \underline{U}_i &= \underline{Z}_{ii}\underline{I}_i + \underline{Z}_{ik}\underline{I}_k, \\ \underline{U}_k &= \underline{Z}_{ki}\underline{I}_i + \underline{Z}_{kk}\underline{I}_k \end{aligned}\right\} \tag{2.606}$$

übergeht. Bild 2.86b zeigt dafür die entsprechende Ersatzschaltung. $\underline{Z}_{ii}$ und $-\underline{Z}_{kk}$ sind zu den Gesamtscheinwiderständen der Zweige i bzw. k zu addieren, während $\underline{Z}_{ik}$ und $-\underline{Z}_{ki}$ (i. allg. ungleiche) Koppelglieder bilden. Insgesamt sind für den aktiven Dreipol in die Matrix $(\underline{Z})$ einzufügen:

$(\underline{Z}) =$

Spalte:	i		k	Zeile:
$\ddots$				
	$+\underline{Z}_{ii}$		$+\underline{Z}_{ik}$	i
		$\ddots$		
	$-\underline{Z}_{ki}$		$-\underline{Z}_{kk}$	k

5. Aufstellen der *Matrix der Zweig-EMKs*. Sie hat die Form

$$(\underline{E}) = \begin{pmatrix} \pm \underline{E}_1 \\ \pm \underline{E}_2 \\ \vdots \\ \pm \underline{E}_n \end{pmatrix} \tag{2.607}$$

und enthält die EMKs der Zweige. Als Vorzeichen ist Plus zu nehmen, wenn die Richtungen von Zweigstrom und EMK übereinstimmen, sonst gilt das Minuszeichen.

Beispiel. Für Bild 2.85 lautet $(\underline{E})$

$$(\underline{E}) = \begin{bmatrix} 0 \\ 0 \\ \underline{E}_3 \\ 0 \\ -\underline{E}_5 \\ 0 \\ 0 \end{bmatrix}.$$

Die Matrizen $(\underline{C})$, $(\underline{Z})$ und $(\underline{E})$ lassen sich einfach aus dem Netzwerk ablesen. Die weitere Rechnung erfolgt durch aufeinanderfolgende numerische Auswertungen der Gln. (2.602) und (2.601). Enthält die Matrix $(\underline{Z})$ komplexe Elemente, so spaltet man sie nach Real- und Imaginärteil auf. Bei umfangreicheren Netzwerken empfiehlt sich die Benutzung eines Digitalrechners, für den in der Regel die erforderlichen Matrizenoperationen als Standardsystemunterlagen vorliegen.

2.12.2. Berechnen der symmetrischen Komponenten in Dreiphasensystemen mit Matrizen [2.115] [2.118] bis [2.120]

2.12.2.1. Systeme mit Nulleiter

Für das Zerlegen der komplexen Amplituden der *Leiterströme* in symmetrische Komponenten benutzt man den Ansatz (vgl. S. 133)

$$\left.\begin{aligned} \underline{I}_R &= \underline{I}_0 + \underline{I}_1 + \underline{I}_2, \\ \underline{I}_S &= \underline{I}_0 + \underline{a}^2\underline{I}_1 + \underline{a}\underline{I}_2, \\ \underline{I}_T &= \underline{I}_0 + \underline{a}\underline{I}_1 + \underline{a}^2\underline{I}_2; \end{aligned}\right\} \tag{2.608}$$

$\underline{I}_0$ Nullkomponente, $\underline{I}_1$ Mitkomponente, $\underline{I}_2$ Gegenkomponente, $\underline{a} = \exp(\mathrm{j}\ 120°)$. In Matrizenschreibweise lautet Gl. (2.608)

$$(\underline{I}) = (\underline{C}_s)(\underline{I}_s), \tag{2.609}$$

ausführlich:

$$\begin{pmatrix} \underline{I}_R \\ \underline{I}_S \\ \underline{I}_T \end{pmatrix} = \begin{pmatrix} 1 & 1 & 1 \\ 1 & \underline{a}^2 & \underline{a} \\ 1 & \underline{a} & \underline{a}^2 \end{pmatrix} \begin{pmatrix} \underline{I}_0 \\ \underline{I}_1 \\ \underline{I}_2 \end{pmatrix}. \tag{2.610}$$

Aus der Matrix der Leiterströme erhält man die symmetrischen Komponenten zu

$$(\underline{I}_s) = (\underline{C}_s)^{-1}(\underline{I}) \tag{2.611}$$

mit

$$(\underline{C}_s)^{-1} = \frac{1}{3} \begin{pmatrix} 1 & 1 & 1 \\ 1 & \underline{a} & \underline{a}^2 \\ 1 & \underline{a}^2 & \underline{a} \end{pmatrix}. \tag{2.612}$$

$(\underline{C}_s)^{-1}$ bedeutet die inverse Matrix von $(\underline{C}_s)$, s. S. 194. Die zugehörigen *symmetrischen Ersatzspannungen* findet man unter Einhalten der Leistungsgleichheit für das unsymmetrische System und die drei symmetrischen Systeme mit

$$(\underline{U}_s) = (\underline{C}_s)^{-1}(\underline{U}), \tag{2.613}$$

ausführlich

$$\begin{pmatrix} \underline{U}_0 \\ \underline{U}_1 \\ \underline{U}_2 \end{pmatrix} = (\underline{C}_s)^{-1} \begin{pmatrix} \underline{U}_R \\ \underline{U}_S \\ \underline{U}_T \end{pmatrix}. \tag{2.614}$$

Besteht zwischen den *unsymmetrischen* Größen die Beziehung

$$(\underline{U}) = (\underline{Z})(\underline{I}), \tag{2.615}$$

dann gilt für die *symmetrischen* Größen

$$(\underline{U}_s) = (\underline{Z}_s)(\underline{I}_s), \tag{2.616}$$

wobei

$$(\underline{Z}_s) = \begin{pmatrix} \underline{Z}_{00} & \underline{Z}_{01} & \underline{Z}_{02} \\ \underline{Z}_{10} & \underline{Z}_{11} & \underline{Z}_{12} \\ \underline{Z}_{20} & \underline{Z}_{21} & \underline{Z}_{22} \end{pmatrix} = (\underline{C}_s)^{-1}(\underline{Z})(\underline{C}_s). \tag{2.617}$$

Das elektrische Abbild der Gl. (2.616) zeigt Bild 2.87. Die dreiphasige, verkettete Schaltung wird auf einfache Stromkreise reduziert, die miteinander verkoppelt sind. Dabei sind i. allg. die Kopplungen zwischen den symmetrischen Strömen richtungsabhängig, d. h., $\underline{Z}_{10} \neq \underline{Z}_{01}$ usw. Sie verschwinden, wenn Leitung und Verbraucher balanciert sind. Sind die Phasenspannungen symmetrisch ($\underline{U}_S = \underline{a}^2 \underline{U}_R$, $\underline{U}_T = \underline{a}\underline{U}_R$), so wird nach Gl. (2.613) $\underline{U}_0 = \underline{U}_2 = 0$.

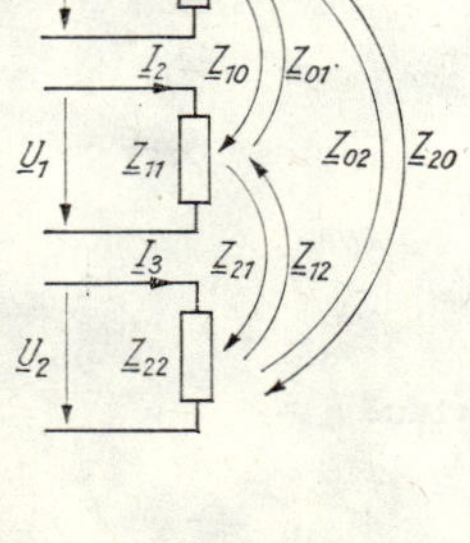

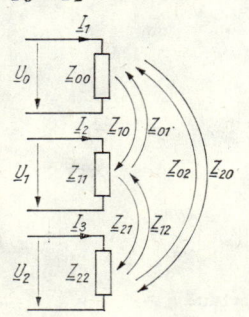

Bild 2.87
Elektrisches Abbild der Gl. (2.616)

Die Impedanzmatrix $(\underline{Z})$ wird mit Hilfe der Kirchhoffschen Sätze und Gl. (2.615) gefunden. Für die allgemeine Sternschaltung eines Verbrauchers (Bild 2.88) lautet sie

$$(\underline{Z}) = \begin{pmatrix} \underline{Z}_{RR} + \underline{Z}_0 & \underline{Z}_{RS} + \underline{Z}_0 & \underline{Z}_{RT} + \underline{Z}_0 \\ \underline{Z}_{SR} + \underline{Z}_0 & \underline{Z}_{SS} + \underline{Z}_0 & \underline{Z}_{ST} + \underline{Z}_0 \\ \underline{Z}_{TR} + \underline{Z}_0 & \underline{Z}_{TS} + \underline{Z}_0 & \underline{Z}_{TT} + \underline{Z}_0 \end{pmatrix} \tag{2.618}$$

($\underline{Z}_{RR}$, $\underline{Z}_{SS}$, $\underline{Z}_{TT}$ Gesamtscheinwiderstände der Stränge R, S, T; $\underline{Z}_{RS} = \underline{Z}_{SR}$, $\underline{Z}_{ST} = \underline{Z}_{TS}$, $\underline{Z}_{TR} = \underline{Z}_{RT}$ Kopplungen zwischen den Strängen R, S, T; $\underline{Z}_0$ Gesamtscheinwiderstand des Nulleiters).

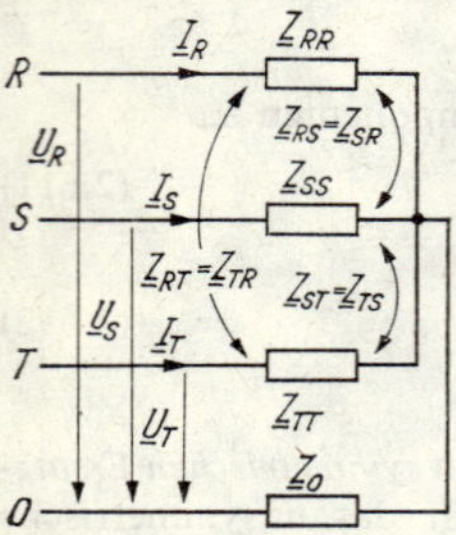

Bild 2.88. Allgemeiner Verbraucher in Sternschaltung

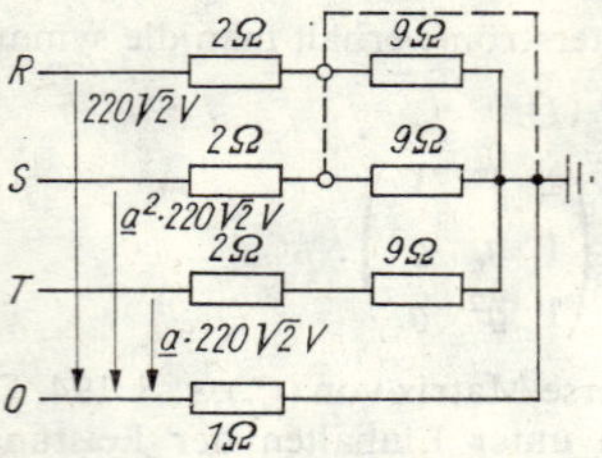

Bild 2.89. Beispiel eines zweipoligen Erdschlusses am Verbraucher

Aus dem vorgegebenen Belastungsfall $(\underline{Z})$ und den vorgegebenen Spannungen $(\underline{U})$ berechnen sich die symmetrischen Komponenten der Leiterströme zu

$$(\underline{I}_s) = (\underline{C}_s)^{-1}\,(\underline{Z})^{-1}\,(\underline{U}). \tag{2.619}$$

Beispiel. Ein symmetrischer Verbraucher nach Bild 2.89 erfahre einen zweipoligen Erdschluß. Die Kopplungen zwischen den Zweigen seien vernachlässigbar. Dann gilt nach Gl. (2.618)

$$(\underline{Z}) = \begin{pmatrix} 3 & 1 & 1 \\ 1 & 3 & 1 \\ 1 & 1 & 12 \end{pmatrix} \Omega,$$

$$(\underline{Z})^{-1} = \frac{1}{92} \begin{pmatrix} 35 & -11 & -2 \\ -11 & 35 & -2 \\ -2 & -2 & 8 \end{pmatrix} \Omega^{-1}.$$

Die Matrix der Sternspannungen ist nach Bild 2.89

$$(\underline{U}) = 220 \cdot \sqrt{2} \begin{pmatrix} 1 \\ \underline{a}^2 \\ \underline{a} \end{pmatrix} \text{V}.$$

Damit ergeben sich die symmetrischen Komponenten der Leiterströme nach den Gln. (2.612) und (2.619) zu

$$(\underline{I}_s) = \frac{220 \cdot \sqrt{2}}{92} \begin{pmatrix} -6\underline{a} \\ 31 \\ -15\underline{a}^2 \end{pmatrix} \text{A}.$$

Die Matrix $(\underline{Z}_s)$ berechnet sich nach Gl. (2.617):

$$(\underline{Z}_s) = \begin{pmatrix} 8 & 3\underline{a} & 3\underline{a}^2 \\ 3\underline{a}^2 & 5 & 3\underline{a} \\ 3\underline{a} & 3\underline{a}^2 & 5 \end{pmatrix}.$$

Daraus erhält man die symmetrischen Ersatzspannungen mit Gl. (2.616):

$$(\underline{U}_s) = 220 \cdot \sqrt{2} \begin{pmatrix} 0 \\ 1 \\ 0 \end{pmatrix} \text{V}.$$

Das letztere hätte man schneller erhalten, wenn man nach Gl. (2.613) $(\underline{U}_s)$ bestimmt hätte.

2.12.2.2. Systeme ohne Nulleiter

Bei Systemen ohne Nulleiter verschwindet wegen der Bedingung

$$\underline{I}_R + \underline{I}_S + \underline{I}_T = 0 \tag{2.620}$$

die Nullkomponente. Zur Beschreibung des Systems genügen zwei Ströme, z.B. $\underline{I}_R$ und $\underline{I}_T$. Aus Gl. (2.608) folgt damit

$$\left.\begin{aligned} \underline{I}_R &= \underline{I}_1 + \underline{I}_2 , \\ \underline{I}_T &= \underline{a}\underline{I}_1 + \underline{a}^2\underline{I}_2 , \end{aligned}\right\} \tag{2.621}$$

$$(\underline{I}) = (\underline{C}_s)\,(\underline{I}_s), \tag{2.622}$$

ausführlich

$$\begin{pmatrix} \underline{I}_R \\ \underline{I}_T \end{pmatrix} = \begin{pmatrix} 1 & 1 \\ \underline{a} & \underline{a}^2 \end{pmatrix} \begin{pmatrix} \underline{I}_1 \\ \underline{I}_2 \end{pmatrix}. \tag{2.623}$$

Aus den vorgegebenen Spannungen $(\underline{U})$ und dem vorgegebenen Belastungsfall $(\underline{Z})$ ermittelt man die symmetrischen Komponenten der Leiterströme zu

$$(\underline{I}_s) = (\underline{C}_s)^{-1}\,(\underline{Z})^{-1}\,(\underline{U}), \tag{2.624}$$

wobei

$$(\underline{C}_s)^{-1} = \frac{\mathrm{j}}{\sqrt{3}} \begin{pmatrix} \underline{a}^2 & -1 \\ -\underline{a} & 1 \end{pmatrix}. \tag{2.625}$$

Die Impedanzmatrix $(\underline{Z})$ wird zweckmäßig für die Leiterspannungen und -ströme definiert. Wegen

$$\underline{U}_{RS} + \underline{U}_{ST} + \underline{U}_{TR} = 0 \tag{2.626}$$

genügen zwei Spannungsgrößen zur Beschreibung.

Beispiel. Für einen Verbraucher nach Bild 2.90 ergibt sich mit den Kirchhoffschen Sätzen

$$\begin{pmatrix} \underline{U}_{RS} \\ \underline{U}_{TS} \end{pmatrix} = \begin{pmatrix} \underline{Z}_R + \underline{Z}_S & \underline{Z}_S \\ \underline{Z}_S & \underline{Z}_S + \underline{Z}_T \end{pmatrix} \begin{pmatrix} \underline{I}_R \\ \underline{I}_T \end{pmatrix},$$

$$(\underline{U}) = (\underline{Z})\,(\underline{I}).$$

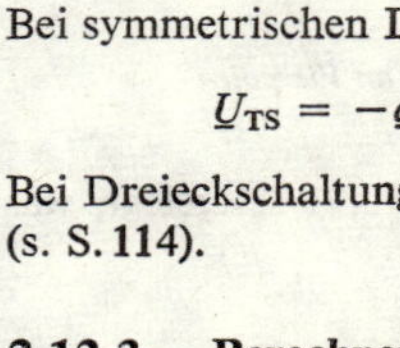

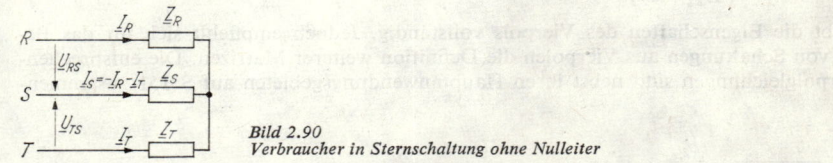

Bild 2.90
Verbraucher in Sternschaltung ohne Nulleiter

Bei symmetrischen Leiterspannungen gilt die Beziehung

$$\underline{U}_{TS} = -\underline{a}^2\underline{U}_{RS}. \tag{2.627}$$

Bei Dreieckschaltung des Verbrauchers nimmt man eine Dreieck-Stern-Transformation vor (s. S. 114).

2.12.3. Berechnen von Vierpolen mit Matrizen [2.113] [2.116] [2.120] bis [2.122]

Das Anwenden der Matrizenrechnung auf die Vierpoltheorie liefert ein schematisiertes Verfahren zum Berechnen komplizierter Vierpolschaltungen, insbesondere von gegengekoppelten Verstärkern, frequenzabhängigen Verstärkern, Kettenschaltungen u.ä. Dabei ist wichtig, daß der Rechenaufwand durch Tafeln, wie sie in diesem Abschnitt enthalten sind, auf ein Minimum reduziert wird. Physikalische Grundlagen der Vierpoltheorie s. S. 151.

2.12.3.1. Definition der Vierpolmatrizen

Bestehen bei einem Vierpol *lineare* Beziehungen zwischen den Strömen und Spannungen an seinen Klemmen, so läßt sich sein Verhalten durch ein lineares Gleichungssystem beschreiben, z. B. in der „Widerstandsform" der Vierpolgleichungen:

$$\left.\begin{aligned} u_1 &= Z_{11}i_1 + Z_{12}i_2, \\ u_2 &= Z_{21}i_1 + Z_{22}i_2. \end{aligned}\right\} \tag{2.628}$$

Bedingung ist, daß der Vierpol entweder nur aus linearen ohmschen Widerständen besteht oder daß bei nichtlinearen Elementen (Röhren, Transistoren usw.) die Signalaussteuerungen oder die zu betrachtenden Änderungen $u_{1\,\max}$, $u_{2\,\max}$, $i_{1\,\max}$ und $i_{2\,\max}$ des stationären Zustands so klein sind, daß die benutzten Kennlinienteile hinreichend genau durch Geraden angenähert werden können (Kleinsignal).
Sind die Ströme und Spannungen *sinusförmig* und von *gleicher Frequenz*, so lassen sich auch Vierpole mit Blindschaltelementen (Induktivitäten, Kapazitäten, Röhren und Transistoren bei höheren Frequenzen usw.) behandeln. Das lineare Gleichungssystem gilt dann für die komplexen Amplituden der Ströme und Spannungen, wobei die Vierpolparameter zu komplexen Operatoren werden. In der Widerstandsform erhält man analog zu Gl. (2.628)

$$\left.\begin{aligned} \underline{U}_1 &= \underline{Z}_{11}\underline{I}_1 + \underline{Z}_{12}\underline{I}_2, \\ \underline{U}_2 &= \underline{Z}_{21}\underline{I}_1 + \underline{Z}_{22}\underline{I}_2. \end{aligned}\right\} \tag{2.629}$$

Im folgenden wird die Schreibweise von Gl. (2.628) benutzt. *Alle Beziehungen des Abschnitts* 2.12.3. *gelten analog für die komplexen Amplituden, wenn man sie entsprechend Gl.* (2.629) *umschreibt*. In Matrizenschreibweise lautet Gl. (2.628)

$$\begin{pmatrix} u_1 \\ u_2 \end{pmatrix} = \begin{pmatrix} Z_{11} & Z_{12} \\ Z_{21} & Z_{22} \end{pmatrix} \begin{pmatrix} i_1 \\ i_2 \end{pmatrix}. \tag{2.630}$$

Die *Widerstandsmatrix*

$$(Z) = \begin{pmatrix} Z_{11} & Z_{12} \\ Z_{21} & Z_{22} \end{pmatrix}$$

beschreibt die Eigenschaften des Vierpols vollständig. Jedoch empfiehlt sich für das Berechnen von Schaltungen aus Vierpolen die Definition weiterer Matrizen. Die entsprechenden Vierpolgleichungen sind nebst ihren Hauptanwendungsgebieten auf S. 151 zusammengestellt.

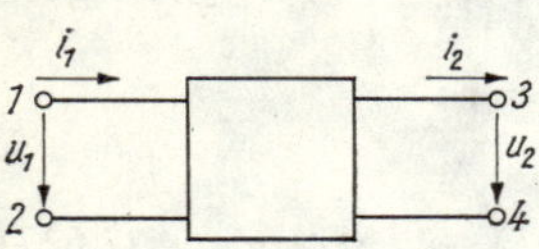

Bild 2.91
Richtungsdefinitionen für Ströme und Spannungen an Vierpolen

Die Richtungen der Ströme und Spannungen werden meist nach Bild 2.91 festgelegt, was auch für diesen Abschnitt gelten soll.

2.12.3.2. Umrechnen der Matrizenelemente

Mit Tafel 1.20 (S. 152) lassen sich die Elemente der einzelnen Matrizen, d. h. die Parameter der Vierpolgleichungen, aus denen der übrigen berechnen. Sämtliche Matrizen *einer Zeile* sind identisch.
Tafel 1.21 (S. 152) gibt an, wie sich die Determinanten der Matrizen aus den Elementen der anderen Matrizen berechnen. Auch hier sind die Ausdrücke *einer Zeile* identisch.

2.12.3.3. Aufstellen der Vierpolmatrizen

Die Matrizenelemente für ein Vierpolnetzwerk können nach 2 Verfahren ermittelt werden, wobei das erste für kompliziertere, das zweite für einfachere Vierpole zweckmäßig ist:
Anwenden der Kirchhoffschen Gleichungen. 1. Aufstellen der Kirchhoffschen Gleichungen für den Vierpol, zweckmäßig unter Benutzung der verkürzten Verfahren der Netzwerkberechnung (vgl. S. 117 bis 123);
2. Auflösen nach den *abhängigen* Variablen der gewünschten Matrix;
3. Koeffizientenvergleich mit den zur Matrix gehörenden Vierpolgleichungen.

Beispiel. Für den Vierpol nach Bild 2.92 ist die Reihen-Parallel-Matrix [s. Gln. (1.538) und (1.539), S. 151] aufzustellen. Es werden drei selbständige Maschenströme i_1, i_{II} und i_{III} so gewählt, daß

$$i_1 = i_I \quad \text{und} \quad i_2 = i_{III}$$

ist. Die dazugehörigen Maschengleichungen lauten

Masche I: $u_1 = (Z_1 + Z_3)\, i_1 - Z_3 i_{II}$,

Masche II: $0 = -Z_3 i_1 + (Z_2 + Z_3 + Z_4)\, i_{II} - Z_4 i_2$,

Masche III: $-u_2 = -Z_4 i_{II} + Z_4 i_2$.

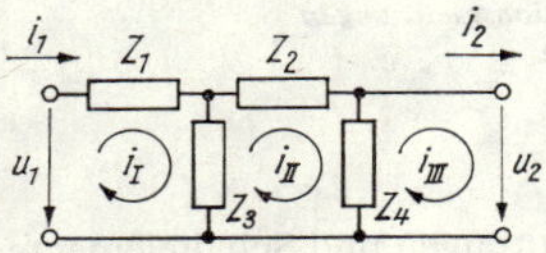

Bild 2.92
Vierpolnetzwerk

Eliminieren von i_{II} mit der zweiten Gleichung und Auflösen nach u_1 und i_2:

$$u_1 = \left(Z_1 + \frac{Z_2 Z_3}{Z_2 + Z_3}\right) i_1 + \frac{Z_3}{Z_2 + Z_3}\, u_2, \quad i_2 = \frac{Z_2 + Z_3 + Z_4}{Z_4 (Z_2 + Z_3)}\, u_2.$$

Koeffizientenvergleich mit

$$u_1 = H_{11} i_1 + H_{12} u_2,$$
$$i_2 = H_{21} i_1 + H_{22} u_2$$

ergibt

$$H_{11} = Z_1 + \frac{Z_2 Z_3}{Z_2 + Z_3}, \quad H_{12} = \frac{Z_3}{Z_2 + Z_3}, \quad H_{21} = \frac{Z_3}{Z_2 + Z_3}, \quad H_{22} = -\frac{Z_2 + Z_3 + Z_4}{Z_4 (Z_2 + Z_3)}.$$

Ermitteln der Matrizenelemente aus ihren physikalischen Definitionsgleichungen. Durch Nullsetzen der einzelnen unabhängigen Variablen in den Vierpolgleichungen (physikalisch gleichbedeutend mit Kurzschluß bzw. Leerlauf am Eingang oder Ausgang) erhält man physikalische Definitionsgleichungen für die Matrizenelemente, womit diese aus dem Netzwerk bestimmt werden können.

Beispiel. Die Vierpolgleichungen in Reihen-Parallel-Form

$$u_1 = H_{11} i_1 + H_{12} u_2,$$
$$i_2 = H_{21} i_1 + H_{22} u_2$$

ergeben bei sekundärem Kurzschluß

$H_{11} = \left[\frac{u_1}{i_1}\right]_{u_2 = 0}$ Eingangswiderstand bei sekundärem Kurzschluß,

$H_{21} = \left[\frac{i_2}{i_1}\right]_{u_2 = 0}$ Stromübersetzung vorwärts bei sekundärem Kurzschluß

und bei primärem Leerlauf

$H_{12} = \left[\frac{u_1}{u_2}\right]_{i_1 = 0}$ Spannungsübersetzung rückwärts bei primärem Leerlauf,

$H_{22} = \left[\frac{i_2}{u_2}\right]_{i_1 = 0}$ negativer rückwärtiger Eingangsleitwert bei primärem Leerlauf.

Angewendet auf Bild 2.92, erhält man für den sekundären Kurzschluß, wie man leicht aus Bild 2.93a ablesen kann,

$$H_{11} = Z_1 + Z_2 \,||\, Z_3 = Z_1 + \frac{Z_2 Z_3}{Z_2 + Z_3},$$

$$H_{21} = \frac{Z_2 \,||\, Z_3}{Z_2} = \frac{Z_3}{Z_2 + Z_3} \quad \text{(Stromteilerregel).}$$

Für den primären Leerlauf ergibt sich nach Bild 2.93b

$$H_{12} = \frac{Z_3}{Z_2 + Z_3} \quad \text{(Spannungsteilerregel),}$$

$$H_{22} = \frac{1}{Z_4 \,||\, (Z_2 + Z_3)} = -\frac{Z_2 + Z_3 + Z_4}{Z_4 (Z_2 + Z_3)}.$$

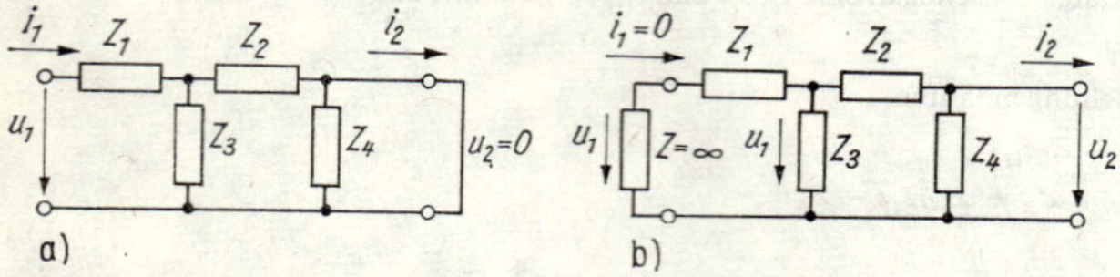

Bild 2.93. Zur Ermittlung der Matrizenelemente aus ihren physikalischen Definitionsgleichungen
a) sekundärer Kurzschluß; b) primärer Leerlauf

2.12.3.4. Matrizen wichtiger Schaltungen

Die Tafeln 2.26 bis 2.28 geben die Matrizen wichtiger Grundschaltungen und Schaltelemente an, wobei die Vorzeichenfestlegung nach Bild 2.91 gilt.
In Tafel 2.26 sind die wichtigsten Vierpole der *Filtertheorie* zusammengestellt. Sie gilt auch für komplexe Widerstände, wenn man formal die Z, Z_1, Z_2, Z_3 durch $\underline{Z}, \underline{Z}_1, \underline{Z}_2, \underline{Z}_3$ ersetzt.
Tafel 2.27 enthält die komplexen Operatormatrizen von *Übertragern* und *Leitungen*.
In Tafel 2.28 sind ebenfalls in Operatorform die wichtigsten Matrizen angeführt, die man zur Berechnung von *Röhrenschaltungen* benötigt. Die gezeichneten Schaltungen gelten nur für das Wechselstromverhalten.
Die Tafeln 2.26 bis 2.28 können benutzt werden, um *äquivalente Vierpole* zu vorgegebenen Schaltungen zu finden; denn es gilt der Satz: *Vierpole haben gleiches elektrisches Verhalten, wenn ihre Matrizen gleich sind, d.h., wenn sie in den entsprechenden Matrizenelementen übereinstimmen.*

Beispiel. Der Vierpol aus Bild 2.92 soll in eine äquivalente Π-Schaltung übergeführt werden. Seine H-Parameter sind im Abschn. 2.12.3.3. ermittelt worden.

Die H-Matrix des Π-Vierpols lautet nach Tafel 2.26

$$(H') = \begin{pmatrix} \dfrac{Z_1' Z_3'}{Z_1' + Z_3'} & \dfrac{Z_1'}{Z_1' + Z_3'} \\ \dfrac{Z_1'}{Z_1' + Z_3'} & -\dfrac{Z_1' + Z_2' + Z_3'}{Z_2'(Z_1' + Z_3')} \end{pmatrix} = \begin{pmatrix} H_{11} & H_{12} \\ H_{21} & H_{22} \end{pmatrix}.$$

Vergleich der Matrizenelemente:

$$Z_1 + \frac{Z_2 Z_3}{Z_2 + Z_3} = \frac{Z_2' Z_3'}{Z_1' + Z_3'}, \quad \frac{Z_3}{Z_2 + Z_3} = \frac{Z_1'}{Z_1' + Z_3'}, \quad \frac{Z_2 + Z_3 + Z_4}{Z_4 (Z_2 + Z_3)} = \frac{Z_1' + Z_2' + Z_3'}{Z_2'(Z_1' + Z_3')}.$$

Eliminiert man mit der zweiten Gleichung in der ersten den Ausdruck $Z_1'/(Z_1' + Z_3')$, so ergibt sich

$$Z_3' = Z_1 \frac{Z_2 + Z_3}{Z_3} + Z_2, \quad Z_1' = Z_3' \frac{Z_3}{Z_2} = Z_1 \frac{Z_2 + Z_3}{Z_2} + Z_3,$$

$$Z_2' = \frac{1}{\dfrac{1}{Z_4} + \dfrac{Z_1}{Z_1 Z_2 + Z_2 Z_3 + Z_1 Z_3}}.$$

Tafel 2.26. Matrizen wichtiger passiver Vierpole

Schaltung	(Z)	(Y)	(H)	(D)	(A)
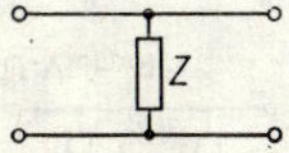 Querwiderstand	$\begin{pmatrix} Z & -Z \\ Z & -Z \end{pmatrix}$	existiert nicht (Matrix ist unendlich)	$\begin{pmatrix} 0 & 1 \\ 1 & -\frac{1}{Z} \end{pmatrix}$	$\begin{pmatrix} \frac{1}{Z} & 1 \\ 1 & 0 \end{pmatrix}$	$\begin{pmatrix} 1 & 0 \\ \frac{1}{Z} & 1 \end{pmatrix}$
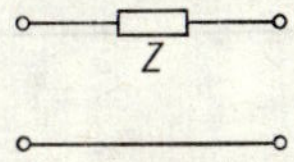 Längswiderstand	existiert nicht	$\begin{pmatrix} \frac{1}{Z} & -\frac{1}{Z} \\ \frac{1}{Z} & -\frac{1}{Z} \end{pmatrix}$	$\begin{pmatrix} Z & 1 \\ 1 & 0 \end{pmatrix}$	$\begin{pmatrix} 0 & 1 \\ 1 & -Z \end{pmatrix}$	$\begin{pmatrix} 1 & Z \\ 0 & 1 \end{pmatrix}$
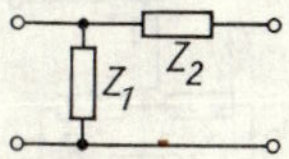 Γ-Vierpol I	$\begin{pmatrix} Z_1 & -Z_1 \\ Z_1 & -Z_1-Z_2 \end{pmatrix}$	$\begin{pmatrix} \frac{Z_1+Z_2}{Z_1Z_2} & -\frac{1}{Z_2} \\ \frac{1}{Z_2} & -\frac{1}{Z_2} \end{pmatrix}$	$\begin{pmatrix} \frac{Z_1Z_2}{Z_1+Z_2} & \frac{Z_1}{Z_1+Z_2} \\ \frac{Z_1}{Z_1+Z_2} & \frac{-1}{Z_1+Z_2} \end{pmatrix}$	$\begin{pmatrix} \frac{1}{Z_1} & 1 \\ 1 & -Z_2 \end{pmatrix}$	$\begin{pmatrix} 1 & Z_2 \\ \frac{1}{Z_1} & \frac{Z_1+Z_2}{Z_1} \end{pmatrix}$
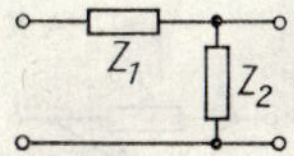 Γ-Vierpol II	$\begin{pmatrix} Z_1+Z_2 & -Z_2 \\ Z_2 & -Z_2 \end{pmatrix}$	$\begin{pmatrix} \frac{1}{Z_1} & -\frac{1}{Z_1} \\ \frac{1}{Z_1} & -\frac{Z_1+Z_2}{Z_1Z_2} \end{pmatrix}$	$\begin{pmatrix} Z_1 & 1 \\ 1 & -\frac{1}{Z_2} \end{pmatrix}$	$\begin{pmatrix} \frac{1}{Z_1+Z_2} & \frac{Z_2}{Z_1+Z_2} \\ \frac{Z_2}{Z_1+Z_2} & -\frac{Z_1Z_2}{Z_1+Z_2} \end{pmatrix}$	$\begin{pmatrix} \frac{Z_1+Z_2}{Z_2} & Z_1 \\ \frac{1}{Z_2} & 1 \end{pmatrix}$
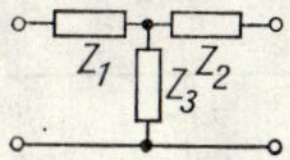 T-Vierpol	$\begin{pmatrix} Z_1+Z_3 & -Z_3 \\ Z_3 & -Z_2-Z_3 \end{pmatrix}$	$\begin{pmatrix} \frac{Z_2+Z_3}{Z_1Z_2+Z_1Z_3+Z_2Z_3} & \frac{-Z_3}{Z_1Z_2+Z_1Z_3+Z_2Z_3} \\ \frac{Z_3}{Z_1Z_2+Z_1Z_3+Z_2Z_3} & \frac{-Z_1-Z_3}{Z_1Z_2+Z_1Z_3+Z_2Z_3} \end{pmatrix}$	$\begin{pmatrix} \frac{Z_1Z_2+Z_1Z_3+Z_2Z_3}{Z_2+Z_3} & \frac{Z_3}{Z_2+Z_3} \\ \frac{Z_3}{Z_2+Z_3} & \frac{-1}{Z_2+Z_3} \end{pmatrix}$	$\begin{pmatrix} \frac{1}{Z_1+Z_3} & \frac{Z_3}{Z_1+Z_2} \\ \frac{Z_3}{Z_1+Z_3} & -\frac{Z_1Z_2+Z_1Z_3+Z_2Z_3}{Z_1+Z_3} \end{pmatrix}$	$\begin{pmatrix} \frac{Z_1+Z_3}{Z_3} & \frac{Z_1Z_2+Z_1Z_3+Z_2Z_3}{Z_3} \\ \frac{1}{Z_3} & \frac{Z_2+Z_3}{Z_3} \end{pmatrix}$

Tafel 2.26. Fortsetzung

Schaltung	(Z)	(Y)	(H)	(D)	(A)
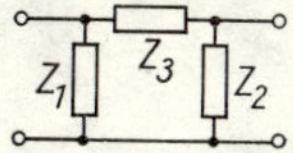 Π-Vierpol	$\begin{bmatrix} \frac{Z_1(Z_2+Z_3)}{Z_1+Z_2+Z_3} & \frac{-Z_1Z_2}{Z_1+Z_2+Z_3} \\ \frac{Z_1Z_2}{Z_1+Z_2+Z_3} & \frac{-Z_2(Z_1+Z_3)}{Z_1+Z_2+Z_3} \end{bmatrix}$	$\begin{pmatrix} \frac{Z_1+Z_3}{Z_1Z_3} & -\frac{1}{Z_3} \\ \frac{1}{Z_3} & -\frac{Z_2+Z_3}{Z_2Z_3} \end{pmatrix}$	$\begin{bmatrix} \frac{Z_1Z_3}{Z_1+Z_3} & \frac{Z_1}{Z_1+Z_3} \\ \frac{Z_1}{Z_1+Z_3} & -\frac{Z_1+Z_2+Z_3}{Z_2(Z_1+Z_3)} \end{bmatrix}$	$\begin{pmatrix} \frac{Z_1+Z_2+Z_3}{Z_1(Z_2+Z_3)} & \frac{Z_2}{Z_2+Z_3} \\ \frac{Z_2}{Z_2+Z_3} & -\frac{Z_2Z_3}{Z_2+Z_3} \end{pmatrix}$	$\begin{pmatrix} \frac{Z_2+Z_3}{Z_2} & Z_3 \\ \frac{Z_1+Z_2+Z_3}{Z_1Z_2} & \frac{Z_1+Z_3}{Z_1} \end{pmatrix}$
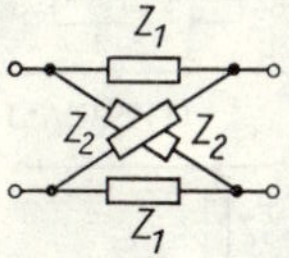 X-Vierpol	$\begin{pmatrix} \frac{Z_1+Z_2}{2} & \frac{Z_1-Z_2}{2} \\ \frac{Z_2-Z_1}{2} & -\frac{Z_1+Z_2}{2} \end{pmatrix}$	$\begin{pmatrix} \frac{Z_1+Z_2}{2Z_1Z_2} & \frac{Z_1-Z_2}{2Z_1Z_2} \\ \frac{Z_2-Z_1}{2Z_1Z_2} & -\frac{Z_1+Z_2}{2Z_1Z_2} \end{pmatrix}$	$\begin{pmatrix} \frac{2Z_1Z_2}{Z_1+Z_2} & \frac{Z_2-Z_1}{Z_1+Z_2} \\ \frac{Z_2-Z_1}{Z_1+Z_2} & \frac{-2}{Z_1+Z_2} \end{pmatrix}$	$\begin{pmatrix} \frac{2}{Z_1+Z_2} & \frac{Z_2-Z_1}{Z_1+Z_2} \\ \frac{Z_2-Z_1}{Z_1+Z_2} & -\frac{2Z_1Z_2}{Z_1+Z_2} \end{pmatrix}$	$\begin{pmatrix} \frac{Z_1+Z_2}{Z_2-Z_1} & \frac{2Z_1Z_2}{Z_2-Z_1} \\ \frac{2}{Z_2-Z_1} & \frac{Z_1+Z_2}{Z_2-Z_1} \end{pmatrix}$
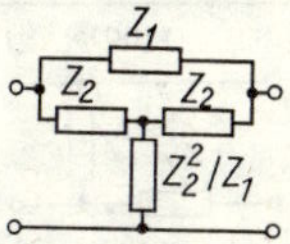 Brücken-T-Vierpol	$\begin{bmatrix} \frac{Z_2[Z_1^2+2Z_2(Z_1+Z_2)]}{Z_1(Z_1+2Z_2)} & -\frac{2Z_2^2(Z_1+Z_2)}{Z_1(Z_1+2Z_2)} \\ \frac{2Z_2^2(Z_1+Z_2)}{Z_1(Z_1+2Z_2)} & -\frac{Z_2[Z_1^2+2Z_2(Z_1+Z_2)]}{Z_1(Z_1+2Z_2)} \end{bmatrix}$	$\begin{bmatrix} \frac{Z_1^2+2Z_2(Z_1+Z_2)}{Z_1Z_2(Z_1+2Z_2)} & \frac{-2(Z_1+Z_2)}{Z_1(Z_1+2Z_2)} \\ \frac{2(Z_1+Z_2)}{Z_1(Z_1+2Z_2)} & -\frac{Z_1^2+2Z_2(Z_1+Z_2)}{Z_1Z_2(Z_1+2Z_2)} \end{bmatrix}$	$\begin{bmatrix} \frac{Z_1Z_2(Z_1+2Z_2)}{Z_1^2+2Z_2(Z_1+Z_2)} & \frac{2Z_2(Z_1+Z_2)}{Z_1^2+2Z_2(Z_1+Z_2)} \\ \frac{2Z_2(Z_1+Z_2)}{Z_1^2+2Z_2(Z_1+Z_2)} & -\frac{Z_1(Z_1+2Z_2)}{Z_2[Z_1^2+2Z_2(Z_1+Z_2)]} \end{bmatrix}$	$\begin{bmatrix} \frac{Z_1(Z_1+2Z_2)}{Z_2[Z_1^2+2Z_2(Z_1+Z_2)]} & \frac{2Z_2(Z_1+Z_2)}{Z_1^2+2Z_2(Z_1+Z_2)} \\ \frac{2Z_2(Z_1+Z_2)}{Z_1^2+2Z_2(Z_1+Z_2)} & -\frac{Z_1Z_2(Z_1+2Z_2)}{Z_1^2+2Z_2(Z_1+Z_2)} \end{bmatrix}$	$\begin{bmatrix} \frac{Z_1^2+2Z_2(Z_1+Z_2)}{2Z_2(Z_1+Z_2)} & \frac{Z_1(Z_1+2Z_2)}{2(Z_1+Z_2)} \\ \frac{Z_1(Z_1+2Z_2)}{2Z_2^2(Z_1+Z_2)} & \frac{Z_1^2+2Z_2(Z_1+Z_2)}{2Z_2(Z_1+Z_2)} \end{bmatrix}$
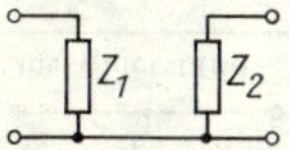 U-Vierpol	$\begin{pmatrix} Z_1 & 0 \\ 0 & -Z_2 \end{pmatrix}$	$\begin{pmatrix} \frac{1}{Z_1} & 0 \\ 0 & -\frac{1}{Z_2} \end{pmatrix}$	$\begin{pmatrix} Z_1 & 0 \\ 0 & -\frac{1}{Z_2} \end{pmatrix}$	$\begin{pmatrix} \frac{1}{Z_1} & 0 \\ 0 & -Z_2 \end{pmatrix}$	existiert nicht
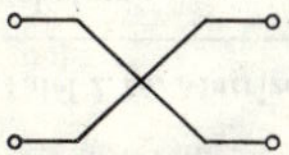 Kreuzverbindung	existiert nicht	existiert nicht	$\begin{pmatrix} 0 & -1 \\ -1 & 0 \end{pmatrix}$	$\begin{pmatrix} 0 & -1 \\ -1 & 0 \end{pmatrix}$	$\begin{pmatrix} -1 & 0 \\ 0 & -1 \end{pmatrix}$

Tafel 2.27. Komplexe Operatormatrizen wichtiger passiver Vierpole

Schaltung	Abkürzungen	$(\underline{Z})$	$(\underline{Y})$	$(\underline{H})$	$(\underline{D})$	$(\underline{A})$
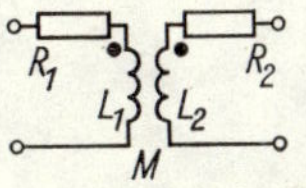 Linearer Übertrager	$\underline{Z}_1 = R_1 + j\omega L_1$ $\underline{Z}_2 = R_2 + j\omega L_2$ $\underline{M} = j\omega M$	$\begin{pmatrix} \underline{Z}_1 & -\underline{M} \\ \underline{M} & -\underline{Z}_2 \end{pmatrix}$	$\begin{bmatrix} \frac{\underline{Z}_2}{\underline{Z}_1\underline{Z}_2 - \underline{M}^2} & \frac{-\underline{M}}{\underline{Z}_1\underline{Z}_2 - \underline{M}^2} \\ \frac{\underline{M}}{\underline{Z}_1\underline{Z}_2 - \underline{M}^2} & \frac{-\underline{Z}_1}{\underline{Z}_1\underline{Z}_2 - \underline{M}^2} \end{bmatrix}$	$\begin{pmatrix} \frac{\underline{Z}_1\underline{Z}_2 - \underline{M}^2}{\underline{Z}_2} & \frac{\underline{M}}{\underline{Z}_2} \\ \frac{\underline{M}}{\underline{Z}_2} & -\frac{1}{\underline{Z}_2} \end{pmatrix}$	$\begin{pmatrix} \frac{1}{\underline{Z}_1} & \frac{\underline{M}}{\underline{Z}_1} \\ \frac{\underline{M}}{\underline{Z}_1} & -\frac{\underline{Z}_1\underline{Z}_2 - \underline{M}^2}{\underline{Z}_1} \end{pmatrix}$	$\begin{pmatrix} \frac{\underline{Z}_1}{\underline{M}} & \frac{\underline{Z}_1\underline{Z}_2 - \underline{M}^2}{\underline{M}} \\ \frac{1}{\underline{M}} & \frac{\underline{Z}_2}{\underline{M}} \end{pmatrix}$
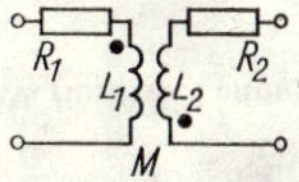 Linearer Umkehrübertrager		$\begin{pmatrix} \underline{Z}_1 & \underline{M} \\ -\underline{M} & -\underline{Z}_2 \end{pmatrix}$	$\begin{bmatrix} \frac{\underline{Z}_2}{\underline{Z}_1\underline{Z}_2 - \underline{M}^2} & \frac{\underline{M}}{\underline{Z}_1\underline{Z}_2 - \underline{M}^2} \\ \frac{-\underline{M}}{\underline{Z}_1\underline{Z}_2 - \underline{M}^2} & \frac{-\underline{Z}_1}{\underline{Z}_1\underline{Z}_2 - \underline{M}^2} \end{bmatrix}$	$\begin{pmatrix} \frac{\underline{Z}_1\underline{Z}_2 - \underline{M}^2}{\underline{Z}_2} & -\frac{\underline{M}}{\underline{Z}_2} \\ -\frac{\underline{M}}{\underline{Z}_2} & -\frac{1}{\underline{Z}_2} \end{pmatrix}$	$\begin{pmatrix} \frac{1}{\underline{Z}_1} & -\frac{\underline{M}}{\underline{Z}_1} \\ -\frac{\underline{M}}{\underline{Z}_1} & -\frac{\underline{Z}_1\underline{Z}_2 - \underline{M}^2}{\underline{Z}_1} \end{pmatrix}$	$\begin{pmatrix} -\frac{\underline{Z}_1}{\underline{M}} & -\frac{\underline{Z}_1\underline{Z}_2 - \underline{M}^2}{\underline{M}} \\ -\frac{1}{\underline{M}} & -\frac{\underline{Z}_2}{\underline{M}} \end{pmatrix}$
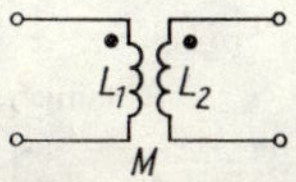 Linearer verlustfreier Übertrager	$\underline{L}_1 = j\omega L_1$ $\underline{L}_2 = j\omega L_2$ $\sigma = 1 - k^2$ $= \frac{L_1 L_2 - M^2}{L_1 L_2}$	$\begin{pmatrix} \underline{L}_1 & -\sqrt{1-\sigma}\sqrt{\underline{L}_1\underline{L}_2} \\ \sqrt{1-\sigma}\sqrt{\underline{L}_1\underline{L}_2} & -\underline{L}_2 \end{pmatrix}$	$\begin{bmatrix} \frac{1}{\sigma\underline{L}_1} & -\frac{\sqrt{1-\sigma}}{\sigma\sqrt{\underline{L}_1\underline{L}_2}} \\ \frac{\sqrt{1-\sigma}}{\sigma\sqrt{\underline{L}_1\underline{L}_2}} & -\frac{1}{\sigma\underline{L}_2} \end{bmatrix}$	$\begin{bmatrix} \sigma\underline{L}_1 & \sqrt{1-\sigma}\sqrt{\frac{\underline{L}_1}{\underline{L}_2}} \\ \sqrt{1-\sigma}\sqrt{\frac{\underline{L}_1}{\underline{L}_2}} & -\frac{1}{\underline{L}_2} \end{bmatrix}$	$\begin{bmatrix} \frac{1}{\underline{L}_1} & \sqrt{1-\sigma}\sqrt{\frac{\underline{L}_2}{\underline{L}_1}} \\ \sqrt{1-\sigma}\sqrt{\frac{\underline{L}_2}{\underline{L}_1}} & -\sigma\underline{L}_2 \end{bmatrix}$	$\begin{bmatrix} \frac{1}{\sqrt{1-\sigma}}\sqrt{\frac{\underline{L}_1}{\underline{L}_2}} & \frac{\sigma\sqrt{\underline{L}_1\underline{L}_2}}{\sqrt{1-\sigma}} \\ \frac{1}{\sqrt{1-\sigma}\sqrt{\underline{L}_1\underline{L}_2}} & \frac{1}{\sqrt{1-\sigma}}\sqrt{\frac{\underline{L}_2}{\underline{L}_1}} \end{bmatrix}$
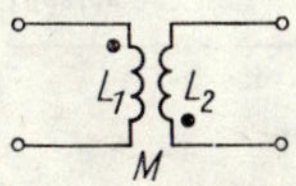 Linearer verlustfreier Umkehrübertrager		$\begin{pmatrix} \underline{L}_1 & \sqrt{1-\sigma}\sqrt{\underline{L}_1\underline{L}_2} \\ -\sqrt{1-\sigma}\sqrt{\underline{L}_1\underline{L}_2} & -\underline{L}_2 \end{pmatrix}$	$\begin{bmatrix} \frac{1}{\sigma\underline{L}_1} & \frac{\sqrt{1-\sigma}}{\sigma\sqrt{\underline{L}_1\underline{L}_2}} \\ -\frac{\sqrt{1-\sigma}}{\sigma\sqrt{\underline{L}_1\underline{L}_2}} & -\frac{1}{\sigma\underline{L}} \end{bmatrix}$	$\begin{bmatrix} \sigma\underline{L}_1 & -\sqrt{1-\sigma}\sqrt{\frac{\underline{L}_1}{\underline{L}_2}} \\ -\sqrt{1-\sigma}\sqrt{\frac{\underline{L}_1}{\underline{L}_2}} & -\frac{1}{\underline{L}_2} \end{bmatrix}$	$\begin{bmatrix} \frac{1}{\underline{L}_1} & -\sqrt{1-\sigma}\sqrt{\frac{\underline{L}_2}{\underline{L}_1}} \\ -\sqrt{1-\sigma}\sqrt{\frac{\underline{L}_2}{\underline{L}_1}} & -\sigma\underline{L}_2 \end{bmatrix}$	$\begin{bmatrix} -\frac{1}{\sqrt{1-\sigma}}\sqrt{\frac{\underline{L}_1}{\underline{L}_2}} & -\frac{\sigma\sqrt{\underline{L}_1\underline{L}_2}}{\sqrt{1-\sigma}} \\ -\frac{1}{\sqrt{1-\sigma}\sqrt{\underline{L}_1\underline{L}_2}} & -\frac{1}{\sqrt{1-\sigma}}\sqrt{\frac{\underline{L}_2}{\underline{L}_1}} \end{bmatrix}$

Tafel 2.27. Fortsetzung

Schaltung	Abkürzungen	$(\underline{Z})$	$(\underline{Y})$	$(\underline{H})$	$(\underline{D})$	$(\underline{A})$
Idealer Übertrager	w_1 = primäre Windungszahl w_2 = sekundäre Windungszahl	existiert nicht	existiert nicht	$\begin{pmatrix} 0 & \frac{w_1}{w_2} \\ \frac{w_1}{w_2} & 0 \end{pmatrix}$	$\begin{pmatrix} 0 & \frac{w_2}{w_1} \\ \frac{w_2}{w_1} & 0 \end{pmatrix}$	$\begin{pmatrix} \frac{w_1}{w_2} & 0 \\ 0 & \frac{w_2}{w_1} \end{pmatrix}$
Idealer Umkehrübertrager		existiert nicht	existiert nicht	$\begin{pmatrix} 0 & -\frac{w_1}{w_2} \\ -\frac{w_1}{w_2} & 0 \end{pmatrix}$	$\begin{pmatrix} 0 & -\frac{w_2}{w_1} \\ -\frac{w_2}{w_1} & 0 \end{pmatrix}$	$\begin{pmatrix} -\frac{w_1}{w_2} & 0 \\ 0 & -\frac{w_2}{w_1} \end{pmatrix}$
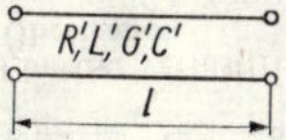 Leitung	$Z = \sqrt{\frac{R' + j\omega L'}{G' + j\omega C'}}$ $\gamma = \sqrt{(R' + j\omega L')(G' + j\omega C')}$ (s. S. 158)	$\begin{pmatrix} \underline{Z} \coth \gamma l & -\frac{\underline{Z}}{\sinh \gamma l} \\ \frac{\underline{Z}}{\sinh \gamma l} & -\underline{Z} \coth \gamma l \end{pmatrix}$	$\begin{pmatrix} \frac{\coth \gamma l}{\underline{Z}} & -\frac{1}{\underline{Z} \sinh \gamma l} \\ \frac{1}{\underline{Z} \sinh \gamma l} & -\frac{\coth \gamma l}{\underline{Z}} \end{pmatrix}$	$\begin{pmatrix} \underline{Z} \tanh \gamma l & \frac{1}{\cosh \gamma l} \\ \frac{1}{\cosh \gamma l} & -\frac{\tanh \gamma l}{\underline{Z}} \end{pmatrix}$	$\begin{pmatrix} \frac{\tanh \gamma l}{\underline{Z}} & \frac{1}{\cosh \gamma l} \\ \frac{1}{\cosh \gamma l} & -\underline{Z} \tanh \gamma l \end{pmatrix}$	$\begin{pmatrix} \cosh \gamma l & \underline{Z} \sinh \gamma l \\ \frac{\sinh \gamma l}{\underline{Z}} & \cosh \gamma l \end{pmatrix}$
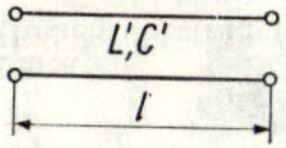 Verlustfreie Leitung	$Z = \sqrt{\frac{L'}{C'}}$ $\beta = \omega \sqrt{L'C'}$ (s. S. 160)	$\begin{pmatrix} -j\underline{Z} \cot \beta l & \frac{jZ}{\sin \beta l} \\ -\frac{jZ}{\sin \beta l} & jZ \cot \beta l \end{pmatrix}$	$\begin{pmatrix} -\frac{j \cot \beta l}{Z} & \frac{j}{Z \sin \beta l} \\ -\frac{j}{Z \sin \beta l} & \frac{j \cot \beta l}{Z} \end{pmatrix}$	$\begin{pmatrix} jZ \tan \beta l & \frac{1}{\cos \beta l} \\ \frac{1}{\cos \beta l} & -\frac{j \tan \beta l}{Z} \end{pmatrix}$	$\begin{pmatrix} \frac{j \tan \beta l}{Z} & \frac{1}{\cos \beta l} \\ \frac{1}{\cos \beta l} & -jZ \tan \beta l \end{pmatrix}$	$\begin{pmatrix} \cos \beta l & jZ \sin \beta l \\ \frac{j \sin \beta l}{Z} & \cos \beta l \end{pmatrix}$

Tafel 2.28. Matrizen der grundlegenden Röhrenschaltungen

Schaltung	$(\underline{Z})$	$(\underline{Y})$	$(\underline{H})$	$(\underline{D})$	$(\underline{A})$
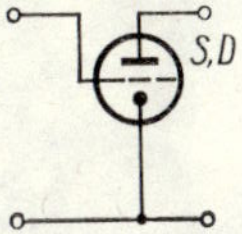 Katodenbasisstufe	existiert nicht	$\begin{pmatrix} 0 & 0 \\ -S & -SD \end{pmatrix}$	existiert nicht	$\begin{pmatrix} 0 & 0 \\ -\frac{1}{D} & -\frac{1}{SD} \end{pmatrix}$	$\begin{pmatrix} -D & -\frac{1}{S} \\ 0 & 0 \end{pmatrix}$
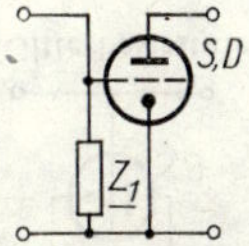 Katodenbasisstufe mit Gitterimpedanz	$\begin{pmatrix} \underline{Z}_1 & 0 \\ -\frac{\underline{Z}_1}{D} & -\frac{1}{SD} \end{pmatrix}$	$\begin{pmatrix} \frac{1}{\underline{Z}_1} & 0 \\ -S & -SD \end{pmatrix}$	$\begin{pmatrix} \underline{Z}_1 & 0 \\ -S\underline{Z}_1 & -SD \end{pmatrix}$	$\begin{pmatrix} \frac{1}{\underline{Z}_1} & 0 \\ -\frac{1}{D} & -\frac{1}{SD} \end{pmatrix}$	$\begin{pmatrix} -D & -\frac{1}{S} \\ -\frac{D}{\underline{Z}_1} & -\frac{1}{S\underline{Z}_1} \end{pmatrix}$
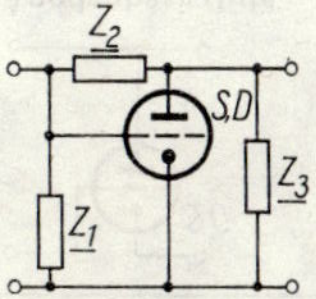 Allgemeine Katodenbasisstufe	$\begin{pmatrix} \frac{\underline{Z}_1(\underline{Z}_2+\underline{Z}_3+SD\underline{Z}_2\underline{Z}_3)}{\underline{Z}_0} & -\frac{\underline{Z}_1\underline{Z}_3}{\underline{Z}_0} \\ \frac{\underline{Z}_1\underline{Z}_3(1-S\underline{Z}_2)}{\underline{Z}_0} & -\frac{\underline{Z}_3(\underline{Z}_1+\underline{Z}_2)}{\underline{Z}_0} \end{pmatrix}$	$\begin{pmatrix} \frac{\underline{Z}_1+\underline{Z}_2}{\underline{Z}_1\underline{Z}_2} & -\frac{1}{\underline{Z}_2} \\ \frac{1-S\underline{Z}_2}{\underline{Z}_2} & -\frac{\underline{Z}_2+\underline{Z}_3+SD\underline{Z}_2\underline{Z}_3}{\underline{Z}_2\underline{Z}_3} \end{pmatrix}$	$\begin{pmatrix} \frac{\underline{Z}_1\underline{Z}_2}{\underline{Z}_1+\underline{Z}_2} & \frac{\underline{Z}_1}{\underline{Z}_1+\underline{Z}_2} \\ \frac{\underline{Z}_1(1-S\underline{Z}_2)}{\underline{Z}_1+\underline{Z}_2} & -\frac{\underline{Z}_0}{\underline{Z}_3(\underline{Z}_1+\underline{Z}_2)} \end{pmatrix}$	$\begin{pmatrix} \frac{\underline{Z}_0}{\underline{Z}_1(\underline{Z}_2+\underline{Z}_3+SD\underline{Z}_2\underline{Z}_3)} & \frac{\underline{Z}_3}{\underline{Z}_2+\underline{Z}_3+SD\underline{Z}_2\underline{Z}_3} \\ \frac{\underline{Z}_3(1-S\underline{Z}_2)}{\underline{Z}_2+\underline{Z}_3+SD\underline{Z}_2\underline{Z}_3} & -\frac{\underline{Z}_2\underline{Z}_3}{\underline{Z}_2+\underline{Z}_3+SD\underline{Z}_2\underline{Z}_3} \end{pmatrix}$	$\begin{pmatrix} \frac{\underline{Z}_2+\underline{Z}_3+SD\underline{Z}_2\underline{Z}_3}{\underline{Z}_3(1-S\underline{Z}_2)} & \frac{\underline{Z}_2}{1-S\underline{Z}_2} \\ \frac{\underline{Z}_0}{\underline{Z}_1\underline{Z}_3(1-S\underline{Z}_2)} & \frac{\underline{Z}_1+\underline{Z}_2}{\underline{Z}_1(1-S\underline{Z}_2)} \end{pmatrix}$

Abkürzung: $\underline{Z}_0 = \underline{Z}_1 + \underline{Z}_2 + \underline{Z}_3 + S\underline{Z}_1\underline{Z}_3 + SD\underline{Z}_3(\underline{Z}_1 + \underline{Z}_2)$

Tafel 2.28. Fortsetzung

Schaltung	$(\underline{Z})$	$(\underline{Y})$	$(\underline{H})$	$(\underline{D})$	$(\underline{A})$
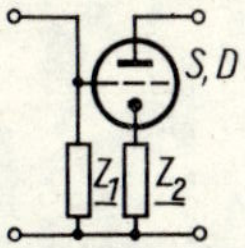 Katodenbasisstufe mit Katoden- und Gitterimpedanz	$\begin{bmatrix} \underline{Z}_1 & 0 \\ -\frac{\underline{Z}_1}{D} & -\frac{1 + S\underline{Z}_2(1 + D)}{SD} \end{bmatrix}$	$\begin{bmatrix} \frac{1}{\underline{Z}_1} & 0 \\ -\frac{S}{1 + S\,\underline{Z}_2(1 + D)} & -\frac{SD}{1 + S\underline{Z}_2(1 + D)} \end{bmatrix}$	$\begin{bmatrix} \underline{Z}_1 & 0 \\ \frac{-S\underline{Z}_1}{1 + S\underline{Z}_2(1 + D)} & \frac{-SD}{1 + S\underline{Z}_2(1 + D)} \end{bmatrix}$	$\begin{pmatrix} \frac{1}{\underline{Z}_1} & 0 \\ -\frac{1}{D} & -\frac{1 + S\underline{Z}_2(1 + D)}{SD} \end{pmatrix}$	$\begin{bmatrix} -D & -\frac{1 + S\underline{Z}_2(1 + D)}{S} \\ -\frac{D}{\underline{Z}_1} & -\frac{1 + S\underline{Z}_2(1 + D)}{S\underline{Z}_1} \end{bmatrix}$
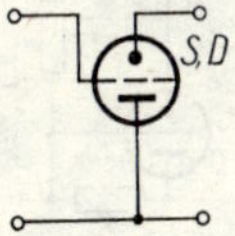 Anodenbasisstufe	existiert nicht	$\begin{pmatrix} 0 & 0 \\ S & -S(1 + D) \end{pmatrix}$	existiert nicht	$\begin{pmatrix} 0 & 0 \\ \frac{1}{1 + D} & \frac{-1}{S(1 + D)} \end{pmatrix}$	$\begin{pmatrix} 1 + D & \frac{1}{S} \\ 0 & 0 \end{pmatrix}$
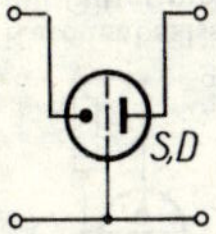 Gitterbasisstufe	existiert nicht	$\begin{pmatrix} S(1 + D) & -SD \\ S(1 + D) & -SD \end{pmatrix}$	$\begin{pmatrix} \frac{1}{S(1 + D)} & \frac{D}{1 + D} \\ 1 & 0 \end{pmatrix}$	$\begin{pmatrix} 0 & 1 \\ \frac{1 + D}{D} & -\frac{1}{SD} \end{pmatrix}$	$\begin{pmatrix} \frac{D}{1 + D} & \frac{1}{S(1 + D)} \\ 0 & 1 \end{pmatrix}$

2.12.3.5. Zusammenschalten von Vierpolen

Schaltet man 2 Vierpole an den Eingängen und Ausgängen so zusammen, daß *Reihen- bzw. Parallelschaltungen der Ein- bzw. Ausgänge* auftreten, so erhält man die Anordnungen der Bilder 2.94 bis 2.97. Unter den Voraussetzungen, daß

a) entweder alle Vierpole eine durchgehende widerstandsfreie Verbindung haben oder jeweils in einem der beiden Vierpole die Ausgangsklemmen durch einen Übertrager galvanisch getrennt sind und
b) die Schaltung gemäß den Bildern 2.94 bis 2.97 vorgenommen wird, gelten für die Matrizen der Gesamtvierpole *1,2 – 3,4* folgende Bestimmungsgleichungen:

Reihenschaltung (Bild 2.94)

$$(Z) = (Z') + (Z''), \tag{2.631}$$

Parallelschaltung (Bild 2.95)

$$(Y) = (Y') + (Y''), \tag{2.632}$$

Reihen-Parallel-Schaltung (Bild 2.96)

$$(H) = (H') + (H''), \tag{2.633}$$

Parallel-Reihen-Schaltung (Bild 2.97)

$$(D) = (D') + (D''). \tag{2.634}$$

Die Matrix des Gesamtvierpols ergibt sich also jeweils aus der Addition der betreffenden Teilmatrizen.
Bei der *Hintereinanderschaltung (Kettenschaltung)* von Vierpolen (Bild 2.98) gilt für die *Kettenmatrix* des Gesamtvierpols

$$(A) = (A')\,(A''). \tag{2.635}$$

Bei der Kettenschaltung von n Vierpolen ergibt sich analog

$$(A) = (A')\,(A'')\,(A''')\cdots(A^{n}). \tag{2.636}$$

Die Reihenfolge darf hierbei nicht vertauscht werden.
Mit den Gln. (2.631) bis (2.636) lassen sich die Matrizen komplizierter Vierpole finden, indem man diese als Zusammenschaltung einfacher Vierpole mit bekannten Matrizen betrachtet. Besonders vorteilhaft ist das Verfahren bei gegengekoppelten und mehrstufigen Verstärkern.

Beispiel. Bild 2.99 zeigt eine oft gebrauchte Anodenbasisstufe mit Spannungsteiler R_1, R_2 zum Erzeugen der Gittervorspannung. Durch Umzeichnen läßt sich die Schaltung in 3 einfache Vierpole zerlegen, deren Matrizen bekannt sind. Man erhält eine Kettenschaltung der Anodenbasisstufe mit einem Längswiderstand, der ein Γ-Vierpol *II* parallel liegt.
Die Matrix der Kettenschaltung ergibt sich zu (Tafel 2.26, Zeile 2, und Tafel 2.28, Zeile 5)

$$(A_K) = (A')(A'') = \begin{pmatrix} 1+D & \frac{1}{S} \\ 0 & 0 \end{pmatrix} \begin{pmatrix} 1 & R_1 \\ 0 & 1 \end{pmatrix} = \begin{pmatrix} 1+D & R_1(1+D)+\frac{1}{S} \\ 0 & 0 \end{pmatrix}.$$

Mit Tafel 1.20 (S. 152) wird (A_K) in die Parallelmatrix übergeführt:

$$(Y_K) = \begin{pmatrix} \frac{A_{22}}{A_{12}} & -\frac{\mathrm{Det}\,A}{A_{12}} \\ \frac{1}{A_{12}} & -\frac{A_{11}}{A_{12}} \end{pmatrix} = \begin{pmatrix} 0 & 0 \\ \frac{S}{1+SR_1(1+D)} & -\frac{S(1+D)}{1+SR_1(1+D)} \end{pmatrix}.$$

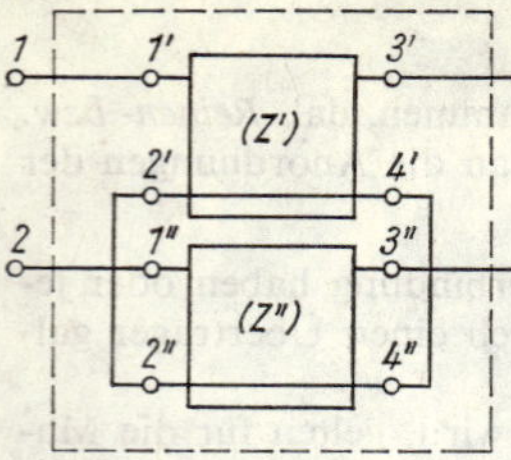

Bild 2.94. Reihenschaltung von Vierpolen

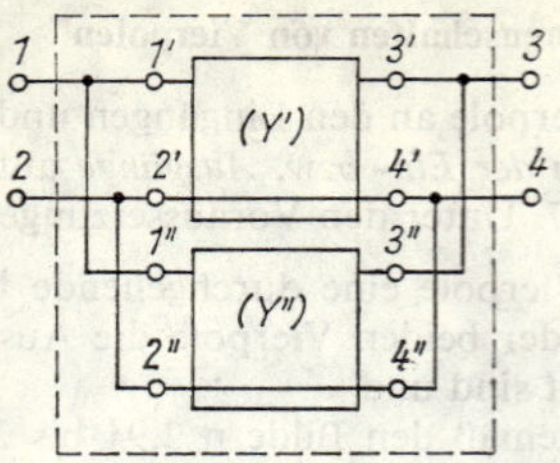

Bild 2.95. Parallelschaltung von Vierpolen

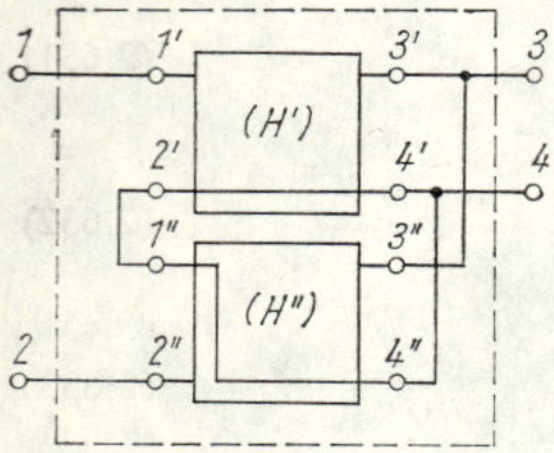

Bild 2.96
Reihen-Parallel-Schaltung von Vierpolen

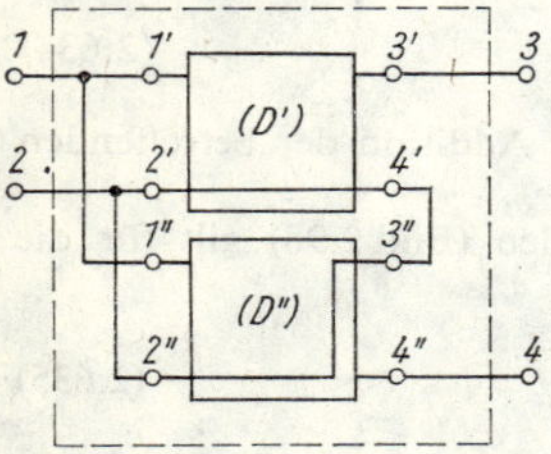

Bild 2.97
Parallel-Reihen-Schaltung von Vierpolen

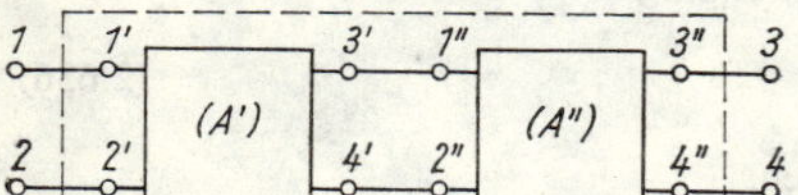

Bild 2.98
Kettenschaltung von Vierpolen

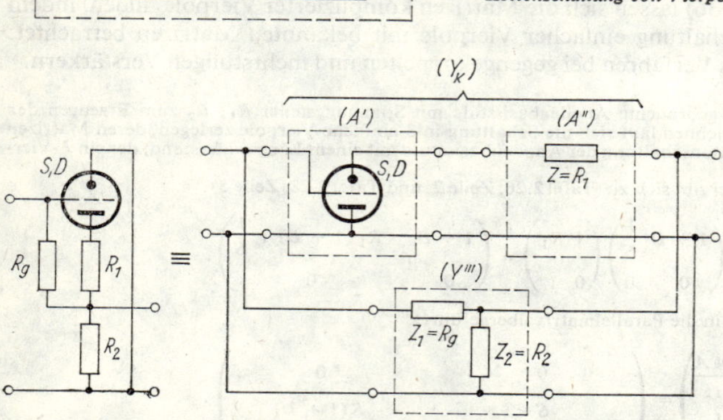

Bild 2.99. Anodenbasisstufe (Wechselstromersatzschaltbild) und Zerlegung in einfache Teilvierpole

Tafel 2.29. Übertragungseigenschaften linearer passiver Vierpole

	$(\underline{Z})$	$(\underline{Y})$	$(\underline{H})$	$(\underline{D})$	$(\underline{A})$
Bedingung für Umkehrbarkeit (Übertragungssymmetrie)	$\underline{Z}_{12} = -\underline{Z}_{21}$	$\underline{Y}_{12} = -\underline{Y}_{21}$	$\underline{H}_{12} = \underline{H}_{21}$	$\underline{D}_{12} = \underline{D}_{21}$	$\text{Det}\,\underline{A} = \underline{A}_{11}\underline{A}_{22} - \underline{A}_{12}\underline{A}_{21} = 1$
Bedingung für Symmetrie (Widerstandssymmetrie)	$\underline{Z}_{11} = -\underline{Z}_{22}$	$\underline{Y}_{11} = -\underline{Y}_{22}$	$\text{Det}\,\underline{H} = \underline{H}_{11}\underline{H}_{22} - \underline{H}_{12}\underline{H}_{21} = -1$	$\text{Det}\,\underline{D} = \underline{D}_{11}\underline{D}_{22} - \underline{D}_{12}\underline{D}_{21} = -1$	$\underline{A}_{11} = \underline{A}_{22}$
Wellenwiderstand vorwärts	$\underline{Z}_1 = \sqrt{\dfrac{\underline{Z}_{11}\,\text{Det}\,\underline{Z}}{\underline{Z}_{22}}}$	$\underline{Z}_1 = \sqrt{\dfrac{\underline{Y}_{22}}{\underline{Y}_{11}\,\text{Det}\,\underline{Y}}}$	$\underline{Z}_1 = \sqrt{\dfrac{\underline{H}_{11}\,\text{Det}\,\underline{H}}{\underline{H}_{22}}}$	$\underline{Z}_1 = \sqrt{\dfrac{\underline{D}_{22}}{\underline{D}_{11}\,\text{Det}\,\underline{D}}}$	$\underline{Z}_1 = \sqrt{\dfrac{\underline{A}_{11}\underline{A}_{12}}{\underline{A}_{21}\underline{A}_{22}}}$
Wellenwiderstand rückwärts	$\underline{Z}_2 = \sqrt{\dfrac{\underline{Z}_{22}\,\text{Det}\,\underline{Z}}{\underline{Z}_{11}}}$	$\underline{Z}_2 = \sqrt{\dfrac{\underline{Y}_{11}}{\underline{Y}_{22}\,\text{Det}\,\underline{Y}}}$	$\underline{Z}_2 = \sqrt{\dfrac{\underline{H}_{11}}{\underline{H}_{22}\,\text{Det}\,\underline{H}}}$	$\underline{Z}_2 = \sqrt{\dfrac{\underline{D}_{22}\,\text{Det}\,\underline{D}}{\underline{D}_{11}}}$	$\underline{Z}_2 = \sqrt{\dfrac{\underline{A}_{12}\underline{A}_{22}}{\underline{A}_{11}\underline{A}_{21}}}$
Wellenübertragungsmaß vorwärts	$\exp(\underline{g}_1) = \dfrac{1}{\underline{Z}_{21}}\left(\sqrt{-\underline{Z}_{11}\underline{Z}_{22}} + \sqrt{-\text{Det}\,\underline{Z}}\right)$	$\exp(\underline{g}_1) = \dfrac{1}{\underline{Y}_{21}}\left(\sqrt{-\underline{Y}_{11}\underline{Y}_{22}} + \sqrt{-\text{Det}\,\underline{Y}}\right)$	$\exp(\underline{g}_1) = \dfrac{1}{\underline{H}_{21}}\left(\sqrt{-\underline{H}_{11}\underline{H}_{22}} + \sqrt{-\text{Det}\,\underline{H}}\right)$	$\exp(\underline{g}_1) = \dfrac{1}{\underline{D}_{21}}\left(\sqrt{-\underline{D}_{11}\underline{D}_{22}} + \sqrt{-\text{Det}\,\underline{D}}\right)$	$\exp(\underline{g}_1) = \sqrt{\underline{A}_{11}\underline{A}_{22}} + \sqrt{\underline{A}_{12}\underline{A}_{21}}$
Wellenübertragungsmaß rückwärts	$\exp(\underline{g}_2) = \dfrac{1}{\underline{Z}_{12}}\left(\sqrt{-\underline{Z}_{11}\underline{Z}_{12}} + \sqrt{-\text{Det}\,\underline{Z}}\right)$	$\exp(\underline{g}_2) = \dfrac{1}{\underline{Y}_{12}}\left(\sqrt{-\underline{Y}_{11}\underline{Y}_{22}} + \sqrt{-\text{Det}\,\underline{Y}}\right)$	$\exp(\underline{g}_2) = \dfrac{1}{\underline{H}_{12}}\left(\sqrt{-\underline{H}_{11}\underline{H}_{22}} + \sqrt{-\text{Det}\,\underline{H}}\right)$	$\exp(\underline{g}_2) = \dfrac{1}{\underline{D}_{12}}\left(\sqrt{-\underline{D}_{11}\underline{D}_{22}} + \sqrt{-\text{Det}\,\underline{D}}\right)$	$\exp(\underline{g}_2) = \dfrac{1}{\text{Det}\,\underline{A}} \times \left(\sqrt{\underline{A}_{11}\underline{A}_{22}} + \sqrt{\underline{A}_{12}\underline{A}_{21}}\right)$

Tafel 2.30. Verstärkungseigenschaften von Vierpolen

	(*Z*)	(*Y*)	(*H*)	(*D*)	(*A*)
Spannungsverstärkung $G_u = \frac{u_2}{u_1}$	$G_u = \frac{Z_{21}Z_L}{Z_{11}Z_L - \text{Det}\,Z}$	$G_u = \frac{Y_{21}Z_L}{1 - Y_{22}Z_L}$	$G_u = \frac{H_{21}Z_L}{H_{11} - Z_L\,\text{Det}\,H}$	$G_u = \frac{D_{21}Z_L}{Z_L - D_{22}}$	$G_u = \frac{Z_L}{A_{12} + A_{11}Z_L}$
Stromverstärkung $G_i = \frac{i_2}{i_1}$	$G_i = \frac{Z_{21}}{Z_L - Z_{22}}$	$G_i = \frac{Y_{21}}{Y_{11} - Z_L\,\text{Det}\,Y}$	$G_i = \frac{H_{21}}{1 - H_{22}Z_L}$	$G_i = \frac{D_{21}}{D_{11}Z_L - \text{Det}\,D}$	$G_i = \frac{1}{A_{22} + A_{21}Z_L}$
Eingangswiderstand $Z_E = \frac{u_1}{i_1}$	$Z_E = \frac{Z_{11}Z_L - \text{Det}\,Z}{Z_L - Z_{22}}$	$Z_E = \frac{1 - Y_{22}Z_L}{Y_{11} - Z_L\,\text{Det}\,Y}$	$Z_E = \frac{H_{11} - Z_L\,\text{Det}\,H}{1 - H_{22}Z_L}$	$Z_E = \frac{Z_L - D_{22}}{D_{11}Z_L - \text{Det}\,D}$	$Z_E = \frac{A_{12} + A_{11}Z_L}{A_{22} + A_{21}Z_L}$
Ausgangswiderstand $Z_A = -\left[\frac{u_2}{i_2}\right] e_Q = 0$	$Z_A = -\frac{Z_{22}Z_Q + \text{Det}\,Z}{Z_{11} + Z_Q}$	$Z_A = -\frac{Y_{11}Z_Q + 1}{Y_{22} + Z_Q\,\text{Det}\,Z}$	$Z_A = -\frac{H_{11} + Z_Q}{H_{22}Z_Q + \text{Det}\,H}$	$Z_A = -\frac{D_{22} + Z_Q\,\text{Det}\,D}{1 + D_{11}Z_Q}$	$Z_A = \frac{A_{12} + A_{22}Z_Q}{A_{11} + A_{21}Z_Q}$

Für die Parallelschaltung gilt dann mit Gl. (2.632) und Tafel 2.26, Zeile 4,

$$(Y_{\text{ges}}) = (Y_{\text{K}}) + (Y''') = \begin{pmatrix} 0 & 0 \\ \dfrac{S}{1 + SR_1(1 + D)} & -\dfrac{S(1 + D)}{1 + SR_1(1 + D)} \end{pmatrix} + \begin{pmatrix} \dfrac{1}{R_g} & -\dfrac{1}{R_g} \\ \dfrac{1}{R_g} & -\dfrac{R_g + R_2}{R_g R_2} \end{pmatrix}$$

$$= \begin{pmatrix} \dfrac{1}{R_g} & -\dfrac{1}{R_g} \\ \dfrac{1}{R_g} + \dfrac{S}{1 + SR_1(1 + D)} & -\dfrac{R_g + R_2}{R_g R_2} - \dfrac{S(1 + D)}{1 + SR_1(1 + D)} \end{pmatrix}.$$

Die so gefundene Matrix beschreibt das Gesamtverhalten der Stufe erschöpfend (vgl. den folgenden Abschnitt) und kann bei Bedarf mit Tafel 1.20 (S. 152) in andere Matrizen übergeführt werden.

2.12.3.6. Berechnen von Übertragungs- und Verstärkungseigenschaften aus den Matrizenelementen

Hat man die Gesamtmatrix eines zu untersuchenden Vierpols bestimmt, so wertet man sie mit Tafel 2.29 oder Tafel 2.30 aus.
Bei *passiven Vierpolen* interessieren meist die Übertragungseigenschaften, die in Tafel 2.29 zusammengestellt sind. Sie sind für die komplexen Amplituden definiert.
Bei *aktiven Vierpolen*, insbesondere Röhren- und Transistorverstärkern, benutzt man zur

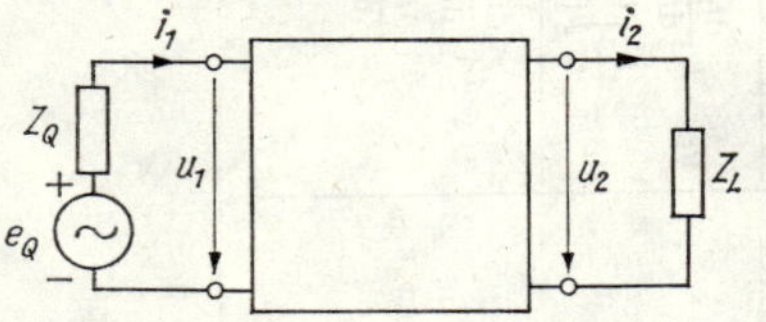

Bild 2.100
Vierpol als Bindeglied zwischen Quelle und Verbraucher

Kennzeichnung der Verstärkungseigenschaften die in Tafel 2.30 angeführten Größen. Sie sind berechnet für einen Vierpol, der von einer Quelle e_Q mit dem Innenwiderstand Z_Q am Eingang gespeist wird und ausgangsseitig auf den Lastwiderstand Z_L arbeitet (Bild 2.100). Treten Blindschaltelemente auf, so sind die Gleichungen der Tafel 2.30 entsprechend Abschn. 2.12.3.1. (S. 346) in analoge Operatorgleichungen umzuschreiben.

Beispiel. An den Ausgang der auf S. 355 berechneten Anodenbasisstufe (Bild 2.99) mit der Matrix (Y_{ges}) wird als Lastwiderstand eine Induktivität mit $Z_L = j\omega L$ geschaltet. Dann wird die Spannungsverstärkung der Stufe nach Tafel 2.30, Zeile 1,

$$G_u = \frac{Y_{21} Z_L}{1 - Y_{22} Z_L} = \frac{\left(\dfrac{1}{R_g} + \dfrac{S}{1 + SR_1(1 + D)}\right) j\omega L}{1 + \left(\dfrac{R_g + R_2}{R_g R_2} + \dfrac{S(1 + D)}{1 + SR_1(1 + D)}\right) j\omega L}.$$

Dieser Ausdruck kann nun auf übliche Weise mit der symbolischen Methode (vgl. S. 106ff.) weiter ausgewertet werden.

2.12.4. Ausgleichvorgänge in Kreisen mit linearen konzentrierten Schaltelementen[1]) [2.119] bis [2.121] [2.123] bis [2.135]

2.12.4.1. Begriffe

Wird in einer elektrischen Schaltung der stationäre oder quasistationäre Zustand durch einen Eingriff geändert, so erfolgt der Übergang in den neuen Zustand in der Regel nicht durch einen Sprung im Änderungspunkt, sondern nach meist komplizierten Zeitfunktionen, die man als *Ausgleichvorgänge* bezeichnet.
Die vorgenommene Änderung (z. B. Einschalten einer Spannungsquelle) bezeichnet man als *Ursache*, die daraufhin ablaufenden zeitlichen Vorgänge als *Wirkungen*. Der Einfluß der

[1]) Eine Übersicht über Ausgleichvorgänge in einfachen Stromkreisen enthält Tafel 1.23 (S. 163).

Tafel 2.31. Eigenschaften der Schaltelemente

	Bezeichnung	Schaltzeichen	Strom-Spannungs-Beziehung	Eigenschaften
Aktive Schaltelemente *räumlich konzentriert*	ideale Spannungsquelle	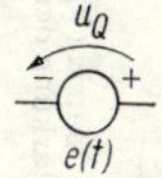	Die ideale Spannungsquelle *erzwingt* an ihren Klemmen $u_Q = e(t)$	Innenwiderstand $R_i = 0$. Der von $e(t)$ erzeugte Strom fließt außerhalb der Quelle von + nach −
	ideale Stromquelle	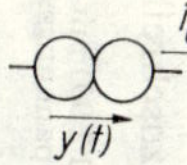	Die ideale Stromquelle *erzwingt* in ihrem Zweig $i_Q = y(t)$	Innenwiderstand $R_i = \infty$
Passive Schaltelemente *räumlich konzentriert* a) linear	ohmscher Widerstand	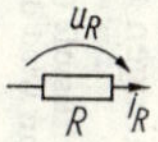	$u_R = Ri_R$	R = konst., unabhängig von i_R
	Kapazität (im Zeitpunkt $t = 0$ auf die Spannung U_0 aufgeladen)	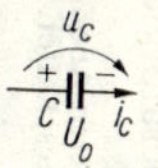	$u_C = \frac{1}{C}\int_0^t i_C \, dt + U_0$ $i_C = C\frac{du_C}{dt}$	C = konst., unabhängig von i_C
	Induktivität (im Zeitpunkt $t = 0$ von dem Strom I_0 durchflossen)	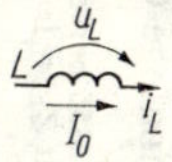	$u_L = L\frac{di_L}{dt}$ $i_L = \frac{1}{L}\int_0^t u_L \, dt + I_0$	L = konst., unabhängig von i_L
	Gegeninduktivität	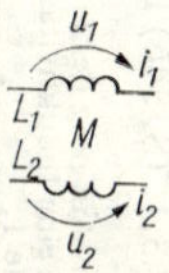	$u_1 = L_1\frac{di_1}{dt} \pm M\frac{di_2}{dt}$ $u_2 = L_2\frac{di_2}{dt} \pm M\frac{di_1}{dt}$	L_1, L_2, M = konst., unabhängig von i_1, i_2. Merke: Es steht $+M$, wenn i_1 und i_2 den gemeinsamen Fluß gleichsinnig umfließen, sonst $-M$!

Tafel 2.31. Fortsetzung

	Bezeichnung	Schaltzeichen	Strom-Spannungs-Beziehung	Eigenschaften
b) nichtlinear	Gleichrichter, Varistor, eisenbehaftete Induktivität, Lichtbogen usw.	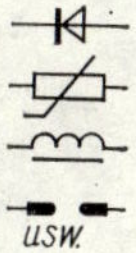	$u = f_{\text{nichtlin}}(i)$	R, L usw. nicht konstant, sondern abhängig von i
räumlich ausgedehnt linear	homogene Leitung	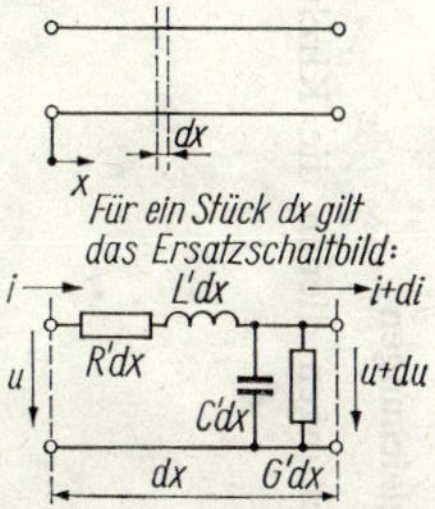	$-\frac{\partial u}{\partial x} = R'i + L'\frac{\partial i}{\partial t}$ $-\frac{\partial i}{\partial x} = G'u + C'\frac{\partial u}{\partial t}$ Besonderheit: $u = f_1(x, t)$, $i = f_2(x, t)$	R', L', G', C' = konst., unabhängig von u und i

elektrischen Schaltung auf das Verhältnis von Wirkung und Ursache wird gekennzeichnet durch ein *Übertragungsmaß.* Die Fourier-Zerlegung sowohl der Ursachen als auch der Wirkungen in Teilschwingungen liefert *Spektren,* die ebenfalls zum Berechnen und Beurteilen von Ausgleichvorgängen benutzt werden (s. Abschn. 2.12.7., S. 388). Mathematisch erfolgt die Behandlung eines Ausgleichvorgangs über das Aufstellen einer Differentialgleichung oder eines Differentialgleichungssystems und deren Lösung.

2.12.4.2. Schaltelemente und ihre Eigenschaften

Zum Berechnen von Ausgleichvorgängen muß man *Idealisierungen* der Schaltelemente vornehmen und bestimmte Eigenschaften vereinbaren. Diese sind in Tafel 2.31 zusammengefaßt. Für die einzelnen Gruppen der passiven Elemente sind verschiedene Behandlungsmethoden erforderlich. Im Abschnitt 2.12.4. werden nur räumlich konzentrierte lineare Elemente betrachtet.

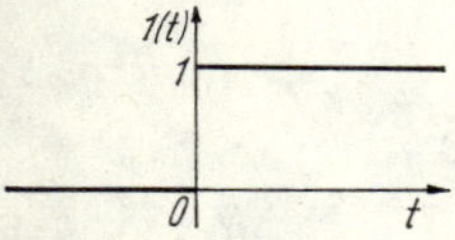

Bild 2.101
Darstellung des Einheitssprunges

2.12.4.3. Einheitssprung

Unter dem Einheitssprung versteht man die Zeitfunktion (Bild 2.101)

$$1(t) = \begin{cases} 0 & t < 0, \\ 1 & t > 0. \end{cases} \tag{2.637}$$

2.12.4.4. Aufstellen der Differentialgleichungen

Zum Aufstellen der Differentialgleichungen dienen die Kirchhoffschen Sätze. Für einen Knoten gilt

$$\sum_{\nu} i_{\nu} = 0. \tag{2.638}$$

Für eine Masche gilt

$$\sum_{\nu} u_{\nu} = \sum_{\mu} e_{\mu}. \tag{2.639}$$

Dabei hat man beim Festlegen der Zweigströme und Maschen entsprechend den Vorschriften auf S. 117 zu verfahren. Für die Spannungsabfälle sind die Beziehungen nach Tafel 2.31 zu verwenden. Man erhält i. allg. ein System von Integro-Differentialgleichungen. Durch Differenzieren läßt es sich stets in ein (i. allg. inhomogenes) lineares Differentialgleichungssystem mit konstanten Koeffizienten überführen.

Beispiel. In der Schaltung nach Bild 2.102a sollen die Ausgleichvorgänge der Ströme untersucht werden, wenn die Spannungsquelle E angelegt wird. Zweckmäßig legt man den Zeitursprung in den Schaltzeitpunkt, wonach sich der Zweig AB durch Bild 2.102b beschreiben läßt. Dann ergeben die Gln. (2.638) und (2.639)

Masche I:

$$u_{R1} + u_{R2} + u_{L2} = e(t)$$

oder mit Tafel 2.31

$$R_1 i_1 + R_2 i_2 + \left(L_2 \frac{di_2}{dt} + M \frac{di_3}{dt}\right) = 1(t) \cdot E.^{1)} \tag{I}$$

Masche II:

$$u_{L1} + u_C + u_{L3} - u_{L2} - u_{R2} = 0, \tag{II}$$

$$L_1 \frac{di_3}{dt} + \frac{1}{C} \int_0^t i_3 \, dt + \left(L_3 \frac{di_3}{dt} + M \frac{di_2}{dt}\right) - \left(L_2 \frac{di_2}{dt} + M \frac{di_3}{dt}\right) - R_2 i_2 = 0.$$

[1]) Vielfach läßt man den Ausdruck 1(*t*) der Kürze we-gen weg. Es ist jedoch stets zu beachten, daß die Differentialgleichung erst vom Schaltzeitpunkt ab physikalisch sinnvoll ist.

Differenzieren nach t:

$$L_1 \frac{d^2 i_3}{dt^2} + \frac{1}{C} i_3 + L_3 \frac{d^2 i_3}{dt^2} + M \frac{d^2 i_2}{dt^2} - L_2 \frac{d^2 i_2}{dt^2} - M \frac{d^2 i_3}{dt^2} - R_2 \frac{di_2}{dt} = 0. \qquad \text{(III)}$$

Knoten:

$$i_1 - i_2 - i_3 = 0. \qquad \text{(IV)}$$

Die Beziehungen (I), (III) und (IV) ergeben das gesuchte Differentialgleichungssystem für die Ströme.

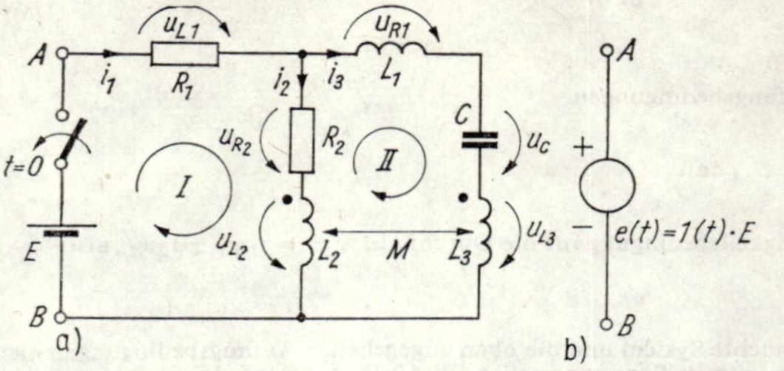

Bild 2.102
Beispiel für das Aufstellen der Differentialgleichungen

Wegen der Linearität des Gleichungssystems ist es gestattet, auch vereinfachte Methoden der Netzwerkberechnung anzuwenden, d.h., das Differentialgleichungssystem für die selbständigen Maschenströme oder die Knotenpunktpotentiale (s. S. 118) aufzustellen.

2.12.4.5. Anfangsbedingungen

Die Anfangsbedingungen für die speziellen Lösungen des Differentialgleichungssystems folgen aus der Trägheit der Energie in den Speicherelementen L und C (vgl. S. 162):

Die Spannung an den Klemmen eines Kondensators } kann sich nur
Der Strom durch eine Induktivität } stetig ändern.

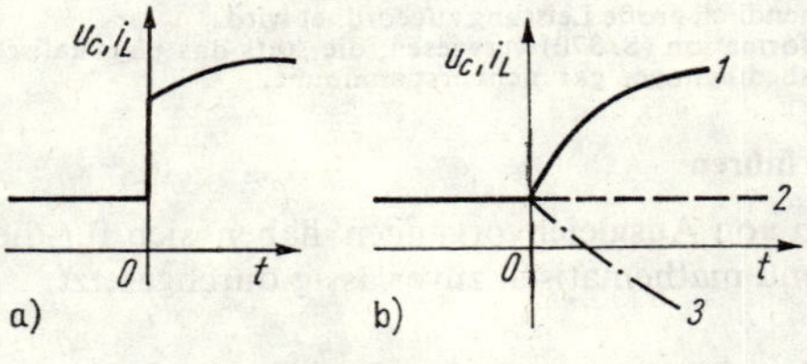

Bild 2.103
a) nichtmöglicher Verlauf
b) mögliche Verläufe von Kondensatorspannung und Strom durch Induktivität

Dies gilt auch für den Eingriffszeitpunkt $t = 0$. Bild 2.103 veranschaulicht diesen Sachverhalt. Der Fall a) kann nicht eintreten, wohl aber die Verläufe nach Bild 2.103 b. Die Ableitung der Zeitfunktion kann Unstetigkeiten aufweisen (Kurven *1* und *3*).

Die Anfangsbedingungen lauten somit

$$u_C\,(t = 0) = u_C(0) = \lim_{t \to -0} u_C. \qquad (2.640)$$

$$i_L\,(t = 0) = i_L(0) = \lim_{t \to -0} i_L. \qquad (2.641)$$

Damit erhält man so viel Anfangsbedingungen, wie nicht weiter zusammenzufassende Blindschaltelemente L und C im Netzwerk vorhanden sind. Diese reichen gerade aus, um die spezielle Lösung zu finden. Unter Verwendung der Kirchhoffschen Gleichungen des Systems lassen sie sich stets für die gesuchten zeitabhängigen Funktionen umformen.

Beispiel. Für die Schaltung nach Bild 2.102 seien für $t < 0$ alle Ströme und Spannungsabfälle gleich Null. L_1 und L_3 liegen in einem Zweig und lassen sich zu einer Induktivität $L = L_1 + L_3$ zusammenfassen. Die Anfangsbedingungen lauten

$$\text{wegen } L_2\text{:} \quad i_2(0) = 0, \quad \text{da} \quad i_2(t) \equiv 0 \quad \text{für} \quad t < 0; \qquad \text{(V)}$$

$$\text{wegen } L\text{:} \quad i_3(0) = 0, \quad \text{da} \quad i_3(t) \equiv 0 \quad \text{für} \quad t < 0; \qquad \text{(VI)}$$

$$\text{wegen } C\text{:} \quad u_C(0) = 0, \quad \text{da} \quad u_C(t) \equiv 0 \quad \text{für} \quad t < 0.$$

Da wegen der Beziehung (II) auf S. 362

$$u_C = u_{L2} + u_{R2} - u_{L1} - u_{L3} = L_2 \frac{di_2}{dt} + M \frac{di_3}{dt} + R_2 i_2 - L_1 \frac{di_3}{dt} - L_3 \frac{di_3}{dt} - M \frac{di_2}{dt}$$

$$= (L_2 - M) \frac{di_2}{dt} + (M - L) \frac{di_3}{dt} + R_2 i_2,$$

gilt für $t = 0$

$$u_C(0) = (L_2 - M) \frac{di_2}{dt}\bigg|_{t=0} + (M - L) \frac{di_3}{dt}\bigg|_{t=0} + R_2 i_2(0),$$

$$\frac{L_2 - M}{L - M} \frac{di_2}{dt}\bigg|_{t=0} = \frac{di_3}{dt}\bigg|_{t=0}. \tag{VII}$$

Die Gln. (V) bis (VII) sind die gesuchten Anfangsbedingungen.

Spezialfall 1:

Gilt für zwei gekoppelte Induktivitäten L_1, L_2, daß

$$M = \sqrt{L_1 L_2},$$

d.h., Kopplungsfaktor $k = 1$, so gilt die Stetigkeitsbedingung für die Durchflutung $\Theta = i_1 w_1 \pm i_2 w_2$, also

$$\Theta(0) = \lim_{t \to -0} \Theta.$$

Spezialfall 2:

Gelegentlich tritt der Fall auf, daß das untersuchte System und die oben angegebenen Anfangsbedingungen nicht verträglich sind. So laden sich bei dem kapazitiven Spannungsteiler (Bild 2.104) infolge der vorgenommenen Idealisierungen (Innenwiderstand von E und Widerstand sowie Induktivität der Verbindungsleitungen gleich Null)

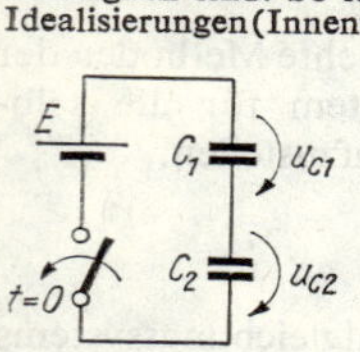

Bild 2.104
Aufladung eines kapazitiven Spannungsteilers

die Kondensatoren C_1 und C_2 im Zeitpunkt $t = 0$ umgekehrt proportional ihren Kapazitätswerten auf die Spannungen

$$u_{C1} = E \frac{C_2}{C_1 + C_2}, \quad u_{C2} = E \frac{C_1}{C_1 + C_2}$$

auf, d.h., die Spannungen an den Kondensatoren springen. Das geschieht, weil der EMK durch die (praktisch allerdings nicht zu realisierenden Idealisierungen) eine unendlich große Leistung zugeordnet wird.
Für diese Fälle sei auf die Lösung mit Laplace-Transformation (S. 370) verwiesen, die stets das physikalisch richtige Ergebnis liefert und die unverträglichen Anfangsbedingungen gar nicht erst annimmt.

2.12.4.6. Überblick über mögliche Lösungsverfahren

Von den zahlreichen Methoden zum Ermitteln von Ausgleichvorgängen haben sich für die Elektrotechnik 4 als besonders übersichtlich und mathematisch zuverlässig durchgesetzt:

- Lösen mit Exponentialansatz,
- Lösen mit Laplace-Transformation,
- Lösen mit Duhamelschem Integralsatz,
- Lösen nach der Methode der Zustandsvariablen.

Je nach vorliegendem Problem wählt man das einfachste Verfahren aus. Tafel 2.32 gibt dafür Anhaltspunkte. Vermerkt sei, daß die dort angeführten günstigen Verfahren nicht die einzig möglichen sind.

2.12.4.7. Lösen mit Exponentialansatz [2.119] bis [2.121] [2.129]

Vollständiges Abschalten in einfachen Kreisen. Sämtliche Quellen im Netzwerk werden im Zeitpunkt $t = 0$ abgeschaltet. Die Differentialgleichung ist dann *homogen*. Man verwendet folgendes *Rechenschema:*

1. Aufstellen der Differentialgleichung für $t > 0$ (s. Abschn. 2.12.4.4., S. 362).
2. Lösen der Differentialgleichung mit dem Ansatz

$$f_\nu(t) = K_\nu \exp(\lambda_\nu t). \tag{2.642}$$

Das Einsetzen des Lösungsansatzes in die Differentialgleichung liefert eine Bestimmungsgleichung (algebraisches Polynom) für die möglichen Werte von λ_ν.

Tafel 2.32. Vorteilhafte Berechnungsverfahren für Ausgleichvorgänge in linearen Kreisen mit konzentrierten Schaltelementen

	Störfunktionen				
	0	konst. $1(t)$	konst. $1(t) \sin(\omega t + \varphi)$ bzw. konst. $1(t) \cos(\omega t + \varphi)$	komplizierter Zeitverlauf (Impulse, Impulsfolgen u. ä.)	
	vollständiges Abschalten der eingeprägten Quellen	Einschalten und teilweises Abschalten von Gleichquellen	Einschalten und teilweises Abschalten von sinusförmigen Quellen	analytisch formulierbar (auch abschnittsweise)	analytisch nicht formulierbar
Einfache Kreise (nur eine Differentialgleichung)	Exponentialansatz (s. S. 364)	Exponentialansatz mit Überlagerung des stationären Zustands (s. S. 368)	Exponentialansatz mit Überlagerung des quasistationären Zustands (s. S. 368)	Duhamelscher Integralsatz (s. S. 372) Laplace-Transformation (s. S. 370)	Duhamelscher Integralsatz (s. S. 372)
Komplizierte Kreise (Differentialgleichungssystem)	Laplace-Transformation (s. S. 370)	Laplace-Transformation (s. S. 370)	Laplace-Transformation (s. S. 370)	Duhamelscher Integralsatz (s. S. 372) Laplace-Transformation (s. S. 370)	Duhamelscher Integralsatz (s. S. 372)
Numerische Auswertung großer Systeme	Methode der Zustandsvariablen (s. S. 373)				

3. Die additive Überlagerung der Funktionen $f_\nu(t)$ ergibt die allgemeine Lösung. Die Form der Funktion $f_\nu(t)$ richtet sich nach dem Charakter der λ_ν:
a) λ_m reell, verschieden von den anderen $\lambda_{\nu \neq m}$:

$$f_m(t) = K_m \exp(\lambda_m t). \tag{2.643}$$

b) λ_m reell, jedoch tritt eine Doppelwurzel $\lambda_n = \lambda_m$ auf. Für die zugehörigen Glieder gilt die Teillösung

$$f_{m+n}(t) = K_m \exp(\lambda_m t) + tK_n \exp(\lambda_m t). \tag{2.644}$$

Bei einer Dreifachwurzel gilt entsprechend

$$f_{m+n+p}(t) = K_m \exp(\lambda_m t) + tK_n \exp(\lambda_m t) + t^2 K_p \exp(\lambda_m t) \tag{2.645}$$

usw.
c) $\lambda_m = \alpha_m + \mathrm{j}\beta_m$ komplex (auch rein imaginär). Dann ist unter den übrigen $\lambda_{\nu \neq m}$ auch stets ein $\lambda_n = \alpha_m - \mathrm{j}\beta_m$ vorhanden, das zu λ_m konjugiert komplex ist. In diesem Fall kann man je nach Zweckmäßigkeit unter den verschiedenen Formen der Teillösungen wählen:

$$f_{m+n}(t) = K_m \exp(\alpha_m + \mathrm{j}\beta_m)\, t + K_n \exp(\alpha_m - \mathrm{j}\beta_m)\, t \tag{2.646}$$

$$= \exp(\alpha_m t)\,(K_m' \cos \beta_m t + K_n' \sin \beta_m t) \tag{2.647}$$

$$= \exp(\alpha_m t)\, K_m'' \sin(\beta_m t + \varphi'') \tag{2.648}$$

$$= \exp(\alpha_m t)\, K_m''' \cos(\beta_m t + \varphi'''). \tag{2.649}$$

Dabei gelten für die Integrationskonstanten die Umrechnungen

$$K_m' = K_m + K_n, \quad K_n' = \mathrm{j}\,(K_m - K_n),$$

$$K_m'' = K_m''' = \sqrt{K_m'^2 + K_n'^2} = 2\sqrt{K_m K_n},$$

$$\varphi'' = \arctan \frac{K_m'}{K_n'}, \quad \varphi''' = -\arctan \frac{K_m'}{K_n'}.$$

4. Die Konstanten K_ν und φ_ν werden durch Einsetzen der Anfangsbedingungen in die allgemeine Lösung bestimmt (umgeformt auf die untersuchte Zeitvariable, vgl. Abschn. 2.12.4.5., S. 363).

Beispiel 1. In der Schaltung nach Bild 2.105 wird im Zeitpunkt $t = 0$ der Schalter S geöffnet, d.h. der Strom i zu Null gemacht. Dann gilt für den verbleibenden Kreis, worin noch ein Stromfluß i_L möglich ist,

1. Differentialgleichung (s. Tafel 2.31, S. 360):

$$u_L + u_{RL} = u_{Rp} = 0 \quad \text{für} \quad t \geqq 0,$$

$$L \frac{\mathrm{d}i_L}{\mathrm{d}t} + R_L i_L + R_p i_L = 0.$$

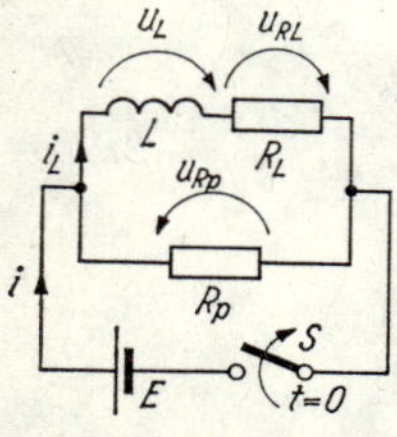

Bild 2.105. Schaltung zu Beispiel 1

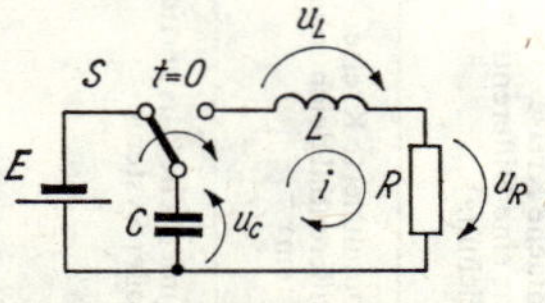

Bild 2.106. Schaltung zu Beispiel 2

Mit den Abkürzungen $R = R_L + R_p$ und $\tau = L/R$ (Zeitkonstante):

$$\frac{\mathrm{d}i_L}{\mathrm{d}t} + \frac{1}{\tau} i_L = 0.$$

2. Ansatz:

$$i_L(t) = K_\nu \exp(\lambda_\nu t), \quad \frac{\mathrm{d}i_L}{\mathrm{d}t} = \lambda_\nu K_\nu \exp(\lambda_\nu t).$$

Einsetzen ergibt

$$\lambda_\nu K_\nu \exp(\lambda_\nu t) + \frac{1}{\tau} K_\nu \exp(\lambda_\nu t) = 0, \quad \lambda_\nu = \lambda = -\frac{1}{\tau}.$$

3. Nach Gl. (2.643) lautet dann die allgemeine Lösung

$$i_L(t) = K \exp(-t/\tau).$$

4. Anfangsbedingungen: Für die Zeit $t < 0$ war i_L nach Bild 2.105

$$i_L(t < 0) \equiv \frac{E}{R_L}.$$

Dies ergibt die Anfangsbedingung

$$i_L(0) = i_L(t < 0) = \frac{E}{R_L}.$$

In die allgemeine Lösung eingesetzt:

$$\frac{E}{R_L} = K \exp(-0/\tau), \quad K = \frac{E}{R_L}.$$

Spezielle Lösung des vorliegenden Problems:

$$i_L = \frac{E}{R_L} \exp(-t/\tau) \quad \text{für} \quad t \geqq 0.$$

Die Spannung an der Induktivität ermittelt sich daraus zu

$$u_L = L\frac{\mathrm{d}i_L}{\mathrm{d}t} = -\frac{E}{R_L \tau} \exp(-t/\tau) \quad \text{für} \quad t \geqq 0.$$

Beispiel 2. Entladen eines Kondensators im Schwingungskreis (Bild 2.106). Gesucht ist die Zeitabhängigkeit der Kondensatorspannung.

1. Differentialgleichung (s. Tafel 2.31, S. 360):

$$u_C + u_L + u_R = 0 \quad \text{für} \quad t \geqq 0,$$

$$u_L = L\frac{\mathrm{d}i}{\mathrm{d}t} = L\frac{\mathrm{d}}{\mathrm{d}t}\left(C\frac{\mathrm{d}u_C}{\mathrm{d}t}\right) = LC\frac{\mathrm{d}^2 u_C}{\mathrm{d}t^2},$$

$$u_R = Ri = RC\frac{\mathrm{d}u_C}{\mathrm{d}t};$$

also folgt

$$u_C + LC\frac{\mathrm{d}^2 u_C}{\mathrm{d}t^2} + RC\frac{\mathrm{d}u_C}{\mathrm{d}t} = 0.$$

2. Ansatz:

$$u_C(t) = K_\nu \exp(\lambda_\nu t).$$

Einsetzen ergibt die Bestimmungsgleichung für die λ_ν

$$1 + LC\lambda_\nu^2 + RC\lambda_\nu = 0,$$

$$\lambda_\nu = \lambda_{1,2} = -\frac{R}{2L} \pm \sqrt{\left(\frac{R}{2L}\right)^2 - \frac{1}{LC}}.$$

Je nach dem Charakter der Wurzel (reell, imaginär oder gleich Null) ergeben sich unterschiedliche Lösungen. Hier soll der Fall $1/LC > (R/2L)^2$ betrachtet werden, wobei die Wurzel imaginär wird und 2 konjugiert komplexe Werte für die λ_ν vorliegen. Man setzt

$$\delta = \frac{R}{2L} \text{ Abklingkonstante}, \quad \omega_0 = \frac{1}{\sqrt{LC}} \text{ Resonanzfrequenz des Schwingungskreises},$$

$\omega = \sqrt{\omega_0^2 - \delta^2})$ Frequenz des Abklingvorgangs und erhält

$$\lambda_{1,2} = -\delta \pm \mathrm{j}\omega.$$

3. Wählt man die Lösungsform nach Gl. (2.649), so ergibt sich als allgemeine Lösung

$$u_C = K \exp(-\delta t) \cos(\omega t + \varphi).$$

4. Die Integrationskonstanten K und φ werden mit den Anfangsbedingungen bestimmt. Aus Abschn. 2.12.4.5. und Bild 2.106 folgt

$$u_C(0) = E, \quad i_L(0) = i(0) = 0.$$

Die zweite Bedingung muß erst auf die untersuchte Zeitfunktion u_C umgeformt werden. Nach Tafel 2.31 (S. 360) ist

$$i = i_C = C\frac{du_C}{dt}, \quad \left.\frac{du_C}{dt}\right|_{t=0} = 0.$$

Zum Verwerten dieser Bedingung muß die allgemeine Lösung nach t differenziert werden. Das Einsetzen der Anfangsbedingungen in die allgemeine Lösung und deren Ableitung ergibt

$$E = K\cos\varphi, \quad 0 = K(-\delta\cos\varphi - \omega\sin\varphi).$$

Daraus folgt

$$\varphi = -\arctan\frac{\delta}{\omega}, \quad K = \frac{E}{\cos\varphi} = E\sqrt{1+\tan^2\varphi} = E\sqrt{1+\frac{\delta^2}{\omega^2}}.$$

Die spezielle Lösung lautet somit

$$u_C = E\sqrt{1+\frac{\delta^2}{\omega^2}}\exp(-\delta t)\cos\left(\omega t - \arctan\frac{\delta}{\omega}\right) \quad \text{für} \quad t \geqq 0.$$

Einschalten und teilweises Abschalten in einfachen Kreisen. Da jetzt Quellen für $t > 0$ in den Kreisen auftreten, wird die Differentialgleichung inhomogen. Unter der Voraussetzung, daß die eingeprägten Größen *Gleichgrößen* oder *sinusförmige Wechselgrößen* sind, benutzt man zur Lösung zweckmäßig den Satz, nach dem sich bei *linearen Differentialgleichungen die allgemeine Lösung der inhomogenen Differentialgleichung aus der Überlagerung der allgemeinen Lösung der zugehörigen homogenen Differentialgleichung mit einer partikulären Lösung der inhomogenen Gleichung ergibt*. Man verwendet folgendes Rechenschema:

1. Aufstellen der Differentialgleichung für $t > 0$ (s. Abschn. 2.12.4.4., S. 362).
2. Abspalten der homogenen Differentialgleichung (indem die Störglieder durch Null ersetzt werden) und deren Lösung mit dem Ansatz

$$f_{\nu\,\mathrm{fl}}(t) = K_\nu \exp(\lambda_\nu t). \tag{2.650}$$

   Diese Lösung bezeichnet man als *flüchtigen* oder *vorübergehenden* Vorgang.
3. Ermitteln einer partikulären Lösung der inhomogenen Gleichung. Man bestimmt sie mit Hilfe der üblichen Methoden der Netzwerkberechnung für Gleichquellen bzw. für Wechselstromquellen mit der symbolischen Rechnung, indem man den Zustand des Netzes für Zeiten $t \to +\infty$ betrachtet, wenn der flüchtige Vorgang praktisch abgeklungen ist. Diesen zweiten Vorgang bezeichnet man als *bleibend* oder *eingeschwungen* [$f_{\mathrm{bl}}(t)$].
4. Die Überlagerung des flüchtigen und des bleibenden Vorgangs ergibt die *allgemeine Lösung* der inhomogenen Gleichung.
5. Die Konstanten K_ν werden zuletzt durch Einsetzen der Anfangsbedingungen (umgeformt auf die untersuchte Zeitvariable, s. Abschn. 2.12.4.5.) in die allgemeine Lösung der inhomogenen Differentialgleichung bestimmt.

Beispiel. In der Schaltung nach Bild 2.107 werde ein Strom $y(t)$ eingeprägt. Gesucht ist i_L.

1. Differentialgleichung (s. Tafel 2.31 S. 360):

$$i_R + i_L = y(t) \quad \text{für} \quad t \geqq 0.$$

Mit

$$i_R = \frac{u_L}{R} = \frac{L}{R}\frac{di_L}{dt}, \quad \tau = \frac{L}{R}:$$

$$\tau\frac{di_L}{dt} + i_L = y(t).$$

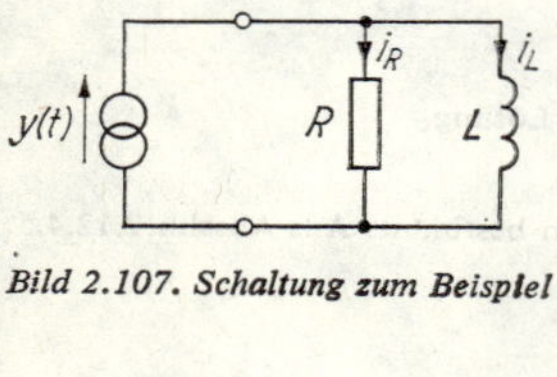

Bild 2.107. Schaltung zum Beispiel

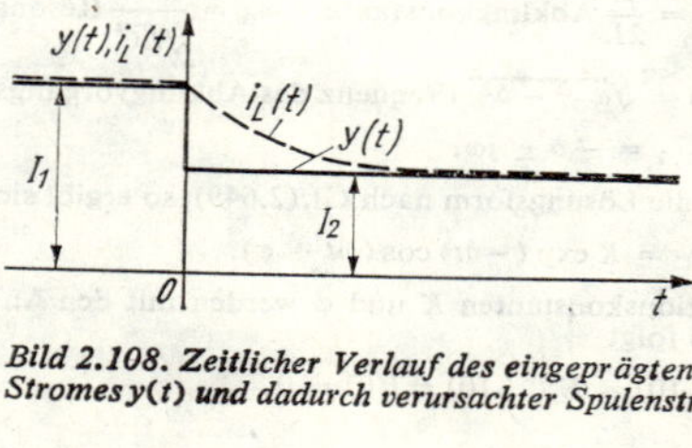

Bild 2.108. Zeitlicher Verlauf des eingeprägten Stromes y(t) und dadurch verursachter Spulenstrom i_L

2. Homogene Gleichung (Störglied durch Null ersetzt):

$$\tau \frac{\mathrm{d}i_L}{\mathrm{d}t} + i_L = 0.$$

Allgemeine Lösung = flüchtiger Vorgang:

$$i_L(t) = i_{L\,\mathrm{fl}}(t) = K \exp(-t/\tau).$$

Fall A:

Der eingeprägte Strom besteht aus einem Gleichstrom, der zur Zeit $t = 0$ seinen Wert I_1 auf I_2 ändert (Bild 2.108).

3. Nach Abklingen des Ausgleichvorgangs wird die Induktivität schließlich den gesamten Strom übernehmen, da ihr Gleichstromwiderstand voraussetzungsgemäß gleich Null ist. Also ist

$$i_L(t \to +\infty) = i_{L\,\mathrm{bl}} = I_2.$$

4. Allgemeine Lösung der inhomogenen Differentialgleichung:

$$i_L = i_{L\,\mathrm{fl}} + i_{L\,\mathrm{bl}} = K \exp(-t/\tau) + I_2.$$

5. Anfangsbedingung:

$$i_L(0) = I_1,$$

da L bei genügend langer Einschaltdauer von I_1 wie oben den gesamten Strom übernimmt. Einsetzen in die allgemeine Lösung der inhomogenen Differentialgleichung:

$$I_1 = K + I_2, \quad K = I_1 - I_2.$$

Spezielle Lösung (s. Bild 2.108):

$$i_L = (I_1 - I_2) \exp(-t/\tau) + I_2 \quad \text{für} \quad t \geqq 0.$$

Anmerkung. Der für $t < 0$ maßgebende Strom I_1 geht in die für $t \geqq 0$ geltende Differentialgleichung erst auf dem Umweg über die Anfangsbedingung ein!

Fall B:

Der eingeprägte Strom ist ein Wechselstrom, der zur Zeit $t = 0$ eingeschaltet wird (Bild 2.109), d.h.,

$$y(t) = 1(t)\, I_0 \sin(\omega t + \varphi).$$

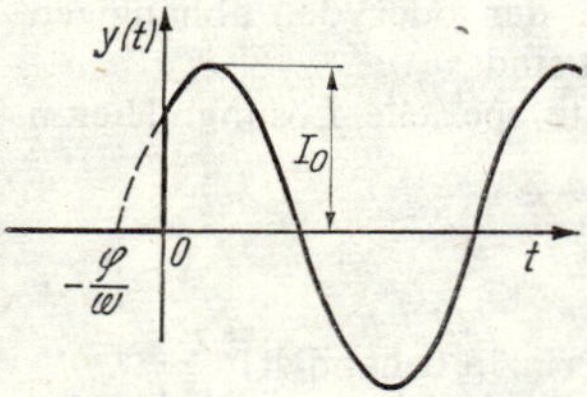

Bild 2.109
Zeitlicher Verlauf des eingeprägten sinusförmigen Stromes

3. Mit Hilfe der komplexen Rechnung ermittelt man den bleibenden (in diesem Fall quasistationären) Zustand, der sich einstellen würde für $t \to +\infty$ (Stromteilerregel):

$$\underline{I}_L = I_0 \exp[\mathrm{j}(\omega t + \varphi)] \frac{\mathrm{j}\omega L \parallel R}{\mathrm{j}\omega L} = I_0 \frac{R}{\sqrt{(\omega L)^2 + R^2}} \exp\left[\mathrm{j}\left(\omega t + \varphi - \arctan\frac{\omega L}{R}\right)\right].$$

Übergang vom komplexen Zeiger zur Zeitfunktion:

$$i_L(t \to +\infty) = i_{L\,\mathrm{bl}} = \mathrm{Im}\, \underline{I}_L = I_0 \frac{R}{\sqrt{(\omega L)^2 + R^2}} \sin\left(\omega t + \varphi - \arctan\frac{\omega L}{R}\right).$$

4. Allgemeine Lösung der inhomogenen Gleichung:

$$i_L = i_{L\,\mathrm{fl}} + i_{L\,\mathrm{bl}} = K \exp(-t/\tau) + I_0 \frac{R}{\sqrt{(\omega L)^2 + R^2}} \sin\left(\omega t + \varphi - \arctan\frac{\omega L}{R}\right).$$

5. Anfangsbedingung:

$$i_L(0) = 0,$$

da erst im Zeitpunkt $t = 0$ eingeschaltet wird. In die allgemeine Lösung eingesetzt:

$$0 = K + I_0 \frac{R}{\sqrt{(\omega L)^2 + R^2}} \sin\left(\varphi - \arctan\frac{\omega L}{R}\right),$$

$$K = -I_0 \frac{R}{\sqrt{(\omega L)^2 + R^2}} \sin\left(\varphi - \arctan\frac{\omega L}{R}\right).$$

Spezielle Lösung:

$$i_L = I_0 \frac{R}{\sqrt{(\omega L)^2 + R^2}} \left[\sin\left(\omega t + \varphi - \arctan\frac{\omega L}{R}\right) - \exp(-t/\tau) \sin\left(\varphi - \arctan\frac{\omega L}{R}\right)\right].$$

2.12.4.8. Lösen mit Laplace-Transformation [2.124] bis [2.128]

Die Laplace-Transformation (vgl. S. 330ff.) ist vorteilhaft bei vermaschten Netzwerken, die auf gekoppelte Differentialgleichungen führen. Außerdem lassen sich mit ihr komplizierte Störfunktionen, z.B. Rechteckimpulse, übersichtlich beherrschen. Der Ober- oder Originalbereich wird den zeitlichen Vorgängen, der Unter- oder Bildbereich dem Frequenzverhalten (s. Abschn. 2.12.7., S. 388) zugeordnet.

Rechenschema

1. Aufstellen der Differentialgleichungen bzw. Integro-Differentialgleichungen für $t > 0$ (s. Abschn. 2.12.4.4.; keine Veränderungen vornehmen, wie z.B. die Beseitigung der Integrale durch Differentiation).
2. Aufstellen der Anfangsbedingungen, umgeformt auf die Zeitvariablen, die in dem Differentialgleichungssystem auftreten (Abschn. 2.12.4.5.).
3. Transformation in den Unterbereich unter Einbeziehen der Anfangsbedingungen.

   Hierzu dienen insbesondere

   a) zur Transformation der Glieder mit den abhängigen Zeitvariablen:
   Satz über die Differentiation im Oberbereich (S. 331),
   Satz über die Integration im Oberbereich (S. 332),
   Additionssatz (S. 331);

   b) zur Transformation der Störfunktionen $e(t)$ und $y(t)$:
   Korrespondenztafel (S. 334ff.) (im Interesse rationeller Arbeit möglichst zu bevorzugen!)
   Laplace-Integral (S. 331),
   Hilfssätze (S.331).
4. Auflösen des algebraischen Gleichungssystems in p nach der oder den abhängigen Variablen von p, die den gesuchten Zeitvariablen zugeordnet sind.
5. Rücktransformation in den Oberbereich ergibt die gesuchte spezielle Lösung. Hierzu dienen
   Korrespondenztafel (S. 334ff., zu bevorzugen!),
   Hilfssätze, insbesondere der Heavisidesche Entwicklungssatz,
   komplexes Umkehrintegral der Laplace-Transformation.

Einschalt- und Ausschaltvorgänge werden nach dem gleichen Prinzip behandelt!

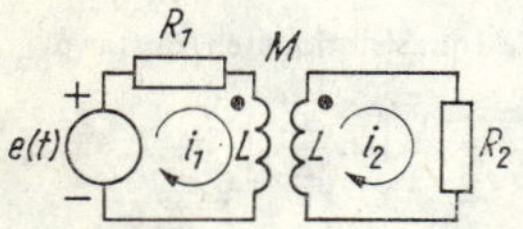

Bild 2.110. Schaltung zum Beispiel

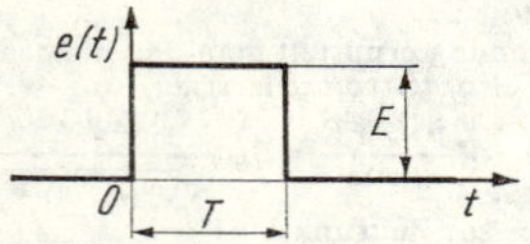

Bild 2.111. Eingeprägte EMK zum Beispiel

Beispiel. Auf einen Transformator nach Bild 2.110 soll ein einzelner Rechteckimpuls (Bild 2.111) gegeben werden. R_1 sei der ohmsche Gesamtwiderstand von Quelle und Transformator im Primärkreis, R_2 der Gesamtwiderstand von Transformator und Verbraucher im Sekundärkreis. Gesucht ist der Sekundärstrom $i_2(t)$.

1. Differentialgleichungen (s. Tafel 2.31, S.360):

$$\left.\begin{aligned} i_1R_1 + L\frac{di_1}{dt} - M\frac{di_2}{dt} &= e(t) \\ i_2R_2 + L\frac{di_2}{dt} - M\frac{di_1}{dt} &= 0 \end{aligned}\right\} \quad \text{für } t \geqq 0.$$

2. Anfangsbedingungen (Induktivitäten!):

$$i_1(0) = i_2(0) = 0.$$

3. Transformation in den Unterbereich:

Mit den Zuordnungen

$$i_1(t) \bullet\!\!-\!\!\circ\; I_1(p), \quad i_2(t) \bullet\!\!-\!\!\circ\; I_2(p) \quad \text{und} \quad e(t) \bullet\!\!-\!\!\circ\; E(p)$$

wird

$$I_1(p)\,R_1 + L(pI_1(p) - i_1(0)) - M(pI_2(p) - i_2(0)) = E(p),$$
$$I_2(p)\,R_2 + L(pI_2(p) - i_2(0)) - M(pI_1(p) - i_1(0)) = 0.$$

$E(p)$ ergibt sich mit dem Laplace-Integral zu

$$E(p) = \int_0^\infty e(t)\exp(-pt)\,\mathrm{d}t = \int_0^T E\exp(-pt)\,\mathrm{d}t = \frac{E}{p}[1 - \exp(-pT)].$$

4. Auflösen nach $I_2(p)$:

Setzt man $E(p)$ sowie die Anfangsbedingungen in die transformierten Gleichungen ein und löst nach $I_2(p)$ auf so erhält man

$$I_2(p) = \frac{ME[1 - \exp(-pT)]}{(L^2 - M^2)\left(p^2 + p\,\dfrac{L(R_1 + R_2)}{L^2 - M^2} + \dfrac{R_1R_2}{L^2 - M^2}\right)}$$
$$= \frac{ME}{L^2 - M^2}\left[\frac{1}{p^2 + 2\alpha p + \beta^2} + \frac{\exp(-pT)}{p^2 + 2\alpha p + \beta^2}\right]$$

mit

$$2\alpha = \frac{L(R_1 + R_2)}{L^2 - M^2}, \quad \beta^2 = \frac{R_1R_2}{L^2 - M^2}.$$

5. Rücktransformation:

Die entsprechende Korrespondenz in Tafel 2.25 (S.334) ergibt

$$\frac{1}{p^2 + 2\alpha p + \beta^2} \circ\!-\!\bullet \frac{\exp(-\alpha t)\sinh Wt}{W}$$

mit

$$W = \sqrt{\alpha^2 - \beta^2} = \frac{\sqrt{\frac{1}{4}L^2(R_1 - R_2)^2 + R_1R_2M^2}}{L^2 - M^2}.$$

Das zweite Glied unterscheidet sich nur um den Faktor $\exp(-pT)$ vom ersten. Die Anwendung des Verschiebungssatzes für den Oberbereich (s. S.331) ergibt

$$\frac{\exp(-pT)}{p^2 + 2\alpha p + \beta^2} \circ\!-\!\bullet \begin{cases} 0 & \text{für } t < T. \\ \dfrac{\exp[-\alpha(t - T)]\sinh W(t - T)}{W} & \text{für } t \geqq T. \end{cases}$$

Insgesamt lautet also die spezielle Lösung des untersuchten Problems

$$i_2(t) = \begin{cases} \dfrac{ME}{L^2 - M^2}\dfrac{\exp(-\alpha t)\sinh Wt}{W} & \text{für } 0 \leqq t \leqq T, \\ \dfrac{ME}{L^2 - M^2}\left[\dfrac{\exp(-\alpha t)\sinh Wt}{W} - \dfrac{\exp[-\alpha(t - T)]\sinh W(t - T)}{W}\right] & \text{für } t \geqq T. \end{cases}$$

Anmerkung. Bei reinen Einschaltvorgängen in bis zu $t = 0$ energielosen Netzwerken (alle Kondensatoren ungeladen, alle Induktivitäten stromfrei) findet man die Unterfunktion sehr einfach, indem man die Systemgleichungen mit den Regeln der symbolischen Methode aufstellt, jedoch statt $j\omega$ überall p einsetzt *(Verfahren der Operatorimpedanzen)*. Vorteilhaft ist, daß das Aufstellen der Kirchhoffschen Gleichungen erspart wird und man die vereinfachten Methoden der Netzwerkberechnung (Strom- und Spannungsteilerregel, Zweipoltheorie, Überlagerungsgesetz usw.) benutzen kann.

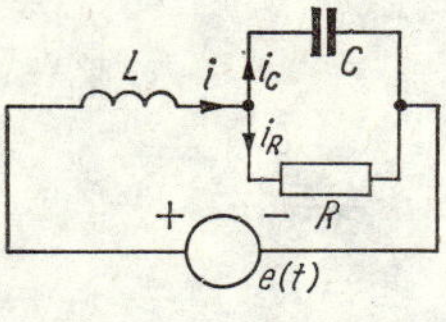

Bild 2.112
Beispiel für das Verfahren der Operatorimpedanzen

Beispiel. In der Schaltung nach Bild 2.112 ist der Strom i_C gesucht. Die oben angegebenen Bedingungen seien erfüllt [$e(t)$ sei z.B. $1(t)E\sin\omega t$]. Die Anwendung des ohmschen Gesetzes in der symbolischen Rechnung ergibt

$$I(p) = \frac{E(p)}{pL + \dfrac{1}{pC}\Big\|R} = \frac{E(p)}{pL + \dfrac{R}{pC\left(R + \dfrac{1}{pC}\right)}}.$$

Nach der Stromteilerregel ist

$$I_C(p) = I(p)\frac{\frac{1}{pC}\,\Big\|\, R}{\frac{1}{pC}} = I(p)\frac{\dfrac{R}{pC\left(R+\frac{1}{pC}\right)}}{\frac{1}{pC}}.$$

Nun eliminiert man $I(p)$ mit der ersten Gleichung und erhält die gesuchte Unterfunktion für $I_C(p)$:

$$I_C(p) = \frac{pC}{1 + p\frac{L}{R} + p^2LC}\,E(p).$$

Diese muß nach Einsetzen von $E(p)$ rücktransformiert werden, womit ma n die gesuchte Zeitfunkti on $i_C(t)$ erhält.

2.12.4.9. Lösen mit dem Duhamelschen Integralsatz [2.130]

Der Duhamelsche Integralsatz findet Anwendung, wenn

a) die eingeprägte Kraft einen komplizierten, evtl. auch nicht analytisch formulierbaren zeitlichen Verlauf hat und

b) die gesuchte Wirkung im System für den Spezialfall bekannt ist, daß die eingeprägte Kraft gleich dem Einheitssprung $1(t)$ ist.

Es seien

$a(t)$ eingeprägte Kraft (anzuschaltende Strom- oder Spannungsquelle)
Bedingung: $a(t) = 0$ für $t < 0$,

$b(t)$ zu ermittelnde Wirkung (Strom oder Spannung an einer beliebigen Stelle im Netzwerk),

$b_1(t)$ die bekannte Wirkung, die an derselben Stelle im Netzwerk auftritt, wenn die eingeprägte Kraft $a(t) = 1(t)$ ist.

Dann bestimmt man $b(t)$ mit den Duhamelschen Integralen:

$$b(t) = a(0)\,b_1(t) + \int_0^t \frac{\mathrm{d}a(z)}{\mathrm{d}z}\,b_1(t-z)\,\mathrm{d}z, \qquad (2.651)$$

$$b(t) = b_1(0)\,a(t) + \int_0^t a(z)\,\frac{\mathrm{d}b_1(t-z)}{\mathrm{d}t}\,\mathrm{d}z, \qquad (2.652)$$

$$b(t) = \frac{\mathrm{d}}{\mathrm{d}t}\int_0^t a(z)\,b_1(t-z)\,\mathrm{d}z, \qquad (2.653)$$

$$b(t) = \frac{\mathrm{d}}{\mathrm{d}t}\int_0^t a(t-z)\,b_1(z)\,\mathrm{d}z. \qquad (2.654)$$

Die rechten Seiten der Gln. (2.651) bis (2.654) sind identisch, so daß man unter den 4 Formen des Duhamelschen Integrals jeweils die am einfachsten auswertbare wählen kann.

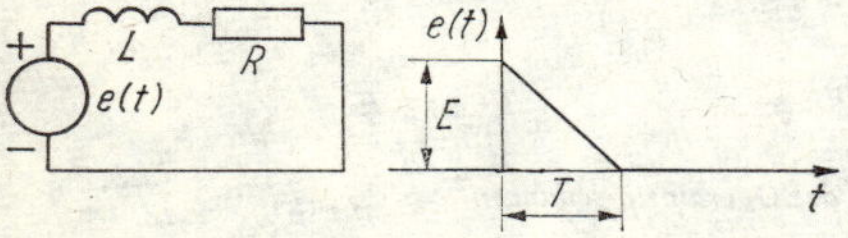

Bild 2.113
Schaltung und Verlauf der EMK zum Beispiel

Beispiel. Einer Reihenschaltung von L und R (Bild 2.113) wird ein Dreieckimpuls aufgeprägt. Die gesucht Wirkung sei der Strom $i(t)$ im Kreis. Wäre $e(t)$ gleich dem Einheitssprung, d.h.,

$$e_1(t) = a_1(t) = 1(t),$$

dann wäre die gesuchte Wirkung

$$i_1(t) = b_1(t) = \frac{1}{R}\,[1 - \exp(-t/\tau)]$$

mit $\tau = L/R$ (Tafel 1.23, S.163). Die tatsächlich auftretende EMK ist jedoch nach Bild 2.113

$$e(t) = a(t) = \begin{cases} E\left(1 - \frac{t}{T}\right) & \text{für} \quad 0 < t \leqq T, \\ 0 & \text{für} \quad t \geqq T. \end{cases}$$

Benutzt man Gl. (2.652), so benötigt man

$$b_1(0) = \frac{1}{R}[1 - \exp(-0/\tau)] = 0, \quad b_1(t-z) = \frac{1}{R}\left[1 - \exp\left(-\frac{t-z}{\tau}\right)\right],$$

$$\frac{\mathrm{d}b_1(t-z)}{\mathrm{d}t} = \frac{1}{\tau R}\exp\left(-\frac{t-z}{\tau}\right);$$

also wird

$$i(t) = 0 \cdot E\left(1 - \frac{t}{T}\right) + \int_0^t E\left(1 - \frac{z}{T}\right)\frac{1}{\tau R}\exp\left(-\frac{t-z}{\tau}\right)\mathrm{d}z$$

$$= \frac{E}{R}\left[\left(1 + \frac{\tau}{T}\right)[1 - \exp(-t/\tau)] - \frac{t}{T}\right] \quad \text{für} \quad 0 \leqq t \leqq T$$

bzw.

$$i(t) = 0 + \int_0^T E\left(1 - \frac{z}{T}\right)\frac{1}{\tau R}\exp\left(-\frac{t-z}{\tau}\right)\mathrm{d}z$$

$$= \frac{E}{R}\left[\left(1 + \frac{\tau}{T}\right)[1 - \exp(-T/\tau)] - 1\right]\exp\left(-\frac{t-T}{\tau}\right) \quad \text{für} \quad t \geqq T,$$

da der Integrand wegen $e(t) = 0$ für $t \geqq T$ verschwindet.

Da das Lösen der Differentialgleichung durch eine Integration ersetzt wird, kann man Vorgänge behandeln, bei denen sich $a(t)$ nicht geschlossen formulieren läßt, indem man das gewählte Integral grafisch oder numerisch (z.B. mit einem Digitalrechner) löst.

2.12.4.10. Methode der Zustandsvariablen [2.131] bis [2.135]

Die Methode der Zustandsvariablen ist für die numerische Berechnung der Ausgleichvorgänge mit Digitalrechnern besonders geeignet. Sie wird zunehmend für die Untersuchung großer linearer elektrischer Netzwerke mit konzentrierten Schaltelementen nach Tafel 2.31, S.360, (und großer linearer technischer Regelsysteme) verwendet. Dabei wird der Umweg über den Frequenzbereich, der bei der Laplace-Transformation erforderlich ist, vermieden und das netzwerkbeschreibende Differentialgleichungssystem mit einem Reihenansatz formalisiert gelöst. Im folgenden wird von der Behandlung elektrischer Netzwerke ausgegangen; die Übertragung auf Regelsysteme ist durch Analogieschluß leicht möglich.

Gleichungssystem der Zustandsvariablen. Die *Zustandsvariablen* $x_\nu(t)$ in einem elektrischen Netzwerk sind laut Definition alle Zeitvariablen, für die die Anfangsbedingungen nach Abschn. 2.12.4.5., S.363, formuliert werden können, d.h.

a) die Spannungen $u_{C\nu}$ an Kondensatoren,
b) die Ströme $i_{L\nu}$ durch Induktivitäten.[1])

Der Spezialfall 2 aus Abschn. 2.12.4.5. (unverträgliche Anfangsbedingungen) sei hier ausgeschlossen, obwohl er sich ebenfalls einbeziehen läßt (s. dazu z.B. [2.132]).

Als *Erregungsgrößen* $s_q(t)$ werden die dem Netzwerk eingeprägten Klemmengrößen der idealen Strom- und Spannungsquellen $y_q(t)$ bzw. $e_q(t)$ bezeichnet (s. Tafel 2.31, S.360).
Für das Netzwerk wird das beschreibende Differentialgleichungssystem als Matrizengleichung

$$(\dot{x}(t)) = (A)(x(t)) + (B)(s(t)) \tag{2.655}$$

[1]) Tritt der Spezialfall 1 des Abschnitts 2.12.4.5. (Gegeninduktivität M mit Kopplungsfaktor $k = 1$) auf, so ist statt dessen die Durchflutung $\Theta_{M\nu}$ als Zustandsvariable anzusetzen.

aufgestellt. Dabei sind

$$(x(t)) = \begin{bmatrix} x_1(t) \\ x_2(t) \\ \vdots \\ x_n(t) \end{bmatrix}, \quad (\dot{x}(t)) = \begin{bmatrix} \frac{dx_1}{dt} \\ \vdots \\ \frac{dx_n}{dt} \end{bmatrix}, \quad (s(t)) = \begin{bmatrix} s_1(t) \\ s_2(t) \\ \vdots \\ s_r(t) \end{bmatrix},$$

wenn das Netzwerk n Blindschaltelemente und r Quellen enthält. (A) und (B) ergeben sich aus der topologischen Struktur des Netzwerks und den konstanten Parametern der Schaltelemente. Sie haben die Form

$$(A) = \begin{pmatrix} a_{11} & & \\ & \ddots & \\ & & a_{nn} \end{pmatrix}, \quad (B) = \begin{pmatrix} b_{11} & & \\ & \ddots & \\ & & b_{nr} \end{pmatrix}.$$

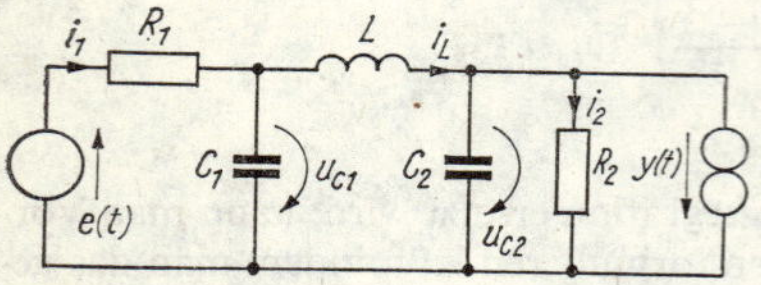

Bild 2.114
Zu berechnendes Netzwerk

Beispiel. Für das Netzwerk nach Bild 2.114 erhält man mit den Kirchhoffschen Sätzen (s. Abschn. 2.12.4.4., S. 362) das Differentialgleichungssystem

$$\left.\begin{aligned} \frac{di_L}{dt} &= \frac{1}{L} u_{C1} - \frac{1}{L} u_{C2}, \\ \frac{du_{C1}}{dt} &= -\frac{1}{C_1} i_L - \frac{1}{R_1 C_1} u_{C1} + \frac{1}{R_1 C_1} e(t), \\ \frac{du_{C2}}{dt} &= \frac{1}{C_2} i_L - \frac{1}{R_2 C_2} u_{C2} - \frac{1}{C_2} y(t). \end{aligned}\right\} \quad (2.656)$$

Daraus kann man ablesen:

$$(x(t)) = \begin{bmatrix} i_L(t) \\ u_{C1}(t) \\ u_{C2}(t) \end{bmatrix}, \quad (s(t)) = \begin{pmatrix} e(t) \\ y(t) \end{pmatrix},$$

$$(A) = \begin{bmatrix} 0 & \frac{1}{L} & -\frac{1}{L} \\ -\frac{1}{C_1} & -\frac{1}{R_1 C_1} & 0 \\ \frac{1}{C_2} & 0 & -\frac{1}{R_2 C_2} \end{bmatrix}, \quad (B) = \begin{bmatrix} 0 & 0 \\ \frac{1}{R_1 C_1} & 0 \\ 0 & -\frac{1}{C_2} \end{bmatrix}.$$

Allgemeine Lösung des Gleichungssystems der Zustandsvariablen. Es sei

$$(x(0)) = \begin{bmatrix} x_1(0) \\ \vdots \\ x_n(0) \end{bmatrix}$$

die Spaltenmatrix der vorgegebenen Anfangswerte für $t = 0$. Dann hat das Gleichungssystem (2.655) die allgemeine Lösung

$$(x(t)) = \exp [(A)t] (x(0)) + \int_0^t \exp [(A)(t - \tau)] (B) (s(\tau)) \, d\tau. \quad (2.657)$$

Der erste Anteil entspricht der Lösung des homogenen Problems, während das Integral den Einfluß der Erregungsgrößen $s_\varrho(t)$ enthält. Die Exponentialmatrix $\exp[(A)t]$ wird zweckmäßig in eine endliche Reihe

$$\exp[(A)t] = \sum_{k=0}^{K} \frac{[(A)t]^k}{k!} + (R_K(t)) \tag{2.658}$$

entwickelt. Die Elemente der Restgliedmatrix $(R_K(t))$ können beliebig klein gemacht werden, wenn nur K hinreichend groß gewählt wird. Für die numerische Entwicklung sind Matrizenmultiplikationen und -additionen erforderlich, wofür Rechnerstandardprogramme existieren.

Anschließend werden mit dem Gleichungssystem (2.657) die $x_\nu(t)$ berechnet. Der einzuschlagende Weg hängt in erster Linie von der Gestalt der $s_\varrho(t)$ ab. Sind diese in geschlossener Form gegeben, so ist u. U. auch die Integration geschlossen möglich. Im anderen Fall wird sie mit einem numerischen Näherungsverfahren durchgeführt, wobei wiederum auf Standardprogramme zurückgegriffen werden kann.

Spezielle Fälle, die Vereinfachungen zulassen, sind in [2.134] behandelt.

Übergang zu anderen Variablen. Im allgemeinen Fall kann es vorkommen, daß man das Zeitverhalten anderer Ströme und Spannungen des Netzwerks benötigt, als durch die Zustandsvariablen gegeben sind. Infolge der Linearität des Systems ergeben sich diese gewünschten *Ausgangsgrößen* $v_\mu(t)$ aus Linearkombinationen der $x_\nu(t)$ und der $s_\varrho(t)$:

$$(v(t)) = (C)\,(x(t)) + (D)\,(s(t)) \tag{2.659}$$

mit

$$(v(t)) = \begin{pmatrix} v_1(t) \\ \vdots \\ v_m(t) \end{pmatrix}, \quad (C) = \begin{pmatrix} c_{11} & & \\ & \ddots & \\ & & c_{mn} \end{pmatrix}, \quad (D) = \begin{pmatrix} d_{11} & & \\ & \ddots & \\ & & d_{mr} \end{pmatrix}.$$

(C) und (D) lassen sich mit Hilfe der Kirchhoffschen Sätze leicht aus dem Netzwerk bestimmen.

Beispiel. Für das Netzwerk nach Bild 2.114 werden die Ströme i_1 und i_2 als Ausgangsgrößen gesucht. Man kann sofort ablesen

$$i_1 = -\frac{1}{R_1} u_{C1} + \frac{1}{R_1} e(t),$$

$$i_2 = \frac{1}{R_2} u_{C2};$$

also gilt

$$(v(t)) = \begin{pmatrix} i_1(t) \\ i_2(t) \end{pmatrix}, \quad (C) = \begin{bmatrix} 0 & -\frac{1}{R_1} & 0 \\ 0 & 0 & -\frac{1}{R_2} \end{bmatrix}, \quad (D) = \begin{bmatrix} \frac{1}{R_1} & 0 \\ 0 & 0 \end{bmatrix}.$$

Die numerische Auswertung des Gleichungsssystems (2.659) erfordert wiederum nur einfache Matrizenoperationen.

2.12.5. Ausgleichvorgänge auf linearen elektrischen Leitungen [2.125] [2.127] [2.128] [2.136] bis [2.138]

2.12.5.1. Differentialgleichungen der elektrischen Leitung

Es werden nur die technisch wichtigen *homogenen* Leitungen mit *konstanten Parametern* R', L', G' und C' behandelt. Die Zählrichtungen der Ströme und Spannungen sind im Bild 2.115 festgelegt.

Strom und Spannung auf der Leitung hängen *sowohl von x als auch von t ab*. Dafür gelten die beiden verkoppelten linearen, partiellen Differentialgleichungen mit konstanten Koeffizienten (Tafel 2.31, S.360):

$$-\frac{\partial u(x,t)}{\partial x} = R'i(x,t) + L'\frac{\partial i(x,t)}{\partial t}, \tag{2.660}$$

$$-\frac{\partial i(x,t)}{\partial x} = G'u(x,t) + C'\frac{\partial u(x,t)}{\partial t}. \tag{2.661}$$

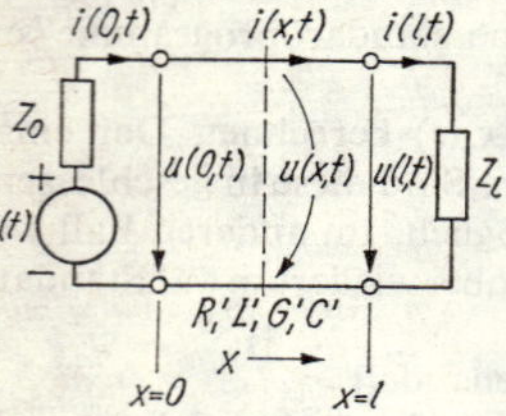

Bild 2.115
Zählrichtungen der Ströme und Spannungen an einer allgemeinen Leitung

2.12.5.2. Anfangs- und Randbedingungen

Es werde vereinbart, daß Schaltungen nur im Zeitpunkt $t = 0$ und nur bei $x = 0$ oder $x = l$ vorgenommen werden. Infolge der mit L' und C' verknüpften magnetischen bzw. elektrischen Energie gelten die Stetigkeitsbedingungen für $t = 0$ (Anfangsbedingungen) für alle x außer den Punkten $x = 0$ und $x = l$:

$$u(x,0) = \lim_{t\to -0} u(x,t), \tag{2.662}$$

$$i(x,0) = \lim_{t\to -0} i(x,t). \tag{2.663}$$

Zusätzlich werden noch die Randbedingungen für Anfang und Ende des untersuchten Leitungsstückes benötigt, die durch die dort angeschalteten aktiven und passiven Elemente festgelegt sind. Dadurch werden Beziehungen zwischen $u(0,t)$ und $i(0,t)$ bzw. $u(l,t)$ und $i(l,t)$ vorgeschrieben. Für Bild 2.115 gilt z.B. (Z_0 und Z_l reell)

$$u(0,t) = e(t) - i(0,t)\,Z_0, \tag{2.664}$$

$$u(l,t) = i(l,t)\,Z_l. \tag{2.665}$$

Enthält Z_0 bzw. Z_l noch im Zeitpunkt $t = 0$ energiefreie Blindschaltelemente, so kann man formal mit denselben Gleichungen rechnen; denn zur Lösung transformiert man die Gleichungen (2.664) und (2.665) nach *Laplace*. In den transformierten Gleichungen treten dann einfach für Z_0 und Z_l die entsprechenden Operatorimpedanzen $Z_0(p)$ und $Z_l(p)$ auf. Sie gewinnt man aus den komplexen Widerständen $\underline{Z}_0$ und $\underline{Z}_l$ (vgl. S.371), indem man p für $j\omega$ einsetzt.

2.12.5.3. Lösen der Differentialgleichungen

Eine geschlossene Lösung der Gln.(2.660) und (2.661) für beliebige Anfangs- und Randbedingungen läßt sich nicht angeben. Man muß sich darauf beschränken, gewisse *Spezialfälle*, die jedoch gerade die technisch interessanten sind, zu behandeln und daran die typischen Erscheinungen auf Leitungen zu erkennen. Als bequeme Methode erweist sich auch hier die Laplace-Transformation. Die Transformation der Gln.(2.660) und (2.661) in den Unterbereich ergibt ein lineares Differentialgleichungssystem in x:

$$\frac{dU(x,p)}{dx} + (R' + pL')\,I(x,p) = L'i(x,0), \tag{2.666}$$

$$\frac{dI(x,p)}{dx} + (G' + pC')\,U(x,p) = C'u(x,0). \tag{2.667}$$

Die allgemeine Lösung des zugehörigen homogenen Systems (rechte Seite gleich Null gesetzt) lautet

$$U(x, p) = K_1 \exp(-\gamma x) + K_2 \exp(\gamma x), \tag{2.668}$$

$$I(x, p) = \frac{K_1}{Z} \exp(-\gamma x) - \frac{K_2}{Z} \exp(\gamma x). \tag{2.669}$$

Dabei sind γ und Z Funktionen von p:

$$\gamma = \sqrt{(R' + pL')(G' + pC')}, \tag{2.670}$$

$$Z = \sqrt{\frac{R' + pL'}{G' + pC'}} \tag{2.671}$$

(Analogie zur komplexen Fortpflanzungskonstanten und zum komplexen Wellenwiderstand der Leitung bei Wechselstrom).

Sind die rechten Seiten der Gln. (2.665) und (2.667) verschieden von Null, so kann man die allgemeine Lösung des Differentialgleichungssystems mit den üblichen Methoden (Suchen einer partikulären Lösung des inhomogenen Systems, Reihenansätze u.ä., vgl. S. 266f.) finden. Darin treten nun noch die Konstanten K_1 und K_2 auf, die mit den in den Unterbereich zu transformierenden Randbedingungen bestimmt werden, wonach die Rücktransformation von $U(x, p)$ und $I(x, p)$ die gesuchte Zeitabhängigkeit liefert.

Anschalten von Spannungsquellen an energielose Leitungen. In diesem Fall sind wegen der Gln. (2.662) und (2.663)

$$u(x, 0) = i(x, 0) = 0, \tag{2.672}$$

so daß die Gln. (2.666) und (2.667) homogen werden und die Gln. (2.668) und (2.669) die *allgemeine Lösung* darstellen. Die untersuchte Schaltung sei durch Bild 2.115 gegeben.[1]) Die Randbedingungen sind dann die Gln. (2.664) und (2.665). Transformiert ergeben sie

$$U(0, p) = E(p) - I(0, p) Z_0(p), \tag{2.673}$$

$$U(l, p) = I(l, p) Z_l(p). \tag{2.674}$$

Bestimmt man damit K_1 und K_2, so ergibt sich

$$U(x, p) = E(p) \frac{Z}{Z_0(p) + Z} \frac{\exp(-\gamma x) + r_l \exp(\gamma x) \exp(-2\gamma l)}{1 - r_0 r_l \exp(-2\gamma l)}, \tag{2.675}$$

$$I(x, p) = E(p) \frac{1}{Z_0(p) + Z} \frac{\exp(-\gamma x) - r_l \exp(\gamma x) \exp(-2\gamma l)}{1 - r_0 r_l \exp(-2\gamma l)}. \tag{2.676}$$

Darin sind

$$r_0 = \frac{Z_0(p) - Z}{Z_0(p) + Z}, \tag{2.677}$$

$$r_l = \frac{Z_l(p) - Z}{Z_l(p) + Z} \tag{2.678}$$

(analog den Reflexionskoeffizienten der Leitung).

Anmerkung: Oft stellt der zweite Bruch der Lösungen keine Laplace-Transformierte dar. Dann entwickelt man zweckmäßigerweise

$$\frac{1}{1 - r_0 r_l \exp(-2\gamma l)} = \sum_{k=0}^{\infty} (r_0 r_l)^k \exp(-2\gamma k l) \tag{2.679}$$

[1]) **Treten EMKs sowohl am Anfang ($x = 0$) als auch am Ende ($x = l$) auf, so kann man das Superpositionsgesetz (S. 119) anwenden und die von den einzelnen EMKs herrührenden Ausgleichvorgänge getrennt berechnen.**

und transformiert gliedweise zurück. Im allgemeinen Fall ($R'/L' \neq G'/C' \neq 0$) setzt man noch

$$\gamma = \frac{1}{v}\sqrt{(p+\varrho)^2 - \sigma^2} \tag{2.680}$$

$$Z = \frac{\sqrt{(p+\varrho)^2 - \sigma^2}}{v\,(G' + pC')} \tag{2.681}$$

mit

$$v = \frac{1}{\sqrt{L'C'}}, \quad \varrho = \frac{1}{2}\left(\frac{R'}{L'} + \frac{G'}{C'}\right), \quad \sigma = \frac{1}{2}\left(\frac{R'}{L'} - \frac{G'}{C'}\right)$$

und benutzt zur Rücktransformation die Korrespondenz Nr. 69 nach Tafel 2.25.

Beispiel. Bei der Leitung nach Bild 2.115 (S.376) sei $Z_0 = 0$, $Z_l = 0$ (Kurzschluß), $R'/L' = G'/C' = \alpha$ (verzerrungsfreie Leitung). Zu berechnen ist der Einschaltvorgang des Stromes. Aus den oben angegebenen Beziehungen folgt

$$\gamma = \sqrt{(R' + pL')(G' + pC')} = \sqrt{L'C'}\,(\alpha + p) = \frac{\alpha + p}{v}, \quad Z = \sqrt{\frac{R' + pL'}{G' + pC'}} = \sqrt{\frac{L'}{C'}},$$

$$r_0 = \frac{Z_0(p) - Z}{Z_0(p) + Z} = -1, \quad r_l = \frac{Z_l(p) - Z}{Z_l(p) + Z} = -1.$$

Damit wird nach den Gln. (2.676) und (2.679)

$$I(x,p) = E(p)\sqrt{\frac{C'}{L'}}\left[\exp\left(-\frac{\alpha+p}{v}x\right) + \exp\left(\frac{\alpha+p}{v}x\right)\exp\left(-2\,\frac{\alpha+p}{v}\,l\right)\right]$$
$$\times \sum_{k=0}^{\infty} \exp\left(-2\,\frac{\alpha+p}{v}\,kl\right)$$
$$= \sqrt{\frac{C'}{L'}}\sum_{k=0}^{\infty}\left\{E(p)\exp\left[-\frac{\alpha+p}{v}\,(x + 2kl)\right] + E(p)\exp - \left[\frac{\alpha+p}{v}\,(2kl + 2l - x)\right]\right\}.$$

Gliedweise Rücktransformation mit dem Verschiebungssatz (S.331) ergibt

$$i(x,t) = \sqrt{\frac{C'}{L'}}\sum_{k=0}^{\infty}\left[e\left(t - \frac{x + 2kl}{v}\right)1\left(t - \frac{x+2kl}{v}\right)\exp\left(-\alpha\,\frac{x+2kl}{v}\right)\right.$$
$$\left. + \,e\left(t - \frac{2kl + 2l - x}{v}\right)1\left(t - \frac{2kl+2l-x}{v}\right)\exp\left(\alpha\,\frac{2kl + 2l - x}{v}\right)\right].$$

Zur Veranschaulichung sei das Ende der Leitung ($x = l$) betrachtet und die EMK als sinusförmig angenommen:

$$e(t) = 1(t)\,E_0 \sin \omega t.$$

Dann werden die beiden Summanden in der Klammer gleich, und es gilt

$$i(x,t) = 2E_0\sqrt{\frac{C'}{L'}}\sum_{k=0}^{\infty}\left\{\sin\left[\omega\left(t - \frac{l(1+2k)}{v}\right)\right]1\left(t - \frac{l(1+2k)}{v}\right)\exp\left[-\alpha\,\frac{l(1+2k)}{v}\right]\right\}.$$

Bild 2.116 zeigt, wie sich der Strom aus den einzelnen Sinusschwingungen zusammensetzt, die sich nacheinander, jeweils um $t = 2l/v$ verschoben, am Leitungsende einstellen. Gezeichnet sind die ersten drei Anteile entsprechend $k = 0$, 1 und 2 und der daraus resultierende Gesamtverlauf von $i(x,t)$.

Entladen von energiebehafteten Leitungen. Dieser Fall ist der schwierigere, da man jetzt von Null verschiedene Anfangsbedingungen erhält und die inhomogenen Gln. (2.666) und (2.667) lösen muß. Sind diese lösbar, dann kann man die allgemeine Lösung auf die Form

$$U(x,p) = K_1 \exp(-\gamma x) + K_2 \exp(\gamma x) + A(x,p), \tag{2.682}$$

$$I(x,p) = \frac{K_1}{Z}\exp(-\gamma x) - \frac{K_2}{Z}\exp(\gamma x) + B(x,p) \tag{2.683}$$

bringen, worin $A(x,p)$ und $B(x,p)$ partikuläre Lösungen der inhomogenen Gleichungen darstellen.

Die Anfangsbedingungen für den Fall nach Bild 2.115 (S.376), jedoch mit $e(t) = 0$ (keine Quellen in der Schaltung für $t > 0$), lauten nach Transformation der Gln. (2.664) und (2.665) für energielose Z_0 und Z_l

$$U(0,p) = -I(0,p)\,Z_0(p), \tag{2.684}$$
$$U(l,p) = I(l,p)\,Z_l(p). \tag{2.685}$$

Bestimmt man damit K_1 und K_2, so erhält man

$$U(x, p) = \frac{[F_0 - r_0 r_l \exp(-\gamma l) F_l] \exp(-\gamma x) + r_l [\exp(-2\gamma l) F_0 - \exp(-\gamma l) F_l] \exp(\gamma x)}{1 - r_0 r_l \exp(-2\gamma l)} + A(x, p), \tag{2.686}$$

$$I(x, p) = \frac{[F_0 - r_0 r_l \exp(-\gamma l) F_l] \exp(-\gamma x) - r_l [\exp(-2\gamma l) F_0 - \exp(-\gamma l) F_l] \exp(\gamma x)}{Z[1 - r_0 r_l \exp(-2\gamma l)]} + B(x, p) \tag{2.687}$$

mit

$$F_0 = F_0(p) = -\frac{Z}{Z_0(p) + Z} [A(0, p) + Z_0(p) B(0, p)], \tag{2.688}$$

$$F_l = F(p) = \frac{Z}{Z_l(p) - Z} [A(l, p) - Z_l(p) B(l, p)]. \tag{2.689}$$

Für die Rücktransformation der Gln. (2.686) und (2.687) gilt das auf S. 377 ff. Angeführte.

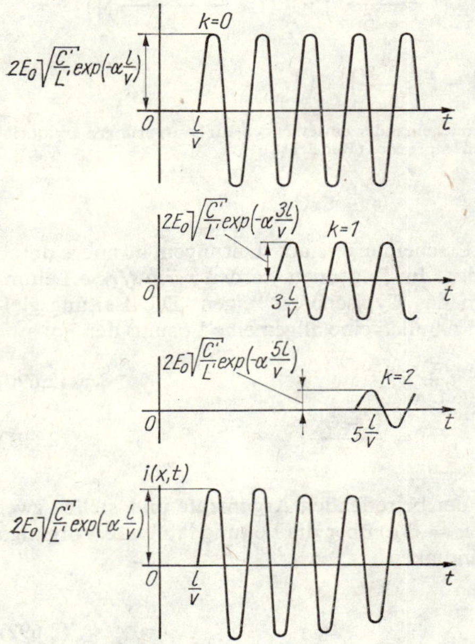

Bild 2.116. *Stromverlauf am Leitungsende*

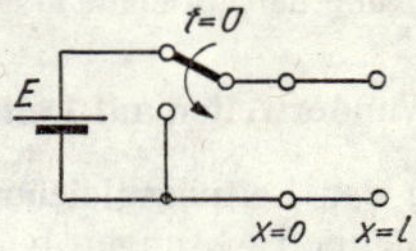

Bild 2.117. Entladen einer leerlaufenden Leitung durch Kurzschluß am Eingang

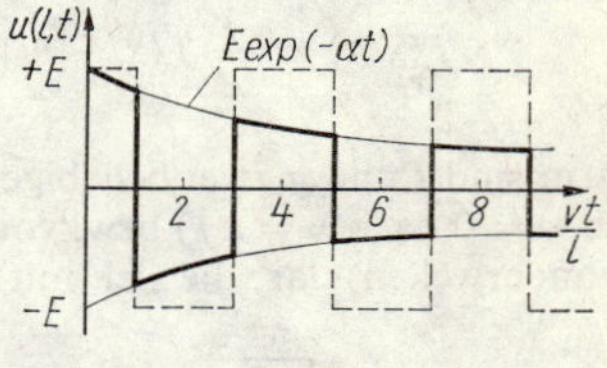

Bild 2.118. Spannungsverlauf am Leitungsende

Beispiel. Bild 2.117 zeigt eine kurze, am Ausgang leerlaufende Leitung, deren Entladen durch einen Kurzschluß am Eingang eingeleitet wird. Die Spannung vor dem Entladen kann näherungsweise überall E = konst. und der Strom Null gesetzt werden. Die Leitung sei verzerrungsfrei ($R'/L' = G'/C' = \alpha$).
Anfangsbedingungen:

$$u(x, 0) = E = \text{konst.}; \quad i(x, 0) = 0.$$

Damit wird aus den Gln. (2.666) und (2.667)

$$\frac{dU(x, p)}{dx} + (R' + pL') I(x, p) = 0,$$

$$\frac{dI(x, p)}{dx} + (G' + pC') U(x, p) = C'E.$$

Es sind

$$A(x,p) = A(p) = \frac{C'E}{G' + pC'} = U(x,p)_{\text{Part}}, \quad B(x,p) = 0 = I(x,p)_{\text{Part}}$$

partikuläre Lösungen des inhomogenen Systems. Damit wird

$$A(0,p) = A(l,p) = \frac{C'E}{G' + pC'}, \quad B(0,p) = B(l,p) = 0.$$

Mit $Z_0 = Z_0(p) = 0$ und $Z_l = Z_l(p) = \infty$ wird

$$r_0 = -1, \quad r_l = +1, \quad F_0 = -\frac{C'E}{G' + pC'}, \quad F_l = 0;$$

also gilt

$$U(x,p) = \frac{C'E}{G' + pC'}\left[1 - \frac{\exp(-\gamma x) + \exp(-2\gamma l)\exp(\gamma x)}{1 + \exp(-2\gamma l)}\right].$$

Mit den den Abkürzungen auf S. 378 und der Reihenentwicklung Gl. (2.679) folgt

$$U(x,p) = \frac{E}{p+\alpha}\left\{1 - \left[\exp\left(-\frac{p+\alpha}{v}x\right) + \exp\left(-2\frac{p+\alpha}{v}l\right)\exp\left(\frac{p+\alpha}{v}x\right)\right]\right.$$
$$\left.\times \sum_{k=0}^{\infty}(-1)^k \exp\left(-2\frac{p+\alpha}{v}kl\right)\right\}.$$

Die Rücktransformation mit Verschiebungs- und Dämpfungssatz (S. 331) ergibt

$$u(x,t) = E\exp(-\alpha t)\left\{1(t) - \sum_{k=0}^{\infty}(-1)^k\left[1\left(t - \frac{x+2kl}{v}\right) + 1\left(t - \frac{2l - x + 2kl}{v}\right)\right]\right\}.$$

Veranschaulichung: Für $x = l$ hat $u(l,t)$ die Form

$$u(l,t) = E\exp(-\alpha t)\left\{1(t) - 2\left[1\left(t - \frac{l}{v}\right) - 1\left(t - \frac{3l}{v}\right) + 1\left(t - \frac{5l}{v}\right) - + \cdots\right]\right\}.$$

Das Zusammensetzen der Gesamtschwingung aus den nacheinander einsetzenden Einheitssprüngen ergibt eine Rechteckschwingung, deren Amplitude mit $\exp(-\alpha t)$ gedämpft wird (Bild 2.118).

2.12.5.4. Wanderwellen auf Leitungen

Wellenlösung der Leitungsgleichungen. Viele Erscheinungen auf Leitungen können durch einfache Wellenbetrachtungen behandelt werden. Im folgenden werden *verlustfreie* Leitungen ($R' = G' = 0$, Bild 2.119) betrachtet, um das Typische zu zeigen. Die Leitungsgleichungen [Gln. (2.660) und (2.661)] haben dann nämlich eine allgemeine Lösung der Form

$$u(x,t) = f(x - vt) + g(x + vt) = f + g, \tag{2.690}$$

$$i(x,t) = \frac{1}{Z}f(x - vt) - \frac{1}{Z}g(x + vt) = \frac{f - g}{Z}. \tag{2.691}$$

Darin sind f und g zwei beliebige Funktionen der betreffenden Argumente und stellen zwei von $x = 0$ nach $x = l(f)$ bzw. von $x = l$ nach $x = 0(g)$ über die Leitung laufende Vorgänge (Wanderwellen) dar, die sich mit der Geschwindigkeit

$$v = \sqrt{\frac{1}{L'C'}} \tag{2.692}$$

bewegen.

$$Z = \sqrt{\frac{L'}{C'}} \tag{2.693}$$

ist der *Wellenwiderstand* der Leitung.

Treffen zwei Wellen g und f an einer Stelle x aufeinander, so überlagern sie sich ungestört (Bild 2.120). Zu jeder Spannungswelle gehört eine ihr proportionale Stromwelle, die mit ihr über die Leitung läuft (z.B. gehört zu g die Stromwelle $-g/Z$). Vorzeichenfestlegung s. Bild 2.119.

Wellenformen. Technisch bedeutsam sind

a) der Einheitssprung (Ein- und Abschalten von Gleichspannungen an Leitungen, Bild 2.101, S. 362),
b) Impulse (Rechteckimpulse, $\cos^2$-Impulse u.a. bei Übertragung von Nachrichtenzeichen),
c) die bei Blitzentladungen in Leitungsnähe entstehenden Stoßwellen (frei werdende Influenzladungen). Diese haben meist eine steile Stirn und einen anschließenden exponentiellen Abfall (Bild 2.121). Sie lassen sich durch die Gleichung

$$f(t) = K\left[\exp\left(-\frac{t\ln 2}{T_2}\right) - \exp\left(-\frac{t}{T_1}\right)\right] \tag{2.694}$$

näherungsweise beschreiben.

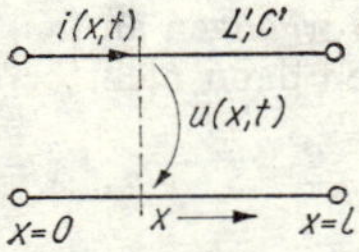

Bild 2.119. *Verlustfreie Leitung*

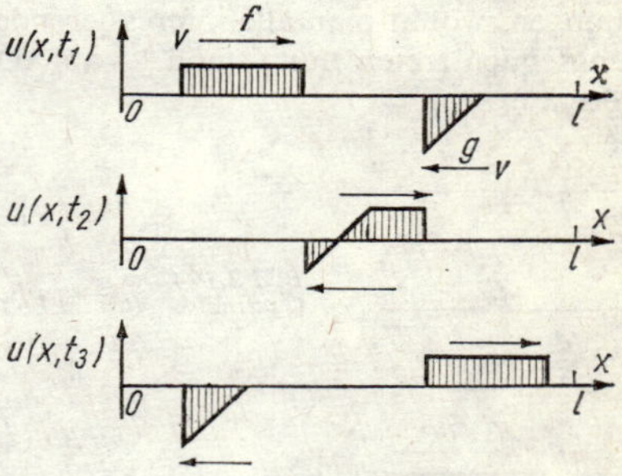

Bild 2.120. *Bewegung der Wellen auf Leitungen*
$t_2 = t_1 + \Delta t$; $t_3 = t_1 + 2\Delta t$

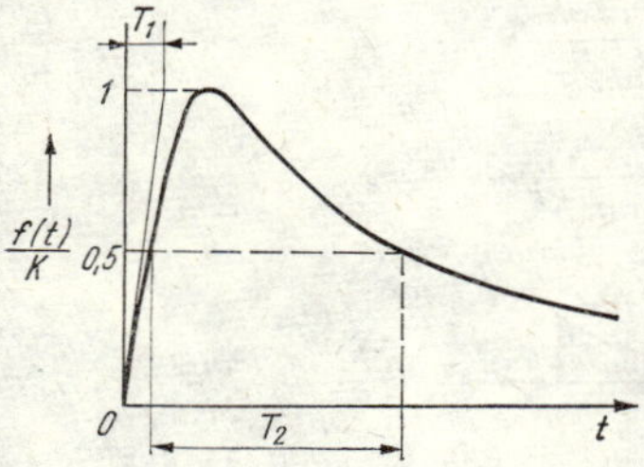

Bild 2.121
Näherungsdarstellung der Stoßwelle

Reflexionen. Jede Inhomogenität einer Leitung (eingefügte konzentrierte Längs- und Querschaltelemente, Wechsel des Wellenwiderstandes an der Stoßstelle zweier Leitungen, Anfang und Ende der Leitung usw.) spaltet die Welle in eine durchlaufende (gebrochene) und eine reflektierte Welle auf. Trifft eine Welle f_1 (Bild 2.122) auf eine allgemeine Reflexionsstelle, gegeben durch die Einschaltung eines Vierpols V zwischen zwei Leitungen mit den

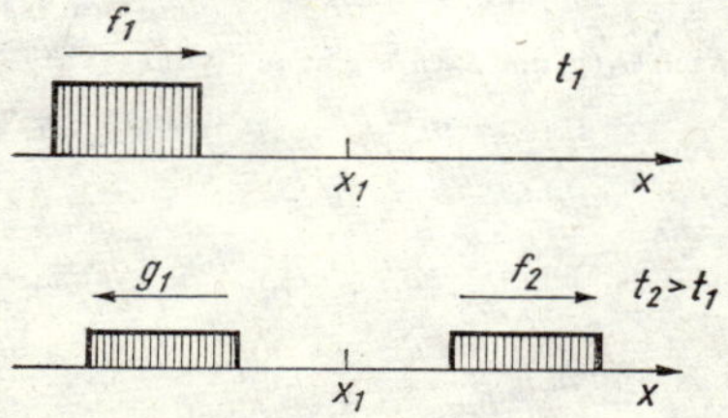

Bild 2.122. *Wellen an einer Reflexionsstelle* x_1

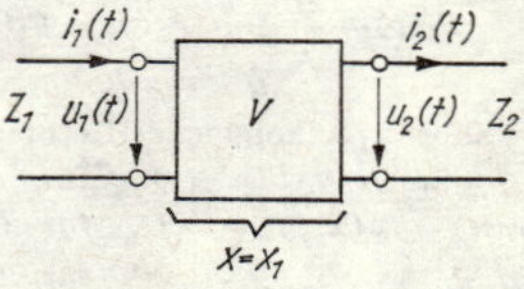

Bild 2.123. *Allgemeiner Fall der Inhomogenität in einer Leitung*

Wellenwiderständen Z_1 und Z_2 (Bild 2.123), so entstehen eine reflektierte Welle g_1 und eine weiterlaufenden Welle f_2. An den Verbindungsstellen müssen Strom und Spannung stetig übergehen:

$$f_1(x_1 - vt) + g_1(x_1 + vt) = u_1(t), \tag{2.695}$$

$$\frac{f_1(x_1 - vt)}{Z_1} - \frac{g_1(x_1 + vt)}{Z_1} = i_1(t), \tag{2.696}$$

$$f_2(x_1 - vt) = u_2(t), \tag{2.697}$$

$$\frac{f_2(x_1 - vt)}{Z_2} = i_2(t). \tag{2.698}$$

Zusammen mit den für den Vierpol geltenden Strom-Spannungs-Gleichungen hat man 6 Gleichungen, womit man alle interessierenden Größen berechnen kann. Bei Vorgängen an Leitungsenden treten nur f_1 und g_1 auf. Die Gln. (2.697) und (2.698) werden dann nicht benötigt.

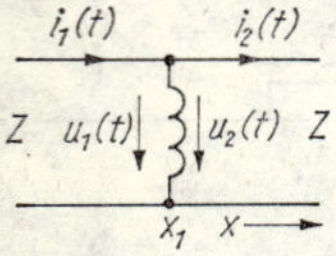

Bild 2.124
Querinduktivität im Leitungszug

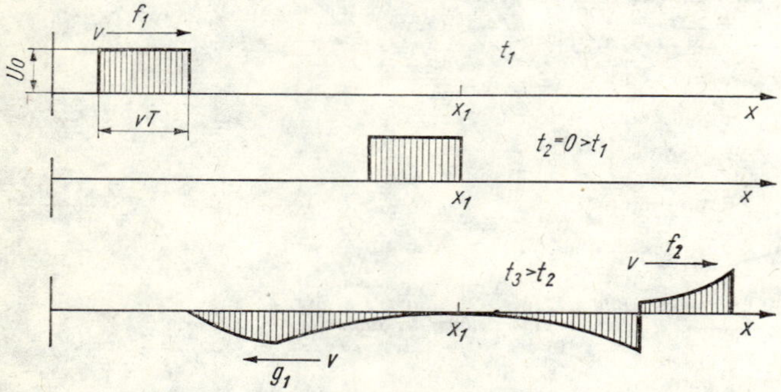

Bild 2.125. Reflexion und Brechung eines Rechteckimpulses an einer Querinduktivität

Beispiel. Es soll der Einfluß einer idealen Querinduktivität nach Bild 2.124 ermittelt werden, wenn die einfallende Welle durch einen Rechteckimpuls der Einschaltdauer T (Bild 2.125) gegeben ist. Für die Inhomogenität an der Stelle $x = x_1$ gelten dann

$$u_1(t) = u_2(t), \tag{2.699}$$

$$i_1(t) = i_2(t) + \frac{1}{L}\int_0^t u_2(t)\,\mathrm{d}t. \tag{2.700}$$

Laplace-Transformation der Gln. (2.695) bis (2.700) und Auflösen nach $G_1(p)$ und $F_2(p)$ ergibt

$$G_1(p) = -F_1(p)\frac{\frac{Z}{2L}}{p + \frac{Z}{2L}}, \quad F_2(p) = F_1(p)\frac{p}{p + \frac{Z}{2L}}.$$

Der im Zeitpunkt $t = 0$ bei x_1 ankommende Rechteckimpuls lautet

$$f_1(x_1 - vt) = f_1(x_1, t) = \begin{cases} 0 & \text{für } t < 0, \\ U_0 & \text{für } 0 < t < T, \\ 0 & \text{für } t > 0; \end{cases}$$

also

$$F_1(p) = \frac{U_0[1 - \exp(-pT)]}{p}.$$

Tafel 2.33. Wellenreflexion und Wellenbrechung an Inhomogenitäten auf Leitungen bei Gleichsprungwelle

Abschluß mit Wirkwiderstand	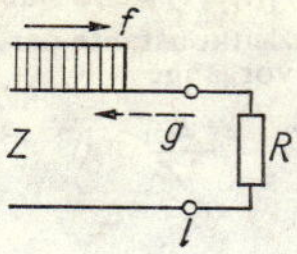	$g(l,t) = f(l,t)\,\dfrac{R-Z}{R+Z}$ (formgetreue Reflexion) Spezialfälle: $R \gg Z$ (Leerlauf): $g(l,t) = f(l,t)$, Spannung auf Leitung verdoppelt sich $R \ll Z$ (Kurzschluß): $g(l,t) = -f(l,t)$, Strom auf Leitung verdoppelt sich $R = Z$ (Anpassung): $g(l,t) = 0$, keine Reflexion
Stoßstelle zweier Leitungen	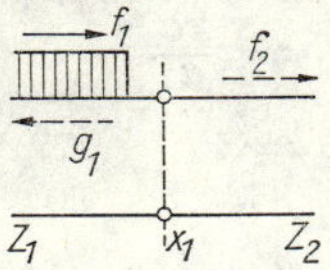	$f_2(x_1,t) = f_1(x_1,t)\,\dfrac{2Z_2}{Z_1+Z_2}$ (formgetreue Brechung) $g_1(x_1,t) = f_1(x_1,t)\,\dfrac{Z_2-Z_1}{Z_1+Z_2}$ (formgetreue Reflexion) Ungünstiger Fall: $Z_2 \gg Z_1 : f_2 \approx 2f_1$ (Verdopplung von Spannungswellen an Stoßstelle Kabel–Freileitung)
Leitungsverzweigungen	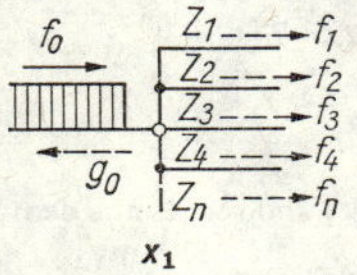	$g_0(x_1,t) = f_0(x_1,t)\,\dfrac{\dfrac{1}{Z_0} - \left(\dfrac{1}{Z_1} + \dfrac{1}{Z_2} + \cdots + \dfrac{1}{Z_n}\right)}{\dfrac{1}{Z_0} + \dfrac{1}{Z_1} + \dfrac{1}{Z_2} + \cdots + \dfrac{1}{Z_n}}$ (formgetreue Reflexion) $f_1(x_1,t) = f_2(x_1,t) = \cdots = f_n(x_1,t)$ $= f_0(x_1,t)\,\dfrac{\dfrac{2}{Z_0}}{\dfrac{1}{Z_0} + \dfrac{1}{Z_1} + \dfrac{1}{Z_2} + \cdots + \dfrac{1}{Z_n}}$ (formgetreue Brechung)
Querwiderstand	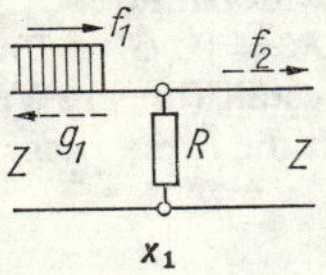	$f_2(x_1,t) = f_1(x_1,t)\,\dfrac{\dfrac{2}{Z}}{\dfrac{2}{Z} + \dfrac{1}{R}}$ (formgetreue Brechung) $g_1(x_1,t) = -f_1(x_1,t)\,\dfrac{\dfrac{1}{R}}{\dfrac{2}{Z} + \dfrac{1}{R}}$ (formgetreue Reflexion)
Längswiderstand	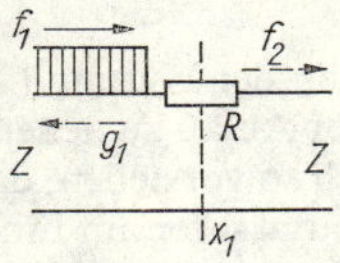	$f_2(x_1,t) = f_1(x_1,t)\,\dfrac{2Z}{2Z+R}$ (formgetreue Brechung) $g_1(x_1,t) = f_1(x_1,t)\,\dfrac{R}{2Z+R}$ (formgetreue Reflexion)
Querinduktivität	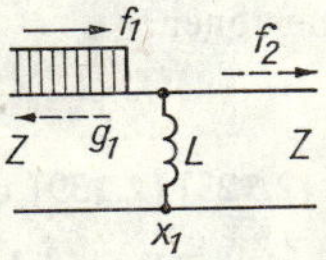	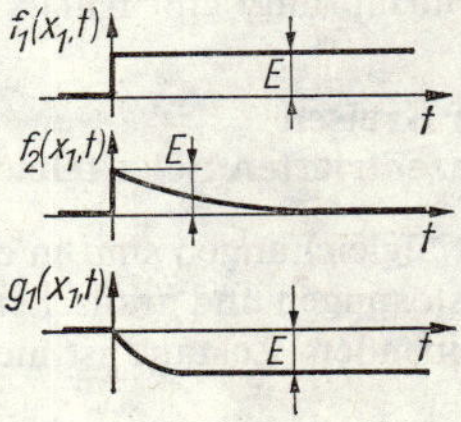 Zeitkonstante der Ausgleichvorgänge: $\tau = \dfrac{2L}{Z}$

Tafel 2.33. Fortsetzung

Längs-induktivität	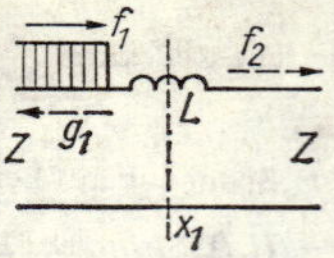	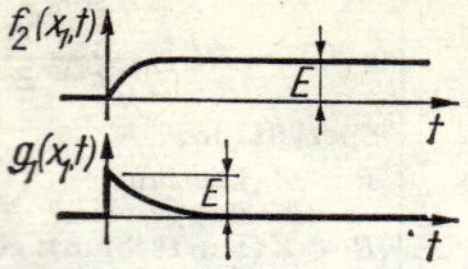	$f_1(x_1, t)$ siehe Querinduktivität Zeitkonstante der Ausgleichvorgänge: $\tau = \frac{L}{2Z}$
Querkapazität	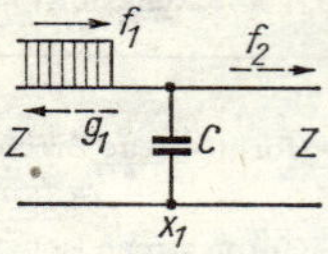	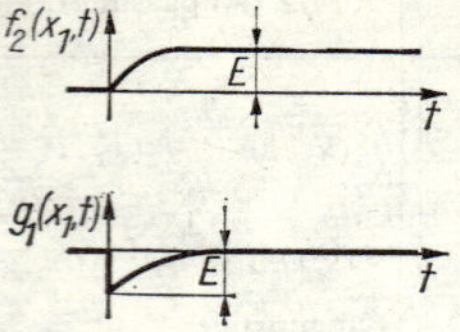	$f_1(x_1, t)$ siehe Querinduktivität Zeitkonstante der Ausgleichvorgänge: $\tau = \frac{ZC}{2}$

Einsetzen und Rücktransformation ergibt mit $Z/2L = \alpha$

$$g_1(x_1, t) = \begin{cases} -U_0[1 - \exp(-\alpha t)] & \text{für} \quad 0 < t < T, \\ -U_0[1 - \exp(-\alpha T] \exp[-\alpha(t - T)] & \text{für} \quad t > T; \end{cases}$$

$$f_2(x_1, t) = \begin{cases} U_0 \exp(-\alpha t) & \text{für} \quad 0 < t < T, \\ -U_0[1 - \exp(-\alpha T)] \exp[-\alpha(t - T)] & \text{für} \quad t > T. \end{cases}$$

Diese beiden zeitlichen Vorgänge laufen mit der Geschwindigkeit v nach links und rechts aus dem Punkt x_1 heraus (Bild 2.125).

Tafel 2.33 gibt eine Übersicht über die Wirkung verschiedener Inhomogenitäten, wenn die einfallende Welle ein Gleichsprung ist. Aus den typischen Erscheinungen kann man auch auf andere Wellenformen schließen. Die Leitungen rechts von x_1 sind als so lang oder angepaßt zu betrachten, daß ihr Eingangswiderstand gleich dem Wellenwiderstand ist.

Verlustbehaftete Leitungen. Bei verlustbehafteten Leitungen ($R' \neq 0$, $G' \neq 0$) erfahren die Wellen beim Durchlaufen der Leitung Veränderungen ihrer Gestalt (lineare Verzerrungen). Die Energie des Signals nimmt stetig ab. Einen Spezialfall stellt die *verzerrungsfreie* Leitung dar, bei der

$$\frac{R'}{L'} = \frac{G'}{C'} = \alpha$$

gilt. Die Welle bleibt zwar in ihrer Form erhalten, jedoch klingt sie mit dem Faktor $\exp(-\alpha t)$ zeitlich ab.

Mehrfachreflexionen. Wird die rücklaufende Welle am Eingang der Leitung ($x = 0$) erneut reflektiert, so entsteht eine zweite vorlaufende Welle, die wieder Anlaß zu neuen Reflexionen ist, usw. Den Stromverlauf im Bild 2.116 (S. 379) kann man sich so vorstellen, daß er sich aus der Überlagerung der der Leitung aufgezwungenen Sinuswelle und ihrer am Eingang und am Ende reflektierten Wellen zusammensetzt. Bei technischen Leitungsanordnungen sind die Verhältnisse oft noch viel komplizierter; denn jede Störung in der Leitung (z. B. jede Mastkapazität oder jede Verbraucheranzapfung) gibt Anlaß zu Reflexionen.

2.12.6. Ausgleichvorgänge in Kreisen mit nichtlinearen konzentrierten Schaltelementen [2.123] [2.139] bis [2.142]

Die dabei auftretenden Differentialgleichungen sind in den meisten Fällen nicht geschlossen lösbar, so daß man zu Näherungslösungen und grafischen Verfahren greifen muß. Eine Überlagerung von flüchtigem und bleibendem Zustand ist nicht gestattet. Letzterer hängt oft von den Anfangsbedingungen ab.

2.12.6.1. Stückweise lineare Approximation der nichtlinearen Kennlinie

Die ausgesteuerte nichtlineare Kennlinie wird durch einen *geknickten Geradenzug* angenähert. Dann erhält man für den jeweils benutzten Geradenteil eine einfache lineare Differentialgleichung, die sich mit den im Abschn. 2.12.4. (S. 359ff.) beschriebenen Verfahren lösen läßt. Beim Übergang von einem Geradenstück zum anderen tritt man in eine neue lineare Differentialgleichung ein. Die Endwerte des vorhergehenden Vorgangs liefern die Anfangswerte des folgenden.

Beispiel. Aufladen eines Kondensators über einen Gleichrichter (Bild 2.126a) mit einer Rechteckspannung (Bild 2.126b). Die Gleichrichterkennlinie wird durch zwei Geraden (*I* und *II*) approximiert (Bild 2.127):

$$i = \begin{cases} \dfrac{u}{R_{Gr}} & \text{für} \quad u \geqq 0, \\ 0 & \text{für} \quad u \leqq 0. \end{cases}$$

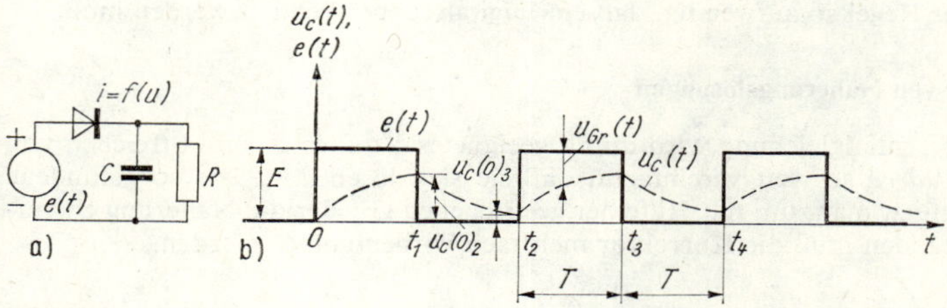

Bild 2.126
a) Aufladen eines Kondensators über einen Gleichrichter
b) Ladespannung und Spannung am Kondensator der Gleichrichteranordnung

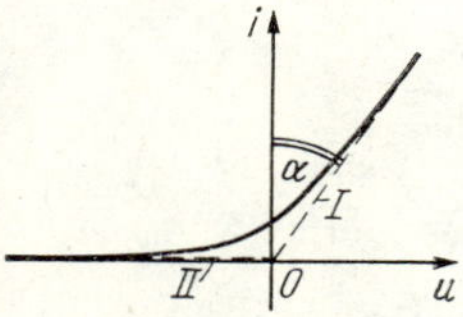

Bild 2.127. Approximation der Gleichrichterkennlinie ($R_{Gr} = \tan \alpha$)

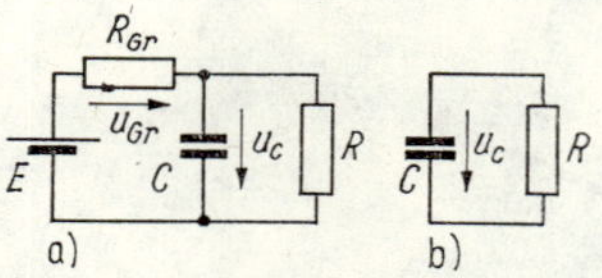

Bild 2.128. Ersatzschaltungen
a) für $0 \cdots t_1$, $t_2 \cdots t_3$ usw.;
b) für $t_1 \cdots t_2$, $t_3 \cdots t_4$ usw.

Infolge des Aufladens des Kondensators liegen am Gleichrichter abwechselnd positive und negative Spannungen, so daß abwechselnd die Ersatzschaltungen nach den Bildern 2.128a und b gelten.
Aufstellen der Differentialgleichungen und Lösen ergibt für Schaltung a)

$$u_C(t) = \frac{ER}{R_{Gr} + R} (1 - \exp(-t/\tau_1)] + u_0(0) \exp(-t/\tau_1)$$

und für Schaltung b)

$$u_C(t) = u_C(0) \exp(-t/\tau_2),$$

wobei

$$\tau_1 = \frac{CRR_{Gr}}{R + R_{Gr}}, \quad \tau_r = CR.$$

Bereich $0 \leqq t \leqq t_1$: $u(0)_1 = 0$, also

$$u_C(t) = \frac{ER}{R_{Gr} + R} [1 - \exp(-t/\tau_1)] = u_C(0)_2.$$

Endwert:

$$u_C(t_1) = \frac{ER}{R_{Gr} + R} [1 - \exp(-T/\tau_1)] = u_C(0)_2.$$

Bereich $t_1 \leqq t \leqq t_2$: Zweckmäßig rechnet man mit einer Größe $t^* = t - t_1$, beginnt also mit der Zeitzählung im Punkt t_1. Anfangswert ist $u_C(0)_2$.

$$u_C(t^*) = u_C(0)_2 \exp(-t^*/\tau_2).$$

Endwert:

$$u_C(t_2) = u_C(0)_2 \exp(-T/\tau_2) = u_C(0)_3.$$

Dieser Wert ist wieder der Anfangswert für den dritten Bereich usw. So kann man schrittweise den gesamten Einschaltvorgang berechnen. Die Lösung wird sehr ungenau, wenn $u_{Gr}(t)$ sehr kleine Werte annimmt (u_C sehr nahe an E), denn in diesem Bereich ist die Approximation der Kennlinie schlecht.

Die stückweise Approximation einer oder mehrerer nichtlinearer Kennlinien kann auch angewendet werden, wenn größere Netzwerke mit einem bzw. mehreren nichtlinearen Elementen behandelt werden müssen. Der Übergang auf ein neues Approximationsstück wird immer dann vorgenommen, wenn einer der Ströme, die durch die nichtlinearen Elemente fließen, den Wert einer Knickpunktordinate annimmt.
Als Basisverfahren sind dabei die Laplace-Transformation (s. Abschn. 2.12.4.8., S. 370) oder die Methode der Zustandsvariablen (s. Abschn. 2.12.4.10., S. 373) üblich. Die numerische Auswertung ist in der Regel so aufwendig, daß ein Digitalrechner benutzt werden muß.

2.12.6.2. Korrektur von Näherungslösungen

Die nichtlineare Differentialgleichung wird durch geeignetes Umformen und Streichen von *möglichst kleinen Gliedern* so weit vereinfacht, daß sie sich lösen läßt. Die so gefundene Näherungslösung benutzt man, um mit Hilfe der gestrichenen Glieder die Näherung zu verbessern. Unter Umständen muß die Korrektur mehrfach vorgenommen werden.

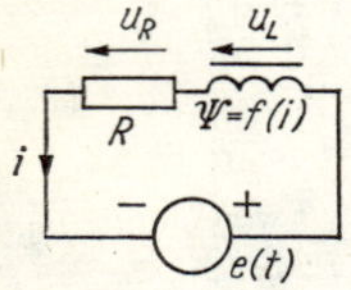

Bild 2.129
Kreis mit nichtlinearer Induktivität

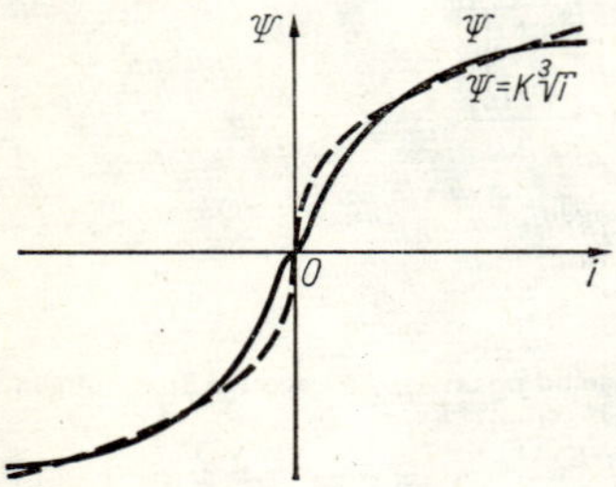

Bild 2.130
Kommutierungskurve und Approximation durch $\Psi = K\sqrt[3]{i}$

Beispiel. Anschalten einer Wechselspannung

$$e(t) = 1(t)\, E \sin \omega t$$

an eine nichtlineare Induktivität (Bild 2.129). Die Kommutierungskurve liegt vor (Bild 2.130) und wird durch eine Funktion

$$\Psi = K\sqrt[3]{i}$$

approximiert. Die Differentialgleichung des Kreises lautet

$$iR + \frac{d\Psi}{dt} = E \sin \omega t \quad \text{für} \quad t \geqq 0.$$

Daraus folgt

$$d\Psi = (E \sin \omega t - iR)\, dt,$$

$$\Psi(t) = \int_0^{\Psi(t)} d\Psi = \int_0^t (E \sin \omega t - iR)\, dt = \frac{E}{\omega}(1 - \cos \omega t) - R \int_0^t i\, dt.$$

[$\Psi(0) = 0$ wegen der Trägheit der Spulenenergie.] Wegen der Abhängigkeit $\Psi = f(i)$ läßt sich auch diese Integralgleichung nicht lösen. Der zweite Summand wird deshalb vernachlässigt und

$$\Psi_1(t) = \frac{E}{\omega}(1 - \cos \omega t)$$

als 1. Näherung betrachtet. Demzufolge wäre die 1. Näherung für den Strom

$$i_1(t) = \left[\frac{\Psi_1(t)}{K}\right]^3.$$

Eine bessere Näherung ist dann

$$\Psi_2(t) = \Psi_1(t) - R\int_0^t i_1(t)\,\mathrm{d}t = \frac{E}{\omega}(1 - \cos \omega t) - R\int_0^t \left[\frac{E(1-\cos \omega t)}{\omega K}\right]^3 \mathrm{d}t$$

$$= \frac{E}{\omega}(1 - \cos \omega t) - R\left(\frac{E}{\omega K}\right)^3 \left[\frac{5}{2}t - \frac{1}{4\omega}\left(15 \sin \omega t - 3 \sin 2\omega t + \frac{1}{3}\sin 3\omega t\right)\right].$$

Dieses Verfahren setzt man fort und findet mit

$$\Psi_3(t) = \Psi_2(t) - R\int_0^t i_2(t)\,\mathrm{d}t$$

eine 3. Näherung usw. Die Integrale kann man auch grafisch lösen, wobei man dann nicht auf eine Näherung der Kennlinie angewiesen ist.

2.12.6.3. Grafisches Lösen der Differentialgleichung

Dieses Verfahren ist besonders einfach, wenn die Differentialgleichung 1. Ordnung ist und evtl. auftretende Störglieder Gleichgrößen sind. Man löst die Differentialgleichung nach dt auf, integriert über die Zeit $t = 0$ bis zu dem laufenden Zeitpunkt t und findet so einen Zusammenhang zwischen der gesuchten abhängigen Variablen und t.

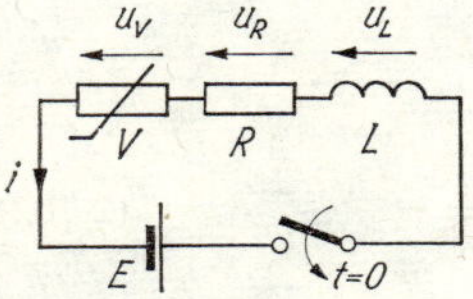

Bild 2.131
Anschalten einer Induktivität über einen Varistor an eine Gleichspannungsquelle

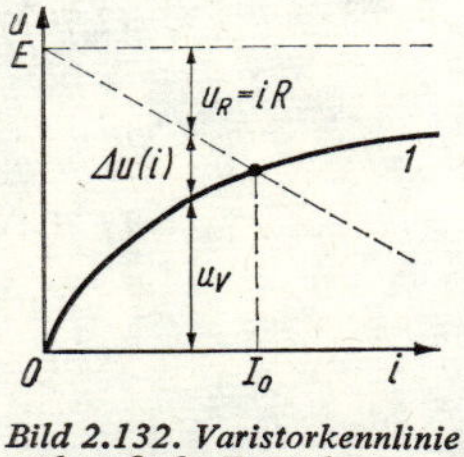

Bild 2.132. Varistorkennlinie (1) und grafische Ermittlung von $\Delta u(i)$

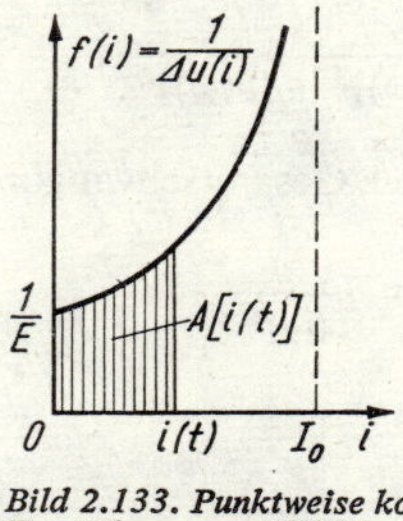

Bild 2.133. Punktweise konstruierte Funktion $f(i)$. Ermittlung von $A[i(t)]$

Beispiel. Anschalten einer Induktivität über einen Varistor an eine Gleichspannungsquelle (Bild 2.131). Gesucht ist der zeitliche Verlauf des Stromes. Die Kennlinie des Varistors ist im Bild 2.132 zu finden. Differentialgleichung für Bild 2.131:

$$E = u_V + u_R + u_L = u_V(i) + iR + L\frac{\mathrm{d}i}{\mathrm{d}t} \quad \text{für} \quad t \geqq 0.$$

Auflösen nach dt:

$$\mathrm{d}t = \frac{L\,\mathrm{d}i}{E - u_V(i) - iR} = \frac{L\,\mathrm{d}i}{\Delta u(i)} = Lf(i)\,\mathrm{d}i.$$

Wegen der Stromträgheit der Induktivität gehört zu dem Zeitpunkt $t = 0$ der Strom $i(0) = 0$. Zu dem laufenden Zeitpunkt t gehört der Strom $i(t)$:

$$t = \int_0^t \mathrm{d}t = L\int_0^{i(t)} f(i)\,\mathrm{d}i.$$

$f(i)$ stellt den Kehrwert von $\Delta u(i)$ dar, den man für jeden Wert von i zwischen 0 und I_0 (stationärer Endwert) aus Bild 2.132 ermitteln muß. Damit kann man $f(i)$ aufzeichnen (Bild 2.133) und darüber grafisch von 0 bis $i(t)$ integrieren, was die Fläche $A[i(t)]$ ergibt. Daraus erhält man schließlich die zu $i(t)$ gehörende Zeit t mit der oben angegebenen Gleichung:

$$t = LA[i(t)].$$

Das ist der gesuchte Zusammenhang zwischen i und t.

2.12.7. Spektraltheorie (Fourier-Transformation) [2.127] [2.130] [2.143] bis [2.146]

2.12.7.1. Ermitteln der Spektren von Zeitfunktionen

Jede unperiodische Zeitfunktion $f(t)$, die in jedem endlichen Bereich beschränkt und stetig ist und für die das Integral

$$\int_{-\infty}^{+\infty} |f(t)|\, \mathrm{d}t$$

endlich ist[1]), läßt sich eindeutig darstellen durch eine unendlich dichte Folge von sinusförmigen Schwingungen der Frequenzen 0 bis ∞, die von $-\infty < t < +\infty$ (quasistationär) eingeschaltet sind (Fourierscher Integralsatz). Die Abhängigkeit der Amplitudendichte von der Frequenz wird durch die sog. Spektralfunktionen beschrieben, die in verschiedenen Formen angegeben werden.

Komponentenform. *Amplitudendichte* der Kosinusschwingungen:

$$a(\omega) = \frac{1}{\pi} \int_{-\infty}^{+\infty} f(t) \cos \omega t \, \mathrm{d}t. \tag{2.701}$$

Amplitudendichte der Sinusschwingungen:

$$b(\omega) = \frac{1}{\pi} \int_{-\infty}^{+\infty} f(t) \sin \omega t \, \mathrm{d}t. \tag{2.702}$$

Beide zusammen ergeben die spektrale Darstellung von $f(t)$. Die *Gesamtamplitudendichte* ist

$$g(\omega) = \sqrt{[a(\omega)]^2 + [b(\omega)]^2}. \tag{2.703}$$

Der *Nullphasenwinkel* der Gesamtschwingung beträgt

$$\varphi(\omega) = \arctan \frac{a(\omega)}{b(\omega)}. \tag{2.704}$$

Dabei läuft ω von 0 bis $+\infty$.
Spezialfälle:

$$f(t) = f(-t): \quad b(\omega) = 0; \quad f(t) = -f(-t): \quad a(\omega) = 0.$$

Komplexe Form. *Komplexe Spektralfunktion*:

$$\underline{c}(\omega) = \frac{1}{2\pi} \int_{-\infty}^{+\infty} f(t) \exp(-\mathrm{j}\omega t) \, \mathrm{d}t. \tag{2.705}$$

Dabei läuft ω von $-\infty$ bis $+\infty$. Das Auftreten negativer Frequenzen hat nur formalmathematische und keine physikalische Bedeutung.

[1]) Insbesondere ist diese Integralbedingung für Gleichsprünge zu beachten. Ein ggf. vorhandener Gleichanteil der Zeitfunktion (Amplitude der Schwingung mit $\omega = 0$) wird bei der Fourier-Transformation nicht mit abgebildet.

Komponenten- und komplexe Form sind gleichwertig, letztere jedoch meist einfacher für die Auswertung. Zwischen ihnen bestehen die Zusammenhänge

$$\underline{c}(\omega) = \frac{a(\omega) - \mathrm{j}b(\omega)}{2}, \tag{2.706}$$

$$a(\omega) = 2 \operatorname{Re} \underline{c}(\omega), \tag{2.707}$$

$$b(\omega) = -2 \operatorname{Im} \underline{c}(\omega). \tag{2.708}$$

Existiert für $f(t)$ eine Laplace-Transformierte $F(p)$, so ist

$$\underline{c}(\omega) = \frac{1}{2\pi} F(\mathrm{j}\omega), \tag{2.709}$$

womit man die Spektralfunktion mit Hilfe einer Korrespondenzentafel (Tafel 2.25, S. 334) einfach ermitteln kann.

Tafel 2.34 enthält die Spektren wichtiger Einschalt- und Impulsfunktionen.

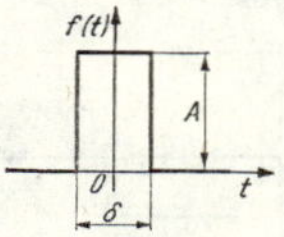

Bild 2.134
Rechteckimpuls, symmetrisch zu $t = 0$

Beispiel 1. Es soll das Spektrum eines Rechteckimpulses der Höhe A und der Breite δ bestimmt werden, der zu $t = 0$ symmetrisch ist (Bild 2.134). Demzufolge gilt

$$f(t) = \begin{cases} 0 & \text{für} \quad t < -\frac{\delta}{2}, \\ A & \text{für} \quad -\frac{\delta}{2} < t < \frac{\delta}{2}, \\ 0 & \text{für} \quad t > \frac{\delta}{2}. \end{cases}$$

Mit den Gln. (2.705), (2.707) und (2.708):

$$\underline{c}(\omega) = \frac{1}{2\pi} \int_{-\delta/2}^{+\delta/2} A \exp(-\mathrm{j}\omega t) \, \mathrm{d}t = \frac{A}{\omega\pi} \sin\frac{\omega\delta}{2}, \quad a(\omega) = \frac{2A}{\omega\pi} \sin\frac{\omega\delta}{2}, \quad b(\omega) = 0.$$

Beispiel 2. Die Zeitfunktion stellt einen Sprung mit exponentiellem Übergang dar:

$$f(t) = \begin{cases} 0 & \text{für} \quad t \leqq 0, \\ E[1 - \exp(-\alpha t)] & \text{für} \quad t \geqq 0. \end{cases}$$

Dazu existiert die Laplace-Transformierte

$$F(p) = E \frac{\alpha}{p(p + \alpha)}.$$

Die Anwendung der Gl. (2.709) ergibt

$$\underline{c}(\omega) = \frac{1}{2\pi} E \frac{\alpha}{\mathrm{j}\omega(\mathrm{j}\omega + \alpha)} = -\frac{E\alpha}{2\pi} \frac{\mathrm{j}\omega\alpha + \omega^2}{(\omega\alpha)^2 + \omega^4}.$$

Mit den Gln. (2.707), (2.708), (2.703) und (2.704) erhält man

$$a(\omega) = -\frac{E}{\pi} \frac{\alpha}{\alpha^2 + \omega^2}, \quad b(\omega) = \frac{E}{\pi\omega} \frac{\alpha^2}{\alpha^2 + \omega^2},$$

$$g(\omega) = \frac{E\alpha}{\pi\omega\sqrt{\alpha^2 + \omega^2}}, \quad \varphi(\omega) = \arctan\left(-\frac{\omega}{\alpha}\right).$$

Anmerkung: Die Funktion $f(t)$ erfüllt die Bedingung

$$\int_{-\infty}^{+\infty} |f(t)| \, \mathrm{d}t < N, \quad N \text{ endlich}$$

nicht. $\underline{c}(\omega)$ stellt das komplexe Spektrum für

$$\lim_{\varepsilon \to 0} f(t) \exp(-\varepsilon t), \quad \varepsilon > 0,$$

dar. Für die weitere Verwertung der Ergebnisse ist dies jedoch ohne Bedeutung. Das Verwenden der gegenüber der Fourier-Transformation allgemeineren Laplace-Transformation umgeht die Schwierigkeiten, die an die oben angegebene Bedingung geknüpft sind.

Tafel 2.34. Spektren wichtiger Einschalt- und Impulsfunktionen

Zeitfunktion		Amplitudendichte der Kosinusschwingungen $a(\omega)$	Amplitudendichte der Sinusschwingungen $b(\omega)$	Gesamtamplitudendichte $g(\omega)$	Nullphasenwinkel $\varphi(\omega)$	Komplexe Spektralfunktion $\underline{c}(\omega)$	Bemerkungen
Einheitssprung $1(t)$	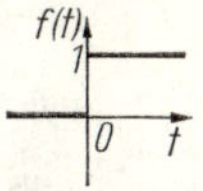	0	$\frac{1}{\pi\omega}$	$\frac{1}{\pi\omega}$	0	$\frac{1}{2\pi j\omega}$	Gleichglied: $A_0 = \frac{1}{2}$ Einschalten von Gleichgrößen. Ursache der Übergangsfunktion
Exponentialimpuls $1(t)\exp(-\alpha t)$	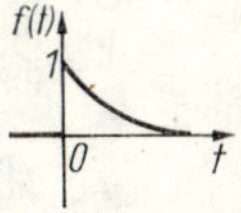	$\frac{1}{\pi}\frac{\alpha}{\alpha^2+\omega^2}$	$\frac{1}{\pi}\frac{\omega}{\alpha^2+\omega^2}$	$\frac{1}{\pi}\frac{1}{\sqrt{\alpha^2+\omega^2}}$	$\arctan\frac{\alpha}{\omega}$	$\frac{1}{2\pi}\frac{1}{\alpha+j\omega}$	
Integral des Einheitssprunges $1(t)\,t = \int_0^t 1(t)\,dt$	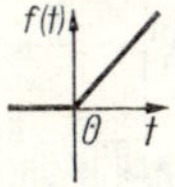	$-\frac{1}{\pi\omega^2}$	0	$\frac{1}{\pi\omega^2}$	$-\frac{\pi}{2}$	$-\frac{1}{2\pi\omega^2}$	unendliches Gleichglied!
Exponentialübergang $1(t)[1-\exp(-\alpha t)]$	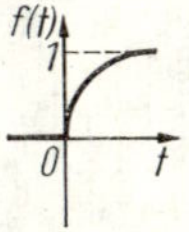	$-\frac{1}{\pi}\frac{\alpha}{\alpha^2+\omega^2}$	$\frac{1}{\pi\omega}\frac{\alpha^2}{\alpha^2+\omega^2}$	$\frac{\alpha}{\pi\omega\sqrt{\alpha^2+\omega^2}}$	$\arctan\frac{-\omega}{\alpha}$	$\frac{1}{2\pi}\frac{\alpha}{j\omega(j\omega+\alpha)}$	Gleichglied: $A_0 = \frac{1}{2}$
Geradliniger Übergang $\begin{cases} 0 & \text{für } t \leqq 0 \\ t/T & \text{für } 0 \leqq t \leqq T \\ 1 & \text{für } t \geqq T \end{cases}$	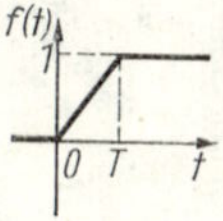	$-\frac{2}{\pi\omega^2 T}\sin^2\frac{\omega T}{2}$	$\frac{2}{\pi\omega^2 T}\sin\frac{\omega T}{2}\cos\frac{\omega T}{2}$	$\frac{2}{\pi\omega^2 T}\left\lvert\sin\frac{\omega T}{2}\right\rvert$	$-\frac{\omega T}{2}$	$-\frac{1}{\pi\omega^2 T}\sin\frac{\omega T}{2}\times\left(\sin\frac{\omega T}{2}+j\cos\frac{\omega T}{2}\right)$	Gleichglied: $A_0 = \frac{1}{2}$

Einsetzende Sinus-schwingungen $1(t)\sin(\Omega t+\varphi)$	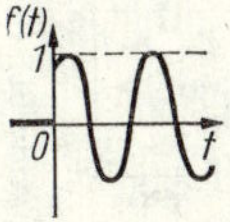	$\frac{1}{\pi}\frac{\Omega\cos\varphi}{\Omega^2-\omega^2}$	$-\frac{\omega}{\pi}\frac{\sin\varphi}{\Omega^2-\omega^2}$	$\frac{\sqrt{\Omega^2\cos^2\varphi+\omega^2\sin^2\varphi}}{\pi\lvert\Omega^2-\omega^2\rvert}$	$\arctan\frac{\Omega\cot\varphi}{-\omega}$	$\frac{1}{2\pi}\frac{j\omega\sin\varphi+\Omega\cos\varphi}{\Omega^2-\omega^2}$	Spektren haben Pole für $\omega=\Omega$
Rechteckimpuls $\begin{cases}0 & \text{für } t<-\frac{T}{2}\\ 1 & \text{für } -\frac{T}{2}<t<+\frac{T}{2}\\ 0 & \text{für } t>+\frac{T}{2}\end{cases}$	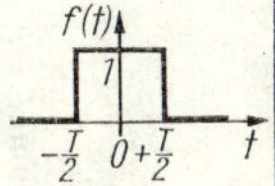	$\frac{2}{\omega\pi}\sin\frac{\omega T}{2}$	0	$\frac{2}{\omega\pi}\left\lvert\sin\frac{\omega T}{2}\right\rvert$	$+\frac{\pi}{2}$ für $\sin\frac{\omega T}{2}>0$ $-\frac{\pi}{2}$ für $\sin\frac{\omega T}{2}<0$	$\frac{1}{\omega\pi}\sin\frac{\omega T}{2}$	
Stoßfunktion $\lim_{\delta\to 0}\begin{cases}0 & \text{für } t<-\frac{\delta}{2}\\ \frac{1}{\delta} & \text{für } -\frac{\delta}{2}<t<+\frac{\delta}{2}\\ 0 & \text{für } t>\frac{\delta}{2}\end{cases}$	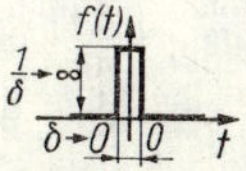	$\frac{1}{\pi}=$ konst.	0	$\frac{1}{\pi}$	$\frac{\pi}{2}$	$\frac{1}{2\pi}$	*weißes Rauschen, Knall*
Glockenimpuls $\exp(-k^2t^2)$	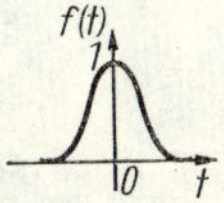	$\frac{1}{k\sqrt{\pi}}\,e^{-\omega^2/4k^2}$	0	$\frac{1}{k\sqrt{\pi}}\,e^{-\omega^2/4k^2}$	$\frac{\pi}{2}$	$\frac{1}{2k\sqrt{\pi}}\exp(-\omega^2/4k^2)$	*ökonomischer Impuls*, benötigt zur verzerrungsarmen Übertragung die geringste Bandbreite

2.12.7.2. Ermitteln der Zeitfunktion aus den Spektralfunktionen

Aus einem vorgegebenen kontinuierlichen Spektrum gewinnt man die zugehörigen Zeitfunktionen mit den Fourierschen Umkehrintegralen:

Komponentenform

$$f(t) = \int_0^{+\infty} [a(\omega) \cos \omega t + b(\omega) \sin \omega t] \, d\omega, \tag{2.710}$$

$$f(t) = \int_0^{+\infty} g(\omega) \sin [\omega t + \varphi(\omega)] \, d\omega. \tag{2.711}$$

Komplexe Form

$$f(t) = \int_{-\infty}^{+\infty} \underline{c}(\omega) \exp (j\omega t) \, d\omega. \tag{2.712}$$

Dieses Integral wird mit Hilfe der Theorie der komplexen Funktionen (s. Abschn. 2.10.4.) ausgewertet. Gibt es für $f(t)$ eine Laplace-Transformierte, so gilt für $\underline{c}(\omega)$ die Gl. (2.709) und für $f(t)$

$$f(t) = 2\pi L^{-1} \{\underline{c}(\omega)\}_{j\omega = p}. \tag{2.713}$$

Beispiel. Ein Spektrum sei gegeben durch $a(\omega) = 0$ und $b(\omega) = 1/\pi\omega$. Da sich das Integral in Gl. (2.710) dafür nicht auswerten läßt, geht man zweckmäßig zur komplexen Fom über:

$$\underline{c}(\omega) = -j \frac{1}{2\pi\omega} = \frac{1}{2\pi j\omega}.$$

Anwendung der Laplace-Transformation:

$$f(t) = 2\pi L^{-1} \left\{\frac{1}{2\pi j\omega}\right\}_{j\omega = p} = L^{-1} \left\{\frac{1}{p}\right\} = 1(t).$$

Das betrachtete Spektrum ist also das des Einheitssprunges. Da das Fourier-Integral über den Gleichanteil nichts aussagt, kann die Zeitfunktion ebenso $1(t) + K$ sein (K = konst.). Zum Ermitteln von K ist es erforderlich, getrennte Gleichstrombetrachtungen für das untersuchte Netzwerk anzustellen.

2.12.7.3. Komplexes Übertragungsmaß

Betrachtet werden elektrische Systeme, die keine unabhängigen Quellen enthalten und bei denen der Frequenzgang des Verhältnisses von Wirkung und Ursache für den quasistationären Fall bekannt ist. Zum Kennzeichnen des Frequenzganges benutzt man das *komplexe Übertragungsmaß*

$$\underline{W}(\omega) = W(\omega) \exp [-j\xi (\omega)] = \frac{\underline{G}_2(\omega)}{\underline{G}_1(\omega)}, \tag{2.714}$$

wobei $\underline{G}_2(\omega)$ die komplexe Amplitude der Ausgangsgröße (Wirkung) des Systems und $\underline{G}_1(\omega)$ die Eingangsgröße (Ursache) des Systems sind (Bild 2.135).

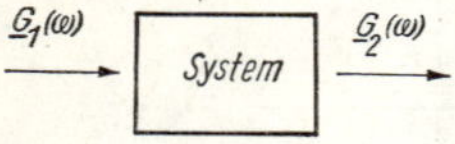

Bild 2.135. Zur Definition des komplexen Übertragungsmaßes

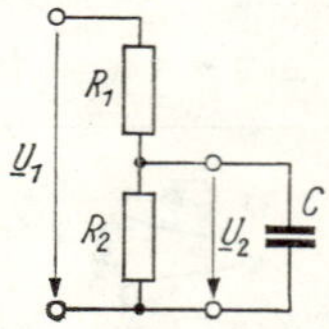

Bild 2.136. Kapazitiv belasteter Spannungsteiler

Beispiel. Es seien $\underline{G}_2$ die Ausgangsspannung $\underline{U}_2$ und $\underline{G}_1$ die Eingangsspannung $\underline{U}_1$ eines kapazitiv belasteten Spannungsteilers (Bild 2.136). Dann ist

$$\underline{W}(\omega) = \frac{\underline{U}_2(\omega)}{\underline{U}_1(\omega)} = \frac{R_2 \,\Big\|\, \dfrac{1}{j\omega C_2}}{R_1 + R_2 \,\Big\|\, \dfrac{1}{j\omega C_2}} = \frac{V}{1 + j\omega\tau},$$

$$W(\omega) = |\underline{W}(\omega)| = \frac{V}{\sqrt{1 + (\omega\tau)^2}}, \quad \xi(\omega) = \arctan \omega\tau$$

mit

$$V = \frac{R_2}{R_1 + R_2}, \quad \tau = \frac{C R_1 R_2}{R_1 + R_2}.$$

Wirkt nun auf ein System mit dem komplexen Übertragungsmaß $\underline{W}(\omega)$ eine Eingangsgröße $f_1(t)$ mit dem komplexen Spektrum $\underline{c}_1(\omega)$ ein, so ist das komplexe Spektrum der Ausgangsgröße

$$\underline{c}_2(\omega) = \underline{W}(\omega)\,\underline{c}_1(\omega). \tag{2.715}$$

Aus dem Ausgangsspektrum kann man bei Bedarf den zeitlichen Verlauf der Ausgangsgröße nach Abschn. 2.12.7.2. bestimmen. Gl. (2.715) läßt sich auch dazu verwenden, um Filter zu finden, die aus einem vorgegebenen Eingangssignal $f_1(t)$ ein Ausgangssignal mit einer gewünschten Form $f_2(t)$ herstellen (Impulsformerschaltungen). Man berechnet die zugehörigen komplexen Spektren $\underline{c}_1(\omega)$ und $\underline{c}_2(\omega)$ und findet mit

$$\underline{W}(\omega) = \frac{\underline{c}_2(\omega)}{\underline{c}_1(\omega)} \tag{2.716}$$

das Übertragungsmaß des Filters. Die lineare Netzwerktheorie gibt dann Verfahren an, mit denen man daraus die Elemente der Schaltung bestimmen kann.

2.12.7.4. Übergangsfunktion

Als *Übergangsfunktion* eines Systems wird die Ausgangsfunktion $f_2(t)$ bezeichnet, die durch den Einheitssprung am Eingang verursacht wird. Da sie mit dem Übertragungsmaß des Systems eindeutig zusammenhängt, kann man sie zum Beurteilen des Frequenzganges des Systems benutzen (Schnellprüfung, vgl. auch Tafel 5.18, S. 715).

Typische Übergangsfunktionen

a) Verzerrungsfreies System, d. h.,

$$W(\omega) = \text{konst.}, \tag{2.717}$$

$$\xi_1(\omega) = \omega t_L \tag{2.718}$$

(Bild 2.137). t_L ist die Laufzeit des Signals durch das System. Dann ist die Übergangsfunktion

$$f_2(t) = W1\,(t - t_L). \tag{2.719}$$

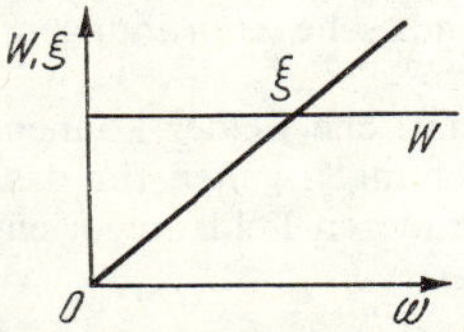

Bild 2.137. Übertragungsmaß eines verzerrungsfreien Systems

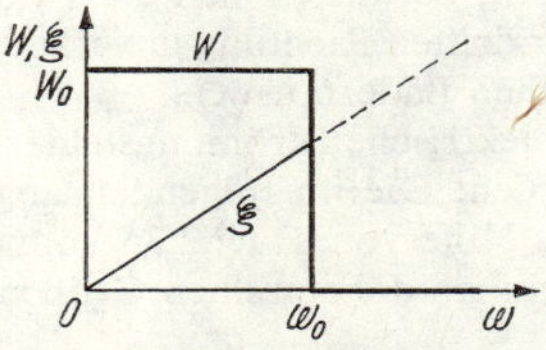

Bild 2.138. Übertragungsmaß eines idealen Tiefpaßsystems

b) Ideales Tiefpaßsystem, d. h.,

$$W(\omega) = \begin{cases} W_0 = \text{konst.} & \text{für} \quad \omega < \omega_0, \\ 0 & \text{für} \quad \omega > \omega_0, \end{cases} \tag{2.720}$$

$$\xi(\omega) = \omega t_L \tag{2.721}$$

(Bild 2.138). Dann ist

$$f_2(t) = W_0 \left(\frac{1}{2} + \frac{1}{\pi} \int_0^{\omega_0 (t - t_L)} \frac{\sin x}{x}\,\mathrm{d}x\right) = W_0 \left\{\frac{1}{2} + \frac{1}{\pi}\,\mathrm{Si}\,[\omega_0\,(t - t_L)]\right\}. \tag{2.722}$$

Si (x) ist der sog. Integralsinus (Bild 2.139; vgl. auch S. 292). Der zeitliche Verlauf von $f_2(t)$ ist, normiert auf W_0, im Bild 2.140 gezeigt.

Als *Einschwingzeit* τ des Systems definiert man nach *Küpfmüller* den Abstand $t_2 - t_1$, der durch die Schnittpunkte der Tangente I im Punkt größter Steilheit an die Kurve $f_2(t)/W_0$ mit den Ordinatenwerten 0 und 1 gegeben ist. Sie beträgt beim idealen Tiefpaß

$$\tau = \pi/\omega_0. \qquad (2.723)$$

Gl. (2.723) gibt näherungsweise die Abhängigkeit der Umschaltzeit des Systems von seiner Bandbreite an *(Zeitgesetz von Küpfmüller)*.

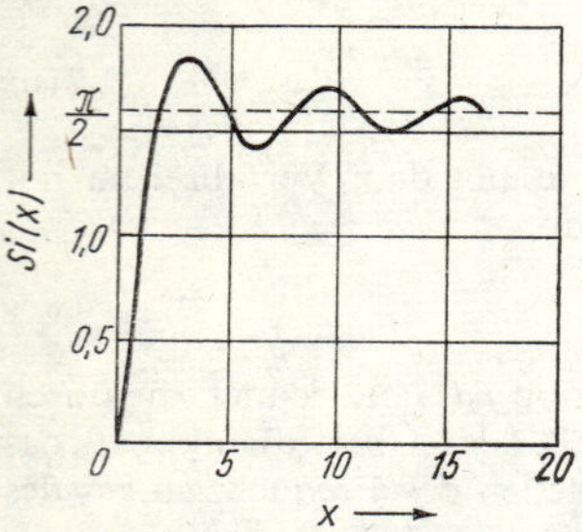

Bild 2.139. *Integralsinus Si(x)*

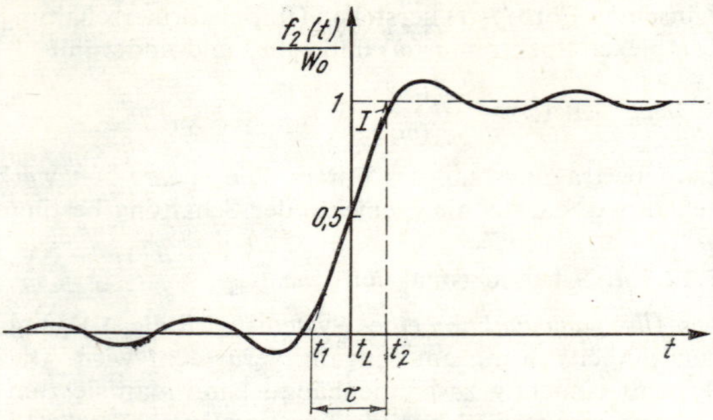

Bild 2.140. *Übergangsfunktion eines idealen Tiefpaßsystems*

2.12.8. Konforme Abbildungen in der Theorie elektrischer und magnetischer zweidimensionaler Potentialfelder [2.119] [2.120] [2.137] [2.142] [2.147] bis [2.154]

Mathematische Grundlagen s. Abschn. 2.10.3., S. 318.

2.12.8.1. Anwendungsbereiche

Die Methode der konformen Abbildung dient u.a. zum Berechnen *zweidimensionaler Potentialfelder*, d.h. von Feldern, bei denen sich die Feldgrößen nur in zwei Richtungen (x, y) ändern, während sie in der dritten Richtung unveränderlich sind (zylindrische Anordnungen, wie bei Kabeln, galvanischen Bädern usw.).

Elektrostatische Felder, elektrische Strömungsfelder und magnetostatische Felder können gleichartig behandelt werden. Die im folgenden angegebenen Gleichungen gelten für das elektrostatische Feld. Mit Hilfe von Tafel 2.35 können sie auf die anderen Feldkategorien übertragen werden, indem man die einzelnen Größen analog ersetzt.

Tafel 2.35. Analogien zwischen den Potentialfeldern

	Elektrostatisches Feld	Elektrisches Strömungsfeld	Magnetostatisches Feld
Feldstärkegröße	elektrische Feldstärke E	elektrische Feldstärke E	magnetische Feldstärke H
Flußdichtegröße	Verschiebungsflußdichte D	Stromdichte G	magnetische Flußdichte, Induktion B
Materialkenngröße	Dielektrizitätskonstante ε	spezifischer Leitwert $\varkappa$	Permeabilitätskonstante μ
Potentialgröße	elektrisches Potential φ	elektrisches Potential φ	magnetisches Potential ψ
Spannungsgröße	Spannung $U_{12} = \varphi_2 - \varphi_1$	Spannung $U_{12} = \varphi_2 - \varphi_1$	Durchflutung $\Theta_{12} = \psi_2 - \psi_1$
Flußgröße	Ladung Q	Strom I	Fluß Φ
Systemkenngröße	Kapazität C	Leitwert G	magnetischer Leitwert G_m

2.12.8.2. Grundlagen

Die z-Ebene wird der realen, zu berechnenden Anordnung angelegt, wie es z.B. Bild 2.141 für ein Koaxialkabel zeigt. Jeder Punkt der z-Ebene kann durch

$$z = x + jy = r \exp(j\alpha) \tag{2.724}$$

beschrieben werden, wobei gilt:

$$x = r \cos \alpha, \tag{2.725}$$

$$y = r \sin \alpha, \tag{2.726}$$

$$r = \sqrt{x^2 + y^2}, \tag{2.727}$$

$$\alpha = \arctan \frac{y}{x}. \tag{2.728}$$

Als Wertebereich für x und y ist aus der unendlichen z-Ebene jeweils das Gebiet G zu nehmen, in dem sich das Feld ausbildet (im Bild 2.141 z.B. die Fläche zwischen den beiden Kreisen mit den Radien r_1 und r_2).
Jedem Punkt des Gebietes G wird durch die Abbildungsfunktion

$$w = u + jv = f(z) \tag{2.729}$$

ein Punkt der Bildebene w zugeordnet, d.h., G wird in die w-Ebene abgebildet. Falls G mehrfach abgebildet wird, ordnet man nur eine Abbildung davon durch Definition G zu. Ist $f(z)$ *analytisch*, dann ist die Abbildung *maßstabs- und winkelgetreu im unendlich Kleinen* (konform);

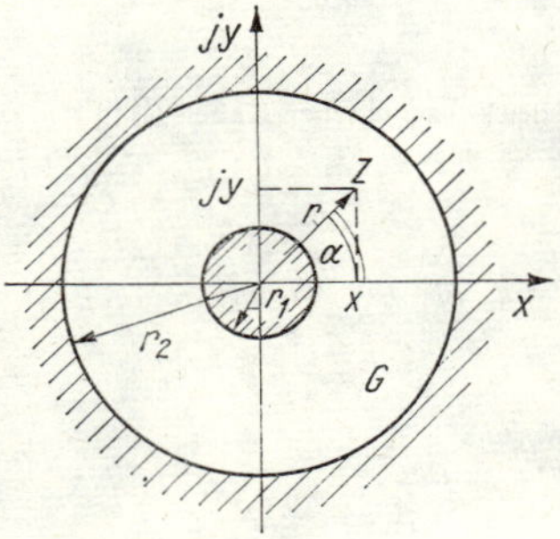

Bild 2.141
z-Ebene, entspricht der realen Anordnung

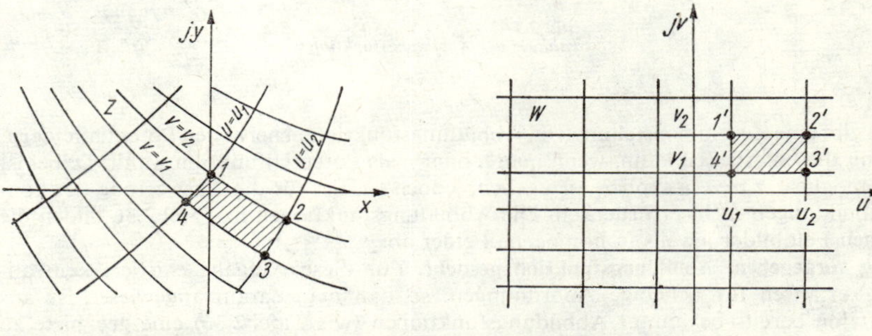

Bild 2.142. Abbildung eines inhomogenen Feldes der z-Ebene in ein homogenes Feld der w-Ebene

die Komponenten $u(x, y)$ und $v(x, y)$ erfüllen beide für sich die *Laplacesche Potentialgleichung* und können als Potentialfunktion gewählt werden. Gegenüber der allgemeineren Fragestellung der Mathematik interessiert in der Theorie der Potentialfelder folgende Aufgabe:
Es sind in der z-Ebene Linien $u =$ konst. oder $v =$ konst. so zu finden, daß sie mit den Äquipotentiallinien übereinstimmen. Dann wird das inhomogene Feld der z-Ebene durch w in ein homogenes Feld der w-Ebene abgebildet, das sich einfach auswerten läßt (Bild 2.142).

2.12.8.3. Ermitteln von konformen Abbildungen

Abbildungsfunktion vorgegeben, Anordnung gesucht

Verfahren

1. Vorgabe der Funktion $w = f(z)$. Kontrolle, ob analytisch. Zur Dimensionsanpassung empfiehlt sich die Vorgabe einer multiplikativen Konstanten A.
2. w wird in Real- und Imaginärteil zerlegt. Gleichsetzen mit u bzw. v.
3. Feststellung der geometrischen Konfiguration der Linien $u =$ konst. bzw. $v =$ konst. in der z-Ebene. Auswahl der Elektrodenformen.

Beispiele

1. $w = f(z) = A \ln z = A \ln (x + \mathrm{j}y) = A \ln [r \exp(\mathrm{j}\alpha)] = A \ln r + \mathrm{j}A\alpha$.
2. $w = u + \mathrm{j}v = A \ln r + \mathrm{j}A\alpha$.

Vergleich von Real- und Imaginärteil:

$$u = A \ln r = A \ln \sqrt{x^2 + y^2}, \quad v = A\alpha = A \arctan \frac{y}{x}.$$

3. Wenn $u =$ konst., dann ist

$$x^2 + y^2 = \exp(2u/A) = R^2.$$

Es ergeben sich Kreise um den Nullpunkt mit dem Radius $R = \exp(u/A)$ (Bild 2.143). Für $v =$ konst. ist

$$y = x \tan \frac{v}{A} = xm;$$

das sind Geraden durch den Nullpunkt mit der Steigung $m = \tan v/A$.
Benutzt man z.B. u als Potentialfunktion, so kann man damit das Feld des konzentrischen Kabels (Bild 2.143) beschreiben.

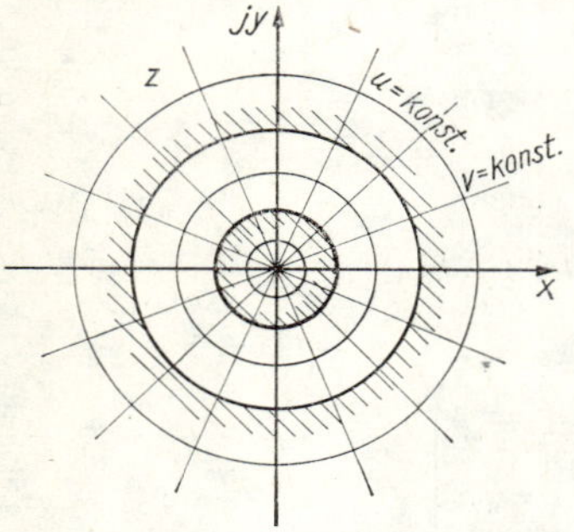

Bild 2.143
Feldbild der Abbildungsfunktion $w = A \ln z$

Tafel 2.36 gibt eine Zusammenstellung von Abbildungsfunktionen nebst den Potentialfeldern, die man mit diesen erfassen kann, wenn man u oder v als Potentialfunktion wählt. Dabei ist es z.T. unmöglich, u bzw. v explizit anzugeben, jedoch ist dies für die Auswertung der konformen Abbildungen nicht erforderlich. Die Abbildungsfunktionen in Tafel 2.36 bilden die angegebenen Feldbilder jeweils in homogene Felder ab.
Anordnung vorgegeben, Abbildungsfunktion gesucht. Für diese Aufgabe existiert kein allgemeines Verfahren für beliebige Anordnungen, so daß man darauf angewiesen ist, aus einem Katalog bereits bekannter Abbildungsfunktionen (wie Tafel 2.36) eine geeignete zu finden. Für den Spezialfall des polygonal begrenzten Feldes liefert die Schwarz-Christoffel-

sche Abbildungsformel (s. S. 322) ein synthetisches Verfahren, falls sie auf mit zweckentsprechendem Aufwand auswertbare Integrale führt. Das polygonale Gebiet darf sich dabei bis ∞ erstrecken.

Mehrfachabbildung. Bei einem komplizierten Feld läßt sich oft die Abbildungsfunktion, die dieses homogen abbildet, nicht finden, dafür aber eine Abbildungsfunktion, die es in ein bekanntes einfacheres inhomogenes Feld (Zwischenabbildung) überführt. Dieses kann dann durch eine zweite und, wenn nötig, dritte Abbildung homogenisiert werden.

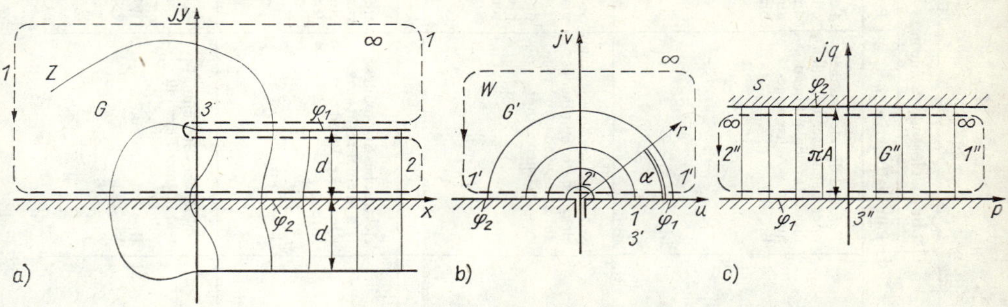

Bild 2.144. Abbildung des Randfeldes des Plattenkondensators (a) in ein homogenes Feld (c) mit Zwischenabbildung (b)

(Die dünn gestrichelte Feldumrandung ist dem unendlich fernen Punkt zugeordnet)

Beispiel 1. Es soll das Randfeld des ebenen Plattenkondensators (Bild 2.144 a) ermittelt werden. Wegen Symmetrie genügt die Abbildung der oberen Hälfte der z-Ebene. Bildet man die Punkte *1*, *2* und *3* in *1'*, *2'* und *3'* ab, so lautet die Abbildungsfunktion

$$z = A \int w^{-1}(w - 1)\,dw + B = A(w - \ln w) + B = \frac{d}{\pi}(w - 1 + j\pi - \ln w)$$

s. S. 322, die Konstante A muß wegen der Singularität für $w = 0$ mit dem Halbkreisintegral bestimmt werden). Diese bildet ein zunächst beliebiges Feld des Gebietes G in G' ab. Ordnet man nun den Elektroden die Potentiale φ_1 und φ_2 zu, so muß man das auch in der Abbildung für die Linien *2'3'1'* bzw. *1'2'* vornehmen.

In der w-Ebene erhält man das schon einfachere Feld zwischen 2 Platten, die unter dem Winkel π aufeinandertreffen. Nach Tafel 2.36 kann man ein derartiges Feld mit einer weiteren konformen Abbildung

$$s = p + jq = A \ln w = A \ln r + jA\alpha \tag{2.730}$$

(Bezeichnung entsprechend Bild 2.144b und c) in ein homogenes Feld abbilden; w ist somit nur eine Zwischenabbildung. Die endgültige Abbildungsfunktion lautet

$$z = \frac{d}{\pi}\left(\exp(s/A) - 1 + j\pi - \frac{s}{A}\right),$$

da

$$w = \exp(s/A).$$

Die Bildpunkte zu *1'*, *2'* und *3'* werden unter Verwendung von Gl.(2.730) gefunden und ergeben *1''*, *2''* und *3''*. Dabei werden die beiden Elektrodenbegrenzungen zu parallelen Geraden. Das Feld, das sich zwischen ihnen ausbildet, wenn daran die Potentiale φ_1 und φ_2 liegen, ist folglich homogen.

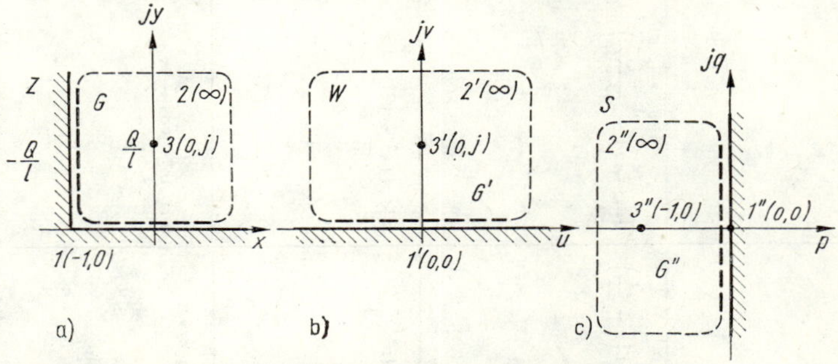

Bild 2.145. Abbildung des Feldes: Linienladung in leitend begrenzter Ecke

(Die dünn gestrichelte Feldumrandung ist dem unendlich fernen Punkt zugeordnet)

Tafel 2.36. Eigenschaften von Abbildungsfunktionen

Abbildungs-funktion	u	v	Feldbild (—— u = konst., – – – v = konst.)	Mit w zu lösende Probleme: Potentialfunktion: u	Mit w zu lösende Probleme: Potentialfunktion: v
$w = \frac{A}{z}$	$u = \frac{Ax}{x^2 + y^2}$	$v = \frac{-Ay}{x^2 + y^2}$	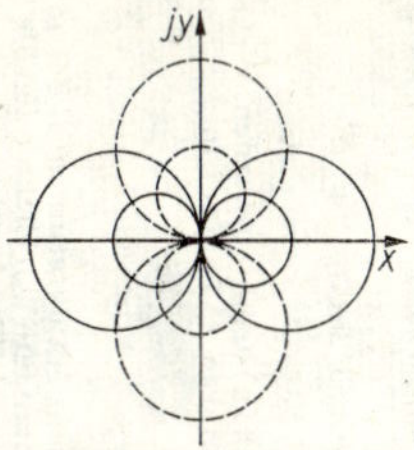	Fernfeld des elektrischen oder magnetischen Liniendipols (Linienladungen auf der x-Achse angebracht)	Fernfeld des elektrischen oder magnetischen Liniendipols (Linienladungen auf der y-Achse angebracht)
$w = A\left(z - \frac{1}{z}\right)$	$u = Ax\left(1 - \frac{1}{x^2+y^2}\right)$	$v = Ay\left(1 + \frac{1}{x^2+y^2}\right)$	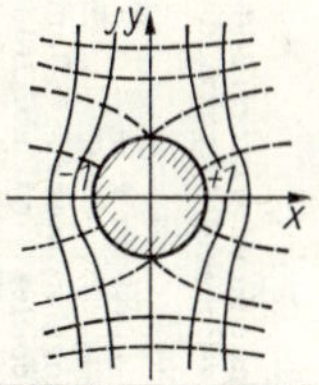	Störung eines homogenen elektrostatischen Feldes durch ungeladenen kreiszylindrischen Leiter	Störung eines homogenen magnetischen oder elektrischen Strömungsfeldes durch einen nichtleitenden kreiszylindrischen Einschluß
$w = Az^2$	$u = A(x^2 - y^2)$	$v = A2xy$	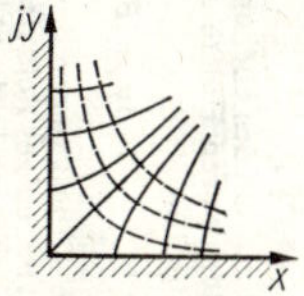	elektrisches Strömungsfeld in einer rechtwinkligen Ecke, Rand nichtleitend	elektrostatisches oder magnetisches Feld in einer rechtwinkligen Ecke, Rand leitend
$w = Az^{\pi/\gamma}$ $0 < \gamma \leqq 2\pi$	$u = Ar^{\pi/\gamma} \cos \frac{\alpha}{\gamma} \pi$	$v = Ar^{\pi/\gamma} \sin \frac{\alpha}{\gamma} \pi$	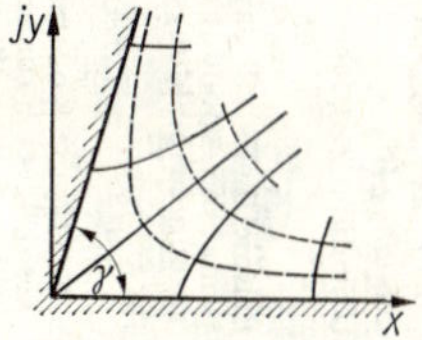	elektrisches Strömungsfeld in einer Ecke mit beliebigem Winkel γ, Rand nichtleitend	elektrostatisches oder magnetisches Feld in einer Ecke mit beliebigem Winkel γ, Rand leitend

$w = A\sqrt{z}$	$y^2 = -\frac{4u^2}{A^2}x + \frac{4u^4}{A^4}$	$y^2 = \frac{4v^2}{A^2}x + \frac{4v^4}{A^4}$	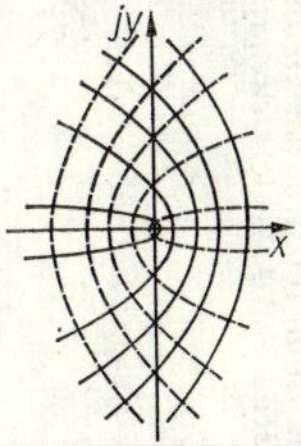	elektrisches Feld einer leitenden Platte	elektrisches Feld einer leitenden Platte
$w = A \ln z$	$u = A \ln r$ $= A \ln \sqrt{x^2 + y^2}$	$v = A\alpha = A \arctan \frac{y}{x}$	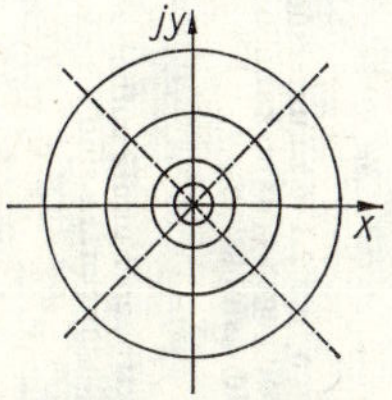	elektrisches Feld in Umgebung einer geladenen zylindrischen Elektrode. Feld eines Koaxialkabels. Magnetisches Feld im koaxialen Luftspalt (dynamischer Lautsprecher)	elektrisches oder magnetisches Feld zwischen 2 gegeneinander geneigten leitenden Platten. Elektrische oder magnetische Strömung in einem Kreisringzylinder
$w = A \ln \frac{z+a}{z-a}$	$u = A \ln \sqrt{\frac{(x+a)^2+y^2}{(x-a)^2+y^2}}$	$v = A\left(\arctan \frac{y}{x+a} - \arctan \frac{y}{x-a}\right)$	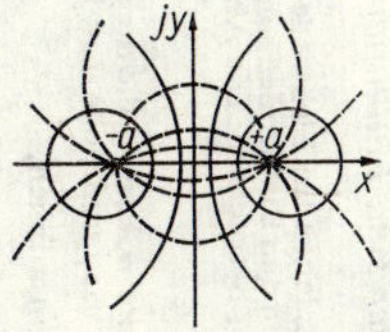	elektrisches Feld einer Doppelleitung. Einzelleitung vor leitender Ebene	magnetisches Feld einer Doppelleitung (Näherung)
$w = A \operatorname{arcosh} z$	$\frac{x^2}{\cosh^2 \frac{u}{A}} + \frac{y^2}{\sinh^2 \frac{u}{A}} = 1$	$\frac{x^2}{\cos^2 \frac{v}{A}} - \frac{y^2}{\sin^2 \frac{v}{A}} = 1$	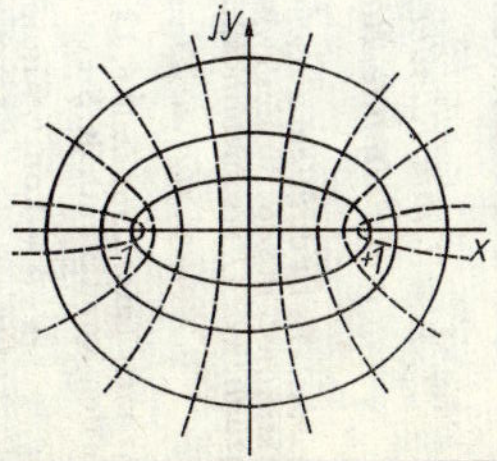	elektrisches Feld eines Bandes oder eines elliptischen Zylinders	elektrostatisches Feld, Platte vor leitender Ebene bzw. Platte–Platte mit gegenüberstehenden Kanten
Schwarz-Christoffelsche Abbildungsformel (Abschn. 2.10.3.9.)	–	–	polygonal begrenzte Felder		

Beispiel 2. Bild 2.145 zeigt eine Linienladung im Punkt *3* parallel zu einer leitend begrenzten Ecke. Zunächst wird mit der Schwarz-Christoffelschen Abbildungsformel G in G' übergeführt. Da man für den Polygonzug selbst nur 2 Punkte (*1* und *2*) abbilden muß, kann man auch die Lage von *3'* in der w-Ebene vorschreiben und erhält

$$w = \frac{(z+1)^2}{2}.$$

Mit Hilfe der 2. Abbildung

$$s = \mathrm{j}w$$

dreht man das Feld um 90° und erhält die in Tafel 2.36 (Zeile 7) angegebene Anordnung. Eine 3. Abbildung

$$t = A \ln \frac{s+1}{s-1} = A \ln \frac{\mathrm{j}(z+1)^2+2}{\mathrm{j}(z+1)^2-2}$$

ergibt dann schließlich das homogene Feld. Dieses Verfahren läßt sich näherungsweise auf Leiter endlichen Durchmessers anwenden, da infolge der Ähnlichkeit im Kleinen kleine Kreise um *3''* auch in der z-Ebene wieder annähernd Kreise um *3* ergeben.

2.12.8.4. Auswerten der konformen Abbildungen

Potential- und Feldstärkelinien. Gemäß der vorliegenden Elektrodenanordnung wird entweder $u(x, y)$ oder $v(x, y)$ als Potentialfunktion gewählt, d.h., die Linien $u =$ konst. bzw. $v =$ konst. sind *Äquipotentiallinien.* Die jeweils andere Linienschar stellt das *Strömungsfeld* dar. Beide Linienscharen müssen alle vorhandenen Randbedingungen erfüllen, d.h.,

leitende Ränder sind Äquipotentiallinien,
nichtleitende Ränder sind Flußlinien.

Beispiel. Es ist das Feld zwischen 2 leitenden Elektroden nach Bild 2.146 zu untersuchen. Ist die relative Dielektrizitätskonstante des Stoffes zwischen den Elektroden sehr groß gegen 1, dann kann man den Rand *3* als nichtleitend bezüglich des Verschiebungsflusses betrachten. Die Abbildungsfunktion

$$w = f(z) = A \ln z$$

hat nach Tafel 2.36, Zeile 6, Linien $u =$ konst., die die Elektroden *1* und *2* enthalten, sowie eine Linie $v =$ konst., die den Rand *3* enthält. Sie erfüllt also sämtliche Randbedingungen. Es sind die Linien

$u =$ konst. Äquipotentiallinien,

$v =$ konst. Verschiebungsflußlinien.

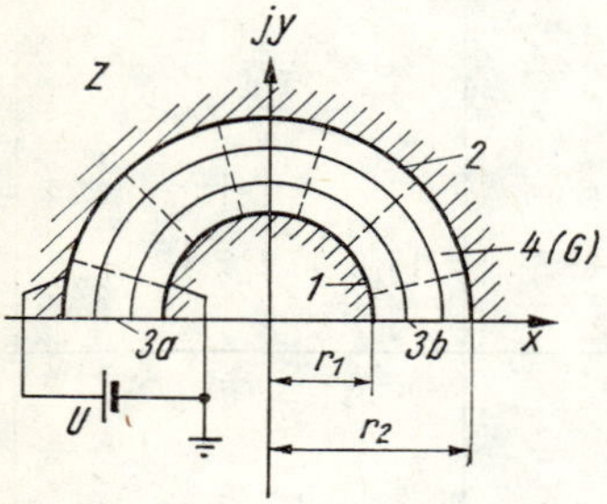

Bild 2.146
Feld zwischen 2 zylindrischen Elektroden
1, 2 leitende Elektroden; *3* nichtleitender Rand;
4 Dielektrikum mit $\varepsilon_{rel} \gg 1$

Ermitteln des Abbildungsgebietes in der w-Ebene. Die Randlinien des Feldes werden mit Hilfe der Abbildungsfunktion in der w-Ebene aufgesucht. Das davon eingeschlossene Gebiet G' ist das Abbild von G.

Beispiel. Für das Feld nach Bild 2.146 gilt mit der Abbildungsfunktion

$$w = A \ln z$$

$$u = A \ln r = A \ln \sqrt{x^2 + y^2},$$

$$v = A\alpha = A \arctan \frac{y}{x}$$

(Tafel 2.36, Zeile 6). Auf dem Rand *1* ist $r = r_1$, also

$$u = A \ln r_1,$$

was die Linie *1'* (Bild 2.147) ergibt. Auf *2* ist $r = r_2$,

$$u = A \ln r_2$$

ergibt Linie *2'*. Auf *3a* ist $\alpha = \pi$,

$$v = A\pi$$

(Linie *3a'*), und schließlich auf *3b* ist $\alpha = 0$,

$$v = 0$$

(Linie *3b'*). Das von diesen 4 Geraden eingeschlossene Gebiet G' ist die Abbildung von G.

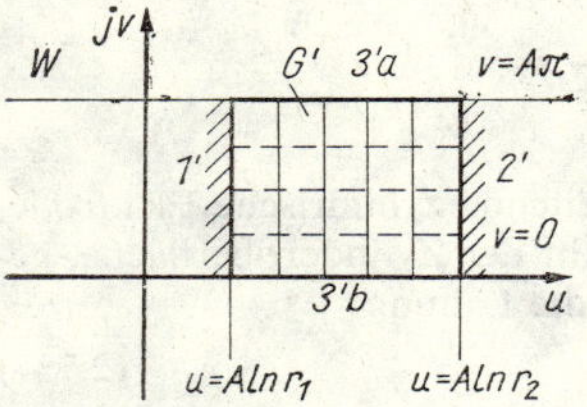

Bild 2.147
Abbild des Feldes von Bild 2.146 in der w-Ebene

Vorstellung: Das Gebiet G wird so „verbogen", daß das darin befindliche Feld homogen wird. An der Zuordnung der Elektroden ändert sich dabei nichts. Fluß, Spannung und Systemkenngröße (Tafel 2.35, S. 394) bleiben erhalten.

Ermitteln der speziellen Potentialfunktion. Man setzt die Komponente u oder v, die man als Potentialfunktion gewählt hat, unter Hinzunahme einer additiven Konstanten C_0 gleich dem Potential φ. Die Konstanten A und C_0 werden mit Hilfe der Elektrodenpotentiale ermittelt.

Beispiel. Für das Feld von Bild 2.146 ist u die Potentialfunktion. Man setzt

$$\varphi(x, y) = u(x, y) + C_0 = A \ln r + C_0 .$$

Beim Anlegen einer Spannungsquelle U nach Bild 2.146 ist für $r = r_1 : \varphi = 0$ und für $r = r_2 : \varphi = U$. Einsetzen in die Potentialgleichung ergibt

$$0 = A \ln r_1 + C_0, \quad U = A \ln r_2 + C_0 .$$

Daraus folgt

$$A = \frac{U}{\ln \frac{r_2}{r_1}}, \quad C_0 = -\frac{U \ln r_1}{\ln \frac{r_2}{r_1}}, \quad \varphi = U \frac{\ln \frac{r}{r_1}}{\ln \frac{r_2}{r_1}}. \tag{2.731}$$

Ermitteln von Feldstärke und Flußdichte. Die elektrische Feldstärke ergibt sich mit

$$E = E_x + \mathrm{j}E_y = -\frac{\partial\varphi}{\partial x} - \mathrm{j}\frac{\partial\varphi}{\partial y} \tag{2.732}$$

aus der im vorangegangenen Abschnitt berechneten speziellen Potentialfunktion. Die Komponenten der Feldstärke in r- und α-Richtung sind

$$E_r = -\frac{\partial\varphi}{\partial r}, \tag{2.733}$$

$$E_\alpha = -\frac{\partial\varphi}{\partial\alpha}. \tag{2.734}$$

Interessiert nur der Betrag, so kann er unmittelbar aus der Abbildungsfunktion berechnet werden:

$$|E| = \left|\frac{\mathrm{d}w}{\mathrm{d}z}\right| = \frac{1}{\left|\frac{\mathrm{d}z}{\mathrm{d}w}\right|}. \tag{2.735}$$

Die letztgenannte Form wird verwendet, wenn nur z, aber nicht w explizit gegeben ist. Die Verschiebungsflußdichte ergibt sich aus der Feldstärke zu

$$D = \varepsilon E. \tag{2.736}$$

Beispiel. Für das Feld nach Bild 2.146 ist nach Gl. (2.731)

$$E_r = -\frac{\partial\varphi}{\partial r} = -\frac{U}{r \ln \frac{r_2}{r_1}}, \quad E_\alpha = -\frac{\partial\varphi}{\partial\alpha} = 0.$$

Wendet man Gl. (2.735) auf die Abbildungsfunktion $w = A \ln z$ an, so erhält man

$$|E| = \left|\frac{dw}{dz}\right| = \left|\frac{d}{dz}(A \ln z)\right| = \left|\frac{A}{z}\right| = \left|\frac{U}{\ln \frac{r_2}{r_1}} \frac{1}{r \exp(j\alpha)}\right| = \frac{U}{r \ln \frac{r_2}{r_1}}.$$

Ermitteln der Elektrodenladung. Gegeben sei eine beliebige leitende zylindrische Elektrode, die senkrecht auf der z-Ebene steht (Bild 2.148). Ein Ausschnitt der Zylinderoberfläche, gegeben durch den Weg von P_1 nach P_2 und die Höhe l, trägt die Ladung

$$|Q| = |\varepsilon l\,(v_{P_2} - v_{P_1})|, \tag{2.737}$$

wenn u Potentialfunktion ist, bzw.

$$|Q| = \varepsilon l\,(u_{P_2} - u_{P_1})|, \tag{2.738}$$

wenn v Potentialfunktion ist. v_{P_1} ist der Wert von v im Punkt P_1 usw.

Beispiel. Die Ladung der Elektrode *1* im Bild 2.146 ergibt sich zu

$$|Q| = |\varepsilon l\,[v(r_1, 0) - v(-r_1, 0)]|.$$

Nach dem Beispiel auf Seite 400 ist $v = A\alpha$. Demnach gilt für den ersten Grenzpunkt der Elektrodenlinie $(r_1, 0)$

$$v(r_1, 0) = 0,$$

da dort $\alpha = 0$ ist. Für den zweiten Punkt $(-r_1, 0)$ ist $\alpha = \pi$:

$$v(-r_1, 0) = A\pi, \quad |Q| = |-\varepsilon l A\pi| = (\pi\varepsilon l U)/\ln(r_2/r_1).$$

Anmerkung: Ist der Elektrodenumriß ein geschlossener Weg, dann fallen P_1 und P_2 zu einem Punkt P zusammen. Diesen muß man dorthin legen, wo Anfang und Ende des Definitionsbereiches von v bzw. u aneinanderstoßen. v_{P_1} und v_{P_2} sind dann die beiderseitigen Grenzwerte bei Annäherung an P.

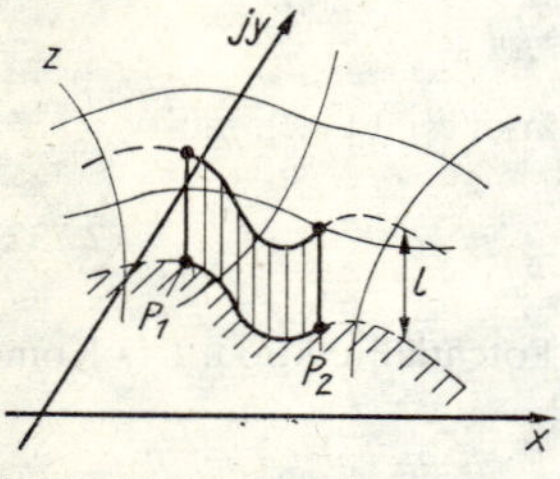

Bild 2.148. Zur Berechnung der Ladung einer Elektrode

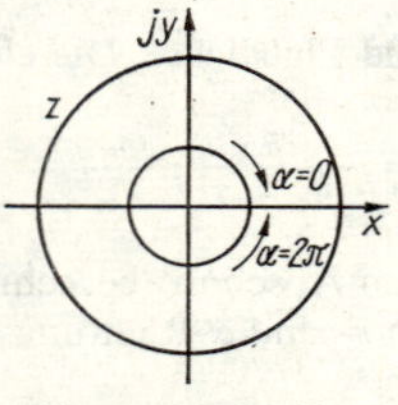

Bild 2.149. Koaxialkondensator

Beispiel. Ergänzt man die Anordnung nach Bild 2.146 (S. 400) durch eine zweite Hälfte zum Koaxialkondensator (Bild 2.149) und definiert man den Geltungsbereich für α von 0 bis 2π, dann stoßen Anfang und Ende des Definitionsbereiches von $v = A\alpha$ auf der positiven x-Achse aneinander. Dort muß also auch P liegen; die zugehörigen Grenzwerte sind

$$v_{P1} = v(\alpha \to 0) = 0, \quad v_{P2} = v(\alpha \to 2\pi) = A2\pi.$$

Ermitteln der Kapazität zwischen 2 Elektroden. Die Kapazität zwischen 2 Elektroden der Höhe l ist

$$C = \varepsilon l \left|\frac{v_{P_2} - v_{P_1}}{u_{E_2} - u_{E_1}}\right| \tag{2.739}$$

für u als Potentialfunktion bzw.

$$C = \varepsilon l \left| \frac{u_{P_2} - u_{P_1}}{v_{E_2} - v_{E_1}} \right| \tag{2.740}$$

für v als Potentialfunktion. Dabei ist u_{E_1} der Wert für u auf der Elektrode *1* usw. Die Punkte P_1 und P_2 sind so zu wählen, daß ein beliebig zwischen ihnen ausgespannter Weg den gesamten Verschiebungsfluß schneidet. Ist der Elektrodenumriß ein geschlossener Weg, dann gilt für P_1 und P_2 das im vorangegangenen Abschnitt Angeführte. Die Konstante A braucht dabei nicht bestimmt zu werden.

Beispiel. Für Bild 2.146 ist mit den Beziehungen für u, v im Beispiel auf Seite 400

$$C = \varepsilon l \left| \frac{v_{P2} - v_{P1}}{u_{E2} - u_{E1}} \right| = \varepsilon l \left| \frac{v(r_1, 0) - v(-r_1, 0)}{u(r_2, 0) - u(r_1, 0)} \right| = \varepsilon l \left| \frac{0 - A\pi}{A \ln r_2 - A \ln r_1} \right| = \frac{\pi \varepsilon l}{\ln \dfrac{r_2}{r_1}}.$$

Dasselbe erhält man, wenn man die Kapazität des homogenen Kondensators in der w-Ebene (Bild 2.147) nach der Formel

$$C = \varepsilon \frac{F}{d} = \varepsilon \frac{lA\pi}{A \ln r_2 - A \ln r_1} = \frac{\pi \varepsilon l}{\ln \dfrac{r_2}{r_1}}$$

berechnet.

2.12.9. Anwendungen der Zylinderfunktionen auf rotationssymmetrische elektrische und magnetische Potentialfelder [2.137] [2.149] [2.153] [2.154] [2.156]

Mathematische Grundlagen s. Abschn. 2.8.5., S. 297 ff.

2.12.9.1. Anwendungsbereiche

Mit Hilfe von Zylinderfunktionen (s. S. 297) lassen sich z. T. rotationssymmetrische Potentialfelder berechnen. Die Feldgrößen ändern sich dabei nur in Abhängigkeit von den Zylinderkoordinaten r und z, während sie vom Winkel α unabhängig sind. Derartige Felder treten häufig in elektronenoptischen Geräten, in den Bauelementen der Mikrowellentechnik usw. auf.
Es können elektrostatische Felder, elektrische Strömungsfelder und magnetostatische Felder gleichartig behandelt werden. Die im folgenden angegebenen Gleichungen gelten für das elektrostatische Feld. Mit Hilfe von Tafel 2.35, S. 394, können sie auf die anderen Feldkategorien übertragen werden, indem man die einzelnen Größen analog ersetzt.

2.12.9.2. Lösungen der Potentialgleichung für den rotationssymmetrischen Fall

Für den rotationssymmetrischen Fall lautet die Laplacesche Potentialgleichung

$$\frac{\partial^2 \varphi}{\partial r^2} + \frac{1}{r} \frac{\partial \varphi}{\partial r} + \frac{\partial^2 \varphi}{\partial z^2} = 0. \tag{2.741}$$

Tafel 2.37. Lösungen für die Laplacesche Potentialgleichung bei Rotationssymmetrie

Eigenwerte k	Diskrete Werte für k bzw. $\varkappa$	Kontinuierliches k bzw. $\varkappa$
$k \neq 0$, reell	$\varphi(r, z) = \sum_{(k)} [a_{1k} \cosh kz + a_{2k} \sinh kz] \times [b_{1k} J_0(kr) + b_{2k} N_0(kr)] + C_0$	$\varphi(r, z) = \int_{(k)} [a_1(k) \cosh kz + a_2(k) \sinh kz] \times [b_1(k) J_0(kr) + b_2(k) N_0(kr)] \, dk + C$
$k \neq 0$, imaginär $k = j\varkappa$	$\varphi(r, z) = \sum_{(\varkappa)} [a_{1\varkappa} \cos \varkappa z + a_{2\varkappa} \sin \varkappa z] \times [b_{1\varkappa} I_0(\varkappa r) + b_{2\varkappa} K_0(\varkappa r)] + C_0$	$\varphi(r, z) = \int_{(\varkappa)} [a_1(\varkappa) \cos \varkappa z + a_2(\varkappa) \sin \varkappa z] \times [b_1(\varkappa) I_0(\varkappa r) + b_2(\varkappa) K_0(\varkappa r)] \, d\varkappa + C_0$
$k \equiv 0$	$\varphi(r, z) = (a_1 + a_2 z)(b_1 + b_2 \ln r)$	

Durch einen Produktansatz $\varphi(r, z) = R(r) Z(z)$ und Trennung der Variablen findet man dafür allgemeine Lösungen, die in Tafel 2.37 zusammengefaßt sind. Bezüglich der darin auftretenden Besselschen Funktionen J_0, N_0, I_0 und K_0 s. S. 299ff. Mit den Randbedingungen des zu behandelnden Problems sind die zutreffende Lösungsform auszuwählen und die Konstanten zu bestimmen. Die Werte k bzw. $\varkappa$ sind die sog. *Eigenwerte* des Problems (s. S. 283) und können diskret oder auch kontinuierlich sein. Die Summation bzw. die Integration ist über alle möglichen Werte von k bzw. $\varkappa$ zu erstrecken.

2.12.9.3. Verwerten der Randbedingungen

Die Lösungen nach Tafel 2.37 können dann verwendet werden, wenn es gelingt, die Randbedingungen (meist die Potentiale auf den Elektroden), in eine Form zu bringen, *die einer Lösung nach Tafel 2.37 vergleichbar* ist. Dies bedeutet, daß man die Randbedingungen in Fouriersche (s. Abschn. 2.6.3., S. 255) oder Besselsche (s. Abschn. 2.12.9.4.) Reihen (diskrete Eigenwerte) bzw. in Fouriersche Integrale[1]) (kontinuierliche Eigenwerte) zu entwickeln hat. Das Verfahren ist mit Vorteil anzuwenden, wenn das zu berechnende Feld durch Linien $r =$ konst. und $z =$ konst. begrenzt wird, auf denen die Randbedingungen vorgegeben sind (z. B. Elektroden mit konstanten Potentialen).

Hinweise

1. Die Form *2* der Tafel 2.37 paßt sich den Randbedingungen häufig leichter an als die Form *1*, so daß ein Lösungsversuch mit ihr meist erfolgversprechender ist. Insbesondere gilt das für Anordnungen, die eine Symmetrie längs der z-Achse aufweisen (z. B. Bild 2.150). In diesem Fall hat man die Randbedingungen für $r =$ konst. in Fourier-Reihen bzw. -Integrale zu entwickeln.

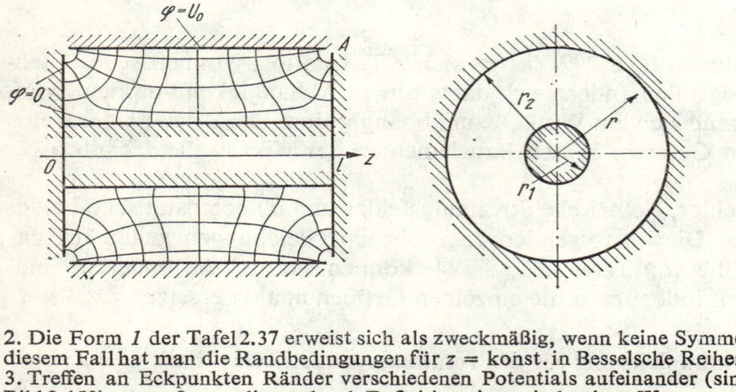

Bild 2.150
Feld zwischen 2 koaxialen Kreiszylindern, seitlich begrenzt durch Ebenen mit dem Potential $\varphi = 0$ in $z = 0$ und $z = l$

2. Die Form *1* der Tafel 2.37 erweist sich als zweckmäßig, wenn keine Symmetrie längs der z-Achse auftritt. In diesem Fall hat man die Randbedingungen für $z =$ konst. in Besselsche Reihen zu entwickeln.
3. Treffen an Eckpunkten Ränder verschiedenen Potentials aufeinander (singuläre Stellen, z. B. Punkt A im Bild 2.150), so muß man diesen durch Definition einen eindeutigen Wert zuordnen. Man verlegt den Sprung auf den Rand, für den man die Reihenentwicklung vornimmt.

Beispiel 1. Für das Feld nach Bild 2.150 ist das Potential zu ermitteln. Der Spalt zwischen den Elektroden (z. B. Punkt A) sei als hinreichend klein angenommen, so daß er vernachlässigt werden kann. Die Randbedingungen lauten

$$\varphi(r, 0) = 0, \quad \varphi(r, l) = 0, \quad \varphi(r_1, z) = 0,$$

$$\varphi(r_2, z) = \begin{cases} 0 & \text{für } z = 0, \\ U_0 & \text{für } 0 < z < l, \\ 0 & \text{für } z = l. \end{cases}$$

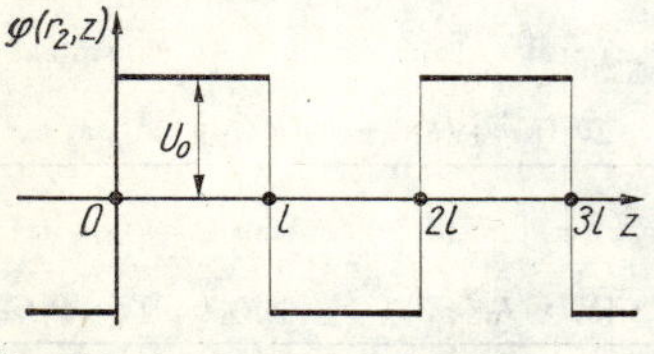

Bild 2.151
Darstellung des Potentialverlaufs auf dem äußeren Zylinder und Ergänzung zur periodischen Funktion

[1]) s. Abschn. 2.12.7.2., S. 392, Gln. (2.710) bis (2.712); statt t ist z und statt ω ist $\varkappa$ zu setzen!

Bei der letzten Randbedingung sind die Hinweise 1 und 3 zu beachten. Das Potential auf dem äußeren Zylinder läßt sich nach Bild 2.151 in Abhängigkeit von z darstellen. Betrachtet man den Verlauf von $z = 0 \cdots l$ als Teil einer periodischen Rechteckfunktion, so gilt dafür die Fourier-Reihenentwicklung

$$\varphi(r_2, z) = \frac{4U_0}{\pi} \sum_{\lambda=1,2,\ldots}^{\infty} \frac{\sin \dfrac{(2\lambda - 1)\pi z}{l}}{2\lambda - 1} \quad \text{für} \quad 0 \leqq z \leqq l.$$

Infolge der diskreten Werte für λ sind auch solche für $\varkappa$ zu erwarten, so daß die Lösung nach Tafel 2.37, Zeile 2,

$$\varphi(r, z) = \sum_{\varkappa} [a_{1\varkappa} \cos \varkappa z + a_{2\varkappa} \sin \varkappa z] [b_{1\varkappa} I_0(\varkappa r) + b_{2\varkappa} K_0(\varkappa r)] + C_0,$$

in Betracht kommt. Auf dem Rand mit dem Radius r_2 läßt sich Identität für alle z mit der Randbedingung erzielen, wenn

$$\varkappa = \frac{(2\lambda - 1)\pi}{l},$$

$$a_{1\varkappa} = 0,$$

$$a_{2\varkappa} [b_{1\varkappa} I_0(\varkappa r_2) + b_{2\varkappa} K_0(\varkappa r_2)] = \frac{4U_0}{\pi(2\lambda - 1)},$$

$$C_0 = 0.$$

Die Randbedingung für r_1 liefert eine weitere Beziehung:

$$0 = b_{1\varkappa} I_0(\varkappa r_1) + b_{2\varkappa} K_0(\varkappa r_1).$$

Damit lassen sich alle Konstanten bestimmen, und man erhält

$$\varphi(r, z) = \sum_{\lambda=1,2,\ldots}^{\infty} \left\{ \frac{4U_0 [I_0(\varkappa r_1) K_0(\varkappa r) - K_0(\varkappa r_1) I_0(\varkappa r)]}{\varkappa l [I_0(\varkappa r_1) K_0(\varkappa r_2) - K_0(\varkappa r_1) I_0(\varkappa r_2)]} \sin \varkappa z \right\}$$

mit

$$\varkappa = \frac{(2\lambda - 1)\pi}{l}.$$

Wie man leicht erkennt, werden auch die Randbedingungen $\varphi(r, 0)$ und $\varphi(r, l) = 0$ befriedigt, so daß die spezielle Lösung des Problems damit gefunden ist.

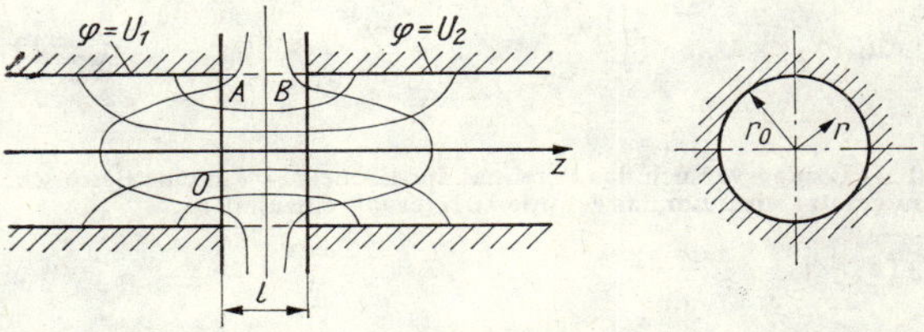

Bild 2.152. Feld zweier hintereinanderliegender Hohlzylinder in der Umgebung des Spalts

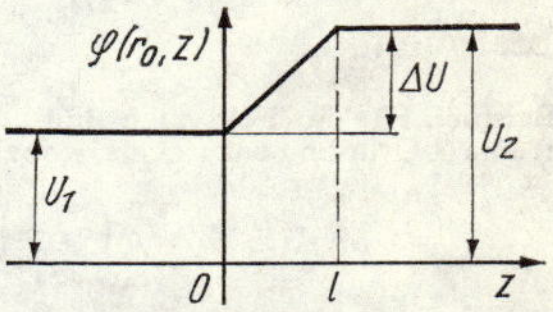

Bild 2.153. Potentialverlauf längs der Feldbegrenzung $\mathbf{r} = r_0$

Beispiel 2. Die Anordnung nach Bild 2.152 ist in vielen Elektronenbeschleunigern zu finden. Näherungsweise werde angenommen, daß sich das Potential längs $\overline{AB}$ linear ändere (Bild 2.153). Dieser Potentialverlauf läßt sich in ein Fourier-Integral entwickeln.

$$\varphi(r_0, z) = U_1 + \begin{cases} 0 & \text{für } z \leqq 0, \\ \dfrac{z}{l} \Delta U & \text{für } 0 \leqq z \leqq l, \\ \Delta U & \text{für } z \geqq l \end{cases}$$

$$= U_1 + \frac{\Delta U}{2} + \frac{\Delta U}{l\pi} \int_0^{\infty} \frac{1}{\lambda^2} [(\cos \lambda l - 1) \cos \lambda z + \sin \lambda l \sin \lambda z] \, d\lambda$$

und stellt die 1. Randbedingung dar, die einen Vergleich mit

$$\varphi(r, z) = \int_{(\varkappa)} [a_1(\varkappa) \cos \varkappa z + a_2(\varkappa) \sin \varkappa z] [b_1(\varkappa) I_0(\varkappa r) + b_2(\varkappa) K_0(\varkappa r)] \, d\varkappa + C_0$$

(Tafel 2.37, S. 403) nahelegt. Eine 2. Randbedingung findet man darin, daß nach der Anschauung das Potential von $r = 0$

$$\varphi(0, z) = \text{endlich}$$

sein muß. Das läßt sich aber wegen des asymptotischen Verhaltens von $K_0(\varkappa r)$ für r gegen Null (s. S. 300) nur erreichen, wenn diese Glieder aus der Lösung verschwinden, d.h.,

$$b_2(\varkappa) \equiv 0.$$

Der Vergleich der Lösung mit der 1. Randbedingung liefert dann für $r = r_0$

$$C_0 = U_1 + \frac{\Delta U}{2},$$

$$\varkappa = \lambda,$$

$$a_1(\varkappa)\, b_1(\varkappa)\, I_0(\varkappa r_0) = \Delta U \frac{\cos \lambda l - 1}{l\pi\lambda^2},$$

$$a_2(\varkappa)\, b_1(\varkappa)\, I_0(\varkappa r_0) = \Delta U \frac{\sin \lambda l}{l\pi\lambda^2}.$$

Die spezielle Lösung lautet somit

$$\varphi(r, z) = U_1 + \frac{\Delta U}{2} + \frac{\Delta U}{l\pi} \int_0^\infty \frac{I_0(\lambda r)}{\lambda^2 I_0(\lambda r_0)} [(\cos \lambda l - 1) \cos \lambda z + \sin \lambda l \sin \lambda z]\, d\lambda.$$

Die weitere Auswertung muß für interessierende Werte von r und z grafisch oder mit Näherungen vorgenommen werden.

2.12.9.4. Entwickeln von Funktionen in Besselsche Reihen

Eine beliebige, im Intervall $0 \leqq x \leqq 1$ stückweise stetige Funktion $f(x)$, die bei $x = 1$ den Funktionswert Null hat, läßt sich in diesem Intervall durch eine sog. Besselsche Reihe darstellen:

$$f(x) = c_1 J_n(\alpha_1, x) + c_2 J_n(\alpha_2, x) + \cdots \quad \text{für} \quad 0 \leqq x \leqq 1. \tag{2.742}$$

$n = 0, 1, 2, 3, \ldots$ ist die beliebig wählbare Ordnung der Besselschen Funktion 1. Art. Die Werte $\alpha_1, \alpha_2, \alpha_3, \ldots$ sind in dieser Reihenfolge die 1, 2. 3. usw. Nullstelle von $J_n(x)$, wenn x von Null wächst. Die Konstanten c_1, c_2 c_3, ... werden mit der Beziehung

$$c_\lambda = \frac{2}{[J_n'(\alpha_\lambda)]^2} \int_0^1 f(x)\, x J_n(\alpha_\lambda x)\, dx \tag{2.743}$$

bestimmt.

Beispiel. Für das Feld nach Bild 2.154 wird als Lösungsversuch das Potential der Ebene $z = l$ in eine Besselsche Reihe 0. Ordnung entwickelt, wobei $x = r/r_0$ gesetzt wird, um das geforderte Intervall einzuhalten:

$$\varphi(r, l) = c_1 J_0\left(\alpha_1 \frac{r}{r_0}\right) + c_2 J_0\left(\alpha_2 \frac{r}{r_0}\right) + \cdots$$

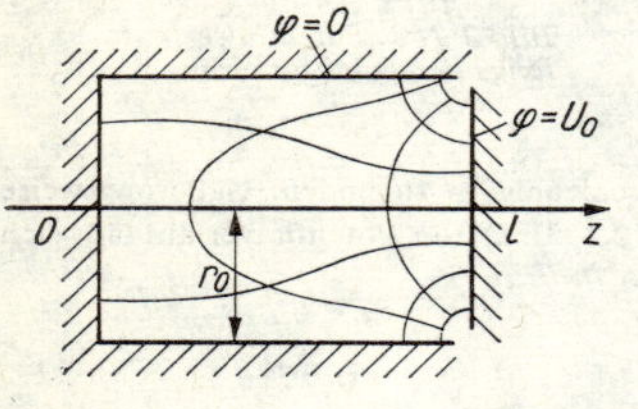

Bild 2.154
Feld in einem Kreiszylinder

Die c_λ ergeben sich nach Gl. (2.743) zu

$$c_\lambda = \frac{2}{[J_0'(\alpha_\lambda)]^2} \int_0^1 U_0 x J_0(\alpha_\lambda x)\, dx = \frac{2U_0}{\alpha_\lambda J_1(\alpha_\lambda)},$$

also

$$\varphi(r, l) = 2U_0 \sum_{\lambda=1,2,\ldots}^{\infty} \frac{J_0\left(\alpha_\lambda \frac{r}{r_0}\right)}{\alpha_\lambda J_1(\alpha_\lambda)}.$$

Diese Beziehung legt den Vergleich mit Tafel 2.37, Zeile 1 (S. 403), nahe:

$$\varphi(r, z) = \sum_{(k)} [a_{1k} \cosh kz + a_{2k} \sinh kz][b_{1k} J_0(kr) + b_{2k} N_0(kr)] + C_0.$$

Die Randbedingung für $z = 0$,

$$\varphi(r, 0) = 0,$$

fordert das Verschwinden der cosh-Glieder:

$$a_{1k} \equiv 0.$$

Der Vergleich der dann verbleibenden Lösung mit der Randbedingung für $z = l$ ergibt

$$\sum_{(k)} a_{2k} \sinh kl \left[b_{1k} J_0(kr) + b_{2k} N_0(kr)\right] = 2U_0 \sum_{\lambda=1,2,\ldots}^{\infty} \frac{J_0\left(\alpha_\lambda \dfrac{r}{r_0}\right)}{\alpha_\lambda J_1(\alpha_\lambda)},$$

$$b_{2k} = 0, \quad C_0 = 0, \quad k = \frac{\alpha_\lambda}{r_0},$$

$$a_{2k} b_{1k} \sinh kl = 2U_0 \frac{1}{\alpha_\lambda J_1(\alpha_\lambda)}.$$

Das Einsetzen der so ermittelten Eigenwerte und Konstanten in die allgemeine Lösung führt zu der speziellen Lösung

$$\varphi(r, z) = 2U_0 \sum_{\lambda=1,2,\ldots}^{\infty} \frac{\sinh\left(\alpha_\lambda \dfrac{z}{r_0}\right) J_0\left(\alpha_\lambda \dfrac{r}{r_0}\right)}{\sinh\left(\alpha_\lambda \dfrac{l}{r_0}\right) \alpha_\lambda J_1(\alpha_\lambda)},$$

die, wie leicht ersichtlich, auch die Randbedingung auf r_0 befriedigt, da alle

$$J_0\left(\alpha_\lambda \frac{r_0}{r_0}\right) = 0.$$

Die Nullstellen α_λ müssen einer Tafel (z.B. [2.156]) entnommen werden, worauf sich $\varphi(r, z)$ zahlenmäßig berechnen läßt.

Literatur zu den Abschnitten 2.1. bis 2.11.

Gesamtdarstellungen der höheren Mathematik

[2.1] Analysis für Ingenieure. 7. Aufl. Leipzig: VEB Fachbuchverlag 1971.

[2.2] *Baule, B.:* Die Mathematik des Naturforschers und Ingenieurs. Leipzig: S. Hirzel-Verlag. Bd. 1, 16. Aufl 1970; Bd. 2, 8. Aufl. 1966; Bd. 3, 8. Aufl. 1968; Bd. 4, 9. Aufl. 1970; Bd. 5, 7. Aufl. 1968; Bd. 6, 8. Aufl. 1970; Bd. 7, 6. Aufl. 1965; Bd. 8, 2. Aufl. 1966.

[2.3] *Bronstein, I. N.; Semendjajew, K. A.:* Taschenbuch der Mathematik für Ingenieure und Studenten der Technischen Hochschulen. 10. Aufl. Leipzig: B. G. Teubner Verlagsges. 1969.

[2.4] *Böhme, G.:* Mathematik. Berlin, Heidelberg, New York: Springer-Verlag. Bd. 1, 1967; Bd. 2, 1968.

[2.5] *Courant, R.:* Vorlesungen über Differential- und Integralrechnung. Berlin, Heidelberg, New York: Springer-Verlag. Bd. 1, 4. Aufl. 1971; Bd. 2, 4. Aufl. 1972.

[2.6] *Dallmann, H.; Elster, K.-H.:* Einführung in die höhere Mathematik für Naturwissenschaftler und Ingenieure. Bd. 1. Jena: VEB Gustav Fischer Verlag 1968.

[2.7] *Doerfling, R.:* Mathematik für Ingeniere und Techniker. 7. Aufl. München, Wien: R. Oldenbourg Verlag 1965.

[2.8] *Duschek, A.:* Vorlesungen über höhere Mathematik. Wien, New York: Springer-Verlag. Bd. 1, 4. Aufl. 1965; Bd. 2, 3. Aufl. 1963; Bd. 3, 2. Aufl. 1960; Bd. 4, 1961.

[2.9] *Fichtenholz, G. M.:* Differential- und Integralrechnung. Berlin: VEB Deutscher Verlag der Wissenschaften. Bd. 1, 6. Aufl. 1971; Bd. 2, 3. Aufl. 1971; Bd. 3, 4. Aufl. 1971.

[2.10] *Grauert, H.; Lieb, I.; Fischer, W.:* Differential- und Integralrechnung. Berlin, Heidelberg, New York: Springer-Verlag. Bd. 1, 2. Aufl. 1970; Bd. 2, 1968; Bd. 3, 1968.

[2.11] *Mangoldt, H. v.; Knopp, K.:* Einführung in die höhere Mathematik. Leipzig: S. Hirzel-Verlag. Bd. 1, 14. Aufl. 1970; Bd. 2, 13. Aufl. 1967; Bd. 3, 13. Aufl. 1970; Bd. 4, 1972.

[2.12] Mathematik für die Praxis. Berlin: VEB Deutscher Verlag der Wissenschaften. Bd. 1, 3. Aufl. 1966; Bd. 2, 3. Aufl. 1966; Bd. 3, 3. Aufl. 1966.

[2.13] Mathematische Hilfsmittel des Ingenieurs. Berlin, Heidelberg, New York: Springer-Verlag. 1. Teil 1967; 2. Teil 1969; 3. Teil 1968; 4. Teil 1970.

[2.14] Operationsforschung; Mathematische Grundlagen, Methoden, Modelle. Berlin: VEB Deutscher Verlag der Wissenschaften. Bd. 1, 1971; Bd. 2, 1971; Bd. 3, 1972.

[2.15] *Piskunow, N. S.:* Differential- und Integralrechnung. Leipzig: B. G. Teubner Verlagsges. Teil 1, 2. Aufl. 1970; Teil 2, 2. Aufl. 1970; Teil 3, 2. Aufl. 1970.

[2.16] *Rothe, R.:* Höhere Mathematik für Mathematiker, Physiker, Ingenieure. Leipzig: B. G. Teubner Verlagsges. Teil 1, 20. Aufl. 1962; Teil 2, 17. Aufl. 1965; Teil 3, 12. Aufl. 1962; Teil 4, 1/2, 13. Aufl. 1962; Teil 4, 3/4, 12. Aufl. 1963; Teil 4, 5/6, 11. Aufl. 1963; Teil 5, 11. Aufl. 1964. Stuttgart: B. G. Teubner. Teil 1, 17. Aufl. 1962; Teil 2, 13. Aufl. 1962; Teil 3, 9. Aufl. 1962; Teil 4, 1/2, 12. Aufl. 1967; Teil 4, 3/4, 9. Aufl. 1962; Teil 4, 5/6, 8. Aufl. 1966; Teil 5, 6. Aufl. 1962; Teil 6, 3. Aufl. 1965; Teil 7, 2. Aufl. 1960.

[2.17] *Sauer, R.:* Ingenieur-Mathematik. Berlin, Heidelberg, New York: Springer-Verlag. Bd. 1, 4. Aufl. 1969; Bd. 2, 3. Aufl. 1968.

[2.18] *Smirnow, W. I.:* Lehrgang der höheren Mathematik. Berlin: VEB Deutscher Verlag der Wissenschaften. Teil 1, 10. Aufl. 1971; Teil 2, 11. Aufl. 1972; Teil 3/1, 6. Aufl. 1971; Teil 3/2, 8. Aufl. 1971; Teil 4, 5. Aufl. 1968; Teil 5, 3. Aufl. 1971.

[2.19] *Tutschke, W.:* Grundlagen der reellen Analysis. 2 Bde. Braunschweig: Friedr. Vieweg & Sohn 1971.

[2.20] *Wörle, H.:* Mathematik in Beispielen für Ingenieurschulen. München, Wien: R. Oldenbourg Verlag. Bd. 1, 4. Aufl. 1968; Bd. 2, 2. Aufl. 1970; Bd. 3, 1966.
[2.21] *Wörle, H.; Münch, J.:* Taschenbuch der Mathematik für Studierende der Technik. 5. Aufl. München, Wien: R. Oldenbourg Verlag 1971.

Numerische Mathematik

[2.22] *Beresin, I. S.; Shidkow, N. P.:* Numerische Methoden. Berlin: VEB Deutscher Verlag der Wissenschaften. Bd. 1, 1970; Bd. 2, 1971.
[2.23] *Collatz, L.:* Funktionsanalysis und numerische Mathematik. Berlin, Heidelberg, New York: Springer-Verlag 1968.
[2.24] *Collatz, L.:* Numerische Behandlung von Differentialgleichungen. 2. Aufl. Berlin, Heidelberg, New York: Springer-Verlag 1955.
[2.25] *Collatz, L.; Albrecht, J.:* Aufgaben aus der angewandten Mathematik. 2 Bde. Braunschweig: Friedr. Vieweg & Sohn 1972.
[2.26] *Demidowitsch, B. P.; Maron, I. A.; Schuwalowa, E. S.:* Numerische Methoden der Analysis. Berlin: VEB Deutscher Verlag der Wissenschaften 1968.
[2.27] *Faddejew, D. K.; Faddejewa, W. N.:* Numerische Methoden der linearen Algebra. 2. Aufl. Berlin: VEB Deutscher Verlag der Wissenschaften 1970; München, Wien: R. Oldenbourg Verlag 1970.
[2.28] *Gastinel, N.:* Lineare numerische Analysis. Braunschweig: Friedr. Vieweg & Sohn 1971.
[2.29] *Grabowski, H.; Fucke, R.; Schoeder, R.:* Praktische Mathematik. Leipzig: VEB Fachbuchverlag 1971.
[2.30] *Heinrich, H.:* Einführung in die praktische Mathematik. Teil 1. Leipzig: B. G. Teubner Verlagsges. 1963.
[2.31] *Kerner, I. O.:* Numerische Mathematik und Rechentechnik. Teil 1. Leipzig: B. G. Teubner Verlagsges. 1970.
[2.32] *Melentjew, P. W.; Grabowski, H.:* Näherungsmethoden. Leipzig: VEB Fachbuchverlag 1967.
[2.33] *Michlin, S. G.:* Näherungsmethoden zur Lösung von Differential- und Integralgleichungen. Leipzig: B. G. Teubner Verlagsges. 1969.
[2.34] *Ralston, A.; Wilf, H. S.:* Mathematische Methoden für Digitalrechner. München, Wien: R. Oldenbourg Verlag. Bd. 1, 1967; Bd. 2, 1969.
[2.35] *Schwarz, H. R.; Rutishauser, H.; Stiefel, E.:* Numerik symmetrischer Matrizen. Leipzig: B. G. Teubner Verlagsges. 1969; Stuttgart: B. G. Teubner 1968.
[2.36] *Stiefel, E.:* Einführung in die numerische Mathematik. 2. Aufl. Leipzig: B. G. Teubner Verlagsges. 1963; 3. Aufl. Stuttgart: B. G. Teubner 1965.
[2.37] *Stoer, J.:* Einführung in die numerische Mathematik I. Berlin, Heidelberg, New York: Springer-Verlag 1972.
[2.38] *Werner, H.:* Praktische Mathematik I. Berlin, Heidelberg, New York: Springer-Verlag 1970.
[2.39] *Werner, H.; Schaback, R.:* Praktische Mathematik II. Berlin, Heidelberg, New York: Springer-Verlag 1972.
[2.40] *Wilkinson, J. H.:* Rundungsfehler. Berlin, Heidelberg, New York: Springer-Verlag 1969.
[2.41] *Willers, F. A.:* Methoden der praktischen Analysis. 4. Aufl. Berlin, New York 1971.
[2.42] *Zurmühl, R.:* Praktische Mathematik. 5. Aufl. Berlin, Heidelberg, New York: Springer-Verlag 1965.

Tafeln und Nachschlagewerke

[2.43] –: Siebenstellige logarithmische und trigonometrische Tafeln. 8. Aufl. Leipzig: VEB Fachbuchverlag 1972.
[2.44] *Gradstejn, I. S.; Ryšik, I. M.:* Tabličy integralov, summ, rjadov i proizvedenii. Moskva: Izd. fizičeskoj-matematičeskoj literatury 1963.
[2.45] *Gröbner, W.; Hofreiter, N.:* Integraltafel. Wien, New York: Springer-Verlag. 1. Teil, 1965; 2. Teil. 1966.
[2.46] *Jahnke, E.; Emde, F.:* Tafeln höherer Funktionen. 5. Aufl. Leipzig: B. G. Teubner Verlagsges. 1960.
[2.47] *Jahnke, E.; Emde, F.; Lösch, F.:* Tafeln höherer Funktionen. 7. Aufl. Stuttgart: B. G. Teubner 1966.
[2.48] *Lösch, F.:* Siebenstellige Tafeln der elementaren transzendenten Funktionen. Berlin, Heidelberg, New York: Springer-Verlag 1954.
[2.49] *Meyer zur Capellen, W.:* Integraltafeln. Berlin, Heidelberg, New York: Springer-Verlag 1950.
[2.50] *Ryshik, I. M.; Gradstein, I. S.:* Summen-, Produkt- und Integraltafeln. Berlin: VEB Deutscher Verlag der Wissenschaften 1957.
[2.51] *Schuler, M.; Gebelein, H.:* Acht- und neunstellige Tafeln zu den elliptischen Funktionen. Berlin, Heidelberg, New York: Springer-Verlag 1955.

Spezielle Literatur zu den einzelnen Abschnitten

Vektoren, Matrizen, Determinanten, Vektoranalysis

[2.52] *Dietrich, G.; Stahl, H.:* Grundzüge der Matrizenrechnung. 7. Aufl. Leipzig: VEB Fachbuchverlag 1971.
[2.53] *Dietrich, G.; Stahl, H.:* Matrizen und Determinanten und ihre Anwendung in Technik und Ökonomie. 3. Aufl. Leipzig: VEB Fachbuchverlag 1970.
[2.54] *Kowalsky, H.-J.:* Einführung in die lineare Algebra. Berlin, New York: Walter de Gruyter 1971.
[2.55] *Kowalsky, H.-J.:* Lineare Algebra. 6. Aufl. Berlin, New York: Walter de Gruyter 1972.
[2.56] *Lagally, M.:* Vorlesungen über Vektorrechnung. 6. Aufl. Leipzig: Akadem. Verlagsges. Geest & Portig 1959.
[2.57] *Manteuffel, K.; Seiffert, E.:* Einführung in die lineare Algebra und lineare Optimierung. Leipzig: B. G. Teubner Verlagsges. 1970.
[2.58] *Neiss, F.:* Determinanten und Matrizen. 7. Aufl. Berlin, Heidelberg, New York: Springer-Verlag 1967.
[2.59] *Promberger, M.:* Anwendung von Matrizen und Tensoren in der theoretischen Elektrotechnik. Berlin: Akademie-Verlag 1960.
[2.60] *Schlegelmilch, W.:* Die Differentialoperationen der Vektoranalysis und ihre Bedeutung für Physik und Technik. Berlin: VEB Verlag Technik 1954.
[2.61] *Weiss, A. v.:* Einführung in die Matrizenrechnung zur Anwendung in der Elektrotechnik. München, Wien: R. Oldenbourg Verlag 1961.
[2.62] *Zurmühl, R.:* Matrizen. 4. Aufl. Berlin, Heidelberg, New York: Springer-Verlag 1964.

Reihenentwicklungen

[2.63] *Knopp, K.:* Theorie und Anwendungen der unendlichen Reihen. 5. Aufl. Berlin, Heidelberg, New York: Springer-Verlag 1964.
[2.64] *Lense, J.:* Reihenentwicklungen der mathematischen Physik. 3. Aufl. Berlin: Walter de Gruyter 1953.
[2.65] *Tolstow, G.P.:* Fourierreihen. Berlin: VEB Deutscher Verlag der Wissenschaften 1955.
[2.66] *Tricomi, F.G.:* Vorlesungen über Orthogonalreihen. 2. Aufl. Berlin, Heidelberg, New York: Springer-Verlag 1970.

Differentialgleichungen, spezielle Funktionen

[2.67] *Bräuning, G.:* Gewöhnliche Differentialgleichungen. 4. Aufl. Leipzig: VEB Fachbuchverlag 1975.
[2.68] *Collatz, L.:* Differentialgleichungen. 3. Aufl. Stuttgart: B.G. Teubner 1967.
[2.69] *Collatz, L.:* Eigenwertaufgaben mit technischen Anwendungen. 2. Aufl. Leipzig: Akadem. Verlagsges Geest & Portig 1963.
[2.70] *Courant, R.; Hilbert, D.:* Methoden der mathematischen Physik. Berlin: Springer-Verlag. Bd. 1, 2. Aufl. 1931; Bd. 2, 1937.
[2.71] *Hort, W.; Thoma, A.:* Die Differentialgleichungen der Technik und Physik. 7. Aufl. Leipzig: J.A. Barth 1956.
[2.72] *Kamke, E.:* Differentialgleichungen. Leipzig: Akadem. Verlagsges. Geest & Portig. Teil 1: Gewöhnliche Differentialgleichungen. 6. Aufl. 1969; Teil 2: Partielle Differentialgleichungen. 4. Aufl. 1965.
[2.73] *Kamke, E.:* Differentialgleichungen, Lösungsmethoden und Lösungen. Leipzig: Akadem. Verlagsges. Geest & Portig. Teil 1: Gewöhnliche Differentialgleichungen. 8. Aufl. 1968; Teil 2: Partielle Differentialgleichungen erster Ordnung für eine gesuchte Funktion. 5. Aufl. 1965.
[2.74] *Kneschke, A.:* Differentialgleichungen und Randwertprobleme. Leipzig: B.G. Teubner Verlagsges. Bd. 1: Gewöhnliche Differentialgleichungen. 3. Aufl. 1965; Bd. 2: Partielle Differentialgleichungen. 2. Aufl. 1961; Bd. 3: Anwendungen der Differentialgleichungen. 2. Aufl. 1968.
[2.75] *Lense, J.:* Kugelfunktionen. 2. Aufl. Leipzig: Akadem. Verlagsges. Geest & Portig 1954.
[2.76] *Lewin, W.I.; Grosberg, J.I.:* Differentialgleichungen der mathematischen Physik. Berlin: VEB Verlag Technik 1952.
[2.77] *Petrowski, I.G.:* Vorlesungen über die Theorie der gewöhnlichen Differentialgleichungen. Leipzig: B.G. Teubner Verlagsges. 1954.
[2.78] *Petrowski, I.G.:* Vorlesungen über partielle Differentialgleichungen. Leipzig: B.G. Teubner Verlagsges. 1955.
[2.79] *Smirnow, M.M.:* Aufgaben zu den partiellen Differentialgleichungen der mathematischen Physik. Berlin: VEB Deutscher Verlag der Wissenschaften 1955.
[2.80] *Stepanow, W.W.:* Lehrbuch der Differentialgleichungen. 3. Aufl. Berlin: VEB Deutscher Verlag der Wissenschaften 1967.
[2.81] *Tricomi, F.G.:* Repertorium der Theorie der Differentialgleichungen. Berlin, Heidelberg, New York: Springer-Verlag 1968.
[2.82] *Tychonoff, A.N.; Samarski, A.A.:* Differentialgleichungen der mathematischen Physik. Berlin: VEB Deutscher Verlag der Wissenschaften 1967.

Funktionentheorie

[2.83] *Betz, A.:* Konforme Abbildung. 2. Aufl. Berlin, Heidelberg, New York: Springer-Verlag 1964.
[2.84] *Koppenfels, W. v.; Stallmann, F.:* Praxis der konformen Abbildung. Berlin, Göttingen, Heidelberg: Springer-Verlag 1959.
[2.85] *Lawrentjew, M.A.; Schabat, W.:* Methoden der komplexen Funktionentheorie. Berlin: VEB Deutscher Verlag der Wissenschaften 1967.
[2.86] *Priwalow, I.I.:* Einführung in die Funktionentheorie. Leipzig: B.G. Teubner Verlagsges. Teil 1, 4. Aufl. 1970; Teil 2, 3. Aufl. 1969; Teil 3, 2. Aufl. 1966.
[2.87] *Rothe, R,; Ollendorf, F.; Pohlhausen, K.:* Funktionentheorie und ihre Anwendung in der Technik. Berlin: Springer-Verlag 1931.

Laplace-Transformation

[2.88] *Dobesch, H.:* Laplace-Transformation. 4. Aufl. Berlin: VEB Verlag Technik 1969.
[2.89] *Doetsch, G.:* Anleitung zum praktischen Gebrauch der Laplace-Transformation und der Z-Transformation. 3. Aufl. München, Wien: R. Oldenbourg Verlag 1967.
[2.90] *Doetsch, G.:* Handbuch der Laplace-Transformation. Basel, Stuttgart: Birkhäuser Verlag. Bd. 1, 1950; Bd. 2, 1955; Bd. 3, 1956.
[2.91] *Mikusiński, J.:* Operatorenrechnung. Berlin: VEB Deutscher Verlag der Wissenschaften 1957.
[2.92] *Oberhettinger, F.:* Tabellen zur Fourier-Transformation. Berlin, Göttingen, Heidelberg: Springer-Verlag 1957.

Literatur zu hier nicht behandelten Gebieten der Mathematik

[2.93] *Wulich, B.S.:* Einführung in die Funktionalanalysis. Leipzig: B.G. Teubner Verlagsges. Teil 1, 1961; Teil 2, 1962.
[2.94] *Fisz, M.:* Wahrscheinlichkeitsrechnung und mathematische Statistik. 6. Aufl. Berlin: VEB Deutscher Verlag der Wissenschaften 1971.

[2.95] *Gnedenko, B. W.; Kowalenko, I. N.:* Einführung in die Bedienungstheorie. Berlin: Akademie-Verlag 1969.
[2.96] *Gnedenko, B. W.:* Lehrbuch der Wahrscheinlichkeitsrechnung. 6. Aufl. Berlin: Akademie-Verlag 1971.
[2.97] *Pawlowski, Z.:* Einführung in die mathematische Statistik. Berlin: Verlag Die Wirtschaft 1971.
[2.98] *Rasch, D.:* Elementare Einführung in die mathematische Statistik. 2. Aufl. Berlin: VEB Deutscher Verlag der Wissenschaften 1970.
[2.99] *Storm, R.:* Wahrscheinlichkeitsrechnung, mathematische Statistik und statistische Qualitätskontrolle. Leipzig: VEB Fachbuchverlag 1972.
[2.100] *Sweschnikow, A. A.:* Wahrscheinlichkeitsrechnung und mathematische Statistik in Aufgaben. Leipzig: B. G. Teubner Verlagsges. 1970.
[2.101] *Weiberg, F.:* Grundlagen der Wahrscheinlichkeitsrechnung und Statistik sowie Anwendungen im Operations Research. Berlin, Heidelberg, New York: Springer-Verlag 1968.
[2.102] *Henn, R.; Künzi, H. P.:* Einführung in die Unternehmensforschung. 2 Bde. Berlin, Heidelberg, New York: Springer-Verlag 1968.
[2.103] *Krekó, B.:* Lehrbuch der linearen Optimierung. 5. Aufl. Berlin: VEB Deutscher Verlag der Wissenschaften 1970.
[2.104] *Künzi, H. P.; Tschach, H. G.; Zehnder, C. A.:* Numerische Methoden der mathematischen Optimierung mit ALGOL- und FORTRAN-Programmen. Stuttgart: B. G. Teubner 1967; Leipzig: B. G. Teubner Verlagsges.
[2.105] *Piehler, J.:* Einführung in die dynamische Optimierung. 2. Aufl. Leipzig: B. G. Teubner Verlagsges. 1968.
[2.106] *Piehler, J.:* Einführung in die lineare Optimierung. 4. Aufl. Leipzig: B. G. Teubner Verlagsges. 1970.
[2.107] *Piehler, J.:* Ganzzahlige lineare Optimierung. Leipzig: B. G. Teubner Verlagsges. 1970.
[2.108] *Zemke, G.:* Lineare Optimierung. Braunschweig: Friedr. Vieweg & Sohn 1971.
[2.109] *Berbig, R.; Franke, E.:* Netzplantechnik. Berlin: VEB Verlag für Bauwesen 1970.
[2.110] *Götzke, H.:* Netzplantechnik. 2. Aufl. Leipzig: VEB Fachbuchverlag 1971.
[2.111] *Sachs, H.:* Einführung in die Theorie der endlichen Graphen. Leipzig: B. G. Teubner Verlagsges. 1970.
[2.112] *Sedláček, J.:* Einführung in die Graphentheorie. Leipzig: B. G. Teubner Verlagsges. 1968.

Literatur zum Abschnitt 2.12.

Spezielle anwendungsorientierte Rechenverfahren der Elektrotechnik

[2.113] *Klose, W. D.:* Determinanten und Matrizen und ihre Anwendung in der Elektrotechnik. Berlin: VEB Verlag Technik 1952.
[2.114] *Kron, G.:* Tensor analysis of networks. New York: McGraw-Hill Book Comp. 1949.
[2.115] *Promberger, M.:* Anwendung von Matrizen und Tensoren in der theoretischen Elektrotechnik. Berlin: Akademie-Verlag 1960.
[2.116] *Weiß, A. v.:* Einführung in die Matrizenrechnung zur Anwendung in der Elektrotechnik. München: R. Oldenbourg Verlag 1961.
[2.117] *Zurmühl, R.:* Matrizen. 2. Aufl. Berlin, Göttingen, Heidelberg: Springer-Verlag 1958.
[2.118] *Furkert, W.:* Die Berechnung elektrischer Netze, dargestellt als Matrizenoperation. Wiss. Z. d. Hochsch. f. Eletkrotechnik Ilmenau *5* (1959) S. 157–162.
[2.119] *Oberdorfer, G.:* Lehrbuch der Elektrotechnik. Bd. 2, 5. Aufl. München: Leibnitz-Verlag 1949.
[2.120] *Philippow, E.:* Grundlagen der Elektrotechnik. 3. Aufl. Leipzig: Akadem. Verlagsges. Geest & Portig 1970.
[2.121] *Lunze, K.:* Berechnung elektrischer Stromkreise. 8. Aufl. Berlin: VEB Verlag Technik 1973; Heidelberg: Dr. Alfred Hüthig Verlag 1973.
[2.122] *Feldtkeller, R.:* Einführung in die Vierpoltheorie der elektrischen Nachrichtentechnik. 8. Aufl. Stuttgart: S. Hirzel-Verlag 1962.
[2.123] *Baule, B.:* Die Mathematik des Naturforschers und Ingenieurs. Bd. 4, 6. Aufl. Leipzig: S. Hirzel-Verlag 1959.
[2.124] *Berg, L.:* Einführung in die Operatorenrechnung. Berlin: VEB Deutscher Verlag der Wissenschaften 1962.
[2.125] *Doetsch, G.:* Handbuch der Laplace-Transformation. 3 Bde. Basel, Stuttgart: Birkhäuser Verlag 1950, 1955, 1956.
[2.126] *Doetsch, G.:* Einführung in die Theorie und Anwendung der Laplace-Transformation. Basel, Stuttgart: Birkhäuser Verlag 1958.
[2.127] *Fetzer, V.:* Einschwingvorgänge in der Nachrichtentechnik. Berlin, München: VEB Verlag Technik/Porta-Verlag 1958.
[2.128] *Mikusinski, J.:* Operatorenrechnung. Berlin: VEB Deutscher Verlag der Wissenschaften 1957.
[2.129] *Bräuning, G.:* Gewöhnliche Differentialgleichungen. Leipzig: VEB Fachbuchverlag 1965.
[2.130] *Wunsch, G.:* Moderne Systemtheorie. Leipzig: Akadem. Verlagsges. Geest & Portig 1962.
[2.131] *Dervisoglu, A.:* Bashkow's A-Matrix for active RLC-networks. IEEE Trans. CT-11 (1964) H. 3, S. 404–407.
[2.132] *Kuh, E. S.; Rohrer, R. A.:* The state-variable approach to network analysis. Proc. IEEE *53* (1965) H. 7, S. 672–686.
[2.133] *Newcomb, R. W.; Miller, J. A.:* Formulation of network state-space equations suitable for computer investigations. Electronic letters *3* (1967) H. 7, S. 307 u. 308.
[2.134] *Reinschke, K.; Schwarz, P.:* Die Berechnung des Zeitverhaltens linearer Systeme nach der Methode der Zustandsvariablen. Nachrichtentechnik *18* (1968) H. 11, S. 401–408.
[2.135] *Zadeh, L. A.; Desoer, C. A.:* Linear system theory – The state space approach. New York: McGraw-Hill Book Comp. 1963.
[2.136] *Rüdenberg, R.:* Elektrische Wanderwellen auf Leitungen und in Wicklungen von Starkstromanlagen. Berlin, Göttingen, Heidelberg: Springer-Verlag 1962.
[2.137] *Simony, K.:* Theoretische Elektrotechnik. 5. Aufl. Berlin: VEB Deutscher Verlag der Wissenschaften 1973.
[2.138] *Wagner, K. W.:* Operatorenrechnung und Laplacesche Transformation. 2. Aufl. Leipzig: J. A. Barth 1950.
[2.139] *Andronow, A. A.; Witt, A. A.; Chaikin, S. E.:* Theorie der Schwingungen. Teil 1. Berlin: Akademie-Verlag 1965.
[2.140] *Philippow, E.:* Nichtlineare Elektrotechnik. 2. Aufl. Leipzig: Akadem. Verlagsges. Geest & Portig 1971.
[2.141] *Rüdenberg, R.:* Elektrische Schaltvorgänge. 4. Aufl. Berlin, Göttingen, Heidelberg: Springer-Verlag 1953.

[2.142] *Mierdel, G.; Wagner, S.:* Aufgaben zur theoretischen Elektrotechnik. 4. Aufl. Berlin: VEB Verlag Technik 1973; Heidelberg: Dr. Alfred Hüthig Verlag 1973.
[2.143] *Küpfmüller, K.:* Die Systemtheorie der elektrischen Nachrichtenübertragung. 2. Aufl. Stuttgart: S. Hirzel-Verlag 1952.
[2.144] *Oberhettinger, F.:* Tabellen zur Fourier-Transformation. Berlin, Göttingen, Heidelberg: Springer-Verlag 1957.
[2.145] *Pöschel, K.:* Mathematische Methoden in der Hochfrequenztechnik. Berlin, Göttingen, Heidelberg: Springer-Verlag 1956.
[2.146] *Wunsch, G.:* Theorie und Anwendung linearer Netze. 2. Bde. Leipzig: Akadem. Verlagsges. Geest & Portig 1961, 1964.
[2.147] *Baule, B.:* Die Mathematik des Naturforschers und Ingenieurs. Bd. 6, 6. Aufl. Leipzig: S. Hirzel-Verlag 1962.
[2.148] *Buchholz, H.:* Elektrische und magnetische Potentialfelder. Berlin, Göttingen, Heidelberg: Springer-Verlag 1957.
[2.149] *Frühauf, H.; Wiegmann, F.:* Lösung der Aufgaben zu *S. Ramo; J. R. Whinnery:* Felder und Wellen in der modernen Funktechnik. Berlin: VEB Verlag Technik 1961.
[2.150] *Kalantarow, P. L.; Neumann, L. R.:* Theoretische Grundlagen der Elektrotechnik. Bd. 2. Berlin: VEB Verlag Technik 1955.
[2.151] *Küpfmüller, K.:* Einführung in die theoretische Elektrotechnik. 10. Aufl. Berlin, Heidelberg, New York: Springer-Verlag 1973.
[2.152] *Ollendorf, F.:* Berechnung magnetischer Felder. Wien: Springer-Verlag 1952.
[2.153] *Ollendorf, F.:* Potentialfelder der Elektrotechnik. Wien: Springer-Verlag 1932.
[2.154] *Ramo, S.; Whinnery, J. R.:* Felder und Wellen in der modernen Funktechnik. Berlin: VEB Verlag Technik 1960.
[2.155] *Rühs, F.:* Funktionentheorie. Berlin: VEB Deutscher Verlag der Wissenschaften 1962.
[2.156] *Jahnke, E.; Emde, F.:* Tafeln höherer Funktionen. 5. Aufl. Leipzig: B. G. Teubner Verlagsges. 1960.

3. Elektrophysik

von Georg Mierdel

Inhalt

3.1. Atomtheorie 418

3.1.1. Quantentheoretische und wellenmechanische Vorbemerkungen 418
3.1.1.1. Welle-Korpuskel-Dualismus 418
3.1.1.2. Energie-Masse-Beziehung 419
3.1.1.3. Elektromagnetische Strahlung 420
3.1.1.4. Schrödinger-Gleichung 420
3.1.1.5. Austauschenergie und Austauschkraft 424

3.1.2. Grundlagen der Atomtheorie 426
3.1.2.1. Elementarteilchen 426
3.1.2.2. Bau der Atome 427
3.1.2.3. Kernphysik 427
Struktur der Kerne. Kernmodell – Isotopie – Kernkräfte. Kernenergie. Massendefekt – Radioaktivität. Kernchemie
3.1.2.4. Elektronenhülle 431
Atommodell und Pauli-Prinzip – Chemische und optische Eigenschaften der Atome – Moleküle und ihre Spektren

3.2. Kollektivwirkungen sehr vieler Einzelteilchen 440

3.2.1. Statistik 440
3.2.1.1. Grundsätzliches über Verteilungsfunktionen 440
3.2.1.2. Thermodynamische Wahrscheinlichkeit (statistisches Gewicht) 441
3.2.1.3. Berechnung von Verteilungsfunktionen 441
Ideales Gas: Maxwell-Boltzmann-Statistik – Photonengas: Bose-Einstein-Statistik – Elektronengas: Fermi-Dirac-Statistik
3.2.1.4. Entartung 446

3.2.2. Schwankungserscheinungen und Rauschen 446
3.2.2.1. Poisson-Verteilung 447
3.2.2.2. Schwankungen elektrischer Größen. Rauschquellen 448
Schrotrauschen – Widerstandsrauschen

3.3. Struktur der Aggregatzustände 451

3.3.1. Gas 451
3.3.1.1. Kinetische Theorie der Gase 451
Elementare Theorie – Wandstoßzahl und Gasdruck – Wirkungsquerschnitt und mittlere freie Weglänge – Transportvorgänge

3.3.2. Plasma 458
3.3.2.1. Grundlegende Begriffe 458
3.3.2.2. Kinetische Theorie des Plasmas 458

3.3.2.3. Trägergenese ... 462
Trägererzeugung (Generation) – Trägervernichtung – Thermische Gleichgewichtsionisation – Trägerumwandlung

3.3.2.4. Emission und Absorption von Photonen ... 467
Übergang gebunden–gebunden – Übergang frei–gebunden – Übergang frei–frei

3.3.2.5. Driftbewegung der Träger ... 469
Felddrift – Diffusionsdrift – Ambipolare Diffusion

3.3.2.6. Verhalten elektromagnetischer Wellen im Plasma ... 471
3.3.2.7. Plasma im Magnetfeld ... 473
3.3.2.8. Plasmameßverfahren ... 475
Sondenmessungen – Messungen am Spektrum – Mikrowellenmessungen – Messungen von Gasdichte und Temperatur

3.3.2.9. Plasma und Energieerzeugung ... 476

3.3.3. Fester Körper ... 477
3.3.3.1. Kristallstruktur ... 477
3.3.3.2. Elektronengas im Festkörper ... 479
3.3.3.3. Energiebändermodell ... 480
3.3.3.4. Effektive Elektronenmasse ... 483
3.3.3.5. Leiter. Halbleiter. Isolatoren ... 484
3.3.3.6. Austrittsarbeit. Galvani-Spannung. Volta-Spannung ... 484

3.3.4. Flüssigkeit ... 486
3.3.4.1. Struktur der Flüssigkeiten (Nahordnung) ... 486
3.3.4.2. Molekulare Kräfte in Flüssigkeiten ... 487
3.3.4.3. Transporteffekte in Flüssigkeiten ... 487

3.4. Mechanismus der Stromleitung ... 488

3.4.1. Stromleitung im Vakuum ... 488
3.4.1.1. Elektronen- und Ionenquellen ... 488
Thermische Elektronenemission – Feldemission – Fotoeffekt – Sekundärelektronenemission – Ionenquellen

3.4.1.2. Elektronengas im Vakuum ... 494
3.4.1.3. Trägerbewegung in zeitkonstanten Feldern ... 496
Elektrische Felder – Magnetische Felder – Kombinierte Felder – Elektronenoptik

3.4.1.4. Trägerbewegung in zeitlich veränderlichen Feldern (Laufzeiteffekte) ... 500

3.4.2. Stromleitung in Gasen (Gaselektronik) ... 503
3.4.2.1. Allgemeine Gesichtspunkte ... 503
3.4.2.2. Formen der stationären Gasentladungen ... 505
Strahlungsdosimeter – Gasverstärkter Fotostrom – Glühkatoden-Stromrichter – Glimmentladung – Koronaentladung – Lichtbogen

3.4.2.3. Zündung und Entwicklung von Gasentladungen ... 512

3.4.3. Stromleitung in Flüssigkeiten ... 514
3.4.3.1. Elektrolytische Stromleitung ... 514
Experimentelle Tatsachen – Theorie der elektrolytischen Leitung

3.4.3.2. Entstehung von Urspannungen in Elektrolyten ... 518
3.4.3.3. Technische Elektrolyse ... 521

3.4.4. Stromleitung in festen Körpern ... 522
3.4.4.1. Stromträger ... 522
3.4.4.2. Hall-Effekt ... 522

3.4.4.3. Stromleitung in Metallen 524
3.4.4.4. Stromleitung in Halbleitern 525

Eigenleitung – Störstellenleitung – Energetische Lage des Fermi-Niveaus – Halbleiter im Kontakt mit einem Metall – Halbleiter im Kontakt mit dem Vakuum (Oxidkatode) – Strom-Spannungs-Kennlinie homogen dotierter Halbleiter – pn-Übergang – Bipolarer Transistor – Unipolar-Transistor – Lichtelektrische Prozesse in Halbleitern

3.4.4.5. Thermoelektrizität 543

Experimentelle Fakten – Thermodynamische Betrachtungen – Elektronische Deutung thermoelektrischer Phänomene – Anwendungen der Thermoelektrizität

3.4.4.6. Ionenleitung in festen Körpern 546

3.5. Stoffe im Magnetfeld 546

3.5.1. Paramagnetismus 547
3.5.1.1. Bahnmoment 547
3.5.1.2. Spinmoment 548
3.5.1.3. Atomares Dipolmoment 548

3.5.2. Diamagnetismus 549

3.5.3. Ferromagnetismus 550
3.5.3.1. Grundlegende Konzeption der Theorie des Ferromagnetismus 550
3.5.3.2. Deutung der Magnetisierungskurve 552
3.5.3.3. Magnetostriktion und magnetoelastische Effekte 554
3.5.3.4. Magnetisierung kleiner Teilchen und dünner Schichten 555

3.5.4. Ferrimagnetismus 556

3.5.5. Magnetische Resonanzphänomene 556

3.5.6. Technische Problemstellungen 557

3.6. Stoffe im elektrischen Feld 558

3.6.1. Dielektrische Wirkungen im zeitkonstanten Feld 558
3.6.1.1. Verschiebungspolarisation 558
3.6.1.2. Orientierungspolarisation 558
3.6.1.3. Clausius-Mosotti-Beziehung 559

3.6.2. Dielektrische Wirkungen in zeitvariablen Feldern 560
3.6.2.1. Zeitverhalten der Orientierungspolarisation 560
3.6.2.2. Verlustleistung 562
3.6.2.3. Zeitverhalten der Verschiebungspolarisation 563
3.6.2.4. Zusammenhang mit der optischen Dispersion 564

3.6.3. Elektrete 565

3.6.4. Ferroelektrizität 565
3.6.4.1. Experimentelle Befunde 565
3.6.4.2. Theorie der ferroelektrischen Erscheinungen 566

3.6.5. Piezoelektrizität 567
3.6.5.1. Experimentelle Befunde 567
3.6.5.2. Deutung des piezoelektrischen Effektes 568

3.6.6. Pyroelektrizät 569

3.6.7. Elektrostatische Aufladungen 569

3.6.8. Elektrischer Durchschlag 570
3.6.8.1. Experimentelle Befunde 570
3.6.8.2. Theorien des Durchschlags fester Isolierstoffe 570
Wärmedurchschlag – Elektrischer Durchschlag
3.6.8.3. Durchschlag von Flüssigkeiten 571

3.7. Wichtige physikalische Effekte 572
3.7.1. Thermoelektrische Effekte 572
Seebeck-Effekt – Peltier-Effekt – Benedicks-Effekt – Thomson-Effekt – Pyroelektrischer Effekt
3.7.2. Elektromechanischer Effekt 572
Piezoelektrischer Effekt
3.7.3. Thermomagnetische Effekte 572
Righi-Leduc-Effekt – Ettinghausen-Nernst-Effekt
3.7.4. Galvanomagnetische Effekte 573
Hall-Effekt – Ettinghausen-Effekt
3.7.5. Magnetomechanische Effekte 573
Einstein-de-Haas-Effekt – Barnett-Effekt – Barkhausen-Effekt – Joule-Effekt
3.7.6. Optische Effekte 573
Zeeman-Effekt – Stark-Effekt – Faraday-Effekt – Kerr-Effekt – Doppler-Effekt
3.7.7. Effekte an Halbleitern 573
Gunn-Effekt – Early-Effekt – Zener-Effekt

Literatur 574

Formelzeichen

A	atomare Massenzahl; Richardson-Konstante
A_i	Ionisierungsquerschnitt
A_n^m	Übergangswahrscheinlichkeit
A_s	Wirkungsquerschnitt
a	Molekülradius; Gitterkonstante; Anstiegssteilheit des Ionisierungsquerschnitts
$\boldsymbol{B}$	magnetische Flußdichte
b	Trägerbeweglichkeit; Bildweite; Bohrsches Magneton
C	Kapazität
C'	Kapazität je Quadratmeter
c	Lichtgeschwindigkeit im Vakuum; spezifische Wärme
$\boldsymbol{D}$	Verschiebungsvektor
D	Diffusionskoeffizient; Durchgriff
D_a	ambipolarer Diffusionskoeffizient
d	Linearabmessung (Schichtdicke)
$\boldsymbol{E}$	elektrische Feldstärke
E	Gesamtenergie eines Teilchens; Elektronenanzahl im Atom
E'	effektive elektrische Feldstärke
E_D	Durchschlagsfestigkeit
E_H	Hall-Feldstärke
E_n	Energieeigenwerte
e	elektrische Elementarladung
F	Kraft; Faraday-Konstante
$F(\varepsilon)$	Fermi-Dirac-Verteilung
f	Frequenz; Brennweite
G	Stromdichte
G_A	Dichte des Anlaufstromes
G_F	Dichte des Feldstromes
G_n	normale Stromdichte
g	Fallbeschleunigung; Gegenstandsweite; Generationsrate; Landé-Faktor
g_m	statistisches Gewicht
$\boldsymbol{H}$	magnetische Feldstärke
H_c	Koerzitivfeldstärke

h	Plancksches Wirkungsquantum; Dämpfungskonstante
$\hbar = h/2\pi$	Wirkungsquantum
I	elektrische Stromstärke; Teilchenstromstärke; magnetische Polarisation
I_A	Arbeitsstrom
I_B	Basisstrom
I_C	Kollektorstrom
I_E	Emitterstrom
J	Rotationsquantenzahl; innere Quantenzahl
$J_0(x)$	Bessel-Funktion 0. Ordnung
K	Verdopplungstemperatur
$\mathbf{k}$	Wellenvektor
k	Boltzmannsche Konstante
L	Linearabmessung; Strahldichte des schwarzen Körpers
L_D	Debyesche Länge
L_p, L_n	Eindringtiefe der Löcher bzw. Elektronen
M	Kernmasse; Molekülmasse; Ionenmasse; Multiplikationsfaktor; magnetische Quantenzahl; Youngscher Modul
$M(v)$	Maxwell-Verteilung
$\mathbf{m}$	magnetisches Moment
m	Teilchenmasse; Laufzahl; magnetische Quantenzahl
m_0	Ruhemasse
m_{eff}	effektive Elektronenmasse
N	Neutronenzahl; Entmagnetisierungsfaktor
N_0, N_m	Teilchendichte
n	Teilchendichte; Elektronendichte; Hauptquantenzahl
n_A	Akzeptorendichte
n_D	Donatorendichte
n_n	Majoritätsträgerdichte der Elektronen
n_p	Minoritätsträgerdichte der Elektronen
n^+, n^-	Ladungsträgerdichte
P	Protonenzahl; Wahrscheinlichkeit; Leistungsdichte; elektrische Polarisation
p	Gasdruck; Impuls; Löcherdichte; elektrisches Dipolmoment
pH	Wasserstoffzahl
p_m	magnetisches Moment
p_n	Minoritätsdichte der Löcher
p_p	Majoritätsdichte der Löcher
Q	Platzwechselenergie; Wärmeleistung; Querschnittsfläche
$\mathbf{q}$	Wärmestromdichte
q	Teilchenladung; piezoelektrische Konstante
R	Radius; Rydberg-Konstante; universelle Gaskonstante; elektrischer Widerstand
R_H	Hall-Konstante
$\mathbf{r}$	Ortsvektor
r	Rekombinationsrate
S	Entropie
s	Spinquantenzahl
T	absolute Temperatur
T_C	Curie-Temperatur
T_e	Elektronentemperatur; Entartungstemperatur
T_k	Katodentemperatur
T_m	mechanische Spannung
U	elektrische Spannung
U_a	Anregungsspannung
U_C	Kollektorspannung
U_D	Diffusionsspannung
U_E	Emitterspannung
U_g	Galvani-Spannung; Steuerspannung
U_H	Hall-Spannung
U_i	Ionisierungsspannung
U_k	Katodenfall
U_s	Spannungsabfall über Doppelschichten; Seebeck-Spannung
U_V	Volta- (Kontakt-) Spannung
U_Z	Zündspannung
u	gerichtete Geschwindigkeit; Driftgeschwindigkeit
V	potentielle Energie; Gruppengeschwindigkeit von elektromagnetischen Wellen
dV	Volumenelement im Phasenraum
V_{th}	Temperatur im Voltmaß
v	Geschwindigkeit
v_g	Gruppengeschwindigkeit von Materiewellen
v_p	Phasengeschwindigkeit von Materiewellen
W	Energie; Dicke der Basiszone im Transistor
W_a	Aktivierungsenergie; Austrittsarbeit
W_i	Ionisierungsenergie
W_{kin}	kinetische Energie

W_{th}	thermodynamische Wahrscheinlichkeit	$\varkappa$	elektrische Leitfähigkeit
w	häufigste Molekülgeschwindigkeit	$\varkappa_i$	Intrinsic-Leitfähigkeit
x	Ionisierungsgrad	$\varkappa_w$	Wärmeleitkoeffizient
Z	Ordnungszahl; Wandstoßzahl; Teilchenstromstärke; Wellenwiderstand	Λ	Äquivalentleitfähigkeit
z	Teilchenstromdichte; Wertigkeit	Λ_K	kilomolare Leitfähigkeit
α	Townsendscher Stoßkoeffizient; Dissoziationsgrad; Stromverstärkung (Transistor); Polarisierbarkeit	λ	Wellenlänge
$\alpha_{1,2}$	differentielle Thermospannung	λ_g	Grenzwellenlänge
β	auf die Lichtgeschwindigkeit bezogene Geschwindigkeit	λ_s	mittlere freie Weglänge
Γ	globale Ausbeute der Elektronenauslösung	μ	Fermi-Kante; Absorptionskoeffizient
γ	Sekundärelektronenausbeute durch positive Ionen; Grob-Fein-Faktor; Konzentration von Elektrolyten	μ_A	Anfangspermeabilität
δ	mittlerer Abstand zweier Teilchen; Verlustwinkel; Massendichte	μ_r	relative Permeabilität
ε	kinetische Energie eines Teilchens; Dielektrizitätskonstante	μ_0	Permeabilität des Vakuums
ζ	Ionisierungsfrequenz	N	Zustandsdichte
η	Viskosität; Carnotscher Wirkungsgrad	ν	Wellenzahl; Stoßfrequenz; optischer Brechungsindex
Θ	Trägheitsmoment	ξ	relative Verlängerung
ϑ	Übertemperatur	$\Pi_{1,2}$	Peltier-Koeffizient
		ϱ	Massendichte; Rekombinationskoeffizient; spezifischer Widerstand; Raumladungsdichte
		$\varrho(f)$	Energiedichte im Spektrum
		σ	Abschirmungskonstante; Standardabweichung
		τ	Zeitkonstante; Flugzeit; Relaxationszeit
		$d\tau$	Volumenelement
		χ_e	elektrische Suszeptibilität
		χ_m	magnetische Suszeptibilität
		Ψ, ψ	Wellengröße
		ω	Kreisfrequenz
		ω_g	Gyrofrequenz
		ω_p	Plasmafrequenz

Die Elektrophysik befaßt sich mit der Reaktion der Stoffe auf elektrische und magnetische Felder.

3.1. Atomtheorie

3.1.1. Quantentheoretische und wellenmechanische Vorbemerkungen

Im folgenden werden die Gesichtspunkte aufgezeigt, die bei der Anpassung gewohnter Vorstellungen an die Verhältnisse im atomaren Bereich zu beachten sind.

3.1.1.1. Welle-Korpuskel-Dualismus

Der Streit über die Natur des Lichtes (Korpuskeln oder Wellenbewegung im Raum) ist durch den Kompromiß entschieden worden, daß beide Auffassungen zu Recht bestehen und einander nicht widersprechen.
Die Dualität von Welle und Korpuskel gilt nach *de-Broglie* auch für alle Elementarobjekte, die bisher eindeutig als Korpuskeln aufgefaßt wurden (Elektronen, Protonen, Neutronen und

andere Elementarteilchen; Abschn. 3.1.2.1.). Das Gesamtbild eines elementaren Objekts offenbart sich erst bei Berücksichtigung beider Aspekte.
Nach *de-Broglie* ist die Wellenlänge λ der *Licht-* bzw. *Materiewelle* mit dem mechanischen Impuls p des Objekts durch folgende Beziehung verknüpft:

$$\lambda = h/p; \tag{3.1}$$

h Plancksches Wirkungsquantum (Tafel 3.1).

Zu beachten ist, daß in der Lichtwelle elektrische und magnetische Felder schwingen, daß die Wellengröße der Materiewelle jedoch eine rein mathematische Fiktion ist (s. Abschnitt 3.1.1.4.).

3.1.1.2. Energie-Masse-Beziehung

Aus der Einsteinschen Relativitätstheorie folgt, daß jeder Energie W eine bestimmte Masse m zugeschrieben werden muß:

$$W = mc^2. \tag{3.2}$$

Sie addiert sich zur Masse des Energieträgers und vergrößert dessen Gesamtmasse. Eine Energie technischen Maßstabs repräsentiert wegen des großen Wertes für c^2 eine außerordentlich geringe Masse. Auch die kinetische Energie von fliegenden Geschossen, Satelliten oder Elektronen ist mit Masse verbunden; die Gesamtmasse solcher Objekte ist im bewegten Zustand größer als die *Ruhemasse* m_0 des Körpers. Beachtliche Unterschiede treten jedoch nur bei hochbeschleunigten Elementarteilchen auf.

In modernen Teilchenbeschleunigern lassen sich Protonen (S. 426) bis zu Energien von 10^{-8} Ws beschleunigen. Das Proton (Ruhemasse $1{,}7 \cdot 10^{-27}$ kg) erfährt dabei eine Massenzunahme von 10^{-25} kg; das ist das 60fache seiner Ruhemasse.
Elektronen, die mit speziellen Beschleunigern (S. 502) auf eine kinetische Energie von $2 \cdot 10^{-11}$ Ws gebracht werden, erfahren dabei eine Massenzunahme von $2{,}2 \cdot 10^{-28}$ kg, dem 250fachen der Ruhemasse des Elektrons.

Die Beispiele zeigen, daß im atomaren Bereich die Massenzunahme infolge Aufnahme kinetischer Energie nicht immer vernachlässigbar ist.
Besteht die Energie lediglich aus kinetischer Energie, so wird die Masse eines Teilchens eine eindeutige Funktion seiner Geschwindigkeit. Zur Ableitung dieser Funktion $m(v)$ geht man von der relativistischen Beziehung Kraft = zeitliche Impulsänderung aus:

$$F = \mathrm{d}\,(mv)/\mathrm{d}t = m\,\mathrm{d}v/\mathrm{d}t + v\,\mathrm{d}m/\mathrm{d}t. \tag{3.3}$$

Das Ergebnis ist die wichtige Beziehung

$$m = \frac{m_0}{\sqrt{1 - (v/c)^2}}, \tag{3.4}$$

in deren Nenner der für viele relativistische Formeln charakteristische Faktor $\sqrt{1 - (v/c)^2}$ steht. Das Verhältnis $\beta = v/c$, wegen der prinzipiellen Unerreichbarkeit der Lichtgeschwindigkeit stets < 1, spielt eine wichtige Rolle, wenn die Geschwindigkeit eines Teilchens nicht mehr gegen c vernachlässigbar ist. Die Funktion $m(v)$ ist mit bezogenen Größen im Bild 3.1 dargestellt. Für $v = c$ würde jede Masse unendlich groß werden.
Wendet man Gl. (3.4) auf Photonen (Korpuskeln der elektromagnetischen Strahlung, S. 420) an, so gelangt man zu folgender Aussage: Da sich Photonen im Vakuum stets mit der Geschwindigkeit c bewegen, wird der Nenner von Gl. (3.4) Null. Jedoch hat jedes Photon eine bestimmte endliche Energie:

$$W_{\mathrm{ph}} = hf;$$

Frequenz der durch das Photon transportierten Strahlung.

Wegen Gl. (3.2) hat das Photon die Masse $m = hf/c^2$. Das läßt sich mit der Beziehung $v = c$, also $\beta = 1$, nur vereinbaren, wenn die Ruhemasse des Photons verschwindet. $m_0 = 0$ bedeutet jedoch, daß Photonen nur existieren können, wenn ihre Geschwindigkeit c ist. Das ist ein weiterer prinzipieller Unterschied zwischen Photonen und materiellen Korpuskeln.
Gl. (3.4) erfordert die Korrektur von Gl. (3.1), da anstelle von m der Wert aus Gl. (3.4) eingesetzt werden muß:

$$\lambda = \frac{h\sqrt{1 - (v/c)^2}}{m_0 v}. \tag{3.5}$$

Für genügend kleine Geschwindigkeiten ist selbstverständlich Gl. (3.1) gültig.
Die Äquivalenz von Masse und Energie berechtigt dazu, jede Masse auch durch die ihr zukommende Energie zu bewerten und umgekehrt. Sie erschließt das für die moderne Energietechnik so wichtige Gebiet der Energiegewinnung durch Kernprozesse (s. Abschn. 3.1.2.3.).

3.1.1.3. Elektromagnetische Strahlung

Das Gesamtspektrum der elektromagnetischen Strahlung erstreckt sich über einen Bereich von mehr als 15 Zehnerpotenzen der Frequenz (Bild 3.2.). Das Spektrum reicht von den technisch genutzten Rundfunkwellen bis zu den ultrakurzwelligen kosmischen Strahlen (für ihre Frequenz kann heute noch keine obere Grenze angegeben werden). Die Wellenlänge λ hängt mit der Frequenz f und der Phasengeschwindigkeit c durch die Beziehung

$$f\lambda = c \tag{3.6}$$

zusammen. Der vom Auge wahrnehmbare Wellenlängenbereich umfaßt nur eine Oktave (0,4 bis 0,8 µm).
Nach der korpuskularen Auffassung wird die Strahlungsenergie durch Teilchen – Photonen oder Strahlungsquanten – getragen, die im Vakuum mit der Geschwindigkeit c in geradlinigen Bahnen fliegen. Jedes Photon trägt einen nur von der Frequenz f (bzw. Wellenlänge λ) abhängigen Energiebetrag

$$W = hf = ch/\lambda. \tag{3.7}$$

Nach Gl. (3.2) folgt für die Masse des Photons

$$m = W/c^2 = h/c\lambda, \tag{3.8}$$

damit für die Wellenlänge

$$\lambda = h/mc. \tag{3.9}$$

Diese Beziehung entspricht der für Materiewellen angegebenen Gl. (3.1), wenn der Impuls des Photons eingesetzt wird:

$$p = mc. \tag{3.10}$$

Wesentliche Stützen der korpuskularen Auffassung der Strahlung sind der *Compton-Effekt* und der *Fotoeffekt*. Der erste betrifft die Streuung energiereicher Photonen (z.B. harter Röntgenstrahlung) an Nukleonen oder Elektronen, der zweite die Auslösung freier Elektronen aus festen Oberflächen durch auffallende Photonen (S. 491).

3.1.1.4. Schrödinger-Gleichung

Die Zurückführung mechanischer Gesetze auf die Eigenschaften von Wellen (Hauptinhalt der Wellenmechanik) gründet sich auf die von *Schrödinger* aufgestellte Gleichung. Diese beschreibt die Kinematik bewegter Korpuskeln (Elektronen, Ionen, Atome, Moleküle, Photonen) und gilt auch, wenn die Teilchen irgendwelchen Kräften ausgesetzt sind.

Die Schrödinger-Gleichung läßt sich mit den angegebenen Formeln ableiten: Für die in einer Wellenbewegung transportierte schwingende *Wellengröße* ψ (z. B. elektrische oder magnetische Felder in der elektromagnetischen Welle, Temperatur in der Wärmewelle, Luftdruck in der Schallwelle) gilt allgemein eine *Wellengleichung* in Form einer partiellen linearen und homogenen Differentialgleichung 2. Ordnung:

$$\Delta\Psi = \frac{1}{u^2}\,\frac{\partial^2\Psi}{\partial t^2}; \tag{3.11}$$

u Phasengeschwindigkeit der Welle, Δ Laplace-Operator.

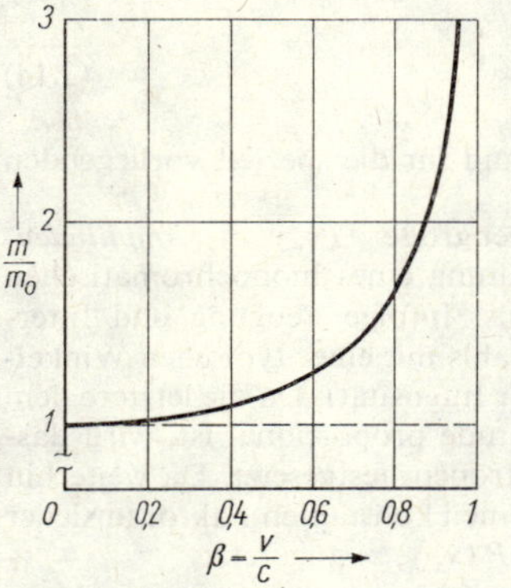

Bild 3.1. Abhängigkeit der Masse von der Geschwindigkeit
m_0 Ruhemasse; c Lichtgeschwindigkeit

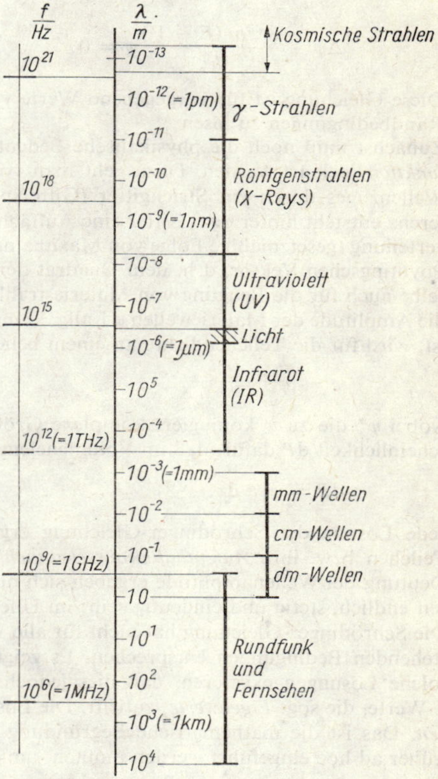

Bild 3.2. Übersicht über das gesamte elektromagnetische Spektrum
Die angegebenen Grenzen sind Richtwerte; die Spektralbereiche überlappen sich auch oftmals

Die Geschwindigkeit u des Teilchens, dessen Wellenbild interessiert, wird durch seine kinetische Energie W_{kin} und seine Gesamtenergie E ausgedrückt. Nach Gl. (3.6) gilt $u = f\lambda$, und mit Gl. (3.1) folgt weiter $u = hf/p$. Für die kinetische Energie gilt $W_{\text{kin}} = p^2/2m$, d. h., $u^2 = h^2f^2/2mW_{\text{kin}}$. Ersetzt man die kinetische Energie durch die Differenz der Gesamtenergie E und der potentiellen Energie V, $W_{\text{kin}} = E - V$, so wird $1/u^2 = 2m\,(E - V)/f^2h^2$. Damit geht Gl. (3.11) in die *Schrödinger-Gleichung* über:

$$\Delta\Psi = \frac{2m\,(E-V)}{h^2f^2}\,\frac{\partial^2\Psi}{\partial t^2}. \tag{3.12}$$

Bei Beschränkung auf den eingeschwungenen Zustand kann man für die Wellengröße eine harmonische Schwingung ansetzen, deren Frequenz f aus der Gesamtenergie E des Teilchens nach Gl.(3.7) errechnet wird. Die Wellengröße ist

$$\Psi = \psi\,(x, y, z)\exp\,(\mathrm{j}\cdot 2\pi f t). \tag{3.13}$$

Hierin ist $\psi\,(x, y, z)$ nur eine Funktion des Ortes. Damit ist die Separation der Variablen gelungen. Im einzelnen wird

$$\Delta\Psi = \Delta\psi \exp\,(\mathrm{j}\cdot 2\pi f t) \quad \text{und} \quad \frac{\partial^2\Psi}{\partial t^2} = -4\pi^2 f^2 \psi \exp\,(\mathrm{j}\cdot 2\pi f t),$$

so daß die *zeitunabhängige Schrödinger-Gleichung* die Form annimmt

$$\Delta\psi + \frac{8\pi^2 m\,(E - V)}{h^2}\psi = 0. \tag{3.14}$$

Diese Gleichung ist für vorgegebene Werte von E und V und für die speziell vorliegenden Randbedingungen zu lösen.
Zunächst muß noch die physikalische Bedeutung der Wellengröße $\psi\,(x, y, z)$ *(Amplitudenfunktion)* geklärt werden. Dazu geht man von der Aufspaltung eines monochromatischen Wellenzuges durch ein Strichgitter (Gitterspektroskop) aus. Infolge Beugung und Interferenz entsteht hinter dem Gitter eine Auffächerung des Strahls mit einer typischen Winkelverteilung (gesetzmäßige Folge von Maxima und Minima der Intensität). Da die letztere dem Poyntingschen Vektor, d.h. dem Quadrat der Wellenamplitude proportional ist, wird dasselbe auch für die Beugung von Materiestrahlen, z.B. Elektronen, festgesetzt. Da weiterhin die Amplitude der Materiewellen ψ i.allg. komplex und um einen konstanten Faktor unsicher ist, wird für die Teilchendichte an einem beliebigen Punkt $P\,(x, y, z)$ angesetzt

$$n = |\psi|^2 = \psi\psi^*, \tag{3.15}$$

wobei ψ^* die zu ψ konjugiert komplexe Größe bedeutet. Daraus gewinnt man die Wahrscheinlichkeit $\mathrm{d}P$ dafür, daß im Volumenelement $\mathrm{d}\tau$ ein Teilchen vorhanden ist:

$$\mathrm{d}P = \psi\psi^*\,\mathrm{d}\tau. \tag{3.16}$$

Jede Lösung der Schrödinger-Gleichung ergibt also die stationäre Dichteverteilung der Teilchen bzw. ihre *Aufenthaltswahrscheinlichkeit* an jeder Stelle des Raumes. Aus dieser Deutung der Wellenamplitude ergeben sich nun die Bedingungen für die Lösungen: Sie müssen endlich, stetig und eindeutig sein; im Unendlichen müssen sie verschwinden.
Die Schrödinger-Gleichung hat nicht für alle Werte der Konstanten Lösungen, die den vorstehenden Bedingungen entsprechen. Es zeigt sich, daß für $E - V > 0$ für alle E-Werte solche Lösungen existieren, daß dies jedoch für $E - V < 0$ nur für bestimmte diskrete E-Werte, die sog. *Eigenwerte*, zutrifft. Die Lösungen heißen in solchen Fällen *Eigenfunktionen*. Das ist die mathematische Begründung für die verschiedenen Quantenpostulate, die früher ad hoc eingeführt werden mußten, um gewisse Beobachtungen theoretisch deuten zu können.
Anschließend sei an einigen Beispielen die Methodik der Lösung der zeitunabhängigen Schrödinger-Gleichung gezeigt.

1. **Kräftefreie Bewegung.** Elektronen innerhalb eines Raumes konstanten Potentials $V(x, y, z) = \text{konst.}$ unterliegen keiner äußeren Kraft: Mit $V = 0$, d.h., $E = W_{\mathrm{kin}}$, erhält man als Wellengleichung

$$\Delta\psi + \frac{8\pi^2 mE}{h^2}\psi = 0. \tag{3.17}$$

Man kann mit dem Produktansatz $\psi\,(x, y, z) = \psi_1(x)\,\psi_2(y)\,\psi_3(z)$ separieren und erhält

$$\frac{\partial^2\psi}{\partial x^2} = \frac{\mathrm{d}^2\psi_1}{\mathrm{d}x^2}\psi_2(y)\,\psi_3(z) = \psi_1''\psi_2\psi_3.$$

Damit wird aus Gl. (3.17)

$$\frac{\psi_1''}{\psi_1} + \frac{\psi_2''}{\psi_2} + \frac{\psi_3''}{\psi_3} + \frac{8\pi^2 mE}{h^2} = 0. \tag{3.18}$$

Diese Gleichung zerfällt in 3 gewöhnliche Differentialgleichungen 2. Ordnung mit konstanten Koeffizienten:

$$\frac{d^2\psi_1}{dx^2} + k_x^2\psi_1 = 0, \quad \frac{d^2\psi_2}{dy^2} + k_y^2\psi_2 = 0, \quad \frac{d^2\psi_3}{dz^2} + k_z^2\psi_3 = 0.$$

Die *Separationskonstanten* k_x, k_y und k_z unterliegen der Bedingung

$$k_x^2 + k_y^2 + k_z^2 = \frac{8\pi^2 mE}{h^2}. \tag{3.19}$$

$\boldsymbol{k}$ ist mit dem *Wellenvektor* identisch, dessen Betrag $2\pi/\lambda$ ist und der zur Wellenfläche normal gerichtet ist. Die 3 Differentialgleichungen werden durch die Ansätze

$$\psi_1 = \exp(jk_x x), \quad \psi_2 = \exp(jk_y y) \quad \text{und} \quad \psi_3 = \exp(jk_z z)$$

befriedigt, so daß die vollständige Lösung lautet

$$\psi = \psi_1\psi_2\psi_3 = \exp[j(k_x x + k_y y + k_z z)] = \exp(j(\boldsymbol{kr})).$$

Es folgt also für ψ eine in Richtung des Wellenvektors $\boldsymbol{k}$ fortschreitende ebene Welle als Materiewelle. Ihre Wellenlänge ist $\lambda = 2\pi/k$, sie hängt mit der kinetischen Energie W_{kin} durch Gl. (3.19) zusammen, so daß man wiederum zur Gl. (3.1) gelangt. Da für jeden E-Wert eine eindeutige und stetige Lösung existiert, unterliegt die kinetische Energie W_{kin} keiner Beschränkung. In einem kräftefreien Molekül- oder Elektronengas sind prinzipiell alle Geschwindigkeitsvektoren möglich. Das optische Analogon hierzu ist die allseitige Ausbreitung des Lichtes im Vakuum. (Allerdings ist hier die Geschwindigkeit ihrem Betrag nach vorgeschrieben, jedoch sind die Werte für die Gesamtenergie E und damit auch für die Frequenz $f = E/h$ frei wählbar.)

2. Unendlich tiefe Potentialmulde mit senkrecht abfallenden Wänden. Dieses Problem wird eindimensional behandelt. Der Potentialverlauf $V(x)$ sei folgendermaßen vorgegeben:

$$\begin{aligned} V &= +\infty \quad &&\text{für} \quad -\infty < x < 0, \\ V &= 0 &&\text{für} \quad 0 < x < a, \\ V &= +\infty &&\text{für} \quad a < x < \infty. \end{aligned}$$

Die Breite des Potentialwalles ist also a. Innerhalb dieser Grube befinde sich ein Teilchen der Masse m und der Gesamtenergie E. Die Schrödinger-Gleichung lautet dann

$$\frac{d^2\psi}{dx^2} + \frac{8\pi^2 mE}{h^2}\psi = 0. \tag{3.20}$$

Mit der Materiewellenlänge λ des Teilchens ist innerhalb der Grube wegen $V = 0$: $E = W_{\text{kin}} = mv^2/2$. Also wird der Teilchenimpuls $p = mv = \sqrt{2mE}$ und die Wellenlänge

$$\lambda = \frac{h}{p} = \frac{h}{\sqrt{2mE}}. \tag{3.21}$$

Damit wird aus Gl. (3.20)

$$\psi'' + \frac{4\pi^2}{\lambda^2}\psi = 0.$$

Die Lösung lautet

$$\psi = A\exp\left[\frac{j\cdot 2\pi x}{\lambda}\right] + B\exp\left[\frac{-j\cdot 2\pi x}{\lambda}\right] = (A+B)\cos\frac{2\pi x}{\lambda} + j(A-B)\sin\frac{2\pi x}{\lambda}.$$

Die beiden Integrationskonstanten A und B bestimmen sich aus den Randbedingungen: Da für $x < 0$ kein Teilchen zu erwarten ist, muß dort auch die Wellenfunktion ψ verschwinden; die Stetigkeitsforderung verlangt das auch für $x = +0$, so daß $A + B = 0$ folgt. Damit wird

$$\psi = j\cdot 2A\sin\frac{2\pi x}{\lambda}.$$

Da auch für $x = a$ die Amplitude ψ verschwinden muß, ist noch die weitere Bedingung $2a/\lambda = n$ zu erfüllen, wobei $n = 0, 1, 2, \ldots$ ist. Innerhalb der Potentialmulde sind also nur solche Teilchenenergien E_n möglich, die der Bedingung

$$a = n\frac{\lambda}{2} \tag{3.22}$$

genügen. Die Breite a des Potentialspalts muß deshalb ein ganzzahliges Vielfaches von $\lambda/2$ sein. Das mechanische Analogon dazu ist eine beiderseits eingespannte Saite, die zu Eigenschwingungen angeregt wird.

Unter Berücksichtigung von Gl. (3.21) gelangt man zu einer Bedingung für die Energie E, den *Eigenwerten* des Problems:

$$E_n = \frac{h^2}{8ma^2}n^2. \tag{3.23}$$

Die Teilchenenergie ist also „gequantelt“ (s. auch Fermi-Verteilung, S. 444).

3. Durchdringung eines Potentialwalles endlicher Höhe. Das Problem wird eindimensional behandelt. Der Potentialverlauf $V(x)$ ist folgendermaßen festgelegt:

$$\begin{aligned} &\text{Bereich I:} && V(x) = 0 && \text{für} \quad x < 0, \\ &\text{Bereich II:} && V(x) = V_0 && \text{für} \quad 0 < x < a, \\ &\text{Bereich III:} && V(x) = 0 && \text{für} \quad x > a. \end{aligned}$$

Im Bereich I mögen Teilchen, z.B. Elektronen, der Dichte n_1 vorhanden sein. Gefragt ist nach der Teilchendichte n_3 im Bereich III, also jenseits der Potentialschwelle. Dabei soll die Gesamtenergie E eines Teilchens im Bereich I kleiner als V_0 sein. Nach klassischen Gesetzen dürfte kein Teilchen die Potentialmauer V_0 überspringen und in den Bereich III gelangen können, weil die dazu erforderliche Anlaufenergie wegen $E < V_0$ nicht verfügbar ist. Zu einem ganz anderen Ergebnis führt hingegen die Wellenmechanik. Nach ihren Prinzipien besteht auch für den Fall $E < V_0$ eine endliche Wahrscheinlichkeit dafür, ein Elektron auch im Bereich III anzutreffen. Die Begründung dieser Aussage liefert die Schrödinger-Gleichung. Da das Problem eindimensional ist, erhält man gewöhnliche Differentialgleichungen mit konstanten Koeffizienten, die elementar durch Exponentialansätze zu lösen sind:

Bereich	Schrödinger-Gleichung	Lösungen
I $x < 0$	$\psi'' + \frac{8\pi^2 mE}{h^2}\psi = 0$	$\psi_1 = A_1 \exp(jk_1x) + B_1 \exp(-jk_1x)$
II $0 < x < a$	$\psi'' + \frac{8\pi^2 m(E - V_0)}{h^2}\psi = 0$	$\psi_2 = A_2 \exp(jk_2x) + B_2 \exp(-jk_2x)$
III $x > a$	$\psi'' + \frac{8\pi^2 mE}{h^2}\psi = 0$	$\psi_3 = A_3 \exp(jk_3x) + B_3 \exp(-jk_3x)$

Die Lösungen enthalten statt der Wellenlängen die Beträge der Wellenvektoren k_i für die 3 Bereiche; sie berechnen sich aus Gl.(3.19) zu $k_1 = k_3 = \pi\sqrt{8mE}/h$ und $k_2 = \pi\sqrt{8m(E - V_0)}/h$. Wegen $E < V_0$ ist k_2 imaginär; die Lösung ψ_2 enthält daher keinen periodischen Anteil, so daß im Bereich II überhaupt keine Welle existiert, sondern nur eine gedämpfte Schwingung. Erst an der Grenze II/III entsteht wieder eine Welle, deren Amplitude infolge der Dämpfung im Bereich II allerdings vermindert ist.
Jede Lösung setzt sich aus 2 Exponentialfunktionen zusammen, beschreibt also die Superposition zweier Wellenzüge, die sich in positiver bzw. negativer x-Richtung ausbreiten (Bereiche I und III), oder aus 2 Schwingungen, die in beiden Richtungen gedämpft werden (Bereich II). Die nach links gerichteten Ausbreitungen entstehen durch Reflexion an den beiden Grenzflächen bei $x = 0$ und $x = a$. Da im Bereich III die Welle nur in Richtung $+x$ läuft, ist A_3 gleich Null zu setzen.
Die restlichen 5 Integrationskonstanten bestimmen sich aus den Randbedingungen: Stetigkeit der ψ-Werte und ihrer Ableitungen an beiden Grenzflächen. Es stehen 4 Gleichungen zur Verfügung, so daß damit 4 Koeffizienten relativ zum fünften bestimmt werden können. Es interessiert die Durchlässigkeit der Potentialschwelle, also das Verhältnis n_3/n_1. Mit Berücksichtigung von Gl.(3.15) erhält man

$$D = n_3/n_1 = (B_3/B_1)^2,$$

denn im Bereich I kommt es lediglich auf die Amplitude der *einfallenden* Welle an. Die Berechnung von D liefert als praktisch ausreichende Näherung

$$D = \frac{16(V_0 - E)E}{V_0^2}\exp\left[\frac{-4\pi a}{h}\sqrt{2m(V_0 - E)}\right]. \tag{3.24}$$

Für den Exponenten läßt sich $-4\pi a/\lambda_2$ schreiben, so daß die Durchlässigkeit der Potentialschwelle mit $\exp[-4\pi a/\lambda_2]$ abnimmt. Dieses Dämpfungsverhältnis entsteht ausschließlich im Bereich II. Ist die Breite des Potentialwalles zufällig gleich der Wellenlänge λ_2 innerhalb des Walles, so liegt D größenordnungsmäßig bei 10^{-5}. Die Durchlässigkeit interessiert also praktisch erst, wenn a mit der Wellenlänge λ_2 vergleichbar wird (für extrem dünne Schichten).
Auch hierzu läßt sich ein Analogon aus der Optik angeben: Beim Austritt von Licht aus Glas in Luft erfolgt in einem bestimmten Winkelbereich *Totalreflexion*. Nähert man jedoch der Glasfläche einen zweiten Glaskörper so weit, daß die zwischen beiden liegende Luftschicht eine Dicke etwa gleich der Wellenlänge des benutzten Lichtes hat, so tritt das Licht durch die Luftschicht hindurch und durchläuft den zweiten Glaskörper. Dieses Ergebnis wäre auf Grund der korpuskularen Lichttheorie unverständlich; erst die Wellenoptik gibt eine plausible Deutung des Phänomens.
Die Durchlässigkeit sperrender Potentialwälle bietet die Grundlage für das Verständnis des Tunneleffektes und der darauf beruhenden Feldemission (S. 490).

3.1.1.5. Austauschenergie und Austauschkraft

Die klassische Physik kann eine Anzahl wesentlicher Fragen nicht beantworten. Dazu gehören: die Deutung der chemischen Bindungskräfte, vor allem der homöopolaren Bindung, durch die zwei gleichartige Teilchen fest zusammengehalten werden (H_2, O_2, N_2), ferner der Kräfte, die einen aus neutralen Atomen aufgebauten Kristall (Diamant, Germanium) zusammenhalten, der Kernkräfte sowie des Ferromagnetismus. Ein Atomkern besteht aus positiv geladenen Teilchen (Protonen) und neutralen Teilchen (Neutronen) (S. 427). Zur Beantwortung der Frage, welche Kraft diese Teilchen in dichter Packung entgegen den zwischen den Protonen außerordentlich großen Coulombschen Abstoßungskräften zusammenhält, führt die Quantenmechanik eine neue Kraftart ein, die *Austauschkraft*. Alle Experimente deuten darauf hin, daß die Austauschkraft nur sehr geringe Reichweiten hat („Fliegenfängerkraft").

Das Wesen der Austauschkraft soll an einem relativ einfachen Beispiel erläutert werden. Das Wasserstoffmolekül ist eine homöopolare Bindung zweier H-Atome. Die Ladungen von Kern und Elektron des Atoms sind $+e$ bzw. $-e$. Werden 2 solche Atome zu einem Molekül vereinigt, so ist wegen des geringen Abstandes der beiden Atome im Molekül die Störung aller 4 Elementarteilchen untereinander nicht zu vernachlässigen. Es liegt ein *Mehrteilchenproblem* vor, das wie in der klassischen Himmelsmechanik nur näherungsweise gelöst werden kann. Außerdem besteht wegen der Nichtunterscheidbarkeit der Elektronen die Möglichkeit des Austausches derart, daß das zum Kern 1 gehörige Elektron zeitweise auch als Elektron des Kerns 2 betrachtet werden kann. Die Stabilität eines solchen Moleküls hängt davon ab, ob die Eigenfunktion symmetrisch ist oder nicht. Eine symmetrische Eigenfunktion liegt dann vor, wenn die beiden Elektronen des Moleküls entgegengesetzte Spinrichtungen haben (S. 427), also antiparallel eingestellt sind. Bei paralleler Spinorientierung ist die Eigenfunktion antisymmetrisch. Es ist möglich, die Arbeit zu berechnen, die erforderlich ist, um 2 H-Atome aus sehr großem Abstand einander bis zum Abstand D (Kernabstand) zu nähern. Dabei interessiert lediglich der durch die Austauschkraft entstehende Anteil dieser Arbeit, das *Wechselwirkungspotential*, und zwar für beide Spinorientierungen. Diese beiden Anteile V_s und V_{as} sind im Bild 3.3 als Funktion des Kernabstandes D dargestellt. Die Wechselwirkungsenergie ist in Elektronenvolt (Elektronvolt, eV) angegeben (1 eV = $1{,}60210 \cdot 10^{-19}$ J, s. Tafel 3.1 und Tafel 4.13). Der Abstand D_0 bezeichnet eine stabile Gleichgewichtslage der beiden H-Atome. Aus dem Verlauf der Kurve des Wechselwirkungspotentials kann man auf die Existenz der Austauschkräfte schließen, die das Molekül zusammenhalten und gegenüber äußeren Störungen stabilisieren.

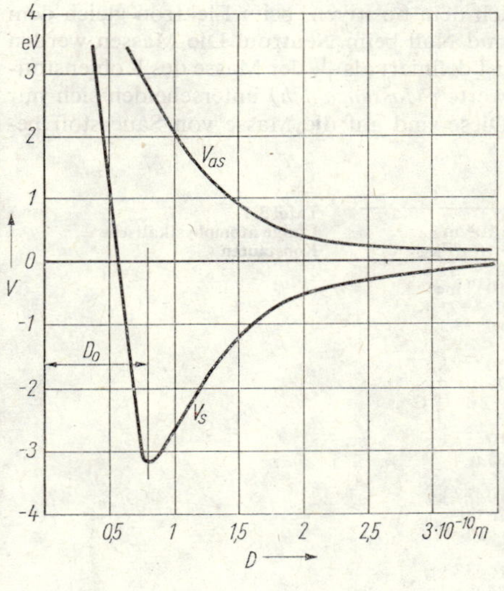

Bild 3.3
Verlauf des Wechselwirkungspotentials für den symmetrischen (V_s) und den antisymmetrischen (V_{as}) Fall bei der Bildung des H_2-Moleküls

Um das H_2-Molekül in seine beiden Bestandteile zu zerlegen, ist die dem Energieminimum entsprechende Arbeit aufzuwenden, die *Dissoziationsarbeit*. Aus Bild 3.3 würden sich z.B. eine Dissoziationsarbeit von 3,2 eV und ein Kernabstand von $0{,}8 \cdot 10^{-10}$ m ergeben. Die gemessenen Werte liegen bei 4,47 eV und $0{,}85 \cdot 10^{-10}$ m; die Übereinstimmung ist im Hinblick auf den Näherungscharakter der Berechnung befriedigend.
Das Auftreten von ponderomotorischen Kräften im Feld der Materiewellen läßt sich durch ein elektrotechnisches Analogon verdeutlichen: 2 aufeinander abgestimmte, induktiv gekoppelte Schwingkreise schwingen nicht mehr mit ihrer Resonanzfrequenz, sondern es entstehen Koppelschwingungen, deren Frequenzen symmetrisch zur Resonanzfrequenz liegen. Bei der tieferen Frequenz sind die in den Induktivitäten fließenden Ströme in Phase, so daß sich beide Spulen anziehen. Dieser Fall entspräche der symmetrischen Eigenfunktion. Umgekehrt führt die höhere Frequenz zu einer Gegenphasigkeit der Ströme, bewirkt also eine Abstoßung analog der antisymmetrischen Eigenfunktion. Diese Analogie ist jedoch rein äußerlich und ergibt sich lediglich aus einer zufälligen Übereinstimmung der Ausgangsgleichungen.

Das Abstandsgesetz der Austauschkräfte ist komplizierter als das der Coulomb- oder auch der Gravitationskraft, für deren Potential im kugelsymmetrischen Feld bekanntlich der $1/r$-Verlauf gilt. Das Austauschpotential wird je nach verwendeter Näherung entweder durch die Gauß-Kurve

$$V = V_0 \exp [(-r/a)^2]$$

oder nach *Yukawa* durch

$$V = V_0 \frac{\exp(-r/a)}{r/a}$$

wiedergegeben. V_0 und a sind Konstanten.
Die Austauschpotentiale klingen erheblich schneller mit der Entfernung ab als die „klassischen" Potentiale. Damit erklärt sich auch die geringe Reichweite der Austauschkraft.

3.1.2. Grundlagen der Atomtheorie

3.1.2.1. Elementarteilchen

Die Atome der chemischen Elemente sind aus Protonen, Neutronen und Elektronen zusammengesetzt. Von ihnen sind die elektrische Ladung und die Masse sehr genau bekannt (s. Tafel 3.1). Die Ladung ist beim Proton gleich dem positiven, beim Elektron gleich dem negativen Elementarquantum der Elektrizität und Null beim Neutron. Die Massen werden in atomaren Masseneinheiten u angegeben; u ist definiert als $\frac{1}{12}$ der Masse des Kohlenstoffatoms ^{12}C. Die bezogenen (relativen) Massenwerte *(Massenzahlen)* unterscheiden sich nur unerheblich von den sog. „Atomgewichten". Diese sind auf die Masse von Sauerstoff bezogen, die man gleich 16 setzt.

Tafel 3.1
Einige atomphysikalische Konstanten

Lichtgeschwindigkeit im Vakuum	c	$2{,}997925 \cdot 10^8$ m · s^{-1}
Atomare Massenkonstante	u	$1{,}660277 \cdot 10^{-27}$ kg
Plancksches Wirkungsquantum	h	$6{,}6265 \cdot 10^{-34}$ J · s
Avogadrosche Konstante	N_A	$6{,}02252 \cdot 10^{23}$ mol^{-1}
Boltzmannsche Konstante	k	$1{,}3805 \cdot 10^{-23}$ J · K^{-1}
Elektronenvolt	eV	$1{,}60210 \cdot 10^{-19}$ J
Elektron:		
Ruhemasse	m_0	$0{,}91091 \cdot 10^{-30}$ kg $= 5{,}48597 \cdot 10^{-4}$ u
Ladung	e	$-1{,}60210 \cdot 10^{-19}$ C
Neutron:		
Ruhemasse	m_n	$1{,}67482 \cdot 10^{-27}$ kg $= 1{,}008665$ u
Proton:		
Ruhemasse	m_p	$1{,}67252 \cdot 10^{-27}$ kg $= 1{,}0072763$ u
Ladung	e	$+1{,}60210 \cdot 10^{-19}$ C
Wasserstoffatom:		
Ruhemasse	m_H	$1{,}67343 \cdot 10^{-27}$ kg $= 1{,}007824$ u
Radius der 1. Bohrschen Kreisbahn	a_0	$5{,}29167 \cdot 10^{-11}$ m
Energieäquivalent der atomaren Massenkonstante		931,48 MeV
Rydberg-Konstante	R_∞	$1{,}0973731 \cdot 10^7$ m^{-1}

Über Form und Größe der Elementarteilchen lassen sich keine präzisen Angaben machen. Es genügt meistens, sich diese Teilchen als Kugeln vorzustellen, deren Radien um etwa 4 Zehnerpotenzen kleiner sind als die Radien der aus ihnen aufgebauten Atome. Nur ein winziger Bruchteil des vom Atom ausgefüllten Volumens ist also von Materie erfüllt; der größte Teil ist leer und dient nur als Träger des zwischen den Elementarteilchen aufgebauten Kraftfeldes.
Die Angabe von Ladung und Masse reicht zur vollständigen Charakterisierung der Elementarteilchen nicht aus. Eine Reihe experimenteller Fakten zwingt dazu, den 3 Elementarteilchen noch einen *Drehimpuls (Spin)* zuzuschreiben; sie rotieren um ihre eigene Achse. Alle Elementarteilchen haben den gleichen Drehimpuls mit dem Betrag

$$\frac{1}{2}\,\frac{h}{2\pi} = \frac{1}{2}\hbar = \frac{1}{2} \cdot 1{,}06 \cdot 10^{-34}\ \mathrm{W \cdot s^2}.$$

$\hbar = h/2\pi$ repräsentiert das Elementarquantum des mechanischen Drehimpulses. Die *Spinquantenzahl* ist für Elementarteilchen also $s = \frac{1}{2}$.
Da beim Proton und Elektron auch die Ladung mitrotiert, existiert ein *magnetisches Moment*, dessen Betrag lautet

$$p_\text{m} = \frac{e\hbar}{2m}.$$

Für das *Elektron* folgt

$$p_\text{mE} = 9{,}273 \cdot 10^{-24}\ \text{A} \cdot \text{m}^2 \quad \textit{(Bohrsches Magneton)}$$

und für das *Proton* mit seiner etwa 1835mal größeren Masse

$$p_\text{mK} = 5{,}051 \cdot 10^{-27}\ \text{A} \cdot \text{m}^2 \quad \textit{(Kernmagneton)}.$$

Die Richtung von $\boldsymbol{p}_\text{m}$ stimmt beim Proton mit seiner Drehachse überein; beim Elektron sind beide Richtungen einander entgegengesetzt.
Experimentell ergibt sich für das Proton ein 2,793mal größerer Betrag als p_mK. An der Richtigkeit der Messung ist nicht zu zweifeln, da magnetische Momente von Kernen und Elementarteilchen sehr genau ermittelt werden können (s. Abschn. 3.5.5.). Überraschenderweise hat auch das Neutron ein magnetisches Moment vom Betrag $-1{,}913 p_\text{mK}$, das dem Drehimpuls entgegengerichtet ist.

3.1.2.2. Bau der Atome

Praktisch die gesamte Atommasse ist im *Kern* konzentriert, der die Mitte des Atoms einnimmt und dessen Durchmesser etwa 5 Zehnerpotenzen kleiner ist als der des gesamten Atoms. Der übrige Raum des Atoms (eine Kugel von einigen 10^{-10} m Durchmesser) bildet die *Elektronenhülle*; der Elektronendurchmesser ist von gleicher Größenordnung wie der Kerndurchmesser. Die Anzahl der Elektronen ist gleich der Anzahl der Protonen im Kern: $E = P$.
Die Coulombsche Anziehungskraft auf die Elektronen wird durch die Fliehkraft kompensiert (Vergleich mit Planetensystem).

3.1.2.3. Kernphysik

Struktur der Kerne. Kernmodell. Der Kern setzt sich aus Protonen und Neutronen zusammen, die man gemeinsam als *Nukleonen* bezeichnet. Da ihre Massen praktisch einander gleich sind (s. Tafel 3.1), gilt ein einfacher Zusammenhang zwischen Massenzahl A, Protonenzahl P und Neutronenzahl N:

$$A = P + N.$$

Die Massenzahl A ist angenähert gleich dem chemischen Atomgewicht. Die Protonenzahl P steigt, von wenigen Ausnahmen abgesehen, monoton mit der Massenzahl A an; die Ausnahmen sind an den mit steigender Protonenzahl sich regelmäßig verschiebenden Röntgenspektren (S. 438) erkennbar. Die Protonenzahl P ist geeignet, die etwa 100 bekannten chemischen Elemente rationell anzuordnen; sie wird daher als *Ordnungszahl* Z bezeichnet. Danach kommt dem H-Atom die Ordnungszahl $Z = 1$ zu. Für Quecksilber gilt $Z = 80$; da seine Massenzahl $A = 200$ ist, folgt für die Zusammensetzung des Hg-Kerns: 80 Protonen + 120 Neutronen. Bei leichten und mittelschweren Atomen ist nahezu $P = N$, d.h., die Massenzahl ist doppelt so groß wie die Ordnungszahl. Bei zunehmend schwereren Elementen wächst die Masse dagegen schneller als mit Z proportional an. Bei den schwersten Elementen ist $A \approx 2{,}6\,Z$ (Beispiel: Uran, $Z = 92$, $A = 238$).

Die mechanischen Drehimpulse der Nukleonen setzen sich vektoriell additiv zu einem *Kerndrehmoment (Kernspin)* zusammen. Dazu kommen noch ihre *Bahndrehimpulse (Bahnmomente)*, weil die Nukleonen im Kern nicht in Ruhe verharren, sondern sich in quantenmäßig festgelegten Bahnen umeinander bewegen. Der Bahnimpuls ist so gequantelt, daß sein Betrag $l\hbar$ ist mit $l = 0, 1, 2, \ldots$ Alle im Kern vorhandenen einzelnen Drehimpulse, also die Spin- und Bahnmomente, addieren sich vektoriell und bilden das Gesamtdrehmoment (den Spin) des Kerns. Dieses Gesamtmoment hat die Quantenzahl $J = \sum l \pm \frac{1}{2}$. Sie ist bei gerader Nukleonenzahl ganzzahlig, bei ungerader halbzahlig.

Der Radius R des als kugelförmig angenommenen Kerns läßt sich an der Streuung schneller α-Teilchen oder Elektronen sehr genau ermitteln. Mit Hilfe sehr schneller Elektronen (10^9 eV) konnte z.B. der Protonenradius zu $0{,}8 fm = 0{,}8 \cdot 10^{-15}$ m gemessen werden. Zwischen dem Kernradius R und der Nukleonenzahl A gilt die Beziehung

$$R = R_0 \sqrt[3]{A} \tag{3.25}$$

mit der Konstanten $R_0 \approx 1{,}4 fm$. Dieses Ergebnis führt zum *Tröpfchenmodell* des Kerns, wonach ein Kern eine dichteste Kugelpackung von Protonen und Neutronen ist. Gl. (3.25) ermöglicht auch die Berechnung der Massendichte der Kernmaterie zu etwa $3 \cdot 10^{17}$ kg/m^3.

Das Tröpfchenmodell gibt allerdings keine Erklärung für alle sonstigen Eigenschaften der Kerne, weshalb häufiger das Schalenmodell verwendet wird, das an das schon früher bekannte Modell der Elektronenschalen (S. 435) anknüpft. Danach bewegen sich die Nukleonen umeinander in ihrem durch Austausch- und Coulomb-Kräfte gebildeten Kraftfeld. Ihre Bewegung ist den Gesetzen der Quantentheorie unterworfen, die nur diskrete Teilchenenergien zuläßt *(Energieterme)*. Außerdem gilt auch für die Nukleonen das *Pauli-Prinzip*, nach dem jeder Energieterm nur von maximal 2 Teilchen besetzt werden darf, die sich lediglich durch ihre Spinorientierung unterscheiden. Mit zunehmender Nukleonenzahl, entsprechend dem sukzessiven Aufbau der Kerne, werden stets die unteren, energieärmeren Terme zuerst besetzt. Dieses Besetzungsprinzip gilt auch für die Elektronenhülle (s. S. 435).

Isotopie. Für das chemische Verhalten eines Atoms ist lediglich die Anzahl P der Protonen, d.h. die Ordnungszahl Z, bestimmend; eine Veränderung der Neutronenzahl hat keinen Einfluß auf die chemischen Eigenschaften des Elements. Fast alle Elemente sind aus mehreren Atomsorten zusammengesetzt, deren Kerne sich nur durch die Anzahl der Neutronen unterscheiden. Solche Kerne, die bei gleicher Protonenzahl unterschiedliche Neutronenzahlen zeigen, heißen *Isotope*.

Zur vollen Identifizierung eines Kerns oder Atoms muß also außer der Ordnungszahl Z oder dem chemischen Symbol noch die Massenzahl angegeben werden, die meist als oberer Index vor das Symbol gesetzt wird, z.B. ^{12}C, ^{82}Kr.

Die Massenzahlen der Kerne sind als ganzzahlige Vielfache der Nukleonenmassen nahezu ganzzahlig. Sie sind jedoch etwas kleiner als die Summe der Massen der zum Kernaufbau verwendeten Nukleonen. Diese Differenz ist das Äquivalent der Bindungsenergie des Kerns (S. 430) im Sinne von Gl. (3.2).

Außer *stabilen* gibt es auch *instabile* Isotope, die durch Kernreaktionen gebildet werden und sich nach Ablauf einer gewissen Zeit unter Aussendung radioaktiver Strahlung in andere Elemente umwandeln.

Die in der Natur vorkommenden Elemente sind stets Gemische mehrerer Isotopenarten, die sich durch chemische Verfahren nicht trennen lassen. Das chemisch ermittelte Atomgewicht braucht somit nicht einmal angenähert ganzzahlig zu sein.

Das Element Chlor z.B. besteht im wesentlichen aus den beiden Isotopen ^{35}Cl und ^{37}Cl, die etwa im Verhältnis 3:1 gemischt sind. Die gemittelte Massenzahl ist also 35,457. Wasserstoff hat 2 Isotope, ^1H und ^2H, mit einem Häufigkeitsverhältnis von etwa 6500 : 1. Die Beimischung des „schweren" Wasserstoffs (Deuterium) ist also so geringfügig, daß die chemische Massenzahl kaum von 1 abweicht. Isotopie konnte bei allen bekannten Elementen nachgewiesen werden. Bei schweren Elementen kann die Anzahl der Isotope recht groß sein; so hat z.B. Zinn ($Z = 50$) 10 und Xenon ($Z = 54$) 9 stabile Isotope.

Kernkräfte. Kernenergie. Massendefekt. Die *Austauschkräfte*, die für den Zusammenhalt der Kernbausteine wichtig sind, müssen sehr groß sein; denn bei der dichten Packung der Nukleonen können die Kräfte, mit denen sich die Protonen gegenseitig abstoßen und die durch die Austauschkräfte kompensiert werden müssen, bis zu 60 N ausmachen.

Man übersieht die dynamischen Verhältnisse im Kern und in seiner Nähe am besten, wenn man anstelle der Kräfte ihr Potential betrachtet. Wichtig ist der Arbeitsaufwand für das Einbringen eines Protons bzw. eines Neutrons in den Kern; das sind Vorgänge, die bei der künstlichen Atomumwandlung eine Rolle spielen. Ein sich dem Kern näherndes Proton unterliegt in größerer Entfernung vom Kern ($r > R$) lediglich der elektrostatischen Abstoßung, deren Potential (Coulomb-Potential) positiv ist und proportional zu r^{-1} verläuft. Etwa an der Stelle $r = R$ beginnt ziemlich unvermittelt die Anziehung durch die Austauschkraft, und das Potential sinkt sehr steil auf hohe negative Werte ab (Bild 3.4a). Für ein Neutron entfällt der Potentialanstieg außerhalb des Kerns, aber der Potentialabfall im Inneren bleibt erhalten, da die Austauschkraft nicht von der Ladung abhängt (Bild 3.4b). Ein Proton muß also, um in den Kern einzudringen, erst einen Berg überwinden, während das Neutron auf ebener Bahn rollend einfach in das Kraterloch hineinfällt. Damit erklärt sich die Tatsache, daß man Protonen sehr hoch beschleunigen muß, um sie in den Kern „einzuschießen", wo sie dann als Baustein aufgenommen werden, daß aber Neutronen dazu ohne Energiezufuhr imstande sind, so daß sich Kernumwandlungen auch mit langsamen (thermischen) Neutronen realisieren lassen.

Über den genauen Verlauf des im Bild 3.4 schematisch dargestellten Potentials können noch keine theoretisch begründeten Aussagen gemacht werden. Man schätzt die Tiefe des Potentialtrichters auf etwa 40 MeV.

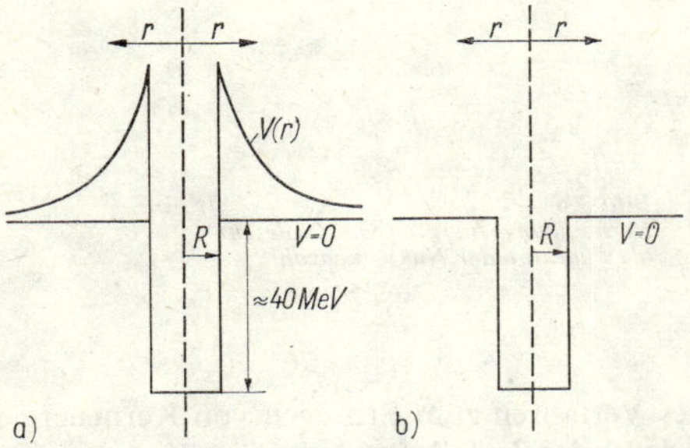

Bild 3.4. Potentialtrichter eines Kerns gegenüber Protonen (a) und Neutronen (b)

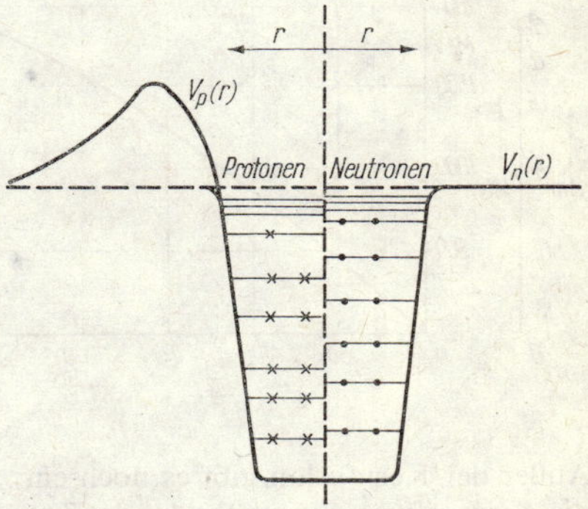

Bild 3.5. Schalenmodell des Natriumkerns ($P = 11, N = 12$)
Höhenlage der Energieniveaus willkürlich

Zeichnet man in den Potentialtrichter des Kerns die verschiedenen „erlaubten" *Energieterme* ein, so ergibt sich z.B. für Natrium das im Bild 3.5 dargestellte Schema. Die rechte Seite gilt für die Aufnahme eines Neutrons in den Na-Kern, die linke für die Aufnahme eines Protons. Beide Nukleonen finden im Kern verschiedene Energieniveaus vor. Entsprechend der gesamten Kratertiefe von etwa 40 MeV zählen auch die Niveauunterschiede nach MeV. Dagegen betragen die Niveaudifferenzen in der Elektronenhülle der Atome maximal 25 eV, liegen also um den Faktor 10^{-6} niedriger als im Kern.

Aus Bild 3.5 ist abzulesen, daß der Energieinhalt eines fertig gebildeten Kerns kleiner ist als der seiner Bestandteile, bevor sie sich zum Kern vereinigt haben. Die Nukleonen im Kern liegen sämtlich auf tieferen Niveaus als vor ihrer Vereinigung, als sie das Potential $V = 0$ hatten. Diese Energieverminderung erklärt einerseits die hohe Stabilität der Kerne und andererseits die schon früher erwähnte Tatsache, daß die Masse jedes Kerns kleiner ist als die Gesamtmasse der Bausteine vor dem Zusammenbau; die Energieverminderung muß sich als Massenschwund manifestieren, den *Massendefekt*. Unter Verwendung der genauen Nukleonenmassen (Tafel 3.1) läßt sich die Kernmasse m_k in atomaren Masseneinheiten u folgendermaßen schreiben:

$$m_k/_u = 1{,}0072763P + 1{,}008665N - \Delta m/_u. \qquad (3.26)$$

Δm ist der Massendefekt. Er wird meist als Energie angegeben und kennzeichnet damit unmittelbar die Kernbindungsenergie, d.h. die Energie, die aufzuwenden ist, um einen Kern in seine Bestandteile zu zerlegen. Sie wächst mit der Nukleonenzahl $P + N$ an (Bild 3.6). Lediglich die leichten Kerne H und He fallen aus der Reihe. Der ^{4}He-Kern besteht aus 2 Protonen und 2 Neutronen, seine Massenzahl ist $A = 4{,}00149$. Nach Gl. (3.26) folgt ein Massendefekt $\Delta m = 0{,}0304$ u $\triangleq$ 28,3 MeV. Diese Energie wird frei, wenn sich ein ^{4}He-Kern aus 2 Protonen und 2 Neutronen bildet. Sie ist so groß, daß ein starker Anreiz besteht, eine solche Kernsynthese *(Kernfusion)* als Energiequelle zu nutzen. Interessant ist vor allem die He-Synthese aus 2 Elementarteilchen, entweder aus 2 Deuteriumkernen (D) oder aus einem ^{6}Li-Kern und einem D-Kern, was fast die sechsfache Energie ergeben würde. Für eine solche Kernreaktion sind außerordentlich hohe Temperaturen (einige 10^8 K) erforderlich, die man im magnetisch eingeschlossenen Plasma (S. 474) zu erreichen hofft. Der extrem große Massendefekt des ^{4}He-Kerns ist andererseits der Grund für die große Stabilität dieses Gebildes. ^{4}He-Kerne können als α-Strahlen von radioaktiven Kernen ausgeschleudert werden.

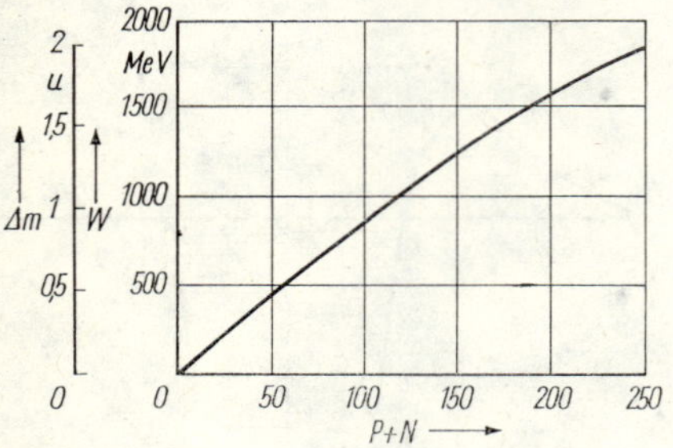

Bild 3.6
Kernbindungsenergie (Massendefekt) als Funktion der Nukleonenzahl

Außer der Kernfusion gibt es noch ein zweites Verfahren zum Erzeugen von Kernenergie, die *Kernspaltung*. Sie beruht auf der Tatsache, daß beim Zerfall eines schweren Kerns in zwei oder mehrere Bruchstücke insgesamt Energie frei wird, weil der Massendefekt des schweren Kerns stets geringer ist als die Summe der Massendefekte seiner Bruchstücke. Diese Tatsache drückt sich u.a. in der Krümmung der Kurve im Bild 3.6 aus.

Radioaktivität. Kernchemie. Es lassen sich nicht beliebig viele Nukleonen zu einem stabilen Kern zusammenfügen. Oberhalb der Nukleonenzahl von etwa 230, d.h. vom Element Uran an, zeigt sich eine zunehmende Instabilität der schweren Kerne, und zwar als radioaktiver Zerfall, kurz Radioaktivität. Die Kerne beginnen spontan, Teilchen oder auch Photonen meist hoher Energie auszuschleudern, und gehen dadurch in einen neuen, stabileren Zustand über. Es gibt 3 Arten radioaktiver Strahlung:

1. *α-Strahlen.* Sie bestehen aus *^{4}He-Kernen*, die meist mit sehr hoher Energie (mehrere MeV) ausgeschleudert werden, wodurch der Mutterkern seine Ordnungszahl um 2 und seine Massenzahl um 4 vermindert. Dadurch ändert sich auch die chemische Identität des Elements.
2. *β-Strahlen.* Es sind energiereiche *Elektronen*. Da im Kern keine Elektronen vorhanden sind, muß man annehmen, daß sich erst im Zeitpunkt des β-Zerfalls im Kern ein Elektron durch Umwandlung eines Neutrons in ein Proton bildet. Durch die Emission eines Elektrons als β-Strahl erhöht sich die Ordnungszahl Z des Kerns bei angenähert konstanter Masse um eine Einheit; die chemische Identität des Atoms ändert sich also wieder. Die Energien der β-Strahlen sind nicht einheitlich, sondern verteilen sich fast kontinuierlich über einen größeren Bereich, der selten über 1 MeV hinausgeht.

3. *γ-Strahlen.* Hier handelt es sich um *Photonen* sehr hoher Energie (s. Bild 3.2), deren Spektrum analog den optischen Spektren von Gasatomen aus wenigen diskreten Linien besteht. Das Modell für die Entstehung der γ-Strahlen entspricht dem Mechanismus der atomaren Lichtemission (S. 433): Wie Bild 3.5 zeigt, gibt es im Kern diskrete Energiestufen. Normalerweise verteilen sich die Nukleonen so auf die Terme, daß die Gesamtenergie ein Minimum wird. Durch einen Anregungsakt wird die Gleichgewichtsverteilung gestört, so daß sich die Gesamtenergie erhöht. Da dieser Zustand instabil ist, geht der Kern alsbald in seinen früheren Zustand zurück und strahlt die dabei frei werdende Energie als γ-Quant aus. Die Anregung kann durch eine vorher erfolgte α- oder β-Emission geschehen.

Die radioaktiven Zerfallsprozesse laufen voneinander völlig unabhängig ab und lassen sich auch durch die Umgebung (Temperatur usw.) nicht beeinflussen. Für solche Fälle liefert die Wahrscheinlichkeitsrechnung eine einfache Gesetzmäßigkeit: Sind zur Zeit $t = 0$ noch N_0 nicht zerfallene Kerne vorhanden, so beträgt deren Anzahl zur Zeit t

$$N(t) = N_0 \exp(-t/\tau)$$

(Zerfallsgesetz), wobei die Zeitkonstante τ eine Stoffkonstante des zerfallenen Kerns ist. In der Kerntechnik rechnet man meist mit der *Halbwertzeit T*, also der Zeit, innerhalb der die Anzahl N auf die Hälfte gesunken ist:

$$T = \tau \ln 2 = 0{,}694\,\tau.$$

Seit etwa 40 Jahren gelingt es, die Zusammensetzung der Kerne und damit die chemische Identität der Elemente willkürlich zu verändern. Die technische Bedeutung dieser künstlichen Atomumwandlung liegt in zwei Richtungen: Einmal lassen sich auf diesem Wege Nuklide herstellen, die von der Natur nicht geliefert werden, weil sie instabil, d.h. radioaktiv sind, zum anderen lassen sich dabei große Energiemengen erzeugen, indem man den Massendefekt (s. S. 430) ausnutzt.

Ist der durch einen Kernprozeß erzeugte neue Kern instabil, so wandelt er sich nach kurzer Zeit unter Aussendung radioaktiver Strahlung weiter um *(künstliche Radioaktivität)*. Das setzt sich u.U. so lange fort, bis ein stabiler Endkern erreicht ist.

Bei der Ausnutzung von Kernreaktionen zur Energieerzeugung sind Kettenreaktionen notwendig, damit der Prozeß ohne äußere Energiezufuhr von selbst weiterlaufen kann. Das klassische Beispiel ist die Spaltung von ^{235}U:

$$^{235}\mathrm{U} + {}^{1}\mathrm{n} = {}^{143}\mathrm{Ba} + {}^{90}\mathrm{Kr} + 3\,{}^{1}\mathrm{n}.$$

Diese Reaktion ist mit einem Massenschwund verbunden, so daß Energie frei wird. Die Kettenreaktion wird durch 3 frei werdende Neutronen ermöglicht, wenn diese im Mittel eine weitere Reaktion dieser Art auszulösen vermögen. Verläuft die Kettenreaktion instabil, d.h., werden zur Auslösung der Reaktion im Mittel weniger Neutronen benötigt als entstehen, so läßt sich die Reaktion in ihrem Ablauf nicht mehr beherrschen, und es kommt zur Katastrophe (Atombombe). Für eine stationäre Energieerzeugung sind *Moderatoren* erforderlich, die einen zu großen Neutronenstrom abbremsen oder absorbieren.

3.1.2.4. Elektronenhülle

Atommodell und Pauli-Prinzip. Jedes rationelle Atommodell muß in erster Linie die Z Hüllenelektronen so lokalisieren können, daß ein stabiles System entsteht. Das Modell muß ferner imstande sein, die für Einzelatome charakteristische Emission von Linienspektren zu erklären. Mit klassischen Mitteln ist das Problem nicht zu lösen; erst die konsequente Anwendung quantentheoretischer Methoden brachte befriedigende Lösungen. Beim einfachsten Atom, dem Wasserstoff ($Z = 1$), kommt man noch mit elementaren Rechnungen aus, wenn man sich auf Kreisbahnen des Elektrons beschränkt *(N. Bohr 1913)*.

Wie bei einem Planeten sind Bahnradius r und Geschwindigkeit v des Elektrons durch das Gleichgewicht zwischen Zentrifugalkraft und Coulombscher Anziehungskraft verknüpft. Es gilt

$$\frac{e^2}{4\pi\varepsilon_0 r^2} = \frac{mv^2}{r}. \qquad (3.27)$$

Eine weitere Beziehung zwischen r und v und damit die Möglichkeit, r und v einzeln zu erhalten, liefert die Wellenmechanik. In Analogie zu dem auf S. 423 gezeigten Beispiel eines in einer Potentialgrube eingeschlossenen Teilchens, liefert die Schrödinger-Gleichung für den Fall des den Kern umkreisenden Elektrons die Vorschrift, daß der Kreisumfang jeweils ein ganzzahliges Vielfaches der Elektronenwellenlänge ist:

$$2r\pi = n\lambda = n\frac{h}{mv}. \tag{3.28}$$

n ist eine ganze Zahl, die *Hauptquantenzahl*. Die Gln. (3.27) und (3.28) zusammen liefern diskrete r- und v-Werte, die von einigen Naturkonstanten abhängen:

$$r_n = \frac{\varepsilon_0 h^2 n^2}{\pi m e^2} = a_0 n^2 = 5{,}292 \cdot 10^{-11}\ n^2\mathrm{m}, \tag{3.29a}$$

$$v_n = \frac{e^2}{2\varepsilon_0 h n} = 2{,}19 \cdot 10^6/n\ \mathrm{m \cdot s^{-1}}. \tag{3.29b}$$

Die *Gesamtenergie* im n-ten Quantenzustand ist also

$$W(n) = -\frac{e^2}{4\pi\varepsilon_0 r_n} + \frac{m}{2} v_n^2. \tag{3.30}$$

Das Einsetzen von r_n und v_n aus den Gln. (3.29) ergibt

$$W(n) = \left(\frac{-me^4}{4\varepsilon_0^2 h^2} + \frac{me^4}{8\varepsilon_0^2 h^2}\right)\frac{1}{n^2} = -\frac{me^4}{8\varepsilon_0^2 h^2}\frac{1}{n^2} = -\frac{C}{n^2}, \tag{3.31}$$

wobei

$$C = \frac{me^4}{8\varepsilon_0^2 h^2} = 2{,}1784 \cdot 10^{-18}\ \mathrm{W \cdot s} = 13{,}60\ \mathrm{eV}$$

ist.

Die kinetische Energie des Elektrons ist also betragsmäßig halb so groß wie die potentielle. C ist die Arbeit, die zur vollständigen Ionisation des Atoms, also zur Abtrennung des Elektrons, nötig ist *(Ionisierungsarbeit)*.

Der Grundzustand des Atoms hat die Hauptquantenzahl $n = 1$. In ihm ist die Gesamtenergie ein Minimum; er ist also der stabile Zustand. Für $n = 1$ sind der Bahnradius $r_1 = 5{,}29 \cdot 10^{-11}$ m und die Bahngeschwindigkeit des Elektrons $v_1 = 2{,}19 \cdot 10^6\ \mathrm{m \cdot s^{-1}}$. Da v_1 genügend klein gegenüber c ist, kann in erster Näherung auf die Anwendung der Relativitätstheorie verzichtet werden. Soll ein H-Atom aus seinem Grundzustand in einen energetisch höheren Zustand versetzt werden, so muß Energie zugeführt werden. Diesen Vor-

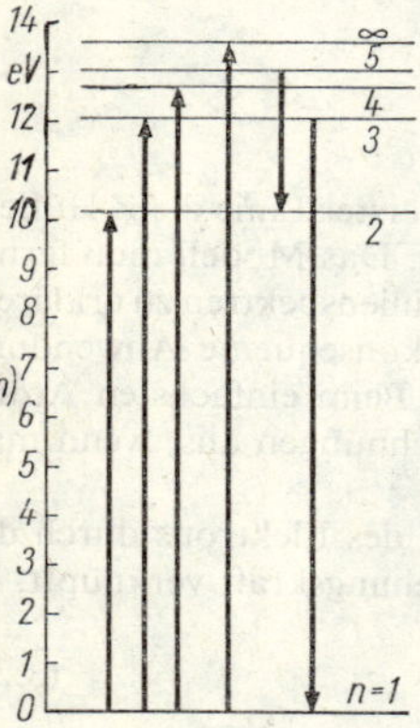

Bild 3.7
Energietermschema des Wasserstoffatoms
Pfeile nach oben bedeuten Anregung, nach unten Photonenemission

gang bezeichnet man als *Anregung*. Durch die Anregung wird das Elektron weiter vom Kern entfernt, also seine Umlaufbahn vergrößert und im Grenzfall $n = \infty$ völlig aus dem Atom entfernt *(Ionisation)*. Es ist üblich, die möglichen Energielagen (Terme) eines Atoms grafisch als Termschema darzustellen (Bild 3.7). Wird das Atom durch einen Anregungsprozeß, z. B. den Stoß eines freien Elektrons, auf einen höheren Term mit der Hauptquantenzahl n_2 versetzt, der natürlich instabil ist, so kehrt es alsbald in einen niedrigeren Zustand n_1 zurück, der auch der Grundzustand sein kann. Die dabei frei werdende Energie $W(n_2) - W(n_1)$ wird als *Photon* ausgestrahlt, dessen Frequenz f durch die der Gl. (3.7) analoge Beziehung

$$hf = W(n_2) - W(n_1) \tag{3.32}$$

gegeben ist. Führt man anstelle der Frequenz die *Wellenzahl* $\nu = 1/\lambda = f/c$ ein, so ergibt sich mit Hilfe von Gl. (3.31)

$$\nu = \frac{me^4}{8\varepsilon_0^2 h^3 c}\left(\frac{1}{n_2^2} - \frac{1}{n_1^2}\right) = R\left(\frac{1}{n_2^2} - \frac{1}{n_1^2}\right). \tag{3.33}$$

Diese Gleichung beschreibt alle überhaupt möglichen spektralen Äußerungen des H-Atoms. Wegen der Ganzzahligkeit der Quantenzahlen besteht das Spektrum aus einer unendlich großen Anzahl scharfer Spektrallinien. In der Spektroskopie werden die Linien zu *Serien* zusammengefaßt. Eine solche Serie umfaßt alle Linien, die dasselbe Endniveau haben. Die Balmer-Serie z. B. hat als Endniveau das zur Quantenzahl 2 gehörige, so daß sich die Wellenzahlen der Linien dieser Serie durch

$$\nu = R\left(\frac{1}{4} - \frac{1}{m^2}\right)$$

ausdrücken lassen. $m = 3, 4, 5, \ldots$ ist die Laufzahl und R die *Rydberg-Konstante* (Naturkonstante, s. Tafel 3.1).

Die Bohrsche Theorie wurde wie folgt verfeinert:

1. Es wird berücksichtigt, daß Kern und Elektron um einen gemeinsamen *Schwerpunkt* kreisen, der jedoch wegen der großen Kernmasse sehr nahe beim Kern liegt. Wegen der Mitbewegung des Kerns ergibt sich eine Korrektur der Rydberg-Konstanten:

$$R = \frac{R_\infty}{1 + m/M}.$$

M ist die Kernmasse, R_∞ die einer unendlich großen Kernmasse zukommende Rydberg-Konstante, die aus Gl. (3.33) folgt und in Tafel 3.1 verzeichnet ist. Die Verminderung der Rydberg-Konstanten und damit aller Wellenzahlen beträgt etwa 0,054%, ein Effekt, der bei der Genauigkeit spektroskopischer Methoden gut meßbar ist.

2. Außer der Kreisbahn werden auch *Ellipsenbahnen* (Kepler-Ellipsen) zugelassen. Hier führt die Wellenmechanik zu folgenden Aussagen: Zu jeder Hauptquantenzahl n gehören n verschiedene Elektronenbahnen, nämlich außer der Kreisbahn noch $n - 1$ elliptische Bahnen, die alle denselben Brennpunkt (im Kern) haben. Der Term mit der Quantenzahl n spaltet also in n Terme auf. Alle Ellipsen, die zur Hauptquantenzahl n gehören, haben dieselbe große Achse a; die kleine Achse b wird jedoch durch eine zweite Quantenzahl l bestimmt. Für das Achsenverhältnis gilt

$$\frac{b}{a} = \frac{l+1}{n} \quad \text{mit} \quad l = 0, 1, 2, \ldots, (n-1). \tag{3.34}$$

l heißt *Nebenquantenzahl* oder *azimutale Quantenzahl*. Da sie für den Drehimpuls des Elektrons in seiner Umlaufbahn maßgebend ist, nennt man sie auch *Bahnimpuls-Quantenzahl*. Bild 3.8 zeigt die zur Hauptquantenzahl $n = 4$ gehörenden 4 Ellipsen, zu denen natürlich als Spezialfall auch der Kreis gehört.

Überraschenderweise ergibt die Rechnung, daß durch die Zulassung von Ellipsenbahnen die Eigenwerte der Energie nicht vermehrt werden; das Termschema nach Bild 3.7 und damit auch das gesamte Spektrum des H-Atoms erfahren also durch diese Verfeinerung keine Bereicherung. Man spricht in dem Zusammenhang von einer Entartung. Stellt man jedoch höhere Ansprüche an die Genauigkeit, so muß die relativistische Massenbeziehung nach Gl. (3.4) berücksichtigt werden. Dadurch wird die Entartung aufgehoben, die Energieterme der Hauptquantenzahl n spalten in n Teilterme auf, so daß die entsprechende Spektrallinie eine *Feinstruktur* zeigt. Es handelt sich dabei um geringe Wellenlängendifferenzen (einige 10^{-11} m).

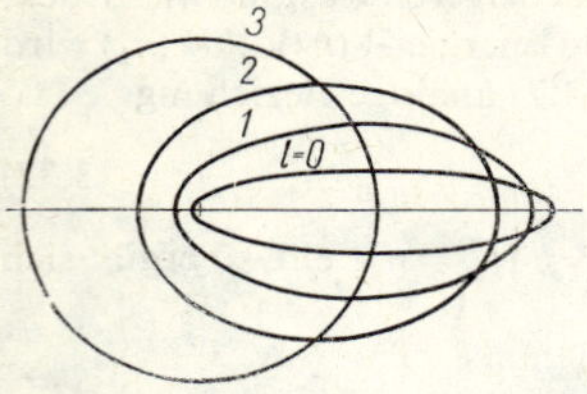

Bild 3.8
Ellipsenbahnen des H-Atoms für $n = 4$ und $l = 0, 1, 2, 3$

Bei Atomen mit mehreren Elektronen geht es um das *Mehrkörperproblem*, das – wie in der Astronomie – auch in der Atomtheorie nur angenähert gelöst werden kann. Nach einem von *W. Pauli* aufgestellten Prinzip dürfen in einem System niemals 2 oder mehr Teilchen gleiche Quantenzahlen haben. Um die Bedeutung dieses Grundsatzes voll zu erkennen, müssen noch 2 weitere Quantenzahlen eingeführt werden, die zur vollständigen Charakterisierung eines Quantenzustands notwendig sind:

1. die *magnetische Quantenzahl m*. Die von einem Elektron durchlaufene geschlossene Bahn hat nicht nur ein mechanisches Drehmoment $\boldsymbol{L}$ (Impulsmoment), sondern wegen der Ladung des Elektrons auch ein magnetisches Moment (Dipolmoment eines Kreisstromes). In einem äußeren Magnetfeld $\boldsymbol{H}$ stellt sich nun das Bahnmoment $\boldsymbol{L}$ so ein, daß der Winkel α zwischen Drehmoment $\boldsymbol{L}$ und Magnetfeld $\boldsymbol{H}$ durch die Vorschrift bestimmt ist, daß die Komponente L_H des Drehimpulses in Feldrichtung ein ganzzahliges Vielfaches von h ist, also

$$L_{\mathrm{H}} = mh \quad \text{oder} \quad L \cos \alpha = mh. \tag{3.35}$$

Diese Vorschrift ist von der Stärke des Magnetfeldes unabhängig; die magnetische Quantenzahl kommt daher auch im feldfreien Raum zur Geltung. Sie kann alle ganzzahligen Werte zwischen $-l$ und $+l$ einschließlich Null annehmen; insgesamt gibt es also $2l + 1$ Werte von m.

2. die *Spinquantenzahl s*. Der Spin ist eine allgemeine Eigenschaft aller Elementarteilchen. Das Spinmoment ist die Folge einer Rotation der Teilchen um ihre eigene Achse. Daraus resultieren sowohl ein mechanischer Drehimpuls als auch ein magnetisches Moment (S. 548). Die zugehörige Quantenzahl s kann lediglich 2 Werte annehmen, nämlich $+\frac{1}{2}$ und $-\frac{1}{2}$.

Mit den 4 Quantenzahlen n, l, m und s lautet das *Pauli-Prinzip* folgendermaßen: In einem atomaren System kann ein beliebig vorgegebener Quantenzustand – gegeben durch das Quantenquartett n, l, m, s – nur von einem einzigen Elektron besetzt werden. Identisch damit ist die Aussage: Jeder durch die 3 Quantenzahlen n, l und m bestimmte Zustand hat für höchstens 2 Elektronen Platz, die dann antiparallel orientiert sein müssen.

Das Pauli-Prinzip bietet die Möglichkeit, die Elektronenverteilung innerhalb der Hülle auch bei Atomen mit mehreren Elektronen zu übersehen.

Die zu einer Hauptquantenzahl n gehörenden Terme faßt man jeweils zu einer *Schale* zusammen. Man verbindet damit die Vorstellung, daß die Elektronen in einer solchen Schale annähernd gleiche Kernabstände haben, und da diese mit der Termenergie anwachsen, kommt den Elektronen der Schale $n = 1$ die kleinste Energie und demnach auch der kleinste Kernabstand zu. Jede Schale zerfällt in n *Teil-* oder *Unterschalen*, da die Nebenquantenzahl l die n Werte $0, 1, 2, \ldots, (n - 1)$ annehmen kann. Analog zerfällt jede Teilschale, die sich durch das Quantenduett (n, l) bezeichnen läßt, wiederum in Teilniveaus entsprechend den für die magnetischeu Qtantenzahl m vorhandenen Möglichkeiten

$$m = -l, -(l - 1), \ldots, -1, 0, +1, 2, \ldots, (l - 1), l.$$

Beispielsweise erhält man für die Hauptquantenzahl $n = 4$ 4 Teilschalen mit $l = 0, 1, 2, 3$. Die erste hat nur ein einziges Niveau, nämlich $m = 0$; die zweite deren 3, entsprechend $m = -1, 0, +1$; die dritte 5 und die vierte 7 Niveaus. Insgesamt bietet also die Schale mit $n = 4$ die Anzahl von $1 + 3 + 5 + 7 = 16$ Termen an, und da jeder wegen der doppelten Spinlagen mit 2 Elektronen zu besetzen ist, können in der Schale mit $n = 4$ 32 Elektronen untergebracht werden.

Jedesmal, wenn im Zuge des Schalenaufbaus eine Schale voll besetzt ist, muß die nächsthöhere Schale herangezogen werden, um die restlichen Elektronen unterzubringen. Jede Schale mit der Hauptquantenzahl n kann mit maximal $2n^2$ Elektronen besetzt werden.
In der *Spektroskopie*, die für diese Verhältnisse eine besondere Terminologie entwickelt hat, werden die Schalen mit großen Buchstaben K, L, M, N ... statt der Zahlen für n bezeichnet. Nicht immer werden die Schalen voll mit Elektronen besetzt, ehe eine neue Schale angefangen wird. Diese Irregularität beginnt mit der M-Schale, also bei $n = 3$. Der Aufbau dieser Schale wird bei $Z = 18$ (Argon) gestoppt, und die 3 folgenden Elektronen werden bereits in der N-Schale plaziert. Erst von $Z = 22$ an wird die M-Schale komplettiert. Solche Unregelmäßigkeiten treten bei höheren Ordnungszahlen immer zahlreicher auf; sie sind die Folge davon, daß die Energie des Atoms nicht nur von der Hauptquantenzahl n, sondern auch von den 3 übrigen Quantenzahlen abhängt. Energetisch gesehen, greifen benachbarte Schalen vielfach übereinander.
Nach vorstehenden Gesichtspunkten kann man die Verteilung der Z Elektronen über die Schalen und Teilschalen eines jeden Elements in einem *Elektronenkatalog* aufzeichnen, aus dem Tafel 3.2 einen Auszug enthält. Die Untergruppen sind gemäß den spektroskopischen Gepflogenheiten durch kleine Buchstaben s, p, d, f ... bezeichnet. Dabei ist s gleichbedeutend mit $l = 0$, p mit $l = 1$, d mit $l = 2$ usw.
Chemische und optische Eigenschaften der Atome. Der Elektronenkatalog gestattet, tiefere Einblicke in das chemische Verhalten der Atome und die Struktur ihrer optischen Spektren zu gewinnen. Die chemischen Bindungskräfte reichen nicht in die tieferen Schichten des Atoms hinein, sondern beschränken sich in ihren Auswirkungen auf die Oberfläche, d. h. auf

Tafel 3.2. Auszug aus dem Elektronenkatalog der Elemente im Grundzustand

Element	*K*	*L*		*M*			*N*				*O*
	1*s*	2*s*	2*p*	3*s*	3*p*	3*d*	4*s*	4*p*	4*d*	4*f*	5*s*
1 H	1										
2 He	2										
3 Li	2	1									
4 Be	2	2									
5 B	2	2	1								
6 C	2	2	2								
7 N	2	2	3								
8 O	2	2	4								
9 F	2	2	5								
10 Ne	2	2	6								
11 Na	2	2	6	1							
12 Mg	2	2	6	2							
13 Al	2	2	6	2	1						
14 Si	2	2	6	2	2						
15 P	2	2	6	2	3						
16 S	2	2	6	2	4						
17 Cl	2	2	6	2	5						
18 Ar	2	2	6	2	6						
19 K	2	2	6	2	6		1				
20 Ca	2	2	6	2	6		2				
26 Fe	2	2	6	2	6	6	2				
27 Co	2	2	6	2	6	7	2				
28 Ni	2	2	6	2	6	8	2				
31 Ga	2	2	6	2	6	10	2	1			
32 Ge	2	2	6	2	6	10	2	2			
33 As	2	2	6	2	6	10	2	3			

die am schwächsten gebundenen Elektronen, die *Valenzelektronen*. An einigen Beispielen soll dargelegt werden, wie man aus der Schalenstruktur der Atome auf ihre chemischen Eigenschaften rückschließen kann.

Die chemische Trägheit der *Edelgase* findet ihre Erklärung darin, daß bei ihnen entweder gerade eine Schale abgeschlossen wird, d.h. voll mit Elektronen besetzt ist – bei He die *K*-Schale, bei Ne die *L*-Schale –, oder eine Unterschale, nämlich die mit *p* bezeichnete, aufgefüllt ist. Das ist der Fall bei Argon (3*p*), Krypton (4*p*) und Xenon (5*p*). In diesen abgeschlossenen Schalen bzw. Unterschalen sind die Elektronen fest genug gebunden, um jedem Angriff anderer Teilchen zu widerstehen. Auf ein Edelgas folgt im periodischen System der Elemente stets ein *Alkalimetall*; es ist also bei eben abgeschlossener Schale bzw. Unterschale ein weiteres Elektron unterzubringen. Dieses wird verhältnismäßig weit entfernt vom Kern plaziert, ist also nur locker gebunden und leicht abtrennbar. Alkalimetalle haben daher geringe Ionisierungsarbeiten und wirken als chemische Partner im elektropositiven Sinne. Das umgekehrte Verhalten ist bei den Elementen zu erwarten, die den Edelgasen vorangehen, den *Halogenen*. Ihre äußere Schale steht kurz vor dem Abschluß; denn es fehlt ihr gerade noch ein Elektron, um das Atom zu einem edelgasartigen zu machen. Die Halogenatome zeigen daher die Tendenz, ein Elektron einzufangen und anzulagern, wodurch sie dann zu negativen Ionen werden. Wenn sich ein Alkaliatom in ihrer Nähe befindet, wird der Übergang eines Elektrons vom Alkali zum Halogen von beiden Seiten begünstigt. Das erklärt die große Stabilität der Alkalihalogenide, z.B. Kochsalz (NaCl). Eine quantitative Bewertung der *Stabilität* von Verbindungen liegt in der *Dissoziationsarbeit*. Sie beträgt bei KBr etwa 4 eV und bei KCl sogar 4,42 eV und gehört damit zu den größten chemischen Reaktionsenergien überhaupt.

Über die Wertigkeit der Atome lassen sich aus dem Elektronenkatalog ebenfalls wesentliche Schlüsse ziehen. Alkaliatome sind einwertig, weil sie nur ein einziges Valenzelektron haben und alle anderen Elektronen in der Hülle fest in abgeschlossenen Schalen eingebaut sind. Die ihnen folgenden Erdalkalimetalle (Be, Mg, Ca, Sr ...) haben 2 Valenzelektronen in der äußersten Teilschale, sind also zweiwertig. Die Halbleiterelemente Si und Ge haben 4 Valenzelektronen, die zwar unterschiedlichen Teilschalen (*s* und *p*) angehören, sich aber energetisch gleichwertig verhalten und die Vierwertigkeit der Atome begründen.

Bezüglich der *optischen Eigenschaften* der Atome beschränken wir uns auf den Emissionsprozeß und speziell auf das Spektrum des ausgesandten Lichtes einschließlich der benachbarten Gebiete des UV und IR. Auch die *Lichtemission* spielt sich ausschließlich im Energiebereich der äußersten Elektronen ab; die Valenzelektronen können daher auch als *Leuchtelektronen* bezeichnet werden.

Für die Frequenz der abgestrahlten Spektrallinien gilt die schon von *Bohr* eingeführte Frequenzbedingung

$$hf = W(m) - W(n). \tag{3.32}$$

Bei schweren Atomen ist man jedoch nicht mehr in der Lage, die Energieterme $W(n)$ zu berechnen, sondern muß sie experimentell ermitteln. Im Grundzustand des Atoms nehmen alle Elektronen die energetisch tiefsten Lagen ein. Durch einen Energie einspeisenden Anregungsakt wird das Leuchtelektron auf einen im Normalzustand leeren Term gebracht, von dem aus es nach Ablauf einer sehr kurzen Zeit wieder an seine alte Stelle zurückfällt. Das braucht allerdings nicht in einem Akt zu geschehen, sondern das Elektron kann von Stufe zu Stufe abwärts gelangen und dabei jedesmal ein Photon ausstrahlen, dessen Frequenz der Gl. (3.32) entspricht.

Es ist übersichtlicher, nicht die Frequenzen oder Wellenzahlen der emittierten Spektrallinien darzustellen, sondern die Energiewerte der Terme, weil es sehr viel mehr Frequenzen als Terme gibt. Ein solches *Termschema* zeigt Bild 3.9 für das Na-Atom. Dieses, im Gegensatz zu dem früher (Bild 3.7) gezeigten Termschema des H-Atoms, zweidimensional angelegte Schema entsteht aus dem linearen, indem die den verschiedenen l-Werten zugehörigen Terme, die beim H-Atom wegen der Entartung zusammenfallen, der besseren Übersicht wegen nach rechts herausgerückt sind. Die Termfolge $s, p, d, f \ldots$ verläuft also von links nach rechts. Die Übergänge zwischen den Termen sind durch die eingezeichneten schräg verlaufenden Geraden angedeutet. Zur Kennzeichnung eines Terms ist jeweils eine Zahl und ein Buchstabe vonnöten. Der Term 3*s* beispielsweise liegt in der dritten Schale und hat die Nebenquantenzahl Null. Von allen überhaupt möglichen Übergängen zwischen 2 Termen sind nur diejenigen „erlaubt", bei denen sich die Nebenquantenzahl l um ± 1 verändert; daher verlaufen alle erwähnten Geraden schräg und jeweils nur zu einer benachbarten Termreihe *(Auswahlregel)*. Der Übergang $\Delta l = 0$, also innerhalb einer senkrechten Säule des Schemas, tritt deshalb nicht auf. Die Terme sind mit Ausnahme der *s*-Terme sämtlich doppelt, was beim Maßstab der Darstellung allerdings nur bei den *p*-Termen zu erkennen ist (daher

p_1 und p_2). Die Übergänge zwischen einem *p*- und einem *s*-Term ergeben also je 2 dicht beieinanderliegende Linien, die *Dubletts*. Dazu gehört auch die bekannte gelbe Natriumlinie, deren Teillinien einen λ-Unterschied von nur 0,6 nm haben. Die Ursache dieser Dublett-Struktur ist der *Elektronenspin*, der sich dem Bahndrehimpuls überlagert, wobei es 2 Einstellungsmöglichkeiten gibt, also auch 2 etwas unterschiedliche Energieterme.

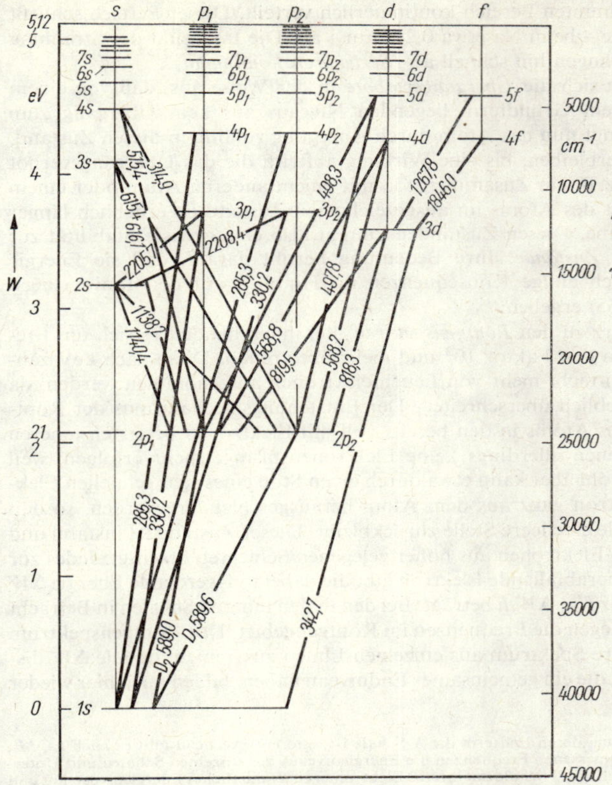

Bild 3.9. ***Termschema des Natriumatoms***
Wellenlängen in nm

Wie im Wasserstoffspektrum werden Linienfolgen mit einem gemeinsamen Endterm, deren Ausgangsterme *einer* Säule angehören, als *Serie* bezeichnet. Die Glieder dieser Serien zeigen im Intensitätsverlauf sowie in ihrem Verhalten gegenüber elektrischen oder magnetischen Feldern gemeinsame Züge.

Das Termschema gestattet, die emittierten Frequenzen oder Wellenzahlen ν sowie die Energie $W = hf$ für jeden Übergang abzulesen. Man erkennt, daß ein Na-Atom mit seinen ziemlich schwach gebundenen Leuchtelektronen Photonen mit Energien über 5,12 eV nicht emittieren kann. Eine solche Energie würde das Elektron vollständig vom Atom entfernen; sie ist daher mit der Ionisierungsarbeit identisch.

Wenn jedoch ein positives Ion ein freies Elektron einfängt und sich so neutralisiert (*Rekombination*, s. S.465), wird beim Einbau dieses Elektrons nicht nur die Ionisierungsarbeit W_i verfügbar, im Fall des Na-Atoms also 5,12 eV, sondern auch noch die kinetische Energie

$mv^2/2$, die das Elektron vor dem Einfangen besaß. Das emittierte Photon hat eine Frequenz, die sich aus der Beziehung

$$hf = W_i + mv^2/2 \tag{3.36}$$

ergibt. Da aber die kinetische Energie des Elektrons keiner Quantenvorschrift unterliegt, sondern jeden beliebigen Wert annehmen kann, ist auch die Frequenz des sog. *Rekombinationsleuchtens* über einen bestimmten Bereich kontinuierlich verteilt. Dieser Bereich schließt an die allgemeine Seriengrenze – beim Na etwa 0,243 μm – an. Die Intensität der Strahlung nimmt nach kürzeren Wellenlängen hin schnell ab *(Seriengrenzkontinuum)*.

Bei einigen Elementen wirken sich die *Übergangsverbote* in der Weise aus, daß von einem oder mehreren dicht über dem Grundterm liegenden Niveaus aus kein Übergang zum Grundterm gestattet ist. Gelangt nun das Atom durch Anregung zufällig in diesen Zustand, so muß es eine Zeit in ihm verbleiben, bis eine Wirkung auftritt, die das Übergangsverbot außer Kraft setzt. Das kann z.B. ein Zusammenstoß mit einem anderen Atom oder einem Elektron sein. Die Verweilzeit des Atoms im ausgezeichneten Zustand ist erheblich länger als in einem der anderen Terme. Diesen Zuständen kommt also eine gewisse Stabilität zu; sie heißen daher *metastabile Zustände*. Ihre Bedeutung beruht darauf, daß sie Energie speichern können, woraus sich einige Konsequenzen im Hinblick auf den Ionisierungsmechanismus im Plasma (S.465) ergeben.

Einige Bemerkungen noch kurz zu den *Röntgenspektren*. Bei ihnen handelt es sich um Frequenzen, die die optischen um den Faktor 10^3 und mehr übertreffen. Diese nach keV zählenden Energiebeträge können nicht mehr von Leuchtelektronen aufgenommen werden, da sie die Ionisierungsarbeit erheblich überschreiten. Der Entstehungsmechanismus der Röntgenstrahlen ist in der Tiefe des Atoms in den bereits voll mit Elektronen besetzten inneren Schalen zu suchen. Dort können allerdings keine Elektronensprünge mehr erfolgen, weil keine Plätze verfügbar sind; wohl aber kann etwa durch einen Stoß eines sehr schnellen Elektrons auf das Atom ein Elektron ganz aus dem Atom herausgeschleudert werden, so daß dann in der betreffenden Schale eine leere Stelle zurückbleibt. Dieser Zustand ist instabil und wird durch Nachrutschen von Elektronen aus höher gelegenen Schichten beseitigt. Jedes zur Auffüllung des leeren Platzes herabfallende Elektron gibt die dabei frei werdende Energie ΔW als Photon ab, dessen Frequenz $f = \Delta W/h$ beträgt. Bei den in den inneren Schalen in Betracht kommenden Werten für ΔW liegen die Frequenzen im Röntgengebiet. Das Röntgenspektrum setzt sich also wie das sichtbare Spektrum aus einzelnen Linien zusammen, da alle ΔW diskrete Werte darstellen. Linien, die ein gemeinsames Endniveau haben, bilden auch hier wieder eine Serie.

So umfaßt z.B. die *K*-Serie alle Linien, deren Endterm die *K*-Schale ist, und entsprechend gibt es auch *L*-, *M*-, ... Serien. Berechnet man aus den gemessenen Frequenzen die Energieniveaus der einzelnen Schalen und Unterschalen, so stellt man fest, daß lediglich die *K*-Schale mit ihren 2 Elektronen ein einheitliches Energieniveau hat und alle darüberliegenden Schalen in mehrere Teilschalen zerfallen, wie übrigens auch aus dem Pauli-Prinzip geschlossen werden muß. Im Gegensatz zu den optischen Spektren, denen theoretisch unendlich viele Terme zur Verfügung stehen, spielt sich die Röntgenemission aller Elemente innerhalb von nur 24 Termen ab. Da außerdem noch Übergangsverbote bestehen, können nur einige dieser Terme zur Emission ausgenutzt werden.

Die Energieniveaus der Schalen, die mit Hilfe der Röntgenstrahlung sehr genau sondiert werden können, sind mit der *Bindungsenergie* der Elektronen in ebendiesen Niveaus identisch, d.h. mit der Arbeit, die zur Befreiung eines Elektrons aus seiner Termlage erforderlich ist.

Da sich der Emissionsmechanismus der Röntgenstrahlen im Inneren des Atoms abspielt, wird er im wesentlichen durch den Kern und seine Ladung bestimmt. Es gilt daher auch ein sehr einfacher Zusammenhang zwischen den Wellenzahlen ν und der Ordnungszahl Z des Atoms:

$$\nu = \frac{1}{\lambda} = R\,(Z - \sigma)^2 \left(\frac{1}{n^2} - \frac{1}{m^2}\right)$$

(Moseleysches Gesetz). Die *Abschirmungskonstante* σ berücksichtigt den Sachverhalt, daß für ein in Kernnähe kreisendes Elektron nicht die gesamte Kernladung $+Ze$ zur Wirkung ge-

langt, sondern nur die *fiktive Kernladung* $+(Z - \sigma)\,e$, die eine abschirmende Wirkung der übrigen kernnahen Elektronen berücksichtigt.

Näherungsweise kann man σ mit der Anzahl derjenigen Elektronen identifizieren, die, vom betrachteten Elektron aus gesehen, die inneren Schalen besetzen. Der einfache Verlauf der Wellenzahl mit der Kernladung ist die Folge der für alle Elemente gleichen Struktur der Schalen, die in keiner Weise durch die Anordnung der Valenzelektronen beeinflußt wird. Chemische und optische Eigenschaften haben also keinen Einfluß auf die Röntgenspektren. Die mit Z zunehmende Kernladung vergrößert lediglich die den einzelnen Schalen zukommenden Energiewerte, indem sie die Elektronenhülle immer enger an den Kern heranzieht.

Die in der vorstehend beschriebenen Weise emittierte Röntgenstrahlung heißt *charakteristische* oder *Eigenstrahlung*, da ihre Spektren für jede Atomsorte charakteristisch sind. Es gibt außerdem noch eine Röntgenstrahlungsart, die mit dem speziellen Aufbau des Atoms nichts zu tun hat, die sog. *Bremsstrahlung*. Sie entsteht durch Abbremsung schneller Elektronen, die auf eine feste Oberfläche auftreffen. Die Emission dieser Strahlung ist ein rein elektrodynamisches Phänomen, das aus der klassischen Feldtheorie bekannt ist. Im Gegensatz zur Eigenstrahlung hat die Bremsstrahlung ein *kontinuierliches* Spektrum, dessen kurzwellige Grenzfrequenz f_g durch die Energiebeziehung $hf_g = eU_a$ mit der Anodenspannung U_a der Röntgenröhre, also mit der maximalen Energie der abzubremsenden Elektronen zusammenhängt. Oberhalb der dadurch bestimmten *Grenzwellenlänge* $\lambda_g = c/f_g$ steigt die Intensität der Bremsstrahlung steil an, geht über ein Maximum und verläuft asymptotisch gegen Null.

Moleküle und ihre Spektren. Die Kräfte, die die Atome zu Molekülen binden, sind von zweierlei Art: Die homöopolaren Moleküle, wie H_2, N_2, O_2, O_3, werden durch *Austauschkräfte* (S.424) zusammengehalten, die polaren, wie NaCl, KJ, H_2O, dagegen durch *elektrostatische Kräfte* ihrer Ionenladungen. In vielen Fällen sind beide Kraftarten am Zusammenhalt des Moleküls beteiligt.

Hier interessieren vorwiegend die spektralen Äußerungen von Molekülen. Während ein einzelnes Atom potentielle Energie lediglich als Anregungsenergie der Elektronensprünge innerhalb des Termschemas aufnehmen kann, bieten sich bei Molekülen weitere Möglichkeiten für eine Energiespeicherung; sie können als Ganzes rotieren, oder die Atomkerne können gegeneinander schwingen *(Rotations-* bzw. *Schwingungsenergie)*. Die dabei auftretenden Energiestufen sind wiederum durch die Quantentheorie gegeben, die nur diskrete Werte zuläßt. Für die Rotationsenergie z.B. eines zweiatomigen Moleküls, das um eine Achse senkrecht zur Verbindungslinie der beiden Atomkerne rotiert *(Hantelmodell)*, liefert die Schrödinger-Gleichung die Beziehung

$$W_{\text{rot}} = \frac{\hbar^2}{2\Theta}\,J\,(J+1)\,. \tag{3.37}$$

Hierin sind Θ das Trägheitsmoment und J die Rotationsquantenzahl, die nur ganzzahlige Werte annehmen kann. Ferner gilt bei irgendwelchen Übergängen zwischen 2 Termen der Rotation, daß sich J nur um ± 1 ändern kann. Die Rotationsenergie kann jeweils nur um den Betrag

$$\Delta W_{\text{rot}} = \frac{\hbar^2}{\Theta}\,J$$

geändert werden. Gemäß der Bohrschen Frequenzbedingung [Gl. (3.32)] ist also die mit einem Energiesprung verbundene Frequenz

$$f = \frac{\Delta W_{\text{rot}}}{h} = \frac{\hbar}{2\pi\Theta}\,J\,.$$

Das gesamte *Rotationsspektrum* besteht aus äquidistanten Linien; es liegt bei den meisten Molekülen im fernen Infrarotgebiet, das experimentell schlecht zugänglich ist. Durch gleichzeitig angeregte Kernschwingungen läßt es sich jedoch in ein bequem zugängliches Frequenzgebiet verlegen. Durch diese Überlagerung entsteht dann ein *Rotations-Schwingungs-Spektrum.* Auch die Energie der Kernschwingung wird durch eine Quantenzahl (v) festgelegt, und zwar gilt näherungsweise für die Energiestufen $W_S = Bhc\,(v + \frac{1}{2})$, worin B eine Konstante ist. Die Quantenzahl v unterliegt bei Übergängen von einem Term zum anderen keinerlei Beschränkungen. Als dritte Anregungsmöglichkeit kommen noch *Elektronensprünge* im Molekül in Betracht, die ähnlichen Gesetzen wie im einzelnen Atom unterworfen sind. Dadurch wird der Frequenzbereich noch einmal angehoben und kann ins sichtbare Gebiet oder auch ins UV gelangen. Die Molekülspektren bestehen wegen des Auftretens diskreter Energiestufen grundsätzlich aus einzelnen Linien. Diese liegen jedoch oft so dicht nebeneinander, daß man sie nur mit hochwertigen Spektrometern trennen kann. In der Spektroskopie sind sie als *Bandenspektren* bekannt.

3.2. Kollektivwirkungen sehr vieler Einzelteilchen

3.2.1. Statistik

Die außerordentlich große Anzahl von Teilchen und die Unmöglichkeit, Messungen an Einzelteilchen durchzuführen, zwingen zur Einführung statistischer Betrachtungen. In den meisten Fällen können lediglich Mittelwerte von statistisch verteilten Größen und deren funktionellen Beziehungen als makroskopische Eigenschaften eines Kollektivs sehr vieler Teilchen festgestellt werden, und es besteht dann die Aufgabe, daraus Rückschlüsse auf die Struktur des Kollektivs zu ziehen. Zur Lösung dieser Aufgabe muß umgekehrt erst die Frage beantwortet werden, welche makroskopischen Eigenschaften von einem Kollektiv zu erwarten sind, von dem die Struktur sowie die zwischen den Teilchen bestehenden Wechselwirkungen bekannt sind.

3.2.1.1. Grundsätzliches über Verteilungsfunktionen

Die Verteilungsfunktion, auch *Wahrscheinlichkeitsdichte* oder kürzer *Dichtefunktion* genannt, wird folgendermaßen definiert: Gegeben sei eine statistisch verteilte Größe x – die *Zufallsgröße* –, die alle Werte zwischen 0 und ∞ annehmen kann. Die Wahrscheinlichkeit dafür, daß x zwischen den Werten x und $x + \mathrm{d}x$ liegt, ist ein Differential $\mathrm{d}P$, das der Größe des Intervalls $\mathrm{d}x$ proportional ist:

$$\mathrm{d}P = f(x)\,\mathrm{d}x; \tag{3.38}$$

$f(x)$ Wahrscheinlichkeitsdichte.

Ist x die Molekülgeschwindigkeit in einem Gas, so wird $f(x)$ die bekannte Maxwellsche Verteilung (S.443).

Oft interessiert die Wahrscheinlichkeit $P\,(a, b)$ dafür, daß die Zufallsgröße innerhalb eines *endlichen* Intervalls zwischen $x = a$ und $x = b$ liegt, wobei $a < b$ sei. Aus Gl.(3.38) folgt dafür

$$P\,(a, b) = \int_a^b f(x)\,\mathrm{d}x. \tag{3.39}$$

Ist das Intervall (a, b) der gesamte Geltungsbereich der Größe x, bei der Maxwell-Verteilung also $a = 0$ und $b = \infty$, so ist $P\,(a, b) = 1$; die Wahrscheinlichkeit wird zur *Sicherheit*. Diese Eigenschaft der Verteilungsfunktion dient oftmals zur Bestimmung eines noch unbekannten Faktors der Verteilungsfunktion *(Normierung)*.

Der *Mittelwert* der Zufallsgröße x ist

$$\bar{x} = \int_0^\infty x\,f(x)\,\mathrm{d}x \tag{3.40}$$

und der Mittelwert von x^2

$$\overline{x^2} = \int_0^\infty x^2 f(x)\,\mathrm{d}x. \tag{3.41}$$

$\sqrt{\overline{x^2}}$ wird auch als *Effektivwert* bezeichnet. Ist $x = v$ die Molekülgeschwindigkeit eines Gases, so folgt für die mittlere kinetische Energie der Moleküle $m\overline{x^2}/2$.

3.2.1.2. Thermodynamische Wahrscheinlichkeit (statistisches Gewicht)

In der physikalischen Statistik macht man häufig von der thermodynamischen Wahrscheinlichkeit W_{th} Gebrauch. Sie ist als die nach den Gesetzen der Kombinatorik zu berechnende Anzahl der Möglichkeiten definiert, eine vorgegebene Verteilung zu realisieren. Als Denkmodell sei folgendes angeführt: Gegeben sei eine Reihe von Kästen, die durch die Zahlen 1, 2, 3, …, m als Index markiert seien, ferner eine Anzahl N einander völlig gleichartiger Elemente, die auf die m Kästen verteilt werden, so daß Kasten 1 mit N_1, Kasten 2 mit N_2, … Elementen versehen wird. Für die möglichen Verteilungen gibt die Kombinatorik an:

$$W_{th} = \frac{N!}{N_1!N_2! \cdots N_m!}. \tag{3.42}$$

W_{th} ist keine Wahrscheinlichkeit herkömmlicher Definition, die stets $\leqq 1$ sein muß, sondern W_{th} hat ein absolutes Minimum $W_{th} = 1$ für den Fall, daß sämtliche Elemente in einem einzigen Kasten enthalten sind, also beispielsweise $N_1 = N$ und $N_2 = N_3 = N_4 = N_5 = \cdots = 0$ ist. W_{th} hat dagegen ein Maximum, wenn die Verteilung gleichförmig ist, also $N_1 = N_2 = N_3 = N_4 = \cdots = N_m = N/m$ ist; das wäre die wahrscheinlichste Verteilung. In einem physikalischen System stellt sich im Gleichgewicht immer diejenige Verteilung ein, der die größte Wahrscheinlichkeit zukommt. Das entspricht auch der Boltzmannschen Formulierung der *Entropie* auf statistischer Grundlage:

$$S = k \ln W_{th};$$

k Boltzmannsche Konstante (s. Tafel 3.1).

Die Aussage des 2. Hauptsatzes der Thermodynamik, daß die Entropie eines abgeschlossenen Systems niemals abnehmen kann, deckt sich mit der Forderung, daß W_{th} ein Maximum sein soll.
Die wahrscheinlichste Verteilung braucht aber nicht immer die gleichmäßige zu sein, sondern sie hängt noch entscheidend von den speziellen Bedingungen ab, denen die Verteilung unterliegt.

3.2.1.3. Berechnung von Verteilungsfunktionen

Die Aufgabe besteht darin, diejenige Verteilungsfunktion $f(x)$ der Zufallsgröße x zu finden, der eine maximale thermodynamische Wahrscheinlichkeit zukommt. Es liegt somit ein Variationsproblem vor, das sich mit Hilfe der Lagrangeschen Methode der unbestimmten Koeffizienten lösen läßt, die auch gestattet, die jeweiligen Bedingungen zu berücksichtigen.
Ideales Gas: Maxwell-Boltzmann-Statistik. Es soll die Energieverteilung in einem der Schwere unterworfenen Gas berechnet werden, das sich klassisch verhält. Aus Gl. (3.42) folgt

$$\ln W_{th} = \ln N! - \sum_{i=1}^{m} \ln N_i\,!.$$

Mit Hilfe der Stirlingschen Formel $\ln z! = z \ln z - z$ wird hieraus

$$\ln W_{th} = N \ln N - N - \sum_{i=1}^{m} N_i \ln N_i + \sum_{i=1}^{m} N_i. \tag{3.43}$$

Die Nebenbedingungen lauten

$$\sum_{i=1}^{m} N_i = N \quad \text{und} \quad \sum_{i=1}^{m} w_i N_i = E_0 .$$

w_i ist die Energie eines zur Teilmenge N_i gehörigen Teilchens; sie setzt sich aus der kinetischen Energie $\varepsilon_i = mv_i^2/2$ und der potentiellen Energie $V_i = mgz_i$ zusammen. E_0 ist die Gesamtenergie des betrachteten Kollektivs. Die Nebenbedingungen lauten

$$-\alpha \sum_{1}^{m} N_i + \alpha N = 0 \quad \text{und} \quad -\beta \sum_{1}^{m} w_i N_i + \beta E_0 = 0,$$

und man erhält für $\ln W_{\text{th}}$

$$\ln W_{\text{th}} = N \ln N - \sum_{1}^{m} N_i \ln N_i - \alpha \sum_{1}^{m} N_i + \alpha N - \beta \sum_{1}^{m} w_i N_i + \beta E_0 .$$

Beim absoluten Maximum von $\ln W_i$ müssen alle Ableitungen nach den N_i verschwinden; also gilt

$$\frac{\partial \ln W_{\text{th}}}{\partial N_i} = -(1 + \ln N_i) - \alpha - \beta w_i = 0,$$

und schließlich entsteht

$$N_i = A \exp(-\beta w_i) = A \exp[-\beta(\varepsilon_i + mgz_i)] = A \exp(-\beta \varepsilon_i) \exp(-\beta mgz_i). \tag{3.44}$$

Die zweite exp-Funktion ist die bekannte Barometerformel

$$n = n_0 \exp\left(-\frac{mgz}{kT}\right). \tag{3.45}$$

Aus dem Vergleich folgt $\beta = 1/kT$, ein Ergebnis, das man auch aus der Entropiebeziehung $S = k \ln W_{\text{th}}$ ableiten kann, wenn man sie mit der aus der Thermodynamik bekannten Gleichung $\delta S = \delta E_0/T$ verknüpft, worin δE_0 die Änderung der Gesamtenergie bei einer Änderung der Verteilung der N_i bedeutet.

Für den Fall vernachlässigbarer Höhe, d.h., $z \ll kT/mg$ (was für alle Laboranordnungen zutrifft), bleibt übrig

$$N_i = A \exp(-\varepsilon_i/kT). \tag{3.46}$$

Die Konstante A läßt sich verhältnismäßig einfach ermitteln, wenn man die Energiezellen, über die sich die Verteilung erstreckt, zweckmäßig wählt. Die kinetische Energie ε_i ist dem Quadrat der Molekülgeschwindigkeit v_i proportional. Man kann sich alle zu einem bestimm-

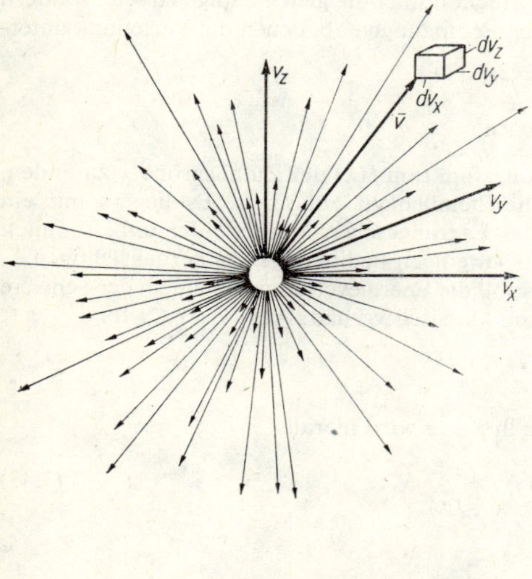

Bild 3.10
Momentane Lage der Geschwindigkeitsvektoren von Gasmolekülen

ten Zeitpunkt im Gas vorhandenen Molekülgeschwindigkeiten als Vektoren vom Nullpunkt aus aufgetragen denken. Das Ergebnis ist dann ein Stern von Stacheln, die richtungsisotrop verteilt sind, aber verschiedene Längen haben (Bild 3.10). Die Spitzen aller zum gleichen Betrag v gehörenden Vektoren liegen auf einer Kugeloberfläche mit dem Radius $r = v$. Die Anzahl der Moleküle, deren Geschwindigkeitsbetrag zwischen v und $v + \mathrm{d}v$ liegt, ist gleich der Anzahl der in der differentiellen Kugelschale mit dem Volumen $\mathrm{d}V = 4\pi v^2\,\mathrm{d}v$ liegenden Pfeilspitzen. Da die Dichte der Pfeilspitzen – der Bildpunkte im Geschwindigkeits- oder Impulsraum – nur von $r = v$ abhängt, kann ihre Anzahl dem Volumenelement $\mathrm{d}V$ proportional gesetzt werden. Unter Berücksichtigung von Gl. (3.46) gilt

$$\mathrm{d}N = A' v^2 \exp(-\varepsilon/kT), \tag{3.47}$$

worin A' eine Konstante ist. Mit $mv^2/2 = \varepsilon$ und daher $\mathrm{d}v = \mathrm{d}\varepsilon/\sqrt{2m\varepsilon}$ wird

$$\mathrm{d}N = A'' \frac{\sqrt{\varepsilon}}{m^{3/2}} \exp(-\varepsilon/kT)\,\mathrm{d}\varepsilon. \tag{3.48}$$

Die Konstante A'' läßt sich durch die Normierungsgleichung

$$N = \int_0^\infty \mathrm{d}N = \frac{A''}{m^{3/2}} \int_0^\infty \sqrt{\varepsilon} \exp(-\varepsilon/kT)\,\mathrm{d}\varepsilon$$

bestimmen. Als Endresultat folgt die Verteilung der kinetischen Energie ε zu

$$f(\varepsilon)\,\mathrm{d}\varepsilon = \frac{\mathrm{d}N}{N} = \frac{2}{\sqrt{\pi}} \frac{\sqrt{\varepsilon}}{(kT)^{3/2}} \exp(-\varepsilon/kT)\,\mathrm{d}\varepsilon. \tag{3.49}$$

Von der Energieverteilung gelangt man zur *Geschwindigkeitsverteilung* der Gasmoleküle, wenn man die obigen Beziehungen zwischen ε und v benutzt. Es entsteht

$$M(v)\,\mathrm{d}v = \sqrt{\frac{2}{\pi}} \left(\frac{m}{kT}\right)^{3/2} v^2 \exp(-mv^2/2kT)\,\mathrm{d}v. \tag{3.50}$$

Führt man eine Geschwindigkeit w durch die Beziehung

$$mw^2/2 = kT \tag{3.51}$$

ein, so erhält man schließlich die als *Maxwellsche Geschwindigkeitsverteilung* bekannte Form

$$M(v)\,\mathrm{d}v = \frac{4}{\sqrt{\pi}} \frac{v^2}{w^3} \exp(-v^2/w^2)\,\mathrm{d}v. \tag{3.52}$$

Durch Differentiation von $M(v)$ stellt man fest, daß w diejenige Geschwindigkeit ist, bei der $M(v)$ ein Maximum hat. w ist daher die häufigste oder auch *wahrscheinlichste Geschwindigkeit*.

Photonengas: Bose-Einstein-Statistik. Die Energie eines Photons ist $W = hf$. Die Berechnung der Energieverteilung läuft auf eine Berechnung der *Frequenzverteilung* (spektrale Verteilung) hinaus. Der dazu erforderliche Gleichgewichtszustand wird durch die Hohlraumstrahlung des *schwarzen Körpers* einheitlicher Temperatur realisiert. Würde man dieselbe Rechnung, wie sie vorstehend für Gasmoleküle durchgeführt wurde, auf Photonen anwenden, so käme man in Widerspruch zur Erfahrung, weil die Ausbreitung von Wellen in abgeschlossenen Räumen besonderen Gesetzen der Quantenmechanik unterworfen ist. Grundsätzlich gilt das natürlich auch für Gasmoleküle. Die vorstehend beschriebene klassische Berechnung der Energieverteilung ist deshalb strenggenommen nur als Näherung zu werten, die wegen der Kleinheit der Materiewellenlänge von Gasmolekülen (in der Größenordnung von 10^{-10} m) allerdings völlig ausreicht. (Näheres darüber s. Abschn. 3.2.1.4.) Photonen müssen dagegen in jedem Fall wellenmechanisch behandelt werden. Sind Photonen z. B. in einem würfelförmigen Kasten mit der Kantenlänge d eingeschlossen, dessen Wände die Strahlung ideal reflektieren, so muß man nach dem Muster des Beispiels 2 auf S.423 verfahren, das jetzt allerdings auf 3 Dimensionen erweitert werden muß. An die Stelle von Gl. (3.22) tritt das für die Auslese der möglichen Strahlrichtungen maßgebende Gleichungstripel

$$n_1 \frac{\lambda}{2} = d \cos \alpha, \quad n_2 \frac{\lambda}{2} = d \cos \beta, \quad n_3 \frac{\lambda}{2} = d \cos \gamma. \tag{3.53}$$

Hierin sind n_1, n_2, n_3 ganze Zahlen und α, β, γ die Winkel zwischen der „erlaubten" Strahlrichtung und den 3 Würfelkanten. Damit geht Gl. (3.22) über in

$$\lambda = \frac{2d}{\sqrt{n_1^2 + n_2^2 + n_3^2}}, \tag{3.54}$$

und der Impuls $p = h/\lambda$ eines in den Kasten „hineinpassenden" Photons muß der Bedingung genügen

$$p = \frac{h\sqrt{n_1^2 + n_2^2 + n_3^2}}{2d}. \tag{3.55}$$

Durch diese Beziehung werden also nur *diskrete* Impulswerte und ebenso auch nur diskrete Energiewerte (Quanten) für die Photonen zugelassen.

Ein weiterer neuer Gesichtspunkt ergibt sich aus der Tatsache, daß für die Photonen das Pauli-Prinzip nicht gilt, weil sie keinen Spin haben. Das bedeutet, daß beliebig viele Photonen einen Quantenzustand, also einen zulässigen Energie- oder Impulswert, besetzen können. Aus dieser grundsätzlichen Nichtunterscheidbarkeit der Photonen folgt die Anwendung einer von der klassischen abweichenden Statistik, die man als *Bose-Einstein-Statistik* bezeichnet. Im Endresultat ergibt sich die folgende Energieverteilung für Photonen:

$$f(\varepsilon)\,\mathrm{d}\varepsilon = \frac{4\pi V}{c^3 h^3} \frac{\varepsilon^2}{\exp(\varepsilon/kT) - 1}\,\mathrm{d}\varepsilon. \tag{3.56}$$

$V = d^3$ ist das von der Strahlung erfüllte Volumen des schwarzen Körpers. Die Form des Nenners, $\exp(\varepsilon/kT) - 1$, ist für die Photonenstatistik charakteristisch; sie wurde lange vor der Planckschen Entdeckung der Lichtquanten experimentell gefunden. Durch einfache Umrechnung erhält man aus Gl. (3.56) das *Plancksche Strahlungsgesetz*

$$L d\lambda = \frac{2hc^2}{\lambda^5} \frac{d\lambda}{\exp(hc/kT\lambda) - 1}. \tag{3.57}$$

Hierin ist L die *Strahldichte* des schwarzen Körpers mit der Temperatur T. Für konstante Temperatur zeigen die Kurven $L(\lambda)$ die bekannte Glockenform (Isothermen). Bezieht man Strahldichte und Wellenlänge auf die dem Maximum von L zukommenden Größen, so erhält man einen von T unabhängigen Verlauf (Bild 3.11).

Elektronengas: Fermi-Dirac-Statistik. Ein aus freien Elektronen bestehendes Gas ist bei niedriger Temperatur vollkommen entartet, d.h., es befolgt nicht mehr die Maxwell-Boltzmann-Statistik, wenn die Dichte der Elektronen nicht extrem gering ist. Vom Photonengas unterscheidet sich das Elektronengas in zweifacher Hinsicht: Erstens ist die Geschwindigkeit der Teilchen wesentlich kleiner als die Lichtgeschwindigkeit c, zweitens gilt für Elektronen wieder das Pauli-Prinzip. Wegen ihrer Möglichkeit, die Spinrichtung entsprechend der Spinquantenzahl $s = \pm\frac{1}{2}$ in zweifacher Weise zu orientieren, kann ein vorhandenes Energieniveau höchstens von 2 Elektronen besetzt werden. Für die Auswahl der möglichen Energiezustände kann man das Schema von S.423 übernehmen, wenn man sich das Elektronengas in einen Würfel der Kantenlänge d eingeschlossen denkt. Für den *Impulsbetrag* gilt die Bedingung

$$p = \frac{h}{2d}\sqrt{n_1^2 + n_2^2 + n_3^2}.$$

Unter Berücksichtigung der Doppelbesetzung der Energieniveaus erhält man für die Verteilung der verfügbaren Plätze je Volumen

$$F_1(\varepsilon)\,\mathrm{d}\varepsilon = 8\pi\sqrt{2}\,\frac{m^{3/2}}{h^3}\,\sqrt{\varepsilon}\,\mathrm{d}\varepsilon. \tag{3.58}$$

Die Anzahl der Plätze je Energie steigt mit $\sqrt{\varepsilon}$ proportional an und ist von der Temperatur der Elektronen unabhängig. Die Frage, welche der angebotenen Plätze tatsächlich von Elektronen besetzt werden, wird von einer zweiten Funktion beantwortet, für die das oben

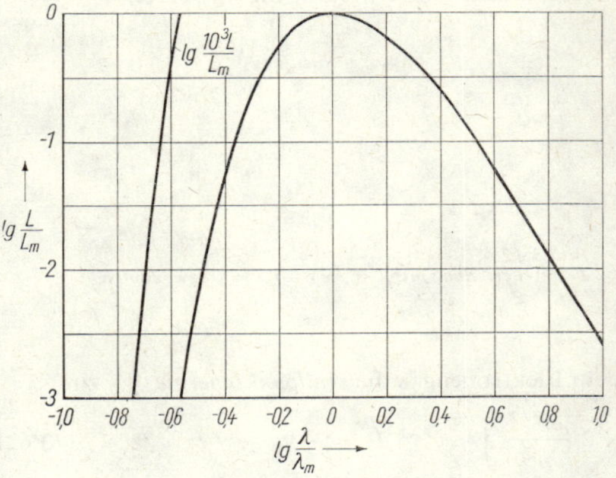

Bild 3.11
Plancksches Strahlungsgesetz in reduzierter Form

beschriebene Verfahren zur Berechnung des Minimums der thermodynamischen Wahrscheinlichkeit W_{th} den Ausdruck

$$F_2\,(\varepsilon, T) = \left[1 + \exp\left(\frac{\varepsilon - \mu}{kT}\right)\right]^{-1} \tag{3.59}$$

liefert. Damit lautet dann die komplette Fermi-Verteilung

$$\mathrm{d}n = F(\varepsilon)\,\mathrm{d}\varepsilon = F_1(\varepsilon)\,F_2\,(\varepsilon, T)\,\mathrm{d}\varepsilon = 8\pi\sqrt{2}\,\frac{m^{3/2}}{h^3}\,\frac{\sqrt{\varepsilon}\,\mathrm{d}\varepsilon}{1 + \exp\left(\frac{\varepsilon - \mu}{kT}\right)}. \tag{3.60}$$

Die Konstante μ hat folgende Bedeutung: Bei $T = 0$ ist für $\varepsilon < \mu$ die Funktion $F_2(\varepsilon) = 1$. Sobald jedoch $\varepsilon = \mu$ wird, springt der Funktionswert auf Null und bleibt auch für $\varepsilon > \mu$ gleich Null (Bild 3.12). Bei höherer Temperatur, z.B. $T = 2000$ K, wird ihr Verlauf in der dargestellten Weise verschliffen. Die den Verlauf von $F(\varepsilon)$ bestimmende Stoffkonstante μ heißt *Fermi-Kante (Fermi-Niveau)*. Sie folgt aus der Normierungsgleichung

$$n = \int \mathrm{d}n = \int_0^{\mu} F(\varepsilon)\,\mathrm{d}\varepsilon,$$

Tafel 3.3. Elektronendichte und Fermi-Kante einiger Metalle

Metall	n_0 10^{28} m^{-3}	μ_0 10^{-19} W · s	μ_0 eV
Na	2,54	5,05	3,15
K	1,33	3,3	2,06
Cu	8,4	11,3	7,05
Ag	5,9	8,92	5,6
W	6,3	9,3	5,8

worin n die Elektronendichte im Metall ist, die sich aus der Dichte der Gitterstellen berechnen läßt. Die Integration der Normierungsgleichung ist nur näherungsweise durchführbar. Sie liefert für Metalle

$$\mu = \mu_0 \left[1 - \frac{\pi^2}{12}\left(\frac{kT}{\mu_0}\right)^2 + \cdots\right]. \tag{3.61}$$

$$\mu_0 = \frac{h^2}{m}\left(\frac{3n}{16\pi\sqrt{2}}\right)^{2/3}$$

ist die Fermi-Kante für $T = 0$. Tafel 3.3 enthält für einige Metalle die μ_0-Werte.

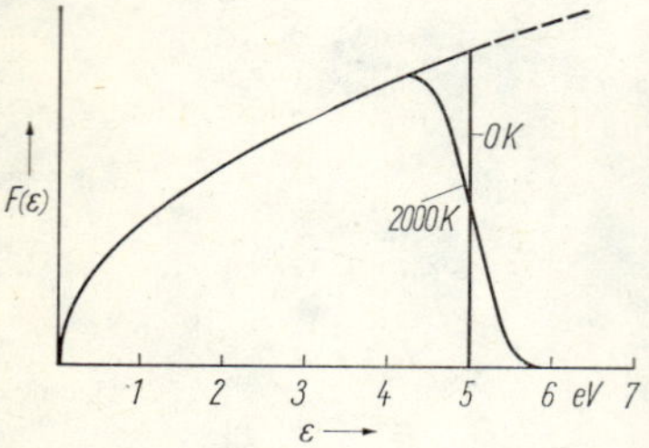

Bild 3.12
Fermi-Verteilung mit $\mu = 5$ eV für $T = 0$ bzw. 2000 K

Bei der Temperatur $T = 0$ K kommt dem Elektronengas die *Nullpunktenergie* W_0 zu:

$$W_0 = \int_0^{\mu_0} \varepsilon F_1(\varepsilon)\,\mathrm{d}\varepsilon = 8\pi\sqrt{2}\,\frac{m^{3/2}}{h^3}\int_0^{\mu_0} \varepsilon^{3/2}\,\mathrm{d}\varepsilon = \frac{3}{5}\,n\mu_0. \tag{3.62}$$

Für die Leitungselektronen im Silber z. B. beträgt W_0 etwa 900 kWh · m^{-3}. Dieser große Energievorrat läßt sich prinzipiell technisch nicht verwerten. In einem klassischen Gas würden bei $T = 0$ K alle Teilchen zur Ruhe gekommen sein. Der Zustand $\varepsilon = 0$ wäre daher N-fach besetzt, wenn N die Anzahl der betrachteten Moleküle ist. Das Vorhandensein einer Nullpunktenergie ist also an die Gültigkeit des Pauli-Prinzips geknüpft.

3.2.1.4. Entartung

Die mit quanten- und wellenmechanischen Methoden gewonnenen Verteilungsfunktionen gelten allgemein. Die klassische Verteilung nach Maxwell und Boltzmann ist eine für die besonderen Verhältnisse in Gasen zutreffende Näherung. Man bezeichnet trotzdem die Fermi-Verteilung als „entartet" und spricht demgemäß von einer *Entartungstemperatur*, oberhalb der die klassische Betrachtung als genügend genaue Näherung gelten darf. Die Entartungstemperatur T_e hängt von der Teilchendichte n ab. Als Entartungskriterium kann man z. B. annehmen, daß die mittlere Materiewellenlänge der Teilchen $\bar{\lambda} = h/m\bar{v}$ etwa gleich dem mittleren Abstand der Teilchen voneinander $d = n^{-1/3}$ ist. Daraus folgt die Entartungstemperatur zu

$$T_e = \frac{\pi h^2}{8\,km}\,n^{2/3}. \tag{3.63}$$

Das Elektronengas im Silber hätte dann eine Entartungstemperatur von etwa $2 \cdot 10^5$ K; ähnliche Werte sind bei den übrigen Metallen zu erwarten. Die Metallelektronen dürfen also keinesfalls klassisch behandelt werden. Ihre hohe Entartungstemperatur ist die Folge der hohen Dichte n der Elektronen in Metallen. Berechnet man dagegen T_e für Helium bei der Normaldichte von $n_0 = 2{,}7 \cdot 10^{25}$ m^{-3}, so erhält man etwa 0,17 K und entsprechend für die anderen Gase. Hier kann ohne Bedenken nach der klassischen Statistik verfahren werden.

3.2.2. Schwankungserscheinungen und Rauschen

Wegen der atomaren Unterteilung der Materie, der elektrischen Ladung, der Energie usw. führt grundsätzlich jede der Messung zugängliche Größe zeitliche Schwankungen um ihren Mittelwert aus. Das klassische Beispiel hierfür ist die *Brownsche Bewegung*, d. i. die ruckartig erfolgende Bewegung kleiner in Flüssigkeiten oder Gasen suspendierter Teilchen. Sie wird veranlaßt durch die bei kleinen Teilchen nicht immer ausgeglichene Impulsübertragung durch Stöße der Moleküle aus der Umgebung.

3.2.2.1. Poisson-Verteilung

Für alle Schwankungseffekte ist typisch, daß sie um so auffälliger in Erscheinung treten, je kleiner der Mittelwert für die Anzahl der Elementarwirkungen ist, die eine beobachtete Größe bestimmen. Den Zusammenhang gibt die von *Poisson* aufgestellte Formel

$$P(N) = \frac{\overline{N}^N}{N!}\,\mathrm{e}^{-\overline{N}}. \tag{3.64}$$

Hierin ist $\overline{N}$ die mittlere Anzahl der in der Zeit τ ablaufenden Elementarereignisse und $P(N)$ die Wahrscheinlichkeit dafür, daß in der gleichen Zeit N Elementarereignisse gemessen werden. N ist ganzzahlig. Bild 3.13 gibt den Verlauf von $P(N)$ für einige $\overline{N}$-Werte wieder. Das Maximum der Verteilungsfunktion liegt stets in der Nähe von $\overline{N}$, dem *Erwartungswert*.

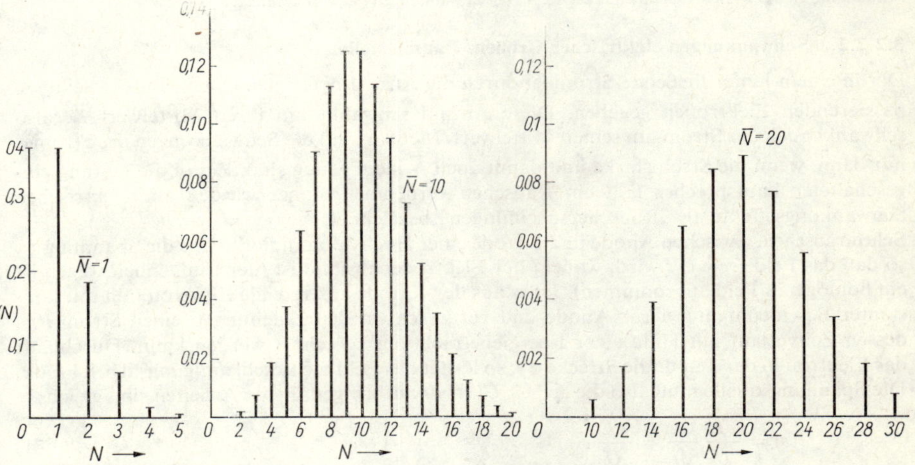

Bild 3.13. Poisson-Verteilung für N = 1, 10 und 20

Der Einfluß von $\overline{N}$ auf die Schwankungsgröße geht aus folgendem Beispiel hervor: Die Wahrscheinlichkeit $P(0)$ – es erfolgt während der Zeit τ überhaupt kein Ereignis – ist nach Gl. (3.64) $\mathrm{e}^{-\overline{N}}$, fällt also mit zunehmendem Mittelwert sehr schnell ab. Wenn man die Zeit τ verkürzt, wird der Mittelwert $\overline{N}$ vermindert, und damit nehmen die beobachteten Schwankungen zu. Bei Messungen der Teilchendichte gilt Entsprechendes vom Volumen, in dem die Dichtemessung erfolgt.

Eine weitere für die Analyse von Schwankungen wichtige Größe ist die *Streuung*, auch *Standardabweichung* genannt. Sie wird definiert durch

$$\sigma^2 = \overline{(N - \overline{N})^2}. \tag{3.65}$$

σ^2 ist die mittlere quadratische Abweichung. Im Gültigkeitsbereich der *Poisson*-Verteilung gilt

$$\sigma^2 = \sum_{N=0}^{\infty} (N - \overline{N})^2\, P(N). \tag{3.66}$$

Folgende weitere Zusammenhänge lassen sich ableiten:

$$\sigma^2 = \overline{N^2} - \overline{N}^2, \tag{3.67}$$

$$\overline{N} = \overline{N^2} - \overline{N}^2, \tag{3.68}$$

$$\sigma^2 = \overline{N}, \tag{3.69}$$

$$\frac{\sigma^2}{\overline{N}^2} = \frac{1}{\overline{N}}. \tag{3.70}$$

Diese Größen haben für die Theorie zufälliger Beobachtungsfehler große Bedeutung. Für die Gültigkeit vorstehender Formeln ist Bedingung, daß die Einzelereignisse voneinander unabhängig sind.

Die Schwankungseffekte setzen der Messung eine obere Grenze bezüglich der Empfindlichkeit. Es hat z.B. keinen Sinn, die Empfindlichkeit eines Lichtmarkeninstruments durch Verlängern des Lichtzeigers steigern zu wollen, weil dadurch auch die statistischen Schwankungen der Anzeige vergrößert werden. Es läßt sich eine Faustformel für die kleinste, mit einem Drehspulgalvanometer noch meßbare Stromstärke I angeben:

$$I/\mathrm{A} \approx \frac{4{,}5 \cdot 10^{-11}}{\sqrt{RT}};$$

R Spulenwiderstand in Ω, T Schwingungsdauer des Systems in s. Zu den durch Stöße der Luftmoleküle angeregten Schwankungen des Systems kommen noch die Stromschwankungen (s. Abschn. 3.2.2.2.).

3.2.2.2. Schwankungen elektrischer Größen. Rauschquellen

Der in einem Leiter fließende Strom ist durch die Anzahl N der den Querschnitt je Sekunde passierenden Elektronen gegeben. Diese Anzahl schwankt um ihren Mittelwert $\overline{N}$, also schwankt auch der Strom um seinen Mittelwert. Meßbar sind die Schwankungen des Stromes nur dann, wenn die Stromstärke und damit auch $\overline{N}$ klein genug sind. Ein in die Leitung eingeschalteter Lautsprecher läßt ein Rauschen vernehmen, daher werden alle elektrischen Schwankungseffekte als „Rauscherscheinungen" bezeichnet.

Schrotrauschen. Zwischen Anode und Katode einer Hochvakuumdiode liege die Spannung U, so daß das Feld $E = U/l$ wird, wobei l der Elektrodenabstand ist (der Einfachheit wegen ist ein homogenes Feld angenommen). Jedes aus der Katode austretende Elektron fällt mit konstanter Beschleunigung a zur Anode und verursacht in den Zuleitungen einen Strom $i(t)$, dessen Zeitverlauf mit Hilfe einer Energiebetrachtung berechnet werden kann. Durchläuft das Elektron in der Zeit $\mathrm{d}t$ die Strecke $\mathrm{d}x$, so leistet das Feld die Beschleunigungsarbeit $eE\,\mathrm{d}x$. Die Spannungsquelle muß also die Arbeit $Ui(t)\,\mathrm{d}t$ aufbringen. Beide Arbeiten sind gleich:

$$i(t) = \frac{eE}{U}\frac{\mathrm{d}x}{\mathrm{d}t} = \frac{eE}{U}v(t). \tag{3.71}$$

Da $v(t) = at = (eE/m)\,t$ ist, steigt der Strom i mit der Zeit t proportional an, solange sich das Elektron noch im Feld E befindet. Erreicht es die Anode – nach der Flugdauer $T = l/v$ –, so verschwindet es aus dem Vakuum, und der Strom geht plötzlich auf Null zurück. Der

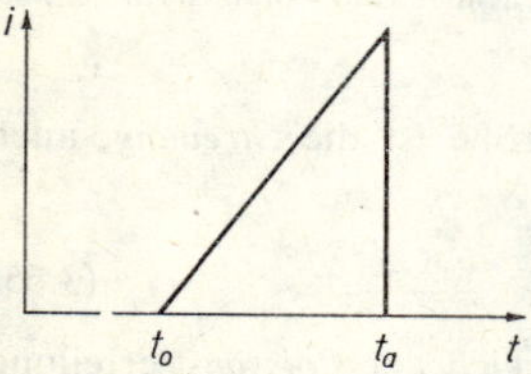

Bild 3.14. Zeitlicher Stromverlauf beim Durchfliegen eines Elektrons durch eine Vakuumstrecke

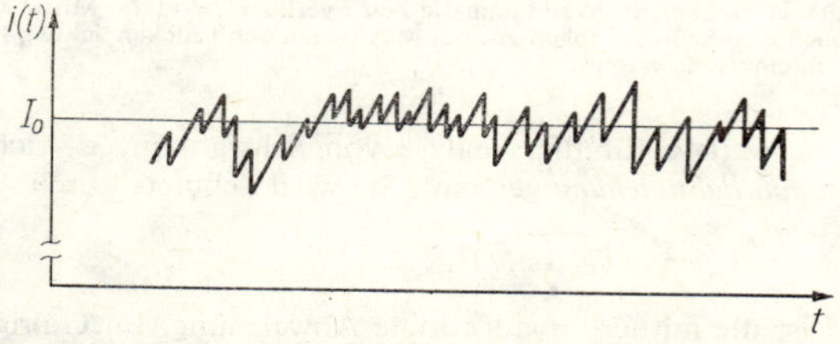

Bild 3.15. Überlagerung der dreieckigen Einzelimpulse des Stromes

zeitliche Stromverlauf ist also ein Dreieckimpuls (Bild 3.14). Da jedes Elektron den gleichen Stromverlauf liefert, sobald es die Katode verlassen hat, setzt sich der im Oszillografen registrierte Strom aus vielen derartigen Impulsen zusammen, die ja nach dem Austrittszeitpunkt der Elektronen aus der Katode zeitlich verschoben, d.h. *inkohärent*, sind. Ihre Überlagerung ergibt den im Bild 3.15 schematisch gezeichneten Verlauf, also einen Gleichstrom mit überlagertem Rauschen.

In der Nachrichtentechnik interessiert hauptsächlich die *spektrale Verteilung* des Rauschstromes. Der Weg führt über die *Fourier-Transformation*, die auf jedes Elementarereignis, d.h. den Übergang eines Elektrons von der Katode zur Anode, angewendet werden muß:

$$F_0(\omega) = \int_{-\infty}^{+\infty} i(t) \exp(-j\omega t)\, dt. \tag{3.72}$$

$i(t)$ ist aus Gl. (3.71) einzusetzen. Das Ergebnis liefert für die Amplitude des Schwankungsstromes innerhalb des Frequenzintervalls Δf

$$\hat{\imath} = 2e\,\Delta f.$$

Da alle elementaren Stromstöße inkohärent verlaufen, müssen die Quadrate der Einzelamplituden addiert werden, und man erhält für die Amplitude des Gesamtstromes im Intervall Δf

$$\hat{I}^2 = 4e^2\nu\,\Delta f. \tag{3.73}$$

Hierin ist ν die Anzahl der je Sekunde ablaufenden Elementarprozesse; ν hängt mit dem Gleichstrom I_0 zusammen durch $I_0 = e\nu$. Damit ergeben sich $\hat{I}^2 = 4eI_0\,\Delta f$ und der *Effektivwert* des Rauschstromes zu

$$I = \sqrt{2eI_0\,\Delta f}. \tag{3.74}$$

Bemerkenswert ist die Unabhängigkeit des Rauschstromes von der Frequenz *(weißes Rauschen)*. Allerdings hat der Frequenzbereich, innerhalb dessen Gl. (3.74) gilt, eine durch die Flugdauer des Elektrons in der Diode gegebene obere Grenze von etwa 5 MHz. Oberhalb dieser Grenzfrequenz sinkt die Rauschamplitude schnell mit der Frequenz f.

Widerstandsrauschen. Zwischen den Enden eines Widerstandes aus beliebigem Material ist eine Rauschspannung nachweisbar, auch dann, wenn von außen kein Strom eingespeist wird. Diese Rauschleistung ist die direkte Folge der thermischen Bewegung der Ladungsträger im Widerstand. Die Rauschspannung kann prinzipiell von Temperatur T, Widerstand R und Frequenz f abhängen, nicht jedoch vom *Material* des Widerstandes; andernfalls entstünde ein Widerspruch zum 2. Hauptsatz der Thermodynamik. Nach *Nyquist* gilt für die Rauschspannung

$$U^2 = 4kTR\,\Delta f$$

und für den Rauschstrom

$$I^2 = 4kT\,\Delta f/R. \tag{3.75}$$

Die *Rauschleistung* des Widerstandes ist

$$N_R = U^2/R = 4kT\,\Delta f. \tag{3.76}$$

Bei Anpassung kann maximal die Leistung $N_R/4 = kT\,\Delta f$ ausgekoppelt werden.

Auch das Widerstandsrauschen erweist sich also als unabhängig von der Frequenz *(weißes Rauschen)*. Die obere Frequenzgrenze liegt jedoch beträchtlich höher als beim Schrotrauschen: Für einen Al-Draht z. B. liegt sie bei $4 \cdot 10^{11}$ Hz, also im Bereich der mm-Wellen. Natürlich trägt nun der Wirkanteil von R zum Rauschen bei; ideale (verlustfreie) Blindelemente rauschen nicht.

Die Hochvakuumdiode und der Widerstand werden vielfach als *Rauschnormale* benutzt, weil ihre Rauscheigenschaften einfachen Gesetzen gehorchen.
Außer den vorstehend behandelten Rauschquellen gibt es noch mehrere, die allerdings nicht so einfachen Gesetzen gehorchen. Ist z. B. die Hochvakuumdiode anstelle des Wolframdrahtes mit einer Oxidkatode ausgerüstet oder verwendet man anstelle von Metalldrahtwiderständen solche aus dotierten Halbleitern oder aus dünnen Kohleschichten, so treten neue Rauschursachen auf, namentlich bei Strombelastung *(Stromrauschen)*. Wegen der Inkohärenz der das Rauschen erzeugenden Einzelprozesse gilt die Vorschrift der quadratischen Addition der Effektivwerte bzw. Scheitelwerte:

$$I^2 = I_1^2 + I_2^2 + I_3^2 + \cdots \tag{3.77}$$

Diese neuen Rauscherscheinungen sind meist von der Frequenz f abhängig.
Für Oxidkatoden ist das *Funkelrauschen* charakteristisch, dessen Spektrum sich auf niedrige Frequenzen beschränkt, und zwar nimmt seine Intensität mit abnehmender Frequenz stark zu. Sein Entstehungsmechanismus ist eng mit den komplizierten Verhältnissen der Oxidkatodenemission verknüpft; Emissionsinseln auf der Oberfläche sowie plötzlich entstehende und durch Ausbrennen ebenso schnell verschwindende Brennfleckansätze (S. 509) spielen eine Rolle. Bei Dünnschichtwiderständen liegt eine Rauschquelle in den Grenzflächen zwischen den Kristalliten.
Im *Plasma*, wie übrigens auch bei den meisten Halbleitern, lassen sich folgende Rauschursachen feststellen:

1. normales thermisch bedingtes *Nyquist-Rauschen* der Stromträger, vorwiegend freier Elektronen;
2. *Schrotrauschen* als Wirkung der Trägerbeschleunigung im elektrischen Feld;
3. *Generationsrauschen*, das auf dem stochastischen Charakter des Gleichgewichts zwischen Trägererzeugung und -vernichtung beruht.

Für die Frequenzabhängigkeit gelten folgende Formeln:

1. Nyquist-Rauschen:

$$I^2 = 4\,kT_e\Delta f/R \text{ [vgl. Gl. (3.75)]};$$

T_e Elektronentemperatur, die im Plasma erheblich höher sein kann als die Gastemperatur (S. 459).

2. Schrotrauschen:

$$I^2 = \frac{4ma^2\tau^2}{R}\,\frac{3 + (\omega\tau)^2}{1 + (\omega\tau)^2}\,\Delta f; \tag{3.78}$$

$a = eE/m$ Beschleunigung der Elektronen,
τ mittlere Zeit zwischen zwei Zusammenstößen der Elektronen mit Molekülen (Freiflugzeit).

3. Generationsrauschen:

$$I^2 = \frac{4P_g}{nR}\,\frac{\tau_0}{1 + (\omega\tau_0)^2}\,\Delta f; \tag{3.79}$$

P_g die im Plasma je Volumen umgesetzte Gleichstromleistung,
n Elektronendichte im Plasma,
τ_0 mittlere Lebensdauer eines Elektrons.

In der Form von Niederdruckentladungen wird das Plasma oft auch als Rauschgenerator bekannter Leistung im Mikrowellenbereich verwendet. In Hochvakuumröhren mit mehreren Gittern (Pentode) tritt als weitere Rauschursache die stochastisch schwankende Stromverteilung auf die Gitter und Anode in Erscheinung (*Stromverteilungsrauschen*). Dem Signalstrom der Röhre überlagern sich das Schrotrauschen der Oxidkatode, das Funkelrauschen und das Stromverteilungsrauschen. Auch Halbleiterbauelemente weisen ein ausgeprägtes $1/f$-Rauschspektrum bei niedrigen Frequenzen auf.

3.3. Struktur der Aggregatzustände

Aus sachlichen und praktischen Gründen empfiehlt es sich, neben den drei Aggregatzuständen der klassischen Physik noch das Plasma als vierten Aggregatzustand einzuführen. Die Aggregatzustände unterscheiden sich voneinander durch die Intensität der Wechselwirkung der Teilchen, die in der Reihenfolge Gas – Plasma – Flüssigkeit – Festkörper zunimmt.

3.3.1. Gas

Im Gas fliegen die Moleküle ungeordnet und ohne wesentliche Beeinflussung untereinander in geradlinigen Bahnen, die nur bei Zusammenstößen sprunghafte Änderungen von Impuls und Energie erfahren. Da es sich fast immer um eine sehr große Anzahl von Molekülen handelt, sind die Rechnungsverfahren der Teilchenstatistik anwendbar. Auf dieser Grundlage ist die „kinetische Gastheorie" vor über 100 Jahren entstanden.

3.3.1.1. Kinetische Theorie der Gase

Elementare Theorie. Ausgangspunkt ist folgendes Modell: Die Moleküle werden als starre elastische Kugeln gedacht, deren Radius und Masse durch die Gasart gegeben sind. Wenn von der Schwerkraft abgesehen wird, fliegen die Moleküle kräftefrei und mit isotroper Richtungsverteilung durch den Raum. Wegen der Starrheit der Kugeln verläuft der Impuls- und Energieaustausch beim Zusammenstoß zweier Kugeln in einer gegenüber der Dauer des freien Fluges vernachlässigbaren Zeit. Da die Entartungstemperatur (S. 446) der Gase tief unter ihrem Kondensationspunkt liegt, lassen sich die Grundsätze der klassischen Statistik anwenden.

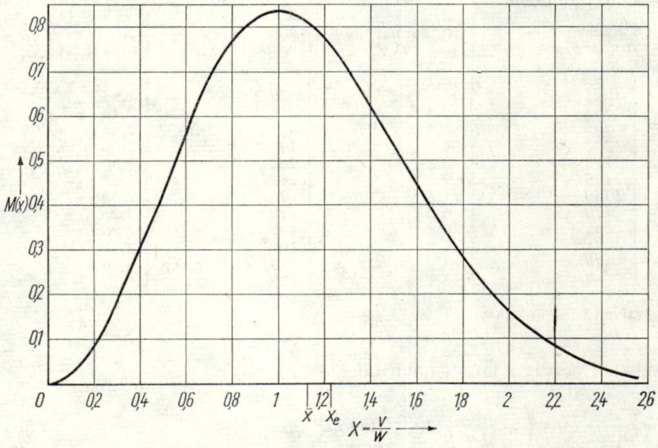

Bild 3.16. Maxwellsche Geschwindigkeitsverteilung in reduzierter Darstellung

Die *Geschwindigkeitsverteilung* ist die Maxwell-Verteilung [Gl. (3.52)]

$$M(v)\,\mathrm{d}v = \frac{4}{\sqrt{\pi}} \frac{v^2}{w^3} \exp\left(-\frac{v^2}{w^2}\right) \mathrm{d}v, \tag{3.80}$$

in reduzierter Form mit $x = v/w$

$$M(x)\,\mathrm{d}x = \frac{4}{\sqrt{\pi}} x^2 \exp(-x^2)\,\mathrm{d}x. \tag{3.81}$$

Bild 3.16 zeigt den Verlauf von $M(x)$. Die *häufigste Geschwindigkeit* w ist nach Gl. (3.51)

$$w = \sqrt{\frac{2kT}{m}}. \tag{3.82}$$

Nach den Vorschriften für die Mittelwertbildung folgen

$$\bar{v} = \frac{2}{\sqrt{\pi}} w = \sqrt{\frac{8kT}{\pi m}}, \tag{3.83}$$

$$\overline{v^2} = \frac{3}{2} w^2 = \frac{3kT}{m}. \tag{3.84}$$

Damit ist die mittlere kinetische Energie der Moleküle

$$\bar{\varepsilon} = \frac{m}{2} \overline{v^2} = \frac{3}{2} kT. \tag{3.85}$$

Entsprechend dem Satz von der Gleichverteilung der Energie auf sämtliche Freiheitsgrade – in unserem Falle 3 – entfällt auf einen Freiheitsgrad im Mittel die Energie $kT/2$.
Im Bild 3.16 sind der bezogene Mittelwert $\bar{x} = 1{,}13$ und der bezogene Effektivwert $x_e = 1{,}224$ mit angegeben. Tafel 3.4 gibt eine Übersicht über die gaskinetischen Zahlenwerte. Bei 0 °C kommen, je nach der Masse m der Gasmoleküle, Geschwindigkeiten von 100 m · s^{-1} bis über 1 km · s^{-1} vor.

Tafel 3.4. Gaskinetische Zahlenwerte

Gas	m 10^{-27} kg	$\bar{v}$ m · s^{-1} T = 293 K	$p\lambda_s$ 10^{-5} mbar · m T = 293 K	K K	d_∞ 10^{-10} m (aus $A_{s\infty}$)
He	6,66	1241	17,7	79	1,94
Ne	33,6	555	12,5	56	2,46
Ar	66,5	395	6,3	169	2,86
Kr	139,0	272	4,8	142	3,36
Xe	218,0	218	3,5	252	3,56
Hg	334,0	176	2,9	942	2,68
H_2	3,35	1760	11,8	76	2,42
N_2	46,6	470	6,0	112	3,2
O_2	53,3	441	6,4	132	2,96
CO	46,6	471	6,0	100	3,36
CO_2	73,2	375	3,9	273	3,46
Luft		465[1])	6,1	113	

[1]) berechnet aus der mittleren relativen Molekülmasse

Die Verteilung der kinetischen Energie ε lautet nach Gl. (3.49)

$$f(\varepsilon)\,\mathrm{d}\varepsilon = \frac{2}{\sqrt{\pi}} \frac{\sqrt{\varepsilon}}{(kT)^{3/2}} \exp\left(-\frac{\varepsilon}{kT}\right) \mathrm{d}\varepsilon. \tag{3.86}$$

In manchen Fällen interessieren nicht die Beträge der Molekülgeschwindigkeiten und ihre Verteilung, sondern die Verteilung der Geschwindigkeitskomponenten, also die relative Häufigkeit (Wahrscheinlichkeit), z.B. eine x-Komponente anzutreffen, die zwischen v_x und $v_x + \mathrm{d}v_x$ liegt. Der Ansatz

$$\mathrm{d}P_x = \left(\frac{\mathrm{d}N}{N}\right)_x = g(v_x)\,\mathrm{d}v_x \tag{3.87}$$

gilt wegen der isotropen Richtungsverteilung mit derselben Funktion g auch für die beiden anderen Komponenten. Die Wahrscheinlichkeit, daß ein v-Vektor innerhalb des Elements

$d\omega = dv_x\, dv_y\, dv_z$ des Geschwindigkeitsraumes endet, ist dann

$$G(v)\, d\omega = g(v_x)\, g(v_y)\, g(v_z)\, d\omega. \tag{3.88}$$

Wegen $v^2 = v_x^2 + v_y^2 + v_z^2$ erfüllt die Funktion

$$g(v_i) = \alpha \exp\left[-(\beta v_i)^2\right] \tag{3.89}$$

mit $i = x, y$ oder z die Gl. (3.88). Die Konstante α folgt durch Normierung zu $\alpha = \beta/\sqrt{\pi}$ und $\beta = 1/w$, so daß sich die Verteilungsfunktion für die i-te Komponente berechnet zu

$$\left(\frac{dN}{N}\right)_i = \frac{1}{w\sqrt{\pi}} \exp\left[-\left(\frac{v_i}{w}\right)^2\right] dv_i; \tag{3.90}$$

mit $\varphi_i = v_i/w$ wird daraus

$$\left(\frac{dN}{N}\right)_i = \frac{1}{\sqrt{\pi}} \exp(-\varphi_i^2)\, d\varphi_i. \tag{3.91}$$

Wandstoßzahl und Gasdruck. Die Wände eines Gefäßes werden von den Gasmolekülen getroffen und nehmen Energie und Impuls auf. Der letztere ist für den Druck des Gases auf die Wand maßgebend. Die Anzahl Z der je Sekunde und Quadratmeter auf eine ebene Wand aufprallenden Moleküle, die *Wandstoßzahl*, ergibt sich aus

$$Z = n \int_0^\infty v_x g(v_x)\, dv_x = \frac{n}{w\sqrt{\pi}} \int_0^\infty v_x \exp\left[-\left(\frac{v_x}{w}\right)^2\right] dv_x; \tag{3.92}$$

v_x senkrecht auf die Wand gerichtete Geschwindigkeitskomponente, n Teilchendichte. Die Integration liefert

$$Z = \frac{nw}{2\sqrt{\pi}}.$$

Führt man anstelle der wahrscheinlichsten Geschwindigkeit w den Mittelwert $\bar{v}$ nach Gl. (3.83) ein, so wird

$$Z = n\bar{v}/4. \tag{3.93}$$

Analog berechnet man den *Gasdruck* p, d.h. den je Zeit und Fläche auf die Wand übertragenen Impuls. Da jedes mit der Geschwindigkeit v_x senkrecht auf die Wand auffallende Molekül dort den Impuls $2mv_x$ abgibt (der Faktor 2 erklärt sich durch die Reflexion des Teilchens an der Wand) wird der Gesamtdruck

$$p = \frac{2\,nm}{w\sqrt{\pi}} \int_0^\infty v_x^2 \exp\left[-\left(\frac{v_x}{w}\right)^2\right] dv_x = \frac{nmw^2}{2}; \tag{3.94}$$

und unter Berücksichtigung von Gl. (3.82) wird

$$p = nkT. \tag{3.95}$$

Aus Gl. (3.95) geht hervor, daß bei vorgegebenen Werten für T und p die Teilchendichte für *alle* Gase dieselbe ist. Unter Normalbedingungen ($T = 273$ K und $p = 1013$ mbar) gilt $n_0 = 2{,}687 \cdot 10^{25}\ \text{m}^{-3}$. Daraus folgt weiter, daß die Masse des in einem konstanten Volumen eingeschlossenen Gases bei denselben p- und T-Werten der relativen Molekülmasse (Molekulargewicht) des Gases proportional ist. 1 mol eines jeden Gases füllt bei gleichen Zustandsbedingungen T und p das gleiche Volumen aus; unter Normalbedingungen ist dieses sog. *Molvolumen* $V_0 = 22{,}414 \cdot 10^{-3}\ \text{m}^3$.

Die Zustandsgleichung für ideale Gase (Gesetz von *Boyle*, *Mariotte* und *Gay-Lussac*) $pV = RT$ ist eine unmittelbare Folge von Gl. (3.95). Auf 1 mol bezogen, wird $R = 8{,}314\ \mathrm{J \cdot K^{-1} \cdot mol^{-1}}$ *(universelle Gaskonstante)*.

Für reale Gase sind zwei Korrekturen der Zustandsgleichung erforderlich, die zu der *Van-der-Waalsschen Zustandsgleichung* führen:

$$\left(p + \frac{a}{V^2}\right)(V - b) = RT.$$

Die Konstante b ist im wesentlichen das Eigenvolumen der Moleküle, und das Glied a/V^2 berücksichtigt die zwischen den Molekülen durch elektrische Streufelder verursachten Anziehungskräfte, die eine energetische Wechselwirkung auch bei größeren Abständen zur Folge haben (s. auch S. 456).

Ebenfalls aus Gl. (3.95) folgt das *Daltonsche Gesetz* von der Summe der Partialdrücke in Gasgemischen:

$$p = kT \sum_i n_i = \sum_i p_i. \tag{3.95a}$$

Unterliegen die Gasmoleküle einer äußeren Kraft, z. B. der Schwerkraft, so ist die Teilchendichte n nicht mehr räumlich konstant, sondern nimmt in Richtung zunehmenden Potentials der Kraft ab [S. 442, Gl. (3.45)]. In der atmosphärischen Luft stellt sich deshalb bei überall gleicher Temperatur (isotherme Atmosphäre) ein exponentieller Druckabfall nach oben zu ein. Die Geschwindigkeitsverteilung der Moleküle bleibt jedoch unverändert die Maxwellsche Verteilung.

Wirkungsquerschnitt und mittlere freie Weglänge. Die Zusammenstöße der Moleküle verändern momentan deren Impuls und kinetische Energie, wobei die Erhaltungsgesetze des elastischen Stoßes gelten. Es interessiert die Länge des freien Fluges, den ein Molekül im Mittel zwischen zwei aufeinanderfolgenden Kollisionen zurücklegt, oder wie viele Zusammenstöße ein Molekül im Mittel je Sekunde erfährt *(Stoßfrequenz)*.

Bei einem Gemisch von 2 verschiedenen Gasen, deren Moleküle die Radien r_1 bzw. r_2 haben, erfolgt ein Zusammenstoß zwischen 2 ungleich großen Molekülen dann, wenn der Abstand r_{12} der Mittelpunkte beider Teilchen bei gegenseitiger Annäherung bis auf $r_{12} = r_1 + r_2$ abgenommen hat, d. h., wenn der Mittelpunkt von 1 auf einen Kreis mit dem Radius $r_1 + r_2$ auftrifft.

In einem Raum, der von den Molekülen der Sorte 2 mit der Dichte n_2 ausgefüllt ist, werde ein Molekülstrahl der Sorte 1 längs der x-Richtung hineingeschossen. Bei $x = 0$ mögen Z_0 Teilchen einen Querschnitt A je Sekunde passieren; Z_0/A ist also die Teilchenstromdichte des Strahls. Längs der Strecke $\mathrm{d}x$ werden durch Zusammenstöße $\mathrm{d}Z$ Teilchen aus dem Strahl abgelenkt und scheiden daher aus. Der Strahl verliert immer mehr an Molekülen, je tiefer er in das Gas 2 eindringt. Der Teilchenverlust auf der Strecke $\mathrm{d}x$ ist

$$\mathrm{d}Z = -Z(x)\, P\, \mathrm{d}x,$$

wobei $P\,\mathrm{d}x$ die Wahrscheinlichkeit für ein Molekül 1 ist, innerhalb $\mathrm{d}x$ mit einem Molekül 2 zu kollidieren.

Diese Wahrscheinlichkeit läßt sich aus geometrischen Überlegungen ermitteln: Innerhalb einer Schicht der Dicke $\mathrm{d}x$ befinden sich $nA\,\mathrm{d}x$ Moleküle der Sorte 2, die, in x-Richtung gesehen, als Kreise mit den Radien $r_1 + r_2$ erscheinen. Die gesuchte Wahrscheinlichkeit $P\,\mathrm{d}x$ ist dann gleich dem Verhältnis der von Molekülen bedeckten Fläche $nA\pi(r_1 + r_2)^2\,\mathrm{d}x$ zur Fläche A. Also wird

$$\mathrm{d}Z = -Zn\pi(r_1 + r_2)^2\,\mathrm{d}x = -ZnA_s\,\mathrm{d}x. \tag{3.96}$$

Die Schichtdicke wird hierbei als so gering vorausgesetzt, daß sich die Moleküle 2 gegenseitig nicht verdecken können.

Die Integration liefert das als *Absorptionsgesetz* allgemein bekannte Verhalten

$$Z(x) = Z_0 \exp(-nA_s x). \tag{3.97}$$

Die Größe $A_s = \pi (r_1 + r_2)^2$ heißt *Wirkungsquerschnitt* der Moleküle 2 gegenüber den Molekülen 1.
Gl. (3.97) stellt die *integrale* Form der Verteilung von Z dar, d.h., sie gibt die Anzahl derjenigen Moleküle 1 an, die eine Strecke x ohne Zusammenstoß mit Molekülen 2 durchflogen haben. Zur *differentiellen* Form gelangt man durch Differenzieren von Gl. (3.97):

$$\frac{dZ}{Z_0} = f(x)\,dx = -nA_s \exp(-nA_s x)\,dx,$$

und nach der Vorschrift für die Mittelwertbildung [Gl. (3.40)] wird dann

$$\bar{x} = \lambda_s = -nA_s \int_0^\infty x \exp(-nA_s x)\,dx,$$

woraus folgt

$$\lambda_s = \frac{1}{nA_s}. \tag{3.98}$$

λ_s ist die *mittlere freie Weglänge* der Teilchen 1 im Gas 2. Sie ist der Dichte n des Gases 2, also auch dem Gasdruck p, invers proportional. Die freie Weglänge kann bei den mit Hochvakuumanlagen erreichbaren niedrigen Drücken enorme Werte annehmen, bei 10^{-6} mbar ist λ_s in Stickstoff etwa 35 m.
Es interessieren folgende Spezialfälle:

1. Beide Molekülsorten sind identisch (einheitliches Gas). Dann ist $r_1 = r_2 = r$ und demnach

$$A_s = 4\pi r^2. \tag{3.99}$$

2. Die Teilchen 1 sind freie Elektronen. Wegen $r_1 \ll r_2$ gilt

$$A_s = \pi r_2^2. \tag{3.100}$$

Die vorstehende Ableitung der mittleren freien Weglänge erfordert noch eine kleine Korrektur, die das Massenverhältnis m_1/m_2 betrifft. Sie besteht darin, daß der Wirkungsquerschnitt noch mit dem Faktor $\sqrt{1 + m_1/m_2}$ zu multiplizieren ist, der für gleiche Massen (Fall 1) $\sqrt{2}$ und für Elektronen 1 ist.
Besteht das Gasgemisch aus 2 oder mehr Gasen, so gilt als effektiver Wirkungsquerschnitt aller Komponenten gegenüber dem Gas 1 die Summe aller Querschnitte, und für die effektive mittlere freie Weglänge der Moleküle der Sorte 1 im Gemisch gilt dann

$$\frac{1}{\lambda_s} = \pi \left[4n_1 r_1^2 \sqrt{2} + n_2 (r_1 + r_2)^2 \sqrt{1 + \frac{m_1}{m_2}} + n_3 (r_1 + r_3)^2 \sqrt{1 + \frac{m_1}{m_3}} + \ldots \right]. \tag{3.101}$$

Diese Summenformel enthält im ersten Glied die Stöße der Moleküle 1 untereinander. Für einheitliche Gase sind in Tafel 3.4 die Werte von λ_s verzeichnet.
Die Wirkungsquerschnitte sollten nach der vorstehenden Überlegung unabhängig von der Temperatur sein, wenn die Gasdichte konstant gehalten wird. Das widerspricht jedoch Meßergebnissen *(Sutherland)*, aus denen sich folgende Beziehung ableiten läßt:

$$A_s = A_0 (1 + K/T)$$

oder für die freie Weglänge

$$\lambda_s = \frac{\lambda_0}{1 + K/T}. \tag{3.102}$$

K ist eine Stoffkonstante (s. Tafel 3.4); sie wird als *Verdopplungstemperatur* bezeichnet, weil für $K = T$ der Wirkungsquerschnitt doppelt so groß ist wie der Grenzwert für unendlich hohe Temperatur. Hier versagt also das primitive Modell der starren elastischen Kugeln, das auch in anderer Beziehung nicht dem Atombau entspricht. Es werden nämlich die elektrischen Streufelder außer acht gelassen, die in den Raum um die Moleküle hinausgreifen und Kräfte zwischen den Molekülen wecken. Dadurch wird der Zusammenstoß „weich" gemacht, der Wirkungsquerschnitt vergrößert sich und wird außerdem von der Molekülgeschwindigkeit, also von der Temperatur, abhängig. Es sind dies die gleichen Kräfte, die in realen Gasen zu Abweichungen von den idealen Gasgesetzen führen (S. 454).

In Tafel 3.4 sind die aus Messungen des Wirkungsquerschnitts folgenden und auf $T = \infty$ extrapolierten Moleküldurchmesser angegeben.

Transportvorgänge. Als Transportvorgang bezeichnet man die Wärmeleitung (Transport von kinetischer Energie), die Diffusion (Transport von Materie) und die innere Reibung (Transport von Impuls).

1. *Wärmeleitung.* Die Dichte q des Wärmestromes ist dem Temperaturgradienten proportional:

$$\boldsymbol{q} = -\varkappa_\mathrm{w} \operatorname{grad} T. \tag{3.103}$$

Der Faktor $\varkappa_\mathrm{w}$ heißt *Wärmeleitkoeffizient*. Aus der kinetischen Gastheorie folgt

$$\varkappa_\mathrm{w} = \varrho c_v \bar{v} \lambda_\mathrm{s}/3;$$

ϱ Massendichte, c_v spezifische Wärme bei konstantem Volumen.

Da $\varrho\lambda_\mathrm{s}$ nicht vom Gasdruck p abhängt, hängt auch die Wärmeleitung nicht vom Gasdruck ab. Erst wenn die mittlere freie Weglänge in die Größenordnung der Gefäßabmessungen kommt, gilt dies nicht mehr, und die Wärmeleitung nimmt mit dem Gasdruck ab (Prinzip der Thermosflasche).

2. *Diffusion.* Die Dichte $\boldsymbol{z}$ des Diffusionsstromes (Molekülanzahl je Fläche und Zeit) ist dem Gradienten der Teilchendichte proportional:

$$\boldsymbol{z} = -D \operatorname{grad} n. \tag{3.104}$$

D heißt *Diffusionskoeffizient*. Man muß zwischen Eigen- und Fremddiffusion unterscheiden, je nachdem, ob es sich um ein einheitliches Gas handelt oder um 2 Gase, von denen z.B. Gas 1 in Gas 2 hineindiffundiert. Für den ersten Fall läßt sich D elementar berechnen:

$$D_{11} = \bar{v}\lambda_\mathrm{s}/3. \tag{3.105}$$

Für die Fremddiffusion hat *Enskog* mit Hilfe des Modells starrer elastischer Kugeln den Diffusionskoeffizienten zu

$$D_{12} = D_{21} = \frac{0{,}21}{(n_1 + n_2)(r_1 + r_2)^2} \sqrt{\frac{m_1 + m_2}{m_1 m_2} kT} \quad \text{in} \quad \frac{\mathrm{m}^2}{\mathrm{s}} \tag{3.106}$$

berechnet; n_1 und n_2 sind die Teilchendichten beider Gase. Gl. (3.106) bezieht sich auf den stationären Fall, bei dem wegen des überall konstanten Gesamtdruckes beide Teilchenströme einander die Waage halten.

Diffusionsvorgänge erfolgen auch in Flüssigkeiten und in festen Körpern. Die entsprechenden D-Werte sind allerdings um Größenordnungen geringer als in Gasen.

3. *Innere Reibung.* Zur Veranschaulichung diene folgende Anordnung (Bild 3.17): Von 2 parallelen Platten P_1 und P_2 bewegt sich die letztere mit der Geschwindigkeit u_2 in y-Richtung, P_1 dagegen steht fest. Das zwischen beiden Platten befindliche Gas wird von der bewegten Platte mitgenommen, die auf diese Weise den Molekülen eine Geschwindigkeitskomponente in y-Richtung erteilt, die an der Platte P_2 selbst den Wert u_2 hat, aber in Richtung auf die ruhende Platte linear bis auf Null abnimmt. Es entsteht also ein Geschwindigkeitsgefälle $\mathrm{d}u/\mathrm{d}x$. Dadurch wird auf P_1 eine in y-Richtung zeigende Kraft F_y übertragen, die sich je Fläche zu

$$F_y = -\eta \frac{\mathrm{d}u}{\mathrm{d}x} \tag{3.107}$$

berechnet. η heißt *Viskosität* oder Zähigkeit. Die Kraft F_y hat das Bestreben, die Platte P_1 so weit zu beschleunigen, daß ihre Geschwindigkeit gleich der von P_2 wird, wodurch dann der Gradient du/dx verschwinden würde. Andererseits wird aber die Platte P_2 abgebremst. Die Dämpfung der Bewegung von Platte P_2 wird meist zur Messung von η benutzt.
Die elementare Gastheorie liefert für die Viskosität

$$\eta = \frac{\varrho \bar{v} \lambda_s}{3}. \tag{3.108}$$

Eine genaue Analyse *(Enskog)* ergibt statt des Zahlenfaktors $\frac{1}{3}$ etwa $\frac{1}{2}$. Wegen des druckunabhängigen Produkts $\varrho\lambda_s$ hängt auch die Viskosität weder von der Gasdichte noch vom Druck ab.
Die Viskosität η spielt eine Rolle bei der Berechnung der Bremskraft, die eine mit der Geschwindigkeit v durch ein Gas bewegte Kugel mit dem Radius r erfährt *(Stokes)*:

$$F = 6\pi\eta r v. \tag{3.109}$$

Dabei ist vorausgesetzt, daß $r \gg \lambda_s$ ist; Gl. (3.109) versagt also für sehr kleine Teilchen, insbesondere für Moleküle. Sie gilt übrigens auch für Flüssigkeiten.

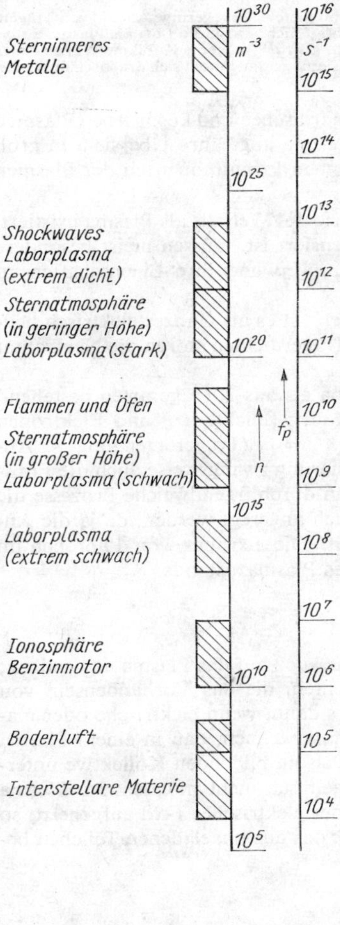

Tafel 3.5
Trägerdichte und Eigenfrequenz der bekannten Plasmaformen

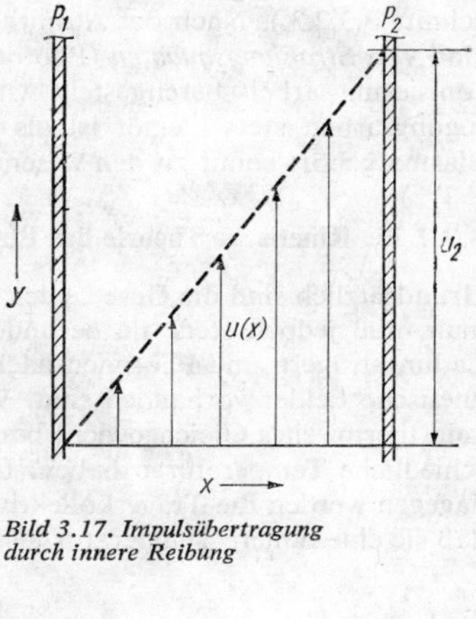

Bild 3.17. Impulsübertragung durch innere Reibung

Der Quotient $\nu = \eta/\varrho$ wird als *kinematische Viskosität* bezeichnet. Er ist für die Dämpfung von Strömungen in Gasen (und auch in Flüssigkeiten) maßgebend.
Zwischen den 3 Transportkoeffizienten $\varkappa_w$, D_{11} und η bestehen einfache Beziehungen, die einer experimentellen Prüfung standhalten.

3.3.2. Plasma

3.3.2.1. Grundlegende Begriffe

Als Plasma bezeichnet man ein teilweise ionisiertes Gas: Ein bestimmter Bruchteil der Moleküle ist in je ein positives Ion und ein oder mehrere Elektronen zerfallen. Dieser Bruchteil heißt *Ionisierungsgrad x*. Die elektrische Ladung der Teilchen hat Wechselwirkungen zwischen ihnen in Gestalt weitreichender Coulombscher Kräfte zur Folge, die aber erst dann offenbar werden, wenn der Ionisierungsgrad oder die Ladungsträgerdichte im Gas genügend hoch ist. (Zu den Wechselwirkungen zwischen den Molekülen s. S. 456). Bei ungeladenen Teilchen werden Wechselwirkungen ausschließlich durch elektrische – gelegentlich auch magnetische – Streufelder hervorgerufen, die jedoch nur in unmittelbarer Nähe der Moleküle wirksam sind. Demgegenüber reichen die Coulomb-Kräfte viel weiter in den Raum hinaus (theoretisch unendlich weit).

Normale Raumluft enthält etwa 10^8 Ionen beiderlei Vorzeichens je Kubikmeter. Diese geringe Anzahl von Trägern läßt sich nur mit sehr empfindlichen Meßgeräten erfassen und berechtigt nicht dazu, die Luft als Plasma zu bezeichnen. Dagegen enthält die Ionosphäre in einigen 100 km Höhe mehr als 10^{10} Träger je Kubikmeter, von denen die negativen zum größten Teil freie Elektronen sind. Dieser hohe Ionisierungsgrad macht sich drastisch durch Beeinflussung der Ausbreitung von Radiowellen (S. 471 f.) bemerkbar.

Der experimentell zugängliche Bereich der Trägerdichte in irdischen und kosmischen Plasmen umfaßt mehr als 20 Zehnerpotenzen. Tafel 3.5 vermittelt eine ungefähre Übersicht in grob vereinfachter Darstellung. Über die gleichfalls aufgetragenen Eigenfrequenzen der Plasmen wird weiter unten (S. 472) berichtet.
Es läßt sich abschätzen, daß mindestens 99,9 % der Materie des Weltalls als Plasma existiert. Auf der Erde jedoch, wo die Materie vorwiegend kondensiert ist, müssen meist besondere Kunstgriffe vorgenommen werden, um Plasmen zu erzeugen und ihre Eigenschaften zu studieren.
Da im Plasma die Ladungsträger stets paarweise entstehen, ist es als Ganzes elektrisch neutral. Gelegentlich auftretende geringe Unterschiede der Trägerdichten stören die Neutralität nur wenig; man spricht dann von *Quasineutralität*.
Für die meisten Überlegungen genügt es, sich das Plasma als aus 2 Trägerarten bestehend vorzustellen, nämlich aus einfach geladenen positiven Ionen (Dichte n^+) und Elektronen (Dichte n^-). Wegen der Neutralität gilt meist $n^+ = n^- = n$ (Trägererzeugung s. Abschnitt 3.3.2.3.). Nach der Atomtheorie ist mit der Ionisierung zwangsweise auch die Emission von *Strahlungsquanten* (Photonen) verbunden: Wenn durch irgendwelche Prozesse die Ionisierungsarbeit bereitgestellt wird, können Atome auch angeregt werden, da ja die Anregungsarbeit stets kleiner ist als die Ionisierungsarbeit. Die Existenz von Photonen im Plasma gehört somit zu den wesentlichen Merkmalen des Plasmazustands.

3.3.2.2. Kinetische Theorie des Plasmas

Grundsätzlich sind die Gesetze der kinetischen Gastheorie auch auf das Plasma anwendbar; man muß jedoch stets die besonderen Wirkungen beachten, die das Vorhandensein von Ladungsträgern und Photonen nach sich zieht, besonders dann, wenn elektrische oder magnetische Felder vorhanden sind. Vielfach muß man damit rechnen, daß in einem Plasma kein thermisches Gleichgewicht besteht, so daß die das Plasma bildenden Kollektive unterschiedliche Temperaturen haben. Das ist in einem Gasgemisch nicht möglich. Im Plasma dagegen werden die Trägerkollektive durch ein anwesendes elektrisches Feld aufgeheizt, so daß sie eine höhere Temperatur als das „Grundgas“, d. h. das aus ungeladenen Teilchen bestehende Kollektiv, haben. Das ist ein weiterer, grundlegender Unterschied zwischen einem Plasma und einem neutralen Gas: Um ein Plasma stationär zu erhalten, muß ihm dauernd Leistung von außen zugeführt, es muß „ernährt“ werden. Der Grund hierfür ist die *Dissipation* der Energie aus dem Plasma heraus, vor allem der Ionisierungsenergie. Die zur Ionisierung der Moleküle erforderliche Ionisierungsarbeit wird zwar bei der Rekombination der Träger (S. 465) wiedergewonnen; da aber in vielen Fällen die Rekombination bevorzugt an den festen Wänden erfolgt, geht ein großer Teil der Rekombinationswärme nach außen verloren und muß im stationären Fall durch dauernde Energiezufuhr, z. B. mit Hilfe eines elektrischen Feldes, ersetzt werden. Auch die Photonen bleiben nicht im Plasma, sondern verlassen es bald nach ihrer Emission. Sie werden entweder von der Wand absorbiert oder durchdringen die Wand und tragen ihre Energie in den Außenraum.

Die für den stationären Betrieb des Plasmas notwendige Leistung kann auf elektrischem Wege (Gasentladung), durch Einstrahlung von Photonen (Ionosphäre) oder durch Wärmezufuhr eingespeist werden. Für die letztere bieten sich verschiedene Möglichkeiten, z. B. direkte Heizung (Ofen), auf chemischem Wege (Flamme) oder durch Kernenergie (Fixstern). Größere Abweichungen vom Temperaturgleichgewicht sind vor allem bei elektrisch ernährten Plasmen zu erwarten, also bei Gasentladungen. Der Temperaturunterschied zwischen Trägergas und Grundgas kann sehr erheblich sein; das gilt besonders für das Elektronengas. Da die Masse der Elektronen sehr viel kleiner als die der Moleküle ist, wird aus stoßmechanischen Gründen im Mittel je Stoß nur ein sehr geringer Bruchteil der Elektronenenergie auf die Moleküle übertragen, der sich zu $2\, m/M$ berechnet, also z. B. in Hg-Dampf nur $6 \cdot 10^{-6}$ ausmacht. Wenn die Stoßfrequenz außerdem sehr niedrig liegt, was bei kleinen Gasdrücken der Fall ist *(Niederdruckplasma)*, bedeutet dies, daß der Wärmekontakt zwischen beiden Gasen denkbar schlecht ist. Deswegen können sich auch größere Temperaturunterschiede ausbilden und stationär aufrechterhalten, ohne daß allzu große Leistungsströme in das Plasma einfließen müssen. Erst wenn durch Erhöhung der Gasdichte die Stoßzahl der Elektronen anwächst, verbessert sich der Wärmekontakt, und der Temperaturunterschied sinkt. Bei Drücken von etwa 1 bar *(Hochdruckplasma)* beträgt er nur noch wenige Kelvin. In typischen Niederdruckplasmen hingegen kann die Elektronentemperatur mehrere 10^4 K betragen, während die Gastemperatur nicht wesentlich über der Raumtemperatur liegt. Das Ionengas dagegen hat wegen der Massengleichheit einen guten Wärmekontakt mit dem Grundgas, und der Temperaturunterschied zwischen beiden ist daher nur geringfügig.

Die Elektronen können beim Zusammenstoß ihre kinetische Energie untereinander mit hohem Wirkungsgrad austauschen, so daß die Voraussetzung für das Einstellen einer Maxwellschen Geschwindigkeitsverteilung besteht. (Eine Entartung kommt bei den geringen Trägerdichten im Plasma nicht in Betracht.) Auch für das Ionengas kann man mit einer Maxwell-Verteilung rechnen.

Mit Ausnahme der Photonen lassen sich auf alle Teilkollektive des Plasmas die Gesetze der kinetischen Gastheorie anwenden, soweit sie aus der klassischen Statistik gefolgert werden können. Insbesondere gelten die Formeln für den Mittelwert der Geschwindigkeit [Gl. (3.83)], für die mittlere kinetische Energie [Gl. (3.85)], für die Wandstoßzahl [Gl. (3.93)] und den Partialdruck [Gl. (3.95)]. Der Gesamtdruck im Plasma ist gleich der Summe der Partialdrücke aller Teilkollektive:

$$p_0 = \sum_i p_i = k \sum_i n_i T_i .$$

Die Maxwellsche Energieverteilung im Elektronengas gilt um so genauer, je größer die Elektronendichte n^- ist. Ist sie zu klein, so genügen die Zusammenstöße zwischen den Elektronen nicht mehr, um die Maxwell-Verteilung gegenüber den Störungen durch das beschleunigende elektrische Feld sowie durch anregende und ionisierende Stöße zu stabilisieren. In technischen Plasmen einschließlich der Blitz- und Funkenentladungen ist n^- jedoch hoch genug, so daß die klassische Statistik gewährleistet ist. Messungen mit Sonden (S. 475) in Niederdruckplasmen haben das Vorhandensein der Maxwell-Verteilung bestätigt.

Sehr viel komplizierter liegen die Verhältnisse bezüglich des *Wirkungsquerschnitts* oder der mittleren freien Weglänge der Träger, weil infolge ihrer elektrischen Ladung Kräfte zwischen den Teilchen entstehen, die in der kinetischen Gastheorie nicht berücksichtigt werden. Diese Kräfte lassen sich folgendermaßen klassifizieren: Sind beide Teilchen geladen, so handelt es sich um die mit $1/r^2$ abfallenden Coulomb-Kräfte, die je nach der Ladung anziehend oder abstoßend wirken. Zwischen einem Träger und einem neutralen Molekül entsteht eine Anziehungskraft in folgender Weise: Das Molekül wird im Feld des Trägers *polarisiert* (s. S. 558), oder es wird, wenn es bereits von sich aus ein elektrisches Dipolmoment hat, in Feldrichtung eingedreht (S. 559). Das Dipolmoment ist der Feldstärke proportional, verläuft also mit $1/r^2$, und die Kraft zwischen Dipol und Träger geht mit $1/r^3$, so daß ein Kraftgesetz der Form $F = C/r^5$ zustande kommt. Im Fall der Orientierungspolarisation würde an die Stelle der 5. Potenz die 3. treten. Mit noch höheren Potenzen, etwa mit $1/r^7$, fällt die durch Streufelder vermittelte Kraft zwischen 2 neutralen Molekülen ab, die *Van-der-Waalssche Kraft* (S. 454). Die längste „Reichweite" kommt danach den Coulomb-Kräften zwischen 2 Trägern zu, die den größten Einfluß auf den Wirkungsquerschnitt haben. Bei der Berechnung des letzteren kann man bezüglich der Teilchenbahnen im gegenseitigen Kraftfeld weitgehend von der Himmelmechanik Gebrauch machen. Die Berechnung führt auf Integrale, die nicht konvergieren, so daß sich ein unendlich großer Wirkungsquerschnitt ergibt. (Die mittlere freie Weglänge wäre Null!) Die Coulombsche Wechselwirkung ist also zur Festlegung des Wirkungsquerschnitts in dieser Form nicht brauchbar.

Einen Ausweg bildet die Konzeption von *Debye* und *Hückel*, die, auf das Plasma angewandt, darin besteht, daß die Voraussetzung der Quasineutralität $n^+ = n^-$ nur innerhalb größerer Bereiche gilt, nicht dagegen in der topologischen „Feinstruktur" des Plasmas. Ein positives Ion z. B. zieht aus seiner Umgebung Elektronen an und stößt andere positive Ionen ab. Es umgibt sich dadurch mit einer Ladungswolke negativen Vorzeichens; umgekehrt findet man in der Nähe eines Elektrons im Mittel mehr Ionen als Elektronen. Diese Ladungswolke des anderen Vorzeichens schirmt das Feld des Trägers ab und reduziert dadurch die Reichweite der interionischen Kräfte. Das Potential $\varphi(r)$ verläuft daher in der Nähe eines Trägers steiler als mit $1/r$, wie bei einer alleinstehenden Punktladung zu erwarten wäre.

Mit Hilfe der Poissonschen Raumladungsgleichung und der Boltzmann-Verteilung der Trägerdichten läßt sich das neue Abstandsgesetz $\varphi(r)$ für das abgeschirmte Potential ableiten. Für ein isothermes Plasma bestehen in der Umgebung eines positiven Ions nach dem Boltzmann-Prinzip folgende Gleichungen für die Trägerdichten:

$$n^+ = n \exp\left[-\frac{e\varphi(r)}{kT}\right]; \quad n^- = n \exp\left[+\frac{e\varphi(r)}{kT}\right].$$

Darin ist n die über große Volumina gemittelte Trägerdichte. Die resultierende Raumladungsdichte ist

$$e(n^+ - n^-) = -2en \sinh\left(\frac{e\varphi}{kT}\right),$$

und die Poissonsche Gleichung lautet dementsprechend

$$\Delta\varphi = -\frac{e(n^+ - n^-)}{\varepsilon_0} = \frac{2en}{\varepsilon_0} \sinh\left(\frac{e\varphi}{kT}\right).$$

Mit der hier zutreffenden Näherung $\sinh x \approx x$ folgt für das kugelsymmetrische Feld

$$\Delta\varphi = \frac{\mathrm{d}^2\varphi}{\mathrm{d}r^2} + \frac{2}{r}\frac{\mathrm{d}\varphi}{\mathrm{d}r} = \frac{2e^2n}{\varepsilon_0 kT}\varphi.$$

Diese Gleichung wird durch den Ansatz

$$\varphi = \frac{e}{4\pi\varepsilon_0 r} \exp\left(\frac{-r}{L_\mathrm{D}}\right) \tag{3.110}$$

befriedigt. Die Größe

$$L_D = \sqrt{\frac{\varepsilon_0 kT}{2e^2 n}} \tag{3.111}$$

heißt *Debyesche Länge*. Sie ist für die Abschätzung der abschirmenden Wirkung der Ladungswolke entscheidend. Die Abschirmwirkung nimmt mit der Trägerdichte n zu, mit steigender Temperatur jedoch wegen der damit verbundenen Steigerung der Trägerdiffusion ab. Bild 3.18 zeigt den Verlauf der L_D-Werte in Abhängigkeit von n für zwei Temperaturen; ferner ist der Verlauf $\delta = n^{-1/3}$ des mittleren Trägerabstandes gestrichelt eingezeichnet. Bei nicht zu hoher Temperatur und in dichten Plasmen (Hochdruckplasma) sind beide Längen von gleicher Größenordnung. Eine ungestörte Wirkung der Coulomb-Felder der Träger liegt dann nicht mehr vor.

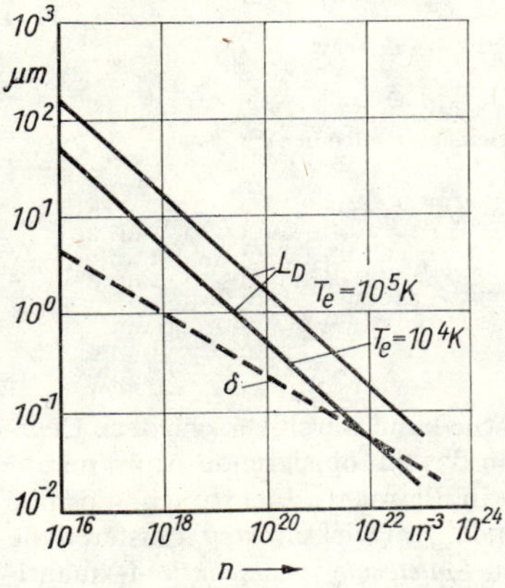

Bild 3.18
Verlauf von L_D und δ als Funktion der Trägerdichten

Der unter Berücksichtigung der Abschirmung berechnete Potentialverlauf nach Gl. (3.110) führt auf einen endlichen Wirkungsquerschnitt; das dafür zuständige Integral konvergiert. Für die mittlere freie Weglänge von Elektronen gilt als Faustformel

$$\lambda_s = \frac{10^{17} U^2}{m \ln \eta} \,[\mathrm{m}]. \tag{3.112}$$

Hierin ist eU die Elektronenenergie in eV.

$$\eta = \frac{2\pi\varepsilon_0 L_D m\overline{v^2}}{e^2} = \frac{m\overline{v^2}}{2} \frac{4\pi\varepsilon_0 L_D}{e^2}$$

ist das Verhältnis der mittleren kinetischen Elektronenenergie zur potentiellen Energie im Abstand L_D von einem anderen Träger. Mit zunehmender kinetischer Energie eU der Elektronen nimmt die mittlere freie Weglänge zu, was auch beim Sutherland-Effekt festzustellen ist (S. 455).

Für die Stoßfrequenz ν der Elektronen, die für Anregung und Ionisierung von Interesse ist, gilt in 1. Näherung

$$\nu = \bar{v}/\lambda_s. \tag{3.113}$$

In 2. Näherung müssen die Verteilung der v- und λ_s-Werte berücksichtigt und die ν-Werte als Mittelwerte des Quotienten v/λ_s nach der früher gegebenen Vorschrift (S. 440) berechnet werden.

Ist die Trägerdichte im Plasma so gering, daß die Zusammenstöße der Träger miteinander gegenüber denen mit Molekülen vernachlässigt werden können, so gilt anstelle der Coulomb-Kraft das oben begründete Abstandsgesetz $F = C/r^5$. In 1. Näherung kann dann mit dem Modell starrer elastischer Kugeln gerechnet werden, und zwar um so genauer, je größer die Trägergeschwindigkeit ist.

3.3.2.3. Trägergenese

Im stationären Plasma wird die Trägerdichte durch das Gleichgewicht zwischen Trägererzeugung und -vernichtung aufrechterhalten.

Trägererzeugung (Generation). Durch Ionisation eines neutralen Moleküls entsteht jedesmal ein Trägerpaar, d.h. 1 positives Ion und 1 Elektron. (Mehrfache Ionisation, bei der aus einem Atom 2 und mehr Elektronen herausgeschlagen werden, so daß ein mehrfach geladenes Ion übrigbleibt, spielt im Plasma keine Rolle und soll hier nicht berücksichtigt werden.) Die Ionisation läßt sich als *Reaktionsgleichung* schreiben:

$$A + eU_i = A^+ + e^-; \tag{3.114}$$

A Symbol für ein beliebiges Element.

Tafel 3.6
Ionisierungsarbeiten in eV

Edelgase		Metalldämpfe		Molekülgase	
He	24,6	Li	5,39	N_2	15,8
Ne	21,6	Na	5,14	O_2	13,5
Ar	15,8	K	4,34	H_2	15,8
Kr	14,0	Rb	4,17	H_2O	13,0
Xe	12,13	Cs	3,89	CO	14,1
		Hg	10,43	CO_2	14,4
Atomarer Wasserstoff			13,6		

Die Ionisierungsarbeit (Wärmetönung) ist eU_i (Tafel 3.6). Sie kann durch verschiedene Energieträger in Form kinetischer oder potentieller Energie an das zu ionisierende Atom herangebracht werden. Als Ionisatoren im Plasma kommen in Betracht: Elektronen, positive Ionen, neutrale Atome im angeregten Zustand und Photonen. Am wirksamsten ionisieren die Elektronen. Die Ausbeute der Ionisierung wird durch den *Ionisierungsquerschnitt* A_i quantitativ erfaßt, der ein Teil des Wirkungsquerschnitts A_s ist und wie dieser durch die Beziehung

$$A_i = \frac{1}{n\lambda_i} \tag{3.115}$$

definiert ist. Hierin ist n die Dichte der Moleküle und λ_i der im Mittel zwischen zwei aufeinanderfolgenden Ionisationen liegende Weg des ionisierenden Teilchens, z.B. des Elektrons. Der Ionisierungsquerschnitt von Elektronen kann gemessen werden, indem man einen Elektronenstrahl bekannter Energie durch ein stark verdünntes Gas hindurchschießt und dabei durch ein elektrisches Querfeld die erzeugten Träger absaugt. Bild 3.19 zeigt den Verlauf der Funktion $A_i = f(eU)$. Diese Kurven bilden die Grundlage für alle weiteren Berechnungen von Ionisierungsausbeuten von Elektronen; z.B. gestatten sie die Berechnung der Ionisierungsfrequenz ζ eines Elektrons, wenn die Geschwindigkeitsverteilung der Elektronen bekannt ist. Ein Elektron mit der Geschwindigkeit v ionisiert je Sekunde $v/\lambda_i = nA_i\, v$-mal. Wird über den gesamten v-Bereich gemittelt, so folgt für die *Ionisierungsfrequenz* des Elektrons

$$\zeta = n \int_0^\infty A_i(v)\, v f(v)\, dv. \tag{3.116}$$

$f(v)$ ist hierin die Geschwindigkeitsverteilung der Elektronen. Zur Durchführung der Integration ist noch ein analytischer Ausdruck für $A_i(v)$ notwendig. Aus den Kurven im Bild 3.19 folgt – bei linearer Auftragung –, daß für Energien oberhalb der Ionisierungsarbeit eU_i der Ionisierungsquerschnitt A_i linear mit U wächst; es gilt also $A_i = a(U - U_i)$. Abweichungen davon treten erst oberhalb von $U = 3U_i$ auf.

Da wegen der rasch abfallenden Maxwell-Verteilung große Elektronenenergien nur selten erscheinen und daher keinen wesentlichen Beitrag zum Integral in Gl. (3.116) leisten, kann man den linearen Ansatz benutzen und erhält damit nach Ausführung der Integration für die Ionisierungsfrequenz der Elektronen bei Maxwell-Verteilung

$$\zeta = 3{,}26 \cdot 10^{56} \cdot pa\,(kT_e)^{3/2} \left(\frac{eU_i}{kT_e} + 2\right) \exp\left(-eU_i/kT_e\right)\,\mathrm{s}^{-1}. \tag{3.117}$$

Hierin ist der Gasdruck p in mbar einzusetzen. Die Konstante a ist für einige Gase in Tafel 3.7 verzeichnet. Bild 3.20 zeigt den Zusammenhang zwischen Ionisierungsfrequenz ζ und Elektronentemperatur T_e.

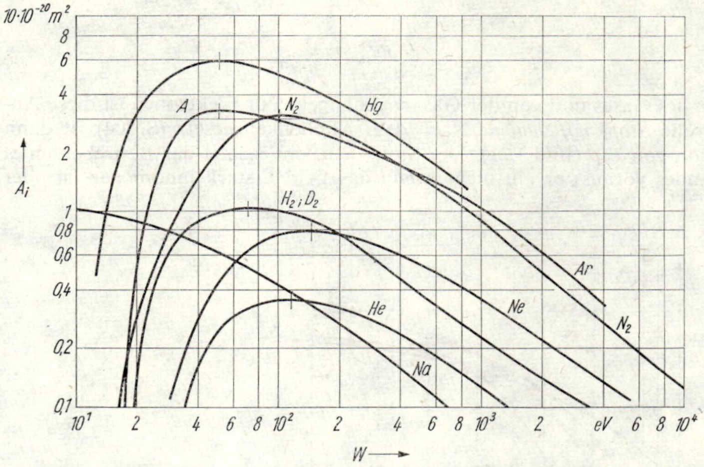

Bild 3.19. Ionisierungsquerschnitt von Gasmolekülen gegenüber Elektronen der Energie W

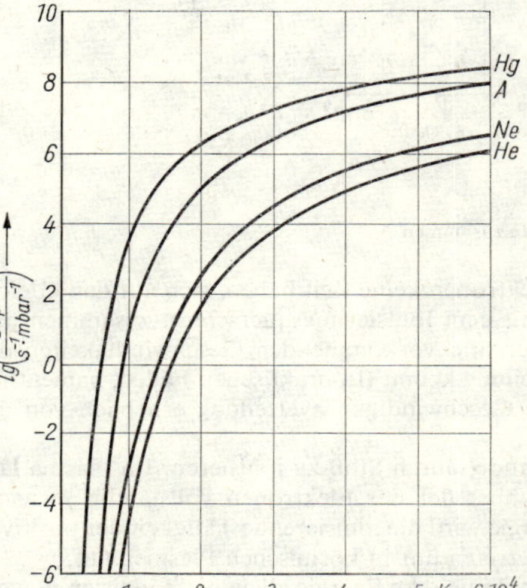

Bild 3.20
lg (ζ/p) *als Funktion der Elektronentemperatur T_e für einige Gase*

Eine für viele praktische Zwecke vorteilhafte Definition der Ionisierungsausbeute von Elektronen und positiven Ionen stammt von *Townsend*: Wenn im Gas eine räumlich konstante Feldstärke E besteht, wandern die Träger mit konstanter Geschwindigkeit (Drift) durch das Gas und tätigen dabei je Zentimeter Weg eine konstante Anzahl von Ionisationen, die nur

Tafel 3.7
Werte der Konstanten a aus Gl. (3.117)

Gas	a $10^{-22}\ m^2 \cdot V^{-1}$
He	0,96
Ne	1,49
Ar	16,1
Hg	32,5
H_2	4,5
N_2	5,9

von E, dem Druck p des Gases und von der Gasart abhängen. Für Elektronen ist diese Anzahl der Townsendsche *Stoßkoeffizient* α. Nach dem Ähnlichkeitsgesetz (S. 504) ist dann α/p nur eine Funktion von E/p (Bild 3.21). Der Stoßkoeffizient α setzt das Bestreben eines Gleichgewichtszustandes voraus; er gilt nicht, wenn das Feld E stark inhomogen ist oder

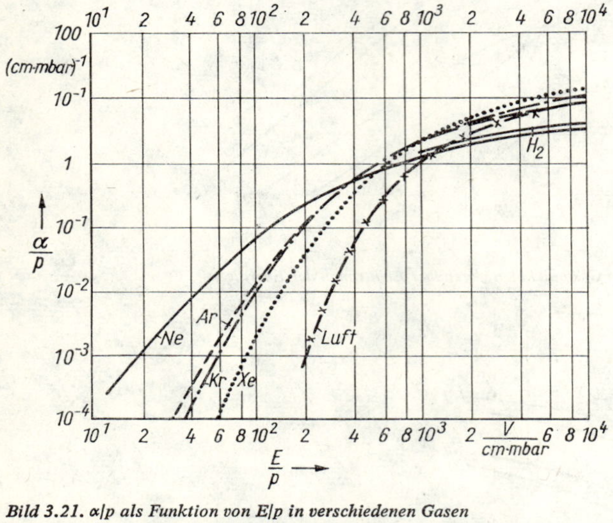

Bild 3.21. α/p als Funktion von E/p in verschiedenen Gasen
Die Kurve für Hg-Dampf fällt praktisch mit der für Xe zusammen

wenn E sehr hochfrequent ist, so daß die Elektronen keine Zeit haben, sich auf den Gleichgewichtszustand einzustellen. α hängt eng mit dem Ionisierungsquerschnitt zusammen und läßt sich aus ihm durch eine Mittelung über alle vorkommenden Geschwindigkeiten der Elektronen berechnen, wenn man diese Verteilung kennt. (In praktischen Fällen, namentlich bei stromschwachen Entladungen, kann die Geschwindigkeitsverteilung erheblich von der Maxwellschen abweichen.)

Grundsätzlich sind auch *positive Ionen* imstande, durch Stoß zu ionisieren. Im Plasma läßt sich jedoch ihre Ionisierungsfrequenz gegenüber der der Elektronen vollständig vernachlässigen. Erst oberhalb von 200 eV Ionenenergie wird die ionisierende Tätigkeit der positiven Ionen bemerkbar. So hohe Teilchenenergien treten nur in kosmischen Plasmen auf.

Die Atome des Grundgases können durch ihre kinetische Energie allein nicht ionisieren, wohl aber, wenn sie angeregt sind, also potentielle Energie gespeichert haben, vor allem in den *metastabilen Niveaus.* Zur Ionisation muß dann die Energie des metastabilen Terms eU^* größer sein als die Ionisierungsarbeit eU_i. Diese Bedingung ist in reinen Gasen nicht zu erfüllen, da grundsätzlich für alle Atome $U^* < U_i$ ist. Stoßen jedoch 2 mestatabil angeregte Atome zusammen, so kann eines davon ionisiert werden, wenn die Anregungsenergie größer ist als die halbe Ionisierungsarbeit. Die Häufigkeit dieser *Stufenionisation* wächst proportional mit dem Quadrat der Dichte der angeregten Atome, d.h. unter sonst gleichen Verhältnissen mit dem Quadrat der Stromstärke („quadratische" Prozesse).

In Gasgemischen kommt der Ionisation durch metastabile Atome Bedeutung zu, wenn die Anregungsenergie der einen Komponente größer ist als die Ionisierungsarbeit der anderen (z.B. Gemisch von Neon mit $U^* = 16{,}7$ V und Argon mit $U_i = 15{,}7$ V). In solchen Fällen können dann auch die Ionisierungsquerschnitte erheblich sein (im Beispiel $A_i = 8 \cdot 10^{-20}$ m²) *(Penning-Effekt)*.

Die Ionisation durch *Photonen* ist an die Bedingung $hf \geqq eU_i$ geknüpft. Da die Ionisierungsarbeiten der meisten Gase 5 eV übersteigen, kommen für die Fotoionisation nur Wellenlängen unterhalb etwa 0,25 μm in Betracht (UV-Gebiet). Damit ein Photon ionisieren kann, muß es vom Atom absorbiert werden. Das Absorptionsgesetz lautet $I(x) = I_0 \exp(-\mu x)$, worin $I(x)$ die Dichte des Photonenstromes an der Stelle x und μ der Absorptionskoeffizient ist. $1/\mu$ ist mit der mittleren freien Weglänge der Photonen im Gas identisch, und dementsprechend ist $A_a = \mu/n$ der *Absorptionsquerschnitt.* Aber nicht jedes absorbierte Photon führt zur Ionisation. Die Wahrscheinlichkeit einer Ionisation ist $P_i = A_i/A_a$, wobei A_i der *Ionisierungsquerschnitt* der Photonen ist. A_i steigt oberhalb der durch die Beziehung $hf_g = eU_i$ festgelegten Grenzfrequenz f_g mit wachsender Frequenz steil an. In Argon z.B. wird ein Ionisierungsquerschnitt von $4 \cdot 10^{-21}$ m² erreicht, der etwa $\frac{1}{10}$ des Ionisierungsquerschnitts für Elektronen ausmacht (s. Bild 3.19).

Übertrifft die Gesamtenergie des ionisierenden Teilchens die Ionisierungsarbeit, so kann die überschüssige Energie dem abgelösten Elektron sowie auch dem ionisierenden Teilchen selbst als kinetische Energie übertragen werden, wobei die Erhaltungsgesetze für Impuls und Energie zu beachten sind. Beim Photon kann der Energieüberschuß lediglich dem befreiten Elektron übertragen werden.

Trägervernichtung. Die Trägervernichtung ist der zur Trägererzeugung inverse Elementarprozeß: 2 Träger verschiedenen Vorzeichens treffen aufeinander und neutralisieren sich; dabei wird die Ionisierungsarbeit eU_i als Rekombinationsenergie frei. Die Häufigkeit derartiger *Rekombinationsprozesse* wird oft dadurch beschränkt, daß wegen der Erhaltung des Impulses (Schwerpunktsatz) die Rekombinationsenergie nicht als kinetische Energie des nunmehr neutralen Teilchens verwendet wird, sondern lediglich als Strahlung abgegeben werden kann. Dieses *Wiedervereinigungsleuchten* ist als *Seriengrenzkontinuum* (S. 438) zu beobachten.

Die Beschränkung durch den Impulssatz entfällt, wenn die Rekombination nicht frei im Raum, sondern an einer festen (oder flüssigen) Wand erfolgt. Eine solche *Wandrekombination* erfolgt mit einer an 1 grenzenden Wahrscheinlichkeit. Feste oder flüssige Schwebeteilchen im Gas (Öltröpfchen, Kohlenstaubteilchen) oder im Plasma eines Hochleistungsschalters wirken in gleicher Weise.

Die *Volumenrekombination* hat zur Voraussetzung, daß sich 2 Träger verschiedenen Vorzeichens im Gasraum zufällig begegnen. Wegen der anziehenden Kräfte genügt es, wenn sich beide Träger bis zu einem bestimmten Abstand einander nähern. Die *Rekombinationsrate* – Anzahl der je Zeit und Volumen erfolgenden Rekombination – ist der Dichte beider Träger proportional:

$$\frac{dn^+}{dt} = \frac{dn^-}{dt} = -\varrho n^+ n^- = -\varrho n^2. \tag{3.118}$$

ϱ ist der *Rekombinationskoeffizient.* Er ist von Gasart, Gasdichte sowie von der Trägergeschwindigkeit abhängig. Die Integration von Gl. (3.118) ergibt den zeitlichen Verlauf der

Trägerdichten nach Abschalten aller Trägerbildungsprozesse zu

$$n = \frac{n_0}{1 + n_0 \varrho t}. \tag{3.119}$$

Diese Beziehung dient zur Messung von ϱ in „absterbenden" Plasmen.

Thermische Gleichgewichtsionisation. Bei genügend hoher Temperatur wird jedes Gas zum Plasma, da infolge der hohen thermischen Energie der Teilchen, besonders der Elektronen, Stoßionisationsprozesse ermöglicht werden, die im Gleichgewicht mit den Rekombinationsprozessen eine beträchtliche stationäre Trägerdichte aufbauen können. Um den Ionisationsgrad x zu berechnen, geht man vom *Massenwirkungsgesetz* aus und betrachtet ein Gas innerhalb eines geschlossenen Gefäßes; die Dichte der Teilchen im kalten Zustand, d.h. ohne Ladungsträger, ist n_0. Bei erhöhter Temperatur T ist der Bruchteil x aller Atome des Gases einfach ionisiert, so daß eine Mischung von 3 Teilchensorten vorliegt:

Elektronen der Dichte $n^- = xn_0$,
positive Ionen der Dichte $n^+ = xn_0$.
Neutralatome der Dichte $n_n = (1 - x)\, n_0$.

Die gesamte Teilchendichte ist vom ursprünglichen Wert n_0 auf $(1 + x)\, n_0$ angestiegen. Der Gesamtdruck als Summe der Partialdrücke steigt dadurch auf

$$p = (1 + x)\, n_0 kT. \tag{3.120}$$

Die thermodynamische Statistik fordert für jeden Gleichgewichtszustand zusätzlich noch das Bestehen des *detaillierten Gleichgewichts*, d.h., es genügt nicht, daß zwischen Erzeugung und Vernichtung von Trägern ein globales Gleichgewicht vorliegt, sondern einem jeden Elementarprozeß der einen Art muß ein inverser Prozeß zugeordnet werden können, der genau den umgekehrten Zeitverlauf zeigt und wieder zur Vernichtung des Trägerpaares führt.

Für die Ionisation durch Elektronenstoß ist demnach die „chemische Gleichung"

$$A + e^- \rightleftharpoons A^+ + 2e^-$$

von links nach rechts, für den inversen Prozeß dagegen von rechts nach links zu lesen. Danach besteht der inverse Prozeß zur Elektronenstoßionisation darin, daß 1 Ion mit 2 Elektronen zusammentrifft, das Ion sich mit einem von ihnen vereinigt und das zweite Elektron mit erhöhter Energie (Rekombinationsenergie) davonfliegt. Es ist ein *Dreierstoß* erforderlich.

Die Anwendung des Massenwirkungsgesetzes erlaubt die folgenden Aussagen: Die Generationsrate ist sowohl der Elektronendichte als auch der Neutraldichte proportional,

$$(\mathrm{d}n/\mathrm{d}t)_{\mathrm{Gen}} = x\,(1 - x)\, n_0^2\, f_1(T).$$

Für die Rekombination sind 3 Teilchen erforderlich:

$$(\mathrm{d}n/\mathrm{d}t)_{\mathrm{Rek}} = (n^-)^2 n^+ g_1(T) = x^3 n_0^3\, g_1(T).$$

Die beiden Temperaturfunktionen $f_1(T)$ und $g_1(T)$ enthalten die Teilchendichten nicht mehr. Die Gleichsetzung beider Raten im Sinne des detaillierten Gleichgewichts ergibt dann

$$\frac{x^2}{1 - x}\, n_0 = F(T). \tag{3.121}$$

Die noch unbekannte Temperaturfunktion $F(T)$ liefert die Quantentheorie:

$$F(T) = \frac{(2\pi mkT)^{3/2}}{h^3} \exp\,(-eU_i/kT). \tag{3.122}$$

Der Faktor

$$N = \frac{(2\pi mkT)^{3/2}}{h^3} \tag{3.123}$$

ist die Zustandsdichte; seine Einheit ist die einer Teilchendichte.

Da n_0 in Gl. (3.121) meist nicht bekannt ist, führt man den Gesamtdruck p nach Gl. (3.120) ein. Die Umrechnung führt schließlich zu

$$\frac{x^2}{1 + x^2} p = \frac{(2\pi m)^{3/2}}{h^3} (kT)^{5/2} \exp(-eU_i/kT); \tag{3.124}$$

der Druck p ist in Pa einzusetzen. Diese Gleichung wurde erstmalig von *Eggert* und *Saha* angegeben. Mit steigender Temperatur nimmt der Ionisierungsgrad x von Null aus sehr schnell zu und nähert sich schließlich seinem Maximalwert 1 (Bild 3.22).

Die *Eggert-Saha-Gleichung* kann bis zu Temperaturen von etwa 12000 K (Xenon-Höchstdrucklampe) laboratoriumsmäßig geprüft werden. Wie Gl. (3.124) besagt, kann bei sehr geringem Gasdruck auch schon bei mäßiger Temperatur ein hoher Ionisationsgrad entstehen (interstellarer Raum).
In sehr dichten Plasmen, z.B. in Lichtbogenentladungen bei hoher Stromstärke, muß damit gerechnet werden, daß durch eine Kollektivwirkung der ein Atom umgebenden Ladungsträger die Ionisierungsarbeit des Atoms um etwa 1 eV herabgesetzt wird. Im Inneren von Fixsternen kann die Temperatur einige 10^8 K betragen. Unter solchen extremen Bedingungen werden für alle Elemente die höchsten Ionisierungsgrade erreicht, d.h., $x = 1$. Außerdem werden dann auch alle übrigen Hüllenelektronen abgestreift, so daß das Plasma lediglich aus Atomkernen und Elektronen besteht.

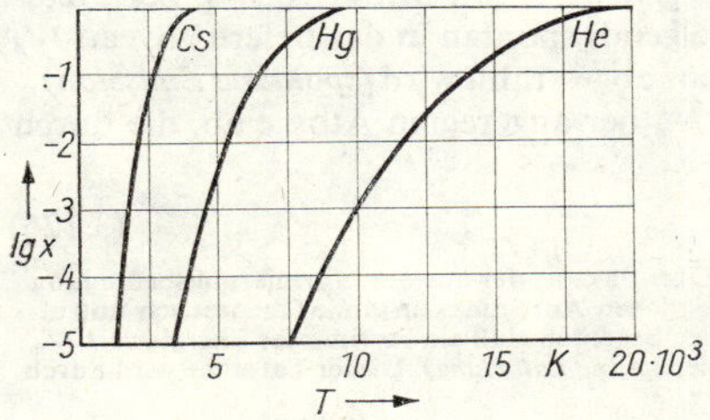

Bild 3.22
Ionisierungsgrad für thermische Ionisierung als Funktion der Gastemperatur T bei p = 1,33 mbar

Trägerumwandlung. Durch einen Ionisierungsprozeß entsteht primär ein Trägerpaar, nämlich 1 positives Ion und 1 Elektron. Durch weiter anschließende Prozesse können noch andere Trägerarten entstehen:

1. *Anlagerung* von Elektronen an Neutralmoleküle: $A + e^- + A^- + W$. Es entsteht 1 negatives Ion, und die Anlagerungsarbeit W wird frei bzw. muß geliefert werden.
2. *Umladung* von Trägern: $A + B^+ = A^+ + B + W$. Die miteinander kollidierenden Moleküle A und B tauschen 1 Elektron unter sich aus. Dieser Vorgang setzt voraus, daß A eine kleinere Ionisierungsarbeit als B hat, so daß die Differenz der Ionisierungsarbeiten als Wärmetönung W abgegeben werden kann.
Die beiden Teilchen A und B können auch miteinander identisch sein: $A + A^+ = A^+ + A$. In diesem Fall ist die Wärmetönung Null. Man benutzt solche Prozesse zum Erzeugen sehr schneller Strahlen neutraler Moleküle, die man aus elektrisch beschleunigten Ionen durch Umladung gewinnt.
3. *Clusterbildung.* In dichten Gasen, in denen die Träger sehr häufig mit Molekülen kollidieren, können sich mehrere Moleküle an einen Träger anlagern und große Komplexionen mit bis zu 1000 Molekülen bilden. Diese Zusammenrottung im Feld einer Punktladung wird durch eine große Polarisierbarkeit der Moleküle (S. 558) begünstigt.

In technischen Plasmen spielen die Trägerumwandlungen keine bedeutende Rolle, weil meist Metalldämpfe oder Edelgase als Füllgas verwendet werden, die nicht zur Elektronenanlagerung neigen.

3.3.2.4. Emission und Absorption von Photonen

Für den Charakter der im Plasma entstehenden Spektren ist entscheidend, ob der Übergang des Leuchtelektrons zwischen 2 Termen des Atoms erfolgt, so daß sowohl Anfangs- als auch Endzustand des Atoms an diskrete Termlagen gebunden sind *(Gebunden-gebunden-Über-*

gang), oder ob nur ein Zustand dem atomaren Termgerüst angehört, der andere jedoch frei verfügbar ist *(Frei-gebunden-Übergang)*. Drittens ist auch ein *Frei-frei-Übergang* möglich, wenn ein aus großer Entfernung kommendes Elektron nach dem Zusammenstoß mit dem Atom dieses wieder verläßt, wobei es mit dem Atom Energie und Impuls austauscht, ohne jedoch von ihm aufgenommen zu werden.

Für alle 3 Übergangsmöglichkeiten gilt die Frequenzbedingung

$$hf = W_m - W_n. \tag{3.125}$$

Da jedoch nur beim Übergang gebunden–gebunden die Termwerte W_m und W_n diskret sind, ergeben sich nur in diesem Fall scharfe Spektrallinien in Emission und Absorption (Linienspektrum). Bei den beiden anderen Übergangstypen hat mindestens einer der beiden Terme eine kontinuierlich über ein endliches Intervall verteilte Energie, so daß kontinuierliche Spektralbereiche emittiert bzw. absorbiert werden.

Einzelheiten zur Charakterisierung der 3 Übergangstypen:

Übergang gebunden – gebunden. Ein freies bis zum Energieniveau $W_m > W_n$ angeregtes Atom geht nach Ablauf einer statistisch verteilten *Verweilzeit* (im Mittel 10^{-8} s, bei Metastabilität des oberen Niveaus W_m bis zu 10^{-2} s ansteigend) spontan in das tiefere Niveau W_n zurück, wobei die durch Gl. (3.125) bestimmte Frequenz abgestrahlt wird *(spontane Emission)*.

Die Intensität der Strahlung hängt von der Dichte N_m der angeregten Atome ab, die durch den Boltzmann-Faktor gegeben ist:

$$N_m = N_0 \gamma \exp(-W_m/kT). \tag{3.126}$$

N_0 ist die Dichte aller Atome und γ ein zunächst noch unbekannter Faktor, der aus der Normierungsbedingung folgt, d. h. aus der Forderung, daß die Summe der Anzahl aller möglichen Anregungszustände (theoretisch unendlich viele) gleich der Atomzahl N_0 je Kubikmeter wird. Dabei ist zu beachten, daß ein bestimmter Energiewert W_m i. allg. durch mehrere Quantenzustände des Atoms realisiert werden kann *(Entartung)*. Dieser Tatsache wird durch die Einführung des *statistischen Gewichts* g_m Rechnung getragen.

Weiterhin hängt die ausgestrahlte Intensität noch von der Anzahl der zwischen den beiden Termen W_m und W_n je Sekunde erfolgenden Übergänge ab; diese sog. *Übergangswahrscheinlichkeit* A_n^m (Kehrwert der Verweilzeit, also keine Wahrscheinlichkeit im herkömmlichen Sinne) ist bei nicht metastabilen Termen von der Größenordnung $10^8\ s^{-1}$. Da bei jedem Übergang $m \to n$ die Energie hf eines Lichtquants abgestrahlt wird, folgt für die insgesamt von einem Kubikmeter in den Raumwinkel 4πsr ausgestrahlte Leistung

$$S_1 = N_m A_n^m hf. \tag{3.127}$$

Die Berechnung der Größen A_n^m und γ erfordert eine genaue Kenntnis des atomaren Quantengerüstes, läßt sich aber grundsätzlich durchführen.

Befindet sich das angeregte Atom am Ort einer hohen Photonendichte derjenigen Frequenz, die es selber vom Anregungsniveau aus abstrahlen könnte, so wird die Übergangswahrscheinlichkeit dieser Frequenz wesentlich vergrößert, die Verweilzeit des Atoms im oberen Zustand m also verkürzt. Diese durch die anwesenden Photonen *stimulierte Emission* ist die Grundlage des *Maser-* und *Laser-Mechanismus*.

Die erhöhte Übergangswahrscheinlichkeit ist der Dichte der Photonen im Plasma, also auch der Dichte $\varrho(f)$ der Strahlungsenergie je 1 Hz Bandbreite proportional. Für die stimulierte Strahlungsleistung je Kubikmeter des Plasmas gilt also

$$S_2 = N_m B_n^m \varrho(f)\, hf. \tag{3.128}$$

Trifft ein Photon der Frequenz $f = (W_m - W_n)/h$ auf ein im Zustand n befindliches Atom, so kann das Photon nach Maßgabe seines Absorptionsquerschnitts absorbiert und seine Energie zum Anheben des Atoms auf das höhere Niveau m ausgenutzt werden. Da hierzu nur diskrete Frequenzen brauchbar sind, besteht auch das Absorptionsspektrum aus scharfen Linien (z. B. Fraunhoferschen Linien im Sonnenspektrum). Die Anzahl der je Raum und Zeit erfolgenden Absorptionsprozesse ist der Dichte der Atome im Zustand n sowie der Dichte $\varrho(f)$ der Photonen im Plasma proportional. Die absorbierte Leistungsdichte ist

$$S_3 = N_m C_m^n \varrho(f)\, hf. \tag{3.129}$$

Auch für das Strahlungsgleichgewicht im Plasma gilt die Forderung des *detaillierten Gleichgewichts*, d.h., die beiden Emissionsprozesse (spontan und stimuliert) müssen dem Absorptionsprozeß die Waage halten, und zwar einzeln für jede Spektrallinie. Hieraus folgt z.B., daß sich die Konzeption einer stimulierten Emission automatisch ergibt, wenn das Plancksche Strahlungsgesetz gültig sein soll.

Übergang frei – gebunden. Es handelt sich hier um den zur Fotoionisation inversen Prozeß, die *Rekombination* eine Ions mit einem freien Elektron. Die dabei frei werdende Rekombinationsenergie zuzüglich der kinetischen Energie des eingefangenen Elektrons muß abgestrahlt werden, weil andernfalls der Impulserhaltungssatz verletzt werden würde.

Wird das Elektron nicht im Grundzustand des entstehenden Atoms eingefangen, sondern im angeregten Zustand der Energie eU^x (allgemeiner Fall), so lautet die Energiebilanz

$$hf = eU_1 - eU^x + mv^2/2. \qquad (3.130)$$

Das so angeregte Atom kann anschließend die Anregungsenergie eU^x abstrahlen und damit in den Grundzustand übergehen. Da die kinetische Energie $mv^2/2$ des Elektrons nicht der Quantisierung unterliegt, ist das Spektrum kontinuierlich. Es schließt sich jeweils an das kurzwellige Ende der Linienserien an und wird daher auch *Seriengrenzkontinuum* genannt.

Übergang frei – frei. Bei Steigerung der Gasdichte N_0 erscheint im Plasmaspektrum ein sich über den gesamten sichtbaren Bereich erstreckendes *kontinuierliches Spektrum*, das um so stärker hervortritt, je höher die Gasdichte wird, und das die gleichzeitig an Intensität verlierenden Spektrallinien zurückdrängt, so daß schließlich ein reines Kontinuum übrigbleibt. Dieses Spektrum entsteht durch *Abbremsung* freier Elektronen infolge elastischer Zusammenstöße mit Ionen und besonders mit neutralen Atomen. Es ist daher die Folge klassischer elektrodynamischer Gesetze (Ausstrahlung von Wellen durch beschleunigte Ladungen). Vom Bremskontinuum der Röntgenstrahlen unterscheidet sich das optische Kontinuum des Plasmas lediglich durch seinen viel tiefer gelegenen Frequenzbereich, der der kinetischen Energie der abgebremsten Elektronen entspricht.

Die Spektralverteilung der Intensität innerhalb des Bremskontinuums folgt dem Planckschen Strahlungsgesetz, da das Hochdruckplasma angenähert im thermischen Gleichgewicht steht.

In einem Plasma kann ein thermisches Gleichgewicht grundsätzlich nur in Annäherung bestehen; denn die unvermeidliche Energiedissipation, die zur Einspeisung von Leistung zwingt, um einen stationären Zustand aufrechtzuerhalten, verhindert ein vollkommenes Temperaturgleichgewicht. Die Abweichungen vom strengen Gleichgewicht sind um so geringer, je länger sich die für den Energieverlust maßgebenden Teilchen (Träger und Photonen) innerhalb des Plasmas befinden, je größer also seine Ausdehnung ist (kosmische Plasmen!). Auch eine hohe Gasdichte verlängert die Aufenthaltsdauer von Trägern und Photonen im Plasma. Bei Höchstdrucklampen, die bis zu 60 bar Innendruck haben, kann man daher recht gut von einem vollständigen thermischen Gleichgewicht sprechen, so daß die Strahlung solcher Plasmen dem Gesetz der schwarzen Strahlung weitgehend gehorcht. Das gilt jedoch nicht für typische Niederdruckplasmen, z.B. in Leuchtstofflampen und Hg-Dampf-Gleichrichtern.

Man spricht in diesem Zusammenhang von *optisch dicken* und *optisch dünnen* Plasmen, je nachdem, ob die mittlere freie Weglänge der Photonen gegenüber der Dicke der vorliegenden Plasmaschicht vernachlässigbar ist oder nicht.

3.3.2.5. Driftbewegung der Träger

Eine einseitig gerichtete Bewegung (Drift) der Träger, die sich der thermischen Bewegung überlagert und wegen ihrer Anisotropie einen Stromfluß zur Folge hat, kann unter 2 Bedingungen auftreten:

- bei Gegenwart eines elektrischen Feldes – *Felddrift*,
- im Dichtegefälle der Träger – *Diffusionsdrift*.

Felddrift. Die vom elektrischen Feld $\boldsymbol{E}$ auf einen Träger der Ladung e ausgeübte Kraft $e\boldsymbol{E}$ schleppt den Träger gegen den Reibungswiderstand des Gases in Feldrichtung und erteilt ihm stationär eine der Feldstärke proportionale Driftgeschwindigkeit

$$\boldsymbol{u} = b\boldsymbol{E}; \qquad (3.131)$$

b ist die *Beweglichkeit*. Die Stromdichte der Felddrift ist

$$G_F = en\,(u^+ + u^-) = en\,(b^+ + b^-)\,E = \varkappa E. \tag{3.132}$$

Die Trägerbahn besteht aus einer Reihe aneinandergesetzter Parabelbögen (Bild 3.23). Für die Driftgeschwindigkeit erhält man

$$u = \frac{e}{2mv} E = bE; \tag{3.133}$$

$\nu = \bar{v}/\lambda$ Stoßfrequenz der Träger,

und als Beweglichkeit

$$b = \frac{1}{2} \frac{e\lambda}{m\bar{v}}. \tag{3.134}$$

Bei Berücksichtigung der Verteilung der Freiflugstrecken und der thermischen Geschwindigkeiten ergibt sich anstelle von $\frac{1}{2}$ der Faktor 0,8; er kann angenähert 1 gesetzt werden.

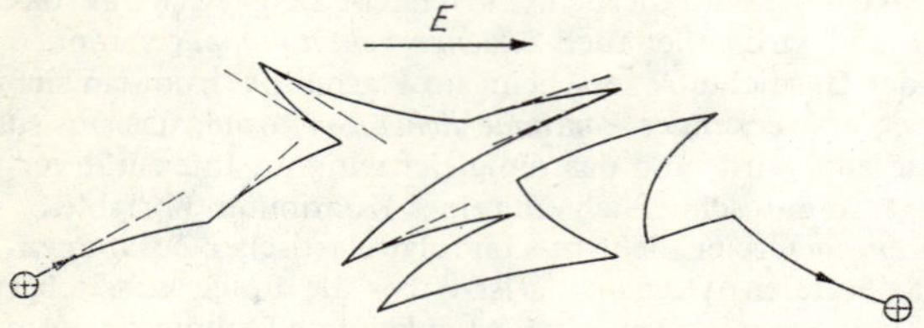

Bild 3.23
Bahn eines positiven Trägers im elektrischen Feld

Elektronen haben eine viel größere Beweglichkeit als Ionen, da ihre Masse sehr viel geringer ist. Der Feldstrom nach Gl. (3.132) wird deshalb ganz überwiegend durch Elektronen getragen. (Im Hg-Plasma eines Großgleichrichters beträgt z. B. der Anteil der Ionen am Stromtransport nur etwa 0,2%.)

Die Beweglichkeit ist nur so lange konstant, wie $\bar{v}$ als Konstante gelten kann. Für Ionen gilt dies in einem gewissen Feldstärkebereich; die Temperatur der Elektronen hingegen steigt etwa proportional zu *E*, so daß ihre Temperatur schon bei geringen Feldstärken die Gastemperatur übertrifft und ihre Beweglichkeit proportional zu $1/\sqrt{E}$ verläuft. Dazu kommt noch eine ausgesprochene Abhängigkeit der freien Weglänge der Elektronen von ihrer thermischen Geschwindigkeit, so daß die Anwendung von Gl. (3.134) auf Elektronen etwas problematisch ist.

Diffusionsdrift. Nach der kinetischen Gastheorie gelten für Träger

$$z^+ = -D^+ \operatorname{grad} n^+ \quad \text{und} \quad z^- = -D^- \operatorname{grad} n^-.$$

Die Geschwindigkeit der Diffusionsdrift ist daher

$$u^+ = \frac{z^+}{n^+} = -\frac{D^+}{n^+} \operatorname{grad} n^+ \tag{3.135}$$

und entsprechend für Elektronen. Die Diffusionskoeffizienten *D* betragen

$$D^+ = \frac{\bar{v}^+ \lambda^+}{3} \quad \text{bzw.} \quad D^- = \frac{\bar{v}^- \lambda^-}{3}. \tag{3.136}$$

Zwischen Beweglichkeit *b* und Diffusionskoeffizienten *D* besteht bei beiden Polaritäten eine sehr wichtige einfache Beziehung, die, unabhängig voneinander, *Einstein*, *Nernst* und *Townsend* abgeleitet haben [Gln. (3.136), (3.134)]:

$$\frac{D}{b} = \frac{kT}{e}. \tag{3.137}$$

Ambipolare Diffusion. Die Anwesenheit eines elektrischen Feldes $\boldsymbol{E}$ führt zur Erweiterung des Begriffs der Diffusion, weil auch die Felddrift berücksichtigt werden muß. Aus Gl. (3.136) folgt, daß $D^- \gg D^+$ ist. Besteht im Plasma ein Gefälle der Trägerdichten, das zunächst wegen der Neutralität für beide Vorzeichen dasselbe sein muß, so diffundieren die Elektronen viel schneller als die Ionen; sie eilen diesen voran, und die Neutralität des Plasmas wird dadurch gestört. Die so entstehenden Raumladungen spannen zwischen sich ein elektrisches Feld $\boldsymbol{E}$ auf, das die Diffusion der Elektronen abbremst, die der Ionen aber beschleunigt. Wenn der stationäre Zustand erreicht ist, driften beide Trägersorten mit einer einheitlichen Geschwindigkeit u_a.

Aus

$$\boldsymbol{u}^+ = -\frac{D^+}{n}\operatorname{grad} n + b^+\boldsymbol{E} \quad \text{und} \quad \boldsymbol{u}^- = -\frac{D^-}{n}\operatorname{grad} n - b^-\boldsymbol{E} \tag{3.138}$$

folgt durch Eliminieren von $\boldsymbol{E}$ die gemeinsame Driftgeschwindigkeit $\boldsymbol{u}_a = \boldsymbol{u}^+ = \boldsymbol{u}^-$ zu

$$\boldsymbol{u}_a = -\frac{1}{n}\,\frac{D^+b^- + D^-b^+}{b^+ + b^-}\operatorname{grad} n. \tag{3.139}$$

Ein Vergleich mit Gl. (3.135) zeigt, daß auch die gemeinsame Drift nach dem Diffusionsgesetz verläuft, allerdings gilt für sie der Diffusionskoeffizient

$$D_a = \frac{D^+b^- + D^-b^+}{b^+ + b^-}. \tag{3.140}$$

Der beschriebene Vorgang heißt *ambipolare* Diffusion, weil die Beteiligung beider Trägersorten für ihn charakteristisch ist.

Diese Art der Diffusion spielt in Niederdruckplasmen eine bedeutende Rolle, weil in ihnen die Träger überwiegend durch Wandrekombination verlorengehen und der Transport der Träger zur Wand eben mit Hilfe der ambipolaren Diffusion erfolgt.

3.3.2.6. Verhalten elektromagnetischer Wellen im Plasma

Eine in ein Plasma einfallende elektromagnetische Welle, deren Felder mit der Kreisfrequenz ω schwingen, versetzt beide Trägerkollektive nach Erreichen des eingeschwungenen Zustands in harmonische Schwingungen der gleichen Frequenz ω. Aus der Bewegungsgleichung

$$m\frac{\mathrm{d}\boldsymbol{v}}{\mathrm{d}t} = e\boldsymbol{E}$$

folgt nach Einführen der Zeigergrößen

$$\underline{\boldsymbol{v}} = -\mathrm{j}\omega\,\frac{e\underline{\boldsymbol{E}}}{n\omega^2}.$$

Die schwingende Trägerwolke repräsentiert eine Stromdichte

$$\underline{\boldsymbol{G}} = ne\underline{\boldsymbol{v}} = -\mathrm{j}\omega\,\frac{ne^2}{m\omega^2}\,\underline{\boldsymbol{E}}.$$

Ein Vergleich mit $\boldsymbol{G} = \varkappa\boldsymbol{E}$ ergibt eine imaginäre Leitfähigkeit

$$\varkappa = -\mathrm{j}\omega\,\frac{ne^2}{m\omega^2}. \tag{3.141}$$

Wegen der im Nenner erscheinenden Trägermasse m kann man im folgenden die Wirkung der Ionen gegenüber der der Elektronen vernachlässigen. Setzt man den $\varkappa$-Wert in die Maxwellsche Gleichung

$$\operatorname{rot} \underline{\boldsymbol{H}} = \mathrm{j}\omega\varepsilon_0 \underline{\boldsymbol{E}} + \varkappa \underline{\boldsymbol{E}}$$

ein, so folgt

$$\operatorname{rot} \underline{\boldsymbol{H}} = \mathrm{j}\omega \left(\varepsilon_0 - \frac{ne^2}{m\omega^2}\right) \underline{\boldsymbol{E}} = \mathrm{j}\omega\varepsilon' \underline{\boldsymbol{E}}.$$

Die Elektronenwolke des Plasmas verhält sich also gegenüber den elektromagnetischen Wellen wie ein Isolator mit der Dielektrizitätskonstanten

$$\varepsilon' = \varepsilon_0 - \frac{ne^2}{m\omega^2} = \varepsilon_0 \left(1 - \frac{ne^2}{\varepsilon_0 m\omega^2}\right) \tag{3.142}$$

(Eccles-Gleichung). Mit der Abkürzung

$$\omega_{\mathrm{p}}^2 = \frac{ne^2}{\varepsilon_0 m} \tag{3.143}$$

wird aus Gl. (3.142)

$$\frac{\varepsilon'}{\varepsilon_0} = \varepsilon_{\mathrm{r}}' = 1 - \left(\frac{\omega_{\mathrm{p}}}{\omega}\right)^2. \tag{3.144}$$

ω_{p} ist eine dem Plasma eigentümliche Frequenz, die *Plasmafrequenz* (s. Tafel 3.5).

Man kann zeigen, daß ein Plasma zu Eigenschwingungen dieser Frequenz angeregt werden kann, wenn man durch eine geringe Verschiebung, beispielsweise der Elektronen, die Raumladungskompensation stört. Dadurch entstehen im Plasma elektrische Felder, die als Rückstellkraft wirken und bestrebt sind, den alten Neutralitätszustand wiederherzustellen. Infolge der trägen Masse der Elektronen geht dieser Übergang in Form von Schwingungen mit der Eigenfrequenz ω_{p} vor sich. ω_{p} hängt nach Gl. (3.143) lediglich von der Trägerdichte n ab.

Das Verhalten elektromagnetischer Wellen im Plasma wird durch folgende Größen bestimmt:

optischer Brechungsindex

$$\nu = \sqrt{\frac{\varepsilon'}{\varepsilon_0}} = \sqrt{1 - \left(\frac{\omega_{\mathrm{p}}}{\omega}\right)^2}, \tag{3.145}$$

Wellenwiderstand

$$Z = \sqrt{\frac{\mu_0}{\varepsilon'}} = \frac{Z_0}{\sqrt{1 - \left(\frac{\omega_{\mathrm{p}}}{\omega}\right)^2}}, \tag{3.146}$$

Phasengeschwindigkeit

$$v = \frac{c}{\nu} = \frac{c}{\sqrt{1 - \left(\frac{\omega_{\mathrm{p}}}{\omega}\right)^2}}, \tag{3.147}$$

Gruppengeschwindigkeit

$$V = \frac{c^2}{v} = c\sqrt{1 - \left(\frac{\omega_{\mathrm{p}}}{\omega}\right)^2}. \tag{3.148}$$

Bild 3.24 vermittelt einen Überblick über den Frequenzgang einiger dieser Größen. Für $\omega < \omega_p$ sind die optischen Größen sämtlich imaginär, so daß eine Wellenausbreitung entfällt; es bilden sich lediglich gedämpfte Schwingungen.
Wenn noch die Zusammenstöße der pendelnden Elektronen mit den Molekülen berücksichtigt werden müssen, bekommt die Leitfähigkeit $\varkappa$ eine reelle Komponente, so daß die Wellen gedämpft werden.

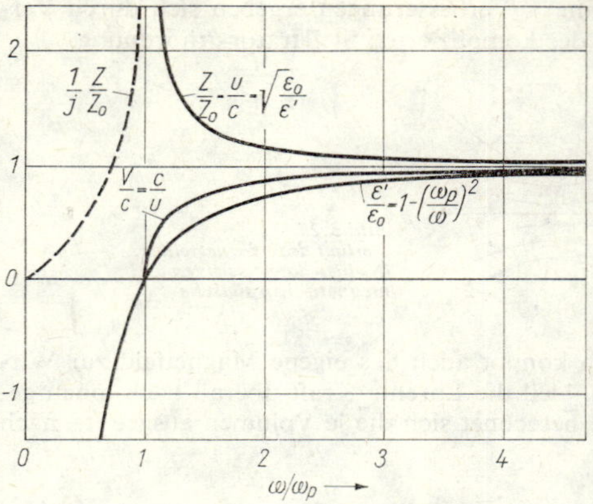

Bild 3.24
Dielektrizitätskonstante, Wellenwiderstand, Phasen- und Gruppengeschwindigkeit als Funktion der Frequenz

Die Gln. (3.145) bis (3.148) bilden die Grundlage für alle Verfahren der Sondierung der Ionosphäre durch Radiowellen. Diese Untersuchungen geben auch über den Ursprung der Ionisation in den höheren Luftschichten Auskunft: Die Trägerdichte zeigt nämlich eine deutliche Tagesperiode, was darauf hindeutet, daß die von der Sonne ausgehenden Strahlen (vorwiegend Photonen, deren Frequenz im Röntgengebiet liegt) die Luft in der Ionosphäre ionisieren.

3.3.2.7. Plasma im Magnetfeld

Ein Magnetfeld $\boldsymbol{B}$ übt auf alle bewegten Träger im Plasma eine Kraft aus, die *Lorentz-Kraft*

$$\boldsymbol{F} = e\,(\boldsymbol{v} \times \boldsymbol{B}). \tag{3.149}$$

Dabei ist es irrelevant, ob die Geschwindigkeit $\boldsymbol{v}$ der Träger durch die thermische Bewegung, durch Feld- oder Diffusionsdrift oder schließlich durch eine Strömung ganzer Plasmagebiete gegeben ist. Die Lorentz-Kraft äußert sich in folgender Weise:

1. *Gyro- oder Zyklotronfrequenz*. Ein mit konstanter Geschwindigkeit v fliegender Träger durchläuft eine Kreisbahn mit dem Radius

$$R = mv/eB, \tag{3.150}$$

wobei v die auf $\boldsymbol{B}$ senkrecht stehende Komponente von $\boldsymbol{v}$ ist. Die Umlauffrequenz des Trägers, seine Gyrofrequenz

$$\omega_g = \frac{v}{R} = \frac{e}{m}\,B, \tag{3.151}$$

hängt nicht mehr von v ab, ein Tatbestand, der die Konstruktion des Zyklotrons (s. S. 502) ermöglicht.

2. *Magnetische Wände*. Für die moderne Plasmatechnik (s. S. 477) ist die Aufgabe, das Plasma von festen Wänden fernzuhalten, von erstrangiger Bedeutung, wenn man die Dissipation von Energie aus dem Plasma möglichst reduzieren will. Dazu dient das Prinzip der magnetischen

Wände oder der magnetischen Flasche: Hat die Trägergeschwindigkeit v eine Komponente parallel zum Magnetfeld $\boldsymbol{B}$, so überlagert sie sich der Kreisbewegung des Trägers, und es entsteht eine *Wendelbahn*, die sich um eine Feldlinie von $\boldsymbol{B}$ herumwindet. Durch eine geschickte Formgebung kann das Magnetfeld dazu benutzt werden, die Träger von einer festen Wand fernzuhalten. In gewissem Grade erfüllt die *magnetische Flasche* diese Aufgabe. Ihr Feld ist streckenweise homogen (Bild 3.25), aber an den Enden wird es stark konzentriert („Hals"). Nur relativ wenig Träger können den Hals passieren und damit verlorengehen, die meisten werden am Hals reflektiert („Spiegelmaschine"). Verbesserungen ergeben sich durch Verwendung von Ringrohren (Toroiden) sowie der komplizierten Stellarator-Anordnung.

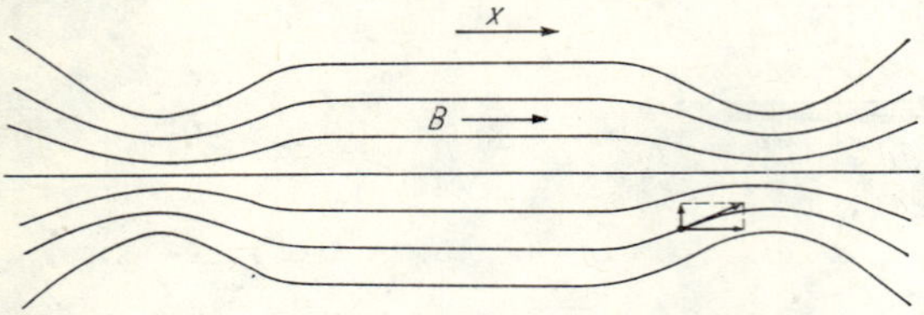

Bild 3.25
Verlauf des Magnetfeldes in einer doppelseitigen magnetischen Flasche

3. *Pincheffekt.* Bei stärkeren Plasmaströmen kommt auch das eigene Magnetfeld zur Wirkung, so daß sich die Stromlinien anziehen, weil die Lorentz-Kraft überall nach innen gerichtet ist. Aus den Gln. (3.131) und (3.149) berechnet sich die je Volumen ausgeübte, nach innen gerichtete Kraft zu

$$\boldsymbol{F} = \boldsymbol{G} \times \boldsymbol{B}. \tag{3.152}$$

Sie führt zu einer radialen Kontraktion des Plasmaschlauches, die sich bei höheren Stromdichten (oberhalb 100 A) auch visuell bemerkbar macht. (Im stromdurchflossenen Metalldraht treten derartige Kontraktionskräfte ebenfalls auf, sie entziehen sich jedoch wegen der Festigkeit des Materials der Beobachtung.)
Im stationären Zustand wird die nach innen gerichtete Kraft $\boldsymbol{F}$ durch einen nach außen gerichteten Druckabfall der Trägergase kompensiert. Im Gleichgewicht gilt daher

$$\boldsymbol{G} \times \boldsymbol{B} = \operatorname{grad} p. \tag{3.153}$$

Für den oft vorliegenden zylindersymmetrischen Fall läßt sich diese Gleichung elementar zu einer Beziehung zwischen der gesamten Stromstärke I und der Trägertemperatur T umformen *(Bennet-Gleichung)*:

$$I^2 = \frac{8\pi}{\mu_0} NkT; \tag{3.154}$$

N gesamte Trägeranzahl je Meter Säulenlänge.

Der nach innen zu ansteigende Trägerdruck hat zur Folge, daß der Druck des Neutralgases nach außen hin abnimmt. Für Bogensäulen hoher Stromstärke trifft meist das Modell des homogen mit Strom erfüllten Schlauches (Radius R) zu, so daß die Stromdichte $G = I/\pi R^2$ von r unabhängig ist. Für diesen Fall ergibt sich eine weitere Vereinfachung: Der Trägerdruck fällt mit $(1 - r^2/R^2)$, also parabolisch nach außen ab.

Beispiel. Ein frei in Luft brennender Lichtbogen zwischen Kohleelektroden hat bei $I = 200$ A einen Säulenradius von etwa 4 mm, also eine Stromdichte $G = 4 \cdot 10^6\ \mathrm{A \cdot m^{-2}}$; der Druckunterschied des Trägergases zwischen Achse und Berandung beträgt etwa 0,8 mbar.

Die Theorie des Zusammenwirkens magnetischer Felder mit Plasmen, wobei auch hydrodynamische Gesichtspunkte berücksichtigt werden, wird als *Magnetohydrodynamik* bezeichnet. Dieses Gebiet steht heute mit Rücksicht auf seine praktische Bedeutung, speziell in Fragen der Energieerzeugung, im Mittelpunkt des Interesses. Ausgangspunkt der Theorie sind die Maxwellschen Gleichungen mit ihren Nebenbedingungen, die Forderungen der Kontinuität sowie auch die auf strömungstheoretischer Grundlage entstandene Navier-Stokessche Gleichung. Das gesamte Gleichungssystem ist so unübersichtlich, daß sich nur für wenige Spezialfälle Ansatzpunkte für die Rechnung bieten.

3.3.2.8. Plasmameßverfahren

Sondenmessungen. Gegenüber den in Niederdruckplasmen schon frühzeitig verwendeten Messungen mit der statischen Sonde hat die von *Langmuir* eingeführte Methode der Strom-Spannungs-Charakteristik den Vorteil, viel mehr Informationen über das Plasma zu liefern. Man unterscheidet an dieser Kennlinie 3 deutlich voneinander abgesetzte Gebiete: Bei hoher negativer Sondenspannung werden lediglich positive Ionen angesaugt und als Ionenstrom gemessen; Elektronen werden abgestoßen. Bei hoher positiver Sondenspannung werden umgekehrt nur Elektronen aufgenommen. Mit Hilfe der *Wandstoßzahl* nach Gl. (3.93) erhält man in beiden Sättigungsgebieten für die Stromdichte an ebener Sonde

$$G^- = en\bar{v}^-/4 \quad \text{bzw.} \quad G^+ = en\bar{v}^+/4. \tag{3.155}$$

Zwischen diesen beiden Ansauggebieten nimmt die Sonde einen *Anlaufstrom* von Elektronen auf, und zwar für Sondenpotentiale, die nur wenig (etwa 1 V) unterhalb des Plasmapotentials am Sondenort liegen. Der Anlaufstrom wird im wesentlichen durch den Boltzmann-Faktor (S. 495) bestimmt, so daß für die Stromdichte gilt

$$G^- = G_0 \exp(-eU/kT). \tag{3.156}$$

Die Auswertung der Sondenkennlinie erfolgt so, daß zunächst aus dem Anlaufstrom – nach Abzug des Sättigungsstromes der Ionen – die Elektronentemperatur T_e ermittelt wird, am besten durch Auftragen von log G^- über U. Aus der Elektronentemperatur folgt dann v^- und mit Gl. (3.155) die Trägerdichte $n^- = n^+ = n$. Das Raumpotential am Ort der Sonde ist mit dem Sondenpotential identisch, bei dem der Anlaufstrom der Elektronen in den Sättigungsstrom übergeht.

Die Sondenmeßmethode unterliegt verschiedenen Fehlerquellen, die in jedem Einzelfall sorgfältig beachtet werden müssen. Sie ist auch nicht rückwirkungsfrei, wenn der entnommene Sondenstrom mit dem Plasmastrom vergleichbar ist.

Messungen am Spektrum. Messungen am Spektrum des Plasmas sind völlig frei von Rückwirkungen; die Auswertung setzt jedoch ein angenähertes Temperaturgleichgewicht voraus. Gemessen werden stets Intensitäten von einzelnen Spektrallinien. Um Absolutmessungen mit ihren Fehlerquellen zu umgehen, bevorzugt man Messungen des Intensitätsverhältnisses zweier Linien, die den gleichen Endterm haben, also den Übergängen $m \to n$ und $i \to n$ zukommen. Dabei müssen die *Übergangswahrscheinlichkeiten* für beide Linien bekannt sein. Die Forderung eines angenäherten thermischen Gleichgewichts beschränkt alle diese Verfahren auf Gasdrücke von mehr als 1 bar. In Niederdruckplasmen ist die „Anregungstemperatur", die nach Gl. (3.126) die Anzahl der angeregten Zustände m bzw. i bestimmt, mit der Elektronentemperatur identisch, die beträchtlich über der Gastemperatur liegt. Das gilt unter der meist zutreffenden Voraussetzung, daß beide Niveaus durch Elektronenstoß und nur in vernachlässigbar geringem Grade durch Photonenabsorption angeregt werden.

Auch Bandenspektren von Molekülen (S. 439) sind bei thermischen Gleichgewichtszuständen für die Temperaturmessung geeignet; besonders gilt dies für die Banden des Rotations-Schwingungsspektrums, weil der Intensitätsverlauf in einfacher Weise mit der Temperatur zusammenhängt.

Erwähnt sei ferner noch die Möglichkeit, Gastemperaturen durch den *Doppler-Effekt* an Spektrallinien zu messen, der sich als Verbreiterung der Linien infolge der Wärmebewegung der Atome zeigt. Die Halbwertbreite ist proportional zu $\sqrt{T/M}$; sie ist also um so größer, je leichter das Atom ist, so daß man für solche Messungen Wasserstoff, evtl. als geringfügige Beimischung, bevorzugt. Auch die Ionentemperatur kann mit Hilfe des Doppler-Effektes gemessen werden, wenn man die von Ionen emittierten Linien heranzieht. Als Störungsquellen für eine Linienverbreiterung wirken der Stark- und der Zeeman-Effekt sowie die Zusammenstöße des emittierenden Atoms mit anderen Atomen.

Die Elektronentemperatur läßt sich unabhängig davon, ob Temperaturgleichgewicht besteht oder nicht, aus dem Intensitätsverlauf des Rekombinationskontinuums (S. 438) bestimmen.

Mikrowellenmessungen. Mikrowellen werden hauptsächlich auf zweierlei Weise zur Plasmadiagnostik benutzt: Entweder schließt man das Plasma in einen Hohlraumresonator ein, oder man läßt einen definierten Wellenstrahl in das Plasma einfallen. Beide Verfahren gestatten, die *Elektronendichte* zu ermitteln.

Beim Hohlresonatorverfahren wird die durch das Plasma hervorgerufene Resonanzverstimmung als Meßkriterium benutzt, während beim Wellenstrahlverfahren die optischen Eigenschaften des Plasmas (Reflexion und Transparenz) getestet werden, wobei die im Abschnitt 3.3.2.6. ausgeführten Überlegungen als Grundlage dienen.

Da mit diesen Verfahren auch schnelle zeitliche Änderungen der Elektronendichte zu erfassen sind, kann man damit das Sinken der Trägerdichte im abklingenden Plasma verfolgen und Rückschlüsse auf die Rekombination und ambipolare Diffusion der Träger ziehen.

Daneben spielen *Durchbruchmessungen* bei sehr hohen Frequenzen eine meßtechnische Rolle, aus denen sich der Diffusionskoeffizient der Elektronen und ihre Beweglichkeit ableiten lassen. Die vom Plasma selbst ausgehende *Mikrowellenstrahlung* vermittelt Informationen über dessen Rauschtemperatur, die beim thermischen Gleichgewicht mit der Gastemperatur identisch ist.

Messungen von Gasdichte und Temperatur. Bei bekanntem Druck kann die Gasdichte nach der Formel $p = nkT$ zur Ermittlung der Gastemperatur führen. Die Gasdichte läßt sich aus der Absorption von Röntgen- oder α-Strahlen gewinnen, die man durch das Plasma hindurchsendet. Um ausreichende Effekte zu erhalten, ist dieses Verfahren auf hohe Drücke (isotherme Plasmen) beschränkt.

Moderne Methoden machen von *Shock-wawes (Stoßwellen)* Gebrauch, Druckwellen sehr hoher Amplitude, die meist durch eine Funkenentladung hoher Energie ausgelöst werden. Die Front dieser Wellen wandert mit einer von Temperatur und Gasdichte abhängigen Geschwindigkeit, die man mit Hilfe des Schlierenverfahrens oder auch direkt fotografisch messen kann.

Der *optische Brechungsindex* ν ist eine Funktion der Gasdichte n_0, und zwar ist $\nu - 1$ der Gasdichte proportional. Da sich ν sehr genau messen läßt, folgt daraus eine genaue Methode zur Messung von n_0.

Radioaktive Atome, die dem Grundgas in bekanntem Verhältnis beigemischt werden, können ebenfalls zu Dichtemessungen herangezogen werden, wobei sich auch lokale Dichteunterschiede feststellen lassen.

3.3.2.9. Plasma und Energieerzeugung

Die moderne Plasmaforschung hat zu einer Reihe neuartiger Projekte auf dem Gebiet der Energieerzeugung angeregt, die zwar noch nicht zur vollen technischen Reife gediehen sind, deren Realisierung jedoch in den kommenden Jahren zu erwarten ist. Hierzu gehört zunächst der *magnetohydrodynamische Generator* (MHD-Generator), der die direkte Umsetzung von Wärme in elektrische Energie zum Ziel hat. Er beruht auf folgendem Prinzip: Ein sehr heißer und daher thermisch ionisierter Gasstrahl (Plasmastrahl) durchläuft ein Magnetfeld quer zu seinen Feldlinien. Die dadurch entstehenden Lorentz-Kräfte [Gl. (3.149)] stehen sowohl auf der Strahlrichtung als auch auf den Feldlinien senkrecht und treiben die Elektronen in die eine, die Ionen in die andere Richtung. Beide Trägerströme werden durch 2 Elektroden gesammelt und dem Verbraucher zugeführt. Um den inneren Widerstand des Generators möglichst klein zu halten, muß man den Ionisierungsgrad des Plasmas möglichst hochtreiben, was man durch Zusatz von Stoffen niedriger Ionisierungsarbeit anstrebt („Impfung“).

Als Zahlenbeispiel seien eine Gasgeschwindigkeit von 2000 m/s und eine Magnetflußdichte von $2T$ angenommen. Zwischen den Elektroden könnte sich dann ein elektrisches Feld von 4 kV/m entwickeln. Bei einem Elektrodenabstand von 10 cm wäre die Leerlaufspannung 400 V. Allerdings ist die Raumladungswirkung (s. S. 503) hierbei nicht berücksichtigt.

Eine andere neuartige Energiequelle ist die *Fusion* von leichten Kernen zu Heliumkernen (s. S. 430). Sie erfordert extrem hohe Temperaturen (einige 10^8 K), deren Erzeugung und Aufrechterhaltung nur mit Hilfe eines Plasmas gelingen kann. Die für die Kernfusion in Betracht kommenden Reaktionen und die dabei frei werdenden Energien sind in Tafel 3.8 zusammengestellt.

Tafel 3.8
Zur Energiegewinnung ausnutzbare Kernfusionsprozesse

$$^2H + {}^2H = {}^3He + n + 3{,}3\ \text{MeV}$$
$$^2H + {}^3He = {}^4He + p + 18{,}3\ \text{MeV}$$
$$^2H + {}^3H = {}^4He + n + 17{,}8\ \text{MeV}$$
$$^6Li + {}^2H = 2\,{}^4He + 22{,}4\ \text{MeV}$$
$$^7Li + p = 2\,{}^4He + 17{,}3\ \text{MeV}$$
$$^6Li + n = {}^4He + {}^3H + 4{,}8\ \text{MeV}$$

Die besonderen Schwierigkeiten einer solchen „Plasmamaschine“ bestehen darin, das Plasma durch Magnetfelder adiabatisch einzuschließen (magnetische Flasche, S. 474).

Ein drittes Zukunftsprojekt energetischer Art ist die Verwendung von Plasmawolken für den *Raketenantrieb.*

Die hohen Geschwindigkeiten, die man den Trägergasen durch elektrische Beschleunigung erteilen kann, geben den Anreiz, ihren Rückstoß auszunutzen. Wegen der nur geringen auszuschleudernden Massen kann man auf diese Weise allerdings keine großen Beschleunigungswirkungen erzeugen; sie würden aber genügen, einem interplanetarischen Flugkörper einen über längere Zeit wirkenden Vortrieb zu erteilen.

3.3.3. Fester Körper

Ein fester Körper ist durch einen kristallinen Aufbau gekennzeichnet; seine Moleküle sind in fester, geometrisch regelmäßig orientierter Lage fixiert. Mit dieser Struktur hängt ursächlich das Vorhandensein eines festen, nur vom Druck abhängigen Schmelzpunktes zusammen. Beim Festkörper ist also im Gegensatz zum Gas das Ordnungsprinzip bis zum Extrem durchgeführt. Typische Repräsentanten dieses Aggregatzustands sind die Metalle. Die im üblichen Hüttenverfahren hergestellten Metalle bestehen aus sehr vielen kleinen *Kristalliten,* die in ihrer Richtung isotrop verteilt sind. Durch spezielle Arbeitsverfahren, wie Walzen, Ziehen od. dgl., kann man einem polykristallinen Gefüge eine gewisse Orientierung der Kristallite *(Textur)* geben, z. B. eine Faserstruktur. Durch Herausziehen aus der Schmelze gewinnt man größere, nur aus einem einzigen Kristall bestehende Stücke, die *Einkristalle.*
Körper ohne Kristallstruktur heißen *amorph.* Ein amorpher Körper kann nicht als Festkörper angesprochen werden, auch wenn er einige für diesen typische Eigenschaften (Härte, Festigkeit) zeigt.

3.3.3.1. Kristallstruktur

Der Aufbau eines Kristalls wird durch eine räumliche Anordnung von Punkten, das *Kristallgitter,* beschrieben. Diese Punkte können durch Atome, Ionen oder Atomkomplexe besetzt werden. Zum Festlegen der Gitterpunkte geht man so vor: Man legt zunächst ein Koordinatensystem zugrunde, dessen Achsen x, y, z miteinander die Winkel α, β, γ einschließen mögen. Auf jeder Achse wird ein Einheitsvektor mit der Länge a bzw. b bzw. c festgelegt. Durch wiederholtes Aneinanderlegen dieser Vektoren längs der x-, y- und z-Achse (Translation) erhält man auf einer Achse, beispielsweise der x-Achse, eine *Gittergerade,* in der durch 2 Achsen bestimmten Ebene eine *Gitter-* oder *Netz-Ebene* und im Raum schließlich ein *Raumgitter.* Das durch die Kanten a, b und c bestimmte Volumen heißt *Elementarzelle.* Aus solchen Elementarzellen setzt sich also das gesamte Kristallgitter lückenlos zusammen.

Auf dieser Grundlage ergeben sich insgesamt 7 *Kristallsysteme*, von denen in Tafel 3.9 die Einheitsvektoren und die Achsenwinkel vermerkt sind. Die Kantenlängen *a*, *b* und *c* lassen sich durch röntgenografische Verfahren (Interferenzspektroskopie) sehr genau bestimmen. Diese *Gitterkonstanten* sind etwa gleich dem Durchmesser der den Kristall aufbauenden Atome.

Tafel 3.9. Charakteristische Merkmale der 7 Kristallsysteme

Nummer	Bezeichnung	Beträge der Einheitsvektoren a, b, c	Achsenwinkel α, β, γ
I	triklin	a, b, c beliebig	beliebig, jedoch nicht 90°
II	monoklin	a, b, c beliebig	$\alpha = \gamma = 90°$; $\beta \neq 90°$
III	rhombisch	a, b, c beliebig	$\alpha = \beta = \gamma = 90°$
IV	tetragonal	$a = b$, c beliebig	$\alpha = \beta = \gamma = 90°$
V	trigonal (rhomboedrisch)	$a = b = c$	$\alpha = \beta = \gamma \neq 90°$
VI	hexagonal	$a = b$, c beliebig	$\alpha = \beta = 90°$; $\gamma = 120°$
VII	kubisch	$a = b = c$	$\alpha = \beta = \gamma = 90°$

Die Möglichkeiten des Kristallaufbaus erfahren noch eine wesentliche Bereicherung dadurch, daß nicht nur die Eckpunkte der Elementarzellen, sondern auch noch andere geometrisch ausgezeichnete Punkte, z.B. die Mitten der Elementarzellen oder der Flächen von Atomen oder Atomgruppen, besetzt werden: basis-, flächen- und raumzentrierte Gitter.

Die einwertigen Metalle, besonders die Alkalimetalle, kristallisieren in kubisch-raumzentrierten Gittern. Die zweiwertigen Metalle, zu denen die guten Leiter Cu, Ag, Au gehören, bilden kubisch-flächenzentrierte Gitter. Komplizierter ist der Gittertyp der technischen Halbleiterwerkstoffe Ge und Si. Beide sind vierwertig wie auch der Kohlenstoff. Mit diesem haben sie die Gitterstruktur des Diamantgitters gemeinsam, die aus 2 ineinandergeschachtelten kubisch-flächenzentrierten Gittern besteht, die um $\frac{1}{4}$ der Raumdiagonalen gegenseitig versetzt sind. Jedes Atom ist von 4 Nachbaratomen in Tetraederanordnung umgeben.

Die Kräfte, die den Kristall fest zusammenhalten und seinen Bau gegen Störkräfte (z.B. thermische Erschütterungen) stabilisieren, sind mannigfacher Natur. Man unterscheidet 4 Bindungsarten:

Ionenbindung. Wenn ein Kristall aus Ionen beiderlei Vorzeichens aufgebaut ist (z.B. NaCl), so wird er durch elektrostatische Kräfte (Coulomb-Kräfte) zusammengehalten. Würden die Ionen noch enger zusammenrücken, als der Gitterkonstanten entspricht, so würden sich ihre Elektronenhüllen durchdringen, und es käme dann die Abstoßung der Kerne zur Wirksamkeit, so daß also stabile Gleichgewichtslagen eingehalten werden.

Kovalente oder Atombindung. In diese Gruppe gehören das Diamantgitter und die Halbleiterwerkstoffe Ge und Si. Die Bindung wird durch einen Austausch von Elektronen der äußeren Schalen der Atome vermittelt (Austauschkräfte, S. 428). Die Elektronendichte sinkt dabei zwischen den Atomen nicht auf Null, so daß eine bestimmte Anzahl von Elektronen mehreren Atomen zugeordnet werden muß.

Metallische Bindung. Wesentlich ist hier die Existenz freier Elektronen, die in gut leitenden Metallen von den Atomen abgegeben werden und ein „Elektronengas" bilden, das für die elektrische Leitfähigkeit und auch für das optische Verhalten der Metalle zuständig ist. Die Leitungselektronen sind sozusagen allen Atomen des Kristalls zugehörig und vermitteln auch die Bindungskräfte zwischen ihnen.

Van-der-Waals-Bindung. Diese Bindung ist sehr viel schwächer als die vorstehend genannten. Sie findet sich als Kristallbindung bei Edelgasen im festen Zustand und bei Molekülkristallen, die aus 2 gleichen Atomen bestehen (z.B. H_2, N_2, O_2). Die Schwäche der Bindung erklärt die tiefe Lage der Schmelzpunkte dieser Stoffe.

Nur in seltenen Fällen ist eine einzige Bindungsart am Aufbau eines Kristalls wirksam; meist beteiligen sich 2 oder mehr der genannten Bindungsformen am Zusammenhalt eines Kristalls.
Die an den Gitterpunkten fixierten Teilchen stehen nicht fest, sondern befinden sich in ständiger thermischer Bewegung. Nach der Wellenmechanik werden diese thermischen Schwingungen als statistisch verteilte Schallwellen aufgefaßt, die gequantelt sind und als „Quasiteilchen" der Energie gelten können; vgl. hierzu die auf S. 444 vermittelte Vorstellung des in einem Würfelvolumen eingeschlossenen Photonengases: Auch im Kristall werden durch seine Begrenzungen Eigenwerte der Energie bestimmt, die den möglichen stehenden Wellen im Kristallvolumen zugeordnet werden können. In Analogie zu den Photonen nennt man diese Quasiteilchen *Phononen*. Eine technische Anwendung der Elektronen-Phononen-Wechselwirkung stellt z.B. die Akustoelektronik dar (Verstärkung von Schallwellen usw.). Die Statistik der Phononen spielt für die Theorie der spezifischen Wärme fester Körper eine fundamentale Rolle.

3.3.3.2. Elektronengas im Festkörper

Das Elektronengas innerhalb gut leitender Metalle ist für alle Reaktionen der Metalle in elektrischen Feldern von entscheidender Bedeutung. Die Dichte der freien Elektronen richtet sich nach der Wertigkeit der Atome, d.h. nach der Anzahl ihrer Valenzelektronen. Alkalimetalle spalten nur 1 Elektron je Atom ab, Erdalkalimetalle deren 2 usw. Im ersten Fall ist die Elektronendichte gleich der der Atomrümpfe (Ionen) im Gitter, im zweiten doppelt so groß. Die Abtrennung der Elektronen vom Atom bedeutet eine Ionisation des Atoms. Dazu wären beträchtliche Energien erforderlich, wenn man auch im Metallkristall mit denselben Ionisierungsarbeiten einzelner Atome rechnen würde (z.B. Na etwa 5 eV).

Man muß jedoch berücksichtigen, daß die Atome bei der dichten Packung im Kristall einander stark beeinflussen; die Elektronenhüllen berühren sich, und eine Zuordnung eines bestimmten Elektrons zu einem Atom ist nicht mehr möglich, vielmehr gehört jedes Elektron allen Atomen des gesamten Kristalls an. Von dieser Vorstellung ausgehend, kann man dann auch dem gesamten endlichen Volumen V eines Metallkristalls ein einheitliches Quantengerüst zuschreiben, in dem den freien Elektronen die nach dem Pauli-Prinzip verfügbaren Plätze zugeteilt wurden. Dabei wird das gesamte Kristallgitter als ein einziges riesiges Atom aufgefaßt. Bei dieser Betrachtungsweise verliert der Begriff der Ionisierungsarbeit seinen Sinn.

Die Elektronen des Elektronengases sind im Metall frei beweglich, können also bei anliegender elektrischer Spannung einen Strom führen *(Leitungselektronen)*. Damit erklärt sich das Phänomen der großen metallischen Leitfähigkeit. Sie ist das Ergebnis der hohen Dichte der Leitungselektronen, die größenordnungsgemäß mit der Dichte der Metallatome übereinstimmt (einige 10^{28} m^{-3}). Bei so hohen Teilchendichten liegt *Entartung* vor (S. 446), so daß die Energieverteilung der *Fermi-Statistik* gehorcht.
An der Oberfläche des Metalls hat die freie Beweglichkeit der Elektronen ihre Grenze, d.h., der Austritt aus dem Metall z.B. ins Vakuum ist den Leitungselektronen aus energetischen Gründen versagt. Versucht ein Elektron, das Metall zu verlassen, so werden an dessen Oberfläche Influenzladungen angesammelt, die bestrebt sind, das Elektron wieder ins Metall hineinzuziehen. Es muß daher eine bestimmte Arbeit leisten, um diese Anziehungskraft der „Bildladung" zu überwinden.
Schottky hat diesen Sachverhalt durch sein *Napfmodell* veranschaulicht.

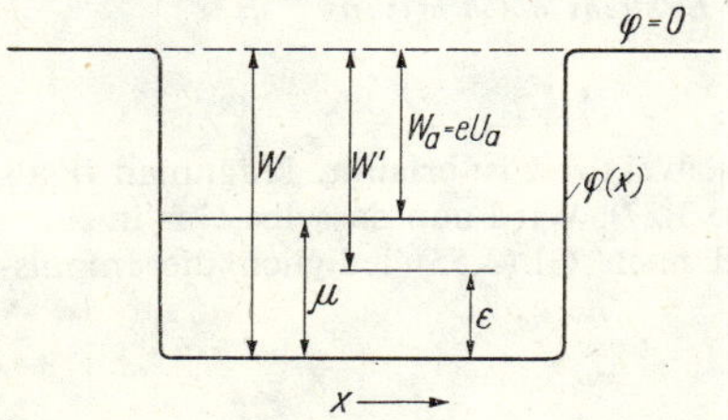

Bild 3.26
Schottkysches Napfmodell für ein Metall

Danach wird das in einem Metallkristall eingeschlossene Elektronengas mit einer Flüssigkeit in einem Topf mit senkrechten Wänden verglichen (Bild 3.26). Das Gravitationspotential tritt an die Stelle des elektrischen Potentials $\varphi(x)$. Unter Vernachlässigung der durch die Ladung der Gitterionen verursachten Periodizität im Verlauf von $\varphi(x)$ ist das Potential im Inneren des Metalls konstant, entsprechend dem horizontal liegenden Napfboden. Im Bild 3.26 sind positive φ-Werte nach unten aufgetragen, um die Analogie mit dem Schwerefeld verständlich zu machen. Die steile Wand des Napfes repräsentiert die Metalloberfläche. An dieser Stelle nimmt das Potential schnell ab, bis es wiederum in ein konstantes Niveau einschwenkt, das als *Makropotential* bezeichnet wird, weil es für die Feldverhältnisse im Außenraum zuständig ist. Wir setzen es zunächst Null.
Die „Flüssigkeit" der freien Elektronen füllt bei $T = 0$ den Napf bis zur Höhe μ, der *Fermi-Kante*, aus, wobei ihre kinetische Energie alle erlaubten Werte zwischen Null und μ annimmt. Um ein Elektron ins Freie zu schaffen, muß mindestens die Arbeit $W_a = eU_a$ geleistet werden, die *Austrittsarbeit*. Mit steigender Temperatur wird die Energieverteilung $f(\varepsilon)$ der Leitungselektronen zunehmend aufgelockert, so daß dann auch ε-Werte oberhalb μ anzutreffen sind.

Aus diesem Modell lassen sich z. B. die Gesetze der thermischen Elektronenemission quantitativ ableiten. Außerdem vermittelt es tiefere Einblicke in viele Fragen der Trägerdynamik in festen Körpern.

3.3.3.3. Energiebändermodell

Eine für die gesamte Festkörperphysik wichtige Folge der dichten Atompackung im Kristall und der dadurch hervorgerufenen Wechselwirkung zwischen benachbarten Atomen ist die Aufspaltung der ursprünglich streng einheitlichen atomaren Energieniveaus (Terme) in äußerst fein strukturierte Energiebänder, die, sofern sie nicht zu breit sind und einander überlappen, durch *verbotene Zonen* voneinander getrennt sind. Eine solche Bänderstruktur zeigen nicht nur gut leitende Metalle, sondern auch Halbleiter und Isolatoren. Die Anzahl der aus einem einzigen Term hervorgehenden Teilterme ist gerade gleich der Anzahl N der in dem jeweils betrachteten Kristallvolumen enthaltenen Atome. Sie ist also außerordentlich groß; in einem Na-Kristall von 1 cm³ Rauminhalt zerfällt jeder atomare Term in etwa $2{,}5 \cdot 10^{22}$ Teilterme.
Die energetischen Abstände zwischen diesen sind klein genug, um ein solches Energieband als eine quasistetige Folge diskreter Terme ansehen zu können. Die Energieunterschiede zwischen benachbarten Teiltermen liegen in jedem Fall weit unterhalb der mittleren thermischen Energie kT.
Begründung für die Entstehung der Bänderstruktur anstelle einzelner diskreter Terme: Im räumlich nicht begrenzten Gas liefert die Schrödinger-Gleichung für die Energie W der Teilchen den Ausdruck [s. Gl. (3.19)]

$$W = \frac{h^2 k^2}{8\pi^2 m}. \tag{3.157}$$

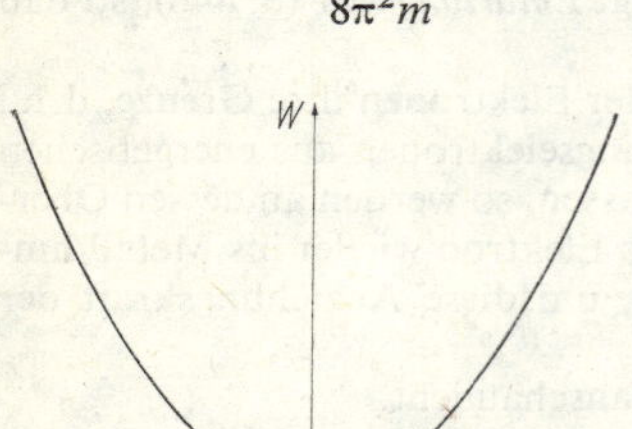

Bild 3.27
Energie eines freien Elektrons in Abhängigkeit vom Wellenvektor

W unterliegt keiner Quantelung; jeder beliebige Wellenvektor $\boldsymbol{k}$ ist erlaubt. Trägt man W als Funktion von k auf, so ergibt sich eine Parabel (Bild 3.27). Wird nun dasselbe Gas in einen Würfel der Kantenlänge d eingeschlossen, so sind nach Gl. (3.55) lediglich die Impulsbeträge

$$p = \frac{h\sqrt{n_1^2 + n_2^2 + n_3^2}}{2d},$$

also die kinetischen Energien

$$W = \frac{p^2}{2m} = \frac{h^2\,(n_1^2 + n_2^2 + n_3^2)}{8md^2} = \frac{h^2 n^2}{8md^2} \tag{3.158}$$

zulässig. Da n_1, n_2 und n_3 ganzzahlig sind, gilt dies auch für n. Dem Gas wird dadurch also eine Quantelung vorgeschrieben; die Teilchenenergien sind nicht mehr kontinuierlich verteilt, sondern stufenweise mit allerdings sehr geringen Abständen voneinander.

Um der Realität des Elektronengases modellmäßig besser zu entsprechen, müssen die von den Gitterpunkten ausgehenden periodisch wirkenden Kräfte berücksichtigt werden. Inwieweit solche Gitterfelder einen Einfluß auf die Elektronenenergie haben, läßt sich anschaulich an einem „linearen" Kristall erkennen, in dem die Atomrümpfe eine äquidistante Punktfolge auf einer Geraden bilden. Diese stark schematisierte Annahme hat den Vorteil, daß sie die Schrödinger-Gleichung zu lösen gestattet. Der zeitunabhängige Teil der Lösung hat die Form

$$\psi = \exp\,(\mathrm{j}\,(\boldsymbol{k}\cdot\boldsymbol{r}))\cdot u\,(\boldsymbol{k};\boldsymbol{r}),$$

worin $u\,(\boldsymbol{k};\boldsymbol{r})$ die gleiche räumliche Periodizität aufweist wie das Potential im Inneren des linearen Kristalls. Die ursprüngliche Lösung der Schrödinger-Gleichung wird also mit dem Faktor $u\,(\boldsymbol{k};\boldsymbol{r})$ moduliert. Diese Modulation hat i. allg. keinen merklichen quantitativen Einfluß auf den Verlauf $W(k)$, so daß die Parabelform im Bild 3.27 im wesentlichen erhalten bleibt.

Unter bestimmten Bedingungen treten jedoch Unstetigkeiten im $W(k)$-Verlauf zutage, die ihren Ursprung in Beugungs- und Interferenzerscheinungen der Elektronenwellen bei ihrer Wechselwirkung mit den Gitterpunkten des Kristalls haben. Wenn

$$n\lambda = 2a \quad \text{oder} \quad k = \frac{\pi}{a}n \tag{3.159}$$

wird (a ist der Abstand zweier Gitterpunkte voneinander), kommt es zur Bildung stehender Wellen (vgl. S. 423). Die weitere Rechnung zeigt, daß bei den durch Gl. (3.159) gekennzeichneten kritischen k-Werten die Energie sprunghaft auf das nächsthöhere Band übergeht. Im übrigen verläuft $W(k)$ angenähert mit $\cos\,(ak)$ proportional. Bild 3.28 zeigt diesen Sachverhalt schematisch; die ungestörte Parabel $W \sim k^2$ ist gestrichelt mit eingezeichnet.

Für einen realen dreidimensionalen Kristall läßt sich die vorstehend angedeutete Rechnung nur noch näherungsweise durchführen, liefert jedoch grundsätzlich den gleichen Habitus für die Bänderstruktur.

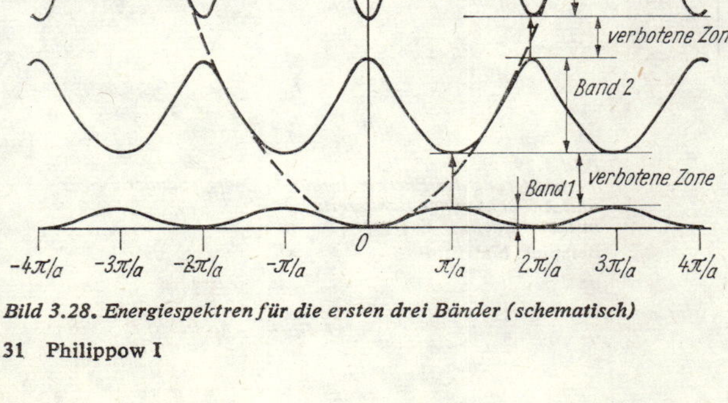

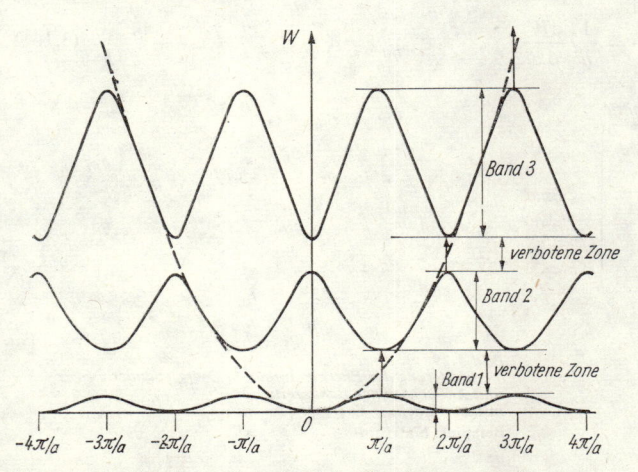

Bild 3.28. Energiespektren für die ersten drei Bänder (schematisch)

Man muß sich die Folge der Energiebänder nach oben hin, d.h. mit wachsender Energie, beliebig weit fortgesetzt denken, auch wenn die Niveaus nicht mehr besetzt sind, da alle Elektronen bereits untergebracht sind. Sie müssen aber für eine evtl. Besetzung ebenso zur Verfügung stehen wie die höheren Schalen der atomaren Elektronenhülle, aus denen sie letzten Endes hervorgegangen sind. Die Frage der Besetzung ist rein statistisch (s. S. 445). Die Bänder werden aus energetischen Gründen wieder von unten nach oben sukzessiv aufgefüllt, soweit die Elektronenzahl reicht – es sind im ganzen NZ Elektronen unterzubringen –, und das höchste Band, das noch ganz oder teilweise mit Elektronen besetzt ist, kann als *Valenzband* angesprochen werden, weil es die den Valenzelektronen der Atome entsprechenden Elektronen enthält.

Die bereits auf S. 479 angedeutete Vorstellung, den ganzen makroskopischen Kristall als ein quantentheoretisch einheitliches System, also als ein Riesenatom, aufzufassen, vermittelt sofort das Verständnis für die Entwicklung der Bänderstruktur. Enthält der Kristall N Atome der Ordnungszahl Z, also insgesamt NZ Elektronen, so müssen diesen Elektronen nach dem Pauli-Prinzip auch $NZ/2$ Energieniveaus zur Verfügung gestellt werden, also N-mal soviel, wie im Einzelatom vorhanden sind. Diese $NZ/2$ Niveaus dürfen aber nicht genau zusammenfallen, was dem Pauli-Prinzip widersprechen würde. Also muß jedes ursprünglich streng einheitliche Niveau in N Teilniveaus aufspalten.

Aus der Beziehung zwischen der Energie W und dem Wellenvektor $\boldsymbol{k}$ lassen sich Geschwindigkeit und Impuls der Elektronen berechnen. Man muß dabei beachten, daß die Geschwindigkeit $\boldsymbol{v}$ eines Elektrons mit der *Gruppengeschwindigkeit* $\boldsymbol{v}_g$ einer Materiewelle identisch ist, die mit der *Phasengeschwindigkeit* $\boldsymbol{v}_p$ zusammenhängt durch

$$\frac{1}{v_g} = \frac{d}{d\omega}\left(\frac{\omega}{v_p}\right). \tag{3.160}$$

Unter Berücksichtigung von

$$v_p = \frac{\lambda\omega}{2\pi} = \frac{\omega}{k}$$

ergibt sich

$$\frac{1}{v_g} = \frac{dk}{d\omega} \quad \text{oder} \quad v_g = \frac{d\omega}{dk}.$$

Führt man anstelle der Frequenz $\omega = 2\pi f$ die ihr zugeordnete Energie $W = hf$ ein, so wird die Elektronengeschwindigkeit

$$v = v_g = \frac{2\pi}{h}\frac{dW}{dk} = \frac{1}{\hbar}\frac{dW}{dk}. \tag{3.161}$$

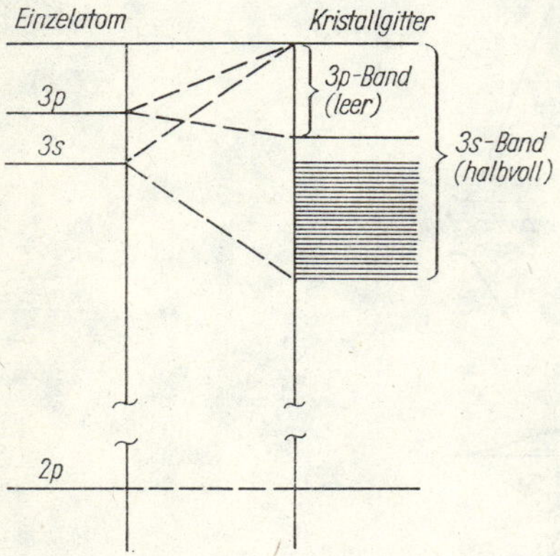

Bild 3.29
Verbreiterung der Energieniveaus zu Energiebändern und Anwachsen der Bandbreite mit zunehmender Energie
Beispiel: Natrium

Über die *Breite* der Energiebänder und der verbotenen Zonen sagt die Theorie in Übereinstimmung mit dem Experiment aus, daß mit wachsender Energie, also auch wachsendem Abstand der Elektronen vom Kern, die Bänder immer breiter, die verbotenen Zonen dagegen immer schmaler werden. Schließlich werden die verbotenen Zonen völlig unterdrückt, so daß sich benachbarte Bänder überlappen. Dadurch gewinnt ein Elektron die Möglichkeit, gleichzeitig 2 oder auch mehreren Bändern anzugehören, so daß es ohne Energieaufwand von einem zum anderen Band übergehen kann.

Als Beispiel für eine solche Überlappung zeigt Bild 3.29 die Situation bei Natrium: Hier überlappt sich das zur Hälfte besetzte (Schraffur) 3*s*-Band mit dem leeren 3*p*-Band und auch noch mit allen darüberliegenden Bändern, die hier nicht mehr gezeichnet sind. Allerdings reicht bei $T = 0$ die Elektronenbesetzung noch nicht bis ans 3*p*-Band heran, aber mit zunehmender Temperatur können dann auch zunehmend Elektronen ins 3*p*-Band gelangen.

3.3.3.4. Effektive Elektronenmasse

Zu einer überraschenden Folgerung kommt man bei der Berechnung der *Beschleunigung*, die einem Elektron durch eine Kraft F, beispielsweise eine elektrische Feldkraft, erteilt wird. Nach *Newton* gilt hierfür

$$F = m \frac{dv}{dt}.$$

Mit Gl. (3.161) wird

$$\left|\frac{dv}{dt}\right| = \frac{1}{\hbar} \frac{d^2W}{dk^2} \frac{dk}{dt}. \tag{3.162}$$

Demgegenüber gilt für ein freies Elektron nach Gl. (3.157)

$$\left|\frac{dv}{dt}\right| = \frac{\hbar}{m} \frac{dk}{dt}. \tag{3.163}$$

Für die Kraft F erhält man also einerseits

$$F = m_{\text{eff}} \frac{1}{\hbar} \frac{d^2W}{dk^2} \frac{dk}{dt}$$

und andererseits

$$F = \hbar \frac{dk}{dt}.$$

Dabei ist die Masse des Kristallelektrons durch m_{eff} als „effektive Masse" gekennzeichnet, da sie sich von der Masse des freien Elektrons unterscheidet. Aus der vorstehenden Gleichung folgt

$$m_{\text{eff}} = \frac{\hbar^2}{d^2W/dk^2} = \frac{\hbar^2}{W''}. \tag{3.164}$$

Die effektive Masse des Kristallelektrons hängt also von der Krümmung der $W(k)$-Kurve und damit auch von seiner energetischen Lage im Band ab.

Nimmt man z. B. für das Band *2* im Bild 3.28 für $W(k)$ einen Kosinusverlauf an, also $W(k) = W_0 + A \cos(ak)$, so ist $m_{\text{eff}} \sim [-1/\cos(ak)]$. Die effektive Masse ist also am unteren Bandrand ($k = \pi/a$) positiv, am oberen ($k = 0$) aber negativ. In der Bandmitte ($k = \pi/2a$) springt m_{eff} sogar von $+\infty$ nach $-\infty$! Eine unendlich große effektive Masse würde bedeuten, daß eine auf das Elektron wirkende Kraft keine Beschleunigung zur Folge hat. Es muß jedoch beachtet werden, daß wegen des vektoriellen Charakters von k auch die effektive Masse des Elektrons 3 Komponenten hat und daß davon höchstens eine unendlich groß werden kann.
Andererseits lehrt die Relativitätstheorie (s. Gl. (3.4)), daß die Elektronenmasse wegen $v \ll c$ konstant und gleich der Ruhemasse m_0 sein sollte.
Dieser Widerspruch löst sich folgendermaßen: Wenn man bei den Kristallelektronen von Massen spricht, die sich von m_0 unterscheiden, so ist darin bereits die Einwirkung des periodischen Kristallfeldes auf die Kinematik der Elektronen enthalten. In dieser Weise als Ersatzvorstellung begründet, verliert auch der Begriff negativer Massen seine Bedeutung.

Die Abhängigkeit der effektiven Elektronenmasse von der Krümmung der $W(k)$-Kurve hat in der Entdeckung des *Gunn-Effektes* in Halbleitern eine überzeugende experimentelle Bestätigung gefunden.

3.3.3.5. Leiter. Halbleiter. Isolatoren

Die Leitfähigkeitswerte fester Stoffe umfassen einen Bereich von fast 25 Zehnerpotenzen, wofür die unterschiedlichen Dichten freier Elektronen im Festkörper die Ursache sind. Die Leitfähigkeit hängt sehr eng mit der Aufteilung der Elektronen auf die verschiedenen Energiebänder zusammen. Ein voll mit Elektronen besetztes Band kann grundsätzlich keinen Beitrag zur Stromleitung geben; für die Leitfähigkeit ist nur der Zustand des Valenzbandes maßgebend.
Danach ergibt sich folgende Charakterisierung der Stoffe bezüglich ihrer Leitfähigkeit:
Gut leitende Metalle. Das Valenzband ist entweder nur teilweise besetzt wie bei den Alkalimetallen, oder es überlappt sich mit einem darüberliegenden völlig leeren Band. In beiden Fällen liegen dicht über den Niveaus der Elektronen genügend viel leere Terme, so daß die Elektronen im Feld Energie aufnehmen können.
Isolatoren. Alle Bänder sind voll besetzt, Überlappungen sind nicht vorhanden. Eine geringe Leitfähigkeit kann aus den unter „Halbleiter" angeführten Ursachen entstehen.
Halbleiter. Sie nehmen eine Zwischenstellung ein: Strukturell gehören sie zu den Isolatoren, d.h., das Bändersystem besteht aus vollen, nicht überlappenden Bändern. Der energetische Abstand zwischen der Oberkante des höchsten gefüllten und der Unterkante des darüber befindlichen leeren Bandes ist jedoch so gering, daß es einigen Elektronen schon bei Raumtemperatur gelingt, die verbotene Zone mit Hilfe ihrer thermischen Energie zu überspringen und in ein leeres Band zu geraten, das dadurch zum *Leitband* wird. Der Unterschied gegenüber den vollkommenen Isolatoren ist also nur quantitativ und betrifft allein die energetische Breite der verbotenen Zone. Beim Halbleiter beträgt sie rund 1 eV, beim Isolator dagegen bis zu 7 eV. Bei genügend hoher Temperatur wird jeder Isolator zum Halbleiter. Der Übergang von Elektronen ins Leitband kann durch Beimischungen von Verunreinigungen *(Dotierung)* wesentlich erleichtert werden (Störstellenleitung), S. 526).

3.3.3.6. Austrittsarbeit. Galvani-Spannung. Volta-Spannung

Die aus dem Schottkyschen Napfmodell zu entnehmende Austrittsarbeit $W_a = eU_a = W - \mu$ vernachlässigt das Vorhandensein elektrostatischer Doppelschichten an der Oberfläche des Metalls. Solche Doppelschichten sind jedoch grundsätzlich auf jeder Metalloberfläche anzunehmen, und ihre elektrostatische Wirkung darf nicht außer acht gelassen werden. Dafür gibt es mehrere Gründe: Die von innen her auf die Wand auftreffenden Elektronen werden zwar an der Wand reflektiert, aber infolge ihrer kinetischen Energie schießen sie eine kurze Strecke über die Wand hinaus, bevor sie umkehren. Es entsteht dadurch eine dünne negative Flächenladung, die zusammen mit der positiven Influenzladung im Metall eine *Doppelschicht* bildet, also einen Potentialsprung erzeugt. Hinzu kommt die natürliche Begrenzung des Kristallgitters gegen das Vakuum: Während nämlich im Inneren des Kristalls die Ionen durch allseitig wirkende Kräfte an ihre Gleichgewichtslage gefesselt werden, entfallen an der Grenzfläche die von der Vakuumseite her gerichteten Kräfte. Dadurch wird das Gitter in Wandnähe etwas deformiert; die Dichte der Ionen und damit auch ihre Ladungsdichte ist nahe dem Rand anders als im Inneren. Das führt, zusammen mit dem Bestreben des Elektronengases, überall die gleiche Dichte aufrechtzuerhalten, ebenfalls zu einer elektrostatischen Doppelschicht. Die größten Beträge der Doppelschichtpotentiale liefern jedoch die schwer zu kontrollierenden Fremdbedeckungen der Oberfläche von Metallen, wie sie durch Verunreinigungen u.a. entstehen. Derartige Fremdschichten können Potentialsprünge beider Vorzeichen im Gefolge haben, so daß durch sie die Austrittsarbeit sowohl erhöht als auch erniedrigt werden kann.

Die effektive Austrittsarbeit ist allgemein

$$W_{a,eff} = W - \mu + eU_s,$$

worin U_s die insgesamt über der Doppelschicht liegende Spannung ist.
Werden 2 verschiedene Metalle durch Löten oder Schweißen zu einem geschlossenen Kreisring fest zusammengefügt, so kann in dem Ring kein Strom fließen, solange überall eine einheitliche Temperatur vorliegt, weil das dem 2. Hauptsatz der Thermodynamik widersprechen würde. Wohl aber entsteht an beiden Lötstellen eine Spannung, und zwar an beiden die gleiche, so daß die Umlaufspannung verschwindet. Das geht aus Bild 3.30 hervor, das im Teil b) die beiden Schottky-Näpfe getrennt und in c) nach der Vereinigung zeigt. Die beiden Spannungen U_G, die *Galvani-Spannungen*, kommen dadurch zustande, daß sich die beiden Näpfe beim Zusammenlöten so gegeneinander verschieben, daß ihre Fermi-Niveaus in gleicher Höhe liegen.

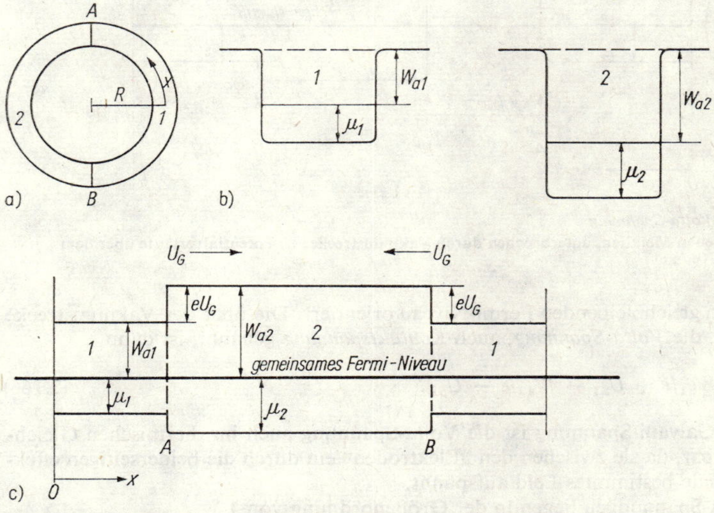

Bild 3.30. Zur Erklärung der Galvani-Spannung

a) Ring aus 2 verschiedenen Metallen; b) Potentialnäpfe beider Metalle im getrennten Zustand; c) Orientierung der Potentialverläufe am gemeinsamen Fermi-Niveau im geschlossenen Ring

Wäre das nicht der Fall, so müßte ein Strom fließen, und zwar würden aus dem Metall, dessen Fermi-Kante potentialmäßig unter der des anderen liegt (also in der Darstellung auf Bild 3.30 nach oben verschoben ist), so lange Elektronen in das andere Metall übergehen, bis der Unterschied der Fermi-Kanten ausgeglichen wäre. Dieses Ausnivellieren der Fermi-Niveaus entspricht der Forderung nach einem Minimum der Gesamtenergie des Systems, wodurch das statische Gleichgewicht bestimmt wird.

Da sich innerhalb eines jeden Metalls die übrigen Niveaus nicht gegenüber der Fermi-Kante verschieben können, folgt der im Teilbild c) dargestellte Verlauf. Es entstehen an beiden Kontaktstellen Spannungssprünge, die Galvani-Spannungen, die gegeneinandergeschaltet sind, um der Forderung $\oint \boldsymbol{E} \cdot dx = 0$ zu genügen. Aus diesem Bild läßt sich sofort ablesen, daß die Galvani-Spannung gleich der Differenz der doppelschichtfreien Austrittsarbeiten (also auch der Makropotentiale) ist. Es gilt

$$U_G = U_{a1} - U_{a2} = (W_{a1} - W_{a2}/e. \tag{3.165}$$

Das Metall mit der größeren Austrittsarbeit hat demnach ein geringeres Potential. Die Galvani-Spannung ist nur meßbar, wenn die beiden Lötstellen unterschiedliche Temperaturen haben; es entsteht die bekannte *Thermospannung* (*Seebeck-Effekt*, S. 543).
Sind die beiden Metalle nur an einem Ende zusammengefügt, so daß zwischen den beiden anderen Enden eine Luft- oder Vakuumstrecke liegt (Bild 3.31), so muß man den Beitrag der beiderseitigen Doppelschichten am Potential berücksichtigen. An die Stelle der idealen Austrittsarbeit treten dann die effektiven, die auch direkt gemessen werden können, z.B. durch den Fotoeffekt (S. 491). Der Potentialverlauf des geöffneten Kreises (Bild 3.31 b) ist

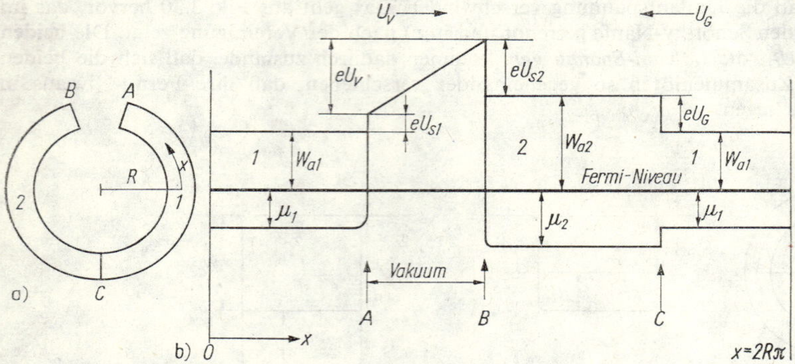

Bild 3.31. Deutung der Volta-Spannung
a) Ring aus 2 verschiedenen Metallen, unterbrochen durch Vakuumstrecke; b) Potentialverläufe über dem gemeinsamen Fermi-Niveau

wiederum nach dem gleichbleibenden Fermi-Niveau orientiert. Die über der Vakuumstrecke liegende Spannung, die *Volta-Spannung*, auch *Kontaktspannung* genannt, ist dann

$$|U_V| = W_{a1}/e + U_{S1} - W_{a2}/e - U_{S2}. \tag{3.166}$$

Im Gegensatz zur Galvani-Spannung ist die Volta-Spannung auch im thermischen Gleichgewicht direkt meßbar, da sie zwischen den „Elektroden" ein durch die beiderseitigen effektiven Makropotentiale bestimmtes Feld aufspannt.
Galvani- und Volta-Spannungen liegen in der Größenordnung von 1 V.

3.3.4. Flüssigkeit

Der Feinbau der Flüssigkeiten ist bis heute der theoretischen Analyse noch am wenigsten zugänglich. Da vom Standpunkt des Elektrotechnikers aus nur wenig Beziehungen zur Struktur flüssiger Stoffe bestehen, werden hier nur einige Grundlagen behandelt.

3.3.4.1. Struktur der Flüssigkeit (Nahordnung)

Die Stellung des flüssigen Aggregatzustands zwischen dem festen und dem gasförmigen ist strukturell dadurch begründet, daß der Ordnungsgrad der Flüssigkeiten zwischen dem der Festkörper und dem der Gase liegt: Das Modell der kinetischen Gastheorie kennt kein Ordnungsprinzip, während im Gegensatz dazu im Festkörper (Kristall) die Ordnung zur höchsten Perfektion entwickelt ist, so daß jedem Teilchen sein Platz in einem geometrisch streng definierten Raumgitter zugewiesen wird. Man spricht daher von einer *Fernordnung*, weil sich das ordnende Prinzip über den gesamten makroskopischen Kristallkörper erstreckt.

In der Flüssigkeit kann dagegen nur von einer „Nahordnung“ gesprochen werden, weil das Geschehen in einer Flüssigkeit in einer dauernden Folge von kristallaufbauenden und -abbauenden Prozessen besteht; die ordnenden Kräfte reichen nicht über die Abmessungen dieser kleinen kurzlebigen Kristalle hinaus.

Die sehr schnell erfolgende Umgruppierung kleinster Kristallbereiche ist die Ursache für die Unschärfe der Beugungsringe, die man bei Durchstrahlung von Flüssigkeiten mit Röntgenstrahlen erhält, während Festkörper scharfe Beugungsringe ergeben. Röntgendiagramme von Flüssigkeiten können daher als Beugungsbilder „verwackelter“ Kristalle aufgefaßt werden. Im übrigen ist auch in Flüssigkeiten die Materie dicht gepackt, d.h., auch hier berühren sich die Moleküle beinahe, weswegen sich auch die Dichte beim Gefrieren nicht wesentlich ändert.

Die Struktur amorpher Körper, z.B. der Gläser, ist der von Flüssigkeiten sehr ähnlich. Das Röntgendiagramm deutet darauf hin, daß im Glas eine flüssigkeitsähnliche Struktur „eingefroren“ ist. Dieser Zustand ist jedoch instabil, weil stets eine Tendenz zur Fernordnung besteht, d.h. zur Kristallisation im ganzen (Entglasung).

3.3.4.2. Molekulare Kräfte in Flüssigkeiten

Die intermolekularen Kräfte in Flüssigkeiten müssen Anziehungskräfte sein, da sie zu einem auch nur vorübergehenden Kristallbau führen können. Dafür kommen bei neutralen Molekülen zunächst die Kräfte der *Dipolwechselwirkung* in Betracht, deren Potential mit r^{-6} verläuft, ferner quantenmechanisch zu begründende sog. *Dispersionskräfte*, deren Potential ebenfalls etwa r^{-6} proportional ist. Alle diese Kräfte nehmen mit abnehmender Entfernung der Teilchen sehr schnell zu; sie erreichen daher, wie die Austauschkräfte, erst bei fast unmittelbarer Berührung merkliche Beträge. Bestimmte mittlere Abstände werden dadurch stabilisiert, daß bei zu großer Annäherung der Teilchen die Elektronenhüllen einander durchdringen und dann sehr starke Abstoßungskräfte der Kerne wirksam werden.

Die exakte mathematische Durchführung dieser hier nur angedeuteten Theorie der Flüssigkeiten scheiterte bislang an den großen formalen Schwierigkeiten (Integro-Differentialgleichungen), so daß die Aufstellung von Verteilungsfunktionen, wie sie aus der Gastheorie geläufig sind, noch nicht gelungen ist. Letzten Endes sind diese Schwierigkeiten darin begründet, daß Flüssigkeiten einen Grenzfall zwischen Festkörper und Gas darstellen, der keine Vernachlässigung zuläßt.

3.3.4.3. Transporteffekte in Flüssigkeiten

Für die quantitative Erfassung von Diffusion, Viskosität und Wärmeleitung ist eine detaillierte Betrachtung der Bewegung der Moleküle in Flüssigkeiten notwendig. Diese Bewegung kann man zunächst als eine Schwingung um eine momentane Gleichgewichtslage auffassen, deren Frequenz bei etwa 10^{13} Hz liegt. Amplitude und Frequenz dieser thermisch angeregten Schwingungen schwanken dauernd und damit auch der momentane Energieinhalt eines Teilchens. Zuweilen wird diese Energie so groß, daß das Teilchen zu einem *Platzwechsel*, d.h. zu einem Sprung an eine andere benachbarte Stelle, befähigt wird. Die dazu erforderliche Platzwechselenergie Q bestimmt nach dem Boltzmann-Prinzip die Platzwechselfrequenz:

$$f = f_0 \exp(-Q/kT).$$

Solche Platzwechsel treten auch in Kristallen auf, allerdings ist die Aktivierungsenergie Q viel größer als in Flüssigkeiten; die Platzwechselfrequenz ist deshalb viel niedriger.
Die *Diffusionskonstante D* einer Flüssigkeit, die ebenso definiert ist wie in Gasen [Gl. (3.104)], ist der Platzwechselfrequenz proportional, so daß $\ln D \sim (-1/T)$ verläuft, was auch experimentell bestätigt wird. Die *Viskosität* dagegen ist der Platzwechselfrequenz f umgekehrt proportional, so daß sie mit $\exp(+Q/kT)$ verläuft. Das deckt sich ebenfalls mit dem Experiment.

3.4. Mechanismus der Stromleitung

3.4.1. Stromleitung im Vakuum

Im Vakuum – gemeint ist damit stets das Hochvakuum – kann der Strom sowohl durch Elektronen als auch durch Ionen beiderlei Vorzeichens getragen werden.

3.4.1.1. Elektronen- und Ionenquellen

Als Elektronenquelle (Katode) kommt im Vakuum nur ein fester Körper niedrigen Dampfdruckes in Betracht. Um aus seiner Oberfläche Elektronen zu befreien, muß je Elektron die Austrittsarbeit eU_a aufgewendet werden, die einige Elektronenvolt beträgt. Das kann auf verschiedene Art geschehen.

Thermische Elektronenemission. Die Austrittsarbeit wird der thermischen Energie entnommen. Das Elektronengas im Metall hat eine Fermi-Verteilung der Energie. Je höher die Temperatur der Glühkatode ist, desto mehr Elektronen können die zum Austritt erforderliche kinetische Energie erreichen und damit den Potentialwall (vgl. Napfmodell im Bild 3.26) überwinden; der thermische Emissionsstrom steigt mit der Temperatur T an. Für die Überwindung des Potentialwalles ist lediglich die senkrecht zur Oberfläche gerichtete Komponente der Elektronengeschwindigkeit maßgebend. Damit ein Elektron das Metall verlassen kann, muß die Komponente v_x der Bedingung genügen

$$mv_x^2/2 \geqq eU_a.$$

Die Ableitung der Verteilung der Geschwindigkeitskomponenten v_x aus der Energieverteilung [Gl. (3.102)] führt auf die *Richardsonsche Gleichung*, die den Zusammenhang zwischen der Sättigungsstromdichte G, der Temperatur T der Katode und der Austrittsarbeit eU_a beschreibt:

$$G = \frac{4\pi emk^2}{h^3} T^2 \exp(-eU_a/kT) = AT^2 \exp(-eU_a/kT); \tag{3.167}$$

$$A = \frac{4\pi emk^2}{h^3} = 1{,}20 \cdot 10^6 \text{ A} \cdot \text{m}^{-2} \cdot \text{K}^{-2} \tag{3.168}$$

ist die *Richardsonsche Konstante*.

Die Emissionsgleichung (3.167) ist einer direkten experimentellen Prüfung zugänglich; auch kann mit ihr die Austrittsarbeit eU_a gemessen werden, am besten aus der Neigung der sog. *Richardson-Geraden*, die sich ergibt, wenn man ln (G/T^2) gegen $1/T$ aufträgt. Für eine Wolframkatode erhält man $eU_a = 4{,}52$ eV. Die Austrittsarbeit reiner Metalle ist übrigens etwas von der Temperatur abhängig, und zwar steigt sie mit T an. Der Grund hierfür ist hauptsächlich in der thermischen Ausdehnung des Katodenmaterials zu suchen, durch die sich die Elektronendichte und nach Gl. (3.103) auch die Fermi-Energie μ erniedrigt. Wegen $eU_a = W - \mu$ muß die Austrittsarbeit zunehmen. Für Wolfram gilt z. B. $dU_a/dT = 6 \cdot 10^{-6}$ V · K^{-1}.
Für die Richardson-Konstante A ergeben die Messungen stets kleinere Werte als $1{,}20 \cdot 10^6$ A · m^{-2} · K^{-2}. Die Gründe dafür sind: Einmal wird der Emissionsstrom dadurch vermindert, daß ein Bruchteil der energetisch zum Austritt befähigten Elektronen an der Oberfläche reflektiert wird und wieder ins Metall zurücktritt (bei einer Wolframkatode etwa 50%, bei Fremdschichtbedeckung noch mehr). Zum anderen ist die Austrittsarbeit temperaturabhängig. Setzt man hierfür einen linearen Ausdruck an, $U_a = U_{a0} + \alpha T$, so läßt sich von der e-Funktion in Gl. (3.167) ein von T unabhängiger Faktor abspalten, so daß die Richardson-Konstante nunmehr $A \exp(-e\alpha/k)$ wird, also kleiner als ohne diese Korrektur.

Bei allen Messungen von Emissionsströmen muß die Anodenspannung so hoch gewählt werden, daß der Emissionsstrom nicht durch seine eigene Raumladung begrenzt wird, sondern daß ein *Sättigungsstrom* fließt. Andererseits darf die Spannung nicht zu hoch sein, weil dann der *Schottky-Effekt* einsetzt und der Strom leicht mit der Anodenspannung ansteigt. Die Deutung dieses Effektes geschieht mit Hilfe des Napfmodells, indem man den Verlauf des Makropotentials außerhalb der Katode betrachtet (Bild 3.32). Der Feldverlauf im Vakuum ergibt sich als Überlagerung des Anodenfeldes und des Feldes, mit dem ein aus der Katode kommendes Elektron von dieser zurückgeholt wird. Dieses Feld kann als Bildkraftfeld mit dem Potential $e/16\pi\varepsilon_0 x$ angesehen werden (x Abstand des Elektrons von der Katodenebene). Das resultierende Potential $\varphi(x)$ folgt zu

$$\varphi(x) = \frac{U}{d}\,x + \frac{e}{16\pi\varepsilon_0 x} = E_0 x + \frac{e}{16\pi\varepsilon_0 x};$$

d Abstand Katode–Anode. $\varphi(x)$ hat ein Minimum, desen Lage x_m und Betrag φ_m sich zu

$$x_m = \sqrt{\frac{e}{16\pi\varepsilon_0 E_0}} \quad \text{und} \quad \varphi_m = \varphi(x_m) = \sqrt{\frac{eE_0}{4\pi\varepsilon_0}} \tag{3.169}$$

berechnen. Wie aus Bild 3.32 hervorgeht, wird die Austrittsspannung U_a um den Betrag $\varphi_m = \Delta U_a$ vermindert, da der Potentialwall um diese Größe ΔU_a abgetragen wird; der Napfrand wird also durch die von der Anode ausgehenden Feldlinien nach unten „verbogen". Anstelle der früheren Austrittsarbeit eU_a muß jetzt also die verminderte Austrittsarbeit $e(U_a - \Delta U_a)$ eingesetzt werden, so daß sich der Emissionsstrom um den Faktor $\exp(e\Delta U_a/kT)$ erhöht, und zwar nach Gl. (3.169) um so mehr, je größer das durch die Anodenspannung U gegebene Feld E_0 zwischen den Elektroden ist.
Die Wolframkatode wird auch heute noch überall dort verwendet, wo eine gute Langzeitkonstanz verlangt wird.

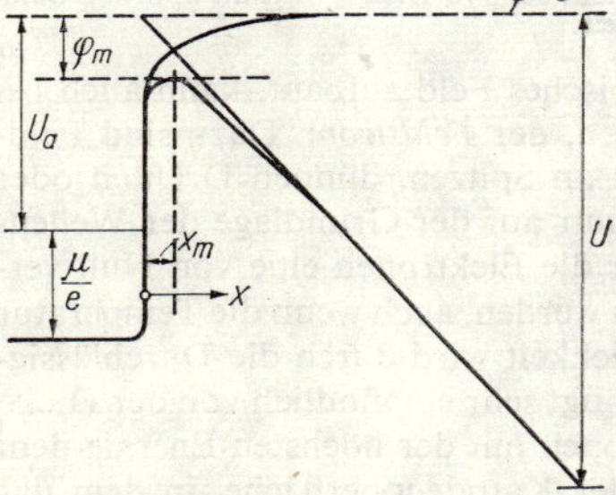

Bild 3.32
Zur Theorie des Schottky-Effektes

Die Austrittsarbeit reiner Metalle kann durch eine dünnschichtige Bedeckung mit Fremdstoffen erheblich herab- und damit der Emissionsstrom wesentlich heraufgesetzt werden. Die Fremdatome müssen elektropositiv sein, damit sie als positive Ionen angelagert werden können. Die dadurch entstehende Doppelschicht setzt die Austrittsarbeit herab. Zu dieser Kategorie gehört die *thorierte Wolframkatode*. Die auf dem W niedergeschlagene Th-Schicht darf nicht zu dick sein, weil sonst eine Katode aus reinem Th vorläge, deren Austrittsarbeit höher ist als bei monomolekularer Bedeckung. Eine Übersicht über die mit fremden Schichten erreichbaren Emissionsdaten gibt Tafel 3.10.

Tafel 3.10
Emissionsdaten technischer Glühkatoden
(T_1 Betriebstemperatur)

System	W_a eV	A $A \cdot cm^{-2} \cdot K^{-2}$	T_1 K
W	4,52	60	2700
W–Th	2,6	3,0	2000
W–Ba	1,6	2,0	1400
W–Cs	1,4	3,2	1400
BaO	0,99 ··· 1,5	0,1	1000
Techn. Oxidkatode (BaO, SrO, CaO)	1,0 ··· 1,9	0,1 ··· 1	1000
Vorratskatoden (L-Katode)	1,67	2,5	1270
LaB_6	2,66	30	1750
ThO_2	2,55 ··· 2,7	–	–

Die technisch bedeutendste Katode ist die *Oxidkatode.* Als Emissionsmasse dient meist eine Mischung von BaO (50 %), SrO (40 %) und CaO (10 %). Die Oxide werden durch thermische Zersetzung aus den Karbonaten hergestellt *(Formierung)*. Im anschließenden *Aktivierungsprozeß* wird ein Überschuß an Ba-Atomen in der Oxidmasse geschaffen; das geschieht durch eine Gleichstromelektrolyse im Vakuum, bei der bereits der sich entwickelnde Emissionsstrom benutzt wird. Die Oxidschicht wird durch die eingelagerten Ba-Atome zu einem Halbleiter vom Typ N (s. S. 527).

Gut aktivierte Oxidkatoden lassen sich mit Emissionsstromdichten bis zu 10 A/cm² bei Dauerbetrieb und etwa 100 A/cm² bei Impulsbetrieb (Magnetron) belasten. Ihre Lebensdauer beträgt etwa 1000 h. Die Temperaturabhängigkeit der Emissionsstromdichte befolgt nicht mehr das Richardson-Gesetz, sondern eine von *Fowler* aufgestellte Beziehung:

$$G = B\sqrt{n_D}\, T^{5/4} \exp\left(-eU_a/kT\right). \tag{3.170}$$

n_D ist die Dichte der überschüssigen Ba-Atome (Donatoren) und B eine Konstante, die an die Stelle des Richardsonschen A tritt.

Die Lebensdauer der Oxidkatoden wird im wesentlichen durch 2 Prozesse begrenzt: Abdampfen von Ba aus der Masse ins Vakuum und Bildung einer schlecht leitenden Übergangsschicht zwischen der Oxidmasse und dem Trägermetall, das meist aus Ni besteht. Technisch brauchbare Lösungen, die diese Nachteile vermeiden, sind die Vorratskatoden. Sie haben statt einer Oxidschicht einen massiven Oxidkörper, der zur Vermeidung hoher Widerstände in einem Wolframschwamm eingesintert wird. Das abdampfende Barium wird durch einen anhängenden Oxidvorrat stets wieder nachgeliefert (L-Katode). Neuerdings spielen gesinterte Werkstoffe als Glühkatodenmaterial eine Rolle, z. B. Lanthanborid (s. Tafel 3.10). Diese Katoden unterliegen nicht der „Vergiftung" wie die üblichen Oxidkatoden und sind meist auch nach Lufteinbruch wieder emissionsbereit.

Feldemission. Wenn sich an der Katode ein hohes elektrisches Feld aufbaut, kann auch bei beliebig tiefer Temperatur ein Elektronenaustritt erfolgen, der *Feldstrom.* Dazu sind Feldstärken von einigen 10^9 V/m erforderlich, die sich z. B. an Spitzen, dünnen Drähten oder scharfen Kanten erzeugen lassen. Dieses Phänomen ist nur auf der Grundlage der Wellenmechanik zu verstehen (vgl. S. 423). Danach besteht für die Elektronen eine von Null verschiedene Wahrscheinlichkeit, im Vakuum angetroffen zu werden, auch wenn die Temperatur gleich dem absoluten Nullpunkt ist. Diese Wahrscheinlichkeit wird durch die Durchlässigkeit D der Potentialschwelle nach Gl. (3.24) gegeben. D hängt sehr empfindlich von der Dicke des Potentialwalles ab. Da bei kalter Katode die Elektronen mit der höchsten Energie dem Fermi-Niveau angehören, muß der Abstand x_0 von der Katodenoberfläche, in dem das Potential außerhalb des Walles die Höhe der Fermi-Kante erreicht, möglichst klein sein (Bild 3.33). Je höher das Feld E vor der Katode wird, desto steiler verläuft das Potential $\varphi(x)$,

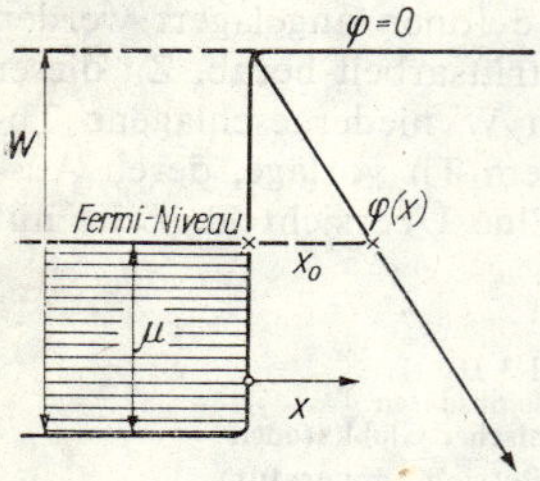

Bild 3.33
Zur Theorie der Feldemission als Tunneleffekt

und desto kürzer wird also der „verbotene" Weg x_0 für das austretende Elektron, desto größer also auch die Wahrscheinlichkeit seines Vorkommens im Vakuum. Die Dichte G_F des Feldstromes muß also mit E zunehmen. Auf dieser Grundlage haben *Fowler* und *Nordheim* die Charakteristik des Feldstromes berechnet,

$$G_F = \frac{\sqrt{\mu W_a}}{\mu + W_a}\,\frac{e^3E^2}{2\pi h W_a} \exp\left[\frac{-8\pi\sqrt{2m}\, W_a^{3/2}}{3ehE}\right], \tag{3.171}$$

worin $W_a = eU_a$ gesetzt ist. Meist genügt die Näherung $\mu = W_a$; dann gilt in SI-Einheiten:

$$G_F = 3{,}1 \cdot 10^{-6} \frac{E^2}{U_a} \exp\left[-6{,}8 \cdot 10^9 \frac{U_a^{3/2}}{E}\right]. \tag{3.172}$$

Da die Feldelektronen beim Übertritt ins Vakuum nicht den Potentialwall überwinden müssen (wie bei der Glühemission), sondern sich durch einen Tunnel in Höhe der Fermi-Kante hindurchbewegen *(Tunneleffekt)*, ist ihre Energie im Vakuum um die Austrittsarbeit niedriger als die der thermischen Elektronen. Außer zur Erklärung der Feldemission spielt der Tunneleffekt noch eine Rolle bei gewissen Halbleiterbauelementen, den Tunneldioden.

Die Fowler-Nordheim-Gleichung darf nur als Näherung gelten, weil sie weder den Schottky-Effekt (S. 489) noch die Mikrostruktur der Katodenoberfläche berücksichtigt, die Spitzen und Grate hat, die von der Theorie bislang noch nicht sicher erfaßt werden können, die aber wegen der erhöhten Feldstärke sicher die Feldemission sehr vergrößern. Man muß sich also mit einer größenordnungsmäßigen Übereinstimmung mit der Erfahrung begnügen. Merkliche Feldströme beginnen erst bei etwa $E = 3 \cdot 10^9$ V/m zu fließen, erreichen dann aber bereits bei der dreifachen Feldstärke Werte von 10^{10} A/m², so daß sich der für die Praxis interessierende Feldstärkebereich stark einengt.

Fotoeffekt. Wird die Austrittsarbeit den Elektronen im Katodenmetall durch Einstrahlen von Photonen übermittelt, spricht man vom *Fotoeffekt* oder *lichtelektrischen Effekt*. Die Energiebedingung lautet

$$hf \geqq eU_a. \tag{3.173}$$

Sie bestimmt eine untere Grenzfrequenz f_g bzw. eine obere Grenzwellenlänge λ_g:

$$hf_g = \frac{hc}{\lambda_g} = eU_a; \tag{3.174}$$

$$\lambda_g U_a = 1{,}240 \cdot 10^{-6}\ \text{V} \cdot \text{m}.$$

Ist $f > f_g$, so kann der Energieüberschuß dem ausgelösten Elektron als kinetische Energie mitgegeben werden. Bei Vernachlässigung aller sonstigen Energieverluste, z. B. durch Zusammenstöße der Elektronen mit Atomen, gilt die Einsteinsche Gleichung

$$hf = eU_a + mv^2/2. \tag{3.175}$$

Die aus Messungen der Grenzwellenlänge ermittelten Austrittsarbeiten stimmen meist nicht mit den aus der Richardson-Gleichung für Glühemission folgenden Werten überein, weil der Fotoeffekt i. allg. bei niedrigen Temperaturen gemessen wird, bei denen die Katodenoberfläche noch nicht von Fremdschichten befreit wird, die einen großen Einfluß auf U_a haben.

Bezüglich des Mechanismus der Fotoemission unterscheidet man *Oberflächen-* und *Volumeneffekt*. Beim ersteren handelt es sich um die Wechselwirkung der auffallenden Photonen mit oberflächengebundenen Elektronen, beim zweiten um die Anregung von Elektronen aus den Niveaus im Inneren des Katodenstoffes.

Die *Oberflächenelektronen* nehmen eine Schicht von nur etwa 1 nm Dicke ein, in ihr werden deshalb nur rund 0,1 % der auftreffenden Photonen absorbiert. Damit erklärt sich die geringe Ausbeute η des Oberflächeneffektes (Bild 3.34).

Höhere Ausbeuten liefert der *Volumeneffekt*, besonders bei höheren Photonenenergien, die ein tieferes Eindringen der Photonen in das Metallgitter – bis etwa 0,1 µm – erlauben, so daß längs dieser Wegstrecke die Elektronen aus ihren Bindungen herausgerissen werden können. Überschüssige Energie wird den Elektronen als kinetische übermittelt, mit deren Hilfe sie aus dem Metall ins Vakuum entweichen können. Typische Ausbeutekurven für den Volumeneffekt zeigt Bild 3.35.

Einen bemerkenswerten Unterschied gegenüber dem Volumeneffekt zeigt der Oberflächeneffekt, wenn man linear polarisiertes Licht verwendet. Die Richtung der Polarisationsebene hat beim Volumeneffekt keinen Einfluß auf die Ausbeute, da die angeregten Elektronen während ihres Diffusionsweges jede „Erinnerung" an die ursprüngliche Polarisationsrichtung verlieren. Beim Oberflächeneffekt hingegen ist aus klassischen Analogien zu vermuten, daß zur Elektronenauslösung eine Komponente des elektrischen Vektors senkrecht zur Oberfläche vorhanden sein muß. Das entspricht auch den Beobachtungen wenigstens an glatten Oberflächen, weil Rauhigkeiten den Polarisationseffekt verwischen.

Die Ausbeute des Oberflächeneffektes läßt sich erheblich verbessern, wenn die Photonenabsorption erhöht wird. Dazu dienen dünne *Fremdschichten.* Auf diesem Prinzip beruhen die Herstellungsverfahren von hocheffektiven Fotozellen. Absorption und Ausbeute hängen natürlich von der Frequenz der Photonen ab. Zuweilen beschränkt sich deren Bereich auf ein enges Band, so daß man von *selektivem Fotoeffekt* sprechen kann.

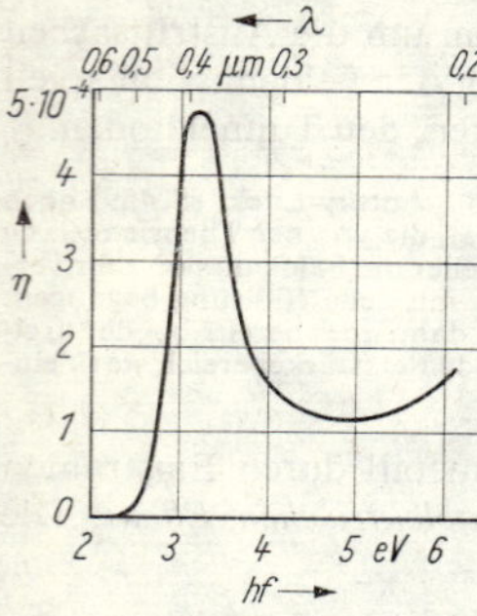

Bild 3.34. Lichtelektrische Ausbeute in Abhängigkeit von der Frequenz bei Kalium

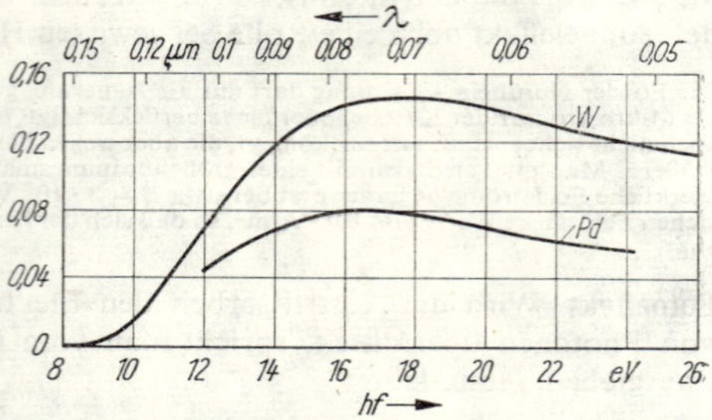

Bild 3.35. Lichtelektrische Ausbeute in Abhängigkeit von der Frequenz bei Wolfram und Palladium

Um bestimmte Frequenzbereiche und Empfindlichkeiten zu erreichen, werden komplizierte mehrschichtige Katoden verwendet. Diese Katoden sind keine Gleichgewichtskonfigurationen, so daß sie sich nach Fertigstellung mitunter noch verändern. Meist zeigen sie *Ermüdungseffekte*, d.h., bei starker Bestrahlung geht ihre Empfindlichkeit zurück. Sie „erholen" sich wieder, wenn sie längere Zeit nicht bestrahlt werden.
Außer den Schichtkatoden spielen in technischen Fotozellen auch *Legierungskatoden* eine große Rolle. Hierher gehört z.B. die Cs_2Sb-Legierung. Mit solchen Katoden erreicht man bemerkenswerte Ausbeuten (bis zu 0,2 Elektronen je absorbiertes Photon). Die aktive Schicht ist in diesen Fällen wahrscheinlich ein Halbleiter; es handelt sich dabei um einen Volumeneffekt.

Sekundärelektronenemission. Als Sekundärelektronen werden die Elektronen bezeichnet, die aus festen Oberflächen durch Aufprallen von Korpuskeln (Elektronen, positive Ionen, angeregte Atome – namentlich metastabile –, schnelle Neutralatome) ausgelöst werden.
Bei der Sekundäremission durch Elektronen, sog. *Primärelektronen*, lautet die Energiebedingung

$$eU_0 \geqq eU_a\,, \tag{3.176}$$

worin eU_0 die kinetische Energie der Primärelektronen ist, U_0 also die Spannung, mit der sie beschleunigt wurden. Die Ausbeute δ, d.h. die Anzahl der je Primärelektron ausgelösten Sekundärelektronen, ist eine Funktion von U_0, die oberhalb der Austrittsspannung U_a mit steigendem U_0 steil zunimmt, ein Maximum erreicht und dann langsam gegen Null läuft. Tafel 3.11 gibt einige Werte für das Maximum der Ausbeute an. Die auf das Maximum bezogenen Ausbeutekurven aller Stoffe verlaufen angenähert gleich (Bild 3.36).

Tafel 3.11. Maximale Ausbeute δ_{max} der Sekundäremission und optimale Primärenergie U_{max}

Stoff	δ_{max}	U_{max} V
Ag	1,47	800
Al	0,97	300
Fe	1,32	400
W	1,43	700
Cu	1,35	500
K	0,7	300
Rb	0,85	400
C	0,5 ··· 1,0	460
MgO	4 ··· 9	600
Sb–Cs	9	500
BeO	12	750

Theoretische Vorstellungen zur Sekundäremission: Die Primärelektronen dringen ziemlich tief in das Katodenmetall ein, wobei sie infolge von Zusammenstößen mit den Leitungs- und den gebundenen Elektronen allmählich ihre Energie verlieren. Ihre Reichweite R steigt mit U_0. Die Kollisionen mit den Gitteratomen ergeben aus stoßmechanischen Gründen (Massenverhältnis!) nur vernachlässigbare Energieverluste, führen aber zu Impulsänderungen, d.h. zu Knicken des Elektronenweges. Dagegen werden die Elektronen des Metalls durch Energiezufuhr angeregt und können wie die lichtelektrisch ausgelösten Elektronen zur Oberfläche diffundieren und ins Vakuum austreten. Ungünstig bezüglich der Ausbeute ist, daß die meisten Anregungen der Metallelektronen erst in ziemlicher Tiefe erfolgen, also kurz vor Beendigung der Reichweite der Primärelektronen, so daß die angeregten Elektronen einen langen Weg zur Oberfläche haben. Die Verhältnisse ähneln also denen beim fotoelektrischen Volumeneffekt.

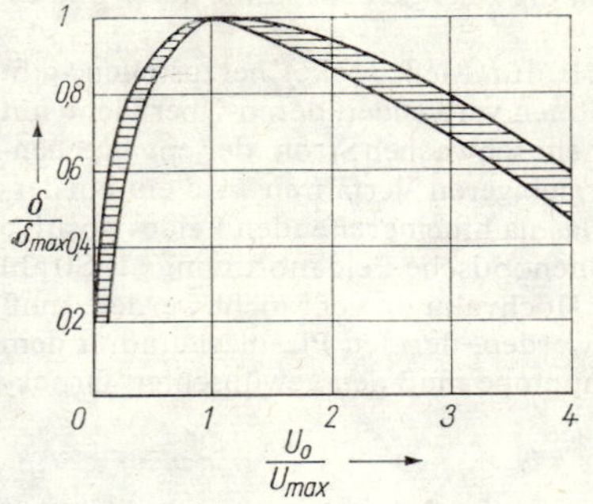

Bild 3.36
Bezogene Ausbeutekurven der Sekundäremission mit Streubereich

Die im Bild 3.36 skizzierte Ausbeute-Energie-Funktion läßt folgende qualitative Deutung zu: Bei kleiner Primärenergie U_0 ist auch die Reichweite R klein. Die Austrittswahrscheinlichkeit der angeregten Elektronen ändert sich innerhalb der Eindringtiefe R nicht wesentlich. Wenn jede Anregung der Metallelektronen angenähert die gleiche Energie verbraucht, dann ist die Ausbeute δ der Primärenergie U_0 proportional, was auch den Messungen entspricht. Bei sehr großen U_0-Werten (sehr großen Reichweiten) sinkt die Austrittswahrscheinlichkeit bald auf unerhebliche Werte, so daß sich damit die Abnahme der Ausbeute erklärt. Eine Bestätigung dieses Modells für die Sekundäremission liegt ferner in der Beobachtung, daß die Ausbeute vom Auftreffwinkel der Primärelektronen abhängt. Je schräger diese einfallen, desto weniger entfernen sie sich im Inneren von der Oberfläche, desto größer ist also die Austrittswahrscheinlichkeit der Sekundärelektronen, also auch die Ausbeute. Diese Überlegung liefert dann Formeln für die Winkelabhängigkeit der Ausbeute, die in Übereinstimmung mit Messungen stehen, sofern die Metalloberfläche glatt ist.
Neuere Untersuchungen befassen sich mit der Energie-Winkel-Verteilung der Sekundärelektronenemission von Einkristallen, also unter kristallografisch definierten Verhältnissen.
Die Energie der echten Sekundärelektronen bildet ein breites Spektrum zwischen Null und etwa der halben Primärstrahlenergie eU_0. In der Regel werden jedoch auch die an der Katode reflektierten Primärelektronen als Sekundärelektronen mit gemessen. Da diese Teilchen keinen Energieverlust erleiden, entspricht ihre Geschwindigkeit der der Primärelektronen.

Wenn die Ausbeute der Sekundäremission möglichst klein gehalten werden muß (z.B. in Vakuumröhren), hilft ein Aufrauhen der Katode, da durch die Rauhigkeit die Rückdiffusion der schon ausgelösten Elektronen zur Katode begünstigt wird. Soll die Sekundäremission dagegen hoch getrieben werden (z.B. in Sekundärelektronen-Vervielfachern), so verwendet man wie beim Fotoeffekt Schichtkatoden, mit denen sich Ausbeuten bis zu 12 realisieren lassen.
Positive Ionen und *metastabil angeregte Atome* sind Träger nicht nur kinetischer, sondern auch potentieller Energie, die beim Auftreffen auf eine feste Oberfläche zur Befreiung von Elektronen verwendet werden kann. Bei *Ionen* lautet die Energiebedingung

$$Mv^2/2 + eU_i \geqq 2eU_a. \tag{3.177}$$

Der Faktor 2 erklärt sich dadurch, daß je Elementarprozeß 2 Elektronen aus der Katode ausgelöst werden müssen, von denen das eine zur Neutralisation des Ions dient, damit die Rekombinationsenergie eU_i frei wird. Die Anzahl γ der je Ion ausgelösten Elektronen ist experimentell schwer zu ermitteln, weil dieser typische Oberflächeneffekt eine saubere und reproduzierbare Oberfläche verlangt, die oft nicht zu erreichen ist; eine Gasbedeckung vermindert die Ausbeute γ meist beträchtlich. Einwandfreie Versuche mit sorgfältig durch Ionenbeschuß abgestäubter Katode zeigen, daß die Ausbeute γ von der kinetischen Energie des Ions nicht merklich abhängt, wohl aber von der Ionisierungsarbeit, was sich besonders deutlich zeigt, wenn mehrfach geladene Ionen als Primärteilchen verwendet werden.

Bei *metastabilen Atomen* besteht der Anteil der potentiellen Energie aus der Anregungsenergie eU^x des metastabilen Niveaus. Demgemäß lautet die Energiebedingung für die Sekundärelektronenauslösung

$$Mv^2/2 + eU^x \geqq eU_a. \tag{3.178}$$

Da die Atome ungeladen sind, ist ihre kinetische Energie durch die Gastemperatur gegeben und daher gegenüber der Anregungsenergie meist zu vernachlässigen. An sauberen Metallflächen kann die Ausbeute an Sekundärelektronen bis zu 1 betragen; durch Gasbeladung wird sie wieder erheblich reduziert.

Nicht angeregte *Neutralatome* verfügen lediglich über kinetische Energie. Sie müssen daher hochbeschleunigt werden, wenn sie Sekundärelektronen auslösen sollen. Diese Beschleunigung kann durch eine Umladung (S. 467) im elektrischen Feld geschehen. Mit Edelgasatomen läßt sich an Kupfer eine Ausbeute $>0{,}1$ erzielen, wenn die Energie der Atome auf >100 eV gesteigert wird.

Ionenquellen. Um im Hochvakuum Ionenstrahlen (z.B. für Meßzwecke) herzustellen, gibt es 2 Verfahren: Beim älteren werden spezielle Glühanoden verwendet, deren Oberfläche mit Salzen bedeckt ist, von denen bei höherer Temperatur ein schwacher Strom der entsprechenden Ionenart emittiert wird. Beim zweiten, sehr viel ergiebigeren Verfahren wird ein Niederdruckplasma benutzt, aus dem mit Hilfe eines in das Plasma hineingreifenden Feldes positive Ionen herausgezogen und durch eine anschließende ionenoptische Feldanordnung als Strahl gebündelt werden. Wenn die Ionen für Messungen im Hochvakuum gebraucht werden, muß der Ionenstrahl durch einen engen Kanal geschossen werden, der den Plasmaraum mit dem Vakuumraum verbindet. Eine leistungsfähige Vakuumpumpe muß den gewünschten Druckunterschied stationär aufrechterhalten.

3.4.1.2. Elektronengas im Vakuum

In einem Hochvakuumgefäß mit isolierender Wand, das eine auf die Temperatur T_k aufgeheizte Glühkatode hat, steigt die Elektronendichte an, bis sich zwischen Emissions- und Kondensationsrate ein Gleichgewicht einstellt. Dabei ist das Elektronengas nicht entartet; es gelten die Aussagen der kinetischen Gastheorie, insbesondere auch Gl. (3.93) für die Wandstoßzahl. Damit läßt sich das Gleichgewicht so formulieren:

$$\frac{n\bar{v}}{4} e = A T_k^2 \exp\left(-eU_a/kT_e\right), \tag{3.179}$$

wobei

$$\bar{v} = \sqrt{\frac{8kT_e}{\pi m}}$$

[s. Gl. (3.83)]. Die Temperatur T_e des Elektronengases ist gleich der Temperatur der Glühkatode: $T_e = T_k$. Die sich damit aus Gl. (3.179) ergebenden Werte für die Elektronendichte n liegen weit unterhalb denjenigen, bei denen mit Entartung zu rechnen ist.

Nach Einführung einer zweiten Elektrode, der *Anode*, kann ein stationärer Strom durch die Vakuumstrecke hindurchgeschickt werden, der als Träger lediglich Elektronen hat *(Vakuumdiode)*. Da die Ladung der Elektronen nicht durch eine entsprechende Ionenladung kompensiert wird, besteht eine negative Raumladung zwischen den Elektroden, die sich feldverzerrend auswirkt. Wenn die beiden Elektroden als ein planparalleles Plattenpaar mit vernachlässigbarer Randstörung angenähert werden, lassen sich Feldverlauf und Kennlinie in einer solchen Diode noch elementar berechnen.

Mit dem Stromdichteansatz $G = -\varrho v$, der Poisson-Differentialgleichung $\Delta\varphi = \varrho/\varepsilon_0$ und dem Energiegleichgewicht $mv^2/2 = e\varphi$ erhält man das $U^{3/2}$-Gesetz für die Kennlinie:

$$G = \frac{4\varepsilon_0}{9}\sqrt{\frac{2e}{m}}\frac{U^{3/2}}{d^2}; \tag{3.180}$$

U Anodenspannung gegen die Katode,
d Abstand zwischen den Elektroden.

Der Potentialverlauf $\varphi(x)$ zwischen den Platten folgt zu

$$\varphi(x) = \left(\frac{9G}{4\varepsilon_0}\right)^{2/3}\left(\frac{m}{2e}\right)^{1/3} x^{4/3}. \tag{3.181}$$

Bei der Berechnung wurde die Energie, mit der die Elektronen die Katode verlassen, vernachlässigt. Da sie größenordnungsmäßig 1 eV ausmacht, gelten die Gln. (3.180) und (3.181) nur für hohe Anodenspannungen. Wird die Anfangsenergie der Elektronen berücksichtigt, so läßt sich die Rechnung nicht mehr elementar durchführen, und es gibt keine geschlossenen Lösungen. Eine gute Näherung bietet folgendes Verfahren: Vor der Katode muß sich ein Potentialabfall einstellen, der die schnelleren Elektronen daran hindert, in beliebiger Menge zur Anode zu gelangen. Es entsteht daher ein Potentialminimum im Abstand δd vor der Katode und der Tiefe δU. An der Stelle δd denkt man sich eine virtuelle Katode, die nicht das Potential Null, sondern $-\delta U$ hat, und wendet das $U^{3/2}$-Gesetz auf die neue Anodenspannung $U + \delta U$ und den neuen Anodenabstand $d - \delta d$ an:

$$G = \frac{4\varepsilon_0}{9}\sqrt{\frac{2e}{m}}\,\frac{(U + \delta U)^{3/2}}{(d - \delta d)^2}\,. \tag{3.182}$$

Bild 3.37 zeigt den Sachverhalt. Die Kurve *a* entspricht dem linearen Potentialanstieg ohne Strom, Kurve *b* dem φ-Verlauf ohne Berücksichtigung der Anfangsgeschwindigkeit und Kurve *c* schließlich dem Verlauf gemäß der Korrektur bezüglich der Anfangsgeschwindigkeit. Man erkennt, daß die Elektronen vor der Katode einen Potentialwall überwinden müssen, ehe sie in das absaugende Feld der Anode gelangen. Die Höhe dieses Walles stellt sich so

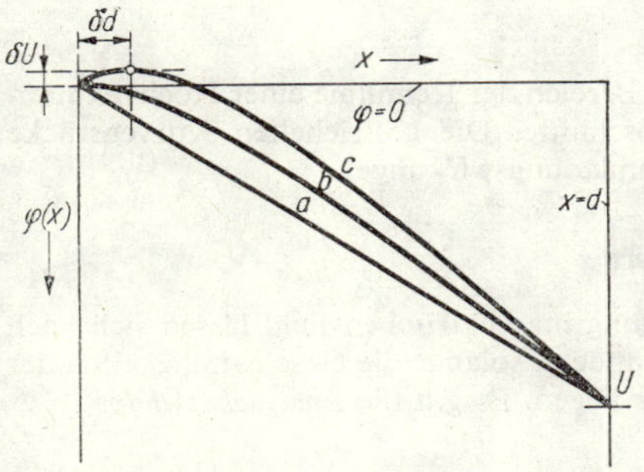

Bild 3.37. Verzerrung des Potentialverlaufs zwischen Plattenelektroden durch Raumladung von Elektronen

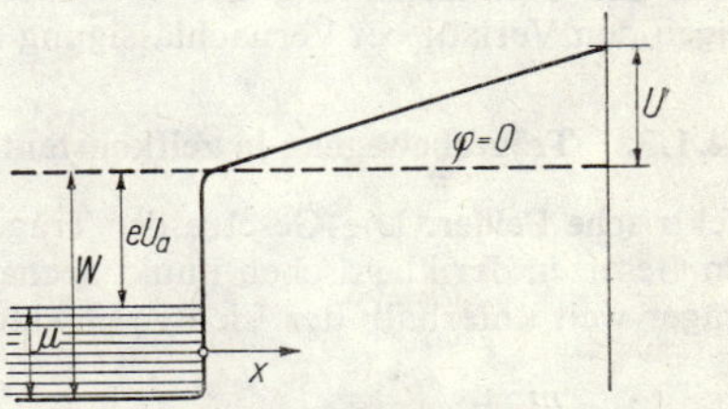

Bild 3.38. Potentialverlauf beim Anlaufstrom

ein, daß der raumladungsbegrenzte Strom in seiner durch Gl. (3.180) gegebenen Stärke fließen kann. Nach oben hin wird die Stromdichte durch die Sättigungsstromdichte der Glühkatode begrenzt. Die Raumladung des Diodenstromes hat eine Erhöhung der *Elektrodenkapazität* zur Folge, da die auf der Anode sitzende Flächenladung durch die Raumladung im Vakuumraum vergrößert wird. Im eindimensionalen Feld beträgt diese Kapazitätszunahme $\frac{1}{3}$.

Durch die Vakuumdiode fließt auch ein allerdings nur geringer Strom, wenn die Anode schwach negativ gegenüber der Katode gepolt ist, der sog. *Anlaufstrom*, der durch den Boltzmann-Faktor bestimmt ist:

$$G_A = G_R \exp(-|eU/kT|); \tag{3.183}$$

T Katodentemperatur,
G_R Sättigungsstromdichte nach der Richardson-Formel.

Bild 3.38 zeigt den Potentialnapf mit dem anschließenden Verlauf des Makropotentials. Die aus der Katode austretenden Elektronen müssen außer der Austrittsarbeit eU_a noch zusätzlich die Arbeit eU leisten, um zur Anode zu gelangen.

Der Anlaufstrom wird vielfach zum Messen der Katodentemperatur benutzt; außerdem bietet er die Möglichkeit, einen Stromgenerator zu bauen, bei dem im Direktverfahren thermische in elektrische Energie umgewandelt wird. Von diesem sog. *thermischen Konverter* wird eine höhere Ökonomie der Stromerzeugung als die der konventionellen Wärmekraftwerke erwartet.

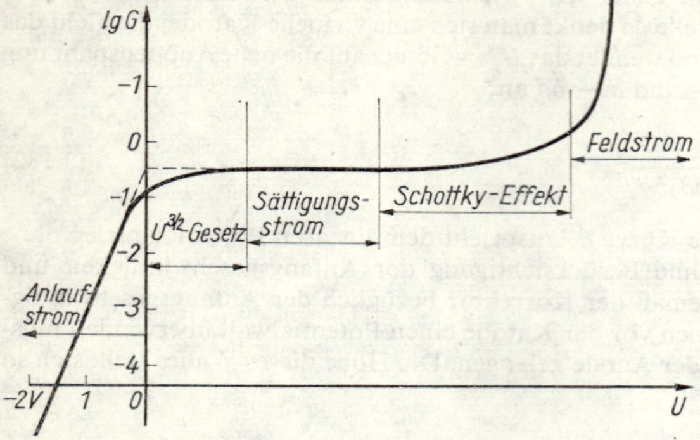

Bild 3.39
Vollständige halblogarithmische Diodenkennlinie

Bild 3.39 gibt einen Überblick über den gesamten Bereich der Kennlinie einer Hochvakuumdiode mit Kennzeichnung der speziellen Teilabschnitte. Die gestrichelten Kurvenstücke zeigen den Verlauf bei Vernachlässigung der Raumladungswirkungen.

3.4.1.3. Trägerbewegung in zeitkonstanten Feldern

Elektrische Felder. Die Gesetze der Trägerbewegung im elektrischen Feld lassen sich nach den Gesetzen der klassischen Punktmechanik behandeln, solange die Geschwindigkeiten der Träger weit unterhalb der Lichtgeschwindigkeit c liegen. Es gilt die *Energiebeziehung*

$$\frac{m}{2} v^2 + q\varphi(x, y, z) = \text{konst.}; \tag{3.184}$$

m, q Masse bzw. Ladung des Trägers ($q = +ne$ für n-fach geladene Ionen, $q = -e$ für Elektronen), $\varphi(x, y, z)$ Potential.

Für $v = 0$ und $\varphi = 0$ (z.B. für Elektronen an der Katode bei vernachlässigbarer Anfangsgeschwindigkeit) folgt daraus

$$v = \sqrt{\frac{-2q\varphi}{m}}. \tag{3.185}$$

Speziell für Elektronen gilt in SI-Einheiten:

$$v = 5{,}94 \cdot 10^5 \sqrt{\varphi}. \tag{3.186}$$

Die kinetische Energie von 1 eV bedeutet also eine Elektronengeschwindigkeit von rd. 600 km · s^{-1}.

Das *2. Newtonsche Bewegungsgesetz* lautet für Träger

$$m \frac{dv}{dt} = qE. \tag{3.187}$$

Für die weitere Diskussion werden ein homogenes elektrisches Feld E vorausgesetzt und die Raumladungen der Träger vernachlässigt. Werden Träger mit einer Geschwindigkeit

$\boldsymbol{v}_0 = \boldsymbol{i} \cdot v_{0x} + \boldsymbol{j} v_{0y}$ schräg in dieses Feld hineingeschossen, so durchlaufen sie *Parabelbahnen*. Legt man die y-Achse in Richtung des Feldes $\boldsymbol{E}$, so folgen durch zweifache Integration der Bewegungsgleichung

$$x = v_{0x} t \quad \text{und} \quad y = \frac{qE}{2m} t^2 + v_{0y} t \tag{3.188}$$

mit den Anfangsbedingungen: Für $t = 0$ ist $x = y = 0$.

Man kann solche Parabelbahnen eindrucksvoll demonstrieren, wennn man Elektronen in ein stark verdünntes Gas hineinschießt, so daß sich die Teilchenbahn durch Lichtanregung markiert (Fadenstrahlen).

In das Ablenkfeld der *Braunschen Röhre* treten die Elektronen senkrecht zur Feldstärke $\boldsymbol{E}$ ein *(Quersteuerung)*. Die Bahnparabel ergibt dann beim Austritt der Elektronen aus dem Feldbereich einen Ablenkwinkel δ:

$$\tan \delta = El/2U_0;$$

l Länge des Ablenksystems in Strahlrichtung. Um Träger auf beliebige Geschwindigkeiten zu beschleunigen, verwendet man die *Längssteuerung*, d.h., die Feldstärke $\boldsymbol{E}$ ist der Teilchenbahn parallelgerichtet. Von der Längssteuerung wird auch in Elektronenröhren weitgehend Gebrauch gemacht.

Magnetische Felder. Die durch ein Magnetfeld $\boldsymbol{B}$ auf einen mit der Geschwindigkeit $\boldsymbol{v}$ fliegenden Träger ausgeübte *Lorentz-Kraft* ist

$$\boldsymbol{F} = q\,(\boldsymbol{v} \times \boldsymbol{B}). \tag{3.189}$$

Sie steht also immer senkrecht auf den Richtungen von $\boldsymbol{v}$ und $\boldsymbol{B}$ und kann deshalb lediglich den Impuls des Träger beeinflussen, nicht seine Energie. Im homogenen Magnetfeld ergibt sich eine Kreisbahn mit dem Radius

$$R = |mv/qB|; \tag{3.190}$$

v Komponente der Trägergeschwindigkeit, die auf $\boldsymbol{B}$ senkrecht steht. Die zu $\boldsymbol{B}$ parallele Komponente v_p von $\boldsymbol{v}$ überlagert sich der Kreisbewegung, so daß eine *Wendelbahn* entsteht, die sich um eine Feldlinie von B herumschlängelt. Für Elektronen der Energie eU ist für $\boldsymbol{v} \perp \boldsymbol{B}$

$$BR = 3{,}37 \cdot 10^{-6} \sqrt{U}. \tag{3.191}$$

Der Kreis wird mit der *Gyro-* oder *Zyklotronfrequenz*

$$\omega_c = \left| \frac{qB}{m} \right| \tag{3.192}$$

durchlaufen (s. S. 473), die von der Trägerenergie nicht mehr abhängt.
Die Steigung der Wendelbahn berechnet sich zu

$$s = \frac{2\pi m v_p}{eB}. \tag{3.193}$$

Die von der Sonne oder aus dem Weltall auf die Erde fliegenden geladenen Teilchen werden vom Magnetfeld der Erde zu einer Wendelbahn gezwungen, die sie in die Nähe der Pole führt (Nordlicht). Im stark inhomogenen Feld in Polnähe werden die Teilchen reflektiert und wandern so zwischen den Polen hin und her, analog den Elektronen in den sog. Spiegelmaschinen (S. 474). Infolgedessen kommt es in einigen 10^3 km Höhe zu einer Ansammlung von schnellen Teilchen (Van-Allen-Gürtel).

In der Meßtechnik wird von der magnetischen Ablenkung der Trägerbahnen vielfach Gebrauch gemacht (Braunsche Röhre, Fernsehbildröhre, Analyse von Teilchenbahnen unbekannter Herkunft, Massenspektrometer usw.).

Kombinierte Felder. Bei gleichzeitigem Vorhandensein elektrischer und magnetischer Felder kommt es i. allg. zu recht komplizierten Verläufen der Trägerbahnen. Für die geometrischen Verhältnisse nach Bild 3.40 gilt für Elektronen das Bewegungsgesetz

$$m \frac{d\boldsymbol{v}}{dt} = -e(\boldsymbol{E} + \boldsymbol{v} \times \boldsymbol{B}). \tag{3.194}$$

Es läßt sich nach Aufspalten in die 3 Komponenten von $\boldsymbol{v}$ elementar integrieren. Die z-Komponente von $\boldsymbol{v}$ ist dauernd Null, die Elektronenbahn verläuft also stets in der x, y-Ebene.

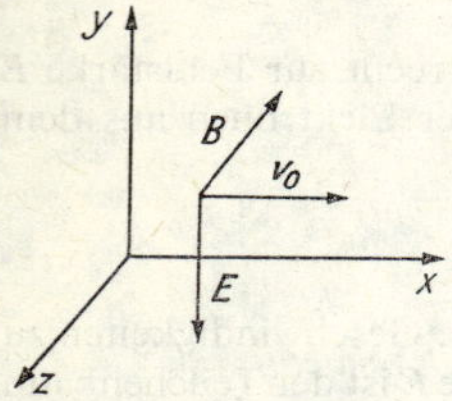

Bild 3.40
Zur Berechnung von Elektronenbahnen in gekreuzten Feldern

Das Endergebnis wird besonders einfach, wenn man die Elektronenbewegung von einem mit der Geschwindigkeit E/B in positiver x-Richtung sich bewegenden Beobachter aus sieht. Dieser Beobachter stellt für ein Elektron die Zeitverläufe

$$y' = y = -\frac{A}{\omega_c} \cos(\omega_c t) \quad \text{und} \quad x' = -\frac{A}{\omega_c} \sin(\omega_c t) \tag{3.195}$$

fest. Für ihn bewegt sich das Elektron auf einer Kreisbahn mit dem Radius $R = A/\omega_c$, wobei $A = E/B - v_0$ ist. v_0 ist die *Einschußgeschwindigkeit* des Elektrons in das Feldsystem. Für einen feststehenden Beobachter überlagert sich der Kreisbewegung eine Translation in x-Richtung mit der Geschwindigkeit $v_r = E/B$, die ***Rollkreisgeschwindigkeit***; die Bahnkurven sind *Zykloiden* (Radkurven). Ihre spezielle Form hängt bei vorgegebenen Feldern von der Einschußgeschwindigkeit v_0 ab (Bild 3.41).

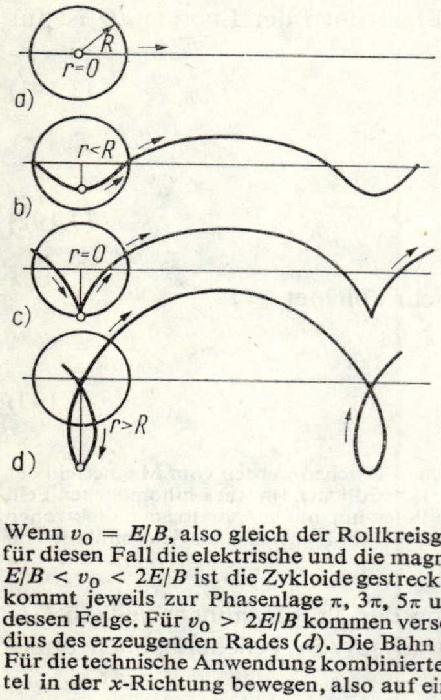

Bild 3.41
Zykloidenbahnen von Elektronen in gekreuzten Feldern

Wenn $v_0 = E/B$, also gleich der Rollkreisgeschwindigkeit v_r ist, entartet die Zykloide zu einer Geraden (a), weil für diesen Fall die elektrische und die magnetische Kraft auf das Teilchen einander die Waage halten. Im Bereich $E/B < v_0 < 2E/B$ ist die Zykloide gestreckt (b). Ist $v_0 = E/B$, so ist die Bahn eine spitze Zykloide (c); das Elektron kommt jeweils zur Phasenlage π, 3π, 5π usw. zur Ruhe. Sein Bildpunkt auf dem rollenden Rand liegt dann auf dessen Felge. Für $v_0 > 2E/B$ kommen verschlungene Zykloiden zustande, da der Radius R größer ist als der Radius des erzeugenden Rades (d). Die Bahn enthält dann auch rückläufige Teilstrecken.
Für die technische Anwendung kombinierter Felder ist die Feststellung wesentlich, daß sich die Elektronen im Mittel in der x-Richtung bewegen, also auf einer *Äquipotentialfläche* des elektrischen Feldes. Daraus ergibt sich die

Möglichkeit, negative Widerstände zu realisieren, die als Schwingungsgenerator dienen können. Es lassen sich Elektrodenanordnungen angeben, deren Feld bei Anwesenheit eines transversalen Magnetfeldes die Elektronen bevorzugt zur Elektrode mit dem niedrigeren Potential führt. Darauf beruht z.B. die Wirkungsweise der geschlitzten *Magnetfeldröhren*.

Elektronenoptik. Die Aufgabe der Elektronenoptik ist es, Feldanordnungen zu schaffen, mit deren Hilfe Elektronenstrahlen gebündelt (fokussiert) werden können, so daß möglichst alle von einem Punkt P nach verschiedenen Richtungen fliegenden Elektronen wieder in einem (anderen) Punkt P' zusammentreffen.

Eine solche Forderung liegt bei verschiedenen elektronischen Geräten vor: Fokussierung in der Braunschen Röhre, Fernsehbildröhre und Röntgenröhre. Moderne Methoden zum Bohren feinster Löcher in hartem Material benutzen die in einem stark gebündelten Elektronenstrahl entwickelte hohe Energiedichte zum Verdampfen des Materials; ferner macht man bei der Herstellung integrierter Halbleiterschaltungen von den Möglichkeiten der Elektronen- und Ionenoptik Gebrauch usw. Das Elektronenmikroskop gestattet die punktweise Abbildung von Oberflächenstrukturen in starker Vergrößerung und mit hohem Auflösungsvermögen. Wenn man auch die Ionen und ihr optisches Verhalten mit einbezieht, spricht man von *Korpuskularoptik*. In diesem Zusammenhang sei auf die Notwendigkeit guter Fokussierungsmethoden bei den Massenspektrometern und den Teilchenbeschleunigern hingewiesen.

Die Nachahmung lichtoptischer Glaslinsen als fokussierende Elemente durch kugelförmige Drahtnetze ist zwar prinzipiell möglich, wird aber wegen vieler konstruktiver Schwierigkeiten und prinzipieller Unzulänglichkeiten in der Praxis nicht angewandt. Man nutzt vorteilhafter die einem rotationssymmetrischen Feldverlauf eigene Sammelwirkung aus.

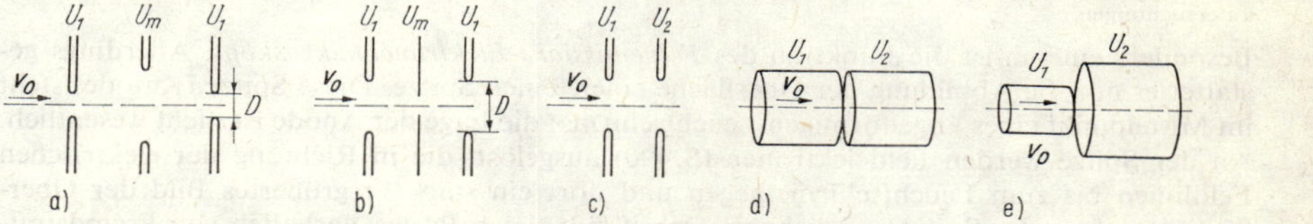

Bild 3.42. Typische Formen elektrostatischer Linsen
a), b) Einzellinsen; c) bis e) Immersionslinsen

Die *elektrostatischen Linsen* bestehen aus mehreren rotationssymmetrischen Elektroden mit verschiedenen Potentialen. Man unterscheidet *Einzellinsen* und *Immersionslinsen*. Bei ersteren herrscht vor und hinter der Linse gleiches Potential, bei letzteren sind beide Potentiale verschieden (Bild 3.42). Für Einzellinsen gilt mit guter Näherung für die Brennweite f die Beziehung

$$\frac{1}{f} = \frac{1}{8\sqrt{U_1}} \int_{-\infty}^{+\infty} \frac{\left(\dfrac{dU(z)}{dz}\right)^2}{U(z)^{3/2}}\, dz; \qquad (3.196)$$

$U(z)$ Potential in der Achse,
z Koordinate länge der Achse.

Für Immersionslinsen gilt eine ähnliche Formel. Bei *magnetischen Linsen* wird zur Erreichung kleiner Brennweiten eine möglichst große Inhomogenität des Feldes angestrebt. Man benutzt dazu die rotationssymmetrischen Streufelder aufgeschlitzter Eisenkerne hoher Permeabilität (Bild 3.43). Die Brennweite magnetischer Linsen folgt aus

$$\frac{1}{f} = \frac{e}{8mU_0} \int_{-\infty}^{+\infty} B^2(z)\, dz; \qquad (3.197)$$

$B(z)$ axiale Flußdichte, U_0 Voltmaß der Elektronengeschwindigkeit.

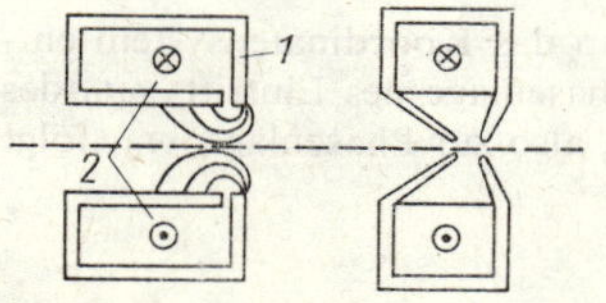

Bild 3.43
Aufbau magnetischer Elektronenlinsen
1 Eisenkapselung; *2* Wicklung

Die Brennweitenformeln gelten lediglich für $v \ll c$, also im Gebiet klassischer Mechanik. Der Zusammenhang zwischen Brennweite, Gegenstands- und Bildweite ist wie in der Lichtoptik

$$\frac{1}{f} = \frac{1}{g} + \frac{1}{b}.$$

Wird eine magnetische Linse im Elektronenmikroskop verwendet, so erscheint das Bild auf dem Leuchtschirm um einen mit der Flußdichte zunehmenden Winkel gedreht. Die auch bei elektronenoptischen Linsen auftretenden *Linsenfehler* zwingen zu einer beträchtlichen Reduzierung des Öffnungswinkels; praktisch beträgt er nicht mehr als etwa 1°.

Das Elektronenmikroskop hat ein viel höheres *Auflösungsvermögen* als das Lichtmikroskop, weil die benutzte Wellenlänge der Elektronen etwa 10^5 mal kleiner ist als die des sichtbaren Lichtes. Dieser Vorteil wird aber durch den verminderten Öffnungswinkel z.T. wieder aufgehoben. Mit modernen Elektronenmikroskopen lassen sich Auflösungsvermögen von etwa 0,5 nm erreichen.

Das Bild des Elektronenmikroskops wird entweder fotografiert, indem man die Elektronen direkt auf die Fotoplatte fallen läßt, oder es erscheint zur visuellen Beobachtung auf dem Leuchtschirm. Neuere Entwicklungen machen vom Abtastverfahren Gebrauch *(Rastermikroskop)*: Ein sehr feiner Elektronenstrahl – etwa 10 nm Durchmesser – wird zeilenweise über die abzubildende Oberfläche des Objekts geführt. Die dadurch ausgelösten Sekundärelektronen werden aufgenommen, in Stromimpulse verwandelt und nach Art der Fernsehempfangstechnik zur Abbildung benutzt. Diese Verfahren bewähren sich besonders in der Auflichtmikroskopie, also bei Oberflächenuntersuchungen.

Besonders einfach ist die Funktion des *Feldemissions-Elektronenmikroskops.* Allerdings gestattet es nur die Abbildung der Oberfläche einer feinen Spitze. Diese Spitze (Katode) steht im Mittelpunkt eines kugelförmigen Leuchtschirms; die Lage der Anode ist nicht wesentlich. An der Spitze werden Feldelektronen (S. 490) ausgelöst, die in Richtung der elektrischen Feldlinien bis zum Leuchtschirm fliegen und dort ein stark vergrößertes Bild der Oberflächenstruktur der Spitze aufzeichnen. Damit läßt sich z.B. das Verhalten von Fremdstoffbedeckungen auf Metallen studieren. Ähnlich arbeitet das *Feldemissions-Ionenmikroskop*, mit dem Punkte von etwa 0,2 nm Abstand noch getrennt sichtbar gemacht werden können, so daß die Lage einzelner Atome auf der Spitze festgestellt werden kann.

3.4.1.4. Trägerbewegung in zeitlich veränderlichen Feldern (Laufzeiteffekte)

Wenn die Laufzeit τ der Träger gegenüber der Schwingungsdauer T der Betriebsspannung nicht mehr vernachlässigbar ist, ergeben sich *Laufzeiteffekte*. Für einen Träger der Ladung q und der Masse m, der mit der Geschwindigkeit v_0 in ein homogenes Feld $\boldsymbol{E}$ zwischen einem planparallel orientierten Plattenpaar eingeschlossen wird, lauten die Bewegungsgleichungen

$$m\frac{\mathrm{d}v_x}{\mathrm{d}t} = 0, \quad m\frac{\mathrm{d}v_y}{\mathrm{d}t} = q\hat{E}\sin\omega t. \tag{3.198}$$

Die Koordinate y ist in Feldrichtung (senkrecht zur Plattenebene) gerichtet; der Feldverlauf ist $E_y = \hat{E}\sin\omega t$. Die erste Integration liefert die Geschwindigkeiten

$$v_x = v_{0x} = \text{konst.}, \quad v_y = -\frac{q\hat{E}}{m\omega}\cos\omega t + A \tag{3.199}$$

und die zweite die Lagekoordinaten des Trägers

$$x = v_{0x}t + B, \quad y = -\frac{q\hat{E}}{m\omega^2}\sin\omega t + At + C. \tag{3.200}$$

Die Konstanten B und C können Null gesetzt werden, wenn das Koordinatensystem entsprechend festgelegt ist; die Konstante A wird durch die Phasenlage des Eintritts ωt_0 des Trägers in den Feldraum bestimmt. Für $v_y = v_{0y}$ zur Zeit t_0, also zur Phasenlage ωt_0, folgt

$$A = v_{0y} + \frac{q\hat{E}}{m\omega}\cos\omega t_0,$$

und die endgültige Lösung wird

$$x = v_{0x}t; \quad y = -\frac{q\hat{E}}{m\omega^2}\sin \omega t + \left(v_{0y} + \frac{q\hat{E}}{m\omega}\cos \omega t_0\right) t. \tag{3.201}$$

Als Beispiel sei auf die *Quersteuerung* im Ablenkkondensator einer Braunschen Röhre hingewiesen. Aus Gl. (3.201) ergibt sich, daß die Auslenkung des Elektronenstrahls für sehr hohe Frequenzen verschwindet, weil nur das von der Eintrittsphasenlage abhängige Glied $v_{0y}t$ übrigbleibt, das aber gerade bei der Quersteuerung Null wird. Der Elektronenstrahl geht also völlig unbeeinflußt durch das Ablenksystem hindurch. Damit ist der Meßgenauigkeit der Braunschen Röhre eine obere Frequenzgrenze gesetzt.

Eine ähnliche Problematik besteht bei der Gittersteuerung in Verstärkerröhren. Da es sich um eine *Längssteuerung* handelt, gilt $v_{0z} = 0$. Die Amplituden der zwischen Katode und Gitter pendelnden Elektronen werden nach Gl. (3.201) mit wachsender Frequenz geringer, und damit verringert sich auch die Röhrenverstärkung. Außerdem nimmt das Steuergitter Leistung auf, wodurch die Leistungsverstärkung der Röhre in Mitleidenschaft gezogen wird.

Bei der Röhrenkonstruktion besteht die Aufgabe, die Laufzeit der Elektronen möglichst klein zu halten, d.h. die Elektrodenabstände möglichst klein und die Spannungen möglichst hoch auszulegen.

Eine wichtige Anwendung finden die Laufzeiteffekte bei der Konstruktion von *Teilchenbeschleunigern*. Hierbei geht es in erster Linie um die Erzeugung von energiereichen Strahlen positiver Ionen, insbesondere von Protonen ($^1H^+$-Teilchen) und Deuteronen ($^2H^+$). Konventionelle Methoden mit Hilfe von hochgespannter Gleichspannung scheitern an den Isolationsproblemen und dürften bei Spannungen von etwa 1 MV ihre praktische Grenze haben. Die Anwendung schneller Teilchen (für kernphysikalische Untersuchungen, zerstörungsfreie Werkstoffprüfung, Strahlungstherapie usw.) erfordert jedoch sehr viel höhere Energien.

Die Entwicklung der Teilchenbeschleuniger begann mit dem *Linearbeschleuniger*, bei dem die Träger (Elektronen oder positive Ionen) hintereinander ein System zylindrischer Elektroden durchfliegen (Bild 3.44), zwischen denen eine hochfrequente Wechselspannung $U = \hat{U}\sin \omega t$ liegt. Im Inneren eines jeden Zylinders fliegen die Träger kräftefrei, aber in den kurzen Räumen zwischen den Zylindern unterliegen sie der dort herrschenden Feldstärke. Die Elektrodenlänge L_n ist so gewählt, daß ein zur Phasenlage $\pi/2$ in den n-ten Zylinder eintretender Träger, der also einen der Scheitelspannung $\hat{U}$ entsprechenden Energiezuwachs

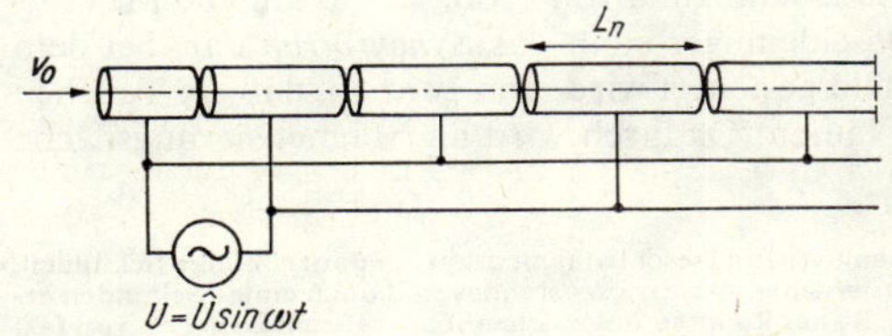

Bild 3.44. Prinzip des Linearbeschleunigers

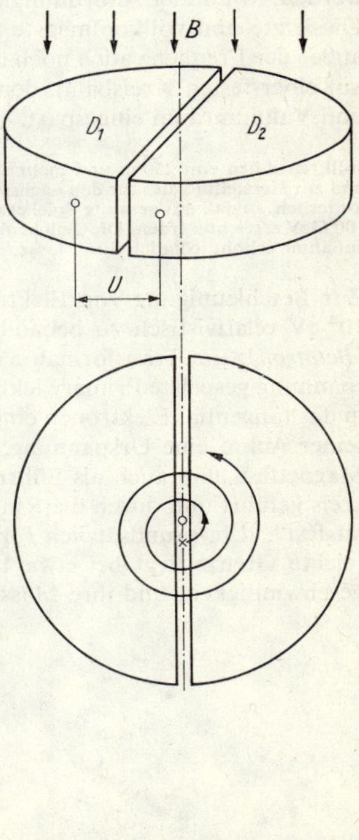

Bild 3.45. Prinzip des Zyklotrons

erhalten hat, denselben Zylinder zur Phasenlage $3\pi/2$ wieder verläßt, so daß er den folgenden Feldraum zu einem Zeitpunkt durchfliegt, an dem das Feld wieder seinen Höchstwert hat und wegen der inzwischen verflossenen Halbwelle wieder in die gleiche Richtung zeigt. Der Träger erhält also in jedem Feldraum einen Beschleunigungsimpuls, und seine Energie nach Durchfliegen von N Feldstrecken beträgt

$$W = Ne\hat{U}.$$

Wegen der Beschleunigung des Trägers werden die Zylinder mit steigendem n immer länger. Das führt, namentlich bei Elektronen, zu unbequem langen Apparaturen bzw. sehr hohen Frequenzen. Um z. B. Elektronen auf 20 GeV zu beschleunigen, benötigt man eine Gesamtlänge des Beschleunigers von über 3 km.

Beim *Zyklotron* (Bild 3.45) werden die Träger durch ein homogenes, senkrecht auf ihrer Bahn stehendes Magnetfeld zu Kreisbahnen gezwungen, die mit der – geschwindigkeitsunabhängigen – Zyklotronfrequenz [s. Gl. (3.192)] durchlaufen werden. Die Betriebsspannung wird auf diese Frequenz abgestimmt. Das Zyklotron besteht aus 2 *Duanten*, halbkreisförmigen Schachteln, an die die hochfrequente Wechselspannung gelegt wird. Das Magnetfeld steht senkrecht auf der Duantenebene. Die Träger – es kommen hierfür nur Ionen in Betracht – werden nahe dem Mittelpunkt eingeschossen und durchlaufen dann in Halbkreisbahnen den feldfreien Innenraum der Duanten. An jedem Feldspalt erhalten sie einen Beschleunigungsimpuls, so daß der Bahnradius größer wird. Die Endenergie der Teilchen ist durch den Durchmesser der Duanten und die Flußdichte des Magnetfeldes gegeben. Sie ist nach oben dadurch begrenzt, daß die Geschwindigkeit der Lichtgeschwindigkeit vergleichbar wird, so daß die Trägermasse zunimmt und die Resonanz zwischen Betriebs- und Zyklotronfrequenz verlorengeht. Die Grenze liegt für Deuteronen bei etwa 20 MeV und für α-Teilchen bei 40 MeV. Sie ist der Grund dafür, daß sich die Anwendung des Zyklotrons zur Beschleunigung von Elektronen nicht lohnt.

Beim *Synchrozyklotron* wird das Außer-Tritt-Fallen der Ionen dadurch verhindert, daß die Betriebsfrequenz der sich ändernden Zyklotronfrequenz dauernd angepaßt wird. Dann muß natürlich auf einen kontinuierlichen Betrieb verzichtet und im Impulsbetrieb gearbeitet werden. Mit dieser Anordnung gelingt die Beschleunigung von Protonen bis auf 700 MeV.

Die letzte und vollkommenste Stufe der Beschleuniger stellt das *Synchrotron* dar, bei dem außer der Frequenz auch noch das Magnetfeld gesteuert wird, und zwar so, daß die Teilchen auf einer festen Kreisbahn, dem Sollkreis, laufen. Dadurch wird an Magnetisierungsfläche und Vakuumraum eingespart.

Sollkreisradien von 250 m und mehr sind keine Seltenheit. Ein Beschleunigungszyklus dauert einige Sekunden, und zur Herstellung des für den nächsten Schub erforderlichen Ausgangszustandes sind auch einige Sekunden erforderlich, so daß das gesamte Spiel etwa 10 s dauert. Bisher konnten mit solchen Apparaturen Energien von fast 100 GeV erreicht werden. Die Teilchen fliegen dann praktisch mit Lichtgeschwindigkeit, und jede weitere Energiezunahme erhöht lediglich ihre Masse.

Zur Beschleunigung von Elektronen, die wegen ihrer geringen Masse bereits bei wenigen 10^4 eV relativistisch zu behandeln sind, eignet sich ein Synchrotronprinzip folgender Art *(Betatron)*: Ein Transformator mit einem Eisenkern (als Mantelkern) hat eine mit Wechselspannung gespeiste Primärwicklung. Die Sekundärwicklung ist ein hochevakuiertes Ringohr, in das tangential Elektronen eingeschossen werden. Durch Induktion entsteht im Rohr längs seiner Achse eine Urspannung, solange sich der Magnetfluß ändert. Gleichzeitig wirkt der Magnetfluß aber auch als Führungsfeld für die Elektronen, so daß sie auf einem festen Sollkreis geführt und durch die Ringfeldstärke beschleunigt werden. Dieses Prinzip ist „relativitätsfest“, d.h. grundsätzlich für die höchsten Elektronenenergien anwendbar. Die heute erreichte Grenze liegt bei etwa 100 MeV; die Elektronen laufen dann praktisch mit Lichtgeschwindigkeit, und ihre Masse ist das Hundertfache der Ruhemasse.

3.4.2. Stromleitung in Gasen (Gaselektronik)

3.4.2.1. Allgemeine Gesichtspunkte

Da in Gasen außer Elektronen noch positive und negative Ionen vorhanden sind, die zudem mehrfach geladen sein können, gilt für die Stromdichte

$$\boldsymbol{G} = \sum_i n_i q_i \boldsymbol{u}_i = \boldsymbol{E} \sum_i n_i q_i b_i; \tag{3.202}$$

u_i bzw. b_i Geschwindigkeit bzw. Beweglichkeit der i-ten Trägersorte.

Das Ohmsche Gesetz gilt nur, wenn die Beweglichkeiten nicht von der Feldstärke abhängen, was bei Ionen nur in schwachen Feldern, bei Elektronen überhaupt nicht zutrifft (S.470). Meist überwiegt der Stromanteil der Elektronen. Wegen der Quellenfreiheit von $\boldsymbol{G}$ muß an jedem Querschnitt einer Gasentladung derselbe Strom fließen, jedoch kann sich der Anteil der i Trägersorten am Gesamtstrom, die *Stromaufteilung*, von Punkt zu Punkt ändern.

Das wird am Beispiel der Elektronenlawine erläutert: Wenn aus der Katode Z_0^- Elektronen je Sekunde durch Fotoeffekt austreten, werden sie von einem homogenen Feld $\boldsymbol{E}$ erfaßt und vermehren sich auf ihrem Weg zur Anode lawinenhaft durch Stoßionisation. Längs der Strecke $\mathrm{d}x$ vollführt jedes Elektron im Mittel $\alpha\,\mathrm{d}x$ Ionisationen (s. S.464), so daß für den Zuwachs $\mathrm{d}Z^- = \alpha Z^-\,\mathrm{d}x$ gilt. Die Integration liefert

$$Z^- = Z_0^- \exp(\alpha x_0) \tag{3.203}$$

für die je Sekunde zwischen $x = 0$ und $x = x_0$ erzeugten Elektronenzahl. Diese Menge muß im stationären Fall den Querschnitt bei x_0 in der Sekunde passieren, was einem Stromanteil $I^- = qZ_0^- \exp(\alpha x_0)$ entspricht. Denselben Querschnitt bei x_0 müssen auch alle positiven Ionen je Sekunde passieren, die zwischen $x = x_0$ und $x = S$ durch die Lawine erzeugt werden (S Abstand Katode–Anode). Die Anzahl der positiven Ionen ist $Z^+ = Z_0^- [\exp(\alpha S) - \exp(\alpha x_0)]$ und ihr Stromanteil $I^+ = qZ^+$. Der Gesamtstrom ist also

$$I^+ + I^- = q(Z^+ + Z^-) = qZ_0^- \exp(\alpha S). \tag{3.204}$$

Er ist tatsächlich von der Lage x_0 des gewählten Querschnitts nicht mehr abhängig; das Gesetz der Stromkontinuität ist gewahrt. Dagegen ändert sich die Aufteilung des Gesamtstromes in weiten Grenzen: An der Anode wird der Strom nur von Elektronen getragen, da ihnen keine positiven Ionen entgegenkommen, und an der Katode – angenähert – nur von Ionen.

Die Gesamtverstärkung des Elektronenstromes folgt aus Gl. (3.203), wenn wir x_0 durch S ersetzen. Es wird dann

$$I_s^-/I_0^- = \exp(\alpha S) = M; \tag{3.205}$$

M heißt *Verstärkungs-* oder *Multiplikationsfaktor*.

Da alle Gase im normalen Zustand absolute Nichtleiter sind, spielen die Fragen der Trägergenese für alle Gasentladungen eine fundamentale Rolle (s. Abschnitte 3.3.2.3. und 3.4.1.1.). Für die *Trägerbilanz* gilt eine allgemeine Gleichung (auch für Halbleiter gültig):

$$\frac{\mathrm{d}n_i}{\mathrm{d}t} = g_i - r_i - \frac{1}{q_i} \operatorname{div} \boldsymbol{G}_i; \tag{3.206}$$

n_i Trägerdichte, g_i Generationsrate der Trägersorte i, d.h. die Anzahl der je Raum und Zeit entstehenden Träger, r_i Rekombinationsrate, $\boldsymbol{G}_i$ von der i-ten Trägersorte getragene Stromdichte.

Da sich die Stromdichte $\boldsymbol{G}_i$ aus einem Felddrift- und einem Diffusionsanteil zusammensetzt, ergibt sich

$$\frac{\mathrm{d}n_i}{\mathrm{d}t} = g_i - r_i - \operatorname{div}(\pm n_i b_i \boldsymbol{E} - D_i \operatorname{grad} n_i). \tag{3.207}$$

Die Vorzeichen sind entsprechend der Polarität der i-ten Trägersorte einzusetzen.

In der Nähe von Elektroden oder Wänden gilt die Quasineutralität (S.458) $n^+ = n^-$ nicht mehr, so daß Überschußladungen, also Raumladungen, entstehen. Das Ortspotential φ unterliegt dann der Poissonschen Gleichung

$$\Delta\varphi = -\frac{e(n^+ - n^-)}{\varepsilon_0}, \tag{3.208}$$

deren Lösung den jeweiligen Randbedingungen anzupassen ist. Übersichtliche Verhältnisse ergeben sich, wenn man näherungsweise eindimensional rechnen kann (z.B. vor einer ebenen Elektrode). Bild 3.46 zeigt hierfür 2 Beispiele. Kurve *1* gilt für positive Ladung vor einer Glimmkatode und Kurve *2* für die negative Raumladung in einer Vakuumdiode (S.494).

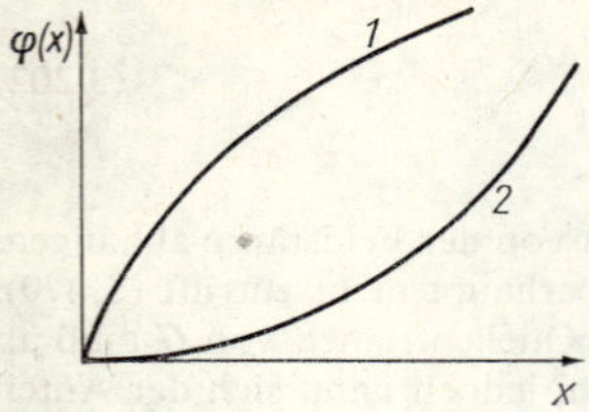

Bild 3.46
Potentialverlauf von einer ebenen Katode
1 **positive,** ***2*** **negative Raumladung**

Für Gasentladungen gilt unter bestimmten Bedingungen ein *Ähnlichkeitsgesetz (R. Holm)*: 2 einander ähnliche Entladungsstrecken haben dieselbe Strom-Spannungs-Charakteristik. Zur Forderung der Ähnlichkeit gehören nicht nur die äußeren Abmessungen, wie Elektrodenabstand (Schlagweite), Rohrradius usw., sondern auch die mittlere freie Weglänge der Moleküle, weshalb der Fülldruck entsprechend gewählt werden muß.

Es werden 2 Entladungsstrecken betrachtet, deren Linearabmessungen sich wie $1:a$ verhalten. Damit die Weglängen der Moleküle im gleichen Verhältnis stehen, muß in der zweiten Röhre der Gasdruck – bei gleicher Temperatur und gleicher Gasart – a^{-1}-mal so hoch sein wie in der ersten. Wenn durch beide Röhren nun der gleiche Strom I fließt, liegt an ihren Elektroden auch die gleiche Spannung U. Strom und Spannung sind also gegenüber ähnlichen Transformationen invariant.
Die Feldstärke ist dagegen in beiden Röhren nicht gleich, sondern transformiert sich mit $1:a^{-1}$, also wie der Gasdruck. Das folgt aus dem Zusammenhang $E = -\mathrm{d}x/\mathrm{d}\varphi$. Hierin ist $\mathrm{d}\varphi$ in beiden Röhren gleich, aber $\mathrm{d}x$ transformiert sich wie $1:a$.

Die Transformationsfaktoren lassen sich für alle interessierenden Größen ermitteln (Tafel 3.12). Darüber hinaus lassen sich einfache Kombinationen aufstellen, die invariant sind, z.B. Lp, Rp, R/λ, E/p, G/p^2, α/p usw.; R Radius einer Entladungsröhre oder einer Plasmasäule, L Linearabmessung (z.B. Elektrodenabstand, Dicke einer bemerkenswerten Leuchtschicht). α Townsendscher Stoßkoeffizient (S.464). Solche invarianten Kombinationen helfen bei der übersichtlichen Darstellung von Versuchsergebnissen, wenn eine Größe von mehreren Variablen abhängt. Davon (s. Bild 3.21) wurde bereits Gebrauch gemacht, um den Townsend-Faktor α als Funktion von E und p in nur *einer* Kurve aufzuzeichnen (Ausnutzung der Invarianz von α/p und E/p).

Tafel 3.12. Transformationsfaktor zweier ähnlicher Entladungsstrecken

Strom I	1	Gasdichte ϱ }	a^{-1}
Spannung U	1	Gasdruck p }	
Linearabmessungen:		Feldstärke E	a^{-1}
Elektrodenabstand d }		Stromdichte G	a^{-2}
Rohrradius R }	a	Thermische Geschwindigkeit v	1
Gitterlochweite r }		Driftgeschwindigkeit v_D	1
Mittl. freie Weglänge }		Beweglichkeit b	a
Oberfläche A	a^2	Diffusionskoeffizient D	a
Volumen V	a^3		

Die Bedingung zur Gültigkeit der Ähnlichkeitsbeziehungen lautet, daß zwischen den einzelnen Größen nur lineare Verknüpfungen bestehen dürfen. Das Ähnlichkeitsgesetz ist nicht anwendbar, wenn mit Elementarprozessen zu rechnen ist, deren Anzahl nicht mit der auslösenden Teilchendichte linear ansteigt, sondern nach einer höheren Potenz. Umgekehrt kann aus Abweichungen vom Ähnlichkeitsgesetz geschlossen werden, daß solche nichtlinearen Beziehungen in einem merklichen Ausmaß vorhanden sind.

3.4.2.2. Formen der stationären Gasentladungen

Zur Aufrechterhaltung einer stationären Gasentladung ist eine dauernde Zufuhr von Energie notwendig, um die Abgabe von Wirkleistung nach außen zu kompensieren. Wird diese Leistung vom Entladungsmechanismus geliefert, d.h. durch die den Elektroden zugeführte elektrische Leistung, so spricht man von einer *selbständigen* Entladung. Wird dagegen die gesamte Leistung oder ein Teil durch eine besondere Quelle zugeführt (z.B. Heizstrom einer Glühkatode, Einstrahlung von Photonen), so liegt eine *unselbständige* Entladung vor.
Beispiele für unselbständige Entladungen:

Strahlungsdosimeter. Zur Messung von Strahlungsintensitäten (Photonen oder Korpuskeln) dienen die von der Strahlung im Gas erzeugten Träger. Als Elektroden verwendet man ebene Platten oder koaxiale Zylinder; die Katode wird durch Ausblendung des Strahlenganges geschützt. Die durch den Strom erfaßte Ionisation ist der Strahlungsintensität proportional, hängt aber außerdem noch von der Härte der Strahlung (Energie der Photonen) ab. Enthält die Gasfüllung elektronegative Bestandteile, wie H_2O, O_2, CO_2, so lagern sich die gebildeten Elektronen sofort an, und es entstehen negative Molekülionen. Die Stromdichten im Dosimeter sind so gering, daß Raumladungsverzerrungen des Feldes vernachlässigt werden können. Der Strom steigt zunächst mit der Spannung an und geht schließlich in die Sättigung über. Bei geringen Spannungen werden nicht alle neu gebildeten Träger abtransportiert, sondern ein Teil von ihnen geht durch Rekombination verloren. Allein die Höhe des Sättigungsstromes ist für die Messung der Strahlungsintensität maßgebend.

Gasverstärkter Fotostrom. Die Stromempfindlichkeit einer Vakuumfotozelle läßt sich durch Einbringen einer Gasfüllung erhöhen. Im Gas bildet sich unter geeigneten Bedingungen eine Elektronenlawine (S. 503), deren Verstärkungsfaktor sich für das homogene Feld zu $M = \exp(\alpha S)$ und allgemein zu

$$M = \exp\left(\int_0^S \alpha \, \mathrm{d}x\right) \tag{3.209}$$

berechnet. Raumladungen spielen hier keine wesentliche Rolle. Da α mit steigender Feldstärke E wächst, ist die Empfindlichkeit um so höher, je höher die Spannung U an der Fotozelle ist. Durch Wahl des Fülldruckes läßt sich eine Optimierung erreichen. Setzt man

$$\frac{\alpha}{p} = A \exp(-B_p/E) \tag{3.210}$$

an, so folgt als optimaler Fülldruck $p_{opt} = E/B$, und der maximale Verstärkungsfaktor wird dann

$$M_{max} = \exp\left[\frac{A}{B} ES \, \mathrm{e}^{-1}\right]. \tag{3.211}$$

Die Existenz einer maximalen Verstärkung *(Stoletow-Effekt)* ist folgendermaßen begründet: Bei zu niedrigem Gasdruck ist die freie Weglänge der Träger zu groß und daher die Anzahl der ionisierenden Stöße zu klein. (Im Hochvakuum ist sie Null.) Ist dagegen p sehr hoch, dann ist zwar auch die Stoßzahl sehr groß, aber die Elektronen verbrauchen ihre Energie in elastischen und allenfalls anregenden Stößen, so daß die ionisierenden Stöße immer seltener werden. Die Röhrenspannung U ist dadurch nach oben begrenzt, daß schließlich eine selbständige Entladung (Glimmstrom) zündet, die mit der Bestrahlung nicht mehr im Zusammenhang steht.

Glühkatoden-Stromrichter. Die Gefäße werden mit Oxidkatoden bis zu etwa 50 A Emissionsstromstärke gebaut. Da die Ionisation in der Entladungsstrecke ein quasineutrales Plasma erzeugt, ist die Elektrodenspannung U, die *Brennspannung*, nicht viel höher als die Ionisierungsspannung des Füllgases (meist Hg-Dampf oder Edelgas). Der Trägerhaushalt wird durch das Gleichgewicht zwischen Trägererzeugung (Elektronenstoß) und Trägerverlust (ambipolare Wanddiffusion) bestimmt. Da $n^+ = n^-$ ist, wird der Strom praktisch nur von Elektronen getragen (S. 470).

Die Katodenschicht vermittelt den Übergang von der emittierenden Katodenfläche zum Plasma. Über dieser Schicht fällt die Spannung U_k ab, der *Katodenfall*; er ist ungefähr gleich der Ionisierungsspannung U_i des Füllgases. Die Katodenschicht ist so dünn, daß sie von den Elektronen ohne Zusammenstöße mit Atomen durchlaufen wird; es gilt das $U^{3/2}$-Gesetz (S. 494). Da dem Elektronenstrom ein geringer Ionenstrom entgegenfließt, wird die negative Raumladung verdünnt, und der Elektronenstrom steigt auf das 1,86fache gegenüber dem nach Gl. (3.180) folgenden Wert. Der Spannungsabfall der gesamten Entladungsstrecke, der für die Ökonomie des Ventils wesentlich ist, liegt zum größten Teil über der Katodenschicht. Der Spannungsabfall im Plasma wird durch geeignete Formgebung der Röhre – große Wandabstände, Kugelform – möglichst gering gehalten.

Die *selbständigen Entladungen* kommen in 2 Hauptformen vor, als *Glimmentladung* und als *Lichtbogen*. Beide Typen unterscheiden sich lediglich durch den Mechanismus der Elektronenauslösung an der Katode, wozu die Entladung selbst die erforderliche Leistung zur Verfügung stellen muß *(Rückführung)*. Elektronenbefreiende Prozesse sind

1. Sekundäremission durch positive Ionen (γ-Prozeß),
2. Fotoeffekt,
3. Sekundäremission durch metastabile Atome,
4. thermische Elektronenemission,
5. Feldemission.

Für die Glimmentladung (Katode nicht geheizt) sind die Prozesse 1 bis 3, für den Lichtbogen die Prozesse 4 und 5 bezeichnend.

Glimmentladung. Diese Entladungsform bevorzugt niedrige Gasdrücke (< 70 mbar), läßt sich aber mit besonderen Maßnahmen auch bei höheren Drücken (bis 1 bar) stabilisieren. Die Stromstärke liegt zwischen einigen Mikroampere und einigen 0,1 A. Das wesentliche Kennzeichen der Glimmentladung ist eine so niedrige Katodentemperatur, daß mit thermischer Elektronenemission nicht zu rechnen ist.

Zur Realisierung der Rückführungsprozesse 1 bis 3 müssen in der Entladung, und zwar in Katodennähe, positive Ionen, Photonen und metastabil angeregte Atome erzeugt werden, wobei die Ionen zusätzlich stark beschleunigt werden müssen. Diesem Zweck dient eine der Katode vorgelagerte hell leuchtende Schicht, das *negative Glimmlicht*. Zwischen ihr und der Katode fällt eine Spannung zwischen 70 und 400 V (je nach der Kombination Gas – Katodenmaterial) ab, der *Katodenfall*. Das stationäre Gleichgewicht der Trägerbilanz erfordert zwischen Katodenfläche und Glimmlicht eine Wechselwirkung: Ein durch die Prozesse 1 bis 3 an der Katode ausgelöstes Elektron muß nach Durchlaufen des Katodenfallraumes im Glimmlicht so viel Ionen, Photonen und angeregte Atome erzeugen, daß diese beim Auftreffen auf die Katodenfläche wiederum im Mittel ein Elektron auslösen (Stationaritätsbedingung).

Für den stationären Stromfluß gilt

$$\Gamma (M - 1) = 1; \tag{3.212}$$

$\Gamma > \gamma$ globale Ausbeute aller 3 Rückführungsprozesse, bezogen auf die Anzahl der Ionen, die übrigens an der Elektronenauslösung den größten Anteil haben, M Verstärkungsfaktor der Elektronenlawine.

Für M gilt Gl. (3.209), da das Feld vor der Katode durch positive Raumladungen verzerrt ist. Infolge dieser Raumladung entsteht ein steiler Potentialabfall vor der Katode (Bild 3.46, Kurve *1*).

An der Glimmkatode gelten Ähnlichkeitsgesetze, solange die Katodenfläche noch nicht völlig vom Stromansatz in Anspruch genommen („normale Entladung") und das negative Glimmlicht nicht durch die Anode behindert wird.

Wird z. B. der Druck auf das a-fache vergrößert, so wird der Abstand zwischen Katode und Glimmlicht a^{-1}-mal so groß, aber der Spannungsabfall zwischen beiden (Katodenfall) bleibt derselbe. Die Stromdichte wird a^2-mal größer, da sich die Ansatzfläche auf das a^2-fache verringert, usw. Da die mittleren freien Weglängen aller Teilchen proportional a^{-1} sind, die Anzahl der Zusammenstöße innerhalb der Katodenschicht sich nicht ändert, bleibt die gesamte Trägerkinetik von der Druckänderung unberührt und damit auch der Verstärkungsfaktor M. Für die normale Stromdichte G_n gilt größenordnungsmäßig $G_n/p^2 = 10^{-5}$ bis 10^{-4} A · cm^{-2} · mbar^{-2}.

Alle einfachen Beziehungen gelten nicht mehr, wenn der Strom so hoch gewählt wird, daß die ganze Katodenfläche vom Glimmansatz bedeckt wird. Bei Stromsteigerung muß nun auch die Stromdichte wachsen („anomale Entladung"). Dadurch vergrößern sich die Raumladungsdichte und der Katodenfall. Es liegen keine ähnlichen Entladungsstrecken mehr vor. Die Beziehung zwischen Katodenfall U_k und G/p^2 zeigt Bild 3.47.

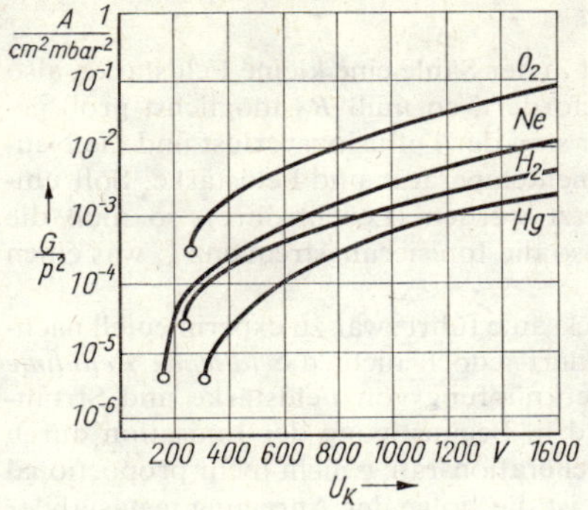

Bild 3.47
Katodenfall und Stromdichte in der anomalen Glimmentladung an einer Eisenkatode
Die Kreise repräsentieren den normalen Zustand

In stark anomalen Entladungen schlagen die positiven Ionen (hoher Katodenfall!) aus der Katode Atome heraus, die sich als Dampfwolke in Katodennähe aufhalten und später auf benachbarten Flächen kondensieren *(Katodenzerstäubung)*.

Eine umfassende quantitative Theorie der Glimmkatode kann noch nicht gegeben werden, da zuverlässige Daten über die Elementarprozesse fehlen.

Das *negative Glimmlicht* ist eine plasmaartige Schicht hoher Trägerdichte, die zur Katode einen Ionenstrom und zur Anode einen Elektronenstrom sendet. Bei größerem Abstand der Anode vom Glimmlicht (Glimmlampe) durchlaufen die Elektronen eine längere Strecke bei mäßiger Feldstärke (geringe Lichtanregung), den *Faradayschen Dunkelraum*. Ist die Anode sehr weit von der Katode entfernt (Leuchtröhren), so würde die Spannung zwischen den Elektroden aus Raumladungsgründen so hoch werden, daß es für die Entladung ökonomischer ist, ein Plasma aufzubauen, das mit mäßigem Spannungsgradienten beliebige Elektrodenabstände überbrücken kann (*Minimumprinzip*, S.512). Dieses Niederdruckplasma füllt als *positive Säule* den gesamten Raum bis zur Anode aus. Wegen der nunmehr vollständigen Raumladungskompensation hat das Feld dann nur noch dafür zu sorgen, die Trägerbilanz aufrechtzuerhalten. Die Elektronentemperatur steigt erheblich über die Gastemperatur hinaus an, um so mehr, je niedriger der Druck ist.

Brennt eine solche Niederdrucksäule in einem zylindrischen Rohr (Leuchtröhre, Anodenarm eines Hg-Dampf-Gleichrichters), so läßt sich das Trägergleichgewicht für den stationären Fall unschwer berechnen. Mit Gl. (3.207) und wegen der Stationarität mit $dn_i/dt = 0$ gilt für Elektronen

$$g - r - \operatorname{div}(nbE - D \operatorname{grad} n) = 0. \qquad (3.213)$$

Mit $g = \zeta n$, $r = 0$ und $D = D_a$ wird

$$n\zeta - b(n \cdot \operatorname{div} E + E \cdot \operatorname{grad} n) + D_a \Delta n = 0.$$

Aus der Quasineutralität folgt $\operatorname{div} E = 0$, ferner verschwindet das Glied $E \cdot \operatorname{grad} n$, da E und $\operatorname{grad} n$ aufeinander senkrecht stehen. Es bleibt übrig

$$n\zeta + D_a \Delta n = 0 \qquad (3.214)$$

oder für Zylindersymmetrie

$$\frac{d^2 n}{dr^2} + \frac{1}{r}\frac{dn}{dr} + \frac{\zeta}{D_a} n = 0. \qquad (3.215)$$

Die Lösung ist eine Bessel-Funktion 0. Ordnung vom Argument $r\sqrt{\zeta/D_a}$, so daß gilt

$$n(r) = n_0 J_0(r\sqrt{\zeta/D_a}); \qquad (3.216)$$

n_0 Trägerdichte in der Rohrachse ($r = 0$).

Die Bessel-Funktion hat den im Bild 2.54 (S.298) skizzierten Verlauf, von dem wegen der Grenzbedingung $n(R_0) = 0$ (R_0 Radius des Rohres) nur der Teil bis zur ersten Nullstelle in Betracht kommt. Daraus ergibt sich dann

$$\frac{1}{\zeta} = \frac{R_0^2}{(2{,}405)^2 D_a}; \tag{3.217}$$

$1/\zeta$ im Mittel zwischen zwei aufeinanderfolgenden Ionisationen eines Elektrons verfließende Zeit.
Auf der rechten Seite von Gl.(3.217) steht die Zeit, die ein Träger im Mittel benötigt, um ambipolar zur Wand zu diffundieren, seine *Lebensdauer*. Ein jedes Elektron muß während seiner Lebensdauer im Plasma ein neues Trägerpaar erzeugen und damit seine Nachfolge sichern.

Aus Gl. (3.217) folgen einige praktische Schlüsse: Ist in der Säule eine kleine Feldstärke, also auch geringe Verlustleistung (Gleichrichterarm) gefordert, so muß R_0 möglichst groß gemacht werden; je weiter das Rohr ist, desto geringer sind der Diffusionsverlust und die Neuerzeugung der Träger, desto niedriger sind Elektronentemperatur und Feldstärke. Soll umgekehrt viel Leistung in der Plasmasäule umgesetzt werden (Leuchtröhre), so muß die Elektronentemperatur möglichst groß werden, ebenso die Ionisierungsfrequenz ζ, was einen kleinen Rohrradius bedingt.
Die oben skizzierte Diffusionstheorie der Niederdrucksäule führt zwar zu experimentell nachprüfbaren Aussagen [Gln.(3.216) und (3.217)], erklärt jedoch nicht die *fallende Kennlinie* solcher Säulen. Zusätzliche Gesichtspunkte zur Verknüpfung von Feldstärke und Stromstärke ergeben: Erstens existieren Stufenprozesse, d.h. Begünstigung der Ionisation durch die höhere Elektronendichte, die bewirkt, daß die Generationsrate g nicht mehr proportional mit n verläuft, sondern mit etwa der 2. Potenz. Das ist die Folge der Anregung metastabiler Zustände. Zweitens läßt sich bei größeren Trägerdichten im Plasma die Volumenrekombination nicht mehr gegenüber der Wandrekombination vernachlässigen; erhöhte Rekombination bedeutet aber erhöhte Generation, also auch erhöhte Feldstärke. Drittens ist der radiale Abfall der Gastemperatur zu nennen. Damit erreicht man eine befriedigende Erklärung der fallenden Kennlinie.
Nicht immer ist die Niederdrucksäule als optisch homogenes Lichtgebilde zu beobachten, sondern zuweilen zerfällt sie in leuchtende Schichten, die durch Dunkelräume getrennt sind und in strenger Regelmäßigkeit aufeinanderfolgen *(geschichtete Säule)*. Außer diesen im Raum feststehenden Schichten kennt man auch *laufende Schichten*, deren Bewegung wegen ihrer großen Geschwindigkeit mit dem Auge nicht mehr wahrgenommen wird, so daß Hilfsmittel (Drehspiegel, Fotozelle mit Oszillograf) zu ihrem Nachweis erforderlich sind. Man kann sie auch elektrisch durch Spannungsschwankungen an Elektroden oder Sonden nachweisen.

Erklärung der Schichtenbildung: Im ursprünglich homogenen Säulenplasma kann sich unter bestimmten Bedingungen der Gasstrecke sowie der Speiseschaltung eine zufällige örtliche Störung als Wellengruppe in Richtung zur Anode, also gegen das elektrische Feld, fortpflanzen. Dabei kann die Störamplitude, z.B. der Trägerdichte, verstärkt werden, und zwar durch die Mitwirkung des Plasmas. Erreicht die Störungswelle die Anode, so überträgt sich die Störung auch auf den äußeren Stromkreis, und die dort erscheinende Störspannung führt, rückwirkend auf die Katode, zu einer neuen Störwelle, die wiederum zur Anode wandert, usw. Damit ist also die Möglichkeit eines geschlossenen Wirkungsablaufs wie bei einem Regelkreis gegeben. Das System kann instabil werden, wenn die Barkhausen-Bedingung $VK \geqq 1$ erfüllt ist; es erregt sich dann selbst bis zu einer durch Nichtlinearitäten begrenzten Amplitude der Störwellen.
Feststehende Schichten können als Grenzfall laufender Schichten mit der Frequenz Null aufgefaßt werden.

Die positive Niederdrucksäule ist nicht nur Bestandteil von Glimmentladungen, sie findet sich auch in typischen Lichtbogenentladungen. Prinzipiell ist es gleichgültig, woher die Säule den erforderlichen Elektronenstrom geliefert bekommt.
Koronaentladung. Die sich an stark gekrümmten Elektroden (inhomogenes Feld) bildende Entladung heißt Koronaentladung. Der Mechanismus der Korona bei negativer Polarität der stark gekrümmten Elektrode gleicht weitgehend dem einer typischen Glimmentladung. Liegt die Stelle größter Feldstärke an der Anode, so wird an ihr Licht emittiert, während die großflächige Katode meist völlig dunkel bleibt. In diesem Fall werden die für die Entladung erforderlichen Elektronen durch Photonen und angeregte Atome, die im Gasraum ionisieren, geliefert.
Abgesehen von der *Sprühzone*, die sich in ihrer Ausdehnung auf die unmittelbare Nähe der Sprühelektrode beschränkt, ist der übrige Teil bis zur Gegenelektrode völlig dunkel. Das

Feld dient lediglich dazu, die Träger aus der Sprühzone verlustfrei zur Gegenelektrode zu führen. Der hohe Widerstand dieser *Transportzone* stabilisiert die Koronaentladung über einen großen Spannungsbereich, der nach oben hin schließlich durch die Funkenzündung begrenzt wird. Die $i(U)$-Kennlinie der Koronaentladung ist daher im gesamten Existenzbereich der Korona steigend. Sie läßt sich angenähert durch den quadratischen Ansatz beschreiben:

$$I = KbU(U - U_Z) \quad \text{für} \quad U \geqq U_Z; \tag{3.218}$$

b Beweglichkeit der Ionen vom Vorzeichen der Sprühelektrode,
U_Z Einsatz- (Zünd-) Spannung der Koronaentladung,
K Konstante des Gases.

Da stets $b^- > b^+$ ist, fließt bei gleicher Spannung der größte Koronastrom, wenn die Sprühelektrode Katode ist.
Die negative Koronaentladung an Sprühdrähten wird im Elektrofilter zur Reinigung von Gasen benutzt, die Schwebeteilchen (Rauch, Staub, Tröpfchen usw.) enthalten. Diese Teilchen werden durch Anlagern negativer Ionen aufgeladen und durch das Feld zur großflächigen Anode (Niederschlagelektrode) geführt. Hier bleiben sie als feste Schicht haften, die von Zeit zu Zeit mechanisch abgestreift wird.
Lichtbogen. Im Gegensatz zur Glimm- und Koronaentladung ist der Lichtbogen in seiner Stromstärke nach oben hin nicht begrenzt, wohl aber nach unten hin. Die Lichtbogenkatode unterscheidet sich phänomenologisch von der Glimmkatode:

- Der Spannungsabfall unmittelbar vor der Katode (Katodenfall) ist mindestens eine Größenordnung niedriger als vor der Glimmkatode; er beträgt etwa 10 V.
- Die katodische Stromdichte ist um viele Größenordnungen höher.
- Die Temperatur des Katodenansatzes (Brennfleck) ist viel höher.

Der Ansatz des Lichtbogens auf der Katode zeigt 3 Formen:

1. *festliegender Brennfleck*, der sich optisch als scharf begrenzt zeigt;
2. *brennfleckloser Ansatz.* Die Ansatzfläche ist jetzt größer, die Stromdichte also kleiner als bei 1. Zwischen der Katode und dem Plasma der Säule erscheint ein etwa 0,1 mm dicker Dunkelraum.
3. *bewegter Brennfleck.* Er ist sehr viel kleiner als Form 1 und bewegt sich mit großer Geschwindigkeit über die Katodenfläche. Bei großen Stromstärken zerfällt er in mehrere Einzelflecke.

Die Formen 1 und 2 zeigen sich an Kohle- und Wolframkatoden, also an schwer verdampfbaren Stoffen, die Form 3 dagegen an leicht verdampfbaren Metallen, wie Fe, Cu, Ni und vor allem Hg (Quecksilbergleichrichter mit flüssiger Katode).

Über die nicht sehr genau bekannten Stromdichten an der Katode (besonders die Form 3 entzieht sich jeder genauen Messung) sowie die Oberflächentemperatur der Katode orientiert Tafel 3.13.

Tafel 3.13. Katodische Stromdichte und Temperatur der Katode in einigen Bogenformen

System	G $A \cdot cm^{-2}$	T_K K	Typ
C in Luft	400 ··· 5000	3000 ··· 4000	2
W in Xenon	1000 ··· 3000	3000	2
W in Xenon	einige 10^4	3500	1
Hg in Hg-Dampf	10^7	1000 ··· 2000	3

Von der Bogenkatode geht ein mitunter sehr kräftiger Gasstrahl in vorwiegend axialer Richtung aus, der sich aus dem umgebenden Gas und evtl. beigemischtem Dampf aus der Katode zusammensetzt. Die Strahlgeschwindigkeit wächst schnell mit dem Bogenstrom I an und beträgt z.B. an einer Kohlekatode in Luft bei 200 A etwa 300 $m \cdot s^{-1}$. Als Folge davon erfährt die Katode eine Rückstoßkraft, die etwa I^2 proportional ist und bei dem angeführten Fall (200 A an Kohle) etwa 5 mN ausmacht.

Die Theorie der Bogenkatode stützt sich auf die Rückführungsmechanismen 4 und 5 (S.506). Man kann zeigen, daß die thermische Elektronenemission mit Berücksichtigung des Schottky-Effektes (S.489) sowie die Feldemission ausreichende Elektronenquellen für jeden Bogenstrom sind. Die thermische Stromdichte einschließlich des Schottky-Effektes beträgt

$$G_{th} = AT_k^2 \exp\left[-\frac{e}{kT_k}\left(U_a - \sqrt{\frac{E_0 e}{4\pi\varepsilon_0}}\right)\right] \tag{3.219}$$

und die Dichte des Feldstromes

$$G_f = 1{,}54 \cdot 10^{-6} \frac{E_0^2}{U_a} \exp\left[\frac{-6{,}8 \cdot 10^9 \, U_a^{3/2}}{E_0}\right]; \tag{3.220}$$

E_0 Feldstärke an der Katode.

Gl. (3.220) erfordert noch eine Korrektur, wenn die Katodentemperatur sehr hoch ansteigt, weil infolge der Auflockerung der Fermi-Verteilung die Feldemission begünstigt wird. Die gesamte Dichte des Emissionsstromes $G^- = G_{th} + G_f$ ist im Bild 3.48 als Funktion von E_0 mit T_k als Parameter angegeben. Für Abschätzungen lassen sich diese Kurven auch für andere Katodenstoffe bzw. Gase verwenden, weil die Austrittsarbeiten nicht sehr unterschiedlich sind.

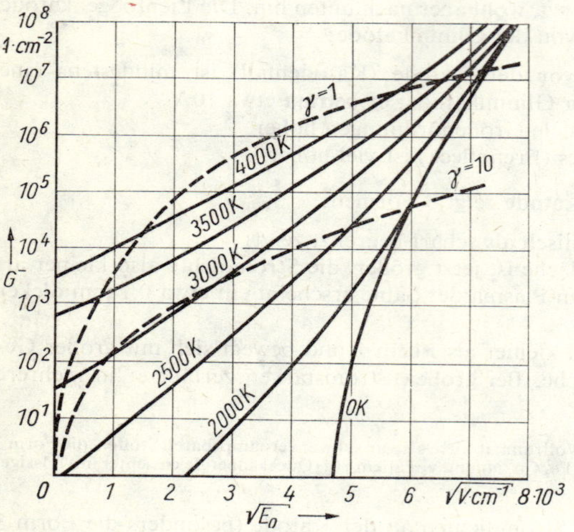

Bild 3.48
Emissionsthermen und Raumladungskennlinien für eine Wolframkatode in Xenon

Die beiden Stromdichten G_{th} und G_f müssen auch noch die Raumladungsbeziehung Gl. (3.180) befriedigen. Dabei interessiert die Stromaufteilung: Aus der Leistungsbilanz für den Brennfleck folgt der Anteil der Elektronen am Gesamtstrom zu etwa $x = 0{,}5$ bis $0{,}7$, der Ionenanteil zu $1 - x = 0{,}5$ bis $0{,}3$. Bei Anwendung des Raumladungsgesetzes muß ferner berücksichtigt werden, daß die beiden gegeneinander fließenden Trägerströme die Raumladung teilweise kompensieren. Die entsprechenden Berechnungen führen auf den folgenden Zusammenhang zwischen Katodenfeldstärke und Stromdichten beider Träger:

$$E_0^2 = \frac{4\sqrt{U_k}}{\varepsilon_0\sqrt{2e}}\left(G^+\sqrt{M} - G^-\sqrt{m}\right) \approx \frac{4G^+}{\varepsilon_0}\sqrt{\frac{U_k M}{2e}}; \tag{3.221}$$

M Masse der Ionen, m Masse der Elektronen, U_k Katodenfall.
Da G^+ und G^- von gleicher Größenordnung sind, kann das zweite Glied in der Klammer vernachlässigt werden. Das Feld E_0 ist das „Makrofeld", das über einer ideal ebenen Katode durch die Trägerströmung erzeugt wird. Die

nach den Gln. (3.219) und (3.220) für die Elektronenemission maßgebende Feldstärke E_0 ist wegen der Rauhigkeit der Katodenoberfläche etwas größer anzusetzen; man führt deswegen noch den „Grob-Fein-Faktor" γ ein, der diesem Umstand Rechnung trägt. Er ist gleich dem Verhältnis der effektiven zur Makrofeldstärke, also

$$\gamma = E_0/E_k \geqq 1. \tag{3.222}$$

Mit dem Korrekturfaktor γ ergibt sich

$$\left(\frac{E_0}{\gamma}\right)^2 = \frac{4G^+}{\varepsilon_0}\sqrt{\frac{U_k M}{2e}}$$

oder, wenn anstelle des Ionenstromes der Elektronenstrom $G^- = G^+ x/(1-x)$ eingeführt wird,

$$\left(\frac{E_0}{\gamma}\right)^2 = \frac{4G^-}{\varepsilon_0}\,\frac{1-x}{x}\sqrt{\frac{U_k M}{2e}}. \tag{3.223}$$

Für die beiden in Betracht kommenden Grenzen $\gamma = 1$ und $\gamma = 10$ ist der Zusammenhang zwischen G^- und E_0 (Raumladungskennlinie) im Bild 3.48 gestrichelt eingezeichnet. Der sich tatsächlich im Brennfleck einstellende Zustand muß einem Schnittpunkt der Raumladungskennlinie mit einer der Emissionsisothermen entsprechen.

Als Beispiel sei der Bogenbrennfleck auf einer flüssigen Hg-Katode (Gleichrichter, künstliche Höhensonne) gebracht. Hier ist keine Rauhigkeit zu vermuten, also wird $\gamma = 1$. Die Temperatur im Brennfleck ist zwar schwer zu messen, liegt jedoch sicher nicht über 2000 K. Man kann also mit $T_k = 0$ rechnen und gelangt so zum Schnittpunkt, der eine Elektronenstromdichte von etwa $2 \cdot 10^7\ \mathrm{A \cdot cm^{-2}}$ erwarten läßt. Das entspricht dem Experiment. Damit zeigt sich, daß an der Lichtbogenkatode die Rückführungsprozesse 4 und 5 ausreichen, um den gesamten Elektronenbedarf der Entladung zu decken.

Es besteht die Frage, ob bei einer derartigen thermischen Beanspruchung des Materials im Katodenfleck die Katode als fester Körper, z. B. Wolfram oder Kohlenstoff, aufzufassen und mit dessen Daten (Austrittsarbeit, Richardson-Konstante) zu rechnen ist. Man kann abschätzen, daß sich das Katodenmaterial im Bereich des Brennflecks bis zu einer Tiefe von einigen Atomlagen in stark aufgelockertem Zustand befindet, so daß dieser Zustand nicht mehr als „fest" im klassischen Sinne bezeichnet werden kann. Es besteht andererseits Grund zur Annahme, daß dieser anomale Katodenzustand die Elektronenemission begünstigt.

Als weitere, oben noch nicht behandelte Rückführungsprozesse kommen die aus dem angrenzenden Plasma auf die Katode wirkenden, metastabil angeregten Atome und Photonen in Frage, die ebenfalls die Elektronenemission der Katode erhöhen. Auch die nichtmetastabil angeregten Atome müssen dabei berücksichtigt werden, da der Abstand des Plasmas von der Katode etwa bei 1 µm liegt, eine Strecke, die von Atomen in Zeiten $< 10^{-8}$ s, der mittleren Verweilzeit im angeregten Zustand, zurückgelegt werden kann.

Der Katoden-Ansatz des Lichtbogens nimmt meist nur einen kleinen Teil des gesamten Elektrodenabstandes in Anspruch, der Rest wird wieder vom Plasma der positiven Säule ausgefüllt. Bei niedrigen Gasdrücken gelten für diese die gleichen Gesichtspunkte wie bei der Glimmentladung. Allerdings sind jetzt die in der Säule fließenden Ströme sehr viel stärker als bei der Glimmentladung. Damit gewinnen die auf S. 508 zusammengestellten Abweichungen von der ursprünglichen Diffusionstheorie der Säule eine erhöhte Bedeutung, insbesondere muß mit einer fallenden Kennlinie gerechnet werden.

Bei Drücken oberhalb etwa 1 bar (in der Lichttechnik verwendet man Gasdrücke bis zu 60 bar und mehr) kann die Säule nicht mehr nach den Grundsätzen der Niederdrucksäule behandelt werden, sondern man muß mit einem *Hochdruckplasma* rechnen.

Im Hochdruckplasma herrscht ein Temperaturgleichgewicht, so daß der Ionisierungsgrad x nach der Eggert-Saha-Gleichung (S. 467) berechnet werden kann. Wegen $b^- \gg b^+$ wird der Strom praktisch allein von Elektronen getragen; die Stromdichte lautet

$$G = G^- = enb^-E, \tag{3.224}$$

und mit Berücksichtigung von Gl. (3.134) läßt sich schreiben

$$G^- = \frac{e^2 n \lambda_s}{m\bar{v}} E = \varkappa(T) E, \tag{3.225}$$

worin $\varkappa(T)$ die Leitfähigkeit ist, eine im Prinzip bekannte Temperaturfunktion. Bei Zylindersymmetrie wird

$$I = E\int_0^R 2\pi\varkappa r\,\mathrm{d}r. \tag{3.226}$$

Einen weiteren Zusammenhang liefert die Leistungsbilanz. Wenn man vom Wärmetransport durch Konvektion und Strahlung absieht, muß die gesamte in der zylindrischen Säule je Länge erzeugte Leistung EI durch den Zylindermantel mit dem Radius R abfließen:

$$EI = -2\pi R\varkappa_w \left(\frac{dT}{dr}\right)_R . \tag{3.227}$$

Bei vorgegebenem Strom I sind 3 Unbekannte vorhanden, E, T und R, zu deren Berechnung eine dritte Gleichung erforderlich ist. Dazu gelangt man durch Anwendung des *Minimumprinzips (Steenbeck)*: Die Bogensäule stellt sich so ein, daß ihre Verlustleistung minimal wird. Da I festliegt, muß die Feldstärke E zum Minimum werden. Dieses Prinzip hat sich für die Berechnung der Hochdrucksäule gut bewährt.

Einige *Temperaturwerte für Lichtbogenplasmen:* In einem zwischen Kohleelektroden in freier Luft brennenden Bogen (Kohlebogenlampe) ist mit einer Plasmatemperatur von 6000 K zu rechnen. Im Hochstrombogen ($I \approx 200$ A) zwischen Kohleelektroden (Scheinwerferlampe) kann man etwa 11000 K annehmen, und bis zu 13000 K erreicht man in Xenon- und Quecksilber-Höchstdrucklampen. Die höchste Temperatur (50000 K) findet man im sog. Gerdien-Bogen bei sehr hoher Strombelastung und intensiver Kühlung durch einen Wassermantel.

Während sich Niederdrucksäulen stets an die Wand des Entladungsgefäßes anlehnen, wodurch ihre Lage stabilisiert wird *(Wandstabilisierung)*, wählen die frei brennenden Hochdrucksäulen ihre Lage im Raum zwischen den Elektroden selbst. Längere Bogensäulen sind gegenüber Störkräften, wie Gasströmungen infolge der Thermik, eigene und fremde Magnetfelder (z.B. der Zuleitungen), anfällig; da kein stabilisierender Einfluß vorhanden ist, flattern sie instabil hin und her. Für Messungen muß man sie in eine feste Lage zwingen, wofür verschiedene Verfahren entwickelt wurden. Als solche stabilisierenden Momente kommen künstlich erzeugte Gasströmungen mit Rotation oder rotierende Glaszylinder in Betracht.

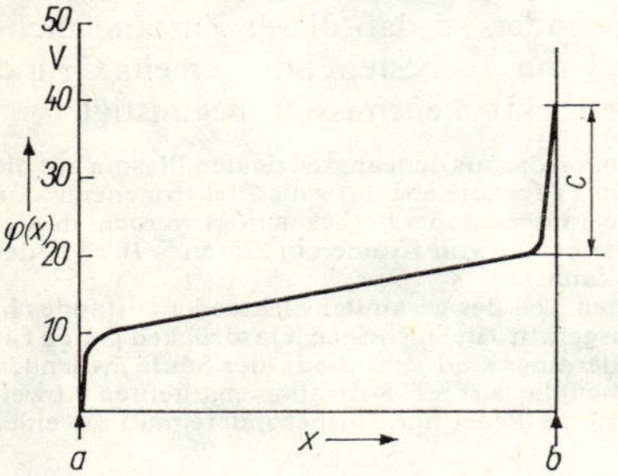

Bild 3.49
Potentialverlauf in der Achse eines Kohlelichtbogens in freier Luft (halbschematisch)

Die Verbindung zwischen Katodengebiet und angrenzendem Säulenplasma einer Lichtbogenentladung geht ohne Potentialsprung vonstatten, da die Katode der Säule immer die genügende Anzahl Elektronen zur Verfügung stellen kann und deren Raumladung durch die entgegenkommenden Ionen leicht kompensiert wird. An der Anode erscheint jedoch ein Potentialsprung, der *Anodenfall*, der höher sein kann als der Katodenfall und bis zu 30 V betragen kann. Seine Entstehung ist in der durch Ionen nicht kompensierten Raumladung der auf die Anode zuströmenden Elektronen begründet. Der Potentialverlauf über die gesamte Lichtbogenstrecke läßt sich durch die Kurve im Bild 3.49 wiedergeben.

3.4.2.3. Zündung und Entwicklung von Gasentladungen

Die Zündung einer Gasentladung kann erfolgen

1. durch Anlegen einer genügend hohen Spannung an die Elektroden,
2. durch Trennung eines Kontaktes unter Stromfluß *(Abreißzündung)*. Diese Methode wird ausschließlich bei Lichtbogenzündung angewendet.

Man muß zwischen *Zündspannung* und *Brennspannung* unterscheiden. Die erstere ist höher als die letztere, weil die sich nach der Zündung aufbauende Raumladungsverteilung günstigere Bedingungen für die Ionisierung schafft, als sie vor der Zündung bestanden. Bei der Koronaentladung ist die Senkung der Spannung dagegen nicht zu bemerken, weil sie sich nur auf das kleine Gebiet der Sprühzone beschränkt.
Die *Zündbedingung* ist mit der Stationaritätsbedingung (S. 506) identisch:

$$\Gamma(M-1)=1; \quad M=\exp\left[\int_0^d \alpha \, \mathrm{d}x\right], \tag{3.228}$$

wobei jetzt allerdings für die Integration noch das raumladungsfreie Zündfeld maßgebend ist. Speziell im homogenen Zündfeld (Plattenfunkenstrecke) lassen sich ähnliche Entladungsstrecken allein durch Veränderung der Schlagweite und des Gasdruckes realisieren. Die Zündspannung ist dann lediglich eine Funktion der Variablen *pd (Paschensches Gesetz)*. Diese Beziehung $U_Z = f(pd)$ ist für einige Gase im Bild 3.50 dargestellt. Das Minimum im Verlauf von U_Z erklärt sich in ähnlicher Weise wie der Stoletow-Effekt (S. 505) durch ein Maximum des Verstärkungsfaktors als Funktion von *pd*.

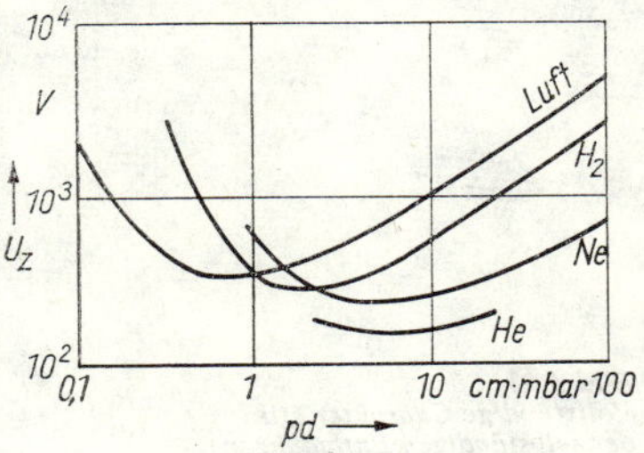

Bild 3.50
Paschen-Kurven für verschiedene Gase

Die Zündbedingung [Gl. (3.228)] gilt ausschließlich für die sog. *Townsend-Zündung*, bei der der Zündprozeß durch den Aufbau einer Elektronenlawine bewirkt wird. Überschreitet der Verstärkungsfaktor der Lawine etwa 10^8 – im homogenen Feld in Luft erfolgt dies bei $pd \approx 1300$ mbar · cm –, so wird auch im Zündfeld die Raumladungsverzerrung am Kopf der Lawine bereits so groß, daß die Lawine instabil wird und in einen gut leitenden *Plasmakanal* umschlägt. Dieser Kanal wächst dann mit hoher Geschwindigkeit zur Anode vor. Gleichzeitig geht auch von dieser ein Plasmakanal zur Katode. Wenn sich beide Kanäle treffen, ist die Gasstrecke durch einen Plasmafaden überbrückt, und die angeschlossene Elektrodenkapazität kann sich als Funken entladen. Die beiden Kanäle wachsen so schnell vor, daß man dieses Phänomen ohne Einbeziehung der Ionisation durch Photonen nicht erklären kann. Der geschilderte Kanalaufbau läßt sich experimentell in allen Phasen mit Hilfe der Nebelkammer *(Raether)* untersuchen; er spielt bei langen Funken und bei Blitzentladungen eine Rolle.
Die Raumladungen der Zündlawinen machen sich besonders in stark inhomogenen Feldanordnungen bemerkbar, und zwar wirken sie immer im Sinne eines Ausgleichs der Feldinhomogenität.

Im α-Strahlen-Zählrohr nach *Geiger* und *Müller*, das aus einem dünnen Draht als Anode innerhalb eines Zylinders als Katode besteht, erzeugt ein den Gasraum passierendes α-Teilchen insgesamt etwa 10^5 Ionenpaare, bis es auf thermische Geschwindigkeit abgebremst wird. Infolge der anschließenden Lawinenbildung und wegen der schnelleren Auswanderung der Elektronen entsteht eine positive Raumladung, die das Feld am Draht so weit abschirmt, daß die Entladung erlischt. Jedes einzelne α-Teilchen erzeugt also nur einen einzigen kurzen Stromstoß, der registriert werden kann; nach etwa 10^{-4} s ist die Strecke wieder bereit, ein neues α-Teilchen zu registrieren.

Die *Gitterzündung* (Thyratronprinzip) benutzt ein in den Entladungspfad eingebautes Gitter, um damit die Zündung zu einem wählbaren Zeitpunkt einzuleiten. Das Zündfeld setzt sich aus 2 Anteilen zusammen: dem der Gitterspannung U_G und dem der durchgreifenden Anodenspannung DU_A. Das für die Zündung effektive Potential ist daher

$$U_{eff} = U_G + DU_A. \quad (3.229)$$

In 1. Näherung kann U_{eff} gleich der Ionisierungsspannung des Füllgases (Hg-Dampf oder Edelgas) gesetzt werden. Wenn die Anodenspannung sehr groß gegenüber der Ionisierungsspannung ist, gilt

$$U_{GZ} = -DU_A \quad (3.230)$$

für die zur Zündung erforderliche Gitterspannung U_{GZ}. Sie ist negativ gegenüber der Katode. Bei niedrigen Anodenspannungen gilt die Näherung Gl. (3.230) nicht mehr, und die Gitter-Zündspannung kann auch positiv werden. Die Gitterzündung kann sowohl in einer Glimmröhre als auch im Starkstromventil mit Oxid- oder flüssiger Hg-Katode getätigt werden.

Bis zu welcher stationären Endform sich eine Entladung nach ihrer Zündung entwickelt, hängt von der Beschaffenheit der Entladungsstrecke sowie von ihrer Beschaltung ab. Die im Sinne steigender Stromstärke aufeinanderfolgenden stationären Endformen sind schematisch im Bild 3.51 als einheitliche Kennlinie dargestellt.

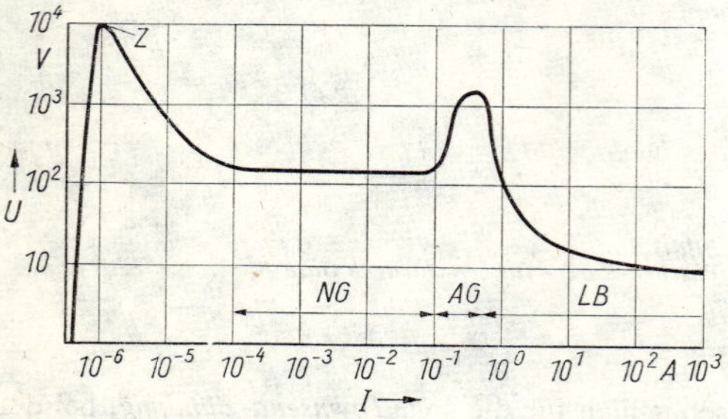

Bild 3.51
Vollständige Charakteristik der selbständigen Entladungen

Die Kurve zeigt folgende charakteristischen Abschnitte: links von *Z*: gasverstärkter Fotostrom (Abschn. 3.4.2.2.),

Z: Zündung durch Lawinenbildung (Townsend-Zündung); die Bedingung Gl. (3.228) ist erfüllt.
NG: normale Glimmentladung; die positive Säule ist unterdrückt, so daß die Brennspannung gleich dem (konstanten) Katodenfall ist. Arbeitsbereich des Spannungs-Stabilisators.
AG: anomale Glimmentladung; der Katodenfall wächst mit der Stromstärke.
LB: Lichtbogen; er hat sich aus der Glimmentladung entwickelt, weil die thermische Belastung der Katode die Glimmentladung instabil macht.

3.4.3. Stromleitung in Flüssigkeiten

Reine Flüssigkeiten sind, von metallischen Schmelzen abgesehen, sehr schlechte Leiter. Erst durch Auflösen bestimmter Stoffe werden sie zu guten Leitern *(Elektrolyte)*. Geschmolzene Metalle haben etwa die gleiche Leitfähigkeit wie feste Metalle; ihr Leitungsmechanismus ist weitgehend der gleiche.

3.4.3.1. Elektrolytische Stromleitung

Experimentelle Tatsachen. Die Leitfähigkeit $\varkappa$ eines Elektrolyten steigt mit seiner Konzentration γ langsamer als proportional an. Der Quotient $\varkappa/\gamma$ nimmt also mit wachsendem γ monoton ab. Definiert man γ als die Anzahl der in 1 m^3 Lösungsmittel enthaltenen Kilomol des gelösten Stoffes, so nennen wir

$$\Lambda_K = \varkappa/\gamma \quad (3.231)$$

die *kilomolare Leitfähigkeit*. Ihre Einheit ist $S \cdot m^2 \cdot kmol^{-1}$.

Daneben wird auch die *Äquivalentleitfähigkeit* $\Lambda = \Lambda_K/z$ benutzt; z ist die elektrochemische Wertigkeit des gelösten Stoffes. Bild 3.52 zeigt den Verlauf von Λ_K als Funktion von γ für wäßrige Lösungen bei $\vartheta = 18\,°C$. Auf Grund des unterschiedlichen Verlaufs der Kurven werden Elektrolyte in *starke* und *schwache Elektrolyte* eingeteilt. Zu ersteren gehören HCl, KCl und NaCl, zu letzteren CH_3COOH und NH_4OH.

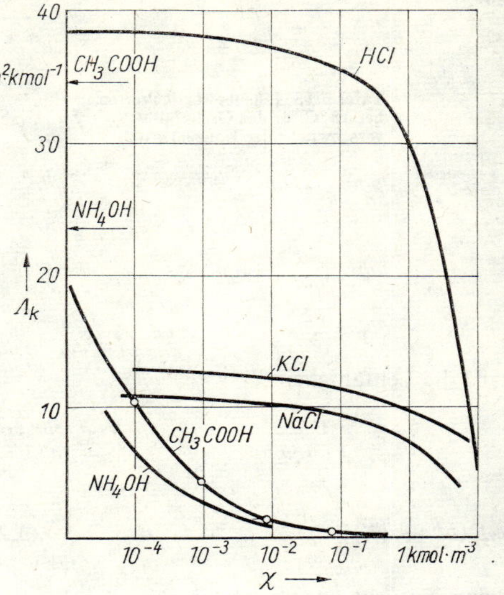

Bild 3.52
Kilomolare Leitfähigkeit einiger Elektrolyte als Funktion der Konzentration

Beiden Gruppen ist der Anstieg der Leitfähigkeit mit der Temperatur gemeinsam, der sich mit ausreichender Genauigkeit durch

$$\Lambda_K = \Lambda_{K18}\,[1 + c_1(\vartheta - 18) + c_2(\vartheta - 18)^2] \tag{3.232}$$

wiedergeben läßt. Die Konstanten c_1 und c_2 sind für einige wäßrige Lösungen in Tafel 3.14 angegeben. Sie hängen nur wenig von der Konzentration γ ab.

Theorie der elektrolytischen Leitung. Die Leitfähigkeit *schwacher Elektrolyte* läßt sich quantitativ mit der Theorie von *Arrhenius* in Übereinstimmung bringen. Danach dissoziieren die in Lösung gehenden Stoffe in Ionen beiderlei Vorzeichens, die sich entsprechend ihren Beweglichkeiten b^+ und b^- am Strom beteiligen. Über die Größe der Ionenbeweglichkeiten orientiert Tafel 3.15. Die Stromdichte ist durch Gl. (3.132) gegeben, wobei noch ein Faktor z zugefügt werden muß, der berücksichtigt, daß die Ionen, je nach ihrer Wertigkeit, auch mehrfach geladen sein können.

Die elektrolytische Dissoziation hat ihre Parallele in der Ionisation im Plasma (S. 466), und der Dissoziationsgrad α entspricht dem Ionisierungsgrad x. Werden n_0 Moleküle eines Salzes in 1 m³ Wasser gelöst, so entstehen durch Dissoziation αn_0 positive und ebenso viele negative Ionen, und es bleiben $(1 - \alpha)\,n_0$ nicht zerfallende Moleküle übrig. Die gesamte Teilchendichte, die z. B. nach Gl. (3.95) den osmotischen Druck bestimmt, ist $(1 + \alpha)\,n_0$. Für den osmotischen Druck gilt daher $p = (1 + \alpha)\,n_0\,kT$.

Wie im Plasma ist auch hier der *Dissoziationsgrad* α das Resultat des Gleichgewichts zwischen Dissoziation und Rekombination. Nach den Regeln des Massenwirkungsgesetzes läßt sich für den einfachsten Fall, der Dissoziation in 2 Ionen, entsprechend Gl. (3.121) schreiben

$$n_0\,\frac{\alpha^2}{1 - \alpha} = f(T). \tag{3.233}$$

Tafel 3.14. Konstanten c_1 und c_2 aus Gl. [3.232] für einige Elektrolyte mit der Konzentration $\gamma = 10^{-3}$ kmol · m^{-3}

	Λ_{18} S · m² · kmol⁻¹	c_1 10^{-4} K^{-1}	c_2 10^{-7} K^{-2}
H_2SO_4	72,2	165	−16
HCl	37,7	164	−15
HNO_3	37,5	163	−16
KOH	23,4	190	32
NaCl	10,65	226	84
KCl	12,73	217	67
$BaCl_2$	23,1	226	83

Tafel 3.15. Ionenbeweglichkeiten bei 18 °C für den Grenzfall verschwindender Konzentration

Positive Ionen	b^+ 10^{-4} cm² · Wb^{-1}	Negative Ionen	b^- 10^{-4} cm² · Wb^{-1}
H	33	OH	18
Na	4,4	Cl	6,9
K	6,6	J	6,9
Ag	5,5	MnO_4	5,5
NH_4	6,6	CH_3COO	3,6
Ba	11,3	SO_4	14,2
Ni	9,3		

Mit Einführung des Dissoziationsgrades wird die Leitfähigkeit

$$\varkappa = \alpha n_0 e z (b^+ + b^-) \tag{3.234}$$

und die Äquivalentleitfähigkeit

$$\Lambda = \frac{\varkappa}{\gamma z} = \frac{\alpha n_0 e (b^+ + b^-)}{\gamma} = \alpha F (b^+ + b^-), \tag{3.235}$$

worin $F = n_0 e/\gamma = 9{,}65 \cdot 10^7$ C · kmol^{-1} eine Naturkonstante ist, die *Faraday-Konstante*. Für den Grenzfall der Konzentration $n_0 = 0$ folgt aus Gl. (3.233) $\alpha = 1$, d.h., bei sehr geringer Konzentration der Lösung zerfallen alle gelösten Moleküle in Ionen. Hieraus und aus Gl. (3.235) folgt dann $\Lambda/\Lambda_0 = \alpha$, und nach Einsetzen in Gl. (3.233) ergibt sich das *Ostwaldsche Verdünnungsgesetz*

$$n_0 \frac{\Lambda^2}{\Lambda_0 (\Lambda_0 - \Lambda)} = f(T); \tag{3.236}$$

Λ_0 auf die Konzentration Null extrapolierte Äquivalentleitfähigkeit.

Gl. (3.236) erlaubt eine Prüfung der Arrheniusschen Theorie, die sich für schwache Elektrolyte gut bewährt hat. Die im Bild 3.52 in die Kurve für Essigsäure eingezeichneten Kreise sind auf Grund dieser Theorie berechnet.

Auch reines Wasser ist einer, allerdings sehr schwachen Dissoziation unterworfen, die ihm eine geringe Leitfähigkeit (etwa $4 \cdot 10^{-6}$ S · m^{-1} bei 18 °C) erteilt. Es zerfällt in H$^+$- und (OH)$^-$-Ionen, deren Konzentration etwa bei 10^{-7} kmol · m^{-3} liegt. Ein Zusatz von Säuren erhöht die Wasserstoffionenkonzentration, ein Zusatz von Basen dagegen vermindert sie. Sie kann zwischen 10^{-14} und 0,1 schwanken.

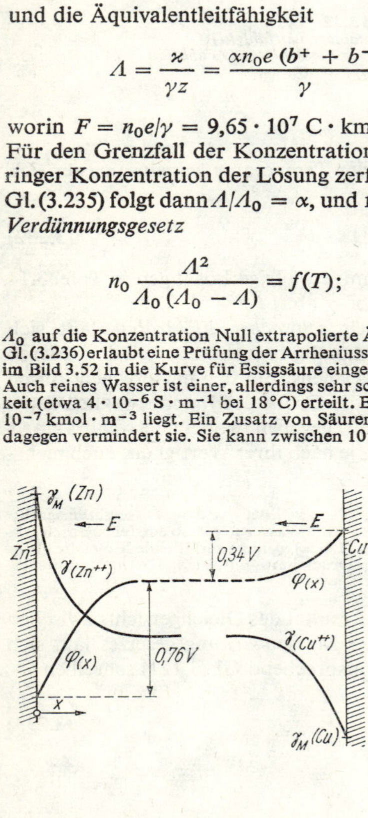

Bild 3.53
Verlauf von Ionendichte γ und Potential φ vor den Elektroden eines Daniell-Elements

Da die H^+-Konzentration für viele Anwendungen – in Technik und Biologie – eine wichtige Größe ist, hat man ein besonderes Symbol für sie eingeführt, die *Wasserstoffzahl* pH. Sie ist der negative Briggssche Logarithmus der in $\mathrm{kmol \cdot m^{-3}}$ angegebenen Wasserstoffionenkonzentration:

$$\mathrm{pH} = -\lg [\gamma_{\mathrm{H}^+}].$$

Dem reinen Wasser kommt bei Raumtemperatur der Wert pH = 7 zu.

Für *starke Elektrolyte* gilt die Theorie von *Debye* und *Hückel*, die von folgenden Prämissen ausgeht:

1. Starke Elektrolyte sind bei allen Konzentrationen praktisch vollständig dissoziiert, d.h., $\alpha = 1$.
2. Die Bewegung eines Ions verläuft nicht mehr unabhängig von den übrigen Ionen in seiner Umgebung, sondern wird durch von ihnen ausgehende elektrostatische Kräfte beeinflußt *(interionische Wechselwirkung)*.

Zu 1: Die Bindungsenergie der Ionen ist zwar von der Größenordnung der Ionisierungsarbeiten freier Atome (z.B. 5,4 eV bei NaCl), sie wird jedoch durch das umgebende Medium wesentlich vermindert. Wasser setzt wegen seiner großen Dielektrizitätszahl (etwa 81) die Dissoziationsarbeit um ebendiesen Faktor herab, wie aus dem Coulombschen Gesetz folgt. Außerdem erleichtert die *Solvation* (Anlagerung von Molekülen des Lösungsmittels an Ionen) die Dissoziation. Bei diesem Prozeß kann u. U. eine Energie frei werden, die die Dissoziationsarbeit übertrifft.
Zu 2: Bezüglich der interionischen Wechselwirkung kann auf das Plasma zurückgegriffen werden (S. 460). Dort wurde für das Wechselwirkungspotential der Ausdruck

$$\varphi = \frac{e}{4\pi\varepsilon_0 r} \exp\left(\frac{-r}{L_D}\right) \tag{3.110}$$

angegegeben, der die Abschirmung der Trägerladung durch die um diese sich gruppierenden Träger des anderen Vorzeichens berücksichtigt. L_D ist die Debyesche Länge [s. Gl. (3.111)], die auch als Radius der abschirmenden Ionenwolke angesehen werden kann. Im Elektrolyten muß ε_0 durch $\varepsilon_0\varepsilon_r$ ersetzt und berücksichtigt werden, daß mehrfach geladene Ionen ($z > 1$) vorkommen.
Die Ionenwolke beeinflußt nun die Ionenbeweglichkeit vorwiegend in zweifacher Beziehung:
– durch eine *elektrophoretische Wirkung*,
– durch den *Relaxationseffekt*.
Beide Wirkungen setzen die Ionenbeweglichkeit und damit auch die Leitfähigkeit des Elektrolyten empfindlich herab, so daß gilt

$$\Lambda = \Lambda_0 - C\sqrt{\gamma} \tag{3.237}$$

worin der Faktor C Temperatur, Dielektrizitätszahl, Ionenbeweglichkeiten und die Viskosität η des Lösungsmittels berücksichtigt. Durch Experimente konnte die Richtigkeit der Theorie innerhalb eines Konzentrationsbereiches zwischen $\gamma = 0$ und $10^{-2}\ \mathrm{kmol \cdot m^{-3}}$ erwiesen werden, bei höheren Konzentrationen darf der Ionenradius nicht mehr gegen den Debyeschen Radius L_D vernachlässigt werden. Die entsprechenden Korrekturen führen zu Formeln für $\Lambda(\gamma)$, die sich bis $\gamma = 1\ \mathrm{kmol \cdot m^{-3}}$ bewähren.

Weitere Folgerungen der Debye-Hückelschen Theorie für starke Elektrolyte betreffen die *Frequenzabhängigkeit (Dispersion)* der Leitfähigkeit und die Zunahme der letzteren mit wachsender Feldstärke *(Wien-Effekt)*. Die Grundlage der theoretischen Deutung dieser Phänomene ist das Vorhandensein einer endlichen *Relaxationszeit* τ (Zeit zum Auf- und Abbau der abschirmenden Ionenwolke). Als Ergebnis einer komplizierten Berechnung folgt für τ der Ausdruck

$$\tau = \frac{\varepsilon_0\varepsilon_r}{\gamma\Lambda_0}. \tag{3.238}$$

Damit ergibt sich die Erklärung für die Dispersion der Leitfähigkeit in folgender Weise: Im Wechselfeld schwingen die Ionen mit der gleichen Frequenz wie die angelegte Spannung hin und her. Ist nun die Schwingungsdauer T merklich kleiner als die Relaxationszeit, also

$$T = \frac{2\pi}{\omega} \ll \tau,$$

so kann sich die oben beschriebene Unsymmetrie der Ionenwolke aus Zeitmangel nicht mehr konstituieren, es bleibt eine symmetrische Wolke, die das Zentralion nicht beeinflußt, insbesondere nicht mehr abbremst. Bei Frequenzen oberhalb $\omega = 2\pi/\tau$ ist deshalb eine Zunahme der Leitfähigkeit mit steigender Frequenz zu erwarten. Ähnliches gilt für den Feldstärkeeffekt: Bei den von *Wien* verwendeten Feldstärken (bis zu $10^5\ \mathrm{V \cdot cm^{-1}}$ in kurzzeitigen Impulsen) liegt die Driftgeschwindigkeit der Ionen bei $1\ \mathrm{m \cdot s^{-1}}$, während sie bei den sonst üblichen schwachen Feldern von etwa $1\ \mathrm{V \cdot cm^{-1}}$ mit Geschwindigkeiten von einigen $10^{-4}\ \mathrm{cm \cdot s^{-1}}$ driften (Tafel 3.15). Bei den extrem hohen Geschwindigkeiten kann sich keine Ionenwolke bilden, da sich das Ion nach Ablauf der Aufbauzeit bereits an einer anderen Stelle befindet. Mit zunehmender Frequenz bzw. Feldstärke nähert sich deshalb die Leitfähigkeit dem Grenzwert für $\gamma \to 0$, weil die Ionenwolke immer mehr an Wirkung verliert.

3.4.3.2. Entstehung von Urspannungen in Elektrolyten

An der Berührungsstelle Metall – Elektrolyt treten Urspannungen auf, die die Grundlage der Primär- und Sekundärelemente (galvanische Ketten) bilden. Außer an der Elektrodenoberfläche sind auch innerhalb des Elektrolyten Potentialdifferenzen vorhanden, wenn ein Dichte- oder Konzentrationsgefälle besteht. Beide Erscheinungen lassen sich auf Grund des Gleichgewichts zwischen den auf die Ionen wirkenden Kräften erklären, die durch elektrische Felder bzw. Dichtegradienten entstehen.
Die Urspannung zwischen einer festen Elektrode (Metall) und einem Elektrolyten wird am Beispiel des Daniell-Elements (Katode: Zinkplatte; Elektrolyt: wäßrige $ZnSO_4$-Lösung) erklärt: Beim Eintauchen der Zinkplatte in den Elektrolyten wirkt die *Lösungstension*, d.h., das Zink geht von selber in Form von Zn^{++}-Ionen in Lösung, hinterläßt also auf der Elektrode eine negative Ladung. So entsteht zwischen Elektrode und Elektrolyt ein elektrisches Feld, das die Zn-Ionen entgegen ihrem Diffusionsbestreben auf die Platte zurückdrückt. Für das Gleichgewicht (das Element liefert keinen Strom) gilt der Boltzmannsche Ansatz (Barometerformel) nach Gl. (3.45):

$$\gamma(x) = \gamma_M \cdot \exp\left(-\frac{ze\varphi(x)}{kT}\right); \tag{3.239}$$

$\gamma(x)$ Dichte der Ionen im Abstand x von der Zinkplatte, γ_M Dichte der Ionen an der Plattenoberfläche ($x = 0$).

Insgesamt fällt daher zwischen der Elektrode ($x = 0$) und einem weit entfernten Punkt ($x = \infty$), an dem der Elektrolyt durch die Zinkplatte noch nicht wesentlich gestört ist, die Spannung ab

$$U = \frac{kT}{ze} \ln \frac{\gamma_M}{\gamma_0}; \tag{3.240}$$

z Wertigkeit der Ionen (hier $z = 2$), γ_0 Konzentration der Zn^{++}-Ionen im ungestörten Elektrolyt.

Es ist dies der Anteil des Halbelements an der gesamten Spannung des Daniell-Elements. Bild 3.53 zeigt in der linken Hälfte schematisch den Abfall der Ionendichte γ sowie den Potentialverlauf $\varphi(x)$ vor der Zn-Elektrode. Da die Anionen (SO_4^{--}) durch das elektrische Feld nach rechts gedrückt werden, entsteht vor der Zinkplatte eine positive Raumladung, die gemäß der Poissonschen Gleichung den Potentialverlauf krümmt.
Geht man zu dekadischen Logarithmen über, so wird

$$U = 1{,}983 \cdot 10^{-4} \frac{T}{z} \lg \frac{\gamma_M}{\gamma_0} \text{ V}. \tag{3.241}$$

Bei einer Ionendichte von $\gamma_0 = 1 \text{ kmol} \cdot \text{m}^{-3}$ und bei 20 °C wird $U = 0{,}76$ V gemessen. Wird de Ionenkonzentration auf 1/10 vermindert, so steigt U lediglich um 29 mV an.

Der Pluspol des Daniell-Elements ist eine Kupferplatte, die in eine Lösung von $CuSO_4$ taucht. Als fast edles Metall hat Kupfer eine so geringe Lösungstension, daß die ihr entsprechende fiktive Ionendichte γ_M viel geringer ist als die Ionenkonzentration γ_0 im Elektrolyten. Diese fällt zur Elektrode hin ab, wie es Bild 3.53 veranschaulicht. Zur Herstellung des Gleichgewichts zwischen Diffusions- und Felddrift der Ionen ist ein Potentialanstieg zur Elektrode hin notwendig. Die Urspannungen beider Halbelemente addieren sich also zur Gesamtspannung. Da bei 20 °C an der Pluselektrode die Spannung 0,34 V erscheint, beträgt die Gesamtspannung der Kette 1,10 V.
Nach Gl. (3.241) sollte die Spannung U proportional der Temperatur T sein. Das trifft jedoch nur als Näherung zu, weil noch die Lösungstension, also auch die Ionendichte γ_M am Metall, von T abhängt.
Die Urspannung eines Halbelements kann nicht direkt gemessen werden, da jede Messung nur die Unterschiede der Spannungen zweier Halbelemente erfaßt. Als besonders geeignet zur Festlegung der Einzelspannung erweist sich die *Normalwasserstoffelektrode (Nernst)*, ein

mit Platinschwarz überzogenes Platinblech, das in Säure mit der H^+-Konzentration $1n$, also $1\ \text{kmol}\cdot\text{m}^{-3}$, eintaucht und das mit gasförmigem Wasserstoff umspült wird. Mißt man die Spannungen verschiedener Halbelemente, deren Elektrolyte die Ionendichte $1\ \text{kmol}\cdot\text{m}^{-3}$ haben, gegen diese Normalelektrode, so erhält man die *Normalpotentiale (Standardpotentiale)*, von denen einige in Tafel 3.16 aufgeführt sind.

Tafel 3.16. Standardpotentiale einiger Elemente in wäßriger Lösung bei der Konzentration 1 kmol · m⁻³ bei 25 °C

	V		V
Li/Li⁺	−3,024	(Pt) H_2/H^+ (nach Definition)	0
Na/Na⁺	−2,714	Cu/Cu^{++}	+0,337
Mg/Mg^{++}	−2,38	Hg/Hg_2^{++}	+0,798
Al/Al^{+++}	−1,66	Ag/Ag^+	+0,799
Zn/Zn^{++}	−0,763	Hg/Hg^{++}	+0,854
Fe/Fe^{++}	−0,440	Pt/Pt^{++}	+1,20
Ni/Ni^{++}	−0,236	Au/Au^{+++}	+1,50
Pb/Pb^{++}	−0,126		

In einem Konzentrationsgradienten diffundieren die Ionen beider Vorzeichen in Richtung abnehmender Dichte nach den Regeln der ambipolaren Diffusion (S. 471). Die gemeinsame Geschwindigkeit der Ionen u_a berechnet sich nach den Gln. (3.138) zu

$$u_a = -\frac{D^+}{n}\frac{dn}{dx} + b^+E = -\frac{D^-}{n}\frac{dn}{dx} - b^-E. \tag{3.242}$$

Hieraus ergibt sich die Feldstärke

$$E = \frac{D^+ - D^-}{b^+ + b^-}\frac{1}{n}\frac{dn}{dx}.$$

Zwischen 2 Punkten x_1 und x_2 mit den Ionendichten n_1 und n_2 liegt die Spannung

$$U_{1,2} = \int_{x_1}^{x_2} E\,dx = \frac{D^+ - D^-}{b^+ + b^-}\ln\left(\frac{n_2}{n_1}\right).$$

Ersetzt man die Diffusionskoeffizienten durch die Beweglichkeiten [Gl. (3.57)], und setzt man $D = b\,kT/ze$, so wird das *Diffusionspotential*

$$U_{1,2} = \frac{kT}{e}\frac{b^+/z^+ - b^-/z^-}{b^+ - b^-}\ln\left(\frac{n_2}{n_1}\right). \tag{3.243}$$

$U_{1,2}$ ist meist von der Größenordnung einiger Millivolt.
Liefert ein galvanisches Element Strom, so verschiebt sich das Gleichgewicht zwischen der Diffusions- und Felddrift zugunsten der ersteren. Im Elektrolyten wandern dann die Ionen gegen das elektrische Feld. Die an den Außenkreis abgegebene Leistung findet ihr Äquivalent in der chemischen Leistung, die beim Stoffumsatz frei wird.

Für das Daniell-Element ergibt sich: Die Auflösung von Zink erfolgt freiwillig und liefert je Kilomol die Energie $4{,}4\cdot10^8$ W · s. Die Abscheidung von Cu tritt zwangsweise ein und erfordert je Kilomol $2{,}34\cdot10^8$ W · s. Die Kette liefert demnach an chemischer Energie $2{,}06\cdot10^8$ W · s je Kilomol Umsatz. Mit dem chemischen Umsatz von 1 kmol ist wegen $z = 2$ der Durchfluß von $2F = 1{,}93\cdot10^8$ C verbunden. Damit berechnet sich die Spannung der Kette zu

$$U_0 = \frac{2{,}06\cdot10^8}{1{,}93\cdot10^8} = 1{,}07\ \text{V}.$$

Dieser Wert stimmt gut mit dem gemessenen von 1,10 V überein.

Einige viel benutzte Elemente arbeiten in der Weise, daß der Strom vor der Pluselektrode durch H^+-Ionen getragen wird (z.B. Trockenelemente vom Typ des Leclanché-Elements). Die zum Pluspol (z.B. Kohle) driftenden H-Ionen nehmen dort ein Elektron auf und bedecken zunächst als dünne Wasserstoffschicht die Elektrode. Dadurch entsteht eine im Lauf der

Zeit wachsende Gegenspannung, die *Polarisationsspannung*, so daß die Spannung an den Elektroden sinkt. Zur Verhinderung der Polarisationsspannung wird in der Nähe des Pluspols ein stark reduzierendes Mittel (Braunstein) eingebracht, durch das der Wasserstoff zu Wasser verbrannt wird. Hierbei wird zusätzliche Energie gewonnen, und die Klemmenspannung der Kette steigt auf eine konstante Höhe an.

Von den *Sekundärelementen*, die die Umwandlung chemischer in elektrische Energie reversibel gestalten (Akkumulatoren), sei nur der Bleiakkumulator genannt, der sich trotz der Entwicklung vieler anderer Typen immer noch behauptet. Der Stoffumsatz läßt sich durch die Gleichung

$$PbO_2 + Pb + 2H_2SO_4 \rightleftarrows 2PbSO_4 + 2H_2O$$

beschreiben, die für den Ladevorgang von rechts nach links, für die Entladung von links nach rechts zu lesen ist. Durch das Aufladen entstehen also 2 Elektroden mit PbO_2- bzw. Pb-Oberfläche, die eine Urspannung von 2 V haben. Nach erfolgter Entladung sind beide Platten sulfatisiert, und die Schwefelsäure hat ein Dichteminimum.

Der Gedanke, den Umwandlungsprozeß von chemischer in elektrische Energie durch dauernden Ersatz der verbrauchten Stoffe kontinuierlich zu gestalten, führt zur Entwicklung von *Brennstoffelementen*. Das Ziel ist die Verwendung herkömmlicher und kommerzieller Brennstoffe, wie Wasserstoff, Kohlenmonoxid, Erdöl, Erdgas. Der Prototyp eines Brennstoffelements ist die *Knallgaszelle*. Sie benutzt die bei der Verbrennung von Wasserstoff in Sauerstoff frei werdende Energie.

Ein solches Element ist folgendermaßen aufgebaut: Der Minuspol besteht aus einer festen Elektrode, auf der sich eine ständig regenerierte Wasserstoffschicht befindet; der Pluspol ist ebenfalls eine feste Elektrode mit einer okkludierten Sauerstoffbedeckung. Der Wasserstoff verläßt wegen seiner großen Lösungstension die Elektrode unter Abgabe von einem Elektron je Atom, wandert zur Sauerstoffelektrode hinüber und wird hier zu Wasser verbrannt, wobei je 2 H-Ionen 1 O-Atom sowie (zur Neutralisation) 2 Elektroden aus dem Metall entnehmen. Allerdings kann nicht die gesamte Verbrennungswärme des Knallgases in elektrische Energie umgewandelt werden, sondern nur die Änderung der freien Energie. Sie beträgt je Kilomol etwa $2{,}4 \cdot 10^8$ W · s, und da mit der Ionenwanderung die Elektrizitätsmenge $2F = 19{,}3 \cdot 10^7$ A · s (je Kilomol) transportiert wird, berechnet sich die Urspannung einer solchen Kette – im Idealfall (bei vernachlässigbaren Verlusten) – zu

$$U_0 = \frac{2{,}4 \cdot 10^8}{1{,}93 \cdot 10^8} = 1{,}23\ \text{V}.$$

Wesentlich für die Entwicklung leistungsfähiger Elemente ist die schon früher gewonnene Erkenntnis, daß die in Betracht kommenden chemischen Umsetzungen nur an Dreiphasengrenzen mit brauchbarer Geschwindigkeit ablaufen, dort, wo die Zustände fest (Elektrode), flüssig (Elektrolyt) und gasförmig (H_2 bzw. O_2) räumlich zusammentreffen. Des weiteren ist ein Katalysator notwendig, wenn auch bei niedriger Temperatur brauchbare Stromdichten verlangt werden.

Zur Vergrößerung der Dreiphasenflächen benutzt man poröses Material, dem auf der einen Seite Gas zugeführt wird, während die andere Seite vom Elektrolyten bespült wird, der natürlich auch in die Poren eindringt. Ein stabiles Gleichgewicht zwischen Gasdruck und Kapillardruck wird dadurch erreicht, daß man 2 poröse Platten mit unterschiedlicher Porenweite aufeinandersintert und die Seite mit der kleineren Porenweite dem Elektrolyten zuwendet *(Doppelschichtelektrode)*. Der Elektrolyt dringt dann etwa bis zur Trennschicht ein und bleibt dort stabil hängen. Für Temperaturen bis etwa 200 °C kommt als Elektrolyt eine 30%ige KOH-Lösung in Frage, bei höheren Temperaturen geht man zu geschmolzenen Salzen über. Der Katalysator besteht aus Metallen der Platingruppe, Nickel od. dgl.

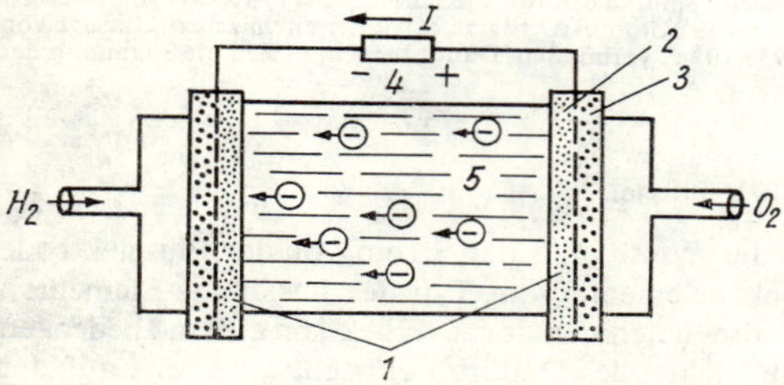

Bild 3.54
Grundsätzlicher Aufbau einer Knallgaszelle

⊖ OH^--Ionen; *1* poröse Elektrode
2 feinporös; *3* grobporös;
4 Lastwiderstand; *5* Elektrolyt

Schematisch zeigt Bild 3.54 den Aufbau einer Knallgaszelle. Die Gase H_2 und O_2 werden kontinuierlich zugeleitet. An der rechten Seite entstehen nach

$$O_2 + 2\,H_2O + 4e = 4\,OH^-$$

negative OH-Ionen, die gegen das Feld zur linken Seite diffundieren. Dort erfolgt die Oxydation

$$2\,H_2 + 4\,OH^- = 4\,H_2O + 4e,$$

wodurch dem äußeren Stromkreis 4 Elektroden zugeführt werden, die nach Durchlaufen desselben wieder an der rechten Seite der Zelle zur Verfügung stehen. Diese Zelle kann bei 200°C betrieben werden. Sollen CO, Erdöl, Erdgas usw. verbrannt werden, sind erheblich höhere Temperaturen erforderlich, weil diese Stoffe erst zerlegt werden müssen.

Die Entwicklung der Brennnstoffzellen ist stark im Fluß und brachte bereits beachtliche Erfolge. Zum Beispiel konnte mit einem Propanaggregat von 15 kW Leistung eine massenbezogene Leistung von 143 $W \cdot kg^{-1}$ erreicht werden (Vergleich: Bleiakkumulator mit 33 $W \cdot kg^{-1}$).

3.4.3.3. Technische Elektrolyse

Die Grundlage aller Elektrolyseverfahren ist der von *Faraday* erkannte Zusammenhang zwischen der Menge des elektrolytisch transportierten Stoffes und dem Ladungstransport. Danach ist der Umsatz von 1 kmol eines jeden Stoffes mit dem Übergang der elektrischen Ladung $Fz = 9{,}65 \cdot 10^7$ C verbunden.
Weiterhin treten Spannungen auf, die grundsätzlich der außen anliegenden Spannung entgegenwirken und den Strom verringern. Sie beruhen auf der *Polarisation*, die verschiedene Ursachen haben kann.

In einem Verkupferungsbad z.B. bestehen beide Elektroden aus Kupfer. Unter technischen Bedingungen erzeugt der Fluß der Cu^{++}-Ionen ein Konzentrationsgefälle vor den Elektroden, und es kommt vor der Anode zu einer Stauung, vor der Katode zu einer Verdünnung der Ionen. Diese Unsymmetrie ist die Ursache für eine Gegenspannung nach Gl. (3.243), die *Konzentrationspolarisation*.

Wenn sich die Elektrodenoberflächen chemisch verändern, treten besonders hohe Polarisationsspannungen auf. Eine Kette der Form Pt–HCl–Pt hat wegen ihres symmetrischen Aufbaus zunächst keine Polarisationsspannung. Fließt durch sie jedoch längere Zeit ein Strom, so überziehen sich die Elektroden mit einer Chlor- bzw. Wasserstoffschicht, so daß ein Element, eine Gaskette, entsteht, dessen Spannung der anliegenden, den Strom erzeugenden Spannung entgegenwirkt. Diese *Überspannung* beträgt im vorliegenden Fall 1,37 V. Wird an die Zelle eine geringere Spannung angelegt, so kann kein Strom fließen. Erst wenn die Überspannung überschritten wird, beginnt der Stromfluß und steigt nach dem Ohmschen Gesetz linear mit der Betriebsspannung. Da bei 1,37 V erst die Gasentwicklung an den Elektroden einsetzt, heißt die Spannung auch *Zersetzungsspannung*.
In engem Zusammenhang damit steht die *Korrosion*: Die technisch meist verwendeten Metalle, wie Eisen, Aluminium, Zink, Magnesium, sind „unedler“ als Wasserstoff – ihre Standardpotentiale (s. Tafel 3.16) sind negativ. Sie haben daher eine größere Lösungstension, die zur Auflösung der Metalle führt, wenn Wasser zugegen ist. Verschiedene Faktoren, wie Schutzschichtbildung (Passivierung) oder hohe Zersetzungsspannung (beim Zink), hemmen allerdings die Auflösung beträchtlich.
Besonders ungünstige Verhältnisse entstehen, wenn sich *Lokalelemente* bilden. Wird z.B. Eisen mit Kupfer leitend verbunden, so entsteht beim Vorhandensein eines Wasserüberzugs eine galvanische Kette, die relativ hohe Ströme antreibt. Das Eisen ist dabei der Minuspol und wird aufgelöst. Bei dünnen Wasserhäuten wirkt der Luftsauerstoff als Depolarisator – analog dem Braunstein beim Leclanché-Element – und erhöht die Wirkung.

Möglichkeiten des Korrosionsschutzes: Wenn das Eisen Katode und das Kupfer Anode eines äußeren Stromkreises ist, wird die Auflösung des Eisens verhindert, solange Strom fließt, da die Eisenionen durch das äußere Feld zur Eisenkatode befördert werden. Praktisch benutzt man statt Kupfer Graphit als Anodenstoff.
Das zu schützende Metall kann durch vorhergehende gründliche Behandlung als Anode einer Elektrolytzelle anodisch polarisiert werden, wodurch es eine dicke Schutzschicht aus Oxid erhält (Eloxieren, Phosphatieren usw.).

Weiterhin kann man die der Korrosion ausgesetzten Metalle durch Überzug einer Schicht aus einem Metall, das ein positives Standardpotential hat, z. B. Zinn oder Kupfer, schützen. Dieses Verfahren birgt jedoch die Gefahr des „Lochfraßes" in sich, wenn der schützende Überzug Risse bekommt, durch die Wasser eindringen kann, und sich so ein Lokalelement bildet.

3.4.4. Stromleitung in festen Körpern

3.4.4.1. Stromträger

Von den beiden Leitungstypen fester Körper (Elektronen- und Ionenleitung) ist nur der erste bedeutungsvoll. Bei der Elektronenleitung wird der Strom von *Elektronen* und *Defektelektronen (Löchern)* getragen. Die Leitfähigkeit ist analog zum Plasma [s. Gl. (3.132)]

$$\varkappa = e\,(n^+b^+ + n^-b^-), \tag{3.244}$$

und für die Beweglichkeiten beider Vorzeichen gilt $b = e\lambda/m\bar{v}$. $\tau = \lambda/\bar{v}$ ist die mittlere freie Flugzeit eines Trägers.
Abweichend vom Plasma sind jedoch die Trägerdichten beider Vorzeichen i. allg. nicht einander gleich, da die Neutralität im Festkörper durch geladene Gitterbausteine garantiert wird. Wenn eine Trägersorte mit einer viel höheren Dichte vertreten ist als die andere, bezeichnet man diese Sorte als *Majoritätsträger* im Gegensatz zu den *Minoritätsträgern*. Die Stromleitung wird dann praktisch nur von den Majoritätsträgern vermittelt.

Tafel 3.17
Leitfähigkeitswerte fester Körper bei 20 °C

	$\frac{\varkappa}{\mathrm{S\cdot m^{-1}}}$
Ag	$6{,}3\cdot10^{7}$
Cu	$5{,}6\cdot10^{7}$
Ge, reinst	1,7
Ge, hochdotiert	$3\cdot10^{4}$
Si, reinst	$3\cdot10^{-4}$
Si, hoch dotiert	$2\cdot10^{3}$
Hartporzellan	$\approx10^{-13}$
Glimmer	$\approx10^{-15}$
Paraffin	$\approx10^{-16}$
Quarz	$\approx3\cdot10^{-17}$

Sind Trägerdichte n und Beweglichkeit b von der Feldstärke unabhängig, so gilt das Ohmsche Gesetz, und es existiert eine von der Feldstärke E unabhängige Leitfähigkeit $\varkappa$ als Materialkonstante (Tafel 3.17). Der Bereich der Leitfähigkeiten fester Körper umfaßt beinahe 25 Zehnerpotenzen. Da sich die Beweglichkeiten von Elektronen und Löchern keinesfalls in demselben Maße unterscheiden, liegt der Grund für den großen $\varkappa$-Bereich vorwiegend in unterschiedlichen Trägerdichten.
Aus praktischen Gründen empfiehlt sich die Aufteilung der Festkörperleiter in 3 Gruppen:

- gute *metallische Leiter* (Cu, Ag, Al, Au usw.),
- *Halbleiter* (Ge, Si, Se sowie Verbindungen zwischen Elementen der III. und V. Gruppe des periodischen Systems, wie In–As, In–Sb),
- *schlechte Leiter* oder *Isolatoren* (Porzellan, Glimmer, Diamant, Quarz).

3.4.4.2. Hall-Effekt

Ein wichtiges Hilfsmittel zur Ermittlung des Leitfähigkeitstyps eines Stoffes (Strom vorwiegend durch Elektronen oder Defektelektronen getragen) ist der Hall-Effekt: Durchfließt ein Strom I einen bandförmigen Leiter von rechteckigem Querschnitt (Bild 3.55), der in einer zur Bandebene senkrechten Richtung von einem Magnetfeld durchsetzt wird, so erscheint zwischen 2 einander genau gegenüberliegenden Punkten P und Q eine Spannungsdifferenz (Querspannung). Diese *Hall-Spannung* U_H oder die ihr entsprechende transversale Feldstärke

$E_H = U_H/a$ ist sowohl der Stromdichte $G = I/ad$ als auch der Flußdichte B des Magnetfeldes proportional:

$$E_H = R_H G B; \tag{3.245}$$

R_H Stoffkonstante, die *Hall-Konstante.*

Die Erklärung des Hall-Effektes folgt aus der Lorentz-Kraft

$$F = e(u \times B), \tag{3.246}$$

die auf jeden mit der Geschwindigkeit u senkrecht zum Magnetfeld B fliegenden Träger der Ladung e wirkt. Für u ist die Driftgeschwindigkeit einzusetzen. Unabhängig vom Ladungsvorzeichen treibt die Lorentz-Kraft die Träger bei der im Bild dargestellten Situation nach hinten. Sind die Majoritätsträger Elektronen, wie in den metallischen Leitern, so wird P gegenüber Q negativ gepolt sein; sind es hingegen Löcher, so kehrt sich die Polarität von P um. Das Querfeld E_H stellt sich jeweils so ein, daß die elektrische Feldkraft eE_H der Lorentz-Kraft F gerade die Waage hält:

$$E_H = uB. \tag{3.247}$$

Wenn dieser Zustand erreicht ist, bewegen sich die Träger wieder ohne Querkraft auf geradlinigen Bahnen parallel zum Stromdichtevektor G.

Aus den Gln. (3.245) und (3.247) und mit $G = neu$ folgt schließlich

$$R_H = \frac{1}{ne} = \frac{b}{\varkappa}. \tag{3.248}$$

R_H ist nur für nichtmagnetische Stoffe eine Konstante; bei den ferromagnetischen Stoffen Fe, Ni, Co sinkt R_H mit zunehmendem B stark ab.

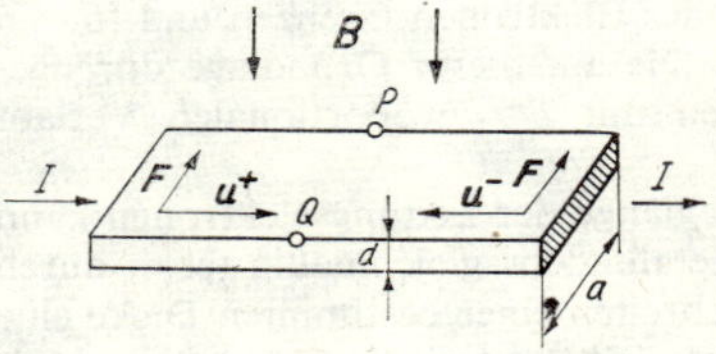

Bild 3.55
Zur Erklärung des Hall-Effektes

Tafel 3.18 enthält in Spalte 2 einige gemessene Werte für R_H. Sie werden negativ angegeben, wenn es sich um vorwiegende Elektronenleitung handelt (die Beweglichkeit b wird als negative Größe eingeführt); positive R-Werte deuten auf eine Löcherleitung hin *(anomaler Hall-Effekt)*. Bei Halbleitern hängt das Vorzeichen von der Dotierung (s. S. 527) ab. Spalte 3 enthält die nach Gl. (3.248) berechneten Trägerdichten n und Spalte 4 zum Vergleich die Trägerdichten, die sich aus der Dichte der Gitteratome berechnen lassen. Die Übereinstimmung ist meist befriedigend, zumal wenn man berücksichtigt, daß die Genauigkeit der Messung der Hall-Konstanten nicht sehr groß ist. Angaben zur technischen Anwendung sowie Parameter von Materialien für Hall-Generatoren s. Abschn. 6.2.1.5., S. 820.

Tafel 3.18. Hall-Konstante, Trägerdichte und Beweglichkeit für einige Metalle

Metall	R_H 10^{-10} $m^3 \cdot A^{-1} \cdot s^{-1}$	n $10^{28}\ m^{-3}$	n_0 $10^{28}\ m^{-3}$	$\varkappa$ $10^7\ Sm^{-1}$	b 10^{-3} $m^2 \cdot V^{-1} \cdot s^{-1}$
Ag	−0,90	6,9	5,9	6,1	5,5
Cu	−0,55	11,4	8,5	5,8	3,2
Au	−0,73	8,5	5,9	4,5	3,3
Pt	−0,18	35	6,6	0,93	0,17
W	+1,14	5,5	6,33	1,82	2,1
Al	−0,36	17,4	6,0	3,6	1,3
Na	−2,5	2,5	2,54	2,34	5,85

Der Hall-Effekt erlaubt die Messung von Magnetfeldern in engen Luftspalten, da zur Erzielung großer Empfindlichkeiten sehr dünne Leiterplättchen benötigt werden. Wegen ihrer großen Hall-Konstanten sind hierfür die erwähnten III-V-Verbindungen (z. B. InAs) besonders geeignet *(Hall-Generator)*. Mit einem In-As-Plättchen erreicht man bei $B = 1T$ und einem Meßstrom von 0,1 A eine Hall-Spannung von etwa 0,1 V.

3.4.4.3. Stromleitung in Metallen

Wie Hall-Effekt-Messungen ergeben, verfügt ein metallischer Leiter über frei bewegliche Elektronen. Dieses *Elektronengas* ist entartet und gehorcht daher der Fermi-Statistik (S. 444). Die Leitfähigkeit eines Metalls ist nach den Gln. (3.244) und (3.134) gegeben durch

$$\varkappa = \frac{e^2 n \lambda}{m \bar{v}}. \tag{3.249}$$

Die Temperaturabhängigkeit der Leitfähigkeit (bzw. des spezifischen Widerstandes $\varrho = 1/\varkappa$) ist nur mit der Quantentheorie zu erklären: Nach der Fermi-Verteilung [Gl. (3.60)] ist der Mittelwert von ε und auch der von v praktisch unabhängig von T.
Die Wellentheorie der Elektronen betrachtet die Wechselwirkung zwischen Elektron und Gitter als Beugungs- und Interferenzphänomen. Danach können die Elektronenwellen in den durch den Kristallbau vorgeschriebenen Richtungen ungehindert den Kristall durchfliegen; ihre freie Weglänge wäre lediglich durch die Kristallabmessungen begrenzt, also praktisch unendlich groß, und nach Gl. (3.249) würde auch die Leitfähigkeit eines solchen Kristalls unendlich sein. Alle diese Folgerungen gelten jedoch nur für Idealkristalle. Der Aufbau der Realkristalle ist nämlich infolge von Verunreinigungen, Verwerfungen und anderen Baufehlern stark gestört; außerdem werden sie unausgesetzt von gequantelten Gitterschwingungen durchlaufen, den ***Phononen*** (S. 479), die Träger der thermischen Energie sind. Die genannten Störungen setzen der Weglänge der Elektronen Grenzen und führen daher auch zu endlichen Werten für die Leitfähigkeit. Die auf dieser Grundlage durchgeführten Rechnungen liefern eine Begründung für den mit T^{-1} proportionalen Verlauf der Leitfähigkeit.
Die den Widerstand des Metalls bestimmende freie Weglänge der Leitungselektronen kann gemessen werden: Verringert man die Dicke eines Metallfadens gleichmäßig (etwa durch elektrolytische Abtragung), so stellt man beim Unterschreiten einer bestimmten Dicke eine Leitfähigkeitsabnahme fest. Diese kritische Dicke darf als mittlere freie Weglänge angesehen werden. Für Kupfer erhält man so etwa 60 nm.
Die vielfachen Gitterstörungen sind auch Ursache dafür, daß die Leitfähigkeitswerte eines Metalls je nach Herkunft und Bearbeitungsverfahren relativ stark streuen, so daß diese Stoffkonstante nicht mit der Genauigkeit angegeben werden kann, mit der Widerstände gemessen werden.
Bei Temperaturen nahe 0 K geht der Widerstand nicht auf Null zurück, sondern es verbleibt ein Restwiderstand, der nicht nur durch die Fehler des Kristallbaus bedingt ist, sondern auch durch die Nullpunktenergie der Phononen, die aus quantentheoretischen Gründen folgt.
Eine weitere technisch ausnutzbare Erscheinung ist die ***Supraleitung***. Dieses Phänomen ist allerdings auf einige Metalle und Verbindungen beschränkt: Bei Unterschreitung einer für den Stoff charakteristischen Temperatur, die zwischen 0 und etwa 20 K liegt, geht der Widerstand sprunghaft um viele Zehnerpotenzen herunter, wird also praktisch Null (*Sprungtemperatur*, s. Abschn. 6.2., Tafel 6.18, S. 815).

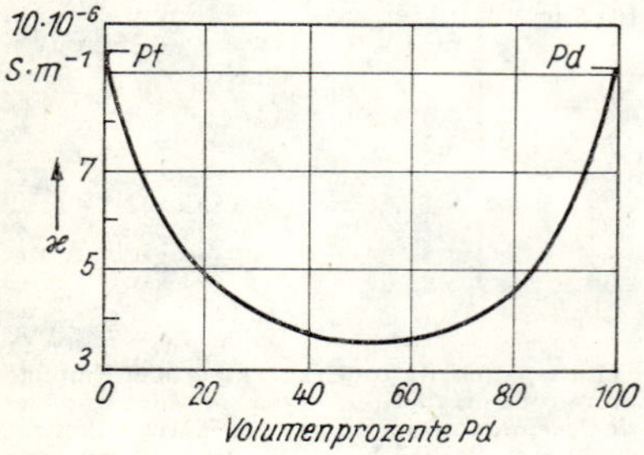

Bild 3.56
Leitfähigkeit von Metallegierungen in Abhängigkeit von ihrer Zusammensetzung
Beispiel: Platin–Palladium

Die Theorie der Supraleitung auf quantentheoretischer Grundlage ist noch jung. Das ihr zugrunde liegende Phänomen ist die Anziehungskraft, mit der das Metallgitter auf 2 einander benachbarte Elektronen mit entgegengesetzter Spinrichtung wirkt. Sie führt zur Bildung von Elektronenpaaren, die anderen Beweglichkeitsgesetzen im Feld unterliegen als einzelne Leitungselektronen.
Mit der Deutung des metallischen Widerstandes als Folge von Gitterstörungen ist auch das Verhalten von Legierungen zu erklären. Mißt man deren Leitfähigkeit in Abhängigkeit von der prozentualen Zusammensetzung, so erhält man Kurven der Art nach Bild 3.56. Bemerkenswert ist der große Einfluß sehr geringer Beimengungen auf den $\varkappa$-Wert des reinen Metalls. Das weist auf den großen Einfluß geringer Verunreinigungen auf den Gitterbau hin.

3.4.4.4. Stromleitung in Halbleitern

Bei den typischen Halbleitern ist das Valenzband mit Elektronen voll besetzt und das darüberliegende Leitband völlig leer. Überlappungen beider Bänder existieren nicht. Der Besetzungszustand gilt streng allerdings nur für extrem reine Stoffe und bei der Temperatur 0 K.

Eigenleitung. Mit Eigenleitung bezeichnet man die Leitung in extrem reinen Halbleiterstoffen. Verunreinigungen dürfen den Anteil von 10^{-9} nicht übersteigen. Wird in einem solchen Kristall durch thermische oder fotoelektrische Energiezufuhr ein Elektron aus dem Valenzband in das Leitband befördert, so entsteht nicht nur ein freier Träger, sondern ein Trägerpaar; denn die Entnahme eines Elektrons aus dem Valenzband macht dort einen Platz frei, es entsteht ein Loch oder *Defektelektron*, das im Valenzband ebenso frei driften kann wie das Elektron im Leitband.

Die Löcherdrift ist so zu verstehen, daß ein an einem Gitterpunkt P abgelöstes Elektron dort ein positives Ion hinterläßt. Dieses Ion zieht Elektronen aus der Umgebung an, um sich zu neutralisieren. Das kann auf zweierlei Weise geschehen: Das eingefangene Elektron kann dem freien Elektronenensemble des Leitbandes entstammen. In diesem Fall geht ein Trägerpaar verloren *(Rekombination)*. Andererseits kann das eingefangene Elektron einem benachbarten Gitterpunkt Q entnommen werden. Dadurch wird zwar P neutralisiert, aber Q wird ionisiert. Dieser Vorgang läßt sich vereinfacht so darstellen, als ob ein Teilchen mit der Ladung $+e$ und der Masse m angenähert gleich der Elektronenmasse durch den Kristall in Feldrichtung driftet. Selbstverständlich ist dies nur eine bequemere Betrachtungsweise, die nicht dem wahren Sachverhalt entspricht.

Für die Trägergenese im eigenleitenden Halbleiter sind 2 einander entgegenwirkende Prozesse maßgebend: die *Paarbildung* – das Losreißen eines Elektrons aus der Bindung, wodurch ein freies Elektron und ein ebenso freies Loch entstehen, – und die *Rekombination*, durch die ein so erzeugtes Trägerpaar wieder verschwindet. Zur Paarbildung ist ein Energieaufwand nötig, der dem energetischen Abstand der Oberkante des Valenzbandes von der Unterkante des Leitbandes, also der Breite der verbotenen Zone entspricht (Bild 3.57). Dieser

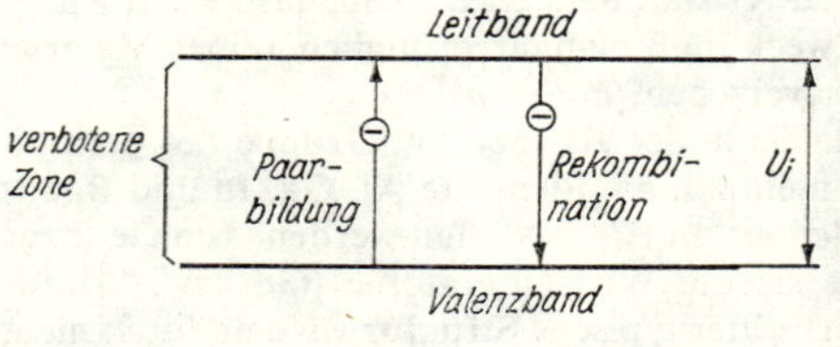

Bild 3.57
Paarbildung und Rekombination im Bändermodell

Energieaufwand ist der Ionisierungsarbeit im Plasma vergleichbar, ist jedoch erheblich geringer als diese. Im Germanium z. B. beträgt er 0,72 eV, im Silizium 1,11 eV, während die Ionisierungsarbeiten zwischen 4 und 25 eV liegen (s. Tafel 3.6).

Dieser Unterschied ist darin begründet, daß es sich beim Ionisierungsprozeß im Gas um die Abtrennung des Elektrons von einem einzelnen Atom bzw. Molekül handelt, die ohne Mitwirkung anderer Teilchen geschieht; bei der Paarbildung im Festkörper hingegen wird das Elektron einem Atom entrissen, das Bestandteil des Gitters ist, ein Vorgang, an dem auch die unmittelbare Nachbarschaft beteiligt ist.

Die Paarbildungsenergie wird mit $W_i = eU_i$, die Elektronendichte mit n und die Löcherdichte mit p bezeichnet. Da durch jede Paarbildung 2 Träger entstehen und bei jeder Rekombination auch wieder verlorengehen, muß zu jedem Zeitpunkt $n = p = n_i$ sein. n_i heißt *Inversionsdichte*. Im Gleichgewicht muß die Paarbildungsrate gleich der Rekombinationsrate sein, und da die erstere von der schon vorhandenen Trägerdichte nicht abhängt, die zweite jedoch dem Produkt $n \cdot p$ proportional ist, führt das Massenwirkungsgesetz zu der der Gl. (3.124) adäquaten Beziehung

$$pn = n_i^2 = 4\left(\frac{2\pi m^+ kT}{h^2}\right)^{3/2}\left(\frac{2\pi m^- kT}{h^2}\right)^{3/2}\exp(-eU_i/kT)$$
$$= N^+N^-\exp(-eU_i/kT). \qquad (3.250)$$

Die Größen

$$N^+ = 2\left(\frac{2\pi m^+ kT}{h^2}\right)^{3/2} \quad \text{und} \quad N^- = 2\left(\frac{2\pi m^- kT}{h^2}\right)^{3/2} \qquad (3.250\,\text{a})$$

heißen *effektive Zustandsdichten* (S. 467). Sie unterscheiden sich nur durch die effektiven Massen m^+ der Löcher und m^- der Elektronen.

Damit besteht die Möglichkeit zur Berechnung der Inversionsdichte n_i und nach Gl. (3.244) auch der entsprechenden Leitfähigkeit $\varkappa_i$, der Intrinsic-Leitfähigkeit. Diese Daten sind für Ge, Si und GaAs in Tafel 3.19 zusammengestellt.

Tafel 3.19. Daten für eigenleitende Halbleiter

	m^+/m_0	m^-/m_0	eU_i eV	n_i m^{-3}	b^+ $m^2 \cdot Wb^{-1}$	b^- $m^2 \cdot Wb^{-1}$	$\varkappa_i$ $S \cdot m^{-1}$
Ge	0,36	0,55	0,70	$1{,}03 \cdot 10^{19}$	0,20	0,46	1,1
Si	0,60	1,08	1,1	$1{,}25 \cdot 10^{16}$	0,06	0,16	$4{,}4 \cdot 10^{-4}$
GaAs	0,5	0,06	1,4	$3{,}4 \cdot 10^{12}$	0,04	0,70	$4 \cdot 10^{-7}$

Im Gegensatz zu metallischen Leitern nimmt bei Halbleitern die Eigenleitfähigkeit $\varkappa_i$ mit der Temperatur stark zu, und zwar im wesentlichen proportional zur Trägerdichte n_i, so daß gilt

$$\varkappa_i = \varkappa_0 \exp(-eU_i/kT). \qquad (3.251)$$

Trägt man $\ln \varkappa_i$ als Funktion von $1/T$ auf, so erhält man eine Gerade, aus deren Neigung man die Breite der verbotenen Zone eU_i entnehmen kann. Auf dem steilen Temperaturgang von $\varkappa_i$ beruht die Verwendung der Eigenhalbleiter als thermische Meßfühler (Thermistor).

Störstellenleitung. Die immense technische Bedeutung der Halbleiter beruht darauf, daß man aus demselben Material, z.B. Ge, willkürlich sowohl einen vorwiegend elektronenleitenden Kristall als auch einen vorwiegend lochleitenden Kristall herstellen kann, also ein n-leitendes bzw. p-leitendes Germanium. Zu diesem Zweck muß man ursprünglich reines Material mit einer geringen Menge eines anderen Stoffes versehen *(dotieren)*.

Als Dotierungsstoffe eignen sich besonders Elemente der III. bzw. V. Gruppe des periodischen Systems. Aus der III. Gruppe sind es namentlich die Elemente Al, Ga, In und B, aus der V. Gruppe P, As und Sb. Diese geringen Mengen an Fremdstoffen werden vom Ge- bzw. Si-Gitter als Gitterbausteine eingefügt, indem sie die Wirtsgitteratome (Ge bzw. Si) aus ihren Gitterplätzen verdrängen. Die für das Wirtsgitter typische Struktur wird dadurch nicht verändert, wohl aber ergeben sich wesentliche Änderungen in elektrischer Hinsicht.

Setzt man ein Element der V. Gruppe, etwa Sb, dem Ge zu, so paßt sich das Fremdatom dem Gitter des Ge insofern an, als es von den ihm eigenen 5 Valenzelektronen schon bei Raumtemperatur eins abspaltet und sich selber dabei positiv auflädt. Dadurch kann es sich wie jedes Ge-Atom mit seinen übrigen 4 Valenzelektronen am Gitterbau beteiligen; das abgegebene Elektron aber erscheint als freies Elektron im Leitband. Solche Verunreinigungen, die ein Elektron abgeben, heißen *Donatoren*.

Die geschilderte Sachlage unterscheidet sich darin vom Plasma, daß die positiven Ionen, d.h. die ionisierten Störstellen, fest an ihren Gitterplatz gebunden sind. Wird der gesamte Vorrat an Störstellen ionisiert, spricht man von *Störstellenerschöpfung*. In diesem Fall ist die Elektronendichte gleich der Störstellendichte. Ist dagegen nur ein

Bruchteil aller Störstellen ionisiert, was bei tiefen Temperaturen eintreten kann, so liegt *Störstellenreserve* vor. Die Dichte der freien Elektronen ist dann kleiner als die Störstellendichte.
Analoge Überlegungen gelten für die Störstellenzusätze aus der III. Gruppe. Auch diese Fremdatome nehmen Gitterplätze ein. Wegen ihrer Dreiwertigkeit fehlt ihnen jedoch ein Elektron zur Komplettierung der Bindung an die 4 Nachbarn des Wirtsgitters. Dieses Elektron übernehmen sie von einem der benachbarten Atome und werden dadurch zu negativen Ionen. Im Nachbaratom entsteht ein Loch (Defektelektron), das in der auf S. 525 geschilderten Weise durch den Kristall diffundieren oder im elektrischen Feld driften kann. Derartige Störstellen, die Elektronen einfangen, nennt man *Akzeptoren.* Auch bei ihnen reicht die Wärmeenergie schon bei Raumtemperatur aus, um alle Störstellen zu ionisieren, so daß die Dichte der Löcher gleich der der Akzeptoren wird (Störstellenerschöpfung). Bei tieferen Temperaturen kann wieder ein Rest nicht ionisierter Störstellen übrigbleiben (Störstellenreserve).

Eine Dotierung mit Donatoren erzeugt also Elektronenleitung (n-Leiter), eine solche mit Akzeptoren dagegen Lochleitung (p-Leiter). Gegenüber der Eigenleitung wird die Leitfähigkeit des Kristalls durch Dotierung um das Vielfache gesteigert. Man arbeitet mit Dotierdichten von $10^{23}\ \mathrm{m}^{-3}$ und darüber, so daß die Leitfähigkeit um 3 bis 4 Zehnerpotenzen vergrößert wird.
Wichtig ist, daß das Massenwirkungsgesetz nach Gl. (3.250) auch bei beliebiger Dotierung gilt. Natürlich ist dann nicht mehr $p = n$ wie bei der Eigenleitung.
Im Bändermodell muß man die Störstellenniveaus in die verbotene Zone verlegen, jedoch wegen ihrer leichten Ionisierbarkeit nahe den Rändern. Die Donatoren liegen daher dicht unter der Unterkante des Leitbandes und die Akzeptoren dicht über der Oberkante des Valenzbandes (Bild 3.58).

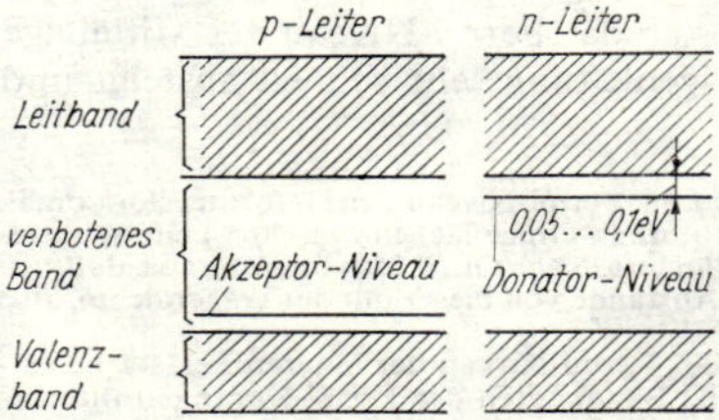

Bild 3.58
Lokalisierung der Störstellen im Energiebandschema

Energetische Lage des Fermi-Niveaus. Für viele Überlegungen bezüglich der Potentialverhältnisse in Halbleitern spielt die Position des Fermi-Niveaus innerhalb des Bändermodells eine fundamentale Rolle. Grundsätzlich ist das Fermi-Niveau μ durch die Bedingung bestimmt, daß alle verfügbaren Energieterme von unten auf mit Elektronen unter Berücksichtigung der Fermi-Verteilung [Gl. (3.60)] besetzt werden, bis alle n Elektronen untergebracht sind. Es gilt

$$n = \int_0^\infty F(\varepsilon)\,\mathrm{d}\varepsilon = \frac{8\sqrt{2}\pi\, m^{3/2}}{h^3} \int_0^\infty \frac{\sqrt{\varepsilon}}{1 + \exp\left[\dfrac{\varepsilon - \mu}{kT}\right]}\,\mathrm{d}\varepsilon. \qquad (3.252)$$

Das Integral ist nur für metallische Leiter und bei $T = 0$ K geschlossen lösbar; es führt dann zu dem auf S. 446 angegebenen Ausdruck [Gl. (3.61)] für μ. Die Fermi-Kante bildet in diesem Fall eine scharfe obere Grenze für die Elektronenenergie. Beim eigenleitenden Halbleiter, für $p = n$, liegt nach Gl. (3.252) die Fermi-Kante in der Mitte der verbotenen Zone. Bei Störstellenleitung ($p \neq n$) wird die Lage des Fermi-Niveaus durch die beiden Trägerdichten p und n bestimmt.

Die Sachlage verinfacht sich dadurch beträchtlich, daß, abgesehen von extrem hohen Dotierungen, die Elektronen- und Löcherdichten so gering sind, daß man noch nicht mit Entartung rechnen muß. Nach dem Entartungskriterium [Gl. (3.63)] erhält man für die üblichen Dotierungsstärken Entartungstemperaturen von etwa 30 K, so daß bei Raumtemperatur sicher noch klassisch, also mit der Boltzmann-Verteilung gerechnet werden darf.

Bezeichnet man die energetischen Abstände der Fermi-Kante von der Unterkante des Leitbandes mit μ^- und von der Oberkante des Valenzbandes mit μ^+, so gelten für die Trägerdichten p und n

$$p = N^+ \exp\left[\frac{-\mu^+}{kT}\right] \quad \text{und} \quad n = N^- \exp\left[\frac{-\mu^-}{kT}\right]. \qquad (3.253)$$

Liegt Störstellenerschöpfung vor, kann man anstelle der Trägerdichten auch die Dichten der Störstellen n_A und n_D setzen und so die Lage der Fermi-Kante in Abhängigkeit von diesen aufzeichnen (Bild 3.59). Im Grenzfall verschwindender Dotierung wird $\mu^+ = \mu^- = eU_i/2$ (Eigenleitung). Bei extrem hoher Dotierung wird die Trägerdichte so groß, daß Entartung eintritt; das Fermi-Niveau dringt dann in das Leitband bzw. Valenzband ein.

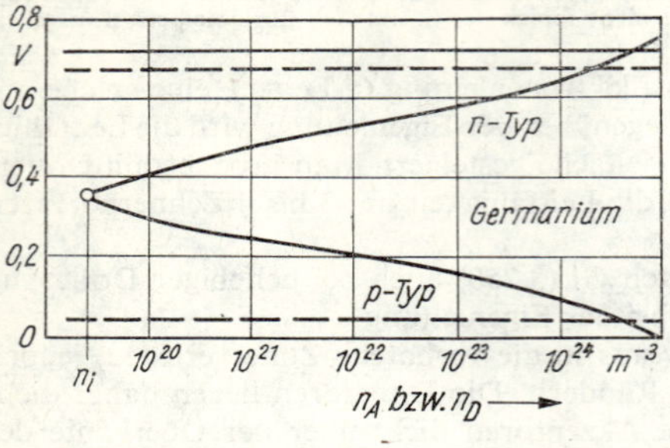

Bild 3.59
Lage des Fermi-Niveaus in Germanium in Abhängigkeit von der Dotierungsdichte bei Raumtemperatur

Die Lage der Fermi-Kante ist bei dotierten Halbleitern viel stärker von der Temperatur abhängig als bei Metallen. Steigt nämlich T an, so nähert sich das Fermi-Niveau der Mittellage $eU_i/2$, weil mit zunehmender Temperatur auch die Eigenleitung sehr schnell ansteigt und schließlich jede Störstellenleitung übertreffen kann.

Im statischen Gleichgewicht, d.h. im stromlosen Zustand, durchzieht das Fermi-Niveau den Halbleiter horizontal, also auf einem konstanten Energieniveau, und zwar auch dann noch, wenn Grenzflächen zwischen Leitern unterschiedlichen Typs vorhanden sind oder die Dotierung sich räumlich ändert. Nach Gl. (3.253) folgt daraus, daß sich die Bandkanten gegenüber der Fermi-Kante verbiegen, da sich ihre Abstände von dieser mit der Trägerdichte, also auch mit der Störstellendichte ändern.
Wird an ein Halbleiterstück außen eine Spannung gelegt, so wird das Fermi-Niveau der inneren Feldstärke entsprechend geneigt. Ist der Halbleiter homogen dotiert, so laufen alle Bandkanten der Fermi-Kante parallel; sie sind also ebenso geneigt. Im Leitband rollen dann die Elektronen – im mechanischen Bild als schwere Kugeln gedacht – gegen die Feldrichtung nach unten, während die Löcher – im Modell als Luftblasen in Öl – in Feldrichtung nach oben rollen.

Halbleiter im Kontakt mit einem Metall. Die Kontaktierung eines Halbleiters mit einem Metall ist für die Halbleitertechnik von großer Bedeutung. An Metall-Halbleiter-Kontakten treten Spannungssprünge auf, die der Galvani-Spannung vergleichbar sind, allerdings mit dem Unterschied, daß sich der Potentialsprung nicht auf die eigentliche Kontaktfläche beschränkt, sondern sich noch weiter im Halbleiterinneren bemerkbar macht. Da der Halbleiter nicht wie das Metall eine beliebig hohe Flächenladungsdichte zur Verfügung stellen kann, muß er als Gegenladung zur Flächenladung auf dem Metall eine Raumladung im Halbleiter aufbauen. Das geschieht durch Verlagerung von Elektronen oder Löchern in der Randschicht.

Für den Fall eines Kontaktes mit einem n-leitenden Halbleiter, dessen Austrittsarbeit niedriger ist als die des Metalls, gilt in beiden Fällen der energetische Unterschied zwischen dem Fermi-Niveau F und dem Makropotential $V(x)$ (vgl. Napfmodell, Bild 3.26). Das Fermi-Niveau läuft im Gleichgewicht ungebrochen horizontal durch das ganze System hindurch. Da das Metall die größere Austrittsarbeit haben soll, lädt sich der Halbleiter positiv auf, und die dazu in der Randzone erforderliche positive Raumladung wird durch Abzug von Elektronen aus diesem Gebiet realisiert, indem dadurch die Ladung der positiven ionisierten Donatoren wirksam wird *(Verarmungsrandschicht)*. Bei umgekehrter Polarität müßten Elektronen zusätzlich in das Randgebiet einströmen, um eine negative Ladung aufzubauen *(Anreicherungsrandschicht)*

Bild 3.60 zeigt schematisch den Verlauf der Elektronendichte $n(x)$ in der Randschicht. Wegen der durch Gl. (3.253) gegebenen Kopplung zwischen $n(x)$ und $\mu^- = F - V_c$ (F Fermi-Potential, V_c Potential der unteren Leitbandkante) muß der Verlauf von V_c gekrümmt werden, wie es Bild 3.60 zeigt. Da die Kristallstruktur verlangt, daß alle Energieniveaus, abgesehen vom Fermi-Niveau, einander parallellaufen, muß auch das Makropotential $V_m(x)$ die gleiche Krümmung aufweisen wie $V_c(x)$. Dabei muß das die innere Feldstärke bestimmende Makropotential der Poissonschen Gleichung genügen. Mit zunehmendem x verschwindet der Einfluß des Metallkontaktes, und alle Energieniveaus münden in die des ungestörten Kristalls ein. Die im Niveau V_c befindlichen Elektronen müssen, wenn sie ins Metall übergehen wollen, einen Potentialwall, die *Schottky-Barriere*, überwinden, dessen Höhe angenähert dem Diffusionspotential (s. S. 519) entspricht. Bei Ge handelt es sich um etwa 0,4 V, bei Si um 0,5 bis 0,8 V, jeweils vom Metall abhängig. Die Dicke der Raumladungsschicht kann je nach der Dotierungsstärke bis zu 1 μm betragen.

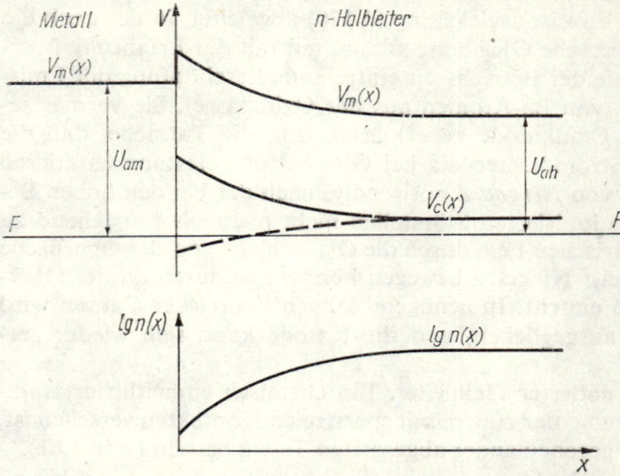

Bild 3.60. Metall-Halbleiter-Kontakt mit Verarmungsrandschicht ($U_{am} > U_{ah}$)

Der im Bild 3.60 dargestellte statische Zustand läßt erkennen, daß auf jedes Elektron der Randschicht 2 Kräfte einwirken: Die *Diffusionskraft* drückt es nach links entsprechend dem nach dieser Richtung orientierten Dichteabfall, und die *Feldkraft eE* drückt es nach rechts entsprechend dem Verlauf des Makropotentials. Beide Kräfte müssen im statischen Fall einander die Waage halten.
Wird das Gleichgewicht gestört, indem außen eine Spannung angelegt wird, so daß ein Strom fließt, so ergibt sich eine Gleichrichterwirkung.

Wesentlich für diese Gleichrichterwirkung ist, daß der Widerstand des gesamten Kontaktes hauptsächlich in der von Elektronen entblößten Randzone liegt. Wird das Metall positiv gepolt gegenüber dem Halbleiter, so vermindern sich die Ladungen zu beiden Seiten der Doppelschicht und damit auch die Breite der Randzone im Halbleiter, so daß dessen Widerstand abnimmt. Bei negativer Polung der Metallseite ist das Umgekehrte der Fall.

Infolge der „Verwehung" der Randschicht, d.h. des Zu- bzw. Abdeckens der Randzone mit Majoritätsträgern – hier Elektronen –, wird also der Widerstand von der Spannungsrichtung abhängig. Ein ähnliches Verhalten zeigt der pn-Übergang (S. 531).
Andererseits kommt den Anreicherungsrandschichten eine große Bedeutung zu, wenn man sperrfreie, sog. ohmsche Kontakte benötigt, deren Widerstand möglichst gering und außerdem von der Stromrichtung unabhängig sein soll. Hierbei muß das Metall eine kleinere Vakuumaustrittsarbeit haben als der mit ihm kontaktierende n-Leiter. Dann krümmen sich die Niveaus im umgekehrten Sinne, und es besteht die Möglichkeit, daß die Unterkante des Leitbandes V_c beim Eintritt ins Metall unterhalb des gemeinsamen Fermi-Niveaus liegt (Entartung!), wie es im Bild 3.60 die gestrichelte Kurve zeigt. Das bedeutet, daß die in großer Dichte vorhandenen Elektronen ungehindert ins Metall übertreten können und ebenfalls die Metallelektronen in den Halbleiter, da ja keine Schottky-Barriere mehr vorhanden ist. Der Kontaktwiderstand ist also geringer als der des übrigen Halbleiterkristalls und dazu gleichrichtungsfrei.
Bedeutungsvoll sind die Oberflächenzustände an Halbleitern *(Bardeen)*, die analog den Oberflächenschichten an Metallen (Volta-Spannung) zusätzliche Potentialsprünge liefern, die z.B. auch die Austrittsarbeit verändern können.

Halbleiter im Kontakt mit dem Vakuum (Oxidkatode). Die formierte und aktivierte Oxidkatode (S. 490) ist ein n-Leiter. Als Donatoren wirken stöchiometrisch überschüssige Ba-Atome. Die für die Emission von Elektronen maßgebende Austrittsarbeit ist gleich dem energetischen Abstand zwischen Fermi- Niveau und Makropotential. Da die Unterkante des Leitbandes über dem Fermi-Niveau liegt – keine Entartung –, läßt sich die gesamte Austrittsarbeit aufteilen in einen konstanten Anteil W_a, die äußere Austrittsarbeit, und einen mit der Temperatur und der Störstellendichte veränderlichen Anteil, die innere Austrittsarbeit. Auf dieser Grundlage hat *Fowler* die Emisisonsgleichung (3.170) abgeleitet, in der auch die Donatordichte n_D erscheint. Die Fowlersche Gleichung stimmt gut mit der Erfahrung überein, insbesondere kann sie die im Laufe der Betriebszeit eintretende Erschöpfung der Emission erklären (durch das Abdampfen von Ba-Atomen aus der Oxidmasse). Sie vermag jedoch nicht das Impulsverhalten der Oxidkatode zu erklären, d.h. die Tatsache, daß die Katode kurzzeitig sehr viel höhere Stromdichten als bei Gleichstrombelastung emittieren kann. Dazu ist eine Zusatzhypothese von *Nergaard* notwendig, nach der bei den hohen Betriebstemperaturen (etwa 1000 K) die ionisierten Störstellen nicht mehr als feststehend zu betrachten sind, sondern sich im elektrischen Feld durch die Oxidschicht von der Oberfläche fort zur metallischen Unterlage – meist Nickel – bewegen können, wodurch an der Oberfläche eine Verarmung an Donatoren eintritt. In genügend langen stromlosen Pausen wird dieser Verlust durch Rückdiffusion ausgeglichen, und die Katode kann sich wieder „erholen".

Strom-Spannungs-Kennlinie homogen dotierter Halbleiter. Ein chemisch einheitlicher Halbleiter mit räumlich homogener Dotierung, der zudem mit sperrfreien Kontakten versehen ist, hat eine Kennlinie, die aus 4 deutlich gegeneinander abgesetzten Teilen besteht (Bild 3.61).

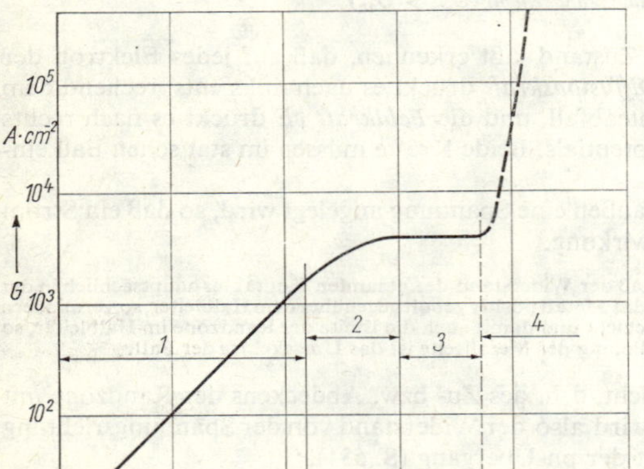

Bild 3.61
Vollständige Kennlinie von p-dotiertem Silizium bei 25°C

Abschnitt 1: Bei sehr geringen Feldstärken gilt das Ohmsche Gesetz, also $\varkappa = G/E$ ist konstant (keine Beeinflussung der Trägerbeweglichkeit).

Abschnitt 2: Die Leistungsaufnahme der Träger im Feld ist so groß, daß sich das Trägerkollektiv über die Gittertemperatur hinaus merklich erwärmt: „heiße" Träger. Analog den Betrachtungen auf S. 470 steigt die Driftgeschwindigkeit der Träger mit der Wurzel aus der Feldstärke proportional an.

Abschnitt 3: Die überschüssige Trägerenergie wird nicht mehr durch Stöße an Einzelteilchen übertragen, sondern global auf das gesamte Gitter und regt in ihm *Phononen* an

(S. 524). In diesem Abschnitt ist die Driftgeschwindigkeit der Träger von der Feldstärke unabhängig.

Abschnitt 4: Die Träger werden wieder beschleunigt und erhalten so hohe Energien, daß sie durch Stoßionisation neue Trägerpaare bilden können. Daran beteiligen sich sowohl Elektronen als auch Löcher. Es entstehen *Trägerlawinen* nach dem Muster der auf S. 503 betrachteten Vorgänge.

Ganz anders verläuft die Kennlinie von *Verbindungshalbleitern* (z.B. GaAs). Zwar tritt bei niedrigen Feldstärken wieder der ohmsche Bereich in Erscheinung, nach Überschreiten eines bestimmten Grenzwertes der Feldstärke (bei GaAs etwa 3,7 kV · cm^{-1}) ist jedoch kein stabiler Meßpunkt mit Gleichstrominstrumenten mehr zu erhalten; es treten Schwingungen im GHz-Bereich auf, deren Frequenz von der Feldstärke und der Länge der Meßprobe abhängt.

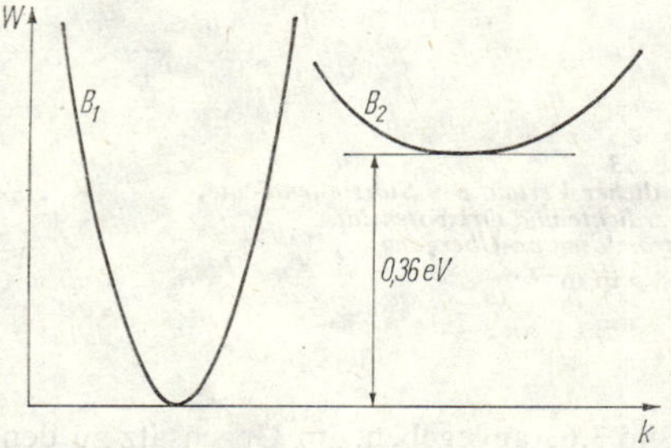

Bild 3.62
Zwei-Täler-Modell zur Erklärung des Gunn-Effektes in n-leitendem GasAs (schematisch)

Dieser *Gunn-Effekt* macht zu seiner Deutung eine Erweiterung des Bändermodells erforderlich: Das Leitband – es handelt sich um einen n-Leiter – zerfällt in 2 Teilbänder, deren Energiespektren – W als Funktion vom Wellenvektor k aufgetragen – Bild 3.62 zeigt, „Zwei-Täler-Modell".

Das Tal von B_1 hat einen kleineren Krümmungsradius als das von B_2. Nach Gl. (3.164) kommt dem Teilniveau B_1 die kleinere effektive Masse m_1 der Elektronen zu; es ergibt sich für das Massenverhältnis m_1/m_2 etwa 10^{-3}. Nach Gl. (3.134) ist das Verhältnis der Elektronenbeweglichkeiten in den beiden Teilbändern durch das Verhältnis der mittleren Impulse gegeben: $b_2/b_1 = m_1\bar{v}_1/m_2\bar{v}_2$. Eliminiert man das Verhältnis der mittleren Geschwindigkeiten durch die Energiegleichung $m_1\bar{v}_1^2 = m_2\bar{v}_2^2$, so erhält man für das Beweglichkeitsverhältnis

$$\frac{b_2}{b_1} = \sqrt{\frac{m_1}{m_2}} = \frac{1}{32}.$$

Direkte Messungen ergaben $b_1 = 0{,}5\ \mathrm{m^2 \cdot Wb^{-1}}$ und $b_2 = 0{,}02\ \mathrm{m^2 \cdot Wb^{-1}}$ bzw. $b_2/b_1 = 1/25$.

Infolge des Beweglichkeitsunterschieds in den Teilbändern *1* und *2* sinkt mit steigender Feldstärke die mittlere Elektronenbeweglichkeit, da immer mehr Elektronen aus dem Teilband *1* in das Band *2* befördert werden, wo sie eine sehr viel geringere Beweglichkeit haben. Der Halbleiter wirkt als Schaltelement mit bereichsweise negativem Widerstand und kann deswegen ungedämpfte Schwingungen erregen.

Ein homogen dotierter Halbleiter ist ebensowenig wie ein Eigenleiter für Steuerungszwecke zu gebrauchen. Erst eine *inhomogene*, d.h. ortsabhängige Dotierung führt zu besonderen, technisch ausnutzbaren Eigenschaften.

pn-Übergang. Innerhalb eines Halbleiterkristalls befinden sich 2 Bereiche, von denen der eine mit Donatoren, der andere mit Akzeptoren dotiert ist *(Homoübergang)*. In selteneren Fällen können die beiden Dotierungszonen auch unterschiedliche Gitterstrukturen haben *(Heteroübergang)*. Der pn-Übergang ist das Grundelement aller steuerbaren Halbleiteranordnungen.

Zur grundsätzlichen Erläuterung der Wirkungsweise des pn-Übergangs wird eine idealisierte Form betrachtet (Bild 3.63).

Eine prismatische Säule aus einem Ge-Kristall sei auf der linken Hälfte homogen mit Akzeptoren, auf der rechten homogen mit Donatoren versehen. Beide Störstellendichten n_A und n_D seien gleich groß und fallen an dem Querschnitt bei $x = 0$ sprunghaft auf Null ab. In einem realen pn-Übergang brauchen natürlich die Störstellendichten auf beiden Seiten nicht einander gleich zu sein, auch können die Dichtegradienten dn_A/dx und $dn_Ddx/$ nicht unendlich groß sein, was durch Diffusion verhindert wird. Die Störstellen seien beiderseits vollständig ionisiert (Störstellenerschöpfung), so daß für die Trägerdichten p_p und n_n in genügendem Abstand von der Ebene $x = 0$ gilt: $p_p = n_A$ und $n_n = n_D \cdot p_p$ ist also die Löcherdichte im p-Gebiet und n_n die Elektronendichte im n-Gebiet. Die Inversionsdichte n_i sei (abgerundet) 10^{19} m^{-3}.

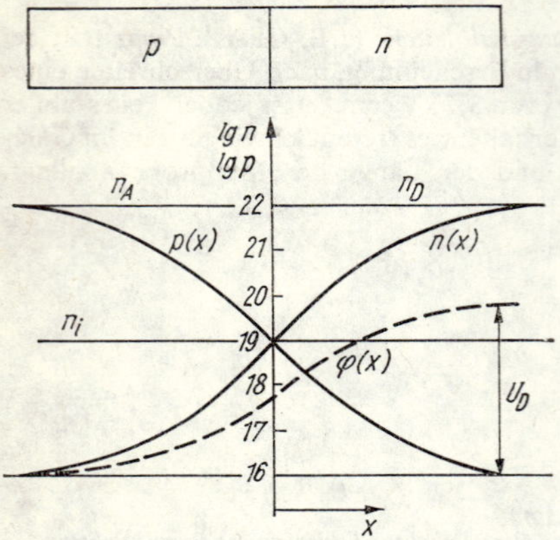

Bild 3.63
Räumlicher Verlauf von Störstellendichte, Trägerdichte und Ortspotential im stromlosen pn-Übergang
n und p in m^{-3}

Für die Störstellendichten sind einige Werte im Bild 3.63 angegeben. Im Gegensatz zu den Störstellen können die Träger wegen ihres Diffusionsvermögens ihre Dichtewerte nur stetig ausgleichen (dp/dx und dn/dx überall endlich). Die Dichte $p(x)$ der Löcher fällt von ihrem Höchstwert im p-Gebiet (Majoritätsträger) in der im Bild 3.63 skizzierten Weise bis zum Mindestwert p_n monoton ab (Minoritätsträger). Analoges gilt für die Elektronendichte $n(x)$. Infolge dieses Diffusionsabfalls werden in der Nähe der Stoßstelle $x = 0$ Raumladungen wirksam, deren Dichte sich auf der n-Seite zu

$$\varrho_n = e\,(n_D + p(x) - n(x)) \approx e\,(n_D - n(x))$$

und auf der p-Seite zu (3.254)

$$\varrho_p = e\,(-n_A + p(x) - n(x)) \approx e\,(-n_A + p(x))$$

berechnet. Sie bestimmen den Verlauf des Makropotentials $\varphi(x)$ mit der Poissonschen Gleichung, die sich eindimensional schreiben läßt:

$$\frac{d^2\varphi}{dx^2} = -\frac{\varrho_n}{\varepsilon} \quad \text{bzw.} \quad \frac{d^2\varphi}{dx^2} = -\frac{\varrho_p}{\varepsilon}. \tag{3.255}$$

Insgesamt fällt $\varphi(x)$ um den Betrag U_D ab – vgl. die gestrichelte Kurve im Bild 3.63 –, der als *Diffusionsspannung* bezeichnet wird. Der Nullpunkt des Potentials wird nach $x = -\infty$ gelegt.

Der pn-Übergang ist elektrisch durch das Vorhandensein einer Doppelschicht mit räumlich verteilten Ladungen gekennzeichnet, zwischen denen sich das innere Feld $\boldsymbol{E} = -\operatorname{grad}\varphi$ aufbaut. Es ist so groß, daß es im stromlosen Zustand an jeder Stelle x der Trägerdiffusion durch die Feldkraft $e\boldsymbol{E}$ die Waage hält. Für die Trägerdichten gelten in solchen Fällen die Barometerformeln

$$p(x) = p_p \exp\left[-\frac{\varphi(x)}{V_{th}}\right] \quad \text{und} \quad n(x) = n_n \exp\left[\frac{\varphi(x) - U_D}{V_{th}}\right]; \tag{3.256}$$

$V_{th} = kT/e$ Voltmaß der Temperatur. Bei Raumtemperatur ist $V_{th} = 0{,}026$ V.

Die Diffusionsspannung U_D berechnet sich z.B. aus dem gesamten Abfall der Löcherdichte zu

$$U_D = V_{th} \ln \left(\frac{p_p}{p_n}\right). \tag{3.257}$$

Im vorliegenden Fall ist $p_p/p_n = 10^6$, so daß sich $U_D = 0{,}36$ V ergibt.
Durch die Raumladungsbeziehung Gl. (3.255) und die Barometerformel Gl. (3.256) sind für einen stromlosen Übergang die Dichteverläufe $p(x)$ und $n(x)$ sowie der Potentialverlauf $\varphi(x)$ vollständig bestimmt. Die Schichtdicke d der Störzone des pn-Übergangs berechnet sich zu

$$d = \sqrt{\frac{2\varepsilon U_D\,(n_D + n_A)}{e n_D n_A}}. \tag{3.258}$$

Die Schichtdicke d ist gegenüber den üblichen Kristallabmessungen vernachlässigbar klein und umfaßt etwa 10^3 Atomlagen.

Eine Prüfung des Massenwirkungsgesetzes ergibt aus Gl. (3.256) für jedes x

$$p(x)\,n(x) = p_p n_n \exp\left[\frac{-\varphi(x) - U_D + \varphi(x)}{V_{th}}\right]$$

$$= p_p n_n \exp\,(-U_D/V_{th}) = \text{konst.} = n_i^2\,.$$

Der pn-Übergang hat eine *Gleichrichterwirkung*: Liegt an der n-Seite eine negative Spannung V und an der p-Seite das Potential 0, so überlagert sich der inneren, durch $-\operatorname{grad}\varphi$ gegebenen Feldstärke die äußere Feldstärke E_V. Das Gesamtfeld wird daher überall vermindert, und das Gleichgewicht zwischen Diffusion und Feldkraft wird im Sinne einer jetzt überwiegenden Diffusion gestört. Die Träger verlagern sich daher, indem sie aufeinander zu diffundieren; es entsteht eine Dichteverteilung etwa nach Bild 3.64. Zum Vergleich ist die alte statische Dichteverteilung gestrichelt eingezeichnet. Beide Trägerdichten werden in der Übergangsschicht stark angehoben; die Schicht selber wird dünner. Beide Ursachen vermindern den Schichtwiderstand, der den Hauptanteil des gesamten Kristallwiderstandes ausmacht. Der fließende Strom ist der *Durchlaß-* oder *Flußstrom*.

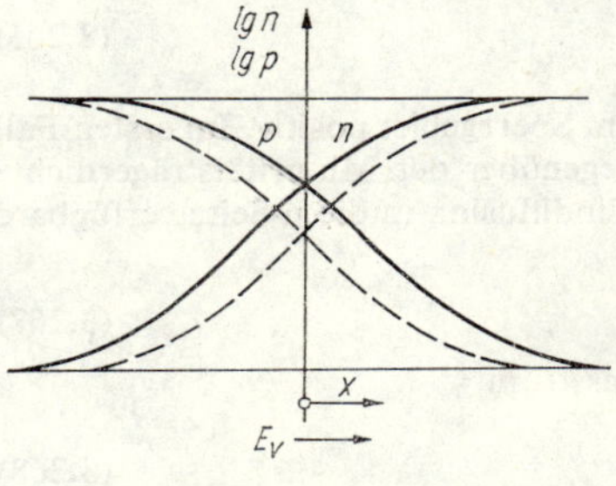

Bild 3.64
pn-Übergang im Durchlaßbereich
Die gestrichelten Kurven gelten für den stromlosen Zustand

Kehrt sich die Polarität um (n-Gebiet wird positiv), so erhöht sich überall die Feldstärke, und die Diffusion wird überkompensiert. Die Trägerwolken entfernen sich voneinander, die Schicht wird breiter, und die Trägerdichte in ihr sinkt, so daß der Widerstand der Schicht zunimmt. Es fließt dann nur der *Sperrstrom*. Wie beim Metall-Halbleiter-Kontakt kommt die Gleichrichterwirkung durch das Zu- und Abdecken von Raumladungen zustande.
Diese qualitative Überlegung läßt sich natürlich quantitativ stützen: Dabei geht man von der allgemeinen Bilanzgleichung der Träger [Gl. (3.207)] aus, die z.B. für Löcher lautet

$$\frac{\mathrm{d}p}{\mathrm{d}t} = g - r - \operatorname{div}\,[p b^+ \boldsymbol{E} - D_p \operatorname{grad} p], \tag{3.259}$$

und ermittelt die Dichte G_p des Löcherstromes der rechten Grenze der Schicht, wo das elektrische Feld verschwindet. Dieser Punkt ist der Nullpunkt für die x-Koordinate. Mit $E = 0$ lautet die Bilanzgleichung für den eindimensionalen Fall

$$g - r + D_p \frac{d^2 p}{dx^2} = 0. \tag{3.260}$$

Im n-Gebiet werden nach Gl. (3.118) die Rekombinationsrate $r = \varrho n_n p$ und die Generationsrate $g = \varrho n_n p_n$. g ist unabhängig von x und gleich der Rekombinationsrate im Inneren des n-Gebietes. Damit wird die Bilanzgleichung

$$D_p \frac{d^2 p}{dx^2} = \varrho n_n \left[p(x) - p_n\right]. \tag{3.261}$$

Ihre Lösung für $x \geqq 0$ lautet

$$p(x) - p_n = \left[p(0) - p_n\right] \exp\left(-x/L_p\right); \tag{3.262}$$

$$L_p = \sqrt{\frac{D_p}{\varrho n_n}} \tag{3.263}$$

ist die *Eindringtiefe* der Löcher bei ihrer Diffusion in das n-Gebiet, wo sie durch Rekombination mit den Majoritätsträgern verschwinden.
Für die Berechnung von $p(0)$ verwendet man die Boltzmann-Verteilung, wobei zu beachten ist, daß bei $x = 0$ das Potential $U_D + V$ herrscht. Damit erhält man

$$p(0) = p_p \exp\left(-\frac{U_D + V}{V_{th}}\right); \tag{3.264}$$

andererseits besteht zwischen p_n und p_p die durch die angelegte Spannung V nicht berührte Beziehung

$$p_n = p_p \exp\left(-U_D/V_{th}\right). \tag{3.265}$$

Aus beiden Gleichungen folgt

$$\frac{p(0)}{p_n} = \exp\left(-V/V_{th}\right). \tag{3.266}$$

Die äußere Spannung V ist im Flußgebiet negativ und im Sperrgebiet positiv. Im ersten Fall wird die Löcherdichte an der rechten Schichtgrenze gegenüber der Minoritätsträgerdichte p_n angehoben, im zweiten gesenkt. Die bei $x = 0$ zur Eindiffusion in die n-Seite verfügbare Löcherdichte $p(0) - p_n$ ist

$$p(0) - p_n = p_n \left(\exp\left(-V/V_{th}\right) - 1\right), \tag{3.267}$$

und für die Löcherstromdichte erhält man als Diffusionsstrom

$$G_p = -e D_p \frac{d}{dx}\left(p(x) - p_n\right); \tag{3.268}$$

mit Berücksichtigung von Gl. (3.262) wird daraus für $x = 0$

$$G_p(0) = \frac{e D_p}{L_p}\left(p(0) - p_n\right) = \frac{e D_p p_n}{L_p}\left(\exp\left(-V/V_{th}\right) - 1\right). \tag{3.269}$$

Führt man die gleiche Rechnung für Elektronen durch und ermittelt man die Elektronenstromdichte am linken Ende der Schicht, so erhält man

$$G_n(-d) = \frac{e D_n n_p}{L_n}\left(\exp\left(-V/V_{th}\right) - 1\right); \tag{3.270}$$

d Schichtdicke.

Die gesamte Stromdichte des pn-Übergangs als Summe von $G_p(0)$ und $G_n(-d)$ gilt nur, wenn innerhalb der Schicht Generation und Rekombination der Träger vernachlässigbar sind, so daß sich die Stromaufteilung zwischen $x = 0$ und $x - d$ nicht wesentlich ändert. Da die Schichtdicke stets viel kleiner als die Eindringtiefe L_p bzw. L_n der beiden Trägerarten ist, gilt diese Vereinfachung ohne Bedenken. Die Gesamtstromdichte in Flußrichtung lautet dann

$$G_f = e\left(\frac{D_p p_n}{L_p} + \frac{D_n n_p}{L_n}\right)(\exp(-V/V_{th}) - 1). \tag{3.271}$$

Die gleiche Formel ist auch für die Sperrichtung verwendbar, wenn man der Stromrichtungsumkehr durch ein Minuszeichen Rechnung trägt.
Für die Praxis gelten folgende Näherungen: Im Durchlaßbereich liegen an der Schicht negative Spannungen von einigen 0,1 V. In Gl. (3.271) läßt sich dann meist die 1 vernachlässigen, so daß der Strom angenähert exponentiell mit V/V_{th} ansteigt. Die Sperrspannung dagegen zählt nach Hunderten und Tausenden V; außerdem ist sie positiv. Man kann dann meist die e-Funktion gegen die 1 vernachlässigen, so daß der Sperrstrom unabhängig von V wird, also Sättigungsverhalten zeigt.
Der gemessene Verlauf der Kennlinien von pn-Übergängen entspricht bei Ge-Dioden dem theoretischen. Bei Si-Dioden macht sich in Sperrichtung die Paarbildung in der Sperrschicht bemerkbar. Da deren Dicke mit der Sperrspannung wächst, nimmt die Paarbildung mit der Spannung zu und damit auch der Sperrstrom. Bild 3.65 zeigt die gemessene Kennlinie einer konventionellen Si-Diode.

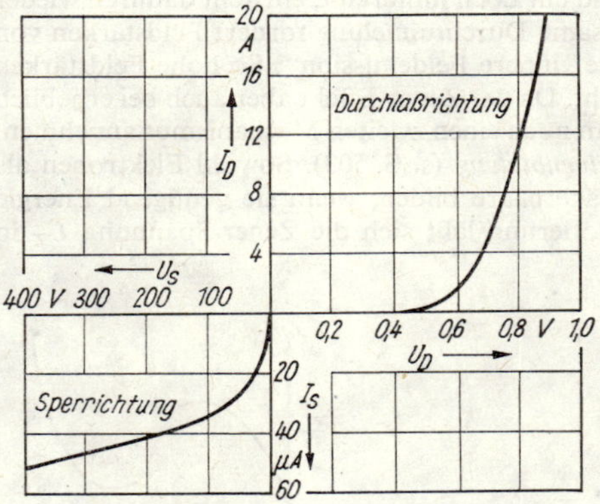

Bild 3.65
Kennlinie eines Si-Gleichrichters für 25 A (Mittelwert) bei einer Sperrschichttemperatur von 80°C

Ersetzt man im Ausdruck für die Sättigungsstromdichte im Sperrgebiet

$$G_s = -e\left(\frac{D_p p_n}{L_p} + \frac{D_n n_p}{L_n}\right) \tag{3.272}$$

die Minoritätsträgerdichten p_n und n_p durch die entsprechenden Majoritätsträgerdichten p_p und n_n mit Hilfe von Gl. (3.265), so wird die Sättigungsstromdichte im Sperrgebiet

$$G_s = e\left(\frac{D_p p_p}{L_p} + \frac{D_n n_n}{L_n}\right)\exp(-U_D/V_{th}). \tag{3.273}$$

G_s ist also nur noch von der Diffusionsspannung U_D abhängig. Da diese für Si größer ist als für Ge, ist der Sperrstrom in Si-Dioden viel geringer als in Ge-Dioden.

Durch Messungen der Eindringtiefe kann man feststellen, daß der Rekombinationskoeffizient ϱ etwa 10^4 mal größer sein müßte, als eine direkte Rekombination zweier sich zufällig begegnender Träger erwarten läßt. Man nimmt an, daß im Kristall eine bestimmte Anzahl von *Rekombinationszentren*, so g. *Traps* (Fallen), vorhanden sind, die sowohl Elektronen aus dem Leitband als auch Löcher aus dem Valenzband einfangen und für kurze Zeit festhalten können, bis sich ein Teilchen des anderen Vorzeichens einfindet, das sich mit dem festgehaltenen vereinigen kann. Die Verhältnisse sind den Rekombinationsvorgängen im Plasma ähnlich: Die direkte Rekombination von Elektronen und positiven Ionen ist wegen der Schwierigkeit, die Erhaltungssätze zu erfüllen, sehr selten. Sind aber Fremdkörper vorhanden (Moleküle oder eine feste Wand), so kann jeder Zusammenstoß zur Rekombination führen. Im Halbleiter wirken alle Arten von Gitterstörungen als Rekombinationszentren, z. B. eingelagerte Fremdstoffatome, leere Gitterplätze, Kristallbaufehler, die Oberfläche und sogar thermische Gitterschwingungen (Phononen).

Mit dem durch Raumladungen zustande kommenden Spannungsabfall über der Schicht des pn-Übergangs ist auch eine *Kapazität* verbunden. Sie berechnet sich je Quadratmeter Querschnittsfläche zu

$$C' = \sqrt{\frac{\varepsilon e n_D n_A}{2\,(U_D + V)(n_D + n_A)}}. \qquad (3.274)$$

C' ist also von der anliegenden Spannung V abhängig, woraus sich die Möglichkeit ergibt, die Kapazität auf rein elektrischem Wege zu steuern *(Varaktordiode)*.
Wird die Spannung einer Diode in Sperrichtung gesteigert, so bemerkt man bei einem kritischen Spannungswert U_Z ein plötzliches Ansteigen des Sperrstromes auf sehr hohe Werte. Dieses nach seinem Entdecker als *Zener-Effekt* bezeichnete Verhalten läßt sich prinzipiell durch 2 Mechanismen erklären: Mit wachsender Feldstärke in der Sperrschicht neigt sich das Fermi-Niveau und mit ihm die gesamte Bänderstruktur (Bild 3.66). Das hat zur Folge, daß sich z. B. die beiden Punkte *A* und *B*, die dem Valenz- bzw. Leitband zugehören, energetisch nicht mehr unterscheiden. Ein Elektron aus dem Valenzband kann die verbotene Zone mit dem wellenmechanischen *Tunneleffekt* (s.S. 490) überspringen und ohne Energieaufwand in das Leitband gelangen. Da es im Valenzband ein Loch hinterläßt, entsteht dadurch wieder ein Trägerpaar. Die Bedingung für eine wirksame Durchtunnelung fordert Feldstärken von etwa 10^5 V · cm^{-1} als untere Grenze für diese „innere Feldemission". So hohe Feldstärken werden jedoch nur bei hoher Dotierung erreicht. Da der Zener-Effekt aber auch bei erheblich kleinerer Feldstärke beobachtet wird, muß man noch einen zweiten Mechanismus annehmen. Dieser besteht in der *Stoßionisation* mit *Lawinenbildung* (s. S. 503). Sowohl Elektronen als auch Löcher können durch Stoß weitere Trägerpaare bilden, wenn sie genügend Energie haben („heiße" Träger). Durch Wahl der Dotierung läßt sich die Zener-Spannung U_Z in weiteren Grenzen – 7 bis 400 V – variieren.

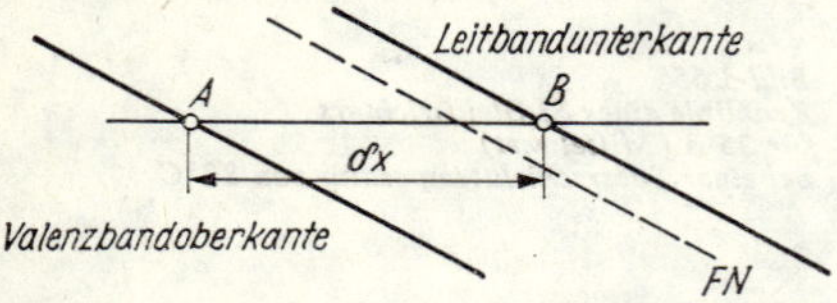

Bild 3.66. Innere Feldemission als Erklärung des Zener-Effektes

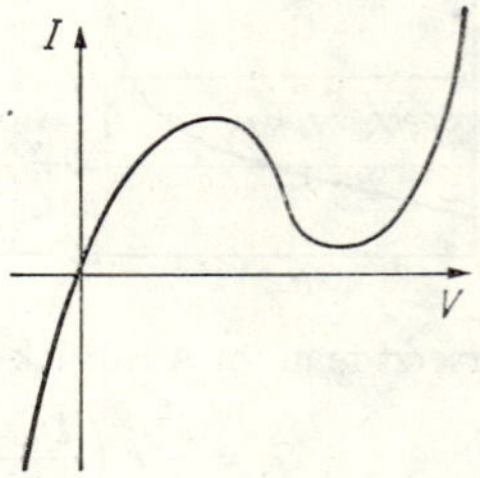

Bild 3.67. Kennlinie der Tunneldiode

Wird ein pn-Übergang beiderseits hoch dotiert (Störstellendichte bis zu 10^{25} m^{-3}), so ergibt sich eine Tunneldioden-Kennlinie (Bild 3.67). Sie zeigt keine Sperrwirkung mehr, und in Flußrichtung hat sie einen Bereich mit negativem Widerstand. Die physikalische Grundlage für diese Erscheinung ist der Tunneleffekt. Die extrem hohe Dotierung führt zu folgenden Konsequenzen:

1. Die Diffusionsspannung U_D wird höher, da sie mit $\ln(n_A n_D/n_i^2)$ ansteigt (in Ge bis zu 0,8 V).
2. Die Dicke der Sperrschicht wird mit steigender Dotierung kleiner [s. Gl. (3.258)].
3. Das Trägergas ist entartet, da die Entartungstemperatur jetzt bei etwa 500 K liegt. Das Fermi-Niveau dringt in das Leit- bzw. Valenzband ein (s. Bild 3.59).

Die Eigenschaften 1 und 2 begünstigen das Erreichen einer zur Durchtunnelung des Potentialwalles erforderlichen Feldstärke von etwa 10^5 V · cm^{-1}, während infolge der Entartung das Valenzband des p-Gebietes und das Leitband des n-Gebietes einander überlappen.

In der Praxis interessieren meist *nichtstationäre* Betriebsverhältnisse. Hier ist zu beachten, daß der Übergang zwischen 2 Zuständen, z. B. vom Sperr- zum Flußverhalten, nicht trägheitsfrei erfolgt. Zur mathematischen Analyse des Übergangsverhaltens geht man von der Kontinuitätsgleichung (3.259) aus, deren Lösung jedoch nur in einfach gelagerten Fällen geschlossen möglich ist. Für den Fall der Belastung einer pn-Diode mit einer aus Rechteckimpulsen bestehenden Wechselspannung der Amplitude U_0 vermittelt Bild 3.68 einen Überblick über die wesentlichen Folgerungen aus Gl. (3.259): Links ist der Übergang vom Sperr- zum Flußverhalten und rechts der umgekehrte Übergang aufgezeichnet. Im Zeitpunkt $t = 0$

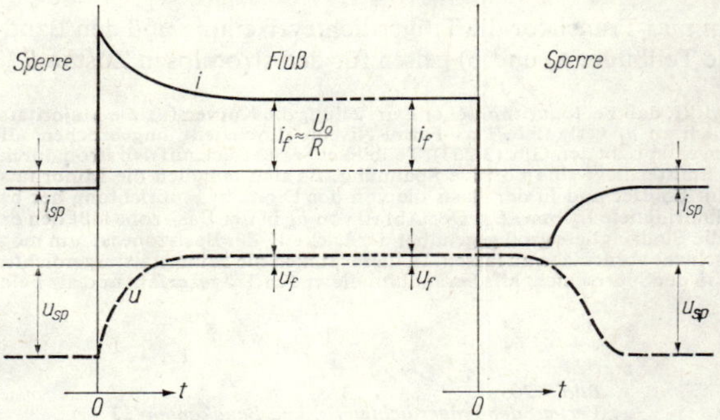

Bild 3.68
Zeitverlauf der Ströme und Spannungen einer pn-Diode bei Belastung mit Rechteckimpulsspannungen

erfolgt jeweils der Spannungssprung. Als Belastung des Gleichrichters dient der ohmsche Widerstand R. Beim Übergang vom Sperr- zum Flußverhalten springt der Strom weit über den sich später stationär einstellenden Flußstrom U_0/R hinaus, weil sich vom Zeitpunkt $t = 0$ an die auf die hohe Sperrspannung aufgeladene Kapazität der Sperrschicht entlädt. Dementsprechend braucht die Spannung $u(t)$ über der Sperrschicht eine bestimmte Zeit, ehe sie ihr Vorzeichen ändert und den Wert der Flußspannung annimmt. Wird vom Fluß- zum Sperrstrom umgeschaltet, kehrt der Strom momentan sein Vorzeichen um und bleibt anschließend eine Zeitlang konstant U_0/R, bis sich die für die Sperrrichtung notwendige Trägerdichteverteilung eingestellt hat.

Das beschriebene zeitliche Verhalten beim Umpolen der Diode ist die Folge des sog. *Trägerstaues.*

Bipolarer Transistor. Werden 2 pn-Übergänge in einem Kristall hergestellt, so gelangt man zum Bipolar-Transistor. Für ihn ist die Aufeinanderfolge von 3 Schichten mit den Dotierungen p-n-p oder n-p-n charakteristisch. Die Grundlage der Transistorwirkung ist dadurch gegeben, daß sich die beiden pn-Übergänge wegen ihrer engen Nachbarschaft gegenseitig durch Zuleiten oder Absaugen von Trägerströmen beeinflussen. Bild 3.69 zeigt einen pnp-Transistor in *Basisschaltung*. Der Emitter erhält eine geringe positive Spannung gegenüber der Basis; die Diode S_e ist also in Flußrichtung gepolt. Der Kollektor dagegen liegt auf hohem negativem Potential; die Diode S_k ist gesperrt. Wenn die Basiszone sehr dünn ist, kann ein Teil der durch S_e fließenden Löcher durch Diffusion bis zur Sperrschicht S_k gelangen, dort vom Feld des

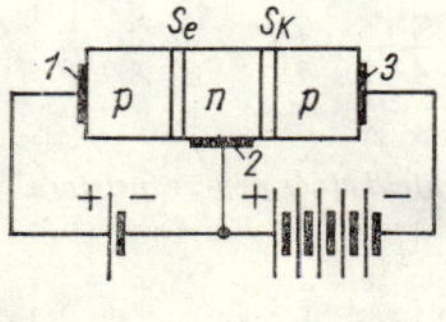

Bild 3.69
Grundschaltung des pnp-Transistors (Basisschaltung)
1 Emitter; *2* Basis; *3* Kollektor

Kollektors erfaßt werden und dessen Strom wesentlich verstärken, im Idealfall sogar um den gesamten Emitterstrom. Der Transistor verstärkt also in dieser Schaltung (Basisschaltung) nicht den Strom, wohl aber die Leistung, da ja die Kollektorspannung betragsmäßig viel höher ist als die Emitterspannung. Der über die Basis abfließende Strom ist nur sehr gering, und zwar um so geringer, je mehr Träger vom Emitter zum Kollektor gelangen. Um möglichst viele Löcher der Kollektorsperrschicht zuzuführen, muß die Eindringtiefe (s. S. 534) L_p der Löcher möglichst groß sein. Nach Gl. (3.263) muß deswegen die Majoritätsträgerdichte in der Basiszone, d.h. deren Dotierung, möglichst klein gehalten werden. Die p-Zone des Emitters hingegen ist hoch zu dotieren, damit der Emitterstrom vorwiegend aus Löchern besteht. Die Sperrschicht S_e halt also zu beiden Seiten sehr unterschiedliche Dotierungsstärken. Um den Kollektorsperrstrom gering zu halten, sollte die p-Zone des Kollektors nur schwach dotiert sein.

Bild 3.70 veranschaulicht an einem pnp-Transistor die Trägerdichteverteilung und den Bandkantenverlauf in den 3 Zonen. Die Teilbilder a) und b) gelten für den stromlosen Zustand.

Das Massenwirkungsgesetz $np = n_i^2$ bewirkt, daß bei logarithmischer Darstellung die Kurven für die Majoritäts- und Minoritätsträgerdichten spiegelbildlich zu n_i verlaufen. Das Fermi-Niveau durchzieht ungebrochen alle 3 Teile; sein Abstand von den Bandkanten entspricht den Gln. (3.253). Teilbild c) bezieht sich auf den stromdurchflossenen Zustand des Transistors. Am Emitter liegt eine positive Spannung. Es sind lediglich die Minoritätsträgerdichten aufgezeichnet. Sie bilden im Emitter und in der Basis die von der Diode in Flußrichtung her bekannten „Diffusionsschwänze" mit der Eindringtiefe L_p bzw. L_n. Der Abfall von p_n in der Basiszone läßt den exponentiellen Verlauf nicht erkennen, da die Eindringtiefe groß gegenüber der Dicke W der Basiszone ist, um möglichst alle Löcher bis zur Kollektorsperrschicht vordringen zu lassen. In dieser sinken die Minoritätsträgerdichten auf sehr geringe Werte, da das hohe Feld in der Sperrschicht alle herandiffundierenden Träger erfaßt und als Feldstrom abtransportiert.

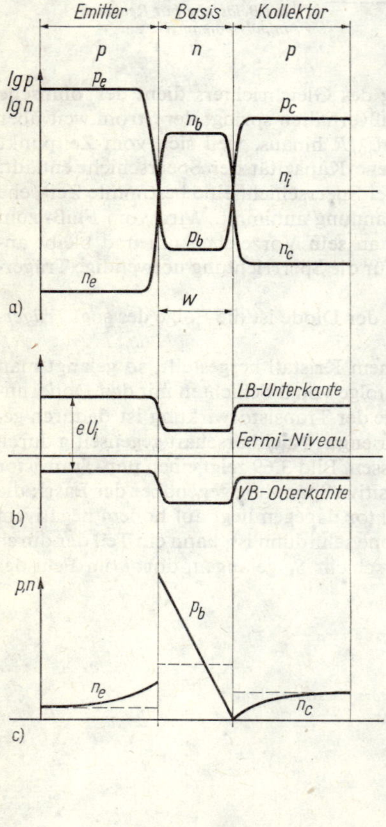

Bild 3.70
Verlauf der Trägerdichten (a) und Bandkanten (b) im stromlosen Zustand sowie der Minoritätsträgerdichte bei positiver Emitterspannung (c) quer durch einen pnp-Transistor

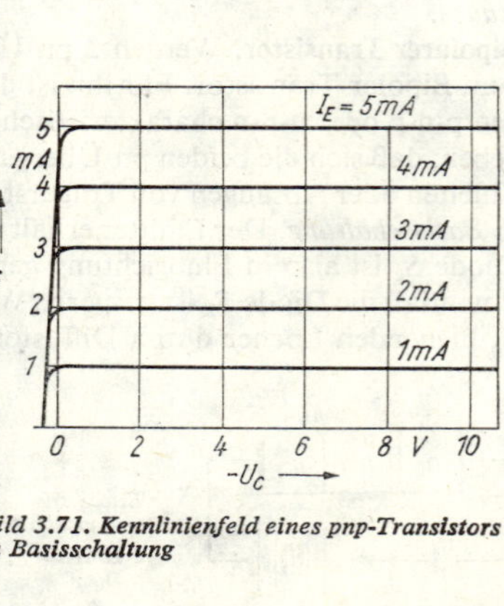

Bild 3.71. Kennlinienfeld eines pnp-Transistors in Basisschaltung

Der Wirkungsweise des Transistors entspricht sein *Kennlinienfeld* in der Basisschaltung (Bild 3.71): Der von der Kollektorspannung U_C unabhängige Kollektorstrom I_C ist gleich dem Emitterstrom (als Parameter vermerkt). Daß die Kurven bereits bei schwach positiver Kollektorspannung anzusteigen beginnen, liegt daran, daß der Basisstrom I_B über der Basisstrecke einen Spannungsabfall von etwa 0,1 V erzeugt, so daß der Kollektor bereits bei $U_C = 0$ in Sperrichtung gepolt ist und der Kollektorstrom erst bei $U_C = +0{,}1$ V verschwindet.

Die Stromverstärkung des Transistors

$$\alpha = \left|\frac{dI_C}{dI_E}\right| \tag{3.275}$$

läßt sich bis auf wenige Promille auf den idealen Wert 1 bringen.

Da durch die Basis nur der sehr geringe Differenzstrom $I_E - I_C$ fließt, wird für Steuerzwecke meist die *Emitterschaltung* bevorzugt. Das zugehörige Kennlinienfeld mit dem Basisstrom I_B als Parameter zeigt Bild 3.72. Hierbei fließt bereits bei stromloser Basis ein geringer

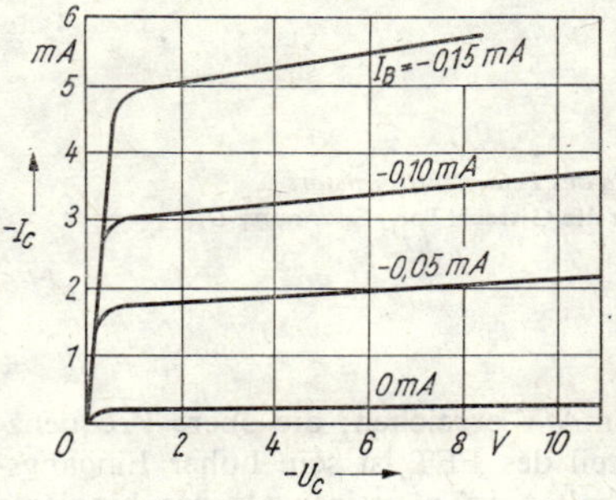

Bild 3.72
Kennlinienfeld eines pnp-Transistors in Emitterschaltung

Kollektorstrom, der *Kollektorreststrom.* $I_B = 0$ bedeutet, daß der Emitterstrom gleich dem Kollektorstrom ist (Knotensatz). Andererseits ist der Kollektorstrom α-mal so groß wie der Emitterstrom I_E zuzüglich des normalen Sperrstromes I_{C0} der Kollektorsperrschicht. Wegen $I_E = I_C = \alpha I_E + I_{C0}$ folgt

$$I_C = \frac{I_{C0}}{1 - \alpha}. \tag{3.276}$$

Der Sperrstrom wird also allein durch die Anwesenheit einer zweiten benachbarten Sperrschicht, durch die derselbe Strom fließt, um den Faktor $(1 - \alpha)^{-1}$ erhöht, der natürlich sehr groß sein kann.

Die Emitterschaltung führt im Gegensatz zur Basisschaltung zu einer Stromverstärkung.

Unipolar-Transistor. Beim Unipolar-Transistor wird der Strom nur von einer Trägerart getragen. Die moderne Ausführung dieses Steuerelements wird als *Feldeffekttransistor* (FET) bezeichnet. Den grundsätzlichen Aufbau eines Sperrschicht-Feldeffekttransistors zeigt Bild 3.73. Ein z. B. n-dotierter Ge-Stab trägt an seinen Endflächen die Elektroden A und K

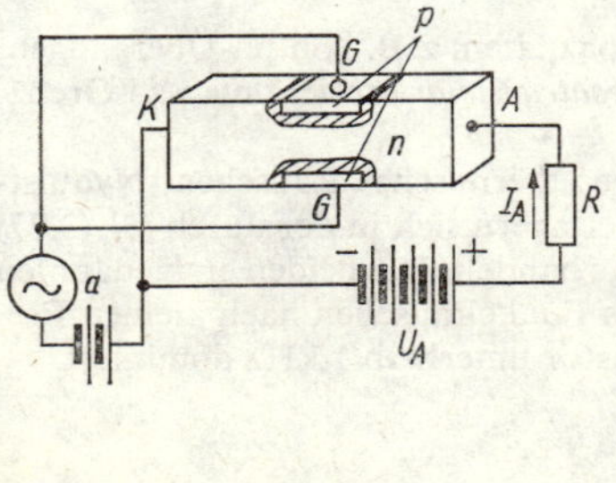

Bild 3.73
Feldeffekttransistor und seine Beschaltung
a Eingangssignal

für den Arbeitsstrom, der als reiner Elektronenstrom die gesamte Stablänge durchfließt. Die seitlich angebrachten Steuerelektroden G sitzen auf kleinen p-dotierten Inseln. Wird an G eine Spannung derart angelegt, daß sie für den pn-Übergang in Sperrichtung wirkt $-U_G$ muß also negativ sein relativ zur Mitte des Ge-Stabes –, so entsteht vor der p-Zone eine Sperrschicht, deren Dicke d mit $|U_G|$ zunimmt [s. Gl. (3.258), wo anstelle von U_D jetzt $U_D + |U_G|$ zu setzen ist] und eine mit der Steuerspannung U_G zunehmende Einschnürung des Strompfades der Elektronen bewirkt (Erhöhung seines Widerstandes). Bild 3.74 zeigt als Beispiel für die beschriebene Steuerwirkung einige Steuerkurven mit U_G als Parameter. Die gewählten Bezeichnungen K, A und G für die Elektroden deuten auf engere Beziehungen zur Vakuumtriode hin. Die Kennlinien im Bild 3.74 ähneln sehr den Kennlinien einer Pentode.

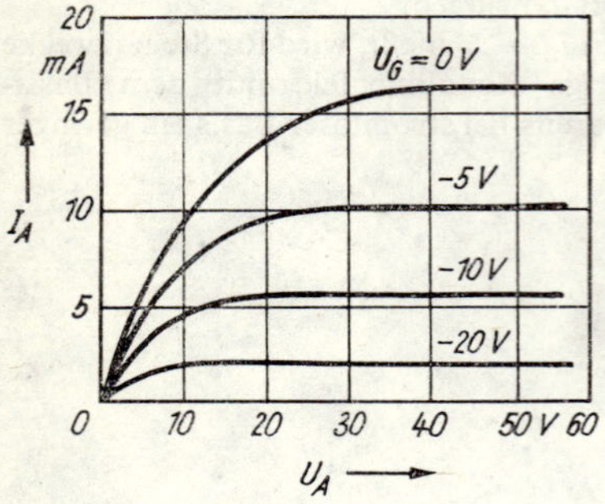

Bild 3.74
Kennlinienfeld des Feldeffekttransistors
Parameter ist die Gitter- (Tor-) Spannung U_G

Mit dem FET lassen sich Steilheiten bis zu etwa 6 mA/V erreichen; die obere Frequenzgrenze liegt bei etwa 50 MHz. Der besondere Vorteil des FET ist sein hoher Eingangswiderstand (bis zu $10^{12}\,\Omega$). Auch sein Rauschverhalten ist günstiger als das bipolarer Transistoren. Diese und weitere Vorzüge, z. B. seine besondere Eignung für den Aufbau integrierter Schaltungen, sichern dem Sperrschicht-Feldeffekttransistor seinen spezifischen Anwendungsbereich. Neuere Entwicklungen gehen dahin, die Steuer-(Gitter-)Elektrode vom leitenden Kanal durch eine dünne Isolierschicht zu trennen. In diesem Fall erfolgt die Steuerung mit Hilfe von influenzierten Ladungen. Dadurch wird der Eingangswiderstand stark erhöht. Man verwendet als Isolierschicht z. B. SiO_2-Schichten von etwa 200 nm Dicke. Diese Transistoren werden als MOSFET (metal-oxide-semiconductor-fieldeffect-transistor) bezeichnet.

Für das nichtstationäre Verhalten von Transistoren gilt folgendes: Wegen der im Vergleich mit Hochvakuumverhältnissen langsamen Trägerbewegung sind schon bei wenigen Kilohertz merkliche Unterschiede der Kenngrößen gegenüber den quasistationären zu konstatieren. Bei höheren Frequenzen machen sich zusätzliche Aufladezeitkonstanten von RC-Kreisen bemerkbar (Sperrschichtkapazitäten). Diese Verhältnisse lassen sich durch Aufstellung von elektrischen Ersatzschaltbildern übersehen, die den physikalischen Gegebenheiten des Transistors angepaßt sind. Am meisten wird das von *Giacoletto* vorgeschlagene Schaltbild verwendet.

Durch konstruktive Maßnahmen werden schädliche Kapazitäten, z. B. von pn-Übergängen, reduziert und damit die Grenzfrequenz erhöht. Beim *Mesatransistor* erreicht man so Grenzfrequenzen von etwa 1 GHz.

Die *Rauschquellen* der Transistoren sind im wesentlichen: thermisches Rauschen (Nyquist-Rauschen), Schrotrauschen und Funkelrauschen. Sie überlagern sich in der durch Gl. (3.77) beschriebenen Weise, da es sich um inkohärente Vorgänge handelt. Die beiden erstgenannten Ursachen erzeugen ein „weißes“ Spektrum, während das Funkelrauschen nach kleinen Frequenzen hin stark ansteigt und daher z. B. im Ge-Transistor unterhalb 1 kHz dominiert.

Lichtelektrische Prozesse in Halbleitern. Zwischen der elektromagnetischen Strahlung und einem Halbleiter können energetische Wechselwirkungen folgender Art bestehen:

1. Ein Photon wird vom Halbleiter absorbiert und verwendet seine Energie hf zum Erzeugen eines Trägerpaares, d.h. zum Anheben eines Elektrons aus dem Valenz- in das Leitband *(innerer Fotoeffekt)*. Die Energiebedingung für diesen Prozeß lautet

$$hf \geqq eU_i; \tag{3.277}$$

U_i Breite der verbotenen Zone.

2. Die bei der *Rekombination* eines Trägerpaares verfügbare Energie eU_i wird als Photon der Frequenz eU_i/h abgestrahlt.

Beide Phänomene werden technisch genutzt. Über die Grenzwellenlänge, die durch Gl. (3.277) festgelegt ist, orientiert Tafel 3.20.

Tafel 3.20. Grenzwellenlängen des inneren Fotoeffektes von Halbleitern

	U_i V	λ_g µm
Se	1,5	0,83
Ge	0,72	1,8
Si	1,11	1,1
PbS	0,40	3,6
PbTe	0,31	4
PBSe	0,25	5
CdS	1,8	0,7
CdSe	1,5	0,8

Fotowiderstand. Da durch den inneren Fotoeffekt Trägerpaare entstehen, nimmt die Leitfähigkeit eines Halbleiters bei Bestrahlung zu. Diese Wirkung wird zu Strahlungsmessungen genutzt. Um die Empfindlichkeit eines solchen Fotowiderstandes zu steigern, muß der Gegenprozeß, die Rekombination, möglichst klein werden. Das Abklingen der Leitfähigkeit nach Abschalten der Strahlungsquelle kann zur Messung des Rekombinationskoeffizienten ϱ [mit Hilfe von Gl. (3.119)] benutzt werden.

Fotowiderstände lassen sich bis ins infrarote Spektralgebiet verwenden, z.B. Bleisulfid- oder Bleitellurid-Widerstände. Da die Eindringtiefe der Photonen etwa 10^{-5} cm beträgt, müssen die Fotowiderstände aus sehr dünnen leitenden Schichten aufgebaut werden, damit der Dunkelstrom klein gehalten wird. Die erste technisch brauchbare Form des Fotowiderstandes war die Selenzelle.

Fotodiode. Eine wesentliche Steigerung der Empfindlichkeit gestattet die Verwendung eines in Sperrichtung vorgespannten pn-Übergangs, wobei die Strahlung mit optischen Mitteln auf die Sperrschicht konzentriert wird, so daß die Paarerzeugung vorwiegend dort erfolgt (Fotodiode). Da in der Sperrschicht die Trägerdichten stark vermindert sind, wird auch die Rekombinationsrate, die proportional pn ist, erheblich reduziert, so daß sich die Trägererzeugung durch den Fotoeffekt voll auswirken kann. Durch das starke Feld werden in der Sperrschicht die erzeugten Träger schnell voneinander getrennt und die Elektronen der n-Schicht, die Löcher der p-Schicht zugeführt, wo sie als Majoritätsträger ohne Gefährdung durch Rekombination weiter zur Elektrode wandern. Praktisch trägt jedes durch Einstrahlung erzeugte Trägerpaar zum Außenstrom bei. Auch die außerhalb der Sperrschicht ausgelösten Träger können in die Sperrschicht hineindiffundieren, wenn ihr Erzeugungsort von dieser nicht viel weiter als die Eindringtiefe L der Minoritätsträger (S. 534) entfernt ist. Um das aktive Volumen der Sperrschicht zu vergrößern, legt man zwischen p- und n-Schicht eine breite Schicht möglichst reinen eigenleitenden Materials. Eine solche Struktur wird auch für Gleichrichterdioden verwendet, um die Sperrspannung zu erhöhen (pin-Struktur). Das Bändermodell einer solchen pin-Fotodiode (i steht für „intrinsic") und der Ablauf eines fotoelektrischen Elementarvorgangs sind im Bild 3.75 skizziert.

Die Ansprechzeit einer Fotodiode beträgt etwa 1 µs, wenn das Licht direkt auf die Sperrschicht fällt. Bei Bestrahlung außerhalb der Schicht kommt hierzu noch die Diffusionszeit der Träger, die einige Mikrosekunden ausmachen kann. Daß der Dunkelstrom der Fotodiode besonders gering ist, nämlich gleich dem Sperrstrom, ist ein weiterer Vorteil dieses Bauelements.

Fototransistor. Eine zusätzliche Verstärkung des Fotostromes läßt sich erreichen, wenn man einen Transistor, etwa des Typs pnp, ohne Basisanschluß verwendet (Fototransistor). Die Strahlung fällt auf den sperrenden Übergang zwischen Basis und Kollektor. Da der Fotostrom auch den Emitter durchfließen muß und von ihm aus als Löcherstrom in die Sperrschicht injiziert wird, kommt eine Strommultiplikation mit dem Faktor $(1 - \alpha)^{-1}$ zustande [s. Gl. (3.276)], der ohne Schwierigkeiten auf etwa 25 gebracht werden kann. Fototransistoren werden vorwiegend als Punktkontaktanordnungen gebaut, bei denen ein dünner Metalldraht eine kleine Ge-Pille punktförmig kontaktiert. Durch ein spezielles Formierungsverfahren wird dann die für die Transistorwirkung notwendige pnp-Folge erzeugt.

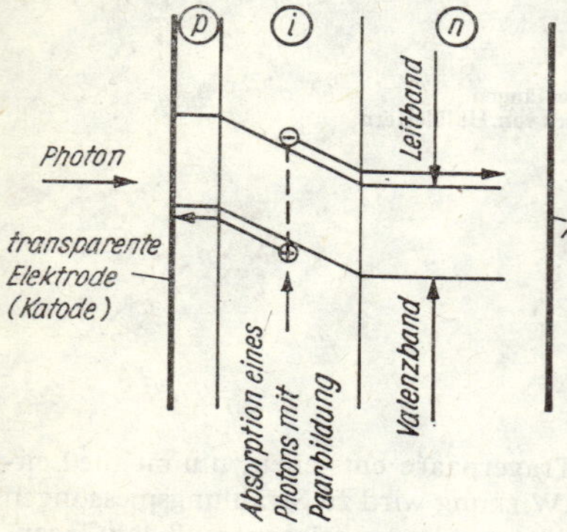

Bild 3.75
Aufbau und Wirkungsweise einer pin-Fotodiode

Fotoelement. Die innere Feldstärke in der Sperrschicht trennt auch ohne eine äußere Spannung die durch ein absorbiertes Photon erzeugten Trägerpaare voneinander. Da die Elektronen in den n-Teil, die Löcher in den p-Teil abwandern, lädt sich der erstere negativ gegen den p-Teil auf. Dieser Potentialunterschied ist im Gegensatz zur Diffusionsspannung U_D von außen meßbar; das Fotoelement kann elektrische Energie abgeben. Die Energie stammt von der Photonenenergie und nicht vom Vorrat an thermischer Energie des Halbleiters, so daß kein Widerspruch zum 2. Hauptsatz besteht. Das Vorzeichen der Aufladung entspricht der Durchlaßrichtung. Im Leerlauf fließt der gesamte Fotostrom als Durchlaßstrom wieder zurück, wobei die Klemmenspannung mit dem Strom, d.h. mit der Strahlungsintensität ansteigt, gemäß der Diodenkennlinie im Durchlaßbereich. Arbeitet die Zelle im Kurzschluß, so fließt der gesamte Fotostrom durch den Außenkreis, aber wegen $U = 0$ liefert das Element keine Leistung. Das Ersatzschema der Zelle besteht aus einem Stromgenerator, dessen Strom der Strahlungsintensität proportional ist, in Parallelschaltung mit einem veränderlichen und einem festen Widerstand, durch dessen Wahl ein Optimum der auszukoppelnden Leistung erreicht werden kann.

Fotoelemente werden seit langem in *Fotometern* (Luxmeter) und *Belichtungsmessern* verwendet. In der Weltraumtechnik finden sie als *Solarzellen* ausgedehnte Anwendung. Sie bestehen teils aus einkristallinem Si, das durch Bordotierung n-leitend ist und von einer sehr dünnen (etwa 1 µm) p-leitenden Si-Schicht bedeckt wird, teils auch aus einem Heteroübergang aus n-leitendem CdS und einer chemisch erzeugten p-leitenden Cu_2O-Schicht. Moderne Solarzellen haben einen beachtlichen Wirkungsgrad: Bis zu 10% der auffallenden Sonnenstrahlung kann in elektrische Leistung umgewandelt werden. Die Leerlaufspannung je Zelle beträgt dann etwa 0,5 V und die Kurzschlußstromdichte etwa 30 mA · cm^{-2}.

Wenn die Breite der verbotenen Zone etwa 1,5 eV überschreitet, was bei SiC und Galliumphosphid zutrifft, liegt die Wellenlänge der bei der Rekombination abgestrahlten Photonen im sichtbaren Bereich. Ein solcher Kristall kann als Lichtquelle *(Leuchtdiode)* verwendet werden. Zur Erhöhung der Lichtintensität muß die Rekombinationsrate *r* gesteigert werden. Man verwendet deshalb einen pn-Übergang in Durchlaßrichtung, in dem die Trägerdichten beider Vorzeichen stark überhöht sind (s. Bild 3.64).

Das Spektrum dieser Lichtquelle umfaßt natürlich auch längere Wellen als nur die Grenzwellenlänge, weil durch eingebaute Traps (S. 535) die Rekombination in mehreren Stufen verschiedener Energie ablaufen kann, so daß ein fast kontinuierliches Spektrum emittiert wird.

Der Licht abstrahlende pn-Übergang, in Durchlaßrichtung gepolt, kann auch als Laser-Strahlungsquelle dienen, wenn dem Kristall 2 parallel reflektierende Flächen angeschliffen werden. Solche *Halbleiterlaser* werden vorteilhaft aus GaAs hergestellt. Bei diesem Material ist die direkte Rekombination der Träger etwa 10^3mal häufiger als in Ge oder Si. Die untere Grenzwellenlänge liegt bei 0,84 µm und die Ansprechzeit im ns-Bereich, so daß Informationen mit sehr schneller Impulsfolge übertragen werden können.

3.4.4.5. Thermoelektrizität

Experimentelle Fakten. In einem aus 2 verschiedenen Leitern gebildeten geschlossenen Kreis entstehen bei thermischem Gleichgewicht zwar innere Spannungen an den beiden „Lötstellen" (Galvani-Spannungen, s. S. 485); diese machen sich aber nach außen nicht bemerkbar. Bei Temperaturunterschieden zwischen den Lötstellen treten neben anderen vorwiegend 2 thermoelektrische Effekte in Erscheinung: der Seebeck- und der Peltier-Effekt.

Seebeck-Effekt. Wenn die beiden Lötstellen eines aus 2 Metallen zusammengesetzten Kreises die Temperaturen T_w und T_k ($T_w > T_k$) haben, so entsteht im Kreis eine Urspannung U_s (Thermospannung), für deren Höhe in einem beschränkten Temperaturbereich gilt

$$U_s = \alpha_{1,2}\,(T_w - T_k); \tag{3.278}$$

$\alpha_{1,2}$ Konstante der beiden kombinierten Metalle.

Für die Polarität der Thermospannung gilt: Man definiert für den aus den beiden Leitern *A* und *B* gebildeten Thermokreis mit den Lötstellentemperaturen 0 und 100 °C die Kenngröße $E_{AB}^{0;100}$ und gibt ihr das positive Vorzeichen, wenn an der warmen Lötstelle (100 °C) der Strom von *A* nach *B* fließt. Die mit Vorzeichen behafteten Werte der Kenngrößen werden in der *thermoelektrischen Spannungsreihe* zusammengestellt, wobei anstelle des Leiters *A* Platin als Bezugsmetall eingesetzt wird (Tafel 3.21).

Tafel 3.21. Thermoelektrische Spannungsreihe

Metall	Bi	Konstantan	Ni	Pt	Al	Ir	Ag	Cu	Fe	Sb
$E_{PtX}^{0;100}$ in mV	−7	−3,4	−1,5	0	+0,4	+0,6	+0,7	+0,75	+1,8	+4,7

Diese Spannungsreihe gestattet nicht nur die Festlegung der Stromrichtung, sondern auch des Betrags der Thermospannungen für beliebige Metallkombinationen. Beispiel: Für das in Temperaturmeßgeräten häufig verwendete Kupfer-Konstantan-Element entnimmt man Tafel 3.21

$$E_{PtCu}^{0;\,100} = +0{,}75\ \text{mV}; \qquad E_{PtKonst}^{0;\,100} = -3{,}4\ \text{mV}.$$

Die Subtraktion ergibt

$$E_{Konst,\,Cu}^{0;\,100} = +4{,}15\ \text{mV}.$$

Der Thermostrom fließt also an der heißen Lötstelle vom Kostantan zum Kupfer. Die Zahlenwerte in Tafel 3.21 sind nicht sehr genau, da sie, wie übrigens auch die Leitfähigkeit der Metalle (S. 524), von Verunreinigungen, Gitterstörungen usw. empfindlich abhängen.

Peltier-Effekt. Wird ein aus 2 Leitern bestehender Kreis vom Strom *I* durchflossen, so wird – abgesehen von der Jouleschen Wärme – an der einen Lötstelle Wärme erzeugt, an der anderen dagegen abgezogen. Diese sog. Peltier-Wärme *Q* ist im Gegensatz zur Jouleschen Wärme der

Stromstärke I direkt proportional:

$$Q = \Pi_{1,2} I; \tag{3.279}$$

$\Pi_{1,2}$ Peltier-Koeffizient der Leiterkombination.

Der Peltier-Effekt ist die Umkehrung des Seebeck-Effektes.

Thermodynamische Betrachtungen. Der Peltier-Effekt ist die Ursache dafür, daß beim stationären Betrieb eines belasteten Thermoelements der warmen Lötstelle dauernd Wärme zugeführt werden muß, um sie auf der konstanten Temperatur T_w zu halten, und der kalten Lötstelle Wärme entzogen werden muß. (Dabei wird zunächst von der Wärmeleitung abgesehen, die ebenso wie der Thermostrom für einen Ausgleich beider Temperaturen sorgt.) Die vom Thermoelement abgegebene Leistung findet ihr Äquivalent in der Differenz der Peltier-Wärme beider Lötstellen:

$$P = U_s I = Q_w - Q_k . \tag{3.280}$$

Andererseits kann nach dem Carnotschen Prinzip bei allen Wärmekraftmaschinen nur der Bruchteil

$$\eta = (T_w - T_k)/T_w \tag{3.281}$$

der zugeführten Wärmemenge Q_w in elektrische oder mechanische Energie umgesetzt werden, so daß gilt

$$P = \frac{T_w - T_k}{T_w} Q_w . \tag{3.282}$$

Aus den Gln. (3.280) und (3.281) folgt

$$Q_w = \frac{T_w}{T_w - T_k} P \quad \text{und} \quad Q_k = \frac{T_k}{T_w - T_k} P . \tag{3.283}$$

Ist der Temperaturbereich klein genug, so daß Gl. (3.278) noch gilt, so kann $P = U_s I = \alpha_{1,2} (T_w - T_k) I$ gesetzt werden, und damit wird aus Gl. (3.283)

$$Q_w = \alpha_{1,2} I T_w \quad \text{und} \quad Q_k = \alpha_{1,2} I T_k . \tag{3.284}$$

Da $T_w > T_k$ ist, muß auch $Q_w > Q_k$ sein. Wie bei jeder Wärmekraftmaschine muß also auch in diesem Fall eine gewisse Wärmemenge aus dem hochtemperierten Reservoir ins kältere Reservoir abfließen wie etwa beim Turbogenerator vom Kessel zum Kondensator. Das ist eine allgemeine Folgerung des 2. Hauptsatzes der Wärmelehre.

Elektronische Deutung thermoelektrischer Phänomene. In einem aus 2 Metallen bestehenden Kreis sind bei gleicher Temperatur der Lötstellen beide Galvani-Spannungen einander gleich und entgegengesetzt gerichtet, so daß sich ihre Wirkungen nach außen kompensieren. Die

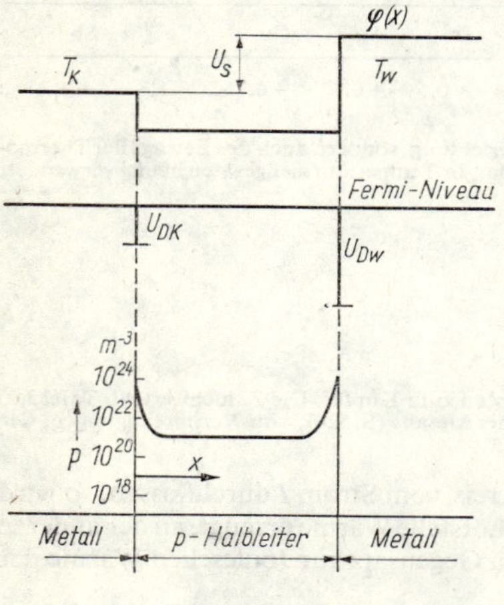

Bild 3.76
Entstehung der Thermospannung zwischen p-Halbleiter und Metall

Galvani-Spannung ist gleich der Differenz der Austrittsarbeiten beider Metalle. Da nun aber die Austrittsarbeit W_a von der Temperatur T des Metalls abhängt (s. Gl. (3.61)), und zwar für beide Metalle in unterschiedlicher Weise, können sich die beiden Galvani-Spannungen an den Lötstellen nicht mehr kompensieren, sobald deren Temperaturen verschieden sind. Es erscheint dann eine mit der Temperaturdifferenz ansteigende Thermospannung.

Technisch bedeutungsvoller ist der Seebeck-Effekt an *Halbleiter-Metall-Kontakten* wegen der wesentlich höheren Thermospannungen. Für ein Stück eines z.B. p-leitenden Halbleiters, das an beiden Enden sperrfrei mit dem gleichen Metall kontaktiert ist, ist der Dichteverlauf $p(x)$ im Bild 3.76 unten aufgezeichnet. (Zur sperrfreien Kontaktierung ist erforderlich, daß sich vor dem Metall im Halbleiter eine Anreicherungsrandschicht aufbaut, d.h., die Löcherdichte muß dort größer sein als im Inneren des Halbleiters.) Die Theorie gibt an, daß die an den beiden Kontakten erscheinenden Galvani-Spannungen angenähert gleich den Diffusionsspannungen U_D sind (s. S. 533), für die man nach Gl.(3.257) schreiben kann

$$U_D = \frac{kT}{e} \ln\left(\frac{p_m}{p}\right); \qquad (3.285)$$

p_m Randschichtdichte der Löcher, p Löcherdichte im Inneren des Halbleiters, das der Randstörung nicht unterliegt; $p_m \gg p$.

Damit folgt für die Thermospannung

$$U_s = \frac{k}{e}(T_w - T_k) \ln\left(\frac{p_m}{p}\right) = \alpha_{1,2}(T_w - T_k). \qquad (3.286)$$

Eine Überschlagsrechnung ($p_m/p \approx 10^3$) zeigt, daß ein Temperaturunterschied von 100 K eine Thermospannung von etwa 60 mV ergibt, also erheblich mehr als nach Tafel 3.21 für metallische Kombinationen. Bild 3.76 enthält oben den Verlauf des Makropotentials $\varphi(x)$. Man sieht, daß die kalte Seite gegenüber der warmen ein positives Potential annimmt. (Positive Potentiale sind nach unten aufgetragen.) In der Anordnung nach Bild 3.76 tritt als eine weitere Ursache für eine Thermospannung der Temperaturabfall längs des Halbleiters auf. Grundsätzlich muß mit diesem Effekt auch bei metallischen Thermoelementen gerechnet werden *(Benedicks-Effekt)*. Er tritt dort allerdings quantitativ zurück, weil bei Metallen das Fermi-Niveau nur sehr wenig von der Temperatur abhängt. Im Halbleiter dagegen ist die Temperaturabhängigkeit des Fermi-Niveaus sehr ausgeprägt. Die Folge davon ist der Aufbau eines elektrischen Feldes, das die Löcher nach der kälteren Stelle hin bewegt und dort die schon durch den Seebeck-Effekt entstandene positive Polarität noch weiter erhöht.

Das im Bild 3.76 skizzierte Modell eines Halbleiterthermoelements gibt auch eine Erklärung des Peltier-Effektes: Durchfließt ein Gleichstrom I das System z.B. von rechts nach links – der Strom kann entweder von außen eingespeist werden oder durch die Thermospannung U_s selbst erzeugt sein –, so muß er zur Überwindung des an der warmen Seite vorhandenen Potentialanstiegs U_{Dw} der Kontaktstelle eine Leistung entziehen, während er an der kalten Seite durch den Potentialabfall U_{Dk} Leistung gewinnt, die er zur Erwärmung der kalten Kontaktstelle verwendet. Beide Wärmetönungen sind mit der Peltier-Wärme identisch. Es gilt

$$Q_w = IU_{Dw} = \frac{kT_w}{e} I \ln\left(\frac{p_m}{p}\right),$$

$$Q_k = IU_{Dk} = \frac{kT_k}{e} I \ln\left(\frac{p_m}{p}\right). \qquad (3.287)$$

Man erkennt leicht, daß damit die Gln.(3.284) und (3.286) bestätigt werden, wenn man U_D aus Gl.(3.285) einsetzt.

Anwendungen der Thermoelektrizität. Es handelt sich um 2 Probleme: Umwandlung thermischer in elektrische Energie *(thermoelektrischer Generator)* sowie Ausnutzung der Peltier-Wärme zum Erreichen tiefer Temperaturen *(Kühlelemente)*. Grundsätzlich wird die Wirtschaftlichkeit dieser beiden thermoelektrischen Einrichtungen dadurch beeinträchtigt, daß die 3 Forderungen, hohe differentiale Thermospannung $\alpha_{1,2}$, hohe elektrische Leitfähigkeit $\varkappa$ und niedrige thermische Leitfähigkeit $\varkappa_w$, schwer zu erfüllen sind. Ein großes $\varkappa$ wird verlangt, um die Joulesche Verlustleistung herabzudrücken, und $\varkappa_w$ muß möglichst gering sein, da sonst zuviel Wärme durch direkte Leitung verlorengeht. Allgemein wird die Eignung eines

Stoffes für die Verwendung zum Aufbau thermoelektrischer Einrichtungen durch die *Güteziffer*

$$Z = \frac{\varkappa}{\varkappa_w} \alpha_{1,2}^2 \qquad (3.288)$$

gekennzeichnet, die möglichst groß sein soll.

Für einen Generator, der zwischen 1000 und 300 K mit einem Wirkungsgrad von 20% arbeiten soll, muß $Z = 0{,}002\ K^{-1}$ sein, und für ein Kühlelement ist $Z = 0{,}01\ K^{-1}$ notwendig, damit ein auf dieser Basis gebauter Kühlschrank, annähernd die Ökonomie kommerzieller Kühlschränke mit Kompressor erreicht. Derart hohe Z-Werte sind nicht mit Metallen, sondern nur mit Halbleitern zu realisieren.

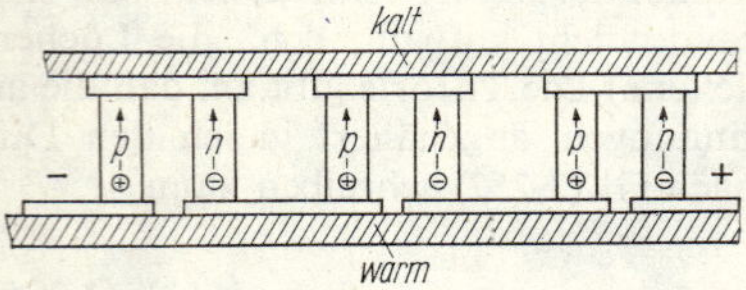

Bild 3.77
Thermoelektrischer Generator aus Halbleiterelementen

Bild 3.77 zeigt den grundsätzlichen Aufbau eines thermoelektrischen Generators mit Halbleitern. Die Thermoelemente werden elektrisch in Reihe, thermisch jedoch parallelgeschaltet. Jedes Element hat 2 Schenkel aus p- bzw. n-leitendem Material. In jeder Säule wandern die Träger unabhängig vom Vorzeichen von der warmen zur kalten Seite, d.h. in Richtung des Wärmestromes. Der elektrische Strom hingegen durchfließt alle Säulen hintereinander. Diese Anordnung ist bei Einspeisung von Gleichstrom infolge des Peltier-Effektes grundsätzlich auch als Kältemaschine verwendbar.

3.4.4.6. Ionenleitung in festen Körpern

Mit der Ionenleitung ist grundsätzlich ein *Stofftransport* verbunden wie bei der Stromleitung in flüssigen Elektrolyten. Es entstehen daher auch bei der Festkörperionenleitung an den Elektroden Polarisationen und Zersetzungsspannungen.

Die Leitfähigkeit $\varkappa$ steigt mit der Temperatur T sehr steil an; wie bei der Eigenleitung in Halbleitern gilt der Boltzmannsche Ausdruck

$$\varkappa = \varkappa_0 \exp\left(-w/kT\right). \qquad (3.289)$$

Auch mit der Feldstärke (oberhalb $4\ kV \cdot cm^{-1}$) nimmt $\varkappa$ exponentiell zu, so daß das Ohmsche Gesetz nicht mehr gilt. Der Strom kann durch eine oder durch beide Ionensorten transportiert werden. Man unterscheidet deshalb unipolare und bipolare Leitung.

Die Theorie der Ionenleitung fester Körper lautet: Die Bindung der Ionen an ihre Gitterplätze ist zwar sehr fest, aber nicht unlösbar. Ein durch thermische Wirkung – Phononenstoß – aus seiner Potentialmulde entferntes Ion nimmt entweder einen Zwischengitterplatz ein, oder es diffundiert an die Kristalloberfläche, so daß es eine Leerstelle im Gitter hinterläßt. Ein Ion im Zwischengitterplatz ist natürlich viel schwächer an das Gitter gebunden, als wenn es an einer richtigen Gitterstelle säße, und kann bereits durch ein elektrisches Feld zur Wanderung veranlaßt werden, bis es an eine Leerstelle kommt und dort hängenbleibt. Die Beweglichkeit der Ionen wird im wesentlichen wiederum durch den Boltzmann-Ansatz beschrieben:

$$b = b_0 \exp\left(-W_a/kT\right).$$

W_a ist die *Aktivierungsenergie*, z.B. die Energie, die zur Befreiung des Ions aus seiner Gitterbindung erforderlich ist. Auch der Diffusionskoeffizient befolgt diese Temperaturabhängigkeit.

3.5. Stoffe im Magnetfeld

Die Wechselwirkung zwischen Magnetfeld und Materie wird durch die relative Permeabilität (Permeabilitätszahl) μ_r oder durch die magnetische Suszeptibilität χ_m gekennzeichnet. Es lassen sich 3 Gruppen unterscheiden:

1. paramagnetische Stoffe. μ_r ist wenig größer als 1, χ_m also positiv.
2. diamagnetische Stoffe. μ_r ist wenig kleiner als 1, χ_m also negativ.
3. ferromagnetische Stoffe. μ_r ist sehr viel größer als 1 (bis 10^5).

Tafel 3.22 enthält die Suszeptibilitätswerte einiger para- und diamagnetischer Stoffe.

Tafel 3.22. Suszeptibilitäten para- und diamagnetischer Stoffe bei 0°C

	$10^4\chi_m$		$10^4\chi_m$
Al	0,21	Pb	−0,15
Cr	3,3	Au	−0,39
Mn	10	Cu	−0,10
O_2		Ag	−0,19
(bei 1 bar)	0,02	Bi	−1,8
Na	0,085	Zn	−0,12
K	0,060	Hg	−0,30
Ca	0,21	NaCl	−0,16
Pt	2,5	$CaCl_2$	−0,12

Auf die Methoden zur Messung magnetischer Stoffkonstanten sei nur kurz hingewiesen. Ferromagnetika haben so hohe μ_r-Werte, daß das Verfahren der Induktion in einer den Fluß umfassenden Testspule genügt. Bei den para- und diamagnetischen Stoffen ist man auf die Messung schwacher ponderomotorischer Kräfte angewiesen, die auf kleine Probekörper in stark inhomogenen Feldern ausgeübt werden. Paramagnetika streben danach, Stellen höherer Feldstärke zu erreichen, Diamagnetika wandern umgekehrt zu Stellen möglichst geringer Feldstärke. Dabei liegt das Prinzip zugrunde, die gesamte Feldenergie zum Minimum zu machen.

3.5.1. Paramagnetismus

Die Atome eines paramagnetischen Stoffes haben ein magnetisches Moment. In einem äußeren Magnetfeld richten sich diese atomaren Dipolmomente in Feldrichtung aus. Die atomaren Momente setzen sich vektoriell additiv aus den Bahnmomenten der den Kern umkreisenden Elektronen und den Spinmomenten der um ihre eigene Achse rotierenden Elektronen zusammen.

3.5.1.1. Bahnmoment

Ein auf einer Kreisbahn mit dem Radius r mit der Geschwindigkeit v kreisendes Elektron repräsentiert einen Kreisstrom $I = -ev/2\pi r$ und erzeugt dadurch ein auf der Bahnebene senkrecht stehendes magnetisches Dipolelement (Bahnmoment) der Größe

$$m = Ir^2\pi = \frac{evr}{2}. \tag{3.290}$$

Es hat sich als praktisch herausgestellt, für das magnetische Dipolmoment im atomaren Bereich eine Einheit zu definieren, die den atomaren Verhältnissen besser angepaßt ist als die Einheit nach dem SI. Man gelangt dazu, indem man für r und v die Daten der Elektronenbahn im normalen Wasserstoffatom, also der der Hauptquantenzahl $n = 1$ zugeordneten Bahn übernimmt. Man setzt nach den Gln. (3.29a und b)

$$r = \frac{\varepsilon_0 h^2}{\pi m e^2} \quad \text{und} \quad v = \frac{e^2}{2\varepsilon_0 h}.$$

Damit ergibt sich das Dipolmoment zu

$$m = b = \frac{e\hbar}{2m} = 9{,}27 \cdot 10^{-24}\ \mathrm{A} \cdot m^2. \tag{3.291}$$

Diese Einheit ist eine Naturkonstante, das *Bohrsche Magneton.*

Der Anschluß der neuen Einheit an die Verhältnisse des H-Atoms ist allerdings nur formal zu verstehen. In Wirklichkeit hat die Bahn mit $n = 1$ im H-Atom überhaupt kein magnetisches Moment, weil für sie die Nebenquantenzahl l, die für das Bahnmoment zuständig ist, verschwindet.

Auf ähnliche Weise definiert man für *Kernmomente* eine besondere Einheit, das *Kernmagneton*. Wegen der rund 2000mal größeren Masse der Nukleonen ist das Kernmagneton etwa 2000mal kleiner als das Bohrsche Magneton. Man braucht daher die Kerndipole meist nicht zu berücksichtigen.

3.5.1.2. Spinmoment

Das magnetische Spinmoment des Elektrons läßt sich mangels zuverlässiger Modellvorstellungen nicht in ähnlicher Weise wie das Bahnmoment berechnen. Die Quantentheorie gibt dafür einen etwa 0,1% größeren Wert an als das Bohrsche Magneton. Dieser Unterschied ist vernachlässigbar, d.h., das Spinmoment des Elektrons ist gleich dem Bohrschen Magneton b.

3.5.1.3. Atomares Dipolmoment

Im Atom gibt es sowohl Bahn- als auch Spinmomente der Elektronen; ihre Anordnung hängt von der Atomstruktur ab. Das atomare Gesamtmoment ergibt sich aus ihrer vektoriellen Addition. Bei dieser Addition muß die Lage der Einzelvektoren, das atomare *Vektorgerüst*, bekannt sein. Es kann vorkommen, daß sämtliche Einzelmomente einander aufheben, so daß das Gesamtmoment Null resultiert. Diese gegenseitige Kompensation erfolgt bereits innerhalb der Elektronenschalen, soweit sie abgeschlossen, d.h. voll besetzt sind. Da Edelgase ausschließlich volle Schalen aufweisen, haben sie auch kein atomares Dipolmoment.
Hat ein Atom jedoch einen nicht kompensierten Anteil von Bahn- oder Spinmomenten, so tritt nach außen ein Dipolmoment in Erscheinung, das, wenn es einem Magnetfeld $\boldsymbol{H}$ ausgesetzt wird, ein Drehmoment (Kräftepaar) auf das Atom ausübt. Da das Atom auch noch ein mechanisches *Impulsmoment* hat, das sich wie das magnetische Moment aus Bahn- und Spinanteilen der Elektronen zusammensetzt, muß nach den Gesetzen der Kreiselmechanik das ganze Atom *Präzessionsbewegungen* um die Feldrichtung $\boldsymbol{H}$ ausführen. Der zwischen Feld- und Dipolrichtung liegende Winkel ϑ unterliegt dabei einer besonderen Quantenvorschrift (*Orientierungsquantelung)*, die nur solche Winkel ϑ zuläßt, für die die Projektion p_{mH} des atomaren Dipolmoments auf die Feldrichtung der Bedingung genügt

$$p_{\text{mH}} = \mu_0 g b M. \tag{3.292}$$

g ist eine zwischen 1 und 2 liegende, aus dem Vektorgerüst des Atoms folgende Zahl, der sog. *Landé-Faktor*; M ist eine ganze Zahl. Bild 3.78 veranschaulicht die möglichen Einstellungen der Dipolrichtung für 2 verschiedene Elektronenbahnen im Atom, die durch die Quantenzahl J gekennzeichnet sind.

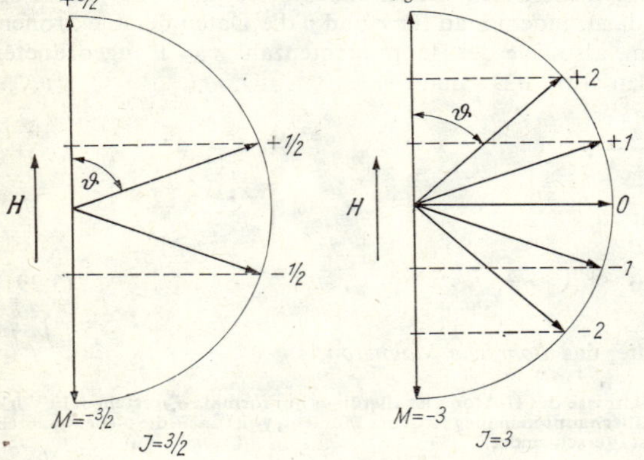

Bild 3.78
Einstellungsmöglichkeiten des atomaren Dipolmoments P_m im Magnetfeld für $J = 3/2$ und $J = 3$

Durch thermische Stöße kann sich der Einstellwinkel ϑ sprunghaft ändern. Die von außen meßbare Suszeptibilität χ_m hängt von der Häufigkeitsverteilung der Winkel ϑ ab, die wieder durch die Boltzmannsche Beziehung gegeben ist. Wenn die potentielle Energie des Dipols im Feld $\boldsymbol{H}$ auf ihren Höchstwert bezogen wird, den sie bei $\vartheta = 90°$, d.h., $M = 0$, hat, wird die zur Quantenzahl M gehörige Energie

$$W(M) = -p_{mH}H = -\mu_0 gbMH, \tag{3.293}$$

und die Wahrscheinlichkeit für ihr Auftreten ist

$$Q = A \exp\left[\frac{-W(M)}{kT}\right] = A \exp\left[\frac{\mu_0 gbMH}{kT}\right],$$

wobei sich der Faktor A durch die Normierung $\sum Q = 1$ ergibt.
Die weitere Rechnung ergibt für die paramagnetische Suszeptibilität

$$\chi_m = \frac{\mu_0 nb^2}{3kT}; \tag{3.294}$$

n Dichte der Atome.

χ_m ist also der Temperatur invers proportional *(Curiesches Gesetz)*.

3.5.2. Diamagnetismus

Der Diamagnetismus ist eine allen Atomen eigene Wirkung des magnetischen Feldes, unabhängig davon, ob sie ein Dipolmoment haben oder nicht. Im ersten Fall wird er durch den viel stärkeren Paramagnetismus überkompensiert und entzieht sich der Messung. Der Diamagnetismus ist die Folge des allgemeingültigen elektromagnetischen Prinzips, der *Induktion*: Bringt man eine Substanz in ein magnetisches Gleichfeld, oder schaltet man bei fester Lage der Probe ein Feld ein, so entsteht wegen

$$\operatorname{rot} \boldsymbol{E} = -\frac{\partial \boldsymbol{B}}{\partial t}$$

ein Wirbel der Feldstärke in der Probe, der die in ihren Bahnen kreisenden Elektronen beschleunigt oder verzögert. Da diese Bahnen widerstandslos durchlaufen werden, bleiben die neuen Bahnparameter auch dann noch bestehen, wenn das Magnetfeld sich auf seinen neuen Wert eingepegelt hat. Ein Analogon zu diesem Verhalten bietet der in einem Supraleiter induzierte Wirbelstrom, der auch bei konstant bleibendem Magnetfeld noch weiterfließt.
Sind in einem Stoff alle magnetischen Dipolmomente kompensiert (z.B. in einem Edelgas), so wird durch den Induktionsstoß beim Einschalten des Magnetfeldes dieser Zustand gestört, die Kompensation also aufgehoben. Die sich dadurch bildenden Dipole müssen nach der Lenzschen Regel dem Magnetfeld $\boldsymbol{H}$ entgegengesetzt gerichtet sein, wodurch das Vorzeichen von χ_m negativ wird; der Stoff verhält sich diamagnetisch. Sind dagegen vor dem Einschalten des Feldes Eigendipole der Atome vorhanden (paramagnetischer Stoff), so werden durch das Einschalten des Feldes die Dipolmomente zwar vermindert, jedoch nicht so weit, daß sie ihr Vorzeichen umkehren; der Stoff verhält sich also nach wie vor paramagnetisch. Allerdings ist seine Suszeptibilität kleiner als vor dem Einschalten des Feldes [kleiner, als z.B. aus Gl. (3.294) folgt].
Beim *Elektronengas* (s. S. 494) lassen sich diese Verhältnisse quantitativ übersehen: Freie Elektronen haben lediglich das Spinmoment mit den beiden Spinquantenzahlen (Einstellungsmöglichkeiten) $s = +\frac{1}{2}$ und $s = -\frac{1}{2}$; sie können sich im Feld $\boldsymbol{H}$ entweder parallel oder antiparallel einstellen. Beide Lagen unterscheiden sich energetisch um $\Delta W = 2\mu_0 bH$, wobei der antiparallelen Einstellung die größere Energie zukommt. Diese Lage ist bei Temperaturgleichgewicht sehr selten (Boltzmann-Verteilung), so daß dem Elektronengas ein Paramagnetismus zuzuschreiben ist. Da sich die Elektronen im Magnetfeld auf Kreisbahnen be-

wegen (S. 473), kommt infolge der Induktion eine diamagnetische Komponente zustande. Als meßbare Suszeptibilität kommt also stets die vorzeichenbehaftete Summe beider Anteile zur Wirkung. Für die Leitungselektronen in Metallen, bei denen die Fermi-Verteilung (S. 445) gilt, wird z.B. die pauschale Suszeptibilität

$$\chi_\mathrm{m} = \frac{3}{2} n\mu_0 \frac{b^2}{W_\mathrm{f}} \left[1 - \frac{1}{3}\left(\frac{m}{m_\mathrm{eff}}\right)^2\right]; \qquad (2.295)$$

W_f Energie der Fermi-Kante,
m_eff effektive Elektronenmasse (s. S. 483).

Für freie Elektronen ist $m = m_\mathrm{eff}$, so daß dann der diamagnetische Anteil $\frac{1}{3}$ des paramagnetischen ausmacht.

3.5.3. Ferromagnetismus

Der für Eisen typische Ferromagnetismus ist auch bei Nickel, Kobalt und einigen Legierungen anzutreffen. Er unterscheidet sich in folgenden Punkten vom Paramagnetismus:

- Die relative Permeabilität ist sehr viel größer als 1.
- Die Permeabilität ist eine Funktion der Feldstärke.
- Bei großen Feldstärken tritt Sättigung ein; die Magnetisierung wird von der Feldstärke unabhängig (Bild 3.79).

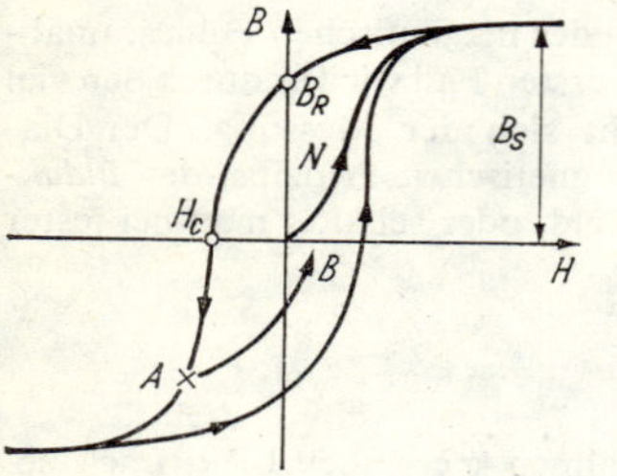

Bild 3.79
Magnetisierungskurve eines ferromagnetischen Stoffes
N Neukurve

- Die Sättigungsmagnetisierung nimmt mit steigender Temperatur ab und erreicht schließlich den Wert Null (Curie-Punkt).
- Die Magnetisierungskurven (z.B. *B* als Funktion von *H*) zeigen Hysteresiserscheinungen.
- Mit der Magnetisierung sind Längenänderungen verbunden (Magnetostriktion).

3.5.3.1. Grundlegende Konzeption der Theorie des Ferromagnetismus

Die ferromagnetischen Elemente Fe, Co und Ni haben die Ordnungszahlen 26, 27 und 28; ihre Elektronenverteilung über die Schalen und Unterschalen ist aus Tafel 3.2, S. 435, ersichtlich. Im Kristallverband werden die beiden 4*s*-Elektronen der *N*-Schale abgetrennt und bilden das Elektronengas (Leitungselektronen). Von den darunterliegenden Schalen sind die *K*- und *L*-Schalen vollständig abgeschlossen und können keinen Beitrag zum magnetischen Dipolmoment geben, da alle ihre Bahn- und Spinmomente vollständig kompensiert sind. Dasselbe gilt auch von den 3*s*- und 3*p*-Elektronen der *M*-Schale, nicht jedoch von den 3*d*-Elektronen. Diese Unterschale kann insgesamt 10 Elektronen aufnehmen und ist bei allen 3 Elementen nicht voll besetzt. Speziell im Eisenatom sind 6 3*d*-Elektronen vorhanden, von denen 5 eine einheitliche Spinrichtung aufweisen; das sechste steht antiparallel. Das atomare Spinmoment des Fe-Atoms ist gleich dem Vierfachen des einzelnen Elektrons. Von evtl. Bahnmomenten kann man absehen, da sie blockiert sind und sich deshalb im Magnetfeld nicht drehen können.

Daß ein solcher Kristall (z. B. aus Eisen) nicht paramagnetisch, sondern ferromagnetisch ist, rührt daher, daß infolge der dichten Packung der Atome im Kristallgitter sehr intensive Wechselwirkungen zwischen den Elektronenspins benachbarter Atomrümpfe bestehen, die bewirken, daß schon ohne äußeres Magnetfeld alle Spins innerhalb eines sehr viele Gitterpunkte umfassenden Bereiches sich einander parallel einstellen. Diese gemeinsame Ausrichtung der Spinmomente wird durch quantenmechanische *Austauschkräfte* (s. S. 424) veranlaßt. Um 2 einander benachbarte Spins aus ihrer Parallelstellung um einen Winkel α herauszudrehen, ist eine Energie (Austauschenergie)

$$W = C\,(1 - \cos\alpha) \tag{3.296}$$

erforderlich. C ist eine Konstante.

Um z. B. alle in 1 m³ Eisen enthaltenen Spindipole aus ihrer Parallelorientierung in eine vollständige räumliche Unordnung ihrer Richtungen überzuführen, werden 10^9 W · s benötigt!

Obwohl nach Gl. (3.296) das energetische Minimum bei $\alpha = 0$, d. h. bei Parallelstellung aller Spindipole, liegt (jedes Ferromagnetikum wäre dann ein im Sättigungszustand befindlicher Dauermagnet), kommt es zu einer anderen Spinorientierung, weil die Austauschkräfte nicht die einzigen Kräfte sind, denen die Spindipole ausgesetzt sind, und der stabile Gleichgewichtszustand dadurch bestimmt ist, daß die *gesamte* potentielle Energie des Systems, zu der alle Kräfte beitragen, ein Minimum wird.
Der *Gleichgewichtszustand* wird durch 3 Energiearten maßgebend bestimmt:

1. *Feldenergie*

$$W_F = \frac{1}{2}\int \boldsymbol{H}\cdot\boldsymbol{B}\,\mathrm{d}V. \tag{3.297}$$

Die Integration muß sowohl den Außenraum (Luft) als auch das Volumen des Ferromagnetikums umfassen. Im letzteren ist die Feldstärke H_i der magnetischen Polarisation entgegengesetzt. Der Zusammenhang zwischen beiden wird durch den *Entmagnetisierungsfaktor N* vermittelt:

$$H_i = -NI/\mu_0\,. \tag{3.298}$$

Daraus folgt für die Feldenergiedichte im Ferromagnetikum

$$w_i = \frac{NI^2}{2\mu_0}. \tag{3.299}$$

Sie liegt in der Größenordnung von 10^5 Ws · m^{-3} und ist geringfügig im Verhältnis zur Austauschenergie. Trotzdem muß ihr Beitrag zur Gesamtenergie berücksichtigt werden.

Ein würfelförmiger Eisenkörper von einigen Zentimeter Kantenlänge, der in seinem ganzen Volumen eine einheitliche Spin-Dipol-Richtung hat (Bild 3.80), erzeugt nicht nur in seinem Inneren, sonder auch außen ein Feld, dessen Gesamtenergie aus den Gln. (3.297) und (3.299) folgt. Unterteilt man das Eisen so in 2 bzw. 4 Teilräume, daß jeweils 2 Schichten mit entgegengesetzten Spinrichtungen nebeneinanderliegen, so werden sowohl die Energiedichte im Außenfeld wegen der verminderten Streuung als auch die Energiedichte des Innenfeldes wegen des kleiner gewordenen Entmagnetisierungsfaktors N erheblich geringer. Insgesamt vermindert sich die Feldenergie durch eine immer feinere Aufteilung in entgegengesetzt gerichtete Dipolbezirke. Da andererseits eine feine Unterteilung die Austauschenergie erhöht – an den Grenzen der Bezirke liegen ja entgegengesetzt gerichtete Dipole unmittelbar nebeneinander –, läßt sich die Unterteilung nicht beliebig fein gestalten, sondern es kommt zu einem Kompromiß zwischen beiden Tendenzen, bei dem die Gesamtenergie minimal ist.

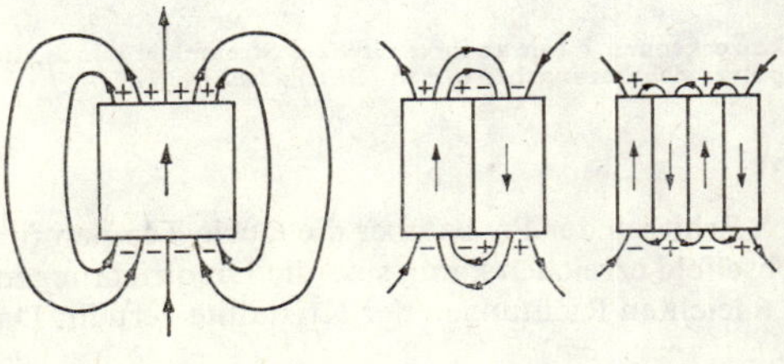

Bild 3.80
Abnahme der Entmagnetisierung eines würfelförmigen Bereiches durch Unterteilung in 2 bzw. 4 kleinere Bezirke

2. *Kristallenergie.* Messungen an Einkristallen haben ergeben, daß es im Kristall bevorzugte, sog. *leichte Richtungen* gibt, in denen die Magnetisierung mit geringerem Energieaufwand gelingt als in anderen Richtungen. Bei Eisen z. B. sind die 3 Würfelkanten energetisch günstige Richtungen, bei Nickel die 3 Raumdiagonalen. Wird ein polykristallines Eisenstück einem Magnetfeld $\boldsymbol{H}$ ausgesetzt, so stellen sich nicht in allen Kristalliten die Dipole in die $\boldsymbol{H}$-Richtung ein, sondern sie richten sich möglichst nach einer der Würfelkanten aus, bevorzugt nach der, die mit der Feldrichtung den kleinsten Winkel einschließt. Dadurch wird Energie gespart. Die Energiedichten betragen bis zu 10^5 Ws · m^{-3}.

3. *Magnetostriktion.* Dieses Phänomen vermittelt einen Zusammenhang zwischen mechanischen Spannungszuständen und magnetischen Größen. Die Längenänderung der Probe geschieht unter Überwindung von Widerständen, da sich die feste kristallografische Orientierung jeder Deformation widersetzt. Die magnetoelastische Energie liefert mit einer Dichte von etwa 100 Ws · m^{-3} den kleinsten Beitrag zur Gesamtenergie des Ferromagnetismus.

Ferromagnetische Stoffe sind in räumliche Bezirke unterteilt, die *Weißschen Bezirke*, in denen eine einheitliche Spinorientierung nach einer der vorhandenen leichten Richtungen vorliegt. Die Linearabmessungen der Bezirke betragen einige Mikrometer; ihre Gestalt ist unregelmäßig. Sie sind in Einzelkristallen ebenso wie im polykristallinen Material zu finden. Ein Kristallit enthält in der Regel mehrere Weißsche Bezirke. Ein Weißscher Bezirk enthält etwa 10^{12} Atome und ebenso viele parallelgerichtete atomare Dipole.

Einander benachbarte Weißsche Bezirke sind durch *Blochsche Wände* gegeneinander abgegrenzt. An beiden Seiten einer solchen Wand haben daher die Dipole unterschiedliche Richtungen. An einer 180°-Wand z. B. wären sie antiparallelgerichtet. Diese Konfiguration würde eine relativ große Austauscharbeit bedeuten. Es ist energetisch günstiger, den Übergang von der Dipolrichtung des einen Bezirkes zu der des anderen Bezirkes quasikontinuierlich zu gestalten (Bild 3.81). Die Spinrichtung ändert sich beim Übergang so, daß die Spitzen der Momentvektoren eine 180°-Wendel beschreiben. Entsprechendes gilt für die 90°-Wand. Die energetisch günstigste Dicke der Bloch-Wand liegt bei etwa 10^{-1} µm (500 Atomlagen).

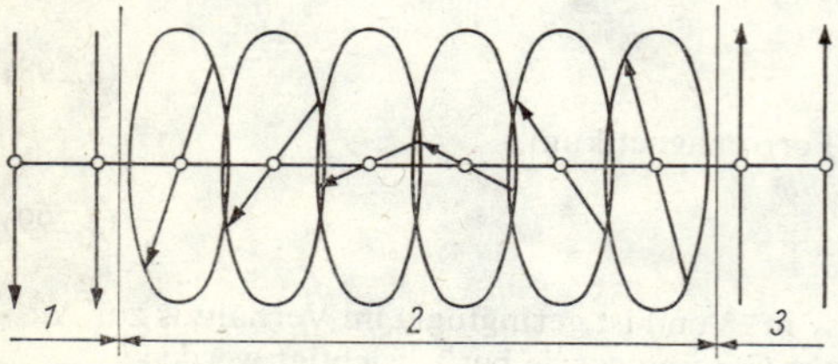

Bild 3.81
Quasistetiger Übergang der Magnetisierungsrichtung in einer 180°-Bloch-Wand
1 Weißscher Bezirk 1
2 Bloch-Wand
3 Weißscher Bezirk 2

Da der Weißsche Bezirk kleiner als ein Kristallit ist, kann sich seine Magnetisierungsrichtung den 3 Vorzugsrichtungen, beim Fe also den Würfelkanten des Gitters, anpassen. Insgesamt gibt es 6 aufeinander senkrecht stehende Vorzugsrichtungen. Zwischen 2 Nachbarbezirken desselben Kristalliten kommen ausschließlich 90°- und 180°-Wände vor. Die Forderung

$$\operatorname{div} \boldsymbol{I} = 0 \tag{3.300}$$

bedeutet, daß die Normalkomponenten der Polarisation auf beiden Seiten der Bloch-Wand einander gleich sein müssen.

Die Weißschen Bezirke lassen sich unter dem Mikroskop erkennen, da sie an ihren Grenzen Streufelder bilden, die sich durch in Öl aufgeschwämmtes, sehr feines Eisenpulver sichtbar machen lassen *(Bittersche Streifen)*.

3.5.3.2. Deutung der Magnetisierungskurve

Im unmagnetischen Zustand, den man durch Erhitzen der Probe über die Curie-Temperatur hinaus oder durch Abmagnetisieren im Wechselfeld erreichen kann, sind die Dipolrichtungen der Weißschen Bezirke gleichmäßig auf die 6 leichten Richtungen der Kristallite verteilt. Da die letzteren räumlich isotrop verteilt sind – abgesehen von Spezialfällen einer Textur (S. 477) –, kommt kein resultierendes magnetisches Moment zustande. Steigert man ein äußeres Magnetfeld $\boldsymbol{H}$ von Null ausgehend, so reagiert das Ferromagnetikum zunächst durch *reversible Wandverschiebungen*: Von 2 benachbarten Bezirken wird der eine energetisch günstiger zum Feld H liegen als der andere, d.h., seine Dipolrichtung bildet mit H einen kleineren Winkel. Dann wächst der erste auf Kosten des zweiten, indem sich die Wand in Richtung auf diesen verschiebt. Der so erreichte neue Zustand ist dann energetisch günstiger. Die reversiblen Wandverschiebungen sind für die Anfangspermeabilität zuständig:

$$\mu_{\mathrm{A}} = \left(\frac{\mathrm{d}B}{\mathrm{d}H}\right)_{H=0}. \tag{3.301}$$

Wird die Feldstärke H weiter erhöht, so werden die Wandverschiebungen irreversibel, und schließlich setzt ein neuer Prozeß ein, die ebenfalls irreversible *Drehung*: Die Dipolrichtungen der Weißschen Bezirke werden aus den kristallografisch bevozugten Lagen immer mehr in Feldrichtung gedreht, wodurch wieder ein energetisch günstigerer Zustand erreicht wird. Das Umklappen der Weißschen Bezirke ist als *Barkhausen-Sprung* akustisch nachweisbar. Sind alle Bezirke in die Feldrichtung eingeschwenkt, kann die Polarisation I nicht weiter zunehmen; es liegt *Sättigung* vor. Bild 3.82 zeigt die ungefähre Verteilung der H-Bereiche, in denen die genannten Prozesse vorherrschen.

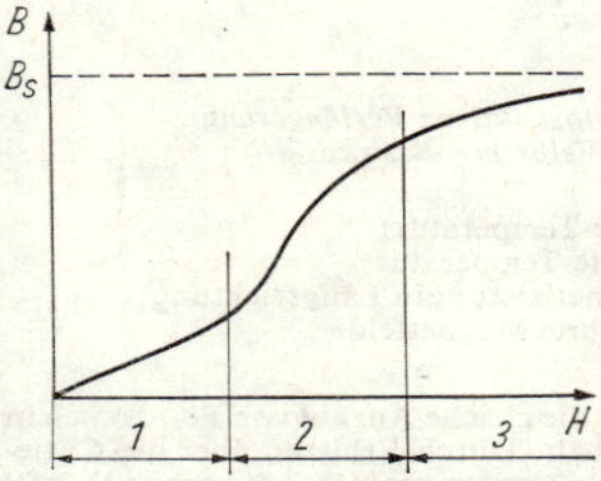

Bild 3.82
Ungefähre Verteilung der elementaren Magnetisierungsprozesse längs der Neukurve
1 reversible Wandverschiebungen
2 reversible und irreversible Wandverschiebungen
3 Drehungen

Bei Verminderung der Feldstärke von diesem Sättigungszustand aus werden zunächst die Drehungen rückgängig gemacht und später dann auch die Verschiebungen der 90°-Wände. Die 180°-Wände dagegen verbleiben in der Lage, die sie bei der Sättigung hatten, da ja beim Aufmagnetisieren die Bezirke, die sich vergrößert haben, richtig zum Feld liegen und diese Lage auch beim Rückgang der Feldstärke beibehalten. Es bleibt also bis zur Feldumkehr (bei $H = 0$) eine Magnetisierung zurück, die *Remanenz*. Im Idealfall sollte der remanente Magnetismus die Hälfte der Sättigung ausmachen, was für spannungsfreie Stoffe ungefähr zutrifft.

Um die letzten irreversiblen Verschiebungen rückgängig zu machen, d.h. $I = 0$ zu erreichen, muß ein Feld $\boldsymbol{H}_c$ in umgekehrter Richtung angelegt werden, wobei H_c die *Koerzitivfeldstärke* ist.

Damit finden der grundsätzliche Verlauf der Magnetisierungskurve und die dabei erscheinende Hysteresis ihre Erklärung. Auch Einzelheiten, z.B., daß man die ursprüngliche $B(H)$-Kurve nicht wieder erreicht, wenn man von einem beliebigen Punkt A (Bild 3.79) ausgeht, ohne die Sättigung erreicht zu haben, sind mit dem angegebenen Modell erklärbar.

Die gesamte $B(H)$-Kurve stellt Gleichgewichtszustände zwischen den ordnenden Tendenzen der Austauschkraft einerseits und der chaotischen Tendenz der thermischen Bewegung andererseits dar. Mit steigender Temperatur überwiegt die letztere, was zur Folge hat, daß die Sättigungspolarisation I_s sinkt und schließlich bei der *Curie-Temperatur* jede Orientierung der Dipole verschwindet; der Stoff verhält sich paramagnetisch. Der Unterschied zwischen Para- und Ferromagnetismus besteht darin, daß beim Paramagnetismus die atomaren Dipole lediglich auf das Außenfeld und die Temperaturbewegung reagieren, während beim Ferromagnetismus eine starke Wechselwirkung die Dipolmomente der Atome durch eine Kopplung ausrichtet, die erst beim Erreichen der Curie-Temperatur aufgebrochen wird.

Sättigungspolarisation und Curie-Temperatur sind Stoffkonstanten. Für Eisen beträgt die Sättigungspolarisation 2,16T und die Curie-Temperatur 769 °C. Für Nickel gelten die Werte 0,60T und 360 °C. Die Sättigungspolarisation sollte gleich der Summe der atomaren Polarisationen je Kubikmeter sein. Da die letztere bei Eisen durch 4 Elektronenspins erzeugt wird, beträgt das Spinmoment eines Fe-Atoms $4\mu_0 b = 4{,}64 \cdot 10^{-29}$ Vsm. Die Atomzahl ist $8{,}1 \cdot 10^{28}\ \mathrm{m}^{-3}$, so daß sich als Polarisation $I = 3{,}76\mathrm{T}$ ergibt. Dieser Wert stimmt mit der gemessenen Sättigungspolarisation befriedigend überein.

3.5.3.3. Magnetostriktion und magnetoelastische Effekte

In kubischen Kristallen aus nichtferromagnetischem Material haben die Gitterpunkte auf allen 3 Achsen voneinander gleiche Abstände, die sog. *Gitterkonstante*. In ferromagnetischen Stoffen dagegen (Fe, Co und Ni kristallisieren ebenfalls kubisch) sind die Elementarzellen des Gitters verzerrt. In einem parallel zu einer Kristallachse (leichte Richtung) magnetisierten Eisenkristall ist der Elementarwürfel in derselben Richtung etwas gedehnt, in den beiden anderen Richtungen dagegen gestaucht, so daß das Volumen und damit auch die Dichte des Eisens konstant bleiben. Diese als Folge der spontanen Magnetisierung erscheinende Verformung des Gitters ist die Grundlage für die Längenänderung eines ferromagnetischen Körpers bei Magnetisierung, die man als *Magnetostriktion* bezeichnet. Ihr Zustandekommen ist durch rein geometrische Überlegungen zu verstehen (Bild 3.83).

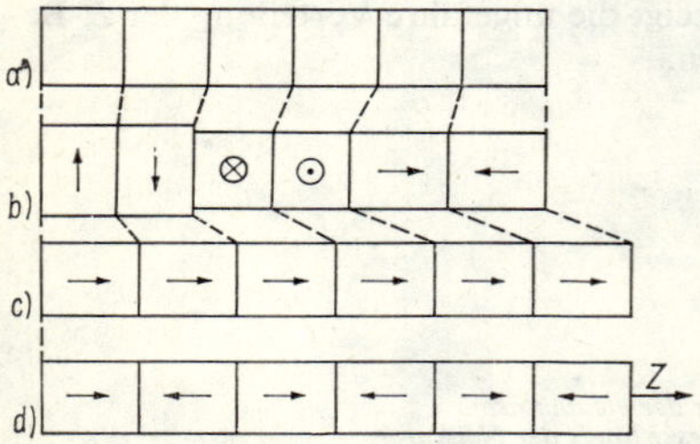

Bild 3.83
Entstehung der magnetostriktiven Verlängerung durch Eindrehen der Weißschen Bezirke in die Feldrichtung
a) oberhalb der Curie-Temperatur;
b) unterhalb der Curie-Temperatur;
c) bei Sättigungsmagnetisierung in Längsrichtung;
d) unter Längszug, ohne Magnetfeld

Es sind 6 in Reihe liegende Weißsche Bezirke dargestellt, von denen ein jeder die gleiche Anzahl von Fe-Atomen in Form eines durch die spontane Magnetisierung deformierten Würfels enthält. Durch Erhitzen über die Curie-Temperatur verschwindet die Polarisation, und aus den deformierten Würfeln werden geometrisch genaue Würfel (Teilbild *a*). Unterhalb der Curie-Temperatur (*b*) tritt trotz der Verzerrung der Würfel keine pauschale Längenänderung auf, weil die Magnetisierungsrichtungen für 6 Bezirke noch räumlich isotrop ausgerichtet sind. Erst wenn die Ausrichtung in Längsrichtung überwiegt, verlängert sich die Probe. Sind alle Momente gleichgerichtet (Sätti-

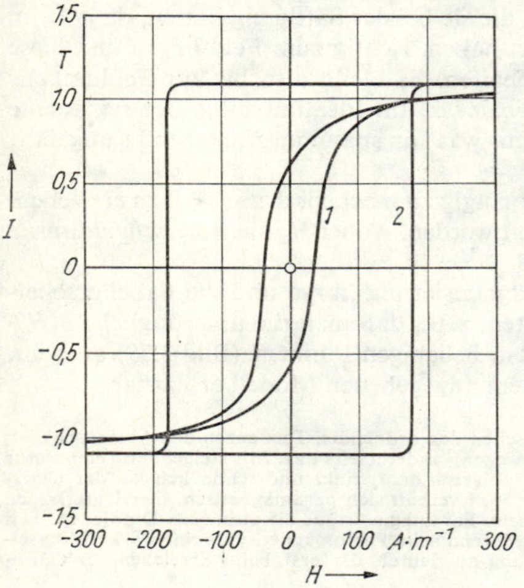

Bild 3.84
Hysteresisschleife von Permalloy
1 spannungsfrei; *2* unter Zugspannung von 180 N · mm⁻²

gung), so hat auch die Länge der Probe ihr Maximum erreicht. Beim Nickel verkürzt sich das Material im Feld, weil hier die in Dipolrichtung liegende Achse kürzer ist.

Der magnetostriktive Effekt ist nicht sehr groß; die relative Längenänderung beträgt z.B. für Eisen maximal $5 \cdot 10^{-6}$ und für Nickel $-3 \cdot 10^{-5}$. Bei Wechselmagnetisierung kann jedoch die Amplitude der Längsschwingung durch Resonanz mit der elastischen Eigenschwingung in der Längsrichtung erheblich verstärkt werden. Technische Anwendungen der Magnetostriktion s. Abschn. 6.1.4., S. 761.

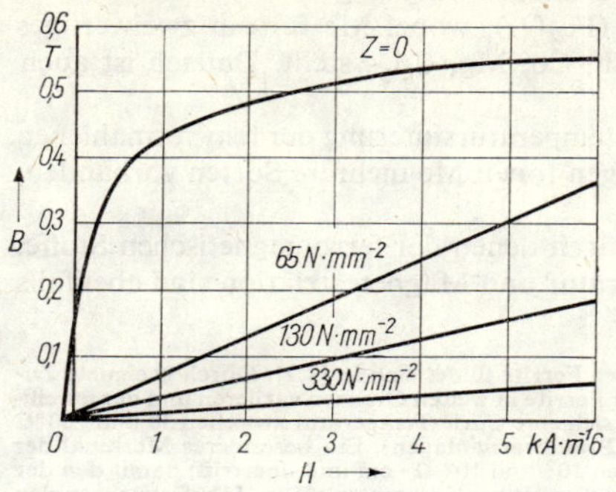

Bild 3.85
Magnetisierungskurven von Nickel in Abhängigkeit von der Zugbelastung

Bild 3.83d zeigt, daß die Bezirke auch ohne äußeres Magnetfeld, allein durch mechanische Zugspannung ausgerichtet werden können, wobei jedoch beide Orientierungen gleich häufig sind. Zwischen der Magnetostriktion und magnetoelastischen Wirkungen bestehen also enge Beziehungen, wie auch durch thermodynamische Überlegungen gefordert wird. Die Bilder 3.84 und 3.85 zeigen die Beeinflussung von Hysteresisschleifen und Magnetisierungskurven durch Zugspannungen.

3.5.3.4. Magnetisierung kleiner Teilchen und dünner Schichten

Verkleinert man die Abmessungen einer ferromagnetischen Probe, so sind interessante Phänomene zu erwarten, wenn das Volumen der Probe so klein wird, daß es nur einen einzigen Weißschen Bezirk umfaßt. Jedes dieser *Einbereichteilchen* ist wegen seiner spontanen Magnetisierung dann ein Dauermagnet. Seine Linearabmessungen liegen bei etwa 10^{-2} µm (100 Atomdurchmesser). Die technische Bedeutung von Einbereichteilchen liegt in der Herstellung leistungsfähiger *Dauermagnete*. Da bei Einbereichteilchen eine Magnetisierung durch Wandverschiebungen entfällt und nur noch Drehungen vorkommen, ist die Koerzitivfeldstärke sehr hoch.

Natürlich müssen die Teilchen durch Einbettung in magnetisch indifferente Stoffe voneinander magnetisch isoliert werden, was durch eine besondere Technologie realisiert werden kann. Die Koerzitivfeldstärke solcher Magneten kann bis zu $6 \cdot 10^4$ A · m^{-1} betragen.

Dünne Schichten ferromagnetischer Stoffe auf neutralem Trägermaterial sind überwiegend parallel zur Schichtebene spontan magnetisiert, da senkrecht zur Schicht der Entmagnetisierungsfaktor so hoch ist, daß aus energetischen Gründen eine Dipolkomponente in dieser Richtung nicht existieren kann. Ist die Schichtdicke kleiner als die zehnfache Dicke der Bloch-Wände des kompakten Stoffes, so verlaufen die Bloch-Wände aus energetischen Gründen senkrecht zur Schicht. Ihre Struktur kann dann bequem durch die Bitterschen Streifen (S. 552) erschlossen werden. Die Sättigungsmagnetisierung parallel zur Schichtebene und die Curie-Temperatur sind bis herab zu Schichtdicken von etwa 1 nm (10 Atomlagen) von der Dicke unabhängig.

Die praktische Bedeutung dünner magnetischer Schichten als Speicherelemente in der Rechentechnik beruht darauf, daß man den Schichten auf einfache Weise eine Vorzugsrichtung für die Magnetisierung einprägen kann, nicht nur durch Tempern im Magnetfeld wie bei kompakten Metallen, sondern bereits durch den Aufdampfvorgang bei der Schichtbildung. Die $B(H)$-Kurven sind fast rechteckig, und die Koerzitivfeldstärke kann bis zu $2{,}5 \cdot 10^4$ A · m^{-1} betragen. Hinzu kommt noch die geringe Zeitdauer zur Ummagnetisierung von wenigen Nanosekunden. Diese kurzen Umschaltzeiten beruhen darauf, daß die Umschaltung in Form kohärenter Drehungen der Bezirksdipole vor sich geht und nicht als Wandverschiebungen, die wegen der Wirbelstrombremsung stets längere Zeiten in Anspruch nehmen.

3.5.4. Ferrimagnetismus

Die seit langem bekannten *Ferrite* verhalten sich im wesentlichen ferromagnetisch; einige interessante und technisch verwertbare Eigenschaften berechtigen jedoch dazu, dem magnetischen Verhalten dieser Gruppe eine besondere Bezeichnung zu geben.
Ferrite sind Verbindungen des Typs $n\,(\mathrm{MeO}) \cdot m\,(\mathrm{Fe_2O_3})$, wobei Me für ein zweiwertiges Ion der Übergangselemente – Mn, Fe, Ni, Cu, Zn, Co, Mg, Cd – steht. Danach ist auch Magnetit (Magneteisenstein, Fe_3O_4) ein Ferrit.
Ferrite werden auf keramischem Wege durch Hochtemperatursinterung der fein vermahlenen Ausgangsstoffe hergestellt. Sind von den zweiwertigen Ionen Me mehrere Sorten vorhanden, spricht man von einem *Mischferrit*.
Die Eigenschaften der Ferrite ähneln in großen Zügen denen der ferromagnetischen Stoffe. Die $B(H)$-Kurven verlaufen ähnlich, Curie-Temperatur und Magnetostriktion sind ebenfalls vorhanden.

Eine vollständige Übersicht aller wesentlichen Kenngrößen der Ferrite findet sich in [3.7]. Durch geeignete Zusammensetzung lassen sich die magnetischen Eigenschaften der Ferrite in weiten Grenzen variieren und der jeweiligen technischen Problemstellung anpassen. Beispielsweise läßt sich eine Curie-Temperatur zwischen 30 und 700 °C erreichen (Verwendung der Ferrite als Temperaturfühler in Brandwarnanlagen). Ein besonderes Merkmal der Ferrite ist ihr hoher spezifischer Widerstand. Er liegt zwischen 10^2 und $10^9\ \Omega \cdot \mathrm{cm}$ und übertrifft damit den der Metalle um das 10^5- bis 10^{15}fache, was für die Verwendung der Ferrite als Kernmaterial für Hochfrequenzspulen wesentlich ist.

Der Ferrimagnetismus beruht auf dem recht komplizierten Kristallbau der Ferrite. Ihre Grundstruktur ist die *Spinellstruktur*. Der Bau des einfachsten Ferrits $\mathrm{MeO} \cdot \mathrm{Fe_2O_3}$ sieht wie folgt aus: Die Grundzelle umfaßt 8 Moleküle (8 Ionen des Metalls Me, 16 Fe-Ionen und 32 O-Ionen). Die O-Ionen bilden eine dichteste kubische Kugelpackung derart, daß 4 Ebenen mit je 8 Ionen übereinanderliegend die Elementarzelle ausfüllen. In diesem Gebilde sind die viel kleineren übrigen Ionen eingelagert, und zwar so, daß 8 von ihnen in „Tetraederlagen", d.h. von jeweils 4 Sauerstoffionen umgeben, plaziert sind, die restlichen 16 in „Oktaederlagen", in denen sie von jeweils 6 Sauerstoffionen umgeben sind.
Für die magnetischen Eigenschaften ist wesentlich, daß aus Gründen des besonderen Kristallbaus die einzelnen Dipolelemente der Metallionen teilweise antiparallel zueinander orientiert sind, ohne einander völlig zu kompensieren, so daß eine Pauschalmagnetisierung des Kristalls zurückbleibt. Das gesamte Gitter läßt sich in 2 *Untergitter A* und *B* so einteilen, daß die Dipolmomente der in A befindlichen Atome oder Ionen denen in B entgegengesetzt gerichtet sind. Die Pauschalmagnetisierung ergibt sich dann als Differenz der Magnetisierungen der beiden Untergitter.

Die Berechnung der Magnetisierung soll am Beispiel des Magnetits erläutert werden: Eine Elementarzelle des Magnetits enthält 8 Moleküle $\mathrm{FeO} \cdot \mathrm{Fe_2O_3}$, also 8 Fe^{++}-Ionen, 16 Fe^{+++}-Ionen und 32 O^{--}-Ionen. Das Untergitter A enthält nur 8 Fe^{+++}-Ionen, das Untergitter B dagegen die restlichen 8 Fe^{+++}-Ionen sowie die noch vorhandenen 8 Fe^{++}-Ionen. Die O^{--}-Ionen werden hinsichtlich ihrer magnetischen Wirkung unberücksichtigt gelassen, da sie Edelgascharakter haben (s. Elektronenkatalog, S. 435). Wegen der abgeschlossenen Schalen gleichen sich alle Bahn- und Spinmomente aus. Das Fe^{++}-Ion verfügt hingegen über 4 nicht kompensierte Spinmomente (s. S. 550), hat also das atomare Dipolmoment $4\mu_0 b$, und das Fe^{++}-Ion, das 5 nicht kompensierte Spins enthält, hat ein Dipolmoment $5\mu_0 b$. Das Untergitter A repräsentiert demnach ein Dipolmoment von insgesamt $40\mu_0 b$ und das Untergitter B $(8 \cdot 4 + 8 \cdot 5)\,\mu_0 b = 72\mu_0 b$. Die Differenz $32\mu_0 b$ ist das Dipolmoment der Elementarzelle. Da sie 8 Moleküle enthält, kommt auf jedes Molekül das Moment $4\mu_0 b$. Messungen haben hierfür ein molekulares Moment von $4{,}2\mu_0 b$ ergeben.

3.5.5. Magnetische Resonanzphänomene

Es sind 3 magnetische Resonanzeffekte bekannt: die paramagnetische, die ferromagnetische und die Kernresonanz. Das Grundsätzliche soll an der paramagnetischen Resonanz erläutert werden. Nach Gl. (3.293) entspricht bei der Einstellung eines atomaren Dipolmoments im Magnetfeld H der ganzzahligen Quantenzahl M die potentielle Energie

$$W(M) = -\mu_0 gbMH. \qquad (3.302)$$

Diese Werte bilden eine äquidistante Reihe mit dem konstanten Energieunterschied $\Delta W = -\mu_0 gbH$. Im Sinne der Planckschen Beziehung $\Delta W = hf$ muß der Energiedifferenz

ΔW die Frequenz

$$f = \frac{\Delta W}{h} = \frac{\mu_0 g b H}{h}$$

zugeordnet werden. Das Atom ist somit befähigt, diese Frequenz zu emittieren oder zu absorbieren. Bei Absorption wird es in einen höheren Energiezustand versetzt, der Einstellwinkel ϑ wird vergrößert. (Bei $H = 4 \cdot 10^5$ A $\cdot$ m^{-1} ist z.B. $f \approx 10^{10}$ Hz.) Tatsächlich läßt sich eine Absorption im Mikrowellenbereich durch vergrößerte Dämpfung des Meßkreises nachweisen.

Für *ferromagnetische* Stoffe gelten die gleichen Überlegungen. Die Intensität der Absorption ist lediglich um einige Größenordnungen größer als bei paramagnetischen Stoffen. Auch die *Kernresonanz* läßt sich nach dem gleichen Gesichtspunkt behandeln; man muß jedoch beachten, daß die Nukleonen, die ausschließlich Träger des Kernmoments sind, eine etwa 2000mal größere Masse als die Elektronen haben. An die Stelle des Bohrschen Magnetons tritt das um Größenordnungen kleinere Kernmagneton. In Gl.(3.302) ist b durch bm/m_k zu ersetzen (m_k Kernmasse). Die Kernresonanz spielt sich daher bei erheblich tieferen Frequenzen ab (Wellenlänge im 100-m-Bereich).

3.5.6. Technische Problemstellungen (s. dazu auch Abschn. 6.1.)

Die Technik stellt an die ferro- und ferrimagnetischen Werkstoffe sehr vielseitige Anforderungen: Für die *Elektroenergietechnik* sind Leistungsverluste durch Hysteresis und Wirbelströme von Bedeutung. Die Permeabilität soll möglichst groß sein. Die Hysteresisverluste lassen sich durch sehr kostspielige Reinigungsverfahren gering halten, aber mit der Forderung nach hoher Reinheit des Eisens steht die Forderung nach hohem spezifischem Widerstand im Widerspruch.

Auch in der *Nachrichtentechnik* sind möglichst geringe Verluste interessant. Da die Reduzierung der Wirbelstromverluste technologisch gesetzte Grenzen hat, geht man zu Massen- und Pulverkernen über, deren energetische Vorteile mit einer Verminderung der Permeabilität erkauft werden. Eine wesentliche Verbesserung stellen die Ferritkerne dar, die einen hohen elektrischen Widerstand mit einer hohen Permeabilität verbinden.

Die Technologie ist bemüht, die Qualität magnetischer Werkstoffe durch geschickte Kombinationen von Walz- und Temperprozessen zu steigern.

Von *Dauermagneten* verlangt man eine hohe Koerzitivfeldstärke bei hoher Remanenz. Der Arbeitspunkt des Dauermagneten liegt im 2. Quadranten der $B(H)$-Kurve (Bild 3.86). Der Entmagnetisierungsfaktor N hängt vom Luftspalt (Arbeitsspalt) ab; er wird Null, wenn kein

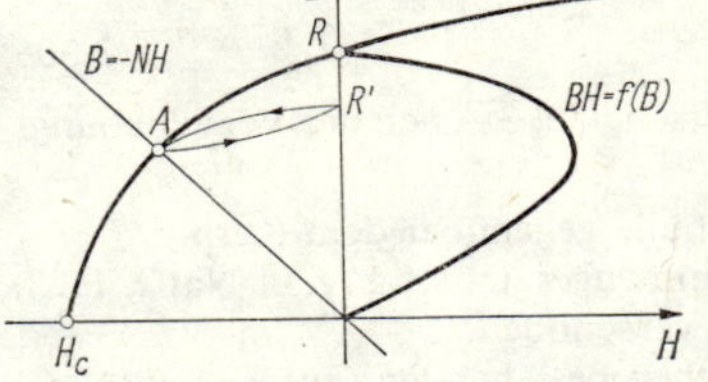

Bild 3.86
Arbeitspunkt und Energieprodukt eines Dauermagneten

Luftspalt vorhanden ist (z.B. beim Ringkern). Die Feldenergie im Luftspalt, die für die energetische Bewertung eines Dauermagneten maßgebend ist, ist dem Produkt BH proportional. Die Beziehung $BH = f(B)$ ist auf der rechten Seite im Bild 3.86 aufgetragen. Das Maximum von BH soll bei demselben B-Wert liegen, der auch dem Arbeitspunkt zukommt.

In der *Datenverarbeitung* spielen magnetische Speicher eine große Rolle. Zum Speichern von Dualzahlen eignen sich Stoffe mit rechteckigen Magnetisierungsschleifen, besonders Rechteckferrite. Mit Ringkernen von 0,5 mm Außendurchmesser lassen sich Zyklusfrequenzen von einigen Megahertz erreichen. Noch höhere Schaltfrequenzen erhält man mit dünnen Schichten, die eine Vorzugsrichtung haben (S. 555).

Zur Speicherung von Sprache und Ton dienen Magnettonbänder. In einem thermoplastischem Trägermaterial werden Fe_2O_3-Teilchen von Würfel- oder Nadelform suspendiert. Sie sind so klein, daß sie als Einbereichteilchen gelten. Ihre Koerzitivfeldstärke liegt zwischen 15 und 25 $kA \cdot m^{-1}$. Da in Einbereichteilchen nur 2 stabile Lagen der Polarisation $\boldsymbol{I}$ möglich sind, zeigen sie rechteckige Magnetisierungskurven, die jedoch durch die isotrope Teilchenorientierung verschliffen werden. Wenn beim Gießprozeß des Tonbandes ein konstantes Magnetfeld wirkt, werden die Teilchen ausgerichtet, so daß die Empfindlichkeit für die Aufzeichnung von Signalen steigt.

3.6. Stoffe im elektrischen Feld

Da die Leitfähigkeit bereits im Abschn. 3.4. behandelt wurde, soll hier vorwiegend die Beeinflussung von Isolatoren durch elektrische Felder betrachtet werden.

3.6.1. Dielektrische Wirkungen im zeitkonstanten Feld

Maßgebend für die nach außen erscheinende Wirkung des Dielektrikums ist die *relative Dielektrizitätskonstante (Dielektrizitätszahl)* ε_r oder die (elektrische) *Suszeptibilität* χ_e. Nur im Hochvakuum ist $\chi_e = 0$. In Materie kommen nur positive χ_e-Werte vor, da eine der magnetischen Induktion entsprechende Erscheinung hier nicht existiert.
Die Suszeptibilität χ_e gibt die *Polarisation* des Dielektrikums an. Es ist

$$\boldsymbol{P} = \boldsymbol{D} - \varepsilon_0 \boldsymbol{E} = \varepsilon_0 \boldsymbol{E} (\varepsilon_r - 1) = \varepsilon_0 \chi_e \boldsymbol{E}. \tag{3.303}$$

Man unterscheidet Verschiebungs- und Orientierungspolarisation.

3.6.1.1. Verschiebungspolarisation

Es gibt Stoffe, deren Moleküle kein elektrisches Dipolmoment haben (nichtpolare Stoffe), bei denen also der Schwerpunkt der positiven Ladung mit dem der negativen zusammenfällt. Beispiele hierfür sind alle einatomigen Stoffe (Edelgase und Metalldämpfe) und ferner alle die Stoffe, deren Moleküle in vollkommener räumlicher Symmetrie aufgebaut sind (CO_2, H_2, CH_4, C_6H_6 usw.). Diesen Stoffen wird erst im elektrischen Feld $\boldsymbol{E}$ ein Dipolmoment aufgeprägt, indem sich durch die Feldkraft die Ladungsschwerpunkte etwas gegeneinander verschieben. Ist q die gesamte Ladung eines Vorzeichens und $\boldsymbol{a}$ der Vektor der gegenseitigen Verschiebung der Ladungsschwerpunkte, so ist das *elektrische Dipolmoment* $\boldsymbol{p} = q\boldsymbol{a}$ und die *Polarisation* $\boldsymbol{P}$ (Dipolmoment der Volumeneinheit)

$$\boldsymbol{P} = n\boldsymbol{p}; \tag{3.304}$$

n Teilchendichte. Der Vektor $\boldsymbol{P}/\varepsilon_0$ heißt *Elektrisierung.*
Die Verschiebung $\boldsymbol{a}$ kann der Feldstärke $\boldsymbol{E}$ proportional angenommen werden, was einer quasielastischen Bindung der Ladungsschwerpunkte entspricht:

$$\boldsymbol{P} = n\alpha\boldsymbol{E}. \tag{3.305}$$

α ist eine Stoffkonstante, die *Polarisierbarkeit.* Man unterscheidet 3 Arten der Verschiebungspolarisation:

1. *Elektronenpolarisation.* Verschiebung der Elektronenhülle gegenüber dem Kern.
2. *Ionenpolarisation.* In Molekülen, die aus Ionen zusammengesetzt sind (z.B. NaCl, HCl), werden die positiven Ionen gegenüber den negativen verschoben.
3. *Gitterpolarisation.* In einem aus Ionen beider Vorzeichen bestehenden Gitter (z.B. NaCl) wird das Untergitter der positiven Ionen als Ganzes gegen das der negativen verschoben.

3.6.1.2. Orientierungspolarisation

Diese Art der Polarisation tritt ausschließlich bei Stoffen auf, deren Moleküle ein elektrisches Dipolmoment haben *(polare Moleküle)*. Das Dipolmoment entsteht durch eine feste (eingefrorene) Verschiebung der beiden Ladungsschwerpunkte. Man bezeichnet solche Dauermomente zur Unterscheidung mit μ.

Ein typischer Vertreter dieser Stoffe ist Wasser: Hier liegen die 3 Atome H–O–H nicht in einer Geraden wie beim CO_2, sondern das O-Atom liegt außerhalb der Verbindungslinie der beiden H-Atome, vergleichbar mit einem in der Mitte etwas geknickten Stäbchen.

Ein elektrisches Feld dreht alle diese Dipole mit dem Moment μ in die Feldrichtung ein, was infolge der thermischen Bewegung nicht vollständig gelingt. Als Gleichgewicht stellt sich eine Polarisation ein:

$$P = \frac{n\mu^2 E}{3kT} \tag{3.306}$$

[vgl. die magnetische Beziehung Gl. (3.294)].
Allgemein hat man mit beiden Arten der Polarisation zu rechnen; die Gesamtpolarisation ist dann

$$P = n\left(\alpha + \frac{\mu^2}{3kT}\right)E, \tag{3.307}$$

und für die elektrische Suszeptibilität folgt

$$\chi_e = \varepsilon_r - 1 = \frac{n}{\varepsilon_0}\left(\alpha + \frac{\mu^2}{3kT}\right). \tag{3.308}$$

Die grafische Darstellung der Suszeptibilität $\varepsilon_r - 1$ als Funktion von $1/T$ zeigt eine Gerade, aus deren Neigung μ und aus deren Achsenabschnitt α ermittelt werden können (Bild 3.87).
Besonders groß ist der Temperaturgang von ε_r, wenn der Gefrierpunkt des Stoffes innerhalb des durchlaufenen Temperaturbereiches liegt. Beim Gefrieren verlieren die molekularen Dipole ihre Bewegungsfreiheit, so daß der von ihnen herrührende Anteil an der Polarisation entfällt.

Bild 3.88 zeigt ein Beispiel: Für $\vartheta > -29\,°C$ wird ε_r durch die Summe von Verschiebungs- und Orientierungspolarisation bestimmt, bei $\vartheta < -29\,°C$ dagegen nur durch erstere. Am Gefrierpunkt nimmt ε_r sprunghaft ab. Die Dielektrizitätskonstante von Wasser springt beim Gefrieren von etwa 80 auf 3,5.

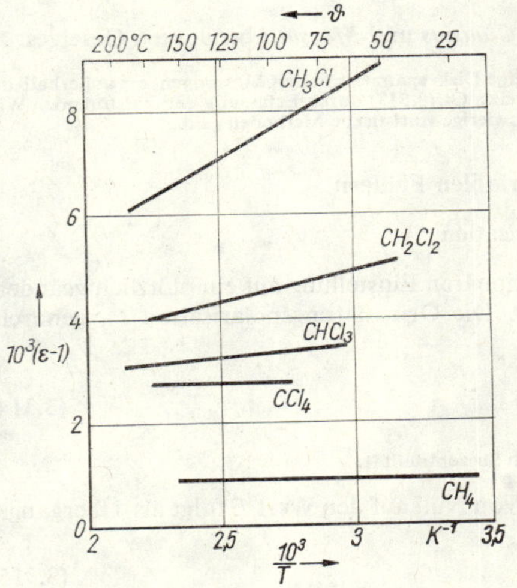

Bild 3.87. Temperaturverlauf der elektrischen Suszeptibilität einiger gasförmiger Halogenverbindungen

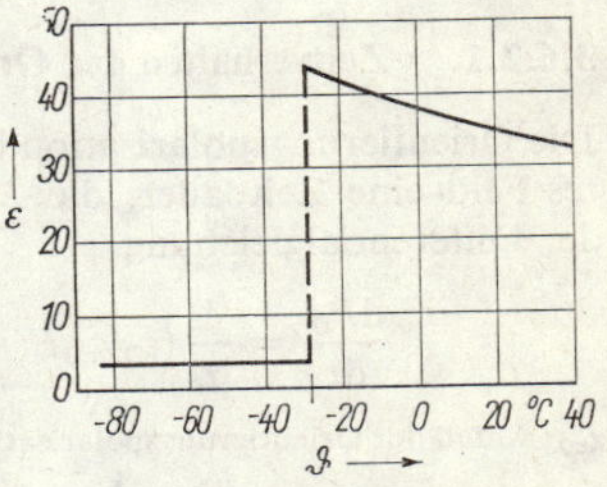

Bild 3.88. Dielektrizitätszahl von Nitromethan in Abhängigkeit von der Temperatur (Gefrierpunkt: −29°C)

3.6.1.3. Clausius-Mossotti-Beziehung

In dichteren Stoffen (Gase unter hohem Druck, Flüssigkeiten oder Festkörper) ist die Störung des elektrischen Feldes durch die Dipole nicht mehr zu vernachlässigen. Man muß dann zwischen der makroskopischen Feldstärke, die durch die Elektrodenform und die angelegte

Spannung der Meßstrecke bestimmt wird, und der *effektiven Feldstärke* E' unterscheiden, die tatsächlich im Inneren des Dielektrikums besteht. Zur Berechnung dieser effektiven Feldstärke müssen die statistisch schwankenden Mikrofelder der Dipole berücksichtigt werden. Das Resultat ist ein relativ einfacher Ausdruck für E':

$$\boldsymbol{E}' = \boldsymbol{E} + \boldsymbol{P}/3\varepsilon_0 . \tag{3.309}$$

Das effektive Feld ist also etwas größer als das makroskopische.
Dieser Sachverhalt erfordert eine Korrektur der Gln. (3.305), (3.306) und (3.307), indem überall E durch E' ersetzt werden muß. Gl. (3.303) bleibt dagegen unverändert, da durch sie makroskopische Größen definiert werden. Aus den Gln. (3.303) und (3.309) gewinnt man das Verhältnis der Feldstärken

$$\frac{E'}{E} = 1 + \frac{\chi_e}{3} = \frac{\varepsilon_r + 2}{3}. \tag{3.310}$$

Unter Berücksichtigung von Gl. (3.307) erhält man

$$P = n\,(\alpha + \mu^2/3kT)\,E'. \tag{3.311}$$

Mit Gl. (3.303) lassen sich die Feldvektoren $\boldsymbol{E}$, $\boldsymbol{E}'$ und $\boldsymbol{P}$ eliminieren, und man erhält

$$\frac{\varepsilon_r - 1}{\varepsilon_r + 2} = \frac{n}{3\varepsilon_0}\left(\alpha + \frac{\mu^2}{3kT}\right). \tag{3.312}$$

Dieser Ausdruck tritt an die Stelle von Gl. (3.308), wenn die Einflüsse des Mikrofeldes nicht mehr vernachlässigbar sind.
In Stoffgemischen überlagern sich die Polarisationen aller Komponenten ungestört, so daß gilt

$$\frac{\varepsilon_r - 1}{\varepsilon_r + 2} = \frac{1}{3\varepsilon_0}\sum_i n_i\left(\alpha_i + \frac{\mu_i^2}{3kT}\right). \tag{3.313}$$

Das ist die allgemeine Formulierung des nach *Clausius* und *Mossotti* benannten Gesetzes.

Gl. (3.313) hat sich experimentell gut bewährt. Geringfügige Diskrepanzen mit den Messungen, die außerhalb der Fehlergrenzen liegen, haben oftmals zu Versuchen angereizt, Gl. (3.313) durch Erfassung der feldstörenden Wirkung der Dipole zu verbessern, was jedoch nur durch schwierige statistische Methoden gelingt.

3.6.2. Dielektrische Wirkungen in zeitvariablen Feldern

3.6.2.1. Zeitverhalten der Orientierungspolarisation

Die Orientierungspolarisation benötigt zur stationären Einstellung auf ein plötzlich geändertes Feld eine Zeitdauer, die *Relaxationszeit* τ. Die Orientierungspolarisation P_0 gehorcht der Differentialgleichung

$$\frac{\mathrm{d}P_0}{\mathrm{d}t} = \frac{1}{\tau}\,(\varepsilon_0\chi_{e0}E - P_0); \tag{3.314}$$

χ_{e0} Anteil der Orientierungspolarisation an der gesamten Suszeptibilität.

Für einen sprunghaften Verlauf der Feldstärke von Null auf den Wert E folgt als Übergangsfunktion

$$P_0(t) = \varepsilon_0\chi_{e0}E\,(1 - \exp(-t/\tau)). \tag{3.315}$$

Bei technischen Problemstellungen ist ein harmonischer Feldverlauf wichtiger. Der eingeschwungene Zustand ist nach Gl. (3.314) durch die Beziehung zwischen den Zeigergrößen

$$\underline{P}_0 = \frac{\varepsilon_0\chi_{e0}}{1 + \mathrm{j}\omega\tau}\,\underline{E} \tag{3.316}$$

gegeben. Mit Berücksichtigung von Gl. (3.303) erhält man für die komplexe Dielektrizitätszahl

$$\underline{\varepsilon}_r = \varepsilon' - j\varepsilon'' = 1 + \frac{\chi_{e0}}{1 + j\omega\tau} = 1 + \frac{\chi_{e0}}{1 + (\omega\tau)^2} - j\frac{\chi_{e0}\omega\tau}{1 + (\omega\tau)^2}. \quad (3.317)$$

Die Ortskurve von $\underline{\varepsilon}_r$ ist ein im 4. Quadranten gelegener Halbkreis, der die reelle Achse bei $\varepsilon_r = 1 + \chi_{e0}$ (für $\omega = 0$) und $\varepsilon_r = 1$ (für $\omega = \infty$) trifft. Im Bild 3.89 ist der Frequenzgang der Komponenten ε' und ε'' von ε_r für den Spezialfall $\chi_{e0} = 5$ aufgezeichnet, gestrichelt der Verlauf des Verlustfaktors $\tan\delta$ (s. S. 562).

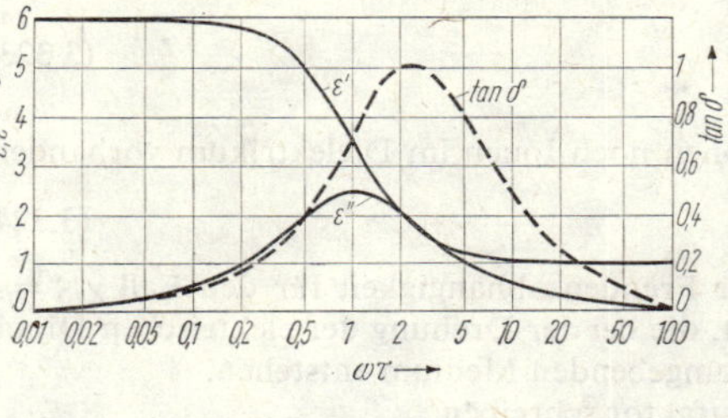

Bild 3.89
Komponenten der komplexen Dielektrizitätszahl und Verlustfaktor (gestrichelt) als Funktion der Frequenz für $\chi_{e0} = 5$

Die entscheidende Größe für das Frequenzverhalten *(Dispersion)* der Dielektrizitätskonstanten ist die Relaxationszeit τ. *Debye* hat für τ folgenden Ausdruck angegeben:

$$\tau = \frac{4\pi a^3 \eta}{kT}; \quad (3.318)$$

a Molekülradius, η Viskosität des umgebenden Mediums.
Gl. (3.318) gilt auch für die Brownsche Bewegung kleiner in Gasen oder Flüssigkeiten suspendierter Teilchen. Setzt man für a und η gangbare Werte ein, so erhält man für τ etwa 10^{-11} s. Da ferner die Viskosität mit steigender Temperatur sehr schnell abnimmt ($\eta \sim \exp(C/T)$), ist die Abnahme von τ mit wachsender Temperatur verständlich.

Eine andere Überlegung übernimmt aus der Theorie des Paramagnetismus (S. 547) die Vorstellung, daß sich auch ein elektrischer Dipol im Feld $\boldsymbol{E}$ nur in diskreten, quantentheoretisch erlaubten Winkelstellungen gegen das Feld befinden kann. Zwischen diesen Lagen bestehen energetische Unterschiede, die *Aktivierungsenergie*. Bereits die Annahme von nur 2 Winkellagen (parallele und antiparallele Einstellung) führt zu einer brauchbaren Gleichung für die Relaxationszeit:

$$\tau = A \exp(W/kT); \quad (3.319)$$

W Aktivierungsarbeit,
A Konstante.

Nach diesem Modell würde dann wie beim Paramagnetismus der Übergang zwischen den beiden Winkellagen sprunghaft erfolgen.
Einige Dielektrika, darunter auch technisch wichtige Isolierstoffe, weichen jedoch erheblich von Gl. (3.319) ab, so daß letztere durch Einbeziehen von mehr als 2 Winkellagen (im Grenzfall unendlich viele) erweitert werden muß. Da jeder Winkellage eine eigene Relaxationszeit τ zukommt, muß man jedem Dielektrikum auch mehrere τ-Werte zuschreiben, deren Häufigkeit durch eine Verteilungsformel $F(\tau)\,d\tau$ erfaßt wird. Wegen der ungestörten Superposition aller Polarisationsanteile wird dann aus Gl. (3.317)

$$\varepsilon' = 1 + \chi_{e0} \int_0^\infty \frac{F(\tau)\,d\tau}{1 - (\omega\tau)^2} \quad \text{und} \quad \varepsilon'' = \chi_{e0} \int_0^\infty \frac{\omega\tau F(\tau)\,d\tau}{1 - (\omega\tau)^2}. \quad (3.320)$$

3.6.2.2. Verlustleistung

Setzt man in die Gleichung für die Stromdichte

$$\underline{G} = (\varkappa + \mathrm{j}\omega\varepsilon_0\underline{\varepsilon}_\mathrm{r})\,\underline{E} \tag{3.321}$$

die komplexe Dielektrizitätszahl $\underline{\varepsilon}_\mathrm{r} = \varepsilon' - \mathrm{j}\varepsilon''$ ein, so ergibt sich

$$\underline{G} = (\varkappa + \omega\varepsilon_0\varepsilon'' + \mathrm{j}\omega\varepsilon_0\varepsilon')\,\underline{E}. \tag{3.322}$$

Für den Verlustfaktor $\tan\delta$ erhält man die allgemeingültige Beziehung

$$\tan\delta = \frac{\varkappa + \omega\varepsilon_0\varepsilon''}{\omega\varepsilon_0\varepsilon'}. \tag{3.323}$$

Ist $\varkappa = 0$, sind also weder bewegliche Elektronen noch Ionen im Dielektrikum vorhanden, so folgt

$$\tan\delta = \varepsilon''/\varepsilon'. \tag{3.324}$$

Dieser Verlustfaktor ist im Bild 3.89 in seiner Frequenzabhängigkeit für den Fall $\chi_{e0} = 5$ aufgetragen. Damit werden die Verluste erfaßt, die bei der Drehung der elektrischen Dipole im Wechselfeld infolge der Reibung mit dem umgebenden Medium entstehen.
Ist dagegen $\varkappa \gg \omega\varepsilon_0\varepsilon''$, so läßt sich der Verlustfaktor schreiben

$$\tan\delta = \frac{\varkappa}{\omega\varepsilon_0\varepsilon'}. \tag{3.325}$$

Das entspricht einer Ersatzschaltung, in der ein ohmscher Widerstand und eine verlustlose Kapazität parallelgeschaltet sind.
Den technischen Gegebenheiten besser angepaßt ist ein inhomogen zusammengesetzter Isolierstoff, in dem gut leitende Raumteile statistisch regellos in ein nichtleitendes Dielektrikum eingebettet sind. Ein Gleichstrom kann durch diese Anordnung nicht fließen, wohl aber werden durch ein elektrisches Feld die leitenden Bezirke polarisiert. Die dadurch entstehenden Dipolmomente beteiligen sich am Aufbau der gesamten Polarisation zwischen den Elektroden *(Zwischenflächenpolarisation)*.

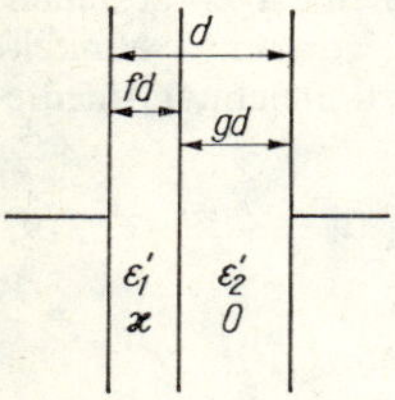

Bild 3.90
Zweischichtenkondensator
$f + g = 1$

Für eine solche Anordnung versagt die Ersatzschaltung aus Kapazität und Parallelwiderstand, die ja einen Gleichstromfluß zuläßt. Man benutzt statt dessen das Modell des zweischichtigen Plattenkondensators (Bild 3.90). Für die außen zu messende Dielektrizitätszahl ε_r gilt

$$\frac{1}{\varepsilon_\mathrm{r}} = \frac{f}{\varepsilon_1' + \varkappa/\mathrm{j}\omega\varepsilon_0} + \frac{g}{\varepsilon_2'}. \tag{3.326}$$

Führt man zur Abkürzung noch diejenigen ε-Werte ein, die sich aus Gl. (3.326) ergeben, wenn $\omega = 0$ (statischer Fall) bzw. $\omega = \infty$ gesetzt wird,

$$\varepsilon_\mathrm{s} = \frac{\varepsilon_2'}{g} \quad \text{und} \quad \varepsilon_\infty = \frac{\varepsilon_1'\varepsilon_2'}{f\varepsilon_2' + g\varepsilon_1'},$$

so gelangt man zum Ausdruck

$$\underline{\varepsilon}_r = \varepsilon' - j\varepsilon'' = \varepsilon_\infty + \frac{\varepsilon_s - \varepsilon_\infty}{1 + j\omega\tau}, \tag{3.327}$$

der formal mit Gl. (3.317) übereinstimmt. Das geschichtete Dielektrikum verhält sich also analog einem idealen, nichtleitenden Dielektrikum mit polaren Molekülen. Allerdings erhält man eine andere Relaxationszeit:

$$\tau = \frac{\varepsilon_0 (f\varepsilon'_2 + g\varepsilon'_1)}{g\varkappa}. \tag{3.328}$$

Zum gleichen Ergebnis führt auch eine zweite, der Realität recht nahekommende Modellvorstellung, indem man die leitenden Bezirke durch kleine Kugeln annähert, die gleichmäßig über das isolierende Material verteilt sind.

3.6.2.3. Zeitverhalten der Verschiebungspolarisation

Für die Auslenkung elastisch gebundener Elektronen bzw. Ionen im elektrischen Wechselfeld gilt die Gleichung für erzwungene Schwingungen:

$$m\ddot{x} + h\dot{x} + kx = e\hat{E}\exp(j\omega t). \tag{3.329}$$

Der Faktor h wird durch die Dämpfung (Reibung) und k durch die Elastizität (Federkraft) der Bindung bestimmt. Die Lösung der Differentialgleichung ist

$$\underline{x} = \frac{e\hat{E}}{m(\omega_0^2 - \omega^2) + j\omega h}; \tag{3.330}$$

$\omega_0 = \sqrt{k/m}$ Eigenfrequenz des schwingenden Teilchens.

Das Dipolmoment ist $\underline{p} = e\underline{x}$ und die *Polarisierbarkeit*

$$\underline{\alpha} = \frac{\underline{p}}{\underline{E}} = \frac{e^2}{m(\omega_0^2 - \omega^2) + j\omega h}. \tag{3.331}$$

Aus Gl. (3.312) folgt mit $\mu = 0$, d.h. bei alleiniger Berücksichtigung der Verschiebungspolarisation, für die *Dielektrizitätszahl*

$$\frac{\underline{\varepsilon}_r - 1}{\underline{\varepsilon}_r + 2} = \frac{n\underline{\alpha}}{3\varepsilon_0} = \frac{ne^2}{3\varepsilon_0 m(\omega_0^2 - \omega^2 + j\omega h/m)}. \tag{3.332}$$

Für ein nicht extrem dichtes Gas ($\varepsilon_r \approx 1$) erhält man als *Suszeptibilität*

$$\underline{\chi}_e = \underline{\varepsilon}_r - 1 = \frac{ne^2}{\varepsilon_0 m(\omega_0^2 - \omega^2 + j\omega h/m)}. \tag{3.333}$$

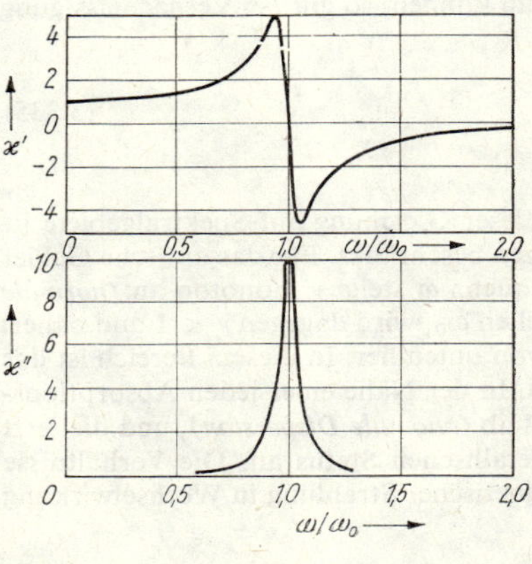

Bild 3.91
Frequenzgang der komplexen Suszeptibilität der Verschiebungspolarisation für $h/m\omega_0 = 0,1$

Trägt man die Komponenten der komplexen Suszeptibilität $\underline{\chi} = \chi' - j\chi''$ als Funktion der auf ω_0 bezogenen Frequenz auf, so erhält man für den Fall $h/m\omega_0 = 0{,}1$ die im Bild 3.91 dargestellten Kurven.

Der Imaginärteil von $\underline{\chi}$ verschwindet in einigem Abstand von der Resonanzfrequenz, und der Realteil geht für $\omega \to 0$ (statischer Fall) gegen 1 und für $\omega \to \infty$ gegen Null. Innerhalb der Resonanzzone ist die Dielektrizitätszahl komplex, so daß nach Gl. (3.324) der Verlustfaktor $\tan \vartheta$ von Null verschieden ist. In diesem Frequenzbereich wird Energie absorbiert, und die Resonanzfrequenz ω_0 bestimmt daher das Absorptionsspektrum des Dielektrikums. Bei der Elektronenpolarisation ist m mit der Elektronenmasse identisch, und die Resonanzfrequenz liegt meist im UV-Gebiet des Spektrums, bei der Ionenpolarisation dagegen wegen der größeren Ionenmasse im infraroten Bereich.

Man kann 3 Frequenzbereiche unterscheiden, in denen sich die verschiedenartigen Ursachen der Polarisation flüssiger und gasförmiger Dielektrika in folgender Weise beteiligen:

1. Unterhalb einer Frequenz von etwa 10^{11} Hz (entsprechend einer Relaxationszeit $\tau = 10^{-11}$ s) wirken alle 3 Polarisationseffekte: Orientierungs-, Elektronenverschiebungs- und Ionenverschiebungspolarisation. Als Resultat ihrer Überlagerung folgt eine verhältnismäßig hohe Dielektrizitätszahl.
2. Oberhalb $f = 10^{11}$ Hz tritt die Orientierungspolarisation zurück, und die Dielektrizitätszahl sinkt auf den Betrag, der allein durch Elektronen- und Ionenverschiebung zustande kommt.
3. Beim Überschreiten der im Infrarot liegenden Frequenz von etwa 10^{13} Hz fällt auch die Polarisation durch Ionenverschiebung aus, und es bleibt allein die Elektronenverschiebung zurück. Dieser Zustand bleibt für das gesamte sichtbare Spektralgebiet bestehen und findet erst im UV-Bereich sein Ende, also bei Frequenzen von etwa 10^{15} Hz. Darüber hinaus hört dann jede Wirkung des Feldes auf das Dielektrikum auf.

Die angegebenen Frequenzgrenzen dürfen nur als Größenordnungen aufgefaßt werden; sie hängen von der Stoffart des Dielektrikums ab. In einem festen Dielektrikum sind, wie bereits erwähnt, die Dipole eingefroren, so daß damit jegliche Beteiligung der Orientierungspolarisation entfällt.

3.6.2.4. Zusammenhang mit der optischen Dispersion

Die Maxwellsche Theorie liefert eine sehr einfache Beziehung zwischen der Dielektrizitätszahl eines Mediums und seinem Brechungsindex ν:

$$\varepsilon_r = \nu^2. \tag{3.334}$$

Da der Brechungsindex sehr genau gemessen werden kann, gelangt man mit seiner Hilfe zu einer genauen Kenntnis von ε_r. Gl. (3.332) läßt sich umschreiben, indem man ε_r jeweils durch ν^2 ersetzt. Berücksichtigt man außerdem, daß i. allg. mehrere Absorptionsfrequenzen ω_{0i} vorhanden und außerdem die verschiedenen Elektronen mit unterschiedlicher Oszillatorenstärke A_i an der Gesamtpolarisation beteiligt sein können, so gilt bei Vernachlässigung der Dämpfung ($h = 0$)

$$\frac{\nu^2 - 1}{\nu^2 + 2} = C \sum_i \frac{A_i}{\omega_{0i}^2 - \omega^2}; \tag{3.335}$$

C Konstante.

Wegen der Voraussetzung $h = 0$ ist die Gültigkeit dieser Gleichung auf Spektralgebiete in genügender Entfernung von den Absorptionsfrequenzen beschränkt. Für das optische Gebiet gilt $\omega < \omega_{0i}$ und damit $\nu > 1$; mit wachsender Frequenz ω steigt ν monoton an *(normale Dispersion)*. Nach Überschreiten aller Absorptionsstellen ω_{0i} wird dagegen $\nu < 1$ und nähert sich mit weiter zunehmender Frequenz dem Wert 1 von unten her. In diesem Bereich ist das Dielektrikum also „optisch dünner" als das Vakuum. In der Nähe einer jeden Absorptionsfrequenz nehmen ε_r und ν mit wachsendem ω schnell ab *(anomale Dispersion)*, und die jetzt sehr starke Absorption nähert das Medium dem metallischen Status an. Die Verhältnisse werden denen im Plasma ähnlich, das mit elektromagnetischer Strahlung in Wechselwirkung tritt (vgl. Abschn. 3.3.2.6.).

3.6.3. Elektrete

Das „Einfrieren" der elektrischen Dipole beim Erstarren des Dielektrikums kann zur Herstellung einer bei Raumtemperatur permanenten Polarisation ausgenutzt werden: Ein Dielektrikum wird im flüssigen oder auch zähflüssigen Zustand einem starken elektrischen Gleichfeld ausgesetzt (etwa $10\,\mathrm{kV \cdot cm^{-1}}$) und unter ständigem Feldeinfluß so weit abgekühlt, daß es fest wird oder eine ausreichende Zähigkeit erlangt, so daß die im Feld ausgerichteten Dipole in ihrer Lage fixiert werden. Man erhält so einen Elektreten, dessen Struktur der eines permanenten Magneten analog ist. Allerdings herrscht im Gegensatz zum Dauermagneten im Elektreten keine Sättigung; nur ein ganz geringer Teil aller Dipole wird ausgerichtet. Wollte man angenähert eine Sättigung erzielen, so müßten Feldstärken angewendet werden, die das Material durchschlagen würden. Geeignete Stoffe für Elektrete sind Wachs, Asphalt und Harz.
Die an den Elektretoberflächen angesammelten Ladungen erzeugen im Inneren des Elektrets ein Feld, so wie es bei der Entmagnetisierung vorliegt, das der eingefrorenen Polarisation entgegenwirkt und im Laufe der Zeit – mitunter bereits nach wenigen Stunden – die Polarisation umkehrt. Der Zustand des Elektrets ist daher nicht so stabil wie der des Dauermagneten auf ferromagnetischer Basis. Dadurch ist seine praktische Verwendung stark behindert.

3.6.4. Ferroelektrizität

Eine Reihe von dielektrischen Stoffen hat Eigenschaften, die stark von den bisher beschriebenen abweichen und mehr an das Verhalten ferromagnetischer Stoffe erinnern.

3.6.4.1. Experimentelle Befunde

1. Die Dielektrizitätszahl ε_r nimmt im Vergleich mit „klassischen" Isolierstoffen sehr hohe Werte an (bis zu 10^5). ε_r ist außerdem eine Funktion der Feldstärke E und hängt zudem noch von der Vorgeschichte des Materials ab. Man beschreibt daher das Verhalten des Ferroelektrikums durch die $D(E)$-Kurve [analog der magnetischen $B(H)$-Kurve], wobei ein vollständiger Zyklus der Feldstärke durchlaufen wird. Eine derartige Kurve zeigt in der Regel *Hysteresisverhalten*, *Sättigungspolarisation*, *Remanenz* und *Koerzitivfeldstärke*.
2. Der Aufbau der Polarisation bei steigender Feldstärke erfolgt unter deutlich nachweisbaren Unstetigkeiten (Analogon zu den Barkhausen-Sprüngen, S. 553).
3. Oberhalb einer kritischen Temperatur T_C, der *Curie-Temperatur*, fällt die elektrische Suszeptibilität nach Art paramagnetischer Stoffe nach dem *Curie-Weißschen Gesetz* mit steigender Temperatur T ab:

$$\chi_e = \frac{C}{T - T_C}. \tag{3.336}$$

4. Ferroelektrizität ist wie Ferromagnetismus auf feste, d.h. kristallinische Stoffe beschränkt. Sie findet sich an 11 von den 32 vorkommenden Kristallklassen, und zwar an den *polaren Klassen (pyroelektrische Klassen)*. Für den Ferromagnetismus kommen demgegenüber lediglich kubische Gitter in Betracht.
5. Mit der Polarisation eines Ferroelektrikums ist meist auch eine Formänderung der Probe verbunden, die *Elektrostriktion*.

Die „klassischen" ferromagnetischen Stoffe sind das Seignette-Salz (Rochelle-Salz) und das Kaliumdihydrogenphosphat (KDP) (KH_2PO_4). Heute kennt man eine große Anzahl ferroelektrischer Stoffe, in erster Linie Phosphate, Tartrate, Sulfate, Alaune, Titanate, Niobate. Vom Standpunkt technischer Verwendung aus gebührt dem Bariumtitanat ($BaTiO_3$) der Vorrang.
Wesentliche Einsichten in den Mechanismus der Ferroelektrizität vermittelt die *Temperaturabhängigkeit* der Dielektrizitätszahl. Am einfachsten sieht die ε_r,T-Kurve beim KDP aus

(Bild 3.92). Bemerkenswert ist die scharfe Spitze bei 122 K. Diese Temperatur kann als Curie-Temperatur (T_C) angesehen werden. Oberhalb T_C gilt das Curie-Weißsche Gesetz nach Gl. (3.336). Der bei 300 K erreichte Endwert $\varepsilon_r \approx 25$ dürfte einem normalen dielektrischen Verhalten entsprechen. Unterhalb T_C liegt deutliches ferroelektrisches Verhalten vor. Die Curie-Temperatur ist andererseits durch eine Umwandlung des Kristallgitters charakterisiert, die röntgenografisch nachweisbar ist: Oberhalb T_C hat KDP eine nichtpolare tetragonale Symmetrie, die keine ferroelektrische Wirkung zuläßt, unterhalb T_C entsteht eine orthorhombische Symmetrie, die das ferroelektrische Verhalten bedingt.

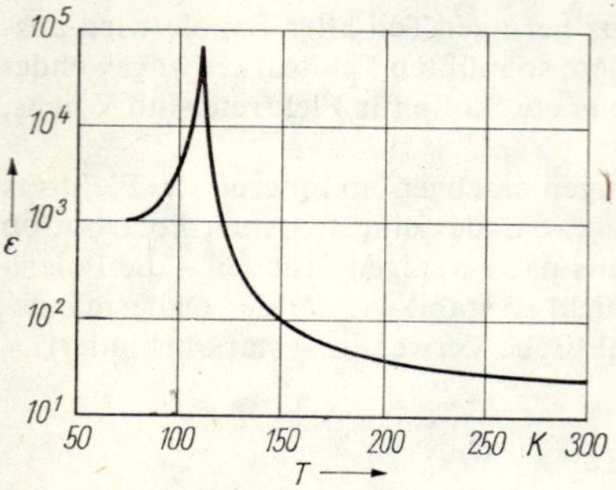

Bild 3.92
Temperaturverlauf der Dielektrizitätszahl von KDP

Komplizierter verhält sich *Seignette-Salz*: Die ε_r,T-Kurve dieses Stoffes zeigt zwei spitze Maxima bei +24 und bei −18 °C. Der ferroelektrische Bereich liegt zwischen diesen beiden Temperaturen. Die beiden kritischen Temperaturen sind ebenfalls mit Gitterumwandlungen verbunden. Im ferroelektrischen Bereich besteht eine monokline, außerhalb dagegen eine rhombische Kristallstruktur.

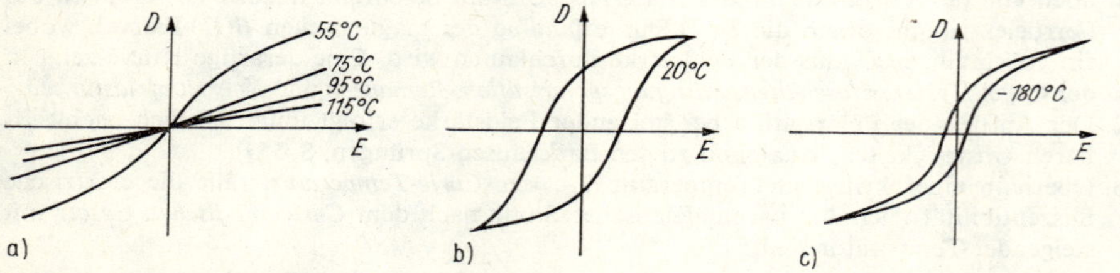

Bild 3.93. D(E)-Kurven eines Ba-Sr-Titanat-Mischkristalls bei verschiedenen Temperaturen oberhalb und unterhalb der Curie-Temperatur (55°C)

Bariumtitanat hat außer der Curie-Temperatur bei 120 °C noch zwei Phasenumwandlungstemperaturen bei +5 und bei −80 °C. Im klassischen Bereich ($T > T_C$) liegt eine kubische Struktur vor, mit sinkender Temperatur folgen tetragonale, rhombische und trigonale Kristallstrukturen aufeinander, wobei jedoch der ferroelektrische Charakter bestehenbleibt. Den Einfluß der Temperatur auf die Form der Elektrisierungsschleife erkennt man am Beispiel eines Ba-Sr-Titanat-Mischkristalls mit einer Curie-Temperatur von 55 °C (Bild 3.93).

3.6.4.2. Theorie der ferroelektrischen Erscheinungen

Bei der Ähnlichkeit ferroelektrischer und ferromagnetischer Phänomene kann man auf Analogien hinsichtlich des physikalischen Mechanismus beider Erscheinungsformen schließen: Wesentliche Teile ferromagnetischer Begriffe und Vorstellungen kann man hier wieder

verwenden, z.B. die Aufteilung des Stoffes in Bereiche (hier *Domänen* genannt), die spontan polarisiert sind und sich im äußeren Feld durch Wandverschiebungen und Drehungen einstellen. Zur Sättigung (Ausrichtung aller Dipolmomente in Feldrichtung) sind Feldstärken von $100\ \mathrm{V \cdot m^{-1}}$ ausreichend. Hinsichtlich der Kraft, die für die Parallelstellung der Dipolmomente innerhalb einer Domäne verantwortlich ist, ergibt sich ein wesentlicher Unterschied gegenüber dem Ferromagnetismus: Während dort quantentheoretische Austauschkräfte verantwortlich gemacht wurden, läßt sich die Ferroelektrizität grundsätzlich vom Boden klassischer Physik aus erklären.
Dazu dient der schon oben eingeführte Begriff des *effektiven Feldes* E' (S. 560), d.h. des Lokalfeldes, das an die Stelle der äußeren Feldstärke E tritt, wenn bereits eine Polarisation P vorliegt. Die Beziehung zwischen E und E' ist durch Gl. (3.309), $\boldsymbol{E'} = \boldsymbol{E} + \boldsymbol{P}/3\,\varepsilon_0$, gegeben. Andererseits gilt nach Gl. (3.305) $\boldsymbol{P} = n\alpha \boldsymbol{E'}$ – die Orientierungspolarisation kann in festen Dielektrika vernachlässigt werden –, so daß man nach Eliminierung von $\boldsymbol{E'}$ erhält

$$\boldsymbol{P} = \frac{n\alpha \boldsymbol{E}}{1 - n\alpha/3\varepsilon_0}. \tag{3.337}$$

Bei $n\alpha = 3\varepsilon_0$ wird der Nenner 0, und die Polarisation kann ohne äußeres Feld als „spontane“ Polarisation bestehen.

Der Temperatureinfluß auf die Dielektrizitätskonstante (Bild 3.92) beruht auf der Konkurrenz der beiden gegeneinander gerichteten Tendenzen, der ordnenden Feldwirkung und der die Ordnung zerstörenden Wärmebewegung. Zwischen beiden stellt sich ein Gleichgewicht ein, bis schließlich bei hoher Temperatur überhaupt keine Ordnung der Dipole möglich ist, so daß paraelektrisches Verhalten vorliegt. Auf dieser Grundlage kann man den Temperaturverlauf von ε_r oberhalb der Curie-Temperatur berechnen.

Die Größe der Domänen wird wie die der Weißschen Bezirke durch die Forderung minimaler Gesamtenergie bestimmt. Die Dicke der Wände zwischen den Domänen ist etwa 100mal geringer als beim Ferromagnetismus. In Kristallen mit nur einer Richtung für die spontane Polarisation (Seignette-Salz, KDP) kommen nur 180°-Wände vor, im kubisch kristallisierenden Bariumtitanat kann jede der 3 Achsen Vorzugsrichtung für die Polarisation sein, so daß auch 90°-Wände möglich sind.

Auch die ferroelektrische Domänenstruktur kann sichtbar gemacht werden: Mit der elektrischen Polarisation sind typische optische Effekte verbunden, die mit Hilfe eines Mikroskops untersucht werden können. Auf diese Weise ist auch die Verfolgung von Wandverschiebungen möglich.

Die Form der *Hysteresisschleife* hängt davon ab, ob ein Einkristall oder ein polykristallines Gefüge vorliegt. Bei Einkristallen erhält man Rechteckkurven, wenn die äußere Feldrichtung $\boldsymbol{E}$ mit einer der möglichen $\boldsymbol{P}$-Richtungen zusammenfällt. Bei Polykristallen kann nicht von einer Sättigung gesprochen werden, da bei Steigerung der Feldstärke immer noch weitere Domänen ausgerichtet werden, die bisher einer Ausrichtung widerstanden hatten.

3.6.5. Piezoelektrizität

3.6.5.1. Experimentelle Befunde

Einige Kristalle (Quarz, Turmalin, Seignette-Salz, Bariumtitanat) lassen sich durch äußere Zug- oder Druckkräfte elektrisch polarisieren. Die elektrischen Ladungen verschwinden allerdings im Laufe der Zeit, auch wenn die auslösende mechanische Kraft weiter wirkt (Ausgleich durch eine geringe Störstellenleitung im Kristall).
Der piezoelektrische Effekt zeigt sich nur an Kristallen, die über mindestens eine polare Achse verfügen. Er ist umkehrbar: Durch Anlegen eines elektrischen Feldes kann man je nach dessen Richtung und Polarität sowohl eine Verlängerung als auch eine Verkürzung des Kristalls hervorrufen *(reziproker piezoelektrischer Effekt)*.

3.6.5.2. Deutung des piezoelektrischen Effektes

Eine auf einen Kristall wirkende mechanische Kraft deformiert ihn. Ist keine polare Achse des Gitters vorhanden (z. B. beim kubischen NaCl-Kristall), so werden alle Ionen unabhängig vom Vorzeichen in der gleichen Weise verschoben, so daß keine Polarisation eintritt. In polaren Kristallen werden bei geeigneter Kraftrichtung die positiven gegen die negativen Ionen verschoben, was eine Gitterpolarisation zur Folge hat. Bild 3.94 erläutert das Zustandekommen der Polarisation beim Quarzkristall. Bild 3.94a zeigt den Aufbau einer aus 3 SiO_2-Molekülen bestehenden Elementarzelle ohne Belastung. Durch einen in x-Richtung wirkenden

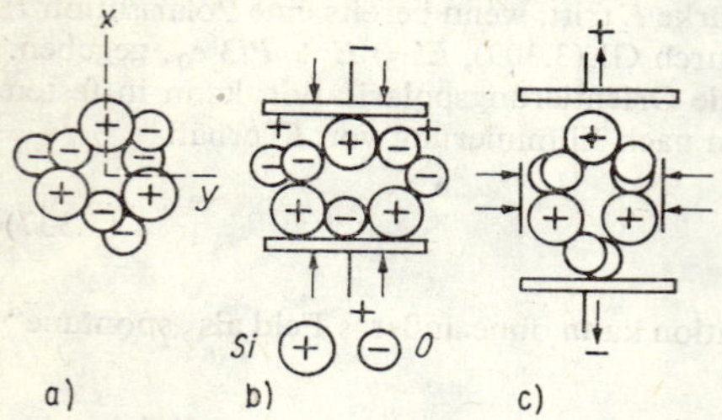

Bild 3.94
Zur Erklärung der piezoelektrischen Wirkung

Druck wird das gesamte Ionenkonglomerat zusammengedrückt (b), so daß es nach der Seite ausweichen muß. Da der Ladungsschwerpunkt der positiven Si-Ionen mehr nach unten gedrückt wird als der Schwerpunkt der negativen O-Ionen, entsteht eine nach unten gerichtete Polarisation $\boldsymbol{P}$ des Ionenhaufens, und die obere Elektrode erhält eine positive Influenzladung. Da Druckkraft und Polarisation parallelgerichtet sind, spricht man vom *longitudinalen Piezoeffekt*. Bild 3.94c zeigt den *transversalen Effekt*: Die Druckkraft wirkt in der y-Richtung, so daß sich der Kristall in x-Richtung streckt und sich damit Polarisation und Plattenladung umkehren.

Aus dem skizzierten Modell läßt sich auch die Existenz des reziproken piezoelektrischen Effektes erklären, die auch durch thermodynamischen Überlegungen gestützt wird. Durch ein äußeres elektrisches Feld $\boldsymbol{E}$, das von oben nach unten gerichtet ist (Bild 3.94), wird der Ionenhaufen genauso zusammengedrückt wie durch einen in x-Richtung wirkenden Druck, wobei die Si^+-Ionen nach unten und die O^--Ionen nach oben gedrückt werden. Es folgt daher eine Verkürzung des Kristalls in x-Richtung und eine Dehnung in y-Richtung.

Man darf den reziproken Piezoeffekt nicht mit der Elektrostriktion verwechseln. Die letztere kann grundsätzlich bei allen Kristallklassen auftreten, während der piezoelektrische Effekt und der dazu reziproke Effekt an die polaren Klassen gebunden sind. Ein weiterer Unterschied liegt darin, daß die Elektrostriktion nicht von der Richtung (Polarität) des Feldes abhängt, also im wesentlichen mit E^2 proportional verläuft, während der Piezoeffekt vorzeichen behaftet ist und daher zunächst proportional zu $\boldsymbol{E}$ verläuft.

Für nicht zu hohe Drücke und Feldstärken lassen sich die Zusammenhänge zwischen mechanischen und elektrischen Größen linearisieren und durch nur 2 Gleichungen erfassen:

$$\left.\begin{aligned} D &= \varepsilon_r \varepsilon_0 E + q T_m, \\ \xi &= q' E + T_m / M; \end{aligned}\right\} \tag{3.338}$$

T_m mechanische Druck- bzw. Zugspannung (in $N \cdot m^{-2}$),
M Youngscher Elektrizitätsmodul (für Quarz gilt $M = 7{,}85 \cdot 10^{10}\ N \cdot m^{-2}$),
q piezoelektrische Konstante (für Quarz ist $q = 2{,}1 \cdot 10^{-12}\ A \cdot s \cdot N^{-1}$),
$\xi = \Delta x / x$ relative Längenänderung in x-Richtung.

Die Konstante q' des reziproken Piezoeffektes ist nach der Thermodynamik gleich der Konstanten q. In Matrizenform läßt sich Gl. (3.338) schreiben

$$\begin{pmatrix} D \\ \xi \end{pmatrix} = \begin{pmatrix} \varepsilon_r \varepsilon_0 & q \\ q & 1/M \end{pmatrix} \begin{pmatrix} E \\ T_m \end{pmatrix}. \tag{3.339}$$

Außerdem gilt stets

$$D = \varepsilon_r \varepsilon_0 E + P. \tag{3.340}$$

Diese beiden Gleichungen genügen zur Berechnung aller piezoelektrischen Effekte bei beliebig vorgegebenen Versuchsbedingungen.

3.6.6. Pyroelektrizität

Unter den piezoelektrischen Kristallen sind einige, die ohne mechanische Beanspruchung allein durch eine Temperaturänderung polarisiert werden können. Dieses Phänomen heißt Pyroelektrizität; ihr klassischer Vertreter ist *Turmalin*. Auch beim pyroelektrischen Effekt bleiben die durch eine Temperaturänderung frei gewordenen Ladungen auf den angebrachten Elektroden nicht bestehen, sondern gleichen sich im Laufe der Zeit entsprechend der spontanen Leitfähigkeit aus. Die Beziehung zum piezoelektrischen Effekt wird offenkundig, wenn man die durch Temperaturänderungen verursachte thermische Deformation des Gitters, also auch der Ionenlagen, berücksichtigt; ein wesentlicher Unterschied zwischen beiden Erscheinungen besteht jedoch darin, daß die pyroelektrischen Kristalle eine permanente Polarisation haben müssen, was bei piezoelektrischen nicht erforderlich ist. Daher ist die Menge der pyroelektrischen Stoffe nur eine Teilmenge der piezoelektrischen. Von den insgesamt 32 Kristallklassen haben 20 Klassen die Eigenschaft der Piezoelektrizität, und unter diesen zeigen 10 Klassen das Phänomen der Pyroelektrizität.

3.6.7. Elektrostatische Aufladungen

Die physikalische Ursache für die Aufladung ist in der *elektrostatischen Doppelschicht* zu suchen, die sich an der Berührungsfläche zweier verschiedener Stoffe bildet.

Für 2 Metalle wurde (S. 485) anhand des Schottkyschen Napfmodells gezeigt, daß der mit der Doppelschicht verbundene Potentialsprung, die Galvani-Spannung, gleich der Differenz der Austrittsarbeiten der beiden kontaktierenden Metalle ist (etwa 1 V). Ähnliche Doppelschichten entstehen bei flächenhafter Berührung von Metall und Halbleiter oder Isolator und beim Kontakt zwischen 2 Halbleitern oder Isolatoren. Beim pn-Übergang (s. S. 532) ist das Doppelschichtpotential mit der sog. Diffusionsspannung identisch.

In den genannten Fällen entsteht die Doppelschicht durch einen Elektronenübergang von einem Stoff zum anderen. Dieser Elektronenwechsel ist notwendig, um das Fermi-Niveau auf beiden Seiten auf eine gleiche Höhe einzupegeln.

Ein für diese Überlegung unwesentlicher Unterschied besteht darin, daß in Metallen die Überschußladung als wirksame Flächenladung angeordnet ist, während bei Halbleitern und bei Isolatoren wegen ihrer viel geringeren Trägerdichten die Störung der Ladungsverteilung weit ins Innere hineingreifen muß, so daß dann eigentlich strenggenommen kein Flächendipol, sondern ein räumlicher Dipol vorliegt.

Entscheidend für die nach der Trennung der kontaktierenden Stoffe wahrnehmbare Aufladung ist die geringe *Leitfähigkeit*, die mindestens einer der Kontaktpartner haben muß. Durch die Trennung wird die Kapazität der Doppelschicht außerordentlich vermindert, bei gleichbleibender Ladung muß somit das Potential stark zunehmen. Da die Ladung nur auf einem schlechten Leiter während der Dauer des Abhebens bestehenbleibt (zwischen gut leitenden Metallen gleicht sich die Ladung über die letzte noch leitende Brücke beim Abheben aus), treten hohe Spannungen nur bei Isolatoren in Erscheinung.
Die spontane elektrostatische Aufladung gehört zu den ältesten Beobachtungen elektrischer Erscheinungen. Die „Reibungselektrizität" diente seit jeher zum Erzeugen größerer Elektrizitätsmengen. Eine obere Grenze für die Ladungsdichte wird durch die Durchschlagsfestigkeit gesetzt, die in normaler Luft etwa 40 kV $\cdot$ cm^{-1} beträgt, durch Drucksteigerung oder Umhüllung mit isolierenden Flüssigkeiten aber noch beträchtlich höher getrieben werden kann.

Messungen elektrostatischer Aufladungen sind sehr schlecht reproduzierbar (sogar hinsichtlich ihres Vorzeichens). Das ist dadurch bedingt, daß die Oberfläche der sich berührenden Körper nicht definiert ist. Sie kann durch Fremdstoffbedeckungen, insbesondere Wasser-oder Gashäute, in völlig unkontrollierbarer Weise verändert werden, so daß sich auch die für die Kontaktspannung maßgeblichen Austrittsarbeiten erheblich ändern; außerdem kann das Doppelschichtpotential durch elektrochemische Prozesse (Lösungstension, s. S. 518) mitbestimmt werden.

3.6.8. Elektrischer Durchschlag

3.6.8.1. Experimentelle Befunde

Allen Isolierstoffen ist das Phänomen des elektrischen Durchschlags gemeinsam. Der dadurch zustande kommende Stromfluß beschränkt sich meist auf einen dünnen Faden, den *Durchbruchskanal*, der bei festen Isolierstoffen eine bleibende Materialveränderung hinterläßt. Die für alle Arten technischer Verwendung von Isolierstoffen maßgebliche Größe ist die *Durchschlagsfestigkeit*, d.h. die Feldstärke E_d, bei der mit einem Durchschlag zu rechnen ist. Sie liegt bei den üblichen Festkörperisolierstoffen bei einigen $10^5\ \mathrm{V \cdot cm^{-1}}$; in dünnen Schichten (Glimmer, Papier, Preßspan) kann sie bis zum Zehnfachen dieses Wertes ansteigen. Flüssige Isolatoren haben i.allg. etwas geringere Durchschlagsfestigkeiten. Die Durchschlagsfestigkeit nimmt mit abnehmender Schichtdicke zu, so daß die Durchschlagsspannung U_d langsamer als proportional mit der Schichtdicke wächst.

3.6.8.2. Theorien des Durchschlags fester Isolierstoffe

Der Durchschlag von Festkörpern kann ein rein elektrischer Vorgang, aber auch durch Erwärmen des Stoffes bedingt oder vorbereitet sein. Meist handelt es sich um eine wechselseitige Unterstützung beider Wirkungen.

Wärmedurchschlag. Die mit der Temperatur T sehr rasch ansteigende Leitfähigkeit fester Stoffe (s. S. 526) bewirkt eine entsprechende Zunahme der Verlustleistung W_e. Wenn diese nicht schnell genug durch Wärmeleitung abgeführt wird, kann der Prozeß instabil verlaufen, und die Temperatur der Durchbruchsstelle steigt dann beliebig hoch an, ebenso natürlich die Leitfähigkeit.

Zur rechnerischen Übersicht sind erhebliche Vereinfachungen nötig. Die Leitfähigkeit $\varkappa$ einer zylindrischen Säule parallel zur Feldrichtung, die den Querschnitt Q und die Länge S (Dicke der Isolierschicht) hat, soll nach

$$\varkappa = \varkappa_0 \exp(\alpha\vartheta) \tag{3.341}$$

mit der Temperatur ansteigen, wobei $\vartheta = T - T_0$ die Übertemperatur bedeutet. Dies ist eine brauchbare Näherung anstelle des Ausdrucks nach Gl. (3.251). Liegt über der Schichtdicke S die Spannung U, so berechnet sich die im Kanal mit dem Querschnitt Q erzeugte Wärmeleistung zu

$$W_e = \frac{U^2\varkappa Q}{S} = \frac{U^2 Q\varkappa_0}{S} \exp(\alpha\vartheta). \tag{3.342}$$

Nimmt man an, daß die gesamte Wärme radial aus dem Kanal abgeleitet wird, so kann man für die abfließende Wärmeleistung setzen

$$W_a = bS\sqrt{Q}\vartheta, \tag{3.343}$$

worin b eine Stoffkonstante ist. Beide Ausdrücke gleichgesetzt, ergibt die Beziehung

$$\exp(\alpha\vartheta) = A\vartheta \quad \text{mit} \quad A = \frac{b}{E^2\varkappa_0\sqrt{Q}}. \tag{3.344}$$

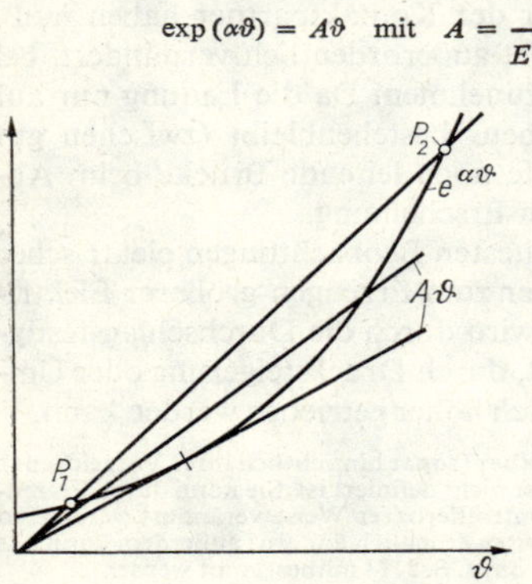

Bild 3.95
Zur Theorie des Wärmedurchschlags

Die grafische Lösung zeigt Bild 3.95. Die rechte Seite von Gl. (3.344) stellt eine vom Nullpunkt ausgehende Schar von Geraden mit der Steigung A dar. Ist A groß genug, d.h. Feldstärke E klein genug, so existieren 2 Schnittpunkte P_1 und P_2 zwischen der Geraden und der Kurve. Diese entsprechen 2 möglichen Zuständen des Systems, von denen derjenige stabil ist, der der tieferen Temperatur zukommt (P_1). Wird E erhöht, so dreht sich die Gerade nach rechts und wird schließlich zur Tangente der Kurve. Von da an wird der Vorgang instabil, da bei weiter zunehmender Feldstärke die Joulesche Wärme nicht mehr abgeleitet werden kann, so daß sich der Kanal beliebig hoch aufheizt, womit der Durchbruch vollzogen ist.

Die Durchbruchsfeldstärke E_d folgt aus der Bedingung

$$\frac{d}{d\vartheta}\,[\exp(\alpha\vartheta)] = A \quad \text{oder} \quad \alpha \exp(\alpha\vartheta) = A,$$

und wegen $\exp(\alpha\vartheta) = A\vartheta$ folgt $\alpha\vartheta = 1$, so daß schließlich wird

$$E_d = \sqrt{\frac{b}{\varkappa_0 \alpha e \sqrt{Q}}}. \tag{3.345}$$

Danach hängt E_d nicht von der Schichtdicke S ab, was dem erwähnten experimentellen Befund widerspricht. Diese Diskrepanz liegt in der Vernachlässigung der Wärmeströmung zu den beiden Elektroden hin, die die radiale Komponente um so mehr überwiegt, je dünner die Schicht ist. Die genauere Berechnung von E_d müßte auch die Wärmeableitung durch die Elektroden berücksichtigen, ferner auch eine evtl. Abhängigkeit des Kanalquerschnitts Q von der Feldstärke und wäre dann nicht mehr elementar durchzuführen.

Die Entwicklung des Wärmedurchschlags erfordert eine bestimmte Zeitdauer, da die in Frage kommenden Wärmekapazitäten erst aufgeheizt werden müssen, um die Durchschlagstemperatur zu erreichen. Der zeitliche Temperaturverlauf wird durch die Differentialgleichung

$$QS\varrho c \frac{d\vartheta}{dt} = W_e - W_a \tag{3.346}$$

beschrieben, aus der sich die zur Erreichung einer beliebigen Übertemperatur ϑ erforderliche Zeitspanne τ berechnen läßt:

$$\tau(\vartheta) \quad QS\varrho c \int_0^\vartheta (W_e - W_a)\, d\vartheta; \tag{3.347}$$

ϱ Dichte, c spezifische Wärme des Ioslierstoffs. W_e und W_a sind aus den Gln. (3.342) und (3.343) zu entnehmen.

Elektrischer Durchschlag. Der Mechanismus des Wärmedurchschlags genügt nicht zu einer umfassenden Erklärung aller beobachteten Durchschlagsphänomene. Dazu wird die auch im Halbleiter mögliche *Stoßionisation* mit anschließender *Lawinenbildung* herangezogen (s. S. 503). Ein derartiger Mechanismus kann auf jeden Fall eine ausreichende Trägeranzahl bereitstellen, so daß ein gut leitender Kanal entsteht, wobei je nach den besonderen Umständen auch der Wärmeproduktion ein wesentlicher Beitrag zur Erhöhung der Leitfähigkeit zukommt, namentlich in den späteren Stadien des Durchschlags.

Zur Auslösung einer Generationslawine von Trägern sind einige wenige Anfangsträger – im Prinzip genügt sogar ein einziger – als „Keime“ notwendig. Diese können durch Ionisierung von Störstellen oder durch innere Feldemission (Tunneleffekt, S. 490) zur Verfügung gestellt werden. Die beim Durchschlag technischer Isolierstoffe auftretenden Feldstärken von mindestens $10^5\ \text{V} \cdot \text{cm}^{-1}$ liefern hinreichend Keime für die Trägerlawine.

Unter Einbeziehung der Lawinenbildung durch Stoßionisation lassen sich auch die sehr kurzen Durchbruchszeiten von weniger als 10^{-7} s befriedigend erklären. Das rapide Anwachsen der Trägerdichte kann experimentell nachgewiesen werden: In Kadmiumsulfid z.B. wurde dicht unterhalb des Einsetzens des Durchbruchs eine intensive Lumineszenz im Kristall beobachtet, die sich nur durch eine entsprechend starke Vermehrung der Leitungselektronen deuten läßt. Bei Stabilisierung der elektrischen Verhältnisse kann diese Lichtemission mehrere Stunden lang aufrechterhalten werden, ohne daß der Kristall dabei zerstört wird.

3.6.8.3. Durchschlag von Flüssigkeiten

Bei flüssigen Isolatoren treten sekundäre Effekte auf, die die Auswertung von Durchschlagsmessungen sehr erschweren. Es sind dies besonders die *Konvektion*, die den Wärmedurchschlag praktisch vollständig verhindert, die *Brückenbildung* durch Aneinanderreihen fester

Partikeln irgendwelcher Verunreinigungen und schließlich Gasblasen, die sich in Feldrichtung strecken. Sie erklären die Tatsache, daß die elektrische Festigkeit einer Isolierflüssigkeit durch sorgfältige Reinigung beträchtlich gesteigert werden kann. Die Durchschlagsfeldstärke kann als Kriterium für die Reinheit der Flüssigkeit angesehen werden. In extrem reinen Stoffen sind die durch Stoßionisation erzeugten hohen Trägerdichten auch experimentell nachweisbar.

3.7. Wichtige physikalische Effekte

In der Literatur werden die grundlegenden experimentellen Feststellungen oft durch den Namen ihrer Entdecker bezeichnet. Hier folgt eine Liste der für die Elektrophysik besonders wichtigen Effekte.

3.7.1. Thermoelektrische Effekte

Seebeck-Effekt. In einem aus 2 verschiedenen homogenen Leitern gebildeten Kreis entsteht eine Urspannung (Thermospannung), wenn die beiden Kontaktstellen (Lötstellen) unterschiedliche Temperaturen aufweisen. Ist der Leiterkreis geschlossen, so fließt ein Strom (Thermostrom) (s. S. 543).

Peltier-Effekt. Fließt durch den vorstehend beschriebenen Kreis ein Strom – er kann entweder durch die Thermospannung oder durch eine außen angelegte Spannung angetrieben werden –, so wird den Lötstellen Wärme zugeführt bzw. entnommen (Peltier-Wärme), so daß sich die eine Lötstelle erwärmt, die andere abkühlt. Der Peltier-Effekt ist die Umkehrung des Seebeck-Effektes (s. S. 543). Seebeck- und Peltier-Effekt werden als „Inhomogeneffekte" bezeichnet.

Benedicks-Effekt. In einem homogenen Leiterstück entsteht eine Thermospannung, wenn längs des Leiters ein Temperaturgefälle besteht (s. S. 545).

Thomson-Effekt. Durchfließt ein Strom einen homogenen Leiter und herrscht in diesem ein Temperaturgefälle, so wird zusätzlich zur Jouleschen Wärme eine Wärmemenge (Thomson-Wärme) erzeugt oder absorbiert – je nach den Richtungen von Strom und Temperaturgradient –, so daß der letztere also betragsmäßig verändert wird. Benedicks- und Thomson-Effekt heißen „Homogeneffekte".

Pyroelektrischer Effekt. Bestimmte Kristalle (Turmalin, Quarz u.a.) haben die Eigenschaft, daß sich bei schnellen Temperaturänderungen elektrische Oberflächenladungen beider Vorzeichen nachweisen lassen, so daß der Kristall im Außenraum ein Dipolfeld aufbaut (s. S. 569).

3.7.2. Elektromechanischer Effekt

Piezoelektrischer Effekt. Eine Reihe von Kristallen lassen feldbildende Oberflächenladungen entstehen, wenn sie in bestimmten Richtungen durch Zug- oder Druckkräfte beansprucht werden (s. S. 567).

3.7.3. Thermomagnetische Effekte

Da in einem Leiter die Wärme vorwiegend durch Trägerkollektive transportiert wird, die der Lorentz-Kraft unterliegen, sind Beeinflussungen von Wärmeströmen durch Magnetfelder zu erwarten.

Righi-Leduc-Effekt. Stehen die Richtungen von Wärmestrom und Magnetfeld aufeinander senkrecht, so entsteht ein Temperaturgradient, dessen Richtung mit den beiden erstgenannten ein rechtwinkliges Dreibein bildet.

Ettinghausen-Nernst-Effekt. Unter gleicher Voraussetzung bildet sich ferner ein elektrischer Potentialgradient aus, der gleichfalls zum Magnetfeld und zum Wärmestrom senkrecht gerichtet ist.

3.7.4. Galvanomagnetische Effekte

Auch diese verdanken der Lorentz-Kraft ihren Ursprung.

Hall-Effekt. Stehen in einem Leiter die elektrische Stromdichte und das Magnetfeld aufeinander senkrecht, so entsteht eine elektrische Feldstärke, die auf beiden Richtungen senkrecht steht, und damit auch eine Querspannung (Hall-Spannung) (s. S. 522).

Ettinghausen-Effekt. Unter den gleichen Feldverhältnissen erscheint auch noch ein Temperaturgradient in der auf Stromdichte und Magnetfeld senkrechten Richtung.

3.7.5. Magnetomechanische Effekte

Einstein-de-Haas-Effekt. Seine Grundlage ist die mit der Änderung der Magnetisierung eines ferromagnetischen Stoffes verknüpfte Änderung des resultierenden Drehimpulses des letzteren. Die Änderung der Magnetisierung eines Eisenstabes hat daher stets eine Drehung des Stabes zur Folge (Gyromagnetismus).

Barnett-Effekt. Wird der Drehimpuls eines ferromagnetischen Körpers geändert, so ändert sich auch seine Magnetisierung (Umkehrung des vorstehenden Effekts).

Barkhausen-Effekt. Wird zum Zweck der Auf- oder Abmagnetisierung eines Ferromagnetikums das Magnetfeld verändert, so klappen die Bezirke spontaner Magnetisierung (Weißsche Bezirke) statistisch regellos in die jeweils energetisch günstigere Lage um, ein Vorgang, der mittels Prüfspule und Verstärkers hörbar gemacht werden kann (s. S. 553).

Joule-Effekt. Bei der Magnetisierung eines Körpers verändern sich seine geometrischen Abmessungen (Magnetostriktion). Das Volumen des Körpers bleibt dabei meist konstant (s. S. 554).

3.7.6. Optische Effekte

Zeeman-Effekt. Unter der Einwirkung eines Magnetfeldes spalten die Energieniveaus der Atome (Terme, s. S. 436) in Teilniveaus auf, so daß die emittierten Spektrallinien nicht mehr scharf monochromatisch bleiben, sondern in ein System eng benachbarter Linien zerfallen.

Stark-Effekt. Aufspaltung von Spektrallinien im elektrischen Feld.

Faraday-Effekt. Durchläuft linear polarisiertes Licht einen Stoff innerhalb eines Magnetfeldes, so dreht sich die Polarisationsebene um einen Winkel, der proportional der Länge der in Feldrichtung durchstrahlten Strecke ist (Magnetorotation).

Kerr-Effekt. Einige feste, flüssige und gasförmige Stoffe werden in einem elektrischen Feld doppelbrechend bzw. verändern ihre bereits ohne Feld vorhandene Doppelbrechung.

Doppler-Effekt. Veränderung der von einem Beobachter wahrgenommenen Frequenz von Wellen auf Grund einer Relativbewegung von Quelle und Beobachter. Die Frequenz wird erhöht bzw. erniedrigt, wenn der Abstand zwischen beiden ab- bzw. zunimmt. Der Doppler-Effekt ist für Wellen aller Art nachweisbar, insbesondere für Licht- und Schallwellen.

3.7.7. Effekte an Halbleitern

Gunn-Effekt. Die Strom-Spannungs-Charakteristik einiger Halbleiter (vorzugsweise der Verbindungshalbleiter, wie GaAs) steigt nicht im gesamten Spannungsbereich monoton an, sondern weist einen Bereich auf, in dem der Strom mit zunehmender Spannung sinkt. Die Erklärung hierfür liegt in der aus der Wellenmechanik folgenden Veränderlichkeit der scheinbaren Elektronenmasse (s. S. 483).

Early-Effekt. Beim Bipolar-Transistor wird die Ausgangskennlinie durch die Höhe der Kollektorspannung beeinflußt, und zwar steigt der Strom mit der letzteren an. Diese Spannungsrückwirkung hat ihre Ursache in der mit zunehmender Kollektorspannung anwachsenden Kollektorsperrschicht.

Zener-Effekt. In einem in Sperrichtung beanspruchten pn-Übergang steigt der Strom abrupt an, wenn ein bestimmter, durch Halbleiterwerkstoff und Dotierung gegebener Spannungswert überschritten wird (Zener-Durchbruch) (s. S. 536).

Literatur

Enzyklopädien, Lehr- und Handbücher, Tabellenwerke

Ardenne, M.v.: Tabellen zur angewandten Physik. 3 Bde., 2. Aufl. Berlin: VEB Deutscher Verlag der Wissenschaften 1973.
Atom, Struktur der Materie. Leipzig: VEB Bibliographisches Institut 1970.
Brockhaus ABC Physik. 2 Bde. Leipzig: VEB F. A. Brockhaus Verlag 1972.
Ebert, H.: Physikalisches Taschenbuch. 4. Aufl. Braunschweig: Friedr. Vieweg & Sohn 1967.
Grimsehl, E.: Lehrbuch der Physik. Bd. IV: Struktur der Materie. 16. Aufl. Leipzig: B. G. Teubners Verlagsges. 1975.
Handbuch der Physik, hrsg. v. *S. Flügge.* 54 Bde. Berlin, Göttingen, Heidelberg: Springer-Verlag 1955ff.
Landolt-Börnstein: Zahlenwerte und Funktionen aus Physik, Chemie, Astronomie, Geophysik und Technik. 4 Bde., 6. Aufl. Berlin, Göttingen, Heidelberg: Springer-Verlag 1950ff.
Landolt-Börnstein, neue Serie: Zahlenwerte und Funktionen aus Naturwissenschaft und Technik, hrsg. v. *K.-H. Hellwege.* 6 Gruppen. Berlin, Heidelberg, New York: Springer-Verlag 1961ff.
Mierdel, G.: Elektrophysik. 2. Aufl. Berlin: VEB Verlag Technik 1972; Heidelberg: Dr. Alfred Hüthig Verlag 1972.
Müller, P.H.; Neumann, P.; Storm, R.: Tafeln mathematischer Statistik. Leipzig: VEB Fachbuchverlag 1973.

Zum Abschnitt 3.1.

Finkelnburg, W.: Einführung in die Atomphysik. Berlin, Göttingen, Heidelberg: Springer-Verlag 1962.
Hertz, G.: Lehrbuch der Kernphysik. 3 Bde. Leipzig: B. G. Teubner Verlagsges. 1958/1966.
Messiah, A.: Quantum mechanics. New York: John Wiley & Sons, Inc. 1966.
Petrojanz, A.M.: Das Atom – Forschung und Nutzung. Berlin: Akademie-Verlag 1973.
Schpolski, E.W.: Atomphysik. Bd. 1, 11. Aufl.; Bd. 2, 8. Aufl. Berlin: VEB Deutscher Verlag der Wissenschaften 1973.
Ter Haar: Quantentheorie. Berlin: Akademie-Verlag 1970.
Wessel, W.: Kleine Quantenmechanik. Mosbach (Baden): Physik-Verlag 1966.

Zum Abschnitt 3.2.

Gnedenko, B.W.; Chintschin, A.J.: Elementare Einführung in die Wahrscheinlichkeitsrechnung. Berlin: VEB Deutscher Verlag der Wissenschaften 1971.
Pfeifer, H.: Elektronisches Rauschen. Leipzig: B. G. Teubner Verlagsges. 1959.
Storm, R.: Wahrscheinlichkeitsrechnung, mathematische Statistik und statistische Qualitätskontrolle. 5. Aufl. Leipzig: VEB Fachbuchverlag 1974.

Zum Abschnitt 3.3.1.

Chapman, S.; Cowling, T.G.: The mathematical theory of nonuniform gases. Cambridge: University Press 1958.
Macke, W.: Thermodynamik und Statistik. Leipzig: Akad. Verlagsges. Geest & Portig K.-G. 1962.
Sommerfeld, A.; Bopp, F.; Meixner, J.: Thermodynamik und Statistik. Leipzig: Akad. Verlagsges. Geest & Portig K.-G. 1965.

Zum Abschnitt 3.3.2.

Bláha, A.: Technika plasmy a elektrických výbojow (Technik des Plasmas und der elektrischen Entladungen) (slovakisch). Bratislava: Slovenské vydavatelstvo technickey literatúry 1966.
Brown, S.C.: Basis data of plasma physics. New York: John Wiley & Sons, Inc. 1959.
Cap, F.: Einführung in die Plasmaphysik. 3 Bde. Berlin: Akademie-Verlag 1970/1972.
Frank-Kamenezki, D.A.: Vorlesungen über Plasmaphysik. Berlin: VEB Deutscher Verlag der Wissenschaften 1967.
Hertz, G.; Rompe, R.: Einführung in die Plasmaphysik und ihre technische Anwendung. Berlin: Akademie-Verlag 1965.
Kracík, J.; Tobiáš, J.: Fyzika plasmatu (Physik des Plasmas). Prag: Academia nakladatelství ČS. akademie věd 1966.
Mierdel, G.: Was ist Plasma? Berlin: VEB Verlag Technik 1973; Köln: Aulis-Verlag 1976.
Rieder, W.: Plasma und Lichtbogen. Braunschweig: Friedr. Vieweg & Sohn 1967.
Thompson, W.B.: An introduction to plasma physics. Oxford: Pergamon Press 1962.

Zum Abschnitt 3.3.3.

Hemenway, C.L.; Henry, R.W.; Caulton, M.: Physical electronics. 2. Aufl. New York, London, Sidney: John Wiley & Sons, Inc. 1967.
Kittel, C.: Einführung in die Festkörperphysik. München, Wien: R. Oldenbourg Verlag 1969.
Schulze, G.E.R.: Metallphysik. 2. Aufl. Berlin: Akademie-Verlag 1974.
Spenke, E.: Elektronische Halbleiter. Berlin, Göttingen, Heidelberg: Springer-Verlag 1965.
Ziel, A.v.d.: Solid state physical elektronics. London: MacMillan & Co. 1958.

Zum Abschnitt 3.3.4.

Grimsehl, E.: Lehrbuch der Physik. Bd. IV, 16. Aufl. Leipzig: B.G. Teubner Verlagsges. 1975.
Handbuch der Physik, hrsg. v. *S. Flügge*. Bd. 10: Struktur der Flüssigkeiten. Berlin, Göttingen, Heidelberg: Springer-Verlag 1960.

Zum Abschnitt 3.4.1.

Barkhausen, H.: Lehrbuch der Elektronenröhren und ihrer technischen Anwendungen. 4 Bde., 11. Aufl. Leipzig: S. Hierzel-Verlag 1965.
Glaser, W.: Grundlagen der Elektronenoptik. Wien: Springer-Verlag 1952.
Görlich, P.: Photoeffekte. 3 Bde. Leipzig: Akad. Verlagsges. Geest & Portig K.-G. 1962.
Hemenway, C.L.; Henry, R.W.; Caulton, M.: Physical electronics. 2. Aufl. New York, London, Sidney: John Wiley & Sons, Inc. 1967.
Klemperer, O.: Electron physics. London: Butterworths Scientific Publ. 1959.
Knoll, M.; Eichmeier, J.: Technische Elektronik, Bd. 1. Berlin, Heidelberg. New York: Springer-Verlag 1965.
Picht, J.: Einführung in die Theorie der Elektronenoptik. Leipzig: J. A. Barth 1957.
Rothe, H.; Kleen, W.: Physikalische Grundlagen von Hochvakuum-Elektronenröhren. Frankfurt (Main): Akad. Verlagsges. 1955.

Zum Abschnitt 3.4.2.

Engel, A.v.: Ionized gases. Oxford: Clarendon Press 1965.
Francis, G.: Ionisation phenomena in gases. London: Butterworths Scientific Publ. 1960.
Granowski, W.L.: Der elektrische Strom im Gas. Berlin: Akademie-Verlag 1955.
Handbuch der Physik, hersg. v. *S. Flügge*. Bd 21 und 22: Elektronen-Emission. Gasentladungen. Berlin, Göttingen, Heidelberg: Springer-Verlag 1956.
Howatson, A.M.: An introduction to gas discharges. Oxford, London, New York, Paris: Pergamon Press 1965.
Hoyaux, F.M.: Arc physics. Berlin, Heidelberg, New York: Springer-Verlag 1968.
Kapzow, N.A: Elektrische Vorgänge in Gasen und im Vakuum. Berlin: VEB Deutscher Verlag der Wissenschaften 1955.
Lappe, R.: Stromrichter. 2. Aufl. Berlin: VEB Verlag Technik; Stuttgart: Berliner Union 1967.

Zum Abschnitt 3.4.3.

Falkenhagen, H.: Elektrolyte. 2. Aufl. Leipzig: S. Hirzel-Verlag 1955.
Grimsehl, E.: Lehrbuch der Physik. Bd. IV, 16. Aufl. Leipzig: B.G. Teubner Verlagsges. 1975.
Kortüm, G.: Lehrbuch der Elektrochemie. 3. Aufl. Weinheim (Bergstraße): Verlag Chemie 1962.
Milazzo, G.: Elektrochemie, Theoretische Grundlagen und Anwendungen. Wien: Springer-Verlag 1952.

Zum Abschnitt 3.4.4.

Anselm, A.I.: Einführung in die Halbleitertheorie. Berlin: Akademie-Verlag 1964.
Barnard, R.D.: Thermoelectricity in metals and alloys. London: Taylor & Francis Ltd. 1972.
Gärtner, W.W.: Einführung in die Physik des Transistors. Berlin, Göttingen, Heidelberg: Springer-Verlag 1963.
Hemenway, C.L.; Henry, R.W.; Caulton, M.: Physical electronics. 2. Aufl. New York, London, Sidney: John Wiley & Sons, Inc. 1967.
Joffé, A.: Physik der Halbleiter. Berlin: Akademie-Verlag 1958.
Lappe, R.: Thyristor-Stromrichter für Antriebsregelungen. 3. Aufl. Berlin: VEB Verlag Technik 1975.
Möschwitzer, A.: Halbleiterelektronik, Wissensspeicher. 2. Aufl. Berlin: VEB Verlag Technik 1971; Heidelberg: Dr. Alfred Hüthig Verlag 1975.
Möschwitzer, A.; Lunze, K.: Halbleiterelektronik, Lehrbuch. 2. Aufl. Berlin: VEB Verlag Technik 1975; Heidelberg: Dr. Alfred Hüthig Verlag 1975.
Paul, R.: Halbleiterphysik. Berlin: VEB Verlag Technik 1974; Heidelberg: Dr. Alfred Hüthig Verlag 1975.
Paul, R.: Transistoren, Physikalische Grundlagen und Eigenschaften. 2. Aufl. Berlin: VEB Verlag Technik 1969.
Paul, R.: Feldeffekttransistoren, Physikalische Grundlagen und Eigenschaften. Berlin: VEB Verlag Technik 1972. Stuttgart: Berliner Union 1972.
Sevin, L.J.: Polevye transistory. Moskwa: Sovetskoe radio 1968.
Spenke, E.: Elektronische Halbleiter. 2. Aufl. Berlin, Heidelberg, New York: Springer-Verlag 1965.
Wagner, S.: Direkte Gewinnung elektrischer Energie, Grundlagen. Berlin: VEB Verlag Technik 1973.
Ziel, A.v.d.: Solid state physical electronics. London: MacMillan & Co. 1958.

Zum Abschnitt 3.5.

Kneller, E.: Ferromagnetismus. Berlin, Göttingen, Heidelberg: Springer-Verlag 1962.
Reinboth, H.: Technologie und Anwendung magnetischer Werkstoffe. 2. Aufl. Berlin: VEB Technik 1963.
Smit, J.: Wijn H. P. J.: Ferrite. Eindhoven: Contrex-Verlag 1962.
Wagner, D.: Einführung in die Theorie des Magnetismus. Braunschweig: Friedr. Vieweg & Sohn 1966.
Wonsowskiy, S. V.: Moderne Lehre vom Magnetismus. Berlin: VEB Deutscher Verlag der Wissenschaften 1956.
Magnetismus. Struktur und Eigenschaften magnetischer Körper. Leipzig: VEB Verlag für Grundstoffindustrie 1967.

Zum Abschnitt 3.6.

Gubkin, A. N.: Fizika dièlektrikov. Moskva: Vysšaja škola 1971.
Handbuch der Physik, hrsg. v. *S. Flügge*. Bd. 17: Dielektrika. Berlin, Göttingen, Heidelberg: Springer-Verlag 1956.
Martin, H. J.: Die Ferroelektrika. Leipzig: Akad. Verlagsges. Geest & Portig K.-G. 1964.
Smolenskij, G. A; Krajnik, N. N.: Ferroelektrika und Antiferroelektrika. Leipzig: B. G. Teubner Verlagsges. 1972.

4. Maßsysteme. Einheiten

von Günther Oberdorfer und Erna Padelt

Inhalt

4.1. Grundlagen ... 577
4.1.1. Größen. Einheiten. Zahlenwerte. Größenarten ... 577
4.1.2. Größengleichungen. Dimensionen. Dimensionsgleichungen ... 578
4.1.3. Grundgrößen und abgeleitete Größen ... 578
4.1.4. Urmaße. Naturmaße ... 579
4.1.5. Grad eines Maßsystems ... 580
4.1.6. Kohärenz ... 580
4.1.7. Internationales Einheitensystem (SI) ... 580
4.1.8. Gesetzliche inkohärente Einheiten ... 582
4.1.9. Einheiten als Rechengrößen ... 597

4.2. Gesetzliche Einheiten ... 597

4.3. Kennwörter ... 599

4.4. Nichtmetrische Einheiten ... 601

Literatur ... 602

4.1. Grundlagen

4.1.1. Größen. Einheiten. Zahlenwerte. Größenarten

Die von der Natur vorgelegten Erscheinungen, Vorgänge, Zustände, Körper usw., die physikalischen Untersuchungen zugänglich sind, werden unter dem Sammelbegriff *Objekte* zusammengefaßt. Meßbare Eigenschaften (Merkmale) physikalischer Objekte nennt man (physikalische) *Größen*, z. B. Masse, Stromstärke, Größen, die sinnvoll addiert werden können, heißen gleichartig oder von gleicher Art. Wird eine Größe mit einer festgelegten, vereinbarten Größe gleicher Art verglichen, die man dann als *Einheit* bezeichnet, so heißt dieser Vorgang *Messen*. Das Ergebnis ist das Produkt aus einer Zahl, dem *Zahlenwert*, und der gewählten Einheit. In physikalischen Gleichungen wird die Größe durch ein kursiv gedrucktes Buchstabensymbol dargestellt. Für die allgemeine Darstellung einer zugehörigen Einheit wird das Größenzeichen in eckige Klammern[1]) gesetzt, das allgemeine Zahlenwertsymbol wird demgegenüber durch den in geschwungene Klammern gesetzten Größenbuchstaben ge-

[1]) Nur in diesem Fall ist die eckige Klammer gerechtfertigt, jedoch nicht, um darin Einheitenzeichen zu setzen.

kennzeichnet. Für die Größe G gilt dann allgemein

$$G = \{G\}\,[G], \tag{4.1}$$

in Worten

Größe = Zahlenwert mal Einheit.

Für Größen, die nicht gemessen, sondern gezählt werden (z. B. Periodenzahl, Teilchenmenge usw.), gilt Gl. (4.1) ebenfalls; sie beschreibt dann stets eine *Anzahl*. Die (Zähl-) Einheit ist das *Stück*.

Gleichungen, in denen Größen stehen, heißen Größengleichungen, Gleichungen zwischen Einheiten Einheitengleichungen und Gleichungen zwischen Zahlenwerten Zahlenwertgleichungen. *Größengleichungen* beschreiben Definitionen und physikalische Beziehungen; sie sind von der Wahl irgendwelcher Einheiten unabhängig und haben für jede darzustellende Beziehung ihre einmalige, charakteristische Form. *Zahlenwertgleichungen* ändern ihre Form mit den gewählten Einheiten. Aus diesem Grund ist die Kennzeichnung der Buchstabensymbole als Zahlenwerte unumgänglich. Dies kann geschehen durch Anfügen des gewählten Einheitensymbols als Index zum Größensymbol oder durch Aufführen der gewählten Einheiten in einer Tabelle. Zur Größengleichung $s = vt$ gehört z. B. die Zahlenwertgleichung $s_{\mathrm{m}} = (1/3{,}6)\, v_{\mathrm{km/h}} t_{\mathrm{s}}$ oder die Tabelle

s in Meter (m)
v in Kilometer je Stunde (km/h) bzw.
t in Sekunden (s)

s	v	t
m	km/h	s

Wird der Zahlenwert einer Größe außer Betracht gelassen, dann beschreibt das Größensymbol nur mehr die Wesensart der Größe. Man spricht dann von der *Größenart* und setzt das Größensymbol in der mathematischen Darstellung in spitze Klammern $\langle G \rangle$ [1]).

4.1.2. Größengleichungen. Dimensionen. Dimensionsgleichungen

Größengleichungen haben stets die Form von Potenzprodukten

$$G = k \cdot A^{\alpha} B^{\beta} \cdots Z^{\zeta}, \tag{4.2}$$

worin k eine reine Zahl ist (Integrationskonstante, Zahlenfaktor aus einer Definition usw.). Nach Einsetzen der Beziehung (4.1) läßt sich ans (4.2) die Gleichung

$$\langle G \rangle = \langle A \rangle^{\alpha} \langle B \rangle^{\beta} \ldots \langle Z \rangle^{\zeta} \tag{4.3}$$

abspalten. Das rechts stehende Potenzprodukt heißt *Dimension* der Größe G. Da $A, B \ldots$ selbst wieder zusammengesetzte Größen sein können, kann einer Größe von der Größenart G eine Reihe von Dimensionsausdrücken zugeordnet werden. Ein Dimensionsausdruck mit nur einem Faktor in der ersten Potenz wird zur Größenart.

Es gibt zwei grundsätzliche Formen von Größengleichungen:

- *Proportionalitäten.* Man erhält sie durch ein Experiment, wobei die Proportionalität zwischen an sich bekannten Größen (oder von Potenzen derselben) festgestellt worden ist. Proportionalitäten enthalten aus diesem Grunde immer einen, eine neue physikalische Größe darstellenden Proportionalitätsfaktor, der eine Naturkonstante ist oder eine solche enthält. Proportionalitäten beschreiben Naturgesetze.
- *Definitionen.* Man kann jedes Potenzprodukt aus Größen als eine neue Größe definieren (z. B. Geschwindigkeit = Weg/Zeit). Definitionen enthalten niemals Proportionalitätsfaktoren, die selbst Größen sind.

4.1.3. Grundgrößen und abgeleitete Größen

In den Definitionen wird eine neue Größe aus bereits bekannten Größen definiert, aus ihnen *abgeleitet*. Größen, die nicht mehr aus bekannten Größen abgeleitet werden können, nennt

[1]) Manchmal werden auch spezielle Zeichen, z. B. Groteskbuchstaben, verwendet.

man *Grundgrößen (Basisgrößen)*. Auf ihnen können Maßsysteme aufgebaut werden; sofern sie unabhängig voneinander sind, können sie grundsätzlich frei gewählt werden.
In einem Maßsystem entspricht jeder Grundgröße eine Grundeinheit (Basiseinheit) und eine bestimmte Dimension, so daß die Anzahl der Grundgrößen gleich der Anzahl der Grundeinheiten und der Dimensionen ist. Die Dimension abgeleiteter Größen entspricht dem Potenzprodukt der ihnen zugrunde liegenden Dimensionen der Grundgrößen, aus denen sie abgeleitet wurden. Da hierbei die unterschiedliche Struktur der Größen, wie etwa Vektor- und Tensorprodukte, unberücksichtigt bleibt, kann es vorkommen, daß zwei verschiedenartige Größen gleiche Dimension und gleichbenannte Einheiten haben. Beispielsweise haben die Größen Arbeit $W = Fs$ und Kraftmoment $M = Fr$ die gleiche Dimension Kraft mal Länge

$$\langle W\rangle = \langle M\rangle = \langle F\rangle\langle l\rangle = \langle l\rangle^2\langle m\rangle\langle t\rangle^{-2}, \tag{4.3}$$

obwohl sie Größen verschiedener Art sind.
Beim Arbeiten mit Dimensionen ist zu beachten:

1. Die Dimension einer Summe ist die gleiche wie die eines der Summanden.
2. Die Dimension eines Produkts ist gleich dem Produkt der Dimensionen seiner Faktoren.
3. Gleichartige Größen haben gleiche Dimensionen.
4. Gleichdimensionelle Größen müssen nicht gleichartig sein.

Diese Regeln gelten sinngemäß auch für Einheiten.
Eine Größenart G, die als Quotient zweier gleichartiger Größenarten A_1 und A_2 gebildet wird (z. B. der ebene Winkel als Quotient aus Bogenlänge durch Radius), hat nicht die Dimension 1, sondern

$$\langle G\rangle = \langle A_1\rangle\langle A_2\rangle^{-1}, \tag{4.4}$$

die nicht weiter vereinfacht werden darf. Sinngemäß gilt für die zugehörige Einheit

$$[G] = [A_1]\,[A_2]^{-1}; \tag{4.5}$$

im Fall des ebenen Winkels hat dieser Quotient den Eigennamen Radiant:

$$[\alpha] = [l]\,[l]^{-1} = \mathrm{m}\cdot\mathrm{m}^{-1} = \mathrm{rad}. \tag{4.6}$$

Zählgrößen sind den Grundgrößen äquivalent, da sie nicht aus anderen Größen abgeleitet werden können. Genaugenommen gibt es nur eine einzige Zählgröße, die *Anzahl* mit der Einheit *Stück*.
Da die Zählung aber an verschiedenen Objekten vorgenommen wird, hat es sich als zweckmäßig erwiesen, statt des Wortes Stück den Namen der Objekte zu nennen, z. B. Teilchen, Umdrehungen usw., die dann die Einheit Stück latent enthalten.

4.1.4. Urmaße. Naturmaße

Im Gegensatz zu den Grundgrößenrtena liegen die Grundeinheiten nicht a priori vor, sondern müssen durch physikalische Objekte realisiert werden, die stets zugänglich und unveränderlich sind. Solche Objekte, z. B. der Masseprototyp, werden *Urmaße* genannt. Ist ein derartiges Bezugsobjekt eine Naturkonstante oder eine unveränderliche unzerstörbare Naturerscheinung, wie die Wellenlänge einer Strahlung, so spricht man von einem *Naturmaß*. Zur Darstellung der Größenarten der Elektrotechnik sind international 4 Urmaße bzw. 4 Grundeinheiten festgelegt:

1. die Wellenlänge der Strahlung des Atoms Krypton 86 für die Länge,
2. die Periodendauer der Strahlung des Atoms Cäsium 133 für die Zeit,
3. der Prototyp des Kilogramms für die Masse,
4. die magnetische Feldkonstante μ_0, die über das Amperesche Gesetz definiert ist

$$F = \frac{\mu_0 I_1 I_2}{2\pi d}\,l,$$

für die Stromstärke.

4.1.5. Grad eines Maßsystems

Als Grad eines Maßsystems wird die Anzahl der Grundgrößen (bzw. Grundeinheiten, Dimensionen) definiert, die notwendig und hinreichend ist, um in dem betrachteten Gebiet alle physikalischen Erscheinungen phänomenologisch und metrologisch eindeutig beschreiben zu können. Liegen in dem betrachteten Gebiet n durch Experiment ermittelte, voneinander unabhängige Naturgesetze vor, die zusammen m voneinander unabhängige Größen enthalten, so ist der Grad g des Maßsystems gegeben durch

$$g = m - n, \tag{4.7}$$

d.h., es müssen g Grundeinheiten frei gewählt werden. Der Grad des Maßsystems der Mechanik ist $g = 3$ (Dreiersystem), in der Elektrotechnik $g = 4$ (Vierersystem). In der Wärmelehre benötigt man unter Einbeziehung der Temperatur als Grundgröße ebenfalls ein Vierersystem. Zählgrößen fallen nicht unter diese Betrachtung.
Wird infolge Nichtbeachtung des vorliegenden physikalischen Gesetzes der Grad zu niedrig gewählt (z.B. im alten Dreiersystem der Elektrotechnik), so erhält man ein „unbestimmtes" Maßsystem mit sinnlosen Dimensions- und Einheitenausdrücken und scheinbarer Gleichheit verschiedenartiger Größenarten (z.B. Länge und Kapazität bzw. Induktivität). In einem „überbestimmten" Maßsystem ist der Grad zu hoch gewählt, so daß in den Gleichungen vermeintliche universelle Naturkonstanten (z.B. die Gaskonstante in der vierdimensionalen Wärmelehre nach Planck) eine nicht existierende Abhängigkeit vortäuschen.

4.1.6. Kohärenz

Werden entsprechend dem Grad eines Maßsystems die zu benutzenden Grundeinheiten festgelegt, so lassen sich daraus *abgeleitete Einheiten* bilden. Diese stellen Potenzprodukte der Grundeinheiten dar, wenn ihnen die Definitionsgleichungen der zugehörigen Größenarten zugrunde gelegt werden. So läßt sich z.B. die abgeleitete Größenart Arbeit als Produkt von Kraft und Weg darstellen, wobei sich die Kraft als Produkt von Masse und Beschleunigung und letztere als Quotient aus Länge und Quadrat der Zeit bestimmen läßt. Die Dimensionsgleichung lautet demzufolge $\langle W \rangle = \langle l \rangle^2 \langle m \rangle \langle t \rangle^{-2}$ und die Einheitengleichung $[W] = \text{m}^2 \cdot \text{kg} \cdot \text{s}^{-2}$. Ergibt sich in einem solchen Potenzprodukt lediglich der Faktor 1, so heißt die Einheit *kohärent*, und ein System, in dem nur kohärente Einheiten vorkommen, ein *kohärentes Einheitensystem.*
Vielfache und Teile kohärenter Einheiten gelten entsprechend der gegebenen Definition als *inkohärente* Einheiten. Gleiches gilt auch für alle Einheiten, bei deren Umrechnung in kohärente Einheiten ein von 1 abweichender Zahlenfaktor auftritt, z.B. 1 kp = 9,806 65 N = 9,806 65 $\text{m} \cdot \text{kg} \cdot \text{s}^{-2}$. Zu den inkohärenten Einheiten gehören demnach auch die sog. *systemfremden* und die *systemfreien* Einheiten, die entweder aus einem anderen System stammen, z.B. innerhalb des MKS-Systems die CGS-Einheiten Dyn und Erg, oder die unabhängig von Systemen definiert wurde, wie die systemfremde Kalorie in ihrer ursprünglichen Definition als die Wärmemenge, die erforderlich ist, um 1 g Wasser unter normalem Atmosphärendruck von 14,5 °C auf 15,5 °C zu erwärmen.
Sind die Grundeinheiten eines Maßsystems gesetzlich festgelegt, so gelten üblicherweise alle kohärent daraus gebildeten abgeleiteten Einheiten ebenfalls als gesetzlich zulässig, selbst wenn sie in den Einheitenlisten oder -tafeln nicht genannt sind, wie die kohärente Einheit des Drehmoments Newtonmeter je Radiant ($\text{N} \cdot \text{m} \cdot \text{rad}^{-1}$).

4.1.7. Internationales Einheitensystem (SI)

Aus dem ausgangs des 18. Jh. in Frankreich geschaffenen „metrischen System" mit den Grundeinheiten Meter (m), Kilogramm (kg) und Sekunde (s), auch MKS-System genannt, wurden weitere Maßsysteme entwickelt, deren bekannteste das CGS-System mit dem Grundeinheiten Zentimeter (cm), Gramm (g) und Sekunde (sec) und das Technische Maßsystem mit den Grundeinheiten Kilogramm–Kraft (kg_f), Meter (m) und Sekunde (sec) waren. Aus dem CGS-System wurden das elektrostatische und das elektromagnetische CGS-System entwickelt, um damit elektrische und magnetische Einheiten darzustellen. Erst nachdem erkannt worden war, daß zur Beschreibung elektrischer und magnetischer Erscheinungen eine spezifisch elektrische Größenart erforderlich ist, entstanden die elektrischen Einheiten, wie wir sie heute benutzen. Mit der Aufnahme der Grundeinheit der Stromstärke, dem Ampere, wurde das MKS-System zum MKSA-System erweitert. Danach folgte die Aufnahme der Grundeinheiten für die Wärmelehre und die Fotometrie, Kelvin (K) und Candela (cd).

Die 10. Generalkonferenz für Maß und Gewicht der Internationalen Meterkonvention als höchstes Gremium in Einheitenfragen beschloß 1954 ein praktisches Maßsystem mit den 6 Grundeinheiten (Basiseinheiten)

Meter (m)	für die Länge,
Kilogramm (kg)	für die Masse,
Sekunde (s)	für die Zeit,
Ampere (A)	für die elektrische Stromstärke,
Kelvin (K) [1]	für die (thermodynamische) Temperatur,
Candela (cd)	für die Lichtstärke

sowie den Ergänzungseinheiten

Radiant (rad)	für den ebenen Winkel,
Steradiant (sr)	für den Raumwinkel.

Es wurde durch die 14. Generalkonferenz 1971 um die Grundeinheit

Mol (mol)	für die Stoffmenge

erweitert, so daß es heute 7 Grundeinheiten hat (Tafel 4.1).

Tafel 4.1. Grundgrößenarten und Grundeinheiten (einschließlich ergänzender Einheiten)

Grundgrößenart	Formelzeichen	Grundeinheit	Kurzzeichen
Länge	l	Meter	m
Masse	m	Kilogramm	kg
Zeit	t	Sekunde	s
Elektrische Stromstärke	I	Ampere	A
Temperatur	T	Kelvin	K
Lichtstärke	I_v	Candela	cd
Stoffmenge	n	Mol	mol
Ebener Winkel	α, β, γ	Radiant	rad
Raumwinkel	ω, Ω	Steradiant	sr

Aus diesen Grundeinheiten und den beiden Ergänzungseinheiten werden gemäß Abschnitt 4.1.6. als Potenzprodukte abgeleitete, kohärente Einheiten gebildet, von denen viele Eigennamen haben, die ihrerseits mit anderen kohärenten Einheiten Potenzprodukte bilden können; z.B. hat das Potenzprodukt $m \cdot kg \cdot s^{-2}$ den Eigennamen Newton (N), der Quotient Newton je Quadratmeter ($N \cdot m^{-2}$) wird auf Beschluß der 14. Generalkonferenz Pascal (Pa) genannt, so daß daraus als weitere abgeleitete kohärente Einheit für die dynamische Viskosität die Pascal-Sekunde ($Pa \cdot s$) resultiert.

Dieses System von Maßeinheiten erhielt durch die 11. Generalkonferenz (1960) den Namen „Internationales Einheitensystem" mit dem in allen Sprachen gleichen Kurzzeichen SI. Die kohärenten Einheiten dieses Systems werden SI-Einheiten genannt.

In vielen Fällen sind die SI-Einheiten zu groß oder zu klein; deshalb wurde international eine

[1]) früher Grad Kelvin (°K)

Anzahl von Vorsätzen zum Bilden dezimaler Vielfacher und Teile festgesetzt, die mit Ausnahme des Bereiches 10^3 bis 10^{-3} Potenzen von 1000 sind. Sie werden durch die in Tafel 4.2 angegebenen Kurzzeichen oder Vorsatzzeichen gekennzeichnet.

Tafel 4.2. Vorsätze zum Bilden dezimaler Vielfacher und Teile von Einheiten mit selbständigem Namen

SI-Vorsatz	Kurzzeichen	Bedeutung	SI-Vorsatz	Kurzzeichen	Bedeutung
Exa	E	10^{18} Einheiten	Dezi	d	10^{-1} Einheiten
Peta	P	10^{15} Einheiten	Zenti	c	10^{-2} Einheiten
Tera	T	10^{12} Einheiten	Milli	m	10^{-3} Einheiten
Giga	G	10^{9} Einheiten	Mikro	µ	10^{-6} Einheiten
Mega	M	10^{6} Einheiten	Nano	n	10^{-9} Einheiten
Kilo	k	10^{3} Einheiten	Piko	p	10^{-12} Einheiten
Hekto	h	10^{2} Einheiten	Femto	f	10^{-15} Einheiten
Deka	da	10^{1} Einheiten	Atto	a	10^{-18} Einheiten

Zusammenfassend ist festzustellen: Nicht zulässig sind Kombinationen aus Vorsatzkurzzeichen und ausgeschriebenem Einheitennamen oder aus ausgeschriebenem Vorsatz- und Einheitenkurzzeichen, also weder kOhm statt kΩ noch Dezit statt Dezitonne oder dt!
Vorsätze werden unmittelbar, d.h. ohne Zwischenraum, vor das Einheitenkurzzeichen von selbständigen Einheitennamen gesetzt und bilden mit diesem ein Ganzes. Es gilt beispielsweise

$$1\ \mathrm{hm}^2 = (10^2)^2\ \mathrm{m}^2 = 10^4\ \mathrm{m}^2.$$

Es darf jeweils nur *ein* Vorsatz mit dem Einheitenzeichen verbunden werden, z.B. nicht Mikromikrofarad (µµF), sondern Pikofarad (pF).
Alle mit gesetzlichen Vorsätzen gebildeten Vielfachen und Teile kohärenter Einheiten mit selbständigem Namen gelten als „gesetzliche Einheiten", sofern die Bildung von dezimalen Vielfachen nicht ausdrücklich untersagt ist, wie etwa beim Kilogramm, das bereits mit einem Vorsatz gebildet ist.
Dezimale Vielfache und Teile von Einheiten ohne selbständigen Namen werden gebildet, indem Vorsätze vor einen oder mehrere selbständige Einheitennamen gesetzt werden, z.B. Newton je Quadratmillimeter ($\mathrm{N \cdot mm^{-2}}$).
Hinsichtlich der Schreibweise zusammengesetzter Einheiten sei noch bemerkt, daß die einzelnen Kurzzeichen zweckmäßig durch Multiplikationszeichen (Punkt) verknüpft werden oder daß ein Zwischenraum zwischen den einzelnen Kurzzeichen anzuordnen ist. Auf diese Weise werden nicht nur Verwechslungen mit Vielfachen und Teilen von Einheiten vermieden, sondern auch andere Mißverständnisse; so bedeutet beispielsweise $1\ \mathrm{ms^{-1}}$ ein Kilohertz (kHz), also eine Frequenz, während $1\ \mathrm{m \cdot s^{-1}}$ die Geschwindigkeit von einem Meter je Sekunde (m/s) bezeichnet.
Generell werden in Verbindung mit Zahlenangaben, d.h. bei der Angabe von Größen, Einheitenkurzzeichen benutzt, z.B. 220 V; $70\ \mathrm{km \cdot h^{-1}}$; im laufenden Text werden Einheitennamen zweckmäßigerweise ausgeschrieben, also „die Anzeige erfolgt in Metern" oder „der Leitwert wird in Siemens (S) bezeichnet". Zwischen Vorsatzzeichen und Einheitenzeichen darf kein Zwischenraum gelassen werden, damit keine Verwechslungen mit zusammengesetzten Einheitennamen auftreten. Als Schrifttypen werden sowohl für die ausgeschriebenen Namen als auch für die Kurzzeichen und die Vorsätze gerade, steile Drucktypen verwendet; demgegenüber werden Formelzeichen oder Symbole für Größenarten und Größen kursiv gesetzt.

4.1.8. Gesetzliche inkohärente Einheiten

Das Internationale Komitee für Maß und Gewicht hat 1969 den Benutzern des SI die Verwendung einiger inkohärenter Einheiten zugestanden, weil diese nicht nur weit verbreitet, sondern auch nützlich sind, so daß man gegenwärtig noch nicht auf sie verzichten kann

(Tafel 4.3). Sie gelten infolgedessen allgemein als gesetzliche Einheiten. Dazu gehören die inkohärenten Zeiteinheiten Minute (min), Stunde (h) und Tag (d) sowie die Winkeleinheiten Grad (°), Minute (′) und Sekunde (″), die Masseeinheit Tonne und die Volumeneinheit Liter. Außerdem sind einige andere Einheiten außerhalb des SI zugelassen, die in Spezialgebieten der wissenschaftlichen Forschung üblich sind, weil ihr in SI-Einheiten ausgedrückter Wert experimentell erhalten wurde und nicht genügend genau bekannt ist. Zu diesen gehören u.a. das Elektronenvolt (eV) sowie die vereinheitlichte atomare Masseeinheit (u). Schließlich sind auch noch einige inkohärente Einheiten gesetzlich zulässig, von deren Gebrauch zwar international abgeraten wird (Tafel 4.4), die aber noch sehr verbreitet sind, wie Erg, Dyn, Kalorie, Kilopond, Stilb, Torr u.a.

Tafel 4.3. Einheiten außerhalb des SI, die zusammen mit SI-Einheiten benutzt werden (internationale Empfehlung)

Größenart	Name	Kurzzeichen
ohne Einschränkung		
Zeit	Minute	min
	Stunde	h
	Tag	d
Volumen	Liter	l
Masse	Tonne	t
Ebener Winkel	Grad	°
	Minute	′
	Sekunde	″
in Spezialgebieten		
Energie (Atomphysik)	Elektronenvolt	eV
Masse (Atomphysik)	atomare Masseeinheit	u
Länge (Astronomie)	astronomische Einheit	AE
	Lichtjahr	l. y.
	Parsec	pc
Fläche (Flur- und Grundstücke)	Hektar	ha
Ebener Winkel (Geodäsie)	Gon	gon
nur noch vorübergehend		
Länge	Seemeile	sm
	Ångström	Å
Fläche	Ar	a
	Barn	b
Geschwindigkeit	Knoten	kn
Beschleunigung	Gal	Gal
Druck	Bar	bar
	physikalische Atmosphäre	atm
Aktivität	Curie	Ci
Exposition	Röntgen	R
Energiedosis	Rad	rd

Tafel 4.4. Einheiten, von deren Gebrauch international abgeraten wird

Größenart	Name	Kurzzeichen
Länge	Mikron	μ (ersetzt durch μm)
	Fermi	fermi (ersetzt durch fm)
	X-Einheit	XE
Volumen	Ster	st
	λ	λ (ersetzt durch μl)
Masse	metrisches Karat	Kt, k
	γ	γ (ersetzt durch μg)
Kraft	Kilopond	kp, kgf
	Dyn	dyn
Druck	Torr	Torr
Arbeit, Energie	Erg	erg
Wärmemenge	Kalorie	cal
Dynamische Viskosität	Poise	P
Kinematische Viskosität	Stokes	St
Magnetische Induktion	Gauß	Gs, G
Magnetische Feldstärke	Oersted	Oe
Magnetischer Fluß	Maxwell	Mx
Leuchtdichte[1]	Stilb	sb
Beleuchtungsstärke	Phot	ph

[1]) Das Apostilb (asb) ist seit längerem nicht mehr üblich und deshalb hier nicht mehr erwähnt.

Tafel 4.5. Einheiten der Mechanik

Größenart	Definitionsgleichung	SI-Einheit Einheit	Beziehung zu den Grundeinheiten	Bemerkungen	Beispiele für Einheit
Länge	l	Meter = 1650763,73 Vakuumwellenlängen der Strahlung, die dem Übergang zwischen den Niveaus $2\,p_{10}$ und $5\,d_5$ des Atoms Krypton 86 entspricht	m	Grundeinheit	Seemeile Ångström X-Einheit Astronomische Einheit Parsec Lichtjahr
Fläche	$A = l^2$ $S = l^2$	Quadratmeter	$1\ m^2 = 1\ m \cdot 1\ m$	Vielfache und Teile = 2. Potenz von Vielfachen und Teilen des Meters	Ar Hektar Barn[1])
Volumen	$V = l^3$	Kubikmeter	$1\ m^3 = 1\ m \cdot 1\ m \cdot 1\ m$	Vielfache und Teile = 3. Potenz von Vielfachen und Teilen des Meters	Liter
Ebener Winkel	$\alpha = ll^{-1}$ β γ	Radiant = der von zwei vom Mittelpunkt eines Kreises vom Radius 1 m ausgehenden Strahlen, die auf dem Umfang dieses Kreises einen Bogen von der Länge 1 m einschließen, gebildete Winkel	$1\ rad = 1\ m \cdot 1\ m^{-1}$		Grad Minute Sekunde Neugrad, Gon Neuminute Neusekunde
Raumwinkel	$\Omega = AA^{-1}$	Steradiant = der von einer vom Mittelpunkt einer Kugel vom Radius 1 m ausgehenden Strahlenschar gebildete Raumwinkel, der auf der Oberfläche dieser Kugel die Fläche 1 m² einschließt	$1\ sr = 1\ m^2 \cdot m^{-2}$		
Zeit	t	Sekunde = Dauer von 9192631770 Perioden der Strahlung, die dem Übergang zwischen den beiden Hyperfeinstrukturniveaus des Grundzustandes des Atoms Cäsium 133 entspricht	s	Grundeinheit	Minute Stunde Tag
Frequenz	$f = t^{-1}$	Hertz	$1\ Hz = 1\ s^{-1}$	als Drehzahl oder Umlauffrequenz auch $U \cdot s^{-1}$	Umdrehung je Minute Umdrehung je Stunde
Geschwindigkeit	$v = lt^{-1}$ $u = lt^{-1}$	Meter je Sekunde	$1\ m/s = 1\ m \cdot s^{-1}$		Kilometer je Stunde Knoten
Beschleunigung	$a = lt^{-2}$	Meter je Sekundequadrat	$1\ m/s^2 = 1\ m\,s^{-2}$		Gal[2])
Winkelgeschwindigkeit	$\omega = \alpha t^{-1}$	Radiant je Sekunde	$1\ rad/s = 1\ rad \cdot s^{-1}$		Grad je Sekunde
Winkelbeschleunigung	$\dot{\omega} = \ddot{\alpha} = \beta t^{-2}$	Radiant je Sekundequadrat	$1\ rad/s^2 = 1\ rad \cdot s^{-2}$		Grad je Sekundequadrat

[1]) In der BRD ab 1.1.1978 nicht mehr zulässig.
[2]) In der BRD ab 1.1.1975 nicht mehr zulässig; das gilt auch für die Kurzzeichen qm (m²), qdm (dm²), qcm (cm²) usw. sowie für die Kurzzeichen cbm (m³), cdm (dm³), ccm (cm³) usw.

inkohärente Einheiten		Nicht mehr zulässige Einheiten	
Umrechnung in SI-Einheit	Bemerkungen	Einheit	Umrechnung in SI-Einheit
1 sm = 1852 m 1 Å = 10^{-10} m 1 XE = 10^{-13} m 1 AE = $149600 \cdot 10^{6}$ m 1 pc = $30875 \cdot 10^{12}$ m 1 Lj = $9460{,}53 \cdot 10^{12}$ m	k. Vors.; Seefahrt k. Vors.; Spektroskopie k. Vors.; Astronomie k. Vors.; Astronomie k. Vors.; Astronomie	Mikron, My Meile Faden Fuß Zoll Fermi typografischer Punkt[1][3] Astron.	$1\ \mu = 1\ \mu m = 10^{-6}$ m 1 Meile = 7,5 km = 7500 m 1 Faden = 6′ = 1,642 m 1′ = 12″ = $30{,}48 \cdot 10^{-2}$ m 1″ = 25,4 mm = $25{,}4 \cdot 10^{-3}$ m 1 fermi = 1 fm = 10^{-15} m 1 p = 0,376 mm = $0{,}376 \cdot 10^{-3}$ m 1 Astron = $1459 \cdot 10^{14}$ m
1 a = 10^{2} m^2 1 ha = 10^{4} m^2 1 b = 10^{-28} m^2	k. Vors. k. Vors. Atom- und Kernphysik	Morgen	1 Morgen = 0,255 bis 0,388 ha = 2,55 bis $3{,}88 \cdot 10^{3}$ m^2
1 l = 1 dm^3 = 10^{-3} m^3	nicht für Angaben mit relativer Unsicherheit $< 5 \cdot 10^{-5}$, da früher 1 l = 1,000028 dm^3	Ster Festmeter[1][4] Raummeter[1][2] Normkubikmeter Normliter	1 st = 1 m^3 1 Fm = 1 m^3 1 Rm = 1 m^3 1 Nm^3 = 1 m^3 (Gas im Normzustand) 1 Nl = 1 l
1° = $1{,}749329 \cdot 10^{-2}$ rad 1′ = $2{,}908882 \cdot 10^{-4}$ rad 1″ = $4{,}848137 \cdot 10^{-6}$ rad 1^{g} = $1{,}570796 \cdot 10^{-2}$ rad 1^{c} = $1{,}570796 \cdot 10^{-4}$ rad 1^{cc} = $1{,}570796 \cdot 10^{-6}$ rad	k. Vors. k. Vors. k. Vors. k. Vors.[5] k. Vors. k. Vors.		
		Quadratgrad Quadratgon	1 □° = $1\,(°)^2 = 304{,}62 \cdot 10^{-6}$ sr 1 □^{g} = $1\,(g)^2 = 246{,}74 \cdot 10^{-6}$ sr
1 min = 60 s 1 h = 60 min = 3600 s 1 d = 24 h = 86400 s	k. Vors. k. Vors. k. Vors.	σ	$1\,\sigma = 1\,\mu s = 10^{-6}$ s
1 U · min^{-1} = $1{,}667 \cdot 10^{-2} \cdot$ U s^{-1} 1 U · h^{-1} = $2{,}778 \cdot 10^{-4} \cdot$ U s^{-1}	für Umlauffrequenz für Umlauffrequenzen		
1 km/h = $2{,}788 \cdot 10^{1}$ m · s^{-1}	k. Vors.	Etmal	1 Etmal = 1 sm · d^{-1} = $2{,}144 \cdot 10^{-2}$ m · s^{-1}
1 kn = 1 sm · h^{-1} = 0,514 m · s^{-1}	k. Vors.; Seefahrt	Mach	1 M ≈ $1200 \cdot 10^{3}$ m · h^{-1} = 340 m · s^{-1}
1 Gal = 1 cm · s^{-2} = 10^{-2} m · s^{-2}	Geophysik		
1° · s^{-1} = $17{,}453 \cdot 10^{-3}$ rad · s^{-1}			
1° · s^{-2} = $17{,}453 \cdot 10^{-3}$ rad · s^{-2}			

3) Gilt in der DDR als Rastermaß.
4) Wird in der DDR als statistische Größe verwendet.
5) In der BRD Vorsätze zu Gon (gon)

Tafel 4.5. Fortsetzung

Größenart	Definitionsgleichung	SI-Einheit Einheit	Beziehung zu den Grundeinheiten	Bemerkungen	Beispiele für Einheit
Volumenstrom	$V = Vt^{-1}$	Kubikmeter je Sekunde	$1\ m^3/s = 1\ m^3 \cdot s^{-1}$		Kubikmeter je Stunde Kubikmeter je Tag
Masse	m	Kilogramm = Masse des internationalen Kilogrammprototyps	kg	Grundeinheit; Vors. mit Gramm	Gramm Tonne (metrisches) Karat
Massestrom	$m = mt^{-1}$	Kilogramm je Sekunde	$1\ kg/s = 1\ kg \cdot s^{-1}$		Gramm je Minute Tonne je Stunde
Dichte	$\varrho = mV^{-1}$	Kilogramm je Kubikmeter	$1\ kg/m^3 = 1\ kg \cdot m^{-3}$		Tonne je Kubikmeter = Kilogramm je Kubikdezimeter
Kraft	$F = ma$ $= mlt^{-2}$	Newton	$1\ N = 1\ kg \cdot m \cdot s^{-2}$		Dyn[1]) Pond[1]) Kilopond[1])
Kraftmoment (Drehmoment)	$M = Fl\beta^{-1}$	Newtonmeter je Radiant	$1\ N \cdot m/rad$ $= 1\ N \cdot m \cdot rad^{-1}$		Kilopondmeter je Radiant
Druck	$p = FA^{-1}$	Pascal = Newton je Quadratmeter	$1\ Pa = 1\ N \cdot m^{-2}$	für Spanng. intern. empfohlen: $N \cdot mm^{-2}$ statt MPa	Bar Kilopond je Quadratmeter Quadratzentimeter Kilopond je = techn. Atmosphäre Meter Wassersäule[1]) physikal. Atmosphäre[1]) Torr[1])
Dynamische Viskosität	$\eta = FlA^{-1}v^{-1}$	Pascalsekunde = Newtonsekunde je Quadratmeter	$1\ Pa \cdot s = 1\ N \cdot s \cdot m^{-2}$ $= 1\ kg \cdot m^{-1} \cdot s^{-1}$		Poise[1]) Kilopondsekunde je Quadratmeter[1])
Kinematische Viskosität	$V = \eta\varrho^{-1}$	Quadratmeter je Sekunde	$1\ m^2 \cdot s^{-1}$ $= 1\ Pa \cdot s \cdot m^3 \cdot kg^{-1}$		Stokes[1])
Arbeit, Energie	$W = E = Fl$ $= (m/2)\ v^2$	Joule	$1\ J = 1\ N \cdot m = W \cdot s$ $= 1\ m^2 \cdot kg \cdot s^{-2}$		Erg[1]) Kilopondmeter[1]) Elektronenvolt Wattstunde
Leistung	$P = Wt^{-1}$	Watt	$1\ W = 1\ J \cdot s^{-1}$ $= 1\ m^2 \cdot kg \cdot s^{-2}$		Kilopondmeter je Sekunde[1]) Pferdestärke[1])
Linienbelegung, längenbezogene Masse	$m^* = ml^{-1}$	Kilogramm je Meter	$1\ kg/m = 1\ kg \cdot m^{-1}$		Gramm je Zentimeter Tex
Flächenbelegung, Flächenmasse	$m_A = mA^{-1}$	Kilogramm je Quadratmeter	$1\ kg/m^2 = 1\ kg \cdot m^{-2}$	(keine Druckeinheit)	Tonne je Quadratmeter Karat je Quadratzentimeter
Impuls	$p = Ft$	Newtonsekunde	$1\ N \cdot s = 1\ kg \cdot m \cdot s^{-1}$		Kilopondsekunde[1])
Drehimpuls	$L = mr^{-1}v\alpha^{-1}$	Newtonmetersekunde je Radiant	$1\ N \cdot m \cdot s \cdot rad^{-1}$ $= 1\ kg \cdot m^2 \cdot s^{-1} rad^{-1}$		Kilopondmetersekunde je Radiant
Massenträgheitsmoment	$J = mr^2$	Kilogramm mal Quadratmeter	$1\ kg \cdot m^2$		Gramm mal Quadratzentimeter

inkohärente Einheiten		Nicht mehr zulässige Einheiten	
Umrechnung in SI-Einheit	Bemerkungen	Einheit	Umrechnung in SI-Einheit
$1\ m^3 \cdot h^{-1}$ $= 2{,}778 \cdot 10^{-4} m^{-3} \cdot s^{-1}$ $1\ m^3 \cdot d^{-1}$ $= 11{,}574 \cdot 10^{-6} m^3 \cdot s^{-1}$			
$1\ g = 10^{-3}\ kg$ $1\ t = 10^3\ kg$ $1\ k\ (= 1\ Kt) = 2 \cdot 10^{-4}\ kg$ $1\ u = 1{,}660 \cdot 10^{-27}\ kg$	$1\ dt = 10^{-1} t = 10^2 kg$ Kt für Edelsteine, k für Edelsteine, Edelmetalle, Perlen; k. Vors. in der DDR nicht ges.	techn. Masseeinheit Hyle Pfund Zentner Doppelzentner Dalton	$1\ Hyl = 9{,}80665 \cdot 10^{-3}\ kg$ $1\ Hyle = 10^7\ g = 10^4\ kg$ 1 ℔ = 500 g = 0,5 kg 1 Ztr = 50 kg 1 dz = 1 dt = 100 kg $1\ Dalton = 1{,}6 \cdot 10^{-27}\ kg$
$1\ g \cdot min^{-1}$ $= 1{,}667 \cdot 10^{-1}\ kg \cdot s^{-1}$ $1\ t \cdot h^{-1}$ $= 2{,}778 \cdot 10^{-2}\ kg \cdot s^{-1}$			
$1\ t \cdot m^{-3} = 1\ kg \cdot dm^{-3}$ $= 1\ g \cdot cm^{-3} = 1\ kg \cdot l^{-1}$ $= 1\ g \cdot ml^{-1} = 10^3\ kg \cdot m^{-3}$		Kilopondsekundequadrat je Meter hoch 4	$1\ kp \cdot s^2 \cdot m^{-4} = 9{,}80665\ kg \cdot m^{-2}$
$1\ dyn = 10^{-5}\ N$ $1\ p = 9{,}80665 \cdot 10^{-3}\ N$ $\approx 10^{-2}\ N$ $1\ kp = 9{,}80665\ N$ $\approx 1\ daN$	Fehler < 2%	Kraftkilogramm Krafttonne	$1\ kg_f = 1\ kp = 9{,}80665\ N$ $1\ t_f = 1\ Mp = 9{,}80665 \cdot 10^3\ N$
$1\ kp \cdot m \cdot rad^{-1}$ $= 9{,}80665 \cdot N \cdot m \cdot rad^{-1}$ $\approx 10\ N \cdot m \cdot rad^{-1}$		Kilopondmeter	$1\ kp \cdot m = 9{,}80665\ N \cdot m \cdot rad^{-1}$
$1\ bar = 10^{-1}\ MPa = 10^5 Pa$ $1\ kp \cdot m^{-2} = 9{,}80665\ Pa$ $\approx 10\ Pa$ $1\ kp \cdot cm^{-2} = 1\ at$ $= 9{,}80665 \cdot 10^4\ Pa$ $1\ mWS = 9{,}80665 \cdot 10^3\ Pa$ $1\ atm = 101\,325\ Pa$ $1\ Torr = 133{,}322\ Pa$	at k. Vors. k. Vors.	Millimeter Quecksilbersäule Atmosphäre Überdr. Atmosphäre Unterdruck Atmosphäre absoluter Druck	1 mm Hg = 1 Torr = 133,322 Pa $1\ atü = 1\ at = 9{,}80665 \cdot 10^4\ Pa$ $1\ atu = 1\ at = 9{,}80665 \cdot 10^4\ Pa$ $1\ ata = 1\ at = 9{,}80665 \cdot 10^4\ Pa$
$1\ P = 10^{-1}\ Pa \cdot s$ $1\ kp \cdot s \cdot m^{-2}$ $= 9{,}80665\ Pa \cdot s$	bevorzugt Zentipoise		
$1\ St = 10^{-4}\ m^2 \cdot s^{-1}$	bevorzugt Zentistokes	Engler-Grad	°E keine Umrechnung möglich
$1\ erg = 10^{-7}\ J$ $1\ kp \cdot m = 9{,}80665 J \approx 10 J$ $1\ eV = 1{,}602 \cdot 10^{-19}$ $1\ W \cdot h = 3600\ J$	Atom- und Kernphysik	Pferdestärkestunde	$1\ PS \cdot h = 2{,}648 \cdot 10^6\ J$
$1\ kp \cdot m \cdot s^{-1} = 9{,}80665\ W$ $1\ PS = 735{,}498\,75\ W$	nur bei Kraft- und Arbeitsmaschinen		
$1\ g \cdot cm^{-1} = 10^{-1} kg \cdot m^{-1}$ $1\ tex = 10^{-6}\ kg\ m^{-2}$	nur Feinheit von Fasern	Denier	$1\ den = 1\ g \cdot (9\ km)^{-1} = 0{,}111\ tex$
$1\ t \cdot m^{-2} = 10^3\ kg \cdot m^{-2}$ $1\ k \cdot cm^{-2} = 2\ kg \cdot m^{-2}$	nur für Edelmetalle		
$1\ kp \cdot s = 9{,}80665\ N \cdot s$			
$1\ kp \cdot m \cdot s \cdot rad^{-1}$ $= 9{,}80665\ N \cdot m \cdot s \cdot rad^{-1}$			
$1\ g \cdot cm^2 = 10^{-7}\ kg \cdot m^2$			

Tafel 4.6. Einheiten der Elektrizität und des Magnetismus

Größenart	Definitionsgleichung	SI-Einheit: Einheit	SI-Einheit: Beziehung zu den Grundeinheiten	Nicht mehr zulässige Einheiten: Einheit	Nicht mehr zulässige Einheiten: Umrechnung in SI-Einheiten
Elektrische Stromstärke	I	Ampere	A Grundeinheit	absolutes Ampere[1] internationales Ampere[1] Biot	$1\ A_{abs} = 1\ A$ $1\ A_{int} = 0{,}99985\ A$ $1\ Bi = 10\ A$
		1 Ampere ist die Stärke des zeitlich unveränderlichen Stromes durch zwei geradlinige, parallele, unendlich lange Leiter der relativen Permeabilität 1 und von vernachlässigbarem Querschnitt, die den Abstand 1 m haben und zwischen denen die durch den Strom elektrodynamisch hervorgerufene Kraft im leeren Raum je 1 m der Doppelleitung $2 \cdot 10^{-7}$ N beträgt.			
Elektrizitätsmenge	$Q = It$	Coulomb Amperesekunde	$1\ C = 1\ A \cdot s$	Franklin	$1\ Fr = 0{,}333 \cdot 10^{-9}\ C$
Elektrischer Verschiebungsfluß	$\Psi = ItA^{-1}$	Coulomb je Quadratmeter	$1\ C/m^2 = 1\ m^{-2} \cdot s \cdot A$		
Elektrische Leistung Wirkleistung Scheinleistung Blindleistung	$P = IU = I^2R$ $P_w = I_{eff}U_{eff} \cos\varphi$ $P_s = IU$ $P_q = I_{eff}U_{eff} \sin\varphi$	Watt Watt Voltampere Var	$1\ W = 1\ V \cdot A = 1\ m^2 \cdot kg \cdot s^{-3}$ $1\ V \cdot A = 1\ W = 1\ m^2 \cdot kg \cdot s^{-3}$ $1\ var = 1\ W = 1\ m^2 \cdot kg \cdot s^{-3}$	absolutes Watt[1] internationales Watt[1] Blindwatt	$1\ W_{abs} = 1\ W$ $1\ W_{int} = 1{,}00020\ W$ $1\ bW = 1\ var = 1\ W$
Elektrische Spannung	$U = IR = PI^{-1} = Es$ (s Weg; P Leistung)	Volt	$1\ V = 1\ W \cdot A^{-1}$ $= 1\ m^2 \cdot kg \cdot s^{-3} \cdot A^{-1}$	absolutes Volt[2] internationales Volt[1]	$1\ V_{abs} = 1\ V$ $1\ V_{int} = 1{,}00034\ V$
Elektrische Feldstärke	$E = Us^{-1} = FQ^{-1}$	Volt je Meter	$1\ V/m = 1\ m \cdot kg \cdot s^{-3} \cdot A^{-1}$		
Elektrische Kapazität	$C = QU^{-1}$	Farad	$1\ F = 1\ C/V = 1\ m^{-2} \cdot kg^{-1} \cdot s^4 \cdot A^2$	absolutes Farad[1] internationales Farad[1] Zentimeter	$1\ F_{abs} = 1\ F$ $1\ F_{int} = 0{,}99951\ F$ $1\ cm \mathrel{\hat{=}} 1{,}111 \cdot 10^{-12}\ F$
Elektr. Dipolmoment Elektrische Polarisation	$p_e = Ql$ $P_e = p_e l^{-3} = Ql^{-2}$	Coulombmeter Coulomb je Quadratmeter	$1\ C \cdot m = 1\ m \cdot s \cdot A$ $1\ C/m^2 = 1\ m^{-2} \cdot s \cdot A$		
Elektrischer Widerstand	$R = UI^{-1} = \varrho lA^{-1}$	Ohm	$1\ \Omega = 1\ V/A$ $= 1\ m^2 \cdot kg \cdot s^{-3} \cdot A^{-2}$	absolutes Ohm[1] internationales Ohm[1] Megohm = Megaohm	$1\ \Omega_{abs} = 1\ \Omega$ $1\ \Omega_{int} = 1{,}00049\ \Omega$
Elektrischer spezifischer Widerstand	$\varrho = RAl^{-1}$	Ohmquadratmeter je Meter, Ohmmeter	$1\ \Omega\ m^2/m = 1\ \Omega \cdot m$ $= 1\ m^3 \cdot kg \cdot s^{-3} \cdot A^{-2}$		
Elektrischer Leitwert	$G = R^{-1}$	Siemens	$1\ S = 1\ \Omega^{-1}$ $= 1\ m^{-2} \cdot kg^{-1} \cdot s^3 \cdot A^2$		

Elektrische Leitfähigkeit	$\gamma(=\delta) = \varrho^{-1} = lA^{-1}R^{-1}$	Siemensmeter je Quadratmeter; Siemens je Meter	$1\,S \cdot m/m^2 = 1\,S/m = 1\,m^{-3} \cdot kg^{-1} \cdot s^3 \cdot A^2$		
Magnetischer Fluß	$\Phi = Ut$	Weber; Voltsekunde	$1\,Wb = 1\,V \cdot s = 1\,m^2 \cdot kg \cdot s^{-2} \cdot A^{-1}$	Maxwell	$1\,Mx \triangleq 10^{-8}\,Wb$
Magnetische Flußdichte (Induktion)	$B = \Phi A^{-1}$	Tesla = Weber je Quadratmeter	$1\,T = 1\,Wb \cdot m^{-2} = 1\,kg \cdot s^{-2} \cdot A^{-1}$	Gamma Gauß	$1\,\gamma = 10^{-9}\,T$ $1\,Gs = 10^{-4}\,T$
Magnetische Feldstärke	$H = Il^{-1}$	Ampere je Meter	$1\,A/m = 1\,m^{-1} \cdot A$	Oersted	$1\,Oe \triangleq 79{,}577\,A \cdot m^{-1}$
Magnetische Spannung	$U_m = Hl = R_m\Phi$	Ampere	$1\,A = 1\,m \cdot (A \cdot m^{-1})$	Gilbert	$1\,Gb \triangleq 1\,Oe \cdot cm \triangleq 0{,}796\,A$
Induktivität	$L = \Phi I^{-1}$	Henry = Weber je Ampere	$1\,H = 1\,Wb \cdot A^{-1}$ $1\,m^2 \cdot kg \cdot s^{-2} \cdot A^{-2}$	absolutes Henry[1]) internationales Henry[1]) Zentimeter	$1\,H_{abs} = 1\,H$ $1\,H_{int} = 1{,}0049\,H$ $1\,cm \triangleq 10^{-9}\,H$
Magnetische Polstärke nach Coulomb	$p_C = FH^{-1}$	Weber	$1\,Wb = 1\,N \cdot m \cdot A^{-1}$ $1\,m^2 \cdot kg \cdot s^{-2} \cdot A^{-1}$		
Magnetisches Moment nach Coulomb	$m_C = MH^{-1}$	Webermeter	$1\,Wb \cdot m = 1\,m^3 \cdot kg \cdot s^{-2} \cdot A^{-1}$		
Magnetische Polarisation	$J = p_C A^{-1}$	Tesla = Weber je Quadratmeter	$1\,T = 1\,Wb \cdot m^{-2}$ $1\,kg \cdot s^{-2} \cdot A^{-1}$		
Magnetischer Leitwert	$\Lambda = R_m^{-1} = \Phi U_m^{-1}$	Henry	$1\,H = 1\,m^2 \cdot kg \cdot s^{-2} \cdot A^{-2}$		

[1]) In der DDR bereits durch Gesetzgebung 1958 aufgegeben, gilt in der BRD ab 1.1.1975 nicht mehr.

Tafel 4.7. Einheiten der Wärmelehre (s. auch Tafel 4.13, S. 595)

Größenart	Definitionsgleichung	SI-Einheit Einheit	Beziehung zu den Grundeinheiten
Temperatur	T $\vartheta = T - T_0$ $(T_0 = 273{,}15\ \mathrm{K})$	Kelvin Grad Celsius	K Grundeinheit $\vartheta/°\mathrm{C} = T/\mathrm{K} - 273{,}15\ \mathrm{K}$
		Das Kelvin ist der 273,16te Teil der (thermodynamischen) Temperatur des Tripelpunktes von Wasser.	
Temperaturdifferenz	$\Delta T = \Delta\vartheta = T_2 - T_1$ $= \vartheta_2 - \vartheta_1$	Kelvin	K
Wärmemenge, Energie, Enthalpie	$Q = W = mc_p\,\Delta\vartheta$ $H = W$	Joule	$1\ \mathrm{J} = 1\ \mathrm{m^2 \cdot kg \cdot s^{-2}}$
Spezifische Wärmemenge	$q = Qm^{-1}$	Joule je Kilogramm	$1\ \mathrm{J/kg} = 1\ \mathrm{m^2 \cdot s^{-2}}$
Wärmekapazität	$C = Q\,\Delta\vartheta^{-1}$	Joule je Kelvin	$1\ \mathrm{J/K} = 1\ \mathrm{m^2 \cdot kg \cdot s^{-2} \cdot K^{-1}}$
Spezifische Wärmekapazität	$c = Cm^{-1}$ $(c_p,\ c_v)$	Joule je Kilogramm mal Kelvin	$1\ \mathrm{J/kg \cdot K} = 1\ \mathrm{m^2 \cdot s^{-2} \cdot K^{-1}}$
Entropie	$S = QT^{-1}$	Joule je Kelvin	$1\ \mathrm{J/K} = 1\ \mathrm{m^2 \cdot kg \cdot s^{-2} \cdot K^{-1}}$
Spezifische Entropie	$s = Sm^{-1}$	Joule je Kilogramm mal Kelvin	$1\ \mathrm{J/kg \cdot K} = 1\ \mathrm{m^2 \cdot s^{-2} \cdot K^{-1}}$
Wärmestrom	$\Phi = Qt^{-1}$	Watt	$1\ \mathrm{W} = 1\ \mathrm{J/s} = 1\ \mathrm{m^2 \cdot kg \cdot s^{-3}}$
Wärmestromdichte	$\varphi = \Phi A^{-1}$	Watt je Quadratmeter	$1\ \mathrm{W/m^2} = 1\ \mathrm{kg \cdot s^{-3}}$
Wärmedurchgangs-, Wärmeübergangs-koeffizient	$\alpha = k = q\,\Delta\vartheta^{-1}$	Watt je Quadratmeter mal Kelvin	$1\ \mathrm{W/m^2 \cdot K} = 1\ \mathrm{kg \cdot s^{-3} \cdot K^{-1}}$
Wärmeleitfähigkeit	$\lambda = Ql^{-1}t^{-1}\,\Delta\vartheta^{-1}$	Watt je Meter mal Kelvin	$1\ \mathrm{W/m \cdot K} = 1\ \mathrm{m \cdot kg \cdot s^{-3} \cdot K^{-1}}$
Temperaturleitfähigkeit	$a = \lambda\varrho^{-1}c_p^{-1}$	Quadratmeter je Sekunde	$1\ \mathrm{m^2/s} = 1\ \mathrm{m^2 \cdot s^{-1}}$

[1]) In der BRD ab 1.1.1978 nicht mehr zulässig.

Beispiele für inkohärente Einheiten		Nicht mehr zulässige Einheiten	
Einheit	Umrechnung in SI-Einheit	Einheit	Umrechnung in SI-Einheit
		Grad Fahrenheit Grad Rankine Grad Réaumur Carnot	1 °F = $^5/_9$ K 1 °R = $^5/_9$ K 1 °R = 1,25 K 1 Ca = 80,17 · 10^3 K
		Grad, Grad Kelvin Grad Celsius	1 grd = 1 °C = 1 °K = 1 K
Kalorie[1]) Wattstunde	1 cal = 4,1868 J 1 W · h = 3600 J	internationale Tafelkalorie Wärmeeinheit	1 cal_{IT} = 1 cal = 4,1868 J 1 WE = 1 kcal = 4,1868 · 10^3 J
Kalorie je Gramm[1])	1 cal/g = 4,1868 · 10^3 · J · kg^{-1}		
Kalorie je Grad[1])	1 cal/grd = 1 cal/K = 4,1868 J · K^{-1}		
Kalorie je Gramm mal Grad[1])	1 cal/g · grd = 1 cal/g · K = 4,1868 · 10^3 J · kg^{-1} · K^{-1}		
Kalorie je Grad[1])	1 cal/grd = 1 cal/K = 4,1868 J · K^{-1}	Clausius	1 Cl = 1 cal/K = 4,1868 J · K^{-1}
Kalorie je Gramm mal Grad[1])	1 cal/g · grd = 1 cal/g · K = 4,1868 · 10^3 J · kg^{-1} · K^{-1}		
Kalorie je Sekunde[1])	1 cal/s = 4,1868 W		
Kilokalorie je Stunde[1])	1 kcal/h = 1,163 W		
Kalorie je Quadratzentimeter mal Sekunde[1])	1 cal/cm^2 · s = 4,1868 W · m^{-2}		
Kilokalorie je Quadratmeter mal Stunde[1])	1 kcal/m^2 · h = 1,163 W · m^{-2}		
Kalorie je Quadratzentimeter mal Sekunde mal Kelvin[1])	1 cal/cm^2 · s · K = 4,1868 · 10^4 W · m^{-2} · K^{-1}		
Kilokalorie je Quadratmeter mal Stunde mal Kelvin[1])	1 kcal/m^2 · h · K = 1,163 W · m^{-2} · K^{-1}		
Kalorie je Zentimeter mal Sekunde mal Kelvin[1])	1 cal/cm · s · K = 4,1868 · 10^4 W · m^{-1} · K^{-1}		
Kilokalorie je Meter mal Stunde mal Kelvin	1 kcal/m · h · K = 1,163 W · m^{-1} · K^{-1}		
Quadratmeter je Stunde	1 m^2/h = 2,778 · 10^{-4} m^2 · s^{-1}		

Tafel 4.8. Einheiten der optischen Strahlung

Größenart	Definitionsgleichung	SI-Einheit Einheit	Beziehung zu den Grundeinheiten
Lichtstärke	I_v	Candela	cd Grundeinheit
		Die Candela ist die Lichtstärke, die ein schwarzer Körper der Fläche (1/600000) m² bei der Erstarrungstemperatur des Platins beim Druck 101325 Pa senkrecht zu seiner Oberfläche ausstrahlt.	
Leuchtdichte	$L_v = I_v A^{-1}$	Candela je Quadratmeter	$1\ \text{cd/m}^2 = 1\ \text{cd} \cdot \text{m}^{-2}$
Lichtstrom	$\Phi_v = I_v \Omega$	Lumen	$1\ \text{lm} = 1\ \text{cd} \cdot \text{sr}$
Beleuchtungsstärke	$E = \Phi_v A^{-1}$	Lux	$1\ \text{lx} = 1\ \text{lm/m}^2 = 1\ \text{cd} \cdot \text{m}^{-2} \cdot \text{sr}$
Lichtmenge	$Q_v = \Phi_v t$	Lumensekunde	$1\ \text{lm} \cdot \text{s} = 1\ \text{s} \cdot \text{cd} \cdot \text{sr}$
Strahlungsenergie	$W = Q_e = \Phi_e t$	Joule	$1\ \text{J} = 1\ \text{W} \cdot \text{s} = 1\ \text{m}^2 \cdot \text{kg} \cdot \text{s}^{-2}$
Strahlungsfluß	$\Phi_e = W t^{-1}$	Watt	$1\ \text{W} = 1\ \text{J/s} = 1\ \text{m}^2 \cdot \text{kg} \cdot \text{s}^{-3}$
Strahlstärke	$I_e = \Phi_e \Omega^{-1}$	Watt je Steradiant	$1\ \text{W/sr} = 1\ \text{m}^2 \cdot \text{kg} \cdot \text{s}^{-3} \cdot \text{sr}^{-1}$
Strahldichte	$L_e = I_e A^{-1}$	Watt je Quadratmeter mal Steradiant	$1\ \text{W/m}^2 \cdot \text{sr} = 1\ \text{kg} \cdot \text{s}^{-3} \cdot \text{sr}^{-1}$
Strahlungsflußdichte	$J = \Phi_e A^{-1}$	Watt je Quadratmeter	$1\ \text{W/m}^2 = 1\ \text{kg} \cdot \text{s}^{-3}$
Flächendichte der Strahlungsenergie	$\sigma_s = W A^{-1}$	Joule je Quadratmeter	$1\ \text{J/m}^2 = 1\ \text{kg} \cdot \text{s}^{-2}$
Brennweite	$f = l$	Meter	m
Brechkraft	$D = f^{-1}$	reziprokes Meter (Dioptrie)²)	$1/\text{m} = 1\ \text{m}^{-1} = 1\ \text{dpt}$

¹) In der BRD ab 1.1.1978 nicht mehr zulässig.
²) Dioptrie in der DDR nicht gesetzlich.

Tafel 4.9. Einheiten der Akustik

Größenart	Definitionsgleichung	SI-Einheit Einheit	Beziehung zu den Grundeinheiten
Schallschnelle	$v = l t^{-1}$	Meter je Sekunde	$1\ \text{m/s} = 1\ \text{m} \cdot \text{s}^{-1}$
Schalldruck	$p = \varrho v c$ (*c* Geschwindigkeit der Wellenbewegung)	Pascal	$1\ \text{Pa} = 1\ \text{N/m}^2 = 1\ \text{m}^{-1} \cdot \text{kg} \cdot \text{s}^{-2}$
Schallenergie	$E = Pt$	Joule	$1\ \text{J} = 1\ \text{W/s} = 1\ \text{m}^2 \cdot \text{kg} \cdot \text{s}^{-2}$
Schalleistung	$P = E t^{-1}$	Watt	$1\ \text{W} = 1\ \text{J/s} = 1\ \text{m}^2 \cdot \text{kg} \cdot \text{s}^{-3}$
Schallintensität	$J = P A^{-1}$	Watt je Quadratmeter	$1\ \text{W/m}^2 = 1\ \text{kg} \cdot \text{s}^{-3}$
Spezifische Schallimpedanz	$Z_s = p v^{-1}$	Pascalsekunde je Meter, Newtonsekunde je Meter³,	$1\ \text{Pa} \cdot \text{s/m} = 1\ \text{N} \cdot \text{s/m}^3 = 1\ \text{m}^{-2} \cdot \text{kg} \cdot \text{s}^{-1}$
Akustische Impedanz	$Z_a = p q^{-1}$	Newtonsekunde je Meter⁵, Pascalsekunde je Meter³	$1\ \text{N} \cdot \text{s/m}^5 = \text{Pa} \cdot \text{s/m}^3 = 1\ \text{m}^{-4} \cdot \text{kg} \cdot \text{s}^{-1}$
Mechanische Impedanz	$Z_m = F v^{-1}$	Newtonsekunde je Meter	$1\ \text{N} \cdot \text{s/m} = 1\ \text{kg} \cdot \text{s}^{-1}$
Schallfluß	$q = vA$	Meter³ je Sekunde	$1\ \text{m}^3/\text{s} = 1\ \text{m}^3 \cdot \text{s}^{-1}$
Schalldruckpegel	L_p		
Schalleistungspegel	L_P		
Lautstärkepegel	L_I		

¹) In der BRD ab 1.1.1978 nicht mehr zulässig.

Beispiele für inkohärente Einheiten			Nicht mehr zulässige Einheiten	
Einheit	Umrechnung in SI-Einheit	Bemerkungen	Einheit	Umrechnung in SI-Einheit
			neue Kerze Hefnerkerze	1 NK = 1 cd 1 HK = 0,903 cd
Stilb[1])	1 sb = 1 cd/cm² = 10^4 cd · $\%^{-2}$		Nit	1 nt = 1 cd · m^{-2}
Apostilb	1 asb = $(10^{-4}/4\pi)$ cd · m^{-2}	nur in Lichttechnik; k. Vorsätze. In BRD nicht mehr zulässig	Dezimillistilb	1 dmsb = 1,005 cd · m^{-2}
Lumen je Quadratzentimeter	1 lm/cm² = 10^4 lx		Phot Radphot Nox	1 ph = 1 lm/cm² = 10^4 lx 1 radphot = 10050 lx 1 nx = 10^{-3} lx
Lumenstunde	1 lm · h = 3600 lm · s			
Langley	1 ly = 1 cal/cm² = 4,1868 · 10^4 J · m^{-2}	keine Vorsätze; Meteorologie		

Beispiele für inkohärente Einheiten		Nicht mehr zulässige Einheiten	
Einheit	Umrechnung in SI-Einheit	Einheit	Umrechnung in SI-Einheit
Zentimeter je Sekunde	1 cm/s = 10^{-2} m · s^{-1}		
Mikrobar	1 µbar = 10^{-1} Pa		
Erg[1])	1 erg = 10^{-7} J		
Kilopondmeter[1])	1 kp · m = 9,80665 J		
Erg je Sekunde[1])	1 erg/s = 10^{-7} W		
Kilopondmeter je Sekunde[1])	1 kp · m/s = 9,80665 W		
Erg je Sekunde mal Quadratzentimeter[1])	1 erg/s · cm² = 10^{-3} W · m^{-2}		
Mikrobarsekunde je Zentimeter	1 µbar · s/cm = 10 Pa · s · m^{-1}	Rayl	1 Rayl = 1 µbar · s/cm = 10 Pa · s · m^{-1}
Mikrobarsekunde je Zentimeter³	1 µbar · s/cm³ = 10^5 N · s · m^{-5}	akustisches Ohm	1 akust. Ohm = 1 µbar · s/cm³ = 10^5 N · s · m^{-5}
Dynsekunde je Zentimeter[1])	1 dyn · s/cm = 10^{-3} N · s · m^{-1}	mechanisches Ohm	1 mech. Ohm = 1 dyn · s/cm = 10^{-3} N · sm^{-1}
Zentimeter³ je Sekunde	1 cm³/s = 10^{-6} m³ · s^{-1}		
Dezibel	20 lg (p/p_0) dB (p_0 = 20 · 10^{-6} Pa)		
Dezibel	10 lg (P/P_0) dB (P_0 = 10^{-3} W)		
Phon	20 lg (p_{eff}/p_{0eff}) phon (p_{0eff} = 20 · 10^{-6} Pa)		

Tafel 4.10. Einheiten der ionisierenden Strahlung

Größenart	Definitionsgleichung	SI-Einheit Einheit	Beziehung zu den Grundeinheiten
Teilchenfluenz	$\Phi = S^{-1}$ (S Fläche)	Teilchen je Quadratmeter	$1/m^2 = 1\,m^{-2}$
Teilchenflußdichte	$\dot{\Phi} = \dot{S}^{-1}t^{-1}$	Teilchen je Quadratmeter und Sekunde	$1/m^2 \cdot s = 1\,m^{-2} \cdot s^{-1}$
Energiefluenz	$\Psi = Es^{-1}$	Joule je Quadratmeter	$1\,J/m^2 = 1\,kg \cdot s^{-2}$
Energieflußdichte	$\dot{\Psi} = \dot{\Psi}t^{-1}$	Watt je Quadratmeter	$1\,W/m^2 = 1\,kg \cdot s^{-3}$
Exposition, Ionendosis	$J = Qm^{-1}$	Coulomb je Kilogramm	$1\,C/kg = 1\,kg^{-1} \cdot s \cdot A$
Expositionsleistung Ionendosisleistung	$\Lambda = Jt^{-1}$	Ampere je Kilogramm	$1\,A/kg = 1\,kg^{-1} \cdot A$
Kerma	$K = EV^{-1}\varrho^{-1}$	Joule je Kilogramm	$1\,J/kg = 1\,m^2 \cdot s^{-2}$
Kermaleistung	$\dot{K} = Kt^{-1}$	Watt je Kilogramm	$1\,W/kg = 1\,m^2 \cdot s^{-3}$
Energiedosis	$D = Em^{-1}$	Gray	$1\,Gy = 1\,J/kg = 1\,m^2 \cdot s^{-2}$
Energiedosisleistung	$\dot{D} = Dt^{-1}$	Gray je Sekunde	$1\,Gy/s = 1\,W/kg = 1\,m^2 \cdot s^{-3}$
Aktivität	$A = t^{-1}$	Becquerel	$1\,Bq = 1\,s^{-1}$
Spezifische Aktivität	$A_s = t^{-1}m^{-1}$	Becquerel je Kilogramm	$1\,Bq/kg = 1\,kg^{-1} \cdot s^{-1}$
Radiologische Konzentration	$C = V^{-1}t^{-1}$	Becquerel je Kubikmeter	$1\,Bq/m^3 = 1\,m^{-3} \cdot s^{-1}$

[1]) In der BRD ab 1.1.1978 nicht mehr zulässig.

Tafel 4.12. Umrechnung der Einheiten des ebenen Winkels

	rad	∟	°	°	′	″	gon (ᵍ)
Radiant (rad)	1	0,637	57,296 =	57	17	44,8	63,662
Rechter (∟)[1])	1,571	1	90,00 =	90	00	00,0	100
Grad (°)	$17{,}453 \cdot 10^{-3}$	$11{,}111 \cdot 10^{-3}$	1 =	1	00	00,0	1,111
Gon, Neugrad (ᵍ, gon)[2])[3])	$15{,}708 \cdot 10^{-3}$	$1 \cdot 10^{-2}$	0,9 =	0	54	00,0	1

[1]) In der DDR nicht gesetzlich festgelegt.
[2]) In der BRD gesetzlich festgelegt, ebenso der hier nicht genannte Vollwinkel 2π rad.
[3]) Kurzzeichen ᵍ darf keine Vorsätze erhalten; Kurzzeichen gon darf Vorsätze erhalten, demzufolge entfallen die Einheiten Neuminute (ᶜ) und Neusekunde (ᶜᶜ).

Beispiele für inkohärente Einheiten		Nicht mehr zulässige Einheiten	
Einheit	Umrechnung in SI-Einheit	Einheit	Umrechnung in SI-Einheiten
Erg je Quadratzentimeter	1 erg/cm² = 10^{-3} J · m^{-2}		
Röntgen[1])	1 R = 2,58 · 10^{4} C · kg^{-1}	Rem = roentgen-equivalent-man	1 rem ≙ 1 R = 2,58 · 10^{-4} C · kg^{-1}
		Rep = roentgen-equivalent-physical	1 rep = 1 R = 2,58 · 10^{-4} C · kg^{-1}
Röntgen je Sekunde[1])	1 R/s = 2,58 · 10^{-4} kg^{-1} A	Millirem je Stunde	1 mrem/h = 7,1667 · 10^{-11} A · kg^{-1}
Röntgen je Stunde[1])	1 R/h = 7,167 · 10^{-8} kg^{-1} · A		
Röntgen je Tag[1])	1 R/d = 2,988 · 10^{-9} kg^{-1} A		
Rad[1])	1 rd = 10^{-2} Gy		
Erg je Gramm[1])	1 erg/g = 10^{-4} Gy		
Rad je Sekunde[1])	1 rd/s = 10^{-2} Gy = W · kg^{-1}		
Rad je Stunde[1])	1 rd/h = 2,778 · 10^{-6} Gy · s^{-1}		
Curie[1])	1 Ci = 3,7 · 10^{10} Bq	Emanliter	1 emanl = 10^{-10} Ci = 3,7 Bq
		Stat	1 stat = 3,64 · 10^{3} emanl = 13,468 · 10^{3} Bq
		Mache-Einheit mal Liter	1 ME · 1 = 1 mSt = 13,468 Bq
		Rutherford	1 rd = 10^{6} Bq
Curie je Kilogramm[1])	1 Ci/kg = 3,7 · 10^{10} Bq · kg^{-1}		
Curie je Liter[1])	1 Ci/l = 3,7 · 10^{-13} Bq · m^{-3}	Eman	1 eman = 10^{-10} Ci/l = 3,7 · 10^{3} Bq · m^{-3}
		Mache-Einheit	1 ME = 3,64 eman = 13,468 · 10^{3} Bq · m^{-3}

Tafel 4.13. Umrechnung von Temperaturangaben (Zahlenwerte gerundet)

		K	°C	°R	°F
n Kelvin	≙	n	$n - 273$	$1{,}8n$	$1{,}8\,(n - 273) + 32$
n °Celsius	≙	$n + 273$	n	$1{,}8n + 492$	$1{,}8\,n + 32$
n °Rankine	≙	$0{,}556n$	$0{,}556\,(n - 492)$	n	$n - 460$
n °Fahrenheit	≙	$0{,}556\,(n - 32) + 273$	$0{,}556\,(n - 32)$	$n + 460$	n

Tafel 4. 11. Einheiten der Stoffmenge und stoffmengenbezogener Größen

Größenart	Definitionsgleichung	SI-Einheit: Einheit	SI-Einheit: Beziehung zu den Grundeinheiten	Beispiele für inkohärente Einheiten: Einheit	Beispiele für inkohärente Einheiten: Umrechnung in SI-Einheit
Stoffmenge	n	Mol[1] Das Mol ist die Stoffmenge eines Systems bestimmter Zusammensetzung, das aus ebenso vielen Teilchen besteht, wie Atome in (12/1000) kg des Atoms Kohlenstoff 12 enthalten sind[2].	mol Grundeinheit		
Molalität	$m_i = nm^{-1}$	Mol je Kilogramm	$1\ mol/kg = 1\ kg^{-1} \cdot mol$	Kilomol je Tonne	$1\ kmol/t = 1\ kg^{-1} \cdot mol$
Molarität	$c_i = nV^{-1}$	Mol je Kubikmeter	$1\ mol/m^3 = 1\ m^{-3} \cdot mol$	Kilomol je Kubikmeter	$1\ kmol/m^3 = 10^{+3}\ m^{-3} \cdot mol$
Molare Masse	$m_{mol} = mn^{-1}$	Kilogramm je Mol	$1\ kg/mol = 1\ kg \cdot mol^{-1}$	Gramm je Mol Tonne je Kilomol	$1\ g/mol = 10^{-3}\ kg \cdot mol^{-1}$ $1\ t/kmol = 1\ kg \cdot mol^{-1}$
Molares Volumen	$V_{mol} = Vn^{-1}$	Kubikmeter je Mol	$1\ m^3/mol = 1\ m^3 \cdot mol^{-1}$	Liter je Mol Kubikmeter je Kilomol	$1\ l/mol = 10^{-3}\ m^3 \cdot mol^{-1}$ $1\ m^3/kmol = 10^{-3}\ m^{-3} \cdot mol^{-1}$
Molare Wärmekapazität Molare Entropie	$C_{mol} = S_{mol} = Cn^{-1}$	Joule je Kelvin mal Mol	$1\ J/K \cdot mol = 1\ m^2 \cdot kg \cdot s^{-2} \cdot K^{-1} mol^{-1}$	Kalorie je Kelvin mol Mol[3]	$1\ cal/K \cdot mol = 4{,}1868\ J \cdot K^{-1} \cdot mol^{-1}$
Molare Energie	$E_{mol} = En^{-1}$	Joule je Mol	$1\ J/mol = 1\ m^2 \cdot kg \cdot s^{-2} \cdot mol^{-1}$	Kalorie je Mol[3]	$1\ cal/mol = 4{,}1868\ J \cdot mol^{-1}$
Molare Gaskonstante	$R_m = QT^{-1}n^{-1}$	Joule je Kelvin mal Mol	$1\ J/K \cdot mol = 1\ m^2 \cdot kg \cdot s^{-2} \cdot K^{-1} \cdot mol^{-1}$	Erg je Kelvin mal Mol[3]	$1\ erg/K \cdot mol = 10^{-7}\ J \cdot K^{-1} \cdot mol^{-1}$
Faraday-Konstante	$F = Q_e n^{-1}$	Coulomb je Mol	$1\ C/mol = 1\ s \cdot A \cdot mol^{-1}$		

[1]) Beachte: Die Definition des Mol weicht von der bisher benutzten ab!
[2]) Avogadrosche Konstante: 12 g ^{12}C enthalten (6,02252 ± 0,00028) 10^{23} Atome.
[3]) In der BRD ab 1.1.1978 nicht mehr zulässig.

Die Verwendung nicht gesetzlich festgelegter inkohärenter Einheiten ist grundsätzlich nicht erlaubt, insbesondere die Anwendung veralteter Einheiten wie Pfund (℔) und Zentner (Ztr), sowie die vom Technischen Maßsystem stammenden Einheiten, weil darin die Masse eine abgeleitete Einheit war. Nicht mehr benötigt werden auch die „internationalen" elektrischen Einheiten; sie wurden durch die „absoluten" elektrischen Einheiten abgelöst, die zugleich SI-Einheiten sind.

4.1.9. Einheiten als Rechengrößen

Das Rechnen mit Größengleichungen bedeutet deren mathematische Behandlung unter Berücksichtigung der physikalischen Gegebenheiten. Erscheinen beispielsweise in einem Quotienten im Zähler und im Nenner gleiche Einheiten, so ist das Kürzen – entgegen den Regeln der Mathematik – nicht immer zweckmäßig, insbesondere dann nicht, wenn dabei wichtige Informationen verlorengehen. Das gilt z.B. für die thermischen Ausdehnungskoeffizienten, die für Länge und Volumen ggf. gleich lauten; linearer Ausdehnungskoeffizient: Meter je Meter mal Kelvin = reziprokes Kelvin (K^{-1}); kubischer Ausdehnungskoeffizient: Kubikmeter je Kubikmeter mal Kelvin = reziprokes Kelvin (K^{-1}), während inkohärent Millimeter je Meter mal Kelvin ($mm \cdot m^{-1} \cdot K^{-1}$) bzw. Kubikmillimeter je Kubikmeter mal Kelvin ($mm^3 \cdot m^{-3} \cdot K^{-1}$) angegeben wird. Bei der SI-Einheit des ebenen Winkels ergibt sich nach Gl. (4.6)

$$[\alpha] = \frac{m}{m} = \text{rad}. \tag{4.8}$$

Wird der Quotient $m \cdot m^{-1}$ gleich 1 gesetzt, so vermittelt der Zahlenwert 1 keine Information über die Ableitung, abgesehen davon, daß er vieldeutig ist und ebensogut eine Zählgröße sein könnte. Ebenso sollte bei Rotationsgrößen auf die Angabe der Winkeleinheit nicht verzichtet werden, weil sonst eine lineare anstelle einer Rotationsgröße erhalten wird. So ist die SI-Einheit des Impulsmoments Newtonmetersekunde ($N \cdot m \cdot s$), die SI-Einheit des Drehimpulses jedoch Newtonmetersekunde je Radiant ($N \cdot m \cdot s \cdot rad^{-1}$).
Sinngemäß sollte bei Zählgrößen die Einheit „Stück" oder der sie vertretende Objektname nicht durch 1 ersetzt werden, um keinen Informationsverlust zu verursachen. Deshalb wird die Drehzahl meist in Umdrehungen je Sekunde ($U \cdot s^{-1}$) angegeben:

$$[n] = [U]\,[t^{-1}]. \tag{4.9}$$

4.2. Gesetzliche Einheiten

In verschiedenen Bereichen der Physik und der Technik hat die Änderung einiger Einheiten-Definitionen sowie der Übergang zur verstärkten Anwendung des SI und die gänzliche Aufgabe des technischen Maßsystems erhebliche Umstellungen mit sich gebracht, vor allem den Übergang von kraftbezogenen zu massebezogenen Einheiten. In diesem Zusammenhang sei auch auf die Zweckmäßigkeit der verstärkten Anwendung von Vielfachen und Teilen der SI-Einheit Newton hingewiesen, um das Pond und das Kilopond durch solche zu ersetzen, wobei 1 p ≈ 10 mN; 1 kp ≈ 10 N. Das gilt besonders für technische Berechnungen, in denen ein maximaler Fehler von 2% in Kauf genommen werden kann. In den Einheiten der Wärmelehre hat es infolge des Übergangs vom Grad Kelvin zum Kelvin erhebliche Umstellungen gegeben, da das Kelvin nicht nur zur Angabe von Temperaturpunkten, sondern auch zur Bezeichnung von Temperaturdifferenzen in der thermodynamischen und in der Celsius-Skale dient; damit werden für Temperaturdifferenzen nicht nur der Grad (grd) als Zeichen, sondern auch Grad Kelvin (°K) und Grad Celsius (°C) entbehrlich. Demgegenüber hat die neue Definition der Sekunde keine Änderungen in den Relationen der übrigen Zeiteinheiten mit sich gebracht.
In den Tafeln 4.5 bis 4.11 sind die gesetzlichen Einheiten nach Fachbereichen geordnet zusammengestellt, um einen Überblick zu geben, welche Einheiten bevorzugt und welche nur

Tafel 4.14. Einheiten für Arbeit, Energie und Wärmemenge

	J, W · s, N · m	kW h	kcal	kp · m
Joule = Wattsekunde = Newtonmeter	1	$2{,}778 \cdot 10^{-7}$	$2{,}388 \cdot 10^{-4}$	$1{,}019 \cdot 10^{-1}$
Kilowattstunde	$3{,}6 \cdot 10^{6}$	1	$8{,}598 \cdot 10^{2}$	$3{,}672 \cdot 10^{5}$
Kilokalorie[1)][2)]	$4{,}187 \cdot 10^{3}$	$1{,}163 \cdot 10^{-3}$	1	$4{,}269 \cdot 10^{2}$
Kilopondmeter[1)][2)]	9,80665	$2{,}724 \cdot 10^{-6}$	$2{,}342 \cdot 10^{-3}$	1
Pferdestärkestunde[3)]	$2{,}648 \cdot 10^{6}$	$7{,}355 \cdot 10^{-1}$	$6{,}324 \cdot 10^{2}$	$2{,}700 \cdot 10^{5}$
Elektronenvolt[4)]	$1{,}602 \cdot 10^{-19}$	$4{,}450 \cdot 10^{-26}$	$3{,}826 \cdot 10^{-23}$	$1{,}634 \cdot 10^{-20}$
British thermal unit	$1{,}055 \cdot 10^{3}$	$2{,}932 \cdot 10^{-4}$	$2{,}522 \cdot 10^{-1}$	$1{,}077 \cdot 10^{2}$
horsepowerhour	$2{,}685 \cdot 10^{6}$	$7{,}457 \cdot 10^{-1}$	$6{,}412 \cdot 10^{2}$	$2{,}737 \cdot 10^{5}$
foot pound-force	1,356	$3{,}760 \cdot 10^{-7}$	$3{,}232 \cdot 10^{-4}$	$1{,}380 \cdot 10^{-1}$
foot poundal	$4{,}214 \cdot 10^{-2}$	$1{,}170 \cdot 10^{-8}$	$1{,}007 \cdot 10^{-5}$	$4{,}297 \cdot 10^{-3}$

1) Nach RS 3472-74 ab 1.1.1980 nicht mehr zu benutzen.
2) In der BRD ab 1.1.1978 nicht mehr zulässig.
3) Nicht mehr zulässig.
4) Nur in der Atomphysik zulässig.

Tafel 4.15. Einheiten für Leistung, Energiestrom und Wärmestrom

	W	cal/s	kcal/h	kp · m/h
Watt	1	$2{,}388 \cdot 10^{-1}$	$8{,}598 \cdot 10^{-1}$	$3{,}671 \cdot 10^{2}$
Kalorie je Sekunde[1)][2)]	4,1868	1	3,6	$1{,}537 \cdot 10^{3}$
Kilokalorie je Stunde[1)][2)]	1,163	2,778	1	$4{,}269 \cdot 10^{2}$
Kilopondmeter je Stunde[1)][2)]	$2{,}724 \cdot 10^{-3}$	$6{,}506 \cdot 10^{-4}$	$2{,}342 \cdot 10^{-3}$	1
Pferdestärke[1)][2)]	$7{,}355 \cdot 10^{2}$	$1{,}757 \cdot 10^{2}$	$6{,}324 \cdot 10^{2}$	$2{,}700 \cdot 10^{5}$
British thermal unit/second	$1{,}054 \cdot 10^{3}$	$2{,}518 \cdot 10^{2}$	$9{,}066 \cdot 10^{2}$	$3{,}870 \cdot 10^{5}$
footpoundal/second	$4{,}214 \cdot 10^{-2}$	$1{,}006 \cdot 10^{-2}$	$3{,}623 \cdot 10^{-2}$	$1{,}547 \cdot 10$
footpound-force/hour	$3{,}766 \cdot 10^{-4}$	$8{,}995 \cdot 10^{-5}$	$3{,}238 \cdot 10^{-4}$	$1{,}382 \cdot 10^{-1}$
horsepower	$7{,}457 \cdot 10^{2}$	$1{,}781 \cdot 10^{2}$	$6{,}412 \cdot 10^{2}$	$2{,}737 \cdot 10^{5}$

1) Nach RS 3472-74 ab 1.1.1980 nicht mehr zu benutzen.
2) In der BRD ab 1.1.1978 nicht mehr zulässig.

beschränkt angewendet werden dürfen. Demgemäß stehen die SI-Einheiten stets an erster Stelle. Von den Grundgrößenarten ist lediglich das Formelzeichen, von abgeleiteten Größenarten die Definitionsgleichung in Formelzeichen angegeben, während bei den Grundeinheiten die Definition gemäß den internationalen und gesetzlichen Festlegungen aufgeführt ist. Von den inkohärenten Einheiten konnten jeweils nur charakteristische Beispiele genannt werden. Grundsätzlich gilt für alle als Potenzprodukte gebildeten abgeleiteten Einheiten, daß auch andere Produkte bzw. Quotienten von Einheiten mit selbständigem Namen und ihren mit Vorsätzen gebildeten Vielfachen und Teilen gebildet werden dürfen, sofern dies nicht untersagt ist, wie bei der SI-Einheit reziproke Sekunde (s^{-1}) als Einheit der Aktivität (vgl. Tafel 4.10). In den Spalten „Bemerkungen" ist jeweils auf solche Besonderheiten hingewiesen, ebenso ggf. auf einen Benutzungsbereich, z.B. „Meteorologie", in Einzelfällen sind auch entsprechende Fußnoten angegeben. In Bereichen, in denen keine Besonderheiten bestehen, ist auf „Bemerkungen" verzichtet worden. Schließlich sind in den beiden letzten Spalten jeder Tafel solche Einheiten zusammengestellt, die nicht mehr benutzt werden dürfen, und deren Umrechnung in die entsprechende SI-Einheit.

PS · h	eV	Btu	hp · h	ft lbf	ft pdl
$3,777 \cdot 10^{-7}$	$6,242 \cdot 10^{18}$	$9,472 \cdot 10^{-4}$	$3,725 \cdot 10^{-7}$	$7,376 \cdot 10^{-1}$	$2,373 \cdot 10$
1,350	$2,247 \cdot 10^{25}$	$3,412 \cdot 10^{3}$	1,341	$2,660 \cdot 10^{6}$	$8,543 \cdot 10^{8}$
$1,581 \cdot 10^{-3}$	$2,614 \cdot 10^{22}$	3,968	$1,560 \cdot 10^{-3}$	$3,088 \cdot 10^{3}$	$9,935 \cdot 10^{4}$
$3,704 \cdot 10^{-6}$	$6,122 \cdot 10^{19}$	$9,295 \cdot 10^{-3}$	$3,653 \cdot 10^{-6}$	7,233	$2,327 \cdot 10^{2}$
1	$1,653 \cdot 10^{25}$	$2,509 \cdot 10^{3}$	$9,863 \cdot 10^{-1}$	$1,956 \cdot 10^{6}$	$6,284 \cdot 10^{8}$
$6,050 \cdot 10^{-26}$	1	$1,517 \cdot 10^{-22}$	$5,968 \cdot 10^{-26}$	$1,182 \cdot 10^{-19}$	$3,802 \cdot 10^{-18}$
$3,987 \cdot 10^{-4}$	$6,590 \cdot 10^{21}$	1	$3,933 \cdot 10^{-4}$	$7,782 \cdot 10^{2}$	$2,503 \cdot 10^{4}$
1,014	$1,676 \cdot 10^{25}$	$2,543 \cdot 10^{3}$	1	$1,981 \cdot 10^{6}$	$6,372 \cdot 10^{7}$
$5,111 \cdot 10^{-7}$	$8,448 \cdot 10^{18}$	$1,282 \cdot 10^{-3}$	$5,042 \cdot 10^{-7}$	1	$3,217 \cdot 10$
$1,592 \cdot 10^{-8}$	$2,630 \cdot 10^{17}$	$3,995 \cdot 10^{-5}$	$1,571 \cdot 10^{-8}$	$3,108 \cdot 10^{-2}$	1

PS	Btu/s	ft · pdl/s	ft · lbf/h	hp
$1,360 \cdot 10^{-3}$	$9,485 \cdot 10^{-4}$	$2,373 \cdot 10$	$2,655 \cdot 10^{3}$	$1,341 \cdot 10^{-3}$
$5,692 \cdot 10^{-3}$	$3,971 \cdot 10^{-3}$	$1,015 \cdot 10^{2}$	$1,112 \cdot 10^{4}$	$5,615 \cdot 10^{-3}$
$1,581 \cdot 10^{-3}$	$1,103 \cdot 10^{-3}$	$2,822 \cdot 10$	$3,088 \cdot 10^{3}$	$1,560 \cdot 10^{-3}$
$3,704 \cdot 10^{-6}$	$2,584 \cdot 10^{-6}$	$6,610 \cdot 10^{-2}$	7,233	$3,653 \cdot 10^{-6}$
1	$6,976 \cdot 10^{-1}$	$1,785 \cdot 10^{4}$	$1,953 \cdot 10^{6}$	$9,863 \cdot 10^{-1}$
1,434	1	$2,502 \cdot 10^{4}$	$2,799 \cdot 10^{6}$	1,416
$5,729 \cdot 10^{-5}$	$3,997 \cdot 10^{-5}$	1	$1,119 \cdot 10^{2}$	$5,651 \cdot 10^{-5}$
$5,121 \cdot 10^{-6}$	$3,572 \cdot 10^{-7}$	$8,937 \cdot 10^{-3}$	1	$5,050 \cdot 10^{-7}$
1,014	$7,073 \cdot 10^{-1}$	$1,770 \cdot 10$	$1,980 \cdot 10^{6}$	1

4.3. Kennwörter

In der Elektrotechnik und in der Akustik werden zur Beschreibung bestimmter Vorgänge, wie Übertragungs-, Verstärkungs- und Pegelmaße, die Logarithmen von Quotienten zweier Größen gleicher Art angegeben, die reine Zahlenwerte sind. Zur Kennzeichnung ihrer Herleitung als natürlicher oder als dekadischer Logarithmus der entsprechenden Quotienten werden diesen Zahlenwerten Kennwörter bzw. deren Kurzzeichen beigefügt. Diese Kennwörter werden wie Einheiten behandelt, d.h., sie können mit den gesetzlichen Vorsätzen verbunden oder auch mit gesetzlichen Einheiten verknüpft werden. Für den natürlichen Logarithmus zweier Größen gleicher Art ist das Kennwort „Neper" mit dem Kurzzeichen „Np", für den dekadischen Logarithmus das Kennwort „Dezibel" mit dem Kurzzeichen „dB" international üblich. Es bestehen folgende Beziehungen:

Übertragungsmaß für Spannungen $= \ln \dfrac{U_2}{U_1}\,\text{Np} = 20 \lg \dfrac{U_2}{U_1}\,\text{dB}$,

für Strom $= \ln \dfrac{I_2}{I_1}\,\text{Np} = 20 \lg \dfrac{I_2}{I_1}\,\text{dB}$,

für Leistung $= \dfrac{1}{2} \ln \dfrac{P_2}{P_1}\,\text{Np} = 10 \lg \dfrac{P_2}{P_1}\,\text{dB}$.

In der *Elektrotechnik* wird zur Angabe von *Dämpfungsmaßen* der Quotient aus Eingangsgröße zu Ausgangsgröße, zur Angabe von *Verstärkungsmaßen* der Quotient aus Ausgangsgröße zu Eingangsgröße gebildet.
Pegel werden auf eine festgelegte Bezugsgröße bezogen, und zwar bei einem normalen Vierpol mit einem Widerstand von 600 Ω

$$U_0 = 0{,}775\ \mathrm{V}: \text{Spannungspegel} = \ln \frac{U}{U_0}\ \mathrm{Np} = 20 \lg \frac{U}{U_0}\ \mathrm{dB},$$

$$I_0 = 1{,}29\ \mathrm{mA}: \text{Strompegel} = \ln \frac{I}{I_0}\ \mathrm{Np} = 20 \lg \frac{I}{I_0}\ \mathrm{dB},$$

$$P_0 = 1\ \mathrm{mW}: \text{Leistungspegel} = \frac{1}{2} \ln \frac{P}{P_0} = 10 \lg \frac{P}{P_0}\ \mathrm{dB}.$$

In der *Akustik* sind folgende Bezugsgrößen festgelegt:

Bezugsschalldruck $p_0 = 20\ \mu\mathrm{Pa}$,

Bezugsschallintensität $J_0 = 1\ \mathrm{pW/m^2}$,

Bezugsschalleistung $P_0 = 1\ \mathrm{pW}$;

damit ergeben sich

Schalldruckpegel $= 20 \lg \frac{p}{p_0}\ \mathrm{dB}$,

Schallintensitätspegel $= 10 \lg \frac{J}{J_0}\ \mathrm{dB}$,

Schalleistungspegel $= 10 \lg \frac{P}{P_0}\ \mathrm{dB}$.

Zwischen den Kennwörtern Neper und Dezibel bestehen folgende Umrechnungsbeziehungen:

$$1\ \mathrm{Np} = 8{,}686\ \mathrm{dB} \quad \text{und} \quad 1\ \mathrm{dB} = 0{,}1151\ \mathrm{Np}.$$

Zur Kennzeichnung für den dekadischen Logarithmus einer ausgeführten Schallpegelmessung benutzt man das Kennwort „Phon“ mit dem Kurzzeichen „phon“. Demzufolge ergibt sich als Maß für die subjektive Lautstärkeempfindung, die als gleichlaut empfunden wird, wie der Schalldruckpegel eines frontal einfallenden, beidohrig abgehörten Sinustones von 1000 Hz, ein

$$\text{Lautstärkepegel} = 20 \lg \frac{p}{p_0}\ \mathrm{phon}.$$

Die Hörschwelle liegt bei normal hörenden Personen im Mittel bei 4 phon. Der Wert 0 phon, d.h. der Schalldruck des Normalschalls von $p = p_0 = 20 \cdot 10^{-6}$ Pa, entspricht dem Hörvermögen überdurchschnittlich gut hörender Personen. Die Schmerzgrenze von 130 phon liegt bei einem Schalldruck von $p = 63{,}2$ Pa und einer Schallintensität von $10\ \mathrm{W \cdot m^{-2}}$.
In der *Informationstheorie* hat man dem Zweierlogarithmus einer Dualziffer n das Kennwort Bit, Kurzzeichen bit, abgeleitet von binary digit, zugeordnet. Das Bit kennzeichnet den maximalen Informationsinhalt, der in einer Binärentscheidung enthalten sein kann:

$$\text{Informationsinhalt} = (\mathrm{lb}\, n)\ \mathrm{bit}.$$

4.4. Nichtmetrische Einheiten

Neben dem Internationalen Einheitensystem hat gegenwärtig nur noch das Yard-Pound-System eine gewisse Bedeutung. Es gilt in Großbritannien und dessen ehemaligen Kolonien wenigstens noch teilweise und ist auch in den USA gesetzlich festgelegt. 1965 wurde in Großbritannien der schrittweise Übergang zum SI beschlossen, aber erst 1972 folgten die USA ihrem Beispiel, nachdem seit den sechziger Jahren die National Aeronautics and Space Administration (NASA) für ihren Geschäftsbereich die Verwendung von SI-Einheiten vorgeschrieben hatte. Da eine derart einschneidende Umstellung langwierig zu sein pflegt, scheint es geboten, die Yard-Pound-Einheiten hier kurz zu besprechen.

Das Yard-Pound-System basiert auf dem Yard (yd) als Grundeinheit der Länge und dem Pound (lb) als Grundeinheit der Masse, deren Beziehungen zum Meter und zum Kilogramm gesetzlich festgelegt sind. Die Grundeinheit der Zeit, die Sekunde (s), stimmt mit der des SI überein. Dasselbe gilt hinsichtlich der elektrischen und der magnetischen Einheiten. Anders ist es in der Wärmelehre. Temperaturen werden im täglichen Leben in degree Fahrenheit (°F), in der Wissenschaft in degree Rankine (°R), Temperaturdifferenzen in Fahrenheit degree (degF) bzw. Rankine degree (degR) angegeben. Fahrenheit- und Rankine-Skale stehen etwa im gleichen Verhältnis zueinander wie Celsius-Grad und Kelvin: 1 degF = 1 degR. Der Nullpunkt der Fahrenheit-Skale liegt bei 459,67 °R = −32 °C (Tafel 4.15). Wesentlichste Einheit der Wärmelehre ist das British Thermal (Btu), von dem zahlreiche abgeleitete Einheiten gebildet werden. Faktoren zur Umrechnung einiger Einheiten des Yard-Pound-Systems in SI-Einheiten sind in den Tafeln 4.13, 4.14 und 4.16 angegeben.

Tafel 4.16. Umrechnung einiger Einheiten des Yard-Pound-Systems in SI-Einheiten

Größenart	Name	Kurzzeichen	Umrechnung in SI-Einheit
Länge	yard	yd	1 yd = 0,9144 m
	foot	ft	1 ft = 0,3048 m
	inch	in	1 in = 0,0254 m
Fläche	square yard	yd^2	1 yd^2 = 0,836 m^2
	square foot	ft^2	1 ft^2 = $9{,}290 \cdot 10^{-2}$ m^2
	square inch	in^2	1 in^2 = $6{,}452 \cdot 10^{-4}$ m^2
Volumen	cubic yard	yd^3	1 yd^3 = 0,765 m^3
	cubic foot	ft^3	1 ft^3 = $2{,}83 \cdot 10^{-2}$ m^3
	cubic inch	in^3	1 in^3 = $1{,}64 \cdot 10^{-5}$ m^3
	quarter	quarter	1 quarter = $2{,}91 \cdot 10^{-1}$ m^3
	bushel (UK)	bushel	1 bushel = $3{,}64 \cdot 10^{-2}$ m^3
	bushel (US)	bu	1 bu = $3{,}52 \cdot 10^{-2}$ m^3
	gallon (UK)	gal	1 gal = $4{,}55 \cdot 10^{-3}$ m^3
	gallon (US)	gal (US)	1 gal (US) = $3{,}79 \cdot 10^{-3}$ m^3
Masse	pound	lb	1 lb = 0,453 59 kg
	ounce	oz	1 oz = $2{,}835 \cdot 10^{-2}$ kg
	ton	ton	1 ton = 1,016 t
Kraft	pound-force	lbf	1 lbf = 4,448 N
	poundal	pdl	1 pdl = 0,138 N
Druck	pound-force/square foot	lbf/ft^2	1 lbf/ft^2 = 47,88 Pa
	pound-force/square inch	lbf/in^2 psi	1 lbf/in^2 = 1 psi = $6{,}895 \cdot 10^3$ Pa
Arbeit Energie	British thermal unit	Btu	1 Btu = 1055,06 J
	foot pound-force	ft · lbf	1 ft · lbf = 1,356 J
	foot-poundal	ft · pdl	1 ft · pdl = 0,0421 J
Leucht- dichte	lambert	la	1 la = $0{,}318\,10^4$ cd · m^{-2}
	foot-lambert	ftla	1 ftla = 3,426 cd · m^{-2}
Temperatur	degree Rankine	°R	1°R = 5/9 K
	degree Fahrenheit	°F	1°F = 5/9 K

Literatur

Verordnung über die physikalisch-technischen Einheiten vom 31. Mai 1967. GBl. der DDR, Teil II, S. 351.

Anordnung über die Tafel der gesetzlichen Einheiten vom 26. November 1968. GBl. der DDR. Sonderdruck Nr. 605 vom 1. März 1969 und Berichtigung GBl. der DDR, Teil II, Nr. 45 vom 6. Juni 1969, S. 291.

Anordnung über die Einführung des Schlüssels der statistischen und der physikalisch-technischen Maßeinheiten vom 18. Juli 1973. GBl. der DDR, Sonderdruck Nr. 761 vom 14. September 1973.

RS 3472-74 Empfehlung zur Standardisierung. Metrologie. Ordnung und Verfahren des Übergangs zum Internationalen Einheitensystem (SI). Allg. Empfehlung. Hrsg. Ständige Kommission Standardisierung, RGW, Moskau 1972.

Bekanntmachung über die Einführung der Einheit Mol als zusätzliche Grundeinheit des SI und der Benennung Pascal für die SI-Einheit des Druckes. Verf. u. Mitt. d. ASMW 4 (1974) Ausg. A.

TGL 31548 Entw. 6.75. Einheiten physikalischer Größen.

TGL 31550/02 Entw. 8.75. Grundbegriffe der Metrologie; Größen, Einheiten, Gleichungen.

TGL 22112/02 Ausg. 11.71. Elektrotechnik – Elektronik; Größen, Formelzeichen, Einheiten; allgemeine Grundgrößen.

IEC-Publ. 21-1 (1971). Letter symbols to be used in electrical technology.

Gesetz über Einheiten im Meßwesen vom 2. Juli 1969. BGBl. der BRD 1919, Teil I, Nr. 55, S. 709 in der Fassung des Gesetzes zur Änderung des Gesetzes über Einheiten im Meßwesen vom 6. Juli 1973. BGBl. Teil I, S. 720.

Ausführungsverordnung zum Gesetz über Einheiten im Meßwesen vom 26. Juni 1970. BGBl. der BRD 1970. Teil I, Nr. 62, S. 981.

Bender, D.: Was bedeutet die umfassende Anwendung des SI in Wissenschaft und Technik? Standardisierung und Qualität 19 (1973) H. 7, S. 302–303.

Bender, D.: Standardentwurf TGL 31548 „Einheiten physikalischer Größen" steht zur Diskussion. Standardisierung und Qualität 21 (1975) H. 8, S. 265–267.

Bender, D.: Zur weiteren schrittweisen Einführung des SI. Die Technik 30 (1975) H. 9, S. 551–554.

Bender, D.; Pippig, E.: Einheiten, Maßsysteme, SI. 2. Aufl. Berlin: Akademie-Verlag 1975.

Le Système International d'Unités (SI). Sèvres, Pavillon de Breteuil 2e Edition 1973.

Burdun, G.: SI-Handbuch des Internationalen Einheitensystems. Moskau: Verlag für Standards 1971 (russ.).

Fischer, R.; Padelt, E.; Schindler, H.: Physikalisch-technische Einheiten – richtig angewandt. Berlin: VEB Verlag Technik 1975.

Fischer, J.: Größen und Einheiten der Elektrizitätslehre. Berlin, Göttingen. Heidelberg: Springer-Verlag 1961.

Bridgman, P. W.: Theorie der physikalischen Dimensionen. 2. Aufl. Leipzig. Berlin: B.G. Teubner Verlagsges. 1932.

Haeder, W.; Gärtner, E.: Die gesetzlichen Einheiten in der Technik. 4. Aufl. Berlin, Köln, Frankfurt (Main): Beuth-Vertrieb 1974.

Oberdorfer, G.: Sonderbehandlung der Einsgrößen in Ansehung ihrer Grenzstellung zwischen Größen und reinen Zahlen. Acta Physica Austriaca (1962) H. 4, S. 371.

Oberdorfer, G.: Das Internationale Maßsystem und die Kritik seines Aufbaus. 2. Aufl. Leipzig: VEB Fachbuchverlag 1970.

Oberdorfer, G.: Ist auf Grund der modernen Größenlehre eine Revision der vierdimensionalen Wärmelehre notwendig geworden? Österr. Ing.-Z. (1967) H. 8, S. 297.

Padelt, E.: Die gesetzlichen physikalisch-technischen Einheiten. Die Technik *25* (1970) H. 5, S. 315–321.

Padelt, E.: Bemerkungen zu einigen Definitionen von Einheiten des SI. meßtechnik *78* (1970) H. 9, S. 178–181.

Padelt, E.: Probleme beim Übergang zur umfassenden Anwendung der SI-Einheiten. Kraftfahrzeugtechnik (1974) H. 3, S. 80–82.

Padelt, E.; Laporte, H.: Einheiten und Größenarten der Naturwissenschaften. 3. Aufl. Leipzig: VEB Fachbuchverlag 1975.

Rotter, F.: SI – gestern, heute und morgen. 100 Jahre metrisches Maßsystem in Österreich 1872–1972. Wien: Bundesamt für Eich- und Vermessungswesen 1973.

Scholz, G.; Bender, D.; Pippig, E.: Zur Angabe von physikalischen Größen und Einheiten in Standards. Standardisierung und Qualität 21 (1975) H. 2, S. 94–96.

5. Elektrische Meßtechnik

Inhalt

5.1. Grundlagen der Theorie der Meßtechnik 609
von Eugen-Georg Woschni

5.1.1. Statische Meßfehler 609
5.1.1.1. Fehlerarten. Standardabweichung. Vertrauensbereich. Meßunsicherheit 609
5.1.1.2. Maximale Amplitudenstufenzahl. Informationsbetrag 610

5.1.2. Dynamische Kennfunktionen und Kennwerte der Meßsysteme 611
5.1.2.1. Ursachen für das dynamische Verhalten 611
5.1.2.2. Kennfunktionen im Zeitbereich 611
Übergangsfunktion. Gewichtsfunktion – Einschwing- oder Einstellzeit. Zeitkonstante. Weitere Kennwerte im Zeitbereich
5.1.2.3. Kennfunktionen im Frequenzbereich 614
Frequenzgang – Übertragungsfunktion – Grenzfrequenz als Kennwert im Frequenzbereich
5.1.2.4. Zusammenhang zwischen den Kennfunktionen und Kennwerten 619
Zusammenhang zwischen Übertragungsfunktion und Gewichtsfunktion (Laplace-Transformation) – Zusammenhang zwischen Einschwingzeit und Grenzfrequenz (Abtasttheorem)
5.1.2.5. Aufnahme der Kennfunktionen und Kennwerte (dynamische Kalibrierung) 620

5.1.3. Kennwerte der Meßgröße 622

5.1.4. Dynamische Meßfehler 623
5.1.4.1. Exakte Berechnung der Auswirkungen des dynamischen Verhaltens. Mittlerer quadratischer Fehler 623
5.1.4.2. Abschätzung der Auswirkungen des dynamischen Verhaltens 624
5.1.4.3. Typische Kurvenverzerrungen 625

5.1.5. Kanalkapazität als Gütewert 625

5.1.6. Optimierung der Meßsysteme 626
5.1.6.1. Optimierung durch Bemessung 626
5.1.6.2. Optimierung durch Korrektur 627
Korrektur mit analogen Systemen – Korrektur mit digitalen Systemen – Grenzen der Korrektur

5.1.7. Digitale Verfahren 629
5.1.7.1. Grundsätzliches 629
5.1.7.2. Statische und dynamische Kennwerte 630
5.1.7.3. Verbesserung der Kennwerte 631

5.2. Begriffe und Grundeigenschaften elektrischer Meßinstrumente 632
von Josef Stanek

5.2.1. Genauigkeit 632

5.2.2. Empfindlichkeit 632
5.2.3. Fehlerursachen 633
5.2.4. Dämpfung und Beruhigungszeit. Integrierende Instrumente 634

5.3. Bauelemente der elektrischen Meßinstrumente 636
von Josef Stanek

5.3.1. Lagerungen 636
5.3.2. Rückstellelemente 637
5.3.3. Gehäuseformen 638
5.3.4. Meßwertanzeigevorrichtungen 639
5.3.4.1. Materielle Zeiger. Parallaxe 639
5.3.4.2. Lichtzeiger 640
5.3.4.3. Registriereinrichtungen 641
5.3.5. Magnete 642
5.3.5.1. Dauermagnete für Meßwerke 642
5.3.5.2. Elektromagnete für Meßwerke 643
5.3.6. Widerstände 644
5.3.6.1. Ohmsche Widerstände 644
5.3.6.2. Induktivitäten 645
5.3.6.3. Kapazitäten 645
5.3.6.4. Schaltungen für 90°-Phasendrehung 646
5.3.7. Minderung von Störeinflüssen 647
5.3.7.1. Temperaturkompensation 647
5.3.7.2. Schirmung 648
5.3.7.3. Astasierung 649
5.3.8. Meßgleichrichter 649
5.3.8.1. Mechanische Gleichrichter 649
5.3.8.2. Diodengleichrichter mit Glühkatode 650
5.3.8.3. Halbleitergleichrichter 651
5.3.8.4. Meßgleichrichterschaltungen 652
5.3.9. Normalspannungsquellen 655
5.3.9.1. Weston-Normalelement 655
5.3.9.2. Schaltungen mit Zener-Dioden (Z-Dioden) 656
5.3.10. Thermoumformer 657
5.3.10.1. Konstruktionsformen 657
5.3.10.2. Fehlerquellen 658

5.4. Meßwerke und Anzeigeinstrumente 658
von Josef Stanek

5.4.1. Drehspulmeßwerke 658
5.4.2. Drehspulinstrumente mit Dauermagnet 659
5.4.2.1. Strom- und Spannungsmesser 659
5.4.2.2. Galvanometer 661
5.4.2.3. Quotientenmesser 662

5.4.2.4. Magnet-Motorzähler 662
5.4.2.5. Drehspulinstrumente mit Gleichrichter 663
Vielbereichinstrumente – Direktanzeigende Frequenzmesser

5.4.3. Drehspulinstrumente mit Elektromagnet 666
5.4.3.1. Wirkleistungsmesser 666
5.4.3.2. Blindleistungsmesser 668
5.4.3.3. Phasenmesser 668
5.4.3.4. Frequenzmesser 669
5.4.3.5. Widerstandsmesser 669
5.4.3.6. Synchronoskop 669

5.4.4. Dreheiseninstrumente 670

5.4.5. Drehmagnetinstrumente 671

5.4.6. Eisennadelinstrumente 671

5.4.7. Thermische Instrumente 672
5.4.7.1. Hitzdrahtinstrumente 672
5.4.7.2. Thermoumformerinstrumente 672
5.4.7.3. Bimetallinstrumente 673

5.4.8. Vibrationsinstrumente 673
5.4.8.1. Vibrationsgalvanometer 673
5.4.8.2. Zungenfrequenzmesser 674

5.4.9. Induktionsinstrumente 674
5.4.9.1. Wechselstromzähler 674
5.4.9.2. Ferraris-Motor 675

5.4.10. Elektrometer 675
5.4.10.1. Quadrantenelektrometer 676
5.4.10.2. Duantenelektrometer 677
5.4.10.3. Hochspannungsinstrumente 677
5.4.10.4. Leistungsmesser 678
5.4.10.5. Strahlungsmeßinstrumente 678

5.5. Elektrische Meßgeräte und Meßverfahren 679
von Josef Stanek

5.5.1. Gleichstrommeßbrücken 679
5.5.1.1. Wheatstone-Brücke 680
5.5.1.2. Thomson-Brücke 680
5.5.1.3. Maxwell-Brücke 681
5.5.1.4. Elektrometerbrücke 682

5.5.2. Wechselstrommeßbrücken 682
5.5.2.1. Allgemeines 682
5.5.2.2. Induktivitätsmeßbrücken 683
5.5.2.3. Kapazitätsmeßbrücke 684
5.5.2.4. Frequenz- und Klirrfaktormeßbrücke 684
5.5.2.5. Verlustfaktormeßbrücke 685
5.5.2.6. Elektrometerbrücken mit phasenabhängigem Abgleich 685

5.5.3. Kompensatoren ... 686
5.5.3.1. Wirkungsweise ... 686
5.5.3.2. Gleichstromkompensatoren ... 686
5.5.3.3. Wechselstromkompensatoren ... 688
5.5.4. Meßgeräte für magnetische Größen ... 690
5.5.4.1. Koerzimeter ... 690
5.5.4.2. Ballistische Meßgeräte ... 691
5.5.4.3. Epstein-Apparat ... 692
5.5.4.4. Magnetometer ... 692
5.5.4.5. Hall-Generatoren ... 693
5.5.5. Lichtstrahloszillograf ... 693
5.5.6. Mechanisch-elektrische Verstärker ... 694
5.5.6.1. Kompensografen ... 694
5.5.6.2. Kontinuierlich arbeitende Kompensationsverstärker ... 696
5.5.6.3. Meßwertumformer ... 697
5.5.7. Strom- und Spannungswandler ... 698
5.5.7.1. Stromwandler ... 698
5.5.7.2. Stromteiler nach Ayrton ... 700
5.5.7.3. Spannungswandler ... 700
5.5.7.4. Spannungsteiler ... 701
5.5.8. Mittelbare Meßverfahren ... 701
5.5.8.1. Halbwertbreite ... 701
5.5.8.2. Pauli-Gerade ... 702
5.5.8.3. Substitutionsverfahren ... 702
5.5.8.4. Trennung der Eisenverluste ... 703

5.6. Elektronische Meßgeräte ... 704
von Jürgen Meinhardt

5.6.1. Allgemeines ... 704
5.6.1.1. Erdung in Meßschaltungen ... 704
5.6.1.2. Kapazitive und induktive Entkopplung ... 704
5.6.1.3. Verbindungsleitungen ... 704
5.6.2. Elektronische Hilfsgeräte ... 705
5.6.2.1. Spannungsstabilisatoren ... 705
5.6.2.2. Stromstabilisatoren ... 707
5.6.2.3. Geregelte Speisegeräte ... 708
5.6.2.4. Meßverstärker ... 708
Wechselspannungsmeßverstärker – Meßverstärker für Gleich- und Wechselspannungen – Zerhackerverstärker – Differenzenverstärker
5.6.2.5. Meßgeneratoren ... 710
Generatoren für Sinusspannungen – Rauschgeneratoren – Rechteckwellengeneratoren
5.6.3. Elektronische Spannungsmesser ... 714
5.6.3.1. Gleichspannungsmesser ... 714
5.6.3.2. Breitbandige Wechselspannungsmesser ... 716
Niederfrequenz- und Mittelfrequenzspannungsmesser – Hochfrequenzspannungsmesser
5.6.3.3. Selektive Wechselspannungsmesser ... 719
5.6.3.4. Digitalvoltmeter ... 719
Digitalvoltmeter mit Sägezahngenerator – Digitalvoltmeter mit geschalteter Kompensationsspannung

5.6.4. Elektronenstrahloszillografen 722
5.6.4.1. Elektronenstrahlröhre 722
5.6.4.2. Universaloszillografen 722
5.6.4.3. Spezialoszillografen 726
Speicheroszillografen – Zweistrahloszillografen – Samplingoszillografen
5.6.4.4. Kurvenschreiber mit Elektronenstrahloszillograf 727
5.6.4.5. Oszillografensysteme 727

5.6.5. Meßgeräte für spezielle Größen 728
5.6.5.1. Frequenzmesser 728
Resonanzfrequenzmesser – Überlagerungsfrequenzmesser – Frequenzmesser nach dem Kondensatorumladeverfahren
5.6.5.2. Phasenmesser 729
5.6.5.3. Universalzähler 730

5.7. Elektrische Messung nichtelektrischer Größen 731
von Jürgen Meinhardt

5.7.1. Allgemeines 731

5.7.2. Meßwandler 731
5.7.2.1. Dehnungsmeßstreifen 732
5.7.2.2. Kapazitive Geber 733
5.7.2.3. Induktive Geber 734

5.7.3. Anzeigende und meßwertverarbeitende Geräte 734
5.7.3.1. Trägerfrequenzbrücken für passive Wandler 734
5.7.3.2. Meß- und Sichtgeräte für aktive Wandler 735
5.7.3.3. Digitale Meßwertverarbeitung 737

Literatur 737

Formelzeichen

A	Fläche, Querschnitt
a	Faktor; Korrekturgrad
A_x, A_y	Ablenkempfindlichkeiten der Elektronenstrahlröhre
b	Breite
B	Induktion; Bandbreite
B_r	Remanenzinduktion
$(BM)_{max}$	Maximalenergie
C	Kapazität
C	Galvanometerkonstante
C_b	ballistische Konstante
c	Richtkonstante, Federkonstante
c_x, c_y	Ablenkkoeffizienten des Elektronenstrahloszillografen
D	mechanisches Einstellmoment; Durchgriff
d	Abstand
E	EMK; Empfindlichkeit
E	elektrische Feldstärke
$\hat{E}_{ind}$	Spitzenwert der induzierten Spannung
F	absoluter Fehler
f	Frequenz
f_i	Impulsfrequenz
G	Leitwert
$G(j\omega)$	komplexer Frequenzgang
$\lvert G(j\omega)\rvert$	Amplitudengang
$\underline{g}$	Übertragungsmaß
$\underline{g}(t)$	Gewichtsfunktion
H	magnetische Feldstärke
$h(t)$	Übergangsfunktion
H_c	Koerzitivkraft
I	Gleichstrom, Effektivwert des Stromes
$\hat{I}$	Spitzenwert des Sinusstromes
$\underline{I}$	komplexer Effektivwert des Stromes

i	Strom (Augenblickswert)
$\bar{i}$	Mittelwert des Stromes
$J_0(x)$	Bessel-Funktion 0. Ordnung
K	Kopplungsfaktor (reell); Dämpfungsfaktor
$\underline{K}$	Kopplungsfaktor (komplex)
k	Konstante; Boltzmann-Konstante; Kopplungsgrad; Empfindlichkeit des Dehnungsmeßstreifens
k_f	Formfaktor
L	Induktivität
l	Länge
l_{Fe}	Eisenweglänge
M	Gegeninduktivität; Betrag des Drehmoments
$\mathbf{M}$	Drehmoment
m	Masse; Anzahl der maximal unterscheidbaren Amplitudenstufen; Zählerstand
n	Anzahl der Meßwerte
P	Leistung
p	Variable bei der Laplace-Transformation
$\underline{p}$	komplexe Frequenz
$P_{re}(\omega)$	Eingangsleistungsspektrum der Störungen
$P_{xe}(\omega)$	Eingangsleistungsspektrum der Meßgröße
P_{Ra}	Rauschleistung am Ausgang
Q	elektrische Ladung; Kreisgüte
Q_e	Elementarladung
R	ohmscher Widerstand
R_d	differentieller Widerstand
r	Radius, mechanische Resistanz
s	Informationsgehalt, Entscheidungsgehalt
T	Periodendauer; absolute Temperatur
T', T'_0	Eigenschwingungszeit des gedämpften bzw. ungedämpften Meßsystems
t	Zeit
t_A	Abtastzeit; Ausgleichzeit
t_E	Einschwing- oder Einstellzeit
t_L	Laufzeit
t_T	Totzeit
t_V	Verzugszeit
U	Gleichspannung, Effektivwert der Spannung
$\hat{U}$	Spitzenwert der Sinusspannung
$\underline{U}$	komplexer Effektivwert der Spannung
u	Spannung (Augenblickswert), Meßunsicherheit
U_s	Spitzenwert der Spannung, allgemein
U_{ss}	Spannung Spitze–Spitze
U_{th}	Thermospannung
u_x, u_y	Eingangsspannungen des Elektronenstrahloszillografen
$\underline{\ddot{u}}, \ddot{u}$	Übersetzungsverhältnis
V	Verstärkung (reell)
$\underline{V}$	Verstärkung (komplex)
w	Windungszahl
$w(t)$	Einheitssprung
W_m	magnetische Energie
X	Blindwiderstand
x	Meßwert, Weg, Auslenkung in x-Richtung
$\hat{X}$	Amplitude des Meßwerts
$\bar{x}$	Mittelwert
x_a	Meßwert (Ausgangsgröße)
x_e	Meßwert (Eingangsgröße)
x_m	binäre Variable
y	Auslenkung in y-Richtung
Z	Scheinwiderstand
$\underline{Z}$	komplexer Widerstand
z	Dualzahl
Z_E	Eingangsscheinwiderstand
$\underline{Z}_E$	komplexer Eingangswiderstand
α	Dämpfunggrad, (Fehler-) Winkel, Temperaturbeiwert
β	Steigungswinkel
γ	Ausschlag
γ_{max}	Endausschlag
Γ_{kth}	Gütefaktor nach Keinath
δ	Wuchsmaß, Spulenkreuzungswinkel
$\delta(t)$	Dirac-Stoß, Einheitsstoß
Δ	Kennzeichnung für (kleine) Differenz
ΔF	relativer Fehler
Δx_0	Überschwingweite
$\overline{\Delta x^2}$	Standardabweichung
ε	Dielektrizitätskonstante, relative Umkehrspanne, relative Dehnung
$\overline{\varepsilon^2}$	mittlerer quadratischer Gesamtfehler
ε_{rel}	relative Dielektrizitätskonstante
η	magnetischer Wirkfaktor

η_{opt}	Kurvenfüllbeiwert	φ	Phasenwinkel, Potential
ϑ	Temperatur	Φ	magnetischer Fluß
Θ	polares Trägheitsmoment	$\varphi(\omega)$	Phasengang
$\varkappa$	elektrische Leitfähigkeit	$\Psi_{xy}(\tau)$	Kreuzkorrelationsfunktion
μ	Permeabilität	ω	Kreisfrequenz
μ_{rel}	relative Permeabilität	ω_0	Eigen- (Kreis-) Frequenz
ϱ	Dichte	F{}	Zeichen für Fourier-Transformation
$\overline{\varrho^2}$	mittlerer quadratischer dynamischer Fehler	L{}	Zeichen für Laplace-Transformation
σ	Ausnutzungsfaktor	L^{-1}{}	Zeichen für Laplace-Rücktransformation
τ	Zeitkonstante, Impulsdauer		

5.1. Grundlagen der Theorie der Meßtechnik

5.1.1. Statische Meßfehler

5.1.1.1. Fehlerarten. Standardabweichung. Vertrauensbereich. Meßunsicherheit

Der Fehler F ist definiert als Differenz zwischen dem (verfälschten) Istwert und dem (richtigen) Sollwert

$$F = \text{Ist} - \text{Soll}. \tag{5.1a}$$

Als Anzeigefehler ΔF wird in der Elektrotechnik der auf den Meßbereichsendwert bezogene Fehler eingeführt und in Prozent angegeben (vgl. auch Abschn. 5.2.1.).

$$\Delta F = \frac{F}{\text{Meßbereichsendwert}} \cdot 100\,\%. \tag{5.1b}$$

Der prozentuale Fehler, d.h. der in Prozent ausgedrückte Fehler, bezogen auf den Ausschlag

$$F\% = \frac{\text{Ist} - \text{Soll}}{\text{Soll}} \cdot 100\,\%, \tag{5.1c}$$

hängt demnach mit dem Anzeigefehler ΔF wie folgt zusammen:

$$F\% = \Delta F \frac{\gamma_{max}}{\gamma_{soll}}. \tag{5.1d}$$

Hieraus folgt, daß der Meßbereich eines Meßgeräts der Meßgröße grundsätzlich so angepaßt werden sollte, daß möglichst in der oberen Hälfte der Skale gemessen wird. Aus diesem Grunde sind bei elektrischen Vielfachmessern Meßbereichsumschaltungen (meist im Verhältnis von etwa 1 : 3) vorgesehen. In der Meßbereichsumschaltung besteht ein entscheidender Vorteil der elektrischen Meßverfahren gegenüber z.B. den mechanischen [5.1] [5.2].

Man unterscheidet systematische und zufällige Fehler. *Systematische Fehler* sind grundsätzlich bestimmbar und damit auch rückrechenbar. Sie können, oft allerdings nur mit großem Aufwand, durch Rechennetzwerke (hardware) oder einen entsprechend programmierten Rechner (software) korrigiert werden. Hierzu gehören z.B. die Fehler infolge des dynamischen Verhaltens der Meßanordnung.

Zufällige Fehler sind grundsätzlich nicht bestimmbar, sie lassen sich jedoch mit den Mitteln der Wahrscheinlichkeitsrechnung abschätzen. Hierzu gehören reibungsbedingte Fehler, dargestellt durch die relative Umkehrspanne ε, Fehler durch Umwelteinflüsse zufälligen Charakters, Fehler durch das thermische Rauschen der elektronischen Bauelemente sowie Fehler infolge Schätzunsicherheiten. Zur Berechnung der zufälligen Fehler werden der *Mittelwert*

$$\bar{x} = \frac{1}{n} \sum_{r=1}^{n} x_{er} \tag{5.2a}$$

aus n Meßwerten x_{er} und die *Standardabweichung* (mittlere quadratische Abweichung) $\overline{\Delta x^2}$ benutzt:

$$\overline{\Delta x^2} = \sqrt{\frac{(x_1 - \bar{x})^2 + (x_2 - \bar{x})^2 + \cdots + (x_n - \bar{x})^2}{n-1}} = \sqrt{\frac{1}{n-1} \sum_{r=1}^{n} (x_{er} - \bar{x})^2}\,. \tag{5.2b}$$

Für den *Vertrauensbereich* erhält man

$$\bar{x} = \pm \frac{a}{\sqrt{n}} \overline{\Delta x^2} \tag{5.2c}$$

Anzahl der Einzelmeßwerte n	$P = 68{,}3\,\%$	$P = 95\,\%$	$P = 99\,\%$
3	1,32	4,3	9,9
4	1,20	3,2	5,8
5	1,15	2,8	4,6
6	1,11	2,6	4,0
8	1,08	2,4	3,5
10	1,06	2,3	3,2
20	1,03	2,1	2,9
30	1,02	2,0	2,8
50	1,01	2,0	2,7
100	1,00	2,0	2,6
200	1,00	2,0	2,6
> 200	1,00	1,96	2,58

Tafel 5.1. Werte für *a* in Abhängigkeit von der statistischen Sicherheit *P* (nach TGL 15040)

mit den durch die 2 Vorzeichen gegebenen Vertrauensgrenzen. Den Faktor a entnimmt man, je nach der sog. statistischen Sicherheit P, aus Tafel 5.1.
Unter *Meßunsicherheit u* versteht man den Vertrauensbereich nach Gl. (5.2c) zuzüglich der nicht erfaßten, aber abgeschätzten systematischen Fehler.

5.1.1.2. Maximale Amplitudenstufenzahl. Informationsbetrag

Durch den relativen Fehler ΔF nach Gl. (5.1b) ist die Anzahl m der Amplitudenstufen gegeben, die bei einem Meßgerät im günstigsten Fall unterschieden werden können. Da der Wert 0 mitgerechnet werden muß, ergibt sich

$$m = \frac{1}{2\Delta F + 1}\,. \tag{5.3a}$$

Der Faktor $2\Delta F$ berücksichtigt die Tatsache, daß der relative Fehler zu $\pm\Delta F$ festgelegt ist. Nach Bild 5.1 sind zur Darstellung der Stufenzahl m bei entsprechender Kodierung im Binärsystem mindestens s Zweierschritte (bit) erforderlich:

$$s = {}^2\log m = \mathrm{lb}\, m. \tag{5.3b}$$

s heißt *Informationsgehalt* oder *Entscheidungsgehalt* und wird in Bit (engl. binary digit = Zweierschritt) gemessen.
Die Größe s gibt an, wieviel binäre Speicherplätze (z. B. Lochungsmöglichkeiten eines Lochbandes oder einer Lochkarte) man zum Speichern eines Meßwerts benötigt bzw. umgekehrt, wie genau ein Wert bei s Speicherplätzen durch eine Meßsteuerung (z. B. bei numerisch ge-

steuerten Maschinen) eingestellt werden kann [5.1] [5.3]. Für die Speicherung eines Meßwerts eines Meßgeräts mit der halben relativen Umkehrspanne $\varepsilon/2 = \pm 0{,}5\%$, d.h. eines Meßgeräts der Genauigkeitsklasse 0,5, braucht man demnach einen Speicher mit lb 101 = 6,65 ≙ 7 bit, d.h. mit 7 Lochungsmöglichkeiten.

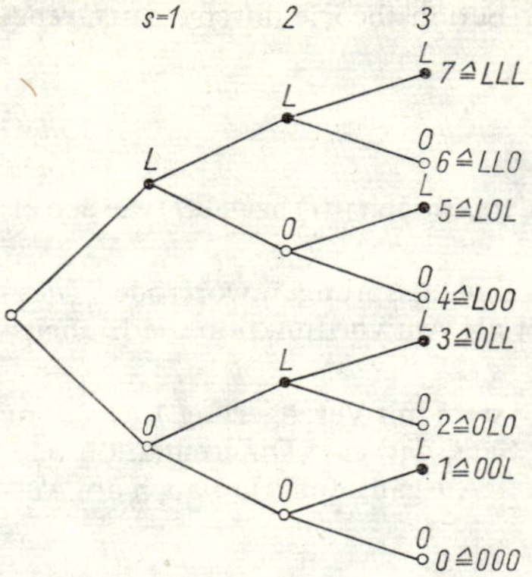

Bild 5.1
Zusammenhang zwischen Anzahl der unterscheidbaren Amplitudenstufen und Informationsgehalt s (Anzahl der Binärschritte)

5.1.2. Dynamische Kennfunktionen und Kennwerte der Meßsysteme

5.1.2.1. Ursachen für das dynamische Verhalten

Neben den statischen Fehlern entstehen bei der Messung zeitlich veränderlicher Größen zusätzliche Verfälschungen des Meßgrößenverlaufs. Sie haben bei elektrischen Meßgeräten ihre Ursache in unerwünschten Spannungen bzw. Strömen infolge der unvermeidlichen störenden Kapazitäten, Induktivitäten und ohmschen Widerstände und bei elektromechanischen Meßgeräten in den Dämpfungskräften, Wärmekapazitäten oder Massenkräften. In Meßgeräten mit Regelkreisen (Kompensatoren) werden durch die begrenzten Stellgeschwindigkeiten bzw. Steuerleistungen dynamische Fehler hervorgerufen. Auch die speziellen Eigenschaften des Meßobjekts beeinflussen die dynamischen Verzerrungen.

Aus diesen Gründen tritt an die Stelle eines Zusammenhangs ohne Zeitabhängigkeit zwischen Meßwerten (Ausgangsgrößen) x_a und Meßgrößen (Eingangsgrößen) x_e eine Differentialgleichung

$$T_n^n x_a^{(n)} + T_{n-1}^{n-1} x_a^{(n-1)} + \cdots + T_1 \frac{dx_a}{dt} + x_a = B_0 x_e \ldots \tag{5.4}$$

Bei digitalen Meßverfahren werden nur zu bestimmten Zeiten Meßwerte entnommen, die durch die Abtastzeit t_A festgelegt sind, während Änderungen des Meßwerts zwischen diesen Zeiten nicht angezeigt werden. Das dynamische Verhalten hängt daher von der Abtastzeit t_A ab.

Die dynamischen Eigenschaften von Meßsystemen werden wie die von Systemen der Regelungstechnik durch Kennfunktionen und Kennwerte im Zeit- und Frequenzbereich beschrieben.

5.1.2.2. Kennfunktionen im Zeitbereich

Übergangsfunktion. Gewichtsfunktion. Als charakteristische Eingangsfunktionen (Testsignale) zur Kennzeichnung des dynamischen Verhaltens von Meßeinrichtungen im Zeitbereich haben sich 2 Funktionen eingebürgert, die sich auch experimentell leicht realisieren lassen (5.4] [5.5] [5.6]:

der *Einheitssprung* $w(t) = \_\Gamma 1$ mit der Sprunghöhe $w\,(t > 0) = 1$ sowie der *Einheitsstoß* $\delta(t) = \perp 1$ mit dem Integralwert

$$\int_{-\infty}^{+\infty} \delta(t) = 1 \text{ (Dirac-Stoß).}$$

Zwischen den beiden Funktionen gilt, im Sinne der Distributionstheorie durch einen Grenzübergang erklärt, die Umrechnung

$$\delta(t) = \frac{\mathrm{d}}{\mathrm{d}t}\, w(t). \tag{5.5a}$$

Die Antwortfunktionen auf diese ausgewählten Eingangsfunktionen $w(t)$ bzw. $\delta(t)$ werden als Kennfunktionen benutzt:

Der Einheitssprung erzeugt als Antwortfunktion die Einheitssprungantwort oder *Übergangsfunktion* $x_a(t) = h(t)$, und der Einheitsstoß ergibt als Antwortfunktion die Einheitsstoßantwort oder *Gewichtsfunktion* $x_a(t) = g(t)$.

Im Bild 5.2 sind die entsprechenden Funktionen für ein System mit Verzögerung 1. Ordnung und Ausgleich dargestellt. Beim linearen System gilt der Satz, daß eine Differentiation oder Integration am Eingang eines Systems ohne Änderung der Ausgangsfunktion auch am Ausgang vorgenommen werden kann [5.7]. Demnach gilt entsprechend Gl. (5.5a) als Zusammenhang zwischen den beiden Kennfunktionen

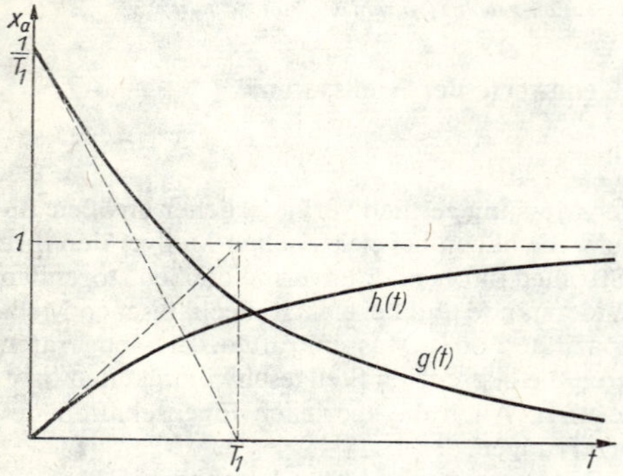

Bild 5.2
Übergangs- und Gewichtsfunktion für ein Meßsystem mit Verzögerung 1. Ordnung und Ausgleich

$$g(t) = \frac{\mathrm{d}}{\mathrm{d}t}\, h(t), \tag{5.5b}$$

wobei nach der Distributionstheorie Unstetigkeitsstellen als Differentialquotienten Dirac-Funktionen ergeben [5.8].

Die Übergangs- bzw. Gewichtsfunktion kann auch direkt aus der Differentialgleichung (5.4) berechnet werden [5.5] [5.7]. Mit Hilfe von Analogien lassen sich die Ergebnisse von einer Disziplin direkt in die andere übertragen [5.7] [5.9] [5.11]. So erhält man z.B. für ein elektrisches Meßsystem mit einem Verstärker ebenso wie beispielsweise für einen Temperaturfühler ohne Schutzrohr in ausreichender Näherung die Differentialgleichung 1. Ordnung

$$T_1 \dot{x}_a + x_a = x_e \tag{5.6a}$$

mit der Zeitkonstanten T_1. Aus der Differentialgleichung errechnen sich Übergangs- und Gewichtsfunktionen zu (Bild 5.2).

$$h(t) = 1 - \exp\,(-t/T_1); \quad g(t) = \frac{1}{T_1} \exp\,(-t/T_1) \tag{5.6b, c}$$

mit den Umrechnungen zwischen beiden nach Gl. (5.5b). Ein sprungförmiger bzw. stoßförmiger Verlauf der Eingangsgröße wird also zeitlich verzögert wiedergegeben. Einige typische Übergangs- und Gewichtsfunktionen sind in Tafel 5.2 mit den entsprechenden Kennwerten zusammengestellt.

Tafel 5.2. Kennfunktionen und Kennwerte wichtiger Typen von Meßsystemen (Zeitbereich)

Typ	Beispiel	Übergangsfunktion $h(t)$	Gewichtsfunktion $g(t)$	Einschwingzeit t_E s	Verzögerungszeit t_V bzw. Totzeit t_T s
Verzögerung 1. Ordnung und Ausgleich	stark gedämpftes Anzeigegerät einstufiger Gleichspannungsverstärker Temperaturmeßgerät (näherungsweise)	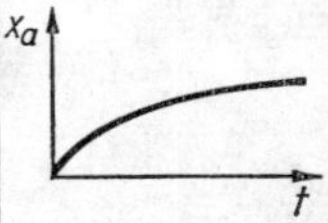	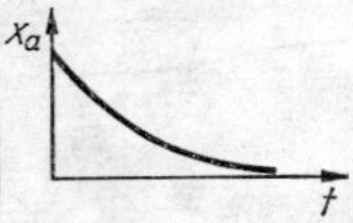	$10^{-6} \cdots 100$	–
Verzögerung höherer Ordnung und Ausgleich	stark gedämpftes Anzeigegerät mehrstufiger Gleichspannungsverstärker Temperaturmeßgerät mit Schutzrohr	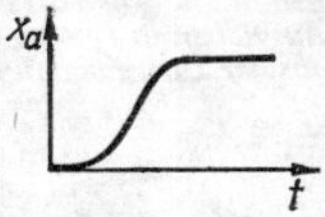	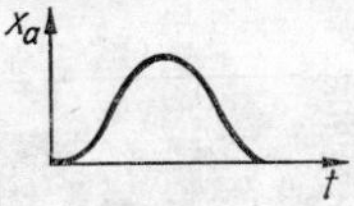	$10^{-6} \cdots 100$	$10^{-5} \cdots 20$
Totzeitsystem	Meßgerät mit Probentransportstrecke (Analysenmeßtechnik)	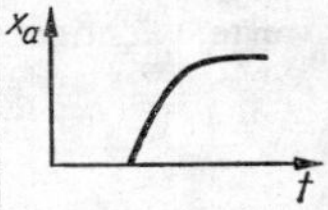	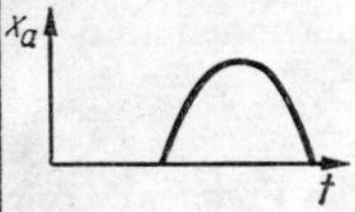	$10 \cdots 100$	je nach Transportstrecke $1 \cdots 100$
Schwingungsfähiges Meßsystem	Meßgerät mit Feder-Masse-Dämpfungssystem kraftkompensierende Meßeinrichtung	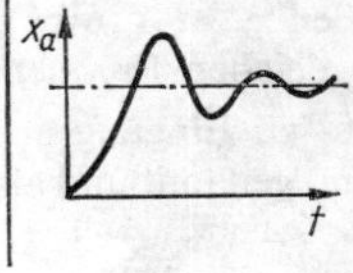	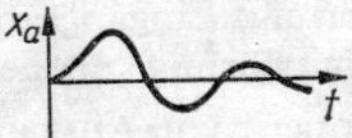	$10^{-4} \cdots 100$	$10^{-5} \cdots 1$

Einschwing- oder Einstellzeit. Zeitkonstante. Weitere Kennwerte im Zeitbereich. Aus den Kennfunktionen Übergangs- und Gewichtsfunktion werden charakteristische Kennwerte abgeleitet. Wie in den Bildern 5.3 und 5.4 gezeigt, wird hierzu die Übergangsfunktion durch Geraden bzw. Rechtecke ersetzt. Insbesondere stellt Bild 5.3 die Ermittlung der Kennwerte *Zeitkonstante T* als Subtangente sowie *Einstell-* oder *Einschwingzeit* t_E dar. Hierunter versteht man die Zeit, nach der der Endwert der Übergangsfunktion bis auf 5% erreicht ist. Daher wird diese Zeit gelegentlich auch als 5%-Zeit $t_{5\%}$ bezeichnet [5.10]. Für das System nach den

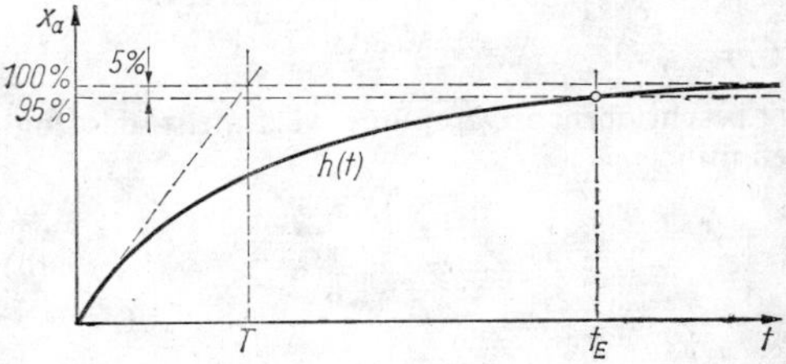

Bild 5.3
Ermittlung der Einschwing- oder Einstellzeit t_E aus der Übergangsfunktion

Gln. (5.6a, b, c) ergibt sich der Zusammenhang zwischen Zeitkonstante T und Einschwingzeit t_E zu

$$t_E = 3\, T_1, \tag{5.7a}$$

da $e^{-3} \approx 1/20$ ist (vgl. auch Bild 5.2).

Nach Bild 5.4 erhält man bei Systemen mit Verzögerung höherer Ordnung eine *Verzugszeit* t_V, eine *Ausgleichzeit* t_A sowie eine *Totzeit* t_T. Totzeit und Verzugszeit werden oft zu einer resultierenden Totzeit t_T^* zsammengefaßt [5.6]:

$$t_T^* = t_T + t_V. \tag{5.7b}$$

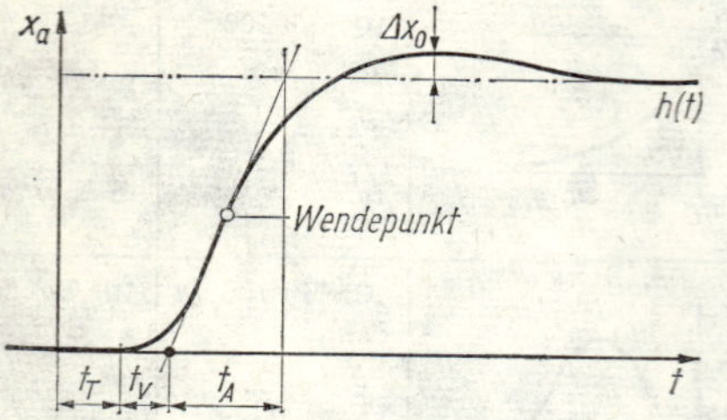

Bild 5.4
Ermittlung von Totzeit t_T, Verzugszeit t_V, Ausgleichzeit t_A und Überschwingweite Δx_0 aus der Übergangsfunktion

Bei schwingungsfähigen Systemen tritt bei einem Dämpfungsgrad $\vartheta < 1$ ein Überschwingen mit der *Überschwingweite* Δx_0 auf (Bild 5.4).

In Tafel 5.2 sind Kennfunktionen und Kennwerte wichtiger Typen von Meßgeräten zusammengestellt.

5.1.2.3. Kennfunktionen im Frequenzbereich

Frequenzgang. Für sinusförmige Eingangsgrößen $x_e = \hat{X}_e\, e^{j\omega t}$ erhält man bei linearen Meßsystemen sich ebenfalls sinusförmig mit der gleichen Frequenz ändernde Ausgangsgrößen $x_a = \hat{X}_a\, e^{j(\omega t + \varphi)}$. Der Quotient von Ausgangs- zu Eingangsgröße in Abhängigkeit von der Frequenz wird (komplexer) *Frequenzgang* $G\,(j\omega)$ genannt und als Kennfunktion im Frequenzbereich verwendet:

$$G\,(j\omega) = \frac{\hat{X}_a}{\hat{X}_e}\, e^{j\varphi}. \tag{5.8a}$$

Den Betrag des komplexen Frequenzganges bezeichnet man als *Amplitudengang* $|G\,(j\omega)|$:

$$|G\,(j\omega)| = \frac{\hat{X}_a}{\hat{X}_e}. \tag{5.8b}$$

Die Phasendrehung des Meßsystems wird durch den *Phasengang* $\varphi(\omega)$ beschrieben, d.h.,

$$\sphericalangle G\,(j\omega) = \varphi(\omega). \tag{5.8c}$$

Für Angabe der durch den Amplitudengang beschriebenen Dämpfung wird meist das logarithmische Maß Dezibel (dB) nach der Definition

$$20 \lg \frac{\hat{X}_a}{\hat{X}_e} \tag{5.8d}$$

verwendet.

Bild 5.5 zeigt die Kennfunktionen für ein System mit Verzögerung 1. Ordnung und Ausgleich entsprechend Gln. (5.6a, b, c). Aus der Differentialgleichung (5.6a) erhält man

$$G(j\omega) = \frac{1}{1 + j\omega T_1};$$

$$|G(j\omega)| = \frac{1}{\sqrt{1 + \omega^2 T_1^2}}; \quad \varphi(\omega) = -\arctan \omega T_1. \qquad (5.9\text{a, b, c})$$

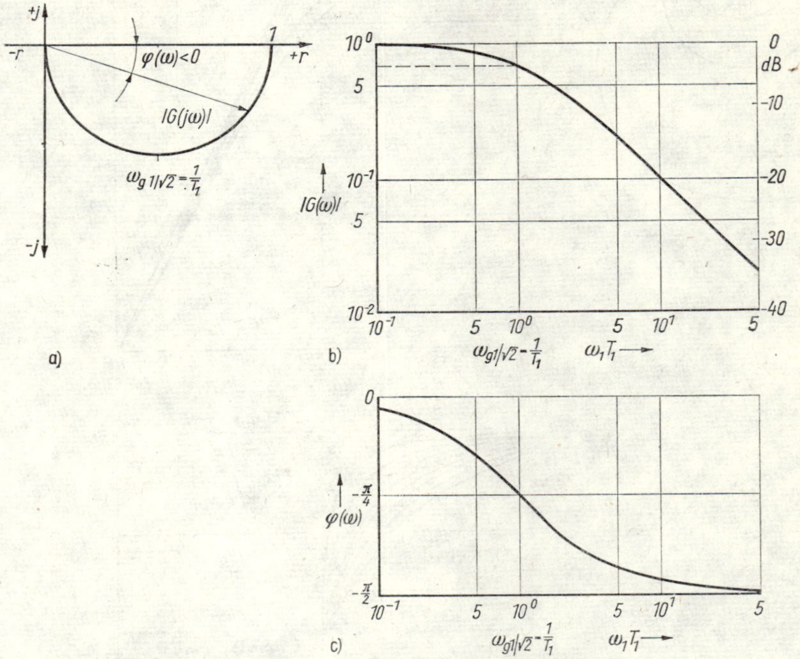

Bild 5.5. Komplexer Frequenzgang (a), Amplitudengang (b) und Phasengang (c) für ein Meßsystem mit Verzögerung 1. Ordnung und Ausgleich

Dabei ist der komplexe Frequenzgang $G(j\omega)$ als Ortskurve in der Gaußschen Zahlenebene dargestellt. Bild 5.6 zeigt die gleiche Frequenzgangdarstellung für ein Meßgerät mit Feder-Masse-Dämpfungseigenschaften, d.h. mit der Differentialgleichung

$$m\ddot{x}_a + r\dot{x}_a + cx_a = x_e; \qquad (5.10\text{a})$$

m Masse, r mechanische Resistanz, c Federkonstante

und dem Frequenzgang [5.11]

$$G(j\omega) = \frac{1}{c + j\omega r - m\omega^2} = \frac{1/c}{1 + j\,2\vartheta\,(\omega/\omega_0) - (\omega/\omega_0)^2},$$

$$|G(j\omega)| = \frac{1/c}{\sqrt{[1 - (\omega/\omega_0)^2]^2 + 4\vartheta^2\,(\omega/\omega_0)^2}},$$

$$\varphi(\omega) = -\arctan \frac{2\vartheta\omega/\omega_0}{1 - (\omega/\omega_0)^2}; \qquad (5.10\text{b, c, d})$$

$\vartheta = r/2m\omega_0$ Dämpfungsgrad, $\omega_0 = \sqrt{c/m}$ Eigenfrequenz.

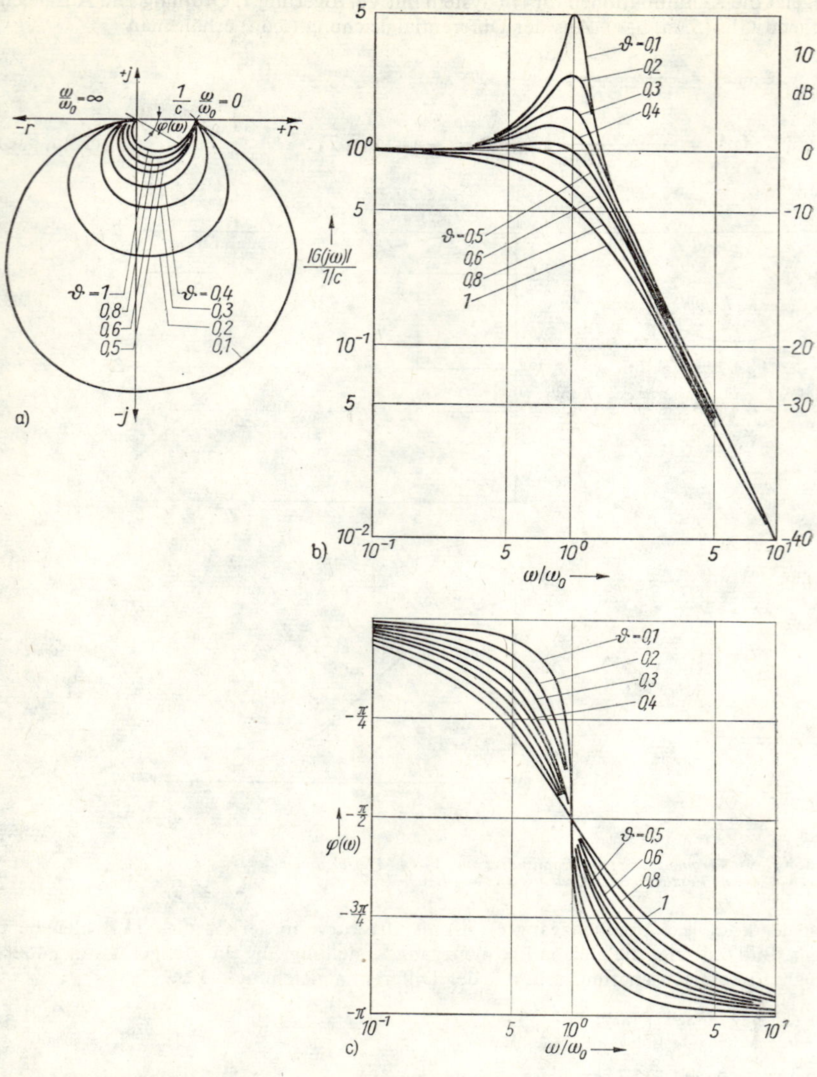

Bild 5.6. Komplexer Frequenzgang (a), Amplitudengang (b) und Phasengang (c) für ein Feder-Masse-Dämpfungssystem

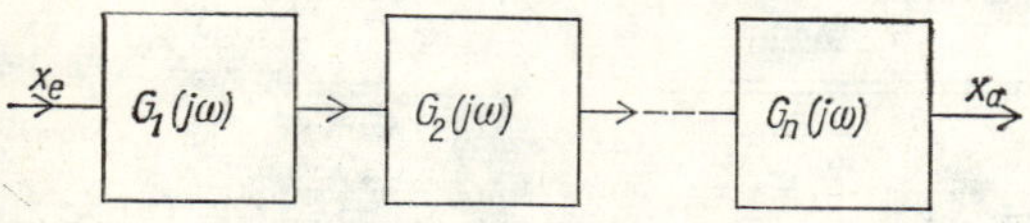

Bild 5.7
Meßsystem mit hintereinandergeschalteten Einzelsystemen

Meßsysteme bestehen meist aus einzelnen Systemen, die nach Bild 5.7 hintereinandergeschaltet sind. Für den Gesamtfrequenzgang erhält man [5.3] [5.4] [5.7]

$$G_{ges}(j\omega) = \prod_{r=1}^{n} G_r(j\omega);$$

$$|G_{ges}(j\omega)| \exp(j\varphi_{ges}) = \left[\prod_{r=1}^{n} |G_r(j\omega)|\right] \exp\left[j\sum_{r=1}^{n} \varphi_r\right].$$

Bei Benutzung des logarithmischen Dämpfungsmaßes für den Amplitudengang nach Gl. (5.8b) ergibt sich anstelle der Produktbildung nach den Gln. (5.11a, b) eine einfache Addition der Dämpfung in Dezibel. Da sich die Phasengänge nach Gl. (5.11b) ohnehin addieren, kann man zur Bestimmung des gesamten Frequenzganges hintereinandergeschalteter Einzelsysteme einfache grafische Verfahren verwenden (sog. *Bode-Diagramme*) [5.4] [5.7]. Frequenzgänge einiger typischer Meßeinrichtungen sind in Tafel 5.3 mit den entsprechenden Kennwerten zusammengestellt.

Übertragungsfunktion. Durch Erweiterung auf zusätzlich mit dem Wuchsmaß δ an- bzw. abklingende Schwingungen

$$x = \hat{X} e^{j\omega t} e^{\delta t} = \hat{X} e^{(j\omega + \delta)t} = \hat{X} e^{pt}, \tag{5.12a}$$

d.h. durch formales Einführen eines physikalisch als *komplexe Frequenz* erklärten Operators p

$$p = j\omega + \delta \tag{5.12b}$$

anstelle von $j\omega$ in den komplexen Frequenzgang $G(j\omega)$, erhält man die *Übertragungsfunktion* $G(p)$. Sie stellt eine konforme Abbildung der p-Ebene dar [5.7]. Zugleich hängt sie über die Laplace-Transformation direkt mit der Gewichtsfunktion zusammen (s. Abschn. 5.1.2.4.). Für Meßsysteme mit Verzögerung 1. bzw. 2. Ordnung und Ausgleich lauten die Übertragungsfunktionen [vgl. Gln. (5.9a) und (5.10b)]

$$G(p) = \frac{1}{1 + T_1 p}; \tag{5.13a}$$

$$G(p) = \frac{1/c}{1 + \frac{2\vartheta}{\omega_0} p + \frac{1}{\omega_0^2} p^2}. \tag{5.13b}$$

Durch Entwickeln der Nenner- und Zählerfunktion in Polynomform gelangt man zu einer Beschreibung des Verhaltens durch Pole und Nullstellen [5.3] [5.4] [5.5] [5.7].

Grenzfrequenz als Kennwert im Frequenzbereich. Konstanter Amplitudengang ist eine Voraussetzung für unverfälschte Messung. Für Abschätzungen ist es daher üblich, den Amplitudengang durch ein Rechteck anzunähern und die Frequenzen, bei denen ein vereinbarter Abfall erfolgt, als Kennwerte zu benutzen (sog. *Grenzfrequenzen*). Der zulässige Abfall wird in der Meßtechnik meist zu 10% des Wertes des Amplitudenganges G_0 bei einer Bezugsfrequenz gewählt. In der Elektronik wird oft ein Abfall auf $1/\sqrt{2}$ ($\triangleq -3$ dB Dämpfung) zugelassen.

Ein Meßgerät mit dem Amplitudengang nach Bild 5.8a hat eine Grenzfrequenz f_g und ist nur zum Messen von Vorgängen mit Frequenzen bis zu dieser Grenzfrequenz brauchbar, während ein Meßgerät mit dem Amplitudengang nach Bild 5.8b eine untere und eine obere Grenzfrequenz f_{gu}; f_{go} aufweist. Treten Frequenzen oberhalb (beim Meßgerät nach Bild 5.8b auch unterhalb) der Grenzfrequenzen auf, so entstehen große Meßfehler. Meßgeräte mit einer

Tafel 5.3. Kennfunktionen und Kennwerte wichtiger Typen von Meßsystemen (Frequenzbereich)

Typ	Beispiel	Amplitudengang $\lvert G(j\omega)\rvert$	Phasengang $\varphi(\omega)$	Ortskurve $G(j\omega)$	Grenzfrequenzen in Hz f_{go}	f_{gu}
Verzögerung 1. Ordnung und Ausgleich	stark gedämpftes Anzeigegerät einstufiger Gleichspannungsverstärker Temperaturmeßgerät (näherungsweise)	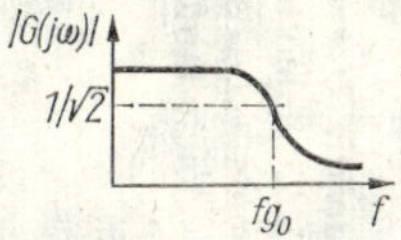	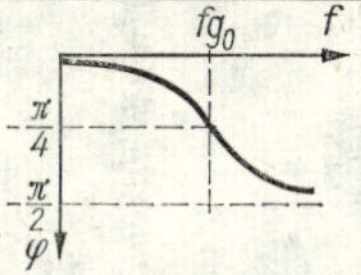	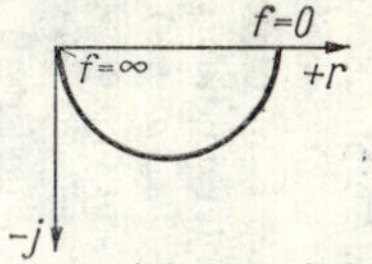	$10^6 \ldots 10^{-2}$	–
Verzögerung höherer Ordnung und Ausgleich	stark gedämpftes Anzeigegerät mehrstufiger Gleichspannungsverstärker Temperaturmeßgerät mit Schutzrohr	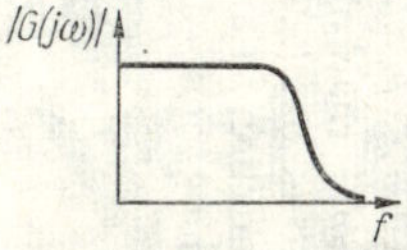	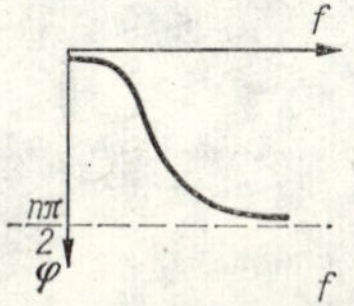	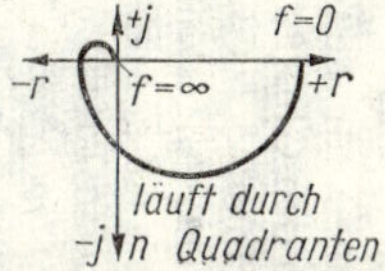	$10^6 \ldots 10^{-2}$	–
Totzeitsystem	Meßgerät mit Probentransportstrecke (Analysenmeßtechnik)	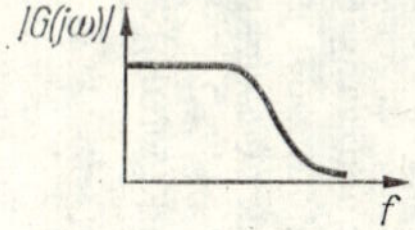	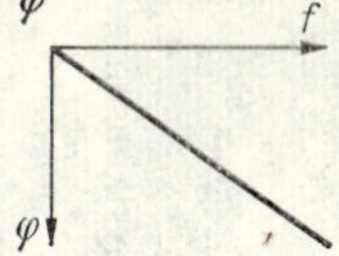	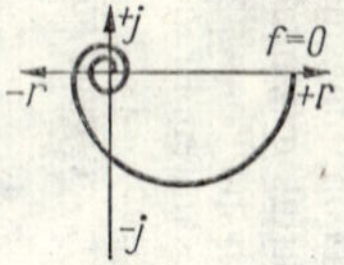	$10^{-1} \ldots 10^{-2}$	–
Schwingungsfähiges Meßsystem	Meßgerät mit Feder-Masse-Dämpfungssystem kraftkompensierende Meßeinrichtung	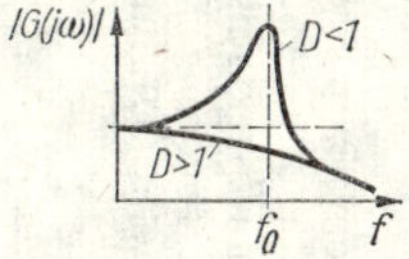	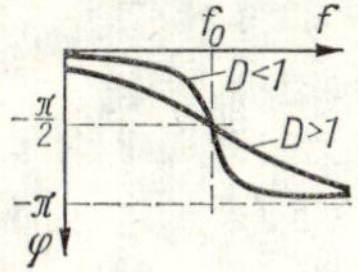	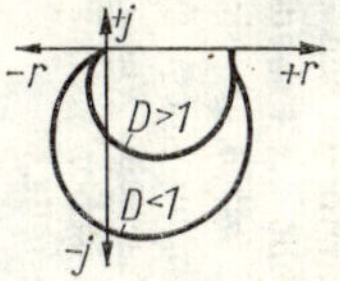	$10^4 \ldots 10^{-1}$	–
Meßsystem mit Hochpaßcharakter	Wechselspannungsverstärker piezoelektrische Meßeinrichtung	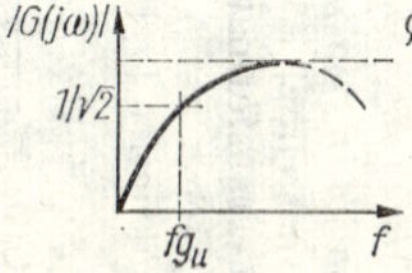	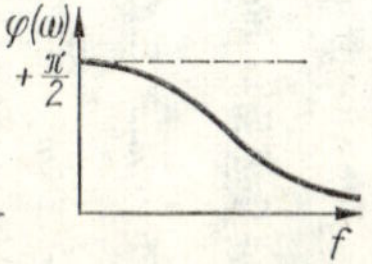	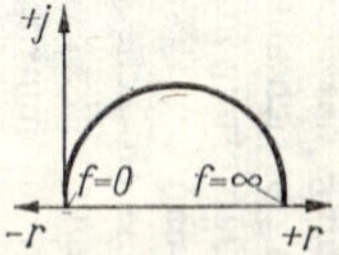	–	$10^{-3} \ldots 10$

unteren Grenzfrequenz sind daher grundsätzlich nicht für rein statische Messungen verwendbar. Typische Beispiele hierfür sind alle piezoelektrischen Meßgrößenaufnehmer sowie alle Oszillografen mit Wechselspannungsverstärkern [5.1].

Aus dem im Bild 5.5 dargestellten Amplitudengang nach Gl. (5.9b) kann man eine obere Grenzfrequenz für einen Abfall auf 0,9 bei $f_{g0,9} = 0{,}077/T_1$ und für einen Abfall auf $1/\sqrt{2}$ bei

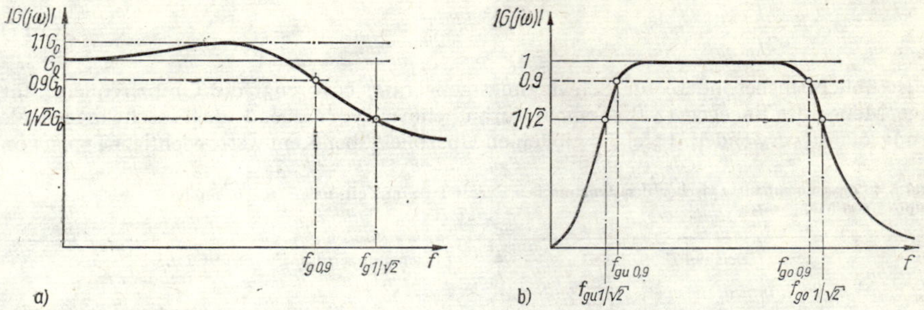

Bild 5.8. Zur Definition der Grenzfrequenzen f_g
a) Meßgerät mit oberer Grenzfrequenz f_{go}; b) Meßgerät mit oberer und unterer Grenzfrequenz f_{go}; f_{gu}

$f_{g\,1/\sqrt{2}} = 1/2\pi T_1$ ermitteln. Bei Meßverfahren mit Trägerfrequenz ist die obere Grenzfrequenz durch die Höhe der Trägerfrequenz f_{tr} festgelegt:

$$f_{go} \approx \tfrac{1}{5} f_{tr}. \tag{5.14}$$

Für einige wichtige Gruppen von Meßsystemen sind übliche Werte für die Grenzfrequenz in Tafel 5.3 mit den Kennfunktionen im Frequenzbereich zusammengestellt.

5.1.2.4. Zusammenhang zwischen den Kennfunktionen und Kennwerten

Zusammenhang zwischen Übertragungsfunktion und Gewichtsfunktion (Laplace-Transformation). Unterwirft man die Differentialgleichung (5.4) der Laplace-Transformation mit verschwindenden Anfangsbedingungen $x_a(0) \cdots x^{(n)}(0) = 0$ und für einen Einheitsstoß $\delta(t)$ als Eingangsfunktion $\mathrm{L}\,\{\delta(t)\} = 1$, so erhält man im Unterbereich der Laplace-Transformation (vgl. Abschn. 2.11., S. 330) die Übertragungsfunktion $G(p)$. Daher hängen Gewichtsfunktion $g(t)$ und Übertragungsfunktion $G(p)$ zusammen über die Beziehung

$$G(p) = \mathrm{L}\,\{gt)\} = \int_0^\infty g(t)\,\mathrm{e}^{-pt}\,\mathrm{d}t. \tag{5.15a}$$

Entsprechend erhält man für die Umrechnung aus der Übergangsfunktion [5.7]

$$G(p) = p\mathrm{L}\,\{h(t)\} = p\int_0^\infty h(t)\,\mathrm{e}^{-pt}\,\mathrm{d}t. \tag{5.15b}$$

Die Umkehrungen der Beziehungen lauten mit dem Zeichen L^{-1} für die Laplace-Rücktransformierte

$$g(t) = \mathrm{L}^{-1}\,\{G(p)\} = \frac{1}{2\pi \mathrm{j}}\int_{c-\mathrm{j}\infty}^{c+\mathrm{j}\infty} G(p)\,\mathrm{e}^{pt}\,\mathrm{d}p;$$

$$h(t) = \mathrm{L}^{-1}\left\{\frac{G(p)}{p}\right\} = \frac{1}{2\pi \mathrm{j}}\int_{c-\mathrm{j}\infty}^{c+\mathrm{j}\infty} \frac{G(p)}{p}\,\mathrm{e}^{pt}\,\mathrm{d}p. \tag{5.16a, b}$$

Es ist daher theoretisch gleichgültig und nur von der Zweckmäßigkeit – z. B. von der vorliegenden Ausrüstung zur Aufnahme der Kennfunktionen (s. Abschn. 5.1.2.5.) – abhängig, welche der Kennfunktionen man benutzt.

Zusammenhang zwischen Einschwingzeit und Grenzfrequenz (Abtasttheorem). Zwischen der oberen Grenzfrequenz f_{go} und der Einschwingzeit besteht in guter Näherung der als *Abtasttheorem* bekannte Zusammenhang [5.7]

$$t_E = \frac{1}{2f_{go}}. \tag{5.17}$$

Es ist üblich, insbesondere für Schwingungsmeßgeräte, bevorzugt die Grenzfrequenz, für träge Meßgeräte dagegen (z. B. Temperaturaufnehmer) vorwiegend die Einschwingzeit als Kenngröße zu verwenden. Tafel 5.4 gibt einen Überblick über Kennwerte wichtiger Typen von

Tafel 5.4. Zusammenhang zwischen den dynamischen Kennwerten im Zeit- und Frequenzbereich für wichtige Gruppen von Meßgeräten

Typ	Beispiel	Einschwingzeit t_E s	Obere Grenzfrequenz f_{go} Hz
Verzögerung 1. Ordnung und Ausgleich	stark gedämpftes Anzeigegerät	$5 \cdots 5 \cdot 10^{-2}$	$10^{-1} \cdots 10^{1}$
	einstufiger Gleichspannungsverstärker	$5 \cdot 10^{-5} \cdots 5 \cdot 10^{-7}$	$10^{4} \cdots 10^{6}$
	Temperaturmeßgerät (näherungsweise)	$100 \cdots 10^{-1}$	$5 \cdot 10^{-3} \cdots 5$
Verzögerung höherer Ordnung und Ausgleich	stark gedämpftes Anzeigegerät	$5 \cdots 5 \cdot 10^{-2}$	$10^{-1} \cdots 10^{1}$
	Schleifenoszillograf	$5 \cdot 10^{-3} \cdots 5 \cdot 10^{-5}$	$10^{2} \cdots 10^{4}$
	mehrstufiger Gleichspannungsverstärker	$5 \cdot 10^{-5} \cdots 5 \cdot 10^{-7}$	$10^{4} \cdots 10^{6}$
	mehrstufiger Wechselspannungsverstärker	$5 \cdot 10^{-5} \cdots 5 \cdot 10^{-8}$	$10^{4} \cdots 10^{7}$
	Temperaturmeßgerät mit Schutzrohr	$100 \cdots 10$	$5 \cdot 10^{-3} \cdots 5 \cdot 10^{-2}$
Schwingungsfähiges Meßsystem	Meßgerät mit Feder-Masse-Dämpfungssystem	$5 \cdots 5 \cdot 10^{-5}$	$10^{-1} \cdots 10^{4}$
	kraftkompensierende Meßeinrichtung	$5 \cdots 5 \cdot 10^{-2}$	$10^{-1} \cdots 10^{1}$
Trägerfrequenzverfahren	Kraftmesser mit induktivem oder kapazitivem Meßgrößenaufnehmer	$f_{tr} = 5$ kHz: $5 \cdot 10^{-4}$	10^{3}
		$f_{tr} = 50$ kHz: $5 \cdot 10^{-5}$	10^{4}
Oszillograf	Lichtstrahloszillograf	$5 \cdot 10^{-3} \cdots 5 \cdot 10^{-5}$	$10^{2} \cdots 10^{4}$
	Elektronenstrahloszillograf	$5 \cdot 10^{-5} \cdots 5 \cdot 10^{-9}$	$10^{4} \cdots 10^{8}$

Meßgeräten sowohl im Zeit- als auch im Frequenzbereich (vgl. auch Tafeln 5.2 und 5.3). Wegen der Umrechnungsmöglichkeit nach Gl. (5.17) ist es gleichgültig, welcher der Kennwerte, Grenzfrequenz oder Einschwingzeit, zur Kennzeichnung des dynamischen Verhaltens eines Meßgeräts angegeben wird.

5.1.2.5. Aufnahme der Kennfunktionen und Kennwerte (dynamische Kalibrierung)

Einschwingzeit t_E, Totzeit t_T, Verzugszeit t_V, Ausgleichzeit t_A und Überschwingweite Δx_0 als Kennwerte im Zeitbereich bzw. obere und untere Grenzfrequenz f_{gu}, f_{go} als Kennwerte im Frequenzbereich werden aus den punktweise erhaltenen entsprechenden Kennfunktionen (Übergangs- bzw. Gewichtsfunktion oder Amplitudengang) meist grafisch bestimmt, wie in den Abschnitten 5.1.2.2., insbesondere Bild 5.4 und 5.1.2.3., Bild 5.8, erläutert.

Die üblicherweise verwendete Anordnung zur Aufnahme der Übergangs- bzw. Gewichtsfunktion zeigt Bild 5.9: Ein Funktionsgenerator erzeugt entweder einen Sprung (zur Aufnahme der Übergangsfunktion) oder einen Stoß (zur Aufnahme der Gewichtsfunktion) als Eingangsgröße. Die Ausgangsgröße des Prüflings wird mit einem Oszillografen oder einem Schreiber, bei sehr langsam verlaufenden Übergangsfunktionen (z.B. Temperaturaufnehmern) auch einfach mit einer Stoppuhr ermittelt. Sprünge oder Stöße als Eingangsfunktionen lassen sich oft mit ausreichender Näherung durch Anschlagen, herunterfallende Kugeln,

Bild 5.9
Aufnahme der Kennfunktionen im Zeitbereich (Übergangs- bzw. Gewichtsfunktion)

Durchschneiden gespannter Fäden, schnelles Eintauchen von Temperaturaufnehmern in Wasser, Einschalten von Spannungen o.ä. realisieren. Es ist jedoch darauf zu achten, daß die Dauer des Stoßes bzw. die Übergangsdauer des Sprunges von einem Zustand zum anderen wesentlich kürzer als die Einschwingzeit t_E des Prüflings ist. Andernfalls ist eine Rückrechnung erforderlich [5.3] [5.5]. Da jedoch die Streuungen der Kennwerte und Kennfunktionen von Exemplar zu Exemplar eines Typs von Meßgeräten bei einigen Prozent liegen und während des Betriebs wegen der unvermeidlichen Parameteränderungen – z.B. infolge von Ablagerungen bei Temperaturaufnehmern oder des Temperatureinflusses bei den meisten Meßgeräten – weitere Änderungen in der gleichen Größenordnung auftreten, hat es oft keinen Sinn, die Genauigkeit bei der Kennwertermittlung durch erhöhte Anforderungen an die zur Aufnahme verwendeten Kalibrierungseinrichtungen zu hoch zu treiben. Wegen des nie exakt linearen Verhaltens sind Übergangs- und Gewichtsfunktion auch meist etwas von der Größe des Sprunges bzw. von dem Integralwert des Stoßes abhängig und ändern sich oft auch etwas, je nachdem, ob ein positiver oder ein negativer Sprung oder Stoß aufgegeben wird. Ermittelte Kennwerte sind daher oft nur als Prospektrichtwerte anzusehen, zumal oft zusätzlich die Ankoppelbedingungen stark in die Werte eingehen und deshalb in diesen Fällen eine zusätzliche Angabe der Bedingungen erforderlich ist, unter denen die Werte zu verstehen sind.

Vielfach wird auch für Abschätzungen nur die Größenordnung der Werte benötigt, z.B. wenn es in der Automatisierungstechnik darum geht zu entscheiden, ob die Meßeinrichtung „träger" als die Regelstrecke ist oder nicht, da das dynamisch schlechtere Glied das Gesamtverhalten des Regelkreises bestimmt [5.3] [5.4].

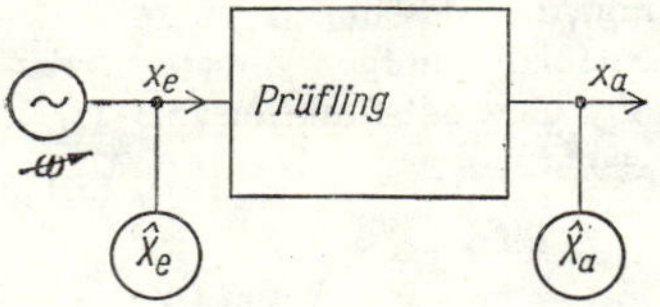

Bild 5.10
Aufnahme des Amplitudenganges

Nach Bild 5.10 kann der Amplitudengang und damit die Grenzfrequenz ermittelt werden. Hierzu genügen ein Sinusgenerator mit einstellbarer Frequenz ω (z.B. ein *RC*-Generator im elektrischen Fall oder ein Rütteltisch bei Kraft- oder Beschleunigungsaufnehmern) sowie je ein Meßgerät für die Eingangs- und Ausgangsgrößen $\hat{X}_a$; $\hat{X}_e$ bzw. deren Effektivwerte $\tilde{X}_a$; $\tilde{X}_e$. Aus den punktweise ermittelten Werten kann der Amplitudengang

$$|G(j\omega)| = \frac{\hat{X}_a}{\hat{X}_e} = \frac{\tilde{X}_a}{\tilde{X}_e} \tag{5.18a}$$

bestimmt werden.

Für eine ganze Klasse von Systemen, die sog. Minimalphasensysteme, genügt an sich die Kenntnis des Amplitudenganges allein, da sich der Phasengang eindeutig aus dem Amplitudengang berechnen läßt. Auch für Abschätzungen wird in der Meßtechnik meist der Amplitudengang allein verwendet. Für genauere Untersuchungen muß aber die Phasenkurve mit bestimmt werden. Hierzu wird die im Prinzip gleiche Anordnung wie nach Bild 5.10 verwendet; an die Stelle der 2 Meßgeräte für die Amplituden tritt nunmehr ein Meßgerät zur Messung sowohl des Amplitudenverhältnisses als auch der Phase zwischen Eingangs- und Aus-

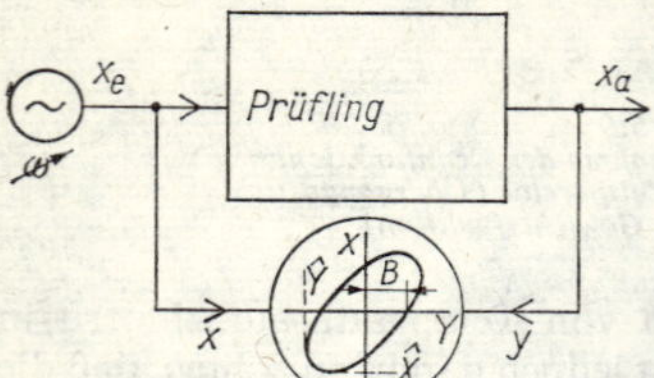

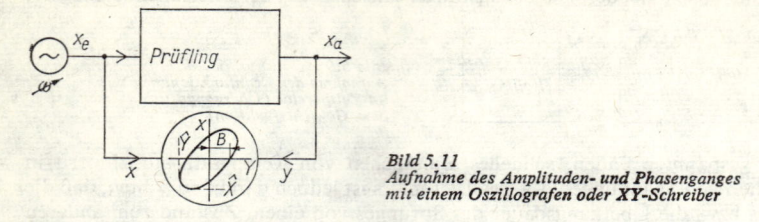

Bild 5.11
Aufnahme des Amplituden- und Phasenganges mit einem Oszillografen oder XY-Schreiber

gangsschwingung (Bild 5.11), üblicherweise ein Oszillograf oder XY-Schreiber. Aus der entstehenden Ellipse können nach Bild 5.11 das Amplitudenverhältnis und damit nach Gl. (5.18a) der Amplitudengang sowie der Phasenwinkel und daraus der Phasengang nach

$$\varphi = \arcsin \frac{B}{\hat{Y}} \tag{5.18b}$$

ermittelt werden.

Für genauere Untersuchungen werden auch Vergleichsmeßverfahren und bei Prüflingen mit umkehrbarer Wirkungsrichtung Reziprozitätsmeßverfahren eingesetzt [5.5]. Ferner werden zunehmend Meßverfahren mit regellosen Eingangssignalen benutzt. Hierzu wird nach Bild 5.12 am Eingang ein Rauschgenerator angeschlossen oder noch besser das Eigenrauschen

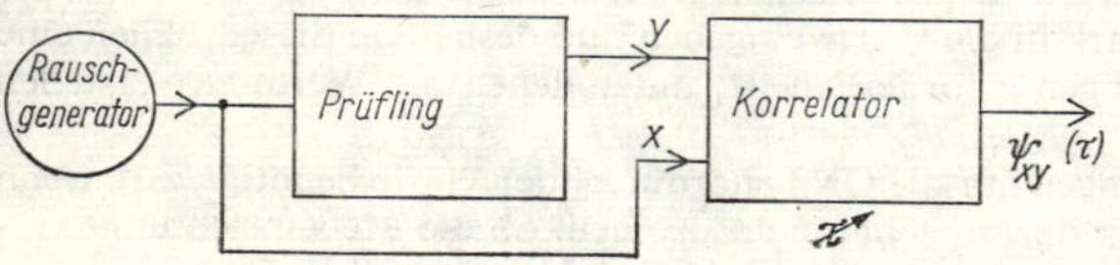

Bild 5.12
Ermittlung der Gewichtsfunktion mit Rauschen als Eingangssignal

der zu untersuchenden Meßanordnung verwendet. So können Beeinflussungen des Prüflings durch einen zusätzlichen Funktionsgenerator vermieden und die Messungen während des normalen Betriebs durchgeführt werden. Die in einem Korrelator aufgenommene *Kreuzkorrelationsfunktion* $\Psi_{xy}(\tau)$ entspricht bis auf einen Faktor der Gewichtsfunktion [5.3] [5.7]:

$$\Psi_{xy}(\tau) = \text{konst.}\ g(t). \tag{5.19}$$

5.1.3. Kennwerte der Meßgröße

Die zu messende zeitveränderliche Größe $x_e(t)$ kann auch durch ihr Spektrum $F\{x_e(t)\}$ beschrieben werden. Im allgemeinen ist der Verlauf dieses Spektrums ähnlich den in den Bildern 5.8a, b dargestellten Kurven, d.h., auch diesem Spektrum kann man eine obere bzw. untere Grenzfrequenz zuordnen. Durch die Grenzfrequenzen ist der Spektralbereich ge-

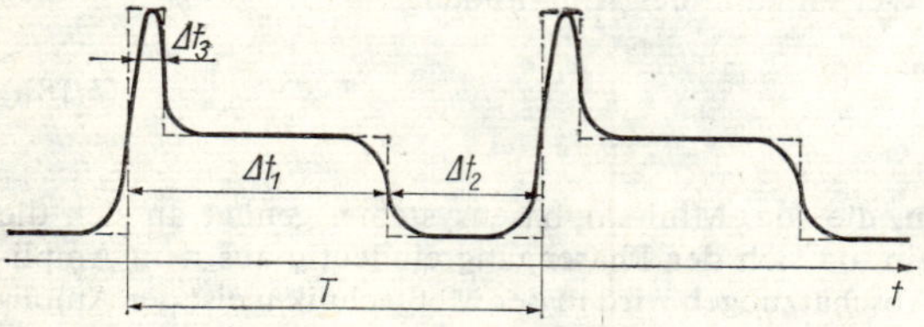

Bild 5.13
Annäherung des zu erwartenden Meßgrößenverlaufs $x_e(t)$ durch Rechtecke

kennzeichnet, der von der zu messenden Größe belegt wird. Fehlerfreie Anzeige verlangt, daß der durch die untere und obere Grenzfrequenz des Meßgeräts gegebene Frequenzbereich größer oder mindestens gleich dem Frequenzbereich der Meßgröße ist. Der Meßgröße können ferner eine Reihe statistischer Kennwerte zugeordnet werden [5.3] [5.7] [5.12].
Für Näherungsbetrachtungen nähert man den Meßgrößenverlauf durch rechteckige Kurvenzüge an und verwendet die Breite dieser Rechtecke Δt als Kennwert (Bild 5.13); vgl. Abschnitt 5.1.4.2. Diesen Verfahren kommt in der Meßtechnik besondere Bedeutung zu, da im Gegensatz zur Regelungstechnik der Verlauf der Meßgröße (Eingangsgröße) vor der Messung nicht bekannt ist und daher zunächst Abschätzungen vorgenommen werden müssen.

5.1.4. Dynamische Meßfehler

5.1.4.1. Exakte Berechnung der Auswirkungen des dynamischen Verhaltens. Mittlerer quadratischer Fehler

Nach der Systemtheorie [5.3] [5.5] [5.7] läßt sich der Ausgangswert $x_{\text{a real}}$ (Meßwert) eines linearen Meßsystems berechnen (Faltungsintegral):

$$x_{\text{a real}}(t) = \mathrm{L}^{-1}\,\{\mathrm{L}\{x_e(t)\}\,G(p)\} = \int_{\tau=0}^{t} x_e(\tau)\,g\,(t-\tau)\,\mathrm{d}\tau. \tag{5.20}$$

Ferner sei mit $x_{\text{a id}}$ die gewünschte fehlerfreie Ausgangsgröße unter Berücksichtigung einer vom Meßgerät durchzuführenden Rechenoperation nach der Gleichung

$$x_{\text{a id}}(t) = \mathrm{Op}\,\{x_e(t)\} \tag{5.21}$$

bezeichnet. Der *mittlere quadratische Fehler* $\overline{\varrho^2}$, der durch das dynamisch nichtideale Verhalten der Meßanordnung $G\,(\mathrm{j}\omega)$ verursacht wird, berechnet sich dann zu [5.3] [5.7] [5.12]

$$\overline{\varrho^2} = \overline{|x_{\text{a id}}(t) - x_{\text{a real}}(t)|^2} = \int_0^\infty P_{xe}\,(\omega)\,|F\{\mathrm{Op}\} - G\,(\mathrm{j}\omega)|^2\,\mathrm{d}\omega\,. \tag{5.22}$$

Dabei bedeuten $P_{xe}(\omega)$ das Leistungsspektrum der Eingangsgröße und $F\,\{\mathrm{Op}\}$ die Fourier-Transformierte der vom Meßgerät vorzunehmenden gewünschten Rechenoperation; z.B. erhält man für eine Differentiation den Wert $\mathrm{j}\omega$, für eine Integration $1/\mathrm{j}\omega$ [5.7]. Das Leistungsspektrum der Eingangsgröße $P_{xe}(\omega)$ ist als Quadrat des Betrags der Fourier-Transformierten der Eingangsgröße erklärt [5.7].

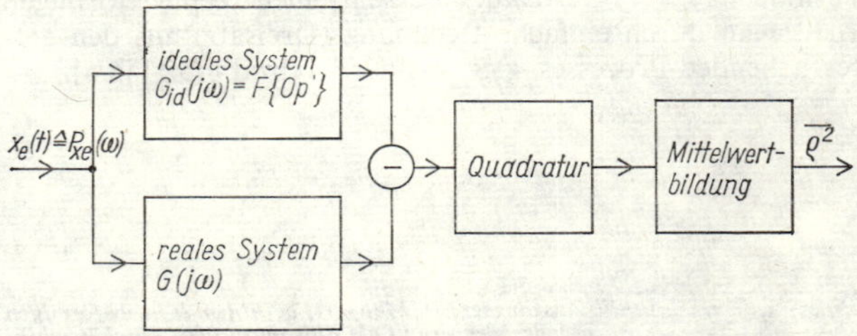

Bild 5.14. Zur Definition des mittleren quadratischen dynamischen Fehlers $\overline{\varrho^2}$

Das Zustandekommen der Beziehung Gl. (5.22) ist im Bild 5.14 anhand eines Blockschaltbildes nochmals dargestellt, das auch die physikalisch-anschauliche Erklärung für die Berechnung enthält.
Die Beziehung Gl. (5.22) berücksichtigt nur den Fehler infolge des unzureichenden dynamischen Verhaltens der Meßanordnung, dargestellt durch den Frequenzgang $G\,(\mathrm{j}\omega)$. Zusätzlich

tritt stets, mehr oder weniger ausgeprägt, ein störungsbedingter Fehler auf, der z.B. durch das *Rauschen* der elektronischen Bauelemente hervorgerufen wird. Bezeichnet man den Teil des Meßsystems, den das Rauschen durchläuft, mit dem Frequenzgang G_2 (jω) sowie die spektrale Leistungsdichte des Rauschens am Eingang mit $P_{\text{re}}(\omega)$, so erhält man die Rauschleistung am Ausgang P_{Ra} zu [5.7]

$$P_{\text{Ra}} = \int_0^\infty P_{\text{re}}(\omega)\,|G_2\,(\text{j}\omega)|^2\,\text{d}\omega\,. \tag{5.23}$$

Die zwei Fehleranteile nach den Gln. (5.22) und (5.23) addieren sich unter Berücksichtigung der gegenseitigen Korrelation zum *mittleren quadratischen Gesamtfehler* $\overline{\varepsilon^2}$. Im Fall fehlender Korrelation – ein in der Meßtechnik meist vorliegender Fall, da Signal und Rauschen getrennten Quellen entstammen – ergibt sich eine einfache Addition für den mittleren quadratischen Gesamtfehler $\overline{\varepsilon^2}$:

$$\overline{\varepsilon^2} = \overline{\varrho^2} + P_{\text{Ra}} = \int_0^\infty P_{xe}(\omega)|\,F\{\text{Op}\} - G\,(\text{j}\omega)|^2\,\text{d}\omega + \int_0^\infty P_{\text{re}}(\omega)\,|G_2\,(\text{j}\omega)|^2\,\text{d}\omega\,. \tag{5.24}$$

Über Möglichkeiten zur Optimierung von Meßinformationssystemen nach dem Kriterium des minimalen mittleren quadratischen Fehlers s. Abschn. 5.1.6.2.

Während in der Nachrichten- und Regelungstechnik fast stets diese Beziehungen benutzt werden [5.12], ist ihre Anwendung in der Meßtechnik dadurch begrenzt, daß im Gegensatz zur Regelungstechnik der Verlauf der Meßgröße $x_e(t)$ nicht a priori bekannt ist, sondern erst durch die Messung bestimmt werden soll. Daher werden hier vielfach Abschätzungen anstelle der exakten Beziehungen [Gln. (5.20) bis (5.24)] benutzt.

5.1.4.2. Abschätzung der Auswirkungen des dynamischen Verhaltens

Für Näherungsbetrachtungen werden die aus den Kennfunktionen im Zeit- bzw. Frequenzbereich gewonnenen Kennwerte obere Grenzfrequenz f_{go} und Einschwingzeit t_E mit dem Zusammenhang zwischen den beiden Kennwerten nach Gl. (5.17) benutzt. Dabei sind in diesen Kennwerten auch die Ankoppelbedingungen bzw. die Eigenschaften des Meßobjekts zu berücksichtigen.

Da der genaue Verlauf der zu messenden Größe $x_e(t)$ vor der Messung nicht bekannt ist, wird der voraussichtliche Verlauf durch einen einfachen rechteckförmigen Verlauf angenähert (s. Abschn. 5.1.3., insbesondere Bild 5.13). Die einzelnen Kenngrößen des voraussichtlichen Meßgrößenverlaufs, wie die Periodendauer T, die Dauer der einzelnen rechteckförmigen Impulse Δt_1, Δt_2, ... usw., erhält man durch einfache Rechnung (Dreisatz) aus den entsprechenden Daten des zu untersuchenden Prozesses, z.B. aus der Drehzahl [5.1] [5.5].

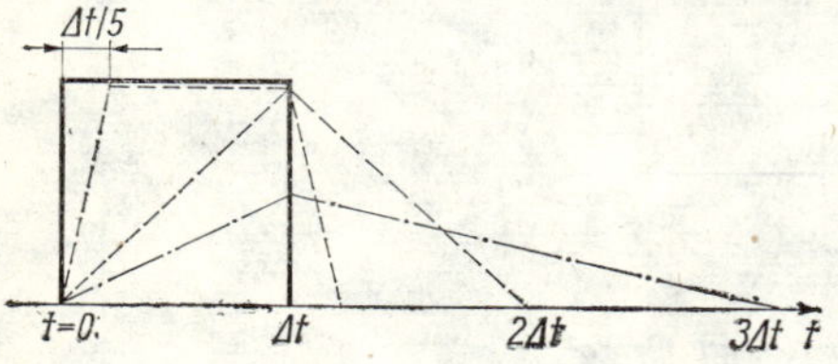

Bild 5.15
Ausgangsgröße (Meßwert) bei einem rechteckförmigen Meßgrößenverlauf als Eingangsgröße (Abschätzung)

Im Bild 5.15 ist der angenäherte rechteckförmige Verlauf der Eingangsgröße (Meßgröße) nochmals als ausgezogene Linie dargestellt (s. auch Bild 5.13). Als Ausgangsgröße (Meßwert) erhält man die gestrichelt bzw. strichpunktiert eingezeichneten Abhängigkeiten, wobei für die Übergangsfunktion in 1. Näherung eine linear mit der Einschwingzeit t_E ansteigende rampenförmige Funktion angenommen wurde. Aus Bild 5.15 ist ersichtlich, daß für $t_E = \Delta t$

die Höhe der Spitze gerade noch richtig wiedergegeben wird, während die Form als Dreieck verzerrt wird (langgestrichelt eingezeichnet). Für annähernd richtige Wiedergabe auch der Form des Impulses muß $t_E \leqq \Delta t/5$ sein (kurzgestrichelt), während z.B. für $t_E = 2\Delta t$ die tatsächliche Höhe nur zu 50% erfaßt wird (strichpunktiert).
Auf den Meßgrößenverlauf des Bildes 5.13 angewendet, bedeutet dies z.B., daß für die richtige Wiedergabe der Form der kurzen Spitzen mit der Zeit Δt_3 ein Meßgerät mit einer Einschwingzeit von $t_E \leqq \Delta t_3/5$ verwendet werden muß. Das entspricht einer oberen Grenzfrequenz von $f_{go} \geqq 5/2\Delta t_3$.

5.1.4.3. Typische Kurvenverzerrungen

Die wichtigsten Verzerrungen, die durch typische dynamische Eigenschaften von Meßgeräten hervorgerufen werden, sind in Tafel 5.5 zusammengestellt. Dabei wurde als Eingangsgröße jeweils der gestrichelt eingezeichnete rechteckförmige Kurvenverlauf angenommen, durch den man nach Abschn. 5.1.3., Bild 5.13, bzw. nach Abschn. 5.1.4.2., Bild 5.15, die Meßgröße näherungsweise ersetzen kann. Beim Auftreten mehrerer der angegebenen Ursachen

Tafel 5.5. Typische Kurvenverzerrungen [5.3] [5.5]

Wiedergegebene Kurvenform —— Eingang ----	Typische Merkmale	Ursachen
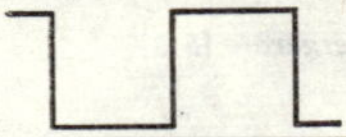	scharfe Ecken steile Flanken kein Dachabfall	ideale Meßeinrichtung $f_{go} = \infty \quad t_E = 0$ $f_{gu} = 0$
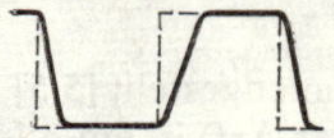	verwaschene Ecken schräge Flanken kein Dachabfall	zu geringe obere Grenzfrequenzen; t_E zu groß. Untere Grenzfrequenz $f_{gu} = 0$
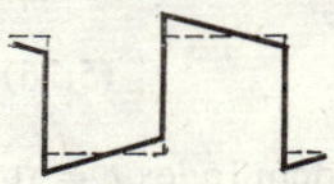	scharfe Ecken steile Flanken Dachabfall	untere Grenzfrequenz $f_{gu} \neq 0$ $f_{go} = \infty$
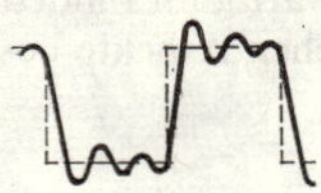	schräge Flanken verwaschene Ecken Schwingungen	obere Grenzfrequenz zu gering; t_E zu groß. Zu wenig gedämpftes schwingungsfähiges Meßgerät

überlagern sich die typischen Auswirkungen. So findet man z.B. bei Auswirkungen einer oberen und unteren Grenzfrequenz sowohl verwaschene Ecken und schräge Flanken wie bei einer zu geringen oberen Grenzfrequenz als auch einen Dachabfall wie bei zu hoher unterer Frequenzbandbeschneidung (s. auch Tafel 5.18, S. 715).

5.1.5. Kanalkapazität als Gütewert

Mit Hilfe der aus der Informationstheorie [5.3] [5.5] [5.7] [5.13] [5.14] stammenden Begriffe des *Informationsflusses I* und dessen günstigsten Wertes, der *Kanalkapazität* C_t, ist es möglich, die Kennwerte „Anzahl der unterscheidbaren Amplitudenstufen *m*" sowie „Grenzfrequenz f_g" bzw. „Einschwingzeit t_E" sowohl für das statische als auch für das dynamische

Verhalten zu einem einzigen Gütewert mit s nach Gl. (5.3b) zu verbinden:

$$C_t = \frac{1}{t_E} s = 2 f_g \,\mathrm{lb}\, m. \tag{5.25}$$

Die Kanalkapazität wird in Bit je Sekunde gemessen und gibt die Anzahl der Binärschritte an, die von einem Meßsystem im günstigsten Fall verarbeitet werden können. Hat ein Meßgerät z.B. eine Einschwingzeit $t_E = 50$ ms, d.h. eine Grenzfrequenz $f_g = 10$ Hz bei einer halben Umkehrspanne $\varepsilon/2 = \pm 0{,}5\,\%$, d.h. $m = 101$ Amplitudenstufen, so kann es aller $t_E = 50$ ms einen Informationsbetrag von $s = \mathrm{lb}\,101 \triangleq 7$ bit liefern. Damit beträgt die Kanalkapazität 140 bit/s. Ein Informationsspeicher zur Speicherung der vollen Information, die von diesem Meßgerät im günstigsten Fall abgegeben werden kann, müßte also 140 Binärstellen je Sekunde speichern können.

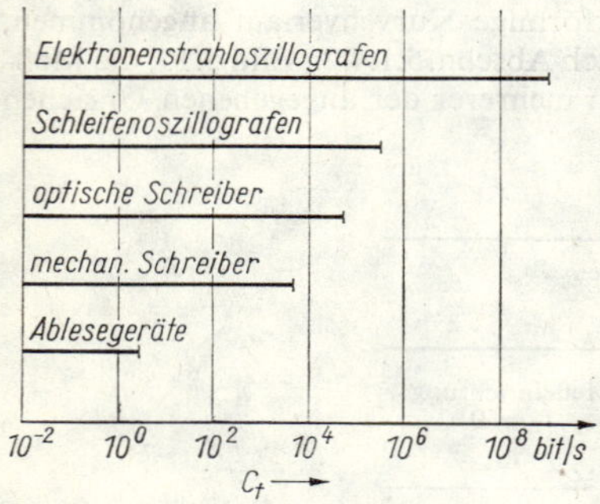

Bild 5.16
***Kanalkapazitäten verschiedener Registriergeräte* [5.5]**

Im Bild 5.16 sind die Kanalkapazitäten verschiedener Registriergeräte zusammengestellt [5.5]. Zur Einbeziehung auch nichttechnischer Kenngrößen C_r (z.B. ökonomischer Art) in ein *allgemeines Gütekriterium Q.K.* kann eine Zuordnung mit Gewichtsfunktion $f_r(C_r)$ in der Art

$$Q.K. = \sum_{r=0}^{n} f_r(C_r) \tag{5.26}$$

erfolgen [5.7]. Darin ist die Kanalkapazität C_t als einer der Werte, z.B. mit dem Index $r = 0$, enthalten. Die Schwierigkeit bei der praktischen Anwendung besteht gegenwärtig im Finden geeigneter Gewichtsfunktionen f_r, da eine die semantischen und pragmatischen Aspekte berücksichtigende Informationstheorie noch nicht entwickelt ist [5.7].

5.1.6. Optimierung der Meßsysteme

5.1.6.1. Optimierung durch Bemessung

Das statische und dynamische Verhalten der Meßgeräte läßt sich durch entsprechende Wahl der Parameter, die einen Einfluß auf deren Eigenschaften haben, verbessern. Hierbei kommt man jedoch an Grenzen, die entweder konstruktiv oder technologisch bedingt sind oder die daraus resultieren, daß sich bei Verbesserung der Eigenschaften der Meßgeräte die Empfindlichkeit erheblich verringert. In letzterem Fall bieten elektrische Meßverfahren wegen der Möglichkeit einer praktisch trägheitsfreien, linearen Verstärkung des Meßwerts einen Ausweg. Aus diesem Grunde nimmt das Einsatzgebiet elektrischer Verfahren zum Messen auch nichtelektrischer Größen ständig zu [5.1] [5.2].
Bei Temperaturaufnehmern z.B. hängt die Zeitkonstante T direkt mit dem Verhältnis von Volumen zu Oberfläche V/A zusammen; Verkleinerung der Abmessungen bringt also eine

Verbesserung des dynamischen Verhaltens mit sich. Aus technologischen Gründen läßt sich jedoch $T < 10 \cdots 100$ ms nicht unterbieten, da die Aufnehmer sonst in mechanischer Hinsicht nicht mehr stabil genug sind. Bei Meßgeräten mit Feder-Masse-Dämpfungssystemen erhält man bei geeignetem Dämpfungsgrad ($\vartheta \approx 0{,}6$) obere Grenzfrequenzen in der Größenordnung der Eigenfrequenz $\omega_0 = \sqrt{c/m}$ (s. auch Abschn. 5.1.2.). Daher muß die Masse m möglichst klein, die Federkonstante c möglichst groß gewählt werden. Große Federkonstante bedeutet jedoch nach Abschn. 5.1.2.3. eine geringe statische Empfindlichkeit $G(0) = 1/c$, so daß sich bei Weg- oder Kraftaufnehmern mit Feder-Masse-Dämpfungssystem hohe Grenzfrequenzen wegen der Möglichkeit der Verstärkung nur mit elektrischen Verfahren erreichen lassen.

5.1.6.2. Optimierung durch Korrektur

Korrektur mit analogen Systemen. Gl. (5.20) gestattet die Berechnung des wirklichen Meßwerts $x_{\text{areal}}(t)$ bei gegebener Meßgröße $x_e(t)$ und bei bekanntem Verhalten der Meßanordnung $G(p)$. Der Wert der wirklichen Meßgröße $x_e(t)$, d.h. des unverfälschten Meßwerts, läßt sich aus Gl. (5.20) durch Auflösen nach $x_e(t)$ gewinnen:

$$x_e(t) = \mathrm{L}^{-1}\left\{\mathrm{L}\{x_{\text{areal}}(t)\}\,\frac{1}{G(p)}\right\}. \tag{5.27}$$

Diese Beziehung stellt die Gleichung zur sog. Rückrechnung des verfälschten Wertes $x_{\text{areal}}(t)$ in den unverfälschten Eingangswert $x_e(t)$ dar.

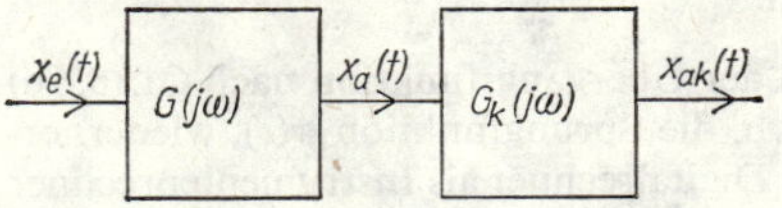

Bild 5.17
Korrektur durch nachgeschaltete analoge Systeme (Korrekturnetzwerke)

Aus Gl. (5.27) läßt sich der für ideale Korrektur erforderliche Frequenzgang $G_k(j\omega)$ eines nach Bild 5.17 zur Korrektur nachgeschalteten analogen Systems ablesen:

$$G_k(j\omega) = \text{konst.}\,\frac{1}{G(j\omega)}. \tag{5.28a}$$

Zu dieser Beziehung kommt man auch unmittelbar unter Benutzung von Bild 5.17, weil sich bei hintereinandergeschalteten Systemen die Frequenzgänge multiplizieren und daher mit Gl. (5.28a) die Beziehung für Verzerrungsfreiheit

$$G_k(j\omega)\,G(j\omega) = \text{konst.} \tag{5.28b}$$

eingehalten wird.

Gl. (5.28a) läßt sich in der Praxis nur als Grenzwert realisieren. Für allpaßhaltige Systeme mit Nullstellen in der rechten Halbebene des Pol-Nullstellen-Planes ist grundsätzlich nur ein Laufzeitausgleich durchführbar, d.h., es muß grundsätzlich eine zusätzliche Laufzeit in Kauf genommen werden [5.3] [5.5] [5.7]. Aus diesen Gründen sowie wegen der mit steigendem Korrekturgrad anwachsenden Störungen (s. auch Abschn. 5.1.6.2.) stellen Erhöhungen der Grenzfrequenz f_g um 1 bis 2 Größenordnungen in der Praxis meist die Grenze dar [5.3] [5.5]. Es läßt sich zeigen, daß auch Regelkreise zur Realisierung der Korrekturbedingung [Gl. (5.28a)] eingesetzt werden können (Kompensationsverfahren) [5.5]. Auch durch Programmierung eines Analogrechners kann die Übertragungsfunktion nach Gl (5.28a) mit denselben Einschränkungen realisiert werden [5.7], wobei mit entsprechender zusätzlicher Programmierung der ohnehin zur Durchführung von Rechenoperationen vorhandenen Analogrechner das Korrekturproblem ohne zusätzlichen Aufwand an Gerätetechnik (hardware) gelöst werden kann.

Korrektur mit digitalen Systemen. Aus der grundsätzlichen Beziehung für die Rückrechnung [Gl. (5.27)] gewinnt man die Rechenvorschrift für die Korrektur

$$x_e(t) = \frac{1}{2\pi j} \int_{c-j\infty}^{c+j\infty} \left[\frac{1}{G(p)} \int_{-\infty}^{+\infty} x_{a\,real}(t)\, e^{pt}\, dt \right] e^{-pt}\, dp, \tag{5.29}$$

die unter Benutzung der entsprechenden Sätze für die Integration im Komplexen auf einem Digitalrechner programmiert werden kann. Oft erhält man nach den Prinzipien zur Realisierung einer Übertragungsfunktion nach Gl. (5.28a) auf dem Digitalrechner durch ein entsprechendes lineares Programm einfacher die Rechenvorschrift für die Rückrechnung [5.7].

Für ein System mit Verzögerung 1. Ordnung und Ausgleich, d.h. für ein zu korrigierendes System mit der Übertragungsfunktion

$$G(p) = \frac{1}{1 + pT}, \tag{5.30a}$$

lautet die so gewonnene Rechenvorschrift, wie man aus der Operatorengleichung entsprechend Gl. (5.28a)

$$G_k(p) = \text{konst.}\ (1 + pT) \tag{5.30b}$$

sofort abliest [5.7],

$$x_{a\,id}(t) = \text{konst.}\ x_e(t) = x_{a\,real}(t) + T\,\frac{dx_{a\,real}(t)}{dt}. \tag{5.31}$$

Bild 5.18 zeigt, wie durch diese Rechenvorschrift aus der Übergangsfunktion nach Gl. (5.6b) bzw. Bild 5.2 die ursprüngliche Eingangsfunktion, d.h. die Sprungfunktion $w(t)$, wiederhergestellt wird [5.7]. Da künftig in zunehmendem Maße Digitalrechner als Instrumentenrechner zur automatischen Meßwertverarbeitung ohnehin im Meßsystem integriert sein werden, kann die Rechenoperation zur Ausführung der Korrektur durch zusätzliche Programmierung dieses Rechners, d.h. ohne zusätzlichen Aufwand an hardware, vorgenommen werden und wird daher in Zukunft eine immer größere Rolle spielen.

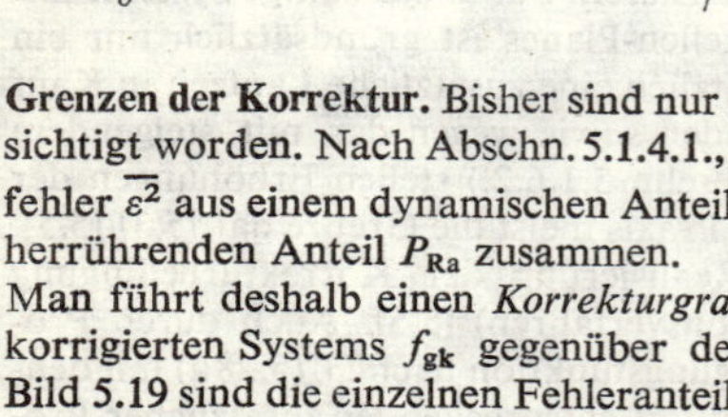

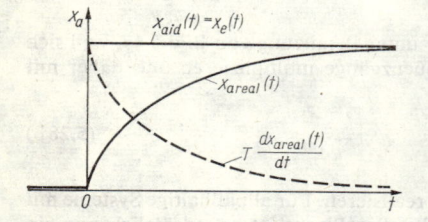

Bild 5.18
Zur anschaulichen Erklärung der Rückrechnung für ein System mit Verzögerung 1. Ordnung und Ausgleich nach Gl. (5.30b) bzw. Gl. (5.31)

Grenzen der Korrektur. Bisher sind nur die dynamischen Fehler und deren Korrektur berücksichtigt worden. Nach Abschn. 5.1.4.1., insbesondere Gl. (5.24), setzt sich jedoch der Gesamtfehler $\overline{\varepsilon^2}$ aus einem dynamischen Anteil $\overline{\varrho^2}$ und einem von den Störungen und dem Rauschen herrührenden Anteil P_{Ra} zusammen.

Man führt deshalb einen *Korrekturgrad* $a = f_{gk}/f_{go}$ ein, der angibt, wie die Bandbreite des korrigierten Systems f_{gk} gegenüber der des unkorrigierten Systems f_{go} erhöht wurde. Im Bild 5.19 sind die einzelnen Fehleranteile in Abhängigkeit von diesem Korrekturgrad a aufgetragen: Während der dynamische Fehler $\overline{\varrho^2}$ mit steigendem Korrekturgrad abnimmt, steigt der Rauschfehler wegen der Anhebung der hohen Frequenzen an [5.3] [5.7]. Der Gesamtfehler $\overline{\varepsilon^2}$ durchläuft ein Minimum, und es ergibt sich ein optimaler Wert für die Korrekturbandbreite

a_{opt} (Bild 5.19). Dieses Optimum entspricht dem aus der Systemtheorie bekannten Fall der Optimalfilter nach *Wiener* und *Kolmogoroff* [5.7] [5.12]. In der Nähe dieses Optimums für den minimalen mittleren quadratischen Fehler $\overline{\varepsilon^2}$ liegt auch das Optimum nach dem Kriterium des maximalen Nachrichtenflusses *I* [5.3] [5.7].

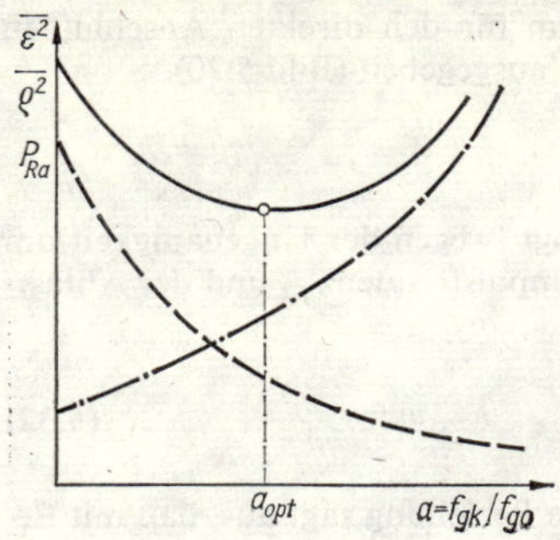

Bild 5.19
Dynamischer Fehler $\overline{\varrho^2}$ (---), Rauschfehler P_{Ra} (-·-) und Gesamtfehler $\overline{\varepsilon^2}$ (——) in Abhängigkeit vom Korrekturgrad a

Eine zweite Grenze für die Korrektur wird durch die bisher ebenfalls vernachlässigten Änderungen der Parameter der Meßeinrichtungen verursacht. Änderungen der Parameter, wie der Zeitkonstanten infolge störender Umwelteinflüsse, sind bei allen Meßeinrichtungen unvermeidlich und wirken sich um so stärker aus, je mehr die Meßeinrichtung korrigiert wurde [5.3] [5.5]. Bei Änderung der der Korrektur zugrunde gelegten Parameter infolge einer *Parameterempfindlichkeit* der Meßanordnung wird die Korrekturbedingung [Gl. (5.28a)] verletzt, wodurch die Wirksamkeit der Korrektur um so mehr in Frage gestellt wird, je größer der Korrekturgrad *a* ist. Verbesserungen sind hier durch adaptive (sich selbsttätig an die Parameteränderungen anpassende) Korrekturprogramme in Zukunft zu erwarten [5.3] [5.17]. Eine Untersuchung unter Berücksichtigung beider Gesichtspunkte zeigt, daß die Qualität der Meßeinrichtung und insbesondere der Meßgrößenaufnehmer trotz der Möglichkeit der Korrektur entscheidenden Einfluß auf die Gesamtqualität der Meßeinrichtung behält [5.15].

5.1.7. Digitale Verfahren

5.1.7.1. Grundsätzliches

Die Meßtechnik wird in zunehmendem Maße im Zusammenhang mit der Datengewinnung für Prozeßsteuerungssysteme eingesetzt (Prozeßmeßtechnik). Von der Datenverarbeitung her gesehen, wird ein Teil der Aufgaben der Peripherie, nämlich die Datenerfassung, von der Meßtechnik gelöst. Da die Daten wegen der Anpassung an einen Digitalrechner (z.B. Prozeßrechner) in digitaler Form vorliegen müssen, nehmen digitale Verfahren an Bedeutung zu. Hierfür ist auch die Tatsache maßgebend, daß die gleichen Baugruppen, die für die Rechentechnik in großer Stückzahl und daher sehr wirtschaftlich als integrierte Schaltungen gefertigt werden, in der digitalen Meßtechnik eingesetzt und dort zur Lösung von Aufgaben der Meßwertverarbeitung im Meßsystem selbst (Instrumentenrechner) herangezogen werden können.

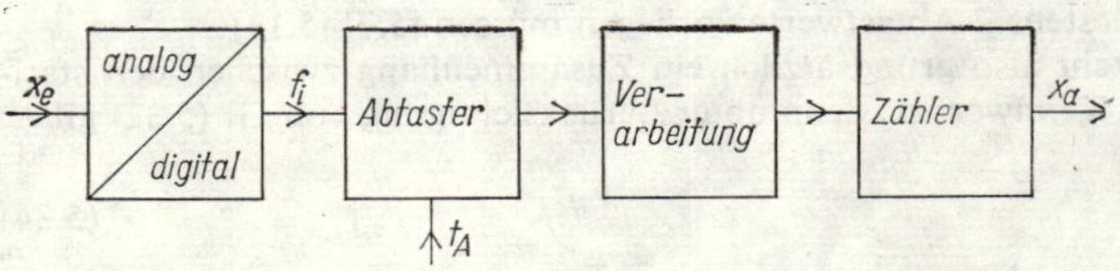

Bild 5.20
Prinzip digitaler Meßverfahren

Bei der digitalen Meßtechnik wird die zu messende Eingangsgröße entweder in speziellen Aufnehmern direkt digital erfaßt oder in einem Analog-Digital-Umsetzer aus der analogen in die digitale Form – oft eine Impulsreihe mit der Impulsfrequenz f_i – umgesetzt und durch einen Abtaster mit der Abtastzeit t_A abgetastet (s. auch Abschn. 5.6.). Nach einer Verarbeitung des Meßwerts, wobei auch eine Kodierung in ein anderes Zahlensystem vorgenommen werden kann, wird die Ausgangsgröße entweder in digitaler Form für den direkten Anschluß in einem Prozeßrechner oder als Ziffernwert in einem Zähler ausgegeben (Bild 5.20).

5.1.7.2. Statische und dynamische Kennwerte

Der relative Meßfehler ΔF, auch *Meßfeinheit* genannt, hängt (wegen der Ungenauigkeit um eine Einheit bei der Impulszählung) von der verwendeten Impulsfrequenz f_i und der Abtastzeit t_A ab [5.1]:

$$\Delta F = \frac{1}{f_i\, t_A}. \tag{5.32}$$

Diese, auch „Grundgesetz der digitalen Messung" genannte Beziehung sagt aus, daß mit Erhöhung der Dekadenzahl des dekadischen Zählers im Bild 5.20, d. h. mit linear ansteigenden Kosten, bei Erhöhung der Abtastzeit t_A um z. B. eine Zehnerpotenz auch der relative Meßfehler um eine Größenordnung erniedrigt werden kann (Bild 5.21). Bei analogen Verfahren dagegen bedingt die Steigerung der Genauigkeit um eine Größenordnung i. allg. wesentlich größere Kosten (exponentieller Anstieg).

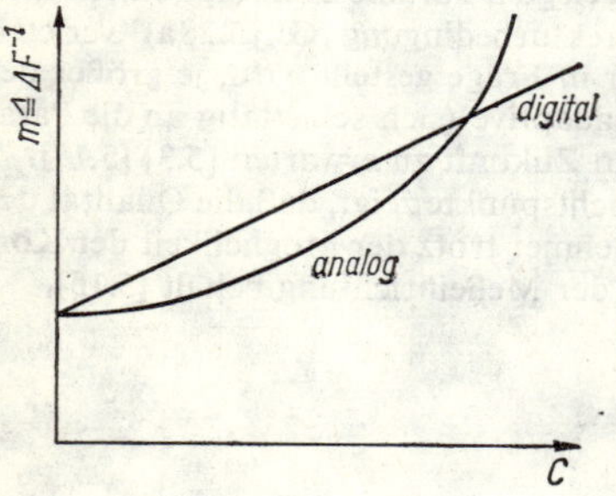

Bild 5.21
Zusammenhang zwischen Kosten C und erreichbarem Meßfehler bei analogen und digitalen Verfahren

Digitale Verfahren haben weiterhin den Vorteil, weniger störanfällig zu sein sowie eine Meßwertspeicherung in digitaler Form einfacher zu ermöglichen.
Nachteilig ist das meist schlechtere dynamische Verhalten, da der Meßwert nur zu den Abtastzeiten t_A ausgegeben wird; dazwischenliegende Meßwertänderungen werden nicht oder nur als Mittelwert erfaßt. Daher entspricht die Abtastzeit t_A der Einschwingzeit t_E bei den analogen Verfahren, und die Grenzfrequenz errechnet sich nach dem Abtasttheorem zu [s. auch Abschn. 5.1.2.4., insbesondere Gl. (5.17)]

$$f_{go} = \frac{1}{2t_A}, \tag{5.33}$$

da je Sinusschwingung mindestens 2 Abtastwerte vorliegen müssen [5.7] [5.13].
Bei digitalen Verfahren besteht also grundsätzlich ein Zusammenhang zwischen den statischen und den dynamischen Kennwerten; denn unter Berücksichtigung von Gl. (5.32) gilt

$$f_{go} = \frac{f_i}{2}\Delta F, \tag{5.34}$$

d.h., es muß ein Kompromiß zwischen dynamischen und statischen Eigenschaften geschlossen werden. Insbesondere auch unter Beachtung der im Bild 5.21 dargestellten Zusammenhänge für die Kosten, ist das Gebiet der Messungen mit hoher Genauigkeit, jedoch relativ geringen Anforderungen an die dynamischen Eigenschaften den digitalen Meßverfahren und das Gebiet mit hohen Anforderungen an die Grenzfrequenz den analogen Meßverfahren vorbehalten [5.16].

5.1.7.3. Verbesserung der Kennwerte

Aus Gl. (5.34) folgt, daß eine Erhöhung des Quotienten $f_{go}/\Delta F$ durch Erhöhen der Impulsfrequenz f_i erreicht werden kann. Die Steigerung der mit digitalen Schaltungen zu verarbeitenden Impulsfrequenzen um etwa eine Größenordnung alle 7 Jahre (Tendenz der Steigerung bei digitalen Schaltungen der Rechentechnik) läßt erwarten, daß sich die durch das schlechtere dynamische Verhalten gegebene Anwendungsgrenze digitaler Verfahren von gegenwärtig $f_{go} \approx 1$ bis 10 Hz auch in der Meßtechnik in den kommenden Jahren zu höheren Frequenzen hin verschieben wird [5.16].
Ferner besteht die Möglichkeit, durch eine Frequenzvervielfachung der Impulsfrequenz f_i vor dem Abtaster um den Faktor k (Bild 5.22) das Verhältnis $f_{go}/\Delta F$ um diesen Faktor zu verbessern [5.17]. Denselben Effekt bringen auch Verfahren mit Vergleichszählern unter Verwendung einer entsprechend höheren Impulsfrequenz. Schließlich kann noch durch eine zusammen mit der Analog-Digital-Wandlung vorgenommene Kodierung, z.B. in einem Dualkode anstelle des bisher zugrunde gelegten einfachen Zählkodes, eine Verbesserung erreicht werden [5.17].

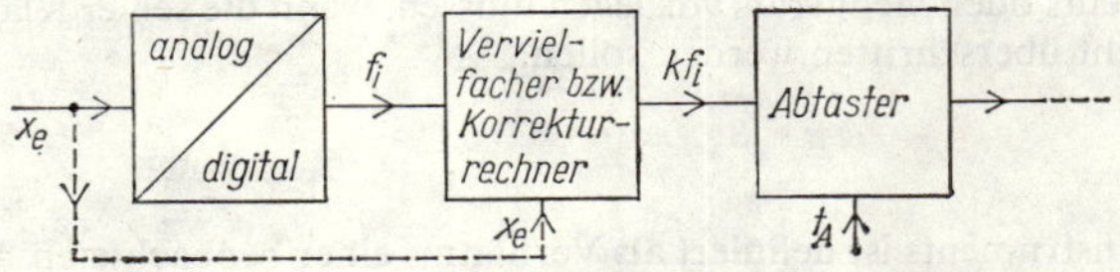

Bild 5.22. Verbesserung der Kennwerte durch Frequenzvervielfachung um den Faktor k bzw. durch Zusatz von Impulsen zur Linearisierung nichtlinearer Kennlinien

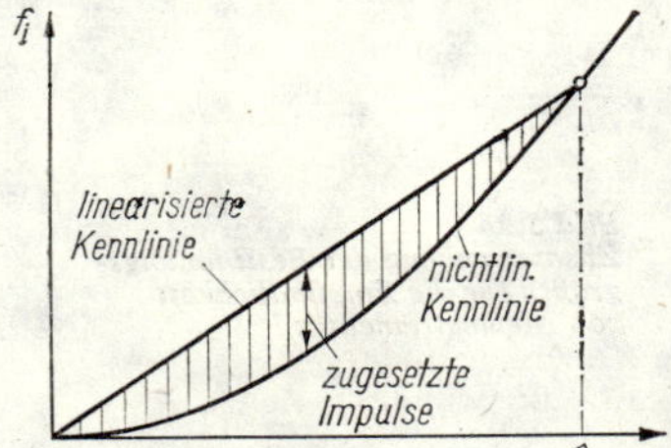

Bild 5.23
Linearisierung nichtlinearer Wandlerkennlinien durch zugesetzte Impulse

Zur Linearisierung nichtlinearer Kennlinien des Analog-Digital-Wandlers bzw. des digitalen Meßgrößenaufnehmers können auch durch die Meßgröße x_e gesteuerte Impulse so zugesetzt werden (Bild 5.22, gestrichelt eingezeichnet), daß trotz eines größeren Aussteuerbereiches eine lineare Abhängigkeit zwischen der Impulsfrequenz f_i am Ausgang des Korrekturrechners und der Meßgröße x_e besteht [5.18], wie im Bild 5.23 skizziert. Die Linearisierung hat einen größeren ausnutzbaren Aussteuerbereich mit entsprechend erhöhter Empfindlichkeit zur Folge; es müssen jedoch längere Einschwingvorgänge und damit eine Verschlechterung des dynamischen Verhaltens in Kauf genommen werden [5.17].

Wegen des steigenden Einsatzes von digital arbeitenden integrierten Schaltkreisen auch in der Meßtechnik kommt den digitalen Verfahren bei der weiteren Entwicklung des Gebietes der Meßtechnik steigende Bedeutung zu (s. auch Abschn. 5.1.7.1.).

5.2. Begriffe und Grundeigenschaften elektrischer Meßinstrumente

5.2.1. Genauigkeit

Ein *Meßinstrument* für elektrische Messungen umfaßt das *Meßwerk*, das *Gehäuse* und die eingebauten *Zubehörteile*. Ein *Meßgerät* ist ein Meßinstrument mit dem entsprechenden Zubehör, das ggf. von jenem trennbar ist. Die Genauigkeit eines elektrischen Meßinstruments oder Meßgeräts wird durch den Anzeigefehler (relativer Fehler) und die Einflußgrößen bestimmt.

Der Anzeigefehler darf bei vorgegebenen Nenn- und Prüfbedingungen innerhalb des Meßbereiches bestimmte Grenzen nicht überschreiten.

Genauigkeitsklasse

Anzeige- oder Schreibfehler ± %	0,1	0,2	0,5	1	1,5
Einfluß ± %	2,5	5			

Die Anzeigefehler sind auf den Meßbereichsendwert oder auch in besonderen Fällen auf die Skalenlänge bezogen und in Prozent von diesen ausgedrückt (s. Abschn. 5.1.). Dabei legen die Nenn- und Prüfbedingungen die Verhältnisse, Zustände und Umweltbedingungen fest, die für den Betrieb des Meßinstruments oder Meßgeräts vorliegen müssen, wenn die seiner Klasse zugeordneten Anzeigefehler nicht überschritten werden sollen.

5.2.2. Empfindlichkeit

Die Empfindlichkeit eines Meßinstruments ist definiert als Verhältnis einer beobachteten Anzeigeänderung $\Delta\gamma\,[x_e(t)]$ bei einer hinreichend kleinen Änderung des Betrags der Meßgröße $\Delta x_e(t)$. Die Anzeigeänderung wird als Winkel oder als Länge für den Zeigerausschlag er-

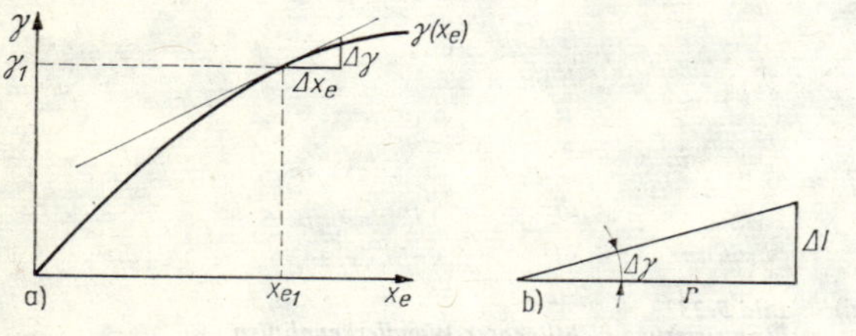

Bild 5.24
Zusammenhang der Bestimmungsgrößen für die Empfindlichkeit von Meßinstrumenten

mittelt. Die Funktion $\gamma[x_e(t)]$ oder $l(x_e)$ beschreibt die Skale des Meßinstruments bzw. Meßgeräts. Aus den Bildern 5.24a und b ergeben sich die folgenden Zusammenhänge:

$$\Delta\gamma = \frac{\Delta l}{r},$$

$$E_\gamma = \lim_{\Delta x_e \to 0} \frac{\Delta\gamma\,(x_e)}{\Delta x_e} = \frac{d\gamma}{dx_e}; \tag{5.35}$$

$$E_l = \lim_{\Delta x_e \to 0} \frac{1}{r}\,\frac{\Delta l\,(x_e)}{\Delta x_e} = \frac{1}{r}\,\frac{dl}{dx_e}.$$

Die Empfindlichkeit E braucht nicht im gesamten Arbeitsbereich des Meßwerks konstant zu sein. Ist dies jedoch der Fall, so ergibt sich ein linearer Skalenverlauf mit konstanten Werten für

$$\mathrm{d}y/\mathrm{d}x \quad \text{oder} \quad \mathrm{d}l/\mathrm{d}x.$$

Für Galvanometer, deren Skalen nicht in Einheiten der Meßgröße graduiert sind, werden zur quantitativen Ermittlung des Betrags des Meßwerts meist Galvanometerkonstanten angegeben, die eine konstante Empfindlichkeit für den gesamten Anzeigebereich voraussetzen. Diese Galvanometerkonstante C^* kann aus dem reziproken Wert der Gl. (5.35) unter den dargelegten Voraussetzungen ermittelt werden:

$$x_e = \frac{l_0}{r} C_i^*; \quad C_i^* = x_e \frac{r}{l_0}.$$

Für Spiegelgalvanometer höchster Empfindlichkeit gelten etwa folgende Werte:

Stromkonstante $C_i^* = 0{,}06\,\mathrm{nA} \cdot \mathrm{mm}^{-1} \cdot \mathrm{m}$;
Spannungskonstante $C_u^* = 0{,}25\,\mu\mathrm{A} \cdot \mathrm{mm}^{-1} \cdot \mathrm{m}$.

Beispiel. Bei einem Ausschlag $l_0 = 5$ mm und einer wirksamen Lichtzeigerlänge $r = 1{,}2$ m ergibt sich hieraus für die Strommessung ein Meßwert von

$$x_a = 0{,}06 \frac{\mathrm{nA} \cdot \mathrm{m} \cdot 5\,\mathrm{mm}}{\mathrm{mm} \cdot 1{,}2\,\mathrm{m}} = 0{,}25\,\mathrm{nA}.$$

Eine weitere Größe, aus der die Empfindlichkeit eines Meßinstruments oder Meßgeräts erklärt werden kann, ist die für die Messung erforderliche Wirk- und Blindleistungsaufnahme. Durch sie können Verfälschungen des Meßwerts verursacht werden. Hieraus ergibt sich die Forderung nach einem möglichst geringen Energiebedarf für die Meßwertbildung. Für Strommesser ist deshalb ein kleiner, für Spannungsmesser ein großer Innenwiderstand erforderlich. Diese Bedingungen stehen z.B. bei Spiegelgalvanometern im Gegensatz zu denen, die sich aus der Dynamik des Meßwerks ergeben, und führen zu Kompromissen.

Die Verknüpfung von Empfindlichkeit und Genauigkeit eines den Meßwert unmittelbar bildenden Meßinstruments ist in der Regel anders geartet als für eine Meßschaltung, in die es als Indikator zum unmittelbaren Größenvergleich eingefügt und mit ihr zum Meßgerät vereinigt ist.

Eine wesentliche Rolle spielt die Vermittlung des Meßwerts über *Skale* und *Ableseeinrichtung*. Die für ihren Aufbau bestehenden räumlichen Beschränkungen legen für jedes analoge Meßverfahren eine Grenze der quantitativen Erkennbarkeit der Meßwerte fest. Die gewonnene Meßinformation erscheint deshalb in diskreter Form, d.h. auf Kleinstwerte quantifiziert, die in jedem Fall endliche Beträge haben. Ihre Größe ist ein spezifisches Merkmal der Ableseeinrichtung.

Anders liegen die Verhältnisse im Fall der Meßschaltung. Hier stellt das Meßinstrument nur die Abweichung des Meßwerts von einem Normalwert fest, der meist veränderbar und kalibriert ist. Ein solches Verfahren stellt geringere Anforderungen an die Genauigkeit des Meßinstruments, jedoch hohe Ansprüche an seine Empfindlichkeit. Diese ist an das Vergleichsnormal so anzupassen, daß meßbare Veränderungen an ihm in jedem Fall vom Meßinstrument registriert werden. Genauigkeit und Empfindlichkeit stehen demnach hier in einem genau feststellbaren und sehr sorgfältig zu beachtenden Wechselverhältnis. Der praktische und ökonomische Erfolg, der z.B. mit einem Komparator erreicht werden soll, hängt sehr von der richtigen Anpassung dieser Eigenschaften seiner Elemente ab. Hierbei ist zu beachten, daß der Aufwand für Arbeitszeit und Gerät mit der Genauigkeit außerordentlich stark ansteigt und auch aus diesem Grunde sorgfältige Überlegungen notwendig sind. (Dies gilt ganz besonders für serienmäßige Messungen im technologischen Prozeß.)

5.2.3. Fehlerursachen

Die Anzeige eines Meßinstruments bzw. Meßgeräts kann durch die Veränderung elektrischer oder mechanischer Verhältnisse und Zustände sowie durch Umwelteinflüsse gestört werden. Diese Änderung der Anzeige wird *Einfluß* genannt. Er wird durch äußere veränderliche Größen oder durch Veränderung der Formen der Meßgröße verursacht. Man unterscheidet

Lageeinfluß, Temperatureinfluß, Spannungseinfluß, Stromeinfluß, Anwärmeeinfluß, Frequenzeinfluß, Einfluß des Leistungsfaktors, Fremdfeldeinfluß, Unsymmetrieeinfluß, Kopplungseinfluß, Einbaueinfluß, Schütteleinfluß.

Die Existenz der Einflußgrößen zwingt zur Festlegung von Nenn- und Prüfbedingungen als Voraussetzung für die Einhaltung der für eine bestimmte Genauigkeitsklasse zugelassenen Anzeigefehler. Sie sind auf der Skale des Meßinstruments angegeben.
Man unterscheidet zwischen Anzeigebereich und Meßbereich. Beide brauchen nicht übereinzustimmen. Der Anzeigebereich ist der Bereich der Meßwerte, die an einem Meßgerät abgelesen werden können.
Der Meßbereich ist der Teil des Anzeigebereiches, für den die Fehler der Anzeige innerhalb der angegebenen oder vereinbarten Fehlergrenze bleiben. Er kann den gesamten Anzeigebereich umfassen oder aus einem oder mehreren Teilen des Anzeigebereiches bestehen.
Die Genauigkeit, die mit einer Messung erreicht werden kann oder soll, wird aus der mit der Messung verbundenen Meßunsicherheit u bestimmt (s. Abschn. 5.1.1.1.). Aus ihr werden die Fehlergrenzen (Garantiefehlergrenzen) festgelegt, die vom Meßinstrument nicht überschritten werden dürfen, wenn die aus ihm gewonnene Information qualitätsgerecht den Bedingungen der Gesamtaufgabe entsprechen soll. Hieraus bestimmt sich die Genauigkeitsklasse, der das Meßinstrument bzw. Meßgerät entsprechen muß. Der tatsächliche Betrag der Meßunsicherheit (Vertrauensbereich und abgeschätzte systematische Fehler) sollte immer kleiner sein als der durch die zulässigen Fehlergrenzen ausgewiesene Bereich.
Die Fehlerursache kann systematischer oder zufälliger Art sein (s. Abschn. 5.1.1.1.).
Zu den *systematischen Fehlern* rechnet man neben den Unvollkommenheiten der Meßgeräte und Meßverfahren auch die für bestimmte Beobachter typischen und daher spezifischen subjektiven Fehlerursachen (z.B. die Übung, die Sehschärfe, das Schätzungsvermögen, aber auch das Interesse an der qualifizierten Lösung der Aufgabe). Die Ermittlung der Beträge der auf solche Weise hervorgerufenen Meßunsicherheiten ist nur auf dem Wege der Schätzung möglich und erfordert den Beobachterwechsel für gleiche Messungen bei gleichen Bedingungen.
Die *zufälligen Fehler* können durch wiederholte Messungen der gleichen Meßgeräte mit dem gleichen Meßgerät unter den gleichen Bedingungen vom gleichen Beobachter erfaßt werden, wobei sich meist nur geringfügig abweichende Meßwerte ergeben (Meßwertstreuung).

5.2.4. Dämpfung und Beruhigungszeit. Integrierende Instrumente

Unter den mechanischen Eigenschaften eines Meßinstruments tritt die *Beruhigungszeit* besonders hervor, die im Regelfall 4 s nicht überschreiten darf. Sie ist das Zeitintervall vom Einschalten der Meßgröße bis zur Annäherung der Anzeige an einen um 1,5% der Skalenlänge vom Meßwert abweichenden Betrag. Ausnahmen hiervon sind nur dort zugelassen, wo sie aus der Art der Meßgröße gefordert werden müssen, oder für solche Meßinstrumente, deren Wirkungsmechanismus eine große Beruhigungszeit voraussetzt.

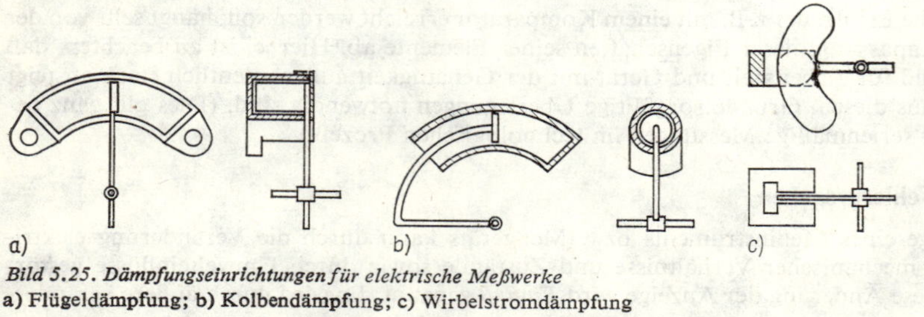

Bild 5.25. Dämpfungseinrichtungen für elektrische Meßwerke
a) Flügeldämpfung; b) Kolbendämpfung; c) Wirbelstromdämpfung

Kräfte und Drehmomente der *Dämpfung* sind meist der Geschwindigkeit proportional. Sie verschwinden mit ihr und unterscheiden sich dadurch von denen der Reibung. Technisch werden sie mit Hilfe von Flügeln und Kolben erzeugt, die sich in geschlossenen, mit Luft oder Flüssigkeit erfüllten Räumen bewegen; auch Wirbelstromdämpfungen sind im Gebrauch. Bild 5.25 zeigt einige Beispiele solcher Dämpfungselemente in grundsätzlicher Darstellung.
Für die Dynamik des mechanisch-elektrischen Meßwerks gilt die Beziehung [vgl. Gl. (5.10a)]

$$\Theta \frac{d^2\gamma}{dt^2} + K \frac{d\gamma}{dt} + D\gamma = f(\gamma, x_e); \tag{5.36}$$

Θ polares Trägheitsmoment,
γ Zeigerausschlag,
D mechanisches Einstellmoment,
x_e Meßgröße.

Wenn der *Dämpfungsfaktor K* unabhängig von γ ist und ein partikuläres Integral γ_0 vorliegt, das z.B. aus einem Modellversuch gewonnen werden kann, entsteht die Lösung

$$\gamma = C_1 \exp\left(-\frac{K}{2\Theta} + \sqrt{\frac{K^2}{4\Theta^2} - \frac{D}{\Theta}}\right)t + C_2 \exp\left(-\frac{K}{2\Theta} - \sqrt{\frac{K^2}{4\Theta^2} - \frac{D}{\Theta}}\right)t + \gamma_0. \tag{5.37}$$

Mit dem *Dämpfungsgrad*

$$\vartheta = \frac{K}{2\pi\sqrt{\Theta D}} \tag{5.38}$$

ergeben sich hieraus die folgenden, im Bild 5.26 grundsätzlich dargestellten Einschwingvorgänge:
$\vartheta > 1$ überaperiodisch, $\vartheta = 1$ aperiodisch, $\vartheta < 1$ periodisch.
Die *Eigenschwingungszeit* beträgt

$$T'_0 = 2\pi\sqrt{\Theta/D}. \tag{5.39}$$

Für die Eigenschwingungszeit T' des gedämpften Systems gilt

$$T' = T'_0/\sqrt{1 - \vartheta^2}. \tag{5.40}$$

Zweckmäßig wird in normalen Fällen die Dämpfung so gewählt, daß sich der Einschwingvorgang mit einem geringen Überschwingen vollzieht, der Dämpfungsgrad alo kleiner, aber nahezu 1 ist; vgl. Abschn. 5.1.6.1.

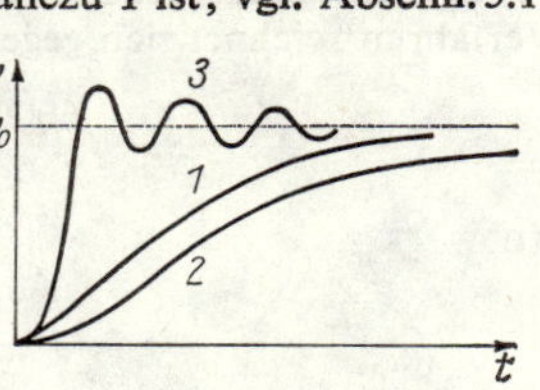

Bild 5.26
Einschwingvorgänge
1 aperiodisch; *2* überaperiodisch; *3* periodisch

Wenn in Gl. (5.36) $f(\gamma, x_e)$ unabhängig von γ und proportional der kurzzeitig wirksamen, zeitlich veränderlichen Meßgröße $x_e(t)$ ist, dann entsteht unter der Voraussetzung, daß eine merkliche Auslenkung des beweglichen Organs vom Meßwerk während der Dauer Δt noch nicht eingetreten ist,

$$\Theta \frac{d^2\gamma}{dt^2} = k_1 x_e \tag{5.41}$$

und

$$\Theta \frac{d\gamma}{dt} = k_1 \int_0^{\Delta t} x_e \, dt. \tag{5.42}$$

Dieser Impuls wirkt nach dem Verschwinden der Meßgröße auf das bewegliche Organ, dessen polares Trägheitsmoment durch entsprechende konstruktive Maßnahmen so stark vergrößert ist, daß das Drehmoment der Dämpfung vernachlässigt werden kann:

$$\Theta \frac{d^2\gamma}{dt^2} + D\gamma = 0. \tag{5.43}$$

Mit

$$\gamma = \gamma_{max} \sin \omega t$$

folgt

$$\Theta\omega\gamma_{max} \cos \omega\Delta t = k_1 \int_0^{\Delta t} x_e \, dt \quad \text{und} \quad \int_0^{\Delta t} x_e \, dt = \frac{\omega\Theta}{k_1} \gamma_{max} = C_b \, \gamma_{max}. \tag{5.44}$$

Hierin bedeutet C_b die *ballistische Konstante*. Die Messung erfordert demnach eine kurzzeitig wirksame Meßgröße. Ihr Zeitintegral wird durch den ersten Maximalwert der periodischen Schwingungen der Anzeige quantitativ festgelegt.

Die Kopplung des Meßergebnisses mit der Voraussetzung einer nur kurzzeitigen Wirksamkeit der Meßgröße kann fallengelassen werden, wenn das Meßgerät mit einer besonders stark wirksamen Dämpfung unter Verzicht auf eine mechanische Rückstellkraft ausgerüstet wird. In diesem Fall nimmt Gl. (5.36) bei Vernachlässigung des dynamischen Drehmoments der Trägheit folgenden Form an:

$$K \frac{d\gamma}{dt} = k_1 \, x_e(t) \tag{5.45}$$

mit

$$\gamma = \frac{k_1}{K} \int_0^t x_e \, dt \quad \text{und} \quad \int_0^t x_e \, dt = \frac{K}{k_1} \gamma = K^* \gamma. \tag{5.46}$$

Der Meßwert wird auf diese Weise bei beliebigem zeitlichem Verlauf der Meßgröße durch den Maximalwert der Anzeige gekennzeichnet, bei dem die Meßwertanzeigevorrichtung verharrt, da keine mechanische Rückstellkraft nach Voraussetzung wirksam ist. Die Zeigerrückstellung erfolgt gesondert durch eine mechanische Einrichtung oder auf elektrischem Wege.

Diese Verfahren setzen einen konstanten Dämpfungsfaktor und eine konstante Empfindlichkeit im ganzen Wirkungsbereich voraus. Verwendet man z.B. einen Leistungsmesser als integrierendes Instrument, also ein dynamometrisches Drehspulinstrument oder ein Quadrantenelektrometer, so bringen diese Instrumente als Meßgröße eine Energie zur Anzeige, z.B. den Energieinhalt eines Wechselstromimpulses beliebiger Frequenz, sofern der Anwendungsbereich des Meßwerks nicht überschritten wird. Dieses Verfahren zeichnet sich gegenüber anderen durch seinen geringen Aufwand aus.

5.3. Bauelemente der elektrischen Meßinstrumente

5.3.1. Lagerungen

Das mechanisch-elektrische Meßwerk besteht in der Regel aus einem festen und einem beweglichen Meßwerkteil. Die Lagerung, die diese beiden Teile miteinander verbindet, muß so ausgebildet sein, daß durch sie nur sehr geringe Kräfte bzw. Drehmomente verursacht werden. Diese tragen parasitären Charakter, ihre Beträge dürfen nur Bruchteile von Prozenten der im Meßwerk aus der Meßgröße gelieferten mechanisch-elektrischen Drehmomente erreichen. Die Lagerungen gehören deshalb zu den qualitätsentscheidenden Elementen der Meßinstrumente. Die Reproduzierbarkeit der Meßwerte, die Genauigkeit, die erreichbare

Empfindlichkeit, die Standfestigkeit gegen äußere dynamische Beanspruchungen werden durch die richtige Auswahl von Material und konstruktiver Gestaltung bestimmt.
Die *Spitzenlagerung* (Saphir, Spinell, Achat, Berylliumbronze) wird in Schalttafel- und Präzisionsinstrumenten verwendet (Bild 5.27). Für große Massen der beweglichen Organe ist sie wenig geeignet, weil die im normalen Betrieb auftretenden statischen und dynamischen Kräfte so groß sind, daß sie ohne bleibende Deformation nicht übertragen werden können.

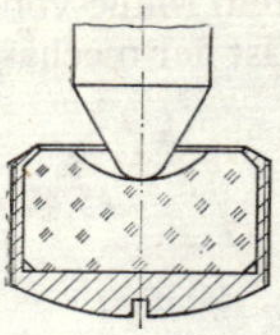

Bild 5.27 Spitzenlagerung

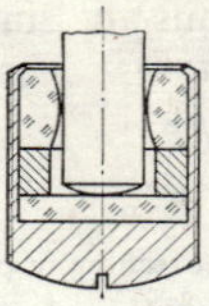

Bild 5.28 Zapfenlagerung

Deshalb werden für die Meßwerke von Tintenschreibern und Zählern meist *Zapfenlagerungen* benutzt (Bild 5.28). Für sehr empfindliche Instrumente, z.B. Spiegelgalvanometer, wird die *einseitige Bandaufhängung* verwendet. Das bewegliche Organ hängt an einem Quarzfaden oder einem flachen Bronzeband. Diese Konstruktion ist nur bei genau senkrechter Systemlage anwendbar. Aus diesem Grunde sind solche Meßwerke mit einer Arretiereinrichtung des beweglichen Organs, mit einer Libelle und mit Stellschrauben ausgerüstet.

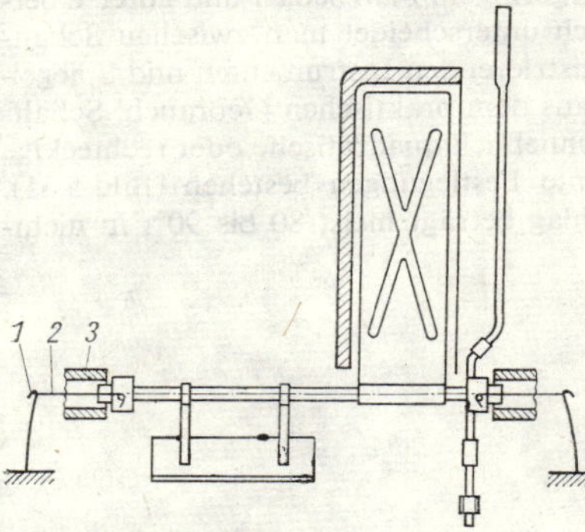

Bild 5.29. Kurze Spannbandlagerung eines Dreheisenmeßwerks
Bauart Siemens
1 Blattfeder; *2* Spannband; *3* Abfänger

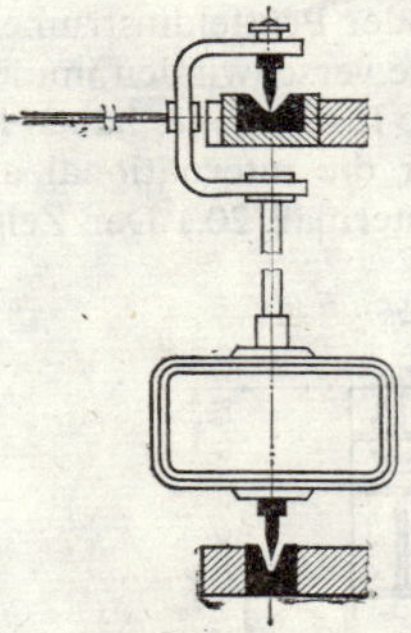

Bild 5.30. Entlastete Lagerung
Bauart Hartmann & Braun

Die *Spannbandlagerung* ist eine zweiseitige Bändchenaufhängung, die weniger hohe Ansprüche an die genau senkrechte Aufstellung des Meßwerks stellt.
Die Erfahrungen mit der Spannbandtechnik führten zur Erweiterung ihrer Anwendung in Schalttafelinstrumenten, auch bei horizontaler Drehachse als „kurze Spannbandlagerung" (Bild 5.29).
Eine Kombination von Spitzen- und Bandlagerung, die für Präzisions- und Prüfinstrumente verwendet und als „entlastete Lagerung" bezeichnet wird, ist im Bild 5.30 dargestellt.

5.3.2. Rückstellelemente

Die meisten Meßinstrumente erzeugen die Rückstellmomente mit Spiralfedern. Meßwerke mit Bandaufhängung benutzen die bei der Drehung des beweglichen Organs auftretenden Drehmomente der Aufhängebänder als Rückstellgröße. In besonderen Fällen wird das Rückstellmoment auch auf elektromagnetischem Wege dargestellt.

Gelegentlich wird vom Rückstellmoment neben der Ausschlagsabhängigkeit zusätzlich eine Strom- oder Spannungsabhängigkeit gefordert (z.B. bei Quotientenbildnern). Das läßt sich mit Hilfe einer zusätzlichen Drehspule erreichen, vorausgesetzt, das magnetische Feld, in dem sich die Rückstellspule bewegt, ist inhomogen.
Die Beträge der Rückstellmomente sind wegen der Lagerreibung nach unten begrenzt. Die Reibung hängt von der Lagerkonstruktion, den verwendeten Materialpaarungen und Krümmungsradien für die Spitzen und Kalotten der Steine sowie in besonderem Maße von der Masse des beweglichen Organs ab. Ein Maß für die Güte eines Meßwerks ist der mechanische Gütefaktor nach *Keinath*:

$$\Gamma_{\mathrm{kth}} = \frac{10\,M_{90}}{m^{1,5}}; \tag{5.47}$$

M_{90} Rückstellmoment bei 90° Zeigerausschlag in p · cm,
m Masse des beweglichen Organs in g.

Bei einwandfreien Meßwerken, die normalen betriebsmäßigen mechanischen Beanspruchungen gewachsen sind, nähert sich der Zahlenwert in Gl. (5.47) dem Wert 1.

5.3.3. Gehäuseformen

Die Form der anzeigenden und registrierenden elektrischen Meßinstrumente kommt der Forderung nach kombinationsfähiger Einheitlichkeit, geringem Platzbedarf und guter Übersichtlichkeit der Meßwertanzeige nach. Grundsätzlich unterscheidet man zwischen Schalttafel- und Präzisions- oder Prüffeldinstrumenten, registrierenden Instrumenten und Spiegelgalvanometern. Letztere verschwinden immer mehr aus dem praktischen Gebrauch. Schalttafel- und registrierende Instrumente haben fast ausschließlich quadratische oder rechteckige Frontabmessungen, für die international abgestimmte Festlegungen bestehen (Bild 5.31). (Im RGW gilt das Rastermaß 20.) Der Zeigerausschlag beträgt meist 80 bis 90°; in nicht-

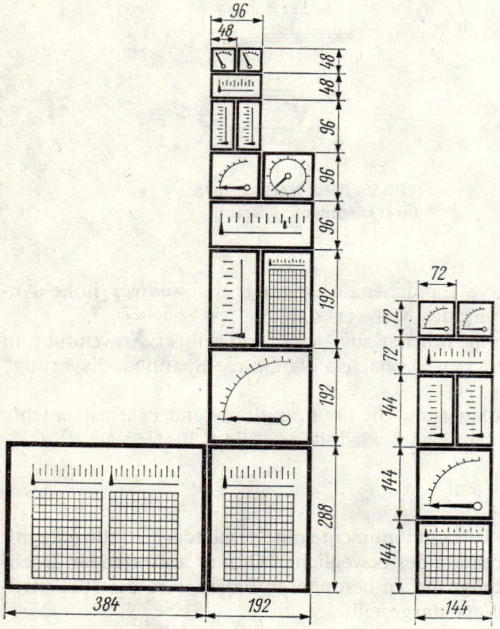

Bild 5.31
Standardformen der Gehäuse von Schalttafelinstrumenten

stationären Anlagen mit Häufungsstellen elektrischer Meßinstrumente (Flugzeuge, Schiffe) werden auch solche mit 270 bis 300° Zigerausschlag benutzt.
Weniger streng sind die Forderungen für die Gehäuseabmessungen der Präzisions- und Prüfinstrumente.

5.3.4. Meßwertanzeigevorrichtungen

5.3.4.1. Materielle Zeiger. Parallaxe

Meßinstrumente mit analoger Meßwertbildung werden für den industriellen technischen Gebrauch meist mit materiellen Zeigern ausgerüstet (Bild 5.32). Eine Ausnahme bildet der Zungenfrequenzmesser. Die Skalen sind den Zeigerformen nach Strichabstand und Strichstärke angepaßt.

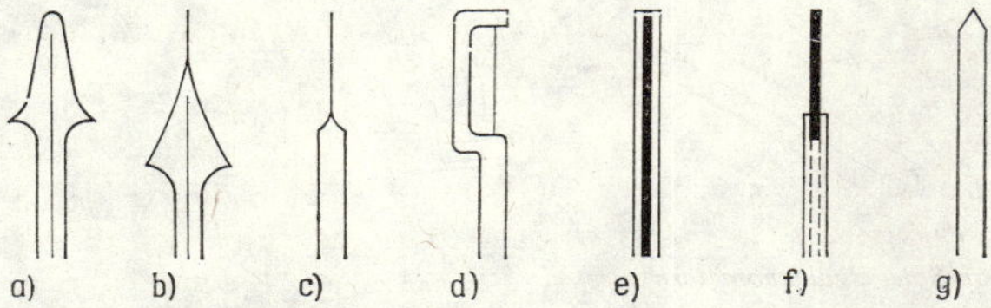

Bild 5.32. Formen materieller Zeiger

a) Lanzenzeiger für Schalttafelinstrumente; b) Messerlanzenzeiger für Schalttafelinstrumente; c) Messerzeiger für Präzisionsinstrumente; d) Fadenzeiger für Präzisionsinstrumente; e) Glaszeiger mit Einfärbung der Kapillare für Schalttafelinstrumente; f) Glaszeiger mit eingesetzter Spitze; g) Balkenzeiger für Ablesungen aus größerer Entfernung

Für Präzisionsinstrumente werden spiegelunterlegte Skalen benutzt, mit deren Hilfe die Parallaxe verhindert werden kann. Sie tritt dann auf, wenn die Ablesung nicht senkrecht zur Skalenebene erfolgt (Bild 5.33), und wächst mit dem Abstand von Skale und Zeiger.
Ein bedeutender Nachteil des materiellen Zeigers ist sein erhebliches polares Massenträgheitsmoment. Für einen stabförmigen Zeiger mit der Länge l, dem konstanten Querschnitt A und der Dichte ϱ beträgt es $\Theta = A\varrho l^3/3$.

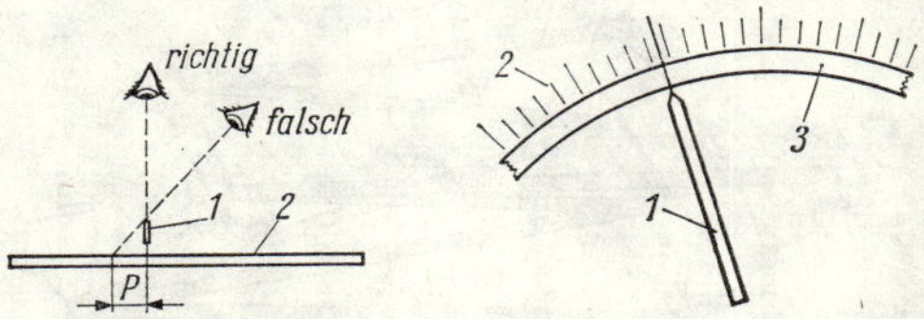

Bild 5.33
Darstellung der Parallaxe
1 Zeiger; *2* Skale; *3* Spiegel; *P* Parallaxe

Die dynamischen Momente wachsen also mit der 3. Potenz der Zeigerlänge. Damit werden zunehmende Anforderungen an die Dämpfung und den Dämpfungsfaktor K gestellt, wie aus Gl. (5.38) zu erkennen ist. Hinzu kommt, daß das einseitige statische Moment des Zeigers durch eine Ausgleichmasse (Äquilibriergewicht) an einem wesentlich kürzeren Hebelarm als die Zeigerlänge so ausgeglichen wird, daß der Schwerpunkt des beweglichen Organs in der Drehachse liegt. Das führt zur Vermehrung seiner Gesamtmasse und macht größere Spitzenradien für die Lagerung notwendig. Damit ist eine Vergrößerung der Lagerreibung verbunden, deren Wirkung nur durch die Steigerung der Rückstellmomente ausgeglichen werden kann, wie aus Gl. (5.47) hervorgeht. Aus diesen Zusammenhängen ist erkennbar, daß Zeigerinstrumente nur begrenzte Empfindlichkeiten haben, wenn keine besonderen Mittel aufgewendet werden, mit denen die dargelegten mechanischen Störanfälligkeiten überwunden werden können. Hierzu zählen Feststelleinrichtungen des beweglichen Organs für den Transport, besonderer Aufwand für die Lagerung u.a.m. Besonders bewährt haben sich aus Glaskapillaren hergestellte Zeiger (geringe Masse, große Elastizität, hohe Festigkeit).

5.3.4.2. Lichtzeiger

Eine wesentliche Steigerung der Empfindlichkeit elektrischer Meßinstrumente bei gleichzeitiger Verbesserung ihrer dynamischen Eigenschaften liefert die Anwendung des Lichtzeigers in Verbindung mit der Spannbandlagerung des beweglichen Organs.
Bei getrennter Aufstellung von Meßwerk und Skale sind die höchsten Empfindlichkeiten erreichbar, eine erschütterungsfreie Aufstellung des Galvanometers vorausgesetzt. Allerdings ist eine fest vorgegebene Kalibrierung dieser Meßeinrichtung, deren Anwendung sich haupt-

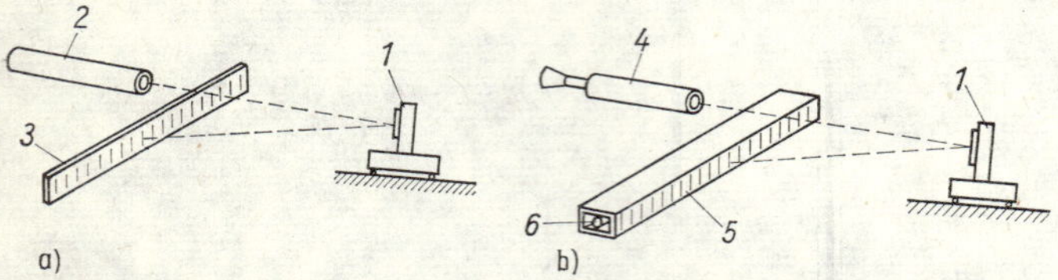

Bild 5.34. Ablesung der Meßwertanzeige von Spiegelgalvanometern
a) objektiv; b) subjektiv
1 Spiegelgalvanometer; *2* Beleuchtungseinrichtung; *3* Skale; *4* Fernrohr; *5* transparente Skale; *6* Stablampe

sächlich auf den Nullindikator beschränkt, nicht möglich. Man unterscheidet die objektive Ablesung, bei der der Lichtstrahl über den Meßwerkspiegel auf eine Skale gelenkt wird, wo der Anzeigewert markiert wird, und die subjektive, bei der Ausschnitte der Skale über den vom Meßwerkspiegel reflektierten Beobachtungsstrahl mit Hilfe eines Fernrohres beobachtet werden (Bild 5.34).
Das *Lichtmarkengalvanometer* stellt die technische Höchstform dieser Meßeinrichtung dar (geschlossene Form des Meßinstruments in Verbindung mit Spannbandlagerung für das Meßwerk). Die mehrfache Zeigerreflexion bewirkt eine Streckung der Skale, erleichtert die

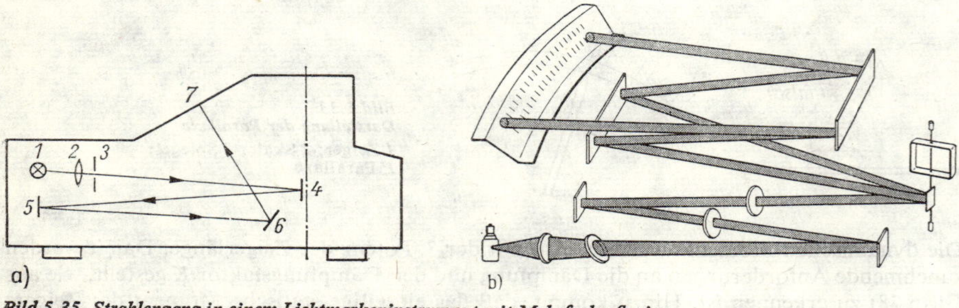

Bild 5.35. Strahlengang in einem Lichtmarkeninstrument mit Mehrfachreflexion
a) mit einfacher Nutzung der Skalenlänge; b) mit Strahlspaltung und doppelter Nutzung der Skalenlänge
1 Lampe; *2* Kondensor; *3* Lichtspalt; *4* Galvanometer; *5* Zylinderspiegel; *6* Planspiegel; *7* Skale

Ablesung des Meßwerts und ermöglicht die Steigerung der Empfindlichkeit durch Verkleinern des Drehwinkels des Meßwerks. Außerdem ermöglicht sie die Doppelnutzung der Skalenlänge durch Aufspaltung des Lichtstrahls an einem prismatischen Meßwerkspiegel (Bild 5.35). Das Ablesen der Meßwerte von Lichtmarkeninstrumenten jeder Art erfolgt parallaxefrei.

5.3.4.3. Registriereinrichtungen

Bei *Tintenschreibern* ist das Zeigerende mit einer Schreibfeder ausgerüstet, die über eine Papierbahn gleitet. Die dabei auftretende Reibung zwischen Schreibfeder und Papier am großen Hebelarm des Zeigers verschlechtert die dynamischen Eigenschaften und mindert die erreichbare elektrische Empfindlichkeit außerordentlich.
Zur Umgehung dieser Schwierigkeiten wurde für die Aufzeichnung von Momentanwerten schnellveränderlicher Meßwerte ein Aufzeichnungsverfahren mit *Flüssigkeitsstrahl* entwickelt, das bis zu 1000 Hz anwendbar ist (Bild 5.36). Neuere Meßgeräte dieser Art verwenden anstelle der dargestellten Meßschleife ein Drehmagnetmeßwerk.

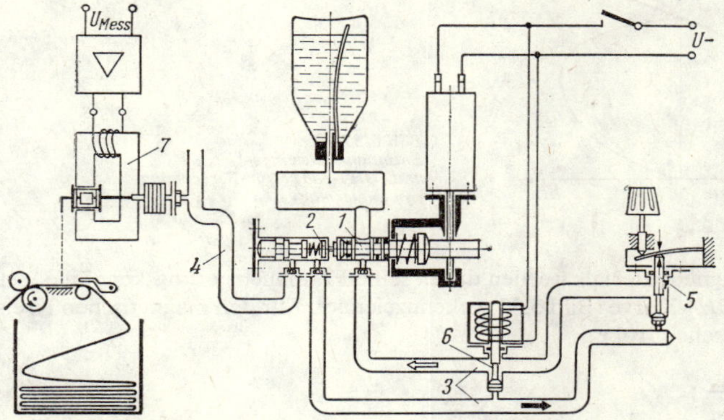

Bild 5.36. Flüssigkeitsstrahlschreiber
Bauart Siemens
1 Pumpe; *2* Rückschlagventil; *3* Schreibflüssigkeitsdruck-Regelkreis; *4* Schreibflüssigkeitsstromkreis; *5* Druckregler; *6* elektromagnetisch gesteuertes Kurzschlußventil; *7* Galvanometer

Zur Registrierung von Meßwerten mit geringen Beträgen dient der *Punktschreiber*. Er findet vor allem im Bereich thermischer Größen Anwendung und benutzt ein empfindliches Meßwerk mit Spannbandaufhängung. Die Registrierung erfolgt mit Hilfe eines Fallbügels, der den Zeiger in rhythmischer Folge (etwa im 20-Sekunden-Abstand) auf das Schreibpapier drückt, das auf einer Farbunterlage gleitet. Mit Fallbügelschreibern lassen sich auch mehrere Meßwerte verschiedener Systeme nacheinander aufzeichnen. Dann wird die Farbunterlage für das Schreibpapier mit einer der Anzahl der Systeme angepaßten Farbskale ausgerüstet, die zusammen mit dem Meßwert umgeschaltet wird.
Der Papiertransport erfolgt mit Hilfe von Federuhrwerken mit Handaufzug oder elektrischem Aufzug und mit selbstanlaufenden Synchronmotoren. Papiervorschubgeschwindigkeiten für Tintenschreiber: 5-10-20-40-60-120-240-360-600-1200-7200 mm $\cdot$ h^{-1}.
Die Aufzeichnung der Meßgrößen mit Lichtzeigern verringert die Schwierigkeiten für den Aufbau der elektrischen Meßwerke außerordentlich. Sie erfolgt mit Hilfe von lichtempfindlichen Registrierpapieren. Als Lichtquellen sind normale Glühlampen oder Quecksilberdampf-Höchstdrucklampen (hoher UV-Anteil) in Gebrauch. Bei ersteren wird normales Fotopapier in Rollenform benutzt; eine direkt erkennbare Aufzeichnung mit UV-Lampen erfordert Spezialpapier. Das Hauptanwendungsgebiet dieser Registrierverfahren liegt bei *Schleifenoszillografen* (s. Abschn. 5.5.6.).

5.3.5. Magnete

5.3.5.1. Dauermagnete für Meßwerke

Dauermagnete sind in vielen Fällen für die quantitative Meßwertbildung entscheidend, z.B. bei Drehspulinstrumenten, deren magnetische Kreise von Dauermagneten erregt werden, Zählern, integrierenden Einrichtungen, wo Dauermagnete den Dämpfungsfaktor entscheidend mitbestimmen. Erforderlich ist eine zeitliche Konstanz ihrer Eigenschaften, die höchsten Ansprüchen der Feinmeßtechnik gerecht werden müssen. Magnetische Werkstoffe s. Abschn. 6.

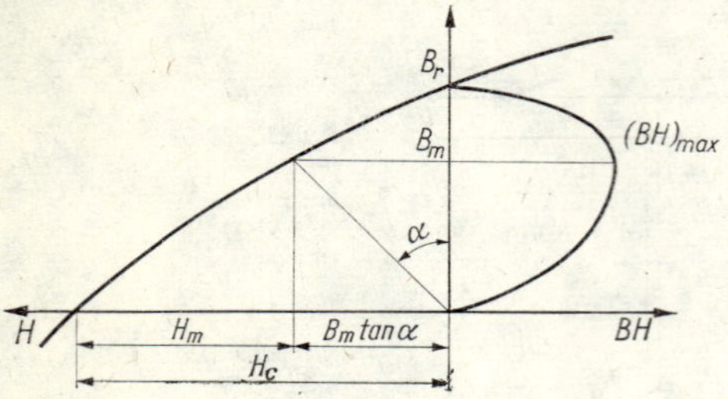

Bild 5.37
Entmagnetisierungs- und (BH)-Kurve zur Berechnung von Dauermagneten

Die Eigenschaften des Magnetmaterials werden durch seine Entmanetisierungskennlinie, der Energieinhalt durch die (*BH*)-Kurve (Bild 5.37) gekennzeichnet. Für den magnetischen Kreis gilt folgende charakteristische Größe:

$$\tan\alpha = \frac{\sigma A_M l_L}{\mu_0 A_L l_M}; \tag{5.48}$$

$\sigma = \frac{\Phi_L}{\Phi_M}$ Ausnutzungsfaktor,
Φ_L Nutzfluß im Luftspalt,
Φ_M Gesamtfluß des Magneten,
A_M Magnetquerschnitt,
A_L Querschnitt des Arbeitsluftspalts,
μ_0 absolute Permeabilität,
l_M Länge des Magnetwerkstoffs in der Magnetachse,
l_L Länge des Luftspalts in der Magnetachse.

Man erkennt, daß die beste Ausnutzung des Magnetmaterials mit wachsenden Werten für die Koerzitivkraft H_C eine Vergrößerung des Winkels α fordert. Wie aus Gl. (5.48) hervorgeht, ergibt sich in diesem Fall für konstante Werte von σ, A_M, A_L, l_L eine Verkürzung der Magnetlänge l_M. In Tafel 5.6 sind die magnetischen Eigenschaften gebräuchlicher Magnetmaterialien angegeben.

Tafel 5.6. Eigenschaften einiger charakteristischer Magnetwerkstoffe (s. auch Abschn. 6.1., S. 786)

Zusammensetzung Masse-%, Rest Eisen	${}_BH_C$ A · cm⁻¹	B_r T	$(BH)_{max}$ V · A · s · dm⁻³	B_m T	η
1,1 C, 0,1 V	18	1	0,9	0,68	48
10 Co, 8 ··· 11 Cr, 1 ··· 1,5 Mo, 0,9 ··· 1,2 C	130	0,83	4,5	0,52	42
24 ··· 28 Ni, 12 ··· 16 Al	360	0,6	9,3	0,38	43
24 ··· 30 Ni, 9 ··· 13 Al, 5 ··· 10 Co	600	0,6	12,3	0,35	34
15 Ni, 25 Co, 9 Al, 3 Cu, mit Vorzugsrichtung	480	1,2	36	1,0	62,5
60 Cu, 20 Ni, walzbar mit Vorzugsrichtung	360	0,45	5,2	0,28	31
77,8 Pt	1300	0,58	24	0,33	32
Ferroxdure III	1300	0,28 ··· 0,32	16 ··· 18	–	45

5.3.5.2. Elektromagnete für Meßwerke

Elektromagnete werden hauptsächlich für dynamometrische Instrumente verwendet. Da hierbei die Aufgabe besteht, skalare Produkte zu bilden, kommt es darauf an, alle Störungen bei der Erfassung der Phasenbeziehungen zwischen Erregerstrom und magnetischer Induk-

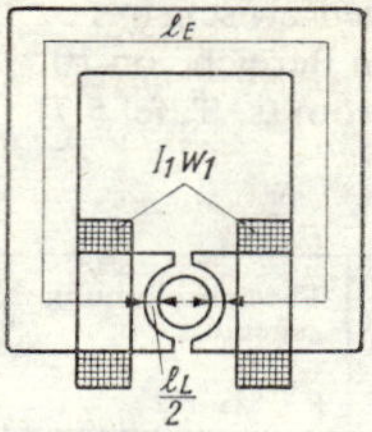

Bild 5.38
Elektromagnetischer Kreis des Dynamometers

tion im Arbeitsluftspalt, die durch den Eisenkern verursacht werden können, für die Meßwertbildung unwirksam zu machen. Legt man den im Bild 5.38 dargestellten magnetischen Kreis zugrunde, so ergeben sich nach dem Durchflutungsgesetz folgende Verhältnisse:

$$H_E l_E + H_L l_L = I_1 w_1 ;$$

H_E magnetische Feldstärke im Eisen,
H_L magnetische Feldstärke im Luftspalt,
l_E mittlere Länge des Kraftlinienweges im Eisen,
l_L Länge des Kraftlinienweges im Luftspalt,
I_1 Strom in den Erregerspulen,
w_1 Gesamtwindungszahl der Erregerspulen,
η magnetischer Wirkfaktor als Quotient zwischen den magnetischen Flüssen im Luftspalt und im Eisenkern in der Spulenmitte mit $\eta B_E A_E = B_L A_L$.

Hieraus folgt

$$H_L \left(\frac{A_L l_E}{\mu_r \eta A_E} + l_L \right) = I_1 w_1 . \tag{5.49}$$

Da sich der Betrag von A_L/A_E dem Wert 1 annähert, lassen sich die infolge der Nichtlinearität des Eisenkerns auftretenden Fehlerquellen (Phasenfehler, Spannungseinfluß) weitgehend unwirksam machen, wenn es gelingt, den ersten Summanden in der Klammer von Gl. (5.49) sehr klein zu halten. Das wird bei sehr großer relativer Permeabilität der verwendeten Eisensorte und geringer Länge des Eisenkerns erreicht. Damit sind die konstruktiven Gesichtspunkte festgelegt. Um den magnetischen Wirkfaktor dem Wert 1 anzunähern, ist es notwendig, die Erregerspule nahe beim Arbeitsluftspalt anzuordnen, wie es im Bild 5.38 dargestellt ist.
Für die Induktion im Luftspalt ergibt sich in diesem Fall

$$B_L = \mu_0 \frac{I_1 w_1}{l_L} . \tag{5.50}$$

Die heute zur Verfügung stehenden magnetischen Werkstoffe erreichen $\mu_r \approx 10^5$ bis 10^6 und relative Anfangspermeabilitäten $\mu_{Ar} \approx 10^5$. Da die Eisenlänge gewöhnlich wesentlich größer ist als die Länge des Arbeitsluftspalts – der Quotient dieser Größen liegt in der Regel für normale Konstruktionsformen in der Größenordnung von 100 –, muß die relative Anfangspermeabilität μ_{Ar} des Kernmaterials in der Größenordnung von 10^4 liegen, wenn die Überwindung der Meßfehler aus dieser Fehlerquelle auch für das Gebiet der Feinmeßtechnik hinreichend gesichert werden soll.

5.3.6. Widerstände

5.3.6.1. Ohmsche Widerstände

Ohmsche Widerstände werden in der elektrischen Meßtechnik in außerordentlich mannigfaltiger Form angewendet, sowohl hinsichtlich des konstruktiven Aufbaus als des verwendeten Materials und der Größenordnung. Die Widerstandswerte liegen zwischen 10^{-5} und 10^{12} Ω. Zu den meist benutzten Metallegierungen für Widerstände im Bereich von 10^{-5} bis 10^5 Ω gehören Manganin, Konstantan, Chrom-Nickel und Gold-Chrom (s. Tafel 5.7).

Tafel 5.7. Widerstandslegierungen und ihre Eigenschaften (s. auch Abschn. 6.2.4.1., S. 847)

Legierung	Zusammensetzung Masse-%	Spezifischer Widerstand bei 20°C $\Omega \cdot mm^2 \cdot m^{-1}$	Widerstandstemperaturbeiwert bei 20°C	Thermospannung gegen Cu $\mu V \cdot K^{-1}$
Manganin	86 Cu, 12 Mn, 2 Ni	0,43	$0{,}2 \cdot 10^{-4}$	1
Konstantan	54 Cu, 45 Ni, 1 Mn	0,5	$0{,}3 \cdot 10^{-4}$	−40
Chrom-Nickel	71 Ni, 21 Cr, Rest verschiedene Zusätze	1,32	10^{-5}	+0,5
Gold-Chrom	1,8 ··· 2,4 Cr, Rest Au	0,33	-10^{-6}	7 ··· 8

Hoch- und höchstohmige Widerstände werden als Schichtwiderstände hergestellt. Die elektrische Meßtechnik benutzt aus diesem Bereich die Hartkohle- und Metallschichtwiderstände. In beiden Fällen wird das Widerstandsmaterial im Vakuum auf einen isolierten Trägerkörper, meist Porzellan, aufgedampft.

Widerstände, deren zeitliche Konstanz nach einem entsprechenden Alterungsprozeß in der Größenordnung von 1% liegen kann, haben eine Temperaturabhängigkeit von etwa $5 \cdot 10^{-3}\ K^{-1}$. (Weitergehende Angaben hierzu s. Abschn. 6.2.4.)

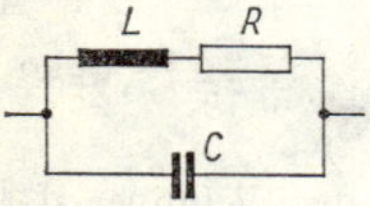

Bild 5.39
Ersatzschaltbild eines ohmschen Widerstandes unter Beachtung seiner Blindanteile

Neben dem Temperaturverhalten der Widerstände interessiert ihr Frequenzverhalten. Schichtwiderstände sind durch ihren konstruktiven Aufbau wenig frequenzabhängig. Drahtwiderstände werden meist bifilar oder in Gruppen bifilar gewickelt. Unter diesen Umständen lassen sie sich mit einer Zeitkonstanten ausführen, die eine fehlerfreie Anwendung bis 10^5 Hz gestattet. Verwendet man für den Widerstand die im Bild 5.39 dargestellte Ersatzschaltung, dann ergibt sich für die Zeitkonstante

$$\tau = L/R = CR.$$

Veränderbare Widerstände werden in der Form von Kurbelwiderständen hergestellt.

Für konstante Meßwiderstände hoher Genauigkeit wird die Form des Normalwiderstandes gewählt. Niederohmige Normalwiderstände sind mit je einem Anschluß für Strom und Spannung (Meßschaltung) ausgerüstet. Zwischen den Potentialklemmen liegt der Nennwert des Widerstandes.

Vom VEB Meßtechnik Mellenbach werden Normalwiderstände in Buchsenform für dekadisch gestaffelte Widerstandswerte von 0,001 bis 100000 Ω mit folgenden Daten hergestellt:

Belastbarkeit in Luft	**1 W;**
Abgleichgenauigkeit	**±0,01%;**
Masse	**etwa 0,8 bis 1,2 kg;**
Widerstandsmaterial	**Manganin.**

Widerstände ≦ 10 Ω enthalten Potentialklemmen.

5.3.6.2. Induktivitäten

Induktivitäten *(Drosseln)* für genaue Meßgeräte werden meist ohne ferromagnetischen Kern ausgeführt (stromunabhängige Beträge der Induktivitäten). Als Träger für die Wicklung wird vorwiegend ein Keramikkörper benutzt. Eine häufig verwendete Form der Induktivität

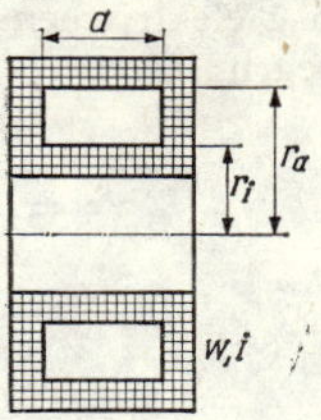

Bild 5.40
Schnitt durch eine als Toroid ausgebildete Induktivität

ist das Toroid. Ihre Induktivität bestimmt sich unter Zugrundelegen der im Bild 5.40 gewählten Bezeichnungen zu

$$L = \frac{\mu w^2 a}{2} \ln \frac{r_a}{r_i}$$

mit $\mu = \mu_0 \mu_r$. Die Berechnung der Induktivitäten von Zylinderspulen ist komplizierter und exakt nur mit großem Aufwand möglich [5.19].
Gegeninduktivitäten treten zwischen 2 Wicklungen auf, deren Flüsse miteinander verkoppelt sind. Die Messung der Gegeninduktivität M erfolgt so, daß beide Spulen nacheinander gleichsinnig und gegensinnig in Reihe geschaltet und in beiden Fällen die Gesamtinduktivitäten L_a und L_b bestimmt werden. Dann ist

$$M = \frac{L_a - L_b}{4}. \tag{5.51}$$

Bei dem *Variometer* sind 2 Spulen in Reihe geschaltet, von denen eine drehbar innerhalb der anderen angeordnet ist. Hier ist die Gesamtinduktivität nicht mehr konstant, sondern von der Lage beider Spulen zueinander abhängig (s. S. 102).

5.3.6.3. Kapazitäten

Kondensatoren für hohe Ansprüche bestehen aus Metallplatten oder Metallfolien, zwischen denen sich als Dielektrikum Luft oder Glimmer befindet. Die gebräuchlichste veränderbare Form des Kondensators ist der *Drehkondensator*. Um die Kapazität von äußeren Einflüssen unabhängig zu machen, werden Meßkondensatoren nur in geschirmter Form gebaut. Dadurch ergeben sich die im Bild 5.41 angedeuteten Zusatzkapazitäten C_{10} und C_{20}. Eines der

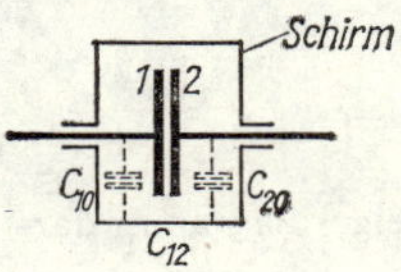

Bild 5.41
Grundsätzlicher Aufbau eines geschirmten Kondensators mit den wirksamen Kapazitäten

beiden Plattensysteme kann mit dem Gehäuse verbunden werden. Bei Kopplung mit Platte *1* spricht man von der Schaltung $K_{12} + K_{20}$, deren Gesamtkapazität C auf den Nennwert abgeglichen wird:

$$C = C_{12} + C_{20}. \tag{5.52}$$

Luftkondensatoren werden als Normalkondensatoren für Festwerte der Kapazität von 10 bis 100000 pF mit einer Genauigkeit von 10^{-4} ausgeführt; ihr Temperaturbeiwert im Bereich von 10 bis 30 °C liegt in der Größenordnung von 10^{-4} bis 10^{-5} K^{-1}.

5.3.6.4. Schaltungen für 90° Phasendrehung

Schaltungen, deren Aufgabe es ist, eine Phasendrehung von 90° zwischen 2 elektrischen Größen (Strom- oder Spannung) zu erzeugen, sind unter dem Sammelbegriff *Hummel-Schaltungen* bekannt (Bild 5.42). Es gilt

$$\frac{\underline{U}}{\underline{I}_2} = \mathrm{j}\omega L_1 \left(1 + \frac{R_2}{R_1} + \omega L_2\right) + R_2 - \frac{\omega^2 L_1 L_2}{R_1}. \tag{5.53}$$

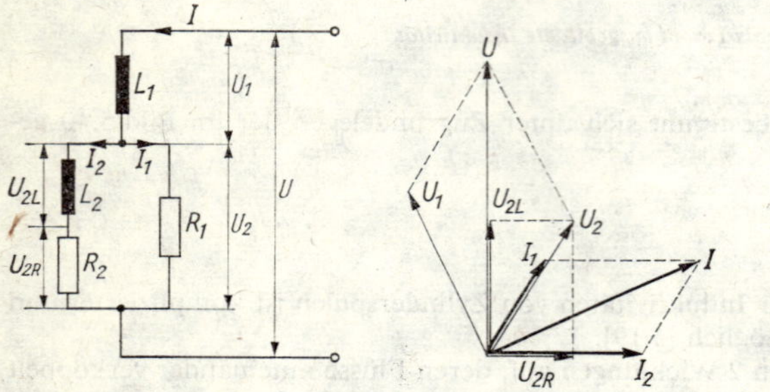

Bild 5.42
Hummel-Schaltung mit Zeigerdiagramm

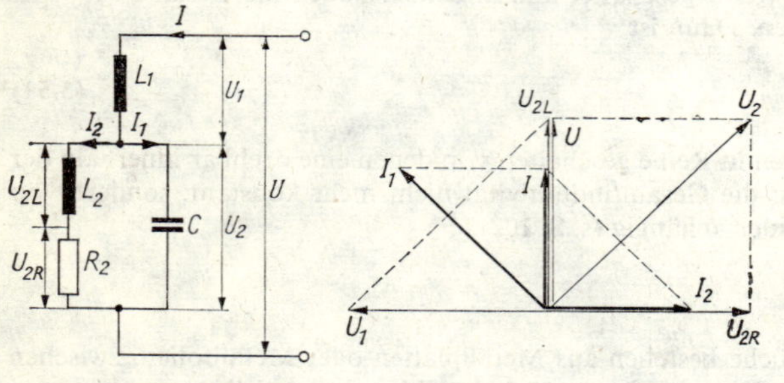

Bild 5.43
Polek-Schaltung mit Zeigerdiagramm

Für $R_1 R_2 = \omega^2 L_1 L_2$ verschwindet der Realteil von Gl. (5.53), $\underline{U}$ und $\underline{I}_2$ sind also, wie gefordert, um $\pi/2$ phasenverschoben. Setzt man in der Hummel-Schaltung nach Bild 5.42 an die Stelle des Widerstandes R_2 eine Kapazität, dann erhält man die von *Polek* modifizierte Schaltung nach Bild 5.43. Für sie ergibt sich aus Gl. (5.53)

$$\frac{\underline{U}}{\underline{I}_2} = \mathrm{j}\,(\omega L_1 + \omega L_2 - \omega^3 L_1 L_2 C) + R_2 - \omega^2 L_2 C R_2.$$

Für $\omega L_1 = \omega L_2 = R_2 = 1/\omega C$ tritt folgender Zustand ein, der im Zeigerdiagramm dargestellt ist:

$$|\underline{I}_2| = |\underline{I}|, \quad \underline{I}_2 \perp \underline{I},$$
$$\underline{U} \parallel \underline{I}, \quad \underline{I}_2 \perp \underline{U}.$$

Wegen $\underline{U} \parallel \underline{I}$ erscheint die Schaltung von außen als ohmscher Widerstand und kann durch äußere ohmsche Widerstände in Reihe ergänzt werden, ohne daß sich an den dargelegten

Beziehungen der Einzelgrößen zueinander etwas ändert. Selbstverständlich gilt der auf diese Weise eingestellte Zustand nur für eine bestimmte Frequenz.

Eine weitere nützliche Schaltung ist der *Phasenschieber* nach Bild 5.44. Hier kann die Spannung $\underline{U}_2$, wenn sie praktisch unbelastet bleibt, alle Phasenlagen zur Gesamtspannung $\underline{U}_1$ durchlaufen. Macht man in dieser Schaltung

$$R_1 = R_2 = R = \sqrt{L/C}, \tag{5.54}$$

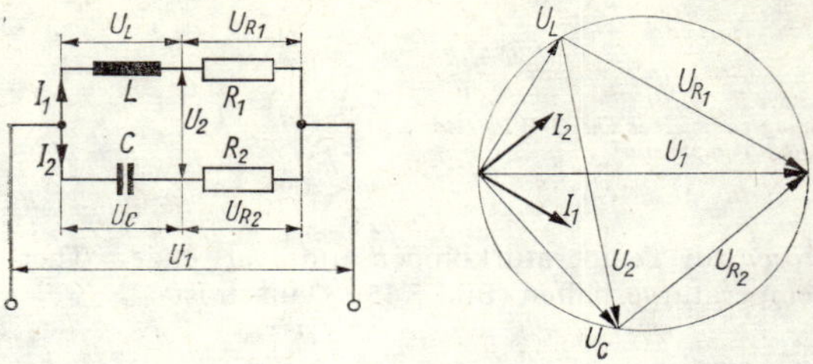

Bild 5.44
Phasenschieberschaltung mit Zeigerdiagramm

dann ist ihr Eingangswiderstand unabhängig von der Frequenz reell und gleich R, wie sich leicht zeigen läßt.

Für

$$\omega = 1/\sqrt{LC}$$

wird

$$\underline{U}_1 \perp \underline{U}_2, \quad |\underline{U}_1| = |\underline{U}_2|.$$

5.3.7. Minderung von Störeinflüssen

5.3.7.1. Temperaturkompensation

Die Materialien ändern ihre elektrischen, magnetischen und mechanischen Eigenschaften mit der Temperatur. Das gilt für die Widerstände aller Leiterwerkstoffe, ganz besonders für die Halbleiter, für die Drehmomente der Spiralfedern oder der Aufhängebänder der beweglichen Organe, für die magnetischen Werkstoffe und die aus ihnen aufgebauten magnetischen Kreise. Aus der Integration der thermischen Verhaltensweise aller die Anzeige beeinflussenden Elemente eines Meßwerks und seiner Schaltung ergibt sich der Temperatureinfluß, der bestimmte Normwerte nicht überschreiten darf.

Jedes Meßwerk hat eine aus seinem mechanisch-elektrischen Wirkungsmechanismus gesetzmäßig feststehende *natürliche Meßgröße* (für Meßzwecke auf magnetischer Grundlage der Strom, für Elektrometer die Spannung). Wird die natürliche Meßgröße zur Anzeige einer anderen Größe benutzt, z. B ein Dreheisenmeßwerk zur Spannungsmessung verwendet, dann treten zusätzliche Fehlerquellen auf: Während der komplexe Widerstand der Stromspule eines Dreheisenstrommessers für den Strom in gewissen Grenzen keine überragende Bedeutung hat, gilt dies für ihn als Spannungsanzeiger nicht mehr. Die Verkopplung zwischen natürlicher Meßgröße und Anzeigewert erfordert die zusätzliche Beachtung der gesetzmäßigen Bindungen über das Ohmsche Gesetz. Temperatur und Frequenzverhalten der Feldspule setzen seiner Anwendungsmöglichkeit sehr enge Grenzen und machen den Einsatz fehlerkompensierender Mittel notwendig. Für den Dreheisenspannungsanzeiger erfordert das Dreheisenmeßwerk z. B. einen weitgehend temperaturunabhängigen Vorwiderstand vom mehrfachen Betrag des komplexen Widerstandes der Feldspule, der den Leistungsbedarf für die Messung wesentlich erhöht, wodurch neue Probleme für die Wärmeableitung entstehen.

Im Bereich der Feinmeßtechnik ist der *Bimetalleffekt* der Spiralfedern als Quelle eines Temperaturfehlers von Bedeutung, der infolge Verdichtung des Federmaterials an seiner

Oberfläche durch den Walzprozeß entsteht. Dieser Effekt kann durch thermische Alterung nicht völlig überwunden werden. Zur Minderung werden die paarweise eingebauten Spiralfedern so vorgespannt, daß ihre Wirkungsrichtungen im Arbeitsbereich gegenläufig sind, d.h., eine Feder öffnet sich, während sich die andere schließt.

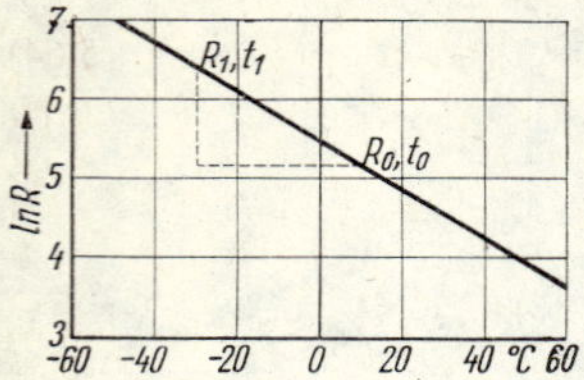

Bild 5.45
Abhängigkeit eines Cu_2O-Widerstandes von der Temperatur

Mit gutem Erfolg lassen sich *Thermistoren* zur Temperaturkompensation verwenden. Thermistoren haben ein logarithmisches Temperaturverhalten (Bild 5.45). Danach ist

$$\frac{\ln R_1 - \ln R_0}{\vartheta_0 - \vartheta_1} = k \quad \text{mit} \quad \vartheta_0 - \vartheta_1 = \Delta\vartheta .$$

Hieraus ergibt sich

$$R_1 = R_0 \, e^{-k\Delta\vartheta} . \tag{5.55}$$

Für einen metallischen Leiter ist dagegen

$$R_1 = R_0 \, (1 + \alpha \Delta\vartheta) . \tag{5.56}$$

Für Kupferoxidwiderstände ist $k = 0{,}031$,
für Kupfer ist $\alpha = 0{,}004$

(s. auch Abschn. 6.2.).
Man erkennt, daß beide Temperaturabhängigkeiten bei gleichsinnigen Temperaturänderungen gegenläufig wirken und damit eine echte Kompensationsmöglichkeit bieten. Da der Temperaturbeiwert des Thermistors wesentlich größer ist als der des Kupfers, wird ein erheblich geringerer Widerstandswert des Thermistors gegenüber dem Kompensationsobjekt benötigt [5.20] [5.21]. Deshalb vermindert sich die Leistungsaufnahme gegenüber der bei Temperaturausgleich mit normalem Vorwiderstand wesentlich.

5.3.7.2. Schirmung

Ein wichtiges Hilfsmittel zur Verminderung des Einflusses äußerer magnetischer oder elektrischer Felder auf die Meßwertbildung ist die Schirmung. Sie ist dort notwendig, wo die zur Bildung der Meßgröße im Meßwerk auftretenden elektrischen oder magnetischen Felder in der Größenordnung der durch die Nähe elektrischer Anlagen oder auf natürlichem Wege zu erwartenden gleichartigen Felder liegen. Dabei spielt auch die durch die Umgebung verursachte Kapazitätsänderung (Handkapazität) eine besondere Rolle.
Die *Schirmung elektrischer Felder* setzt eine elektrisch leitende, für äußere elektrische Felder undurchlässige Hülle voraus, die alle Meßwerk- und ggf. auch Schaltelemente umgibt. Sie wird auf Erd- oder Massepotential gelegt, wodurch die Streukapazitäten aller störanfälligen Elemente der Meßschaltung untereinander und von außen unbeeinflußbar festgelegt werden. Die Schirmung kann z.B. durch ein im Inneren metallisiertes Isolierstoffgehäuse erreicht werden. Solche Schirme vergrößern in der Regel die Streukapazitäten der Schaltung. Bild 5.46 zeigt die Schaltung einer geschirmten Meßbrücke mit den durch den Schirm festgelegten konstanten Zusatzkapazitäten.

Für die *magnetische Schirmung* gelten grundsätzlich die gleichen Bedingungen wie für die elektrische. Die Anwendung hochpermeabler ferromagnetischer Werkstoffe im magnetischen Kreis des Meßwerks führt jedoch in den meisten Fällen zu einer Eigenschirmung und vergrößert die Beträge der magnetischen Feldgrößen im Meßwerk so, daß sie aus dem störenden Einflußbereich äußerer Felder rücken.

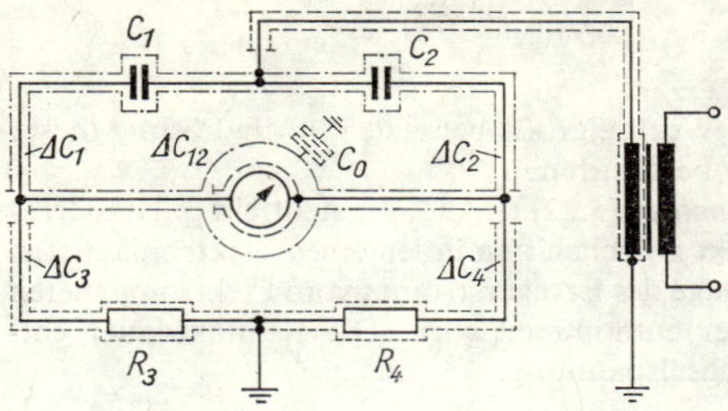

Bild 5.46
Geschirmte Meßbrücke mit den dadurch verursachten festen Zusatzkapazitäten

Anders liegen die Verhältnisse dort, wo die Abhängigkeit der relativen Permeabilität von der Feldstärke nicht mehr zulässige Einflüsse auf die Meßwertbildung ausübt (s. Abschn. 5.3.5.2.). Gelingt es nicht, das Störglied im Klammerausdruck von Gl. (5.49) vernachlässigbar klein zu machen, dann muß auf die Anwendung ferromagnetischer Elemente im Meßwerk verzichtet werden. In diesem Fall können magnetische Schirme zur Verminderung der Einflüsse äußerer magnetischer Felder verwendet werden. Das Abschirmmaterial muß eine hohe Anfangspermeabilität aufweisen, da fast immer mit kleinen magnetischen Feldstärken zu rechnen ist, die aber unzulässig auf die Meßwertbildung einwirken. Dabei spielen Richtung und Phasenlage des Störfeldvektors zur Lage des Meßwerks eine Rolle. Sein Einfluß kann meist durch geeignete Aufstellung des Instruments oder Geräts auf ein Minimum vermindert werden.

5.3.7.3. Astasierung

Häufiger als die Schirmung wird bei eisenlosen Meßwerken der astatische Aufbau für die Beseitigung störender äußerer magnetischer Felder und ihrer Einflüsse auf die Meßwertbildung angewendet. Dazu werden zwei gleiche Meßwerke verwendet, deren bewegliche Organe auf einer gemeinsamen Achse sitzen, aber um 180° versetzt sind.
Dadurch wird erreicht, daß die durch ein Fremdfeld hervorgerufenen Zusatzdrehmomente in einem Fall das Meßdrehmoment vergrößern und es im anderen Fall betragsgleich vermindern. Unter diesen Verhältnissen bleibt das Gesamtdrehmoment unverändert, vorausgesetzt, daß das Störfeld im Bereich des Wirkungsquerschnitts vom Meßwerk homogen ist, was in den meisten Fällen in hinreichendem Maße gewährleistet ist.

5.3.8. Meßgleichrichter

5.3.8.1. Mechanische Gleichrichter

Mechanische Gleichrichter eignen sich zur Feststellung der Phasenbeziehungen zweier elektrischer Wechselgrößen, zur Untersuchung der Kurvenform und des Oberwellengehalts eines periodisch verlaufenden Stromes oder einer Spannung, zur Feststellung der Eigenschaften weichmagnetischer Werkstoffe, für Brückenmessungen u.a.m. Einige Eigenschaften gibt Tafel 5.8 an.
Bedeutung für die Niederfrequenztechnik haben die mechanischen Gleichrichter dort, wo Meßwerte aus der Integration eines Teilbereiches von einem Strom oder einer Spannung innerhalb einer Periode zu gewinnen sind. Dabei kann ggf. das Integrationsintervall veränder-

Tafel 5.8
Eigenschaften mechanischer Gleichrichter

		Schwingkontakt-gleichrichter	Vektormesser
Kontaktdauer		≈ 180°	0 ··· 360° einstellbar
Winkelfehler	°	–	± 0,1
Frequenz	Hz	50 ··· 200	15 ··· 80
Schaltweg	mm	$\approx 10^{-2}$	$\approx 10^{-1}$
Max. Schalt-leistung		1 mW (1 mA, 1 V)	30 W (100 mA, 300 V)

bar sein. Als Bezugsgröße wird eine synchrone Wechselgröße benutzt. Für die Lösung dieser Aufgabe werden grundsätzlich 2 Lösungswege beschritten:
Der *Schwingkontaktgleichrichter* nach *Pfannenmüller* [5.22] (Bild 5.47) stellt ein polarisiertes Relais dar, dessen Zunge mit dem Schaltkontakt zwischen den Polen eines Elektromagneten schwingt. Die Schaltphase ist durch die Phasenlage des Erregerstromes vom Elektromagneten festgelegt, der einem besonderen Phasendreher entnommen wird. Die Kontaktdauer entspricht etwa einer Halbperiode der Bezugswechselspannung.

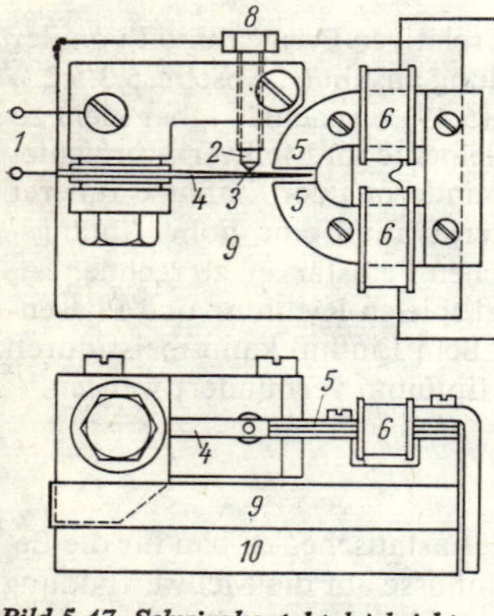

Bild 5.47. *Schwingkontaktgleichrichter nach Pfannenmüller*
1 Anschluß der Meßgröße; *2* fester Kontakt; *3* beweglicher Kontakt; *4* Zunge; *5* magnetischer Kreis; *6* Steuerwicklung; *7* Steuerstromquelle; *8* Kontaktschraube; *9* Grundplatte; *10* Dauermagnet

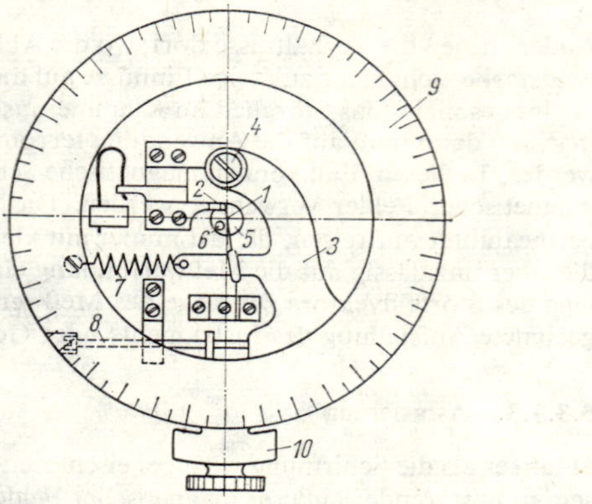

Bild 5.48. *Präzisionsgleichrichter mit Synchronmotor nach Koppelmann*
1 beweglicher Kontakt; *2* fester Kontakt; *3* Hebel mit Drehpunkt *4*; *5* Welle des Synchronmotors mit Zapfen *6*; *7* Feder; *8* Stellschraube; *9* Drehknopf mit Winkelteilung; *10* Nullmarke

Den zweiten Weg stellt der im Bild 5.48 dargestellte *Präzisionsgleichrichter (Vektormesser)* nach *Koppelmann* [5.23] dar. Hier wird ein Schaltkontakt mit Hilfe eines Synchronmotors, der die Bezugsgröße liefert, betätigt. Einschaltzeit und Dauer der Kontaktphase dieses Gleichrichters lassen sich über zwei Einstellmechanismen im Rahmen einer Periode wählen.
In beiden Fällen wird die Meßgröße geschaltet.

5.3.8.2. Diodengleichrichter mit Glühkatode

Die Vakuumdiode mit Glühkatode ist in der elektrischen Meßtechnik weitgehend von der Halbleiterdiode verdrängt worden. Der Nachteil der Vakuumdiode ist das Auftreten des Anodenruhestromes, der immer einen Aufwand für seine Kompensation erfordert. Ihre besonderen Vorteile sind die geringe Temperaturabhängigkeit und ihre kleine Kapazität, die nur Bruchteile eines Pikofarad ausmacht. Die Frequenzabhängigkeit der Gleichrichtung beginnt mit der Wirksamkeit der Elektronenlaufzeit zwischen Katode und Anode. Sie liegt in der

Größenordnung von 10^8 bis 10^9 Hz und hängt vom Katoden-Anoden-Abstand ab. (Bei Vakuumdioden der Höchstfrequenztechnik läßt sich der Laufzeiteffekt bis in das Frequenzgebiet von 1 GHz gering halten.)

5.3.8.3. Halbleitergleichrichter

Der Halbleitergleichrichter nimmt in der Technik elektrischer Meßinstrumente und Meßgeräte einen außerordentlich breiten Raum ein, der praktisch alle Frequenzgebiete der Wechselstrommeßtechnik erfaßt. Seine Vorteile sind Unabhängigkeit von Hilfsspannungen, geringe Kapazitäten der Strombahnen (ungestörte Anwendung bis zu sehr hohen Frequenzen), geringer Raumbedarf und hohe Verschleißfestigkeit. Die Grundlage für den Aufbau der Halbleitergleichrichter liefern Kupferoxidul, Selen, Germanium und Silizium. Wegen der Abhängigkeit der elektrischen Eigenschaften des Selengleichrichters im Anfangsgebiet vom vorausgegangenen Betriebszustand beschränkt sich seine Anwendung in erster Linie auf Anlagen der Niederfrequenztechnik.
Die Sperrspannung, die für Kupferoxidulgleichrichter bei etwa 6 V, für Germaniumgleichrichter bei 50 bis 100 V und für Siliziumgleichrichter noch höher liegt, ist wegen der hohen elektrischen Empfindlichkeit der meist nachgeschalteten Drehspulinstrumente von geringerer Bedeutung. Störend ist die außerordentliche Temperaturabhängigkeit der Gleichrichterwiderstände (Bild 5.49). Die Temperaturempfindlichkeit dieser Bauelemente beschränkt

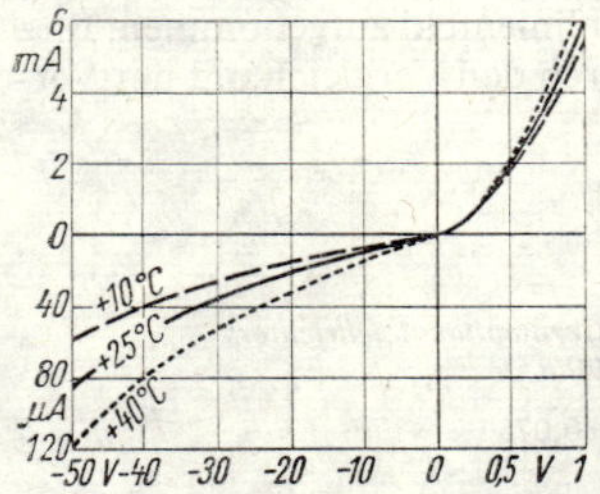

Bild 5.49
Temperaturabhängigkeit der statischen Kennlinie eines Germaniumgleichrichters

ihre Anwendbarkeit auf Temperaturen bis maximal 60°C [5.24], für Germanium bis maximal 75°C, für Silizium bis 125°C [5.25]. Hinsichtlich des Frequenzverhaltens ist die Germaniumdiode der Siliziumdiode überlegen. Die Anwendung der Gleichrichter für die Direktanzeige mit Drehspulinstrumenten ist gegenwärtig mit serienmäßig hergestellten Instrumenten bis zu

Tafel 5.9. Grenzfrequenzen einiger Materialien für Halbleitergleichrichter

Halbleiter-material	Grenzfrequenz MHz
GaAs	1300
Ge	1000
InP	500
Si	150

einer Frequenz von 300 MHz möglich. Solche Meßeinrichtungen werden mit Tastkopf und kapazitivem Spannungsteiler ausgeführt. Weitere Fortschritte werden mit GaAs-Dioden erreicht [5.26].
Die Grenzfrequenzen der wesentlichen Halbleitermaterialien, bezogen auf eine Basisdicke von 1 µm und eine Systemtemperatur von 20°C, sind in Tafel 5.9 angegeben.

5.3.8.4. Meßgleichrichterschaltungen

Meßschaltungen mit Gleichrichterdioden können nach den technischen Zielen oder nach den Bedingungen, unter denen die Gleichrichtung erfolgen soll, klassifiziert werden. Danach ist zu unterscheiden zwischen

- der Abwandlung einer Wechselspannung oder eines Wechselstromes in eine quantitativ adäquate Gleichspannung oder einen Gleichstrom;
- der Verknüpfung zweier Wechselspannungen verschiedener oder gleicher Frequenz an einem nichtlinearen Widerstand, dem Modulator, zu einem Strom, der nichtharmonische Komponenten enthält;
- der Regelung oder Stabilisierung elektrischer Zustände unter Nutzung nichtlinearer Widerstandseigenschaften von Halbleiterdioden (s. Abschn. 5.3.9.2.).

Nach dem zweiten Gesichtspunkt ist zu unterscheiden zwischen

- Einweg- und Doppelweggleichrichterschaltungen,
- Mittelwert-, Effektivwert- und Spitzenwertbildnern.

Zur Erfassung des *Temperaturverhaltens* einer Gleichrichterschaltung wird auf das Temperaturverhalten eines Germaniumgleichrichters im Durchlaßbereich nach Bild 5.49 zurückgegriffen. Im Bild 5.50 ist neben den Gleichrichterkennlinien für zwei verschiedene Temperaturen und der Meßschaltung, aus der sie gewonnen wurden, die Änderung des thermischen Verhaltens der Schaltung durch einen konstanten Reihenwiderstand von $R_v = 325\ \Omega$ dargestellt. Dazu wurde die Widerstandsgerade von R_v in das Kennlinienfeld aufgenommen. Ihre linearisierende und temperaturkompensierende Wirkung ist durch den Vergleich mit der Verhaltensweise ohne Reihenwiderstand leicht erkennbar.

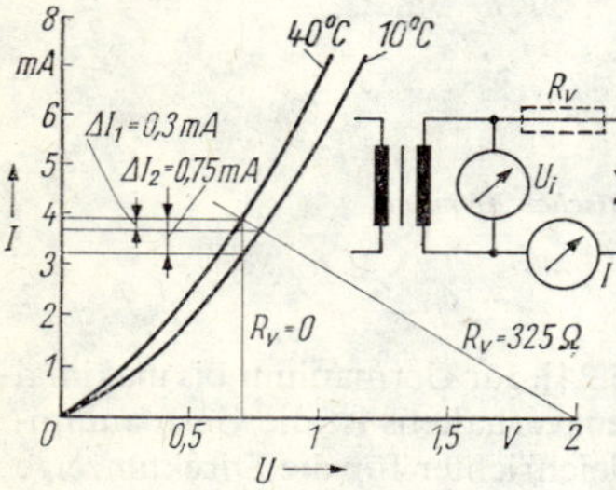

Bild 5.50
Temperaturverhalten eines Germaniumgleichrichters mit und ohne Reihenwiderstand

$$F_{I1} = \frac{\Delta I_1}{I} = \frac{0{,}3\ \text{mA}}{4\ \text{mA}} = 0{,}075$$

$$F_{I2} = \frac{\Delta I_2}{I} = \frac{0{,}75\ \text{mA}}{4\ \text{mA}} = 0{,}188$$

$$F_{\vartheta} = \frac{0{,}188}{30\ \text{K}} = 0{,}625 : 10^{-2}\ \text{K}^{-1}$$

Untersucht man die *Meßwertbildung* mit Halbleitergleichrichter, so findet man 3 charakteristische Arbeitsbereiche (sie sind durch die Beträge der Wechselspannungen bestimmt):

1. Für *kleine Spannungen* besteht ein angenähert quadratischer Zusammenhang zwischen Wechselspannung und dem aus ihr gewonnenen Gleichstrom I_m, vorausgesetzt, daß der stark von der Temperatur abhängige Gleichrichterwiderstand praktisch den Gesamtwiderstand des Gleichstromkreises ausmacht:

$$I_m = \frac{c}{R_0} u^2;$$

R_0 Widerstand des Gleichrichters bei $u = 0$,
c Richtkonstante.

Vorteil: Der Anzeigewert ist proportional dem Quadrat des Effektivwertes der Meßgröße.
Nachteile: große Temperaturfehler, geringe Gleichstromwerte.

2. Der zweite Arbeitsbereich für *größere Wechselspannungen* ist ein Übergangsbereich, in dem der Gleichrichter nicht mehr Gleichströme liefert, die dem Effektivwert der Wechselspannung entsprechen. Aus der Linearisierung der Gleichrichterkennlinie ergibt sich die kontinuier-

liche Annäherung der Gleichströme an die linearen Mittelwerte der Wechselspannungen. Die mathematische Behandlung dieses Problems führt auf eine Bessel-Funktion 0. Ordnung mit imaginärem Argument.
Vorteile: größerer Gleichstrommittelwert, einfachere Temperaturkompensation; Nachteil: Oberwellenfehler bei Kalibrierung mit Effektivwert.
3. Im dritten Arbeitsbereich wird infolge der Linearisierung der Gleichrichterkennlinie bei wachsenden Spannungen der Meßgleichstrom proportional dem linearen Mittelwert der angelegten Wechselspannung:

$$I_m = \frac{\hat{U}}{\pi R_m} \quad \text{mit} \quad R_m = \frac{R_S R_D}{R_S - R_D};$$

$\hat{U}$ Scheitelwert der Wechselspannung,
R_D, R_S konstante Werte des Widerstandes in Durchlaß- und Sperrichtung.

Vorteile: wesentlich verminderte Temperaturabhängigkeit der Meßwertbildung und hoher Gleichstrommittelwert; Nachteil: großer Oberwelleneinfluß bei Kalibrierung mit Effektivwert.
Die meistverwendeten Gleichrichterschaltungen sind im Bild 5.51 dargestellt.

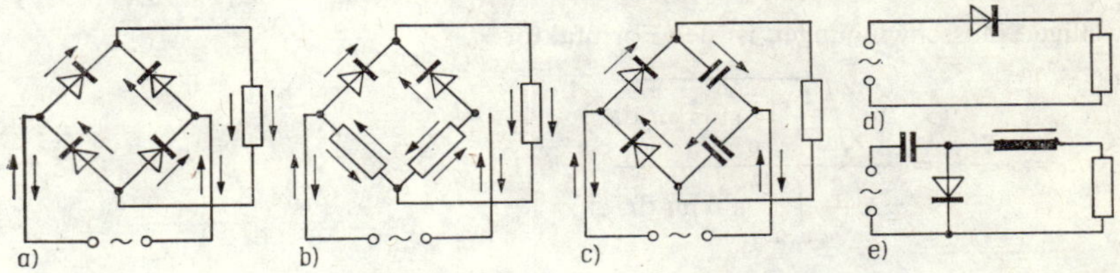

Bild 5.51. Gebräuchliche Gleichrichterschaltungen
a) Graetz-Schaltung; b) von *Pfannenmüller* abgewandelte Graetz-Schaltung für die Zwecke der Meßtechnik; c) Spannungsverdopplungsschaltung nach *Greinacher*; d) offene Einweggleichrichterschaltung; e) Einweggleichrichterschaltung; f) nach innen geschlossen für Spitzenwerte

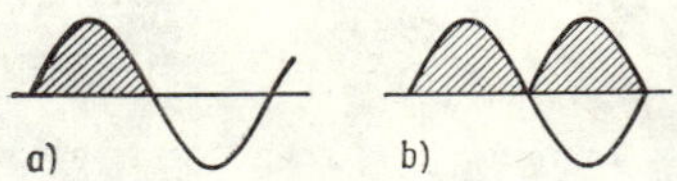

Bild 5.52
Zeitverlauf zweier mit Gleichrichtung erzeugter Gleichströme
a) Einweggleichrichtung; b) Zweiweggleichrichtung

a) *Graetz-Gleichrichterschaltung.* Doppelwegschaltung mit 4 Gleichrichterelementen. Sie hat den Nachteil der Reihenschaltung von jeweils 2 Gleichrichterelementen im Gleichstrommeßkreis, wodurch die Empfindlichkeit vermindert und die Temperaturabhängigkeit gesteigert wird.
b) Von Pfannenmüller *modifizierte Graetz-Gleichrichterschaltung.* Sie vermeidet die Nachteile der Graetz-Schaltung, wobei allerdings die Stromempfindlichkeit sinkt. Die in die Gleichrichterschaltung eingebauten Widerstände sind Nebenschlüsse zur Gesamtschaltung und erhöhen den Leistungsbedarf.
c) *Greinacher-Schaltung.* Zur Verdopplung des Spitzenwertes der Wechselspannung lädt sie die parallel zum Verbraucher liegenden Kondensatoren auf diesen Betrag gleichsinnig auf. Sie hat besondere Bedeutung für die Hochspannungstechnik.
d) Einfache *Einweggleichrichterschaltung.* Die Meßwertbildung wird hier vom Quellwiderstand der Meßgröße unmittelbar beeinflußt. Die Schaltung ist daher nur bei vorgegebenen konstanten Beträgen für die Meßwertbildung anwendbar.
e), f) Einweggleichrichterschaltungen mit äußerem und innerem geschlossenem Gleichstromkreis *(Spitzenwertbildner).* Die nach außen geschlossene Meßschaltung kann aus gleichen Gründen wie unter d) nur in Verbindung mit einem Festwiderstand als Nebenschluß ver-

wendet werden oder besser noch in Verbindung mit einem Stromwandler, wie dargestellt. In dieser Form wird sie im Hochfrequenzgebiet bis 50 MHz angewendet.
Das nichtlineare Verhalten der Gleichrichter bei Instrumenten mit mehreren Meßbereichen ruft ggf. eine unzulässige Veränderung des Skalenverlaufs hervor (Vielbereichinstrumente). Bei Strommessern kann dieser Effekt durch die Schaltung nach *Ayrton* zur Meßbereichsveränderung (s. Abschn. 5.5.8.2.) vermieden werden [5.31]. Bei Spannungsmessern läßt sich durch Vorwiderstände nur eine nach unten begrenzte Minimierung der Wirkungen dieses Effektes auf den meßbereichsabhängigen Skalencharakter erreichen.
Die Kalibrierung der Gleichrichterinstrumente erfolgt fast immer in *Effektivwerten*. Das Auftreten von Oberwellen in der Meßgröße kann daher zu Meßfehlern führen, deren Beträge durch den Formfaktor der Meßgröße bestimmt sind. Der *Formfaktor* k_f ist der Quotient aus Effektivwert und linearem Mittelwert der gleichen Größe:

$$k_f = \frac{X_{\text{eff}}}{\bar{x}} = \frac{\sqrt{\frac{1}{T}\int_0^T x_e^2(t)\,dt}}{\frac{1}{T}\int_0^T x_e(t)\,dt}. \tag{5.57}$$

Für einwellige Sinusschwingungen ist der Formfaktor

$$k_f = \frac{X_{\text{eff}}}{\bar{x}} = \frac{\hat{X}\sqrt{\frac{1}{T}\int_0^T \sin^2 \omega t\,dt}}{\hat{X}\frac{2}{T}\int_0^{T/2} \sin \omega t\,dt} = 1{,}11, \tag{5.58}$$

für geschlossene Rechteckschwingungen ist

$$X_{\text{eff}} = \bar{x} \quad \text{und damit} \quad k_f = 1.$$

Für den Rechteckimpuls mit der im Bild 5.53 dargestellten Form von der Dauer $T/2n$ ist

$$U_{\text{eff}} = U_0 \sqrt{\frac{2}{T}\int_0^{T/2n} dt} = \frac{U_0}{\sqrt{n}},$$

$$\bar{u} = U_0 \frac{2}{T}\int_0^{T/2n} dt = \frac{U_0}{n}; \quad k_f = \sqrt{n}.$$

Aus $T/2n = \tau$ als Dauer des Rechteckimpulses ergibt sich

$$T/\tau = 2n \quad \text{oder} \quad \tau/T = 1/2n.$$

Mit zunehmenden Werten von n, also mit abnehmender Rechteckimpulsdauer, wächst der Formfaktor über alle Grenzen.

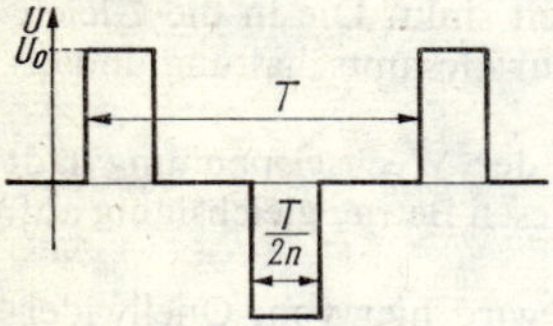

Bild 5.53
Rechteckimpulse

Ein wichtiges Bauelement der Nachrichten- und Meßtechnik ist der *Ringmodulator* (Bild 5.54). Die Trägerschwingung der Frequenz f_1 schließt und öffnet abwechselnd die Längsgleichrichter Gl_1 und Gl_2 und die Diagonalgleichrichter Gl_3 und Gl_4. Dazu muß die Trägerspannung so groß sein, daß die Entscheidung, ob der Strom mit der Frequenz f_2 die Gleichrichter passieren kann, allein von der Trägerspannung abhängt. Damit die Trägerspannung nicht im Ausgang der Schaltung auftritt, ist die Übereinstimmung der elektrischen Eigenschaften und des Temperaturverhaltens der Gleichrichter durch eine entsprechende Auswahl zu gewährleisten [5.32] [5.33] [5.34].

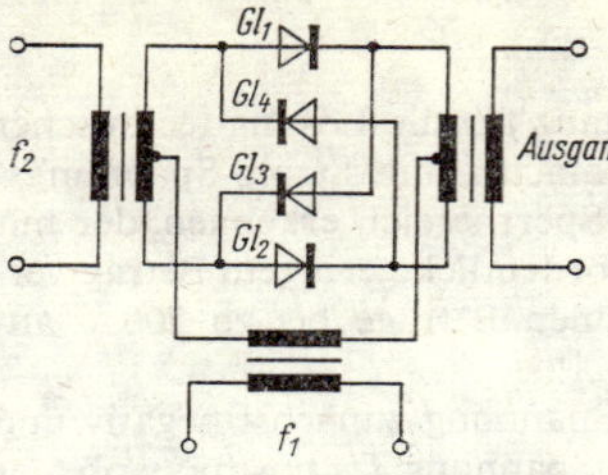

Bild 5.54. Schaltung des Ringmodulators

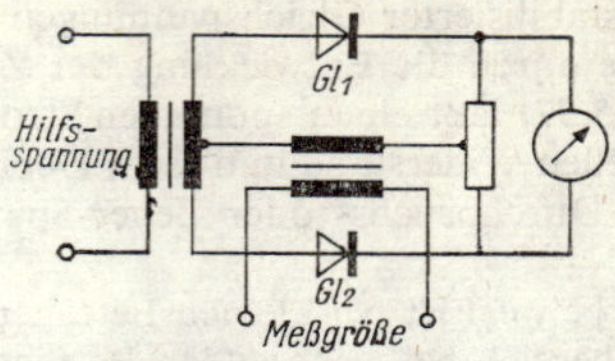

Bild 5.55. Phasenabhängige Zweiweggleichrichterschaltung

Phasenabhängige Gleichrichtung (s. Abschn. 5.3.8.1.) läßt sich auch mit Halbleitergleichrichtern mit Hilfe der im Bild 5.55 gezeigten Schaltung durchführen. Die Steuerung der Durchlaßperiode des Stromes aus der Meßgröße erfolgt durch die Gleichrichter mit Hilfe der frequenzgleichen Hilfsspannung, deren Veränderung der Phasenlage den Meßwert phasenabhängig macht. Diese Schaltung beseitigt die bestehenden Frequenzgrenzen des mechanischen Gleichrichters und gestattet den Einsatz in der Hochfrequenztechnik.

5.3.9. Normalspannungsquellen

5.3.9.1. Weston-Normalelement

Die Darstellung der elektrischen Grundeinheit des Ampere bereitet gewisse Schwierigkeiten, so daß es notwendig geworden ist, für den technischen Bedarf eine Ausweichlösung zu suchen. Sie wurde im Normalelement nach *Weston* gefunden (Bild 5.56). Es liefert im praktisch unbelasteten Zustand bei 20 °C eine Spannung von 1,01865 V, vorausgesetzt, daß als

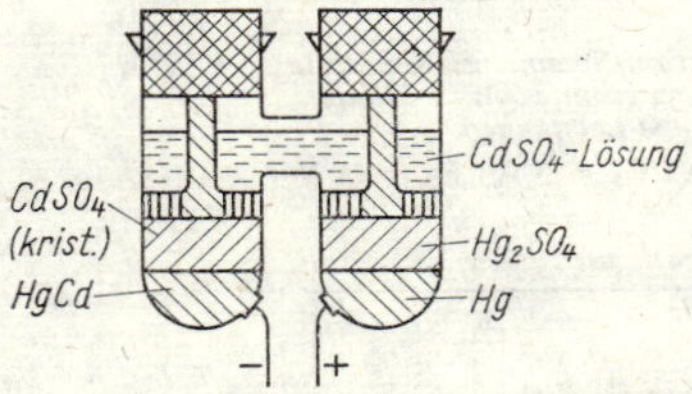

Bild 5.56
Weston-Normalelement

Elektrolyt eine gesättigte Kadmiumsulfatlösung mit Überschuß an Kristallen ($CdSO_4 \cdot 8/3\ H_2O$) verwendet wird. Die Höchstbelastung des Elements darf 0,1 mA nicht überschreiten. Aus Tafel 5.10 geht die Temperaturabhängigkeit des Normalelements hervor. Die Werte dieser Tafel sind errechnet nach der international bestätigten Gleichung

$$E = E_{20} - 4{,}06 \cdot 10^{-5}\,(\vartheta - 20) - 0{,}95 \cdot 10^{-6}\,(\vartheta - 20)^2 + 1 \cdot 10^{-8}\,(\vartheta - 20)^3\ \text{V}. \tag{5.59}$$

Tafel 5.10. Temperaturabhängigkeit der Spannung des Weston-Normalelements

Temperatur °C	$E - E_{20}$ V
10	$+0{,}00030_1$
15	$+0{,}00017_8$
20	$\pm 0{,}00000_0$
25	$-0{,}00022_6$

Der bei sorgfältigster Wartung von Weston-Normalelementen erreichbare Kleinstwert der Meßunsicherheit liegt etwa in der Größenordnung von 10^{-6}. Dabei sind keine größeren Erschütterungen zugelassen und weitgehend konstante Temperaturen vorausgesetzt. Besonders störend für die Ausgangsspannung sind Überlastungen, die eine längere Beruhigungszeit für die Wiederherstellung der Normalwerte erfordern. Damit ist die Anwendbarkeit in technischen Anlagen erschwert.

5.3.9.2. Schaltungen mit Zener-Dioden (Z-Dioden)

Die Erzeugung stabilisierter Gleichspannungen hoher Konstanz für die Lösung technischer Aufgaben wurde durch die Entwicklung der Z-Diode vereinfacht. Ihre Strom-Spannungs-Kennlinie (Bild 5.57) läßt einen spontanen Stromanstieg im Sperrbereich erkennen, der mit einem differentiellen Widerstand in diesem Gebiet von außerordentlich geringem Betrag verknüpft ist. Die Durchbruchs- oder Zener-Spannungen können Beträge bis zu 200 V annehmen.

Der Temperaturbeiwert ist bei kleinen Beträgen der Zener-Spannung zunächst negativ und wird im Arbeitsbereich bei wachsenden Beträgen der Zener-Spannung U_z positiv, wobei er Werte von weniger als $0{,}01\,K^{-1}$ erreichen kann. Der positive Temperaturbeiwert der Z-

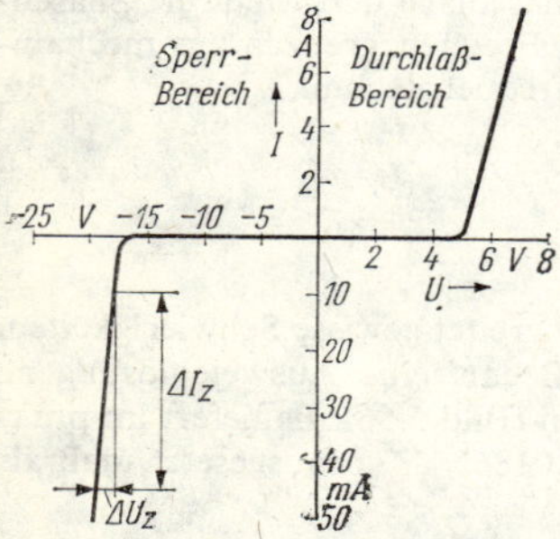

Bild 5.57. Kennlinie einer Si-Leistungs-Z-Diode

$R_d = \dfrac{\Delta U_z}{\Delta I_z}$ differentieller Widerstand

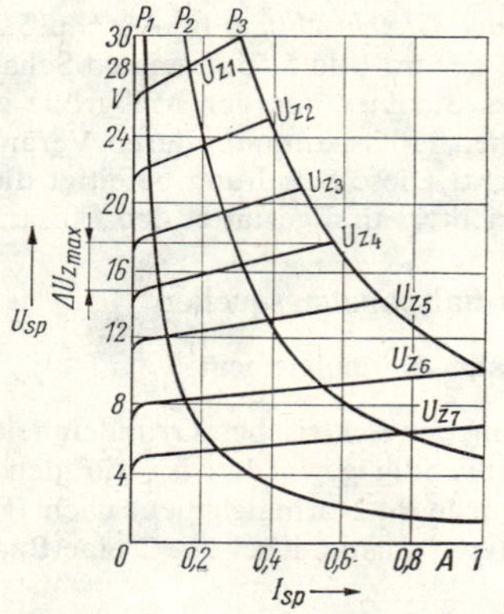

Bild 5.58. Strom-Spannungs-Kennlinie in Sperrichtung einer 10-W-Z-Diode für verschiedene Leistungen

$P_1 = 1{,}25$ W; $P_2 = 5$ W; $P_3 = 10$ W

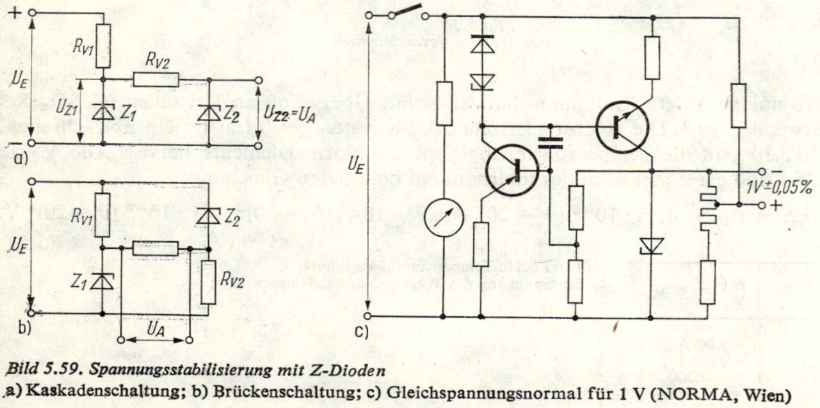

Bild 5.59. Spannungsstabilisierung mit Z-Dioden

a) Kaskadenschaltung; b) Brückenschaltung; c) Gleichspannungsnormal für 1 V (NORMA, Wien)

Diode kann mit Hilfe einer in Reihe geschalteten Siliziumdiode in Stromdurchlaßrichtung, die bei kleinen Strömen einen negativen Temperaturbeiwert hat, weitgehend vermindert werden [5.40].

Im Bild 5.58 ist das Strom-Spannungs-Kennlinienfeld einer Z-Diode für eine Maximalbelastung von 10 W für verschiedene Zener-Spannungen U_z dargestellt. Man erkennt, daß der Stabilisierungseffekt um so größer ist, je kleiner die Durchbruchsspannung ist. Der kleinste Diodenstrom sollte 10% des Maximalwertes nicht unterschreiten [5.37]. Aus diesen Eigenschaften der Z-Diode ergeben sich für ihre Anwendung 2 grundsätzliche Schaltungen, die Kaskadenschaltung und die Brückenschaltung (Bild 5.59). Für weniger anspruchsvolle Aufgaben ist der Aufwand mit einer Z-Diode ausreichend. Kombinationen mit Verstärker- und Reglerschaltungen für spezielle Aufgaben können der Literatur entnommen werden [5.38] [5.39]. Dimensionierung der Schaltungen mit Z-Dioden siehe [5.41].

Mit der Z-Diode lassen sich für den technischen Gebrauch stabilisierte Gleichspannungen erzeugen, die den üblichen Ansprüchen in vielen Fällen durchaus entsprechen. Ihre Nutzung als Referenzspannung ist häufig möglich.

Beispiel. Gleichspannungsnormal für 1 V; Schaltung nach Bild 5.59c. Zwischen +20 und 30°C beträgt seine Ausgangsspannung 1 V ± 0,05%. Die Eingangsspannung wird von 2 Flachzellenbatterien je 9 V geliefert. Der zusätzliche Bürdenfehler beträgt

−0,01% für $R_a = 2{,}5\ \mathrm{M\Omega}$; −0,05% für $R_a \geqq 500\ \mathrm{k\Omega}$;
−0,1% für $R_a \geqq 250\ \mathrm{k\Omega}$; −1% für $R_a \geqq 25\ \mathrm{k\Omega}$.

Der Kurzschlußstrom beträgt 6 mA.

5.3.10. Thermoumformer

5.3.10.1. Konstruktionsformen

Der Thermoumformer wird zum Messen des Effektivwertes von Strömen, insbesondere im Bereich hoher Frequenzen, verwendet. Er besteht aus einem von dem zu messenden Strom durchflossenen Leiter aus Widerstandsmaterial (Nickel-Chrom), dem sog. Hitzdraht, der sich entsprechend der in ihm umgesetzten elektrischen Leistung erwärmt. Die jeweils in der Mitte des frei ausgespannten Leiters auftretende Temperatur wird mit Hilfe eines Thermoelements bestimmt, das dort unmittelbar oder mittelbar über eine Glasperle befestigt ist. Die aus ihm gewonnene Gleichspannung wird einem Gleichstrommeßwerk zugeführt. Sie ist der Temperatur der Meßstelle (Hitzdraht des Thermoumformers) angenähert proportional und liefert damit ein Maß für den Strom im Hitzdraht, wenn der Widerstand vorgegeben und hinreichend konstant ist.

Der grundsätzliche Aufbau eines Thermoumformers ist im Bild 5.60 dargestellt. Meßgröße und Gleichspannung stehen am Thermoelement in quadratischer Beziehung. Bild 5.61 zeigt den Temperaturverlauf im Hitzdraht. Die im Hitzdraht umgesetzte elektrische Leistung wird durch Wärmeleitung, Konvektion und Wärmestrahlung abgeführt. Da die Wärmestrahlung

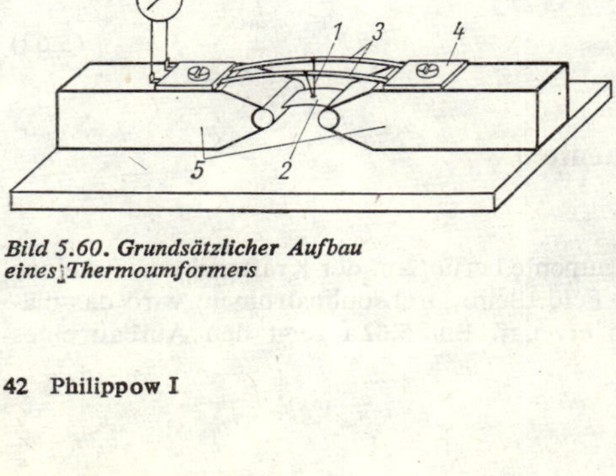

Bild 5.60. Grundsätzlicher Aufbau eines Thermoumformers

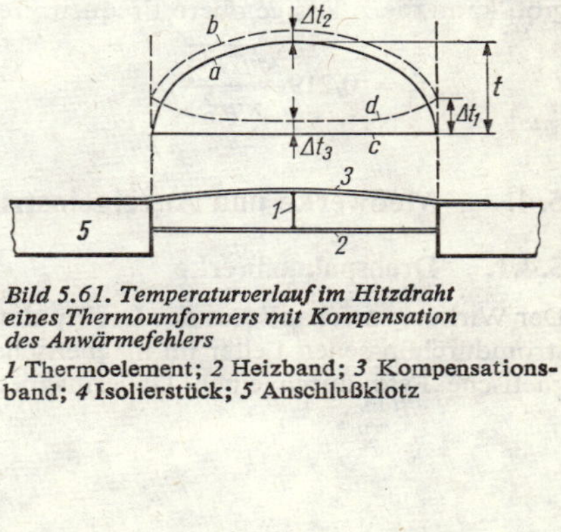

Bild 5.61. Temperaturverlauf im Hitzdraht eines Thermoumformers mit Kompensation des Anwärmefehlers

1 Thermoelement; *2* Heizband; *3* Kompensationsband; *4* Isolierstück; *5* Anschlußklotz

der 4. Potenz der absoluten Temperatur proportional ist (Stefan-Boltzmann), kann sie für die in Frage kommenden Temperaturen (200 bis 300 °C) vernachlässigt werden. Die Gesamtleistung verteilt sich hauptsächlich auf Leitung und Konvektion, wobei mit abnehmendem Leiterquerschnitt, also wachsender Stromempfindlichkeit, der Anteil der Konvektion zunimmt.

Für kleinere Meßströme werden die Thermoumformer in einem evakuierten Glasgefäß untergebracht, um die Konvektion zu verhindern. Die erreichbaren Meßbereiche liegen für technische Zwecke zwischen 1 und 100 mA für Vakuumthermoumformer und erreichen Beträge bis 5 A für Thermoumformer in Luft. Für höhere Beträge der zu messenden Ströme werden Stromwandler eingesetzt, die den Meßstrom auf ein für den Thermoumformer günstiges Maß herabsetzen.

5.3.10.2. Fehlerquellen

Thermoumformer sind wegen des quadratischen Zusammenhangs zwischen Meßstrom und Temperatur nur in geringem Maße überlastbar! Eine Herabsetzung des Normalwertes der Betriebstemperatur mindert jedoch die Thermospannung, die bei normaler Übertemperatur im Hitzdraht (etwa 250 K) nur etwa 10 mV beträgt und damit hohe Ansprüche an das nachgeschaltete Drehspulinstrument stellt. Bei Thermoumformern hoher Nennstromstärken erwärmen sich die Anschlußteile. Zur Kompensation des *Anwärmefehlers* wird die kalte Lötstelle des Thermoelements auf einem metallischen Kompensationsband befestigt, dessen thermische Verhaltensweise der des Hitzdrahtes entspricht (Bild 5.61). Die von den Anschlußteilen verursachten Temperaturverschiebungen des Hitzdrahtes wirken auf die Kompensaltionsbänder in gleicher Weise, so daß der Anwärmefehler auf ein zulässiges Maß vermindert wird.

Wesentliche *elektrische Fehlerquellen* der Thermoumformer sind durch den Skineffekt bedingt. Sein Einfluß wächst mit der Frequenz; hierbei wird der Widerstand vergrößert und nimmt komplexe Werte an, die sich mit zunehmender Frequenz betragsgleichen Real- und Imaginärteilen nähern (s. Abschn. 1.7.2.1., S. 175).

Für die Ermittlung des durch den Skineffekt ausgelösten Meßfehlers ist nur der Realteil von Bedeutung. Da für den Meßfehler nur geringe Werte zugelassen werden dürfen, beschränkt sich die Fehlerbetrachtung auf kleine Beträge von η (s. Tafel. 1.24, S. 176). Für konstante und möglichst kleine Beträge von $\varkappa$ und μ reduzieren sich die konstruktiven Entscheidungen bei Vorgabe der relativen Fehlers auf den Radius des Leiters r_0 und ω. Danach ergibt sich (s. Abschn. 1.8.2.1.)

$$\frac{R - R_0}{R_0} = \frac{\Delta R}{R_0} = \frac{1}{3}\eta^4 = \frac{r_0^4}{192}\omega^2\varkappa^2\mu^2. \tag{5.60}$$

Für den relativen Fehler folgt damit

$$\frac{\Delta R}{R_0} 100\% = \Delta F\% = \frac{r_0^4}{192}\omega^2\varkappa^2\mu^2 \cdot 100\%. \tag{5.61}$$

Aus dem zulässigen Fehler in Prozent und dem Leiterradius, der sich aus dem Meßbereich ergibt, kann die zulässige obere Frequenzgrenze f_g bestimmt werden:

$$f_g = 0{,}219\,\frac{\sqrt{\Delta F\%}}{\varkappa\mu r_0^2}. \tag{5.62}$$

5.4. Meßwerke und Anzeigeinstrumente

5.4.1. Drehspulmeßwerke

Der Wirkungsmechanismus der Drehspulinstrumente beruht auf der Kraftwirkung auf einen stromdurchflossenen Leiter im magnetischen Feld. Beim Drehspulinstrument wird das magnetische Feld durch einen Dauermagneten erzeugt. Bild 5.62a zeigt den Aufbau eines solchen Meßwerks für rd. 90° Zeigerausschlag. Das auf die Drehspule wirkende Drehmoment M_d ist

$$M_d = BIwA; \tag{5.63}$$

B Induktion im Luftspalt,
I Strom in der Drehspule,
w Windungszahl der Drehspule,
$A = ab$ wirksame Fläche der Drehspule (s. Bild 5.62).

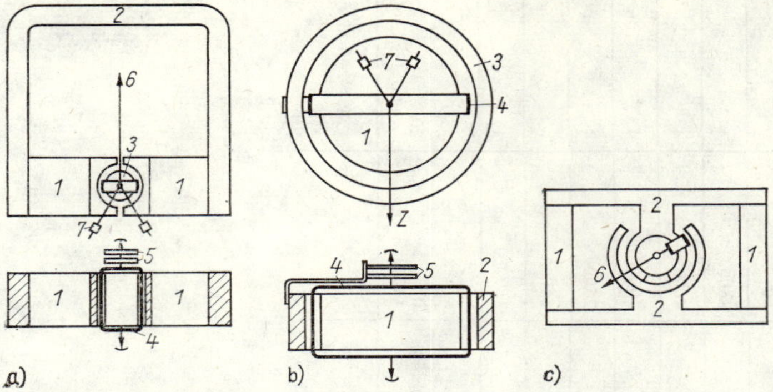

Bild 5.62. Drehspulmeßwerke mit Dauermagnet
a) Außenmagnetmeßwerk mit rd. 90° Zeigerausschlag; b) Kernmagnetmeßwerk; c) Meßwerk mit rd. 300° Zeigerausschlag
1 Magnet; *2* Weicheisen-Rückschluß; *3* Eisenkern; *4* Drehspule; *5* Feder; *6* Zeiger; *7* Gegengewicht

Das Gegendrehmoment wird von 2 Federn geliefert, die gleichzeitig die Stromzuführung zur Drehspule übernehmen. Wegen der homogenen Flußdichteverteilung im Luftspalt ist die Beziehung zwischen Strom I und Ausschlag γ linear.
Die moderne Form des Drehspulmeßwerks, der *Kernmagnetmeßwerk*, ist im Bild 5.62b dargestellt. Der Dauermagnet ist innerhalb der Drehspule angeordnet. Da die Flußdichte im Luftspalt nach einer Sinusfunktion verteilt ist, ist der Zusammenhang zwischen dem Strom I und dem Ausschlag γ nicht mehr linear.
Um in bestimmten Fällen große Skalenlängen bei möglichst kleinem Gehäusevolumen zu erreichen, werden Meßwerke mit rd. 300° Zeigerausschlag benutzt (Bild 5.62c). Da hier die Drehspule nur einseitig ausgenutzt ist, erreicht die Stromempfindlichkeit des Meßwerks nur den halben Betrag normaler Meßwerke dieser Art.

5.4.2. Drehspulinstrumente mit Dauermagnet

5.4.2.1. Strom- und Spannungsmesser

Das Drehspulmeßwerk mit Dauermagnet liefert die Grundlage für eine Vielzahl von Meßinstrumenten zur Strom- und Spannungsmessung. Im letzten Fall muß es als Instrument mit dem Strom als natürliche Meßgröße einen konstanten Eingangswiderstand haben.
Strom- und Spannungsmesser mit Drehspulmeßwerk werden in allen Normgrößen für anzeigende und schreibende Instrumente mit Tintenschrift hergestellt. Schalttafelinstrumente werden auch für eine Anzeige der beiden Stromrichtungen mit einer Zeigernullstellung in der Mitte der Skale ausgeführt. Für die Feststellung der Genauigkeitsklasse ist in diesem Fall der Meßbereichsumfang als Bezugsgröße zu wählen.
Normale Schalttafelinstrumente werden mit einer Genauigkeit der Klasse 1,5 hergestellt. Die anspruchsvollere Form ist das Feinmeßinstrument, das im Prüffeld und Labor meist verwendet wird, dessen Genauigkeit den Klassen 0,1; 0,2; 0,5 entspricht. Solche Instrumente werden als Zeigerinstrumente oder als Lichtmarkeninstrumente hergestellt.

Tafel 5.11. Technische Daten einiger Spiegelgalvanometer (UdSSR)

Stromkonstante $A \cdot mm^{-1} \cdot m$	Spannungskonstante[1]) $V \cdot mm^{-1} \cdot m$	Ladungskonstante[1]) $A \cdot mm^{-1} \cdot m$	Magnetflußkonstante[1]) $Wb \cdot mm^{-1} \cdot m$	Innenwiderstand Ω	Äußerer Grenzwiderstand Ω	Eigenschwingungszeit s	Magnetischer Nebenschluß Wirkung
$0{,}5 \cdot 10^{-9}$ $1{,}5 \cdot 10^{-9}$	$0{,}12 \cdot 10^{-6}$ $0{,}04 \cdot 10^{-6}$	–	–	25	250 0 … 5	10	min. max.
$2 \cdot 10^{-9}$ $5{,}5 \cdot 10^{-9}$	$1{,}2 \cdot 10^{-6}$ $0{,}5 \cdot 10^{-6}$	–	–	35	680 60	4	min. max.
$1{,}2 \cdot 10^{-9}$	$2 \cdot 10^{-6}$	–	–	70	1600	4	min.
$0{,}8 \cdot 10^{-9}$	$3 \cdot 10^{-6}$	–	–	150	4000	4	min.
$0{,}5 \cdot 10^{-9}$	$5 \cdot 10^{-6}$	–	–	350	10000	4	min.
$0{,}3 \cdot 10^{-9}$	$7{,}5 \cdot 10^{-6}$	–	–	850	25000	4	min.
$0{,}1 \cdot 10^{-9}$	$6{,}5 \cdot 10^{-6}$	–	–	1300	63000	6	min.
$0{,}02 \cdot 10^{-9}$	$3 \cdot 10^{-6}$	–	–	2500	160000	13	min.
Zwei Wicklungen $1{,}8 \cdot 10^{-9}$ 1. W: $6 \cdot 10^{-9}$ 2. W: $0{,}3 \cdot 10^{-9}$	 $0{,}1 \cdot 10^{-6}$ $0{,}07 \cdot 10^{-6}$ –	 – – $3 \cdot 10^{-9}$	 $1 \cdot 10^{-6}$ $0{,}7 \cdot 10^{-6}$ –	 15 – 300	 40 0 1600	20	min max. min.
Differential-Galvanometer $1 \cdot 10^{-9}$	$1{,}6 \cdot 10^{-6}$	–	–	2 × 100	1600	5	min.

[1]) bei äußerem Grenzwiderstand

5.4.2.2. Galvanometer

Galvanometer gehören zu den Geräten, die keine feste Kalibrierung haben und denen infolgedessen keine Genauigkeitsklasse zugeordnet werden kann. Sie werden für hohe Strom- oder Spannungsempfindlichkeiten, gelegentlich auch für beides durch die Verwendung eines Rähmchens mit 2 von außen elektrisch zugänglichen Spulenteilen, ausgelegt. Ihre Dämpfung erfolgt über den Widerstand des äußeren Stromkreises, für den die erforderlichen elektrischen Werte vom Hersteller angegeben werden, um den aperiodischen Grenzfall für die Zeigereinstellung zu erzielen.
Neben der Strom- und Spannungsmessung dienen Galvanometer auch der *ballistischen Messung*. In diesen Fällen wird das polare Trägheitsmoment des beweglichen Organs wesentlich vergrößert, um eine große Eigenschwingungszeit (10 bis 20 s) zu erreichen, die die Feststellung des Kulminationspunktes vom Zeigerausschlag und damit des Meßwerts erleichtert. Informationen von Galvanometerherstellern über die technischen Leistungen der Geräte sind meist nur Orientierungswerte; für Meßergebnisse höherer Genauigkeit muß das Galvanometer vom Nutzer vor der Messung kalibriert werden.
Galvanometer werden hauptsächlich als Lichtmarkeninstrumente oder als Spiegelgalvanometer mit einer vom Instrumentengehäuse getrennten Ableseeinrichtung ausgeführt. Zeigergalvanometer haben geringere Empfindlichkeiten und dienen meist als Indikator mit zweiseitigem Ausschlag. Sie werden vielfach in Meßbrücken und Kompensatoren verwendet.
Das *Spiegelgalvanometer* hat ein an einem Bändchen aufgehängtes bewegliches Organ, dessen Lagerung eine senkrechte Aufstellung des Meßwerks erfordert (Libelle und Stellschrauben zur Anpassung seiner Lage an den Aufstellungsort). Außerdem können die beweglichen Teile für den Transport des Geräts arretiert werden.
Zur Anpassung der Empfindlichkeit und Dämpfung des Spiegelgalvanometers an die Besonderheiten der Meßschaltung ist sein magnetischer Kreis vielfach mit einem magnetischen Nebenschluß ausgerüstet, dessen Einstellung von außen verändert werden kann.

Tafel 5.12. Technische Daten einiger Lichtmarkengalvanometer (Siemens)

Klemmen-widerstand Ω	Äußerer Grenz-widerstand Ω	Stromkonstante A/Skt.	Widerstand der Meß-schaltung Ω	Spannungs-konstante V/Skt.	Eigen-schwin-gungsdauer s
spannungsempfindlich		$4 \cdot 10^{-8} \cdots 5 \cdot 10^{-8}$	$20 \cdots 70$		
10	40	$5 \cdot 10^{-7} \cdots 5 \cdot 10^{-6}$	beliebig	$2 \cdot 10^{-6}$	1,8
		$5 \cdot 10^{-5} \cdots 5 \cdot 10^{-4}$	beliebig		
normal		$0{,}9 \cdot 10^{-8} \cdots 1 \cdot 10^{-8}$	$500 \cdots 1500$		
100	1000	$1 \cdot 10^{-7} \cdots 1 \cdot 10^{-6}$	beliebig	$1 \cdot 10^{-5}$	1,8
		$1 \cdot 10^{-5} \cdots 1 \cdot 10^{-4}$	beliebig		
stromempfindlich		$1{,}8 \cdot 10^{-9} \cdots 2 \cdot 10^{-9}$	$(12 \cdots 30)\, 10^3$		
2000	20000	$2 \cdot 10^{-8} \cdots 2 \cdot 10^{-7}$	beliebig	$4 \cdot 10^{-5}$	2
		$2 \cdot 10^{-6} \cdots 2 \cdot 10^{-5}$	beliebig		
besonders stromempfindlich		$4{,}8 \cdot 10^{-10} \cdots 5 \cdot 10^{-10}$	$(70 \cdots 180)\, 10^3$		
10000	90000	$5 \cdot 10^{-9} \cdots 5 \cdot 10^{-8}$	beliebig	$5 \cdot 10^{-5}$	3,2
		$5 \cdot 10^{-7} \cdots 5 \cdot 10^{-6}$	beliebig		
ballistisch		As/Skt.			
		$4{,}4 \cdot 10^{-8} \cdots 2{,}7 \cdot 10^{-7}$	$4 \cdots 25$		
10	7,5	$1{,}35 \cdot 10^{-6} \cdots 5{,}4 \cdot 10^{-6}$	beliebig	$3{,}5 \cdot 10^{-7}$	$12 \cdots 13$
		$2{,}7 \cdot 10^{-5} \cdots 1{,}35 \cdot 10^{-4}$	beliebig		
4000	3000	$2{,}2 \cdot 10^{-9} \cdots 1{,}35 \cdot 10^{-9}$	$(1{,}5 \cdots 10)\, 10^3$		
		$5{,}4 \cdot 10^{-8} \cdots 2{,}7 \cdot 10^{-7}$	beliebig	$7 \cdot 10^{-6}$	$12 \cdots 13$
		$1{,}35 \cdot 10^{-6} \cdots 5{,}4 \cdot 10^{-6}$	beliebig		

Tafel 5.11 gibt eine Übersicht über die Größenordnung der technischen Daten von Spiegelgalvanometern. Hier ist auch ein Differentialgalvanometer aufgeführt, das über 2 gleiche Rähmchenwicklungen verfügt und zum Stromvergleich zweier unabhängiger Stromkreise dienen kann.

Lichtmarkengalvanometer (meist Spannbandaufhängung des beweglichen Organs) sind weniger störanfällig als Spiegelgalvanometer und daher für den technischen Gebrauch besser geeignet. Ihre Empfindlichkeit ist jedoch kleiner. Sie werden auch mit mehreren Meßbereichen ausgerüstet. Tafel 5.12 vermittelt einen Überblick über die Daten einiger Instrumente dieser Art.

5.4.2.3. Quotientenmesser

Das Drehspulmeßwerk kann auch zum Messen von Stromquotienten verwendet werden. In diesem Fall muß das Rückstelldrehmoment durch einen elektrischen Strom erzeugt werden. Die Abhängigkeit des Drehmoments vom Ausschlag wird durch ein inhomogenes magnetisches Feld erreicht. Vom Kernmagnetmeßwerk wird diese Forderung ohne besondere konstruktive Maßnahmen erfüllt. Im anderen Fall wird sie durch eine nicht kreiszylindrische Polschuhberandung verwirklicht (Bild 5.63). Meßspule und Rückstellspule sind in jedem Fall gekreuzt. Für eine sinusförmige Feldverteilung ergibt sich folgende Beziehung:

$$\frac{I_2}{I_2} = \frac{k_{11}w_1}{k_{12}w_2} \frac{\sin \gamma}{\sin (\gamma + \delta)} = f(\gamma). \tag{5.64}$$

Die Darstellung der mechanischen Rückstellkraft durch einen Strom ist erschwert, weil die Stromzuführung zur Drehspule den Aufwand von mindestens 3 Zuführungsbändchen erfordert, deren mechanische Drehmomente nicht beliebig klein sein können. Die genügend fehlerfreie Meßwertbildung ist mithin nur so lange möglich, wie die auf elektrischem Wege hergestellten Drehmomente der Drehspulen die Vernachlässigung der durch die Stromzuführungen hervorgerufenen parasitären Drehmomente zulassen. Aus diesem Grunde sind für Kreuzspulinstrumente immer bestimmte elektrische Mindestwerte vorgeschrieben.

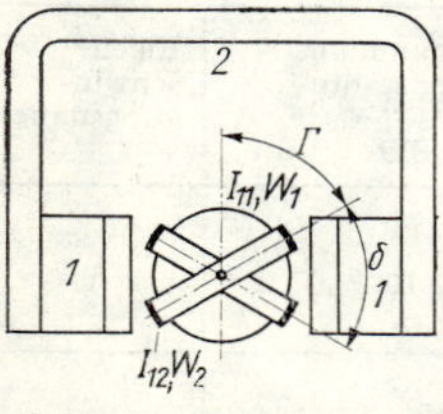

Bild 5.63. Grundsätzlicher Aufbau eines Kreuzspulmeßwerks mit Dauermagnet
1 Magnet; *2* Weicheisen-Rückschluß

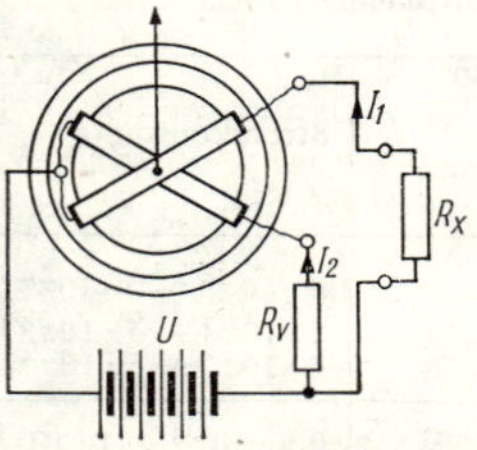

Bild 5.64. Schaltung eines Kreuzspulinstruments mit Dauermagnet als Widerstandsmesser

Das Kreuzspulinstrument liefert als Meßwert den Quotienten zweier Ströme, die ggf. durch Spannungen ersetzt werden können. Bild 5.64 zeigt die Schaltung eines Widerstandsmessers dieser Art. Ist der Widerstand R z.B. eine Funktion der Temperatur, dann kann das Instrument als elektrisches Thermometer verwendet und die Skale in Temperaturgraden graduiert werden.

5.4.2.4. Magnet-Motorzähler

Zu den Drehspulinstrumenten mit Dauermagnet gehört auch der Magnet-Motorzähler (Bild 5.65). Hier bewegen sich mehrere flache Spulen, die in einem scheibenförmigen geschlossenen Aluminiumgehäuse untergebracht sind, im Feld zweier Dauermagneten. Die

Spulen sind an einen Kollektor angeschlossen, der mit ihnen gemeinsam das drehbewegliche Organ bildet. Das Magnetfeld erzeugt über das Gehäuse die Dämpfung. Die Meßwertbildung erfolgt über ein Zählwerk. Zur Anzeige gelangt eine Ladung, in der Regel in Amperestunden. Die Empfindlichkeit kann durch Verschieben der Dauermagnete eingestellt werden.

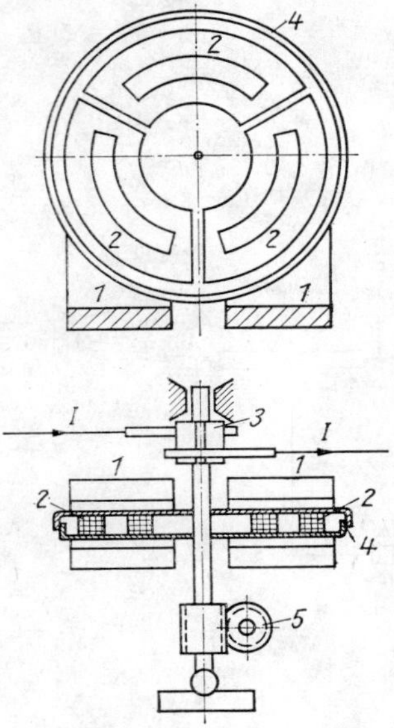

Bild 5.65
Magnet-Motorzähler
1 Dauermagnet; *2* Spule; *3* Kollektor;
4 Rotorgehäuse; *5* Zählwerk

Meßgeräte dieser Art werden häufig zur Überwachung des Ladungszustands von Akkumulatoren benutzt. Bei konstanter Spannung können sie als Zähler für den Energieverbrauch benutzt werden.

5.4.2.5. Drehspulinstrumente mit Gleichrichter

Vielbereichsinstrumente. Vielbereichsinstrumente mit Gleichrichter werden bevorzugt als Serviceinstrumente benutzt. Mit einem umschaltbaren handlichen Instrument kann eine Vielzahl von Meßgrößen und Meßwerten entsprechend praktischen Anforderungen erfaßt werden. Häufig wird Spannbandlagerung verwendet, die Stoßfestigkeit und hohe elektrische Empfindlichkeit gewährleistet. Der Halbleitergleichrichter erschließt die Bereiche der Hochfrequenztechnik für die Messung.

Typische technische Daten eines Vielfachmessers (VEB Meßtechnik Mellenbach) sind
Meßbereiche für Gleichspannung mit 20000 $\Omega \cdot V^{-1}$: 0,1/2,5/10/50/100/250/1000 V;
Meßbereiche für Wechselspannung mit 4000 $\Omega \cdot V^{-1}$;
Meßbereiche für Gleichstrom mit 100 mV Spannungsabfall im Meßbereich 50 μA und etwa 200 mV in den übrigen Bereichen: 0,05/0,25/2,5/25/250 mA; 1/5 A;
Meßbereiche für Wechselstrom mit etwa 2-V-Spannungsabfall in allen Bereichen: 0,25/2,5/25/250 mA und 2,5 A;
Meßbereiche für Widerstände: 10 kΩ bis 1 MΩ mit eingebautem Stabelement, 10 MΩ mit von außen anzulegender Gleichspannung von 12 bis 16 V;
Meßbereiche für Kapazitäten von 20 nF bis 2 μF mit Hilfsspannung 220 V;
Meßbereiche für Verstärkungs- und Dämpfungsmessung.
Für die verschiedenen Wechselspannungsbereiche ergeben sich unterschiedliche Dämpfungsbereiche, die an einer besonderen Skale abgelesen werden können.
Anzeigefehler (nach TGL 19472):
Gleichspannungs- und Gleichstrombereiche ± 1,5 %;
Wechselspannungs- und Wechselstrombereiche ± 2,5 %.
Zusätzlicher Frequenzfehler: ± 1,5 % in den Bereichen 2,5/50 V bis 20 kHz; ± 5 % im Bereich 250 V bis 10 kHz.

Die Prinzipschaltbilder für die verschiedenen Messungen sind im Bild 5.66 gezeigt.

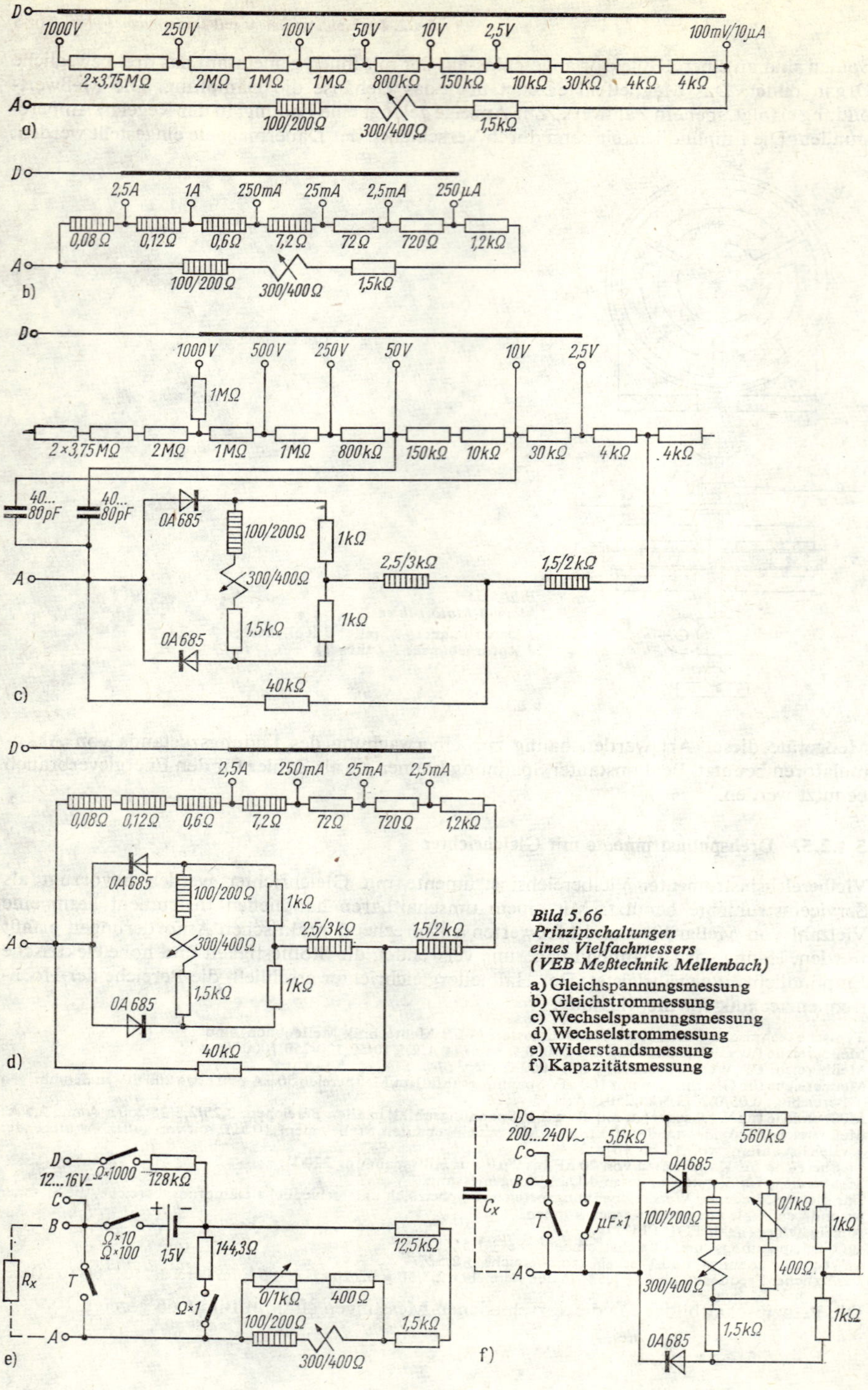

Bild 5.66
Prinzipschaltungen eines Vielfachmessers (VEB Meßtechnik Mellenbach)

a) Gleichspannungsmessung
b) Gleichstrommessung
c) Wechselspannungsmessung
d) Wechselstrommessung
e) Widerstandsmessung
f) Kapazitätsmessung

Direktanzeigende Frequenzmesser [5.44] [5.45] [5.46]. Unter Anwendung von Halbleiterdioden sind verfeinerte Frequenzmessungen mit Drehspulmeßwerken möglich. Um die Anzeige von der Spannung der Meßgröße unabhängig zu machen, werden Kreuzspul- oder T-Spulmeßwerke verwendet. Im letzten Fall wird für den Aufbau der Rückstellorgane ein Rähmchen mit der halben Wirkungsfläche benutzt, das exzentrisch angeordnet ist, so daß nur eine Rähmchenkante wirksam wird. Seine Wirkungsweise ist die gleiche wie die des Kreuzspulmeßwerks. Die Schaltungen für diese Instrumente sind in den Bildern 5.67 und 5.68 dargestellt. Beide haben je ein frequenzabhängiges Glied mit gegenläufigem Frequenzgang. Die von der Frequenz abhängigen Stromwerte beider Kreise werden nach ihrer Gleichrichtung je einem Systemteil des Quotientenmeßwerks zugeführt. Dadurch ist die Spannungsabhängigkeit der Meßwertbildung weitgehend beseitigt. Das Instrument mit der Schaltung nach Bild 5.68 hat zur Verminderung des Oberwelleneinflusses auf die Meßwertbildung zusätzlich ein Tiefpaßfilter. Der Meßbereichsumfang dieser Instrumente beträgt für

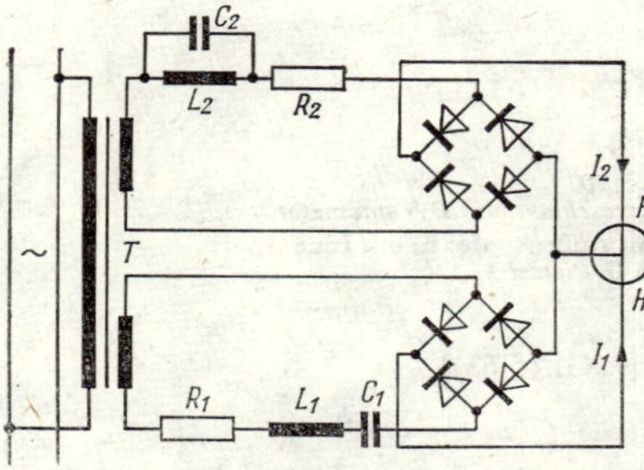

Bild 5.67. Zeigerfrequenzmesser mit Gleichrichter
Bauart AEG mit T-Spulmeßwerk nach *W. Grunert*

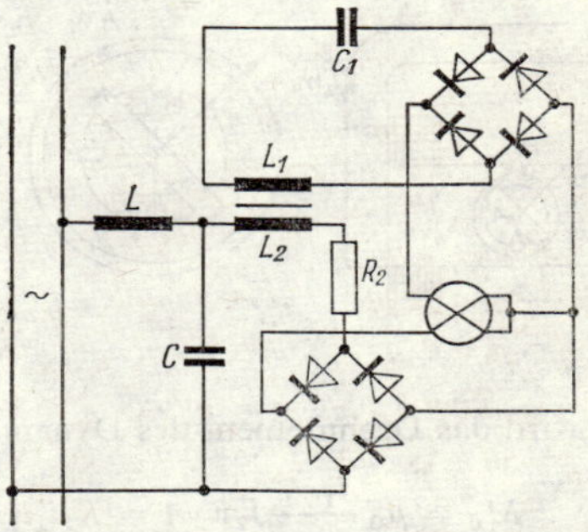

Bild 5.68. Zeigerfrequenzmesser mit Gleichrichter
Bauart Siemens mit Kreuzspulmeßwerk

die Schaltung nach Bild 5.67 49 bis 51 Hz und für die Schaltung nach Bild 5.68 49,8 bis 50,2 Hz. Von *Kunert* [5.47] [5.48] wurde ein Frequenzmesser vorgeschlagen, der die Konstanz der Meßspannung über Z-Dioden herbeiführt und daher das einfachere Drehspulmeßwerk verwenden kann (Bild 5.69). Das Meßwerk bildet die Differenz der an den Widerständen R_1 und

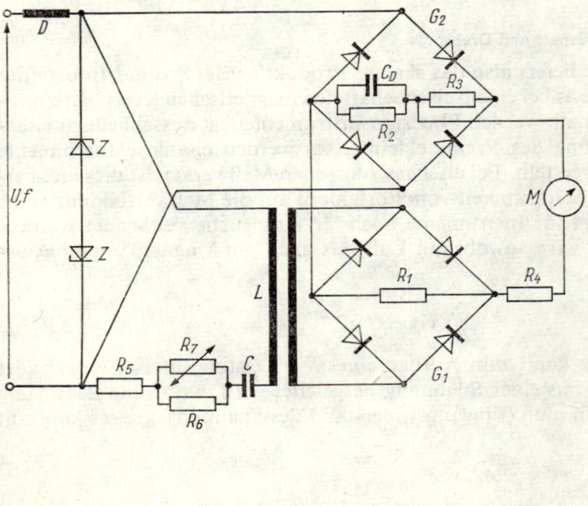

Bild 5.69
Zeigerfrequenzmesser mit Gleichrichter
Bauart nach *R. Kunert* mit Z-Dioden

R_2 liegenden Spannungen. Die Frequenzabhängigkeit wird über den Reihenresonanzkreis im Wandlereingang herbeigeführt. Dieses Instrument hat einen Meßbereichsumfang von 49,5 bis 50,5 Hz.

5.4.3. Drehspulinstrumente mit Elektromagnet

Das elektrodynamische Meßwerk (Dynamometer) ist ein Drehspulmeßwerk mit elektromagnetischer Erregung. Es wird sowohl eisenlos als auch mit Eisenkern ausgeführt (Bild 5.70). Man macht die Induktion im Luftspalt des Eisenkreises (B_L) proportional der sie erzeugenden Durchflutung, dann ist

$$B_L = \mu_0 \frac{i_1 w_1}{l_L}; \tag{5.65}$$

l_L Länge des Kraftlinienweges im Luftspalt.

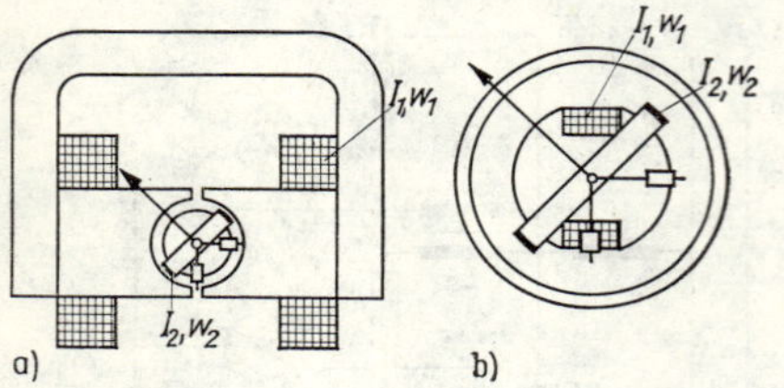

Bild 5.70
Eisengeschlossenes Dynamometer
a) mit Außenspule; b) mit Innenspule
nach *G. Pietsch*

Damit wird das Drehmoment des Dynamometers [s. Gl. (5.63)]

$$M_d = \mu_0 \frac{i_1 w_1}{l_L} i_2 w_2 A = K_1 i_1 i_2; \tag{5.66}$$

A wirksame Rähmchenfläche.

Sind i_1 und i_2 die Momentanwerte zweier sinusförmiger und frequenzgleicher Wechselströme der Form $\hat{I}_{10} \sin \omega t$ bzw. $\hat{I}_{20} \sin (\omega t + \varphi)$, dann ist

$$M_d = K_1 \frac{\hat{I}_{10} \hat{I}_{20}}{T} \int_0^T \sin \omega t \sin (\omega t + \varphi) \, dt$$

$$= K_1 \frac{\hat{I}_{10}}{\sqrt{2}} \frac{\hat{I}_{20}}{\sqrt{2}} \cos \varphi = K_1 I_1 I_2 \cos \varphi; \tag{5.67}$$

φ Winkel zwischen den Strömen in Feldspule und Drehspule.

Das dynamometrische Meßwerk liefert also das skalare Produkt zweier Ströme. Infolge der nicht ganz vermeidbaren Hysteresis bei einem eisenbehafteten magnetischen Kreis tritt ein zusätzlicher Phasenfehler auf. Deshalb werden Präzisionsinstrumente fast ausschließlich eisenlos ausgeführt. Zur Verminderung des Fremdfeldeinflusses werden eisenlose Instrumente meist in astatischer Bauweise hergestellt. Bei eisengeschlossenen Meßwerken ist dies nicht erforderlich, da der Eisenkern die Wirksamkeit von Störfeldern auf die Meßwertbildung stark vermindert und diese meist nicht für Instrumente höchster Ansprüche verwendet werden. Das dynamometrische Meßwerk wird sowohl mit Luft- als auch mit Magnetdämpfung ausgeführt.

5.4.3.1. Wirkleistungsmesser

Das dynamometrische Meßwerk kann zum Aufbau eines Wirkleistungsmessers verwendet werden, wenn einer der Ströme aus einer Spannung hergeleitet wird, wobei die Bedingung ihrer Phasengleichheit erfüllt sein muß (Eingangswiderstand des Spannungskreises konstant und reell). Unter der Voraussetzung, daß $U = IR$ ist, ergibt sich für Gl. (5.67) folgender Ausdruck:

$$M_\mathrm{d} = K_2 UI \cos\varphi. \tag{5.68}$$

Das Drehmoment ist also proportional der Wirkleistung. Bei der Verwendung von dynamometrischen Meßwerken ist immer darauf zu achten, daß keine größeren Spannungen zwischen Drehspule und Feldspule auftreten. Sie könnten parasitäre Drehmomente hervorrufen oder zu Überschlägen führen.

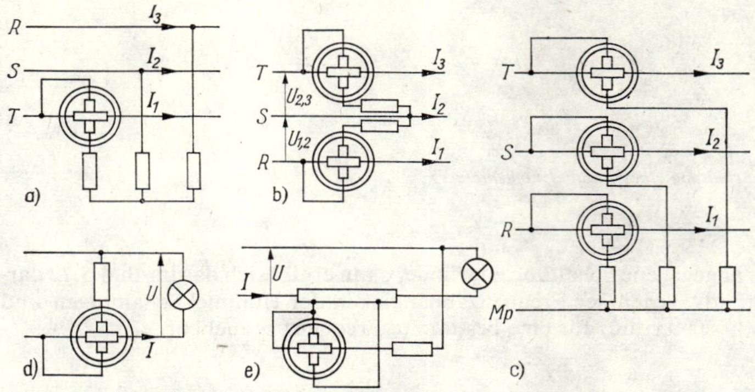

Bild 5.71. Schaltungen für Wirkleistungsmessungen

a) Drehstrom ohne Nulleiter, gleiche Belastung; b) Drehstrom ohne Nulleiter, ungleiche Belastung (Aron-Schaltung); c) Drehstrom mit Nulleiter; d) Wechselstrom; e) Gleichstrom mit Nebenschluß

Bei der Wirkleistungsmessung im Drehstromsystem können folgende Fälle auftreten (Bild 5.71):

- *Drehstromsystem ohne Nulleiter mit gleicher Belastung.* Es ist ein Meßwerk mit Nullpunktwiderstand anzuwenden. Das Instrument zeigt die Leistung in einer Phase an. Für die Gesamtleistung ist der Anzeigewert mit 3 zu multiplizieren.
- *Drehstromsystem ohne Nulleiter mit ungleicher Belastung.* Es sind 2 Meßwerke in der *Aron-Schaltung* anzuwenden. Da die Summe der Ströme in den 3 Phasen verschwindet, ist die komplexe Leistung

$$\underline{S} = \underline{U}_1 \underline{I}_1^* + \underline{U}_2 \underline{I}_2^* + \underline{U}_3 \underline{I}_3^* = \underline{I}_1^* (\underline{U}_1 - \underline{U}_2) + \underline{I}_3^* (\underline{U}_3 - \underline{U}_2) \tag{5.69}$$
$$= \underline{I}_1^* \underline{U}_{12} + \underline{I}_3^* \underline{U}_{23}.$$

- *Drehstromsystem mit Nulleiter.* Es müssen 3 Meßwerke angewendet werden.

In der Regel erfolgt die Vereinigung mehrerer Meßwerke dadurch, daß sie mit Hilfe von Bändchen gekoppelt werden. Eisenlose Dynamometer können für Frequenzen bis zu 10 kHz, Dynamometer mit Eisen für Frequenzen bis zu 2 kHz ausgeführt werden. Die Leistungsmessung im Gleichstromsystem kann ebenfalls mit Hilfe von Dynamometern erfolgen. Hier wird in der Regel der Spannungspfad an die feste Spule gelegt, um einen möglichst geringen Spannungsabfall für die Strommessung zu erreichen, da diese meist durch Nebenschluß erfolgt (Bild 5.71e).

Als Feinmeßinstrumente sind Leistungsmesser mit Lichtzeigern für Nennströme von 25 mA bis 5 A und Nennspannungen von 30 bis 300 V im Gebrauch. Ihre Genauigkeiten sind abhängig von den Meßbereichen und entsprechen den Klassen 0,1; 0,2; 0,5. Als Zeigerinstrumente werden sie für geringere Nennströme mit Genauigkeiten nach den Klassen 0,2 und 0,5 hergestellt. Schließlich sind Leistungsmesser in tragbarer Form als Prüffeld- und Montageinstrumente der Genauigkeitsklasse 1 im Gebrauch.

5.4.3.2. Blindleistungsmesser

Die Messung der Blindleistung mit Hilfe von dynamometrischen Meßwerken erfordert die Drehung der Stromphase im Spannungspfad des Meßwerks um genau 90°. Dazu sind Hummel-Schaltungen (s. Abschn. 5.3.6.4.) geeignet. Legt man dem Aufbau eines Blindleistungs-

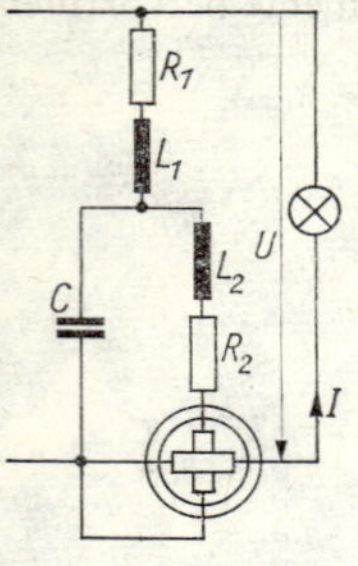

Bild 5.72
Schaltung eines Blindleistungsmessers

messers die von *Polek* angegebene Schaltung zugrunde, dann ergibt sich das im Bild 5.72 dargestellte Gesamtschaltbild. Wegen der Frequenzabhängigkeit der Hummel-Schaltungen sind Blindleistungsmesser dieser Art nur für eine bestimmte Frequenz brauchbar.

5.4.3.3. Phasenmesser

Ebenso wie das Drehspulinstrument mit Dauermagnet kann das Dynamometer auch als Kreuzspulinstrument ausgeführt und als Phasenmesser verwendet werden. Das bewegliche Organ des Meßwerks wird auch hier mechanisch richtkraftlos ausgeführt. In der Regel werden beim Phasenmesser die beiden Drehspulen um 90° gegeneinander gekreuzt und der Strom in einer der beiden Drehspulen um etwa 90° gegen die Spannung phasenverschoben. Damit ergeben sich für ein Meßwerk nach Bild 5.73 unter Zugrundelegung von Gl. (5.67) für beide Drehspulen folgende Drehmomente:

$$M_{d1} = K_1 I_1 I_2 \cos\varphi \sin\gamma \quad \text{und} \quad M_{d2} = K_2 I_1 I_3 \sin\varphi \cos\gamma. \tag{5.70}$$

Dabei ist vorausgesetzt, daß die Induktion im Luftspalt sinusförmig verteilt ist. Sind beide Meßwerkkonstanten gleich, dann ist $K_1 = K_2$ und $I_2 = I_3$. Für den Gleichgewichtszustand $M_{d1} = -M_{d2}$ wird hieraus die Bedingung $\gamma = \varphi$. Das bedeutet, daß der Ausschlag gleich dem Phasenwinkel zwischen Strom und Spannung wird.

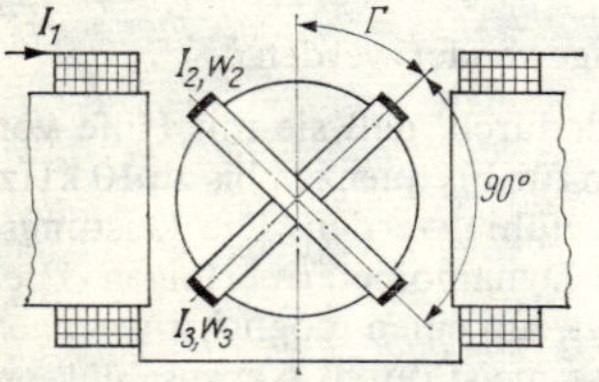

Bild 5.73. Grundsätzlicher Aufbau des Meßwerks eines Phasenmessers

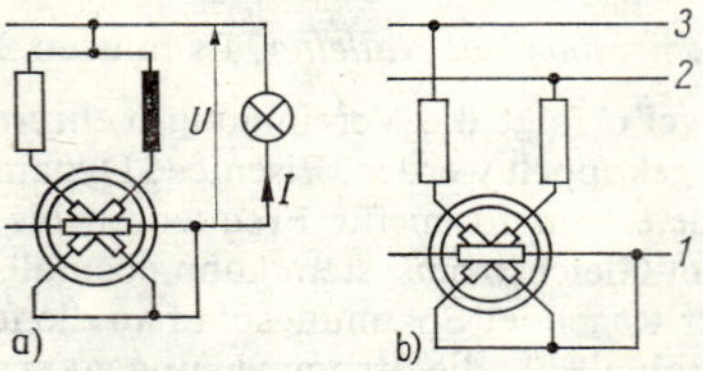

Bild 5.74. Schaltbild des Phasenmessers
a) Wechselstrom; b) Drehstrom

Die Gesamtschaltungen der Phasenmesser für Wechsel- bzw. Drehstrom sind im Bild 5.74 dargestellt. Instrumente dieser Art werden sowohl mit 90° als auch mit 360° Zigerausschlag hergestellt. Im letzten Fall werden sie zur Anzeige von kapazitiven und induktiven Phasenverschiebungen bei Lieferung und Bezug ausgeführt.

5.4.3.4. Frequenzmesser

Dynamometrische Meßwerke werden auch als Doppelspulinstrumente ausgeführt, wobei eine Spule zur Erzeugung der Richtkraft dient. In dem homogenen magnetischen Feld des Luftspalts wird eine von der Lage der Spule abhängige Spannung induziert, die zur Erzeugung einer Richtkraft führt, wenn die Ausgänge dieser Spule von einer Drossel abgeschlossen werden. Die Richtkraft ist auf den von dieser Spannung verursachten Strom in der Richtspule zurückzuführen. Ihr Betrag und damit auch das Drehmoment sind vom Ausschlag der Drehspule abhängig. Das Drehmoment verschwindet in der Mittellage mit Verschwinden der induzierten Spannung und ist in symmetrischen Lagen hierzu betragsgleich und entgegengesetzt gerichtet. Die Ursache zur Umkehr der Wirkungsrichtung bildet der Phasensprung um 180°, den die induzierte Spannung beim Durchlaufen der Nullstelle erfährt.

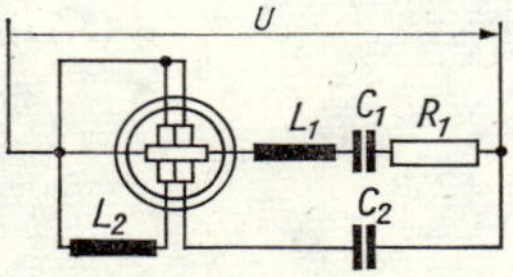

Bild 5.75
Schaltung des Zeigerfrequenzmessers nach Keinath

Diese Eigenschaft wurde zum Aufbau eines Zeigerfrequenzmessers verwendet, der sich durch eine besondere Empfindlichkeit auszeichnet (*Keinath* [5.49]). Das Meßwerk ist ohne mechanische Rückstellorgane ausgeführt (Bild 5.75). Es wird als Schalttafelinstrument für einen Meßbereichsumfang von 49 bis 51 Hz, als Tintenschreiber für einen solchen von 49,5 bis 50,5 Hz hergestellt.

5.4.3.5. Widerstandsmesser

Dynamometrische Doppelspulwerke lassen sich auch zum Messen von Blind- und Wirkwiderständen benutzen (Bild 5.76). Die Wirkungsweise ist dieselbe wie beim Zeigerfrequenzmesser, der den Blindwiderstand eines Reihenresonanzkreises als unmittelbare Meßgröße zur mittelbaren Frequenzmessung benutzt.

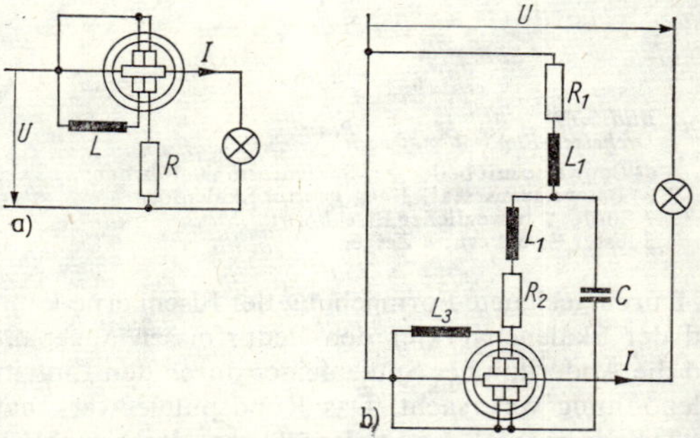

Bild 5.76. Schaltung des dynamometrischen Widerstandsmessers
a) Wirkwiderstandsmesser; b) Blindwiderstandsmesser

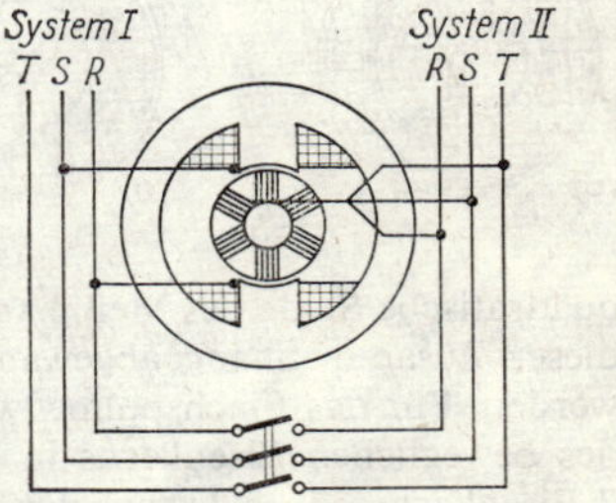

Bild 5.77. Schaltung des Zeigersynchronoskops für Drehstrom

5.4.3.6. Synchronoskop

Zu den dynamometrischen Meßwerken zählt auch das Zeigersynchronoskop, das einen kleinen Motor mit einem dreiphasigen Läufer hat und dessen Ständer mit Wechselstrom erregt wird (Bild 5.77). Legt man die zu synchronisierenden Systeme an beide Teile des Meßwerks, dann dreht sich der Läufer mit ihrer Differenzfrequenz. Die jeweilige Phasendifferenz ist dann durch die Zeigerlage gekennzeichnet. Im Fall der Frequenz- und Phasengleichheit beider Systeme verharrt der Zeiger in einer bestimmten Lage. Sie läßt den Zustand erkennen, in dem beide Systeme bei Spannungsgleichheit parallelgeschaltet werden können, ohne daß unzulässige Ausgleichströme zu erwarten sind.

5.4.4. Dreheiseninstrumente

Das Dreheisenmeßwerk wird als *Flachspulmeßwerk* (Bild 5.78) und als *Rundspulmeßwerk* (Bild 5.79) hergestellt. Seine Wirkungsweise beruht auf der Änderung des magnetischen Gesamtflusses der Feldspule und seiner Energie, die durch die Drehung des beweglichen Organs hervorgerufen wird. Danach ist

$$M_d = \frac{dW_m}{d\gamma} = \frac{I^2}{2} \frac{dL}{d\gamma}; \tag{5.71}$$

M_d Drehmoment infolge der Meßgröße,
W_m Energieinhalt des Magnetflusses der Feldspule,
L Induktivität der Feldspule,
I Meßstrom in der Feldspule,
γ Drehwinkel des beweglichen Organs.

Der quadratische Zusammenhang aus dem Drehmoment und der Meßgröße nach Gl. (5.71) läßt erkennen, daß das Dreheisenmeßwerk ein Effektivwertbildner ist. Ein Drehmoment kann nur dann gebildet werden, wenn die Drehung des beweglichen Organs mit einer Änderung der Induktivität verbunden ist. Ist dieser Zusammenhang linear, so erhält man eine

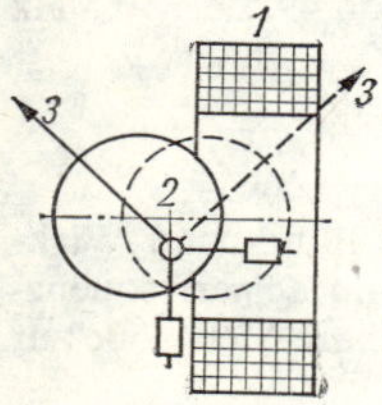

Bild 5.78
Dreheisen-Flachspulmeßwerk
1 Spule; *2* Eisenkern; *3* Zeiger

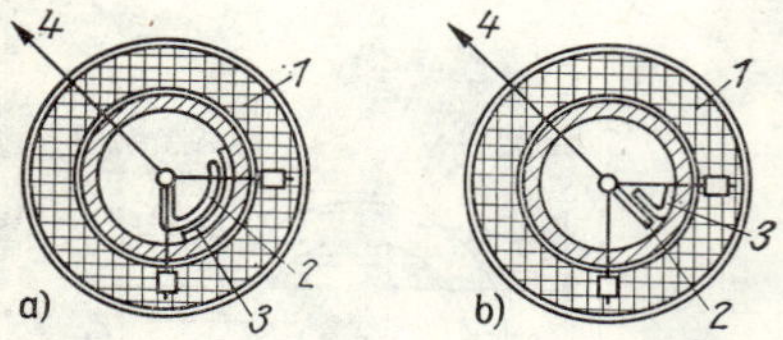

Bild 5.79
Dreheisen-Rundspulmeßwerk
a) Bauweise mit beliebiger Skalenform ausführbar;
b) Bauweise mit stark linearisierter Skalenform
1 Spule; *2* beweglicher Eisenkern;
3 fester Eisenkern; *4* Zeiger

quadratische Skale des Meßinstruments. Durch geeignete Formgebung der Eisenkerne kann dieser Zusammenhang abgewandelt und der Skalencharakter den Bedürfnissen angepaßt werden. Für das Flachspulmeßwerk wird die Änderung des Spulenfeldes durch den Eintritt des beweglichen Eisenkerns in die Spulenöffnung verursacht. Das Rundspulmeßwerk hat 2 Eisenkerne, einen festen, der auf dem Zylindermantel der Spulenöffnung, drehbeweglich für die Justierung, befestigt ist, und den Eisenkern des beweglichen Organs, der dem festen Kern gegenübersteht. Hier führt die Drehung des beweglichen Organs zu einer Änderung des Entmagnetisierungsfaktors des Systems und damit zur notwendigen Veränderung der Induktivität der Feldspule.

Dreheiseninstrumente sind für die Messung von Gleich- und Wechselströmen in Sonderausführungen für Frequenzen bis 4000 Hz verwendbar. Ihr Leistungsbedarf ist abhängig vom Meßbereich und von den Instrumentengrößen und liegt zwischen 1 und 8 VA für Spannungsmesser und 0,1 und 2 VA für Strommesser. Ihre Meßbereiche liegen zwischen 40 mA und 100 A sowie zwischen 6 V und 600 V.

Dreheisenmeßwerke werden auch als *Feinmeßgeräte* in Lichtmarken- und Zeigerausführung gebaut. Lichtmarkeninstrumente (Klassen 0,1/0,2/0,5) werden hergestellt

- für die Strommessung mit den Meßbereichen 7,5 mA bis 6 A und für Frequenzen bis 1/1,5/4 kHz, abhängig vom Meßbereich;
- für die Spannungsmessung mit den Meßbereichen 1,5 bis 600 V und für die Frequenzen bis 0,5/1,5 kHz, abhängig vom Meßbereich.

Als Zeigerinstrument geringerer Empfindlichkeit entsprechen sie der Klasse 0,2.
In der Ausführung als tragbare Instrumente sind sie im Frequenzgebiet 15 bis 65 Hz mit einer Genauigkeit entsprechend der Klasse 1,5 verwendbar.

5.4.5. Drehmagnetinstrumente

Das Drehmagnetmeßwerk stellt die Umkehrung des Drehspulmeßwerks dar. Die Spulen stehen fest, und in ihren Öffnungen dreht sich der Magnet unter dem Einfluß ihres Feldes. Die Rückstellkraft wird mit Hilfe eines festen Magneten erzeugt, dessen Pole auf die Drehmagnete einwirken. Zur Empfindlichkeitsregulierung wird der Rückstellmagnet meist mit einem veränderbaren magnetischen Nebenschluß ausgerüstet. Ebenso wie das Drehspulinstrument mit Dauermagnet ist das Drehmagnetmeßwerk nur für die Anzeige von Gleichströmen geeignet. Meist hat es Luftdämpfung und zum Schutz gegen äußere Magnetfelder einen Eisenschirm. Seine Genauigkeit entspricht der Klasse 1,5. Der Leistungsbedarf ist etwa 10mal so groß wie der eines vergleichbaren Drehspulmeßwerks. Die Einfachheit seines Aufbaus (Bild 5.80) macht das Meßwerk ganz besonders für kleine Instrumente geeignet, vor allem für nichtstationäre Anlagen.

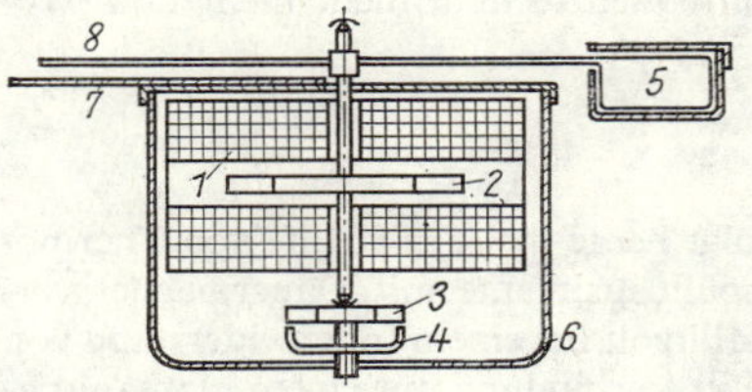

Bild 5.80
Drehmagnetmeßwerk
1 Spule; *2* Drehmagnet; *3* Richtmagnet; *4* magnetischer Nebenschluß, verstellbar; *5* Luftdämpfung; *6* Eisenschirm; *7* Skale; *8* Zeiger

Wie das Drehspulmeßwerk kann das Drehmagnetmeßwerk auch für die Messung von Stromquotienten benutzt werden. An die Stelle des Richtmagneten tritt dann eine zweite Spule, deren Achse in einem gewissen Winkel zu der des Meßspulenpaares liegt. Häufig werden beide Spulenachsen senkrecht zueinander angeordnet (Bild 5.81). Besondere Vorteile: Einfachheit, völliger Fortfall der parasitären Drehmomente, da keine Stromzuführungen zum beweglichen Organ.

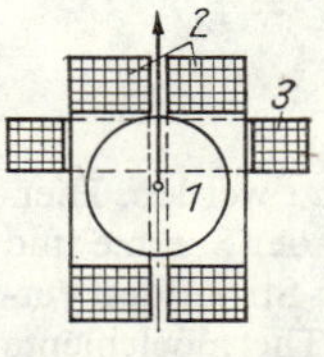

Bild 5.81. Drehmagnet-Quotientenmeßwerk
1 Drehmagnet; *2* Meßspule; *3* Richtspule

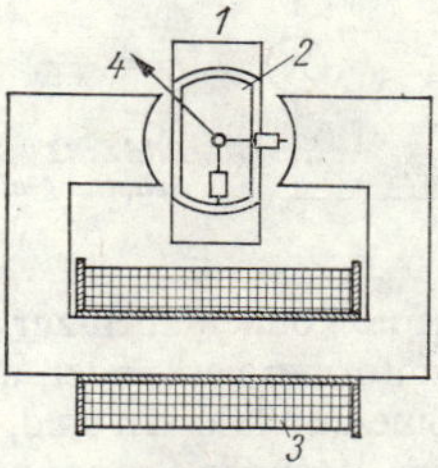

Bild 5.82. Eisennadelmeßwerk
1 Dauermagnet; *2* Eisenkern; *3* Spule; *4* Zeiger

5.4.6. Eisennadelinstrumente

Das Meßwerk ist ein Dreheisenmeßwerk, dessen Rückstellkraft von einem Dauermagneten hervorgerufen wird, in dessen Feld sich der magnetisch weiche Eisenkern dreht (Bild 5.82). Die Ablenkung des Eisenkerns erfolgt durch das magnetische Feld einer vom Meßstrom durchflossenen Spule, die mit einem Eisenkern versehen ist. Instrumente dieser Art sind außerordentlich einfach und preiswert, ihre Meßgenauigkeit genügt aber nur sehr mäßigen Ansprüchen. Ein besonderer Vorteil ist die Ausführbarkeit sehr großer Strommeßbereiche, die erreicht werden, indem der Leiter einfach durch die Öffnung des Eisenkerns hindurchgesteckt wird.

5.4.7. Thermische Instrumente

Die Messung hochfrequenter Ströme erfolgt hauptsächlich auf thermischer Grundlage. (Instrumente auf magnetischer Grundlage führen wegen der Induktivität zu unzulässigen Spannungsabfällen.) Das thermische Verfahren benutzt die in einem stromdurchflossenen Leiter umgesetzte Joulesche Wärme und führt die Strommessung als mittelbare Meßgröße auf eine Temperaturmessung zurück. Dabei ist vorausgesetzt, daß der Widerstand im Frequenzbereich des Meßinstruments reell bleibt. Dieser Forderung steht die Stromverdrängung (Skineffekt, s. S. 171) entgegen.

5.4.7.1. Hitzdrahtinstrumente

Das Meßprinzip beruht auf der Längenänderung eines zylindrischen oder bandförmigen Leiters, die eintritt, wenn der Leiter auf Grund des durchfließenden Stromes seine Temperatur ändert. Es entspricht den Anforderungen der Hochfrequenztechnik nicht mehr und wird deshalb nicht mehr hergestellt.

5.4.7.2. Thermoumformerinstrumente

Die *Strommessung* im Gebiet der Hochfrequenz erfolgt heute meist mit Hilfe von Thermoumformern. Als Anzeigeinstrumente werden Drehspulinstrumente mit Dauermagnet verwendet, soweit sie eine Empfindlichkeit von einigen Millivolt bei einem Innenwiderstand von etwa 10 Ω haben (s. Abschn. 5.4.2.). Ggf. werden sie in Verbindung mit einem mechanisch-elektrischen Verstärker benutzt, der es ermöglicht, die Meßwerte mit einem Schreiber zu registrieren. Für größere Stromstärken empfiehlt sich die Zwischenschaltung eines Stromwandlers, für den im Gebiet der höheren Frequenzen günstige Betriebsverhältnisse vorliegen (s. Abschn. 5.5.8.1.).

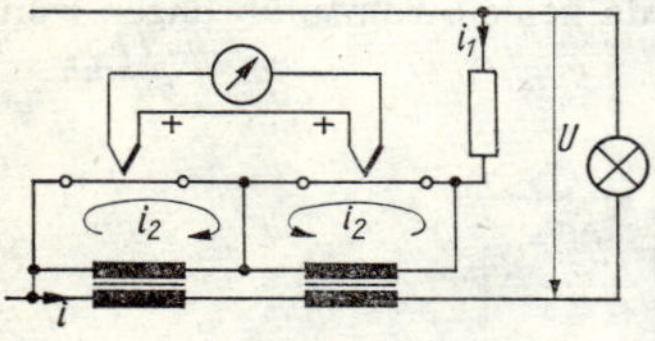

Bild 5.83
Schaltung eines thermischen Leistungsmessers

Die thermischen Instrumente können auch zur *Wirkleistungsmessung* benutzt werden. Hierzu werden zwei Thermoumformer verwendet, deren Hitzdrähte jeweils von der Summe und der Differenz zweier Ströme durchflossen sind, deren Beträge sich aus dem Strom des Verbrauchers und der an ihm liegenden Spannung herleiten (Bild 5.83). Die Thermoelemente sind isoliert vom Hitzdraht auf diesem angeordnet und gegeneinandergeschaltet. Da die Thermospannung U_{th} vom Quadrat des Heizstromes abhängt, gilt

$$u_{th} = u_{th1} - u_{th2} = k\,(i_1 + i_2)^2 - (i_1 - i_2)^2 = 4ki_1 i_2. \qquad (5.72)$$

Mit $i_1 = k_1 u$ und $i_2 = k_2 i$ folgt

$$u_{th} = 4k_1 k_2 ui = Kui. \qquad (5.73)$$

Für Wechselgrößen gilt demzufolge

$$U_{\text{th}} = KUI \cos \varphi. \tag{5.74}$$

Dabei ist vorausgesetzt, daß der Strom i_1 im Spannungspfad des thermischen Leistungsmessers in Phase mit seiner Spannung liegt, was bei höheren Frequenzen mit genügender Genauigkeit nur bei kleinen Beträgen der Spannung erreicht werden kann.

5.4.7.3. Bimetallinstrumente

Das Bimetallmeßwerk enthält eine Spiralfeder, die Triebfeder, die aus 2 miteinander verbundenen metallischen Bändern mit verschiedenen thermischen Ausdehnungskoeffizienten besteht. Die durch den Meßstrom verursachte Erwärmung führt zu einer Verdrehung der Spiralfeder. Dabei wird das bewegliche Organ des Meßwerks mit der Anzeigeeinrichtung gedreht. Die Kompensation äußerer Temperaturschwankungen erfolgt durch eine zweite Spiralfeder mit entgegengesetzter Wirkungsrichtung. Vorteile des Bimetallmeßwerks: Einfachheit, großes Drehmoment; Nachteile: geringe Meßgenauigkeit, große thermische Trägheit.

Bimetallinstrumente werden als Schalttafelinstrumente ausgeführt und häufig mit Schleppzeigern zur Feststellung von Maximalwerten ausgerüstet. Das große Drehmoment des Meßwerks macht es für diesen Zweck besonders geeignet. Seine Trägheit ist auch dann von Nutzen, wenn der Effektivwert der Meßgröße schnellen Veränderungen unterworfen ist, für deren Erfassung kein Interesse besteht.

Wegen seines großen Drehmoments wird das Bimetallmeßwerk gelegentlich auch zur Registrierung der Meßgröße im Tintenschreiber verwendet. Der Meßfehler solcher Instrumente beträgt im günstigsten Fall $\pm 5\%$.

5.4.8. Vibrationsinstrumente

Die Wirkung von Vibrationsmeßwerken beruht auf der Eigenfrequenz mechanischer Schwingungssysteme mit elektrischer Erregung. Ihre Anwendung ist infolgedessen auf Wechselströme oder -spannungen beschränkt. Die schwingungsfähigen Systeme werden in der Regel durch Federn oder Drahtschleifen gebildet. Ihre Erregung geschieht meist durch das magnetische, seltener durch das elektrische Feld der Meßgröße.

5.4.8.1. Vibrationsgalvanometer

Das Vibrationsgalvanometer ist ein Nullindikator, der in Wechselstrommeßschaltungen angewendet wird. Man unterscheidet zwischen Nadel- und Schleifengalvanometer. Das *Nadelgalvanometer* bezieht seine Richtkraft von einem Dauermagneten. Seine periodische Ablenkung wird durch die Meßgröße über einen Elektromagneten hervorgerufen. Das *Schleifengalvanometer* entspricht in seinem Aufbau und seiner Wirkungsweise dem Drehspulinstrument mit Dauermagnet. Seine Ablenkung wird mit Lichtzeiger auf transparenten Skalen erkennbar gemacht.

Die Empfindlichkeit dieser Instrumente ist aus der Übereinstimmung der Eigenfrequenz des beweglichen Organs und der Frequenz der Meßgröße gegeben. Die Eigenfrequenz der Nadelgalvanometer kann mit Hilfe der Erregung des Rückstellmagneten, die der Schleifengalvanometer durch die Veränderung der freien Länge der Aufhängung der Meßschleife der Frequenz der Meßgröße angepaßt werden.

Die Empfindlichkeit der Nadelgalvanometer liegt zwischen 0,05 und 10 mm · μV^{-1}, die der Schleifengalvanometer zwischen 0,04 und 0,5 mm · μV^{-1}. Die Eigenfrequenz der Nadelgalvanometer kann zwischen 10 und 160 Hz, die der Schleifengalvanometer zwischen 50 und 1000 Hz eingestellt werden.

5.4.8.2. Zungenfrequenzmesser

Eine besonders einfache Form des Frequenzmessers ist der Zungenfrequenzmesser. Er besteht aus einer Reihe von Federn mit verschiedener Eigenfrequenz, die auf einer federnd aufgehängten Konsole nebeneinander angeordnet sind (Bild 5.84) und die periodisch durch das magnetische oder elektrische Feld der Meßgröße erregt werden. Dabei kommt stets die mit

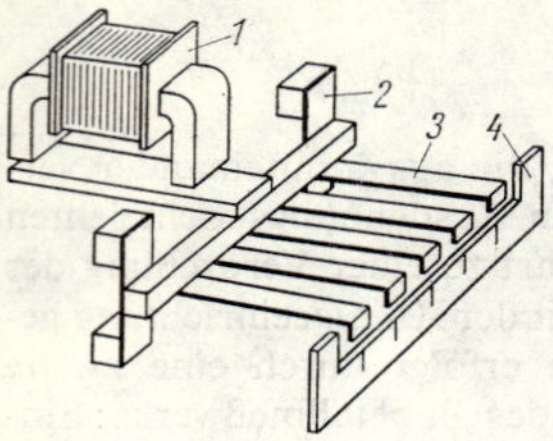

Bild 5.84
Zungenfrequenzmesser
1 Erregermagnet; *2* federnde Konsole; *3* Zungenfeder; *4* Skale

ihrer Eigenfrequenz angeregte Zunge zur größten Schwingungsweite. Besondere Vorteile: Einfachheit, Unabhängigkeit der Meßwertbildung von Oberwellen der Meßgröße. Instrumente dieser Art sind für Frequenzen von 5 bis 1500 Hz ausführbar. Ihre Genauigkeit liegt bei etwa 1 bis 2% des Sollwerts.

5.4.9. Induktionsinstrumente

Das Induktionsmeßwerk ist mit einem Drehstrom-Asynchronmotor vergleichbar. Seine Wirkung beruht auf zwei zeitlich und räumlich gegeneinander verschobenen frequenzgleichen magnetischen Feldern, deren Überlagerung ein Drehfeld (s. Abschn. 1.5.3.5.) erzeugt. Die von diesem Drehfeld in einem drehbeweglich angeordneten metallischen Leiter hervorgerufenen Wechselströme verursachen ein Drehmoment, dessen Größe mit dem Schlupf wächst und mit ihm verschwindet.

5.4.9.1. Wechselstromzähler

Der Zähler (Bild 5.85) ist ein integrierendes Instrument. Er hat zwei elektromagnetische Kreise, deren Erregungen aus dem Strom und der Spannung der Meßgröße gewonnen werden. Sie müssen räumlich gegeneinander versetzt sein. Die von ihnen hervorgerufenen magnetischen Flüsse müssen im Fall der Phasengleichheit der Meßgröße eine Phasenverschiebung von 90° gegeneinander haben. Aus diesem Grunde ist der Spannungspfad induktiv ausgeführt und der Strompfad mit einem kleinen, veränderbaren, induktiv angekoppelten Widerstand ausgerüstet, der es gestattet, die Phasenbedingung einzustellen. Das drehbewegliche Organ besteht aus einer Aluminiumscheibe, in der Wirbelströme erzeugt werden. Auf

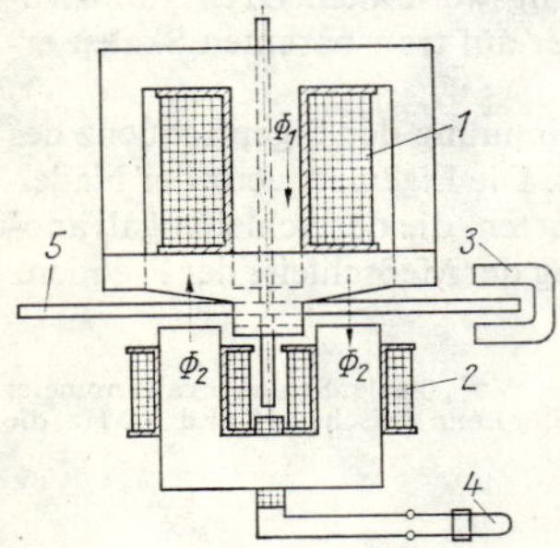

Bild 5.85
Wechselstromzähler
1 Spannungsspule; *2* Stromspule; *3* Dauermagnet; *4* Justierwiderstand; *5* Zählerscheibe

sie wirkt das elektromagnetisch gewonnene Drehmoment. Die Scheibe wird mit Hilfe eines Dauermagneten, zwischen dessen Polen sie sich bewegt, gedämpft. Von Vorteil für diese Anordnung ist die kompensierende Wirkung auf das Kräftespiel zwischen Triebwerk und Bremsung bei etwaigen Temperaturschwankungen der Aluminiumscheibe. Für Mehrphasensysteme werden die Zähler mit mehreren Triebwerken ausgerüstet, die ggf. auf eine Zählerscheibe wirken. Die Schaltungen sind die gleichen, wie sie bereits im Zusammenhang mit den elektrodynamischen Meßwerken behandelt worden sind (s. S. 667).
Der Meßwert wird beim Zähler mit Hilfe eines Zählwerks gewonnen, das die Anzahl der Umdrehungen der Zählerscheibe anzeigt. Der auf diese Weise erzeugte Zahlenwert ist ein Maß für die elektrische Arbeit (meist in Kilowattstunden).
Blindleistungen können in ähnlicher Weise wie beim elektrodynamischen Meßwerk gemessen werden. Außerdem werden Mehrtarifzähler, Höchstleistungszähler, Münzzähler u. a. m. hergestellt, deren Wirkungsweise sich aus konstruktiven Modifikationen der normalen Zähler ergibt [5.50] [5.51].

5.4.9.2. Ferraris-Motor

Der Ferraris-Motor (Bild 5.86) wird als Stellglied in der Meß- und Regelungstechnik verwendet. Beim automatischen Abgleich von Meßbrücken und Geräten kann er zur Einstellung des Blindstromabgleichs benutzt werden. Zwei um 90° gekreuzte magnetische Felder im geschlossenen Eisenkreis werden mit Hilfe von zwei Feldspulenpaaren erzeugt. In dem resultierenden Feld bewegt sich ein aus Aluminiumblech hergestellter Hohlzylinder um einen

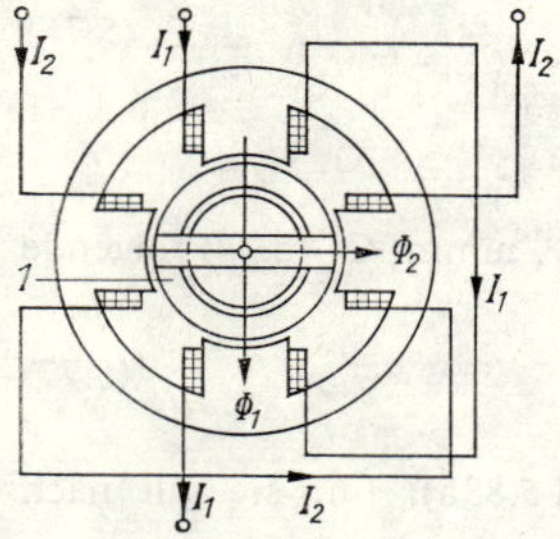

Bild 5.86
Ferraris-Motor
1 Anker

Eisenkern, wenn die Erregerströme der beiden Feldwicklungen gegeneinander phasenverschoben sind. Das auf diese Weise gewonnene Drehmoment kann zur Verstellung eines Regelgliedes in einer Meß- oder Steuereinrichtung herangezogen werden. Das Drehmoment verschwindet mit der Blindkomponente eines der beiden aufeinander bezogenen magnetischen Felder.

5.4.10. Elektrometer

Die Wirkungsweise des elektrostatischen Meßwerks beruht auf der Kapazitätsänderung, die bei der Bewegung einer oder beider Belegungen eines Elektrodensystems auftritt, zwischen denen ein elektrisches Feld besteht. Ist die Kapazität eine reguläre Funktion vom Zeigerausschlag $f(\gamma)$, dann ist das von der Kapazitätsänderung bei der Spannung U verursachte Drehmoment

$$M_d = \tfrac{1}{2} f'(\gamma)\, U^2. \qquad (5.75)$$

Danach besteht ein komplementäres Verhalten zum Dreheisenmeßwerk, dessen Wirkungsweise auf einer Induktivitätsänderung beruht (s. Abschn. 5.4.4.).

5.4.10.1. Quadrantenelektrometer

Das Quadrantenelektrometer hat ein bewegliches Organ, Nadel genannt, das häufig als radialsymmetrische dünne Aluminiumplatte ausgeführt ist. Diese Nadel bewegt sich in 4 Kammern, die die Quadranten eines kreisförmigen Hohlkörpers bilden (Bild 5.87).

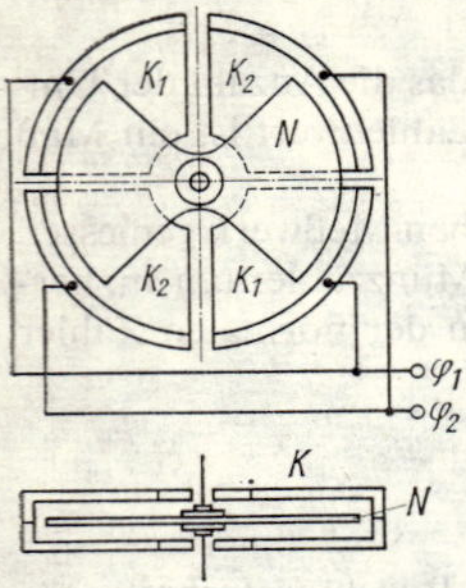

Bild 5.87
Quadrantenelektrometer
K_1, K_2 Kammern; *N* Nadel

In der Regel werden die gegenüberliegenden Quadranten des Elektrometers miteinander verbunden. Auf diese Weise entsteht ein Dreielektrodensystem, von dem sich mit Hilfe der Gl. (5.75) nachweisen läßt, daß das elektrische Gesamtdrehmoment der folgenden Beziehung genügt:

$$M_d = f'(\gamma)(\varphi_1 - \varphi_2)\left(\frac{\varphi_1 + \varphi_2}{2} - \varphi_0\right); \tag{5.76}$$

φ_1, φ_2 Potentiale der beiden Kammernpaare,
φ_0 Potential der Nadel.

Für eine dem Winkel γ proportionale Kapazität, d.h., $f(\gamma) = k\gamma$, nimmt Gl. (5.76) folgende Form an:

$$M_d = k(\varphi_1 + \varphi_2)\left(\frac{\varphi_1 + \varphi_2}{2} - \varphi_0\right). \tag{5.77}$$

Das ist die heterostatische oder Quadrantenschaltung (Bild 5.88a). Für sie gilt nach Gl. (5.77)

$$M_d = kU_1U_2. \tag{5.78}$$

Für die *idiostatische Schaltung* (Bild 5.88b) ist mit $\varphi_2 = \varphi_0$

$$M_d = \frac{k}{2}U^2. \tag{5.79}$$

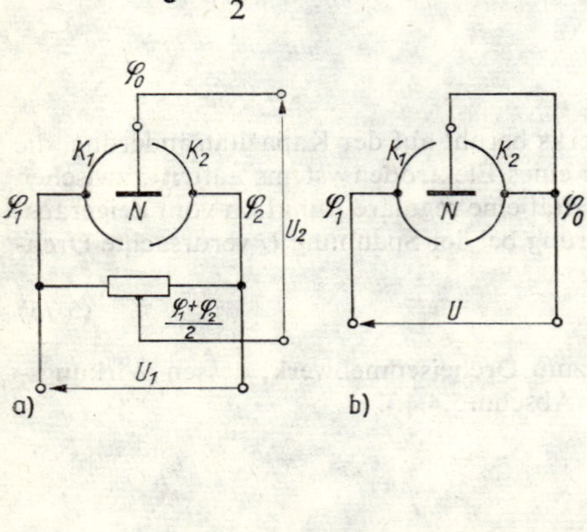

Bild 5.88
Elektrometerschaltungen
a) heterostatisch; b) idiostatisch
K_1, K_2 Kammern; *N* Nadel; φ_1, φ_2 Potentiale der Kammernpaare; φ_0 Potential der Nadel

Da die Drehmomente meist nur sehr gering sind, werden technische Elektrometer fast immer mit Spannbandaufhängung und Lichtzeiger ausgerüstet. Die Empfindlichkeit technischer Quadrantenelektrometer beträgt in heterostatischer Schaltung für Endausschlag etwa 200 V^2.
Eine Abwandlung des Quadrantenelektrometers ist das *Fadenelektrometer*. Hier ist ein metallisierter Quarzfaden zwischen 2 festen Metallplatten angeordnet. Seine Bewegung unter dem Einfluß elektrischer Felder wird mit Hilfe eines Meßmikroskops beobachtet. In heterostatischer Schaltung wird eine Empfindlichkeit von 1 mV/Skalenteil erreicht, wobei eine Hilfsspannung aufgewendet werden muß. Das Fadenelektrometer ist für die Messung von Wechselspannungen im Bereich von 200 Hz bis 10 MHz verwendbar.

5.4.10.2. Duantenelektrometer

Das Duantenelektrometer besteht aus einem kleinen, einseitig an einem sehr dünnen Metallfaden aufgehängten Flügel aus Platin oder Aluminium, der sich über der Trennfläche zweier geschliffener Metallplatten bewegt. Die Wirkungsweise beruht auf der Kapazitätsänderung zwischen dem Flügel (Nadel) und den Metallplatten (Duanten). An letztere wird die Hilfsspannung symmetrisch zum Erdpotential angelegt. Die Empfindlichkeit dieser Meßinstrumente ist durch die Veränderung des Abstandes zwischen Nadel und Duanten einstellbar. Ihre Spannungsempfindlichkeit kann 7 mm · mV^{-1}, die Ladungsempfindlichkeit 200 mm · pC^{-1} erreichen. Um diese Empfindlichkeit noch zu steigern, werden die Meßwerke in einem evakuierten Gehäuse untergebracht und von einem Kupferschirm umgeben, um eine gleichmäßige Temperaturverteilung und eine gute Schirmung zu erreichen. Instrumente dieser Art können eine Spannungsempfindlichkeit von 20 mm · mV^{-1} und eine Ladungsempfindlichkeit von 6000 mm · pC^{-1} erreichen]5.52] [5.53] [5.54].

5.4.10.3. Hochspannungsinstrumente

Das Elektrometer eignet sich besonders gut für die Messung hoher Spannungen auch im Gebiet der höheren Frequenzen. Die meist verwendete technische Form ist das Instrument nach *Starke* und *Schröder*. Es besteht aus 2 kreisförmigen, hohlen Platten, die an ihren Rändern mit einem Wulst versehen sind, um die Bildung unzulässig hoher Feldstärken an diesen Stellen zu verhindern. Eine der beiden plattenförmigen Elektroden (Bild 5.89), deren Abstand

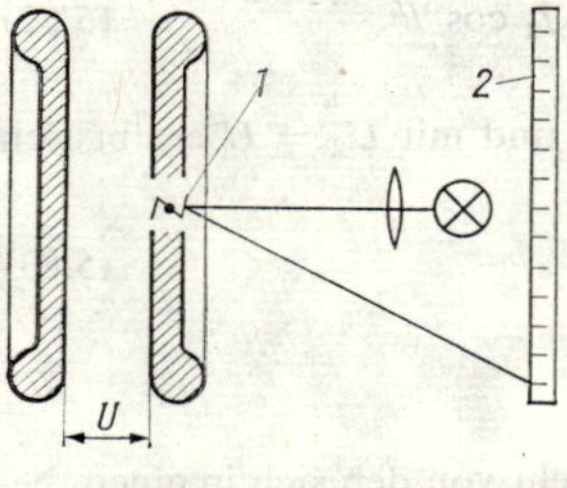

Bild 5.89
Grundsätzlicher Aufbau des Elektrometers nach Starke und Schröder
1 bewegliches Organ mit Spiegel; *2* Skale

zum Zweck der Meßbereichswahl verändert werden kann, hat in ihrem Zentrum ein kleines Fenster, in dem, an einem Spannband aufgehängt, das bewegliche Organ angeordnet ist. Es ist ein kleiner Blechwinkel, dessen Kapazität zur gegenüberliegenden Platte sich bei seiner Drehung verändert. Die Meßwertanzeige erfolgt mit Lichtzeiger über einen Spiegel, der auf dem beweglichen Organ befestigt ist. Instrumente dieser Art werden für Meßbereiche bis 600 kV ausgeführt. Ihre Empfindlichkeit kann im Verhältnis 1:10 über den Plattenabstand verändert werden. Sie sind für Frequenzen bis 5 MHz verwendbar.
Eine weitere Form des Elektrometers ist der Hochspannungsmesser nach *Hueter*. Er besteht aus 2 hohlen Metallkugeln von je 1250 mm Durchmesser, die übereinander angeordnet sind

und von denen die obere federnd aufgehängt ist. Die zwischen ihnen bestehende Spannung, deren Höchstwert 1 MV betragen kann, übt eine anziehende Kraft auf diese Kugel aus. Unter ihren Einfluß bewegt sich die obere Kugel und ruft eine Verdrehung eines mit ihr verbundenen Spiegels hervor. Die Anzeige des Meßwerts erfolgt mit Hilfe eines vom Spiegel reflektierten Lichtzeigers auf einer Skale. Das Instrument läßt sich auch als Kugelfunkenstrecke zum Messen von Scheitelwerten benutzen [5.55] [5.56] [5.57].

5.4.10.4. Leistungsmesser

Wie aus Gl. (5.78) hervorgeht, läßt sich das Quadrantenelektrometer auch zur Wirkleistungsmessung verwenden (Schaltung nach Bild 5.90). Über einen Stromwandler wird der Betrag des Verbraucherstromes auf einen für die Messung geeigneten Wert umgewandelt und einem reellen Widerstand zugeführt. An diesen Widerstand sind die Kammern des Elektrometers

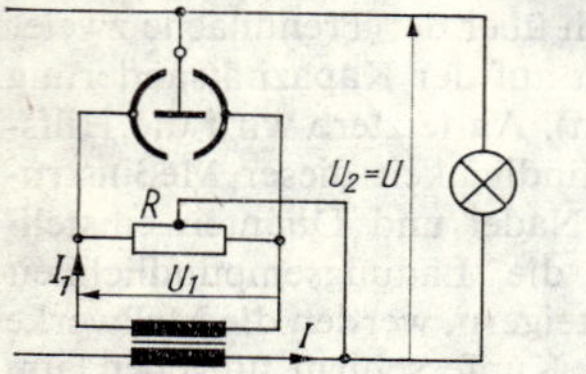

Bild 5.90
Schaltung des Wirkleistungsmessers mit Quadrantenelektrometer

angeschlossen. Die Spannung des Verbrauchers liegt zwischen der Nadel und der Mitte dieses Widerstandes, wie dies von Gl. (5.78) gefordert wird. Demnach ist der Momentanwert des Drehmoments

$$m_d = k u_1 u_2 \tag{5.80}$$

mit

$$u_1 = i_1 R. \tag{5.81}$$

Der Mittelwert des Drehmoments beträgt für einwellige sinusförmige elektrische Größen mit der Phasenverschiebung Ψ

$$M_d = \frac{kR}{T} \hat{U}_2 \hat{I}_1 \int_0^T \sin \omega t \sin (\omega t + \Psi) \, dt = k \, R U_2 I_1 \cos \Psi. \tag{5.82}$$

Mit dem Übersetzungsverhältnis $I/I_1 = ü$ des Stromwandlers und mit $U_2 = U$ ergibt sich hieraus

$$M_d = KUI \cos \Psi \quad \text{mit} \quad K = \frac{kR}{ü}. \tag{5.83}$$

5.4.10.5. Strahlungsmeßinstrumente

Die Messung der Dosis ionisierender Strahlung (Ionendosis) geht von den sich in einem bestimmten Volumen trockener Luft bildenden Ionenpaaren aus (Einheit der Dosis: $C \cdot kg^{-1} = A \cdot s \cdot kg^{-1}$). Meßfühler für die *Dosis* oder die *Dosisleistung* (Dosis je Zeit) sind Ionisationskammern, die im Sättigungsgebiet arbeiten, deren Wände keine störende Strahlenabsorption verursachen und in denen bei harter Strahlung keine Sekundärstrahlungen auftreten. Dies wird erreicht, indem die mittlere relative Atommasse des Materials der Ionisationskammern der der Luft weitgehend angepaßt wird.
Zur Messung der Dosis und der Dosisleistung werden Elektrometer benutzt (Bild 5.91 a). Für die Dosisleistungsmessung verwendet man den in der Ionisationskammer auftretenden Strom, dessen Spannungsabfall an einem hochohmigen Widerstand den Kammern eines Qua-

drantenelektrometers zugeführt wird. Für die Messung der Dosis wird der Widerstand durch einen Kondensator ersetzt.

Eine besonders einfache Form des Dosismessers ist aus dem Quarzfadenelektrometer entwickelt worden. Es besteht aus einer metallisierten Quarzfadenschleife, die neben einem kleinen Metallschirm angeordnet ist, mit dem sie in leitender Verbindung steht (Bild 5.91 b).

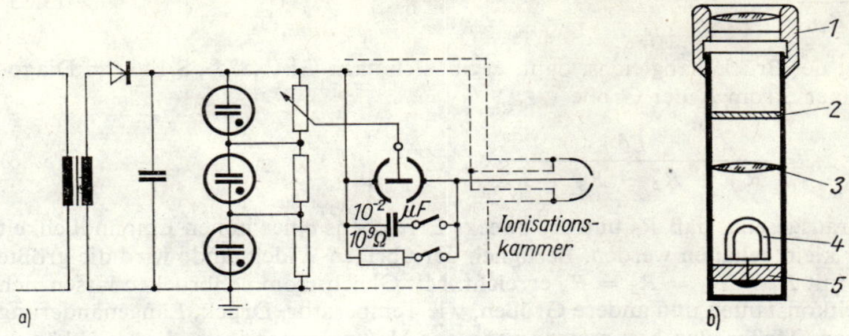

Bild 5.91. Dosismessung

a) Schaltung eines Universal-Röntgendosismessers für Dosis- und Dosisleistungsmessung mit Quadrantenelektrometer und Ionisationskammer

b) Quarzfadenelektrometer für Dosismessung

1 Okular; *2* Strichplatte; *3* Objektiv; *4* Elektrometer; *5* Isolierkörper

Unter dem Einfluß des mit Hilfe einer elektrischen Ladung erzeugten Feldes bewegt sich der Quarzfaden nach der dem Schirm abgewandten Seite. Die Größe dieser Bewegung wird mit Hilfe eines einfachen Meßmikroskops bestimmt. Bei der Dosismessung erfolgt die Entladung durch die ionisierende Strahlung. Die dadurch verursachte Spannungsminderung ist das Maß für die eingefallene Dosis.

5.5. Elektrische Meßgeräte und Meßverfahren

5.5.1. Gleichstrommeßbrücken

Grundlegende Theorie der Brückenschaltungen und Übersicht über konkrete Abgleichbedingungen s. Abschn. 1.4.5., S. 146.

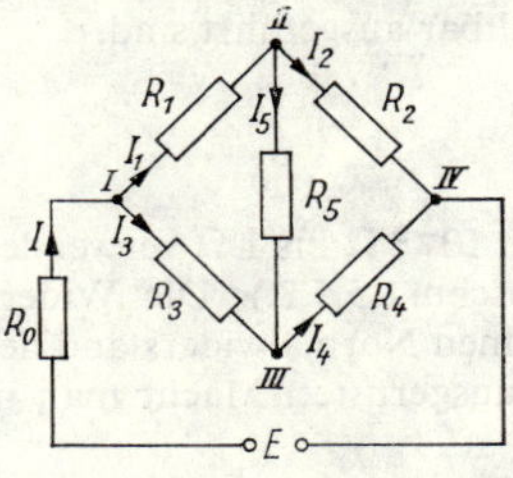

Bild 5.92
Meßbrücke

Die Meßbrücke stellt in der Regel einen linearen Vierpol der Grundform nach Bild 5.92 dar. Abweichungen von dieser Form lassen sich durch die Dreieck-Stern-Transformation in diese überführen. Meist besteht die Aufgabe, die Widerstände R_1, R_2, R_3, R_4 so zu wählen, daß der Diagonalstrom I_5 verschwindet. Das ist (s. Abschn. 1.5.5.) der Fall, wenn die Abgleichbedingung

$$R_2 R_3 = R_1 R_4 \tag{5.84}$$

erfüllt ist. Die Empfindlichkeit der Meßbrücke wird von der Größe des Diagonalstromes bei geringen Abweichungen von der Bedingung Gl. (5.84) bestimmt. Betrachtet man eine kleine Abweichung des Widerstandes $R_1 = R_{10} + \Delta R_1$ gegenüber dem Wert R_{10}, bei dem die Brücke nach Gl. (5.84) abgeglichen ist, und bezeichnet mit

$$\delta = \frac{\Delta R_1}{R_{10}} \tag{5.85}$$

die Verstimmung des Brückenabgleichs, dann ergibt sich nach Gl. (1.525), S. 146, im Diagonalzweig ein kleiner Strom I_5 der Größe

$$\Delta I_5|_{R_5 \to 0} = \frac{E\delta}{R_{10} + R_2 + R_3 + R_4}. \tag{5.86}$$

Dabei wurde vorausgesetzt, daß R_0 und R_5 zwecks Erreichens einer hohen Empfindlichkeit vernachlässigbar klein gehalten werden. Bezüglich der übrigen Widerstände wird die größte Empfindlichkeit mit $R_1 = R_2 = R_3 = R_4$ erreicht. Mit Gleichstrommeßbrücken lassen sich Widerstände, Zeitkonstanten und andere Größen, wie Temperatur, Druck, Längenänderung usw., als mittelbare Meßgrößen bestimmen, wenn der Meßwiderstand von diesen abhängig ist. Als Ausschlagbrücke, d. h. im nichtabgeglichenen Zustand, dient sie zur direkten Anzeige von Widerständen mit Hilfe eines in die Brückendiagonale eingeschalteten Meßinstruments.

5.5.1.1. Wheatstone-Brücke (s. Abschn. 1.5.5.2.)

Sie dient dem unmittelbaren Widerstandsvergleich. Die mit ihr erreichbare Genauigkeit wird von der Genauigkeit der Vergleichsnormale und der Empfindlichkeit des Nullindikators im Diagonalzweig der Brücke bestimmt. Die Empfindlichkeit ist so zu wählen, daß die kleinste Veränderung des Normalwiderstandes eine noch erkennbare Veränderung der Anzeige des Nullindikators hervorruft. Die Empfindlichkeit des Nullindikators muß also mit zunehmender Genauigkeit der Meßbrücke wachsen. Die größte Genauigkeit technischer Meßbrücken liegt bei 10^{-5}, ihr Meßbereichsumfang zwischen etwa 1 Ω und 10^5 Ω. Aus der Abgleichbedingung Gl. (5.84) wird mit $R_1 = R_x$ als Meßgröße

$$R_x = \frac{R_2 R_3}{R_4}. \tag{5.87}$$

R_2 ist der dekadisch gestufte veränderbare Normalwiderstand, R_3 und R_4 sind Festwiderstände, die in der Regel zur Meßbereichswahl dekadisch umschaltbar ausgeführt sind.

5.5.1.2. Thomson-Brücke

Für die Messung sehr kleiner Widerstandsbeträge im Bereich von 10^{-5} Ω bis 1 Ω verwendet man die Doppelbrücke nach *Thomson* (Bild 5.93, s. auch Abschn. 1.5.5.3.). Die Widerstände R_3 und R_5, von denen der eine den Prüfling, der andere einen Normalwiderstand der gleichen Größenordnung darstellt, sind mit Potentialklemmen ausgerüstet. Macht man in

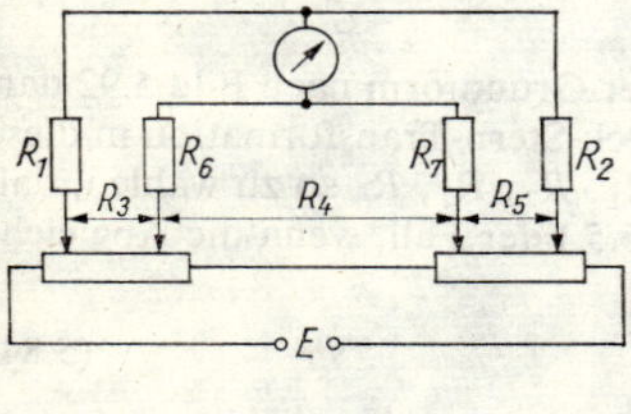

Bild 5.93
Thomson-Meßbrücke

dieser Anordnung $R_1/R_2 = R_6/R_7$, dann nimmt die Abgleichbedingung die Form

$$R_5 = \frac{R_2 R_4}{R_1} \tag{5.88}$$

an. Die Messung ist damit unbeeinflußt von den Zuleitungs- und Kontaktwiderständen. Die gleichzeitige Erfüllung der Abgleichbedingung und der Zusatzbedingung ist nur mit Hilfe von Doppelkurbelwiderständen möglich, weil eine Änderung von R_2 auch eine Änderung von R_7 erfordert.

5.5.1.3. Maxwell-Brücke

Von *Maxwell* wurde eine Meßbrücke (Bild 5.94a) zur Kapazitätsmessung angegeben, die auf der periodischen Ladung und Entladung des Prüflings über einen Widerstand beruht. Da die zeitliche Konstanz der Kondensatoren bei etwa 10^{-4} liegt, ist ihre genaue Messung nur mit Hilfe von Einheiten möglich, deren Reproduzierbarkeit möglichst eine Größenordnung höher anzusetzen ist. Das ist für die Zeit und den Widerstand der Fall.

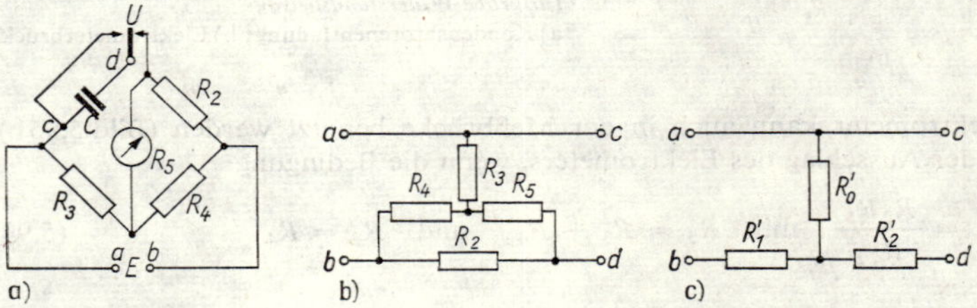

Bild 5.94. Maxwell-Brücke

a) Gesamtschaltung; b) Darstellung als Vierpol bei der Ladung des Kondensators; c) vereinfachter Vierpol nach Dreieck-Stern-Transformation

Die Ladung und Entladung des Prüflings aus der Gleichspannungsquelle E erfolgt hier über die Widerstände R_2, R_3, R_4, R_5 mit der Periode T des Umschalters U. Die Brücke stellt demnach bei der Ladung des Prüflings einen linearen Vierpol nach Bild 5.94b dar. Dieser Vierpol kann in die Form nach Bild 5.94c übergeführt werden. Hierin ist

$$R'_0 = R_3 + \frac{R_4 R_5}{R_2 + R_4 + R_5}; \quad R'_1 = \frac{R_2 R_4}{R_2 + R_4 + R_5}; \quad R'_2 = \frac{R_2 R_5}{R_2 + R_4 + R_5}. \tag{5.89}$$

Daraus ergibt sich der für die Ladung wirksame Widerstand R zu

$$R = R'_2 + \frac{R'_0 R'_1}{R'_0 + R'_1}. \tag{5.90}$$

Für die Größe der Kapazität findet man, wenn $1 \gg \exp(-T/RC)$

$$C = \frac{T}{\dfrac{R_2 R_3}{R_4} - R}. \tag{5.91}$$

Die Steuerung des Umschalters wird zweckmäßig mit Hilfe eines aus einem Normalgenerator gespeisten Synchronmotors vorgenommen. Als Nullindikator benutzt man ein spannungsempfindliches Spiegelgalvanometer mit großer Trägheit. Letztere ist wegen des großen Wechselstromanteils im Diagonalstrom zu fordern.

5.5.1.4. Elektrometerbrücke [5.58]

Für die Messung hochohmiger Widerstände kann man mit gutem Erfolg das Quadrantenelektrometer verwenden. In der Schaltung nach Bild 5.95a wird die Messung der Entladezeit eines Kondensators über den Prüfling zur Ermittlung seines Widerstandes benutzt. Wird der Kondensator auf die Spannung U aufgeladen und die Zeit t_0 seiner Entladung über den Prüfling auf die Spannung $u'_C = U/e = 0{,}368\,U$ ermittelt, dann ist

$$R = \frac{t_0}{C}. \tag{5.92}$$

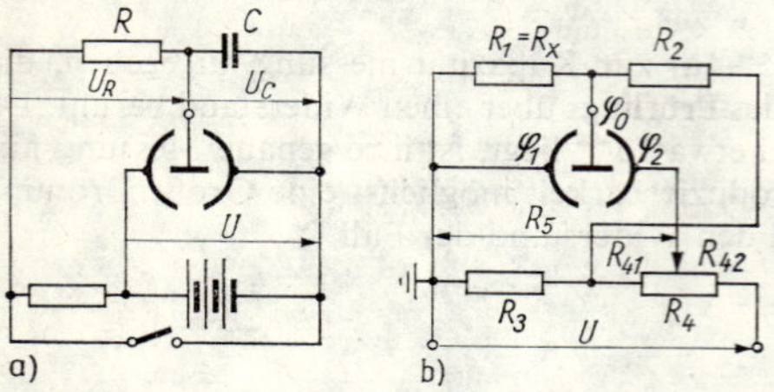

Bild 5.95
Meßschaltungen mit Quadrantenelektrometer für große Widerstandsbeträge
a) Kondensatorenentladung; b) Elektrometerbrücke

Das Quadrantenelektrometer kann auch in der Meßbrücke benutzt werden (Bild 5.95b). Hier verschwindet der Ausschlag des Elektrometers, wenn die Bedingung

$$R_1 = R_x = \frac{R_2 R_5}{R_{42}} \quad \text{mit} \quad R_5 = R_3 + R_{41} \quad \text{und} \quad R_3 = R_4 \tag{5.93}$$

erfüllt wird.
Meßanordnungen dieser Art gestatten es, Widerstände bis zu etwa $10^{12}\ \Omega$ zu messen.

5.5.2. Wechselstrommeßbrücken [5.32]

Grundsätzliches über Wechselstrombrückenschaltungen und ihre Abgleichbedingungen s. Abschn. 1.4.5.4. und Tafel 1.19, S. 148.

5.5.2.1. Allgemeines

Wechselstrombrücken können zur Bestimmung von Widerständen, Induktivitäten, Kapazitäten, Verlustwinkeln, Frequenzen, Klirrfaktoren u.a.m. verwendet werden. Bei Wechselspannung gilt die Abgleichbedingung Gl. (5.84) sinngemäß für die komplexen Widerstände $\underline{Z}$ der Brücke. Mit $\underline{Z} = R + \mathrm{j}X$ zerfällt sie in die 2 Bedingungen

$$R_2R_3 - X_2X_3 = R_1R_4 - X_1X_4, \tag{5.94}$$

$$R_2X_3 + R_3X_2 = R_1X_4 + R_4X_1. \tag{5.95}$$

Daraus ergeben sich 3 Möglichkeiten für den Brückenabgleich:

1. Veränderung von zwei Brückenelementen,
2. Veränderung eines Brückenelements,
3. Abgleich nicht möglich.

Im Fall 1 kann der Brückenabgleich je nach Wahl der Abgleichelemente konvergieren oder divergieren. Die Divergenz der Brücke und damit die praktische Undurchführbarkeit des Abgleichs tritt dann ein, wenn der Einfluß jedes Abgleichelements beide Komponenten der komplexen Diagonalspannung gleichermaßen erfaßt. Hier müssen die Widerstandswerte beider Abgleichelemente in beiden Abgleichbedingungen enthalten sein.
Im Fall 2 ist eine der beiden Abgleichbedingungen immer erfüllt.

Der Fall 3 tritt dann auf, wenn kein Betriebsfall hergestellt werden kann, der die Diagonalspannung verschwinden läßt. Hier kann man einen phasenabhängigen Nullindikator, ein Quadrantenelektrometer oder ein Dynamometer, denen ggf. Verstärker vorgeschaltet werden, verwenden. Damit ist ein Pseudoabgleich herstellbar, der dadurch gekennzeichnet ist, daß die Diagonalspannung als Meßgröße und die Brückeneingangsspannung als Bezugsgröße senkrecht aufeinander stehen.
Als Nullindikator können verwendet werden: Elektronenstrahloszillograf, Vibrationsgalvanometer (Niederfrequenztechnik), Kopfhörer (Hörbereich). Im Hochfrequenzgebiet kommen Überlagerungsempfänger und Gleichrichterinstrumente als Nullindikatoren zur Anwendung [5.32].

5.5.2.2. Induktivitätsmeßbrücken

Die Messung von Induktivitäten erfolgt meist mit Hilfe der *Maxwell-Wien-Brücke* (s. Tafel 1.19, S. 149). In der Meßtechnik verwendete Modifikationen zeigt Bild 5.96. Die Abgleichbedingungen für die Schaltung nach Bild 5.96a lauten

$$R_1 = \frac{R_2 R_3}{R_4} \quad \text{und} \quad L = R_2 R_3 C. \tag{5.96}$$

Es empfiehlt sich, als Abgleichelemente R_4 und C zu benutzen, da diese in beiden Bedingungen unabhängig voneinander sind und damit die Konvergenz und Schnelligkeit des Abgleichs begünstigen.

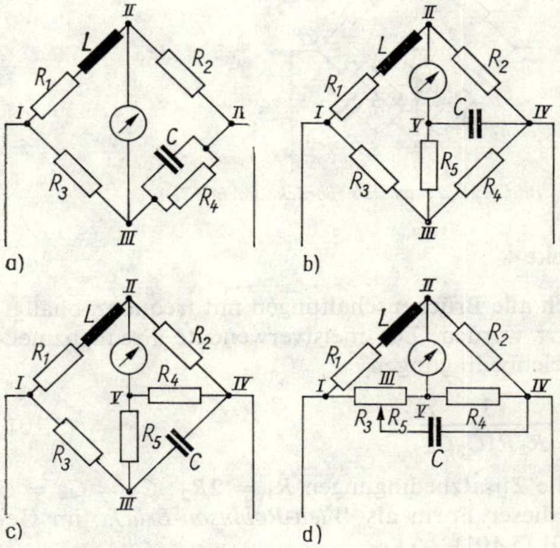

Bild 5.96
Induktivitätsmeßbrücken
a) Maxwell-Wien-Brücke;
b) Anderson-Brücke;
c) Illiovici-Brücke;
d) Gebrauchsschaltung der Illiovici-Brücke

Für die Modifikation nach *Anderson* (Bild 5.96b) lauten die Abgleichbedingungen

$$R_1 = \frac{R_2 R_3}{R_4} \quad \text{und} \quad L = C\,[R_5\,(R_1 + R_2) + R_1 R_4]. \tag{5.97}$$

Verwendet man den Widerstand R_5 für den Abgleich, dann muß L/C immer größer als $R_1 R_4$ sein, weil der Ausdruck $R_5\,(R_1 + R_2)$ keine negativen Beträge annehmen kann. Zum Typ der Anderson-Brücke gehört auch die Brücke von *Illiovici* (Bild 5.96c) mit der Gebrauchsschaltung nach Bild 5.96d. Für sie ergeben sich die Abgleichbedingungen

$$R_1 = \frac{R_2}{R_4}(R_3 + R_5), \tag{5.98}$$

$$L = CR_2R_3\left(1 + \frac{R_5}{R_3}\right). \tag{5.99}$$

Hält man $R_3 + R_5$ konstant (Bild 5.96d), dann kann man R_3 und R_4 als Abgleichelemente benutzen. Alle diese Brücken sind frequenzunabhängig, da die Betriebsfrequenz in den Abgleichbedingungen nicht enthalten ist.

5.5.2.3. Kapazitätsmeßbrücke

Aus der Fülle der möglichen Kapazitätsbrücken (s. Tafel 1.19, S.149) wird für die Meßzwecke als Kapazitätsmeßbrücke am häufigsten die einfachste Form nach Bild 5.97 verwendet. Sie erfordert nur eine Abgleichbedingung

$$C_1 = \frac{R_3}{R_4} C_2 \tag{5.100}$$

und ist frequenzunabhängig.
Eine weitere Kapazitätsmeßbrücke ist die Verlustwinkelmeßbrücke nach *Schering* (s. Abschn. 5.5.2.5.).

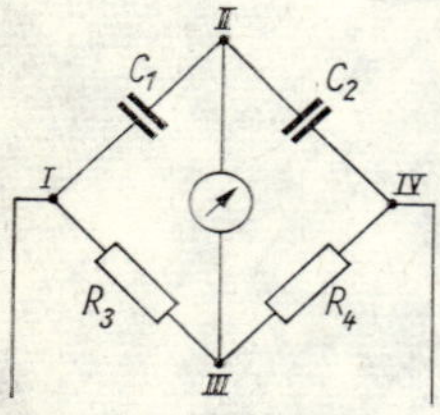

Bild 5.97. Kapazitätsmeßbrücke

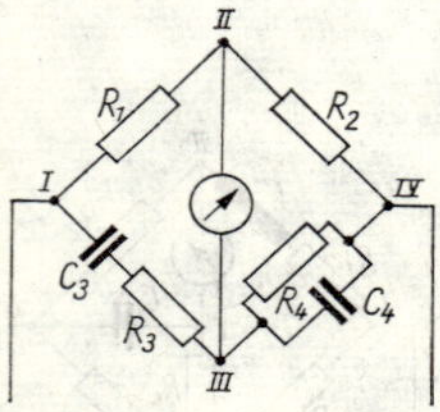

Bild 5.98. Frequenzmeßbrücke nach Wien

5.5.2.4. Frequenz- und Klirrfaktormeßbrücke

Zur Frequenzmessung können grundsätzlich alle Brückenschaltungen mit frequenzabhängigem Abgleich (s. Tafel 1.19, S.148) benutzt werden. Die meistverwendete Frequenzmeßbrücke nach *Wien* (Bild 5.98) hat die Abgleichbedingungen

$$\frac{R_1}{R_2} - \frac{R_3}{R_4} = \frac{C_4}{C_3} \quad \text{und} \quad \omega^2 = \frac{1}{R_2R_3C_3C_4}. \tag{5.101}$$

Diese Brücke wurde von ***Robinson*** durch die Zusatzbedingungen $R_1 = 2R_2$, $C_3 = C_4 = C$ und $R_3 = R_4 = R$ modifiziert und ist in dieser Form als *Wien-Robinson-Brücke* im Gebrauch. Ihre Abgleichbedingung ist nach Gl. (5.101)

$$\omega = \frac{1}{RC} \quad \text{bzw.} \quad f = \frac{1}{2\pi RC}. \tag{5.102}$$

Brücken dieser Art werden mit Meßbereichen von 30 Hz bis 100 kHz ausgeführt. Sie können auch zur Klirrfaktormessung verwendet werden. Für die Klirrfaktormessung wird die Brücke auf die Grundwelle abgeglichen und die Größe der aus den Oberwellen gebildeten Diagonalspannung gemessen. Benutzt man hierfür einen Effektivwertbildner und bezieht man den Meßwert auf den Effektivwert der Brückeneingangsspannung, dann läßt sich der Klirrfaktor direkt in Prozent angeben.

5.5.2.5. Verlustfaktormeßbrücke

Zur Messung des Verlustfaktors können grundsätzlich alle Brücken, die *RC*- bzw. *RL*-Zweige enthalten (s. Tafel 1.19, S.148), verwendet werden. Ein für die Hochspannungstechnik besonders bedeutungsvolles Meßgerät ist die *Verlustwinkelmeßbrücke* (für Dielektrika) nach *Schering*. Der Verlustwinkel eines Kondensators C beträgt, wenn man seinen Verlust-

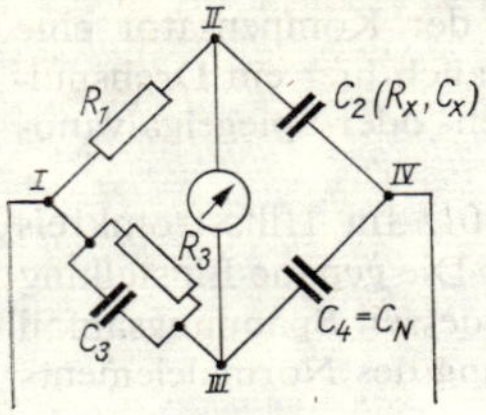

Bild 5.99
Verlustfaktormeßbrücke nach Schering

winkel R als Reihenwiderstand behandelt, $\tan\delta = \omega RC$. Ist in der Schaltung nach Bild 5.99 der Kondensator C_2 der Prüfling mit der Kapazität C_x und dem Verlustwiderstand R_x, dann findet man aus den Abgleichbedingungen (s. Tafel 1.19, S.150)

$$R_x = R_1 \frac{C_3}{C_\mathrm{N}} \quad \text{und} \quad C_x = C_\mathrm{N} \frac{R_3}{R_1}. \tag{5.103}$$

Der Normalkondensator C_N ist meist ein Preßgaskondensator. Für den Tangens des Verlustwinkels ergibt sich

$$\tan\delta = \omega R_x C_x = \omega R_3 C_3. \tag{5.104}$$

5.5.2.6. Elektrometerbrücken mit phasenabhängigem Abgleich

Das Quadrantenelektrometer läßt sich auch als Bestandteil einer Wechselstrombrücke verwenden. In der Schaltung nach Bild 5.100a liefert es zwei Brückenzweige und den phasenabhängigen Nullindikator. Wählt man für die Widerstände Z_1 und Z_2 2 gleichartige Elemente, z.B. R_1 und R_2 bzw. C_1 und C_2, dann fordert der Brückenabgleich die Betragsgleichheit dieser Elemente. Für die Schaltung nach Bild 5.100b verschwindet der Zeigeraus-

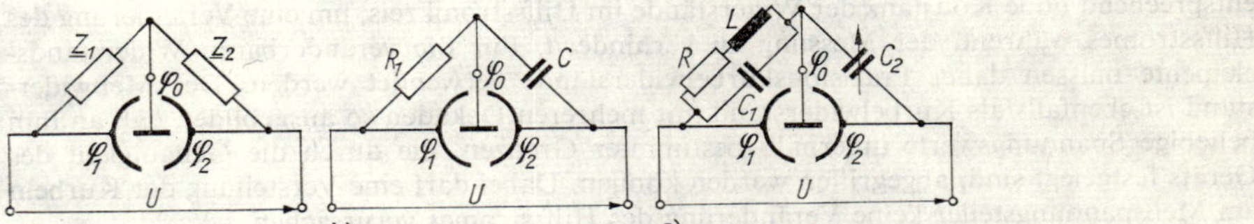

Bild 5.100. Schaltungen der Elektrometerbrücke
a) Widerstandsmessung; b) Frequenzmessung; c) Frequenzmessung mit besonders hoher Empfindlichkeit

schlag am Instrument bei $f = \frac{1}{2}\pi R_1 C$, da in diesem Fall Nadel- und Kammerspannung senkrecht aufeinander stehen. Man erhält auf diese Weise einen Frequenzmesser, dessen Empfindlichkeit durch die Schaltung nach Bild 5.100c noch erheblich gesteigert werden kann. Der Meßbereichsumfang dieses Geräts ist sehr gering, so daß es sich ganz besonders für die Kontrolle der Abweichung einer bestimmten Frequenz von ihrem Sollwert eignet.

Für die Frequenzen von 10, 15 und 20 kHz konnte bei einem Meßbereichsumfang von $\pm 2\%$ des Sollwerts mit dieser Schaltung eine Genauigkeit von $\pm 10^{-4}$ erreicht werden, auch dann, wenn die Meßgröße nur in Impulsen von 5 bis 20 ms Dauer bei einem Impulsabstand von 1 s zur Verfügung stand. Der zeitliche Aufwand für die Messung beträgt nur wenige Sekunden [5.30].

5.5.3. Kompensatoren [5.32].

5.5.3.1. Wirkungsweise

Während die Meßbrücke die innere Spannungsverteilung inaktiv ohne den Aufwand einer Spannungsquelle so ordnet, daß sich im abgeglichenen Zustand 2 Punkte gleichen Potentials ergeben bzw. für den Fall des Pseudoabgleichs die Spannung zwischen 2 Punkten eine bestimmte Phasenlage zur Brückeneingangsspannung annimmt, hat der Kompensator eine Normalspannungsquelle (Normalelement). Als Nullindikator wird auch hier ein Drehspulmeßwerk mit hoher Spannungsempfindlichkeit, z. B. ein Lichtmarken- oder Spiegelgalvanometer, benutzt.
Die Grundschaltung des Gleichstromkompensators zeigt Bild 5.101. Im Hilfsstromkreis mit dem Meßspannungsteiler R_M fließt ein Hilfsstrom $I_H = 0,1$ mA. Die genaue Einstellung des Hilfsstromes erfolgt mit Hilfe eines Normalwiderstandes R_N, dessen Spannungsabfall in der Schalterstellung *1* über den Nullindikator *G* mit der Spannung des Normalelements

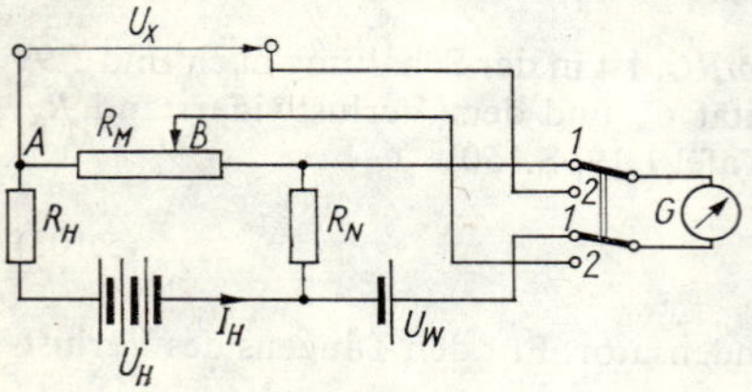

Bild 5.101
Grundschaltung des Gleichstromkompensators

verglichen wird. Um die Temperaturabhängigkeit des Normalelements auszugleichen, ist der Normalwiderstand in geringen Grenzen veränderbar ausgeführt. Dadurch kann für genaue Messungen der Spannungsabfall am Normalwiderstand bei einem Strom von 0,1 mA der Spannung des Normalelements für die jeweils gegebene Betriebstemperatur angepaßt werden.
Nach Einstellen des Hilfsstromes wird in Schalterstellung *2* die Spannung zwischen den Punkten *A* und *B* des Meßspannungsteilers R_M mit der zu messenden Spannung U_x verglichen und so lange verändert, bis Spannungsgleichheit hergestellt ist (Verschwinden des Stromes im Nullindikator). Die hohe Genauigkeit des Kompensators von 10^{-4} erfordert eine entsprechend hohe Konstanz der Widerstände im Hilfsstromkreis, um eine Veränderung des Hilfsstromes während der Messung zu verhindern. Für die veränderbaren Widerstandselemente müssen daher Präzisionskurbelwiderstände verwendet werden. Der Meßwiderstand ist ebenfalls als Kurbelwiderstand mit mehreren Dekaden so ausgebildet, daß an ihm beliebige Spannungswerte innerhalb bestimmter Grenzen, die durch die Genauigkeit des Geräts festgelegt sind, abgegriffen werden können. Dabei darf eine Verstellung der Kurbeln am Meßspannungsteiler keine Veränderung des Hilfsstromes verursachen.
Für den komplexen Kompensator der Wechselstromtechnik ist der Abgleichzustand an die Messung zweier orthogonaler Spannungskomponenten gebunden. Als Nullindikator wird ein Vibrationsgalvanometer benutzt.

5.5.3.2. Gleichstromkompensatoren

Der Kompensator nach *Feußner* (Bild 5.102a) stellt die Konstanz des Hilfsstromes I_H bei Veränderung der Einstellung des Meßwiderstandes durch die Einführung von Ausgleichwiderständen her. $R_M + R'_M$ sind unabhängig von der Kurbelstellung konstant. Für die mittleren Widerstände sind Doppelkurbeln erforderlich. Um die unvermeidlichen Betragsstreuungen zwischen Meß- und Ausgleichwiderständen möglichst wirkungslos zu machen, werden Widerstandsdekaden mit den kleinsten Beträgen vorgesehen.

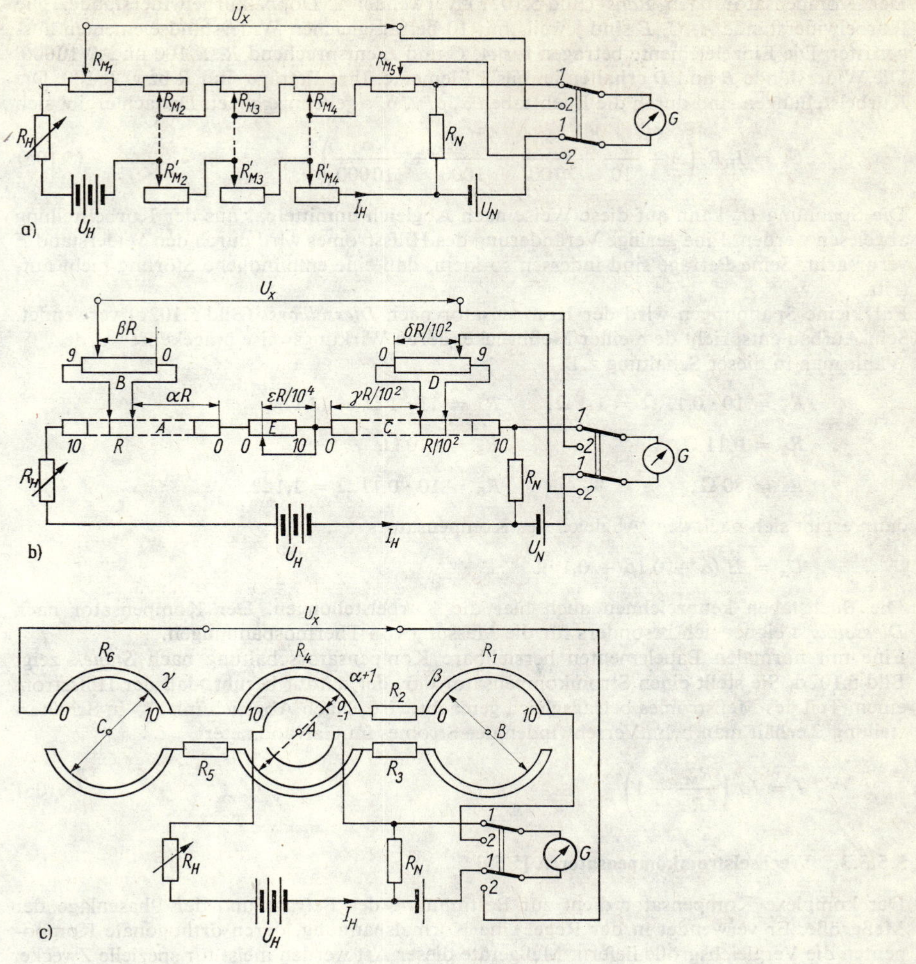

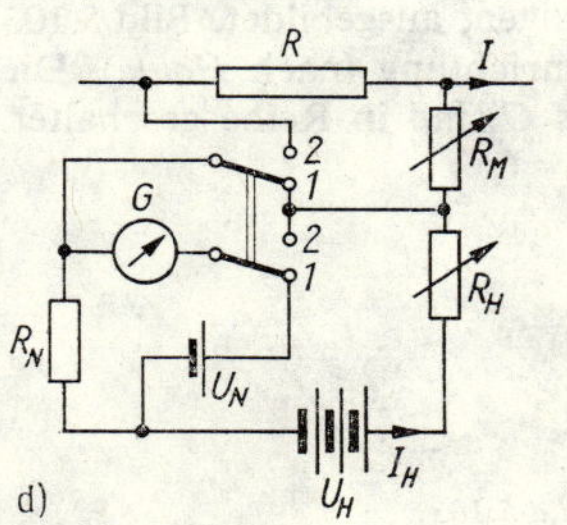

Bild 5.102
Gleichstromkompensatoren

a) nach *Feußner*; b) nach *Raps*; c) nach *Diesselhorst*;
d) nach *Stanek*

Der Kompensator nach *Raps* (Bild 5.102b) verwendet 2 Doppelkurbelwiderstände. Die Kurbelwiderstände A, C, E sind jeweils mit 10 betragsgleichen Widerstandselementen ausgerüstet. Die Einzelelemente betragen für A, C und E entsprechend R, $R/100$ und $R/10000$. Die Widerstände B und D erhalten jeweils 9 Elemente. Ihre Beträge sind R bzw. $R/100$. Die Kurbelstellungen sind durch die Buchstaben α, β, γ, δ, ε gekennzeichnet. Danach ergibt sich

$$U_x = I_H R \left(\alpha + \frac{\beta}{10} + \frac{\gamma}{100} + \frac{\delta}{1000} + \frac{\varepsilon}{10000}\right). \tag{5.105}$$

Die Spannung U_x kann auf diese Weise nach Abgleich unmittelbar aus der Kurbelstellung abgelesen werden. Eine geringe Veränderung des Hilfsstromes wird durch den Widerstand E verursacht. Seine Beträge sind indessen so klein, daß eine empfindliche Störung nicht auftritt.

Für kleine Spannungen wird der Kompensator nach *Diesselhorst* (Bild 5.102c) verwendet. Sein Aufbau entspricht dem einer Meßbrücke, deren Wirkungsweise umgekehrt wurde. Wählt man in dieser Schaltung z.B.

$$R_1 = 10 \cdot 0{,}11\,\Omega = 1{,}1\,\Omega, \qquad R_4 = 11 \cdot 1\,\Omega = 11\,\Omega,$$

$$R_2 = 0{,}11\,\Omega, \qquad R_5 = 910\,\Omega,$$

$$R_3 = 80\,\Omega, \qquad R_6 = 10 \cdot 0{,}11\,\Omega = 1{,}1\,\Omega,$$

dann ergibt sich nach dem Abgleich des Kompensators

$$U_x = H(\alpha + 0{,}1\beta + 0{,}1\gamma).$$

Die Buchstaben kennzeichnen auch hier die Kurbelstellungen. Der Kompensator nach *Diesselhorst* eignet sich besonders für die Messung von Thermospannungen.

Eine mit normalen Bauelementen herstellbare Kompensatorschaltung nach *Stanek* zeigt Bild 5.102d. Sie stellt einen Stromkompensator dar, der darauf beruht, daß der Hilfsstrom einem Teil des Meßstromes betragsgleich gemacht wird. Nach Abgleich mit R_M in Schalterstellung *2* erhält man beim Verschwinden des Stromes im Galvanometer

$$I = I_H \left(\frac{R_M}{R} + 1\right). \tag{5.106}$$

5.5.3.3. Wechselstromkompensatoren [5 59]

Der komplexe Kompensator dient zur Bestimmung des Betrags und der Phasenlage der Meßgröße. Er verwendet in der Regel eine Normalspannung, deren orthogonale Komponenten die Vergleichsgröße liefern. Meßgeräte dieser Art werden meist für spezielle Zwecke, z.B. als Stromwandler- oder Spannungswandler-Prüfeinrichtungen, ausgebildet. Bild 5.103 zeigt die grundsätzliche Schaltung einer Stromwandler-Prüfeinrichtung (nach *Hohle*). Die Primärwicklungen eines Normalwandlers N und des Prüflings C sind in Reihe geschaltet.

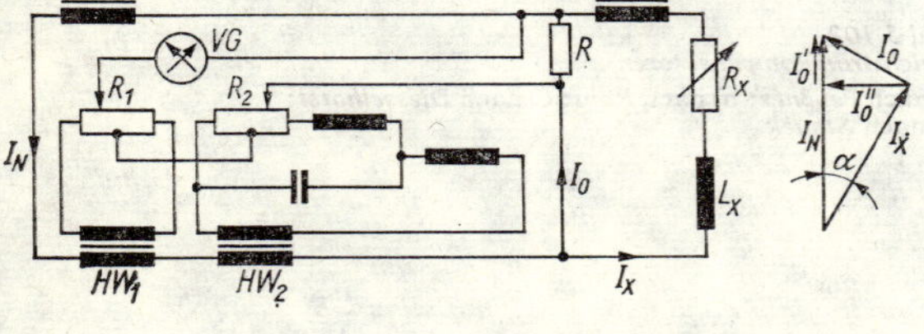

Bild 5.103
Komplexer Kompensator nach Hohle

Ihre Sekundärströme I_N und I_X werden einem Widerstand R derart zugeführt, daß sie in ihm entgegengesetzte Richtung haben, wie dies im Zeigerdiagramm dargestellt ist. Über 2 Hilfswandler HW_1 und HW_2 werden aus dem Strom I_N zwei aufeinander senkrecht stehende Spannungen gewonnen, deren Beträge über die Widerstände R_1 und R_2 verändert werden können. Beide Spannungen sind in Reihe geschaltet und werden über das Vibrationsgalvanometer VG mit dem Spannungsabfall, den der Differenzstrom I_0 aus I_N und I_X im Widerstand R verursacht, verglichen. Als sekundäre Bürde für den Prüfling sind die veränderbaren Widerstände R_x und L_x vorgesehen. Sind die Übersetzungsverhältnisse der Hilfswandler gleich groß und gleich $ü$, dann findet man für den Winkel- und Betragsfehler des Prüflings folgende Werte:

$$\tan\alpha = \frac{ü}{R} R_2 = KR_2 \quad \text{und} \quad \Delta I = \frac{ü}{R} R_1 = KR_1. \tag{5.107}$$

Die Widerstände R_1 und R_2 können demnach in Einheiten der ihnen zugeordneten Meßgrößen kalibriert werden.

Von *Rump* wurde ein Wechselstromkompensator angegeben [5.60], der von *Stanek* modifiziert wurde (Bild 5.104). Er vergleicht die Spannung eines Normalelements mit Hilfe eines Thermoumformers mit einer Wechselspannung, die aus der Meßgröße gewonnen wird. Der Kompensator ist also mit einem Wechselstromnormal vergleichbar, mit dessen Hilfe die Beträge von Wechselströmen oder Wechselspannungen ermittelt werden können. In der

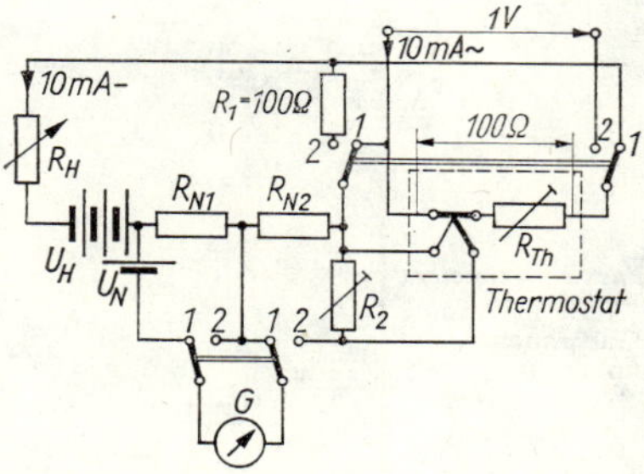

Bild 5.104
Wechselstromkompensator mit Thermoumformer

Schalterstellung *1* beider Umschalter wird der Hilfsstrom mit Hilfe des Widerstandes R_H auf seinen Nennwert von 10 mA gebracht. Er durchfließt dabei den Heizdraht des Thermoumformers, dessen Widerstand mit Hilfe eines einstellbaren Zusatzwiderstandes auf genau 100 Ω ergänzt ist. Die am Normalwiderstand R_{N1} auftretende Gleichspannung wird mit der des Normalelements U_N über das Galvanometer G verglichen, dessen Ausschlag verschwindet, wenn der Hilfsstrom den geforderten Betrag von 10 mA erreicht hat. Dabei tritt am Thermoelement eine Gleichspannung auf, deren Betrag mit Hilfe des Widerstandes R_2 so eingestellt werden kann, daß sie dem Spannungsabfall am Normalwiderstand R_{N2} beim Nennwert des Hilfsstromes gleichkommt, was mit Hilfe des Galvanometers in Stellung *2* des Galvanometerumschalters festgestellt werden kann. Nach der Einstellung der Hilfsgrößen wird der Meßumschalter in Stellung *2* gebracht. Dadurch wird der Widerstand des Thermoumformers durch den Widerstand R_1 von 100 Ω ersetzt und der Kompensator an die Meßklemmen geschaltet. Bei einem Meßstrom von 10 mA liegt eine Spannung von 1 V an den Klemmen des Kompensators. Dabei verschwindet der Galvanometerausschlag in Schalterstellung *2* seines Umschalters. Die vom Kompensator geforderten Eingangsgrößen können aus dem Prüfling mit Hilfe reeller Widerstände gewonnen und aus deren Beträgen der Betrag des Prüflings bestimmt werden. Um äußere Temperatureinflüsse weitgehend auszuschalten, ist der Thermoumformer in einem Thermostaten untergebracht.

Eine gewisse Schwierigkeit ergibt sich aus der Notwendigkeit der Bereitstellung einer hinreichend konstanten Wechselspannung. Sie kann z.B. aus der Kombination von Synchronmotor und Wechselstromgenerator gewonnen werden, dessen Erregung einer Akkumulatorenbatterie entnommen wird.

Technische Daten eines Wechselstromkompensators nach *Rump* (VEB Meßtechnik Mellenbach) sind beispielsweise:

Meßbereich	1 bis 1000 V; 10 mA bis 6,2 A;
Meßunsicherheit	±0,05% bei 0 bis 10 kHz;
Meßbereichserweiterung	durch äußeren Stromwandler oder Präzisionswiderstand.

5.5.4. Meßgeräte für magnetische Größen

5.5.4.1. Koerzimeter

Für die Messung der Koerzitivkraft kann eine beliebig geformte, bis zu ihrer Sättigung vormagnetisierte Probe verwendet werden. Bringt man diese Probe in das axiale Feld einer langen Zylinderspule (Bild 5.105), so verschwindet die durch sie verursachte Feldstörung in der Spule mit ihrer Magnetisierung. Eine in axialer Richtung bewegte Testspule weist in diesem

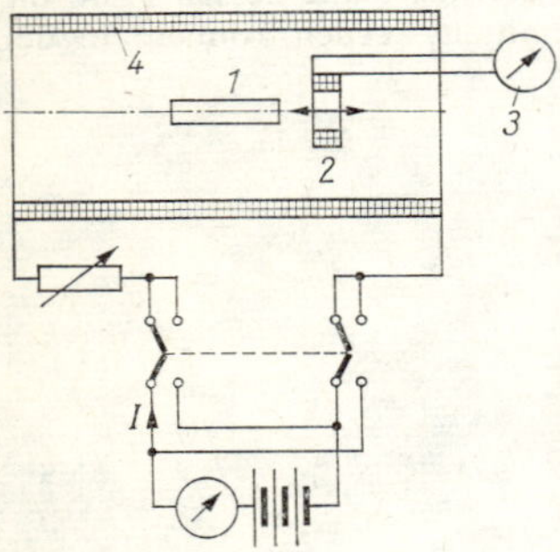

Bild 5.105
Grundsätzlicher Aufbau eines Koerzimeters mit langer Zylinderspule
1 Probe; *2* Testspule; *3* Galvanometer; *4* Zylinderspule; *5* Polwender

Fall keine Spannung auf. Die Magnetisierungskoerzitivkraft $_IH_C$ ist in diesem Fall gleich der magnetischen Feldstärke in der Mitte der Zylinderspule. Sie kann aus den Abmessungen, der Windungszahl und dem Erregerstrom errechnet bzw. mit Hilfe einer Spule auf ballistischem Wege gemessen werden.

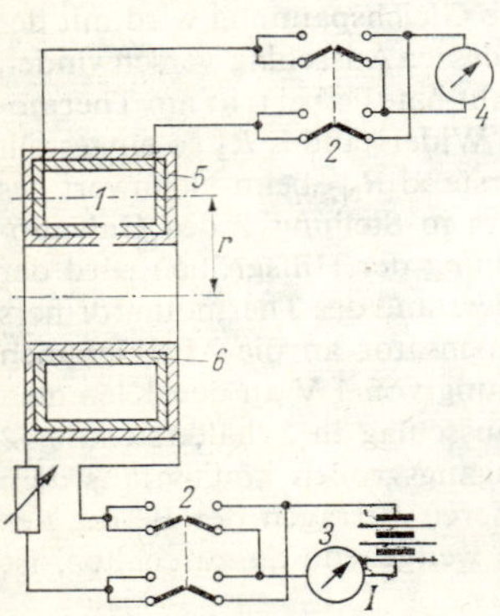

Bild 5.106
Ringförmige Probe zur Aufnahme der magnetischen Kennlinie mit Hilfe des ballistischen Verfahrens
1 Probe; *2* Polwender; *3* Strommesser für die Erregung; *4* ballistisches Galvanometer; *5* Erregerwicklung; *6* Meßwicklung; *r* Ringradius

5.5.4.2. Ballistische Meßgeräte

Zur Aufnahme der Magnetisierungskennlinie magnetisch weicher Werkstoffe verwendet man häufig einen Ringkern, der mit 2 Wicklungen versehen ist (Bild 5.106). Eine der beiden Wicklungen dient der Magnetisierung des Kerns, die andere zum Messen der bei Änderung der Magnetisierung auftretenden Spannungen bzw. Ladungen. Legt man an diese Wicklung ein ballistisches Galvanometer, dann ist die von ihm angezeigte Ladung $Q = C_b \gamma_{max}$. Für die mit einer Änderung des Erregerstromes verbundene Änderung der magnetischen Induktion B in der Probe und für die in ihr wirksame magnetische Feldstärke H ergeben sich

$$\Delta B = \frac{R}{w_2 A} Q, \tag{5.108}$$

$$\Delta H = \frac{\Delta I w_1}{2\pi r}; \tag{5.109}$$

R Widerstand des Meßkreises einschließlich Galvanometer,
w_2 sekundäre Windungszahl,
A Querschnitt der Probe,
w_1 Windungszahl der Erregerwicklung der Probe,
ΔI Änderung des Erregerstromes,
r mittlerer Radius des Ringkerns.

Die Aufnahme der Kennlinie erfolgt schrittweise.

Das ballistische Verfahren wird auch im *Neumann-Joch* (Bild 5.107) angewendet, einem magnetischen Kreis aus hochpermeablem Eisen, der mit Hilfe der Probe geschlossen und von einem Spulenpaar magnetisiert wird. Da hier die wirksame magnetische Feldstärke nicht errechnet werden kann, muß zu ihrer Ermittlung ein magnetischer Spannungsmesser verwendet werden. Dieser besteht aus einer langgestreckten Spule *(Rogowski-Spule)*, die auf

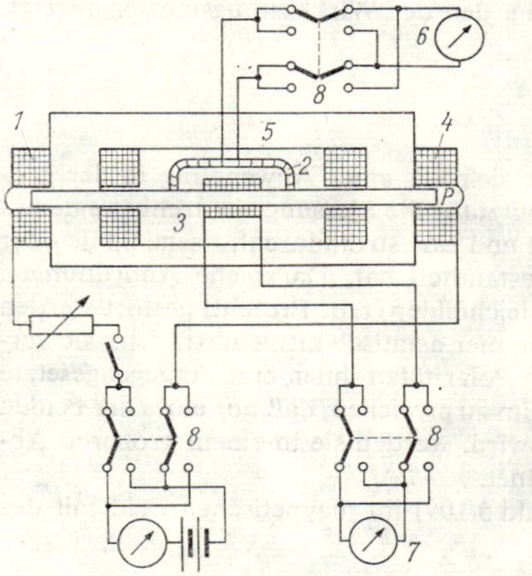

Bild 5.107
Neumann-Joch zur Aufnahme magnetischer Kennlinien
1 Probestab; *2* magnetischer Spannungsmesser; *3* Induktionsspule; *4* Erregerspule; *5* Joch; *6*, *7* ballistische Galvanometer; *8* Polwender

einen biegsamen Stoff (Leder oder Plast) gewickelt ist und deren Enden die Oberfläche der Probe an den Punkten berühren, zwischen denen die magnetische Spannung (Linienintegral der Feldstärke) ermittelt werden soll. Die Probe selbst wird zum Messen der magnetischen Induktion mit einer Meßspule versehen. Zur Messung der magnetischen Spannung wird die Spule des magnetischen Spannungsmessers von der magnetisierten Probe abgezogen und die Ladung gemessen, die dabei über das an sie angeschlossene ballistische Galvanometer fließt. Für die magnetische Feldstärke ergibt sich unter der Annahme, daß sie über die Länge konstant ist,

$$H = \frac{R}{\mu_0 w A l_{12}} Q; \tag{5.110}$$

w Windungszahl,
A Querschnitt der Rogowski-Spule,
R Widerstand des Meßkreises,
l_{12} Abstand der Meßpunkte auf der Probe.

Man ordnet die Spannungsmesserspule so an, daß sie die Induktionsmeßspule umfaßt, d.h., daß ihre Enden auf beiden Seiten dieser Spule auf der Probe ruhen. Das Verfahren der magnetischen Spannungsmessung benutzt den stetigen Übergang der Tangentialkomponente der magnetischen Feldstärke von einem Medium in das andere.

5.5.4.3. Epstein-Apparat

Die Ermittlung der spezifischen Verluste erfolgt für Eisenbleche bei sinusförmiger Erregung und Maximalwerten der magnetischen Induktion von 1 und 1,5T im Epstein-Apparat. Die Probe soll eine Masse von 10 kg haben und aus 4 stabförmig gestapelten Blechpaketen bestehen, deren Länge 500 mm und deren Breite 30 mm beträgt. Die Streifen für diese Proben sind aus mindestens 4 Blechtafeln zu entnehmen, wobei je eine Hälfte parallel und senkrecht zur Walzrichtung orientiert sein muß (Texturbleche werden nur in Vorzugsrichtung gemessen). Diese Proben werden in 4 Spulen untergebracht und so miteinander verbunden, daß der magnetische Widerstand an den Übergangsstellen einen möglichst geringen Wert hat. Um die Kupferverluste der Spule bei der Messung nicht zu erfassen, sind den Erregerspulen sekundäre Wicklungen zugeordnet, denen die Spannung für den Spannungsmesser und den Wirkleistungsmesser entnommen wird (Bild 5.108). Wegen des hohen Blindleistungsanteils empfiehlt es sich, als Wirkleistungsmesser ein Lichtmarkeninstrument mit Spannbandaufhängung zu wählen. Genaue Messungen erfordern die Berücksichtigung des Leistungsbedarfs des Spannungsmessers, der von dem Betrag, den der Wirkleistungsmesser anzeigt, abzusetzen ist.

5.5.4.4. Magnetometer

Der technische Gebrauch des Magnetometers hat sich aus einer Anwendung in der geomagnetischen Vermessungskunde entwickelt. Es benutzt für die Messung ein drehbewegliches Organ, das meist an einem Bändchen aufgehängt ist und eine stromdurchflossene Spule oder einen kleinen Dauermagneten als wesentlichen Bestandteil hat. Da solche Anordnungen außerordentlich stark durch äußere magnetische Gleichfelder (z.B. Erdfeld) gestört werden können, sind moderne Magnetometersysteme fast immer astatisch ausgeführt, d.h., sie verwenden 2 gleichartige magnetische Elemente, deren Polaritäten ihnen eine entgegengesetzte Wirkungsrichtung bei gleichem Betrag vermitteln. Um zu erreichen, daß nur eines der beiden Systeme den Wirkungen der Meßgröße ausgesetzt wird, werden sie in einem größeren Abstand voneinander mit starrer Verbindung angeordnet.
Das auf eine stromdurchflossene Drahtschleife (Bild 5.109) im magnetischen Feld mit der Feldstärke H ausgeübte Drehmoment M_d ist

$$M_d = \mu H I \cdot 2rl = \mu H I A \quad \text{mit} \quad A = 2rl. \tag{5.111}$$

In vektorieller Form gilt

$$\boldsymbol{M}_d = \boldsymbol{m} \times \boldsymbol{H} \quad \text{mit} \quad |\boldsymbol{m}| = \mu I A. \tag{5.112}$$

Der Vektor $\boldsymbol{m}$ bezeichnet das magnetische Moment der Drahtschleife. Seine Richtung senkrecht zur Fläche ergibt sich aus dem Umlaufsinn des elektrischen Stromes (Rechtssystem).

Wie aus den Gln. (5.111) und (5.112) hervorgeht, bestimmt sich das an einem magnetischen Dipol auftretende Drehmoment aus der auf ihn einwirkenden magnetischen Feldstärke und seinem magnetischen Moment. Ist das magnetische Moment bekannt, kann das Magnetometer unmittelbar zum Messen der magnetischen Feldstärke verwendet werden. Seine hohe Empfindlichkeit macht es besonders für die Messung kleiner Koerzitivkräfte geeignet [5.61] [5.62].

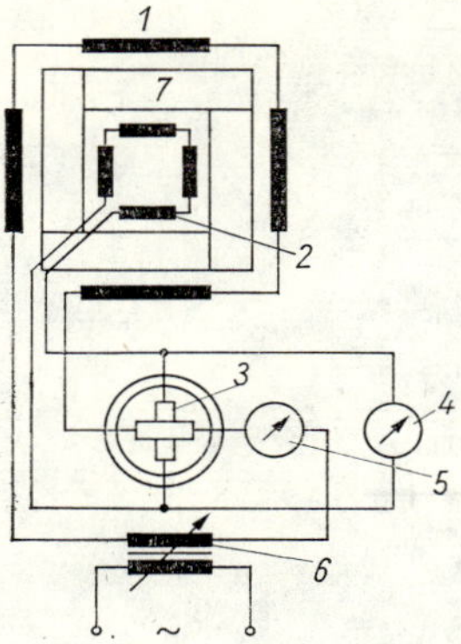

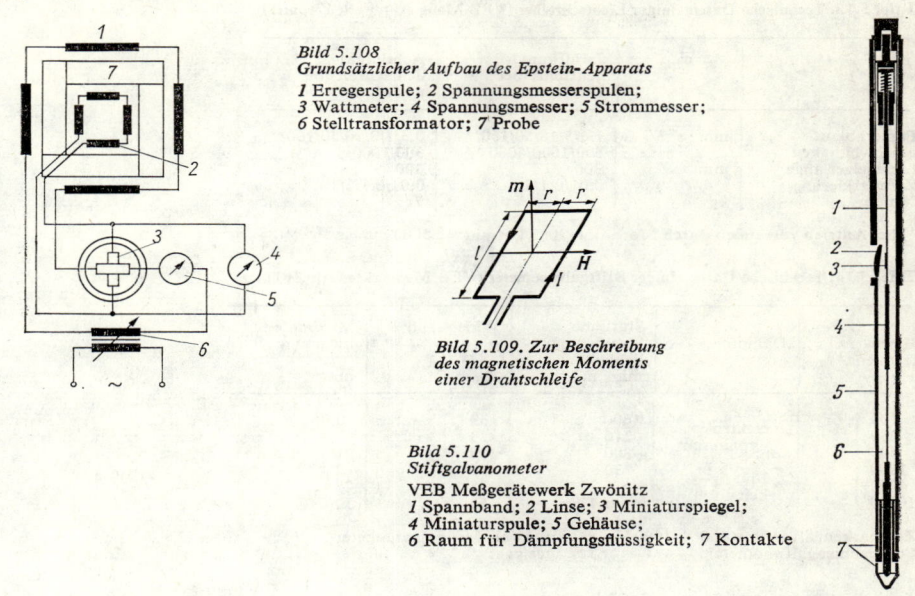

Bild 5.108
Grundsätzlicher Aufbau des Epstein-Apparats
1 Erregerspule; *2* Spannungsmesserspulen; *3* Wattmeter; *4* Spannungsmesser; *5* Strommesser; *6* Stelltransformator; *7* Probe

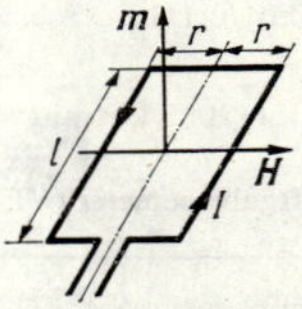

Bild 5.109. Zur Beschreibung des magnetischen Moments einer Drahtschleife

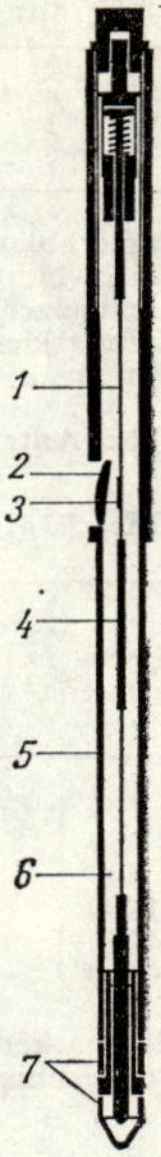

Bild 5.110
Stiftgalvanometer
VEB Meßgerätewerk Zwönitz
1 Spannband; *2* Linse; *3* Miniaturspiegel; *4* Miniaturspule; *5* Gehäuse; *6* Raum für Dämpfungsflüssigkeit; *7* Kontakte

5.5.4.5. Hall-Generatoren

Der Hall-Effekt (s. Abschnitte 3.4.4.2. und 6.2.1.5.) kann zum Messen des magnetischen Feldes verwendet werden, da die entstehende Hall-Spannung U_H [vgl. Gl. (3.245), S. 523] der magnetischen Induktion proportional ist.
Hierbei sind die geringen Abmessungen des Testkörpers vorteilhaft. Die Leiterplatten haben in der Regel eine Größe von 3×10 bis 10×15 mm^2 bei einer Dicke von etwa 0,1 mm (Materialien s. Abschn. 6.2.1.5.). Die Ströme betragen etwa 0,1 bis 0,5 A. Mit einer magnetischen Induktion von 1T lassen sich an den Hilfselektroden Hall-Spannungen von 0,1 bis 0,4 V gewinnen.

5.5.5. Lichtstrahloszillograf

Lichtstrahloszillografen werden zum Aufzeichnen schnellveränderlicher Vorgänge verwendet. Sie haben eine Reihe (häufig 8 oder 12) von auswechselbaren Drehspulmeßwerken verschiedener Empfindlichkeiten zur gleichzeitigen Aufnahme verschiedener Vorgänge. Damit die Meßwerte den zeitlichen Änderungen der Meßgröße weitgehend fehlerfrei folgen können, sind ihre beweglichen Organe trägheitsarm ausgebildet und für die Verwendung in den Bereichen hoher Frequenzen auf Drahtschleifen reduziert („Stiftgalvanometer").
Meßwertanzeige und -registrierung erfolgen auf optischem Wege. Die beweglichen Organe der Meßwerke tragen einen Spiegel (Bild 5.110), der einen Lichtzeiger auf lichtempfindliches Registrierpapier lenkt, z. T. auf direktschwärzendes Spezialpapier. Die Ablaufgeschwindigkeit

des Registrierpapiers ist in weiten Grenzen einstellbar (s. Abschn. 5.3.4.3.). Die Dämpfung der Meßwerke erfolgt durch eine Dämpfungsflüssigkeit oder elektrodynamisch. Das magnetische Feld für die Meßwerke wird häufig im geschlossenen äußeren Kreis eines Dauermagneten bereitgestellt.
Die technischen Daten einiger Geräte sind in den Tafeln 5.13 und 5.14 angegeben.

Tafel 5.13. Technische Daten einiger Lichtschreiber (VEB Meßgerätewerk Zwönitz)

		Zwölfkanal-lichtschreiber 12 LS-1	Achtkanal-lichtschreiber 8 LS-1
Papierablauf-geschwindigkeit	$mm \cdot s^{-1}$	1,6/5/16/50/160/500/1600/4000	0,3/1/3/10/30/100/300/1000[1])
Lichtzeigerlänge	mm	300	300
Zeitmarkierung	s	0,01/0,1/1	0,01/0,1/1/10
Masse	kg	30	7

[1]) bei Antrieb von außen durch Motor mit 3000 $U \cdot min^{-1}$: 5000 $mm \cdot s^{-1}$

Tafel 5.14. Technische Daten einiger Stiftgalvanometer (VEB Meßgerätewerk Zwönitz)

Eigen-frequenz Hz	Dämpfungs-art	Statische Stromempfind-lichkeit $mm \cdot mA^{-1}$	Widerstand ± 10% Ω	Maximale Belastung mA
100	elektro-dynamisch	1600	39	0,05
250	elektro-dynamisch	210	33	0,4
400	elektro-dynamisch	300	118	1
1000	Flüssig-keit	30	36	2
4000	Flüssig-keit	1,2	38	25
10000	Flüssig-keit	0,4	55	50

Zeitmarkengalvanometer 0 ··· 1000 Hz }
Bezugsliniengalvanometer } nicht als Meßgalvanometer geeignet

5.5.6. Mechanisch-elektrische Verstärker

Die Notwendigkeit, Meßgrößen zu registrieren oder zum Ausgangspunkt von Steuer- oder Regelprozessen zu machen, erfordert meist eine Verstärkung. Auf dem Gebiet der mechanisch-elektrischen Verstärker entstanden diskontinuierliche Verstärker von der Form der Fallbügelschreiber und Kompensografen sowie die kontinuierlich arbeitenden mechanisch-elektrischen Kompensationsverstärker mit ihren besonders günstigen meßtechnischen Eigenschaften, wie

- weitgehende Unabhängigkeit ihres elektrischen Verstärkungsfaktors von äußeren Einflüssen und Hilfsspannungen;
- hohe elektrische Empfindlichkeit, die ihren Einsatz immer mehr in jene Bereiche vordringen läßt, die bisher ausschließlich vom Spiegelgalvanometer beherrscht wurden;
- geringe Belastung der Meßgröße (Strom oder Spannung) nach dem Ablauf des Einschwingvorgangs als Folge des Kompensationsprinzips.

5.5.6.1. Kompensografen

Der Kompensograf bedient sich meist einer Wheatstone-Brücke zur Meßwertbildung oder zur Erzeugung einer Vergleichsspannung als Kompensationsgröße zur Meßgröße. Im letzten Fall bedarf die Brücke einer konstanten Eingangsspannung für die Erzeugung eines Referenzwertes.
Die Grundlage liefert ein Nullgalvanometer, dessen Zeigerlage rhythmisch von einem Fallbügel abgetastet wird. Bei Abweichungen der Galvanometeranzeige von der Nullage wird

beim Abtastvorgang einer von 2 Verstellhebeln betätigt, die mechanisch mit dem Schleifkontakt eines Potentiometerwiderstandes (Teil der Meßbrücke) verbunden sind. Von den Verstellhebeln wird der Schleifkontakt im Sinne des Brückenabgleichs verschoben. Gleichzeitig mit dieser Verstellung wird der Markierungszeiger für den Meßwert und im Fall seiner Registrierung der Schreibmechanismus verstellt. Auf diese Weise entsteht eine Meßwertaufzeichnung mit sprunghafter Anzeigeveränderung im Rhythmus der Abtastvorgänge.
Moderne Entwicklungen verwenden elektronische Bauelemente. Die Schaltung eines solchen *Motorkompensators* zeigt Bild 5.111. Ist der Meßwert eine Spannung U_x oder ein Strom I_x, der über einen Widerstand R nach Bild 5.111a in eine Spannung umgewandelt wird, so setzt

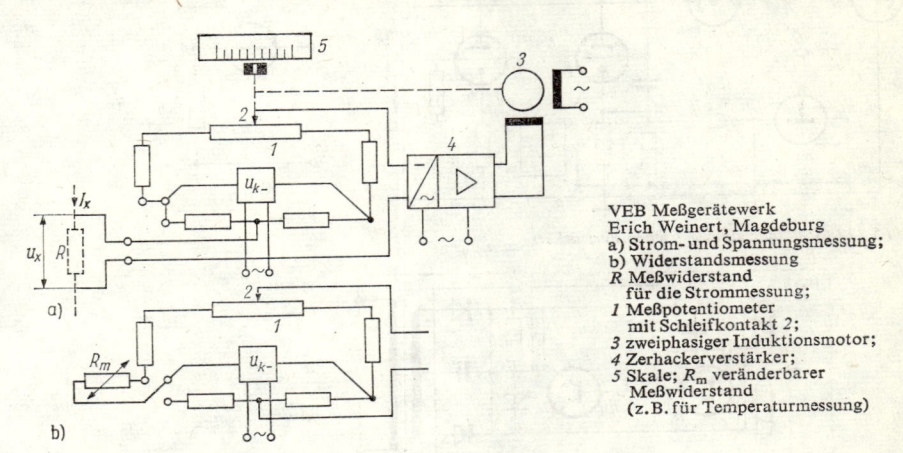

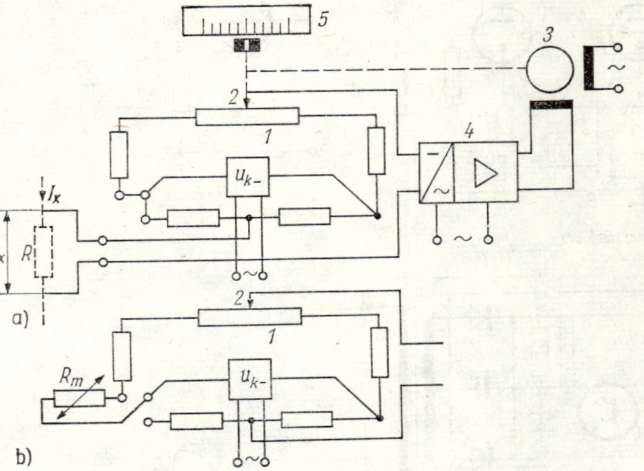

VEB Meßgerätewerk
Erich Weinert, Magdeburg
a) Strom- und Spannungsmessung;
b) Widerstandsmessung
R Meßwiderstand für die Strommessung;
1 Meßpotentiometer mit Schleifkontakt *2*;
3 zweiphasiger Induktionsmotor;
4 Zerhackerverstärker;
5 Skale; R_m veränderbarer Meßwiderstand (z.B. für Temperaturmessung)

Bild 5.111. Prinzipschaltbild des Motorkompensators

sich diese mit der Diagonalspannung der Wheatstone-Brücke zusammen. Die Spannungssumme wird dem Zerhackerverstärker *4* zugeführt. In seinem Ausgang liegt eine der beiden Erregerspulen eines zweiphasigen Induktionsmotors *3*, der im Fall der Erregung beider Spulen ein Drehmoment liefert und den Schleifkontakt *2* des Potentiometers *1* im Sinne der Kompensation der Meßgröße sowie die Anzeigeorgane des Meßgerätes so lange verstellt, bis die Brückenausgangsspannung und die Meßgröße übereinstimmen und damit der Kompensationszustand eingetreten ist. In diesem Fall verschwindet die dem Zerhackerverstärker zugeführte Spannung und mit ihr das Drehmoment des Verstellmotors. Meßgröße und Anzeigewert stehen, unter der Voraussetzung einer konstanten Brückeneingangsspannung U_k, in einem reproduzierbaren gesetzmäßigen Zusammenhang. Die Spannung U_k ist stabilisiert (s. Abschnitt 5.3.9.2.).
Wird die Meßgröße aus einem veränderbaren Widerstand gewonnen (z.B. einem Widerstandsthermometer), dann arbeitet der Motorkompensator nach der Schaltung im Bild 5.111b. Hier vollzieht die Brücke bei jeder Veränderung der Meßgröße R_m den Selbstabgleich und damit die Einstellung des neuen Anzeigewertes.

Der genannte Motorkompensator hat folgende Meßeigenschaften:

Fehlergrenzen	±0,25% des Meßbereiches, jedoch nicht kleiner als ±0,01 mV bzw. ±0,05 μA bzw. $\pm 25{,}10^{-3}$ Ω;
Ansprechwert	<0,1% des Meßbereiches, bei Geräten mit elektrischer Signaleinrichtung am Schaltpunkt 0,4%;
Registriergenauigkeit	±0,5%;
kleinste Meßbereiche	1 mV bzw. 5 Ω bzw. 10 μA;
größte Meßbereiche	300 mV bzw. 500 Ω bzw. 1 A;
Skalenlänge	250 mm.

5.5.6.2. Kontinuierlich arbeitende Kompensationsverstärker

Die Prinzipien des kontinuierlich arbeitenden mechanisch-elektrischen Verstärkers für Gleichspannung auf der Grundlage des Kompensationsverfahrens wurden von *Schützler* angegeben. Verwendet wird ein Drehspulmeßwerk, dessen Ausschlag eine Meßschaltung verändert. Die von ihr gelieferte Spannung oder ein Teil derselben wird zur Kompensation der Meßgröße benutzt. Für den Fall der Richtkraftlosigkeit des Meßwerks ist die Verstär-

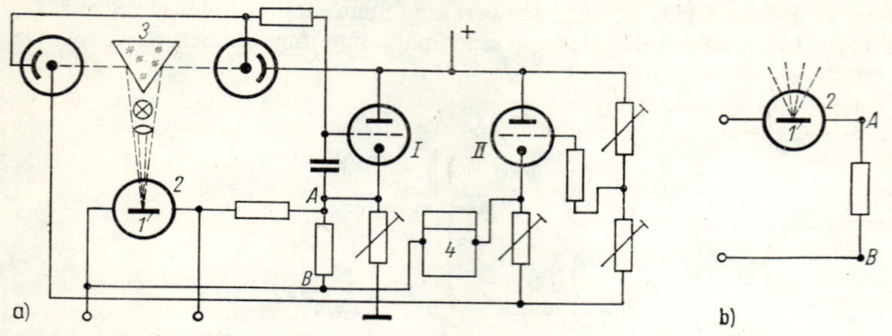

Bild 5.112. Schaltung eines optischen Verstärkers

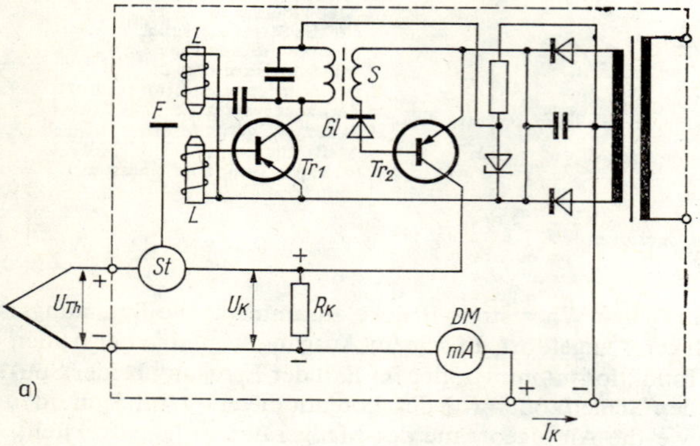

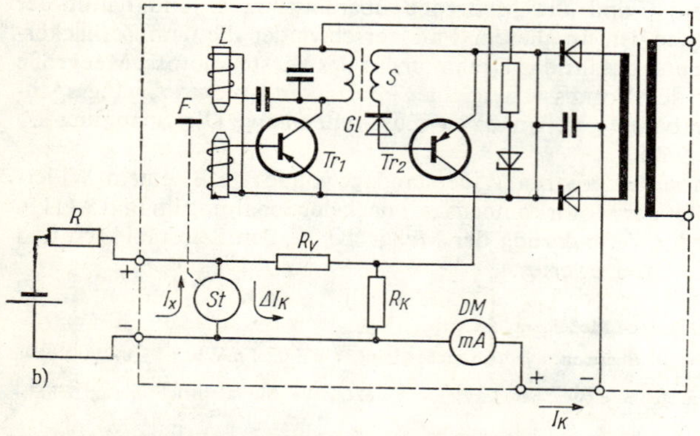

Bild 5.113. Schaltung des mechanisch-elektrischen Kompensationsverstärkers
VEB Meßgerätewerk Erich Weinert, Magdeburg
a) Spannungskompensation; b) Stromkompensation

kung in weiten Bereichen unabhängig von äußeren mechanischen oder elektrischen Einflüssen. Im Rahmen dieser Entwicklung entstanden der Bolometerverstärker von *Sell* [5.63], der Audionverstärker von *Brandenburger* [5.64], der Suchspulenverstärker von *Geyger* [5.65] und der optische Verstärker von *Merz* [5.66]. Das Prinzip der Schaltungen soll anhand des optischen Verstärkers nach Bild 5.112 dargestellt werden. Ein mit einem Spiegel *1* ausgerüstetes bewegliches Organ eines richtkraftlosen Drehspulmeßwerks *2* steuert einen Lichtstrahl, der von einem Prisma *3* geteilt und zwei Fotozellen zugeleitet wird. Die Größe des Lichtstromes, der jeder der beiden Zellen zufließt, ist damit abhängig von der Stellung der Drehspule des Meßwerks. Das zwischen den Fotozellen auftretende Potential wird dem Gitter einer Triode zugeführt. Diese bildet einen Widerstand der Brücke, deren Diagonalstrom einem weiteren Widerstand und dem Verstärkerausgang zufließt, in dem z.B. der Tintenschreiber *4* liegt. Ein Teil des Diagonalstromes wird nach einem Vorschlag von *Merz* und *Stanek* in der Stromkompensationsschaltung dem Meßwerk zugeführt, dem außerdem der Meßstrom über die Eingangsklemmen des Verstärkers zufließt. Sind diese beiden Ströme gleich groß, so heben sie sich im Meßwerk auf. Damit ist der Kompensationszustand erreicht. Er erfordert, daß der durch zwei Widerstände bestimmte Teil des Diagonalstromes der Brücke gleich und entgegengerichtet dem Meßstrom ist. Damit ist die Verstärkung ausschließlich auf ein Widerstandsverhältnis reduziert und von allen anderen Einflüssen befreit. Da das Meßwerk im Abgleichzustand stromlos ist, verschwindet an ihm auch der Spannungsabfall. Die Messung erfolgt also leistungslos.

Ersetzt man den Zweig $A - B$ im Bild 5.112a durch den Zweig im Bild 5.112b, dann ergibt sich für den Verstärker die Spannungskompensationsschaltung. Für sie wird die Stromlosigkeit des Meßwerks dann erreicht, wenn die am Widerstand liegende Spannung gleich der Verstärkereingangsspannung ist. In diesem Fall verschwindet der Verstärkereingangsstrom. Die Messung erfolgt ebenfalls leistungslos.

Die Verwendung einer zweiten Triode in der Brückenschaltung dient dem Zweck, äußere Spannungsschwankungen in ihrer Wirkung auf den Diagonalstrom zu mindern und damit die Regelvorgänge des Meßwerks herabzusetzen. Der zwischen der Katode und dem Gitter der Regeltriode dargestellte Kondensator liefert eine Rückführung, deren Aufgabe es ist, Instabilitäten des Verstärkers zu verhindern.

Den grundsätzlichen Aufbau eines mechanisch-elektrischen Kompensationsverstärkers, der eine vom Meßwerk rückwirkungsfrei über eine veränderbare Rückkopplung gesteuerte elektronische Schwingschaltung verwendet, zeigt Bild 5.113. Nach Gleichrichtung des so erzeugten Wechselstromes wird dieser der Meßschaltung zugeführt, deren Wirkungsweise bereits im Zusammenhang mit dem optischen Verstärker erklärt wurde.

Die technischen Daten der mechanisch-elektrischen Kompensationsverstärker erreichen und überbieten in einigen Eigenschaften (z.B. Empfindlichkeit und Belastung der Meßgröße) die Daten der Spiegelgalvanometer.

5.5.6.3. Meßwertumformer

Das Prinzip der mechanisch-elektrischen Verstärkung läßt sich auch auf Kraftwirkungen über mechanische Drehmomente ausdehnen. Legt man diesen Überlegungen die Schaltung einer elektrischen Waage zugrunde (Bild 5.114), dann erkennt man sofort ihre weitgehende Übereinstimmung zum optischen Verstärker nach Bild 5.112. An die Stelle des den Lichtstrahl steuernden, richtkraftlosen Drehspulmeßwerks tritt der Waagebalken *1*, auf den über die Kraft F ein Drehmoment ausgeübt wird. Der Diagonalstrom der Brücke wird auch hier über die Gitterspannung einer Triode bestimmt. Es ist also durch den Lichtstrom festgelegt, der von einem am Drehpunkt des Waagebalkens angebrachten Spiegel reflektiert und in Teilen über das Prisma *3* den zwei Fotozellen zugeleitet wird. Das Gegendrehmoment kann z.B. von einem Drehmagnetmeßwerk *2* geliefert werden, das vom Diagonalstrom der Brücke oder von einem Teil desselben durchflossen ist. Der Gleichgewichtszustand zwischen dem Drehmoment der Meßgröße und dem Rückstellmoment des Drehmagnetmeßwerks bestimmt die Ruhelage des Systems. Drehmoment der Meßgröße und Strom im Drehmagnetmeßwerk stehen mithin in einer eindeutigen Beziehung zueinander. Der Strom in *2* kann infolgedessen zur elektrischen Auswertung des Drehmoments verwendet werden. Wird das Drehmoment der Meßgröße über ein mechanisch-elektrisches Meßwerk, z.B. ein Dynamometer, gewonnen, dann läßt sich mit der dargelegten Einrichtung der Meßwert in einen Gleichstrom umformen.

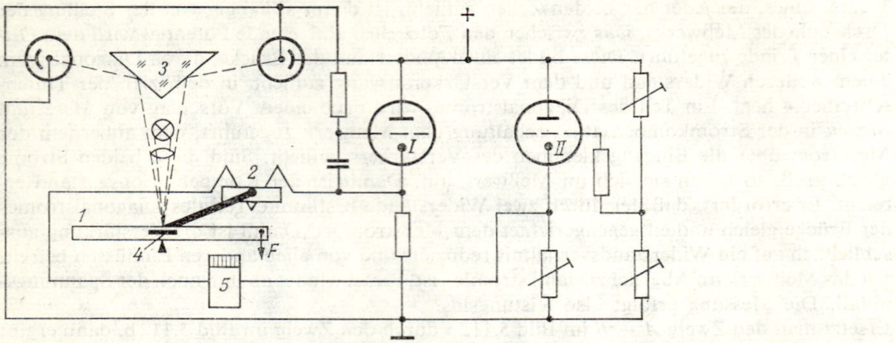

Bild 5.114. Mechanisch-elektrische Kompensationsschaltung zur Registrierung von Kräften und Drehmomenten
1 Waagebalken; *2* Drehmagnetmeßwerk; *3* Prisma; *4* Spiegel; *5* Tintenschreiber

Dieses Verfahren ist acuh mit anderen Mitteln, wie sie in mechanisch-elektrischenVerstärkern angewendet werden, zu verwirklichen. Hierzu sind die Prinzipien des Bolometerverstärkers, des Audionverstärkers, des Suchspulenverstärkers u.a. brauchbar.
Der Grundsatz dieses Verfahrens ist auch zur Erzeugung konstanter Gleichströme und Gleichspannungen anwendbar, wenn es gelingt, auf das Meßorgan ein konstantes Drehmoment wirken zu lassen, wozu die Mittel der Wägetechnik geeignet sind. Ordnet man dem Meßwertumformer ein konstantes und ggf. auch einstellbares Drehmoment zu, dann liefert er einen konstanten und ggf. auch einstellbaren Strom, aus dem über einen Widerstand eine Spannung gewonnen werden kann. Beide lassen sich bei sorgfältigem Aufbau des Verfahrens als Bezugsgrößen verwenden.

5.5.7. Strom- und Spannungswandler [5.67]

Liegt die Meßgröße in einer Form vor, die ihre unmittelbare Verarbeitung im Meßinstrument verbietet oder nur unter großen technischen Schwierigkeiten möglich macht, dann empfiehlt es sich, sie so umzuwandeln, daß sie danach mit herkömmlichen Mitteln erfaßt werden kann. Das ist z.B. in der Hochspannungstechnik der Fall. Vom Meßwandler wird erwartet, daß sein Übersetzungsverhältnis im gesamten Meßbereich konstant und reell ist, d.h., daß der Quotient des Betrags von Eingangs- und Ausgangsgröße unabhängig von der Belastung konstant bleibt und ihre Phasenlage übereinstimmt. Diese Forderungen müssen aus ökonomischen Gründen auch dann erfüllt werden, wenn eine angemessene, durch die angeschlossenen Instrumente bestimmte Belastung der Ausgangsseite erfolgt.

5.5.7.1. Stromwandler

Für die quantitative Übersetzung von Strömen wird der Stromwandler verwendet. Er stellt einen Transformator dar, dessen Sekundärseite durch das Meßinstrument kurzgeschlossen ist. Sein *Übersetzungsverhältnis* $\underline{ü}$, d.h. der Quotient aus Primärstrom I_1 und Sekundärstrom I_2, bestimmt sich aus

$$\frac{I_1}{I_2} = \underline{\ddot{u}} = \frac{R_2 + j\omega L_2}{j\omega M}; \tag{5.113}$$

R_2 sekundärer ohmscher Widerstand einschließlich Verbraucher,
L_2 sekundäre Induktivität,
$M = k\sqrt{L_1 L_2}$ Gegeninduktivität.

Man kann den Stromwandler als linearen passiven Vierpol auffassen (Bild 5.115). Für verschwindendes R_2 wird demnach das Übersetzungsverhältnis nach Gl. (5.113) reell und unabhängig von der Frequenz:

$$\left.\frac{I_1}{I_2}\right|_{R_2 \to 0} = \frac{1}{k}\sqrt{\frac{L_2}{L_1}} = \frac{1}{k}\frac{w_2}{w_1} = \ddot{u}_0. \tag{5.114}$$

Für das *Übertragungsmaß* des Stromwandlers gilt

$$\underline{g} = \frac{\underline{\ddot{u}}}{\ddot{u}_0} = \frac{R_2 + j\omega L_2}{j\omega L_2} = 1 - j\tan\alpha \quad \text{mit} \quad \tan\alpha = \frac{R_2}{\omega L_2}. \tag{5.115}$$

Damit läßt sich die Ortskurve des Stromwandlers darstellen (Bild 5.116).
Der Übersetzungsfehler eines Stromwandlers ist klein, wenn der sekundäre reelle Widerstand R_2 vernachlässigbar klein bleibt gegenüber dem sekundären induktiven Widerstand ωL_2. Letzterer ist also möglichst groß zu wählen. Das kann durch eine große sekundäre Windungszahl erreicht werden. Dieser Weg ist indessen wenig rationell, da sich das Wachstum der sekundären Windungszahl auch auf die Primärseite bei vorgegebenem Übersetzungsverhältnis überträgt. Zweckmäßig ist es, einen Eisenkern mit hoher Anfangspermeabilität zu verwenden. Diese Forderung erklärt sich aus der geringen Magnetisierung, die der Stromwandlerkern erfährt, wie man aus der geringen Sekundärspannung, die betriebsmäßig auftritt, sofort erkennt. Aus diesem Grunde darf ein Stromwandler nicht mit offener Sekundärwicklung betrieben werden. Die technischen Ausführungen werden daher mit Einrichtungen versehen, die den Kurzschluß der Sekundärseite leicht bewerkstelligen lassen. Sie sind notwendig, um Veränderungen im äußeren Sekundärkreis, z.B. die Auswechslung von Meßinstrumenten, vornehmen zu können, ohne den Stromwandler abschalten zu müssen.

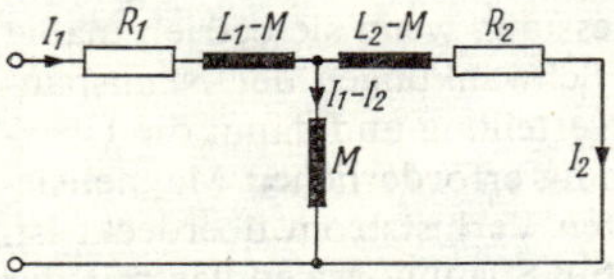

Bild 5.115. Stromwandler als linearer passiver Vierpol

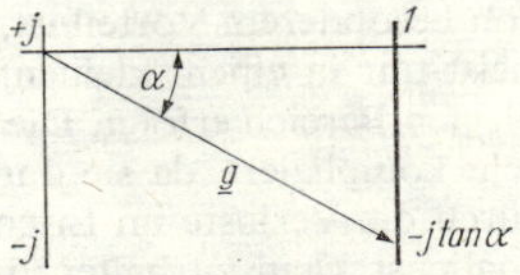

Bild 5.116. Ortskurve des Übertragungsmaßes eines technischen Stromwandlers

Bei hohen Frequenzen wird die Forderung nach einem großen Betrag des sekundären induktiven Widerstandes unmittelbar erfüllt. Stromwandler für diese Zwecke werden daher meist als Einstab-Ringkernwandler ausgeführt, d.h., die primäre Wicklung wird von einem ausgestreckten Leiter gebildet, der zentrisch durch den Ringkern geführt ist. Auch in der Niederfrequenztechnik sind solche Konstrukionsformen dann üblich, wenn der primäre Strom große Beträge hat. Die Eigenschaften von Stromwandlern sind für die Niederfrequenztechnik in verschiedenen Klassen festgelegt, in denen die Höchstwerte für den Übersetzungsfehler und den Fehlwinkel bei vorgegebenen Nennleistungen angegeben sind.

5.5.7.2. Stromteiler nach Ayrton

Das Bedürfnis nach Strommessern mit mehreren Meßbereichen hat das Problem der Beseitigung des Einflusses des Übergangswiderstandes vom Umschalter auf die Stromverteilung der Parallelkreise aufgeworfen. Eine Lösung *(Ayrton)* zeigt Bild 5.117. Sie spielt in der

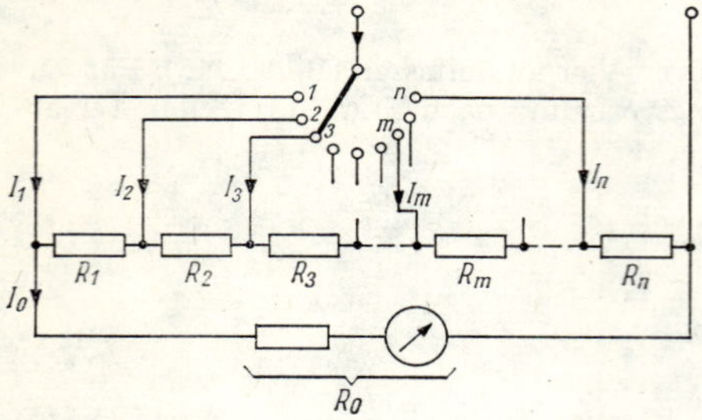

Bild 5.117
Stromteiler nach Ayrton zur Herstellung mehrerer Stromstärkemeßbereiche

Technik der Vielbereichinstrumente für Gleich- und Wechselstrom eine besondere Rolle. Hier ist

$$I_m = I_0 \frac{\sum_{\nu=0}^{n} R_\nu}{\sum_{\nu=m}^{n} R_\nu}. \tag{5.116}$$

Beispiel

$$I_3 = I_0 \frac{R_0 + R_1 + R_2 + R_3 + \cdots + R_n}{R_3 + \cdots + R_n}.$$

Man erkennt, daß der Übergangswiderstand des Umschalters keinen Einfluß auf die Verteilung der Ströme I_1 und I_0 nimmt.

5.5.7.3. Spannungswandler

Der induktive Spannungswandler ist ein Transformator, dessen Übersetzungsverhältnis auf einen bestimmten Betrag festgelegt wird, der sich weitgehend aus seinem Windungszahlverhältnis bestimmt. Von besonderem Vorteil ist, daß die Messung, wenn sie betriebsmäßig vorgenommen wird, meist nur in einem kleinen, durch die Schwankungen der Nennspannung der Anlage festgelegten Bereich erfolgt. Die Spannungsverteilung und damit die Übersetzung ist indessen recht kompliziert, da sie durch den ständig erforderlichen Magnetisierungsstrom und den durch die Verluste im Eisen verursachten Verluststrom überdeckt ist. Um diese Einflüsse möglichst klein zu halten, wählt man für Spannungswandler mit der Induktion im Eisen und für die reellen Wicklungswiderstände kleinere Beträge als bei Leistungstransformatoren. Aus Gründen der Wirtschaftlichkeit ist es notwendig, einen Kompromiß zu schließen, in dem die vom Spannungswandler nach seiner Genauigkeitsklasse noch zugelassenen Betrags- und Winkelfehler verwirklicht werden können. Die Fehlergrenzen für Spannungswandler sind nach den in Tafel 5.15 angegebenen Werten festgelegt.

Tafel 5.15
Fehlergrenzen für Spannungswandler

Klasse	Primärspannung	Spannungsfehler $\pm F_u$ %	Fehlwinkel $\pm \delta_u$
0,1	$0{,}8 \cdots 1{,}2U_n$	0,1	5'
0,2	$0{,}8 \cdots 1{,}2U_n$	0,2	10'
0,5	$0{,}8 \cdots 1{,}2U_n$	0,5	20'
1	$0{,}8 \cdots 1{,}2U_n$	1,0	40'
3	$1{,}0U_n$	3,0	–

Sie gelten bei Wandlern aller Klassen, mit Ausnahme jener der Klasse 3, für Bürden zwischen $\frac{1}{4}$ und $\frac{1}{1}$ Nennbürde bei einem sekundären Leistungsfaktor $\cos\varphi = 0{,}8$, bei Wandlern der Klasse 3 für Bürden zwischen $\frac{1}{2}$ und $\frac{1}{1}$ Nennbürde bei einem sekundären Leistungsfaktor $\cos\varphi = 0{,}8$. Spannungswandler werden auch in umschaltbarer Form hergestellt. Das Umschalten geschieht in der Regel durch Reihen- und Parallelschalten von Wicklungsteilen oder durch Anzapfen der Wicklungen.

5.5.7.4. Spannungsteiler

Für die Messung hoher Gleichspannungen werden reelle Spannungsteiler verwendet, die aus Einzelwiderständen aufgebaut sind. Jeder dieser Einzelwiderstände ist meist mit einem Schirm versehen, dessen Potential durch das mittlere Potential des Widerstandes festgelegt wird. Als Einzelwiderstände werden häufig Schichtwiderstände benutzt (hohe Widerstandsbeträge). Die Belastbarkeit eines solchen Spannungsteilers bestimmt sich auch hier aus seinem Querstrom. Die Verwendung von besonderen Vorwiderständen in der Hochspannungstechnik ist nicht üblich, da in diesem Fall bei einer Leitungsunterbrechung am Ausgang die volle Spannung liegt.
Soll der Spannungsteiler für Gleich- und Wechselspannung verwendet werden, so ist zu berücksichtigen, daß die Beträge der Streukapazitäten durch die Schirmung auf konstante Beträge gebracht werden und zu gleichen Zeitkonstanten für alle Elemente führen, um die Frequenzunabhängigkeit des Teilverhältnisses zu gewährleisten.

5.5.8. Mittelbare Meßverfahren

5.5.8.1. Halbwertbreite

Die Bestimmung der Verluste in Resonanzkreisen bereitet auf direktem Wege größere Schwierigkeiten, weil die Einfügung der Meßgeräte Veränderungen der elektrischen Verhältnisse verursachen kann, die ihre Aussage praktisch wertlos macht. Man kann die Güte eines Reihenresonanzkreises nach Bild 5.118 ggf. dadurch bestimmen, daß man im Resonanzfall seine Eingangsspannung $\underline{U}$ und die Spannung am Kondensator $\underline{U}_C$ oder an der Induktivität $\underline{U}_L$ mißt und den Quotienten aus beiden bestimmt. Dann ist die Güte

$$Q = \frac{|\underline{U}_L|}{|\underline{U}|_{\omega=\omega_0}} = \frac{|\underline{U}_C|}{|\underline{U}|_{\omega=\omega_0}} = \frac{1}{R}\sqrt{\frac{L}{C}} \tag{5.117}$$

Man sieht sofort, daß durch das Einfügen des Meßgeräts zur Bestimmung des Betrags von $\underline{U}_L$ oder $\underline{U}_C$ Störungen im Resonanzfall ausgelöst werden, die die Schwingeigenschaften des Kreises sehr stark beeinträchtigen.

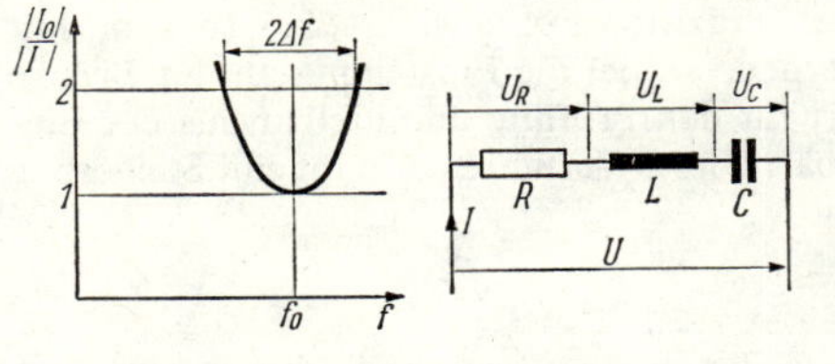

Bild 5.118
Gütebestimmung nach dem Verfahren der Halbwertbreite

Das Verfahren der Halbwertbreite sieht im vorliegenden Beispiel die Messung des Gesamtstromes I in Abhängigkeit von der Frequenz bei konstanter Eingangsspannung U vor. Bildet man den Quotienten aus den Beträgen des Stromes I_0 für den Resonanzfall und der Ströme für bestimmte Abweichungen von diesem, so ergibt sich für die Abhängigkeit dieses Quotienten von der Frequenz ein Verlauf nach Bild 5.118. Für den Zahlenwert 2 des Stromquotienten findet man die Frequenzänderung Δf, aus der sich die Güte des Kreises nach der folgenden Gleichung ermitteln läßt:

$$Q = \frac{f_0}{2\Delta f}\sqrt{3}. \tag{5.118}$$

Weiterhin läßt sich sofort erkennen, daß die Vorschrift für das Durchführen der Messung ohne besondere Schwierigkeiten erfüllt werden kann.

5.5.8.2. Pauli-Gerade

Reale Spulen haben neben der Induktivität einen Widerstand und eine parasitäre Kapazität (Ersatzschaltbild: Schwingkreis). Unter Umständen ist die Ermittlung dieser parasitären Parallelkapazität notwendig. Ihre Ermittlung über die Resonanzfrequenz ist erschwert, da diese i. allg. sehr hoch liegt.

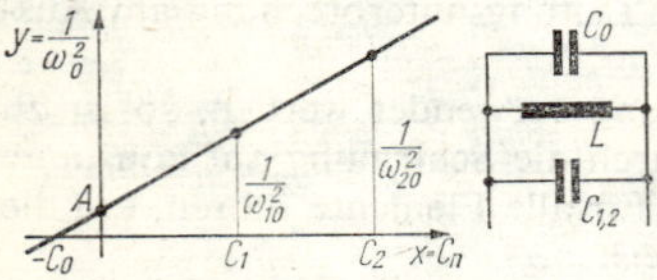

Bild 5.119
Pauli-Gerade

Schaltet man dagegen zu der Induktivität nacheinander verschiedene Kondensatoren mit bekannten Kapazitäten C_1, C_2 parallel, dann kann auf diese Weise eine Verlagerung der Eigenfrequenz zu kleineren Werten erreicht werden, die den Aufwand für die Messung vermindern. Der reziproke Wert des Quadrats der Resonanzkreisfrequenz und die Beträge der parallelgeschalteten Kapazitäten liegen auf einer Geraden (Bild 5.119). Diese Gerade schneidet den negativen Teil der Abszisse. Der Abszissenabschnitt bis zum Ursprung liefert ein Maß für die Eigenkapazität der Induktivität. Der Ordinatenabschnitt führt zum reziproken Wert des Quadrats der Resonanzkreisfrequenz der Induktivität.

5.5.8.3. Substitutionsverfahren

Das Substitutionsverfahren besteht darin, einen Prüfling in ein Meßgerät einzufügen und ihn anschließend durch ein wesensgleiches Bauelement mit veränderbaren und bekannten Eigenschaften zu ersetzen. Wenn es gelingt, mit seiner Hilfe jenen Zustand am Meßgerät wiederherzustellen, der mit dem Prüfling herbeigeführt worden war, dann müssen die elektrischen Eigenschaften beider Elemente übereinstimmen.

Schaltet man z. B. an eine Schleifdrahtmeßbrücke einen unbekannten Widerstand und ersetzt ihn nach dem Abgleich der Brücke durch einen Präzisionskurbelwiderstand, so kann mit diesem erneut der Abgleich herbeigeführt werden, wobei die Einstellung an der Brücke unverändert bleiben muß. Dann ist der Meßwert für den Prüfling unmittelbar aus der Einstellung des Präzisionskurbelwiderstandes ablesbar. Dieses Verfahren erlaubt eine Steigerung der Genauigkeit der Messung.

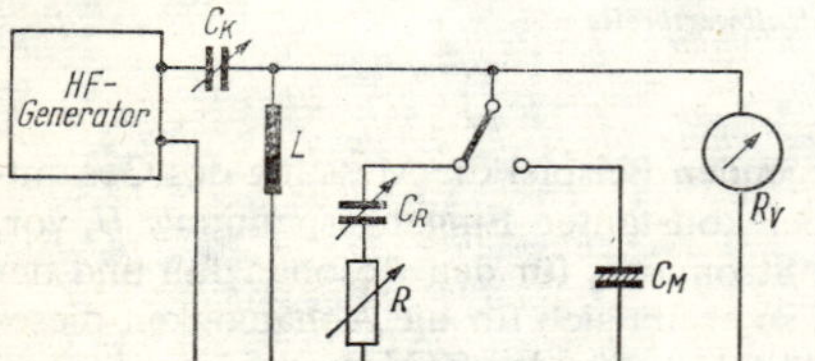

Bild 5.120
Bestimmung der dielektrischen Verluste mit Hilfe des Substitutionsverfahrens
C_K Kopplungskondensator; L Drossel;
C_R Resonanzkreiskapazität;
R Dämpfungswiderstand; C_M Meßkreis;
RV elektronischer Spannungsmesser

In der Hochfrequenztechnik wird das Substitutionsverfahren gelegentlich zur Ermittlung der dielektrischen oder der Eisenverluste benutzt. Der grundsätzliche Aufbau der Meßschaltung für den ersten Fall ist im Bild 5.120 dargestellt. Ein frequenzveränderbarer Hochfrequenzgenerator wird zur Erregung eines Resonanzkreises verwendet, in dessen Kondensator das zu untersuchende Dielektrikum ohne Luftspalt eingefügt ist. Dabei stellt sich im Resonanzfall eine Spannung ein, deren Betrag an einem elektronischen Spannungsmesser abgelesen werden kann. Ersetzt man den Meßkreis durch die Reihenschaltung einer bekannten veränderbaren Kapazität und eines bekannten veränderbaren Widerstandes, dann kann nach Einstellung der Resonanz über den Kondensator unter Beibehaltung aller übrigen Werte, die bei der ersten Messung gefunden worden waren, mit Hilfe des reellen Widerstandes der ursprüngliche Spannungswert wieder eingestellt werden. Für den Tangens des Verlustwinkels ergibt sich dann

$$\tan \delta = \omega_0 C R. \tag{5.119}$$

Die Werte C und R sind aus den Einstellungen an den Normalen ablesbar, die Frequenz kann aus der Einstellung des Meßsenders ermittelt werden.
Auf gleichem Wege lassen sich die Verluste eines mit einen hochfrequenten Strom magnetisch erregten Eisenkerns ermitteln. Die Schwierigkeiten liegen hier bei der Größe des Betrags vom Erregerstrom und bei der hinreichend niederohmigen Ausführung des Meßkreises. Die Meßwiderstände müssen daher mit Hilfe von Stromwandlern in den Kreis eingekoppelt werden (Bild 5.121). Als Probe wird zweckmäßig ein Ringkern verwendet, der eine

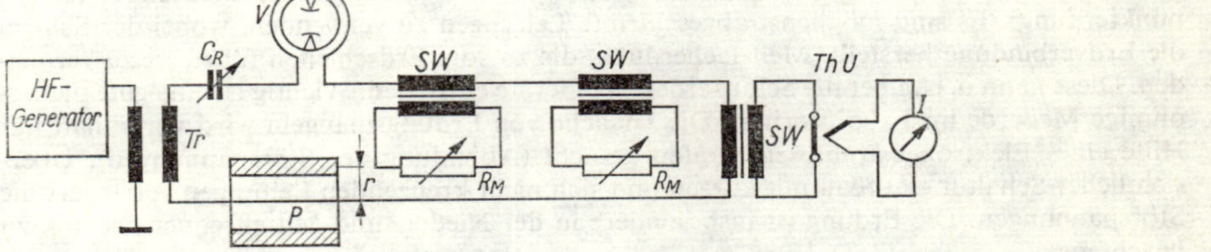

Bild 5.121. **Bestimmung der Eisenverluste mit Hilfe des Substitutionsverfahrens**
Tr Kopplungstransformator; C_P Resonanzkreiskapazität; *V* Variometer *SW* Stromwandler; R_M Meßwiderstände; *ThU* Thermoumformer; *P* Probe

gleichmäßige Verteilung der magnetischen Feldstärke $H = Iw/2\pi r$ liefert. Die erste Messung wird bei Resonanzfrequenz und einem konstanten Strom, für dessen Messung ein Stromwandler mit Thermoumformer vorgesehen ist, durchgeführt. Dabei sind die Meßwiderstände kurzgeschlossen. Anschließend wird der Prüfling entfernt und unter Beibehaltung der Bedingungen, wie sie für die erste Messung bestanden, der Meßkreis durch Zuschalten von Meßwiderständen so lange gedämpft, bis sich der ursprüngliche Strom wieder eingestellt hat. Die Verluste errechnen sich dann aus dem Strom und den Beträgen der Meßwiderstände zu $P = I^2 R$.
Auf diese Weise gelingt es leicht, die Messungen auf Frequenzen bis 10 MHz und mehr auszudehnen.

5.5.8.4. Trennung der Eisenverluste (s. Abschn. 6.1.1.4.)

Um die Eisenverluste in ihre Anteile Hysteresisverluste, Wirbelstromverluste und Nachwirkungsverluste trennen zu können, ist es erforderlich, den Widerstand im Ersatzschaltbild der verlustbehafteten Spule (unter Abzug des Gleichstromwiderstandes der Wicklung) in Abhängigkeit von Frequenz und Stromstärke zu messen. Daraus können die einzelnen Verlustanteile entsprechend ihrer unterschiedlichen Abhängigkeit von f und I gemäß Abschnitt 6.1.1.4. ermittelt werden.

5.6. Elektronische Meßgeräte

5.6.1. Allgemeines

Die elektronischen Meßgeräte und Meßverfahren ergänzen die elektrischen und elektromechanischen Meßgeräte. Sie erschließen neue Anwendungsgebiete, erhöhen den Meßumfang und die Meßgenauigkeit oder bringen Verbesserungen bezüglich wesentlicher Meßparameter. Gegenwärtig gewinnen digitale Meß-, Anzeige-, Aufzeichnungs- und Meßwertverarbeitungsverfahren, die neben die bewährten analogen Verfahren treten, zunehmend an Bedeutung.

Verstärkung, Schwingungserzeugung, Aufzeichnung rasch veränderlicher Vorgänge, Impulszählung sowie schnelle analoge und digitale Meßwertverarbeitung sind typische Anwendungen elektronischer Einrichtungen. Während Elektronenröhren nur noch für Spezialaufgaben eingesetzt werden, bestimmen Halbleiterschaltungen von verschiedenen Integrationsgraden die konstruktive und die funktionelle Gestaltung der Geräte.

Elektronische Meßgeräte werden insbesondere bei hohen Frequenzen eingesetzt, was zum Beachten der folgenden Gesichtspunkte zwingt.

5.6.1.1. Erdung in Meßschaltungen

Alle Erd- bzw. Masseleitungen sind zweckmäßigerweise dort zusammenzuführen, wo die Meßspannung der Schaltung zugeführt wird, also am Generator oder Meßsender (Sternpunkterdung). Es sind möglichst abgeschirmte Leitungen zu verwenden, wobei der Schirm die Erdverbindung herstellt. Mehrfacherdung, die zu sog. Erdschleifen führt, ist zu vermeiden. Diese kann u. U. über die Schutzerden der Geräte entstehen. Wichtig ist eine gute niederohmige Meßerde im Laboratorium. Die Ursache von Erdungsmängeln wird vorteilhaft mit Hilfe eines Elektronenstrahloszillografen gesucht (Abbildung der Störspannungen). Übersichtlicher Schaltungsaufbau mit kurzen und sich nicht kreuzenden Leitungen verringert die Störspannungen. Die Erdung ist insbesondere in der Nieder- und Mittelfrequenztechnik zu beachten.

5.6.1.2. Kapazitive und induktive Entkopplung

Generatoren und Sender sind störstrahlungsfrei aufzubauen. Sekundäre Ausgänge, wie die Netzzuführung, sind sorgfältig zu verdrosseln. Elektrische Felder können mit dünnen Metallfolien abgeschirmt werden. Löcher in der Abschirmung sind zu vermeiden. Magnetische Felder fordern im Niederfrequenzbereich einen ferromagnetischen Schirm mit ausreichender Dicke und hoher Permeabilität. Bei hohen Frequenzen schirmen auch Nichteisenmetalle, da der Skineffekt (s. Abschn. 1.7.) das Eindringen beschränkt. Besonders einstrahlungs- und ausstrahlungsgefährdet sind Spulen ohne geschlossenen Eisenkreis.

5.6.1.3. Verbindungsleitungen

Die Eigenkapazitäten und -induktivitäten der Leitungen können im Mittel- und Hochfrequenzbereich Meßfehler verursachen, wobei erstere bei Messungen an hochohmigen, letztere an niederohmigen Objekten wirksam werden. Bereits oberhalb 500 kHz ist eine Anpassung der Leitungen an den Wellenwiderstand zweckmäßig, ab 10 MHz unumgänglich, da im anderen Fall stehende Wellen auftreten. Einwandfreie Koaxialkabel mit geerdetem Schirm strahlen weder elektrisch noch magnetisch ab, noch nehmen sie Energie auf. Bei geringen Ansprüchen genügt das Verdrillen der Leitungen.

5.6.2. Elektronische Hilfsgeräte

5.6.2.1. Spannungsstabilisatoren

Bei geringen Anforderungen an die Konstanz (10^{-1} bis 10^{-2}) der Speisespannungen für Meßschaltungen genügen Stabilisatoren mit passiven Elementen, die eine nahezu senkrechte Strom-Spannungs-Kennlinie haben (Bild 5.122a). Sie werden dem Verbraucher – dargestellt durch R_V (Bild 5.122b) –, dessen Spannung stabilisiert werden soll, parallelgeschaltet. Eigenschaften der vorwiegend verwendeten Elemente s. Tafel 5.16.

Der Widerstand R fängt die Schwankungen der inkonstanten Quelle E ab. Die verbleibende Schwankung von U beträgt

$$\Delta U = \frac{\Delta E}{1 + R/R_V + R/R_d} \approx \Delta E\, R_d/R, \tag{5.120}$$

wenn sich E ändert,

$$\Delta U = \frac{-\Delta I_V}{1/R + 1/R_d} \approx -\Delta I_V\, R_d, \tag{5.121}$$

wenn sich der Verbraucherstrom I_V ändert und

$$\Delta U = \frac{\alpha U_m\, \Delta\vartheta}{1 + R_d/R + R_d/R_V} \approx \alpha U_m\, \Delta\vartheta, \tag{5.122}$$

wenn sich die Umgebungstemperatur ändert. $R_d = \tan\beta$ ist der mittlere differentielle Widerstand in dem durch I_{max} und I_{min} (Kennlinienausweichung, Verlustleistungsgrenze) begrenzten Arbeitsbereich des stabilisierenden Elements S. Die Stabilisierung bezüglich ΔE kann durch Kettenschaltung mehrerer Stabilisatoren (Bild 5.123) verbessert werden.

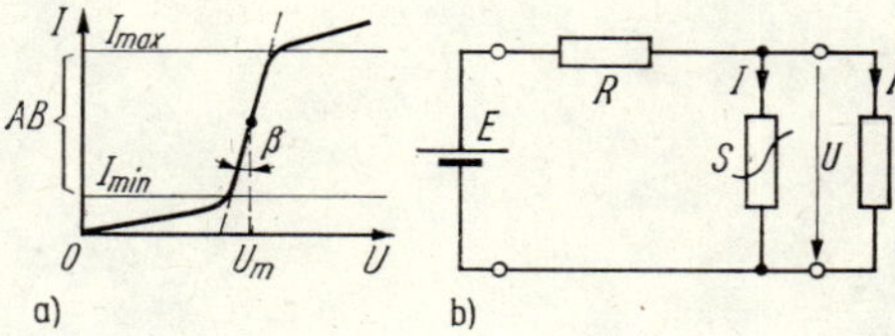

Bild 5.122. Spannungsstabilisatoren

a) Kennlinie eines spannungsstabilisierenden Elements (AB zulässiger Arbeitsbereich); U_m mittlere Betriebsspannung; β Steigungswinkel im Arbeitsbereich

b) Stabilisatorgrundschaltung (S stabilisierendes Element)

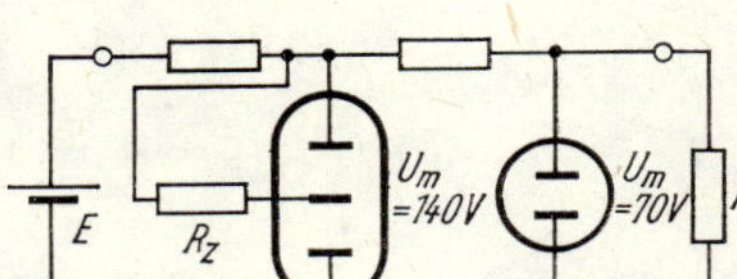

Bild 5.123. Kettenschaltung zweier Glimmstabilisatorschaltungen

R_Z hochohmiger Zündwiderstand (≈ 1 MΩ)

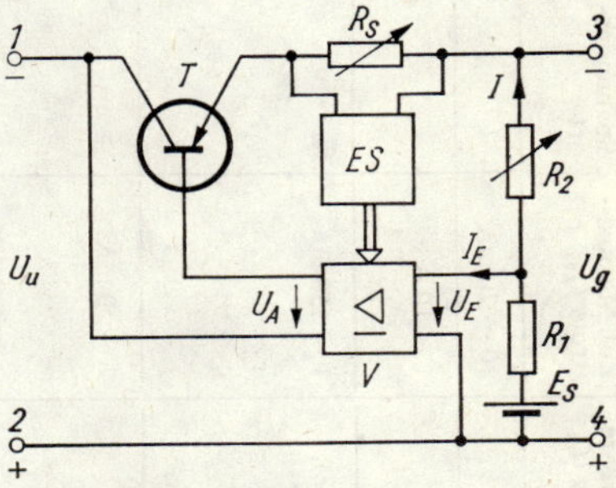

Bild 5.124. Prinzipschaltbild einer Spannungsregelschaltung mit Transistoren

Höhere Genauigkeiten (10^{-3} bis 10^{-4}) lassen sich mit röhren- oder transistorbestückten Regelschaltungen [5.68] [5.69] [5.70] erzielen. Bild 5.124 zeigt ein Beispiel. Aus der inkonstanten, ungeregelten Gleichspannung U_u wird mit Hilfe eines Transistors T (Stellglied), der als steuerbarer Widerstand dient, die weniger schwankende Ausgangsspannung U_g (Regelgröße) hergestellt. Eine Regelabweichung von U_g bewirkt am Eingang des Transistor-

Tafel 5.16. Richtwerte für spannungsstabilisierende Elemente

Element	Stabilisierbare Spannung U_m V	Zul. Maximalstrom I_{max}	Spannungsart	Temperaturbeiwert α von U_m K^{-1}	Temperaturbereich °C	Mittl. different. Widerstand R_d Ω	Bemerkungen
Zener-Diode	5 ··· 35	10 ··· 20 mA	=	$\pm 10^{-3}$	−50 ··· +150¹)	10 ··· 50	[5.68] ¹) Sperrschichttemperatur.
Leistungs-Zener-Diode	5 ··· 35	1 ··· 10 A	=	$\pm 10^{-3}$	−50 ··· +150¹)	0,5 ··· 20	
Glimmstabilisatorröhre	60 ··· 300²)	1 ··· 150 mA	=	-10^{-4}	−50 ··· +90	100 ··· 1000	[5.69] Beim Anschalten muß die Zündspannung (1,2 ··· 1,5U_m) überschritten werden. 2 ··· 3% Alterung im ersten Betriebsjahr. ²) Mehrstreckenstabilisatorröhre bei U_m > 90 V.
Halbleiterregelwiderstand	2 ··· 10	2 ··· 20 mA	≅			50 ··· 500³)	eigenerwärmter Heißleiterwiderstand im evakuierten Glasgefäß; träge Einstellung, da auf Wärmewirkung beruhend. ³) Bei schnellen Schwankungen gleich dem Gleichstromwiderstand im Arbeitspunkt.

verstärkers V die Spannung

$$U_E \approx IR_1 - E_S = \frac{U_g R_1 - E_S R_2}{R_1 + R_2} \tag{5.123}$$

($I \gg I_E$), die die proportional verstärkte Ausgangsspannung U_A zur Folge hat. Diese steuert ihrerseits den Innenwiderstand des Transistors T so, daß er dem an *3* und *4* angeschlossenen Verbraucher mehr oder weniger Strom liefert, wodurch dessen Betriebsspannung U_g (bis auf die Restregelabweichung) wieder auf den Sollwert gebracht wird.

Der Sollwert von U_g wird nach Gl.(5.123) durch die Normalspannungsquelle E_S und die Widerstände R_1 und R_2 bestimmt. Bei hohen Genauigkeitsforderungen wird E_S mit einer Zener-Diode stabilisiert, die durch eine Transistorregelschaltung (s. Abschn. 5.6.2.2.) mit einem konstanten Strom gespeist wird. R_2 ist einstellbar, um die Ausgangsspannung zu variieren. Der Regeltransistor kann durch eine elektronische Sicherung *ES* gegen Überlastung gesichert werden. Sie enthält eine bistabile Transistorkippschaltung und spricht an, wenn der Verbraucherstrom so groß wird, daß der Spannungsabfall an R_S einen vorgegebenen Maximalwert überschreitet. Der Verstärker erzeugt dann eine solche Ausgangsspannung U_A, daß der Transistor T vollkommen zugesteuert wird.

5.6.2.2. Stromstabilisatoren

Bei geringen Anforderungen an die Konstanz (10^{-1} bis 10^{-2}) werden Eisenwasserstoffwiderstände (Eisendrähte in einem mit Wasserstoffgas gefüllten Kolben) in Reihe zu dem Verbraucher geschaltet. Sie haben einen Kennlinienabschnitt, worin sich der Strom über einen größeren Spannungsbereich nur wenig ändert (Bild 5.125). Es können Gleich- und Wechselströme stabilisiert werden. Die Einstellung ist träge.

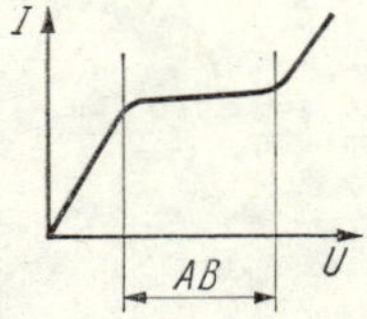

Bild 5.125
Kennlinie eines Eisenwasserstoffwiderstandes
AB Arbeitsbereich

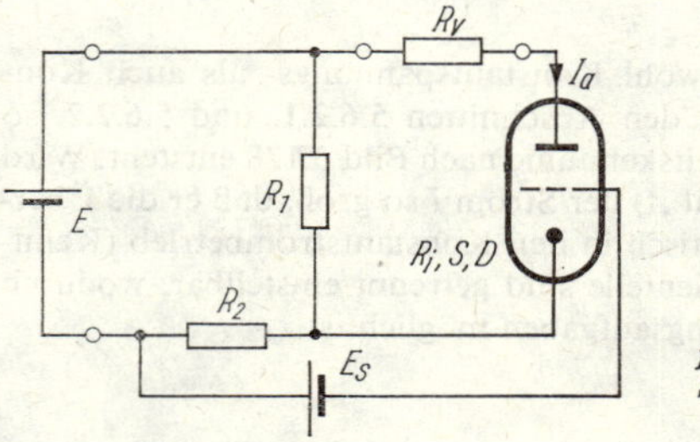

Bild 5.126
Stromstabilisator mit einer Elektronenröhre

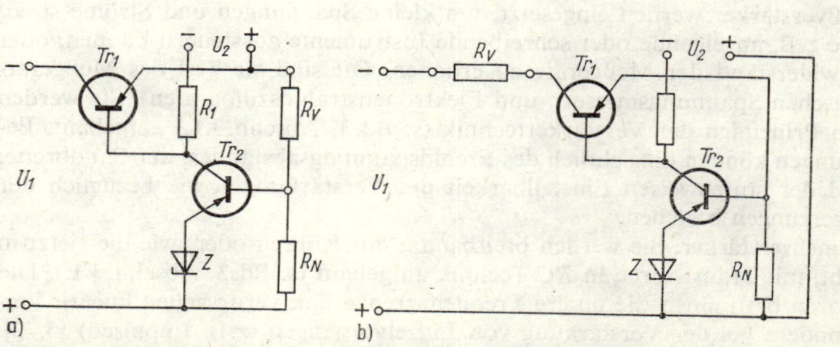

Bild 5.127. Prinzipschaltungen geregelter Stromstabilisatoren mit Transistoren [5.68]

Bild 5.126 zeigt einen einfachen Gleichstromstabilisator, der den Strom I_a durch den Verbraucher R_V auch bei großen Schwankungen von E konstant hält, wenn

$$R_2/R_1 = D \tag{5.124}$$

gewählt wird [5.71]. Die Gitterspannungsquelle E_s muß eine konstante EMK aufweisen; sie wird jedoch nicht belastet.

Geregelte Gleichstromstabilisatoren mit Röhren oder Transistoren halten den Strom bei Änderungen sowohl der Speisespannung als auch des Verbraucherwiderstandes konstant. Es werden Genauigkeiten von 10^{-2} bis 10^{-3} erreicht.

Bild 5.127 zeigt 2 Regelschaltungen mit Transistoren [5.68], die den Spannungsabfall über dem Normalwiderstand R_N mit dem an einer Zener-Diode Z (s. Tafel 5.16, S.706) vergleichen und konstant halten. Der Verstärkertransistor T_2 steuert den Stelltransistor T_1, der entsprechend den Verbraucherstrom durch R_V einstellt. Ein Fehler entsteht insofern, als der Strom durch R_V bei a) um den (kleineren) Basisstrom von T_2 und bei b) um den (größeren) Basisstrom von T_1 von dem Strom durch R_N verschieden ist. Dadurch beeinträchtigen Änderungen der Stromverstärkung von T_1 bzw. T_2, z.B. infolge von Temperaturschwankungen, die Konstanz des Reglers [im Fall b) stärker als bei a)]. Schaltung b) hat den meßtechnischen Vorteil, daß die Hauptspannungsquelle U_1 (am Minuspol) und der Verbraucher zusammen geerdet werden können. Den Verstärkertransistor speist man aus einer getrennten Hilfsspannungsquelle U_2. Bei höheren Genauigkeitsforderungen wird anstelle von T_2 ein mehrstufiger Transistorverstärker eingesetzt und die Hilfsspannungsquelle getrennt stabilisiert.

5.6.2.3. Geregelte Speisegeräte

Stabilisierte, geregelte Speisegeräte gibt es in verschiedenen Ausführungsformen sowohl für Konstantspannungs- als auch für Konstantstrombetrieb. Sie enthalten neben der meist sehr ausgefeilten Regelschaltung Gleichrichterschaltungen mit einem Transformator für die Speisung aus dem Wechselstromnetz und werden durch verschiedenen Bedienungskomfort (z.B. Instrumente zur Strom- und Spannungsanzeige, elektronischen Überlastungsschutz) ergänzt.

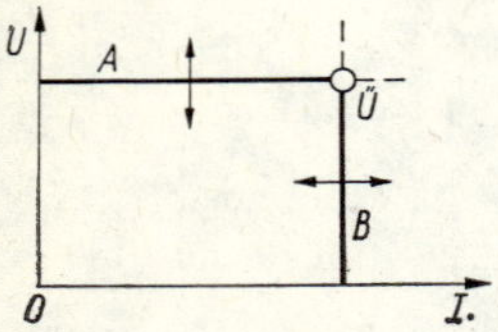

Bild 5.128
Arbeitskennlinie eines universellen geregelten Speisegerätes

Moderne universelle Ausführungen gestatten sowohl Konstantspannungs- als auch Konstantstrombetrieb, indem Regelschaltungen nach den Abschnitten 5.6.2.1. und 5.6.2.2. so kombiniert werden, daß eine kurzschlußfeste Arbeitskennlinie nach Bild 5.128 entsteht. Wird z.B. bei Konstantspannungsbetrieb (Kennlinienteil *A*) der Strom *I* so groß, daß er die Überlastgrenze *Ü* erreicht, so geht der Regler automatisch in den Konstantstrombetrieb (Kennlinienteil *B*) über und umgekehrt. Beide Kennlinienteile sind getrennt einstellbar, wodurch eine bequeme Anpassung an verschiedene Speisungsaufgaben möglich ist.

5.6.2.4. Meßverstärker

Elektronische Meßverstärker werden eingesetzt, um kleine Spannungen und Ströme so zu verstärken, daß sie z.B. anzeigende oder schreibende Instrumente aussteuern können, oder um den Eingangswiderstand der Meßgeräte zu erhöhen. Oft sind sie Teil des Meßgeräts (z.B. bei elektronischen Spannungsmessern und Elektronenstrahloszillografen). Sie werden nach den üblichen Prinzipien der Verstärkertechnik (s. Bd.3, Abschn.3.1.) aufgebaut. Besondere Anforderungen können hinsichtlich des Fremdspannungsabstandes, der Bandbreite, der Konstanz und der stufenweisen Einstellbarkeit der Verstärkung sowie bezüglich der nichtlinearen Verzerrungen bestehen.

Wechselspannungsmeßverstärker. Sie werden breitbandig mit Röhren oder, wie dies jetzt in der Regel geschieht, mit Transistoren in *RC*-Technik aufgebaut (s. Bd.3, Abschn.3.1.). Die Koppelkondensatoren bestimmen die untere Frequenzgrenze und verursachen lineare Verzerrungen, insbesondere bei der Verstärkung von Einzelvorgängen (z.B. Impulsen) [5.72]. Die Verstärkung kann durch Gegenkopplung über eine oder mehrere Stufen stabilisiert werden. Häufig enthalten elektronische Spannungsmesser einen speziellen Ausgang und lassen sich auch als Meßverstärker für das Nieder- und Mittelfrequenzgebiet verwenden.

Meßverstärker für Gleich- und Wechselspannungen. Vorzugsweise für Elektronenstrahloszillografen und Analogrechner werden breitbandige Meßverstärker benötigt, die Gleich- und Wechselspannungen gleichermaßen verstärken sollen und deshalb keine Kondensatoren im Übertragungsweg aufweisen dürfen. Bild 5.129a zeigt ein Schaltungsbeispiel in Röhrentechnik. Nachteilig ist das Aufstocken der Speisespannungen. Das ist erforderlich, um bei den einzelnen Stufen die richtigen Arbeitspunkte einstellen zu können. Auch liegen Eingang und Ausgang auf verschiedenen Potentialen.

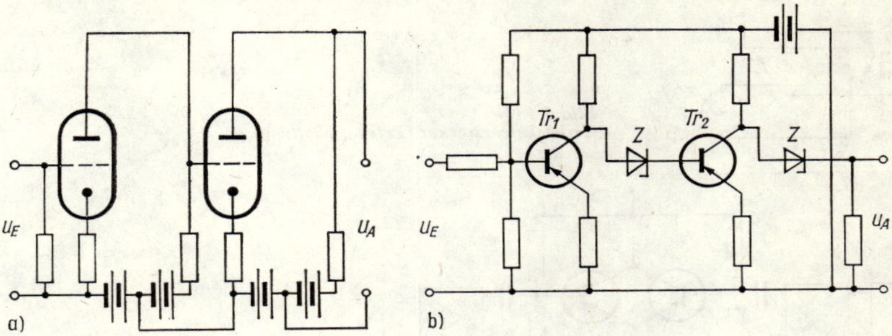

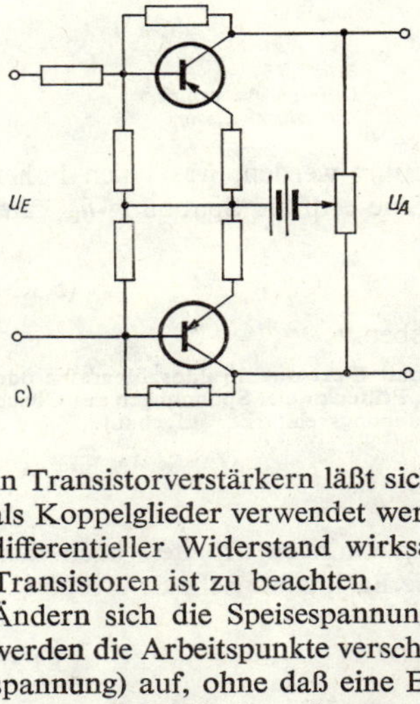

Bild 5.129
Prinzipschaltungen für Gleich- und Wechselspannungsverstärker

a) Röhrenverstärker mit aufgestockten Speisespannungen; b) Transistorverstärker mit Zener-Diodenkopplung; c) Gegentakttransistorverstärker

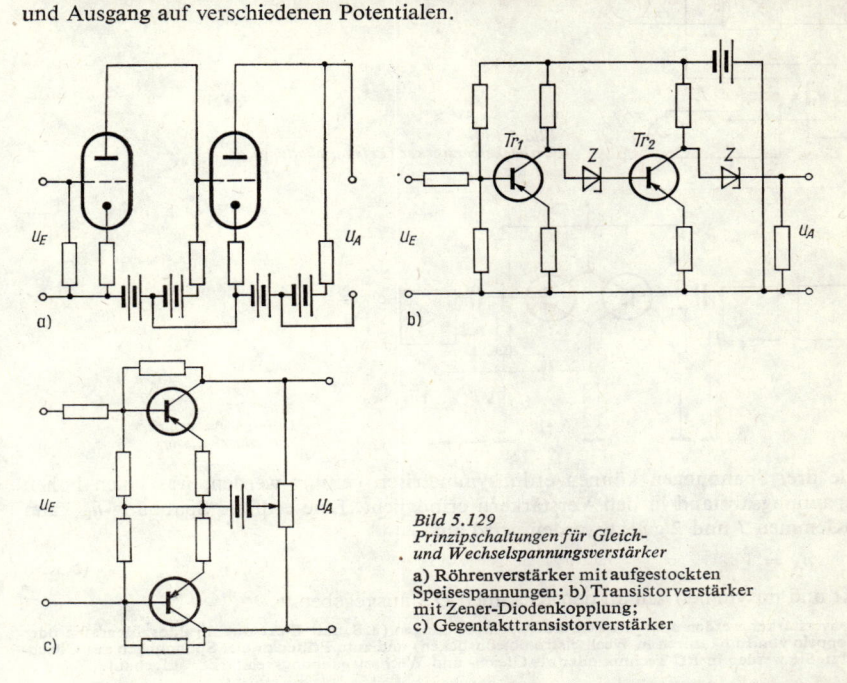

In Transistorverstärkern läßt sich dies vermeiden, indem Zener-Dioden (s. Abschn. 5.3.9.2.) als Koppelglieder verwendet werden (Bild 5.129b). Für das Eingangssignal u_E ist nur deren differentieller Widerstand wirksam. Das Temperaturverhalten der Zener-Dioden und der Transistoren ist zu beachten.

Ändern sich die Speisespannungen oder die Kennlinien der verstärkenden Elemente, so werden die Arbeitspunkte verschoben, und es tritt eine Ausgangsgleichspannung U_{AD} (Driftspannung) auf, ohne daß eine Eingangsspannung u_E anliegt. Durch Gegentaktschaltungen können die Driftschwankungen teilweise kompensiert werden (s. z.B. Bild 5.129c).

Zerhackerverstärker. Besonders kritisch sind die oben angeführten Driftspannungen in Verstärkern, die speziell für die Präzisionsmessung konstanter Gleichspannungen verwendet werden. Eine elegante Möglichkeit bietet der Verstärker mit Meßzerhacker *M* (Bild 5.130). Die Eingangsspannung U_E wird durch periodisches Kurzschließen in eine Rechteckschwingung umgewandelt und driftfrei in einem *RC*-Verstärker verstärkt. Der zweite Kontakt des Meßzerhackers richtet die Ausgangsspannung gleich. Die auf den Eingang bezogene Driftspannung kann unter 10 µV gehalten werden. Die Kontakte haben nur eine Lebensdauer von einigen 1000 h. Elektronische Zerhacker mit Dioden oder Transistoren haben diesen Nachteil nicht, weisen aber 10- bis 100mal größere Driftspannungen auf [5.73].

Differenzenverstärker. Der Differenzenverstärker (Prinzipschaltung s. Bild 5.131) hat 2 gleiche Eingangsverstärker V_1 und V_2. Eine Phasenumkehrstufe P in dem einen Verstärkungsweg bewirkt, daß der Summationsstufe S, die aus 2 emittergekoppelten Transistoren besteht, die Spannungen $-Vu_{E1}$ und $+Vu_{E2}$ zugeführt werden. Am Ausgang tritt somit die Differenzspannung

$$u_A = V(u_{E2} - u_{E1}) \qquad (5.125)$$

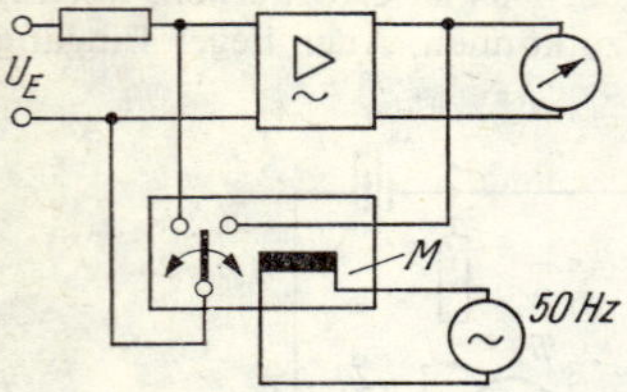

Bild 5.130
Zerhackerverstärker (Prinzipschaltung)

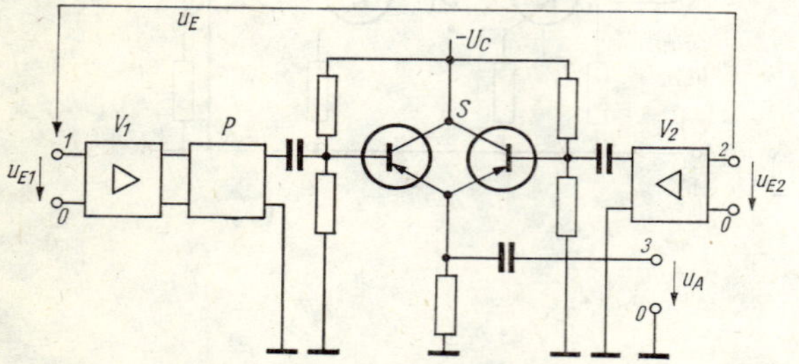

Bild 5.131
Differenzenverstärker (Prinzipschaltung)

auf. Alle drei Spannungen können erdunsymmetrisch geführt werden, was einen hohen Fremdspannungsabstand in den Verstärkern ermöglicht. Eine erdfreie Spannung u_E kann an die Klemmen *1* und *2* gelegt werden, wird auf

$$u_A = Vu_E \qquad (5.126)$$

verstärkt und unsymmetrisch an den Klemmen *O 3* ausgegeben.

Differenzenverstärker werden zum Messen erdfreier Spannungen (z.B. mit Elektronenstrahloszillografen oder zum Ankoppeln von Indikatoren in Wechselstrommeßbrücken) und zum Prüfen zweier Spannungen auf Gleichheit benutzt. Sie werden in *RC*-Technik oder als Gleich- und Wechselspannungsverstärker aufgebaut.

5.6.2.5. Meßgeneratoren

Generatoren für Sinusspannungen. Generatoren für Sinusspannungen arbeiten nach dem Selbsterregungsprinzip von Verstärkern [5.74], das durch die Barkhausensche Schwingungsgleichung

$$\underline{K}\underline{V} = 1 \qquad (5.127)$$

beschrieben wird ($\underline{V}$ Verstärkung, $\underline{K}$ Kopplungsfaktor des rückkoppelnden Vierpols). Stabile Sinusschwingungen sind möglich, wenn Gl. (5.127) nach Betrag und Phase für *eine* Frequenz erfüllt ist. Für tiefe Frequenzen ($f = 0{,}1$ Hz bis 1 MHz) werden fast ausschließlich *RC*-Generatoren, im Hochfrequenzgebiet ($f > 200$ kHz) *LC*-Generatoren verwendet.

RC-Generatoren. RC-Generatoren zeichnen sich durch geringe Verzerrungen, hohe Frequenzkonstanz, dekadische Frequenzeinstellung mit Widerständen und gute Spannungskonstanz aus. Sie werden insbesondere bei elektroakustischen und fernmeldetechnischen Messungen an Verstärkern, Wandlern, Übertragungskanälen usw., aber auch in der Regelungstechnik (Frequenzgangmessung; s. Abschn. 5.1.2.3.) eingesetzt. Tafel 5.17 gibt Anhaltspunkte für die Größenordnung üblicher Kenndaten.

Tafel 5.17. Kenndaten von *RC*-Generatoren (nach [5.93])

Typ	Frequenzbereich	Frequenzfehler %	Maximale Ausgangsspannung V	Ausgangswiderstand Ω	Maximale Ausgangsleistung mW	Klirrfaktor %
2012 VEB RFT Meßelektronik Dresden	0,1 ··· 1000 Hz	±2 ±0,01 Hz	10		20	≦1,5
TG 4 ¹) Hartmann & Braun	30 Hz ··· 20 kHz	±3,5	5	200	4000	≦1
GMW 35 ²) Lea	20 Hz ··· 20 kHz	±2	16	50; 600	100	≦0,1
GX 204 C ITT Metrix	15 Hz ··· 160 kHz	±3	3	60		≦1
BM 344 Tesla	20 Hz ··· 1,4 kHz	±2 ±1 Hz	10	20; 200; 600		≦0,5
GF 21 VEB Präcitronik Dresden	1 Hz ··· 3 MHz	±5	3	1000; 100; 300		≦1

¹) Umschaltbar auf Rechteckwellengenerator.
²) Mit integriertem Schaltkreis.

Bild 5.132 zeigt das Prinzipschaltbild eines *RC*-Generators. Die Ausgangsspannung $\underline{U}_{A1}$ des meist zwei- oder dreistufigen Verstärkers V_1 mit der reellen Verstärkung V wird über die Wien-Brücke B mit dem Kopplungsfaktor

$$\underline{K} = \frac{\underline{U}_{E1}}{\underline{U}_{A1}} = \frac{R_2}{R_1 + R_2} - \frac{1}{3 + \mathrm{j}\,(\omega CR - 1/\omega CR)} \tag{5.128}$$

auf den Eingang rückgekoppelt. Nur für die Frequenz $\omega = 1/CR$ wird $\underline{K}$ reell

$$K = \frac{R_2}{R_1 + R_2} - \frac{1}{3} \tag{5.129}$$

und Gl. (5.127) $KV = 1$ erfüllbar. Der eigenerwärmte Kaltleiter R_1 stabilisiert die Spannungsamplitude, indem er davon abhängig das Spannungsteilerverhältnis $R_2/(R_1 + R_2)$ und somit K geeignet verändert. Die Frequenz wird durch R fein und durch C grob (Bereichsumschaltung) eingestellt.
Der Endverstärker V_2 trennt die Schwingschaltung von den Ausgangsklemmen und liefert die erforderliche Ausgangsleistung. Er enthält zumindest einen Abschwächer, um die Ausgangsspannung einzustellen. Diese kann am Kontrollinstrument I gemessen werden.

LC-Generatoren. In der Hochfrequenzmeßtechnik werden vorzugsweise die bewährten Meißner- und Dreipunktschaltungen zur Schwingungserzeugung ausgenutzt. Eine hohe Frequenzkonstanz erfordert konstante Speisespannungen, lose Rückkopplung, wirksame

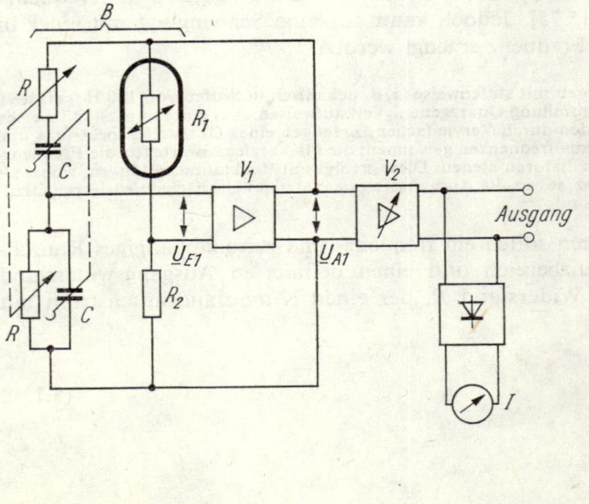

Bild 5.132
RC-Generator (Prinzipschaltung)

Begrenzung der Schwingungsamplituden sowie schwach gedämpfte, temperaturkompensierte Schwingungskreise und Trennstufen zwischen der Schwingschaltung und dem Verbraucher bzw. dem Modulator [5.71]. Hochfrequenzgeneratoren werden vor allem bei der Entwicklung, dem Abgleichen und dem Service von Rundfunk- und Fernsehempfängern, Sendern, Antennen usw. benötigt.

Bild 5.133 zeigt den prinzipiellen Aufbau eines Hochfrequenzmeßgenerators für Labor- und Servicebetrieb, wie er für Frequenzen zwischen 30 kHz und 300 MHz benutzt wird. Die von der abstimmbaren Schwingschaltung *1* erzeugte Hochfrequenzschwingung wird von dem

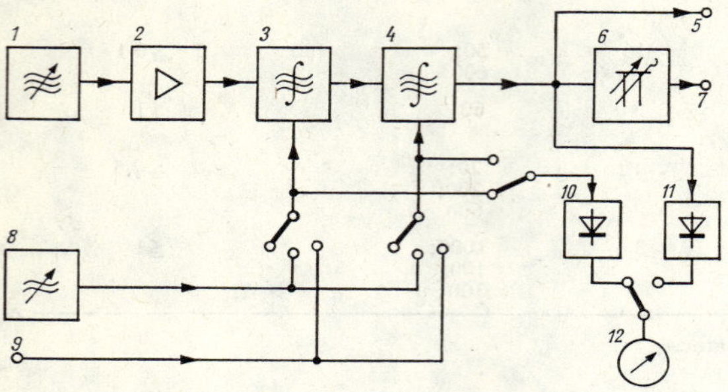

Bild 5.133
Blockschaltbild eines Hochfrequenzmeßgenerators (Prinzipschaltung)

Verstärker *2* breitbandig verstärkt. Mit den Modulatoren *3* und *4* kann sie wahlweise amplituden- oder frequenzmoduliert werden. Am Ausgang *5* steht die volle Ausgangsleistung des Generators zur Verfügung. Der kalibrierte Spannungsteiler *6*, der über 5 bis 6 Zehnerpotenzen einstellbar ist, ermöglicht die Abgabe kleinerer Spannungen (bis zu Werten unter 1 µV) an Buchse *7*; sie werden insbesondere für Empfindlichkeitsmessungen benötigt.

Die modulierende Spannung kann entweder von einer eingebauten Niederfrequenzschwingstufe *8* oder von außen über die Eingangsbuchse *9* bezogen werden. Dadurch läßt sich über die Buchse *9* auch ein Videosignal für die Modulation zuführen, so daß Untersuchungen an Fernsehgeräten möglich werden.
Die Ausgangsspannung des Hochfrequenzmeßgenerators kann mit der Hochfrequenzgleichrichterschaltung *11* und dem Drehspulinstrument *12* gemessen werden. Meist wird auch eine Niederfrequenzgleichrichterschaltung *10* vorgesehen, mit deren Hilfe das modulierende Niederfrequenzsignal und damit indirekt der Modulationsgrad gemessen werden kann.

Quarzgesteuerte Generatoren. Höchste Frequenzgenauigkeiten (10^{-5} bis 10^{-7}) erreicht man mit Schwingschaltungen, die einen temperaturstabilisierten Schwingquarz als frequenzbestimmendes Element verwenden [5.75]. Jedoch kann nur eine Schwingung mit einer in sehr engen Grenzen veränderlichen Frequenz erzeugt werden.

Mit höherem Aufwand lassen sich Generatoren mit stufenweise (z.B. dekadisch in Stufen von 100 Hz) einstellbarer Frequenz herstellen, die bei jeder Einstellung Quarzgenauigkeit aufweisen. Aus einer quarzstabilisierten Normalfrequenz (in der Regel 1 MHz) werden durch Vervielfachen, Erzeugen eines Oberwellenspektrums und Ausfiltern einzelner Frequenzen weitere Normalfrequenzen gewonnen, die als Vergleichswerte für die Frequenzregelung von frequenzgestuften Transistoroszillatoren dienen. Diese erfolgt mit Reaktanzschaltungen, wobei als Bezugsgrößen die erwähnte Normalfrequenz sowie die Ausgangsfrequenz der jeweils nächstniedrigeren Oszillatorstufe wirken, die sämtlich quarzgenau sind.

Rauschgeneratoren. Rauschgeneratoren sollen ein frequenz- und zeitunabhängiges Rauschspektrum im vorgesehenen Frequenzbereich und einen definierten Ausgangswiderstand haben. Als Rauschquelle dient ein Widerstand *R*, der einen Kurzschlußrauschstrom mit dem Effektivwert

$$I = \sqrt{\frac{4kTB}{R}} \tag{5.130}$$

(k Boltzmann-Konstante, T absolute Temperatur, $B = f_2 - f_1$ Bandbreite des ausgewerteten Frequenzbereiches) aufweist, oder eine spezielle Rauschdiode, deren Sättigungsstrom I_s ein Kurzschlußrauschstrom mit dem Effektivwert

$$I = \sqrt{2 I_s e B} \tag{5.131}$$

überlagert ist (e Elementarladung).

Bild 5.134a zeigt die Prinzipschaltung eines Diodenrauschgenerators. Der erzeugte Rauschstrom I wird nach Gl. (5.131) indirekt über den Anodenstrom I_s mit dem Drehspulinstrument D gemessen. Dessen Skale wird zweckmäßig nomogrammartig gehalten, um den Einfluß der Bandbreite zu berücksichtigen. Der Anodenstrom wird durch Ändern des Heizstromes eingestellt.

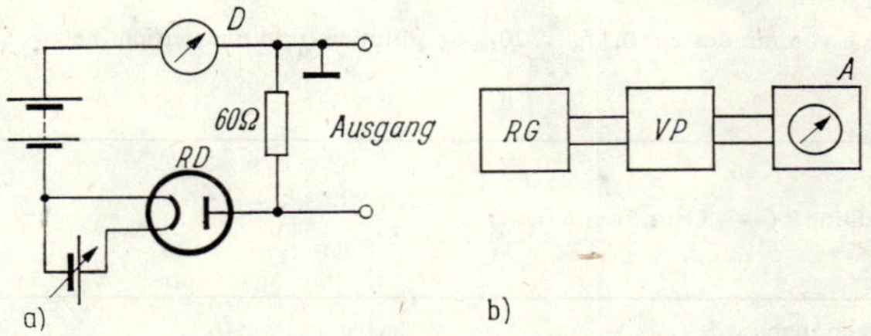

Bild 5.134. Messung des Eigenrauschens von Vierpolen

a) Prinzipschaltung eines Rauschgenerators, z.B. RSG 3 (VEB Meßelektronik Berlin)
b) Schaltungsanordnung für Rauschmessungen

Rauschgeneratoren werden in der Nieder- und Hochfrequenztechnik angewendet, z.B. für
Nachhall-, Schallabsorptions- und Schalldämpfungsmessungen;
Simulieren von Störungen in Nachrichtenkanälen für Verständlichkeitsmessungen;
Frequenzmessungen (Dämpfung und Verstärkung) an Filter-Vierpolen, Übertragungskanälen, Verstärkern usw. (Rauschgenerator am Eingang, selektive Spannungsmessung am Ausgang);
Vergleich und Eichung der Ausgangsspannung oder -leistung von Signalgeneratoren;
Messung des Eigenrauschens von Vierpolen (Verstärkern, Empfängern, Filtern, Übertragungsstrecken usw.).
Bild 5.134b zeigt für den letzten Fall eine mögliche Anordnung. Die vom Vierpol *VP* selbsterzeugte Rauschleistung wird mit dem Anzeigegerät *A* (effektivwertmessender elektronischer Spannungsmesser) bestimmt. Anschließend wird der Rauschgenerator *RG* eingeschaltet und so eingestellt, daß sich die Anzeige verdoppelt. Die durch *D* meßbare Rauschleistung des Generators ist dann gleich der auf den Eingang reduzierten Gesamtrauschleistung oder der sog. *Grenzempfindlichkeit* des Vierpols.

Rechteckwellengeneratoren. Rechteckwellengeneratoren sollen eine periodische Rechteckspannung nach Bild 5.135 abgeben. Gefordert werden einstellbare Frequenz f_i mit ausreichender Konstanz, einstellbare Amplitude U_m, einstellbares Tastverhältnis τ/T, gute Impulsform mit steilen Flanken und waagerechten Dachkanten (ohne Überschwingen), definierter Ausgangswiderstand sowie die Möglichkeit der Fremdsynchronisation und der Abgabe von nadelförmigen Synchronisierimpulsen. Die Rechteckschwingung wird mit

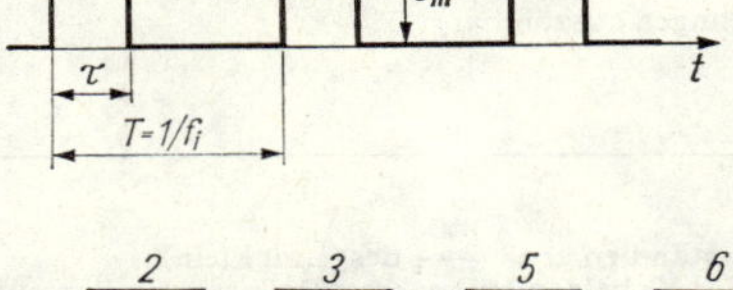

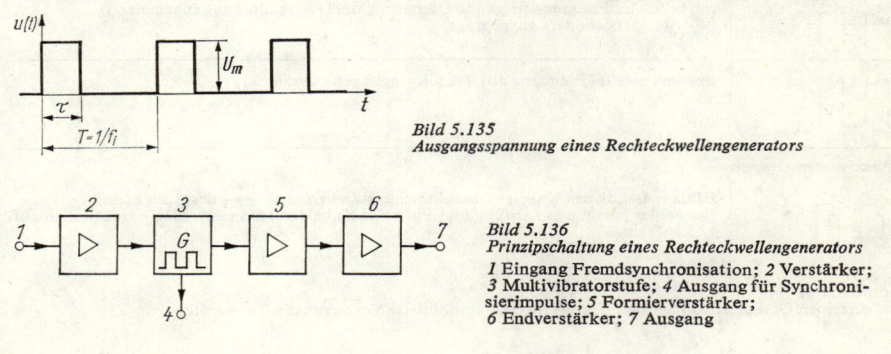

Bild 5.135
Ausgangsspannung eines Rechteckwellengenerators

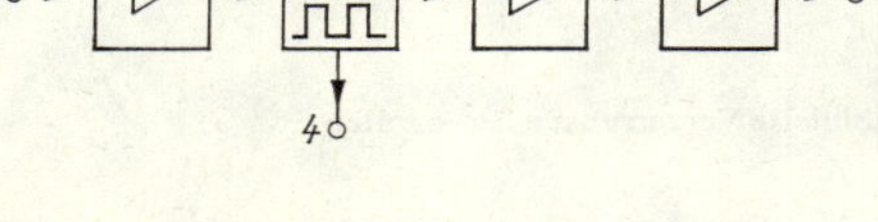

Bild 5.136
Prinzipschaltung eines Rechteckwellengenerators

1 Eingang Fremdsynchronisation; *2* Verstärker; *3* Multivibratorstufe; *4* Ausgang für Synchronisierimpulse; *5* Formierverstärker; *6* Endverstärker; *7* Ausgang

Transistormultivibratoren erzeugt. Mit frequenzgangkorrigierenden und begrenzenden Stufen wird die Schwingungsform verbessert. Bild 5.136 zeigt die Prinzipschaltung eines entsprechenden Geräts.

Anwendungsbeispiele für Rechteckwellengeneratoren sind:
Prüfen von digitalen Schaltkreisen und Speicherelementen;
Darstellen der Übergangsfunktionen von Vierpolen, Reglern u. ä. auf dem Oszillografenschirm, wobei der Generator ein *periodisches* An- und Abschalten einer Gleichgröße simuliert;
Prüfen des Frequenzganges von Filtern, Übertragern, Verstärkern, Leitungen usw., indem die Rechteckwelle dem Eingang eingeprägt und deren Verformung auf dem Oszillografen beobachtet wird. Dabei ziehen selbst geringe Frequenzänderungen typische und gut erkennbare Verzerrungen nach sich (s. Tafel 5.18);
Erzeugen von Balkenmustern für das Prüfen und Justieren von Fernsehempfängern.

Tafel 5.18. Verzerrungen von Rechteckwellen und ihre Ursachen (Tastverhältnis $v = \tau/T = 0{,}5$)

Ohne Verzerrungen	
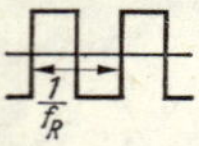	im Frequenzbereich von mindestens $0{,}1 f_R \ldots 20 f_R$ amplituden- und phasenrichtige Übertragung
Dämpfungsverzerrungen	
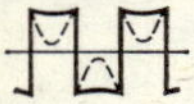	Grundwelle f_R gedämpft (--- Grundwelle fehlt)
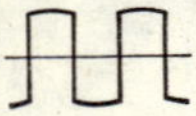	Grundwelle f_R angehoben
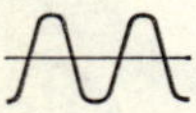	Oberwellen mit wachsender Frequenz stärker bedämpft
Phasenverzerrungen	
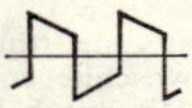	Grundwelle um $\approx 15°$ nacheilend
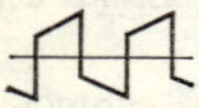	Grundwelle um $\approx 15°$ voreilend
Kombinierte Dämpfungs- und Phasenverzerrungen	
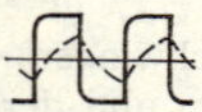	mit wachsender Frequenz steigende Dämpfung und Phasendrehung (nacheilend) (--- desgl. besonders ausgeprägt)
	mit fallender Frequenz steigende Dämpfung und Phasendrehung (nacheilend) (--- desgl. besonders ausgeprägt)
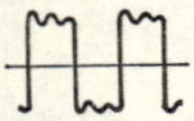	Resonanzstelle (Frequenz aus Teilschwingungen auszählbar)
Reflexionsverzerrungen	
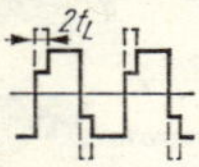	Fehlanpassung des Kabels: Abschlußwiderstand zu groß (--- desgl. zu klein). Bei Fehlanpassung am Anfang und Ende des Kabels treten mehrere Reflexionswellen auf. t_L Laufzeit

Anmerkung:
Die einzelnen Ursachen können sich überlagern und kombinierte Verzerrungen hervorrufen.

5.6.3. Elektronische Spannungsmesser

5.6.3.1. Gleichspannungsmesser

Die elektronischen Gleichspannungsmesser enthalten einen Verstärker, heute durchweg transistorbestückt, um den Eingangswiderstand zu erhöhen und die Meßbereiche zu erweitern, sowie ein Zeigerinstrument (Drehspulinstrument). Dieses liegt somit nicht an der Meßquelle, sondern wird mit konstantem Quellwiderstand vom Verstärker gespeist. Die Rückwirkung des Meßobjekts auf die Beruhigungszeit, die insbesondere bei Galvanometern zu beachten ist, entfällt, und das Instrument kann stets in der Nähe des aperiodischen Grenzfalles arbeiten (s. Abschn. 5.2.4., S. 635). Als Verstärker werden sowohl Gegentaktgleichspannungsverstärker als auch Zerhackerverstärker (s. Abschn. 5.6.2.4., S. 709) verwendet.

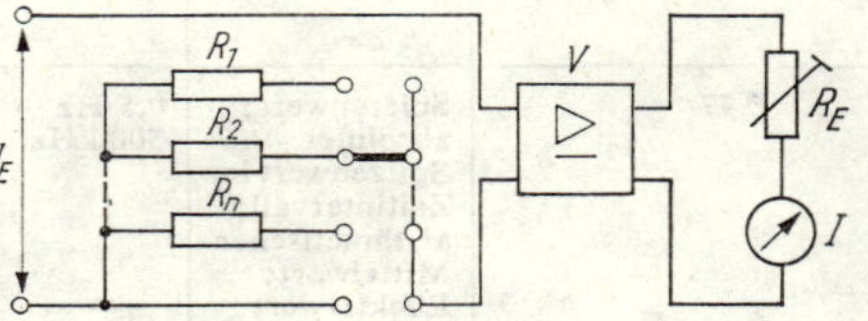

Bild 5.137
Prinzipschaltung eines Gleichspannungsvielfachmessers mit Gleichspannungsverstärker
U_E Meßspannung; R_1 bis R_n Spannungsteilerwiderstände; *V* Transistorverstärker nach Bild 5.129c, S. 709; *I* Drehspulinstrument; R_E Eichwiderstand

Bild 5.137 zeigt ein Beispiel für den ersten Fall. Es läßt sich ein Eingangswiderstand von 100 kΩ/V bei Klasse 2,5 oder 5 erreichen.
Aufwendiger, aber genauer sind die Meßgeräte mit Zerhackerverstärker. Das Elavitron (Elima GmbH, Frankfurt/Main) z. B. ist als kombinierter Spannungs- und Strommesser ausgelegt und enthält einen Transistorzerhacker. Das Drehspulinstrument hat 150 µA Endausschlag, die kleinsten Meßbereiche sind 2 µA bzw. 2 mV. Bei Spannungsmessungen wird ein Eingangswiderstand von 500 kΩ/V erreicht. Die Klassengenauigkeit beträgt 1,5.

5.6.3.2. Breitbandige Wechselspannungsmesser

Niederfrequenz- und Mittelfrequenzspannungsmesser. Diese Geräte enthalten einen *RC*-Wechselspannungsverstärker mit Elektronenröhren oder Transistoren (s. Abschn. 5.6.2.4., S. 708), der einen hohen Eingangswiderstand und abgeglichene kapazitive oder ohmsche Spannungsteiler für die Meßbereichsumschaltung hat und die notwendige Wechselleistung zum Aussteuern der Gleichrichterschaltung bereitstellt.

Bild 5.138 zeigt ein entsprechendes Blockschaltbild eines industriellen Gerätes. Übliche Größenordnungen der erzielbaren Kenndaten können Tafel 5.19 entnommen werden. Zwischen Empfindlichkeit und Bandbreite muß ein Kompromiß getroffen werden, der durch das Eigenrauschen der Verstärker bedingt ist.

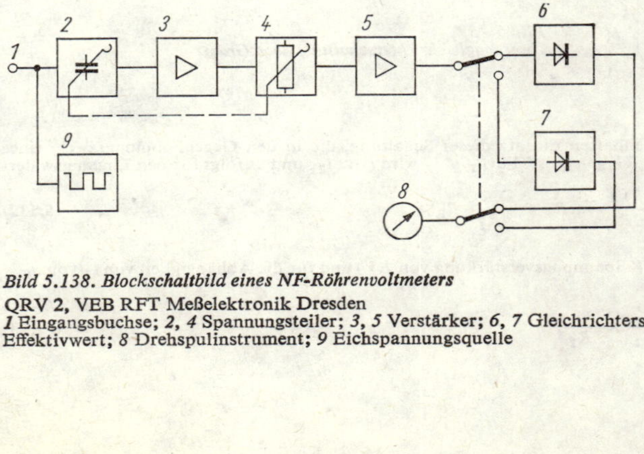

Bild 5.138. ***Blockschaltbild eines NF-Röhrenvoltmeters***
QRV 2, VEB RFT Meßelektronik Dresden
1 Eingangsbuchse; *2, 4* Spannungsteiler; *3, 5* Verstärker; *6, 7* Gleichrichterschaltungen für Spitzen- und Effektivwert; *8* Drehspulinstrument; *9* Eichspannungsquelle

Tafel 5.19. Kenndaten elektronischer Niederfrequenz- und Mittelfrequenzspannungsmesser

Typ	Meßbereiche	Meßfehler (ohne Frequenzgangfehler) % v.E.	Eingangswiderstand MΩ	Eingangskapazität pF	Gleichrichtung	Frequenzbereich
NF-Röhrenvoltmeter QRV 2 VEB RFT Meßelektronik Dresden	0···3/10/30/100/300/1000 mV 0···3/10/30/100/300 V	±2	≈100	≈30	Effektivwert	2 Hz ··· 100 kHz
Röhrenvoltmeter MV 20 VEB Präcitronik Dresden	0···1,5/5/15/50/150/500 mV 0···1,5/5/15/50/150/500 V	±2	20 (mV-Bereiche) 20000 (V-Bereiche)	35 (mV-Bereiche) 20 (V-Bereiche)	arithmetischer Mittelwert	5 Hz ··· 2 MHz
Elektronisches Voltmeter 2425 Brüel & Kjaer	0···1/3/10/30/100/300 mV 0···1/3/10/30/100/300 V	±5	1	47	Spitzenwert; absoluter Spitzenwert im Zeitintervall; arithmetischer Mittelwert; Effektivwert	0,5 Hz ··· 500 kHz
Breitbandmillivoltmeter PM 2454B Philips	0···1/3/10/30/100/300 mV 0···1/3/10/30/100/300 V	±1 (±1% v. M.)	1	33	arithmetischer Mittelwert	10 Hz ··· 12 MHz

Die Meßgleichrichterschaltungen werden mit Germanium- oder Siliziumdioden aufgebaut. Bild 5.139 zeigt eine Gleichrichterschaltung, bei der der Ausschlag des Drehspulinstruments D proportional dem *arithmetischen Mittelwert* (s. Abschn. 1.4.2.1.) des Wechselstromes $i(t)$ ist, wenn der lineare Vorwiderstand R_v – zu dem sich noch der Innenwiderstand von D addiert – groß genug ist (10 bis 500 kΩ), um die Kennlinien der Dioden wirksam zu linearisieren.

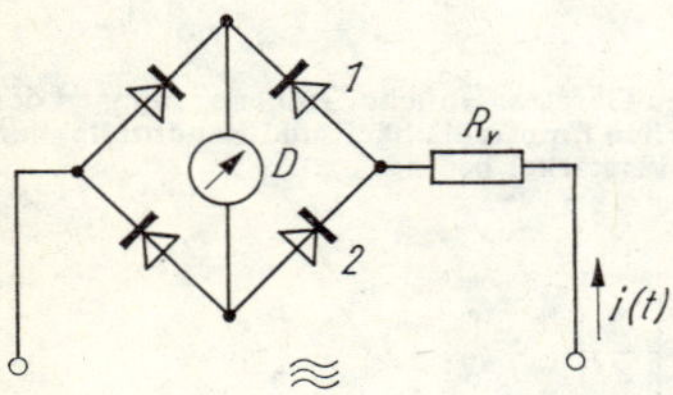

Bild 5.139
Zweiweggleichrichterschaltung nach Graetz

Bild 5.140 demonstriert einen vorteilhaften Einsatz dieser Schaltung, die in den Gegenkopplungszweig eines Röhren- oder Transistorverstärkers RV gelegt ist. Für $i_E \ll i_2$ wird $i_1 \approx i_2$, und es folgt für den Eingangswiderstand

$$Z_E = \frac{u_E}{i_E} = \frac{R_1(1+V)+R_2}{R_1+R_2} R_E \approx \frac{VR_1}{R_2} R_E \tag{5.132}$$

(R_E Verstärkereingangswiderstand, V Spannungsverstärkung von RV) und für die Abhängigkeit von i_2 von u_E

$$i_2 = \frac{Vu_E}{R_1(1+V)+R_2} \approx \frac{u_E}{R_1}. \tag{5.133}$$

Wählt man $V \approx 1000$, was sich bereits mit 2 Pentoden oder 3 Transistoren erreichen läßt, und hält die Größenbeziehungen $R_1 \ll R_2 \ll VR_1$ ein, so gelten die in den Gln. (5.132) und (5.133) angegebenen Näherungsausdrücke. Der Eingangswiderstand wird sehr groß gegen R_E. Der Zusammenhang $i_2 = f(u_E)$ ist nur noch von einem Widerstand, aber nicht mehr von der inkonstanten Verstärkerkenngröße V bestimmt.

Die *Effektivwertgleichrichtung* erfordert ein Element mit einer quadratischen Strom-Spannungs-Beziehung gemäß der Definition des Effektivwertes. Das wird durch sog. Diodennetzwerke erreicht, von denen im Bild 5.141 ein Beispiel gezeigt ist.

Die Dioden sind durch E und die Widerstände verschieden vorgespannt. Mit wachsendem Augenblickswert der zu messenden Spannung werden sie nacheinander geöffnet und schalten der Reihe nach die Widerstände $R_2, R_3, \ldots$ dem Widerstand R_1 parallel. So wird die quadratische Kennlinie stückweise durch Kombinationen linearer Widerstände approximiert. Die Dioden sind durch die Widerstände stark gesichert und haben nur Schaltfunktion [5.76]. Das Diodenquartett DQ setzt die Vollwellenspannung zunächst in eine Halbwellenspannung um, da die Approximationskennlinie nur einseitig aussteuerbar ist.

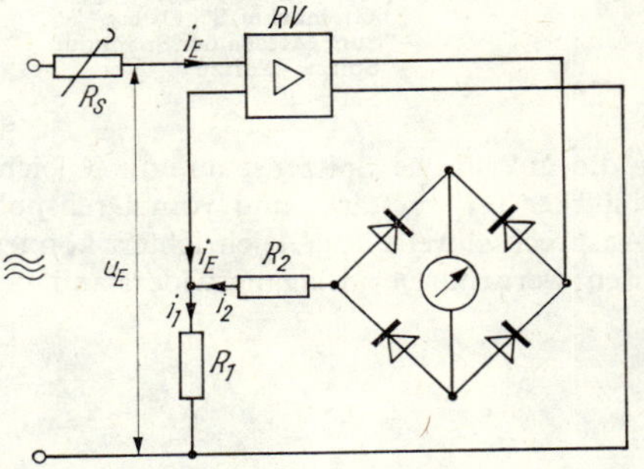

Bild 5.140
Prinzipschaltung eines elektronischen Spannungsmessers mit Instrument im Gegenkopplungszweig
z.B. MV 20 vom VEB Präcitronic Dresden
R_S Eingangsspannungsteilerwiderstand

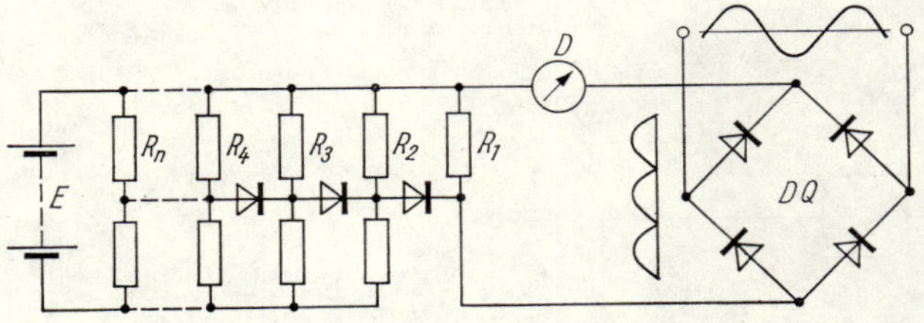

Bild 5.141. Diodennetzwerk für Effektivwertgleichrichtung

Bild 5.142a zeigt eine Schaltung zum Messen der *Spitzenspannung*. Über den Gleichrichter G wird der Kondensator C auf den Spitzenwert U_S von $u(t)$ aufgeladen. Über R – eingeschlossen der Widerstand des Drehspulinstruments D – kann dann ein Entladestrom

$$I \approx U_S/R \tag{5.134}$$

annähernd proportional U_S fließen, wenn die Entladekonstanten RC sehr groß gegenüber der Periodendauer der Wechselspannung gewählt werden. Erforderlich sind eine niederohmige Quelle ($R_Q \ll R$) und eine ausreichende Aussteuerung, d.h. $U_S = 0{,}2$ bis 50 V; sonst erreicht die Aufladung nicht die Nähe des Spitzenwertes.

Das Messen der Spannung Spitze – Spitze U_{SS} geschieht mit der Schaltung nach Bild 5.142b. Die beiden Kondensatoren laden sich auf den negativen bzw. den positiven Spitzenwert auf. Im Entladekreis addieren sich ihre Spannungen. Für die Dimensionierung gilt das oben Angeführte.

Ausführliche Darstellungen zu den Gleichrichterschaltungen enthalten [5.77] und [5.78].

Hochfrequenzspannungsmesser. Die Kapazitäten und Induktivitäten der Leitungen erfordern im Hochfrequenzgebiet kürzeste Verbindungen (unter 1 cm) zwischen Meßstelle und Gleichrichterschaltung; sonst können starke Meßfehler auftreten. Die Gleichrichterschaltung (Spitzengleichrichterschaltung nach Bild 5.142) wird deshalb in einem handlichen, abgeschirmten Tastkopf T untergebracht, der unmittelbar an die Meßstelle herangebracht wird

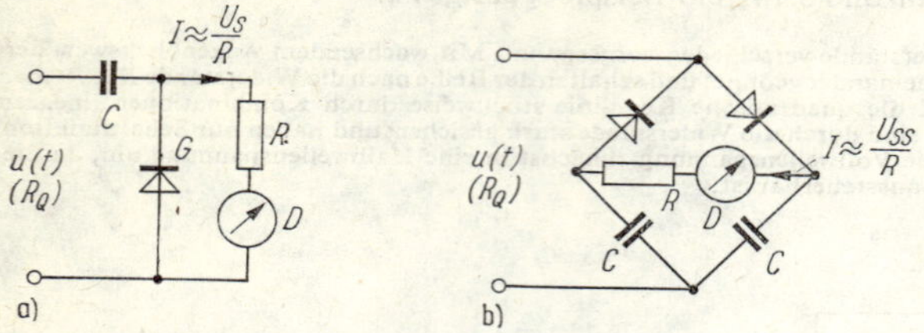

Bild 5.142
Spitzenwertgleichrichterschaltungen
a) Einwegschaltung;
b) Greinacher-Schaltung zum Messen der Spannung Spitze – Spitze

(Bild 5.143). Auf der Leitung L tritt dann nur die unkritische Spitzenspannung (Gleichspannung) auf, die in dem Gleichspannungsverstärker GV verstärkt und vom Drehspulinstrument D angezeigt wird. Infolge der hohen Ansprechschwelle des Gleichrichters können kaum Spannungen unter 10 bis 50 mV gemessen werden. Der Eingangswiderstand des Tastkopfes beträgt weniger als $R/3$.

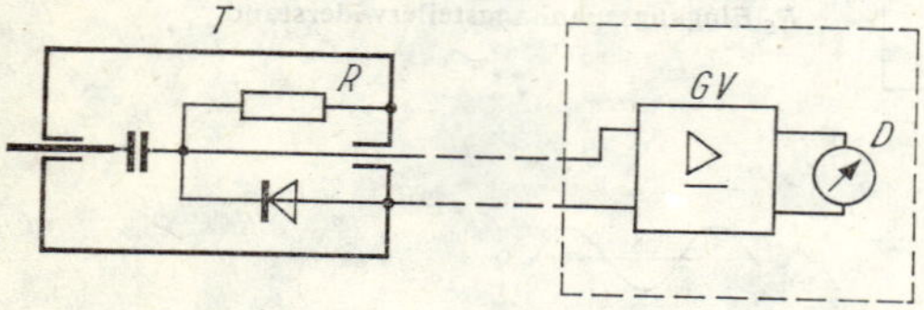

Bild 5.143
Prinzipschaltung eines Hochfrequenzspannungsmessers mit Tastkopf

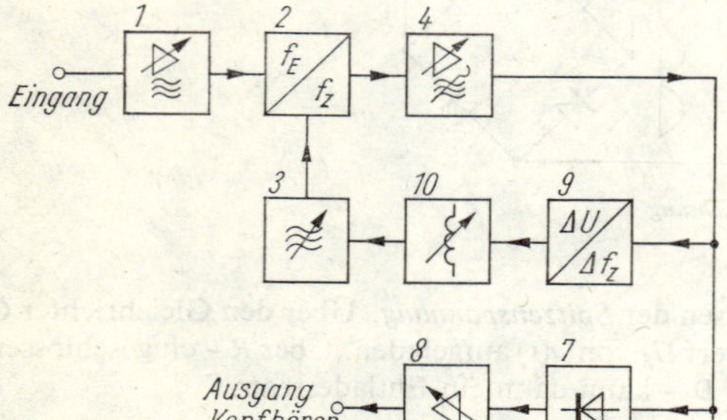

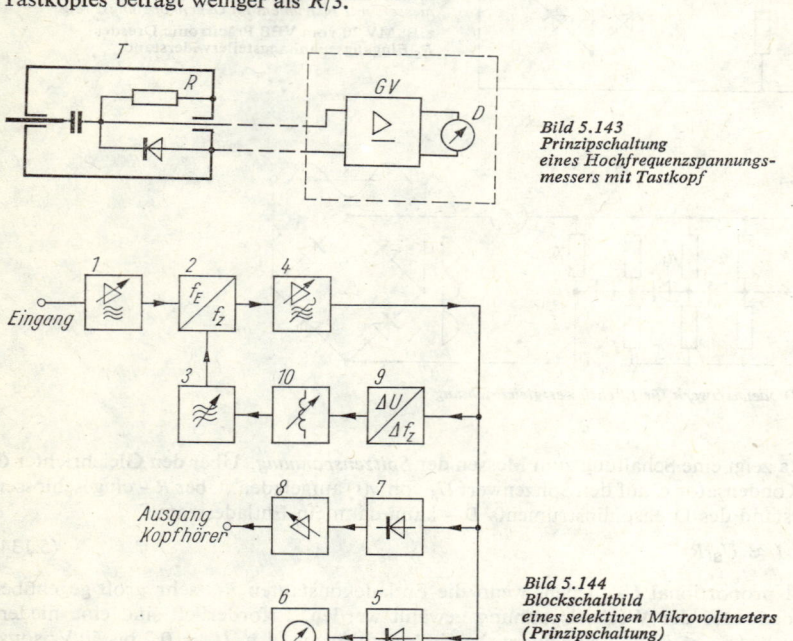

Bild 5.144
Blockschaltbild eines selektiven Mikrovoltmeters (Prinzipschaltung)

Der Aufwand des Gleichspannungsverstärkers legt eine mehrfache Nutzung nahe. Das führt zu der Klasse der *elektronischen Universalspannungsmesser*, die mit auswechselbaren Tastköpfen für Hochfrequenz- und Niederfrequenzspannungen ausgestattet sind. Für Gleichspannungsmessungen wird, entsprechend den im Abschnitt 5.6.3.1., S. 714, dargestellten Prinzipien, nur der Gleichspannungsteil (GV, D im Bild 5.143) benutzt, dem geeignete ohmsche Spannungsteiler vorgeschaltet werden.

5.6.3.3. Selektive Wechselspannungsmesser

Hohe Spannungsempfindlichkeit ($\approx 0{,}1\,\mu V$) im Hochfrequenzbereich wird durch die sog. *selektiven Mikrovoltmeter* erzielt, die nach dem Prinzip des Überlagerungsempfängers arbeiten. Sie werden für Feldstärkemessungen, Ermittlung von Störsendern, Aufnahme der Durchlaßkurven von Filtern, Klirrfaktormessungen, Modulationsgradmessungen usw. eingesetzt. Bild 5.144 zeigt das Blockschaltbild eines solchen Geräts.

Die Hochfrequenzspannung wird im Verstärker *1* breitbandig verstärkt und in der Modulationsstufe *2* mit der Spannung des Generators *3* gemischt. Die entstehende Zwischenfrequenzspannung wird in dem Zwischenfrequenzverstärker *4*, dessen Bandbreite in Stufen einstellbar ist, verstärkt und in einem elektronischen Hochfrequenzspannungsmesser *5*, *6* gleichgerichtet und angezeigt. Zum Abhören der Modulation des Eingangssignals dienen der Demodulator *7* und der Niederfrequenzverstärker *8*. Die Diskriminatorschaltung *9* setzt Abweichungen von der Zwischenfrequenz f_Z in Spannungen ΔU um, die über eine Reaktanzschaltung *10* den Generator *3* nachstimmen. Ist die Frequenz der Meßspannung sehr hoch, wird eine Mehrfachumsetzung vorgesehen.

5.6.3.4. Digitalvoltmeter

Die Digitalvoltmeter sind Gleichspannungsmesser, die als wesentliche Bestandteile einen Analog-Digital-Wandler [5.79] [5.80] und eine Ziffernanzeige aufweisen. Dem hohen technischen Aufwand stehen folgende Vorteile gegenüber:

a) direkte Ziffern-, Vorzeichen- und Kommaanzeige möglich;
b) einfache Ausgabemöglichkeit des Meßwerts an Drucker, Großsichtanzeigen, Lochbandstanzer, Datenübertragungsgeräte und andere Geräte der Digitaltechnik;
c) hohe Genauigkeit (0,01 bis 0,1%);
d) hoher Eingangswiderstand (> 1 bis 1000 MΩ erzielbar);
e) automatische Polaritäts- und Meßbereichseinstellung möglich.

Durch Vorsetzen einer Spitzenwertgleichrichterschaltung (s. Abschn. 5.6.3.2., S. 717) werden auch Wechselspannungsmessungen möglich, wobei jedoch die unter c) und d) genannten Vorteile stark gemindert werden.
Der wesentliche Bestandteil aller Digitalvoltmeter ist ein Dual- oder ein Dezimalzähler (s. Abschn. 5.6.5.3., S. 730), dessen Stand nach Abschluß eines Meßvorgangs dem Meßwert entspricht. Von diesem Zählerstand werden die Ziffernanzeige und die Meßwertausgabe abgeleitet. Nach den benutzten Meßabläufen unterscheidet man 2 Grundtypen der Digitalvoltmeter:
Digitalvoltmeter mit Sägezahngenerator. Zur Erläuterung dieser Ausführung dient Bild 5.145. Ein Meßvorgang wird zum Zeitpunkt t_1 durch den Steuerimpuls u_{St} der Ablaufsteuerung *1* eingeleitet. Dieser veranlaßt das Anlaufen des Sägezahngenerators *2*, der die zeitproportionale Kompensationsspannung u_K erzeugt. Sie wird in einem Differenzenverstärker *3* mit der zu messenden Spannung U_E verglichen. Solange $U_E > u_K$ ist, d.h. bis zum Zeitpunkt t_2, wird am Ausgang des Differenzenverstärkers ein logischer Pegel „L" an die UND-Schaltung *4* abgegeben. Bei $U_E < u_K$, d.h. nach t_2, wird auf den Pegel „0" umgeschaltet. Die UND-Schaltung wirkt als Tor. Sie läßt die vom Rechteckimpulsgenerator *5* erzeugten Zählimpulse nur durch, wenn sowohl die Ablaufsteuerung (durch den Steuerimpuls) als auch der Differenzenverstärker „L" abgeben (Zeitabschnitt t_1 bis t_2). Dadurch ist die Anzahl der durchgelassenen Zählimpulse proportional der Meßspannung U_E. Diese werden nun in dem elektronischen Zähler *6* gezählt und im Ziffernröhrenfeld *7* zur Anzeige gebracht. Über den Ausgang *8* kann das Ergebnis beliebig digital kodiert und weiterverarbeitet werden. Die Rückstellungsleitung *9* muß aktiviert werden, bevor ein neuer Meßvorgang eingeleitet wird.

Die Genauigkeit eines solchen Geräts ist begrenzt durch

a) die Exaktheit der Sägezahnspannung;
b) die Genauigkeit der Folgefrequenz der Zählimpulse;
c) die Höhe der Folgefrequenz.

Letztere bestimmt die zeitliche Auflösung, die durch $\pm T$ (1 Zählimpulsabstand) gegeben ist.

Digitalvoltmeter mit geschalteter Kompensationsspannung. Bei diesen Geräten wird der Meßspannung eine hochgenaue, stufenweise schaltbare Kompensationsspannung gegengeschaltet. Sie wird in Abhängigkeit vom momentanen Vergleichsergebnis so lange gezielt geändert, bis die Übereinstimmung hergestellt ist. Das Verfahren entspricht dem Handabgleich von Präzisionskompensatoren (s. Abschn. 5.5.3., S. 686), läuft jedoch automatisiert ab. Die Einstellung der Kompensationsspannung ist mit der des Digitalzählers fest gekoppelt.

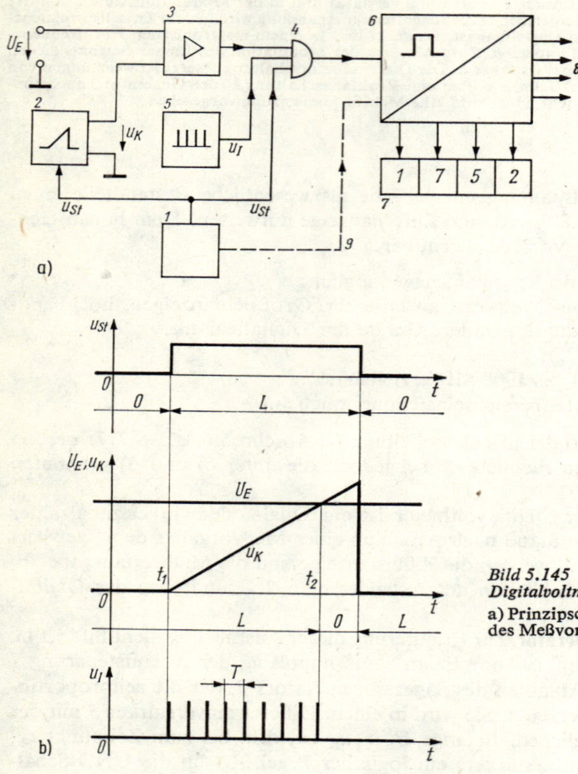

Bild 5.145
Digitalvoltmeter mit Sägezahngenerator
a) Prinzipschaltung; b) Darstellung des Meßvorgangs

Bild 5.146a zeigt die Prinzipschaltung einer möglichen Anordnung. Die Ablaufsteuerung *1* setzt die einzelnen Flipflops des Registers *2*, die die binären Variablen $x_0, x_1, \ldots, x_p$ enthalten. Die Registerstellen stellen ihrerseits die Schalter $S_0, S_1, \ldots, S_p$ so, daß einer eingeschriebenen „0" die rechte und einem eingeschriebenen „L" die linke Schalterstellung entspricht. Jede in dem Register *2* eingestellte Dualzahl

$$z = \sum_{m=0}^{p} 2^m x_m \tag{5.135}$$

bewirkt demzufolge eine ganz bestimmte Kombination der Schalterstellungen und damit auch eine bestimmte Zuordnung der dual gestaffelten Leitwerte $G, 2G, \ldots, 2^pG$ zu dem Spannungsteiler, der an die stabilisierte Spannungsquelle E_s angeschlossen ist. Seine Ausgangsspannung, die Kompensationsspannung U_K, ergibt sich somit zu

$$U_K = \frac{zE}{2^{p+1} - 1}. \tag{5.136}$$

Sie ist der im Register stehenden Dualzahl z proportional.

Bei einem Meßvorgang werden zunächst sämtliche x_m auf „0" gestellt. Dann wird der Vergleich in der 1. Dualstelle begonnen, indem x_0 auf „L" gesetzt wird. Von dem Differenzenverstärker *3* wird nun die Meßspannung U_E mit der Kompensationsspannung verglichen und eine Differenzspannung

$$U_D = V(U_E - U_K) \tag{5.137}$$

ausgegeben (V Verstärkung). Ist U_D negativ, so liegt eine Überkompensation vor, und die 1. Dualstelle muß auf „0" zurückgesetzt werden; für $U_D \geqq 0$ (Unterkompensation) aber kann sie bestehenbleiben. Anschließend werden die 2., 3. usw. Dualstelle in gleicher Weise abgearbeitet. Bild 5.146 b zeigt, welche Einzelschritte die Ablaufsteuerung veranlassen muß, bis die letzte (p-te) Dualstelle eingestellt ist.

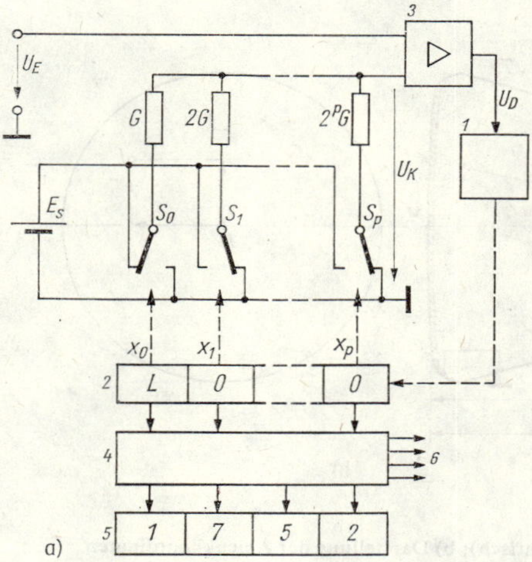

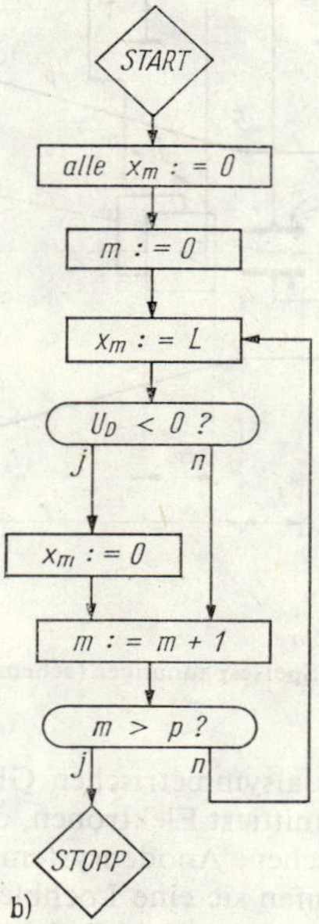

Bild 5.146. *Digitalvoltmeter mit geschalteter Kompensationsspannung*
a) Prinzipschaltung; b) Arbeitsweise der Ablaufsteuerung

Für die Anzeige im Ziffernröhrenfeld *5* muß der binär verschlüsselte Meßwert, der im Register steht, mit Hilfe des Konverters *4* in die Dezimalform übergeführt werden. Außerdem ist an dieser Stelle der Übergang auf einen für die Digitalausgabe *6* geforderten Kode möglich.

Bei diesem Verfahren wird die Meßgenauigkeit durch die Genauigkeit der stabilisierten Spannungsquelle und der geschalteten Leitwerte bestimmt. Sie kann deshalb wesentlich höher als bei dem zuerst beschriebenen Verfahren getrieben werden.

Ein Beispiel für diese Geräteklasse ist das Digitalvoltmeter 4027 vom VEB Funkwerk Erfurt [5.81]. Es hat die folgenden Eigenschaften:
Meßbereich 10 μV bis 1000 V Gleichspannung in 5 Bereichen;
Eingangswiderstand > 20 GΩ (in den unteren Meßbereichen);
maximale Meßfolge 50/s;
Bedienungskomfort: periodische und Einzelauflösung des Meßvorgangs, Minimum- und Maximumauswertung bei veränderlichen Spannungen, einstellbare Auflösung, automatische Meßbereichsumschaltung, Vorzeichen- und Kommaanzeige, Digitalausgang usw.

5.6.4. Elektronenstrahloszillografen

5.6.4.1. Elektronenstrahlröhre

Hauptelement des Elektronenstrahloszillografen ist die Elektronenstrahlröhre, auch Katodenstrahlröhre oder Braunsches Rohr genannt. Mit ihrer Hilfe kann ein elektrischer Spannungs- oder Stromwert in die Ablenkung eines Leuchtpunktes auf einem Bildschirm umgesetzt werden. In der Meßtechnik verwendet man vorwiegend Elektronenstrahlröhren mit elektrostatischer, also spannungsabhängiger Ablenkung. Bild 5.147a zeigt den Aufbau einer solchen Röhre [5.72] [5.82].

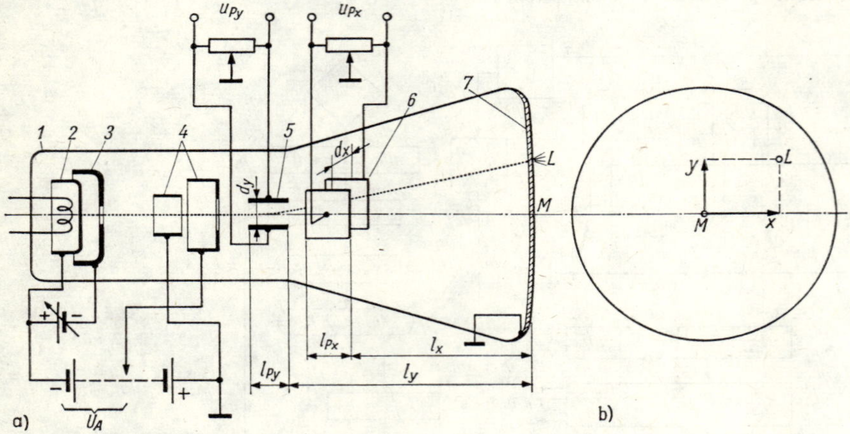

Bild 5.147. Elektronenstrahlröhre
a) Aufbau und Schaltung der Speisespannungen (schematisch); b) Darstellung der Ablenkkoordinaten auf dem Bildschirm

In einem evakuierten axialsymmetrischen Glaskolben *1* befinden sich mehrere Elektroden. Die geheizte Katode *2* emittiert Elektronen, die durch das mit einem hohen positiven Potential (500 bis 2000 V) versehene Anodensystem *4* in Richtung zur Leuchtschicht *7* beschleunigt werden. Zuerst durchlaufen sie eine Lochblende, den sog. Wehnelt-Zylinder *3*. Sein gegenüber der Katode negatives Potential bündelt die Elektronen zu einem Strahl. Durch Ändern des Potentials wird die Anzahl der durchgelassenen Elektronen und damit die Stärke des Elektronenstromes variiert. Bei genügend hohem negativem Potential kann dieser auch vollständig zu Null gemacht werden.

Das Anodensystem hat die Funktion einer Elektronenlinse (s. Abschn. 3.4.1.3., S. 499) und fokussiert den Strahl an der Leuchtschicht *7*. Das regelbare Potential U_A der letzten Anodenblende dient dabei zum Feineinstellen.

Die waagerecht und senkrecht stehenden Ablenkplattenpaare *5*, *6* verleihen dem Strahl eine senkrechte bzw. waagerechte Zusatzgeschwindigkeit, deren Wert proportional den an die Platten gelegten Ablenkspannungen u_{Py} bzw. u_{Px} ist. Die Auslenkung des Auftreffpunktes

(Leuchtpunktes) L des Elektronenstrahls von dem Mittelpunkt M (s. auch Bild 5.147b) sei durch die Koordinaten x und y beschrieben. Für sie gilt

$$x = A_x u_{Px}, \tag{5.138}$$

$$y = A_y u_{Py}. \tag{5.139}$$

A_x und A_y sind die Ablenkempfindlichkeiten der Plattenpaare. Sie betragen näherungsweise

$$A_x \approx \frac{l_{Px} l_x}{2 d_x U_A}, \tag{5.140}$$

$$A_y \approx \frac{l_{Py} l_y}{2 d_y U_A} \tag{5.141}$$

und liegen bei Meßelektronenstrahlröhren in der Größenordnung von 0,5 mm/V. Sind u_{Px} und u_{Py} zeitabhängig, so verschiebt sich der Auftreffpunkt L entsprechend den Momentanwerten von x und y.

Die Leuchtschicht *7* besteht aus einem Gemisch von phosphoreszierenden Stoffen, die die von den Elektronen aufgenommene kinetische Energie in Lichtstrahlung (meistens hellgrün oder hellblau) umsetzen, wobei je nach Anwendungszweck Nachleuchtzeiten von einigen Millisekunden bis zu einigen Sekunden erwünscht sind.

5.6.4.2. Universaloszillografen

Die vorherrschende Form des Elektronenstrahloszillografen ist die sog. Universalausführung, die periodische und kurz dauernde unperiodische Spannungen darzustellen gestattet. Bild 5.148 zeigt das Blockschaltbild eines derartigen Geräts.

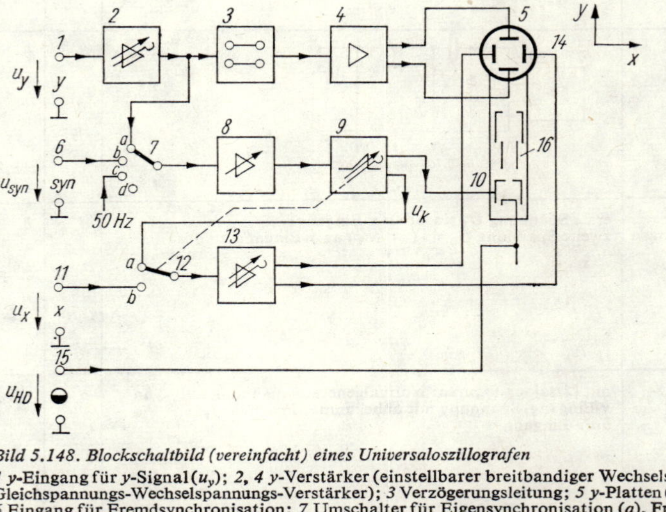

Bild 5.148. Blockschaltbild (vereinfacht) eines Universaloszillografen

1 y-Eingang für y-Signal (u_y); *2, 4* y-Verstärker (einstellbarer breitbandiger Wechselspannungs- oder Gleichspannungs-Wechselspannungs-Verstärker); *3* Verzögerungsleitung; *5* y-Platten (Strahlauslenkung vertikal); *6* Eingang für Fremdsynchronisation; *7* Umschalter für Eigensynchronisation (*a*), Fremdsynchronisation (*b*), Netzsynchronisation (*c*) und ohne Synchronisation (*d*); *8* Synchronisationsverstärker; *9* Kippgenerator (meist asymmetrischer Multivibrator mit anschließender Integrierstufe, trigger- bzw. synchronisierbar durch das Ausgangssignal von *8*; liefert einzelne Sägezahnimpulse (bei Triggerung) oder eine periodische Sägezahnspannung u_K (bei Synchronisation) mit einstellbarer Anstiegszeit; *10* Dunkelsteuerung für den Strahlrücklauf (an Wehnelt-Zylinder, s. Abschn. 5.6.4.1., S. 722); *11* x-Eingang für x-Signal (u_x); *12* Umschalter Kippspannung (*a*), x-Eingang (*b*) (gekoppelt mit Stufenschalter des Kippgenerators); *13* x-Verstärker (einstellbarer breitbandiger Wechselspannungs- oder Gleichspannungs-Wechselspannungs-Verstärker, s. Abschn. 5.6.2.4., S. 708); *14* x-Platten (Strahlauslenkung horizontal); *15* Eingang für Spannung u_{HD} zur Hell-Dunkel-Steuerung (wirkt auf Katodenpotential ein); *16* Elektronenstrahlröhre (s. Abschn. 5.6.4.1., S. 722)

Tafel 5.20. Anwendungen von Universaloszillografen

Anwendungsfall	Meßschaltung	Schalterstellungen (Bild 5.148) 7	12
Darstellen periodischer Spannungen $u(t)$	u an y-Eingang	*a*	*a*
Darstellen einmaliger bzw. in unregelmäßigen Abständen wiederholter Spannungsimpulse $u(t)$	u an y-Eingang	*a*	*a*
Aufnahme von Strom-Spannungs-Kennlinien (Dioden, Transistoren usw.)	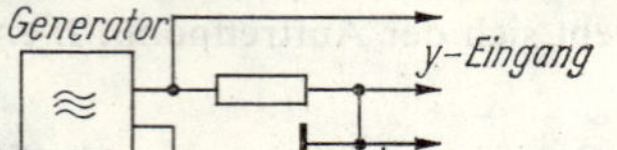	*d*	*b*
Aufnahme von *HB*-Kennlinien von magnetischen Materialien (in Kernform)	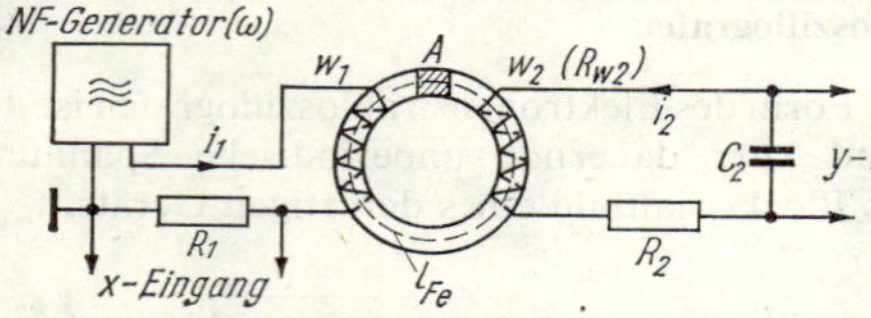	*d*	*b*
Wirkleistungsmessung bei Wechselstrom (an Verbraucher Z_L)	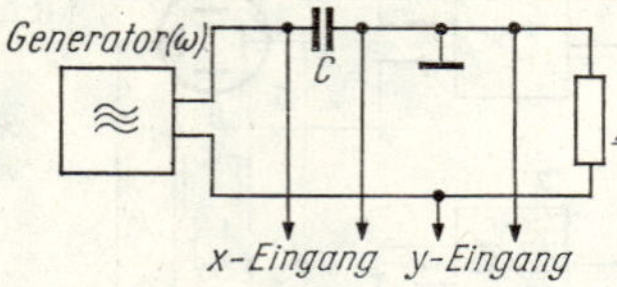	*d*	*b*
Messung des Phasenwinkels zwischen zwei Sinusspannungen (Ellipsenmethode)	erste Spannung $U_1 \sin \omega t$ an x-Eingang: zweite Spannung $U_2 \sin (\omega t + \varphi)$ an y-Eingang	*d*	*b*
Frequenzmessung (Frequenzvergleich mit einstellbarem Normalgenerator)	mit Lissajous-Figuren: Normalgeneratorspannung mit f_N an x-Eingang, Spannung mit unbekannter Frequenz f_y an y-Eingang	*d*	*b*
	mit Dunkel- (oder Hell-) Marken: Normalgeneratorspannung mit f_N am Eingang Hell-Dunkel-Steuerung, Spannung mit unbekannter Frequenz f_y an y-Eingang	*a*	*a*

Schirmbild	Auswertung	Bemerkungen
$y(x)$	$u = \frac{y}{c_y}$ $t = \frac{x}{c_x\, \Delta u_k/\Delta t}$ $\Delta u_k/\Delta t$ Änderungsgeschwindigkeit der Kippspannung.	Stehendes Bild wird durch Einstellen der Kippfrequenz (*9*) und deren Synchronisierung erzeugt. Die Kippfrequenz muß ein ganzzahliges Vielfaches der Frequenz von u sein.
$y(x)$ nachleuchtende Oszillografenröhre oder Abfotografieren erforderlich.	$u = \frac{y}{c_y}$ $t = \frac{x}{c_x\, \Delta u_k/\Delta t}$ $\Delta u_k/\Delta t$ Änderungsgeschwindigkeit der Kippspannung.	Die Kippspannungsimpulse werden „getriggert", d.h. starten nur bei Erreichen eines Schwellwertes von u. Die Verzögerungsleitung *3* verzögert das Signal bis zum Anlauf des Kippimpulses.
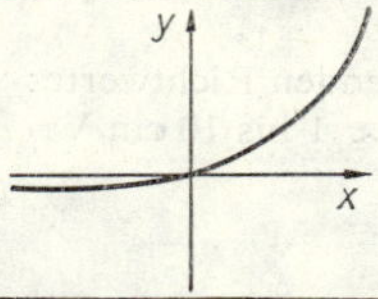	$u = \frac{x}{c_x}$ $i = \frac{y}{c_y R}$	Bedingung: $\lvert Z_{Ey}\rvert \gg R$ $\lvert Z_{Ex}\rvert \gg R_G$ R linearer Zusatzwiderstand für die Stromdarstellung
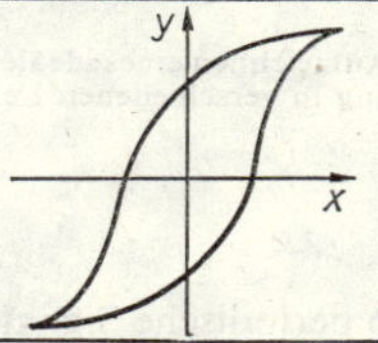	$H = \frac{w_1}{R_1 l_{Fe} c_x}\, x$ $B = \frac{C_2\,(R_2 + R_{w2})}{w_2 A c_y}\, y$	Bedingung: $R_2 + R_{w2} \gg \frac{1}{\omega C_2}$ $\lvert Z_{Ex}\rvert \gg R_1$ $\lvert Z_{Ey}\rvert \gg \frac{1}{\omega C_2}$ $I_1\, w_1 \gg I_2\, w_2$ (I_1, I_2 Effektivwerte von i_1, i_2)
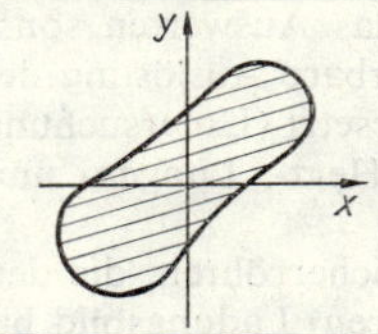	$P_L = \frac{\omega C}{2\pi c_x c_y}\, A$ schraffierte Fläche A ausplanimetrieren	auch für nichtlineare Widerstände Z_L möglich Bedingung: $\lvert Z_{Ex}\rvert \gg \frac{1}{\omega C}$ $\lvert Z_{Ey}\rvert \gg Z_L$
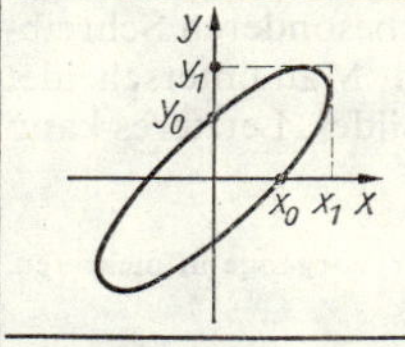	$\varphi = \arcsin y_0/y_1$ $= \arcsin x_0/x_1$	Spezialfall $\varphi = 0$ bzw. $\varphi = 180°$: Ellipse entartet zur Nullpunktsgeraden. Ermöglicht einfaches Prüfen der Phasengleichheit.
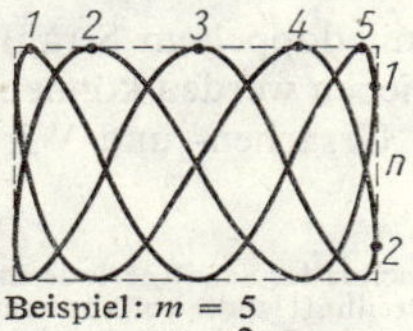 Beispiel: $m = 5$ $n = 2$	$f_y = f_N \frac{m}{n}$ Berührungspunkte m und n auszählen!	Durch Ändern von f_N muß ein stehendes Bild eingestellt werden. Geschlossenen Kurvenzug einstellen!
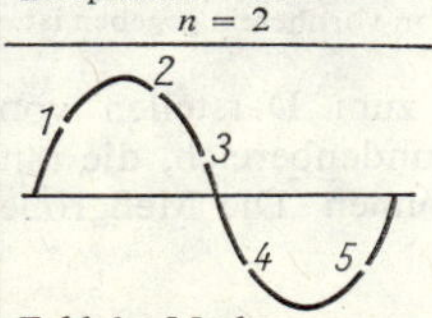 Zahl der Marken: m	$f_y = f_N \frac{1}{m}$	Mit Kippgenerator einen Schwingungszug einstellen. Die Marken müssen ebenfalls stehen (Einstellung von f_N).

Die Auslenkung des Leuchtpunktes auf dem Schirm in y-Richtung beträgt

$$y(t) = c_y u_y(t) = V_y A_y u_y(t) \tag{5.142}$$

und in x-Richtung

$$x(t) = c_x u_x(t) = V_x A_x u_x(t) \tag{5.143}$$

bzw.

$$x(t) = c_x u_k(t) = V_x A_x u_k(t) \tag{5.144}$$

bei Benutzung des Kippgenerators (V_x, V_y eingestellte Spannungsverstärkungen des x- bzw. y-Verstärkers; A_x, A_y s. Abschn. 5.6.4.1., S. 723). c_x und c_y können durch Anlegen bekannter Spannungen und Messen der Auslenkung bestimmt werden.
Der Universaloszillograf läßt sich für zahlreiche Meß- und Prüfaufgaben benutzen. Einige wichtige Anwendungsfälle enthält Tafel 5.20. Zahlreiche weitere sind z.B. in [5.72] und [5.82] zu finden.
Für die Hauptparameter der Universaloszillografen gelten etwa die folgenden Richtwerte:
Ablenkkonstanten bei maximaler Verstärkung $c_y \approx 10$ bis 50 cm/V, $c_x \approx 1$ bis 10 cm/V;
obere Grenzfrequenz des y-Kanals ≈ 5 bis 100 MHz;
Anstiegszeit des y-Kanals ≈ 70 bis 5 ns;
Kippfrequenz 0,01 Hz bis 200 kHz.

Die obere Grenzfrequenz des y-Verstärkers bzw. die damit gegebene Anstiegszeit beim Aufzeichnen eines idealen Rechteckimpulses bestimmt Aufwand und Preis des Oszillografen, so daß eine Staffelung in verschiedenen Leistungsklassen üblich ist.

5.6.4.3. Spezialoszillografen

Speicheroszillografen. Speicheroszillografen können einmalige, aber auch periodische Signale über längere Zeit auf dem Oszillografenschirm festhalten. Das für das Auswerten sonst übliche Abfotografieren entfällt. Sie haben externe und interne triggerbare Auslösung des Strahls und werden im Nieder-, Mittel- und Hochfrequenzbereich eingesetzt (Untersuchung von Ausgleichvorgängen, Impulsfolgen, stochastischen Größen, von Herz-, Lungen- und Nervenvorgängen in der Elektromedizin usw.).
Die Speicheroszillografen benutzen zur Anzeige in der Regel Sichtspeicherröhren, die den vom Elektronenstrahl gezeichneten Kurvenverlauf in einem (unsichtbaren) Ladungsbild bis zu einigen Tagen festhalten können. Es wird durch Auslesen mit einem besonderen Schreibstrahl sichtbar gemacht, wobei es aber in wenigen Minuten zerstört wird. Man unterscheidet deshalb die Betriebsarten „Speichern", „Auslesen" und „Löschen" des Bildes. Letzteres kann in etwa 1 s vorgenommen werden.

Meist wird auch eine Einrichtung vorgesehen, die das Aufzeichnen länger andauernder Vorgänge in mehreren, untereinanderliegenden Schreibzeilen gestattet.

Zweistrahloszillografen. Diese enthalten eine Elektronenstrahlröhre mit doppeltem Strahlsystem sowie zwei y-Verstärker, so daß gleichzeitig 2 Vorgänge geschrieben werden können. Der Einsatz erfolgt z.B. für Phasenmessungen, zum Darstellen von Ursachen- und Wirkungsfunktionen u.ä.

Das gleiche kann mit einem sog. elektronischen Umschalter erreicht werden, der mit schneller Schaltperiode die 2 Vorgänge abwechselnd auf die y-Platten gibt und diese somit stückweise schreibt. Vorteilhaft ist die vollkommen starre zeitliche Zuordnung der Vorgänge, die bei dem Zweistrahloszillografen nicht von vornherein gegeben ist.

Samplingoszillografen. Sampling- oder Abtastoszillografen dienen zum Darstellen von Schwingungen über 100 MHz und Impulsen im Nano- und Pikosekundenbereich, die mit Breitbandverstärkern nicht mehr ökonomisch übertragen werden können. Die Meßgröße muß periodisch sein.

Bild 5.149 erläutert das vorherrschende Arbeitsprinzip. Die abzubildende Spannung $u(t)$ mit der Periode T wird punktweise abgetastet, wobei die Abtastpunkte um $nT + \Delta t$ versetzt sind ($n = 1, 2, \ldots$; im Bild 5.149 wurde $n = 1$ gewählt). Die einzelnen Funktionswerte werden über den schnellen Diodenschalter S, der von der Steuerspannung $u_S(t)$ kurzzeitig geschlossen wird, auf den Sampling-Kondensator C gegeben. Für die Verstärkung und die Übertragung zur Elektronenstrahlröhre steht die Zeit $nT + \Delta t$ zur Verfügung, was eine geringe Bandbreite

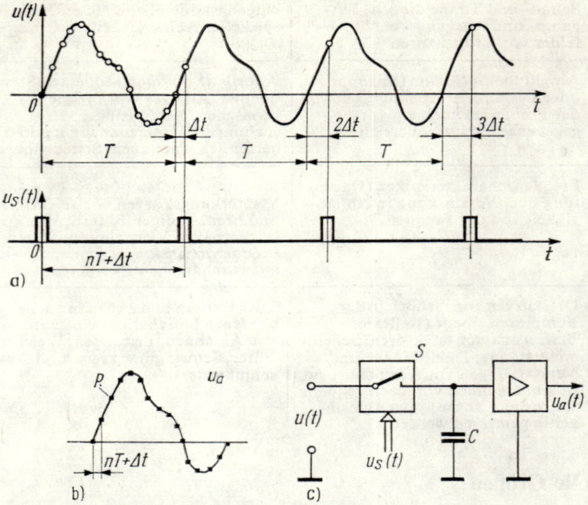

Bild 5.149. Zur Erläuterung des Sampling-Oszillografen

a) Verläufe der Signalspannung $u(t)$ und der Schaltspannung $u_S(t)$; b) Abbildung auf dem Bildschirm (P hellgetastete Punkte); c) Eingangsstufe des Sampling-Oszillografen (schematisch)

($\approx 1/2\, nT$) zuläßt. Auf dem Schirm wird – wiederum mit der Steuerspannung $u_S(t)$ – eine Helltastung vorgenommen, so daß der dargestellte Verlauf von u_a die Spannung $u(t)$ punktweise in Zeitlupe wiedergibt. Weitere Ausführungsvarianten enthält z.B. [5.83].

Die lange Präsenzzeit der Abtastwerte gestattet u.U. auch den Anschluß von Analog-Digital-Wandlern hinter dem y-Verstärker. Damit kann beispielsweise das Zeitverhalten von Signalverläufen mit einem nachgeschalteten Druckwerk automatisch protokolliert werden (s. z.B. [5.84]).

5.6.4.4. Kurvenschreiber mit Elektronenstrahloszillograf

Kurvenschreiber sind Einzweckgeräte, bei denen eine spezielle Meßschaltung mit einem Oszillografen für das Auswerten gekoppelt ist. Aus der Vielzahl der Geräte sind in Tafel 5.21 einige markante Beispiele nebst Einsatzgebieten genannt.

5.6.4.5. Oszillografensysteme

In der modernen Oszillografentechnik zeichnet sich – insbesondere in der oberen Leistungsklasse – die Tendenz ab, zu bausteinartig zusammensetzbaren Wechseleinschüben überzugehen, die je nach Anwendungszweck sehr freizügig zusammengeschaltet werden können. Einbezogen werden neben den grundlegenden Verfahren der Universalausführung sowohl die Bildspeichertechnik, die Sampling-Technik als auch die Kurvenschreibtechnik (s. Abschnitte 5.6.4.2. bis 5.6.4.4.).

Diesem entsprechen z.B. die Grundgeräte OG 2-30 und OG 2-31 vom VEB Meßelektronik Berlin [5.84], die Anzeigeteile mit normaler Elektronenstrahlröhre bzw. Sichtspeicherröhre enthalten. Durch verschiedene Wechseleinschübe, wie Einkanalbreitbandverstärker, Zweikanalbreitbandverstärker, Vierkanalverstärker, Sampling-Verstärker sowie verschiedene Kippgeneratoren für die konventionelle Abbildung und für die Sampling-Technik, werden sie ergänzt. Die konsequente Anwendung von Siliziumtransistoren ergibt geringe Abmessungen.

Tafel 5.21. Kurvenschreiber mit Elektronenstrahloszillograf

Benennung	Dargestellte Abhängigkeiten	Einsatzgebiete
Dioden- und Transistor-Kennlinienschreiber	Durchlaß- und Sperrkennlinien von Richt-, Misch-, Zener-, Schalt- und Tunneldioden, Eingangs- und Ausgangskennlinienfelder von Transistoren	Typenprüfung und -sortierung, Aussuchen von Pärchen, Wareneingangskontrolle, Untersuchung spezieller Abhängigkeiten
Spektralanalysatoren, Panoramaempfänger	Amplitudenspektrum (Spannung oder Leistung in Abhängigkeit von der Frequenz) in einem vorgegebenen Frequenzbereich	Anpeilen von hochfrequenten Störquellen, Analyse von Frequenzgemischen, Verzerrungsuntersuchungen, Untersuchung modulierter Schwingungen (Seitenbänder)
Wobblermeßgeräte (Kopplung eines Spektralanalysators mit einem Wobblergenerator)	Frequenzcharakteristiken (Dämpfung oder Verstärkung in Abhängigkeit von der Frequenz)	Messung der Dämpfungs- bzw. Verstärkungskurven von selektiven und breitbandigen Filtern, Verstärkern u.ä. Vierpolen sowie der Frequenzcharakteristiken von frequenzabhängigen Zweipolen
Ortskurvenschreiber (Wobblermeßgeräte mit Auswertung nach Betrag und Phase)	Ortskurven von Größen in der komplexen Ebene (Reflexions- bzw. Anpassungsfaktoren, Scheinwiderstände, Dämpfungen und Verstärkungen von Vierpolen usw.) in Abhängigkeit von der Frequenz. Betrag und Phase können gleichzeitig gemessen werden	Entwicklung und Prüfung nachrichtentechnischer Bauelemente, wie Antennen, Leitungen, Weichen, Filter, Schwingungskreise und Abschlußwiderstände

5.6.5. Meßgeräte für spezielle Größen

5.6.5.1. Frequenzmesser

Resonanzfrequenzmesser. Sie enthalten einen abstimmbaren, geeichten Resonanzkreis hoher Güte (im Dezimeterwellenbereich einen Topfkreis), an den das Signal über einen Vorwiderstand gelegt wird. An der Spannungsüberhöhung bei Resonanz, die mit einer einfachen Spitzenwertgleichrichterschaltung nach Bild 5.142 gemessen wird, erkennt man die unbekannte Frequenz. Die Meßgenauigkeit beträgt etwa 10^{-3}.

Überlagerungsfrequenzmesser. Die zu bestimmende Frequenz wird mit der eines durchstimmbaren, geeichten Oszillators gemischt und die Differenzfrequenz auf Schwebungsnull abgeglichen (Kontrolle z.B. mit Kopfhörer). Der Oszillator kann mit einem zusätzlichen Quarzoszillator feingeeicht werden. Die Meßgenauigkeit beträgt bis 10^{-4}.

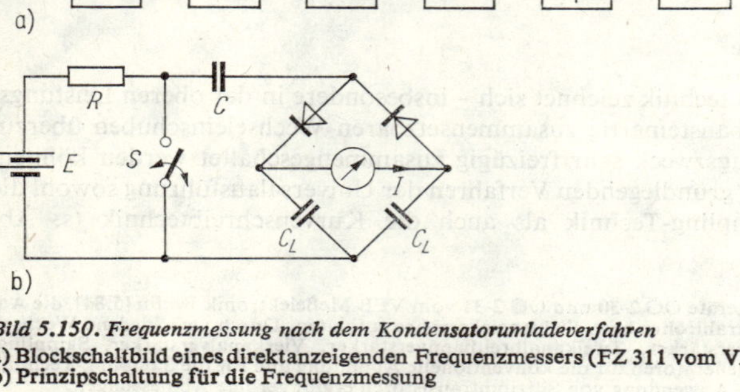

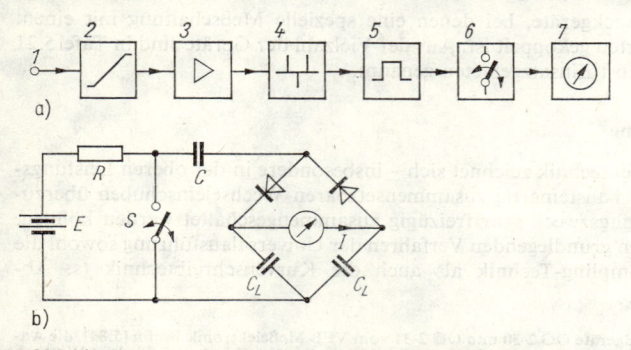

Bild 5.150. Frequenzmessung nach dem Kondensatorumladeverfahren

a) Blockschaltbild eines direktanzeigenden Frequenzmessers (FZ 311 vom VEB RFT Meßelektronik Dresden); b) Prinzipschaltung für die Frequenzmessung

Frequenzmesser nach dem Kondensatorumladeverfahren. Dieses bis in den Hochfrequenzbereich brauchbare Verfahren gestattet eine direkte Anzeige der Frequenz mit einem Drehspulinstrument, wobei Genauigkeiten von einigen Prozent erzielt werden. Das Signal darf in gewissen Grenzen von der Sinusform abweichen.

Bild 5.150a zeigt das Blockschaltbild eines entsprechenden Geräts. Die an den Eingang *1* gelegte Wechselspannung wird in der Eingangsstufe *2* begrenzt (Übersteuerungsschutz) und anschließend verstärkt (*3*). Damit wird eine Schmitt-Triggerschaltung *4* angesteuert, die als Amplitudendiskriminator wirkt und bei Überschreiten eines Schwellwertes eine Rechteckwellenspannung konstanter Amplitude mit der Frequenz f des Eingangssignals liefert. Diese wird noch differenziert. Die dadurch entstehenden positiven Nadelimpulse steuern eine Flipflop-Schaltung *5*, an deren Ausgang eine Rechteckwellenspannung mit der halben Eingangsfrequenz auftritt, die weitgehend unabhängig von der Kurvenform, der Größe und dem zeitlichen Verhältnis der Nulldurchgänge der Eingangsspannung ist. Diese Rechteckwellenspannung steuert nunmehr eine Schaltstufe *6*, die die eigentliche Meßschaltung *7* periodisch an eine Gleichspannung legt bzw. kurzschließt.
Bild 5.150b zeigt die Meßschaltung [5.85]. Es gilt $C \ll C_L$ und $(R + R_1)\, C \ll T_S$ (R_1 Innenwiderstand des Drehspulinstruments; $T_S = 2/f$ Schaltperiodendauer). S ist der elektronische Schalter. Wird er geöffnet, so lädt sich C auf E auf (Ladung CE); wird er geschlossen, so entlädt sich C wieder vollständig. Lade- und Entladestrom bewirken durch die Gleichrichterbrücke im Instrument einen mittleren Gleichstrom

$$I = 2CEf, \tag{5.145}$$

der der Meßfrequenz f proportional ist. Durch ein veränderliches C kann eine einfache Bereichsumschaltung erfolgen.

5.6.5.2. Phasenmesser

Die Phase bzw. der Phasenwinkel zwischen zwei Wechselgrößen ist für die zeitliche Differenz zweier streng sinusförmiger Schwingungen gleicher Frequenz definiert. Bei nichtsinusförmigen periodischen Größen bezieht man sich ersatzweise auf die Abstände der Nulldurchgänge. Die direktanzeigenden Phasenmesser, die im Nieder- und Mittelfrequenzbereich angewendet werden, arbeiten nach einem Impulsmeßprinzip. Es werden Genauigkeiten von einigen Prozent erzielt.

Bild 5.151 zeigt das Blockschaltbild und die wichtigsten Spannungsverläufe eines derartigen Geräts. Die beiden Eingangsspannungen u_1 und u_2 werden an die Eingänge *1* zweier gleichartig aufgebauter Kanäle gelegt. Die Signale werden verstärkt und zu Rechteckwellen u_1', u_2' begrenzt (*2*). Diese steuern Schmitt-Triggerschaltungen an, deren Ausgangsspannungen differenziert werden, so daß den Nulldurchgängen zugeordnete Nadelimpulse u_1'', u_2'' ent-

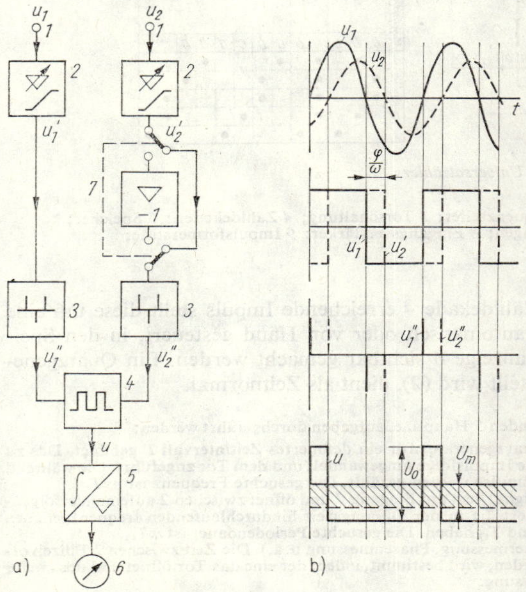

Bild 5.151
Phasenmesser
a) Blockschaltbild eines direktanzeigenden Phasenmessers (PM 102 vom VEB RFT Meßelektronik Dresden);
b) Spannungsverläufe an den einzelnen Funktionsgruppen

stehen (*3*). Mit den positiven Impulsen wird eine Flipflop-Schaltung *4* umgeschaltet. Zwischen den beiden Flipflop-Ausgängen tritt als Folge die Spannung u auf. Sie besteht aus positiven und negativen Rechteckimpulsen, deren Zeitverhältnis von dem zu messenden Phasenwinkel φ bestimmt wird. Unabhängig von der Meßfrequenz ergibt sich für den Mittelwert $\bar{u}$ von u

$$\bar{u} = \frac{U_0}{360°}(\varphi - 180°). \tag{5.146}$$

Dieser Mittelwert kann durch Integration der Spannung u gebildet und nach anschließender Verstärkung *5* mit einem Drehspulinstrument *6* angezeigt werden. Liegt φ sehr nahe bei 0 oder 360°, so folgen Öffnungs- und Schließungsimpuls für die Flipflop-Schaltung *4* sehr dicht aufeinander, und die Umschaltung wird unsicher. Deshalb kann in diesem Fall in den einen Kanal eine Phasenumkehrstufe *7* eingeschaltet werden, so daß man Winkel von $\approx \pm 180°$ mißt.

Phasenmesser werden u.a. eingesetzt für
Phasenwinkelmessungen an elektrischen Zwei- und Vierpolen;
Torsionswinkelmessungen an drehenden Wellen und Schlupfmessungen an Asynchronmotoren (mit Hilfe von fotoelektrischen Drehzahlgebern);
Frequenzvergleich zweier nur wenig unterschiedlicher Frequenzen (durch Messen der Phasenänderungsgeschwindigkeit);
Aufnahme von Nyquist-Diagrammen von Reglern;
Bestimmen der Güte von Schwingungskreisen (aus den sog. 45°-Frequenzen);
Messen der Gruppenlaufzeit [durch Differenzieren der Kurve $\varphi = f(\omega)$].

5.6.5.3. Universalzähler

Die nach digitalen Prinzipien arbeitenden elektronischen Zähler sind in den letzten Jahren wichtige Hilfsmittel der Präzisionsmeßtechnik geworden. Bild 5.152 zeigt das Zusammenwirken der wichtigsten Baugruppen. Die sog. Torschaltung *3* ist ein elektronischer Schalter, der beim Eintreffen eines Impulses auf der Startleitung die (Impuls-)Verbindung von dem Schalter *A* zu dem Schalter *B* schließt und sie beim Eintreffen eines weiteren Impulses auf der

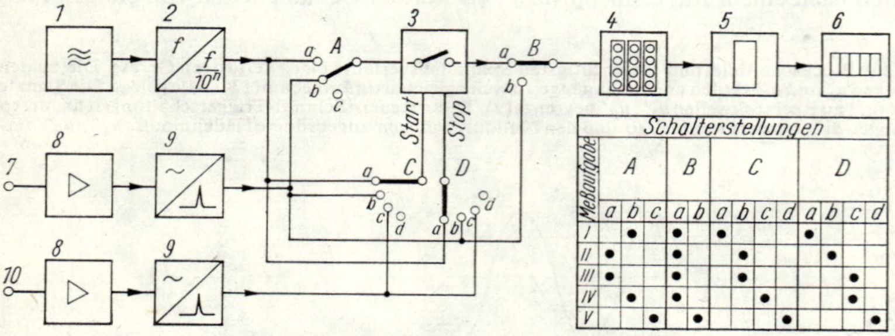

Schalterstellungen													
Meßaufgabe	A			B		C				D			
	a	b	c	a	b	a	b	c	d	a	b	c	d
I		●		●		●				●			
II	●			●			●				●		
III	●			●			●					●	
IV		●		●				●				●	
V			●		●				●				●

Bild 5.152. Vereinfachte Prinzipschaltung eines Universalzählers
Typ 3514 vom VEB Funkwerk Erfurt

1 Quarzgenerator, 1 MHz; *2* dekadischer Frequenzteiler; *3* Torschaltung; *4* Zähldekaden; *5* Speicher; *6* Ziffernanzeige; *7* Eingang für Fremdspannungen; *8* Eingangsverstärker; *9* Impulsformerstufe; *10* Eingang für Fremdspannungen

Stopleitung wieder trennt. Jeder die Zähldekade *4* erreichende Impuls stellt diese um eine Ziffer weiter. Der Zählerstand kann, automatisch oder von Hand gesteuert, in den Speicher *5* gegeben und durch die Ziffernanzeige *6* sichtbar gemacht werden. Ein Quarzgenerator *1*, dessen Frequenz dekadisch geteilt wird (*2*), dient als Zeitnormal.

Mit dem sog. Universalzähler können die folgenden 5 Hauptmeßaufgaben durchgeführt werden:

Frequenzmessung. Das Tor wird durch den Quarzgenerator für ein definiertes Zeitintervall T geöffnet. Das zu messende Signal liegt am Eingang *7*, wird in eine Impulsfolge umgewandelt und dem Tor zugeführt. Die während der Öffnungszeit durch das Tor laufenden m Impulse werden gezählt. Die gesuchte Frequenz ist m/T.

Periodendauermessung. Das zu untersuchende Signal liegt am Eingang *7* und öffnet zwischen 2 aufeinanderfolgenden Impulsen das Tor. Die Zähldekade registriert die in der Öffnungszeit hindurchlaufenden frequenzgenauen m Impulse des Quarzgenerators, die den Abstand T_Q haben. Die gesuchte Periodendauer ist mT_Q.

Zeitintervallmessung (anwendbar für Impulsdauermessung, Phasenmessung u.ä.). Die Zeit zwischen 2 Einzelvorgängen, die an die Eingänge *7* und *10* gelegt werden, wird bestimmt, indem der eine das Tor öffnet und der zweite es schließt; sonst wie bei der Periodendauermessung.

Frequenzverhältnismessung. Bei abgeschaltetem Quarzgenerator wird über den Eingang *10* von dem einen Signal mit der Frequenz f_1 das Tor geöffnet und nach einer Periode geschlossen. Die von dem zweiten Signal (Eingang *7*) mit der Frequenz f_2 abgeleiteten Impulse durchlaufen das Tor und werden gezählt. Das Zählergebnis ist gleich f_2/f_1.
Zählen. Das Eingangssignal liegt am Eingang 7. Die abgeleiteten Impulse werden unter Umgehung des Tores direkt auf die Zähldekade gegeben, die so lange zählt, wie Eingangsimpulse eintreffen.

Die Meßgenauigkeit ist durch die Quarzgenauigkeit (10^{-6} bis 10^{-7}) zuzüglich ± 1 Impuls bestimmt. Die Bedienung wird durch automatisch repetierende Auslösungs- und Löschvorgänge erleichtert. Als Zusatzgeräte werden Lochbandstanzer (zur Aufbereitung der Meßwerte für die Verarbeitung in elektronischen Datenverarbeitungsanlagen), Großsichtanzeigen und Ergebnisdrucker verwendet.

5.7. Elektrische Messung nichtelektrischer Größen

5.7.1. Allgemeines

Die elektrische Messung nichtelektrischer Größen findet in allen Gebieten der Technik, der Technologie und der naturwissenschaftlichen Forschung Anwendung. Die Elektrotechnik und insbesondere die Elektronik bieten dafür die Vorteile der Verstärkung, der Fernübertragung, des schnellen Auswertens, der Anzeige mit Elektronenstrahl- und Ziffernröhren u.a.m. Dabei kommen sowohl analoge als auch digitale Verfahren mit unterschiedlichem Automatisierungsgrad zum Einsatz. Den Meßaufgaben entsprechend, existiert eine Vielzahl von speziellen Bauelementen, Geräten, Gerätekombinationen und Meßverfahren (s. [5.86] bis [5.89]).

Starke Verkopplungen bestehen zu den Gebieten Fernmeßtechnik, Regelungstechnik und Prozeßrechentechnik, wo die Meßeinrichtungen die zu übertragenden und zu verarbeitenden Meßwerte liefern. In diesen Fällen bestehen besonders hohe Forderungen hinsichtlich der Zuverlässigkeit unter den meist sehr rauhen Betriebsbedingungen. Häufig werden die Meßwerte in digitaler Form benötigt, damit sie bequem protokolliert (ausgedruckt) und rechnerisch ausgewertet (z.B. in einem Prozeßrechner) werden können. Werden sie in Form analoger Spannungen von den Meßeinrichtungen geliefert, ist die Zwischenschaltung eines Analog-Digital-Wandlers erforderlich, der nach den Prinzipien der Digitalvoltmeter (s. Abschn. 5.6.3.4., S. 719) arbeitet.

5.7.2. Meßwandler

Die Meßwandler bewirken die Abbildung der nichtelektrischen Meßgröße x in eine elektrische Größe y. Der Zusammenhang $y = f(x)$ muß eindeutig sein, wobei in der Regel Proportionalität gewünscht, aber nicht immer erreicht wird. Tafel 5.22 enthält eine von *Grave* [5.86] angegebene Einteilung nach den grundlegenden Wirkprinzipien.
Neben einer Vielzahl von speziellen Meßwandlern, die jeweils für eine einzige, in der Regel hochspezialisierte Meßaufgabe ausgelegt und in die zugehörige Meßeinrichtung fest ein-

Tafel 5.22. Umformung nichtelektrischer Größen in elektrische Größen [5.86]

Umformungsart	Erzeugte bzw. beeinflußte Größen	Beispiel
Erzeugung elektrischer Größen durch Energieumformung	EMK, Strom, Ladung	Thermoelement
Beeinflussung elektrischer Größen durch		
– unmittelbare Ausnutzung physikalischer Zusammenhänge	spezifischer Widerstand, Permeabilität, Dielektrizitätskonstante, EMK, Strom, Ladung	Widerstandsthermometer
– mechanischen Eingriff	Widerstand, Induktivität, Gegeninduktivität, Kapazität	induktiver Geber
– Kompensation	Strom	Teilstrahlungspyrometer

bezogen sind, gibt es Wandler mit allgemeineren Anwendungsmöglichkeiten. Diese werden als Einzelbauelemente, meist in Form von Typenreihen mit abgestuften Meßbereichs- und Qualitätsparametern, angeboten.

Tafel 5.23 enthält die wichtigsten Vertreter der letztgenannten Art. Die Wandler Dehnungsmeßstreifen, kapazitive und induktive Geber werden im folgenden beschrieben; die übrigen sind an anderer Stelle (s. letzte Spalte in Tafel 5.24) erläutert.

Tafel 5.23. Übersicht über die wichtigsten Meßwandler für nichtelektrische Größen

Wandler	Erzeugte bzw. beeinflußte Größen	Meßgrößen	Anmerkungen	Behandelt in
Thermoelemente	Thermo-EMK	Temperatur	–	Abschn. 6.2.1.4.
Widerstandsthermometer	Widerstand	Temperatur	Ni, Pt Halbleiter	Abschn. 6.2.1.2.
Dehnungsmeßstreifen	Widerstand	Dehnung, Stauchung, Torsion (indirekt: Druck-, Zugspannung, Biege-, Drehmoment)	statische und dynamische Messungen	Abschn. 5.7.2.1.
Piezoelektrische Geber	Polarisations-EMK	Druck, Beschleunigung, Kraft	Quarz, Bariumtitanat	Abschn. 6.4.5.5.
Kapazitive Geber	Kapazität	Weg, Geschwindigkeit, Beschleunigung, Abstand, Dicke, Drehwinkel	Verstimmung eines Oszillators. Trägerfrequenzverfahren	Abschn. 5.7.2.2.
Induktive Geber	Induktivität	Weg, Geschwindigkeit, Beschleunigung, Drehzahl	Verstimmung einer Differentialbrücke, Trägerfrequenzverfahren	Abschn. 5.7.2.3.
Hall-Sonde	Hall-EMK	Induktion	–	Abschn. 6.2.1.5.
Fotoelektrische Wandler	Foto-EMK, Widerstand	Lichtstrom, Beleuchtungsstärke (indirekt: Drehzahl)	–	Abschn. 3.4.4.4.

Tafel 5.24. Empfindlichkeit von Widerstandsmaterialien für Dehnungsmeßstreifen [5.86] [5.90]

Material	Empfindlichkeit k
Konstantan	≈ 2
NiCr 6015	$\approx 2{,}5$
Manganin	$\approx 0{,}5$
Iso-Elastik	$\approx 3{,}6$
Halbleiterwiderstände	≈ 100

5.7.2.1. Dehnungsmeßstreifen

Ein Dehnungsmeßstreifen besteht aus einem Widerstandsdraht, der lang ausgestreckt oder in Mäanderform auf einem Träger aus Papier oder Kunststoff aufgeklebt ist. Neuerdings werden als Widerstandsmaterial auch flache Halbleiterkörper verwendet. Übliche Ausführungen zeigt Bild 5.153.

Zum Messen wird der Streifen auf das zu untersuchende Teil fest aufgekittet oder aufgeklebt. Wird das Teil um die relative Länge $\Delta l/l = \varepsilon$ gedehnt bzw. gestaucht, so ändert sich der Widerstand R um

$$\Delta R = k\varepsilon R. \tag{5.147}$$

Die Empfindlichkeit k hängt von dem Widerstandsmaterial und (schwach) von der Drahtanordnung ab; Zahlenwerte enthält Tafel 5.24. Die Widerstandsänderungen ΔR werden in Brückenschaltungen gemessen (s. Abschn. 5.7.3.1., S. 734).

Dehnungsmeßstreifen sind sehr billige Meßwandler; sie werden jedoch beim Abnehmen vom Meßobjekt zerstört. Sie können auch bei Wechselschwingungen bis zu etwa 50 kHz eingesetzt werden. Folgende Daten sind für die vorwiegend benutzten Konstantan-Dehnungsmeßstreifen üblich:
Nennwiderstand R 120 Ω, 350 Ω oder 600 Ω;
Meßlänge 5 bis 100 mm;
größte zulässige relative Dehnung ε ±0,003 bis 0,005;
Toleranz bezüglich k 1 bis 1,5%;
zulässige Strombelastung 10 bis 50 mA;
zulässige Maximaltemperatur (abhängig vom Material des Trägerstreifens) 70 bis 200°C.
Näheres zu Dehnungsmeßstreifen s. [5.86] [5.87] [5.90].

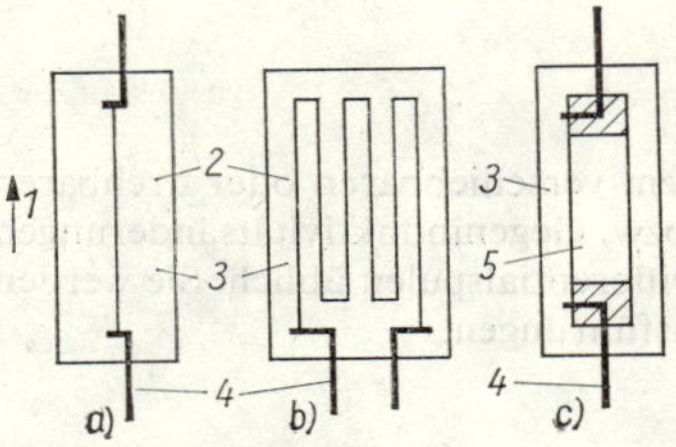

Bild 5.153. Dehnungsmeßstreifen
a) Eindrahtform; b) Mäanderform; c) Halbleiterdehnungsmeßstreifen
1 Dehnungsrichtung; *2* Konstantandrähte; *3* Trägerstreifen; *4* Anschlußdrähte; *5* Halbleiterstreifen

5.7.2.2. Kapazitive Geber

Die kapazitiven Geber setzen Wegänderungen in Kapazitätsänderungen von Plattenkondensatoren um. Bild 5.154 zeigt einige Ausführungsformen von ebenen Plattenkondensatoren. Bei den Ausführungen nach a) und b) wird der Meßpunkt mit einer beweglichen Platte, bei c) mit dem beweglichen Dielektrikum gekoppelt.

Für die einzelnen Kapazitäten ergeben sich folgende relative Kapazitätsänderungen in Abhängigkeit von der Verschiebung Δd:
Anordnung nach Bild 5.154a

$$\frac{\Delta C}{C} \approx \frac{\Delta d}{d}; \tag{5.148}$$

Anordnung nach Bild 5.154b

$$\frac{\Delta C_1}{C_1} \approx \frac{\Delta d}{d}; \quad \frac{\Delta C_2}{C_2} \approx -\frac{\Delta d}{d}; \tag{5.149}$$

Anordnung nach Bild 5.154c

$$\frac{\Delta C}{C} \approx \frac{\Delta d}{d} \frac{1}{1 + \frac{b}{(\varepsilon_{rel} - 1)\, d}}. \tag{5.150}$$

Proportionalität ist nur für kleine Auslenkungen ($\Delta d/d = 0$ bis 5%) gesichert. Auch Drehkondensatoren in zweipoligen und Differentialausführungen werden als Geber benutzt. Bei geeignetem Plattenschnitt haben sie gute Proportionalität zwischen dem Drehwinkel und $\Delta C/C$.

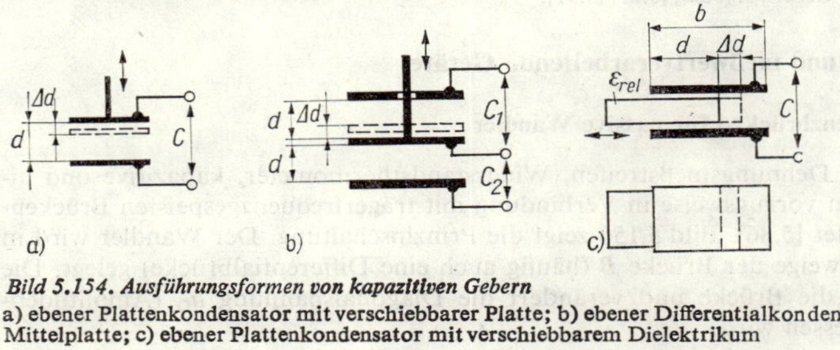

Bild 5.154. Ausführungsformen von kapazitiven Gebern
a) ebener Plattenkondensator mit verschiebbarer Platte; b) ebener Differentialkondensator mit verschiebbarer Mittelplatte; c) ebener Plattenkondensator mit verschiebbarem Dielektrikum

Die Kapazitätsänderungen werden in der Regel in Brückenschaltungen gemessen, die mit Wechselspannungen gespeist werden (s. Abschn. 5.7.3.1., S. 735). Die Teilkondensatoren der Differentialausführungen werden in zwei benachbarte Brückenzweige gelegt; dadurch können die Proportionalitätsfehler kompensiert werden. Bei sehr kleinen Ortsveränderungen Δd (z. B. im Mikrometerbereich) schaltet man den kapazitiven Geber als Schwingkreiskondensator einer Oszillatorstufe. Die Kapazitätsänderungen bewirken eine Frequenzmodulation, die mit einer Ratiodetektorschaltung in eine Spannungsänderung umgesetzt wird.

Näheres zu den kapazitiven Gebern s. [5.86] [5.87].

5.7.2.3. Induktive Geber

Bei den induktiven Gebern wird das Meßobjekt mit einem verschiebbaren oder drehbaren Weicheisenkern gekoppelt, der seinerseits Induktivitäts- bzw. Gegeninduktivitätsänderungen an Spulen hervorruft. Es sind sowohl einfache als auch Differentialspulen üblich. Sie werden mit Wechselstrom gespeist. Bild 5.155 zeigt bekannte Ausführungen.

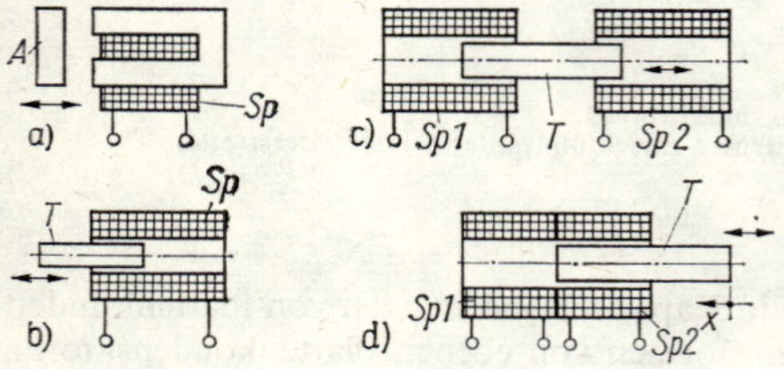

Bild 5.155
Ausführungsformen von induktiven Gebern
a) Spule mit beweglichem Anker
b) Spule mit Tauchkern
c) Differentialspulen mit Tauchkern
d) Transformator mit Tauchkern

Bei den Wandlern nach Bild 5.155a und b wird die Induktivität einer Einzelspule *Sp* durch die momentane Lage des Ankers *A* bzw. des Tauchkerns *T* geändert. Die Ausführung nach c) benutzt 2 Spulen (*Sp 1* und *Sp 2*). Bei Verschiebung von *T* wird die Induktivität der einen Spule vergrößert, während die der anderen reduziert wird. Diese Induktivitätsänderung wird in Brückenschaltungen gemessen. Die Anordnung nach c) ergibt einen relativ großen Bereich guter Linearität zwischen Tauchkernverschiebung und Brückenspannung, wenn die Spulen in benachbarten Brückenzweigen liegen.
Bild 5.155d zeigt einen Transformator, dessen Gegeninduktivität $M(x)$ zwischen den Spulen *Sp 1* und *Sp 2* durch Verschieben des Tauchankers *T* geändert wird. Speist man *Sp 1* mit dem amplitudenkonstanten Strom $\hat{I}_1 \sin \omega t$, so beträgt die Amplitude der induzierten Spannung in *Sp 2*

$$\hat{E}_{\text{ind}} = \hat{I}_1 \omega M(x). \tag{5.151}$$

Auch hierbei ist mit Differentialanordnungen eine bessere Linearität zwischen Verschiebung und resultierender induzierter Spannung zu erreichen.

Näheres zu den induktiven Gebern s. [5.86] [5.87] [5.91].

5.7.3. Anzeigende und meßwertverarbeitende Geräte

5.7.3.1. Trägerfrequenzbrücken für passive Wandler

Passive Wandler, wie Dehnungsmeßstreifen, Widerstandsthermometer, kapazitive und induktive Geber, werden vorzugsweise in Verbindung mit trägerfrequenzgespeisten Brückenschaltungen angewendet [5.86]. Bild 5.156 zeigt die Prinzipschaltung. Der Wandler wird in einen oder mehrere Zweige der Brücke *B* (häufig auch eine Differentialbrücke) gelegt. Die Meßgröße verstimmt die Brücke und verändert die Diagonalspannung u_D (Amplitudenmodulation), die gemessen wird.

Die Brücke wird von einem Trägerfrequenzgenerator *TG* gespeist. Der Verstärker *V* verstärkt u_D und unterdrückt durch eingebaute Filter evtl. auftretende Oberwellen. In dem phasenabhängigen Gleichrichter *G* wird das Signal demoduliert. Ist die Meßgröße eine statische Größe, so entsteht bei der Demodulation eine Gleichspannung, die mit Hilfe des Drehspulinstruments *D* gemessen wird. Ist sie eine Wechselgröße (z.B. beim Messen von Schwingungsvorgängen), so entsteht eine Wechselspannung, die über den Ausgang A_2 einem Oszillografen oder einem Wechselspannungsmesser zugeführt werden kann. Am Ausgang A_1 wird bei Bedarf das modulierte Signal abgegeben. Mit dem Phasenschieber *P* wird die richtige Phasenlage der Demodulatorhilfsspannung u_H eingestellt.

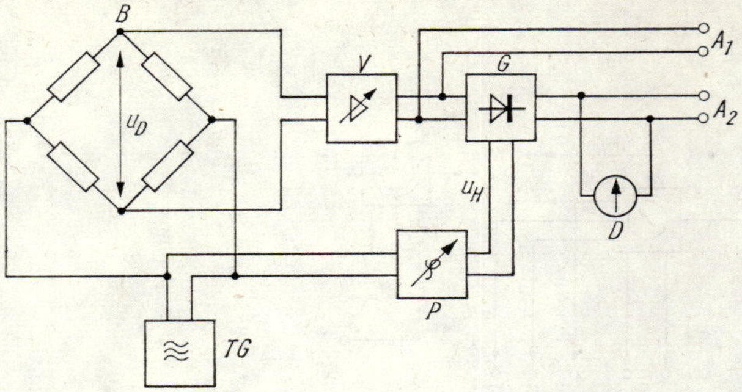

Bild 5.156
Prinzipschaltung einer Trägerfrequenzbrücke

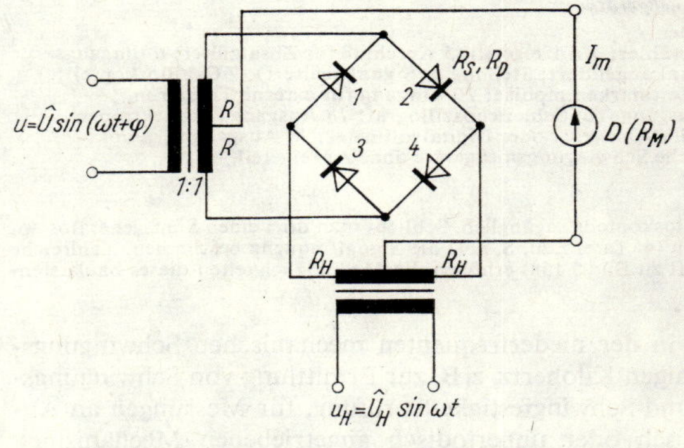

Bild 5.157
Schaltung eines phasenabhängigen Gleichrichters (Ringmodulator)

Bild 5.157 zeigt die Schaltung des phasenabhängigen Gleichrichters. Es gilt $\hat{U}_H \gg \hat{U}$, d.h., nur u_H bestimmt, ob die Dioden *1*, *2* oder *3*, *4* geöffnet sind, und $R_D \ll R_S$ (R_D mittlerer Durchlaßwiderstand, R_S Sperrwiderstand der Dioden). Der Mittelwert des Instrumentenstromes beträgt

$$I_m = \frac{\hat{U} \cos \varphi}{\pi (R_M + R/2 + R_D/2 + R_H/4)}. \tag{5.152}$$

Er ist von der Phasenlage der Brückenspannung u_D abhängig. Eine Phasendrehung um 180° (Verstimmung der Brücke in Gegenrichtung) zieht eine Stromumkehr ($\cos \varphi = -1$) nach sich.

5.7.3.2. Meß- und Sichtgeräte für aktive Wandler

Aktive Wandler, wie Permanentmagnetgeber und piezoelektrische Geber, werden vorwiegend für dynamische Messungen eingesetzt. Sie benötigen Verstärker, da die abgegebene Leistung in der Regel sehr klein ist [5.92].

Diese Geber fordern einen extrem hohen Eingangswiderstand des Verstärkers (10^{11} Ω), weshalb in der ersten Stufe eine Elektrometerröhre eingesetzt wird. Das Sichtteil der piezoelektrischen Meßeinrichtung PM-1 [5.92] benutzt z.B. eine Zweistrahloszillografenröhre und ist für 2 getrennte Meßkanäle ausgelegt. Die Zeitablenkung des Elektronenstrahls kann mit dem Meßobjekt synchronisiert werden. Auch das Schreiben von Kennlinien ist möglich.

Bild 5.158 zeigt das Blockschaltbild eines universell ausgelegten Schwingungsmeßplatzes für Bariumtitanatgeber. Er enthält 3 Wechselspannungsverstärker *2*, die das Eingangssignal verstärken und bei Bedarf einmal oder zweimal integrieren. Damit können mit den Beschleunigungsgebern auch Geschwindigkeit und Weg gemessen werden. Die Vorgänge werden mit dem Anzeigeteil *4* (elektronischer Effektivwert- und Spitzenwertmesser) gemessen und mit dem Oszilloskopteil *7* auf dem Bildschirm einer Elektronenstrahlröhre dargestellt. In das Anzeigeteil können über die Buchsen *5* Zusatzfilter eingeschaltet werden, wenn selektiv gemessen werden soll.

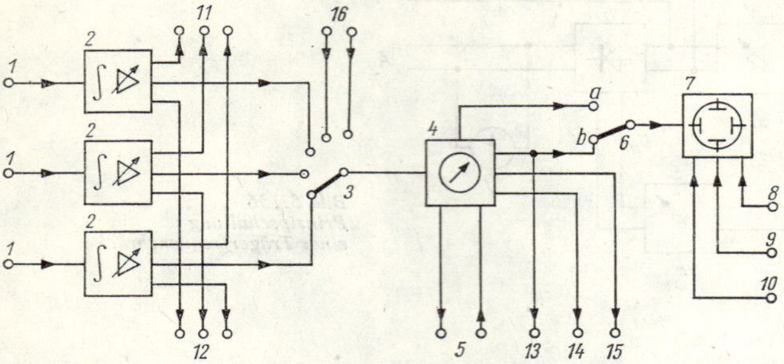

Bild 5.158. Blockschaltbild eines Schwingungsmeßgeräts
SM 231 vom VEB RFT Meßelektronik Dresden
1 Eingänge für Geber; *2* Verstärker; *3* Kanalwähler; *4* Anzeigeteil; *5* Anschluß für Zusatzfilter; *6* Eingangsschalter des Oszilloskopteils (Stellung *a*: Signal ungefiltert; Stellung *b*: Signal gefiltert); *7* Oszilloskopteil; *8* *x*-Eingang Oszilloskopteil; *9* Eingang für Zeitmarkenimpulse; *10* Eingang für externe Triggerung; *11* Ausgänge, 600 Ω (Filteranschlüsse); *12* Ausgänge für Schleifenoszillograf; *13* Ausgang für Elektronenstrahloszillograf; *14* Ausgang für Analog-Digital-Umsetzer oder Digitalvoltmeter; *15* Ausgang für Punkt- oder Bandschreiber; *16* Eingänge für zusätzliche Schwingungsmeßgeräte ohne Anzeigeteil

Über die Buchse *8* ist der *x*-Eingang des Oszilloskopteils zugänglich. Schließt man dort einen Sinusgenerator an, so kann man mit Hilfe von Lissajous-Figuren (s. Tafel 5.20, S. 724) die Signalfrequenz bestimmen. Zahlreiche weitere Ein- und Ausgänge (s. Bildunterschrift zu Bild 5.158) erhöhen die Meßmöglichkeiten dieses baukastenförmig gestalteten Meßgeräts.

Anwendung finden derartige Geräte in der niederfrequenten mechanischen Schwingungsmeßtechnik bis zu Frequenzen von einigen Kilohertz, z. B. zur Ermittlung von Schwingungsursachen, zur Laufruhüberwachung und Schwingfestigkeitsprüfung, für Messungen an Antriebs- und Kraftmaschinen, periodisch oder unperiodisch angetriebenen Mechanismen usw.

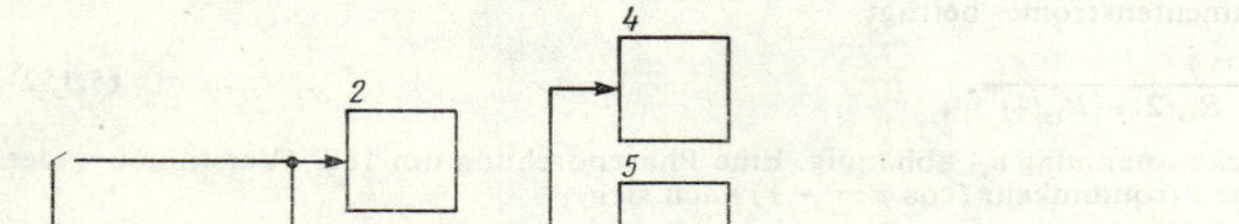

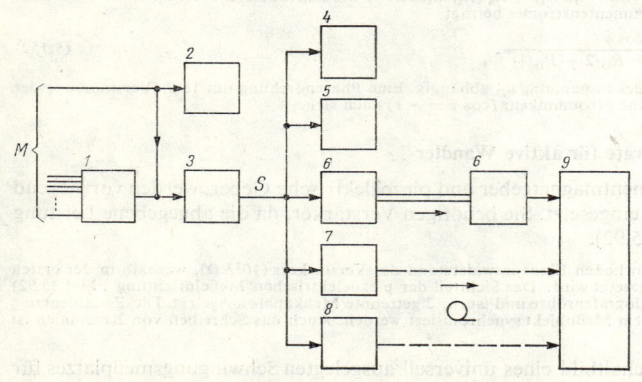

Bild 5.159. Möglichkeiten der digitalen Meßwertverarbeitung (schematisch)
M Leitungen von den Meßstellen

5.7.3.3. Digitale Meßwertverarbeitung (s. auch Abschn. 5.1.)

Die digitale Verarbeitung der Meßwerte wird dann bedeutsam, wenn diese in großer Anzahl und rascher Folge anfallen. Bild 5.159 zeigt schematisch die wichtigsten dafür bestehenden Möglichkeiten.

Meßstellenumschalter (*1*) gestatten das automatische zyklische Anschalten von 20 bis 100 Meßeinrichtungen (Meßwandler einschließlich ihrer Hilfseinheiten, wie Speise- und Brückenschaltungen, Verstärker usw.).

Digitale Klassiereinrichtungen (*2*) dienen zum Klassieren periodischer und unperiodischer Meßgrößen und zum Zählen von Häufigkeiten in mehreren Klassen. Sie enthalten am Eingang mehrere parallele Amplitudendiskriminatoren mit getrennt einstellbaren Schwellwerten. Eine Logikschaltung wertet die Schwellwertüberschreitungen aus und liefert Zählimpulse in getrennte Kanäle, die mit elektronischen Zählern abgeschlossen sind. Je nach gewünschter Klassierungsart lassen sich Überschreitungshäufigkeiten, absolute Klassenhäufigkeiten, absolute Summenhäufigkeiten und Extremwerthäufigkeiten direkt anzeigen.

Analog-Digital-Wandler (*3*) setzen die Meßwerte in Ziffernfolgen um und geben diese in einem der standardisierten Digitalkodes zeichenseriell, aber bitparallel aus. Häufig werden für diese Aufgabe Digitalvoltmeter (s. Abschn. 5.6.3.4., S.719) eingesetzt, die zusätzlich die Annehmlichkeit der Ziffernanzeige aufweisen.

Mit *Meßwertschreibwerken* bzw. *-druckwerken* (*4*) und *Sichtanzeigen* (*5*) können die Meßwerte visuell dargeboten werden, was im erstgenannten Fall mit einer Protokollierung verbunden ist.

Sollen die Meßwerte mit einem *Prozeßrechnersystem* oder einer *Datenverarbeitungsanlage* (*9*) weiterverarbeitet werden, so ist die Zuführung über *Datenübertragungsgeräte* (*6*) erforderlich, wenn eine schritthaltende Verarbeitung benötigt wird (On-line-Betrieb). Im anderen Fall ist in der Regel die Umsetzung der Meßwerte auf Datenträger mit Hilfe von *Lochbandstanzern* (*7*) oder *Magnetbanderfassungsgeräten* (*8*) vorzuziehen, was derzeit geringere Erfassungskosten verursacht. Die Datenträger werden zum Rechenzentrum transportiert, wo die Meßwerte mit Lochbandlesern bzw. Magnetbandgeräten zur Verarbeitung eingegeben werden (Off-line-Betrieb).

Die unter *4* bis *8* genannten Geräte sind Standardeinrichtungen der Datenerfassung für die elektronische Datenverarbeitung. Der Punkt *S* im Bild 5.159 kann deshalb als Schnittstelle betrachtet werden, an der die Kopplung zwischen der elektrisch-elektronischen Meßtechnik und den technischen Einrichtungen der elektronischen Datenverarbeitung erfolgt.

Literatur

[5.1] *Woschni, E.-G.:* Meßgrößenverarbeitung. Leipzig: S.Hirzel-Verlag; Weinheim (Bergstraße): Verlag Chemie 1969.
[5.2] *Erler, W.; Walther, L.:* Elektrisches Messen nichtelektrischer Größen mit Halbleiterwiderständen. 2. Aufl. Berlin: VEB Verlag Technik 1973.
[5.3] *Krauß, M.; Woschni, E.-G.:* Meßinformationssysteme. 2. Aufl. Berlin: VEB Verlag Technik; Heidelberg: Dr. Alfred Hüthig Verlag 1974.
[5.4] *Oppelt, W.:* Kleines Handbuch technischer Regelvorgänge. 4. Aufl. Berlin: VEB Verlag Technik; Weinheim (Bergstraße): Verlag Chemie 1964.
[5.5] *Woschni, E.-G.:* Meßdynamik. 2. Aufl. Leipzig: S.Hirzel-Verlag 1972.
[5.6] *Dittmann, H.:* Kennwertermittlung von Regelstrecken und Regelgeräten. Reihe Automatisierungstechnik, Bd. 20. Berlin: VEB Verlag Technik 1964.
[5.7] *Woschni, E.-G.:* Informationstechnik. Berlin: VEB Verlag Technik; Heidelberg: Dr. Alfred Hüthig Verlag 1973.
[5.8] *Schwarz, L.:* Théorie des distributions. Paris: Hermann et Cie 1950.
[5.9] *Ostrovskij, L. A.:* Elektrische Meßtechnik. Grundlagen einer allgemeinen Theorie. Berlin: VEB Verlag Technik 1969.
[5.10] *Schwarze, G.:* Übersicht über die Zeitprozent-Kennwertmethode zur Ermittlung der Übertragungsfunktion, Übergangsfunktion und Anstiegsantwort. msr *8* (1965) H. 10, S. 356.
[5.11] *Lenk, A.:* Elektromechanische Systeme. Bd. 1: Systeme mit konzentrierten Parametern. 3. Aufl. Berlin: VEB Verlag Technik 1975.
[5.12] *Schlitt, H.:* Systemtheorie regelloser Vorgänge. Berlin, Göttingen, Heidelberg: Springer-Verlag 1960.
[5.13] *Fey, P.:* Informationstheorie. Berlin: Akademie-Verlag 1963.
[5.14] *Shannon, C.E.:* The mathematical theory of communication. Urbana: The University of Illinois Press 1949.
[5.15] *Woschni, E.-G.:* Inwieweit spielt die Qualität eines Meßgrößenaufnehmers beim Einsatz von On-line-Rechnern noch eine Rolle? mrs *12* (1969) H. 10, S. 383–386.
[5.16] *Woschni, E.-G.:* Informationstheoretische Analyse der Genauigkeit analoger und digitaler Meßverfahren. mrs *13* (1970) H. 10, S. 380–383; H. 11, S. 409–412.
[5.17] *Woschni, E.-G.:* Möglichkeiten beim Einsatz von Computern bei komplexen Meßinformationssystemen, insbesondere hinsichtlich der Optimierung des Gesamtsystems. Z. f. elektrische Informations- und Energietechnik *1* (1971) H. 2, S. 100.
[5.18] *Mayer, G.:* Linearisierung der Übertragungskennlinie von Meßfühlern mit Frequenz-Ausgangssignal. msr *14* (1971) H. 6, S. 228–230.

[5.19] *Blechschmidt, E.:* Präzisionsmessungen von Kapazitäten, Induktivitäten und Zeitkonstanten. Berlin: VEB Verlag Technik 1956.
[5.20] *Kahler, H. v.:* Heißleiter zur Temperaturkompensation von Spannungsmessern. Deutsche Elektrotechnik *9* (1955) H. 12, S. 435–437.
[5.21] *Dressel, H.:* Temperaturkompensation elektrischer Schaltungen. Hermsdorfer Techn. Mitt. *1* (1960) S. 53–56.
[5.22] *Pfannenmüller, H.:* Mechanische Gleichrichter für Meßzwecke. Arch. techn. Messen (1932) Z 540–1.
[5.23] *Koppelmann, F.:* Die Meßtechnik des mechanischen Präzisionsgleichrichters (Vektormesser). Berlin: Allgemeine Elektrizitäts-Gesellschaft 1948.
[5.24] *Rumpf, K.-H.:* Bauelemente der Elektronik. 7. Aufl. Berlin: VEB Verlag Technik 1973.
[5.25] *Anders, R.:* Halbleitermeßtechnik. Berlin: Akademie-Verlag 1969.
[5.26] *Rohde, U.L.:* Transistoren bei höchsten Frequenzen. Berlin-Borsigwalde: Verlag für Radio-Foto-Kinotechnik GmbH 1965.
[5.27] *Paul, R.:* Transistor-Meßtechnik. 2. Aufl. Berlin: VEB Verlag Technik 1968.
[5.28] *Paul, R.:* Transistoren. Physikalische Grundlagen und Eigenschaften. 2. Aufl. Berlin: VEB Verlag Technik 1969.
[5.29] *Groll, H.:* Mikrowellen-Meßtechnik. Berlin: VEB Verlag Technik; Braunschweig: Friedr. Vieweg & Sohn 1969.
[5.30] *Stanek, J.:* Technik elektrischer Meßgeräte. 2. Aufl. Berlin: VEB Verlag Technik 1961, S. 331ff.
[5.31] *Pfannenmüller, H.:* Gleichrichtergeräte mit mehreren Meßbereichen. Arch. techn. Messen (1938/1939) J82–2/3/4.
[5.32] *Krönert, J.:* Meßbrücken und Kompensatoren. München, Berlin: R. Oldenbourg Verlag 1935.
[5.33] *Wallot, J.:* Einführung in die Theorie der Schwachstromtechnik. Berlin: Verlag Julius Springer 1940.
[5.34] *Walter, C.H.:* Über eine neue Gleichrichtermeßanordnung. Z. techn. Physik *13* (1932) S. 363.
[5.35] *Grave, H.F.:* Gleichrichter-Meßtechnik. Leipzig: Akadem. Verlagsges. Geest & Portig K.-G. 1950.
[5.36] *Padelt, E.; Laporte, H.:* Einheiten und Größenarten der Naturwissenschaften. 2. Aufl. Leipzig: VEB Fachbuchverlag 1967.
[5.37] Taschenbuch der Nachrichtenverarbeitung, hrsg. v. *K. Steinbuch.* Berlin, Göttingen, Heidelberg: Springer-Verlag 1962.
[5.38] *Greif, H.:* Messen, Steuern und Regeln für den Amateur. Berlin: Deutscher Militärverlag 1971.
[5.39] *Fischer, H.J.:* Transistortechnik für den Funkamateur. Berlin: Deutscher Militärverlag 1968.
[5.40] *Just, D.:* Halbleiterdioden. Z. f. Instrumentenkunde *71* (1963) H. 5, S. 119.
[5.41] *Drachsel, R.:* Grundlagen der elektrischen Meßtechnik. 4. Aufl. Berlin: VEB Verlag Technik 1974.
[5.42] *Zenneck, J.:* Elektrischer und magnetischer Widerstand bei Schwingungen. Ann. Physik *11* (1903) S. 1135.
[5.43] *Stanek, J.:* Technik elektrischer Meßgeräte. 2. Aufl. Berlin: VEB Verlag Technik 1961, S. 311ff.
[5.44] *Sattelberg, K.:* Zeigerfrequenzmesser. Arch. techn. Messen (1957) V 3612-9.
[5.45] *Angersbach, F.:* Zeigerfrequenzmesser mit einem Reihenresonanzkreis und einer Drossel. Arch. techn. Messen (1955) V 3612-4.
[5.46] *Sangl, M.:* Zeigerfrequenzmesser hoher Genauigkeit mit Drehspulmeßwerk. Arch. techn. Messen (1955) V 3612-10.
[5.47] *Sangl, M.:* Zeigerfrequenzmesser mit Zenerdioden. Arch. techn. Messen (1961) V 3612-11.
[5.48] *Kunert, R.:* Einfacher Zeigerfrequenzmesser. AEG-Mitt. *51* (1961) S. 151.
[5.49] *Keinath, G.:* DRP 525214 vom 18. 1. 1930.
[5.50] *Pflier, P.M.:* Elektrizitätszähler. Tarifgeräte, Meßwandler, Schaltuhren. Berlin, Göttingen, Heidelberg: Springer-Verlag 1954.
[5.51] *Beetz, W.; Schrohe, A.; Forger, K.:* Elektrizitätszähler und Meßwandler. Karlsruhe: Verlag G. Braun 1959.
[5.52] *Engel, K.; Pforte, W.S.:* Ein vereinfachtes Duantenelektrometer und seine Benutzung zu Wechselspannungsmessungen. Phys. Z. *35* (1931) S. 81–84.
[5.53] *Diebner, K.:* Erweiterung der Grenzen für die Anwendung des Vakuum-Duanten-Elektrometers. Phys. Z. *85* (1933) S. 373–383.
[5.54] *Zipprich, B.:* Über eine Neukonstruktion des Vakuumduantenelektrometers. Phys. Z. *37* (1936) S. 36–38.
[5.55] *Starke, H.; Schröder, R.:* Ein Elektrometer für hohe Gleich- und Wechselspannungen. Arch. f. Elektrotechnik *20* (1928) S. 115.
[5.56] *Hueter, E.:* Elektrotechn. Z. *55* (1934) S. 833.
[5.57] *Stamm, H.; Porzel, R.:* Elektronische Meßverfahren in der Hochspannungstechnik. Berlin: VEB Verlag Technik 1969.
[5.58] *Stanek, J.:* Technik elektrischer Meßgeräte. 2. Aufl. Berlin: VEB Verlag Technik 1961, S. 456ff.
[5.59] *Hohle, W.:* Fehlergrößen des Spannungswandlers. Experimentelle Bestimmung. Arch. techn. Messen (1938) Z 33-2. Neuere Verfahren zum Prüfen von Spannungswandlern; Differentialverfahren. ATM (1943) Z 33-2.
[5.60] *Rump, W.:* Über die genaue Absolutmessung von Wechselspannungen und einen Kompensator zur Prüfung von Wechselstrom-Feinmeßgeräten. Elektrotechnik *5* (1951) H. 2, S. 64ff.
[5.61] *Gerdien, H.; Neumann, H.:* Über ein astatisches Kompensationsmagnetometer. Wiss. Veröff. a. d. Siemens-Konzern *XI* (1932) H. 2. Berlin: Verlag Julius Springer.
[5.62] *Dahl, O.; Kußmann, A.:* Magnetometer. Begriffsbestimmungen und Theorie, Geräte für die Erdfeldmessung, Geräte für stärkere Felder, Bankmagnetometer zur Untersuchung von Materialeigenschaften. Arch. techn. Messen (1954/1958) J-62-1/2/3/4/5.
[5.63] *Sell, H.:* Arch. techn. Messen (1934) Z 64–1.
[5.64] *Brandenburger, L.:* Siemens-Z. *15* (1935) S. 467.
[5.65] *Geyger, W.:* Arch. f. Elektrotechnik *30* (1936) S. 33.
[5.66] *Merz, L.:* Arch. f. Elektrotechnik *31* (1937) S. 1.
[5.67] *Bauer, R.:* Der Meßwandler. Grundlagen, Anwendung und Prüfung. Berlin, Göttingen, Heidelberg: Springer-Verlag 1953.
[5.68] *Dodik, S.D.:* Poluprovodnikovye stabilizatory postojannogo naprjašenija i toka (Halbleiterstabilisatoren für Gleichspannung und Gleichstrom). Moskva: Sovetskoe radio 1963.
[5.69] *Kretzmann, R.:* Industrielle Elektronik. Berlin-Borsigwalde: Verlag für Radio-Foto-Kinotechnik GmbH. 1952.
[5.70] *Steimel, K.:* Elektronische Speisegeräte. München: Franzis-Verlag 1957.

[5.71] *Vilbig, F.:* Lehrbuch der Hochfrequenztechnik. Bd. 2. 4. Aufl. Leipzig: Akad. Verlagsges. Geest & Portig KG 1945.
[5.72] *Czech, J.:* Oszillografen-Meßtechnik. Berlin-Borsigwalde: Verlag für Radio-Foto-Kinotechnik GmbH. 1959.
[5.73] *Kettel, E.:* Der Operationsverstärker im Gleichspannungsrechner. In: Taschenbuch der Nachrichtenverarbeitung, hrsg. v. *K. Steinbuch*. Berlin, Göttingen, Heidelberg: Springer-Verlag 1962, S. 1162 ff.
[5.74] *Barkhausen, H.:* Lehrbuch der Elektronen-Röhren. Bd. 3. 7. Aufl. Leipzig: S. Hirzel Verlag 1954.
[5.75] *Herzog, W.:* Oszillatoren mit Schwingkristallen. Berlin, Göttingen, Heidelberg: Springer-Verlag 1958.
[5.76] *Philippow, E.:* Nichtlineare Elektrotechnik. Leipzig: Akad. Verlagsges. Geest & Portig KG 1963.
[5.77] *Stanek, J.:* Technik elektrischer Meßgeräte. 2. Aufl. Berlin: VEB Verlag Technik 1962.
[5.78] *Grave, H.F.:* Gleichrichtermeßtechnik. 2. Aufl. Leipzig: Akad. Verlagsges. Geest & Portig KG 1957.
[5.79] *Anke, K.; Kaltenecker, H.; Oetker, R.:* Prozeßrechner. Berlin: Akademie-Verlag 1970, S. 108 ff.
[5.80] *Ebert, J.; Jürres, E.:* Digitale Meßtechnik. 2. Aufl. Berlin: VEB Verlag Technik 1973.
[5.81] Digitalvoltmeter 4027. radio fernsehen elektronik *20* (1971) H. 18, S. 593–594.
[5.82] *Millner, R.:* Katodenstrahl-Oszillographen. Grundlagen und Anwendungen. 2. Aufl. Berlin: VEB Verlag Technik 1968.
[5.83] *Bühn, U.:* Anwendung der Samplingtechnik zur Messung von Signal- und Signalwegeigenschaften. Nachrichtentechnik *21* (1971) H. 5, S. 163–167.
[5.84] *Hüfler, J.:* Ein modernes Oszillografensystem mit Wechseleinschüben. radio fernsehen elektronik *19* (1970) H. 13, S. 426–438.
[5.85] *Vilbig, F.:* Hochfrequenzmeßtechnik. München: Carl Hanser Verlag 1953.
[5.86] *Grave, H.F.:* Elektrische Messung nichtelektrischer Größen. 2. Aufl. Leipzig: Akad. Verlagsges. Geest & Portig KG 1965.
[5.87] *Pflier, P.M.:* Elektrische Messung mechanischer Größen. 4. Aufl. Berlin, Göttingen, Heidelberg: Springer-Verlag 1956.
[5.88] *Kulakow, M.W.:* Geräte und Verfahren der Betriebsmeßtechnik. Berlin: VEB Verlag Technik 1969.
[5.89] *Wiedmer, H.:* Technische Informationen messen steuern regeln. 5. Aufl. Berlin: VEB Verlag Technik 1967.
[5.90] *Rohrbach, C.:* Dehnungsmeßstreifen und ihre Anwendung. Elektronik *8* (1959), S. 5–13, 331–334, 383–386.
[5.91] *Stejskal, F.:* Weg- und Kraftmessungen mit induktiven Gebern. Archiv. techn. Messen J 86-2 (1951).
[5.92] *Wegener, K.:* Elektrische Messung dynamischer Drücke und Kräfte mit der Piezoelektrischen Meßeinrichtung PM-1. VEB Meßgerätewerk Zwönitz 1963.
[5.93] *Terner, E.:* Elektronische Meßgeräte. 5. Aufl. Praha: Služba Výzkumu 1973.

6. Werkstoffe der Elektrotechnik

Inhalt

Formelzeichen

A	Fläche
$\boldsymbol{a}$	Beschleunigung
a	Kantenlänge
B	magnetische Induktion
B_r	Remanenzinduktion
B_s	Sättigungsinduktion
b	Breite, Kantenlänge
C	Kapazität
C_k	Curie-Konstante
c	spezifische Wärme
$\bar{c}$	mittlere spezifische Wärme
$\boldsymbol{D}$	Verschiebungsflußdichte
D	Durchmesser
d	Durchmesser, Kantenlänge
d^*	Elektrodenabstand
$\boldsymbol{E}$	elektrische Feldstärke
E	relative Thermospannung
E^*	Elastizitätsmodul
e	differentielle Thermospannung
$\boldsymbol{F}$	Kraft
f	Frequenz
f_a	Antiresonanzfrequenz
f_r	Resonanzfrequenz
f_w	Grenzfrequenz der Wirbelströme
$\boldsymbol{G}$	elektrische Stromdichte
G^*	Schubmodul
$\boldsymbol{H}$	magnetische Feldstärke
H_C, ${}_BH_C$	Koerzitivfeldstärke der Induktion
${}_JH_C$	Koerzitivfeldstärke der Polarisation
H_k	Anisotropiefeldstärke
HB	Brinellhärte
h	Verlustkonstante der Hysteresisverluste; Höhe
I	elektrische Stromstärke
$\boldsymbol{J}$	magnetische Polarisation
J_p	Permanenz
K_n	Anisotropiekonstante
K_1, K_2, K_3	Konstanten
k	Boltzmann-Konstante
k^*	Materialkonstante
L	Induktivität
L_0	Meßlänge
l	Länge
l_0	freie Weglänge
$\boldsymbol{M}$	Magnetisierung
m	Masse
m_e	Elektronenmasse
N	Ladungsträgerdichte
n	Verlustkonstante der Nachwirkungsverluste; Elektronendichte
$\boldsymbol{P}$	Polarisation
P	Rauschleistung
P_I	Strahlungsintensität
p	Porosität
p^*	Druck
p_H	spezifische Hysteresisverluste
p_n	spezifische Nachwirkungsverluste
p_w	spezifische Wirbelstromverluste
Q	Spulengüte; Wärmemenge
Q_e	Elektronenladung
R	ohmscher Widerstand
R_H	Hall-Konstante
R_{H0}	ordentliche Hall-Konstante
R_{H1}	außerordentliche Hall-Konstante
R_h, R_w, R_n	Ersatzwiderstände
R_{is}	Isolationswiderstand
r_s	Rechteckigkeit für Speicherkerne
r_v	Rechteckigkeit für Schaltkerne
s	magnetische Instabilität
T	absolute Temperatur
T_S	Sprungtemperatur
t	Zeit
U	Spannung
U_D	Durchschlagsspannung
U_H	Hall-Spannung
U_M	magnetische Spannung
U_N	Netzspannung
U_S	Störspannung
V_u	Spannungsverstärkung
v	Geschwindigkeit
v_m	mittlere Geschwindigkeit
v_u	Umfangsgeschwindigkeit
v_0	größte Elektronengeschwindigkeit
W	Energie
W_u	Ummagnetisierungsarbeit
w	Verlustkonstante der Wirbelstromverluste
α_B	Temperaturkoeffizient der Remanenz
α_H	Temperaturkoeffizient der Koerzitivfeldstärke
α_l	linearer Längenausdehnungskoeffizient
α_V	linearer Volumenausdehnungskoeffizient

α_ϱ linearer Temperaturkoeffizient des spezifischen elektrischen Widerstandes
β quadratischer Temperaturkoeffizient des spezifischen elektrischen Widerstandes
δ Bruchdehnung; bezogener Energiewert; Verlustwinkel
ε Dielektrizitätskonstante
η Kurvenfüllbeiwert
η_{ea} elektroakustischer Wirkungsgrad
ϑ Temperatur
ϑ_C Curie-Temperatur
ϑ_{Gl} Weichglühtemperatur
ϑ_S Schmelztemperatur
ϑ_{Sd} Siedetemperatur
$\varkappa$ elektrische Leitfähigkeit
λ Wärmeleitfähigkeit; spezifische Längenänderung
μ Reibwert; absolute Permeabilität
μ_A Anfangspermeabilität
μ_d differentielle Permeabilität; Domänenbeweglichkeit
μ_{Im}; μ'' Imaginärteil der komplexen Permeabilität
μ_i Impulspermeabilität
μ_p permanente Permeabilität
μ_{Re}; μ' Realteil der komplexen Permeabilität
μ_r relative Permeabilität
μ_s Scheinpermeabilität
μ_t totale Permeabilität
μ_u reversible Permeabilität
μ_0 Induktionskonstante
ϱ spezifischer elektrischer Widerstand
ϱ^* Dichte
σ_{zB} Zugfestigkeit
σ_{bB} Biegefestigkeit
σ_p Prüffestigkeit
σ_W Wandenergiedichte
σ_{0L} Dehnungsgrenze
τ Schaltzeit
Φ magnetischer Fluß
φ elektrisches Potential, Austrittspotential
ω Kreisfrequenz

6.1. Magnetische Werkstoffe

6.1.1. Magnetische Kennlinien und Parameter

6.1.1.1. Gliederung der magnetischen Werkstoffe

Die Stoffe werden bezüglich ihres Verhaltens im magnetischen Feld eingeteilt in diamagnetische, paramagnetische, ferrimagnetische und ferromagnetische Werkstoffe.
Technische Grundlagen s. Abschn. 1.3.2., S. 78; physikalische Grundlagen s. Abschn. 3.5., S. 546.
Im folgenden werden Eigenschaften und Kennwerte der für die Elektrotechnik besonders wichtigen ferro- und ferrimagnetischen Werkstoffe behandelt.

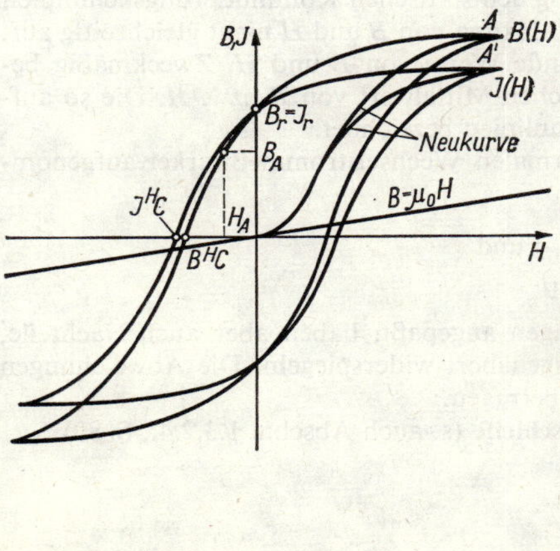

Bild 6.1
Magnetische Zustandskurven, Magnetisierungskurven
Neukurve und symmetrische Hysteresisschleife als $B = B(H)$- und $J = J(H)$-Darstellung

Die Zusammenhänge zwischen den Zustandsgrößen der Ferro- und Ferrimagnetika sind nichtlinear und mehrdeutig bzw. mehrwertig; nichtlinear, weil die Änderung der unabhängigen (eingeprägten) Zustandsgröße eine nichtproportionale Änderung der davon abhängigen Zustandsgröße verursacht, und mehrdeutig bzw. mehrwertig, weil diese Änderung bei Größenzunahme oder -abnahme zu unterschiedlichen Werten der abhängigen Zustandsgröße führt. Eine nachfolgende eindeutige Zuordnung der jeweiligen Werte kann nur bei genauer Kenntnis der Vorgeschichte des Materials erfolgen.
Die Zustandsgrößen ferromagnetischer Materialien werden dargestellt, indem man die magnetische Induktion B (oder die magnetische Polarisation J bzw. die Magnetisierung M) in Abhängigkeit von der magnetischen Feldstärke H angibt. Üblich sind in der Technik die Darstellungen $B = B(H)$ und $J = J(H)$, die sich nur wenig unterscheiden, da $\mu_0 H$ relativ klein gegenüber J ist. (Im Bild 6.1 ist $\mu_0 H$ zur Verdeutlichung übertrieben groß gezeichnet.)

6.1.1.2. Magnetische Kennlinien. Magnetisierungskurven. Ausgezeichnete Punkte

Grundsätzliches über Magnetisierungskennlinien und Kenngrößen ferromagnetischer Stoffe s. Abschn. 1.3.2.4., S. 80. Dort sind auch die für die Anwendung wichtigen Begriffe erklärt.
Im folgenden werden spezifische technische Magnetisierungskennlinien behandelt. Sie können nach der Art ihrer Ermittlung in statische und dynamische Kennlinien eingeteilt werden.
Statische Kennlinien. Sie geben den Zusammenhang zwischen H und B bei extrem langsam verlaufendem Meßvorgang an (Gleichstrommessung, z.B. mit ballistischem Galvanometer).
Statische Hysteresiskennlinien oder *-schleifen* beschreiben den statisch aufgenommenen Zusammenhang der Werte von B und H im Magnetisierungszyklus.
Statische Kommutierungskennlinien entstehen durch Verbindung der Spitzen der statisch gemessenen Hysteresisschleifen.
Dynamische Kennlinien. Sie stellen den Zusammenhang von B und H bei relativ raschem Wechsel des magnetischen Zyklus dar (Wechselstrommessung). Die raschen Flußdichteänderungen verursachen Verluste, deren Rückwirkungen andere Verhältnisse als bei den statischen Kennlinien schaffen. Man gibt die dynamischen Kennlinien meist für sinusförmigen Verlauf von H oder B an.
Dynamische Momentanwertkennlinien liefern den Zusammenhang von Momentanwerten der Feldstärke H_{mom} und der Flußdichte B_{mom}, z.B. dynamische Hysteresisschleifen. Die Kurven sind stark vom zeitlichen Verlauf der magnetischen Feldstärke abhängig. Die aufgenommenen Kurven bei sinusförmiger Feldstärke $H = H_{max} \sin \omega t$ entsprechen nicht denen, die bei sinusförmiger Induktion $B = B_{max} \sin \omega t$ aufgenommen werden.
Dynamische Kommutierungskennlinien sind analog den statischen Kommutierungskennlinien definiert. Bei extrem hohen Verlusten treten die Maxima von B und H nicht gleichzeitig auf, die Kennlinie verbindet 2 zeitungleich auftretende Werte von B und H. Zweckmäßig bestimmt man den quadratischen oder arithmetischen Mittelwert von B bzw. H. Die so aufgenommenen Kennlinien werden als Integralkennlinien bezeichnet.
Dynamische Integralkennlinien können mit normalen Wechselstrommeßwerken aufgenommen werden. Man unterscheidet zwischen

- dynamischen Effektivwertkennlinien $B_{mitt}(H_{eff})$ und
- dynamischen Mittelwertkennlinien $B_{mitt}(H_{mitt})$.

Die Kennlinien sind speziellen Aufgabenstellungen angepaßt, haben aber auch Nachteile, da sie die wirklichen Verhältnisse meist nur angenähert widerspiegeln. Die Abweichungen von den realen Kennlinien können bis zu 20% betragen.
Ausgezeichnete Punkte der statischen Hysteresisschleife (s. auch Abschn. 1.3.2.4., S. 80)

Remanenzpunkt: der bei $H = 0$ vorhandene Wert der Induktion $\pm B_r$ oder Polarisation $\pm J_r$ (Remanenzflußdichte, Remanenzpolarisation, s. Bild 6.1);
Koerzitivfeldstärke der magnetischen Polarisation: der bei $J = 0$ vorhandene Wert ${}_JH_C$ der Feldstärke;
Koerzitivfeldstärke der magnetischen Induktion: der bei $B = 0$ vorhandene Wert ${}_BH_C$ der Feldstärke. (${}_BH_C$ wird im folgenden, wie in der Technik üblich, als H_C geschrieben.)
Remanenzinduktion und Koerzitivfeldstärke der Grenzkurve sind Stoffkonstanten der magnetischen Materialien.

6.1.1.3. Permeabilität

Grundlegende Definitionen der Permeabilität und ihre verschiedenen Formen im statischen Fall s. Abschn. 1.3.2.4., S. 81.
Bei Wechselmagnetisierung ist wegen des nichtlinearen Zusammenhangs nur eine Zustandsgröße (H oder B) sinusförmig, und die entsprechende andere Größe (B oder H) ist nichtsinusförmig. Für sinusförmige Flußdichte (die gleichen Zustandsgrößen sind analog für sinusförmige Feldstärken zu definieren) definiert man die in Tafel 6.1 aufgeführten Formen der Wechselpermeabilität.

Tafel 6.1. Wechselpermeabilitäten

Benennung Symbol	Bezug auf	Formel Absolutwert	Relativwert
Wechselpermeabilität $\mu_\sim$	Scheitelwert der Wechselgröße	$\mu_\sim = \frac{B_{max}}{H_{max}}$	$\mu_{r\sim} = \frac{B_{max}}{\mu_0 H_{max}}$
Wechselpermeabilität $\mu_{\sim eff}$	Effektivwert der Wechselgröße	$\mu_{\sim eff} = \frac{B_{eff}}{H_{eff}}$	$\mu_{r\sim eff} = \frac{B_{eff}}{\mu_0 H_{eff}}$
Scheinpermeabilität μ_s	Scheitelwert der Grundwelle²)	$\mu_s = \frac{B_{max}}{H_{1\,max}}$	$\mu_{sr} = \frac{B_{max}}{\mu_0 H_{1max}}$
Komplexe Permeabilität $\underline{\mu} = \mu_{Re} + j\mu_{Im}$³)	Scheitelwert der Grundwelle	$\mu_{Re} = \mu_s \cos \delta$¹) $\mu_{Im} = \mu_s \sin \delta$	Bezug von μ_s auf μ_0

¹) δ Phasenverschiebung zwischen Erregeramplitude B und Grundwellenamplitude H_1.
²) Der Index 1 kennzeichnet die Amplitude der Grundwelle.
³) Die komplexe Permeabilität ersetzt die Rayleigh-Schleife angenähert durch eine schrägliegende Ellipse (s. Bild 1.36a, S. 81).

Impulspermeabilität μ_i. Bei der Impulsmagnetisierung werden innere Schleifen durchlaufen, deren Größe gegeben ist durch den Induktionshub ΔB und die Impulsamplitude ΔH. Der Quotient beider ist die Impulspermeabilität:

$$\mu_i = \frac{\Delta B}{\Delta H}. \tag{6.1}$$

Anisotropieeinfluß auf die Permeabilität. Bei anisotropen Stoffen hat die Permeabilität μ Tensorcharakter. Für technische Anwendungen gibt man häufig den Wert der Permeabilität in einer ausgezeichneten Richtung an (z.B. in Walzrichtung, quer zur Walzrichtung oder Kristallachsenrichtung).

6.1.1.4. Verluste

Bei Wechselmagnetisierung setzen sich die Magnetisierungsverluste aus den *Hysteresis-*, *Wirbelstrom-* und *Nachwirkungsverlusten* zusammen. Sie werden für die Materialien meist in Form der Verlustziffern $v_{1,0}$ und $v_{1,5}$ für den Scheitelwert der Flußdichte von 1,0 T und 1,5 T bei 50 Hz und 20°C in W · kg⁻¹ angegeben.

In angelsächsischen Ländern findet man häufig die Angabe in $W \cdot lb^{-1}$ für 60 Hz. Ein direktes Umrechnen ist exakt nicht möglich, wenn die Wirbelstromverlustanteile nicht bekannt sind. Es gilt näherungsweise $v_{60\,Hz}$ (in $W \cdot lb^{-1}$) $\approx 0{,}57 v_{50\,Hz}$ (in $W \cdot kg^{-1}$).

Die Trennung der einzelnen Verlustanteile ist grafisch möglich. Für kleine Aussteuerungen, d.h. im Gültigkeitsbereich der Rayleigh-Näherung, gilt für die Abhängigkeit der spezifischen Verlustanteile von der Frequenz f und vom magnetisierenden Strom I

Hysteresisverluste $p_h = K_1 f I^3,$ (6.2)

Wirbelstromverluste $p_w = K_2 f^2 I^2,$ (6.3)

Nachwirkungsverluste $p_n = K_3 f I^2.$ (6.4)

Bezieht man die Gesamtverluste auf die Frequenz und das Quadrat des Stromes, so erhält man

$$\frac{p_{ges}}{f I^2} = K_1 I + K_2 f + K_3 . \qquad (6.5)$$

Im Bild 6.2 ist Gl. (6.5) in Abhängigkeit von der Frequenz f mit I als Parameter dargestellt. Durch Extrapolation der Kurven auf $f = 0$ und $I = 0$ erhält man K_1 und K_3 als Ordinatenabschnitte und K_2 aus der Steigung der Kurven. Für die spezifischen Gesamtverluste p_{ges} bei der Induktion B gilt folgende Näherung:

$$p_{ges} = p_1 \left(\frac{B}{B_1}\right)^k ; \qquad (6.6)$$

p_1 **bei Induktion B_1 gemessene Verluste.**

Der Exponent k muß für jedes Material experimentell bestimmt werden. Man setzt ihn meist in 1. Näherung gleich 2. Im Bild 6.3 ist die Abhängigkeit der spezifischen Verluste von der Maximalflußdichte einiger Materialien gezeigt.

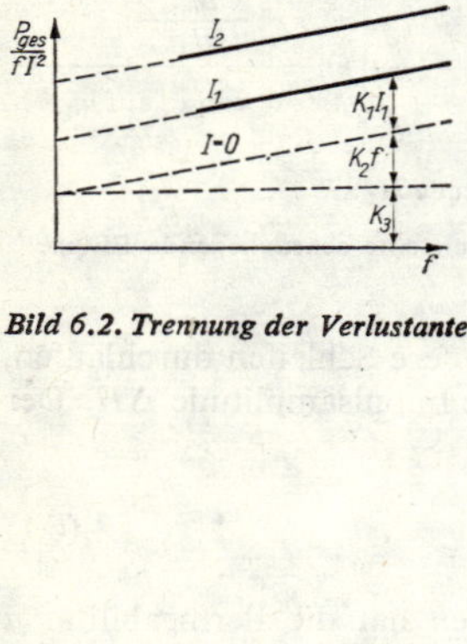

Bild 6.2. Trennung der Verlustanteile

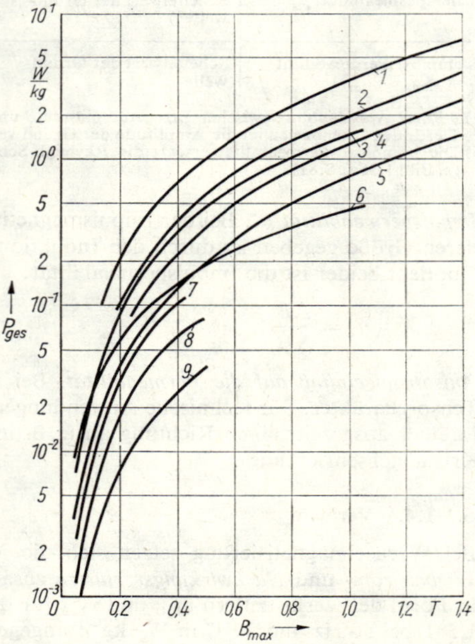

Bild 6.3
Spezifische Gesamtverluste verschiedener Materialien in Abhängigkeit von der Maximalinduktion

1 **Dynamoblech I;** *2* **Dynamoblech III;**
3 **Trafoperm N 1;** *4* **Dynamoblech IV;** *5* **Hyperm 4;**
6 **Permenorm 5000 Z;** *7* **Megaperm 6510;**
8 **Mu-Metall;** *9* **M 1040**

Hysteresisverluste. Sie stellen eine magnetische Kenngröße dar. Durch das Umklappen der Molekularmagnete erhöht sich der Wärmeinhalt des Materials. Die von der Hysteresisschleife umfaßte Fläche ist ein Maß für die Energie, die während einer Periode im Material in Wärme umgewandelt wird:

$$p_h = 10^3 \frac{f}{\varrho^*} W_u; \tag{6.7}$$

p_h Hysteresisverluste in $W \cdot kg^{-1}$,
$W_u = \oint H\,dB$ Ummagnetisierungsarbeit je Volumen für einen Zyklus in $W \cdot s \cdot cm^{-3}$
ϱ^* Dichte in $g \cdot cm^{-3}$,
f Frequenz in Hz.

Wirbelstromverluste. Sie stellen eine elektrische Kenngröße dar. Infolge des magnetischen Wechselfeldes werden im Material elektrische Spannungen induziert, die Wirbelströme senkrecht zum magnetischen Wechselfluß hervorrufen. Das entstehende Wirbelfeld wirkt der Flußdichte entgegen, verdrängt das magnetische Feld aus dem Kerninneren und führt dadurch zur Verringerung des wirksamen Kernquerschnitts.
Die Abhängigkeit der spezifischen Wirbelstromverluste von den elektrischen und technologischen Größen ist für niedrige Frequenzen gegeben durch

$$p_w = \frac{1}{24} \omega^2 \frac{\varkappa}{\varrho^*} d^2 B_{max}^2 = \frac{1{,}643}{\varrho\varrho^*} d^2 f^2 B_{max}^2 \cdot 10^{-5}; \tag{6.8}$$

p_w Wirbelstromverluste in $W \cdot kg^{-1}$,
ϱ spezifischer elektrischer Widerstand in $\Omega \cdot cm$,
ϱ^* Dichte in $g \cdot cm^{-3}$,
d Blechdicke in cm,
f Frequenz in Hz,
B_{max} Scheitelwert der Flußdichte in T.

Eine Verringerung der Verluste der einzelnen Werkstoffe ist danach möglich durch die Erhöhung des spezifischen Widerstandes infolge entsprechender Legierungszusätze sowie durch die Verringerung der Blechdicke, die aber aus technologischen und wirtschaftlichen Gründen begrenzt ist. Die Wirbelstromverluste betragen häufig 60 bis 70% der Gesamtverluste in metallischen ferromagnetischen Materialien.

Nachwirkungsverluste [6.1]. Sie erfassen das zeitliche Nacheilen der Induktion hinter einer vorangegangenen Feldänderung. Für hohe Flußdichten sind die Nachwirkungsverluste gegenüber den anderen Verlusten zu vernachlässigen, während sie bei kleineren berücksichtigt werden müssen.
Nachwirkungsverluste sind der Frequenz und dem Quadrat der Maximalflußdichte proportional.

Verlustwiderstände. In der Informationstechnik ist es üblich, die einzelnen Verlustanteile durch die entsprechenden Ersatzwiderstände auszudrücken.
Der Verlustwiderstand einer Spule setzt sich aus dem Gleichstromwiderstand der Wicklung (R_{Cu}) und dem Ersatzwiderstand der Verluste des Kernmaterials (R_{Fe}) zusammen. Dabei bleiben meist die dielektrischen, Kappen- und Streuverluste unberücksichtigt. Allgemein wird der Ersatzwiderstand R bestimmt aus

$$R = \frac{p}{I^2}, \tag{6.9}$$

worin für p jeweils p_{ges}, p_h, p_w oder p_n einzusetzen ist. Es gilt allgemein

$$R_{Fe} = R_h + R_w + R_n. \tag{6.10}$$

Die Ersatzwiderstände lassen sich auch in Abhängigkeit von der Induktivität L, der Feldstärke H und der Frequenz f darstellen:

$$R_{Fe} = (hHf + wf^2 + nf)\,L. \tag{6.11}$$

Darin sind h, w und n die Verlustkonstanten für die Hysteresis-, Wirbelstrom- und Nachwirkungsverluste. Ihre Bestimmung kann analog zum Bild 6.2 aus der Darstellung des Quotienten R_{Fe}/fL über der Frequenz erfolgen.

6.1.2. Änderungen der magnetischen Eigenschaften

6.1.2.1. Form- und Struktureinfluß

Die magnetischen Eigenschaften des Materials sind u.a. abhängig von der Zusammensetzung des Materials und von seiner Struktur. Die Zusammensetzung bestimmt hauptsächlich die Größe der magnetischen Momente und damit die Sättigungsinduktion B_s, die Struktur des Materials sowie auftretende mechanische Spannungen beeinflussen die Größen μ_A, H_C, B_r usw. Das Auftreten von Vorzugsrichtungen für die magnetischen Momente bezeichnet man als magnetische *Anisotropie*. Entsprechend der Entstehung der magnetischen Anisotropie unterscheidet man zwischen Kristall-, Spannungs- und Formanisotropie.

Kristallanisotropie. Die Kristallanisotropie, d.h. das Auftreten magnetischer Vorzugsrichtungen im Kristall, ist eine Folgeerscheinung der Kopplung des spinmagnetischen Moments mit dem bahnmagnetischen Moment (Spin-Bahn-Kopplung, s. Abschn. 3.5.1., S. 547). Ihre Berechnung kann mit Hilfe quantenmechanischer Gleichungen durchgeführt werden, die jedoch selbst in Näherungsdarstellungen noch außerordentlich kompliziert sind. Die Anzahl der auftretenden Vorzugsrichtungen sowie deren Lage ist abhängig vom Kristallaufbau.

Spannungsanisotropie. Sie wird hervorgerufen durch mechanische Spannungen. Die Änderung des magnetischen Zustands eines Körpers ist bis auf wenige Ausnahmefälle mit einer Änderung der äußeren Abmessungen verbunden (s. Magnetostriktion, Abschn. 3.5.3.3., S. 554). Bei mechanischen Spannungen in einem Körper stellen sich die magnetischen Momente immer so ein, daß die begleitenden Längenänderungen die Spannungen verringern. Damit sind im ferromagnetischen Körper 2 antiparallelgerichtete Vorzugsrichtungen vorhanden. Im Fall negativer Magnetostriktion liegen z.B. die Vorzugsrichtungen parallel zur größten Druck- oder zur kleinsten Zugspannung.

Formanisotropie (Gestaltanisotropie). Sie spiegelt den Einfluß der Form auf die Ausrichtung der magnetischen Momente wider. Sie wirkt sich besonders stark aus bei Kreisen mit nicht vernachlässigbaren magnetischen Streufeldern. Die Größe der Formanisotropie wird durch den *Entmagnetisierungsfaktor* berücksichtigt. In der Technik bezeichnet man die Formanisotropie – die Änderung der magnetischen Zustandskurve durch große Permeabilitätsänderungen im Feldlinienweg (Luftspalte, Hohlräume) – als *Scherung* (äußere und innere Scherung).

6.1.2.2. Einfluß von Fremdstoffen

Verunreinigungen. Unbeabsichtigte Zusätze, die während der Herstellung in das Material gelangen, bezeichnet man als Verunreinigungen. Sie verschlechtern durchweg die magnetischen Eigenschaften. In bezug auf Reinheit werden die Forderungen an die Technologie der magnetischen Werkstoffe nur von den Forderungen bei metallischen Werkstoffen der Vakuumtechnik und den Werkstoffen der Halbleitertechnik übertroffen. Es sind nur verhältnismäßig kleine Abweichungen der magnetischen Kennwerte zulässig, weil die Streuung der Funktionswerte in den Geräten klein gehalten werden muß. Die Wanderung von Verunreinigungen im Material und deren Konzentration an den Korngrenzen führen zum Ansteigen der Hysteresisverluste. Mit Ausnahme der hüttentechnisch hergestellten Eisenlegierungen mit geringen Zusätzen anderer Stoffe werden die Werkstoffe deshalb in Spezialbetrieben gefertigt; mit den heute üblichen metallurgischen Verfahren können die Verunreinigungen ohne Schwierigkeiten unter 0,1% gehalten werden.

Stickstoffverunreinigungen im Fe bewirken durch einen langsamen Ausscheidungsmechanismus eine Alterung, die zur Erhöhung der Koerzitivfeldstärke und der Hysteresisverluste führt. Durch eine längere Anlaßbehandlung bei 100 bis 300°C wird das Material alterungsbeständiger, weil der Stickstoff als Fe_4N nadelförmig ausgeschieden wird. Stickstoff führt ferner zu einer erheblichen Steigerung der Verluste und zur Herabsetzung der Permeabilitätswerte.

Phosphorgehalt des Fe bestimmt hauptsächlich die mechanischen Eigenschaften des Materials und ist bei den auftretenden geringen Prozentsätzen für die magnetischen Eigenschaften ohne Bedeutung.

Schwefel bewirkt im Fe bereits in geringen Prozentsätzen ($<0{,}07\,\%$) eine starke Erhöhung der Koerzitivfeldstärke und der Hysteresisverluste.
Sauerstoff wirkt sich auf die magnetischen Eigenschaften kaum aus, wenn er als SiO_2 gebunden wird.
Nickel und seine Legierungen sind gegenüber den üblichen Stahlbegleitern besonders empfindlich und verlangen Ausgangswerkstoffe von höchster Reinheit. Ein Gehalt von 0,005 % Schwefel im Nickel kann bereits zur Warmbrüchigkeit führen und das Walzen oder Schmieden der Gußblöcke unmöglich machen.

Beimengungen. Zusätze metallischer oder nichtmetallischer Stoffe, durch die einzelne magnetische Eigenschaften in gewünschter Form beeinflußt werden, bezeichnet man als Beimengungen.

Kohlenstoff in graphitischer Form erhöht die Koerzitivfeldstärke des Fe nur wenig, im Gegensatz zu den Karbiden Perlit, Tertiärzementit oder Martensit.
Siliziumzusätze im Fe unterbinden die Karbidbildung, so daß der Kohlenstoff in graphitischer Form ausgeschieden wird. Gehalte über 3 % bewirken aber eine Härtung durch Ausscheidungseffekte. Si-Zusätze wirken desoxydierend auf die Schmelze und binden auch Verunreinigungen von Kohlenstoff und Stickstoff. Außerdem wird das Material alterungsbeständig, hat geringere Hysteresisverluste und wegen des erhöhten spezifischen Widerstandes auch geringere Wirbelstromverluste. Ein teilweises Ersetzen von Silizium durch Nickel – oder besser Nickel und Chrom – führt zu einer relativ hohen Permeabilitätskonstanz. Allgemein erhöhen Zusätze nichtmagnetischer Elemente in erster Linie den spezifischen Widerstand (Verringerung der Wirbelstromverluste).
Aluminiumzusätze von 0,1 bis 0,2 % im Fe wirken denitrierend und verbessern die Eigenschaften. Von Nachteil ist, daß Aluminium wie auch Nickel eine mechanische Härtung hervorrufen und dadurch das Kaltwalzen erschweren. Aluminium erhöht ferner den spezifischen Widerstand und verringert die Kristallenergie, kann also teilweise das Silizium ersetzen.
Manganzusätze im Fe erhöhen die Permeabilität.
Kobalt erhöht den Sättigungswert und die Curie-Temperatur (vor allem bei Eisen-Nickel-Legierungen).
Molybdänzusätze von 2 bis 5 % erhöhen die Anfangspermeabilität, vergrößern den spezifischen elektrischen Widerstand und verringern die Empfindlichkeit gegen mechanische Deformationen.
Kupfergehalte einiger Legierungen liegen bei 5 bis 15 % und dienen zur Erhöhung der Permeabilitätskonstanz in schwachen Feldern.
Die *Sättigungsinduktion* B_s wird durch geringe Gefügespannungen kaum beeinflußt und ändert sich auch erst bei größeren Legierungsvariationen. Bei Eisen erhöht sie sich nur bei Kobaltzusätzen. Für mäßige Gehalte anderer Beimengungen gilt etwa

Si: $B_s = (2{,}158 - 0{,}048p)\,T$, C: $B_s = (2{,}158 - 0{,}25p)\,T$,
Al: $B_s = (2{,}158 - 0{,}057p)\,T$, Mo: $B_s = (2{,}158 - 0{,}065p)\,T$,
Mn: $B_s = (2{,}158 - 0{,}021p)\,T$, Cr: $B_s = (2{,}158 - 0{,}025p)\,T$;

p prozentuale Anteile der Beimengungen.

6.1.2.3. Einfluß der Alterung

Alterung nennt man Veränderungen (i. allg. Verschlechterungen) der Eigenschaften von Stoffen in längeren (natürliche Alterung) oder kürzeren (künstliche Alterung) Zeiträumen.
Alterung weichmagnetischer Werkstoffe. Alterungserscheinungen weichmagnetischer Werkstoffe treten vor allem bei Relaiswerkstoffen auf. Sie sind auf Ausscheidungsvorgänge zurückzuführen.

Bei stickstoffhaltigen Eisensorten kann beispielsweise die Koerzitivfeldstärke durch Alterung auf den doppelten Wert anwachsen. Durch Al-Zusätze, die den Stickstoff in der Schmelze als unlösliches Aluminiumnitrid binden, lassen sich diese Alterungserscheinungen weitgehend ausschalten. Bei Transformatorenblechen ist die Alterung durch Ausscheidung von Stickstoff unbedeutend. Nur bei Si-Gehalten unter 0,5 % muß noch mit einer Alterung gerechnet werden.

Alterung hartmagnetischer Werkstoffe. Martensitisch gehärtete Chrommagnetstähle sind sehr alterungsempfindlich. Die Kenntnis des Alterungsverlaufs ist für den Einsatz eines Werkstoffs, z. B. als Dauermagnet, maßgebend. Man unterscheidet 2 Alterungsarten:
magnetische Alterung. Der Arbeitspunkt (B_A; H_A, Bild 6.4) verschiebt sich bei Beanspruchung des Magneten auf der magnetischen Zustandskurve (Entmagnetisierungskurve). Ursache der Alterung können z. B. kleine überlagerte Wechselfelder, Temperaturschwankungen oder mechanische Erschütterungen sein. Die geometrische Form des Magneten ist von großem Einfluß auf die Alterung, da das eigene entmagnetisierende Feld des Dauermagneten die Momente einzelner Weißscher Bezirke aus ihrer ursprünglichen Lage dreht. Der Ablauf der Umklappvorgänge erfolgt statistisch. Nach *Néel* ist ein exponentieller Verlauf der Eigenschaftsänderungen zu erwarten.
Gefügealterung. Das Martensitgefüge ist nicht stabil. Der tetragonale Martensit geht bei Erwärmung in kubischen Martensit über und zerfällt schließlich in α-Eisen und Zementit. Mit der Zementitausscheidung erfolgt ein starker Abbau der wirksamen inneren mechanischen

Spannungen. Das führt gleichzeitig zu einer Verringerung der magnetischen Härte. Während die magnetische Alterung durch neue Aufmagnetisierung behoben werden kann, ist die Gefügeumwandlung nicht rückgängig zu machen. Man kann nur die Umwandlungsgeschwindigkeit durch Sonderkarbide oder durch Silizium verringern.

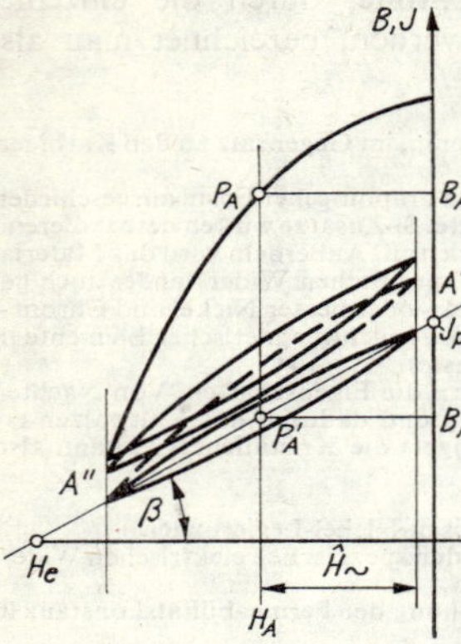

Bild 6.4
Entmagnetisierungskurve eines Dauermagneten bei Einwirkung von Wechselfeldstärken mit der Amplitude $\hat{H}_\sim$

Einstellung eines neuen Arbeitspunktes P_A'

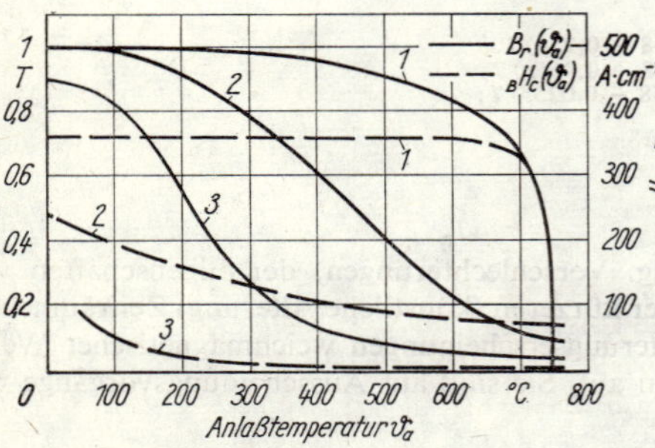

Bild 6.5
Temperaturverhalten von Remanenzinduktion B_r und Koerzitivfeldstärke $_BH_C$ bei einigen Dauermagnetmaterialien

1 AlNi-Legierungen; *2* Co-Stahl; *3* W-Stahl

Wolframmagnetstahl ist hinsichtlich der Gefügealterung empfindlicher als Chrommagnetstahl mit Silizium. Die Alterung durch mechanische Erschütterungen ist aber geringer als bei CrSi-Stahl. Kobaltstahl ist weniger empfindlich gegen Gefügealterung. Hier zeigt sich die Überlegenheit der Kobaltstähle gegenüber den W- bzw. CrSi-Stählen. Der Abfall der Remanenz beträgt in 10 Jahren nur etwa 8 bis 10% des Ausgangswertes. Gegenüber den gefügegehärteten Stählen ist die Alterung bei den AlNiFe- und AlNiCo-Legierungen gering. Erst bei Temperaturen über 500°C sinkt die Koerzitivfeldstärke. Im Bild 6.5 ist das Verhalten von Remanenz und Koerzitivfeldstärke bei Temperaturerhöhungen (Anlaßtemperatur) dargestellt. Ab 700°C sind die Änderungen beträchtlich, jedoch verschwindet der Ferromagnetismus nicht völlig. Die magnetische Alterung ist wesentlich geringer als bei den Kohlenstoffstählen. Das gleiche gilt auch für die Empfindlichkeit gegenüber mechanischen Beanspruchungen.
Die Alterung der CuNiFe-Legierungen durch mechanische Erschütterungen ist z.B. nicht nachweisbar. Erwärmungen auf etwa 100°C setzen die scheinbare Remanenz um etwa 3% herab. Eine Gefügealterung tritt erst bei höheren Temperaturen auf.

6.1.2.4. Einfluß des Kristallgefüges, der Temperatur und der Frequenz

Kristallstruktur. Mechanische Spannungen bei magnetischen Werkstoffen. Die Magnetisierbarkeit wird durch die kristallenergetischen Richtkräfte beeinflußt.

Weiche Magnetwerkstoffe zeigen eine kleine Kristallanisotropie, die sich bei Ausrichtung der willkürlich orientierten Kristalle durch äußere Beeinflussung (z.B. durch Walzen) noch herabsetzen läßt. Fällt die Richtung des äußeren Feldes in die Richtung leichtester Magnetisierbarkeit, so erreicht die Remanenz fast den Sättigungswert. Die einzelnen magnetischen Momente der Weißschen Bezirke sind bereits ausgerichtet und brauchen nicht mehr gedreht zu werden.

Koerzitivfeldstärke und *Anfangspermeabilität* sind strukturempfindliche Zustandsgrößen, die sich bereits durch geringe Veränderungen der chemischen Zusammensetzung oder durch Wärmebehandlungen und mechanische Deformationen erheblich ändern.
Mechanische Spannungen innerhalb des Materials setzen die Wandbeweglichkeit der Weißschen Bezirke herab. Diese Spannungen können auftreten durch

- Druck oder Zug während der magnetischen Erregung,
- plastische Deformationen bei der Umformung oder der thermischen Behandlung,
- magnetostriktive Spannungen.

Grundsätzlich wird durch die Steigerung des Permeabilitätswertes die Empfindlichkeit gegen mechanische Spannungen vergrößert. Deshalb sind sämtliche mechanischen Verformungen, die zu Gefügeänderungen und mechanischen Spannungen führen, zu vermeiden. Da bei dickeren Blechen schneller bleibende Deformationen auftreten, sind sie empfindlicher als dünne Bleche.

Die durch das Zusammenpressen geschichteter Kerne bedingte Erhöhung der Verluste kann z.B. bei den im Transformatorenbau üblichen Preßdrücken von etwa 1,5 $N \cdot mm^{-2}$ bereits 10% ausmachen. Um diesen Verspannungseffekt auch beim Messen der Blecheigenschaften zu erfassen, ist für Übertragerbleche eine Belastung der Pakete von 10 N vorgeschrieben.

Die besseren magnetischen Eigenschaften kaltgewalzter Bleche in Walzrichtung wurden 1935 erstmals durch den Amerikaner *Goss* beobachtet. Sie sind durch besondere kristallografische Anordnungen des Gefüges begründet (Textur). Bei Eisen- und Eisen-Silizium-Legierungen sind z.B. die Würfelkanten in der [100]-Richtung des kubisch-raumzentrierten Gitters leichter magnetisierbar als die Richtungen der Flächen- oder Raumdiagonalen (Würfelkantentextur). Eine Legierung mit 50% Ni und 50% Fe ist am leichtesten magnetisch zu erregen, wenn eine Würfelfläche parallel zur Oberfläche des Bleches und die Würfelkanten parallel und unter 90° zur Richtung des äußeren Feldes verlaufen (Würfelflächentextur).

Das Kristallgefüge kann sich durch plastische Formung (z.B. Kaltwalzen) in Richtung der formenden Kraft ausrichten, zeigt aber nach der Kaltformung starke innere Spannungen. Durch ein Rekristallisationsglühen bei Temperaturen oberhalb 900 °C (starkes Kornwachstum) wird dann das Gefüge unter Beibehaltung der Vorzugsrichtung spannungsfrei.

Materialien mit Würfelflächentextur haben ausgeprägte rechteckige Hysteresisschleifen. Bei ganzzahligen Verhältnissen der Legierungskomponenten entsteht eine besondere Mischkristallform, die durch eine geordnete geometrische Atomanordnung gekennzeichnet ist. Diese als *Überstruktur* bezeichnete Erscheinung ruft eine Änderung der Kristallenergie hervor und bedingt eine Erhöhung der Koerzitivfeldstärke. Der Einfluß der Überstruktur auf andere magnetische Kenngrößen läßt sich bisher nicht mit Sicherheit angeben.
Kristallstruktur der Ferrite. Der Kristallaufbau weichmagnetischer kubischer Ferrite wird als *kubische Spinellstruktur* bezeichnet. (Bild 6.6. Hierin sind zur Erhöhung der Übersichtlichkeit nur ein Oktaeder und zwei Tetraeder eingezeichnet und die Größen der einzelnen Ionen nicht berücksichtigt. Von den Tetraederplätzen sind nur die eingezeichnet, deren Tetraeder markiert sind. Der eingezeichnete Würfel ist $\frac{1}{8}$ der Elementarzelle; s. hierzu auch Abschnitt 3.5.4., S.556.)
Die kubische Spinellstruktur besteht aus sehr dichten flächenzentrierten Kugelpackungen von Sauerstoffionen, in deren Zwischenräume die zwei- und dreiwertigen Metallionen eingelagert sind.
Beim *normalen* Spinelltyp (Bild 6.6) sind die zweiwertigen Metallionen (*a*) in einem Tetraedergitter von 4 Sauerstoffionen (*b*, *c*, *d*, *e*) eingeschlossen, während die dreiwertigen Metallionen (*i*) in einem Oktaedergitter von je 6 Sauerstoffionen (*c*, *d*, *e*, *f*, *g*, *h*) umgeben sind.
Man spricht vom *inversen* Spinelltyp, wenn anstelle der zweiwertigen Metallionen dreiwertige Ionen die Tetraederstellen besetzen. Außerdem treten verschiedene Kombinationen beider Typen auf, die als *Mischtypen* bezeichnet werden. Alle magnetischen Ferrite gehören entweder zum inversen Spinelltyp oder zu den Mischtypen, während die unmagnetischen kubischen Zink- und Kadmiumferrite vom normalen Spinelltyp sind.

Die weichmagnetischen Ferrite mit Vorzugsebene haben eine *hexagonale* Kristallstruktur. Sie ist eine dichte kubische Kugelpackung von Sauerstoff- und Bariumionen, die größer als die Me-Ionen sind. Senkrecht zur hexagonalen Achse sind Schichten von Ionen vorhanden, die 4 große Ionen, meist Sauerstoffionen, enthalten. In regelmäßigen, für die Struktur charakteristischen Abständen ist je ein Sauerstoffion der betreffenden Schicht durch ein Bariumion ersetzt. In den Zwischenräumen der Sauerstoffionen befinden sich analog zur Spinellstruktur die kleineren Metallionen auf Oktaeder- oder Tetraederplätzen.

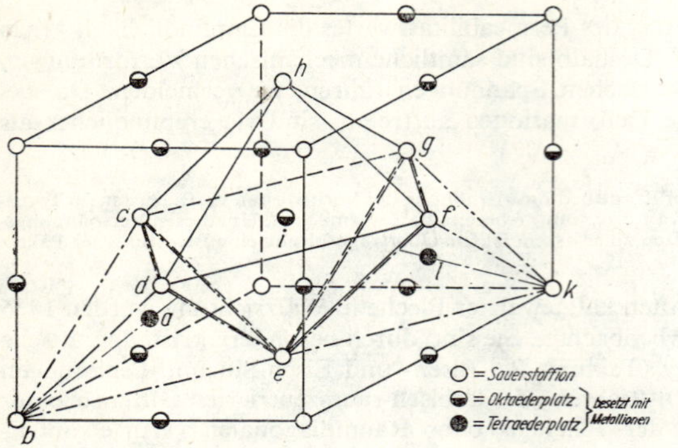

Bild 6.6
Kristallstruktur eines Spinells

Die hartmagnetischen Ferrite haben ebenfalls eine hexagonale Kristallstruktur. Sie bestehen aus Spinellblöcken, die durch Zwischenschichten mit hexagonaler Packung voneinander getrennt sind. Sie haben eine Vorzugsrichtung der Magnetisierung, die durch die starke Kristallanisotropie bedingt ist.

Temperaturabhängigkeit. Die einzelnen magnetischen Eigenschaften zeigen eine recht unterschiedliche Temperaturabhängigkeit. Bei Erwärmung des Materials erhöht sich die Wärmebewegung der Atome. Im Bereich der Curie-Temperatur übersteigen die Kräfte infolge der Wärmebewegung die ausrichtenden Austauschkräfte, so daß die Elementarbezirke zerfallen und die spontane Magnetisierung verschwindet (s. Abschn. 3.5.4., S. 556).

Der Curie-Punkt von Legierungen ist stark von der Zusammensetzung des Materials abhängig. Zum Beispiel steigt die Curie-Temperatur von FeNi-Legierungen mit dem Ni-Gehalt, während durch Zusätze von Cr der Curie-Punkt herabgesetzt wird.

Die Sättigungsinduktion sinkt allgemein mit steigender Temperatur und ist nach dem Überschreiten des Curie-Punktes Null (Bild 6.7).

Werkstoffe mit stark temperaturabhängiger Sättigungsinduktion werden wegen des niedrigen Curie-Punktes oft als Nebenschlüsse in Dauermagnetsystemen zur Kompensation von Arbeitspunktänderungen verwendet (Thermolux, Thermalloy, Kompentherm).

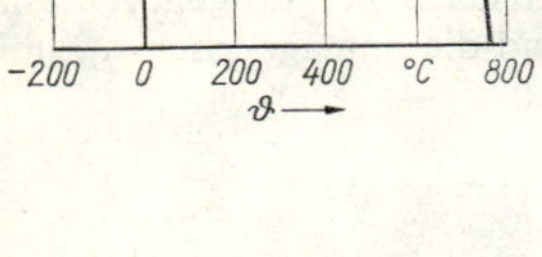

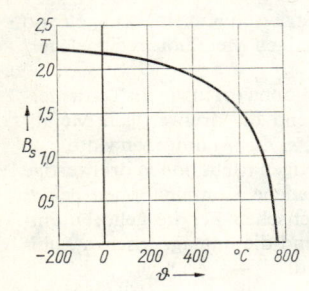

Bild 6.7
Temperaturabhängigkeit der Sättigungsinduktion von Eisen

Die Anfangspermeabilität hat bei allen ferromagnetischen Werkstoffen kurz unterhalb des Curie-Punktes ein ausgeprägtes Maximum.

Frequenzabhängigkeit der magnetischen Kenngrößen. Der Frequenzeinfluß auf die einzelnen magnetischen Kenngrößen wird unter verschiedenen Gesichtspunkten betrachtet: Der Frequenzeinfluß bei hohen Flußdichten zeigt sich in der Verbreiterung der dynamischen Hysteresisschleife mit zunehmender Frequenz, weil sich der stark anwachsende Wirbelstromanteil der statischen Hysteresisschleife überlagert.

Zur Beurteilung des Wirbelstromeffektes im Rayleigh-Bereich hat *Wolman* den Begriff der *Grenzfrequenz der Wirbelströme* f_w eingeführt. Bei ihr ist der Wert der Permeabilität bei 50 Hz infolge der Wirbelströme auf das 0,7fache gesunken. Sie berechnet sich aus den Blechdaten zu [6.2]

$$f_w = \frac{\varrho \cdot 10^3}{\pi^2 d^2 \mu_r}; \tag{6.12}$$

f_w Grenzfrequenz der Wirbelströme in Hz,
ϱ spezifischer Widerstand in $\mu\Omega \cdot$ cm,
d Blechdicke in cm,
μ_r relative Permeabilität bei 50 Hz.

Die Konstanten sind dimensionsbehaftet [6.2]. Im Rayleigh-Gebiet werden außerdem die Begriffe des *Verlustwinkels* δ und der *Güte* Q einer Spulenanordnung angewendet:

$$\tan\delta = \frac{R_R}{\omega L_R} = \frac{1}{Q}, \quad Q = \frac{\omega L_R}{R_R} = \frac{1}{\tan\delta}. \tag{6.13}$$

Dabei ist R_R der Reihenersatzwiderstand, L_R die Reiheninduktivität der Spule. Die Güte zeigt in Abhängigkeit von der Frequenz ein ausgeprägtes Maximum Q_{max}. Grundsätzlich erhöht sich Q_{max} durch

- einen größeren Kerntyp bei gleichzeitiger Verschiebung zu niedrigeren Frequenzen,
- geringere Blechdicke bei gleichzeitiger Verschiebung zu höheren Frequenzen,
- größere Kerne aus dünnerem Blech bei gleichbleibender Frequenz.

6.1.3. Technologie magnetischer Werkstoffe

6.1.3.1. Erzeugen, Schmelzen, Gießen, Walzen, Pressen, Sintern

Weichmagnetische Werkstoffe. Das Erschmelzen weichmagnetischer Werkstoffe erfolgt in offenen Herdöfen (Siemens-Martin-Öfen). Als Desoxydations- und Beruhigungsmittel dienen Mn, Si und Al. Hochwertige Werkstoffe oder Sonderlegierungen werden meist in Induktions- oder Widerstandsöfen unter Schutzgasatmosphäre oder im Vakuum (Elektronenstrahlofen) erschmolzen.

Hartmagnetische Werkstoffe. Bis auf den Chrommagnetstahl Cr 030, der auch im Siemens-Martin-Ofen erschmolzen werden kann, werden alle Dauermagnetstähle in Elektroöfen oder HF-Öfen hergestellt.

Die AlNiFe- und AlNiCo-Legierungen werden meist im HF-Ofen erschmolzen. In der Schmelze treten Aluminiumoxide auf, die die Gießbarkeit verschlechtern.

Formgebung metallischer magnetischer Werkstoffe. Magnetische Werkstoffe können ihre Eigenschaften durch Verformung erheblich verändern; andererseits lassen sich Verformungen nicht immer vermeiden. Zum Beispiel verlangen Werkstoffe mit Vorzugsrichtung eine Anpassung der Kernformen, oder mit steigender Frequenz der Wechselfelder wird eine weitgehende Kernunterteilung nötig. Die Art der Formgebung wird deshalb vorwiegend von elektrischen und magnetischen und weniger von technologischen Gesichtspunkten bestimmt. Als häufigste Formen magnetischer Werkstoffe treten auf: Gußteile und Walzprofile (vor allem im Maschinenbau), massive Kerne und in großem Maße auch Bleche in Tafeln oder in Bandform, die zu lamellierten Kernen geschichtet oder zu Bandkernen gewickelt werden. Formänderungen bei magnetischen Werkstoffen sind immer nachteilig.

Beispielsweise kann sich die relative Permeabilität von Mu-Metall bei Ausbiegung eines Bleches von 0,35 mm Dicke beim Schichten des Kerns bereits von 26000 auf 12000 ändern. Mu-Metall und ähnliche Werkstoffe sollten deshalb für Mantelkernschnitte nur bei Dicken unter 0,15 mm verwendet werden.

Hartmagnetische Werkstoffe sind i.allg. nach der Schlußwärmebehandlung unempfindlich gegen weitere Behandlungen, solange keine gefügeändernden Erwärmungen auftreten (Schleifen).

Die AlNiFe- und AlNiCo-Legierungen sind bis nahe an ihren Schmelzpunkt derart spröde, daß sie nur durch Schleifen mechanisch bearbeitet werden können. Aus diesem Grunde hat sich bei den AlNi-Legierungen die Pulvermetallurgie stark durchgesetzt. AlNi-Magnete werden als gegossene, gesinterte oder gepreßte Formlinge geliefert. Die Maßabweichungen sind mit dem Hersteller zu vereinbaren. Grundsätzlich werden die Werkstoffe nicht wärmebehandelt geliefert. Die Glühbehandlung ist nach Vorschrift des Herstellers durchzuführen.

Walzen. Das Walzen der Gußbarren bei Temperaturen > 750 °C bis auf Blechdicken < 10 mm (Warmwalzen) oder zu Profilstangen ist häufig schwierig, weil für die magnetischen Kennwerte der Legierungen u.a. ihre chemischen Zusammensetzungen entscheidend sind. Deshalb sind die Forderungen nach guter Formbarkeit selten zu erfüllen.
Warmwalzen ermöglicht große Dickenabnahme je Walzstich bei relativ geringem Walzdruck (wirtschaftlich). Dabei setzt eine unmittelbare Rekristallisation des Gefüges ein (Kornneubildung), und das Endprodukt ist frei von inneren Spannungen.

Für die Bestimmung der magnetischen Eigenschaften wird vorgeschlagen, die Meßproben zu 50% in Walzrichtung und zu 50% quer zu dieser zu schneiden, um eine Abhängigkeit der gemessenen Eigenschaften von der Lage der Feldrichtung zur Walzrichtung auszuschalten.

Kaltwalzen erzeugt aus der regellos körnigen Struktur eine Fluidalstruktur. Dabei vergrößern sich die Kristalloberflächen, und es treten erhebliche innere Spannungen auf, die die magnetischen Eigenschaften herabsetzen. Durch ein Rekristallisationsglühen bei etwa 800 °C, das ein weiteres Kornwachstum und eine Kristallorientierung bewirkt, können die inneren Spannungen beseitigt werden. Durch Glühen in Wasserstoffatmosphäre läßt sich eine zusätzliche Reinigung des Materials erreichen, und eine Oxydation während des Glühens ist vermieden.

Bei kaltgewalzten Blechen muß die Magnetisierungsrichtung möglichst auf dem gesamten Eisenweg parallel zur Walzrichtung liegen, was bei den üblichen Kernformen nicht immer gegeben ist. Darum geht man immer mehr zur Fertigung von Metallbändern und zur Bandwickeltechnik über (s. auch Schnittbandkerne, S. 771). Ultradünne Bänder werden auf Spezialwalzen gefertigt. Ihr Preis steigt sehr stark mit abnehmender Banddicke an.

Metallpulver. In der Pulvertechnik werden ferromagnetische Metallpulver eingesetzt. Die Ausgangsmaterialien können reine Metalle oder Legierungen sein, wenn die Zerkleinerung in mechanischen Mühlen erfolgt. Die Herstellung von Reineisenpulver erfolgt meist auf chemischem Wege (z.B. aus Eisenkarbonyl). Karbonyleisenpulver hat eine ideale Kugelgestalt, und seine Herstellung ist leicht so zu beeinflussen, daß beliebige Kugeldurchmesser bzw. Pulver mit geringen Streubereichen der Teilchengrößen bis unter 1 μm hergestellt werden können. Die Pulverteilchen müssen ihrer Größe nach sortiert werden (Windsichter).
Weichmagnetische Pulverwerkstoffe. Die Pulver- oder Massekerne (S. 771) werden hergestellt durch Mischen eines ferromagnetischen metallischen Pulvers mit einem Isolierstoff und anschließendes Pressen mit Drücken bis zu 2000 $N \cdot mm^{-2}$. Die magnetischen Eigenschaften werden entscheidend durch das Mischungsverhältnis beeinflußt. Andererseits wird der Isolierstoffgehalt durch die Frequenz (Wirbelströme), die Korngröße und die Verformbarkeit des Metallpulvers bestimmt. Die Oberflächenkräfte des haftenden Isolierstoffes sollen größer als der Verformungswiderstand der Pulverteilchen sein, um bei steigendem Preßdruck anstatt der Vereinigung benachbarter Teilchen Deformationen der Pulverteilchen zu erreichen.

Die relative Anfangspermeabilität von Karbonyleisenpulver liegt zwischen 10 und 70. Die Hysteresisverluste sind größer als bei Pulvern gleicher Permeabilität auf Alsifer-Basis. FeSiAl-Legierungen (Alsifer) mit einem Gehalt von 9 bis 11% Si und 6 bis 8% Al sind gut mahlbar, haben geringe Festigkeit und eine Anfangspermeabilität von einigen 100. Außerdem ist der Preis des Alsifers geringer als der des regenerierten Karbonyleisens.

Hartmagnetische Pulverwerkstoffe. Durch Anwendung der Gestaltanisotropie, die besonders bei Feinstpulvern unter 1 μm auftritt, lassen sich sehr hohe Koerzitivfeldstärken erreichen. Sehr gute Eigenschaften zeigen Teilchen von etwa 0,1 bis 1 μm Durchmesser. Das Pulver wird ohne Binde- und Isoliermittel zu den endgültigen Formen der Dauermagnete verpreßt. Da hierbei Kaltverschweißungen auftreten und dadurch die Teilchen wieder vergrößert werden, sinkt die Koerzitivfeldstärke mit dem Preßdruck.

Legierungspulver von Mangan und Wismut (MnBi) zeigen bessere Eigenschaften als Reineisenpulver trotz größerer Teilchendurchmesser (5 bis 80 µm). Für bestimmte Zwecke werden auch Pulvermagnete mit Bindemittel als Preßmagnete hergestellt.

Sintern. Die Vorteile der Sintertechnik liegen in der billigen Fertigung auch komplizierter Teile, in der besseren Materialausnutzung und der höheren Maßgenauigkeit. Wegen der hohen Preßdrücke (etwa $600\,\mathrm{N \cdot mm^{-2}}$) sind die Preßwerkzeuge sehr teuer und damit gesinterte Materialien wie auch die Preßmagnete erst bei großen Stückzahlen wirtschaftlich. Wichtig ist, daß auch Teile aus anderem Material, z.B. Wellen, Polschuhe, angepreßt werden können. Beim Erhitzen der Preßlinge (aus den pulverförmigen Legierungskomponenten) unter Schutzgas oder im Vakuum bis wenig unterhalb der Schmelztemperatur vermischen sich die einzelnen Komponenten zu einem gußähnlichen Gefüge. Weitere Vorteile sind kurze Glühzeiten und eine Selbstreinigung der Legierungen bei Eisen-Nickel-Legierungen und Karbonyleisen.
Die größte Bedeutung erreicht die Sintertechnik bei der Herstellung von Dauermagnetmaterialien, die sich mechanisch nur schwer bearbeiten lassen (z.B. AlNi- und ähnliche Legierungen).

Die übliche Methode des Sinterns von pulverisierten AlNi-Legierungen ist dabei nicht anwendbar, weil die Teilchen so fest sind, daß sie die Preßform nicht maßgetreu ausfüllen. (Die zu geringe Elastizität der Körner kann durch Zusatz von Füllstoffen aufgehoben werden. Derartige Magnete sind unter dem Namen „Tromalit" bekannt geworden.) Man hat darum versucht, die einzelnen Bestandteile in Pulverform zu mischen und zu sintern. Das scheiterte bei den AlNi-Legierungen an der Oxidneigung des Aluminiums bei Raumtemperatur. Außerdem werden nur 10 bis 45% der Energiewerte der entsprechenden gegossenen Legierung erreicht. Wird aber Al mit Fe vorlegiert und dann pulverisiert, so zeigt dieses Pulver keine Oxidneigung bei Raumtemperatur. Unter Schutzgas kann das Material dann mit anderen Komponenten gesintert werden.

Die AlNi-Sintermagnete haben bessere Eigenschaften als die AlNi-Gußmagnete. Die Bruchfestigkeit liegt etwa dreimal so hoch, und die Magnete können nach der Vorsinterung gut bearbeitet werden. Sie sind aber auch im fertig gesinterten Zustand mit Hartmetallen noch bearbeitbar.

Bearbeitungsmöglichkeiten metallischer magnetischer Werkstoffe

Weichmagnetische Werkstoffe. Sie lassen sich meist einfach bearbeiten, da sie in fast allen Fällen auch mechanisch weich sind. (Durch Zusätze von Al oder Si z.B. werden aber auch diese Werkstoffe sehr spröde und hart.) Der endgültige magnetische Zustand weichmagnetischer Werkstoffe wird durch das abschließende Glühen (Schlußglühen, Rekristallisationsglühen) hergestellt. Jede nachfolgende Bearbeitung, die zu Gefügeänderungen führt, ändert mehr oder weniger die magnetischen Eigenschaften und kann eine erneute Wärmebehandlung erforderlich machen.
Hartmagnetische Werkstoffe. Sämtliche kohlenstoffhaltigen Stähle lassen sich vor der Härtung gut bearbeiten. Sie können warm spanlos und kalt spanabhebend verformt werden. In der folgenden Härtebehandlung verziehen sich die Werkstoffe bzw. -stücke oft.
Die hochlegierten Co-Stähle werden meist gegossen und lassen sich nur warm formen. Im Endzustand können alle Stähle nur durch Schleifen bearbeitet werden, und das auch nur, solange keine gefügeändernden Erwärmungen auftreten.
Die AlNi-Legierungen sind nur gießbar. Ihr Gefüge ist grobkristallin und spröde, die Biegefestigkeit ist sehr gering (die Kanten der Magnete brechen leicht ab). Eine Formgebung ist nur durch Schleifen möglich. AlNi-Werkstoffe werden in einfachste Formen (Blöcke, Stangen) gegossen. Komplizierte AlNi-Magnetformen werden heute in fast allen Fällen durch Sintern hergestellt.
Die Sintermagnete aus AlNi-Legierungen sind sehr feinkörnig, zäh und bruchfest. Sie lassen sich durch Hartmetalle spanabhebend bearbeiten. Die hartmagnetischen Sonderwerkstoffe, z.B. Magnetoflex, CuNiCo u.a., lassen sich durchweg gut spanabhebend bearbeiten, da sie mechanisch weich sind.

Einfluß der Isolations- und Bindemittel

Zur Herabsetzung der Wirbelstromverluste müssen die Kerne unterteilt (geschichtet) und die einzelnen Teile elektrisch gegeneinander isoliert werden. Dabei werden möglichst dünne Isolationsschichten angestrebt, um große Eisenfüllfaktoren zu erhalten. Papierisolationen werden nur noch selten angewendet, weil die Schichtdicke bereits bei einseitigem Bekleben etwa 0,03 mm beträgt. Bei Übertragerblechen reicht die sich beim Glühen bildende Oxidschicht oft schon zur Isolation aus. Transformatorenbleche werden durch Lackschichten (einseitige Schichtdicke etwa 0,02 mm), Phosphat- oder Silikatschichten (doppelseitige Schichtdicke etwa 0,01 mm) gegeneinander isoliert. Phosphatschichten werden z.B. nach dem Parker-Verfahren aufgebracht. Dabei werden die Bleche in verdünnte Phosphorsäure getaucht, der häufig Glimmerstaub zugesetzt wird. Die eingetauchten Bleche überziehen sich mit etwa 0,01 mm dicken Phosphat-Glimmer-Schichten. Ein weiteres Isolationsmittel sind Magnesiumschichten. Das Mg wird auf die Bleche aufgespritzt und verbindet sich mit Eisen und Silizium bei Erwärmung zu einer glasurartigen Schicht (etwa 0,01 mm). Die Schichtdicke doppelseitiger Oxidschichten beträgt etwa 0,01 mm. Die geringste Isolationsdicke von einseitig 0,001 mm haben Kataphoreseschichten (MgO_2 oder SiO_2 in Azeton). Die Permeabilitätswerte dünner Bänder aus hochpermeablen Materialien können infolge Schrumpfens ungeeigneter Isolierlacke wegen der dabei auftretenden Spannungen stark herabgesetzt werden. Bandkerne werden deshalb bereits vor dem Schlußglühen umwickelt, isoliert und in ihre endgültige Form gebracht. Als temperaturfeste Isolationsschichten werden dazu Magnesiumoxid, gebrannter Kalk oder Aluminiumoxid verwendet. Um Kerne aus hochpermeablen Werkstoffen vor mechanischen Deformationen zu schützen, setzt man Bandringkerne in Schutztröge aus Kunststoffen ein und gießt diese mit Silikonfetten aus.

Größere Blechpakete von Übertragern können durch aushärtbare Kunstharze (z.B. Epoxidharz) verfestigt werden. Das führt selbst bei dünnen Blechen nicht zu nennenswerten Änderungen der Permeabilität. Auch Schnittbandkerne werden nach dem Schlußglühen mit aushärtbaren Kunststoffen getränkt, damit die Bänder einen kompakten Körper bilden.

Die Isolations- und Bindemittel von Pulverkernen müssen jedes Einzelkorn vollständig umschließen und wegen der hohen Preßdrücke eine ausreichende Härte und Zähigkeit haben. Als Isoliermittel dienen Kunstharze, Wasserglas oder Oxidschichten. Die Kunstharze werden dabei gleichzeitig als Bindemittel verwendet. Weitere Bindemittel sind Zink- und Magnesiumhydroxid. Magnesiumhydroxid bildet sich durch eine Wasserdampfbehandlung nach dem Pressen aus Magnesiumpulver, das dem Material beigefügt wurde.

6.1.3.2. Wärmebehandlung metallischer magnetischer Werkstoffe

Glühverfahren. Das Glühen magnetischer Werkstoffe kann als Erholungsglühen zur weiteren mechanischen Bearbeitung oder als Schlußglühen zum Erreichen bestimmter Gefügezustände mit gewünschten magnetischen Eigenschaften notwendig werden. Allgemeine Glühverfahren sind:

Reinigungsglühen bei Temperaturen meist oberhalb 1000 °C unter Schutzgas, das die Metallverunreinigungen bindet;

Erholungsglühen zur Beseitigung von Verformungsspannungen innerhalb des Kristallgefüges;

Rekristallisationsglühen zwischen 800 und 900 °C zur Kornerneuerung bei kaltgewalztem Material;

Glühverfahren, die auf eine Härtung abzielen;

spezielle Wärmebehandlungen, z.B. die Erwärmung und Abkühlung im Magnetfeld. Die Abkühlung des Glühgutes erfolgt sehr unterschiedlich.

Grundsätzlich ist eine schnelle Abkühlung, z.B. an Luft, kritischer als eine langsame Abkühlung im Ofen, weil kleine Geschwindigkeitsänderungen in der Temperaturabnahme bei langen Abkühlzeiten weniger Einfluß haben.

Härtungen. Die Härtung magnetischer Werkstoffe ist wichtig, wenn durch eine mechanische Härtung eine Erhöhung der Koerzitivfeldstärke auftritt. Von besonderem Interesse ist sie daher bei den Dauermagnetwerkstoffen.

Härtung durch Gefügeänderung. Der Härtevorgang bei martensitischen Stählen beruht auf einem Glühen mit nachfolgendem Abschrecken, wodurch der Austenit in Martensit umgewandelt wird. Die Härtetemperatur hängt eng mit dem C- und Cr-Gehalt der Stähle zusammen. Beim Erhitzen ist die Temperatur zu wählen, bei der der gesamte Kohlenstoff gelöst wird, also bei wachsendem C- und Cr-Gehalt auch wachsende Temperaturen. Bei zu langem Verharren auf hohen Temperaturen verschlechtern sich die magnetischen Eigenschaften. Die günstigste Haltezeit der Glühtemperatur (700 bis 850 °C) liegt bei 5 bis 10 min. Abgeschreckt wird in Öl oder Wasser. Da Öl die Rißbildung herabsetzt, wird es meist bevorzugt. Außerdem verbessert das Abschrecken in Öl die magnetischen Eigenschaften. Es erniedrigt die Remanenz und erhöht die Koerzitivfeldstärke bei steigendem Energiewert.
Härtung durch Ausscheidung. Hohe Energiewerte $(BH)_{max}$ sind auch bei kohlenstofffreien Legierungen durch Ausscheidungshärtung möglich. Viele Metalle sind nur beschränkt ineinander löslich, wobei die Löslichkeit temperaturabhängig ist. Durch Abschrecken von hohen Temperaturen gelingt es, übersättigte Lösungen bei Raumtemperatur zu erhalten. Bei einer nachfolgenden Temperaturbehandlung wird dieser instabile Zustand aufgehoben. Es erfolgt die Ausscheidung einer zweiten Phase in einer fast immer feinverteilen Form. Diese Ausscheidung ist der Grund für innere Spannungen und häufig auch für Kornverkleinerungen, die eine Erhöhung der Koerzitivfeldstärke bewirken. (Elektronenmikroskopische Untersuchungen wiesen längliche Gebilde mit Kornabmessungen <1 µm nach.) Zu den Ausscheidungshärtern gehören z.B. die AlNiFe- und CuNiFe-Legierungen.
Härtung durch Bildung einer Überstruktur. Der Härtungsmechanismus einiger Legierungen (z.B. PtCo-, PtFe-, AgMnAl-Legierungen) ist an die Ausbildung einer Überstruktur gebunden. Die besten magnetischen Werte, beispielsweise von PtFe-Legierungen, erhält man durch Glühen über 1350 °C und darauf folgendes sofortiges Abschrecken. (Eine langsame Abkühlung oder Anlaßbehandlung nach der Härtung ist in diesem Fall immer schädlich, weil sie die Koerzitivfeldstärke stark herabsetzt.)
Abkühlung im Magnetfeld. Bei einigen weichmagnetischen Werkstoffen ist eine Beeinflussung ihrer magnetischen Eigenschaften durch eine Wärmebehandlung im Magnetfeld möglich. Die magnetischen Momente der Weißschen Bezirke sind durch ihre kristallografische Orientierung im Metall und durch magnetostriktive Spannungen festgelegt. Sie können oberhalb der Rekristallisationstemperatur durch ein äußeres Magnetfeld in eine Vorzugslage ausgerichtet werden. Die dabei auftretende Magnetostriktion kann durch plastische Formänderung im Material ausgeglichen werden. Jede anschließende Magnetisierung in kaltem Zustand wird dadurch erleichtert. Voraussetzungen sind, daß der Curie-Punkt oberhalb der Rekristallisationstemperatur liegt und die Kristallenergie so klein ist, daß sie die magnetischen Momente nicht wieder in ihre kristallografische Lage zurückdreht. Reversible FeNi-Legierungen können z.B. in ihren magnetischen Eigenschaften durch eine Magnetfeldabkühlung beeinflußt werden. Bei hartmagnetischen Werkstoffen (z.B. AlNi-Legierungen) sind durch Magnetfeldabkühlung Verbesserungen der magnetischen Eigenschaften auf etwa das

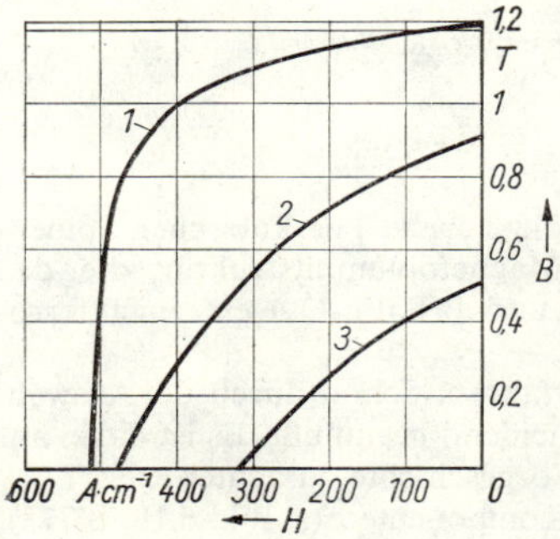

Bild 6.8
Einfluß von Größe und Richtung des Magnetfeldes auf die Entmagnetisierungskurve von Alnico 500 beim Abkühlen von 1300 °C auf Raumtemperatur
1 $H = 800$ bis $2500\ A \cdot cm^{-1}$,
$(BH)_{max} \approx 40\ Ws \cdot dm^{-3}$ (Vorzugsrichtung);
2 $H = 0$, $(BH)_{max} \approx 17{,}6\ Ws \cdot dm^{-3}$;
3 $H = 800$ bis $2500\ A \cdot cm^{-1}$,
$(BH)_{max} \approx 5{,}6\ Ws \cdot dm^{-3}$
(senkrecht zur Vorzugsrichtung)

Doppelte der ursprünglichen Werte erreicht worden (Bild 6.8). Ein ähnlicher Effekt kann durch innere elastische Spannungen, die während der Abkühlung hervorgerufen werden, auftreten.

Werden beispielsweise Stabmagnete von 1200 °C mit einer Geschwindigkeit $v = 1\ \text{cm} \cdot \text{s}^{-1}$ in fließendes kaltes Wasser zur Abkühlung getaucht, so werden starke Verbesserungen der Remanenz beobachtet (Stengelkristallisation). Durch Kombination beider Verfahren wurden im Laboratorium Energiewerte von $(BH)_{\max} \approx 90\ \text{W} \cdot \text{s} \cdot \text{dm}^{-3}$ erreicht.

6.1.3.3. Technologie ferrimagnetischer Werkstoffe

Ferrite sind oxidkeramische, nichtmetallische Verbindungen der Zusammensetzung $n\,(\text{MeO}) \cdot m\,(\text{Fe}_2\text{O}_3)$. Ist Me darin ein *zweiwertiges* Metallion mit einem Atomdurchmesser $< 10^{-10}$ m, z.B. von Ni, Mn, Cu, Fe, Be, Co, so entstehen Ferrite mit kubischer Kristallstruktur. Sie sind ferrimagnetisch und haben weichmagnetische Eigenschaften. Dagegen sind die reinen Zn- und Cd-Ferrite antiferromagnetisch, werden jedoch trotzdem als Ferrite bezeichnet. Am gebräuchlichsten sind in der Praxis die sog. Mischferrite, die aus mehreren Metalloxiden aufgebaut sind (z.B. NiZn-Ferrit, MnZn-Ferrit, MnMg-Ferrit). Sie erhalten durch die Mischung der Komponenten günstige magnetische Eigenschaften (s. auch Abschnitt 3.5.4., S. 556).
Falls Me das Symbol für Metallionen von Ba, Sr, Ca oder Pb darstellt, entsteht eine hexagonale Kristallstruktur, die eine ausgeprägte magnetische Vorzugsrichtung parallel zur hexagonalen Achse hat und dadurch hartmagnetisch ist. Am weitesten verbreitet ist hiervon das Bariumferrit $\text{BaO} \cdot 6\ \text{Fe}_2\text{O}_3$.
Bestimmte Ferrite zeigen trotz ihres hexagonalen Kristallaufbaus weichmagnetische Eigenschaften. Sie haben eine magnetische *Vorzugsebene*, in der der Magnetisierungsvektor leicht beweglich ist. Die Zusammensetzung dieser Ferrite läßt sich am anschaulichsten in einem Dreieck darstellen (Bild 6.9), dessen Eckpunkte von den Oxiden BaO, MeO und Fe_2O_3 gebildet werden. Ferrite mit den Zusammensetzungen der Punkte $\text{W}(\text{BaMe}_2\text{Fe}_{10}\text{O}_{27})$, $\text{Y}(\text{Ba}_2\text{Me}_2\text{Fe}_{12}\text{O}_{22})$ und $\text{Z}(\text{Ba}_3\text{Me}_2\text{Fe}_{24}\text{O}_{41})$ haben diese Eigenschaft, wenn sie einen Mindestgehalt an Co aufweisen.

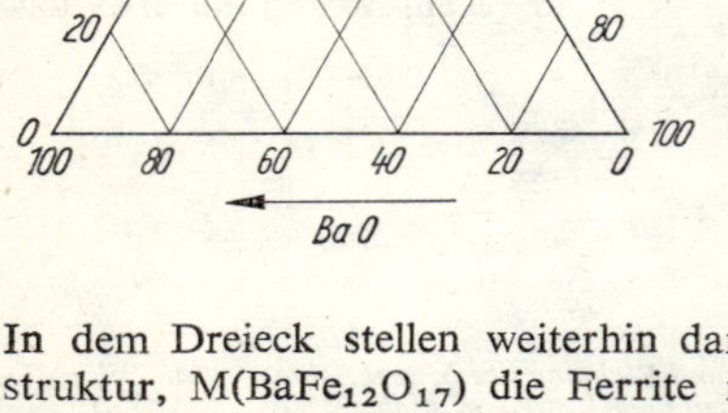

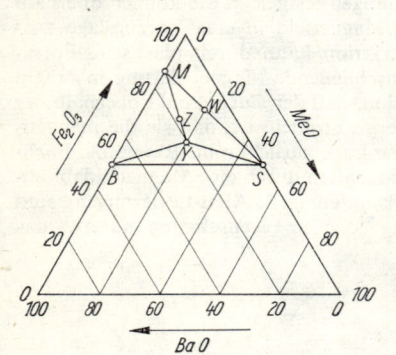

Bild 6.9
Darstellung der Zusammensetzung von Ba-Mischferriten im Dreistoffdiagramm

In dem Dreieck stellen weiterhin dar: $\text{S}(\text{MeOFe}_2\text{O}_3)$ die Ferrite mit kubischer Spinellstruktur, $\text{M}(\text{BaFe}_{12}\text{O}_{17})$ die Ferrite mit hexagonaler Magnetoplumbitstruktur, die den Hauptbestandteil der hartmagnetischen Ferrite bilden, und $\text{B}(\text{BaFe}_2\text{O}_4)$ eine nichtferromagnetische Verbindung [6.3] [6.4].
Die Herstellung der Ferrite erfolgt mit keramischen Verfahren. Schon durch die Auswahl der Rohstoffe werden die Eigenschaften der Ferrite entscheidend beeinflußt. Es ist dabei auf hohe Reinheit der Hauptkomponenten und auf gleiche Vorgeschichte zu achten.
Weiterhin spielen die chemische Zusammensetzung der Komponenten (s. Bild 6.18, S.773),

die Korngröße (s. Bild 6.19, S. 773), Menge und Art der Beimengungen (s. Bild 6.20, S. 776) sowie die Größe ihrer Schwankungen eine wichtige Rolle. Die magnetischen Eigenschaften der Ferrite können auf diese Weise an den entsprechenden Anwendungsfall angepaßt werden.

Nachdem die Rohstoffe in Kugelmühlen gemahlen und sorgfältig gemischt wurden, wird die Masse brikettiert und bei einer Temperatur von etwa 1000 °C vorgebrannt. Dabei setzt bereits die Ferritbildung ein, wodurch der Schrumpfungsgrad des Endprodukts und die Reaktionsempfindlichkeit gegen das thermische Schlußglühen herabgesetzt werden. Das vorgebrannte Gemisch wird erneut gemahlen, mit Verformungshilfsmitteln gemischt und nach einer kurzen Trocknung zu den gewünschten Kernformen gepreßt. Die Preßlinge werden bei 1100 bis 1350 °C gebrannt. Dauer des Brennprozesses, Brenntemperatur, Abkühlgeschwindigkeit und ggf. thermische Nachbehandlung haben entscheidenden Einfluß auf die magnetischen Eigenschaften der Ferrite.

Man kann Ferritkristalle mit Vorzugsrichtung in einem statischen Magnetfeld ausrichten. Kristalle mit Vorzugsebene richtet man in einem drehenden Magnetfeld und erhält dadurch eine Blätterstruktur (Vorzugsebenen liegen parallel zueinander). Die Ausrichtung im statischen Magnetfeld läßt sich einfacher durchführen und zeigt einen höheren Richtgrad. Durch Brennen bei 1250 °C kann man bei bestimmten Verbindungen (z. B. einem Gemisch von $BaFe_{12}O_{19}$, CoO, Fe_2O_3) Kristalle mit Vorzugsrichtung in Kristalle mit Vorzugsebene umwandeln. Die Kombination beider Verfahren liefert eine günstigere Blätterstruktur (topotaktische Ausrichtung).

6.1.4. Magnetostriktive Eigenschaften

Unter Magnetostriktion (s. Abschn. 3.5.3.3., S. 554) versteht man die relative elastische Änderung der Länge (Längenmagnetostriktion $\lambda = \Delta l/l$) oder des Volumens (Volumenmagnetostriktion) eines magnetischen Körpers unter Einwirkung eines äußeren Magnetfeldes (Joule-Effekt, 1842).

Die Umkehrung, die Änderung magnetischer Eigenschaften durch äußere mechanische Kräfte, heißt *magnetoelastischer Effekt* (Villari-Effekt).

Die Magnetostriktion hängt in komplizierter Weise ab von der Struktur, den magnetischen Grundeigenschaften der ferro- oder ferrimagnetischen Stoffe, den technologischen Einflußgrößen und von der magnetischen Feldstärke.

An Einkristallen beobachtet man in den verschiedenen Kristallachsen eine unterschiedliche Magnetostriktion (Anisotropie).

So ist z. B. in Eiseneinkristallen λ_s in der Würfeldiagonalen [111] negativ ($-15{,}7 \cdot 10^{-6}$), in der Kantenrichtung [100] positiv ($20 \cdot 10^{-6}$), und in der Flächendiagonalen [110] wechselt das Vorzeichen bei hohen Feldern von plus nach minus.

In polykristallinen Kristallen ist wegen der statistischen Verteilung der Kristallachsen im magnetischen Werkstoff eine Richtungsabhängigkeit nicht mehr vorhanden.

Im Bild 6.10 ist die Längenmagnetostriktion für einige polykristalline Materialien in Abhängigkeit von der magnetischen Feldstärke dargestellt. Ähnlich der magnetischen Induktion B erreicht die Längenmagnetostriktion λ mit steigender Feldstärke einen Sättigungswert, die *Sättigungsmagnetostriktion* λ_s.

Die Magnetostriktion ändert ihren Wert und das Vorzeichen bei entgegengesetzt gerichteten Feldstärkeänderungen nicht (Verdopplung der Magnetostriktionsfrequenz), jedoch tritt eine magnetostriktive Hysteresis auf (Bild 6.10, Kurve *a*). Sie ist weiterhin von mechanischen Beanspruchungen abhängig und sinkt mit steigender Temperatur.

Die Magnetostriktion wird technisch zur Erzeugung mechanischer Schwingungen (magnetostriktive Schwinger zur Erzeugung von Ultraschall; Ring-, Dicken- oder Torsionsschwinger in Filterkreisen hoher Güte und hoher Resonanzkonstanz) und zur Erzeugung kleiner Wegänderungen im µm-Bereich (magnetostriktive Antriebe [6.5]) genutzt.

Angestrebte Eigenschaften von Werkstoffen für magnetostriktive Schwinger: $|\lambda_s| > 20 \cdot 10^{-6}$; hohe Curie-Temperatur; hoher spezifischer ohmscher Widerstand oder Werkstoff lamellierbar (damit Wirbelströme niedrig); geringe Alterung; hoher magnetomechanischer Kopp-

Tafel 6.2. Magnetostriktive Werkstoffe

Werkstoffbezeichnung	Zusammensetzung	$10^6\,\lambda_s$	ϱ $\Omega \cdot$ cm	Curie-Temperatur °C	Kopplungskoeffizient k_m	Resonanzfrequenz kHz	Magnetomechanische Güte	Bemerkungen	Anwendung
Nickel	99,9% Ni	−33	0,007	358	0,15 ⋯ 0,31		500 ⋯ 800	Kern geblecht	Magnetostriktionsschwinger
Nickel-Kobalt Vacoflux	96% Ni, 4% Cu	−31	0,01	410	0,51				
2 V-Permendur	49% Co, 49% Fe, 2% V	+70	0,03	980	0,20 ⋯ 0,37				
Kobaltferrit	$Co_2Fe_2O_4$	≈ −200	$> 10^7$	510	< 0,01			hartmagnetisch	
Magnetit (Ferroferrit)	$Fe^{2+}Fe^{3+}O_4$	+40	≈ 10	58					
Manifer 410					> 0,13[1]	< 500 [$\alpha^* \leqq 10^{-4}\,K^{-1}$][3]	2500	Zylinderkern[2]	elektromechan. Filter hoher Güte
Manifer 420					0,07 ⋯ 0,1	60 [$\alpha^* \leqq 10^{-5}\,K^{-1}$][3]	4000	Ringkern[2]	
Ferroxcube 4 E	$Ni_{0,994}Co_{0,006}Fe_2O_4$	22 ⋯ 27	$> 10^7$	590	0,18 ⋯ 0,21		2000 ⋯ 8000	Anwendung der Ferrite wird begrenzt durch Porosität und teilweise zu hohe Koerzitivfeldstärke	Ultraschallwandler
Ferroxcube 7 A	NiCuCoFe-Ferrit	−28	$10^5 \cdots 10^6$	530	0,20 ⋯ 0,32				
Ferroxcube 7 B	$Ni_{0,973}Co_{0,027}Fe_2O_4$	−28	$> 10^7$	590	0,22 ⋯ 0,27				

1) bei Vormagnetisierungsfeldstärke $H = 100\ A \cdot cm^{-1}$
2) Nicht im verspannten Zustand verwenden, da sonst hohe Dämpfungen auftreten.
3) Temperaturkoeffizient der Resonanzfrequenz.

lungsfaktor k_m, hohe mechanische Güte Q, kleiner Temperaturkoeffizient des Elastizitätsmoduls, hoher elektroakustischer Wirkungsgrad [6.6] [6.7] [6.8].
In Tafel 6.2 sind die charakteristischen Daten technisch wichtiger magnetostriktiver Werkstoffe zusammengestellt.

Die größte Magnetostriktion zeigen FePt-Legierungen und einige Co-Ferrite. Als Material für magnetostriktive Schwinger niedriger Frequenzen ($f < 20$ kHz) werden vor allem Ni-Legierungen und wegen seiner Korrosionsfestigkeit bei normalen Temperaturen auch reines Ni verwendet ($\lambda_s = -40 \cdot 10^{-6}$). Der Anwendung von FeCo-Legierungen ($\lambda_s = 20^{-4}$) sind Grenzen gesetzt (relativ hoher Preis, geringe Korrosionsfestigkeit). FeAl-Legierungen haben bei einem Gehalt von 13 bis 14% Al einen etwa zwölfmal größeren spezifischen Widerstand als Ni, sind aber korrosionsanfällig gegen Meerwasser.
Bei FeSi-Blechen mit 6 bis 7% Si ist die Magnetostriktion Null, würde also den Bau geräuschloser Transformatoren gestatten. Das Material zeigt jedoch eine zu große Brüchigkeit und ist für eine Verarbeitung ungeeignet.

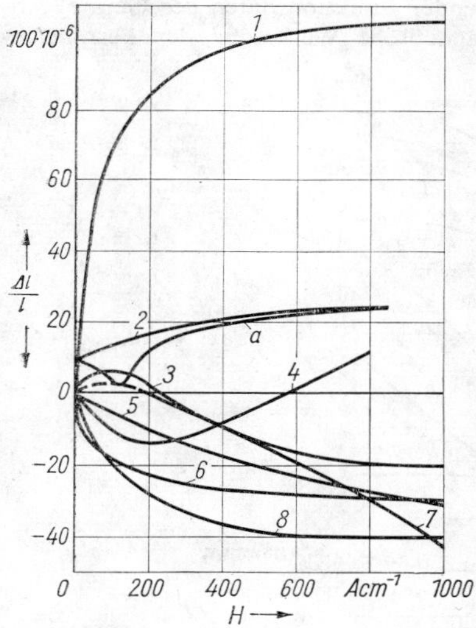

Bild 6.10. Längenmagnetostriktion magnetischer Materialien
1 54% Pt, 46% Fe; *2* 38% Fe, 52% Co, 10% V; *3* Fe; *4* Co (gegossen); *5* Co (geglüht); *6* Ni-Ferrit; *7* Co-Ferrit; *8* Ni
a magnetostriktive Hysteresis von polykristallinem Material

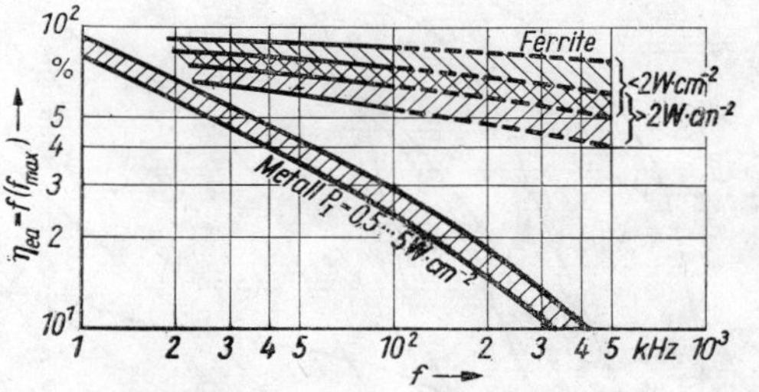

***Bild 6.11.** Abhängigkeit des elektroakustischen Wirkungsgrades eines lamellierten Nickelwandlers und kompakter Ferritwandler von der Frequenz* [6.5]

Wegen des hohen spezifischen elektrischen Widerstandes lassen sich Ferrite zur Erzeugung von Schwingungen $f > 20$ kHz (z. B. zum Abstrahlen oder Detektieren von Ultraschallwellen) gegenüber entsprechenden metallischen Werkstoffen mit Vorteil anwenden. Ein weiterer Vorteil für die Anwendung der Ferrite besteht im relativ geringen Gehalt an hochwertigen Werkstoffen.
Oberhalb 20 kHz haben die Ferritschwinger einen wesentlich günstigeren elektroakustischen Wirkungsgrad als die Metalle (Bild 6.11). Das ist auf die niedrigen Wirbelstromverluste und die fehlenden Lamellenreibungsverluste zurückzuführen. Die maximale Belastbarkeit magnetostriktiver Ferritschwinger ist durch die mechanische Zugfestigkeit bestimmt. Deshalb müssen die Materialien homogen und wenig porös sein. Diese Forderungen können erfüllt werden, wenn bei sehr hohen Temperaturen (1450 °C) gesintert oder ein Teil des Ni durch Cu ersetzt wird (NiCu-Ferrite).

6.1.5. Weichmagnetische ferromagnetische Werkstoffe

Für die Koerzitivfeldstärken technischer magnetischer Werkstoffe gilt etwa $H_{C\,min} = 0{,}004$ A $\times$ cm^{-1}; $H_{C\,max} = 8000$ A $\cdot$ cm^{-1}. Dabei liegt die obere Grenze weichmagnetischer Werkstoffe etwa bei 4 A $\cdot$ cm^{-1} und die untere Grenze hartmagnetischer Materialien etwa bei 30 bis 50 A $\cdot$ cm^{-1}.

Von weichmagnetischen Materialien werden hohe Permeabilitäten und hohe Sättigungsinduktionen in schwachen und mittleren Feldern sowie geringe Magnetisierungsverluste gefordert.

Materialgruppen mit besonderen weichmagnetischen Eigenschaften. Thermomagnetische Materialien zeigen eine starke Temperaturabhängigkeit der Permeabilität. Sie werden deshalb als magnetische Nebenschlüsse zur Temperaturkompensation und zur Stabilisierung des magnetischen Flusses im Arbeitsluftspalt verwendet. Zur Erzeugung und Aufnahme mechanischer (akustischer) Schwingungen im Schall- und Ultraschallgebiet werden magnetostriktive Materialien eingesetzt. In Spezialfällen des Maschinen- und Apparatebaus und in der Fernmeldetechnik finden Materialien mit hoher Sättigungsinduktion (zur maximalen Verstärkung des Flusses bei größter Wirtschaftlichkeit) oder hoher Permeabilitätskonstanz für kleine Aussteuerungen (im Interesse gleichbleibender Funktionsdaten der Geräte) Anwendung. Geringe Hysteresiskonstanten h für magnetische Werkstoffe der Fernmelde-

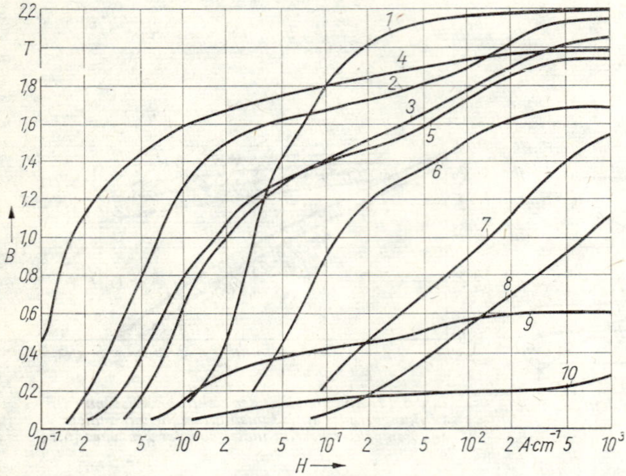

Bild 6.12. Kommutierungskurven weichmagnetischer Materialien
1 Vanadium-Permendur; *2* Reinsteisen; *3* Gußstahl; *4* kaltgewalztes Blech; *5* Dynamoblech IV (3,75% Si); *6* rostfreier Stahl; *7* Gußeisen; *8* Reinkobalt; *9* Reinnickel; *10* Thermolegierung (30% Ni)

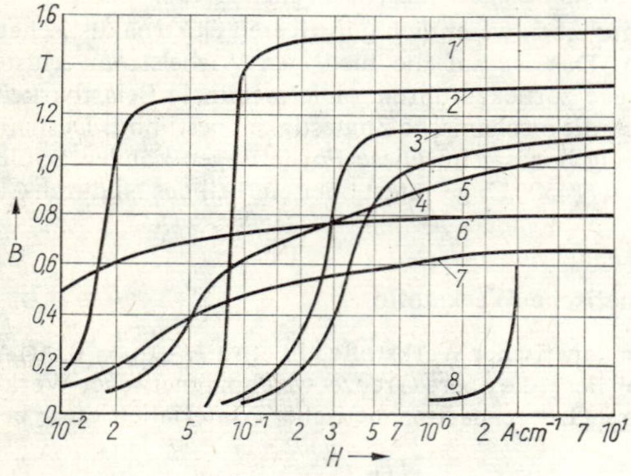

Bild 6.13
Kommutierungskurven extrem weichmagnetischer Materialien
1 Deltamax; *2* 65-Permalloy (orientiert); *3* Hipernik; *4* Hyperm; *5* 78-Permalloy; *6* Supermalloy; *7* Mu-Metall; *8* Perminvar (45 Ni, 25 Co, 30 Fe in Vol.-%)

technik gewährleisten geringe Klirrfaktoren und Instabilitäten. Kommutierungskurven typischer weichmagnetischer Materialien sind in den Bildern 6.12 und 6.13 dargestellt.

Eisen. Grundelement fast aller technischen magnetischen Werkstoffe. Es hat bei 25 °C einen Sättigungswert von 2,158 T; der Curie-Punkt liegt bei 768 °C und die magnetische Vorzugsrichtung in der [100]-Ebene. Die relative Anfangspermeabilität erreicht bei extrem hoher Reinheit etwa 10^4, liegt aber für handelsübliches Eisen nur bei einigen 100. Bild 6.14 zeigt die Abhängigkeit der relativen Permeabilität von der Feldstärke wichtiger weichmagnetischer Materialien.

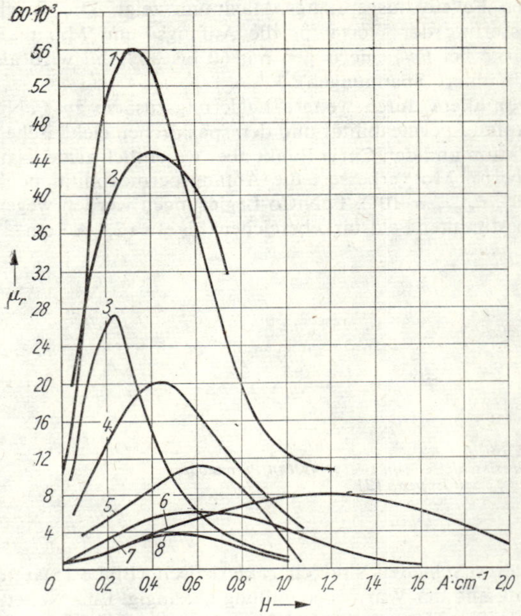

Bild 6.14
Relative Permeabilität weichmagnetischer Materialien
1 Hipernik; *2* Mu-Metall; *3* Megaperm 6510; *4* Permenorm 5000; *5* Permalloy (geglüht); *6* Permendur; *7* Transformatorenblech; *8* Perminvar (45 Ni, 25 Co, 30 Fe in Vol.-%)

Das am stärksten ferromagnetische Element ist das Gadolinium (Gd) mit einer Sättigungsinduktion im absoluten Nullpunkt von 2,535 T. Seine Anwendung wird durch das geringe Vorkommen und den niedrigen Curie-Punkt (+16 °C) verhindert.

Bei FeSi-Legierungen (Elektro- oder Dynamobleche) verändert die chemische Zusammensetzung in erster Linie den spezifischen elektrischen Widerstand, die Technologie vor allem den Gefügeaufbau des Materials. Eine Erhöhung des Si-Gehalts über 4,5% ist bei Dynamoblechen wegen der zunehmenden Sprödigkeit des Materials nicht zu empfehlen (Walzen und Verarbeitung müßten bei erhöhten Temperaturen erfolgen). Kaltwalzen ist nur bis 3,3% Si möglich.

Für Maschinenteile wird häufig Dynamogußeisen bzw. Dynamogußstahl mit einem Kohlenstoffgehalt von 0,1 bis 0,25% benutzt. Glühbehandlungen und Si-Zusätze, die die Graphitbildung fördern, führen zur Verbesserung der Eigenschaften.

Armco-Eisen als besonders weichmagnetischer Werkstoff ist mit einem Gesamtanteil der Verunreinigungen von 0,1% und einer Koerzitivfeldstärke von 0,8 A · cm^{-1} ein ausgezeichneter Relaiswerkstoff.

Binäre Eisenlegierungen. Diese Legierungen, deren wichtigste FeCo und FeNi sind, vereinen die magnetischen Eigenschaften beider Komponenten.

FeCo-Legierungen haben hohe Sättigungswerte, werden aber wegen ihres hohen Preises nur in Sonderfällen zur Verkleinerung der Apparaturen eingesetzt, z. B. für medizinische Zwecke. FeNi-Legierungen sind sehr feinkörnig. Die Ausgangsmaterialien beim Sintern sind Eisen- und Nickelkarbonyl; das Glühen erfolgt in reinem Wasserstoff. FeNi-Legierungen sind gegen schroffe Abkühlung an der Luft unempfindlich; die dabei eintretende Oberflächenoxydation ist eine willkommene Isolation gegen Wirbelströme. Der Ni-Gehalt dieser Legierungen liegt im Bereich von 35 bis 85%. Niedriglegierte Materialien (45 bis 50% Ni) übertreffen die hochpermeablen Legierungen (60 bis 70% Ni) durch ihre Sättigungsinduktion (1,3 bis 1,6 T) und den spezifischen elektrischen Widerstand, der bei einem Ni-Gehalt von 35% mit etwa dem achtfachen Wert des reinen Fe ein ausgeprägtes Maximum zeigt. Die durch schnelle Abkühlung erzielbare Verbesserung der Werte für die Anfangs- und Maximalpermeabilität und die Koerzitivfeldstärke bei Fe-Legierungen mit 60 bis 80% Ni wird als Permalloyeffekt bezeichnet (auftretende innere Spannungen).

Mehrstofflegierungen. Sie entstehen vor allem durch weitere Legierungszusätze zu FeNi-Legierungen. Ein Cr-Zusatz, der die Anfangspermeabilität und den spezifischen elektrischen Widerstand erhöht, die Sättigungsinduktion und den Curie-Punkt aber wesentlich erniedrigt, und ein Cu-Zusatz liefern das Muniperm. Mo verbessert die Anfangspermeabilität noch stärker als Cr (Supermalloy: $\mu_{rA} = 10^5$, $\mu_{r\max} = 10^6$). FeNiCo-Legierungen werden wegen ihrer guten Permeabilitätskonstanz in bestimmten Feldstärkebereichen (bis etwa 2,4 A · cm^{-1})

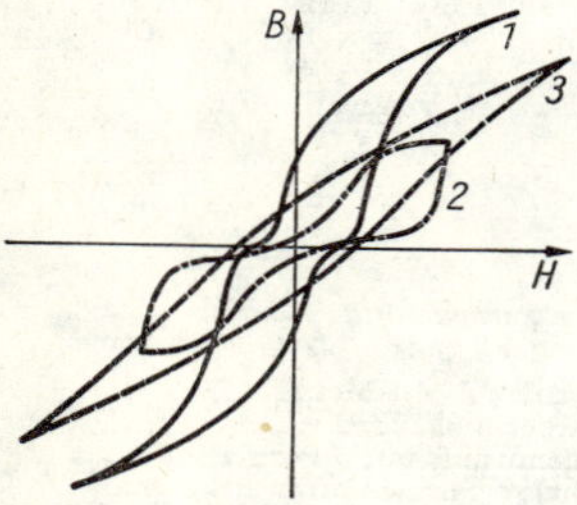

Bild 6.15
Hysteresisschleifen von ***zwei*** *typischen Perminvaren (1 und 2) und Isoperm (3)*

als *Perminvare* bezeichnet. Ihre Hysteresisschleifen sind charakteristisch (Bild 6.15) und stark von der Materialzusammensetzung und der Wärmebehandlung abhängig. Eine weitere charakteristische Schleifengestalt von Lanzettform zeigen FeNiCu- oder FeNiAl-Legierungen, die *Isoperme*. Ihre Permeabilität ist in bestimmten Feldstärkebereichen ebenfalls konstant. Die technische Anwendung metallischer Perminvare und Isoperme ist wegen der zu geringen Anfangspermeabilität und der relativ großen Wirbelstromverluste sehr begrenzt.

Die Lieferform, die garantierten magnetischen Eigenschaften des Materials und die erreichbaren Eigenschaften und technischen Parameter der Finalerzeugnisse sind wegen des starken Einflusses der Verarbeitungstechnologie auf die Änderung der Eigenschaften des Ausgangsmaterials und der Geometrie magnetischer Kreise auf die mögliche Nutzung dieser Eigenschaften in starkem Maße voneinander abhängig.

Dynamobleche. Sie werden vorwiegend im Generatoren- und Motorenbau sowie als eigentliches Transformatorenblech verwendet. Die Hersteller sind an die genormten magnetischen Mindestwerte, nicht an die chemische Zuammensetzung gebunden. Für warmgewalzte Bleche [6.10] [6.11] ist wegen der praktisch isotropen magnetischen Eigenschaften die Lage des erregenden Feldes zur Walzrichtung für den Kernaufbau ohne Bedeutung. Die Verwendung von kaltgewalzten Blechen [6.12] verlangt besondere Kernformen, bei denen die Richtung des erregenden Feldes weitgehend mit der Walzrichtung zusammenfällt (z.B. Stoßkanten unter 45°, Bandkerne). Senkrecht zur Walzrichtung muß mit etwa zweifachen Verlustwerten $v_{1,0}$ und zehnfachen Werten der Erregerfeldstärke (bezogen auf B_{15}) gerechnet werden. Die Vorteile kaltgewalzter Bleche gegenüber warmgewalzten sind vor allem die geringeren Verluste, der höhere Sättigungswert und die größere Permeabilität. Außerdem

Tafel 6.3. Weichmagnetische Werkstoffe. Auswahl von binären und Mehrstofflegierungen

Materialbezeichnung	Materialzusammensetzung in Masse-%, Rest Fe	ϱ^*	ϑ_C	ϱ	μ_{rA}	$\mu_{r\,max}$	B_S	H_C	Eigenschaften Lieferform	Anwendungen
		$g \cdot cm^{-3}$	°C	$\mu\Omega \cdot cm$			T	$A \cdot cm^{-1}$		
Nickel, rein	99 Ni; 0,2 Cu; 0,3 Mn	8,8	360	8,5	200	2500	0,6	1,2	korrosionsbeständige Bleche	magnetostriktive Schwinger
Kobalt, rein	99 Co	8,9	1120	9	70	240	1,8	8,0		für hohe Temperaturen
Eisen, rein	> 99,9 Fe	7,9	1040	9,9	20000	680000	2,15	0,02	in H_2 geglüht, Einkristall in [100]-Richtung	
Eisen, technisch rein	0,05 C; 0,1 Mn; 0,05 Si; 0,02 P; S	7,9	770	≈ 11	≈ 300	≈ 4500	2,15	0,4	kaltgewalzte Bänder, Stangen, Drähte	Maschinenteile in statischen Magnetfeldern, Magnetjoche, Relais
Hiperco	34 Co; 0,5 Cr; 1 V	8,0	970	25	650	10000	2,42	0,8	hohe Sättigung	Polschuhe in Maschinen
Vanadium-Permendur Fecosat 50	49 Co; 2 V	8,2	950	≈ 30	800	6000	2,3	1,6	walz- und schmiedbar, Stanzteile	Polschuhe, Empfängermembranen, Hochleistungsrelais
Permenorm 5000 Z Deltamax	50 Ni	8,3	≈ 450	43	1500	35000	1,55	≈ 0,15	Bänder, Würfeltextur, Rechteckschleife, $v_{1,0} = 0{,}42\ W \cdot kg^{-1}$	Drosseln für Kontaktumformer, magnetische Verstärker, Gleichstromwandler
Perminvar	45 Ni; 25 Co	8,6	715	19	≈ 750	≈ 3000	7,55	≈ 1,0		
					5000	150000		0,04	Abkühlung im Magnetfeld	
RNi 2 M 1040	72 Ni; 14 Cu; 3 Mo	8,7	270	56	40000	100000	0,62	0,01	Bänder 0,25 ··· 0,5 mm $v_{0,5} = 0{,}02\ W \cdot kg^{-1}$	
Supermalloy	79 Ni; 5 Mo; 0,5 Mn	8,8	400	65	≈ 10^5	≈ 10^6	0,8	≈ 0,004	hochpermeabel	Werkstoff für Sonderzwecke, Spezialübertrager

Tafel 6.3. Fortsetzung

Materialbezeichnung	Materialzusammensetzung in Masse-%, Rest Fe	ϱ^*	ϑ_C	ϱ	μ_{rA}	$\mu_{r\,max}$	B_S	H_C	Eigenschaften Lieferform	Anwendungen
		g·cm⁻³	°C	μΩ·cm			T	A·cm⁻¹		
Isoperm	50 Ni	8,2	500	40	90	100	1,6	≈5,0	Textur-Isoperm, Bänder	Übertrager
FeSi 3 T Trafotex	3 Si	7,6		45	500	8500	2,0	0,6	Kernbleche, Ringbandkerne	
RFe 100		7,8		15			1,98	1,0	Bleche, Profilmaterial	Gleichstromrelais
RSi 24	2,5 Si	7,6		50			1,7	0,24	nicht tiefziehbar	Relais der Vermittlungstechnik
RNi 5	78 Ni	8,6	410	50			0,8	0,05	Bänder, Bleche	schnellschaltende Relais
Normaperm 2000	36 Ni	8,1	320	65		6000	1,2	<0,4	$v_{0,5} = 0{,}2\ \mathrm{W \cdot kg^{-1}}$; $v_{1,0} = 0{,}7\ \mathrm{W \cdot kg^{-1}}$	Übertrager mit geringem Klirrfaktor
Nifemax 4	50 Ni	8,2		45		20000	1,5	<0,15	Ringkerne, Stangen, Draht	Wandler, Übertrager
Muniperm 35	76 Ni; 5 Cu; 2 Cr	8,6	420	50	15000	80000	0,8	0,02	Ringbandkerne	Meßwandler, Schalt- und Speicherkerne
Cr-Permalloy	78,5 Ni; 3,8 Cr	8,5	455	64	12000	62000	0,9	0,03	Bandkerne	empfindliche Relais, Abschirmung, Übertrager
Mo-Permalloy	75,5 Ni; 3,8 Mo	8,7	440	57	25000	85000	0,7	0,03	Bänder, Massivkerne	Relais, Wandler, Übertrager
Sendust Alsifer	9,6 Si; 5,4 Al	7,1	500	90	40000	150000	1,1	0,1	negativer Temperaturkoeffizient, schleifbar, Pulver	Abschirmung, Ferrodielektrikum für Schall und Ultraschall

lassen sich durch ihre glatte Oberfläche und die glasurartigen Isolationen von 0,01 mm Dicke (Phosphat- oder Magnesiumschichten) Füllfaktoren >95% erreichen. Texturbleche (auch Bänder für Impulstransformatoren und Magnetverstärker mit kleiner Zeitkonstanten) werden bis zu Dicken von 0,003 mm hergestellt.

Die Kennzeichnung sowjetischer Bleche bedeutet im einzelnen: э Elektrostahl; erste Ziffer: 1 schwach, 2 mäßig, 3 erhöhter Gehalt, 4 hochlegiert; zweite Ziffer: 1 normale, 2 verringerte, 3 niedrige spezifische Verluste bei 50 Hz in starken Feldern, 4 in mittleren Feldern bei 400 Hz, 5 normale, 6 erhöhte Permeabilität in schwachen Feldern bis 10 A · cm^{-1}; dritte Ziffer: 0 kaltgewalztes Texturblech, 00 kaltgewalzte Kleintextur; Buchstabe hinter den Ziffern: A besonders niedrige Verluste innerhalb der Gruppen, п besondere Oberflächenbearbeitung.
Die amerikanische Bezeichnung läßt ebenso wie die gemäß TGL die Verlustziffer direkt erkennen (z.B. M-8: Blech mit 0,8 W · lb^{-1} bei 1,5 T und 60 Hz; E101: Blech mit 1,01 W · kg^{-1} bei 1,5 T und 50 Hz).

Beim Stanzen der Bleche tritt die sog. *Kantenhärtung* auf, die von beiden Seiten etwa 2 mm in die Blechebene hineinwirkt. Sie ist im Großtransformatorenbau vernachlässigbar, kann aber bei Kleintransformatoren die Verluste bereits um 0,1 bis 0,2 W · kg^{-1} erhöhen. Infolge der geringen Zahnbreiten und der hohen Induktionen in den Zähnen (1,6 bis 2,2 T) ist der Einfluß im Elektromotorenbau besonders groß und kann zur Verdreifachung der Verluste führen, wenn nicht durch einen Nachglühprozeß bei etwa 850 °C reversible Gefügeänderungen ausgeglichen werden.

Übertragerwerkstoffe (Kernbleche, Kernblechstreifen, Ringbandkerne). Sie werden wegen der Kantenhärtung in schlußgeglühtem Zustand geliefert. Richtungsabhängige Materialien werden vorzugsweise zu Bandkernen verarbeitet. Standardisierte M-, E-, I-, L-, U- und F-Kernformen für Kleintransformatoren, Übertrager und Drosseln s. [6.13] [6.14]. Abweichungen gegenüber [6.15] bestehen in der chemischen Zusammensetzung, den magnetischen Eigenschaften und den Blechdicken. Neben FeSi-Legierungen werden FeNi-Bleche (0,05 bis 0,35 mm) mit 36% Ni (Normaperm), 50% Ni (Nifemax) und 76% Ni (Muniperm) für Spezialzwecke eingesetzt. Wesentliche Forderungen an Übertragerwerkstoffe sind hohe Permeabilitäten bei kleinen Feldstärken, geringe Amplitudenabhängigkeit der Permeabilität, geringe Wirbelstromverluste (hohe Spulengüten bei hohen Grenzfrequenzen) und geringe Permeabilitätsänderungen bei Gleichfeldvormagnetisierung.

Relaiswerkstoffe. Sie zeichnen sich durch geringe Koerzitivfeldstärken aus, um sicheren Abfall des Ankers, kleine Differenzen zwischen Anzugs- und Abfallstromstärke (Unsicherheitsbereich) und geringe scheinbare Remanenz zu gewährleisten. Die Luftspaltinduktion ist wegen der Scherung der magnetischen Zustandskurve kaum durch Variation der Werkstoffe zu beeinflussen. Für geringe Anforderungen (große Ansprechzeiten) werden ungeglühte Baustähle, in schnell ansprechenden Relais der Fernsprechvermittlungstechnik kohlenstoffarme Fe-Sorten (z.B. Dynamoblech oder Armco-Eisen), für hochempfindliche und schnell schaltende Relais (geringe Rückstellkräfte des Ankers) permalloyartige FeNi-Legierungen (z.B. RNi 5) eingesetzt.

Alle üblichen Relaiswerkstoffe sind praktisch isotrop und sehr alterungsbeständig, weil die durch Alterung bedingte Erhöhung der Koerzitivfeldstärke zum späteren Kleben des Ankers führen kann.

Nach [6.16] werden 3 Werkstoffgruppen mit jeweils mehreren Sorten nach den Koerzitivfeldstärken (Angabe in A · m^{-1}, z.B. RNi 5) unterschieden: unlegierte Stähle (RFe) mit 6 Sorten, verschiedenen Reinheitsgraden und Koerzitivfeldstärken von 0,2 bis 1,4 A · cm^{-1} mit guten technologischen Eigenschaften. Si-Stähle (RSi) mit 2 Sorten und H_C-Werten von 0,24 bis 0,48 A · cm^{-1} sind nicht tiefziehbar. Ni-Stähle und Ni-Legierungen (RNi) mit 4 Sorten haben technologische Eigenschaften vergleichbar mit den unlegierten Stählen, aber wesentlich größere spezifische elektrische Widerstände. Die H_C-Werte liegen zwischen 0,025 und 0,24 A · cm^{-1} (RNi 5 entspricht in seinen Eigenschaften etwa dem Muniperm 35, RNi 2 etwa M1040).

Bandkerne. Sie werden beim Einsatz von anisotropen Kernmaterialien und nicht mehr stanzbaren Blechdicken (0,05 mm) angewendet. Als Isolation gegen Wirbelströme dienen Oxid- oder Lackschichten. Wegen der Übereinstimmung der Richtung des erregenden Feldes mit der Vorzugsrichtung des Materials haben Bandkerne meist höhere Permeabilitäten als

Tafel 6.4. Weichmagnetische Werkstoffe. Auswahl von Dynamoblechen

Materialbezeichnung	Materialzusammensetzung in Masse-%, Rest Fe	ϱ^* g · cm^{-3}	ϱ µΩ · cm	$v_{1,0}$ W · kg^{-1}	$v_{1,5}$ W · kg^{-1}	H_C A · cm^{-1}	μ_{rA}	$\mu_{r\,max}$	B_S T	B_{10} T	B_{25} T	Blechdicke Lieferform mm	Anwendungen
Armco-Eisen	<0,1 C		12			0,8	300	5000	2,15		1,6		Relais, Maschinenteile, Magnetjoche
Gußeisen, geglüht	3,3 Si; 3,1 C; 1 P; 0,6 Mn	7,25	≈50			3,2 ··· 6,5	50 ··· 100	500	1,7				Motorengehäuse
Dynamoblech I 3,6	0,5 ··· 0,8 Si; <0,3 Mn; <0,08 C	7,8	20	3,6	8,6	0,72	150	≈4000	2,1		1,54	750 × 1500 1000 × 2000 Dicke 0,5	Gleichstrommotoren, Zugmagneten
Dynamoblech III 2,0	2,4 ··· 3 Si; <0,3 Mn; <0,08 C	7,6	45	2,0	4,9	0,52	≈300	≈6000	1,95				Transformatoren, Maschinen und Apparate, Drosseln
Dynamoblech IV 1,8	3,4 ··· 4 Si; <0,3 Mn; <0,07 C	7,6	50	1,8	4,2	0,45	≈400	7000	1,95	1,35	1,45	750 × 1500 Dicke 0,35; 0,5	
Dynamoblech IV 0,9		7,55	58	0,9	2,25			≈15000	1,92	1,37	1,44		
Dynamoblech E 150		7,65	50	0,7	1,5					1,65	1,8	Längen: 1500, 2000 Breiten: 240, 500, 750, 1000 Dicke 0,35	Transformatoren, Wandler, Übertrager, Magnetverstärker
Dynamoblech E 101				0,46	1,01					1,8	1,85		
Dynamoblech Э 310	2,9 ··· 3 Si; 0,02 ··· 0,04 C; <0,1 Cu, N			1,1	2,45	≈0,08			1,98	1,6	1,75	750 × 1500 1000 × 2000 Dicke 0,35; 0,5	
Dynamoblech Э 330 A				0,5	1,1				2,0	1,7	1,85		
Dynamoblech M-4 Cr		7,65	48	0,35	0,9	0,06	5000	80000	2,1	1,8		800 × 1500 Dicke 0,3	Wandler, Übertrager, Verstärker, Einsatz für höhere Frequenzen

Stanzkerne. Sehr dünne Bleche werden zu Kernen für hochwertige magnetische Verstärker, zu Schalt- und Speicherkernen verarbeitet (Ringkerne, aber auch Typenreihen von gewickelten Kernen mit näherungsweise rechteckiger Form).
Technische Nachteile (teure Wicklungen, schlechte Ausnutzung des Wickelraumes) führten zum Einsatz der *Schnittbandkerne*. Die Scherung der Zustandskurve (Luftspalte zwischen 5 und 30 μm, Spanndruck des Metallbandes mit Schraubverschluß zwischen 5 und 1 $N \cdot mm^{-2}$) macht aber Schnittbandkerne ungeeignet, wenn steile Hysteresisschleifen oder hohe Remanenzinduktionen gefordert werden. Sie werden deshalb besonders für Übertrager bis etwa 3 kVA, Stromwandler und Netztransformatoren in der Informationstechnik (kleinere Abmessungen) eingesetzt. Bei hochpermeablen Werkstoffen ist die Schliffgüte der Schnittflächen (Feinschliff oder geläppt) entscheidend. Aushärtbare Kunstharze als Verfestigungsmittel können Kontraktionsspannungen erzeugen, die auf das Gefüge einwirken (Schrumpfwirkung) und zur Verschlechterung der magnetischen Eigenschaften führen.
Durch Herstellung von sog. *Zwerg-* oder *Folienkernen* werden die Vorteile der metallischen Werkstoffe gegenüber den oxidischen auch bei höheren Frequenzen ausgenutzt (bessere Temperaturstabilität, geringere Koerzitivfeldstärke, höhere Sättigungsinduktion). Als Träger dieser Kerne (Kernhöhe und Kerndurchmesser etwa 1 mm) werden keramische oder unmagnetische metallische Materialien benutzt. Die verwendeten Banddicken betragen einige Mikrometer (für Banddicken von 3 μm wurden Schaltzeiten < 1 μs erreicht).

Zwergkerne werden in der Büromaschinen- und Datenverarbeitungstechnik verwendet. Durch fotochemische Verfahren und Ätzen lassen sich Magnetkreise beliebiger Geometrie fertigen (magnetisch gekoppelte Vielfachkreise, Transfluxoren). Einzelfolien oder Folienpakete können als Wickelschutz durch Plaste verfestigt werden.

Massekerne. Sie haben folgende physikalischen und technologischen Vorteile: Möglichkeit zur Formgebung für nicht spanend bearbeitbare Legierungen und für komplizierte Teile, Beeinflussung des Temperaturkoeffizienten durch geeignetes Mischen von Fe- und Legierungspulver, mögliche Änderung der Permeabilität und der Verlustanteile durch Variation von Korngrößen, Materialart und Mischungsverhältnis zur Anpassung an verschiedene Frequenzbereiche. Massekerne werden für Filter- und Schwingkreisspulen und für HF-Sperren an Hochspannungsleitungen verwendet. Kerne aus Legierungspulvern sind wegen der geringen Hysteresisverluste gut für Pupin-Spulen und Filter geeignet [6.17] [6.18] [6.19]. Nachteilig ist bei Ringmassekernen der Abgleich der Induktivitätswerte, der nur durch Änderung der Windungszahl möglich ist.
Die Korngröße des Metallpulvers bei Massekernen schwankt zwischen 1 und 10 μm. Durch die allseitige Isolierung der Teilchen gegeneinander tritt eine (innere) Scherung auf (Verringerung der Verlustanteile, aber auch der Permeabilität), die bei Schalen- und Topfkernen durch Luftspalte zwischen den einzelnen eingeschliffenen Kernteilen weiter verstärkt wird (äußere Scherung). Die relative Kernpermeabilität von Massetopfkernen beträgt deshalb nur etwa 35, die Wirbelstromverluste erreichen aber teilweise erst bei etwa 100 kHz die Größenordnung der anderen Verlustanteile (HF-Kerne). Die Korngröße wird in erster Linie durch die Frequenz des magnetisierenden Feldes bestimmt; der Isolierstoffanteil beträgt abhängig von der Korngröße bis zu 50%.
Dünne ferromagnetische Schichten. Sie dienen als Speicher- oder Schaltkreiselemente aus FeNi-Legierungen (Permalloy) und erreichen Schaltzeiten von einigen Nanosekunden. Die Schichten haben eine spontane Anisotropie und werden durch Aufdampfen bei 10^{-3} bis 10^{-4} Pa oder durch Katodenzerstäubung im parallel zur Schichtoberfläche gerichteten, homogenen Magnetfeld hergestellt. Dabei entstehen 2 antiparallele Gleichgewichtszustände (leichte Richtungen) und senkrecht dazu 2 instabile Zustände (schwere Richtungen).
Sollen diese Schichten durch Zuschalten eines Magnetfeldes von einer leichten Richtung in die andere ummagnetisiert werden, so sind die erforderlichen kritischen Werte der Feldstärke vom Winkel zwischen dem Feldvektor und der leichten Richtung abhängig. Als *Anisotropiefeldstärke* H_K wird die Feldstärke bezeichnet, die in der schweren Richtung angelegt werden muß, um die gesamte Schicht aus der leichten in die schwere Richtung zu

drehen. Sie ist abhängig von der chemischen Zusammensetzung der Schicht und von mechanischen Spannungen zwischen Schicht und Träger. Bei Feldstärken $< H_K$ treten nur reversible Drehungen auf. Abweichungen realer Bauelemente vom theoretischen Verhalten sind begründet in Unterschieden zwischen der leichten Richtung der einzelnen Kristalle und der mittleren leichten Richtung, in mechanischen Spannungen (Kristall- und Spannungsanisotropie), so daß bereits bei $H_C < H_K$ Wandverschiebungen auftreten. Für die Anwendung werden Schichten mit $H_C \leqq \frac{2}{3} H_K$ und $H_K \approx 3\ \mathrm{A \cdot cm^{-1}}$ angestrebt.
Je nach Lage des Vektors der Feldstärke unterscheidet man 3 Bereiche:

a) Im Bereich reversibler Drehungen kehrt die Magnetisierungsrichtung nach Abschalten des Feldes in die Ausgangslage zurück.
b) Im Bereich der unvollständigen Magnetisierung wird nicht die gesamte Schicht ummagnetisiert.
c) Im Bereich der kohärenten Drehung tritt eine vollständige Ummagnetisierung ein; die Schaltzeit sinkt mit zunehmender Feldstärke.

Thermolegierungen. Sie müssen im Anwendungsbereich (meist Raumtemperaturen bis etwa +60 °C) eine starke, möglichst geradlinige Induktionsabnahme mit steigender Temperatur zeigen (Bild 6.16). Der Curie-Punkt dieser Legierungen liegt deshalb in der Nähe der Raumtemperatur und erfordert eine sehr sichere Technologie (Unterschiede von 0,25% Ni verändern die Curie-Temperatur bereits um 10° C). Wesentliche Legierungsbestandteile sind FeNiCu, FeNiCr oder FeNiSi. Anwendung finden Thermolegierungen zur Temperaturkompensation in Meßinstrumenten, zur Auslösung temperaturabhängiger Schaltvorgänge, als Werkstoffe in Drosseln für Schwingkreise mit Resonanztemperatur oder als Muffelwerkstoffe in Induktionsöfen zur Einhaltung bestimmter Temperaturen.

6.1.6. Weichmagnetische ferrimagnetische Werkstoffe

Der spezifische ohmsche Widerstand von Ferriten liegt je nach Zusammensetzung bei 10^2 bis $10^9\ \Omega \cdot \mathrm{cm}$, ist also 10^5- bis 10^{15}mal größer als der üblicher metallischer Magnetwerkstoffe. Ein Lamellieren des Kerns zur Herabsetzung der Wirbelstromverluste ist deshalb überflüssig. Die Sättigungsinduktion ist allerdings wegen der antiparallelen Ausrichtung der magnetischen Momente 3- bis 5mal niedriger als bei Eisen, sie liegt zwischen 0,2 und 0,5 T. Für starkstromtechnische Zwecke sind sie meist ungeeignet, abgesehen von den sog. Leistungsferriten. Die Informationstechnik verlangt vor allem eine hohe Permeabilität im Rayleigh-Gebiet, die etwa der Anfangspermeabilität μ_A entspricht. Bei Ferriten lassen sich relative Anfangspermeabilitäten bis $\mu_{rA} = 6000$ in der Serienfertigung erreichen (im Labor bis 100000). Von bestimmten Frequenzen an sinkt die Permeabilität auf Grund magnetischer Resonanzeffekte, und die Verluste steigen stark an. Das Sinken der Permeabilität und das Steigen der Verluste setzen bei hochpermeablen Ferriten gleicher Zusammensetzung und Struktur schon bei niedrigeren Frequenzen ein als bei Ferriten mit niedrigerer Permeabilität (Bild 6.17). Es ergeben sich somit für die einzelnen Ferrite günstige Frequenzbereiche. Das Produkt aus Permeabilität und Resonanzfrequenz ($\mu_{rA} f_r$) für Ferrite ist meist konstant.

Ferrite für Frequenzen bis 2 MHz. Für Frequenzen von etwa 20 kHz bis 2 MHz werden in der Spulen- und Übertragertechnik hauptsächlich MnZn-Ferrite mit einer Zusammensetzung von etwa 52 bis 58% Fe_2O_3, 10 bis 23% ZnO und 19 bis 38% MnO eingesetzt. Sie zeichnen sich durch große Anfangspermeabilität, geringe Verluste, relativ hohe Sättigungsinduktion und gute Stabilität aus. Oberhalb 1 MHz steigen jedoch die Verluste der undotierten MnZn-Ferrite infolge Raumresonanz, magnetischer Resonanzeffekte und wegen des für Ferrite relativ kleinen spezifischen elektrischen Widerstandes ($\varrho = 20$ bis $500\ \Omega \cdot \mathrm{cm}$) stark an. Die Anfangspermeabilität hängt sehr stark von der Zusammensetzung und von der Korngröße ab (Bilder 6.18 und 6.19). Für $\mu_{rA} \approx 2000$ muß der Fe_2O_3-Gehalt zwischen 49,7 und 50,6 Mol-% liegen. Durch Hinzufügen von Cr^{3+}-Ionen und Al^{3+}-Ionen läßt sich der

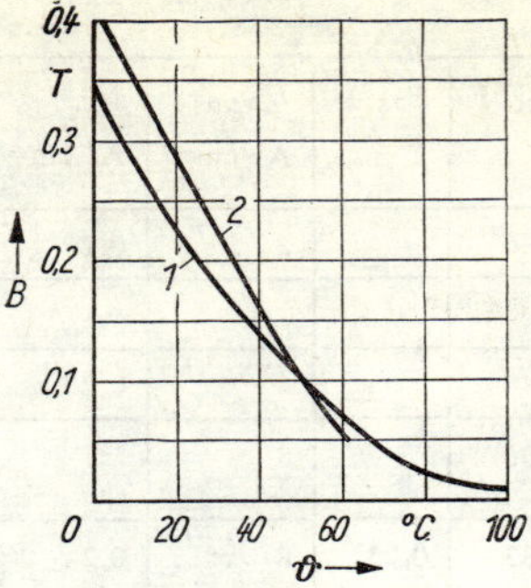

Bild 6.16
Temperaturabhängigkeit der Sättigungsinduktion von Thermolegierungen mit 30% Ni

1 homogenes Material; *2* gesintertes Material (Sinterung nicht bis zur völligen Homogenisierung durchgeführt)

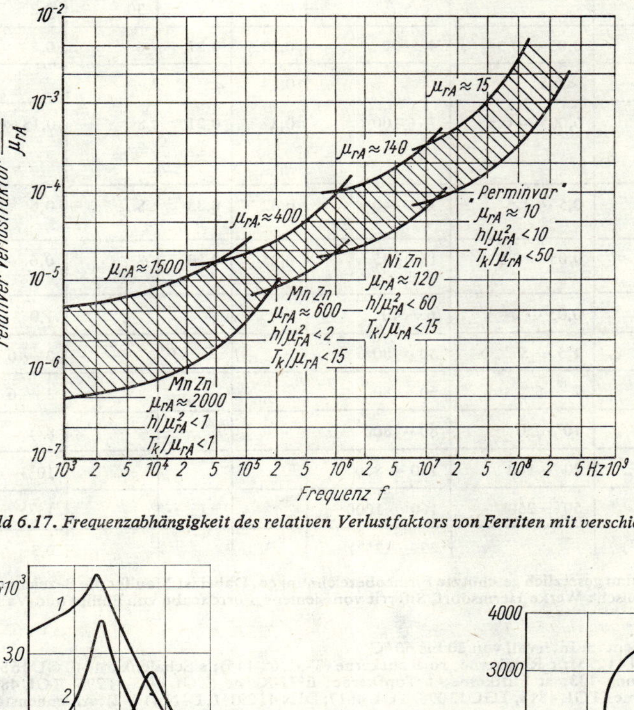

***Bild 6.17.** Frequenzabhängigkeit des relativen Verlustfaktors von Ferriten mit verschiedenen Anfangspermeabilitäten*

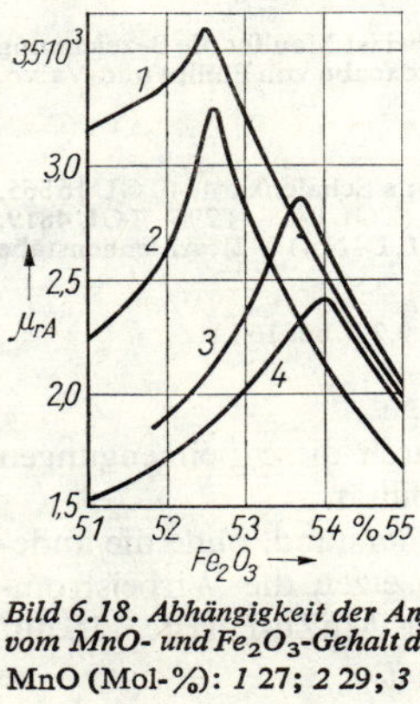

***Bild 6.18.** Abhängigkeit der Anfangspermeabilität μ_{rA} vom MnO- und Fe_2O_3-Gehalt des Ausgangsgemisches* [6.9]
MnO (Mol-%): *1* 27; *2* 29; *3* 33; *4* 48

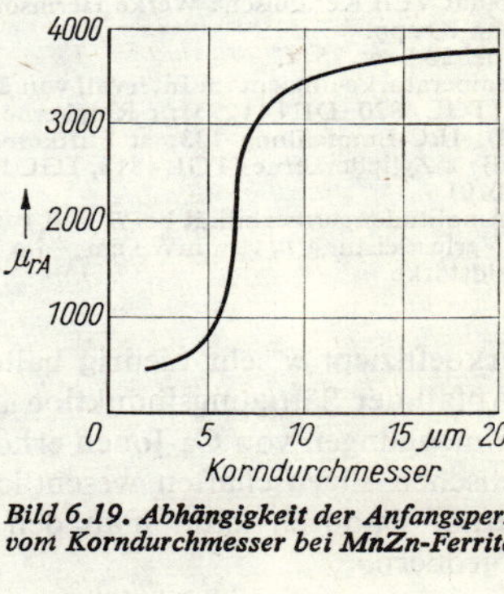

***Bild 6.19.** Abhängigkeit der Anfangspermeabilität vom Korndurchmesser bei MnZn-Ferriten* [6.9]

Tafel 6.5. Weichmagnetische Ferrite

Markenbezeichnung[1])	μ_{rA}	Optimaler Frequenzbereich MHz	$\frac{\tan\delta}{\mu_{rA}} \cdot 10^6$	B_{20}[2]) T	B_{75}[2]) T	$H_{B\,20}$ $A \cdot cm^{-1}$	H_C $A \cdot cm^{-1}$
Manifer 195	5000	0,02 ··· 0,1	4 ··· 15	0,36		8	0,1
4000 NM (UdSSR)	4000	max. 0,1	35 (0,1 MHz)				
Manifer 193	3500	0,02 ··· 0,1	3 ··· 10				0,2
Ferroxcube 3E1	2700	max. 4	< 20 (0,1 MHz)	0,36		8	
Manifer 183	2200	0,01 ··· 0,1	1,5 ··· 6	0,33	0,25	8	0,2
Siferrit 1500 N 4	1500			0,30		30	0,2
Manifer 163	1000	0,05 ··· 0,5	4 ··· 30	0,33	0,27	8	0,3
Ferroxcube 3B	900	< 0,5		0,34			
Manifer 150	800	0,005 ··· 0,5	7 ··· 100	0,3	0,21	8	0,15 ··· 0,6
Manifer 143	600	0,5 ··· 1,6	16 ··· 40	0,42	0,33	8	0,6
Manifer 140	400	0,05 ··· 0,5	15 ··· 45	0,25	0,20	8	0,6 ··· 1,2
Manifer 360	300	0,05 ··· 2	6 ··· 40				1,0
Manifer 343	100	1,5 ··· 5	50 ··· 80				3 ··· 6
Manifer 340	100	2 ··· 5	60 ··· 80				3 ··· 6
Manifer 330	35	10 ··· 50	80 ··· 800				8[7])
Manifer 321	20	20 ··· 100	150 ··· 800				10[7])
Manifer 320	10	50 ··· 250	160 ··· 1000				15[7])
Manifer 184	4000[5])		25 ··· 125[6])				0,3

[1]) Die Markenbezeichnungen sind gesetzlich geschützte Firmenbezeichnungen. Dabei ist Manifer die Bezeichnung vom Kombinat VEB Keramische Werke Hermsdorf, Siferrit von Siemens, Ferroxcube von Philips und Valvo, Hyperox von Krupp.
[2]) Induktion bei 20 bzw. 75 °C
[3]) relativer Temperaturkoeffizient im Intervall von 20 bis 60 °C
[4]) e E-Kerne (TGL 4820, DIN 41295); r Ringkerne; ro Rohrkerne (TGL 68-115); s Schalenkerne (TGL 16565, DIN 41293); IEC-Empfehlung 133; st Stiftkerne; t Topfkerne; u U-Kerne (TGL 0-68-41296, TGL 4819, DIN 41296); z Zylinderkerne (TGL 4818, TGL 13098, TGL 4817, DIN 41291/1, DIN 41292); Antennenstäbe (TGL 64-2010)
[5]) maximale Amplitudenpermeabilität bei $\hat{B} = 0{,}1$ bis 0,2 T
[6]) spezifische Verlustleistung P/V in $mW \cdot cm^{-3}$ im Induktionsbereich von 0,1 bis 0,2 T bei 16 kHz
[7]) Öffnungsfeldstärke

Temperaturkoeffizient α sehr niedrig halten. Nachteilig ist ein durch diese Beimengungen erzeugter Abfall der Sättigungsinduktion und der Anfangspermeabilität.

Geringe Beimengungen von Ca-Ionen erhöhen den spezifischen Widerstand, ohne die anderen magnetischen Eigenschaften wesentlich zu beeinflussen, und setzen die Wirbelstromverluste herab. Dadurch kann man den Anwendungsbereich der MnZn-Ferrite bis auf 2 MHz vergrößern.

Curie-Temperatur °C	$\frac{\alpha\mu_{rA}}{\mu_{rA}} \cdot 10^6$ 3) K^{-1}	Ähnliche Ferrite1)	Vorzugsbauformen4)	Bemerkungen, Anwendungen
> 110	0,6 ··· 1,8	Oxifer M 6000 (UdSSR)	s, r, e, x, w	
> 150				
> 110	1,5	Hyperox D1S1		
> 125	< 4		e	Übertrager, Schwingkreise
> 140	0,5 ··· 1,5	Siferrit 2000 T7 Hyperox D1	s, e, r, x, w	Pupin-Spulen
> 115	4	Ferroxcube 3B5	z, ro	
> 150	0,5 ··· 2,5	Hyperox C3	s, Schenkelkerne, t, e	Filter hoher Güte
> 150	< 3	Ferroxcube 3B2, 3B3	ro, s, st	
> 110		Ferroxcube 3D, Hyperox C3	r, Jochringkerne	Zeilentransformatoren, Schwingkreise, Filter, Drosselkerne bis 250 MHz
> 190	0,5 ··· 2,5	Siferrit 550 M25	s	Übertrager bis 1,5 MHz
> 180	8	Oxifer 400 (UdSSR), Hyperox E4	z, t	Filter, Schwingkreise
> 140	0 ··· 8	Ferroxcube 4B	t, Antennenstäbe	
> 360	1 ··· 6	Siferrit 80 K1	s	Spulen hoher Güte
> 360	2 ··· 8		Antennenstäbe	
> 450	15	Hyperox E7	z, t	Perminvarferrit
> 500	30		z	Perminvarferrit
> 500	−80 ··· +50	Siferrit U17	z	Perminvarferrit
> 170			u, e, I-Kerne	Leistungsferrit

Bild 6.20 zeigt den Einfluß von Ca-Ionen auf das Produkt von relativer Anfangspermeabilität und Spulengüte ($\mu_{rA}Q$) bei 40 kHz. Eine Beimengung von 0,3% Ca ist am günstigsten und kann die Wirbelstromverluste auf 10% der ursprünglichen vermindern. Die wichtigsten Eigenschaften der MnZn-Ferrite sind in Tafel 6.5 dargestellt.

Ferrite für Frequenzen von 2 bis 1000 MHz. Es werden hauptsächlich reine NiZn-Ferrite, Co-dotierte NiZn-Ferrite (mit und ohne Perminvarschleife) und weichmagnetische hexa

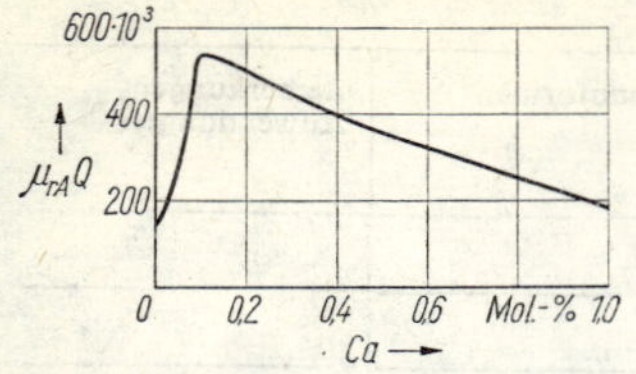

Bild 6.20. *Abhängigkeit des Produkts $\mu_{rA}Q$ von der Beimengung an Ca zu MnZn-Ferriten* [6.9]

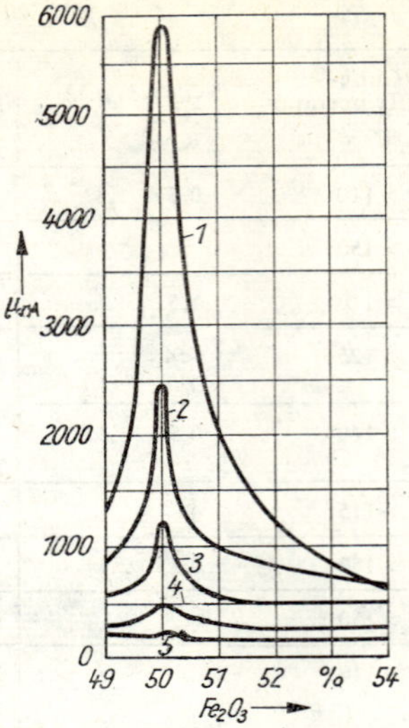

Bild 6.21
Abhängigkeit der Anfangspermeabilität μ_{rA} von der Zusammensetzung des NiZn-Ferrits [6.9]
NiO (Mol-%): *1* 15; *2* 20; *3* 25; *4* 30; *5* 35

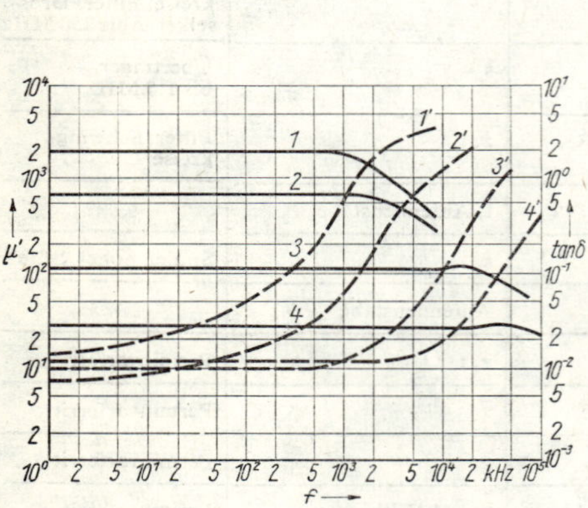

Bild 6.22
Frequenzabhängigkeit des Realteils der komplexen Anfangspermeabilität μ' (———) und des tan δ *(– – – – –) für NiZn-Ferrite verschiedener Zusammensetzung*

1 16% NiO, 34% ZnO, 50% Fe_2O_3 (Hyperox E 1);
2 20% NiO, 30% ZnO, 50% Fe_2O_3 (Hyperox E 3):
3 32% NiO, 18% ZnO, 50% Fe_2O_3 (Hyperox E 5);
4 50% NiO, 50% Fe_2O_3 (Hyperox E 7)

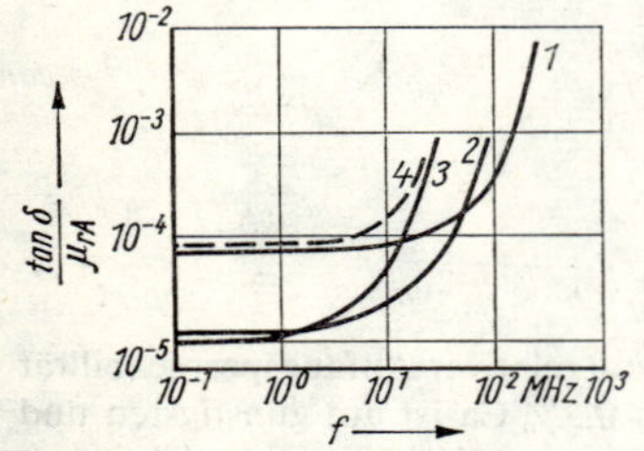

Bild 6.23. *Relativer Verlustfaktor von drei Perminvarferriten (——) und einem normalen NiZn-Ferrit (– – –) in Abhängigkeit von der Frequenz*
1 μ_{rA} = 10; *2* μ_{rA} = 40; *3* μ_{rA} = 120; *4* μ_{rA} = 40

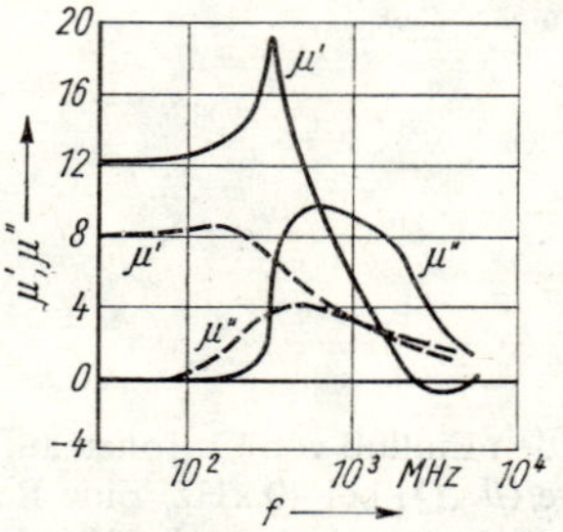

Bild 6.24. *μ' und μ'' für die relative Anfangspermeabilität eines Perminvarferrits (——) und eines normalen Ferrits (– – –) etwa gleicher Permeabilität in Abhängigkeit von der Frequenz*

gonale Ferrite mit Vorzugsebene eingesetzt. Bei den NiZn-Ferriten wachsen im Gegensatz zu den MnZn-Ferriten die Verluste erst bei höheren Frequenzen stark an (s. Bild 6.17). Das ist durch die niedrigere Dielektrizitätskonstante und den höheren spezifischen elektrischen Widerstand bedingt. Die Anfangspermeabilität ist ebenfalls sehr stark von der Zusammensetzung abhängig und ist bei stöchiometrischer Zusammensetzung am höchsten (s. Bild 6.21).
Die Frequenzabhängigkeit des Realteils der komplexen Anfangspermeabilität und die des Verlustwinkels einiger NiZn-Ferrite sind im Bild 6.22 dargestellt. Die Sättigungsinduktion erreicht maximal 0,5 T und ist ebenfalls stark von der Zusammensetzung abhängig. Durch Hinzufügen von Al^{3+}- und Cr^{3+}-Ionen kann man den Temperaturkoeffizienten wie bei den MnZn-Ferriten sehr klein halten. Die wichtigsten Daten der NiZn-Ferrite sind in Tafel 6.5 angegeben.
Die Möglichkeit der Steigerung der Anfangspermeabilität über die chemische Zusammensetzung läßt sich nicht voll ausnutzen, da bei hohen μ_{rA} der Curie-Punkt bis auf Raumtemperatur und darunter sinken würde.
Durch Dotierung der NiZn-Ferrite mit Co läßt sich eine weitere Steigerung der Güte im Frequenzbereich bis 250 MHz erreichen. Für jede Frequenz kann ein optimaler NiZn-Ferritwerkstoff mit günstigem Co_2O_3-Gehalt ermittelt werden [6.20].
Perminvarferrite. NiZn-Ferrite mit Eisenüberschuß (> 50 Mol-%) und geringen Co-Dotierungen haben eine Perminvarschleife (Bild 6.15). Im Vergleich zu den NiZn-Ferriten mit normaler Hysteresisschleife sind damit weitere Güteverbesserungen möglich (Bild 6.17). Bei Perminvarferriten entsteht nach dem Sintern bei langsamer Abkühlung, wenn keine störenden Fremdfelder vorhanden sind, eine uniaxiale Anisotropie für die spontane Magnetisierung. Sie überlagert sich der vom kubischen Kristallgitter herrührenden Kristallanisotropie. Dadurch wird die spontane Magnetisierung der Weißschen Bezirke stabilisiert.
Oberhalb der *Öffnungsfeldstärke* öffnet sich die magnetische Zustandskurve des Perminvarferrits, die bis dahin strichförmig und geschlossen war. Dabei gehen die guten Eigenschaften der Perminvare verloren, die Hysteresisverluste steigen stark an und erreichen auch nach dem Entmagnetisieren nicht ihren ursprünglichen Wert. Erst durch eine geeignete Wärmebehandlung läßt sich der ursprüngliche Perminvarzustand wiederherstellen. Die Öffnungsfeldstärke kann durch geeignete Wahl der Zusammensetzung erhöht werden. Andererseits verringert sich mit steigender Öffnungsfeldstärke die Anfangspermeabilität, da das Produkt von Anfangspermeabilität und Öffnungsfeldstärke für jedes Material nahezu konstant ist. In Tafel 6.6 sind die relative Anfangspermeabilität μ_{rA}, die Öffnungsfeldstärke H_p und der relative Hysteresisbeiwert h/μ_{rA}^2 einiger Perminvarferrite angegeben.
Der prinzipielle Verlauf des relativen Verlustfaktors $\tan \delta/\mu_{rA}$ in Abhängigkeit von der Frequenz ist bei Perminvarferriten der gleiche wie bei Ferriten mit normaler Hysteresisschleife. Allerdings liegen die Werte niedriger, und der Anstieg ist zu höheren Frequenzen hin verschoben (Bild 6.23). Im Bild 6.24 ist die Änderung von μ' und μ'' entsprechender Materialien mit der Frequenz gezeigt. Man erkennt, daß man bei gleicher Anfangspermeabilität mit Perminvarferriten Spulen höherer Güte erhält. Außerdem können Spulen mit Perminvarferriten bei höheren Frequenzen verwendet werden.

Tafel 6.6. Perminvarferrite

Stoffsystem der Perminvarferrite	μ_{rA}	H_p $A \cdot cm^{-1}$	h/μ_{rA}^2 $cm \cdot kA^{-1}$
NiZn-Ferrit	120 40 10	2 5,2 13,5	$(1 \cdots 5) \cdot 10^{-3}$
MnZn-Ferrit	50 30 5	4 5,5 17	
CuZn-Ferrit	35	6	$9 \cdot 10^{-3}$
Mn-Ferrit	120	1,8	$5 \cdot 10^{-3}$

Messungen haben eine durchschnittliche Verdopplung der Spulengüte durch Perminvarferrite gegenüber normalen Ferriten ergeben. Besonders eignen sie sich zur Herstellung sehr kleiner Kerne. (Mit einem Schalenkern von 3 mm Außendurchmesser wurde z.B. bei 2 MHz eine Güte $Q = 120$ erreicht.) Wichtig für die Anwendung ist, daß auch kurzzeitig auftretende Magnetfelder die Öffnungsfeldstärke nicht überschreiten dürfen.

Der Temperaturkoeffizient der Anfangspermeabilität der Perminvarferrite kann positiv und in kleinen Temperaturintervallen auch negativ sein und läßt sich durch Zusammensetzung und Wärmebehandlung beeinflussen. Das im Bild 6.24 gezeigte normale Ferrit unterscheidet sich vom Perminvarferrit in der Zusammensetzung nur durch den Co-Gehalt.

Weichmagnetische Ferrite mit Vorzugsebene. Die weichmagnetischen Ferrite mit hexagonaler Gitterstruktur und einer Vorzugsebene, in der das magnetische Moment leicht beweglich ist, haben eine wesentlich höhere magnetische Resonanzfrequenz als z.B. die kubischen Ni-Ferrite. Sie können bis zu 1000 MHz mit Vorteil angewendet werden. Eine wesentliche Erhöhung der relativen Anfangspermeabilität μ_{rA} läßt sich durch Ausrichten der magnetischen Vorzugsebene erreichen. Mit dem Richtgrad R_g steigt die Anfangspermeabilität bis auf den dreifachen Wert [6.4]. Dabei nimmt die Resonanzfrequenz nur wenig ab.

Ferrite für Frequenzen über 1000 MHz. Die Fortpflanzung elektromagnetischer Wellen in Hohlleitern kann mit Hilfe hochohmiger magnetischer Werkstoffe beeinflußt werden, indem das elektromagnetische Wellenfeld mit den Momenten der ferrimagnetischen Stoffe in Wechselwirkung tritt. Seit der Einführung der Ferrite in die Mikrowellentechnik (1950) setzte eine zielstrebige Entwicklung von Mikrowellenferritwerkstoffen ein, die zu einer großen Anzahl von hochohmigen Mischferriten für verschiedene Anwendungszwecke der Mikrowellentechnik (z.B. Richtungsleiter, Zirkulatoren, Phasenschieber, Resonanzisolatoren) führte [6.21] [6.22] [6.23].

Bei der Anwendung werden die ferromagnetische Resonanz, der Faraday-Effekt und der Feldverdrängungseffekt ausgenutzt.

Die *ferromagnetische Resonanz* (s. auch Abschn. 3.5.5., S. 556) verursacht eine Zunahme der Verluste mit steigender Frequenz bis zu einem maximalen Wert, der bei der Eigenfrequenz der Präzessionsbewegung der magnetischen Momente der Weißschen Bezirke liegt. Diese Eigenfrequenz ist abhängig von den auftretenden Anisotropiefeldern, die nach Größe und Richtung statistisch verteilt sind. Deshalb ist keine ausgeprägte Resonanzerscheinung möglich. Durch Anlegen eines statischen Magnetfeldes, das die Anisotropiefelder überdeckt, kann jedoch eine ausgeprägte Resonanz bei höherer Frequenz auftreten (Bild 6.25). Die Bewegungsenergie der magnetischen Momente wird dem – senkrecht zum statischen Magnetfeld angelegten – Hochfrequenzfeld entnommen (magnetische Resonanzabsorption).

Der *Faraday-Effekt* tritt bei äußeren quasistatischen Feldern auf, die kleiner sind als die zur Resonanzabsorption benötigten. Man versteht darunter eine Drehung der Polarisationsebene einer elektromagnetischen Welle, die das Ferrit durchläuft. Dieser Vorgang ist nichtreziprok, da der Drehsinn von der Ausbreitungsrichtung der elektromagnetischen Welle unabhängig ist. Der Drehwinkel φ hängt ab von den Eigenschaften und den geometrischen Abmessungen des Ferrits, vom Quotienten aus Ferritquerschnitt A_e und Hohlleiterquerschnitt A_H und vom äußeren statischen Magnetfeld (Bild 6.26).

Bei Verringerung des statischen Feldes bleibt ein Restdrehwinkel erhalten, der niedrig gehalten werden muß, damit in der praktischen Anwendung Mehrdeutigkeiten vermieden werden.

Der *Feldverdrängungseffekt* tritt auf, wenn ein Ferrit transversal zur Ausbreitungsrichtung der elektromagnetischen Welle magnetisiert ist. Es können dabei nichtreziproke Feldverdrängungen und nichtreziproke Phasenverschiebungen erfolgen.

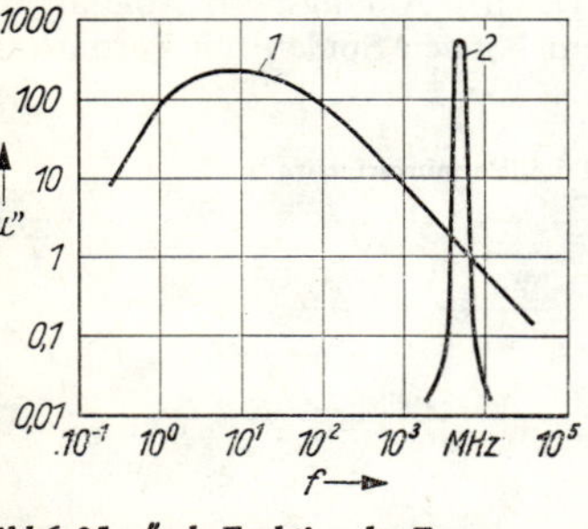

Bild 6.25. μ'' als Funktion der Frequenz (nach Beljers)

1 ohne äußeres Magnetfeld;
2 mit äußerem Magnetfeld ($H_a = 40\ \mathrm{A \cdot cm^{-1}}$)

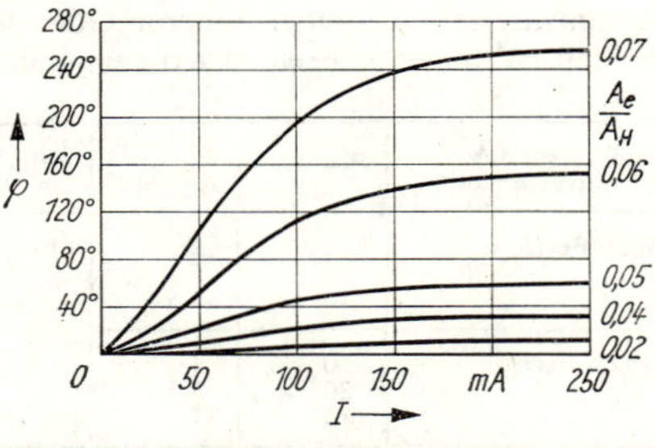

Bild 6.26. Abhängigkeit des Faraday-Drehwinkels φ vom Erregerstrom, der das äußere statische Magnetfeld erzeugt (nach Gothe)

A_e Ferritquerschnitt; A_H Hohlleiterquerschnitt

Außer von den Werkstoffeigenschaften der Ferrite hängt die Beeinflussung des elektromagnetischen Wechselfeldes in komplizierter Weise von den geometrischen Abmessungen, der Form, der Anordnung des Ferritkörpers im Hohlleiter, der Frequenz und der Amplitude der Mikrowellen sowie vom verwendeten Hohlleiter selbst ab. Aus diesem Grunde ist eine allgemeine Angabe der Ferriteigenschaften ohne Beziehung zu den genannten Einflußgrößen nicht möglich.
Von Mikrowellenferriten verlangt man hohe Dichte, hohen spezifischen elektrischen Widerstand ($\varrho > 10^3\ \Omega \cdot \text{cm}$), kleine Dämpfung in Richtung des gewünschten Energieflusses, hohen Faraday-Effekt, hohe Curie-Temperatur (>150 °C), geringe Temperaturabhängigkeit der magnetischen Eigenschaften; Sättigungsmagnetisierung muß Resonanzfrequenz entsprechen ($M < \omega/\gamma$; γ gyromagnetisches Verhältnis, ω Kreisfrequenz). Bisher wurden in der Mikrowellentechnik MnMg-Ferrite mit Zusätzen von Al, Cr und C, Ni-Ferrite, Mn-Ferrite, hexagonale Ba-Ferrite und Granate verwendet. Einige Parameter der Mikrowellenferrite sind in Tafel 6.7 angegeben.

Tafel 6.7. Mikrowellenferrite

	$4\pi M_s$ T	ΔH $A \cdot cm^{-1}$	ϑ_C °C	ϱ $\Omega \cdot cm$	H_{res} $A \cdot cm^{-1}$	f_M GHz	H_C $A \cdot cm^{-1}$	ε_r
M 610	0,255	240	300	10^7	2600	9,36	1	14
M 620	0,116	160	200	10^9	2600	9,36	1,5	12
M 630	0,260	340	500	10^3	2300	9,36	3,2	20
M 640	0,390	230	400	10^3	2400	9,36	2	21
M 650	0,180	56	270	10^{10}	2700	9,36	1,2	15

$4\pi M_s$ spontane Magnetisierung; ΔH Halbwertbreite der ferrimagnetischen Resonanz; ϑ_C Curie-Temperatur; ϱ spezifischer Widerstand; H_{res} Resonanzfeldstärke; f_M Meßfrequenz; H_C Koerzitivfeldstärke; ε_r relative Dielektrizitätskonstante

MnMg-Ferrite haben im MnO-Fe_2O_3-MgO-Dreistoffsystem (Bild 6.27) einen Bereich mit guten Mikrowelleneigenschaften (Minimalwert der bezogenen Dämpfung $2{,}5 \cdot 10^{-3}$ dB · K, Faraday-Drehung $100\ K \cdot cm^{-1}$, Linienbreite $400\ A \cdot cm^{-1}$). Durch Substitution von 2% Fe_2O_3 durch Al_2O_3 kann die Dämpfung noch verringert werden.
Mg-Ferrit-Chromite der Zusammensetzung 50% MgO, 15 bis 20% Cr_2O_3, 45 bis 30% Fe_2O_3 (bezogene Dämpfung $2{,}9 \cdot 10^{-3}\ dB \cdot K^{-1}$ bei 3 GHz) werden für 45°-Rotatoren mit einer Dämpfung von 0,13 dB bei 3 GHz und Resonanzabsorptionsisolatoren im Frequenzbereich von 3 bis 4,7 GHz verwendet.
Ni-Ferrit- und Nickelaluminat sind geeignet für Resonanzisolatoren im Frequenzbereich von 1,8 bis 2 GHz.

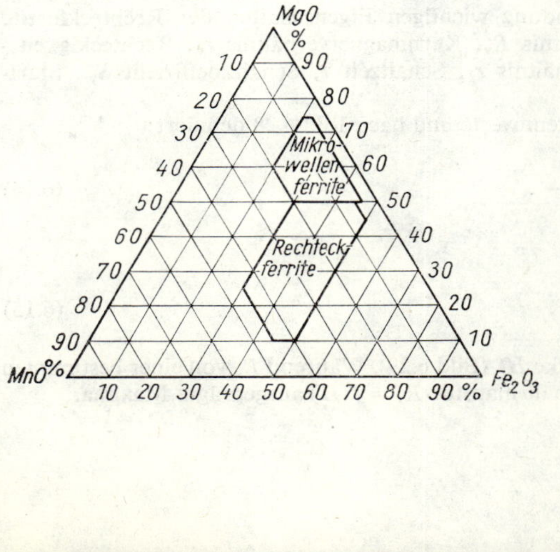

Bild 6.27
Dreistoffdiagramm für MnMg-Ferrite mit wichtigen Anwendungsbereichen [6.6]

Hexagonales Ba-Ferrit eignet sich wegen seiner hohen Anisotropiefeldstärke ($H_a \approx 13600$ A $\times$ cm^{-1}, Resonanzfrequenz 48,6 GHz) bei sehr hohen Frequenzen als Gyratorwerkstoff. Durch teilweise Substitution der Fe-Ionen durch Al-Ionen kann der Frequenzbereich erhöht (90 GHz) und durch Ti-, Zn- oder Co-Zusätze verringert werden.

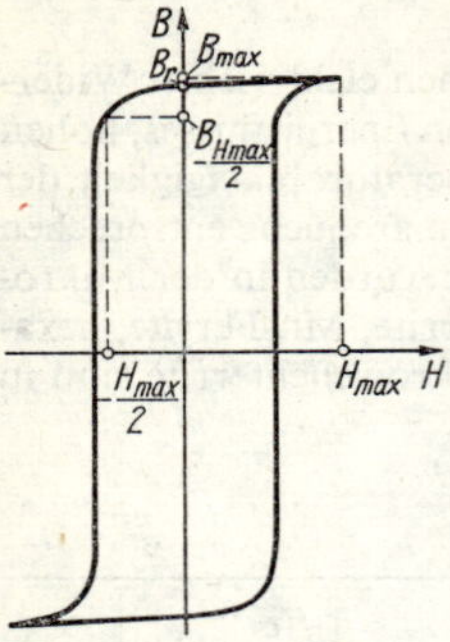

Bild 6.28
Hysteresisschleife eines Rechteckferrits

Granate werden vorzugsweise zwischen 1 und 3 GHz eingesetzt, Yttrium-Eisen-Granat ($Y_3Fe_5O_{12}$) hat eine geringe Linienbreite von 56 A · cm^{-1} (Spitzenwerte an sorgfältig hergestellten Laborproben: 5,6 A · cm^{-1} bei Polykristallen; 0,24 A · cm^{-1} bei Einkristallen) und ist deshalb zur Herstellung von Resonanzabsorptionsisolatoren bei niedrigen Frequenzen gut geeignet. Durch Mischung verschiedener Granate kann die Sättigungsmagnetisierung von 0,017 bis 0,17 T ohne Abfall der Curie-Temperatur geändert werden.

Rechteckferrite. Rechteckferrite sind weichmagnetische Ferrite mit näherungsweise rechteckförmiger Hysteresisschleife (Bild 6.28). Ringkerne aus Rechteckferriten werden für Speicher- und Schaltzwecke (Schieberegister, Zählkreise, Impulsgeneratoren, Kodeumformer) sowie für magnetische Verstärker verwendet. Rechteckferrite haben den Vorteil geringer Wirbelstromverluste bei Induktionsänderungen und somit größeren Ummagnetisierungsgeschwindigkeiten als entsprechende Metallkerne. Durch das Einführen von Ferritkernen anstelle metallischer Kerne konnten z. B. die Schaltzeiten im Verhältnis 1 : 40 gesenkt werden [6.24].
Entsprechend der Entstehung der rechteckförmigen Hysteresisschleife unterscheidet man 3 Arten von Rechteckferriten:

- Ferrite mit natürlicher (spontaner) Rechteckschleife,
- im Magnetfeld behandelte Rechteckferrite,
- Ferrite mit durch mechanische Spannung erzeugter Rechteckschleife.

Neben den für alle magnetischen Werkstoffe charakteristischen Kennwerten (z. B. B_r, H_C) werden die speziellen, für die Anwendung wichtigen Eigenschaften der Rechteckferrite charakterisiert durch Remanenzverhältnis R_v, Kernmagnetverhältnis r_v, Rechteckigkeitsverhältnis R_s, Kernrechteckigkeitsverhältnis r_s, Schaltzeit τ, Schaltkoeffizient S_w, Startfeldstärke H_0 (Tafel 6.8).
Die Größen R_v und R_s sind Werkstoffkennwerte und nach Bild 6.28 definiert:

$$R_v = \frac{B_r}{B_{max}}; \quad R_s = \frac{B_{-\frac{H_{max}}{2}}}{B_{Hmax}}. \tag{6.14}$$

Entsprechendes gilt für r_v und r_s:

$$r_v = \frac{\Phi_r}{\Phi_{max}}; \quad r_s = \frac{\Phi_{-\frac{H_{max}}{2}}}{\Phi_{max}}. \tag{6.15}$$

R_v und R_s sind Funktionen der Feldstärke H_L (Bild 6.29). Während R_v von einer bestimmten Feldstärke an etwa konstant bleibt, erhält man für $R_s = f(H)$ ausgeprägte Maxima.

Tafel 6.8. Ferrite mit rechteckförmiger Hysteresisschleife

Ferrit	R_v	$R_{s\,max}$	H_m für $R_{s\,max}$ $A \cdot cm^{-1}$	μ_{rA}	B_s τ	B_r τ	H_C $A \cdot cm^{-1}$	τ µs	Bemerkungen	Anwendungen
Ferramic S 1	0,9	0,83	1,6	40	0,18	0,159	1,2			Schaltkerne, Speicherkerne, magnetische Verstärker, Ferroresonanz-Flipflops
Ferramic S 3	0,96	0,95	0,64	45	0,20	0,192	0,52			
R 1001	0,95	0,7			0,169	0,16	0,60			
R 1002	0,95	0,7			0,221	0,21	0,72			
R 1003	0,95	0,7			0,221	0,21	1,2			
Ferroxcube 6 B1			0,55					2,25		
Ferroxcube 6 B 3			0,85					1,52		
$Mn_{0,1}Ni_{0,5}Mg_{0,4}Fe_2O_4$	0,95	0,83	1,36	138						
$(MgO)_{0,5}(MnO_{1+\delta})_{0,875}Fe_2O_3$	0,88	0,81	1,20	55				1,3	$H_0 = 1,12\ A \cdot cm^{-1}$	
$Mg_{0,6}Ni_{0,4}Fe_2O_4$	0,9	0,8	1,76					2,5	$H_0 = 2,88\ A \cdot cm^{-1}$	
$Li_{0,47}Ni_{0,06}Fe_{2,47}O_4$		0,93	0,85					0,6	$H_0 = 1,76\ A \cdot cm^{-1}$	
$MnFe_2O_4$		0,9	0,8	40				11	$H_0 = 0,4\ A \cdot cm^{-1}$	

Beim Ummagnetisieren wird in der Ausgangswicklung ein Spannungsimpuls induziert (Bild 6.30), dessen Maximalwert U_N und Dauer (Definition der Schaltzeit τ s. Bild 6.30) von der Amplitude der Schaltfeldstärke H_L abhängen. Trägt man U_N und $1/\tau$ über H_L auf, so erhält man in beiden Fällen näherungsweise Geraden (Bild 6.31), die die Abszisse bei der Startfeldstärke H_0 schneiden.

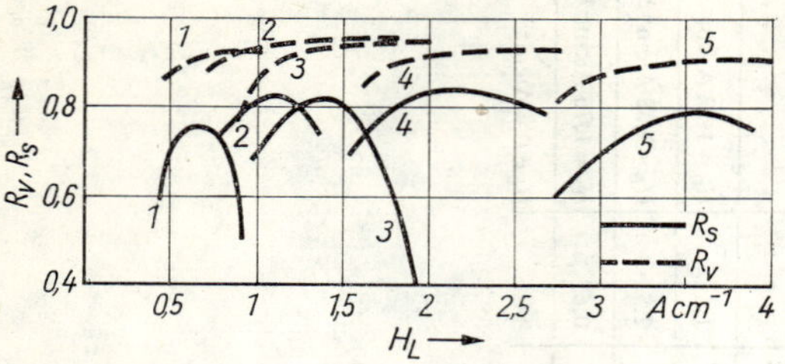

Werkstoffzusammensetzung: *1* $(CuO)_{0,1}$ $(MnO_{1+\delta})_{1,1}$ Fe_2O_3; *2* $(MgO)_{0,5}$ $(MnO_{1+\delta})_{0,875}$ Fe_2O_3; *3* $Mn_{0,1}$ $Ni_{0,5}$ $Mg_{0,4}$ Fe_2O_4; *4* $Mg_{0,4}$ $Ni_{0,6}$ Fe_2O_4; *5* $Li_{0,46}$ $Ni_{0,08}$ $Fe_{2,4}O_4$

Bild 6.29. R_v und R_s als Funktionen der Lesefeldstärke H_L [6.6] —— R_s; ---- R_v

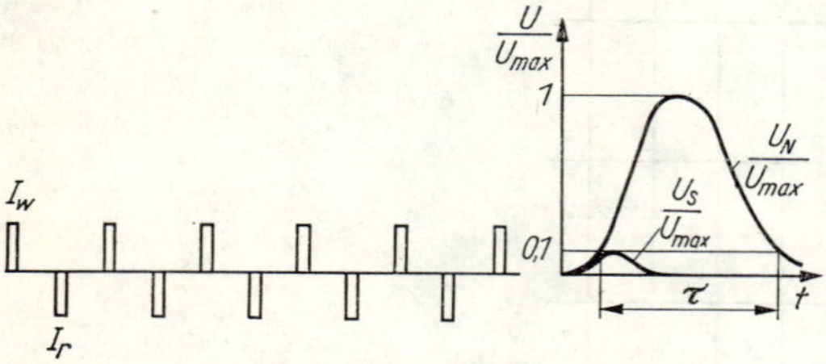

U_N Nutzspannung; U_S Störspannung; τ Schaltzeit (gemessen von $U/U_{max} = 0{,}1$ bis zu dem Punkt, in dem die Spannung wieder auf $0{,}1\,U/U_{max}$ gesunken ist). Angabe von U_N/U_{max} für Schaltkerne bei $I_w = -I_r$

Bild *6.30. Spannungsimpulse der Schaltkerne bei Impulsummagnetisierung*

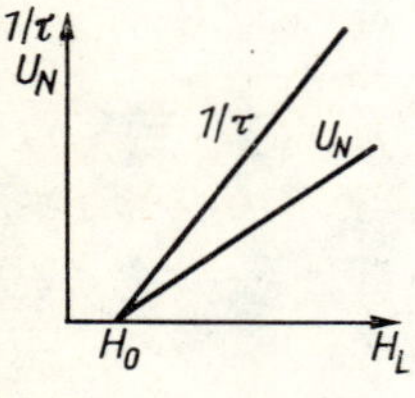

Bild 6.31
$1/\tau$ *und* U_N *als Funktionen der Lesefeldstärke* H_L

Durch Approximation der beiden Geraden erhält man

$$U_N = S_u (H - H_0), \tag{6.16}$$

$$S_w = \tau (H - H_0); \tag{6.17}$$

S_u Spannungskonstante,
S_w Schaltkoeffizient.

Da $H_0 \approx H_C$, erkennt man aus Gl. (6.17), daß die Schaltzeit mit zunehmender Koerzitivfeldstärke abnimmt. Je nach gefordertem Arbeitsbereich der Rechteckferritkerne können der optimale Arbeitsbereich ($R_s(H) = R_{smax}$) und der Schaltkoeffizient durch Variation der Werkstoffsorte nach höheren oder tieferen Feldstärken verschoben werden (s. Bild 6.29), wodurch die Schaltzeit beeinflußt werden kann. Widerstandsherabsetzende Zusätze, z. B. Fe_2O_3, verlängern die Schaltzeit, widerstandserhöhende Zusätze, z. B. MgO, erniedrigen sie. Ein weiteres Mittel zur Verkürzung der Schaltzeit ist die Verringerung der Kernabmessungen (Miniaturkerne $D_A = 225$ µm, $D_i = 75$ µm).

Forderungen an Kernwerkstoffe für Schalt- und Speicherkerne: hohes Remanenzverhältnis (Schaltkerne), hohes Rechteckigkeitsverhältnis (Speicherkerne), niedriger Schaltkoeffizient, hohe Remanenzinduktion und geringe reversible Permeabilität (damit Verhältnis von Nutz- und Störsignal groß wird), gute Reproduzierbarkeit der magnetischen Kennwerte der Kernwerkstoffe, geringe Alterung, geringe Temperatur- und Frequenzabhängigkeit.

Ferritmaterialien mit natürlicher Rechteckschleife. Es gibt eine Reihe von Mischferriten, bei denen die Hysteresisschleife von Natur aus auf Grund der Zusammensetzung rechteckförmig ist. MnMg-Ferrite haben im MnO-Fe_2O_3-MgO-Dreistoffsystem (s. Bild 6.27) einen relativ großen Bereich, in dem rechteckförmige Hysteresisschleifen auftreten. Durch geringe Zusätze von CaO kann das Rechteckigkeitsverhältnis fast auf 1 gebracht werden. Da hierbei jedoch die Koerzitivfeldstärke sinkt, verlängert sich die Schaltzeit.

MgCu-Ferrite, MnCu-Ferrite, MnCd-Ferrite und Li-Ferrite haben ebenfalls eine spontane Rechteckschleife. Li-Ferrite zeichnen sich außerdem durch eine hohe Curie-Temperatur (632 °C), eine hohe Koerzitivfeldstärke sowie einen geringen Temperaturkoeffizienten der Startfeldstärke (0,0015 K^{-1}) bei Raumtemperatur aus [6.25].

Ferrite mit durch thermomagnetische Behandlung erzeugter Rechteckschleife. Mit Hilfe einer thermomagnetischen Behandlung lassen sich bei einigen Ferriten (MnFe-Ferrite, NiFe-Ferrite, NiZn-Perminvarferrite) Hysteresisschleifen mit einer gut ausgeprägten Rechteckform erzeugen. Bei einigen dieser Materialien zeigen sich nach der thermomagnetischen Behandlung eine geringere Temperaturabhängigkeit und ein höheres zulässiges Störverhältnis als bei spontanen Rechteckferriten.

Leistungsferrite. Im Gegensatz zu den Ferriten für Übertrager, Filter und Schwingkreise, die im Anfangsbereich der Magnetisierungskurve ausgesteuert werden, sind Leistungsferrite für eine möglichst hohe Aussteuerung (bis 0,4T) vorgesehen. Der Einsatz von Ferritkernen für Leistungsübertrager ist ab $\approx$10 kHz vorteilhaft, weil die Verluste geringer und die kompakten Ferritkerne wesentlich billiger sind als z.B. Schnittbandkerne aus FeSi-Band.

In großem Umfang werden Leistungsferrite für Zeilenablenktransformatoren in Fernsehgeräten verwendet. Wichtigste Kriterien für die Leistungsferrite sind die Wechselfeldpermeabilität und die auf das Volumen bezogenen Gesamtummagnetisierungsverluste.

6.1.7. Hartmagnetische ferromagnetische Werkstoffe

Werkstoffe, deren Koerzitivfeldstärke $H_C > 10$ bis $50\,A \cdot cm^{-1}$ beträgt, werden als hartmagnetische Werkstoffe bezeichnet. Infolge der relativ hohen Koerzitivfeldstärke benutzt man die Materialien zum Aufbau statischer Magnetfelder und nur selten in Wechselfeldern mit großer Amplitude (hohe Hysteresisverluste).

6.1.7.1. Charakteristische Größen

Bild 6.32 zeigt die Neukurven einiger hartmagnetischer Werkstoffe. Die Feldstärkewerte sind für gleiche Induktionswerte wesentlich größer als bei weichmagnetischen Werkstoffen. Diese Zustandskurven werden aber bei hartmagnetischen Materialien nur selten benötigt, weil sie meist nur für die Aufmagnetisierung des Werkstoffs wichtig sind. Für den Einsatz von hartmagnetischen Werkstoffen als Dauermagnete genügt grundsätzlich die Angabe der mit der *Sättigungsfeldstärke* H_s zusammenhängenden Entmagnetisierungskurve (s. auch S. 784).

Besonderheiten der Entmagnetisierungskurve. Bei der Aufmagnetisierung eines noch nicht magnetisierten oder entmagnetisierten Materials durch eine äußere magnetische Feldstärke durchläuft die magnetische Induktion B in Abhängigkeit von der magnetischen Feldstärke H die Neukurve von 0 bis A (s. Bild 6.1, S. 745). Nach dem Verschwinden der äußeren magnetischen Feldstärke verringert sich die Induktion auf den *Remanenzwert* B_r. Um im Material die Induktion Null zu erreichen, muß eine entgegengesetzt gerichtete äußere Feldstärke, die *Koerzitivfeldstärke* H_C, aufgebracht werden. Remanenzinduktion und Koerzitivfeldstärke sind die wichtigsten Kenngrößen eines hartmagnetischen Werkstoffs. Der Arbeitspunkt B_A,

H_A liegt im 2. bzw. 4. Quadranten der Hysteresisschleife. Die entsprechenden Kurventeile nennt man *Entmagnetisierungskurven.* Wichtig für den technischen Einsatz ist die Krümmung der Kurven. Sie wird durch den *Kurvenfüllbeiwert* oder *Ausbauchungsfaktor* η erfaßt:

$$\eta = \frac{B_A H_A}{B_r H_C} \cdot 100 \text{ in } \%. \tag{6.18}$$

Das Maximum von η liegt für ein beliebiges magnetisches Material bei

$$\gamma = \eta_{opt} = \frac{(BH)_{max}}{B_r H_C} \cdot 100 \text{ in } \%. \tag{6.19}$$

γ stellt praktisch einen bezogenen Energiewert dar.

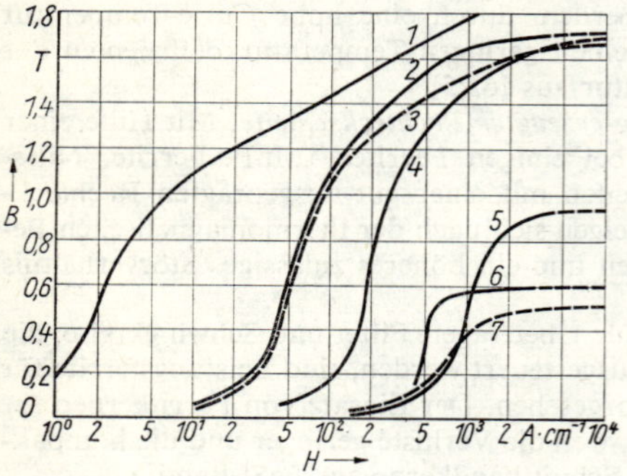

Bild 6.32
Neukurven hartmagnetischer Materialien
1 **Stahlguß;** *2* **Kohlenstoff-Magnetstahl;** *3* **3,5-%-Cr-Stahl;** *4* **36-%-Co-Stahl;** *5* **AlNiCo (≈ 12% Al);** *6* **Cunife-Magnetlegierung;** *7* **Cunico-Magnetlegierung**

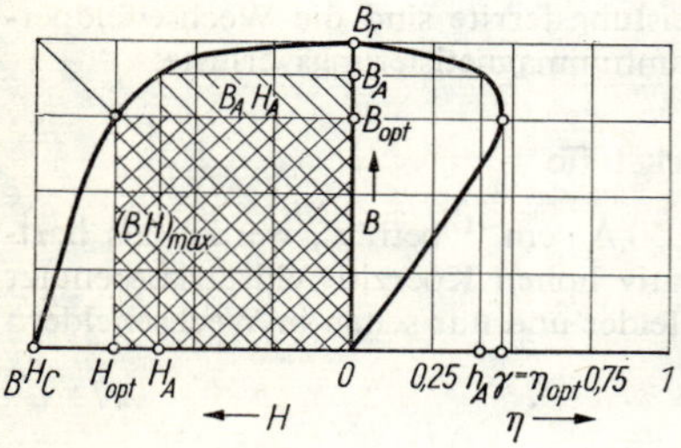

Bild 6.33
Entmagnetisierungskurve mit grafischer Ermittlung des optimalen Energiewertes $(BH)_{max} = B_{opt}H_{opt}$ ***entsprechend*** $\gamma = \eta_{opt}$ ***und des Energiewertes für einen Arbeitspunkt*** H_A, B_A ***entsprechend*** η_A

Der *Energiewert* $(BH)_{max}$ ist das Maximum des Produkts der durch die Entmagnetisierungskurve zugeordneten *B*- und *H*-Werte. Bild 6.33 zeigt näherungsweise die grafische Konstruktion des optimalen Arbeitspunktes.

Dauermagnete. Das sind hartmagnetische Werkstoffe, die nach ein- bzw. mehrmaligem Aufmagnetisieren statische magnetische Felder aufrechterhalten. Dauermagnete dienen in Meßgeräten, Relais, Fernsprechapparaten, Lautsprechern, Motoren und Generatoren zum Aufbau statischer Magnetfelder. Durch die allgemeine Forderung der Technik, maximale Energie W bei geringstem Aufwand zu erreichen, muß die Volumenenergie W/V des Werkstoffs ($W/V \approx BH$) ein Maximum sein. Dieses Maximum $(BH)_{max}$ ist der bereits erklärte Energiewert, von dem das Volumen des Dauermagneten abhängt. Die Größe von H_C bestimmt im wesentlichen die Länge l, die Größe von B_r etwa die Querschnittsfläche A des Dauermagneten.

Bei der Bestimmung des günstigsten Verhältnisses der Länge l zum Querschnitt A wird l wegen der Vereinheitlichung und der relativ einfachen Berechnung auf den Durchmesser d einer äquivalenten Fläche mit einem gleichgroßen kreisförmigen Querschnitt bezogen.

6.1.7.2. Metallische Dauermagnetwerkstoffe

Reine Kohlenstoffstähle (Härtung durch Gefügeumwandlung)

Kohlenstoffstähle sind der älteste Werkstoff für Dauermagnete (1880). Sie werden durch Abschrecken mechanisch und magnetisch gehärtet; dabei wandelt sich Austenit in Martensit um (Gefügehärtung). Unlegierte Kohlenstoffstähle haben Koerzitivfeldstärken $H_C \leqq$ 35 bis 40 A · cm^{-1}. Die Remanenz B_r liegt mit 0,9 bis 1,2 T zwar nicht ungünstig, aber wegen der starken Alterungserscheinungen, der starken Temperatur- und Erschütterungsempfindlichkeit und des geringen Energiewertes $(BH)_{max}$ = 1,2 W · s · dm^{-3} ist der Werkstoff technisch unzulänglich. Deshalb wird er kaum noch verwendet.

In Tafel 6.9 sind zwei typische Vertreter der noch heute üblichen Kohlenstoffstähle mit ihren magnetischen Eigenschaften zum Vergleich aufgeführt. In bestimmten Fällen genügen ihre magnetischen Eigenschaften durchaus für die Erfüllung technischer Aufgaben, und man braucht hierfür keine hochwertigen Stähle einzusetzen. (Das gleiche gilt für das billige Gußeisen, dessen hartmagnetische Eigenschaften maßgebend für die Erzeugung der Remanenzspannung in selbsterregten Maschinen sind.)
Legierte Kohlenstoffstähle. Durch Zusätze von Cr, W oder Co oder von aufeinander abgestimmten Mengen aller drei Metalle wird ein Umwandlungsgefüge mit hoher Koerzitivfeldstärke angestrebt. Grundsätzliche Nachteile sind die Glashärte dieser Stähle, ihre Rißbildungsneigung und die geringe Durchhärtung.
Chrommagnetstahl. Die magnetischen Richtwerte für Chrommagnetstahl sind in Tafel 6.9 angegeben. Eine Erhöhung des Cr-Gehalts über 5% bringt keine nennenswerte Verbesserung der magnetischen Eigenschaften mit sich. Metallische Zusätze verbessern Cr-Stahl, wodurch aber der Preis ansteigt.
Wolframmagnetstahl. Er ist der am längsten bekannte legierte Kohlenstoffstahl (1900). Die geringen Verbesserungen der magnetischen Werte gegenüber den Cr-Stählen rechtfertigen aber wegen des wesentlich höheren Preises seine Anwendung nicht.
Kobaltmagnetstähle. Sie haben wesentlich bessere magnetische Eigenschaften als Cr- oder W-Stähle (Tafel 6.9). Sie werden seit etwa 1971 eingesetzt. Der bekannteste ist der Honda-Stahl mit 35% Co. Der Co-Zusatz schwankt zwischen 2 und 36%.
Sonderstähle. Durch komplizierte Mehrstofflegierungen konnten sehr günstige magnetische Kennwerte erzielt werden, die aber noch um Größenordnungen unter denen der Ausscheidungshärter liegen. Seit etwa 1935 werden diese legierten Stähle nur in Sonderfällen verwendet, da ihr Preis und ihre magnetischen Eigenschaften den Einsatz nicht lohnen.
Bild 6.34 zeigt einige Entmagnetisierungskurven der durch Gefügeumwandlung gehärteten Stähle.

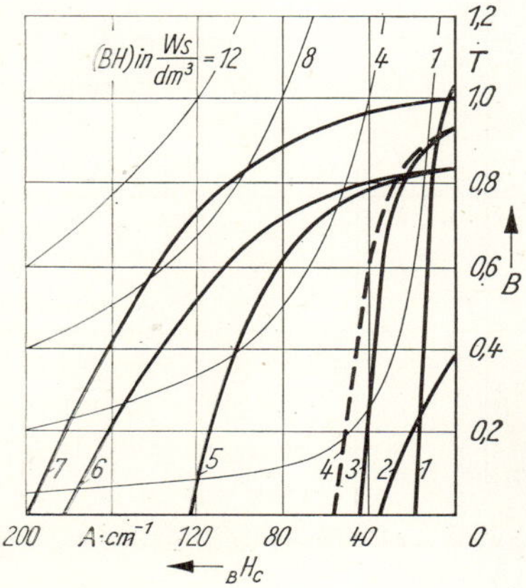

Bild 6.34
Entmagnetisierungskurven einiger durch Gefügeumwandlung gehärteter Stähle und von Gußeisen
1 Werkzeugstahl; *2* Gußeisen; *3* Cr 030; *4* Co 040; *5* Co 060; *6* Co 090; *7* Honda-Stahl

Tafel 6.9. Technisch wichtige Dauermagnetwerkstoffe (Stähle, Sinter- und Preßmagnete) [7]

	Name	Legierungsbestandteile (Höchstwerte) in Masse-%, Rest Fe	Dichte ϱ* $g \cdot cm^{-3}$ [1]	Formgebung [1]	Vorzugsrichtung	Prüfzustand [1] [2]	$(BH)_{max}$ [3] $Ws \cdot dm^{-3}$	B_r T	$_BH_C$ $A \cdot cm^{-1}$	B_A [3] T
Gefügehärter	Gußeisen	3,45 C; 2,3 Si	7,35	g; z	nein	h	0,42	0,382	35	0,21
	Werkzeugstahl	1,1 C; 0,1 V	7,8	w; z	nein	800 °C, h 400 °C, ah	0,885	1,03	18	0,68
	Federstahl	0,9 C	7,8	w	nein	federhart, h 400 °C, ah	1,15	1,35	17	0,96
	Cr 030	1 C; 3,3 Cr	7,8	w; z	nein	w; h	2,11	0,95	45	0,62
	Cr 035	4,2 ··· 5 C; 1,1 Mn; 0 ··· 1,1 Si	7,8	w; z	nein	w; h	2,33	0,92	55	0,63
	Co 040	1 C; 2,1 Co; 4 Cr; 0,7 Mn	7,9	w; z	nein	w; h	2,70	0,94	56	0,65
	Co 050	1 C; 6,5 Co; 8,5 Cr	7,9	w; z	nein	w; h	3,66	0,84	95	0,53
	Co 060	1 C; 11 Co; 8,5 Cr	7,9	w; z; g	nein	w oder g; h	4,6	0,84	123	0,53
	Co 070	1 C; 16 Co; 9 Cr	8,0	w; z; g	nein	w oder g; h	5,16	0,84	143	0,53
	Co 090	0,9 C; 31 Co; 4,7 Cr; 4,8 Mn	8,1	w; z; g	nein	w oder g; h	7,2	0,84	183	0,53
	Honda-Stahl	0,9 C; 2 Cr; 35 Co; 4 W; 0,5 Mn		w; z; g	nein	h	8,7	1,0	≈ 200	0,66
Ausscheidungshärter	AlNi 090	12 Al; 22 Ni	6,9; g	g; s	nein	ah	7,2	0,74	207	0,52
	AlNi 120	12 ··· 13 Al 0 ··· 4 Co 2 ··· 4 Cu 25 ··· 28 Ni 0 ··· 1 T	6,8; g	g; s	nein	ah	8,8	0,58	504	0,34
	AlNiCo 160	9 ··· 13 Al 12 ··· 17 Co 2 ··· 6 Cu 19 ··· 24 Ni 0 ··· 1 T	7,1; g	g; s	nein	ah	11,9	0,64	560	0,40
	AlNiCo 190	9 ··· 12 Al 12 ··· 17 Co 2 ··· 4 Cu 19 ··· 24 Ni 0 ··· 1 Ti	7,1	g; s	ja	ah	14,4	0,75	608	0,45

[1] Alle Werkstoffe können nach der Endbehandlung nur noch geschliffen werden. Abkürzungen: g gießen, z spanen, w warmformen, s sintern, p pressen

[2] Abkürzungen: h gehärtet, ah ausgehärtet angelassen

[3] Das Produkt der Mindestwerte von B_A und $_BH_A$ kann verschieden vom angegebenen Mindestwert $(BH)_{max}$ sein, da die angegebenen Mindestwerte nicht gleichzeitig auftreten.

$_BH_A$ [3] A · cm^{-1}	μ_u	H_s [4] kA · cm^{-1}	γ [5] %	ϱ µΩ · cm	Maximale Arbeitstemp. °C	Curie-Temp. °C	l/d [6]	Werkstoff mit ähnlichen Eigenschaften	Anwendungen, Eigenschaften, wirtschaftliche Bedeutung, Preis
20	22 ··· 28		32	≈ 80	≈ 120		≈ 25		mittl. Eigenschaften, große wirtschaftliche Bedeutung, billig
13	40 ··· 60		47	20	≈ 80	≈ 750	> 30		einfache Geräte mit nicht garantierten magn. Eigensch.; ger. wirt. Bed., billig
12	50 ··· 90	0,2	52	≈ 25	≈ 80	≈ 750	> 30		vormagn. Federn u. Membr.; wirt., da Feder- u. Magn.-Funkt. in einem Bauteil, billig
34	23 ··· 32	0,8	50	≈ 28	80	≈ 750	30	Oerstit 30, Permanit 30, F 118-0, Chromistaja stal' 3,5 %	Zähler, einfache Drehspulmeßwerke, Lichtmaschinen, Dynamos, Telefonhörer; geringe wirt. Bedeutung, ungünstige Alterungserscheinungen, billig
37	24 ··· 32	0,8	46	≈ 30	80	≈ 750	30	Oerstit 35, Permanit 35, Chromistaja stal' 6 %	
39	22 ··· 28	0,8	51	≈ 30	80	≈ 750	≈ 25	Oerstit 40, Kobal'tovaja stal', Permanit 40, 3 Co-Steel	Drehspulmeßwerke, akustische Wandler, Relais, Kompaßnadeln, Zähler; geringe wirtschaftliche Bedeutung, teuer
60	13 ··· 18	1	46	≈ 30	80	≈ 750	≈ 20	Oerstit 50, Permanit 50, 6 Co-Steel	
80	10 ··· 14	1,2	44	≈ 30	80	≈ 750	≈ 15	Oerstit 60, Kobal'tovaja stal' 9 % (UdSSR), 9 Co-Steel	
92	9 ··· 13	1,2	43	≈ 30	80	≈ 750	≈ 10	Oerstit 70, Permanit 70, Koerzit 70, Kobal'tovaja stal' 17 % Co, 17 Co-Steel	
120	6 ··· 10	1,6	47	≈ 30	80	≈ 750	≈ 5	Oerstit 90 W, Permanit 95, 35 Co-Steel	
132	≈ 10	≈ 2	≈ 44	≈ 30		≈ 750	9,2	Standard-Co-Stahl, Kobal'tovaja stal' 36 % Co (UdSSR) oder 40 % Co	teuer, seltener Einsatz, durch AlNi verdrängt
128	7 ··· 9	≈ 2	≈ 46	60 ··· 70	350···450	730	5	Mishima-Stahl (Japan), AlNi 110 (Österreich), Koerzit 90, Alnico I A oder I B (USA)	Drehspulinstrumente, Relais, Hysteresismotoren
304	4,5 ··· 5,5	≈ 2,5	≈ 42	60 ··· 70	350···450	730	3	Oerstit 500, Alni (England), Koerzit 120, Alnico III A, III B, III C, JUND 8 (UdSSR), AN 3 (UdSSR)	Standardwerkstoff für alle Zwecke, billig
336	4 ··· 5	≈ 2,5	≈ 36	60 ··· 70	≈ 350	≈ 720	2,8	Oerstit 700, AlNiCo 130, CoNiAl 140 (Österreich), Alnico IV A, IV B (USA)	Drehspul-Kernmagnete, Kraftmagnete, Läufer kleiner elektrischer Maschinen
352	4 ··· 5	≈ 3,2	35	60 ··· 70	≈ 350	≈ 760	≈ 2,8	Koerzit 190, Alnico 190, Alnico VI A, ANKO 2, JUND K 15 (UdSSR)	spezielle Verwendungszwecke bei hoch ausgenutztem Werkstoff, Kernmagnete, Läufer; wirt. Bedeutung, mittlerer Preis

[4]) Eine Erhöhung der Aufmagnetisierungsfeldstärke über diesen Wert verursacht nur geringfügige Erhöhungen der magnetischen Kennwerte.
[5]) Siehe S. 784.
[6]) l/d ist das günstigste Verhältnis von Länge l und Durchmesser d für den magnetisch aktiven Teil eines magnetischen Kreises.
[7]) Zum Teil standardisiert in TGL 16541 und GOST 9575-60.

Tafel 6.9. Fortsetzung

	Name	Legierungsbestandteile (Höchstwerte) in Masse-%, Rest Fe	Dichte ϱ* $g \cdot cm^{-3}$ [1]	Formgebung[1]	Vorzugsrichtung	Prüfzustand[1][2]	$(BH)_{max}$[3] $Ws \cdot dm^{-3}$	B_r T	$_BH_C$ $A \cdot cm^{-1}$	B_A[3] T
Ausscheidungshärter	AlNiCo 220	6 ··· 8 Al 24 ··· 30 Co 3 ··· 6 Cu 13 ··· 19 Ni 5 ··· 9 Ti	7,2	g; s	nein	ah	15,1	0,62	800	0,36
	AlNiCo 350	6,5 ··· 7,5 Al 30 ··· 34 Co 4 ··· 5 Cu 14 ··· 16 Ni 5 ··· 6 Ti	7,2	g; s	ja	ah	26,2	0,84	920	0,52
	AlNiCo 400	8 ··· 9 Al 23 ··· 25 Co 3 ··· 4 Cu 14 ··· 15 Ni 0 ··· 1 Ti	7,3	g; s	ja	ah	30,2	1,12	488	0,9
	AlNiCo 500	8 ··· 9 Al 23 ··· 25 Co 3 ··· 4 Cu 14 ··· 16 Ni	7,3	g	ja	ah	35,7	1,2	504	0,95
	AlNiCo 550	8 Al; 22 Co; 4 Cu; 15 Ni	7,2	g	ja	ah	43,7	1,28	520	≈0,95
	AlNiCo 580	8 Al; 24 Co; 3 Cu; 14 Ni	7,3	g	ja	ah	45,0	1,3	575	0,93
	AlNiCo 700	8 Al; 24 Co; 3 Cu; 14 Ni	7,3	g	ja	ah	55	1,4	713	1,2
	AlNiCo 800	7 Al; 34 Co; 4 Cu; 15 Ni; 5 Ti	7,3	g	ja	ah	87,5	1,19	1040	0,99
Preßmagnete	Tromalit 600	28 Ni; 13,5 Al	5,5 ··· 6,2	p	nein	ah	≈4,6	0,35	480	0,19
	Tromalit 700	24 Ni; 10 Co; 12 Al; 4 Cu	5,5 ··· 6,2	p	nein	ah	6,0	0,38	550	0,20
	Tromalit 800	18 Ni; 19 Co; 4 Ti ; 9 Al; 4 Cu	5,5 ··· 6,2	p	nein	ah	7,7	0,42	630	0,23
	Tromalit 800s	18 Ni; 19 Co; 4 Ti; 4 Cu; 9 Al	5,5 ··· 6,2	p	nein	ah	9,8	0,50	630	0,28
	Tromalit 850	18 Ni; 19 Co; 4 Ti; 7 Al	5,5 ··· 6,2	p	nein	ah	8,25	0,45	600	0,25
	Tromalit 1000		5,5 ··· 6,2	p	nein	ah	10,3	0,455	755	0,25

[1]) Alle Werkstoffe können nach der Endbehandlung nur noch geschliffen werden. Abkürzungen: g gießen, z spanen, w warmformen, s sintern, p pressen

[2]) Abkürzungen: h gehärtet, ah ausgehärtet angelassen

[3]) Das Produkt der Mindestwerte von B_A und $_BH_A$ kann verschieden vom angegebenen Mindestwert $(BH)_{max}$ sein, da die angegebenen Mindestwerte nicht gleichzeitig auftreten.

$_BH_A$ [3]) $A \cdot cm^{-1}$	μ_u	H_s [4]) $kA \cdot cm^{-1}$	γ [5]) %	ϱ $\mu\Omega \cdot cm$	Maximale Arbeitstemp. °C	Curie-Temp. °C	l/d [6])	Werkstoff mit ähnlichen Eigenschaften	Anwendungen, Eigenschaften, wirtschaftliche Bedeutung, Preis
456	3 ··· 4	≈ 3,2	≈ 34	60 ··· 70	≈ 350	780	2,2	AlNiCo 250, Koerzit 250, Ticonal II, Ticonal X (hohe Koerzitivfeldstärke) (England, Niederlande), Alnico XII (USA) oder Alnico VI A, JUND K 15 (UdSSR)	Einsatz bei großen Luftspalten, kurzen Magnetlängen und relativ großem Querschnitt; speziell gezüchtetes Material, teuer
560	3 ··· 4	≈ 3	38	60	≈ 350	800	2,5	Alnico-GS 28 und -G 28 (DDR), Alnico VE, VI B oder VII (USA), JUND K 35 T 5 (UdSSR), NiAlCo 400 (Österreich), Oerstit 400 R, Oerstit 400 K, MAGNIKO (UdSSR), Alnico-G 32 (DDR), Alnico-S 32 (DDR), JUND K 24 T 2 (UdSSR)	akustische Wandler, Lautsprecher mit Innenmagnet, Meßgeräte (sehr klein), Bremsmagnete; vorteilhaft, wenn höherer Preis durch Systemverkleinerung gerechtfertigt; gute thermische Stabilität, geringe Alterung, mittlere wirtschaftliche Bedeutung
376	4 ··· 5	≈ 3	≈ 54	60 ··· 70	≈ 350	780	5		
400	4,5 ··· 6	≈ 2,4	≈ 52	60 ··· 70	≈ 350	780	5	Alnico VC (USA), Alnico-G 45 (DDR), Koerzit 580 G, Alnico VDG (USA), Ticonal G (England, Niederlande), ANKO 4 (UdSSR), JUND K 25 A (UdSSR), JUND K 24 B (UdSSR)	
≈ 450	5 ··· 6	≈ 2,4	≈ 52	50 ··· 60	≈ 400	800	5		
≈ 500	5 ··· 6	≈ 2,4	≈ 58	50 ··· 60	≈ 400	800	5	Alnico-G 56 (DDR), Ticonal GX (England, Niederlande), Columax (England), Alcomax III (England), JUND K 25 A (UdSSR)	
≈ 500	5 ··· 6	≈ 2,4	≈ 56	50 ··· 60	≈ 400	800	5	Ticonal GG (Niederlande), Alnico VB (USA), JUND K 25 GA (UdSSR)	Mikrofone, akustische Wandler, Meßgeräte; alterungsbeständig, thermisch stabil, teuer
885	5 ··· 6	2,5	≈ 71	60	≈ 360	800	3	Ticonal XX (Niederlande, BRD, England)	Sonderherstellung, Magnetfeldkühlung, orientiertes Kristallwachstum, Spezialausführung, sehr teuer, kein großer wirtschaftlicher Einsatz; Sondermaterial für spezielle Zwecke
≈ 240	3	≈ 3	28,6	40 ··· 100		780	2,2		
300	3,3	≈ 3	28,1	40 ··· 100		780	2	Preßmagnet 600 mit Kunststoff	Meßwerke, Tachodynamos; geringe wirtschaftliche Bedeutung seit Verbesserung der Sintertechnik, zu großes Volumen, zu schwer, werden heute kaum noch eingesetzt
334	3,3	≈ 3	28,5	40 ··· 100		800	2		
355	3,3	≈ 3	30	40 ··· 100		800	2,2	Preßmagnet 1000 mit Kunststoff	
330	3	≈ 3	30	40 ··· 100		800	2,1		
410	4,8	≈ 3	30	40 ··· 100		800	2		

[4]) Eine Erhöhung der Aufmagnetisierungsfeldstärke über diesen Wert verursacht nur geringfügige Erhöhungen der magnetischen Kennwerte.
[5]) Siehe S. 784.
[6]) l/d ist das günstigste Verhältnis von Länge l und Durchmesser d für den magnetisch aktiven Teil eines magnetischen Kreises.
[7]) Zum Teil standardisiert in TGL 16541 und GOST 9575-60.

Gemeinsame Eigenschaften der Kohlenstoffstähle. Die Stähle können im ungehärteten Zustand spanend bearbeitet werden, Co-Stähle wegen ihrer großen Härte hauptsächlich durch Schleifen. Nach der Härtung ist die Bearbeitung von Stählen schwierig. Die Stähle sind sehr empfindlich gegenüber höheren Temperaturschwankungen und Erschütterungen. Durch künstliche Alterung kann man den Temperaturkoeffizienten konstant halten. Bei Temperaturen von 350 bis 400 °C sind die hartmagnetischen Eigenschaften praktisch zerstört (können durch Härtung wiederhergestellt werden). Die Arbeitstemperatur darf höchstens 80 °C betragen. (Sämtliche martensitischen Stähle nicht mehr für Neukonstruktionen einsetzen!)
Kohlenstofffreie Mehrstofflegierungen (Ausscheidungshärter). Im allgemeinen bildet sich der Name dieser Gruppe von Materialien aus den chemischen Symbolen der hauptsächlich verwendeten Metalle. Eine Systematisierung der chemischen Symbole nach fallenden Legierungsanteilen hat sich bisher nicht durchsetzen können. Die erste Legierung auf dieser Basis wurde 1937 entwickelt.

Zusammensetzung und Eigenschaften der wichtigsten AlNi-Legierungen

AlNiFe-Legierungen. Die AlNiFe-Dreistoffsysteme sind die wichtigsten der auf Ausscheidungshärtung basierenden Dauermagnetisierungen. Während mit steigendem Al-Gehalt eine starke Erhöhung der Koerzitivfeldstärke auftritt, nimmt die Remanenzinduktion ab. Das maximale Energieprodukt $(BH)_{max}$ liegt deshalb nicht bei dem Al-Gehalt, der der maximalen Koerzitivfeldstärke entspricht.
Ersetzt man große Mengen von Fe durch Co, so steigt die Sättigungsinduktion und damit auch die Remanenzinduktion. Da Co aber die Ausscheidung bei der Härtung verlangsamt, werden noch 3 bis 6% Cu hinzugesetzt. Diese Legierungstypen werden meist unter dem Namen AlNiCo geführt (entwickelt 1936).
AlNiCo-Legierungen. AlNiCo ist meist ein Fünfstoffsystem und daher schwer optimal herzustellen. Die Energiewerte liegen bei 25% Co schon höher als $16\ \mathrm{W \cdot s \cdot dm^{-3}}$. Es tritt ein Maximum der Koerzitivfeldstärke ($H_C \approx 400\ \mathrm{A \cdot cm^{-1}}$) bei $\approx 6\%$ Al auf. Heute erreicht man relativ leicht die magnetischen Werte, die in Tafel 6.9 (S. 786) aufgeführt sind. Werden dem Co noch 6 bis 8% T zugefügt, so erhält man außerordentlich hohe Koerzitivfeldstärken. Bild 6.35 zeigt eine Auswahl von mittleren Entmagnetisierungskurven der wichtigsten AlNi-Ausscheidungshärter.

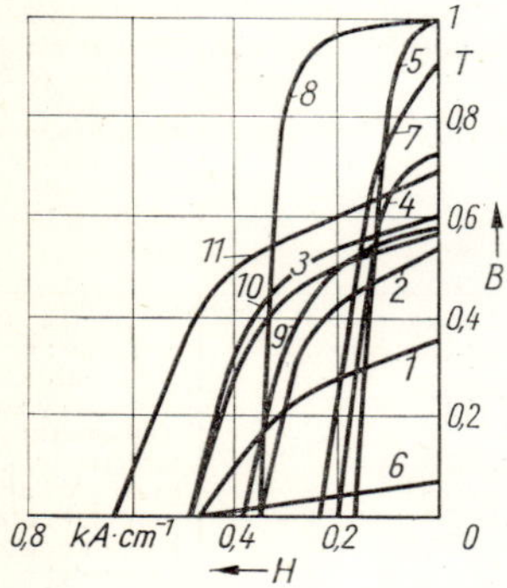

Bild 6.35
Entmagnetisierungskurven der AlNi-Legierungen
1 Nipermag, AlNi 120, NIPERMAG (UdSSR);
2 AlNiCo 220, ALNIKO XII (UdSSR);
3 AlNiCo 350, ALNIKO VII (UdSSR);
4 JUND K 18 (AHKO 3) (UdSSR);
5 JUND K 15 (AHKO 2) (UdSSR), Alnico 190;
6 AlNiCo 400, Alnico VE (USA), JUND K 2UT2 (UdSSR);
7 AlNiCo 550;
8 AlNiCo 580, Alnico VB DG (USA), JUND K 25A (UdSSR);
9 AlNiCo VB (USA); *10* AlNiCo 500, JUND K 2UB (UdSSR);
11 Ticonal XX (Engl.), Alnico 800
UdSSR-Materialien nach GOST 9575-60

Verwendung von AlNi-Dauermagneten. Die Erhöhung des Energiewertes führt zu grundsätzlichen Änderungen im Aufbau des magnetischen Kreises von Geräten. Das Magnetvolumen nimmt erheblich ab; die hohen Koerzitivfeldstärken erlauben den Bau von magnetischen Kreisen mit kurzen magnetisch aktiven Stücken, z.B. Innenmagnet-Drehspulmeßwerke, die erheblich kleiner sind als Meßwerke mit Außenpolen und eine sehr geringe Streuung haben.

Ein Dauermagnet einer Fünfstofflegierung trägt bei einer Eigenmasse von 0,47 g bereits 1650 g; das Verhältnis von Eigenmasse zu Belastung beträgt also etwa 1/3500.

Zwar werden die AlNi-Magnete schon teilweise durch hartmagnetische Ferrite ersetzt, aber sie nehmen noch einen beachtlichen Teil der Produktion ein. Hinsichtlich der Alterung und der Temperaturempfindlichkeit sind sie wesentlich besser als die Kohlenstoffstähle (s. auch Abschnitte 6.1.2.3., S. 751, und 6.1.2.4., S. 752).

Sonderlegierungen

Unter Sonderlegierungen sind hier die Legierungen aufgeführt, die nur in verhältnismäßig geringen Mengen in der Technik verwendet werden. Beispiele von Entmagnetisierungskurven zeigt Bild 6.36.

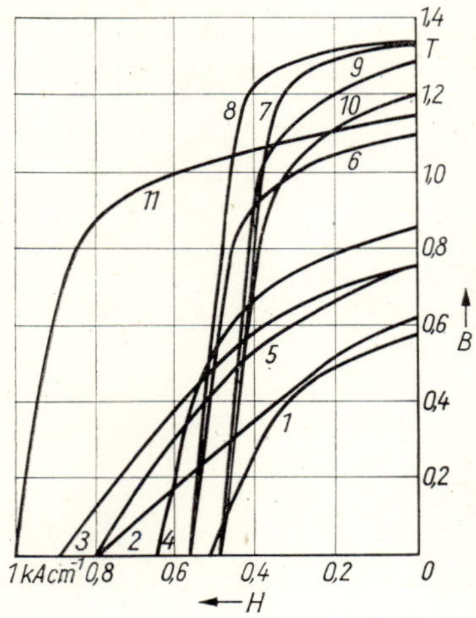

Bild 6.36
Entmagnetisierungskurven der Sonderlegierungen
1 CuNiCo I; *2* CuNiCo II; *3* CuNiFe I; *4* CuNiFe II; *5* Remalloy (KOMOL); *6* Silmanal; *7* Vicalloy I; *8* Vicalloy II; *9* Permet PF-1; *10* Permet PF-2; *11* neue Legierung KS (Novyj splav KS)

CuNiFe-Legierungen. Sie erreichen in ihren magnetischen Eigenschaften nur die einfachen AlNi-Magnete ohne Zusätze, sind aber leicht zu bearbeiten. Sie können nach der magnetischen Schlußbehandlung noch sehr gut kaltgewalzt oder gezogen werden.
Durch die Kopplung von Ausscheidungshärtung und Härtung durch Kaltverformung erreicht man eine weitere Steigerung der magnetischen Härte. Die starke Kaltumformung erzeugt eine magnetische Anisotropie, die sog. *Walztextur.* Wird der Fe-Gehalt auf etwa 12 bis 20% herabgesetzt, so erhöht sich die Koerzitivfeldstärke, und die Remanenzinduktion wird kleiner (Material: Magnetoflex 12 oder 20, Daten in Tafel 6.10).
FeCoV-Legierungen (Vicalloy). Diese Legierungen haben ausgezeichnete hartmagnetische Eigenschaften (Tafel 6.10) und sind leicht zu bearbeiten. Sie werden nach der Glühbehandlung kaltgeformt und erneut angelassen. Die Entmagnetisierungskurven haben etwa Rechteckform; das wirkt sich günstig auf das Energieprodukt $(BH)_{max}$ aus. Das Material ist stark anisotrop. Infolge des hohen Co-Gehalts (> 50%) sind die Legierungen sehr teuer, und ihre Anwendung ist dadurch begrenzt.
CuNiCo-Legierungen. CuNiCo ist analog dem CuNiFe-System aufgebaut. Die Koerzitivfeldstärken liegen meist höher. Die Legierungen werden wegen des hohen Preises nur in Sonderfällen benutzt.
FeMn-Legierungen. Die magnetischen Werte sind richtungsabhängig und betragen

in Vorzugsrichtung	quer zur Vorzugsrichtung
$B_r \approx 0{,}64\,T$; $H_C \approx 140\,A\cdot cm^{-1}$;	$B_r \approx 0{,}4\,T$; $H_C \approx 130\,A\cdot cm^{-1}$;
$(BH)_{max} = 3\,W\cdot s\cdot dm^{-3}$.	

Die Legierungen sind kaltwalzbar und anschließend noch leicht bearbeitbar.

Tafel 6.10. Hartmagnetische Sonderlegierungen[1]

Benennung	Legierungsbestandteile (Höchstwerte) in Masse-%	Dichte ϱ* $g \cdot cm^{-3}$	ϱ $\mu\Omega \cdot cm$	Magn. Vorzugsrichtung	Mechan. Zustand nach der magn. Endbehandlung	$(BH)_{max}$ $Ws \cdot dm^{-3}$	B_r T
CuNiCo I	50 Cu; 21 Ni; 29 Co	8,3	24	nein	weich	6,7	0,345
CuNiCo II	35 Cu; 24 Ni; 41 Co	8,3	24	nein	weich	7,9	0,53
CuNiFe CuNiFe I	68 Cu; 20 Ni; 12 Fe 60 Cu; 20 Ni; 20 Fe	8,7 8,65	20 18	ja ja	weich weich	8,6 14,65	0,33 0,57
CuNiFe II	50 Cu; 20 Ni; 27,5 Fe; 2,5 Co	8,6	20	ja	weich	6,9	0,73
Magnetoflex 72 (FeCrNi)	72 Fe; 18 Cr; 10 Ni	7,88		ja	spröde	4,0	0,3
Koerzit H[3] (FeCoV)	53 Co; 8 V; 39 Fe	8,1	46	ja	spröde	7,9	1,6
Koerzit T Band[3]	52 Co; 4 Cr; 8 V; 36 Fe	8,15	55	ja	spröde	17,4	1,1
Koerzit T Draht[3]	52 Co; 4 Cr; 8 V; 36 Fe	8,15	55	ja	spröde	24	1,2
FeCoV I[3] (Vicalloy I)	52 Co; 9,5 V; 38,5 Fe	8,2	60	ja	spröde	8	0,9
FeCoV II[3] (Vicalloy II)	52 Co; 13 V; 35 Fe	8,2	60	ja	spröde	27,7	1,0
Platin-Eisen	77,8 Pt; 22,2 Fe	15,5	28	nein	weich	24,9	0,583
Platin-Kobalt	76,7 Pt; 23,3 Co	15,5	28	nein	weich	37	0,453
				nein	weich	28,2	0,64
				nein	weich	74	0,64
Silmanal	86,75 Ag; 8,8 Mn; 4,45 Al	9	26	nein	weich	0,065	0,06
Samarium-Kobalt	33 Sm; 67 Co	≈ 8	500	ja		144	0,87

[1] Ausscheidungshärter und Legierungen mit Überstruktur, die mechanisch gut zu bearbeiten sind. Sie haben teure Legierungskomponenten, werden nur in Ausnahmefällen benötigt und sind daher nicht standardisiert. Sie sind nach der Schlußbearbeitung noch sehr gut formbar, z.B. durch Kaltziehen oder Walzen.

[2] Durch Kopplung von Ausscheidungshärtung und Kaltformung erreicht man eine weitere Steigerung der magnetischen Härte. Starke Kaltumformung erzeugt eine magnetische Anisotropie, die Walztextur.

[3] rechteckige Entmagnetisierungskurven, stark anisotrop magnetisch

BH_C[2]) $A \cdot cm^{-1}$	B_A T	BH_A $A \cdot cm^{-1}$	η %	μ_u	H_s $kA \cdot cm^{-1}$	l/d	Bemerkungen	Ähnlicher Werkstoff	Mechanische Werte	
									Q $N \cdot mm^{-2}$	Härte
560	0,2	315	35	4	3	2,2		KUNIKO I (UdSSR), Cunico (USA)	700	200 HB
358	0,34	282	42	13	3	4		KUNIKO II (UdSSR), Cunico (USA)	700	200 HB
540 465	0,22 0,43	330 320	45 53	4 10	3 3	2,2 2,8	ausgehärtet: kalt verformbar und spanabhebend zu bearbeiten. Kaltwalzgrade bis 95 % möglich. Bänder und Drähte < 0,1 mm sind herstellbar. Membranen für Telefonhöhrer	Magnetoflex 12, KUNIFE I (UdSSR), Cunife I (USA), Magnetoflex 20		
210	0,47	140	40	30	2,5	6		KUNIFE II (UdSSR), Cunife II (USA)	700	200 HB
320	0,23	176	42	4 ··· 6	5	2,5	hochfester Draht, 0,9 mm Drahtdurchmesser; Magnettonverfahren	Spezialherstellung	–	–
111	1,1	72	45	8	10	12	Baustoff für Hysteresismotoren, Kleinmagnete, elektrische Uhrwerkmotoren	Spezialherstellung	–	–
253	0,82	212	68	8	10	7	Drehmagnete, Rückstellnadeln, Magnetkompasse, Spielzeug, Haltemagnete	Vicalloy II	–	–
317	1	240	62	8	10	7				
238	0,55	145	39	7,9	10	12	Verwendung etwa wie Koerzit H	VIKALLOJ I (UdSSR), Vicalloy (USA, BRD)		(60HRC)
400	0,82	338	69	7,1	10	7	Bänder oder Drähte können für die Tonaufzeichnung verwendet werden	VIKALLOJ II (UdSSR), Vicalloy (USA), Magnetoflex 35	1400 ··· 2500	(60HRC)
1280	0,30	760	34	5	16	2	ähnlich FePtRh, sehr teuer	Platino-šeleznyj splav (UdSSR), PtFe (USA)	720	(26HRC)
2160	0,25	1200	31	1,1 ··· 1,3	16	2	gegossener Werkstoff, bei 1200 °C geglüht, sehr teuer	Platino-kobal'tovyj splav (UdSSR), PtCo (USA)	–	(26HRC)
1267	0,40	728	36	1,1 ··· 1,3	16	2	Anwendung in Magnetmotoren für elektrische Uhren, sehr teuer			
3850	0,34	2150	32	1,15	16	2				
450 (5000)	0,03	200	0,25	0,8	20	–	bietet technisch kaum Vorteile (s. auch Text)	SIMANAL (UdSSR)	770	230 HB
6800	0,44	3270								

Die übrigen Werkstoffe (FeCoMo, FeCuW und CoMnAl) haben fast keine technische Bedeutung erlangt. Das gleiche gilt für die Heuslerschen Legierungen auf der Basis CuMnAl. Hier werden im Verlauf der Anlaßbehandlung ebenfalls relativ hohe Koerzitivfeldstärken beobachtet ($H_C > 160\ \mathrm{A \cdot cm^{-1}}$).

Pt-Legierungen. Bei 70% Pt, Rest Fe, erhält man eine Legierung mit sehr guten magnetischen Eigenschaften (s. Tafel 6.10). Die besten magnetischen Werte erhält man durch Glühen bei Temperaturen über 1350 °C mit nachfolgendem raschem Abschrecken.
Bei CoPt-Legierungen fand man noch etwas günstigere magnetische Werte. Der hohe Preis verbietet den Einsatz dieser Legierungen meist. Sie werden nur in sehr teuren Meßwerken in geringen Mengen eingesetzt, z.B. Vibrationsgalvanometer, Uhrenmagnetmotoren.
Legierungen mit Überstruktur. Bei diesen Legierungen ist das Auftreten der hohen Koerzitivfeldstärke (einige $10^3\ \mathrm{A \cdot cm^{-1}}$) mit der Ausbildung einer Überstruktur verbunden.
Mn-Legierungen. Die von *Potter* angegebene Legierung mit 86% Ag, 5% Al und 9% Mn gehört zu den nichtferromagnetischen Legierungen mit hoher Koerzitivfeldstärke. Sie ist leicht verformbar. Nach mehrstündigem Anlassen bei 250 °C wird sie ferromagnetisch ($_JH_C = 4800\ \mathrm{A \cdot cm^{-1}}$). Für die technische Anwendung ist aber der Wert $_BH_C$ bestimmend. Er beträgt nur $430\ \mathrm{A \cdot cm^{-1}}$ bei $B_r = 0{,}055$ T (s. Tafel 6.10, Silmanal). Die Legierung ist deshalb von geringem technischem Interesse.
Pulvermagnete. Reineisenpulvermagnete (s. auch Abschn. 6.1.3.1., S. 755) lassen sich in verschiedenste Formen pressen. Die Koerzitivfeldstärke steigt bei FeCo- und Reineisen-Legierungspulvern linear mit der Dichte des Preßkörpers nach der Beziehung

$$H_C \approx \frac{\varrho_0^* - \varrho^*}{\varrho_0^*}; \tag{6.20}$$

ϱ_0^* Dichte des massiven Eisenkörpers,
ϱ^* Dichte des Preßkörpers.

Der Preßdruck zur Erhöhung der Dichte des Preßkörpers darf aber nicht zu hoch gewählt werden, weil dann eine Kaltverschweißung der Teilchen auftritt, wodurch sich die Teilchen wieder vergrößern (> 1 μm) und die Koerzitivfeldstärke stark sinkt.
MnBi-Pulvermagnete haben außergewöhnlich hohe Koerzitivfeldstärken (bis $10^4\ \mathrm{A \cdot cm^{-1}}$ bei 5 μm Teilchendurchmesser). Bei diesen Magneten sinkt die Koerzitivfeldstärke etwa hyperbolisch mit der Teilchengröße; bei 20 μm Teilchendurchmesser beträgt sie nur noch $2500\ \mathrm{A \cdot cm^{-1}}$.
Neuerdings werden diese Magnete bereits in größeren Stückzahlen mit verschiedenen Kenndaten hergestellt und beispielsweise als Zählermagnete eingesetzt (Tafeln 6.11 und 6.12).
Bezeichnung und Kennzeichnung metallischer Dauermagnete. Die Kennzeichnung der Dauermagnetwerkstoffe erfolgt meist nach nachstehend angeführter Systematik. Außer der Markenbezeichnung (Tafel 6.9, S. 786), die sich aus den chemischen Symbolen der hauptsäch-

Tafel 6.11. Pulvermagnete

Materialbasis		B_r T	$_JH_C$ $\mathrm{A \cdot cm^{-1}}$	$_BH_C$ $\mathrm{A \cdot cm^{-1}}$	$(BH)_{max}$ $\mathrm{Ws \cdot dm^{-3}}$	Dichte $\mathrm{g \cdot cm^{-3}}$	Massebestandteile
Reinsteisen	a)	14,3	2870	2800	310	4,3	
	b)	9,0	580	560	28,5	4,3	100% Fe
Eisen – Kobalt	a)	16,3	3300	3200	400	4,4	
	b)	9,05	840	830	40	4,4	70% Fe; 30% Co
MnBi	a)	7,8	30000	6250	121		
	b)	4,8	4800	2900	68		Mn; Bi

a) theoretisch erreichbare Werte
b) praktisch erreichte Werte in Laborausführung

Tafel 6.12. Industriell hergestellte Pulvermagnete

Bezeichnung	B_r T	$_BH_C$ A · cm⁻¹	$(BH)_{max}$ Ws · dm⁻³	Herstellerländer (Hersteller)	Werkstoff
Reinsteisen-pulvermagnet	0,54 ··· 9,0	560 ··· 270	7,25 ··· 28,5	Frankreich, BRD, USA, UdSSR	Néel PF 1,2 100% Fe
Pulvermagnet	0,62	500	11,1	BRD	FeCo 70% Fe, 30% Co
Hyflux	0,55 ··· 0,85	470 ··· 320	8,75 ··· 12,7	Frankreich (Société d. Electrochimie, de Elektrometallurgie et des Aciéries, Electrique d'Ugine)	Hyflux FeCo 0 ··· 30% Co, Rest Fe
MnBi-4	0,316	908	11,6	USA (Guilland and Naval Ordonance Laboratory, Washington)	MnBi
MnBi-7	0,340	1620	15,5		MnBi
MnBi-11	0,337	2530	25,3		MnBi
Bismanol	0,43	2780	27,8		MnBi

lichsten Legierungsbestandteile und dem ungefähren maximalen Energiewert in 0,08 W · s × dm^{-3} (10^4 G · Oe) zusammensetzt, können zur Kennzeichnung des Herstellungsverfahrens die Buchstaben G = gegossen, S = SINT = gesintert, P = Press = gepreßt vor die Markenbezeichnung gesetzt werden. Zur Kennzeichnung des Behandlungszustandes können die Buchstaben G = weichgeglüht, H = gehärtet, HA = ausgehärtet, M = magnetisiert, MV = magnetisiert mit Vorzugsrichtung an die Markenbezeichnung angehängt werden. Die Festlegung erfolgt grundsätzlich nach den gültigen Standards [6.26].

Beispiele. Bezeichnung eines gegossenen und gehärteten Kobaltstahls Co 035:

G – Co 035 – H.

Bezeichnung eines gesinterten Werkstoffs AlNiCo 400, ausgehärtet und magnetisiert:

Sint – AlNiCo 400 HA + M.

Bei Magneten mit Vorzugsrichtung soll diese dauerhaft gekennzeichnet sein, wenn sie aus der Form nicht hervorgeht.

6.1.8. Hartmagnetische ferrimagnetische Werkstoffe

Barriumferrit. Von den hartmagnetischen Ferriten hat sich in erster Linie das Ba-Ferrit ($BaO \cdot 6\,Fe_2O_3$) durchgesetzt (s. Bild 6.37, S. 795). Es zeichnet sich besonders durch hohen spezifischen Widerstand ($\varrho > 10^2\ \Omega \cdot$ cm), geringe Dichte ($\varrho^* = 4{,}3$ bis 5 g · cm^{-3}) und hohe Koerzitivfeldstärke ($H_C = 1280$ bis 2400 A · cm^{-1}) aus. Außerdem läßt es sich aus billigen Rohstoffen herstellen.

So ersetzt z.B. 1 kg Maniperm 820 oder 860 bei richtigem Einsatz 140 g Al und 300 g Ni, wenn es anstelle von AlNi 120 verwendet wird, oder 30 g Al, 81 g Co, 14 g Cu, 52 g Ni und 3 g Ti, wenn es statt AlNiCo 400 eingesetzt wird.

Magnetische Wechselflüsse ändern die hartmagnetischen Eigenschaften beim Ba-Ferrit wenig, da der hohe elektrische Widerstand die Wirbelströme begrenzt. Infolge der hohen Koerzitivfeldstärke H_C und der im Vergleich zu den metallischen hartmagnetischen Werkstoffen relativ niedrigen Remanenzinduktion B_r erhält man kurze, gedrungene Magnete, die gleichzeitig sehr stabil gegen Zustandsänderungen des magnetischen Kreises sind.
Besonderen Einfluß auf die magnetischen Eigenschaften haben die Herstellungsbedingungen und der Gehalt an BaO. Eine Steigerung der Sintertemperatur über 1100 °C ist nicht zweck-

Tafel 6.13. Hartmagnetische Ferrite

Zusammensetzung	Markenbezeichnung[1])	Vorzugsrichtung	$(BH)_{max}$ Ws · dm^{-3}	B_r T	$_BH_C$ A · cm^{-1}	B_A T
Bariumferrit $BaO \cdot 6 Fe_2O_3$	Maniperm 820	nein	6,8 ··· 8,75	0,18 ··· 0,23	1200 ··· 1550	≈ 0,1
	1 BI	nein	8 ··· 10	0,18 ··· 0,22	1200 ··· 1500	≈ 0,1
	Maniperm 825	nein	> 4,8	> 0,17	> 1130	
	Maniperm 830	ja	8,8 ··· 12,8	0,22 ··· 0,26	1410 ··· 1910	
	Koerox 300 K	ja	20 ··· 29	0,33 ··· 0,39	1430 ··· 2060	0,15 ··· 0,24
	Maniperm 850	ja	20,0 ··· 25,6	0,32 ··· 0,37	1230 ··· 2000	
	3 BA	ja	20 ··· 26	0,36 ··· 0,40	1300 ··· 2000	0,17 ··· 0,22
	Maniperm 860	ja	25,6 ··· 32,0	0,37 ··· 0,41	1500 ··· 2400	
Kobaltferrit	Vectolit	ja	4 ··· 5	0,16	700	0,09
	Fercolit 5202	ja	10	0,25	1000	0,13
	Fercolit 5201	ja	12	0,24	1400	0,14
Bleiferrit			16	0,33	1500	0,18

[1]) Markenbezeichnungen sind gesetzlich geschützte Firmenbezeichnungen. Dabei ist Maniperm die Bezeichnung vom Kombinat VEB Keramische Werke Hermsdorf, Ferroxdure von Philipps, Koerox von Krupp und Oxit von DEW. Maniperm ist standardisiert nach TGL 16541. BI Bariumferrit isotrop (UdSSR); BA Bariumferrit anisotrop (UdSSR)

mäßig. Oberhalb dieser Temperatur tritt eine Kornvergrößerung ein, die zur Abnahme der Koerzitivfeldstärke führt.
Die günstigste Zusammensetzung liegt bei $BaO \cdot 6\,Fe_2O_3$. Ungünstig sind die hohen Temperaturkoeffizienten des Ba-Ferrits (Temperaturkoeffizient der Remanenz $\alpha_B = -0{,}002\,K^{-1}$; TK der Koerzitivfeldstärke $\alpha_H = +0{,}005\,K^{-1}$). Sie sind bis zu zehnmal größer als die der

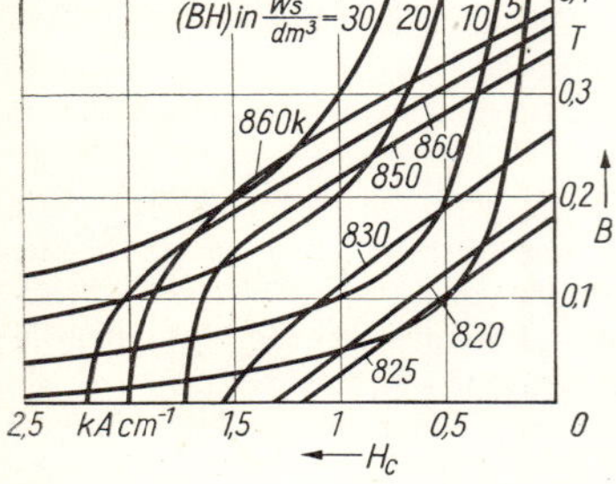

Bild 6.37
Entmagnetisierungskurven hartmagnetischer Ferrite vom Typ Maniperm 820, 825, 830, 850, 860, 860k

$_BH_A$ $A \cdot cm^{-1}$	ϱ $\Omega \cdot cm$	Curie-Temperatur ϑ_C °C	Ähnliche Ferrite	Bemerkungen	Anwendungen
450 ⋯ 800	$> 10^5$	> 450	Oxit 100 Ferroxdure I Koerox 100	relative reversible Permeabilität μ_u = 1,1 ⋯ 1,3; Rohdichte ϱ^* = 4,5 ⋯ 5,5 $g \cdot cm^{-3}$ Wegen hoher Temperaturkoeffizienten und des größeren Volumens im Vergleich zu AlNiCo-Magneten für Meßinstrumente der Genauigkeitsklassen < 2,5, Kleinstmikrofone und Schwerhörigengeräte nicht zu empfehlen. Aus preßtechnischen Gründen darf der Querschnitt der Magnete senkrecht zur Preßrichtung 100 cm^2 nicht überschreiten. Maßabweichungen durch Preßtechnologie ± 3%, Nachbearbeitung nur durch Schleifen	1. Erzeugung mechanischer Kraft, z. B. Haftmagnete, magnetisch entlastete Lager, Kupplungen, Spannplatten 2. Umwandlung mechanischer in elektrische Energie, z. B. Kleingeneratoren, Mikrofone 3. Umwandlung elektrischer in mechanische Energie, z. B. Kleinmotoren, polarisierte Magnete, Telefone, Lautsprecher
600 ⋯ 800					
	$> 10^8$	> 450	0,7 BI (UdSSR)		
	10^3	> 450			
1190 ⋯ 1510	10^2 ⋯ 10^4	> 450	Ferroxdure III Oxit 300 kk		
	10^2	> 450	Oxit 300 k Koerox 300		
≈ 1200					
	10^3	450	Oxit 300 R		
420	10^2 ⋯ 10^6			ϱ^* = 2,8 ⋯ 3,1 $g \cdot cm^{-3}$ 26% Co_2O_3; 30% Fe_2O_3; 40% Fe_3O_4	Kobalt- und Bleiferrite werden wegen des hohen Preises und der schlechten technischen Daten wenig angewendet
	$0{,}5 \cdot 10^6$				
	10^2				
850		460			

üblichen metallischen hartmagnetischen Werkstoffe. Eine Anwendung des Ba-Ferrits in Meßgeräten ist deshalb ohne Kompensation des Temperatureinflusses nicht zu empfehlen.

Die Teilchen des Ferritpulvers haben eine starke magnetische Anisotropie. Eine wesentliche Verbesserung der magnetischen Eigenschaften läßt sich durch Ausrichten der Teilchen in einem starken statischen Magnetfeld ($H \approx 8000\ A \cdot cm^{-1}$) erreichen. Auf diese Weise erhält man hartmagnetische Werkstoffe mit Vorzugsrichtung. Damit kann man den Energiewert $(BH)_{max}$ von 7 auf 22 $W \cdot s \cdot dm^{-3}$ steigern. Nach dem Ausrichten im Magnetfeld wird das Material gepreßt. Durch den daran anschließenden Sinterprozeß wird die Anisotropie noch verbessert. Die anisotropen Erscheinungen werden auch zur Verminderung der Streuung und Steuerung des magnetischen Feldes ausgenutzt. Bild 6.37 zeigt die Entmagnetisierungskurven gebräuchlicher Ba-Ferrite; in Tafel 6.13 sind die Daten der bekanntesten hartmagnetischen Ferrite zusammengestellt.

Kobalt-, Strontium- und Bleiferrite. Wichtigste Kenngrößen s. Tafel 6.13. Co-, Sr- und Pb-Ferrite haben gegenüber dem Ba-Ferrit keine günstigeren Eigenschaften, weswegen sie in der Technik in nur geringem Umfang verwendet werden.

Ba-Ferrite sind heute die mit Abstand preisgünstigsten Dauermagnetwerkstoffe. Sie überflügeln deshalb seit 1970 mengenmäßig die AlNiCo-Werkstoffe [6.27].

Hartmagnetische ferritische Sonderwerkstoffe. Für Sonderanwendung sind elastische hartmagnetische Sonderwerkstoffe entwickelt worden, die zur Schwingungsbedämpfung, zum Abdecken beim Farbspritzen oder bei Projektierungsarbeiten eingesetzt werden.

Der hartmagnetische Plattengummi Manigum (vom Kombinat VEB Keramische Werke Hermsdorf; Lieferabmessungen: maximale Länge 1000 mm, Breite 150 mm, Dicke 1,8 bis 0,3 mm) hat bei einem Luftspalt von 4 mm eine Haltekraft von 350 mN · cm^{-2}.

6.1.9. Unmagnetische (schwachmagnetische) metallische Werkstoffe [6.28] [6.29] [6.30]

Im technischen Sinne unmagnetische[1]) Werkstoffe werden vor allem dort eingesetzt, wo

- Feldlinien kein Nebenschluß geboten werden soll bei höheren Festigkeitswerten als z.B. bei denen von Messing (Induktorkappenringe, Verschlußkeile von Nuten, Bandagendraht),
- starke Wechselfelder in magnetischen Materialien hohe Erwärmungen und Verluste hervorrufen würden (Spannbolzen an Transformatorenkernen),
- der Verlauf des natürlichen Erdfeldes nicht gestört werden soll (Kompaßgehäuse, Decksaufbauten von Vermessungsschiffen).

Die entsprechenden Materialien sind entweder von Natur aus unmagnetisch und erhalten nur durch Legierungszusätze magnetische Eigenschaften, oder sie haben durch Zusätze einen niedrigen Curie-Punkt unterhalb der Raumtemperatur.
In Nichteisenmetallen werden ferromagnetische Verunreinigungen nur dann wirksam, wenn sie ungebunden oder in ferromagnetischen Kristallformen enthalten sind.
Kupfer bildet mit Ni eine Mischkristallreihe, die bis zu etwa 60% Ni unmagnetisch ist. Co und Fe sind nur in geringem Maße in Cu löslich, müssen aber bei hohen Ansprüchen aus dem Material entfernt werden.
Messing verhält sich gegenüber den Eisenmetallen ähnlich wie Cu. In beiden Fällen müssen deshalb reinste Ausgangswerkstoffe verarbeitet werden, und beim Schmelzen und Gießen muß jeder Kontakt mit Eisenwerkzeugen vermieden werden.
Zink und *Aluminium* binden die Eisenmetalle in unmagnetischen Verbindungen, z.B. Zn_3Fe oder Al_3Fe. Zinkspritzguß und Al-Legierungen können deshalb leicht unmagnetisch gehalten werden.
Als *unmagnetische Fe-Legierungen* gelten
Fe-Legierungen mit 25 bis 28% Ni zwischen -50 und $+250$ °C ($\mu_r < 1{,}01$);
Fe-Legierungen mit 10 bis 14% Mn. Sie sind sehr hart und können durch plastische Verformungen magnetisch werden ($\mu_r = 1$ bis 2). Fe-Legierungen mit mehr als 80% Cr, auch Ni-Legierungen mit mehr als 6% Cr;
Fe-Legierungen mit 10% Ni, 7,5% Cr oder 12% Ni, 12% Cr.
Durch Zusätze von Co, Ni, Cu, Mn, C oder N läßt sich die α-γ-Umwandlung des Eisens (Curie-Punkt) in Temperaturbereiche unterhalb der Raumtemperatur verschieben. Das Gefüge bleibt dann austenitisch und unmagnetisch. Unmagnetisches Gußeisen ist im Handel unter den Bezeichnungen *Austenit-Gußeisen* ($\mu_r = 2$ bis 4), *Nimol*, *Monel-Gußeisen*, *Nomag* (10% Ni, 5% Mn), *Niresist* (3% C, 15% Ni, 1% Mn, 6% Cu, 4% Cr, 1,5% Si), *Nodumag* (3% C, 8% Mn, 12% Ni).

Die Bearbeitbarkeit von Nomag ist wegen des relativ hohen Mangangehalts schlecht. Sie ist beim Niresist infolge des höheren Ni-Gehalts besser. Der Cu-Zusatz wirkt stabilisierend auf das austenitische Gefüge, der Cr-Gehalt erhöht die Korrosionsbeständigkeit.
Nickelfreies nichtmagnetisches Gußeisen (G-X350Mn11) ist nach [6.31] standardisiert.

Im Elektromaschinenbau benötigt man zur Befestigung der Leiterschleifen in Läufern unmagnetische Werkstoffe hoher Festigkeit. Solche Werkstoffe sind vor allem austenitische Stähle, z.B. X12CrNi18,8 (18% Ni, 8% Cr); dieser ist reaktionsfest, säurebeständig und bis

[1]) Unmagnetisch wird als paramagnetisch oder schwach ferromagnetisch im technischen Sinne verstanden. Die relative Permeabilität darf den Wert 1,01 bei einem äußeren Feld von 7960 A · m^{-1} nicht übersteigen.

etwa 900 °C hitzebeständig. Weiterhin gehören zu dieser Gruppe aushärtbare CrNi-Stähle mit Zusätzen von Beryllium und Titan (Festigkeit bis 1100 N · mm^{-2}).
Contracid-Beryllium (60% Ni, 15% Cr, 7% Mo) und *Nivarox* sind hochelastische unmagnetische Materialien und finden vor allem für Uhrenfedern Verwendung.
NiCu-Legierungen mit mehr als 40% Cu, z.B. Konstantan, sind ebenfalls weitgehend unmagnetisch. Kaltgezogene Drähte aus austenitischen Stählen mit sehr hoher Streckgrenze (1600 N · mm^{-2}) werden als Bandagendrähte zur Festlegung der rotierenden Wicklungen in elektrischen Maschinen verwendet. Häufig werden anstelle von Drähten auch geschmiedete Kappenringe aus unmagnetischem Stahl über die Läufer gezogen (14% Mn, 6% Ni, 3,5% Cr). Geschmiedet wird dieses Material bei 400 bis 500 °C. Dadurch werden Streckgrenzen von 750 bis 900 N · mm^{-2} erzielt.
Für Induktorkappen werden auch mit Erfolg Ni-freie Stähle, für Bandagendrähte wegen der besseren Verformbarkeit aber weiterhin Ni-haltige Stähle angewendet. Im allgemeinen nehmen bei der Kaltformung die Sättigungsmagnetisierung, die Permeabilität und die Koerzitivfeldstärke zu; die Stähle werden in steigendem Maße ferromagnetisch.

6.1.10. Magnetische Werkstoffe der Mikrodomänentechnik

Dünne Plättchen oder Schichten bestimmter ferrimagnetischer Materialien mit einachsiger Anisotropie (mit der Vorzugsachse senkrecht zur Schichtebene) haben Bereiche spontaner Magnetisierung, die serpentinen- oder mäanderförmige Figuren bilden. Beide Magnetisierungsrichtungen senkrecht zur Schichtebene sind etwa mit gleichen Anteilen vertreten. Wirkt auf diese Schicht ein äußeres Magnetfeld in Richtung der Vorzugsachse, so geht der Anteil der Domänen mit entgegengesetzt gerichteter Magnetisierung zugunsten der anderen infolge entsprechender Wandverschiebungsvorgänge zurück. Oberhalb einer bestimmten äußeren Feldstärke bleiben nur einige (näherungsweise) zylindrische Domänen mit einer dem äußeren Feld entgegengerichteten Magnetisierung zurück, die beim Überschreiten einer weiteren bestimmten Feldstärke schließlich auch verschwinden (Bild 6.38). Diese zylindrischen Domänen können in einem inhomogenen Feld durch die Einwirkung des Gradienten der magnetischen Feldstärke, der durch elektrische oder magnetische Strukturen in der Nähe der Schichtoberfläche erzeugt wird, in der Schichtebene verschoben werden.

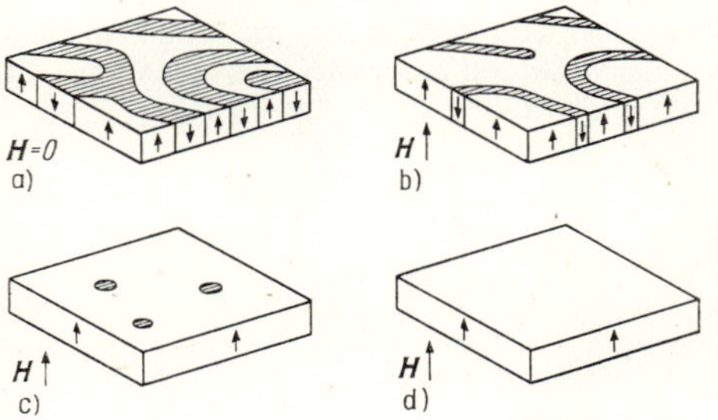

Bild 6.38
Schematische Darstellung möglicher Domänenkonfigurationen in anisotropen Materialien mit einer Vorzugsachse senkrecht zur Schichtebene bei von a) nach d) ansteigender äußerer Feldstärke H
Die Pfeile kennzeichnen die Richtung der Sättigungsmagnetisierung innerhalb des Materials

In den auf die erste entsprechende Veröffentlichung von *Bobeck* (1967) [6.33] folgenden Jahren wurden zahlreiche Einrichtungen zur Realisierung von Schaltsystemen mit der zylindrischen Domäne (auch als Blasendomäne oder Bubble bezeichnet) als Bewegungsgröße bzw. Informationsträger beschrieben, z.B. in [6.34] bis [6.38].
Neben dem Haupteinsatzgebiet in der Informationsspeicherung und -verarbeitung bietet die Mikrodomänentechnik durch Ausnutzung des Faraday- bzw. Kerr-Effektes zahlreiche Möglichkeiten zur Realisierung magnetooptischer Einrichtungen, s. z.B. [6.39] [6.40].

6.1.10.1. Allgemeine Materialeigenschaften

Die Probleme der statischen Stabilität und der dynamischen Eigenschaften zylindrischer Domänen sind in den grundlegenden Arbeiten von *Bobeck* [6.33] und *Thiele* [6.41] bis [6.43] sowie in zahlreichen darauf aufbauenden Untersuchungen zufriedenstellend theoretisch geklärt worden. Im folgenden sollen die für die Beurteilung der magnetischen Eigenschaften der verschiedenen Werkstoffe relevanten Kenngrößen und Beziehungen beschrieben werden.

Zu den hervorstechenden Eigenschaften magnetischer dünner Schichten zählt die hohe *Formanisotropie*. Sie bewirkt, daß die Magnetisierung der Schicht stets parallel zur Schichtebene erfolgt, auch wenn sie sich in einem Magnetfeld befindet, dessen Richtung davon abweicht. Das gilt auch für anisotrope Materialien, deren Vorzugsachse nicht in der Schichtebene liegt. Eine senkrecht zur Schichtebene gerichtete Magnetisierung ist nur möglich, wenn die einachsige (uniaxiale) *Anisotropiekonstante* der Bedingung

$$K_u > \frac{\mu_0 M_s^2}{2} \tag{6.21}$$

genügt. Mit der für die Beschreibung der Anisotropie häufig benutzten *Anisotropiefeldstärke*

$$H_k = \frac{2K_u}{\mu_0 M_s} \tag{6.22}$$

lautet die Bedingung dann

$$\frac{H_k}{M_s} > 1.$$

Diese Bedingung wird von einigen magnetischen Metalloxiden (Orthoferriten, Granaten, hexagonalen Ferriten) sowie von MnBi, GdCo und ähnlichen Stoffen erfüllt, die damit die Grundvoraussetzung für die Existenz von magnetischen Domänen mit einer in der Schichtnormalen liegenden spontanen Magnetisierung bieten. Die im Bild 6.38 angedeutete lamellenartige Aufteilung des Materials in Bereiche spontaner Magnetisierung mit entgegengesetzter Richtung entspricht einem Zustand minimaler Gesamtenergie. Die durch ein äußeres Feld H bewirkte Energiezufuhr kann diese Konfiguration so weit verändern, daß unter bestimmten Bedingungen isolierte zylindrische Domänen mit einer dem übrigen Material und dem äußeren Feld entgegengerichteten Magnetisierung einem Zustand minimaler Gesamtenergie entsprechen. Die Gesamtenergie

$$W_{ges} = W_K + W_A + W_\lambda + W_H + W_M \tag{6.23}$$

setzt sich aus folgenden Anteilen zusammen:

W_K Kristallenergie (Anisotropieenergie),
W_A Austauschenergie,
W_λ Spannungsenergie (magnetoelastische Kopplungsenergie),
W_H potentielle Energie im äußeren Feld (äußere Feld- oder Wechselwirkungsenergie),
W_M magnetostatische Energie („Streufeldenergie").

Da die ersten drei Anteile rein quantenmechanischer Natur und mit den Eigenschaften der Domänenwand verbunden sind, ist es für die folgenden Betrachtungen übersichtlicher, sie in der *Wandenergie*

$$W_W = W_K + W_A + W_\lambda$$

zusammenzufassen und die quantenmechanischen Wirkungen durch einen materialabhängigen Parameter, die *Wandenergiedichte* σ_W, zu erfassen. Für 180°-Bloch-Wände mit einer (asymptotischen) Dicke

$$\delta_W = \pi \sqrt{\frac{A}{K_u}}\,^{1)} \tag{6.24}$$

erhält man für die Wandenergiedichte

$$\sigma_W = 4\sqrt{AK_u}; \tag{6.25}$$

A Austauschkonstante.

Nach genaueren Untersuchungen ermittelte Werte können jedoch hiervon um mehr als ±50% abweichen [6.45].
Für das im Bild 6.39 dargestellte idealisierte Domänenmodell wird die Wandenergie

$$W_W = \sigma_W \cdot 2\pi r_0 h. \tag{6.26}$$

Die potentielle Energie ist

$$W_H = 2\pi r_0^2 h\mu_0 M_s H; \tag{6.27}$$

M_s Sättigungsmagnetisierung.

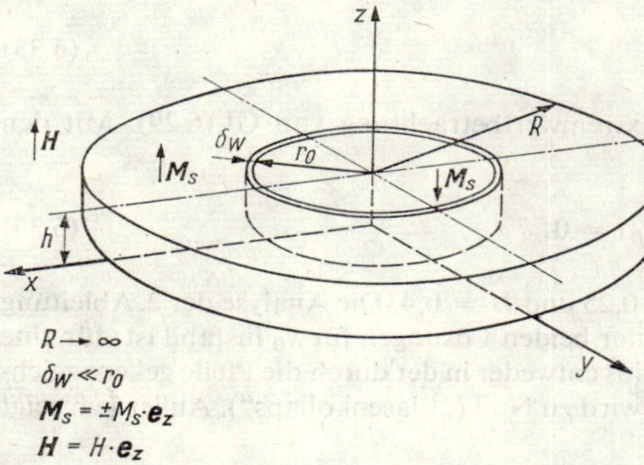

Bild 6.39
Idealisiertes Modell einer zylindrischen Domäne

Für die magnetostatische Energie ergibt sich mit $d_0 = 2r_0$ nach [6.41]

$$W_M = -\pi h^3 \mu_0 M_s^2 \int_0^{d_0/h} F\left(\frac{d}{h}\right) d\left(\frac{d}{h}\right) \tag{6.28}$$

mit

$$F\left(\frac{d}{h}\right) = \frac{2}{\pi}\left(\frac{d}{h}\right)^2 \left[\sqrt{1+\left(\frac{h}{d}\right)^2}\, E\left\{\left[1+\left(\frac{h}{d}\right)^2\right]^{-1}\right\} - 1\right], \tag{6.28a}$$

wobei *E* das vollständige elliptische Integral 2. Art

$$E\left(k, \frac{\pi}{2}\right) = \int_0^{\pi/2} \sqrt{1 - k^2 \sin^2\varphi}\, \mathrm{d}\varphi \tag{6.28b}$$

mit $k = [1 + h^2/d]^{2-1}$ ist. Mit den Gln. (6.26) bis (6.28) erhält man für Gl. (6.23)

$$W_{ges} = 2\pi r_0 h \sigma_W + \pi r_0^2 h\mu_0 M_s H - \pi h^3 \mu_0 M_s^2 \int_0^{d_0/h} F\left(\frac{d}{h}\right) d\left(\frac{d}{h}\right). \tag{6.29}$$

1) Eine exakte Gleichung für δ_W wird von Hagedorn zitiert [6.47]

Diese für eine idealisierte Domäne gültige Energiegleichung bildet die Grundlage für alle weiteren Betrachtungen. In der von *Thiele* begründeten und inzwischen weitgehend vervollständigten Theorie wurde Gl. (6.29) so weit verallgemeinert, daß praktisch alle Eigenschaften realer Domänen mit näherungsweise zylindrischer Form berücksichtigt werden können. Die folgende Darstellung beschränkt sich jedoch im wesentlichen auf zylindrische (ideale) Domänen. Zur besseren Übersicht werden folgende Größen eingeführt:
die normierte Energie

$$W^* = \frac{W}{2\pi\mu_0 h^3 M_s^2}, \tag{6.30}$$

die normierte Feldstärke

$$H^* = \frac{H}{M_s}, \tag{6.31}$$

die nur von den Materialeigenschaften abhängige „charakteristische" Länge

$$l = \frac{\sigma_W}{\mu_0 M_s^2} \tag{6.32}$$

sowie der auf die Schichtdicke bezogene Domänenradius

$$x_0 = \frac{r_0}{h}; \tag{6.33}$$

der Domänenradius ergibt sich aus einer Extremwertbetrachtung von Gl. (6.29). Mit den Gln. (6.30) bis (6.33) erhält man

$$\left(\frac{\partial W_{ges}}{\partial x}\right)_0 = \frac{l}{h} + x_0 H^* - F(2x_0) = 0. \tag{6.34}$$

Bild 6.40 zeigt die grafische Lösung für $l/h = 0{,}25$ und $H = 0{,}4$. Die Analyse der 2. Ableitung von Gl. (6.29) nach r_0 zeigt, daß die kleinere der beiden Lösungen für x_0 instabil ist; für eine bestimmte Feldstärke strebt der Domänenradius entweder in der durch die Pfeile gekennzeichneten Richtung den stabilen Wert an, oder er wird zu Null („Blasenkollaps"). Außerdem zeigt

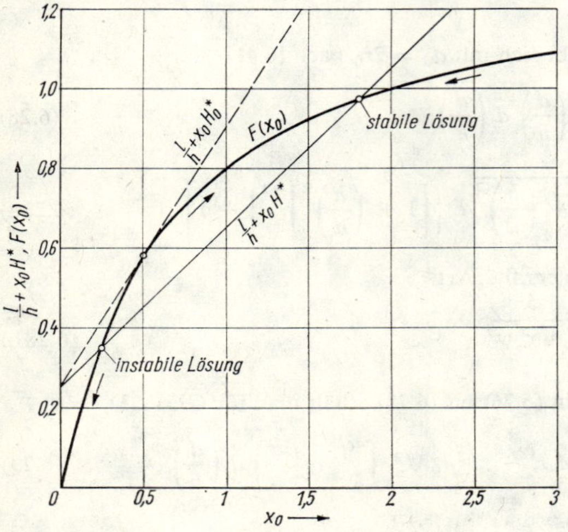

Bild 6.40
Grafische Lösung der Energiebilanz [Gl. (6.34)] für $l/h = 0{,}25$ und $H^* = 0{,}4$

die grafische Darstellung, daß ein Wert H_0^* existiert, bei dessen Überschreiten keine zylindrischen Domänen existieren können. $H_0 = H_0^* M_s$ ist die für eine bestimmte Schichtdicke geltende maximale Feldstärke, deren Überschreiten die Existenz zylindrischer Domänen ausschließt (häufig als „Kollapsfeldstärke" H_{col} bezeichnet).
Mit einer von *Callen* und *Josephs* [6.44] angegebenen überraschend guten Approximation für $F(2x_0)$ in Gl. (6.28) bzw. (6.34)

$$F(2x_0) \approx \frac{2x_0}{\left(1 + \frac{3}{2} x_0\right)} \tag{6.35}$$

kann dieser Wert analytisch näherungsweise bestimmt werden:

$$H_0^* = 1 + \frac{3}{4} \frac{l}{h} - \sqrt{3 \frac{l}{h}}. \tag{6.36}$$

Im Bild 6.41 sind die aus diesen Betrachtungen gewonnenen minimalen Domänendurchmesser d_0 in Abhängigkeit von der Schichtdicke in normierter Form dargestellt. Der ebenfalls abgebildete Verlauf von d_2 stellt die Abhängigkeit des maximalen Domänendurchmessers von der Schichtdicke dar. Dieser Durchmesser entspricht dem Grenzwert vor dem Übergang zu Streifendomänen (Grenzwert der elliptischen Instabilität). Er ergibt sich aus der verallgemeinerten Form von Gl. (6.29) bzw. Gl. (6.34), wenn Abweichungen von der Kreisform für den Domänenquerschnitt zugelassen werden, so daß der reale Übergang von der (angenäherten) Kreisform über einen elliptischen Querschnitt zur Streifendomäne erfaßt werden kann, und wird für einen elliptischen Querschnitt mit dem Achsenverhältnis 1,5 definiert [6.41] bis [6.43].

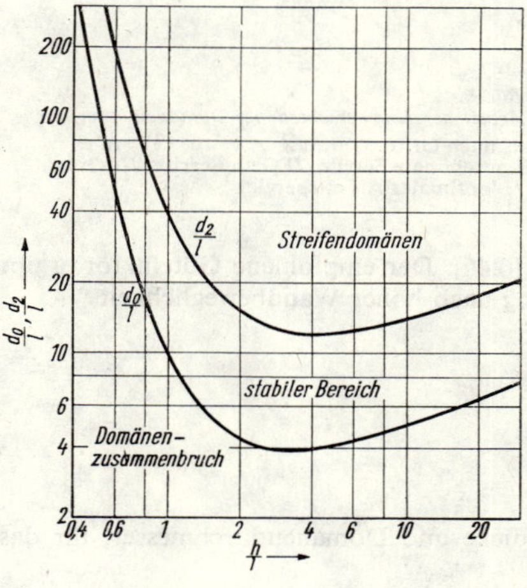

Bild 6.41
Domänendurchmesser d_0 und d_2 als Funktionen der Schichtdicke h
l charakteristische Länge
nach [6.43]

Die theoretische Analyse der (statischen) Domäneneigenschaften ergibt also unabhängig von der Art des betrachteten Materials einen minimalen Domänendurchmesser

$$d_0 \approx 3{,}9l \quad \text{bei} \quad h \approx 3{,}3l$$

sowie den maximalen Domänendurchmesser

$$d_2 \approx 12l \quad \text{bei} \quad h \approx 4{,}2l,$$

so daß eine optimale Schichtdicke

$$h_{\text{opt}} = 4l \tag{6.37}$$

für jedes Material definiert werden kann. Bei dieser Schichtdicke erhält man den kleinsten in der als Arbeitspunkt bevorzugten Mitte des Stabilitätsbereiches gelegenen Durchmesser

$$d_a = 8l. \tag{6.38}$$

Bezieht man die Sättigungsmagnetisierung und die Anisotropiekonstante auf diesen Durchmesser, so ergeben sich

$$M_s = 32 \sqrt{\frac{AH_k^*}{2\mu_0}} \frac{1}{d_a} \tag{6.39}$$

und

$$K_u = 256 A H_k^{*2} \frac{1}{d_a^2}. \tag{6.40}$$

Da die Austauschkonstante der hier in Frage kommenden Werkstoffe nur unwesentlich um einen mittleren Wert von etwa $4 \cdot 10^{-12}$ J · m^{-1} schwankt, ergeben sich unter Berücksichtigung einer anzustrebenden normierten Anisotropiefeldstärke[1]) $H_k^* \approx 3$ übersichtliche Kri-

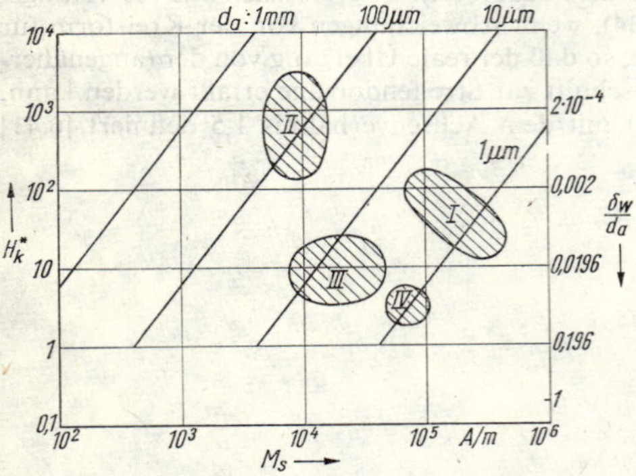

Bild 6.42
Arbeitsbereiche verschiedener Domänenmaterialien
d_a nach Gl. (6.39) mit $A = 4 \cdot 10^{-12}$ J · m^{-1}
I hexagonale Ferrite; *II* Orthoferrite; *III* Granate;
IV optimaler Arbeitsbereich

terien für die Eignung von Domänenmaterialien [6.46]. Der empfohlene Gütefaktor ergibt sich aus dem Kompromiß zwischen der Forderung nach hoher Wandbeweglichkeit

$$\mu_W = \left(\frac{\mu_0}{4\pi}\right)^2 \frac{\gamma^2}{\lambda} \sqrt{\frac{2A}{\mu_0 H_k^*}};$$

γ gyromagnetisches Verhältnis,
λ Landau-Lifschitz-Parameter nach [6.47]

und einem niedrigen Verhältnis zwischen Wanddicke und Domänendurchmesser, für das sich

$$\frac{\delta_W}{d_a} = \frac{\pi}{16} \frac{1}{H_k^*}$$

ergibt. Berücksichtigt man außerdem den zum Erreichen einer hohen Speicherdichte notwendigen Domänendurchmesser von etwa 1 µm, so ergibt sich nach [6.48] der im Bild 6.42 eingetragene Vorzugsbereich für die Sättigungsmagnetisierung und die normierte Anisotropiefeldstärke.

1) Die normierte Anisotropiekonstante wird häufig als „Gütefaktor" $q \equiv H_k/M_s = 2K_u/\mu_0 M_s^2$ angegeben.

Für die Beweglichkeit der Domänen spielt die Koerzitivfeldstärke H_C des verwendeten Materials eine erhebliche Rolle. *Thiele* [6.43] hat gezeigt, daß sich die Wandgeschwindigkeit v_n (senkrecht zur Wand) durch

$$v_n = \begin{cases} \mu_W (|H_n| - H_C) & \text{für} \quad |H_n| > H_C \\ 0 & \text{für} \quad |H_n| \leqq H_C \end{cases} \tag{6.41}$$

ausdrücken läßt, wobei H_n die zur Magnetisierung parallele Komponente der lokalen Gesamtfeldstärke im inhomogenen Feld ist. Die zylindrische Domäne bewegt sich unter dem Einfluß eines Gradienten der Feldstärke mit der Geschwindigkeit v_d

$$v_d = \begin{cases} \frac{\mu_W}{2} \left[|\Delta H| - \frac{8}{\pi} H_C \right] & \text{für} \quad |\Delta H| > \frac{8}{\pi} H_C \\ 0 & \text{für} \quad |\Delta H| \leqq \frac{8}{\pi} H_C \end{cases} \tag{6.42}$$

in Richtung der größten Leistungsaufnahme; dabei bezeichnet ΔH die Differenz der Feldstärke über dem Domänendurchmesser. Nach den Gln. (6.41) und (6.42) werden für die Beschreibung der Domäneneigenschaften die *Domänenbeweglichkeit*

$$\mu_d = \frac{\mu_W}{2}$$

und die *Domänenkoerzitivfeldstärke* (dynamische Koerzitivfeldstärke)

$$H_{Cd} = \frac{8}{\pi} H_C$$

definiert. Der Vollständigkeit halber sei an dieser Stelle erwähnt, daß die Domänen nicht nur durch eine Änderung der äußeren Feldstärke H verschoben werden können, sondern ebenso durch eine Änderung der Parameter M_s, σ_W und h, die in der Gesamtenergiebilanz [Gl. (6.29)] unabhängige Parameter darstellen. Für die Realisierung logischer Funktionen mit zylindrischen Domänen kann die Wechselwirkung zweier Domänen bei starker Annäherung benutzt werden. Durch die Wirkung des Streufeldes tritt eine abstoßende Kraft zwischen den Domänen auf. Da der Stabilitätsbereich bei einer Annäherung der Domänen bis auf etwa 10% des Domänendurchmessers praktisch nicht verändert wird [6.49], können damit durch geeignete Steuerelemente Schaltfunktionen realisiert werden.

6.1.10.2. Spezielle Werkstoffe der Mikrodomänentechnik

Die Brauchbarkeit magnetischer Werkstoffe für verschiedene Anwendungsgebiete der Mikrodomänentechnik ist außer von den oben beschriebenen Materialeigenschaften auch von verschiedenen technologischen Eigenschaften abhängig. Für die Realisierung hochintegrierter Speichermodule ist die Herstellung ausreichend großer defektfreier monokristalliner Schichten Voraussetzung. Die charakteristische Länge l deutet darauf hin, daß der optimale Schichtdickenbereich in Größenordnungen liegt, die einerseits nur durch epitaktische Verfahren (Größenordnung 1 µm) und andererseits nur als Scheiben aus Einkristallen (Größenordnung einige 10 bis 100 µm) zu realisieren sind. Es muß also die Möglichkeit gegeben sein, daß für das jeweilige Material optimale Verfahren angewendet werden können. Im folgenden sollen einige typische Materialien kurz beschrieben werden.

Hexagonale Ferrite. An hexagonalen Ferriten haben *Kooy* und *Enz* [6.50] schon 1960 isolierte zylindrische Domänen beobachtet. Diese spezielle Gruppe der Ferrite wird von Verbindungen des Typs $A^{2+}O \cdot 6\,B_2^{3+}O_3$, d.h. $AB_{12}O_{19}$ gebildet, wobei A zweiwertige Atome der Elemente Ba, Sr oder Pb und B dreiwertige Atome der Elemente Al, Ga, Cr oder Fe bezeichnen. Sie haben eine komplizierte hexagonale Magnetoplumbitstruktur (Raumgruppensymbol $D_{6h}^4 - C6/mmc$) mit einer Elementarzelle, die aus zwei Molekülen $AB_{12}O_{19}$ gebildet wird. Es handelt sich dabei um dieselben Verbindungen, die in Form von Sinterwerkstoffen als hartmagnetische Ferrite (besonders Bariumferrit) weite Verbreitung gefunden haben (vgl. Abschn. 6.1.8., S. 795). Die hier behandelten magnetischen Domänen wurden vor allem in Verbindungen beobachtet, in denen das *A*-Ion durch Ba oder Pb und das *B*-Ion durch Fe repräsentiert wird, das teilweise durch Al ersetzt sein kann. Monokristalline Werkstoffe dieses Typs zeigen eine sehr starke Anisotropie mit einer Vorzugsachse in der hexagonalen Richtung. Die hohe Anisotropiefeldstärke und die große Sättigungsmagnetisierung weisen auf kleine Domänendurchmesser hin, andererseits ist die Beweglichkeit der Domänen aber so gering, daß eine praktische Anwendung mit hohen Ansprüchen an die Domänengeschwindigkeit kaum in Frage kommt (Tafel 6.14).

Tafel 6.14. Kenngrößen von hexagonalen Ferriten

Material	h µm	d_0 µm	d_a	d_2	H_0 H_a H_2 10^3 A/m	M_s 10^3 A/m	σ_W 10^{-3} J/m²	H_k 10^3 A/m	K_u 10^3 J/m³	l µm	μ_d 10^{-3} m²/sA	Literaturhinweise
$BaFe_{12}O_{19}$	3	0,15	1,5		304	380	2,8	1350	330	0,015		[6.45, 6.50]
$BaAl_4Fe_8O_{19}$			6								0,63	[6.53]
$PbFe_{12}O_{19}$						320	2,3	1090	220	0,018		[6.45]
$PbAl_4Fe_8O_{19}$			10								0,19	[6.53]

Orthoferrite. Die Gruppe der Orthoferrite wird von Verbindungen des Typs ABO_3 mit einer Perowskit-Struktur gebildet, die meist von der kubischen zu einer orthorhombischen Form verzerrt ist. Das größere zwei- oder dreiwertige *A*-Ion besetzt die Kubusecken und das kleinere drei- oder vierwertige *B*-Ion das Zentrum, während die Sauerstoffionen in den Flächenzentren plaziert sind (Bild 6.43) [6.45]. Bei einer alternativen Beschreibung werden die Positionen der *A*- und *B*-Ionen vertauscht und die Sauerstoffionen in der Mitte der Kubuskanten plaziert. Damit befinden sich dann beide Kationentypen an Oktaederplätzen und werden von 6 Sauerstoffionen umgeben, wodurch jedes Kation ein einfaches kubisches Untergitter bildet.

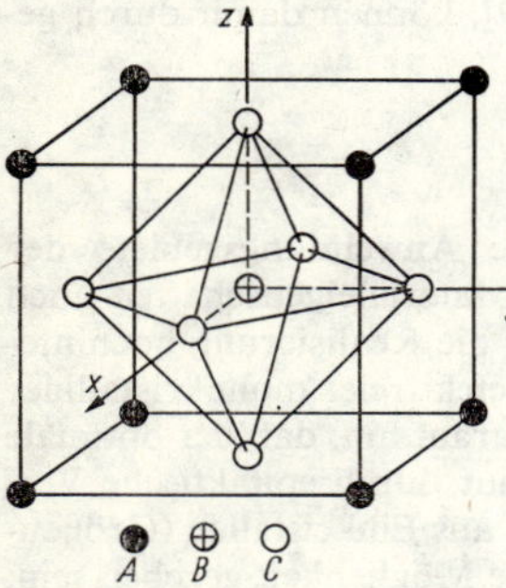

Bild 6.43
Schematische Darstellung der Perowskit-Struktur ABO_3

Von den zahlreichen Möglichkeiten der Zusammensetzung der Perowskit-Struktur haben in diesem Zusammenhang nur diejenigen eine Bedeutung, bei denen in der Formel ABO_3 durch *A* Ionen der Seltenen Erden, von Yttrium oder Lanthan und durch *B* Fe-Ionen bezeichnet werden. Eine ausführliche Beschreibung dieser Orthoferrite ist bei *Sherwood* u.a. [6.51] zu finden.

Tafel 6.15. Kenngrößen von Orthoferriten

Material	h µm	d_0 µm	d_a	d_2	H_0 10^3 A/m	H_a	H_2	M_s 10^3 A/m	σ_w 10^{-3} J/m²	H_k 10^3 A/m	l µm	H_C A/m	μ_d 10^{-3} m²/sA	Literaturhinweise
$YFeO_3$	76	76	100		2,63			8,36	1,8		20	20	370	[6.34] [6.53] [6.57] [6.58]
$LaFeO_3$								6,06						[6.34]
$PrFeO_3$								5,65						[6.34]
$NdFeO_3$	51	190			0,25			4,93	1,1		35,7			[6.34]
$SmFeO_3$	28	153			0,24			6,68	1,3		23			[6.34]
$Sm_{0,55}Tb_{0,45}FeO_3$	51	26	43		4,14	3,66		8,0	0,36		4,5	20	110	[6.34] [6.53] bis [6.58]
$Sm_{0,58}Tb_{0,42}FeO_3$	51	25	38		3,5		2,86	8,44				8	40	[6.55]
$Sm_{0,6}Er_{0,4}FeO_3$	46	25			2,63			6,6	0,35		6,4			[6.34]
$EuFeO_3$	51	140			0,83			6,6	1,6		30			[6.34]
$GdFeO_3$	64	75	137	225	1,59	1,31	0,95	7,48	0,92	10,6	13			[6.35]
$TbFeO_3$	66	43			4,06			10,9	1,7		11,5			[6.34]
$DyFeO_3$	50	66		145	2,71		2,07	10,19	0,76		6		50	[6.34] [6.44]
$HoFeO_3$	53	115			0,95			7,24	1,7		26,8			[6.33] [6.34]
$ErFeO_3$	51	153			0,64			6,45	1,6		30,6			[6.33] [6.34]
$TmFeO_3$	58	58			2,94			11,14	2,4		15,3		170	[6.33] [6.34] [6.57]
$YbFeO_3$	76	97	89	152	3,26	2,55	2,07	11,38	3,9		24,2		15	[6.33] [6.34]
$LuFeO_3$	51	190			0,36			9,47	3,9		34,7			[6.33] [6.34]

Die relativ niedrige Sättigungsmagnetisierung der Orthoferrite bewirkt zusammen mit der hohen Anisotropiefeldstärke relativ große Domänendurchmesser (um 100 μm, s. Bild 6.42). Deshalb, aber auch wegen der hohen Domänenbeweglichkeit (Tafel 6.15), bildeten sie bei der Entwicklung der Mikrodomänentechnik bevorzugte Untersuchungsobjekte. Der Domänendurchmesser liegt in einer Größenordnung, der die Orthoferrite für verschiedene Anwendungsgebiete des magnetooptischen Effekts interessant macht.

Bei gemischten Orthoferriten der Zusammensetzung $Sm_{0,55}Tb_{0,45}FeO_3$ ist die Anisotropiefeldstärke bei unveränderter Sättigungsmagnetisierung erheblich geringer, so daß sich mit diesem Material wesentlich kleinere Domänendurchmesser erreichen lassen (um 25 μm). An $YbFeO_3$ wurde ein für die Anwendung in der Speichertechnik interessanter Effekt beobachtet: *Heinlein* und *Pierce* [6.52] stellten fest, daß mehrstündiges Tempern in einer Sauerstoffatmosphäre zu einer Reduzierung der Koerzitivfeldstärke auf etwa 35 % des Ausgangswertes führt. Bei Temperaturen um 1000 °C werden durch Ordnungsvorgänge Spannungen beseitigt, die durch die mechanische Bearbeitung erzeugt wurden. Eine weitere Herabsetzung der Koerzitivfeldstärke läßt sich bei Temperaturen um 1500 °C erreichen, wobei vermutlich Fehlstellen im Sauerstoffionengitter durch Diffusion aufgefüllt werden.

Ferrimagnetische Granate. Die ferrimagnetischen Granate haben die allgemeine Formel $(3M_2O_3)_c\,(2Fe_2O_3)_a\,(3Fe_2O_3)_d$ oder $(Fe_2^{3+})_a\,(Fe_3^{3+})_d\,(M_3^{3+})_c\,O_{12}$, wobei M dreiwertige Ionen der Seltenen Erden, von Lanthan oder Yttrium bezeichnet, außerdem können Fe-Ionen noch teilweise durch Al oder Ga ersetzt werden. Die Indizes zeigen an, daß das *a*-Ion an einem Oktaederplatz von 6 Sauerstoffionen umgeben ist, das *c*-Ion ein Dodekaeder mit 8 Sauerstoffionen bildet und das *d*-Ion an einem Tetraederplatz von 4 Sauerstoffionen umgeben ist [6.45]. Acht Moleküle der Formel $M_3Fe_5O_{12}$ bilden eine komplizierte kubische Struktur (Raumgruppensymbol O_h^{10}–I_a3d); diese Elementarzelle zeigt die im Bild 6.44 erkennbare Anordnung der Kationen, wobei die *a*-Ionen ein *krz*-Gitter mit den *c*- und *d*-Ionen an den Kubusflächen bilden.

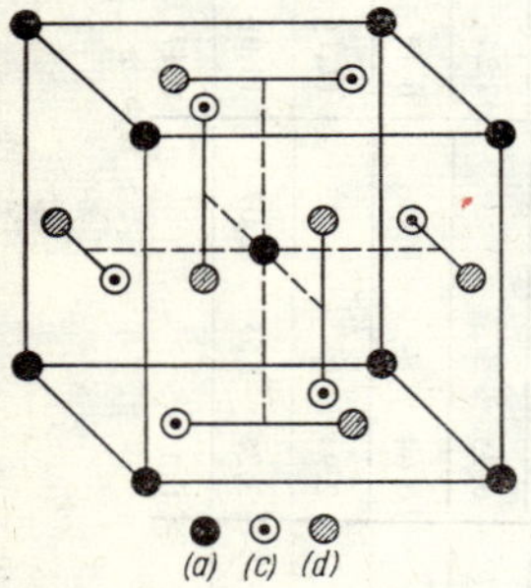

Bild 6.44
***Vereinfachte Darstellung der Granatstruktur* nach [6.45]**

Die Fe-Ionen an den Oktaeder- und Tetraederplätzen bilden ein antiparalleles magnetisches Untergitter. Da jede Formeleinheit 2 *a*-Ionen und 3 *d*-Ionen enthält, entspricht das magnetische Moment des Fe-Untergitters einem Fe-Ion je Formeleinheit. Die in Hinblick auf den optimalen Bereich zu hohe Sättigungsmagnetisierung von reinem $Y_3Fe_5O_{12}$ kann durch teilweise Substitution der Fe-Ionen durch unmagnetische Ionen reduziert werden. Das effektive magnetische Moment des Fe-Untergitters reduziert sich insbesondere, wenn die *d*-Fe-Ionen z.B. durch Ga-Ionen ersetzt werden. Mit Ga-substituiertem YIG (Ga : YIG) kann eine Sättigungsmagnetisierung im optimalen Bereich (s. Bild 6.42) erreicht werden, wenn x in der Formel $Y_3Ga_x\,Fe_{5-x}\,O_{12}$ Werte zwischen 1,1 und 1,3 annimmt [6.46].
In der Mikrodomänentechnik werden neben dem mit Al oder Ga gemischten YIG (Ga : YIG bzw. Al : YIG) vor allem Kombinationen mit mehreren Elementen der Seltenen Erden und Yttrium bzw. ohne Yttrium verwendet (Tafel 6.16). Da die optimale Schichtdicke bei 1 bis 2 μm liegt, kommen für die Herstellung nur epitaktische Verfahren in Betracht. Diese Technologie setzt voraus, daß geeignete Trägermaterialien mit den Domänenschichten entsprechenden Gitterkonstanten zur Verfügung stehen, die außerdem unmagnetisch sein müssen. Hierfür haben sich unmagnetische Granate am besten bewährt; typische Träger-

materialien sind $Gd_3Ga_5O_{12}$ (GGG) oder $Sm_3Ga_5O_{12}$ (SGG), die für Anpassung der Gitterkonstanten noch teilweise mit anderen Elementen kombiniert werden können (z.B. Dy : GGG). Da die Anisotropie der Domänenschichten zum Teil auf innere Spannungen (Magnetostriktion) zurückgeführt wird, ist die Anpassung der Gitterkonstanten ein wesentliches Problem bei der Erzeugung bestimmter Materialeigenschaften.

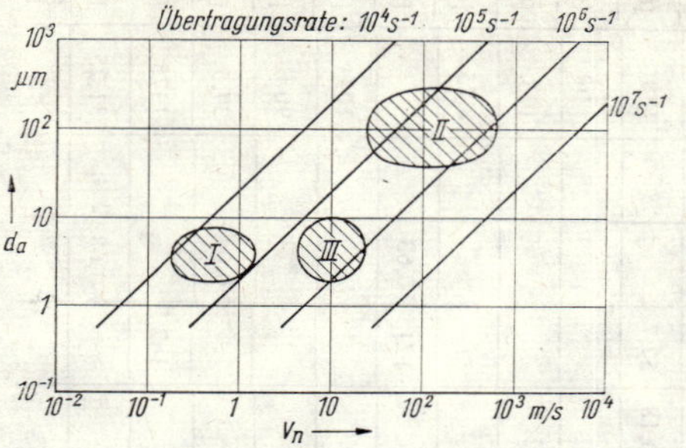

Bild 6.45
Beziehungen zwischen den Domäneneigenschaften (d_a und v_n) und der Übertragungsrate in Schieberegistern

I hexagonale Ferrite; *II* Orthoferrite; *III* Granate nach *Bobeck* [6.53]

Mit den bisher bekannt gewordenen magnetischen Granaten kann ein Durchmesserbereich der zylindrischen Domänen von 1 bis 100 µm erfaßt werden. Die im Vergleich zu den Orthoferriten geringere Domänenbeweglichkeit erlaubt aber wegen des kleineren Domänendurchmessers vergleichbare Übertragungsraten in Speichersystemen (Bild 6.45), so daß sie auf Grund der hohen realisierbaren Speicherdichte gegenwärtig zu den bevorzugten Untersuchungsobjekten in der Speichertechnik gehören.

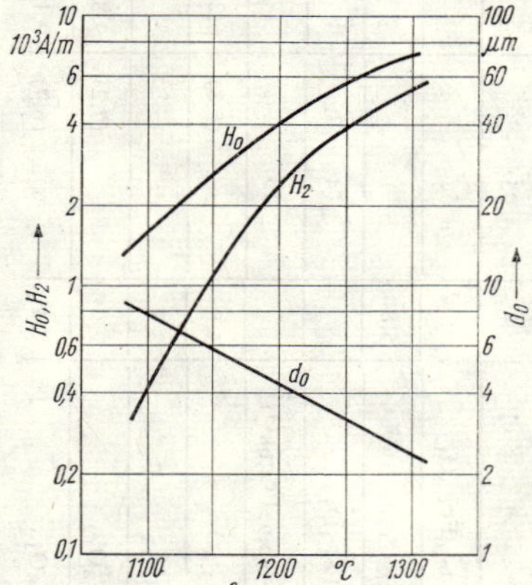

Bild 6.46
Einfluß der Wärmebehandlung auf die magnetischen Eigenschaften von Ga : YIG
nach [6.59]

Die bereits bei den Orthoferriten erwähnte Wärmebehandlung kann bei Granaten ebenfalls zu einer wesentlichen Verbesserung wichtiger Parameter führen. So wurde an epitaxialen Schichten von Ga : YIG auf Dy : GGG-Substraten beobachtet, daß eine Erwärmung auf Temperaturen um 1200 °C eine erhebliche Reduzierung des Domänendurchmessers bewirkt, wobei die Kollapsfeldstärke (H_0) ansteigt (Bild 6.46) [6.59]. Dieser Effekt, der durch Platzwechselvorgänge der Ga- und Fe-Ionen erklärt wird, kann nach *Le Craw* u.a. [6.60] durch Erzeugung von Fehlstellen im Sauerstoffionengitter beschleunigt werden. Mit einer auf die Granatschicht aufgedampften Si-Schicht wird schon bei etwa 650 °C eine teilweise Sauerstoffaufnahme durch das Si bewirkt; durch eine geeignete Strukturierung der Si-Schicht (die nach dem Tempern wieder entfernt werden kann) und anschließendes Tempern (20 bis 30 min bei 600 bis 650 °C) wird eine lokale Änderung der Sättigungsmagnetisierung erreicht, die zur Steuerung der Domänenbewegung benutzt werden kann.

Amorphe metallische Domänenschichten. Während normalerweise von der Annahme ausgegangen wird, daß ferromagnetische Erscheinungen an die Existenz eines definierten Kristallgitters gebunden sind, wurden in neuerer Zeit auch an dünnen Schichten ohne nachweis-

Tafel 6.16. Kenngrößen von ferrimagnetischen Granaten

Typ	Material	h µm	d_0 µm	d_a	d_2 $(b_s)^2)$	H_0 10^3 A/m	H_a 10^3 A/m	H_2 10^3 A/m	M_s 10^3 A/m	σ_W 10^{-3} J/m²	H_k 10^3 A/m	l µm	H_C A/m	μ_d 10^{-3} m²/sA	Literaturhinweise
YIG	$Y_3Fe_5O_{12}$								140		9,15				[6.46]
LIG¹)	$Sm_{0,37}Gd_2Dy_{0,63}Fe_5O_{12}$		4											> 250	[6.47]
	$Gd_{2,8}La_{0,2}Fe_5O_{12}$								19,9		95,5	0,3			[6.71]
	$Gd_{2,7}La_{0,3}Fe_5O_{12}$								23,9		35,8	0,2			[6.71]
	$Gd_{2,8}Ce_{0,2}Fe_5O_{12}$								15,9		1035	1,9			[6.71]
	$Gd_{2,6}Ce_{0,4}Fe_5O_{12}$								23,9		414	0,7			[6.71]
	$Gd_{2,34}Tb_{0,66}Fe_5O_{12}$	15	7,5	15		5,97			10,9		482	1,53		15	[6.47] [6.58] [6.62] [6.64] [6.66] [6.67]
	$Gd_{2,3}Tb_{0,7}Fe_5O_{12}$		7,5											6,25	[6.53]
	$Tb_{2,5}Er_{0,5}Fe_5O_{12}$	6,2	4,4		8,6	8,9		7,3	19,2	0,4	318	0,86		2	[6.67]
YGa:IG	$Y_3Ga_{1,2}Fe_{3,8}O_{12}$	6,3	4		11,2	3,14		1,79	13,9	0,18	57,7		8	188	[6.46] [6.47]
	$Y_3Ga_{1,4}Fe_{3,6}O_{12}$			6										47,5	[6.47]
	$Y_3Ga_{1,5}Fe_{3,5}O_{12}$			25										125	[6.47]
L:YGa:IG	$Y_{1,86}Eu_{0,38}Er_{0,75}Ga_{0,6}Fe_{4,4}O_{12}$			5										8,25	[6.47]
	$Y_1Gd_1Tm_1Ga_{0,8}Fe_{4,2}O_{12}$	5,8					9,1		17,5		121	0,63			[6.70]
	$Y_{1,3}Gd_1Yb_{0,7}Ga_{0,9}Fe_{4,1}O_{12}$			14										103	[6.47]
	$Y_{1,29}Gd_{0,98}Yb_{0,73}Ga_{0,92}Fe_{4,08}O_{12}$			13										90	[6.47]
	$Y_{2,75}Sm_{0,25}Ga_{1,1}Fe_{3,9}O_{12}$	4,8			(5,8)	6,2			14,2			0,64		37,5	[6.68]
	$Y_{2,9}La_{0,1}Ga_{1,2}Fe_{3,8}O_{12}$	3,9							5,4		162			1375	[6.69]
	$Y_{2,6}Sm_{0,4}Ga_{1,2}Fe_{3,8}O_{12}$	9,6			(7,2)	9,87			15,8			0,68		31,25	[6.68]
	$Y_{2,5}Sm_{0,5}Ga_{1,2}Fe_{3,8}O_{12}$	7,4		6	(6,7)	9,1			15,3						[6.37]

LGa:IG	$Er_{1,99}Gd_{1,01}Ga_{0,22}Fe_{4,78}O_{12}$	5			(7,0)	4,78	3,58	11,8	0,173		0,9		11,1	[6.65]
	$Er_2Gd_1Ga_{0,25}Fe_{4,75}O_{12}$			10									7,5	[6.47]
	$Pr_1Gd_2Ga_{0,5}Fe_{4,5}O_{12}$	18	8,0	16		7,72		12,1	0,27	605	1,5		53,1	[6.47] [6.66]
	$Eu_2Er_1Ga_{0,65}Fe_{4,35}O_{12}$	15	2,5		8,5	16,1	14,0	19,4	0,14		0,3		22,5	[6.58]
	$Gd_1Yb_2Ga_{0,5}Fe_{4,5}O_{12}$			7									12,5	[6.47]
	$Er_2Eu_1Ga_{0,7}Fe_{4,3}O_{12}$	5,6	3	5	8	13,52	10,35	23,6	0,35		0,5		≈ 20	[6.47] [6.58] [6.65]
	$Eu_2Er_1Ga_{0,7}Fe_{4,3}O_{12}$	18	5,0	11		14,5		19,7	0,31	501	0,64		≈ 22	[6.47] [6.66]
	$Sm_{1,1}Dy_{1,9}Ga_{0,8}Fe_{4,2}O_{12}$			14									3	[6.47]
L:YAl:IG	$Y_{1,5}Gd_{1,5}Al_{0,5}Fe_{4,5}O_{12}$			2									> 250	[6.47]
	$Y_{0,9}Gd_{1,1}Yb_{0,6}La_{0,4}Al_{0,6}Fe_{4,4}O_{12}$			3									162,5	[6.47]
	$Y_{1,8}Eu_{0,2}Gd_{0,5}Tb_{0,5}Al_{0,6}Fe_{4,4}O_1$	19	3	6		29,4		35,8	0,36	351	0,22		23,3	[6.47] [6.66]
	$Y_2Ga_1Al_{0,7}Fe_{4,3}O_{12}$			5									22,5	[6.47]
	$Y_{0,94}Gd_{1,07}Yb_{0,57}La_{0,42}Al_{0,7}Fe_{4,3}O_{12}$	7,3			(5,1)	10,3	8,75	19,1	0,21		0,46		34,4	[6.65]
	$Y_{1,03}Gd_{1,29}Yb_{0,68}Al_{0,7}Fe_{4,3}O_{12}$	2,1			(4.0	5,57	3,58	13,9	0,125		0,51		250	[6.65]
	$Y_2Gd_1Al_{0,8}Fe_{4,2}O_{12}$	13,3	2,5			20,8		26,1	0,18	122	0,21		22,5	[6.66]
	$Y_{1,3}Eu_{1,7}Al_1Fe_4O_{12}$			2									27,5	[6.47]
	$Y_{0,9}Eu_{1,9}Yb_{0,2}Al_{1,1}Fe_{3,9}O_{12}$	6,8			(6,7)	5,93		11,5			0,78	56	25	[6.70]
LAl:IG	$Eu_{1,5}Gd_{1,5}Al_{0,5}Fe_{4,5}O_{12}$		6	12		12,7		17,4	0,29	467	1,78		22,5	[6.47] [6.66]
	$Gd_{0,95}Tb_{0,75}Er_{1,3}Al_{0,5}Fe_{4,5}O_{12}$	11,5	3	6		11,1		14,4	0,083	486	0,35		7,5	[6.47] [6.66]
	$Er_2Tb_1Al_{1,1}Fe_{3,9}O_{12}$	17	7	14		6,53		10,8	0,19	324	1,27		6,9	[6.47] [6.66] [6.53]
L:YAl, Ga:IG	$Y_{1,1}Gd_{1,3}Yb_{0,6}Al_{0,6}Ga_{0,1}Fe_{4,3}O_{12}$			3									56,3	[6.47]
LSc:IG	$Gd_3Sc_{0,2}Fe_{4,8}O_{12}$							31,03		207	0,3			[6.71]
Ga, BiV:IG	$Ga_2Bi_1V_1Fe_4O_{12}$	25	20			0,8		4,38	0,13	363	4,8		137,5	[6.67]
LSm:IG	$Gd_{2,24}Tb_{0,66}Sm_{0,1}Fe_{4,9}O_{12}$	12						13,5		424	0,33			[6.35]

1) L steht für Element(e) der Lanthaniden.
2) b_s ist die Breite der Streifendomänen bei $H = 0$.

bare Kristallstruktur magnetische Effekte festgestellt. So wird von *Chaudhari* u.a. [6.61] über amorphe GdCo-, GdFe- und $TbFe_2$-Schichten berichtet, in denen eine magnetische Ordnung nachgewiesen werden konnte. Besonders die GdCo-Schichten erweisen sich als interessantes Untersuchungsobjekt der Mikrodomänentechnik. An etwa 200 bis 1000 nm dicken GdCo-Schichten wurde eine Anisotropie mit einer Vorzugsrichtung senkrecht zur Schichtebene festgestellt; die charakteristische Länge l [Gl. (6.32)] betrug dabei etwa 0,11 bis 0,13 μm.

Für die Sättigungsmagnetisierung wurden in Abhängigkeit von der Zusammensetzung Werte zwischen $15 \cdot 10^3\ \mathrm{A \cdot m^{-1}}$ (bei 78% Co) und $640 \cdot 10^3\ \mathrm{A \cdot m^{-1}}$ (bei 90% Co) festgestellt. Da die normierte Anisotropiefeldstärke (Qualitätsfaktor q) deutlich größer als 1 ist, können bei entsprechender Vormagnetisierung zylindrische Domänen erzeugt werden. In dem beschriebenen Beispiel betrug der Domänendurchmesser etwa 2 μm. Da besonders GdCo-Schichten die Voraussetzung für die weitere Reduzierung des Domänendurchmessers auf Werte um 0,1 μm bieten, werden sie für die Realisierung hoher Speicherdichten in Blasendomänenspeichern besonders interessant.

6.2. Leiterwerkstoffe

6.2.1. Wichtige Eigenschaften und Effekte

6.2.1.1. Allgemeines

Die Metalle und ihre Legierungen werden auf Grund ihrer besonders guten elektrischen und auch mechanischen und thermischen Eigenschaften bevorzugt in der Elektrotechnik eingesetzt. Während Metalle hoher Leitfähigkeit als Leitungsdrähte, Kabel und Wicklungsdrähte in elektrischen Maschinen Verwendung finden, dienen Metalle und Legierungen mit hohem spezifischem Widerstand als Heizleiterwerkstoffe für Elektrowärmegeräte bzw. als Werkstoffe für Präzisions-, Anlaß- und Stellwiderstände. Physikalische Grundlagen der Stromleitung s. Abschn. 3.4.4.3., S. 524.

6.2.1.2. Temperaturabhängigkeit der Leitfähigkeit

Die bei allen Leiterwerkstoffen charakteristische Einflußgröße ist die Temperatur (vgl. Abschn. 3.4.4.3., S. 524).

Approximation des Temperaturganges. In der Praxis arbeitet man mit Näherungsgleichungen. Zu diesem Zweck entwickelt man die Funktion $\varrho = \varrho(\vartheta)$ in eine Taylor-Reihe:

$$\varrho_2 = \varrho_1\,[1 + \alpha_\varrho\,(\vartheta_2 - \vartheta_1) + \beta_\varrho\,(\vartheta_2 - \vartheta_1)^2 + \cdots]. \tag{6.43}$$

Dabei kann man sich bei kleinen Temperaturintervallen auf die ersten beiden Terme beschränken:

$$\varrho_2 \approx \varrho_1\,[1 + \alpha_\varrho\,(\vartheta_2 - \vartheta_1)]. \tag{6.44}$$

α_ϱ ist der *lineare Temperaturkoeffizient* (TK) des spezifischen Widerstandes. Seine Bestimmung erfolgt durch

$$\alpha_\varrho = \frac{\varrho_2 - \varrho_1}{\varrho_1\,(\vartheta_2 - \vartheta_1)}. \tag{6.45}$$

Als Bezugstemperatur wird oft $\vartheta_1 = 20\ °\mathrm{C}$ gewählt. Für große Temperaturbereiche sind 4 Fälle zu unterscheiden:

- nichtferromagnetische Metalle,
- ferromagnetische Metalle,
- Metallegierungen,
- Halbleiter.

Zur Berechnung kann man wiederum auf die Reihenentwicklung zurückgreifen, muß aber in Gl. (6.43) auf jeden Fall den dritten Term $\beta_\varrho (\vartheta_2 - \vartheta_1)^2$ berücksichtigen.

Technische Anwendung. Die Temperaturabhängigkeit des Widerstandes wird bei einigen beständigen Materialien zur Temperaturmessung genutzt (Tafel 6.17).

Tafel 6.17. Widerstandsänderung von Materialien für Widerstandsthermometer als Funktion der Temperatur (Angaben in 5-K-Schritten s. [6.72])

ϑ °C	$R(\vartheta)/R$ (0°C)		ϑ °C	$R(\vartheta)/R$ (0°C)	
	Ni¹)	Pt²)		Ni¹)	Pt²)
−200		0,1853	180	2,231	1,6848
−180		0,2705	200		1,7586
−160		0,3548	220		1,8320
−140		0,4380	240		1,9049
−120		0,5204	260		1,9775
−100		0,6020	280		2,0494
−80		0,6828	300		2,1208
−60	0,695	0,7628	320		2,1916
−40	0,791	0,8421	340		2,2620
−20	0,893	0,9213	360		2,3319
0	1,000	1,0000	380		2,4015
+20	1,113	1,0780	400		2,4707
40	1,230	1,1554	420		2,5395
60	1,353	1,2324	440		2,6079
80	1,482	1,3091	460		2,6757
100	1,617	1,3850	480		2,7431
120	1,759	1,4607	500		2,8094
140	1,909	1,5359	520		2,8751
160	2,067	1,6106	540		2,9406

¹) Für Dauermessungen nur bis 150 °C, für Kurzzeitmessungen bis 180 °C verwendbar.

²) Für Dauermessungen bei in Glas eingeschmolzenen Meßwiderständen bis 500 °C, für Kurzzeitmessungen bis 550 °C verwendbar.

Besonders ausgeprägt ist das Temperaturverhalten bei den Heißleitern (NTC-Thermistoren) bzw. den Kaltleitern (PTC-Thermistoren). Sie entstehen durch Sintern von Mischungen aus Metalloxiden, wie MgTi-Oxid mit einer Beimengung von Co. Die Widerstandswerte liegen zwischen mehreren Kiloohm bei Raumtemperatur und wenigen Ohm im Betriebszustand. Thermistoren werden zu Meß- und Regelzwecken benutzt.

Einfluß von Zustandsänderungen auf die Leitfähigkeit. Bei Annäherung an den Schmelzpunkt nimmt der elektrische Widerstand bei den meisten Metallen rasch zu und springt dort auf einen höheren Wert (Ausnahmen sind Sb, Ga, Bi, die sich beim Schmelzen verdichten). Der Temperaturkoeffizient im flüssigen Zustand ist kleiner, die Widerstandsänderung nahezu linear. Die folgende Zusammenstellung zeigt die spezifischen Widerstandsverhältnisse einiger Metalle im flüssigen und im festen Zustand bei der jeweiligen Schmelztemperatur.

	Hg	Au	Sn	Zn	Cu	Ag	Al	Na	Sb	Ga	Bi
$\varrho_{\text{flüssig}} / \varrho_{\text{fest}}$	3,2	2,28	2,10	2,09	2,07	1,90	1,64	1,45	0,67	0,58	0,43

Einfluß von Fremdstoffen auf die Leitfähigkeit. Die Anwesenheit von Fremdstoffen hat eine Störung des Kristallgitters zur Folge. Das gilt besonders für Legierungen, bei denen verschiedene Metalle miteinander eine feste Lösung bilden, so daß sie beim Erstarren ein völlig anderes Kristallbild zeigen. Prinzipiell haben daher Legierungen einen höheren spezifischen Widerstand als reine Metalle.

In Abhängigkeit von der Zusammensetzung einer Zweistofflegierung zeigt der spezifische Widerstand ein ausgeprägtes Maximum. Bei Verminderung eines Legierungsanteils nimmt er ab und nähert sich dem spezifischen Widerstand des anderen Metalls.

Der Temperaturkoeffizient zeigt einen entgegengesetzten Verlauf. Reine Metalle haben relativ hohe Werte; Legierungen haben durchweg kleinere Temperaturkoeffizienten, die sogar negative Werte erreichen können.

Eine Ausnahme von dieser allgemeinen Gesetzmäßigkeit bilden die Legierungen, die infolge der verschiedenen chemischen Wertigkeiten der Legierungspartner in verschiedenen Verbindungen auftreten können. Überall dort, wo die Legierungsbestandteile dem stöchiometrischen Verhältnis einer dieser chemischen Verbindungen entsprechen, sind die Kurven für ϱ und α_ϱ in Abhängigkeit von der Legierungszusammensetzung durch charakteristische Knickpunkte ausgezeichnet (Bilder 6.47 und 6.48). Untersuchungen ergaben, daß die Mehrzahl dieser Legierungen nicht als Metall, sondern als Elektronenhalbleiter aufzufassen ist.

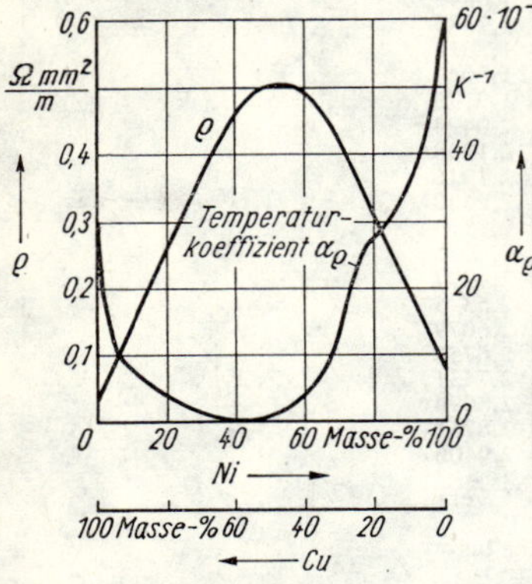

Bild 6.47. Abhängigkeit des spezifischen Widerstandes ϱ und des Temperaturbeiwertes α_ϱ von der Legierungszusammensetzung

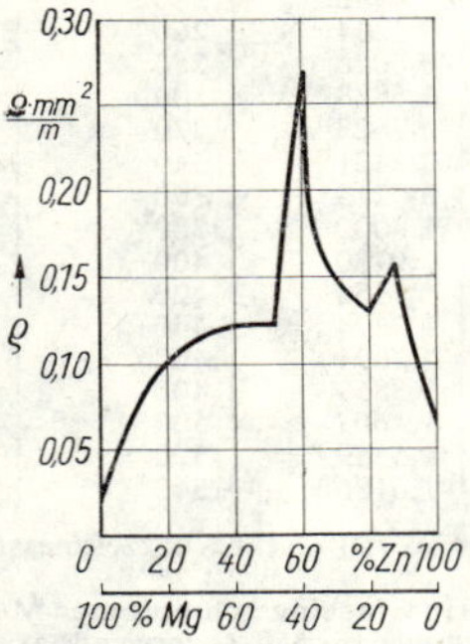

Bild 6.48. Abhängigkeit des spezifischen Widerstandes einer MgZn-Legierung von der Zusammensetzung

Einfluß mechanischer Formänderungen auf die Leitfähigkeit. Bei Kaltformungen (Walzen, Stanzen, Ziehen usw.) treten starke Kristallgitterverzerrungen auf, die mit einer mehr oder weniger starken Widerstandserhöhung verbunden sind. Außerdem führen die Gitterverzerrungen zur Erhöhung der Härte und Festigkeit des Materials, was oft unerwünscht ist. Diese inneren Spannungen können durch sog. Weichglühen (Erhitzen bis zur Rekristallisationstemperatur und anschließendes langsames Abkühlen) wieder ausgeglichen werden. (Über den Einfluß der Kaltverformung auf die Leitfähigkeit von Cu und CuZn-Legierungen s. Abschn. 6.2.3.1., Bild 6.61.)

Einfluß von Licht und magnetischen Feldern auf die Leitfähigkeit. Außer der Temperatur beeinflussen noch andere physikalische Größen den elektrischen Widerstand bestimmter Leiterwerkstoffe. Unter dem Einfluß des Lichtes verringert sich der Widerstand von Kadmiumsulfid ganz erheblich (Fotowiderstände).

Wismut verändert seinen Widerstand unter der Einwirkung eines Magnetfeldes erheblich und wird daher zur Messung magnetischer Felder benutzt.

Stromleitung bei tiefen Temperaturen. Bei tiefen Temperaturen ergeben sich bei einigen Materialien ungewohnte Leitfähigkeitsrelationen. Der spezifische Widerstand von Al z.B. nimmt mit fallender Temperatur stärker ab und wird sogar kleiner als der von Cu (Bild 6.49).

Viele Metalle, Legierungen und Metallverbindungen zeigen bei tiefen Temperaturen kein allmähliches Verschwinden ihres elektrischen Widerstandes mit verschwindender Temperatur, sondern verlieren ihren Widerstand schon bei Temperaturen von einigen Kelvin. Diese bei tiefsten Temperaturen vorhandene *Supraleitung* wurde von *Kamerlingh Onnes* 1911 am Quecksilber entdeckt (s. Abschn. 3.4.4.3., S. 524). Der Widerstandsverlauf in Abhängigkeit von der Temperatur folgt gewöhnlich einer Funktion, die in der Umgebung einer von

Material zu Material verschiedenen Temperatur T_S, der *Sprungtemperatur*, sehr steil auf Null abfällt.

Tafel 6.18 enthält die Sprungtemperaturen aller Metalle; in Tafel 6.19 wurden lediglich Legierungen und Verbindungen mit hohen Sprungtemperaturen aufgenommen.

Da an der Sprungstelle der Widerstand nicht völlig unstetig verschwindet, sind verschiedene Definitionen der Sprungtemperatur gebräuchlich. Häufig bezeichnet man mit T_S diejenige Temperatur, bei der der Widerstand ohne äußeres Magnetfeld auf die Hälfte des vor dem Sprung vorhandenen Wertes gesunken ist; jedoch werden u.a. auch die Stellen des beginnenden Widerstandsabfalls auf der Sprungkurve und der Fußpunkt der Sprungkurve bei verschwindendem äußerem Magnetfeld benutzt. Wegen dieser (geringen) Abweichungen der Definitionen von T_S voneinander, die den einzelnen Daten zugrunde liegen, und wegen der Schwankungen infolge Reinheitsgrades, Kristallzustands und Vorgeschichte (Temperung) sind die Sprungpunkte in den Tafeln 6.18 und 6.19 nur bis zu den (abgerundeten) zweiten Ziffern bzw. in ihren Grenzen angegeben.

Tafel 6.18. Sprungtemperaturen der Metalle ohne äußeres Magnetfeld (nach relativen Atommassen geordnet)

Metall	T_S in K
Al	1,1 ··· 1,2
Ti	0,3 ··· 0,6
V	4,3 ··· 5,3
Zn	0,8 ··· 0,95
Ga	1,1
Ge	8,4
Zr	0,54
Nb	8,4 ··· 9,1
Tc	11,2
Ru	0,47
Cd	0,55 ··· 0,65
In	3,4
Sn	3,7 ··· 3,8
La	4,0 ··· 6,0
Ta	4,0 ··· 4,6
Re	0,95 ··· 2,4
Os	0,71
Hg	4,14 ··· 4,18
Tl	2,38 ··· 2,40
Pb	7,2
Bi	≈ 6
Th	1,4 ··· 1,7
U	0,75 ··· 0,8

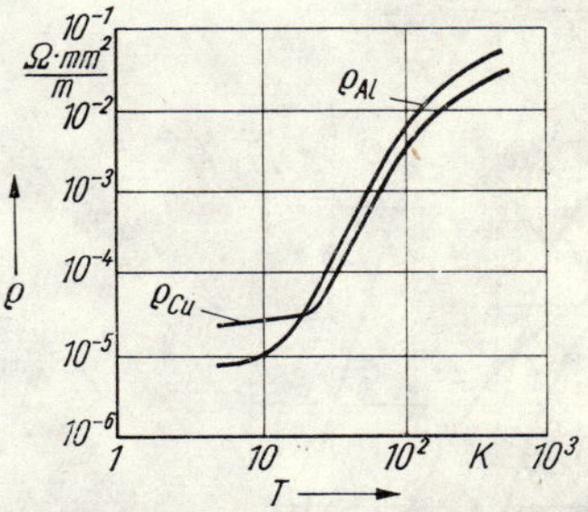

Bild 6.49. Spezifischer Widerstand von Kupfer und Aluminium bei tiefen Temperaturen

Tafel 6.19. Sprungtemperaturen einiger Legierungen und Verbindungen ohne äußeres Magnetfeld, die diejenigen ihrer Komponenten übersteigen und größer als 10 K sind

Legierung bzw. Verbindung	T_S in K	Bemerkungen
MoN	12,0	
Mo_3Re	10,0	
MoRu	10,6	50 Masse-% Ru
Nb_3Ga	16,8	
NbC	10,3	
NbH	≈ 13	
NbN	≈ 16	46,5 Masse-% N
Nb_3Sn	18,0	
NbZr	10,8	30 Masse-% Zr
V_3Ga	16,8	
V_3Si	17,1	

Durch ein magnetisches Feld kann der supraleitende Zustand aufgehoben werden. Unterhalb der im Bild 6.50 dargestellten Kurve der Abhängigkeit der Sprungtemperatur T_S von der kritischen Feldstärke H liegt Supraleitung, oberhalb Normalleitung vor. Man unterscheidet Supraleiter 1., 2. und 3. Art.

Supraleiter 1. Art. Im supraleitenden Zustand wird der magnetische Fluß durch in dünnen Schichten (Eindringtiefe $\approx 10^{-7}$ m) fließende Oberflächenströme aus dem betreffenden Leiter vollständig verdrängt. Diese Erscheinung ist unabhängig von den vorher durchlaufenen Zuständen (Meißner-Ochsenfeld-Effekt).

Supraleiter 2. Art. Bei niedrigen magnetischen Feldstärken tritt eine Feldverdrängung aus dem Leiter wie bei Supraleitern 1. Art auf; bei höheren Feldstärken kann unter Aufrechterhaltung des supraleitenden Zustands das magnetische Feld jedoch teilweise in den Leiter eindringen (Auftreten normalleitender und supraleitender Bezirke nebeneinander). Die Stromführung ist dann nicht auf eine relativ dünne Oberflächenschicht begrenzt. Bereits relativ kleine Feldstärken von äußeren magnetischen Feldern, die senkrecht auf der Stromrichtung stehen, zerstören den supraleitenden Zustand.

Supraleiter 3. Art. Durch einen zusätzlichen Einbau von Gitterfehlstellen (z.B. durch Kaltverformung) in Supraleiter 2. Art läßt sich der Einfluß des transversalen Magnetfeldes auf die den Supraleitungszustand beschränkende kritische Stromdichte erheblich vermindern („harte“ Supraleiter). Damit können Stromdichten in der Größenordnung von 10^6 A · cm^{-2} erreicht werden. Bild 6.51 enthält die Feldstärkeabhängigkeit der kritischen Stromdichte einiger gebräuchlicher Materialien.

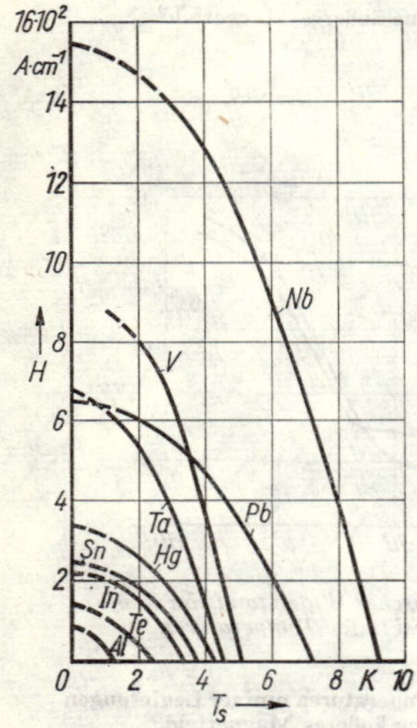

Bild 6.50. Sprungtemperaturen als Funktion der magnetischen Feldstärke

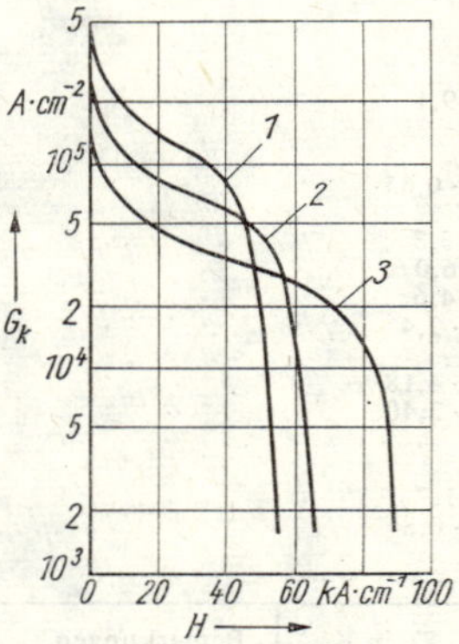

Bild 6.51. Abhängigkeit der kritischen Stromdichte vom magnetischen Feld bei gebräuchlichen harten Supraleitern

1 Nb, 25% Zr; *2* Nb, 33% Zr; *3* Nb, 60% Ti

Bemerkenswert sind Hysteresiserscheinungen, eine Wärmeentwicklung bei Wechselfeldern und das Auftreten der Degradation (d.h., die kritischen Stromdichten von Spulen sind geringer, als es diejenigen der Einzeldrähte erwarten lassen).

Supraleiter werden vorwiegend in der Starkstromtechnik zum Erzeugen starker magnetischer Felder ($\approx 10^5$ A · cm^{-1}), in der Rechentechnik als Speicher und Schalter (Kryotron) und in der Meßtechnik (z.B. zur magnetischen Abschirmung) eingesetzt.

6.2.1.3. Kontaktspannung

Physikalische Erklärung der Kontaktspannung s. Abschn. 3.3.3.6., S. 484.

Die nach verwandten Effekten ermittelten Austrittspotentiale weichen voneinander ab. Der Grund hierfür liegt in der Abhängigkeit der Kontaktspannungen und der fotoelektrischen Spannungen (s. Abschn. 3.3.3.6., S. 484) von der Oberflächenstruktur sowie in einer extremen Empfindlichkeit gegen Verunreinigungen (Oberflächenschichten durch adsorbierte Fremdstoffe) und gegen ggf. vorhandene Gashäute. Bei der Thermoemission (s. Abschnitt 3.4.1.1., S. 488) wirkt hingegen die Temperaturabhängigkeit des Austrittspotentials φ störend. Zudem ist φ abhängig von der Kristallorientierung. Bei Metalleinkristallen ist φ auf

Tafel 6.20. Absolute Thermospannungen e in $\mu V \cdot K^{-1}$ bei reinen Metallen im Temperaturbereich −100 bis +200 °C

Metall	Temperatur in °C									
	−100	−50	−25	0	+25	+50	+75	+100	+150	+200
Li		+ 8,3	+10,0	+ 11,5	+12,2	+ 11,6	+11,0	+10,4		
Be		− 3,1		− 3,3		− 2,0		− 0,3	+ 0,4	
Na		− 7,1	− 7,7	− 8,3	− 8,7	− 9,2	− 9,7	−10,4		
Mg (Einkristall) ∥				+ 3,38	+ 4,05	+ 4,59	+ 4,98	+ 5,24		
⊥				+ 3,58	+ 4,77	+ 5,67	+ 6,30	+ 6,63		
Al (99,7%)		− 1,19	− 1,24	− 1,29	− 1,35	− 1,41	− 1,47	− 1,53		− 1,8[2])
K		−13,0	−14,4	− 15,6	−16,6	− 17,6	−16,9	−18,0		
Ti (99,93%)				+ 7,3				+ 8,1		+ 7,4
V	+ 1,7			+ 1,0				+ 0,7		+ 0,9
Cr	+ 8,0			+ 20,0				+17,0		+15,8
Fe (99,95%)	+17,5			+ 16,0				+11,8		+ 6,0
Co				− 18,54		− 22,55[1])		−26,56[1])		
Ni (99,98%)	−12,1			− 18,0		− 21,0		−23,4		−25,6
Cu	+ 1,225[1])	+ 1,457[1])		+ 1,73	+ 1,89[1])			+ 2,23		+ 2,77
Zn (Einkristall) ∥				+ 0,8				+ 1,0		+ 2,0
⊥				+ 2,3				+ 3,1		+ 5,0
Rb		− 8,2	− 9,2	− 10,2	−11,1	− 7,5	− 8,3	− 8,9		
Zr	+ 7,8			+ 9,5				+ 8,3		+ 4,6
Nb	+ 1,6			− 0,5				− 1,5		− 1,6
Mo	+ 3,1			+ 5,9				+ 8,6		+11,2
Ru										−29,7
Rh	+ 1,8			+ 1,7				+ 1,2		+ 0,8
Pd	− 3,16[2])			− 9,6				−13,4		−16,3
Ag	+ 1,02			+ 1,4				+ 1,9		+2,5
Cd (Einkristall) ∥	− 0,98[1])			− 0,04				+ 2,02[1])		
⊥	+ 1,02[1])			+ 3,16				+ 7,3[1])		
Sn (Einkristall) ∥				− 0,75		− 0,925[1])		− 1,11		
⊥				− 1,48		− 1,475[1])		− 1,47		
Sb (Einkristall) ∥				+ 20,6		+ 22,35[1])		+24,2		
⊥				+ 46,8		+ 49,65[1])		+52,6		
Cs		− 0,1	− 0,1	+ 0,1	+ 0,1	− 5,8	+ 4,6			
Ta	− 1,1			− 2,3				− 3,3		− 3,5
W	− 2,0			+ 0,8				+ 4,2		+ 7,4
Ir	+ 1,8			+ 1,5				+ 0,9		+ 0,3
Pt		− 2,23[1])		− 4,42	− 5,31[1])			− 7,3		− 9,2
Au (99,99%)	+ 1,0			+ 1,7				+ 2,2		+ 2,6
Hg	+ 1,95			+ 7,84		+ 9,51		+11,55	+13,39	
Tl				+ 0,84		+ 0,09		− 0,41	− 0,67	− 0,69
Pb	− 1,06	− 1,16	− 1,206	− 1,25				− 1,44[2])		
Bi (Einkristall) ∥				−109,6		−102,1[1])		−94,6		
⊥				− 55,4		− 55,4[1])		−55,4		

[1]) Durch lineare Interpolation aus Meßwerten bei benachbarten Temperaturen erhalten. – [2]) Entstammt der Meßreihe eines anderen Autors als die anderen Werte der Zeile. – Bemerkung: Soweit nur Messungen an Einkristallen vorliegen, sind die Werte von e für parallele (∥) und senkrechte (⊥) Einstellung der Kristallachse zum Temperaturgradienten angegeben. Meßungenauigkeiten: Bei schrägen Endziffern 3 ··· 5 Einheiten, bei senkrechten 1 Einheit der letzten Stelle.

Tafel 6.21. Gebräuchliche Thermoelemente (Thermospannungen in mV, Bezugstemperatur 0 °C)

ϑ °C	Kupfer-Konstantan 1) 3)	Eisen–Konstantan 1) 3)	Nickelchrom–Konstantan 1) 3)	Nickelchrom–Nickel 2) 3)	Platinrhodium–Platin 1) 3)	Chromel (90 % Ni + 10 % Cr)–Konstantan (60 % Cu + 40 % Ni)	(66 % Ni + 34 % Fe) – Nickel
−200	−5,7	−8,15				−8,71	
−150	−4,69	−6,50					
−100	−3,40	−4,60				−5,18	
− 50	−1,85	−2,45					
0	0	0	0	0	0	0	0
50	+2,05	+2,65	+3,06	+2,02	+0,299		
100	4,25	5,37	6,21	4,10	0,643	+6,32	
150	6,62	8,15	9,69	6,13	1,025		
200	9,20	10,95	13,38	8,13	1,436	13,42	
250	11,98	13,75	17,14	10,16	1,868		
300	14,89	16,55	20,95	12,21	2,316	21,04	
350	17,91	19,35	24,82	14,29	2,778		
400	20,99	22,15	28,74	16,39	3,251	28,95	+9,55
450	(24,14)	24,99	32,72	18,49	3,732		
500	(27,40)	27,84	36,75	20,64	4,221	37,01	11,83
550	(30,79)	30,74	40,84	22,77	4,718		
600	(34,30)	33,66	44,98	24,90	5,224	45,10	14,24
650		36,63	49,15	27,04	5,738		
700		39,72	53,31	29,14	6,260	53,14	17,22
750		(42,93)	(57,42)	31,24	6,790		
800		(46,23)	(61,45)	33,31	7,329	61,08	20,42
850		(49,64)	(65,38)	35,36	7,876		
900		(53,15)	(69,25)	37,36	8,432	68,85	23,80
950				39,36	8,997		
1000				41,31	9,570	76,45	27,51
1050				(43,24)	10,152		
1100				(45,14)	10,741		31,42
1150				(47,03)	11,336		
1200				(48,85)	11,935		
1250				(50,65)	12,536		
1300				(52,41)	13,138		
1350					(13,738)		
1400					(14,337)		
1450					(14,935)		
1500					(15,530)		
1550					(16,124)		
1600					(16,716)		
1700							
1800							
2000							
2200							
2400							
2600							
2800							
3000							

1) nach [6.73] – 2) nach [6.73] – 3) Die eingeklammerten Werte E_{12} der genormten Thermoelemente liegen oberhalb der Grenze für Dauerbenutzung in reiner Luft.

Bemerkung: E_{12} ist positiv, wenn bei Belastung (Instrument) der äußere Teil des Stromkreises vom Strom in der Richtung vom erstgenannten zum zweitgenannten Leiter durchflossen wird. Der erstgenannte Leiter ist also der positive Pol im äußeren Stromkreis. Beim Einfügen des Verbrauchers (Instrument) ist zu gewährleisten, daß die beiden neuentstehenden Kontaktstellen die gleiche Temperatur haben.

den verschiedenen Kristallflächen verschieden groß (bei Wolfram schwankt φ beim gleichen Einkristall zwischen 4,2 und 5,6 V), da in den verschiedenen Gitterebenen die Atomabstände unterschiedlich sind und die Austrittsarbeit als Ionisierungsspannung der durch den Einbau in das Kristallgitter gestörten Metallatome gedeutet werden kann [vgl. hierzu die Tafel 3.6 (S. 462) über Austrittsarbeiten bzw. -potential].

6.2.1.4. Thermospannung

Werden 2 Leiter ungleichen Materials an 2 Stellen miteinander verbunden, so heben sich die Kontaktspannungen auf, falls beide Kontaktstellen die gleiche Temperatur haben. Weisen die beiden Kontaktstellen (Lötstellen) jedoch ungleiche Temperaturen auf, so fließt ein

Chromel (90% Ni + 10% Cr) – Alumel (94% Ni + Al + Si + Mn)	(90% Pt + 4,5% Re + 5% Rh) – Platin	(90% Ir + 10% Rh) – (90% Ir + 10% Ru)	(40% Ir + 60% Rh) – Iridium	Wolfram – Molybdän	Wolfram – (50% W + 50% Mo)	Wolfram – Tantal
0	0	0	0	0	0	0
+4,10	+1,56					
8,13	3,46		1,10			
12,21	5,51	+1,66				
16,39	7,66		2,20			
20,64	9,96					
24,90	12,41	3,64	3,30			
29,14	14,96					
33,31	17,61		4,40	−1,32	−0,50	+10,65
37,36	20,31					
41,31	23,11	6,24	5,50	−0,80	0,00	13,72
45,14	26,06	6,83				
48,85	28,91	7,38	6,60	−0,20	+0,70	16,65
	31,86	7,91				
		8,41	7,65	+0,85	1,65	19,05
		8,89				
		9,35	8,70	2,18	2,80	20,90
		9,81				
		10,26	9,80	3,73	4,00	22,25
			10,85	5,30	5,20	22,90
				6,80	6,40	
				7,75	7,35	
					7,95	
					8,12	
						18,50

Thermostrom, bzw. es tritt an einer Unterbrechungsstelle eines Leiters eine EMK, die Thermospannung, auf (Seebeck-Effekt, s. Abschn. 3.4.4.5., S. 543).

Da die Thermospannung bei vollständig homogenen und isotropen Materialien lediglich von der Natur der Leiter und von den Temperaturen der Kontaktstellen, nicht aber von der sonstigen Temperaturverteilung in den Leitern abhängt, setzt man für die bei einer Temperaturdifferenz dT zwischen den Kontaktstellen auftretende relative Thermospannung dE_{12} zwischen den Leitern *1* und *2*

$$\mathrm{d}E_{12} = [e_1(T) - e_2(T)]\,\mathrm{d}T \equiv e_{12}(T)\,\mathrm{d}T \tag{6.46}$$

bzw. bei endlicher Temperaturdifferenz $T_{\mathrm{II}} - T_{\mathrm{I}}$ zwischen den Kontaktstellen

$$E_{12} = \int_{T_{\mathrm{I}}}^{T_{\mathrm{II}}} [e_1(T) - e_2(T)]\,\mathrm{d}T \equiv \int_{T_{\mathrm{I}}}^{T_{\mathrm{II}}} e_{12}(T)\,\mathrm{d}T, \tag{6.47}$$

wobei die relative Thermospannung E_{12} und die relative differentielle Thermospannung e_{12} positiv gezählt werden, wenn der von der Thermospannung angetriebene Strom an der wärmeren Kontaktstelle vom Leiter *2* zum Leiter *1* fließt.

Diese Darstellung der relativen differentiellen Thermospannung e_{12} zwischen 2 Leitern durch eine Differenz der absoluten Thermospannungen e_1 und e_2

$$e_{12} = e_1 - e_2 \tag{6.48}$$

erlaubt, auf eine Bezugssubstanz zu verzichten und jedem Leiter n eine temperaturabhängige absolute differentielle Thermospannung e_n zuzuordnen.

Da sich jedoch thermoelektrisch nur Differenzen der e_n messen lassen, muß e_n für mindestens ein Metall aus dem Zusammenhang mit dem Thomson-Effekt berechnet werden. Zur Festlegung der absoluten differentiellen Thermospannungen genügt die Messung des Thomson-Koeffizienten k_T eines Metalls vom absoluten Nullpunkt bis zur betrachteten Temperatur. e_n ist also eine Größe des Einzelleiters. Zwischen 3 Metallen gilt daher für den Zusammenhang der differentiellen Thermospannungen

$$e_{12} = e_{13} - e_{23}. \tag{6.49}$$

Die relative Thermospannung zwischen 2 Leitern verschiedener Temperatur ergibt sich nach Gl. (6.47) durch Integration der von der Temperatur abhängigen Differenzfunktion der absoluten differentiellen Thermospannungen der beiden Leiter über deren Temperaturdifferenz.

Die Thermospannungen hängen von der Reinheit der Materialien, von ihrer Vorgeschichte (Kaltbearbeitung), vom Druck und vom äußeren Magnetfeld ab. Starke Empfindlichkeit gegen Verunreinigungen weisen die schlechten Elektronenleiter (Halbleiter) und die Metalle bei tiefen Temperaturen auf. Im supraleitenden Zustand verschwinden die Thermospannungen.

Die genaueste Ermittlung von Thermospannungen erfolgt nach dem Kompensationsverfahren (thermokraftfreier Diesselhorst-Kompensator). Tafel 6.20 enthält die absoluten differentiellen Thermospannungen der reinen Metalle; Tafel 6.21 gibt die Thermospannungen einiger gebräuchlicher Thermoelemente an. Standards über Thermoelemente s. [6.72] bis [6.79].

6.2.1.5. Materialien und technische Anwendungen des Hall-Effektes

Physikalische Erklärung des Hall-Effektes und Grundlagen seiner technischen Anwendung s. Abschn. 3.4.4.2., S. 522.

Materialien. Bei den Ferromagnetika (Fe, Ni, Co, ferromagnetische Mn-Legierungen) ist infolge des ferromagnetischen Zustands bei Temperaturen unterhalb des Curie-Punktes keine Linearität zwischen Hall-Feldstärke und magnetischer Induktion vorhanden: Die Hall-Feldstärke als Funktion der magnetischen Induktion B steigt zunächst in der Nähe von $B = 0$ linear mit B an, verliert mit wachsendem B an Steigung und verläuft schließlich oberhalb der Sättigungsmagnetisierung nach einer schwächer geneigten Geraden (Bild 6.52).

Auf Grund dieser Abhängigkeit der Hall-Spannung von der Magnetisierung M definiert man bei Ferromagnetika 2 Hall-Koeffizienten entsprechend der Neigung dieser beiden Tangenten der $U_H = U_H(B)$-Kurve für $B \to 0$ und für $B \gg B_{\text{Sättigung}}$. Das Produkt $R_H B$ in Gl. (3.245),

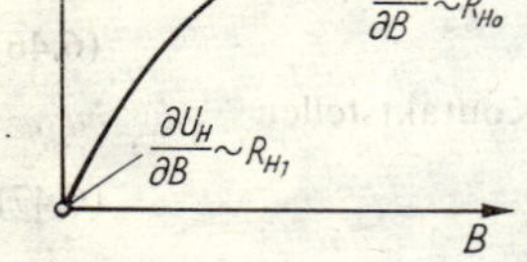

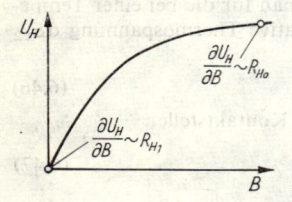

Bild 6.52
Hall-Spannung als Funktion der Induktion bei Ferromagnetika

S. 523, wird dazu durch den Ausdruck $(R_{H0}\mu_0 H + R_{H1}M)$ ersetzt:

$$U_H = (R_{H0}\mu_0 H + R_{H1}M)\,\frac{I}{d}; \qquad (6.50)$$

H magnetische Feldstärke,
M Magnetisierung,

wobei $B = \mu_0 H + M$ (Tafel 6.22). Die beiden von B unabhängigen Koeffizienten heißen *ordentlicher* Hall-Koeffizient R_{H0} und *außerordentlicher* Hall-Koeffizient R_{H1}. Oberhalb des Curie-Punktes verhalten sich die Ferromagnetika ähnlich den Nichtferromagnetika (Tafel 6.23).

Technische Anwendung. Technisch wird der Hall-Effekt in Hall-Generatoren genutzt (Bild 6.53). Diese werden aus Werkstoffen hergestellt, die die Forderung nach großen Hall-Koeffizienten bei kleinem spezifischem Widerstand und hinreichend geringer Temperatur-

Tafel 6.22. Hall-Koeffizienten von Eisen, Kobalt, Nickel und einigen Legierungen bei Raumtemperatur

Element, Legierung	R_{H0} 10^{-10} m³ · A⁻¹ · s⁻¹	R_{H1} 10^{-10} m³ · A⁻¹ · s⁻¹	Bemerkungen
Fe	+ 1,87	+ 5,41	0,06% Verunreinigungen, in H_2 bei 650°C geglüht
Co	− 1,33	+ 0,19	0,9% Verunreinigungen, in He bei 800°C geglüht
Ni	− 0,56	− 5,21	0,35% Verunreinigungen, in He bei 800°C geglüht
FeNi	+ 9,6 − 1,87 − 1,88	+266 + 87,5 + 3,39	31,4% Ni, geglüht 45% Ni, geglüht 71,8% Ni, geglüht
FeC	+ 3,51 + 5,39 + 8,97	+ 15,5 + 18,2 + 60,7	Bandstahl, weichgeglüht Bandstahl, normalgeglüht Bandstahl, gehärtet } 1,18% C
FeSi	+12,3	+125,7	4,05% Si, weichgeglüht
NiV	− 4,8	−226	7% V

Tafel 6.23. Hall-Koeffizienten einiger nichtferromagnetischer reiner Elemente bei Raumtemperatur (nach relativer Atommasse geordnet)

Element	R_H 10^{-10} m³ · A⁻¹ · s⁻¹	Element	R_H 10^{-10} m³ · A⁻¹ · s⁻¹
C (Graphit)	+740	In	−0,073
Mg	−0,84 ··· −0,94	Sn	−0,022 ··· −0,041
Al	−0,32 ··· −0,4	Sb	+200 ··· +234
Cr	+3,63	W	+1,11 ··· +1,18
Cu	−0,49 ··· −0,61	Ir	+0,32 ··· +0,4
Zn	+0,63 ··· +1,04	Pt	−0,13 ··· −0,24
As	+45	Au	−0,72 ··· −0,74
Mo	+1,26 ··· +1,8	Hg	$\lvert R_H\rvert < 0,02$
Pd	−0,86	Pb	+0,09
Ag	−0,86 ··· −0,94	Bi	−5300 ··· −6800
Cd	+0,46 ··· +0,63		

Tafel 6.24. Hall-Koeffizienten gebräuchlicher Hall-Generatormaterialien [6.81]

Halbleiter-material	ϑ °C	R_H cm³ · A⁻¹ · s⁻¹	Temperaturkoeffizient im Bereich 0 bis 100°C K⁻¹	$\varkappa$ Ω⁻¹ · cm⁻¹	Temperaturkoeffizient im Bereich 0 bis 100°C K⁻¹
InAs	25	−100	−0,0007	240	+0,0024
$InAs_{0,8}P_{0,2}$	25	−180	−0,0004	55	+0,0022
InSb	25	−380	−0,015	200	−0,012

abhängigkeit beider erfüllen. Hierfür kommen die Verbindungshalbleiter aus Elementen der 3. und 5. Gruppe des periodischen Systems (Tafel 6.24) in Betracht (InAs, InSb). Da sowohl der Hall-Koeffizient (infolge endlicher Elektroden- und Probenabmessungen) als auch der spezifische Widerstand des Generators von der magnetischen Induktion B abhängen, zeigt

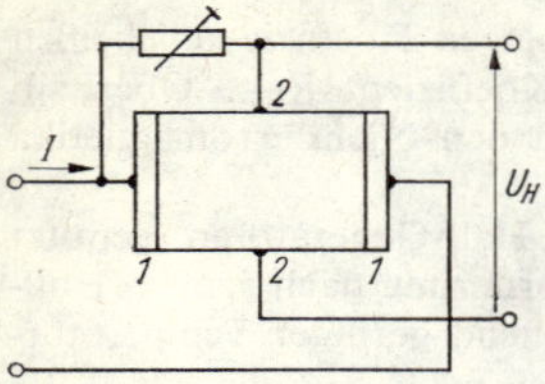

Bild 6.53
Hall-Generator mit einfacher Schaltung zur Kompensation der ohmschen Nullkomponente
1 Steuerelektroden; *2* Hall-Elektroden

die Hall-Spannung als Funktion von B Abweichungen vom theoretisch zu erwartenden linearen Verlauf. Durch geeignete Wahl des durch den Verbraucher (Meßeinrichtung usw.) bedingten ohmschen Abschlußwiderstandes erzielt man infolge der gegenseitigen Beeinflussung der $R_H(B)$- und $\varrho(B)$-Verläufe ein Minimum dieses Fehlers (Linearitätsanpassung).

Eine geringere Abweichung von der Linearität der U_H-B-Beziehung läßt sich durch Kompensation der Magnetfeldabhängigkeit des Innenwiderstandes erreichen mittels Parallelschaltung einer Widerstandsprobe mit vergrößertem gleichartigem Widerstandseffekt (InAs mit rasterartig aufgedampfter Silberschicht) im Steuerstromkreis. Stellbare Vorwiderstände in den Parallelzweigen gestatten dann eine genaue Einstellung der Kompensation.

Da die zur Abnahme der Hall-Spannung dienenden Elektroden aus technologischen Gründen gewöhnlich längs der Kanten um einen kleinen Betrag gegeneinander verschoben sind, liegt an ihnen auch bei verschwindendem Feld B auf Grund des Spannungsabfalls des Steuerstromes I längs dieser Kanten eine kleine Spannung (ohmsche Nullkomponente), die durch eine äußere Kompensationsschaltung aufgehoben werden kann. Außerdem führen bei veränderlichem Magnetfeld die Zuführungsdrähte zu den Hall-Elektroden eine kleine Induktionsspannung, da sie eine nicht zu vermeidende Leiterschleife bilden (induktive Nullkomponente). Als weitere Störgrößen können eine materialbedingte Gleichrichterwirkung an den Elektroden und eine Thermospannung infolge unsymmetrischer Temperaturverteilung im Hall-Plättchen auftreten.
Gebräuchliche Hall-Generatoren haben Längen- und Breitenabmessungen von wenigen Millimetern und Dicken in der Größenordnung von höchstens Zehntelmillimetern. Zur Steigerung der Empfindlichkeit wird wegen der Abhängigkeit von der Dicke d oft Dünnschliff- oder Aufdampftechnik angewandt. Bei aufgedampften Hall-Generatoren beträgt die Dicke der wirksamen Schicht 1 bis 5 μm (Spannungsempfindlichkeit 0,1 bis 2,0 $V \cdot T^{-1}$). Wird ein Ferritplättchen als Träger benutzt, so ist ein effektiver magnetischer Luftspalt von weniger als 10 μm Dicke erzielbar.
Bei hinreichend ausgedehnten inhomogenen Feldern läßt sich eine Feldkonzentration am Hall-Generator durch Anordnung von Mu-Metallstäben in Induktionsrichtung erreichen, wodurch sich Verstärkungsfaktoren bis zu mehreren Zehnerpotenzen ergeben. Bei handelsüblichen Hall-Generatoren ist das elektrische System (Halbleiterplättchen und Zuführungsdrähte) zum Schutz gegen mechanische Beanspruchungen und zur Ableitung der entstehenden Jouleschen Wärme in einen Mantel aus Sinterkeramik, Gießharz oder auch, bei erforderlicher Verringerung des magnetischen Widerstandes, in Ferromagnetika (Ferrite) eingebettet. Ferrite beeinflussen allerdings die magnetische Induktion durch ihre relativ geringe Sättigungsinduktion.

Massive Hall-Generatoren sind im Temperaturbereich −40 bis +100 °C einsetzbar. Dünnschicht-Hall-Generatoren zeichnen sich bei geeignetem Trägermaterial (Keramik) durch hohe Temperaturwechselfestigkeit aus. Bei höheren Temperaturen zeigen aufgedampfte InAs-Schichten gegenüber massivem Material einen geringeren Temperaturgang von R_H und ϱ. Sie werden im Temperaturbereich 4 bis 500 K eingesetzt und ergeben bei Aussteuerung bis $B \approx 0{,}5\,T$ eine maximale Abweichung der $U_H(B)$-Kennlinie vom linearen Verlauf von $\approx 1\%$.

Der maximale Steuerstrom ist lediglich durch die Maximaltemperatur im Halbleiterplättchen infolge der Wärmeentwicklung bestimmt. Er ist am geringsten bei Anwendung in ruhender Luft; er läßt sich durch günstig gestaltete Wärmeableitung erheblich vergrößern. Die magnetische Induktion kann hingegen beliebig hohe Werte annehmen; von ihrem Maximalwert wird lediglich die maximale Abweichung von der linearen Kennlinie beeinflußt.
Hall-Generatoren dienen [vgl. Gl. (6.50)] zur Meßwertumformung, zur Modulation, Verstärkung und Multiplikation elektrischer Größen sowie als nichtumkehrbarer Vierpol (Gyrator). Zusammenfassende Darstellung in [6.80] bis [6.82].

6.2.2. Metallische Werkstoffe

6.2.2.1. Zeichenerklärungen und Definitionen

Die wichtigsten Materialkonstanten mit den entsprechenden Formelzeichen und Einheiten sind in Tafel 6.25 zusammengefaßt und definiert. Das Verhalten der Werkstoffe bei mechanischer Beanspruchung ist auf den Bildern 6.54 und 6.55 dargestellt.

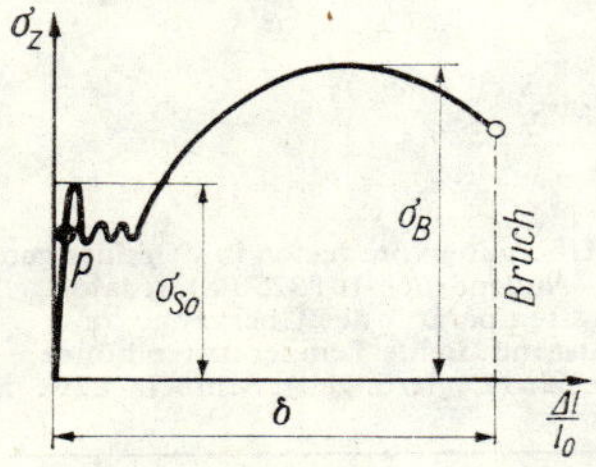

Bild 6.54. Spannungs-Dehnungs-Diagramm eines Metalls mit ausgeprägter Fließgrenze

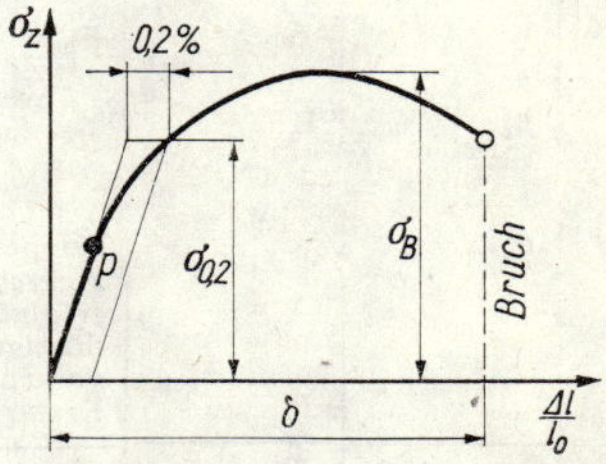

Bild 6.55. Spannungs-Dehnungs-Diagramm eines Metalls ohne ausgeprägte Fließgrenze

6.2.2.2. Eigenschaften gebräuchlicher Metalle (s. auch Tafel 6.26, S. 826)

Aluminium (s. auch S. 826)

Allgemeines. Aluminium (Al) zählt zu den wichtigsten Leiterwerkstoffen der Elektrotechnik. Es zeichnet sich besonders durch seine niedrige Dichte aus. Die mechanischen Gütewerte liegen unter denen des Cu, können jedoch durch geeignete Wärmebehandlung sowie durch Legierungszusätze verbessert werden.
Al läßt sich wegen der stets vorhandenen Oxidschicht nur bei Anwendung geeigneter oxidlösender Flußmittel oder mit Ultraschall löten. Bei Verwendung schwermetallfreier Hartlote (z. B. 87% Al, 12% Si) oder durch einen vor Feuchtigkeit schützenden Lacküberzug der Weichlötstelle kann die sonst auftretende Lokalelementbildung des Al mit Schwermetallen unterbunden werden. Von besonderer Bedeutung sind die Leitlegierungen (Aldrey-AlMgSi) und die Guß- und Knetlegierungen.
Chemische Eigenschaften. Al ist infolge der dichten, harten und festhaftenden Oxidschicht (Al_2O_3) sehr beständig gegenüber atmosphärischen Einflüssen. Dagegen tritt beim Zusammenbau mit Schwermetallen (insbesondere Cu) unter Feuchtigkeitseinwirkung starke elektrolytische Korrosion auf. Allgemein steigt die chemische Beständigkeit mit zunehmendem Reinheitsgrad, so daß hochreines Al selbst von HCl nur langsam angegriffen wird.
Anwendungen. Leiterwerkstoff (Freileitungen und Kabel, Stromschienen in elektrischen Anlagen); Konstruktionswerkstoff; Reinaluminium (Elektrolyt- und Wickelkondensatoren); Plattierwerkstoff [Cu auf Al plattiert (Cupal), Al auf Fe plattiert]; Kabelmantelmaterial statt Pb; zusätzlicher Korrosionsschutz z. B. durch Bitumenisolation (s. auch Abschn. 6.2.3.3., S. 845).

Tafel 6.25. Materialkonstanten, Formelzeichen und Einheiten für Leiterwerkstoffe

Bezeichnung	Formelzeichen	Einheit	Erklärung
Elektrische Größen			
Spezifischer Widerstand	ϱ	$\frac{\Omega \cdot mm^2}{m}$	Gleichstromwiderstand eines elektrischen Leiters der Längeneinheit und der Querschnittseinheit
Leitfähigkeit	$\varkappa$	$\frac{m}{\Omega \cdot mm^2}$	reziproker Wert des spezifischen Widerstandes
Temperaturkoeffizient des spezifischen Widerstandes			
linear	α_ϱ	K^{-1}	$\alpha_\varrho = \frac{1}{\varrho_1} \frac{d\varrho}{d\vartheta}\Big\vert_{\vartheta=\vartheta_1}$ auf ϱ_1 bezogene Widerstandsänderung bei einer Temperaturänderung um 1 K gegenüber der Bezugstemperatur ϑ_1. Statt des differentiellen Temperaturkoeffizienten α_ϱ wird gewöhnlich ein mittlerer Wert $\overline{\alpha}_\varrho$ für ein bestimmtes Temperaturintervall $(\vartheta_2 - \vartheta_1)$ angegeben: $\overline{\alpha}_\varrho = \frac{1}{\varrho_1} \frac{\Delta\varrho}{\vartheta_2 - \vartheta_1}$
quadratisch	β_ϱ	K^{-2}	$\beta_\varrho = \frac{1}{2} \frac{1}{\varrho_1} \frac{d^2\varrho}{d\vartheta^2}\Big\vert_{\vartheta=\vartheta_1}$
Thermische Größen			
Schmelztemperatur	ϑ_S	°C	Temperatur, bei der der Übergang vom festen in den flüssigen Aggregatzustand erfolgt (Außendruck 101 325 Pa). Analog erfolgt bei der Erstarrungstemperatur der Übergang vom flüssigen in den festen Zustand. Beide Temperaturen können voneinander verschieden sein (Legierungen): Schmelz- bzw. Erstarrungsbereich
Siedetemperatur	ϑ_{Sd}	°C	Temperatur, bei der der Übergang vom flüssigen in den gasförmigen Aggregatzustand erfolgt. Das ist die Temperatur, bei der der Sättigungsdampfdruck der Flüssigkeit den Außendruck (101 325 Pa) erreicht
Linearer Temperaturkoeffizient der Länge	α_l	K^{-1}	$\alpha_l = \frac{1}{l_1} \frac{dl}{d\vartheta}\Big\vert_{\vartheta=\vartheta_1}$ Auf l_1 bezogene Längenänderung bei einer Temperaturänderung um 1 K gegenüber der Bezugstemperatur ϑ_1. Anstelle des differentiellen Ausdehnungskoeffizienten α_l wird gewöhnlich ein mittlerer Wert $\overline{\alpha}_l$ für ein bestimmtes Temperaturintervall $(\vartheta_2 - \vartheta_1)$ angegeben: $\overline{\alpha}_l = \frac{1}{l_1} \frac{\Delta l}{\vartheta_2 - \vartheta_1}$
Linearer Temperaturkoeffizient des Volumens	α_V	K^{-1}	$\alpha_V = \frac{1}{V_1} \frac{dV}{d\vartheta}\Big\vert_{\vartheta=\vartheta_1}$ $\overline{\alpha}_V = \frac{1}{V_1} \frac{\Delta V}{\vartheta_2 - \vartheta_1}$
Spezifische Wärme	c	$\frac{J}{kg \cdot K}$	Wärmemenge, die zur Erwärmung der Masse 1 kg um die Temperatur 1 K, von einer Bezugstemperatur ausgehend, erforderlich ist. Für die mittlere spezifische Wärme gilt $\overline{c} = \frac{Q}{m(\vartheta_2 - \vartheta_1)}$
Schmelzwärme		$\frac{J}{kg}$	Wärmemenge, die zur isothermen Überführung der Masse 1 kg vom festen in den flüssigen Aggregatzustand notwendig ist
Wärmeleitfähigkeit	λ	$\frac{W}{m \cdot K}$	Wärmemenge, die je Zeit unter der Wirkung des Temperaturgefälles in Richtung der Flächennormale die Fläche durchströmt

Tafel 6.25. Fortsetzung

Bezeichnung	Formelzeichen	Einheit	Erklärung
Weichglühtemperatur	ϑ_{Gl}	°C	Temperatur, bei der die durch Verformung eines Metalles aufgetretene Verfestigung innerhalb „technisch tragbarer" Zeiten (etwa 30 min) rückgängig gemacht werden kann
Mechanische Größen			
Dichte	ϱ*	$\frac{kg}{m^3}$, $\frac{g}{cm^3}$	auf das Volumen bezogene Masse eines Stoffes
Elastizitätsmodul	E*	$\frac{kN}{mm^2}$	Quotient aus der auf den Anfangsquerschnitt bezogenen Kraft und der auf die Meßlänge bezogenen Längenänderung im Gebiet rein elastischer Verformung ($0 \cdots P$) (s. Bild 6.54; 6.55)
Dehngrenze	$\sigma_{0,2}$	$\frac{N}{mm^2}$	Zugspannung, bei der eine bleibende Dehnung eines bestimmten Betrages auftritt (meist 0,2% der anfänglichen Meßlänge). Sie ist für solche Werkstoffe definiert, bei denen mit steigender Zugbelastung kein ausgeprägtes Fließen erfolgt (bei jenen Stoffen wird die Streckgrenze σ_{S0} angegeben) (s. Bild 6.54 und 6.55)
Bruchdehnung	δ	(Angabe in %)	auf die ursprüngliche Meßlänge bezogener bleibender Längenzuwachs nach dem Bruch der Probe: δ_5 : Meßlänge $L_0 = 5 \cdot$ Durchmesser d_0 δ_{10}: Meßlänge $L_0 = 10 \cdot$ Durchmesser d_0 (s. Bild 6.54 und 6.55)
Zugfestigkeit	σ_{zB}	$\frac{N}{mm^2}$	auf den Anfangsquerschnitt der Probe bezogene Höchstkraft (s. Bild 6.54 und 6.55)
Prüffestigkeit	σ_p	$\frac{N}{mm^2}$	auf den Nennquerschnitt bezogene Prüflast, die mindestens 1 min lang wirken soll, ohne zum Bruch zu führen. Die Prüffestigkeit z.B. von Starkstrom-Freileitungswerkstoffen ist standardisiert
Schubmodul	G*	$\frac{N}{mm^2}$	auf den Winkel (Bogenmaß) bezogene Schubspannung im Gebiet rein elastischer Formänderung
Brinellhärte		HB	$HB = \frac{F}{A} = \frac{F}{\pi h D} = \frac{2F}{\pi D (D - \sqrt{D^2 - d^2})}$; F Kraft, mit der eine gehärtete Stahlkugel vom Durchmesser D eine bestimmte Zeit in eine ebene Platte des zu untersuchenden Werkstoffes eingedrückt wird, A Kugeleindruckfläche, h Eindrucktiefe, d Durchmesser der Eindruckfläche
Biegefestigkeit	σ_{bB}	$\frac{N}{mm^2}$	größte Biegespannung, die ein an beiden Enden frei aufliegender Probestab bei langsamer Belastung in der Stabmitte verträgt

Beryllium (s. auch S. 826)

Allgemeines. Beryllium (Be) hat als Leichtmetall hoher Festigkeit und Härte ungewöhnlich günstige thermische Eigenschaften: hoher Schmelzpunkt, gute thermische Leitfähigkeit, große Wärmekapazität. Die mechanische Festigkeit bleibt bis 540 °C erhalten. Be läßt sich schwer bearbeiten: Warmformung (> 700 °C) unter Schutzgas, im Vakuum oder bei Ummantelung mit gasdichten Metallen. Herstellung von Formstücken auf pulvermetallurgischem Wege wegen schlechter Gießbarkeit. Be ist lötbar (Ag-, AgSi-Lote). Be-Erzeugnisse sind wegen der Seltenheit des Be und schwieriger Technologie sehr teuer. Be-Verbindungen in Dampf- oder Gasform sind giftig, in kompakter Form ungefährlich.

Chemische Eigenschaften. Be hat große Affinität zu O_2, ist jedoch bis 800°C oxydationsbeständig wegen sich bildender festhaftender und unlöslicher Oxidschicht. Die Korrosions-

Tafel 6.26. Eigenschaften gebräuchlicher Metalle

Metall (Legierungen)	Zustand	Elektrische Leitfähigkeit	Spezifischer Widerstand	Linearer Temperaturkoeffizient des Widerstandes	Widerstandsänderung eines Leiters (l = 1 m), A = 1 mm², bei $\Delta\vartheta$ = 1 K	Verhältnis von ϱ zu $\varrho_{Cu-IACS}$ [1]	Spezifischer Widerstand des flüssigen Metalls	Verhältnis von ϱ_{fl} zu ϱ_{fest}	Dichte	Schmelztemperatur
		$\varkappa$	ϱ	$\overline{\alpha}_{\varrho}$	ΔR	$\frac{\varrho}{\varrho_{Cu-IACS}}$	ϱ_{fl}	$\frac{\varrho_{fl}}{\varrho_{fest}}$	ϱ^*	ϑ_S
		ϑ = 20 °C	ϑ = 20 °C	ϑ = 0 °C bis 100 °C	ϑ = 20 °C	ϑ = 20 °C	$\vartheta = \vartheta_S$	$\vartheta = \vartheta_S$	ϑ = 20 °C	
		$\frac{m}{\Omega \cdot mm^2}$	$10^{-3} \frac{\Omega \cdot mm^2}{m}$	10^{-3} K^{-1}	10^{-6} Ω	–	$10^{-3} \frac{\Omega \cdot mm^2}{m}$	–	$\frac{g}{cm^3}$	°C
Aluminium	weich	35,9	27,8		111	1,59	201	1,64	2,7	658
	hart-gewalzt	33,0	30,3	4	121					
	gegossen									
E-AlMgSi	weich	31	32,2	3,6	116	1,80				650
(Aldrey)	hart									
Beryllium		15.1	66	6,7	440	3,80			1,85	1283
Blei		4,8	210	≈ 3,9	819	12,18	993	2,07	11,25 ··· 11,4	327,3
Kabelhartblei										
Guß-Pb-Bronze										
Guß-Pb-Sn-Bronze										
Chrom		7,7	130	5,88		7,54			7,19	1890
Eisen	chem. rein	10,4 (800 °C: 0,94)	86 (800 °C: 1060)	6,4	615	5,56	1390	1,09	7,86	1532
Grauguß									7,1 ··· 7,6	1152 ··· 1350
Weicher Stahl für die Elektrotechnik		> 6,7	< 149	4,5					7,84	≈ 1350
Gold	weich	45,4	22	4	88	1,27	308	2,28	19,29	1063
	hart									
Iridium	weich	21,7	46	4,1	189	2,66			22,41	2454
	hart									
Kadmium		14,7	68	4,2	286	3,94			8,64	320,9
Kobalt		≈ 20,0	≈ 50	6,5	325	2,90			8,83	1490
Kupfer E-Cu F20	weich	> 57	< 17,5	20 °C: 3,87		1,02	215	2,07	8,93	1083
E-Cu F37	hart	> 55	< 18,2	20 °C: 3,74		1,05				
Cu_{IACS} [1]		58	17,24	4,27	68	1,0				

[1] Internationale Bezugsgröße (IACS International Annealed Copper Standard)

Siedetemperatur	Linearer Temperaturkoeffizient der Länge	Spezifische Wärme	Schmelzwärme	Wärmeleitfähigkeit	Weichglühtemperatur	Elastizitätsmodul	Torsionsmodul	Dehngrenze	Bruchdehnung	Zugfestigkeit	Brinellhärte
ϑ_{Sd}	$\overline{\alpha}_l$	c		λ	ϑ_{Gl}	E^*	G^*	$\sigma_{0,2}$	δ	σ_{zB}	
	$\vartheta = 0\,°C \cdots 100\,°C$	$\vartheta = 20\,°C$		$\vartheta = 20\,°C$							
°C	$10^{-6}\,K^{-1}$	$10^{-3}\,\frac{J}{g \cdot K}$	$\frac{J}{g}$	$\frac{J}{cm \cdot s \cdot K}$	°C	$\frac{kN}{mm^2}$	$\frac{kN}{mm^2}$	$\frac{N}{mm^2}$	%	$\frac{N}{mm^2}$	HB
2500	23,8 (0°C···400°C: 26,5)	895	397	2,23 (600°C: 1,51)	200···450	60···70	27···28	25···35	30···45	70···110	15···25
								140···200	2···8	150···250	35···70
								30···40	18···25	90···120	24···32
	23			1,89		60	27···28	50···60	20···25	110···120	28···35
		920	377					260···350	5···7	310···360	70···85
2970	12,4	184	1260	1,68		280				420···560	60···140
1750	29,3	130	24,8	0,36	100	≈17	≈6,5		≈70	11	≈3
									≈35	20	≈5
								30···50		50···80	<30
								≈120		≈200	45···85
2500	6,2	435	316	0,67		250					galvanische Schichten: 500···1250 geglüht: 70···90
2800	12,5 (0···500 °C: 14)	465	270	0,73 (800°C: 0,3)	600···900	210	84	geglüht: 70···140	geglüht: 60···40	geglüht: 180···280	geglüht: 45···90
	9	540	96,5	0,42···0,63							
	≈11,5	≈485		≈0,46						450	
2950	14,2	133	65,8	3,1		56			70···30	100···140	13···22
						81	28		2	200···300	58···75
5300	6,58	130		0,59		525			3,3	150	220
									1,8	240	350
767	29,8	235	55,8	1,0		52···56	23			60	35
3185	13	435	261	0,71		208					125
>2310	16,5 (0°C···600°C: 18,6)	385	205	3,85	450···600	117···126	39···48	100···150	50···30	200···250	40···50
						122···130		300···450	4···2	400···490	80···120

Tafel 6.26. Fortsetzung

Metall (Legierungen)	Zustand	Elektrische Leitfähigkeit	Spezifischer Widerstand	Linearer Temperaturkoeffizient des Widerstandes	Widerstandsänderung eines Leiters (l = 1 m, A = 1 mm²) bei $\Delta\vartheta$ = 1 K	Verhältnis von ϱ zu $\varrho_{Cu-IACS}$ (s. S. 826)	Spezifischer Widerstand des flüssigen Metalls	Verhältnis von ϱ_{fl} zu ϱ_{fest}	Dichte	Schmelztemperatur
		$\varkappa$	ϱ	$\bar{\alpha}_\varrho$	ΔR	$\frac{\varrho}{\varrho_{Cu-IACS}}$	ϱ_{fl}	$\frac{\varrho_{fl}}{\varrho_{fest}}$	ϱ^*	ϑ_s
		ϑ = 20°C	ϑ = 20°C	ϑ = 0°C bis 100°C	ϑ = 20°C	ϑ = 20°C	$\vartheta = \vartheta_s$	$\vartheta = \vartheta_s$	ϑ = 20°C	
		$\frac{m}{\Omega \cdot mm^2}$	$10^{-3} \frac{\Omega \cdot mm^2}{m}$	10^{-3} K^{-1}	10^{-6} Ω	–	$10^{-3} \frac{\Omega \cdot mm^2}{m}$	–	$\frac{g}{cm^3}$	°C
Magnesium	weich	21,7	46	4,41	203	2,66	279	1,63	1,74	650
	hart									
Magnesium-Knetlegierungen									1,77 bis 1,81	590 bis 650
Magnesium-Gußlegierungen									1,75 bis 1,84	590 bis 610
Mangan	α		1850						7,3	1250
	β		950							
	γ		450							
Molybdän	geglüht	20,8 (1000°C: 3,7)	48 (1000°C: 270)	4,57	219	2,78			10,2	2630
	hart-gezogen	17,9 (1000°C: 3,13)	56 (1000°C: 320)		256	3,25				
Nickel	weich-geglüht	11,5	87	4,7	391	5,07			8,9	1455
	hart-gezogen	10,5	95,2	4,6	428	5,51				
	sehr rein (99,94%)		68,4	6,7						
Niob	weich	5,56	≈180	≈2,7	485	10,4			8,58	≈ 2500
	hart									
Osmium	weich	10,5	95,2	4,2	400	5,52			22,41	2700
	hart									
Palladium	weich	9,8	109	3,68	735	6,32			11,97	1554
	hart									
Platin	weich hart	9,3 (1000°C: 2,3)	108 (1000°C: 435)	−80 … +1000°C linear: 3,98 quadratisch: $-0{,}585 \cdot 10^{-3}$	430	6,26			21,43	1773
Quecksilber		1,04 (100°C: 0,97 300°C: 0,78)	958 (100°C: 1030 300°C: 1280)	0,91	949	55,50	900	3,66	0°C: 13,5951	−38,83

Siedetemperatur	Linearer Temperaturkoeffizient der Länge	Spezifische Wärme	Schmelzwärme	Wärmeleitfähigkeit	Weichglühtemperatur	Elastizitätsmodul	Torsionsmodul	Dehngrenze	Bruchdehnung	Zugfestigkeit	Brinellhärte
ϑ_{Sd}	$\overline{\alpha}_l$	c		λ	ϑ_{Gl}	E^*	G^*	$\sigma_{0,2}$	δ	σ_{zB}	
	$\vartheta = 0\,°C \cdots 100\,°C$	$\vartheta = 20\,°C$		$\vartheta = 20\,°C$							
°C	$10^{-6}\,K^{-1}$	$10^{-3}\,\frac{J}{g \cdot K}$	$\frac{J}{g}$	$\frac{J}{cm \cdot s \cdot K}$	°C	$\frac{kN}{mm^2}$	$\frac{kN}{mm^2}$	$\frac{N}{mm^2}$	%	$\frac{N}{mm^2}$	HB
1107	26,1	1020	372	1,72	345	45	19	$\sigma_{0,5}$: 63	4,5⋯16	170⋯190	33
								$\sigma_{0,5}$: 67⋯140	9⋯4	210⋯240	40
	24,5			0,84⋯1,51		43⋯45	26⋯28	80⋯300	1,5⋯18	190⋯430	40⋯95
								90⋯170	0,5⋯12	160⋯280	50⋯90
2030	23	506	264								
4800	25⋯300 °C: 5,5 25⋯700 °C: 6	268	290	20 °C: 1,55 1200 °C: 1,20 1800 °C: 0,9 2000 °C: 0,8	1500	320		< 400	25⋯10	700⋯1200	150
						300	170	400⋯600	5⋯2	1000⋯2800	260
2730	13 (25⋯500 °C: 15,1)	460	300	0,61	750⋯900	180⋯225	79	60⋯180	50⋯30	400⋯550	80⋯90
								600⋯900	15⋯2	700⋯1000	180⋯250
				0,92				60	50⋯40	320⋯350	
5000	7,2	268		0,55	≈ 1050 (im Vakuum)	87,2			≈ 30	300	75
5500	6,7	130									435
4000	11,9	247	162	0,67	800 (5 min)	110⋯130	52		35	200	40
									3	480	100
≈ 4400	9,1 (0⋯500 °C: 9,5)	137	102	0,71	800⋯1200	100⋯170	62⋯72	140	45	180⋯220	50
									3	380	bis 110
356,95	kubisch: 182	138		0,11 (150 °C: 0,162)							

Tafel 6.26. Fortsetzung

Metall (Legierungen)	Zustand	Elektrische Leitfähigkeit	Spezifischer Widerstand	Linearer Temperaturkoeffizient des Widerstandes	Widerstandsänderung eines Leiters (l = 1 m, A = 1 mm²) bei $\Delta\vartheta$ = 1 K	Verhältnis von ϱ zu $\varrho_{Cu-IACS}$ (s. S. 826)	Spezifischer Widerstand des flüssigen Metalls	Verhältnis von ϱ_{fl} zu ϱ_{fest}	Dichte	Schmelztemperatur
		$\varkappa$	ϱ	$\overline{\alpha}_\varrho$	ΔR	$\frac{\varrho}{\varrho_{Cu-IACS}}$	ϱ_{fl}	$\frac{\varrho_{fl}}{\varrho_{fest}}$	ϱ^*	ϑ_s
		ϑ = 20 °C	ϑ = 20 °C	ϑ = 0 °C bis 100 °C	ϑ = 20 °C	ϑ = 20 °C	$\vartheta = \vartheta_s$	$\vartheta = \vartheta_s$	ϑ = 20 °C	
		$\frac{m}{\Omega \cdot mm^2}$	$10^{-3} \frac{\Omega \cdot mm^2}{m}$	10^{-3} K^{-1}	10^{-6} Ω	–	$10^{-3} \frac{\Omega \cdot mm^2}{m}$	–	$\frac{g}{cm^3}$	°C
Rhenium	weich	4,76	210	4,73	363	12,2			20,6	3176
	hart									
Rhodium	weich	23,3	43	4,4	189	2,94			12,4	1966
	hart									
Ruthenim	weich	6,9	145			8,40			12,3	2500
	hart									
Silber	geglüht	61,3	16,3	4,1	67	0,95	164	1,90	10,50	960,5
	gezogen									
Tantal	weich	6,5 (1130 °C: 1,6	155 (1130 °C: 610	≈ 3,5	543	8,99			16,69	≈ 3000
	hart	2130 °C: 0,69)	2130 °C: 1450)							
Titan	weich	≈ 2,11	≈ 475	≈ 5,5	≈ 2600	≈ 27,6			4,52	≈ 1700
	hart									
Wismut		0,94	1070	4,4	5000	62,10	1230	0,43	9,8	271
Wolfram	weich	20 °C: 18,2 1000 °C: 3,0	20 °C: 54,9 1000 °C: 332,4	3,1 ··· 4,5	78	3,18			19,3	3380
	hart	2000 °C: 1,5 3000 °C: 0,98	2000 °C: 659,4 3000 °C: 1022,8							
Zink	gegossen	16,5	60,6	20 °C: 4,17	253	3,51	362	2,09	6,86	419,4
	gewalzt								7,14	
ZnAl1	gezogen	16,6 ··· 16,9	60,2 ··· 59,2	3,72	222	3,74				
ZnFe 0,1	gezogen	15,5 ··· 15,8	64,5 ··· 63,3	3,6	230	3,86				
Zinn		8,7 (100 °C: 6,4)	115 (100 °C: 156)	4,6	529	6,67	482	2,10	7,28	231,8
SnPb-Spritzguß										
Sn-Spritzguß										
Zirkonium	weich	2,38	410	4,4	1800	24,8			6,52	1857
	hart									

Siedetemperatur	Linearer Temperaturkoeffizient der Länge	Spezifische Wärme	Schmelzwärme	Wärmeleitfähigkeit	Weichglühtemperatur	Elastizitätsmodul	Torsionsmodul	Dehngrenze	Bruchdehnung	Zugfestigkeit	Brinellhärte
ϑ_{Sd}	$\overline{\alpha}_l$	c		λ	ϑ_{Gl}	E^*	G^*	$\sigma_{0,2}$	δ	σ_{zB}	
	$\vartheta = 0\,°C \cdots 100\,°C$	$\vartheta = 20\,°C$		$\vartheta = 20\,°C$							
°C	$10^{-6}\ K^{-1}$	$10^{-3}\ \frac{J}{g \cdot K}$	$\frac{J}{g}$	$\frac{J}{cm \cdot s \cdot K}$	°C	$\frac{kN}{mm^2}$	$\frac{kN}{mm^2}$	$\frac{N}{mm^2}$	%	$\frac{N}{mm^2}$	HB
≈ 5900	20 ··· 500 °C: 6,6				1500 ··· 1700	470		≈ 350	25	500 ··· 1200	200
4500	8,5	247	217	0,88		280			5,5	240	130
									2,5	310	280
4900	7	235	193								220
											390
2180	19,7	235	105	4,23	400 ··· 600	60 ··· 80	25 ··· 29	30	40 ··· 68	130 ··· 160	15 ··· 36
						80,5	29,4	110	2,5 ··· 3	290 ··· 400	75 ··· 90
4100	6,5 (0 ··· 500 °C: 6,6)	138		0,55 (1830 °C: 0,83)					45	350	60
						Draht 0,08 mm ⌀: 190			25	1200	120
	20 ··· 300 °C: 8,2	530 ··· 540		0,172	600 ··· 800	117		450 ··· 500	25	560	185
								800	7 ··· 12	860	260
1420	13,3	142	52,4	0,08		32,9					9
5930	4 ··· 4,5	142	260	1,30		gezogene Drähte 0,05 ··· 0,1 mm ⌀: 350 ··· 415	140 ··· 220	< 1500	4	400	250
	(0 ··· 2400 °C: 5,8)								1	Draht: 1800 ··· 4150	≈ 400
907	≈ 30	387	101	1,13	150 ··· 200	124 ··· 130	32 ··· 40,5	≈ 40	5 ··· 0,3	20 ··· 70	40 ··· 45
									60 ··· 52	120 ··· 140	32 ··· 34
									80 ··· 40	180 ··· 250	
									60 ··· 20	140 ··· 180	≈ 30
> 2362	27	219	61	0,65		≈ 50	18		40	28	12
									8 ··· 4	≈ 80	≈ 18
									1,1 ··· 2,5	80 ··· 115	26 ··· 30
	≈ 6	276		0,17	750 ··· 800 (15 min)	63 ··· 84 (Drähte)			2 ··· 1 (Drähte)	400 ··· 420 (Drähte)	67
									14 ··· 12 (Drähte)	900 ··· 1000 (Drähte)	150

beständigkeit nimmt mit steigender Reinheit zu. Bei Anwesenheit von Chloriden, Sulfaten, Cu, Fe ist lokaler Korrosionsangriff unter Einwirkung von H_2O möglich. Löslich in H_2SO_4 und HCl.
Anwendungen. Röntgentechnik (Berylliumfenster); Luft- und Raumfahrttechnik; Komponente in Cu- und Ni-Legierungen.

Blei (s. auch S. 826)

Allgemeines. Blei (Pb) ist das weichste Schwermetall mit besonders hoher Korrosionsfestigkeit und Kaltformbarkeit. Es ist empfindlich gegenüber Vibrationsbeanspruchung, insbesondere bei erhöhter Temperatur.
Da die Rekristallisationsschwelle unterhalb der Raumtemperatur liegt (−3 °C), kann durch Kaltformung keine nennenswerte Verfestigung erzielt werden. Zur Erhöhung der Härte wird Sb zulegiert; dabei tritt kein wesentlicher Verlust an Korrosionsfestigkeit und Verformbarkeit auf. Pb ist schweiß- und lötbar; Pb-Salze sind sehr giftig.
Chemische Eigenschaften. Pb ist gegenüber Luft und hartem Wasser beständig, da es festanhaftende Schutzschichten bildet (PbO_2, $PbCO_3$). Bezüglich SO_2 und verdünnter H_2SO_4 ist Pb das widerstandsfähigste unedle Metall. Pb löst sich in HNO_3, in Essigsäure bei Luftzufuhr und in geringem Maße auch in destilliertem Wasser.
Anwendungen. Kabelhartblei (Erhöhung der Härte und der Vibrationsfestigkeit durch Zusatz von Sb, Sn oder Te); Sammlerhartblei (9% Sb-Zusatz, dreifache Unterteilung nach zugelassenen Fremdbestandteilen); Lagerlegierungen [Sn-freie Legierungen: Pb-Alkalilagermetall (bis 0,75% Ca), Lagerhartblei (10,5 bis 13% Sb); Sn-haltige Legierungen: Weißmetalle (6 Sorten, fünffache Unterteilung nach Pb-Gehalt)]; Pb-Spritzgußlegierungen (PbSnSbCu); Hartblei (säurefeste Auskleidungen, Rohre usw.; nach Möglichkeit durch Kunststoffe zu ersetzen); Strahlenschutz; Weichlote und leichtschmelzende Metallegierungen.

Chrom (s. auch S. 826)

Allgemeines. Chrom (Cr) zählt zu den härtesten Metallen. Es ist gut polierbar (Reflexionsvermögen ≈65%).
Chemische Eigenschaften. Cr hat bis zu 500 °C sehr hohe Korrosions- und Oxydationsbeständigkeit; es ist nur von HCl und H_2SO_4 angreifbar.
Anwendungen. Widerstandslegierungen (AuCr, CrAlFe, CrNi); Verspiegelungen; Weichglaseinschmelzungen (Chromeisen); Oberflächenschutz (Glanzverchromung als Korrosionsschutz (3 bis 5 μm) häufig auf Ni-Zwischenschicht; Hartverchromung zur Erhöhung der Verschleißfestigkeit (0,02 bis 0,2 mm); Cr-Stähle, CrNi-Stähle (nichtrostend, chemisch sehr beständig, säurefest).

Eisen (s. auch S. 826)

Allgemeines. Stahl ist der wichtigste Konstruktionswerkstoff der Technik. Für die Elektrotechnik sind die ferromagnetischen Eigenschaften des Fe von größter Bedeutung (Curie-Temperatur 768 °C). In der Vakuumtechnik findet Reinsteisen Anwendung in Form von Elektrolyteisen (weicher als weichster Kohlenstoffstahl, absolut kohlenstofffrei) und Sintereisen.
Chemische Eigenschaften. Fe muß wegen der Rostbildung [$Fe(OH)_3$] stets korrosionsgeschützt werden. Es ist löslich in verdünnten, dagegen i. allg. beständig gegenüber konzentrierten Säuren. Hg greift Fe nicht an.
Anwendungen. Vakuumtechnik [Reinsteisen und plattiertes Eisen (mit Al und Ni) für Halterungen, Anodenbleche, magnetische Abschirmungen usw.]; Legierungen für Glaseinschmelzungen; Leitermaterial (4 Stahlsorten [6.83]); Kohlenstoff- und vergütete Stähle (Konstruktionswerkstoff, Trägermaterial für Al-Seile, Grundplatten für Se-Gleichrichter, Gefäße für Hg-Gleichrichter, Akkumulatoren usw.); ferromagnetische Legierungen s. Abschn. 6.1.

Gold (s. auch S. 826)

Allgemeines. Gold (Au) ist das dehnbarste Metall (Blattgold ≈0,1 μm dick). Es wird wegen seiner geringen Verschleißfestigkeit stets legiert verwendet. Durch geringe Zusätze von Ag,

Cu, Ni, Pt, Pd wird Au verfestigt, ohne dabei seine Kaltformbarkeit zu verlieren; jedoch haben schon geringe Zusätze von Sn, Bi, Sb, Al, Te und insbesondere Pb Versprödung zur Folge.
Chemische Eigenschaften. Au ist als Edelmetall oxydationsbeständig. Als Lösungsmittel dienen Chlorwasser, Gemische von konzentriertem HCl mit starken Oxydationsmitteln, Königswasser und Alkalizyanidlösungen. Mit Hg bildet Au ein Amalgam.
Anwendungen. Widerstandsthermometer (bis 400 °C); Oberflächenvergoldung (z.B. zur Verhinderung der thermischen und Sekundärelektronenemission); Kontaktlegierungen (z.B. AuAgNiZr); Widerstandslegierungen (z.B. AuCr); Goldlote.

Iridium (s. auch S. 826)

Allgemeines. Iridium (Ir) ist mechanisch schwieriger zu bearbeiten als Pt. Im Warmzustand kann es geschmiedet und gewalzt werden. Durch Hämmern ist eine Erhöhung der Dehnbarkeit erreichbar, so daß es auch bei Normaltemperatur umformbar ist. Ir bildet mit Pt und Os harte und oxydationsfeste Legierungen.
Chemische Eigenschaften. Ir zählt zu den beständigsten Edelmetallen. Es ist säurefest und wird selbst von Königswasser nur als Ir-Mohr, als PtIr-Legierung oder nach vorheriger Oxydation (Na_2O_2) gelöst. Von geschmolzenen Salzen (NaCl, NaCN) wird es angegriffen. Oberhalb 1000 °C ist es nicht so oxydationsfest wie Pt. Gegenüber H_2 verhält es sich wie Pd.
Anwendungen. Kontaktlegierungen (z.B. PtIr, IrOs); Thermoelemente (z.B. Ir-IrRh Ir-IrRu).

Kadmium (s. auch S. 826)

Allgemeines. Kadmium (Cd) ist dem Zn verwandt, jedoch weicher und teurer als jenes. Es kann zu Drähten und Folien verarbeitet werden.
Chemische Eigenschaften. Cd bildet bei Raumtemperatur eine dünne Oxidschicht. Es ist in allen Säuren löslich, gegenüber Laugen beständig.
Anwendungen. Korrosionsschutz; Akkumulatorplatten; Fotozellen; Cd-Lote; Legierungskomponente für leichtschmelzende Metallegierungen.

Kobalt (s. auch S. 826)

Allgemeines. Kobalt (Co) ist mit Fe und Ni verwandt und wie diese ferromagnetisch (Curie-Temperatur 1150 °C). Es ist härter und fester als Stahl, dabei aber zäh. Es kann gut mit Fe, Pt, Pd, Ni, Cr und Mn legiert werden.
Chemische Eigenschaften. Co ist bei Raumtemperatur luft- und wasserfest, oxydiert bei Rotglut und verbrennt bei Weißglut zu Co_3O_4. Es ist in verdünnter HNO_3, in verdünnter HCl und in H_2SO_4 löslich.
Anwendungen. Ferromagnetische Legierungen, s. Abschn. 6.1.; Kobaltstähle; Hartmetalle (als Bindemittel); Kerntechnik (künstlich radioaktivierte Co-Isotope).

Kupfer (s. auch S. 826)

Allgemeines. Kupfer (Cu) ist das wichtigste Leitermaterial der Elektrotechnik: hohe elektrische und thermische Leitfähigkeit, gute Kalt- und Warmformbarkeit, hohe Korrosionsbeständigkeit. Ausschließliche Bewertungsgröße für die Eignung als Leiter ist die elektrische Leitfähigkeit (stark vom Reinheitsgrad abhängig). Der Umformungsgrad hat entscheidenden Einfluß auf die mechanischen Güteziffern, weniger auf die elektrische Leitfähigkeit. Weichglühen ist nach Möglichkeit unter Schutzgas (reines CO) vorzunehmen. Sauerstofffreies Cu kann mit neutraler Flamme autogen geschweißt werden; vorteilhaft ist das Lichtbogenschweißen (Argonarc-Verfahren). Cu läßt sich gut punktschweißen (außer mit Mo, W, Ta).
Chemische Eigenschaften. Cu oxydiert bei Normaltemperaturen nur in geringem Maße. Korrosionsschäden treten beim Zusammenwirken von O_2 mit Reagenzien auf, die das zunächst entstehende Oxid lösen können, z.B. HCl- oder NH_3-haltige Gase. Cu ist löslich in oxydierenden Säuren (HNO_3, heiße H_2SO_4), beständig in Alkalien. Gegenüber S ist Cu

empfindlich; mit Hg bildet es ein Amalgam. Nichtreduziertes (sauerstoffhaltiges) Cu enthält Cu_2O als selbständigen Gefügeteil; beim Glühen in H_2-haltiger Atmosphäre kommt es zum Aufreißen des Cu infolge Wasserdampfbildung bei Reduktion des Cu_2O („Wasserstoffkrankheit"). Reduktion zu sauerstofffreiem Cu kann durch Umschmelzen unter Schutzgas (N_2 und CO) erfolgen.

Anwendungen. Leiterwerkstoff; Konstruktionswerkstoff; Bronzen (CuSn, CuAg, CuAl, CuBe, CuMn, CuNi): Freileitungsmaterial erhöhter Festigkeit, Elektroden, Feder- und Kontaktwerkstoff usw.; Messing (CuZn) und Sondermessing (Konstruktionswerkstoff, Federn usw.) (s. auch Abschn. 6.2.3.2., S. 842).

Magnesium (s. auch S. 828)

Allgemeines. Magnesium (Mg) wird als Konstruktionswerkstoff nur in Mg-Legierungen verwendet. Sie haben die niedrigste Dichte aller Metalle und Metallegierungen, sind mittelhart und mäßig zäh, können sehr gut spanend bearbeitet, spanlos aber nur warmgeformt werden; sie sind gießbar. Für Gasschweißen sind MgMn-Legierungen geeignet, auch Punktschweißen ist möglich, aber nicht Löten. Mg-Legierungen müssen korrosionsgeschützt werden: Oberflächenoxydation elektrolytisch (Elomag-Verfahren) oder durch Beizen (nachträgliches Lacken wird empfohlen). Kontaktstellen mit Schwermetallen oder Cu-haltigen Legierungen sind zu vermeiden oder besonders zu schützen (Cd- oder Kunststoffzwischenschicht).

Chemische Eigenschaften. Mg und seine Legierungen sind an trockener Luft und gegenüber Alkalien beständig. Säuren aller Art, Salzwasser (Schweiß) und Chloride greifen es dagegen stark an. Mg entzündet sich in Luft schon bei etwa 500 °C, verbrennt bei ≈ 2400 °C und kann dabei H_2O reduzieren (Unterwasserfackeln).

Anwendungen. Konstruktionswerkstoff, insbesondere für Bauteile geringer Masse (gewöhnlich nicht seewasserfest); Vakuumtechnik: z. B. Getterwerkstoff, Werkstoff für Sekundärelektronenemission.

Mangan (s. auch S. 828)

Allgemeines. Mangan (Mn) ist sehr hart und spröde und tritt in verschiedenen Modifikationen auf. Als Reinmetall ist es ohne technische Bedeutung. Es dient als Legierungselement, zur Desoxydation von Metallschmelzen und zur Stahlentschwefelung.

Chemische Eigenschaften. Mn zeigt große Affinität zu Sauerstoff, oxydiert bei feuchter Luft und wird von Säuren angegriffen.

Anwendungen. Widerstandslegierungen [Mn-Bronzen und Mn-Mehrstoffbronzen (Manganin)]; Manganhartmessing (ein Teil des Zn-Gehalts ist durch Mn ersetzt); Stahllegierungen (hochverschleißfest); Komponente für korrosionsfeste Al-Legierungen (AlMn 1 bis 2% Mn); Legierungen mit ferromagnetischen Eigenschaften [Heuslersche Legierung (CuMnAl), Pottersche Legierung (AgAlMn)].

Molybdän (s. auch S. 828)

Allgemeines. Molybdän (Mo) ist bei Arbeitstemperaturen unterhalb 1000 °C dem W überlegen, da es Festigkeit mit Dehnbarkeit verbindet, somit höhere mechanische Bearbeitbarkeit; es hat geringere Dichte und ist billiger. Mo hat relativ gute elektrische und thermische Leitfähigkeit, hohe Warmfestigkeit, behält seine Elastizität auch bei hohen Temperaturen (Versprödung erst oberhalb 1500 °C), ist gut entgasbar und zeigt nur geringe Verdampfungsneigung (jedoch größere als W). Gegenüber H_2 ist es indifferent. Die mechanischen Eigenschaften sind weitgehend durch thermische Vorbehandlung beeinflußbar. Spanabhebend kann Mo mit Hartmetall- oder SS-Werkzeugen bearbeitet werden. Es ist hartlötbar (Ag-Lot mit Borax), weichlötbar nur nach vorheriger Verkupferung unter Schutzgas. Für Punktschweißen wird ebenfalls Vorverkupferung empfohlen.

Chemische Eigenschaften. Mo oxydiert an Luft oberhalb 400 °C, die Oxydation verläuft rasch oberhalb 600 °C („Abrauchen" infolge Verdampfung des MoO_3). Durch AlSi-Überzug (Silizieren) kann die Oxydationsbeständigkeit bis zu 1700 °C gesteigert werden. Mo ist löslich

in verdünnter HNO_3 und in Säuregemischen (HNO_3-HCl, HNO_3-H_2SO_4). Gegenüber Hg ist Mo beständig.
Anwendungen. Vakuumtechnik [z.B. für Halterungen und Zuführungen für W-Glühdrähte, hochbelastbare Elektroden (1000 °C), formstarre Glühdrähte, Trägermetall für Oxidkatoden]; Hartglaseinschmelzungen; Kontaktlegierungen; Kerndrähte für W-Wendeln; Heizwiderstandsdrähte (siliziert bis 1700 °C); Thermoelemente;
WMo-Legierung (Moly-B-Metalle): Moly-B-100 (Verhältnis von W- zu Mo-Anteil 1 : 1), Maximum des spezifischen Widerstandes ($0{,}09\ \Omega \cdot mm^2 \cdot m^{-1}$) bei minimalem α_ϱ ($2{,}9 \cdot 10^{-3}\ K^{-1}$). Die Legierung hat höhere mechanische und thermische Festigkeit als Mo und größeren spezifischen Widerstand als W. Anwendung: Heizdrähte, Halterungen, Federn usw. WNi-Legierung (A-Legierung): 20% Mo, 58% Ni, 22% Fe. Eigenschaften ähnlich denen des Mo und Ni, thermisch höher als Ni belastbar, Preis niedriger als bei Mo. Anwendung: wie Ni und Mo.

Nickel (s. auch S. 828)

Allgemeines. Nickel (Ni) zeichnet sich durch hohe chemische Beständigkeit, gutes Vakuumverhalten und günstige mechanische Eigenschaften aus. Gut warm- und kaltformbar; Warmfestigkeit größer als die des Fe. Die mechanischen Gütewerte hängen stark von Glühbehandlung und Umformungsgrad ab.
Ni ist schweißbar (autogen und elektrisch), hart- und weichlötbar. Es läßt sich gut auf Fe plattieren, da Wärmeausdehnungen und Schweißtemperaturen einander entsprechen. Die ferromagnetischen Eigenschaften (Curie-Punkt ≈350 °C) sind für weich- und hartmagnetische Ni-Legierungen von großer Bedeutung. Ni-Legierungen sind i. allg. warmfest, korrosions- und säurebeständig und haben einen relativ großen spezifischen Widerstand.
Chemische Eigenschaften. Ni oxydiert oberhalb 500 °C. Es ist besonders beständig gegenüber Alkalien und Schwefelwasserstoff, dagegen von Säuren (HNO_3) angreifbar. Ni zeigt starke Affinität zu S (Versprödung). Die Anlaufbeständigkeit kann durch Glanzverchromung verbessert werden. Ni ist quecksilberunempfindlich.
Anwendungen. Vakuumtechnik [frei von leicht verdampfenden Metallen (Zn, Cd, Pb, Sn) als Konstruktionswerkstoff, z.B. als Trägermetall für Oxidkatoden, Anoden und sonstige Aufbauteile, insbesondere auf Fe plattiert]; Widerstandsthermometer (s. S. 813); Thermoelemente (s. S. 818); Weich- und Hartglaseinschmelzungen (Invar, Nickeleisen, Fernico, Kovar); Widerstandslegierungen (z.B. CuNi, CrNi, CrNiFe, CuNiZn; s. S. 848); Akkumulatoren (NiFe-Sammler mit Kalilauge); hochkorrosionsfeste Legierungen (z.B. NiBeTi, Ni60CrMoBe, insbesondere für Federn); weich- und hartmagnetische Werkstoffe.

Niob (s. auch S. 828)

Allgemeines. Niob (Nb) kann im ausgeglühten Zustand gut bearbeitet werden, es versprödet aber infolge H_2-Absorption, wenn es in H_2-haltiger Atmosphäre erhitzt wird. Außerdem hat der O_2-Gehalt entscheidenden Einfluß auf mechanische und elektrische Eigenschaften. Die große Gasabsorption bei Arbeitstemperaturen zwischen 400 und 900 °C ist für die Verwendung in Vakuumanlagen von Bedeutung. Bemerkenswert ist auch die vergleichsweise geringe Dichte.
Chemische Eigenschaften. Nb hat ähnliche Eigenschaften wie das ihm verwandte Ta. Es oxydiert an Luft oberhalb 200 °C, bei Rotglut in stärkerem Maße zu Nb_2O_5. HF, konzentrierte H_2SO_4, HF-HNO_3-Gemische sowie geschmolzene Alkalien greifen stark an, dagegen ist es beständig gegenüber HCl, HNO_3, Königswasser und Hg. Bei höheren Temperaturen reagiert es mit N_2 und Cl.
Anwendungen. Vakuumtechnik (Konstruktionswerkstoff mit Gettereigenschaften); Hartlot für WTa-Lötverbindungen (bis 1600 °C).

Osmium (s. auch S. 828)

Allgemeines. Osmium (Os) ist das schwerste Metall und sehr hart und spröde. Formgebung ist nur durch Schleifen möglich. In der Elektrotechnik wird es nur legiert verwendet.

Chemische Eigenschaften. Os oxydiert leicht zu OsO_4. Von Säuren wird es in kompakter Form nicht angegriffen, pulverisiert dagegen von konzentrierter HNO_3 und heißer konzentrierter H_2SO_4.
Anwendungen. Kontaktlegierungen (z.B. OsIr); Thermoelemente (Legierungen mit anderen Pt-Metallen).

Palladium (s. auch S. 828)

Allgemeines. Palladium (Pd) ist das billigste Pt-Metall. Es läßt sich ungefähr im gleichen Maße mechanisch formen wie Pt. Poliertes Pd hat gutes Reflexionsvermögen. Bei normalen Temperaturen zeigt Pd, insbesondere im staubförmigen Zustand (Pd-Mohr), starke Wasserstoffabsorption. Durch heißes Pd-Blech diffundiert Wasserstoff so leicht, als wäre keine Trennwand vorhanden. Mit Pt-Loten kann Pd hartgelötet werden; die Widerstandsschweißung von Pd bereitet keine Schwierigkeiten.
Chemische Eigenschaften. Pd ist das unedelste Pt-Metall. Es ist z.B. leicht in HNO_3 löslich, wird auch von Halogenen, insbesondere Cl, stark angegriffen. An Luft beginnt es bei 500 bis 600 °C anzulaufen. Gegenüber H_2SO_4, HCl und kalter HF ist es weitgehend beständig.
Anwendungen. Vakuumtechnik; Thermoelemente (z.B. Pallaplat: PdAuPt-PtRh); Kontaktlegierungen, insbesondere für gedruckte Schaltungen (Elektrolyse in fast neutraler Lösung möglich).

Platin (s. auch S. 828)

Allgemeines. Platin (Pt) ist für elektrotechnische Zwecke, insbesondere für die Verwendung als Kontaktwerkstoff, wegen seines hohen Schmelzpunktes und der chemischen Inaktivität von besonderer Wichtigkeit. Pt ist gut kaltformbar: Folie und Drähte bis zu 1 µm Dmr. Zur Erhöhung der Härte und Zugfestigkeit wird es mit Ir (oder Be) legiert, wodurch auch die Rekristallisationstemperatur steigt. Pt vermag in starkem Maße H_2 zu absorbieren, glühendes Pt ist für H_2 durchlässig.
Chemische Eigenschaften. Pt ist das korrosionsbeständigste Metall. Von Sauerstoff, Säuren und Alkalilösungen wird es nicht angegriffen. Löslich ist es nur in Königswasser. Mit As, Sb, Fe, Bi, Zn, Cd, Sn, Pb sowie mit Au, Cu und Ag bei höheren Temperaturen bildet Pt leichtschmelzende Legierungen. Mit P, S und Si bildet Pt spröde Verbindungen. C und seine Verbindungen greifen heißes Pt nur dann an, wenn sie Verunreinigungen, z.B. Si, P, S, As und Se, enthalten (Pt-Kontakte ölfrei halten).
Anwendungen. Widerstandsthermometer (Präzisionsmessungen bis 1000 °C, s. S. 813); Weichglaseinschmelzungen; Elektrodenmaterial der Elektrochemie; Kontaktlegierungen (z.B. PtIr, PtW, PtBe; s. S. 856); Legierungen für Thermoelemente (s. S. 818); Legierungen für Kerndrähte für Oxidkatoden (z.B. PtIr, PtNi); hochschmelzendes Lot (Vakuumlöten von W- und Mo-Teilen).

Quecksilber (s. auch S. 828)

Allgemeines. Quecksilber (Hg) läßt sich sehr gut von Verunreinigungen befreien und ist als Flüssigkeit absolut homogen. Bei der technischen Anwendung beachte man die vergleichsweise schlechte elektrische Leitfähigkeit. Hg-Dämpfe sind sehr giftig. Sättigungsdampfdruck bei -180 °C: $2{,}7 \cdot 10^{-25}$ Pa; 20 °C: $1{,}7 \cdot 10^{-1}$ Pa; 100 °C: 40 Pa; 357 °C: 101 kPa.
Chemische Eigenschaften. Hg ist als Halbedelmetall bei Normaltemperaturen oxydationsfest, oberhalb 300 °C erfolgt Bildung von HgO. Hg ist in HNO_3 und heißer konzentrierter HCl löslich. Metalle werden von Hg unter Bildung von Amalgamen angegriffen; ausgenommen davon sind Fe, W, Co, Ni, Mo, Mn, Ir.
Anwendungen. Kontaktflüssigkeit; Füllflüssigkeit (Gasdruckmesser für kleine Drücke, Vakuumpumpen usw.); Gasfüllung (Hg-Dampf-Gleichrichter, Thyratrons, Hg-Hochdruck- und Hg-Niederdrucklampen usw.); Widerstands- und Ausdehnungsthermometer (bis 100 °C).

Rhenium (s. auch S. 830)

Allgemeines. Rhenium (Re) hat nach W unter den Metallen den höchsten Schmelzpunkt; es verbindet große mechanische Festigkeit mit guter Umformbarkeit (Folien bis 75 µm Dicke).
Chemische Eigenschaften. Re oxydiert oberhalb 600 °C zu Re_2O_7 (Abrauchen). Es wird angegriffen von heißer H_2SO_4 und heißer HNO_3, dagegen ist es beständig gegenüber HF, HCl und Hg.
Anwendungen. Kontakte; Vakuumtechnik (anstelle von W).

Rhodium (s. auch S. 830)

Allgemeines. Rhodium (Rh) hat im polierten Zustand großes Reflexionsvermögen. Wegen seiner Härte und seiner extremen Korrosionsfestigkeit (größer als die des Au und Pt) wird es zum Verspiegeln von Metallen benutzt (elektrolytisches „Rhodieren").
Chemische Eigenschaften. Rh ist gegenüber Säuren noch widerstandsfähiger als Pt. Angegriffen wird es nur von heißer H_2SO_4. Selbst gegenüber siedendem Königswasser ist es beständig. Rh-Legierungen mit Pt oder Au zeigen die gleiche Säurefestigkeit, sofern der Rh Gehalt 30% nicht unterschreitet.
Anwendungen. Kontaktwerkstoff (z.B. für Kontaktflächen an Halbleiterbauelementen); Thermoelemente (Legierungen mit anderen Pt-Metallen); Verspiegelungen (auf Glas und Metall, besonders für wetterfeste Ausführungen).

Ruthenium (s. auch S. 830)

Allgemeines. Ruthenium (Ru) ist das seltenste Pt-Metall und sehr teuer. Es ist derart spröde, daß es pulverisiert werden kann. Warmformbar ist es bei Temperaturen zwischen 1500 und 2400 °C.
Chemische Eigenschaften. Ru oxydiert an Luft zu RuO_4 (Siedepunkt von RuO_4: 130 °C). Bis 100 °C säurebeständig, auch gegenüber Königswasser. Angegriffen wird Ru durch Alkalihypochloritlösungen.
Anwendungen. Thermoelemente (IrRu-RhIr bis 2000 °C); Lötpulver für MoW-Verbindungen.

Silber (s. auch S. 830)

Allgemeines. Silber (Ag) hat unter den Metallen die höchste elektrische und thermische Leitfähigkeit und im polierten Zustand das größte Reflexionsvermögen bezüglich sichtbaren und infraroten Lichtes. Wegen seiner großen Dehnbarkeit (größte nach Au) ist es zu feinsten Folien und Drähten auswalzbar. Zur Härtesteigerung wird es mit Cu legiert, ohne daß die Dehnbarkeit erheblich zurückgeht. Ag absorbiert O_2 besonders im geschmolzenen Zustand; beim Erkalten „spratzt" Ag (O_2-Abgabe) und sollte deshalb nur unter Schutzgas (H_2) vergossen werden. Ag ist neben Cu gut mit Au, Pb, Zn und Hg (Amalgam zum Versilbern) legierbar.
Chemische Eigenschaften. Ag ist als Edelmetall bis zu höheren Temperaturen oxydations- und wasserfest. In H_2S-haltiger Atmosphäre bildet sich Ag_2S (Anlaufen des Ag). In HNO_3, H_2SO_4, Alkalizyanidlösungen und heißen Ätzalkalien ist es löslich. Vom Königswasser wird Ag nur oberflächlich angegriffen. Mit Hg bildet es ein Amalgam.
Anwendungen. Oberflächenversilberungen von Metallen (z.B. für UHF-Technik); Kontaktlegierungen [Feinsilber (AgCu), Hartsilber (Zusätze von Fe, Ni oder Co), Ag-Kontaktlegierungen]; Widerstandslegierungen (AgMnSn mit hohem ϱ und meist negativem α_ϱ); Hartlote (Reinsilber und Silberlegierungen, z.B. für Wo, Mo, Ta); Verspiegelungen, z.B. für Vakuumgefäße (Strahlungsschutz bei Dewar-Gefäßen, elektrisch leitender Belag auf Glas).

Tantal (s. auch S. 830)

Allgemeines. Tantal (Ta) ist im Kaltzustand gut spanend und spanlos bearbeitbar, da durch Kaltformung nur geringe Verfestigung auftritt. Absorption von H_2 (und N_2) führt zu Schmelzpunkterniedrigung, Erhöhung des spezifischen Widerstandes (Faktor 2,5) und Ver-

sprödung. Deshalb kann Hartlöten (Nb-Lot) nur im Vakuum, Punktschweißen unter Schutzflüssigkeit (mit W und Ta) erfolgen. Bereits bei Raumtemperaturen vermag es H_2 zu absorbieren, bei Gelbglut nimmt es H_2 bis zum 700fachen Eigenvolumen auf. Oberhalb 1200 °C kann Ta im Vakuum wieder entgast werden. Bei Vakuumentgasung erhält man die ursprünglichen mechanischen Eigenschaften wieder, die elektrische Leitfähigkeit wird dagegen nur zu 75% ihres Ausgangswertes erreicht.
Chemische Eigenschaften. Ta wird wegen seiner Beständigkeit gegenüber Säuren und Laugen oft als Pt-Ersatz verwendet. Angegriffen wird es von HF, HF-HNO_3-Gemischen, rauchender H_2SO_4, Fluoridlösungen, heißen Alkalilösungen und konzentrierten Alkalihydroxidlösungen. Bei 260 °C beginnt es an Luft anzulaufen, stärkere Oxydation zu Ta_2O_5 setzt oberhalb 450 °C ein. Mit C bildet Ta oberhalb 1200 °C Tantalkarbid TaC.
Anwendungen. Vakuumtechnik (z.B. für Drähte und Bleche in Senderöhren, erschütterungsfeste Glühdrähte, Getter); Elektrodenmaterial der Elektrochemie (als Pt-Ersatz); Thermoelemente; Elektrolytkondensatoren.

Titan (s. auch S. 830)

Allgemeines. Titan (Ti) zeigt ähnliche Eigenschaften wie Zr, ist aber billiger. Im Verhältnis zur Dichte hat Ti große mechanische Festigkeit. Bei höheren Temperaturen absorbiert es O_2, N_2 und H_2 in größeren Mengen und versprödet dadurch. Die Entgasung ist nur für H_2, nicht für O_2 und N_2 möglich. Titan kann punktgeschweißt werden; Löten ist schwierig.
Chemische Eigenschaften. Ti hat größere Korrosionsfestigkeit als nichtrostender Stahl. An Luft tritt oberhalb 700 °C nach längerer Zeit Verzunderung der Oberfläche auf, und über 800 °C verbrennt Ti in Sauerstoffatmosphäre. Angegriffen wird es von HCl, konzentrierter H_2SO_4, HF, Phosphorsäure und Chlorgas.
Anwendungen. Vakuumtechnik (kompaktes Ti: Anoden, Gitter und andere Systemteile für Hochvakuumsenderöhren; Elektrodenmaterial für Gasentladungsröhren; Antikatodenmaterial für Röntgenröhren); Ti-Titanhydrid-Pulver (Gettermaterial).

Wismut (s. auch S. 830)

Allgemeines. Wismut (Bi) und viele seiner Legierungen haben einen negativen Längenausdehnungskoeffizienten. Thermische und elektrische Leitfähigkeit sind nur sehr gering. Wegen seines niedrigen Schmelzpunktes ist Bi Hauptbestandteil der leichtschmelzenden Legierungen.
Chemische Eigenschaften. Bi ist bei Raumtemperatur oxydations- und wasserfest. Es ist in konzentrierter HNO_3 löslich, dagegen beständig gegenüber HCl und H_2SO_4.
Anwendungen. Hauptlegierungskomponenten der niedrigschmelzenden Metallegierungen: Woods-, Lipowitz-, Rose-Metall und Bi-Lote.

Wolfram (s. auch S. 830)

Allgemeines. Wolfram (W) hat unter den Metallen den höchsten Schmelzpunkt und den geringsten Dampfdruck. Es ist gut entgasbar und wirkt auch gasabsorbierend. Gegenüber H_2 ist es völlig indifferent.
Drähte können bis 8 µm Dmr. ausgezogen werden. Spanend ist W nur mit Hartmetallwerkzeugen bearbeitbar. Es ist gut punktschweißbar, auch hartlötbar (Silberlot). Weichlöten ist nur mit Cu-Zwischenschicht möglich. W ist das bevorzugte Material für Glühdrähte. Dabei werden ThO_2 oder Spuren von SiO_2, Al_2O_3 zugefügt, um die Rekristallisationsschwelle heraufzusetzen.
Chemische Eigenschaften. W oxydiert in Luft oberhalb 700 °C, in Wasserdampf bei Rotglut zu WO_3. Es ist löslich in HF-HNO_3-Gemischen, geschmolzenen Alkalien bei Gegenwart von Oxydationsmitteln (Anspitzen von W-Drähten in geschmolzenem $NaNO_2$). Kalte Säuren und Laugen greifen praktisch nicht an, auch ist es beständig gegenüber Hg und S. Bei höheren Temperaturen verbindet es sich mit P, C, Si und Halogenen.

Anwendungen. Feindrähte und Feinbleche. Rekristallisationsschwelle durch Th-Zusatz heraufsetzbar:

W (rein)	800 °C: Elektroden, Einschmelzungen,
W (thoriert)	
0,75% ThO_2	1400 °C
1,5% ThO_2	2000 °C: Glühkatoden, Vakuumglühfäden.

Kontaktwerkstoff; Hartglaseinschmelzungen; Thermoelemente; Stahllegierungen (hart und warmfest); Wolframkarbide (für Hartmetalle).

Zink (s. auch S. 830)

Allgemeines. Zink (Zn) ist gegossen ziemlich spröde und grobkristallin, gewalzt feinkörniger und auch biegsam. Durch Kaltformung ist keine große Verfestigung zu erzielen, da die Rekristallisationsschwelle bei Raumtemperatur liegt. Zwischen 100 und 150 °C ist Zn zu dünnen Blechen und Drähten ausziehbar, oberhalb 200 °C äußerst spröde. Der Wärmeausdehnungskoeffizient des Zn ist sehr groß (Kontaktlockerung), die elektrische Leitfähigkeit nur mäßig und vor allem die Dauerstandfestigkeit sehr gering. Zn ist gut legierbar, insbesondere mit Cu und Al.

Chemische Eigenschaften. Zn bildet bei atmosphärischer Einwirkung festhaftende und dichte Oxidschichten, deren Härte und Haftbarkeit jedoch geringer als die des Al sind. Zn ist löslich in Säuren (z.B. HCl) und Alkalien (z.B. NaOH). Es bildet mit anderen Metallen elektrochemische Elemente, wobei sich das Zn zersetzt. Verunreinigtes Zn und auch Zn-Legierungen, bei denen nicht Reinstzink verwendet wurde, neigen zur innerkristallinen Korrosion.

Anwendungen. Korrosionsschutz (insbesondere für Eisen, Feuerverzinkung, Staubverzinkung, Spritzverzinkung, elektrolytische Verzinkung); galvanische Elemente; Konstruktionslegierungen (ZnAl, ZnCu, ZnCuAl), insbesondere für Druckgußteile. ZnCu-Legierungen zeigen größere Härte und Festigkeit, sind jedoch alterungsempfindlich. ZnAl-Legierungen dienen für Teile größerer Maßhaltigkeit und Alterungsbeständigkeit; Messinge (CuZn); Lagermetalle (ZnAl4Cu1).

Zinn (s. auch S. 830)

Allgemeines. Zinn (Sn) ist ein weiches Schwermetall (härter als Pb) mit sehr guter Kaltformbarkeit. Unterhalb 13,2 °C erfolgt eine Strukturumwandlung des β-Sn zu α-Sn ($\varrho^* = 5{,}7$ g $\times$ cm^{-3}) – „Zinnpest" –, oberhalb 161 °C wird Sn spröde (γ-Sn) und kann bei 200 °C pulverisiert werden.

Chemische Eigenschaften. Sn ist bei Normaltemperatur luft- und wasserfest, gegenüber schwachen organischen und verdünnten anorganischen Säuren beständig, löslich in heißer konzentrierter HCl und in heißen Alkalien. Sn verbindet sich mit Halogenen. Bei höheren Temperaturen verbrennt es zu Zinnasche (SnO_2).

Anwendungen. Reinzinn (Sn-Gehalt >98%) für Zinnfolien (Stanniol), für Speziallötungen; Verzinnung (Verzinnung „I": 60% Pb; Verzinnung „W": 40% Pb; Sparverzinnung: 95% Pb); Weichlote; Spritzgußlegierungen (fünffache Unterteilung nach Sn-Gehalt zwischen 50 und 78%); Bronzen (Kontaktfedern); Lagermetall (Weißmetalle).

Zirkonium (s. auch S. 830)

Allgemeines. Zirkonium (Zr) läßt sich je nach Formungsgrad fast wie Messing oder Cu spanend bearbeiten. Warmformung ist bis zu 500 °C möglich, darüber hinaus klebt Zr an den Werkzeugen. Beim längeren Glühen an Luft absorbiert es O_2 und N_2; dadurch steigt die Härte stark an, so daß die Kaltformung schwierig wird. Entgasung von O_2 ist selbst im Hochvakuum nicht möglich. Punktschweißen ist unter He- oder Ar-Atmosphäre durchführbar.

Chemische Eigenschaften. Zr wird in kompakter Form von heißer HF gut gelöst, dagegen nicht von Alkalien und geschmolzenem NaOH. Bei Raumtemperatur oxydiert es an Luft kaum. Zr-Pulver wird bei Raumtemperatur von feuchter Luft nicht angegriffen (im Gegensatz zu Al und Mg), auch gegenüber HCl, HNO_3 und verdünnter H_2SO_4 ist es beständig. In Königswasser, heißer H_2SO_4 sowie HF ist es löslich; in O_2-haltiger Atmosphäre verbrennt es oberhalb 180 °C.

6.2.3. Spezielle Leiterwerkstoffe

6.2.3.1. Kupfer [6.84] [6.85]

Allgemeines. Die hauptsächliche Bewertungsgröße für den Einsatz von Cu für elektrotechnische Zwecke ist der Mindestwert der elektrischen Leitfähigkeit. So verlangt [6.85] für weiches Cu $\varkappa > 57\ \mathrm{S \cdot m \cdot mm^{-2}}$. *Hess* und *Pawlek* [6.86] geben als obere erreichbare Grenze der Leitfähigkeit von Reinkupfer $\varkappa \leqq 60\ \mathrm{S \cdot m \cdot mm^{-2}}$ an. Da selbst geringe Beimengungen von in Cu löslichen Stoffen die Leitfähigkeit teilweise erheblich herabsetzen (Bild 6.56), wird der obigen Forderung nur elektrolytisch hergestelltes, hochreines Cu gerecht (E-Cu 99,9). Insbesondere wirken Fe und P verschlechternd, und da sie im technischen Cu häufig als Verunreinigung oder auch als absichtliche Beimengung (P zur Desoxydation) auftreten, ist ihr kombinierter Einfluß von Interesse (Bild 6.57).

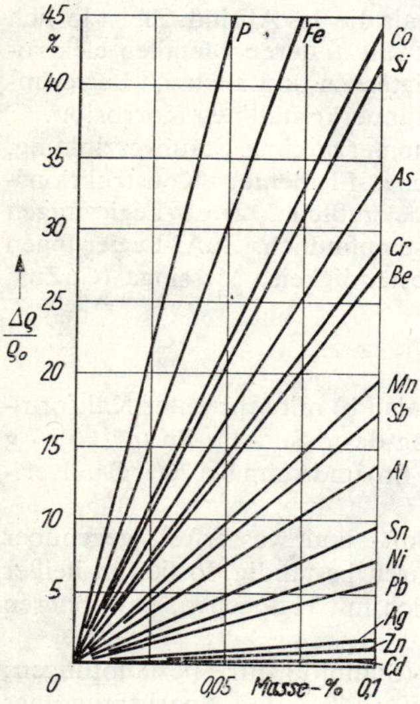

Bild 6.56
Bezogene Widerstandserhöhung von Kupfer in Abhängigkeit vom Fremdstoffgehalt
Bezugswert: $\varrho_{20} = 0{,}0168\ \Omega \cdot \mathrm{mm^2/m}$ [6.87]; $\varkappa_{20} = 59{,}52\ \mathrm{m/\Omega \cdot mm^2}$; $\varkappa_{20}/\varkappa_{IACS} = 1{,}025$

Die zweite Bewertungsgröße betrifft den Sauerstoffgehalt. O_2 und auch Metalloxide sind in Cu nur in sehr geringem Maße löslich (z.B. O_2 unterhalb 600 °C nur zu etwa $2{,}5 \cdot 10^{-4}$ Masse-%). Wegen dieser schlechten Löslichkeit der Oxide wird dem Cu gewöhnlich ein Restbestand an O_2 belassen (0,01 bis 0,05 Masse-%), vornehmlich als Cu_2O. Er dient zur Oxydation etwaiger metallischer Verunreinigungen, die oxydiert als selbständige Gefügebestandteile ausgeschieden werden (wie auch das Cu_2O) und auf die elektrische Leitfähigkeit kaum noch Einfluß nehmen.

Diesem Vorteil steht ein wesentlicher Nachteil gegenüber. Unterwirft man sauerstoffhaltiges Cu einer wiederholten oder länger andauernden Wärmebehandlung in wasserstoffhaltiger Atmosphäre (z.B. beim Hartlöten oder Schweißen mit offener Flamme), dann reduziert der in erwärmtes Cu gut eindringende H_2 das Cu_2O, und der sich bildende Wasserdampf läßt das Gefüge vornehmlich an den Korngrenzen mikroskopisch aufreißen (Wasserstoffkrankheit des Cu). Deshalb wird unterschieden zwischen sauerstofffreiem (SE-Cu; nach [6.84] Se-Cu 99,92) und sauerstoffhaltigem (E-Cu) Kupfer mit vorgeschriebener Mindestleitfähigkeit.

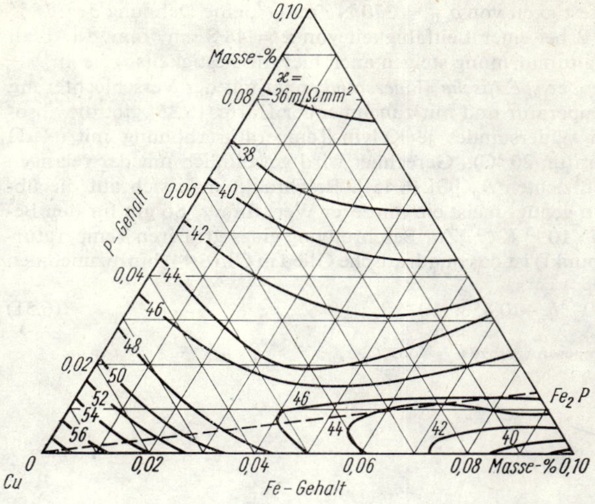

Bild 6.57
Elektrische Leitfähigkeit von durch Fe und P verunreinigtem Kupfer [6.86]
Linien gleicher Leitfähigkeit in der Kupferecke des Systems Kupfer–Eisen–Phosphor

Die Wasserstoffkrankheit kann durch das Anwenden des Lichtbogen-, des Edelgas- oder des Preßschweißens sowie durch das Verwenden niedrigschmelzender Ag-Lote vermieden werden. Sauerstofffreies Cu hoher Leitfähigkeit (OFHC – oxygen free high conductivity) erfüllt gewöhnlich auch die Forderung der Vakuumtechnik nach Nichtvorhandensein von leichtverdampfenden Bestandteilen. Höchsten Anforderungen in dieser Beziehung wird vakuumgeschmolzenes Cu gerecht (GFHP – gas free high purity).

Mechanische Eigenschaften. Reines Cu ist recht weich. Es kann nur durch Kaltumformung verfestigt werden, doch liegt die Erweichungstemperatur bereits bei etwa 250 °C. Die Bilder 6.58 und 6.59 zeigen, wie mit zunehmendem Abwalzgrad die Brinellhärte, die Dehngrenze $\sigma_{0,2}$ und die Zugfestigkeit σ_{zB} steigen, während die Bruchdehnung δ abnimmt. Die so erzielte Verfestigung läßt sich durch ein dreistündiges Glühen bei 400 °C wieder völlig auf-

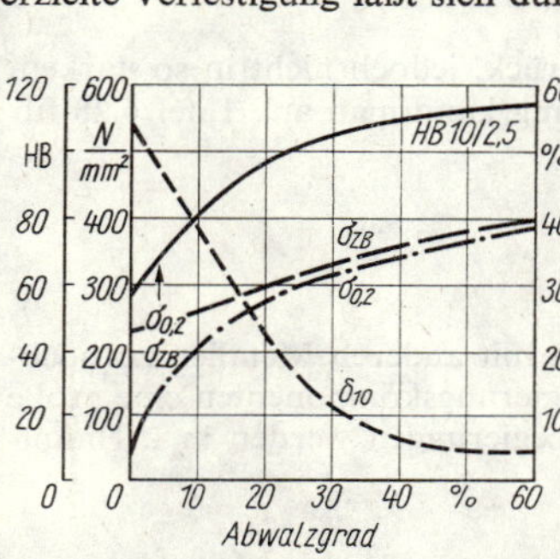

Bild 6.58. Verfestigung von SE-Cu durch Kaltwalzen

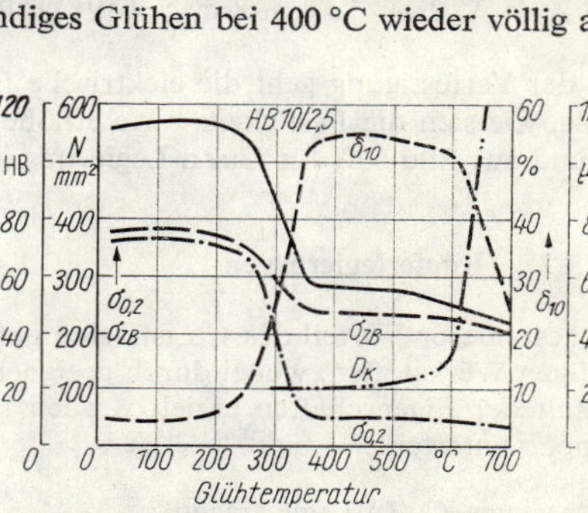

Bild 6.59. Entfestigung von 50% kaltabgewalztem SE-Cu durch Weichglühen [6.88]
Glühzeit 3 h

heben. Oberhalb dieser Temperatur beginnt der Bereich des Kornwachstums; der mittlere Korndurchmesser D_K nimmt rapide zu.

Geringe Zusätze von Ag und Cd erhöhen die Härte und die Erweichungstemperatur ohne wesentlichen Leitfähigkeitsverlust (Leitungsbronzen). Gleiches gilt für das im Gegensatz zu den übrigen Cu-Legierungen warmaushärtbare CuCr (Handelsname Cuprotherm), das im ausgehärteten Zustand eine Zugfestigkeit von $\sigma_{zB} = 370\ \mathrm{N \cdot mm^{-2}}$, eine Dehnung $\delta = 18\%$ und eine Brinellhärte von 120 HB bei einer Leitfähigkeit von $\varkappa = 48\ \mathrm{S \cdot m \cdot mm^{-2}}$ (Abfall $\Delta\varkappa/\varkappa < 20\%$) erreicht. Durch Kaltumformung steigen auch hier die Festigkeitswerte an.

Elektrische Eigenschaften [6.89]. Der *spezifische Widerstand* steigt mit der Verschlechterung des Reinheitsgrades, mit der Temperatur und mit zunehmender Härte. [6.85] gibt die absolute Änderung des spezifischen Widerstandes je Kelvin Temperaturerhöhung mit 68 $\mu\Omega \times \mathrm{mm^2 \cdot m^{-1}}$ an (Bezugstemperatur 20 °C). Gerechnet wird gewöhnlich mit der relativen Änderung, dem Temperaturkoeffizienten α_ϱ [Gl. (6.45)]. Beschränkt man sich auf die üblichen Betriebsbedingungen, dann genügt meist ein mittlerer Wert für α_ϱ. So gilt für den Bereich von 20 bis 200 °C: $\alpha = 3{,}7 \cdot 10^{-3}\ \mathrm{K^{-1}}$. Zur Beschreibung eines größeren Temperaturbereiches (z. B. bis zum Schmelzpunkt) ist das quadratische Glied in Gl. (6.44) hinzuzunehmen [6.90]:

$$\varrho_\vartheta/\varrho_{\vartheta_0} = 1 + 4{,}24 \cdot 10^{-3}\vartheta + 0{,}453 \cdot 10^{-6}\vartheta^2; \qquad (6.51)$$

Bezugstemperatur $\vartheta_0 = 0\,°\mathrm{C}$, obere Temperaturgrenze $\vartheta = 1063\,°\mathrm{C}$.

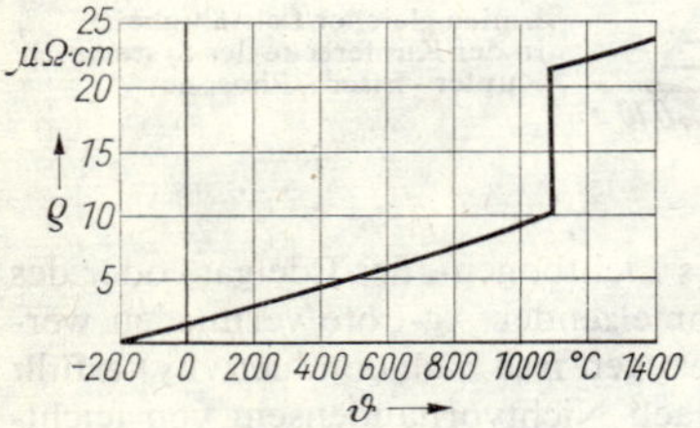

Bild 6.60
Temperaturgang des spezifischen Widerstandes von Kupfer [6.91] [6.92]

Am Schmelzpunkt hat Cu wie viele andere Metalle eine Sprungstelle im Widerstandsverlauf (Bild 6.60):

$$\left(\frac{\varrho_{\text{flüssig}}}{\varrho_{\text{fest}}}\right)_{\vartheta = 1063\,°\mathrm{C}} = \frac{0{,}213\ \Omega \cdot \mathrm{mm^2 \cdot m^{-1}}}{0{,}101\ \Omega \cdot \mathrm{mm^2 \cdot m^{-1}}} = 2{,}1 \qquad (6.52)$$

Mit der Verfestigung geht die elektrische Leitfähigkeit zurück, jedoch nicht in so starkem Maße, wie sich die Festigkeitswerte erhöhen. Den Rückgang kann man aus Tafel 6.28 für Cu und aus Bild 6.61 für CuZn-Legierung ablesen.

6.2.3.2. Kupferlegierungen

Ein besonderer Vorteil des Cu ist seine gute Legierbarkeit mit anderen Metallen zu hochwertigen Werkstoffen, wobei durch geeignete Wahl der Legierungskomponenten eine große Vielfalt der Eigenschaften erzielt werden kann. Die Cu-Legierungen werden in 2 Hauptgruppen unterteilt:

- Messinge (CuZn-Legierungen);
- Bronzen (dazu zählen alle Cu-Legierungen mit mehr als 60% Cu-Gehalt, die eine oder mehrere Legierungskomponenten, aber nicht überwiegend Zink enthalten).

Messinge [6.94] bis [6.97]. Die CuZn-Legierungen werden als Messinge bezeichnet. Die Sondermessinge sind CuZn-Mehrstofflegierungen mit erhöhter Korrosionsfestigkeit und verbesserten mechanischen Eigenschaften. Messinge mit weniger als 39% Zn-Gehalt (α-Messing) eignen sich für Kaltformung, sind jedoch ohne Pb-Zusatz (zählt wegen seiner Unlöslichkeit nicht als Legierungskomponente) schlecht zu zerspanen. Messinge für Warmformung enthalten mehr als 39% Zink ($\alpha + \beta$-Messing).

Elektrische Leitfähigkeit und Temperaturkoeffizient TK des spezifischen Widerstandes von α-Messing fallen mit zunehmendem Zn-Gehalt. Mit dem Auftreten des β-Anteils (oberhalb 39% Zn) steigen Leitfähigkeit und besonders TK wieder an, jedoch ist der Anstieg bei der Leitfähigkeit nicht sehr ausgeprägt, da technische ($\alpha + \beta$)-Legierungen gewöhnlich stärker verunreinigt sind als α-Legierungen (Bild 6.62). Legierungen mit höherem Zn-Gehalt als 50% sind technisch nicht brauchbar.

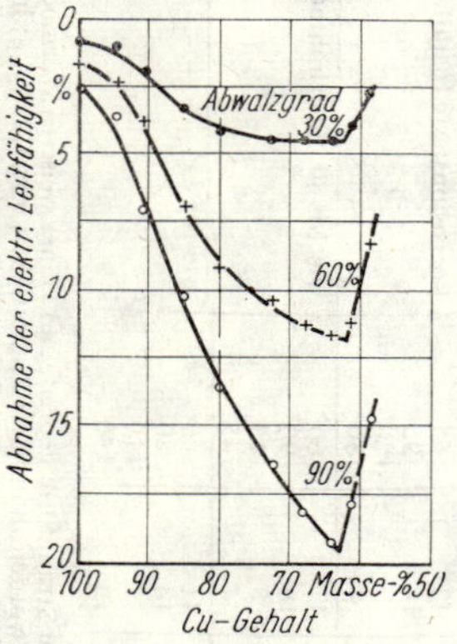

Bild 6.61
Abnahme der elektrischen Leitfähigkeit von Kupfer-Zink-Legierungen infolge Kaltumformung [6.93]

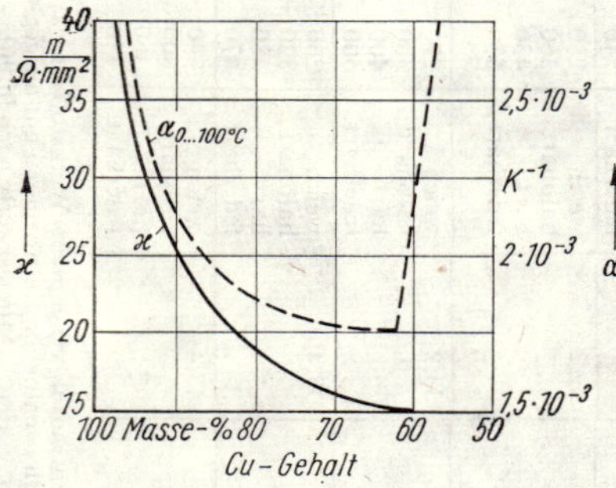

Bild 6.62
Elektrische Leitfähigkeit und Temperaturkoeffizient des spezifischen Widerstandes von Messing [6.93]

Von besonderem Interesse für die Elektrotechnik sind die Messingsorten Ms 58, Ms 80, Ms 85, Ms 90, SoMs 70 sowie die Gußlegierungen.

Messinge mit mehr als 80% Cu-Anteil können als korrosionsfest (wie Cu) angesehen werden. Bei ihnen tritt die bei den Legierungen mit größerem Zn-Gehalt mögliche „Spannungskorrosion" nicht auf (Aufreißen kaltverformten Materials mit inneren Spannungen bei chemischem Angriff, z.B. durch NH_3-haltige Gase). Zum Nachweis dieser inneren Spannungen dient die Quecksilbernitratprobe nach [6.98]. Messing darf in Vakuumanlagen nur bis auf 100 °C erhitzt werden, da oberhalb 200 °C das Zn in stärkerem Maße zu verdampfen beginnt.

Technische Eigenschaften der Messinge s. Tafel 6.27.

Tafel 6.27. Elektrische und mechanische Eigenschaften gebräuchlicher Messinge

Kurzzeichen	Spez. Widerstand ϱ_{20} 1)	Temperaturkoeffizient $\alpha_{\varrho 20}$ 1)	Bezogene Leitfähigkeit $\frac{\varkappa_{20}}{\varkappa_{IACS}}$	Härtezustand 2)	Zugfestigkeit σ_{zB} 3)	Bruchdehnung δ_5 3)	Brinellhärte	Verwendung
	$10^{-3} \frac{\Omega \cdot mm^2}{m}$	10^{-3} K^{-1}	%		$\frac{N}{mm^2}$	%	HB 4)	
Ms 56	50	2,6	34,5	gepreßt	520	25	110	dünnwandige Preßprofile ohne Ansprüche an Kaltformbarkeit
Ms 58	56	2,4	30,8	weich	370	25	90	Hauptlegierung für spanende Formung
				halbhart	440	8	115	
				hart	510	5	140	
				federhart	620	2	170	
					680	–	–	
Ms 60	58	2,0	29,8	weich	340	30	80	Legierung für Warm- und Kaltformung, Ms 60 Pb für Zerspanung
				halbhart	410	16	100	
				hart	480	8	130	
				federhart	590	3	170	
Ms 63	65	1,65	26,5	weich	300	45	70	Hauptlegierung für Kaltformung, Ms 63 Pb für spanende Formung
				halbhart	380	20	100	
				hart	450	10	130	
				federhart	550	5	160	
					620	–	–	
Ms 67	64,5	1,6	26,8	weich	290	45	70	wie Ms 63 mit gesteigerter Kaltformbarkeit
				halbhart	370	20	100	
				hart	440	10	130	
				federhart	540	5	160	
Ms 72	59	1,6	29,2	weich	280	44	70	sehr gut kaltformbar, gut mit Flußstahl plattierbar, sehr gut tiefziehbar
				halbhart	360	19	100	
				hart	430	10	125	
				federhart	530	5	155	
Ms 80	52	1,65	33,2	weich	270	43	65	korrosionsfeste Installationsteile u.ä.
				halbhart	330	18	95	
				hart	400	9	120	
				federhart	500	4	150	
Ms 85	45	1,7	38,4	weich	260	42	60	wie Ms 80 mit erhöhter Korrosionsbeständigkeit
				halbhart	320	16	90	
				hart	380	8	115	
				federhart	470	4	145	
Ms 90	38	2	45,4	weich	240	41	60	wie Ms 85
				halbhart	300	14	80	
				hart	360	7	110	
				federhart	440	3	140	

1) Die angegebenen Zahlen sind Richtwerte. – 2) gepreßt: Werkstoff ist warm in Strangform gepreßt und keiner weiteren Warmbehandlung oder Kaltformung unterworfen worden; weich: Werkstoff ist nach eventueller Kaltformung gut ausgeglüht worden; halbhart: Zugfestigkeit $\sigma \approx 1{,}2\,\sigma_{weich}$; hart: Zugfestigkeit $\sigma \approx 1{,}4\,\sigma_{weich}$; federhart: Zugfestigkeit $\sigma \approx 1{,}8\,\sigma_{weich}$. – 3) Mindestwerte nach [6.96]. – 4) Richtwerte nach [6.96].

Bronzen. Leitungsbronzen sind Sonderlegierungen, die eine größere mechanische Festigkeit als Cu bei erträglichem Verlust an elektrischer Leitfähigkeit aufweisen. Sn-Bronzen sind sehr korrosionsbeständig gegenüber Atmosphärilien und Seewasser, ohne Zn-Gehalt auch hochvakuumfest. Die Knetlegierungen haben gute Federeigenschaften (Kaltverfestigung), die Gußlegierungen sind besonders widerstandsfähig gegenüber gleitender Reibung.
Da Sn-Bronzen stets, wenn auch nur in Spuren, das zur Desoxydation der Schmelze benötigte Phosphor enthalten, werden sie häufig (fälschlicherweise) als Phosphorbronzen bezeichnet. Al-Bronzen stellen einen vollwertigen Ersatz für die Sn-Bronzen dar. Sie zeichnen sich sämtlich durch gute Korrosionsbeständigkeit gegenüber Salzwasser und Säuren aus, haben günstige mechanische Eigenschaften und können gut hergestellt und bearbeitet werden. Mit steigendem Al-Gehalt sind sie schlecht weich- und hartlötbar. Mn-Bronzen haben große Warmfestigkeit (teilweise bis 400 °C), gute Korrosionsbeständigkeit gegenüber Heißdämpfen, Seewasser und Alkalien. Legierungen mit höherem Mn-Gehalt sind gute Widerstandsmaterialien.
Guß-Pb-Bronzen bzw. die Guß-SnPb-Bronzen sind hochwertige Lagermetalle für gleitende Reibung, auch eignen sie sich für korrosionsfeste Formgußteile. Cu und Pb sind nicht ineinander löslich, so daß das Gefüge der CuPb-Bronzen aus einem Gemisch von Cu- und Pb-Kristalliten besteht. Be-Bronzen können durch Ausscheidungshärtung vergütet werden; dadurch werden Härte und Zugfestigkeit unter Beibehaltung der Elastizität erhöht. Chemisch sind Be-Bronzen sehr beständig; sie sind deshalb das beste Federmaterial für höchste Ansprüche an die elastische Nachwirkung, Ermüdungs- und Korrosionsfestigkeit. Warmfest bis 250 °C, gut weichlötbar, hochvakuumfest.
Kupfer-Nickel-Legierungen. *CuNi* (bis 45% Ni, Zusätze von Mn, Fe). Durch Zusatz können die mechanische Festigkeit, die Korrosions- und die Wärmebeständigkeit erheblich gesteigert werden. Die elektrische Leitfähigkeit sowie der TK des spezifischen Widerstandes zeigen bei 45% Ni ein Minimum (CuNi-44-Konstantan) (s. Bild 6.47, S. 814). Die Zahl im Kurzzeichen gibt den Ni-Gehalt an.
Neusilber (45 bis 62% Cu, 11 bis 26% Ni, Rest Zn). Oxydationsfeste CuNiZn-Legierungen, deren Anlaufbeständigkeit, spezifischer Widerstand und Härte mit dem Ni-Gehalt steigen. Sie sind analog dem Messing bis 30% Zn-Gehalt gut kaltformbar, bei höherem Zn-Gehalt für Warmformung geeignet. Wegen ihrer günstigen elastischen Eigenschaften und ihrer chemischen Beständigkeit zählen die Legierungen Ns 6512 und Ns 6218 nach den Be-Bronzen zu den besten Kontaktfedermaterialien. Gut weichlötbar.
Bei der Bezeichnung geben die ersten beiden Ziffern den Cu-Gehalt, die folgenden Ziffern den Ni-Gehalt an.

Anwendungen

CuNi 30Mn	allgemeine Widerstandslegierung,
CuNi 44	Präzisionswiderstände (Konstantan),
Ns 6512	Kontaktfedern (gut kaltformbar),
Ns 6218	wie Ns6512 mit erhöhter chemischer Beständigkeit,
Ns 5712Pb	Legierung für spanende Bearbeitung.

6.2.3.3. Aluminium und Aluminiumlegierungen [6.99] bis [6.101]

Elektrische Eigenschaften. Der höchste Leitfähigkeitswert $\varkappa_{20}$ ist mit 38,0 S · m · mm^{-2} bei Al mit einem Reinheitsgrad von 99,997% gefunden worden. Der Temperaturkoeffizient des Widerstandes beträgt in diesem Fall $4{,}30 \cdot 10^{-3}$ K^{-1}. Al mit geringerem Reinheitsgrad und Al-Legierungen haben stets eine Leitfähigkeit $\varkappa_{20} < 38$ S · m · mm^{-2}. Für die Elektrotechnik muß Al einen Reinheitsgrad von mindestens 99,5% und einen spezifischen Widerstand im weichgeglühten Zustand von höchstens 0,02778 Ω · mm^2 · m^{-1} (bei 20 °C) haben [6.99], soweit nicht Ausnahmen festgelegt sind. Der Si-Gehalt dieses Leiteraluminiums mit der Bezeichnung E-Al muß kleiner als 0,2%, der Gesamtgehalt von T, Cr, V und Mn kleiner als 0,3% sein. Cu und Zn dürfen nicht vorhanden sein.

Vergleich zwischen Aluminium- und Kupferleitungen. Sollen ein Aluminiumleiter und ein Kupferleiter ($\varkappa_{20} = 56\ \mathrm{m}/\Omega \cdot \mathrm{mm}^2$) die gleichen Widerstände bei gleicher Länge haben, so ergeben sich folgende Verhältnisse:

Verhältnis Al : Cu		
	Reinaluminium $\varkappa = 35\ \mathrm{S \cdot m \cdot mm^{-2}}$	Aldrey $\varkappa = 30\ \mathrm{S \cdot m \cdot mm^{-2}}$
Querschnitt, Volumen	1,6	1,86
Durchmesser, Oberfläche	1,27	1,36
Masse	0,5	0,57

Tafel 6.28. Kupfer und Aluminium für die Elektrotechnik

Kurzzeichen	Spezifischer Widerstand[1]) ϱ $10^{-3}\ \frac{\Omega \cdot \mathrm{mm}^2}{\mathrm{m}}$	Leitwert $\varkappa$ $\frac{\mathrm{m}}{\Omega \cdot \mathrm{mm}^2}$	Zugfestigkeit σ_{zB} $\frac{\mathrm{N}}{\mathrm{mm}^2}$	Bruchdehnung δ_5[2]) %	Anwendungen
E-CuF 20	17,54	57	200 ··· 250	30 ··· 38	Bleche, Bänder, Rohre, Profile, Drähte über 0,8 mm ⌀
	17,86	56	200 ··· 290	11 ··· 27	Drähte bis 0,8 mm ⌀
E-CuF 25	17,86	56	250 ··· 300	8 ··· 15	Bleche, Bänder, Rohre über 3 mm Wanddicke, Profile
E-CuF 30	18,18	55		6	Bleche, Bänder bis 1 mm Dicke, Rohre bis 1,5 mm Wanddicke
	17,86	56	300 ··· 370	5	Bleche, Bänder über 1 mm Dicke, Rohre über 1,5 mm Wanddicke, Profile
E-CuF 37	18,18	55			Bleche, Bänder bis 1 mm Dicke, Rohre bis 1,5 mm Wanddicke, Profile, Drähte bis 1 mm ⌀
	17,86	56	370 ··· 450	2 ··· 3	Drähte über 1 mm ⌀
E-AlF 6,5	28,25	35,4	65	25	Profile, Stangen
E-AlF 7	28,0	35,7	70 ··· 120	18 ··· 28	Drähte über 3,5 mm ⌀
	28,25	35,4	70	20 ··· 35	Bleche, Bänder, Rohre, Drähte
E-AlF 8	28,41	35,2	80	15	Profile, Stangen
E-AlF 9	28,25	35,4	90 ··· 130	6	Drähte 1,3 bis 4 mm ⌀
	28,74	34,8	90	10	Profile, Stangen
E-AlF 10	28,74	34,8	100	6	Bleche, Bänder, Rohre, Profile, Stangen
E-AlF 11	28,74	34,8	110	6	Profile, Stangen
E-AlF 13	28,98	34,5	130	3 ··· 5	Bleche, Bänder, Rohre
	28,49	35,1	130 ··· 170	4	Drähte 1,5 bis 3 mm ⌀
E-AlF 17	29,24	34,2	170	2	Drähte 0,02 bis 2,4 mm ⌀
	28,98	34,5			Drähte über 2,4 mm ⌀

[1]) Richtwerte für die Widerstandsänderung sind:

$$\left.\begin{array}{ll}\text{für Kupfer} & 6{,}8 \cdot 10^{-5} \\ \text{für Aluminium} & 11 \cdot 10^{-5}\end{array}\right\}\ \frac{\Omega \cdot \mathrm{mm}^2}{\mathrm{m} \cdot \mathrm{K}}$$

[2]) Die Ermittlung der δ_5-Werte erfolgte unter Verwendung einer Meßlänge $L_0 = 5d_0$.

Aluminiumlegierung für die Elektrotechnik (Aldrey). Eine Legierung für die Elektrotechnik mit guter elektrischer Leitfähigkeit ($\varkappa_{20} \approx 30\,\mathrm{S \cdot m \cdot mm^{-2}}$) bei erhöhter mechanischer Festigkeit stellt das E-AlMgSi (Aldrey) dar. Es setzt sich aus 0,4 bis 0,5% Mg, 0,5 bis 0,6% Si und E-Al zusammen. Mn darf nicht enthalten sein, da es die elektrische Leitfähigkeit stark herabsetzt (bei Erhöhung von Festigkeit und Korrosionsbeständigkeit). Die Aldrey-Legierung wird zur Erreichung ihrer elektrischen und mechanischen Eigenschaften einer thermischen und mechanischen Vorbehandlung unterworfen. Aldrey hat gegenüber Reinaluminium geringere Leitfähigkeit, dafür aber größere Festigkeit.
Aluminium in Verbindung mit anderen Werkstoffen. Möglichkeiten, die wertvollen Eigenschaften des Al mit denen anderer Werkstoffe in Verbindung zu bringen, sind

- Freileitungsseile aus Al-Drähten mit einem Kernseil aus verzinktem Stahldraht ($\sigma_{zB} = 1200\,\mathrm{N \cdot mm^{-2}}$) zur Erhöhung der mechanischen Festigkeit;
- mit Cu plattiertes Al als Blech, Rohr oder Draht (Cupal), wodurch die günstigen Oberflächeneigenschaften (z.B. gute Löt- und Galvanisierbarkeit, größere Widerstandsfähigkeit gegen bestimmte chemische Beanspruchungen) und die höhere elektrische Leitfähigkeit des Cu ausgenutzt werden.

Technische Eigenschaften von Cu und Al für die Elektrotechnik s. Tafel 6.28.

6.2.4. Widerstandswerkstoffe [6.102] bis [6.112]

6.2.4.1. Widerstandslegierungen

Der spezifische Widerstand der Widerstandswerkstoffe liegt etwa im Bereich von 0,2 bis 1,5 $\Omega \cdot \mathrm{mm^2 \cdot m^{-1}}$. Man erhält diese Widerstandswerte gewöhnlich dadurch, daß man statt reiner Metalle Legierungen verwendet. Durch geeignete Wahl der Legierungsbestandteile lassen sich außerdem die thermischen und mechanischen Eigenschaften im gewünschten Sinne beeinflussen, allerdings nur bis zu einem Optimum; denn gerade dann, wenn der spezifische Widerstand ein Maximum erreicht, sind die mechanischen Eigenschaften meist so ungünstig, daß diese Legierungen keine praktische Anwendung finden.
Forderungen an ein gutes Widerstandsmaterial:

- möglichst hoher spezifischer Widerstand;
- kleiner Temperaturkoeffizient α_ϱ, zumindest im Arbeitstemperaturbereich;
- hohe Schmelztemperatur;
- gute mechanische Eigenschaften, insbesondere gute Ziehbarkeit;
- Korrosionsbeständigkeit;
- gute Lötbarkeit;
- möglichst kleine Thermospannung gegenüber Kupfer.

Entsprechend dem recht unterschiedlichen Verhalten bei Erwärmung unterscheidet man zwischen Legierungen für

- Heizwiderstände,
- Vorschalt- und Stellwiderstände,
- Meß- und Normalwiderstände.

Während für Heiz- und Stellwiderstände der Temperaturgang nicht so kritisch ist, verlangt man für Präzisionswiderstände einen Temperaturkoeffizienten $\alpha_{\varrho 20} \leqq 2{,}5 \cdot 10^{-6}\,\mathrm{K^{-1}}$. Um Widerstandsänderungen im Laufe der Zeit vorzubeugen, unterzieht man die meisten Werkstoffe einer künstlichen Alterung. Die dadurch bedingte Kristallerholung und Homogenisierung der Mischkristalle hat zur Folge, daß ϱ seinen Höchstwert erreicht, während α_ϱ kleiner wird (Gesetz von *Matthiesen*).
Von den Heizleiterlegierungen verlangt man eine hohe Oxydationsbeständigkeit. Dauernder Belastungswechsel kann zur Zerstörung des Drahtes führen, da infolge des ungleichen Aus-

Tafel 6.29. Widerstandslegierungen, nach Legierungsgruppen geordnet

Legierungsgruppe		Typische Legierungen	Zusammensetzung Masse-%	Spezifischer Widerstand ϱ bei 20 °C $\Omega \cdot mm^2 \cdot m^{-1}$	Temperaturkoeffizient α_ϱ des Widerstandes, $10^{-3}\,K^{-1}$
Kupferlegierungen	Zn-haltige Legierungen	Neusilber Argentan Nickelin	54 ··· 60 Cu 17 ··· 26 Ni 20 ··· 23 Zn	0,3 ··· 0,4	0,3
	CuNi-Legierungen	Konstantan Nickelin (Zn- und Fe-frei)	54 ··· 67 Cu 30 ··· 45 Ni 1 ··· 3 Mn	0,50	−0,03
	CuMn-Legierungen	Manganin Isabellin Novokonstant MnBz 14	82 ··· 86 Cu 12 ··· 13 Mn Ni; Al; Fe	0,23 ··· 0,5	0,01 ··· 0,02
Silberlegierungen	AgMnSn-Legierungen	NBW 108 NBW 139 NBW 173	78 ··· 82 Ag 10 ··· 17 Mn 3 ··· 9 Sn	0,46 ··· 0,61	−0,04 ··· −0,105 0 ··· +0,006 nach Alterung
		NBW 87	85 Ag 8 Mn 7 Sn	0,43	+0,01
	Sn-freie Legierungen		91,22 Ag 8,78 Mn	0,28 ··· 0,32	−0,04
Gold-Chrom-Legierungen			2,05 Cr Rest Au	0,33	±0,001
Chrom-Nickel-Legierungen	Fe-freie Legierungen	NiCr 8020	80 Ni 20 Cr 1 ··· 2 Mn	1,09 ··· 1,13¹)	0,25
	Fe-arme Legierungen	NiCr 6015	60 ··· 65 Ni 15 ··· 20 Cr 15 ··· 20 Fe	1,11 ··· 1,25¹)	0,25
	Fe-reiche Legierungen	NiCr 3020 CrNi 2520²)	19 ··· 29 Ni 20 ··· 24 Cr 48 ··· 55 Fe	0,95 ··· 1,30¹)	0,25
Chrom-Aluminium-Eisen-Legierungen		CrAl 305³)	28 ··· 30 Cr 4 ··· 5 Al 65 Fe	1,44 ··· 1,46¹)	0,6
		CrAl 205	19 ··· 21 Cr 4 ··· 5 Al Rest Fe	1,37 ··· 1,43¹)	
	Cr-arme Legierungen	CrAl 85	5 ··· 6 Al 7 ··· 8,5 Cr Rest Fe	1,25 ··· 1,44¹)	
Eisen, spez.	Si-haltiges Eisen		97 Fe 2 Si 0,3 Mn	0,35	1,5
Siliziumkarbid		Silit		etwa 1000 bei 1400 °C	bis 900 °C negativ, von 1000 °C schwach positiv

¹) Der zweite Wert gilt jeweils bei 1000 °C.
²) Cronifer IV, CrNi „G", Cekas 0, Cekas I, CNE-Legierung, Pyrotherm, NCT 3
³) Megapyr I, Kanthal A 1 (25 % Cr, 5,5 % Al, 2 % Co und 67,5 % Fe; 1300 °C)

Bemerkungen	Eigenschaften	Anwendungen
je höher Ni-Gehalt, um so höher ϱ, wegen Zn-Anteils nicht allzu beständig	schlechter als die der Zn-freien Legierungen	Stellwiderstände für geringe Ansprüche
Ni-Gehalt für ϱ, Mn-Gehalt für α_ϱ bestimmend	hohe Thermospannung gegen Cu, gute Widerstandskonstanz, gute Warmfestigkeit (400 °C), säurefest wegen hohen Ni-Gehalts	Temperaturkompensation von Cu-Widerständen, technische Meßwiderstände, Anlasser- und Vorschaltwiderstände
nach künstlicher Alterung bei 400 °C unter Überdruck ausgezeichnete Widerstandskonstanz über Jahre; infolge Ni-Gehalts geringe Thermospannung und Widerstandskonstanz bei Raumtemperatur	hohe Warmfestigkeit, kleiner Temperaturkoeffizient, kleine Thermospannung gegen Cu, gute Ziehbarkeit	Meß- und Präzisionswiderstände, Vorschalt- und Schiebewiderstände, Shunts
infolge der für die Konstanz der elektrischen Eigenschaften notwendigen Alterung werden NBW 139 und NBW 173 sehr spröde	höhere chemische Beständigkeit als Cu gegenüber Säuren und Ammoniak, geringe Belastbarkeit, spröde	Temperaturkompensation, Stellwiderstände, Meßwiderstände; nicht für Normalwiderstände geeignet (Rekristallisation)
Eigenschaften fast unabhängig bis zu 325 °C; durch Sn-Zusatz Erhöhung der mechanischen Festigkeit	positiver Temperaturkoeffizient, geringe Thermospannung gegen Cu	
nach Warmbehandlung bei 250 °C gute zeitliche Beständigkeit bei Raumtemperatur	hohe Druckabhängigkeit des elektrischen Widerstandes	Normalwiderstände, Widerstandsmanometer
geringer Zusatz von Cr bewirkt starkes Ansteigen von ϱ ($\varrho_{Au} = 0{,}02$ $\Omega \cdot mm^2/m$), Alterung erfolgt bei 150 °C im Vakuum	große Widerstandskonstanz, sehr empfindlich gegenüber mechanischer Beanspruchung	Präzisions- und Normalwiderstände
hoher Mn-Gehalt bedingt geringe Lebensdauer, bei hoher Temperatur bildet sich schützende Oxidhaut	chemisch sehr widerstandsfähig, gut bearbeitbar, sehr hitzebeständig	Heizdrähte bis 1150 °C, Stellwiderstände
gute Glühbeständigkeit durch Cr-Gehalt, durch Zugabe von Fe Widerstandserhöhung	gute mechanische Eigenschaften, gute Warmfestigkeit, gute Dauerstandfestigkeit	Heizdrähte bis 1075 °C
Gefüge besteht aus γ-Mischkristallen, daher unmagnetisch; durch Zusätze von Th, Ce, Ca erhöhte Lebensdauer	gute chemische Beständigkeit, hohe mechanische Festigkeit nichtrostend, unempfindlich gegen Erschütterungen	Heizleiter bis 1050°C
	schweißbar, spröde und hart, empfindlich gegen Erschütterungen, geringe Warmfestigkeit	Heizleiter bis 1250 °C
Neigung zur Grobkornbildung	spezifischer Widerstand, Härte und Festigkeit etwas geringer als CrAl 305	Heizleiter bis 1150 °C
durch weitere Einsparung an Cr sinken maximale Gebrauchstemperatur und spezifischer Widerstand; hingegen steigt Temperaturkoeffizient	gute Verarbeitbarkeit, leicht rostend	Heizleiter bis 950 °C
wegen Si-Gehalts korrosionsfest	hohe Bruchfestigkeit, großer Temperaturkoeffizient	Anlaßwiderstände
gepulvertes SiC mit Si unter Zusatz eines flüchtigen Bindemittels gesintert. Stromführung erfolgt durch elementares Si; SiC ist Isolierstoff	kleiner Wärmeausdehnungskoeffizient, jedoch spröde, große Bruchanfälligkeit	Heizstäbe bis 1400 °C, Silithochohmwiderstände, Silitrohre für Pyrometer

Tafel 6.30. Widerstandslegierungen, nach Widerstandsgruppen geordnet

Widerstandsgruppe	Widerstandsgrenzwerte $\frac{\Omega \cdot mm^2}{m}$	Legierung	Zusammensetzung Masse-%	Spezifischer Widerstand ϱ[1]) $\frac{\Omega \cdot mm^2}{m}$	Leitfähigkeit $\varkappa$[1]) $\frac{m}{\Omega \cdot mm^2}$	Temperaturkoeffizient des Widerstandes α_ϱ $10^3\ K^{-1}$
WM 13	0,12 ··· 0,14	Eisen	100 Fe	0,13	7,4	4,6
WM 30	0,28 ··· 0,32	Neusilber	60 Cu; 23 Zn; 17 Ni	0,30	3,33	0,35
		WM 306	Cu; Mn; Sn	0,32	3,12	0,005
		Goldchrom	97,95 Au; 2,05 Cr	0,33	3,02	±0,001
		Eisen, spez.	97 Fe; 2 Si; 0,3 Mn	0,35	2,86	1,5
WM 43	0,42 ··· 0,44	Manganin	86 Cu; 12 Mn; 2 Ni	0,43	2,32	0,02
		Nickelin	54 Cu; 26 Ni; 20 Zn	0,43	2,32	0,23
		Novokonstant	82,5 Cu; 12 Mn; 4 Al; 1,5 Fe	0,45	2,22	−0,04
WM 50	0,47 ··· 0,51	Konstantan	54 Cu; 45 Ni; 1 Mn	0,5	2,0	−0,03
		Isabellin	84 Cu; 13 Mn; 3 Al	0,5	2,0	−0,02
		NBW 108[2])	82 Ag; 10 Mn; 8 Sn	0,55	1,82	−0,04
		NBW 139[2])	78 Ag; 13 Mn; 9 Sn	0,61	1,64	−0,08
		NBW 173[2])	85 Ag; 17 Mn; 3 Sn	0,58	1,73	−0,105
		Gußeisen		0,8	1,25	1
WM 100	0,85 ··· 1,04	Chromnickel III (eisenreich)	48,5 Fe; 20 Ni; 20 Cr	1,03	0,97	0,35
WM 110	1,04 ··· 1,16	Chromnickel (ohne Eisen)	78 Ni; 20 Cr; 2 Mn	1,1	0,91	0,14
WM 120	1,14 ··· 1,26	Megapyr II	76 Fe; 20 Cr; 3,5 Al	1,17	0,855	0,04
		Kanthal A 1	72 Fe; 20 Cr; 5 Al; 3 Co	1,45	0,69	0,06

[1]) Bei 20 °C.
[2]) Die angegebenen Werte gelten für den kaltgeformten ungeglühten Zustand; nach dem Tempern sinken die Widerstandswerte ab.

Thermospannung gegen Kupfer ($\Delta\vartheta$ = 1 K) µV	Schmelzpunkt °C	Maximale Gebrauchstemperatur °C	Linearer Temperaturkoeffizient der Länge α_l $10^{-6}\,K^{-1}$	Dichte ϱ* $\frac{g}{cm^3}$	Zugfestigkeit σ_{zB} $\frac{N}{mm^2}$	Bruchdehnung %
	1200	400		7,86	350	
−15	etwa 1000	400	18	8,6	400	35
−1,1		300		8,6	440	31
7				17,7		
	etwa 1400			7,8		
+1	960	300	18,1	8,4	500 ··· 550	25
	1145	300	16	8,7	600[3]	30[3]
−0,3	970	400	18		500 ··· 550	15 ··· 25
−40	1275	400	14	8,9	500[3]	30[3]
−0,2		400	16	8,0	500 ··· 550	25
+0,5				9,58	610	2
−0,1				9,45	450	1
+2				9,12	470	1
	etwa 1400			7,2	120	
	1400	1000	15	7,9	600 ··· 750	30
+14	1400	1100 ··· 1150	14	8,4	700 ··· 750	30
	1475	1200	15	7,4	650	14
	1510	1300	17	7,1	650 ··· 850	12 ··· 20

[3] Im weichen Zustand.

Tafel 6.31. Widerstandsrunddrähte (Widerstandsnennwert[1]) und zulässige Abweichung)

Nenndurchmesser	WM 13 R_{20}	WM 13 Zulässige Abweichung	WM 30 R_{20}	WM 30 Zulässige Abweichung	WM 43 R_{20}[2]	WM 43 Zulässige Abweichung	WM 50 R_{20}	WM 50 Zulässige Abweichung	WM 100 R_{20}	WM 100 Zulässige Abweichung	WM 110 R_{20}	WM 110 Zulässige Abweichung	WM 120 R_{20}	WM 120 Zulässige Abweichung
mm	$\Omega \cdot m^{-1}$	%	$\Omega \cdot m^{-1}$	%	$\Omega \cdot m^{-1}$	%	$\Omega \cdot m^{-1}$	%	$\Omega \cdot m^{-1}$	%	$\Omega \cdot m^{-1}$	%	$\Omega \cdot m^{-1}$	%
0,03					608		707		1415		1556		1698	
0,04					342		398		796		876		955	
0,05					219		255		509		560		611	
0,06					152	±8	177	±8	354	±8	389	±8	425	±8
0,07					112		130		260		286		312	
0,08					85,5		99,5		199		219		239	
0,09					67,6		78,6		157		173		188	
0,1					54,7		63,7		127		140		152	
0,11					(45,3)		52,6		105		115		126	
0,12					38,0		44,2		88,4		97,2		106	
0,14					27,9		32,5		65,0		71,5		78	
0,15					24,3		–		–		–		–	
0,16					21,4		24,9		49,7		54,7		59,6	
0,18					16,9		19,6		39,3		43,2		47,2	
0,2					13,7		15,9		31,8		35,0		38,2	
0,22					(11,3)		13,2		26,3		28,9		31,6	
0,25					8,76		10,2		20,4		22,4		24,5	
0,28					(6,98)		8,12		16,2		17,8		19,4	
0,3					6,08		7,07		14,1		15,5		16,9	
0,32					(5,35)		6,22		12,4		13,6		14,9	
0,35					4,47		5,20		10,4	$\pm 2\left(1+\frac{1}{\sqrt{d/mm}}\right)$	11,4	$\pm 2\left(1+\frac{1}{\sqrt{d/mm}}\right)$	12,5	$\pm 2\left(1+\frac{1}{\sqrt{d/mm}}\right)$
0,4					3,42		3,98		7,96		8,76		9,55	
0,45					2,70		3,14		6,29		6,92		7,55	
0,5	0,662				2,19		2,55		5,09		5,60		6,11	
0,55	0,547				1,81		2,10		4,21		4,63		5,05	
0,6	0,460				1,52		1,77		3,54		3,89		4,25	
0,65	0,391				(1,30)		1,51		3,01		3,31		3,61	
0,7	0,338				1,12		1,30		2,60		2,86		3,12	
0,8	0,259				0,855		0,995		1,99		2,19		2,39	
0,9	0,204				(0,676)		0,706		1,57		1,73		1,88	
1	0,165				(0,548)		0,637		1,27		1,40		1,52	
1,1	0,137				(0,453)		0,526		1,05		1,15		1,26	
1,2	0,115	±7,5			0,380		0,442		0,884		0,972		1,06	
1,4	0,0844				(0,279)		0,325		0,650		0,715		0,780	
1,6	0,0646		0,149		(0,214)	$\pm 2\left(1+\frac{1}{\sqrt{d/mm}}\right)$	0,249	$\pm 2\left(1+\frac{1}{\sqrt{d/mm}}\right)$	0,497		0,547		0,596	
1,8	0,0511		0,118		0,169		0,196		0,393		0,432		0,472	
2	0,0414		0,0954		0,137		0,159		0,318		0,350		0,382	
2,2	0,0342		0,0789		(0,113)		0,132		0,263		0,289		0,316	
2,5	0,0265		0,0612		(0,0876)		0,102		0,204		0,224		0,245	
2,8	0,0211		0,0486	$\pm 2\left(1+\frac{1}{\sqrt{d/mm}}\right)$	(0,0698)		0,0812		0,162		0,178		0,194	
3	0,0184		0,0426		(0,0608)		0,0707		0,141	±4,5	0,155	±4,5	0,169	±4,5
3,3							0,0585		0,117		0,129		0,140	
3,5	0,0135		0,0312		(0,0447)		0,0520		0,104		0,114		0,125	
4	0,0105		0,0239		0,0342		0,0398		0,0796		0,0876		0,0955	
5					(0,0219)		0,0255		0,0509		0,0560		0,0611	
6					0,0152		0,0177		0,0354		0,0389		0,0425	
8					(0,00855)		0,00995		0,0199		0,0219		0,0239	
10					(0,00548)		0,00637		0,0127		0,0140		0,0152	

[1]) Die angegebenen Widerstände sind Rechenwerte mit den spezifischen Widerständen ϱ_{20} nach Tafel 6.29 (s. S. 848).
[2]) Eingeklammerte Werte sind nach Möglichkeit zu vermeiden.

dehnungskoeffizienten von Draht und Oxidschicht ein Teil dieser schützenden Haut abplatzt. Es ist zu beachten, daß die Drähte nicht auf einen bestimmten Durchmesser gezogen werden, sondern auf den vorgegebenen Widerstandswert für eine Länge von 1 m.
Nach [6.113] wird zwecks leichterer Beschaffung eines technisch gleichartigen Werkstoffs eine Standardisierung der Widerstandswerkstoffe derart eingeführt, daß nicht bestimmte Legierungen, sondern nur ihre spezifischen Widerstände unter Zulassung eines ausreichenden Spielraums als Kennzeichen einer sog. Widerstandsgruppe herangezogen werden (Tafel 6.29). Eigenschaften und Kennwerte von Widerstandslegierungen s. Tafel 6.30. Kennwerte von Widerstandsrunddrähten s. Tafel 6.31.

6.2.4.2. Schichtwiderstände (s. auch Band 3, Abschn. 2.1.)

Im Gegensatz zu Drahtwiderständen bestehen die Leiter der Schichtwiderstände aus sehr dünnen, auf einen Isolierkörper aufgebrachten Schichten. An die elektrischen und mechanischen Eigenschaften der Widerstandsschicht werden hohe Anforderungen gestellt. Die Leitfähigkeit muß in einem bestimmten Bereich liegen, der Widerstandswert muß zeitlich konstant und weitgehend unabhängig von Temperatur, Feuchtigkeit, elektrischer Spannung, Stromart und Belastung sein. Schichtwiderstände zeichnen sich durch geringe Abmessungen und hohe mechanische Stabilität aus.
Kohleschichtwiderstände. Von entscheidender Bedeutung für die Konstanz der elektrischen Werte eines Kohleschichtwiderstandes ist die physikalische Struktur der auf den Keramikträger aufgebrachten Kohleschicht. Hierbei spielt nicht nur der Härtegrad der Schicht eine wichtige Rolle, sondern auch deren Homogenität in bezug auf Kristallablagerung, Kristallgröße und Schichtdicke. Die Dicke dieser Kristallkohleschicht beträgt je nach Höhe des gewünschten Widerstandswertes 10^{-2} bis 10^{-6} mm. Ein gewisser Mindestwert der Schichtdicke ist erforderlich, damit die mechanische und die elektrische Stabilität der Schicht gewährleistet sind. Dieser Mindestwert der Schichtdicke bestimmt in Verbindung mit dem spezifischen Widerstand der Schicht im wesentlichen den höchsten Widerstandswert, der auf einem bestimmten Keramikträger untergebracht werden kann.

Höhere Widerstandswerte erhält man, indem man leitende Kohlenstoffmodifikationen, wie Graphit oder Ruß, in einem nichtleitenden Lack kolloidal löst, auf den Keramikkörper aufträgt und bei relativ hohen Temperaturen einbrennt. Nach diesem Verfahren werden Kolloidkohle-Schichtwiderstände mit Werten bis 10^{11} Ω hergestellt. Die Widerstände haben zunächst einen relativ niedrigen Widerstandswert, der bei Kristallkohleschichten zwischen einigen Ohm und einigen Kiloohm liegt. Dieser Wert (Vorwert) läßt sich durch Einschleifen einer spiralförmigen Wendel z.B. auf das Tausendfache erhöhen.

Hochspannungswiderstände werden mit besonders breiten und tiefen Schliffrillen versehen und erhalten so viele Wendeln, daß der Spannungsabfall zwischen den Wendeln eine bestimmte Sicherheitsgrenze nicht überschreitet. Eine besondere Lackierung gewährleistet zudem eine weitere Erhöhung der Spannungsfestigkeit.
Als Maß für die Abhängigkeit des Widerstandswertes von der anliegenden Spannung gilt der *Spannungskoeffizient*, der die Widerstandsänderung in %/V angibt. In den meisten Fällen ist diese Abhängigkeit so gering, daß ihr keine praktische Bedeutung zukommt. Eine Ausnahme bilden die nach dem Kolloidkohleverfahren hergestellten Hochspannungswiderstände, deren Spannungskoeffizient zwischen 0 und 200 V stark spannungsabhängig ist. Die Auswertung des Spannungskoeffizienten muß sich deshalb auf den Spannungsbereich beschränken, in dem er gemessen wurde. Oberhalb eines bestimmten Anlaufbereiches ändert sich der Wert dieser Hochspannungswiderstände bei weiter zunehmender Spannung nur noch unwesentlich. Deshalb wird ihr Widerstandswert stets mit einer Meßspannung ermittelt, die über diesem Anlaufgebiet liegt und das Einhalten der Auslieferungstoleranz gewährleistet.
Abhängigkeit des Widerstandswertes von der Temperatur. Sie wird in Form des Temperaturkoeffizienten α_ϱ in 10^{-6} K^{-1} angegeben. Der Temperaturkoeffizient pflegt um so geringer zu sein, je dicker die Kohleschicht ist.

Die Tatsache, daß dickere Kohleschichten ein geringeres α_ϱ ergeben als dünnere, erklärt sich dadurch, daß Einkristalle aus Kohlenstoff wie Metall ein positives α_ϱ haben, das aber stets durch das negative α_ϱ der interkristallinen Berührungsschichten überdeckt wird. In dickeren Schichten können sich größere Kohlenstoffkristalle bilden, deren positives α_ϱ zu einer Kompensation des vorherrschenden negativen α_ϱ beiträgt.

Metallschichtwiderstände. Die leitende Schicht besteht aus Metall bzw. einer Metallegierung, die in Hochvakuumbedampfungstechnik hergestellt wird. Die elektrischen und mechanischen Eigenschaften weisen bedeutende Vorzüge gegenüber Kohleschichtwiderständen auf.
Der Temperaturkoeffizient α_ϱ ist gegenüber dem der Kohleschichtwiderstände wesentlich kleiner und unabhängig vom Widerstandswert; er kann durch richtige Wahl der Einflußgrößen unabhängig von der Schichtdicke auf einen gewünschten Wert eingestellt werden. Der α_ϱ-Verlauf ist zwischen -60 und $+150$ °C linear, kann jedoch positiv oder negativ sein. Der als Alterungseffekt bekannte Widerstandswertanstieg beträgt bei Metallschichtwiderständen im Durchschnitt nur ein Drittel des Anstiegs von Kohleschichtwiderständen, gleiche Bedingungen vorausgesetzt. Durch die verschiedenen Arten der Abdeckung der Metallschicht läßt sich eine gute Beständigkeit gegen äußere Einflüsse und damit die Konstanz gegenüber Feuchteeinwirkung erreichen. Die Rauschwerte der Metallschichten liegen durchweg um eine Zehnerpotenz niedriger als die der Kohleschichtwiderstände.
Widerstände in Dünnschichttechnik. In Dünnschichttechnik können Widerstände bis zu etwa 1 MΩ hergestellt werden. Das Wertespektrum, das mit Dünnschichtelementen überstrichen werden kann, ist beachtlich. Der Größe nach läßt sich mit Chrom-Nickel- und Tantal-Nitrid-Schichten auf 1 cm² ein Widerstand von etwa 2 MΩ herstellen. Die von einem Widerstand benötigte Fläche wird oft aber nicht von seinem Widerstandswert, sondern von der aufzunehmenden Leistung bestimmt. Je Quadratzentimeter Oberfläche ist eine Leistung von etwa 1 W möglich.

Die unmittelbaren Herstellungstoleranzen hängen von der Art und Größe des Widerstandes ab. Durch nachträgliches Trimmen können Herstellungstoleranzen von ±1% erhalten werden.

6.2.4.3. Massewiderstände (s. auch Band 3, Abschn. 2.1.)

Massewiderstände sind Widerstandsvollkörper, die aus einem Gemisch von leitenden und nichtleitenden Stoffen (z.B. Graphit oder Ruß mit nichtleitenden Harzen) bestehen, oder es sind keramische Erzeugnisse. Letztere werden durch Zusammenschmelzen oder Sintern von Kohle und Sand hergestellt. Die Leitfähigkeit dieser Siliziumkarbidmaterialien wird durch elementares Si bestimmt, denn reinstes SiC ist ein Isolierstoff. Siliziumkarbidstäbe werden ausschließlich als Heizleiter eingesetzt. Neuere Heizleitermaterialien (z.B. Kanthal Super) werden aus Pulvergemischen von hochschmelzenden Metallen (W, Mo, Ta, Th usw.) mit hochschmelzenden Oxiden als nichtleitende Bestandteile hergestellt.

6.2.5. Kontaktwerkstoffe [6.117] [6.118]

6.2.5.1. Allgemeines

Der Begriff *elektrischer Kontakt* bedeutet einen Zustand, der durch die Berührung zweier zur Stromleitung dienender Teile entsteht. Im allgemeinen Sprachgebrauch versteht man darunter nicht nur einen Zustand, sondern auch das für die Kontaktgabe speziell geschaffene Bauteil.
Die Kenntnis der physikalischen Vorgänge in und an den Kontakten während des Schließens und Unterbrechens elektrischer Stromkreise und in der Zeit der Stromführung ist für die Gestaltung, vor allem aber für die Werkstoffauswahl wichtig. Auf die komplizierten und z.T. noch nicht völlig geklärten Erscheinungen soll an dieser Stelle jedoch nicht eingegangen werden, vielmehr wird auf die grundlegenden Veröffentlichungen von *Holm* [6.119], *Burstyn* [6.120] und *Keil* [6.121] verwiesen.

6.2.5.2. Reine Metalle

Die mechanischen, thermischen und elektrischen Eigenschaften der für Kontaktzwecke gebräuchlichen Werkstoffe sind in Tafel 6.26 (S. 826) angeführt. Dazu zählen Gold, Kupfer, Molybdän, Nickel, Palladium, Platin, Rhodium, Silber und Wolfram.

Kennzeichnende Kontakteigenschaften und typische Anwendungsgebiete

Gold ist chemisch sehr beständig und hat einen niedrigen Kontaktwiderstand, dagegen neigt es zum Kleben und zur Materialwanderung, brennt stark ab und hat eine geringe Härte. In der Informationstechnik dient es als galvanischer Überzug gegen Schwefelanlauf.

Kupfer zeigt Oxydationsneigung und Anlaufen durch Schwefel. Es ist ein billiger Werkstoff, der aber meist wegen der Oxydation trotz hohen Leitwerts einen zu hohen Kontaktwiderstand hat und daher hohe Kontaktkräfte oder Reibung erfordert. Die Anwendung erfolgt auf verschiedenen Gebieten, wenn an die Kontaktgabe keine hohen Ansprüche gestellt werden.

Molybdän zeigt bei höheren Temperaturen große Oxydationsneigung; oberhalb 600 °C erfolgt Abdampfen der Oxide. Die Abbrandfestigkeit ist gut, aber geringer als beim Wolfram. In Hochspannungsschaltgeräten findet es für Schaltstücke Verwendung.

Nickel ist infolge einer dichten Oxidschicht auf der Oberfläche recht beständig gegen chemische Angriffe, hat dadurch aber einen hohen Übergangswiderstand. Verwendung findet es gelegentlich für gleitende und reibende Kontakte, wo hohe Härte erwünscht und der Übergangswiderstand von untergeordneter Bedeutung ist.

Palladium beginnt bei 500 °C zu oxydieren; die Oxide sind flüchtig ab 800 °C. Als unedelstes Platinmetall zeigt es noch gute chemische Beständigkeit. Die Abbrandfestigkeit ist gut, aber geringer als bei Pt, für das es als guter und meist hinreichender Ersatz genommen wird. Verwendung findet es u. a. als Relaiskontakt, Blinkgeber für Kraftfahrzeuge und als galvanischer Oberflächenschutz in der Informationstechnik.

Platin ist chemisch sehr widerstandsfähig. Eine Verschlechterung der Kontakteigenschaften durch Oxydation (oberhalb 900 °C) ist kaum feststellbar. Kohlenstoff und seine Verbindungen greifen durch Si, P, S oder Se verunreinigtes Pt an; Platinkontakte deshalb ölfrei halten. Es zeigt hohe Abbrandfestigkeit, neigt aber etwas zur Materialwanderung. Als Kontaktmaterial findet es in stark korrosiver Umgebung und in Feinrelais Verwendung.

Rhodium ist chemisch noch widerstandsfähiger als Pt. Oxide treten ab 800 °C auf, flüchtig werden sie oberhalb 1100 °C. Galvanische Schichten sind sehr hart, abriebfest und spröde. Es werden äußerst niedrige und konstante Kontaktwiderstände erreicht. Verwendung findet es als galvanischer Überzug reibender Kontakte in der Informationstechnik.

Silber ist oxydationsbeständig, zeigt aber Anlaufen durch Schwefel. Von allen Metallen hat es den höchsten elektrischen Leitwert, neigt aber zum Verschweißen beim Einschalten und zur Materialwanderung. Anwendung findet es in fast allen Gebieten der Elektrotechnik.

Wolfram zeigt eine starke Oxydation bei höheren Temperaturen (700 °C). Es ist sehr hart und spröde und hat den höchsten Schmelzpunkt aller Metalle. Die Abbrandfestigkeit ist sehr hoch. Hohe Kontaktkräfte oder Reibung und Schaltspannungen > 6 V sind notwendig, da durch Oxydation eine Erhöhung des Kontaktwiderstandes eintritt. Anwendung findet es für Kontakte hoher Schaltzahl, wo es auf eine große Abbrandfestigkeit ankommt, z. B. bei Unterbrecherkontakten für Kraftfahrzeuge, Zerhackern.

6.2.5.3. Legierungen (Tafel 6.32)

Im Vergleich zu den reinen Metallen zeigen die Kontaktlegierungen i. allg. größere Härte und in den meisten Fällen auch kleinere Stoffwanderung und kleineren Abbrand. Darüber hinaus sind diese Kontaktwerkstoffe zum großen Teil preisgünstiger als die unlegierten Edelmetalle.

6.2.5.4. Sinterwerkstoffe (Tafel 6.32)

Die Herstellung von Werkstoffen aus mehreren Komponenten, deren Schmelzen nicht ineinander löslich oder deren Schmelztemperaturen sehr hoch sind, geschieht auf pulvermetallurgischem Wege durch Sintern.

Tafel 6.32. Wichtige Eigenschaften von Kontakten aus Legierungen, Sinter- und Tränkwerkstoffen[1])

	Werkstoff	Zusammensetzung	Dichte	Schmelztemperatur bzw. Schmelzintervall	Siedetemperatur	Wärmeleitfähigkeit	Spezifischer elektrischer Widerstand	Brinellhärte
			ϱ^* ($\vartheta = 20\,°C$)	ϑ_S	ϑ_{Sd}	λ ($\vartheta = 20\,°C$)	ϱ ($\vartheta = 20\,°C$)	weich
		Masse-%	$g \cdot cm^{-3}$	°C	°C	$\frac{J}{cm \cdot s \cdot K}$	$10^{-3} \frac{\Omega \cdot mm^2}{m}$	HB
Legierungen	Silber-Kadmium	Ag: 85 Cd: 15	10,2	880 ··· 900	–	3,2	48	40
	Silber-Kupfer	Ag: 97···72 Cu: 3···28	10,4···10,1	940···780	2150	3,4	18···21	40···85
	Hartsilber	Ag: 95 Ni: 5	10,4	930	–	3,35	19	50
	Silber-Palladium	Ag: 70···50 Pd: 30···50	10,9···11,2	1160···1340	2200···2300	0,84	156···320	68···80
	Silberbronze	Ag: 2···6 Cd: 0···1,5 Cu: Rest	9,1	1080	–	–	23···26	16
	Gold-Silber	Au: 80 Ag: 20	16,1	1030	2200	0,67	100	37
	Gold-Nickel	Au: 95 Ni: 5	18,3	1010	2600	0,84	140	107
	Platin-Iridium	Pt: 95···70 Ir: 5 ··· 30	21,5···21,8	1775···1890	4400···4500	0,46···1,53	184···350	70···228
	Kupfer-Beryllium	Be: 1···3 Co: bis 2,5 Cu: Rest	8···9	870···1000	–	1,55	35···100	100
Sinterwerkstoffe	Silber-Nickel	Ag: 60···90 Ni: 40···10	9,6···10,1	960	2150	2,25···3,55	28···20	80···45
	Wolfram-Silber	W: 90 ··· 70 Ag: 10···30	17,6···15,2	960	2150	2,18···2,50	50···40	180···105
	Wolfram-Kupfer	W: 70···80 Cu: 30···20	13,1···15,5	1080	2300	1,53···1,68	40···50	110 ···120
	Silber-Kadmiumoxid	Ag: 88 CdO: 12	10,1	960	2150	–	24	60
	Silber-Zinnoxid	Ag: 95 SnO_2: 5	9,8	960	2150	–	25	50
	Silber-Graphit	Ag: 98 C: 2	9,5	960	2150	–	25	35
Tränkwerkstoffe	Wolfram-Silber	W: 90···70 Ag: 10···30	17,6···15,2	3410	5930	–	–	–
	Wolfram-Kupfer	W: 70···80 Ag: 30···20	13,1···15,5	3410	5930	–	–	–

[1]) Die Angaben stellen Durchschnittswerte dar.

Brinell-härte hart HB	Kennzeichnende Kontakteigenschaften	Anwendungsgebiete
78	Oxidbildung beim Schalten, Anlaufen durch Schwefel, geringere Schweißneigung, Abbrand etwa dreimal so hoch wie bei Feinsilber, begünstigt Lichtbogenlöschung	schweißfeste Gleichstromkontakte
100···140	mit zunehmendem Cu-Gehalt: stärkere Oxidbildung beim Schalten und verstärktes Anlaufen durch Schwefel, höhere mechanische Festigkeit, höhere Kontaktwiderstände, geringere Materialwanderung, besonders bei mittleren Cu-Gehalten höhere Abbrandfestigkeit und geringere Schweißneigung als Feinsilber	Relaiskontakte für höhere Spannungen und Ströme, mechanisch stark beanspruchte Kontakte
90	geringere Oxydation, Anlaufen durch Schwefel, höhere Abbrandfestigkeit als Feinsilber	mechanisch und thermisch stark beanspruchte Kontakte aller Art, Kontakte in der Nachrichtentechnik
154···198	ab 30% Pd praktisch keine sulfidischen Anlaufschichten, recht hart und abbrandfest, geringere Materialwanderung als Silber	Kontakte in der Nachrichtentechnik (Telefonrelais, Drehwähler)
160	geringere Schweißneigung, höhere Härte und Abbrandfestigkeit als Kupfer, gute Federeigenschaften, erfordert hohe Kontaktkräfte	anstelle von Kupfer, für gut leitende Federn und Punktschweißelektroden
90 170	chemisch beständig, Oxidbildung in geringem Maße bei Unedelmetallzusätzen, sehr niedrige und konstante Kontaktwiderstände, etwas härter und abbrandfester als Reingold	Feinkontakte in der Informationstechnik bei höchsten Anforderungen an die Korrosionsbeständigkeit
140···318	chemisch beständig, wird aber von Kohlenstoff angegriffen, sehr hart und abbrandfest, besonders bei hohen Kontaktspannungen, starken Belastungen und großen Schaltzahlen den anderen Kontaktwerkstoffen überlegen	Kontakte für Fernmelde-, Regelungs- und Meßtechnik
400	hoher Be-Gehalt (über 1%) bedingt Festigkeit und Härte	gegossene Kontakt (große Kontaktglieder), Bürsten, Stromabnehmer
130···85	geringe Oxydation, Anlaufen durch Schwefel, mechanisch sehr widerstandsfähig, geringe Schweißneigung, gute Abbrandfestigkeit	Anwendung in der gesamten Niederspannungstechnik, z.B. Schaltschütze, Temperaturregler, Hochstromtrennschalter
230···170	Verschlackung durch Mischoxide, Korrosion durch bestimmte Kunststoffe, hart und spröde, mit zunehmendem W-Gehalt steigende Abbrandfestigkeit, hohe Kontaktkräfte erforderlich	Abbrennwerkstoff für Hochspannungs- und Niederspannungsschaltgeräte, Spannungsregler
190···220	Verschlackung durch Mischoxide, hart und spröde, mit zunehmendem W-Gehalt steigende Abbrandfestigkeit	Abbrennwerkstoff für Hochspannungs- und Niederspannungsschaltgeräte, Punktschweißelektroden
bis 70 bis 60	Anlaufen durch Schwefel, hohe Verschweißsicherheit, geringer Abbrand, begünstigt Lichtbogenlöschung, spröde	Luftschütze für höchste Beanspruchungen, hochbelastete Relais
bis 45	keine festen Oxide, Anlaufen durch Schwefel, sehr hohe Sicherheit gegenüber Verschweißung, starker Abbrand, niedriger Kontaktwiderstand, spröde	Kontakte, die auch bei Kurzschlußschaltungen nicht verschweißen
–	ähnliche Eigenschaften wie die entsprechenden Sinterwerkstoffe, höhere Abbrandfestigkeiten als diese	ähnliche Anwendungsgebiete wie bei den entsprechenden Sinterwerkstoffen

Bei den W- und Mo-Verbundwerkstoffen bedingt das harte Metall den Widerstand gegenüber Werkstoffabtragung und setzt die Verschweiß- und Lichtbogenfestigkeit herauf. Das weiche Metall, hier Cu oder Ag, hat eine hohe elektrische und thermische Leitfähigkeit und eine geringe Oxydationsneigung. Wenn der Volumenanteil der hochschmelzenden Komponente <50% ist, sind die Werkstoffe bis zur Schmelztemperatur der niedrigschmelzenden Komponente formbeständig. Ist der Volumenanteil >50%, so ist die Formbeständigkeit bis zu einer Temperatur gewährleistet, die zwischen den Schmelztemperaturen der niedrig- und der hochschmelzenden Komponente liegt.
Die AgSnO-, AgCdO- und Ag-Graphit-Sinterwerkstoffe zeichnen sich durch eine erheblich größere Schweißfestigkeit gegenüber Ag aus.

6.2.5.5. Tränkwerkstoffe (Tafel 6.32)

Für elektrische Kontakte verwendete Tränklegierungen werden aus einem hochschmelzenden, gesinterten W- oder Mo-Skelettkörper hergestellt, der mit Cu oder Ag getränkt ist. Derartige Kontaktwerkstoffe sind selbst bei Temperaturen weit über dem Schmelzpunkt von Cu bzw. Ag formbeständig.

6.2.5.6. Kohlekontakte

Kohle zeigt gute Kontakteigenschaften:
- lichtbogenfreies Schalten von Strömen bei niedriger Spannung;
- keine isolierenden Schichten an der Oberfläche der Kontakte infolge Oxydation, da die Oxydationsprodukte der Kohle gasförmig sind;
- hohe Widerstandsfähigkeit gegenüber chemischen Einflüssen;
- hohe Widerstandsfestigkeit gegenüber hohen und stark wechselnden Temperaturen;
- hohe Wärmeleitfähigkeit;
- sehr gute Gleiteigenschaften auf Grund der Selbstschmierung.

Kontakte auf Kohlenstoffbasis eignen sich besonders zur Stromübertragung zwischen bewegten und festen elektrischen Maschinenteilen (z.B. für Bürsten und Schaltwalzen). Die geringere Druckfestigkeit der Kohle gegenüber den anderen Kontaktmaterialien ist für die typischen Anwendungsgebiete i.allg. kein Nachteil. Der niedrige Elastizitätsmodul bedingt eine größere Berührungsfläche der Kontakte, wodurch der Übergangswiderstand und damit die Wärmeerzeugung an der Kontaktstelle geringer ist, als sich nach dem höheren Widerstand der Kohle vermuten läßt.
Kohlebürsten. Es werden 4 Hauptgruppen von Bürstensorten unterschieden, und zwar
- Hartkohlebürsten; bestehen im wesentlichen aus amorphem Kohlenstoff,
- Graphitbürsten; bestehen aus gereinigtem Naturgraphit,
- Elektrographitbürsten; bei sehr hohen Temperaturen (über 2700 °C) verwandelt sich Kohlenstoff in Elektrographit (Edelkohle), wobei die mineralischen Verunreinigungen durch Verdampfen weitgehend entfernt werden,
- metallhaltige Kohlebürsten; bestehen aus Graphit und Metall, wobei der Metallgehalt zwischen 20 und 90% schwanken kann.

Wichtige Eigenschaften einiger ausgewählter Kohlebürsten s. Tafel 6.33.

6.3. Isolierstoffe

Die Isolierung hat die Aufgabe, Leiter, die gegeneinander unter Spannung stehen, elektrisch zu trennen. Bei der Auswahl von Isolierstoffen für eine bestimmte Konstruktion sind nicht nur die verschiedenen dielektrischen, sondern vor allem auch die thermischen und mechanischen Eigenschaften des Materials zu berücksichtigen; nicht zuletzt spielen auch technologische und wirtschaftliche Gesichtspunkte eine Rolle.

Tafel 6.33. Wichtige Eigenschaften ausgewählter Kohlebürsten

	Reibwert μ	Spannungsabfall für + Bürsten und − Bürsten bei 10 A/cm² [2]) ΔU	Spezifischer Widerstand ϱ	Dichte ϱ^*	Biegefestigkeit ϱ_{bB}	Härte Shore	Dauerbelastung[3]) A_D	Umfangsgeschwindigkeit[3]) v_u	Bürstenmarke[1])	Verwendungsvorschläge
		V	$\Omega \cdot mm^2 \cdot m^{-1}$	$g \cdot cm^{-3}$	$N \cdot mm^{-2}$	–	$A \cdot cm^{-2}$	$m \cdot s^{-1}$		
Hartkohlebürsten	<0,5	<2,1	34	1,6	>280	75	8	<20	K 6	Kleinmotoren mit nichtausgesägtem Glimmer
	<0,5	<5	400	1,6	>350	65	6	<20	K 7	Universalmotoren mit nichtausgesägtem Glimmer
Graphitbürsten	<0,2	<3	70	1,5	>35	25	8	<40	G 7	große Gleichstrommaschinen mit schwieriger Kommutierung
	<0,3	<4	17	1,4	>100	–	8	<80	G 19	Stahlschleifringe für Turbogeneratoren
Elektrographitbürsten	<0,3	<3,5	17	1,45	>100	30	12	<80	E 3	Schleifringe (Stahl, Bronze)
	<0,25	<3,2	55	1,55	>120	–	12	<50	E 23	Steuergeneratoren
Kupfergraphitbürsten	<0,2	<0,7	0,075	4,9	>400	–	18	<40	M 7	Schleifringe (Bronze)
	<0,1	<1,2	0,55	4,0	>270	–	14	<40	M 32	Schleifringe von gekapselten Motoren
Silbergraphitbürsten	–	–	0,1	5,9	–	10	–	–	M 20	
	–	–	2	3,4	–	10	–	–	M 23	Meßzwecke

[1]) Nach dem Fertigungsprogramm des VEB Elektrokohle, Berlin-Lichtenberg
[2]) Bei einem Kontaktdruck von $2 N \cdot cm^{-2}$
[3]) Erfahrungswerte.

6.3.1. Eigenschaften und Anforderungen

Im folgenden sind nur die wichtigsten Eigenschaften zusammengestellt. Dabei ist zu beachten, daß alle angegebenen Eigenschaften mehr oder minder stark von Beiwerten (vor allem thermischen) sowie von Herkunft und Verarbeitung abhängig sind. In Tafelwerken gegebene Daten können darum nur für eine Vorauswahl dienen; für Konstruktion und Prüfung sind Messungen an Probestücken oder vom Hersteller garantierte bzw. in Standards festgelegte Mindestwerte zugrunde zu legen.

6.3.1.1. Dielektrische Eigenschaften

Durchschlagsfestigkeit (Bild 6.63). Wird die elektrische Beanspruchung einer Isolierung zu hoch, so kommt es zum Durchschlag (s. Abschn. 3.6.8., S. 570). Dabei wird ein Durchschlagkanal gebildet, der eine wesentlich höhere Leitfähigkeit aufweist als der nicht beanspruchte Stoff. Meist bilden Zersetzungsprodukte eine dauernd bleibende leitfähige Bahn. Nur bei Flüssigkeiten, die eine Möglichkeit zum Umlauf haben, und bei Gasen kann es nach Abschaltung und Abkühlung zu einer Regeneration der Isolationsfähigkeit kommen. Es ist üblich, als Durchschlagsfestigkeit die Durchschlagsspannung bei einer bestimmten Elektrodenanordnung, bezogen auf einen bestimmten Abstand, anzugeben. Die so ermittelten

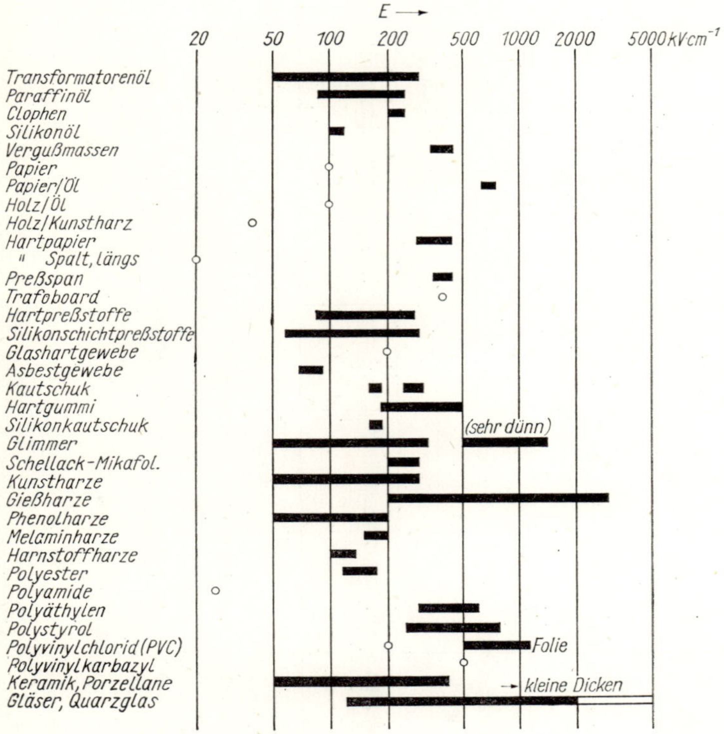

Bild 6.63. Größenbereiche der Durchschlagsfestigkeit einiger Isolierstoffe
o Einzelwerte

Werte erlauben nur bei gleichen Prüfbedingungen einen genauen Vergleich. Mit größerem Elektrodenabstand verringert sich i.allg. die spezifische Festigkeit; man kann als grobe Annäherung das Fischer-Hinnensche-Gesetz annehmen:

$$U_D = k^* \sqrt[3]{d^{*2}}; \tag{6.53}$$

U_D Durchschlagsspannung,
d^* Elektrodenabstand,
k^* Materialkonstante (temperaturabhängig).

Da die Meßanordnungen zur Ermittlung von U_D meist mit einem angenähert homogenen Feld arbeiten, liegen die in der Praxis erreichbaren Festigkeitswerte meist wesentlich tiefer. Weitere wichtige Einflußgrößen sind Art, Form und Frequenz der angelegten Prüfspannung sowie der Verlauf ihrer zeitlichen Steigerung, der besonders bei Stoßbeanspruchung zur Ermittlung von Spannungs-Zeit-Charakteristiken, den Stoßkennlinien, Anlaß gibt (Bild 6.64). Eine besondere Rolle spielen die Temperaturverhältnisse (s. Abschn. 6.3.1.3.). Die Durchschlagsfestigkeit fällt bei allen organischen Isolierstoffen von einer bestimmten Temperatur an rasch ab. Dies führt bei länger dauernder Beanspruchung infolge des Staues der Verlustwärme zum sog. *Wärmedurchschlag*, der unter den Werten für kurzzeitige Beanspruchung liegt. Von weiteren Einflüssen ist vor allem noch der der Feuchtigkeit zu nennen. Bei anisotropen Isolierstoffen ist die Schicht- und Faserrichtung zu beachten; die elektrische Festigkeit liegt in ihr meist um eine Größenordnung und mehr niedriger als senkrecht dazu.

Dielektrizitätskonstante und Verlustfaktor. Einführung und Definition der Dielektrizitätskonstanten gibt Abschn. 1.1.5.3., S. 19; physikalische Erklärung der Zusammenhänge s. Abschn. 3.6.1., S. 558. Größenordnungen der relativen Dielektrizitätskonstanten technisch wichtiger Isolierstoffe vermittelt Bild 6.65.

Im Dielektrikum entstehen unter Einwirkung eines Wechselfeldes Verluste. Dementsprechend eilt der Zeiger des Stromes im realen Kondensator um einen Winkel δ gegenüber dem verlustlosen Kondensator nach. Der Tangens dieses Winkels wird als *Verlustfaktor* bezeichnet. Die *Verlustziffer* $\varepsilon \tan \delta$ ist ein Maß für die je Volumen entstehenden Verluste, die in Wärme umgesetzt werden und abgeführt werden müssen, um ein *Wärmekippen* zu vermeiden. Sie gestattet in Verbindung mit der Wärmeleitzahl eine Beurteilung in bezug auf das Verhalten bei Dauerbeanspruchung.

Leitfähigkeit. Spezifischer Widerstand (Bild 6.66). Physikalische Erklärung der Stromleitung in festen Körpern s. Abschn. 3.4.4., S. 522. Die Leitfähigkeit der Isolierstoffe steigt mit der Temperatur exponentiell an (s. Abschn. 3.6.8.2., S. 570). Sie ist außerdem in starkem Maße von Verunreinigungen und von der Feuchtigkeit abhängig.

Oberflächenwiderstand. Die Wirksamkeit einer Isolierung kann durch an der Oberfläche der Isolatoren abfließende Ströme stark beeinträchtigt werden. Der diesen Strömen entgegenwirkende Oberflächenwiderstand ist keine reine Materialkonstante; er wird besonders durch aggressive Atmosphärilien – Industriegase, Seeklima – stark vermindert. Die Werte sind außerdem stark vom Wassergehalt der umgebenden Luft, von der Wärmestrahlung und der Beschaffenheit der Oberfläche abhängig.

Die Widerstandsfähigkeit gegen Zerstörung der Oberfläche durch elektrische Entladung wird als *Funken-* bzw. *Glimmfestigkeit*, gegen solche durch Kriechströme als *Kriechstromfestigkeit* bezeichnet.

6.3.1.2. Mechanische Eigenschaften

Bei der Durchführung von Konstruktionsaufgaben kommt es neben den elektrischen Eigenschaften des Materials auch auf seine mechanischen an. Die Festigkeiten in bezug auf die verschiedenen Beanspruchungsarten (Druck-, Zug-, Biege-, Schlagbiege-, Kerb-, Scherfestigkeit) werden wie bei anderen Materialien an Probekörpern gemessen. Bei anisotropen Stoffen können elektrische und mechanische Konstruktionsanforderungen gegensätzliche Bedingungen für die Einbaulage ergeben.

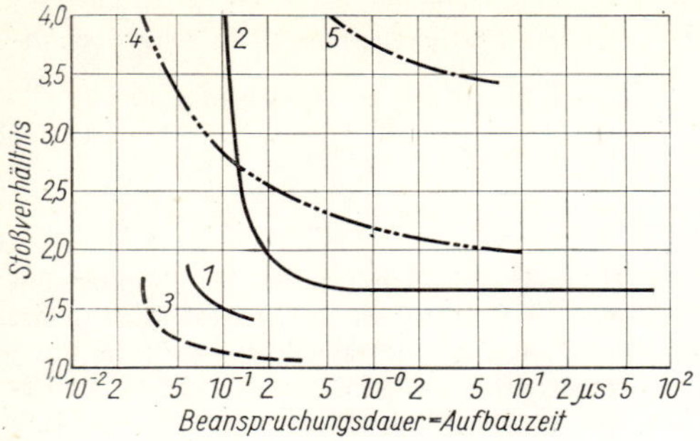

Bild 6.64
***Stoßfestigkeit fester Isolierstoffe im gleichförmigen Feld, abhängig von der Beanspruchungsdauer* [6.122]**

1 Porzellan, 1 mm dick; 2 Preßspan, 0,3 mm; 3 Luft, 1 ··· 10 mm; 4 Öl, 0,3 mm, statische Festigkeit 300 kV·cm⁻¹; 5 Öl, 0,3 mm, statische Festigkeit 100 kV·cm⁻¹

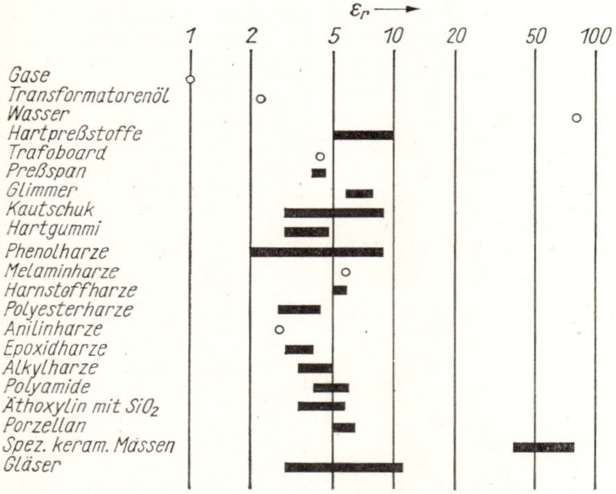

Bild 6.65
Größenbereiche der relativen Dielektrizitätskonstanten einiger Stoffe

○ Einzelwerte

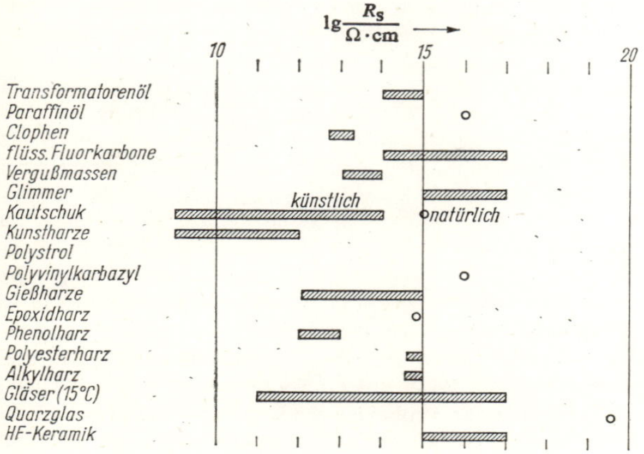

Bild 6.66
Größenbereiche des Durchgangswiderstandes einiger Isolierstoffe

○ Einzelwerte

Der Elastizitätsmodul kann in einigen Fällen, z.B. bei Gießharzen, durch Zusatz von Füllstoffen in gewissen Grenzen willkürlich geändert werden; ähnliches gilt auch für die Viskosität von Füllmassen.
Extreme mechanische Spannungen können auch Änderungen der dielektrischen Eigenschaften hervorrufen.

6.3.1.3. Wärmeverhalten

Infolge der Verluste in den Leitern, im aktiven Eisen und im Isolierstoff werden erhebliche Wärmemengen frei. Dadurch verschlechtern sich die elektrischen und mechanischen Eigenschaften der Isolierstoffe. Von der Temperatur hängt auch die Alterung der Stoffe ab; die Festigkeit der Isolierung sinkt im Laufe der Zeit allmählich. Ein von *Montsinger* aufgestelltes Erfahrungsgesetz, das für organische Stoffe bei Temperaturen um 100 °C gilt, besagt, daß die Lebensdauer auf die Hälfte sinkt, wenn die Betriebstemperatur um 8 bis 10 K erhöht wird.
Entsprechend diesen Erfahrungen wurden Wärmebeständigkeitsklassen aufgestellt, um eine wirtschaftlich angemessene Lebensdauer zu gewährleisten. Die von der IEC (International Elektrotechnical Commission) vereinbarten höchstzulässigen Temperaturen sind in [6.123] zusammengefaßt.
Für die Abführung der entstehenden Wärme ist die *Wärmeleitfähigkeit* entscheidend. Sie kann bei Gießharzen und Füllmassen in gewissem Grade durch geeignete Beimengungen beeinflußt werden. Bei kurzzeitiger Erwärmung ist eine hohe *spezifische Wärme* besonders günstig. Für die Wärmeabgabe spielen außerdem *Viskosität* und *Stockpunkt* eine Rolle. Um die Isolierung auf die beim Wärmespiel auftretenden Längenänderungen der Metalle abstimmen zu können, muß der *Temperaturkoeffizient der Länge* bekannt sein. Der *Flammpunkt* gibt die Temperatur an, über der leichtentflammbare Gase von der Flüssigkeitsoberfläche abgegeben werden. Keramik und Gläser, wie auch andere spröde Stoffe, müssen auf ihre *Temperaturwechselbeständigkeit* geprüft werden, um vor Zerstörung durch Wärmespannungen bei schnellem Temperaturwechsel sicher zu sein.

6.3.1.4. Weitere Eigenschaften

Von weiteren Eigenschaften, auf die ggf. Rücksicht zu nehmen ist, seien genannt: *Verträglichkeit* bzw. *Neutralität* gegenüber anderen bei der Konstruktion verwendeten Stoffen; *Gaslösungsvermögen* bei Flüssigkeiten, das die Bildung von Gasblasen bei Erwärmung verzögern kann; *Wasseraufnahme*, die zur Erhöhung der dielektrischen Verluste führt; Verhalten gegenüber den Einflüssen der Atmosphäre und des Klimas.

6.3.1.5. Technologische Hinweise

Nur ein verhältnismäßig kleiner Teil der Isolierstoffe wird in der endgültigen Form und damit mit den endgültigen Eigenschaften angeliefert (z.B. Keramikkörper). Hier sind bestenfalls noch geringe Formänderungen bei der Montage möglich. Ein großer Teil der Isolierstoffe wird dagegen als Halbzeug in Form von Platten, Folien, Profilmaterial geliefert. Die physikalischen Eigenschaften liegen damit schon fest. Zu beachten ist, daß die bei der Bearbeitung entstehenden Schnittflächen quer zur Schichtrichtung besonders anfällig gegenüber dem Eindringen von Feuchtigkeit sind. Schädigungen der Isoliereigenschaften entstehen auch leicht bei Beschädigung oder Verschmutzung der Oberfläche.
Bei der Herstellung von aus Feststoff und Tränkungsmittel bestehenden Isolationen (z.B. Weichpapier) ist, damit der volle Isolationswert erreicht werden kann, nach dem Aufbringen des Feststoffanteils (möglichst in klimatisierten Räumen) vor und während der Tränkung ein Trockenprozeß unter Anwendung von Wärme und Vakuum durchzuführen. So wird vermieden, daß Restfeuchte erhalten bleibt oder daß sich Gasblasen bilden.

Besondere konstruktive Möglichkeiten ergeben sich bei der Verwendung von *Gießharzen*. Auch sie werden als Komponenten angeliefert und erhalten ihre Form und Eigenschaften erst mit dem Aushärten im fertigen Gegenstand. Ihre endgültigen Eigenschaften sind in einem bestimmten Bereich außer von der gewählten Zusammensetzung auch von der Führung des Härteprozesses abhängig. Die hohe Formfestigkeit gestattet die Aufnahme hoher mechanischer Kräfte. Ein Nachteil der Gießharze ist der beim Härten auftretende Schwund, der durch Füllmittel nur z.T. ausgeglichen werden kann.

6.3.2. Isolierstoffgruppen

Es gibt keine Klassifikation der Isolierstoffe, die den Forderungen von Herstellung, Anwendung und Forschung gleichzeitig gerecht wird. Für die Anwendung erscheint es vorteilhaft, als Gliederungsmerkmal den Aggregat- bzw. Fertigungszustand heranzuziehen, in dem der Isolierstoff oder das Vorprodukt dem Endhersteller übergeben wird. Eine gute Übersicht mit Vergleichstabellen enthält [6.124].

6.3.2.1. Gase und Vakuum

Die Gase werden als raumfüllende Isolierstoffe eingesetzt. Sie zeichnen sich vor allen anderen Stoffen durch ihren nahezu idealen Verlustfaktor und die kleinsten erreichbaren Werte der Dielektrizitätskonstanten sowie durch sehr geringe Beiwerte für Temperatur und Druck aus. Für die Durchschlagsfestigkeit gilt in weiten Grenzen das Gesetz von *Paschen* (vgl. Abschnitt 3.4.2.3., S. 513):

$$U_D = f(p^*d); \qquad (6.54)$$

U_D Durchschlagsspannung,
p Druck,
d Schlagweite.

Die damit mögliche Erhöhung der Betriebsspannung von Isolationsanordnungen ist allerdings dadurch beschränkt, daß die Gleitvorgänge an der Oberfläche gleichzeitig verwendeter fester Isolierstoffe in wesentlich geringerem Maße druckabhängig sind. Im Unterschied zu den festen und flüssigen Isolierstoffen kehren bei den Gasen nach dem Erlöschen des Lichtbogens eines Durchschlags die ursprünglichen dielektrischen Eigenschaften wieder; sie sind damit auch als Löschmittel in Schaltern geeignet. Gegen Verunreinigungen sind Gase verhältnismäßig unempfindlich.

Nachteilig bei der Verwendung von Gasen sind die Schädigungen gleichzeitig verwendeter organischer Isolierstoffe durch Glimmen und die schlechte Wärmeleitung, besonders wenn eine Bewegung des Gases verhindert wird (etwa bei Papier in Preßgas). Zahlenangaben werden, soweit nicht besonders hervorgehoben, immer auf den Normalzustand bezogen und bei Abweichungen berechnet nach

$$U_D = 0{,}29 \frac{b}{273 + \vartheta} U_{DN}; \qquad (6.55)$$

U_{DN} Durchschlagsspannung unter Normalbedingungen,
b Luftdruck in mbar,
ϑ Temperatur in °C.

Die Korrektur muß bei entsprechender Lage (Hochgebirge) berücksichtigt werden. Um Oxydation und die Bildung nitroser Gase zu vermeiden, werden anstelle von Luft auch andere Gase verwendet, vor allem Wasserstoff wegen seines guten Wärmeleitvermögens (etwa siebenmal höher als bei Luft) und halogenisierte Kohlenwasserstoffe (vor allem SF_6) wegen ihrer höheren Durchschlagsfestigkeit. Als „elektronegative Gase" bilden sie vermöge ihres chemischen Aufbaus durch Anlagerung von Elektronen negative Ionen (Bild 6.67).

Bei sehr niedrigen Drücken steigt die Durchschlagsfestigkeit der Gase wieder stark an (Bild 6.68), so daß bei etwa 1 Pa ebenfalls eine hohe Festigkeit erreicht wird. Die Durchschlagsfeldstärke ist hier, wie bei hohen Drücken, stark vom Elektrodenabstand abhängig. Deshalb sind Feldinhomogenitäten infolge von Kanten und Spitzen zu vermeiden, und es müssen genügend lange Kriechwege vorhanden sein.

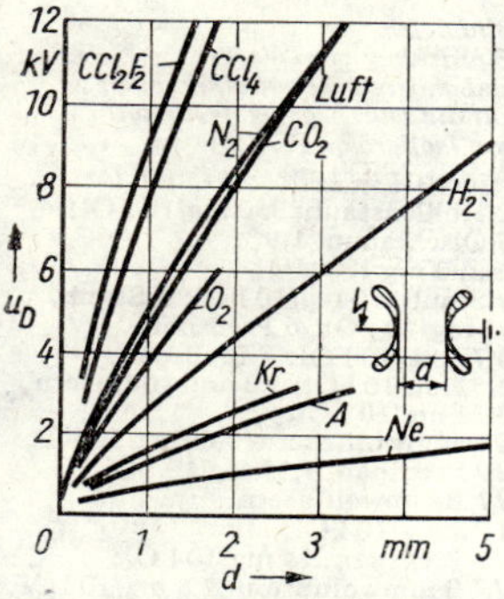

Bild 6.67. Durchschlagsfestigkeit verschiedener Gase [6.125]
Atmosphärendruck 20 °C

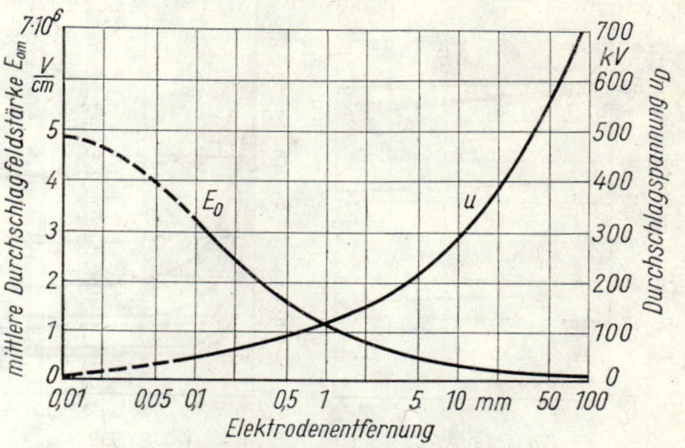

Bild 6.68. Abhängigkeit der Durchschlagsspannung und der mittleren Durchschlagsfeldstärke von der Schlagweite im Vakuum [6.126]
Kugel (25 mm Dmr.) – Platte;
Elektroden aus nichtrostendem Stahl

6.3.2.2. Flüssige Isolierstoffe [6.127]

Flüssige Isolierstoffe haben eine wesentlich höhere Durchschlagsfestigkeit als Gase. Ihre verhältnismäßig große spezifische Wärme und Wärmeleitfähigkeit erleichtern die Abfuhr von Verlustwärme, besonders unter Mithilfe der Wärmeströmung. Soll eine hohe Durchschlagsfestigkeit erreicht werden, so ist es zweckmäßig, durch Zwischenlagen von Papier od. dgl. die Isolation in dünne Schichten aufzuteilen. Die Durchschlagsfestigkeit ist stark von den Feldverhältnissen abhängig und kann daher nicht ohne weiteres aus Meßergebnissen an den üblichen Elektrodenanordnungen mit nahezu homogenem Feld übernommen werden. Sie ist ferner abhängig von der Art der angelegten Spannung (Bild 6.69), von Verunreinigungen (Bilder 6.70 und 6.71) und vom Alterungszustand. Die Alterung besteht in einer Oxydation durch den Luftsauerstoff und in Polymerisations- und Kondensationsvorgängen, die durch

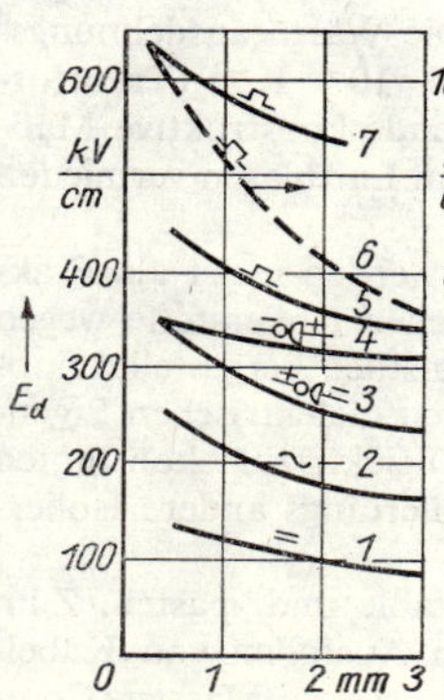

Bild 6.69
Durchschlagsfestigkeit von wenig gereinigtem Transformatorenöl in Abhängigkeit vom Elektrodenabstand [6.128]
Kurven *1, 2, 5, 6, 7* homogenes Feld; Kurven *3, 4* inhomogenes Feld; Impulsdauer bei *5* $3{,}3 \cdot 10^{-4}$ s; bei *6* $1{,}2 \cdot 10^{-7}$ s; bei *7* $4{,}6 \cdot 10^{-6}$ s

die Erwärmung und die katalytische Wirkung der Metalle, besonders des Kupfers, begünstigt werden. Erwärmungen bis etwa 95 °C sind dabei noch tragbar. Die Alterungsprodukte (Säuren, Metallseifen, Schlamm) hemmen die Wärmeleitung und führen zu einer Vergrößerung des Verlustwinkels; sie lassen sich bei einer Regenerierung der Öle wieder entfernen.

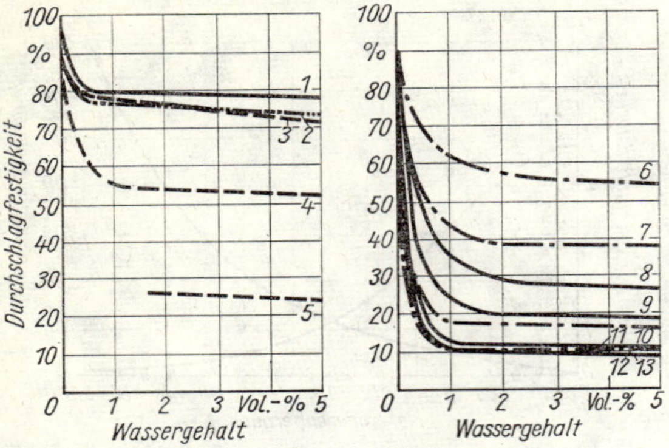

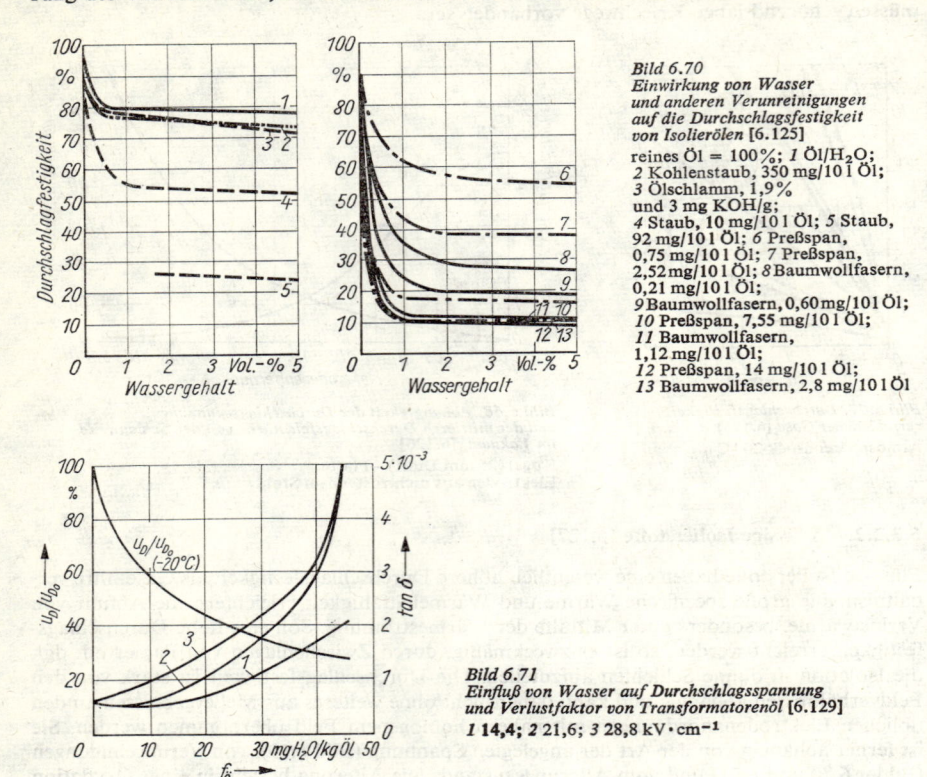

Bild 6.70
Einwirkung von Wasser und anderen Verunreinigungen auf die Durchschlagsfestigkeit von Isolierölen **[6.125]**
reines Öl = 100%; *1* Öl/H_2O; *2* Kohlenstaub, 350 mg/10 l Öl; *3* Ölschlamm, 1,9% und 3 mg KOH/g; *4* Staub, 10 mg/10 l Öl; *5* Staub, 92 mg/10 l Öl; *6* Preßspan, 0,75 mg/10 l Öl; *7* Preßspan, 2,52 mg/10 l Öl; *8* Baumwollfasern, 0,21 mg/10 l Öl; *9* Baumwollfasern, 0,60 mg/10 l Öl; *10* Preßspan, 7,55 mg/10 l Öl; *11* Baumwollfasern, 1,12 mg/10 l Öl; *12* Preßspan, 14 mg/10 l Öl; *13* Baumwollfasern, 2,8 mg/10 l Öl

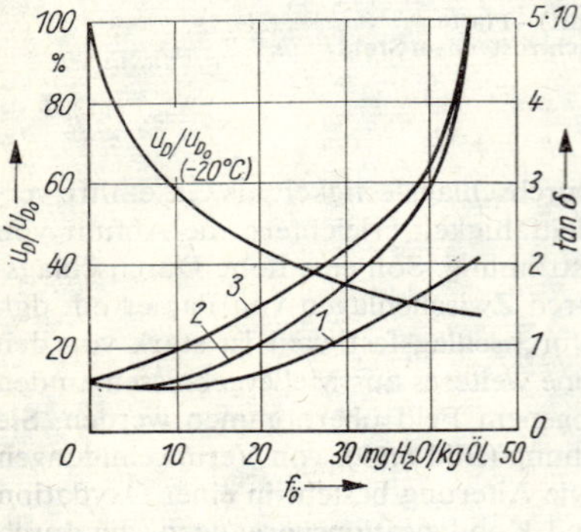

Bild 6.71
Einfluß von Wasser auf Durchschlagsspannung und Verlustfaktor von Transformatorenöl **[6.129]**
***1* 14,4; *2* 21,6; *3* 28,8 kV · cm⁻¹**

Durch Zusätze, sog. Antioxydantien, kann die Alterung in gewissen Grenzen verzögert werden. Sowohl ε als auch $\tan \delta$ sind stark temperaturabhängig. Die Wärmeausdehnungskoeffizienten sind verhältnismäßig hoch; sie liegen zwischen etwa $6 \cdot 10^{-4}\ K^{-1}$ (Transformatorenöl) und $16 \cdot 10^{-4}\ K^{-1}$ (Silikonöl) und erfordern entsprechende konstruktive Maßnahmen. Bei der Füllung bzw. Imprägnierung muß der Einschluß von Luftblasen vermieden werden.

Isolieröle (für Transformatoren, Schalter, Kondensatoren, Kabel) werden meist als Fraktionen aus Erdöl gewonnen. Für Apparate, in denen die gewöhnlichen Isolierstoffe wegen der Gefahr von Bränden nicht verwendet werden sollen, stehen künstlich hergestellte fluorierte und chlorierte Kohlenwasserstoffe (z.B. Clophen) mit günstigen dielektrischen Eigenschaften zur Verfügung. Solche Kohlenwasserstoffe mit erhöhter Dielektrizitätskonstanten sind besonders für Kondensatoren geeignet. Diese Stoffe können allerdings andere Isolierstoffe angreifen, worauf bei der Konstruktion zu achten ist.

Eine Erweiterung des Temperaturbereiches ermöglichen die Silikonöle und -pasten. Zum Imprägnieren nicht allseitig dicht geschlossener Isolierungen, zum Ausfüllen von Kabelmuffen u. dgl. verwendet man meist aus mehreren Stoffen zusammengesetzte Massen (Compounds). Ihr Tropfpunkt, der beim Tränken überschritten wird, muß so hoch liegen, daß sie bei Betriebstemperatur nicht abwandern; gebräuchliche Werte dafür liegen zwischen 30 und 120 °C.

6.3.2.3. Feste Isolierstoffe

Holz. Faserstoffe. Holz kommt wegen seiner großen Inhomogenität trotz guter mechanischer Eigenschaften auch bei Imprägnierung (Ölholz) für höhere elektrische Beanspruchungen nicht in Frage. Eine Homogenisierung wird durch die Verarbeitung zu Papier erreicht, das, von den geringen Unterschieden zwischen Laufrichtung in der Maschine und quer dazu abgesehen, immer noch eine ausgeprägte Vorzugsrichtung senkrecht zur Papierfläche hat. In dieser Richtung sind die dielektrischen Werte am günstigsten, während in Richtung der Ebene des Blattes die besten mechanischen Werte liegen.

Die Poren zwischen den Fasern werden durch ein anderes Dielektrikum ausgefüllt (Tafel 6.34). Bei Füllung mit einer Isolierflüssigkeit entsteht eine *Weichpapierisolation* (Tafel 6.35; Bilder 6.72 und 6.73). Beim Tränken müssen Lufteinschlüsse und Feuchtigkeit vermieden

Tafel 6.34. Luftanteil am Gesamtvolumen [6.125]

Material	Dicke mm	Dichte $g \cdot cm^{-3}$	V_L/V_0 %
Baumwolltuch (fein gewebt)	0,306	0,5	66,6
Baumwolltuch (grob gewebt)	0,495	0,4	73,3
Löschkarton (weiß)	0,644	0,43	71,3
Kabelpapier (braun)	0,050	0,57	62
Kabelpapier (braun)	0,123	0,69	54
Preßspan (braun geglänzt)	0,262	1,3	13
Edelpreßspan (braun geglänzt)	1,34	1,37	8,5

Tafel 6.35. Kennwerte von Papier, Öl und ölgetränktem Papier [6.130]

Isoliermittel	Rel. Dielektrizitätskonstante ε_r	Verlustfaktor $\tan\delta$ bei 20 °C	Verlustfaktor $\tan\delta$ bei 100 °C	Spezif. Widerstand $\Omega \cdot cm$	Spezif. Wärmewiderstand $m \cdot h \cdot K \cdot kJ^{-1}$	Durchschlagsfestigkeit bei 20 °C Beanspruchung 1 min: Wechselspannung $kV \cdot mm^{-1}$	Gleichspannung $kV \cdot mm^{-1}$
Papier	2,31	$2,0 \cdot 10^{-3}$	$3,6 \cdot 10^{-3}$	$5,0 \cdot 10^{15}$	2,4	10,6	14,9
Öl	2,33	$0,8 \cdot 10^{-3}$	$33,0 \cdot 10^{-3}$	$0,6 \cdot 10^{15}$	–	24,0	34,0
Ölgetränktes Papier	3,87	$2,6 \cdot 10^{-3}$	$8,5 \cdot 10^{-3}$	$1,0 \cdot 10^{15}$	1,3	57,5	174,0

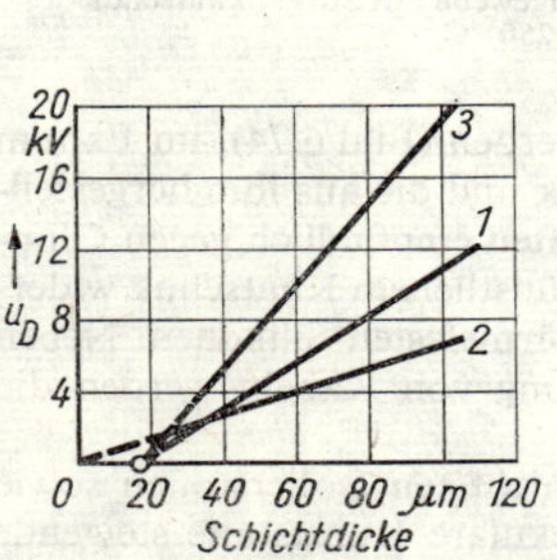

Bild 6.72. Durchschlagsspannung ölgetränkter Papiere in Abhängigkeit von der Schichtdicke bei 20 °C [6.131]

1, 2 50-Hz-Platten bzw. Kugelelektroden, 25 mm Dmr.; *3* Gleichspannung, Platten

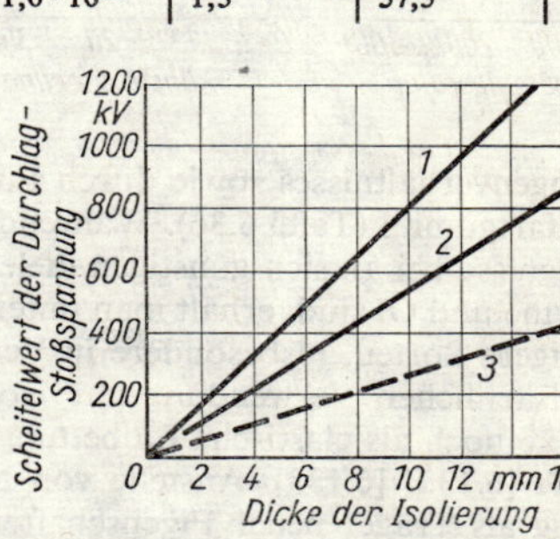

Bild 6.73. Stoßdurchschlagsfestigkeit der Ölpapierisolierung von Kabeln [6.131]

1 78,7 $kV \cdot mm^{-1}$; *2* 53,3 $kV \cdot mm^{-1}$; *3* 60-Hz-Durchschlagsspannung

werden; eine Erleichterung gewährt dabei die Verwendung azetylierter Fasern, bei denen durch Veräthern oder Verestern die Wasseraufnahmefähigkeit stark herabgesetzt ist.
Durch Tränken der Faserbahn mit Harz, das dann ausgehärtet wird, erhält man *Hartpapier* bzw., wenn statt des Papiers Gewebe getränkt wird, *Hartgewebe*, die formstarr sind und wie Metalle bearbeitet werden können. Hartgewebe sind allgemein mechanisch fester, aber elektrisch schwächer als Hartpapiere.
Lacktuche, -seiden und -papiere sind einfache Trägerlagen, die mit einem Öllack getränkt wurden und auch nach der Härtung noch schmiegsam bleiben; sie dienen zum Bandagieren.
Neben die verschiedenen Naturfasern treten mit steigenden Anforderungen an die Wärmefestigkeit auch Asbest und vor allem Glasfasern in Verbindung mit wärmefesten Kunststoffen.

Glimmer und Glimmerprodukte. Zwei Varietäten des Glimmers, Muskovit und Phlogopit, werden als Isolierstoff benutzt. Die Glimmerkristalle können durch Aufspalten in sehr dünne Plättchen zerlegt werden, sind schneid- und stanzbar und werden in speziellen Fällen (Kondensatoren) in dieser Form verwendet. Von besonderem Vorteil ist die hohe Glimm- und Wärmefestigkeit. Die Kalzinationstemperaturen liegen bei 550 bis 900 °C. Mit Hilfe von Bindestoffen werden aus Glimmerschüppchen Isolierstoffe mit ähnlich günstigen Eigenschaften wie Naturglimmer hergestellt, die *Mikanite;* damit ist man von den Abmessungen des Naturprodukts unabhängig. Kommutatormikanit: bis 4% Lackgehalt; Heizmikanit: bis 3% Lack, der in fertigen Geräten ausgebrannt wird; Form- und Biegemikanit: bis 25% Lack, kann warm- und auch kaltverformt werden. Mikanite haben eine Durchschlagsfestigkeit von 10 bis 20 $kV \cdot mm^{-1}$ bei $\tan \delta \approx 0{,}012$.

Kautschuk. Die verschiedenen Gummisorten werden aus natürlichen und künstlichen Kautschuken hergestellt. Gemeinsames Merkmal ist eine hohe Formelastizität. Ihr Endzustand wird vor allem durch die Vulkanisation bestimmt, bei der dem Material beigemischter Schwefel Brückenverbindungen zwischen den Molekülen des Rohkautschuks herstellt. Das Erzeugnis kann durch den Vulkanisationsgrad, die Wahl verschiedener Grundstoffe und

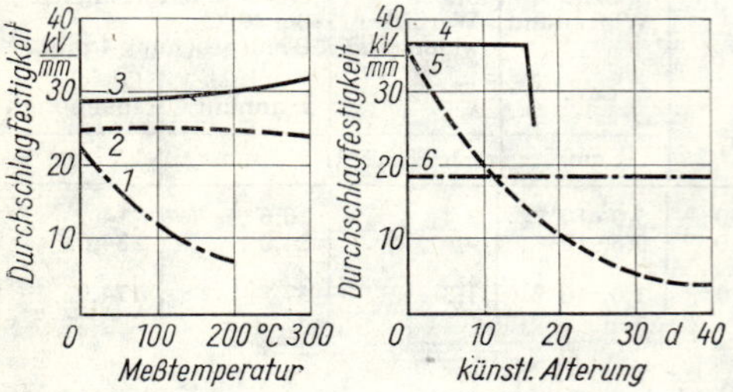

Bild 6.74
Durchschlagsfestigkeit von Synthese- und Silikonkautschuk in Abhängigkeit von der Temperatur (links); Durchschlagsfestigkeit verschiedener Isolationen nach künstlicher Alterung (rechts) [6.125]
1 warmbeständiger Synthesekautschuk;
2 Silikonkautschuk mit inaktiver Kieselsäure;
3 Silikonkautschuk mit aktiver Kieselsäure;
4 Öllackleinen bei 150 °C; *5* Glasseidengewebe mit organischem Isolierlack bei 175 °C;
6 Glasseidengewebe mit Silikonkautschuküberzug bei 250 °C

ihres Mengenverhältnisses sowie durch Füllstoffe beeinflußt werden (Bild 6.74), im Extrem bis zum Hartgummi (Tafel 6.36). Während der Naturkautschuk und die aus ihm hergestellten Erzeugnisse bei an sich günstigen dielektrischen Eigenschaften empfindlich gegen Glimmen, Wärme und Öl sind, erhält man unter Verwendung von künstlichem Kautschuk widerstandsfähigere Sorten, insbesondere in Verbindung mit den wärmefesten Silikonen. Neben der hauptsächlichen Verwendung zur Isolation und Umhüllung von Kabeln werden die Kautschuke noch als elastische Einbettungsmittel eingesetzt.

Kunststoffe [6.132] [6.133]. Anstelle von Naturstoffen in geschichteten Isolierstoffen sowie selbständig als Träger neuer Eigenschaften finden makromolekulare Kunststoffe steigende Verwendung. Ausgangsstoffe sind Naturharze, Steinkohlenteerprodukte, Erdöl und synthetisch gewonnene Kohlenwasserstoffe, Stickstoffverbindungen und Silikone. Die Makromoleküle werden aus einfachen monomeren Verbindungen in verschiedener Weise gebildet. Man unterscheidet *Polykondensation*, bei der verschiedene chemische Gruppen unter Abspaltung einfacher Verbindungen, vielfach Wasser, zusammentreten; *Polyaddition*, bei der die Makromoleküle durch Anlagerung verschiedener Gruppen, aber ohne Freiwerden einfacher Verbindungen, aufgebaut werden; *Polymerisation*, bei der sich gleichartige Polymere ohne Änderung der Zusammensetzung und ohne Abspaltung vernetzen. Durch die Vielzahl geeigneter Grundstoffe, die Möglichkeit, auch Mischpolymerisate zu bilden, den Vernetzungsgrad zu variieren sowie Füllstoffe in verschiedenem Verhältnis zuzufügen, ergibt

Tafel 6.36. Eigenschaften von Hartgummi [6.128]

		Hartgummi	Hartgummi mit mineral. Füllstoff
Dichte	$g \cdot cm^{-3}$	1,14	1,82
Zugfestigkeit	$N \cdot mm^{-2}$	63	28
Bruchdehnung	%	7,5	1,25
Grenztemperatur	°C	80	120
Spezifischer Widerstand	$\Omega \cdot cm$	$2 \cdot 10^{15}$	$2 \cdot 10^{13}$
Dielektrizitätskonstante ε_r		3	4,8
Verlustfaktor $\tan \delta \cdot 10^4$		40	60
Durchschlagsfestigkeit	$kV \cdot mm^{-1}$	18,5	24

sich eine unübersehbare Anzahl von Kunststoffen mit verschiedenen Eigenschaften. Nach dem Wärmeverhalten unterscheidet man *Thermoplaste*, die bei höheren Temperaturen erweichen [z.B. Polyvinylchlorid (PVC)], und *Thermodure* (Duroplaste), die nicht wieder zu erweichen sind und durch Erhitzen nur zerstört werden können (z.B. Phenolharze, Bakelite). Diese Stoffe erhalten ihre endgültige Form und ihre Eigenschaften als Halbzeug (Folien, Platten, Profile) oder Fertigteile (Preßling) meist beim Isolierstoffhersteller. Sie können dann noch spangebend, die Thermoplaste auch durch Biegen, Pressen und Prägen bearbeitet werden. Darüber hinaus besteht für den Hersteller von Geräten und Installationsmaterial (Kabelindustrie) die Möglichkeit, die letzten chemischen Reaktionen mit der endgültigen Formgebung zu verbinden und damit auch die Eigenschaften selbst zu bestimmen. Durch eine Verarbeitung in einem weicheren oder flüssigen Zustand können Lufteinschlüsse in der fertigen Isolierung vermieden werden. Werte für einige dieser Stoffe gibt Tafel 6.37. Unter den Kunststoffen sind wegen ihrer besonderen Eigenschaften die Silikone und die Gießharze besonders hervorzuheben.

Silikone. Sie bilden zahlreiche, den Kohlenwasserstoffen ähnlich aufgebaute Verbindungen über Silizium $\left(\begin{array}{c} \end{array} -\overset{|}{\underset{|}{Si}}-O-\overset{|}{\underset{|}{Si}}-O- \right)$ und ermöglichen die Herstellung von Isolierflüssigkeiten, Füllmassen und festen Isolierstoffen mit einem weiten Bereich der mechanischen Eigenschaften (Tafel 6.38), der praktisch dem der anderen Isolierstoffe entspricht. Die wichtigsten gemeinsamen Eigenschaften der Gruppe sind die verhältnismäßig hohe Temperatur, bis zu der sie ohne Schädigung angewandt werden können, und die äußerst geringen Temperaturbeiwerte ihrer mechanischen und elektrischen Eigenschaften. Außerdem zeigen sie eine höhere Wärmeleitfähigkeit: Silikonkautschuk $3 \cdot 10^{-3}\ W \cdot cm^{-1} \cdot K^{-1}$ gegenüber Naturkautschuk mit $\approx 1{,}5 \cdot 10^{-3}\ W \cdot cm^{-1} \cdot K^{-1}$. Sie sind wasserabweisend und korrosionsbeständig.

6.3.2.4. Keramik und Glas [6.133] [6.135]

Diese Stoffe sind formfest, temperatur-, witterungs- und korrosionsbeständig. Keramische Isolierstoffe werden vom Hersteller des Stoffes selbst zum einbaufertigen Bauglied geformt und oft auch armiert als fertige Isolatoren u.dgl. geliefert. Die Formgebung erfolgt vor dem Brennen; das starke Schwinden dabei macht entsprechende Toleranzen erforderlich. Nachträgliche Bearbeitungen sind zwar möglich, erfordern aber einen erheblichen Aufwand. Für die Zwecke der Starkstrom- und HF-Technik wurden Sondermassen entwickelt, mit denen besonders hohe Dielektrizitätskonstanten (bariumtitanathaltige: $\varepsilon_r = 1000$ bis 10000),

Tafel 6.37. Eigenschaften einiger Kunststoffe nach [6.125] [6.133] [6.134]

	Dichte $g \cdot cm^{-3}$	Zugfestigkeit $N \cdot mm^{-2}$	Bruchdehnung %	Grenztemperatur °C	Dielektrizitätskonstante ε_r 50 Hz	10^3 Hz	10^6 Hz
Phenolharze	1,25	98		160 ··· 180	5 ··· 9	4,3	4,6
Melaminharze	1,5 ··· 1,6	50		130 ··· 160	6	6	6
Harnstoffharze	1,5 ··· 1,6	50 ··· 60			5 ··· 6		
Polyester	1,39	150 (100 °C) 48 (150 °C) 28	40 ··· 115	90 ··· 100	3		2,8 ··· 2,95
Anilinharz	1,22	60 ··· 70		70 ··· 80	3,5		3,9
Polyamide	1,12	60 ··· 70		100 ··· 300	4,3 ··· 6		
Äthoxylinharz + SiO_2-Sand	1,2 ··· 1,3 1,8 ··· 2,0	65 ··· 80 75 ··· 85			3,7 5,9		3,7
Polyurethan	1,2				3,7 ··· 4,2	3,2 ··· 3,7	3,5 ··· 3,9
Polyäthylen	0,92···0,93	4 ··· 20	40 ··· 625		2,2 ··· 2,3		2,2 ··· 2,3
Polyfluoräthylem				280	2	2,05	
Polystyrol dgl. Schaumstoff	1,06···1,09 0,05···0,07	0,3 ··· 0,9	2 ··· 8	75 70	2,5 ··· 3,1	2,5 ··· 2,8	2,6 ··· 2,7 1,04···1,08
Polyvinylchlorid (PVC)	1,38	30 ··· 60	50 ··· 200	33 ··· 70	2,3	3,4	3,4
PVC-Folie		40 ··· 100	5 ··· 30			3 ··· 4	
Polyvinylkarbazyl	1,2	15	2 ··· 10			3	3
Butadienkautschuk		6	470		5,1		

kleine Verlustfaktoren (bis $3 \cdot 10^{-4}$) oder negative Temperaturbeiwerte für ε_r erreicht wurden. Der Oberflächenwiderstand ist wegen der Anlagerung geringer Wassermengen aus der Luft weitgehend temperaturabhängig (Bild 6.75).

Glas wird als fester Isolierstoff besonders für Vakuumgefäße, die zugleich isolieren (Gleichrichter, Elektronenröhren u. dgl.), gebraucht. Da es elektrolytisch leitend ist, steigt seine Leitfähigkeit mit der Temperatur stark an; ein Leitwert von $100 \cdot 10^{-10}\ \Omega^{-1} \cdot cm^{-1}$ (T_{K100}-

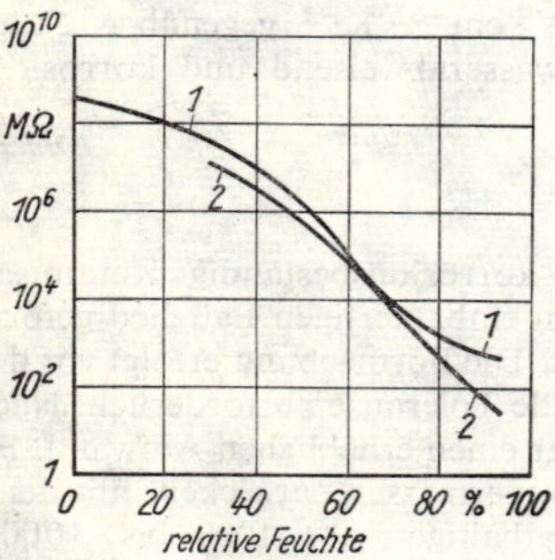

Bild 6.75
Oberflächenwiderstand von Porzellan in Abhängigkeit von der relativen Feuchte [6.125]
1 glasiert; *2* unglasiert; 10 cm Elektrodenlänge, 1 cm Abstand

Verlustfaktor tan $\delta \cdot 10^4$			Durchschlags-festigkeit $kV \cdot mm^{-1}$	Oberflächen-widerstand Ω	Spezifischer Widerstand $\Omega \cdot cm$	Verwendung
50 Hz	10^3 Hz	10^6 Hz				
500···1000	470	270	5 ··· 20	$10^9 \cdots 10^{12}$	$10^9 \cdots 10^{12}$	Preßmaterial, Platten, Gießharz
	1000	700	16 ··· 320	10^{10}	10^{10}	Preßmaterial, Platten
300 ··· 1000			10 ··· 14	$4 \cdot 10^{11}$	$4 \cdot 10^{10}$	
300	300		12 ··· 18			Folien, Bänder
100 ··· 300		65	25 ··· 30	10^{12}		Platten (thermoplast.)
200 ··· 300		500 ··· 700	25	10^{14}	10^{12}	
70 100			20 ··· 300			Gießharz
100 ··· 400	100 ··· 200	200 ··· 400	20	10^{14}	10^{13}	
5	4	2	30 ··· 60	10^{14}	10^{14}	
5	5	5		$3,6 \cdot 10^6$	10^{17}	Hochfrequenztechnik
3 ··· 60	4 ··· 70	3 ··· 100 1	25 ··· 65	10^{14}	10^{14}	Hochfrequenztechnik, brennbar, Folie
	280	150	20	10^{12}	10^{13}	mit Weichmacher
	2 ··· 10		50 ··· 90			
	4	4	50		10^{16}	Hochfrequenztechnik, wärmefest
200			25		10^{14}	

Punkt) wird meist zwischen 125 und 225 °C erreicht, kann aber auch zu höheren Werten verschoben werden (Jenaer Supremax-Glas: 581 °C). Auch in Form von Kappenisolatoren wird Glas steigend verwendet; seine Festigkeit kann durch Abschrecken (sog. vorgespanntes Glas) erhöht werden. Alkalifreie Glasfaser wird für wärmebeständige Schichtstoffe als Einlage verwendet.
Quarzglas und Quarzgut haben wegen ihres niedrigen thermischen Ausdehnungskoeffizienten ($0,55 \cdot 10^{-6}\ K^{-1}$; gewöhnliches Glas: 8 bis $9,4 \cdot 10^{-6}\ K^{-1}$) besonders hohe Widerstandsfähigkeit gegenüber Temperaturwechselbeanspruchungen.

6.3.2.5. Gießharze

Gießharze sind im Endzustand feste isolierende Kunststoffe, die in flüssiger Form als Tränk- oder Füllmittel in einen Isolationsaufbau oder eine Form eingebracht und dort gehärtet werden. Der Konstrukteur erhält damit die Möglichkeit, die Eigenschaften des Isolierstoffs zu beeinflussen, eine formfeste und zugleich raumfüllende Isolation zu schaffen und alle Teile zu einem festen Block zu verbinden. Die Eigenschaften der fertigen Isolierung hängen nicht nur von der Zusammensetzung des Harzes, sondern auch von der Verarbeitungsweise und den Füllstoffen ab. Die Füllstoffe, meist Quarzmehl, aber auch andere Mineral- oder Faserstoffe, können bis zum Mehrfachen des Harzgehalts zugesetzt werden. Sie setzen Schwindmaß und Wärmeausdehnungskoeffizienten herab (mit SiO_2 kann $\frac{1}{3}$ des Ausdehnungskoeffizienten reinen Harzes und damit etwa das gleiche wie bei Metallen erreicht werden) und können das Wärmeleitvermögen steigern. Faserstoffe, vor allem Glasfasern, erhöhen die mechanische Festigkeit und verbessern auch die dielektrischen Eigenschaften. Gießformen aus Metall oder aus Gießharzen selbst müssen wegen des guten Haftvermögens mit Trennmitteln behandelt werden. Die Füllung erfordert Vakuumbehandlung, um das

Tafel 6.38. Eigenschaften von Silikon-Schichtpreßstoffen [6.125]

		Silikon-glashartgewebe	Hartasbest-gewebe	Hartasbest-papier
Dicke	mm	10	4	0,3 ··· 0,5
Rohdichte	$g \cdot cm^{-3}$	≈1,6	≈1,6	≈1,6
Zugfestigkeit	$N \cdot mm^{-2}$	65	10	3
Biegefestigkeit	$N \cdot mm^{-2}$	80	10	
Schlagbiegefestigkeit	$N \cdot mm \cdot mm^{-2}$	35	7,5	
Durchschlagsfestigkeit bei 20 °C senkrecht zur Schichtung	$kV \cdot mm^{-1}$	9	6	20 ··· 30
Dielektrizitätskonstante ε_r bei 20 °C 50 Hz		3,8	30	4,2
10^3 Hz		1,8	20	3,9
10^6 Hz		3,8	6	3,4
Verlustfaktor $\tan\delta \cdot 10^3$ bei 20 °C 50 Hz		3,2	260	50
10^3 Hz		1,8	300	47
10^6 Hz		2,0	250	46
Spezifischer Widerstand bei 20 °C	$\Omega \cdot cm$	$2,5 \cdot 10^{14}$	$7 \cdot 10^{12}$	$3,5 \cdot 10^{15}$
Wasseraufnahme bei 20 °C, 4 Tage	%	0,8	15	1,5

Entstehen zum Glimmen führender Hohlräume zu vermeiden. Die Härtung, die bei kalthärtenden Harzen schon bei Raumtemperatur, bei warmhärtenden erst nach äußerer Erwärmung eintritt, bedarf einer geeigneten Wärmeführung, um gleichmäßiges Durchhärten zu erreichen und Spannungen, die zu Haarrissen führen können, zu vermeiden.

6.3.2.6. Lacke

Einige Nebenaufgaben der Isolationstechnik werden durch Lacke erfüllt. Überzugslacke sollen den Feuchtigkeitszutritt zu Isolationen erschweren und Oberflächen schützen. Man verlangt von ihnen hohe Kriechstromfestigkeit und die Bildung eines festen Filmes. Tränklacke müssen Spulen, Bandagierungen u.dgl. durchdringen, um alle Poren auszufüllen, zu „verbacken" und vor Feuchtigkeit zu schützen. Imprägnierung und Aushärtung erfolgen bei höheren Ansprüchen an die Isolationsfähigkeit in Tränkanlagen mit Vakuum- und Heizeinrichtungen. Die Lacke sind entweder Öllacke aus pflanzlichen Ölen, die durch Oxydationsvorgänge verharzen, oder Lösungen von Naturharzen oder Kunststoffen; Eigenschaften und Verarbeitung entsprechen dem Material des Lackkörpers.

6.4. Ferroelektrische Werkstoffe

6.4.1. Allgemeines

Dielektrische Werkstoffe, bei denen kein linearer Zusammenhang zwischen Verschiebungsflußdichte D und Feldstärke E besteht (vgl. Abschn. 3.6.4., S. 565), werden als *Ferroelektrika* oder *Seignette-Elektrika* bezeichnet. Weitere charakteristische Eigenschaften dieser Werkstoffgruppe sind die hohen Relativwerte der Dielektrizitätskonstanten bis zu einigen 1000, die große Temperaturabhängigkeit der Dielektrizitätskonstanten, die Hysteresis zwischen D und E und der starke piezoelektrische Effekt.

Ursache dieser anomalen dielektrischen Erscheinungen ist die *spontane* Polarisation. Die Ladungsschwerpunkte der einzelnen Moleküle des Ferroelektrikums fallen nicht zusammen, so daß zunächst regellos viele Elementardipole bestehen. Diese werden nun durch innere Feldkräfte unterhalb einer bestimmten Temperatur (analog zu entsprechenden ferromagnetischen Erscheinungen als Curie-Temperatur bezeichnet) entgegen der Wärmebewegung in kleinen Bereichen parallel zueinander ausgerichtet. Die so entstehenden Bezirke einheitlicher spontaner Polarisation werden als *Domänen* bezeichnet. Dabei ist die Polarisationsrichtung von der Kristallstruktur des jeweiligen Materials abhängig; bei Seignette-Salz ist sie z. B. nur in Richtung einer Kristallachse möglich. Die Parallelordnung geht gleichzeitig von vielen Stellen aus, so daß zwar das gesamte Dielektrikum spontan polarisiert, aber die Richtung der Polarisation in verschiedenen Zonen unterschiedlich und das resultierende Dipolmoment Null ist. Wird ein elektrisches Feld angelegt, so werden die Bezirke spontaner Polarisation in Richtung des Feldes gedreht bzw. die in bezug auf das Feld günstig orientierten Bezirke auf Kosten ungünstig orientierter vergrößert. (Je kleiner der Winkel zwischen Polarisationsvektor $\boldsymbol{P}$ (s. S. 567) und Feldstärkevektor $\boldsymbol{E}$ ist, desto günstiger ist die Orientierung.) Die Folge hiervon sind die obengenannten Eigenschaften und extrem hohe DK-Werte (Dielektrizitätskonstante im weiteren durch DK abgekürzt) bis zu 10000 und darüber bei der Curie-Temperatur [6.136] [6.137] [6.138]. Die Elementarbezirke der spontanen Polarisation können mit Hilfe polarisierten Lichtes dargestellt werden [6.139]. Die Ferroelektrika bilden eine Untergruppe der Klasse der pyroelektrischen Stoffe (vgl. Abschn. 3.6.6., S. 569). Die physikalische Deutung der komplizierten und z. T. auch noch nicht vollständig aufgeklärten Vorgänge in den Ferroelektrika findet man u. a. in den Monografien von *Sachse* [6.140] und *Martin* [6.141]. Dort werden weiterhin spezielle Eigenschaften von Ferroelektrika, spezielle Meßmethoden für die Kennwerte der Ferroelektrika und ferroelektrische Stoffe beschrieben, die in den folgenden Ausführungen nicht berücksichtigt werden konnten.

6.4.2. Seignette-Salz. Kaliumphosphat und -arsenat

Seignette-Salz (Kaliumnatriumtartrat $KNaC_4H_4O_6 + H_2O$) kristallisiert in der rhombisch-bisphenoidischen Klasse. In Richtung der *a*-Achse findet man für die DK in Abhängigkeit von der Temperatur zwei ausgeprägte Maxima bei -18 °C (unterer Curie-Punkt) und $+24$ °C (oberer Curie-Punkt) von über 1000 (Bild 6.76). Innerhalb dieses Temperaturbereiches zeigt Seignette-Salz ferroelektrisches Verhalten; insbesondere beobachtet man Hysteresiserscheinungen zwischen Verschiebungsflußdichte $\boldsymbol{D}$ und Feldstärke $\boldsymbol{E}$ (Bild 6.77) und einen starken temperaturabhängigen Piezoeffekt.

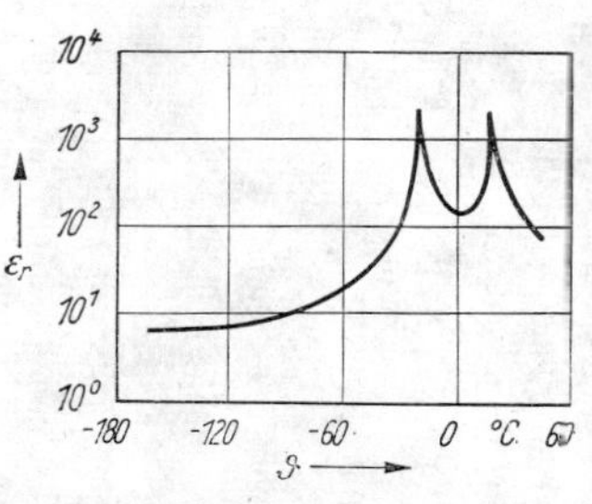

Bild 6.76
Temperaturabhängigkeit von ε_r für Seignette-Salz [6.144]

In Richtung parallel zur *b*- und *c*-Achse verhält sich Seignette-Salz wie ein normales Dielektrikum [6.142] [6.140].
Kaliumphosphat (KH_2PO_4) und Kaliumarsenat (KH_2AsO_4) zeigen ein dem Seignette-Salz analoges Verhalten, allerdings erst bei sehr tiefen Temperaturen (Curie-Temperatur -150 bzw. -182 °C). Die DK von KH_2PO_4 steigt in der Nähe der Curie-Temperatur bis auf

32000 und fällt von diesem Wert unterhalb −190 °C wieder steil ab (Bild 6.78). Die Existenz eines unteren Curie-Punktes konnte bei diesen Stoffen nicht nachgewiesen werden. Die spontane Polarisation bleibt auch im Gebiet des DK-Abfalls nach tiefen Temperaturen erhalten, die Domänen verlieren nur ihre Fähigkeit, sich nach einem äußeren Feld einzustellen („Einfrieren"). Diese Tatsache steht mit einer Reihe von Erscheinungen im Einklang: Abfall der DK, Anstieg der Koerzitivfeldstärke (Bild 6.78) und der Verluste sowie keine Anomalie der spezifischen Wärme bei der unteren Temperatur des DK-Abfalls [6.143].

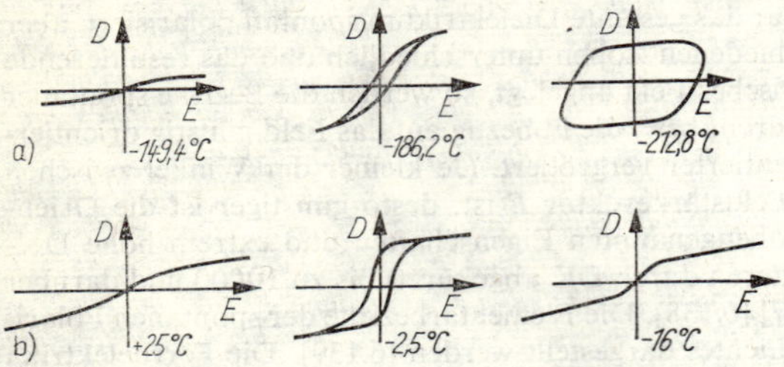

Bild 6.77. ***Hysteresisschleifen bei verschiedenen Temperaturen***
a) Kaliumphosphat [6.145]; b) Seignette-Salz [6.144]

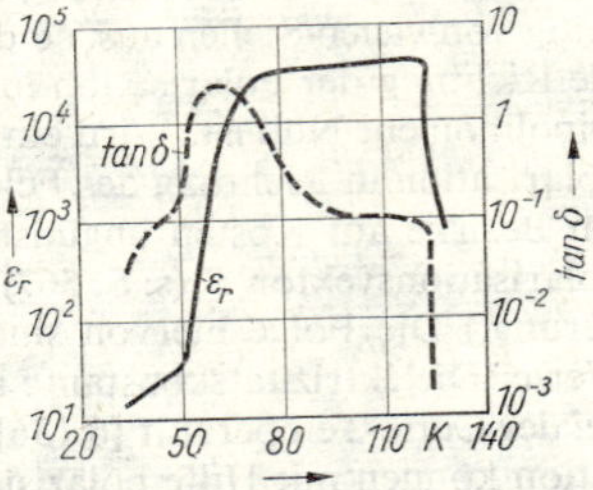

Bild 6.78. ε_r ***und*** tan δ ***von Kaliumphosphat in Abhängigkeit von der Temperatur*** [6.146]

6.4.3. Bariumtitanat. Barium-Mischtitanate

6.4.3.1. Grundstruktur

Bariumtitanat ($BaTiO_3$) kristallisiert oberhalb der Curie-Temperatur (etwa 120 °C) in der kubischen Form (Bild 6.79). Bei der Curie-Temperatur tritt infolge starker innerer Felder eine reversible Deformation des Kristallgitters von der kubischen zur tetragonalen Form auf (Achsenverhältnis bei 20 °C: $c/a = 1{,}01$). Bei Temperaturen über 1460 °C kann sich hexagonales $BaTiO_3$ bilden, das normalerweise beim Abkühlen in die kubische bzw. tetragonale Form übergeht, aber unter bestimmten Bedingungen bei Raumtemperatur neben der tetragonalen Form beständig ist und zu einer Verminderung der DK führt [6.147].

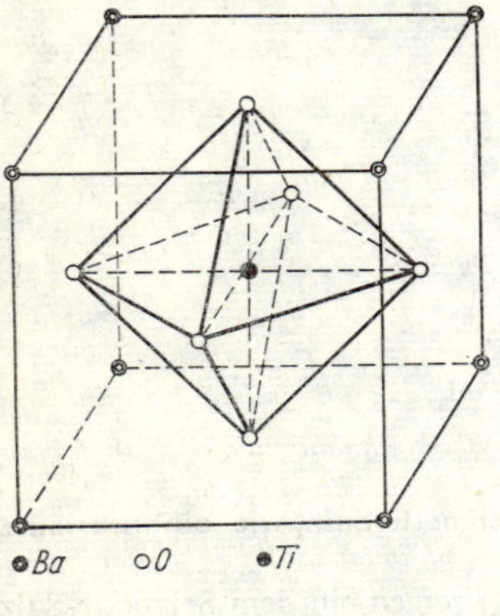

Bild 6.79
Aufbau des Bariumtitanatkristalls oberhalb der Curie-Temperatur [6.137]

6.4.3.2. Elektrische Eigenschaften

Temperaturabhängigkeit von ε und tan δ. Die Curie-Temperatur von reinem $BaTiO_3$ liegt etwa bei 120 °C. (Die in der Literatur angegebenen Werte streuen im Bereich von 80 bis 127 °C.) Die DK steigt dabei auf Werte von über 8000, fällt jedoch nach höheren und tieferen Temperaturen sehr schnell. Die Temperatur der DK-Spitze erweist sich dabei als weitgehend feldstärke- und frequenzunabhängig. Oberhalb der Curie-Temperatur folgt ε mit guter Näherung einem Curie-Weißschen Gesetz:

$$\varepsilon = \frac{C_k}{\vartheta - \vartheta_C}; \tag{6.56}$$

C_k Curie-Konstante ($BaTiO_3$: $C_k \approx 1 \cdot 10^5$),
ϑ_C Curie-Temperatur.

Nach tieferen Temperaturen existieren bei etwa +5 °C und −70 °C zwei weitere Anomalien von ε, die auf kristallografische Umwandlungen zurückzuführen sind [6.140], bei denen aber die ferroelektrischen Eigenschaften des $BaTiO_3$ nicht verlorengehen, wie das bei dem unteren Curie-Punkt des Seignette-Salzes beobachtet wird. Der typische Verlauf der DK in Abhängigkeit von der Temperatur des $BaTiO_3$ ist im Bild 6.80 gezeigt. Die Curie-Temperatur von Bariumtitanat kann beeinflußt werden durch

- Abweichung vom stöchiometrischen Mischungsverhältnis 1BaO : $1TiO_2$. In der Nähe der stöchiometrischen Zusammensetzung bewirkt ein TiO_2-Überschuß eine Verschiebung des Curie-Punktes nach höheren Temperaturen und ein grobkristallines Gefüge. Weiterhin erzielt man bei TiO_2- bzw. BaO-Überschuß einen kleineren Temperaturkoeffizienten von ε, der für das Verhältnis 1BaO : $5TiO_2$ nahezu Null wird bei allerdings geringeren Absolutwerten von ε [6.148] [6.182].
- Zusätze von anorganischen Oxiden. Durch Zusätze, insbesondere von Bleioxid, Zirkonoxid, Erdalkalizirkonaten, -stannaten oder -titanaten, kann das Maximum der DK verschoben und verbreitert werden. So ergibt ein Zusatz von Zirkonoxid eine niedrigere und der von Bleioxid eine höhere Curie-Temperatur (Bild 6.81) [6.137].

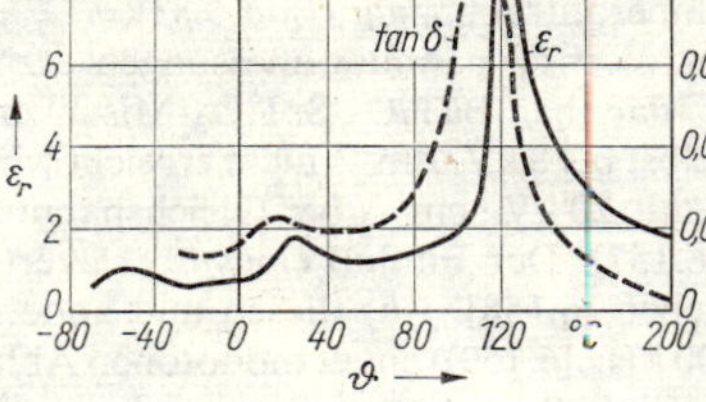

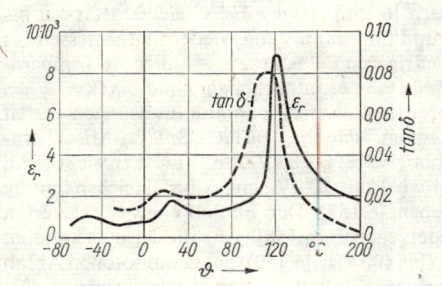

Bild 6.80
ε_r und tan δ *von $BaTiO_3$ in Abhängigkeit von der Temperatur bei kleinen Feldstärken* [6.149]

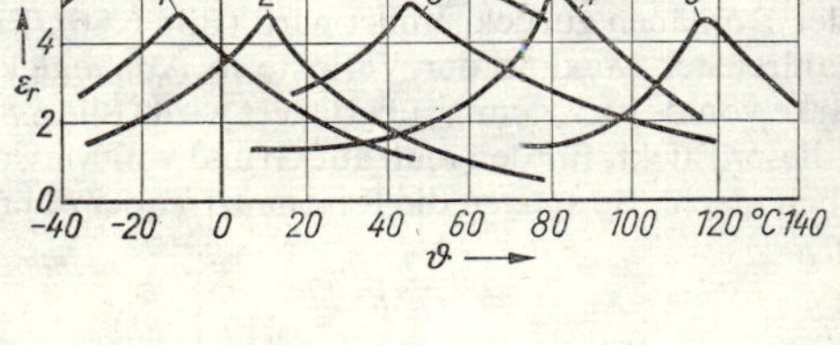

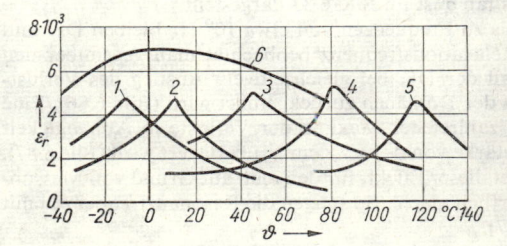

Bild 6.81
ε_r in Abhängigkeit von der Temperatur für verschiedene Mischtitanate [6.137]

1 69% $BaTiO_3$, 28% $SrTiO_3$ + Beimischungen; *2* 71% $BaTiO_3$, 29% $SrTiO_3$; *3* 80% $BaTiO_3$, 20% $SrTiO_3$; *4* 87,4% $BaTiO_3$, 12,6% $SrTiO_3$; *5* 100% $BaTiO_3$; *6* 35% $BaTiO_3$, 65% Bleizirkonat

Die Messung der Temperaturabhängigkeit der elektrischen Eigenschaften von $BaTiO_3$-Keramiken muß unter Berücksichtigung einer thermischen Hysteresis erfolgen, deren Zyklen sowohl den Curie-Punkt einschließen als auch ober- bzw. unterhalb davon liegen können [6.140].
Der Verlustwinkel tan δ zeigt in Abhängigkeit von der Temperatur ebenfalls ein Maximum, das allerdings bei $BaTiO_3$ nicht mit dem der DK zusammenfällt, sondern einige Grad darunter liegt (Bild 6.80).

Feldstärkeabhängigkeit von ε und tan δ. Als Ursache für die Hysteresis zwischen Feldstärke und Verschiebung nimmt man Wandverschiebungen an, wobei die in bezug auf das Feld am günstigsten orientierten Domänen anwachsen, bis deren Polarisation schließlich durch einen Drehvorgang in die Feldrichtung übergeht. Gleichzeitige Untersuchungen des Anstiegs der DK und des Verlaufs der Verlustwinkel in Abhängigkeit von der Feldstärke haben gezeigt, daß die Vorgänge näherungsweise von dem für ferromagnetische Stoffe gültigen Rayleigh-Gesetz beschrieben werden können [6.150] [6.151].
Ausgehend von einer Beziehung zwischen $\boldsymbol{D}$ und $\boldsymbol{E}$, die von *Müller* [6.152] und *Müser* [6.153] am Seignette-Salz näher untersucht wurde, hat es sich als zweckmäßig erwiesen, den Zusammenhang zwischen Verschiebungsflußdichte und elektrischer Feldstärke bei $BaTiO_3$-Keramiken für die Richtung, in der sich die spontane Polarisation ausbildet, in folgender Weise darzustellen:

$$\boldsymbol{E} = K_1\boldsymbol{D} + K_2\boldsymbol{D}^3 + K_3\boldsymbol{D}^5; \qquad (6.57)$$

K_1 reziproke Dielektrizitätskonstante,
K_2, K_3 Konstanten.

Das negative Vorzeichen von K_2 etwas oberhalb des Curie-Punktes führt zu Kurven mit zwei S-förmigen Abschnitten, die einer doppelten Hysteresisschleife entsprechen. Unterhalb der Curie-Temperatur erhält man dann die bekannten Formen der Hysteresiskurven (Bild 6.82).
Bei längere Zeit feldfrei gelagertem grobkristallinem $BaTiO_3$ beobachtete man eingeschnürte Hysteresisschleifen, die jedoch bei längerer Wechselfeldbelastung oder durch kurzzeitige Erwärmung über den Curie-Punkt verschwanden [6.147] [6.155] [6.156].
Nach Messungen von *v. Hippel* und Mitarbeitern [6.156] steigt ε bei Gleichfeldstärken bis zu 1,8 $kV \cdot cm^{-1}$ an, durchläuft ein Maximum und fällt dann stetig wieder ab (gemessen bis 8 $kV \cdot cm^{-1}$). Das Maximum liegt bei um so niedrigeren Feldstärken, je höher die Temperaturen sind. Der absolute Betrag selbst ist ebenfalls temperaturabhängig (Bild 6.83).
Ähnliche Ergebnisse wurden von diesen Autoren bei Wechselspannungsmessungen erzielt (Bild 6.84). Diese Untersuchungen lassen erkennen, daß bei $BaTiO_3$-$SrTiO_3$-Mischkeramiken die Sättigung der dielektrischen Verschiebung selbst bis 8 $kV \cdot cm^{-1}$ nicht erreicht wird. Die Spannungsfestigkeit von Titanatkeramiken wird mit 20 $kV \cdot cm^{-1}$ bei Gleichspannung und 6 $kV \cdot cm^{-1}$ bei Wechselspannung angegeben [6.157]. Der Einfluß eines überlagerten Gleichfeldes auf die DK ist im Bild 6.85 wiedergegeben [6.158]. Aus diesen und anderen Messungen findet man bei niedrigen Frequenzen (bis 400 kHz [6.159]) einen monotonen Abfall der DK mit steigender Feldstärke und einen geringen Einfluß bei hohen Frequenzen.
Die Feldabhängigkeit des Verlustfaktors tan δ ist im Bild 6.83 dargestellt.

Frequenzabhängigkeit von ε und tan δ. Bis zu Frequenzen von etwa 10^9 Hz bleiben DK und tan δ nahezu konstant. Oberhalb der Relaxationsfrequenz beobachtet man gegenüber den statisch gemessenen Werten einen Abfall der DK bei gleichzeitigem Anstieg des Verlustfaktors, was auf Trägheitserscheinungen der Domänen zurückgeführt wird (Bild 6.86). Eine interessante Tatsache ist das Auftreten zahlreicher Maxima der Verluste in Abhängigkeit von der Frequenz, wenn eine Gleichfeldstärke von > 1 $kV \cdot cm^{-1}$ überlagert wird (Bild 6.87). Oberhalb des Curie-Punktes verschwindet dieser Effekt, für den man auf Grund von Messungen piezoelektrische Vorgänge verantwortlich macht. So steigen die Resonanzfrequenzen mit sinkendem Probendurchmesser an [6.157].

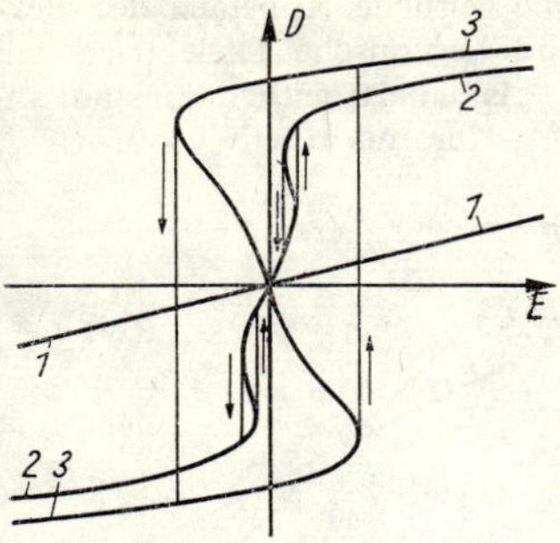

Bild 6.82
Abhängigkeit der dielektrischen Verschiebung D von der elektrischen Feldstärke E bei $BaTiO_3$ [6.136]

1 bei einer Temperatur weit oberhalb des Curie-Punktes; *2* bei einer Temperatur dicht oberhalb des Curie-Punktes; *3* bei tieferen Temperaturen

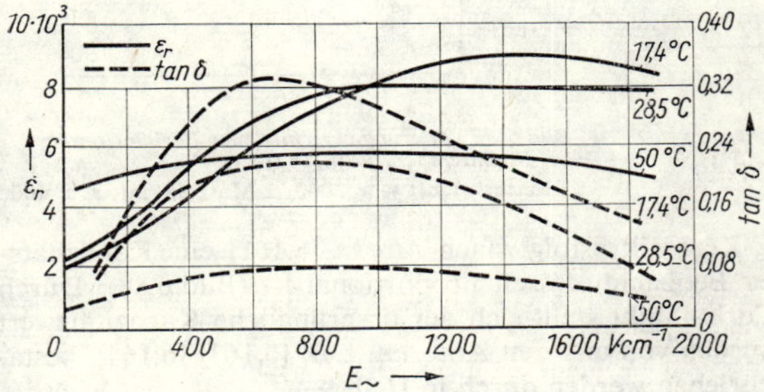

Bild 6.83
ε_r und tan δ *von BaSr-Titanat (75% $BaTiO_3$) in Abhängigkeit von der Feldstärke bei verschiedenen Temperaturen* [6.156]

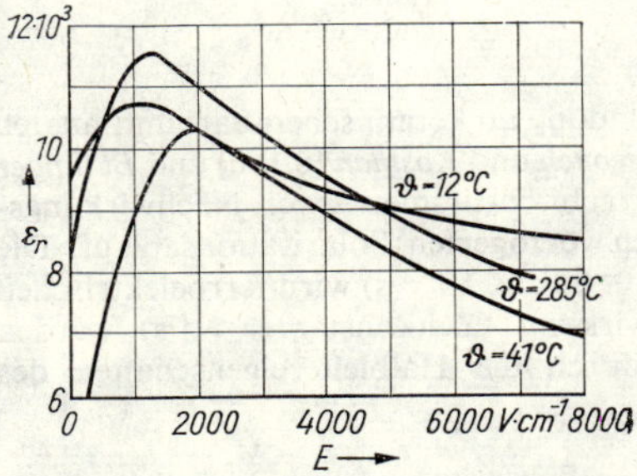

Bild 6.84. ε_r in Abhängigkeit von der Gleichfeldstärke bei verschiedenen Temperaturen im System 75% $BaTiO_3$ – 25% $SrTiO_3$ [6.156]

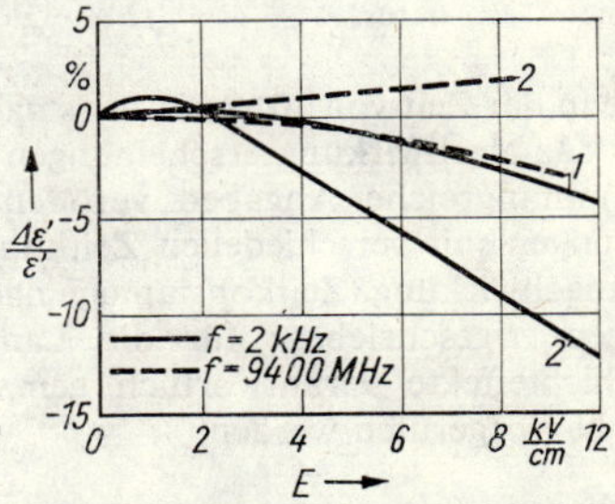

Bild 6.85. Einfluß eines überlagerten Gleichfeldes auf den reellen Anteil der DK von $BaTiO_3$ bei 2 kHz und 9400 MHz [6.158]

1 $\varrho = 5{,}4\ g \cdot cm^{-3}$; *2* $\varrho = 5{,}0\ g \cdot cm^{-3}$

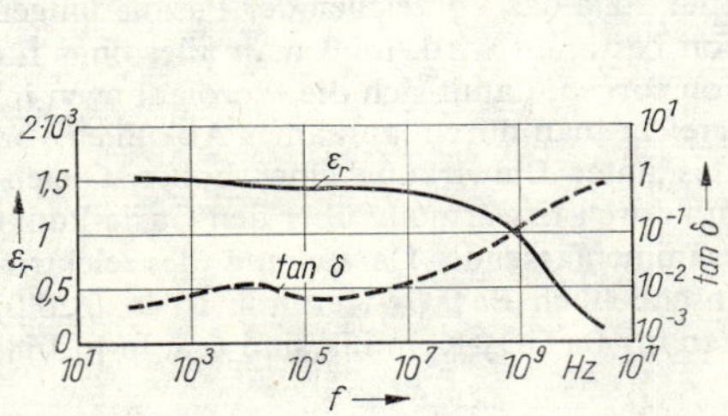

Bild 6.86
ε_r und tan δ *in Abhängigkeit von der Frequenz bei 25 °C* [6.160]

Zeitabhängigkeit von ε und tan δ. Voraussetzung für die technische Anwendung ferroelektrischer Werkstoffe ist in den meisten Fällen eine hohe zeitliche Konstanz der elektrischen und elektromechanischen Eigenschaften. Während keramische Dielektrika mit geringer DK (z.B. Werkstoffe aus dem System MgO—TiO_2) als nahezu zeitlich konstant angesehen werden können, ist die Zeitabhängigkeit von $BaTiO_3$-Keramik relativ groß.

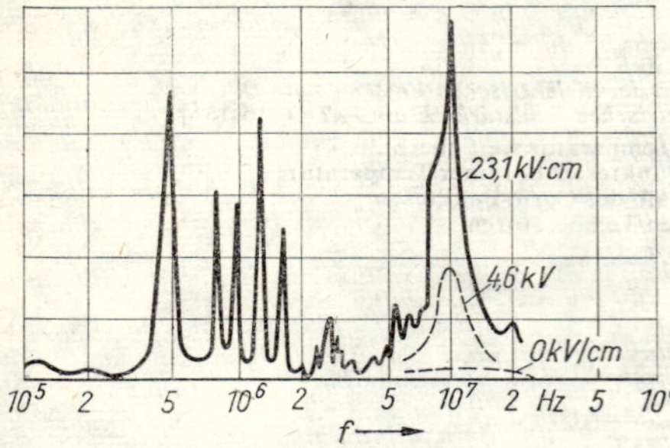

Bild 6.87. Resonanzerscheinungen im Frequenzgang des Verlustfaktors von $BaTiO_3$ bei 25 °C [6.159]

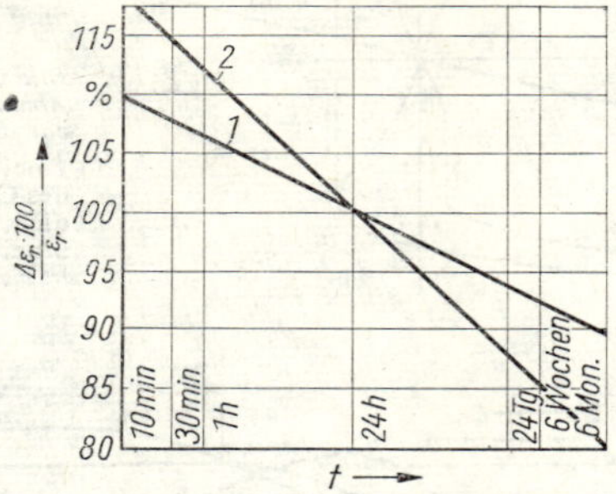

Bild 6.88. Alterung verschiedener Bariumtitanate bei Raumtemperatur [6.162]
1 Material mit $\varepsilon_r \approx 2000$; *2* Material mit $\varepsilon_r \approx 4000$

Bei feldfreiem Lagern von $BaTiO_3$-Keramik erfolgt nach *Marks* [6.161] eine Kapazitätsabnahme, die dem Logarithmus der Beobachtungszeit proportional ist (Bild 6.88). Durch kurzzeitige Erwärmung über den Curie-Punkt stellt sich der ursprüngliche Kapazitätswert wieder ein. Diese Grundaussagen werden von anderen Autoren, z.B. [6.163] [6.164], bestätigt. Die Abnahme von ε kann beschrieben werden durch [6.165]

$$\varepsilon = A - BT \lg t; \tag{6.58}$$

A, B Konstanten,
T absolute Temperatur,
t Zeit.

Über die in der Zeit von 10^{-6} bis 10^2 s nach der Entladung an keramischen Bariumtitanaten auftretenden Nachwirkungserscheinungen haben *Awerbuch* und *Kosman* [6.166] und *Bullinger* [6.167] umfangreiche Angaben veröffentlicht. Danach bestimmen zwei Nachwirkungserscheinungen mit verschiedenen Zeitkonstanten den verzögerten Polarisationsablauf. Die Kurzzeitnachwirkung (Zeitkonstante je nach Probe 10^{-6} bzw. 10^{-3} s) wird ferroelektrischen Vorgängen zugeschrieben; für die Langzeitnachwirkung (Zeitkonstante >1 s) werden Grenzschichteffekte verantwortlich gemacht, die durch die Halbleitereigenschaften des $BaTiO_3$ hervorgerufen werden.

6.4.3.3. Piezoelektrizität (s. auch Abschn. 3.6.5., S. 567)

Im ferroelektrischen Zustand (tetragonale Struktur) zeigt Bariumtitanat infolge der Gitterunsymmetrien einen starken piezoelektrischen Effekt. Da das Vorzeichen der Piezoladungen durch das Vorzeichen der spontanen Polarisation bestimmt wird, muß man allerdings für eine nahezu einheitliche Richtung der Polarisation sorgen, damit sich die Piezoladungen im Dielektrikum nicht gegenseitig aufheben. Das erreicht man durch langsames Abkühlen von Temperaturen etwas oberhalb des Curie-Punktes unter Einwirkung eines hohen Gleichfeldes. Der induzierte piezoelektrische Effekt kann durch Erwärmung über den Curie-Punkt wieder rückgängig gemacht werden. Eine zusammenfassende Darstellung des elektromechanischen Verhaltens der Ferroelektrika einschließlich $BaTiO_3$-Keramik ist in [6.140] und [6.141] zu finden. Piezoelektrische Konstanten für $BaTiO_3$-Keramik sind u.a. in [6.168] angegeben.

6.4.3.4. Herstellung

Die gezielte Produktion keramischer Dielektrika, d.h. das Herstellen von ferroelektrischen Werkstoffen mit vorgegebenen Kenngrößen, setzt eine bis in kleinste Details festgelegte und einzuhaltende Technologie voraus. Schon geringste Abweichungen während der einzelnen Arbeitsschritte können zu einer merklichen Beeinflussung der Kennwerte führen.

Die Herstellung erfolgt nach den in der keramischen Technik üblichen Verfahren. Für $BaTiO_3$-Keramik geschieht die Massenaufbereitung des gewöhnlich verwendeten BaSr-Mischtitanats nach [6.140] und [6.147] in der Weise, daß zunächst die berechneten Mengen $BaCO_3$, $SrCO_3$, TiO_2 usw. in Trommelmühlen naß gemischt werden. (In diesem Zusammenhang wird von verschiedenen Autoren auf den Einfluß von kleinsten Verunreinigungen auf das physikalische Verhalten hingewiesen.) Nach dem Abpressen und Trocknen wird die Masse im brikettierten Zustand bei einer bestimmten Temperatur vorgebrannt, und die vorgebildeten Titanate werden dann auf die vorgesehene Korngröße zerkleinert. Anschließend an das Pressen in die gewünschte Form erfolgt das Brennen, bei dem ein Schwinden je nach Vorbrenntemperatur und Preßdruck bis $\approx 20\%$ in jeder Richtung auftritt. Zur Kontaktierung wird eine Silberschicht aufgetragen, die nach dem Einbrennen eine Dicke von ungefähr 25 μm hat. Einige für die Eigenschaften des Endprodukts wichtige Einflußgrößen sind

- Abweichungen von der errechneten stöchiometrischen Zusammensetzung der Ausgangsmasse (z.B. ruft ein TiO_2-Überschuß ein grobkristallines Gefüge und eine Verschiebung des Curie-Punktes nach höheren Temperaturen hervor);
- Vorbrenntemperatur (höhere Vorbrenntemperatur macht höhere Sintertemperatur notwendig und bewirkt geringeres Schwinden sowie eine gewisse Kompensierung bei Abweichungen vom stöchiometrischen Verhältnis, soweit es sich um TiO_2-Überschuß bis zu 1 Masse-% handelt [6.147]);
- Mahlbedingungen [6.169];
- Preßdruck (höherer Preßdruck macht geringere Sintertemperatur notwendig und bewirkt geringeres Schwinden bei konstanter Brenntemperatur);
- Brenntemperatur (höhere Brenntemperatur bewirkt gewöhnlich eine Erhöhung der DK und des tan δ, Bild 6.89).

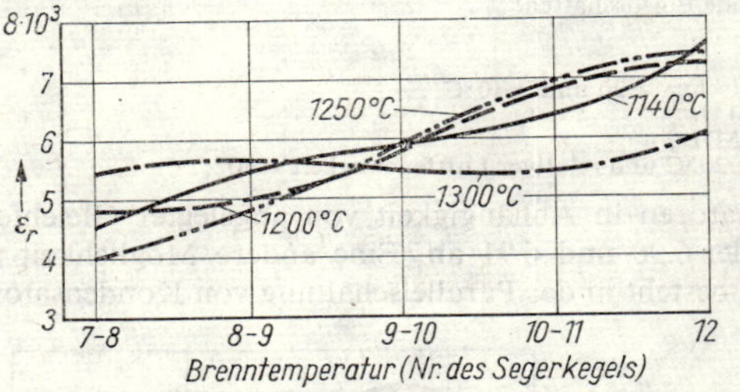

Bild 6.89
Einfluß der Brenntemperatur auf die DK einer 2 mm dicken Barium-Mischtitanatprobe bei verschiedenen Vorbrenntemperaturen, gemessen bei 800 Hz [6.147]

Bei einigen ferroelektrischen Materialien muß die Sinterung unter einer entsprechenden Atmosphäre durchgeführt werden. So muß z.B. beim Herstellen von Bleititanatzirkonat das Bleizirkonat-Titanat-Gemisch unter einer PbO-Atmosphäre gebrannt werden, um das Verdampfen von PbO aus der Masse zu verhindern [6.170].

6.4.4. Weitere ferroelektrische Werkstoffe

Die technische Anwendung anderer ferroelektrischer Titanate scheitert in den meisten Fällen an den weit unter der Raumtemperatur liegenden Curie-Punkten (Ausnahme $PbTiO_3$). Eine große praktische Bedeutung haben dagegen homogene Mischphasen mehrerer Titanate erlangt, bei denen der Curie-Punkt in die Nähe der Raumtemperatur verschoben ist (s. Bild 6.81).

Zwei technisch hergestellte Mischtitanate (VEB Keramische Werke Hermsdorf [6.171]) sind
Epsilan 7000 (BaSr-Mischtitanat): $\varepsilon_{r\,max} \approx 7000$; $\tan \delta \approx (80 \text{ bis } 100) \cdot 10^{-4}$;
Epsilan 900 (BaSrCa-Mischtitanat): $\varepsilon_{r\,max} \approx 900$; $\tan \delta \approx (16 \text{ bis } 20) \cdot 10^{-4}$.

Bleititanatzirkonat mit geringen Beimengungen von Fremdoxiden hat als Piezokeramik Bedeutung gewonnen [6.170] [6.172] [6.173] [6.174].

6.4.5. Anwendung ferroelektrischer Werkstoffe

6.4.5.1. Allgemeines

Insbesondere bestimmen folgende charakteristische Eigenschaften den Einsatz in der Technik:
- die hohe Dielektrizitätskonstante,
- der starke piezoelektrische Effekt,
- die nichtlineare Kennlinie $D = f(E)$,
- die Hysteresiserscheinungen.

Die Analogien zu entsprechenden Eigenschaften ferromagnetischer Werkstoffe spiegeln sich z.T. auch in der praktischen Anwendung der Ferroelektrika wider.

6.4.5.2. Kondensatoren

Die hohe DK von bariumtitanathaltigen Keramiken ermöglicht die Herstellung von Kondensatoren kleinster geometrischer Abmessungen bei großen Kapazitätswerten. Allerdings setzt die Temperatur- und Spannungsabhängigkeit der Anwendung gewisse Grenzen. Der Einsatz erfolgt vorwiegend als Koppel- und Blockkondensatoren, bei denen es auf die Absolutwerte der Kapazität weniger ankommt. Dabei spielen sie infolge ihrer geringen Eigeninduktivität eine besondere Rolle bei mittleren und hohen Frequenzen, wo Elektrolytkondensatoren nicht mehr in Frage kommen.
Für die praktische Anwendung hat man durch geeignete Zusammensetzung der Ausgangsmasse Werkstoffe entwickelt, die in verschiedenen Temperaturbereichen nahezu temperaturunabhängig sind, dabei allerdings geringere DK-Werte haben.

So hat das vom VEB Keramische Werke Hermsdorf hergestellte ferroelektrische Dielektrikum Epsilan 5000 nach Herstellerangaben [6.175] folgende kennzeichnende Eigenschaften:

Dielektrizitätskonstante	$\varepsilon_r \approx 5000$,
Temperaturbeiwert der Kapazität	$TK_C \approx -0{,}012\,\text{K}^{-1}$ zwischen $+20$ und $+40\,°\text{C}$,
Verlustfaktor	$\tan \delta \leqq 25 \cdot 10^{-3}$ bei 800 Hz,
	$\leqq 5 \cdot 10^{-3}$ bei 0,3 MHz,
Isolationswiderstand	$R_{is} \geqq 10^9\ \Omega$ bei 100 V, 20 °C und relativer Luftfeuchtigkeit < 60 %.

Die Kapazitätsänderung von Kondensatoren in Abhängigkeit von angelegter Gleichfeldstärke und Temperatur geben die Bilder 6.90 und 6.91 an. Eine andere Möglichkeit zur Herabsetzung des Temperatureinflusses besteht in der Parallelschaltung von Kondensatoren

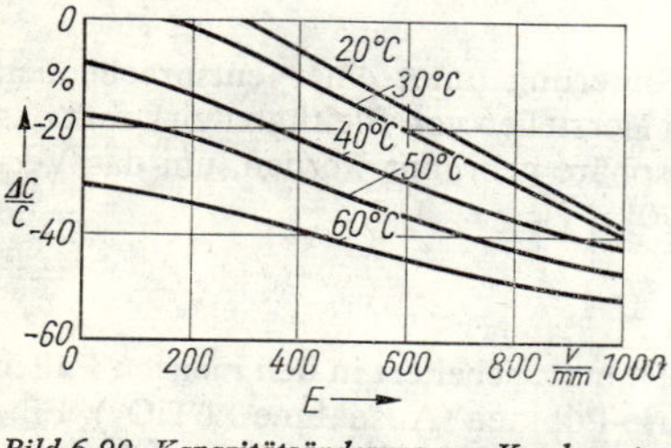

Bild 6.90. Kapazitätsänderung von Kondensatoren aus E 5000 in Abhängigkeit von der angelegten Gleichfeldstärke bei verschiedenen Temperaturen [6.175]

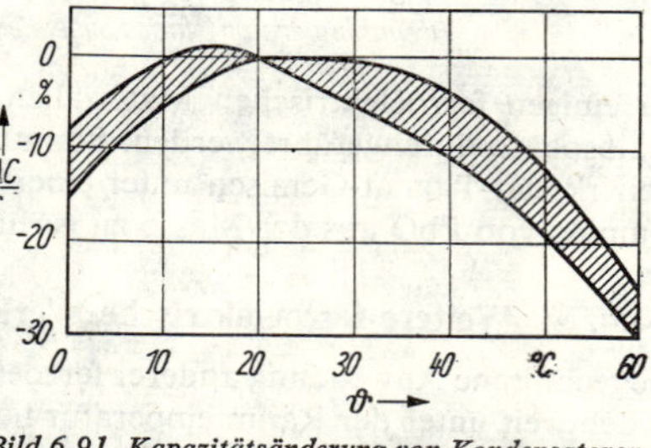

Bild 6.91. Kapazitätsänderung von Kondensatoren aus E 5000 in Abhängigkeit von der Temperatur
Streubereich von 12 Prüflingen, Meßspannung 15 V bei 800 Hz, Bezugstemperatur +20 °C [6.175]

mit verschiedenen Curie-Punkten (Bild 6.92). Andererseits ermöglicht der in weiten Grenzen veränderbare Temperaturbeiwert, nach [6.140] $(+100$ bis $-5600) \cdot 10^{-6}\,K^{-1}$, eine technische Anwendung der entsprechenden Kondensatoren für temperaturkompensierte Schaltungen.

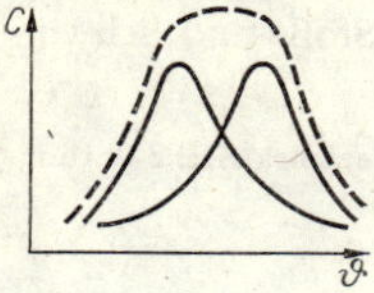

Bild 6.92
Parallelschaltung von zwei Kondensatoren aus Materialien mit verschiedenen Curie-Punkten [6.142]

6.4.5.3. Verstärker, Modulatoren, Frequenzwandler und Stabilisatoren

Ferroelektrische Kondensatoren, deren Anwendung in erster Linie auf einer ausgeprägten, nichtlinearen ***D, E***- bzw. *Q, U*-Kennlinie beruht, werden als *Varikonden* bezeichnet [6.176]. Sie haben im Prinzip analoge Anwendungsmöglichkeiten wie nichtlineare Induktivitäten, ihr praktischer Einsatz bereitet jedoch Schwierigkeiten (Temperatur- und Zeitabhängigkeit; nichtlinearer Teil der Kennlinie wird erst bei relativ hohen Feldstärken erreicht).
Die mathematische Behandlung von Schaltungen mit nichtlinearen Kondensatoren ist schwierig. Im allgemeinen Fall werden solche Netzwerke durch heteronome, nichtlineare Differentialgleichungen beschrieben, die in fast allen Fällen nur näherungsweise und mit einem erheblichen Rechenaufwand zu lösen sind [6.177].

6.4.5.4. Speicherelemente

Mit Hilfe der Remanenz werden dem ferroelektrischen Werkstoff Polarisationszustände eingeprägt, die später mit geeigneten Detektoren abgetastet werden. Diese Speicherelemente haben den Vorteil räumlich gedrängter Anordnung der einzelnen Speicherzellen bei geringer gegenseitiger Beeinflussung [6.178]. Trotz des Vorteils einer hohen Speicherdichte sind praktische Einsatzfälle von ferroelektrischen Speichern wegen einer Reihe störender Einflüsse (z.B. Ermüdungserscheinungen, Überlagerung anderer Effekte) nicht bekannt geworden.

6.4.5.5. Elektromechanische Wandler

Der ausgeprägte direkte Piezoeffekt (Entstehung von elektrischen Ladungen an Grenzflächen infolge mechanischer Deformationen) und der indirekte Piezoeffekt (elastische Deformation bei elektrischer Aufladung von Grenzflächen) haben zu einer breiten Anwendung von ferroelektrischen Werkstoffen als elektromechanische Wandler geführt. Physikalische Grundlagen s. Abschn. 3.6.5., S. 567).
Für die Verwendung ferroelektrischer Werkstoffe, insbesondere von $BaTiO_3$-Keramik, zur Ultraschallerzeugung (indirekter Piezoeffekt) sprechen folgende Tatsachen: Bei gleicher Feldstärke ist die abgestrahlte Leistung eines in Resonanz angeregten $BaTiO_3$-Keramikschwingers etwa 2 Zehnerpotenzen größer als bei Schwingquarzen. Seignette-Salz liegt in der Leistung noch etwas höher, doch engen die geringe thermische Stabilität und der niedrige Schmelzpunkt das Anwendungsgebiet ein. Der elektromechanische Kopplungsfaktor von $BaTiO_3$-Keramik liegt höher als der von Quarzen. Schließlich ergeben sich infolge der hohen DK von Bariumtitanat kleinere Scheinwiderstände der Wandler.
Als wesentlichen Nachteil der piezoelektrischen Keramik gegenüber Quarz müssen allerdings die hohen Verluste gewertet werden. Die Kühlung kann bei den geringeren Spannungen jedoch so wirksam durchgeführt werden, daß eine unzulässig hohe Erwärmung nicht eintritt. Die Arbeitstemperaturen sollen beträchtlich unter dem Curie-Punkt liegen; oberhalb der Curie-Temperatur verschwinden die piezoelektrischen Eigenschaften.

Bei keramischen Wandlern ist man in der Lage, durch fast beliebige Formgebung hochwirksame Bauelemente, vor allem zur Ultraschallerzeugung, herzustellen. Die Resonanzfrequenzen liegen zwischen einigen Kilohertz und einigen Megahertz; die Schalleistung beträgt einige W · cm^{-2}.

Der direkte Piezoeffekt liegt der Wirkung und Verwendung von ferroelektrischen Werkstoffen bei Tonabnehmern, Kristallmikrofonen und Geräten zum Messen von Stoß- und Schwingungsamplituden sowie Beschleunigungen zugrunde.

Das unter dem Namen Piezolan vom VEB Keramische Werke Hermsdorf hergestellte piezoelektrische Bariumtitanat hat nach Herstellerangaben [6.179] folgende charakteristische Eigenschaften:

DK (bei konstanter mechanischer Spannung)	$\varepsilon_r \approx 800 \pm 200$,
Curie-Temperatur	≈ 150 °C,
tan δ bei 800 Hz	$\leqq 150 \cdot 10^{-4}$,
HF-Betriebsfeldstärke für etwa 8 W · cm^{-2} Schalleistung	≈ 500 V · cm^{-1},
Piezomodul d_{33}	(100 bis 150) · 10^{-12} m · V^{-1},
Kopplungsfaktor K_{33}	25 bis 45%;
Frequenzkonstante der Grundschwingung N_D	≈ 2,5 MHz · mm.

Als Spezialwerkstoff für Schwingungsaufnehmer auf der Basis von Bleititanatzirkonat wurde vom VEB Keramische Werke Hermsdorf das Piezolan S mit folgenden charakteristischen Eigenschaften entwickelt [6.172] [6.173]:

DK (senkrecht zur Polarisationsrichtung)	$\varepsilon_r = 1040$,
Curie-Temperatur	383 °C,
tan δ bei 800 Hz	$\leqq 250 \cdot 10^{-4}$,
Piezomodul d_{33}	215 · 10^{-12} m · V^{-1},
Kopplungsfaktor K_{33}	62%,
Frequenzkonstante N_D	2 MHz · mm.

In den letzten Jahren wurden ferroelektrische Werkstoffe zur Konstruktion von Filtern verwendet (Piezofilter). Der prinzipielle Aufbau und das elektrische Ersatzschaltbild sind im Bild 6.93 dargestellt. Eine Eingangsspannung am Filter regt den linken Resonator zu mechanischen Schwingungen an (indirekter Piezoeffekt), die ihr Maximum haben, wenn Erregerfrequenz und mechanische Eigenfrequenz des Resonators übereinstimmen. Der rechte Resonator nimmt infolge der starren Kopplung die mechanischen Schwingungen auf und wandelt sie wieder in elektrische Schwingungen gleicher Frequenz zurück (direkter Piezoeffekt). Dabei haben beide Resonatoren die gleiche Eigenfrequenz.

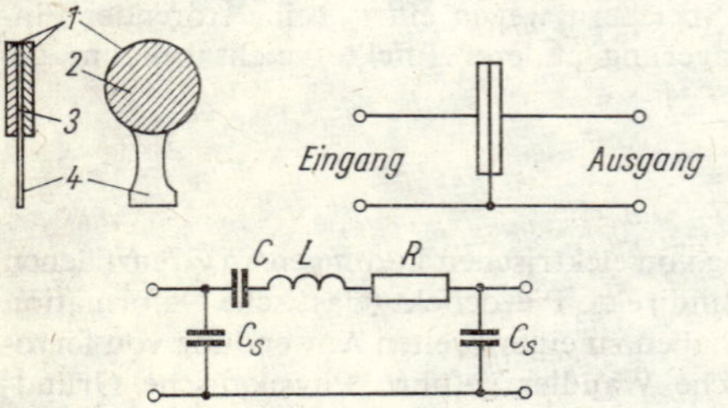

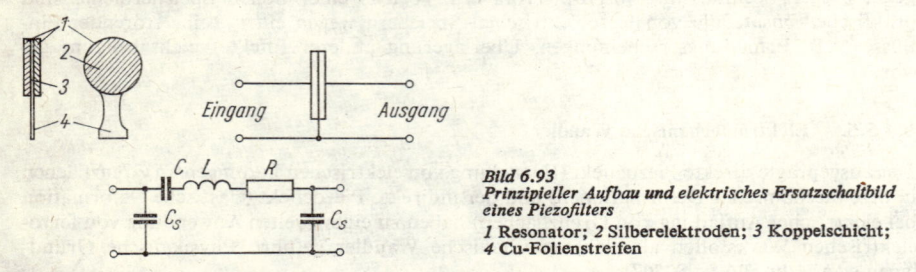

Bild 6.93
Prinzipieller Aufbau und elektrisches Ersatzschaltbild eines Piezofilters
1 Resonator; *2* Silberelektroden; *3* Koppelschicht; *4* Cu-Folienstreifen

Gegenüber den elektrischen Resonanzkreisen zeigen die Piezofilter eine Reihe von Vorteilen: kleine Abmessungen, geringe Masse, hohe mechanische und elektrische Stabilität, kein Abgleich, keine Wartung. Wegen ihrer niedrigen Eingangs- und Ausgangsimpedanzen eignen sie sich gut als Siebglieder in ZF-Stufen von Transistorgeräten [6.180] [6.181].

Literatur

zu Abschnitt 6.1.

[6.1] *Sixtus, K.:* Rolle der magnetischen Nachwirkung in den Werkstoffen der Technik. ETZ-A **80** (1959) H. 17, S. 565 ff.
[6.2] *Reinboth, H.:* Technologie und Anwendung magnetischer Werkstoffe. Berlin: VEB Verlag Technik 1970.
[6.3] *Jonker, G. H.* u. a.: Ferroxplana, hexagonale ferromagnetische Eisenoxydverbindungen für sehr hohe Frequenzen. Philips Techn. Rdsch. **18** (1957/58) H. 9, S. 249–258.

[6.4] *Stuijts, A.L.; Wijn, H.P.J.:* Kristallorientiertes Ferroxplana. Philips Techn. Rdsch. 19 (1958/59) H.7, S.225–233.
[6.5] Ein magnetostriktiver Stellmotor für eine spitzenlose Rundschleifmaschine. Technika 12 (1963) H.19, S.1441–1444.
[6.6] *Heck, C.:* Magnetische Werkstoffe und ihre technische Anwendung. Heidelberg: Dr. Alfred Hüthig Verlag 1967.
[6.7] *von der Burgt, C.M.:* Ferroxcube-Werkstoffe für piezomagnetische Schwinger. Philips Techn. Rdsch. 18 (1957) H.10, S.277–290.
[6.8] *Sixtus, K.:* Über Ferritschwinger. Frequenz 5 (1951) H. 11/12, S. 335-339.
[6.9] *Snoek, J.L.:* Neuentwicklungen von ferromagnetischen Werkstoffen. Berlin: VEB Verlag Technik 1953.
[6.10] TGL 10475; DIN 46400
[6.11] TGL 10476; DIN 46400
[6.12] TGL 14342
[6.13] TGL 0-41301; DIN 41301
[6.14] TGL 0-41302; DIN 41302
[6.15] GOST 10160
[6.16] TGL 15193
[6.17] TGL 7528; DIN 41286
[6.18] TGL 7529; DIN 41287
[6.19] TGL 7530; DIN 41285
[6.20] *Guillaud, C.* u.a.: Proprietes des ferrites mixtes de nickel-zinc. Solid State Physics (Hrsg. v. *Desirant* und *Michiels*, Academic Press (1960) Bd.3, S.71–90.
[6.21] *Lax, B.; Button, K.J.:* Microwaves ferrites and ferrimagnetics. New York: McGraw Hill Book, Inc. 1962.
[6.22] *Clarricoates, P.J.B.:* Microwave ferrites. London: Chapman & Hall 1961.
[6.23] *Mikaeljan, A.L.:* Teorija i primenenie ferritov na sverchvysokych častotach (Theorie und Anwendung der Ferrite bei sehr hohen Frequenzen). Moskva: Gosénergoizdat 1963.
[6.24] *Gelbard, E.:* Magnetic properties of ferrite materials. Tele-Techn. 11 (May 1952) S.50–52.
[6.25] *Schwabe, E.A.; Cambell, D.A.:* Influence of grain size on square-loop properties of lithium ferrites. J. Appl. Phys. 34 (1963) H.4, S.1251–1253.
[6.26] TGL 16541
[6.27] *Joksch, C.:* Die Dauermagnetentwicklung vom Kohlenstoffstahl bis zum Samarium-Kobalt. Feinwerktechnik + micronic 77 (1973) H.8, S.364–371.
[6.28] *Blum, P.:* Der nichtmagnetische Stahl und seine Anwendung. Hamburg, Berlin: R.v.Deckers Verlag, G.Schenk GmbH.
[6.29] *Dietrich, H.:* Nichtmagnetisierbare Gußeisenwerkstoffe und ihre Prüfung. Hrsg.: Nickel-Informationsbüro GmbH Düsseldorf 1964.
[6.30] *Schüler, K.; Brinkmann, K.:* Dauermagnete – Werkstoffe und Anwendungen. Berlin, Heidelberg, New York: Springer-Verlag 1970.
[6.31] TGL 9036
[6.32] *Wijn, H.P.J.; Duttenkopf, P.:* Werkstoffe der Elektrotechnik. Berlin, Heidelberg, New York: Springer-Verlag 1967.
[6.33] *Bobeck, A.H.:* Properties and device applications of magnetic domains in orthoferrites. Bell Syst. Tech. J. 46 (1967) H.8, S.1901–1925.
[6.34] *Bobeck, A.H.; Fischer, R.F.; Perneski, A.J.; Remeika, J.P.; van Uitert, L.G.:* Application of orthoferrites to domain-wall devices. IEEE Trans. Magn. MAG-5 (1969) H.3, S.544–553.
[6.35] *Chang, H.; Fox, J.; Lu, D.; Rosier, L.L.:* A self-contained magnetic bubble domain memory chip. IEEE Trans. Magn. MAG-8 (1972) H.2, S.214–222.
[6.36] *Ahamed, S.V.:* Multidimensional polynomial algebra for bubble circuits. Bell Syst. Techn. J. 51 (1972) H.7, S.1535–1558.
Applications of multidimensional polynomial algebra to bubble circuits. Ebenda, S.1559–1580.
[6.37] *Bonyhard, P.I.; Geusic, J.E.; Bobeck, A.H.; Chen, Y.S.; Michaelis, P.C.; Smith, J.L.:* Magnetic bubble memory chips design. IEEE Trans. Magn. MAG-9 (1973) H.3, S.433–436.
[6.38] *Michaelis, P.C.; Bonyhard, P.I.:* Magnetic bubble mass memory – module design and operation. IEEE Trans. Magn. MAG-9 (1973) H.3, S.436–440.
[6.39] *Shumate, P.W.:* Magnetooptic measurement techniques for magnetic bubble materials. IEEE Trans. Magn. MAG-7 (1971) H.3, S.586–590.
[6.40] *Almasi, G.S.:* Magnetooptic bubble-domain devices. IEEE Trans. Magn. MAG-7 (1971) H.3, S.370–373.
[6.41] *Thiele, A.A.:* The theory of cylindrical magnetic domains. Bell Syst. Techn. J. 48 (1969) H.12, S.3287–3335.
[6.42] *Thiele, A.A.; Bobeck, A.H.; Della Tore, E.; Gianola, U.F.:* The energy and general translation force of cylindrical magnetic domains. Bell Syst. Techn. J. 50 (1971) H.3, S.711–724.
[6.43] *Thiele, A.A.:* Device implications of the theory of cylindrical magnetic domains. Bell Syst. Tech. J. 50 (1971) H.3, S.725–773.
[6.44] *Callen, H.; Josephs, R.M.:* Dynamics of magnetic bubble domains with an application to wall mobilities. J. Appl. Phys. 42 (1971) H.5, S.1977–1982.
[6.45] *Craik, D.J.; Tebble, R.S.:* Ferromagnetism and ferromagnetic domains. Amsterdam: North-Holland Publishing Company 1965.
[6.46] *Heinz, D.M.; Besser, P.J.; Owens, J.M.; Mee, J.E.; Pulliam, G.R.:* Mobile cylindrical magnetic domains in epitaxial garnet films. J. Appl. Phys. 42 (1971) H.4, S.1243–1251.
[6.47] *Hagedorn, F.B.:* Domain wall motion in bubble domain materials. AIP Conf. Proc. Magnetism and Magnetic Materials 1971, S.72–90. American Institute of Physics, New York, 1972.
[6.48] *Gianola, U.F.; Smith, D.H.; Thiele, A.A.; van Uitert, L.G.:* Material requierements for circular magnetic domain devices. IEEE Trans. Magn. MAG-5 (1969) H.3, S.558–561.
[6.49] Statische und dynamische Eigenschaften zylindrischer Domänen. Unveröffentl. Bericht des Bereiches TET der Sektion INTET, TH Ilmenau, 1974.
[6.50] *Kooy, C.; Enz, U.:* Experimental and theoretical study of the domain configuration in thin layers o $BaFe_{12}O_{19}$. Philips Res. Rep. 15 (1960) H.1, S.7–29.
[6.51] *Sherwood, R.C.; Remeika, J.P.; Williams, H.J.:* Domain behavior in some transparent magnetic oxides. J. Appl. Phys. 30 (1959) H.2, S.217–225.

[6.52] *Heinlein, E.; Pierce, R.D.:* Coercitivity reduction in thin orthoferrite plates by annealing. IEEE Trans. Magn. MAG-6 (1970) H. 3, S. 493–496.
[6.53] *Bobeck, A.H.:* A second look at magnetic bubbles. IEEE Trans. Magn. MAG-6 (1970) H. 3, S. 445–446.
[6.54] *Bonyhard, P.I.; Danylchuk, I.; Kish, D.E.; Smith, J.L.:* Applications of bubble devices. IEEE Trans. Magn. MAG-6 (1970) H. 3, S. 447–451.
[6.55] *Perneski, A.J.:* Propagation of cylindrical magnetic domains in orthoferrites. IEEE Trans. Magn. MAG-5 (1969) H. 3, S. 554–557.
[6.56] *Schuldt, S.; Chen, D.:* Wall stability of cylindrical (bubble) domains in thin films and platelets. J. Appl. Phys. **42** (1971) H. 5, S. 1970–1976.
[6.57] *Copeland, J.A.; Spiwak, R.R.:* Circular domain velocity versus force. IEEE Trans. Magn. MAG-7 (1971) H. 3, S. 748–751.
[6.58] *Fischer, R.F.:* Functional speed measurements of propagating devices utilizing cylindrical domains in orthoferrites and garnets. IEEE Trans. Magn. MAG-7 (1971) H. 3, S. 741–744.
[6.59] *Sakurai, Y.; Minagawa, S.:* Effects of heat treatment on the magnetic properties of the epitaxial Ga:YIG films. Digest of the INTERMAG Conf. 1973, 17-7.
[6.60] *Le Craw, R.C.; Byrnes, P.A.; Johnson, W.A.; Levinstein, H.J.; Nielsen, J.W.; Spiwak, R.R.; Wolfe, R.:* Localized control of magnetization in LPE bubble garnet films. IEEE Trans. Magn. MAG-9 (1973) H. 3, S. 422–425.
[6.61] *Chaudhari, P.; Cuomo, J.J.; Gambino, R.J.:* Amorphous metallic films for bubble domain applications. IBM J. Res. Develop. **17** (1973) H. 1, S. 66–68.
[6.62] *Danylchuk, I.:* Operational characteristics of 10^3-bit garnet Y-bar shift register. J. Appl. Phys. **42** (1971) H. 4, S. 1358–1359.
[6.63] *Yoshizawa, S.; Yamamoto, N.; Ota, H.; Oi, T.; Shigeta, J.; Kamoshita, G.:* Small bubble domain detection by Hall effect of InSb films. IEEE Trans. Magn. MAG-8 (1972) H. 3, S. 454–457.
[6.64] *Michaelis, P.C.; Danylchuk, I.:* Magnetic bubble repertory dialer memory. IEEE Trans. Magn. MAG-7 (1971) H. 3, S. 737–740.
[6.65] *Bobeck, A.H.; Fischer, R.F.; Smith, J.L.:* An overview of magnetic bubble domains – material-device interface. AIP Conf. Proc. Magnetism and Magnetic Materials 1971, S. 45–55, American Institute of Physics, New York, 1972.
[6.66] *Bobeck, A.H.; Smith, D.H.; Spencer, E.G.; van Uitert, L.G.; Walters, W.M.:* Magnetic properties of flux grown uniaxial garnets. IEEE Trans. Magn. MAG-7 (1971) H. 3, S. 461–463.
[6.67] *Robinson, M.D.; Bobeck, A.H.; Nielsen, J.W.:* Chemical vapor deponition of magnetic garnets for bubble-domain-devices. IEEE Trans. Magn. MAG-7 (1971) H. 3, S. 464–466.
[6.68] *Bobeck, A.H.; Danylchuk, I.; Rossol, F.C.; Strauss, W.:* Evolution of bubble circuits processed by a single mask level. IEEE Trans. Magn. MAG-9 (1973) H. 3, S. 474–480.
[6.69] *De Leeuw, F.H.:* Influence of an in-plane magnetic field on the domain-wall velocity in Ga: YIG films. IEEE Trans. Magn. MAG-9 (1973) H. 4, S. 614–616.
[6.70] *Chen, Y.-S.; Richards, W.J.; Bonyhard, P.I.:* The propagation of magnetic bubbles on permalloy disks. IEEE Trans. Magn. MAG-9 (1973) H. 4, S. 670–673.
[6.71] *Fairholme, R.J.; Gill, G.P.; Marsh, A.:* An investigation into bubble materials which do not contain Ga or Al. Digest of the INTERMAG Conf., 1973, 17-2.

Bjelow, K.: Ferromagnetische Metalle. Berlin: VEB Verlag Technik 1953.
Bozorth: Ferromagnetism. New York: D. van Nostrand Comp. 1951.
Fahlenbrach, H.: Dauermagnete und ihre Anwendung. VDI-Fortschrittberichte Reihe 9, Nr. 6, 1968.
Ferrite-Handbuch. Hrsg.: VEB Keramische Werke Hermsdorf, Ausg. 1970.
Fischer, J.: Abriß der Dauermagnetkunde. Berlin, Göttingen, Heidelberg: Springer-Verlag 1949.
Frölich, F.: Ferromagnetische Werkstoffe der Elektrotechnik, insbesondere der Fernmeldetechnik. Berlin: VEB Verlag Technik 1952.
Gmelins Handbuch der anorganischen Chemie. Teil D, 2. Ergänzungsband. Weinheim/Bergstraße: Verlag Chemie GmbH 1959.
Hahn, L.; Munke, I. u.a.: Werkstoffe für die Elektrotechnik und Elektronik. Berlin: VEB Verlag Technik 1973.
Kleen, W.; Pfisterer, H.: Ferromagnetische Speicherschichten. Siemens-Z. **37** (1963) H. 10.
Kneller, E.: Ferromagnetismus. Berlin, Göttingen, Heidelberg: Springer-Verlag 1962.
Koch, K.M.; Jellinghaus, W.: Einführung in die Physik magnetischer Werkstoffe. Wien: Verlag Franz Deuticke 1957.
Magnetismus – Struktur und Eigenschaften magnetischer Körper. Leipzig: VEB Deutscher Verlag für Grundstoffindustrie 1967.
Pawlek, F.: Magnetische Werkstoffe. Berlin, Göttingen, Heidelberg: Springer-Verlag 1952.
Pöcker, A.: Dünne magnetische Schichten und ihre Anwendung in der Speichertechnik. Fernmelde-Ingenieur **18** (1964) H. 11.
Preobraženskij, A.A.: Magnitnye materialy (Magnetische Werkstoffe). Moskva: Izd. Vysšaja škola 1965.
Racho, R.; Krause, K.: Werkstoffe der Elektrotechnik. Berlin: VEB Verlag Technik 1970.
Sabel'eva, G.P.; Sarafanova, P.P.; Filatova, V.V.: Postojannye magnity-spravočnik (Dauermagnete-Handbuch). Moskva: Gosėnergoizdat 1963.
Spravočnik po ėlektrotechničeskim materialam (Handbuch elektrotechnischer Materialien) Bd. II. Moskva, Leningrad: Gosėnergoizdat 1959.
Tiedemann, W.: Werkstoffe für die Elektrotechnik. 2 Bde. Berlin: VEB Verlag Technik 1962/63.
Werkstoffe der Elektrotechnik und Elektronik. Leipzig: VEB Deutscher Verlag für Grundstoffindustrie 1973.
Zajamovskij, A.S.; Čudnovskaja, L.A.: Magnitnye materialy (Magnetische Materialien). Moskva, Leningrad: Gosėnergoizdat 1957.

zu Abschnitt 6.2.

[6.72] TGL 0-43760; DIN 43760
[6.73] TGL 0-43710; DIN 43710
[6.74] TGL 0-43712; DIN 43712
[6.75] TGL 0-43713; DIN 43713

[6.76] TGL 0-43732; DIN 43732
[6.77] TGL 0-43733; DIN 43733
[6.78] TGL 0-43770; DIN 43770
[6.79] TGL 42115
[6.80] *Pinsker, A.P.:* Hallgeneratoren in der Automatisierungstechnik. Berlin: VEB Verlag Technik 1965.
[6.81] *Kuhrt, F.; Lippmann, H.J.:* Hallgeneratoren. Berlin, Heidelberg, New York: Springer-Verlag 1968.
[6.82] *Weiß, H.:* Physik und Anwendung galvanomagnetischer Bauelemente. Leipzig: Akad. Verlagsges. Geest & Portig KG 1969.
[6.83] TGL 200-0614
[6.84] TGL 14708
[6.85] TGL 0-40500; DIN 40500
[6.86] *Heß, E.G.; Pawlek, F.:* Beitrag zur elektrischen Leitfähigkeit reinen Kupfers und ihre Beeinflussung durch Beimengungen. Z. Metallkunde **50** (1959) S.57–70.
[6.87] *Espe, W.:* Werkstoffe der Elektrotechnik in Tabellen und Diagrammen. Berlin: Akademie-Verlag 1954.
[6.88] Das Wieland-Buch: Schwermetalle. Ulm 1964 (Firmenveröffentlichung).
[6.89] *Tuschy, E.:* Kupferwerkstoffe für die Elektrotechnik. ETZ-B **16** (1964) H.10, S.274–276.
[6.90] *Avramescu:* Z. techn. Physik **20** (1939) S.26–30.
[6.91] *Mikrjukov, V.E.; Rabotor, S.N.:* Učenie zapiski Mosk. Univ. **74** (1944) S.167–179.
[6.92] *Northrup, E.F.:* J. Franklin Inst. **177** (1914) S.1–21.
[6.93] Messing. Hrsg. v. Deutschen Kupfer-Inst., Berlin 1961.
[6.94] TGL 0-17660; DIN 17660
[6.95] TGL 0-17661; DIN 17661
[6.96] TGL 0-17670; DIN 17670
[6.97] TGL 8110
[6.98] TGL 7806
[6.99] TGL 0-40501; DIN 40501
[6.100] TGL 6556
[6.101] TGL 14725
[6.102] TGL 18635
[6.103] TGL 11532
[6.104] TGL 16576
[6.105] TGL 4615
[6.106] TGL 6850
[6.107] TGL 8753
[6.108] TGL 9099
[6.109] TGL 16789
[6.110] TGL 11882
[6.111] TGL 200-8076
[6.112] TGL 200-8040
[6.113] TGL 20478
[6.114] TGL 9202
[6.115] TGL 9205
[6.116] TGL 9206
[6.117] TGL 19471
[6.118] TGL 20457
[6.119] *Holm, R.:* Die technische Physik elektrischer Kontakte. Berlin: Springer-Verlag 1941.
[6.120] *Burstyn, W.:* Elektrische Kontakte und Schaltvorgänge. 4. Aufl. Berlin, Göttingen, Heidelberg: Springer-Verlag 1956.
[6.121] *Keil, A.:* Werkstoffe für elektrische Kontakte. Berlin, Göttingen, Heidelberg: Springer-Verlag 1960.

Bremer, J. W.: Superconductive devices. New York: McGraw Hill 1962.
Buckel, W.: Supraleitung. Berlin: Akademie Verlag; Weinheim/Bergstr.: Physik Verlag 1973.
Dietrich, H.: Die magnetischen Eigenschaften der Supraleiter. ETZ-A **86** (1965) H.26, S.883–893.
Klaudy, P.: Elektrische Energieversorgungs- und Übertragungseinrichtungen mit tiefstgekühlten Leitern. E. u. M. **82** (1965) H.6, S.275.
Klose, W.: Harte Supraleiter. Siemens-Z. 39 (1965) H.5, S.446–449.
Lange, F.: Supraleiter. Anwendung in der Starkstromtechnik. Elektrie **18** (1964) H.12, S.401–407, **19** (1965) H.4, S.176–182, u. H.6, S.261–266.
Newhouse, V.L.: Applied superconductivity. New York: J. Wiley & Sons 1964.
Parkinson: Superconductors in instrumentation. J. Sci. Instrum. **41** (1964) S.68–77.
Tanenbaum, M.; Wright, W. V.: Superconductors (Proceedings of technical sessions). New York: Interscience Publ. 1962. Vorträge über Supraleitung, hrsg. v. d. Physikal. Gesellschaft Zürich. Basel, Stuttgart: Birkhäuser Verlag 1968.

Hoffmeister, G.: Elektrotechnische Widerstände. 11. Aufl. Leipzig: VEB Fachbuchverlag 1964.
Kugelstadt, W.: Festwiderstände mit eingebrannten Edelmetallschichten. Siemens-Z. 39 (1965) H.2, S.145.
Nikrothal-Handbuch. Halstahammar: AB Kanthal 1971.
Nothing, W.: Kupfer-Nickel-Legierungen mit weniger als 50% Nickel. 3. Aufl. Düsseldorf: Nickel-Informationsbüro GmbH 1964.
Racho, R.; Krause, K.: Werkstoffe der Elektrotechnik. Berlin: VEB Verlag Technik 1968.
Schulze, A.: Meßwiderstände. Karlsruhe: Verlag G. Braun 1953.
Tiedemann, W.: Werkstoffe für die Elektrotechnik. Bd. I: Metallische Werkstoffe. Berlin: VEB Verlag Technik 1965.
Katalog Keramische Halbleiterwiderstände. Ausg. 1970. VEB Kombinat Keramische Werke Hermsdorf.
Katalog Widerstände. Ausg. 1970. VEB Kombinat Keramische Werke Hermsdorf.

AEG-Hilfsbuch 1. Grundlagen der Elektrotechnik. Heidelberg: Dr. Alfred Hüthig Verlag 1971.
Aluminium-Taschenbuch. Düsseldorf: Aluminiumverlag 1955.
Bogoroditzki, N.P.: Werkstoffe der Elektrotechnik. Berlin: VEB Verlag Technik 1955.

Dosse, J.; Mierdel, G.: Der elektrische Strom im Hochvakuum und in Gasen. Leipzig: S. Hirzel Verlag 1945.
Electric contacts handbook. 3. Aufl. Berlin, Göttingen, Heidelberg: Springer-Verlag 1958.
Espe, W.: Werkstoffkunde der Hochvakuumtechnik. Bd. I. Berlin: VEB Deutscher Verlag der Wissenschaften 1960.
Gmelins Handbuch der anorganischen Chemie. Weinheim/Bergstraße: Verlag Chemie 1959.
Grafe, H.; Loose, J.; Kühn, H.: Grundlagen der Elektrotechnik. Bd. 1 Gleichspannungstechnik. 4. Aufl. Berlin: VEB Verlag Technik 1972.
Handbuch der Elektrotechnik. Hrsg. v. d. Siemens-AG. Essen: Verlag W. Girardet 1971.
Handbuch der Experimentalphysik. Hrsg. v. *Wien-Harms.* Bd. 11, Teil II: Elektronenleitung, galvanomagnetische, thermoelektrische und verwandte Effekte. Leipzig 1935.
Handbuch der Metallphysik. Leipzig 1935.
Herrmann, Wagener: Die Oxydkathode. Leipzig: A. Barth 1948.
Kohlrausch, K. W. F.: Ausgewählte Kapitel aus der Physik. Teil IV: Elektrizität. Wien: Springer-Verlag 1948.
Kohlrausch, K. W. F.: Praktische Physik. Bd. II. Leipzig: B. G. Teubner Verlagsges. 1955.
Koloc, K.: Werkstoffkartei: Kupferlegierungen. Leipzig: Fachbuchverlag 1952.
Landoldt-Börnstein: Zahlenwerte und Funktionen aus Physik, Chemie, Astronomie, Geophysik und Technik. Bd. II, Teil 6, Eigenschaften der Materie: Elektrische Eigenschaften. Bd. IV, Teil 3, Technik: Elektrotechnik, Lichttechnik, Röntgentechnik. Berlin, Göttingen, Heidelberg: Springer-Verlag 1957 u. 1959.
Mönch, G.-C.: Neues und Bewährtes aus der Hochvakuumtechnik. Berlin: VEB Verlag Technik 1961.
Rziha, E.: Starkstromtechnik Bd. I. 8. Aufl. Berlin; Verlag W. Ernst & Sohn 1955.
Špičineckij: Issledovanie splavov dlja termopar (Untersuchung der Legierungen für Thermopaare). Moskva: Izdat. Metallurgija 1964.

zu Abschnitt 6.3.

[6.122] *Strigel, R.:* Elektrische Stoßfestigkeit. 2. Aufl. Berlin, Göttingen, Heidelberg: Springer-Verlag 1955.
[6.123] TGL 8958
[6.124] Enzyklopädie der elektrischen Isolierstoffe. Klassifikation, Vergleichstabellen und Übersichtsblätter. Zürich: Schweizer. Elektrotechnischer Verein 1960.
[6.125] *Stäger, H.:* Werkstoffkunde der elektrotechnischen Isolierstoffe. 2. Aufl. Berlin-Nikolassee: Gebr. Bornträger 1955.
[6.126] *Sirotinski, L. I.:* Hochspannungstechnik. Bd. I, Teil 1: Gasentladungen. Berlin: VEB Verlag Technik 1955.
[6.127] *Schendell, G.:* Das Isolieröl im Hochspannungsbetrieb. Berlin: VEB Verlag Technik 1955.
[6.128] *Espe, W.:* Werkstoffe der Elektrotechnik in Tabellen und Diagrammen. Unter Berücksichtigung der Hochfrequenz- und Hochvakuumtechnik. Berlin: Akademie-Verlag 1954.
[6.129] *Lesch, G.:* Lehrbuch der Hochspannungstechnik. Berlin, Göttingen, Heidelberg: Springer-Verlag 1959.
[6.130] *Sirotinski, L. I.:* Hochspannungstechnik. Bd. II: Isolatoren und Isolierungen. Berlin: VEB Verlag Technik 1958.
[6.131] *Imhof, A.:* Hochspannungsisolierstoffe. Aus: Bücher der Hochspannungstechnik, hrsg. v. *H. Müller*. Karlsruhe: Verlag G. Braun 1957.
[6.132] *Mehdorn, W.:* Kunstharzpreßstoffe und andere Kunststoffe. Eigenschaften, Verarbeitung und Anwendung. 3. Aufl. Berlin, Göttingen, Heidelberg: Springer-Verlag 1949.
[6.133] *Saechtling-Zebrowski:* Kunststofftaschenbuch. 12. Aufl. München: Carl Hanser Verlag 1956.
[6.134] *Imhof, A.:* Elektrische Isolierstoffe. 2. Aufl. Zürich: Orell Füssli Verlag 1949.
[6.135] *Marozeau, M.:* Les résines époxdes. Leurs principales applications dans l'industrie électrique. Rev. gén. El. 69 (1960) S. 579–590.
Andrianow, K. A.; Epschtein, L. A.: Ėlektroizoljacionnye materialy na osnovoe sljudinita (Elektroisolierstoffe auf Glimmerbasis). Moskva, Leningrad: Gosėnergoizdat 1957.
Bogorodizki, N. P.; Pasynkow, W. W.; Tarejew, B. M.: Werkstoffe der Elektrotechnik. Berlin: VEB Verlag Technik 1955.
Električeskaja izoljacija. Trudy LPI Nr. 276, Moskva, Leningrad: Ėnergija 1967.
Feldtkeller, E.: Dielektrische und magnetische Materialeigenschaften. Mannheim, Wien, Zürich: Bibliogr. Institut 1973.
Golubzova, V. A.: Istorija i perspektivy razvitija ėlektroizoljacionnych materialov (Geschichte und Entwicklungsperspektiven der Elektroisolierstoffe) Moskva, Leningrad: Gosėnergoizdat 1957.
Haase, T.: Keramik. Berlin: Deutscher Verlag der Wissenschaften 1961.
Hecht, A.: Elektrokeramik. Werkstoffe, Herstellung, Prüfung, Anwendungen. Berlin, Göttingen, Heidelberg: Springer-Verlag 1959.
Heiles, G.: Wicklungen elektrischer Maschinen und ihre Herstellung. 2. Aufl. Berlin, Göttingen, Heidelberg: Springer-Verlag 1953.
Koricikov, Ju. V.; Tareev, B. M.: Elektroisoliermaterialien. 2 Bde. Moskva, Leningrad 1950 (russ.).
Landoldt-Börnstein: Zahlenwerte und Funktionen aus Physik, Chemie, Astronomie, Geophysik und Technik. Bd. IV, Teil 3: Elektrotechnik, Lichttechnik, Röntgentechnik, und Bd. II, Teil 6: Elektrische Eigenschaften. 6. Aufl. Berlin, Göttingen, Heidelberg: Springer-Verlag 1959.
Leibnitz, E.: Einführung in die Anwendung, Prüfung und Bewertung von Elektroisolierlacken. Leipzig 1951.
Oburger, W.: Die Isolierstoffe der Elektrotechnik. Wien: Springer-Verlag 1955.
Poetter, H.: Die Werkstoffprüfung im Maschinenbau und in der Elektrotechnik. 2. Aufl. Berlin: VEB Verlag Technik 1961.
Rumpp, F.: Schwefelhexafluorid als Lösch- und Isoliermittel in der Hochspannungstechnik. Bull. SEV 65 (1974) H. 1, S. 25–29.
Salmang, H.: Die Keramik. Physikalische und chemische Grundlagen. 4. Aufl. Berlin, Göttingen, Heidelberg: Springer-Verlag 1958.
Schreiber, H.-U.: Herstellung und Eigenschaften hochdurchschlagfester aufgestäubter SiO_2-Schichten. Diss. Aachen 1973.
Sillars, R. W.: Electrical insulating materials and their application. Peregrinus IEE-Monograph, series 14, (Stevenage 1973).
Stamm, H.; Hanella, K.: Elektrische Gießharze. Berlin: VEB Verlag Technik 1968.

Taschner, W.: Öl und Ölpapier bei Gleich- und Wechselspannung, insbesondere bei Überlagerung beider Spannungsarten. Diss. Darmstadt 1973.
Tiedemann, W.: Werkstoffe für die Elektrotechnik. Bd.II: Nichtmetallische Werkstoffe. 2. Aufl. Berlin: VEB Verlag Technik 1963.
Vardenberg, A.K.: Plastičeskie massy v ėlektrotechničeskich promyšlennosti (Kunstharze in der Elektroindustrie). 2. Aufl. Moskva: Gosėnergoizdat 1957.

zu Abschnitt 6.4.

[6.136] *Müser, H.E.:* Ferroelektrizität. ETZ-A **80** (1959) H.6.
[6.137] *Lennartz, H.:* Handbuch für Hochfrequenz- und Elektrotechniker. Bd.III. Berlin-Borsigwalde: Verlag für Radio-Foto-Kinotechnik 1954.
[6.138] Handbuch der Physik. Bd.17. Berlin, Göttingen, Heidelberg: Springer-Verlag 1956, S.264–392.
[6.139] *Blattner, H.,* u.a.: Domänenstruktur von $BaTiO_3$-Kristallen. Helvetia phys. acta **21** (1948) S.207–209.
[6.140] *Sachse, H.:* Ferroelektrika. Berlin, Göttingen, Heidelberg: Springer-Verlag 1956.
[6.141] *Martin, H.-J.:* Die Ferroelektrika. Leipzig: Akad. Verlagsges. Geest & Portig KG 1964.
[6.142] *Hauser, K.:* Seignette-Elektrizität. Z. f. angew. Phys. **1** (1949) H.6.
[6.143] *Wul, B.M.; Goldmann, I.M.:* Abh. Akad. Wiss. UdSSR **60** (1948) S.41–49.
[6.144] *Halblützel, J.:* Helv. phys. Acta **12** (1939) S.489.
[6.145] *Busch, G.; Ganz, E.:* Helv. phys. Acta **15** (1942) S.501.
[6.146] *Busch, G.:* Helv. phys. Acta **11** (1938) S.279.
[6.147] *Palatzky, A.:* Einfluß von Technologie und Rohstoff auf die physikalischen Eigenschaften von Bariumtitanat-Werkstoffen. Silikattechnik **10** ((1959) H.2.
[6.148] *Buntin, E.N.:* Amer. ceram. Soc. **30** 1947) S.114.
[6.149] *Jonker, G.H.; van Santen, J.H.:* Die Seignette-Elektrizität bei Titanaten. Philips Techn. Rdsch. **11** (1949) S.175.
[6.150] *Kornetzky, M.:* Dielektrizitätskonstante des Bariumtitanats. Z. f. Phys. **128** (1950) S.605.
[6.151] *Kornetzky, M.:* Z. f. angew. Phys. **2** (1950) S.133.
[6.152] *Müller, H.:* Phys. Rev. **58** (1940) S.565.
[6.153] *Müser, H.E.:* Messung der dielektrischen Nicht-Linearität von Seignettesalz. Z. f. angew. Phys. **12** (1960) H.7.
[6.154] *Hegenbarth, E.:* Über einige Anomalien der Hysteresisschleife bei keram. Bariumtitanat und Piezolan. Ann. Phys. **20** (1957) 6. Folge.
[6.155] *Heywang, W.; Schöfer, R.:* Zum Einfluß des Gefüges auf das Hystereseverhalten von $BaTiO_3$-Keramik. Z. f. angew. Phys. **8** (1956) H.5.
[6.156] *v. Hippel, A.,* u.a.: High dielectric constant ceramics. Ind. Engng. Chem. **38** (1946) S.1097.
[6.157] *Sachse, H.:* Über Titanate mit hoher Dielektrizitätskonstante. Z. f. angew. Phys. **1** (1949) H.10.
[6.158] *Schmitt, H.:* Dielektrizitätskonstante von Bariumtitanat bei 10 GHz. Z. f. angew. Phys. **9** (1957) H.3.
[6.159] *Roberts, S.:* Phys. Rev. **71** (1947) S.890.
[6.160] *v. Hippel, A.:* Z. Phys. **133** (1952) S.158.
[6.161] *Marks, H.:* Electronics **21** (1948) S.116.
[6.162] *Soyck, W.:* Sonderdruck über Vortrag v. 5.6.1953 beim SMVT und SEV Zürich.
[6.163] *Bühling, D.:* Alterungsverhalten von Keramik-Kondensatoren mit ferroel. Dielektrikum. Hermsdorfer Techn. Mitt. 9 (1969) H.25, S.796.
[6.164] *Bühling, D.; Kuzelka, K.-H.:* Über die Alterung und das Temperaturverhalten v. keram. Kondensatoren mit hoher Dielektrizitätskonstante. Hermsdorfer Techn. Mitt. 8 (1968) H.23, S.746.
[6.165] *Plessner, K.W.:* Proc. Phys. Soc. **69** (1956) 444, Pt.12, S.1261.
[6.166] *Awerbuch, R.E.; Kosman, M.S.:* J. exp. theor. Phys., UdSSR **19** (1949) S.965.
[6.167] *Bullinger, G.:* Dielektrische Nachwirkungserscheinungen in keram. Bariumtitanaten. Z. f. angew. Phys. 12 (1960) H.9.
[6.168] *Matauschek, J.:* Einführung in die Ultraschalltechnik. Berlin: VEB Verlag Technik 1957.
[6.169] *Paudert, R.; Stellenberger, K.:* Untersuchungen über den Einfluß einer Schwing- bzw. Strahlmahlung auf die dielektrischen Eigenschaften von $BaTiO_3$-Keramik. Hermsdorfer Techn. Mitt.11(1971) H.32, S.1001.
[6.170] *Fischer, W.; Gesemann, H.-J.:* Einfluß der Gefügestruktur bei Bleititanatzirkonatkeramik. Hermsdorfer Techn. Mitt. 4 (1964) H.11, S.304.
[6.171] *Gerlach, M.:* Elektrotechnik 5 (1951) S.78.
[6.172] *Gesemann, H.-J.:* Kopplungsfaktor und Polarisationsverhalten in Abhängigkeit von der Gefügestruktur bei Bleititanatzirkonatkeramik. Hermsdorfer Techn. Mitt. 5 (1965) H.13, S.376.
[6.173] *Schreckenbach, W.; Gesemann, H.-J.:* Die Eigenschaften des neuen piezoelektrischen Sinterwerkstoffes Piezolan. Hermsdorfer Techn. Mitt. 5 (1965) H.13, S.369.
[6.174] *Helke, G.; Kirsch, W.:* Dielektrische und piezoelektrische Eigenschaften der ternären keram. festen Lösungen $Pb(NiSb)$–$PbTiO_3$–$PbZrO_3$. Hermsdorfer Techn. Mitt. **11** (1971) H.32, S.1010.
[6.175] Katalog Hochfrequenz-Kondensatoren, Ausg. März 1959. VEB Keramische Werke Hermsdorf.
[6.176] *Schulz, P.:* Varikonden. Hermsdorfer Techn. Mitt. 9 (1969) H.25, S.790.
[6.177] *Hermsdorf, L.:* Ein grapho-analytisches Verfahren zur Bestimmung stat. Lösungen in nichtlinearen Kreisen mit Hilfe d. harm. Linearisierung. VIII. Intern. Koll. TH Ilmenau 1963, 3. Teil, S.291.
[6.178] *Anderson, J.A.:* Electr. Engng. **71** (1952) S.916.
[6.179] Katalog Piezolan, Ausg. 1959. VEB Keram. Werke Hermsdorf.
[6.180] *Naumann, L.:* radio und fernsehen **12** (1963) H.5 und H.6.
[6.181] *Schreckenbach, W.:* Hermsdorfer Techn. Mitt. **3** (1963) H.8, S.211.
[6.182] *Naumann, J.; Plötner, W.: Stellenberger, K.:* Dielektrische Eigenschaften von Zusammensetzungen im System BaO-TiO_2. Hermsdorfer Techn. Mitt. **10** (1970) H.30, S.947.

7. Sachwörterverzeichnis

Die mit einem Sternchen versehenen Seitenzahlen verweisen auf Tafeln. Bei mehreren Seitenverweisungen ist die Hauptverweisung kursiv gedruckt.